1. 黑龙江省宁安县镜泊湖附近的野生大豆（王连铮提供）
Wild soybean near Jinbo Lake, Ninan county, Heilongjiang. photocopy provided by Wang Lianzheng

2. 中国不同大豆品种资源的籽粒（邱丽娟提供）
Seeds of soybean germplasm of China photocopy provided by Qiu Lijuan

3. 1999年新疆维吾尔自治区石河子乡小庙村种植新大豆1号，每667m² 产量为397kg，经盖钧镒院士为首的专家组现场验收（罗庚彤提供）
High yield 5955 kg/ha got by using cultivar Xindadou No.1 in Xiaomiao village, Shihezhi Township, Xinjiang, this yield was verified by Soybean expert group headed academician Gai Junyi, photocopy provided by Luo Gentong

4. 黑龙江省鸡西市兰岭乡种植龙选1号，高产田每667m²实测产量为398kg，经中国作物学会大豆专业委员会副主任刘忠堂为组长的专家组验收（引自《大豆通报》）

High yield 5970 kg/ha got by using cultivar Longxuan No.1 in Lanlin Township,Didao District,Jiexi,Heilongjiang,this yield was verified by Soybean expert group headed professor Liu Zhongtan,photocopy provided by ＜ Soybean bulletin ＞

5. 辽豆14号超高产田大田成熟期（宋书宏提供）

Highyielding plot got over 4500kg/ha by using cultivar Liaodou 14,photocopy provided by Song Shuhong

6. 2005年中国农业科学院作物科学所在山西省襄垣县种植中黄19号，平均每667m²产量为314.6千克（王连铮提供）

Highyielding plot got over 4719kg/ha by using cultivar Zhonghuang 19 by Crop Science Institute,CAAS,photocopy provided by Wang Lianzheng

高产高蛋白大豆
中黄 19

21. 绥农 8 号获国家科技进步二等奖
（姜成喜提供）
Shuinong 8 got 2nd class of National Scientech prize, Provided by Jian Chengti

22. 合丰 35 获国家科技进步二等奖
Hefeng 35 got 2nd class of National Scientech Prize

23. 鲁豆 4 号获国家科技进步二等奖
Ludo4 got 2nd class of National Scientech prize

24. 冀豆 7 号获国家科技进步二等奖
（张孟臣提供）
Jidou7 got 2nd class of National Scientech prize
（Zhang Mengchen）

25. 高产高油大豆中黄 35，含油量达 23.45%
（王连铮提供）
zhonghuang35 with high oil content
23.45% and highyielding（Wang Lianzheng）

26. 绥农 14 号 2003 年获国家科技进步二等奖，2003～2005 年全国推广面积居第一位（姜成喜提供）
Shuinong 14got 2nd class of National Scientech prize, Provided by Jian Chengti

7

27. 高产高蛋白质大豆黑农35，蛋白质含量达45.24%（刘丽君提供）
Heinong35 with protein 45.24%,It provided by liu Lijun

28. 吉林杂交大豆制种田（引自孙寰主编的《吉林大豆》）
Production of hybrid soybean-from "Soybean in Jilin", edited by prof, Sun Huan

杂交大豆大面积制种田

29. 安徽省农业科学院张磊主持育成的杂交豆1号，又称皖豆25（张磊提供）
Zayoudou no.1,developed Zhang Lei,Anhui Academy of Agricultural Sciences

30. 孙寰研究员主持育成的吉林杂交豆1号（引自孙寰主编的《吉林大豆》）
Jilin Hybrid Soybean no.1,developed professor Sun Huan

31-2　中作02-5085-5，多分枝、收敛
Zhongzuo 02-5085-5 with many branches

31-1　中黄21（中作966），多分枝
Zhonghuang 21 with many branches

31-4　中作02-5085-5 有5个短分枝
Zhongzuo 02-5085-5,5 short branches,4 long branches

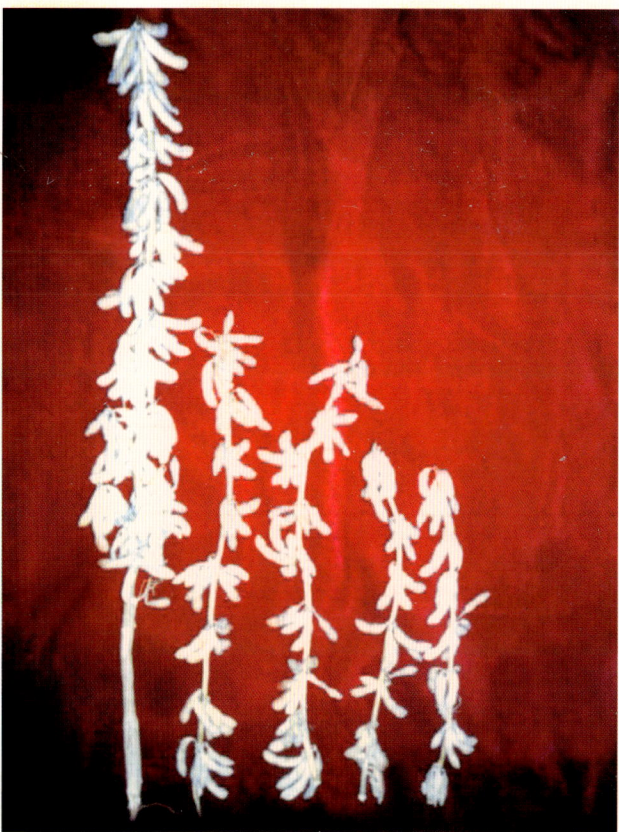

31-3　中作02-5085-5 有4个长分枝
Zhongzuo 02-5085-5,4 long branches

33. 南京农大抗病毒品系NJR44-1，左为对照
（邱家驯提供）
Resistant to SMV-NJR44-1,provided Qiu Jiaxun

32. 抗胞囊线虫的中作RN02，左为对照（王岚提供）
Resistant to cyst nematode Zhongzuo RN02 provided by
Wang Lan

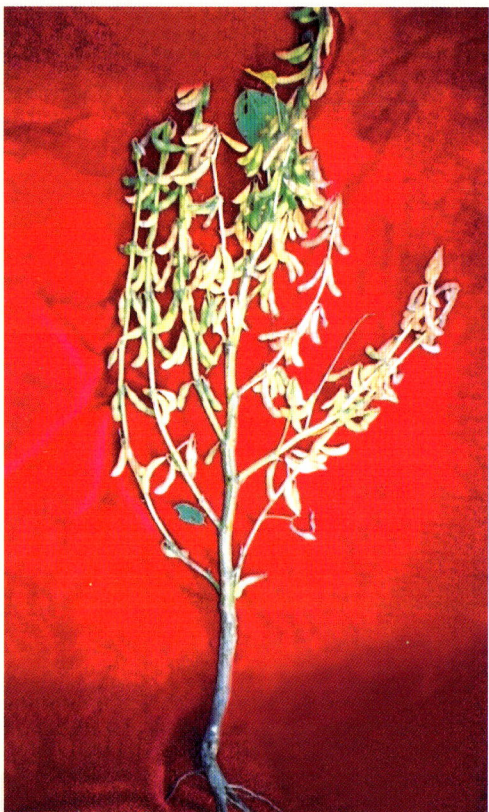

34. 中豆8号（郭庆元提供）
Zhongdou 8,provided Guo Qinyuan

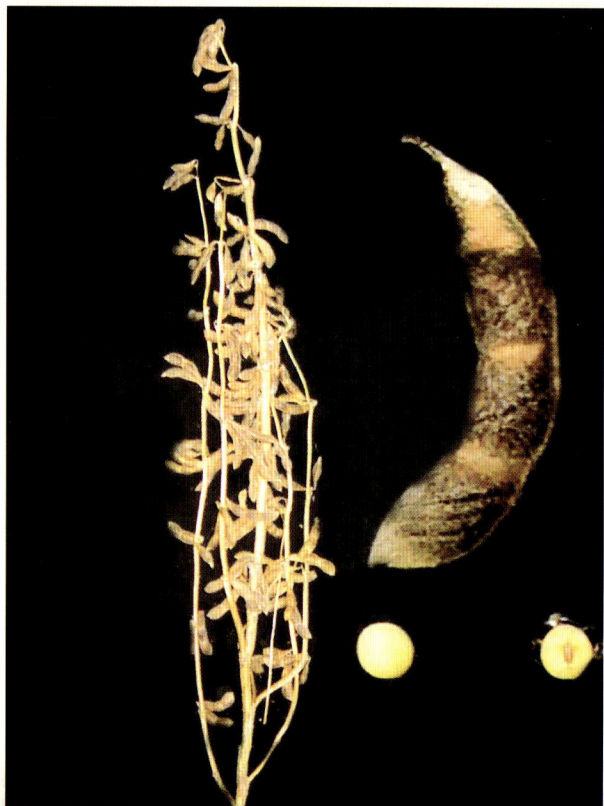

35. 高产高蛋白大豆——豫豆25（李卫东提供）
Highyielding Yudou 25 with high protein-provided Li Weidong

36. 建立农杆菌介导大豆子叶节遗传转化系统（邱丽娟提供）

Transformation system mediated *Agrobacterium tumifaciens* by using cotylenode node, Following photocopy provided by Qiu Lijuan

发 芽

共培养

诱导丛生芽

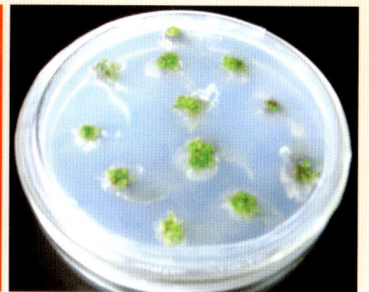
诱导丛生芽

开始芽伸长

芽伸长后期

生 根

移栽植株

37. 大豆锈病（余子林提供）
Soybean rust (Yu Zhilin)

38. 大豆胞囊线虫病
（余子林提供）
Soybean cyst nematode
(Yu Zhilin)

39．大豆病毒病（余子林提供）
Soybean virus(Yu Zhilin)

40．大豆缺钾 （金继运提供）
Soybean deficit of potassium(Jing Jiyun)

41．大豆缺铁（金继运提供）Soybean deficit of iron(Jing Jiyun)

42．大豆缺锰（金继运提供）
Soybean deficit of manganese (Jing Jiyun)

12

"十一五"国家重大工程出版规划重点图书

现代农业种植养殖专业丛书

现 代 中 国 大 豆

主 编

王连铮 郭庆元

金盾出版社

内 容 提 要

本书由中国大豆各学科专家编著。内容包括：绪论，大豆的起源、进化和传播，中国大豆生态类型，中国野生大豆资源，中国栽培大豆种质资源，大豆生物学特性，大豆主要育种性状的遗传，大豆品种的改良与创新，大豆杂种优势利用，中国大豆育成品种的系谱与遗传基础，大豆矿质营养，大豆水分生理与灌溉排水，大豆群体生理与高产途径，中国大豆栽培发展史，大豆耕作栽培制度，大豆施肥原理与施用技术，大豆病虫害及其防治，大豆田草害及其控制，北方春大豆，黄淮海春夏大豆，长江流域及南方多熟制大豆，大豆的营养和加工工艺，菜用大豆，大豆生物技术研究，共 24 章。本书以翔实的资料，全面而系统地阐述了中国当代大豆生产与科学技术的新成就、新进展及对发展前景的展望，尤其是增加了过去的大豆综合性专著涉及不多或不深的新兴领域新技术的介绍，是一部集专业性、技术性和知识性于一体的综合性、资料性和实用性参考书，可供从事大豆科学研究、技术推广、加工贸易、生产经营及相关管理人员和农业院校师生阅读参考。

图书在版编目（CIP）数据

现代中国大豆/王连铮，郭庆元主编 .—北京：金盾出版社，2007.8
（现代农业种植养殖专业丛书）
ISBN 978-7-5082-4552-2

Ⅰ.现… Ⅱ.①王…②郭… Ⅲ.大豆-栽培-概况-中国 Ⅳ.S565.1

中国版本图书馆 CIP 数据核字（2007）第 042952 号

金盾出版社出版、总发行
北京太平路 5 号（地铁万寿路站往南）
邮政编码：100036 电话：68214039 83219215
传真：68276683 网址：www.jdcbs.cn
彩色印刷：北京百花彩印有限公司
黑白印刷：北京金盾印刷厂
装订：万龙印装有限公司
各地新华书店经销
开本：787×1092 1/16 印张：61 彩页：12 字数：1490 千字
2007 年 8 月第 1 版第 1 次印刷
印数：1—6000 册 定价：118.00 元

《现代中国大豆》编著人员

主　编

王连铮　郭庆元

各章编著人员

第一章　　郭庆元
第二章　　王连铮
第三章　　宁海龙　王金陵　李文滨
第四章　　李福山　李向华
第五章　　徐巧珍　常汝镇
第六章　　苗以农　韩天富　杜维广
第七章　　盖钧镒
第八章　　王连铮
第九章　　孙　寰
第十章　　盖钧镒
第十一章　邹　琦　董　钻
第十二章　郭庆元　朱长甫　苗以农
第十三章　董　钻　王晓光
第十四章　郭文韬
第十五章　董　钻　郭庆元
第十六章　郭庆元　董　钻　李　路　李志玉
第十七章　佘子林　马振泉
第十八章　陈铁保
第十九章　刘忠堂
第二十章　郝欣先　李卫东　刘学义　张孟臣　张　磊
第二十一章　周新安　周教廉
第二十二章　周瑞宝　周　兵
第二十三章　周新安
第二十四章　邱丽娟　陈受宜　王　萍

序

大豆原产于中国,中国栽培大豆已有数千年的历史,这已为世界各国学者所公认,同时中国积累了丰富的大豆品种资源和种植大豆的经验,也为世人所注目。

大豆含有 38% ~ 45% 的蛋白质,18% ~ 23% 的脂肪。同时大豆又含有很多生理活性物质,如异黄酮、皂苷、卵磷脂、纤维素、多聚糖等。根据联合国粮农组织(FAO)统计,大豆蛋白质占世界各种作物蛋白质的 64.78%,大豆油占食用植物油的 32.5%。美国食品和药物管理局(FDA)认定:凡食用产品中含有 25 克以上的大豆蛋白质,可以标明此产品有减轻心脏病发作的作用。

近几十年来,中国大豆生产得到不断发展,特别是近几年推行大豆振兴计划和大豆良种补贴以来,使大豆生产水平不断提高,我国大豆年总产已近 1 800 万 t,每 hm^2 大豆产量已达到 1.8t。同时由于国家加大了对大豆科研的投入,推行了良种工程及标准化耕作栽培措施,我国大豆科技水平得到了显著提高。据不完全统计,截止 1996 年全国已推广 625 个大豆品种。1996 年以后到 2005 年又推广了 300 余个品种。总计推广将近 1 000 个大豆品种,各地区先后对大豆品种更新了 3 ~ 5 次。同时在大豆高产栽培技术方面也做了深入的研究,三垄栽培、窄行密植、地膜覆盖等先进耕作栽培措施对提高大豆产量起到了很大作用。在大豆营养生理、光合生理、群体结构、株型育种、病虫草害防治等方面做了深入的研讨。在大豆遗传育种的理论、性状遗传、生物技术的应用等方面也做了深入的研究。正是由于这些科研成果的推广应用,我国大豆的单产和总产才能不断得到提高。

1987 年,吉林省农业科学院曾组织全国大豆专家编写了一本《中国大豆育种与栽培》专著。1992 年我和王连铮研究员共同主编了一本《大豆遗传育种学》,已由科学出版社出版。最近 3 年,中国农业科学院王连铮原院长、郭庆元研究员发起并组织全国 20 余位大豆专家编写了《现代中国大豆》。本书内容宽宏,包括绪论、大豆起源、演化和传播、大豆生态类型、中国野生大豆资源、中国栽培大豆资源、耕作栽培措施、大豆性状遗传、大豆品种改良和创新、大豆杂种优势利用、大豆品种的系谱、大豆的生物学特性、大豆矿质营养、大豆水分生理与灌溉排水、大豆群体生理、光合生理、中国大豆栽培史、大豆耕作制度、大豆施肥、大豆病虫害、大豆草害及其控制、北方春大豆、黄淮海地区大豆、长江流域大豆多熟制、大豆营养及加工、菜用大豆、分子生物学在大豆研究中的应用和菜用大豆等章节。可以说,本书面向全国,包含了大豆研究的主要内容,不论对生产、科研及教学均有较大的参考价值,是一部难得的涵盖大豆各个方面问题的著作。

本书各章节的作者均是那方面的在位工作者,因而均写得有较高的切实性和一定的深度;本书立足以本国研究和自己的研究成果为主,同时也参考了国外大豆研究的进展,以便有总结过去展望未来的作用。文稿写完后,又经过作者互相审阅和聘请专家审阅,有的作者和审稿人修改了 4 ~ 5 次,可见作者和审稿人对此项工作均采取了极端负责的精神。

我相信,本书的出版将对我国大豆科研和大豆生产起到一定的推动作用和承前启后的作用。同时本书内容丰富的资料与数据对想了解中国大豆科研和生产现状的各界领导和人士也是一本好的参考书。我们相信,本书将会受到读者的普遍欢迎。

王金陵

2006 年 4 月 4 日

Foreword

Most scholars of the whole world have acknowledges that soybean was originated in China and had been cultivated in her territorial for thousands years. The plentiful soybean germplasm resources and accumulation of soybean cultivation device were also widely aware, and had been well understood by the majority of people.

Soybean seeds contain 38% ~ 45% of protein and 18% ~ 21% of fat and a rich amount of elements needed for physiological activity, such as isoflavones, saponin, lecithin, soyfibre and polysaccharide. According to the estimation of Food and Agriculture Organization (FAO) of U.N.67% ~ 68% supply of plant protein and 32.5% supply of plant oil of the whole world come from soybean. Food and Drug Administration (FDA) of U.S pointed out that, food including soybean protein over 25g, can be labeled to be effective to reduce severity of heart disease.

In China, within the recent 10 years, especially during the years of extension of the program of soybean development and program of subsidy for adoption of improved soybean cultivars. soybean production has got a continuous increase. The current amount of our national annual productions of soybean has nearly become 18 million metric tons. While the average yield per hm has become 1.8 metric tons. Furthermore, along with increased amount of national investment on soybean scientific research program, the extension of projects for improving varieties and seeds standardization of field cultivar on practice, and extension scientific technology for soybean production, all the items have been significantly enforced and improved. An incomplete statistical report revealed that, 625 improved soybean cultivars have been released before 1996. and more than 300 newly bred-out improved cultivars had been released between 1996 and 2005. The released 1 000 soybean improved cultivars caused 3 ~ 5 times of variety alteration in soybean cultivation regions in China. Furthermore, study on technique and practice for higher yield had been carried out intensively, such as method of planting 3 rows on widened ridges. narrows row and thick planting, and plastic membrane covering on rows. The study results had given a great promotion for soybean yield increase. Intensive study has also been given on soybean nutrition and physiology, photosynthetic physiology, field population structure, eco-type breeding and control of weeds and disease and insect pest. Intensive study had also been paid on study of theoretical genetics and practical genetics of soybean inheritance of agronomy characters, and theoretical and applied soybean biotechnology. The achievement and application of the results of such study had given an enormous promotion force to increase soybean yield per unit area and total yield of whole country.

On 1987, Academy of Agriculture science of Jilin Province had organized the national-wide soybean specialists to compile and published a volume "Soybean Breeding and cultivation in China". On 1992, Prof. Wang Lian-zheng as the chief author, we two wrote out a book "Soybean Genetics and Breeding", puhlished by China Science Press. Within the recent 3 years, prof. Wang Lian-zheng, former president of Chinese Academy of Agricultural Sciences (CAAS) and Guo Qing-yuan, senior agronomist of CAAS respectively, have an idea to publish comprehensive compendious book "Soybean of

Modern Time in China". More than twenty Chinese soybeans specialists were invited as authors from different parts of China. The book includes the following contents: introduction, origination, evolution and expansion of soybean; soybean ecotypes; germplasm of wild soybean in China; germplasm of cultivated soybean in China; measures of cultivation and soil management; inheritance of soybean characters; improvement and breeding of new soybean varieties; utilization of soybean hybrid vigor; pedigree system of soybean varieties; characteristic of soybean biology; mineral nutrition of soybean, soybean water physiology and irrigation and drainage; population physiology of soybean, physiology of photosynthesis; history of soybean culture; soybean cultivation, fertilizer application of soybean ; soybean disease and insect pest; soybean weeds and control; spring soybean in north part of China; soybean culture in HUANG-HUAI-HAI river valley; multiple maturity soybean cultures in Yangtze River valley; soybean nutrition and manufacturing of soybean food; utilization of molecular biology in soybean; and vegetable soybean. Most problems, related to soybean status of whole China, are all included in this book, which is valuable to be used as reference literature both in college and in scientific research institute. It is also valuable for farmers in the field work of soybean production It can be said that, it is a valuable contribution covering all kinds of problems related to soybean in China

The contributions in each chapter are substantial and intensive, because the authors are experts in their responding research area. The main inclusions of each chapter derived from results of the author's study work. A certain amount of content of soybean developmental situation of foreign countries has been introduced as reference for discussion of our future soybean development. The manuscript had been checked and revised carefully by the invited specialists, and was approved for publication. Some chapters had been revised for 4 ~ 5 times denoting that both the authors and the checking workers were very responsible and faithful to each chapter for publication,

I convince that, this book would give a significant help for the promotion of soybean scientific research as well as soybean production in China, and is also able to be a link of soybean technology achievements between the past and the future . The rich numerical data and outstanding consultations can supply the necessary need of government officers and those people who want to understand the situation of soybean research and production situation in China. This publication would be widely welcome by its readers

Предисловие
Ван Цзинлин

Соя оригинала из Китая. В Китае выращивание сои имеет многотысячную историю, зто признало учёными всего мира. Китай накопил богатые соевые сортовые ресурсы и опыты для выращивания сои, это известно людям мира.

Соя содержит 38% ~ 45% белок и 18% ~ 23% жир. Одновременно, соя имеет много физиологически активных веществ, например изофлавон, сапонин, фосфолипид полиоза, полисахарид. По данным ФАО: соевой белок занимает 64.78% от всех белков полевых культур. Соевое масло занимает 32.5% от всех пищевых масел. Агенство Пищи и лекарства СшА (FDA) считает, пищевые продукты, содержащие соевой белок выше 25 грам могут обозначать что зти продукты могут уменьшать болезнь сердца.

За после, вние десятки лет, соевое производство Китая имеет непрерывное развитие, особенно последние годы соевое производство производило 18 миллионов тонн, урожайность на гектаре 1.8 тонн. В период 1923 ~ 1995 были районрованы 625 сортов сои, в период 1996 ~ 2005 были районированы свыше 300 сортов сои. В общем были районированы 1000 сортов сои. Сортосмена сои произощла 3 ~ 5 раз. Одновременно, были глубокие исследования по агротехнике для получения высокго урожая сои. Трёхгребная культура сои, узкорядная культура, культура спулёнкой играют ропь в повыщении урожая сои. Исследования на физиологию по питанию, на физиологню по фотосинтезу на структуру популяций, на селецию, на улучщение габитуса сои, борьба с болезнямн, вредителями и сорняками были произведены. Кроме зтого, теория по генетике и селекции, генетика признаков, применение биотехнологии имеют много исследований, Все зти помагают и улучщают повыщеине урожая сои и на единицу гектара и в общем.

В 1987 Гирин Академия с.х. наук организовла специалистов написать < Селекция и агротехника сои в Китае > . В 1992 я и профессор Ван Ляньчжен, как главные редакторы, написали < Генетина и Селекциясои > , которая издана издательством Наука.

В последние три года бывщий президент Китайской Академии Сельскохозяйственных Наук (КАСХН) профессор Ван Ляньчжен и профессор Го Чин-юань организовали более 20 специалистов написать < Соя современного Китая > , которая содержит введение; источник, зволюция и распространение; зкомцибL сои; дикие соевые ресурсы в Китае; культурные соевые ресурсы в Китае; мероприятие агротехники; генетика признаков; улучщение н ноищество сортов сои; использование гетерозиса сои; генеалогия сортов сои; биодлогические особенности; минеральное питание; водная физиологимя и орошение; физиология популяцнй; фотосинтетическая физиология; история выращивания сои; система земдедедия Китая; применение удобрений; болезни и вредители сои; сорняки и их контроль; северная весенняя соя; соя в районах Желтой реки, Хуай, Хай; реки многоуборная система южного Китая; переработка сои; молекулярная биология; зта книга содержит главные предметы исследований сои, она имеет большую пособную стоимость для производства, исследований, преподавания.

Авторы зтой книги-специалисты данной отрасли, позтому зта книга имеет глубину; главы написаны на своих опыах и опытах зарубежом.

Я уверен, что издание зтой книги играет большую роль в развитии науки, исследовании и производства сои в Китае. Мы уверены, что зта книга будет окружен а приветствием читателей.
Подпись проф Ван Цзинлин

Ван Цзинлин

(Перевод Ван Ляньчжен)

序　言

　　我国大豆育种泰斗王金陵教授已经为本书作序,对本书做了确切的评价和推荐。这里拟从另一个侧面来说明出版这本书在当前的现实意义。

　　大豆起源于我国,是数千年来我国人民植物油脂和植物蛋白来源的重要作物。二十世纪五十年代以前,我国是世界上最大的大豆生产国和出口国。1952年,我国大豆总产为952万吨,人均占有量约25 kg,2004年大豆总产1 800多万吨,但因人口增加,人均占有量下降到13.8 kg。随着国民经济的发展和人民生活水平的提高,畜牧业的发展,对大豆的需求急剧增加,大豆供求矛盾日益突出,2004年进口量已达2 000万吨以上,超过本国总产量,未来5～15年中国每年需要3 500～4 000万吨大豆,每年大豆缺口量约2 000万吨。

　　1995年后我国开始大量进口大豆,进口量由1996年的110万吨上升到2005年的2 848万吨,已成为世界上最大的进口国。大量大豆的进口,虽暂时能满足国内对大豆的需求,但严重影响我国大豆种植业和豆农的生存与发展,长此下去必将毁灭我国大豆产业。种种迹象表明,国外势力正在全面实施挤垮中国大豆产业的战略,达到完全控制和垄断中国大豆市场的目的。2004年通过大幅起落价格的策略,使我国多家企业亏本,濒临倒闭。可以想象当中国大豆生产被挤垮之时,就是大豆价格猛涨时。如果我国完全依赖大豆进口,就等于将我国人民植物油脂、蛋白和以植物饲料为主的畜牧和水产养殖业的营养安全完全托付于一个受国外控制而危机四伏的市场。

　　我国已加入WTO,不能用关税配额准入量手段对大豆进口数量进行限制,只有通过增加生产,才能从根本上缓解进口大豆对中国国产大豆产业的冲击。就我国国情而言,扩大大豆种植面积的潜力是有限的,而提高单产目前还有很大的空间和潜力,如国家黄淮区试大豆单产超过200 kg/亩,而生产上实际单产只有120 kg/亩左右。"八五"国家育种攻关立项后,已逐步实现了西北375 kg/亩、东北325 kg/亩、黄淮300 kg/亩、南方250 kg/亩的小面积(1亩以上)高产标准。因此,发展大豆科学技术、增加大豆生产是提高国产大豆竞争力,弥补我国大豆缺口的唯一途径。

　　国际大豆科学技术以美国最先进,尽管研究的方向甚广,但围绕高产稳产培育大豆新品种是主流,20世纪中叶以来育种工作解决了裂荚性、适应高肥力条件、机械作业所要求的抗倒性等问题,品种产量水平高于我国40%～50%。尤其近年来80%以上的育种工作转由种子公司承担,品种市场的竞争,进一步推动了产量水平的提高。

　　美国从上世纪70年代起便在农民中开展了大豆产量竞赛,以实收5英亩(约30亩)的单产为指标,每年均评出高产农户。据报道2004年有3例达到350 kg/亩～400 kg/亩,1983年出现过530 kg/亩的个别事例。美国实现超高产的主要技术因素为:(1)受市场竞争推动的种子公司的育种家队伍、育种条件与育种规模的壮大发展;(2)秸秆返田与施肥相结合的土壤高肥力水平;(3)免耕法、全程机械化保证的适期播种和全苗、壮苗;(4)除草剂与耐除草剂转基因品种保证的杂草控制;(5)轮作换茬和抗性育种保证的病虫害控制等。许多人并不同意"超高产"的说法,因为产量的高低始终是相对的,高于现在的产量称为超高产,那么高于未来的就要称为超超高产了。这里我们姑且把超高产理解为一种动态的概念,未来的超高产和现时的超高产有不同的涵义。

高产新品种选育是超高产的关键,美国大豆育种在人物力上的投入在国际上占绝对优势,据了解国外个别公司大豆育种经费为每年4000万美元(3.2亿元人民币),一个公司的大豆育种投入比我国全国各地大豆育种计划5年的总投入还多。

我国大豆科学研究始于上世纪初,建国前的工作非常浅薄,建国后资源征集和育种工作有所发展。我国大豆种子产业方兴未艾,品种选育、种质创新以及育种基础研究均在国营的研究机构和高等院校进行。"七五"、"八五"和"九五"期间,国家委托南京农业大学大豆研究所主持"大豆新品种选育技术"攻关课题,针对国内大豆育种的实际情况和国内外差距,育种计划包括新品种选育及相关的基础研究两方面,兼顾近期目标和长远要求,总体上分为三个层次。第一层次为直接服务于当前生产的高产、稳产大豆新品种选育,要求选育出分别适于全国各主要大豆产区,综合性状优良,比当地推广良种增产10%以上的新品种;第二层次为优质与抗病虫大豆新品种选育,一方面提供品种、品系直接为生产和进一步选育服务,另一方面促成在全国建立品质及抗病虫育种的较为系统、科学的研究体系及重点单位,扭转此方面的薄弱环节;第三层次为大豆育种应用基础和技术的研究,包括高产品种理想型及其生理特性和主要经济性状的鉴定技术、种质筛选创新及遗传与选育两个方面,为远期的高产、优质、多抗育种准备必要的方法和材料。三个层次最终目的在于为进一步将各方面优良性状综合于一体奠定基础,使未来的育成品种更上一层楼。二十年来,国家大豆育种计划初步建成了我国大豆育种体系和研究队伍,初步建立了育种研究和基础研究相结合的格局;相应于国家攻关课题,大豆主产区有关省区也设立了大豆育种攻关课题,形成了国家主力队和省区队相结合的育种体系和研究队伍。

"十五"开始取消了国家科技攻关的联合形式而改为流动资助的方法,对区域性、系统性、累积性十分强的大豆品种选育工作影响极大,已初步形成的大豆育种国家队伍解散,回到了缺乏有效组织管理与协作攻关的分散状态。农业部从"九五"开始论证并陆续建立了国家大豆改良中心和8个分中心,为重新建立育种协作队伍奠定了基础。但该体系建立不久,有些分中心正待建设。

回顾近50年的历史,我国大豆育种、栽培进展滞后的原因可以归结为以下几方面:(1)"以粮为纲"、"重中之重"的口号下对非主要粮食作物的大豆生产、研究重视不够,要求不高,规划、资助不力。(2)国家资助少而分散,且仅考虑有限的育种工作,对与育种密切相关的栽培、病虫、生理等缺乏资助,研究人员相继离队,已形成的大豆研究国家队伍失散,支撑育种的相关学科萎缩。(3)以上情况在只强调发展东北大豆的政策下,对黄淮和南方地区大豆研究是雪上加霜,形势更为严峻。

"八五"期间我国国家育种攻关提出创造高产典型,从实现的高产结构回过来归纳、研究超高产的株型结构及其生理基础,从而提出西北375 kg/亩、东北325 kg/亩、黄淮300 kg/亩、南方250 kg/亩的产量突破标准。经近15年的实践结果,在新疆石河子获得了397.08 kg/亩(石大豆一号、1999),辽宁海城327.2 kg/亩(辽21051、2000),山西襄垣312.4 kg/亩(中黄13、2004),安徽蒙城315.8 kg/亩(MN91413、2000),山东济宁312.3 kg/亩(鲁宁一号、2000),河南邓州306.9 kg/亩(诱处4号、1994),江苏大丰251.02 kg/亩(南农88-31、2002)的1亩地以上的高产突破,并通过专家组实地收脱,过称验收。这些单位面积实收纪录的突破展示了经过努力可以实现超高产的要求。目前这种单位面积高产记录的重演性还不高,在较大面积上重复出现高产的还只有个别报道,但将上述高产标准作为未来要达到的超高产目标应是可行的。

鉴于我国大豆生产、科研所面临的挑战和所获得的成就,中国农业科学院王连铮、郭庆元研究员发起并组织编写专门著作《现代中国大豆》,以便在回顾的基础上谋求进一步的发展,走出困境,重振雄风。这本书整理归纳了建国以来我国大豆科学技术研究的成果,全书包括24章,覆盖了大豆生产、形态、解剖、生理、生态、资源、进化、遗传、育种、耕作、栽培、土壤营养、病虫草害、营养加工以及生物技术等各方面的研究进展,内容丰富,资料新鲜。这本书的编著出版为我国超高产大豆的实现提供了理论和技术方面进一步研究的基础。希望在本书的基础上全国大豆科学技术人员不断丰富研究成果,促成我国大豆超高产的实现,为实现我国大豆供给基本立足国内做出贡献。

国家大豆改良中心

2006 年 12 月 10 日

目　　录

第一章　绪　论

第一节　大豆在国计民生中的地位

大豆生产与人们生活及社会经济发展密切相关。大豆生产的发展有利于人民生活改善,有利于经济发展与社会进步,而人民生活水平的提高及社会经济的发展,也促进了大豆生产发展及多样化产品的开发。

一、大豆是东方饮食文化精华

大豆原产于中国,是我国传统作物。大豆栽培利用在我国已有5000年历史(马育华、张巍,1983)。世界各国大豆生产都是在不同历史时期直接或间接由中国传播出去(王连铮、王金陵,1992)。近百年来,大豆生产快速发展,现已成为世界各国食用植物蛋白和植物油的主要来源。随着大豆生产的传播与发展,以华夏文明为主体孕育的东方饮食文化精华——大豆食品,不仅在东方,而且风行世界,成为新世纪最重要的健康食品,誉之为"金色的豆子"。

(一)华夏先民的主要食物

据已有的考古发掘,大约距今7000年前的新石器时期氏族社会,我国黄河流域和长江流域进入农耕文化时代,开始使用石器、木器和骨器农具,种植粟稻。如属仰韶文化的磁山遗址(河北武安)和半坡文化遗址(陕西西安)的窖穴或墓葬中均出现粟、粟壳遗存,表明7000年前黄河流域已有粟的栽培食用。位于洞庭湖西北岸的湖南澧阳彭头山遗址(距今8500年)和湖北枝城北城背溪稻作遗址(距今7500年)的陶片和红烧土中有许多稻谷壳,而浙江余姚县钱塘江南的河姆渡遗址出土的稻谷和稻茎,经鉴定为人工栽培籼稻(距今7000年)。表明长江中下游7000年前已有水稻栽培(裴安平,1989;陈钧、张元俊、方辉亚等,1992;王连铮、王金陵,1992)。

中国的栽培大豆是从野生大豆变异进化而来(王金陵,1958),这一变异进化过程是长期栽培选择利用的漫长历程,是逐渐积累的结果。《史记》五帝本纪载:"炎帝欲侵陵诸侯,诸侯咸归轩辕。轩辕乃修德振兵,治五气,艺五种,抚万民,度四方"。"郑玄《周礼》注:五种,黍,稷,菽,麦,稻也"。这里菽即大豆。《史记》是我国第一部纪传体史书,成书于公元前1世纪。《史记》所述五帝时代大约为公元前2500年。菽在五帝时代便是抚万民度四方的五谷之一,其始种年代当更久远些,有可能是黄河流域开始植粟长江流域开始稻作前后不久的历史时期出现的,故至五帝时代(距今约4500年前)有五谷之说。由上可以推知,大豆栽培利用的始期应是5000年以前。亦即5000多年前的华夏先民便以大豆为食物。于省吾(1957)在"商代的谷类作物"一文中指出,商代甲骨文就有菽和豆的初文。卜慕华(1981)认为殷商甲骨文记载有限,在农作物中辨别出有黍、稷、豆、麦、稻、桑等,是当时人民要以此为生的作物。以上论述表明,公元前17世纪至公元前11世纪的商代,大豆已成为人民赖以为生的重要作物之一,并已在字数不多的甲骨文中出现。

西周到春秋战国时期是我国大豆生产的昌盛时期。我国最早的诗歌集《诗经》是记述西周至春秋时期(公元前 1027~前 481 年)社会生产和生活的诗集,其中关于大豆的诗句出现多次,如:"艺之荏菽,荏菽旆旆"《大颂·生民》;"是生后稷,降之百福,黍稷重穋,植樨菽麦"《鲁颂·閟宫》;"中原有菽,庶民采之"《小雅·小宛》;"采菽采菽,筐之筥之"《小雅·采菽》;"岁聿云莫,采萧获菽"《小雅·小明》;"七月烹葵及菽","九月筑场圃,十月纳禾稼,黍稷重穋,禾麻菽麦"《豳风·七月》。这些诗句生动地表现了当时种豆收豆的生产活动及食用情景。充分反映了大豆在当时农业生产中的重要性与普遍性。

春秋战国时期(公元前 771~前 221 年)大豆则成为第一重要作物与食粮。这个时期是我国农业大发展的时期。种植作物的种类多样化,"五谷"的说法更为普遍,还出现"九谷"之说。对"五谷"有几种不同解说:有说是黍、稷、菽、麦、稻,赵岐注《孟子·滕文公》;有说是黍、稷、菽、麦、麻,《荀子·儒效》杨倞注;《楚辞·大招》中有"五谷六仞",汉代王逸注:"五谷,稻、稷、麦、豆、麻也"。尽管不同文献对"五谷"解说不完全相同,但各种解说均把菽列在其中,这表明那个时期大豆种植已很普遍,不仅是在黄河流域,在长江流域也有较多种植利用。

大豆生产与食用在安定社会和人民生活中的重要地位,在诸子百家的著述和言论中得到充分表达。成书于春秋战国的《逸周书》,(王会解)篇记述周灭商后,周王大会诸侯及四夷时接受的贡品中有"山戎菽"。孙寰、王彦丰(2005)在《吉林大豆》一书中提出,"古代我国北方山戎地区居民,住在燕北到呼伦湖以东一带,就是现今包括吉林省在内的以我国东北为主的地区。……后稷所种的荏菽就是戎菽,而戎菽又来自山戎地区,那么吉林一带种植大豆的时间当在公元前 2000 多年以前。"在公元前 1000 多年,燕山以东的山戎地区以当地珍贵的特产山戎进贡周王,表明大豆为那个时代人民喜爱的珍品。

成书于春秋末战国初的《墨子》(尚贤)中"耕稼树艺,聚菽粟,是以菽粟多而民足乎食",成书于战国时期的《管子》一书(重令)篇有"菽粟不足,末生不禁,民必有饥饿之色",皆表明当时的农业生产以种菽粟为主,人民生活以菽粟为重,菽粟丰收则足乎食,菽粟不足则民有饥饿。孟子更在《孟子》(尽心章句上)篇中提出:"圣人治天下,使有菽粟如水火,菽粟如水火,而民焉有不仁者乎",是把获得菽粟丰收作为治国安民平天下的大计。荀子在《荀子》天论篇这样议论:"君子啜菽饮水,非愚也,是节然也。"成书于公元前 1 世纪的《礼记》(檀弓下)记载:"孔子曰,啜菽饮水,尽其欢,斯之谓孝",都对食用大豆作出评价,称许为尽孝之饮食。春秋战国时期,菽在民食和农业生产中占有极其重要地位。其次是粟,以下文献反映出这方面情景:"工贾不耕田,而足乎菽粟。"《荀子》(王制篇),"无不被绣衣而食菽粟者。"《战国策》(齐策四),"民之所食,大抵豆饭藿羹"。

成书于公元前 1 世纪的《汉书》与《氾胜之书》,则进一步记录了大豆不仅供各阶层人们食用,还用之于还赋税,用之于荒年救灾。《汉书·昭纪篇》记有:"文风二年六月,赦天下,诏曰:三辅,太常郡,得以菽麦当赋,……六年……夏赦天下,诏曰:夫谷贱伤农,今三辅,太常,谷减赋,其令以菽、粟当今年赋"。《氾胜之书》不仅总结了汉代及汉代以前的大豆耕种,施肥、收获及品种等技术,还记载了大豆的种植规模及大豆荒年抗灾作用:"大豆保岁易为,宜古之所以备凶年也。谨计家口数种大豆,率人五亩"。氾胜之书所说的古,应为春秋战国时期及更远年代。依此记载推算,汉代以前的大豆种植面积占作物播种面积的 25%~40%(友于、李长年,1984)。

一些已出土的大豆文物也显示出大豆在 2 000 多年前的社会生活中的重要性。1959 年山西侯马县牛村古城遗址发现贮存大豆的窖穴和大豆种子,距今已有 2 300 年。1953 年在河南洛阳汉墓中出土的陶制粮仓中,有用朱砂写的"大豆万石"字样。表明当时的大豆产品已很丰富,贮存的规模很大(王连铮、王金陵,1992);1974年、1975年先后发掘的长沙马王堆汉墓、湖北江陵凤凰山汉墓(2 100年前)均出现大豆,表明那个时代的贵族都很喜爱大豆,故以大豆作为陪葬品。

(二)丰富多样的大豆食品

自春秋战国至秦汉以至此后的历朝历代,大豆继续作为百姓的食粮,"菽饭藿羹,啜菽饮水"是为社会之大观。随着生产生活的发展,先后发明了多种食品如豆豉、豆酱、豆腐、豆油等,还发现大豆可以作为医疗食品利用(郭文韬,1993)。

1. 豆豉　豆豉制作始创于战国时期。成书于公元前300年的《楚辞·招魂》有"大苦咸酸,辛甘行些"的记载。朱熹注:大苦,豉也,咸,盐也,酸,酢也,辛,谓椒姜也。《楚辞》是战国初期作品,将大苦(豆豉)写进《楚辞》,表明春秋战国时期的楚国制作和食用豆豉已很普遍了。东汉刘熙在《释名》解释"豆豉"时说:"豉,嗜也,五味调和,须之而成,乃可甘嗜也。"至魏晋南北朝时期,已积累丰富的豆豉制作经验,贾思勰在《齐民要术》中详细介绍了大作坊制作豆豉的操作过程及其条件控制,如时间、温度,防除污染的掌控阐述详细,表明那时的豆豉制作技术已臻完善,从此,豆豉作为美味营养食品流传至今。

2. 豆腐　豆腐制作始于汉代,传说为西汉淮南王刘安始创。河南省密县打虎亭1号汉墓出土的豆腐作坊石画描绘了浸豆、磨豆、过滤、点浆、镇压等制作过程,表明汉代的豆腐制作工艺已趋成熟,唐宋元明时代豆腐食用日益普遍,对豆腐的营养价值有了更多了解,人们把食用豆腐作为"肉味不给"情况下增强营养的重要食品。陶谷的《清异录》载:"时戢为青阳承,洁已勤民,肉味不给,日市豆腐数个,邑人呼豆腐为小宰羊。"人们把豆腐的营养价值与小宰羊并列。那一时期有不少著名诗人把种豆制作豆腐写成诗句予以歌颂,如宋代儒家朱熹,元代诗人郑元端等作有《豆腐》诗,流传至今。郑元端的《豆腐诗》写得很美,尤如豆腐一般清新甜美:"种豆南山下,霜风老荚鲜,磨砻流玉乳,煎者结清泉,色比土酥净,香逾石髓坚,味之有余美,玉食勿与传"。明代李时珍在《本草纲目》中对豆腐的制作方法及技术要领作了详细的总结。明代李日华在《蓬栊夜话》中对臭干的加工过程及臭豆腐的神奇美味作了详细记述与评论。豆腐及臭干加工技术的文字总结,加之诗人的歌颂赞美,使豆腐食品传播更为广泛,食用更加普遍,豆腐食品的品种多种多样,成为历代中国人民的重要保健食品,也是待客之佳肴。

3. 豆酱　豆酱是大豆加工的另一类鲜味食品,其创始年代略晚于豆豉、豆腐,应在汉魏晋时期,后魏贾思勰在《齐民要术》和《作酱法》中对豆酱的选料、制作方法、制作过程及条件控制等均作了详细记述。表明在北魏之前豆酱的制作技术已相当成熟。由于《齐民要术》对豆酱制作技术的总结,使这一豆制品在全国广泛传播,成为人民大众喜爱的豆制品,流传至今。明代李时珍在他的《本草纲目》一书中,对当时人们制作大豆酱的方法及原料调配比例作了简单明了的叙述。进一步推动了大豆酱在全国的普及。

4. 大豆油　大豆制油及大豆油的食用始于何时尚不清楚。北宋苏轼在《物类相感志》中记载:"豆油煎豆腐有味","豆油可和桐油作舱船灰"。由此可见,豆油的制取及豆油的食用应在北宋以前,距今至少已逾千年。明清时期,大豆压榨制油日趋广泛,不少文献上出现了大豆制油出油率、制油技术及不同类型大豆品种出油差异率的记述。如明代宋应星的《天工开物》上有"凡油供馔用者…黄豆…为上";清代方以智在《物理小识》书中记述了不同制油方法的出油率，"黄豆润者一石取十八斤，榨木压之可二十二斤"。清代何刚德在《抚郡农产考略》中对黄豆、青豆、乌豆、泥豆的出油率和油质作了比较。以上表明明清时期在大豆制油方法及不同品种出油率等方面已积累较为丰富的经验，大豆油进入百姓生活。

（三）大豆医疗作用的发掘和应用

大豆作食粮利用的长期过程中，人们逐渐发现大豆对某些疾病或身体不适有缓解、减轻或消除作用，并积累这些知识用于医疗。有关这方面的认知和应用，见诸战国以来的众多医学、农学和文学文献书籍。

我国最早最重要的医学典籍《黄帝内经》，是古代研究自然气候变化规律对人体影响以及食物与人体健康的医学专著，是阴阳五行学说的经典著作。它对后代医学和哲学的影响已远远超出中国范围。在该书的《素问藏气法时论》中论述五脏病饮食时提出："毒药攻邪，五谷为养，五果为助，五畜为益，五菜为充，气味合而服之，则补精益气"。认为脾脏病"脾色黄宜食咸，大豆豕肉粟藿皆咸"。由此可知，远在春秋战国时期，大豆作为主食的同时，已将其列为调养内脏补精益气的药用食品。成书于东汉的《神农本草经》首次出现用大豆黄卷和生大豆治疗疾病的记载，其后的南北朝时期成书的《名医别录》则对大豆黄卷和生大豆的医疗功用作了较详细的叙述："大豆黄卷，无毒，主治五脏胃气结积，益气，止毒"。"生大豆，味甘平，逐水胀，除胃中热痹，伤中，淋露，下瘀血，散五脏结积……"。表明到南北朝时期，大豆黄卷和生大豆在医疗上已有比较广泛的应用，同时，积累了大豆黄卷和生大豆的医疗经验。宋代苏颂的《图经本草》，清代的《本草从新》都对大豆黄卷的药性、药理及治疗范围有所记述。表明南北朝以来，直至明清，大豆黄卷都在用于治疗疾病，并积累了更多经验。与此同时，人们还总结了大豆食品直接的医疗效果，逐步形成食物疗法。唐代孟诜和张鼎合著的《食疗本草》一书，详述了大豆的食疗作用，表明在唐代以前，人们就注意了大豆的食疗效果，积累了经验，大豆食疗已有较为广泛的传播，故在唐代收入专著。至明朝，李时珍更深入总结了不同种皮色大豆品种的食疗功能的差异，在《本草纲目》一书的第24、25卷分别列出黑大豆、黄大豆、豆豉、豆腐的药性及治疗范围。清时吴仪洛及李文培在各自编著的《本草从新》《食物本草》中，详细记述了不同种皮大豆的食疗功能，进一步加深了对大豆食疗的了解，扩大了大豆的医疗利用。

（四）华夏文明的传播

大豆生产的发展，推动了中华民族的繁衍和昌盛，以丰富多样的大豆食品为特色的饮食文化成为华夏文明的一部分。我国的大豆及大豆食品最早（战国至秦汉）传到朝鲜、日本，而后又传到东南亚和南亚，故很久以来，朝鲜、日本及东南亚各国都盛行大豆食品。加上这些国家的饮食习惯与我国相似，以植物食品为主，形成东方特色的饮食文化。

随着大豆生产在18~19世纪传播世界，20世纪的快速发展，中国发源的大豆品种、种豆技术及大豆食品加工技术也流传世界。美国是20世纪大豆生产及利用发展最快的国家，是现代大豆种植面积和大豆产品最多的国家。美国农业部大豆调研处前主任、伊利诺伊大学农学系前主任R.W.Howell教授在1982年第一次中美大豆科学讨论会上说，"在美国的农业和经济部门中，大豆业在发挥其优势及发展速度方面是独一无二的。……大豆在美国的历史就是在工业、农场、政府和大学中认识到某种需要和机会的人们的历史，为了创造大豆奇迹他们在一起工作了大半个世纪。我们的行业是建立在来自东方的一项古老礼物基础上的"。Howell的报告高度评价了大豆在美国农业和经济发展中的突出地位，同时论述了美国出现的大豆奇迹是在东方礼物基础上形成和发展的。由此可见,源于中国的大豆及大豆食品——东方饮食文化精华,对 20 世纪美国及许多国家的农业及社会经济发展起了基础作用和推动作用。金色的大豆,将在 21 世纪,在人类社会发展的历史长河中永放璀璨的光辉。这是华夏文明对人类社会历史发展的重大贡献。

二、大豆的营养价值

大豆籽粒主要营养物质是蛋白质和脂肪,二者约占干重的 60%,还含有 26% 左右的碳水化合物,5% 左右的灰分以及少量的膳食纤维、磷脂、低聚糖、异黄酮、皂苷和维生素等。大豆籽粒的钙、锌、铁、磷等矿质元素也是人体营养所需要的。

(一)大豆蛋白质

大豆蛋白质是我国历代人民食物蛋白的重要来源,是现代世界各国人民植物蛋白的重要来源。

1. 大豆蛋白质含量 栽培大豆的蛋白质含量在 40% 左右,因品种类型、气候土壤条件而波动,最低不足 30%,最高可达 52% 以上。野生大豆蛋白质含量一般高于栽培大豆,最高达到 55%。徐豹(1984)报道,全国 1 635 份栽培大豆蛋白质含量平均为 42.15%,最高为 50.73%,最低为 34.7%;野生大豆平均值为 46.88%,最高为 55.37%,最低为 33.91%。吕景良(1987,1988,1990)报道,2 341 份东北大豆品种,蛋白质含量平均值为 41.88%。黄尚琼(1989)报道,南方 9 省、自治区 1 656 份大豆品种蛋白质平均含量为 43.54%,最高达 52%。李永孝(1999)在《山东大豆》书中记述,1986 年至 1989 年 760 份山东省夏大豆品种分析结果,蛋白质平均含量 42.46%。以上资料表明,我国大豆蛋白质含量,长江流域高于黄淮海,长江流域、黄淮海高于东北。

Taile(1976)分析日本及引自世界各地大豆品种 1 110 份,蛋白质平均含量 39.82%。Kwon(1975)分析朝鲜半岛的 1 315 份大豆品种,蛋白质平均含量为 41.7%。美国农业部分析 2 278 份大豆品种资源的蛋白质含量平均值为 41.4%。这些结果均低于徐豹(1984)报道的中国栽培大豆品种平均值(常汝镇,2003)。

2. 大豆蛋白质的营养功能 蛋白质是生命存在的形式,没有蛋白质就没有生命。正常成人体内蛋白质含量为 16% ~ 19%,是人体干物质重的一半左右。人体蛋白质由 20 种氨基酸通过肽键形成复杂的大分子物质。在人体氨基酸中有 9 种是人体不能合成或合成速度不能满足机体需要,而必须从食物中摄取的氨基酸,将这些氨基酸称为必需氨基酸。即苯丙氨酸(Phe)、蛋氨酸(Met)、赖氨酸(Lys)、色氨酸(Trp)、苏氨酸(Thr)、亮氨酸(Leu)、缬氨酸(Val)、异亮氨酸(Lle)和组氨酸。组氨酸虽然还不能确定是成人体内的必需氨基酸,但已确定为婴儿体内的必需氨基酸(黄承钰,2003)。

食物蛋白营养学评价,不仅要看必需氨基酸的含量,还要看氨基酸的组成比例,蛋白质的消化率、生物价、净利用率、功效比和氨基酸评分。蛋白质中各种必需氨基酸相互构成比例称为氨基酸模式,食物蛋白氨基酸模式与人体氨基酸模式越接近,人体对食物蛋白质的利用程度就越高。所含有的必需氨基酸模式能满足人体需要的蛋白质称为完全蛋白质,或全价蛋白质。几种食物蛋白质中必需氨基酸含量(%)及相互间比值见表 1-1。

表 1-1　几种食物蛋白质中必需氨基酸含量(%)及相互间比值

必需氨基酸	鸡　蛋		大　豆		稻　米		面　粉		花　生	
	%	比值	%	比值	%	比值	%	比值	%	比值
色氨酸(Trp)	1.5	1.0	1.4	1.0	1.3	1.0	0.8	1.0	1.0	1.0
苯丙氨酸(Phe)	6.3	4.2	5.3	3.2	5.0	3.8	5.5	6.9	5.1	5.1
赖氨酸(Lys)	7.0	4.7	6.8	4.9	3.2	2.3	1.9	2.4	3.0	3.0
苏氨酸(Thr)	4.3	2.9	3.9	2.8	3.8	2.9	2.7	3.4	1.6	1.6
蛋氨酸(Met)	4.0	2.7	1.7	1.2	3.0	2.3	2.0	2.5	1.0	1.0
亮氨酸(Leu)	9.2	6.1	8.0	5.7	8.2	6.3	7.0	8.8	6.7	6.7
异亮氨酸(Ile)	7.7	5.1	6.0	4.3	5.2	4.0	4.2	5.3	4.6	4.6
缬氨酸(Val)	7.2	4.8	5.3	3.2	6.2	4.8	4.1	5.1	4.4	4

资料来源:黄承钰.医学营养学.人民卫生出版社,2003 年

大豆蛋白质属完全蛋白质。大豆蛋白质中含有 18 种氨基酸。谷氨酸、天门冬氨酸、精氨酸、亮氨酸和赖氨酸的含量在 5%以上,其余均在 5%以下。大豆蛋白质 8 种必需氨基酸含量比禾谷类高,多数氨基酸含量高于肉、蛋、奶的含量,且各种氨基酸的组成比例与人体必需氨基酸相当,与氨基酸模式最好的鸡蛋蛋白质氨基酸相近,只有蛋氨酸的含量及比值较低。大豆蛋白质消化率为 90%,生物价为 73%,净利用率为 66%,氨基酸评分为 46%,都接近于牛肉、鱼和鸡肉,为营养价值很高的蛋白质。以植物为主要食物的居民,一方面是蛋白质含量低,且 8 种必需氨基酸的含量及构成比例不很合适,须补充动物类食品蛋白质,而以动物类食品为主的西方饮食,过多摄入动物蛋白质,常伴随动物脂肪和胆固醇的摄入量增加,易诱发心脑血管及肾脏毛病。而大豆蛋白质既能增加人体必需氨基酸的供给,又没有动物蛋白质食品可能产生的副作用,故大豆蛋白质的营养价值和保健功能越来越受到重视。

(二)大豆脂肪

大豆脂肪是现代人类最重要的食用植物油源。

1. 大豆脂肪含量　中国大豆品种脂肪含量 16%～22%,呈南低北高趋势。根据吉林省农业科学院(1982)分析结果,北方春大豆(308 个品种)的平均脂肪含量为 20.8%,黄淮夏大豆(105 个品种)为 18%,南方春大豆(71 个品种)为 16.7%。中国南方大豆品种一般是脂肪含量较低,但在品种资源及近期育成的新品种中均有超过 22%的。与美国、巴西、阿根廷的商品大豆相比较,中国商品大豆的含油量低 0.5%～1.5%。

2. 大豆脂肪酸　脂肪的水解产物为脂肪酸。大豆的脂肪酸组成以不饱和脂肪酸为多,占 80%～88%。其中油酸占 20%～24%,亚油酸占 49%～59%,亚麻酸占 8%左右,花生四烯酸占 0.5%左右,饱和脂肪酸占 15%左右,其中棕榈酸 11%～12%,硬脂肪酸 3%～4%。大豆脂肪酸组成虽受气候、产地等因子影响而有所变动,但变动幅度不大,保持相对稳定。

多不饱和脂肪酸亚油酸和亚麻酸属必需脂肪酸。人体必需而又不能在体内合成,须由食物供给的脂肪酸称为必需脂肪酸。必需脂肪酸是组织细胞的构成成分,是前列腺素在体内合成的前体,而前列腺素具有促进血管舒张,刺激子宫平滑肌收缩,抑制胃酸分泌的功能。必需脂肪酸还与精子的形成有关,能影响胆固醇的代谢,减少胆固醇在血管壁的沉淀,降低血清胆固醇含量,软化血管,从而降低心脑血管疾病的发病率。最近的医学研究表明,单不饱和脂肪酸——油酸,具有多不饱和脂肪酸的同样功能,且能在降低有害胆固醇含量的同

时,不降低有益胆固醇含量。大豆油含 20% 以上的单不饱和脂肪酸,60% 以上的多不饱和脂肪酸,二者相加在 80% 以上。故大豆油是对人体健康极为有益的优质油脂。

3.大豆油 随着大豆生产的发展,世界大豆油消费增长很快,成为消费量第一位的植物油。1996~2002 年,全世界大豆油消费由 2 060 万 t 增至 3 080 万 t,增长近 50%,年均增长 8.2%。2002 年世界大豆油消费量占植物油总消费量的 32.5%(表 1-2),居各种植物油的首位。我国大豆油的消费量,1999 年为 287.1 万 t,占植物油总消费量(1 172.7 万 t)的 24.5%,居第二位。近几年由于进口大豆的急剧增加,2003 年的大豆油消费量达 717.4 万 t,占当年植物油总消费量(1 896.4 万 t)的 37.8%,居第一位。显然大豆油已成为中国及全世界最重要的食用植物油源。

表 1-2 1996~2002 年世界植物油消费量

品 种	年消费量(万 t)							2002 年消费构成(%)
	1996	1997	1998	1999	2000	2001	2002	
大豆油	2060	2257	2407	2479	2694	2872	3080	32.5
棕榈油	1774	1697	1926	2177	2368	2550	2691	28.39
葵籽油	864	829	925	961	833	721	833	8.83
菜籽油	1084	1143	1186	1361	1317	1272	1177	12.42
棉籽油	387	370	357	357	350	383	348	3.67
花生油	452	414	443	416	430	481	430	4.54
其 他	844	802	756	836	887	909	921	9.72
总 计	7465	7512	8000	8587	8879	9188	9480	100

(三)大豆生物活性物质与微量元素

随着生物化学和生物医学研究的发展,对大豆内含物成分及其营养保健功能的了解不断加深。除了营养价值很高、含量极为丰富的蛋白质和脂肪以外,还发现大豆含有好几种具有特殊生物学功能的生物活性物质,如异黄酮、磷脂、低聚糖、大豆皂苷、维生素等。

1.大豆磷脂 大豆籽粒中含有 0.3%~0.6% 的大豆磷脂。大豆磷脂由甘油、磷酸、脂肪酸及含氮有机碱组成,包括卵磷脂、脑磷脂和肌醇酰磷脂。大豆磷脂与神经传递有关,并有清除血管胆固醇的功能。其水解产物胆碱,能促进脂肪代谢,减少脂肪在肝脏积存,具有保护人体肝脏,防止胆结石,防止老年骨质疏松的作用。大豆磷脂被列为安全的、天然的食品添加剂、膨松剂、抗氧化剂及食品营养添加剂,广泛用于食品、医药、饲料及化妆品等行业。

2.大豆异黄酮 大豆含 0.1%~0.5% 异黄酮。异黄酮有两种主要成分,即金雀异黄素(又称染料木素)和大豆素。不同大豆品种异黄酮含量差异较大,相差 2~3 倍。大豆异黄酮是天然植物雌激素,有抗氧化作用,可降低心血管发病率,对肿瘤和骨质疏松等有一定预防和减缓功能,还可减轻妇女更年期障碍症状。大豆异黄酮在食品和医药中应用前景广阔。

3.大豆皂苷 大豆皂苷是由三萜类同系物(皂苷元)与糖缩合形成,主要分布于大豆胚中。近年来发现大豆皂苷可降低血液胆固醇和甘油三酯含量,有抗老化作用,能抑制肿瘤细胞生长,抵制血小板凝聚,增强人体免疫功能,对动脉硬化有一定防治作用。大豆皂苷在天然食品、药品、化妆品等方面有广泛应用。

4. 大豆低聚糖　大豆低聚糖为低分子可溶性糖类，在种子中占 7%~10%，包括木苏糖、棉籽糖和蔗糖等。大豆低聚糖低热值，不易消化，可促进肠蠕动，促进双歧杆菌生长。大豆低聚糖可用来制备饮料和各种食品添加剂。

5. 维生素　大豆含有丰富的维生素，共有 13 种，以维生素 E、维生素 B_1、维生素 B_2、维生素 B_6、烟酸、泛酸、叶酸为多。各种维生素在维系人体正常代谢和机体功能方面起重要作用，维生素在加热过程中会起不同变化，故各种大豆制品维生素含量不一。

大豆还含钙、磷、铁、锌等矿质元素，也是人体健康必需的元素。

大豆含丰富的蛋白质和脂肪，近来对大豆磷脂、异黄酮、皂苷、低聚糖、维生素及矿质元素等物质的营养保健功能深入进行研究及产品开发，加深了人们对大豆营养价值及保健功能的认识，使大豆食品风行全球，大豆消费量逐年增长。日本人的平均寿命最长，国民体质提高较快，与日本人保持东方饮食文化传统喜食大豆食品分不开，日本是世界上人均消费大豆最多的国家之一。美国十分注重促进大豆消费，制成多种多样的大豆食品，美国食品与医药部门提出建议，每人每餐食用 6.25 克或每天 25 克大豆蛋白质，以利于降低胆固醇含量，减少心脑疾病发病率。

三、大豆是养殖业重要饲料源

富含蛋白质、油脂、矿物质、生理活性物质及维生素的大豆，不仅是人类赖以生存繁衍的主要营养源，也是各种动物饲养业的重要饲料源。全世界大豆总产量的 80%~85% 是用于榨油，榨油后的大豆饼粕含有 50% 左右蛋白质，可以制作各种食品，更多的是用作饲料。

大豆作饲料始于我国春秋战国时期。《战国策》齐卷有"君之厩马百乘，无不被绣衣，而食菽粟者"的记载。《韩非子·外储说上》中有"韩宣子曰：吾马菽粟多矣"之说。表明在 2 300 多年前，大豆作饲料已较为普遍。至魏晋南北朝时期，始用大豆作青贮饲料，用其喂鸭喂猪。《齐民要术》总结大豆作饲料的经验有三：一是青茭养羊，养羊"一千口者，二四月种大豆一顷杂谷并草留之，八九月中刈作青茭"，即用大豆作青贮饲料；其二是饲豆肥畜禽，"供食豚……散粟豆于内，小豚足食，出入自由，则肥速"，这里是说用粟豆肥育小猪的做法；其三是母鸭饲豆，"常令肥饱，一鸭便生百卵。"至明清时期，积累了更多大豆作饲料的经验。如明代冯应京的《月令广义》中说，"诸色豆秸晒收……可饲牛马"；明代王象晋的《群芳谱》中说，"腐之渣可喂猪，……油之渣可粪地"；明代《养民月宜》中说，鹅鸭"若是其豆、麦、肥饱则生卵"；清代方以智的《物理小识》有"牛……草杂豆饲，肥润耳湿"；包世臣的《齐民四术》中说"菽……可磨为腐，其渣宜饲"。可见明清时期，大豆用作饲料已非常广泛，既有以豆作牛马鸡鸭饲料的，又有用豆渣、豆饼喂猪的（郭文韬，1993）。这些经验流传至今。近几十年来，养殖业快速发展，高蛋白质的大豆饼粕成为养殖业最重要的蛋白质饲料源。19 世纪末，美国养殖业发展，对高蛋白质饲料需求量日益增加，同时对植物油和优质蛋白质食品的需求也不断增长，从而促进了 20 世纪美国大豆生产的大发展，出现了美国历史上的大豆奇迹（R. W. Howell，1983）。

一般饲料中要有 10%~20% 的蛋白质，而以禾谷类为主的饲料，其蛋白质含量多在 8% 左右，须加入大豆饼粕以平衡饲料蛋白质，保持饲料的营养效价。如美国的鸡饲料中要求加入 35%（雏鸡）、30.5%（幼鸡）和 27.5%（成鸡）的大豆粕；猪饲料要求加入 27.5%（乳猪）、21.25%（幼猪）和 15.75%（成猪）的大豆粕。1980~1981 年，美国约有 50% 的大豆粕用于畜禽饲料（E. F. Sipos，1983）。2002 年全世界养殖业消费植物饼粕 18 287 万 t，其中大豆粕占

72.76%,为 13 305 万 t;同年中国养殖业消费植物饼粕 3 323 万 t,其中大豆粕占 58.65%,为 1 949 万 t。2002 年与 1996 年相比较,全球大豆粕消费增长 45.1%,中国增长 85.1%(表 1-3)。可以看出,中国以至全球养殖业的发展,赖之于大豆粕消费量的快速增长。大豆粕不仅是蛋白质含量高,生物效价高,而且脱脂大豆粕的粗蛋白质、粗纤维的消化率、代谢能也高于其他禾谷类和其他油籽饼粕。故大豆粕是优质饲料蛋白质源。

表 1-3 1996~2002 年植物饼粕消费量及 2002 年消费构成

地域	种类	年消费量(万 t)							2002 年消费构成(%)
		1996	1997	1998	1999	2000	2001	2002	
世界	大豆	9169	9884	10759	10924	11779	12641	13305	72.8
	棉籽	1223	1179	1136	1134	1129	1200	1122	6.1
	菜籽	1803	1885	1919	2235	2115	2009	1871	10.2
	葵籽	1008	951	1057	1063	926	824	896	4.9
	花生	619	541	575	526	592	560	541	3.0
	其他	476	441	434	486	550	548	552	3.0
	总计	14298	14881	15880	16368	17091	17782	18287	100
中国	大豆	1052.8	1089.7	1141.6	1257.9	1504	1527	1949	58.7
	棉籽	256.7	286.1	187.3	244.0	260	318.0	292.5	8.8
	菜籽	473.7	552.9	557.0	690.9	719	698	614.8	18.5
	花生	218.8	199.8	241.1	250.6	264.5	263	279.0	8.4
	其他	177.5	135.1	160.7	198.8	176.4	181.1	187.7	5.6
	总计	2179.5	2263.6	2287.7	2642.2	2923.9	2987.1	3323	100

另外,大豆秸秆和荚壳含有 3.4% 左右的蛋白质和各种矿质元素,亦可作饲料利用,大豆青贮饲料的蛋白质和各种营养含量都很高,其营养价值与青贮苜蓿相当,且其胡萝卜素含量高于苜蓿。

四、促进农业及社会经济持续发展

农业生产的持续发展与提高赖之于土壤的不断培肥和农业生态环境的不断优化。大豆生长对土壤环境的适应性较强,是土壤开发利用的先锋作物,同时,由于大豆有共生固氮作用,其根系生长更替旺盛,加之落叶残茬遗留丰富,有利于土壤培肥。特别是有利于减少土壤氮的消耗。

大豆有养地作用,这是古代农民在种植实践中认知的。郭文韬(1993)在《中国大豆栽培史》一书中提出:"战国至秦汉时期,中国已经初步形成了豆谷轮作的格局。这种轮作方式之所以能成立,是因为人们在生产实践中,逐渐认识了大豆的肥田作用。早在西周时期的金文中就已有了菽字,菽这种象形文字,除了描述地面上形态以外,还着重描写了地下根部着生根瘤的特点……及至汉代,农学家氾胜之曾说'豆有膏',而膏是油润的意思,也可作为肥沃来理解。这是采行豆谷轮作的理论基础。"上述表明,早在秦汉以前,我们的祖先便对大豆的养地作用有了感性认知。此后的 2 000 多年来,更积累了大豆及大豆饼、大豆秸秆肥田的经验,形成了以大豆为中心的诸多轮作制。

现代科学研究已探明大豆的共生固氮作用。土壤根瘤菌侵入大豆根部,与之共生形成根瘤,根瘤固定大气中的分子态氮转化为铵态氮供大豆生长利用。据国内外已有的试验报道,种 1hm² 大豆可以固氮 75～150 kg,全国以每年种豆 900 万 hm² 计算,则大豆固氮可达 67.5 万～135 万 t。大豆固氮约有 50% 进入籽粒,其余部分可通过多种途径归还土壤。由于大豆的共生固氮作用,减少了当年土壤氮的消耗。同时,大豆根系、根瘤在生育过程中存在频繁的死亡更新。根系分泌的有机酸可活化土壤中部分难溶性养分,大豆根、茎、叶积累的营养物质可归还土壤,加上大豆根系的生长过程及土壤耕作的物理过程,故种大豆有改善土壤理化性状及培肥土壤作用。大豆成为多种作物良好前茬,在同样土壤和施肥措施的条件下,大豆茬后作产量比水稻、小麦等禾谷类作物的后作产量要高出 15%～20%。适当扩大大豆种植面积,合理安排作物茬口,是减少化肥用量,改良和培肥土壤,实现农业可持续发展的重要途径。

大豆作为养殖业的优质饲料源,促进了养殖业发展,而养殖业的发展,可以产出大量粪便作为种植业的优质农家肥料,可用于培肥土壤,减少化肥施用量,提高种植业的经济效益,优化农业生态环境,有利于农业内部种植业、养殖业的良性循环,相互促进,协调发展。

由于大豆富含蛋白质、脂肪、多种氨基酸、脂肪酸及大豆磷脂、大豆异黄酮、大豆皂苷、维生素等营养保健物质,可以加工成各种各样的食品、营养保健品、医药制品以及精细化工产品,以大豆为原料形成诸多产业,制作出成千上万种产品。20 世纪 80 年代以前,曾谋求大豆的工业利用,如制作油漆、清漆、塑料、粘合剂、三合板胶、纸张涂料、纸张上光、纺织纤维等。后发现大豆在食用和饲用的需求日增,工业用途有所减少。大豆粕及脱脂豆片可饲用,可加工成大豆粗粉、大豆粉、蛋白粉、大豆浓缩蛋白和大豆分离蛋白。这些蛋白可作各种食品的配料,制作各种各样富有营养价值的食品;大豆油可加工成烹调油、色拉油、起酥油、人造奶油、蛋黄酱,以及脂肪酸、甾醇、维生素 E 等产品,制油过程中分离出来的磷脂广泛用于人造奶油、巧克力、糖果、冰淇淋、通心粉以及制药、化妆品、涂料、橡胶水等。随着世界大豆生产的发展和科学技术的进步,以大豆为原料的产品种类会不断增加,以满足人民生活和产业发展的需要。大豆产品开发是无限的,大豆加工增值是不可估量的。故大豆生产对于人民生活,对农村经济发展以至整个国民经济发展,都具有极其重要的意义。被称为"金色的豆子"的大豆,在满足世界食品需求、促进社会经济发展中发挥着越来越重要的作用。

第二节　大豆生产的历史与现状

一、世界大豆生产

(一)大豆生产快速发展的世纪

20 世纪是大豆生产快速发展的世纪。由于 19 世纪大豆生产的全球传播,大豆产品的营养价值日益为世人所认识,为 20 世纪的大豆生产大发展作了思想上和物质上的准备;而 19 世纪的科学研究在植物化学、植物生理学、植物遗传学、植物营养学以及土壤学上的重大进展为大豆生产发展提供了科学技术支持;20 世纪的经济发展,人口增长及生活水平的提高,对大豆产品,特别是大豆蛋白质和大豆油的需求不断增长,推动大豆生产发展。

19 世纪末,大豆的大规模种植还只是东亚地区,其他地区和国家还处在引种试种阶段,20 世纪初,90%以上的大豆种植面积与大豆产品在中国。1936 年全世界大豆面积 1 120 万 hm^2,总产量 1 239 万 t,1938~1940 年每年世界大豆面积约为 1 244 万 hm^2,总产量 1 100 多万 t(常汝镇,2003;孙醒东,1956)。1940 年以后,随着世界战争的结束,大豆生产伴随世界经济的发展而发展,特别是在 20 世纪的后 50 年,大豆生产快速发展。1949 年全世界大豆面积 1 278.8 万 hm^2,总产量 1 400.6 万 t;1999 年,大豆面积 7 205.2 万 hm^2,总产量 15 774.4 万 t。50 年面积增长 5.6 倍,总产量增长 11.3 倍,单产提高 99.7%。21 世纪前 5 年,世界大豆生产仍保持强劲增长势头,2004 年的大豆面积达到 9 259 万 hm^2,比 5 年前增长 28.5%。总产量达到 21 632 万 t,比 5 年前增长 33.1%。

20 世纪大豆生产发展最快的是北美洲、南美洲和亚洲,欧洲、非洲及大洋洲也都有所发展。面积与产量增长最多的国家是美国、巴西、阿根廷和印度。

美国 1804 年首次出现大豆的文字报道,此后开始试种,早期是作青贮饲料利用,20 世纪随着养殖业发展,蛋白质饲料需求量增加,同时对植物油的需求也不断增长,高蛋白大豆食品也逐渐为人们所认知,加上政府从科技投入和政策上予以支持,这一切都推动了美国的大豆生产发展。1907 年美国农业部设立大豆研究处,协调、组织全国大豆生产科研,1921 年成立大豆协会,1898~1923 年、1924~1932 年以及 1975~1980 年三次从亚洲以至世界各地引进大豆品种,广泛开展大豆遗传、生理、病理研究,组织品种改良、技术推广、加工利用及市场开拓工作,推动美国大豆生产快速发展。从 1945~1975 年的 30 年间,美国大豆播种面积增加 5 倍,达到 2 169.4 万 hm^2,产量增加 8 倍,达 4 140 万 t。到 2000 年美国大豆面积增长到 2 930 万 hm^2,产量增加到 7 560 万 t。从 1954 年美国大豆产量超过中国以后,长期居世界总产量第一位,出口第一位。

巴西 1882 年引种大豆,1941 年开始发展大豆商品生产,当年种植 651 hm^2,产量 475 t,20 世纪 50 年代开始,巴西政府大力协调和支持大豆生产发展,1960~2000 年的 40 年间,大豆面积扩大 77.9 倍,总产量增长 180 多倍,2000 年的大豆面积 1 397 万 hm^2,总产量 2 880 万 t。从 1975 年开始,巴西的大豆面积、产量均居世界第二。在几个大豆主产国中,巴西的大豆单产是位居前列的。

阿根廷是近 30 年来大豆面积和产量增长最快的国家。1862 年始种大豆。1970 年只种植 2.63 hm^2,产量 2.7 t;2000 年面积达到 1 030 万 hm^2,产量达到 2 720 万 t。从 1970~2000 年的 30 年间,面积增长 395 倍,产量增长 976 倍。自 2000 年以后,阿根廷的大豆面积和产量均居世界第三位。

印度的大豆生产在 20 世纪,特别近 30 年来有很大发展。1970 年印度大豆面积 3 万 hm^2,产量不足 1 万 t;2000 年达到 592 万 hm^2,产量达到 584.2 万 t。30 年间大豆面积增加 196 倍,产量增长 500 多倍,单产增加 584 kg/hm^2。虽然目前的大豆面积、产量还不及中国,尚居世界第五位,但近期的发展势头很猛,是亚洲地区发展最快的国家。

1999 年大豆产量居于前 6 至 10 位的国家依次为巴拉圭 304 万 t,加拿大 276.6 万 t,印度尼西亚 127.5 万 t,意大利 90.1 万 t,玻利维亚 76.2 万 t。其中意大利的单产最高,全国平均 3 700 kg/hm^2(1999),居世界第一。

据联合国粮农组织(FAO)的统计资料显示,2005 年全世界大豆面积 91 386 621 hm^2,总产 209 531 558 t,单产 2 292.8 kg/hm^2。种植大豆的国家(有统计资料)93 个,总产量超过 50 万 t

的国家 11 个,美国的大豆面积,总产量仍居世界首位。单产最高的为意大利,148 115 hm² 大豆,平均单产 3 969.1 kg/hm²(表 1-4)。

表 1-4　2005 年世界大豆主要生产国家的面积与产量

国　　家	面积(hm²)	单产(kg/hm²)	总产(t)
美　国	28842260	2871.5	82820048
巴　西	22859300	2192.4	50195000
阿根廷	14037000	2728.5	38300000
中　国	9500135	1779.0	16900300
印　度	7000000	857.1	6000000
巴拉圭	1935700	1814.8	3515000
加拿大	1158300	2589.0	2998800
玻利维亚	890000	1876.4	1670000
印度尼西亚	611059	1304.5	797135
俄罗斯	690000	1072.5	740000
意大利	148115	3969.1	587876
世　界	91386621	2292.8	209531558

(二)20 世纪世界大豆生产发展特点

20 世纪世界大豆产业发展呈现以下特点。

1. 持续稳定增长　20 世纪初期,大豆生产只是在中国及东亚地区比较多,其他国家还很少。1936 年全世界大豆面积 1 120 万 hm²,产量 1 239 万 t,其中 91% 是中国生产的。1950年以后世界大豆面积不断扩大,单产逐渐提高,总产量快速增长。以 1948 ~ 1950 年的平均数为基数,以 5 年为统计周期,全世界的大豆面积与产量都是越来越多,不断增长,单产水平也是逐次提高(表 1-5)。50 年来的大豆面积、单产、总产量均呈稳定持续增长。

表 1-5　20 世纪(1936 ~ 2000 年)世界大豆生产发展

年　代	面　　积 (1 000 hm²)	面　　积 (%)	单　产 (kg/hm²)	单　产 (%)	总　产 (t)	总　产 (%)
1936	11200	74.4	—	—	12390	87.0
1938 ~ 1940	12440	82.6	884	93.7	11000	77.2
1948 ~ 1950	15058	100	943	100	14244	100
1951 ~ 1955	—	—	—	—	19360	136.1
1961 ~ 1965	24706.8	164.1	1156.74	122.6	28597	200.8
1966 ~ 1970	28387.8	188.5	1417.70	150.3	40285	282.8
1971 ~ 1975	35060.4	232.8	1531.76	162.4	51005	358.1
1976 ~ 1980	45395.0	300.1	1655.16	175.5	75287	528.6
1981 ~ 1985	51582.1	342.6	1750.60	185.6	90402	634.7
1986 ~ 1990	55023.1	365.4	1831.06	194.2	100751	707.3
1991 ~ 1995	59142.4	392.8	2013.94	213.6	119291	837.5
1996 ~ 2000	69034.8	458.5	2181.34	231.3	150070	1057.8

2. 产区分布广泛,主要产区集中　19 世纪前大豆生产主要产区在中国及其四周的亚洲

国家,20世纪大豆生产广泛分布于全球各大洲。1980年世界大豆种植面积5 052.9万hm²,其中北美洲占55.7%、南美洲占21.6%、亚洲占19.2%、非洲0.7%、欧洲0.9%、大洋洲0.1%;1996年世界大豆面积6 259.8万hm²,中北美洲、南美洲、亚洲、非洲、欧洲、大洋洲分别占42.6%、28.9%、25.2%、1.5%、0.9%和0.1%。主要产区集中在美洲和亚洲,其他洲较少。大豆主产国家美国、巴西、阿根廷、中国,2004年的大豆面积、总产量分别占全球的83.2%和90.28%。其中南美洲巴西、阿根廷两国的面积和产量分别占全球的40.2%和43.7%,超过北美洲成为全球最大的大豆集中产区(表1-6)。

表1-6 2004年大豆主产国的面积和产量

国家	面积		总产		单产
	万hm²	%	万t	%	kg/hm²
世界	9263	100	21432	100	2310
中国	959	8.89	1740	8.4	1815
美国	2993	32.31	8548	39.9	2860
巴西	2284	24.66	5100	23.8	2230
阿根廷	1440	15.55	3900	18.2	2710
四国合计	7676	81.41	19288	90.3	2404

3. 热带、亚热带和温带均有较集中的大豆产区 世界大豆主产国家,中国、美国、印度在北半球,巴西、阿根廷在南半球,大豆产区从热带到亚热带再到温带,分别占16%、24%和60%,即温带多于亚热带,多于热带(表1-7),但近30多年来,巴西、印度主要是在热带、亚热带地区发展大豆,且已获得高产。这两个国家在热带、亚热带地区发展大豆生产的势头正猛。由于热带资源的开发,不久的将来巴西可能成为全世界最大生产国家,印度会成为亚洲最重要的大豆生产国。以上国家发展大豆生产的实践表明,大豆有很广泛的适应性,无论是温带还是亚热带和热带地区,只要选择相适应的大豆生态型品种,摸清适宜的播种期,实行机械化、规模化、科学化栽培,不仅可以大面积种植,还可以实现高产高效——经济效益、社会效益与生态效益的结合。

表1-7 2001年世界大豆主产国家大豆产区的地理分布

国家	大豆总面积 (万hm²)	热带面积 (万hm²)	(%)	亚热带面积 (万hm²)	(%)	温带面积 (万hm²)	(%)
中国	930	120.9	13.0	195.3	25	558	60
印度	601	240.0	40.0	300.0	50.0	60.1	10.0
美国	2943			588.0	20.0	2354.4	80.0
巴西	1385	692.5	50.0	346.3	25.0	346.3	25.0
阿根廷	1000			200.0	20.0	800.0	80.0
五国小计	6859	1053.4	15.4	1629.6	23.8	4118.8	60.0

资料来源:王连铮.2002,中国及世界大豆生产科研现状与发展前景;R.S.Paroda:1999 Proceedings of WSRC VI Illinois, USA

4. 大豆国际贸易与大豆生产相伴增长 由于大豆生产集中在几个主产国家,而大豆产品需求遍及全世界,尤以经济发展快、人口数量多的国家需求量更多,经济全球化为大豆产品的畅销创造了国际环境。故随着大豆生产发展和经济全球化的推进,大豆产品日益成为国际市场的重要贸易物质,贸易量与贸易额不断增长。2000～2004年世界大豆出口量由5374万t,增加到6243万t,增长16.1%;大豆油由716.7万t增至935.9万t,增长30.6%。5年间大豆及其制品的出口贸易额由181亿美元增至350亿美元,增长93.3%,成为世界贸易额最大的农产品(表1-8)。美国、巴西、阿根廷为主要出口国家。

表1-8　2000～2004年大豆及其产品的世界贸易(出口)

年份	大豆籽		大豆粕		大豆油		年出口贸易总额(万美元)
	(万t)	(万美元)	(万t)	(万美元)	(万t)	(万美元)	
2000	5374	897450	3610	689510	716.7	22893.7	1809853.7
2001	5340	907800	4150	747000	843.6	306226.0	1961026.0
2002	6118	1278662	4266	852800	938.6	456159.6	2587621.6
2003	5586	1625526	4537	1279434	898.1	593644.1	3498604.1
2004	6243	1374731	4579	920379	935.9	525039.9	2800149.9

二、中国大豆生产的历史和现状

(一)我国古代的大豆生产

大豆的栽培利用始于5000年前的农耕文化初期,成为传说中的黄帝后稷时期五谷之一。至春秋战国时期,在黄河流域,大豆成为最重要的食物,菽粟并重,菽居五谷之首,当时"民之所食,大抵豆饭藿羹"(《战国策·韩策一》)。可见,春秋战国时期黄河流域大豆生产规模是很大的,大豆种植面积达到当时作物播种面积的25%～40%(友于、李长年,1984)。

20世纪50年代末和60年代初,考古工作者在黑龙江省宁安县大牡丹屯和牛场两处原始社会遗址,以及吉林省永吉县乌拉街原始社会遗址都出土过大豆遗存,其年代距今约3000年(陈文华,1990)。80年代,吉林省永吉县大海猛遗址发掘出碳化大豆,C14测定距今约2600年。成书于战国时代的《逸周书·王今解》记载,周王灭商后大会诸侯时,各地进贡品中有"山戎菽",菽即大豆,山戎菽为我国古代燕北到呼伦湖以东的东北地区居民种植的大豆。由以上出土的大豆遗存及文献记载可以看出,西周至春秋时代,东北地区已有大豆生产,并受到当地居民所珍爱,用作珍品向周王进贡。

长江流域大豆生产始于何时,尚不得知。在战国以前长江流域便应有大豆生产了。《楚辞》是战国时期以屈原作品为主的文章总集。《楚辞·大招》有"五谷六仞,设菰粱只,"的章句,汉代王逸在《楚辞章句》中注释:"五谷,稻、稷、麦、豆、麻也"。宋代朱熹亦如此注释。王逸系湖北宜城人氏,他注释应是江汉地区春秋战国时期主要农作物的种植实际。《楚辞·招魂》有"大苦咸酸,辛甘行些"的章句。王逸注释"大苦,豉也"宋朱熹亦作此注。表明在战国时期湖北等地制作豆豉已较普遍,故在《楚辞》招魂篇才有表述。而豆豉应是在出现大豆生产较长时间之后方有可能。即在战国时期(公元前480～前207年)以前的西周—春秋时期(公元前1027～前481年),长江流域已有大豆生产。再从出土文物看,2100年前的湖南长沙马王堆汉墓、湖北江陵凤凰山汉墓均有大豆遗存。大豆作为墓主人之陪葬物品表明那个时代的大豆生产已较普及,且为喜爱之食物。由此推知,长江流域的大豆生产应始于战国时期以前的西周—春秋时期或更早。

秦汉以后大豆生产不断向全国各地发展。大豆品种不断增多,以大豆为中心的种植制度逐渐形成,大豆的种植、施肥、管理经验逐渐增多,社会发展,人口增多,促进大豆生产发展。宋代,朝廷采取调整江南种植结构的举措,促进了江淮地区大豆种植的普及和发展,水田地区成为稻豆轮作复种的重要地区(郭文韬,1993)。明代王圻在《三才图会》中有"豆,处处有之,其青、黄、黑、白、大、小种类甚多。"宋应星的《天工开物》有"几菽,种类之多,与稻黍相等,播种收获之期四季相承"。这表明,明代的大豆生产不仅是十分普遍,呈现处处有豆之大观,而且品种类型丰富多样,在南方一年四季均有大豆的播种与收获。

(二)近百年的大豆生产发展

20世纪初期,我国大豆种植已达到1 000万 hm^2 以上,产量达到1 000万 t 的生产水平。1931年的大豆面积1 470万 hm^2,1936年大豆产量1 130万 t,占同期世界大豆总产的90%以上。由于战争的影响,大豆播种面积和产量都大幅度减少,1949年大豆播种面积仅833万 hm^2,总产量仅510万 t,单产610 kg/hm^2。

新中国成立后,大豆生产得到迅速恢复,1951年的产量达到954万 t,1956年超过1 000万 t,分别比1949年增长87.1%和96%。1957年的面积恢复到1 278.9万 hm^2,为1949年的1.53倍。1960年后,由于粮食压力,加上认知上的偏差,大豆生产进入滑坡和徘徊期,面积缩减,总产量降低。1980年以后,大豆生产进入新的发展期。2001~2004年,播种面积恢复到900多万 hm^2,总产量达到1 600万 t,分别为1951年和1960年的83.3%和174%,而单产则提高了1倍(表1-9)。2004年全国大豆总产量1 740万 t,为历史最高年,单产1 815 kg/hm^2,面积958.9万 hm^2,与1954年相比较,50年间总产量增加738万 t,增长80.9%,单产增加1 095 kg/hm^2,增长1.5倍,面积尚减少309.5万 hm^2。总产量的增加主要是依赖单产的提高。

表1-9　近百年来我国大豆种植面积和产量的变化发展

年　份	种植面积		单　产		总 产 量	
	(万 hm^2)	(%＊)	(kg/hm^2)	(%＊)	(万 t)	(%＊)
1931	1470	130.2	—	—	—	—
1936	—	—	—	—	1130.0	117.8
1938~1940	880.0	78.0	—	—	—	—
1949	833.0	73.0	610	64.6	510	53.2
1949~1950	852.0	75.4	715.0	84.7	610.7	63.7
1951~1960	1128.7	100	843.9	100	959.4	100
1961~1970	897.8	75.5	847.8	100.5	751.8	78.4
1971~1980	724.5	64.2	1042.4	123.5	765.2	78.7
1981~1990	795.4	70.5	1318.4	156.2	1049.7	109.4
1991~2000	873.5	77.7	1592.6	188.7	1376.4	143.5
2001~2004	940.3	83.3	1764.0	202.3	1660.0	174.0

＊以1951/1960年的平均数100%为标准

(三)半个世纪来大豆生产发展相对滞后

新中国成立以来,我国大豆生产虽有较大发展,单产提高,总产量增加,但与我国其他几种作物相比,与世界大豆生产发展相比,与社会消费增长相比,大豆生产发展仍相对滞后。

1. 滞后其他主要作物的发展　从 1949~1999 年的 50 年间,我国主要作物的产量增长幅度很大,稻谷、玉米、小麦分别增长 3.55 倍、6.6 倍和 9 倍,棉花、花生、油菜分别增长 7.62 倍、8.97 倍和 12.8 倍。而同期大豆只增长 1.8 倍,大豆增幅远低于其他作物;其次是大豆单产的提高大大落后于其他作物。1949~1999 年,稻谷、玉米、小麦、棉花单产分别提高 3.35 倍、4.14 倍、5.15 倍和 6.23 倍,油菜提高 2.04 倍,而大豆只提高 1.77 倍。在几种主要作物中,大豆单产增长是最慢的。大豆总产增长落后于其他作物的主要因素是面积变化不同。1949~1999 年,几种主要作物的播种面积均有不同程度增加,而大豆面积是减少的,且一度减少一半以上,其次是单产提高慢。

2. 滞后于新兴的大豆主产国家　20 世纪初,我国大豆产量达到 1 000 万 t 以上,占世界总产 90% 以上,独占世界出口市场。1951~1955 年的大豆平均产量,中国 928 万 t,占世界总产(1 936 万 t)的 48%,仍居首位,此后我国大豆生产进入徘徊期,而世界大豆生产进入发展快车道。2000 年、2004 年中国大豆产量 1 540 万 t,1 740 万 t,仅为世界总产量的 8.8%、8.1%。年产量退居世界第四位,美国大豆产量 1954 年超过中国,巴西 1974 年超过中国,阿根廷 2000 年超过中国,现在分居世界第一、第二、第三位。

世界大豆生产发展主要是面积增长快,单产也有较快增长。2004 年世界大豆面积 9 263 万 hm²,总产量 21 432 万 t,与 1949 年相比,55 年间面积增长 6.2 倍,总产量增长 14.3 倍。同期内,中国的大豆面积仅增长 15%,总产量仅增 2.4 倍。进入 21 世纪后的 4 年(2000~2004),世界大豆面积增长 28.5%,总产量增长 33.1%,中国只增长 3.1% 和 12.7%。

以上数据表明,20 世纪的后 50 年和 21 世纪的前几年,世界大豆生产发展迅猛,而中国却发展缓慢。

3. 滞后于大豆产品消费增长　1980~2000 年,我国大豆产量由 933 万 t 增加到 1 546 万 t,同时期的大豆消费量由 830 万 t 增至 2 354 万 t,增长 1.68 倍;最近 5 年(1999~2004),大豆产量由 1 429 万 t 增至 1 740 万 t,增长 21.8%,年增长 4.4%,而大豆消费量由 2 339 万 t 增至 3 600 万 t,增长 53.9%,年增长 10%。统计数据表明,1980 年以来,我国大豆生产虽有较大增长,但远不如消费增长快。大豆粕和大豆油的消费增长远高于大豆产量增长。由于大豆及其主要产品大豆粕和大豆油的消费增长快,造成大豆产不足销,1996 年我国大豆进口 111.4 万 t,出口 19.3 万 t,首次进口量大于出口量,此后进口不断增加,2003 年进口大豆 2 074 万 t,出口仅 29.5 万 t,进口量超过自产量。2003/2004 年度,世界大豆出口总量 5 585.9 万 t,大豆油出口量 898.1 万 t,我国进口大豆 2 074 万 t,大豆油 272.9 万 t,分别占世界大豆出口的 37%,大豆油出口量的 31%。我国成为进口大豆产品最多的国家(表 1-10)。

表 1-10　1999~2004 年中国大豆生产量、消费量与进口量

年份	大豆产量		大豆粕消费量		大豆油消费量		进口大豆量		进口大豆油量	
	万 t	%	万 t	%	万 t	%	万 t	%	万 t	%
1999	1429	100	1258	100	287	100	431.9	100	80.4	100
2000	1541	107.8	1504	119.6	354	123.9	1041.9	241.2	30.8	38.3
2001	1541	107.8	1527	121.4	414	144.1	1393.7	322.7	7.0	8.7

续表 1-10

年份	大豆产量		大豆粕消费量		大豆油消费量		进口大豆量		进口大豆油量	
	万 t	%	万 t	%	万 t	%	万 t	%	万 t	%
2002	1651	115.5	1949	154.9	639	222.5	1131.5	262.0	87.0	100.2
2003	1539	107.7	1956	155.5	717	249.1	2074.0	480.2	188.4	234.3
2004	1740	121.8	2218	176.3	752	261.8	2023.0	468.4	252.0	313.4

第三节　推进我国大豆产业的新发展

一、我国大豆产业须有大的发展

20 世纪 80 年代以来,我国经济进入稳定发展期,经济总量以每年 8% 以上的速率增长,人民生活水平不断提高。因而对营养丰富的大豆产品的需求量也不断增长,加之养殖业的发展对大豆饼粕的需求量大,大豆年消费量已大大超过年生产量。作为大豆起源国和历史上的大豆王国,如今不仅人均大豆消费量低于世界平均数,而且其中进口的比例越来越大。世界人均大豆消费量增长很快,1996 年为 22.4 kg,2000 年为 28 kg,2004 年为 33 kg。我国人均消费量 1996 年为 10.8 kg,2000 年为 12.8 kg,2004 年为 28.9 kg(其中自产为 13.38 kg,进口为 15.56 kg)。2004 年的消费量中进口部分占 53.8%。2005 年进口大豆 2659 万 t,进口大豆油 169.4 万 t,二者合计 2 828.4 万 t,即我们消费的大豆有 62% 是进口的。进口量为自产量的 1.6 倍。

尽管我国大豆进口量很大,消费水平仍低于世界平均值,更低于美国、日本等经济发达国家。2002 年美国、日本、中国的大豆生产、消费情况,见表 1-11。美国 2002 年生产 7 500 万 t 大豆,出口占 38%,自身消费占 62%,其大豆产品大量用于植物油高蛋白食品和畜禽饲料,20 世纪 90 年代以来美国大豆食品以每年 10% ~ 15% 的速率增长,现在添加大豆蛋白或大豆粉的食品近 3 000 种。大豆食品广泛进入群众生活。美国食品和药品管理局建议每人每天食用 25 克大豆蛋白质,允许豆制品生产商在产品包装上声明,每天摄入 25 克大豆蛋白质可以减少心脏病风险。日本也是东方饮食文化的盛行国家,长期以来注重大豆饮食的保健作用,现今日本生产大豆虽然不多,但通过进口保持较高的大豆消费水平,2002 年的人均消费量 42.6 kg,是中国的两倍。这对于日本人增强体质和长寿有重要作用。故从我国大豆消费增长和人民体质增强考虑,应当加快我国大豆生产发展。

表 1-11　2002 年中国、日本、美国大豆生产消费比较

国　家	人　口 (1000 人)	大豆产量 (1000 t)	大豆进出口量 (1000 t)	大豆消费总量 (1000 t)	人均产量 (kg/年)	人均消费 (kg/年)
世　界	6134138	195870	—	188735	31.9	30.8
中　国	1292382	16510	11315	26920	12.8	20.8
日　本	127335	280	5150	5430	2.2	42.6
美　国	285926	75010	28923	46587	262.3	162.9

主要农作物人均生产量,中国与世界平均值相比较,只有大豆是中国低于世界平均值,谷物、棉花及几种主要油料作物均为中国高于世界平均数(表1-12)。由于我国主要农产品的人均产量除大豆外均已达到或超过世界平均数,故我国农产品进出口贸易年度总值基本平衡,有一定顺差,而大豆进出口贸易年度总值为负值,而且近几年的负值越来越大,2004年达到68.27亿美元,2005年达到76.01亿美元。大豆出口只占农产品出口总值的0.64%,而大豆进口占农产品进口总值的27.1%。由于近几年大豆进口量猛增,致使我国农产品贸易顺差由正值转为负值(表1-13)。

表1-12　中国与世界主要农作物人均产量(kg/人)的比较(1997)

地　区	谷物总量	小麦	稻谷	玉米	棉花	大豆	花生	油菜	芝麻
世　界	354.7	103.0	97.7	99.1	3.3	24.2	4.6	5.8	0.44
中　国	356.2	99.0	161.2	83.7	8.0	11.8	7.7	7.6	0.45

表1-13　2000～2005年我国农产品及大豆进出口年度总值(亿美元)

年　份	农产品				其中大豆			
	进出口	出口	进口	贸易顺差	进出口	出口	进口	贸易顺差
2000	269.5	157.0	112.5	44.4	23.37	0.67	22.7	−22.04
2001	279.1	100.7	118.4	42.3	28.93	0.83	28.10	−27.23
2002	306.0	181.5	124.5	57.0	25.72	0.88	24.83	−23.95
2003	403.6	214.3	189.3	25.0	55.16	0.99	54.17	−53.18
2004	514.2	233.9	280.3	−46.1	71.32	1.53	69.79	−68.27
2005	562.9	275.8	287.1	−1.4	79.57	1.78	77.79	−76.01

由以上比较可知,大豆人均消费量我国大大低于世界平均值。我国主要农产品人均产量大多已达到或高出世界平均值,惟大豆低于世界平均值。我国农产品进出口贸易基本平衡,略有贸易顺差,惟大豆进口量越来越多,每年花去外汇已达到70多亿美元。以上情况足以说明,我国大豆生产须有大的发展。

二、我国大豆产业发展潜力

大豆生产发展,一是要提高单位面积产量,二是要增加种植面积。我国大豆提高单产、扩大种植面积均有很大潜力。

(一)我国大豆单产潜力

我国大豆生产不平衡,高产省(自治区)、大面积丰产以及小面积高产典型的经验表明,我国大豆单产有很大增长潜力。

尽管近几年来全国大豆平均单产才1 700 kg/hm² 左右,但大豆年产量在20万t以上的主产省中,近4年平均单产有7个省(自治区)超过2 000 kg/hm²,其中吉林、新疆、江苏已达到2 700～2 800 kg/hm²(表1-14)。超过同时期内世界大豆主产国美国、巴西、阿根廷的单产。高产省(自治区)的出现显示我国单产的巨大潜力。

表 1-14　2000～2003 年我国大豆主产省、自治区的面积、产量

省 区	种植面积(万 hm²)					总产量(万 t)					单产(kg/hm²)				
	2000	2001	2002	2003	平均	2000	2001	2002	2003	平均	2000	2001	2002	2003	平均
黑龙江	286.8	332.6	293.0	338.9	312.8	450.1	496.2	556.3	560.8	515.9	1569	1492	1899	1655	1654
吉 林	53.9	43.3	41.5	43.0	45.4	120.3	110.5	127.5	150.3	127.2	223.2	2554	3072	3495	2838
辽 宁	30.2	33.3	28.5	30.5	30.7	48.1	54.2	53.2	64.6	55.0	1593	1627	1864	2117	1800
内蒙古	79.4	75.5	59.6	69.7	71.1	85.8	83.4	96.4	53.6	79.8	1081	1175	1617	769	1143
山 东	45.8	39.5	32.2	28.6	36.5	104.6	91.0	73.8	69.2	84.7	2283	2301	2292	2422	2325
安 徽	68.2	67.9	74.7	85.5	74.1	68.2	89.4	139.4	99.9	99.2	1341	1315	1865	1168	1422
河 南	56.5	56.4	52.8	50.3	54.0	115.8	107.6	97.8	56.7	94.5	2051	1909	1852	1126	1735
河 北	42.4	37.9	33.1	28.6	35.4	62.9	56.3	49.4	46.4	53.8	1485	1485	1491	1654	1529
江 苏	24.9	24.4	24.3	24.2	24.5	67.0	67.1	70.3	56.8	65.3	2689	2745	2888	2350	2668
陕 西	24.7	22.9	22.4	30.7	25.2	22.2	19.6	21.2	15.9	19.7	899	856	945	519	745
湖 北	22.5	21.8	21.5	19.5	21.3	45.8	42.8	42.2	44.7	43.9	2037	1962	1960	2292	2063
湖 南	20.6	20.4	19.8	19.8	20.2	42.8	45.2	44.9	39.7	43.2	2080	2220	2265	2003	2142
四 川	—	18.7	19.4	20.2	19.4	—	36.6	42.6	46.0	41.7	—	2060	2194	2283	2167
广 西	28.1	25.0	23.8	25.8	24.7	36.4	34.4	32.3	36.0	34.8	1244	1376	1360	1395	1357
山 西	27.3	21.7	24.6	20.7	23.4	36.0	22.1	29.7	29.4	29.4	1321	1021	1209	1438	1247
新 疆	—	7.9	6.8	6.9	7.2	—	21.9	18.6	19.8	20.1	—	2709	2727	2874	2790
全 国	930.7	948.2	872.0	931.3	920.6	1541	1541	1651	1539	1568	1656	1625	1893	1653	1707

　　近几年来一批大面积丰产和小面积高产典型也表明我国大豆单产的潜力巨大。如黑龙江农垦总局九三分局 1996 年 7.3 万 hm² 大豆,平均产量达 2 805 kg/hm²(李玉成等,1997);辽宁省抚顺市章党乡邱家卜村 72 hm² 春大豆平均单产 3 750 kg/hm²,其中有 7.7hm² 单产 4 050 kg/hm²(王连铮,2003);国家"九五"攻关《大豆大面积高产综合配套技术研究开发与示范》课题,1996～1999 年黑龙江省实现 66 667 hm²(100 万亩)示范区单产 2 905.5 kg/hm²(何志鸿、刘忠堂、杨庆凯,2000)。位于新疆伊犁新源县境内的农四师 71 团,4 333 hm² 大豆,2003 年、2004 年、2005 年的平均单产分别为 3 450 kg/hm²、3 540 kg/hm² 和 3 975 kg/hm²(罗赓彤,2005),创造了一个生产单位连续 3 年大面积高产纪录。近几年在东北、西北(新疆)春大豆区,黄淮海夏大豆区多年多处出现小面积(667 m² 以上)高产纪录,单产达到 300 kg/667m²(4 500 kg/hm²)(表 1-15)。

表 1-15　1994～2005 年小面积 4 500 kg/hm² 以上高产纪录

年 份	地 点	大豆品种	面积(m²)	产量(kg/hm²)	资料来源
2000	辽宁省海城市南台镇	辽 21050	3100	4875	宋书宏、董钻,2001
2003～2005	黑龙江省双鸭山市	龙选一号	>1000	4615.5	鲁振明,2005
1999	新疆石河子	新大豆 1 号	>667	5956.2	罗赓彤,2002
1999	新疆石河子	石大豆 1 号	>667	5407.8	罗赓彤,2002
2000	安徽省农科院蒙城试验站	MN413	1083	4726	李杰坤、张磊,2001

续表 1-15

年 份	地 点	大豆品种	面积(m²)	产量(kg/hm²)	资料来源
1993	河南省泌阳县杨集	诱变4号	>667	4595.3	张性坦等,1995
1994	河南省邓县刘集	诱变4号	>667	4878.0	张性坦等,1995
2000	山东济宁	鲁豆1号	>667	4506.0	2005
2004	山西襄垣	中黄13	>667	4686	王连铮,2005
2005	山西襄垣	中黄19号	>667	4719	王连铮,2005

在以上的高产纪录中,最高产量达到 397 kg/667m²(5 956.2 kg/hm²),在南方多熟制栽培区也出现了 250 kg/667m²(3 765 kg/hm²)以上的高产纪录(邱家训,2006)。大面积丰产及小面积高产纪录的创造,充分表明我国大豆增产潜力还很大。对一大批高产典型经验的科学总结和推广,将促进我国大豆单产水平的大幅度提升,全国平均单产达到 2 500 ~ 3 000 kg/hm² 是完全可以实现的。1971 ~ 1980 年全国大豆平均单产 1 042.4 kg/hm²,1991 ~ 2000 年为 1 592.6 kg/hm²,20 年提高 52.78%,依此增长速度到 2024 年大豆平均单产即可达到 2 700 kg/hm²。从已有的生产实践也可推知,再经 20 年的发展,我国大豆平均单产提高到 2 700 kg/hm² 以上是可以预期的。

(二)我国大豆扩大面积的潜力

20 世纪世界大豆生产快速发展,主要是种植面积扩大,其次为单产提高。1949 ~ 1999 年的 50 年间,世界大豆面积增长 5.6 倍,单产提高 1 倍。我国大豆面积在 20 世纪 30 年代曾达到 1 400 万 hm²,此后较长时间徘徊于 700 万 ~ 800 万 hm² 之间,直到 21 世纪初才越过 900 万 hm²(表 1-9)。农业生产的历史经验表明,适当扩大大豆种植面积,增加大豆总产量有利于粮食作物及农村经济的发展。如解放后我国大豆生产发展最快的时期 1949 ~ 1957 年,大豆面积由 831.7 万 hm²,扩大到 1 274.8 万 hm²,增长 52.3%。大豆产量由 509 万 t 增至 1 005 万 t,增长 97.2%。同时期的全国粮食产量由 11 318 万 t 增至 19 503 万 t,增长 72.3%。1983 ~ 1993 年是我国大豆生产又一个较快发展期,大豆面积由 756.7 万 hm² 恢复到 945.4 万 hm²,产量由 976 万 t 增至 1 531 万 t,10 年间分别增长 24.9% 和 56.7%,大豆面积占农作物播种总面积的比例由 5.3% 升至 6.4%。同时期粮食产量由 38 728 万 t 增加到 45 649 万 t,增长 17.1%。以上两个时期经验表明,大豆生产与粮食生产可以同时增长,适当增加大豆面积、提高大豆产量有利于粮食作物产量的稳定增长。

由于大豆具有广泛的适应性,我国从热带到亚热带、温带的广大农业区都适宜种植大豆,都有扩种大豆的潜力。潜力最大的是亚热带、热带的长江流域及其以南的华南、西南地区。这是我国最重要的农业区和经济带,耕地占全国的 38%,人口占全国的 56%,也是大豆消费量最多的地区。长江流域及其以南的广大地区,自然条件优越,历史上就是我国的重要大豆产区之一,特别是宋代以后,水田地区推广稻豆复种轮作,大豆的播种收获四季相承,呈现处处有豆之大观。毛泽东同志诗句"喜看稻菽千重浪"应是近代江南农村的真实写照。20 世纪 50 年代以后,由于大力推广双季稻,增加粮食总产量,我国热带、亚热带地区水田种豆面积逐渐减少。但几乎是与此相同时期内,巴西、印度在热带、亚热带地区发展大豆生产取得重大突破,不仅扩大种植,而且获得高产。巴西 1970 年前大豆主要种植在南纬 30°附近的南部亚热带地区,1970 年后在中部热带稀树草原发展大豆,至 2003 年大豆总产达到 5 200 万

t,其中热带地区 3 100 万 t,占全国的 60%产量,平均单产达到 2 710 kg/hm²,成为主产国中单产最高的国家,创造了热带、亚热带地区发展大豆的成功经验。印度大豆生产 1970 年前主要是北部的亚热带地区,1970 年以后在雨水充沛、土壤肥沃的中部热带地区发展大豆。1971~2003 年,印度大豆总产由 1 万 t 增至 600 万 t,主要是热带、亚热带扩大了种豆面积。我们应当总结和吸收历史经验,借鉴巴西、印度的成功经验,加快长江流域及其以南的热带、亚热带地区大豆生产发展。着重发展稻豆或豆稻两熟制栽培,或加种冬作物(油菜、小麦)的一年三熟栽培。据中国农业科学院油料作物研究所、江苏省农业科学院、湖南省衡阳、零陵等地区农业科学研究所在 20 世纪 70~80 年代的试验研究结果,在长江中下游的平原、丘陵水稻集中产区,部分实行大小麦(或油菜)—春大豆—晚稻、油菜—早稻—秋大豆及春大豆—杂交晚稻的一年三熟或一年两熟栽培,不仅当年能比麦—稻—稻、稻—稻—稻增产增收,还能降低土壤容重,增加土壤孔隙度,提高土壤全氮和速效氮磷钾含量,降低土壤还原性物质浓度,从而改善土壤肥力性状,促进下年度作物总产量增加,有利于农业持续发展(郭庆元等,1975,1982,1983;费家骅等,1978,1983)。四川、浙江、江西、江苏等省近期都在推进稻豆复种(沈克琴、申和平等,1993,1995;朱丹华、朱文英等,2005)。我国长江流域及其以南的农业区自然条件优越,作物及林果的种类多样,在旱地、林地可以继续发展大豆与棉花、玉米、甘蔗、红薯等作物及幼年果林的间作套种,推广田埂豆,多途径增产大豆。最近几年云南省农业科学院、云南省农业厅在滇南地区的多年试验结果,种一季冬大豆可有效利用当地充沛的水、光、热和土地资源,提高复种指数,当季获得 2 135~3 862 kg/hm² 产量(周边生、王玉兰等,1995)。2004 年的热带、亚热带新品种区域试验结果,4 个品系的多点平均产量达到 2 550 kg/hm²,最高的达到 2 700 kg/hm² 以上,有的试验点(海南省农业科学院)产量达到 3 795 kg/hm²(陈艳波、陈应志、年海等,2005)。展现出华南热带、亚热带地区发展大豆的良好前景。只要加强宣传,加强协调,加强研究和技术推广,使本区的大豆面积翻一番是不难实现的。

黄淮海大豆区跨华北平原和黄土高原两个生态区。华北平原,亦即黄淮海平原,耕地面积、人口分别占全国的 23%和 24%;黄土高原的耕地、人口分别占全国的 9.9%和 9.1%。两区都是我国重要农业区,也是我国最早栽培大豆的农业区。大约 4 000 年前的夏朝,豫、晋、鲁、陕等地便有大豆种植。晋西临县县志记载"汉代县民以种植豆米为大宗"。本区位处北亚热带和暖温带,历史上形成以大豆为中心的豆麦黍稷轮作复种,以一年两熟栽培的夏大豆为主,还有一部分两年三熟和一年一熟的春大豆。自春秋战国时期以来,大豆不仅是本区人民最重要的食物和饲料,还是用地与养地相结合的重要作物。

解放以来黄淮海地区大豆生产曾有过大的发展。1954 年的大豆面积 755.4 万 hm²,总产 459.4 万 t;1957 年为 736.3 万 hm² 和 515.5 万 t。50 年代的面积和总产均占全国的 50%以上,是我国大豆第一大产区。1956 年以后,大豆面积逐步缩减至 250 万~400 万 hm²。总产长期徘徊在 250 万~350 万 t。1993 年以后恢复到 500 万 t。造成黄淮海大豆面积锐减,总产长期徘徊的原因:一是棉花、玉米、花生等作物的扩种;二是旱涝及盐碱地造成大豆单产低而不稳。1975 年前长期徘徊在 500~1 000 kg/hm²。

由于长时期的淮河治理等水利建设和盐碱地改良,黄淮海地区的农业生产条件有了很大改变,1975 年以后大豆产量稳定在 1 000 kg/hm² 以上,1993 年后稳定在 1 500 kg/hm² 以上。近几年由于一大批高产品种的育成利用,使单产提高到 1 700 kg/hm² 以上,并出现了小面积

4 500 kg/hm² 的高产。2000～2003 年的平均单产江苏省(大豆主产区在江淮地区)达到 2 668 kg/hm²,山东省、河南省也都超过 2 000 kg/hm²。应当总结推广高产典型及高产省的经验,在提高单产的同时,实行合理轮作,恢复大豆面积,使之达到 500 万～600 万 hm²。

新疆维吾尔自治区是有发展潜力的新产区。新疆具备发展大豆的良好条件:一是市场前景好。新疆的畜牧业发达,每年食用和饲用大豆需 70 万 t 以上,且新疆周边省、自治区(甘肃、青海、宁夏)大豆产量少,与之接壤的中亚国家也需求大豆较多。二是丰富的光热资源和灌溉水资源,有利于大豆产量形成,有 340 多万 hm² 耕地,还有 490 万 hm² 宜农荒地可用于发展大豆生产。三是新疆的集中棉产区已经有较长时间的连作,全区棉花面积占总播种面积的 33.4%,新疆生产建设兵团棉花占播种总面积的 49.7%,需要适当增加大豆面积,实行合理轮作,以便减少棉花的病虫害,提高棉花生产效益,优化农田生态环境。四是新疆已积累了大面积丰产及小面积高产经验,在新品种选育、机械化栽培和灌溉技术等方面,已有较好的基础。近 20 多年来新疆的大豆种植面积增长较快,单产也大幅度提高。2004 年的播种面积已达到 8 万 hm²,单产 2 949 kg/hm²,分别为 1979 年的 6.7 倍和 2.3 倍,为全国最高单产地区。2005 年伊犁的新源县 11 333 hm² 大豆,平均单产 3 450 kg/hm²,生产建设兵团 4 师 71 团 4 333 hm² 大豆,平均单产达到 3 975 kg/hm²,其中有 23 户(每户面积 2.3hm²)超过 4 200 kg/hm²。

新疆大豆的单产高,群众种豆的积极性高。据魏建军、罗赓彤(2005)的试验调查,在北疆棉产区,多年连作棉花后茬种植大豆、玉米、小麦,大豆产值比玉米高 9.7%,比小麦高 27.3%。新疆目前是我国最重要的棉花产区,棉花面积 115 万 hm²,大豆有望成为新疆的又一优势作物,种植面积可望由目前的 8 万 hm²,增加到 10 万～20 万 hm²。

东北是我国目前大豆面积和总产最多的地区。黑龙江省的大豆面积已达到 300 多万 hm²,有不少集中产区出现因重茬、迎茬影响产量和种植效益。宜适当调整作物结构,减少重、迎茬种植,致力于进一步提高单产。吉林省、辽宁省的大豆面积还有恢复发展余地,适当减少玉米种植,增加大豆面积,两省大豆面积可以恢复到 20 世纪 50 年代水平或略少,在目前基础上再增加 40 万～60 万 hm² 应是可能的。

(三)我国大豆种质资源与品种改良的潜力

我国是世界上拥有大豆种质资源最多的国家,全国已搜集保存栽培大豆品种资源 20 000 多份,野生大豆资源 6 000 多份(常汝镇,1996,1998)。丰富的大豆种质资源具有多种多样的性状,丰产性、抗病性、抗虫性、抗逆性及品质性状等,对这些性状的鉴定评价已从中筛选出一批优异种质直接用于生产和用作品种改良亲本,发挥了重要作用。随着研究工作的深入和研究方法手段的改进,丰富多样的种质资源将在今后的品种改良和生产发展中发挥基础性作用,也是巨大的增产潜力。

我国从 1985～2000 年共育成大豆品种约 400 个,目前生产上推广利用的育成品种在 100 个左右,平均产量水平 2 400～2 700 kg/hm²(盖钧镒,2001)。2000～2005 年国家审定的大豆品种 81 个,其中 13 个品种的区试单产超过 3 000 kg/hm²,最高单产达 3 327 kg/hm²(王连铮,2005)。这些新育成的高产品种将为近期内大豆单产水平提高发挥重要作用。

三、加快大豆产业发展的举措

(一)改变认知和政策上的局限性,加强我国食物安全最薄弱的环节

盖钧镒(2002)在"我国大豆遗传改良和种质研究"的论文报告中指出:中国大豆生产相对由强变弱关键在政策和认识,片面执行"以粮为纲"时只注意"果腹"忽视了最基本的蛋白质营养要求,片面强调高产作物时只注意高产更高产,忽视了低产变高产的潜力,政策和认识的局限性束缚了对大豆进行科学地人力、物力、财力的投入,恶性循环加剧大豆产业的相对下滑。这是非常符合半个世纪来我国农业实际的深刻分析。应当说,政策和认识的局限性不仅直接导致对大豆生产和大豆科研的人力、物力投入不足,还把大豆与粮食生产看成一对矛盾,从计划安排上调减大豆种植面积,加剧大豆产业的相对下滑。应充分认识到大豆一身都是宝,既是提供人类优质植物蛋白质和优质植物油的重要食物,又是提供多种生理活性物质的功能保健品;既是养殖业的重要饲料源,又是多种食品工业、化学工业、医药工业和纺织业的重要原料,可实现多层加工增值,促进种植业与养殖业,农业与工业的协调发展;既可有效利用光、热、水资源和土地资源,又有利于培肥土壤,优化农业生态系统,促进农业可持续发展。从而实现经济效益、社会效益和生态效益的结合。

目前我国食物安全最薄弱的环节是大豆产品供应过分依赖进口。主要农产品的人均产量,谷物、棉花、肉、鱼、蛋等都是中国与世界平均数相近或略高,惟大豆是中国大大低于世界平均数。2004年是我国大豆产量的历史最高年,人均产量13.3 kg,同年的世界人均产量为33 kg。由于我国大豆消费量增长快于生产量增长,自1996年以来大豆进口量不断增加,进口占消费量的比例不断提高,每年用于进口大豆的外汇也快速增加,2002年、2003年、2004年、2005年分别为24.83亿美元、54.17亿美元、69.79亿美元和77.79亿美元。我国从历史上的惟一大豆出口大国沦为当今最大的大豆进口国,2003/2004年度我国进口大豆和大豆油分别占当年世界出口总量的37%和31%。

营养最丰富,被世人称为21世纪的金色豆子,成为我国缺口最多、60%以上要依赖进口的农产品,成为我国食物安全最薄弱的环节,这种状况必须通过加快生产发展予以改变。要立足发展大豆生产,保证基本供给,适当进口作为调节。

(二)制定近期发展目标

制定大豆生产发展目标的依据是人口数量、人均消费量和国产大豆自给率。今后10年我国人口可能达到14亿。人均大豆消费量,1996年为10.8 kg,2004年为28.9 kg,年增2.2 kg,预期今后10年增幅平均数为1.1 kg,即10年后人均消费达到39.9 kg,此数值接近日本2004年的人均消费水平42.6 kg。依此消费水平推算10年以后全国大豆总消费量为5 500万t。按照中国营养学会推荐《中国居民膳食指南及平衡膳食宝塔》建议,每人每天应食用50 g豆类食品,全年为18.3 kg。据我国1991~2000年的统计资料显示,大豆产量占豆类总产的77.2%。依此计算全年的大豆及其制品食用量为每人14 kg,全国14亿人口则为1 960万t;大豆饼粕消费由1999年的1 258万t增至2004年2 218万t,年增160万t,今后10年按年增80万t计,则10年后大豆饼粕消费量将达到3 018万t,大约需用去3 800万t大豆。即饲用与食用大豆需求量为5 760多万t。

显然,如此大的消费需求是不能过分依赖进口的,否则会对我国食物安全造成极大威胁。今后应发挥优势,挖掘潜力,大大加快我国大豆生产发展,力求10年后年产量达2 000

万 t 以上,基本满足国内消费需求,辅以进口作为调剂。

(三)科学规划,合理布局,调整结构,扩大种豆面积

农业是一个相互联系相互影响的大系统,根据各地自然条件、农业生态环境、消费需求和经济发展水平,科学规划,合理布局种植业,以满足不断增长的社会需求,提高资源利用率、投入产出率,实现资源合理利用与保护,生态环境不断优化,促进经济效益、生态效益和社会效益的协调提高。

大豆是消费增长最快的农产品,又是合理利用资源,优化农业生态环境,促进种植业与养殖业,农业与工业、乡村与城市协调发展的重要作物。在我国粮、棉、肉、鱼、蛋及果蔬等农产品人均产量已达到世界平均数,在实现自给的情况下,调整种植业结构,扩大种豆比例是加快大豆生产发展的主要途径,也是提高人民生活质量,增强国民体质的重大举措。

大豆的适应性强。从海南岛等热带地区到寒温带,从台湾岛及东部沿海到新疆的天山南北,全国各省(自治区)除高海拔的青藏高原和缺乏灌溉条件的干旱地区之外都可种植大豆。我国现有耕地 12 824 万 hm^2,作物播种面积 15 630 万 hm^2,复种指数 121.9%(2004),大豆播种面积占全国耕地面积的 7.47%,占作物总播种面积的 6.13%。我国作物复种指数尚可提高,大豆占耕地及占作物播种总面积的比例可有较大增加。

根据农业地域分区规律,我国农业区划部门将全国划分为九大农业区(陈耀邦,1992),其中的华南区、西南区、长江中下游区和黄淮海区位处热带、亚热带和暖温带,可以一年三熟、一年两熟或两年三熟。这几个农业区是我国的主要农业区,耕地面积占全国的 61%,人口占全国的 79%。其他五个农业区,即东北区、内蒙古及长城沿线区、黄土高原区、甘新区和青藏区,耕地面积仅占 39%,人口仅占 21%,大多一年一熟,少数两年三熟、一年两熟。由此可知,我国 60% 以上耕地可以两年三熟、一年两熟及一年三熟栽培。以全国现有耕地12 829 万 hm^2 的 60% 实行两年三熟计算,全国年播种面积可达 16 678 万 hm^2,复种指数达到130%。而我国现时的作物播种面积 15 630 万 hm^2,复种指数 121.8%,尚有增加 1 000 多万 hm^2 的播种面积,复种指数提高 8.2% 的余地。目前我国宝贵的耕地在可利用季节空闲过多,造成光、热、水和土地资源的浪费。因此,提高热带、亚热带、暖温带农业区的复种指数,增加大豆种植面积的空间还很大。

从当前世界几个主要大豆生产国大豆播种面积占耕地面积的比例来看,我国是最低的。2001 年大豆面积,美国 2 930 万 hm^2,占耕地面积 17 695 万 hm^2 的 16.6%;巴西 1 385 万 hm^2,占耕地面积 5 330 万 hm^2 的 25.9%;阿根廷 1 000 万 hm^2,占耕地面积 2 500 万 hm^2 的 40%;中国 930 万 hm^2,占耕地面积 12 414.5 万 hm^2 的 7.5%。美国、巴西、阿根廷三个大豆主产国的播种面积占耕地面积的 16%~40%,大豆成为优势作物。我国大豆面积所占比例可以提高到 12% 左右。使大豆面积逐渐调整到 1 400 万 hm^2 以上,主要是提高黄淮海和长江流域及其以南农业区的复种指数,扩大种豆面积,在西北有灌溉条件的绿洲农业区增加大豆种植面积。

地处北亚热带—暖温带的黄淮海平原和黄土高原,是最早栽培大豆的地区和最早实行大豆与禾谷类复种轮作的大豆主产区。春秋战国至秦汉时期,大豆占作物面积的 20%~40%。20 世纪 50 年代,该地区的大豆面积为 500 万~700 万 hm^2,占全国大豆面积的 50%~60%,总产占全国的 50% 以上。现在该地区的大豆面积仅 300 万 hm^2 左右,总产维持在 500万 t 左右,由历史上的大豆出口基地变为大豆进口地区。由于农业生产条件的改善,旱涝盐碱得到一定限度上的控制,加上新品种的产量潜力较高,近几年来的大豆单产水平有较大提高,适当恢复大豆面积,使之达到 500 万 hm² 以上,将使本区大豆产量成倍增长,并使作物布局趋于合理,农业生态环境得到改善,有利于农业持续发展。新疆灌溉农业区是我国西北的大豆新产区,也是我国发展潜力很大的高产区。虽然新疆属内陆干旱区,降雨量少,但有较为丰富的灌溉水资源,有丰沛的光热资源,尽管目前耕地只有 300 多万 hm²,但有 400 多万 hm² 宜农荒地,有很成熟的灌溉技术、灌溉设施和较为配套的机械化条件。新疆的大豆面积已由 1970 年的 0.6 万 hm² 扩大到 2004 年的 8 万 hm²,单产由 855 kg/hm² 提高到 2 949 kg/hm²,表现出很大的发展潜力。新疆在突出抓好棉花生产和水果生产的同时,加快大豆的发展,在天山北麓发展一季春大豆,天山南麓发展春大豆和部分麦后复播大豆,在宜垦荒地和集中棉花产区实行成片大豆种植,大力推行以棉花为中心作物的棉花—大豆—谷类作物的合理轮作制,降低棉花病虫害和棉花生产成本,促进用地与养地结合,促进农业可持续发展,可望建成 50 万 hm² 以上的高产大豆产区,建成大豆绿色产品基地。在各农业区,根据产品需求、当地的生态环境和农业生产条件,进行科学规划调整种植业结构,可增加大豆面积,合理安排大豆与禾谷类、油料、棉花等作物的轮作复种及间作套种。

(四)改善条件增加投入,普及良种配套技术

影响大豆产量有两类因子:一是不可控的自然条件因素;二是人为可控的因素。在人为可控因素中对产量影响最大的是土壤肥力和大豆品种生产潜力。从长远考虑,应当通过增施有机肥(包括秸秆还田),完善田间灌溉排水设施,适期适度深耕免耕相结合,提高土壤供水供肥与保水保肥力,以满足大豆及各种作物高产的水肥需求。再通过种植季节适当施肥、灌溉予以调节。土壤改良与培肥是长期的渐进过程,须长期坚持方可提高土地生产率。普及适应各地生态条件的优良品种,分片种植,配套相应的技术措施,包括肥水管理、适期播种、适中密度、全苗壮苗和防控病虫等。大力推行机械化耕作、播种、收获。通过以上措施大幅度提高单产。

(五)价格保护,良种补贴,协调发展,科技先行

加入世贸组织以后,我国的大豆产业没有得到应有的保护。其实,当今世界,推行自由主义市场经济的资本主义强国,一直以不同方式保护资本和产业。我国目前对主要粮食作物的生产采取了一定的保护措施,而对大豆、油料等高蛋白质、高油分、高营养作物生产的政策支持和保护力度不够,导致相关产业发展滞缓,国外产品(以油籽和植物油为主)进口成倍增长,严重影响了我国的农业生产发展和农民利益。我国亟须制定政策,采取相应的保护措施,加强我国食物安全最薄弱的环节。其一,国家应出台如粮食一样的价格保护,结合优良品种推广实行种子补贴,并加大对黄淮海地区、长江以南地区种植大豆的补贴力度。其二,控制多头、无序的进口,以利我国农民能安心发展生产。为此,政府应承担起调控和协调的责任,调控进出口总量,协调大豆种植业、商业(流通环节)、养殖业、加工业、食品工业的产品购销流转。其三,增加科技投入,长期支持大豆品种改良、生理生态、资源评价、病虫防控、新产品开发以及高产高效规范技术研究,提供大豆长期发展的技术支持,加强技术推广,使成熟的配套技术和优良品种传播千家万户,发挥科学技术在大豆生产中的积极作用。其四,对大豆生产所应用的生产资料如利化肥、柴油、农药等给予优惠,以支持农民发展大豆生产。其五,建议成立中国大豆协会,以发挥民间组织在发展大豆生产和加工中的作用。

参 考 文 献

马育华,张戩.中国大豆生产的历史发展.中美大豆科学讨论会论文集.中国大豆科技情报交流中心,1983

王连铮,王金陵.大豆遗传育种学.科学出版社,1992

裴安平.彭头山文化的稻作遗存与中国史前稻作农业.农业考古,1989 年 2 期

陈钧,张元俊,方辉亚.湖北农业开发史.中国文史出版社,1992

于省吾.商代的谷类作物.东北人民大学,人文科学学报,1957 年第一期

卜慕华.中国栽培植物起源的探讨.中国农业科学,1981.4:86

孙寰,王彦丰.吉林大豆.吉林科学技术出版社,2005

友于,李长年.中国农学史(上册·第五章).科学出版社,1984

郭文韬.中国大豆栽培史.河海大学出版社,1993

R.W.Howell.美国大豆业的历史发展,中美大豆科学讨论会论文集.中国大豆科技情报交流中心,1983

常汝镇等.中国大豆品质区划.中国农业出版社,2003

黄承钰.医学营养学.人民卫生出版社,2003

E.F.Sipos.美国大豆的加工和利用动态,中美大豆科学讨论会论文集.中国大豆科技情报交流中心,1983

孙醒东.大豆.科学出版社,1956

李玉成,朱晶,尹胜利.论黑龙江垦区大豆生产水平提高原因及发展建议.大豆通报,1997.4

王连铮.中国及世界大豆生产科研现状和展望.中国大豆产业发展研究,1~25.中国商业出版社,2003

宋书宏,卫文斌,董钻.北方春大豆超高产技术研究.中国油料作物学报,23(4)48~50.2001

罗赓彤,战勇,刘胜利等.新大豆 1 号和石大豆 1 号高产纪录的创造.大豆科学,2001.20(4)

张性坦,赵存,柏惠侠,朱有光,林建兴.亩产 300 公斤的夏播超高产大豆诱变 4 号的选育.大豆通报,1995 年第 1 期

鲁振明.大豆超高产技术研究创高产新纪录.大豆通报,2005 年 6 期

李杰坤,张磊等.夏大豆 MN413 单产 4 726 kg/hm² 高产栽培技术.安徽农业科学,2001.29(1)

湖北油料所夏油系.水田三熟制秋大豆栽培技术及养地作用的初步调查研究.油料作物科技,1975 年 2 期

郭庆元.关于湖北省发展大豆生产的商榷.中国油料,1982(3,4)

郭庆元.我国稻田种豆的调查研究.大豆科学,1983(2)

费家骍,沈克琴,顾和平等.太湖地区麦豆稻轮作制度的研究.第二次中美大豆科学讨论会论文集(中文).吉林科学技术
出版社,1986

郭庆元.发展我国南方大豆生产的重要意义与对策.大豆通报,1993(5~6)

周边生,王玉兰等.充分利用我国亚热带地区资源发展冬大豆生产

程艳波,陈应志,年海等.2004 年热带、亚热带地区春大豆国家区域试验概况.大豆通报,2005 年第 6 期

陈耀邦.搞好农业区域布局,促进我国农业持续稳定协调发展.中国农业部《建设中国特色的现代化农业》.农业出版社,
1992

王金陵.多途径开拓大豆的生产领域.大豆通报,1997－1

鲁振明.巴西大豆生产与科研情况.大豆通报,2005

邵立红,王育民.印度大豆发展的现状问题与展望.大豆通报,2004 年 5 期

刘忠堂.世界大豆生产走势和我们的对策.大豆通报,2004

盖钧镒.我国大豆遗传改良和种质研究.中国工程院报,中国科学技术前沿(第 5 卷),高等教育出版社,2002

第二章　大豆的起源、进化和传播

第一节　大豆的起源

　　栽培大豆的学名为 *Glycine max*（L.）Merrill，起源于中国，这是世界各国学者所公认的。Herbert 在《美国大百科全书》(The Encyclopedia Americana)中指出："中国古文献认为，在有文献记载以前，大豆便因营养价值高而被广泛地栽培。同时在公元前 2000 年大豆始被看作最重要的豆科植物"。

　　简明不列颠百科全书(Concise Encyclopedia Britannica)大豆条目中指出：大豆为一年生豆科植物的可食种子，世界上最重要的豆类。大豆的起源不明，很多植物学家认为是由原产于中国中部的乌苏里大豆 *Glycine ussuriensis* 演生而来。大豆在中国栽培用作食物及药物已有 5 000 年历史，于 1804 年引入美国，20 世纪中叶，在美国南部及中西部成为重要作物。大豆是豆科植物中最富于营养而又易于消化的食物，是蛋白质最丰富最廉价的来源。大豆子实含 17% 的油和 63% 的粗粉，其中 50% 是蛋白质。大豆不含淀粉，所以适于糖尿病患者食用。由于大豆用途多样，营养价值高，栽培广泛，便于出口，20 世纪后期在缓和世界性的饥饿问题中起了重要作用。Cuzin(1976)在《苏联大百科全书》(Soviet Great Encyclopedia)大豆条目中写道："栽培大豆起源于中国，中国在 5 000 年前就开始栽培这个作物，后由中国向南部及东南亚各国传播，以后于 18 世纪传到欧洲。"Vavilov 主张栽培植物的起源中心论，他认为："大豆原产于中国，是中国起源中心的栽培植物。"Morse(1950)在考察大豆的古代历史时说："有关这种植物的最早文字记载是在《本草纲目》里，书里记载了神农氏在公元前 2838 年描述中国耕种这种作物的情况。在以后的记载里也反复提到了大豆，而且被当作是重要的豆科栽培作物，也是'五谷'（水稻、大豆、小麦、大麦、粟——中国文明社会赖以生存所必需的食物）之一。"Hymowitz(1970)认为：大豆于公元前 11 世纪左右首先出现于中国华北的东部。中国东北很可能是第二个大豆的基因中心（多样性中心），而且在这个地区，野生大豆（*G. soja*）与栽培大豆（*G. max*）有最大的机会进行混杂的杂交，从而产生了半野生大豆（*G. gracilis*）。福田(Fukuda)(1933)认为，中国东北地区是大豆起源中心。根据是：①半野生大豆在中国东北分布极广，而在中国其他地方则不多见；②中国东北地区的大豆品种很多；③这些品种中有很多明显地具有原始性状。Nagata(1959,1960)提出：大豆起源于中国，大概在中国北部和中部地区，他根据野生大豆的分布，确立了他的结论，认为野生大豆是栽培大豆的祖先。

　　我国学者对栽培大豆的起源地域有不同的看法。吕世霖(1977)认为，远自商代（公元前 1800～前 1027)中国即开始栽培大豆，商代的"菽"字，即为菽的初文。马育华和张戳(1983)认为，大豆起源并驯化于中国。中国栽培大豆已有 5 000 年以上的历史，大豆是中国最古老的作物之一。关于起源地点，1973 年王金陵、孟庆喜、祝其昌在分析了中国南至湖南衡阳、北至黑龙江的野生大豆的光周期特性后，发现长江流域及其以南地区的野生大豆，在原始性状短光照性方面最强。因而认为，我国长江流域及其以南地区应是大豆起源的中心。这个地区的大豆，用短光照性较弱的早熟性变异，向北方迁移适应，直到东北地区北部。但由于黄河流域一带有野生大豆及半野生大豆,大豆的品种类型和变异多,而且农业历史又极为悠久,因此北方地区的大豆,也可能是从当地野生大豆经定向选择而来的。这样,大豆在我国的起源地便是多中心了。吕世霖(1977)认为,大豆在我国起源是多中心的根据有二:一是我国南北各地,均有文化发达较早并有关于种植大豆文字记载的地区;二是野生大豆普遍存在,而各地野生大豆的短日照程度不同,栽培大豆的短日照性差异又很大,这恰好说明起源是多中心的。

一、大豆起源于中国,从中国大量的古代文献可以证明

汉司马迁(公元前 145～前 93 年)编撰的《史记》中,头一篇《五帝本纪》中写道:"炎帝欲侵陵诸侯,诸侯咸归轩辕。轩辕乃修德振兵,治五气,蓺五种,抚万民,庆四方,教熊罴貔貅貙虎,以与炎帝战于坂泉之野,三战,然后得其志"。郑玄曰:"五种,黍稷菽麦稻也"。司马迁在《史记·卷二十七》中写道:"铺至下铺,为菽",由此可见轩辕黄帝时已种菽。《钦定古今图书集成·博物汇编·草木典·第三十七卷·豆部》(第五三四分册第二十七页)豆部纪事中指出:"路史黄帝有熊氏命奢比辨乎东以为土师而平春种角菽(注角菽菜豆),又大封辨乎西以司马收菽荐祖"。

朱绍侯主编的《中国古代史·上册》中谈到商代(公元前 16 世纪～前 11 世纪)社会经济和文化的发展时指出:"主要的农作物,如黍、稷、粟、麦(大麦)、来(小麦)、秕、稻、菽(大豆)等都见于《卜辞》"。卜慕华指出:"以我国而言,公元前 1000 年以前殷商明代有了甲骨文,当然记载得非常有限,在农作物方面,辨别出有黍、稷、豆、麦、稻、桑等,是当时人民主要依以为生的作物"。清严可均校辑的《全上古三代秦汉三国六朝文》卷一中指出:"大豆生于槐。出于沮石之峪中。九十日华。六十日熟。凡一百五十日成,忌于卯。"

我国最早的一部诗歌集《诗经》收有西周时代的诗歌 300 余首。其中多次提到菽。《诗经·豳风·七月》中指出:"七月烹葵及菽。……黍稷重穋,禾麻菽麦"。《诗经·小雅·小宛》中指出:"中原有菽,庶民采之","采菽采菽,筐之筥之"。《大雅·生民》指出:"蓺之荏菽荏菽旆旆"。豳风产生的时代为西周初期,公元前 1000 年左右,地点在陕西邠县附近。由《诗经》来看,我国栽培大豆已有 3 000 年左右的历史。描述夏商时代之作《夏小正》中指出:"五月参则见初昏大火中,大火者心也,心中种黍菽糜时也"。汉儒在解释"五谷"时,或说"黍稷菽麦稻"(《周礼·职方氏》郑玄注),或说"麻黍稷麦豆"(《周礼·天官·宰下》郑玄注),或说"稻稷麦豆麻"(《楚辞》王逸注),都有大豆在内。前面提到新莽始建国元年铜方斗上的五种嘉谷图中说有"嘉豆"。战国时期的文献更是经常"菽粟"并提,而且把菽放在首位,都可证明大豆在古代确定是主要粮食之一。大豆在汉代的种植已较普遍,因此西汉农书(氾胜之书)中专门记载了大豆的栽培技术,并认为"大豆保岁易为,宜古之所以备凶年也"。书中提倡每人要种 5 亩大豆,"谨计家口数种大豆,率人五亩,此田之本也"。

从上述文献可见,我国栽培大豆的历史有数千年之久。从《诗经》来看已有 3 000 年左右的历史,从《史记·五帝本纪》来看已有 4 500 余年的历史。

二、从出土文物可以证明,栽培大豆起源于中国

其一,曲石、许玉林在"中国东北史前农业起源与发展"一文中说:"黑龙江省牡丹江地区属于莺歌岭上层文化类型的大牡丹屯遗址,除有许多常见的农业生产、渔猎工具外,还发现

较多的豆类籽粒,……经对莺歌岭上层炭化桦树皮测定,为距今 3 025 年 ± 90 年的大豆遗存"。

其二,据农业考古专家陈文华"漫谈出土的文物中的农作物"一文中说:"20 世纪 50 年代末至 60 年代初在黑龙江省宁安县大牡丹屯和牛场遗址,吉林省永吉县乌拉街遗址都出土过大豆(图 2-1,图 2-2),其时代距今在 3 000 年左右"。

其三,据吉林省文物工作队张绍维在"吉林原始农业的作物及其生产工具"一文中说:"1980 年吉林省文物工作队与吉林市博物馆联合发掘上述原始文化遗址(指永吉县乌拉街遗址——引者注),在 Y 区 F_2 内出土的陶缸中,发现剩有业已炭化的圆形粮食颗粒,经北京植物研究所鉴定是大豆的属类"。

其四,刘世民、舒世珍、李福山在《吉林永吉出土大豆炭化种子的初步鉴定》一文中指出:"确认 1980 年在吉林

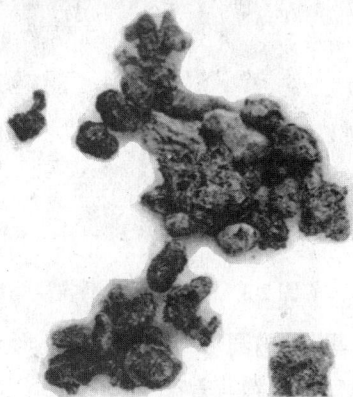

图 2-1　黑龙江省宁安县大牡丹屯
出土的新石器时代的大豆
(引自陈文华,1994)

图 2-2　吉林省永青杨屯出土的原始社会(商周)大豆　(引自陈文华,1994)

省永吉县大海猛发掘出的炭化种子为大豆(*Glycine max* (L) Merrill),并经 [14]C 测定,距今 2 590 年 ± 70 年"。

特别值得注意的是:经过农业专家和大豆专家进行了科学鉴定的吉林省永吉县大海猛出土的大豆炭化种子,给人们以深刻印象。据刘世民、舒世珍、李福山在《吉林永吉出土大豆炭化种子的初步鉴定》一文中所说:"由于炭化种子长期与泥土和其他杂物焦溶在一起,不能从形态特征确定是什么类型的种子,经清理加工后,初步认出炭化种子似大豆种子。为了更准确鉴定炭化种子,我们选用'模拟炭化'法将栽培大豆、半野生大豆、野生大豆、赤小豆以及马王堆汉墓中出土的大豆种子,进行了外观形态比较和用 Icp 测定炭化种子的化学成分。炭化种子外形呈炭黑色,无光泽,种子表皮破碎,种子大小为 6.73 mm × 5.14 mm × 4.55 mm ~ 5.84 cm × 4.25 cm × 3.87 mm,属长椭圆形小粒种。炭化种子无机化学元素含量测定结果为:除磷、镁、钾、硫几种活泼元素外,尚存在硅、铝、砷、铅等比较稳定的元素和锂、硒、镧、钒等稀有元素,与半野生大豆和栽培大豆的含量相近。因此,我们认为,炭化种子属于豆科大豆属,类似目前东北地区栽培的秣食豆。吉林省永吉县出土的炭化种子,经文物保护科学研究所 [14]C 测定,该炭化种子距今 2 590 年 ± 70 年,树轮校正年代距今为 2 655 年 ± 120 年"。这种科学鉴定方法,是令人信服的。

其五,我国考古工作者 1959 年于山西侯马市牛村古城南东周遗址发现大豆粒多颗,现存于北京自然博物馆植物陈列室中。根据 [14]C 测定,距今已有 2 300 年左右的历史,系战国时

图2-3　1959年于山西省侯马出土的大豆

期遗物,豆粒黄色,百粒重约18~20 g。这是迄今为止世界上发现较早的大豆出土文物,这点直接证明当时已有大豆种植(图2-3)。

其六,湖南省博物馆和中国科学院考古研究所于20世纪70年代在长沙马王堆发掘的1号和3号汉墓中出土的大豆距今约有2100年;据亲自参加鉴定的周教廉先生介绍,该遗址出土的大豆作为随葬品,是盒装的,盒内的豆粒清晰可

辨,黑色,椭圆形,已炭化,从外形来估计,百粒重4 g左右;另外一盒上有"黄卷"(黄卷即豆芽)二字。湖北省江陵县凤凰山168号汉墓中出土的大豆,为棺内沉积物中的颗粒物,呈椭圆形或肾形,长8~9 mm、宽5 mm,种皮黑色。这个墓葬距今2100年左右(图2-4)。

杨直民等(1980)指出:"近年长沙出土的西汉初年马王堆墓葬中,发现有水稻、小麦、粟、黍、大豆、赤豆、大麻子"。

其七,中国科学院考古研究所洛阳发掘队,1953年在洛阳西郊发掘的汉墓中出土的陶仓上有用朱砂写的"大豆万石"的字样,并且在部分陶仓中还有大豆的实物。该墓葬距今有2000年。

其八,北京图书馆于秀清等认为,最近出土的甲骨文物中就有"菽"的初文[如《殷虚书契续编》卷六,第二十七页第4号,左下:《战后京津新获甲骨集》1292号左下:《殷虚摭佚续编》155号左(图2-5)]。这些甲骨文的存在可以说明我国在3000多年前就已有大豆栽培。

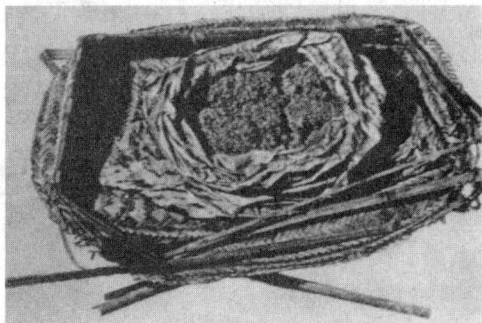

图2-4　湖南长沙马王堆汉墓出土的盒装大豆随葬品　(引自陈文华,1994)

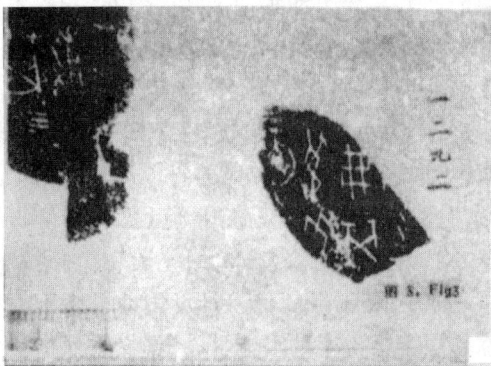

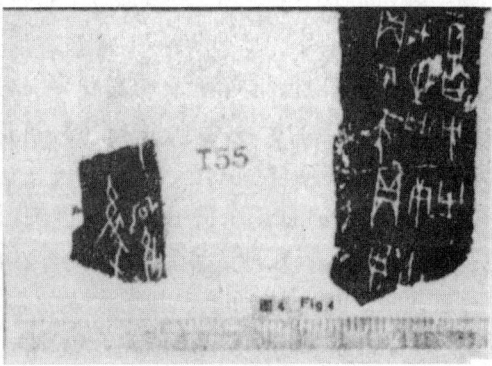

图2-5　3000多年前甲骨文物中的菽字

从中国现有出土的粟稻文物也证明早在六七千年前中国就有农业。距今七八千年或五六千年之间,在黄河中下游和长江中下游一带的氏族公社,比其他地区发展得较早和较快一

些。在北方主要种植耐旱而生长力较强的粟类作物,古代称为稷。在磁山遗址(河北武安磁山文化)的窖穴里发现有成堆的腐朽粮食,属于粟类作物。在半坡和其他仰韶文化遗址的窖穴、房屋和墓葬中,经常发现有粟和粟的皮壳。作为斐李岗文化和磁山文化典型器物的石磨盘和磨棒,就是用以碾去粟的皮壳作为粮食加工的工具。粟在六七千年以前就成为我国北方的主要粮食。浙江余姚县钱塘江口以南的河姆渡遗址下层,发现有大量金黄色的稻谷,还有带叶的稻茎,经鉴定是人工栽培的水稻,这说明长江中下游栽培稻谷已有7 000年左右的历史。由此可见,我国粟稻栽培已有六七千年的历史,根据这些出土文物说明黄帝时栽种大豆也是完全有可能的。

我国大豆品种类型极为丰富,各种大豆品种资源有20 000多份,这点远非其他国家所能比。这些类型在生育期、种皮色、籽粒大小、抗病性、抗虫性以及其他抗性、品质、适应性等方面差异极大,极大地丰富了世界大豆品种基因库。

三、从野生大豆分布也可以证明大豆原产于中国

近年来,我国科学工作者在中国各地对野生大豆进行的考察和研究表明,野生大豆在中国分布很广泛,北到黑龙江省的塔河县,东到黑龙江省抚远县,南到广东省的韶关,西到甘肃、宁夏及西藏一带,均有野生大豆分布,而且类型丰富。共收集数千份野生大豆材料。在中原地区的河南、山西、陕西等地分布很广泛。中国野生大豆类型如此丰富是其他国家所不及的。

根据古代文献、考古文物、栽培大豆品种资源的多样性和野生大豆的分布,证明栽培大豆起源于中国数千年前。根据《诗经·豳风》描述,至少有3 000年;根据《史记》记载,4 500余年前中国就开始种植大豆。最早栽培大豆的地区在黄河中游的河南、山西、陕西等地或长江中下游地区。

赵团结和盖钧镒先生最近对栽培大豆起源与演化进展进行了研究。他们从大豆属物种的系统进化和栽培大豆起源研究的方法等方面评述了栽培大豆的中国起源、黄河中下游起源、长江流域及南方起源、日本南部起源等多种假设的依据。在此基础上讨论了多样性中心与起源中心的关系、栽培物种起源与演化的研究方法,以及运用比较试验生物学研究作物进化时的技术性问题。两位作者倾向于支持栽培大豆南方起源假设。

第二节　大豆的进化

栽培大豆是从野生大豆(G. soja)经过人工栽培驯化选择和自然选择逐渐积累有益变异演变而成的。这可以从目前中国发现有大量的大豆中间类型来证明。从野生大豆到栽培大豆有不同的类型。从大豆粒形、粒大小、炸荚性、植株缠绕性或直立性等方面的变化趋势可以明显地看出大豆的进化趋势。一般野生大豆的百粒重仅为2 g左右,易炸荚,缠绕性极强。半野生大豆百粒重为4~5 g。炸荚轻,缠绕性也较差。从半野生大豆到栽培大豆间还存在不同进化程度的类型。用栽培大豆与野生大豆进行杂交,后代出现不同进化程度的类型,介于野生大豆和栽培大豆之间。这也可以间接地证明栽培大豆是从野生大豆演变而来的。

一、形态特征的变化

野生大豆的种子百粒重 2 g 左右,栽培大豆的百粒重为 15~20 g;野生大豆种子上通常有泥膜无光泽,而栽培大豆种子无泥膜;野生大豆茎细弱蔓生匍匐地面或缠绕在伴生植物上,而栽培大豆多直立,茎较粗;野生大豆节间长,栽培大豆节间短;野生大豆炸荚性极强,栽培大豆炸荚性弱。

野生大豆在栽培条件下其性状有变化,如百粒重由野生条件的 1.2 g 增至 1.7 g,每节荚数由 7 个增至 17 个,每株荚数由 50 个增至 678 个。叶宽增加,叶长增加,分枝也有所增加(表 2-1)。

表 2-1　不同生长条件下野生大豆性状的变化　(王连铮等,1980)

生长条件	茎 长 (cm)	分 枝 (个)	叶 长 (cm)	叶 宽 (cm)	荚/株 (个)	最多荚/节 (个)	百粒重 (g)
野生状态	63	3	2.0~9.7	0.7~3.8	50	7	1.2
栽培条件	237	20 以上	7.0~17.0	1.7~5.3	678	17	1.7

我们对野生大豆、半野生大豆、栽培大豆性状进行了比较研究。

1927 年 B.B.Скворцов 首先在黑龙江省发现并定名的半野生大豆(*G. gracilis* Skv),是研究大豆进化和利用近缘野生资源的重要材料。我们在野生大豆考察中,对于考察半野生大豆生态条件和搜集种子给予了特殊的注意。在黑龙江省东部地区、东南部地区及西南地区等地发现了半野生大豆植株,这些半野生大豆多数是在种植小豆地里作为杂株而存在,仅在少数几处荒地发现为数不多的半野生大豆。半野生大豆在自然状态下分布数量不大,性状介于栽培和野生大豆之间,过渡类型极为丰富,与典型的野生大豆比较,半野生大豆根系发达,茎较粗,主茎与分枝明显,有蔓生(缠绕)、半蔓生或直立等多种生长习性,株高(茎长)比野生大豆矮,多数为无限结荚习性,也有亚有限类型,叶、荚、粒均大于野生大豆,种粒大小变幅大,一般百粒重在 2.5g 以上。从三种大豆性状比较可以看出,野生大豆向栽培大豆进化过程中的性状变化,而半野生大豆则是中间过渡类型(表 2-2)。

表 2-2　野生、半野生、栽培大豆性状比较　(王连铮等,1980)

类 别	生长习性	株高 (cm)	分枝数	结荚习性	荚大小	叶大小	粒色	泥膜	百粒重 (g)	炸荚性	花色	脂肪	蛋白质
野生	细弱蔓生缠绕	30~40	最多30~40	无限	小	小至中	黑褐	有	2.5 以下	极强	紫	低	高
半野生	半蔓直立	5~150	多10~20	无限 亚有限	中	中至大	黑褐双色	有或无	2.5~6.0	强弱	白紫	中	中
栽培	粗半直立	50~120	少1~5	无限 有限 亚有限	大	大	黑褐绿双黄	无	10 以上	弱	白紫	高	中

二、大豆品质的演变

笔者在 1980 年提出："蛋白质含量高,脂肪含量低、油酸低、亚麻酸高是进化程度低的表现,大豆籽粒生化组成的分析可作为研究大豆进化程度的依据之一"。

(一)脂肪含量

野生大豆含油量低,栽培大豆含油量高。根据 106 份野生大豆资料分析结果,粗脂肪含量为 8.2%;栽培大豆粗脂肪含量为 21.1%;半野生大豆为 15.05%,居中间(表 2-3)。

(二)蛋白质含量

野生大豆的蛋白质含量高,栽培大豆蛋白质含量相对较低(表 2-3、表 2-4)。

表 2-3　野生、半野生、栽培大豆的籽粒的蛋白质、脂肪含量　(王连铮等,1980)

不同种类大豆	材料份数	粗蛋白质(%)		粗脂肪(%)		粗蛋白质:粗脂肪
		平均	幅度	平均	幅度	
栽　培	7	41.09	38.02~41.85	21.10	20.06~22.07	1.95:1
半野生	38	43.44	38.27~46.74	15.05	10.74~21.06	2.89:1
野　生	106	47.81	39.19~54.06	8.20	5.25~13.79	5.83:1

表 2-4　野生、半野生、栽培大豆的籽粒蛋白质含量次数分布　(王连铮等,1980)

粗蛋白质(%)	栽　培		半野生		野　生	
	材料数	%	材料数	%	材料数	%
36.01~40.00	2	28.5	1	2.6	1	0.9
40.01~44.00	5	71.5	19	50.0	5	4.7
44.01~48.00	—	—	18	47.4	51	48.1
48.01~52.00					45	42.5
52.01 以上					4	3.8

从以上分析结果可以看出,野生、半野生大豆蛋白质含量明显高于栽培大豆,其粗蛋白质含量分别为 47.81%、43.44%、41.09%,尤其是在 106 份野生大豆材料中,粗蛋白质含量高于 48% 以上的有 49 份,占分析材料的 46.3%,最高含量达 50% 以上。而脂肪含量呈相反趋势,即栽培大豆含量最高,粗脂肪介于 20.06%~22.07% 之间;半野生大豆脂肪居中,粗脂肪介于 10.74%~21.06% 之间;而野生大豆含油量最低,粗脂肪介于 5.25%~13.79% 之间,这与 1979 年分析结果是一致的。值得特别指出的是,野生大豆粗蛋白质与粗脂肪之比为 5.83:1,半野生大豆为 2.89:1,而栽培大豆仅为 1.95:1。

(三)脂肪酸组成

利用 SP-2305 气相色谱仪测定野生和栽培大豆的脂肪酸组成,测定结果列表 2-5。

表 2-5　野生、半野生和栽培大豆的籽粒脂肪酸含量　(王连铮等,1981)

种或变种	棕榈酸(%)	硬脂酸(%)	油酸(%)	亚油酸(%)	亚麻酸(%)	样本数
野　生	11.42	微量	15.58	53.98	18.69	18
半野生	12.46	微量	18.80	55.00	13.69	4
栽　培	11.50	微量	28.86	52.07	7.35	2

　　分析结果看出,各种大豆的饱和脂肪酸及不饱和脂肪酸中的亚油酸棕榈酸含量变化不大,但油酸及亚麻酸的含量有明显的不同,野生大豆的油酸平均为 15.58%,半野生为18.08%,而栽培大豆为 28.86%,这反映栽培大豆的油酸较稳定,半野生次之,而野生大豆则不够稳定。野生大豆亚麻酸含量为 18.69%,而半野生及栽培种大豆亚麻酸的含量为13.69% 和 7.35%,由于亚麻酸含有 3 个双键易氧化,因此可看出野生大豆的油性稳定性较差。

　　从表 2-3、表 2-4、表 2-5 结果看出,野生大豆蛋白质含量最高、脂肪含量低、粗蛋白质与脂肪比高、不饱和脂肪酸中的油酸低、亚麻酸含量高,而栽培大豆与此相反,半野生大豆种子成分介于两者中间。我们初步认为,蛋白质含量高,脂肪含量低、油酸低、亚麻酸高是进化程度低的表现,大豆籽粒生化组成的分析可以作为研究大豆进化程度的依据之一。但这一工作还仅是开始,尚要进一步分析研究并结合其他方面的工作来加以验证。

(四)氨基酸成分的比较

　　我们对不同的大豆籽粒蛋白质的氨基酸的基本成分进行了初步分析,结果列于表 2-6。

表 2-6　野生、半野生、栽培大豆的籽粒的氨基酸组成　（王连铮等,1980）

氨基酸	野　　生		半　野　生		栽　　培	
	龙 78-2	龙 75-3172	龙 79-27-1	76-2	黑农 26	黑河 3 号
天冬氨酸	7.40	9.48	13.46	12.40	13.50	11.30
苏氨酸	1.94	2.22	3.70	3.00	3.78	2.88
丝氨酸	3.04	3.52	4.54	3.88	5.96	5.10
谷氨酸	13.02	14.58	21.12	19.50	19.40	17.86
甘氨酸	3.00	3.82	5.06	4.26	4.80	4.18
丙氨酸	2.28	3.44	4.70	3.68	4.96	3.70
胱氨酸	0.38	0.94	0.78	0.34	0.90	1.14
缬氨酸	3.58	3.96	4.14	5.84	5.96	4.46
蛋氨酸	0.68	1.22	0.84	0.64	1.00	0.92
异亮氨酸	3.58	4.04	4.74	5.20	5.38	3.96
亮氨酸	4.12	8.00	8.70	8.96	2.54	7.22
酪氨酸	1.70	2.36	2.72	3.38	2.26	2.78
苯丙氨酸	3.86	2.16	4.80	5.58	5.38	5.22
赖氨酸	5.12	5.22	6.84	7.30	7.38	7.66
组氨酸	3.20	3.82	3.96	3.58	2.54	3.32
精氨酸	5.62	8.52	7.62	9.64	8.38	6.30
脯氨酸	1.64	2.36	2.08	2.26	2.32	2.40

　　从分析结果可以看出,大豆属不同种和变种籽粒的氨基酸含量,以谷氨酸为最多,大多数品种占蛋白质含量的 16%~20%;其次是天冬氨酸,占 9%~12%;再次是亮氨酸、精氨酸和赖氨酸,占 5%~8%;其余氨基酸含量少于上述几种。这符合过去用纸上色层分析法测定的结果。

从 8 种必需氨基酸(赖氨酸、缬氨酸、蛋氨酸、异亮氨酸、亮氨酸、苯丙氨酸、组氨酸、精氨酸)来看,大豆的含量比较齐全,而且赖氨酸含量也较高。栽培大豆的赖氨酸含量高于野生大豆和半野生大豆。色氨酸在水解条件下受破坏未测出来,根据过去试验一般为 1.5% ~ 2%。

三、大豆的抗性变化

(一)抗食心虫

野生种、半野生大豆和栽培大豆之间抗虫性是存在差异的(表 2-7)。从表 2-7 可以看出,野生种大豆食心虫虫食率明显低于栽培大豆。在广泛搜集和归并整理基础上,进行接种鉴定,从中筛选出高抗病、高抗虫类型,才能有目的地加以利用。否则,一概而论野生种的抗性,将会在育种工作造成损失。野生大豆平均虫食率为 0.4%,有 81 个供试材料平均虫食率为 0;半野生大豆为 9.6%;栽培大豆为 17%。随着大豆的进化,大豆的抗虫性有所降低。

表 2-7　野生、半野生、栽培大豆虫食率　(王连铮等,1980)

不同种类大豆	平均虫食率(%)	供试品种(个)	不同虫食率次数分布				
			10%以上	5% ~ 20%	1% ~ 4%	1%以下	0%
野生	0.4	175	—	—	13	81	81
半野生	9.6	10	3	7	—	—	—
栽培	17.0	6	6	—	—	—	—

(二)抗胞囊线虫

我们在 1979 ~ 1980 年曾结合大豆胞囊线虫病抗源筛选,进行了一些野生、半野生大豆的抗性鉴定。吴和礼教授筛选出的哈尔滨小黑豆对胞囊线虫有高度抗性。不同材料的抗性表现不一样。详见表 2-8,表 2-9。

表 2-8　野生种、半野生种大豆胞囊线虫抗性鉴定　(王连铮等,1979)

不同种类大豆	编号	根系胞囊			地上植株受害症状等级
		重复Ⅰ	重复Ⅱ	平均	
野生	76-25	29.2	11.6	20.4	2 ~ 3
	75-3171	7.4	16.6	12.0	2
半野生	73-1407	50以上	50以上	50以上	4
	73-1412	19.6	11.6	15.6	4
	76-24	23.4	18.0	20.7	3
	76-26	27.6	30.2	28.9	4
	76-27-1	17.2	34.4	25.7	4
	黑龙江半野生	50以上	10	30以上	3
感病对照	黑农 10	30以上	30以上	30以上	3 ~ 4
抗病对照	哈尔滨小黑豆	0	0.4	0.2	0

表 2-9　半野生大豆胞囊线虫病抗性鉴定　（王连铮等,1980）

不同大豆	供试品种	盒	株	根系不同胞囊数品种分布			
				100 以上	30 ~ 100	5 ~ 29	4 ~ 0
半野生	24	284	636	636	160	5	—
抗病对照	2	10	20	20	—	—	20
感病对照	1	10	35	35	20	—	—

第三节　大豆的传播

一、大豆在中国的传播

从商周到秦汉时期,大豆主要在中国黄河流域一带种植,是当地人们的重要粮食之一。当时的许多重要古书如《诗经》、《荀子》、《管子》、《墨子》、《庄子》里,都是菽粟并提。《战国策》说:"民之所食,大抵豆饭藿羹"。就是说,用豆粒做豆饭,用豆叶做菜羹是清贫人家的主要膳食。到了汉武帝时候,中原地区连年灾荒,大量农民移至东北,大豆随之引入东北。东北土地肥沃,加上劳动人民世世代代的精心选择和种植,大豆就在东北安家落户。公元前 1 世纪《氾胜之书》记载,当时中国大豆的种植面积已占全部农作物的四成。

长沙马王堆汉墓出土的大豆随葬品说明,2 000 年前在中国南方已有大豆种植。《宋史·食货志》记载,宋时江南一带曾遇饥荒,从淮北等地调运北方盛产的大豆种子到江南种植。从《氾胜之书》可以看出,2 000 多年前大豆在中国已广为栽培。

二、大豆在世界各地的传播

早在公元前,中国与朝鲜在经济文化上就有了频繁交往。战国时,燕齐两地人民和朝鲜有交往,很可能此时大豆已传入朝鲜。我国西汉时已与日本有友好往来,汉武帝时,日本就派遣使者和汉朝往来。汉建武中元二年(公元 57 年),倭奴国派使臣与汉通好,刘秀遂以"汉倭奴国王"金印相赠,此金印已在日本九州志贺岛崎村出土。

Nagata(1959、1960)认为,中国大豆大约于公元前 200 年自华北引至朝鲜,而后由朝鲜又引至日本。日本南部的大豆,可能在 3 世纪直接由商船自华东一带引出。

德国植物学家 Kampfer 在日本度过了两年(1691 ~ 1692),他在 1712 年详细描述了日本人用大豆制成的各种食品。到 1751 年,欧洲药理学家已经熟悉日本的大豆及其在医学上的用途。1740 年,法国传教士曾将中国大豆引至巴黎试种。1790 年,英国伦敦 Kew 皇家植物园首次试种大豆。1873 年以后,维也纳人 Friedrich Haberlandt 在维也纳博览会上得到中国与日本大豆品种 19 个,经精心安排试种,其中 4 个品种结粒。

美国和拉丁美洲国家的大豆生产得到大发展,美国最早引入大豆是在 1765 年,由东印度公司海员 Samuel Bowen 将中国大豆带到乔治亚州的 Savannah。第二个把大豆带到美国的是美国驻法国大使 Benjanin Franklin,1770 年他将大豆由法国送到费城。1804 年,James Mease 第一个在美国文献中提到大豆。在随后的 100 年内,美国文献中论及大豆的次数日益频繁,但在 20 世纪开始之前美国大豆的产量很少。美国农业部到 1909 年取得了 175 个品种和类型,至 1913 年取得 427 个,至 1919 年取得 629 个,至 1925 年得到了 1 133 个。在美国,大豆起初主要是作为一种饲料作物种植,直到 1940 年以后,才有一半以上的大豆用于收获籽粒。第二次世界大战后,美国大豆种植业迅速发展。1980 年世界大豆总产量为 8.177×10^7 t,其中美国 4.4945×10^7 t,为世界总产量的 60.5%,占第一位;巴西总产量为 1.54×10^7 t,占世界总产量的 18.8%,占第二位;中国总产量 7.54×10^6 t,为世界总产量的 9.2%,占第三位;阿根廷总产量 3.9×10^6 t,为世界总产量的 4.8%,占第四位。随着养殖业的发展和人民生活的改善,近年来,世界对大豆及其制品的需求越来越多。

大豆及其制品的国际贸易量每年几千万吨,其贸易量位居国际农产品贸易的前列,仅次于小麦。

2001 年,世界大豆种植面积 7 505 万 hm²,较 1990 年增长 31.4%;大豆总产 1.72 亿 t,比 1990 年增长 58.7%(表 2-10)。其中美国占 42%,巴西占 24%,阿根廷占 16%,中国占 8%,印度占 3%,其他国家占 5%。世界大豆平均单产在 11 年内提高了 20.65%,年均提高 1.8%。意大利单产最高,平均每 hm² 达 3.6 ~ 3.7 t;巴西 2.71 t;阿根廷 2.6 t;美国 2.65 t。

表 2-10　世界大豆主要生产国种植面积、单产和总产

项　目	面积(万 hm²)			总产(万 t)			单产(kg/hm²)		
	1990	1995	2001	1990	1995	2001	1990	1995	2001
美　国	2287	2494	2943	5242	5924	7538	2292	2376	2560
巴　西	1148	1166	1385	1989	2565	3750	1732	2200	2710
阿根廷	492	593	1000	1070	1213	2600	2175	2045	2600
中　国	756	813	930	1110	1350	1540	1470	1660	1720
四国合计	4683	5066	6258	9411	11052	15428	2009	2271	2465
比例(%)	82.0	81.2	83.4	86.8	87.2	89.6	105.8	111.8	107.6
世界总计	5712	6241	7505	10843	12681	17211	1898	2032	2290

三、近年大豆生产的发展

近年来,由于大豆的保健功能被不断明确,因而大豆食品风靡全球,预计大豆将会进一步扩大发展。

(一)世界及主要大豆生产国大豆收获面积

1996 ~ 2004 年 9 年平均世界大豆生产收获面积为 7 542 万 hm²,2004 年达 8 781 万 hm²,比 1996 年的 6 268 万 hm² 增长 40.1%。

同期美国大豆收获面积 9 年平均 2 908 万 hm²。由 1996 年的 2 600 万 hm² 增加到 2004 年的 2 927 万 hm²,增长了 12.58%。

巴西大豆收获面积 9 年平均为 1 549 万 hm²。由 1996 年的 1 148 万 hm² 增加到 2004 年的 2 130 万 hm²,增长了 85.54%。

阿根廷大豆收获面积 9 年平均为 1 007 万 hm²。由 1996 年的 620 万 hm² 增加到 2004 年的 1 400 万 hm²,增长了 125.81%。

中国大豆收获面积 9 年平均为 873 万 hm²。由 1996 年的 747 万 hm² 增加到 2004 年的

930 万 hm², 增长了 24.49%(表 2-11)。

表 2-11　世界大豆主要生产国种植面积　(单位:万 hm²)

年　度	美　国	巴　西	阿根廷	中　国	全　球
2004	2927	2130	1400	930	8781
2003	2934	1839	1260	872	8138
2002	2957	1800	1230	947	8115
2001	3001	1635	1140	948	7896
2000	3017	1393	1040	930	7526
1999	2985	1364	858	796	7178
1998	2932	1306	817	850	7117
1997	2835	1330	695	835	6863
1996	2600	1148	620	747	6268
1995	2531	1029	598	812	
1994	2495	1168	570	922	
1993	2434	1153	540	945	
1992	2398	1065	490	722	

资料来源:美国农业部

市场年度划分:美国:9 月 1 日至翌年 8 月 31 日;巴西:2 月 1 日至翌年 1 月 31 日;阿根廷:4 月 1 日至翌年 3 月
31 日;中国:10 月 1 日至翌年 9 月 30 日

(二)世界主要大豆生产国家大豆单位面积产量

美国 1995~2004 年,10 年平均每 hm² 单产为 2.512 t。

巴西 1995~2004 年,10 年大豆平均每 hm² 为 2.507 t,近 4 年巴西大豆的单产超过美国。

阿根廷 1995~2004 年,10 年大豆平均每 hm² 为 2.39 t。

中国 1995~2004 年,10 年大豆平均每 hm² 为 1.740 t。

中国 1995~2004 年,10 年平均大豆每 hm² 单产比美国低 0.77 t,比巴西低 0.769 t,比阿根廷低 0.65 t。这说明我国大豆单产低,近 10 年大豆单产水平提高不大、不快(表 2-12)。

表 2-12　世界大豆主要生产国历年单产　(单位:t/hm²)

年　度	美　国	巴　西	阿根廷	中　国
2004	2.25	2.47	2.43	1.72
2003	2.56	2.85	2.22	1.89
2002	2.54	2.72	2.78	1.742
2001	2.66	2.66	2.67	1.625
2000	2.55	2.7	2.47	1.656
1999	2.46	2.4	2.45	1.789
1998	2.6	2.37	2.8	1.783
1997	2.61	2.35	1.81	1.765
1996	2.52	2.3	2.08	1.77
1995	2.37	2.25	2.19	1.661

(三)世界主要大豆生产国家的大豆总产量

2005～2006年度世界的大豆总产量预期将达到2.2亿t,2004年美国第一次突破8000万t,达8001万t,巴西达6600万t,阿根廷达3900万t,中国达1750万t,均系历史最高水平。从表2-13中可以看出,美国13年间大豆总产量增加了34%;而巴西由1992年的2251万t增加到2004年的6600万t,增长2.93倍;阿根廷由1992年的1135万t增加到2004年的3900万t,增长3.44倍。中国则由1992年的1030万t增加到2004年的1750万t,增加69.9%,年均增长5.3%。我国增长的速度不如阿根廷、巴西快,但是呈缓慢增长的趋势,这是由于我国的耕地面积有限,多用于水稻、小麦、玉米等作物的生产,主要着眼于解决粮食问题,而且大豆生产效益不如上述作物,因此,我国大豆产量难以快速增加。世界大豆主要生产国历年产量详见表2-14。

表2-13　世界大豆主要生产国历年产量　(单位:万t)

年　度	美　国	巴　西	阿根廷	中　国	全球合计
2004*	8001	6600	3900	1750	23014
2003	6580	5260	3400	1600	18955
2002	7429	5100	3500	1640	19681
2001	7867	4350	2950	1541	18500
2000	7539	3650	2600	1540	17573
1999	7222	3400	2120	1429	16044
1998	7461	3130	2000	1515	15977
1997	7319	3250	1950	1473	15808
1996	6478	2730	1120	1322	13223
1995	5917	2415	1244	1350	12494
1994	6845	2591	1249	1600	13771
1993	5093	2469	1241	1531	11777
1992	5961	2251	1135	1030	11737

* 为预测值　　　　　　　　　　　　　　　　　　　　　　资料来源:美国农业部

由表2-11、表2-12、表2-13可以看出:世界大豆面积由1996年的6268万 hm^2 增加到2004年的8781万 hm^2 ,9年增加了2513万 hm^2 ,年均增加279万 hm^2 。今后世界大豆生产会继续发展。

世界大豆总产量由1996年的13021万t增加到2004年的23014万t,9年增加9993万t,年均增加1110万t,未来将进一步增加。据Laney报道,2011年需要增加量为7000万t。

世界大豆单产在逐步增加,由1996年每 hm^2 2293kg,增加到2004年的2627kg。

扩大面积的作用在提高大豆总产中约占60%,而提高单产约占增加总产的40%。因此,扩大面积和提高单产均很重要。

四、中国大豆生产情况

改革开放以来,中国的大豆生产有了很大的发展。1978年我国大豆总产量为756万t,1985年以后总产量达到1000万t,1994年又达1599万t。1993年全国大豆每667 m^2 (亩)产量首次超过100kg,达107.9kg。1997年达118kg。虽然不同年份有所变动但大豆总产量和单产总的趋势是逐步增加的。播种面积相对稳定在 733.3 万 ~ 958.9 万 hm² 之间,是仅次于水稻、小麦、玉米之后的第四大作物。2004 年播种面积最大,达 958.9 万 hm²。总产量最高年份为 2004 年,达 1740 万 t。单产最高的年份为 2002 年,每 hm² 为 1 893 kg,详见表 2-14。2002 年农业部制定并启动了"大豆振兴发展计划":其中辽宁大豆种植面积 6.67 万 hm²,吉林 18.67 万 hm²,黑龙江 20 万 hm²,黑龙江农垦总局 18 万 hm²,内蒙古自治区 3.33 万 hm²。东北地区 66.67 万 hm² 高油高产大豆示范取得成功,每 667 m² 产量达 174.7kg。抽样检测含油率平均为 20%,比 4 省、自治区近 400 万 hm² 非示范区平均 667 m² 产 144 kg 增产 30.7 kg。

表 2-14　1978 ~ 2004 年中国大豆生产情况　(中国农业年鉴,统计年鉴)

年　度	播种面积(万 hm²)	总产量(万 t)	单产(kg/hm²)
1978	714.4	756.5	1059
1979	724.9	746.0	1035
1980	722.7	788.0	1095
1985	771.8	1050.0	1365
1990	756.0	1110.0	1470
1991	704.1	989	1410
1992	722.1	1042	1444
1993	945.4	1530	1619
1994	922.2	1599.9	1736
1995	812.7	1350.4	1661
1996	747.1	1322	1769
1997	843.6	1473	1764
1998	850.0	1515	1783
1999	796.2	1425.1	1789
2000	930.7	1541	1656
2001	900.0	1530	1700
2002	871.9	1690	1893
2003	931.2	1539	1653
2004	958.9	1740	1815

2004 年我国大豆播种面积达 958.9 万 hm²,总产量为 1740.4 万 t,每 hm² 产量达 1 815 kg (表 2-15)。

表 2-15　2003 ~ 2004 年全国各地大豆播种面积和产量增减情况

省　份	2003 年			2004 年		
	播种面积 (万 hm²)	总产量 (万 t)	单　产 (kg/hm²)	播种面积 (万 hm²)	总产量 (万 t)	单　产 (kg/hm²)
全国总计	931.28	1539.40	1653	958.90	1740.40	1815
北　京	1.64	2.80	1707	1.36	3.00	2206
天　津	3.09	6.10	1974	2.93	4.50	1536

续表 2-15

省 份	2003 年			2004 年		
	播种面积 (万 hm²)	总产量 (万 t)	单 产 (kg/hm²)	播种面积 (万 hm²)	总产量 (万 t)	单 产 (kg/hm²)
河 北	28.05	46.40	1654	27.43	44.30	1615
山 西	20.73	29.80	1438	21.09	30.80	1460
内蒙古	69.73	53.60	769	75.29	103.10	1369
辽 宁	30.51	64.60	2117	29.59	52.10	1761
吉 林	43.00	150.30	3495	52.59	152.10	2892
黑龙江	338.93	560.80	1655	355.55	638.50	1796
上 海	0.53	1.70	3208	0.53	1.70	3208
江 苏	24.17	56.80	2350	21.64	57.00	2634
浙 江	11.65	26.40	2266	11.66	26.60	2281
安 徽	85.52	99.90	1168	88.81	112.60	1268
福 建	9.03	18.00	1993	8.84	18.40	2081
江 西	11.74	19.20	1635	10.15	17.80	1754
山 东	28.57	69.20	2422	24.12	71.70	2973
河 南	50.34	56.70	1126	52.25	103.50	1981
湖 北	19.50	44.70	2292	18.38	40.50	2203
湖 南	19.82	39.70	2003	18.81	39.90	2121
广 东	7.88	15.40	1954	8.04	18.10	2251
广 西	25.81	36.00	1395	21.96	31.10	1416
海 南	0.78	1.60	2051	0.67	1.30	1940
重 庆	8.17	10.00	1224	9.51	16.50	1735
四 川	20.15	46.00	2283	20.09	49.10	2444
贵 州	12.87	17.70	1375	13.11	17.90	1365
云 南	11.31	14.80	1309	14.97	20.60	1376
西 藏	0.10	0.40	4000	0.03	0.10	3333
陕 西	30.66	15.90	519	30.81	32.40	1052
甘 肃	8.08	13.10	1621	8.67	14.10	1626
宁 夏	2.03	2.00	985	2.05	1.50	732
新 疆	6.89	19.80	2874	7.97	19.60	2459

从表 2-14 和表 2-15 中可以看出:我国大豆面积近 20 年有所增加,由 1978 年的 714.4 万 hm²,增加到 2004 年的 958.9 万 hm²。26 年增加了 244.5 万 hm²,年均增加 94 万 hm²。

我国大豆总产量有了增加,由 1978 年的 756.5 万 t 增加到 2004 年的 1 740.4 万 t。26 年增加了 983.9 万 t,年均增加 37.8 万 t。

我国大豆单产有所增加,由 1978 年的每 hm² 1 059 kg,增加到 2004 年的 1 815 kg,26 年每

hm² 增加了 756 kg,年均每 hm² 增加 29 kg。年均增加 1.9%,与世界大豆单产年递增率 1.8% 相近。

我国大豆生产所以能不断提高,主要有以下几条原因:①因地制宜推广良种。1984 年以来国家农作物品种审定委员会审定认定的大豆品种达 141 个,各省、直辖市、自治区审定的大豆品种超过几百个,对提高大豆产量起到相当大的作用;②改进栽培技术措施,推广了一大批先进栽培技术。如垄三栽培法,引进了美国窄行密植法及大豆覆膜技术等;③增施肥料,培肥地力,施肥水平普遍有了提高,特别是磷、钾肥、有机肥等;④防治病虫草害;⑤面积有一定增加;⑥开展丰收计划,进行新技术示范推广;⑦不断提供新的科研成果,促进大豆生产的发展等;⑧开展了大豆振兴计划,对高油高产大豆品种、高蛋白高产大豆品种提供良种补贴等。

我国大豆生产虽然取得了一定成绩,但也应当看到存在的问题。主要是:我国大豆总产严重不足;单产较低,每公顷仅 1.8 t;大豆科技投入不足,科技队伍需加强;种植大豆效益有待提高,大豆良种良法需要进一步结合;大豆深加工有待加强,特别是大豆蛋白制品生产应加强。由于我国畜牧业的发展,需要大量蛋白质饲料;由于兴建了很多大中型榨油企业,急需高油大豆作为原料;此外,由于人民生活水平的提高,需要大量豆制品和植物油。1996 年以来,我国进口大豆逐年增加(表 2-16)。2005 年进口大豆 2659 万 t,进口量超过国内大豆总产。

表 2-16　1993 年以来我国进口的大豆和食用植物油量　(统计年鉴、农业年鉴、曹智等)

年　份	大豆进口量(万 t)	占世界进口总量(%)	进口量占我国大豆总产量(%)	食用植物油进口量(万 t)
1993	9.9	—	—	24.0
1994	5.2	—	—	163.0
1995	29.4	0.91	2.15	213.0
1996	111.4	3.35	8.31	263.1
1997	280.1	7.41	19.61	274.6
1998	319.7	8.31	21.12	205.5
1999	431.7	10.33	30.32	208.0
2000	1041.6	21.57	67.62	171.9
2001	1394	24.34	90.46	—
2002	1132	—	66.98	87.0
2003	2074	—	134.76	188
2004	2023	—	116.26	251.7
2005	2659	—	157.33	172.8

参 考 文 献

王金陵.大豆遗传与育种.科学出版社,1958

王金陵.1962,大豆的进化与其分类栽培及育种的关系.中国农业科学,(1)11~15

王金陵.大豆的分类问题.植物分类学报,1976,14(1):22~30

王金陵.大豆.黑龙江省科学技术出版社,1982

王连铮,关和礼,姚振纯等.1980,黑龙江省野生半野生大豆的观察研究.中国油料第 3 期,48~53

王连铮等.1983,黑龙江省野生大豆的考察和研究.植物研究,3(3):116~130

Wang Lianzheng. 1984, The origin of cultivated soybean. Program and Abstracts World Soybean Research Conference-Ⅲ Ames Iowa P39~40

王连铮.1985,大豆的起源演化和传播.大豆科学,4(1):1~7

Wang Lianzheng. 1987, Soybean-The miracle Bean of China. P183~200, In book "Feeding a Billion" Michigan State University Press, East Lansing, Michigan

王连铮,王金陵.大豆遗传育种学.科学出版社,1992

Johnoson Herbert, The Encyclopedia Americana. 1980, International Edition, Americana Corporation. Vol.25.P.348~351

简明大不列颠百科全书(Concise Encyclopedia Britannica)中国大百科全书出版社,1985.7北京,上海,2卷P:375

Cuzin, V.F., 1976, Soviet Great Encyclopedia. Vol.24, Book 1.P.281~282.3rd edition, Moscow Publishing Company "Soviet Encyclopedia"

Vavilov, N.1,1951 The origin, variation, immunity and breeding of cultivated plants, (Translation by K.Star Chester) Chron, Bot., Vol. 13. Ronald Press, New York

Morse, W.J., 1950, History of soybcan production, P.3~59 In: Soybean and Soybean Products, K.S.Markley, Ed. Interscience Publishers, Inc!., New York

Hymowitz, T., 1970 On the domestication of the soybcan Econ. Bot, 23:408~421

Fukuda, Y., 1933. Cytogenctical studies on the wild and cultivated Manchrurina soybeans (*Glycine L.*) Jap. Jour. Bot.6:489~506

Nagata, T., 1959, Strdies of Southeast Asia Proc. Crop Sci., Japan, 28:79~82

Nagata, T., 1960, Studies on the differentiation of soybeans in Japan and the world. Mem. Hyogo Univ. Agr., 3(2) ser., 4:63~102

吕世霖.栽培大豆的起源.载于王绶主编《大豆》一书,山西人民出版社,1977

王绶,吕世霖.大豆.山西人民出版社,1984,1~14

王金陵,孟庆喜,祝其昌.中国南北地区野生大豆光照生态类型的分析.遗传学通讯,1973,3:1~8

司马迁.公元前145~前93年,史记,卷1:1页;卷27:118页.北京线装书局2006年版

陈梦雷主编.雍正四年,钦定古今图书集成·博物汇编·草木典·第三十七卷·豆部第534分册27页,1934年10月,中华书局影印

朱绍侯主编.1982,中国古代史,上册,福建人民出版社,196

卜慕华.1981,中国栽培植物起源的探讨.中国农业科学,4:86

严可均.1958,全上古三代秦汉三国六朝文卷.中华书局,9

诗经·豳风·七月;小雅·小宛;大雅·生民.公元前11世纪~前7世纪

氾胜之书(西汉农书)

陈文华编著.中国农业考古图录.江西科学技术出版社,1994,12月,P57~58

郭沫若主编.1976年,中国通史.人民出版社,55页,189,261

翦伯赞.1961,中外历史年表.中华书局

曲石,许玉林.中国东北史前农业起源与发展,首届农业考古国际学术讨论会.1991

张绍维.吉林原始农业的作物及其生产工具.农业考古,1983,(2):172

刘世民,舒世珍,李福山.吉林永吉出土大豆炭化种子的初步鉴定.考古,1984,(4):365~369

王金陵,杨庆凯,吴宗璞.1999,中国东北大豆.黑龙江科学技术出版社

杨直民等.1980,中国古代栽培植物起源的研究,农业出版社,254~283

河南洛阳西郊汉墓.考古学报,1963,(2):48

战后京津获甲骨集.1292

殷契书契编卷六,27

殷契�佚续编155号

李福山主编.1995,中国野生大豆资源研究进展.中国农业出版社

庄炳昌主编.中国野生大豆生物学研究.1999,科学出版社

徐豹等.1990,野生大豆(*G. soja*)种子贮藏蛋白组分目S/K的研究.作物学报,16(3):235−241

В.В.Скворцов: Дикая и культурная соя в Восточной Азии. Ассоциация Иследования в Манчжурии, Харбин, 1927

墨子(公元前468~前376年)

宋史.食货志,1960,中华书店

张子金主编.1985,中国大豆品种志.农业出版社

张子金,田佩占.1989,中国农业科技工作四十年.中国科学技术出版社,108~115

吉林省农业科学院主编.1987,中国大豆育种与栽培.农业出版社

王连铮.1998,大豆的起源、变化、传播:刊在郭文韬著,渡部武译《中国大豆栽培史》261~274页,日本农山渔村文化协会出版(日文)

Phillip Lahey, Global Soy Market and Trends, China and International Soy Conference and Exibition, Nov 5~8, 2002, Beijing China, Proceeding CISCE, 1~3

王连铮.2003,中国及世界大豆生产科研现状和展望.《中国大豆产业发展研究》.中国商业出版社,P1~25

崔章林,盖钧镒等著.中国大豆育成品种及其系谱分析(1923~1995).中国农业出版社,1998

杨庆凯.论大豆入世行动.黑龙江科学技术出版社

杜维广主编.大豆遗传育种论文集(1980~1999).黑龙江省农业科学院出版,2000

刘丽君主编.大豆遗传育种论文集(1996~2000).黑龙江省农业科学院出版,2001

赵团结,盖钧镒.2004,栽培大豆起源与演化研究进展.中国农业科学37(7):954~962

瓦维洛夫著,董玉琛译.主要栽培植物的世界起源中心.北京:农业出版社,1982

周新安,彭玉华,王国勋,常汝镇.中国栽培大豆遗传多样性和起源中心初探.1998,中国农业科学,31(3):37~43

吕世霖.关于我国栽培大豆原产地问题的探讨.1978,中国农业科学,(4)90~94

李福山.大豆起源及其演化的研究.大豆科学,1994,13(1):61~66

常汝镇.关于栽培大豆起源的研究.中国油料,1989,(1):1~6

郭文涛.试论中国栽培大豆起源问题.自然科学史研究,1996,16(4)326~333

徐豹.中国大豆起源与进化的研究.北京:农业出版社,1993

王书恩.中国栽培大豆的起源及其演变的初步探讨.吉林农业科学,1986,(1):75~79

第三章　中国大豆生态类型

第一节　大豆生态环境

大豆的很多农艺性状、产量性状、品质性状都是受多基因控制的数量性状,其变异表现为多样性,在生态环境的选择下,便形成了相应各种生态环境的适应类型,即生态类型。对大豆生态类型有选择作用的因素主要有自然环境的生态因子和人为的耕作制度、栽培技术及利用要求等两方面因素。

一、生态因素

(一)气象因子

1. 光照　光照一方面通过光照时间长短影响大豆的生育期,另一方面通过光照强度影响大豆的光合作用,影响产量和品质。

(1)光照长短　光照长短影响到大豆的开花,即光周期现象。大豆品种间开花期早晚的差别主要是光周期性的差别。大豆的开花成熟期的本质问题是短光照性能否得到满足的问题。迟熟品种的短光照性强,因此在较长的光照条件下短光照需要得到满足的程度就不如中熟品种,更不如短光照性弱的早熟品种,从而表现了品种间开花成熟期长短的差别。孟庆喜(1957)用来自中国不同地区不同耕作栽培制度下15个代表品种作材料,给予不同日数的短光照(10 h光照)处理,结果表明,晚熟品种对短光照处理的日数反应灵敏,短光照日数愈多播种至开花的日数愈短,而极早熟品种几乎没有反应。山西农业大学(1963)用全国不同地区的春、夏、秋大豆为材料,进行9、12、18、21、24 h及自然光照(山西太谷)等不同光照长短的处理,也得到相同结果。以上试验说明,大豆是短光照作物,但其品种间差别极大。这种差别是大豆开花成熟期差别的生理基础。大豆是通过这种品种间的差别去适应由生长季节和播种期不同而导致的光照长短有差别的地区,表现为在不同的地区有不同的生育期分布。在此启示下,不同地区的育种者可以根据当地的光照长短选育相应生育期的品种。

光照长短对大豆生育期的影响有其内在的规律性:①大豆在对短光照有所要求时,连续的黑暗是必要的。②光周期感应所需要的最短光周期(光期与暗期相配合的总称,一般为24 h)数为2次,两次即可能引起产生花芽分生组织。③光照的强度达到约100 lx,即能起到阻止产生花芽的效果。④如果使大豆达到产生花芽分生组织,短光期的光照强度须在1 076 lx以上。⑤叶部为对光照长短感应的主要器官,大豆苗期愈老,愈易受到光周期的感应。萌动后仅1周的大豆苗芽,没有光周期的感应。⑥对短光照性较强的大豆品种来说,24 h中光照时数达到8~10 h(光期与暗期之比为5:7),大豆才能开花早而又生长较正常。⑦暗期的温度在10℃以上时,光周期才能起到促使大豆开花的作用。

自然界不同纬度地区光照长短终年的变化是十分有规律的(图3-1),因此不同短光照性强度的大豆品种类型,在地理分布上便十分有规律。在高纬度地区,长的光照结合着短的生长季节,以及生长季节期间较低的气温(有效积温在1 900℃以下),是限制大豆生产的主要因素。由于大豆对光照长短的反应敏感,而对温度的反应次之,因此大豆生育期类型的地理分布倾向主要是东西向的带状。

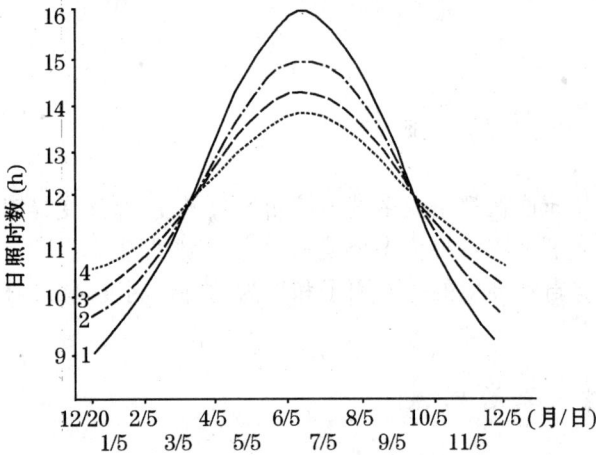

图3-1　中国南北主要农产区终年光照长短变化图
1. 北纬45°左右(东北松辽平原)　2. 北纬37°左右(黄淮平原北部)
3. 北纬31°左右(长江流域中下游)　4. 北纬24°左右(两广北部地区)

(2)光照强度　光照长度的作用不仅与光周期本身的机制有关,而且涉及光合时间。日光是大豆生长发育的能量来源,有一定的水分、温度条件,大豆在光照下才能进行光合作用,将光能转变成生物化学能贮藏起来。因此,在适宜的水分、温度条件下,日照时数多寡对大豆产量有决定意义。

不同地区、栽培方法、品种类型均影响光照强度。不同地区的日照情况下光照强度也有所不同。黑龙江省三江平原的宝清、萝北等地,7月份有日照的时数只有210 h左右,而西部齐齐哈尔龙江县等地区可达260 h。栽培方法(间、混作,密度等)亦影响光照的强度(表3-1)。不同类型的品种对光的利用率不同。尹田夫(1982)在哈尔滨的研究结果,典型无限结荚习性大豆不同冠层的光截获率顶冠层为4.32%,中冠层为1.32%,底冠层为0.68%;典型有限性品种则为顶冠层4.33%,底冠层1.68%。无限性品种的透光性较好些。显然在一般阴云多雨地区,常常达不到这种光强度的。因此大豆在不同地区与情况下必然于生理及形态表现上对光的强度有所反应。因此适应这种变化情况的大豆品种类型也就不同。在日照较少及在较高栽培水平及种植密度较大的情况下,叶小而且叶柄角度小,长叶,冠层塔形,从而上部叶片曝光的面积较大的品种类型较适应。一个地区的日照情况结合雨量与土地的肥力常常是影响大豆的叶大小、叶形与结荚习性类型的重要因素。

表3-1　不同栽培方式与大豆光合生产率及产量的关系 (黑龙江省农业科学院,1972)

栽培方式	光合生产率[g/(m²·d)]		产　量
	结荚期	鼓粒期	(kg/667 m²)
麦豆间作	6.23	6.03	254.8
大豆清种	3.56	4.50	170.0

2. 温度　温度对大豆生态类型的影响是多方面的,其中影响最大的是生育期。温度对生育期的影响是对出苗、开花至成熟各个生育阶段综合影响的结果。在水分等其他条件适合时,高温促进大豆萌芽。如潘铁夫等(1982,1985)的试验结果指出,小金黄1号品种在10℃条件下达到50%的出苗率需26 d,而在15℃时只需9.7 d,在25℃时3.6 d,30℃时3.1 d,35℃时3 d。温度低于9℃时,生根但不出苗。

高温可以促进大豆提早开花,对开花至成熟也有一定影响,但不及开花前那样明显。潘铁夫等(1985)以小金黄1号大豆在12 h的短光照条件下进行温度试验的结果是:夜温20℃

昼温30℃时出苗至开花为33 d,夜温10℃昼温20℃时需50 d,夜温10℃昼温30℃时仍需47 d,夜温20℃昼温20℃时则为34 d,可见夜温对促进大豆开花的影响较大。在吉林省的条件下,大豆出苗至开花的日数与此期间平均气温高低呈直线回归关系($y = 140.09 - 4.43x$)。这期间气温每下降1℃大豆延迟开花4.43 d。庄炳昌等(1986)利用人工气候箱,在人工控制的5种昼夜温度下,对原产中国北纬25°~52°的15份栽培大豆品种进行了昼夜温度反应的研究。不同处理对栽培大豆不同阶段影响的结果列于表3-2。可见,温度对大豆发育的影响,主要表现在出苗至开花这一阶段,对开花至成熟也有一定影响,但不及开花前那样明显。

表3-2　5种昼夜温度对大豆发育阶段的影响 （公主岭,1960）

出苗至开花天数		开花至成熟天数	
昼温/夜温	平均数	昼温/夜温	平均数
20℃/10℃	68.000aA	—	—
30℃/10℃	65.818bB	—	—
20℃/20℃	49.909cC	20℃/20℃	48.727aA
30℃/20℃	33.182dD	35℃/25℃	47.091aA
35℃/25℃	32.273dD	30℃/20℃	43.636aA

不同产地的大豆品种对温度反应不同,庄炳昌等(1986)的研究结果表明,不同纬度的材料随着纬度的下降均表现出苗至开花的天数增加,生育前期与整个生育期的比值增大,对昼高温反应迟钝;对夜低温反应敏感,对大的昼夜温差的适应性逐渐减弱。

总的说来,大豆适宜的温度环境大致是,播种期间气温15℃~17℃,地温不低于10℃。开花期间平均气温25℃左右,夜间不低于18℃。结荚鼓粒期间平均气温22℃左右。

农业上常用活动积温(10℃以上的积温)与有效积温(15℃以上的积温)来表示温度。潘铁夫(1982)曾以≥10℃的积温每250℃为一等级,将东北的大豆产区分为7个热量带(表3-3),并(1985)将全国北起黑龙江北部的积温2 000℃地区,南到广东湛江的8 000℃地区,绘成中国大豆活动积温等值线带(表3-4)。长江流域为5 000℃等值线区,黄淮平原约为4 500℃,哈尔滨、长春为2 500℃~3 000℃。如以>15℃的活动积温计算,则长江流域为4 500℃左右,黄淮平原为3 800℃左右,哈尔滨、长春地区为2 300℃左右。

表3-3　中国东北地区大豆气候生态条件 （潘铁夫,1981）

区　　域	≥10℃积温 (℃)	年降水量 (mm)	干燥度* (K)	当地大豆生育期(d)	代表品种
1. 黑河伊春严寒极早熟区	1900~2300	500~600	0.8左右	115~120	北呼豆、东农36号
2. 长白山严寒湿润极早熟区	1900~2300	600~800	0.6~0.8	115~130	黑河3号
3. 克拜冷凉半湿润早熟区	2300~2550	500~600	0.8~1.2	120~130	丰收10号、丰收12号
4. 三江北部平原寒冷半湿润早熟区	2300~2550	500~600	0.8~1.1	120~130	合交8号
5. 长白山西麓寒冷湿润早、中熟区	2300~2800	700~800	0.6~0.8	130~140	九农5号、黑农17号

续表 3-3

区　　域	≥10℃积温 (℃)	年降水量 (mm)	干燥度 * (K)	当地大豆生 育期(d)	代表品种
6. 延边盆地半湿润中熟及中早熟区	2550~2850	500~600	0.8~1.2	140~145	九农 9 号、黑农 13 号
7. 哈、佳、牡冷凉半湿润中早熟区	2550~2800	500~600	0.8~1.2	130~140	黑农 26、合丰 23 号
8. 齐齐哈尔半干旱中早熟区	2550~2900	350~500	1.2~1.4	130~140	嫩丰 1 号、黑农 10 号
9. 通化冷凉湿润中熟及中早熟区	2550~2800	600~800	0.6~0.8	130~140	九农 9 号、通农 6 号
10. 长春中温半湿润区	2300~3050	500~700	0.8~1.2	140~145	九农 9 号、吉林 3 号
11. 白城子中温半干旱区	2800~3050	350~500	1.2~1.4	140~150	吉林 8 号、集体 5 号
12. 铁岭暖温半湿润中晚熟区	3050~3300	500~800	0.9~1.2	145~150	铁丰 18 号
13. 朝阳阜新暖温半干旱晚熟区	3050~3300	400~500	1.2~1.4	145~150	铁丰 18 号、锦豆 33 号
14. 丹东暖温湿润晚熟区	3050~3300	800~1000	0.6~0.8	150~155	丹豆 2 号、丹豆 3 号
15. 锦州营口暖热半湿润晚熟区	3300~3550	500~700	0.8~1.2	150~155	铁丰 18 号、锦豆 33 号
16. 旅大高温半湿润极晚熟区	3550~3600	600~700	0.8~1.2	155~160	丹豆 1 号、铁丰 18 号

* 干燥度 $K = 0.16\sum t \geq 10℃/r$，$\sum t \geq 10℃$ 为大于 10℃ 活动积温，r 为同期降水量

表 3-4　中国大豆生态区划　　　(潘铁夫等, 1984)

大豆气候带及≥15℃积温	大豆气候区	气候主要指标	大豆占耕地 面积%(1977)
0. 严寒带 1000℃	0_1 酷寒不适大豆区	≥15℃积温 800℃ 以下	
	0_2 严寒大豆生产不稳定区	≥15℃积温 800℃~1000℃	
Ⅰ. 北方冷凉一熟春播大豆带	$Ⅰ_1$ 东北中东部湿润半湿润区	年湿润系数 *:0.6~1.8	17.2
	$Ⅰ_2$ 东北西部半干旱区	0.4~0.6	7.0
	$Ⅰ_3$ 华北高原半干旱区	0.2~0.6	3.1
	$Ⅰ_4$ 西北干旱区	低于 0.2	1.2
Ⅱ. 北方温和春夏播大豆过渡带	$Ⅱ_1$ 辽南半湿润区	年湿润系数:0.8 左右	8.8
	$Ⅱ_2$ 京唐半干旱湿润区	0.5~0.7	3.7
	$Ⅱ_3$ 晋中半干旱区	0.4~0.6	5.5
	$Ⅱ_4$ 南疆极干旱区	低于 0.05	0.3
Ⅲ. 黄淮暖温夏大豆带	$Ⅲ_1$ 黄淮半干半湿润区	年湿润系数:0.5~1.0	9.1
	$Ⅲ_2$ 关中豫西半干半湿区	0.5~0.8	3.9
Ⅳ. 南方暖热多播期大豆带	$Ⅳ_1$ 长江中下游夏春播大豆区	≥10℃期间 < 240 d	4.2
	$Ⅳ_2$ 四川盆地夏春大豆区	≥15℃积温 >4200℃	3.6
	$Ⅳ_3$ 陕南鄂西北春夏大豆区	≥15℃积温 <4200℃	9.2
	$Ⅳ_4$ 东南秋春播大豆区	≥10℃期间 > 240 d	4.6
	$Ⅳ_5$ 两广春夏秋播大豆区	无霜期 > 310 d	4.2
	$Ⅳ_6$ 滇南夏播大豆区	≥15℃积温 >4000℃	3.2
Ⅴ. 热带湿润四季大豆带	$Ⅴ_1$ 雷琼四季大豆区	≥15℃积温 <9300℃	2.8
	$Ⅴ_2$ 南海诸岛四季大豆区	≥15℃积温 >9300℃	—

续表 3-4

大豆气候带及≥15℃积温	大豆气候区	气候主要指标	大豆占耕地面积%(1977)
Ⅵ. 西南高原垂直带春夏大豆带	Ⅵ₁ 贵州滇北春夏大豆区	≥15℃积温＜4000℃	5.1
	Ⅵ₂ 藏东南春夏大豆区	≥15℃积温＞1000℃	5.1

注:湿润系数 $K = r/E$, r 为年降水量, E 为年蒸发量(由各月蒸发量相加而得), $e = 0.001\,8(25 + t)(100 - a)$, t 为月平均温度, a 为月平均相对湿度

　　黑龙江省农业局(1981)曾制出黑龙江省农作物品种积温区划图,作为本省作物积温类型分布的基本依据(图 3-2)。

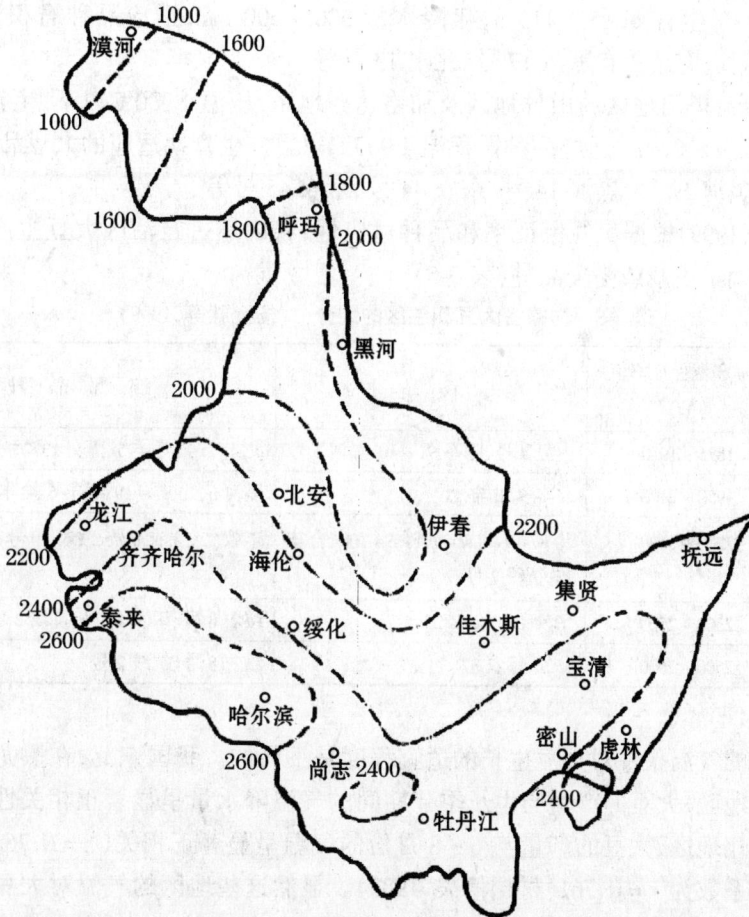

图 3-2　黑龙江省≥10℃积温分布图

　　第一积温带:嫩江地区南部、绥化地区西南部、松花江地区西南部及哈尔滨、齐齐哈尔市。积温 2 700℃以上,生育期 130~145 d,年降水量 400~600 mm,适应品种需积温 2 500℃。生育期适应的大豆品种为黑农 37 号、黑农 40 号、黑农 41 号、东农 42 号。

　　第二积温带:嫩江及绥化地区中部、松花江地区偏东的半山区、牡丹江地区东南部及合江地区农业区。积温 2 500℃~2 700℃,生育期 125~140 d,年降水量 450~650 mm,适应品种需积温 2 300℃~2 500℃。生育期适应的大豆品种有东农 43 号、红丰 11 号、合丰 25 号、合

丰35号,绥农14号等。

第三积温带:嫩江地区中北部的克拜地区、绥化地区中北部、松花江及牡丹江地区东部、合江地区半山区及三江平原的中西部。积温2300℃～2500℃,生育期120～135 d,年降水量400～700 mm。适应品种需积温2100℃～2300℃。生育期适应品种有宝丰8号、垦农1号、垦农4号、黑农35等。

第四积温带:嫩江地区北部、绥化地区东北部、松花江地区东部高山区、牡丹江地区完达山区、伊春地区、黑河地区南部。积温2100℃～2300℃,生育期105～125 d,年降水量400～600 mm。适应品种需积温1900℃～2100℃。生育期适应的大豆品种为北丰11号等。

第五积温带:牡丹江地区老爷岭山区、合江地区东北角、黑河地区中部半山区。积温1900℃～2100℃,生育期85～115 d,年降水量300～500 mm,适应品种需积温1700℃～1900℃。生育期适应品种有黑河17号、北丰13号等。

第六积温带:黑河地区的山林地区及加格达齐地区,积温1900℃以下,生育期79～100 d,年降水量300～500 mm,适应品种需积温1900℃以下。生育期适应的大豆品种有东农41号、北疆1号、黑河12号、黑河14号、东农44号、东农45号等。

杨宝胜等(1999)根据积温保证率和品种适应性,将内蒙古自治区大豆主产区划分为5个积温区并明确了主栽或搭配品种(表3-5)。

表3-5　内蒙古大豆积温区的划分　(杨宝胜等,1999)

积温区 (℃)	90%积温保证率值 (℃)	主　栽　品　种	搭　配　品　种
1990～2100	1876～1950	内豆4号、呼系91～10、黑河5号	北丰7号、呼丰5、黑交1372、呼9110
2100～2300	1950～2120	北丰9、北丰11	黑河5、北87～19、呼丰6、合丰30、垦农4号
2300～2500	2200～2300	北87-19、北丰9、呼94-100、合丰25、抗线2号	丰收22、绥农8号、绥农10号、诱变334
2500～2700	2300～2500	华佛100、合丰25	绥农8号、绥农14号、抗线2号
2700以上	2500～2600	8502、黑农37	绥农8号、抗线2号

不同地区的气温条件对大豆生长的适宜程度是不同的。我国东北,在黑龙江省克山及其以北的冷凉地区,大豆的产量与生长季节期间的气温降水量呈显著正相关性。在气温低凉的吉林省敦化地区,大豆的产量与6～8月份的气温呈显著正相关($r = 0.76$),与5～9月份气温的相关系数为$r = 0.761$(村越信夫,1937)。显然这些地区的气温对大豆的适宜生育值太低,只有在高温年份,大豆才能发育良好,适期成熟,产量较高。在哈尔滨市以南的黑龙江省南部及吉林平原与辽宁省北部地区,大豆的产量与6～8月份气温和5～9月份气温的相关系数均不显著,说明这个地区生长季节期间的温度对大豆的生长发育是适合的。在温度较高的吉林省西部白城子地区,大豆的产量与6～8月份气温的相关系数为 － 0.640,与5～9月份气温的相关系数为 － 0.711。这一方面说明,这地区的气温对大豆的正常生长发育是太高了,同时也是由于气温较低的天气往往伴随较多的降雨。在这个干旱地区,大豆的产量与降水量呈正相关。黑龙江省气象局大豆攻关组根据历年的气象记录资料及各县大豆产量,分析了黑龙江省南部哈尔滨地区气温与大豆产量的关系。结果指出,在大豆出苗至结荚

鼓粒期间,产量和活动积温的相关系数 $r = -0.127$,回归系数 $b = -0.081$,相关性很低。说明哈尔滨地区 6 月初至 8 月中旬的温度对大豆高产是适合的。在 6～8 月这一期间,6 月下旬至 7 月下旬的开花初期至结荚初期这一段期间内,产量与温度的相关系数 $r = -0.159$,回归系数 $b = -0.076$,说明温度也是适合的。7 月下旬至 8 月底的结荚至鼓粒期间,$r = 0.528$,$b = 0.76$,说明 7 月下旬至 8 月底的高温对产量的提高有利,也说明该地区在此阶段对大豆的高产在温度方面偏低一些。从 5～9 月全生育期来看,r 值是 -0.21,b 值是 -0.09,均很低。说明黑龙江省哈尔滨地区的气温对大豆的高产是合适的。潘铁夫等 (1985)用东北三省 26 年的气象与大豆生产资料,计算了东北全区和各省的大豆单产与各月温度的相关系数(表 3-6)。从表中可以看出,黑龙江省 5～9 月份特别是 5～6 月份的气温对大豆显然是不足;整个东北地区 5 月份与 5～9 月份总的说来也不足。但是吉林省的温度对大豆最为适合,而辽宁省 6～9 月份的温度对大豆的正常生育则有偏高的倾向。

表 3-6　东北地区大豆单产与温度的相关系数(1950～1975)　(潘铁夫等,1985)

地　区	5 月	6 月	7 月	8 月	9 月	6～8 月	5～9 月	年份数
黑龙江	0.518**	0.519**	0.016	0.206	0.003	0.477*	0.590**	26
吉　林	0.073	0.227	-0.128	0.201	0.294	0.227	0.202	26
辽　宁	0.167	-0.099	-0.340	0.272	-0.047	-0.086	0.187	26
东北三省	0.484**	0.265	-0.075	0.348	0.176	0.331	0.490**	26

* 差异显著;** 差异极显著

在位于黄淮海地区的山东省,李永孝等(1983)研究了夏大豆品种不同生育阶段的平均气温与产量的关系(表 3-7),结果表明,在出苗至初花阶段,平均温度与 6 个品种的产量皆呈负相关;在花期阶段,6 个品种有 2 个品种产量与平均温度呈负相关,1 个品种呈正相关;在鼓粒阶段,产量与温度呈负相关;在成熟阶段,多数品种的产量与平均温度相关不显著。说明山东省在出苗至初花阶段、鼓粒阶段温度过高,不利于大豆的生长,花荚期和成熟阶段温度偏高,但基本满足大豆生长需要。

表 3-7　夏大豆不同品种、不同生育阶段平均温度(℃)与产量的相关系数　(李永孝等,1983)

品　种	出苗至初花	花荚期	鼓粒阶段	成熟阶段
丰收黄	-0.4142**	-0.0224	-0.3572*	-0.4186**
文丰 5 号	-0.4323**	-0.2581	-0.4255**	-0.2221
跃进 5 号	-0.4954*	0.6120**	0.2220	-0.1750
鲁豆 1 号	-0.5170*	-0.0523	-0.7368**	-0.3532
烟黄 1 号	-0.2244	-0.7537**	-0.5013*	-0.6647**
东懈 1 号	-0.5589*	-0.7207**	-0.7174**	0.0378

由于气温的情况及气温终年变化的情况在各地大为不同,因此大豆在各地对温度反应也不相同。经过长期的耕作栽培方法的改进,尤其是长期定向选择而形成的不同的适应品种类型,便形成了有规律性的大豆温度生态类型地理分布。

3. 水分　水分供应情况影响大豆营养体的大小,从而影响籽粒产量的高低与稳定(表 3-8)。黑龙江省气象局认为,黑龙江省的庆安、绥化、绥棱、海伦等县份的大豆生产变异性小,生产稳定,主要是由于该等地区的雨量较多。东北大豆主产区生长季节期间的降水量为500 mm左右。哈尔滨市6~8月份降水量为350~400 mm,而对大豆生育来说雨量颇感不足的黑龙江省西部地区此期间只有300~350 mm,而且此时期前的春旱更属严重。大豆是能以变化多样的类型去适应不同的水分条件的,从而使大豆也能在水分供应条件变化很大的生态条件下广泛适应。如黑龙江省西部干旱地区种植的秣食豆类型可获得较高的单产,陕晋北部黄土高原干旱地区种植小黑豆,产量较好。

表3-8　大豆出苗至成熟不同土壤湿度对大豆生育与产量的影响　（公主岭,1960）

土壤湿度 (%)	株高 (cm)	每株荚数	每株粒数	茎秆重		籽实重	
				g/盆	%	g/盆	%
14	57.4	22.0	49.1	19.7	40.7	21.8	42.1
18	68.0	26.9	61.8	29.3	60.7	27.8	53.7
22	70.5	29.2	92.0	41.5	85.9	42.8	82.6
26(对照)	84.2	42.1	113.9	48.3	100.0	51.8	100.0
36	85.2	47.6	117.7	53.7	111.2	59.7	115.3
45	89.5	52.7	148.8	62.3	129.0	64.3	124.1
53	68.0	18.3	40.0	27.9	57.8	17.3	33.4

大豆种粒吸水达到种子重量的50%左右后便能萌芽出苗,大豆种子吸水较快,易抓住墒情吸水萌发。因此播种时土壤要有足够的水分,潘铁夫等(1960)在温度为15℃~20℃的条件下盆栽试验的结果是,东北地区黑土的含水量为20%~25%(田间持水量75%~90%)时,大豆出苗最快(12 d),出苗率最高(91.6%~100%)。土壤湿度为18%(田间持水量65%)时,出苗率下降至83.5%。土壤含水量为16%(田间持水量60%)时,出苗率只有34.4%,而且出苗缓慢。土壤水分降至13%(田间持水量50%)时,便全部不能出苗。但是土壤水分太多(黑土含水30%)出苗率则下降至85.3%,黑土含水至50%时出苗率只有7.4%。

大豆在苗期需水不多,短期干旱对产量影响不大,并能促使根系往下生长。大豆在开花结荚及鼓粒期,生长旺盛,代谢作用强,叶部蒸腾量大,因此需要充足的水分供应。否则植株生长矮小,配子的形成及受精作用受影响,光合作用与养分输送受阻,造成落花落荚及种粒变小。在东北黑土地区,大豆开花结荚及鼓粒期,土壤含水量应不低于20%,而以土壤水分充足达到36%时,产量最高(表3-9)。大豆叶开始变黄趋于成熟时,要求土壤水分不高,但也不能过于干旱,否则促成早衰。以上是大豆在不同生育期对水分需求的概括情况,大体说来,如果大豆一生的耗水量为100%,播种至出苗大致占5%,出苗至分枝期占13%,分枝至开花占17%,开花至鼓粒占45%,鼓粒至成熟占20%。

表3-9　大豆各生育阶段不同土壤湿度对大豆产量的影响　（公主岭,1961）

年份	土壤湿度 (%)	幼苗期 (%)	分枝期 (%)	开花结荚期 (%)	鼓粒期 (%)	出苗至成熟期 (%)
1959	14	—	—	61.0	44.3	34.7
	26(CK)	—	—	100.0	100.0	100.0
	36	—	—	146.3	145.2	195.8

续表 3-9

年　份	土壤湿度 (%)	幼苗期 (%)	分枝期 (%)	开花结荚期 (%)	鼓粒期 (%)	出苗至成熟期 (%)
1960	14	99.6	71.2	68.0	87.3	42.1
	26(CK)	100.0	100.0	100.0	100.0	100.0
	36	103.1	112.2	126.3	113.3	115.3

注:在水分处理以外的其他生育阶段,土壤含水量均保持为 26%

　　前期(营养生长期)降水量对根系、根瘤的生长发育、植株大小影响很大。雨量过小,根系小,根瘤少,植株矮小,不能形成丰产株型;雨量过大,不利于根系、根瘤的呼吸作用,既阻碍地下部分生长发育,也影响地上部分的生长发育。后期雨量对结荚鼓粒影响很大。雨量适当,荚多粒大;雨量过小,荚稀粒小;雨量过大,会出现落花落荚。在不同地区,因气象及耕作栽培制度的不同,大豆水分供应失调的生育阶段与情况大不一样。在东北西部地区、陕晋北部黄土高原地区,既有造成出苗困难的春旱,也有花荚时期的干旱。在黄淮流域夏大豆区,花荚期逢多雨的涝情。因而在黄土高原地区及东北的西部地区,小粒、无限结荚习性、生长繁茂的大豆较能适应,而黄淮流域则有大面积的中小粒有限结荚习性大豆,因中小粒在较干旱条件下出苗较好,而有限结荚习性能适应多雨的条件。在适于大豆生长发育的黑龙江省中南部松花江地区,黑龙江省气象局根据 1961~1970 年的雨量变化及各年各县生产上大豆的实际平均产量分析降水与产量的关系。结果指出,从 5~9 月份的全生育期来看,产量与降水的相关系数 r 是 0.62,回归系数 b 是 0.58。回归系数值达到 0.05 显著点,说明产量随降水增加而提高,也即松花江地区的降水对大豆达到高产稳产尚感不足。在这一期间内,6~8 月份的出苗至鼓粒期间,r 值为 0.633,b 值为 0.73,b 值呈现显著,说明降水多有利于高产。6 月 20 日至 7 月 20 日的初花至结荚期间,r 值为 0.167,b 值为 0.19,均很低,说明松花江地区在此期间的雨量对大豆是适宜的。而 7~8 月份的结荚鼓粒期间,r 值为 0.633,b 值为 0.71,说明雨量偏少,此期间的"卡脖子旱"常使大豆百粒重下降而影响产量。李森等利用 1953~1973 年吉林省公主岭地区的气象资料与试验区历年小区产量,分析计算得出大豆的产量与降水的相关系数,高达 0.72,产量与气温的相关系数为 -0.68。说明公主岭地区对于大豆的高产来说,雨量偏少,气温偏高,因而此地区多雨并温度因阴雨而偏低的年份,大豆多高产。在公主岭地区,6 月份雨量少,有利于提高地温,并有利于铲耥管理。7 月份雨量适中,有利于营养生长及增花增荚。8 月份多雨有利于结荚鼓粒。

　　大豆品种不同,其生育期长短和生理特性各异,各生育阶段所需水量也不相同。李永孝等(1995)利用山东 1979~1982 年夏大豆联合区域试验材料和各地气象台的气象资料,研究了丰收黄、文丰 5 号、跃进 5 号、鲁豆 1 号、鲁豆 4 号等品种各生育阶段的适宜供水量(表 3-10),可以看出,品种间需水量主要差异在出苗至初花阶段和结荚末期至鼓粒末期阶段。

表 3-10　大豆不同品种不同生育阶段的适宜供水量　(mm)
(李永孝等,1986)

品　种	出苗至初花阶段	初花至结荚末期	结荚末期至鼓粒末期	鼓粒末期至成熟期	全生育期
丰收黄	227.1	117.8	155.5	24.3	524.7
文丰 5 号	214.3	114.7	140.2	19.5	488.6

续表 3-10

品　种	出苗至初花阶段	初花至结荚末期	结荚末期至鼓粒末期	鼓粒末期至成熟期	全生育期
跃进 5 号	297.0	129.7	110.3	25.9	562.9
鲁豆 1 号	269.0	127.5	113.8	20.1	530.4
鲁豆 4 号	218.2	128.0	155.6	31.7	533.5

4. 土壤条件　土壤的肥力、物理状态、酸碱性反应,以及微量元素的缺失与有毒成分的存在,均在很大程度上影响大豆的生产与大豆品种类型的分布。不同肥力条件下适应的品种类型在特点上是明显的,以致在明确大豆育种目标时,常常把育成适应当地农业水平与地力条件的类型作为重要目标。大豆类型在分枝、繁茂性、高度、抗倒伏性、结荚习性、主茎发育情况,以及种粒大小、叶形、叶大小、粒茎比(种粒重量/除去根与叶后的总重量)等方面的差别主要是由于土壤肥力(在适宜的土壤结构与土壤水分的前提下)所引起的。粒茎比值小的大豆,大都是生长繁茂,易于倒伏,适于地力较差条件的类型。孟庆喜等(1986)用 4 个大豆杂交组合的材料,同时(1974～1976)在黑龙江省哈尔滨、绥化及合江地区红兴隆农场管理局科研所,分别按当地育种目标进行定向选择。对于各地择选的 12 个优良品系于 1977～1978 两年在以上三地区点及安达试验站进行鉴定对比试验。结果表明,在雨量较多,土壤较肥沃的佳木斯地区的红兴隆科研所及绥化地区农科所所选得的品系显然较在地力较差的哈尔滨市香坊农场试验站所择选的品系在株高、主茎节数、分枝数和繁茂性方面要差,而粒茎比则较高。

大豆适于在中性偏弱酸(pH 值为 6～7)的土壤中生长。在不适宜的酸碱度土壤下,大豆生长不良,往往是由于根瘤发育不良,缺少微量元素,以及某种元素造成毒害而引起的。因此,只要微量元素适合,养分适合,大豆适应 pH 值的范围是很广的。在适宜的 pH 值条件下,养分供应适宜均衡,根瘤生长良好。在酸性土壤中,大豆易缺钼、磷、钙,根瘤生长差,出现铁、铝离子的毒害。在 pH 值大于 8 的碱性土壤中,大豆表现了缺铁黄化,有效磷低,有机质少,土壤板结,根瘤发育差。同时,胞囊线虫病严重,不利于大豆的种植,但小粒的秣食豆类型则能适应,可正常生长。

总的说来,大豆所要求的土壤为土层深厚的壤土,有机质含量较高(3%～5%),中性或弱酸性反应;经过长期施肥培养,氮、磷、钾肥均衡,富有石灰质。东北的淋溶黑土、草甸黑土是理想土壤。黑土层薄的白浆土下层板结,酸性过大,有机质少,应通过深松等打破板结层。东北西部碱土地带不适合大豆生长。由于沙土对水分与养分的保持能力较差,因此不利于大豆的高产稳产。广大的河滩地带、冲积土地带,虽然沙性可能较强,但由于水分供应较好,往往是大豆的重要产地。陈仁忠等(1986)用秆强不倒,喜肥水的绥农 4 号在黑龙江省绥化进行高产栽培试验,每 667 m² 产量高达 250 kg。达到此种高产的黑土有机质含量应达到 2.6%～3%。土壤容重 1～1.1 g/cm³,土壤孔隙度为 56%～60%。土壤的全氮应达到 0.198%,水解氮 5.404 mg/100 g 土,全磷 0.166%,速效磷 7.058 mg/100 g 土,速效钾 8.598 mg/100 g 土。土壤含水量(田间最大持水量时土壤含水量为 34%)在苗期应为 21%,分枝期 23%,开花期 27%～28%,结荚期 28%～30%,鼓粒期 27%～28%。在花荚期及鼓粒期土壤水分低于 24%时即应浇水。

(二)生物因子

影响到大豆生态类型分布的生态因子主要是大豆的病、虫、草害。由于大豆的病虫害因气象土壤等条件而形成有规律的地理分布,因而造成在种植抗性或逃避性品种方面,或是通过播期躲过病虫危害方面,也形成有倾向的地理分布,呈现出大豆因适应病虫害及杂草方面的分布与消长而形成生态类型分布的情况。例如,由于大豆的疫腐病多发生在排水不良的低湿地带,细菌斑疹病多发生在温暖湿润地区,大豆锈病多分布在南方多雨地区,而胞囊线虫病在低肥干旱的沙碱地区表现严重,因此这些地区的大豆要么生产面积受到限制,要么是抗病或耐病的品种,大豆才能在这种地区大面积栽培。例如,曾有一段时间,东北西部地区小粒的褐色与黑色秣食豆类型较普遍在生产上种植,与这种类型的大豆较能抗胞囊线虫病有关。东北中部地区大豆食心虫危害甚烈,在建国初期形成虫食率低的品种小金黄豆1号普遍种植。20世纪60年代后期明显抗虫的吉林3号品种又在吉林省中部大豆主产区广为种植。在这个地区的农家品种中也有抗食心虫品种,是抗食心虫大豆品种资源的主要中心地区,当地农家品种铁荚四粒黄是个突出的抗食心虫资源材料,是抗虫育种的主要亲本。

杂草的危害,一方面使杂草严重地区多分布有苗期生长快,圆叶,生长繁茂利于与杂草竞争的类型,例如在20世纪80年代以前,除草剂还未在生产上大面积应用,为降低草害,东北合江地区推广了东农4号、合丰22号等及嫩江地区推广了嫩丰1号、嫩丰4号等一批圆叶品种,而近年,由于除草剂在生产上广泛使用解决了草害的问题,不再考虑与杂草的竞争,选育的品种多为长叶品种。另一方面,在草荒严重的东北北部地区,由于进行播前封闭除草,大豆须延迟播种,因而采用了较早熟类型,大豆的生育日期明显短于无霜期日数。佳木斯地区曾经大面积以"早(品种)晚(播)密"方式种植丰收10号、红丰2号,这是重要因素,以致这个地区的大面积种植的品种在生育期类型上较正常品种短5~10 d。

二、人类生产

(一)耕作栽培制度

中国的耕作栽培制度虽然复杂,但分布的规律性十分明显。在一定的耕作栽培制度下,便有一定的大豆品种类型,特别是生育期类型去适应。随着生产的需要与农业水平的进展,耕作栽培制度结构与作物类别及品种类型也要发生改变。长江下游地区由于选用了合适的春型中早熟大豆类型,套种于大麦的行间,从而能成功地实行"麦—豆—稻"一年三熟制。湖南省中南部地区,由于发展了生育期较长的杂交水稻,因而需提早播种期,乃改"早中稻—秋大豆—冬作"为"春大豆—杂交稻—冬作"。辽宁省南部现在出现一年两熟制,春播小麦或马铃薯后夏播早熟大豆。

在各地不同耕作栽培制度下大豆的播种期变化很大。同一地区不同的播种期使大豆在不同的光照长短与温度条件下生长发育。因此,同一品种在不同播期条件下的表现大不一样。我们必须结合某一地区的大豆播种期所形成的条件去认识一个品种类型;在对比品种类型时,应在相同地区相同的播种期条件下进行对比才能看出差别的真正面貌。同为一个晚熟品种的浙江十月拔,在长江流域于4月中上旬春播时,生育期为180 d以上,株高1.5m以上;于5月底作为夏季作物播种时,生育期减为150 d,株高1m左右;于7月上中旬播种时,生育期降低至110~120 d,株高只0.5~0.6 m。一般说来,在描述一个大豆品种的生态类型表现时,应当以它在生产地区生产上播种期下的表现为准。例如,对南京农业大学选育的的南农 493-1 号大豆,就应当把它在长江流域作为 5 月中旬播种的夏作大豆的表现,用来描述与认识它的各种生态表现。对于生育期组属于Ⅶ组的来自华南地区的 Palmeto 品种的生态表现,就应当以它在台湾中部、南部作为"早稻—晚稻—冬季禾根豆"耕作栽培制度中的表现为标准。总之,对大豆生态类型的认识,一定要结合它的生态条件去考虑。在中国的大豆分类方面,也应先划分耕作栽培区域,然后于每区再按生产实际的生育期进行分类。

(二)栽培技术

影响到大豆生态类型的栽培技术主要有栽培密度、收获期、收获方法、间混作情况、机械化栽培程度等有关环节。过去东北地区在宽行大垄每 hm² 保苗 20 万～25 万株的条件下,分枝性强的满仓金、小金黄 1 号、荆山朴、克系 283 类型成为东北地区的主要类型。而在缩垄增行,每 hm² 保苗 30 多万株的条件下,分枝较少的黑河 3 号、黑农 26 号、东农 4 号、吉林 3 号等又成为这一地区的普遍类型。近年,黑龙江省大面积推广窄行密植高产栽培技术,每 hm² 保苗 40 万～50 万株条件下,适应生态类型为秆强不倒,抗病,亚有限类型,熟期略早,如北丰 9、北丰 11、合丰 25、黑农 35、垦鉴 23 等。黄淮地区及长江流域地区,由于在大豆生理成熟期左右即收割大豆,以便下茬作物能适期早播,因此,易炸荚的类型十分普遍。而在东北地区因大豆收获期待至完熟后,而且割后留放田间时间较长,只有不易炸荚的类型才能适应。在东北的中南部的哈尔滨地区,大豆常与玉米间作,玉米因其植株高大而遮光,要求耐阴性较强的生态类型,如合丰 25 号等。东北垦区为适应机械大面积收割,要求底荚高度 10 cm 以上,以避免损失产量,如东农 42 号等。

(三)利用要求

人类对大豆的利用要求是影响大豆生态类型分布的因素。人们的食用习惯影响到大豆籽粒大小和品质。长江流域一带的群众有食用青嫩毛豆的习惯,因此便在生产上大面积种植不同生育期短、大粒、糖分含量较高、鲜嫩、豆粒质地松脆的品种,以及大量种植大粒、青种皮青子叶、随时可浸泡膨胀代用青嫩毛豆的"里外青"品种。近年来,由于为南方提供青毛豆的种子和出口需要,东北大豆产区也开始引入、培育并大面积种植大粒品种,如台湾 292,鹤娘、东农 298,合丰大粒。小粒豆主要适应土壤干旱瘠薄的陕晋黄土高原等大豆产区。为了生豆芽食用,向韩国出口做芽豆,向日本出口制作"纳豆"的需要,黑龙江、吉林两省大量选育种植小粒品种,如吉林小粒豆、东农 690、东农 691 等。加工需求也影响大豆化学品质生态类型的分布。长江流域生产大豆主要用于加工豆腐等各类豆制品,东北大豆主要用于加工油脂,因此南方产区大豆蛋白质含量普遍高于东北大豆,而东北大豆油分含量普遍高于南方大豆。为了向日本等国出口,黑龙江省选育了高蛋白品种,如东农 42 号、黑农 35 号、东农 48、黑农 48 等。近几年,为增加国产大豆对进口大豆的竞争力,国家倡导种植高油大豆,在东北三省培育并大面积推广了东农 46 号、垦农 18 号等一系列油分含量在 22% 甚至 23% 以上的高油专用大豆品种。这些加工及使用的特殊要求影响了大豆生态类型的地理分布。

第二节　大豆生态性状

大豆的生态性状是那些因生态因素的改变而做适应性改变的性状。大豆的生态性状多为数量性状,在遗传上为数量遗传,这类性状如生育期、种粒大小、油分与蛋白质含量等。但是也有些性状,如叶形、结荚习性等,在遗传上属于质量遗传,但影响到数量性状的表现,因此也属于生态性状。

一、生育期

(一)大豆生育期的分级

大豆的生育期是指自大豆种粒萌动至生理成熟的全过程日数。所谓生理成熟期,是指授粉 65~75 d 后种粒的干物质积累达到顶点,3/4 豆叶已脱落,豆荚呈原色,豆粒呈现品种原色及原形状,种粒含水 55%~60% 的时期。同一品种在不同条件下这种日数不同。自种粒萌动至生理成熟可分为不同生育阶段。

1. 生产栽培上常采用的生育期阶段分级

(1)播种期　有人认为大豆播种后 2~3 d 内即萌动,因此大豆的生育期应当按自播种至成熟计算。

(2)出苗期　调查点半数以上大豆种粒的子叶钻出土面的日期。大豆自播种至出苗的日数,受环境条件的影响很大。

(3)开花期　调查点 2/3 以上的大豆植株,于中部有 2 个以上的节开花的日期。

(4)成熟期　大豆叶有 3/4 以上脱落,豆荚呈现品种原色,茎秆仍有韧性,不易折断,豆粒呈现原有色泽及形状,手摇植株豆荚已开始有响声。如进行分段收割,宜再提早 2~3 d,如人工或机械收割,宜再后延 3~4 d 待叶全脱落,种粒水分下降至 20%~25% 时进行。

中国有些大豆科学工作者以出苗至开花为"生育前期",开花至成熟为"生育后期"。

2. Fehr 与 Caviness(1977)提出的大豆生育阶段分级　此法在我国也普遍应用。其划分标准如下。

(1)营养时期(V)

出苗期(VE):子叶在地面以上;

子叶期(VC):单叶半展开,叶片的叶缘已分离;

一节期(V_1):单叶充分生长,第一复叶小叶片的叶缘分离;

二节期(V_2):单叶以上第一片复叶充分生长;

三节期(V_3):从单叶着生的节算起,主茎上有 3 个节的叶片充分生长;

……

n 节期(V_n):从单叶着生的节算起,主茎上有 n 个节的叶片是充分生长的。

(2)生殖时期(R)

始花期(R_1):主茎的任何节位上有 1 朵花开放;

盛花期(R_2):主茎最上部具有充分生长叶片的 2 个节之中任何一个节位上开花;

始荚期(R_3):主茎最上部 4 个具有充分生长的叶片着生的节中,任何一个节位有 5 mm 长的幼荚;

盛荚期(R_4):主茎最上部 4 个具有充分生长的叶片着生的节中,任何一个节位上有 2 cm 长的荚;

始粒期(R_5):主茎最上部 4 个具有充分生长的叶片着生的节位中,任何一个节位上豆荚内种子长度达 3 mm;

鼓粒期(R_6):主茎最上部 4 个具有充分生长的叶片着生的节位中,任何一个节位上的豆荚内绿色种子充满荚皮的种穴;

成熟初期(R_7)：主茎上有 1 个荚达到成熟时的正常色泽；

完熟期(R_8)：25%的豆荚达到正常的成熟色泽。种子含水量低于 15%。完熟期后尚需 5～10 d 进行种子脱水。

大豆群体的生育时期以 50%以上的植株所处的生育时期为该群体的生育时期。

各阶段的日数受光照长短、温度高低变化的影响。于 V_5 阶段后，温度对营养生长的影响便减弱。低温长光照能延缓生殖生长，延迟开花成熟。

(二)大豆光照长短及温度的生态性状

大豆的生育期(日数)是大豆的生理特性对一定外界条件反应的结果。大豆品种间生育期的差别实质上是大豆在生理特性上对光照长短及温度变化等方面反应的差别。

1. 光照长短生态性状　　大豆为短光照作物，品种间的差别极大。但是，这种感光性的变化有着明显的规律性。王金陵等(1956)，曾用北自黑龙江黑河(北纬 50°)，南至广东罗定(北纬 22.5°)不同纬度地区的大豆品种为材料，在哈尔滨地区用 8、12、13.5、14.5、17～18 h 光照及哈尔滨地区自然光照，以及 24 h 的不断光照进行处理。结果指出，极早熟品种(克霜)的开花成熟期对光照长短的变化几乎没有变化反应，早熟品种(满仓金)有较小的变化反应，而极迟熟品种(福建黑大豆)于光照时数延长至 13.5 h 以上的条件下即不开花。可见中国大豆生育期类型在中国南北地区呈现规律性的生态地理分布。刘迪章等(1989)选取 80 份国内有代表性的大豆品种，连续 3 年春、夏、秋播种，利用广州不同播季温光组合的差异，研究品种的生态反应，又通过 2 年对长江流域以南 60 个不同熟期品种生育期反应的验证，得出来源不同纬度的各类型品种的感光长度依次是：江南夏型＞南岭北部秋型和夏型＞华南春型和江南夏型＞江南春型和黄淮夏型＞华北和东北春型。何言章等(1992)对国内有代表性的大豆品种进行遮光试验，结果显示短光敏感性强弱依次为南方夏大豆、北方夏大豆、南方春大豆和北方春大豆。韩天富(1996)选用来自中国不同大豆生态区的 15 个代表品种，在温度基本一致和人工控制光照的条件下，比较了不同产地、不同生育期、不同播季类型的大豆品种开花后光周期反应的差异，结果表明，大豆品种开花后光周期反应敏感性有以下顺序：南方秋豆＞南方夏豆＞黄淮夏豆＞南方春豆、黄淮春豆＞北方春豆。所以，大豆生育期类型的差别实质上是光照长短类型的差别。杨志攀等(2000)在分析了"短青春期"品种对播期的光温反应时指出：夏大豆型的"短青春期"品种中豆 24 和巨丰，出苗至开花天数短，对播季不敏感。秋大豆丽秋 2 号出苗至开花天数很长，对播季非常敏感。"长青春期"类型 F90-7354 出苗至开花天数比夏大豆晚熟类型略短，敏感性略弱。

如果将生育期有巨大差别的材料在 7 月中旬左右于武汉或南京地区播种，品种的生育期差别便因日趋缩短的光照长度而明显减少，均表现为不同程度的生育期短的早熟性。田佩占(1981)曾把黑龙江省、吉林省、辽宁省不同生育期的品种拿到海南岛种植，由于海南岛的光照长度短，因而这些材料便表现不出原有的生育期差别，而均表现为生育期短的早熟品种(表 3-11)。杨志攀等(2001)研究结果表明：春播条件下，开花前短光照处理，夏大豆型的"短青春期"品种中豆 24 和巨丰出苗至开花天数对短光照不敏感与春大豆型品种相似，而与典型夏大豆品种、秋大豆品种和"长青春期"品种明显不同。

表 3-11 不同纬度地区的大豆品种在海南岛的生育期表现 （田佩占，1981）

原产地	品 种	出苗至成熟日数		海南岛日数/公主岭日数
		公主岭	海南岛崖城	（%）
黑龙江	克交 44-38	104	82	79
黑龙江	合丰 23	108	86	80
吉 林	吉林 13 号	121	85	70
吉 林	早丰 1 号	125	84	67
辽 宁	铁丰 18 号	137	83	61
辽 宁	铁交 5621	140	82	59

在光照短至 10 h 或 12 h 的情况下，品种间自播种至开花和至成熟的日数，差异很不明显。光照时数延长后，品种间的短光照性差别便表现了出来。在低纬度的南方，大豆均属于短光照性较强至很强的迟熟至极迟熟品种，在高纬度地区则为短光照性弱至很弱的早熟至极早熟品种。其间则为一系列的过渡类型。但是在无霜期较长，而且无霜期期间光照时数变化大的长江流域，如果将全国南北不同纬度地区的大豆品种均于 4 月上中旬播种，由于大豆在日趋延长的光照条件下生长发育，使南北不同地区品种的光周期性特点表现出来，而呈现极大的品种间生育期差别（表 3-12）。

表 3-12 不同地区的大豆类型在武汉地区不同播种期下的生育日数 （王国勋，1980）

类 型	东北春大豆	华北春大豆	长江流域春大豆	南方春大豆	黄淮流域夏大豆	南方夏大豆	夏种中间型	秋大豆
4 月 4 日	90 ~ 111	103 ~ 113	93 ~ 101	109 ~ 136	104 ~ 161	129 ~ 178	187 ~ 190	188 ~ 206
6 月 6 日	86 ~ 95	94 ~ 104	86 ~ 89	88 ~ 114	90 ~ 131	112 ~ 136	140 ~ 141	144 ~ 157
7 月 27 日	63 ~ 82	92 ~ 93	76 ~ 81	85 ~ 103	76 ~ 96	90 ~ 99	104 ~ 106	107 ~ 125
品种数	7	3	3	5	10	6	2	4

在长江流域，由于无霜期较长，无霜期期间光照长短的变化较大，因此从春播的早熟类型大豆品种至 7 月上中旬播种的极迟熟类型的秋大豆，因不同耕作栽培制度的需要，既有能适应春播的早熟类型，又有冬作后夏播的中熟至中迟熟类型，还有能适应早稻后秋播的短光照性强的极迟熟类型。费家骅（1985）对江苏省春大豆及夏大豆的光照分析研究结果表明，江苏的春大豆在 10、12、13、14 h 及南京的自然光照长短条件下，开花至成熟日数的变化幅度一般只有 0 ~ 5 d。如红茶豆品种只有 2 d，因而春大豆的播期变化幅度可以较大。而江苏省的夏大豆的变化幅度则较大，如岔路口 1 号品种为 17 d，因而夏大豆的生殖生长要求较严格的光照长度。

光照长短对大豆的出苗至开花，开花至成熟均有影响，从而影响了全生育期。至于光照对大豆作用的时期，一般认为光照对花原基形成和开花有显著作用，但也有研究认为在开花后期的光照作用不能忽视。韩天富等（1995）利用原产中国主要生态区、生育期不同的代表品种研究了大豆开花后的光周期反应问题，结果表明，不同成熟期的大豆品种开花后普遍存在着对光照长度的反应。大豆品种开花至成熟期各阶段长度与该品种在自然条件下出苗至初花(R_1)的日数呈正相关。供试的早熟品种开花后的光周期反应比开花前更加敏感,它们在生育期上的差别主要在于生殖生长期长度不同。这种反应属于典型的光周期现象,而不是由温度的替代作用、光合时间的改变或前期短日照后效应引起的。开花后光周期反应不仅存在于大豆的花荚期而且存在于鼓粒期至近成熟期。在此基础上,认为作物开花结实对光周期的需求是一个连续的过程;光周期对发育进程的调控作用存在于出苗至成熟的全过程;光周期诱导开花和促进成熟的作用有一定的共同性;诱导效果具有特效性和可逆性。

　　光照对大豆作用的时期不同,其效应也不相同。徐六康等(1990)用吉林3号等品种对开花前和开花后不同发育阶段进行分期播种和遮光处理后得出:花前各时段短光时处理对开花前的发育没有明显影响,对发育的影响均到结荚期才明显地表现出来。开花后各时段短光时处理的后效应是显著的。杜维广等(1994)的试验表明,开花前短日照处理对春、夏大豆品种各生育阶段有不同程度的缩短和延迟的后效应。韩天富等(1995)研究大豆开花后阶段对开花前不同光照处理的反应,结果是:对于供试的早熟品种来说,开花前短日照处理促进成熟的作用远大于对开花的促进作用,对农艺性状的影响大于对发育进程的促进。赵存等(1997)认为 V_1 开始短日照处理对花期影响最大随着处理时间的推移对促进开花的作用逐渐变小,对促熟作用逐渐增大而后略有减小。V_8 ~ V_{10} 开始处理对花后促熟影响较大。

　　2. 温度生态性状　　温度对大豆的影响是多方面的。首先,土壤的温度大大影响了大豆出苗的快慢。在水分湿度适宜的情况下,土壤温度于5℃以下时,种子不萌发。到6℃ ~ 7℃时可萌动但生长极慢,而且到12 d才有28%发芽但很难出苗。10℃ ~ 13℃时经10 d有57%出苗,但出苗不齐。18℃ ~ 20℃时,6 d即出齐苗。33℃ ~ 36℃时,出苗更快,但苗小而细弱。温度再高,出苗生长均受限制。大豆品种间出苗时对温度的反应也有差别。寒地的于春季早期播种的品种,在较低的温度下可以发芽较好。大陆性气候地区(东北北部)在出苗期地温较低,种植的品种发芽时较耐低温。在东北北部的北安地区,4月27日播种时气温为3.5℃,大豆自下种至出苗的日数长达31 d。其次,土壤温度也影响到大豆开花。孙培乐(1981)在北纬45°30′的密山县,将50个黑龙江省生产用品种分4期播种,观察各品种在自然变温条件下的生长发育及结荚情况,而得出的结论是:黑龙江的极早熟品种(北呼豆等)花期适温为20℃ ~ 22℃,早熟品种(丰收10号等)为21℃ ~ 23℃,中早品种(东农72-806等)为22℃ ~ 23℃,中熟和中晚熟品种(东农4号、黑农26号等)为22℃ ~ 24℃。徐豹等(1981)以中国不同纬度地区的16个大豆品种在光暗期各为12 h,光强度为14 000 ~ 20 000 lx的人工气候箱条件下,给以昼温、夜温为20℃/20℃、30℃/20℃、20℃/10℃、30℃/10℃ 4种温度的处理,处理时间102 d。结果指出,高纬度的大豆在20℃/20℃条件下出苗至开花所需积温低,夜温低于10℃仍能开花。夜温低(10℃),昼温由20℃上升至30℃时,对44°N以北材料的开花有促进作用,而对低纬度品种则有延迟开花作用。30℃/20℃比20℃/20℃有促进开花作用。昼夜温差大的条件(30℃/10℃)比20℃/20℃对高纬度材料开花有促进作用,对低纬度者则显著延迟开花。总之,高纬度大豆对温度的适应性广,能耐夜间低温,白天高温能明显促其开花。王国勋(1980)进行的大豆生态试验指出,我国南北不同地区的大豆品种,对低温的反应不同(表3-13)。北方尤其东北的大豆品种因低温而延长的日数显然较南方的迟熟型品种少得多。

表 3-13　全国各地大豆品种在福建省沙县与贵州省贵阳出苗至开花日数的表现
（中国农业科学院油料作物研究所，1962）

品　种	产　地	出苗至开花日数		
		沙　县	贵　阳	差　别
克　霜	黑　河	32	34	− 2
满仓金	哈尔滨	33	37	− 4
丰地黄	长　春	33	38	− 5
集体 1 号	沈　阳	33	36	− 3
通州小黄豆	通　州	32	41	− 9
新黄豆	济　南	30	38	− 8
牛毛黄	开　封	45	62	− 17
五月拔	杭　州	34	50	− 16
六月爆	武　汉	39	52	− 13
腹白豆	晋　江	43	56	− 13
猴子毛	武　汉	41	52	− 11
鸡母蹲	武　汉	41	53	− 12
八月拔	杭　州	35	68	− 33
十月拔	杭　州	43	71	− 26
白泥豆	浠　水	42	83	− 41
5 月中旬气温（℃）		22.8	17.8	5.0
6 月中旬气温（℃）		24.9	20.5	4.4
7 月中旬气温（℃）		30	24.7	5.3
8 月中旬气温（℃）		27.3	22.4	4.9
9 月中旬气温（℃）		26.5	19.8	6.7

王国勋（1963）在武汉市于 12 h 控制光照下，用分期播种法研究中国南北各地品种对温度的反应，也得有相似的结果（表 3-14）。

表 3-14　在 12 h 的光照长度下，温度对大豆的出苗至开花及全生育期的影响　（王国勋，1963）

品种来源	品　种	温　差					
		高　温		中　温		低　温	
东北春大豆	克　霜	16	(68)	20	(66)	35	(91)
	满仓金	19	(68)	20	(65)	35	(91)
	福　寿	20	(68)	23	(70)	37	(95)
华北春大豆	福州小黄豆	19	(61)	22	(73)	39	(94)
	太谷早	20	(70)	21	(76)	36	(95)
长江春大豆	五月拔	20	(62)	23	(64)	39	(86)
	六月拔	20	(68)	25	(70)	40	(88)

续表 3-14

品种来源	品 种	温　差					
		高　温		中　温		低　温	
黄淮夏大豆	新 黄 豆	19	(77)	20	(69)	39	(91)
	六 月 黄	20	(71)	25	(81)	38	(94)
南方夏大豆	猴 子 毛	22	(73)	24	(77)	40	(98)
	八 月 拔	21	(70)	24	(88)	63	(139)
秋大豆	建阳紫花	21	(73)	22	(88)	47	(131)
	乌 壳 黄	21	(65)	24	(98)	42	(121)
平　均		20.2	(68.9)	23.0	(75.3)	40.9	(101.4)
对低温促进率(%)		50.6	(32.1)	43.8	(25.7)	—	
旬平均温度		7月下旬	29℃	6月上旬	24.7℃	4月中旬	16.7℃

注:()内为全生育日数。高温处理7月15日播种,7月15~23日盛苗;中温处理5月31日播种,6月4~5日盛苗;低温处理4月2日播种,4月14~16日盛苗

　　从以上各试验结果看出,低温能延迟大豆的开花成熟期,而且品种间反应不同。北方的早熟性品种在温度下降的情况下显然比南方生育期较长的品种延迟的日数少,在全生育期方面反应的差别尤为明显。这可能是原产地温度条件长期选择的结果,或是要求较高温度进行生殖生长是品种晚熟性的生理本质。

　　大豆不同生育期的品种自播种至成熟所需的热量不同,生育期愈短,需要的热量愈少,因而在积温少的地区就只有生育期短的早熟品种才能霜前成熟。黑龙江省气象研究所(1978),对黑龙江省生产的几个主要品种的积温需要情况,作了观察报告(表3-15)。大豆品种所需积温可以作为一项参考的生态指标,但同一大豆品种在不同地区所需的积温不同。例如,嫩丰1号虽然属中熟品种,但由于适应的地区为干旱及气温较高的嫩江地区南部,因此计算的积温较高。丰收11号因在牡丹江地区南部作为晚播的救灾品种,因而计得的积温也较高。对大豆来说,利用品种在特定地区条件下的生育日数较为实际。在光照较长的哈尔滨地区所计的早中晚品种积温需要大不相同,但是到短光照的海南岛,则品种间积温需要的差别便不大。

表 3-15　黑龙江省不同生育期大豆品种的积温需求　(黑龙江省气象研究所,1978)

品　　种	成熟期类别	生育期长短(出苗至成熟日数)	播种至成熟大于10℃积温
北交 5801-26	极早	95	1900℃~2000℃
丰收 11 号	极早	95	2100℃~2150℃
黑河 3 号	早	105	2000℃~2050℃
丰收 10 号	早	105	2300℃~2350℃
丰收 12 号	中早	120	2400℃~2450℃
满 仓 金	中	115~120	2350℃~2400℃
嫩丰 1 号	中	116~120	2600℃~2650℃
荆 山 朴	中晚	115~125	2450℃~2500℃

（三）大豆生育期生态类型的划分

1. 全国大豆生育期生态类型的划分　王国勋（1981）将全国南北不同纬度地区的大豆品种于武汉地区分 3 季节播种，根据品种间生育期差别，将中国南北地区的代表性品种的生育期分为 12 类（表 3-16）。

表 3-16　大豆生育期的分级　（王国勋，1981）

级别	生育日数(d)	代表性品种	级别	生育日数	代表性品种
Ⅰ	80 d 以内	克霜(黑,纬度,50°,春)	Ⅶ	131 ~ 140	朝色笨黑豆(陕,34°,夏)
Ⅱ	81 ~ 90	小金黄 1 号(吉,45°,春)	Ⅷ	141 ~ 150	南农 439-1(苏,32°,夏)
Ⅲ	91 ~ 100	通州小黄豆(北京,40°,春)	Ⅸ	151 ~ 160	岔路口 1 号(苏,32°,夏)
Ⅳ	101 ~ 110	太谷黄豆(晋,38°,春)	Ⅹ	161 ~ 170	荆黄 494(鄂,30°,夏)
Ⅴ	111 ~ 120	齐黄 1 号(鲁,37°,夏)	Ⅺ	171 ~ 180	黑泥豆(湘,27°,秋)
Ⅵ	121 ~ 130	淮阳紫豆(豫,34°,夏)	Ⅻ	181 天以上	南湾豆(湘,27°,秋)

依照此原则，倪霖（1985）在四川省自贡市根据 1982 年大豆春播资料，也将大豆的生育期（出苗至成熟）分为 12 级，级差为 10 d。自 85 d 以下开始为 Ⅰ 级，186 d 以上为 Ⅻ 级。

郝耕等（1992）根据全国各地代表性的 96 个品种，在 28 个试验点以在当地春播条件下的出苗至成熟期，将中国大豆的生育期划分为 C_1 ~ C_{12} 12 个组。

C_1：95 ~ 100 d，代表品种有北呼豆、黑河 3 号。

C_2：101 ~ 105 d，代表品种有丰收 10 号、黑河 54 号。

C_3：106 ~ 110 d，代表品种有丰收 12 号、东农 72-806 号。

C_4：111 ~ 115 d，代表品种有黑农 16 号、东农 4 号。

C_5：116 ~ 120 d，代表品种有吉林 3 号、九农 9 号。

C_6：121 ~ 125 d，代表品种有铁丰 18 号、晋豆 3 号。

C_7：126 ~ 130 d，代表品种有锦豆 33 号、丹豆 4 号。

C_8：131 d，夏播 101 ~ 110 d，代表品种有齐黄 1 号。

C_9：133 d，夏播 111 ~ 115 d，代表品种有郑州 124 号。

C_{10}：133 d，夏播 121 ~ 135 d，代表品种有南农 493-1 号。

C_{11} ~ C_{12}：≥150 d，夏播≥136 d，春播 161 d，秋播 110 ~ 120 d，代表品种有秋豆 1 号、衡阳八晴。

周新安等（1998）对编入《中国大豆品种资源目录》（包括续编一、续编二）的 22 637 份大豆品种资源进行了系统分类，将全国的栽培大豆品种划分为三大栽培区：北方春大豆栽培区、黄淮流域夏大豆栽培区和南方夏大豆栽培区；8 种类型：北方春大豆型、黄淮春大豆型、长江春大豆型、南方春大豆型、黄淮夏大豆型、南方夏大豆型、秋大豆型和冬大豆型；每个"型"中又有 4 ~ 6 个不同生育期类型。这样，我国大豆品种资源被划分为 32 个生育期类型。

盖钧镒等（2001）以北美 13 个熟期组大豆品种为对照，将我国各地品种 256 份在南京地区春播自然条件结合 18 h 长光照条件的试验，设定各熟期组间的距离和变幅在 10 ~ 15 d，将我国大豆品种归属为 12 组 16 种熟期类型。各组划分的临界值列于表 3-17。

表 3-17　中国大豆品种熟期组划分的临界值(南京春播条件下)　(盖钧镒等,2001)

	熟期组		000	00	0_1	0_2	I_1	I_2	II_1	II_2
全生育期	自然光	min	78	78	78	78	78	78	108	108
		max	107	107	107	107	107	107	120	120
	18 h	min	80	91	106	106	121	121		
		max	91	105	120	120	132	132		
生育前期	自然光	min			32	39	33	48	32	51
		max			38	50	47	62	50	69

	熟期组		III_1	III_2	IV	V	VI	VII	VIII	IX
全生育期	自然光	min	121	121	136	151	166	181	194	209
		max	135	135	150	165	180	193	208	220
	18 h	min								
		max								
生育前期	自然光	min	34	56						
		max	55	70						

2. 东北大豆生育期生态类型的划分　潘铁夫等(1981)根据大豆对气候的生态反应在生育期上的表现,将东北大豆分为 7 个组(表 3-18)。

表 3-18　东北大豆品种的生育期和热量分组　　　　(潘铁夫等,1981)

组　号	公主岭生育日数	东北品种原产地播种至成熟		品　种　名		
		日数	积温(℃)	东北品种	国内其他地区品种	外国品种
1组	101~115	105~110	1900~2000	北呼豆 黑河54		吉母豆 Portage Altona
2组	116~125	115~125	2200~2300	丰收10号 红丰2号 东农72-806		Clay Merit
3组	126~140	130~135	2400~2500	东农4号 东农14号 满仓金	泰兴黑豆 米泉黄豆	Chippiwa 64
4组	141~145	130~140	2550~2700	小金黄1号 吉林3号 九农9号	吉昌黄豆 晋豆3号	Harosoy 63 Hark
5组	146~150	140~145	2800~2900	铁丰18号 铁丰9号	晋豆1号 郑州135 矮脚早	—
6组	151~160	145~150	3000~3100	丹豆4号 锦豆8-14 丹豆2号	冀豆1号 陕豆701 徐豆5号	Clark
7组	161~165	155	3200	丹豆1号 大粒青	徐豆1号 徐豆2号 紫大豆	—

吉林省农业科学院主编的《中国大豆品种志》中,也将东北春大豆的生育期分为7级:极早熟种(120 d以内)、早熟种(121~127 d)、中早熟种(128~135 d)、中熟种(136~140 d)、中晚熟种(141~145 d)、晚熟种(151~155 d)、极晚熟种(156 d以上)。

各省的大豆生产者与科学工作者,为了更确切地结合实际情况,认识本省、自治区大豆的生育期类别,确定本省大豆早晚熟类型分类的系统,把本省的大豆生育期类型进行了分类。

(1)黑龙江省的大豆生育期分级 王彬如等(1979)在研究黑龙江省不同地区大豆品种对活动积温的要求时,曾将黑龙江省大豆的生育期分为4级,见表3-19。

表3-19 黑龙江省大豆生育期级别 （王彬如等,1979）

品种生育期类别	代表品种	哈尔滨生育日期(d)	哈尔滨生育期所需积温(℃)
极 早 熟	克霜、北呼豆	100.4	2075.5
早 熟	丰收2号、丰收10号	110.8	2245.5
中 熟	望奎四粒顶、满仓金	123.1	2354.4
中 晚 熟	荆山朴、牡师6号	129.5	2456.3

在认识评定黑龙江省的大豆生育期时,大豆科学工作者多将黑龙江省大豆出苗至成熟的生育期类别,划分得更细一些,以利于大豆栽培与育种及品种资源的研究工作。

超早熟类型 生育期90 d以下,适于无霜期90~100 d,积温1900℃左右的黑河山林地区,东农44号属之。

极早熟类型 生育期90~110 d,适于无霜期100~115 d,积温1900℃~2100℃的黑河中部半山区及合江东北角地区,黑河19号属之。

早熟类型 生育期100~110 d,适于无霜期105~120 d,积温2100℃~2300℃的克山、拜泉地区中部与北部,宝丰7号属之。

中早熟类型 生育期110~115 d,适于无霜期110~125 d,积温2300℃~2500℃的克山、拜泉地区南部及绥化地区北部地区,北丰9号属之。

中熟类型 生育期115~125 d,适于无霜期125~140 d,积温2500℃~2800℃的哈尔滨、绥化、佳木斯为中心的地区,东农42号、绥农10号属之。

中晚熟类型 生育期125~135 d,适于无霜期130~140 d,积温2700℃~3000℃的原松花江、绥化、牡丹江南部地区,黑农37号属之。

(2)吉林省的大豆生育期分级 吉林省平原地区,南北在生态环境上差距不大,因而大豆品种南北适应的范围较广。吉林省东部山区有冷凉地带,因而大豆生育期的变幅较大。按一般生产与科研需要,吉林省大豆的生育期被划分为4级。

早熟类型 生育期110~115 d,九农13号、延农5号、吉林小粒豆属之,分布于东部山区。

中早熟类型 生育期115~120 d,吉林22号、吉林26号、九农12号属之,分布于东部山区及吉林市、白城子地区。

中熟类型 生育期120~130 d,吉林20号、吉农24号、九农11号属之,分布于吉林市、长春、通化地区。

中晚熟类型 生育期130~135 d,吉林21号、九农7号、通农10号属之,分布于吉林省中南与东南部。

　　(3)辽宁省的大豆生育期分级　　冯广章(1985)将辽宁省在生育期上有差距的代表性品种,在辽南地区的瓦房店地区春播种植,而将它们在生育期划分为5级。

　　早熟型　　生育期115 d,适应品种辽豆3号。

　　中熟型　　生育期120 d,适应品种铁丰18号。

　　中晚型　　生育期130 d,适应品种丹豆5号。

　　晚熟型　　生育期135 d,适应品种沈农25104。

　　极晚熟型　　生育期144 d,适应品种凤交166-12。

　　张仁双、郑树权(1981)在沈阳地区种植了749个辽宁省的品种,把它们的生育期全部划分为6级。

　　极早熟型　　120 d以下,自黑龙江省引入复种的黑河3号等。

　　早熟型　　121~127 d,适应品种吉林21号、九农15号。

　　中早熟型　　128~135 d,适应品种四粒黄、四粒青。

　　中熟型　　136~140 d,适应品种铁丰3号、铁丰19号、开育3号。

　　中晚熟型　　141~145 d,适应品种集体1号、大白眉、小金元、铁丰8号。

　　晚熟型　　146~150 d,适应品种小白眉、大粒青、丹豆6号。

　　3. 南方大豆生育期生态类型的划分　　汪越胜、盖钧镒等(1994)选用南方大豆区121个代表性地方品种在南京地区进行春、夏、秋播季试验。根据生育期性状的播季间平均数及标准差,对大豆品种生育期生态特性进行分类。按品种全生育期播季间平均数将南方大豆品种划分为8组,再按全生育期播季间标准差细分为21类;进一步按品种生育前期标准差及后期标准差相对大小,再细分为29个类型。详细分类标准及代表品种见表3-20。

表3-20　我国南方大豆地方品种生育期生态特性分类标准及代表品种　　(汪越胜、盖钧镒等,1994)

组	类与类型		类型序号	$\overline{X_M}$	S_M	S_V	S_R	代表品种(原产地、播季)
I	I A		1	80~90	0~10	8~13	2~7	南春403(江苏SP)
	I B		2	80~90	0~10	10~12	4~6	杭州4月拔(浙江SP)
II	II A		3	90~100	0~10	7~8	2~5	丰都早黑豆(四川SP)
	II B		4	90~100	0~10	10~13	2~6	武昌春黑豆(湖北SP)
III	III B		5	100~110	10~20	9~15	4~9	纳雍黑壳毛豆(贵州SP)
	III C		6	100~110	20~30	11~20	4~13	阳春黑豆(广东SP)
	III D		7	100~110	30~40	14~18	17~20	肥西黑豆(安徽SU)
IV	IV A		8	110~120	0~10	4~6	5~8	大竹八月豆(四川SP)
	IV B		9	110~120	10~20	9~12	7~10	筠连白毛豆(四川SP)
	IV C		10	110~120	20~30	7~16	9~19	成都田坎豆(四川SP)
	IV D	IV D_1	11	110~120	30~40	7~9	25~27	盘县六月黄(贵州SU)
		IV D_2	12	110~120	30~40	13~20	13~21	白水豆(贵州SP)
		IV D_3	13	110~120	30~40	22~30	6~16	滚山豆(贵州SP)

续表 3-20

组	类与类型		类型序号	$\overline{X_M}$	S_M	S_V	S_R	代表品种(原产地、播季)
V	V C	V C₁	14	120~130	20~30	2~5	—	大邑六月黄(四川 SU)
		V C₂	15	120~130	20~30	9~16	—	镇沅大细细豆(云南 SU)
	V D	V D₁	16	120~130	30~40	12~21		五华四月黄(广东 SP)
		V D₂	17	120~130	30~40	30~32	—	衡阳六月黄(湖南 SP)
	V E	V E₁	18	120~130	40~50	18~23		信宜黄豆(广东 SP)
		V E₂	19	120~130	40~50	28~32	—	远山望山白(湖北 SU)
	V F		20	120~130	50~60	20~22		平果黄豆(广西 SP)
VI	VI C		21	130~140	20~30	9~15	14~18	毕节白黄豆(贵州 SP)
	VI D		22	130~140	20~15	10~15	22~25	平坎细细豆(贵州 SU)
	VI E	VI E₁	23	130~140	40~50	12~17	26~34	玉溪黄豆(云南 SU)
		VI E₂	24	130~140	40~50	27~35	6~19	义务矮皮豆(浙江 AU)
VII	VII E	VII E₁	25		40~50	17~29	14~28	玉林大黄豆(广西 SP)
		VII E₇	26		40~50	31~41	3~13	石城小毛脚豆(江西 AU)
	VII F		27	140~150	50~60	36~38	14~16	青田秋豆(浙江 AU)
VIII	VIII E	VIII E₁		150~160	40~50	16~18	24~26	泸定黑豆子(四川 AU)
		VIII E₂		150~160	40~50	37~39	7~12	沙县青皮豆(福建 AU)

注:$\overline{X_M}$,S_M,S_V,S_R 分别表示全生育期平均数,全生育期标准差,生育前期标准差、生育后期标准差;
SP、SU、AU 表示品种原产地播季类型春播、夏播、秋播

二、叶大小及叶形

大豆的叶形与大小是大豆的生态性状。郝欣先(1983)在分析我国北方夏大豆株型结构中指出,叶片大透光性差,叶片小透光性高。上部叶片大小与植株中部光强度的相关系数为 -0.6398**,中部叶片大小与底部光强度的相关系数为 -0.51**;上部叶片大小与消光系数的相关系数为 0.4*,中部叶片大小与消光系数的相关系数为 0.6319**。卵形叶大豆在开花之前,其叶面积系数、叶面积生长速率,以及叶、茎生长速率,均优于长叶大豆,因而卵形叶大豆在始花之前表现繁茂性好(尹田夫,1980)。所以在风沙干旱,地力瘠薄,杂草多的地区,应种植前期繁茂性较强,比较稳产的卵形叶大豆品种。大豆品种叶形与叶大小决定于地区的肥力、降水量、光照等因素(田佩占,1977)。当土地肥力优于光照,透光不足时,小叶和尖叶品种较能适应,如在与玉米间混作因而透光条件较差的情况下,长叶品种吉林 3 号、黑农 16 号等是公认的适于与玉米间混作的品种;反之光照条件优于肥力条件因而光/肥比值大时,大叶圆叶品种较能适应(表 3-21)。很显然,叶大小与叶形是直接影响透光情况的,叶大小更明显。在肥水充足,大豆生长高大繁茂的情况下,透光性成为防止倒伏提高产量的重要因素。这时,小叶、长叶的类型便因透光条件较好而成为较适应的类型。近些年来,东北地区的大豆育种场圃,肥水条件比过去有所提高,大豆主产区的土地肥力条件也有所改进,又加以缩垄增行,加大密度,以及有一段时期实行大豆与玉米间混作,引起了大豆田透光不足。为适应这种形势,育成一批长叶品种,诸如宝丰 8 号、北丰 9 号、东农 42 号、东农 44 号、

东农 46 号、合丰 25 号、绥农 14 号等。而在光照时数较多而地力较差的东北地区西部,圆叶品种较多。圆叶品种黑农 37 号、抗线 1 号、抗线 2 号、抗线 3 号均是这类地区的适应类型。

表 3-21　不同叶形大豆品种适应能力对比　（田佩占,1977）

地　点	光/肥	5~9 月份降水量 （mm）	5~9 月份 日照时数	5 个圆叶品种平均产量 （kg/hm²）	5 个尖叶品种平均产量 （kg/hm²）
吉林金宝屯	大	443.6	1328.1	2195	1983
吉林公主岭	较小	456.9	1271.9	2201	2291
吉林长春	较小	466.7	1233.1	1741	1854

三、结荚习性

大豆的结荚习性一般分为无限结荚习性、亚有限结荚习性及有限结荚习性。无限结荚习性的大豆一般分枝较多,节间较长,高大繁茂,豆荚分布于主茎及分枝上。主茎与分枝的上端为一无限花序,因而愈往顶端荚愈少,至顶端仅为 1 个 1 粒或 2 粒的小荚。叶片也是愈往上部愈小,因此透光性较好。无限结荚习性大豆营养生长与生殖生长的同步时期长,在开花后仍进行营养生长,对干旱等不良条件较有耐性,但不抗倒伏。有限结荚习性大豆主茎较发达,稀植时也有一定分枝,节间较短,植株较矮,茎较粗,抗倒伏性较强。主茎与分枝顶端为有限花序,因而分枝与主茎顶端有一明显的长花序,这一长花序以后发育成为荚簇。顶部叶片大,因而封顶较严,透光性较差,豆荚分布多集中于主茎的中上部。有限结荚习性大豆开花后即基本终止生长,喜肥水,在干旱瘠薄条件下生长较差。亚有限结荚习性的表现则介于以上二者之间。王晋华等(2001)提出了识别有限型、亚有限型与无限型茎顶的标记:有限型、亚有限型茎顶有顶生总状花序、三裂苞片、小苞片;无限型茎顶有复叶及其 2 个生于复叶基部两侧的托叶。在此基础上采用茎顶花序——1/3 节位相对值法来区分有限型和亚有限型。有限型表现为最大叶和最长叶柄均着生在距茎顶 1/3 总节数(包括 1/3 总节数)处以上;亚有限型表现为最大叶和最长叶柄均着生在距茎顶 1/3 总节数(包括 1/3 总节数)处以下。刘顺湖等(1994)以 976 份大豆品种和 2 个杂交组合的 F_2、F_3 代为材料,在田间调查其 Bernard 标准的结荚习性以及有关的 11 个性状,从中选出有无顶花序、上部节数相对值、叶宽比等作为结荚习性的主要成分性状以划分不同结荚习性。其中根据有无顶花序可将无限型与有限型和亚有限型品种划分,无限型品种主茎顶端无顶花序,有限型和亚有限型品种的主茎顶端都有明显的可见花序轴;上部节数相对值、叶宽比两个主要成分在有限型与无限型及亚有限型之间有相对明显的区分。有限型的上部节数相对值次数分布高峰在 < 0.2 组,凡是 ≥ 0.2 者归为无限型或亚有限型。对于叶宽比而言,≥ 0.7 者归为有限型,< 0.7 者归为无限型和亚有限型。祝其昌(1981)认为,不同结荚习性的本质区别在于大豆茎秆顶端增节时期的个体发育年龄。年龄越轻越倾向形成有限结荚习性。无限型大豆发育开花后,顶端仍不断增节,直至晚期形成顶荚。曹大铭(1982)观察有限结荚习性及无限结荚习性品种,结论是:在初花期无限结荚习性大豆的主茎与低位分枝,都是无限生长枝条,其顶端生长还始终只分化叶片与枝芽,不形成顶花序;有限结荚习性大豆的主茎与低位分枝,都是多节有限生长枝条,其顶端生长点最后分化为花序苞与花原基,形成顶生总状花序。蒋青等(1990)解剖有限型和无限型大豆,研究表明:有限型及无限型大豆的茎端都能从营养生长转化为生殖

生长,分化出花原基。但从植株开始花芽分化至主茎端开始花原基分化,无限型大豆较有限型大豆所经历的时间长,茎端分化出的叶原基数目也相应较多。苏黎等(1997)对不同结荚习性大豆开花结荚鼓粒进程进行了比较,得出结论为:①有限型大豆始花晚,花期短,亚有限型和无限型大豆始花相对较早,花期也长。②有限型大豆的开花次序由中部开始,逐渐向上向下开放;亚有限型和无限型大豆的开花次序均由下而上依次开放。有限型大豆的副花序结荚率高;亚有限型、无限型大豆的主花序结荚率高。③有限型大豆在实现由营养生长向生殖生长转变时的生物产量积累多,而亚有限型和无限型大豆在生物产量贮备较少的情况下即已进入生殖生长阶段。④3种结荚习性大豆的豆荚形成过程中,豆荚长度、宽度快速达到恒定水平之后,增长速度减缓。豆荚厚度的增长晚于豆荚长、宽的增长。⑤籽粒干重的增长符合 Logistic 曲线方程。有限型品种铁丰 24 号籽粒干重增长速率最快的时间比亚有限型品种辽豆 10 号早,辽豆 10 号又比无限型品种沈豆 H-5064 更早些。

孙卓韬等(1986)分析了不同类型大豆粒重的垂直分布。结果表明,有限结荚习性类型大豆的荚分布在冠层上部、粒重平均比例为 60.52%,中层次之、占 35.21%,下层最少、占4.27%;无限结荚习性类型大豆中部结荚较多,粒重占 50%,上层和下层结荚较少,粒重分别占 25.76% 和 24.24%;对于亚有限结荚习性大豆品种来说,各层结荚比较均匀,上层、中层粒重相差不多,下层粒重较小,分别占 42.5%、46.58% 和 10.84%。因此,要达到提高产量的目的,对有限型品种,应着重采取提高中层生产力的措施;无限型品种应发挥上层和中层的潜力;亚有限型应使上、中、下层生产力协调发展。大豆结荚习性的表现因外部环境不同很不稳定。高峰等(1999)观察了限源、限库及施肥等条件下结荚习性的变化。限源(剪叶)使亚有限型的植株呈现为无限结荚习性的表现,限库(摘荚)使无限结荚变成亚有限结荚的表现。在对无限型结荚习性的辽 87051 和沈豆 H-5064 株行内施入磷酸二铵 300 kg/hm² 后,发现这两个株行上亚有限表现型的植株明显增多。

大豆结荚习性与大豆的生长姿态、繁茂程度、抗倒伏程度及分枝情况适于密植程度相关连,因此大豆的结荚习性便成为一个重要的生态性状,关系着大豆品种的适应地区,而形成明显的生态地理分布,同时也影响了大豆的栽培方法。总的说来,无限结荚习性的大豆适应于一般的土壤水分与地力条件,其开花后大的生长势能充分利用开花后的条件与生长季节,但在水肥条件好、种植密度较大的条件下易倒伏。如我国陕晋北部黄土高原地区,东北西部干旱盐碱地区,黑龙江省北部等干旱瘠薄、生长季节短的地区的品种,以及长江以南在晚播短光照低气温的条件下秋播的小粒品种,多为无限结荚习性的品种。有限结荚习性大豆则多分布于雨量充足、地力较高、生长季节较长的地区,在生产栽培上一般要求多肥足水、播期较早、窄行密植的条件。如在中国的长江流域,有限结荚习性类型是普遍的适应性生态类型。亚有限结荚习性大豆生长势也较大,主茎发达又有一定分枝,节多荚密,株体较高,适于大面积一般中上等耕作栽培条件及一般大豆适应区的条件。因此,常被大豆育种工作者誉为适于大面积中上等条件下进行机械化栽培的适应类型。

胡明祥(1982)观察不同结荚习性的东北地区大豆材料,在吉林公主岭与在海南岛南滨地区的株高反应。观察结果明确地指出,无限结荚习性的大豆移至低纬度的南滨地区,株高降低得少,亚有限次之,有限结荚习性的大豆在短光照的南滨地区,株高降低最明显。因此在短光照条件下,无限结荚习性大豆仍保持一定繁茂性,表现了较广泛的适应性。

四、种粒大小

大豆种粒的大小是大豆的主要进化性状。大豆进化的程度愈高,种粒便愈大,也就愈要求较优良的耕作栽培条件。从大豆种粒大小的生态地理分布上,完全可以看出这种种粒大小与生态环境的关系。在干旱盐碱地区及地力瘠薄的条件下,小粒大豆类型才能适应,而在肥水充足,光照时数较长的优良农业条件下,百粒重较大的的大粒类型是适应类型。

百粒重 14 g 以下的小粒类型大豆,与较大粒的类型相比,对各种胁迫条件有明显的适应能力。主要表现在:

第一,小粒大豆在发芽时,吸水量较少,在土壤水分较缺乏的条件下,种粒就能吸收足够发芽的水分,很快正常发芽。因而种粒大小的本身即成为大豆抗旱的生态性状之一。

第二,小粒大豆萌芽出土时土壤对它的阻力较小,因而在土壤较板结或播种较深的情况下,出苗较好,幼苗较健壮。

第三,小粒类型的大豆由于分枝性强,结荚多,其无限结荚习性又使开花后有较长的营养生长期,从而使小粒型大豆可以充分利用一切条件尽可能的生长。因此,在较瘠薄及盐碱化的土地上及较短的光照条件下,仍能生长较正常,保持一定的繁茂性。大粒大豆在这种条件下,则生长差,结荚少,百粒重显著下降,因而造成产量明显下降。

第四,小粒型大豆自开花至成熟所需的日数较少,因而开花期相同的品种,小粒的品种表现较早熟,从而较适于晚播,即适于生长季节较短的情况。同时,小粒型品种自下种至开花时期较长,因而有较好的营养生长,比成熟期相同但属于大粒型品种丰产的可能性较大。

第五,小粒大豆在结荚期因干旱等条件招致的落荚比率低;在鼓粒期间因干旱招致的百粒重下降的比率也低,因而表现了稳产性高。小粒大豆在高温多湿条件下及病虫害较严重的条件下,生长较健壮,完好豆粒的比率较高,在这种条件下结荚成熟所得的种子萌芽率较高。小粒大豆在高温多湿的条件下贮藏,寿命较长;发芽率丧失的较少,黑色或褐色的小粒大豆尤其如此。

鼓粒前期和后期百粒重增长缓慢,鼓粒中期百粒重增长迅速,曲线大致呈 S 形。在鼓粒过程中,百粒重受到环境条件的影响。郑天琪等(1998)利用合江地区农科所的 1981～1994 年合丰 25 号大豆百粒重与同期同地的气象资料,分析了大豆百粒重与气象要素之间的关系。结果表明,大豆鼓粒后的气象条件影响百粒重的增长速度和鼓粒期的长短、鼓粒前期百粒重的增长速度由平均最高气温、日照时数及降水量所左右,而鼓粒后期主要受日较差与日照时数的影响(表 3-22)。鼓粒期的长短主要受鼓粒后的温度条件的影响。百粒重的大小在鼓粒前期受最高气温及降水量的影响较大,而鼓粒后期受最低气温及日照时数的影响较大。但就整个鼓粒期而言,单一气象要素年际间的变化与百粒重之间的关系未达到显著水平,说明百粒重的大小是由各气象要素的综合影响所决定的。宋继娟等(2000)也利用通化市农业科学院 1986～1997 年吉林 20 大豆百粒重与同期同地的气象资料,进行了同样的分析。结果认为,大豆百粒重增长速度受前期(5～20 d)的日平均温度、日照、降水量影响较大,而后期的降水作用较大。鼓粒期的长短与中期(20～30 d)的日平均温度呈正相关。两地试验结果不同,主要来源于两地生态条件不同,影响籽粒增长的关键生态因子不同。

表 3-22　百粒重增长速度与气象要素间相关系数　（郑天琪等,1998）

气象要素	鼓粒后日数				
	5～10	10～15	15～20	20～25	25～30
最高气温	0.6531*	0.3766	-0.1017	-0.3569	-0.4367
最低气温	0.4175	0.1125	-0.2767	-0.4163	-0.3579
日平均温度	0.3051	0.1007	-0.1965	-0.3050	-0.2763
日　照	0.5961*	0.4257	0.2771	0.3058	0.2163
降水量	0.3013	0.2469	0.2967	0.0504	0.1011

由于以上这些生态原因,大豆在种粒大小类型的生态地理分布表现了明显规律性。郝欣先(1983)对北方夏大豆品种的分析结果指出,在北方夏大豆地区,在百粒重小于15 g的情况下,百粒重每增加1g,单株粒重增加0.5 g;大于15 g时,每增加1 g,单株粒重下降0.53 g。因此,北方夏大豆的种粒大小生态类型,宜为14～16 g。可见,一个地区大豆的种粒大小,是客观的生态因素所决定的。

五、化学品质

大豆的化学品质主要是指油分与蛋白质含量,以及油分的脂肪酸组分、蛋白质的氨基酸组分的含量。

大豆的油分含量与蛋白质含量,不论在遗传上或者是在条件的成因方面,都呈现明显而普遍的负相关关系,相关系数(r)在-0.5～-0.8之间。凡有利于油分增高的条件,大都不利于高蛋白质含量的形成。为此,大豆在油分与蛋白质含量的地理分布上便呈现了明显的生态规律现象。关于大豆油分及蛋白质生态类型形成的条件主要有如下两点。

(一)生态因素影响品质类型的形成

第一,于明等(1996)分析了东北的通化地区5个大豆品种蛋白质和脂肪含量与气象因子的关系,结果认为,蛋白质含量与8月上旬降水量呈极显著的正相关,与9月份的降水量和7月上旬、8月份的日照时数呈显著或极显著的负相关。脂肪含量与7月中旬、9月份的积温呈显著的正相关,与9月中旬的日照时数呈显著的负相关。卢皖等(1992)以黄淮海南一组5年夏大豆品种区域试验测定的蛋白质和脂肪含量资料与平行观测的气象资料,对黄淮平原大豆品质与气象条件关系进行分析。结果表明,蛋白质含量与8月中旬的平均气温,8月下旬的降水量,8月上中旬的气温日较差和日照时数均呈显著或极显著的正相关。而脂肪含量则与8月中旬的平均气温,8月下旬和9月中旬的降水量,8月上中旬的气温日较差及8月下旬的日照时数呈显著负相关;与9月上旬平均气温和8月下旬、9月中下旬气温日较差都呈显著或极显著正相关。由此可见,大豆鼓粒期间温度过低的地区(如黑龙江省克山以北地区),或温度过高昼夜温差又较小的地区(如9月份的长江流域地区),均不利于高油分含量大豆的生产。东北的中部长春地区,由于8月下旬至9月上旬大豆鼓粒期间,白天气温在25℃～30℃之间,因而长期被誉为高油分大豆产区。在大豆开花结荚期间,如果白天气温为30℃左右,夜间为18℃～20℃,昼夜气温有一定的差别,则白天有利于光合作用的进行,而夜间呼吸作用不致很强。因而有利于糖分的积累,有利于大豆油分的形成。东北大豆主产区的此种半大陆性气候,就非常适于油分的形成与积累。夏日及秋初昼夜温差小,夜间温度高达 30℃ 以上的长江流域,便不宜高油分大豆的出现。但是所产的大豆蛋白质含量均高达 40% 以上,平均约 44%。

第二,在东北地区,突永一枝(1931)的盆栽试验结果指出,东北的黑土持水量为 70% 时,大豆的含油量随土壤水分的再增加而提高。在我国西部新疆地区,降水少,日照时数多,在大豆浇水的情况下,油分含量突出增高。满仓金大豆在哈尔滨地区含油量为 22% 左右,在新疆石河子灌区则增至 25% 左右。在光照充足,蒸发量大,而又有充足水分供应的地区,大豆含油量往往较高。

第三,在大豆生长季节期间,光照长度长的较高纬度地区。除了那些阴天多,气温过低的地区外,大豆进行光合作用的时间长,强度大,糖分积累得多,因而含油量便比大豆生育期间光照短的低纬度地区高。江苏省农业科学院油料研究室对全国 88 个品种分析的结果指出,蛋白质含量的变异幅度为 35.89% ~ 47.61%,油分含量的变异幅度为 12.91% ~ 24.31%。各品种原产地纬度与蛋白质含量的相关系数为 − 0.84,与油分含量的相关系数为 0.89,均达到极显著水准。说明我国大豆从高纬度地区至低纬度地区,蛋白质含量递增,油分含量则递减。大豆油分与蛋白质含量的生态分布情况是明显的。

(二)人们对大豆蛋白质或油分的专门要求,在一定程度上影响了大豆化学品质生态类型的分布

我国长江流域所产的大豆主要用来制作副食,又由于长江流域的自然条件适于大豆蛋白质的形成,就使长江流域成为大量的高蛋白质含量大豆品种类型分布区。不少品种蛋白质的含量在 45% 以上,如中国农业科学院油料作物研究所筛选出的油 82-10 蛋白质含量高达 52%。东北大豆主要用于加工油脂,为了向日本等国出口,黑龙江省科研部门也选育了高蛋白品种,如东农 42 号、黑农 35 号等。近几年,为增加国产大豆对进口大豆的竞争力,国家倡导种植高油大豆,在东北三省培育并大面积推广了东农 46 号、垦农 18 号等一系列油分含量在 22% 以上的高油专用大豆品种。

大豆油分的脂肪酸成分主要有棕榈酸、硬脂酸、油酸、亚油酸及亚麻酸等,其中棕榈酸和硬脂酸属饱和脂肪酸,油酸、亚油酸及亚麻酸属不饱和脂肪酸。亚麻酸易氧化,使豆油变质产生异味,因此要求亚麻酸含量越低越好。吕景良等认为大豆脂肪酸有两种类型,一类是以油酸为主要成分,各组分含量依次为油酸 > 亚油酸 > 棕榈酸 > 亚麻酸 > 硬脂酸,此类品种亚麻酸含量较低。另一类是以亚油酸为主要成分,各组分含量依次为亚油酸 > 油酸 > 棕榈酸 > 亚麻酸 > 硬脂酸,此类品种亚麻酸含量相对较高。大豆油分脂肪酸的组成如表 3-23 所示。

表 3-23　大豆籽粒脂肪酸组成　(综合资料)

脂肪酸	棕榈酸	硬脂酸	油酸	亚油酸	亚麻酸
含量(%)	8.2 ~ 13.83	2.01 ~ 6.2	11.45 ~ 27.3	44.65 ~ 62.3	5.24 ~ 13.84

李永忠(1987)利用来自我国东北和引自国外的 30 个大豆栽培品种,对大豆脂肪酸及其组成成分进行了相关和通径分析。相关分析表明,油酸和亚油酸及亚麻酸之间具有显著负相关,而亚麻酸和亚油酸间具有显著正相关。通径分析表明,除亚麻酸以外,所有脂肪酸的组分对油分含量的直接效应都为正,但油酸和亚麻酸的效应大,且二者各自通过对方具有一个较大的负间接效应。亚麻酸对油分含量的净效应最大,主要来自直接效应和通过油酸负

的间接效应。所以,改善油质和提高油分含量并不矛盾。

庄炳昌等(1987)研究昼夜温度对大豆脂肪酸组成的影响,发现在 35℃~25℃、30℃~20℃和20℃~20℃3 种处理下,随着昼夜温度的升高,棕榈酸含量增加,亚麻酸含量降低。来源于不同海拔地区的材料,在 35℃~25℃和30℃~20℃下,亚油酸、亚麻酸含量均表现为高海拔材料高于平原类型材料;而油酸含量相反,表现为平原类型高于高海拔材料。

大豆的蛋白质品质,主要是看含硫氨基酸,特别是蛋氨酸、色氨酸与胱氨酸的含量。由于大豆蛋白质的赖氨酸含量已比较高,因此在提高大豆蛋白质的品质时,常常不大考虑到赖氨酸的提高,而特别强调蛋氨酸、胱氨酸、色氨酸的提高。李福山等(1986)、徐豹(1988)分析了我国不同类型大豆种子氨基酸含量(表 3-24)。

表 3-24　大豆种子氨基酸含量　(g/16 gN)　(李福山等,1986)

氨 基 酸	变 幅	平 均 数
天门冬氨酸	12.21~14.16	12.76±0.41
苏 氨 酸	3.56~4.14	3.82±0.15
丝 氨 酸	4.14~5.44	4.88±0.29
谷 氨 酸	17.17~20.20	18.74±0.57
脯 氨 酸	4.80~5.46	5.22±0.17
甘 氨 酸	3.96~4.53	4.17±0.14
丙 氨 酸	3.90~4.41	4.19±0.21
胱 氨 酸	1.59~2.49	1.94±0.20
缬 氨 酸	4.12~5.24	4.67±0.29
蛋 氨 酸	1.39~1.72	1.54±0.09
异亮氨酸	4.25~4.98	4.58±0.21
亮 氨 酸	5.78~7.88	7.33±0.34
酪 氨 酸	2.93~3.77	3.29±0.22
苯丙氨酸	4.63~6.95	4.98±0.33
赖 氨 酸	5.60~7.03	6.34±0.28
组 氨 酸	2.37~2.83	2.55±0.11
精 氨 酸	5.94~9.27	7.61±0.56

大豆种子蛋白质氨基酸以谷氨酸含量最高,占 17%~20%,其次为天门冬氨酸,占 11%~14%,再次为精氨酸、亮氨酸,含量在 8%左右,赖氨酸的含量在 5%~7%,也是较高的,其他各种氨基酸的含量多在 5%以下。氨基酸作为蛋白质的组分,与蛋白质的关系不同研究者的结论不尽相同。李福山等(1986)认为在各种氨基酸中只有谷氨酸、亮氨酸、苯丙氨酸和精氨酸的含量与蛋白质含量呈正相关,其他氨基酸与蛋白质含量均呈负相关。杨光宇等(1986)、孟祥勋等(1987)的结果相似,认为多数氨基酸与蛋白质含量呈正相关。宁海龙等(2002)认为在 17 种氨基酸组分中,对蛋白质含量影响较小的氨基酸为苏氨酸、丝氨酸、丙氨酸、组氨酸、脯氨酸。对其他 12 种作用较大的氨基酸进行影响蛋白质含量通径分析,结果表明,每种氨基酸对蛋白质含量的直接通径系数和间接通径系数符号均为相反(表 3-25),表明

每种对蛋白质含量既有正向、也有负向的影响。这是因为氨基酸作为蛋白质的组分,某种氨基酸的积累会促进蛋白质含量的增加,同时各种氨基酸之间也是相互转化,这种转化就会降低该种氨基酸的积累,具有降低蛋白质的作用。积累和转化的绝对量决定了某种氨基酸与蛋白质含量的关系。环境条件会影响到氨基酸的积累和转化,就会出现在不同材料、环境条件下相关系数有正有负的现象。

表 3-25　氨基酸影响蛋白质含量的直接与间接通径系数　(宁海龙等,2002)

项 目	半胱酸	甲硫氨酸	天门冬氨酸	谷氨酸	甘氨酸	缬氨酸	异亮氨酸	亮氨酸	酪氨酸	苯丙氨酸	赖氨酸	精氨酸
直接通径系数	-0.2912	0.3679	2.5178	0.2378	-0.9841	-1.4111	-0.375	-0.8308	-0.4645	1.5869	-0.9336	0.6125
间接通径系数	0.3636	-0.2152	-2.2268	-0.0024	1.2271	1.5592	0.4607	1.0649	0.8014	-1.3758	0.9486	-0.2297

徐豹等(1982)将大豆不同温度周期下收获的部分品种种子作了 17 种氨基酸分析,发现昼夜温度均为 20℃条件下生长的大豆比昼温 30℃、夜温 20℃条件下的大豆各种氨基酸的百分率普遍要高些。因此,说明大豆氨基酸的成分含量是受环境条件影响的。

第三节　大豆生态类型及地理分布

大豆的生态类型是在生态条件、耕作栽培条件及人们的利用要求等因子作用下定向选择形成的,因此大豆的生态类型的地理分布具有规律性。这种规律对大豆的引种、品种资源的收集、大豆栽培区划与区域试验地区的规划、育种目标的确立与栽培技术措施的适当运用及耕作栽培制度的改进,都是十分有意义的,是大豆生产规划与科研工作的基础性工作。

一、生育期生态类型的地理分布

由于左右大豆生育期生态类型形成的光照长短及温度耕作栽培制度等条件具有规律性的地理分布,因此大豆生育期生态类型的地理分布规律性也是很明显的。

(一)全国生育期的地理分布

我国各地区的栽培轮作制度很不同,而在复种指数较高的我国中部及南部地区,大豆又作为次要作物种植在冬季作物小麦等或夏季作物早稻之后。大豆播种期因大豆在栽培制度中的地位而大为不同。因此,我国大豆生育期类型的地理分布较复杂。

第一,王金陵等(1957)曾将南自广东省罗定县,北至黑龙江省黑河等不同纬度地区的 24 个地区代表性的大豆品种,于人工控制的光照长短条件下,进行此 24 个品种对光照长短反应的分析,鉴别它们的成熟期类型。将全国概略分为 7 个大豆成熟期类型地带。

①极早熟类型地带。包括黑龙江省克山以北的地区。本地区夏至时光照长达 16.5 h,10℃以上的有效积温在 1 900℃ ~ 2 300℃,适应的大豆类型为短光照性极弱,在不断光照下照常开花成熟的极早熟类型。黑河 54 号、黑龙江 41 号、黑河 3 号以及东农 36 号等属之。

②早熟类型地带。包括黑龙江省克山以南,吉林省北部以北的大豆产区。此地带夏至日照时数为 16 h 左右,≥10℃的有效积温 2 000℃ ~ 2 700℃,此地区的大豆的短光照性甚弱,但对 18 h 以上的长光照有明显的反应,在生育期上属于早熟类型。代表品种有满仓金、黑

农26号、绥农3号、丰收12号、东农4号等。

③中早熟类型地带。包括吉林省中部以南的东北春作大豆产区及关内地区春作大豆区的东境。夏至光照时数为15~15.5 h。有效积温为2 750℃~3 500℃。此地带的大豆短光照性仍弱,在不断光照条件下仍能开花,但开花时期大为延迟。代表品种有丰地黄、吉林3号、铁丰18号、丹豆4号、九农9号等。

④中熟类型地带。包括关内春大豆区的南境及淮河以北的夏大豆地区。夏至的光照时数为14.5~15 h,≥10℃的有效积温为4 000℃~4 800℃。此区大豆的短光照性甚明显,在不断光照下已不能开花。代表品种有山东爬蔓青、新黄豆、齐黄2号、徐州小油豆等。

⑤中迟熟类型地带。包括江淮地区的北部及陕南诸地区。主要为夏大豆。此区夏至的光照时数为14 h20 min左右,≥10℃的有效积温在4 800℃~5 000℃。本地区的大豆短光照性十分明显,光照长度延长至17~18 h,即不能开花。河南省汝南铁角板,潢川小黄豆、鄂豆2号、汝南天鹅蛋可作为代表。

⑥迟熟类型区。长江流域的夏大豆属这一类。此区夏至的光照时数为14 h左右,有效积温5 000℃~8 000℃。这个地区的夏大豆品种短光照性相当强,在哈尔滨地区的自然光照条件下(约15 h 50 min),即不能开花。代表性品种有南农493-1、湖北鸡母蹄、岔路口1号、湖北猴子毛等。应当指出,长江流域地区,由于无霜期较长,无霜期间的光照长短变化幅度较大,地势情况也有变化,对大豆的利用要求也各有不同,耕作栽培制度各地也有不同,因此大豆的生育期类型便十分繁多。除了偏南的局部地区种植秋大豆外,近来还在湖南、湖北、江苏等地大量种植春大豆,但主要是冬作后播种,适应一年二熟制需要的夏大豆。

⑦极迟熟类型地带。包括我国南方地区的秋大豆及两广、福建一带低海拔地区的夏大豆。这个地区夏至时的光照时数已缩短至13.5 h左右,有效积温在8 000℃以上。此种极迟类型的大豆,短光照性很强,在14.5 h的光照处理下便不能开花。代表性品种有秋大豆的乌亮黄、泥豆、秋豆1号及广西合浦县柏枝豆、博白县沙河黄豆等。此地区南部边沿地带的冬大豆属于中迟至迟熟类型。

第二,王国勋等(1981)曾对我国的大豆生育期类型,进行了如下综合的剖析。①按生育日数,分为Ⅰ~Ⅻ十二级(表3-26)。②按出苗至开花日数,分为A~I九级,并加上1,2副级。③按结荚日数,分为a~f六级。④按播种期类型,分Sp(春播大豆),Su(夏播大豆),Au(秋播大豆),Wi(冬播大豆)。⑤按原产地纬度,用北纬的纬度度数。

根据以上综合性的大豆生态分类项目,以下代表性的品种归属是:

东北地区品种:克霜—I,A,a(Sp,50°)

满仓金—I,A,b(Sp,46°)

丰地黄—Ⅱ,B,b(Sp,43°)

黄淮夏大豆品种:徐州软条枝—Ⅳ,C,c(Su,34°)

齐黄1号—V,B,d(Su,37°)

长江流域夏大豆:南农493-1—Ⅶ,D,f(Su,32°)

岔路口1号—Ⅸ,F,d(Su,32°)

南方秋大豆:白泥豆—Ⅺ,H,e(Au,30°)

乌亮黄—Ⅻ,I,f(Au,27°)

全国大豆生育期及播种期类型的地理分布见表3-26。

表 3-26　中国大豆生育期与播种期类型的地理分布 （王国勋等，1981）

生育期类型	春大豆(Sp)	夏大豆(Su)	秋大豆(Au)	冬大豆(Wi)
Ⅰ	46°~50°,30°~32°			
Ⅱ	42°~49°,29°~30°			
Ⅲ	40°~42°,27°,34°	34°~37°(早熟型)		22°
Ⅳ	38°~41°,25°~29°	34°~37°		
Ⅴ	23°	33°~37°,31°(早)		
Ⅵ	23°~27°	34°~36°,31°(早)		
Ⅶ	25°~27°(黔)	34°(晚),23°		
Ⅷ		34°(迟),30°~32°(晚)		
Ⅸ	27°(滇)	30°~32°(晚)		
Ⅹ	27°(滇)	30°(迟),23°(夏)		
Ⅺ		30°(极迟),25°	30°以南	
Ⅻ		29°(极迟)	30°以南	

　　第三，任全兴(1986)选用 72 个来源于全国不同生态区的代表性品种，1984~1985 年利用南京地区较长的生长季节及生长季节期间较大的光照长短变化，按春、夏、秋三种播季条件，每季分两期播种，以研究这些不同地区来源的品种在南京不同播期条件下的变化。结果指出，随播期的延迟，促使大豆生育期缩短的程度与品种原产地的纬度呈显著负相关（$r = 0.6527$）。而且播种期之间的生育期标准差，自北至南作规律性地增大，即南方秋大豆＞南方夏大豆＞黄淮海夏大豆＞南方春大豆＞黄淮海春大豆＞北方春大豆。显示了偏南方地区的大豆短光照性较强，对播期反应较敏感的规律性，以及在短光照性方面秋大豆大于夏大豆，夏大豆又大于春大豆的规律性。研究还用感光性系数(PSC)与感温性系数(TSC)，表示不同地区类型品种对光照与温度的反应（表 3-27），并得出南方大豆，尤其是秋大豆感温性强的结论。在以上研究的基础上，任全兴把中国大豆品种的生育期分为 000 至 Ⅹ 共 20 个生育期类型，并进行了地理分布的分析。

表 3-27　全国各类型大豆生育期平均值及感光感温系数 （任全兴，1986）

播种类型	品种数	生育期		感光系数	感温系数
		平均	标准差	平均 PSC(d/h)	平均 TSC(d/℃)
北方春大豆	26	96.6	12.89	13.81	-3.17
黄淮海春大豆	7	104.1	16.39	20.92	-3.58
黄淮海夏大豆	11	109.5	20.38	33.99	-5.31
南方春大豆	8	104.6	16.42	25.37	-6.30
南方夏大豆	7	130.6	34.46	81.59	-13.19
南方秋大豆	8	153.7	42.76	90.43	-35.73

$$PSC = \frac{\sum (l_i - \bar{l})(y_i - \bar{y})}{\sum (l_i - \bar{l})^2}, l_i:12 \sim 14 \text{ h 日照范围内以 } 0.1 \text{ h 为差级的日长}; y_i:相应 l_i 值$$

下的理论(28℃下)生育日数。

$$TSC = \frac{\sum (t_i - \bar{t})(y_i - \bar{y})}{\sum (t_i - \bar{t})^2}, t_i:18 \sim 29 \text{ 范围内以 } 1℃ \text{差级的温度}; y_i:相应 l_i 值下的理论$$

(13 h 光照下)生育日数。

第四,郝耕等(1992)根据全国各地代表性的 96 个品种,在 28 个试验点以在当地春播条件下的出苗至成熟期,将中国大豆的生育期划分为 $C_1 \sim C_{12}$ 12 个组(见第二节),每组适应一定地区。

C_1:95 ~ 100 d,分布于黑龙江省爱辉。

C_2:101 ~ 105 d,分布于黑龙江省克山。

C_3:106 ~ 110 d,分布于黑龙江省海伦。

C_4:111 ~ 115 d,分布于黑龙江省绥化南。

C_5:116 ~ 120 d,分布于吉林省长春。

C_6:121 ~ 125 d,分布于辽宁省沈阳。

C_7:126 ~ 130 d,分布于辽宁省锦州、凤城。

C_8:131 d,分布于山东省济南;夏播 101 ~ 110 d。

C_9:133 d,分布于河南省驻马店;夏播 111 ~ 115 d。

C_{10}:133 d,分布于湖北省武汉、江苏省南京;夏播 121 ~ 135 d。

$C_{11} \sim C_{12}$:$\geq$ 150 d,分布于湖南省长沙、衡阳;夏播 $\geq$ 136 d,春播 161 d,秋播 110 ~ 120 d。

第五,王金陵(1976)结合各地区的耕作栽培制度及生产上的实际生育日数对全国大豆的生育期类型进行划分,其结果如下。

①春大豆类型区。包括华北、西北及东北的大豆产区。大豆春播秋收,一年一熟。本区东北地区的大豆生育期类型自北部大小兴安岭高寒地带的超早熟类型区,至辽宁省南部的迟熟类型地区,品种的生育期基本上随纬度的降低而延长。

②北方夏大豆类型区。主要为黄河流域中下游及淮河以北地区。夏大豆 6 月上中旬冬麦收获后收获,也有少量春大豆。

夏大豆早熟型,当地生育期 85 ~ 95 d,代表品种有临豆 2 号、齐黄 4 号;中熟型,当地生育期 95 ~ 115 d,代表品种有齐黄 5 号、新黄豆;晚熟种,当地生育期 115 ~ 130 d,代表品种有日照县红麦豆、徐州平顶五。

春大豆(4 月中旬播种)早熟型,当地生育期 100 ~ 105 d,代表品种有淮阳大红毛、东海六月鲜;中熟型,当地生育期 105 ~ 120 d,代表品种有东海四粒猪、涟水小白花;晚熟型,当地生育期 120 ~ 130 d,代表品种有东海小红毛豆、东海白花糙、干榆红毛春豆。

③南方夏大豆类型区。包括长江流域及偏南的地区。本区由于耕作栽培制度复杂,因此除了于冬季作物后种植的夏大豆外,还有大面积的春大豆及秋大豆。

春大豆(一般 3 月下旬播种,7 月上中旬成熟)早熟型,当地生育期 95 ~ 105 d,代表品种有岳阳六月爆、五月拔、邵东五月黄、湘豆 3 号;中熟型,当地生育期 105 ~ 120 d,代表品种有六月拔、安徽马荚早、湘豆 4 号;晚熟型,当地生育期 125~140 d,代表品种有安徽九月黄、桐城猴子毛。贵州和云南的春大豆 4 月中旬播种,9 月上旬成熟,均属于中熟及晚熟型,代表品种如贵州长顺七月豆、贵州三都小黄豆(晚)等。

夏大豆(一般 6 月上中旬播种,10 月上中旬成熟)早熟型,当地生育期 105~110 d,代表品种有湖北松滋牛毛黄及通山黄皮豆;中早熟型,当地生育期 115~125 d,代表品种有湖北八月爆、湖北鸡母豆、天门大籽黄;中熟型,当地生育期 125~140 d,代表品种有南农 493-1、武昌黄豆、湖北大悟矮脚黄;晚熟型,当地生育期 140 d 以上,代表品种有沔阳黄皮豆、鄂黄 6 号、湖南章黄豆、沔阳白毛豆。

秋大豆(7 月下旬至 8 月上中旬播种,11 月上旬至下旬成熟)早熟型,当地生育期 85~95 d,代表品种有福建邵武红花豆、建宁青豆、长江小乌豆;中熟型,当地生育期 95~100 d,代表品种有福建长汀平顶豆、诏安秋大豆;晚熟型,当地生育期 100 d 以上,代表品种有湖南衡山大黄豆、黄毛豆、湖南秋豆 1 号、洋青豆、乌亮黄。

(二)东北地区大豆生育期的地理分布

除辽宁省南部开始出现麦后种豆的一年二熟制外,东北地区主要为一年一熟制的春作大豆区,大豆生育期地理分布生要受不同纬度光照长短及不同地势条件下温度的影响。在高纬度地区,在大豆生育期间、纬度间的光照时数差别较大,因而纬度间大豆生育期类型的南北适应范围较窄。

第一,根据无霜期长短的地域分布,可将东北大豆生育期类型划分为 6 个地带。

①生育期 110 d 以北地区。北安、黑河、逊克等地区属之,此区为极早熟类型地区,代表性品种有东农 36 号、东农 41 号、东农 44 号、东农 45 号、东大 1 号、北丰 13 号、北丰 15 号等。

②生育期 110~120 d 地带。克山地区及合江地区东北部属之,此为早熟类型区,代表品种有合丰 25 号、绥农 14 号等。

③生育期 120~130 d 地带。哈尔滨、齐齐哈尔、绥化、佳木斯、牡丹江范围内的地区,为中早熟类型地区。代表品种有黑农 37 号、东农 42 号等为此带偏南地区的略晚品种。

④生育期 130~140 d 地带。包括自哈尔滨至吉林南部之间的平原地带,属中熟类型区。此区北部种植黑农 26 号、牡师 1 号,中部种植吉林 3 号等,南部种植九农 9 号、铁丰 19 号等。

⑤生育期 140~150 d 地带。包括沈阳至四平之间铁路两侧 100~200 km 地带,大豆属中晚熟类型。代表品种有铁丰 18 号、丰地黄、大白眉等。

⑥生育期 150 d 以南地带。主要包括丹东、海城、锦州等沈阳以南地带,大豆属于晚熟类型。代表品种有丹豆 2 号、锦豆 8-14 等。

第二,农业部大豆专家顾问组(王彬如,1988)考虑到水、温、光、地势等综合因素,对东北的大豆生育期分区,作出较细的区划。

①极早熟区(黑河、伊春寒地极早熟区)。活动积温 1 900℃~2 200℃,无霜期 90~105 d,年降水量 400~600 mm。主推品种有北丰 3 号,搭配品种有北呼豆、黑河 6 号,高寒地区推广东农 36 号、黑鉴 1 号。

②早熟区。长白山严寒湿润早熟区,活动积温 2 000℃~2 200℃,无霜期不足 120 d,年降水量 600~800 mm。适应品种吉林 19 号、黑河 3 号,积温较高处适应合交 8 号、黑农 28 号。

克拜丘陵寒冷半湿润早熟区,活动积温 2 300℃~2 500℃,无霜期 120 d 左右,年降水量

500~600 mm。适应品种丰收 10 号、九丰 1 号、东农 34 号、丰收 21 号等。

三江平原北部寒冷半湿润早熟区,活动积温 2 100℃~2 300℃,无霜期 110~120 d,年降水量 500~600 mm。适应品种合丰 26 号、红丰 3 号、红丰 5 号、农垦 2 号。

尚志、蛟河半山间寒冷湿润早熟区,活动积温 2 200℃~2 400℃,无霜期 120~130 d,年降水量 700~800 mm。适应品种黑河 3 号、黑农 28 号、延边 7 号。

③中早熟区。吉林省延边盆地半湿润中早熟区,活动积温 2 450℃~2 600℃,无霜期 120~140 d,年降水量 500~600 mm。适应品种吉林 20 号、吉林 18 号。

松嫩平原南部半湿润中早熟区,活动积温 2 500℃~2 700℃,无霜期 130 d,年降水量 550 mm。适应品种黑农 33 号、黑农 32 号、绥农 8 号、吉林 20 号。

松嫩平原南部半湿润中早熟区,活动积温 2 700℃~3 000℃,无霜期 140 d,年降水量 550~600 mm。适应品种黑农 33 号、黑农 32 号、绥农 8 号、吉林 20 号。

牡丹江山间冷凉及东部低湿中早熟区,活动积温 2 500℃~2 700℃,无霜期 130 d,年降水量 500~600 mm。适应品种合丰 25 号、东农 38 号、合丰 30 号。

齐齐哈尔半干旱中早熟区,活动积温 2 600℃~2 800℃,无霜期 130~145 d,年降水量 350~450 mm。适应品种嫩丰 11 号、嫩丰 9 号、嫩丰 14 号。

④中熟区。吉林省通化冷凉湿润中熟区,活动积温 2 500℃~2 800℃,无霜期 130~150 d,年降水量 600~800 mm。适应品种吉林 20 号、吉林 19 号、通农 9 号。

长春中温半湿润中熟区,活动积温 2 800℃~3 050℃,无霜期 130~140 d,年降水量 500~700 mm。适应品种九农 9 号、吉林 3 号、吉林 20 号。

⑤中晚熟区。四平暖湿半湿润中晚熟区,活动积温 2 900℃~3 100℃,无霜期 140~150 d,年降水量 600 mm。适应品种吉林 21 号、长农 4 号、吉林 20 号。

铁岭暖温半湿润哲盟半干旱中晚熟区,活动积温 3 200℃~3 400℃,无霜期 140~160 d,年降水量 500~700 mm。适应品种辽豆 3 号、铁丰 8 号、辽豆 10 号。

辽宁省东北部山区半湿润中晚熟区,活动积温 2 800℃~3 000℃,无霜期 140~150 d,年降水量 700~800 mm。适应品种开育 8 号、辽豆 3 号。

朝阳阜新昭盟温暖半干旱中晚熟区,活动积温 3 000℃~3 400℃,无霜期 120~140 d,年降水量 300~500 mm。适应品种铁丰 8 号、铁丰 22 号、开育 8 号。

⑥晚熟期。丹东温暖湿润晚熟区,活动积温 3 000℃~3 400℃,无霜期 140~160 d,年降水量 800~1 200 mm。适应品种开育 8 号、丹 5 号、铁丰 18 号。

锦州、营口暖热半湿润晚熟区,活动积温 3 300℃~3 550℃,无霜期 160~180 d,年降水量 500~700 mm。适应品种丹豆 3 号、铁丰 18 号。

⑦极晚熟区。旅大高温半湿润极晚熟区,活动积温 3 600℃以上,无霜期 180~210 d,年降水量 600~700 mm。适应品种丹豆 5 号、辽 3 号、丹豆 1 号。

二、结荚习性生态类型的地理分布

由于大豆结荚习性是个与生态环境条件有密切关系的性状,因此大豆结荚习性的生态地理分布是很明显的。

(一)中国大豆结荚习性的生态地理分布形势

中国各大豆产区的大豆结荚习性情况,可见表 3-28。

表 3-28　大豆结荚习性在我国各地的分布概况

（中国农业科学院油料作物研究所《中国大豆品种资源目录》）

地　区	无限结荚习性(%)	亚有限结荚习性(%)	有限结荚习性(%)
黑龙江克山拜泉地区	96.0	—	4.0
哈尔滨地区	87.0	—	13.0
黑龙江合江地区	82.0	—	18.0
吉林西部地区	68.9	20.0	11.1
吉林吉长地区	57.2	26.2	16.6
吉林东部地区	62.9	12.9	24.2
辽宁西部地区	59.0	3.0	38.0
沈阳地区及辽河下游	44.0	3.0	53.0
辽宁东南部	22.0	—	78.0
内蒙古农区	95.0	—	5.0
河　北	46.6	19.9	35.5
陕西关中地区	70.8	1.6	27.5
山　西	94.0	—	6.0
山　东	29.9	16.9	53.2
江苏徐淮地区	49.4	3.6	47.0
河　南	23.9	24.5	51.9
淮南江北苏豫皖地区	34.0	—	66.0
贵州山区	6.4	1.5	91.6
安徽南部	28.4	31.9	44.7
长江流域	15.0	—	85.0

表 3-28 说明了东北吉林省以北地区,大豆以无限结荚习性为主,辽宁省东南部大豆大多为有限结荚习性。内蒙古农区以及山西、陕西关中地区也以无限结荚习性大豆为主,黄淮平原地区两类大豆均以有限结荚习性大豆占多数。长江流域以有限型为主,而贵州更以有限型品种占压倒多数。在西藏东南隅海拔较高,气温凉爽的察隅县山区,大豆均为无限结荚习性。在水肥等生态条件没有改变前,这种结荚习性的地理分布形势是基本稳定的。一个地区的大豆的品种可能经常更新,但是在结荚习性类型上,将仍然保持着原来适应类型的面貌。

(二)东北三省大豆结荚习性的生态地理分布形势

过去黑龙江省的大豆概为无限结荚习性;而今西部仍以无限结荚习性大豆为主,中部与东部大豆主产区亚有限结荚习性大豆趋于优势。吉林省西部大豆以无限结荚习性占绝对优势;中部地区过去的主要品种小金黄 1 号为亚有限结荚习性,而今推广的品种吉林 20 号、九农 9 号等仍为秆强主茎型的亚有限结荚习性。辽宁省西部大豆由以无限结荚习性为主向亚有限及有限型方面拓宽,中部地区由有限型向亚有限结荚习性转变,东南部地区仍以有限结荚习性为主。以上是东北大豆结荚习性类型的地理分布概势。随着耕作栽培水平的变化,大豆的结荚习性类型也会有所变化。

田佩占(1976)曾对东北三省大豆结荚习性的生态地理分布,结合环境条件,做了概括性的归纳,并与长江流域的情况做了对比。结果指出,喜肥喜水的有限结荚习性大豆,多分布在雨水较多、耕作栽培较集约的地区;而无限型品种多分布在雨水较少、胁迫条件较明显的地区;亚有限结荚习性大豆则分布在条件适于大豆进行大面积经营管理生产的地区,见表3-29。目前形势与表中情况已有了很大变化,有限型大豆大幅度增加。

表 3-29　东北大豆结荚习性的生态地理分布　　　(田佩占,1976)

地　　区	年降水量 (mm)	环境概要	无限型 (%)	亚有限型 (%)	有限型 (%)
黑龙江省克山拜泉地区	500	冷凉,雨较少	96.0	—	4.0
黑龙江省哈尔滨地区	600	较凉,雨适中	87.0	—	13.0
吉林省西部草原区	400～500	缺林,少雨,多风沙	68.9	20.0	11.1
吉林省中部平原区	600～700	平原,土肥,温暖,适雨	57.2	26.2	16.6
吉林省东部半山区	700～900	山区,多雨,温和	62.9	12.9	24.2
辽宁省西部地区	500	少雨,干旱,蒸发大	59.0	3.0	38.0
辽宁省辽河下游	700	雨较多	44.0	3.0	53.0
辽宁省东南部地区	800～1000	山区,高温多雨	22.0	—	78.0
长江流域	900～1000	高温多雨,精耕细作	15.0	—	85.0

1. 黑龙江省大豆结荚习性类型的生态地理分布　王彬如、洪亮、翁秀英(1979)曾对153个农家大豆品种的结荚习性类型进行观察整理,结果指出,有限结荚习性品种12个,占7.84%;亚有限结荚习性品种15个,占9.8%;无限结荚习性品种126个,占82.36%,在省内各地区分布的形势,见表3-30。

表 3-30　黑龙江省农家品种结荚习性类型的区域分布　　　(王彬如,1979)

结荚习性类型	松哈 平原	安达盐碱 土地区	合江 平原	嫩江 南部	克山拜 泉丘陵	牡丹江半 山间地区	黑河沿 江地区	全　省
无限结荚性(个)	40	16	12	10	30	4	13	125
亚有限结荚性(个)	9	0	3	1	0	2	0	15
有限结荚性(个)	2	0	4	1	1	1	3	12

从表3-30的内容可以看到,在过去的大垄稀植、3年1次农肥的耕作施肥制度下,黑龙江省的农家品种多数是无限结荚习性,安达盐碱土地区尤其如此。当前栽培技术上实行缩垄增行,加大了密度,增施了磷酸二铵化肥,黑龙江省的中部与东部地区亚有限结荚习性的推广品种逐渐占据主体。但是黑龙江省西部少雨地区的推广品种仍以无限结荚习性为主。在黑龙江省至今尚未见大面积种植的有限结荚习性推广品种。

2. 吉林省大豆结荚习性类型的生态地理分布　吕景良等(1986)对吉林省632个大豆农家品种研究的结果指出(表3-31),全省以无限结荚习性为主(占70.9%),亚有限结荚习性(占14.4%)与有限结荚习性(占14.7%)各居次要地位。吉林省内的分布,中部四平、长春、榆树地区,亚有限的农家品种如一窝峰、紫花矬子、小金黄等种植很广。在雨水较多的东部地区,有限结荚习性比中部与西部地区显然高得多,东南部的通化尤其如此。而在西部少雨的白城子地区,无限结荚习性占绝大多数。秦捷等(1991)的研究也指出,吉林省白城地区,无论是生产上还在利用的大豆品种,还是即将推广的品种,或是正处于试验阶段的材料,大多数为无限结荚习性。无限结荚习性大豆适应中等或中下等肥力,较抗旱,分枝多,节间长,高大繁茂,开花后仍能充分利用白城地区7~9月份气候条件,进行大量生长,增节增荚。

表3-31　吉林省大豆结荚习性类型的地理分布　　(吕景良等,1986)

项　目	全　省	通　化	延　边	吉林市	四　平	长　春	白　城
品种数(个)	632	180	70	90	125	91	76
无限结荚习性(%)	70.9	66.1	63.6	70.0	68.8	75.8	82.9
亚有限结荚习性(%)	14.4	8.9	16.3	15.6	20.0	18.7	14.5
有限结荚习性(%)	14.7	25.0	20.1	14.4	11.2	5.5	2.6

郭世昌(1954),对于吉林省东部雨量较多的磐石、双阳等地的大豆,与西部雨量较少的扶余、农安等县的大豆,在结荚习性方面进行了调查对比。调查对比的结果(表3-32)充分说明,吉林省东部雨量较多的磐石、双阳等县的大豆结荚习性以有限型为主,而西部雨量较少的扶余、农安等县的大豆结荚习性以无限型为主。

表3-32　不同结荚习性类型大豆品种的地区分布　　(郭世昌,1954)

面积比例(%)	扶余县	怀德县	依通县	双阳县	磐石县
有 限 型	极少	10.4	33.8	70.6	75.4
亚有限型	较少	58.5	26.4	6.8	8.1
无 限 型	普遍	28.0	33.9	17.3	11.0
其他(不明)	—	3.1	5.9	5.3	5.6

3. 辽宁省大豆结荚习性类型的生态地理分布　辽宁省西部明显少雨干旱,而东部明显多雨湿润,中部是自然条件较适于大豆生产的广大平原农区。张仁双等(1981)提供的资料与分析,说明了这种条件与辽宁省不同地区大豆结荚习性类型的分布关系,见表3-33。

表3-33　辽宁省不同地区大豆结荚习性类型的地理分布　　(张仁双等,1981)

地　区	年降水量(mm)	样本数(个)	无限结荚习性(%)	有限结荚习性(%)
辽东地区多雨区	1000	133	28.57	68.42
辽东东北部山地低温区	800	42	52.38	42.85
辽东半岛湿润区	750	58	19.97	81.03
辽河平原区	700	169	43.78	53.84
渤海沿岸丘陵平原区	600	131	46.56	48.85
辽西山地少雨区	500	76	72.30	26.31
昭盟低温少雨区	400	140	85.72	14.28

全省调查的 79 个品种中,无限结荚习性品种占 46.86%,有限结荚习性品种占 50.86%。省内年降水量与有限结荚习性比率的相关系数为 0.75,年降水量与无限结荚习性比率的相关系数为 -0.78。这种相关系数及表内情况说明,多雨的东部湿润区有限结荚习性品种占大多数,尤以多雨温暖的辽东半岛如此;而多雨但低温的辽宁省东北山地低温区,有限结荚习性大豆的比率显然下降。辽河平原地区传统上就有一些有限结荚习性品种,如嘟噜豆。西部少雨区,尤其是昭盟地区,大多数品种为无限结荚习性品种,在沿河低地也有少量有限结荚习性品种。

三、种粒大小生态类型的地理分布

小粒大豆适应不良条件特别是瘠薄干旱条件的能力较强。因此,凡自然条件优良、土壤较肥沃、水分供应较充足的地区,生产上一般尽可能去种植经济价值较高、种粒较大(18 ~ 22 g)的黄皮大豆,而于生育环境条件不良,大粒大豆不能很好适应的地区,往往种植小粒大豆,从而使大豆在种粒大小方面,表现了明显的生态地理分布现象。

(一)全国种粒大小的分布

吕世霖等(1984)分析了全国不同区域大豆的籽粒性状地理分布(表 3-34),这种分布的大体趋势是:在雨量充足,生育条件较优良的我国东北东部地区的平川地带,大豆品种多为 18 ~ 22 g 之间的大粒型,而在东北西部的干旱盐碱地区种植的大豆品种,百粒重在 13 ~ 16 g 之间。即使同一大豆品种,在西部地区生产的种粒也较产于东部的小得多。

表 3-34 中国大豆品种籽粒性状地理分布 (%) (吕世霖等,1984)

栽培区域	北方大豆区			黄淮大豆区		南方大豆区					总 计
	东北区	西北东区	西北西区	黄淮北区	黄淮平原	长江中下游	长江上中部	南方东部	云贵高原	南方南部	
品 种 数	337	17	17	147	131	130	20	60	29	40	928
粒 色 黄 豆	81.2	43.6	76.5	45.8	61.3	67.9	75.0	48.7	85.2	55.0	64.4
黑 豆	15.7	56.5	5.9	33.2	15.5	2.7		11.3	3.4	17.5	15.7
青 豆	9.6	—	3.9	7.5	9.2	18.8	10.0	16.4	6.9	25.0	10.5
褐 豆	2.7	—	—	9.5	5.6	9.9	10.0	17.5	3.4	2.5	6.2
双 色 豆	0.5	5.0	11.3	4.2	3.1	0.3		1.2	6.9		3.5
粒 大 小 特 小 粒	1.2				7.3	5.8		8.9	13.8	15.0	5.2
小 粒	2.1	60.0	82.4	31.7	43.6	15.4	25.0	23.4	41.4	37.5	36.3
中 粒	30.0	30.0	11.8	30.0	29.2	43.4	70.0	45.4	44.8	42.5	37.7
大 粒	53.5	10.0	5.8	23.6	5.3	23.1		17.5			14.9
特 大 粒	16.0	—	—	6.9	2.5	12.2		22.8	—	—	6.0
粒 形 圆	15.3	10.0		5.9	14.5	11.0		1.8	6.9	5.0	7.0
扁 圆	14.6	—		5.4	4.0	5.4			3.4	22.5	5.5
椭 圆	57.8	60.0	82.4	65.0	57.2	15.9	90.0	63.5	65.5	62.5	68.0

栽培区域		北方大豆区			黄淮大豆区		南方大豆区					总　计
		东北区	西北东区	西北西区	黄淮北区	黄淮平原	长江中下游	长江上中部	南方东部	云贵高原	南方南部	
粒形	扁椭圆	4.3	20.0	—	5.6	9.5	9.1	10.0	33.5	24.1	10.0	12.6
	长椭圆	3.4	10.0	5.8	13.5	13.3	1.4	—	1.2	—	—	4.9
	肾脏形	1.9	—	5.8	4.6	1.8	—	—	—	—	—	1.4
脐色	无色	23.7	—	—	4.2	0.8	0.5	—	3.2	—	20.0	5.2
	淡褐色	26.8	—	—	12.9	12.6	26.6	38.9	11.1	14.8	40.0	18.3
	褐色	27.1	40.0	56.6	40.0	44.8	46.9	33.3	43.9	10.7	20.0	39.4
	深褐色	5.0	10.0	23.5	28.8	21.4	14.4	22.2	16.1	29.6	13.4	18.1
	蓝脐	3.7	20.0	—	3.1	1.0	—	—	—	—	—	2.8
	黑脐	11.8	30.0	17.6	32.1	19.6	11.8	5.5	28.6	11.8	6.7	17.6

(二)东北地区种粒大小的分布

东北地区的基本自然环境条件是,西部风沙干旱少雨,东部雨水较多,但山区气温较低,北部气温低,黑龙江省的大小兴安岭地区尤其冷凉。这种基本情况所形成大豆种粒大小类型的分布是,西部种粒偏小,东南部多雨高温区种粒偏大,北部低温区及东部多雨低温山区种粒偏中小,克山以南至辽宁省鞍山的中部平原大豆主产区,大豆种粒偏向中大粒,为优质大豆的生产基地。

1. 黑龙江省大豆种粒大小生态类型的地理分布　王彬如等(1979)分析了黑龙江省大豆产区的 153 个农家品种的种粒大小,分析的结果指出,百粒重 21 g 以上的大粒农家品种与推广品种,主要分布在哈尔滨、绥化之间的松哈地区及克山拜泉丘陵地区,两区均为肥沃的黑土地带,年降水量 600 mm 左右。百粒重 15 g 以下的农家品种,主要出现在嫩江南部的风沙干旱地区及安达盐碱地区,以及牡丹江半山间地力较低的山区。推广品种中除出口的纳豆用小粒品种外,没有小粒类型。百粒重 15～20 g 的中粒品种,因适应性较广,又能较广泛地适应利用上的要求,因而不论是农家品种或推广品种均分布较广,在品种总数上占的比例也大(68.1%)。近年来黑龙江省推广的大豆品种,大粒的如黑河 10 号、东农 42 号、绥农 8 号等,百粒重超过 23 g,最小的不低于 17 g。西部小粒地区推广的嫩丰 9 号、嫩丰 11 号、嫩丰 12 号的百粒重,也达 18 g 左右。

2. 吉林省大豆种粒大小生态类型的地理分布　吉林省吕景良等(1988)调查分析了吉林省 90 个育成品种的百粒重,结果表明百粒重平均是 17 g ± 2.22 g。而且 20 世纪 50 年代时吉林省育成的品种,28.6% 为大粒,66.6% 为中粒,4.8% 为小粒;60 年代 22.2% 为大粒,77.8% 为中粒;70 年代 18.8% 为大粒,65.6% 为中粒,15.6% 为小粒;至 80 年代所有育成品种均为中粒。并指出,为了适应吉林省的中等偏下生态条件,育成品种应当保持一定比例的中、小粒类型。吉林省大豆种粒大小的地理分布是:西部风沙干旱的白城地区,明显以百粒重 15 g 以下的品种类型为主,百粒重 20 g 以上的品种占的比例很少;而东部通化和省内的山间地区,有较大比例的大粒至中小粒品种;但也有一定比例的中大粒以上的品种,以适应谷川平地的条件。延边地区,农业经营水平较高,朝鲜族有其本身的食品爱好,稻田埂大豆较多,所以虽为山间地区,但中大粒以上大豆品种较多。长春、四平地区,为商品大豆的主产区,大豆的百粒重为 15～25 g,而且集中在 15～20 g 的中粒型大豆类型上。

3. 辽宁省大豆种粒大小生态类型的地理分布　辽宁省东部雨水较多,大粒有限结荚习性品种多有分布。西部少雨干旱,大豆偏向小粒的无限结荚习性品种;在水肥条件、耕作栽培条件有所改进的地方,大豆的种粒大小及结荚习性类型会有所提高与变化。

张仁双(1981)分析指出,年降水量 1 000 mm 以上的辽东地区,百粒重 18 g 以上的大粒品种占 60.6%,12～18 g 的中粒品种占 37.88%,而百粒重 12 g 以下的小粒品种只占 1.52%。西部风沙干旱地区,大粒品种只占 14.29%,中粒品种占 74.2%,小粒品种上升到 11.51%。因而得出结论:辽宁省西部风沙干旱的阜新、朝阳、锦州地区,以中早熟,无限结荚习性,高大繁茂,中小叶,耐旱性较强的中小粒类型为主。东部、南部多雨的丹东、大连、营口、鞍山地区,以中熟至中晚熟,有限结荚习性,中大叶,耐肥、抗倒伏的中大粒类型为主。中部平原及东北部多雨高寒地区,两种类型均不同程度的存在。

(三)陕晋北部黄土高原地区种粒大小生态类型的地理分布

该地区干旱地瘠,是我国突出的小粒春大豆区,百粒重为 6～12 g。例如,陕西省铜川地区的八月炸、老黑豆,山西省榆次的鸽次条等品种均属此类。

(四)黄淮平原地区种粒大小生态类型的地理分布

黄淮平原地区为我国的重要夏大豆产区,由于麦后播种较晚,又要力行一年二熟制,因之花前营养生长期相对较长,开花至结荚期较短,而全生育期又较短并且生长较繁茂的中小粒大豆较适应。又由于这个地区的大豆生育前期常逢旱后期常遇涝,因此小粒、中小粒大豆也较适应。此区大豆的百粒重大都在 10～15 g 范围内。当然也有少数在特定条件下种植的大粒类型大豆。此区的大豆品种如山东红油豆、徐州小油豆、牛角齐、平顶五、大白皮、小白皮等,百粒重大都在 12～13 g。江苏淮北地区的 528 个品种,百粒重 24.1 g 以上的只占 3.2%,18.1～24 g 的占 10.23%,12.1～18 g 的占 46.02%,6.1～12 g 的占 39.29%,6 g 以下的占 0.34%(费家骅,1985)。近年,由于大豆生产水平的提高,大豆百粒重有提高的趋势。

(五)长江流域地区种粒大小生态类型的地理分布

在广大的长江流域地区,大豆种粒大小变化的幅度较大,这是与耕作栽培制度复杂,有春、夏、秋作大豆,以及适应不同用途有关。一些蔬菜用的大豆,如太仓大沙青豆,百粒重近40 g,溧阳八月黄大青豆百粒重也达 38 g,而做豆芽用的沭阳鱼儿圆品种,百粒重只有 4.7 g。另外,还有酱菜副食用及饲料用的小粒秋大豆,如泥豆、小绎豆、马料豆、撒豆等。一般大面积种植的夏大豆百粒重多在 12～17 g 之间。根据费家骅(1985)的统计,江苏淮南地区的 673个品种,百粒重 24.1 g 以上的占 12.21%,18.1～24 g 的占 27.79%,12.1～18 g 的占46.98%,6.1～12 g 的占 3.02%。游明安等(1989)比较长江下游 86 份夏大豆地方品种,百粒重变幅为 6.9～33 g。安徽省淮北区和江苏省淮北区百粒重较低,两区平均为 12.3 g,江淮区和苏南区品种多为大粒型,平均在 21.7 g 以上。

四、化学品质生态类型的地理分布

大豆化学品质包括油分与蛋白质含量,油分的脂肪酸组分含量,蛋白质的氨基酸组分含量等。当前认为与生产利用有关系的为油分与蛋白质含量。脂肪酸组分和氨基酸组分也日益得到重视。

(一)大豆油分与蛋白质含量的生态地理分布

大豆在结荚与鼓粒期间,平均温度如果低于 20℃,便不利于糖分的形成与转化为脂肪,因而含油量低。但如果温度高于 35℃,尤其是昼夜温差小的情况下,则又不利于糖分的积累,因而不利于油分的提高,但是干旱也不利于光合作用的进行。所以低温地区的高温年份,阴雨地区的多日照的年份,干旱地区有灌溉措施或多雨年份,大豆油分含量表现增高。大豆在生育期间光照时数较长的较高纬度地区,油分含量又要比光照时数短的低纬度地区高。凡是油分较低的地区的大豆,大豆蛋白质含量便较高,而油分较高的地区的大豆,蛋白质含量又表现平平。总的说来,理想的高油分大豆产区的环境条件是:纬度在 40°～45°。土壤的土层深厚,有机质 5%～6%,中性至弱酸性反应。开花结荚、鼓粒期间,白天气温 30℃～32℃,夜间 19℃～22℃,每 4～5 d 一场夜间雷雨,白天放晴。鼓粒后期天气放晴,气温下降至白天 25℃左右,夜间 15℃～16℃。如王国勋(1979)在武汉地区进行的播期与 22 个大豆品种油分含量关系的结果验证春播大豆比夏播大豆含油分高。而 6 月初夏播的大豆,含油量又比 7 月底秋播的大豆含油量高,春大豆 4 月 4 日播种后所逢的环境条件是:7 月上旬成熟(6 月中旬鼓粒),因而结荚鼓粒阶段气温较高,昼夜温差较明显,降水适中,日照充足,因而有利于油分的形成。夏大豆 6 月 6 日播种后的条件是:结荚、鼓粒期间,正逢 8 月中下旬高温,昼夜温差小,因而大豆油分含量平均仅有 17.06%。7 月 27 日播种后的条件是:常常出现 8 月底至 9 月间的干旱,10 月下旬至 11 月上旬出现低温寡照,因而 7 月 27 日播种所产的大豆含油量最低。

1. 全国大豆油分与蛋白质含量的生态地理分布　从全国来看,我国吉林地区大豆的含油量最高,浙江杭州市及安徽亳州市最低。1962 年山西农学院曾就全国大豆含油量的情况进行了初步分析,结果是春大豆的含油量高过夏大豆,而夏大豆的含油量又高过秋大豆。春大豆中北方春大豆的含油量高过南方春大豆,黄淮地区夏大豆含油量也稍高于南方夏大豆。宋启建等(1990)选用来自全国各地不同生态区具有代表性的 42 个大豆品种,分春、夏、秋 3 种播季类型,分析结果表明,秋大豆蛋白质含量显著地高于春大豆和夏大豆,春大豆和夏大豆的油分含量显著地高于秋大豆。

王国勋(1979)将全国各地有代表性的品种取原产地的种子进行含油量分析。分析的结果表明,东北春大豆的含油量平均最高(20.5%),南方夏大豆次之(17.7%),秋大豆又次之(16.57%)。全士远(1985)将我国不同纬度地区的大豆在黑龙江省合江地区种植,并进行各品种的油分、蛋白质含量与品种来源、地区纬度的相关分析,得出油分含量与纬度的相关系数为 0.8473＊＊,蛋白质含量与纬度的相关系数为 -0.7126＊＊的结果。北方大豆品种在合江地区种植,蛋白质的平均含量为 40.696%,油分含量平均为 18.58%;黄淮地区大豆的蛋白质含量平均为 42.144%,油分含量平均为 16.474%;南方地区大豆的蛋白质含量平均为 43.072%,油分含量为 15.89%。胡明祥等(1984)用产自中国南北各地的 195 个大豆品种的种子进行油分与蛋白质含量的分析。结果是,纬度与蛋白质含量的相关系数 $r = -0.8184＊＊$,回归方程为 $y = 50.45 - 0.2138 x$,纬度每升高 1°蛋白质含量下降 0.2138%。油分含量与纬度的相关系数是 $r = 0.9013＊＊$。徐豹(1984)搜集中国 20 个省、直辖市、自治区 1 653 份大豆种子进行蛋白质含量分析的结果是,北纬 32°以南大豆蛋白质含量平均数为 43.5%,北纬 33°～39°地区的是 41%～43%,北纬 40°以北地区的是 40.5%。也就是说,长江流域大豆蛋白质含量高于黄河流域,黄河流域的又高于东北地区。大豆蛋白质含量与纬度的相关系数是 $r = 0.9013^{**}$。费家骈(1983)运用对 1 217 个江苏地方大豆品种进行化学成分分析的结果总结指出:江苏省大豆蛋白质含量的变化幅度为 37.45% ~ 48.51%,平均含量为 43.9% ± 1.18%。油分含量的变化幅度为 11.55% ~ 22.4%,平均含量为 17.93% ± 1.44%。所以总的看江苏是个大豆油分含量较低,蛋白质含量很高,两者总含量较高的地区。在江苏省内,北部徐州地区大豆的蛋白质含量偏低,油分偏高;淮南地区大豆的油分含量偏低,蛋白质含量偏高。

胡明祥等(1990)根据对全国大豆生态试验材料的种子化学分析的结果,将中国分为以下几个大豆品质生态区:①东北大豆品质生态区:脂肪含量高,一般在 20% 以上。籽粒整齐,种皮金黄有光泽,蛋白质含量偏低(但最北部与吉林省通化及辽宁省丹东地区,是局部高蛋白质含量区)。②黄淮华北大豆品质生态区:蛋白质含量一般为 39% ~ 41%,油分含量 18% ~ 19%。从东往西蛋白质含量逐步降低而油分含量则逐步增加。③长江流域及其以南大豆品质生态区:江苏省的夏大豆蛋白质含量平均为 44.05%,湖北省为 42.98%,大豆油分江苏省为 17.8%,湖北省为 15.06%。④南方秋大豆品质生态区:秋大豆蛋白质含量平均为 42% 左右。⑤西北干旱地区大豆品质生态区:此区大豆油分含量平均为 19% 以上,蛋白质含量在 38% 以下,少数品种蛋白质含量低至 28% ~ 30%。

根据多方面的分析结果,对中国各地大豆的油分与蛋白质含量的地理分布概况如下。

东北大豆主产地区:油分含量 19% ~ 22%,蛋白质含量 37% ~ 41%

黄淮平原大豆产区:油分含量 17% ~ 18%,蛋白质含量 40% ~ 42%

长江流域大豆产区:油分含量 16% ~ 17%,蛋白质含量 44% ~ 45%

2. 东北地区大豆脂肪与蛋白质含量生态地理分布

(1)黑龙江省大豆脂肪与蛋白质含量的生态地理分布　黑龙江省大豆产区的南北地区差别,主要是光照长短,无霜期及温度高低方面的差别;而东西部的差别主要在年降水量及湿度方面。王彬如等(1986)将黑龙江省不同地区的农家品种和推广品种,集中在哈尔滨种植,对各品种所产的种子进行了脂肪与蛋白质含量的分析,结果表明,不论是农家品种或 20世纪 70 年代推广的品种,还是 80 年代的品种,均以黑龙江西部的嫩江南部地区大豆品种的脂肪含量较高。商业传统上往往把安达县以西的干旱农区所产的大豆作为脂肪型大豆。

黑龙江省商品检验局的栾凤侠等(1992)从黑龙江省经常出口大豆的 25 个县(市)的 41个地点,采样进行分析。由分析结果得知以下出口大豆产地的大豆脂肪与蛋白质情况,并据此划分了 6 个大豆脂肪与蛋白质生态区:①牡丹江温暖半湿润半山区。本区为高蛋白质、中脂肪区。蛋白质含量平均为(43.22 ± 0.82)%,脂肪含量为(19.77 ± 0.58)%。②嫩江、克山拜泉、绥化、松哈温凉半干旱黑土区。为高脂肪、低蛋白质区。蛋白质含量为(39.93 ± 1.22)%,脂肪含量为(20.27 ± 0.58)%。③三江平原温暖湿润区。为中脂肪、高蛋白区。蛋白质含量为(41.04 ± 0.51)%,脂肪含量为(19.44 ± 0.59)%。④铁力温凉半湿润半山区。为低脂肪、高蛋白质区。脂肪含量为(19.33 ± 0.42)%,蛋白质含量为(43.75 ± 0.56)%。⑤北部兴安岭寒冷湿润土壤低肥山区。为中脂肪、低蛋白质区。脂肪含量为(19.71 ± 0.55)%,蛋白质含量为(40.16 ± 0.89)%。⑥西部温暖干旱平原区。为高蛋白质大豆产区。

陈霞等(1991)自黑龙江省各地征集了 156 份当地大豆种子,并进行了脂肪与蛋白质含量的分析,他们的研究结论是:全省大豆脂肪与纬度呈负相关,与温度呈正相关,与降水量呈显著负相关。黑龙江省黑河等高纬度低气温地区脂肪含量较低,而齐齐哈尔地区 5～9 月份气温较高(平均 18.5℃),日照时数多(1 198～1 280 h),因而脂肪偏高,总含量也高(表 3-35)。

表 3-35　黑龙江省各地区所产的大豆种子脂肪与蛋白质含量　　(陈霞等,1991)

地　　区	品种数(个)	蛋白质(%)	脂肪(%)	蛋脂总含量(%)
原松花江地区	27	40.48	20.59	61.07
齐齐哈尔地区	31	40.46	20.56	61.02
佳木斯地区	29	40.48	20.32	60.80
黑河地区	25	41.12	19.50	60.62
牡丹江地区	20	40.51	20.12	60.63
绥化地区	24	41.37	19.79	61.16

王彬如等(1984)将黑龙江省的极早熟至中晚熟的品种 21 个,每个均在哈尔滨、安达、佳木斯、克山、齐齐哈尔、黑河 6 个试验点进行种植 3 年,并逐年分析各试验点材料的脂肪与蛋白质含量。他们的试验结论是:西部干旱高温地区的安达,大豆的脂肪含量高达 22.16%,但是蛋白质含量较低;在克山脂肪含量较低,为 20.76%,但是蛋白质含量最高,达 41.62%;北部黑河地区,能成熟的早熟品种的平均脂肪含量只有 18.83%。因此,克山以北低温多雨地区的大豆,脂肪含量低,蛋白质含量较高。佳木斯以西,齐齐哈尔以东,绥化以南地区,为高脂肪大豆产区。

张国栋(1989)于 1986～1987 年,在黑龙江省 14 个有代表性的试验点上,布置种下了满仓金、黑河 54 号等 14 个有代表性的品种。将收获的种子统一进行化学品质分析,以了解同一品种在不同试验点的生态条件下,在化学品质上的变化,从而对黑龙江省大豆产区进行化学品质生态区划。其分析结果如下。

北部小兴安岭及其周围的黑河、逊克、德都地区,气温低,无霜期短,昼夜温差大,地温低,是蛋白质与脂肪"双低"地区。蛋白质含量约为 40.5%,脂肪含量约为 18%。

东部萝北、汤原、七台河及其以东地区,地势低平,温暖湿润,是高脂肪、低蛋白质含量区。脂肪含量平均为 19.78%,蛋白质含量平均为 40.17%。

尚志及其以东,木兰、依兰、鸡西及其以南的半山区农区,山地多,雨水较多,温度较高;但水、肥不足,是高蛋白质含量区,蛋白质含量平均在 43% 以上。

中西部由北部的嫩江至克山、海伦、绥化、哈尔滨的肥沃黑土带,耕作条件好,水肥协调,日照充足,是高脂肪含量区,平均为 19.25%;蛋白质含量有高有低,一般为中等含量。

西部富裕、林甸、青冈、三肇地区,积温多,日照充足,但干旱,土壤有不同程度的盐碱性,为高蛋白质含量区,平均值达 43.08%。但是在泰来、齐齐哈尔、富裕及其以北地区,脂肪含量也较高。

以上各研究结果均认为,黑龙江省北部边区寒冷地带,脂肪含量偏低;而西部干旱农区所产大豆脂肪偏高,木兰、依兰、牡丹江山地农区,大豆的蛋白质含量偏高。北起嫩江、德都至克山、海伦、绥化、哈尔滨广大黑土地带,不但大豆产量高,外观品质优良,而且脂肪与蛋白质均保持在较高含量水平上,表现了稳定的"双高"状态。由于大豆的脂肪与蛋白质含量,既受品种遗传的控制,又受环境条件的影响。因而,以不同地区来源的品种,共同在不同的试验点生长发育,从蛋白质与脂肪含量方面的反应,与自产地分别直接取样分析的结果有出入,是可以理解的。

(2)吉林省大豆脂肪与蛋白质含量的生态地理分布 早在 1938 年,吉林省公主岭农事试验场搜集了吉林省各地区的大豆 270 个样本,进行了脂肪与蛋白质含量的分析,分析结果见表 3-36。

表 3-36 雨量不同的吉林省东部西部与中部地区所产大豆化学品质的差别 （吉林省公主岭,1938）

地区及降水量	蛋白质含量的分布(%)								脂肪含量的分布(%)								取样(份)
	37	38	39	40	41	42	43	44	45	17	18	19	20	21	22	23	
吉林省西部地区(500~550 mm)	4	5	12	15	10	5	1	—	—	—	1	18	20	12	—	1	52
吉林省中部地区(500~600 mm)		1	3	13	32	40	8	4	—	—	1	23	38	30	9	—	101
吉林省东部地区(650~700 mm)	4	7	17	50	64	69	31	14	3	2	11	86	111	50	2	1	270

从表 3-36 可以看出,降水量较多的吉林省东部地区,大豆的脂肪含量较低,而蛋白质含量略高,降水量较少的吉林省西部地区则反之。吉林省中部大豆主产区,不但脂肪含量较高,蛋白质含量也高达 41%~42%。

1962 年吉林省公主岭吉林农业科学研究所对吉林省各地大豆蛋白质与脂肪分析的结果是:吉林省中东部永吉地区的大豆,蛋白质含量高达 45.4%,而西部扶余县产的大豆,蛋白质含量只有 37.7%。西部农安放牛沟大豆,脂肪含量为 23.4%,而东部低温多雨的敦化、蛟河地区的大豆,脂肪含量只有 18.99% 与 17.8%。

(3)辽宁省大豆脂肪与蛋白质含量的生态地理分布 根据吉林省农业科学院主编的《中国大豆品种志》(1985),辽宁省各品种大豆的脂肪及蛋白质含量资料,按地区归纳后可以明确地看出,辽宁省东、西、中三地区大豆在蛋白质与脂肪含量方面各有特色,见表 3-37。东南部多雨地区是明显的高蛋白质、低脂肪含量大豆产区,蛋白质含量平均高达(43.68 ± 0.22)%,脂肪含量平均只有(17.35 ± 0.237)%,其中品种青白脐的蛋白质含量高达 46.4%,白毛里铁荚达 46.7%;但脂肪含量分别只有 17.2% 与 17.6%。所分析的 32 个品种主要是农家品种,少数为系选或杂交育成的品种。因此,辽宁省的东南部地区,为东北地区重要的蛋白质含量高、大粒、有限结荚习性的大豆种质资源产区。其中有些资源为绿种皮,但并不影响育种利用价值。辽宁省西部地区大豆脂肪偏高,蛋白质含量略低;而中部大豆主产地区的大豆,脂肪与蛋白质含量均较高,是通用大豆的优良商品。

表 3-37 辽宁省大豆脂肪与蛋白质含量的地理分布 （吉林省农业科学院《中国大豆品种志》,1985）

地 区	品 种 数	脂肪含量(%)	蛋白质含量(%)
辽宁省西部地区	20	20.45 ± 0.250	38.3 ± 0.282
辽宁省中部地区	21	20.84 ± 0.223	39.86 ± 0.312
辽宁省东南部地区	32	17.35 ± 0.237	43.67 ± 0.221

3. 长江下游地区大豆脂肪与蛋白质含量生态地理分布 游明安等(1989)以长江下游地区随机抽取的 86 个地方品种为材料,比较了各区品种蛋白质和油分含量的差异。苏南区蛋白质含量最高,平均 45.2%;安徽淮北蛋白质含量与江淮区相近,分别为 44.7% 和 44.1%;江苏淮北区最低,平均 42.6%。油分含量在各区间无差异。

胡明祥、孟祥勋等(1993)在贵州省内不同海拔高度的4个地点分4个播期研究了海拔高度对大豆籽粒蛋白质和脂肪含量的影响。结果表明,不同地理海拔高度的地域间蛋白质和脂肪含量存在着显著的差异:脂肪含量除最低海拔点(镇远)略低于较低海拔点(贵阳)之外,基本趋势是随海拔高度增高而下降;地点间蛋白质含量虽存在显著差异,但未发现与海拔高度呈规律性变化。

(二)大豆脂肪酸和氨基酸含量的生态地理分布

1. 大豆脂肪酸含量的生态地理分布　常汝镇(1984)对在北京地区种植的中国不同大豆产区大豆油分中脂肪酸含量进行了分析(表3-38)。结果表明,亚麻酸地区间品种含量的差别很大。北方春大豆油中的亚麻酸含量显然低于南方夏、秋大豆的含量。

表3-38　中国南北方地区不同播期类型大豆油分脂肪酸的分析　(常汝镇,1984)

年　份	播期类型	棕榈酸	硬脂酸	油　酸	亚油酸	亚麻酸
1981	北方春大豆	11.58±0.81	3.80±0.65	21.39±3.15	55.03±3.16	7.55±1.18
	南方夏秋大豆	11.73±0.41	3.37±0.17	20.90±2.67	54.31±2.29	9.18±0.63
1982	北方春大豆	11.58±0.61	3.46±0.49	24.21±4.94	53.48±3.31	7.41±1.40
	南方夏秋大豆	11.05±0.73	3.20±0.31	21.46±3.73	54.91±3.30	9.37±1.72

刘兴媛等(1998)对我国22个省、自治区2 924份大豆种质资源的脂肪酸进行分析(表3-39),不同省份间脂肪酸组分含量差异很大,这说明不同生态条件下形成的脂肪酸生态类型是不同的,这是与籽粒形成期当地气候条件有关的。由分析结果可看出,我国春、夏、秋三种类型大豆中,春豆的油酸含量高于夏豆和秋豆,秋豆的亚油酸和亚麻酸含量高于春豆和夏豆。

表3-39　中国各省(自治区)大豆品种的脂肪酸含量　(%)　(刘兴媛等,1998)

省(自治区)	品种数	棕榈酸	硬脂酸	油酸	亚油酸	亚麻酸
黑龙江	321	11.40	3.02	20.57	55.22	9.58
吉　林	395	11.30	3.30	21.72	54.64	8.87
辽　宁	745	11.32	3.36	20.72	55.67	8.74
河　北	722	12.14	3.14	20.75	54.18	9.41
内蒙古	108	11.19	3.09	19.80	54.94	10.94
山　西	1922	11.77	3.67	20.28	55.36	8.94
陕　西	556	11.08	3.52	19.71	54.80	10.87
甘　肃	168	11.31	2.84	20.27	55.76	9.78
宁　夏	94	11.33	4.04	20.34	55.24	8.92
新　疆	8	11.54	4.62	22.94	52.85	8.06
江　苏	702	12.21	3.03	24.78	52.16	7.86
安　徽	515	11.03	3.06	23.35	53.76	7.90
浙　江	241	10.84	2.87	19.89	56.20	10.22
山　东	728	12.12	3.25	21.68	54.31	8.71
河　南	153	11.57	3.50	22.01	53.46	9.52

续表 3-39

省(自治区)	品种数	棕榈酸	硬脂酸	油酸	亚油酸	亚麻酸
湖　北	408	10.41	3.67	18.94	56.55	10.69
湖　南	176	11.72	2.94	25.70	50.91	8.80
四　川	336	12.06	2.78	27.09	49.99	8.11
贵　州	288	11.95	3.29	25.32	51.19	8.30
云　南	30	11.80	3.60	20.58	53.48	10.76
广　东	73	12.84	2.76	27.58	48.04	8.41
广　西	235	11.87	3.10	24.23	52.60	8.20

庄炳昌等(1987)在人工气候箱条件下,进行的昼夜温度对野生与栽培大豆各 10 个材料的脂肪酸组成影响的研究结果也指出,随着昼夜温度的升高,棕榈酸含量增加,而亚麻酸含量降低,但其他脂肪酸没有规律性的变化。

李莹等(1990)以取自山西省 5 个大豆生态区 239 个地方品种分析了棕榈酸、油酸、亚麻酸和亚油酸,结果表明脂肪、棕榈酸、油酸与纬度呈显著或极显著的正相关,相关系数分别为 0.17^*、0.36^{**}、0.16^*。亚麻酸与纬度呈极显著的负相关,相关系数为 -0.26^{**}。含油量与海拔高度呈正相关,相关系数为 -0.9382^{**},回归方程为 $y = 16.6145 + 0.0013\,x$。亚麻酸与海拔高度呈高度负相关,相关系数为 -0.9382^{**},回归方程为 $y = 9.71 - 0.002\,x$。由于以上原因,山西省各生态区大豆的化学成分呈现出明显的地理分布规律,随着纬度的南移和海拔高度的降低,温度和无霜期以及降水量的逐渐增加,由北往南大豆品种的脂肪、棕榈酸、油酸相对含量也逐渐降低,相反亚麻酸含量有越往南越高的趋势(表 3-40)。

表 3-40　山西省大豆不同生态区大豆品种化学成分的比较　　(李莹等,1990)

生态区	棕榈酸	油酸	亚油酸	亚麻酸
高寒干燥区	11.44 ± 0.82	22.98 ± 2.93	58.56 ± 2.71	7.11 ± 7.11
寒冷干燥区	11.05 ± 1.02	22.63 ± 2.29	59.32 ± 2.40	7.00 ± 7.00
寒温干燥区	11.25 ± 1.00	21.94 ± 2.49	59.17 ± 2.44	7.62 ± 7.62
寒温半干燥区	10.72 ± 0.73	21.59 ± 1.96	59.81 ± 1.60	7.88 ± 7.88
温和半干燥区	10.51 ± 0.75	21.46 ± 2.10	59.20 ± 1.73	8.83 ± 8.83

胡明祥等(1993)在贵州省地理纬度相近海拔高度不同的 4 个地点,分 4 个播期,进行了海拔高度与播种期对大豆籽粒中 5 种脂肪酸含量影响的试验研究(表 3-41)。结果表明,不同海拔高度对各种脂肪酸含量均有显著影响。5 种脂肪酸中,棕榈酸(16:0)和油酸(18:1)含量随试验地点海拔高度增加而下降;亚油酸(18:2)和亚麻酸(18:3)则随海拔高度增高而增加;硬脂酸(18:0)虽不同海拔高度的地点间存在有显著差异,但未表现出随海拔高度变化的趋势。

表 3-41　不同海拔高度大豆籽粒中脂肪酸含量　　（胡明祥等，1993）

地　点	海拔(m)	棕榈酸	硬脂酸	油　酸	亚油酸	亚麻酸
			1987 年			
威　宁	2238	10.69 b	3.16 a	19.73 c	52.58 a	13.84 a
毕　节	1511	11.33 ab	2.74 b	32.71 b	45.78 b	8.04 b
贵　阳	1071	11.21 ab	2.79 b	32.85 b	44.89 b	8.41 b
镇　远	464	11.64 a	2.90 ab	42.29 a	37.79 c	5.35 c
			1988 年			
威　宁	2238	10.82 c	2.61 b	17.19 d	55.54 a	14.59 a
毕　节	1511	11.47 b	2.35 c	22.23 c	55.06 a	8.83 b
贵　阳	1071	11.62 ab	2.83 ab	27.37 b	50.30 a	7.82 c
镇　远	464	12.12 a	2.96 a	34.97 a	44.21 c	5.74 d

2. 大豆氨基酸含量的生态地理分布　李福山等(1986)从长江以南大豆产区、黄淮大豆产区和北方春大豆产区随机抽取 10 份大豆栽培品种，分析了氨基酸含量，结果（表 3-42）显示，只有丝氨酸、脯氨酸、胱氨酸、苏氨酸、酪氨酸和赖氨酸 6 种氨基酸在地区间存在差异。其他 11 种氨基酸地区间差异不显著。在 3 个区域中，北方春大豆蛋白质中丝氨酸、脯氨酸、胱氨酸的含量显著高于长江流域的大豆。

表 3-42　不同地区栽培大豆蛋白质氨基酸含量的比较　　（李福山等，1986）

地　　区	丝 氨 酸	脯 氨 酸	胱 氨 酸	苏 氨 酸	酪 氨 酸	赖 氨 酸
长江以南地区	4.665	5.152	1.882	3.748	3.202	6.286
黄淮地区	4.943	5.246	1.889	3.868	3.418	6.357
东北地区	5.123	5.326	2.184	3.936	3.449	6.659
$t_{0.05}$	0.203	0.236	0.150	0.129	0.164	0.219
$t_{0.01}$	0.247	0.283	0.203	0.174	0.221	0.296

徐豹等(1988)分析了我国不同产区 70 份大豆品种的氨基酸组成，其结果也表明我国各个生态区的氨基酸组成上较稳定（表 3-43）。

表 3-43　大豆的氨基酸组成　（g/100 g 蛋白质）　（徐豹等，1988）

氨 基 酸	北 方 区	黄河流域	长江流域	东 南 区	西 南 区	全国平均
天门冬氨酸	11.50	11.55	11.71	11.75	11.72	11.46
苏 氨 酸	3.88	3.87	3.80	3.86	3.74	3.85
丝 氨 酸	4.99	5.00	4.86	4.96	4.95	4.96
谷 氨 酸	18.49	18.51	18.68	18.40	18.84	18.57
脯 氨 酸	4.35	4.33	4.22	4.22	4.24	4.29
甘 氨 酸	4.06	4.07	4.09	4.14	4.07	4.07
丙 氨 酸	4.08	4.04	4.01	4.17	4.05	4.04

续表 3-43

氨基酸	北方区	黄河流域	长江流域	东南区	西南区	全国平均
胱氨酸	0.97	0.90	0.91	0.94	0.87	0.92
缬氨酸	5.20	5.08	5.12	5.07	5.00	5.11
蛋氨酸	1.46	1.37	1.39	1.49	1.39	1.42
异亮氨酸	4.10	4.04	4.22	4.23	4.18	4.13
亮氨酸	7.54	7.55	7.47	7.46	7.38	7.51
酪氨酸	3.86	3.79	3.70	3.67	3.79	3.77
苯丙氨酸	4.79	4.93	4.95	4.96	5.01	4.93
赖氨酸	6.13	6.10	6.70	6.11	5.89	6.08
组氨酸	2.50	2.42	2.40	2.43	2.38	2.42
色氨酸	1.26	1.21	1.23	1.18	1.15	1.23
精氨酸	7.12	7.50	7.45	7.30	7.49	7.34

第四节　大豆的生态类型与大豆育种

　　中国地域广大,气候地势的变异大,耕作栽培制度又极其复杂,但是除了青海、西藏等高寒山区外,凡是有作物生长的地方,均有大豆的栽培。就大豆一个单独品种来说,大豆的适应能力很小,尤其是对不同纬度地区及不同海拔地区的适应力小。当大豆通过天然或人工杂交出现杂交种后,它的后代形成稳定的基因型慢,但分离形成的变异类型多。自交作物的大豆,是用千变万化的众多变异类型,去作广泛的适应的。但是由于类型多变异大,因而各种条件都有能与之相适应的品种类型。在大豆的育种改良工作中,应当充分考虑大豆生态类型的以上特点,作为改良育种的立足点的一部分。

　　大豆的生态类型是遗传基础与环境因素统一的表现,这种表现是大豆生态类型在形成的过程中遗传基础对所处的环境条件相适应的反应。大豆生态育种既是大豆生态类型形成的过程,也是选育适应特定生态环境条件下的品种的过程。为此,大豆生态类型的表现特点和这些表现特点形成的规律是作物育种工作指导原理的主要部分。大豆育种就是为一定的目的与要求去选育一定生态类型的作物品种。

一、大豆的进化与生态类型

　　大豆的茎秆粗细、种粒大小、植株高矮、直立性、叶的大小,以及开花至成熟日数之间,存在着显明的生物学相关性。人类为了便于栽培,向直立不倒、种粒较大的方向选择,因此当大豆由于人的定向选择向大粒不倒的方向进化时,大豆的茎秆逐渐加粗,株高降低,蔓生性逐渐减弱,叶变大,短光照性相对减弱。开花至成熟日数趋于增加,播种至开花日数趋于减少,种粒倾向圆形或椭圆形。由于这种综合的逐渐变化,使大豆在自然界与耕作栽培中,形成由野生半野生到典型栽培类型的不同进化程度的类型。其中属于小粒小叶,细茎蔓生,种粒长圆或长扁圆形,多黑色或褐色种皮,分枝极为发达,典型无限结荚习性,含油分低,蛋白质含量相对较高,短光照性相对较强的大豆,为进化程度低,近乎野生型的类型。属于大粒,茎秆粗壮直立,主茎发达,有限结荚习性,油分含量较高,短光照性相对较弱的大豆,为进化程度较高的栽培类型。这二者之间,则存在一系列的不同进化程度的过渡类型。

大豆自野生类型进化成为栽培类型的过程,是通过定向选择积累细小变异,而形成一定进化程度类型的过程。因此,与大豆生态适应有关的种粒大小等农艺性状,在遗传上便呈现多基因的而且以加性为主的数量遗传。大豆在育种过程中新的品种类型的形成,主要也便是在数量遗传机制的基础上,在一定的选择作用下,去产生一定进化程度的适应性的生态类型。这种大豆农艺性状的数量遗传机制,与为一定的适应性形成一定的生态类型,是大豆生态育种的重点内容。

大豆的进化与生态类型形成有密切关系,可以从以下两点看出。

第一,进化程度高的栽培类型,是在较优良的农业条件下定向选择的结果,因此大豆进化的程度愈高,便愈要求较优良的农业条件。大豆类型在生态适应方面,完全反映了这个重要的规律趋势。干旱地区、沙滩碱地,以及光照短地力薄的地区,只有进化程度低的小粒及繁茂性较大的类型才能适应种植。而在农业自然条件较优良的地区,种粒较大的,进化程度较高的大豆才能适应。这种生态适应趋势与大豆进化程度的关系,在大豆生产栽培上是十分明显的。

第二,大豆的生育期长短是大豆最重要的生态性状。品种间生育期差别的本质是对温度及光照长短反应的差别。大豆的强短光照性是个原始性状(王金陵等,1973)。因为同一地区野生大豆的短光照性总是比当地区的栽培类型大豆强。大豆生育期类型由南向北的逐渐伸展与适应,也就是逐步由于较早熟类型(短光照性弱的类型)的出现,而使大豆向高纬度进行适应的结果,这在大豆栽培历史上是较明确的。例如,20世纪初,黑龙江省克山拜泉地区一带尚没有能在秋霜前成熟完好的品种,到1950年左右,有最早熟的品种克霜能在黑河地区适应,1975年左右出现了早黑河,1982年又出现了更早熟的东农36号。因而地处北纬50°的黑河地区,积温只有1 700℃~1 900℃的山区,也能种植大豆。这都说明,大豆进化性状的改变,是大豆生态适应性状改变的重要内容。温度是推动大豆进化的另一个生态因素,不同纬度地区的栽培大豆与野生大豆对温度反应存在一定的差异性。高纬度地区的栽培大豆,春播秋收,一年一熟,与当地野生大豆的生育时期的温度比较一致,因此在温度反应特性上,与当地野生大豆差异小。而随着纬度的下降,由于耕作制度的复杂化,出现了夏播、秋播以至冬播类型,因而当地的栽培大豆与一年一熟的野生大豆的温度反应特性的差异越趋增大。在不同地区还存在对温度反应介于栽培大豆和野生大豆之间的半野生大豆,这些野生大豆对温度反应的敏感程度差异也较大,有的接近野生大豆,有的接近栽培大豆,可以看出在对温度反应方面,也存在较多的处在进化过程中的过渡类型。

二、大豆的生态类型与育种目标

大豆的生态适应性是特别明显的,在一定的自然条件、耕作栽培条件及利用要求的情况下,便有一定的具有适应此种情况的生态类型。育种工作必须在这样一定的生态类型的基础上,才有育成有生产栽培价值品种的可能。因此,在育成有生产栽培价值的大豆品种时,一定要在有适应性的生态类型的基础上,去求得产量的提高,品质的改善及抗性的增强。如果品种的生态类型不适合,便根本谈不上高产稳产。

王金陵等(1962)以满仓金×南京早窝豆组合为材料,自F_1至F_6世代,种植于哈尔滨地区的田间条件,只任凭田间条件进行选择。经过6代的哈尔滨田间条件定向选择后,大豆杂交材料在生育期、结荚习性、种粒大小及株高等性状方面,明显地向9月下旬成熟,无限及亚有限结荚习性,百粒重15～20 g,株高80 cm左右的方向发展,形成适应哈尔滨田间条件的生态类型。实践说明,凡是能在哈尔滨地区推广的育成品种,均具有或近似此种生态类型。这种生态类型,也便成为哈尔滨地区进行大豆育种工作的目标。总的说来,在自然条件优良,水肥充足,耕作栽培水平较高的地区,应以进化程度较高的中大粒类型为基础目标,如果把大豆改良的任务放在小粒蔓生,低级进化程度的大豆类型的基础上,不但不切合优质大豆生产任务的要求,更因类型不适应而倒伏减产。反之,耕作栽培水平在一个相当长的时期内还较低的地区,大豆育种工作就应以进化程度较低的中小粒、分枝多、繁茂性强、无限结荚习性的类型为基础目标,否则大豆生长低矮,产量低,不稳定。就我国主要的大豆产区而论,在东北春大豆主产区地带,应以百粒重18～20 g,粒形圆至椭圆形,主茎发达,秆强不倒,无限或亚有限结荚习性,5月上中旬播种,9月中下旬成熟,含油量20%～22%的淡脐黄豆为基础目标。在水肥等条件优良的条件下,应为之育成有每667 m^{2}产250 kg以上生产潜力的品种。这类品种应以有限或亚有限结荚习性为主,主茎发达,秆强不倒,中小叶,叶长形,百粒重20～24 g。在一般肥力中上水平的大面积条件下,应育成有每667 m^{2}产175～225 kg生产潜力的品种。这类品种应当是无限或亚有限结荚习性,植株高大不倒伏,主茎发达又有一定分枝,百粒重18～22 g,叶大小中等。在地力较差、水肥不足或土壤有轻盐碱的条件下,应育成有每667 m^{2}产150～175 kg生产潜力的品种。这类品种应当是无限结荚习性,植株高大繁茂,分枝多,百粒重16～20 g。在陕晋黄土高原干旱地区,应以百粒重10 g,长扁圆或椭扁圆粒,生长繁茂,旁枝发达,无限结荚习性。5月份播种,秋霜前成熟,进化程度较低,有色豆或黄豆为基础类型。在黄淮流域夏大豆区。应以6月上中旬播种,9月下旬10上旬成熟,适于一年二熟制,百粒重15～20 g,椭圆粒,繁茂性分枝性较强,而又不易倒伏的有限或亚有限结荚习性的大豆为基础类型。长江流域夏大豆区则应以有限结荚习性,秆强不倒,百粒重16～20 g,6月上旬播种,10月上旬成熟,进化程度较高的黄豆为基础类型。中国南方秋大豆区,则应以百粒重16 g左右,种粒椭圆形,直立不倒,有限或亚有限结荚习性,短光照性强的黄豆或青豆为基础类型。秋大豆中的泥豆类型,则是百粒重8～10 g,种粒长扁圆形,分枝性繁茂性强,无限结荚习性,短光照性强的褐豆或黄豆为基础类型。秋大豆区及南方夏大豆区的春大豆,应以3月上旬至4月上旬播种,7月中下旬成熟,有限结荚习性,秆强不倒,百粒重14～16 g的黄豆,适于麦—豆(套种)—晚稻,或绿肥—豆—晚稻轮作制的品种。

通过对大豆产区大豆结荚习性的调查分析,了解到当地区主要的大豆结荚习性类型,以及形成这种类型存在的生态因素,十分有助于明确一个地区的结荚习性育种目标。我国长江流域,以及辽宁省的东南部,生产上大豆的结荚习性主要是有限结荚习性。因此,这些地区在大豆育种上,便以育成有限结荚习性的品种为目标。东北的北部西部,中国西北黄土高原地区,便明显地应以无限结荚习性为育种目标。

总的说来,一个地区的大豆育种目标应当以当前当地的大豆品种生态类型为基准,而向前看到十年八年内的生产发展与条件变化的形势。在大豆育种工作中,一要抓住当地的生产上的类型作为育种目标,二要把育种目标与当前当地及近期可能发展的生产水平、地力条件结合起来,使大豆育种工作有强烈的针对性。

三、大豆的生态类型与大豆引种

大豆的生态类型分布规律,为大豆生产的引种工作提供了预见性规律性。两个地区之间互相引种时,只有在生态类型相似,或者从对方引入的品种在新的生态条件下,虽然表现上变化很大,但新的条件能满足生长发育的需要,满足栽培与生产的要求,才能得到成功。

在纬度与海拔相似,耕作栽培制度类似,雨量地力水平也相差不大的地区间相互引种,由于生态类型的基础相似,最易引种成功。南京一带的夏大豆品种向北引至徐州即不能在秋霜前成熟,但是向西引至四川成都一带,便很易成为生产上应用的良种。黑龙江中部地区的大豆品种,引种到相近纬度的新疆种植,容易成功。欧洲中部北部地区的大豆,是适应高纬度地区的短光照性极弱,感温性敏感的极早熟类型大豆,引到我国黑龙江最北部种植,便很易成功,黑龙江省农业科学院的龙76-9232便是实例。

大豆是短光照作物,但品种间的差异又很大。高温能促进开花成熟,被促进的程度品种间也有一定的差异。因此,在东西方向及海拔相差不大的情况下,地区间相互引种,由于光照长短与温度等条件变化不大,而容易成功。不同纬度地区之间及不同海拔地区之间相互引种,便因光照与温度差异大而不易成功,但却有规律可循。大豆由低纬度向高纬度引种,因生育期间光照时数的延长,必然要导致引入的品种开花成熟延迟,甚至秋霜前不能成熟而不适应。反之,将高纬度地区的品种引到低纬度同海拔地区,大豆因光照时数的缩短而表现提早开花成熟,但生长矮小。但是,大豆品种间对由异地引起的光温条件变化的反应是不同的,将低纬度地区的早熟品种向北引种,便有价值。例如把长江流域的早熟春大豆,引到吉林、黑龙江种植,便能成熟完好,生育正常。但是炸荚严重,生产上直接利用有困难。把高纬度区的大豆引到低纬度处作为春播的材料,使大豆在逐渐延长的光照条件下生长发育,也能正常生长,产量较高。只是由于在高温多雨的条件下结荚成熟,因而种粒质量差,霉粒多。因此,把一个品种引入到一个新地区后,只要引入区的光温条件能满足引入品种在生长发育上的需要,虽然在表现上与在原产地有了差别,但引入品种仍能有较正常的生长发育,只要这种生长发育表现能符合引入地区栽培生产的需要,便有种植的价值。河北地区曾大量引种过黑龙江省北部地区的黑河3号作为冬麦后复种的材料。新疆石河子地区引入黑龙江的超早熟的东农36号作为冬小麦后的复种材料。长江中下游各省每年自黑龙江和吉林调入大量的大豆种子,作为蔬菜用毛豆于春季播种种植,都是成功的例子。

由于低温能延迟大豆的开花成熟,因此在把大豆由温度较高的平原地区或偏南地区,向气温低的山区引种或向高纬度积温低的地区引种时,应选较早熟品种引入试种。例如,与长春纬度相似的吉林敦化山区,引入黑龙江中北部地区的品种种植,才能成熟完好。自沿海诸省向云贵高原引种,也要引较早熟品种。至于向青海、西藏高原农区引种大豆,就需引入黑龙江省最北部地区的极早熟品种进行试种了。

自农业技术水平较低,雨水较少的地区,向农业技术水平较高,土地较肥沃,雨水较多的地区引种,常常遇到倒伏与生育期略延迟问题,应预先加以考虑,选一些秆较强,不易蔓生徒长,略较早熟的品种引入试验种植。反之,向干旱少雨地力差的地区引种,除非另有灌溉条件,应引入分枝繁茂性强,种粒较小的品种试种。另外,还要考虑到两区在栽培方法,行距密度等方面的不同。吉林省中部地区大面积实行玉米与大豆间作串种,在有玉米遮荫的情况下,曾经大量引入了黑龙江的合丰23号品种种植。合丰23号在吉林省中部的条件下,成熟较早,秆强不徒长,因而适于与玉米间作串种。

叶修祺等(1985)曾将全国各春、夏、秋、冬播期类型的品种88个,在山东济南,于1980~1982年进行了不同播期的生态试验。结果指出,引入的大豆品种的成熟期,不但与原产地的纬度、播期类型,品种的成熟期早晚有关,还与引入后的播种期,引入地区的降水及温度情况有关。将各项因素在山东省的情况变换成参数,可列出外地大豆品种引入到山东后成熟期的推算模式。

王国勋等(1979),根据多年的品种生态适应试验的结果,并参考过去引种经验,对于国内的地区间进行大豆引种,提出了参考方案。其简要内容如下。

①东北哈尔滨、长春、沈阳地区:可引用偏南1°～2°的较早熟品种,及偏北地区的品种作为晚播的早熟品种。黄淮流域的早熟夏大豆及长江流域的春大豆也可引入试种,但多易炸荚。辽宁南部地区作为夏播复种用的品种,可自黑龙江省46°以北引种试种。

②新疆乌鲁木齐和玛纳斯河流域的春大豆区:可自东北的北纬42°～46°的地区引种。

③北京附近春大豆区:可自东北地区的中部和南部,以及山西的中部引种。

④山西省地区:中部的春大豆区可以自东北中部或南部及河北一带引种,并且可以引入江淮地区的早熟春大豆试种。山西北部的春大豆区及山西南部的小麦后夏作大豆区,可以自吉林以北的东北区引种作为春豆与夏豆试种。

⑤黄河以南淮河以北的广大夏作大豆:可以与陕西关中地区及陇海铁路中段东段地区,相互引种夏大豆。自偏南地区向北引种,及自东部地区向西引种时,应引略早熟品种。将长江流域的略晚春大豆及早熟的夏大豆引入作为夏作大豆试种,亦有希望。

⑥长江中下游及四川中部盆地地区:

春大豆:于本地区内可互相引种。沈阳以北黑龙江中部以南的品种,以及辽南及华北的早熟春大豆,也可引入作为春大豆试种。

夏大豆:长江中下游各地区之间,夏大豆可互相引种试种。本区南部诸省的夏大豆,以及江苏北部、安徽北部及河南中部的中晚熟夏大豆,均可引入作为夏大豆试种。

秋大豆:相同纬度地区内及其以南地区的秋大豆品种及本区南部的迟熟夏大豆品种,均可引入作为秋大豆试种。

⑦贵阳地区:春大豆播种期较早,同时因海拔较高,气温较平原地区略低。因此将江淮地区,江苏、安徽北部及河南中部东部地区的早熟夏大豆品种,与部分中熟夏大豆品种,引入试种,颇有希望。1984年贵州大豆生态适应试验的结果表明,将北纬30°14′徐州地区的夏大豆品种引入种植表现最好。

⑧华南地区:各地区的秋大豆品种及长江流域及其以南地区的迟熟夏大豆品种,均可引入作为秋大豆试种。华北及东北中部南部的品种,可引入作为春大豆或冬大豆试种。本区的夏大豆则宜引用长江流域以南地区的中迟熟夏大豆品种试种。

四、大豆的生态类型与品种资源

大豆的品种资源是大豆育种工作的基础材料。我国不但是大豆品种资源极为丰富多彩的国家,而且生态分布的规律很明显。了解并运用这种规律,便能比较有预见性地去搜集获得所需要的品种资源类型。就大豆的生育期品种资源类型来说,如果需要早熟性的品种资源,便应从不同生态地理条件的高纬度地区,以及较低纬度的春作大豆产地及高山低凉地区,搜集早熟品种资源。这些资源不但表现了早熟性,而且可能在基因型上有所差异,从而在杂交后通过超亲遗传,便能得到更早熟的材料。东北农学院通过 Logbeau × 东农 47-1D(克霜×极早生青白豆)育成了超早熟品种东农 36 号,在黑龙江北部第六积温带地区正式推广。

同样,以原产低纬度处的材料相互杂交,便能为低纬度的热带地区育成更能适应短光照高温条件的品种。以高纬度地区的早熟材料与低纬度地区的较晚熟材料杂交,于后代中能得到所需的各种成熟期类型材料。王金陵等(1963)在哈尔滨地区以生育期为 125 d 的满仓金与生育期 95 ~ 140 d 的不同品种杂交,从 F_2 及 F_3 世代分布的形势看(表 3-44),以一个成熟期类似当地标准品种的亲本与一个早熟亲本杂交,F_2 与 F_3 群体的生育期分布与平均数显然倾向于早熟。如果与晚熟亲本杂交,后代则倾向晚熟。为此,在大豆杂交亲本选配时,如果一个亲本晚于当地品种,另一个亲本必须早于它,否则于 F_2 世代在成熟期上即极少有选择余地。用成熟期类似当地标准品种的亲本相互杂交,或用比标准品种早与比标准品种晚的品种杂交,对于后代选得成熟期类似标准品种的余地较大。

表 3-44　大豆杂交亲本的生育期与其第二代生育期分布的关系　(王金陵等,1963)

亲本与组合	90	95	100	105	110	115	120	125	130	135	140	145	计	两亲本平均生育期(d)	杂交种群体平均生育期	变异系数(%)
满仓金	—	—	—	—	—	—	—	30	—	—	—	—	30	125	—	—
东农 47-1 c	—	30	—	—	—	—	—	—	—	—	—	—	30	95	—	—
克　霜	—	—	30	—	—	—	—	—	—	—	—	—	30	100	—	—
紫花 4 号	—	—	—	—	—	—	30	—	—	—	—	—	30	120	—	—
小金黄 1 号	—	—	—	—	—	—	—	—	—	30	—	—	30	140	—	—
×东农 47-1 c	3	6	5	10	6	12	11	16	33	—	—	—	110	110	118 ± 12.1	10.25
×克　霜	—	—	4	14	8	11	22	23	60	65	21	—	113	113	123.4 ± 9.9	8.02
×紫花 4 号	—	—	—	5	3	16	31	47	50	26	—	—	123	123	129.9 ± 6.9	5.31
×小金黄 1 号	—	—	—	—	—	—	—	14	38	110	40	—	202	133	139.4 ± 4.0	2.87

　　大豆种粒的大小是个重要的生态性状,因而在地理分布上有一定的规律性。在大豆育种工作中,当考虑到大豆的种粒大小时,除了考虑到利用要求的因素外,实际上是在考虑选育什么样的生态类型。因此,在地力薄,干旱少雨,以及有盐碱危害的地区进行大豆育种,便须立足于育成种粒较小,分枝性强,繁茂性好,无限结荚习性,叶较小的类型。为此目的,除了从有此种类型的地区搜集原始材料外,便应当用此种类型的材料作为选拔的基础材料或杂交亲本。在地力较好的大面积栽培大豆的地区,育种上品种资源的利用便集中在百粒重 16 ~ 20 g,主茎发达,抗倒伏,有一定分枝,亚有限或无限结荚的类型上。对特殊用途的大粒品种类型的育种,便应在大粒类型材料的基础上,作为选择基础材料或杂交亲本,小粒类型无助于此类品种的选育工作。以较大粒类型大豆与较小粒型大豆杂交,后代会出现大量中间型粒型的材料。一些中间型的小粒中小粒材料,如果具有荚多、长势好、抗性强的优点,虽然不能在生产上直接利用,但可作为杂交亲本。不同地理来源的大粒品种相互杂交,于后代中出现大粒或更大粒的几率较大。我国大豆种粒大小品种资源的分布形势大体是:①东北大豆主产区的品种多为百重粒 18 ~ 22 g,主茎发达又有一定分枝的无限与亚有限类型。东北西部多百粒重 13 ~ 16 g,分枝较多,繁茂性较大的无限结荚习性类型。②陕西、山西中部北部黄土高原地区,多百粒重 13 g 左右,分枝多,无限结荚习性的材料。③黄淮流域,多百粒重 15 ~ 20 g 有限或无限型材料。④长江流域一般夏大豆百粒重为 10 ~ 15 g。但作为蔬菜用大豆,有的材料百粒重 38 ~ 40 g,有的豆芽豆只有 4 ~ 5 g,大都为有限结荚习性。

大豆结荚习性为一重要生态性状,在大豆杂交育种选配亲本时,一定要把此性状与种粒大小,生育期生长姿态、倒伏性等联系起来去选配。至于结荚习性本身,因为在遗传上属于质量遗传,因此不同结荚习性的材料均可用作亲本。在杂交后代中,比较容易选得所要求的结荚习性材料。东北地区亚有限及无限结荚习性的高秆不倒,主茎发达又有一定分枝的资源材料,是为适应大面积机械化栽培,进行育种工作的重要资源材料。长江流域,辽宁东南部的秆强不倒,有限结荚习性的材料,是育成抗倒伏短节间长花序品种的优良资源材料。至于山西陕西北部黄土高原,与东北西部及内蒙古地区的无限结荚习性材料,则是育成繁茂抗旱,适应低水平肥力品种的重要品种资源材料。

大豆的生物化学品质有明显的生态地理分布趋势,因此在品种资源的搜集上可作借鉴。作为含油量高的育种原始材料,理应从东北大豆生产区及新疆地区多搜集引入材料。为了蛋白质育种,长江流域的材料可重视。例如,皖南屯溪的二粒黄品种,蛋白质含量高达48.69%,当涂的小白花品种高达48.19%,是珍贵的品种资源。在东北地区东南部及中部,也有优良的蛋白质用品种。在东北高纬度高寒地区的大豆品种,一般蛋白质含量偏高。不论育成含油量高或含蛋白质高的品种,杂交用的两亲本都应是高油分,或都应是高蛋白质含量的品种。由于大豆蛋白质及油分的遗传主要是加性的数量遗传,因此亲本的蛋白质与油分含量明显地影响杂交后代群体的表现。所以自高油分高蛋白质产地引用高油分高蛋白质含量品种做亲本是十分必要的。

在进行大豆高产稳产品种的育种工作方面,中国的育种工作者均认为,必须以适应当地的生态类型为基础。因此在搜集选用原始材料时,应充分考虑到这一点。如果育种工作的任务是直接为生产育成应用的品种,就应当以生态类型都基本适于当地情况的品种作为杂交亲本,亦即通常所说的优良栽培品种×优良的栽培品种组合。现在生产上所用的推广品种,基本上都是用优良亲本杂交育成的。以进化程度低的小粒蔓生品种做亲本,很难于后代中选得符合一般栽培用的中到中大粒,直立不倒有一定丰产性的品种。但是,为了创造杂交用的亲本材料,为了引用突出的抗病抗虫基因或其他特殊性状到栽培品种中去,应当扩大杂交亲本的生态类型范围,甚至对野生与半野生大豆也要充分利用。现代大豆育种家均相信,扩大杂交亲本范围,使育种工作建立在进一步广泛的遗传基础上,是提高大豆品种生产潜力的必行的途径。辽宁省铁岭农业科学研究所,以百粒重只有 6 g 的小粒黄品种,与有限结荚习性,百粒重 19 g 的丰地黄品种杂交,选得多荚,抗病,百粒重 13～14 g 的杂交亲本资源材料 5621。用 5621 与品系 45-15 杂交,育成了著名的适于辽宁地区的优良品种铁丰 18 号。

五、大豆的生态类型与育种技术

现代的大豆育种工作者逐渐认识到,对变异性大的杂交后代材料进行选择时,首先应按所需要的成熟期、结荚习性、生长姿态、种粒大小、植株高度、分枝性、倒伏性,以及抗逆性等进行定向选择,形成适宜的生态类型,在这个基础上,再于 F_5 或 F_6 世代进行株系鉴评选择,将生态类型适合而且高产质优的品系鉴评选择出来。在这个认识的前提下,混合个体选择法便应是大豆杂交育种的有效处理后代的方法。按照这个方法(王金陵、祝其昌,1964),在大豆杂交的早期世代(F_5 世代以前),按照早期世代遗传力较大的成熟期、株高、种粒大小等与产量有密切关系的生态性状及遗传简单的结荚习性、种粒外观品质、抗病性等性状进行选择,形成适应当地区情况的生态类型群体,在这种群体的基础上,选拔分离单株,再对 F_6 世代株系进行以丰产性为重点的综合评选,而将优良的品系评选比较出来,成为优良的新品种。

邹继军等(1997)以 6 个大豆杂交组合的 F_2、F_3、F_4 代为材料,以高产为目标,以系谱法在高、低肥力条件下同时进行连续世代选择。1994 年在两种肥力下每组合各决选 2 个最优品系。1995 年在 3 种肥力下,以同一方案研究了不同土壤肥力的选择效应。结果表明,高、低土壤肥力具有不同的选择效应。高肥更利于选择高肥下产量较高,低肥下产量较低的品系;低肥更利于选择低肥力产量较高,高肥力产量较低的品系;高肥力比低肥力在选择两种肥力下产量均较高的品系时略有优势。高肥力选择的品系具有较大的产量潜力。高肥力选择的品系抗倒伏性强,低肥力选择的品系则表现出较差的抗倒伏性。

李新海等(1997)以 3 种不同类型大豆杂交组合 F_2 至 F_4 代为材料,采用混合选择和系谱选择按成熟期及种粒大小进行集团定向选择,比较了两种方法的选择效果及其与组合类型的关系。结果表明,在野生或半野生组合中,混合选择法选的材料成熟略晚 1~2 d,平均百粒重较大,且变异系数高;而在栽培组合中系谱法选的材料有成熟略晚、种粒较大倾向,但是两种选择方法均能选出相似的生育期类型及种粒大小类型。大豆种间杂交后代随着向大粒方向选择,植株变矮、茎秆增粗、倒伏性降低、分枝数减少,产量性状得以改善。在 F_2 代根据植株个体表现进行熟期或种粒大小分组定向选择,这种趋势能有效地保持到高代。在野生或半野生组合中,混合选择法易于选取高产高蛋白个体;在栽培组合中,系谱法易于选取植株形态与产量性状理想的材料。黑龙江省生产上常年应用的东农 4 号品种,就是这样育成的。近年东北农学院提倡用的摘荚法,是在保持这种先形成适应的生态类型,再进行丰产性系选的同时,参照美国实行的"一粒传延代法"以保持杂交群体变异性的做法,而提倡用的有效杂交材料处理方法(王金陵等,1979)。按照这种方法,在杂交第二代,先淘汰不良的组合,于生长正常的组合中,将成熟期基本适合,生长健康的植株,每株摘取 2~3 个豆荚,按组合混合脱粒,翌年种植,如此处理至 F_5 世代,然后再选拔大量优良单株,F_6 世代进行系选。也可以在 F_2 世代先将熟期基本适合,表现健康的植株按组合为单位进行株选,并按组合混合脱粒,F_3~F_5 世代再按摘荚法处理。应用摘荚法,到 1983 年东北农学院已育成并推广了东农 34 号、东农 36 号及东农 37 号品种,以及一批优良品系。

大豆生态性状多是数量性状,容易受到环境条件的影响。如能够在早代就在不同环境条件下选择,就会选出适应不同生态条件的生态类型,提高选择效果。田佩占等(1996)以两亲生育期及结荚习性差异不大的两个大豆杂交组合为材料比较了同等后代群体分别在稀植(15 cm 株距)和密植(7.5 cm 株距)条件下的选择效果。结果表明,在稀植条件下对产量的选择较为有利(表 3-45)。

表 3-45　大豆杂交后代种植密度对选择效果的影响　(田佩占等,1996)

世代	组合	株距 (cm)	系统平均产量 (g/小区)	10%高产品系产量 (g/小区)			20%高产品系产量 (g/小区)	差异显著性
F_4	8472	7.5	625.5	823	752	—	787	*
		15.0	621.2	946	801	—	873	
	8532	7.5	610.5	823	820	—	821	*
		15.0	630.9	906	860	—	883	

续表 3-45

世代	组合	株距 (cm)	系统平均产量 (g/小区)	10%高产品系产量 (g/小区)			20%高产品系产量 (g/小区)	差异显著性
F₅	8472	7.5	546.9	721	654	615	683	*
		15.0	548.4	779	747	727	751	
	8532	7.5	615.7	856	823	784	821	
		15.0	616.0	853	833	795	827	

注:8472 为长农 4×九农 7421,8532 为丰交 7607×吉林 21

苏黎等(1996)利用 5 个杂交组合经 8 个地点定向选择并对决选的 40 个优良大豆品系进行鉴定试验。结果表明,各地决选品系在生育期、株高、主茎节数、单株荚数、单株粒数、产量等性状呈现有规律的变化趋势;百粒重则因杂交亲本百粒重大小和决选地肥力差异而无规律性。采用灰色关联度分析方法,对各地决选品系的综合评估结果表明在各点决选的品系中由本地决选的品系能够按当地育种目标选择出适应当地自然条件的生态类型。

参 考 文 献

潘铁夫,张德荣,张广文,李长荣.东北地区大豆气候生态条件的研究.吉林农业科学,1982,(2):17~28

潘铁夫,张德荣,张广文.中国大豆气候生态条件的研究.大豆科学,1985,4(2):106~116

杨宝胜,崔俊生,杨立国.内蒙古自治区大豆主产区品种区划初报,内蒙古农业科技,1999,(12):189~191

李永孝主编.山东大豆.济南:山东科技出版社,1999

王金陵,武镛祥,吴和礼,孙善澄.中国南北地区大豆光照生态类型的分析.农业学报,1956,7(2):169~180

杨志攀,张晓娟,蔡淑平,邱德珍,王国勋,周新安.大豆"短青春期"品种的光(温)反应研究Ⅰ,播季反应.中国油料作物学报,2000,22(3):35~38

杜维广,张桂茹,满为群等.光周期对春夏大豆品种生育阶段的影响.大豆科学,1994,13(2):133~138

杨志攀,张晓娟,蔡淑平,邱德珍,王国勋,周新安.大豆"短青春期"品种的光(温)反应研究Ⅱ,对短日照的反应.中国油料作物学报,2001,23(2):35~39

杨志攀,张晓娟,蔡淑平,邱德珍,王国勋,周新安.大豆"短青春期"品种的光(温)反应研究Ⅲ,对长日照的反应.大豆科学,2001,20(3):191~196

王国勋.中国栽培大豆品种的生态分类研究.中国农业科学,1981,(3):39~46

费家骅.江苏大豆生态特性的研究.大豆科学,1985,4(2):91~104

韩天富,王金陵,邹继军,杨庆凯.大豆开花后光周期反应的研究.大豆科学,1995,14(4):283~289

徐六康,钟金传,刘汉中.光长对大豆生育的后效应及对植株性状的影响.中国农业气象,1990,11(1):22~28

赵存,张性坦,柏惠侠,朱有光,陈修文,杨万桥,张进兴.短日照处理大豆营养期各阶段的效应.大豆科学,1997,16(1):66~70

王金陵,杨庆凯,吴忠璞.中国东北大豆.哈尔滨:黑龙江科技出版社,1999

周新安,彭玉华,王国勋等.中国栽培大豆品种的分类检索研究.作物品种资源,1998,(1):1~4

盖钧镒,汪越胜.中国大豆品种生态区域划分的研究.中国农业科学,2001,34(2):139~145

盖钧镒,汪越胜,张孟臣,王继安,常汝镇.中国大豆品种熟期组划分的研究.作物学报,2001,27(3):286~292

汪越胜,盖钧镒,马育华.1994,我国南方大豆地方品种生育期生态特性的归类.见王金陵,许忠仁,杨庆凯主编.中国东北大豆种质资源拓宽与改良.黑龙江科学技术出版社

汪越胜,盖钧镒,马育华.1994,我国南方大豆地方品种生育性状的播季反应及主要生态因子分析.见王金陵,许忠仁,杨庆凯主编.中国东北大豆种质资源拓宽与改良.黑龙江科学技术出版社

王晋华,汪越胜,盖钧镒.大豆茎生长习性分类方法的研究——有限型与无限型茎顶的特征与识别标记.大豆科学,2001,20(1):5~8

王晋华,张孟臣,盖钧镒.大豆茎生长习性分类方法的研究——茎顶花序—1/3 节位相对值法.大豆科学,2002,21(1):47~51

刘顺湖,盖钧镒,马育华.大豆结荚习性类型及其主要成分性状的研究.见王金陵,许忠仁,杨庆凯编.东北大豆种质资源
　　拓宽与改良.1994,黑龙江科学技术出版社

苏黎,张仁双,宋书宏,董钻,谢甫绨,王晓光.不同结荚习性大豆开花结荚鼓粒进程的比较研究.大豆科学,1997,16(3):
　　237~244

高峰,宋书宏,张丽.外部环境对大豆及结荚习性表现的影响.辽宁农业科学,1999,(3):9~10

郑天琪,连成才,王成等.春大豆百粒重与气象条件间关系的初步研究.大豆科学,1998,17(2):141~146

宋继娟,柳金来,滕文星等.大豆百粒重与气象要素之间关系的初步分析.农业与技术,2000,20(2):31~34

李永忠.大豆脂肪酸及其组成成分的相关和通径分析.大豆科学,1987,6(3):203~208

杨光宇,尹爱平.野生大豆($G.soja$)氨基酸组成的初步研究.大豆科学,1986,5(2):175~180

孟祥勋,胡明祥.大豆籽粒蛋白质氨基酸组成成分的相关分析.大豆科学,1987,6(3):213~219

宁海龙,李文霞,杨庆凯.2002,大豆氨基酸组分影响蛋白质含量的通径分析.大豆科学,21(4):259~262

邹继军,杨庆凯,王继安,李新海,郭长军.高低肥力对大豆品系的选择效应比较.大豆科学,1997,16(4):288~292

李新海,王金陵,杨庆凯等.混和选择与系谱选择对三种类型大豆杂交后代集团定向选择效果的比较研究.东北农业大学
　　学报,1997,28(2):105~111

田佩占,阎日红,刘宝泉.大豆杂交后代种植密度对选择效果的影响.吉林农业科学,1996,(2):31~32

苏黎,宋书宏,辛广军.异地选择对大豆杂交后代适应性的影响.辽宁农业科学,1996,(4):13~17

第四章　中国野生大豆资源

第一节　中国野生大豆资源考察与搜集

中国是大豆($G.max$)的原产地,野生大豆($G.soja$)资源分布非常广泛,类型异常丰富。但1978年前从未进行过系统的考察与搜集。随着国家建设事业的发展,土地开发利用速度的加快,出现了自然环境中野生植物种的消失现象,由此提出野生大豆资源考察的必要性,得到农业部有关部门的高度重视和大力支持。

1978年,在吉林省首先进行了野生大豆资源试点考察,取得不少经验和成果。从1979年开始,在全国范围内有组织、有计划地开展了野生大豆资源考察与搜集工作,1982年又对西藏地区及云南的横断山脉和金沙江流域进行了考察,于1985年结束。共考察了全国1 245个县、市,其中823个县有野生大豆,占考察县(市)的66.1%。共采集到野生大豆种子6 500余份,发现了白花、线型叶、青子叶等新类型,也搜集到一些较进化的野生大豆单株。第一次全国野生大豆考察基本明确了我国野生大豆的分布范围和环境特点。1995年以后又陆续对新疆、河北等地进行了考察。2002年开始对东北等在第一次野生大豆考察中已经考察和搜集过的地区的野生大豆种群变化情况进行了考察,并且对未考察过的地区进行野生大豆的补充考察和搜集。

一、考察范围及地理分布

全国野生大豆资源考察的范围很广,北起黑龙江省的漠河镇(北纬53°30′);南到海南省南端的崖县(北纬18°30′,今崖城);西南到西藏的吉隆县(东经85°);西北到新疆的伊犁河谷地带(东经83°)。考察结果表明,我国野生大豆分布的范围是北界在黑龙江省塔河县依西肯(北纬52°56′)至漠河县漠河镇(北纬53°30′)一线,南界在北回归线以北广西的象州(北纬24°)和广东的英德(北纬24°10′)一线,东界在黑龙江省的抚远(东经134°32′),西界在西藏察隅县的上察隅区和下察隅区(东经97°)。垂直分布方面,东北地区分布上限在海拔1 300 m左右,黄河及长江流域在1 500~1 700 m,西藏为2 250 m,野生大豆分布最高点在云南省的宁蒗县海拔2 650 m处。在我国除青海、新疆、海南三省(自治区)没有搜集到野生大豆外,其他省、自治区都有野生大豆分布。从分布的特点看,有从两端纬度区向中间逐渐增多的趋势,特别是北纬30°~48°范围内,不但种群大,类型也很丰富。野生大豆经度间分布情况受地形、地貌影响很大,从大兴安岭、内蒙古高原、青藏高原到云贵高原东缘一线开始,向东分布逐渐增多,特别是松辽平原、黄河中下游地区和江淮之间最为普遍,凡是没有受到人、畜危害的地方,往往都可形成较大种群。在该线以西地区,由于海拔增高,温度降低或降雨减少等原因,除个别条件较好的局部地区外,基本没有野生大豆生长。

二、野生大豆种类及分布特点

目前在我国已采集到的大豆属野生种植物有大豆亚属($Subgenus\ Glycine$)中的烟豆

（*G. tabacina*）和多毛豆（*G. tomentella*），黄豆亚属（*Subgenus soja*）中的野生大豆（*G. Soja*）。现将这3个野生种分别描述如下。

（一）烟豆 *Glycine tabacina*

多年生草本，主根粗壮，茎长 1 m 左右，蔓生匍匐于地面。植株下部节上的叶呈卵圆形，越向上叶片变得狭窄，上部为披针形或线形叶，羽状复叶具三小叶，网状叶脉，蝶形花，花冠为深紫红色，荚果细直，先端有弯而短的喙。荚皮灰褐色，有稀疏的短茸毛。每荚有种子 2～9 粒，种子为圆柱形，两端平截，种皮褐黑色较光滑，子叶黄色，百粒重 0.5 g 左右，染色体观察结果 2 n＝80。在北京地区自然条件下可成熟，但不能越冬。

烟豆主要分布于福建沿海地区及岛屿上。多生长在较干旱的荒坡等处（图4-1）。

图4-1　烟　豆

（二）多毛豆 *Glycine tomentella*

多年生草本，主根粗壮，茎长 1～3 m，茎蔓生匍匐于地面。羽状复叶具三小叶，全株叶形变化不大，均为卵圆形羽状叶脉。植株上密生褐色茸毛。花冠为暗紫色，总状花序腋生，花序轴较长，多集中于顶端。荚果较粗，短直，每荚有种子 2～6 粒，荚皮种皮均为褐色，种皮上布满蜂窝状的胚乳层。子叶淡黄色。百粒重 0.7 g 左右。染色体为 2 n＝80。

多毛豆分布于福建沿海地区及岛屿上，多生长在干旱的荒坡等处。在北京地区自然条件下可以正常成熟，但不能越冬（图4-2）。

（三）野生大豆 *Glycine soja* sieb et zucc

一年生草本，茎细长 0.5～5 m，蔓生缠绕性强，主茎与分枝不易区别。叶为羽状三出复叶，中间叶较大，小叶多卵圆形，椭圆形，披针形，也有少数为线形。叶片大小变化很大，叶片小的长 2 cm 左右，宽不足 1 cm，叶片大的近于栽培大豆叶片。花为蝶形花，短总状花序，腋生。花色有深紫色，浅紫色，也有少数为白花。荚较小，多弯镰形，也有直荚形。每荚有种子 1～4 粒，个别有 5 粒荚。荚成熟后为黑色极易炸荚。植株上各部分都生有茸毛，茸毛多为

图4-2　多毛豆

褐色,也有少数为灰色。种皮成熟后为黑色,有泥膜,也有无泥膜种子及种皮褐色和双色的野生大豆。百粒重在 3 g 以下的都有群体分布,百粒重在 3 g 以上的较进化类型,基本没有群体,都是零星生存在野生大豆群体中,数量极少。染色体 2 n = 40。

　　野生大豆一年生种是栽培大豆的近缘祖先种,在我国分布广泛,多生长在较潮湿的环境中,如小河岸边,渠道两旁,沟边,路边,苇塘边缘,小灌木林等处(图 4-3)。

图4-3　野生大豆

第二节　野生大豆生育与环境因素

野生大豆对环境的反应能力差异甚大,其生殖前所需的光温等因子的需求亦不同。我国野生大豆在自然界中的分布情况,为我们提供了了解限制该种分布的因素和条件。对野生大豆分布起决定作用的是温度和降水量,而对野生大豆生育期影响最大的是光照长度。

由于野生大豆分布的地理纬度、地势高低不同,影响到光照长短、温度高低、降雨多少等环境条件的差异。环境条件的差异,不但影响到野生大豆生育期的长短和生育期结构的变化,还影响到野生大豆的有无。

一、温度对野生大豆的影响

野生大豆一生中都不需要低温,也不适应持续高温。考察结果表明,在最暖月平均温度不足 20℃或最冷月平均温度在 10℃以上地区没有野生大豆分布(表 4-1)。

表 4-1　野生大豆分布与温度关系

地　区		北　纬	最暖月平均温度(℃)	最冷月平均温度(℃)	有无野生大豆
黑龙江	漠　河	53°29′	18.4	−28	无
	呼　玛	51°43′	20.2	−26	有
吉　林	阿尔山	47°10′	16.5	−26	无
	索　伦	46°37′	20.1	−17.6	有
甘　肃	平　凉	35°05′	21.0	−8.1	有
宁　夏	固　原	36°00′	18.8	−7.0	无
西　藏	察　隅	28°39′	18.8	3.6	无
	下察隅	28°30′	21.0	5.3	有
福　建	浦　城	27°53′	27.3	5	有
	福　州	26°05′	28.8	10.3	无
广　西	柳　州	24°21′	28.9	13	无
	全　州	25°55′	27.6	5	有
广　东	连　县	24°40′	28.1	9	有
	韶　关	24°48′	29.2	12	无

从表 4-1 中可以看出,野生大豆在生长旺盛期至少要有 1 个月平均温度≥20℃,昼夜温差不能太大,才能正常生长发育。野生大豆的不同生育时期所需温度也不相同(表 4-2)。

表 4-2　不同纬度区野生大豆生长发育对温度的要求

北　纬	出　苗　期		开　花　期		成　熟　期	
	日　期	温度(℃)	日　期	温度(℃)	日　期	温度(℃)
25°	3 月上旬	13.5	9 月上中旬	25.5	11 月上旬	17.0
30°	3 月下旬	14.0	8 月下旬	23.0	10 月下旬	16.5
35°	4 月中旬	14.2	8 月中旬	26.5	10 月中旬	14.7

续表4-2

北 纬	出 苗 期		开 花 期		成 熟 期	
	日 期	温度(℃)	日 期	温度(℃)	日 期	温度(℃)
40°	4月下旬	14.0	8月上旬	23.5	10月上旬	19.0
45°	5月上旬	14.7	7月下旬	21.0	9月下旬	14.0
50°	5月中旬	13.1	7月上中旬	20.5	9月上中旬	11.0

注:表中数字根据考察和观察资料整理,并参考全国气象资料;表中温度指旬平均温度

从表4-2中看出,在原生地自然条件下,我国各纬度区的野生大豆出苗温度在13.1℃~14.7℃之间,平均为13.9℃;始花期温度在20.5℃~26.3℃之间,平均为23.9℃;成熟期温度在11℃~19℃之间,平均为15.4℃。从上述结果看出,野生大豆各生育阶段对温度的反应与纬度之间没有规律性的变化,看不出南北野生大豆对温度的要求有什么差别。除北纬45°以北地区由于温度较低,是在温度最高的7月份始花外,其他各纬度区的野生大豆都是高温月过后始花,从各生育阶段的温度反应情况看,其适宜的温度可能是,苗期为14℃左右,始花期为24℃左右,成熟期为15℃左右。可见,野生大豆一生中任何阶段都不需要低温,也不爱好高温。

海拔高度对开花也有很大影响,在同一纬度上生长在高海拔地区的野生大豆与在低海拔地区生长的野生大豆表现出不同的生长及开花习性。如北纬27°20′的云南宁蒗(海拔2 650 m)的野生大豆和北纬27°18′的江西黎川(海拔131 m)的野生大豆同时在北京地区播种,宁蒗野生大豆开花期与北纬32°27′河南正阳(海拔197 m)的野生大豆开花期相同,都是在8月26日开花,而江西黎川野生大豆一直到9月30日才开花。

二、降水量对野生大豆生育的影响

野生大豆虽然适应性较强,但在野生条件下多生长在较潮湿的环境中。考察结果表明,降水量的多少与野生大豆的有无密切相关,在年降水量不足300 mm的地方没有野生大豆生长(表4-3)。

表4-3 野生大豆分布与降水量关系

地 区		北 纬	最暖月平均温度(℃)	≥20℃月数	年降水量(mm)	野豆有无
内蒙古	呼和浩特	40°49′	21.8	3	414.7	有
	集 宁	40°58′	19.2	0	365.4	无
	锡林浩特	43°57′	20.8	1	269.3	无
	二连浩特	43°39′	23.0	3	131.6	无
甘肃	平 凉	35°25′	21.0	1	574.0	有
	天 水	34°35′	22.5	3	580.1	有
	敦 煌	40°08′	24.9	3	29.2	无
	酒 泉	39°46′	21.4	3	82.1	无

从表4-3中看出,即使温度能满足要求,降水量不足也没有野生大豆。野生大豆资源考察表明,从东北西部到华北西部有一条斜贯的野生大豆分布线,而此线恰与降水量分布情况

相一致,此线以西为广大西北高原和内蒙古大部地区,年降水量在 300 mm 以下,没有野生大豆分布;此线以东、以南为东北松辽平原、三江平原和华北黄淮海平原,随着降水量增多,野生大豆分布也愈来愈多,生长也愈繁茂。可见,降水量的多少也是野生大豆能否生存的主要因素之一。

三、光照对野生大豆生育的影响

光照是十分重要的,它既是野生大豆光合作用的能源,又是调节开花和成熟期的决定因素。在不同纬度地区,其光照的长短随着季节的变动而有规律地变化着(表 4-4)。

表 4-4　纬度与光照时间的关系

北 纬	光 照 时 数			
	12 月 20 日(冬至)	9 月 20 日(秋分)、3 月 20 日(春分)	6 月 20 日(夏至)	最大时差
25°	11 h 28 min	13 h	14 h 30 min	3 h 02 min
30°	11 h 10 min	13 h	15 h	3 h 50 min
35°	10 h 52 min	13 h 8 min	15 h 40 min	4 h 48 min
40°	10 h 30 min	13 h 12 min	16 h 15 min	5 h 45 min
45°	10 h 8 min	13 h 12 min	17 h 03 min	6 h 55 min
50°	9 h 50 min	13 h 20 min	17 h 30 min	7 h 30 min

注:1. 北纬 25° ~ 45° 是根据 Hartwig1970 年修改数据;2. 光照长度为日出前 0.5 h 开始至日落后 0.5 h 为止的时间

从表 4-4 中看出,一年中,光照最长的一天是"夏至",光照最短的一天是"冬至"。在夏季高纬度地区光照时间长,低纬度地区光照时间短;在冬季则相反,高纬度地区光照时间短,低纬度地区光照时间长。光照是影响野生大豆始花期的早晚和生育期长短的重要因素。我国野生大豆分布区"夏至"日的光照时数为 14 h 30 min 至 17 h 30 min 之间,不同纬度区的野生大豆,形成对光照反应的不同类型(表 4-5)。

表 4-5　不同纬度区野生大豆始花期光照时数

北 纬	出苗日期	夏至(6 月 20 日)光照时数	始花日期	始花期光照时数
25°	3 月上旬	14 h 30 min	9 月上中旬	13 h 15 min
30°	3 月下旬	15 h	8 月下旬	13 h 28 min
35°	4 月中旬	15 h 40 min	8 月中旬	14 h 8 min
40°	4 月下旬	16 h 15 min	8 月上旬	14 h 45 min
45°	5 月上旬	17 h 3 min	7 月下旬	15 h 40 min
50°	5 月中旬	17 h 30 min	7 月上中旬	16 h 40 min

从表 4-5 看出,野生大豆的光期反应与其在自然界的分布有密切的关系,存在有不同的临界光照长度。我国南北不同地区的始花期光照时数为 13 h 15 min 至 16 h 40 min 之间,光照时差达 3 h 25 min,始花期日数南北相差 60 d 左右。但也有其共同的规律性可寻,即纬度愈低地区出苗愈早,而始花期愈晚;纬度愈高地区出苗愈晚,而始花期愈早。不过不论始花期早晚,都是在"夏至"以后光照逐渐缩短的条件下开花。还可看出,出苗至始花期是野生大豆生育过程中变幅最大,影响生育期长短的关键时刻。南方野生大豆花前营养生长期过长,

出苗至始花日数长达 180 多天,显然存在有多余的营养生长,这可能是南方产生秋播大豆的主要原因,而这种秋播大豆可能是从当地野生大豆演化而来。将不同纬度区的野生大豆在北京地区种植,始花期发生了很大的变化(表4-6)。

表 4-6 不同纬度区野生大豆在北京地区开花情况

北 纬	原产地始花期	北京始花期	两地相差天数
25°	9 月上中旬	10 月上旬	+21
30°	8 月下旬	9 月上旬	+13
35°	8 月中旬	8 月中旬	+6
40°	8 月上旬	8 月上旬	0
45°	7 月下旬	6 月中旬	-16
50°	7 月上中旬	6 月上旬	-28

从表4-6中看出,北纬25°地区野生大豆在北京地区(40°N)播种,始花期较在原产地晚21 d,而北纬50°地区野生大豆始花期较在原产地早28 d。这是因为北京地区的光照时数较北纬25°地区长,一直到10月上旬北京地区的光照时间才接近北纬25°始花期的光照时间,而北纬50°地区野生大豆的始花期光照时数,比北京地区"夏至"日的光照时数还多,因此在北京地区的光照对其没有限制作用,夏至以前,光照逐渐增加的条件下也可开花。

为了进一步了解每天的光照时间对野生大豆生育的影响,我们进行了扣盆控光试验,分别于子叶展开后处理 28 d(表4-7)。

表 4-7 不同纬度区野生大豆光照处理后表现

北 纬	材料号(ZYD)	光照处理	始花期	株 高	节 数	分枝数	荚 数	成 熟 期
50°	0041	9 h	6 月 5 日	5	5	0		6 月 30 日死掉
		11 h	6 月 5 日	5	5	0		6 月 30 日死掉
		13 h	6 月 6 日	10	10	1	2	7 月 8 日
		CK	6 月 9 日	91	14	4	45	7 月 23 日
40°	2746	9 h	6 月 5 日	7	8	3	10	7 月 13 日
		11 h	6 月 6 日	7	8	3	9	7 月 14 日
		13 h	6 月 6 日	15	9	3	28	7 月 16 日
		CK	7 月 31 日	190	28	9	319	10 月 3 日
35°	3413	9 h	6 月 5 日	11	8	2	10	7 月 14 日
		11 h	6 月 7 日	12	8	2	9	7 月 14 日
		13 h	6 月 7 日	18	8	2	28	7 月 14 日
		CK	8 月 14 日	201	25	8	317	10 月 11 日
25°	5275	9 h	6 月 7 日	4	5	0		6 月 30 日死掉
		11 h	6 月 7 日	6	6	0		7 月 14 日死掉
		13 h	6 月 8 日	折断				
		CK	10 月 2 日	251	31	11		霜前结荚初期

从表4-7看出,每天13 h的光照处理对各纬度的野生大豆都有抑制生长和促进开花的作用,开花期相差不大,9 h和11 h光照处理对促进开花已不明显,而对生长有进一步的抑制作用,特别是对两端纬度区的野生大豆影响更大。北纬25°和50°地区的野生大豆株高只有4~6 cm,没有分枝,生育极差,由于没有一定生长量,分别于开花后25 d左右死掉。可见,野生大豆的发育,必须建立在一定的光照时数和生长量的基础上。发育不能脱离生长而单独进行,而生长又需要最低的光照时数,以满足其光合作用。野生大豆虽然是短光照植物,但对短光照的要求也是有限度的,每天13 h光照可能是野生大豆短光照的下限。北纬35°~40°地区野生大豆对短光照反应是否不太敏感,需进一步研究。在13 h光照的基础上,对西藏察隅1号大豆进行了不同天数的处理,以便了解处理天数对大豆生育的影响(表4-8)。

表4-8　不同处理天数对大豆生育的影响

处理时数	处理天数	始 花 期	二次开花	株高(cm)	节数(个)	分枝数(个)	成 熟 期
13 h	7	6月20日	8月31日	65	18	5	鼓粒中期降霜
13 h	14	6月9日	8月31日	47	17	5	鼓粒中期降霜
13 h	28	6月8日		23	10	4	7月30日
13 h	CK	8月31日		121	26	5	鼓粒中期降霜

从表4-8看出,处理7 d和14 d,虽然对促进开花和抑制生长有一定作用,但所开的花不能结荚,均为无效花,植株继续生长,并于8月31日开第二次花,花期和成熟情况与对照株相同。处理28 d的可促进开花,抑制生长,提早成熟。可见,处理7 d和14 d显然都没有达到完全通过光照阶段的天数要求,虽然有影响,但是有限的,发育逆转的现象是存在的。

四、长光照与短光照的区分

我国野生大豆分布是很广泛的,南北跨越29个纬度区,各纬度区的野生大豆对光照要求也不一致。因此,要想简单地以光照时数长短作为划分光照习性的标准是困难的。就同一份野生大豆来看,其开花和成熟日期随着纬度升高而延迟,但是,从不同纬度区的野生大豆看,其开花和成熟日期随着纬度的升高而提早。因此,也不能简单地认为缩短光照可促进开花,延长光照可抑制开花。

从全国各地野生大豆对光照的反应看,我国野生大豆的临界光照时数南北相差很大,大约3 h 28 min。但是,它们也有共同的规律性,不论纬度高低,都是在"夏至"以后光照逐渐缩短的条件下开花,这真实地反映出野生大豆光照的纯天然性。从野生大豆对光照反应的情况看,可否认为北半球的短光照植物在原生地都是在"夏至"以后,光照逐渐缩短的条件下开花;长光照植物都是在"夏至"以前,光照逐渐延长的条件下开花呢? 如果这种看法成立的话,那么,就可以对长光照和短光照植物的区分,有了明确、简单的认识。

五、野生大豆地理种群的分化

野生大豆的个体群,在一定的环境条件下发生遗传反应,其结果形成了适应不同环境的遗传群体,即不同生态型。成熟期早晚是生态分化的显著特性之一,是形成野生大豆资源地区性的最基本特征。成熟期的变异近似连续变异。笔者于1982年在北京地区同一播种条件下,对不同纬度地区材料进行了生育期观察,其结果表现出很大差异(表4-9)。

表4-9　不同纬度区野生大豆在北京地区生育日数

北　纬	材料份数	播种至出苗日数	出苗至始花日数	出苗至成熟日数
50°	30	10	30	76
45°	50	7	35	104
40°	70	8	88	153
35°	60	8	92	164
30°	60	10	131	霜前不成熟
25°	30	8	霜前不开花	霜前不成熟

从表4-9看出,播种至出苗日数与原产地纬度无关;出苗至始花日数与原产地纬度关系密切,呈显著负相关($r = -0.7649$),最早的出苗后 30 d 即开花,而最晚的霜来时尚不能开花;开花至成熟日数与原产地纬度关系不大($r = 0.223$)。野生大豆熟期分化趋势随着纬度降低而成熟期延迟,按极早熟—早熟—中早熟—中熟—中晚熟—晚熟—极晚熟的顺序分布。

六、中国野生大豆光温生态区划

根据中国野生大豆分布情况及不同纬度地区的野生大豆对光温反应的分析结果,将中国野生大豆划分为 7 个光照类型区(表4-10)。

表4-10　中国野生大豆光周期区划

分　区	纬度(N°)	夏至日光照长度(h·min)	气候类型	熟　性	出苗至成熟日数(d)
Ⅰ	> 50	> 17.40	超长光照	极早	< 113
Ⅱ	45 ~ 50	17.03 ~ 17.40	长光照	早	130 ~ 113
Ⅲ	40 ~ 45	16.15 ~ 17.03	中长光照	中早	156 ~ 130
Ⅳ	35 ~ 40	15.40 ~ 16.15	中光照	中	183 ~ 156
Ⅴ	30 ~ 35	15.00 ~ 15.40	中短光照	中晚	214 ~ 183
Ⅵ	25 ~ 30	14.30 ~ 15.00	短光照	晚	245 ~ 214
Ⅶ	< 25	< 14.30	超短光照	极晚	> 245

从表4-10中看出,Ⅰ区为北纬50°以北地区,"夏至日"光照长度大于 17 h 40 min,初花期光照长度在 16 h 40 min 以上,属超长光照类型区,野生大豆出苗至成熟日数小于 113 d,熟性为极早熟型。

Ⅱ区为北纬 45° ~ 50°地区,"夏至日"光照长度在 17 h 03 min 至 17 h 40 min,初花期光照长度在 15 h 40 min 至 16 h 40 min,属长光照类型区,野生大豆出苗至成熟日数为 130 ~ 113 d,熟性为早熟型。

Ⅲ区为北纬 40° ~ 45°地区,"夏至日"光照长度在 16 h 15 min 至 17 h 03min,初花期光照长度在 14 h 45 min 至 15 h 40 min,属中长光照类型区,野生大豆出苗至成熟日数为 156 ~ 130 天,熟性为中早熟型。

Ⅳ区为北纬 35° ~ 40°地区,"夏至日"光照长度在 15 h 40 min 至 16 h 15 min,初花期光照长度在 14 h 08 min 至 14 h 45 min,属中光照类型区,野生大豆出苗至成熟日数为 183～156 d,熟性为中熟型。

Ⅴ区为北纬 30°～35°地区,"夏至日"光照长度在 15 h 15 min 至 15 h 40 min,初花期光照长度在 13 h 28 min 至 14 h 08 min,属中短光照类型区,野生大豆出苗至成熟日数为 214～183 d,熟性为中晚熟型。

Ⅵ区为北纬 25°～30°地区,"夏至日"光照长度在 14 h 30 min 至 15 h,初花期光照长度在 13 h 15 min 至 13 h 28 min,属短光照类型区,野生大豆出苗至成熟日数为 245～214 d,熟性为晚熟型。

Ⅶ区为北纬 25°以南地区,"夏至日"光照长度少于 14 h 30 min,初花期光照长度小于 13 h 15 min,属超短光照类型区,野生大豆出苗至成熟日数在 245 d 以上,熟性为极晚熟型。

从上述各区可以看出,在野生大豆群体中有适应不同光照长度的生物型。但是,不论出苗期早晚,光照长短的不同,野生大豆开花期都是在"夏至"以后 20～80 d 的范围内,光照逐渐缩短的条件下开花,纬度愈高地区开花愈早,纬度愈低地区开花愈晚。

我国南北不同地区虽然温度差别很大,但从野生大豆主要生育阶段对温度的反应情况来看,南北没有什么规律性的不同。这里主要介绍一下海拔高度的影响。我国野生大豆分布的海拔高度从 -31～2 650 m,其中 90% 以上的野生大豆分布在海拔 1 000 m 以下地区。从我们的观察结果看,海拔每升高 400 m,相当于纬度增加 1°。如北纬 27°30′云南宁蒗的野生大豆(海拔 2 650 m)和北纬 33°45′河南西华的野生大豆(海拔 52 m)同时在北京地区播种,其花期相同,均在 8 月 26 日左右开花。可见,温度高低、光的强弱,对花期有一定的促进或推迟作用,但起决定作用的是光照的长度。

七、全国野生大豆生育阶段图

为了便于了解我国不同纬度地区的野生大豆在不同季节的生育情况,我们根据多年的考察实践经验、现场观察数据和参考一些有关资料,整理绘制成中国野生大豆生育阶段图(图 4-4)。

从图 4-4 中可以看出,南方低纬度地区的野生大豆出苗最早,3 月上旬开始出苗(惊蛰前后),北方高纬度地区的野生大豆出苗最晚,5 月中旬开始出苗(立夏至小满之间),南北出苗期相差 60 多天;野生大豆开花的顺序与出苗的顺序正好相反,但都是在夏至以后,光照逐渐缩短的条件下开花,纬度越高地区开花越早,纬度越低地区开花越迟。北方高纬度地区野生大豆 7 月上中旬开花(小暑以后),南方低纬度地区野生大豆 9 月中旬开花(白露至秋分之间),南北花期相差 60 多天;成熟期与开花期的顺序基本一致,纬度越高地区的野生大豆成熟越早,一般 9 月上旬成熟(白露过后),纬度越低地区的野生大豆成熟越晚,11 月上旬成熟(立冬以后),南北成熟期相差 60 多天。可见,出苗至开花期的长短,是影响生育日数多少的关键时期。

第三节　野生大豆形态及生育过程

野生大豆是栽培大豆的近缘祖先种,在形态上与栽培大豆相似,只是粗细大小不同。

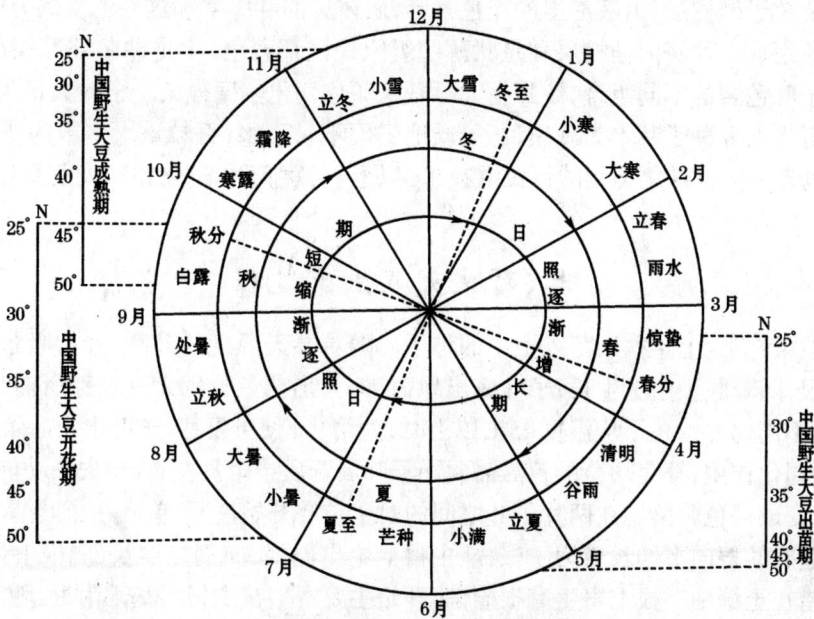

图4-4　中国野生大豆生育图

一、野生大豆形态

野生大豆（ *G. soja* ）是一种蔓生、缠绕、形态变化很大的一年生草本豆科植物。株高从0.5 m至5 m多,分枝多少取决于生长条件或类型。种子发芽后,首先出苗的是两片子叶,在子叶上边的叶子是对生单叶。以后形成的叶子是互生三出叶,位于中央者较两侧稍大,全缘,偶尔也有4~5片小叶的复叶。大多数材料的茎、叶、花萼和荚上都有茸毛,茸毛大多为褐色,少数为灰色。蝶形花,大多为紫花,少数为白花或紫颈白花,着生在短总状花序上,每荚有种子1~4粒,以2~3粒居多。种子由种皮和胚构成。种子外形多椭圆形。种皮大多数为黑色,有泥膜,但也有少数为褐、青、黄色。黑色种皮细看有些是双色或杂色。种皮的色

表4-11　不同进化类型大豆比较表

性　状	野生大豆	野生大豆中的进化类型	栽培大豆中的原始类型	栽培大豆
生长习性	茎细蔓生缠绕	茎较粗蔓生缠绕	茎较粗下直上蔓	茎粗直立
主茎与分枝	不易区分	较易区分	易区分	易区分
生存特点	野生种群	野生单株	栽培	栽培
裂荚性	极易	较易	较不易	不易
荚大小	小而窄	较大	较大	大而宽
吸水性	不易吸水	较易吸水	易吸水	易吸水
百粒重	3 g以下	3.1~10 g	6~10 g	10 g以上
种皮色	黑色为主	黑色褐色为主	黑褐黄	黄色为主
泥膜有无	大部分有泥膜	有或无	有或无	无泥膜
花　色	紫花为主	紫或白	紫或白	紫或白

素沉着主要位于栅栏层,由液泡里的花色素苷,质体里的叶绿素和这些色素的分解产物等各种化合物所组成。种脐内栅栏层和星状薄壁组织往往都着色,于是种脐部有较深颜色。由于种皮及子叶色素的不同组合,使野生大豆籽粒颜色变化幅度很大。子叶大多为黄色,个别为绿色。野生大豆种子基本为硬质种子,质地坚硬不易吸水,百粒重大多数为 1~2 g,少数不足 1 g,也有一些较进化类型的百粒重在 3 g 以上。各种不同进化类型大豆差异如下表(表4-11)。

二、野生大豆生育过程

在自然条件下,上年秋天落入土中的种子。随着春天温度的升高,开始吸水发芽,首先生长出幼根,随着胚轴向上生长,子叶露出地面,即为出苗。野生大豆发芽所需日数因土壤水分、温度不同而异。在平均温度 15℃以上时,大约 9 d 便可发芽,子叶出土后 4 d 左右便可展开,进行同化作用,补充幼苗的营养需要。子叶展开后半个月左右,便失去功能,逐渐由绿变黄,最后变成褐色凋落。在两片子叶之间的对生单叶开始展开,单叶在子叶节的上节与子叶垂直。这时幼根向下伸长成为主根,从主根上生出侧根,向侧方伸长,侧根上生有很多须根纵横交错在土壤中。根上寄生有根瘤菌,开始主要寄生在主根的基部附近,随着侧根的伸长,也有根瘤分布,根瘤以花荚期最多。单叶展开后,顺序生有 3 片小叶的复叶,复叶互生,叶都着生在茎的节上。野生大豆茎呈“S”形伸长。一般分枝最初出现在第一复叶节上,但是也有些野生大豆的单叶节、子叶节上也可生长分枝,有些材料在分枝上还可生出二级分枝。

野生大豆开花期早晚,受光照时间和温度影响很大。野生大豆多无限型,开花时间较长,开花与营养生长并进,结荚时间也较长。野生大豆为自花授粉植物,异花授粉率很低,授粉后便是新生命的开始,顺利地进入生殖生长,开始荚伸长肥大,伴随着籽实的肥大。在籽实肥大的同时,种皮由绿色变为红色,叶和荚由绿变黄,最后叶片开始脱落,荚皮和种皮都变为黑色,即进入成熟期。野生大豆成熟后极易炸荚,将种子散落于土壤中越冬。

第四节　野生大豆的进化

一、*Soja* 亚属中 *G . gracilis* 类型的出现

在 *Soja* 亚属中,除了栽培大豆(*G . max*)与野生大豆(*G . soja*)外,还有一种所谓的半野生大豆类型(*G . gracilis*)。对于这种类型的存在有不同看法。Skvortzow(1927)曾建议将 *G . gracilis* 定为大豆属的一个新种,中国科学院植物研究所(1955)编辑的《中国主要植物图说(豆科)》一书中,将 *G . gracilis* 称为“细茎大豆”,辽宁省林业土壤研究所(1976)主编的《东北草本植物志》第五卷中,也将 *G . gracilis* 列入大豆属中,称为“宽叶蔓豆”。王金陵(1958,1976)则不同意给予该类型以“种”的地位。因为它与栽培大豆或野生大豆之间可以杂交,后代可育,不存在质的差别。Hymowitz(1970)提出 *G . gracilis* 是栽培大豆与野生大豆杂交后代的产物。

全国野生大豆考察中,除发现大量的有种群分布的典型野生大豆外,还发现了一些变异类型。主要的变异类型有白花野生大豆,线叶野生大豆,长花序野生大豆,青子叶野生大豆,黄、绿、褐种皮野生大豆等。其中有些表现出一定的进化程度,主要表现为主茎与分枝明显

可分,叶片变大,豆荚及种子增大。但它们的野生性状仍很明显,植株细长,蔓生缠绕,成熟时易炸荚等,所以他们仍属野生大豆。野生大豆所产生的上述变异,首先是自然选择的作用,这种变异就人类利用而言是进化的,有利的,但就生物的自身保存和繁衍后代来讲是不利的。所以这些较进化类型在自然界中都是零星存在,不能形成种群,有的可能被改变了的环境淘汰,有的对自身功能进行必要的改变又产生新的变异,因此,我们在广泛的野生大豆资源考察中能够采集到这种介于野生大豆与栽培大豆之间的中间类型。这也进一步表明它们达不到成为一个新种的程度。

二、野生大豆向栽培大豆进化

从原始野生大豆到现代栽培大豆之间,存在着丰富的连续变异类型,反映出大豆的进化过程,特别是籽粒的变化最能引起人们的注意。从 6 500 份野生大豆种子百粒重分布情况看,百粒重以 1~2 g 的最多,占野生大豆总数的 74.5%;2.1~3 g 的占 8.7%;3.1~4 g 的占 3.7%;4.1~5 g 的占 3.4%;5.1~6 g 的占 2.6%;不足 1 g 的占 3.3%;大于 6 g 的各等级均不足 1%(图 4-5)。

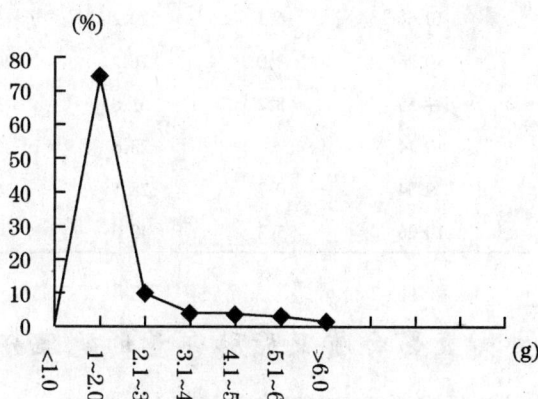

图 4-5　野生大豆百粒重分布图

在原始社会中,人类为了满足自己的需要,挑选野生大豆中的一些有利于人类的变异类型,如大荚、大粒等性状,就把它们选留下来,繁殖下去,野生大豆向栽培化发展,逐渐成为原始栽培大豆。在原始栽培大豆基础上,在漫长的历史发展过程中,经过长期的培育和选择,使其向人类需要的方向变异,籽粒逐渐变大,茎秆由蔓生缠绕向直立变化,产生了新的特征、特性,选育出了具有一定特点,适应一定自然条件的栽培大豆及其品种。其进化方式如下:

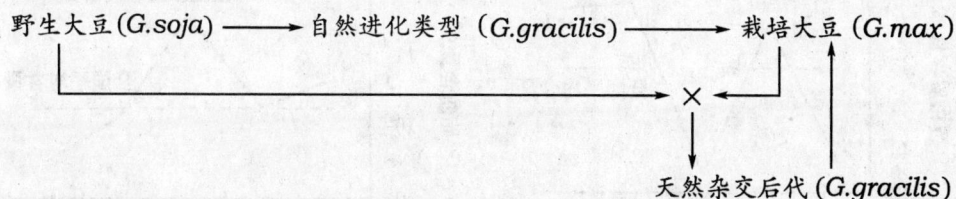

野生大豆(*G.soja*) ——→ 自然进化类型（*G.gracilis*) ——→ 栽培大豆（*G.max*)
×
天然杂交后代（*G.gracilis*)

随着我国对野生大豆资源研究的深入开展,大豆科学工作者通过对 *soja* 亚属内的各种类型相互间的杂交和回交,创造出一大批多荚,蛋白质含量高,抗病等新的资源材料,有的已培育出新品种在生产中利用。可见,*G. gracilis* 只是野生大豆向栽培大豆进化的一种中间类型,这种自然进化类型,可能成为人类的原始栽培大豆。栽培大豆出现后,由于天然杂交的作用,进一步丰富了 *G.gracilis* 的类型。

第五节　中国野生大豆的化学品质

野生大豆的蛋白质和脂肪是衡量其化学品质的主要指标。但其化学成分比较复杂,并因地区、材料的不同而有差别。

一、野生大豆的蛋白质及脂肪含量

从全国6000余份野生大豆种子分析结果来看,蛋白质含量变幅在29.04%~55.7%之间,平均含量为44.9%;脂肪含量变幅在5.1%~20.2%之间,平均含量为10.26%(表4-12)。

表 4-12　野生大豆蛋白质及脂肪含量表

北　纬	蛋白质及脂肪含量(%)		不同蛋白质含量占的比例(%)			
	蛋白质	脂　肪	<39.9	40~44.9	45~49.9	>50
25°~29°59′	42.72	10.66	16.1	70.2	13.3	0.4
30°~34°59′	45.94	10.28	3.0	26.2	66.3	4.5
35°~39°59′	42.38	11.55	8.7	51.8	38.9	0.6
40°~44°59′	46.46	10.14	2.7	28.6	56.0	12.7
45°~49°59′	46.37	9.54	0.7	28.5	64.8	6.0
全　国	44.93	10.26	5.3	40.0	48.0	6.7

二、野生大豆蛋白质及脂肪含量的地理分布

野生大豆蛋白质及脂肪含量在地区间有很大差异,以北纬30°~34°59′的江淮之间和北纬40°以北的松辽平原地区蛋白质含量为最高,分别为45.94%和46.5%,是我国野生大豆蛋白质含量的两个高峰区,而蛋白质含量最低地区是在北纬25°~29°59′的长江以南广东、广西、福建地区和北纬35°~39°59′的华北平原和西北地区,其蛋白质含量平均为42.7%和42.4%;我国野生大豆脂肪含量平均为10.26%,脂肪含量在15%以上的份数占总数的7.1%,含量在10%~14.9%的占34.1%,含量在10%以下的占多数(图4-6)。

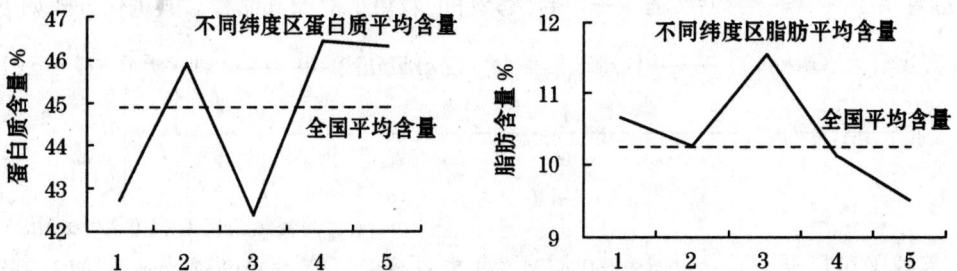

图4-6　我国野生大豆蛋白质脂肪含量的地理分布
1.25°~29°59′　2.30°~34°59′　3.35°~39°59′　4.40°~44°59′　5.45°~49°59′

从上图中可以看出,蛋白质含量最低地区恰是脂肪含量最高地区。可见,蛋白质与脂肪含量呈负相关,而且同环境条件关系很大。

三、野生大豆的氨基酸和脂肪酸组成

(一)野生大豆蛋白质的氨基酸组成

大豆蛋白质显著高于其他谷类作物,而野生大豆蛋白质含量又明显高于栽培大豆,蛋白质的氨基酸组成也接近人类和动物所需要的理想比例,只有含硫氨基酸没有达到理想数值。但在每一类型内的变异却较大,筛选出高含硫氨基酸的材料是可能的。特别是赖氨酸含量较谷类高 3 倍,而赖氨酸是谷类的主要限制性的必需氨基酸。因此,大豆已成为膳食蛋白质和其他营养素的重要来源(表 4-13)。

表 4-13　不同类型大豆种子蛋白质的氨基酸含量　　(g/16gN)

氨基酸	野生大豆			野生大豆中进化类型			栽培大豆		
	变幅	平均数 X ± S	C.V. %	变幅	平均数 X ± S	C.V. %	变幅	平均数 X ± S	C.V. %
天门冬氨酸	11.42 ~ 13.49	12.5 ± 0.4	3.5	11.67 ~ 13.52	12.55 ± 0.44	3.5	12.21 ~ 14.16	0.76 ± 0.41	3.2
苏 氨 酸	3.44 ~ 4.22	3.78 ± 0.16	4.3	2.34 ~ 4.09	3.74 ± 0.33	8.9	3.56 ~ 4.14	3.82 ± 0.15	4.0
丝 氨 酸	4.01 ~ 5.64	4.94 ± 0.32	6.4	4.27 ~ 5.31	4.84 ± 0.35	7.3	4.14 ~ 5.44	4.88 ± 0.29	5.9
谷 氨 酸	17.50 ~ 20.00	18.61 ± 0.61	3.3	17.73 ~ 20.30	18.72 ± 0.77	4.1	17.17 ~ 20.20	18.74 ± 0.57	3.0
脯 氨 酸	4.91 ~ 5.66	5.27 ± 0.16	3.0	5.02 ~ 5.64	5.30 ± 0.17	3.2	4.80 ~ 5.46	5.22 ± 0.17	3.2
甘 氨 酸	3.96 ~ 4.55	4.25 ± 0.14	3.3	4.01 ~ 4.68	4.30 ± 0.15	3.4	3.96 ~ 4.53	4.17 ± 0.14	3.2
丙 氨 酸	3.88 ~ 4.80	4.12 ± 0.19	4.6	3.89 ~ 4.54	4.20 ± 0.18	4.2	3.90 ~ 4.41	4.19 ± 0.21	5.1
胱 氨 酸	1.57 ~ 2.48	1.95 ± 0.19	9.9	1.65 ~ 2.53	1.95 ± 0.20	10.1	1.59 ~ 2.49	1.94 ± 0.20	10.1
缬 氨 酸	4.19 ~ 5.45	4.68 ± 0.32	6.9	4.33 ~ 5.44	4.61 ± 0.55	12.0	4.12 ~ 5.24	4.67 ± 0.29	6.3
蛋 氨 酸	1.35 ~ 1.79	1.53 ± 0.11	7.1	1.41 ~ 1.72	1.56 ± 0.12	7.4	1.39 ~ 1.72	1.54 ± 0.09	5.8
异亮氨酸	3.96 ~ 4.90	4.47 ± 0.21	6.7	4.16 ~ 5.38	4.64 ± 0.35	7.5	4.25 ~ 4.98	4.58 ± 0.21	4.5
亮 氨 酸	5.17 ~ 7.99	7.14 ± 0.49	6.9	5.16 ~ 7.98	7.21 ± 0.74	10.2	5.78 ~ 7.88	7.33 ± 0.34	4.6
酪 氨 酸	2.91 ~ 3.87	3.25 ± 0.22	6.7	2.88 ~ 3.56	3.30 ± 0.30	9.0	2.93 ~ 3.77	3.29 ± 0.22	6.7
苯丙氨酸	4.61 ~ 5.12	4.80 ± 0.14	2.9	3.04 ~ 5.08	4.81 ± 0.42	8.8	4.63 ~ 6.95	4.98 ± 0.33	6.6
赖 氨 酸	5.83 ~ 6.94	6.45 ± 0.30	4.7	5.80 ~ 7.17	6.33 ± 0.33	5.3	5.60 ~ 7.03	6.34 ± 0.28	4.5
组 氨 酸	2.42 ~ 2.91	2.64 ± 0.12	4.4	2.34 ~ 2.84	2.57 ± 0.13	4.9	2.37 ~ 2.83	2.55 ± 0.11	4.3
精 氨 酸	7.10 ~ 9.36	8.08 ± 0.66	8.1	6.78 ~ 8.25	7.56 ± 0.43	5.7	5.04 ~ 9.27	7.61 ± 0.56	7.4

从表 4-13 中看出,各种大豆蛋白质中的氨基酸含量均以谷氨酸含量最高,天门冬氨酸次之,胱氨酸和蛋氨酸含量最低。同时还可看出,随着进化程度的增加,天门冬氨酸、谷氨酸、亮氨酸、苯丙氨酸也略有增加,而甘氨酸和组氨酸则略有减少。

(二)野生大豆的脂肪酸组成

在很久以前人们就认识到必需脂肪酸的营养重要性。缺少亚油酸可引起皮肤鳞片化,生长停滞,尾部坏死,肾功能衰退,生殖功能丧失等。不饱和脂肪酸的作用可使胆固醇脂化,降低血清和肝脏的胆固醇水平(表 4-14)。

表 4-14　不同进化类型大豆的脂肪酸组成

类　别		棕榈酸(16:0)	硬脂酸(18:0)	油　酸(18:1)	亚油酸(18:2)	亚麻酸(18:3)
野生大豆	变　幅	18.38～13.37	2.69～3.72	10.40～17.64	50.49～60.82	13.10～19.45
	均　数	12.05±0.50	3.33±0.23	12.84±1.37	56.11±1.55	15.81±0.18
	C.V.%	5.80	7.41	10.70	2.76	7.45
野豆进化型	变　幅	10.49～12.51	2.82～3.87	13.83～22.07	49.90～58.75	8.50～13.07
	均　数	11.82±0.55	3.18±0.30	16.96±2.16	56.19±2.57	10.84±1.56
	C.V.%	4.68	9.43	15.39	4.58	14.41
栽培大豆	变　幅	10.06～13.38	2.60～5.17	16.83～27.88	49.19～58.96	5.37～10.12
	均　数	11.71±0.64	3.53±0.53	21.35±3.10	54.49±2.85	8.33±1.21
	C.V.%	5.49	14.87	14.56	5.22	14.58

从表 4-14 中看出,不同进化类型大豆的脂肪酸含量的差异主要表现在不饱和脂肪酸之间的差异,尤其是油酸和亚麻酸含量差别较大。经显著性测定(LSR 法),其平均数间的差异达到极显著水平。野生大豆较栽培大豆的亚麻酸含量高 6.74%～7.49%,而油酸含量低 8.51%～8.92%。野生大豆中的较进化类型介于两者之间。可见,大豆脂肪酸的组成与大豆进化情况有一定关系,随着进化程度的提高,油酸含量逐渐增加,而亚麻酸含量逐渐减少。

王连铮等(1983)、徐豹(1984)对不同进化类型大豆的脂肪酸分析也得到相似结果。

为了进一步了解野生大豆种植前后脂肪酸的变化情况,将 18 份原产地采集的野生大豆种子与它们在北京田间条件下种植后收获的种子一起进行脂肪酸分析(表 4-15)。

表 4-15　脂肪酸含量分析

类　别	脂肪酸含量(%)				
	棕榈酸	硬脂酸	油　酸	亚油酸	亚麻酸
原产地	10.97±1.06	3.66±0.62	11.64±1.63	55.62±1.40	17.92±1.59
种植后	12.18±0.98	3.14±0.24	12.82±1.16	55.95±1.29	15.75±0.75
t　测验	3.229	-3.422	3.035	0.679	-6.782

$t_{0.05}=2.110$　　$t_{0.01}=2.898$

从表 4-15 中看出,野生大豆在栽培条件下,油酸含量较在野生条件下明显增多,而亚麻酸含量显著减少。

无论是野生大豆,野生大豆中的进化类型还是栽培大豆,油酸与亚麻酸含量间均为极显著的负相关。亚油酸与亚麻酸含量间的关系,野生大豆为不显著的负相关,野生大豆中的进化类型为不显著的正相关,而栽培大豆为显著的正相关。这种差别是否是种或类型间的差异,尚需进一步分析研究(表 4-16)。

表 4-16　不同进化类型大豆脂肪酸组成成分间的相关系数

脂肪酸	野 生 大 豆			野生大豆中进化类型			栽 培 大 豆		
棕榈酸									
硬脂酸	481**			0.378*			0.026		
油　酸	−0.075	0.222		−0.068	−0.077		0.046	0.052	
亚油酸	−0.347	−0.251	−0.253	−0.329	−0.183	0.733**	−0.125	−0.074	−0.798**
亚麻酸	−0.189	−0.185	−0.626**	−0.096	−0.084	−0.765**	−0.195	−0.109	−0.560**
	−0.346			0.283			0.457**		

注:野生大豆:$n-2=33$,$r_{0.05}=0.349$,$r_{0.01}=0.449$;野豆进化型:$n-2=27$,$r_{0.05}=0.367$,$r_{0.01}=0.470$;栽培大豆:$n-2=50$,$r_{0.05}=0.273$,$r_{0.01}=0.354$

第六节　中国野生大豆的生物化学研究

大豆是世界上重要的蛋白质资源,在满足人类对蛋白质的需要方面,具有远大的发展前途。因此,对大豆种质蛋白质的研究已引起人们的重视,发表了很多有关文章和著作。但对大豆的祖先种野生大豆的研究显得不够。1978 年以来,随着我国对野生大豆资源的全国考察与搜集,对野生大豆资源在有关方面的研究也逐渐开展起来。

一、野生大豆种子贮藏蛋白的研究

在蛋白质体内的各种球蛋白均为贮藏蛋白。贮藏蛋白在种子发芽出苗过程中发生降解,可起到初始供养源的作用,为幼苗提供各种氨基酸和含氮化合物。

大豆蛋白质主要是由球蛋白和数量较少的清蛋白组成。球蛋白经密度梯度离心后可得到沉降系数分别为 2 S、7 S 和 11 S 的 3 种主要成分,其中 2 S 通常是一些酶和蛋白酶抑制剂,而 7 S 和 11 S 是贮藏蛋白,分别称为伴大豆球蛋白(conglycinin)和大豆球蛋白(glycinin),11 S 组分最丰富,占种子总蛋白含量的 50% ~ 60%,7 S 组分至少含有 α′ 和 β′ 两种伴大豆球蛋白(张德颐等,1991;Derbyshire,1976)。氨基酸组成分析发现,11 S 球蛋白的甲硫氨酸和半胱氨酸约各含 1%,而 7 S 中几乎测不出。为从野生大豆中筛选含硫氨基酸高的资源,李福山等(1986)对 129 份不同进化类型大豆之间含硫氨基酸组成进行比较,发现在各类大豆材料之间含硫氨基酸含量差异较大。1985 年陈建南在研究野生大豆中的进化类型 7 S 组分时发现有个别材料的含硫氨基酸含量是栽培大豆的 3 倍,认为有可能成为含硫氨基酸含量高的资源。1986 年杨光宇等分析 164 份蛋白质含量高的野生大豆氨基酸组成情况,发现在野生大豆中也有含硫氨基酸含量高的材料。1986 年胡志昂等对 200 多份不同进化类型大豆经SDS-PAGE 分析,发现野生大豆种子蛋白的一些亚基迁移有变异,特别是 7 S 的伴大豆球蛋白的变异大于栽培大豆。由于 11 S 球蛋白的甲硫氨酸含量高,特别是酸性大亚基,因此 Kitamura(1981)等曾提出 11 S/7 S 比值高的大豆材料含硫氨基酸也高的设想。1990 年徐豹等为获得含硫氨基酸高的材料,用 PAGE 技术测定不同纬度区 213 份野生大豆种子 11 S/7 S 的比值,变异范围为 0.36 ~ 4.40,而比值有随着纬度增高而增加的趋势,并选出 1 份比值达4.40 的材料。1994 年许守民、苗以农等以蛋白质含量 50.7% 高蛋白野生大豆材料和蛋白质含量 40.8% 的野生大豆材料,研究种子在发育过程中贮藏蛋白的积累速率,11 S 和 7 S 球蛋白合成时间,蛋白体发育过程以及幼茎中酰脲含量等。结果是蛋白质含量高的野生大豆蛋白合成较早,积累速度较快,植株茎中酰脲含量较高,在液泡中有高效的蛋白贮藏方式以及蛋白体在子叶细胞中占有较大体积。1987年庄炳昌等对不同进化类型大豆种子在发芽过程中贮藏蛋白发生降解情况进行了电泳比较研究,结果是7S和11S的降解时间不同,7S降解时间较11S早;并随着发芽天数的增加,大分子组分逐渐减少,小分子组分逐渐增多。在不同进化类型间表现也不同,野生大豆种子蛋白降解最早,如7S的伴大豆球蛋白在种子发芽后第四 dα· 和 α 亚基的谱带已消失,β 亚基仅存微量,而在栽培大豆中 α′ 和 α 亚基的谱带在种子发芽后第六天才消失,野生大豆中的进化类型介于两者之间,第五天消失。

二、野生大豆同工酶的研究

所谓同工酶(Isozyme)是指在同一生物体中,能催化相同的化学反应,但由于结构基因不同而在酶蛋白分子的一级结构及理化性质等方面都存在差异的一组酶。

同工酶分析常用的方法是蛋白质电泳,该法具有简便、快速、灵活等优点。有关野生大豆同工酶的研究是在1980年以后,随着我国野生大豆资源考察与搜集,围绕大豆的起源、演化和分类等方面开展了研究。现将我国在野生大豆同工酶中研究较多的几种酶简介如下。

(一)超氧化物歧化酶

超氧化物歧化酶(SOD)属氧化还原酶类,是生物体内一种重要的氧自由基清除剂,对生物体有一定的保护作用。庄炳昌、徐豹等(1988)首先对不同进化类型大豆种子在发芽过程中的SOD同工酶分析和对不同纬度区的种子超氧化物歧化酶比较。结果表明,不同进化类型种子的SOD同工酶谱带基本一致,但不同部位(子叶、种胚、种皮)SOD活性不同,野生大豆活性最高,种胚SOD活性平均为3 017酶单位/g鲜重。其次是野生大豆中的进化类型,平均为1 147酶单位/g鲜重,栽培大豆最低,平均为527酶单位/g鲜重。从上述不同进化类型种胚SOD活性差异来看,可能与进化有关,为soja亚属的分类提供参考。

徐豹等(1990)进一步对不同纬度区的226份野生大豆和104份栽培大豆种胚进行超氧化物歧化酶同工酶谱分析。根据谱带不同,野生大豆与栽培大豆种胚SOD同工酶存在6种酶谱型,其中野生大豆有5种谱型,即Ⅰ、Ⅱ、Ⅳ、Ⅴ、Ⅵ型,栽培大豆有2种谱型,即Ⅱ、Ⅲ型,其中Ⅱ型占98.1%。可见野生大豆种胚SOD同工酶谱型变异较栽培大豆丰富。从野生大豆种胚SOD谱型频率及地理分布情况看,野生大豆种胚同工酶谱以Ⅰ型和Ⅱ型为主,在各纬度区都有分布(表4-17)。

表4-17　野生大豆种胚SOD同工酶谱型频率及地理分布　(徐豹等,1990)

北　纬	样本数	SOD 酶谱型					
		Ⅰ	Ⅱ	Ⅲ	Ⅳ	Ⅴ	Ⅵ
24°~25°	12	66.67	33.33	0	0	0	0
26°~30°	80	52.50	42.50	0	2.50	2.50	0
31°~35°	60	43.33	51.67	0	3.33	1.67	0
36°~40°	43	34.48	58.41	0	2.33	2.33	2.33
41°~45°	19	42.11	57.89	0	0	0	0
46°~51°	12	41.67	58.33	0	0	0	0
合　计	226	46.86	50.31	0	1.36	1.08	0.39

从上表中可以看出,两种不同进化类型大豆的酶谱型既有相似之处,又有不同之点,主要表现在如下几个方面:①野生大豆酶谱型有5种类型,其中Ⅰ型和Ⅱ型为基本型,在各纬度区的材料中都存在并有很高的基因频率,平均分别占46.86%和50.31%,其他的酶谱型只在少数纬度区的材料中出现,基因频率也低。②栽培大豆酶谱型有2种,即Ⅱ型和Ⅲ型,其中Ⅱ型为基本型,基因频率为98.08%,近似野生大豆Ⅰ型和Ⅱ型之和的频率。③从以上两点可以看出,只有Ⅱ型为野生大豆和栽培大豆的共有型,说明野生大豆向栽培大豆进化过程中,Ⅰ型消失,而Ⅱ型得到了积累和加强。④从野生大豆Ⅱ型的地理分布看,基因频率北方高于南方,栽培大豆有可能从北方地区野生大豆驯化而来。

(二)过氧化物酶

过氧化物酶(PER)属氧化还原酶类。在植物中普遍存在。1985年徐豹等对480份不同进化类型大豆进行了种皮过氧化物酶的活性测定,发现属于低过氧化物酶活性的在各不同进化类型中表现不同,野生大豆为0,野生大豆中进化类型为10.2%,栽培大豆为60%。1990年王克晶等为研究利用我国大豆资源,测定了不同纬度区的不同进化类型大豆1 900份的种皮过氧化物酶活性和表型频率,结果表明,该酶活性在不同进化类型大豆中表现不同,野生大豆种皮过氧化物酶活性最高,而栽培大豆较低。种皮过氧化物酶活性表型频率分布与地理纬度也有一定规律性。

(三)胰蛋白酶抑制剂

在豆科植物中,含有一些抑制某些蛋白质水解酶活性的物质,称为蛋白酶抑制剂。这种蛋白酶抑制剂对植物本身来说有一定的保护作用,但对蛋白质利用来说有一定的不良影响。不过,蛋白酶抑制剂本身也是蛋白质,加热处理可使其失去活性。

目前研究最多的是用研究者名字命名的两种抑制剂:即库尼兹(Kunitz)胰蛋白酶抑制剂和鲍曼-毕克(Boumain-Birk)抑制剂。库尼兹抑制剂(SBTi-A2)分子量为20 000~25 000,含二硫键的数量很少,主要是对胰蛋白酶直接地、专一地起作用;鲍曼-毕克抑制剂,分子量为6 000~10 000,含有多量的二硫键,能在两个独立的结合部位抑制胰蛋白酶和胰凝乳蛋白酶的活性。

自从1969年Singh等发现SBTi存在变异型以来,经过10多年研究,Orf和Hymowitz等对数千份不同进化类型大豆种子进行蛋白质电泳检测和遗传分析,确定Kunitz SBTi-A2是受3个互为显性的等位基因(Ti^a,Ti^b,Ti^c)控制的。其聚丙烯酰胺凝胶电泳(PAGE)迁移率分别出现0.79、0.75和0.83三条酶带,即$Ti^c > Ti^a > Ti^b$。1985年李福山等对我国5 000余份野生大豆种子Ti的分布频率进行了分析,结果是Ti^a占94%,Ti^b占4.3%,Ti^c占0.7%,$Ti^a + Ti^b$或$Ti^a + Ti^c$占1%。Ti^a100%的地区有河北、宁夏、甘肃、四川、西藏等省、自治区;Ti^b最多的地区有吉林11.3%,陕西9.2%,贵州8.8%,山东8.6%;Ti^c最多的地区是福建7.6%;双带最多的地区是贵州占20%。Ti^b较集中的县是陕西省洛南县,23份种子有19份是Ti^b类型,耀县27份种子有11份是Ti^b类型。

1986年,王衍桐、李福山等分析了我国1 858份栽培大豆种子Ti各等位基因频率分布。结果是Ti^a占99.4%,Ti^b占0.5%,Ti^c占0.1%。在各地区间的表现是东北地区Ti^a占98.2%,Ti^b占1.5%,Ti^c占0.3%;华北地区Ti^a占100%;西北地区Ti^a占100%;中南地区Ti^a占100%,华东地区Ti^a占99.8%,Ti^b占0.2%,西南地区Ti^a占87.1%,Ti^b占12.9%。以上可见,无论是野生大豆还是栽培大豆Ti^a都占主导地位,Ti^b和Ti^c是其等位基因Ti^a的突变型。同时也可看出野生大豆的突变型较栽培大豆多,特别是在个别地区突变率更大些。

(四)野生大豆种皮过氧化物酶和幼根荧光性

在大豆种皮内普遍存在有过氧化物酶活性基因(EP 高活性,ep 低活性)和幼根荧光性基因(Fr 荧光性,fr 非荧光性)。1990 年王克晶、李福山等研究了我国不同进化类型大豆在这两个性状方面的表现情况,结果是不同进化类型大豆有不同的等位基因频率。在野生大豆内种皮过氧化物酶活性最高,而幼根的荧光性最低;栽培大豆则相反,种皮过氧化物酶活性最低,而幼根的荧光性最高;野生大豆中进化类型介于两者之间。说明野生大豆向栽培大豆的进化过程中,种皮过氧化物酶活性基因逐渐减少,而幼根的荧光性基因逐渐加强。

第七节　野生大豆资源评价与利用

野生大豆是栽培大豆的近缘祖先种,相互可以杂交,后代可育。我国已保存有不同进化类型的野生大豆种质资源 6 172 份,这些珍贵的野生大豆资源孕育着难以估量的生产力和科学研究潜力。深入研究并发挥我国野生大豆资源的优势,将为拓宽与改良我国大豆种质带来新的希望,也将为大豆的一些基础理论研究提供良好条件。

一、野生大豆资源的利用价值

我国野生大豆资源种群分布广泛,南北跨越 29 个纬度区,东西跨越 37 个经度,在这广泛的范围内,野生大豆变异大,类型丰富。从目前已保存的 6 172 份野生大豆资源中,筛选出蛋白质含量在 50%以上的材料有 386 份,其中蛋白质含量最高的达到 55.7%;发现亚麻酸含量 23.12%,亚油酸含量 61.24%以及 11 S/7 S 比值高达 4.4 等特异种质,筛选出花序长达 25～30 cm 的长花序类型,每个花序结荚 20 多个。在一些较进化类型中,有的单株结荚 3 000 个左右;有些材料有较强的抗逆性和适应能力。这些珍贵的资源,将为我国大豆高产、优质、多抗育种提供有价值的基因源。在育种工作中已经培育出有中野 1 号、中野 2 号和吉林小粒 1 号等大豆新品种,并创造出一批新种质。随着生物科学技术的发展,分子生物学等研究的快速进步,必将加快对野生大豆功能基因的了解和利用。

长期生长在不同生态条件下的野生大豆,由于没有受到人为干扰,形成了不同的自然特性。通过对这些特性的了解,必将真实地反映出大豆的固有规律。从野生大豆光温反应特点得到如下启示:

第一,一年中最暖月平均温度是否 ≥20℃,是决定野生大豆有无和栽培大豆能否种植的关键温度。以往认为≥10℃积温在 1 600℃以上便可栽培大豆的看法,显然是不够完善。实践证明,在一些高海拔地区≥10℃积温可达 2 000℃以上,无霜期在 200 d 以上,但不能种植大豆(表4-18)。

表 4-18　温度与大豆关系

| 地　点 | ≥10℃积温 | 最暖月平均温度(℃) | | 大豆有无 |
		月　份	温　度	
西　宁	2051.8	7	12.2	无
格尔木	1933.7	7	17.3	无

续表 4-18

| 地 点 | ≥10℃积温 | 最暖月平均温度(℃) | | 大豆有无 |
		月 份	温 度	
拉 萨	2050.0	6	15.2	无
昌 都	2048.1	7	16.2	无
林 芝	2143.9	7	15.6	无
日喀则	1815.9	6	14.5	无
察 隅	3411.0	7	18.8	无
下察隅	3835.0	7	21.0	有

从表 4-18 中看出,其所以不能种植大豆,就是因为最暖月平均温度不足 20℃,白天温度虽然可达 20℃以上,但夜间温度太低,只有 10℃左右。笔者曾在林芝附近对试种大豆植株进行了观察,主要表现是现蕾前叶缘呈紫红色,现蕾后花不开放,叶片背面呈紫红色,除个别荚伸长呈畸形荚外,均以密集的小荚包状态存在。

第二,根据不同纬度区野生大豆始花期对光照要求的相异性和野生大豆在原产地始花期都是在光照高峰过后,即"夏至"以后开花的相似性,可能为鉴别大豆是否属于地方原有品种提供一种手段。在"夏至"以前开花成熟的大豆品种不是当地原有农家品种,如南方的"五月拔,六月爆"等品种可能是从北方高纬度地区引去的。

第三,野生大豆对光温反应规律,可为培育良种,引种利用,确定适宜播种时期,大豆起源、演化等研究提供参考。这不仅是制定育种目标的理论根据,而且还可以提高对资源材料的搜集、研究和引种工作的目的性与计划性,对大豆栽培及生产也有重要的指导意义。

二、野生大豆资源的科研价值

自然界生长的野生大豆,在遗传方面从未受到过人为的改变,表现出它的真实天然性,很多基因并没有因为人为选择而损失,所以能够蓄积其他任何栽培品种中都没有的一些基因。这些遗传差异可以被用来研究和改良栽培品种。用分布在各地的野生大豆为材料,研究大豆与自然环境的关系,可以更清楚地了解大豆对环境的适应性,一定能真实地反映出大豆与自然界的固有规律,对一些基础理论研究也有重要意义。

参 考 文 献

王金陵.1976,大豆的分类问题.植物分类学报 14:22～29

刘慎谔等.1959,东北植物检索表.科学出版社

侯宽昭.1956,广东植物志.科学出版社

辽宁林业土壤研究所.1976,东北草本植物志(第五卷).科学出版社,160～163

王连铮等.1983,黑龙江省野生大豆考察和研究.植物研究,(3):116～129

吴冈梵等.1984,辽宁省野生大豆资源的初步研究.中国油料,(2):21～24

傅连舜等.1993,辽宁省野生大豆搜集评价及利用研究.辽宁农业科学,(6):6～9

陈如凯等.1984,福建省野生大豆考察与研究.福建农业科技,(2):2～3

全国野生大豆资源考察组.1983,中国野生大豆资源考察报告.中国农业科学,16(6):69～75

李莹等.1981,山西省野生大豆生态分析.山西农业科学,7 期 5～9

李福山.1993,中国野生大豆资源的地理分布及生态分化研究.中国农业科学,26(2):47～55

林红等.1989,黑龙江省野生大豆资源的评价与利用.中国油料,(4):18~20

姚振纯.1994,大豆优异种间杂交新种质选育进展.大豆科学,12(3):196

王荣昌.1980,大豆栽培与野生种间杂交后代遗传变异研究.中国油料,(1):41~45

舒进珍等.1986,大豆主要性状演化的初步研究.作物学报,12(4):255~259

李福山主编.1990,中国野生大豆资源目录.北京:中国农业出版社

王金陵,孟庆喜.1973,中国南北地区野生大豆光照生态类型的分析.遗传学通讯,8(3):1~8

郑惠玉等.1991,利用野生大豆($G.soja$)种质育成"吉林小粒1号"的选育报告.吉林农业科学,(3):9~11

李福山等.1985,中国野生大豆资源生育期观察研究.作物品种资源,(1):25~27

王克晶.1990,我国大豆种质过氧化物酶活性和根荧光性基因表型频率分布.作物学报,16(3):276~283

王爱国.1985,大豆种子超氧物歧化酶的研究.植物生理学报,9:77~84

王衍桐等.1986,从种子蛋白电泳看我国大豆品种 Ti 和 SP$_1$ 位点等位基因分布.作物学报,12(1):31~37

庄炳昌.1987,萌发过程中不同进化类型大豆种子贮藏蛋白电泳分析.大豆科学,6(3):209~211

庄炳昌,徐豹.1988,种子萌发过程中大豆种子蛋白组分变化的研究.作物学报,14(3):232~235

徐豹等.1985,中国野生大豆($G.soja$)种子蛋白电泳分析,Ti 和 SP$_1$ 各等位基因频率地理分布与大豆起源问题.大豆科学,4
　　(1):7~13

杨光宇等.1986,野生大豆($G.soja$)氨基酸组成的初步研究.大豆科学,5(2):175~180

李福山等.1986,栽培、野生和半野生大豆蛋白质含量及氨基酸组成的初步分析.大豆科学,1:65~72

庄无忌等.1984,栽培、野生和半野生大豆脂肪酸组成的初步分析研究.大豆科学,3(3):223~230

徐豹等.1990,中国野生大豆和栽培大豆种胚超氧化物歧化酶的酶谱型及其地理分布.植物学报,32(7):538~543

徐豹等.1990,野生大豆种子贮藏蛋白组分 11 S/7 S 的研究.作物学报,16(3):235

胡志昂等.1986,栽培大豆和野生大豆($G.soja$)种子蛋白的变异.大豆科学,5(3):205~209

李福山主编.1995,中国野生大豆资源研究进展.北京:中国农业出版社

邵启全等.1980,中国野生大豆光周期生态类型分析.遗传学报,6(1):45~50

李军等.1995,同工酶水平上野生大豆种群内分化的研究.植物学报,37(9):669~676

周纪纶等.1992,植物种群生态学.北京:高等教育出版社,50~85

李福山.1983,中国的大豆属植物.大豆科学,12(2):109~116

K.欣森,E.E.哈特维格.1982,热带地区大豆生产.粮农组织植物生产及保护丛书,18~20

李福山,李向华.2003,野生大豆在自然界中光温反应的规律.作物学报,29卷5期,670~675

中央气象局.中国气象资料.1961~1970

陈建南等.1985,半野生大豆 7S 贮藏蛋白的提取及某些特性的研究.大豆科学,4(1):37~42

许守民等.1994,野生大豆种子蛋白含量差异的生理及结构基础的探讨.植物学报,36(5):382~384

福井重郎等.1971,ツルメの诸形质の系统间变异について.岩手大学农学部报告,14(2):81~94

Hymowitz,T. 1970,On the domestication of the Soybeans. Econ. Bot.,24:408~421

Kitamura K. et al.,1981,Japan J. Breed,31,353

Orf,J. H. et al.1976,Inheritance of a second trypsin inhibitor variant in seed protein of soybeans. Crop Sci.9:489~491

第五章　中国栽培大豆种质资源

第一节　中国大豆品种资源独具特色

一、栽培大豆类型多

栽培大豆品种资源包括地方品种、育成品种、创新材料及特殊变异材料等。中国是栽培大豆的起源地,是世界大豆栽培历史最悠久的国家。悠久的种豆历史,辽阔的种植区域,类型多样的气候条件、地理条件、农业生产条件及耕作制度,人们对大豆利用的不同要求长期的定向选择,形成了独具特色和丰富多样的中国大豆种质资源。

(一)按大豆对光温的感应特点和习惯播种期分类

根据大豆对光温的感应特点和习惯播种期,我国大豆品种习惯分为春大豆、夏大豆、秋大豆、冬大豆四大类型。各类型分布于全国各地,适应相应的生态条件与耕作制度。

春大豆又分北方春大豆型、黄淮春大豆型、长江春大豆型和南方春大豆型。北方春大豆于 4 月下旬至 5 月上中旬播种,9 月份成熟;黄淮春大豆于 4 月底至 5 月初播种,8 月底至 9 月初成熟;长江春大豆于 3 月底至 4 月初播种,7 月份成熟;南方春大豆于 2 月下旬至 3 月上旬播种,6 月中旬成熟。春大豆短日性弱,北方春大豆型和长江春大豆型的极早熟、早熟品种在较长甚至不断光照条件下仍能开花。

夏大豆型有黄淮夏大豆和南方夏大豆。黄淮夏大豆于 6 月上中旬播种,9 月中下旬至 10 月初成熟,短日性中等,在连续光照下不能开花;南方夏大豆一般于 5 月底至 6 月初播种,10 月份成熟,短日性较强,在光照 16 h 就不能开花,云南、贵州等地在 4 月至 5 月上旬播种、9 月份成熟的品种类似如黄淮夏大豆型。

秋大豆型在 7 月至 8 月初播种,11 月上旬成熟,短日性极强,光照长至 14 h 就不能开花。

冬大豆属短日性较弱的中熟类型,在我国广东、广西、云南的南部地区一般于 12 月下旬至翌年 1 月上旬播种,4 月下旬至 5 月上旬成熟。

(二)按生育期分类

生育期性状是大豆最重要的生态性状。栽培大豆生育期与地理纬度、播种季节密切相关,在各种生态条件下形成各具特色的生育期性状。王国勋等(1981)将全国 80 个栽培大豆代表品种于春末在武汉播种,按生育日数多少分成 12 个生育期类型,显示出中国大豆资源生育期类型多样。郝耕等(1992)根据 96 份材料全国生态试验春播全生育期长短等间距地划分为 12 个熟期组。任全兴等(1987)在全国大豆生态试验基础上依全国 72 个代表品种对春、夏、秋分季播种的反应,将全国大豆归为 9 组 18 种生育期类型。汪越胜等(1994)依任全兴方法对 121 个南方代表品种按生育期类型进一步扩展为 8 组 21 类。盖钧镒等(2001)将我国大豆品种分为 12 个生育期组 16 个生育期类型,进一步揭示各生态区均有多种熟期组类型,更体现了我国各地大豆遗传资源生育期类型的多样性。

(三)按结荚习性分类

大豆结荚习性有无限结荚习性、有限结荚习性和亚有限结荚习性 3 种类型,各适应不同的生态环境。无限结荚习性的主要特性是:开花结荚顺序由下而上,花序短,主茎顶端一般结 1~2 个荚,植株高大、繁茂,营养生长与生殖生长同步时间长,开花后仍有大量营养生长,豆荚散布至主茎和分枝上,适于生长季节短、土壤干旱瘠薄的地区种植。有限结荚习性的主要特性是:开花结荚顺序由中上而下,花序长,主茎顶端成簇,豆荚集中于主茎中上部,主茎发达较粗,抗倒伏性强,耐肥水,适于土壤肥沃、雨量充沛、生育季节较长的地区种植。亚有限结荚习性的主要特性是:开花结荚顺序由下而上,花序长度介于有限结荚习性和无限结荚习性之间,主茎顶端一般结荚 3~4 个,适应中上等栽培条件大豆产区生产利用,是适于大面积机械化栽培的类型。

大豆结荚习性是与生态环境密切相关的性状,依生育期间降水量和温度的变化而变化。中国栽培大豆种植区域广阔,不同结荚习性的大豆品种适应于不同生态区种植,其生态地理分布总趋势是:北方大豆品种以无限结荚习性的居多,尤其是北方春大豆区更多;自北向南有限结荚习性品种逐渐增加。

大豆结荚习性与生育习性密切相关,无限结荚习性大豆多为半直立型,有限结荚习性和亚有限结荚习性品种多为直立型,三种生长习性大豆品种分别适于相应的生态区种植。东北主产区大豆品种以直立型占绝大多数;黄河中下游地区以直立型和半直立型为主,其中山西、河北的品种蔓生型多;淮河下游土壤瘠薄,盐碱地较多,生产水平不高,形成半直立型品种多;长江中下游地区以直立型为主。

(四)按籽粒大小分类

籽粒大小是大豆的主要进化性状,受生态环境影响和人们不同利用要求的调控,是长期的自然选择和人工选择的结果。中国栽培大豆的籽粒大小变幅很大,百粒重从 1.8 g 至 46 g。10~20 g 的品种较多,10 g 以下和 25 g 以上的特小粒和特大粒均较少。籽粒大小与生态适应性相关,小粒品种抗逆性强。在土壤含水量仅 8.26% 的极干旱条件下,百粒重 10 g 以下的种子出苗率可达 48.5%,而百粒重在 25 g 以上品种出苗率只有 29.34%。小粒种子吸水速度快,只吸收本身重量 117.5% 的水分就可发芽,而大粒种子需要吸收本身重量 148.38% 的水分才能发芽。小粒品种播种至开花阶段较长,在相同生育日数情况下,小粒大豆有较长的营养生长期,开花至成熟阶段较短,鼓粒期遇干旱等不良条件落荚率低,百粒重较为稳定,产量减少的幅度低于大粒品种。小粒品种耐寒性强。在地温 3.5℃条件下播种,小粒品种 31 天出苗,出苗率达 98.72%;大粒品种 38 天出苗,出苗率为 81.96%。小粒品种耐盐碱性、耐瘠性也优于大粒品种(吕世霖等,1984)。小粒品种在高温高湿条件下贮存,发芽率丧失较慢,故小粒品种有较强的抗逆性和较广泛的适应性,能在干旱、瘠薄盐碱地及生育季节短的地区种植。适于干旱盐碱地种植的小粒型品种多为无限结荚习性,分枝多、荚多,百粒重 3 g 左右,如山西省吉县大黑豆、青豆、水白豆、绿滚豆、黑豆等。大粒型品种适于土壤肥沃、水分充足的地区种植。在降水量多、耕作制度复杂、用途广的南方产区,大豆籽粒大小变化大。如蛋白质含量 46.8% 的秋大豆衡阳泥豆,百粒重只有 3 g;江苏省的溧阳大黄豆、圆粉豆,安徽省的绿肉黑皮豆等夏大豆,百粒重均达 46 g。

(五)按种皮色分类

中国栽培大豆种皮色有黄色、青色、黑色、褐色、双色 5 种。黄色品种用途广,故各生态区域以黄色品种居多。大豆种皮与抗性有关。色素深有抑制病菌生长作用,黑色、褐色品种出苗势及适应性优于其他种皮色品种,如江苏省地方品种泰兴黑豆在南方产区早春播种抗烂种能力强;黑色种皮品种与胞囊线虫病抗性有连锁关系,已筛选出的抗胞囊线虫病品种多是黑种皮品种。黑色种皮品种多分布在干旱地、盐碱地和土壤瘠薄地区。褐色、双色品种分布零散。特殊用途品种有菜用青皮豆、药用黑色种皮豆等。青豆是南方产区多于北方,广东、广西、福建、江苏、浙江等沿海诸省、自治区青豆较集中。粒较大、种皮黄色的种质丰产性好,是各产区的主体品种。

(六)按籽粒蛋白质、脂肪含量分类

我国栽培大豆种植地域辽阔,生态环境和耕作制度多样,形成大豆品质成分多样化特点,有高油型、高蛋白质型及蛋白质与脂肪兼用型等。高油型品种脂肪含量有超过 23% 的,高蛋白质型品种蛋白质含量有超过 50% 的,兼用型品种蛋白质和脂肪总含量有超过 65% 的。各类型中品质组成又各异。

我国栽培大豆籽粒脂肪含量为 10.7% ~ 24.2%,一般为 20% 左右,其地理生态分布呈南低北高的趋势。东北三省是高脂肪含量大豆产区;但同一栽培区内也存在差异。不同品种间脂肪酸组成有差异(刘兴媛等,1998)。我国栽培大豆蛋白质含量范围为 29.3% ~ 52.9%,高蛋白质含量大豆产区分布在 28° ~ 32°N(王文真等,1998),如湖北、江苏、贵州、四川、安徽等省。春大豆、夏大豆、秋大豆不同类型间蛋白质含量有差异,依次为秋大豆 > 夏大豆 > 春大豆;同类型品种间差异极大。大豆籽粒中还含有胰蛋白酶抑制剂(Ti)、脂肪氧化酶(Lox)等,不利于人类食用和影响食品加工品质,使营养品质和食品加工风味受一定限制。不同生态区的大豆种子缺失材料分布频率存在差异,南方多熟区的大豆品种具有丰富的Lox 缺失突变体,傅翠真等(1997)、麻浩等(2001)对南方产区大豆脂肪氧化酶缺失的研究结果鉴定出 7 种类型。大豆种子中异黄酮含量品种间差异明显,含量范围为 0.816 ~ 4.04 mg/g,随蛋白质含量的增加呈下降趋势,黄种皮、百粒重大的品种异黄酮含量较高(袁建等,2001)。

(七)其他差异

大豆具有共生固氮特性,是重要的用地养地作物。我国栽培大豆春、夏、秋不同播期类型间共生固氮特性差异大。其单株固氮量以夏大豆为最高(47.544 mg/株),范围为11.234 ~ 142.929 mg/株;固氮率以春大豆为最高(65.185%),范围为 35.71% ~ 91.038%,同一类型不同品种间共生固氮特性差异极大。大豆品种结瘤固氮性状,是在一定的土壤、气候条件和农作制度下长期适应和选择的结果。不同产区品种结瘤固氮性状有差异,南方产区品种结瘤固氮性状优于黄淮和北方产区品种。春、夏、秋不同类型大豆品种,与慢生型大豆根瘤菌株 113-2 的亲和性优于与快生型根瘤株 H 432 的亲和性。春、夏、秋三类型大豆与根瘤菌株亲和性差异极大,各类型中均有与菌株高亲和的品种(徐巧珍等,2001)。

大豆品种对病虫及不良气候条件、土壤环境的抗御性能,同产区的生态环境密切相关。尽管不同播期类型的大豆品种的抗病性、抗虫性、抗逆性差异很大,分布也不同,但各类型中均有抗性种质。

我国大豆种质资源遗传变异极为丰富,20 世纪大豆科技工作者致力于拓宽品种遗传基础,运用多种手段进行种质创新。广泛使用优良地方品种、野生大豆及国外种质做亲本进行有性杂交,各种创新种质的利用又促进了我国大豆品种的改良,丰富了我国栽培大豆基因

库。

近年来,我国科技人员运用常规方法与分子生物技术等手段对大豆种质多样性进行了更深入的研究。许东河等(1996)研究认为,我国栽培大豆同工酶生化性状多样性呈明显的地理分布,其遗传差异水平较高。RAPD 分析,AFLP 标记(邱丽娟等,1998;田清震等,2000)发现我国南北方大豆种质的遗传差异明显,栽培大豆种质基因组 DNA 水平遗传变异极为丰富。中国栽培大豆资源的遗传多样性是大豆品种改良丰富的物质基础和大豆生产发展的潜力,生产上可根据不同用途、不同生态条件及生产水平选择不同类型大豆品种。

二、栽培大豆品种资源分布地域广

我国大豆栽培分布地域辽阔,南起北纬 18°的海南省三亚,北到北纬 53°的黑龙江省漠河,分布于 32 个省、自治区、直辖市。大豆品种资源超过 1 000 份的有 11 个省,以山西、四川、贵州三省大豆品种数为最多,分别为 2 182 份、2 069 份、2 068 份,其次为江苏、湖北,分别为 1 635 份、1 529 份。在春、夏、秋不同播期类型中,以南方夏大豆资源份数为最多(7 565 份,分布于 14 个省、市),其次为北方春大豆(周新安等,1998)(表 5-1)。

表 5-1　中国大豆品种资源各型地区分布　(周新安,1998)

省 份	北方春大豆型	黄淮春大豆型	黄淮夏大豆型	长江春大豆型	南方春大豆型	南方夏大豆型	南方秋大豆型	合 计
黑龙江	830							830
吉 林	1124							1124
辽 宁	1146							1146
内蒙古	310							310
北 京	47							47
宁 夏	107							107
新 疆	42							42
河 北	500		749					1249
山 西	2182							2182
陕 西	239		796					1035
甘 肃	240		110					350
江 苏		135	648	117		730		1630
山 东			1084					1084
河 南			576					576
安 徽			652	50		382		1084
上 海				7		83		90
湖 北				130		1399		1529
四 川				1267		802		2069
浙 江				150		395	382	927

续表 5-1

省　份	北方春大豆型	黄淮春大豆型	黄淮夏大豆型	长江春大豆型	南方春大豆型	南方夏大豆型	南方秋大豆型	合　计
福　建					196	280	115	591
江　西			102			148	172	422
湖　南			266			240	48	554
广　东					301	44		345
广　西					184	405	1	590
台　湾					12			12
贵　州						2068		2068
云　南						582		582
西　藏						7	13	20
合　计	6767	135	4615	2089	693	7565	731	22595

三、栽培大豆品种数量丰富

全世界栽培大豆品种资源共有 14.7 万份,保存于 125 个单位。其中有一半的种质保存于 8 个单位。我国拥有大豆种质资源 3 万余份,在国家长期种质库保存的国内外栽培大豆资源 25 144 份,居世界之首。其中,国内品种 23 587 份,国外引进品种 2 156 份(表 5-2)。美国保存了栽培大豆品种 15 000 份,为世界第二个保存栽培大豆品种最多的国家。

表 5-2　不同时期编目和繁种入国家长期库保存的大豆品种数　(邱丽娟等,2002)

项　　目		1974～1980 年	1986～1990 年	1991～1995 年	1996～2000 年	总　计
编入目录品种数		6814	10853	6919	1160	25746
其中	国　内	6814	10853	4970	950	23587
	国外引进	0	0	1946	210	2156
长期库保存		0	17267	6871	1006	25144

四、中国栽培大豆种质是世界栽培大豆的种源

大豆起源于中国。在古代文献《左传》、《诗经》、《史记》中,记述了 3 000～4 500 年前不同播种期、不同熟期品种的种植情况。新中国成立后,考古工作者在东北、华北、长江流域等地多处发掘大豆文物。黑龙江省宁安县大牡丹屯与牛场两处原始社会遗址和吉林省永吉县乌拉街原始社会遗址出土的大豆遗物,距今 3 000 年左右。吉林省永吉县出土的炭化大豆化学成分分析结果属于东北地区栽培大豆秣食豆类型,以进化观点推论,它是野生大豆向栽培大豆进化的过渡类型。湖北省江陵县凤凰山 168 号汉墓、湖南省长沙市马王堆一号和三号汉墓出土的大豆文物距今 2 100 年,大约在汉代。山西省侯马市的牛村古城南东周遗址贮存粮食的窖穴中有黄色大豆种子,同现在栽培大豆种子近似。河南省洛阳市西郊汉墓中出土的陶器上有"大豆万石"文字,另有部分陶器中有大豆食物遗存,距今 2 000 年左右。可见在战

国至汉代,山西、河南盛产大豆。我国野生大豆分布区域广阔,北起黑龙江,南至广东,东至沿海,西至甘肃、宁夏,野生大豆广泛分布于山区、丘陵、河谷及沿海地带。我国各地均有大豆栽培,形成春、夏、秋、冬播不同类型,可适应不同生态条件与耕作制度。现已搜集、编写中国大豆品种资源目录进入国家种质库长期保存的栽培大豆2万余份,野生大豆6 000多份。从古文献记载,出土文物,大豆资源的广泛分布与庞大数量,都证明我国是世界大豆起源中心,已为世界各国公认。美国的大百科全书,前苏联的大百科全书,均有大豆起源于中国的论述。

栽培大豆由起源地中国直接或间接地传向世界。在距今2 200年前的战国时期首先传到朝鲜半岛,汉代传到日本,唐宋时期传到东南亚。文献记载,1873年在维也纳万国博览会上,中国大豆首次在博览会上与世界见面,被称为"奇迹豆",引起世界许多国家重视,争相引种。欧洲各国是18~19世纪直接或间接引种大豆,美洲在19世纪末引种大豆。20世纪,美国、加拿大、巴西、阿根廷加快大豆生产发展,成为世界大豆主产区。非洲和澳大利亚是在20世纪引种大豆的。目前大豆生产已广泛分布于世界各地,成为世界上发展最快的作物。

第二节　大豆品种资源的鉴定研究

一、中国栽培大豆品种资源的搜集与整理

我国具有丰富多样的栽培大豆品种资源。古代农书及黄河流域、长江流域、东北地区的一些县志,均有关于大豆品种的记载。春秋战国时期便有大粒、小粒品种之分,魏晋南北朝时期有种皮黄、白、黑不同颜色类型和不同用途的大豆品种,明朝的《本草纲目》(李时珍)、《天工开物》(宋应星)不仅将大豆分成6种种皮色和不同用途的品种,还分出春、夏、秋等栽培类型。20世纪初,东北、黄淮、长江流域等地区各县县志中,有许多关于大豆品种的记述,有的县志记载多达100多个品种。1956年开始有领导有组织地在全国范围内进行了第一次大规模群众性大豆品种资源征集工作,将地方品种从一家一户收集起来,分别保存在各省、自治区、直辖市农业科学院(所),并进行初步整理归类。中国农业科学院油料作物研究所根据农林部(74)农林科(字)第29号文件精神,于1975年6月主持召开了全国16省的大豆品种资源工作会议,制定了中国栽培大豆品种资源编目方案,按统一标准种植、观察、整理、归类,并组织全国31个科研单位编写了《中国大豆品种资源目录》(1980年出版),计23个省份的品种6 814份。1979~1981年及90年代,又相继进行了全国大豆品种资源的补充征集,并种植、观察、归纳、整理,由中国农业科学院作物品种资源研究所主持,全国40个科研单位参加,续编《中国大豆品种资源目录》。编入该目录的品种有栽培大豆25 743份(表5-2),野生大豆6 172份,引进的国外品种2 156份。由吉林省农业科学院主持,中国农业科学院油料作物研究所及各省、自治区、直辖市农业科学院等单位参加,编写出版了《中国大豆品种志》。

早期,大豆种质由各省、自治区、直辖市农业科学院及所辖地区农业科学研究所分别保存,每隔一二年更新一次。1986年,国家建设了农作物种质资源库,在国家科技攻关项目资助下,由中国农业科学院作物品种资源研究所主持,组织全国的科研单位和农业院校将编入《中国大豆品种资源目录》的全部栽培大豆品种按统一计划和标准,分省、自治区、直辖市,进行主要农艺性状、品质性状、抗病性、耐逆性等性状的观察、鉴定,并繁种送国家种质库长期

保存,建立相应的数据库。国家种质库温度为 -18℃,相对湿度50% ±7%,每年对库存种子进行活力监测,确保种子安全保存,预计种子的保存期限可达50年;同时在青海省建设了备份种质库。为了有利于种质交流,分区建有中期库,库温为0℃,相对湿度为30%,保存育种、生产和国内外交流用的各省、自治区、直辖市的大豆种质资源(常汝镇,1998)。20世纪90年代对优良大豆种质进行综合评价、鉴定、编目和遗传分析,并繁种编目送入中期库保存,供交流和拓宽利用。此外,南京农业大学保存了 10 000 多份大豆品种资源,吉林省农业科学院大豆研究所征集、保存了东北地区大豆品种资源,中国农业科学院油料作物研究所(武汉)和河北、黑龙江、广西等省、自治区的农业科学院均建立了低温种质库,分别保存所在省、本辖区及所在产区的部分大豆种质和国外品种。

中国栽培大豆品种资源以地方品种为主体,在已编入《中国大豆品种资源目录》的国内大豆种质中,地方品种占93%左右,育成品种和创新种质占7%左右。这些地方品种是栽培大豆在发展过程中形成、积累并传承下来的,曾在大豆生产上长期利用,至今在粤、桂、滇、黔等地仍有大面积利用。地方品种蕴涵着极丰富的优良基因源,为我国乃至全世界大豆生产的发展和品种改良作出了巨大贡献。

二、农艺性状鉴定

大豆的生育期、结荚习性、粒大小、粒色等是栽培大豆的主要农艺性状。1974～2000年,全国各省、自治区、直辖市农业科学院(所)分期分批地对搜集的种质通过田间和温网室种植及化学检测,进行了生育期、结荚习性、生长习性、籽粒性状、花色、茸毛色、叶形、株高等性状鉴定。

(一)生育期性状鉴定

大豆生育期性状受生态环境,特别是光、温等因素及农业生产条件的影响。大豆是短日照作物,生育期随日照时数的减少而缩短。一个品种适宜的种植范围相对比较狭窄,但种植区域广。我国辽阔的地域和类型多样的耕作制度形成了中国栽培大豆独特的生育期特性。

1. 不同纬度大豆品种的短日性差异　大豆出苗至开花日数是品种短日性差异的标志。王国勋等(1982)在武汉每天13.5 h光照条件下观察了原产不同纬度不同类型大豆品种的生育特性:原产北纬50°的东北春大豆克霜、北纬40°的华北春大豆太谷黄豆、北纬30°的长江中下游春大豆六月爆及北纬24°的南方春大豆葛茹仔,出苗至开花日数分别为20 d、28 d、32 d和36 d;而原产北纬37°的黄淮夏大豆新黄豆、北纬23°的南方夏大豆玉林红毛豆,出苗至开花日数分别是26 d、45 d;原产北纬27°的秋大豆乌壳黄,出苗至开花日数长达57 d。结果表明,高纬度地区品种短日性弱,随着大豆品种原产地纬度降低,品种的短日性增强。

2. 不同类型大豆生育期遗传特性　春、夏、秋类型大豆因长期光照、温度条件不同,形成各异的生育期遗传特性。在北纬30°的春大豆出苗至开花日数为26～32 d,同纬度夏大豆出苗至开花日数范围是35～41 d,秋大豆达到50 d,表明同一纬度地区不同播期类型大豆品种存在短日性差异,即春大豆短日性弱,秋大豆短日性强(王国勋,1982)。将不同纬度的72个代表品种在南京按春、夏、秋三季,每季分两期播种,结果显示出:不同地区来源品种随播种季节的推迟生育期缩短,缩短程度与原产地理纬度呈负相关($r = -0.6527$),播种期之间生育期标准差是南方秋大豆 > 南方夏大豆 > 黄淮海夏大豆 > 南方春大豆 > 黄淮海春大豆 > 北方春大豆,表明南方地区大豆短光照性对播期反应较敏感的规律及短光照性为秋大豆 >

夏大豆 > 春大豆(任全兴等,1987)。

温度对大豆生育的影响是随品种感光性的减弱而增大,不同地区来源品种感温性有差异,南方大豆尤其是秋大豆感温性最强。王国勋(1982)指出,在同等光照条件下,高温对大豆生长发育有促进作用。不同地理来源的春、夏、秋类型大豆在 12 h 光照条件下,利用不同播期造成变温处理的结果,短日照高温促进大豆生长发育主要是促进出苗至开花阶段的生育进程。高温区(7 月 15 日播种)的材料出苗至开花日数和生育日数分别比低温区(4 月 2 日播种)减少 20.7 d 和 32.5 d。温度高,生育期缩短,温度低,生育期延长,因而在纬度相似的不同海拔地区间品种生育期差异,主要是海拔升高随之温度降低的影响。

杨永华等(1994)研究生育期光温反应特性(即播季反应敏感程度 S)呈现主基因与微基因混合遗传的方式,基因作用以加性为主,有一定的显性与上位效应,多基因在亲本中分散分布,因而出现超亲现象。生育期的遗传在不同播种季节条件下有差异,同一组合的遗传基础在春播条件下表现为一对主基因加多基因的遗传,在夏播条件下表现为微效多基因的遗传,主基因效应的显现与播种季节有关。汪越胜等(2001)用不同熟期类型品种 256 份在南京分期播种并进行短光照处理的研究结果,在大豆对光温综合反应中,光照是主导因素。大豆品种生育期对光温反应的敏感、钝感性与品种适应性有关。近 20 余年来,广大科技工作人员利用分期播种已筛选出一批对光温钝感材料作育种亲本或直接用于生产。中国农业科学院油料作物研究所从武汉市郊区地方菜用品种中鉴定出的春大豆良种矮脚早,是南方产区第一个适应范围最广的品种,从 20 世纪 70 年代至今一直在生产上利用,是春、夏大豆高产优质抗病育种的骨干亲本和春大豆育种对照品种,打破了短日照作物大豆适应范围狭窄的局限性。南京农业大学在研究大豆对光温综合反应的研究中,也筛选出 14 份光温钝感特异种质。

3. 大豆生育期性状品种间差异　　大豆品种生育期特性差异是光温条件长期综合影响的结果,原产地纬度、原产地播种季节及原产地海拔高度是影响生育期性状的光温综合条件。栽培大豆在各种生态条件下形成各具特色的生育期性状。王国勋等(1982)将全国 80 个栽培大豆代表品种于 4 月 10 日在武汉播种,按生育日数分成 12 个生育期类型(表 5-3)。在北纬 40°以北只 1 个生育期类型,至北纬 34°地区有 5 个生育期类型和春、夏 2 个播种期类型,至北纬 30°地区同时存在 7 个生育期类型和春、夏、秋 3 个播种期类型,在长江流域及其以南地区有春、夏、秋、冬 4 个播种期类型,显示出大豆生育期性状品种间差异。盖钧镒等(2001)根据北美 13 个熟期组的 48 个代表品种及我国各地 256 个代表品种在南京自然条件结合 18 h 长光照试验,部分品种在石家庄、哈尔滨春播试验结果,将我国大豆品种分为 12 个生育期组 16 个熟期类型(表 5-4)。

表 5-3　中国大豆生育期、播种期类型的地理纬度分布　(王国勋等,1982)

生育期类型	分布 纬度 (°N)																								
	46~50	45	44	43	42	41	40	39	38	37	36	35	34	33	32	31	30	29	28	27	26	25	24	23	22
I	Sp														Sp		Sp								
II			Sp	Sp	Sp										Sp	Sp									
III					Sp	Sp	Sp			Su			Sp Su							Sp					Wi

续表 5-3

生育期类型	46~50	45	44	43	42	41	40	39	38	37	36	35	34	33	32	31	30	29	28	27	26	25	24	23	22
										分 布 纬 度 (°N)															
IV						Sp	Sp	Sp	Sp	Su			Su					Sp				Sp			
V										Su	Su		Su		Su									Sp	
VI											Su	Su	Su		Su			Sp			Sp			Sp	
VII													Su							Sp(黔)	Sp(黔)			Su	
VIII													Su		Su	Su									
IX															Su	Su				Sp(滇)					
X																Su				Sp(滇)				Su	
XI																Su(极迟) Au				Au	Au	Su			
XII																Au		Su(极迟)		Au					

注:Sp代表春大豆,Su代表夏大豆,Au代表秋大豆,Wi代表冬大豆

表 5-4 中国大豆熟期组类型在各生态区的分布 (盖钧镒等,2001)

大豆品种生态区	熟 期 组 类 型																合计
	000	00	0₁	0₂	I₁	I₂	II₁	II₂	III₁	III₂	IV	V	VI	VII	VIII	IX	
北方一熟春大豆区	1	4	19		16		6		7	1	1						55
黄淮海二熟春夏大豆区					1	1	11	1	16	2	13	8	1				54
长江中下游二熟制春夏大豆区				3		3	2	2	3	6	5	17	9	2			52
中南多熟制春夏秋大豆区				1		1	6		4	4		6	3	12	4		41
西南高原二熟春夏大豆区							1		10	6	7	2	2	3	2		31
热带多熟四季大豆区						1		1		2	6	3	3	1	5	1	22
合 计	1	4	19	4	17	6	17	11	25	22	36	23	29	16	21	5	256

(二)结荚习性与生育习性鉴定

结荚习性是指开花结荚的方式,是大豆的重要生态性状,在遗传上受 2 对基因控制。中国栽培大豆结荚习性分布趋势是:自北向南随着生育期降水量和日平均气温的增加,有限结荚习性品种逐渐增加。据常汝镇(1990)的调查分析,全国 6 782 份栽培大豆种质,有限结荚习性品种占 48.9%,无限结荚习性品种占 39.1%,亚有限结荚习性品种占 12%。各地的

情况是：长江流域及其以南的大豆品种中有限结荚习性的占 78.7%，长江中游地区有限结荚习性品种占 90.2%，长江下游地区有限结荚习性品种占 74%；东北春大豆区无限结荚习性品种占 63.3%，有限结荚习性品种占 28.1%；黄河中下游地区无限结荚习性品种占 48.9%，有限结荚习性品种占 36.7%，亚有限结荚习性品种占 14.4%。其中，河南、山东有限结荚习性品种占 52.2%，无限结荚习性品种占 26.7%；陕西、山西的大豆品种无限结荚习性品种占 86.2%，有限结荚习性品种占 13.4%。

大豆生育习性是指大豆植株生长发育的状况，是关系到大豆的进化程度、栽培管理和机械化收获的性状。中国栽培大豆生育习性主体是直立型和半直立型。常汝镇（1990）的调查结果，在 6 733 份种质中，直立型占 55.6%，半直立型占 30.5%，半蔓生型和蔓生型分别占 6.2% 和 7.7%。其中：东北春大豆品种直立型占 71.5%；黄河中下游地区直立型和半直立型分别为 42.7% 和 30.6%，山西、河北的蔓生型品种较多；淮河中下游地区夏大豆半直立型占 57%；长江中下游地区直立型占 75.1%。

中国栽培大豆种质资源结荚习性、生育习性类型丰富，生态地理分布明显，能满足不同生态区大豆生产、种质创新和品种改良的需要。

（三）籽粒大小性状鉴定

大豆籽粒大小主要是进化性状，在生产适应上具有特殊意义。小粒品种抗逆性强，稳产性好，适应性广；大粒品种丰产性好，要求较好的土壤条件、较精细的栽培措施。中国栽培大豆籽粒大小类型极多。据吕世霖等（1984）对编入《中国大豆品种志》的 928 个品种的统计分析，百粒重 10～15 g 的小粒品种和 15～20 g 的中粒品种占 67%，20～25 g 的大粒品种占 20.1%，10 g 以下的特小粒与 25 g 以上的特大粒各占 9.5% 和 3.8%。东北主产区百粒重 20 g 以上的品种占 38.2%。黄淮地区夏大豆籽粒较小。西北干旱区小粒种多，陕西北部、山西中部、北部黄土高原为小粒大豆区，百粒重 1.8～7 g 的品种占 20% 左右。长江流域及其以南耕作制度类型多样，存在春、夏、秋、冬 4 种播期类型，用途各异而籽粒大小变化大，如菜用大豆大粒品种百粒重有的超过 40 g，作酱菜等副食用和作饲料用的小粒秋大豆百粒重只 2.5 g 左右，作豆芽菜用的沭阳鱼儿圆百粒重 4.7 g，安徽的绿肉黑皮百粒重达 46 g。大豆籽粒大小性状的遗传以加性效应为主，小粒性有一定程度的显性作用，为较复杂的数量遗传。中国栽培大豆籽粒大小类型的多样性是各生态区长期选择的结果，可满足不同利用目的需要，也是各大豆产区根据育种需求选育相应生态类型新品种的雄厚物质基础。

（四）种皮色性状鉴定

大豆是重要经济作物。不同粒色大豆适于不同用途。黄色大豆应用广泛，青色大豆适于菜用，黑色大豆适于做豆豉等副食品用，亦可入药。据吕世霖（1984）的资料统计，黄色大豆占 64.4%，黑色大豆占 15.7%，青色大豆占 10.5%，褐色、双色大豆分别占 6.1% 和 3.3%。各大豆产区均以黄色品种为主。东北产区大豆种皮黄色光亮，脐色淡，是重要的商品大豆生产基地。黑豆以内蒙古、河北、山西、陕西种植较多，青豆主要在长江流域及其以南大豆产区种植，褐色、双色大豆只在少数地区零星种植。

中国菜用大豆历史悠久，是世界菜用大豆最大的生产国和出口国，当前呈发展趋势。长江流域及南方是我国传统菜用大豆消费区和生产区，特别是长江中下游的江苏、上海、浙江、江西、湖南、湖北等地和东南沿海的福建、台湾，是世界菜用大豆的主要生产和消费地区。近年来，菜用大豆正在由南向北、从东向西发展，山东、河南、天津、北京、广西、广东等地也在发展菜用大豆。中国菜用大豆产区有丰富的种质资源,有春、夏、秋不同播期类型品种。春大豆是菜用大豆的主要类型,如湖北矮脚早、苏州五月毛、上海早红毛、奔牛青毛、五月拔、五月白毛、五月半、耐湿六月枯、六月白、杭州四月白、七月白、角角四等地方品种;夏大豆有八月香、开锅烂、破皮风、宜兴香嘴豆、德青黑株豆、太仓岳王黄豆、桂元豆、苏内青2号、金湖大青豆、启东大青豆、上海白芒豆、上海小青豆等地方品种;秋大豆有古城青黄豆、丽水大黄豆、云和秋大豆、金华大豆、秋田豆、衢县冬黄豆、贺村黄豆、八月拔、泰顺秋大豆、南皖秋豆、桐乡大豆、兰溪大豆等地方品种。新育成的适于作菜豆用的有中豆30、宁镇1号、宁镇3号、灰荚2号、华春18、早生白、西豆3号、楚秀、新六青、87-C38、87-C39、苏内青2号、苏内青3号、宁蔬60、十月青、青大粒一号、晋品1、晋品2、晋特一号等不同类型品种及引进种质 AGS 292、Green 75(台75)等。

黑种皮大豆也称黑豆,是我国栽培大豆的重要组成部分。黑豆具有耐旱、耐瘠、耐盐碱、适应性广等特点,全国各地广泛栽培,品种资源极为丰富。孙建英、常汝镇(1991)分析中国黑豆品种资源2 486份,占栽培大豆品种资源的14.6%,数量仅次于黄种皮大豆,居第二位。黑豆的籽粒大小品种间差异极大,如山西吉县黑豆百粒重仅1.8 g,而江西的绿肉黑皮豆百粒重达46 g。黑豆品种群体中大粒种极少,特大粒品种只有39份,百粒重32 g以上的极大粒品种只有11份,仅占0.4%;而小粒种占54.1%。黑豆品种地理分布以黄河流域数量最多,有1 548份,占全国黑豆品种的61.06%;且籽粒小,小粒品种占62.5%,历史上陕晋北部也是小粒黑豆的主要栽培区。长江下游的黑豆籽粒较大,百粒重平均达17.7 g,大粒品种占38.7%。黑豆粒形以椭圆形为多(占36.6%),少数为肾形(13.7%)和圆形(3.8%)。黑豆以无限结荚习性为主,占56%,有限结荚习性占33.3%,长江以北多为无限结荚习性,长江以南多为有限结荚习性。黑豆品种有42.9%为直立型、37.9%为半直立型、半蔓生型、19.2%为蔓生型。长江流域及其以南直立型占优势,东北地区直立型约占50%,黄淮地区直立型约占30%,其余为半直立型和蔓生型。黑豆的子叶色大多为黄色(占96.4%),少数为绿色(3.6%)。黑豆植株高度从北向南逐渐降低。黑豆多为紫花、棕毛,但长江中游和西南地区白花品种较多。在黑豆中已鉴定出一批不同类型的抗逆性强、抗病性强的种质,特别是抗大豆胞囊线虫病的种质。迄今为止,中国、美国的大豆抗胞囊线虫病的抗源大多是从中国小粒黑豆种质中筛选出来的,如抗1号、3号、5号生理小种的"北京小黑豆",抗1号、5号生理小种的辽宁"二黑豆"及山东的"假黑豆"等。黑豆用途广泛,尤其是青子叶的黑豆又称药黑豆,集药用、保健功能和高营养于一体,深受国内外市场欢迎。黑豆种皮含果酸18%,含乙酸、丙酸与多种糖类,具有滋阴补阳、补血益气、养肝护胃、清热解毒的功效,是黑色食品与保健食品的完美结合体。因而,丰富多样的黑豆种质资源既是高产优质多抗育种的物质基础,又是开展植物营养品种改良的雄厚物质基础。

(五)茸毛色、花色、叶形、植株高度等植物学性状鉴定

大豆的花色、茸毛色、叶形、株高等植物学性状存在品种间差异,是鉴别大豆品种特征的重要性状。常汝镇(1990)在《不同地区大豆遗传资源的若干植株性状》一文中介绍,根据《中国大豆品种资源目录》资料,分析了中国栽培大豆品种资源花色、茸毛色、叶形和植株高度的地理分布趋势。中国栽培大豆的花色有白花、紫花两种。在6 700份种质中,白花品种占48.8%,紫花品种占51.2%。茸毛分灰毛、棕毛两类,灰毛品种占52.7%,棕毛品种占47.3%。叶形以椭圆形叶和卵圆形叶为主,二者占95.2%,披针叶仅占4.8%。植株高大(91

cm 以上)材料占 32.6%,较高的(81~90 cm)占 12.3%,中等高的(61~80 cm)占 25.6%,较矮的 (41~60 cm)占 22.3%,40 cm 以下的矮秆品种占 7.2%。

以上性状地理分布趋势是：东北春大豆区白花品种占 61%,紫花品种占 39%;灰毛品种占 71.5%,棕毛品种占 28.5%;主栽品种多为灰毛白花。黄河下游地区白花与紫花、灰毛与棕毛品种所占比例总体上大致相等,但各省间有差异,如河北、山西的品种棕毛占 63.2%,山东、河南、陕西的品种灰毛占 60.3%。淮河下游地区(苏北、皖北)灰毛品种多于棕毛品种,白花品种多于紫花品种,徐州地区有徐州小油豆等 11 份无茸毛品种。长江下游地区棕毛品种占 76.2%,紫花品种占 80.6%。安徽省江淮平原的夏大豆有 8 份无茸毛品种,春、夏、秋大豆茸毛色、花色分布趋势基本一致,只是秋大豆中白花品种极少。长江中游地区棕毛品种占 70.1%,白花品种略多于紫花,叶形均以椭圆形和卵圆形占绝对优势。植株高度以东北地区最高,91 cm 以上品种占 39.5%;黄河中下游地区大豆品种株高中等;长江流域夏大豆植株较高(70~80 cm),春、秋大豆较矮。

三、品质性状鉴定

大豆营养成分含有蛋白质、脂肪、膳食纤维,低聚糖、维生素、矿质营养元素及磷脂、异黄酮、大豆多肽、皂苷等生理活性物质。蛋白质、脂肪含量及其组成是最重要的品质性状。

(一)大豆蛋白质含量及其组成鉴定

中国栽培大豆蛋白质含量是水稻的 4.6 倍,小麦的近 3 倍。王文真(1998)等人的研究报告,中国栽培大豆 21 050 份品种资源蛋白质含量范围为 29.3%~52.9%,平均为 44.31%,鉴定出高蛋白质含量种质 196 份。全省平均含量超过 45%的有湖北、江苏、四川、贵州、江西、湖南、福建等省(表 5-5)。徐豹等(1984)分析了中国不同纬度地区 1 635 份栽培大豆种子蛋白质的平均含量为 42.15%,范围为 34.7%~50.75%。

表 5-5　我国栽培大豆蛋白质含量　(王文真、刘兴媛、曹永生、张明等,1998)

省　份	样品数(N)	平均数(%)	标准差(%)	变异系数(%)	最小值(%)	最大值(%)	纬度(°N)	海拔(m)
黑龙江	845	42.89	2.28	5.31	29.3	48.9	45.68	171.7
新　疆	8	47.36	1.58	3.34	43.9	48.8	43.90	653.5
吉　林	1123	42.24	2.49	5.91	33.1	50.0	43.52	200.0
辽　宁	1082	43.30	1.82	4.20	37.1	49.4	42.40	85.4
内蒙古	284	43.50	2.21	5.07	34.4	47.3	40.82	1063.0
北　京	46	43.98	1.44	3.28	40.7	46.7	39.80	40.0
宁　夏	97	44.17	1.61	3.65	39.4	48.2	38.23	1118.5
河　北	1107	43.64	1.86	4.26	35.5	48.7	38.07	82.0
山　西	2171	41.12	2.19	5.32	30.1	47.8	37.78	1000.0
山　东	1069	42.89	2.03	4.73	35.4	49.9	36.68	38.0
甘　肃	347	44.28	2.93	6.61	35.1	49.3	36.10	1517.2
河　南	564	43.55	1.74	4.00	37.5	52.0	34.72	100.0
陕　西	993	43.72	2.37	5.41	34.4	49.2	34.30	
江　苏	1497	45.05	2.13	4.74	38.2	52.0	32.00	4.0

续表 5-5

省　份	样品数(N)	平均数(%)	标准差(%)	变异系数(%)	最小值(%)	最大值(%)	纬度(°N)	海拔(m)
安　徽	1063	44.35	2.62	5.00	36.6	51.0	31.85	17.0
上　海	68	44.29	2.52	5.70	40.1	50.0	31.12	5.0
湖　北	1514	45.40	2.25	4.96	36.2	52.0	30.80	30.0
四　川	1957	46.52	2.03	4.36	39.3	52.5	30.67	506.0
浙　江	916	44.84	2.01	4.48	34.7	51.9	30.32	9.0
西　藏	11	44.46	2.86	6.44	38.0	48.0	29.68	3658.0
江　西	420	47.10	2.09	4.44	41.0	52.9	26.67	27.0
湖　南	550	46.03	1.93	4.20	35.9	50.9	28.20	51.0
贵　州	1459	46.17	1.98	4.28	36.6	51.7	26.58	1070.0
福　建	568	45.27	2.36	5.22	35.8	50.9	26.00	11.00
云　南	547	44.35	2.03	4.58	39.3	50.8	25.02	1908
广　东	319	44.36	1.34	3.03	40.0	48.0	23.13	5.0
广　西	400	44.99	2.20	4.90	38.2	49.2	22.74	81.0
海　南	25	43.70	1.29	2.96	41.2	46.1	20.00	4.0
总　计	21050	44.31	2.69	6.06	29.3	52.9		

* 天津、青海、台湾因样品少未参与计算

　　徐豹、王文真等人报道大豆蛋白质含量随纬度升高而降低,呈极显著负相关,相关系数为 – 0.679。纬度每升高 1°,蛋白质含量下降 0.2138%。40°N 以北为低区,东北主产区大豆蛋白质含量低;黄淮夏大豆区为中间过渡带;南方夏作大豆区为高区,其中 30° ~ 31°N 地带是全国大豆蛋白质含量最高区(图 5-1)。吉林省农业科学院大豆研究所(1982)报道了我国不同地区大豆蛋白质、脂肪含量的变化(表 5-6)。

表 5-6　中国不同地区大豆脂肪、蛋白质含量　　(吉林省农业科学院大豆研究所,1982)

产　区	品　种	蛋白质含量(%)	脂肪含量(%)	测试品种数(个)	品种来源
北方地区	春大豆	39.9	20.8	308	东北三省
黄淮海地区	夏大豆	41.7	18.0	105	山东及苏北地区
长江流域	春、夏、秋大豆	42.5	16.7	73	湖北、浙江、江苏

　　宋启建(1990)等人选用 42 份来源于全国各地不同生态区代表品种在南京分期播种后的品质分析结果,东北、黄淮、南方三生态区品种蛋白质含量由北向南有所增加,春、夏、秋大豆类型蛋白质含量有差异,依次为秋大豆 > 夏大豆 > 春大豆。全国有一批蛋白质含量高达 52% 以上的种质,如夏大豆有江苏溧阳青豆 2 号,四川赶谷黄、天全八月黄,江西靖安大黄豆、白毛豆,及湖北的荆 783、暂编 20 等;秋大豆有贵溪团鱼蛋、贵溪懒豆、南雄黄豆、严田皮豆等。中国栽培大豆高蛋白质种源丰富,即使在高纬度的北方产区也有蛋白质含量高达 48% 以上的品种,如黑脐鹦哥豆、铁荚青、吉林茶里花、柳河黑秣食豆、岫岩天鹅蛋、高丽黄-1、永吉大豆等。

　　大豆所含蛋白质是氨基酸很平衡的优质蛋白质,属完全蛋白质,含有种类齐全的氨基

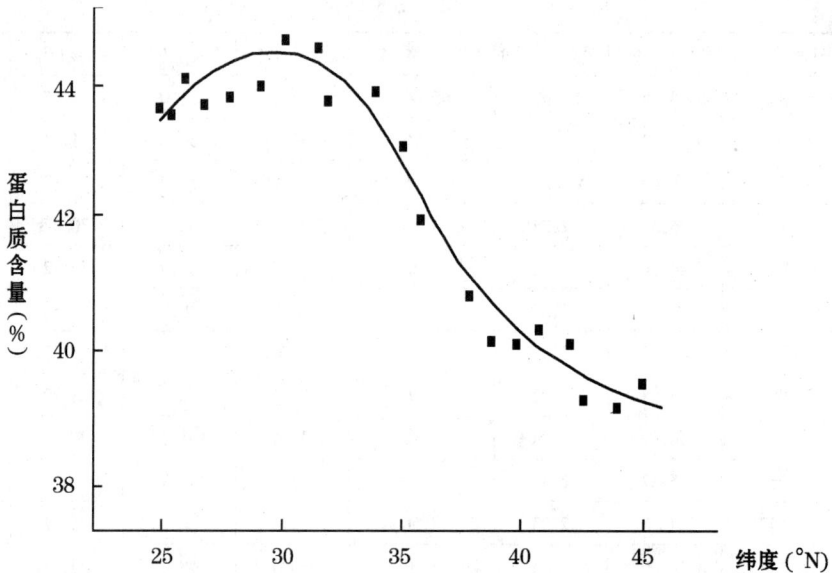

图 5-1　中国不同纬度栽培大豆蛋白质含量　（徐豹等,1984）

酸,特别是含有人体必需的 8 种氨基酸(苏氨酸、赖氨酸、异亮氨酸、亮氨酸、蛋氨酸、色氨酸、缬氨酸和苯丙氨酸),与鱼、肉、蛋、奶等食品相似,优于大米、小麦、玉米等作物食品。大豆的赖氨酸含量不仅高于禾谷类食品,也高于鱼、肉、蛋、奶等高蛋白质动物食品(表 5-7)。

表 5-7　大豆与动植物食品必需氨基酸含量　（单位:g/100 g）

种　类	缬氨酸	亮氨酸	异亮氨酸	苏氨酸	苯丙氨酸	色氨酸	蛋氨酸	赖氨酸
大　豆	1.80	3.63	1.61	1.65	1.80	0.45	0.41	2.29
籼稻米	0.40	0.66	0.25	0.28	0.34	0.12	0.14	0.28
粳稻米	0.39	0.61	0.26	0.28	0.34	0.12	0.13	0.26
面　粉	0.45	0.76	0.38	0.33	0.49	0.12	0.15	0.26
玉　米	0.42	1.27	0.28	0.37	0.42	0.07	0.15	0.31
高　粱	0.56	1.72	0.40	0.39	0.58	0.11	0.18	0.23
小　米	0.55	1.49	0.38	0.47	0.56	0.20	0.30	0.23
猪瘦肉	1.13	1.63	0.86	1.02	0.81	0.27	0.56	1.64
牛瘦肉	1.04	1.46	0.77	0.93	0.70	0.21	0.51	1.44
兔　肉	1.01	1.64	1.00	1.03	0.85	0.26	0.53	1.14
鸡　肉	1.20	1.84	0.96	1.18	0.90	0.27	0.65	1.84
鸭　肉	1.65	1.54	0.78	0.95	0.76	0.22	0.50	1.57
带　鱼	0.94	1.47	0.93	0.79	0.69	0.15	0.48	1.24
草　鱼	0.70	1.38	0.80	0.68	0.60	0.13	0.40	1.15
鸡　蛋	0.87	1.18	0.64	0.66	0.72	0.20	0.43	0.72
牛　奶	0.22	0.31	0.15	0.14	0.15	0.04	0.09	0.24

大豆种子中贮藏的蛋白质包括球蛋白(占 60%～70%)、白蛋白(约占 20%)、胰蛋白酶

抑制剂(占5%～10%)、植物凝集素(约占5%)、蛋白酶和磷酸酶等几种类型,但主要是球蛋白。大豆球蛋白中的7 S蛋白和11 S蛋白占大豆种子蛋白质总量的70%(许月等,1998)。南方产区的江苏、安徽、江西、广东等省地方品种含硫氨基酸含量较高(刘金宝,1989)。种子贮藏蛋白各组分含量对豆腐加工影响极大,球蛋白含量与湿豆腐重、干豆腐重、豆浆蛋白率、豆腐蛋白率等存在显著或极显著正相关,品种间豆腐及豆乳得率差异很大(盖钧镒等,1992)。鉴定出适于豆乳和豆腐加工生产的特异种质有东农298、早春1号、黑腰黄豆、矮脚早、大金黄、吉林20、吉林32、贡豆2号、贡豆4号、无锡红花、杭州五月白、巴马九月黄、淮豆2号、贵阳早黄豆、玉溪黄豆、仙居小黄豆、仙居小毛豆、扇子白、沔阳牛啃桩、南农86-4、崇明铁梗豆、长汀高脚红花青等。南方大豆品种生态型较复杂,每种生态型中都有豆腐成品率较高的推广品种,周新安等(1993)鉴定出中豆24、中豆14、鄂豆4号、浙春1号、浙春2号、油90-2等湿豆腐成品率较高的种质。

　　大豆胰蛋白酶抑制剂(SBTI)是大豆种子贮藏蛋白的一类物质。其生理功能是贮藏种子蛋白,调节内源蛋白酶活性,并有抵抗昆虫、病菌侵害的功能。大豆胰蛋白酶有Kti型和SBTi型2个主要类型。这2个类型均为典型的丝氨酸蛋白酶抑制剂,主要集中于大豆子叶中。刘兴媛等(1994)对我国19 000份大豆种质经电泳分析结果,显示中国大豆种质资源都含有胰蛋白酶抑制剂,包括3种类型。栽培大豆种子中的胰蛋白酶抑制剂有Ti^a和Ti^b二种基因型,其出现率分别为99.7%和0.3%,4份材料出现双带,即$Ti^a + Ti^b$或$Ti^a + Ti^c$同时存在。中国栽培大豆Ti类型分布特点是:Ti^a型分布广泛,出现率北方春大豆区和华南四季大豆区均为100%,黄淮海夏大豆区为99.3%,长江流域春、夏大豆区和东南春、夏、秋大豆区均为99.9%;Ti^b型只在甘肃、山东、江苏、安徽、河南、云南等省有少量分布(表5-8)。野生大豆亦含有胰蛋白酶抑制剂,但比栽培大豆出现较多的Ti^b基因型,还有Ti^c基因型。赵述文(1990)、严晴燕等(1998)发现大豆($G. max$)胰蛋白酶抑制剂SBTi-A_2新类型Ti^d。

表5-8　各省、自治区、直辖市大豆资源Ti类型的频率　　(刘兴媛,1994)

省　份	材料份数	各Ti类型频率(%)			
		Ti^a	Ti^b	Ti^c	双　带
内蒙古	190	100	0	0	0
河　北	749	100	0	0	0
北　京	650	100	0	0	0
宁　夏	99	100	0	0	0
甘　肃	250	90.0	10.0	0	0
新　疆	20	100	0	0	0
山　西	1927	100	0	0	0
陕　西	950	100	0	0	0
山　东	769	99.5	0.5	0	0
河　南	526	99.8	0.2	0	0
安　徽	676	99.4	0.3	0	0.3
上　海	41	100	0	0	0
江　苏	1298	99.5	0.3	0	0.2

续表 5-8

省　份	材料份数	各 Ti 类型频率(%)			
		Ti^a	Ti^b	Ti^c	双带
浙　江	610	100	0	0	0
福　建	240	99.6	0.4	0	0
江　西	329	100	0	0	0
湖　北	1223	100	0	0	0
湖　南	337	100	0	0	0
四　川	870	100	0	0	0
云　南	300	99.7	0.3	0	0
贵　州	1318	100	0	0	0
广　东	231	100	0	0	0
广　西	453	100	0	0	0
西　藏	11	100	0	0	0

　　大豆脂肪氧化酶(Lox)是一种含非血红素铁的单一的多肽链蛋白质,占种子的1%左右。它能使不饱和脂肪酸氧化,分解成小分子的醛、醇、酮等挥发性物质,产生豆腥和苦涩味。中国栽培大豆蕴涵有不同类型的 Lox 缺失突变体。傅翠真、常汝镇等人(2000)从26省的1726份种质中鉴定出 Lox-1、Lox-2、Lox-2.3 和 Lox-3 4种缺失类型,共99份脂肪氧化酶缺失突变体,占鉴定总数的5.73%,其中缺失 Lox-3 的种质80份,缺失 Lox-2 的12份,缺失 Lox-2.3 的6份,缺失 Lox-1 的1份。在99份脂肪氧化酶缺失突变体中夏大豆65份,春大豆33份,秋大豆1份。其中南方多熟制区的大豆品种具有丰富的 Lox 缺失突变体,在1611份被测种质中,有97份缺失突变体,缺失率高的是四川、贵州等省(表5-9)。

表 5-9　南方各省、自治区大豆种子 Lox 缺失体分布频率　　(傅翠真、常汝镇等,2000)

省　份	被测品种份数	缺失体(%)	缺失类型[*]
四　川	348	9.77	− L3(32),− L2.3(2)
贵　州	564	7.09	− L3(29),− L2(8),− L2.3(3)
浙　江	102	6.86	− L3(4),− L1(1),− L2(2)
江　苏	141	4.26	− L3(5),− L2.3(1)
安　徽	61	4.92	− L3(3)
湖　南	21	4.76	− L3(1)
江　西	25	4.00	− L3(1)
云　南	158	1.90	− L3(2),− L2(1)
湖　北	143	1.39	− L3(2)
福　建	32	0.00	
广　东	8	0.00	
广　西	8	0.00	
总　计	1611		− L3(79),− L2(11),− L2.3(6),− L1(1)

[*] 括号内为缺失数量

　　张太平等(2000)报道,贵州省144份种质中发现33份 Lox 缺失品种(其中2份育成品种),占鉴定总数的22.9%,有Lox2、Lox3和Lox2.3 3种类型,以Lox3类型较多。缺失Lox地方品种的蛋白质、脂肪含量较低,分别为41.6%和17.4%,比全省平均数低2个百分点左右,其氨基酸组成及各成分的比例没有受多大影响(表5-10)。一份缺失的育成品种蛋白质含量高达47%,脂肪含量17.02%,出豆腐率比东北大豆高25%,在生产上利用价值大。

表 5-10　大豆脂肪氧化酶缺失品种的氨基酸含量　(mg/100g)　(张太平,2000)

氨基酸	4号		23号		20号		CK	
	含量	比率(%)	含量	比率(%)	含量	比率(%)	含量	比率(%)
天门冬氨酸	5344.47	14.54	5390.68	14.89	5206.32	15.05	4944.30	14.52
谷氨酸	7791.25	21.19	7473.12	20.64	7330.75	21.19	7046.09	20.69
丝氨酸	1958.90	5.33	1892.47	5.23	1850.42	5.35	1784.22	5.24
组氨酸	1833.23	4.99	1806.45	5.00	1831.08	5.29	1675.98	4.92
甘氨酸	713.26	4.66	1654.41	4.57	1617.54	4.68	1560.34	4.58
苏氨酸	1783.19	4.85	1721.93	4.75	1683.56	4.87	1624.02	4.77
精氨酸	1153.16	3.14	1578.50	4.36	1049.64	3.03	1439.94	4.23
酪氨酸	1729.75	4.70	2367.74	6.54	1574.47	4.55	2159.92	6.34
丙氨酸	1249.26	3.40	1082.44	2.99	1144.42	3.31	1057.96	3.11
a-氨基丁酸	73.92	0.20	21.51	0.06	90.26	0.26	38.41	0.11
蛋氨酸	166.32	0.45	154.12	0.43	145.07	0.42	118.72	0.35
色氨酸	624.82	1.70	586.13	1.62	593.17	1.71	572.59	1.68
缬氨酸	2091.77	5.69	1962.26	5.42	1985.82	5.74	1916.94	5.62
苯丙氨酸	2188.05	5.95	1985.66	5.48	2018.05	5.83	2014.66	5.92
异亮氨酸	1870.20	5.09	1677.42	4.63	1705.35	4.93	1665.50	4.89
亮氨酸	2908.78	7.91	2659.5	7.34	2691.81	7.78	2611.73	7.67
赖氨酸	2284.15	6.21	2200.72	6.08	2069.03	5.98	1826.12	5.36
氨基酸总量	35764.48	100.00	34586.76	100.00	34586.76	100.00	34057.44	100.00

　　麻浩等(2001)从南方产区174份种质中鉴定出的33份Lox缺失种质均为地方品种,占鉴定总数的18.97%,并鉴定出有缺失Lox1、Lox2、Lox3、Lox3a、Lox3b、Lox2.3a和Lox2.3b 7种类型的珍贵材料。各缺失类型占鉴定出的33份缺失材料的频率:Lox1为6.06%,Lox2为33.33%,Lox3为24.24%,Lox3a为3.03%,Lox3b为21.21%,Lox2.3a为3.03%,Lox2.3b为9.09%,其中Lox2、Lox3和Lox3b的种质较丰富。湖南省大豆种质资源中具有丰富的Lox缺失突变体,从85份种质中鉴定出12份缺失品种,其缺失百分率高达14.12%,有Lox1(占16.67%)、Lox2(占8.33%)、Lox3(占58.33%)、Lox3b(占8.33%)、Lox2.3a(占8.33%)5种类型,以Lox3最丰富。湖南省春、夏、秋大豆类型缺失频率分别为75%、8.33%和16.67%,以湘南春、秋大豆区的地方品种中的Lox缺失材料最丰富(占33.33%),其次为湘中、湘东春大豆区(占16.67%),湘北春、夏大豆区(占15.39%)。

　　麻浩、官春云(1999)的研究表明,大豆种子脂肪氧化酶的缺失,对大豆的开花期、生育期、株高、节数、分枝数、单株荚数、单株粒数、百粒重、单株产量、虫害危害程度、蛋白质和脂肪含量等农艺性状以及品质均没有明显影响,但与粒色和脐色有关。

(二)大豆异黄酮含量鉴定

大豆异黄酮是大豆生长过程中形成的一类次生代谢产物,由 9 种葡萄糖苷和 3 种相应的配糖体组成,是一种具有多营养保健功能的生理活性物质。如抗氧化,降低血液胆固醇含量,减少心脑疾病发病率,抑制癌细胞扩展,防止骨质疏松等,通过调节人体代谢,提高免疫力。据袁建(2001)等人的研究资料,大豆异黄酮含量存在品种间的显著差异。江苏省部分大豆品种测定结果:大豆异黄酮含量范围为 0.81～4.04 mg/g,平均为 1.52mg/g,变异系数为 56.7%;含量大于 3 mg/g 的品种 2 个(占 8%),低于 1 mg/g 的品种占 40%。大豆异黄酮含量有随大豆蛋白质含量增加而降低、随脂肪含量增加而升高的趋势,但无明显相关性。大豆异黄酮含量与籽粒大小、种皮颜色相关,小粒种高于大粒种,黄色品种高于黑色、青色品种(表 5-11)。

表 5-11　大豆异黄酮含量与籽粒大小、种皮色的关系　(袁建,2001)

项　　目		品种份数	平均值(mg/g)	标准差(mg/g)	变异系数(%)
百粒重	大粒(>25 g)	7	0.943	0.1275	13.52
	中粒(15～25 g)	16	1.560	0.0716	4.59
	小粒(<15 g)	2	3.340	0.1510	4.52
种皮色	黄粒	15	1.790	0.1013	5.66
	黑粒	6	1.278	0.0559	4.37
	青粒	4	0.885	0.0065	0.73

(三)大豆脂肪含量及其组成鉴定

脂肪是大豆种子重要组成成分和重要的营养物质。中国栽培大豆种子的脂肪含量一般在 17%～21%,最高可达 24%。大豆种子脂肪含量高低差异较大,主要受产区纬度、生态环境影响,同时与大豆的类型、品种密切相关。

大豆种子脂肪积累受日照、温度、降水量等环境因素的影响。高纬度地区的日照时间长,昼夜温差大,气候凉爽,有利于大豆脂肪的形成和积累,因而高纬度地区的大豆脂肪含量高于低纬度地区。吉林省农业科学院大豆研究所 1982 年的分析结果表明,我国栽培大豆脂肪含量是东北高于黄淮海、黄淮海高于长江流域产区(表 5-6)。另据吕景良分析结果,东北三省大豆资源 2 341 份的脂肪含量平均值为 19.15%,比低纬度(20°～38°N)地区各省的 1 010 份品种的脂肪含量高 1.33%,比江苏(1 305 份品种)高 1.22%,比湖北(368 份品种)高 1.29%。经过长期的品种改良,特别是近 50 多年来的杂交育种,北方和南方产区已育成大批脂肪含量较高的新品种。2002 年,全国大豆新品种区域试验和生产试验的种子品质分析结果表明,近期育成的新品种,特别是黄淮及南方产区育成的新品种,种子平均脂肪含量有所提高,但脂肪含量北方高于南方的总趋势没有改变(表 5-12)。据吕景良(1987)对东北地区大豆品种脂肪含量的统计,255 个育成品种平均为 20.33%,而 1 883 个地方品种平均为 19.08%,表明育成品种的脂肪含量有所提高。

地理纬度影响大豆种子脂肪含量,但不是绝对的,不是纬度越高大豆脂肪含量就越高,因为影响大豆脂肪含量的因素较多,在同纬度地区脂肪含量也有差异。如东北春大豆区,中部品种脂肪含量高,南部和北部品种含量低;西部地区高,东部地区低。南方大豆产区,春大

表 5-12　2002 年全国新品种区域试验及生产试验的大豆品质结果

（全国农业技术推广服务中心，2003）

产区及片(组)	品种份数	粗脂肪含量(%)	粗蛋白质含量(%)
北方春大豆早熟组	12	21.58	37.98
北方春大豆中早熟组	9	20.20	40.30
北方春大豆中熟组	8	20.21	42.00
北方春大豆晚熟组	6	21.29	39.58
黄淮海夏大豆北片	7	19.55	42.61
黄淮海夏大豆中片	17	21.47	40.54
黄淮海夏大豆南片	13	20.73	43.34
西北大豆区	8	20.58	40.24
南方春大豆中熟组	9	19.55	43.21

豆脂肪含量高于夏大豆，春、夏大豆高于秋大豆。王彬如等(1992)根据黑龙江省大豆品种生态试验结果指出，同一品种在不同地区种植脂肪含量相差很大。祖世亨(1992)的研究指出，地理纬度影响大豆脂肪含量变化的实质原因是气候条件的变化，全国大豆脂肪含量有随气温降低而增高、随降水量减少而增高、随日照数增加而增高以及昼夜温差加大而增加的趋势。

大豆种子脂肪含量与种皮色、茸毛色、粒形、粒大小、结荚习性及生育习性等植物学性状相关。黑龙江省农业科学院大豆研究所根据 1957～1964 年对不同种皮色大豆品种脂肪含量的分析结果指出，黄色大豆脂肪含量最高，平均值为 20.55%；其次是青大豆，为 19.09%；再次是黑大豆，为 18.58%；褐大豆只有 18.48%。吕景良等(1987)的研究工作得出相似的结果，大豆脂肪含量与品种的种皮色呈正相关，相关系数 r = 0.3087(表 5-13)。王彬如、翁秀英等(1992)的研究资料表明，白花及灰白茸毛品种脂肪含量较高，紫花、棕毛品种的脂肪含量较低；无限及亚有限结荚习性品种脂肪含量较高。88 个黄色大豆品种的脂肪含量，其中 45 个白花品种比 43 个紫花品种的平均脂肪含量高 0.98%；76 个灰色茸毛品种的平均脂肪含量比棕色茸毛品种(6 个)高 1.38%。品种结荚习性不同，其种子脂肪含量有差异，63 个无限结荚习性品种的脂肪含量平均值为 21%，11 个亚有限结荚习性品种为 21.04%，14 个有限结荚习性品种为 20.2%。大豆脂肪含量与籽粒大小有一定的相关。王彬如研究，百粒重为 18.1～22.9 g 的品种脂肪含量较高。吕景良研究资料，大粒种(百粒重 19 g 以上)脂肪含量有下降趋势，特大粒品种明显下降(表 5-14)。

表 5-13　不同种皮颜色大豆品种的脂肪含量　(吕景良，1987)

种皮色类型	品种份数	脂肪含量平均值(%)	变异系数(%)
黄种皮大豆	1726	19.52 ± 1.38	7.06
青种皮大豆	252	18.43 ± 1.14	6.16
褐种皮大豆	60	18.32 ± 1.58	8.16
黑种皮大豆	142	17.64 ± 1.47	8.31

表 5-14　大豆籽粒大小与脂肪含量　（吕景良）

百粒重(g)	品种份数	脂肪含量(%)	变异系数(%)
13 ~ 13.9	44	19.77 ± 1.53	7.74
14 ~ 14.9	95	19.87 ± 1.44	7.26
15 ~ 15.9	140	19.89 ± 1.37	6.87
16 ~ 16.9	190	19.67 ± 1.37	6.94
17 ~ 17.9	218	19.68 ± 1.56	7.93
18 ~ 18.9	232	19.70 ± 1.25	6.32
19 ~ 19.9	199	19.31 ± 1.23	6.38
20 ~ 20.9	194	19.42 ± 1.28	6.58
21 ~ 21.9	111	19.35 ± 1.36	7.01
22 ~ 22.9	93	19.17 ± 1.16	6.04
23 ~ 23.9	66	19.18 ± 1.20	6.62
>24	102	18.94 ± 1.30	6.84

　　各地品种资源的鉴定结果,筛选出一批脂肪含量高的种质。如东北春大豆脂肪含量超过23%的品种有法库满仓金、公交5610-2、铁丰16、红丰3号、昌图铁荚豆、辽中大豆、辽源满仓金、哈光1657、永吉霸王鞭、汪清早大豆、凤城大黄壳等;山西武塞黄豆脂肪含量达到24.2%;黄河、淮河及长江流域有一批大豆品种的脂肪含量达到22%以上,如江苏的铜山牛毛红、如皋麻十子、宿迁小黄豆,湖北的冬黄豆,四川绵阳青皮豆,上海的浦东关青豆、八月黄等。这些品种资源是我国大豆生产发展和提高脂肪含量育种的宝贵种质。

　　大豆脂肪是由脂肪酸组成的,其脂肪酸含量占脂肪含量的90%。脂肪酸主要成分有棕榈酸($C16:0$)、硬脂酸($C18:0$)、油酸($C18:1$)、亚油酸($C18:2$)、亚麻酸($C18:3$)5种。前2种属饱和脂肪酸,后3种为不饱和脂肪酸。根据刘兴媛等(1998)对全国22个省、自治区、直辖市8 924份栽培大豆品种资源(1987 ~ 1989年收获的种子)的测定结果,中国栽培大豆种子的脂肪酸成分,饱和脂肪酸约占15%,不饱和脂肪酸约占85%,其中亚油酸含量最高,含量范围是50.75% ~ 57.57%(表5-15)。不饱和脂肪酸能降低人体血液中的胆固醇含量,可减少心脑血管疾病的发病率。亚油酸含量与纬度呈显著正相关,如东北生态区大豆亚油酸含量为55.16%,西北干旱区为54.3%,黄淮海地区为54.12%,长江流域区为52.96%(表5-16)。但不同省份、不同品种的大豆脂肪酸组成有差异(表5-17),棕榈酸含量以广东省品种为最高(12.84%),硬脂酸含量以新疆品种为最高(4.62%);油酸含量以广东为最高(27.58%),亚油酸含量以湖北为最高(56.55%)、浙江次之(56.2%),亚麻酸含量以内蒙古品种为最高(10.84%),江苏、安徽省品种亚麻酸含量低。春、夏、秋大豆类型间脂肪酸组成相比较,春大豆饱和脂肪酸和油酸含量较高,夏大豆亚油酸、亚麻酸含量较低,秋大豆具有高亚油酸、高亚麻酸特点(表5-18)。徐豹等(1988)对25个省70个生产上主要推广品种的脂肪及脂肪酸组分分析表明,大豆脂肪酸含量与亚麻酸含量呈负相关趋势,大豆脂肪酸之间的相关性比较稳定,油酸与亚油酸含量呈极显著负相关。

表 5-15　中国栽培大豆品种脂肪酸含量　（%）（刘兴媛等，1998）

脂肪酸	平均含量	标准差	变异系数	常见变幅	极大值	极小值
C 16:0	11.73	0.98	8.4	10.75~12.71	18.90	7.10
C 18:0	3.29	0.66	20.1	2.63~3.95	9.70	1.20
C 18:1	21.81	4.22	19.3	17.59~26.03	51.60	10.10
C 18:2	54.16	3.41	6.3	50.75~57.57	63.40	18.80
C 18:3	8.98	1.67	18.6	7.31~10.65	17.70	4.20

表 5-16　各生态区栽培大豆品种脂肪酸组成　（%）（刘兴媛，1998）

生态区	品种份数	C 16:0	C 18:0	C 18:1	C 18:2	C 18:3
东北区	1461	11.33	3.23	21.00	55.16	9.06
黄淮海流域	3690	11.83	3.28	21.54	54.12	9.31
长江流域	3274	11.55	3.15	23.63	52.96	8.79
南方春夏大豆区	308	12.36	2.93	25.90	50.50	8.30
西北干旱区	176	11.42	3.73	21.60	54.30	8.92

表 5-17　不同省、自治区栽培大豆品种的脂肪酸组成　（%）（刘兴媛，1998）

省份	品种份数	C 16:0	C 18:0	C 18:1	C 18:2	C 18:3
黑龙江	321	11.40	3.02	20.57	55.22	9.58
吉林	395	11.30	3.30	21.72	54.64	8.87
辽宁	745	11.32	3.36	20.72	55.61	8.74
河北	722	12.14	3.14	20.75	54.18	9.41
内蒙古	108	11.19	3.09	19.80	54.94	10.94
山西	1922	11.77	3.67	20.28	55.36	8.94
陕西	556	11.08	3.52	19.71	54.80	10.87
甘肃	168	11.31	2.84	20.27	55.76	9.78
宁夏	94	11.33	4.04	20.34	55.24	8.92
新疆	8	11.54	4.62	22.94	52.85	8.06
江苏	702	12.21	3.03	24.78	52.16	7.86
安徽	515	11.03	3.06	23.35	53.76	7.90
浙江	241	10.84	2.87	19.89	56.20	10.22
山东	728	12.12	3.25	21.68	54.31	8.71
河南	153	11.57	3.50	22.01	53.46	9.52
湖北	408	10.41	3.67	18.94	56.55	10.69
湖南	176	11.72	2.94	25.70	50.91	8.80
四川	336	12.06	2.78	27.09	49.99	8.11
贵州	288	11.95	3.29	25.32	51.19	8.30

续表 5-17

省　份	品种份数	C 16:0	C 18:0	C 18:1	C 18:2	C 18:3
云　南	30	11.80	3.60	20.34	53.48	10.76
广　东	73	12.84	2.76	27.58	48.04	8.41
广　西	235	11.87	3.10	24.23	52.60	8.20

表 5-18　不同播期类型大豆脂肪酸组成　（%）（刘兴媛等,1998）

类　型	品种份数	C 16:0	C 18:0	C 18:1	C 18:2	C 18:3
春大豆	4880	11.65	3.39	21.62	54.14	8.96
夏大豆	4000	10.75	2.87	20.05	49.19	8.18
秋大豆	47	11.04	3.05	18.16	57.82	9.95

中国栽培大豆品质具有独特优点,蛋白质、脂肪含量高,品质好,具有蛋白质和脂肪总含量高达 68% 以上的种质。如江苏溧阳的青豇黄豆高达 70.59%（52.9% + 17.69%）（括号内前面数字为蛋白质含量,后面数字为脂肪含量,下同）,四川绵竹的红毛豆达 69.23%（49.99% + 19.24%）、乐山早豆达 68.9%（51% + 17.9%）、犍为泉水豆达 69.4%（51.8% + 17.6%）、天全八月黄为 69%（52.5% + 16.5%）,江西的靖安大黄豆达 70.3%（52.7% + 17.6%）、水花豆为 68.8%（51.6% + 17.2%）等。即使是大豆蛋白质含量低的东北春大豆区也有高蛋白质、高脂肪含量的种质,如嫩良 6 号蛋白质和脂肪总量达 67.5%（46.73% + 20.77%）,嫩丰 10 号为 65.61%（43% + 22.61%）,牡丰 5 号为 65%（43.91% + 21.09%）,东农 30 为 63.61%（43.29% + 20.32%）,东农 34 为 63.18%（43.16% + 20.02%）等。

四、抗病虫及抗逆性鉴定

我国大豆病害有 29 种,虫害有 240 种(陈品山,1995)。主要病害有大豆花叶病毒病、胞囊线虫病、锈病、灰斑病等。主要虫害有食心虫、豆荚螟、蚜虫、豆秆蝇、豆天蛾、造桥虫、斜纹夜蛾等。

(一)抗病性鉴定

1. 大豆花叶病毒病(SMV)鉴定　大豆花叶病毒病在我国从南到北均有发生,对大豆的危害是降低产量和品质,可使产量损失达 8% ~ 86%,感病重的品种籽粒褐斑粒率可达 100%。南方产区主推品种南农 493-1、1138-2、鄂豆一号等都因病毒病减产而难以利用。该病传播途径以种子带毒传播为主,难以用化学药剂防治,培育抗病品种是最经济有效的防治措施。抗病育种的成败,取决于抗性基因的发掘和利用,筛选抗病种质获得抗源是大豆抗病育种的首要工作。我国栽培大豆蕴藏着极为丰富的抗源。20 世纪 80 年代以来,鉴定出 200 余份抗大豆花叶病毒病种质,如西曹黄、兖黄一号抗 6 个株系,科丰 1 号、溧水中子黄豆乙、7222、邳县茶豆等抗 4 个株系(盖钧镒等,1989),还有高抗品种鲁豆 4 号、大白麻、诱变 30、科系 8 号、紫花 4 号、沛县天鹅蛋、徐豆一号、齐黄 22、齐黄 23 等(常汝镇等,1989)。用 SMV3 强毒株接种,鉴定出 113 份高抗种质,高抗种质主要来源于东北春大豆和黄淮海夏大豆,对部分高抗种质进行了农艺性状、抗病机制、抗性基因定位研究及 RAPD 标记遗传分析(郑翠明等,2001)。

2. 大豆胞囊线虫病鉴定 大豆胞囊线虫病是大豆生产的毁灭性病害之一,是我国东北和黄淮海两个大豆产区的主要病害。筛选抗病种质和培育抗病新品种是防治大豆胞囊线虫病最经济有效的途径。近10余年来鉴定出抗1号生理小种的品种128份,其中免疫品种16份;抗2号生理小种的品种288份,其中免疫的品种30份;抗3号小种的258份;抗4号小种的11份;抗5号小种的36份。在以上品种中,兼抗1号、3号、4号、5号生理小种的品种有五寨黑豆和灰皮支黑豆。高抗种质中,具持久性的抗源有五寨黑豆、赤不流黑豆、山阴大黑豆、灰皮支黑豆、大黑豆、本地黑豆、元钵黑豆等,对4号小种抗性稳定。顺义黑豆、灰布支黑豆、小黑豆(ZDD2967)、黑豆(ZDD8480)、黑豆(ZDD8493)、小黑豆(ZDD8494)、茶黄豆(ZDD9292)、黑豆(ZDD9343)、茶豆(ZDD10060)、蒙8206等,对3号生理小种免疫持久性稳定。这些珍贵种质主要来源于山西、河北、陕西、山东等黄河中下游地区,以及内蒙古赤峰和黑龙江、吉林。抗病品种多为当地栽培的地方品种,具有对不良条件的适应性,使其抗性种质得到保留(崔文馥,1998)。

3. 大豆锈病鉴定 大豆锈病是中国大豆三大病害之一,尤以南方产区发病严重。严重时可减产50%以上,甚至无收。我国南方产区种质资源类型多,数量大,几乎占全国的一半,蕴藏的抗源丰富多样。中国农业科学院油料作物研究所谈宇俊等于1986~1999年对大豆锈病的流行规律与防治、抗锈病鉴定标准与方法以及遗传规律等进行了系统研究,从19个省9 588份栽培大豆中鉴定出中抗种质81份(表5-19),未见免疫和高抗种质。鉴定出的中抗种质类型多样。其中:春大豆21份,占25.93%;夏大豆56份,占69.14%;秋大豆4份,占4.94%。这些抗病种质分布广,其中以江苏省为最多(28份),占34.5%,其次是福建、湖北,分别为14份和9份,广东、安徽各4份,广西、吉林、山西、河南、浙江各3份,四川2份,江西、贵州、云南、湖南、上海各1份。这些抗病种质为大豆抗锈病育种提供了丰富的遗传基础,兼抗大豆锈病、白粉病的品种70-1直接用于生产,利用抗病种质育成了油84-87、早春一号、R_{34}等一批新品种(系)。

表5-19 中抗大豆锈病品种资源名录

资源库编号(ZDD)	品种名称	来源	资源库编号(ZDD)	品种名称	来源
3783	宿迁大黑嘴	江苏	10133	登药豆	河南
4063	东台中秋角	江苏	11582	70-1	湖北
4075	盐城八月拔丙	江苏	11596	鸡埚豆3	湖北
4110	泗洪抢场黄	江苏	11602	八月炸	湖北
4111	沭阳大白皮	江苏	11635	大豆2	湖北
4133	宿迁拖秧子	江苏	11719	牛毛黄豆2	湖北
4160	沭阳红毛秋乙	江苏	11793	天鹅蛋	湖北
4163	泗阳节节五	江苏	12165	善巴豆2	湖北
4187	涟水拖拉贵乙	江苏	12420	大绛色豆	四川
4198	宿迁小堵豆	江苏	12824	华莹冬豆3	四川
4205	淮安抢场黄异花	江苏	13973	山豆儿	浙江
4209	宿迁大红毛	江苏	13996	白秋大豆	浙江

续表 5-19

资源库编号(ZDD)	品种名称	来源	资源库编号(ZDD)	品种名称	来源
4361	沭阳狗皮豆	江苏	14188	古田岭里白毛豆	福建
4402	滨海烂瓜藤	江苏	15283	青皮豆	贵州
4403	无锡六月枯	江苏	16659	阳山江荚	广东
4413	武进奔牛青豆	江苏	16740	坡黄	广东
4429	泰兴黑豆	江苏	17216	上林六月黄豆	广东
4434	启东春豆乙	江苏	17233	马山仁峰黄豆	广西
4435	武进红茶豆	江苏	17242	天等黑豆	广西
4437	丹徒大红袍	江苏	17243	天等黑豆	广西
4548	宜兴中子豆乙	江苏	19951	白花糙	安徽
4561	无锡大白豆甲	江苏	19963	系 19	安徽
4600	六合小权黄乙	江苏	19965	宿 89-1	安徽
4607	邗江小三黄	江苏	19967	太和无毛豆	安徽
4610	邗江六月白	江苏	21557	霞浦 8 号-1	福建
4617	江都晚秋豆	江苏	21558	霞浦 8 号-2	福建
4653	如皋刺鱼头儿丙	江苏	21588	黄皮豆-1	福建
23417	海门沙绿豆	江苏	21617	八月黄-2	福建
5487	崇明江北黄甲 2	上海	21632	余对黄豆-1	福建
5585	黄陂大白豆	湖北	21648	黄豆-2	福建
5841	安陆东化黄豆	湖北	21660	三豆 1 号-1	福建
6177	白豆	浙江	21663	黄皮田埂豆 2 号	福建
6384	花面豆	福建	21678	毛黑钻	福建
6386	沙县黄豆	福建	21701	毛冬瓜-1	福建
6455	余干早乌豆	江西	21777	乌豆	福建
6534	秋豆一号	湖南	22245	懒人豆-6	广东
10107	郑 505	河南	22486	3 号	云南
10132	延药豆	河南	22845	嘟噜豆-2	吉林
23173	晋品 75	山西	22988	黑铁荚-1	吉林
23103	晋品 56	山西	23023	风 91-4149	吉林
23094	晋品 47	山西			

4. 大豆灰斑病鉴定 大豆灰斑病是一种由真菌引起的具有高度变异性的世界性大豆病害,中国以东北产区发生最为严重。受害植株落叶早,不能正常成熟,秕荚和青荚增加,百粒重、蛋白质和脂肪含量降低,严重影响大豆产量和品质。中国栽培大豆对大豆灰斑病的抗性品种间差异很大,抗源丰富。20 世纪 80 年代以来,全国开展大豆灰斑病抗源鉴定与筛选研究,刘忠堂、万学臣、朱希敏、齐宁、杨庆凯等已鉴定出对大豆灰斑病表现免疫的品种有黑皮青瓢、新黑豆、大白眉-3、铁荚子、黑脐黄大豆、大白脐、白花糙子、大粒青、青皮平顶香等

100 余份；高抗种质 500 余份，其中钢 511-1、东农 593、东农 7882、东农 90037、合丰 30、合丰 31、合丰 34 等 256 份抗 8 个生理小种，九农一号、绥 87-5674、绥农 87-5603、长交 7998-1、东农 90241、东农 90244 等抗 9 个小种，钢 8463-3、东农 9674、东农 8090、合丰 29、钢辐 85-47、HOOD 等抗 10 个生理小种（杨庆凯，1995；胡国华，1996）。地方品种灌水铁荚青高抗大豆灰斑病，对大豆霜霉病免疫，抗大豆花叶病毒病（朱希敏等，1988）。大豆对灰斑病的抗性随进化程度不同及植物学性状不同而有差异，进化程度低的材料抗源较多，圆叶、紫花、棕毛、分枝型种质的抗源丰富（曹越平等，2002）。

5. 大豆根腐病鉴定　大豆根腐病分布于世界各地。我国主要分布于黄淮地区和黑龙江省。该病的病原菌主要危害大豆根系，影响大豆对水分和养分的吸收。患病植株生长矮小，根茎变细，茎节数和分枝数减少，从而产量降低。主要防治措施是种植抗病品种。大豆品种间抗性差异明显，筛选抗源是培育抗病品种的主要途径。目前还未发现免疫品种。李长松等（1997）鉴定出感病指数 < 10% 的 Peking、861033 高抗种质和农艺性状好的抗病种质临 338、鲁豆 6 号、汾豆 33 等。马淑梅等（1997）鉴定出密山黑豆、垦农 1 号、通农 4 号、嫩丰 7 号、嫩丰 11、嫩丰 13 等 29 份抗病种质。

6. 大豆疫霉根腐病鉴定　大豆疫霉根腐病是一种毁灭性的大豆土传病害。该病可发生在大豆整个生育期，东北、黄淮及长江流域均有发生，以黑龙江省最为普遍。这种病害品种间有明显差异。中国栽培大豆种质中蕴藏有丰富的抗性种质。用东北地区 956 份种质接种美国的疫霉根腐病菌 25 号小种（R_{25}）和东北农业大学的 1 号生理小种（R_1），鉴定结果：①抗 R_{25} 的品种（系）68 份，占供试材料的 7.48%。其中高抗或免疫品种，黑龙江省 13 份，占本省参试品种的 2.77%；吉林省 4 份，占 1.3%；辽宁省 9 份，占 6.87%。如黑农 32、农大 8170、东农 7171、AGS292 等。②抗 R_1 的品种（系）251 份，占供试品种的 27.77%。其中高抗 R_1 或免疫的品种，黑龙江省有 83 个，吉林省 86 个，辽宁省 23 个。如 AGS292、黑农 16、农大 5956 等。③兼抗 R_{25}、R_1 的品种（系）有 23 个，占参试材料的 2.54%，如绥农 8、绥农 15、AGS292、东农 92-8033 等（吕慧颖等，2001）。大豆种质中，育成品系的抗性优于改良品种和地方品种。

表 5-20　中国大豆种质对疫霉根腐病的抗性差异　（王晓鸣，2001）

省　份	鉴定份数	抗病份数		百分率(%)	
		抗病	高抗	抗病	高抗
黑龙江	148	34	22	23.0	14.9
吉　林	100	32	23	32.0	23.0
辽　宁	156	58	36	37.2	23.1
河　北	50	20	11	40.0	20.0
山　东	50	11	3	22.0	6.0
山　西	93	35	16	37.6	17.2
河　南	46	23	16	50.0	34.8
湖　北	153	70	44	45.8	28.8
江　苏	120	60	32	50.0	26.7
合　计	916	343	203	37.4	22.2

育成品系中,抗病品种占 43.8%,高抗品种占 27.3%;改良品种中,抗病品种占 30.2%,高抗品种占 16.1%;地方品种中,抗病品种占 30.8%,高抗品种占 16.9%。不同地理来源的大豆种质,对疫霉根腐病抗性有差异。中国大豆种质的抗性高于引进的美国、韩国等国的种质。在中国栽培大豆中,以长江流域种质抗性为最高,抗病种质占 47.6%,高抗品种占 19.8%;黄淮流域种质抗性次之,抗病品种占 37.2%,高抗品种占 18%;东北地区品种抗性较差,抗病品种占 30.7%,高抗品种仅占 10.6%。不同省份的种质,抗性表现也有差异,北方省份抗病种质比率低于南方省份;由低到高排序为山东＜黑龙江＜吉林＜辽宁＜山西＜河北＜湖北＜河南＜江苏(表 5-20)。大豆疫霉根腐病种质的抗性与籽粒脐色有关,脐色为黄色、褐色的材料中抗性品种较多(王晓鸣等,2001)。

7. 大豆细菌性斑点病鉴定　大豆细菌性斑点病在我国各大豆产区均有不同程度的发生,是东北产区主要流行的叶部病害之一。品种间抗性差异很大,抗源较丰富。从辽宁、吉林、黑龙江等省的 1 253 份种质中鉴定出高抗品种 322 份。其中,天鹅蛋、大粒黄、大金黄、铁荚青、哈 49-2014、舒兰嘟噜豆、双阳满仓金、小金黄、白花高、公交 5610-2、公交 5610-3、牛毛红、绿大豆、大安稞食豆、大灰荚、黄宝珠、大黄豆、奎武豆等 22 份品种 2 年鉴定结果均表现高抗;育成品种中表现高抗的有吉林 2 号、吉林 7 号、延农 7 号、黑农 9 号、黑农 25 号、东农 5 号、合丰 15、合丰 18、铁丰 18、铁丰 20 等(孙永吉,1989)。

8. 大豆菌核病鉴定　大豆菌核病引起茎秆倒伏,不结荚或结荚少,荚不实或开裂,种子腐烂或干缩,甚至全株死亡。该病主要分布在黑龙江、吉林、辽宁、四川、江苏、浙江、台湾等地。20 世纪 80 年代以来,东北产区发生日趋严重。栽培大豆品种抗源不多,矫洪双等(1994)对东北 800 份种质在疫区自然鉴定结果,只有 9 份种质表现出相对稳定抗性。苗保河(1995)通过盆栽试验,从 365 份推广品种中鉴定出 24 个抗病品种,仅占 6.6%。

9. 大豆霜霉病鉴定　大豆霜霉病在黑龙江、吉林、辽宁、山西、河南等地均有不同程度发生。朱希敏等(1988)从大豆资源中鉴定出铁荚青、铁丰 9 号、绥农 4 号、绥农 6 号、合丰 25、东农 36、黑农 21、小金黄、巴彦平顶黄、四粒黄及吉林的四平头、四粒黄、五顶株、褐脐丰地黄、榆树四粒黄、怀德兰豆、珲春大豆、通农 6 号、通农 8 号等抗病品种,对霜霉病免疫的有黑皮青瓢、新黑豆、黑脐大黄豆、大白眉-3、元粒磨、7106、无名 12、青豆、串豆、鹦哥豆、牛毛青、四粒青等品种,以及免疫霜霉病、高抗灰斑病、抗花叶病毒病的多抗品种灌水铁荚青等。

(二)抗虫性鉴定

中国栽培大豆主要虫害有豆秆蝇、食心虫、豆荚螟及食叶性害虫。培育抗虫品种是食品安全和环境保护的重大措施。中国栽培大豆种类繁多,蕴藏着极为丰富的抗虫种质。

1. 大豆食心虫鉴定　大豆食心虫是东北地区的重要蛀荚害虫,对大豆生产造成严重威胁。吉林省农业科学院鉴定出高抗大豆食心虫品种如新民豆、毛眼豆、辉南紫花糙、辉南黑铁荚、辉南亚青豆、吉林 1 号、吉林 3 号、吉林 4 号、吉林 13、吉林 16、公交 5205-20-5、铁丰 20、国育 98-4 等 19 份高抗种质及国育 98-2、九农 11、延农 3 号、延农 7 号、黑河 3 号、铁荚四粒黄、铁荚青、铁荚子、铁荚豆、珲春大豆等抗虫品种,鉴定出兼抗蚜虫、大豆食心虫种质国育 98-2、国育 98-4 等(郭守桂等,1982,1986;张晓波,1991)。东北农业大学大豆研究所鉴定出高抗大豆食心虫品种:东农 8804 及公交 8604、公交 85164、吉林 43、吉林 16、国育 100-4、东农 8518、吉 5421、长农 5 号、九交 87553、珲春豆、公交 89184-8、九交 7421、东农 92-619、京引 6 号、京引 9 号、东农 8100-4 等 16 份抗虫品种。大豆资源抗性性状分析结果,虫食粒率与百粒重、荚皮内糖分含量呈极显著正相关,与荚皮内纤维素含量、荚皮硬度、荚皮颜色深浅呈极显著负相关(王继安,2001)。

2.豆秆黑潜蝇鉴定　豆秆黑潜蝇是世界性大豆害虫,是我国南方和黄淮大豆产区重要害虫之一。品种间存在抗性和耐虫性差异,已鉴定出穗稻黄、美-2、淮253、淮258等(张复宁,1984)及徐豆4号、郑76046-1、周7327-3、阳春青豆(王经伦等,1985)等较抗虫品种。苗保河等(1996)鉴定出跃进3号、豫豆2号、临88-12、荷青一号等高抗种质和12份中抗种质。南京农业大学开展了大豆对豆秆黑潜蝇的抗性鉴定、遗传与抗虫品种选育的系统研究,鉴定出抗性种质117份,其中临安白毛九、无锡长箕光甲、兰溪白毛豆、吴江青豆等10个品种高抗豆秆黑潜蝇,南农493-1、淮-109等品种耐虫性较强;发现中国东南部的浙江、福建、江西和长江下游地区的江苏、安徽存在有较多的抗性种质,开花成熟偏迟、叶色深、茸毛密、分枝少的种质抗虫性较好(盖钧镒、崔章林等,1989,1992,1996)。

3.大豆食叶性害虫鉴定　大豆食叶性害虫是以取食大豆叶片组织从而影响大豆生长发育的一类昆虫,分布于世界大豆生产国家。我国各地均有发生,尤以南方和黄淮大豆产区受其危害严重。南京农业大学对食叶性害虫种类、鉴定方法与标准,抗性种质、抗性机制,以及遗传育种等方面,均进行了研究。他们在南京地区鉴定出对大豆食叶性害虫表现抗性的种质20份,其中安顺白角豆、赶太-2-2、丰平黑豆、吴江青豆3、通山薄皮黄豆甲、文丰5号等品种对豆卷叶螟、斜纹夜蛾、大造桥虫等具有综合抗性。有的种质优于国际常用的PI_{171451}、PI_{227687}、PI_{229358}三个抗源。抗卷叶螟的种质有福建341、沭阳大白皮、监利牛毛黄、江宁中老鼠毛、黄陂八月渣、泗阳白毛豆、大浦大粒黄、枞阳猴子毛。抗斜纹夜蛾、大造桥虫的有SP_{26}、PI_{227687}、早16号、日本大豆、大青瓣黑豆、南农89-30等南方夏大豆、秋大豆和黄淮夏大豆品种(崔章林等,1996)。对食叶性害虫具有综合抗性的品种还有溧阳小子大豆、海门小豌豆、六合菜豆乙、87-243等。大豆抗虫性与开花期、成熟期、结荚习性、茸毛色、茸毛密度和长度及种皮色、单株分枝数、茎秆粗度等性状有关,抗性较强的品种多具有开花成熟偏晚、棕毛、叶面光滑、茸毛稀而短、种皮黄色、无限结荚习性、分枝少、茎秆较粗、籽粒较小等植物学特性(朱成松等,1999)。高抗蚜虫的抗源有国育98-2、国育98-4和国育100-4,抗蚜种质有中生裸、丹东福寿、孙吴小白眉、熊岳小粒黄等(冯真等,1984)及铁丰19、铁丰20、铁丰22、铁丰8号、铁丰11、开育9号、沈农25104、彰豆1号,丹豆3号等98份。抗椿象种质有压破车、小白脐、铁丰10号、丹豆3号、风系8号等62份。

据吕景良(1991)的研究,大豆对病虫的多抗性资源有抗花叶病毒病兼抗霜霉病的大路油豆子,高抗大豆食心虫兼抗霜霉病、灰斑病的有通交83-611、辉南亚青豆,抗蚜且高抗霜霉病和灰斑病的有国育97-3,高抗大豆食心虫和霜霉病的有磨石豆、吉林16、桦甸白花苕条豆、大湾大粒、抚松秣食豆等。此外,东农39、东农40抗灰斑病、花叶病毒病,吉林26抗大豆花叶病毒病、褐斑病、霜霉病及大豆食心虫。

(三)抗逆性鉴定

1.耐盐性鉴定　耕地盐渍化是严重的全球性问题,全世界有1/3的土地有盐碱反应。中国盐碱土地面积约有2 600万hm^2,其中盐碱耕地约有660万hm^2(邵桂花等,1993)。主要分布在黑龙江、吉林、辽宁、河北、山东、河南、山西、新疆、甘肃、青海、江苏、浙江、福建、广东及内蒙古等省、自治区。黑龙江省盐碱地面积占耕地面积的5.8%。盐碱地土壤黏重,春季返盐霜危害豆苗生长,特别是干旱年份危害更重。土壤盐渍化,对植株造成生理干旱,营养元素离子不能均衡供给,钠、氯离子毒害,致使大豆植株固氮能力降低,茎叶和根瘤中的血红蛋白、可溶性蛋白含量减少,植株高度、主茎节数和分枝减少,百粒重和蛋白质含量降低。大豆属中度耐盐植物,品种类型间存在明显的耐盐性差异,鉴定筛选耐盐种质,培育适应盐渍土壤环境条件的品种,是减少盐害引起产量损失的主要途径。中国栽培大豆耐盐种质资源丰富。"七五"期间,从 10 128 份种质中筛选出芽期耐盐种质 924 份,苗期耐盐种质 457 份,芽期和苗期均耐盐种质 283 份。其中,属于耐盐一级且抗旱的种质 82 份。马淑时等(1994)从 1 020 份品种中鉴定出黑脐、内外青、黑豆、秣食豆、茶食豆、吉林 23、吉林 21、临江紫花四粒黄、白城半直秣食豆、小金黄一号、吉林茶里花等高度耐盐渍品种及耐盐渍种质 42 份,认为耐盐碱性与抗旱性呈明显正相关,如吉林 3 号芽期、苗期均为一级耐盐,耐旱分别为一级、二级。李星华等(1996)从山东 760 份品种中筛选出 25 个芽期、苗期均耐盐种质。罗教芬等(1993)鉴定出嫩丰 12 号、大金鞭、北安秃荚子、早黑河、嫩丰 14 号、小金黄等 6 份抗盐种质及安丰 1 号、北丰 5 号、九丰 3 号、嫩良 2 号、东农 12、东农 4 号、黑农 11 号、黑农 18 号、黑农 36、东农小粒黄、安达白眉、宝丰一号、合丰 11 等 73 份耐盐种质。中国农业科学院作物所邵桂花等(2001)对大豆种质的耐盐性进引了广泛筛选,对耐盐种质进行了遗传分析与种质创新、耐盐生理及耐盐分子生物学研究。从 4 000 多份种质中鉴定出文丰 7 号、文丰 4 号、济阳大黑豆、锦豆 33、锦 6604-24、铁丰 8 号、丹豆 2 号等全生育期耐盐种质,在某一生育阶段表现耐盐和比较耐盐的品种 45 份,田间鉴定和分子标记鉴定结果一致的耐盐种质 42 份。花期自然选择和人工定向选择结果,来源于盐碱地区、干旱地区品种耐盐性较强。他们的研究工作还表明,大豆品种耐盐性与其植物学性状有一定相关性,种皮褐色、粒扁形、小粒、茎秆软、半蔓生、无限或亚有限结荚习性类型品种的耐盐性较强。

2. 抗旱性鉴定　干旱是全球性问题,也是我国大豆生产中最主要的环境胁迫,各产区均存在大豆生育期干旱或季节性干旱问题。干旱最大危害是对大豆籽粒产量和产量构成因素的不利影响。强抗旱种质有以下表现:①光能利用率较高,热能积累的速率快,分配到籽粒中的热量比例较高,从而获得较高产量;②籽粒吸水力强,胚根生长快,生长率大于弱抗类型,发芽率及成苗率高,根毛生长速度是弱抗型的 3～4 倍,根系强大,主根中柱较粗,皮层细胞直径较大,导管数目较多,根系输导管组织发达,根系活跃,吸收面积大,能更好地吸收利用土壤水分,根部可溶性糖类和游离氨基酸含量高,伤流量大,吸水能力强,使地上部分能较好地生长发育,形成较高产量;③气孔密度、单位叶面积气孔总长度大于弱抗型品种,在干旱时能较好维持气孔的有效开放,使植株以有限水分损耗获得尽可能大的 CO_2 同化量,从而使水分的利用达到最优化(孙祖东,2001)。大豆生态性状与抗旱性有关,籽粒扁椭圆形、叶色深、卵圆叶、荚色深、种皮绿色、棕毛、无限结荚习性的品种抗旱性较强。中国栽培大豆在不同的生态类型中蕴藏着丰富的抗旱种质。西北和华北的山西、陕西、甘肃、宁夏、内蒙古、河北、河南、北京等省、自治区、直辖市,是我国干旱面积最大的大豆产区,也是我国大豆的抗旱资源最丰富的产区。山西省是我国抗旱大豆基因中心。山西省农业科学院从 8 000 多份大豆资源中鉴定出二级抗旱种质 683 份,一级抗旱种质 439 份。高抗旱品种晋豆 14 比当地对照品种增产 27.1%。汾豆 16 全生育期抗旱,耐瘠,综合农艺性状优良,在晋、陕、甘、宁等地推广应用。在生产上推广应用的抗旱品种还有汾豆 51、汾豆 33、汾豆 35、汾豆 39、汾豆 38、晋豆 514、铜山青豆、徐州小油豆、崇明铁梗豆、丰县孙楼子黄豆、牛毛黄豆、凤山夏青豆、阜 68、集体 1 号、集体 2 号、满仓金、小金黄、嘟噜豆、吉林 1 号、吉林 3 号、吉林 13、吉林

20、九农 20 等(刘学义,1995;路贵和,2001;盖钧镒,2002)。从黑龙江省 727 份种质中鉴定出71 份地方品种和 8 份育成品种具有较好的耐旱性(罗教芬等,1991)。

3. 耐阴性鉴定 大豆与玉米等作物间作是我国各地区的主要种植方式之一。南方诸省与大豆间作的作物和间作方式多种多样。贵州省农业科学院对耐阴大豆品种的形态特征,叶、茎部解剖结构,以及叶片超氧化物歧化酶(SOD)活性等,进行了系统研究(梁慕勤、梁镇林等,1986,2000)。耐阴品种多是直立型,有限结荚习性,落叶好,抗花叶病毒病,生育期95~110 d,株高 45~55 cm,主茎 10~13 节,节短,茎秆有弹性,结荚高度 10 cm,结荚在第三至第五节间,株型收敛或是中间型;种皮多数为黑色,脐黑色;叶片中等大小,叶多为披针形,叶柄短粗,叶色深绿或绿色,叶片厚,栅栏组织细胞层及单位叶面积内细胞数目多,栅栏组织和海绵组织厚。间作后,上述特性变异小。耐阴品种茎组织解剖结构是表皮层较厚,厚角组织发达,具有棕色茸毛,韧皮纤维和木质部厚,韧皮纤维韧性好,维管束和内导管数目多,茎横切面积大。耐阴品种的大豆叶片超氧化物歧化酶活性比耐阴性差的品种高,如耐阴黑豆与六月黄比较,6 叶期酶的活性二者相差 34.44 酶单位/克·鲜重(梁慕勤、刘凡植等,1986,1991)。鉴定出贵州的毕节早黄豆、六枝六月黄、丰顶豆,湖北的猴子毛,河南的周 7327-2、周7327-3,北京的耐阴黑豆、新黑豆等种质耐阴性较强。贵州地方品种耐阴种质多于长江流域、黄淮和东北地区。

4. 耐重茬鉴定 重茬使大豆病虫害加重,尤其是土传根部病虫害大豆胞囊线虫病、根腐病、根潜蝇等的发病率和危害程度加重,使大豆根部腐烂、纵裂,须根不发达,根际微生物区系失衡,真菌和细菌的比例失调,有效根瘤菌数目减少、活性减弱,固氮能力下降。根部受病虫侵害后发育不良,对土壤养分吸收能力降低,使大豆营养不良,生长发育迟缓,生长量降低,减少开花结荚、单株成荚数和单株粒数。重茬 3 年可减产 3 成,并造成籽粒的病虫粒率增加,商品品质和脂肪含量下降。不同生态区不同品种重茬减产差异大,已鉴定出在重茬 3年条件下产量稳定、抗病性较好的庆丰 1 号、嫩抗 8408-2、合丰 35、合丰 36、合丰 33 及嫩丰15、抗线 1 号、黑农 39、黑农 35、绥农 10 号、黑交 92-1526、黑交 92-1544、黑交 91-20014 等耐重茬种质(齐宁、刘忠堂、许艳丽等,1996,2000)。

5. 耐寒、耐瘠与耐涝性状鉴定 东北高纬度地区已鉴定出抗冷种质资源 195 份,其中地方品种占 87.7%。不同种皮色品种抗冷性有差异,黑色、褐色品种抗冷性优于黄色、绿色品种。李育军等(1992)对 1 910 份东北大豆品种进行萌发期抗冷性研究,品种间耐冷性差异大。黑龙江省的压破车,吉林省的小金黄、黄秣食豆等,耐冷性好。盖钧镒等(1992)研究结果,认为春、夏大豆品种在低温发芽特性上存在明显差异,夏大豆品种比春大豆品种萌发出苗期具更强的耐冷性。郭迎伟、梁成弟等(1995,2001)已鉴定出铁丰 10 号、铁丰 15、铁丰 21、丹 66-12、丹豆 1 号等高耐瘠种质资源 40 份,耐瘠种质资源 142 份,丰地黄、平顶黄、丹豆 1号、丹豆 4 号、凤金 2 号等耐涝种质资源 33 份。

6. 耐酸雨性鉴定 我国经济的快速发展,对煤的利用量逐年增加,煤占我国能源的70%以上,使大部分地区在降雨过程中出现了酸雨,全国酸雨面积在逐渐扩大,对农业生产造成巨大损失。大豆对酸雨的耐性存在品种间差异。孙金月等(2001)从不同产区的 1 033份种质资源中鉴定出一级耐酸雨种质资源 68 份,占总数的 6.58%,分布于全国各大豆产区。其中,来自辽宁 26 份,吉林 10 份,山西 7 份,江苏 7 份,山东 5 份,湖北 5 份,黑龙江 6 份,河北 3 份,河南 1 份,中国农业科学院作物品种资源研究所 1 份(表 5-21)。

表 5-21　我国强耐酸雨大豆品种　（孙金月等，2001）

国家编号	品种名称	国家编号	品种名称	国家编号	品种名称
ZDD22750	巨特奇丰黄	ZDD23505	油 96-258	ZDD22988	黑铁荚-1
ZDD22763	通交 91-1549	ZDD22938	凤 59-18	ZDD23000	大青豆-3
ZDD22773	吉农 8709-42283	ZDD22943	凤 89-7118	ZDD23001	大青豆-4
ZDD22774	九交 9125-4	ZDD23027	凤 96 青-2	ZDD23002	青豆-1
ZDD22775	公交 90208-114	ZDD23035	东汤尖叶黑	ZDD23005	四粒青-9
ZDD22776	公交 9097B-1	ZDD23087	冀青 1 号	ZDD23009	青皮青
ZDD22805	吉青 106	ZDD22694	哈 91-186	ZDD23017	牛毛黄青-3
ZDD22808	吉青 93	ZDD22695	哈 91-188	ZDD23019	青皮白荚子
ZDD22824	吉青 129	ZDD23311	95011	ZDD23021	青大豆-2
ZDD22830	吉青 154	ZDD23162	晋品 64	ZDD22696	哈 91-237
ZDD23047	309	ZDD22857	小金黄-4	ZDD23420	溧阳上海青
ZDD23048	185	ZDD22882	中白豆	ZDD23421	上海慈姑青
ZDD23195	8849-3	ZDD22887	大白眉-2	ZDD23426	南农 91-2
ZDD23204	887162	ZDD22888	大白眉-3	ZDD23532	原永 1800
ZDD23206	887020	ZDD22894	水里站-1	ZDD23539	原永 1807
ZDD23219	8789-27	ZDD22917	黑荚子-2	ZDD23572	原永 1840
ZDD23230	85444	ZDD22918	油　豆	ZDD23163	晋品 65
ZDD23289	徐 8418	ZDD22932	白目豆	ZDD23285	郑长交 14 青
ZDD23298	苏豆 3 号	ZDD22935	秋木桩里脐	ZDD23167	晋品 69
ZDD23093	晋品 46	ZDD22946	凤 89-2173A	ZDD22712	—
ZDD23098	晋品 51	ZDD22972	凤 94-6065	ZDD23349	
ZDD23160	晋品 62	ZDD22974	凤 94-3038～3	ZDD23576	
ZDD23186	早熟黑	ZDD22982	缩尖豆-3		

7. 耐酸铝毒害种质资源鉴定　酸性土壤分布广泛，占世界土壤面积的 30%左右。我国南方红黄壤面积达 218 万 km²。这类土壤呈酸性，富含铝离子。酸性土壤对作物生长的主要限制因素是铝离子毒害，同时铁、铝氧化物对磷有很强的固定作用，使土壤有效态磷供应不足。大豆是南方酸性红黄壤地区的先锋作物，不同大豆品种对酸性土壤铝离子毒害的耐性存在明显的差异。年海等（1999）鉴定出廉江春豆、广东中黑豆等强耐酸铝品种及广州春豆、浙春 2 号、浙春 3 号、高州春豆、东农 12 等耐酸铝品种。鉴定结果还表明，南方酸性红黄壤地区的品种耐酸性较强，东北地区的品种耐酸性较差。

8. 磷高效利用种质资源鉴定　我国土壤有效磷含量低，而全磷含量较丰富。全国有59%以上的土壤缺磷，影响作物产量。生产上通过施肥来解决土壤缺磷问题，而大量施用磷肥，不但增加生产成本，还会造成环境污染。因此，应充分发挥作物对土壤不同形态磷的利用潜力，尽量减少化学磷肥的施用。大豆是喜磷作物，但对土壤磷的利用能力存在基因型差异。利用大豆自身生理特性，发掘大豆利用磷的内在潜力，筛选磷高效利用种质，培育磷高效利用新品种,是减少磷肥施用、提高大豆产量的重要途径。我国南方大豆产区土壤缺磷的生态环境,长期的种豆历史,丰富的种质资源,形成了大豆品种间磷利用效率的基因差异。丁洪等(1997)在酸性红壤土培条件下,从 16 个南方大豆品种中鉴定出成豆 4 号、浙春 2 号耐低磷,年海等(1998)鉴定出耐低磷品种广州中粒豆、南雄黄豆、扬州春豆等,曹敏建等(2001)选育出的 94158-7 属高产对磷不敏感类型、94029-4 属低产对磷反应不敏感型新种质资源。

五、大豆积硒基因型鉴定

硒是人体健康不可或缺的重要营养元素。硒缺乏导致人及动物多种疾病。植物硒是供人和动物所需硒的主要来源。大豆类型间、品种间对硒的吸收和积累,存在基因型差异。郭庆元、李志玉等于 1993～1996 年,用南方及黄淮大豆产区(湘、鄂、闽、浙、苏、粤、陕、豫)春、夏、秋不同类型 58 个大豆品种在灰潮土(有效硒含量 0.385 mg/kg)和鄂西山地富硒土壤(有效硒含量 5.51 mg/kg)进行田间试验,同时温网室水培试验鉴定结果,种子含硒量不同类型间差异很大,秋大豆 > 夏大豆 > 春大豆;植株含硒量不同类型间差异较小(表 5-22)。在低硒土壤种植的大豆,花荚期喷施亚硒酸钠大幅度提高了植株和种子的含硒量,春、夏、秋大豆植株含硒量分别增加 7.5 倍、12.41 倍、11.14 倍,籽粒含硒量分别增加 40.4 倍、16.29 倍、15.06 倍。从中看出,不同类型大豆的增长幅度差异很大,植株含硒量的增加幅度是夏大豆高于春、秋大豆,种子含硒量的增长幅度是春大豆高于夏、秋大豆。在鄂西高硒土壤种植的 28 份春大豆,成熟期的植株、种子含硒量分别为 2.158 mg/kg、9.024 mg/kg,是灰潮土大豆植株、种子硒含量的 6.47 倍、45.1 倍。不同品种积累硒的特性有很大差异,如矮脚早比地方品种绿黄豆籽粒含硒量高 84.5%,植株含硒量高 54.7%。水培试验结果表明,低浓度硒对大豆产量有促进作用,不同品种对硒的敏感程度和生理反应有很大差异,各生育阶段对硒的吸收量和积累量均以油 8905-1 为最高。田间试验和盆栽试验鉴定结果,大豆积累硒的特性存在类型间、品种间的基因型差异,矮脚早、油 8905-1、油 90-8、油 90-2、油 1383、五月乌、白黄豆、恩施绿黄豆、光化八月炸等为富硒能力强的大豆品种。研究表明,可以从我国丰富的大豆种质资源中筛选出高蛋白强富硒的大豆品种,用于生产高蛋白富硒的营养保健食品。如油 8905-1 是蛋白质含量高(50.56%)、油 90-2 是湿豆腐成品率高的富硒能力强的品种。

表 5-22　春、夏、秋大豆植株及种子含硒量　(单位:mg/kg)

类　型	品种份数	地上植株	籽　粒
春大豆	25	0.3337　(0.081～1.540)	0.2003　(0.106～0.502)
夏大豆	23	0.3530　(0.160～0.578)	0.8736　(0.473～1.495)
秋大豆	10	0.3159　(0.167～0.533)	1.1609　(0.432～2.293)

六、共生固氮性状鉴定

大豆具有与大豆根瘤菌共生固氮特性,是重要用地养地作物。随着化学工业的发展,农业生产化肥用量不断增加,对环境污染日趋严重,因此充分发挥生物自身固氮作用越来越受到人们关注。我国从 20 世纪 80 年代开始进行大豆品种资源固氮性状及其共生固氮效应的鉴定、评价研究。徐巧珍等于1988~2002年,根据栽培大豆品种资源目录分类,选择全国三大产区22省916份品种,通过自然结瘤田间试验和接种根瘤菌的水培试验及相应的化学分析和酶活性测定,进行了共生固氮性状鉴定和高固氮种质资源的筛选评价等研究;李新民、徐玲玖等对黑龙江、辽宁、吉林等省部分品种进行共生固氮性状鉴定研究。

(一)不同产区大豆品种固氮性状差异

来源不同产区品种的结瘤固氮性状存在差异,如单株结瘤数、根瘤干重、植株氮积累量、种子蛋白质含量、种子氮积累量等与固氮密切相关的性状在武汉地区田间自然鉴定结果,均是南方产区品种大于黄淮产区品种(表5-23)。南方产区结瘤固氮性状优良的种质资源,春大豆多集中于鄂、粤、浙等省,夏大豆多集中于鄂、苏、黔等省,秋大豆多集中于浙江等省,显示大豆品种结瘤固氮性状是在一定的土壤、气候和农作制度条件下长期适应和选择的结果。

表5-23　不同产区大豆品种主要结瘤固氮性状差异　(田间鉴定)　(徐巧珍等,1997)

地区	根瘤数 (个/株)		根瘤重 (g/株)		植株干重 (g/株)		植株含氮量 (mg/株)		种子蛋白质含量 (%)		种子含氮量 (mg/株)	
	平均	全距	平均	全距	平均	全距	平均	全距	平均	全距	平均	全距
南方	59.2	137.2	25	33	13.0	28.3	337.7	740.0	45.13	11.10	669.9	1094.5
黄淮	42.5	74.0	21	48	7.5	10.5	239.6	353.3	43.64	9.27	631.2	973.3

注:全距为最大值与最小值之差

(二)不同类型(春、夏、秋)大豆结瘤固氮性状差异

春、夏、秋类型大豆品种在湖北武汉、湖南衡阳田间自然结瘤固氮鉴定结果,平均单株结瘤数是夏大豆(69.8个)>春大豆(33个)>秋大豆(26.7个),根瘤干重是夏大豆(0.318 g/株)>春大豆(0.18 g/株)>秋大豆(0.049 g/株),植株干重、种子含氮量等均以夏大豆为优(表5-24)。研究还表明,相同品种在不同年份、不同气候条件下,结瘤固氮性状年份间变化未达到显著差异水平。

表5-24　不同类型大豆品种结瘤固氮性状　(田间鉴定)　(徐巧珍等,2000)

类型	供试份数	大豆盛花期								种子氮积累 (mg/株)		种子蛋白质含量 (%)	
		根瘤数 (个/株)		根瘤干重 (g/株)		植株干重 (g/株)		植株氮积累 (mg/株)					
		平均	全距	平均	全距	平均	全距	平均	全距	平均	全距	平均	全距
春大豆	114	33.0	110.2	0.180	0.438	4.02	42.94	109.99	293.45	300.37	491.69	43.69	11.54
夏大豆	367	69.8	201.6	0.318	0.920	15.27	35.12	321.68	922.30	707.53	1456.80	45.07	16.59
秋大豆	81	26.7	84.6	0.049	0.268	10.65	15.68	401.21	645.20	589.34	930.30	46.39	8.28

南方产区代表品种356份在武汉市分别于3月30日(春大豆)、5月30日(夏大豆)、7月30日(秋大豆)播种,进行盆栽自然结瘤固氮性状鉴定,并在无氮营养液条件下水培,接种大豆根瘤菌 *B. japonicum* 113-2,以不接种为对照,调查根瘤数、根瘤重,测定单株固氮量、固氮率及植株含氮量等与共生固氮相关的性状。实验及测定结果表明,自然条件下的单株根瘤数量、根瘤重量均是夏大豆显著高于春大豆和秋大豆,而春大豆又高于秋大豆,表现为夏大

豆＞春大豆＞秋大豆;而后在接种根瘤菌的水培条件下(同期播种),春、夏、秋三种类型的大豆单株结瘤量、单株固氮量、固氮率有所差异,但差别较小(表5-25)。

表5-25 南方产区大豆不同类型品种主要结瘤固氮性状 (盆栽) (徐巧珍等,2002)

类型		根瘤数(个/株)		根瘤干重(g/株)		植株含氮量(%)		固氮量(mg/株)		固氮率(%)		备注
		平均	范围	平均	范围	平均	范围	平均	范围	平均	范围	
春大豆	土培	47.12	14.7~116	0.138	0.012~0.282	3.456	2.05~4.616					含新育成品种
	水培	60.49	21.0~90.7	0.194	0.063~0.359	3.057	1.19~4.150	39.331	14.137~82.993	65.185	35.71~98.15	
夏大豆	土培	92.29	36.8~238.8	0.372	0.06~0.978	2.341	1.899~3.92					
	水培	64.92	22.7~116.0	0.176	0.03~0.29	2.751	1.043~4.828	47.544	11.234~147.05	63.739	19.076~98.67	
秋大豆	土培	27.15	6.2~78.2	0.092	0.012~0.271	3.081	2.282~3.494					
	水培	66.08	9.33~84.33	0.201	0.03~0.29	2.532	1.83~3.160	46.616	10.26~113.922	52.783	19.961~79.559	

(三)大豆品种间结瘤固氮性状差异

同一类型不同品种间结瘤固氮性状差异极大。如田间自然结瘤,夏大豆不同品种的单株结瘤数最多的达238.8个(江苏宝应粉皮青),最少的只有13个;单株根瘤干重最高达0.98 g(江苏溧阳酥黄豆),最低的只有0.03 g;植株全氮,最大值为1 731.58 mg/株(珍珠豆3),最小值为109.2 mg/株;种子全氮最大值为1 701.87 mg/株(珍珠豆3),最小值为258.3 mg/株。春、秋大豆鉴定结果与夏大豆相似,品种间差异极大。无氮营养液水培接种大豆根瘤菌试验结果,与田间自然鉴定一致,春大豆单株固氮量最高的达82.993 mg(湖北观音1号),最低的只有2.064 mg;固氮率最高的达91.03%(湖北观音1号),最低的只有30.5%。夏、秋大豆鉴定结果同样显示品种间固氮能力差异极显著。单株固氮量最高的夏大豆品种江苏吴江青豆3高达147.05 mg(徐巧珍等,2000)。

(四)不同类型大豆品种与大豆根瘤菌的亲和性差异

选春、夏、秋大豆品种100份,用无氮营养液水培接种慢生型菌株 *B. japonicum* 113-2、快生型菌株 *R. fredii* H432,鉴定结果是:春、夏、秋大豆单株结瘤数,接种 *B. japonicum* 113-2 菌株的分别为27个、33个、40个,接种 *R. fredii* H432 菌株的分别是8个、11个、6个。春、夏、秋大豆单株固氮量,接种 *B. japonicum* 113-2 菌株的分别为20.2 mg、46.3 mg、65.2 mg,而接种 *R. fredii* H432 菌株的分别只有13.7 mg、14.3 mg、16.9 mg。植株干重、酰脲浓度均是接种慢生型菌株的高于接种快生型菌株的。以上表明,春、夏、秋类型大豆与慢生型菌株 *B. janonicum* 113-2 的亲和性优于快生型菌株 *R. fredii* H432(徐巧珍等,1997)。

15个春、夏、秋大豆品种接种10种菌株的水培试验结果表明,寄主—根瘤菌共生效率有明显差异(表5-26)。不同大豆品种对相同的菌株亲和性有差异,不同大豆菌株与多个大豆品种共生效应强弱表现不同,存在大豆品种与大豆根瘤菌株共生效应强的组合。春大豆油8905-1,夏大豆宝应粉皮青、豫豆2号、宜昌八月黄,秋大豆陈垅青豆、秋豆一号、九月黄等品种,与多种菌株共生效率高。其中,春大豆油8905-1,夏大豆宝应粉皮青、豫豆2号,秋大豆陈垅青豆等,与8种大豆根瘤菌共生效应强;113-2、OG54、OF13等菌株与多个大豆品种共生效应强(徐巧珍等,2000)。

表 5-26　不同大豆品种与根瘤菌组合的亲和性反应　（徐巧珍等,2000）

类　型	品种名称	菌　株									
		113-2	WO-3	OG54	OF13	IF38	USDA110	305	H432	H32	DE444
春大豆	恩施九月黄	卌	卌	卌	卌	+	卌	-	卌	卌	卌
	洪六乙	卌	卌	卌	卌	-	卌	+			
	湘春 10 号	+	卌	卌							
	油 8905-1	卌	卌	卌		-	卌	-	卌	卌	卌
	浙春 1 号	+	+	卌	卌						
夏大豆	宝应粉皮青	卌	卌	卌	卌	+	卌	+	卌	卌	卌
	豫豆 2 号	卌	卌	卌	卌	+	卌	+	卌	卌	卌
	跃进 5 号	卌	卌	卌	卌	+	卌	+	卌	卌	卌
	宜昌八月黄	卌	卌	卌	+	卌	卌				
	大青瓢黑豆	卌	卌	卌	卌	-	卌				
秋大豆	秋 71	卌	卌	卌	卌	+	卌	卌	卌	卌	卌
	陈垅青豆	卌	卌	卌	卌	+	卌	卌	卌	卌	卌
	秋豆 1 号	卌	卌	卌	卌	+	卌	卌	卌	卌	卌
	九月黄	卌	卌	卌	卌	+	卌	卌	卌	卌	卌
	檀山青豆	卄	卌	卌	卌	+	卌	+	卌	卌	卌

注:卌、卄、+、-分别表示强、中、弱、无

(五)固氮性状优良种质

　　中国是大豆的故乡,是大豆共生固氮的基因中心,有丰富的大豆固氮资源。徐巧珍等(2002)从三大产区的 916 份大豆种质资源中,评价出一批田间自然结瘤 47 个/株以上、固氮量在 55 mg/株以上、固氮率在 80% 以上高固氮春大豆品种,如广东的赤黄豆、护径半乌黄豆 3 号,浙江的曹娥青、山黄豆、清明豆,湖北的观音一号、黄暑白,湖南的杉树黑豆及河北的来远黄豆等(春大豆参试品种固氮量平均为 39.331 mg/株,固氮率为 65.185%,根瘤数为 47 个/株);评价出固氮量在 80 mg/株以上、固氮率在 80% 以上、田间自然鉴定根瘤数 100 个/株以上的高固氮夏大豆品种有湖北的猴子毛、八月炸、沔阳鸡母蹲、鄂黄 11、黄大豆、武昌黑冬豆、独窝豆、保康绿黄豆、通山薄皮黄豆甲,江苏的宜兴绿骨豆、宝应粉皮青、吴江青豆 3、黑壳铃,广东的江东大粒黄、清远大青豆,广西的龙州民建黑豆,四川的鸡肉豆,福建的珍珠豆 3,安徽的药豆等(参试夏大豆固氮量平均为 47.544 mg/株,固氮率为 63.74%,根瘤数为 92.3 个/株);评价出固氮量在 50 mg/株、固氮率在 50% 以上、根瘤数在 30 个/株以上的高固氮秋大豆品种有湖南的秋豆一号,浙江的遗赤、早熟毛逢青、洪圩大豆、贱勿要、陈垅青大豆、九月黄、秋 71 等(参试品种平均固氮量为 46.616 mg/株,固氮率为 52.78%,根瘤数为 27.15 个/株)。鉴定出一批结瘤固氮性状优良种质。徐玲玖等(1994)对种植在吉林黑土和辽宁棕壤土的 18 个品种的自然固氮能力进行了调查,结果表明,在同样条件下,不同大豆品种的固氮能力差异很大。吉林 21、吉林 23、吉林 27、吉 8210-4、辽 86-5453、辽 85-8538、辽 83-5020 表现较好的固氮能力。李新民、窦新田等(1997)用 ^{15}N 稀释标记示踪技术评价 19 份北方春大豆品种的固氮能力,结果表明,固氮量变幅为 67 ~ 140 kg/hm²,固氮率为 35% ~ 60%,从中选出 3 份固氮量超过 150 kg/hm²、固氮率大于 55% 的高固氮品种。

第三节　栽培大豆品种资源的利用

一、生产直接利用

中国大豆品种资源的主体是地方品种,广泛分布于各地的地方大豆品种是在几千年的农家生产中,由农户选择利用传承下来的,是中国和世界大豆生产发展的物质基础。据中国史书、农书和地方志记载,自汉唐以来,特别是经元明清历代,中国大豆地方品种数量日益丰富,至20世纪初,全国各地利用的地方品种近千份。这些品种散存在千家万户,仅据部分省的县志记载(郭文韬、徐豹,1993),东北三省生产用种有黄豆、青豆、黑豆三类型的30个品种,黄河流域的山东、河南、河北、山西等省分别有40个、18个、12个和15个品种,长江流域的江苏省有99个,浙江省有30多个,安徽、湖北、湖南、江西、四川省分别有52个、41个、22个、23个和43个品种。以上品种只是几千年来民间选用和传承下来的一部分。新中国建立以后,20世纪50年代开始在全国搜集、评选优良地方品种供生产利用,50~60年代评选出的地方优良品种有:黑龙江省的克霜、紫花4号等65个,吉林省的小白豆、嘟噜豆、满仓金、兰脐等55个,辽宁省的平顶香、黑脐黄豆、白脐鹦哥豆等83个,山东省的爬蔓青、牟平平顶黄、铁角黄、牛毛黄、莒选23、惠民铁竹秆,山西省的榆次黄、襄垣白豆,河南省的牛毛黄、紫花糙,安徽省的白花燥、萧县豌豆团,江苏省的扬州沙豆、徐州小油豆,浙江省的平湖粗黄豆、兰溪大青豆,湖北省的鸡母蹄、猴子毛、牛毛红、六月爆,湖南省的南湾豆、乌壳黄、杂粮豆,江西省的大黄珠、小黄珠,福建省的复白、高脚红花豆,广东省的黄毛豆、黑鼻青等。这些品种在20世纪50~60年代的大豆生产上起过重要作用。有些优良地方品种在较大的地域范围和较长的时间内成为生产上的重要用种,甚至为当家品种。如中国农业科学院油料作物研究所从湖北省地方品种中整理出的良种猴子毛,高产稳产,耐病性好,结瘤固氮性状优良,20世纪60~80年代在长江中游大豆生产上长期大面积应用,并作为国家级区试的南方夏大豆对照品种。该所从武汉市郊地方品种中板豆中混合选择的春大豆良种矮脚早,高产稳产,综合性状优良,是生态条件极为复杂的南方大豆产区第一个推广面积最大的主栽品种,在跨7个纬度的湖北、湖南、江西等8个省份利用,是20世纪80~90年代南方产区春大豆育种的骨干亲本和国家级区试长江流域春大豆对照品种。江苏省地方品种泰兴黑豆在江苏、安徽、湖北、浙江等省种植,是长江流域早熟春大豆生产主栽品种、区试对照品种和主要亲本。全国各地都有一大批地方品种直接在生产上长期利用,有的至今还在发挥作用,尤其是南方产区。

二、系统选择的基础材料

中国栽培大豆分布广泛、类型多样,全国各地均从地方品种中系统选择出一批春、夏、秋类型大豆优良品种应用于生产,有的是育种的骨干亲本。从东北地区的白眉中系选出紫花4号,从龙江小粒黄中系选出抗倒性强的东农一号,从小金黄中选出小金黄一号,从沈阳小金黄中系选出集体一号,从永吉嘟噜豆中系选出丰地黄,从地方品种抚松铁荚青中选出绿种皮、绿子叶、百粒重22~24 g的吉青一号等。还有长江流域春大豆湘豆3号、湘豆4号等,均是系选出的优良品种。从黄淮地方品种中系选出齐黄一号(是大豆花叶病毒病的重要抗

源)、徐州 302、58-161 等,在生产上大面积应用。从地方品种奉贤穗稻黄中系选成的南农
1138-2,曾是 20 世纪 70 年代长江上游至下游五省夏、秋播兼用优良品种。从优良种质资源
5-18 中系选的南农 493-1,也是长江中下游夏、秋大豆兼用优良品种。从地方品种中系选的
丽秋一号,是南方产区优质秋大豆品种,高产稳产,蛋白质含量 48.48%,抗逆性强,耐迟播。

三、优良种质在杂交育种中的利用

(一)中国栽培大豆育成品种的主要亲本

中国栽培大豆育成品种的亲本来源可分为地方品种、育成品种、育成品系和国外品种四
部分。中国栽培大豆品种资源主体是地方品种,20 世纪 60 年代以前育成品种的亲本基本
上是地方品种;60~70 年代育成品种的亲本 33% 为地方品种,45% 为育成品种,19% 为育成
品系,3% 为国外引种(盖钧镒等,1994);80 年代以来,育成品种的主要亲本类型趋向是地方
品种减少,育成品种、中间材料和国外品种增加。

据盖钧镒等(2001)的研究,中国栽培大豆育成品种的系谱分析结果,1923~1995 年育成
的 651 个大豆品种有 348 个祖先亲本,其中最优秀亲本 75 个,为中国已育成 651 个大豆品种
提供了 70% 左右的种质来源。其中,从东北、黄淮海、长江流域及其以南地区和国外引种 4
个群体选出的亲本数分别是 25 个、21 个、19 个和 10 个(表 5-27、表 5-28、表 5-29)。

表 5-27　来自东北地区的大豆核心祖先亲本　(盖钧镒等,2001)

核心亲本名称(原产地)	细胞核遗传贡献值	细胞质遗传贡献值	衍生品种个数	轮数	入选指标数
金元(辽)	43.631	17	243	6	4
公主岭四粒黄(吉)	40.599	89	218	7	4
白眉(黑)	26.030	44	131	6	4
嘟噜豆(吉)	21.393	29	93	5	4
铁荚四粒黄(吉)	16.147	1	89	3	3
克山四粒黄(黑)	10.507	1	57	4	3
永丰豆(吉)	7.500	7	20	3	4
吉林小金黄(吉)	7.378	6	27	4	4
铁荚子(辽)	7.283	8	30	4	4
熊岳小黄豆(辽)	6.593	0	58	4	3
辽宁小金黄(辽)	5.145	6	29	4	4
珲春豆(吉)	4.938	0	14	2	3
四粒黄(黑)	4.938	1	19	3	3
东丰四粒黄(吉)	4.161	4	21	3	3
襄衣领(黑)	3.876	0	19	3	3
洋蜜蜂(吉)	3.813	3	11	3	4
珲南青皮豆(吉)	3.752	0	20	4	4
海伦金元(黑)	3.189	6	21	4	4

续表 5-27

核心亲本名称(原产地)	细胞核遗传贡献值	细胞质遗传贡献值	衍生品种个数	轮数	入选指标数
小粒黄(黑)	3.144	6	19	4	3
一窝蜂(吉)	2.813	7	15	2	4
小粒豆9号(黑)	2.750	8	12	3	4
逊克当地种(黑)	2.500	1	6	3	2
大白眉(辽)	1.598	0	21	4	2
海龙嘟噜豆(吉)	2.250	5	6	2	2
五顶珠(黑)	1.625	6	6	3	2

表 5-28　来自黄淮海地区的大豆核心祖先亲本　（盖钧镒等,2001)

核心亲本名称(原产地)	细胞核遗传贡献值	细胞质遗传贡献值	衍生品种数	轮数	入选指标数
滨海大白花(苏)	19.470	30	62	4	4
寿张地方种(鲁))	14.799	24	53	5	4
即墨油豆(鲁)	12.659	24	55	6	4
铜山天鹅蛋(苏)	9.644	10	61	4	4
益都平顶黄(鲁)	7.805	4	53	6	4
铁角黄(鲁)	5.680	0	49	5	3
大白麻(晋)	4.125	6	7	2	4
滑县大绿豆(豫)	3.376	0	12	3	3
定陶平顶黄(鲁)	2.938	4	6	2	4
邳县软条枝(苏)	2.876	1	15	3	3
山东四角齐(鲁)	2.626	10	15	4	3
极早黄(晋)	2.625	0	10	3	3
山东小黄豆(鲁)	2.625	3	10	4	3
沛县大白角(苏)	2.250	4	8	4	3
大滑皮(鲁)	2.000	0	9	3	3
小平顶(皖)	1.907	1	6	3	3
大白脐(冀)	2.250	0	4	2	2
一窝蜂(陕)	2.500	4	2	2	2
沁阳水白豆(京)	1.784	7	14	3	2
通州小黄豆(京)	1.656	4	7	3	2
海白花(苏)	1.376	0	6	2	2

表 5-29　来自南方地区和国外的大豆核心祖先亲本　（盖钧镒等，2001）

核心亲本名称(原产地)	细胞核遗传贡献值	细胞质遗传贡献值	衍生品种数	轮数	入选指标数
奉贤穗稻黄(沪)	8.750	15	20	3	4
51-83(苏)	7.250	10	19	3	4
武汉地方种(鄂)	6.875	9	11	2	4
上海六月白(沪)	3.438	7	9	2	4
邵东六月黄(湘)	2.375	4	5	3	4
莆田大黄豆(闽)	2.250	3	4	2	4
浦东大黄豆(沪)	1.438	1	5	2	3
毛蓬青(浙)	3.000	3	3	1	3
泰兴黑豆(苏)	2.275	2	5	1	3
百荚豆(赣)	2.500	3	3	1	4
猫儿灰(黔)	2.000	2	2	1	3
猴子毛(鄂)	1.813	2	5	1	3
青仁豆(湘)	1.000	0	3	2	2
黄毛豆(湘)	1.000	2	3	2	3
五月拔(浙)	1.000	3	3	2	3
开山白(浙)	0.875	0	3	2	2
四月白(湘)	0.813	0	3	2	2
暂编 20(鄂)	0.500	2	3	2	2
古田豆(闽)	1.500	2	2	1	2
十胜长叶(日)	13.408	1	52	2	3
Mamotan(USA)	9.644	0	61	4	3
Clark 63(USA)	4.875	0	13	2	3
Beeson(USA)	4.750	2	12	2	3
Williams(USA)	3.500	4	9	2	3
Wilkin(USA)	3.125	0	10	2	3
野起 1 号(日)	2.455	0	20	4	3
Amsoy(USA)	4.877	2	19	1	2
黑龙江 41(俄)	2.188	0	8	3	3
Maglonia(USA)	1.563	0	8	2	2

(二)高产育种利用

　　丰富的中国栽培大豆种质资源中蕴藏着很多农艺性状、产量性状等突出的优良种质，是高产育种的雄厚物质基础。如起源于地方品种的克山大豆种质具有适应能力、遗传力及配合力强等优点，利用克山大豆种质杂交育成的新品种占黑龙江全省杂交育成新品种的77.3%，其中育成的丰收 6 号、丰收 10 号，最高产量均超过 4 500 kg/hm² (赫世涛等，1997)。近 20 多年来，我国大豆育种应用地理远缘亲本和多血缘亲本，扩宽了遗传基础，从而使大豆新品种的生产潜力有较大提高，区域试验的产量达到 2 300～2 700 kg/hm² (南方多熟制大豆)、2 600～3 000 kg/hm² (北方春大豆、黄淮夏大豆)，产量潜力达到 3 500～4 500 kg/hm²。2001～2002 年的区域试验，有的平均产量超过 3 300 kg/hm²，最高的区试产量达到 4 500 kg/

hm^2。如北方春大豆,以海交 8403-74 为母本、吉林 27 为父本在新疆选育的石大豆一号,在新疆区试产量为 4 222.5 kg/hm^2,高产示范田产量达到 5 021.25 kg/hm^2;以绥 81-242 与铁 78057 为亲本育成的黑农 40,省区试平均产量为 2 844 kg/hm^2,2000 年在新疆最高产量达到 4 900 kg/hm^2;以合交 87-1004 与合交 87-19 为亲本育成的合丰 39,区试产量为 2 476.9 ~ 2 917.9 kg/hm^2,生产示范小面积(0.3hm^2)产量折算为 4 591.5 kg/hm^2;以辽豆 3 号与辽 82-51 为亲本育成的辽豆 10 号,最高产量达到 4 575 kg/hm^2。在黄淮大豆区,应用南北大豆血缘亲本及本地区良种为亲本育成了一大批产量潜力大的新品种,以皖豆 16、豫豆 10 号为亲本育成的合豆 2 号,黄淮区试产量为 2 758.4 kg/hm^2,高产示范小面积产量达到 4 726.2 kg/hm^2;以中豆 19 与郑长叶 7 为亲本杂交育成的中豆 20,安徽省区试产量为 2 720.75 kg/hm^2;以郑 84240 与郑 84285 为亲本育成的豫豆 28,河南省区试产量为 2 265 ~ 2 578.5 kg/hm^2,小区最高产量为 4 188 kg/hm^2;以 168、铁 7517 为亲本育成的晋豆 10 号,黄淮区试产量达 2 608.5 kg/hm^2。在南方多熟制大豆区,也育成了一批高产大豆品种。如以湘豆 10 号、铁丰 18 为亲本育成的中豆 32,湖北省区试产量为 2 625 kg/hm^2,生产示范田产量达 2 714.7 kg/hm^2;以湘春 78-141 与 Merit 为亲本育成的中豆 29,区试产量为 2 431.7 kg/hm^2,生产试验田产量达 2 904 kg/hm^2,高密度试验产量达 3 675 kg/hm^2;还有浙江的浙春 3 号小面积产量达 3 750 kg/hm^2 等。以上新品种均超过或接近不同产区不同类型国家科技攻关大豆高产育种产量指标。

(三)抗病育种利用

培育抗病品种是防治病害的最经济有效措施。抗病育种的成败取决于抗性基因的发掘和利用。鉴定出的抗病种质作亲本育成了一批抗胞囊线虫病、灰斑病、大豆花叶病毒病、大豆锈病等新品种。如应用北京小黑豆、哈尔滨小黑豆等育成的齐黄 25、齐茶豆 1 号、齐茶豆 2 号、齐黑豆 1 号、齐黄 28、庆丰 1 号、吉林 23、吉林 32、吉林 37、皖豆 16 等高抗胞囊线虫病新品种(郝欣先等,2001;崔文馥,1998;富健,1997),在病区种植也可获得高产。黑龙江省农业科学院利用抗灰斑病种质治安小粒豆、钢 201 等育成合丰 27、合丰 30、合丰 32 等新品种,可抗灰斑病 10 个生理小种(郭泰等,2001)。中国农业科学院油料作物研究所利用湖北的通山薄皮黄豆甲、矮脚早等种质做亲本育成抗大豆花叶病毒病新品种 10 余个,其中中豆 24 至今仍是国家科技攻关大豆抗病育种对照品种,在我国第一个育成抗大豆锈病的夏、春大豆新品种油 84-87、早春 1 号等。南京农业大学及吉林、山东、黑龙江、河南、浙江、江苏等省的育种单位,利用抗病种质做亲本均育成一批抗病新品种。

(四)品质育种利用

中国栽培大豆各类型中均有蛋白质、脂肪含量高的种质,为我国和世界各国大豆高产优质育种提供了雄厚的物质基础。中国农业科学院油料作物研究所利用 1138-2、蒙庆 6 号、矮脚早、通山薄皮黄豆甲、暂编 20 等种质育成一批蛋白质含量高或蛋白质、脂肪含量双高的新品种(系),如油 8905-1、中豆 8 号蛋白质含量 50% 以上,蛋白质和脂肪总含量达 66%。湖北省利用矮脚早等育成春大豆"鄂豆号"新品种,如鄂豆 4 号、鄂豆 7 号蛋白质含量在 47% 以上。河南、安徽、辽宁等省利用湖北省高蛋白种质育成了豫豆号、皖豆号、辽豆号等蛋白质含量在 46% 以上的新品种。随着高蛋白质、高脂肪种质的发掘和改良,使高脂肪、低蛋白质含量的北方产区也育成了蛋白质含量高的新品种,如铁丰 28 蛋白质含量高达 50%,吉林号、吉育号、长农号、通农号、东农号、冀豆号都有蛋白质含量在 46% 以上的新品种,双高新品种吉林 40 蛋白质、脂肪含量总和超过 64%。中国科学院遗传研究所育成的科新 3 号,蛋白质含量达 49%。高纬度的东北产区大豆脂肪平均含量为 19.15%（王连铮，1992），利用高脂肪种质育成了一批脂肪含量达 23% 以上的新品种，如嫩丰 2 号、嫩丰 4 号、嫩丰 10 号、黑农 6 号、黑农 8 号、黑农 31、黑农 44、垦农 19、铁丰 24、合丰 42、吉林 1 号等。随着高脂肪含量种质的发掘和改良，低纬度的南方产区也育成脂肪含量在 22% 以上的新品种及蛋白质、脂肪含量双高的优质新品种如湘春豆 14（脂肪含量 23%）及湘春豆 19、中豆 32、湘春豆 18、湘春豆 15 等。

（五）抗逆育种利用

中国栽培大豆种植区域广阔，气候条件、耕作制度多样，因而各产区大豆生育期间存在冷、干旱、盐碱、涝、酸等不同的自然灾害及重茬加重的大豆病虫害，丰富的大豆资源中存在抗逆性强的种质，利用抗源培育了抗逆性强或多抗新品种。如利用极早熟种质育成东农 36、东农 40、东农 41 等超早熟新品种，使我国大豆生产的北界向北推移了 100 多 km，也为高寒山区发展大豆生产提供了品种基础。山西省是我国栽培大豆抗旱基因中心，利用抗旱种质育成一批高度抗旱新品种，如用临县白大豆育成的晋豆 21 等。辽宁省用集体 1 号、集体 2 号、嘟噜豆、小金黄、满仓金等抗旱种质育成新品种 10 个，用铁丰 10 号、铁丰 15 等耐瘠种质做亲本育成新品种 4 个，用平顶香等耐涝种质做亲本育成丹豆 2 号等新品种。

东北产区的地方品种黄宝珠、金元、四粒黄、小金黄、丰地黄、铁荚四粒黄、白眉等骨干亲本相继育成东农号、丰收号、合丰号、垦农号、黑农号、绥农号、黑河号、嫩丰号、红丰号、九丰号、宝丰号、垦丰号、吉林号、九农号、长农号、通交号、吉农号、延农号、铁丰号、辽豆号、开育号、丹豆号、锦豆号等系列新品种，类型丰富，产量、品质、抗病、超早熟等性状突出，铁丰 18 和黑农 26、东农 36、合丰 25、黑河 3 号、吉林 20 获得国家发明奖和国家科技进步奖。滨海大白花、铜山天鹅蛋、益都平顶黄、铁角黄等地方种是黄淮海产区的骨干亲本，相继育成豫豆号、鲁豆号、中豆号、冀豆号、淮豆号等高产优质多抗新品种。从地方品种系选出的 58-161 是黄淮海地区细胞质、细胞核贡献最大的亲本，河北、北京、河南、安徽、江苏等 7 省、市以其做亲本育成新品种 48 个，占该地区育成品种的 22.8%；南方产区的江苏、湖北、四川、福建 4 省以其做亲本育成新品种 13 个，占该地区育成品种的 11.71%（赵团结等，1998）。南方产区地方品种类型多样，种质资源更丰富，春大豆泰兴黑豆、上海六月白、祁东六月黄、武汉矮脚早，夏大豆奉贤穗稻黄、黄陂猴子毛，秋大豆毛逢青、九月黄等，为春、夏、秋类型大豆新品种选育提供了雄厚的物质基础。以从奉贤穗稻黄中系选出的 1138-2 做亲本育成中豆号、南农号、豫豆号等新品种 10 余个，以南农 493-1 做亲本育成南农号、中豆号、苏豆号、皖豆号、淮豆、通豆、灌豆等新品种 20 余个（盖钧镒等，1997）。以湖北地方品种猴子毛、通山薄皮黄豆甲、天门大籽黄、矮脚早等做亲本育成鄂豆号、中豆号等新品种（系），并提供给三大产区育种单位做亲本育成新品种 40 余个。湖南、湖北、四川、贵州、广西、广东等省、自治区，仅以矮脚早为亲本分别育成湘豆号、鄂豆号、西豆号、成豆号、黔豆号等新品种 17 个。

四、国外大豆优良种质的利用

中国是大豆的故乡，虽然世界各国的大豆品种都是直接或间接从我国传播去的，但因生态环境变化而诱发的遗传上的分化形成性状各异的种质资源。有目的地引进国外种质资源有利于丰富我国大豆基因库。近 30 多年来，引进美国、日本、印度、菲律宾、朝鲜、加拿大及欧洲各国高产优质抗病虫品种和一批遗传材料，对我国大豆生产和品种改良起了促进作用。

（一）直接利用

美国品种威莱姆斯在我国山东、湖南、福建等省春播和秋播利用表现较好，出现过单产3 750 kg/hm² 的田块。克拉克63在山西、Wayne在辽宁曾有种植。日本的白千成荚密、节间短、高产、稳产，在四川、贵州、甘肃曾有较大面积应用。从日本引进的极早熟菜用大豆札幌绿等亦用于生产。

（二）系统选种材料

西南农业大学徐正华从日本品种塞凯20中系选出早熟、抗病虫、蛋白质含量高的变异株，经四川省农作物品种审定委员会审定应用于生产。陕西省农垦科技教育中心从美国SRF₃₀₇中系选出秦豆5号，黑龙江省农业科学院从 Fiskeby × Flambeau 组合的 F_6 中选出漠河一号，黑龙江省黑河市农业科学研究所从 Gemsoy 中选出黑鉴一号，均用于生产。

（三）在杂交育种中的利用

利用国外种质的主要途径是做杂交亲本。将美国、日本等国家的优良种质与本地优良品种杂交或辐射处理等，已育成新品种100余个。

1. 早熟源　引进种质的生育期类型多样，引入欧洲早熟源选育极早熟品种。如东北农学院用瑞典早熟品种 Logbeau 为母本与东47-ID杂交育成超早熟品种东农36（生育期85 d），蛋白质含量44%～46%，打破了高寒地区不能种大豆的禁区，使我国大豆种植区域向北扩展了100多 km。

2. 高产育种中的利用　1959 年，江苏徐州农科所用徐州126与美国品种马莫顿（Mamotan）杂交育成徐豆1号，是江苏淮北等地主推品种。中国农业科学院油料作物研究所用徐豆1号等种质育成高产广适新品种中豆19、中豆20等。以马莫顿为亲本还育成冀豆3号、皖豆1号、皖豆3号、皖豆10号、淮豆1号、灌豆1号等。用比松（Beeson）做亲本育成吉林22、吉林27、州豆30、晋豆8号、晋豆13、汾豆11、宁镇1号、滇86-4、滇86-5、莆豆8008等。含比松血缘的超高产春大豆新品种石大豆1号，创造了5 407.8 kg/hm² 的全国高产记录。用 Mecury 为父本育成的辽14新品种，创造出北方春大豆4 908 kg/hm² 的高产记录。用克拉克₆₃（Clark₆₃）做亲本育成黑农33、黑农36、黑农38、牡丰6号、冀承豆1号、冀承豆4号、中黄4号、科丰6号、徐豆7号、菏84-1、菏90-42等。用阿姆索（Amsoy）育成黑河5号、黑河7号、辽豆3号、辽豆10号、冀豆5号、绥农7号、绥农8号、绥农9号等。用美-3（MonettaF₅₄）作父本育成鲁豆2号、鲁豆5号。用美-2（Magnolid）做亲本育成鲁豆4号、鲁豆7号、豫豆7号等。用威莱姆斯（Williams）做亲本育成粤大豆2号、冀豆4号、冀豆7号、冀承豆3号、山宁4号、菏88-24、泗豆11等。用哈罗索₆₃（Harosoy₆₃）做亲本育成了东牡小粒豆、皖豆5号，用哈罗索₆₃与索夫₄₀₀（SRF₄₀₀）做亲本育成适于一年三熟的宁镇2号等。用索夫₄₀₀做亲本育成中黄2号、中黄3号、豫豆12等。用索尔夫（SRFcsourf）做亲本育成菏84-5、菏84-12、菏95-1等。用哈罗索（Harosoy）做亲本育成皖豆7号等。用维尔金（Wilkin）做亲本育成宝丰1号、宝丰3号等。

用日本品种十胜长叶做亲本育成吉林16、吉林20、通农9号、长农4号、长农5号、黑农28、黑农29、黑农35、绥农5号、绥农6号、垦农1号、红丰5号、黑河7号、合丰25、合丰26、合丰30等，以合丰25做亲本又育成14个生态性状各异的新品种，如高光效种质哈79-9440、哈82-7799等均有十胜长叶的血缘。用白千成做亲本育成龙豆33，用雷公做亲本育成淮豆2号，用73-16做亲本育成融豆21。用日本、前苏联品种及国内品种多血缘集成方式育成高产稳产品种合丰 39 等。

3. 品质育种中的利用　中国农业科学院油料作物研究所用美国品种克拉克$_{63}$做亲本育成蛋白质含量 45% 的高产抗病新品种中豆 5 号等,含有克拉克$_{63}$血缘的中豆 8 号蛋白质含量高达 49.61%,中油 82-10 蛋白质含量达 50%;用索夫$_{400}$做亲本育成中豆 14 等高蛋白质含量品种。河南省农业科学院用索夫$_{400}$育成蛋白质含量达 50% 的豫豆 12。用普罗瓦(Provar)育成冀豆 6 号等。用马歇尔(Marshall)做亲本育成蛋白质和脂肪总含量达 63.62% 的吉林24。

黑龙江省用美国品种莫索(Marsoy)做亲本育成脂肪含量达 22.2% 的新品种东农 38,用 Hobbit 做亲本育成脂肪含量高达 23.04% 的合丰 42。中国农业科学院作科所用 Hobbit 与遗 2 杂交育成中黄 20,脂肪含量达 23.5%。

用前苏联品种尤比列做亲本育成脂肪含量 22%~23% 的丰收 18 等。用日本十胜长叶做亲本育成蛋白质含量 45% 以上的黑农 34、黑农 35,用日 9-11 做亲本育成双高(含蛋白质45.95%、脂肪 20.55%)新品种陕豆 125。

4. 抗病育种中的利用　引进的美国品种在我国大豆抗病育种中发挥了重要作用。用高抗大豆灰斑病品种拉姆佩吉、俄亥俄、维尔金做亲本育成新品种合丰 27、合丰 28、合丰 29、合丰 32、合丰 34,并衍生出垦农 7 号、宝丰 7 号等抗病高产新品种。用抗胞囊线虫病种质 CN 290、CN 210 等育成合丰 30、嫩抗 8404-2、嫩抗 8404-5、嫩抗 8408-2、嫩抗 8408-6 等一批新抗源,育成新品种跃进 8 号等。用 Franklin 育成抗线 1 号高抗大豆胞囊线虫 3 号生理小种,并具有耐盐碱、耐瘠、抗旱性强等特点。用比松做亲本育成对大豆胞囊线虫病耐性好的吉林22。用维尔金做亲本育成的川湘早一号,抗大豆花叶病毒病,高抗霜霉病,并具有耐湿耐阴的特点。用美-2 做亲本育成高产优质抗病的鲁豆 2 号、鲁豆 4 号、鲁豆 5 号、鲁豆 7 号,用美-3 做亲本育成鲁豆 11。

5. 特异种质的利用　中国农业科学院作物所用美国缺失胰蛋白酶抑制剂优质种质 L 83-4387 做亲本,在我国率先育成不含胰蛋白酶抑制剂,早熟、高产、稳产、优质、抗病、综合性状优良的新品种中豆 28;用美国缺失脂肪氧化酶近等基因系 Century-Lox 2.3,育成胰蛋白酶抑制剂和脂肪氧化酶含量双低的优质新品系中作 96-952;用 Centyry-Lox 2 育成低腥味早熟新品种中黄 18;用 L81-4590 做亲本,在国内育成第一个高异黄酮含量大豆新品种中豆 27。河北省农业科学院用 Century 和 Suzuyutaka 两套 Lox 缺失近等基因系做亲本,育成五星 1 号(缺失 Lox-2.3)。吉林市农业科学院用 Century-Lox 2.3 育成九资 497-1(缺失 Lox2.3),用 Century-1.3 做亲本育成九资 582-2。黑龙江省绥化农业科学研究所用日本中育 37 作亲本育成绥无腥 1 号(Lox 2)。

从美国引入的杂交后代中选育出扁平茎、多花、多荚、秆强、高大繁茂高产种质合 87 V-65,为高产育种理想亲本。引入美国 Hobbit、EIF、Sprite 87、Gnome 85、Hoyt、Pixie、charleston 等矮秆、半矮秆育种亲本,已育成秆强、丰产新品系;引入的结瘤、不结瘤、不同结荚习性及不育系材料和近等基因系,是遗传研究的重要材料。

我国地域广阔,自然条件复杂,生态环境多样,为国外种质的引进利用提供了极为广阔的生态环境条件;栽培大豆种质资源类型多样,数量丰富,可容纳不同类型、不同遗传特性的外来品种。从国外引进的品种,除直接在生产上利用外,主要是做亲本选育新种质。1923~1995 年,全国共有 176 个育成品种具有国外引种血缘(盖钧镒,1994)。1973~1993 年,南方大豆产区育成的新品种中,有43.2%的品种含有美国、日本品种血缘(徐巧珍,1993)。20世纪80年代以来,利用美国、日本品种做亲本在山东菏泽地区育成8个新品种,在黄淮海地区累计推广面积105万 hm²,国外亲本遗传贡献率为13/32(苗保河等,2002),为黄淮海地区夏大豆生产发展作出较大贡献。国外品种在丰富东北产区大豆品种遗传基础和选育早熟、高产、抗病、优质品种中,都发挥了良好作用。《中国大豆品种志》中有国外品种血缘的121个品种中,东北产区就有59个(邱丽娟等,1993),仅含有十胜长叶血缘的品种就有28个。因此,继续引进国外种质,丰富我国大豆基因库,有利于提高大豆育种水平,促进大豆生产的发展。

第四节　中国栽培大豆种质资源的创新与发展

一、优异种质资源的鉴定利用

中国栽培大豆品种资源特性鉴定研究,鉴定出优异种质4 000余份,提供育种研究与生产利用。其中,高蛋白质含量种质196份,高脂肪含量种质43份,抗旱种质463份,苗期耐盐种质464份,耐冷种质260份,耐酸雨种质68份,抗大豆花叶病毒种质46份,抗大豆胞囊线虫1号生理小种的种质142份、抗2号生理小种的种质142份、抗3号生理小种的种质309份、抗4号生理小种的种质20份、抗5号生理小种的种质20份,抗大豆疫霉根腐病种质371份,抗食叶性害虫优异种质20份(邱丽娟等,2002)。抗大豆锈病种质81份(谈宇俊等,1986～1999)。"八五"至"九五"期间,对1 000份优异种质进行了综合评价,评价出综合性状优良的种质180份,并已编目入库,从中评出高蛋白质含量(45%以上)、高脂肪含量(22%以上)、高产、抗病(大豆花叶病毒病、胞囊线虫病、锈病、疫霉根腐病)、抗逆(旱、酸雨)、超早熟、抗虫(食叶性害虫、豆秆黑潜蝇)等种质和特殊种质(节间短、黑皮青瓤、菜用大粒等)及高配合力种质。对9份优良种质特异性状(矮秆性,结荚习性,对SCN 1号、4号小种的抗性,五小叶,每荚粒数等)进行了遗传分析。经综合评价和改良创新,30份大豆优异种质已提供生产利用,其中6份于2001年获国家四部委颁发的优异种质一级荣誉证书,11份获二级证书,5份获三级证书。一批综合性状优良的种质被审定为新品种在生产上应用(邱丽娟等,2001)。

近20余年来,鉴定出的高产、优质、抗病、抗逆等优良种质提供生产和作亲本利用,使我国大豆生产和品种改良取得重大进展,形成了我国大豆高产育种体系、抗病育种体系、品质育种体系,育成新品种400余个,创造新疆达5.96 t/hm²、东北达4.92 t/hm²、黄淮海达4.84 t/hm²和南方产区达3.75 t/hm²的高产记录,创造出高抗病虫害、抗逆性强、高蛋白质含量、高脂肪含量的优异新种质,从而使中国栽培大豆种质及品种改良的研究水平得到发展和提高。

二、优异种质的创新

长期以来,栽培大豆的主体是农家自选自留自繁的地方品种。20世纪开始,国家开展大豆品种改良的研究,逐步建立和扩展相应的研究机构,随着大豆生产的发展,育种目标和要求在不断提高。50年代以来的种质创新,促进了我国大豆品种改良的发展。如辽宁省农业科学院等单位,应用抗涝、抗旱、抗病、耐瘠的地方品种构建的新种质,促进了辽宁省大豆品种的改良。其中,用耐瘠、抗病、地理远缘、生态类型差异大、亲缘关系远的吉林地方品种丰收黄与辽宁半野生大豆熊岳小黄豆,于 1961 年育成的具有多花、多荚、多分枝、秆强抗倒、抗病、抗逆性强的优良种质 5621,具有遗传力强、适应性广等优点,为种质创新与育种开拓了思路。直接用 5621 做亲本育成新品种 7 个,由此衍生出新品种及一批新材料。在 33 个品种中,5621 平均细胞核遗传贡献率为 28.6%,其中推广面积大的铁丰 18 达 50%,辽豆 10 号达 31.%,辽豆 3 号达 25%;细胞质的遗传贡献次于细胞核(表 5-30)。新中国成立以来,辽宁省杂交育成的品种中有 70.2% 的品种含有 5621 血缘,以 5621 做亲本育成的大豆品种已在辽宁、吉林、上海、山东、湖北、新疆等 10 余个省、直辖市、自治区生产上应用。优良种质 5621 于 1991 年获国家发明奖三等奖(孙贵荒等,2002)。

表 5-30　5621 在其育成大豆品种中的遗传贡献 (孙贵荒,2002)

品　种	细胞核遗传贡献率	细胞质遗传贡献率	品　种	细胞核遗传贡献率	细胞质遗传贡献率
铁丰 9 号	0.500	1	辽豆 3 号	0.250	0
铁丰 10 号	0.500	1	辽豆 4 号	0.125	0
铁丰 17	0.500	0	辽豆 9 号	0.063	0
铁丰 18	0.500	0	辽豆 10 号	0.313	0
铁丰 19	0.500	0	辽豆 11	0.188	0
铁丰 20	0.500	1	辽豆 13	0.157	0
铁丰 21	0.250	1	开育 9 号	0.500	0
铁丰 22	0.250	1	开育 10 号	0.250	0
铁丰 23	0.250	0	丰豆 1 号	0.500	0
铁丰 24	0.250	0	冀豆 2 号	0.250	0
铁丰 25	0.250	0	抗 82-93	0.250	0
铁丰 26	0.219	0	丹豆 5 号	0.250	0
铁丰 27	0.125	0	丹豆 7 号	0.063	0
铁丰 28	0.125	0	丹豆 8 号	0.250	0
铁丰 29	0.125	0	沈农 25104	0.250	1
锦豆 36	0.188	0	彰豆 1 号	0.500	0
新豆 1 号	0.250	0			

　　20 世纪 60 年代末,以日本十胜长叶与当地品系克交 69-523 杂交育成的克 4430-20 是东北早熟春大豆创新种质,成为东北地区育种的骨干亲本,育成了合丰 25、合丰 26、红丰 5 号等新品种,合丰 25 获国家科技进步奖和省长特别奖。70 年代,河南省农业科学院经济作物研究所利用地方种山东四角齐、沁阳水白豆、天鹅蛋,推广品种早丰一号、齐黄一号、齐黄 13、泗豆 2 号、郑 135、徐豆 1 号、郑 7104 及美国的 Mamotan、日本的野起一号等品种为亲本血缘育成的郑 77249,遗传基础丰富,高抗大豆花叶病毒病,兼抗霜霉病、炭疽病,高抗大豆食心虫,农艺性状优良,配合力高,被国内外育种单位做亲本广为利用。河南省在 1984～1998 年利用郑 77249 育成豫豆 10 号、豫豆 11、豫豆 15 等 24 个抗病、高产品种(系),其中 11 个通过国家和河南省农作物品种审定委员会审定,占河南省审定品种的 44%,还构建了一批优良品系。由于郑 77249 具有极高利用价值,获国家发明奖(梁慧珍等,2002)。

　　20 世纪 80 年代以来,我国大豆科学工作者致力于拓宽大豆遗传基础,广泛利用地方品种,野生、半野生大豆及国外品种,以有性杂交为主,并采用辐射诱变、化学诱变及花粉管导入技术等手段,进行种质创新。创新种质的利用,使我国大豆育种工作取得重大突破。

(一)高产种质创新

挖掘地方品种及野生、半野生大豆的高产基因,使其积累到现有高产品种中,不断扩大品种遗传基础。黑龙江省农业科学院利用花粉管通导法,即外源 DNA 直接导入技术(Direct Introduction Exogenous DNA,DIED),将高蛋白质含量野生大豆总 DNA 直接导入栽培大豆,构建了第一个转化的高产、优质(蛋白质含量 45.5%,球蛋白和 11 S 蛋白含量超过 70%)、抗灰斑病、耐轻盐碱新品种黑生 101,于 1998 年申报了国家发明专利(雷勃均,2001)。安徽省农业科学院以皖豆 16 等离子处理高产突变体与豫豆 10 号杂交选育的 MN413,最高产量达 4 726.2 kg/hm²,优质(蛋白质和脂肪含量总和达 63.02%),抗大豆花叶病毒病。吉林市农业科学院用有性基因转移与无性基因转移相结合、^{60}Co γ 射线诱变等途径,创建的高产型种质九资 7804、九资 7802,产量分别达到 3 500 kg/hm²、3 800 kg/hm²(赵爱莉等,1998)。杜维广等(2001)选择具有高光效、丰产性好、抗逆性强的骨干亲本,用单交、复交、生态杂交与人工诱变相结合选育高光效种质,用高光效亲本绥农 4 号等育成哈 79-9440、哈 82-7799、哈 88-7704、哈 90-6719、哈 91-7021 等,其中高光效种质 79-9440 最高产量达 3 840 kg/hm²,育成了黑农 39、黑农 40、黑农 41 等高光效新品种。中国科学院遗传研究所鉴定出高光效高产品系 9702 和 9208-5(朱保葛等,2000)。长花序、短果枝是构成大豆产量的两个优异株型性状,谢甫第等(1999)选育了长花序短果枝新品系沈农 91-44。

(二)优质种质创新

中国农业科学院油料作物研究所采用短脚早、通山薄皮黄豆甲、蒙庆 6 号、克拉克 63、索夫 400 等国内外多品种复合杂交,创建中油 8905-1、中油 8905-2、中油 82-10、中油 834053、中油 85-8、中油 88-6、中油 88-9 等蛋白质含量高达 49%～50%的春、夏大豆种质,提供给全国育种单位利用。中豆 8 号获第二届中国农业博览会金奖,中油 8905-1 获"九五"攻关创新优异种质一级证书和优异种质后补助。安徽省农垦总公司用^{60}Co γ 射线辐射方法育成蛋白质含量 46.3%、脂肪含量 20.53%,蛋白质和脂肪总含量达 66.9%的皖豆 15。安徽农业大学用红宝石激光处理大豆种子,育成蛋白质含量 48.32%的皖豆 14(黄志平等,1999)。吉林市农业科学院用九农 2 号等种质选育了北方春大豆蛋白质含量高达 47.2%的九资 8236-31。黑龙江省野生大豆中有多花多荚(如 ZYD374 单株结荚 2 687 个)、蛋白质含量高(如 ZYD377 达 54.04%)的种质,黑龙江省农业科学院通过种间杂交,选育出蛋白质含量高达 48.25%,百粒重达 19 g 的优异种质龙品 8807,是高产优质育种的优良亲本(姚振纯等,1999)。还有 D93-743 蛋白质含量为 48.74%,龙品 8804 蛋白质含量为 48%等,利用化学诱变选育出 90-3525、91-3131、91-3135 等蛋白质含量 46%～48%的高蛋白材料(王培英等,1994)。南京农业大学选育出我国第一个高豆腐产量的大豆新品种南农 88-48,获得国家跨越计划资助和农业部新品种后补助。

引进的缺失胰蛋白酶抑制剂(SKTI)及缺失脂肪氧化酶(Lox)的近等基因系,分别与我国大豆主栽品种杂交,育成一批特异种质。如育成缺失 SKTI 的优质、早熟、高产、抗病的中豆 28;育成无 Lox 早熟高产新品种中豆 18(孙明君等,2001)、绥无腥一号(景玉良,2002),国内第一个审定的双缺失(Lox_2、Lox_3)高产、抗倒、抗病、耐盐碱、耐旱、适应性广的新品种五星一号和一批脂肪氧化酶缺失的高脂肪含量、高蛋白质含量、高产品系观 27(脂肪含量 24.1%)、观 52(脂肪含量 24%)、鉴 13(蛋白质含量 45.44%)、观 64(蛋白质含量 47.08%)、观 50(Lox 全缺,蛋白质含量 45%)、系 37(蛋白质和脂肪总含量 63%),获得 Lox 单缺、双缺和全缺的青豆、黑豆、小粒豆、大粒毛豆(百粒重 30 g)等不同类型材料(王文秀等,2002)。国际上首次转育成功 SKTI 和 Lox 双无的大豆种质,创造出中作 96-952(ti/lox-2.3)等一批双无新品系。育成高异黄酮含量的优质高产抗病大豆新品种中豆 27(韩粉霞等,2001)。吉林市农业科学院用九交 8799 等选育出九资 562-2(缺 lox 1.3)、九资 497-1(缺 lox 2.3)等,及高脂肪含量种质九资 7831(脂肪含量 23.05%)。东北农业大学选育出脂肪含量高达 24.17%的东农 163 和东农 434 等(杨庆凯,2001)。

(三)抗病虫种质创新

利用国内外种质将高产与抗病基因重组选育出哈 $91R_3$-182、哈 $91R_3$-188、哈 $91R_3$-232、哈 $91R_3$-244、哈 $91R_3$-310 等 10 份高抗大豆 SMV 3 号强毒株系新种质,哈 $91R_3$-188、哈 $91R_3$-186 是多抗性抗源(抗酸雨)(陈怡等,2001),NJR25-8、NJR32-8、NJR44-1 等抗大豆 SMV 4 个株系(胡蕴珠,1994)。中油 82-16 高抗大豆花叶病毒病。早春一号、中油 84-87 是我国育成的第一批抗大豆锈病春、夏大豆新种质。利用国内外抗灰斑病种质,采用单交、复交等方法选育出高抗灰斑病 8 ~ 10 个生理小种的新种质哈交 81-997、哈交 84-1081、哈交 87-1087、东农 9674、东农 593、东农 1574、东农 39、东农 40、东农 567、东农 85-594、东农 594、东农 7822、垦农 4 号、东农 90035、东农 90037、绥农 945007、绥农 945025 等,并育成垦农 7 号、垦农 8 号、合丰 27、合丰 28、合丰 29、合丰 30、合丰 31、合丰 32、合丰 33、合丰 34、绥农 9 号、绥农 10 号、宝丰 7 号、宝丰 8 号、黑河 22、黑农 33 等 20 余个新品种(曹越平等,2002)。东农 9674 等抗灰斑病 10 个生理小种,抗性稳定,兼抗 SMV 1 号株系,固氮率达 59.3%,根系发达,较耐重茬,是抗灰斑病育种的优异种质资源(杨庆凯,1996)。利用国内外抗源与当地推广品种杂交,获得抗胞囊线虫的嫩抗 8408-6、嫩抗 8725-1、哈抗 84-783、哈 91-4752、东农 93-8055 及 93-8017 等系列新种质,育成了高抗胞囊线虫病新品种抗线 1 号、抗线 2 号、抗线 3 号、嫩丰 15、东农 43、跃进 8 号等新品种(李云辉等,2000)。利用兼抗胞囊线虫病 1 号、3 号、4 号、5 号生理小种的灰布支黑豆、五寨赤不流黑豆、应县小黑豆等抗源,与生产上主推品种杂交选育出晋品 77、晋品 78、晋品 79、晋品 80、晋品 81、晋品 82 等免疫或兼抗的黑豆新种质(李莹等,2001),是当前国内黑豆系列食品开发和生产利用的优异种质。

南京农业大学进行大豆抗虫性研究,选育出高抗豆秆黑潜蝇的南农 87-73、南农 87-23、南农 88-29、南农 28-290,抗食叶性害虫的南农 89-30 等新种质(孙祖东等,1997)。吉林市农业科学院大豆研究所用白花大粒棵、矮大豆等选育出抗食心虫和大豆花叶病毒病的九资 7850、抗大豆食心虫、高产的九资 7804,抗大豆蚜虫兼抗食心虫的棵黑青,抗大豆蚜虫兼抗细菌斑点病的裸绿等(赵爱莉等,1998)。用转基因方法获得的中豆 19 ZI902 抗食心虫、抗 SMV 1 号生理小种和抗大豆灰斑病 1 ~ 10 号生理小种,吉林 27 J2703 抗食心虫、抗 SMV 1 号生理小种(武天龙等,2002)。

(四)抗逆性种质创新

山西省农业科学院用抗旱种质晋大 28 选育出汾豆 50 高抗旱(抗旱系数为 0.6502,达一级抗旱性标准 0.6500)、抗病毒病,1999 年审定命名为晋豆 23。黑龙江省农业科学院等单位育成安丰 1 号、龙辐 73-8955 等耐盐种质,中国农业科学院作物所选出 96195、M6083 等较耐盐碱材料,浙江省农业科学院育成了耐铝离子、抗病、适应性好的浙春 2 号在南方红黄壤地区推广。

(五)大豆杂种优势材料的创新

大豆杂种优势利用研究在我国取得突破性进展,已发现 3 个来源不同的不育细胞质 RN、ZD、XX 和 1 个来源待定的不育细胞质供体 N8855。多个单位实现了三系配套,并找到了一些具有强优势的组合(表 5-31)。

表 5-31 我国大豆质核互作雄性不育系一览表 (白羊年,2001)

材料名称	母 本	父 本	三系配套	参考文献出处
OA,OB	167	035	配套	孙寰等,1994
YA,YB	未知	未知	配套	孙寰等,1997;赵丽梅等,1998
ZA,ZB	ZD8319	YB	配套	赵丽梅,1998
NJCMS1A	N8855	N2899	配套	Cai,1995;Dimg ttal,1998
NJCMS2A	N8855	N1688	配套	丁德荣,1999;白羊年,2001
阜 CMS1A	ZD8319	SG01	配套	李磊等,1995;许占友等,1999
阜 CMS2A	ZD8319	JX03	配套	李磊等,1995;许占友等,1999
阜 CMS3A	ZD8319	PI004	配套	李磊等,1995;许占友等,1999
W931A	中油 89B	W206	配套	张磊等,1997,1999a
W936A	中油 89B	W203	配套	张磊等,1999a
W933A	中油 89B	W207	配套	张磊等,1999a
W945A	中油 89B	W210	配套	张磊等,1999b
W948A	中油 89B	W212	配套	张磊等,1999b

孙寰等(2003)1985 年用栽培大豆 167(汝南天鹅蛋)与野生大豆 035(5090035)杂交,于 1993 年育成细胞质雄性不育系 OA 及同型保持系 OB(RN 细胞质),1995 年育成栽培大豆不育系 YA 和保持系 YB,同时找到了恢复系,实现三系配套。目前已育成 10 个适于不同生态区种植、农艺性状优良、不育率高、育性稳定的不育系和恢复性好的恢复系。吉林省农业科学院在三系配套的基础上,已育成世界上第一个大豆杂交品种杂交豆 1 号。

李磊等(1995)以栽培大豆 ZD8319 为母本选育出阜 CMS1A、阜 CMS2A、阜 CMS3A 3 个高度不育的质核互作不育系。李磊、张磊、彭玉华等发现并确定中国农业科学院油料作物研究所育成的高产稳产广适性品种中豆 19、暂编 20 含有不育细胞质(称 ZD 细胞质),于 20 世纪 90 年代末以 ZD 细胞质为基础育成了 W931A、W933A、W936A、W945A、ZA、阜 CMS1A、阜 CMS2A 和阜 CMS3A 等一大批不育系,实现了三系配套,并发现了强优势组合 HS9812、HS9814、HS9816 比推广品种中豆 19 增产 29% ~ 47.63%。

盖钧镒等发现杂交组合 N8855 × N2899 F_1 高度不育,确认 N8855 携带不育细胞质,并育成不育系 NJCMS1A、NJCMS2A 及一批恢复系和新保持源。

我国质核互作雄性不育系的选育目前处于国际领先水平。中国栽培大豆极为丰富,应加强发掘类似中豆 19 含有不育细胞质的种质,充分利用杂种优势,选育杂交大豆品种。

(六)大豆特殊株型性状的发掘与创新

南京农业大学利用引进和发掘的具有特异株型性状的种质,将特异株型性状基因导入高产品种获得特异种质。如用引进的美国短叶柄种质 76-1609 做亲本,选育出 NG 96-492、NG 95-277 等农艺性状较好的短叶柄选系和长短叶柄近等基因系;从地方品种浙江大青豆与野生大豆杂交后代中,发现新的极短叶柄材料;用美国的曲茎短节间种质 PI 227224 做亲本,获得曲茎短节间选系 NG 94-156、NG 96-229、NG 99-456 等;用美国扁茎材料 P 173、F-1 等做亲本,选出抗倒、顶生荚簇、适合南方生态条件的新类型;用有限结荚习性、株高呈梯度变化的品种杂交,获得株高呈梯度变化的一套品系。在获得分别具有曲茎短节间、短叶柄、扁茎、窄叶、有限结荚习性、高秆、矮秆、长花序、短分枝等性状特异种质的基础上,以不同株型通过复交,将多个特异株型性状重组,获得曲茎短节间与长花序结合的曲茎多花多荚类型、曲茎短节间与短叶柄结合的抗倒短叶柄类型,扁茎与矮秆、短节间性状结合,矮秆顶生荚簇等综合各种特异性状的新类型等(赵团结等,2001)。利用美国矮秆、半矮秆种质 Hobbit、ETF、Sprite 87、Gnome 85 等育成合 9526-3 矮秆、半矮秆新种质,脂肪含量 22.84% ~ 23.26%,秆强,早熟,丰产性好(3 750 ~ 4 500 kg/hm²)(齐宁,2001)。利用美国扁茎种质,选育出宽扁茎类型、半矮秆扁茎顶端花序成熟时绿茎型和有限结荚习性成熟时绿茎型 3 种特异类型(苗以农等,2002)。利用中国扁茎大豆做亲本也获得具有扁茎、抗倒、超高产新品系(田佩占,2001)。

(七)特用种质创新

利用栽培种质与野生大豆做亲本育成一批用于制作纳豆、菜豆、酱和食疗保健等特用种质,如龙品 9777、龙品 99933、黑皮青瓤大豆龙品 99352、龙品 99353、黑大豆龙品 991014、双青大豆龙品 99248 等(林红等,2001);吉林小粒 1 号、吉林小粒 3 号、吉林小粒 4 号(杨光宇等,2001);蒙特小粒 1 号、呼 94-18 及绿大豆呼 97-397 等(邵玉彬等,2001)及吉青 1 号、十月青等不同类型新种质。

三、应用分子生物学技术研究大豆种质资源的进展

自从 1953 年发现 DNA 双螺旋结构后,人类关于分子生物学的研究和应用进入了一个崭新的时代。随着分子生物学研究的深入,20 世纪 70 年代后期以来,植物基因工程技术得到了迅速发展,使人们逐步能够按自己的意愿定向地改良作物的遗传性。有关植物基因工程新技术、新方法不断涌现,发展迅速。

(一)DNA 分子标记

近年来,在大豆资源研究中应用的分子标记大体分为两大类。一类是以分子杂交为基础的 RFLP 技术,一类是以 PCR 反应为基础的各种 DNA 分子标记。

1. 大豆遗传图谱　　大豆遗传图谱是基因定位和图位克隆的基础。我国此项研究起步较晚。中国科学院遗传研究所最早开展这项工作,并与吉林农业科学院大豆研究所、南京农业大学国家大豆改良中心先后进行合作。张德水等(1997)以长农 4 号×新民 6 号的 F₂ 群体为材料,构建了国内第一张大豆分子遗传图谱,包含 20 个连锁群、63 个 RFLP 标记、8 个 RAPD 标记,总长度为 1 446.8 cM。刘峰等(2000)以同一组合的 88 个重组自交系为材料,构建了一张较高密度的遗传图谱。该图谱共有 240 个标记,其中包括 2 个形态标记、100 个 RFLP 标记、33 个 SSR 标记、42 个 AFLP 标记、2 个 RAPD 标记和 1 个 SCAR 标记,分布在 22 个连锁群上,总长度为 3 713.5 cM,覆盖了整个基因组。吴晓雷等(2001)以科丰 1 号×南农 1138-2 的 201 个重组自交系为材料,构建了 25 个连锁群、3 个形态标记、192 个 RFLP 标记、62 个 SSR 标记、311 个 AFLP 标记、1 个 SCAR 标记,总长度为 4 710.05 cM 的图谱。贺超英等

(2001)利用 SSR 标记对该 RIL 群体作了评估,在此基础上王永军(2001)提出了 RIL 群体与理论群体相符性检验的模拟群体抽样标准法,设置均衡性、对称性、代表性 3 种检验,并编制了 GenoSim 软件模拟产生重组自交系群体基因组,依次对 RIL 实验群体与理论群体的相符性做了检验,发现一些家系及标记严重偏离 1:1 分离比率。将群体调整为 184 个家系后,采用 166 个 RFLP 标记、60 个 SSR 标记、79 个 AFLP 标记、2 个形态标记,共计 307 个标记,再作图的结果共获 25 个连锁群,其中 20 个连锁群可以对应到 Cregan 的整合图谱上,总长度为 3 017.9 cM。王永军以此为基础,进一步增加 AFLP、SSR 等标记,各类标记达 945 个,获得了另一张含有 25 个连锁群总长度为 5 460.9 cM 的图谱。发现对同一调整后的群体,在增加标记后主要标记间的次序大致相同,但标记间的遗传距离有所波动。为获得能用于图位克隆及基因定位的精细图谱,中国科学院遗传研究所和南京农业大学国家大豆改良中心已构建了具多个育种目标性状多态性的另外 8 个 RIL 作图群体。目前正考虑通过已建立的 BAC 文库构建转录图谱,并希望有机会对大豆基因组进行全序列分析,最终将遗传图谱与转录图谱、物理图谱整合,从而为育种性状改良提供充足的分子信息依据。赵洪锟等(2000)利用 RAPD 分子标记技术对吉林省大豆骨干亲本及主推品种 64 份材料,经过 140 个引物的重复扩增筛选,获得 64 份试材的 DNA 指纹图谱,明确育成品种遗传距离较近。

2. 大豆基因的克隆 中国科学院已开展了大豆基因克隆研究工作,完成了 3 万多条 EST 的测序(expressed sequence tag 表达序列标记)。基因组 DNA 大片断插入文库是物理作图和图位基因克隆的基础。东方阳等(2001)利用我国特有的抗源材料构建了科丰 1 号 BAC 文库,这是国内第一个大豆基因组 BAC 文库,为进一步进行大豆基因组学研究和图位克隆大豆抗病基因创造了条件。贺超英等(2001)利用 NBS-LRR 结构特征抗病基因保守区设计的兼并引物,经 PCR 扩增,从科丰 1 号大豆中获得 R 基因同源系列,共获得 300 多个克隆,对 5 个克隆进行的序列分析表明均具有抗病基因的保守序列,中间无无义密码,与克隆的抗病基因如水稻 Xa 21 和烟草 N 基因等的同源性在 35% 以上。其中一个克隆 $KNBS_4$ 定位于具抗病基因聚集区的 F 连锁群,另一个克隆 $KNBS_2$ 和抗 SMV 的 S_a 株系的抗病基因 R_{sa} 的 SCAR 标记 SW 05 连锁定位在 J 连锁群,且 Northern 分析表明 $KNBS_2$ 克隆有转录。已从科丰 1 号的 cDNA 文库中克隆了一个全长 cDNA 抗病候选基因 KRI。该基因为 3 672 bp,编码具 1 124 个氨基酸的 R 蛋白。该蛋白在序列与结构上与抗烟草花叶病毒 N 基因产物具有较高的相似性,如具有 TIR 受体结构域、NBS 结构域和 LRR 结构域,但在其 3′端有 2 个明显的跨膜区。表明 KRI 是属功能性 NBS 类抗病基因家族中一个新的成员,正在进行转录调控和转基因互补试验。该基因的 GenBank 注册号为 AF 327903。从大豆中分离鉴定出一个单拷贝 cDNA 克隆,此基因含脯氨酸,命名为 SbPRP(soybenan proline-rich protein),已在 GenBank 中注册,登记号为 AF248055。

3. 种质资源遗传多样性研究 田清震(2001)利用 Mse1 和 EcoRI 酶切,筛选了适宜大豆 AFLP 指纹分析的引物组合,并利用 17 对引物组合建立了我国 92 份野生大豆和栽培大豆代表性种质的 AFLP 指纹图谱,分析其指纹图谱特点与差别。发现两类大豆的 AFLP 总带数相近,但野生大豆平均遗传多样性指数(0.296)明显大于栽培大豆(0.254),证明野生大豆由分子标记所提示的遗传多样性明显高于栽培大豆。应用 AFLP 对野生大豆和栽培大豆进行聚类分析,根据得到的 348 条多态性条带,计算材料之间的遗传相似系数,并进行多元统计分析,所有试验材料可以明显区分为野生大豆和栽培大豆两大类,发现了具有大豆种质间特异性的带 M-CG/E-CGA-4、M-CG/E-CGA-12、M-CGG/E-GGC-14。在野生大豆中,根据 AFLP 揭示的遗传差异与地理来源一致的关系,可将野生大豆相应地区分为东北、黄淮海、西南、长江、中南五大类群;在栽培大豆中,AFLP 揭示的材料间遗传关系与地理分布间同样是基本对应的,显示出栽培大豆以地理分化为主的分化特点(表 5-32)。

表 5-32　不同引物组合鉴别野生大豆与栽培大豆种质的效果　(田清震,2001)

代　号	引物组合	总　数			多态性			遗传多样性指数		
		野生	栽培	合并	野生	栽培	合并	野生	栽培	合并
1	M-AG/E-GGA	54	54	56	8	8	10	0.352	0.346	0.341
2	M-CG/E-AGA	65	64	65	15	14	15	0.340	0.192	0.285
3	M-CG/E-CGA	59	48	65	23	12	29	0.247	0.266	0.218
4	M-ACT/E-CGA	78	74	82	25	21	29	0.257	0.210	0.257
5	M-ATT/E-CGA	84	78	85	15	9	16	0.340	0.317	0.304
6	M-ATT/E-GGA	81	85	89	22	26	30	0.350	0.198	0.235
7	M-CAT/E-ACT	72	65	74	22	15	24	0.273	0.303	0.273
8	M-CGA/E-ACT	63	61	68	13	11	18	0.141	0.129	0.095
9	M-CGG/E-CGA	69	69	70	7	7	8	0.298	0.295	0.265
10	M-CGG/E-GGC	75	72	81	11	8	17	0.233	0.100	0.156
11	M-CTC/E-ACT	76	75	79	26	25	29	0.342	0.299	0.309
12	M-CTC/E-CGA	71	72	75	19	20	23	0.335	0.283	0.269
13	M-GGA/E-ACT	92	88	95	23	19	26	0.275	0.238	0.249
14	M-GGA/E-AGG	51	51	52	11	11	12	0.222	0.300	0.282
15	M-GGA/E-CGA	73	74	77	22	23	26	0.303	0.220	0.276
16	M-GGA/E-GGC	104	105	109	19	20	24	0.299	0.281	0.251
17	M-GGA/E-TGA	61	61	65	8	8	12	0.415	0.346	0.337
	合　计	1228	1196	1287	289	257	348	5.022	4.323	4.403
	平　均	72.2	70.4	75.7	17.0	15.1	20.5	0.295	0.254	0.259

朱申龙等(2001)采用 AFLP 和 RAPD 两种分子标记对我国不同地区 61 份栽培大豆和野生大豆的遗传变异进行分析,也清楚地分为两大类,显示野生大豆遗传变异大于栽培大豆;并对种间、种内的遗传差异及育种利用,栽培大豆的起源进化等,进行了探讨。邱丽娟等(1999)用 RAPD 标记,经聚类分析发现中国种质与美国种质分聚在不同类别,国内的南、北方种质分聚在不同亚类。Chen 等从我国三大产区依不同地理条件选择栽培大豆 40 份,用 RAPD 标记评价及聚类分析,表明 RAPD 多态性结果与实际地理环境造成的多态性结果基本一致,反映了我国大豆的遗传多态性。陈艳秋等(2001)用 RAPD 及聚类分析法对 146 份秋大豆的测定分析结果,看出秋大豆品种间极为丰富的遗传多样性,利用 SSR 标记检测其等位基因变异。郭欣等(2001)用 200 个 SSR 引物对 8 个秋大豆品种进行分析,已选出近 100 个引物用于中国大豆种质资源多样性研究及中国大豆种质资源 DNA 指纹图谱数据库的建立。王彪等(2002)用 60 对 SSR 引物对 190 份栽培大豆预选核心种质进行扩增,获得 606 个等位

变异,平均每个位点 10 个等位变异,基因多样性值范围从 0.55～0.99,平均为 0.83,利用
SSR 标记对中国栽培大豆遗传多样性研究结果,认为中国栽培大豆存在三大遗传多样性高
的群体:一是由北方春大豆、东北春大豆和黄淮夏大豆组成的多样性群体,二是由南方春大
豆和南方夏大豆组成的多样性群体,三是南方秋大豆多样性群体。吉林省 64 份骨干亲本及
主推品种进行 RAPD 分析,发现我国大豆种质资源基因组 DNA 水平遗传变异十分丰富,一
个 RAPD 引物能区分 40 份材料,结合另外 3 个引物时可区分全部供试材料,经聚类分析,发
现主推"吉林号"品种组成一亚群,与日本品种十胜长叶有血缘关系的品种又为另一亚群(赵
洪锟等,2000)。

4. 大豆重要性状基因的分子标记与定位　利用分子生物学技术已得到抗大豆花叶病
毒病、抗胞囊线虫病、抗大豆灰斑病和耐盐种质及雄性不育等重要分子标记。大豆花叶病毒
病(Soybean Mosaic Virus,SMV)是我国大豆生产的主要病害,东北产区 3 号株系致病力强,抗
源极少。邱丽娟等(1999)对"95-5383"(抗 SMV)×HB-1(感 SMV)F_2 分离群体人工接种东北 3
号株系,根据鉴定结果,选取抗、感单株分别提取 DNA,并等量混合,用 BSA 法筛选出一个与
抗 SMV 基因有关的分子标记,经 F_2 群体分析该共显性标记与抗 SMV 基因和感 SMV 基因紧
密连锁。张志永等找到了 SMV 株系 Sa 抗性基因 Ra 两个连锁的 RAPD 标记,OPW-05$_{660}$遗传
距离为 10.1 cM,OPAS-06$_{1800}$遗传距离为 22.2 cM,并成功转化为 SCAR(Sequence Characterized
Amplified Regions)标记 SCW 05,与 Rsa 的遗传距离为 7.7 cM。东方阳等(1999)以科丰一号
(抗)×南农 1138-2(感)杂交组合 P_1、P_2、F_1、F_2 和 F_3 为材料,采用 BSA 法筛选出一个和 Rsa、
Rsc 都连锁的 RAPD 标记 OPL-07$_{2000}$,距 Rsa 为 16.1 cM,距 Rsc 为 9.1 cM。王永军等(2001)在
建立遗传图谱的基础上,将抗东北株系 N_1 和 N_3、抗 Su 及抗一个强株系 SC-8 的 Rn_1、Rn_3、
Rsa、Rsc-8 定位在 DIb＋W 连锁群的一端上,其最近的标记为 LCST,4 个抗性基因依次排列
其后。

大豆胞囊线虫病(SCN)是我国东北、黄淮大豆产区重要病害。颜清上等(1995)探索了与
SCN 4 号小种有关的 RAPD 标记,王永军等(2000)对组合 RN9(抗)×7705(感)的 P_1、P_2、F_1、
F_2、BC_1F_1 和 BC_1F_2 分离群体进行抗病性鉴定和遗传分析,对部分 BC_1F_2 分离家系进行 RAPD
分析,初步找到了与大豆的一个感 SCN 1 号小种的主基因有关的 RAPD 标记 OPAO19$_{1200}$。邱
丽娟等(2001)用与抗大豆胞囊线虫病基因 rhg 1 紧密连锁的 SSR 标记 Satt 309 分析了 39 个
中国大豆品种资源,检测出 10 个等位基因位点,其中 7 个位点含有抗一个或几个 SCN 小种
的基因。对 79 份抗 SCN 种质进行 SSR 分析,在 Satt 309 位点鉴定出 7 个等位基因,68 份具
有 134 bp 的种质来源于 13 个省,春大豆 33 份,夏大豆 36 份。认为在抗大豆胞囊线虫种质
创新和育种时,可通过不同等位基因抗性种质间的杂交,获得抗性基因位点间的累加和利用
具有相同等位基因的抗源时,应选用不同地理来源、不同种皮色、不同播期类型的材料进行
杂交,以拓宽抗性种质的遗传基础和抗源。

陈庆山等(2001)对黑龙江省 94 个主推品种和抗病品系的 RAPD 分析结果,发现黑龙江
省抗大豆灰斑病种质资源基础狭窄。邹继军等(2000)在得到大豆灰斑病抗性基因的 RAPD
标记后,将其转化成 SCAR 标记,并检测了 62 份大豆品种(系),显示绝大部分抗、感种质间
存在明显多态性。

郭蓓等(2002)利用大豆"耐盐品种×盐敏感品种"组合的 F_2 群体,鉴定出一个多态引物
在耐盐和盐敏感材料中都能扩增 PCR 产物。用获得与耐盐基因紧密连锁(距离小于 10 cM)

的共显性 PCR 标记分析大豆品种资源,鉴定出耐盐种质 42 份,并分析其遗传多样性。42 份耐盐种质具有明显的地理区域差异和不同的农艺性状,是耐盐种质创新和育种的遗传基础。

吴晓雷等(2001)在建立遗传图谱基础上利用科丰 1 号×南农 1138-2 的自交系群体进行了大豆农艺、品质性状的基因定位(QTL)。发现控制开花期的 QTL 位点有 7 个,2 个位于 N 3-B 1,3 个位于 N 6-C 2,2 个位于 N 12-F 1 连锁群上;控制全生育期的 QTL 位点有 13 个,3 个位于 N 3-B 1,2 个位于 N 6-C 2,2 个位于 N 12-F 1,3 个位于 N 14-G,3 个位于 N 21-N 连锁群上。全生育期 QTL 的分布比开花期 QTL 广,两者有 6 个位点的区间是相同的。控制主茎节数的 QTL 位点有 13 个,1 个在 N 3-B 1,1 个在 N 4-B 2,5 个在 N 6-C 2,3 个在 N 12-F 1,3 个在 N 13-F 2 连锁群上。控制百粒重的 QTL 只检测到 N 3-B 1 上 1 个,N 9-D 2A 上 1 个和 N 18-K 上 1 个,所解释的变异只占很小比重,说明该性状还受大量微效 QTL 的控制。控制蛋白质含量的 QTL 和控制脂肪含量的 QTL 情况同控制百粒重的相似。控制蛋白质的 QTL 检测到位于 N 3-B 1 上 2 个,N 8-D 16＋W 上 1 个,控制脂肪含量的只检测到位于 N 4-B 2 上 1 个,N 20-M 上 3 个,二者所检测到的位点所解释的变异均不大,说明还有大量微效 QTL 未检测出来。控制小区产量的 QTL 位点共有 9 个,N 6-B 2 上 4 个,N 12-F 1 上 2 个,N 14-G 上 1 个,N 21-N 上 2 个,其中只有 N 21-N 的 AAGCAT 12 至 AAGCAT 10 区间的一个解释了较大的变异,其余均不大,还有一部分变异可能受其他微效 QTL 的控制未能测出来。上述大豆的农艺、品质性状的 QTL 主要位于 N 3-B 1、N 6-C 2、N 12-F 1、N 13-F 2、N 14-G 连锁群上,而抗 SMV 的基因主要位于 N 8-D 16＋W 上,说明不同连锁群的功能不同。

(二)大豆的遗传转化

为了快速有效地获得若干重要性状,大豆的遗传转化是关键。目前遗传转化主要采用农杆菌介导法、花粉管通导法、基因枪法和 PEG 法。周思军等(2001)的大豆抗虫基因转移及其转化系统优化研究,采用农杆菌介导的大豆子叶节转化系统成功地将 Bt 基因(cryIA)导入大豆。刘德璞等(2001)用花粉管通导法已成功转化了 Bar、GUS、Bamase、Bt、GNA、ACC 反义 RNA 等基因,获得转化株系,其中抗蚜转基因系 R_{1019}、R_{2069} 产量明显优于对照品种。卫志明等(2001)通过农杆菌介导法用 LBA 4404/PGB14A2B 分别转化我国大豆主栽品种(中豆 19、吉林 27、黑农 35)的种子无菌苗下胚轴子叶切块的分生细胞表皮及表皮细胞,获得转基因植株,已在田间选育到一批具有明显抗食心虫特征和遗传稳定的丰产优质的抗虫纯合株系;用蜘蛛杀虫肽基因和东亚钳蝎毒 B_mKIT 的 cDNA 基因,以农杆菌法转化我国主栽品种(吉林 27、黑农 35)的种子无菌苗下胚轴子叶切块,也获得转基因 T_0、T_1、T_2 代植株,在田间选育出一批具有明显抗大豆食心虫特征、丰产优质的 T_2 代抗虫纯合株系。通过 PEG 法将我国配合成的 Bt 基因(P 48.415 和 PGB14A2B)分别导入大豆主栽品种中豆 19、吉林 27、黑农 35 等的成熟子叶原生质体,从 T_2 代群体中选育出 4 个抗食心虫纯合体系。用 PEG 将外源基因导入大豆原生质体,转化率达 0.6％,是原生质体途径转化大豆成功的首例报道。苏彦辉等(1999)通过农杆菌介导法将苏云金芽孢杆菌杀虫晶体蛋白(Bt)基因导入大豆,得到转基因再生植株。江迎春等(2001)进行的大豆雄性不育的基因工程研究,获得大豆雄性不育工程植株,为大豆生产利用杂种优势奠定了基础。魏国兰(2001)利用花粉管通导法把非洲菊花器管 C 类基因 gaga1 导入 8 个大豆品种(系)中进行创造无花瓣大豆研究,探索在杂种优势利用中杂种制备的利用潜力。黑龙江省农业科学院利用周光宇主创的花粉管通导法,即外源 DNA 直接导入技术(Direct Introduction Exogenous DNA,DIED),将野生高蛋白质含量大豆总

DNA直接导入栽培大豆育成了第一个转化的大豆新品种——高产优质大豆新品种黑生101,申请了国家发明专利。吉林农业大学利用花粉管导入法育成高产优质抗病新品种吉农9号。东北农业大学也进行了利用花粉管通导法将Bt基因导入大豆的研究。

　　大豆的组织培养和细胞培养。大豆的上胚轴、下胚轴、真叶、复叶、幼胚、子叶节等外植体在合适的培养基和培养条件下能产生愈伤组织,并分化成再生植株。自20世纪70年代以来,黑龙江、吉林等省均获得大豆再生植株。1979年,黑龙江省农业科学院在世界上第一个获得大豆单倍体花粉植株。袁鹰等(2001)建立了利用东北地区现有推广大豆品种,重复性较好的子叶节高频再生组织培养系统,并适合于农杆菌介导和基因枪法进行遗传转化。针对大豆基因型、植物生长调节剂、切割位点、诱导时间等对大豆再生植株的影响进行了研究,已获得农杆菌介导目的基因(Bt CPI和Bamase)对大豆的遗传转化,转基因植株开花结实。卫志明等(1988)以大豆成熟种子的子叶分离原生质体经培养得到了再生植株。张贤泽等(1993)培养大豆幼胚原生质体,经细胞胚胎再生植株。

参 考 文 献

王金陵.大豆生态类型.北京:农业出版社,1991

王连铮,王金陵.大豆遗传育种学.北京:科学出版社,1992

王国勋,罗学华,李有华.论我国南北大豆生育期生态类型及在引种工作中的应用.大豆科学,1982,1(1):33～40

盖钧镒,汪越胜,张孟臣,王继安,常汝镇.中国大豆品种成熟期组划分的研究.作物学报,2001,27(3):286～292

吕世豪等.大豆籽粒性状生态分布与育种.大豆科学,1984,3(3)

刘兴媛,胡传璞,季玉玲.中国大豆资源的脂肪酸组成分析.作物品种资源,1998(2)

傅翠珍,徐文英,苏震.中国大豆资源脂肪氧化酶缺失多样性研究.中国农业科学,1997,30(1):44～45

周新安,彭玉华,王国勋,常汝镇等.中国栽培大豆遗传多样性和起源中心初探.中国农业科学,1998,31(3):34～39

常汝镇,孙建英,邱丽娟.中国大豆资源研究进展.作物杂志,1998,(3):7～9

邱丽娟,常汝镇,陈可明,谢华,李向华等.中国大豆(*Glycine max*)品种资源保存与更新状况分析.植物遗传资源科学,2002,3(2):34～39

任全兴,盖钧镒,马育华.我国大豆品种生育期生态特性研究.中国农业科学,1987,20(5):23～28

汪越胜,盖钧镒.中国大豆品种光温综合反应与短光照反应的关系.中国油料作物学报,2001,23(2):40～44

常汝镇.中国大豆遗传资源的分析研究.作物品种资源,1990,(2,4):1～2,10～11

韩天富.中国菜用大豆的种植制度和品种类型.大豆科学,2002,21(2):83～87

孙建英,常汝镇.中国黑大豆品种资源特征特性分析.作物品种资源,1991,(1):16～18

王文真,刘兴媛,曹永生,张明.中国大豆种质资源的蛋白质含量研究.作物品种资源,1998,(1):35～36

徐豹,郑惠玉,吕景良,周肃纯,邵荣春.中国大豆的蛋白质源.大豆科学,1984,3(4):327～331

许月,朱长甫,石连旋,盛艳敏,苗以农.大豆种子贮藏蛋白的研究概况.大豆科学,1998,17(3):262～267

周新安,蔡淑平,朱建超,彭玉华.几个大豆品种(系)的豆腐加工性状分析.中国油料,1993,(2):73～74

赵洪锟,李启云,王玉民,庄炳昌.大豆Kunitz型胰蛋白酶抑制剂(SKTI)研究进展.大豆科学,2002,21(3):218～222

刘兴媛,林国庆,李中平,胡传璞,高吉寅.中国大豆种子蛋白中胰蛋白酶抑制剂等位基因的频率分布.中国油料,1994,16(4):32～35

严晴燕,曹凯鸣,黄伟达.大豆(G.max)胰蛋白酶抑制剂SBTi-A2新类型Tid突变位点的初步研究[J].复旦学报(自然科学报),1998,37(2):229～232

傅翠真,常汝镇,徐文英.中国大豆资源脂肪氧化酶缺失类型研究.植物遗传资源科学,2001,1(3):1～5

张太平,朱星陶,王军,王尔明,徐元刚等.大豆脂肪氧化酶缺失体的农艺性状和品质性状.中国油料作物学报,2000,22(1):27～30

王金陵等.中国东北大豆.黑龙江科学技术出版社,1999

吉林省农业科学院主编.中国大豆育种与栽培.北京:农业出版社,1987

崔文馥.我国大豆胞囊线虫抗源筛选及抗病育种研究进展.大豆科学,1998,17(1):79～82

谈宇俊,单志慧,沈明珍,余子林.中国大豆种质资源抗大豆锈病鉴定.大豆科学,1997,16(3):205~209

单志慧,谈宇俊,沈明珍.中国大豆种质资源抗大豆锈病鉴定.中国油料作物学报,2000,22(4):62~63

曹越平等.大豆抗灰斑病的抗性与抗病遗传育种研究的回顾.大豆科学,2002,21(4):285~289

杨庆凯等.大豆灰斑病种质资源筛选与创新.作物品种资源,1995,(3):34

李长松,赵玖华,杨崇良,尚佑芬,辛相启.我国大豆根腐病研究概况及存在问题.中国油料,1997,19(3):82~84

马淑梅,李宝英.大豆品种资源对根腐病抗性鉴定研究.作物品种资源,1997,(3):33~34

吕慧颖,孔繁江,许修宏,袁晓丽,杨庆凯.东北三省大豆种质资源对大豆疫霉根腐病的抗性表现.中国油料作物学报,
　　2001,23(4):16~18

王晓鸣,朱振东,王化小,武小菲,田玉兰.大豆种质对疫霉根腐病抗性特点研究.植物遗传资源科学,2001,2(2):22~26

孙永吉,刘宗麟,刘玉芝,胡吉成.大豆品种资源抗细菌性斑点病鉴定与评价.大豆科学,1989,8(2):185~189

苗保河.大豆品种资源抗菌核病鉴定研究.作物品种资源,1995,(2):35

矫洪双,程志明,许修宏,邹丽波.大豆种质对菌核病的抗性鉴定研究.大豆科学,1994,13(4):349~355

朱希敏,王利财,邹桂珍.大豆品种资源抗大豆花叶病毒病、灰斑病和霜霉病的鉴定和评价.大豆科学,1989,7(3):224~
　　229

郭守桂,岳德荣,吕景良,单玉莲,周正下.大豆品种抗大豆食心虫 Leguminivora glycinivorella（mats）Obraztsov 研究.大豆科
　　学,1986,5(3):233~238

王继安,罗秋香.大豆食心虫抗性品种鉴定及抗性性状分析.中国油料作物学报,2001,23(2):57~59

崔章林,盖钧镒.大豆抗豆秆黑潜蝇研究进展.中国油料,1996,18(3):79~81

崔章林,盖钧镒.南京地区大豆食叶性害虫重要种类分析与抗源鉴定(摘要).大豆通报,1996,(1):11

朱成松,张宝龙,王学军.大豆对食叶性害虫的抗性与农艺性状的关系.中国油料作物学报,1999,21(1):59~62

马淑时等.大豆品种资源的抗盐性研究.吉林农业科学,1994,(4):69~71

孙祖东,陈怀珠,杨守臻,黎炎.大豆抗旱研究进展.大豆科学,2001,20(3):221~226

路贵和,刘学义,任小俊,史红.黄淮海地区大豆抗旱种质资源的多样性研究.中国农业科学,2001,34(3):251~255

刘学义.黄土高原干旱区旱作大豆研究进展.大豆通报,1995,(6):6~7

梁慕勤,梁镇林.大豆耐阴性研究.贵州农业科学,1986,(3):5~8

荀兴红等.大豆茎秆组织解剖性状与耐阴性关系.贵州农业科学,1990,(2):1~6

刘凡植.大豆耐阴性研究.贵州农业科学,1990,(3):9~16;1991,(5):15;1991,(4):7~14

梁镇林.耐阴与不耐阴大豆茎叶性状的变异及差异比较研究.大豆科学,2000,19(1):35~41

齐宁,郭泰,刘忠堂,张荣昌,胡喜平.耐重茬大豆品种的筛选.大豆通报,1996,(5):4

刘忠堂,于生龙.重茬对大豆产量与品质影响研究.大豆科学,2000,19(1):228~237

许艳丽,李兆林,韩晓增,王守宇,何喜云.大豆重茬障碍研究进展Ⅰ、Ⅱ、Ⅲ.大豆通报,2000,(4~6):11,11,9

李育军,赵玉田,常汝镇,刘方等.大豆抗冷性研究Ⅲ.东北的抗冷种质鉴定.中国油料,1991,(4):88,85

盖钧镒,崔章林.我国南方特异种质资源的研究.作物杂志,1992,(1):3~4

郭迎伟,梁成弟.大豆耐瘠性状的研究.中国油料,1995,(1):49~50

孙金月,赵玉田,刘方,梁博文.中国栽培大豆资源的耐酸雨鉴定.大豆科学,2001,20(4)

年海,黄鹤,严小龙,卢永根.大豆对酸铝土壤的适应性研究.大豆科学,1999,18(3):191~197

丁洪,郭庆元,李志玉,孙素云,李生秀.大豆品种磷素积累和利用效率的基因型差异.中国油料,1997,19(4):52~54

曹敏建,佟占昌,韩明祺,程涛.磷高效利用的大豆遗传资源的筛选与评价.作物杂志,2001,(4):22~24

年海,郭志华,余让方,卢永根,黄鹤.不同来源大豆品种耐低磷能力的评价.大豆科学,1998,17(2):108~114

郭庆元,李志玉,徐巧珍,涂学文,沈金雄.大豆积硒基因型差异.中国油料,1997,19(4):69

李志玉,郭庆元,徐巧珍,孙素云,沈金雄.不同大豆品种积累硒的特性及基因差异.植物营养与肥料学报,2000,6(2):
　　207~213

徐巧珍,张学江,李志玉,江木兰,沈金雄等.中国大豆种质资源共生特性鉴定评价与应用.中国国际科技年会论文集.种
　　子工程与农业发展.北京:中国农业出版社,1997

徐巧珍,张学江,李志玉,江木兰,沈金雄等.大豆种质资源共生固氮特性及遗传初步研究.中国油料作物学报,2000,22
　　(1):19~23

徐巧珍,张学江,江木兰,李志玉.不同类型大豆种质资源共生固氮特性的鉴定与评价.大豆科学,1997,16(3):210~217

李新民,窦新田,陈怡,杜维广,王玉峰.^{15}N同位素标记筛选高固氮大豆种质.中国油料,1997,19(1):16~18

徐玲玖,樊惠,崔陈,葛诚.吉林辽宁两省不同大豆品种自然固氮能力调查.大豆科学,1994,13(1):38~46

徐巧珍.我国南方大豆遗传资源的搜集利用和研究概况.中国油料,1990,(4):38~41

盖钧镒,赵团结.中国大豆育种的核心祖先亲本分析.南京农业大学学报,2001,24(2):20~23

赫世涛,牛若超.克山大豆种质及其利用研究.作物品种资源,1997,(2):1~4

赵团结,崔章林,盖钧镒.中国大豆育成品种江苏58-161的遗传贡献.大豆科学,1998,17(2):120~128

盖钧镒,邱家驯,赵团结.大豆品种南农493-1和南农1138-2与其衍生新品种的亲缘关系及其育种价值分析.南京农业大学学报,1997,20(1):1~8

王大秋,王维田,项淑华.美国大豆品种在杂交育种中的应用分析.大豆通报,1995,(5):3~5

邱丽娟,常汝镇.有效引入国外资源丰富我国大豆遗传基础.中国油料,1993,(3):76~78

苗保河,朱长进,邓仰勇,王凤娟,郭凌云等.国外大豆种质资源在菏泽大豆育种中的利用.植物遗传资源科学,2002,3(4):61~63

常汝镇,孙建英,邱丽娟.国外大豆品种资源的引种和利用.植物优异种质资源及其开拓利用.北京:中国科技出版社,1992,114~116

刘萌娟,石引岗,李鸣雷.优质大豆新品种陕125的选育.作物杂志,2002,(1):47

孙贵荒,宋书宏,孙恩玉,杨伯玉.大豆种质5621对所衍生品种的遗传贡献.中国油料作物学报,2002,24(1):38~41

梁慧珍,李卫东,卢卫国,许景菊,王庭峰.黄淮夏大豆优异种质郑77249的育种价值分析.中国油料作物学报,2000,22(2):10~13

雷勃钧.外源DNA直接导入(DIED)法的大豆分子育种成效.大豆科学,2001,20(1):26~29

赵爱莉,程砚玺,王雪飞.大豆优异种质创新研究简报.作物品种资源,1998,(1):45

满为群等.大豆高光效高产近等位基因系形态及生理验证.大豆科学,1999,18(1):37~40

朱保葛等.大豆叶片净光合速率转化酶活性与籽粒产量的关系.大豆科学,2000,19(4):.346~350

黄志平,戴瓯和.安徽大豆高蛋白育种及其栽培技术.大豆科学,1999,18(2):164~166

姚振纯,林红,来永才.蛋白质与脂肪总含量66.16%大豆种间杂交新种质的选育.作物品种资源,1999,(3):6~7

景玉良.无腥大豆种质创新与利用.植物遗传资源科学,2002,3(3):34~36

郭泰,刘忠堂,李静媛.大豆抗灰斑病种质创新和利用.大豆通报,1997,(2):17

杨庆凯等.大豆优异抗病种质东农9674.大豆科学,1996,15(2):181~183

李云辉,李肖白,潘红丽.黑龙江省大豆抗胞囊线虫病育种的抗源利用与分析.大豆通报,2000,(6):14

孙寰,赵丽梅,王曙明,王跃强.大豆杂种优势利用研究进展.中国油料作物学报,2003,25(1):92~96

刘峰,庄炳昌,张劲松,陈受宜.大豆遗传图谱的构建和分析.遗传学报,2000,27(11):1018~1026

盖钧镒.我国大豆遗传改良和种质研究.中国科学技术前沿.中国工程院版第5卷.北京:高等教育出版社

田清震,盖钧镒,喻德跃,吕慧能,贾继增.我国野生大豆与栽培大豆AFLP指纹分析图谱研究.中国农业科学,2001,(5):480~485

邱丽娟,常汝镇,李向华,孙建英.利用分子标记评价大豆种质研究进展.大豆科学,1999,18(4):347~349

赵洪锟,李启云,王玉民,张明,庄炳昌.吉林省大豆骨干亲本及主推品种DNA指纹图谱的构建.中国油料作物学报,2002,22(4):12~16

王永军,盖钧镒,邢邯,张志永,陈受宜.大豆抗感SCN基因的一个RAPD标记.大豆科学,2000,19(4):293~298

邹继军,杨庆凯.大豆抗病基因定位的分子标记研究进展.中国油料作物学报,2000,22(4):75~78

郭蓓,邱丽娟,邵桂花,许占友.大豆耐盐种质的分子标记辅助鉴定及其利用研究.大豆科学,2002,21(1):56~69

崔欣,杨庆凯.大豆遗传转化研究进展.中国农学通报,2001,17(6):49~52

杨庆凯,曹越平,崔岩,周思军.利用花粉管通道技术将抗虫基因导入大豆的研究.中国油料作物学报,2002,24(3):17~20

袁鹰,刘德璞,郑培和,徐文静,李海龙.大豆组织培养再生植株研究.大豆科学,2001,20(1):9~13

程林海,孙毅,岳焕荣.大豆生物工程研究进展.大豆科学,2001,20(1):66~70

第六章　大豆生物学特性

大豆属于 C_3 植物,叶绿体具有 RuBP 羧化酶/加氧酶系统,光合作用最初产物是含有 3 个碳的磷酸丙糖。但在绿色器官(叶和荚)中还存在 C_4 循环途相关径酶,由 PEP 羧化酶系统有效地固定外界 CO_2,生成 4 个碳的二羧酸,使大豆保持较高的碳同化效率。大豆除具有吸收 O_2 放出 CO_2 的暗呼吸作用外,还能通过 Rubisco 具有的双重功能,使 RuBP 与 O_2 起加氧反应,而引起 C_2 氧化循环,即在光下发生的光呼吸作用。

大豆具有两个氮素同化系统,一是根从土壤中吸收固有的或者施入的化合态氮,二是大豆与根瘤菌共生固定空气中的游离氮素形成 NH_3。因此,大豆具有存在于叶片绿色细胞中的硝酸盐代谢还原酶系统和根瘤中的共生固氮酶系统以及相应的合成氨基酸和酰脲等产物的酶系统。

在根瘤共生固氮过程中,氢酶(HuP^-)放氢损失能量约占固氮总能量的 40% ~ 60%,而根瘤菌某些菌株具有吸氢酶(HuP^+)可以吸收氢,能将固氮过程中释放的 H_2 捕捉回来,重新利用,从而提高共生固氮效率。

大豆根瘤和共生固氮菌株已被鉴定为普通的慢生大豆根瘤菌和生长速度快、耐盐、耐高 pH、竞争结瘤能力较强的快生根瘤菌及产碱能力强的超慢生大豆根瘤菌。

从上述大豆碳和氮气体代谢角度看,大豆光合作用吸收 CO_2,呼吸作用吸收 O_2,共生固氮吸收 N_2,根瘤菌氢酶(HuP^+)吸收 H_2,是典型的四固定作物。

正因为形态结构和生理生化的多样性,大豆可形成对自身生命需要的各种有机物质以及适应各种环境的特异物质,决定了其产品的多样性。产品中除富含高质量的蛋白质、脂肪和蔗糖等碳水化合物,还含有对人体具有保健功能的生理活性物质。例如,皂苷、异黄酮、磷脂、水苏糖、棉子糖、维生素 E 和膳食纤维等。从应用上看,大豆既可加工成各种食品、饲料、工业原料,又可以用于药品、保健品与化妆品等,有着广泛的用途。

大豆形态结构和生理生化及其产品的多样性,归根结底是其遗传资源多样性的表型化。大豆生物学的多样性不仅在自然界物质循环、生态平衡上起着重要作用,而且有很高的经济价值,更是植物科学研究上不可或缺的实验材料。

第一节　大豆的个体发育

一、种子的形态和萌发

(一)种子的形态和结构

大豆种子由种皮和胚组成。包在胚外的种皮是由外珠被发育而成的,对种子具有保护作用。种皮外表有明显的脐,系种子脱离珠柄后在种皮上留下的痕迹。脐的上部有一凹陷的小点称为种孔,即原来胚珠的珠孔,当种子发芽时,胚根从此孔伸出。珠孔上方的下胚轴,有时透过种皮清晰可见(图 6-1)。由于种皮细胞的外层已角质化,胚与其外界环境间的气体交换,主要通过珠孔和脐中央的缝隙进行,水可通过包括种脐在内整个种皮的表面吸收。

大豆种皮由从外向内的四层形状不同的细胞构成。最
外层为排列整齐的栅状细胞,细胞壁特别坚硬,排列非常致
密。如果栅状细胞排列过分紧密,则水分不易渗过,形成硬
粒种子或者称为"石豆",不易发芽。栅状细胞内含有色素,
决定着种皮的颜色。靠近栅状细胞的是圆柱形细胞组织,由
两端较宽而中间较窄、剖面似"工"字形的一般称为滴漏细胞
所组成。第三层为海绵组织,接近第二层部分的数列细胞呈
长方形、中空、排列整齐,其下则由排列不整齐的薄壁细胞组
成。最里层是糊粉层,由长方形厚壁的细胞组成。对于未完
全成熟的大豆种子,其种皮的最里层是很小的被压缩的胚乳

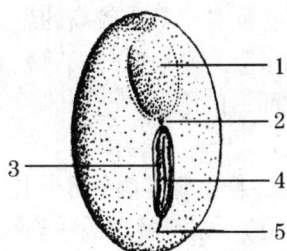

图6-1 大豆种子
1. 胚轴透视处 2. 珠孔 3. 种脐
4. 脐间缝线 5. 种脊

细胞。种皮薄,约占整个种子重量的8%。不同进化类型的大豆种子表面结构有明显差异,
可为大豆的系统进化研究提供依据。张可炜和郑亦津(2001)用扫描电镜观察表明,半野生
大豆有泥膜类型种子表面纹饰与野生大豆有更多相似之处,而无泥膜的则与栽培大豆相似
之处更多。

大豆种子的胚由胚根、胚轴(茎)、胚芽和两枚子叶四部分组成。胚根将发育成主根,胚
轴包括子叶上轴(上胚轴)和子叶下轴(下胚轴),是幼胚的茎,上连胚芽下连胚根,胚芽顶端
具有生长点和已分化了的真叶(单叶),以及第一复叶原基。胚根、胚轴和胚芽三部分约占整
个大豆种子重的2%。两片肥厚的子叶贮藏有丰富的营养物质,它对大豆萌发和初期的幼
苗生长有重要作用,也是经济价值最重要的部分。子叶约占整个大豆种子重量的90%。

大豆种子的形状,称为粒形。通常分为圆形、椭圆形、扁圆形、长椭圆形和肾脏形5种。
愈进化的类型愈近圆形,但一般呈椭圆形。

大豆种子的大小,通常用百粒重(即100粒种子的克数)表示。基因型之间百粒重变化
很大,如野生大豆的百粒重仅2~4 g,栽培品种的百粒重多在14~22 g之间,有些菜用品种
可达30~40 g,同一品种因栽培和气候条件不同,粒大小也有差异,尤其水分状况对百粒重
的影响较大。

大豆的种皮色,一般分为黄色、青色、褐色、黑色、双色5种。大豆种皮色与利用要求有
关。黄大豆用途广泛,作油用或作食用,色泽好,商品价值高。青大豆子叶中,淀粉粒分布于
各部,煮熟性好,适于作蔬菜用。黑大豆、褐大豆、双色豆多作饲料或酱豆,有的作药用。大
豆种皮的光泽也是外观鉴别品质好坏的标准之一。种皮光亮程度因品种不同而异,也受环
境条件的影响。一般雨量适中或成熟期光照充足时,种皮色泽好、发亮;相反,则种皮发暗。
大豆种皮一般为平滑、完整。但有些品种的种皮常有明显的裂隙,严重时种皮破裂使种子呈
网状,这是一个不良性状。种皮破裂与环境有关,如成熟后遇雨或干旱年份种皮易破裂。

大豆脐的颜色称为脐色,也是鉴别品种性状之一。黄大豆的脐色可分为黄色、淡褐色、
褐色、深褐色、蓝色、黑色6种。青大豆的脐色可分为无色、淡褐色、褐色、深褐色、黑色5种。
黑大豆、褐大豆和双色大豆的脐色多为深色。

黄大豆、褐大豆和双色大豆的子叶均为黄色,而青大豆和黑大豆一般为黄色,也有的如
深绿色种皮的大豆子叶为绿色。

(二)种子萌发

大豆播种后种子能否迅速发芽,达到早苗、全苗、壮苗,关系到能否为高产打下良好的基

础。优质种子具有较高的生命力,在田间状态下萌发迅速,形成整齐度高而健壮的幼苗。优质种子首先是新收的发芽率高的种子。据研究表明,新收获的萌发种子的线粒体比贮存一段时间后的萌发种子的线粒体的活力高得多。新种子含有完整的和膨胀的线粒体、质体和小泡。

1. 种子萌发的外界条件　种子萌发需要足够的水分、适当的温度和充足的氧气。

(1)水分　吸水是种子萌发的第一步。种子吸收足够的水分以后,其他生理作用才能逐渐开始。干燥种子最初的吸水是靠物理吸胀作用进行的。大豆种子萌发所需水分较多,一般要吸收种子本身重量120%~140%的水分才能萌动。这是由于大豆蛋白质含量较高,原生质凝胶物质亲水性较大,所以大豆萌发需要的水分比含淀粉较多的禾谷类作物要多。土壤水分含量19%~20%(土壤田间持水量80%左右)时播种,种子萌发良好;低于18%时,种子虽能萌发,但出苗较难。土壤水分过多也不利于种子萌发,土壤含水量达到饱和或过饱和状态时,由于缺氧,种子发芽受阻,严重缺氧时会烂种。

(2)温度　种子萌发是一个生理生化变化的过程,是在一系列的酶参与下进行的,而酶的催化与温度有密切关系,所以种子要在一定的温度条件下才能发芽。在一定的温度范围内,温度越高,种子吸水越快,呼吸作用越强,发芽越快。一般说来,大豆种子在日平均气温6℃~10℃时就能发芽,但很缓慢;日平均气温在14℃~15℃时,出苗要11~12 d;日平均气温在18℃~20℃时,出苗只需1周左右而且整齐;当日平均气温升至33℃~36℃时,种子发芽虽快,但幼苗柔弱;日平均气温低于9℃时,种子虽能发芽扎根,但不易出苗,长期低温,水分多,还易烂种。大豆种子的最低发芽温度因品种不同而异。李育军等(1990)利用人工气候箱对我国东北地区1 910个春大豆品种(系)进行了萌发期抗冷性测定,温度控制在6℃恒温,以25℃发芽试验为对照。结果表明,原产于黑龙江省的材料在6℃条件下,11 d发芽率达50%以上的品种数占32.8%,吉林省和辽宁省的材料分别为25.3%和20%。这说明,大豆种子的最低发芽温度与原产地气温有很大的关系。同时还表明,肾状粒、扁椭圆粒抗冷性最强,椭圆粒居中,圆粒最弱;百粒重小的种子抗冷性强,大的抗冷性弱。种子蛋白质含量与萌发期抗冷性关系不大,而粗脂肪含量则与之呈显著负相关;种子亚油酸和油酸含量与萌发期抗冷性呈极显著正相关,脯氨酸含量与之呈极显著负相关。刘宪等(2001)试验显示,最有利于大豆发芽的温度:百粒重较高的大粒种子为20℃,百粒重低的小粒种子以25℃为宜。

(3)氧气　种子萌发是一个非常活跃的生长过程。旺盛的物质代谢和活跃的物质运输等需要强烈的有氧呼吸作用提供能量和中间产物。因此,氧气也是种子萌发所必需的。一般种子正常萌发要求空气含氧量在10%以上。含脂肪较多的大豆种子,比淀粉种子要求更多的氧气。若播种后得不到充足的氧气供应,如播种过深、土壤积水、雨后表土板结等,将影响种子的正常萌发,如遇温度过低,还会烂种。

大豆种子粒大,又是带子叶出土的植物,出土较难,所以播种不宜过深,一般以4 cm为宜,多雨年份播深以3 cm、干旱年份以5 cm为好。

2. 种子萌发过程　在田间条件下,当水分、温度和氧气适宜时,大豆种子开始萌发。种子萌发的过程是:胚根先端突破珠孔区的种皮,扎入土中(以后形成主根);随着下胚轴的伸长,其连接子叶的弯曲部分(呈弓状结构)逐渐上升,将两片子叶及其中的胚芽拱破土表,出土后不久即伸长伸直,种皮脱落,使子叶平展;当子叶完全露出地面时,即为出苗。大豆出苗后,上胚轴继续伸长,逐渐形成主茎,并露出正在伸展着的单叶。下胚轴形成主根深入土壤,当主根长达 2~3 cm 时,其周围形成 4 排侧根,使幼苗固定于土壤中。下胚轴的颜色分绿色和紫色两种,绿色的开白花,紫色的开紫花,可作为鉴别品种的标志性状之一。子叶一经出土,在阳光下呈现绿色,可进行光合作用。研究表明,子叶里的叶绿素形成的高峰值大约出现在发芽后 10~14 d,然后下降。子叶的光合速率是比较高的,尤其发芽 10 d 以后呼吸速率急剧下降,净光合速率明显增强,而且子叶光合速率的日变化的高峰值出现在上午早些时候,并看不到有淀粉的生成,可能是由于光合作用形成的碳水化合物多数被运出子叶用于生根和茎叶。所以说,在萌发和发育的头 10 d,第一对真叶的初生叶是"库"而不是维持幼苗自养生长的源。大豆子叶对幼苗成长的贡献是很大的,尤其出苗后 10~14 d 内,其贮藏的以及光合作用新合成的养料用于胚轴、真叶和根的生长,但不同品种子叶的功能期有差异。一般子叶功能期为 20 d 左右。据董钻(1977)观察,美国大豆品种 Amsoy 在出苗后 27 d 子叶已干瘪脱落,而中国大豆铁丰 18 在出苗后 29 d 子叶仍保持绿色,即尚能进行光合作用。据孙广玉等(1993)试验结果显示,去掉 1~2 片子叶会抑制根系的生长,降低叶面积和干物质重量。去掉 1 片子叶使株粒数、株荚数和株全重分别降低 16.5%、21.6% 和 14.9%,去掉 2 片子叶分别降低 33.5%、34.3% 和 34.4%。因此,在大豆苗期实施各项农艺措施时,要特别注意不要伤害或破坏子叶。

3. 种子萌发的生理生化变化 种子萌发是一个十分复杂的生理过程。种子从吸水膨胀开始,细胞内部呼吸作用十分强烈,物质和能量代谢旺盛,细胞器、大分子物质、植物激素及酶系统的活化或重新合成极为活跃。

子叶和胚轴中的糖分主要有蔗糖、水苏糖和棉子糖,是发芽和生长初期的主要碳源,出苗后 1 周左右基本上被用尽。随后,脂肪的利用增加,持续至出苗后 1 周左右。庄炳昌等(1986)研究结果证实,萌发过程中不同进化类型大豆种子脂肪含量迅速降低,萌发后的前 7 d,脂肪含量从干种子的 7.51%(野生大豆)、20.1%(栽培大豆)降至 1.84%(野生大豆)与 9.11%(栽培大豆)。蛋白质的利用是随种子萌动立即开始的,在出苗后的第一周利用速度加快,直到子叶衰老为止。这说明,出土后 1 周内的幼苗基本上处于异养状态。但庄炳昌等(1990)对萌发过程中不同进化类型大豆幼苗(子叶 + 胚根 + 上下胚轴 + 胚芽)的分析表明:随着萌发天数的增加,蛋白质含量均明显增加,三种类型大豆萌发天数均与蛋白质含量呈显著正相关。幼苗的氨基酸组成发生很大变化,其中变化最明显的是天门冬氨酸和谷氨酸,而且这两种氨基酸的变化趋势相反,天门冬氨酸含量随着萌发天数的增加逐渐升高,谷氨酸含量逐渐降低。为什么导致蛋白质相对含量增加?可能种子中脂肪等贮藏物质降解速率大于蛋白质,脂肪酸的碳架可作为合成氨基酸之用,进而合成蛋白质,供新细胞形成之用。尽管脂肪在大豆萌发种子中的主要代谢功能是降解,但萌动的大豆子叶却大量地合成脂肪酸和甘油酯(包括乙酰甘油)。脂肪酸的合成与种子萌发过程中子叶中质体或叶绿体的发育同步。萌发后的 6~9 天,子叶细胞内含物质大部分消解,蛋白质膜相互融合形成大液泡,原质体开始有稀疏的片层结构,ATP 酶活性渐弱至无。萌发 12 天,原质体的片层堆叠成基粒,子叶细胞转为同化器官,制造有机养分,质膜再度呈现较强的 ATP 酶活性(苏金为、王湘平,2002)。

大豆种子萌发过程中不同器官同工酶发生明显变化。参与碳水化合物代谢的磷酸酯酶的活性随种子的萌发而迅速增加(张莉萍、苗以农,1991)。庄炳昌等(1984)研究萌发过程中野生大豆和栽培大豆超氧化物歧化酶(SOD)的变化的结果显示,以单位鲜重计算的 SOD 活性及活性变化程度均表现为野生大豆＞栽培大豆。傅爱根等(1997)研究大豆萌发过程中活性氧的产生与清除的结果表明,大豆呼吸强度、O_2 产生速率及 H_2O_2 水平都在吸水后第四天达高峰,然后下降,三者的变化趋势同步。SOD、POD(过氧化物酶)及 APX(抗坏血酸过氧化物酶)的活性随萌发过程而逐渐增强,最后趋于平稳。CAT(过氧化氢酶)在萌发的初期猛增50 倍左右,之后趋于稳定。在三种清除 H_2O_2 的酶(CAT、POD、APX)中,CAT 清除 H_2O_2 的能力远远高于 POD 与 APX,CAT 可能是大豆萌发过程中最主要的 H_2O_2 清除酶。

二、大豆根及根瘤

大豆的根系是吸收水分和养分的主要器官。植物的正常生长发育是地下部根群吸收水分、养分和地上部光合作用相统一的过程,强大的根系促进地上部的光合作用,而充足的光合产物又为根系的生长提供必需的有机营养物质。

(一)根系的性状和分布

大豆的根属于直根系,由主根、侧根、不定根组成。主根是由种子中的胚根伸长、发育而成。侧根是由主根产生排列成为 4 行的分枝,也称支根。从主根依次可发出 1 级、2 级、3级、4 级等各级侧根。不定根是从下胚轴发出的分枝极多的一种侧根。还有由幼根和根尖的表皮细胞突出伸长形成的根毛。大豆根系的一大特点就是结瘤大豆的根系普遍具有根瘤(图 6-2)。

图 6-2　大豆的根系与根瘤
(张宪武等,1953)
1. 根系　2. 根瘤

不同品种大豆的根系性状不同。不同熟期大豆相比,晚熟品种根系最发达,其次是中熟品种,早熟品种根系相对不发达。亚有限结荚习性大豆与无限结荚习性大豆相比,根系比较发达,根量多,根体积庞大,下胚轴粗壮(杨秀红,2001)。

大田种植大豆的根系,一般集中分布在 5～20 cm 深的耕层土壤内,从主根上部 10～15 cm 处长出的侧根几乎呈水平方向伸展 40～50 cm,随后包括主根在内向下生长,深可达 1.5 m。据王金陵(1955)观察,大豆的根大部分集中在地表至 20 cm 深的土层内,根瘤主要生在这一部分的根上,主根可穿至土中 1m 左右深处,侧根多从地表以下 5～8 cm 主根上分生之后,先向四方平行扩展,可远达 50 cm,然后急转向下,整个根系的形貌呈钟罩状。徐豹等(1981)测得大豆在第五复叶期深 0.1～20 cm、20～40 cm、40～60 cm 三个土层的根重分别占总根重的 76.6%、17.3%、6.1%;相应地,开花结荚期为 55.8%、26.6%、17.6%,鼓粒期为 43.4%、31.1%、25.5%。可见,随着大豆植株的生长发育,下层土壤中的根量越来越多。孙广玉等(2002)在绥农 14 大豆 R_3 时期测定表明,大豆根系干重85%分布在水平方向 0～12.7 cm、垂直方向 0.1～10 cm 的土体内,呈现"T"形分布;草甸黑土的根系干重高于白浆土。

(二)根系的生长动态和功能及其与产量的关系

大豆产量在很大程度上取决于根瘤发育良好的庞大根系。根系的发育,靠土壤中适宜的水分和养分以及较高的呼吸作用。大豆的根生长动态和根系活性,随生育进程而有变化。在营养生长期间,根的深度增长比茎的高度增长快。根的深度在生殖生长开始以前几乎是茎高的2倍,但在整个生长季节植株地上部分的干重超过根的干重。茎/根比率在正常的生长情况下不断增长。根的不断生长,直到鼓粒期,其后生长逐渐减弱,最终在种子达到生理成熟之前停止。董钻等(1982)在盆栽条件下测定了大豆品种开育8号(有限结荚习性)和辽农79-4017(亚有限结荚习性)的冠/根比率。结果显示,随着株龄的增长,冠/根比率呈增大趋势。2个品种籽粒生理成熟时的冠/根比分别为9.04和8.39。傅金民和董钻(1987)在田间条件下,测定铁丰18(有限结荚习性)、辽豆3号(亚有限结荚习性)和莫索(无限结荚习性)的大豆根系和冠部的生长量动态均呈"S"形曲线,78%的根系集中于地表以下0.1~20 cm和植株四周0~5 cm的土体内。根部性状(包括根重)的最大周增长量比冠部器官来得早,根系的减缓增长期也比冠部为早。可见,根系是大豆植株发育比较早的器官。孙广玉等(1996)用合丰25和垦农4号大豆研究也表明,大豆根系生长过程可分为慢生长($V_1 \sim V_3$)、快速生长($V_3 \sim V_5$)和衰老(R_5)3个阶段,高峰值出现在$R_4 \sim R_5$阶段。根系活性变化与根系生长特点相似,R_1时期之前根系活性逐渐增强,R_2时期之后根活性下降。根系活性变化比根系生长提前。在大豆生育过程中新老根系进行更替。据沈昌蒲等(2000)研究证明,大豆自苗期开始就有旺盛的根系新老更替,尤其是大豆开花期,新老更替明显。6~8月份在田间50 cm深度取样的土体内,每0.0175 m^3至少有1 130.6 m根长和255.6个根瘤在土壤中生存和更替过。

　　杨秀红等(2002)研究大豆根系性状与地上部性状的相关性结果表明,鼓粒期所测7个根系性状与地上部茎粗、冠鲜重、冠干重均呈中度(以上)相关关系,除主根长度与冠鲜重之间的相关系数在0.05水平上达到显著外,其他均在0.01水平上达到显著,判断根系是否发达的地上部主要指标顺序为:茎粗→冠干重→冠鲜重→株高→分枝数,茎粗和冠重是判断根系是否发达的主要指标。这说明"根茎众多,则花叶繁茂"。对大豆根系形态的研究显示,发达的侧根具有更多有效的吸水功能(单位根重的吸水 g 数),这是由于该类型品种单位根量具有更多的根尖,而根尖上10 cm处为吸水速率最大的部位。

　　研究表明,大豆生育的中前期良好的根系生长对提高产量有积极作用。金剑等(2004)研究生殖生长时期根系形态性状与产量关系的结果显示,大豆的根系生物量、根体积和根长均在R_5期达到最大值,而后下降;产量较高的海-560的根系生物量、根体积和根长均大于观-009,根系性状与产量间存在显著的相关关系,其中根长与产量的关系更为密切;施肥有效地促进根系生长,降水较多的年份土壤中的根系密度较高,施肥增强这种趋势,尤以0.1~30 cm深土层内显著,而且大部分根系分布在此耕层内,占总根量的96.7%以上。根系是大豆抗旱研究的重要对象之一。大豆根系相对生长较快,根系强大能减轻干旱胁迫,提高土壤水分利用率,尤其根系的深扎比其侧向发展更有利于利用水分。抗旱性不同的大豆品种根系性状不同。任冬莲等(1993)选择抗旱性强、中、弱的大豆品种对成苗期抗旱性与根系生长、胚轴伸长的关系的研究结果表明,抗旱品种发根早,主根长,侧根数量多,侧根总长度长,胚轴长,成苗率高,在干旱条件下趋势更明显。大豆生长发育后期耐旱的品种具有较大的根重、根体积以及较发达的主根和侧根(王金陵,1992)。根系活跃吸收表面积是反映根系吸收能力的一个重要指标,一般抗旱品种在各个生育时期的根系活跃吸收表面积都大于抗旱性较弱的品种(孙广玉,1996)。抗旱品种的输导组织发达,维管柱粗,导管数目多,导管面积大;皮层细胞大,细胞间隙大,在皮层厚度一定时,皮层细胞数目少,故其吸水阻力也小,根的输水效率较高。另外,根系内的可溶性物质含量高、伤流量大、伤流液电导率大、渗透吸水能力强是抗旱大豆品种根系的重要生理指标(王洁宏,1989,1990)。刘莹(2003)的研究结果表明,大田和盆栽条件下的根系构型与大豆的抗旱性无明显相关;干旱胁迫条件下的根重、总根系、根体积的相对值在抗感品种之间达极显著差异,三者与平均隶属函数值亦成极显著正相关。采用根重、总根系、根体积的相对值作为抗旱品种根系形态的指标是合理的。

(三)根的组织结构

1. 根的初生结构　刚萌发不久的大豆,根的初生结构由表皮、皮层、维管柱组成。据Sun(1957)观察,1~3日龄大豆幼苗胚根尖原分生组织中已见明显的中柱原始细胞和普通原始细胞。随着株龄的增长,中柱原始细胞形成原形成层;原形成层产生中柱鞘、初生韧皮部、维管形成层和初生木质部。普通原始细胞则形成3种初生分生组织,即基本分生组织、原表皮层和中柱。随后,基本分生组织形成皮层薄壁细胞和内皮层,原表皮层形成表皮和根冠的外部,中柱形成根冠的中央部分。根冠位于根的顶端,通常由含淀粉的活的薄壁细胞组成。根冠细胞分泌多糖黏液,保护根的分生组织。大豆根冠控制根的向地生长。大豆根边缘细胞(border cell)是由根冠游离并大量积累在根尖上的一群细胞,具有保护根尖免受生物和非生物的胁迫的作用。大豆(8157毛豆)根边缘细胞游离发育的启动与初生根发育几乎同步,并且在初生根长至15 mm长时,细胞的数目达到最大值(马伯军等,2005)。

根的表皮(epidermis)包括根毛都经历了角质化过程,但它们始终都是薄壁的,缺乏角质层,无气孔。表皮向外延伸、突起形成根毛。根毛区位于距生长点一至几厘米处,靠近顶端分生组织的地方缺少根毛,在比较成熟的部分根毛又趋于枯死。根毛是吸收水分和无机盐的器官。根毛大大地扩大了根的吸收面积。据统计,一株生长14周的大豆植株根毛数目巨大,约有102.7×10^6根,总长度约合28×10^3m,其根系表面积约为1.2 m²(Carlson,1969)。

根的皮层(cortex)所占比例比茎的大。根皮层由表皮和维管柱之间的基本组织构成,是由基本分生组织衍生而来。初生根中的皮层薄壁细胞形态多为椭圆形、圆形和无规则形,细胞大小不等,胞间隙明显。皮层薄壁细胞具有横向输导的功能。皮层最内一层分化为内皮层,在初生维管束组织开始成熟的根的内皮层细胞径向壁上具有凯氏带(casparian strip)加厚。

根的维管柱(vascular cylinder)包括维管柱鞘、初生木质部和初生韧皮部3个主要部分。维管柱鞘由一层薄壁细胞组成。它具有潜在分生能力,能形成侧根基、维管形成层的一部分,反分化形成木栓形成层等。维管柱中的初生维管组织包括初生木质部和初生韧皮部两个组成部分,两者相间排列,各自成束(图6-3)。初生木质部为四原型,由导管、管胞、木纤维和木薄壁细胞组成。在分化过程中,由外向内逐渐发育成熟。这种分化成熟方式为外始式,即:初生木质部的外方,接近维管柱鞘的部位是最初分化成熟部分,为原生木质部(protoxylem)。这部分木质部分子为环纹和螺纹导管组成,导管口径较小。靠近中部,木质部成熟较迟的部分为后生木质部(metaxylem)。后生木质部的导管口径较大。侧壁为梯纹、网纹或孔纹的纹孔式。由于大豆根初生木质部的发育是外始式的,也就是说初生木质部靠近维管柱鞘的导管最先形成,从而缩短了皮层与初生木质部之间的距离,加速了根毛吸收的物质向地上部分的运输。初生韧皮部(primary phloem)是由筛管、伴胞、韧皮纤维和韧皮薄壁细胞构成。初生韧皮部的发育方式也是外始式内向成熟,即原生韧皮部(protophloem)在靠近维管束鞘的部位,后生韧皮部(metaphloem)近中部位,原生韧皮部和后生韧皮部共同组成了初生韧皮部,构成独立的束。韧皮部的筛管和伴胞来自同一母细胞,筛管是不具细胞核的生活细胞,伴胞具有细胞核。在原生韧皮部中,没有或极少伴胞。筛管中具有生活的原生质体,细胞核在发育过程中最后解体,液泡膜也解体,细胞质中有线粒体、质体、P-蛋白和部分内质网(陆静梅,1999)。

2.侧根的形成 侧根的发生是内起源的,它起源于离顶端分生组织不同距离的维管柱鞘细胞。大豆根形成侧根的准确位置是对着母根木质束脊的地方。当侧根开始发生时,几个在一起的维管柱鞘细胞的细胞质变浓先进行平周分裂,分裂后的细胞再进行平周和垂周分裂,这群细胞便形成了突起——侧根原基。当侧根原基伸长时穿过内皮层、皮层和表皮,伸入土壤(图 6-4)。桂明珠等(1989)通过大豆断根处理后发根的解剖学观察也证

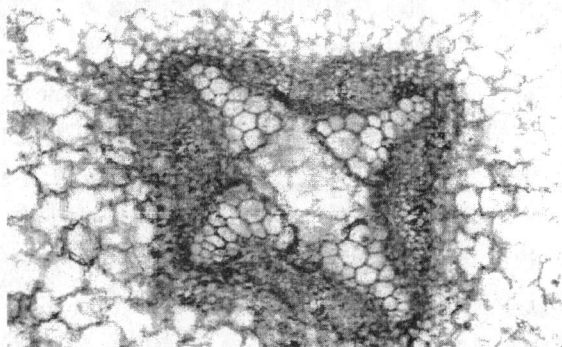

图 6-3 大豆根横切 (陆静梅,1999)
(示维管柱相间排列的初生木质部和韧皮部)

实,主根成熟区的侧根也是由于对着初生木质束的维管柱鞘细胞活动的结果。侧根发生过程可分为原基形成、分化和侧根形成 3 个步骤。大豆根茎转位区(即下胚轴和主根交界处)有大量侧生根,这些侧生根也是在维管柱鞘部位发生的。至于在培土或淹水情况下,在胚轴和茎基部出现的不定根,则是由近形成层的射线薄壁细胞恢复分裂能力而分化形成的。

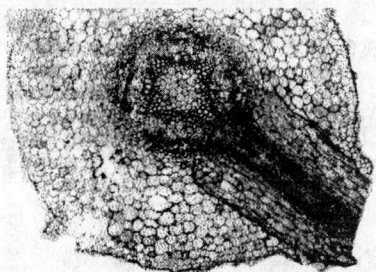

图 6-4 大豆侧根的发生 (董钻,1999)

3.根的次生生长 大豆根的次生生长与一般双子叶植物根的次生生长模式相似。维管形成层是初生木质部与初生韧皮部之间的薄壁细胞加上对着维管柱鞘的薄壁细胞共同构成的波浪状维管形成环(cambium ring)。最初,维管形成层是夹在初生木质部与初生韧皮部之间的薄壁组织的条带形成层,以后通过细胞分裂使形成层横向分化,并向外推移,直到与对着木质束脊的维管柱鞘相连,形成为凹凸不等的波浪式形成层环。形成层环进行不等速分裂,逐渐使根形成为完整的圆形。形成层主要进行切向分裂,向内产生的细胞形成新的次生木质部加在初生木质部的外部,向外切向分裂形成次生韧皮部加在初生韧皮部的内方。次生木质部导管口径较粗。

大豆根由于次生生长,增加了维管组织。因此,根表皮、皮层因其内部组织增加而被撑破脱落。根的维管柱鞘细胞恢复分裂能力,形成了木栓形成层(phellogen)。木栓形成层向外切向分裂形成木栓层(cork),向内切向分裂形成栓内层(phelloderm)。木栓形成层、木栓层和栓内层共同形成周皮(periderm),起保护作用(陆静梅,1999)。

(四)根瘤

大豆根和根瘤菌通过一种多细胞的瘤建立了共生联系。大约大豆出苗后 10 天左右可观察到小根瘤。大豆根瘤菌(*Rhizobium japonicum*)在土壤中营腐生生活时,是不能固氮的。土壤中的根瘤菌数目变动范围很大,在 0～10⁷ 个/g 土壤。根瘤菌和大豆二者之间的共生具

有专一性,只有在侵入寄主植物——大豆并在根部形成根瘤之后,从大豆植株摄取了碳源和能源,才能进行固氮。固定的氮一部分满足自身的需要,另一部分供给宿主大豆植株。

大豆的根瘤属于有限型根瘤,与其他豆科植物无限型根瘤不同,不具备顶端分生组织,因此为球形。其成熟根瘤结构主要由根瘤表皮和皮层、含菌组织侵染区、维管束和细胞间隙组成。含菌组织中的根瘤菌呈杆状,比培养基上生长的菌体稍大些,称为类菌体(bacteroid),由植物合成的类菌体周膜(peribacteriod membrane)包裹着。类菌体周膜在大豆根瘤中起了一个很好的防氧屏障作用,还是根瘤菌与寄主细胞之间进行物质交换、能量供应和信息传递的惟一通道。类菌体是共生固氮场所。每个含菌细胞的每个周膜中有 1~10 个类菌体。周膜占每个含菌细胞空间的 80%,而每个周膜的类菌体又约占一半体积(李阜隶,1996)。

这种结构的根瘤形成是一个根瘤菌及其寄主植物一系列相互作用的复杂过程,是由二者的遗传因子决定的。现已知大豆根瘤菌有几十个结瘤基因,包括共生结瘤基因(common nod genes)nodABC、结瘤的调节基因 nodD 等;其寄主也有一系列的基因,为经典遗传学方法分析定名的结瘤、固氮基因 Nod 1-4、fix 1-4,还有分子遗传学方法鉴定的能在根瘤形成中起调节作用的一些根瘤素基因(nodulin genes)(李阜隶,1996;周俊初,1993;张学江等,1993;She 等,1993)。

在根瘤形成过程中,首先是根瘤菌和寄主根系接触。二者通过交换被称为信号分子的化学物质而相互识别。根的分泌物,主要是对根瘤菌的繁殖和定居起作用的类黄酮(flavnoids)诱导经 nodD 启动 nodABC,产生特异的结瘤因子(nod factor),系 N-乙酰葡萄糖胺的多聚体,依侧基上羟键的取代(乙酰化或磺化)和脂肪酸链(长度和不饱和度)的不同而表现出根瘤菌的特异性。大豆根瘤菌有 2 个 nodD 基因,可分别与不同信号分子起作用,实现特异的相互识别(李阜隶,1996;周俊初,1993)。其次,接触根系而定居在根上的根瘤菌与根毛牢固粘附(adhesion)。二者通过各自形成的化学物质而再次识别。大豆产生的植物凝集素(lectin)和根瘤菌产生的表面多糖起作用。前者系非催化性蛋白质,后者包括胞外多糖(EPS)等(李阜隶,1996)。共生伙伴相互识别后,结瘤因子引起根毛变形,并刺激皮层细胞分裂。大豆根瘤菌通过根毛入侵,变形的根毛卷曲起来,把根瘤菌包裹其中,根毛凹陷,形成管状结构,称为侵入线(infection thread)。在侵入线伸长的同时,其中根瘤菌大量增殖,侵入线逐渐地由根毛基部向根表皮细胞推进,直至到达内皮层。当根瘤菌从侵入线释放出来并进入寄主细胞的细胞质时,寄主细胞质膜即产生包裹根瘤菌的周膜。根瘤菌和植物细胞连续分裂繁殖,使部分皮层的体积膨大和凸出,最后形成结构完整的成熟根瘤。有效根瘤(即固氮根瘤)被切开的剖面呈浅红色,而无效根瘤或衰老的根瘤则为深褐色。根瘤的寿命较其寄主短,固氮作用可持续时间大约 60 d,在寄主成熟之前就开始衰败。至于为什么寄主尚在健康生活时根瘤就陆续衰败,至今尚不清楚(李阜隶,1996)。

超结瘤大豆(supernodulating soybean)是 20 世纪 80 年代中期,由 Carroll 等通过诱变产生的一种结瘤量比一般大豆品种高得多的品种。但超结瘤大豆的固氮酶活性较低,又由于根着生过多的根瘤,呼吸量增大,消耗了较多的碳水化合物,使根生长减弱,吸收养分和水分的表面积缩小,因而籽粒产量并未提高。研究还表明,导致大豆超结瘤的因子是叶片合成的,并运输到根部刺激结瘤(Carroll 等,1985)。李止正等(1994)用超结瘤大豆 nts 382 作为接穗时能诱导我国大豆原结瘤数有 45 个的开育 10 号、原结瘤数有 12 个的大黄分别产生高结瘤;nts 382 作为砧木时,则不能表现超结瘤。表明超结瘤因子能传给我国大豆,反之存在于我国大豆中的限制超结瘤的因子也能传给 nts 382。研究结果还显示,限制超结瘤因子是在真叶细胞中被诱导形成的。章宁和黄维南(1997)电镜观察表明,超结瘤大豆受侵染的寄主细胞中出现类似无效根瘤的异常现象,少数类菌体退化或溶解,还有空周膜及裸露的类菌体,这可能是超结瘤大豆固氮活性较低的原因。

三、茎

(一)茎的形状

大豆的茎包括主茎和分枝。茎的形态和结构不仅具有高矮、粗细和分枝多少的多样性,而且主茎还可分为直立型、半直立型、半蔓生型、蔓生型,同时还有圆秆茎、扁茎、四棱茎和曲茎之分;分枝可分为收敛、开张和半开张等类型。茎顶生长习性可分为有限结荚习性、亚有限结荚习性和无限结荚习性。茎的颜色也有多种,幼茎有绿色(开白花)和紫色(开紫花)之分,成熟时茎呈现出品种固有的颜色,有淡褐色、褐色、深褐色、黑色、淡紫色,甚至有活秆成熟的绿茎。

1. 株高 株高一般为 50 ~ 100 cm,矮者只有 30 cm,高者可达 150 cm 以上。大豆的株高在田间调查时,常以从地面至主茎顶端生长点的长度计算。有人则主张应从子叶节算起,这样可以避免因铲耥培土等带来的影响。我国采用的株高分级标准如下:91 cm 以上者为高,81 ~ 90 cm 为较高,61 ~ 80 cm 为中等,41 ~ 60 cm 为较矮,40 cm 以下为矮。同一品种,因环境条件不同,株高也有差别,尤其光周期对其影响较大。譬如,在高纬度地区东北三省育成的品种移到低纬度地区海南省种植,株高可能变得很矮。再如长江流域的泥豆,在 4 月中旬播种的,株高达 150 cm 以上;而在 7 月中旬播种的,株高仅在 40 cm 左右。

2. 茎粗 在品种间存在着显著差异。实际测量时,以主茎第五节间的粗度为准,以 mm 为单位,其直径变化在 4 ~ 22 mm 之间,分粗壮、较粗、中等、较细、细弱 5 级。大豆茎粗受种植密度影响最大。当种植过密时,其茎秆可能变得纤细,易倒伏。茎粗壮不但不易倒伏,而且还暂时贮藏较多养分,供鼓粒时期需要。茎粗与产量呈正相关。茎粗在 8.001 ± 1.742 mm 范围内,由细到粗与单株产量间呈极显著正相关($r = 0.9816^{**}$),它的主要作用是通过单株荚数,其次是粒重而产生的(何永枝,1996)。

3. 节和分枝 主茎节数和分枝数因品种和栽培条件不同而异。计算节数从子叶节算起,至主茎顶端的实际节数。一般生育期长,节多,生育期短,节少,如晚熟品种多达 25 节以上,早熟品种仅有 8 ~ 9 节。研究表明,主茎节数与产量呈显著正相关关系($r = 0.4308$)。单株节间长度平均超过 5 cm 的植株易倒伏。节间长度 5 cm 是倒伏的临界值。

大豆的分枝是由主茎下部或中部腋芽继续生长形成的。产生分枝和主茎的出叶顺序,一般是主茎出现第五片复叶后在第一片复叶节上产生分枝,依次至上位节,而主茎和分枝出叶之差,因生育状态而变化。从主茎上生出的为一级分枝,由一级分枝生出的为二级分枝。大多数品种仅有一级分枝,少数品种形成较多的二级分枝甚至三级分枝。如昼间长、空间大和土壤肥沃等环境因素都能产生较多的分枝。

4. 结荚习性 大豆茎生长习性即开花结荚状况,分无限、有限和亚有限结荚习性 3 种。无限结荚习性大豆开花结荚顺序由下而上,花序短,结荚分散,主茎顶端只有 1 ~ 2 个荚。一般茎秆越向上越细,茎顶尖削,植株高大,节间较长,叶片越往上越小,主茎和分枝的顶端无明显的花簇。始花早,花期长,营养生长和生殖生长同时并进时间长,两者间竞争养分激烈。

往往在开花结束后遇到适宜的条件,还可产生新的花簇。每节着生 2~5 个荚,荚多集中在植株中下部。有限结荚习性大豆开花结荚顺序由中上部向下向上,花序长,结荚密集,主茎顶端结荚成簇。一般主茎较发达,上下粗细相差不甚大,植株不高,节间较短,顶部叶片大,冠层封闭较严密。始花晚,花期短,开花后不久即基本终止生长,所以营养生长和生殖生长并进的时间短,两者间对养分竞争时间也短。每节的花、荚数量都比较多,这也与其节数少、植株矮、尤其冠层上部截取光量多有关,当肥水适宜时表现更为明显。亚有限结荚习性大豆开花结荚顺序由下而上,花序中等,结荚状况介于无限结荚习性与有限结荚习性之间,主茎顶端一般结 3~4 个荚。除主茎和分枝顶端有较多的花和荚之外,其他性状偏于无限结荚习性。每节荚数一般少于有限结荚习性品种,多于无限结荚习性品种,茎的中部结荚较多。从全株着荚看,无限结荚习性的着荚率为 23.26%,亚有限结荚习性为 27.75%,有限结荚习性为 43.5%;从着荚部位看,主茎着荚率一般高于分枝,植株上段着荚率高于中段特别是下段(王晓光,1998)。这就意味着,在生产条件下,大豆植株冠层截取光能多的、利用效率高的,其结荚多,产量也高。也可以说,有限结荚习性是目前高产的类型。

正因为大豆结荚习性在生态、育种和生产实践中具有重要意义,故引起大豆研究者的关注。曹大铭(1982)研究指出,无限结荚习性大豆的主茎和低位分枝都是无限生长枝条,其顶端生长点始终只分化叶片和枝芽,不形成顶花序;有限结荚习性大豆的主茎和低位分枝都是多节有限生长枝条,其顶端生长点最后分化花序苞和花原基,形成顶生总状花序。祝其昌(1984)研究表明,不同结荚习性的本质区别在于,大豆主茎顶端生长点花芽分化时所处的个体发育株龄不同。早期分化者,植株正处于旺盛生长阶段,形成成簇花或长花序的,为有限结荚习性;晚期分化者,植株正处于衰老阶段,形成少数花或只形成一朵花的,为无限结荚习性。蒋青和李杨汉(1990)研究显示,不同结荚习性大豆的茎端都能转变为生殖茎端,并分化花原基,所不同者,花芽分化开始后,有限结荚习性大豆茎端的花原基能较好地发育,形成顶生花序,而无限结荚习性大豆茎端的花原基一般都逐渐退化,不能发育成荚,植株没有顶花芽。对大豆结荚习性分类方法和标准进行了研究。刘顺湖(1991)将最大叶片着生的上部节数相对值 0.2 作为分界点来划分有限型与亚有限型。王晋华等(2001,2002)研究结果认为,大豆有限型与无限型茎生长习性主要区别在于:前者茎顶有顶生总状花序(或花序轴,或荚簇)、三裂苞片、小苞片;后者茎顶有复叶及其托叶(2 个,生于复叶基部两侧)。可选用最大叶片着生节位相对值(LRV)和最长叶柄着生节位相对值(PRV)作为划分有限型与亚有限型的指标,借助次数分布法和混合模型法确定 1/3 节位处(距茎顶)为分界点,≤0.33 为有限型,>0.33 为亚有限型,简称为茎顶花序-1/3 节位相对值法(AR-LRV,AR-PRV)。

(二)茎的组织结构

1. 下胚轴　大豆茎起源于种子内的胚轴。胚轴的主要部分是下胚轴,底端以根原始细胞为界,根原始细胞构成下胚轴—胚根轴的一个很小部分。胚轴的上部很短,它包括两片单叶和第一个三出叶原基及茎端。从大豆胚轴的解剖结构还可以看出,它是联系根和茎的部分,它的下部具有根的结构特征,而上部是茎,这个区是茎维管束和根维管束的交界处。大豆的根—下胚轴—子叶轴的初生木质部是单独的连续单位,根的 4 个初生木质部束和子叶维管束的 2 个木质部相连。胚轴解剖结构的变化,也就是由根的构造逐渐转变为茎构造的过程。从根木质部特有的外始式成熟,经过中始式直到子叶节上维管进子叶,成为一种茎所特有的内始式成熟类型(高东昌,1962)。

2. 茎尖 由一个 2 层细胞组成的原套和一个稍大肥厚的原体组成。茎尖分为分生区、伸长区、成熟区。分生区位于茎的最顶端,细胞较小,排列紧密,原生质浓稠,细胞核大,分裂能力强,可分生出多节;伸长区紧挨在分生区之后,细胞不断生长、分化,使节间逐渐加长;成熟区细胞已经分化成各种永久组织。

3. 茎的初生结构 茎的顶端分生组织经过分裂活动,使茎伸长,顶端分生组织所衍生的细胞经分化形成初生组织,构成茎的初生结构。初生结构主要由表皮、皮层和维管柱 3 部分组成。表皮为一层排列紧密的细胞构成,其外壁有角质层,表皮细胞没有叶绿体,是大豆茎的初生保护组织。茎表皮上分布有少量气孔,并有密生单细胞的灰色和棕色的茸毛。陆静梅等(1998)对野生大豆扫描电子显微镜观察,发现其茎叶表面具有盐腺,它着生表皮外切向壁胞间层处,层出形成。盐腺呈圆球形,体积大小不等,基部有一小柄。球形盐腺直径约为 21.6 μm,柄长 1.2 μm,泌盐孔直径约为 5.6 μm。其泌盐方式可能有两种,幼嫩盐腺以泌盐孔泌盐,成熟盐腺以整体破碎释盐(图 6-5)。此工作有待进一步深入研究。

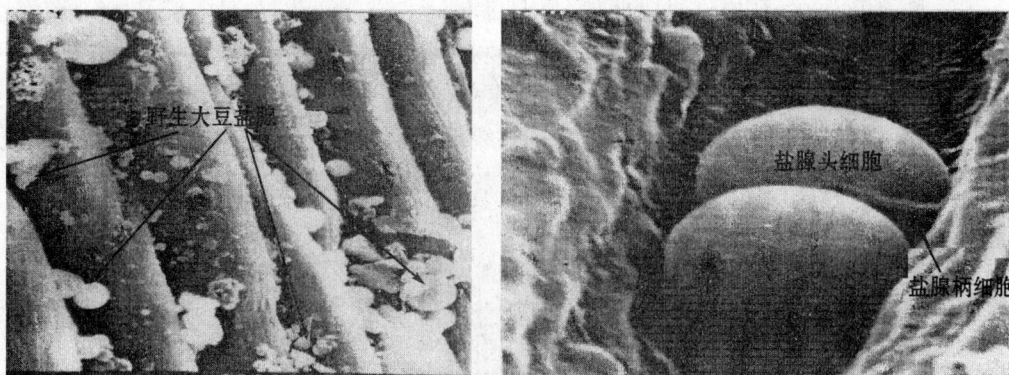

图 6-5 野生大豆茎表面观 (陆静梅等,1998)
左:表皮细胞和盐腺 右:盐腺头部球形细胞和柄细胞

皮层是由 5~6 层细胞组成。紧靠表皮的皮层细胞中含有叶绿体,是能进行光合作用的生活细胞。在茎的棱角处细胞为厚角组织,起机械支持作用。皮层内侧的细胞为薄壁细胞,体积较大,细胞间隙发达。最内的一层是内皮层,未见有凯氏带加厚,但是细胞内含淀粉粒,所以称为淀粉鞘。陆静梅等(1998)发现野生大豆茎皮层细胞中的传递细胞。传递细胞的最显著特征是细胞壁的内突生长,向内突入到细胞腔内,形成突起,扩大了原生质体的表面积与体积之比,有利于传递细胞从周围迅速地吸收物质,也有利于含盐液泡迅速从原生质体中释放出去。

维管柱是内皮层里面的部分,它是由数枚维管束、髓和髓射线共同构成的复合组织。维管束由原形成层分化而来,是由初生木质部和初生韧皮部共同构成的束状结构。初生木质部由导管、管胞、木纤维和木薄壁细胞构成,输导水分和无机盐类。Kuo 等(1980)发现大豆茎节上维管束中存在着广泛壁的内生物脊或乳状突起的木质部传递细胞,它传递水分和营养物质到腋芽。木质部的发育方式为内始式向外成熟,即原生木质部居内。初生韧皮部位于束内形成层外侧部分,由筛管、伴胞、韧皮纤维和韧皮薄壁细胞构成,运输有机营养。初生生长的茎中心由薄壁细胞组成的部分为髓。髓射线是位于初生维管束间的薄壁组织,呈放射形,与髓和皮层相通,有横向运输的能力,同时兼有贮藏功能。不同品种大豆茎中的维管束数目有差异。黑农26品种茎维管束数目 R_3 期为16个, R_5 期为15个,而扁茎大豆 R_3 为88个, R_5 则为137个(栾晓燕,2003)。

4. 茎的次生结构　大豆茎次生生长和次生结构是继初生结构形成之后而产生的。由初生结构中的束内形成层,即初生木质部和初生韧皮部之间的几层细胞,加上对着束内形成层的部分射线细胞,即束间形成层形成一个完整的形成层环,形成层环进行切向分裂,向外形成次生韧皮部,向内形成次生木质部。束间形成层不产生木质部和韧皮部,它向外切向分裂形成次生韧皮射线,向内形成次生木质部射线,二者合起来称为次生维管射线,它的功能是径向输导。因此,茎的次生结构,从外向内,顺序为表皮、皮层、韧皮纤维、次生韧皮部、形成层、次生木质部、初生木质部和髓。

开花之前,大豆茎内形成层活动是显著的;开花后形成层活动逐渐减弱,韧皮部和木质部细胞的形成相对减少,先前由形成层活动产生的细胞相继加厚,茎的下部常常完全变成木质的、中央的髓细胞解体,茎变成空心。

据陆静梅等(1998)研究结果表明,野生大豆茎材多为单管孔,少见复管孔;半野生大豆具复管孔,少见多细胞的管孔链;半栽培大豆茎材中复管孔和管孔链较多;而栽培大豆的复管孔和管孔链更多且普遍。野生大豆单列射线多,多列射线少;半野生大豆有少数多列射线;半栽培大豆多列射线较多;栽培大豆多列射线细胞组成的射线最多。各种结构的演化途径为野生大豆—半野生大豆—半栽培大豆—栽培大豆。野生大豆结构较原始,栽培大豆最进化(图6-6)。

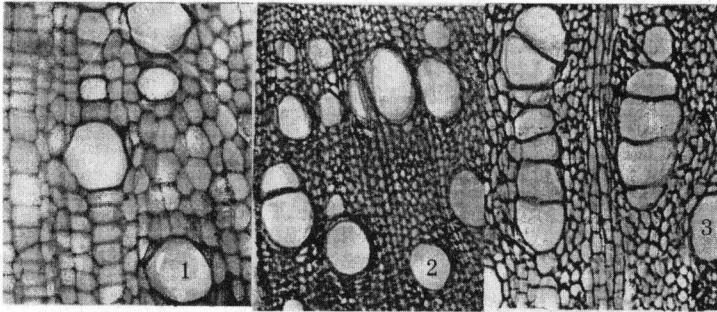

图6-6　不同进化类型大豆的次生木质部结构(×62,棒 = 296 μm)　　(陆静梅等,1998)
1. 野生大豆横切,示单管孔　2. 半野生大豆横切,示复管孔　3. 半栽培大豆横切,示管孔链

四、叶

(一)叶的组成及其形态

大豆叶有3种类型:子叶、初生单叶、三出复叶。当豆苗顶出土面时,首先露出的是两片肥厚呈圆形、绿色的子叶,其储备着丰富的营养物质,并具有光合作用的生理功能,对营养体早期发育起着重要作用。随着幼茎的生长,在上胚轴上,两片对生的单叶即初生叶随之展开,形近卵圆,大小相同,均为胚芽的原始叶。其叶柄长 1～2 cm,在茎上叶柄的着生点处有一对托叶。单叶展开后,随着上胚轴伸长,主茎和分枝上的各节所着生的叶片均为三出复叶,互生。扁茎大豆和有的诱变的突变体出现复叶对生甚至轮生现象。通常大豆主茎复叶具有3片小叶,但个别品种或野生资源中也有少数复叶有 4～5 片小叶的。一个复叶上着生4片以上小叶的类型可称为多叶类型。崔永实(1997)从杂交后代中选出6片小叶复叶植株

试种观察发现,分离群体中以 5 叶型和 4 叶型占绝大多数,6 叶型仅占少数,多小叶大多出现在主茎第八至第九复叶节位,叶面积随叶数的增多而增大。复叶也由叶片、叶柄和托叶 3 部分组成。托叶一对,小而狭,呈三角形,位于叶柄和茎相连处两侧,有保护腋芽的作用。

叶柄是连接茎和叶片的器官,在决定叶片角度、植株冠层结构以及光合产物的运输和贮藏等方面具有重要作用。叶柄的长短,因品种和环境条件不同而异。同一植株不同节位上的叶柄长度也不一样。一般叶柄长度为 8～25 cm,有的品种植株中上部节位叶柄长度可达 30 cm 以上。张治安等(1994)测定表明,大豆叶柄长度、叶柄直径和叶柄重的最大值均出现在植株的中上部节位,并认为这与植株中上部节位叶片具有特殊的形态结构、生理功能和对植株产量的贡献较大相关联。叶柄长度不同对复叶镶嵌合理利用光能有利。大豆短叶柄可能对改良株型、提高群体密度有利。赵团结等(1999)已选育出 NG96-492、NG96-308、NG95-277 等农艺性状较好的短叶柄大豆品系。该短叶柄材料叶柄较短,一般最长叶柄短于 15 cm,平均长度只有长叶柄亲本长度的 40%～70%。株型呈筒形,常规密度种植,田间封行迟或未封行,产量明显高于供体亲本,可能成为株型育种的有利性状。在每个初生叶和三出复叶叶柄在茎上的着生点处,有一个大的叶枕。叶枕不同部位组织的渗透势变化,会引起叶柄和叶片的运动。例如,叶柄与主茎构成的角度小,叶子上举,并左右扭转,株型收敛,有较多的直射光入射到叶层深处。在每个小叶片的基部也有一个较小的叶枕。大豆叶片的调位运动(叶片起落、扭转方向)是以小叶叶枕为基点,为充分利用光能,晴天时叶片由东南向西南作调位运动。叶枕中钾的含量增高时对叶片直立和扭曲起调节作用(胡立成,1993,1998)。大豆群体叶子的自动调节机构有利于截获更多的光能,提高大田光能利用率。

叶形具有多样性。一般于开花盛期以后,观察植株中上部第八至第十节复叶中间(顶)小叶的形状,分圆形、卵圆形、椭圆形和披针形 4 类。叶形的基准用叶形指数表示。叶形指数是指发育完全的中间小叶的长/宽比。例如,长/宽比在 2.2 或以上者为狭窄型(披针形),长/宽比为 1.8 或以下者为阔叶型(卵圆形);中间型的长/宽比在 1.9～2.1 之间。据杨庆凯和武天龙(1985)测定,大豆叶长和叶宽呈显著的负相关($r = -0.164^*$),叶宽和单叶面积呈极显著正相关($r = 0.745^{**}$),显然,叶宽度对叶面积的影响明显大于长度。叶长与一、二粒荚数量极显著负相关,与四粒荚数呈极显著正相关;叶宽与四粒荚数呈显著负相关。因此,长叶品种一粒荚、二粒荚少,宽叶品种一粒荚、二粒荚偏多,四粒荚少。叶形在植株上不同节位的分布也有差异。例如东农 4 号、丰收 10 号等品种,植株下部叶为卵圆形,而后期上部复叶则变为近披针形叶,这现象叫异形叶性。一般认为这种变化对光的吸收有利。不同品种间叶片大小差别也很大。无限结荚习性品种中下部叶片大,上部的叶片较小;有限结荚习性品种上部叶片大,下部叶片较小。耐阴品种比不耐阴品种的叶片相对厚小、叶形狭长、叶柄短且与主茎夹角小、植株收敛(梁镇林,2000)。同一品种,在肥沃土地生长的叶片较在瘠薄土地生长的叶片大得多。一般叶长在 5～20 cm 之间,宽为 4～10 cm。在复叶的 3 个小叶间以中间小叶较大,两侧的稍小,其叶柄也短,只有 1 cm 左右。野生大豆复叶的小叶较小,其叶长仅有 1.5 cm,叶宽为 0.7 cm。

大豆在一生中单株叶片总面积随生育进程不断增加,开花盛期至结荚期达高峰,而后由于底部叶的脱落而减少。在高肥条件下,晚熟披针形品种单株叶片总面积一般为 2 500～3 000 cm², 椭圆形品种可达 4 500～5 000 cm²。大豆生产 1 g 风干籽粒需要多少叶面积?早在 20 世纪 60 年代加滕一郎(1962)在《豆类》一书中曾描述:大豆生产 1 g 风干籽粒所需要叶面积为 100～340 cm²,因品种和环境条件不同而异。苗以农等(2003)测定特异株型大豆新品系宽扁茎类型、成熟时落叶绿茎类型和成熟时绿茎绿叶类型 3 份材料,生产 1 g 风干籽粒所需叶面积分别为 172.6 cm²、108.8 cm² 和 116.5 cm²,是否系高光效种资源需进一步探讨。

(二)叶的生长

大豆的出叶速度与当地气温有关。据路琴华(1962)观察,春大豆小金黄 1 号 1～4 层复叶平均 5～6 d 长一新叶(同期日平均温度为 18℃),5～8 层复叶平均 4 d 长一新叶(同期日平均温度为 23℃),9 层复叶后平均 3 d 长一新叶(同期平均气温为 24.5℃)。董钻于 1971 年观察铁丰 18、开育 3 号、Amsoy 等品种(系)的出叶动态结果显示,出苗后 3 d 第一对真叶展开,从真叶展开至第一个三出叶展开间隔需 9～10 d,6～7 d 后第二个三出叶展开,5～6 d 后第三个三出叶展开,此后每 3～4 d 或 2～3 d 展开一个三出叶,直到"封顶"为止。叶子的伸长生长的速率不同生育时期也不同。在营养生长后期或生殖生长早期伸长的速率为 15～30 cm/d。较早和较晚形成的叶子伸长较慢。张治安等(1994)观察,大豆叶片停止生长后,叶柄直径持续生长 2～3 d,叶柄伸长生长持续 4～6 d,木质部导管数目持续增加 5～7 d,叶片面积与叶柄韧皮部面积生长基本一致。傅金民等(2000)对开花后叶片衰老规律的研究结果表明,大豆开花后叶片光合速率和气孔导度呈单峰曲线变化,光合速率在叶片展开后 21 d 达到高峰,气孔导度在叶片展开后 8 d 达到高峰。CAT 活性、SOD 活性和 POD 活性也呈单峰曲线变化,叶片展开后 8 d 内和 33 d 后其含量都比较低,一般在 25 d 达到高峰。叶片可溶性蛋白质含量呈双峰曲线变化,分别在叶片展开后 8 d 和 25 d 达到高峰,只是前一高峰的峰值比较低。叶绿素 a、叶绿素 b 和类胡萝卜素含量也呈单峰曲线变化,在叶片展开后 15 d 达到高峰,以后保持较高值,33 d 迅速下降。可见,大豆开花后叶片展开 8～33 d 是其功能最强的时期。大多数品种大豆成熟时叶片即脱落,但也有少数品种在荚成熟后叶片仍为绿色而不枯黄脱落。

(三)叶的构造

1. 叶原基   大豆初生单叶是由 2 个子叶之间那对对折卷叠的单叶发育而成的。三出复叶叶原基发端于茎尖原套下面的原体。原套下的细胞层进行平周分裂可能与第一个三出复叶起源有关。据许守民和苗以农(1988)观察结果表明:大豆初生叶一般由 7 层原始细胞发育而成,通常形成上下表皮和 3～4 层栅栏细胞(palisade cell)及 2 层平脉叶肉细胞(paraveinal mesophyll cell)。三出复叶一般由叶原基分生组织分化具有 6 层细胞的幼叶,其中第一、六层细胞分别发育成上、下表皮;第二、三层细胞发育成栅栏细胞;第四层细胞发育成平脉叶肉细胞;第五层最终形成具有 2～3 层细胞的海绵组织(spongy tissue)。深入到叶肉细胞中的维管束是由第三层细胞分化来的,这与 Sun(1957)所述的由第四层细胞形成的结果不同。朱之垠(1983)于 1957～1960 年观察,在大豆种子出苗前,即已形成了 5～6 个或更多的三出复叶叶原基。

2. 叶片的构造   大豆叶片是由表皮、叶肉和叶脉 3 种不同类型的组织所构成的。

(1)表皮   是由覆盖在叶片上下表面排列紧密、具有稍加厚径向壁的一层活细胞组成。上下表皮的表面有一薄的角质层。叶片上下表皮均有气孔和表皮毛分布。据姜艳秋等(1991)观察,表皮毛为不分枝的刚毛状毛,基部显著膨大,毛基及毛体表面有许多小突起。表皮毛在上下表皮的分布方式不同,而在上表皮呈均匀散生状态,而在下表皮多沿叶脉着生。下表皮的表皮毛密度高于上表皮,一般为上表皮的 2～3 倍。大豆不同品种叶片表皮毛密度不同,供试大豆铁丰 18 最高(中层叶片上表皮 117 个,下表皮 220 个,总计 337 个),吉林 20 次之(上表皮 80 个,下表皮 197 个,总计 277 个),吉林 3 号最低(上表皮 61 个,下表皮 153 个,总计 214 个)。此外,同一品种不同节位叶片的表皮毛密度也有差异,中层叶的密度低于上层和下层叶。尹田夫等(1986)研究结果表明,密集茸毛型大豆较稀疏茸毛型大豆具有较强的抗旱能力。在水分胁迫条件下,钟状茸毛基部的膨润度和新茸毛增生乃为适旱变态反应。叶片上下表皮分布着很多气孔。气孔数目与气孔大小是影响植物蒸腾作用和光合作用的重要因素之一。气孔的数目因不同品种、同一植株不同节位、同一片叶上下表皮而异。姜彦秋的观察还表明,大豆不同品种间气孔密度也不同,以吉林 20 为最低。多数品种一般中层叶所含气孔密度高于上层叶或下层叶;下表皮气孔密度是上表皮的 1 ~ 2 倍(表 6-1)。

表 6-1　大豆不同品种不同节位叶片气孔密度比较　(姜艳秋等,1991)

品　种	不同节位气孔密度(个/mm²)								
	上　层			中　层			下　层		
	上表皮	下表皮	总　计	上表皮	下表皮	总　计	上表皮	下表皮	总　计
铁丰 18	44.4	103.6	148.0	44.4	124.3	168.7	32.5	76.9	109.4
铁丰 24	59.2	85.8	145.0	41.4	112.4	153.8	41.4	68.0	109.4
吉林 3 号	32.5	79.9	112.4	73.9	100.5	174.4	32.5	79.9	112.4
吉林 20	38.5	89.6	128.1	47.3	71.0	118.3	35.5	50.3	85.5
平　均	43.7	89.7	133.4	51.8	102.1	153.8	35.5	68.8	104.2

据观测,当一个气孔关闭时,两个保卫细胞总宽度约为 12 μm,长度约为 24 μm。当气孔全开放时,包括气孔和保卫细胞总宽度约为 16 μm,气孔宽度大约为 4 μm。游明安等(1992)以中国和日本的 12 个大豆品种在田间两种密度下结荚期气孔特性的研究表明,气孔密度(SD)、气孔长度(SL)和单位叶面积的气孔总长度(SD × SL)在主茎叶位间、叶片正背面间有显著差异。种植密度间 SL 和 SD × SL 差异显著,但 SL 无差异。品种间 SL 和 SD × SL 差异显著。但 SD 的品种间差异受种植密度影响。SD 与 SL 显著负相关,与 SD × SL 显著正相关。光合速率在叶位间和品种 × 叶位间与 SD 和 SD × SL 显著正相关,与 SL 显著负相关。路贵和(2000)研究结果指出,不同抗旱类型大豆种质资源品种间气孔密度、气孔长度、单位叶面积气孔总长度存在着显著的基因型差异;叶片气孔特性与抗旱性之间存在着一定的关联,但相关程度不显著。

(2)叶肉　上下表层以内的薄壁组织叫做叶肉。叶肉由邻接上表皮长圆柱体形、排列较为紧密、含有很多叶绿体的栅栏薄壁组织和邻接下表皮排列疏松、互相连接成网状、含叶绿体较少的海绵薄壁组织以及位于栅栏组织与海绵组织之间含叶绿体更少的平脉叶肉细胞所组成(图 6-7)。

栅栏薄壁组织一般由 2 层细胞组成。其主要功能是进行光合作用,进入生殖生长时期,第二层栅栏细胞还具有暂时贮藏淀粉的作用。植株不同节位叶片和不同品种的栅栏细胞层数明显不同。徐克章等(1984)、苗以农等(1986)和许守民等(1988,1992),对生长于田间条件下 20 多个大豆品种(系)叶组织结构的研究结果表明,初生叶存在着 3 ~ 4 层栅栏细胞,大多数新品种或高产品种第四至第五节位和第十三至第十四节位复叶具有 3 层栅栏细胞。因

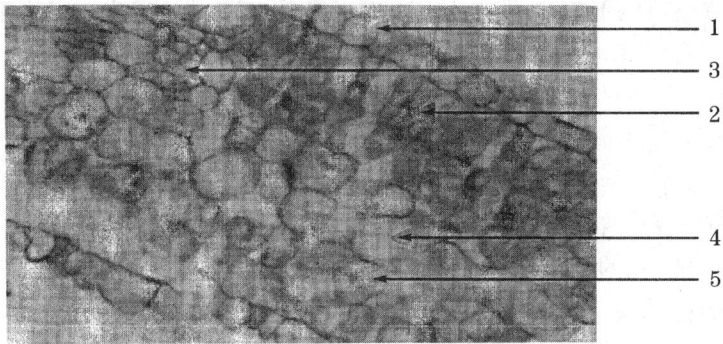

图 6-7　大豆初生叶横切面　（徐克章,1984）

1. 表皮　2. 栅栏薄壁细胞　3. 维管束　4. 平脉叶肉细胞　5. 海绵薄壁组织

此,这些品种(系)相应节位叶片具有较多的栅栏细胞和叶绿体数目及较大的叶片厚度(表6-2)。张桂茹等(2002)观察,高光效类型品种大豆叶片的栅栏组织厚度和细胞层数与细胞中的叶绿体数目均大于低光效类型大豆。海绵薄壁组织由 2～3 层细胞组成,能进行光合作用,但气体交换与蒸腾作用才是其主要功能。20 世纪 60 年代,Fisher 发现大豆复叶栅栏组织与海绵组织之间存在 1 层平脉叶肉细胞,起着叶片内物质的水平运输作用。苗以农和徐克章(1984)观察野生和栽培大豆长成的复叶均有 1 层、初生叶有 2 层平脉叶肉细胞,不仅上与栅栏组织、下与海绵组织紧密相接,还与叶脉韧皮部相连。平脉叶肉细胞不仅具有将栅栏组织和海绵组织的光合产物运向韧皮部的功能,而且在每个细胞的大液泡中贮藏糖蛋白,在大豆鼓粒前和鼓粒期在蛋白质的合成、氮贮藏和再度动用中起着重要作用。

表 6-2　大豆不同叶层叶片栅栏细胞、叶绿体数目及厚度*　（许守民等,1992）

叶　位	6～7 复叶			10～11 复叶			13～14 复叶		
栅栏细胞层	1	2	总和**	1	2	总和**	1	2	总和**
栅栏细胞数 (个/mm²)	8524±674	7832±653	15839±2016	8071±579	7011±496	15680±1982	8851±703	7753±577	16604±2530
叶绿体数 (个/mm²)	164527±17382	118641±10315	273138±26147	142853±13435	100260±9873	255619±26493	175702±15329	117295±10721	292997±31576
每个细胞叶绿体数	19.3	15.2	17.3	17.7	14.3	16.3	19.9	15.1	17.6
叶片厚度(μm)	79.42	51.34	231.32	72.13	49.35	224.37	86.03	53.15	241.05

*　四个大豆品种的平均值;**　两层栅栏细胞的数目

　　(3)叶脉　叶脉是叶肉的维管束,有主脉、侧脉及多个次级叶脉之分,因此叶脉的大小和结构上有明显的差异。主脉较其他脉粗大,维管束较发达,上下常有相当数量的机械组织,直接与表皮相连,尤其下方的机械组织更发达,形成了明显的凸起。从主脉的横切面上,可以看到表皮、厚角组织、厚壁组织、栅栏薄壁组织、海绵组织、韧皮部、木质部和髓等。叶脉在叶片中纵横交错,呈网状分布,最后分枝终止于叶肉组织内,形成游离的脉鞘,结构非常简单,木质部仅剩 1 个螺纹的细导管,韧皮部剩 1 个筛管分子和伴胞。许守民等(1991)发现大豆植株上部节位叶细胞存在着大量的"壁傍体"(paramural body),分布于叶脉维管束中的筛管、维管束薄壁细胞及平脉叶肉细胞中,其功能与物质从细胞中外运有关。

3.叶柄 叶柄由表皮、厚角组织、皮层薄壁组织、束间的薄壁组织、韧皮部、木质部和髓组成。叶柄近轴面上有 2 个突出的脊从而形成 1 条沟,每个脊有 1 个主要维管束。大豆叶柄维管束可分为大、中、小 3 种类型。王英典等(1993)研究表明,植株主茎第三复叶以下叶位叶柄中有 5 个大型和 5 个中型维管束交错排列,第四至第十四复叶的叶柄中除 5 个大型和 5 个中型维管束外,还有为数众多的小维管束,最多达 20 个(图 6-8)。中部节位叶柄大、中型维管面积也大。测定还显示,叶片的饱和 CO_2 同化速率与叶柄的最大直径、叶柄的维管束数目呈正相关趋势,而与大型维管束木质部面积、韧皮部面积以及中型维管束木质部面积及韧皮部面积之间呈显著正相关。张治安等(1994)测定表明,大豆品种间叶柄韧皮部面积、比叶柄重、叶柄长

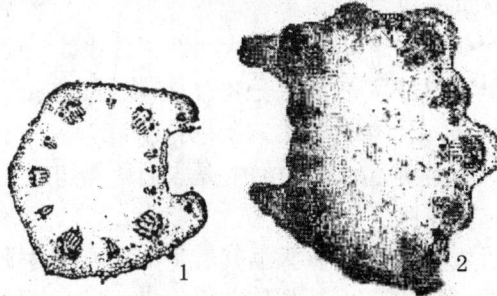

图 6-8 大豆叶柄横切面 (王英典等,1993)
1. 示第三复叶以下节位叶柄的维管束由 5 个大型和 5 个中型维管束并交错排列 2. 示第四至第十四节位叶柄具有大、中、小型维管束并相间排列

度与叶面积呈显著正相关,叶柄直径与叶面积也呈正相关但不显著,叶柄木质部导管数目与叶面积无相关关系。这说明叶片较强的光合作用可能以发达的运输系统为基础,尤其是叶柄的韧皮部面积。

五、花

(一)花芽分化和花的形成

大豆花芽分化是受基因型和光周期、温度所控制的。产生第一朵花的节位,取决于花芽分化时植株所处的生育阶段。子叶、初生叶和第一个三出复叶的节在成熟胚里已分化。因此,长出第一朵花的节必定在第四节或更高的节的叶腋中。大豆在开花前 30 d 左右开始花芽分化。花分化的最初标志是在苞片腋内出现一个球状原基。申家恒(1972)根据对无限结荚习性品种黑农 11 的观察结果,将大豆花芽分化过程分为花芽原基形成期、花萼分化期、花瓣分化期、雄蕊分化期、雌蕊分化期和胚珠、花药、柱头形成期 6 个时期。大豆花芽分化的后期,花器官完全建成。大豆花包括苞片、萼片、花冠、雄蕊和雌蕊等几个部分。苞片是花基部的 2 个绿色的小叶片。萼片在苞片内侧,由 5 个萼片组成,基部联合成筒状,顶部分成 5 个裂片。花萼结构由表皮和无规则的薄壁细胞组成。在薄壁细胞间分布多数等距排列的维管束。花冠是蝶形花冠,1 枚旗瓣,2 枚翼瓣,2 枚龙骨瓣愈合成"V"字形。雄蕊为二体雄蕊(9)+1。雌蕊的子房单心皮,单室边缘胎座,倒生胚珠。披针形叶品种有时子房内出现 5 个胚珠,圆形叶品种则以 2~3 个胚珠居多。胚珠以珠柄着生在腹缝线上,珠孔向上,开口于腹缝一侧。柱头呈球形向下弯曲,与雄蕊等长。陆静梅(1997)观察到野生大豆花的 2 枚龙骨瓣分离现象,恰好证明了这种花结构在植物系统演化过程中的保守性和原始性,而栽培大豆花的龙骨瓣愈合,证明了栽培大豆花在系统演化中的较进化的结构特征。

申家恒等(1991)对栽培大豆、半野生大豆、野生大豆花器官的雌雄配子体发育特征的研究结果表明:①雄性孢原为表皮下多细胞;小孢子母细胞减数分裂的胞质分裂为同时型;四分孢子主要为正四面体形,少数为左右对称形,成熟花粉粒为二细胞型;花药壁的发育属基

本型;绒毡层细胞单核,属分泌型绒毡层。②子房单室;弯生胚珠,双珠被,厚珠心;胚珠亚表皮下多胞原;多数大孢子四分体线形排列;少数为"T"字形排列,合点端大孢子有功能;胚囊发育为蓼型,反足细胞短命。③大孢子发生较小孢子发生稍晚,但发育速度较快,后期雌、雄配子体同步成熟。

科研和生产实践表明,大豆花芽分化的早晚,因品种和环境条件不同而异。早熟品种、无限结荚习性品种,花芽分化较早;晚熟品种、有限结荚习性品种,花芽分化较晚。北部地区品种南移,或者播种推迟,花芽分化提前;反之,则延后。日照长短对大豆花芽分化影响最大。大豆是典型的短日植物,是人们所熟知的。有关大豆的光周期反应,将在第二节详述。

(二)花序性状

大豆属总状花序,根据其着生位置可分为顶端总状花序和腋生总状花序。一个花序上的花朵通常是簇生的,俗称花簇。主茎同一节叶腋花序可能有 1~3 个,其中 1 个由位于叶腋的主芽优先发育而成,称主花序。另 2 个由叶腋的一对副芽发育而成,称副花序(赖齐先,1963)。根据花序轴的长度和花簇的大小,可将花序分为长轴型、中轴型和短轴型 3 种。长轴型花序轴长 10 cm 以上,每个轴上着生 10~40 朵花;中轴型花序轴长 3~10 cm,每个花序着生 8~10 朵花;短轴型花序轴长在 3 cm 以下,每个花序开花较少,一般 3~8 朵。辽宁省的凤交 66-12 是典型的长轴型品种。据测定表明,花序长度与开花数高度正相关,但与花荚脱落率也呈显著或极显著正相关。这表明长花序是多花多荚的重要基础,但要提高产量,必须降低花荚脱落率。

另外,扁茎大豆的顶部扁冠状茎变成了一种特殊的花序——扁冠状大荚簇。开花前花蕾呈密集簇团状,随着开花,逐渐伸长。下部花朵先开放,花序长度可达 25 cm,有的顶端分成几个花序,总花数可达千朵,但花荚脱落率达 80%以上(田佩占等,1997;石连旋等,2003)。

(三)开花特性

大豆开花特性主要指开花数、开花时间、开花顺序等。大豆单株开花数受环境条件和栽培措施的影响很大。在相同条件下,品种间有较大差异,一般为 100~400 朵,晚熟品种比早熟品种多,有限结荚习性类型比无限结荚习性类型多,长花序类型和扁冠状大荚簇特异类型多于普通品种,约在 600 朵花以上。大豆花多在上午开放,在正常条件下,据在哈尔滨观察,上午 6~11 h 开花,午后很少开放;在南京,上午 8 h 开花最多,占开花总数的 80%左右。其他时间很少开花。每朵花开放时间 2 h 左右。

大豆花期因品种不同而异,长者达 2 个月,短者半个月。据盖钧镒(1984)观测,江淮下游夏大豆单株开花日数,无限结荚习性品种平均为 26.5 d,有限结荚习性品种平均为 23.1 d。苏黎等(1994)报告,亚有限结荚习性品种辽豆 10 号平均开花日数为 29 d,而有限结荚习性品种铁丰 24 平均仅 12 d。王晓光(1997)的观察结果显示,无限结荚习性品系沈农 91-26 开花时间持续 46 d,亚有限结荚习性品种沈豆 4 号为 38 d,有限结荚习性品种沈农 91-44 为 29 d。开花盛期在品种间有先后,但趋势相同。盖钧镒等(1987)对 12 个有限及无限结荚习性品种 60 个单株的观察表明,全株开花盛期在开花后 4~14 d,一般有限结荚习性品种盛花期短,无限结荚习性品种长。长花序类型的开花盛期明显比普通品种迟,持续时间长。游明安等(1995)对 4 个长花序材料的观察,全株开花盛期在开花后 10~26 d,主花序在 8~25 d,分枝的花盛期较短,开花集中在 15~25 d。

大豆开花顺序的模式因品种不同而异。董钻(2000)将在沈阳田间条件下,以无限结荚习性品系沈农 91-16,亚有限结荚习性品种沈豆 4 号和有限结荚习性品种沈农 91-44 为试验材料观察大豆开花顺序概括如下：①不同生长习性大豆的开花顺序确有不同,无限结荚习性大豆从较低节位始花,有限结荚习性大豆始花节位较高。始花节位以上各节的花均自下而上渐次开放,始花节位以下各节花的开放顺序因分枝有无和分枝强弱而有所不同。②有长花序的节位一般在长花序(主花序)上的花开完或接近开完时,叶腋花(副花序)才开放。有限结荚习性大豆因具有较多副花序,所以开花顺序更复杂些。③短果枝上的花开放最晚,花期集中。

六、荚 果

(一)传粉与双受精作用

大豆的荚果是由受精后的子房发育而成的。大豆是自花授粉作物,且自花受精率高,天然杂交率仅占 0.5%~1%。受精过程始于小孢子和大孢子的发生,即花粉(雄配子体)和胚囊(雌配子体)的形成。大豆蝶形花冠尚未完全开张时,花药已散粉。据申家恒(1983)对黑农 26 观察,在田间温度(18℃~20.5℃)和相对湿度(78%左右)适宜时,上午 6~7 h,大豆花蕾的花冠长度与最高花萼的长度相等或近似相等,大豆花蕾开始自花授粉。大豆的成熟花粉粒具有 1 个营养细胞和 1 个生殖细胞。授粉时雌蕊柱头和花柱上有许多充满溢泌液的通道,它供给营养和机械引导。花粉通常在覆盖着有柱头溢泌液的薄膜表面上萌发,从 3 个萌发孔中的任何一个长出 1 条花粉管,生殖细胞很快进入其中。尽管许多花粉粒落在柱头上,但它们多数只萌发伸入柱头和上部分花柱,大约 90%的花粉管萎缩,在到达子房顶端前死亡,仅有少量花粉管达到子房室为胚珠受精。花粉管通过柱头进入花柱通道,沿着通道的表面向子房方向生长,此时,生殖细胞经过一次有丝分裂产生 2 个精子。带有 2 个精子的花粉管达到子房腔内,沿着胎座的表面生长,经胚珠的珠孔进入胚囊。大豆的胚囊为蓼型。受精前的成熟胚囊由 1 个卵细胞、2 个助细胞和具次生核的中央细胞组成。反足细胞已退化,只在胚囊的合点端存在痕迹。

据申家恒(1983)观察,大约在授粉 6 h 以后,进入胚囊的花粉管破坏 1 个助细胞后释放出内容物,其中包括 2 个精子。当 2 个精子分别与卵核和次生核接触时,精子失去原生质鞘,1 个精核与卵核融合,形成合子;另一个精核与中央细胞的次生核融合成为初生胚乳核。这样,从授粉到双受精的完成为 8~10 h。

(二)胚胎的发育

何孟元(1963)和申家恒等(1991)观察表明,合子第一次分裂大多数为横分裂,产生顶细胞和基细胞,偶尔可见纵分裂。顶细胞与基细胞各进行 1 次纵分裂,从而形成"田"字形四细胞原胚。4 个细胞各进行 1 次纵分裂,形成由 4 个细胞的胚体部分和 4 个细胞的胚柄部分组成的八细胞原胚。随后,胚体细胞分裂速度明显加快。顶细胞分裂构成胚体,基细胞分裂成胚柄。胚的发生属柳叶菜型。受精后 12 d 左右,成熟胚已分化出胚根、下胚轴、两对子叶原基和芽原基。在胚胎发育过程中,自身渐渐旋转大约 90°,固定在成熟种子应在的位置。随着胚根、胚轴和子叶的形成,胚囊也变得更长、更宽。

(三)胚乳的发育

胚乳的发育属核型。据何孟元(1963)和申家恒等(1991)报道,初生胚乳核的分裂均先于合子。初生胚乳核分裂形成 2 个胚乳游离核。胚乳核不断以有丝分裂方式增加胚乳游离核的数目。胚囊合点端胚乳游离核始终不形成细胞,而构成胚乳吸器。胚乳细胞的增加逐渐将胚乳吸器压向承珠盘方向。随着胚体增大,胚乳细胞自珠孔端向合点端解体。合点端胚乳吸器内的细胞核融合,并逐渐解体。在受精后 18 ~ 20 d,胚乳完全解体,只能在成熟胚的周围看到一层解体的胚乳痕迹。

(四)荚果的形成

荚果是由 1 个心皮发育而成的开裂干果,果实具有背、腹两条缝线。背缝线指的是心皮中部中脉所形成的一条缝线,腹缝线指的是心皮向内折合相遇后所形成的一条缝线,有 2 个主要的维管束。发育中的大豆通过胎盘与 2 个大的维管束连接,使蔗糖、水分和各种代谢中间产物得以进入种子。大豆荚解剖学特性在品种间也存在差异。张桂茹等(2002)研究 3 个不同光合类型品种大豆结果表明,豆荚表皮上气孔密度无明显差别,而豆荚同化组织细胞叶绿体数目、R_6 期叶绿体的体积,高光效品种均大于普通高产品种;豆荚两侧维管束密度以及腹、背部导管数目,高光效品种均大于普通高产品种。

据张秋荣(1984)对 20 个春大豆品种的荚长增长情况的观察:开花后 10 d,荚长一般可达 1.3 cm 左右,此后 1 周内荚长增长迅速,平均每天增长 0.4 cm 左右;开花后 20 天,荚长已达全荚长的 90% 左右,以后的速率明显变慢;开花后 40 天左右,荚长达到最大值。王晓光和董钻(1997)的观测证实,豆荚长度和宽度增长有一个快速期,时间在开花后 18 ~ 39 d 之间,不同生长习性品种的平均日增长长度各不相同,在 0.18 ~ 0.25 cm/d 之间。荚宽日增长量品种间也有所不同。荚的厚度是随籽粒灌浆而增加的,时间偏晚。荚达到最大的宽度和厚度后 5 ~ 15 d,种子的大小及鲜重值都达到最大。当种子继续失去水分时,则其细长的肾脏形变成成熟种子特有的椭圆形或球形。由上述可知,荚果的形成,经历由慢到快再到慢的过程。结荚多寡在初花后 40 d 左右基本确定。结荚率与初花后 30 d 内的日照数量呈正相关。成熟荚有 1 ~ 5 粒种子,每荚籽粒数以 2 ~ 3 粒最为普遍。大豆荚是直的或稍弯曲,荚长 2 ~ 7 cm 不等,呈淡黄色、黄灰色、棕色或黑色。荚的颜色是由于胡萝卜素和叶黄素的存在。茸毛的颜色决定于花色素苷的有无。

大豆荚的裂开是由于背、腹缝线的薄壁组织出现裂缝引起的。裂开以后,对分的荚皮围绕着与内生后壁组织层的纤维方向相平行的轴呈螺旋的扭转而卷曲。荚裂开的直接原因是由于水分的丢失。

七、大豆种子的发育

(一)种子发育的一般进程

大豆的生育期一般为 90 ~ 150 d。如以 70 d 作为种子发育期的长度,则子叶的细胞分裂活动在开花后 15 ~ 20 d 即告结束。幼胚分化出现在第一对叶原基后,子叶细胞内液泡迅速增大。开花后第三周代谢活动与干物质积累急剧增加。开花后 20 ~ 25 d 子叶细胞开始积累淀粉粒、蛋白质和脂肪滴,并逐渐增大。在 26 ~ 36 d 期间蛋白质与类脂体呈增加趋势。成熟种子中大约 50% 的脂肪是在此期间积累的,种子淀粉含量也在此期达到最大峰值,占种子干重的 11% ~ 12%。在 36 ~ 55 d 期间蛋白体与类脂体的体积增大,这期间成熟种子中约有 50% 的蛋白体已经形成并积累起来,类脂物的积累也达到高峰,淀粉含量下降,而可溶性糖的浓度则相应增加。开花后 50 ~ 60 d 脂肪滴和蛋白体的直径达到最高值,分别为 5.4 ~ 7 μm 和 6.2 ~ 7 μm。郑易之(1992)研究表明,大豆开花后 18 ~ 43 d,子叶细胞含有叶绿素,细胞内原质体可逐渐积累淀粉粒,基质内有基粒基质片层;原质体发育为造粉质体,这种造粉质体属于"绿色造粉质体";开花后 53~63 d,造粉质体内淀粉粒数目减少,体积缩小,片层结构肿胀,并逐渐解体,造粉质体的分化和脱分化过程与蛋白质和脂肪的积累密切相关。在种子成熟的最后 1 周干物质重达到峰值,淀粉含量下降到种子干物重的 1%~3%,叶绿素分解。种子水分含量在种子生长开始的时期是很高的(大约占鲜重的 80%),在种子发育期间平稳地降低,在生理成熟时达到 55%。大约从豆荚变黄阶段起,种子开始迅速丧失水分,导致种子变小,长度缩短,因此种子成熟时多变为球形。种子成熟时水分含量只有 15% 左右。种子的水分状态在种子发育过程中起着很重要的调节作用。种子发育期间种子体积的增大是子叶细胞吸收水分伸长的结果。

大豆种子成熟过程中对某一特定种子发育时期并无专一性,并且有可能在种子成熟前由不同环境条件(如水分、温度和光周期)诱发。由于与脂肪、蛋白质和淀粉合成有关的代谢过程在种子发育过程中彼此不同步,要有一特定时期完成上述各种组分的积累。因此,鼓粒期长短对种子组分有重要的影响。

一些研究结果表明,大豆鼓粒期长度与种子产量呈正相关,而且延长大豆鼓粒期(延长成熟)可降低种子脂肪和淀粉含量,提高蛋白质含量和增大种子的体积。但也有研究结果认为,大豆品种间种子大小的差异很可能是由种子干物质积累速率不同决定的,而不是由鼓粒期长短决定的。Egli(1975)报道,不同品种、不同播期大豆的单粒干重积累速率变动在 3.38~8.32 mg/(粒·天)之间,种子生长速率高的基因型其每粒种子所含有的细胞数也多。张秋荣(1984)对东农 33、黑农 26 等 20 个各种类型的大豆品种的测定结果表明,籽粒干重一般在开花后 25 d 才开始加速增长,多数品种在开花后 35~45 d 增重最快。从开花至成熟所需天数在 70~80 d,品种间籽粒灌浆强度和灌浆进程有很大的差别。如黑河 3 号单粒每天增重达 13 mg,而多数品种在 8~9 mg。灌浆强度前期大,后期较小;东农 16 则前、后期增重较均衡。郝欣先等(1992)测定早熟品种鲁豆 4 号和中熟品种跃进 4 号籽粒干重的增长进程的结果显示,两个品种的鼓粒期虽然都是 40 d,但是鲁豆 4 号的平均灌浆强度[4.1 mg/(粒·天)]高于跃进 4 号[2.8 mg/(粒·天)],灌浆高峰期的平均灌浆强度[7.5 mg/(粒·天)]也高于跃进 4 号[5.9 mg/(粒·天)]。

(二)大豆种子蛋白的形成和积累

1. 大豆种子贮藏蛋白的组分和性质　大豆种子贮藏蛋白包括球蛋白(globulin,占 60%~70%)、白蛋白(albumin,约占 20%)、胰蛋白酶抑制剂(trypsin inhibitor,占 5%~10%)、植物凝集素(phytohemagglutinin,约占 5%)、蛋白酶(protease)和磷酸酶(phosphatase)等几种类型。大豆种子贮藏蛋白中大部分是球蛋白,它主要包括豆球蛋白和豌豆球蛋白两种类型。豆球蛋白(Legumin)又称大豆球蛋白(glycinin),豌豆球蛋白(vicilin)又称伴大豆球蛋白(conglycinin),经蔗糖密度梯度离心,其沉降系数分别为 11 S 和 7 S,所以又分别被称为 11 S 蛋白和 7 S 蛋白。这两种蛋白共占种子蛋白总量的 80% 左右,是大豆种子贮藏蛋白的主要形式。此外,在大豆种子中还发现有 2 S 和 15 S 球蛋白。黄丽华等(2003)分析了我国 122 份大豆品种种子贮藏蛋白组分 11 S 和 7 S 的含量及 11 S/7 S 比值表明,11 S 在两种球蛋白中所占的百分含量为 40.67%~72.07%(平均值为 60.84%),7 S 为 27.93%~59.33%(平均值为 39.16%),两者含量呈显著负相关($r = -0.95^{**}$);11 S/7 S 比值范围为 0.69~2.58,平均值为 1.61,且与种子的总蛋白量、脂肪含量无显著相关。大豆鼓粒成熟期较多的日照时数和较小的昼夜温差有利于提高 11 S/7 S 比值,同时也可以提高籽粒蛋白质含量(卢为国等,2005)。

11 S 的球蛋白分为酸性亚基区(11 SA 区)和碱性亚基区(11 SB 区);7 S 球蛋白有 3 种亚基:α′、α 和 β。在 11 S 和 7 S 球蛋白中,含硫氨基酸差异很大,单位蛋白质 11 S 球蛋白比 7 S 球蛋白含有高 12 倍的胱氨酸和蛋氨酸。在大豆蛋白食品研究中,也发现这两种蛋白有不同的功能。11 S 蛋白含量高的大豆,在制造豆腐时,不但凝块结实,而且出品率也很高。一些研究结果表明,从野生大豆(50% ~ 55%)到栽培大豆(38% ~ 50%)蛋白质含量呈降低趋势,其中 11 S 球蛋白呈升高趋势,而 7 S 和 2 S 球蛋白呈降低趋势。在栽培大豆和野生大豆中,球蛋白含量高的种子,具有较多的 11 S 球蛋白和相对较少的 2 S 球蛋白,而且高蛋白的种子中球蛋白所占的比例也高。但在半野生大豆中未见这种规律性的表现。

2. 大豆种子贮藏蛋白的合成与积累　　大豆种子贮藏蛋白主要在发育的子叶中合成,并以蛋白体形式沉积。首先 mRNA 指导的 11 S 蛋白和 7 S 蛋白在粗面内质网上合成,其中 11 S 蛋白的 mRNA 并不分别指导 40 kd 亚基和 20 kd 亚基的合成,而是只合成 60 kd 的前体,这个前体含有一短信号肽,它引导蛋白质进入粗面内质网内腔,当 7 S 和 11 S 蛋白分别进入内质网膜内时,7 S 蛋白进行糖基化,而 11 S 蛋白不进行糖基化;此后,7 S 和 11 S 蛋白通过液泡膜进入液泡。同时大液泡通过液泡膜分隔、一些部位的缢缩和出芽 3 种方式形成小液泡。郑易之等(1990)指出蛋白质在液泡中积累有 3 种方式:一类是在液泡中,蛋白质逐渐沉积在液泡膜的部分内表面,这部分膜及其附着的蛋白质以出芽方式形成蛋白体;另一类液泡中,蛋白质聚集成团块,游离于液泡之中,只有少量蛋白质沉积在液泡膜上;还有一类液泡,其中含有絮状、呈均匀分布的蛋白质。在液泡中,11 S 蛋白前体分解为酸性多肽和碱性多肽,然后酸性多肽与碱性多肽结合成为 11 S 蛋白质分子,最后 11 S 蛋白和糖基化的 7 S 蛋白结合在同一蛋白体中。陈敏等(1987)研究发现,栽培大豆子叶细胞内蛋白质发育为单点中心式,野生大豆子叶细胞内蛋白质的形成为多点边缘式;栽培大豆种子贮藏蛋白合成、运输不同步,主要以内质网膨胀小泡形式在子叶细胞内运输贮藏蛋白至沉积部位,野生大豆内质网直接与蛋白体相连,而且有高尔基囊泡和内质网分泌泡为细胞内贮藏球蛋白运输的另一途径,加快了贮藏蛋白在子叶细胞内的运输。

关于大豆种子贮藏蛋白积累的时间进程,一般认为 7 S 蛋白在开花后 15 ~ 20 d 开始逐渐合成,同时或 3 ~ 5 d 后,11 S 蛋白开始缓慢积累,此后这两种蛋白的含量先是明显增加,然后趋缓慢,最后停止增加,整个蛋白质绝对含量的增加速率呈现先慢后快、最后又趋缓慢的"S"形曲线。雷勃均等(1988)和林忠平等(1989)测定显示,大豆种子发育初期,在幼胚即球形胚(开花后 4 d)和心形胚(开花后 10 d)中均无 7 S 和 11 S 蛋白出现。开花后 15 d,子叶中可以观察到少量 7 S 蛋白的形成,11 S 蛋白的沉积稍迟一些。到了开花后 20 d,子叶液泡中已沉积了许多 11 S 和 7 S 蛋白。开花后 20 ~ 30 d 是两种球蛋白急剧增加的时期,它们充满了细胞的大部分空间,其中 11 S 蛋白所占的数量最多,变化也十分显著。郑易之等(1992)研究结果表明,大豆开花后 18 ~ 20 d,7 Sα′、α 亚基开始合成;开花后 25 d,7 Sβ 和 11 SA 区、11 SB 区的亚基开始积累;开花后 30 d,11 SA-4 才出现。所有这些亚基组分在开花后 20 ~ 30 d 期间均已合成。

不同品种间蛋白质积累过程有差异。栽培和野生大豆的高蛋白含量均与其种子发育过程中较早较快的贮藏蛋白合成及积累速率、液泡中高效的蛋白贮藏方式及蛋白体在子叶细胞中占有较大体积相联系(许守民等,1994)。

20世纪80~90年代,黑龙江省农业科学院大豆研究所、东北农业大学、吉林市农业科学研究所等单位,对东北地区大豆蛋白质的积累做了深入的研究,结果认为开花后20 d种子总蛋白的相对含量一直下降,这是由于细胞数目增加和体积膨大所造成的。开花后20 d,特别是25~30 d蛋白质含量迅速增加,50 d左右达到最大值。这是由于蛋白质积累速率的剧增和种子迅速脱水而引起的。积累速度随品种不同而有所差异。蛋白质的绝对含量,开花后17~27 d积累最快,10 d内平均每粒种子积累25.85 mg蛋白质,平均占成熟种子蛋白质绝对含量的31.24%,中期和后期积累迅速减慢。张恒善等(1993)研究10个化学成分不同的大豆品种种子形成过程中蛋白质绝对含量与积累的结果显示,大豆蛋白质绝对含量受每粒重增加快慢和蛋白质相对含量的影响,中早熟品种在开花后16~46 d蛋白质绝对含量积累最快,其含量从9.41 mg/粒增加到72.69 mg/粒,在30 d积累了62.88 mg/粒,占成熟种子的80.23%。此后,蛋白质积累速度普遍缓慢,少数品种在成熟期间,因粒重增加慢或蛋白质相对含量下降,致使绝对含量稍有下降。

(三)脂肪及脂肪酸的形成与积累

大豆脂肪又称大豆油,是由甘油和脂肪酸在脂肪酶催化作用下所形成的酯类。大豆脂肪在常温下呈液态,为半干性油,其皂化值范围为188~195,碘值范围为125~138。脂肪中的脂肪酸占脂肪总量的90%以上。脂肪酸中的碳氢链有的是饱和的,如棕榈酸即软脂酸(16:0)、硬脂酸(18:0)等;有的碳氢链含有1~3个或几个双键,为不饱和脂肪酸,如油酸(18:1)、亚油酸(18:2)和亚麻酸(18:3)等。胡明祥等(1986)对我国163个大豆品种的种子分析结果表明,大豆脂肪酸组分主要是由棕榈酸、硬脂酸、油酸、亚油酸和亚麻酸组成。其中亚油酸含量最高,占总量的55.35%;其次是油酸,占总量的20.72%;棕榈酸占总量的11.91%;亚麻酸占总量的9.3%;硬脂酸含量较低,仅占总量的2.71%。

脂肪酸的合成是一个相当复杂的过程,大致分为3个阶段:第一阶段,由乙酰CoA羧化酶催化,乙酰CoA羧化产生丙二酸单酰-CoA;第二阶段,在脂肪酸合成酶多酶体系催化下,由丙二酸单酰-CoA作二碳单位供体,经多次催合,形成软脂酸(C_{16});第三阶段,由软脂酸通过延长系统和去饱和作用形成更长的饱和脂肪酸与不饱和脂肪酸。

研究发现,任何细胞中都含有甘油三酯(脂肪),都具有合成甘油三酯的能力。合成和贮存甘油三酯的具体部位是细胞器圆球体(造油体),它们好像具有从乙酰CoA生物合成脂肪酸并形成甘油三酯所必需的各种酶。

大豆种子中亚麻酸的形成是由硬脂酸、油酸、亚油酸的连续脱饱和形成的。米景春和刘丽君(1991)测定显示,在种子形成的最早时期,最大叶节开花第十天亚麻酸平均含量为14.9%,并且其发育子叶的匀浆中拥有较高和较稳定的亚油酸脱饱和酶活性。随着种子的成熟,含量依次递减,种子成熟时的平均含量为6.39%。刘丽君等(1993)还对我国东北高油大豆品种(系)和国外低亚麻酸突变体及其等位基因系开花5周后的最大叶片的叶性状进行测定,结果表明,大豆叶片中的油酸和亚油酸的形成与叶绿素含量有关,叶绿素b的含量影响着亚油酸的形成,而种子亚麻酸的生物合成则取决于叶片光合产物的积累。

大豆种子发育中脂肪的含量一般在中期达到最终水平,并保持这种水平直到成熟。张恒善等(1990,1993)研究结果表明,在大豆种子成长过程中,就脂肪相对含量而言,其形成的最快时期为:中早熟品种在开花后16~26 d内脂肪增加6.84%,占种子成熟时种子脂肪含量的 31.4%,脂肪形成的高峰期在开花后 36~46 d;中晚熟品种在开花后 13~23 d 迅速增加,脂肪形成高峰在开花后 33~36 d,以后多数品种稍有下降,少数品种下降后稍有回升。熟期相同的品种,凡在初期脂肪含量高者,成熟时也高。脂肪绝对含量的增加和积累,受品种粒重增加的快慢和脂肪相对含量的高低两个因素制约。种子形成初期和中期,粒重和脂肪相对含量迅速增加,脂肪绝对含量也相应地迅速积累,此时中早熟品种开花后 16~46 d,在 30 d 积累了 38.25 mg/粒的脂肪,占成熟种子积累总量的 94.2%。此后,脂肪积累速度普遍缓慢,多数品种脂肪积累一直在增加,少数品种在接近成熟期脂肪绝对含量略有降低。

邱丽娟等(1990)研究显示,高蛋白大豆种子脂肪含量从开花 46 d 到成熟期间大致稳定,兼用型和高脂肪大豆种子的脂肪含量在种子发育过程中则一般表现为不断增加的趋势。

在大豆种子发育过程中,脂肪酸的组分也发生明显的变化。一般来说,不饱和脂肪酸成分随种子的发育而增加,饱和脂肪酸成分随种子的发育而降低。马淑英等(1999)分析表明,在大豆种子发育过程中,棕榈酸、硬脂酸及亚麻酸的相对含量下降,亚油酸的相对含量则上升,油酸的相对含量变化不显著。棕榈酸及亚麻酸相对含量的减少与种子发育的天数呈极显著的负相关,而亚油酸相对含量与种子发育天数则呈显著的正相关。饱和脂肪酸的降低与不饱和脂肪酸的增加均极显著。亚麻酸与油酸及亚油酸呈极显著的负相关,亚油酸与棕榈酸及硬脂酸呈极显著的负相关。

种子发育过程中呼吸速率和脂肪含量两者有密切的关系。朱雨生等(1965)在上海以早熟品种五月早为材料,测得大豆种子形成中呼吸高峰在开花后 30 d 左右,当呼吸加强时脂肪含量也增多,呼吸高峰以后,脂肪含量便不再增加。开花后 30 d 之前的呼吸,主要走磷酸戊糖支路;开花后 30~40 d,糖酵解途径在呼吸中的相对比例上升。

(四)碳水化合物的变化

大豆种子中碳水化合物主要有淀粉和可溶性糖类。其总量在种子发育过程中虽然比较稳定,但其组分有所变化。鼓粒中期淀粉含量约占种子干重的 12%,成熟时则降为 1%~3%;而可溶性糖类的含量则随种子发育进程而稳定增加,至成熟时占种子干重的 6.2%~16.5%。一些研究结果表明,在鼓粒中期随着淀粉含量的降低,各种寡糖开始积累,其中棉子糖积累是其他寡糖积累的前兆。棉子糖合成要求蔗糖和半乳糖等做媒介,因绝大部分光合产物集中于蔗糖。昆野昭辰(1979)研究结果显示,当大豆子叶迅速发育时(开花后 3 周),子叶中的蔗糖也迅速增加,在种子最活跃生长阶段其数量达到总糖量的 90% 以上。可是,豆荚变黄前开始,棉子糖和水苏糖增加,同时果糖减少。在成熟的种子中,蔗糖、棉子糖和水苏糖占总糖量的百分率分别为 60%、10% 和 20%。糖类成分的这种变化,特别是棉子糖和水苏糖的产生和增加,与豆荚开始变黄一致。作为贮藏物质的糖,在种子发育后期,棉子糖和水苏糖被认为是糖类的贮藏形式。

(五)种子发育过程中 SOD 和 POD 的变化

种子的发育包含着一系列复杂的生理生化及形态建成过程,与这些活动相关的酶也有一个合成、积累及自身的代谢过程。

邵丛本等(1986)对大豆种子的 SOD 和 POD 活性研究表明,以单位鲜重、毫克蛋白和以每粒种子表示的酶活性在种子发育中呈现不同的变化趋势。就双子叶来说,分别表现出早期、后期高而中期低(单位鲜重表示),逐渐下降(以毫克蛋白表示)及不断上升(每粒种子表示)。许守民等(1992,1993)分析显示,大豆从开花后 14 d 开始至种子成熟,其 SOD、POD 和

ES(酯酶)及淀粉酶在荚皮中变化较小,多数酶带合成较早,随种子发育进程酶带逐渐增多,活性也随之增高,而 ES 在发育早期和中后期出现活性高峰且同工酶带也多。研究结瘤和非结瘤大豆等位基因系荚果发育过程中种子和荚皮 POD 及 SOD 变化表明,结瘤大豆的两种酶活性高于非结瘤大豆,这种差异在 POD 活性上表现尤为显著。SOD 同工酶在种子发育早期就基本合成齐全,而 POD 同工酶随发育逐渐增多。种子 SOD 和 POD 均高于荚皮的活性,但同工酶带数以荚皮为多,而且非结瘤大豆种子和荚皮的两种同工酶带多于结瘤大豆,这表明同工酶带数与活性间不一定呈相关关系。

上述发育完全的成熟种子,应在低温(最好 10℃以下)、干燥和通气良好的条件下贮藏,种子的含水量应小于 13%(临界安全含水量为 12%),以保持种子较高的生活力,避免质变。

八、大豆花荚的败育和脱落

大豆的花荚脱落,是大田生产中与产量形成密切相关的普遍存在的生理现象。花荚的败育与脱落的定义有一定的区别。一般认为,败育为已发育的器官停止生长,是不可逆的。花荚的脱落可定义为已败育的花荚和植株维管束之间连接结构的分离。大豆败育的花荚器官大部分脱落。此外,许多研究者还使用结荚率或坐荚率(结荚数/花数)这一名词,但也要与单株结荚数(荚数/株)相区别,例如,一组试验中显示单株结荚数减少,并不意味着结荚率的降低。

(一)花荚脱落的特征

1. 花荚脱落的一般情况 在生产中,大豆花荚脱落成为限制产量提高的主要原因之一。脱落率的大小因栽培品种和栽培条件不同而异,一般花荚脱落率占总花数的 40% ~ 80%。

我国许多研究者调查和研究结果表明,大豆从花蕾形成到结荚期间发生的花荚脱落的比例大致是:花蕾占 10%,花朵占 50%,荚果占 40%。据徐豹等(1988)的观察,大豆四粒黄典型植株的落花率为 47.5%,落荚率为 28.8%,花荚脱落率为 76.3%。同一个节位上脱落的花蕾通常是最后分化的芽,而脱落的荚则是最早形成的荚。同一花簇早开的花脱落较少,晚开的花脱落较多,因此上部的花荚比中部脱落得多。同一植株,下部花荚脱落率高,中部次之,上部少;主茎上的花荚脱落较少,分枝上的花荚脱落较多;内圈花脱落较少,外圈花脱落较多。花荚脱落的高峰,多出现在开花末期至结荚期,鼓粒之后,荚不易脱落,但有时出现败育的瘪荚。大豆株型和结荚习性不同,花荚脱落率也有明显差异。曹嘉喜(1988)用有限结荚型早熟 7 号和无限结荚型早熟 14 号大豆在北京夏播表明,两品种的结荚率一般随节位升高而增加,中上部节位有效荚数多。有限结荚型脱落率为 68.9%,无限结荚型为 84.7%。苏黎(1996)指出,有限结荚习性品种铁丰 24 平均单株花荚脱落率为 66.5%,亚有限结荚习性品种辽豆 10 号为 64.3%,无限结荚习性品系沈豆 H5064 为 76%。王晓光(1996)定株跟踪调查不同品种(系)开花顺序和结荚状况的结果如下:有限结荚习性品种沈农 91-44 平均单株开花 354 朵,成荚 154 个,花荚脱落率为 56.4%,亚有限结荚习性品种沈豆 4 号分别为 364 朵、101 个、73.3%,无限结荚习性品系沈农 92-16 分别为 331 朵、77 个、76.7%。

在不同生产条件下,大豆同一品种花荚脱落率也有区别。王义谅等(1963)在有限结荚习性品种丰地黄的一般田(2 502 kg/hm²)、丰产田(2 568 kg/hm²)和徒长田(2 210 kg/hm²)中所进行的调查结果表明,这三种类型大豆田的花荚脱落率分别为 82.94%、77.94% 和 85.81%。

　　许多研究还表明,虽然大豆的花荚脱落在开花以后的任何阶段都能发生,但是花荚脱落的高峰多在盛花期后至结荚初期出现。有限结荚习性的品种,多出现在初花期后的 20~25 d,无限结荚习性的品种多出现在初花期后的 30~35 d。

　　2. 脱落花荚的形态解剖特征　大豆在花荚脱落之前,脱落器官的基部会分化出离区,以后在离区的范围内分化产生离层和保护层。花、荚脱落时,离层细胞先行溶解,使相邻 2 层细胞分离开来,随之而脱落。据东北师范大学(1961)的观察,全部脱落的花荚都已受精并形成胚乳和胚,因此,大豆落花并不是因为没有受精所引起的。研究表明,即将脱落的花蕾、花朵和荚,在子房下面的花柄基部,从花柄的外围逐渐到里面形成离层。随着离层细胞的形成,花柄基部与花序轴组织逐渐分离,仅有花柄中央部联系着。这时花荚的水分和营养供应中断,花荚处于饥饿状态,最后中央部分也逐渐分离而脱落,从而认为离层细胞的产生是由于养料供应不足或其他生理因素促成的。

　　(二)花荚脱落的原因

　　花荚脱落的原因是复杂的。除机械损伤、病虫灾害及气候骤变(如暴风雨等)外,与光照、水分、温度、矿物质元素、种植密度有关。植株养分不足(主要是光合产物),源—流—库不协调,养分分配不合理,内源激素的变化,是导致花荚脱落的主要生理原因。

　　1. 有机营养供应不足　大豆与禾谷类作物相比有以下两点不同:第一,开花前大豆植株的干物质生产量只占总干物质的 30%,而禾谷类则为 80%;第二,营养生长和生殖生长同时并进的时期长。禾谷类作物开花后生产的光合产物大部分直接供给籽粒,而大豆不但要供应花荚和生长的茎叶,还要有一部分运向根瘤,作为固氮的能源和碳架使用。因此,在开花至结荚的一段较长时期,根(及根瘤)、茎叶、花荚三者之间争夺光合产物非常激烈。即将脱落的枯荚全糖浓度极低,这说明荚停止发育主要是由于糖类供应不足的结果。黑龙江省农业科学院用 ^{14}C 标记叶片,研究大豆各生育时期同化产物的分配和花荚脱落的关系后认为,有 ^{14}C 标记的各类同化产物中,有糖、脂肪、蛋白质、纤维素,其中以结荚至鼓粒期的植株体内可溶性糖的含量与花荚脱落的关系最为密切,即可溶性糖含量高的植株花荚脱落率低。吉林省农业科学院用 ^{14}C 标记叶片后在分析花朵的放射性强度时,观察到同簇各小花间差异较大,同化产物似有优先供应基部花器的趋势,证明花簇基部花脱落少。据东北师范大学(1960)观察,开花以后,叶柄和茎由临时的贮藏库逐渐转变为主要的输导系统,若水分供应不足或生理缺水,叶柄的细胞液浓度由于光合产物的积累而增高,减慢了同化产物向花荚中输送的速率,花荚处于营养的饥饿状态,因而花荚脱落率增加。在生产实践中,栽培密度大,或肥水充足,植株过于繁茂,封行早,植株下部叶片被遮蔽,叶片制造的光合产物少,不能满足本叶腋花荚生长的需要,就会造成植株下部花荚的大量脱落。另一常见的边际效应和孤立状态生长植株的结荚率高和籽粒饱满的现象,也充分证明光合生产的重要作用。

　　根系内氨基酸含量与离层形成和花荚脱落有关,开花结荚期根系内氨基酸含量高峰的出现是防止花荚脱落的生理适应功能的表现,而根系内氨基酸含量高峰的出现又必须以含糖量的增加为基础。所以,可溶性糖的高峰期先于氨基酸的高峰期(金滢完等,1984)。

　　国内外研究已表明:①摘除花 15 d 之后,提高了剩余花的结荚率,摘除荚可减少余留荚的败育和脱落。②摘除顶端分生组织(摘心)减少花的败育,提高了结荚率,摘除分枝可提高单株结荚数。这可能是因为顶端分生组织和分枝也是"库",它们与花荚竞争光合产物。③摘除 40% 和 80% 的叶子将分别降低大豆的结荚率 4% 和 32%。去叶引起花荚败育和脱落的原因与遮光胁迫是一致的,即降低了光合作用,减少了向花荚运送光合产物。

综合上述,有机营养是花荚赖以生存的基础,花荚脱落主要的生理原因是光合产物供应不足造成的。因此,大豆特异高产株型和高光效种质的创新和利用,是减少花荚败育和脱落而提高结荚率的重要途径。

2. 植物内源激素与花荚脱落 许多研究表明,植物内源激素如细胞分裂素(CTK)和脱落酸(ABA)对大豆花荚脱落有调节作用。CTK 有抑制衰老和防止植物生理落果的作用。ABA 是植物体中最重要的生长抑制剂,从而启动花荚的脱落。

李秀菊等(1997,1999)研究大豆花荚脱落与内源激素的关系时发现,CTK 和 ABA 参与调控大豆花荚的脱落过程。大豆开花结荚期,不同阶段的花荚的脱落率不同,其中以花后 5 d 内的幼荚脱落最严重。与败育花荚相比,正常花荚中的干物质积累量均较高,细胞分裂素(DHZRS、ZRS、iPA)含量也较高,花后 3~5 d 的幼荚中含量最高,可达 33.03 nmol/gDW,为败育幼荚的 5.16 倍。在败育较严重的幼荚期,正常幼荚中的 iPA 及 ZRS 含量均较高。同一花序的基部花荚不易脱落,其幼荚在生长前期,其内源细胞分裂素 iPA、ZRS、DHZRS 均出现一个含量高峰,总 CTK 含量明显高于中上部的幼荚。ABA 则是以败育的幼蕾及花后 3~5 d 的幼荚中含量较高。同一花序的上部花荚 ABA 含量较高是造成其花荚脱落的重要因素。也可以说,幼荚中 ABA 含量明显高,可能是花荚败育和脱落的信号。

上述研究结果,说明了植物内源激素 CTK 和 ABA 在大豆生殖器官发育过程中,分别起着不同的生理作用。

3. 环境胁迫的因素 环境胁迫制约花荚脱落的途径主要有两方面。一方面胁迫直接作用于花荚本身形态结构和营养器官的建成;另一方面胁迫降低光合作用,间接地通过影响同化物和激素合成的机制而提高花荚的脱落率。不同的环境胁迫均可提高花荚的脱落率。其主要环境因素有光照、水分、温度及一些矿质元素。

(1)光照 经研究表明,遮光胁迫提高大豆花荚的脱落率,尤其在开花期和结荚伸长期遮光 2 周左右,对减少单株荚数的影响最大。研究还发现,遮光植株的叶和叶柄中的淀粉和可溶性糖含量均低于不遮光的对照,说明花荚的败育与碳水化合物的生产水平有关。这就说明,遮光降低了叶的光合作用,是引起花荚脱落的主要原因。实践表明,在大豆开花结荚时期,如连日阴雨,田间密度过大,就将出现光合作用变弱,花荚脱落增加,尤其是植株下层花荚脱落更为严重。

(2)水分 土壤水分亏缺或者因大气干旱水分供应失调,也是导致大豆花荚脱落的重要原因。一是影响光合作用,二是影响根吸收和输导系统的运输作用,三是影响生殖器官的生长。水分胁迫,使受精后的胚胎发育停止,尤其开花后期和结荚始期使晚开的花受害最重。

大豆开花结荚期是一生中需水的高峰期,蒸腾作用达到高峰,干物质积累也呈直线上升。此时期若遇干旱,开花结荚所需要的养料就会因缺水而无法顺利输导,从而导致花荚的大量脱落。江苏省农业科学院(1960~1961)于大豆始花期采用中耕措施提高土壤含水量,结果降低了花荚脱落率。深中耕比浅中耕使 0~10 cm 和 10~30 cm 深土壤层的含水量提高了 0.5% 和 1.2%,而花荚脱落率则由 80.87% 降至 76.28%。黑龙江省农业科学院(1961)研究了植株含水率不同引起糖代谢的变化及花荚脱落的关系表明,结荚期含水率较高的植株加速了光合产物的运转,表现在叶部的葡萄糖和淀粉含量较低,而转变为蔗糖向荚中运输,所以叶片蔗糖含量显著增加,荚中各种糖分的含量都比较高,有利于荚的发育,因此脱落较少。山东省农业科学院认为,自出苗至开花前土壤水分控制在土壤最大持水量的60%,花期和结荚期保持80%,有利于增花,减少花荚脱落。

(3)温度　在大豆开花结荚期间,超出适宜温度范围的高温或低温,均会造成生殖生长的延迟乃至停滞,使花荚脱落增加。温度胁迫可能妨碍植株的光合作用,引起体内有机营养的亏缺,改变光合产物在不同器官中的分配,使源、库之间的关系不协调。据研究表明,当大豆种植在短光周期、较高的白昼/夜晚温度比率的条件下,单株可得到比较高的荚数;当大豆种植在长日照光周期的条件下,接受较低的白昼/夜晚温度比率,也可得到较多的单株荚数。这说明,日光和温度间有交互的作用。

(4)营养元素　氮、磷、钙、锌和硼等元素的缺乏会导致花荚的败育和脱落。开花结荚期间,氮素在营养器官和生殖器官中的分配比例对花荚脱落也有重要影响。20世纪60年代吉林省农业科学院的研究结果表明,大豆植株含氮低,花荚中含氮量的比例也较低的大豆,落荚率就较高。该研究还认为,初花期花中含磷量多,开花数也多;盛花期花荚中含磷量多,从盛花期到鼓粒期含磷量逐渐均衡上升的,脱落少。董钻(2000)指出,氮、锌是吲哚乙酸合成所必需的,钙是细胞壁中胶层果胶酸钙的重要组成,缺乏这3种养分,易加重脱落;缺硼常引起花粉败育,导致不孕和果实退化和脱落。杨庆凯等(2000)研究表明,黑龙江省北部大豆大面积不实的直接原因是缺硼。江苏省农业科学院在大豆初花期追施氮30 kg/hm² 的,花荚脱落率为78.5%,而不追施氮的对照为81.9%。生产实践中,适当追施氮、磷、钙、锌和硼等元素也是减少花荚败育和脱落的有效措施。

九、大豆株型

(一)大豆株型和理想株型的概念

株型是指作物在特定环境和栽培条件下,植株器官着生状态的表型结构。它是由器官的数量比例、排列位置、着生角度、空间方位、延伸状态等所决定。大豆植株形态结构千姿百态,必然产生株型的多样性。植株高度是株型的重要因素之一,有高秆、半矮秆、矮秆之分。主茎生长方式可分为有限、亚有限和无限结荚习性。根据分枝之有无和分枝与主茎角度大小不同,植株可分为独秆、分枝收敛、开张、半开张以及分枝矮秆丛生等类型。不同节位叶片大小各异,有叶片上小下大,呈塔形的,也有上下叶片大小相似的株型。花序类型也不同,有长花序、多花序、短果枝,还有扁茎顶端形成一大荚簇的类型。

近几十年来,许多作物生理育种学者认为,要进一步提高作物产量必须提高光能利用率,株型是限制因素之一。Donald在株型和产量的研究基础上,1968年提出"理想型"的概念。由于作物类型、应用目的和产量水平的要求不同,其含义往往也有较大差异。随着国民经济的不断发展,对农产品的需求量大幅度增长和粮食安全、保护生态环境及节约成本等受到广泛的重视。株型育种将培育资源高效型和环境友好型作物新品种,以适应现代节水省肥农业、绿色有机农业的发展。许多科学工作者以不同的作物为研究对象,提出各自的"理想株型"的模式。然而,大豆与禾谷类作物形态和生理功能存在显著差异。尤其大豆花序与禾谷类作物不同,它分散着生在各节叶腋和茎顶端,开花、结荚参差不齐。大豆的营养生长和生殖生长重叠时间较长,营养器官(茎、叶、根及根瘤)与生殖器官(花、荚)之间在光合产物的需求上存在着剧烈的竞争,由于养分供应不足,大田生产中常发生严重的花荚脱落现象。又由于大豆是富含蛋白质和脂肪的作物,籽粒生产消耗能量较大。因此,大豆的理想株型的含义应是在特定的生态条件下,与高产有关的性状如叶、茎、花序以及根系等器官的最佳组配,充分利用自然条件,发挥光能截取能力与光能转化效率,增强碳和氮的同化作用,协调源—流—库的均衡发展,获得较大的生物产量和经济产量及社会效益。

(二)理想株型的构想与创新

王金陵(1982,1996)从大豆株型的演变过程即无限型→亚有限型→有限型的实例,提出了"生态型育种"原则,率先在大豆育种上提出了株型的作用。美国的大豆育种家 Cooper(1981,1985,1991)已育成适合于密植(60~75 株/m²)半矮秆(株高小于 75 cm)有限或亚有限结荚习性大豆品种,在高产条件下(主要是施肥和灌溉),使大豆产量潜力达到 5 460 kg/hm²,最高达到 8 000 kg/hm²。

盖钧镒等(1990,1994)认为大豆产量的突破,关键在于提高群体光能利用率,因而强调从形态、生理特性方面揭示理想型的模式。从现有品种研究性状间的相关性去推论"高产理想型"的形态、生理性状组成模式:①成熟时静态株型。表现为高生物产量和收获指数、有限或亚有限生长习性、主茎上下结荚均匀、主茎与分枝结荚并重的空间产量分布。②生育过程中的动态生理模型。表现为营养生长与生殖生长重叠期较短;叶面积前期扩展快,达峰值时间短,后期下降缓慢,鼓粒期中上叶片功能期长,叶片光合速率高。"八五"、"九五"和"十五"期间,通过不同方法,进行了超高产材料创新。1994 年,诱处 4 号实现黄淮地区 4.64 t/hm² 的超高产大豆创新。张性坦等(1995,1996,1997)研究表明,超高产大豆诱处 4 号具有高光效生理特性,光合和抗光抑制能力强,株型紧凑,以及良好的受光势态的亚有限结荚习性,并提出了生理指标为:叶面积变化为慢—快—稳,生育后期维持较大的叶面积和光合势;具有 0.5 以上的粒茎比和 30% 左右的经济系数;结荚鼓粒期叶片含氮量高等。1999 年,新疆新大豆 1 号和石大豆 1 号分别获得 5.96 t/hm² 和 5.41 t/hm² 的高产记录。罗赓彤等(2001)研究认为,这两个大豆品种的冠层产量构成特点是密植(21.5 万~27.6 万株/hm²)、多荚、多粒、粒大(百粒重 24~26 g)。群体产量分布以主茎占绝大部分(97%),分枝占极小部分(3%);垂直分布以中部(43%~44%)、上部(39%~56%)为主,下部少空节,有一定数量的结实(5%~13.5%)。植株外形特点为株高 75~85 cm,直立,平均 14.9~15.7 节,每节 2.2~2.5 荚。宋书宏等(2000)用亚有限结荚习性辽 21051 新品系,比通常加大 1 倍多的密度(32 万株/hm²)种植,创造了 4.91 t/hm² 的东北地区大豆高产记录。邱家驯等(2002)选育的南农 88-31 新品种获得 3.77 t/hm² 的产量,突破该地区超高产指标。株型为亚有限结荚习性,下部叶大、上部叶小透光性良好的塔式结构,结荚垂直方向与水平方向分布均衡,经济系数高。杜维广等(1989)认为,高产理想型的主要特点在于高光效。金剑等(2003,2004)认为,大豆高产株型的基本条件是:①增加中下层的透光量,提高整个群体的源效率;②为主茎类型,个体内的源、库单位的源、库比例均衡。研究还表明,高产大豆冠层的光合特征表现为:在 $R_4 \sim R_5$ 期,上、下冠层的光合速率差异较小,全冠层光合速率较高。苗以农和石连旋等(1994,1996,1998,2003)主张大豆高产理想型应当包括创造特异花序及合理协调的"源一库"等生理特性。基于这一认识,于 1994 年用美国扁茎大豆与中国普通大豆 7514-2 和 8016-1 进行远缘杂交(形态差异大,地理远缘),$F_4 \sim F_{11}$ 代产生疯狂分离,有利性状优势明显,从变异多样的株系筛选出了茎顶端扁冠状花序(类似于禾谷类的顶端穗状花序)、植株中上部叶数多(对生、互生、轮生叶并存)和有限结荚习性植株中上部结荚密集的多个特异株型材料。其中,东师 94-1-1 和东师 94-1-6 植株顶端穗状花序,中上部叶数多且对生、互生、轮生叶并存,由于生殖生长时期尤其鼓粒期的光合速率、比叶重、水分利用效率明显高于亲本,从而使花荚脱落率分别比亲本(两亲本平均数为81.55%)降低了34.88%和43.28%。

上述这些新品系新材料超高产重演性差,有的要求高的生产条件,大面积难以实现连续高产。有的特异株型材料在高世代还存在分离现象,需要继续筛选和鉴定。

(三)塑造大豆理想株型的研讨

1. 大豆株型、光合和固氮特性的演化趋势　从大豆株型和光合固氮特性的演化过程明显可以看出:①株型从蔓生、高大、分枝多,逐渐变成直立、矮小、分枝少;②结荚习性是沿着无限型—亚有限型—有限型的顺序演变;③大田生产自然状态叶片分布主要位于群体的中上层,叶、荚、粒的垂直分布比例以上中层节位为主;④种植密度从稀植向密植发展,使冠层截取更多的光能;⑤野生大豆叶片总体的光合速率低于栽培大豆,尤其结荚鼓粒期表现明显;⑥大多数新品种或高产品种植株中上部叶片的光合速率高于老品种或低产品种,高光效高产品种的光合性能优于低光效高产品种;⑦新品种的根瘤固氮能力高于野生种和老品种。

多年来国内外研究表明,要获得高产大豆品种,首先需优化大豆株型。大豆理想株型与高产群体光合生理特征可概括为:①光线射入冠层是决定植株代谢源大小的重要因子,需要冠层在初花期时截获95%或更多的入射光,使光合速率达到最高点。②群体结构合理,叶面积指数较高,叶片大小相近和空间垂直分布均匀,以有利于光能的截获和光能在全冠层的充分利用,提高整个群体的源效率。③$R_1 \sim R_7$期间,源强度影响荚数和粒数,从而影响产量,开花—鼓粒始期库容量大小也影响产量。④冠层生殖生长时期光合速率与产量呈显著相关,结荚鼓粒始期上下冠层的光合速率差异较小,全冠层光合速率较高,但主要依靠中上层叶片的光合能力来提高产量。⑤株高中等偏矮,个体内单位的源、库比例均衡,荚果宜小,荚皮较薄,无效养分损耗少,籽粒重量的离均差较小,籽粒大小整齐一致。

在我国大豆主产区的生态条件下,必须以提高作物个体的光合效率为核心,增强水分养分吸收利用效率和生物固氮,少施或不施化肥,少灌水或不灌水,节约大豆生产过程的投入,作为创造理想株型新种质的原则。因此,大豆理想株型既不是植株高大、多分枝、茎叶繁茂的稀植类型和适合于高肥、足水的密植类型,又不是花序特别长或者像扁茎大豆顶端扁冠状形成一大荚簇花荚脱落率高的类型或增花保荚的模式,而是一个大群体、小个体、高光效、低消耗的株群结构。

2. 理想株型育种的形态指标和途径　目前已筛选出的有望获得高产或超高产的特异株型大豆的形态指标是:主茎型、秆强、植株中上部花荚密集的有限结荚习性或亚有限结荚习性或顶端穗状花序;半矮秆或株高75~95 cm;叶多且小(有的对生或轮生),含氮率高,均匀分布,形成1g籽粒需叶面积在100~150 cm^{2}之间;开花不宜多,花集中,开花期短,结荚率60%左右,花荚脱落率45%以下,源、库均衡;荚果中等或偏小,荚皮薄,百粒重16~21 g。根据当地生态条件,适当增加种植密度。

创造大豆高产理想株型新材料的有效途径在于扩大双亲本的遗传差异,丰富杂交后代的遗传性和变异性,增强杂种优势,通过远缘杂交的方法,充分利用特异株型性状基因与各种类型基因重组。例如,选择扁茎和有限结荚习性大豆做亲本,两者不仅形态差异大,而且地理远缘,杂交后代易产生疯狂分离,株型变异多样,有利性状优势明显,易于筛选。对众多的特异后代材料,通过田间多次观察进行连续世代选择,反复鉴定,才能确定为高产或超高产理想株型的大豆新品系。

第二节 大豆光周期反应

光周期现象(photoperiodism)是指植物对昼夜相对长度的反应。这种反应可以使植物感知季节的变化,调整生长发育的节奏,保证开花结实的正常进行。

自光周期现象发现之日起,大豆就是该领域重要的实验材料。许多关于植物光周期现象的重要发现均是以大豆为材料获得的。在大豆生物学特性研究的诸多领域中,光周期反应是研究历史最长、最系统、最深入、并对相关基础学科和其他作物的同类研究产生巨大推动作用的少数领域之一。了解大豆光周期反应的研究成果,不仅有助于认识大豆生长发育的规律和生态适应性的本质,而且可加深对植物光周期反应机制的认识。

一、光周期反应类型

(一)大豆是短日植物

不同植物的光周期反应各不相同。按照植物开花对日照长度的要求,可将植物大致划分为短日植物(short-day plants)、长日植物(long-day plants)和日中性植物(day-neutral plants)等几大类。其中,短日植物只有在日照长度短于一定时数时才能够开花或更快地开花,长日植物则在日照时数长于一定时数时才能够开花或更快地开花;日中性植物的开花期不受光周期的影响。许多试验的结果表明,大豆是典型的短日植物。

Garner 和 Allard(1920)在关于大豆光周期反应的早期研究中注意到,从4月上旬至7月下旬以一定的日数间隔分期播种晚熟大豆品种 Biloxi 时,初花的日期均在9月份,而与播种期关系不大,说明大豆只有在秋季带来的某种信号出现后才能开花。Garner 和 Allard 在通过多种实验排除了温度、营养、光照强度等因素的作用后,开始考虑随季节变化的另一重要因素——日照长度是否与大豆的开花有关。1918年7月,他们采用简易的暗箱对大豆进行遮光处理,发现开花期明显提前。1919年,他们以成熟期不同的 Mandarin、Peking、Tokyo 和 Biloxi 等4个品种为实验材料,设置不同长度的光照处理,发现所有品种的开花期均因短日处理而提前,而晚熟品种的变化尤为明显。

Garner 和 Allard(1920)在分期播种实验中还发现,对短光照反应不敏感的品种对播种期的反应也不明显。结合分期播种和人工光照实验的结果,Garner 和 Allard(1920)提出,大豆的开花期受日照的相对长短所控制,短光照加快大豆的发育。他们通过进一步的实验证明,日照长度对大豆的其他许多性状均有影响。

(二)临界日长

当日照长度超过一定时数时,一些大豆品种便不能进行正常的生殖发育。促进生殖发育的日照长度与抑制发育的日照长度之间的分界点称为临界日长(critical daylength)。晚熟大豆品种 Biloxi(属第Ⅷ成熟期组)的临界日长为 13.5~14 h;在 8~13 h 的光照条件下,Biloxi 植株的花芽分化速度比更长光周期下的植株快得多;在 14 h 的光周期下,花芽分化缓慢但植株最终都能开花;光周期达到 15 h 时,除老植株外,其他实验材料的花芽分化速度进一步变慢,部分植株不能开花;光周期达 16 h 以上时,所有植株都不能开花(Parker 和 Borthwick, 1939)。晚熟品种自贡冬豆(属第Ⅸ成熟期组)在 14 h 的光照条件下便不能产生任何花器官

（Wu 等,2006）。

不同成熟期大豆品种的临界光周期是不同的。早熟品种的临界光周期比晚熟品种长。高纬度地区的超早熟品种即使在每天光照长度为 24 h 的不间断光照下也可开花结实（王金陵等,1956）。徐豹和路琴华(1991)比较了不同地区野生大豆的临界光周期,发现原产于北纬 25°、30°、35°、40°、45°、50°地区的野生大豆的临界光周期分别为 13 h、13.5 h、14 h、14.5 h、15 ~ 15.5 h 和 16 ~ 16.5 h。周三和赵可夫(2002)的研究表明,原产于山东省东营市黄河入海口的耐盐野生大豆的临界日长是 13 h。

尽管大豆是短日植物,但对大豆的正常发育来说,日照长度并非越短越好。当日照长度短于一定时数时,开花期反而推迟。周三和赵可夫(2002)发现,黄河入海口附近的野生大豆在 8 ~ 13 h 的光周期下开花期基本一致,开花数量多且全部结荚成熟;当日照太短(5 ~ 7 h)时,开花晚,花的数量少,且结荚鼓粒率低。据笔者观察,12 h 的短日照处理不仅能明显加快光周期敏感品种的发育速度,使不同成熟期组大豆品种的开花期、成熟期相近,而且可保证足够的光合时间和植株的正常生长,是光周期试验中较为理想的短日照长度。

上述的临界日长是对开花而言的。开花后光周期反应敏感的品种在过长的日照下不能继续进行生殖生长。大豆品种自贡冬豆初花后在 15 h 以上的光照下会停止生殖发育,恢复营养生长（韩天富等,1995,1998a）。该品种开花后进行正常生殖发育的临界日长短于 15 h。其他品种开花后的临界日长还未得到系统的研究。

（三）短日诱导日数

光周期反应敏感的大豆品种,只有经过足够日数的短日诱导后,才能够开始花芽分化和开花。Garner 和 Allard(1923)在美国华盛顿特区自 7 月 6 日起分期将大豆品种 Biloxi 的幼苗从短日照(10 h)转移至自然长日照下,发现至少需要进行 10 d 的短日照才能保证该品种在夏天的长日照下形成花。Borthwick 和 Parker(1938b)报道,至少需 2 ~ 3 d 的短日照(光期长度为 8 h,暗期长度为 16 h)才能引起可通过切片观察到的花器官分化,要诱导产生肉眼可见的花还需要更长的处理日数。Borthwick 和 Parker(1939)还发现,当诱导日数为 3 d 时,只有约 1/3 的植株可分化花芽,而处理日数为 5 d 时,约 70% 的植株可开始花芽分化。李秀菊和孟繁静(1996)通过长日照(16 h)和短日照(9 h)相互转换处理,证明经过 9 次短日照处理方可使大豆品种早 12 完成开花诱导过程。在笔者的试验中,对晚熟大豆品种进行 13 d 每日 12 h 的短日照处理,即使以后置于长日照(≥15 h)下,也可使该品种的顶端分生组织分化花芽（韩天富等,1998a）。若短日照处理少于 12 d,则不能诱导顶端花序分化花芽（Wu 等,2006）。

上述实验结果说明,大豆光周期诱导的效果具有明显的积累和量化特征,即在一定范围内,短日照处理日数越多,诱导效果越明显。

当短日处理不是连续进行而是被长日所间隔时(不包括单一的长日/短日交替的情形),短日效应仍表现出一定的累加性。Long(1939)曾将大豆品种 Biloxi 分 3 组进行以下几种光照处理：A.3 月 19 ~ 26 日期间进行 6 d 的短日处理;B.4 月 10 ~ 15 日期间进行 5 d 的短日处理;C.进行以上两期共计 11 d 短光照处理。结果表明,处理 C 植株的开花数几乎等于 A 和 B 的总和。如果用单一的长日/短日交替方式处理大豆,植株则不开花（Lay-yee,1987）。

花芽分化开始后,要保持其继续进行,仍需要合适的光照条件。Parker 和 Borthwick(1939)发现,花芽分化后能使大豆品种 Biloxi 植株结实的最长光周期是 13 h,阻止植株开花的最短日照长度是 16 h。

(四)光周期处理的后效应

光周期诱导的特点之一是其效应可以维持相当长的时间。对早熟和中熟品种来说,在苗期进行足够日数的短光照处理后,即使以后被置于长日照下,也可开花结实(Garner 和 Allard,1920;Garner,1937;韩天富等,1995)。Garner(1937)把这种现象称为光周期后效应(photoperiodic after-effect)。Long(1939)把短日处理效果可以保持一段时间的现象称为余效应(residual effect)。光周期后效应(或称余效应)不仅对开花有促进作用,而且可影响开花后的发育(刘汉中等,1983;韩天富等,1995)。徐六康等(1990)发现,对早熟品种吉林 3 号而言,开花前短日处理对花芽分化的起始时间、开花期和开花前其他阶段都没有明显影响,但可使花芽分化末期和结荚期提前,花芽分化数量减少,并影响株高、复叶数、单株荚数等。韩天富等(1995)进一步证实,光周期后效应在包括早熟品种在内的大豆品种中广泛存在。前期短日处理对供试早熟品种开花后发育的促进作用,远大于对开花期的促进作用。例如,开花前对早熟品种勃利半野生进行 12 h 短日处理,开花期提前的幅度为 10.2%,而对成熟期的提前幅度高达 40.8%;在上述光照条件下,超早熟品种东农 36 开花期提前的幅度为 - 0.6%,而成熟期的提前幅度为 22.9%。开花前短日处理对农艺性状的影响比对发育进程的影响更大。光照后效应反映了光周期诱导所产生的某些物质和生理过程的稳定性,并说明促进开花和促进的物质有一定的共同性。

(五)光照强度的影响

现已确认,在植物光周期反应中,起关键作用的是连续暗期的长度,长暗期促进短日植物的生殖发育,长光期抑制发育。然而,光照度低于何值才算黑暗?达到何值才起到抑制发育的作用呢? 研究表明,引起光周期效应的光照度远远低于光合作用的光补偿点。Borthwick 和 Parker(1938c)发现,抑制大豆花芽分化的最低光照度在 5.38 ~ 10.76 lx 之间,1.076 lx 的光照即有抑制效果。

当光周期适合大豆的生殖发育时,光期中光照的强度与诱导效果有直接关系。Hamner(1940)对 Biloxi 品种进行 7 天光照度和光周期各不相同的处理,发现光照度越强,花芽分化数越多。在通过延长光照抑制发育时,为保证光周期处理的效果,在利用人工光源延长光照时,也应使光照度达到一定的数值。在笔者所进行的大豆光周期试验中,常用白炽灯(混合光)延长光照,植株上部的光照度保持在 600lx 左右。这一光照度低于大豆光合作用的光补偿点,可排除光合时间的影响,同时又可使延长光照的效果充分体现出来。

日出前 0.5 h 内的晨光和日落后 0.5 h 内的暮光均对大豆的发育有作用,属光期的范围。因此,在计算自然光照的长度时,通常在可照时数上加 1 h。需要指出的是,不论是否是晴天,只要光照度在光周期反应的临界光强之上,均对大豆的发育有调控作用,而与光合作用无直接关系。光周期反应研究中所指的日照长度概念指可照时数而非实际日照时数。

星光和月光的照度达不到光周期反应的临界光照度,但路灯和汽车灯光的光照度则在临界光照度之上。种植在公路拐弯处地块中的大豆,常因晚间车灯的影响而延迟成熟。

(六)光周期反应敏感期

1. 童期　在一些植物中,种子发芽后的一段时间内,不论进行何种处理都不会使其开花。这一阶段称为童期或幼年期(juvenile phase)(Vince-Prue,1975)。童期结束后,植物达到了花熟态或感受态(ripeness to flower or competence),即具备了可感受诱导成花的环境刺激的能力。童期常见于温带果树中,在一些草本植物中也有存在。

部分研究结果显示,一些大豆品种出苗后也有一段对光周期反应不敏感的童期。Hodges 和 French(1985)将大豆从播种至初花的阶段分为 4 个时期:①播种至出苗;②出苗至童期结束;③童期结束至开花诱导期;④花发育期。他们认为,只有第三个时期是对光周期反应敏感的。童期的有无和长短在不同的品种中有明显差别。在某些品种中,单叶充分展开后就至少部分具备了对光周期的敏感性(Borthwick 和 Parker,1938a;Thomas 和 Raper,1976)。Shanmugasundaram 和 Lee(1981)发现,晚熟品种 G2120 在第一片三出复叶充分展开后才对光周期反应敏感。Wilkerson 等(1989)发现供试的 6 个品种(成熟期组在 0 到 Ⅸ 之间)在单叶充分展开后就对光周期反应敏感,有的在子叶展开后就可接收光周期诱导,因而没有童期。韩天富等(1998)也发现,晚熟大豆品种自贡冬豆没有明显的童期。

在低纬度的热带、亚热带地区,日照短,温度高,大豆发育速度快,营养器官的发育不良,生物产量和经济产量低。在这些地区,延迟开花有利于营养体的形成和产量的提高。Hartwig 和 Kiihl(1979)发现,Santa Maria 和 PI159925 等大豆基因型在热带条件下开花晚。一些人把在短日照下开花较晚的特性称为长童期特性(long juvenile trait)。这些品种与同成熟期组其他品种相比,开花前光周期反应稍弱,在短日照下开花期晚些,营养体生长量较大,产量较高。与中、高纬度的品种相比,这些品种的光周期反应还是相当敏感的,因而并不具有严格意义上的长童期。

2. 不同苗龄的差异　　经过童期以后,植株就可接收光周期诱导。但童期后不同苗龄的大豆对光周期的反应是不同的。在一般情况下,苗龄越大,短日诱导效果越明显。Borthwick 和 Parker(1938 b)将同期播种的材料分为 6 组,从播种后 1 周开始,对 1~6 周株龄的材料分别进行 4 天的短日处理,而后放回到 16 h 长日照下,在短日诱导开始后 2 周和 5 周时解剖观察花芽分化的情况,发现短日处理时,株龄越高,花芽分化数量越大。Borthwick 和 Parker(1938 b)认为,不同苗龄大豆植株光周期反应的差别可能与叶面积的大小有关。

Wu 等(2006)在北京每隔 1 周播种 1 次大豆品种自贡冬豆,出苗后进行长日处理(16 h)。当最后 1 次播种(第八批)材料出苗后对所有材料同时进行 13 天的短日处理,而后再次进行 16 h 长日处理。他们发现,随株龄的增加,植株顶端出现短花序的比例不断上升,而出现逆转花序的比例逐步下降,即植株越老,在相同的短日—长日处理后越容易形成完整的顶端花序,越不容易发生花序逆转。

3. 光周期反应敏感期　　如前所述,处于童期的大豆植株对光周期反应不敏感。童期过后即进入对光周期反应敏感的开花诱导期。以前有不少人认为,大豆的光周期反应敏感期在第一片三出复叶展开至花萼原基形成期之间。此期对光周期有反应是无疑问的,但此后的花器官发育过程中是否对光周期反应敏感颇有争议。Parker 和 Borthwick(1939)发现,大豆品种 Biloxi 花芽分化开始后只有在 13 h 以下的光照条件下才能正常开花结实,日照长度大于 16 h 时则不能形成任何花器官。Nielson(1942)的实验表明,在过长的日照下,Biloxi 品种小孢子的发育异常;卫保国(1991)发现了在长日照下雄性不育的突变体。以上现象说明,从花芽分化开始到开花的阶段,大豆仍是对光周期反应敏感的。

在光周期现象发现之初,Garner 和 Allard(1920,1923)就注意到,短日照对已开花的大豆晚熟品种的结实仍是必要的。后来的几十年里,一些研究者零星报道了光照长度对大豆开花后发育的影响,如 Johnson 等(1960)和 Morandi 等(1988)。韩天富等(1995)在前人研究的基础上,证明大豆开花后对日照长度反应属于典型的光周期现象。后来的研究结果表明,开花后的光周期反应不仅存在于开花期,而且存在于结荚期和鼓粒期(表6-3)。在开花至结荚初期把光周期反应敏感品种自贡冬豆从短日条件移至长日条件下,该品种已有的花荚脱落,分枝大量发生,植株恢复到旺盛的营养生长状态,发生整株逆转现象(韩天富等,1998a)。结合不同试验中的结果,韩天富等(1995)提出,大豆的光周期反应存在于出苗至成熟全过程,而不局限于某一特定的"光照阶段"。

表6-3　大豆品种自贡冬豆开花后不同阶段对光周期的反应　　(韩天富等,1997)

长日处理(18 h)开始时期*	发育时期的长度(d)					
	$R_1 \sim R_3$(初花至初荚)	$R_3 \sim R_5$(初荚至初粒)	$R_5 \sim R_7$(初粒至生理成熟)	$R_7 \sim R_8$(生理成熟至完熟)	$R_1 \sim R_7$(初花至生理成熟)	$R_1 \sim R_8$(初花至完熟)
R_1(初花)	>47.8A**	–	–	–	>90.6A(未成熟)	未成熟
R_3(结荚初期)	–	7.2a	53.8A	>24.3A(未成熟)	67.0B	>91.3A(未成熟)
R_5(鼓粒初期)	–	–	40.0B	28.2A	53.0C	81.2B
全期短日(12 h)处理	6.6B	6.5a	30.9C	3.8B	45.5D	49.3C

*　长日处理开始前植株一直在12 h短日照下;**　新复级差测验在不同光照处理间进行,无相同字母的平均数间有显著(P=0.05,小写字母)或极显著(P=0.01,大写字母)差异

(七)长日效应

在植物光周期诱导中起关键作用的是连续暗期的长度,但光期并非只是保持植株处于非诱导状态或暂停诱导过程(范国强和谭克辉,1997)。在大豆中,长光期抑制生殖发育的作用相当明显。Garner和Allard(1920)注意到,经10~20 d短日照(每天10 h)诱导开花的大豆品种Biloxi植株,在长日照的作用下,并不能正常结实。在Borthwick和Parker(1938c)的实验中,短日处理后开始花芽分化的Biloxi植株如果被转移至长日条件下,花芽分化的速度变慢,在许多情况下花芽最终达不到可以通过肉眼观察的大小。在笔者的实验中,经13 d短日(12 h)处理的自贡冬豆植株可分化花芽,但在长日(15 h以上)条件下部分植株花序分生组织转而分化叶片,发生花序逆转和花逆转(韩天富等,1998)。

Borthwick和Parker(1938c)通过去顶的方法使植株产生2个大小相近的分枝,并分别进行短日(8 h)和长日(16 h)光照处理,结果发现,当长日处理枝条上的叶片被去除时,该枝条就会进行花芽分化,若保留所有叶片,该枝条则不会分化花芽,说明叶片在短日照下产生了促进开花的物质,这些物质可传输到未经短日处理的枝条上。在长日照下,叶片则会产生抑制开花的物质。长日照的抑制作用可在一定程度上抵消短日照对生殖发育的促进作用。可见,大豆的发育受短日促进作用和长日抑制作用的共同控制(韩天富等,1998a)。

与短日处理一样,长日处理的效果也有累加性。吴存祥(2000)先将自贡冬豆幼苗进行13 d的短日照(12 h)处理,然后分别进行不同日数的长日(16 h)处理。长日处理后再次放置到短日条件下。结果表明,随着长日处理日数的增加,开花期依次延迟,顶端花序的形态也发生变化。在连续短日条件下,植株顶部形成短花序。长日处理7 d的植株,形成典型的长花序;长日处理14 d的植株,顶端花序较长,并出现叶片;长日处理21 d及以上时,顶端花序的上部逆转为主茎。该试验中较少日数的长日照使花序延长、花数增加的结果说明,适当的

长日照可增加结实器官的数目,是形成较多花荚的条件之一。我国东北南部地区大豆品种花序较长的原因之一,是该地区大豆花芽分化期间的日照较长。当地充足的降水和较长的生育期可保证长花序上较多花正常结实。

当暗期的长度一定时,改变光期的长度会影响光周期处理的效果。在一定的范围内,光期的延长会促进发育,但当光期长度超过一定时数时,就会削弱甚至抵消长暗期的效果。

尽管短日照是光周期敏感大豆品种正常开花的必要条件,但在长日照下这些品种并非永远不能开花。Borthwick 和 Parker(1938c,1939)观察到,在连续长日照条件下,经数月的生长后,Biloxi 品种最终也能分化少量花芽。在笔者的实验中,光周期敏感的大豆品种自贡冬豆在 15 h 长光照下,出苗后经过 173 d 的生长后,会出现少量花朵。这些花在长日照的作用下败育,而不能继续发育为荚果(韩天富等,1998a)。笔者认为,长日照下光周期反应敏感品种最终也能开花的现象,可能与植物发育的自主调节途径(autonomous pathway)有关。

二、大豆光周期反应的机制

(一)光周期信号的接受器官

Borthwick 和 Parker(1938c)证明叶片是大豆光周期反应信号的接收器官。他们用黑色双层贡缎(sateen)做成的袋,分别对叶片和苗端进行遮光(下午 4 h 至次日早上 8 h,共 16 h)。结果发现,只有对叶片进行短日处理(遮光)时,植株顶端才可分化花芽,诱导效果与苗端的光照条件无关。他们去除植株上的其他叶片,只保留 2 个三出复叶,并对这 2 个叶片在不同时间进行短日处理,发现不论是否同时对 2 个叶片进行短日处理,植株均可以分化花芽。该试验的结果说明,花芽的形成取决于对单个叶片的光周期处理,而不是 2 个叶片所接收的日长的总和。可以推测,光周期诱导所产生的促进发育的物质是在单个叶片中独立合成的。

Borthwick 和 Parker(1940)通过去除叶片的方法研究了不同叶片感受光周期信号的能力。结果表明,对 Biloxi 品种的任何一个展开叶片进行短日处理,均可导致生长点分化花芽。虽然不同叶片诱导开花的能力有别,但如果进行足够日数的短日处理且以后的光照条件合适,单个叶片产生的开花刺激物就足以导致植株上所有新形成的枝条分化花芽。

叶片自开始展开至达到最大面积的过程中,其感受光周期信号的能力逐渐增强。新近展开的叶片接收光周期信号的能力最强。当对一个新展开的叶片进行短日诱导时,植株分化花芽的数量几乎与对所有叶片进行处理时产生的花芽的数量一样多。这说明单个叶片能为植株的花芽分化提供足够的刺激物而无须其他叶片的参与。随着叶片的不断老化,其感受光周期信号的能力也逐渐降低(Borthwick 和 Parker,1940)。

不同品种开始花芽分化所需的叶片种类和数量不同。Shanmugasundaram 和 Lee(1981)分别用光周期反应不敏感的品种 G215 和敏感品种 G2120 进行试验,发现不论光周期如何,G215 在只保留子叶或只保留单叶、保留子叶和单叶、保留复叶时,均可产生花、荚和种子,说明 G215 在只保留子叶和单叶时就可产生足以诱导植株成花的刺激物,但在保留所有叶片时荚果和种子的数量最多。对光周期敏感品种 G2120 而言,即使在 10 h 短日照下,没有三出复叶就不能开花。Wu 等(2006)利用光周期敏感品种自贡冬豆所做的试验表明,对只保留子叶和 1 对单叶的幼苗进行 13 d 短日(12 h)处理,即使以后置于长日照下,植株顶端分生组织也可分化花芽。

(二)暗期光间断

在暗期的中段进行短暂的光照处理可以部分或全部消除短日处理的效果。这一重要发现不仅证明暗期在光周期反应中的中心作用,而且深化了对植物光信号接收机制的认识,最终促成对光敏色素的发现。对光周期反应敏感的大豆品种如 Biloxi 和自贡冬豆来说,暗期光间断可完全阻止开花(Parker 等,1946;Wu 等,2005)。

太阳光是由不同波长的单色光组成的混合光。那么,不同颜色(波长)的光在光周期反应中的作用是否相同呢? 为回答这一问题,Parker 等(1946)以大豆品种 Biloxi 为材料进行了以下实验:只保留植株上最新展开的 1 个三出复叶的 1 片单叶,将许多这样的植株依次排列,使所保留的叶片能正好处于通过分光镜得到的不同颜色的光下。每天在暗期的中段进行几分钟的光间断处理。经过连续 6 d 的光间断处理后,将植株放回到长日照下。经过一段时间后,通过解剖计数顶端花芽分化的数目。实验结果显示,用红光波段(650 nm 左右)的光波间断暗期可最有效地抑制大豆的花芽分化,远红光(730 nm 左右)基本无效。在 Downs(1956)的实验中,2 min 光强度(热能)为 10^{-3} J/(cm^2·s)的红光间断就可以阻止大豆品种 Biloxi 的花芽分化。

当采用远红光进行暗期光间断时,对花芽分化没有明显的影响;但当远红光处理在红光处理之后立即进行时,可以消除红光的作用;远红光处理后若再次用红光处理,效果与只进行一次红光间断处理的相近。可见,光间断的效果取决于最后一次光照的光质(表 6-4)。远红光和红光在光间断处理中作用相互抵消的效应称为光可逆性(photoreversibility)(Downs,1956)。远红光照射时间为 2~5 min 时,对红光效应的逆转效果最好。照射时间过长时,效果反而下降(Downs,1956)。

表 6-4　用红光(R)、远红光(FR)间断暗期对大豆品种 Biloxi 花芽分化的影响*　　　(Downs,1956)

处　理	4株上开花的平均节数	处　理	4株上开花的平均节数
对照(14 h暗期)	4.0	R,FR,R,FR,R	—
R	0	R,FR,R,FR,R,FR	0.6
R,FR	1.6	R,FR,R,FR,R,FR,R	0
R,FR,R	0	R,FR,R,FR,R,FR,R,FR	0
R,FR,R,FR	1.0		

*　暗期长度为 14 h,光期长度为 10 h,共进行 9 天的光间断处理,此后放置在长日照下。实验开始 15 天后解剖计数花芽数

当远红光处理不在红光处理后立即进行而是经过一定时间的间隔时,远红光对红光效应的逆转作用逐步降低。温度较高时,逆转效果也减弱。

对已经完成开花诱导的大豆植株进行暗期红光间断,可阻止花发育的正常进行。Wu 等(2006)对光周期反应敏感的自贡冬豆幼苗进行 13 d 短日处理,此后继续进行短日处理,但在暗期的中段进行红光、远红光、红光—远红光、红光—远红光—红光间断,每种光每次的照射时间为 5 min,一定日数后观察植株开花的情况,发现凡是以红光结束的光间断均可与长日照一样,使植株发生开花逆转,而远红光间断则可全部或部分抵消红光的效应。在开花以后进行的相似的实验中,红光间断与长日处理一样,可使植株发生整株逆转。

红光—远红光的可逆反应,为植物中光受体的存在提供了直接的证据,为研究光受体的性质及作用方式提供了突破口。

(三)光 受 体

在植物体内,参与红光—远红光可逆反应的光受体是光敏色素(phytochrome)。早期的生理学研究者提出,光敏色素具有如下性质:①有两种存在形式。一种是可吸收红光的 Pr 形式,另一种是可吸收远红光的 Pfr 形式,两种形式可以互相转化。②在暗中,Pfr 形式可向 Pr 形式转变。③Pfr 是有生理活性的形式,其比值高于一定阈值时可阻止短日植物开花。

Pr 和 Pfr 的转变模式可由图 6-9 表示。

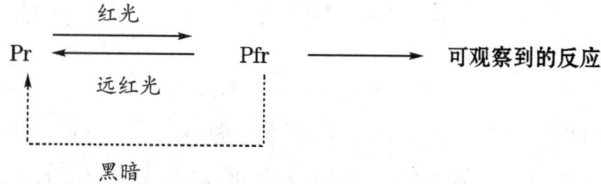

图 6-9　光敏色素 Pr 和 Pfr 形式的转变模式

在植物光周期反应中,光敏色素的作用机制尚未得到彻底的揭示。Hendricks(1960)提出了滴漏(hourglass)假说:植物从光下转入黑暗后,在光下形成的 Pfr 便逐渐消失或转化为 Pr,Pfr 的量减少到阈值以下时,短日植物的开花便不再受抑制,长日植物的开花不再受促进。由于该假说与一些实验结果有矛盾,后来,又有人提出了一个新的假说:当植物从光下转入黑暗(自然条件下是在黄昏)时,通过 Pfr 的一种快速热消失感受光强度降至一定阈值以下的灭光信号(light off signal),并与一种能计时的昼夜生理节律(circadian rhythm)相结合来度量临界夜长。

(四)昼夜生理节律与光周期反应

植物在自然条件下生长时,昼夜的总长度为 24 小时。植物在长期昼夜交替的自然生长环境下,逐步形成了与昼夜变化相适应的内生节律。大豆的昼夜节律非常明显。Blaney 和 Hamner(1957)通过人工光照处理,创造出暗期、光期长度及周期总长度不同的各种组合,发现在光期长度为 4~8 h 的范围内,大豆品种 Biloxi 开花数的最大值总出现在总长度为 24 h 的周期中。Nanda 和 Hamner(1958)将光期长度固定为 8 h,调整暗期的长度,使周期总长度的最大值达 72 h,经 7 个周期的处理后,观察到明显的节律性开花现象:较多的开花数出现在周期长度为 24 h、48 h 或 72 h 的处理中,而较小的开花数出现在周期长度为 36 h、60 h 的处理中。

在长暗期的不同时段进行光间断处理,会引起不同的反应。在大豆中,当光期长度为 9 h、周期总长度为 48 h 时,用 30 min 的光照在暗期开始或结束前不久进行光间断处理会抑制开花,在暗期中段进行光间断处理会促进开花。

昼夜节律现象在植物中是普遍存在的。大豆叶片的运动也受昼夜节律的影响(Brest 等,1971)。光敏色素在昼夜节律的启动和调拨过程中起重要作用,如接收光信号启动昼夜节律、接收灭光信号释放原有节律等(童哲,1996)。近年来,随着分子生物学研究的不断进步,模式植物昼夜节律的分子机制已得到初步揭示,这些进展将推动大豆昼夜节律和生物钟的研究。

(五)开花物质

自从 Chailakhyan(1936)提出开花素(florigen)的概念以来,植物生理学家和农学家在大豆上也进行了相应的研究。Heinze 等(1942)将中日性的大豆品种 Agate(在长日照下也可以正常开花)与光周期敏感品种 Biloxi 嫁接,发现 Agate 产生的开花物质可以使 Biloxi 在长日照下开花。韩天富(未发表资料)将夏大豆早熟品种中黄 4 号与晚熟品种自贡冬豆靠接,发现自贡冬豆的开花期大大提前。上述实验说明,早熟品种在长日照下即可产生促进开花的物质,这些物质可以在大豆体内远距离传导,导致晚熟品种开花。

对通过苗期去顶芽形成的双枝大豆进行不同光照处理,证明受短日处理的枝条上的叶片可以产生促进开花的物质,这些物质可以传导至未经短日处理的枝条(受体)。在去除受体枝条全部或部分叶片的情况下,来自供体的开花物质可以使受体开花(Shanmugasundaram 等,1979)。

三、光周期与温度的互作

在自然条件下,光照和温度的变化是相关联的。在夏至之前,日照渐长,温度不断上升;在夏至后的一段时间里,日照开始缩短,但温度仍在上升;秋季来临后,日照缩短,温度下降。

温度与大豆光周期反应的关系是相当复杂的。Cober 等(2001)利用携带不同光周期敏感基因的近等基因系研究了温度和光周期对大豆发育的作用,发现温度较高(28℃)时,随日照长度的延长,开花期明显延迟;温度较低(18℃)时,由日长变化引起的开花期变化幅度比在高温条件下小,说明低温会降低大豆的光周期反应敏感性。短日加高温是对大豆开花诱导效果最强的光温组合,在此条件下,不同基因型在开花期方面的差异最小;长日(20 h)加高温(28℃)是最不利于开花诱导的光温组合,不同基因型之间的差异最明显。他们还发现一个有趣的现象:在 20 h 的长光照下,含有 2 个或 2 个以上显性光周期敏感基因的近等基因系,在低温下的开花期比在高温下提前 20 d 之多。

笔者所在实验室所进行的一项实验也说明,高温加长日是不利于大豆生殖发育的光温条件。我们在自贡冬豆出苗后进行 13 d 短日诱导,以后放置在长日照(16 h)下,并进行不同的温度处理。结果发现,低温处理的植株顶端大部分出现短花序,但高温处理下的植株出现开花逆转或一直进行营养生长。可见,高温加强了长日照对大豆发育的抑制作用。

综合已有的研究结果,我们将光照(光周期)和温度在大豆发育过程中的互作关系总结于表 6-5。

表 6-5 大豆发育过程中光周期和温度交互作用的模式

因　子	短　日	长　日	因　子	短　日	长　日
高　温	＋＋	－－	低　温	＋	－

注:＋表示促进;－表示抑制

该模式也可表述为以下几点:①光周期主导大豆发育的方向,短日照促进大豆的发育,长日照抑制发育。②温度决定大豆发育的速度,即温度的作用取决于光周期所决定的发育方向。如果光周期是诱导性的(在临界日长之下),温度的升高会加速生殖发育;反之,如果光周期是非诱导性的(在临界日长之上),则抑制发育。③短日加高温是促进大豆发育的最强光温组合,长日加高温是抑制大豆发育的最强光温组合。④低温可以降低短日照对发育的促进作用,也可减弱长日抑制作用。

在表 6-5 所示的模式中,短日和长日的分界线应为临界光周期。不同品种临界光周期是不同的,同一品种在不同发育阶段、在不同性状方面的临界光周期也可能不同。此外,在不同的温度下,临界光周期也可能不同。高温和低温的界限也需要严格的实验才能界定。

在我国南方地区,"荚而不实"现象是大豆产量波动的直接原因之一。何言章等(1994)通过实验排除了肥料、水分、病虫害等的影响,认为光照和温度不适是症结所在。在华北地区,春播大豆有时也有开花后迟迟不结荚的"花而不实"现象发生(韩天富等,1999)。笔者认为,导致"花而不实"、"荚而不实"的原因是高温加剧了长日照对大豆发育的抑制作用,使同化产物向结实器官的分配减少,导致花荚脱落或鼓粒受阻。降低温度或缩短光照均可缓解这种抑制作用。笔者曾在南京春播种植不同生态类型的大豆品种,发现兰溪大青豆(秋大豆)等晚熟品种在8月初开花后迟迟不结荚,但此时如果给予短日处理则很快结荚(韩天富等,1998b)。可见,高温并不是阻止生殖发育的主要原因。在生产条件下,通过播种期的调整可使大豆的生殖生长期处于较合适的光温条件下,避免长日—高温的影响;大豆与高秆作物间作时可减少太阳直射,降低叶面温度,减轻光温互作对大豆发育的不利影响。从这个意义上说,在南方地区实行大豆与高秆作物的间作,有对大豆生长发育有利的一面。何言章等(1994)已注意到,在贵州的自然条件下,间作大豆的结荚鼓粒优于清种,坡地阴面优于阳面,山谷优于山上。

温度对大豆内生节律也有影响。Blaney 和 Hamner(1957)发现,当光期和暗期的总长度为 32 ~ 36 h 时,在处理期间某一时段进行低温处理,大豆才会开花;如果不进行低温处理,大豆则不开花。

四、大豆光周期反应的品种差异

大豆品种在开花期和成熟期方面存在着很大的差异。王金陵等(1956)曾收集全国各地不同类型的大豆品种共22个,在哈尔滨同期(5月20日)播种,发现原产黑河的克霜在播种后50 d开花,109 d成熟;原产长江中下游及以南地区的一些夏大豆(如金大332)和秋大豆品种(如福建黑大豆、九月拔),在9月下旬试验结束时仍未开花。他们通过进行不同长度的光照处理,发现不同品种开花期和成熟期的差异主要取决于它们的光周期反应敏感性。晚熟品种的光周期反应敏感,早熟品种反应迟钝(图6-10)。在 Garner 和 Allard(1920)的试验中,不同品种对播种期的不同反应,也主要由它们的光周期反应敏感性所决定。在对大豆光周期反应的研究中,常用开花期和成熟期在短、长光照条件下的变化幅度表示大豆品种在开花前和全生育期的光周期反应敏感性,变幅大的对光周期反应敏感,反之亦然。

不同大豆品种在开花后的光周期反应方面也有差异。一般来说,晚熟品种比早熟品种敏感。Nagata(1960)注意到,夏播大豆类型比春播类型、无限结荚习性品种比有限结荚习性品种、大粒品种比小粒品种开花后对光周期的反应更敏感。中国大豆不同生态类型开花后光周期反应敏感性的顺序为:南方秋大豆 > 南方夏大豆 > 黄淮夏大豆 > 南方春大豆、黄淮春大豆 > 北方春大豆。部分品种开花后的光周期反应比开花前更加敏感(韩天富等,1996,1998b)。

第三节 大豆光合作用

一、绿色植物光合作用与作物生产

绿色植物捕捉太阳光能将二氧化碳(CO_2)和水(H_2O)等无机物合成葡萄糖($C_6H_{12}O_6$)等

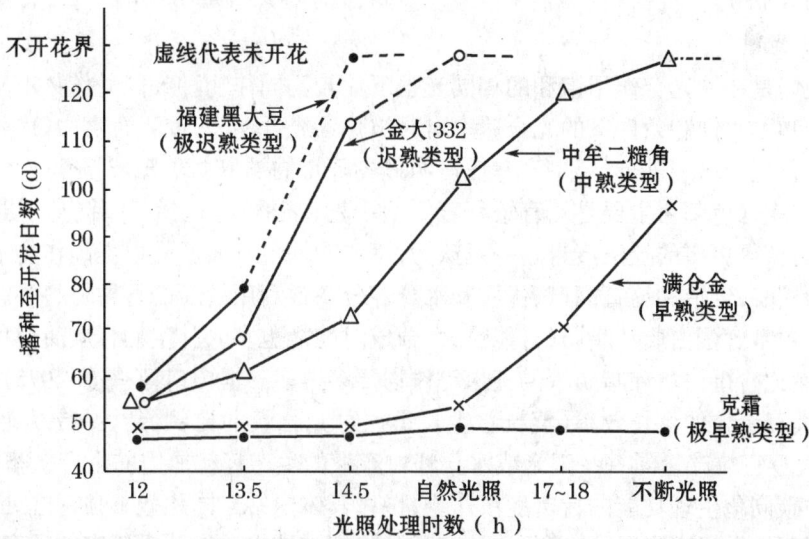

图 6-10　中国不同地区大豆品种光周期反应敏感性的比较　（王金陵等,1956）

有机物,并释放氧气(O_2)的过程,称为光合作用。其反应式如下:

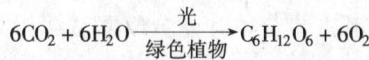

$$6CO_2 + 6H_2O \xrightarrow[\text{绿色植物}]{\text{光}} C_6H_{12}O_6 + 6O_2$$

　　光合作用是地球上规模最大的把太阳能转变为可贮存的化学能过程,也是规模最巨大的将无机物合成有机物和从水中释放氧气的过程。光合作用是生物界获得能量、食物以及氧气的根本途径,所以光合作用被称为"地球上最重要的化学反应"。光合作用又是地球上最清洁的生产过程。正因为如此,国际上将与生命、资源、环境保护相关的各种有利于生态环境、人类健康的事业前面冠以"绿色"二字。光合作用物质积累和能量转化是植物的生命基础。第一,植物体干物质中 90% 以上是有机化合物,而有机化合物都含有碳素,碳素成为体内含量较多的一种元素(约占有机化合物重量的 45%);第二,碳原子是组成所有有机物的主要骨架,可与其他元素有各种不同形式的结合,由此决定了这些化合物的多样性;第三,光合作用的光反应通过光合磷酸化产生 ATP 和中间递体 Fdr(还原态铁氧还蛋白),Fdr 的电子将 $NADP^+$ 还原为 NADPH 用于 CO_2 的同化,将 NO_3^-/NO_2^- 还原为 NH_4^+,用于含氮物质的合成。

　　农业生产的实质是一个通过光合作用利用太阳能合成有机物的系统。作物生产的目的就是最大限度地增加光合作用。作物的产量基本上取决于光合作用的大小和运转效率。由于作物的经济产量不仅和干物质的生产有关,而且也和收获指数有关,所以作物的生产力主要取决于光合机构捕获入射光的多少以及怎样有效地被用于同化二氧化碳和这些同化的碳化合物怎样有效地在植物各器官之间的分配。所以说,光合作用是农作物生产的生理基础,光合效率是作物产量的最根本的决定因素。经研究表明,在强光下对效率高低起决定性作用的是光合速率,光合速率高意味着光合效率高;在弱光下,对效率高低起决定性作用的是光合量子效率,量子效率高意味着光合效率高。光合速率以单位时间、单位光合机构(光合器官的干重、叶片面积或叶绿素)固定的 CO_2 或释放的 O_2 或积累的干物质的数量表示[例如 $\mu mol CO_2/(m^2 \cdot s)$ 或 $mg\ CO_2(dm^2 \cdot h)$,$1\ \mu mol\ CO_2/(m^2 \cdot s) = 1.584\ mg\ CO_2/(dm^2 \cdot h)$]。光合碳同化的量子效率以光合机构每吸收一个光量子固定的 CO_2 或释放 O_2 的分子数表示(例如 mol CO_2/mol 光量子)。

通常人们是在使光合作用饱和的相同光强下比较不同作物种或同种作物不同品种的光合效率。光和 CO_2 饱和条件下的光合速率有时被称为光合能力,或光合潜力,也就是各种环境条件都适合光合作用进行(至少没有任何明显的环境胁迫)时的光合速率。20 世纪 60 年代,农业第一次绿色革命主要是培育矮秆直立型小麦、水稻等作物品种,提高了群体的光能利用率,从而获得更多的经济产量。一般认为,第二次绿色革命就是以提高作物个体的光合作用效率为核心,创造和培育高产、优质和水分养分高效利用的新的育种材料和新品种。尤其大豆的籽粒富含蛋白质和脂肪(含能量大,合成时耗能也多),其生物合成所使用的光合初级产物,必然比含蛋白质和脂肪少的玉米等作物要多得多。据山口淳一等(1975)报道,在籽粒形成中,大豆荚粒的生长效率(荚粒总生长量占总光合量的比例)约为 45%,较玉米和水稻低。6 t 大豆籽粒产量同 10 t 玉米或水稻籽粒产量的生产籽粒能力的生产效率数值相等。对大豆这种碳同化生理功能的特定经济作物,探讨其体内 CO_2 同化效率独特之处,就可更好地把它应用于旨在提高产量、改善品质的育种及栽培措施中。近几十年来的研究表明,大豆产量的高低最终决定于生殖生长时期即开花至成熟期的光合生产能力,而光合生产能力主要取决于光能截获能力及光能转化效率两大因素,前者主要与叶面积发展、叶质量(包括含氮量)及叶片受光姿态有关,后者主要与单叶光合速率密切相关。

二、大豆光合作用特性

(一)大豆是 C_3 植物

植物在光合作用过程中利用光反应形成的 NADPH 和 ATP 将 CO_2 转化成稳定的碳水化合物的过程,称为 CO_2 固定或碳同化。根据碳同化过程中最初产物所含有碳原子的数目以及碳代谢的特点,将同化途径分为 3 类:C_3 途径(C_3 pathway)、C_4 途径(C_4 pathway)和景天科酸代谢(crassulacean acid metabolism,CAM)途径。C_3 途径中 CO_2 被固定形成的最初产物是一种三碳化合物。C_3 途径是所有植物光合碳同化的基本途径,其他两条途径只是比 C_3 途径多增加了吸收 CO_2 的功能。C_3 途径大致可分为 3 个阶段,即羧化阶段、还原阶段和更新阶段。CO_2 必须经过羧化阶段,固定成为羧酸,然后才被还原。核酮糖-1,5-二磷酸(RuBP)是 CO_2 的受体,在核酮糖-1,5-二磷酸羧化酶/加氧酶(Rubisco)作用下,它和 CO_2 作用形成 2 分子的 3-磷酸甘油酸(3-PGA)。3-PGA 在 3-磷酸甘油酸激酶(PGAK)的催化下,利用 ATP 形成 1,3-二磷酸甘油酸(DPGA),然后在甘油醛-3-磷酸脱氢酶作用下,被 NADPH 还原成磷酸丙糖。这些糖一部分用于重新形成 RuBP,以便继续固定更多的 CO_2;另一部分或者在叶绿体内合成淀粉,以便暂时贮存,或者输出到细胞质中用于合成蔗糖。

Rubisco 具有双重功能,既能使 RuBP 与 CO_2 发生羧化反应,推动 C_3 碳循环,也能使 RuBP 与 O_2 起加氧反应而引起 C_2 氧化循环即光呼吸。

(二)大豆的 C_4 循环途径

大豆虽属 C_3 植物,但在其绿色器官中存在 C_4 循环途径的酶。李卫华等(1999)认为 C_4 途径较之 C_3 途径具有更大的优势,能在外界 CO_2 浓度较低的情况下,通过它的酶系统即磷酸烯醇式丙酮酸羧化酶(PEPCase)、NADP-苹果酸脱氢酶(NADP-MDH)、NADP-苹果酸酶(NADP-ME)和丙酮酸磷酸双激酶(PPDK)等,有效地同化外界 CO_2,使作物保持较高的碳同化效率,从而有利于提高光合效率,最终导致作物产量的提高。PEP 羧化酶是 C_4 植物中同化 CO_2 的关键性酶。郝乃斌等(1991)发现大豆绿色器官中均有 PEP 羧化酶及其相关的酶类,其中以大豆的荚壳和种皮中 PEP 羧化酶活性最高。不同绿色器官在光下或暗中均能固定 CO_2,但是在黑暗条件下,大豆的荚壳及种皮所固定的 CO_2 远高于叶片。参与暗固定的 NADP-苹果酸脱氢酶、NADP-苹果酸酶的活性,在这些器官中也最高,说明这些器官中 PEP 羧化酶的 CO_2 β-羧化作用主要在于固定呼吸作用所释放的 CO_2,只有少量的 CO_2 是通过 C_4 光合途径被固定。研究还表明,大豆根瘤中大约有一半的 CO_2 通过 PEP 羧化酶来循环(Warembourg 和 Roumet,1989)。

近年来,在非叶器官的光合器官结构和功能方面,发现大豆豆荚具有与叶片相似的光合结构和功能系统。同时还发现豆荚表现出很强的 C_4 光合途径特点,豆荚的光合功能对大豆产量的形成有重要贡献。李卫华等(2000,2001)测定了大豆品种黑农 41 整个生育期叶片 C_4 途径的酶活性,表明在大豆中具有 C_4 途径的酶,而且表达具有一定的规律,即与净光合速率密切相关;而且随着 C_4 光合途径在大豆体内表达程度的提高,大豆叶片 PSⅡ对原初光能的吸收、传递和转化能力都随之提高,以满足 C_4 光合途径的进行对能量的更多需求。其后用不同产量水平的大豆品种黑农 40 和黑农 37 为实验材料,研究了苗期、开花期、初荚期和鼓粒期叶片中的 C_4 光合途径 4 种酶和 RuBP 羧化酶的活性变化,结果表明,两品种大豆叶片均含有 C_4 光合途径 4 种酶,而且从 PEPCase/RuBPCase 的比值看,C_4 酶在高产大豆黑农 40 叶片表达较高,表明 C_4 循环途径与大豆产量密切相关。因此,可以推测在 C_3 植物中,同时存在 C_4 途径酶,能促进碳同化对光合作用光反应所积累能量的消耗,这将促进作物对光能的吸收、传递和转化,以保证作物碳同化的高效运转。

上述发现证明,大豆叶片及荚果中具有类似 C_4 途径存在,而且叶片的 C_3 和 C_4 途径酶活性高效表达均同步出现在生育旺盛的开花结荚期,此时叶片 PSⅡ的综合活力也达到高峰,表明光合碳同化的高效表达拉动了光能的吸收、传递和转换。由于光能的高效转换与光合碳同化之间的协调互动,导致光合效率提高。黑龙江省农业科学院育成的高产大豆黑农 39、黑农 40 和黑农 41 等新品种,就是将多项高光效功能整合到高光效品种中的实际例子。

(三)大豆的光呼吸

大豆具有除一般植物具有的暗呼吸外,绿色细胞在光下还有吸收 O_2 释放 CO_2 的反应。由于这种反应仅在光下进行,需叶绿体参与,并与光合作用同时发生,故称为光呼吸(photorespiration)。夏大豆光呼吸与光合速率呈相同的变化趋势,光呼吸高,光合速率也高,反之亦然(傅天明等,1991)。光呼吸的底物乙醇酸来源于 Rubisco 催化的 RuBP 的氧化,O_2 在这一反应中被消耗,RuBP 氧化产生 1 分子的磷酸乙醇酸和 1 分子的磷酸甘油酸。其反应方向决定于 CO_2 和 O_2 浓度的高低。在 CO_2 浓度相对较高时,有利于羧化反应,形成 2 分子磷酸甘油酸,促进光合循环的进行;而在 O_2 浓度相对较高时,则有利于加氧反应光呼吸的进行。光呼吸产生的 1 分子磷酸乙醇酸,再经过乙醛酸→甘氨酸→丝氨酸等一系列转化,同时释放氨和 CO_2,又称乙醇酸氧化途径(glycolic acid oxidation pathway)。整个光呼吸过程分别在叶绿体、过氧化物体和线粒体协同发生反应的。

从碳素角度看,光呼吸往往将光合作用固定的 20% ~ 40% 的碳变为 CO_2 放出;从能量角度看,每释放 1 分子 CO_2 需要消耗 6.8 个 ATP、3 个 NADPH 和 2 个高能电子,显然是碳代谢中的浪费。那么,在长期的进化过程中,光呼吸为什么被保留了呢?许大全(2002)对光呼吸的生理功能作了描述:一是回收有氧条件下双功能酶 Rubisco 催化的 RuBP 加氧反应所不可避免产生的乙醇酸有机碳,避免过多的碳损失;二是光呼吸消耗多余的光能,保护光合机构免遭光破坏。在普通空气中强光下,加强的光呼吸可能通过两条途径缓解叶片光合作用的光抑制:①消耗光合机构吸收的过剩光能;②促进磷的循环利用,特别是在强光条件下或缺 Pi 的胁迫条件下,缓解 Pi 不足对光合作用的限制。邹琦等(1995)研究表明,中午前后 SOD 活性及光呼吸的增强,对于保护光合机构免遭受强光的破坏具有重要意义。许长成(1997)认为,中午前后光呼吸速率增加,并且晴天增加的幅度大于多云天气。光呼吸具有很高的能量要求,光呼吸速率的增加不仅有利于植物对过剩同化力的耗散,同时光呼吸过程释放的 CO_2 可能对维持光合碳循环的运行具有重要作用。另外,光呼吸代谢中涉及甘氨酸和丝氨酸等多种氨基酸的形成和转化过程,它对绿色细胞氮代谢是一个补充,尤其对大豆的氮代谢更为有益。

(四)光抑制现象

虽然光能是植物光合作用的原动力,然而在强光下都普遍存在着光合作用能力下降的现象,这种现象被称为光抑制(photoinhibition)。植物光合作用的光抑制,是光合机构吸收光能超过光合作用所能利用的数量时光引起的光合活性降低的现象。光抑制的最初明显特征是光合效率降低。光抑制不同于以大量色素损失为特征的光氧化或光漂白,一般不发生叶绿素的大量损失。光氧化往往是光合作用遭受低温、干旱或高温等环境胁迫严重抑制的结果。据估计,在没有其他胁迫因素时,光抑制至少可以使光合生产力降低 10%。

Hirata 等(1983)指出,大豆在自然光照下有光抑制现象。许大全等(1990)进一步证明,大豆叶片光合效率在中午前后降低的主要原因,不是由于空气中的 CO_2 浓度和气孔导度以及光呼吸的变化所引起的,很可能是光抑制的结果。戈巧英等(1994)研究表明,在 9×10^4 lx 光照度下,诱处 4 号和 75-34 大豆的 PS Ⅱ 活性和原初光能转化效率以及叶片潜在光合作用量子转化效率明显高于京黄 3 号大豆。这说明诱处 4 号和 75-34 对强光所引起的光抑制具有强的抵御能力。张建和刘美艳(2001)对大豆的光抑制研究结果显示,随着光照度的增加和处理时间的延长,叶肉细胞的光合速率下降;生长条件不同的大豆叶肉细胞对光抑制的响应不同,弱光下生长的大豆叶肉细胞更容易发生光抑制;光抑制伤害的主要表现部位是 PS Ⅱ;在叶片光合速率下降的同时,量子产量下降;光抑制光合的过程是可逆的,但当恢复到弱光时,光合速率不能恢复到原有水平。许大全(2002)发现,大豆在中等饱和光照度(稍高于 2 倍生长光强)下,叶片的光抑制主要是由于光系统Ⅱ(PS Ⅱ)的可逆失活,与捕光系统 LHC Ⅱ 的可逆脱离有关;而在强饱和光(4 倍或 7 倍于生长照度)下,大豆叶片的光抑制主要是不可逆破坏(主要表现为 DI 蛋白的大量损失和 PS Ⅱ 双体的单体化以及光饱和的 PS Ⅱ 电子传递活性的损失)的结果。

三、大豆叶片的光合速率

(一)大豆叶片是光合作用的部位

大豆植株地上绿色部分均能进行光合作用,但有主次之分。邹冬生(1991)测定春大豆吉林 20 植株叶片、叶柄、茎秆(6 个生育时期的平均值)和荚(3 个生育时期的平均值)的光合速率为 26.57 mg $CO_2/(dm^2 \cdot h)$、2.89 mg $CO_2/(dm^2 \cdot h)$、1.12 mg $CO_2/(dm^2 \cdot h)$ 和 2.19 mg $CO_2/(dm^2 \cdot h)$。傅天明等(1991)测定夏大豆早熟 7 号及早熟 14 绿色豆荚的表观光合速率很小,有时甚至呈负值;但夏大豆子叶的光合作用很强。可见大豆绿色豆荚与禾谷类的穗不一样。禾谷类芒的光合作用可以供给正在发育的籽粒所需要的光合产物50%或更多,而大豆绿色豆荚表现出少量的或未有对大气中 CO_2 的净固定。但荚果具有类似 C_4 途径对光合速率和产量的提高有一定的作用。大豆光合作用的主要部位是叶片。总之,大豆叶片是光合产物的制造、利用、贮藏和运输的主要器官。冯春生和赵福林(1989)测定了同一大豆复叶3个小叶和同一小叶不同部位及正背面的光合速率,结果表明:同一复叶3个小叶的光合速率差别不大,中小叶为30 mg CO_2/(dm²·h),左小叶为28.9 mg CO_2/(dm²·h),右小叶为28 mg CO_2/(dm²·h);同一小叶不同部位的光合速率基本一致,上、中、下部位分别为40 mg CO_2/(dm²·h)、39.4 mg CO_2/(dm²·h)、40 mg CO_2/(dm²·h);但是同一叶片正背两面的光合速率却有很大的差异,叶片正面的光合速率比背面高24%。傅天明等(1991)测定夏大豆早熟7号和早熟14的三出复叶的中小叶的光合速率、比叶重及叶面积的性状指标,均高于左、右两片小叶,而左、右两片小叶差别不大。

(二)叶龄与光合速率

大豆自出叶后,叶片光合作用速率随着叶片生长而提高,而当达到最大值后又随着叶片衰老而降低。许大全等(1985)以铁丰18为材料研究表明,大豆叶片生长初期的光合速率随着叶片的扩展逐渐增大,在叶片停止扩展后3 d左右达最大值,之后又逐渐下降。郑丕尧等(1991)测定夏大豆植株各节位叶片在完全展开3~5 d内光合速率达最大值,并把从叶片全展开至光合速率下降到10 mg CO_2/(dm²·h)止的天数定为"功能期",将功能期内各测定值的平均值定为"平均光合速率"。李永孝等(1992)测定夏大豆叶片最大光合速率出现在叶龄12 d左右,之后光合速率逐渐降低,但变化的速度较之前要慢得多。还指出,大豆不同生育期叶片出现最大光合速率的叶龄是不同的。分枝期、结荚末期最大光合速率分别出现在12~14日龄和10~12日龄叶片上,鼓粒中期、鼓粒末期最大光合速率均出现在顶叶上,其叶龄分别为23~25日龄、37~39日龄。从鼓粒期开始,大豆最大光合能力的叶片移至顶叶。许守民等(1993)测定春大豆长农4号第七至第八复叶发育中光合速率从4 d开始不断提高,23 d时达最大值,持续20~25 d后迅速降低,约在70 d时已降至很小。

大豆叶片发育前期光合速率的逐渐增高,可能与叶片自身形态建成密切相关的呼吸作用减弱和光合机构逐渐完善,特别是参与光合电子传递和碳同化的一些关键组分,例如Rubisco等的增加有关;后期光合速率的逐渐降低,则可能是与由于衰老过程中Rubisco和叶绿素含量逐渐减少有关。这就告诉我们,在做科学试验取样时,一定要取充分长成的叶片。

(三)植株不同节位叶片的光合速率

在一株大豆上,不同节位叶片实际上代表了叶片的不同生长阶段,从茎顶部到基部表现出一个发育阶段的梯度,其光合速率也表现出相应的变化。张贤泽等(1984)在盆栽条件下测定了大豆植株不同叶层的光合速率变化规律是,上、中、下层依次递减。上、下层之间的差异范围达13.39~15.79 mg CO_2/(dm²·h),并因品种不同而异。孙卓韬和董钻(1986)对11个大豆品种的测定结果,中层叶片的光合速率为上层叶片的59.5%,而下层叶片的光合速率仅为上层叶片的26.6%。冯春生和赵福林(1989)对吉林13大豆开花期和鼓粒期主茎各节位叶片光合速率的测定显示,在开花期光合速率最高的叶层是第七节位叶片;而在鼓粒期却以第十节位叶片光合速率最高。这说明,随着生育期推进,光合作用的主要功能叶有逐渐向上转移的趋势。邹冬生等(1990)研究吉林20大豆表明,群体中单株各节位间叶片平均光合速率、平均光合面积、总光合势和总光合量,与荚数、粒数及总粒重的高低分布趋势基本一致,均以中上部(第十至第十二节)节位最大,基部和顶部节位最小。苗以农和许守民等(1986,1992)研究表明,大多数新品种或高产品种中上部节位叶片较厚,单位面积栅栏细胞数目和叶绿体数目较多,并且有较高的光合速率和可溶性蛋白质含量(表6-6)。这就说明,大豆同一品种不同节位叶片的结构和光合速率均有明显差异。然而,大豆不同品种中下部节位叶片光合速率也不同。郑丕尧等(1991)测定早熟大豆叶片的最高光合速率和平均光合速率,基部叶片 > 中部叶片 > 顶部叶片;叶面积、功能期、光合势,均为中上部叶片 > 顶部叶片 > 基部叶片。这与早熟品种植株第十二节位以下叶片的各节位叶片全氮含量的平均值高于晚熟品种(苗以农等,1988)的研究结果是相吻合的。

表6-6　大豆不同叶层叶片的光合活性和可溶性蛋白质含量　(许守民等,1992)

项　目	第六至第七复叶	第十至第十一复叶	第十三至第十四复叶
光合速率[$\mu mol\ CO_2/(m^2 \cdot s)$]	27.79	24.73	32.07
希尔反应活性[$\mu mol\ O_2/(mgchl \cdot h)$]	68.85	48.63	64.17
可溶性蛋白质(g/m^2)	8.903	8.602	10.871

大豆不同节位叶片,不但光合速率高低有区别,而且持续时间也有不同。许守民等(1990)指出,有限结荚习性、亚有限结荚习性和无限结荚习性三种类型品种主茎低节位(第二至第五复叶)叶片最大光合速率(叶片一生中最高光合速率的75%以上的光合速率)最多只持续15~18 d,以后下降,但下降较为平缓。从第七至第十四复叶最大光合速率持续期依次延长,分别为25~35 d(第七至第八复叶)、32~41 d(第十至第十一复叶)和30~36 d(第十三至第十四复叶),而且后期下降迅速。

研究大豆单个叶片光合速率与大豆产量之间的关系,除重视叶片本身光合作用能力外,还要考虑叶片功能的持续时间。因此,探讨大豆不同节位叶片的光合作用及持续时间,对于产量形成的研究具有重要意义。

(四)大豆光合速率的基因型差异

大豆叶的光合速率除与生长环境、叶个体发育和植株的发育阶段有关外,基因型决定着光饱和光合速率。不同进化类型大豆叶片光合速率有明显差异。野生大豆叶片光合速率比栽培大豆低,但在蓝、绿光下的光合速率相对高于栽培大豆,野生大豆同栽培大豆相比具有阴生植物的某些光合特性(杨文杰、苗以农,1983)。野生大豆叶片总体的光合速率虽低于栽培大豆,但在不同生育时期表现是不同的。例如,在营养生长时期野生大豆的光合速率高于栽培大豆,生殖生长时期则低于栽培大豆(傅永彩、张贤泽,1993)(表6-7)。

表6-7　野生大豆与栽培大豆叶片光合速率的比较　[$mg\ CO_2/(dm^2 \cdot h)$]

生育时期	野生大豆	半野生大豆	栽培大豆
分枝期	21.39	15.29	14.47
结荚期	13.60	15.70	16.60
鼓粒期	9.40	19.10	20.45
平　均	14.80	16.70	17.17

大豆品种(系)间光合速率存在差异早已有报道(Curtis 等,1969;Dornhoff 等,1970;Beuerlein 等,1972;小岛,1972)。杜维广等(1982)于 1977 年大豆结荚期和 1980 年鼓粒期测定 54 个品种(系)间大豆叶片光合速率有着明显差异,其变异幅度分别为 $8.77 \sim 20.58[\mu mol\ CO_2/(m^2 \cdot s)]$ 和 $6.94 \sim 25.24[\mu mol\ CO_2/(m^2 \cdot s)]$。邹冬生等(1990)测定了 25 个大豆品种鼓粒期的叶片光合速率变幅为 25.5(白毛豆)~38.18(石系 318)mg $CO_2/(dm^2 \cdot h)$。苗以农等(1995)对新老品种叶的光合速率进行比较研究显示,多数新品种植株上中下节位叶片的光合速率均高于老品种(表 6-8)。

表 6-8　大豆不同品种不同节位叶片光合速率(Pn)和叶片厚度(LT)

[Pn 单位:$\mu mol\ CO_2/(m^2 \cdot s)$;LT 单位:$\mu m$]　(苗以农等,1995)

品　种	第三至第四节		第九至第十节		第十二至第十三节	
	Pn	LT	Pn	LT	Pn	LT
新品种	15.26	238.7	20.78	218.7	21.30	225.7
高产品种	13.57	235.0	21.32	214.3	21.92	230.9
老品种	13.04	202.7	18.77	195.4	18.75	202.9
平　均	13.96	225.5	20.29	209.5	20.66	219.8

国内外许多学者认为,大豆属于品种间光合速率差异明显的作物,这为筛选高光效种质提供了生理指标。

(五)大豆叶片光合速率日变化

1.光合速率日变化的进程　在自然条件下,植物生长在复杂多变的环境中,环境因素和植物的内在因素相互作用使光合作用日进程是不同的,并无固定的模式。许多人的研究结果可概括为两种模式,即单峰曲线和双峰曲线。潘瑞炽等(1964)对大豆品种小金黄 1 号及品系 4902 所进行的测定,冯春生等(1989)对铁丰 18 结荚期及绥农 4 号鼓粒期的测定,以及阎秀峰等(1990)从分枝期至鼓粒期共 5 次测定 6 个大豆品种叶片光合速率的日变化,均表现为单峰曲线。这种类型叶片光合速率的日变化曲线,上午随着太阳光照度的增大而逐渐升高,中午前后达到其最大值,下午随着太阳光照度的减小而逐步降低(图 6-11)。

高辉远等(1992)以小粒大豆品系 7605 为材料研究发现,在分枝期以后鼓粒期之前这段生育期,在土壤水分充足、叶温及水汽压亏缺都不高的条件下,叶片光合速率日变化也呈单峰曲线。然而许大全等(1985)用盆栽铁丰 18 测定表明,中午大豆叶片光合速率明显下降。孙广玉(1989)对纳豆、鲁豆 4 号开花后期光合速率日变化进程测定显示均为双峰曲线。高辉远等(1992)进一步研究表明,大豆的光合作用日变化随气候条件、生长环境以及大豆的生育时期不同而变化,概括起来有单峰型、双峰型、波动型和平缓型 4 种不同的类型。满为群等(2002)研究表明,在光子通量密度(PFD)大于 1 900 $\mu mol/(m^2 \cdot s)$ 的饱和光下,高光效品种和高产品种均出现光抑制现象,光合速率日变化表现为双峰曲线。双峰曲线类型的特点是光合作用日变化进程中有两个高峰,一个在上午晚一些时候,另一个在下午晚些时候并往往比上午的高峰低一些,在两个峰之间有一个中午的低谷,即所谓的"午休"或"午睡"现象。当午睡现象严重时光合日变化没有下午的高峰,出现"一睡不醒"型,虽然它也属于单峰型的日变化,但它的峰值不是出现在中午,而是在上午的早一些时候。

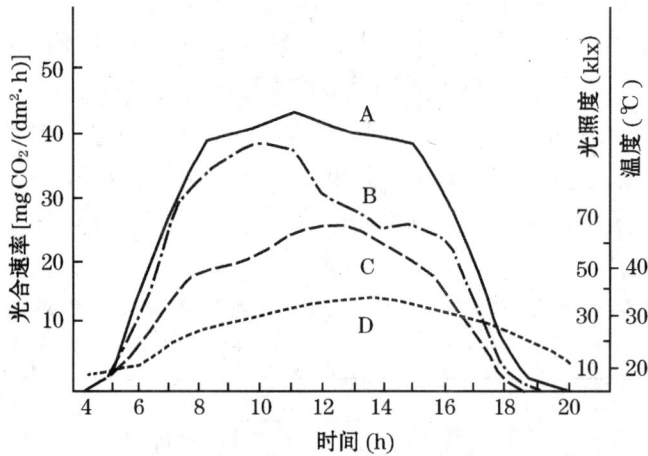

图 6-11　田间条件下大豆光合作用的日变化　（冯春生等，1989）
A. 铁丰 18　B. 绥农 4 号　C. 光强　D. 温度

2. 光合作用的午睡现象　近 10 多年来，有关大豆光合作用日变化出现午睡现象的生理、生态和生化因素及其适应意义进行了研究。

（1）土壤水分及空气湿度对午睡的影响　在多种环境因素中，不良的土壤水分状况和相对低的空气湿度是引起大豆光合作用午睡现象的一个决定因素。孙广玉（1989）认为，中午时分光量子通量密度大，气温高、空气湿度小，结果导致气孔阻力加大，RuBP 再生能力和 RuBP 羧化酶活性下降，最后造成光合速率降低，光合作用进入午睡。高辉远等（1992）以小粒大豆品系 7605 为材料，在盆栽条件下，当大豆植株被置于高温低湿的自然条件下，鼓粒期的大豆叶片光合作用表现出明显的午睡现象。由此可见，高温低湿是引起午睡的主要原因。郑国生等（1993）研究认为，高湿的晴天，没有光合作用午休现象，低湿高温的晴天，常有午休现象出现。光合速率在中午降低，主要是气孔因素限制的结果，有时也出现叶肉因素限制。

（2）气孔部分关闭　大豆叶片发生光合作用午睡现象时，气孔阻力和叶肉阻力都明显增加。孙广玉（1989）和郑国生等（1993）研究大豆叶片在中午光合速率和气孔导度降低时，叶肉 CO_2 浓度也降低，中午气孔的部分关闭确实是光合速率中午降低的一个主要原因。高辉远等（1994）和邹琦等（1995）的研究结果表明，晴天大豆光合作用的日变化过程中，午前光合作用降低主要由气孔导度下降引起的；午后非气孔因素逐渐占主导地位。气孔关闭限制了 CO_2 的供应，使细胞内 CO_2 浓度下降，光合速率降低。

（3）适应意义　大豆叶片光合速率中午降低或者说中午气孔关闭和光化学效率下调，是在强光和干旱条件下植物避免过度的水分损失和避免光合机构遭受光破坏的有效途径，似乎是植物在长期进化过程中形成的对付环境胁迫的一种适应方式。许大全等（1993,1996）在晴天观测田间大豆叶片光系统 II 光化学效应的下调，这种下调可能是一些依赖跨类囊体膜质子梯度、叶黄素循环或光系统 II 反应中心可逆失活的热耗散过程加强运转的反映。这些热耗散过程是保护光合机构免遭受光破坏的重要保护机制。许长成等（1997）指出，开花期大豆叶片光合速率在晴天中午伴随气孔导度下降而降低，而叶温、光呼吸速率以及光呼吸速率/光合速率比值在中午前后明显上升，而大豆叶片细胞活性氧清除系统的超氧化物歧化酶（SOD）、过氧化氢酶（CAT）、谷胱甘肽还原酶（GR）与抗坏血酸过氧化物酶（ASA-POD）活性均出现明显的日变化,中午前后酶活性明显增加,说明细胞活性氧清除酶系统的日变化的适应意义。

(六)大豆光合速率的季节性变化

大豆叶片光合速率不仅随叶龄、叶位而变化,也与不同生育时期或者说随株龄(出苗后天数)而变化。但这种变化可能与不同品种、不同生态条件以及试验方法不同有关,不同研究者所测定的大豆一生中光合速率高峰出现的时期有所不同。

杜维广等(1982)测定大豆叶片光合速率在始花期和结荚鼓粒期出现两个高峰,而且前一个高峰高于后一个高峰。张贤泽等(1984)的研究还进一步表明,早熟品种高峰出现得早,生育后期光合速率下降速率比晚熟品种快。李永孝等(1999)测定夏大豆初花期至结荚期展开的叶片光合速率明显高于分枝期以前展开的叶龄相同的叶片;结荚末期与鼓粒末期相同叶位的叶片光合速率,前者明显高于后者,并以结荚末期叶片的光合速率达到高峰。徐克章(1983)和阎秀峰(1990)分别测定的结果显示,大豆叶片光合速率变化呈单峰曲线,高峰出现在鼓粒期,而后则急剧下降。冯春生等(1989)和傅永彩(1993)测定结果证实,大豆叶片光合速率高峰出现在结荚鼓粒期。许守民等(1992)用无限结荚习性的大白眉、吉林 3 号和亚有限结荚习性的小金黄 1 号、吉林 20 大豆品种为材料,分别取盛花期(6 ~ 7 复叶)、结荚期(10 ~ 11 复叶)和鼓粒期(13 ~ 14 复叶)已充分展开的叶片测试表明,鼓粒期叶片的光合速率、希尔反应活性、叶片厚度、单位叶面积及单位栅栏细胞中的叶绿体数目、叶绿体基粒的复杂程度、叶片可溶性蛋白质含量均高于结荚期和盛花期的叶片,其中以结荚期的为最低。傅金民等(1996)测定了 13 个夏大豆品种植株倒 4 叶片开花期的平均光合速率为 $17.86\ \mu mol$ $CO_2/(m^2 \cdot s)$,至鼓粒期一直保持较高水平,之后迅速下降,至成熟期降至 $4.22\ \mu mol\ CO_2/$ $(m^2 \cdot s)$。但夏大豆植株叶片的平均光合速率,苗期及开花期较高,随后呈下降趋势,鼓粒后期下降尤为明显;单株光合速率及叶面积随生育进程呈单峰曲线变化,以结荚期为最高(郑丕尧等,1991)。高产大豆的光合作用在鼓粒期达到最大值(朱桂杰等,2002)。在生殖生长后期叶衰老期间,叶绿素含量、可溶性蛋白质含量、Rubisco 活性、全氮含量、比叶重和淀粉含量,或多或少与光合速率降低一致都下降。光合速率的下降开始,似乎更多地与 Rubisco 和叶绿素的丧失紧密联系。

这些结果表明,大豆籽粒的形成和发育对冠层光合作用的变化是非常敏感的。大豆结荚鼓粒期叶片的光合速率达到一个高峰并与产量呈正相关,这与国外许多学者的冠层光合速率与籽粒产量呈显著正相关(Well 等,1982;Boerma 等,1988)和大豆在生殖生长阶段的光合速率对籽粒的产量影响较大、开花后的光合作用与产量密切相关(Buttery 等,1981;Harrison 等,1981;Christy 等,1982;Herbert 等,1984)的研究结果相一致。大豆鼓粒期植株中上部叶片高的光合速率合成较多的光合产物运往籽粒,形成较高的籽粒产量。

(七)光合速率与呼吸速率

植物生活细胞在光照条件下和黑暗中都能进行的呼吸作用称为暗呼吸(respiration)。呼吸作用最常用的方程式是葡萄糖的氧化。

$$C_6H_{12}O_6 + 6O_2 \longrightarrow 6CO_2 + 6H_2O$$

对比光合作用的方程式,这一过程可视为光合作用的逆转过程。1 mol 葡萄糖氧化可产生大约 2 870 kJ 的能量。与光呼吸不同,大豆的暗呼吸产生能量,并供给各种生理活动需要,所以暗呼吸是其他各种生理活动的能量基础,也是蛋白质、糖类、脂肪、核酸合成及细胞中所有代谢活动的中心环节。呼吸过程中产生的一系列中间产物，又为其他化合物的合成提供原料，在有机物的转化方面起枢纽的作用。没有光合作用制造有机物，就不可能有呼吸作用，因此两者相互依存，共处于一个统一体中。研究表明，在黑暗下，光合作用旺盛的叶片呼吸速率大约为 3 μmol CO_2/$(m^2 \cdot s)$，或者为光合速率的 10% ~ 30%。还表明，以干重为基础的呼吸速率，叶最高，茎最低，根居中间。

　　一般生长旺盛的大豆幼嫩器官（根尖、茎尖、嫩根、嫩叶）较生长缓慢的老龄器官呼吸速率快；幼龄叶片较青壮龄叶片呼吸速率快；由青壮龄叶片向老龄叶片发育进程中，呼吸速率又加快，但接近黄落的叶片呼吸速率很慢。李永孝(1987)对盆栽夏大豆鲁豆 4 号叶片的测定结果表明：底部老龄叶片光合能力减弱，呼吸作用较强，释放出的二氧化碳较多；中上部叶片正处于青壮龄期，光合能力强，呼吸作用较弱。研究结果还表明，随温度升高、光照增强，中上部叶片暗呼吸和光呼吸都大大增强；老龄和幼龄叶片的光合速率及呼吸速率随温度升高、光照增强都有较慢增加。邹冬生和郑丕尧(1990,1992,1993)在大豆鼓粒期，测定植株主茎自上而下数第三片完全展开叶的光合速率与暗呼吸速率及叶片 CO_2 扩散导性呈极显著偏正相关。还测定了大豆叶的呼吸速率，在伸展初期表现出最大值，而后随叶片进一步伸长和衰老而逐渐降低；呼吸速率的全功能期也以中上部节位叶为最长，但其平均值则以下部节位叶片为最高。大豆叶片光合速率最高值出现时的温度为 26℃左右，呼吸速率最高值出现时的温度为31℃左右。在光合作用最适温度范围内，呼吸消耗占总光合产物的 34% 左右，超出光合作用最适温度范围以后，随温度的升高或降低，呼吸消耗所占的比例逐渐增加。高煜珠等(1958)研究结果指出：大豆叶片的呼吸速率在营养生长期不高，到开花时期急剧上升，尤其开花盛期最高，以后就逐渐下降，到成熟期已很微弱。同一植株，越上层的叶呼吸速率越大；以一片叶片来说，呼吸速率随叶龄增长而下降。迅速生长中的荚较叶有更大的呼吸，占全株的 35% ~ 50%(Kishitani 和 Shibles,1986)。

(八)光合速率与蒸腾速率

　　大豆叶片的气孔只有在蒸腾作用进行时才能张开，二氧化碳才能进入植株体内。蒸腾作用是植物水分以及溶解于水中的无机盐和有机物的吸收、运输的主要动力，而且通过蒸腾作用又可有效地降低叶温，使得叶片免遭高温灼伤而导致叶绿体破坏。李永孝等于 1993 年在夏大豆结荚末期测定大豆叶片光合速率与蒸腾速率结果表明，二者间呈极密切的线性正相关关系。平均叶片蒸腾速率每增加 10 mg H_2O/$(m^2 \cdot s)$，光合速率就增加 0.0495 mg CO_2/$(m^2 \cdot s)$。当叶片蒸腾速率降至 65 mg H_2O/$(m^2 \cdot s)$左右时，叶片光合速率接近 0；当蒸腾速率升至 267.5 mg H_2O/$(m^2 \cdot s)$时，光合速率达到 1 mg CO_2/$(m^2 \cdot s)$左右。

　　作为作物生长及生产的一个重要综合指标——水分利用效率，是光合速率与蒸腾速率的比值[mg CO_2/$(g \cdot H_2O)$]，它能够反映作物对水分的利用情况，通过对水分利用效率的研究，可探讨光合作用与蒸腾作用的关系及节水农业的问题。邹冬生和郑丕尧(1990)研究结果表明，无论大豆椭圆叶型品种还是披针叶型品种，水分利用效率与光合速率呈极显著偏正相关，与蒸腾速率呈极显著偏负相关。与此同时光合速率则与蒸腾速率呈极显著偏正相关。对大豆、玉米、高粱及小麦等旱地作物的比较指出，大豆是需水较多的作物，其水分利用效率分别比玉米、高粱及小麦低 33.06%、31.47% 和 27.23%。阎秀峰等(1990)测定显示，大豆叶片光合速率和水分利用效率明显地随生育进程而变化，大体上水分利用效率从幼苗期到结荚期较低[2.13 ~ 2.41 mg CO_2/$(g \cdot H_2O)$]，而初生叶及鼓粒期、黄叶期较高 [3.32 ~ 4.09 mg

$CO_2/(g \cdot H_2O)$],生殖生长期水分利用效率的日变化是早、晚较高,上午9时至下午3时较低,且变化平缓。不同层次叶片水分利用效率不同,在结荚鼓粒期自上而下依次增高。

通过育种的途径来提高大豆水分利用效率,其重要的目标之一应是培育叶片光合能力强、根系又发达的品系,以有利于调动土壤中有限的水分来满足地上部伴随光合速率提高而增加的蒸腾需水。

四、光合产物的运输和分配

大豆光合生产能力和产物的运输及分配方式,直接影响最终经济产量的形成。也就是说,从较高的生物产量变成较高的经济产量,存在一个有机物的运输和分配的问题。大豆光合产物的运输主要是指器官之间或者源、库之间的运输,是以蔗糖的形式通过输导组织(有时称为流)进行的。这里说的源(source)即代谢源,指产生或提供光合产物的器官,如功能叶;库(sink)即代谢库,指消耗或积累光合产物的器官或组织,如根、根瘤、茎、荚果和种子等。Mason 和 Maskill(1928)首先提出光合生产的源和库概念,之后为 Evams 等人所发展,并广泛用于作物产量形成的分析。这意味着研究源、库、流三者关系及光合产物在源、库之间的分配,具有很重要的生理学和挖掘经济产量潜力的意义。

(一)光合产物的转化和运输

大豆叶片中叶绿体形成的光合初级产物是磷酸丙糖。磷酸丙糖形成后,一部分反馈至光合碳循环,在叶绿体中用于合成淀粉等物质,另一部分可以通过叶绿体被膜运至细胞质中合成蔗糖等物质。蔗糖及其衍生物是植物体中主要的运输物质。还有少量的丝氨酸和甘氨酸等氨基酸,也是含氮化合物的运输物质。光合产物自生成物质的细胞运出,通过相邻的细胞和平脉叶肉细胞(运转同化物的细胞)流向维管中的筛管汇集成流,由网状微细的维管束逐渐地集中于中脉,经叶柄运到需要的器官,供生活之用。在筛管中的运输速度约为17~84 cm/h。嫩幼苗中蔗糖物质运输速度快,老龄植株中运输速度慢。外界条件对物质运输也有影响。如果温度降低,蔗糖、葡萄糖和果糖等在大豆植株内的运输速度下降。光照对大豆体内有机化合物的运输是有影响的。当把标记 ^{14}C 的葡萄糖和蔗糖引入大豆叶片后,在光照条件下,两者从处理叶片中运出速度十分缓慢,14 h 蔗糖的 ^{14}C 只有1%运出;但在黑暗条件下,葡萄糖的 ^{14}C 则有10%运至植株各部分。在同一叶腋同一花序内,最先结的荚优先获得养分,同一荚内优先供给顶部豆粒。

黑龙江省农业科学院(1963)在大田试验中发现,大豆叶片中光合产物积累是随着生育进程逐渐增加,分枝期占19.88%,鼓粒期增至56.45%。应用放射性同位素 ^{14}C 追踪试验表明,营养生长期同化 ^{14}C 的25%~30%存留于成熟期的植株体中,其中2%~3%是在籽粒内;豆荚发育初期同化 ^{14}C 的30%~40%在植株体内,14%~26%存在于籽粒中;鼓粒盛期同化的 ^{14}C 约65%存在于收获时的植株体内,约有50%能在籽粒内发现。这说明籽粒生产所需的有机物质来自籽粒形成期间当时的光合作用产物。

(二)光合产物的"局部供应性"和"同侧运输性"

早在20世纪50年代苏联学者别里克夫(1957)就对大豆光合产物运输、分配进行研究,发现有"局部利用性"特点,即大豆荚粒中的干物质主要来自本节位叶的光合产物供应。其后被我国陈铨荣(1963)等所证实。在大豆不同生育时期,不同节位叶片的光合产物输出都有一定的合理分工和一定输送中心。结荚前期(苗期、分枝期、开花盛期),光合产物主要供给萌动的腋芽、生长点、新生叶、伸长幼茎和花。各节的长成叶之间，光合产物没有相互"对流"现象。当本腋出现豆荚时，该节叶片的光合产物主要供给叶腋间的豆荚。傅金民等(1999)研究又证实，在籽粒形成期，大豆植株不同节位叶片^{14}C同化物不仅具有明显的"局部供应性"，而且在各器官的分配又具有一定的差异，倒13叶分配到茎和荚粒的^{14}C同化物高于倒1叶、4叶、7叶。叶片^{14}C同化物向其他各节位不同器官分配的量较少，并存在有明显的"同侧运输性"，主要分配到同侧节位荚粒，而且，向下运输量高于向上运输量。大豆荚伸长时期，上部叶位(倒数第三节)叶片约有72%的光合产物供上部荚，而中下节位(倒数第八节)叶片约有86%的光合产物供给中下部荚，还有9%的光合产物向根运输，对地下部分的生长和根瘤菌固氮作用起着重要的作用(国分牧卫，1988)。大豆结荚部位分散，全身豆荚，叶的光合产物供应"各为其主"，本节位叶供应本叶腋荚果的发育，具有明显的"同侧运输性"，这与维管束结构系统相连相关。这说明，与水稻、小麦在籽粒形成时期顶叶(水稻顶部3片叶子，小麦剑叶或旗叶)主要供应顶端籽粒灌浆这样一个大的生长中心不同，大豆实属多生长中心的作物。

　　大豆生殖生长时期光合产物的这一分配特点，在大田生产密植或倒伏情况下，叶片相互遮蔽严重时，植株中、下部节位叶片变黄甚至脱落，本节位的花荚也因得不到足够的养分而大部分脱落。

(三)光合产物的"昼积夜出"性

　　大豆叶片光合产物的运输时间与小麦、水稻和玉米不同。沈允钢(1980)、夏淑芳等(1982)研究表明：小麦、水稻光合碳同化初级产物代谢的主要趋向是合成蔗糖，边合成边有相当数量的蔗糖从叶片中输出；玉米光合作用速率大，白天淀粉与蔗糖均有相当数量的积累，同时也有相当数量的蔗糖从叶片中输出；但大豆叶片在光合作用的同时光合产物不大输出，即白天光合产物输出较少，光合碳同化初级产物代谢的主要趋向是合成淀粉，并以淀粉形式暂时贮藏在叶片中，夜间降解输出。据许守民等(1988)观察，大豆叶肉组织不同细胞在整个生育期都呈"昼积夜出"的变化(图6-12)。大豆这一光合产物昼积夜出的特性，要比小麦、水稻消耗能量多，尤其北方春大豆在鼓粒期遇到干旱、低温冷害时，光合产物运输分配受阻，淀粉大量地积累于叶片的细胞中，荚果得不到充足养分，籽粒达不到应有的成熟度产生青粒甚至空瘪荚。从研究结果还表明，叶肉组织第二层栅栏细胞中暂时贮藏的淀粉，直到鼓粒中期之后才被降解动用，此时正值鼓粒期叶的光合能力减少50%以上，所以第二层栅栏细胞暂时贮藏的淀粉，是为满足籽粒合成蛋白质、脂肪等含能量高的物质生产之用，是有适应意义的。

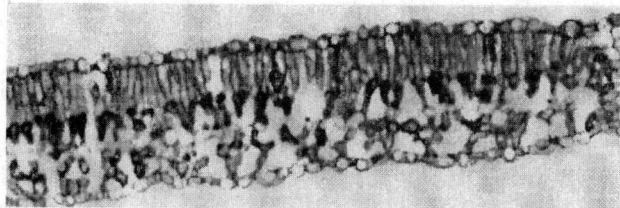

图6-12　大豆不同叶肉组织中光合产物的积累和动用　(许守民等，1988)
(图示上午8时第一层栅栏细胞淀粉已输出)

大豆产量是源、流、库相互平衡的结果。作物体是一个完整有序的统一体，具有生育重心,又能互相调节,保障植株全身平衡生长,正常完成生命周期。但许多研究表明,现代大豆高产品种产量的提高主要是由于生殖生长时期叶面积指数的提高,所以叶片较高的光合效率及较长的光合功能期,及时有效地将光合产物和动用的物质运向结实器官,对大豆产量的形成是重要因素。

(四)源、库调节效应

源是库形成和充实的物质基础。叶的光合作用在产量形成中起主导作用,扩大叶面积或提高光合效率能提高产量。库是源发展的最终结果,库的大小、多少及包括激素在内的生理活性,反过来影响源的活性及流的转运方向。通过去叶去荚改变源、库比例,不可避免地打破了源、库平衡,光合速率及光合产物的分配方向均有所改变。

大豆生殖生长时期,源、库互作共同影响产量的形成。王滔等(1983)对大豆去叶处理,发现有叶节叶片的光合产物并非只供给本节荚,还可以向去叶节荚输送,形成有叶节 50%以上的产量。李新民等(1991)在去掉大豆不同部位叶后,均分别不同程度地促进了存留叶的光合速率、光合产物的运输,说明产量库对叶源有反馈调节作用。董钻等(1993)研究大豆粒叶比关系结果认为,同节位叶面积变化与荚粒重量呈显著正相关,可通过叶源调节籽粒库。傅金民等(1998)和王光华等(1999)摘去大豆一部分荚后,增加了单株荚粒数和百粒重,提高了单株粒重,出现了明显的补偿效应。苗以农等(1996)在大豆生殖生长时期,测定有限和亚有限结荚习性品种去荚叶片光合速率在鼓粒始期前略有降低,说明荚果(种子)的生长和存在刺激了对同化物的需要,以某种方式调节着叶片的光合作用。还表明,由于去荚叶片淀粉和含氮物质的大量积累,比叶重和全氮含量(%)的增加,叶可能变为贮藏器官。李培武等(1989)研究表明,磷酸蔗糖合成酶(SPS)对大豆叶片光合产物输出有重要调节作用。

五、大豆光合速率与叶部性状的关系

(一)RuBP 羧化酶

RuBP 羧化酶是光合碳同化过程中的一个关键酶,也常被称为光合作用的限速酶。光饱和时的光合速率与该酶的活性之间存在密切的关系。郝乃斌等(1983,1989)研究结果表明,大豆哈 79-9440 的羧化酶活力分别比十胜长叶和黑农 26 高 53.1% 和 36.4%,后来的一项测定显示光合速率与 RuBP 羧化酶活性相关极密切($r = 0.938$)。Jiang 和 Xu(2001)研究黑农 37和黑农 42 大豆显示,光合速率高的品种往往有明显高的羧化效率和以单位叶面积计的碳同化关键酶 RuBP 羧化酶活性,因此该酶的羧化活性高很可能是一些品种光合速率高的主要原因,而不是 RuBP 酶的总量。

(二)叶 绿 素

由于叶绿素是参与光合作用光能吸收、传递和转化的重要色素,所以人们很自然地想到,叶片的光合速率应当和叶绿素含量有密切的关系。大豆叶片叶绿素(a + b)含量约在 $2 \sim 5.5$ mg/dm^2,叶绿素 a 与叶绿素 b 的比值为 3 左右,并在大豆不同基因型之间存在明显差异。在一定范围内,叶绿素含量与光合速率呈正相关。Buttery 等(1976)对 48 个大豆品种(系)测定的结果表明,单位叶面积叶绿素含量与光合速率相关极显著($r = 0.67$)。许大全(1993)发现,一些叶绿素缺乏的大豆突变体在全日光强的光下,叶绿素含量仅是其野生型1/5 左右的叶片的净光合速率总是明显低于它们的野生型。杨文杰和苗以农(1983)的研究显示,大豆鼓粒期叶片叶绿素含量与光合速率呈极显著的正相关($r = 0.94$)。王华和余建章

(1988)研究表明,光合速率与单位叶面积叶绿素含量呈正相关。

大豆虽属阳生植物,但在大田群体生长条件下,植株不同节位叶片的叶绿素含量并不是均一的。孙卓韬和董钻(1986)的测定表明,大豆冠层各节位叶片的叶绿素含量基本上是自上而下递减的。苗以农等(1987,1989)测定 6 个早熟品种和 6 个晚熟品种不同节位叶片叶绿素(a+b)的含量变化显示,主茎第七至第十二节叶片叶绿素(a+b)含量较高,叶绿素 a/b 比值较低,与其他节位叶片相比表现阴生植物特性。但鼓粒期植株中上部第十三至第十六节叶片的叶绿素含量、叶蚂素 a/b 比值明显高于中下部节位叶片,表现为阳生植物特性。

梁镇林等(1992)研究了在单作、间作不同栽培方式下,耐阴和不耐阴大豆叶片叶绿素含量的变化表明,开花期变异系数的大小次序为叶绿素 b > 总叶绿素含量(a+b) > 叶绿素 a;而鼓粒期变异系数则是叶绿素 a 最大,叶绿素 b 最小,总叶绿素(a+b)含量仍居于两者之间。单作大豆在开花期,间作大豆在鼓粒期,耐阴品种的叶绿素含量都显著或极显著地高于不耐阴品种。

(三)叶片全氮含量

氮是大豆植株生活必需的大量元素,在大豆高产中与碳同样是决定因素。大豆叶片全氮含量一般为 3% ~ 6%,在不同基因型之间存在差异,在一定范围内,全氮含量与光合作用密切相关。许多研究结果表明,大豆鼓粒期植株中、上层长成叶含氮量与光合速率呈正相关(Hanway,1971;小岛,1972;Sumner,1977;Pal,1979;昆野,1979;Buttery 等,1981)。杨文杰和苗以农(1983)研究表明,野生大豆和栽培大豆叶片全氮含量都是在结荚期高,以后逐渐下降,鼓粒期下降迅速。大豆叶片光合速率在结荚鼓粒初期高,以后随叶片全氮含量的下降而降低,二者呈显著正相关($r = 0.84^*$)。冯春生等(1989)也得出了关于大豆结荚鼓粒期叶片含氮量与光合速率呈正相关的结论。苗以农等(1988)对 6 个早熟、6 个晚熟品种的测定结果指出,大豆植株的初生叶到第十一至第十二节位叶片,随节位上升叶片全氮含量逐渐增加,第五至第十节位叶片全氮含量与总平均值呈显著正相关。早熟品种植株第十二节位以下各节位叶片全氮含量的平均值高于晚熟品种,可能是其叶片光合速率高于晚熟品种的原因之一。

叶片含氮量高之所以能增强光合作用,原因在于叶片全氮含量与 RuBP 羧化酶、可溶性蛋白质含量、叶绿素含量和比叶重呈正相关关系。叶片的氮含量与光合速率之间的关系,用"氮要求度"(氮要求量/光合作用量)表示,几种作物相比较,大豆是最高的。Sinclair 和 Horie(1989)测定表明,在饱和光条件下,大豆与水稻、玉米相比,单位叶面积氮含量、CO_2 同化速率是低的,而水稻尤其玉米是高的,也就是说,在低氮含量范围内,玉米利用氮同化 CO_2 的效率最高,水稻次之,大豆最低。牧野周等(1988)研究结果显示,单位叶片含氮量的光合速率,大豆比小麦和水稻约低 15%,并分析其原因认为,一是单位叶片含氮量高的 RuBP 羧化酶含量低,二是随叶片老化气孔传导度明显降低。

(四)比 叶 重

比叶重即单位叶面积干重,一般以 g/m^2 或 g/dm^2 表示。在作物叶性状中,比叶重与光合作用的关系密切。种植在不同光照度下的植株,其叶片的光合速率与比叶重均呈正相关(Bowe 等,1972;Buttery 等,1974,1981)。苗以农等(1982)研究 20 个大豆品种的比叶重的结果表明,品种之间比叶重确有差别,同一品种的比叶重因测定年份、生育时期、一天中的测定时间的不同而异。比叶重还因叶位、种植密度以及肥、水条件变化而变化。新品种或高产品种的比叶重一般高于老品种或低产品种。盛花期和鼓粒期植株中上部比叶重高,开花末期的比叶重低。一天中的比叶重,一般从上午 8 时至下午 4 时逐渐增加,以傍晚时为最高。稀植的比叶重高于密植的比叶重。太阳辐射量多的年份比叶重大于辐射量少的年份比叶重。王华和余建章(1988)研究显示,大豆结荚期上层叶的比叶重与光合速率呈正相关,但表现为较小的正效应,且通过叶片厚度的间接正效应远大于自身的直接效应。

(五)气孔阻力

大豆叶片的光合速率是叶片内外 CO_2 浓度梯度和扩散阻力的函数。叶片外面的空气和叶绿体内的羧化部位之间的 CO_2 浓度梯度越大和扩散阻力越小,叶片的光合速率越高。CO_2 从叶外向叶绿体内的羧化部位扩散时,会遇到多种阻力,气孔阻力是其中最重要的一种阻力,往往是光合作用的一种限制因素。气孔开度越大,阻力就越小,进入植株体内的 CO_2 量就越多。苗以农等(1989)和邹冬生等(1993)研究表明,大豆植株主茎中上节位叶片的光合速率、蒸腾速率高,其气孔阻力小。孙广玉(1989)测定纳豆和鲁豆 4 号两个大豆品种叶片的光合速率和气孔阻力的日变化表明,叶片光合速率与气孔阻力之间呈极显著的负相关,分别为 $r = -0.8765^{**}$ 和 $r = -0.7888^{**}$。李永孝(1991)测定夏大豆叶片光合速率与气孔阻力之间存在着极密切的双曲线关系,即叶片光合速率随气孔阻力减小而增高,随气孔阻力增大而降低;并指出气孔阻力高值多出现于老龄和幼龄叶片上,气孔阻力低值出现于青壮龄叶片上。

游明安等(1995)研究表明,12 个大豆品种两个生育时期的叶片光合速率、气孔导度、叶肉导度、气孔内 CO_2 浓度和蒸腾速率 5 个性状在品种间表现显著差异,特别是鼓粒中后期的差异明显大于开花前后。鼓粒中后期各性状的平均数均极显著地低于开花前后。光合速率与气孔导度的关系在两个时期间无差异,为一条二次多项式曲线,曲线相关指数达 0.99;光合速率与气孔导度在开花前后呈三次多项曲线,在鼓粒中后期呈直线,气孔导度对光合速率的作用后期大于前期,光合速率与蒸腾速率和气孔内 CO_2 浓度在两个时期均呈线性关系。

六、大豆光合速率与环境因素

(一)光　照

光是光合作用惟一能源,对光合作用主要有 3 个方面的作用:提供同化力形成所需要的能量,活化参与光合作用的一些酶和促进气孔开放,调节光合机构的发育。赵述文等(1981)的测定结果表明,大豆品种小金黄 1 号的光饱和点约为 3 万 lx,哈 79-9440 为 2.7 万 lx;小金黄 1 号、黑农 23 等品种的光补偿点为 0.25 万 ~ 0.3 万 lx,吉林 13 则为 0.17 万 lx。据杨文杰等(1983)于大豆开花前的测定结果,在 2 万、4 万、6 万、8 万和 10 万 lx 光照度和 25℃ 气温下,栽培大豆品种的光合速率分别为 13.9 mg $CO_2/(dm^2 \cdot h)$、18.5 mg $CO_2/(dm^2 \cdot h)$、19.5 mg $CO_2/(dm^2 \cdot h)$、19.5 mg $CO_2/(dm^2 \cdot h)$ 和 19.6 mg $CO_2/(dm^2 \cdot h)$。即:在达到光饱和点(6 万 lx)之前,叶片的光合速率随着光照的增强而提高,达到光饱和点后则趋于平稳。李永孝等(1999)于 1987 年测定光照强度对鲁豆 4 号光合速率的影响表明,不论每次每株供水量是 0.9 kg 还是 1.8 kg 的植株,从上午 7 时开始,随着太阳升高,光照增强,光合速率迅速增加,至下午 1 时前后达最高值。之后光合速率又随太阳高度降低,光照强度减弱,迅速降低。许大全等(1990)研究大豆叶片光合作用的光响应曲线的结果指出,光强约为中午阳光强度的一半即 1 000 mol/$(m^2 \cdot s)$ 时,光合作用就趋于饱和。满为群等(2002)研究表明,高光效品种和高产品种的光补偿点差异不大,光合速率接近 0 时(光补偿点)的光子通量密度(PFD)均在 360 μmol/(m²·s)左右;而在 PFD > 1 900 μmol/(m²·s)的饱和光强下,高光效品种和高产品种均出现光抑制现象,光合速率变化表现为双峰曲线,但高光效品种比高产品种光抑制作用弱。

(二)温　度

在较低温度下,叶片光合作用的限制因素通常不是气孔导度,而是无机磷的再生(Sage等,1994)。在低温环境中,淀粉和蔗糖合成速率低,磷的再生速度低,对磷酸丙糖的需求也低,从而使叶绿体内的磷酸丙糖输出和无机磷输入速率也低,叶绿体中磷不足会限制光合作用的高速进行。0℃以上低温引起光合速率降低的原因,除了光合作用过程许多酶促反应缓慢之外,常常还有低温加剧的光抑制,甚至光氧化。在大豆开花初期,在 6 万 lx 光照度下,大豆叶片光合速率的适宜温度范围为 25℃ ~ 30℃,高于或低于这一温度,光合速率下降(杨文杰,1983)。大豆叶片光合速率最高值出现在 26℃左右,呼吸速率最高值出现在 31℃左右(高辉远,1992)。光合速率和呼吸速率对温度的反应呈单峰曲线变化,只是光合速率对温度反应比呼吸速率敏感得多。

(三)二氧化碳

CO_2 是植物光合作用的一种基本原料。它在空气中的浓度是影响光合速率的一个重要因素。在普通空气条件下,CO_2 浓度对 Rubisco 是不饱和的,Rubisco 是一个在催化羧化的同时还催化 RuBP 氧化反应的双功能酶。这个氧化反应是光呼吸途径的第一步。光呼吸途径的运转可以使净光合速率明显降低。CO_2 是这个氧化反应的竞争性抑制剂,CO_2 浓度的增加无疑会抑制光呼吸,从而提高净光合速率。许大全(1987)测定空气中 CO_2 浓度与叶片光合速率的关系表明,当空气中 CO_2 浓度低于 100 μl/L 时,大豆叶片的光合速率为 0(即收支平衡),随着 CO_2 浓度的上升,光合速率也相应提高(图6-13)。张其德等(1996)研究长期 CO_2 加富对大豆叶片光系Ⅱ(PSⅡ)功能的影响结果显示,CO_2 加富能促进大豆叶片 PSⅡ潜在活性和原初光能转化效率以及电子传递量子产量的提高;增加荧光光化学淬灭组分,降低荧光非光化学淬灭组分。CO_2 加富对大豆叶片 PSⅡ功能的改善,可能是在 CO_2 加富条件下,大豆叶片光合速率的提高和产量增加的重要原因之一。

左宝玉等(1997)研究增高 CO_2 浓度对大豆不同叶位叶片叶绿体淀粉粒积累超微结构差异特征是:①叶位居中的叶片叶绿体积累的淀粉粒不仅很大,而且最多,有的叶绿体中的淀粉粒可达 20 个,几乎充满着叶绿体的基质空间;②下位叶叶绿体的淀粉粒积累较多,通常为 2 ~ 5 个;③上位叶叶绿体所含淀粉粒既小又少,大多数叶绿体中所含淀粉粒仅有 1 ~ 2 个。以上结果联系到大豆中位叶的光合速率较高及对籽粒产量起作用最

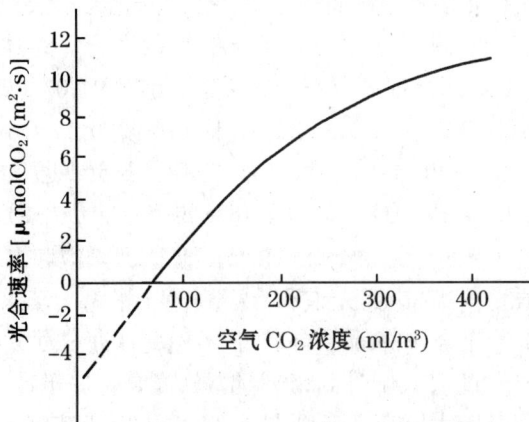

图6-13　大豆叶片光合速率与 CO_2 浓度的关系

(许大全等,1987)

大来讨论是很有意义的。

(四)水　分

水分对大豆叶片光合作用的影响有直接的也有间接的。水是植物进行光合作用的一种不可缺少的原料,但是用于光合作用的水不到蒸腾失水的 1%,因此缺水影响光合作用主要是间接的原因。水分亏缺时光合速率之所以降低,是由于水分亏缺时叶片中脱落酸含量增加,引起气孔关闭,导度下降,进入叶片的 CO_2 减少。在严重缺水的胁迫下,ATP 和 RuBP 水平降低,Rubisco 含量和活性降低。当相对含水量低于 20% 时,叶绿体变形,片层结构会发生不可逆的破坏。缺水时还会使光合产物输出速度变慢,加之叶片淀粉水解加强,糖类积累,结果会引起光合速率下降。李永孝(1999)研究夏大豆鲁豆 4 号在 22.5 株/m^2 情况下,每灌溉一次分别间隔 3 d、6 d、9 d、12 d、15 d 和不灌溉(靠自然降水)对大豆冠层光合速率的影响结果表明,不论哪一层叶片,均以隔 9 d 灌溉一次的光合速率为最高。不灌溉与隔 9 d 灌溉一次的处理,比第一、二、三层叶片光合速率分别低 64.8%、57.3%、50.1%;隔 15 d 与隔 9 d 灌溉一次的处理,比第一、二、三层叶片光合速率分别低 42.3%、37.9%、26.6%;隔 3 d 与隔 9 d 灌溉一次的处理,比第一、二、三层叶片光合速率分别低 43.5%、28.1%、27.5%。可见,灌溉次数过多或干旱,都会造成大豆各层叶片的光合速率降低。但干旱导致降低的幅度比供水过多导致降低的幅度大得多。

在干旱和半干旱地区,水分不足经常是植物光合作用的一个限制因素。然而,水分过多也不利于光合作用的进行。土壤水分太多、通气不良会妨碍根系活动,从而间接影响光合作用,而且雨水直接淋在叶片上,使叶肉细胞处于低渗状态,也会使光合速率和量子效率下降。

第四节　大豆高光效利用和种质创新

作物生理学研究证明,光合作用是决定作物产量的最重要因素,因此,光合能力大小将直接影响作物产量的高低。早在 20 世纪 60 年代,有人曾提出提高作物的光合效率可使产量提高的设想。与此同时,植物生理学的研究又在高等植物中发现了光呼吸及 C_4 双羧酸途径,给人们以新的启迪,开始认识到提高光能利用尚有巨大的潜力。

大豆高光效利用最终目的是最大限度提高大豆产量和改善其品质。而大豆高产和优质的核心之一是提高光能资源利用率。那么有效利用光能的育种和栽培模式——高光效育种和高效合理群体是高光效利用重要组成部分。

从理论上讲,作物的光能利用率可达 5%～6%。但从作物整个生产过程看,实际的光能利用率远远低于理论潜力值。目前大田作物稻麦高产品种的光能利用率为 1%～1.5%,大豆的光能利用率则更低。匡廷云(1998)曾指出,照射在叶片上的太阳能约有 47% 在光合作用光谱之外,不能吸收,而其余的 53% 的太阳光能也不能被全部利用。其中,约有 16% 的太阳光能不能被植物叶片充分吸收;约有 9% 的太阳光能吸收后在体内不能有效传递,通过光抑制、光破坏等耗散了激发能;约有 19% 的太阳光能不能有效地转化为稳定的化学能。因此,提高作物光能利用率尚有巨大潜力。

一、大豆高光效育种生理遗传基础

作物生产的实质,是光能驱动的一种生产体系。研究表明,在作物生物学产量中,

90%～95%的物质来自作物光合作用的产物。因此,光合作用是决定产量的最重要因素,这是作物生理学基本原理。

然而,大豆的产量形成不仅与光合作用密切相关,也与固氮作用相关。氮的运输可能是大豆产量潜力的限制因素。这是因为大豆根瘤菌能大量固定大豆所需要的氮素,从而有助于提高光合活性,而光合作用在光能转换过程中所形成的化学能和糖类,又为根瘤的生长及固氮提供了能源和碳源。可见,大豆的光合作用过程和固氮过程虽然在区域上是分开的,但是这两个过程彼此间有着化学交换和相互调节。总之,对于高产品种来讲,高光效是需要的,因为它可以形成更多的光合产物。但是,就某种意义上讲,光合产物的合理分配显得更为重要,从而使得源、流、库得到协调而起到增益作用。总体来讲,大豆光合作用和固氮作用是高光效育种的生理基础。

关于光合速率与作物产量关系的研究结果,分别有呈正相关、不呈相关关系、呈负相关的报道。李明启(1990)指出,没有充足的理由使人们相信高光效会导致大豆产量下降。许大全和沈允钢(1992)称这种叶片光合速率与作物产量呈负相关现象为假象。杜维广(1982)指出,生育期相近的大豆品种(系)结荚期光合速率与产量呈正相关,在高产条件下亦有类似的结果,1986和1987两年相关系数分别为 $r=0.796^{**}$ 和 $r=0.497^{*}$。杜维广(1999)还指出,从植物生理学角度来看,大豆产量不仅取决于光合作用,而且还取决于固氮作用、光合面积、光合时间、叶冠层结构、株型、收获指数、同化产物积累与分配、光抑制、表达条件等因素。这些因素除直接影响产量外,还彼此互相制约、相互联系。这些影响因素导致在特定条件下,光合速率与产量呈不相关或负相关的假象。尽管如此,我们认为,作物产量主要依赖于光合速率的提高。换言之,光合速率是限制作物产量提高的关键因素。所以,我们不同意光合速率与作物产量无关,甚至呈负相关的观点。

近几年,我国作物育种与生理研究工作者,探索高光效育种的可能性,对小麦、水稻光合性状进行研究表明,光合速率在品种(系)间存在显著的差异,而且这种差异是比较稳定的。

杜维广等对大豆品种(系)的光合速率测定结果列入表6-9。为1977年和1980年群体条件下各品种(系)结荚鼓粒期光合速率值。1977年30个品种(系)光合速率绝对值为 $8.77\sim20.58\ \mu mol\ CO_2/(m^2\cdot s)$,平均为 $13.9\ \mu mol\ CO_2/(m^2\cdot s)$;品种间变异系数为21%,全距为 $11.81\ \mu mol\ CO_2/(m^2\cdot s)$。1980年光合速率绝对值为 $6.94\sim25.24\ \mu mol\ CO_2/(m^2\cdot s)$,平均为 $14.58\ \mu mol\ CO_2/(m^2\cdot s)$,变异系数为28%,全距为 $18.3\ \mu mol\ CO_2/(m^2\cdot s)$。9个品种(系)3年的光合速率年度变化的结果列于表6-10。由于测定的年份和条件不同(1979年离体测定时叶室内空气温度较低,使光合速率有所降低),同一品种(系)在不同年份光合速率有些变化,但总的来看,各品种(系)间的比例关系大体未变;如将9个品种(系)的光合速率分成低、中、高类型,则3年都保持类似的顺序,表明大豆品种(系)的光合作用速率具有相对的稳定性。

表6-9　两年不同品种(系)间光合速率差异　[单位:$\mu mol\ CO_2/(m^2\cdot s)$]　(杜维广等,1982)

年 份	品种(系)数(个)	光合速率变化范围	平均值	标准差	变异系数(%)	全 距
1977	30	8.77～20.58	13.90	4.81	21	11.81
1980	24	6.94～25.24	14.58	7.93	32	18.30
1977～1980	49	6.94～25.24	15.40	6.50	28	18.30

表 6-10　不同大豆品种(系)光合速率年度变化　（杜维广等,1982）

品种(系)	光合速率[$\mu mol\ CO_2/(m^2 \cdot s)$]		
	1977 年	1979 年*	1980 年
哈 74-4031	9.44	7.45	9.11
黑农 5	9.15	8.65	9.76
特拉维斯	12.30	9.47	11.61
哈 76-6043	13.20	10.73	15.02
哈 76-6296	17.35	11.86	16.60
黑农 16	18.50	12.24	16.53
东农 72-806	17.40	13.13	17.04
哈罗索伊	17.79	11.87	20.32
维尔金	20.76	11.04	21.14

　　* 为离体测定,其余为田间活体测定

　　关于单位光合作用能力遗传,国外曾有着不同的报道。小岛睦男(1968~1970)认为,大豆 F_1 光合作用能力比双亲的中值低,没有杂种优势,低的光合能力是显性性状。以后林健一等(1977)在水稻上也得到类似结果,认为造成这种现象的原因是测定组合亲本差异小,F_2 数目少;并认为 F_2 呈一种双模式分布,其表观光合作用受单一主基因控制。杜维广等(1983)研究大豆有性杂交后代叶片光合速率遗传控制时指出:①大豆 F_1 叶片 APR(表观光合速率)值因组合不同而异,低 APR 存在部分显隐现象,APR 是不典型的数量性状,本质上属于数量遗传,主要受细胞核控制,同时也受叶绿体基因组的控制,由于 F_2 的 APR 遗传力较低,广义遗传为 43%~61%,故在低世代对 APR 选择是困难的;②APR 叶片遗传与其他性状相比仍是较简单的遗传,我们可以有意识地通过选择提高叶片的 APR;③比叶重、叶面积氮素、净光合生产率和结荚期叶绿素含量可作为高光效育种选择 APR 的简易指标;④高光效育种应将表观经济系数纳入育种目标,在选择叶片高光效指标同时注意株型、叶面积等生态类型选择,同时高光效品种必须建立在高光效群体结构基础上,才能发挥其作用(表6-11、表 6-12、表 6-13、表 6-14)。

表 6-11　大豆不同组合第一代表观光合速率优势表现

指　数	盛　花　期				结　荚　期										
	哈原 7614	哈原 7612	哈原 7610	平均	哈 7623	哈 7639	哈 7635	哈原 7601	哈 7601	哈 7609	哈原 7614	哈原 7612	哈原 7610	哈原 7605	平均
与亲本平均对比优势指数	113.7	109.5	97.1	106.8	113	103.2	107.0	116.2	102.1	91.9	97.5	118.7	96.1	91.7	103.7
优势率	13.7	9.5	-3.0	6.7	13	3.2	7.0	16.2	2.1	-8.1	-2.5	18.7	-3.9	-8.3	3.7
真正杂种优势	-1.3	2.5	-15.2	-4.7	6	-2.8	0.76	15.2	1.6	-8.8	-5.0	10.3	-6.6	-9.1	-1.4
显性程度	0.9	1.39	-0.2	1.59	2	0.5	1.1	18.64	4.4	-10.1	-0.97	2.5	-0.61	-9.3	0.8

表 6-12　大豆不同组合第一代表观光合速率优势表现　（结荚期）

指　数	H×H P7811	H×H P7812	H×M P7813	H×M P7814	M×H P7815	H×L P7816	H×L P7817	L×H P7818	L×H P7819	L×L P7820	平均
与亲本平均对比优势指数	91.4	97.3	104.3	95.2	89.8	111.8	75.2	117.4	121.7	112.4	101.7
优势率	-8.6	-2.7	4.3	-4.8	-10.2	11.8	-24.8	17.4	21.7	12.4	1.7
真正杂种优势	-13	-5.9	-6.7	-17.7	-22.4	-1.1	-34.3	5.9	2.4	11.6	-8.1
显性程度	-1.7	-0.77	0.36	-0.31	-0.65	0.91	-1.7	1.6	1.1	1.8	1.7

注：H、M、L 分别为高、中、低 APR

表 6-13　大豆杂交第一代表现不同程度优势组合比率

项　目	1977 年 盛花期 次数	1977 年 盛花期 %	1977 年 结荚期 次数	1977 年 结荚期 %	1979 年 结荚期 次数	1979 年 结荚期 %
正向优势**	1	33.3	3	30	4	40
正向部分显性*	1	33.3	3	30	1	10
负向部分显性*	1	33.3	4	40	3	30
负向优势**					2	20
总　和	3	100	10	100	10	100

表 6-14　大豆不同组合第二代表观光合速率分配及广义遗传力

组　合	$\bar{X} \pm 1\delta$	单株数	占总株数(%)	广义遗传力	备　注
P7811(H×H)	10.81~22.15	21	81	53	1979 年鼓粒期
	20.32~37.14	46	70		1980 年鼓粒期
P7814(H×M)	11.63~18.21	20	61	61	1979 年鼓粒期
	16.96~31.20	38	65		1980 年鼓粒期
P7816(H×L)	11.86~20.64	44	67	43	1979 年鼓粒期
	17.51~34.71	46	66		1980 年鼓粒期

　　用高光效×低(中)光效的 5 对互交组合研究了大豆希尔反应活性的遗传特性。其结果表明：各互交组合 F_1 希尔反应活性与亲本平均对比优势指数变异幅度为 93.8% ~ 103.9%（表 6-15），与双亲中值接近。从与母本和父本的对比优势指数看，无论是高光效×高光效还是高光效×中光效组合，其互交 F_1 希尔反应活性均较明显趋向母本，受其母本细胞质影响较大。试验结果进一步证明希尔反应活性更接近于母性遗传。当然，从与亲本对比优势指数分析，也不能排除受细胞核的影响。这些构成大豆高光效育种的遗传基础。

表 6-15　互交组合第一代希尔反应活性优势表现　（杜维广，1987）

组合号	DCIP 光还原活性 （μmollDCIP 光还原/mgchl. hr.）	与母本对比 优势指数	与父本对比 优势指数	与亲本平均对比 优势指数
P8622	113.4	103.8	85.5	93.8
P8623	142.8	89.8	114.4	100.6
P8624	120.0	95.2	114.3	103.9
P8625	106.8	104.1	89.2	98.0

综上所述，我们认为光合作用是影响产量提高的关键因素。大豆品种（系）间的光合速率差异明显并具有遗传稳定性，遗传上由为数不多的基因所控制，遗传力较强，因此，通过遗传改良可以育成高光效品种和种质。高光效种质哈 79-9440、哈 82-7799、哈 82-7851 等和高光效高产品种黑农 39、黑农 40、黑农 41 的育成，也证实了这一点。

二、高光效的光合生理基础

1998～2000 年，黑龙江省农业科学院大豆研究所等单位对高光效品种黑农 40 和黑农 41 光合机制进一步研究，发现它们高光效的生理基础是其光反应和暗反应过程都有明显的改善。光反应主要表现在光化学反应能量利用的增加和非光化学反应能量耗散的减少（图 6-14，图 6-15，图 6-16，图 6-17）；在暗反应方面则是 C_4 途径酶活性的大幅度提高（图 6-18，图 6-19，图 6-20，图 6-21，图 6-22，图 6-23），羧化中 C_4 酸初产物的明显增加。虽已知 C_3 植物中存在少量 C_4 途径酶，但一般认为无关紧要。这一研究结果表明，C_3 植物大豆在籽粒充实期间，无论是叶片还是绿色的豆荚，C_4 途径酶远较先前活性为高，它对大豆产量的形成绝不是可有可无的。

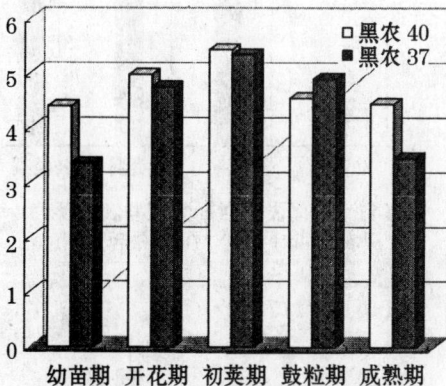

图 6-14　不同发育时期黑农 37 和黑农 40 叶片 Fv/Fo 值的变化　（杜维广）

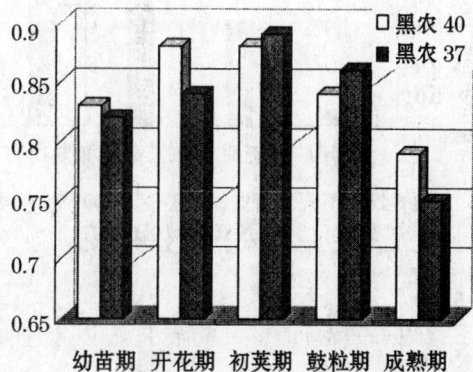

图 6-15　不同发育时期黑农 37 和黑农 40 叶片 qP 值的变化

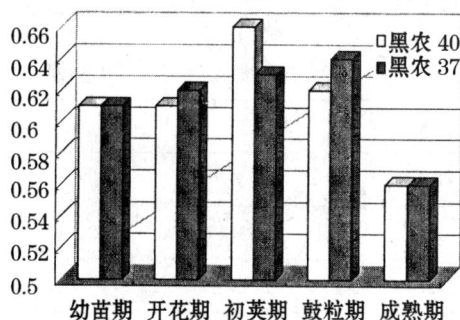

图 6-16　不同发育时期黑农 37 和
黑农 40 叶片 qN 值变化

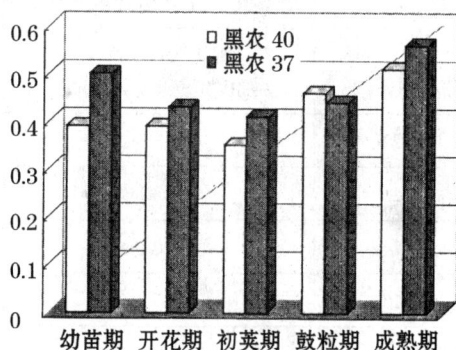

图 6-17　不同发育时期黑农 37 和
黑农 40 叶片 øPSⅡ 值变化

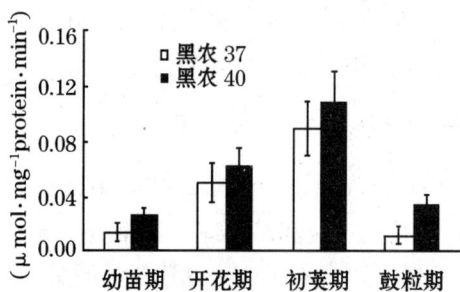

图 6-18　不同发育时期大豆黑农 40 和
黑农 37 叶片的 PEPCace 活力

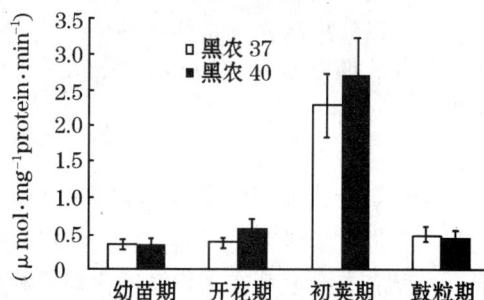

图 6-19　不同发育时期大豆黑农 40 和
黑农 37 叶片的 PPDK 活力

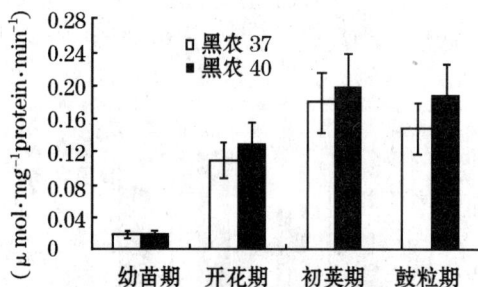

图 6-20　不同发育时期大豆黑农 40 和
黑农 37 叶片的 NADP-MDH 活力

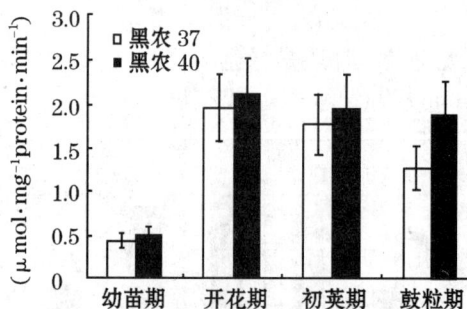

图 6-21　不同发育时期大豆黑农 40 和
黑农 37 叶片的 NADP-ME 活力

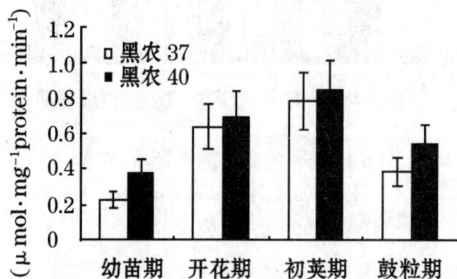

图 6-22　不同发育时期大豆黑农 40 和
黑农 37 叶片的 RuBPCase 活力

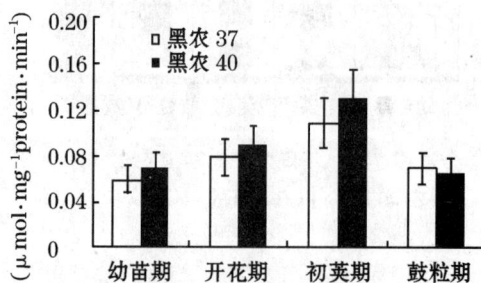

图 6-23　不同发育时期大豆黑农 40 和黑农 37
叶片的 PEPCase/RuBPCase 活力比

三、高光效品种(种质)选育

(一)高光效育种总目标

高光效育种总目标是选育高产、超高产、稳产、优质、多抗大豆新品种(种质)。

屠曾平(1997)把光能捕获能力与光能转化效率的综合水平定义为整体光合能力。根据这一设想,选育出杂种稻 Le/t,整体光合能力得到明显改善,产量比对照 Lemont 增产 40% ~ 50%。杜维广、郝乃斌等(2001)通过高光效大豆光合特性研究和高光效育种实践,认为在某一生态区内,适宜该生态类型大豆品种(种质)具有较大限度的截获光能的能力(个体和群体)、高速光能传递能力、高光能转化效率、高 CO_2 同化效率、光合产物的籽粒中高比例分配、持续较长光合时间等综合水平定义为"理想光合生态型"。同时该理想光合生态型还必须具有较好的抗逆性。认为提高单叶光合速率仍是高光效育种的重要指标之一。

(二)高光效品种(种质)选育的程序和方法

作物育种体系一般认为包括 3 个方面,即创造变异、有效快速地选择变异和对选育的新品系和种质进行鉴定。

1. 创造变异途径 人工诱变是产生新品种类型的有效方法。通过细胞核突变使光合器官结构和功能发生变化,故可改变作物的光合作用。

有性杂交也是创造变异的重要途径。关键是亲本的选择,其杂交亲本必须含有高光效、丰产性好、抗逆性强的骨干亲本血缘。

把 C_4 作物 C_4 途径的关键酶的基因导入 C_3 作物中,是创造变异的另一条途径。Ku 等通过农杆菌介导系统,首先成功地将玉米 C_4 光合途径的关键酶 PEP 羧化酶的基因导入 C_3 作物水稻中,获得了高表达的转基因植株,特别是转 PEPC 基因水稻株系表现出较高的光合能力。这种途径与人工诱变和有性杂交等创造变异其实质是殊途同归,本质相同。

2. 有效快速选择变异途径 我们曾提出性状判断和仪器测定相结合的选择方法,实践证明该途径行之有效。具体操作为 $F_2 \sim F_4$ 代主要依据比叶重和生态类型,重点考虑形态、株型、生育期、光合面积、株高、主茎节数、节荚数、秆强度、结荚习性、抗大豆花叶病毒病和灰斑病等。F_5 代光合速率和产量选择。

鉴定应该包括以下两个方面:一是产量鉴定。目前仍采用杂交育种的产量鉴定方法,产量应比对照品种提高 10%,并具有 15% ~ 20% 增产潜力。二是光合生理生态指标的鉴定,主要指标有单叶光合速率、RuBP 羧化酶、PEP 羧化酶等 C_4 途径关键酶。

四、高效合理的群体结构

合理群体结构是高光效利用的基础之一。这里主要阐述一下高效受光态势的株型和群体结构。

实现大豆高产优质应具备的条件,一是具有高效受光态势株型的高光效高产优质品种,二是构建合理群体结构,三是满足品种和群体结构充分表达的良好土壤及环境条件。

(一)高效受光态势的株型

关于株型,武田(1973)从光能利用角度曾定义为"负担着把植物所接受的光能均匀地分配到群体全部叶层这一项任务的总体"。Donald(1968)在株型和产量生理学方面的大量理论研究的基础上提出了"理想型"概念,并设计了小麦的理想株型。大豆株型育种提出以后,引起国内外大豆育种家们极大关注,并提出许多大豆理想型的模式。王金陵(1972)指出,大豆育种和种植都应明确在一定生态条件下的生态类型及一定的株型。并提出适于高水肥条件的高产大豆品种应是株高中等、节间短、主茎着荚密、以主茎结荚为主的生态类型等。南京农业大学在国家"七五"大豆育种攻关研究中,同全国多个研究单位一道对大豆理想型进行了探索,在大豆形态、结荚习性、群体合理构成、叶面积动态、物质积累与分配等研究的基础上,发展了高产理想型概念:认为大豆理想型是指在一定栽培地区环境条件下不同生育时期大豆植株的形态特征、光合特性、物质积累与分配等在个体及群体水平上的协调表现,是多模式动态发展变化的;而理想株型则主要指株型高效受光态势的茎叶构成。杜维广、郝乃斌(2001)在高光效育种研究基础上,提出理想光合生态型的构思。

(二)高效合理群体结构

高效受光态势的株型是构成群体结构的单位。株型的改善直接影响群体结构,反过来群体结构又使原株型发生不同程度的变化。王金陵(1996)在论述大豆株型和演变过程时指出,以结荚习性为主体的大豆株型是无限结荚习性→无限或亚有限结荚习性→有限结荚习性的顺序演变的。大豆结荚习性是株型重要性状,所以不同结荚习性的株型构成的群体结构不同。无限和亚有限结荚习性构成群体多为冠顶开放型,日光较易照射到冠层的中下部;有限结荚习性所构成的群体则为冠顶封闭型,顶端叶层受光良好,而中下部光照较弱。

群体的大小,直接影响到群体结构和株型的变化。群体结构大体分为"小群体、壮个体、高积累"、"中群体、壮个体、高收获指数"和"大群体、小个体、高收获指数"3种类型。在群体结构中植株叶片具有调位运动,自身缓解中、下层叶片受光的状态。

目前大豆生产上应用较广泛的是中群体结构类型,例如双条播、穴播、宽窄行、波浪冠层等群体结构,保苗25万~30万株/hm²;大群体结构,例如窄行密植群体结构,保苗40万株/hm²以上;小群体结构,例如稀植群体结构,可采用单条播、穴播等,保苗15万株/hm²左右。这些群体结构要求有相应的品种去适应。例如,窄行密植要求矮秆、半矮秆、秆强品种,稀植要求多分枝品种等。

应该指出,目前关于大豆充分利用光能的合理群体结构研究较多,并取得很大进展,提出了不同生态区高产栽培模式,但是关于高产、优质高效同步群体结构的研究尚处于起步阶段,有待深入研究。

参 考 文 献

马淑英,梁歧,尹田夫等.大豆籽粒发育过程中脂肪酸的组分分析.大豆科学,1999,18(2):124~128
马伯军,潘建伟,付昭娟等.大豆根边缘细胞的发育及其影响因子.作物学报,2005,31(2):165~166
戈巧英,张其德,郝乃斌等.高光效大豆光合特性的研究.V.不同大豆品种光合作用的光抑制.大豆科学,1994,13(1):85~91
王光华,刘晓冰,杨恕平等.生殖生长期源库改变对大豆籽粒产量和品质的影响.大豆科学,1999,16(3):236~241
王英典,徐克章,苗以农等.大豆不同叶位叶柄维管束组织的比较研究.大豆科学,1993,12(2):100~106
王金陵,杨庆凯,吴宗璞等.中国东北大豆.哈尔滨:黑龙江科学技术出版社,1999,76~93
王曙明,孙寰等.大豆杂种优势及其高优势组合选配的研究.I.F₁籽粒产量的杂种优势与高优组合选配.大豆科学,2002,21(3):161~167
傅永彩,张贤泽.野生、半野生及栽培大豆的几个主要光合特性的研究.大豆科学,1993,12(3):255~258
申家恒.大豆受精作用的研究.植物学报,1983,25(3):213~219
申家恒,田国伟,李玉芬等.栽培大豆、半野生大豆、野生大豆比较胚胎学研究.大豆科学,1991,10(4):253~258
石连旋,苗以农,朱长甫.不同株型大豆某些生理特性的研究.大豆科学,2003,22(2):83~92

吉林省农业科学院.中国大豆育种与栽培.北京:农业出版社,1987,59~115

孙广玉.两个大豆品种光合日变化的研究.大豆科学,1989,18(1):33~37

孙广玉,张荣华,黄忠文.大豆根系在土层中分布特点的研究.中国油料作物学报,2002,24(1):45~47

庄炳昌,徐豹,张明等.萌发过程中不同进化类型大豆蛋白质及其组分的变化.大豆科学,1990,9(4):341~346

朱雨生,谭常,施教耐.植物的脂肪合成及其调节.Ⅶ.大豆种子形成过程中物质积累与呼吸代谢的关系.植物生理学报,
　　1965,2(3):195~203

许大全.光合作用效率.上海:上海科学技术出版社,2000

许守民,苗以农.大豆不同叶肉组织中光合产物淀粉的积累和动用.大豆科学,1988,7(3):119~124

许守民,苗以农,姜艳秋等.大豆不同生殖生长时期不同冠层光合活性差异与叶片结构关系的探讨.作物学报,1992,18
　　(3):191~195

何孟元.大豆胚胎学研究.植物学报,1963,11(4):318~324

张宪武,许光辉.大豆与大豆根瘤菌.北京:科学出版社,1953

张其德,卢从明,刘丽娜,白克智等.二氧化碳加富对大豆叶片光系统Ⅱ功能的影响.植物生态学报,1996,20(6):517~523

张贤泽.大豆不同品种光合速率与产量关系的研究.作物学报,1986,12(1):45~46

张恒善,梁振富,杨玉环等.大豆种子脂肪和蛋白质形成及积累规律初步研究.大豆科学,1990,9(3):191~197

张桂茹,杜维广,陈怡等.扁茎大豆光合生理特性及种质改良研究.Ⅰ.中国扁茎大豆群体条件下结荚鼓粒期光合特性.大
　　豆科学,1999,18(2):134~138

李止正,高锦华,龚颂福.寄主大豆对根结瘤的控制.植物生理学报,1994,20(2):185~192

李卫华,户庆陶,郝乃斌等.大豆 C_4 途径与光系统Ⅱ光化学功能的相互关系.植物学报,2000,42(7):689~692

李卫华,户庆陶,郝乃斌等.大豆叶片 C_4 循环途径酶.植物学报,2001,43(8):805~808

李永孝主编.山东大豆.山东科学技术出版社,1999

李秀菊,孟繁静.大豆品种早12花序分化形成期间的内源植物激素变化.作物学报,1997,23(4):446~449

李秀菊,孟繁静.植物激素在大豆生殖器官脱落过程中的变化.植物生理学报,1997,23(4):342~346

李阜隶.土壤微生物学.北京:中国农业出版社,1996,198~205

李新民,许忠仁,杜维广等.亚有限大豆源库关系的研究.大豆科学,1997,10(4):63~73

杜维广,王育民,谭克辉等.大豆品种(系)间光合活性的差异及其与产量的关系.作物学报,1982,8(2):131~136

杜维广,张桂茹,满为群等.大豆高光效品种选育及高光效育种再探讨.大豆科学,2001,20(2):110~115

杨秀红,吴宗璞,张国栋.大豆品种根系性状与地上部性状的相关性研究.作物学报,2002,28(1):742~745

杨文杰,苗以农.野生大豆和栽培大豆光合作用特征的比较研究.大豆科学,1983,2(2):83~91

邱丽娟,王金陵,孟庆喜.大豆种子发育过程中蛋白质及脂肪积累特点的初步研究.中国农业科学,1990,23(5):28~32

邹冬生,郑丕尧.大豆叶片光合蒸腾等生理特性的品种间比较研究.大豆科学,1990,9(1):25~31

邹冬生,郑丕尧.大豆生育过程中主茎叶片光合、蒸腾、呼吸及叶导性动态研究.作物学报,1993,19(4):242~311

邹琦,许长成,赵世杰等.午间强光胁迫下 SOD 对大豆叶片光合机构的保护作用.植物生理学报,1995,21(4):397~401

陆静梅,刘友良,胡波等.大豆属植物茎的次生木质部结构研究.应用生态学报,1998,9(1):27~31

陆静梅,刘友良,胡波等.中国野生大豆盐腺的发现.科学通报,1998,43(19):2074~2078

陈铨荣.利用 ^{14}C 研究大豆叶片光合产物运转和分配.植物学报,1963,11(2):167~177

周三,赵可夫.耐盐野生大豆(Glycine soja)的光周期反应.植物生理与分子生物学学报,2002,28:145~152

苗以农,许守民,朱长甫等.大豆不同品种光合性状和固氮能力的比较.大豆科学,1992,11(2):106~112

苗以农,许守民,姜艳秋等.去荚对不同结荚习性大豆品种叶面积、比叶重和光合速率的影响.作物学报,1996,22(3):
　　368~371

郑国生,邹琦.不同天气条件下田间大豆光合作用日变化的研究.中国农业科学,1993,26(1):44~50

郑易之,何孟元,郝水.大豆子叶中蛋白体的形成与贮藏蛋白质积累的关系.植物学报,1990,34(8):641~644

金剑,刘晓冰,王光华等.大豆生殖生长期根系形态性状与产量关系研究.大豆科学,2004,23(4):253~257

金剑,刘晓冰,王光华.不同熟期大豆 R_4~R_5 期冠层某些生理生态性状与产量的关系.中国农业科学,2004,37(9):1293~
　　1300

姜艳秋,黄峻,苗以农.大豆叶片表面结构与蒸腾的关系.作物学报,1991,17(1):42~46

胡立成,丁希明,姚远等.大豆叶调位运动的研究.大豆科学,1993,12(1):37~44

郝乃斌,谭克辉,那松等.C_3植物绿色器官 PEP 羧化酶活性的比较研究.植物学报,1989,33(9):692~697

夏淑芳,于新建,张振清.叶片光合产物输出的抑制与淀粉和蔗糖的积累.植物生理学报,1981,7(2):135~141

徐克章,苗以农.大豆叶形态解剖特征与光合作用速率.大豆科学,1983,2(3):169~174

徐克章,苗以农.大豆不同节位叶片形态解剖的研究.大豆科学,1984,3(1):15~19

徐豹,路琴华.大豆生态研究.Ⅳ.野生大豆($G.soja$)控光和自然条件下开花临界光周期的研究.大豆科学,1991,10(2):85~92

徐豹,路琴华.不同进化类型大豆花荚形成和脱落的比较研究.大豆科学,1988,7(2):103~111

徐六康,钟金传,刘汉中.光对大豆生育的后效应及对植株性状的影响.中国农业气象,1990,11:22~28

高辉远,邹琦,陈敬峰等.大豆光合午休原因的分析.作物学报,1994,20(3):357~362

高辉远,邹琦,程炳嵩.大豆光合日变化的不同类型及其影响因素.大豆科学,1992,11(3):219~224

盖钧镒,游明安,邱家驯等.大豆育种应用基础和技术研究.江苏科学技术出版社,1990,3~12

阎秀峰,许守民,苗以农.大豆叶片的光合速率和水分利用效率.大豆科学,1990,9(3):221~227

黄丽华,麻浩,王显生等.大豆种子贮藏蛋白 11 S 和 7 S 组分的研究.中国油料作物学报,2003,23(3):20~23

傅天明,郑丕尧,王瑞钫.夏大豆生育期间光合特性的研究.中国农业科学,1991,24(5):30~36

傅金民,张康灵,苏芳等.大豆产量形成期光合速率和库源调节效应.中国油料作物学报,1998,20(1):51~56

傅金民,张康灵,苏芳等.大豆籽粒形成期^{14}C 同化物的分配和库源调节效应的研究.作物学报,1999,25(2):169~173

彭玉华,杨国保,吴琳.大豆叶形垂直分布类型在产量改良中的应用.中国油料作物学报,1999,21(1):13~16

董钻.大豆产量生理.北京:中国农业出版社,2000

韩天富,王金陵.大豆开花后光周期反应的研究.植物学报,1995,37(11):863~869

韩天富,盖钧镒,王金陵等.大豆开花逆转现象的发现.作物学报,1998a,24(2):168~171

韩天富,盖钧镒,邱家驯.中国大豆不同生态类型代表品种开花前、开花后光周期反应的比较研究.大豆科学,1998b,17:129~134

满为群,杜维广,张桂茹等.高光效大豆品种光合作用的日变化.中国农业科学,2002,35(7):860~862

Borthwick HA and MW Parker. Influence of photoperiods upon the differentiation of meristems and the blossoming of Biloxi soy beans. Bot Gaz. 1938a,99:825~839

Borthwick HA and MW Parker. Effectiveness of photoperiodic treatments of plants of different age. Bot Gaz. 1938b,100:245~249

Borthwick HA and MW Parker. Photoperiodic perception in Biloxi soy beans. Bot Gaz. 1938c,100:374~387

Borthwick HA and MW Parker. Effect of photoperiod on development and metabolism of the Biloxi soy bean. Bot Gaz. 1939,100:651~689

Cober ER,DW Stewart and HD Voldeng. Photoperiod and temperature responses in early-maturing,near-isogenic soybean lines. Crop Sci. 2001,41:721~727

Downs RJ. Photoreversibility of flower initiation. Plant Physiol. 1956,31:279~284

Garner WW and HA Allard. Effect of the relative length of day and night and other factors of the environment on growth and reproduction in plants. J Agric Res. 1920,18:553~606

Hao Naibin, Du Weiguang, Ge Qiaoying. Progress in the breeding of soybean for high photosynthetic efficiency. Acta Botanica Sinica, 2002,44(3):253~258

Hartwig EE and RAS Kiihl. Identification and utilization of a delayed flowering character in soybeans for short-day conditions. Field Crops Res. 1979,2:145~151

Hodges T, and V French. Soybean growth stages modeled from temperature, daylength, and water availability. Agron J. 1985,77:500~505

Johnson HW, HA Borthwick and RC Leffel. Effect of photoperiod and time of planting on rates of development of the soybean in various stages of the life cycle. Bot Gaz.1960,122:77~95

Long EM. Photoperiodic induction as influenced by environmental factors. Bot Gaz. 1939,101:168~188

Morandi EN,LM Casano and LM Reggiardo. Post-flowering photoperiodic effect on reproductive efficiency and seed growth in soybean. Field Crops Res. 1988,18:227~241

Nanda KK and KC Hamner. Studies on the nature of the endogenous rhythm affecting photoperiodic response of Biloxi soybean. Bot Gaz. 1958,120:14～25

Parker MW and HA Borthwick. Effect of photoperiod on development and metabolism of the Biloxi soy bean. Bot Gaz. 1939,100:651～689

Parker MW and SB Hendricks, HA Borthwick and NJ Scully. Action spectrum for the photoperiodic control of floral initiation of short-day plants. Bot Gaz. 1946,108:1～26

Shanmugasundaram S and MS Lee. Flower-inducing potency of different kinds of leaves in soybean, *Glycine max* (L.) Merr. Bot Gaz. 1981,142:36～39

Thomas JF and CD Raper Jr. Photoperiodic control of seed filling for soybean. Crop Sci. 1976,16:667～672

Wilcox, J. R. Soybeans:Improvement Production and Uses Publishers, Madison, Wisconsin, USA. 1987,49～132,497～678

Zhu Gui-Jie,Jiang Gao-Ming,Hao,Nai-bin,Relationship between ecophysiological feature and grain yield in different soybean varieties, Acta Botanica Sinica.2002,44(6):725～730

第七章　大豆主要育种性状的遗传

第一节　大豆育种有关性状

大豆育种性状涉及与优质、高产、稳产、广适应等育种目标相关的形态、生理、生化性状，其中产量、脂肪含量、蛋白质含量等大部分性状均为数量性状，还有一些为质量性状。育种性状的遗传研究需要有合适的鉴定方法与指标，要发掘出具有遗传差异的亲本材料，抗病虫性还需要考虑其对不同生物型的抗性。以下介绍大豆主要育种性状的鉴定指标、方法及亲本材料筛选等有关内容。

一、育种性状

(一)产量与产量有关性状

大豆的产量性状通常包括单株荚数、每荚粒数和百粒重。大豆的产量及其构成性状均为数量性状，易受环境条件影响，准确选择有一定困难。产量育种途径不外乎优良产量构成性状基因的聚合及其相互关系在群体水平上的最佳协调两个方面。从物质积累角度看，大豆产量则是生物产量与收获指数(经济系数)的乘积。而个体或群体的光合作用得到提高则依赖高效利用光能、高产株型的创造。光能利用与光合生理一系列性状如光合速率、叶质重等性状有关，高产株型研究主要侧重于叶形态性状(提高光能利用)、茎形态性状。根系性状也受到人们重视。除利用基因的加性及其互作效应外，还可通过利用基因的显性及其互作效应或杂种优势达到高产目的。

(二)品质性状

大豆籽粒丰富的营养组成决定了大豆的利用是多方向的。不同的利用目的和加工方向对大豆品质性状提出了不同的要求，大致可概括为以下几方面：①籽粒外观好。一般要求亮黄色，粒大，整齐一致。这是商品外观，对任何一种利用方式均必需。②希望脂肪含量与蛋白质含量分别在23%和45%以上。③脂肪品质，食品行业需要油酸和亚油酸等不饱和脂肪酸含量高，保健行业需要卵磷脂含量高，油脂贮存需要减低亚麻酸含量(低于2%)增加饱和脂肪酸含量。④蛋白质品质，从人体营养对必需氨基酸维持平衡的要求，希望甲硫氨酸和胱氨酸等含硫氨基酸含量从现有2.5%左右提高到4%以上；蛋白质行业要求功能性好，需提高贮存蛋白11 S/7 S比值，从现有的平均1.12提高到3左右，11 S组分中Ⅰ组亚基含硫氨基酸含量高，因而提高比值将可同时改善含硫氨基酸含量。⑤豆乳、豆乳粉、豆腐类食品加工行业要求得率高，有些还要求缺失脂肪氧化酶，该酶导致生成豆腥味(不饱和脂肪氧化过程中产生的己醛、己醇等物质)；饲料行业要求缺失胰蛋白酶抑制剂。⑥特殊活性物质异黄酮具抗癌和产品保鲜作用，希望其含量从4 mg/g提高到6~8 mg/g；低聚糖有益于乳酸杆菌生长因而有利于人体消化功能，希望其含量有所提高。⑦菜用毛豆另有其形态、食用品质和营养品质的要求。随着人类对食品营养要求的科学化，大豆品质育种将是未来育种的主要方向。我国"七五"至"九五"期间品质育种受仪器设备等条件的限制，主要集中在外观品质、脂肪含量和蛋白质含量方面。豆乳、豆腐育种,脂肪氧化酶缺失育种,毛豆育种等,已有起步,其他方面尚有待启动(盖钧镒,2001)。

　　大豆生物活性物质的保健作用已受到人们重视(表 7-1),因此活性物质可能成为大豆品质和加工研究的新方向。

表 7-1　大豆生物活性物质来源及作用

活性物质名称	原　料	主要生物作用
大豆卵磷脂	制油下脚料	健脑、增智
大豆低聚糖	分离蛋白废液	改善胃肠功能、缓肠通便
大豆皂苷	豆粕	降脂、抗肿瘤、提高免疫力、抗病毒
大豆异黄酮	豆粕	降脂、心血管保健、抗肿瘤、预防骨质疏松
大豆膳食纤维	豆渣、豆皮	抗癌、促进肠蠕动
大豆活性肽	豆粕	降脂、降压、提高机体耐力
维生素 E	制油废液回收	抗氧化、抗不孕症、抗肿瘤

(三)生育期性状

　　大豆是典型的短日照作物,一般每个大豆品种的适应范围很窄(南、北界限纬度仅相差$2° \sim 4°$)。大豆生育期性状不仅指全生育期(播种至成熟天数)的长短,而且包括生育前期(播种至开花天数)、生育后期(开花至成熟天数)及各期的组成。根据发育进程进一步将生殖生长期分为 $R_1 \sim R_8$,反映了大豆对光温反应特性。还可通过生育期性状播种季节间反应敏感度作为大豆对光温反应的指标。详见第五章第二节有关内容。

(四)抗病虫性状

　　不同国家和地区具有各自的重要病虫害。在国外尤其是美国,疫霉根腐病、胞囊线虫病、褐色茎腐病、猝死综合症(*Fusarium solani* f. sp. *glycines*,SDS)以及可能构成威胁的锈病等病害是重要的抗病育种目标。在我国,全国性的主要病害有大豆花叶病毒病(Soybean Mosaic Virus,SMV)、胞囊线虫病(*Heterodera glycines* Ichinohe,SCN)等,地区性病害如东北的灰斑病、南方的锈病亦甚重要。近年来还有疫霉根腐病等多种重要的病害受到人们重视。东北地区大豆主要害虫包括食心虫(*Leguminivora glycinivorella* Mats.)、蚜虫等,关内地区豆秆黑潜蝇(*Melanagromyza sojae* Zehntner)、食叶性害虫危害严重。我国大豆育种攻关计划中开展了豆秆蝇、食心虫、食叶性害虫的抗性遗传育种研究。

　　抗病虫性涉及到寄主、寄生物的共进化,是相对较复杂的性状。大豆抗病虫性状的遗传是相对于抗、感类型划分的标准而言的。抗病性的鉴定有从反应型着眼,有从感染程度着眼,因为有的抗病性状可以明显区分为免疫与感染,有的抗病性状未发现免疫而只有感染程度上的区别;抗虫性亦有类似情况。因而抗性鉴定的尺度有的是定性的,有的是定量的。例如对大豆花叶病毒株系的抗性,接种叶的上位叶若无反应为抗,若上位叶有枯斑、花叶等症状为感;对豆秆黑潜蝇的抗性以主茎分枝内的虫数为尺度,以一套最抗、最感的标准品种茎秆虫量为相对标准,划分为高抗、抗、中等、感、高感等 5 级。

　　相关内容详见第五章第二节。

(五)耐逆境性状

　　关于大豆对环境胁迫耐性育种的研究是从改革开放后尤其是"七五"大豆育种攻关开始

的,根据我国大豆分布地域胁迫因子的严重程度,提出以耐旱、耐盐、耐酸性土壤铝离子毒害为主要育种研究对象。经过一个时期的工作已有所进展,但有待建立系统的耐逆性育种计划,一些基础研究与耐逆育种有待更好地结合起来。

有关大豆耐逆境性状的鉴定,详见第五章第二节相关内容。

(六)育性性状

大豆育性性状主要包括细胞核雄性不育和质核互作不育两类,涉及雌雄两方面育性表现。目前已发现雄性不育-雌性可育、雌性不育-雄性可育、雄性雌性均不育、部分雄性不育、结构不育等类型。

我国质核互作雄性不育系的选育目前在国际上是领先的,多个单位均实现了三系配套,并找到了一些具有强优势的组合。吉林省农业科学院孙寰等(1994)报道了首例野生型细胞质雄性不育三系(OA、OB);以后又报告了栽培大豆质核互作雄性不育系 YA 和保持系 YB,并找到了其恢复系。赵丽梅(1998)以 ZD8319 为母本,另一不育系 YA 的保持系 YB 为父本杂交并多次回交,育成了细胞质雄性不育系 ZA 和保持系 ZB,并找到了恢复系。

从 1987 年起,南京农业大学大豆研究所试图用远缘杂交及品种间杂交等方法创造质核互作雄性不育材料。1989 年从大量杂交组合的筛选中发现两个栽培品种 N 8855 × N 2899 杂种不育,其反交杂种可育,经多次回交从该组合选育出质核互作雄性不育系 NJCMS1A 及其保持系 NJCMS1B(Gai et al,1995;丁德荣,1998;盖钧镒等,1999;Ding et al,2000)。NJCMS1A 不育系的雄性不育株率为 98.2%,花粉败育率为 100%,综合农艺性状优良。NJCMS1A 的败育时期在小孢子单核后期到二核期,不育系和保持系间在线粒体 DNA RFLP 图谱上有多方面差异(丁德荣和盖钧镒,2001)。丁德荣(1999)、白羊年(2001)进一步报告了从 N8855 × N1628 中选育出另一套质核互作雄性不育系 NJCMS2A 和 NJCMS2B,并报告了 NJCMS1A 和 NJCMS2A 2 套不育系的一批恢复系和新保持源。

李磊等(1995)以栽培大豆 ZD8319 为母本,分别与 SG01、JX03 和 PI004 杂交,再用父本回交 5 次,选育出阜 CMS1A、阜 CMS2A 和阜 CMS3A 三个高度不育的质核互作不育系。这 3 个不育系花粉为典型不育,且不育性稳定。与 3 个不育系广泛测交,筛选与不育系配合力高、育性恢复力强的强优势组合,从中鉴定出恢复度高的恢复系 5 个,实现三系配套。通过测交发现,阜 CMS1A、阜 CMS2A 的育性比阜 CMS3A 容易被恢复。

张磊等(1997,1999a)报道了从栽培大豆 W202(中油 89B)× W203、W202 × W206、W202 × W207 的回交后代中获得 3 个质核互作雄性不育系 W_{931A}、W_{933A}、W_{936A},并找到恢复力强的恢复系 WR03、WR09 和强优势组合 HS9812、HS9814、HS9816,比推广品种中豆 19 增产 29.00% ~ 47.63%。

二、形态生物学性状

形态生物学性状包括大豆根、茎、叶、花、果、种子的形态性状、生理性状与生化性状。部分性状与产量、品质等性状有关,一些可用作标记性状。根系不仅对植物具有固定和支持作用,而且具有吸收和合成作用,在植物次生代谢中具有重要地位。大豆根系性状遗传主要集中在形态及生理特点等方面。以往研究多在茎、叶等较易观测的形态变异性状。随着分子生物学研究的深入,人们日益重视一些形态生物学性状基因的研究。大规模的突变体筛选工作正在多家研究机构进行。

三、性状遗传的研究方法

围绕大豆育种应用而进行的性状遗传研究,主要涉及以下三方面内容:①控制性状的遗传体系、基因效应以及基因间的连锁。②估计育种群体的遗传潜势,包括群体遗传变异度、遗传率、选择响应等。所研究的群体可以是杂种群体的分离世代,或者是一定生态区域地方品种组成的自然群体。③与确定育种方法、策略有关的遗传学信息,包括诸如亲本配合力(一般配合力与特殊配合力,在 F_1 代表现的亲本配合力用于杂种优势利用的亲本选配,在后期世代表现的亲本配合力用于纯系选育的亲本选配)、杂种优势的预测、性状的遗传相关等。上述性状大部分是量测的数量性状,少部分是定性的属性性状或质量性状。两类性状遗传研究方法有所区别。属性性状或质量性状界限明显,通过 F_1 观察显隐关系,由 F_2 及其他分离世代观察表型分离比例及基因型分离比例,从而推定其遗传体系。数量性状所得数据为连续性的,易受环境条件影响。传统的数量遗传学理论认为数量性状主要由微效多基因控制,并可通过世代平均数法、方差分析法等方法估计微效多基因的总体加性、显性、上位性作用效应。

一个数量性状并不一定是微效多基因控制的数量遗传的性状。盖钧镒等(2003)提出数量性状泛主基因-多基因假说,将植物数量性状看成由效应大小不等的基因(主效 QTL 与微效 QTL)所组成的遗传体系,其中效应大的表现为主基因,效应小的表现为多基因;QTL 体系中可能均为主基因、均为多基因、主基因与多基因混合,后者具有普遍意义,前二者为后者的特例。从而发展了数量性状主基因 + 多基因混合遗传模型分离分析方法。

在定义数量性状主基因遗传率和多基因遗传率的前提下,利用统计学上的混合分布理论、极大似然估计、EM 算法等推导出由单个分离世代(F_2 、B_1 与 B_2 、$F_{2:3}$ 、RIL)鉴别主基因 + 多基因模型的图形分析法及统计分析法;进一步推导出多世代联合分析法(容易获得杂交种子的作物 P_1 、P_2 、F_1 、B_1 、B_2 、及 F_2 和不易获得杂交种子的作物 P_1 、P_2 、F_1 、F_2 、$F_{2:3}$),从而鉴别主-多基因模型,估计其相应的遗传参数。并根据 Bayes 的后验概率对供试材料的主基因型作归类。在 1 对主基因(A)、2 对主基因(B)、多基因(C)、1 对主基因加多基因(D)4 类模型的基础上,又扩展出 2 对主基因加多基因的模型(E)的分析方法,还从个体资料的分析扩展为家系材料有重复试验数据的分析,建立 P_1 、P_2 、F_1 、$F_{2:3}$ 、$B_{1:2}$ 、$B_{2:2}$ 6 家系世代联合分析方法,提高了分析的精确性。近来在 RIL 分析中已扩展到 3 对主基因(F)和 3 对主基因加多基因(G)的遗传模型。

第二节　大豆主要形态性状的遗传

一、根形态性状的遗传

已发现 5 个位点(*Fr 1 ~ Fr 5*)控制大豆根紫外灯荧光反应(表7-2)。李福山(1994)报道1 210 份中国栽培大豆中有3%幼根无荧光反应,而1 310 份野生大豆幼根无荧光反应的比例为36%。不同等位基因频率的生态地理分布可能不同。已报道 7 个与根瘤形态有关基因,其中 *rj 1* 、*rj 5* 、*rj 6* 控制无根瘤性状,*rj 7* 控制超结瘤,其他位点则控制对特定根瘤菌无效结瘤特性。还发现一类由单位点(*m*)控制的类病根系坏死突变体。

表 7-2　已报道的大豆根形态质量性状的遗传　（摘自 Palmer 等，2004）

性　状	显性基因符号	表　型	载体材料	隐性基因符号	表　型	载体材料
紫外灯荧光反应	*Fr1*	有荧光反应	常见材料	*fr1*	无荧光反应	Minsoy
	Fr2	有荧光反应	常见材料	*fr2*	无荧光反应	Noir1
	Fr3	无荧光反应	PI424078	*fr3*	有荧光反应	常见材料
	Fr4	有荧光反应	常见材料	*fr4*	无荧光反应	PI404165
	Fr5	有荧光反应	常见材料	*fr5*	无荧光反应	T285
根形态	*Rn*	根正常生长	常见材料	*rn*	根坏死	T322 突变体
根瘤菌反应	*Rfg1*	对 205 菌株无效	Kent	*rfg1*	对 205 菌株有效	Peking
	Rj1	结瘤	常见材料	*rj1*	不结瘤	T181
	Rj2	对 b7、b14、b122 菌株无效	Hardee，CNS	*rj2*	对 b7、b14、b122 菌株有效	常见材料
	Rj3	对 33 菌株无效	Hardee	*rj3*	对 33 菌株有效	Clark
	Rj4	对 61 菌株无效	常见材料	*rj4*	不结瘤	Lee，Semmes
	Rj5	结瘤	常见材料	*rj5*	不结瘤	Williams NN5
	Rj6	结瘤	常见材料	*rj6*	不结瘤	Williams NN5
	Rj7	结瘤	常见材料	*rj7*	超结瘤	Williams NOD1-3

　　根系特性可作为反映植株的耐逆性、生活力等性状的指标。王宏林等（2004）利用 NJRIKY RIL 群体及其遗传图谱检测出大豆根重的 QTL *rw1*、*rw2* 和 *rw3*，*rw1* 位于 N2-B1 的 A520T 至 ACCCAG05 区间，*rw2* 和 *rw3* 分别位于 N6-C2 的 OPW13 和 ACCCAT06 上，分别解释 26.3%、9.2%、6.8% 的遗传变异。

二、茎叶形态性状的遗传

　　茎叶形态较易观测，是良好的形态标记性状。表 7-3 列出了主要茎叶形态性状基因。国内也发现一些形态变异材料。

表 7-3　已报道的大豆茎叶形态质量性状的遗传　（摘自 Palmer 等，2004）

性　状	显性基因符号	表　型	载体材料	隐性基因符号	表　型	载体材料
茎形状	*F*	正常茎	常见材料	*f*	扁茎	T173
	Sb1 或 *Sb2*	正常茎形态	常见材料	*sb1sb2*	曲茎	PI227224
节间长	*S*	短节间	Higan	*s*	正常节间	Harosoy
	s-t	长节间	Chief			
矮化	*Df2*	正常	常见材料	*df2*	矮化	T210
	Df3	正常	常见材料	*df3*	矮化	T244
	Mn	正常	常见材料	*mn*	微型株	T251

续表 7-3

性　状	显性基因符号	表　型	载体材料	隐性基因符号	表　型	载体材料
结荚习性	Dt1	无限性茎	Manchu	dt1	有限性茎	Ebony
	dt1-t	高有限茎	Peking			
	Dt2	亚有限茎	T117	dt2	无限性茎	Clark
分　枝	Br1Br2	中下节均有分枝	T327	br1br1	基部节有分枝	T326
花序轴	Se	有花序轴	T208	se	近无花序轴	PI84631
高矮秆	Df2～Df8	高秆	常见材料	df2～df8	矮秆	特定突变体
	Mn	正常	常见材料	mn	微小植株	T251
	Pm	正常	常见材料	pm	不育,矮秆,皱叶	T211
茸毛类型	Pa1Pa2	直立	Harosoy	pa1Pa2	半匍匐	scott
	Pa1pa2	直立	L70-4119	pa1pa2	匍匐	Higan
	P1	无毛	T145	p1	有茸毛	常见材料
	P2	有茸毛	常见材料	p2	稀茸毛	T31
	Pd1Pd2	超密茸毛	L79-1815	pd1	正常密度	常见材料
	Pd1 或 Pd2	密茸毛	PI80837,T264	pd2	正常密度	
茸毛色	T	棕色	常见材料	t	灰色	常见材料
落叶性	Ab	成熟时落叶	常见材料	ab	延迟落叶	Kingwa
叶　形	Ln	卵形小叶	常见材料	ln	窄小叶,四粒荚	PI84631
	Lo	卵形小叶	常见材料	lo	椭圆叶,荚粒少	T122
	Lw1 或 Lw2	正常叶缘	常见材料	lw1lw2	叶缘波浪形	T176,T205
	Lb1 或 Lb2	正常叶	常见材料	lb1lb2	泡状叶	L65-701
小叶数	Lf1	5小叶	PI86024	lf1	3小叶	常见材料
	Lf2	3小叶	常见材料	lf2	7小叶	T255
叶柄长	Lps1	正常叶柄	Lee68	lps1	短叶柄	T279
	Lps2	正常叶柄	NJ90L-2	lps2	短叶柄,叶枕异常	NJ90L-1sp
叶　色	Y3,…Y23	正常绿叶	常见材料	y3,…y23	异常,黄化,白化	特定材料
细胞质因子	Cyt-G2,…G8	正常绿叶	常见材料	cyt-Y2,…Y8	黄绿叶	特定材料

　　彭玉华等(1999)对两个生长直立的栽培大豆品种 L 94-1003×诱处4号杂交,其 F_2 代中直立与蔓生倒伏性状的分离比例极显著地符合15:1。由此推断该蔓生倒伏性可能是由2对分散于亲本之间的隐性基因控制,在2个位点同时为隐性纯合时即表现为蔓生倒伏。李楠和高敏(1988)用3个杂交组合观察认为,控制从美国引入的扁化茎性状的基因为2对隐性重叠基因。

　　彭玉华(1994)发现下阔叶-上窄叶叶形分布类型对下窄叶-上窄叶类型为显性,受1对基因控制。Wang 等(2000)研究表明,野生大豆五小叶性状受3对基因控制,认为除 Lf 1 外还有2个位点控制此性状。朱保葛等(2001)发现与窄叶基因连锁的 RAPD 标记 OPY_{6-1300},二者间距离为 8 cM。马国荣等(1994)发现1个细胞质遗传芽黄突变体。

赵团结等(1998)以本地发掘的 NJ90L-1 SP 和美国引入的 D 76-1609 两个短叶柄材料与本地长叶柄材料共 9 个组合的分离结果证明：NJ90L-1 SP 的短叶柄与不正常叶枕两性状之间完全连锁或一因多效，由 1~2 对隐性重叠基因控制；D 76-1609 的短叶柄也受 1~2 对隐性重叠基因控制；上列 2 个材料之间短叶柄性状至少受二、二重叠的 4 对基因控制。

三、大豆花、荚果与种子形态性状的遗传

迄今，对大豆花、荚果与种子颜色性状研究较多(表 7-4)。大豆花色一般分为白色和紫色，实际上从紫花到白花间存在一系列中间类型，还发现粉红、洋红色花突变体。Skorupska 等(1993)报道了一个无花瓣的雄性不育自发突变体，受 1 对隐性基因控制。Tanaka 等(1998)分析了一个自发的迟开花突变体，迟开花性状与每节多花、长花序特性相关。迟开花性状受 1 对显性基因控制。Takahashi 等(2001)研究了闭花受精品种 Karafuto-1 与开花受精品种 Toyosuzu 杂交后代 F_1、F_2、F_3 开花期花形态，结果表明，开花受精对闭花受精为显性，该相对性状至少有 2 对表现上位性的基因控制，该组合 F_2、F_3 代闭花受精特性与早花特性相关，其中 1 对控制闭花受精的隐性基因位点与对白炽灯长光照不敏感基因连锁。

荚色一般受 2 个基因位点 L1、L2 控制。大豆种皮色可概括为黄色、青色、褐色、黑色及双色五类。双色包括褐色种皮上有黑色虎斑状的斑纹及黄、青色种皮脐旁有与脐同色的马鞍状褐色或黑色斑纹。大豆脐色可有无色(与黄、青种皮同色)、极淡褐色、褐色、深褐色、灰蓝色以至黑色。种皮上另有褐斑或黑斑，由脐色外溢，斑形不规则，其出现有时与病毒感染有关。种皮色的遗传与种脐色的遗传有关，目前已发现 10 多个位点与种皮色和种脐色有关，还存在细胞质因子控制子叶色。

表 7-4　大豆花、荚果与种子形态质量性状的遗传　(摘自 Palmer 等，2004)

性　状	显性基因符号	表　型	载体材料	隐性基因符号	表　型	载体材料
花　色	W1	紫色	常见材料	w1	白色	常见材料
	W3w4	淡紫色	L70-4422	w3w4	近白色	L68-1774
	w3W4	紫色	常见材料	w4-dp	浅紫色	T321
	Wm	紫色	常见材料	wm	洋红	T235
	Wp	紫色	常见材料	wp	粉红	突变体
荚　色	L1L2	黑色	Seneca	l1L2	棕色	Clark 等
	L1l2	黑色	PI85505	l1l2	草黄色	Dunfield 等
种皮形态	Shr	正常	常见材料	shr	种子皱缩	T311
种子颜色	G1	绿种皮	Kura	g1	黄种皮	常见材料
	G2	绿种皮	Ogden	g2	黄种皮	常见材料
	G3	黄种皮	常见材料	g3	绿种皮	T294
	O	褐种皮	Soysota	o	红棕色种皮	Ogemaw
	R	黑种皮	常见材料	r-m	褐种皮有黑斑纹	PI91073
	r	褐种皮	常见材料			
	I	淡色种脐	Mandacin	i-i	深色种脐	Manchu

续表 7-4

性 状	显性基因符号	表 型	载体材料	隐性基因符号	表 型	载体材料
种子颜色	*i-k*	鞍挂	Merit	*i*	脐皮同为深色	Soysota
	K1	无鞍挂	常见材料	*k1*	种皮有深鞍挂	Kura
	K2	黄种皮	常见材料	*k2*	种皮有褐鞍挂	T239
	K3	无鞍挂	常见材料	*k3*	种皮有深鞍挂	T238
子叶色	*D1* 或 *D2*	黄子叶	常见材料	*d1d2*	绿子叶	Columbia
细胞质因子	*Cty-G1*	绿子叶	T104	*cty-y1*	黄子叶	常见材料

第三节　大豆产量与产量有关性状的遗传

一、地方品种群体产量性状的遗传变异

南京农业大学大豆研究所将我国南方分成几个大豆生态地区,分别研究各地区大豆地方品种群体产量与产量构成性状的遗传变异、选择潜力和性状相关。从表7-5可见:①南方各群体百粒重、单株荚数的遗传变异丰富(分别为36%和22.5%),遗传力高(分别为96.4%和58.8%),遗传进度大(分别为72.8%和35.5%),具有较大的选择潜力,在改良品种时,应以利用本地大粒、多荚资源为主;②每荚粒数的遗传变异有限(8.9%),遗传力较低(57.4%),遗传进度小(13.9%),选择潜力有限,加上南方大豆每荚粒数相对较少的缺陷,因而育种应引入北方每荚粒数多的种质。提高南方大豆每荚粒数是一个富有潜力的育种方向。

表 7-5　中国南方地方品种群体产量性状的遗传变异　(%)

区 域		产 量			单株荚数			每荚粒数			百粒重		
		GCV	h^2	ΔGS	GCV	h^2	ΔGS	GCV	h^2	ΔGS	GCV	h^2	ΔGS
中国南方		36.5	77.2	66.0	22.5	58.8	35.5	8.9	57.4	13.9	36.0	96.4	72.8
其	长江上游	13.0	46.9	18.4	25.0	79.8	46.0	11.1	30.8	12.7	27.0	94.5	45.2
	长江中游	28.0	68.3	47.7	21.7	33.4	25.8	9.7	20.0	9.2	25.6	87.8	49.3
	长江下游	23.3	76.6	42.0	—	—	—	12.4	71.5	21.6	38.5	97.2	78.1
	东南地区	30.2	92.6	59.8	27.0	79.2	49.5	8.9	69.0	15.2	27.5	96.9	55.7
中	华南地区	33.1	84.2	62.5	24.5	72.2	42.9	9.0	79.8	16.5	31.4	96.6	63.7
	西南地区	15.7	74.5	27.9	23.9	84.7	45.3	8.4	61.8	13.6	31.9	97.0	64.7

注:GCV 为遗传变异系数,h^2 为遗传率,ΔGS 为遗传进度

二、产量性状的遗传与相关

大豆产量及其构成性状主要受微效多基因控制,环境影响相对较大,产量、单株荚数、单株粒数的遗传率均甚低,尤其当选择单位是单株时平均约仅10%,选择单位为家系时遗传率增大至38%左右,有重复的家系试验阶段遗传率增大至80%左右,因此产量性状的直接

选择常在育种后期有重复试验的世代进行。产量、百粒重的基因效应主要是加性效应,通过重组常存在加性×加性上位作用可资利用。

李向华和常汝镇(1998)研究 89 个中国春大豆品种农艺性状遗传潜力的结果表明,中国春大豆品种在农艺、产量性状方面具有丰富的遗传资源和选择潜力。主茎荚数、单株总荚数、单株粒数、百粒重、生殖生长期等性状与产量性状呈极显著正相关,营养生长期与产量呈显著负相关。

三、大豆产量杂种优势及配合力特点

我国大豆质核互作雄性不育三系育成,使大豆杂种优势利用成为可能。F_1 产量存在明显的超亲优势,国内外研究的平均超亲优势为 3.3% ~ 20.9%(表 7-6)。自交有明显的衰退。产量的杂种优势与单株荚数及单株粒数的杂种优势有关。

亲本的产量配合力在杂种早期 F_1 ~ F_4 世代的表现不一致,存在显著 gca×世代与 sca×世代的互作,但在后期 F_5 ~ F_8 世代则上述二项互作并不显著,因而在杂种早代表现配合力高的亲本,不一定在以后世代表现出高配合力,利用 F_1 杂种优势与利用后期世代稳定纯系将可能有不同的最佳亲本及其组合。百粒重在早代及晚代表现上述二项互作均不显著,因而 F_1 优势和后代纯系二种育种方向的亲本组成有可能是一致的。大豆产量与大豆全生育期有正相关,与蛋白质含量有负相关,其他有实质性意义的相关甚为鲜见。

表 7-6　大豆主要农艺性状超高亲优势率表现

组合数（个）	超高亲优势率（%）			研究者
	百粒重	单株荚数	籽粒产量	
10	− 2.6(− 16.3 ~ 8.5)	11.8(− 40.6 ~ 74.7)	20.29(− 28.2 ~ 122.2)	马育华等,1983
15	3.2(− 9.7 ~ 14.1)	− 3.0(− 21.6 ~ 20.0)	9.0(− 15.4 ~ 60.2)	黄承运等,1993
8	− 3.5(− 26.3 ~ 25.6)	25.9(− 17.4 ~ 74.0)	59.0(2.1 ~ 94.6)	李磊等,1999
99	6.5	—	14.18(− 35.6 ~ 95.1)	王跃强等,1999
6	− 5.0(− 16.7 ~ 17.5)	42.7(23.1 ~ 71.9)	40.9(23.2 ~ 49.2)	张磊等,1999*

*　母本为不育株,超高亲优势率为同父本比较结果

第四节　大豆品质性状的遗传

一、大豆蛋白质含量与脂肪含量的遗传

王文真等(1998)对 21 050 份栽培大豆分析的结果,蛋白质含量平均为 44.31%,变异幅度为 29.3% ~ 52.9%,标准差为 2.68%,变异系数为 6.06%;对 6 115 份野生大豆的分析结果,蛋白质含量平均为 45.36%,变异幅度为 29.0% ~ 55.7%,标准差为 3.22%,变异系数为 7.12%。

宋启建等(1989)、于永德等(1990a,1990b)研究了植株世代蛋白质含量、脂肪含量的遗传。各人所采用的材料不同,所用的遗传设计有部分双列杂交、各种类型间的单交等,但所获结果相当一致,证实蛋白质含量与脂肪含量的遗传效应主要为加性效应,世代×组合不显著,早代表现乃至中亲值均能预测后代的平均表现。于永德等的结果还指出,F_2 衍生家系

间的遗传方差占各世代总遗传方差比重大,各代家系间的遗传方差大于相应家系内方差,提出早代选蛋白质含量,到高代再进行严格产量选择的高产、优质选择策略。Sebolt 等(2000)检测到 2 个来源于野生大豆的蛋白质含量 QTL(位于连锁群 I 和 E)。

脂肪含量的遗传效应主要为加性效应,早代表现乃至中亲值均能预测后代的平均表现。F_2 衍生家系间的遗传方差占各世代总遗传方差比重大,各代家系间的遗传方差大于家系内方差,因此可以在早代对脂肪含量进行选择。大豆脂肪含量的基因估计为 3 ~ 5 个。Masur 等(1996)研究发现 3 个与脂肪含量有关的标记,即位于 U14(L)连锁群上的 Satt6(R^2 = 0.085),位于 U7(A1)连锁群上的 T155(R^2 = 0.073)和 A329(R^2 = 0.052);Qiu 等(1999)等发现 H 连锁群上的 B072 与脂肪的含量也有关(R^2 = 0.21)。以上几个标记为脂肪含量与蛋白质含量的共同标记,由此可以说明大豆蛋白质含量与脂肪含量存在负相关的原因。Orf 等(1999)将与脂肪含量有关的连锁群和标记进一步扩展为:U7 连锁群的 Satt174(R^2 = 0.1);U14 连锁群的 A489-1(R^2 = 0.19);U22 连锁群的 2 个 SOYGPATR(R^2 = 0.11,0.07);U9 连锁群的 Satt432(R^2 = 0.11)。其中 U22 连锁群的 SOYGPATR 标记也是蛋白质和脂肪含量共有的标记。王永军等(2001)研究发现控制脂肪含量的 QTL,位于 N4-B2 上 1 个,位于 N20-M 上 3 个。

二、大豆蛋白质组分遗传

裴东红(1995)分析 23 个春、夏大豆品种蛋白质及其组分含量的结果表明,大豆籽粒中球蛋白、清蛋白、谷蛋白、醇溶蛋白、2 S 球蛋白、7 S 球蛋白、11 S 球蛋白含量,平均分别为 27.54%、6.95%、5.29%、1.9%、4.86%、5.37% 和 17.31%。籽粒蛋白质各组分含量变异系数大,其中 11 S 球蛋白、清蛋白含量与籽粒蛋白质含量相关不显著。南京农业大学大豆研究所对 33 份江苏省育成品种 11 S/7 S 值的测定,变幅为 0.684 ~ 1.612,最低为南农 88-48,最高为南农 88-1。

表 7-7 归纳了已命名的大豆蛋白质亚基基因。Teraishi 等(2001)发现 QY2-5 的 β-伴大豆球蛋白缺失由单显性基因 Scg-1 控制,其缺失是由于 β-伴大豆球蛋白功能基因未发生转录而抑制表达所致。

表 7-7　大豆蛋白质亚基的遗传　(摘自 Palmer 等,2004)

性　状	基因符号	载体材料	性　状	基因符号	载体材料
有大豆球蛋白 G1 亚基	*Gy1*	Dare	有 β-伴大豆球蛋白 α′亚基	*Cgy1*	常见材料
有大豆球蛋白 G2 亚基	*Gy2*	Dare	α′亚基缺失	*cgy1*	Keburi
有大豆球蛋白 G3 亚基	*Gy3*	Dare	有 β-伴大豆球蛋白 α 亚基	*Cgy2-a*	Raiden
有大豆球蛋白 G4 亚基	*Gy4-a*	常见材料	α 亚基变异带	*Cgy2-b*	PI54608-1
G4 亚基变异带	*Gy4-b*	PI468916	有 β-伴大豆球蛋白 β′亚基	*Cgy3*	PI81041-1
G4 亚基缺失	*gy1*	Raiden	β′亚基缺失	*cgy3*	PI253651
有大豆球蛋白 G4 亚基	*Gy5*	Forrest			

三、大豆脂肪酸含量遗传

大豆脂肪酸包括饱和脂肪酸中的棕榈酸和硬脂酸,以及不饱和脂肪酸中的油酸、亚油酸、亚麻酸(见第五章表 5-15)。由于其用途的不同,不同脂肪酸含量又有不同的育种方向。

目前已鉴定出一些控制不同脂肪酸含量的基因位点(表 7-8)。对饱和脂肪酸含量遗传研究较深入,已发现 *Fap1* ~ *Fap7* 等基因控制棕榈酸含量,*Fas* 和 *St* 位点控制硬脂酸含量。对于不饱和脂肪酸,已发现 *Ol* 位点控制油酸含量、*Fan1* ~ *Fan3* 等控制亚麻酸含量的基因。控制脂肪酸含量的不同位点(包括控制同一种脂肪酸的不同位点和控制不同脂肪酸的基因)基因间存在互作。利用亚麻酸含量低的材料相互杂交,获得了超亲分离类型,已育成亚麻酸含量低于 1% 的品种。Mazur 等(1999)利用转基因技术获得了种子油酸相对含量高达 85% 的大豆新品系,比原来提高了 3.4 倍,而且农艺性状优良。

表 7-8　大豆控制不同脂肪酸含量的基因汇总表　(摘自 Palmer 等,2004)

性　状	基因符号	载体材料	性　状	基因符号	载体材料
棕榈酸含量					
平均含量	*Fap1*	常见材料	高含量	*fap4*	A24
低含量	*fap1*	C1726(T308)	平均含量	*Fap5*	常见材料
平均含量	*Fap2*	常见材料	高含量	*fap5*	A27
高含量	*fap2*	C1727(T309)	平均含量	*Fap6*	常见材料
低含量	*fap2-a*	J10	高含量	*fap6*	A25
高含量	*fap2-b*	A21	平均含量	*Fap7*	常见材料
平均含量	*Fap3*	常见材料	高含量	*fap7*	A30
低含量	*fap3*	A22	低含量	*fapx*	ELLP-2,KK7
低含量	*fap3-nc*	N79-2077-12	低含量	*fap?*	J3,ELHP
平均含量	*Fap4*	常见材料			
硬脂酸含量					
平均含量	*Fas*	常见材料	平均含量	*St1*	常见材料
高含量	*fas*	A9	高含量	*st1*	KK2
高含量	*fas-a*	A6	平均含量	*St2*	常见材料
高含量	*fas-b*	A10	高含量	*st2*	M25
油酸含量					
平均含量	*Ol*	常见材料			
高含量	*ol*	M-23	高含量	*ol-a*	M-11
亚麻酸含量					
平均含量	*Fan1*	常见材料	平均含量	*Fan3*	常见材料
低含量	*fan1*	PI123440,A5 等	低含量	*fan3*	A26
低含量	*fan1-b*	RG10	低含量	*fanx*	KL-8
平均含量	*Fan2*	常见材料	低含量	*fanx-a*	M-24
低含量	*fan2*	A23			

四、豆乳、豆腐得率的遗传

在提出小样品豆腐分析方法的基础上,研究了我国各地 600 多份大豆地方品种豆腐产量的遗传变异,揭示我国大豆地方品种豆腐产量、品质及有关加工性状的选择潜力,预期遗传进度可达 15% 以上。进一步研究出豆腐产量的微样品测定方法,用单粒种子微样品研究种胚世代、用小样品研究植株世代的豆腐产量的遗传。对 4 个组合种胚世代干豆乳和干豆腐产量结果表明,灌云大黑豆×六合小叶青组合种胚世代 F_3 家系间的干豆乳和干豆腐产量均存在显著差异,F_2 群体间的差异不显著,而且 F_2 群体内、F_3 家系内的变异均没有显著大于纯系品种内不同种子间的变异,说明干豆乳产量和干豆腐产量主要不是决定于受精后种胚的基因型,而是决定于母体效应,其中包括显著的母体核影响。六合小叶青×新沂小黑豆和上饶干不死×淮阴秋黑豆两个组合种胚世代正反交 F_2 的干豆乳和干豆腐产量均存在显著差异,具有母体的细胞质效应,其值分别为 $1.38(\pm 0.66)$g/100g、$1.31(\pm 0.69)$g/100g 和 $1.64(\pm 0.92)$g/100g、$1.11(\pm 1)$g/100g(表 7-9)。除细胞质效应外,还可能由母体核影响所决定(钱虎君等,1999)。

表 7-9　3 个杂交组合正反交 P_1、F_2、P_2 干豆乳和干豆腐产量的平均数与细胞质效应

(钱虎君等,1999)

世　代	六合小叶青×新沂小黑豆		上饶干不死×淮阴秋黑豆		南农 73-935×六合小叶青	
	干豆乳产量	干豆腐产量	干豆乳产量	干豆腐产量	干豆乳产量	干豆腐产量
P_1	75.36 ± 0.99	57.12 ± 1.24	75.68 ± 1.73	56.56 ± 1.21	75.36 ± 0.99	57.12 ± 1.24
$F_2(P_1 \times P_2)$	74.89 ± 0.96	55.06 ± 1.19	75.78 ± 1.66	54.50 ± 1.72	75.98 ± 1.42	56.72 ± 1.33
$F_2(P_2 \times P_1)$	72.14 ± 1.25	52.44 ± 1.15	72.51 ± 1.48	52.29 ± 1.69	75.92 ± 1.39	56.46 ± 1.58
P_2	68.89 ± 1.16	45.56 ± 1.20	70.16 ± 1.63	48.88 ± 1.97	74.43 ± 1.72	53.54 ± 1.69
r_{12} 或 r_{21} *	1.38 ± 0.66	1.31 ± 0.69	1.64 ± 0.92	1.11 ± 1.00	0.03 ± 0.83	0.13 ± 0.86

* r_{12} 和 r_{21} 分别为 P_1 和 P_2 的母体细胞质效应

盖钧镒等(2000)对六合小叶青×新沂小黑豆、上饶干不死×淮阴秋黑豆、六合小叶青×南农 73-935 等 3 个组合的 P_1、P_2、F_1、F_2、$F_{2:3}$ 植株世代分析发现,干豆腐产量的遗传服从主基因-多基因混合遗传模型,由 1 对主基因加多基因控制,主基因遗传率为 51.8%～61.9%,多基因遗传率为 36.1%～48%,主基因无明显显性效应(表 7-10)。

表 7-10　3 个杂交组合干豆腐产量遗传参数的估计值　(盖钧镒等,2000)

组合及代号	六合小叶青×新沂小黑豆	上饶干不死×淮阴秋黑豆	六合小叶青×南农 73-935
遗传模型	D	D-1	D
主基因加性效应 d	7.68	4.60	2.92
主基因显性效应 h	0.33	-0.26	-2.32
显性度 r	0.04	-0.06	-0.79
多基因效应	$[d] = -1.90, [h] = 40.24$ $[i] = 6.47, [l] = -30.38$	$[d] = -0.76, [h] = 2.28$	$[d] = -1.13, [h] = -19.91$ $[i] = 5.73, [l] = -15.36$
F_2 遗传方差 σ_g^2	24.08	13.90	11.49
主基因遗传方差 σ_{mg}^2	$> \sigma_g^2$	10.60	5.61

续表 7-10

组合及代号	六合小叶青×新沂小黑豆	上饶干不死×淮阴秋黑豆	六合小叶青×南农 73-935
多基因遗传方差 σ^2_{pg}	—	3.30	5.88
遗传率 $h^2_B(\%)$	95.97	87.86	87.84
主基因遗传率 $h^2_{mg}(\%)$	—	67.00	42.89
多基因遗传率 $h^2_{pg}(\%)$	—	20.86	44.95
$F_{2:3}$遗传方差 σ^2_g	59.69	18.39	7.73
主基因遗传方差 σ^2_{mg}	30.97	11.11	4.88
多基因遗传方差 σ^2_{pg}	28.72	7.28	2.85
遗传率 $h^2_B(\%)$	99.83	98.98	97.97
主基因遗传率 $h^2_{mg}(\%)$	51.80	59.80	61.85
多基因遗传率 $h^2_{pg}(\%)$	48.03	39.18	36.12

五、大豆异黄酮含量的遗传

　　南京农业大学大豆研究所对 298 份国内外大豆资源的异黄酮含量测定,变异幅度为 0.4～4.6 mg/g,变异系数为 42.6%;国内 83 份大豆推广品种异黄酮含量变幅为 0.88～4.88 mg/g,变异系数为 31%。胚轴中异黄酮含量最多达干重的 11%。孙君明等(1998)对 3 个杂交组合研究表明,籽粒中异黄酮含量具有主效-微效基因的遗传特点,由一个主效基因和若干微效基因共同控制;在主效基因遗传效应中,同时存在加性和显性效应,且各组合的加性和显性效应不同。微效基因的遗传变异亦因组合而异,为主效基因变异的 1/17～1/3。

六、菜用毛豆品质性状遗传

　　陈长之(2002)发现品种间可溶性糖含量变异度甚大,有选择潜力。通过 2 个组合 P_1、P_2、F_1、F_2 世代的分析,可溶性糖含量由 2 对主基因和多基因控制,F_2 世代主基因遗传率为 73.6%～84.2%,多基因遗传率为 13.2%～20.7%。Maughan 等(2000)发现,分布于 7 个连锁群的 17 个 QTL 控制大豆种子蔗糖含量,单个 QTL 的遗传贡献率在 6.1%～12.4%之间。并认为可能存在"成簇"或具多效性的主效 QTL 同时控制蛋白质含量、脂肪含量和蔗糖含量。

七、营养抑制因子的遗传

(一)脂肪氧化酶的遗传

　　大豆中的脂肪氧化酶有 3 个位点(Lx 1、Lx 2、Lx 3)控制。已发现 Lx 1-a、Lx 1-b、lx 1、Lx 2、lx 2、Lx 3、lx 3 共 7 种类型。Lx 1-a 与 Lx 1-b 为共显性,Lx 1-a 与 Lx 2 紧密连锁。国内一些研究从大量资源中鉴定筛选出这 7 种类型,并验证缺失体受隐性基因控制,控制 Lox 1 和 Lox 2 的基因间有连锁(麻浩等,2001;王文秀等,2001)。孙君明等(2004)获得与控制 Lox 1 的基因相距 7.6 cM 的 RAPD 标记 S352。

(二)胰蛋白酶抑制剂的遗传

　　胰蛋白酶抑制剂包括 Kunitz、Bowman-Birk 等类型。目前 Kunitz 型胰蛋白抑制剂(KTI)相继发现几个多态性等位基因,如 *Ti-a*、*Ti-b*、*Ti-c*、*Ti-y*,缺失体 *ti*,以及 3 个微小突变 *Tia-s*、*Tib-f* 和 *Tib-s*(表 7-11),*Ti* 位点与根荧光反应基因 *Fr3* 等 4 个位点位于经典遗传连锁群 9 上。王克晶等(2004)从野生大豆发现一个 *Tib-f* 突变,基因序列和氨基酸分析表明是由 *Ti-b* 点突变而来,并发现 *Ti-a* 与 *Ti-b* 间存在 9 个氨基酸差异。Kollipara 等(1996)从 2n = 38 的多年生野生大豆(*Glycine tomentella* Hayata)中发现 Bowman-Birk 型胰蛋白抑制剂缺失类型。

表 7-11　大豆胰蛋白酶抑制剂同工酶基因　(摘自 Palmer 等,2004)

性　状	基因符号	载体材料	性　状	基因符号	载体材料
胰蛋白酶 Kunitz 型变异	*Ti-a*	Harosoy	Ti-a 变异谱带	*Tia-s*	
胰蛋白酶 Kunitz 型变异	*Ti-b*	Aoda	Ti-b 变异谱带	*Tib-f*	
胰蛋白酶 Kunitz 型变异	*Ti-c*	PI86084	Ti-b 变异谱带	*Tib-s*	
胰蛋白酶 Kunitz 型变异	*Ti-x*		酶谱带缺失	*ti*	PI157440
胰蛋白酶	*Pi1*	常见材料	酶谱带缺失	*pi1*	PI440998
胰蛋白酶	*Pi2*	常见材料	酶谱带缺失	*pi2*	PI373987
胰蛋白酶 BBI′型	*Pi3*	常见材料	酶谱带缺失	*pi3*	PI440998

注:BBI′为 Bowman-Birk 型胰蛋白抑制剂同工酶条带类型。PI440998 和 PI373987 为多年生野生大豆　G.tomanfalla(Hayata).

(三)植酸的遗传

Oltmans 等(2004)分析发现,大豆低植酸含量受 2 对隐性基因控制。

第五节　大豆生育期性状的遗传

生育期性状通常为数量遗传性状,由多基因控制。Bernard 通过 Clark 品种的近等基因系证实 *E1*、*E2* 位点,之后又发现了 *E3 ~ E7* 基因位点控制大豆开花与成熟(表 7-12)。其中,*E3* 对 *E4* 有上位效应。Hartwig 等发现 PI159925 在短日条件下从播种到开花时间较长,称做"长青春期"(long juvenility)。Hinson(1991)研究发现长青春期性状受 1 对隐性基因(*j* 位点)控制。也有认为长青春期性状受单个显性基因或 2 对隐性基因控制。中国农业科学院油料作物研究所发现短青春期典型品种(中豆 24)表现出很高的稳产性,鉴于短青春期类型品种的营养生长期对光照不敏感的特点,提出该地区短青春期类型品种的适应性可能较好(杨志攀等,2000)。

生育期性状的生理基础是对光周期及温度条件的反应,这种反应特性的遗传一般也是数量遗传的;但也有报告 *E4* 是对长日反应敏感的基因。

表 7-12　大豆生育期性状的遗传　(摘自 Palmer 等,2004)

显性基因符号	表　型	载体材料	隐性基因符号	表　型	载体材料
E1	晚熟	T175	*e1*	早熟	Clark
E2	晚熟	Clark	*e2*	早熟	PI86024
E3	晚熟,对荧光敏感	Harosoy	*e3*	早熟,对荧光不敏感	Blackhawk
E4	对长日敏感	Harcory	*e4*	对长日不敏感	PI297550

续表 7-12

显性基因符号	表　型	载体材料	隐性基因符号	表　型	载体材料
E5	开花、成熟晚	L64-4830	e5	开花、成熟早	Harosoy
E6	早熟	Parana	e6	晚熟	SS-1
E7	开花、成熟晚	Harosoy	e7	开花、成熟早	PI196529
J	长青春期	PI159925	j	短青春期	常见材料

杨永华等(1994)采用生育期性状播种季节间的标准差及播季反应敏感度,反映品种生育期的光温反应特性。以不同生育期特性的 6 个品种间 7 个杂交组合为材料研究表明,播季反应敏感度的遗传方式呈现有主基因和微效多基因共同作用的混合模型和微效多基因作用的模型,并因亲本、组合不同而异,F_2 世代有较高的广义遗传率;基因作用以加性效应为主,并存在一定的显性效应及上位性效应。控制播季反应敏感度的微效多基因在杂种亲本中分散分布,因而出现超亲现象(表 7-13,表 7-14)。

表 7-13　杂种分离世代($F_{2:3}$)生育期播季反应敏感度的遗传方差和遗传率　(杨永华等,1994)

组　合	生育前期播季反应敏感度		生育后期播季反应敏感度		全生育期播季反应敏感度	
	$\hat{\sigma}_g^2$	$\hat{h}^2$	$\hat{\sigma}_g^2$	$\hat{h}^2$	$\hat{\sigma}_g^2$	$\hat{h}^2$
骨绿豆×泰兴黑豆	6.04	94.96	39.89	99.28	64.29	99.86
骨绿豆×上海红芒早	8.22	93.62	44.91	99.76	53.12	99.46
1138-2×上海红芒早	4.18	88.19	51.63	98.51	77.36	99.03
7206-934×泰兴黑豆	5.13	95.18	7.15	96.75	15.06	97.16
7206-934×上海红芒早	3.48	94.82	22.70	98.70	32.07	99.26
诱变 30×泰兴黑豆	3.63	96.80	9.48	97.73	12.23	96.15
诱变 30×上海红芒早	3.01	94.36	106.09	99.66	115.11	99.47

表 7-14　杂种分离世代($F_{2:3}$)生育期播季反应敏感度的加性和显性效应　(杨永华等,1994)

组　合	生育前期播季反应敏感度		生育后期播季反应敏感度		全生育期播季反应敏感度	
	$[\hat{d}]$	$[\hat{h}]$	$[\hat{d}]$	$[\hat{h}]$	$[\hat{d}]$	$[\hat{h}]$
骨绿豆×泰兴黑豆	3.43**	−6.60**	10.02**	6.94**	14.72**	3.68**
骨绿豆×上海红芒早	3.90**	0.22	9.47**	16.98*	15.87*	23.20*
1138-2×上海红芒早	3.44**	0.72	8.32**	10.22*	11.85**	18.49*
7206-934×泰兴黑豆	1.97**	−1.19	3.50**	−1.00*	6.84**	−3.93*
7206-934×上海红芒早	1.96**	0.99	5.18**	−7.31**	7.39**	−6.42*
诱变 30×泰兴黑豆	2.33**	−2.75*	3.35**	−1.68*	7.76**	−5.57*
诱变 30×上海红芒早	2.04**	−0.12	2.95**	−37.23	5.65**	−29.96

组合 7206-934×泰兴黑豆的分离群体在南京春、夏、秋不同季节播种都表现为单峰态的多基因遗传,但宜兴骨绿豆×泰兴黑豆组合在夏、秋季播种下表现单峰态的多基因遗传,而在春播条件下却表现为二峰态的一对主基因加多基因的复合遗传方式。这对主基因在不同

条件下表现的基因效应显然不同,春播时主基因效应突出,夏、秋播时主基因效应与微效基因相仿而难以辨认。但在另一些组合中生育期性状又表现为明显的主基因遗传。所以同一性状的遗传机制与组合、环境有关。

第六节　大豆抗病虫性状的遗传

一、抗病性遗传

(一)对大豆花叶病毒病抗性的遗传

大豆抗 SMV 的研究首先从株系专化抗性开始。南京农业大学鉴定明确 Sa、Sc、Sg、Sh 为江苏主要 SMV 株系,对 4 个株系的抗性各由 1 对显性等位基因控制,属同一连锁群,具有以下次序 G-H-A-C,重组率分别为 27.3%、23.5% 和 15.1% ~ 25.4%(向远道等,1991)。根据新鉴别体系的鉴定结果,明确抗 N_1、N_3、Sc-7、Sc-8、Sc-9 的遗传均各由 1 对显性基因控制并与 G-H-A-C 属同一连锁群,在 N8-D1b + W 连锁群上排列的次序为 Rsc-8—$Rn1$—$Rn3$—Rsc-7—Rsa—Rsc-9(王永军等,2004)。初步发现对大豆花叶病毒数量抗性的遗传属于 1 对主基因和多基因的混合遗传模型。

陈怡等(1991)研究大豆对 N_1 和 N_3 两个大豆花叶病毒株系的抗性遗传,结果为对 N_1 株系的抗性受 2 对隐性基因控制,而对 N_3 株系的抗性受 2 对显性基因控制;孙志强(1990)研究表明,对 N_3 的抗性由 2 对显性互补基因 1 对隐性基因控制;栾晓燕等(1997)通过 F_2 及 BC_1F_1 研究 4 个抗源对 N_3 株系的抗性,结果分别出现 2 个抗源受 2 对显性互补基因控制,另外 2 个抗源受 2 对隐性互补基因控制。上述结果互有异同,有待继续扩展亲本,以明确亲本间抗性遗传的差异。已获得与抗 1 号和 3 号株系基因连锁的 RAPD 分子标记。国内、外抗性遗传的部分结果归纳于表 7-15。

表 7-15　大豆对花叶病毒抗性的遗传

性　状	基因符号	载体材料	性　状	基因符号	载体材料
抗 Sa 株系	$Rsva$	7222	抗 SMV-1,1-B,G1 ~ G6	$Rsv1$	PI96983
感 Sa 株系	$rsva$	1138-2	感 SMV-1,1-B,G1 ~ G6	$rsv1$	Hill
抗 Sc 株系	$Rsvc$	Kwanggyo	抗 SMV-1,1-B,G1 ~ G6	$rsv1$-t	Tokyo
感 Sc 株系	$rsvc$	493-1	抗 G1 ~ G3	$Rsv1$-y	York
抗 Sg 株系	$Rsvg$	文丰一号	抗 G1,G4,G5,G7	$Rsv1$-m	Marshall
感 Sg 株系	$rsvg$	Tokyo	抗 G1 ~ G4	$Rsv1$-k	广吉
抗 Sh 株系	$Rsvh$	N640044	对 G1 出现顶枯	$Rsv1$-n	PI507389
感 Sh 株系	$rsvh$	493-1	抗 G1 ~ G4,G7	$Rsv1$-s	Raiden
抗 Sc-7 株系	$Rsc7$	科丰 1 号	抗 G1 ~ G7	$Rsv1$-sk	PI483084
感 Sc-7 株系	$rsc7$	1138-2	抗 G5 ~ G7	$Rsv3$	OX686
抗 Sc-8 株系	$Rsc8$	科丰 1 号	感 G5 ~ G7	$rsv3$	Lee68
感 Sc-8 株系	$rsc8$	1138-2	抗 G1 ~ G7	$Rsv4$	LR2,Peking
抗 Sc-9 株系	$Rsc9$	科丰 1 号	感 G1 ~ G7	$rsv4$	Lee68
感 Sc-9 株系	$rsc9$	1138-2			

大豆感染 SMV 可导致种皮斑驳。吴宗璞等(1986)研究了大豆对 SMV 的抗性与种皮斑驳的关系及种传机制。胡国华(1995)认为,抗种皮斑驳的遗传受显性主基因控制。胡国华等(1996)利用 2 个抗大豆花叶病毒病品种东农 81-43、铁 6915 与 4 个感病品种东农 79-9、合丰 25、丰收 12、天北白目配制 11 个组合五世代接种鉴定结果表明:大豆成株抗性与籽粒抗性是由不同基因控制的。东农 81-43 的成株抗性基因与籽粒抗性基因不在同一染色体上,铁 6915 的成株抗性基因与籽粒抗性基因在同一染色体上,连锁值为 26.3±8.5%。东农 81-43 和铁 6915 抗 SMV 1 号株系的种粒斑驳基因不等位,抗 SMV 1 号和 3 号株系的种粒斑驳基因也不等位。

(二)对胞囊线虫病抗性的遗传

邢邯等(1997)鉴定出 RN-9 等新抗源,并证实与 Peking 的抗性有等位性。从大规模正反交组合的遗传分析中揭示该两个抗源对胞囊线虫 1 号生理小种的抗性由 3 对隐性重叠基因和 1 对显性基因控制,其中 1 对与粒色基因(I-i)有连锁。用大豆种质 PI88788 和 Peking 与应县小黑豆的回交后代(BC_1F_2)鉴定大豆对胞囊线虫 1 号生理小种的抗性遗传,结果表明,抗源应县小黑豆对胞囊线虫 1 号生理小种的抗性遗传受隐性基因控制,与 PI88788 存在 1 对基因差异,与 Peking 存在相同的抗病基因。

对 3 号生理小种抗性可能受 3 对或更多对基因控制(薛庆喜等,1991;刘维志等,1991;颜清上、王连铮,1995)。李莹等(1996)根据用 4 个不同抗性水平亲本配制的完全双列 12 个组合的结果,认为 2 个抗源材料受 1 对显性基因和 2 对隐性基因控制。

(三)对灰斑病抗性的遗传

研究表明,大豆对灰斑病 1 号、2 号、7 号生理小种的抗性均为 1 对显性基因,不同基因间有互作。而 10 个生理小种混合接种时,表现为 1~2 对主基因 + 多基因遗传模式(曹越平和杨庆凯,2002)。

(四)对锈病抗性的遗传

谈宇俊等(1991)研究指出,大豆对锈病的抗性由 1 对显性基因控制。

(五)对疫霉根腐病抗性的遗传

马淑梅等(2001)对合丰 35×垦农 4 号、合丰 25×合丰 34 的 F_2 接种鉴定结果表明,抗源垦农 4 号可能含有 1 对显性抗大豆疫霉根腐病基因,而合丰 34 可能有 2 对显性互补作用的抗病基因。胡喜平等(2004)利用 3 个抗病品种合丰 34、红丰 8 号、垦农 4 号与 3 个感病品种北丰 11、垦鉴豆 23、合丰 39 配制的 5 个杂交组合的 F_1、F_2 人工接种大豆疫霉病 1 号生理小种进行抗性鉴定,结果表明,大豆疫霉病 1 号生理小种的抗性可能是受 1 对基因控制的显性遗传。

国外已报道的大豆对胞囊线虫病、灰斑病、锈病和疫霉根腐病的抗性基因见表 7-16。

表 7-16　国外已报道的大豆对 4 种病害的抗性基因　(摘自 Palmer 等,2004)

性　状	基因符号	载体材料	性　状	基因符号	载体材料
抗大豆胞囊线虫病					
感病	*Rhg1*, *Rhg2* 或 *Rhg3*	Lee, Hill	抗病	*rhg1rhg2rhg3*	Peking
抗病	*Rhg4* 和 *rhg1-3*	Peking	感病	*rhg4*	Scott
抗病	*Rhg5*	PI88788	感病	*rhg5*	Essex

续表 7-16

性　状	基因符号	载体材料	性　状	基因符号	载体材料
抗灰斑病					
抗 1 号小种	*Rcs1*	Lincoln	感 1 号小种	*rcs1*	Hawkeye
抗 2 号小种	*Rcs2*	Kent	感 2 号小种	*rcs2*	C1043
抗 2 号、5 号小种	*Rcs3*	Davis	感 2 号、5 号小种	*rcs3*	Blackhawk
抗大豆锈病					
抗　病	*Rpp1*	PI200492	感　病	*rpp1*	Davis
抗　病	*Rpp2*	PI230970	感　病	*rpp2*	常见材料
抗　病	*Rpp3*	PI462312	感　病	*rpp3*	常见材料
抗　病	*Rpp4*	PI459025	感　病	*rpp4*	常见材料
抗疫霉根腐病					
抗　病	*Rps1*…*Rps7*	特定抗源	感　病	*rps1*…*rps7*	感病材料

二、抗虫性遗传

(一)对豆秆黑潜蝇抗性的遗传

南京农业大学鉴定了我国南方 4 582 份大豆地方品种资源,获得 10 份高抗豆秆黑潜蝇的材料和一些耐虫品种;提出以茎秆虫量为指标的标准品种分级法,利用自然虫源在大豆开花期进行抗性鉴定的鉴定技术(盖钧镒等,1989)。韦涛等(1989)对 3 个抗感组合的抗性遗传研究发现,大豆抗蝇性由 1 对显性基因控制,无细胞质效应,但受环境修饰(表 7-17)。

表 7-17　三个大豆组合 F₃ 家系世代对豆秆黑潜蝇抗性遗传　(韦涛等,1989)

组　　合	总　数	抗性家系	感虫家系	$x^2(3:1)$	P
Ⅰ. 江宁刺文豆 × 邗江秋稻黄乙	100	73	27	0.21	0.50 ~ 0.75
Ⅱ. 无锡长箕光甲 × 邳县天鹅蛋	91	62	29	2.29	0.10 ~ 0.25
Ⅲ. 邳县天鹅蛋 × 南农 1138-2	127	90	37	1.16	0.25 ~ 0.50

注:抗性家系包括全抗和抗感分离家系

Wang 和 Gai(2001)在肯定韦涛等 1 对显性主基因抗性结论的基础上扩展为 1 对主基因 + 多基因混合遗传,抗性主基因近于完全显性,显性度接近 1.05 ~ 1.39;各主基因加性效应不相等,为 − 2 ~ − 1.71 头/株;多基因体系的加性效应一般小于主基因,三组合间各不相同,起修饰作用;主基因遗传率在 F_2 为 44.2% ~ 72.9%,在 $F_{2:3}$ 为 93.1% ~ 95%,多基因遗传率在 F_2 为 0 ~ 13%,在 $F_{2:3}$ 为 0 ~ 0.5%;按后检概率区别 F_2 和 $F_{2:3}$ 主基因基因型,F_2 抗感的分界限为 3 < x < 4(表 7-18、表 7-19)。

表 7-18　P_1、P_2、F_1、F_2、$F_{2:3}$联合世代估计的大豆黑潜蝇抗性的遗传参数　（Wang and Gai, 2001）

世代	估计值	组合		
		Ⅰ	Ⅱ	Ⅲ
多世代分析	d	-1.71	-2.00	-1.85
	h	-1.79	-2.20	-2.57
	h/d	1.05	1.10	1.39
	[d]	-0.88	-0.25	0.15
	[h]	-0.49	0.14	0.65
F_2	σ_p^2	3.46	3.54	4.10
	$h_{mg}^2(\%)$	44.2	72.9	61.2
	$h_{pg}^2(\%)$	13.0	0	9.8
$F_{2:3}$	σ_p^2	2.99	3.90	3.08
	$h_{mg}^2(\%)$	95.0	93.1	94.2
	$h_{pg}^2(\%)$	0	0.5	0

表 7-19　组合 Ⅱ F_2 植株及其 $F_{2:3}$ 家系茎秆虫量的后验概率与主基因型归属　（Wang and Gai, 2001）

虫量		次数	后验概率			基因型归属
			AA	Aa	aa	
F_2	0~2	98	0.35~0.32	0.65~0.67	0.00	Aa + AA
	3	14	0.28	0.61	0.11	Aa + AA + aa
	4	11	0.04	0.09	0.86	aa + Aa
	5~7	23	0.00	0.00	1.00	aa
$F_{2:3}$	0.80	5	0.45	0.55	0.00	Aa + AA
	1.00~1.60	43	0.53~0.58~0.55	0.47~0.42~0.45	0.00	AA + Aa
	1.80~2.00	14	0.47~0.36	0.53~0.64	0.00	Aa + AA
	4.20~4.60	3	0.00	0.95~0.57	0.07~0.43	Aa + aa
	4.80~5.00	5	0.00	0.26~0.06	0.74~0.94	aa + Aa
	5.20~6.60	20	0.00	0.02~0.00	0.98~1.00	aa

(二)对食叶性害虫抗性的遗传

盖钧镒等(1997)提出自然虫源及网室接虫的鉴定方法与标准。孙祖东和盖钧镒 (1999c, 2000)发现大豆对食叶害虫抗性由 1 对主基因加多基因控制,抗性为显性,主基因遗 传率在 $F_{2:3}$ 为 65.38%。进一步对斜纹夜蛾抗性遗传的研究,发现除一些组合早期或晚期的 抗性呈多基因遗传外,大部分抗×感组合及主要危害时期均呈 1 对主基因加多基因模式,1 对主基因的遗传率为 50%~70%,多基因遗传率为 10%~30%,似乎虫害发展过程中抗性 基因的相对效应有不同的变化(表 7-20)。

表 7-20　各组合 $F_{2:3}$ 家系混合分布中各成分分布参数的极大似然估计

(孙祖东和盖钧镒,1999)

组合与日期		成分分布个数	权　重	理论比例	概　率
D01	Ⅰ	1	1.00	—	1.000
	Ⅱ	3	0.30,0.54,0.16	1:2:1	0.105
	Ⅲ	2	0.79,0.21	3:1	0.336
	Ⅳ	2	0.80,0.20	3:1	0.243
	Ⅴ	2	0.77,0.23	3:1	0.650
	综合	2	0.80,0.20	3:1	0.163
D02	Ⅰ	1	1.00	—	1.000
	Ⅱ	2	0.77,0.23	3:1	0.595
	Ⅲ	2	0.69,0.31	3:1	0.124
	Ⅳ	2	0.71,0.29	3:1	0.272
	Ⅴ	1	1.00	—	1.000
	综合	2	0.72,0.28	3:1	0.530
D07	Ⅰ	1	1.00	—	1.000
	Ⅱ	1	1.00	—	1.000
	Ⅲ	2	0.78,0.22	3:1	0.507
	Ⅳ	2	0.72,0.28	3:1	0.613
	Ⅴ	2	0.67,0.33	3:1	0.075
	综合	2	0.74,0.26	3:1	0.897

詹秋文等(2001)利用两个感抗杂交组合分析大豆抗食叶性害虫综合虫种植株反应的遗传规律,结果表明,不论多世代联合分析还是单个分离世代分析,大豆对食叶性害虫的抗性为 2 对主基因 + 多基因遗传模式。但在大豆生长发育的不同时期,随着害虫数量和种群结构的变化,其抗虫性遗传呈动态变化过程。在 2 对主基因充分表达日期,效应较大的 1 对加性效应表现为叶面积损失率 10.5% ~ 10.7%,效应较小的 1 对加性效应为 4.4% ~ 7.2%,并且 2 对主基因的遗传率较高,达 81.05% ~ 94.1%,起决定性作用;多基因遗传率较低,为 0 ~ 12.24%(表 7-21)。

表 7-21　F_2 或 $F_{2:3}$ 和多世代联合分析不同日期大豆对综合虫种抗性的遗传模型

(詹秋文等,2001)

世　代	1997 年不同日期(月-日)遗传模型				1998 年不同日期(月-日)遗传模型				
	1(8-26)	2(9-7)	3(9-21)	加权	1(8-24)	2(8-31)	3(9-7)	4(9-14)	加权
先进 2 号 × 赶泰-2-2									
F_2	E-1	E-2	E-3	E-2	E-2	E-1	B-4	E-1	E-3
$F_{2:3}$	A-2	E-2	C-0	E-2	D-1	D-2	A-2	B-5	E-3
P_1、P_2、F_1、F_2、$F_{2:3}$					A-1	D-2	E-3	D-1	E-0

续表 7-21

世 代	1997 年不同日期(月-日)遗传模型				1998 年不同日期(月-日)遗传模型				
	1(8-26)	2(9-7)	3(9-21)	加权	1(8-24)	2(8-31)	3(9-7)	4(9-14)	加权
皖 82-178 × 南农 89-30									
F_2	E-1	E-3	E-1	A-2	E-1	E-4	E-2	A-2	E-3
$F_{2:3}$	E-2	E-1	C-0	E-1	D-2	A-2	E-1	C-0	E-4
P_1、P_2、F_1、F_2、$F_{2:3}$					D-3	A-2	E-3	E-3	E-3

注:A、B、C、D、E 分别代表 1 对主基因、2 对主基因、多基因、1 对主基因加多基因、2 对主基因加多基因的遗传模型,字母后的数字代表不同的基因效应模型

进一步通过 4 个感抗杂交组合研究了在网室人工接入斜纹夜蛾幼虫的条件下大豆抗斜纹夜蛾植株反应发育过程的遗传。不论 P_1、P_2、F_1、F_2、$F_{2:3}$ 多世代联合分析还是单个分离世代分析,结果均表明大豆对斜纹夜蛾幼虫的抗性为 2 对主基因 + 多基因遗传模式。但在大豆生长发育的不同时期,随害虫数量的变化,其抗虫性遗传呈动态变化过程。在 2 对主基因充分表达日期,主基因的遗传率较高,达 70.4% ~ 99.21%,环境影响较小;多基因遗传率较低,为 0 ~ 22.29%(表 7-22)。进一步研究抗性的虫体反应(抗生性),发现两者并不完全一致,但抗性的虫体反应也由 2 对主基因加多基因控制,两者的遗传基础差别有待于分子标记的检验。

彭玉华等(1997)通过近等基因系比较发现大豆抗虫性受多个基因控制。国外已定位到效应较大的抗虫 QTL 位点(Boerma 等,1998)。

表 7-22 大豆对斜纹夜蛾幼虫抗性发育的遗传参数 (詹秋文等,2001)

组 合		先进 2 号 × 赶泰-2-2				皖 82-178 × 南农 89-30			
日期(月-日)		(9-1)	(9-7)	(9-14)	加权	(9-1)	(9-7)	(9-14)	加权
最适模型		D-3	D-3	E-1	E-0	D-2	D-2	E-0	D-2
多世代	d_a	6.39	7.53	9.89	6.80	3.96	8.95	1.56	7.78
	d_b			-3.79	-0.97			1.56	
	h_a	-6.39	-7.53	-7.73	-7.02			-21.22	
	h_b			-4.81	4.83			-7.38	
	i			-5.13	-2.18			9.06	
	j_{ab}			3.62	5.31			1.93	
	j_{ba}			8.80	7.21			-6.90	
	l			4.79	-11.46			8.31	
	[d]	-3.77		3.67		-2.45	-2.82		-2.76
	[h]	4.32		-6.59		-0.25	16.40		3.99
F_2	σ_p^2	54.27	118.79	138.52	68.04	36.03	108.6		
	σ_{mg}^2	29.79	70.78	136.24	65.25	8.60	61.38	104.23	17.98
	$h_{mg}^2(\%)$	54.89	59.58	98.35	95.90	23.87	56.5	98.07	37.65
	$h_{pg}^2(\%)$	0.00	0.77	0.00	0.00	7.11	0.00	0.00	25.45

续表 7-22

组 合		先进 2 号 × 赶泰-2-2				皖 82-178 × 南农 89-30			
日期(月-日)		(9-1)	(9-7)	(9-14)	加权	(9-1)	(9-7)	(9-14)	加权
最适模型		D-3	D-3	E-1	E-0	D-2	D-2	E-0	D-2
F$_{2:3}$	σ_p^2	49.66	56.54	107.18	39.26	30.03	99.37	99.56	45.53
	σ_{mg}^2	34.43	34.60	92.00	34.34	7.78	39.50	70.09	28.57
	$h_{mg}^2(\%)$	69.33	61.20	85.84	87.47	25.91	39.75	70.40	62.75
	$h_{pg}^2(\%)$	20.80	22.14	8.66	1.78	57.54	50.68	22.29	29.52

(三)对食心虫抗性的遗传

研究表明,大豆对食心虫的抗性具有较高的遗传率,F$_2$ 呈非对称性分布,超亲现象普遍(孙志强,1993)。虫食粒率与百粒重、荚皮内糖分含量呈极显著正相关,而与荚皮内纤维素含量、荚皮硬度、荚皮颜色呈极显著负相关(王继安、罗秋香,2001)。

第七节 大豆耐逆境性状的遗传

一、耐旱性遗传

Mian 等以大豆杂交组合 Young × PI416973 的 120 个 F$_4$ 家系为材料,利用 RFLP 标记发现分别有 4 个和 6 个独立的 RFLP 标记与水分利用效率、叶片灰分重量相关的 QTL,能解释各自性状表型变异的 38%和 53%,之后又在 L 连锁群上发现 1 个控制水分利用效率(茎叶根干重/耗水量)的标记 A489H,能解释其表型变异的 14%。

刘莹等(2003)利用扫描成像技术结合 WinRizo 根系分析软件分析根系形成指标,并对根系构型、形态指标与抗旱性之间的关系进行了研究。结果表明,大田和盆栽条件下的根系构型与大豆的抗旱性无明显相关;干旱胁迫条件下的根重、总根长、根体积的相对值在抗感品种之间达极显著差异,三者与平均隶属函数值亦成极显著正相关,采用根重、总根长、根体积的相对值作为抗旱品种根系形态的指标是合理的,可作为大豆品种抗旱性改良的根系形态育种指标。利用 NJRILKY 重组近交家系群体发现 10 个、7 个、11 个标记分别与相对根重、相对根长、相对根体积 3 个性状 QTL 连锁,其中位于 N6-C2 连锁群的 1 个主效位点(QTL)同时影响 3 个性状。

二、耐盐性遗传

邵桂花等(1994)研究表明,大豆耐盐性受 1 对核显性基因控制。郭蓓等(2000)利用 BSA 法对耐(敏)盐品种池和(文丰 7 号 × Union)F$_2$ 的耐(敏)盐池进行了鉴定,获得一个共显性标记。经 F$_2$ 分析,在盐敏感个体中仅扩增出约 600 bp 的特异片段;在耐盐性个体中扩增出约 700 bp 的特异片段或 2 个特异片段(700 bp/600 bp),经过连锁值测定,表明该标记与大豆耐盐基因位点紧密连锁,已申请专利。

三、耐高铝离子毒害性遗传

美国 Carter 等发掘出 PI416937 等"多纤维根"类型材料具有良好的抗旱性和耐高铝离子毒性,明确其为数量遗传。刘莹、盖钧镒等(2004)发现与耐铝毒有关的 5 个根系性状分别受 2~3 对主基因 + 多基因控制。

第八节　大豆育性性状的遗传

目前,国外已发掘出雄性不育-雌性可育、雌性不育-雄性可育、雄性雌性均不育、部分雄性不育、结构不育及光温敏不育等不同类型的大豆核雄性不育材料 30 多个。其中,已鉴定出 $ms_1 \sim ms_9$ 和 ms_0 共 10 个不同基因位点控制大豆雄性不育-雌性可育性状,$st\,1 \sim st\,8$ 共 8 个位点控制雌性雄性均不育性状,$fsp\,1 \sim fsp\,5$ 共 5 个位点控制雌性不育-雄性可育性状,还发现部分雄性不育基因 msp、结构不育基因 ft 和 $fs1fs2$(表 7-23)。

表 7-23　国外报道的大豆核雄性不育类型及遗传　(摘自 Palmer 等,2004)

不育性状	不育基因符号	载体材料	不育性状	不育基因符号	载体材料
雄性不育-雌性可育	$ms\,1$	T260、T266 等	部分雄性不育	msp	T271H
	$ms\,2$	T259、T360 等	结构不育	ft	辐射诱变后代
	$ms\,3$	T273、T284 等		$fs1fs2$	T269
	$ms\,4$	T274、T292	雄雌性均不育	$st2(Ames)$	T241H 等
	$ms\,5$	T277		$st3$	T242H
	$ms\,6$	T295、T354		$st4$	T258H
	$ms\,7$	T357		$st5(Ames)$	T272H
	$ms\,8$	T358		$st5(Danbury)$	Beeson 不育株
	$ms\,9$	T359		$st6st7$	Calland
	单隐性基因	BR97-12986H		$st8$	T352

近期,Mahama 等(2002)将经典连锁群 6 和经典连锁群 8 合并,并对应到分子图谱 F 连锁群上,该连锁群上有 $ms\,1$、$ms\,6$、$st\,5$ 等不育基因。其中 $ms\,6$ 与花色性状紧密连锁,重组值为 $4.3 \pm 0.3\%$,该突变体已被用于杂种大豆制种的理论研究(Skorupska et al,1989;Palmer et al,2001)。$ms\,6$ 与同工酶基因 $pgm\,1$ 连锁,重组值为 $18.7 \pm 2.4\%$(Sneller 等,1992);$ms\,7$ 基因被定位在大豆分子连锁群 D1b 上(Jin 等,1998)。

表 7-24 列出国内发现的雄性核不育材料及其遗传特点。余建章等(1985)从地理远缘亲本杂交组合后代发现的与 $ms\,1$ 等位的核不育材料。马国荣(1993)从栽培大豆杂交组合后代中发现一新大豆雄性不育突变体 NJ 89-1,等位性测验表明 NJ 89-1 非等位于 $ms\,1 \sim ms\,5$,其细胞学特征不同于 $ms\,1 \sim ms\,6$,与 st 不育系统有相似的雄性联会不育机制,但雌性可育,建议将 NJ89-1 的不育基因初步定为 $ms\,7$(后改为 $ms\,0$)(杨守萍、盖钧镒,1998)。李莹等(1988,1994)、张磊等(1999)均也报道核基因控制的大豆雄性不育突变材料。卫保国等(1991)从一个诱变的 M_2 代株系中发现一个 $msp\text{-}pz$ 雄性不育系,其不育性为单隐性基因遗

传。

表 7-24　国内报道的大豆核雄性不育材料

不育类型	遗传材料	来　源	遗传控制	参考文献出处
雄性不育	L78-387	[(5621×徐州424)×铁丰15]F$_8$	ms1	余建章等(1985)
	WBY	自然变异	单隐性	李莹等(1988)
	NJ89-1	[(1138-2×493-1)F$_3$×诱变30]F$_6$	单隐性	Ma(1993)；杨守萍等(1998)
	NJ89-2	N69-2774(ms1群体)	单隐性	杨守萍等(1998)
	Wh921	皖豆10号×Bedford	单隐性	张磊等(1999)
部分雄性不育	msp-pz	长治圆黄豆^{60}Co照射后代	单隐性	卫保国(1993)
光敏雄性不育	88-428BY-3	本地土梅豆	单隐性	卫保国(1995)

彭玉华(1998)报道了一个对播期反应敏感的质核互作大豆不育材料，其两个栽培大豆亲本育性正常，F$_1$在短日(晚播)条件下全部不育，并认为该性状是由1对显性核基因控制。

张磊等(1999)育成含中油89不育细胞质的新质核互作型雄性不育系W945A和W948A，并认为保持系W210、W212中保持不育的核基因是隐性的。戴瓯和等(2001)认为M型质雄性不育系的不育性是由配子体遗传隐性核基因控制。许占友等(1999)对2个不育系和5个恢复系的核基因组进行SSR分析筛选出Satt143、Satt168、Satt441等3个可能与恢复基因有关的标记，并把恢复基因初步定位于2个分离群体的6个连锁群上。白羊年(2001)通过不育系NJCMS1A与恢复系杂交的25个F$_2$群体(部分组合有F$_{2:3}$)育性分离结果，认为NJCMS1A、2A受2对隐性重叠基因控制(表7-25)。

表 7-25　大豆质核互作雄性不育性的遗传

材料名称	胞质供体	父　本	败育特点	不育核基因	参考文献出处
阜CMS1A	ZD8319	SG01	孢子体	单显性	许占友等(1999)
阜CMS2A	ZD8319	JX03	孢子体	单显性	许占友等(1999)
阜CMS3A	ZD8319	PI004	孢子体	多基因	许占友等(1999)
W$_{945A}$	ZD8319	W210	配子体	单隐性	张磊等(1999)
W$_{948A}$	ZD8319	W212	配子体	单隐性	张磊等(1999)
OA，OB	167	035	配子体	单隐性	孙寰等(2001)
NJCMS1A	N8855	N2899	孢子体	2对隐性重叠基因	白羊年(2002)
NJCMS2A	N8855	N1628	孢子体	2对隐性重叠基因	白羊年(2002)

第九节　大豆基因组学

大豆基因组(2n=40)，染色体较小(1.42~2.84 μm)，在有丝分裂中期难以区分单个染色体。大豆基因组包括约$1.1×10^9$ bp(Arumagathan 和 Earle,1991)，为拟南芥的7.5倍，水稻的2.5倍，玉米的1/2，小麦的1/14。大豆基因组学的研究在美国开展较早，发展较快。以下将在与国际进展比较中归纳我国的研究进展。

一、大豆遗传图谱

大豆遗传图谱是基因定位和图位克隆的基础。Keim(1990)、Shoemaker 和 Olson(1993)、Shoemaker 和 Specht(1995)、Mansur 等(1993,1996),分别采用不同群体、不同标记类型建立了大豆遗传图谱。Cregan 等(1999)以 Keim 的 A81-356002($G. max$)× PI468916($G. soja$)的 59 个 F_2 后代、Mansur 的 Minsoy × Noir1 的 240 个重组自交系、Shoemaker 和 Specht 的 Clark NIL × Harosoy NIL 组合的 57 个 F_2 后代为材料,在原作者的图谱基础上增添 SSR 标记,发现共有 606 个 SSR 标记定位于 1 个或 1 个以上的作图群体中,包括有 544 个新位点。3 个群体的标记数分别为 1 004 个、633 个和 523 个,总长度分别为 3 000 cM、2 400 cM 和 2 800 cM,加入 SSR 标记后前 2 个图谱的连锁群数分别由 25 个降为 23 个,由 36 个降为 22 个,根据 SSR 数据将前 2 个图谱与第三个图谱整合后,连锁群数降为 20 个。

我国关于大豆遗传图谱的研究起步较晚。张德水等(1997)以长农 4 号 × 新民 6 号的 F_2 群体为材料,构建了国内第一张大豆分子遗传图谱,包含有 20 个连锁群、63 个 RFLP 标记、8 个 RAPD 标记,总长度为 1 446.8 cM。吴晓雷等以科丰 1 号 × 南农 1138-2 的 201 个重组自交系为材料,构建了含有 25 个连锁群、3 个形态标记、192 个 RFLP 标记、62 个 SSR 标记、311 个 AFLP 标记、1 个 SCAR 标记,总长度为 4 710.05 cM 的图谱;贺超英等(2001)利用 SSR 标记对该 RIL 群体作了评估。在此基础上,王永军提出了 RIL 群体与理论群体相符性检验的模拟群体抽样标准法,发现一些家系及标记严重偏离 1:1 分离比率。将群体调整为 184 个家系后,采用 189 个 RFLP 标记、219 个 SSR 标记、40 个 EST 标记、3 个 R 基因位点、1 个形态标记共计 452 个标记,再作图的结果共获 21 个连锁群,其中 19 个连锁群可以对应到 Cregan 的整合图谱上,总长度为 3 595.9 cM(表 7-26)。这项工作有待扩展。目前正考虑通过已建立的 BAC 文库构建转录图谱,并希望有机会对大豆基因组进行全序列分析,最后将遗传图谱与转录图谱、物理图谱整合,从而为育种性状的改良提供充足的分子信息依据。

表 7-26　国内报道的大豆分子遗传图谱

群体名称与类型	家系数（个）	标记数（个）	连锁群		参考文献
			数量(个)	总长度(cM)	
长农 4 号 × 新民 6 号 F_2 群体	57	71	20	1446.8	张德水等(1997)
长农 4 号 × 新民 6 号 RIL 群体	88	240	22	3713.5	刘峰等(2000)
(科丰 1 号 × 南农 1138-2)F_8RIL 群体	201	669	25	4710.05	吴晓雷等(2001)
	184	451	21	3595.9	王永军(2001)
	184	307	25	3017.9	王永军(2004)
(Charleston × 东农 594)F_{10}RIL 群体	154	163	20	1835.5	张忠臣等(2004)

二、大豆重要性状基因的分子标记与定位

对大豆重要性状基因进行标记的研究在美国开始较早,国内较迟。表 7-27 归纳了国外对大豆数量性状 QTL 标记研究进展,所述及的性状包括抗病虫性、形态农艺状、种子成分、豆芽等 40 个性状。以下将主要讨论与国内分子标记工作有关的一些性状。

表7-27　国外已报道的大豆育种性状 QTL 汇总表　（摘自 Orf 等,2004）

性 状	群体数	QTL 数目	性 状	群体数	QTL 数目
抗病虫性					
玉米螟	5	16(12)	大豆胞囊线虫病	12	20(11)
南方根结线虫	1	2(2)	突然死亡综合征	4	7(7)
花生根结线虫	1	2(2)	褐色茎腐病	1	2(1)
爪哇根结线虫	1	2(2)	疫霉茎腐病	6	29(2)
形态、生理性状					
水分利用效率	2	5(2)	叶灰分含量	1	5(2)
耐铝毒	1	6(1)	植株生活力	1	5(3)
耐土壤渍水	1	1(1)	叶长	3	6(4)
叶质重	2	6(4)	叶宽	4	10(4)
叶面积	3	6(3)			
种子成分					
蛋白质含量	14	32(18)	棕榈酸含量	1	3(3)
脂肪含量	14	24(13)	油酸含量	1	3(3)
亚麻酸含量	2	3(3)	蔗糖含量	1	7(3)
亚油酸含量	1	3(3)			
农艺性状					
株高	5	14(4)	种子粒重	6	23(6)
成熟期	6	10(7)	产量	2	4(2)
倒伏性	7	10(5)	冠层高	2	3(3)
裂荚性	2	5(3)	Chlorimuron ethyl 敏感性	1	3(1)
硬实特性	1	5(5)	缺铁黄化	3	7(1)
开花期	5	8(4)	茎粗	1	3(3)
生殖生长期	3	8(5)			
豆 芽					
豆芽产量	1	2(2)	异常苗率	1	0(0)
胚轴长	1	2(2)			

注:括号内数字为贡献值 > 10% 的 QTL 数量

(一)抗大豆花叶病毒基因的分子标记与定位

Gai et al.(1997)、张志永等(1998a)找到了一个与 SMV 抗性基因 Rsa 相连锁的 RAPD 标记 OPW-05$_{660}$,遗传距离为 10.1 cM,后转化为 SCAR 标记 SCW-05,其与 Rsa 的遗传距离为 7.7 cM。东方阳等(1999)筛选出一个和 Rsa、Rsc 都连锁的 RAPD 标记 OPL-07$_{2000}$,距 Rsa 为 16.1 cM,距 Rsc 为 9.1 cM。王永军等(2001)在建立遗传图谱的基础上,将抗 SMV 东北株系 N$_1$ 和 N$_3$、抗 Sa 及抗一个强毒株系 SC-8 的 $Rn1$、$Rn3$、Rsa、Rsc-8 定位在 N8-D1b + W 连锁群的一端上,其最近的标记为 LC5T,4 个抗性基因依次排列其后。联系向远道等关于 Rsg-Rsh-Rsa-Rsc 的连锁关系,通过 Rsa 可推论两组抗性基因位置在同一连锁群上。

(二)抗大豆胞囊线虫基因的分子标记与定位

在我国,大豆抗 SCN 的分子标记工作尚属开端,颜清上等(1995)探索了与 SCN 4 号生理小种有关的 RAPD 标记;王永军(1997)发现一个与 SCN 1 号生理小种抗性基因相连锁的 RAPD 标记。蒙忻等(2003)应用 QTL 分析方法对 SCN 4 号生理小种抗性进行 QTL 定位和遗传效应分析,检测到 3 个 QTL:在 G 连锁群上距 Satt 610 标记 2.5 cM 处存在一个 QTL,命名为 *rhg R4g1*,可解释表型变异为 15.87%;在 A 连锁群上距 Sat 162 标记 0.2 cM 处和距 BSC 标记 1.6 cM 处各有一个 QTL,分别命名为 *rhg R4a1*,*rhg R4a2*,可解释表型变异分别为 11.31% 和 6.15%。*rhg R4a1*、*rhg R4a2* 和 *rhg R4g1* 抗性座位的基因分别表现为部分显性、显性和超显性,3 个 QTL 的贡献率之和为 33.33%。选用在 G 连锁群上与 *rhg R4g1* 抗性座位相距 20 cM 的 SSR 标记 Satt 610 及在 A 连锁群上与 *rhg R4a2* 抗性座位相距 0.2 cM 的 SSR 标记 Sat 162,对供试的 41 份大豆资源进行 PCR 检测。结果表明,7 份高抗 SCN 4 号生理小种的大豆抗源具有 Sat 162 和 Satt 610 标记的特征带谱,这初步表明 Sat 162 和 Satt 610 标记可用于大豆抗 SCN 性状的辅助鉴定。

王文辉等(2003)利用与抗大豆胞囊线虫病主效基因 *rhg 1* 紧密连锁的 SSR 标记 Satt 309,从 149 份免疫或高抗种质和 495 份感病种质共鉴定出 6 个等位变异,其中介于 134 bp 和 149 bp 之间的 Satt 309-5 为新等位变异。对不同等位变异、不同抗性等级和抗不同生理小种种质的分析表明:92.13% 的感病种质具有 125 bp、131 bp 或 149 bp 等位变异;抗病种质在各等位变异都有分布,但以 128 bp 和 134 bp 为主,在具有这两个等位变异的种质中,有 72.46% 表现为抗病,且 77.27% 的免疫种质,87.69% 的双抗种质和 100% 的三抗种质都具有这两个等位变异。

关于国内报道的对大豆抗病性等主基因的分子标记见表 7-28。

表 7-28　国内报道的对大豆抗病性等主基因的分子标记

性状(目标基因)	标记类型	位点两侧标记	遗传距离(cM)	参考文献
抗 SMVSa 株系基因	SCAR	SCW-05	7.7	张志永等(1999)
抗 SMVSc 株系基因	RAPD	OPL-07$_{2000}$	9.1	东方阳等(1999)
抗 SMV1 号株系基因	RAPD	OPN$_{1400/1300}$	8.2	刘丽君等(2002)
抗 SMV1 号株系基因	RFLP	A691T	15.0(D1b + W)*	王永军等(2004)
抗 SMV3 号株系基因	RFLP	A691T	16.1(D1b + W)*	王永军等(2004)
抗 SMV3 号株系基因	RAPD	OPN11$_{980/1070}$	2.1	郑翠明等(2001)
抗 SCN4 号小种基因	SSR、ISSR	Satt038, ISSR811	26.9,10.2	方宣钧等(2002)
抗 SCN1 号小种基因	RAPD	OPAO-19$_{1200}$	—	王永军等(2000)
抗灰斑病 1 号小种基因	RAPD	OPK03$_{840}$, OPM17$_{1700}$	10.4,13.8	董伟等(1999)
抗灰斑病 7 号小种基因	SCAR	SCS3$_{620}$	8.7	邹继军等(1999)

*　括号内为连锁群

(三)农艺、品质性状 QTL 分子标记与定位

我国吴晓雷(2001)、王永军等(2001)在建立遗传图谱的基础上,利用科丰 1 号 × 南农 1138-2 的 RIL 群体进行了大豆农艺、品质性状的 QTL 定位(表 7-29),发现:①控制开花期的 QTL 位点有 7 个,2 个位于 N3-B1,3 个位于 N6-C2,2 个位于 N12-F1 连锁群上,其中主要的是

N6-C2 上 A397I-B131V 区间、AGCCAC10 附近和 N12-F1 上 ACGCCAC01 附近的 3 个。控制全生育期的 QTL 位点有 13 个，3 个位于 N3-B1，2 个位于 N6-C2，2 个位于 N12-F1，3 个位于 N14-G，3 个位于 N21-N 连锁群上，其中 N3-B1 的 Satt509-Satt197 区间、Satt197-A118T 区间和 A118-A520 区间的 3 个是最主要的。全生育期 QTL 的分布比开花期 QTL 广，两者有 6 个位点的区间是相同的。②控制主茎节数的 QTL 位点有 13 个，1 个在 N3-B1，1 个在 N4-B2，5 个在 N6-C2，3 个在 N12-F1，3 个在 N13-F2 连锁群上，其中 N6-C2 的 AGCCAC10 附近、A748V-A397I 区间、A397I-B131V 区间和 LI26T-AGCCAC02 区间的 4 个是最主要的。③控制百粒重的 QTL 只检测到 N3-B1 上 1 个、N9-D2A 上 1 个和 N18-K 上 1 个，所解释的变异只占很小比重，说明该性状还受大量微效 QTL 的控制。④控制蛋白质含量的 QTL 和控制脂肪含量的 QTL 情况和控制百粒重的相似。前者检测到位于 N3-B1 上 2 个、N8-D1b＋W 上 1 个，后者只检测到位于 N4-B2 上 1 个、N20-M 上 3 个，两者所检测到的位点所解释的变异均不大，说明还有大量微效 QTL 未检测出来。⑤控制小区产量的 QTL 位点共有 9 个，N6-B2 上 4 个，N12-F1 上 2 个，N14-G 上 1 个，N21-N 上 2 个，其中只有 N21-N 的 AAGCAT12-AAGCAT10 区间的 1 个解释了较大的变异，其余均不大，还有一部分变异可能受其他微效 QTL 的控制未能检测出来。⑥上述大豆农艺、品质性状的 QTL 主要位于 N3-B1、N6-C2、N12-F1、N13-F2、N14-G 连锁群上，而抗 SMV 的基因主要位于 N8-D1b＋W 上，说明不同连锁群的功能不同。

表 7-29　大豆农艺性状的 QTL 分析（吴晓雷等，2001）

农艺性状	位点	连锁群	标记区间	加性效应	LOD 值	贡献率(%)
开花期	fd1	C2-G6	A3971-AGCCAC10	0.65	2.79	9.5
	fd2	F2-G12	Satt586-ACGCAC1	−0.25	2.80	11.0
	fd3	N-G19	LBC-ABAB	−0.70	2.47	13.9
成熟期	md1	C2-G6	A3791-AGCCAC1	4.13	2.88	8.4
	md2	F2-G12	Satt586-ACGCAC1	3.59	2.42	11.1
	md3	N-G19	LBC-ABAB	0.56	3.87	16.2
株高	ph1	G2-G6	A3971-AGCCAC10	−2.45	2.48	9.6
	ph2	C2-G6	STAS8-12T-STAS8～9T	−5.03	2.61	14.6
	ph3	C2-G6	Satt114-Satt335	−3.25	3.00	9.2
	ph4	N-G19	B174T-B174I	−1.11	2.16	12.6
倒伏性	lg1	C1-G6	STAS8-13T-STAS8-11T	−0.16	2.37	5.5
	lg2	C2-G6	A3971-AGCCAC10	0.40	8.70	24.2
主茎节数	ks1	B2-G4	AACCATS-A148I	0.36	2.54	10.7
	ks2	F1-G11	Satt114-Satt135	−0.20	2.88	6.7
	ks3	F1-G11	B174T-B174I	−0.63	3.07	8.3
	ks4	N-G19	LBC-ABAB	−0.22	2.08	11.0
每节荚数	pk1	B2-G4	AACCATS-A148I	0.31	2.40	6.9
	pk2	C2-G6	AGCCAC10-B131V	−0.15	5.04	12.9
	pk3	E-G10	Satt369-AACCAT20	−0.12	2.40	7.2

续表 7-29

农艺性状	位 点	连锁群	标记区间	加性效应	LOD 值	贡献率(%)
百粒重	sw1	A2-G2	AAGCAT9-A690D	-0.12	2.62	6.6
	sw2	C2-G6	STAS8-9T-STAS8-7T	0.40	2.78	6.6
	sw3	D1-G7	ACTCTC3-RM	0.34	2.79	6.2
	sw4	D2a-G8	B146H-A611D	0.23	6.30	16.0
	sw5	G-G13	Satt309-Satt038	0.26	2.85	8.2
	sw6	C2-G6	Satt381-Satt247	0.33	2.38	9.5
产 量	sy1	A1-G1	A407B-Satt276	-2.28	2.46	9.2
	sy2	C2-G6	STAS-14T-STAS8-16T	-4.39	2.04	4.9
	sy3	C2-G6	AACCAA8-L22V	-1.61	2.08	13.7
	sy4	M-G18	LBC-ABAB	1.35	10.0	11.2
蛋白质含量	pn1	B1-G3	A118T-Satt197	-0.50	2.79	12.0
	pn2	B2-G4	A516Ha-A953Ha	0.28	2.15	10.6
	pn3	W-G21	A481V-A725Vb	0.33	2.07	6.2
脂肪含量	oc1	B2-G4	B221T-A519T	0.76	2.21	9.8
	oc2	M-G18	A60V-AACCAA9	0.75	4.16	23.7

Zhang 等(2004)在建立遗传图谱的基础上,利用科丰 1 号×南农 1138-2 的 RIL 群体对 10 个大豆农艺、品质性状进行 QTL 定位。结果检测到 9 个性状的 63 个 QTL,分布于 12 个连锁群。大部分 QTL 均成簇分布,一些 QTL 被定位在同一位点,具多效性,一个 QTL 最多可影响到 5 个性状。发现一些与开花期紧密连锁的 EST 标记。

张忠臣等(2004)采用复合区间作图法检测到控制脂肪含量和蛋白含量的 6 个 QTL。控制脂肪含量的 4 个 QTL 分别位于 D2、F 和 N 三个不同的连锁群上,均表现为负的加性效应,其中 oil-2、oil-3 和 oil-4 三个 QTL 贡献率为 11.2%~16.4%,而 oil-1 的贡献率低于 10%;与蛋白质含量相关的 2 个 QTL 分别位于 E 和 N 两个连锁群上,解释了 19.9% 和 7.0% 的总变异,且都呈现正的加性效应。

以上有关 QTL 定位是国内首批结果。由于数量性状受环境影响较大,表型测定的精确性决定了定位的准确性,不同环境下有不同的表型结果,因此大豆育种的 QTL 位点研究只是开端,更重要的工作还在后面。

三、大豆基因的克隆

植物 EST 不仅能快速鉴定新的基因,而且所发掘的 DNA 序列还可用于遗传图谱或物理图谱的构建。目前 GenBank(http://129.186.26.94/soybeanest.html)已得到 30 万条以上的大豆 EST 序列。我国中国科学院遗传所也已开展此项工作,已完成 3 万多条 EST 的测序。

除上述 EST 外,从大豆上直接克隆鉴定的基因还相当少。在抗病基因方面,通过同源序列 PCR 反应,9~11 类抗病基因(R-gene)或相关 DNA 片段已分离出来(Yu 等,1996;Kanazin 等,1996)。在抗虫基因方面,克隆出蛋白酶抑制剂基因(proteinase inhibitor,PI)。该基因或相关同源物已在很多植物上分离出来,包括拟南芥(Yu,1994)。在品质性状基因方面,对大豆植物贮存蛋白(vegetative storage protein, VSP)的研究比较深入。它由两个亚基 VSP-α 和 VSP-β 组成,相应基因 vspA 和 vspB 已克隆,损伤、干旱、糖、茉莉酸等因子均能诱导这些基因的表达(Staswick 等,1991;Mason 等,1992)。大豆种子贮存蛋白(seed storage protein, SSP)依沉降系数分为 11 S 球蛋白(大豆球蛋白)、7 S 球蛋白(主要成分为 β-伴球蛋白)和 2 S 球蛋白,其相应基因大部分已分离出来。组成大豆球蛋白(Glycinin)的 8 种酸性亚基(A1a, A1b, A2, A3, A4, A5, A6, A7)和 5 种碱性亚基(B1a, B1b, B2, B3, B4)的有关基因具有相似的结构特征,属于多基因家族,都有 3 个内含子(intron),其中一个较大,两个较小。有些 SSP 基因已用于遗传转化研究中(谈建中、楼程富,2000)。我国从大豆上直接克隆基因的工作主要在中国科学院遗传研究所进行。贺超英等(2001)报道克隆了大豆的一个线粒体基因 atp6。该所正在进行抗大豆花叶病毒基因及抗性类似基因的研究工作。

四、转基因大豆与转基因有关技术

(一)转基因大豆

为了快速有效地获得若干重要性状,大豆遗传转化是关键步骤。自从 Monsanto 公司的首例转基因大豆获得成功以来(Hinchee 等,1988),转基因大豆及其产业化已在美国获得巨大成功。由于从大豆自身克隆的、功能明确的基因甚少,转化所用基因大多来自其他生物。据统计,美国目前所种植的大豆中,转基因大豆占 70%,主要含抗除草剂 Roundup 的基因 CP4。在品质改进方面,获得高油酸含量的转基因大豆具有潜力,而高赖氨酸含量(达 12%)的转基因大豆品系比普通大豆赖氨酸含量高出近 1 倍。国内报道获得转 Bt 基因、转几丁质酶基因、转深黄被孢霉 Δ6-脂肪酸脱氢酶基因等多例转基因大豆(崔欣等,2002)。国家转基因植物研究与产业化专项在 2000 年资助了 3 个与转基因大豆相关的课题,包括磷高效利用型转基因大豆研究、转基因大豆多抗病虫新品系的选配和转基因无花瓣大豆新种质的创建与利用。其中,创建无花瓣大豆种质是为了解决大豆杂种优势应用中异交结实性问题。大豆需改良的性状众多,有些可通过常规杂交技术获得,而有些则必须通过转基因途径达到目的。

(二)转基因有关技术

在组织培养方面,Gai 和 Guo(1997)提出用最便利的外植体(成熟种子萌发子叶及其他组织)通过器官发生及体细胞胚胎发生的高效植株再生技术,成功率达 30%;明确大豆愈伤组织的形态发生类型及其与分化能力的关系,找出典型的器官发生型愈伤组织和体细胞胚胎发生型愈伤组织的形态特征,用以进行早期鉴别。叶兴国等(1995b)指出大豆花药培养再生植株已获得,并在提高接种效率和愈伤组织质量上进行了尝试,但用于育种利用的大豆花药培养技术目前尚无重大进展。吕慧能等(1993a)提出在不同植物生长调节剂条件下原生质体培养的愈伤分化效果和植株再生技术,并获得再生植株。

陈云昭(1989)将大豆小真叶外植体接种到含不同浓度 NaCl 的选择培养基上,愈伤组织诱导率随 NaCl 浓度的提高而降低。获得再生植株的最高 NaCl 浓度为 0.25%。对照的再生植株分化频率为 31.6%,在 NaCl 为 0.1%、0.15%、0.2% 和 0.25% 选择培养基上的分化频率分别为 27.6%、18.1%、9.3% 和 4.4%。用连续逐级转移愈伤组织,不断加强选择压的方法,可使筛选耐盐再生植株的最高 NaCl 浓度提高到 0.3%。

在外源 DNA 直接导入大豆研究方面,我国已有众多报道通过花粉管通道法将包括不同品种或种属乃至不同科的外源 DNA 直接导入大豆获得有用变异。张国栋报道了将玉米总 DNA 用注射方法导入大豆幼荚。许守民、苗以农等(1995)报道将花生 DNA 导入大豆,均在后代中观察到遗传变异或生理生化变化。山西省农业科学院遗传研究所报道用鹰嘴豆 DNA 导入大豆品系株 90 中,从后代选育出大豆品种晋遗 20。刘德璞等(1997)通过导入茶秣食豆等的 DNA 获得抗 SMV 的品系。雷勃钧等(1995,1996)导入高蛋白半野生大豆 DNA 获得含优质高蛋白质和蛋白质、脂肪含量双高的大豆新品系,导入绥农 8 号 DNA 获得大豆早熟新品系。赵丽梅(1995)等报道将鹰嘴豆 DNA 导入大豆获得不育材料。尽管学术界对花粉管通道导入总 DNA 的机制尚有争议,但大量实验至少已证实这种方法作为诱发遗传变异的手段是有实效的,而且已经证实将克隆的基因由花粉管导入得到了标志基因的表达。吕慧能等(1993b)通过大豆原生质体再生细胞与农杆菌共培养转移 GUS 基因与 NPTⅡ基因成功,用农杆菌转化大豆子叶节愈伤组织获再生小植株。据交流,我国大豆遗传转化工作,除花粉管通道法因技术简单应用较普遍外,较多人采用农杆菌介导法,基因枪方法尚在试用之中。

参 考 文 献

白羊年.大豆质核互作雄性不育系的选育、保持源与恢复源的鉴定以及育性恢复性的遗传.南京农业大学博士学位论文(导师:盖钧镒).南京:南京农业大学图书馆,2001

陈怡等.大豆对两个大豆花叶病毒株系的抗性遗传研究.黑龙江农业科学,1991,5:21～24

崔欣,陈庆山,杨庆凯,曹越平.大豆转基因的研究进展.生物技术通报,2002,(4):16～20

东方阳.大豆对 SMV 株系抗性的遗传分析和 RAPD 标记.南京农业大学博士学位论文(导师:盖钧镒).南京:南京农业大学图书馆,1999

盖钧镒,崔章林.中国大豆育成品种的亲本分析.南京农业大学学报,1994,17(3):19～23

盖钧镒,钱虎君,吉东风,王明军.大豆豆腐产量的遗传研究.遗传学报,2000,27(5):434～439

盖钧镒,王建康.大豆对豆秆黑潜蝇抗性的主基因 + 多基因遗传.王连铮,戴景瑞主编.全国作物育种学术讨论会论文集.北京:中国农业科技出版社,1998,241～248

盖钧镒.我国大豆遗传改良和种质研究.宋健主编.中国科学技术前沿·第五卷,pp631～694.北京:高等教育出版社,2002

盖钧镒.大豆品质育种.刘后利主编.农作物品质育种.pp264～331.武汉:湖北科技出版社,2001

郭宝生,翁跃进.大豆耐盐机制及相关基因分子标记.植物学通报,2004,21(1):113～120

贺超英,吴晓雷,张劲松,盖钧镒,陈受宜.栽培大豆中一个线粒体 atp6 基因的分离与鉴定.植物学报,2001,43(1):51～58

贺超英,张志永,王永军,郑先武,喻德跃,陈受宜,盖钧镒.利用微卫星标记评估大豆重组近交系 NJRIKY.遗传学报,2001,28(2):171～181

胡国华,吴宗璞,高凤兰等.大豆抗种粒斑驳基因效应的研究.遗传学报,1995,22(2):131～141

吉林省农业科学院.中国大豆育种与栽培.北京:农业出版社,1987

金骏培,盖钧镒.大豆地方品种豆腐产量、品质及有关加工性状的遗传变异.南京农业大学学报,1995,18(1):5～9

李莹,李原萍,张茜艳等.大豆品种对大豆胞囊线虫 4 号生理小种抗性的遗传研究.大豆科学,1996,15(3):191～196

李莹,卫保国,王志.三个大豆雄性不育系的发现和研究初报.华北农学报,1988,3(1):35～38

刘峰,庄炳昌,张劲松,陈受宜.大豆遗传图谱的构建和分析.遗传学报,2000,27(11):1018～1026

栾晓燕.大豆对 SMV3 号株系成株抗性遗传的研究.大豆科学,1997,16(3):223～226

刘兴媛,胡传璞,季玉玲.中国大豆种质资源的脂肪酸组成分析.作物品种资源,1998,(2):40～42

马国荣,刘佑斌,盖钧镒.大豆雄性不育突变体 NJ89-1 的发现与表现.大豆科学,1993,12(2):172～174

彭玉华,杨国保,袁建中等.一个对播种期反应敏感的不育大豆特征分析.作物学报,1998,24(6):1010～1013

钱虎君,盖钧镒,吉东风,王明军.干豆乳产量和干豆腐产量遗传的母体效应分析.中国农业科学,1999,32(增刊):31～35

钱虎君,盖钧镒,喻德跃.大豆豆腐产量、品质及有关加工性状的遗传分析.中国油料作物学报,2001a,23(1):27～30

邵桂花,常汝镇等.大豆耐盐性遗传的研究.作物学报,1994,20(6):721~726

宋启建,盖钧镒,马育华.大豆品种蛋白质含量、油分含量的遗传特点.中国农业科学,1989,22(6):24~29

宋启建,盖钧镒,马育华.大豆品种蛋白质、油分含量在杂种后代的优势表现及分离变异.作物学报,1994,20(5):542~547

孙志强,阎日红等.大豆抗食心虫性的遗传及育种方法研究.Ⅱ.开花期与成熟期与虫食率的关系.大豆科学,1993,12(2):113~122

孙志强.大豆对大豆花叶病毒1、2、3号毒系抗性的遗传.中国油料,1990,(2):20~24

孙祖东,盖钧镒.大豆抗食叶性害虫遗传的初步研究.大豆科学,1999,18(4):300~305

孙祖东,盖钧镒.大豆抗斜纹夜蛾幼虫的遗传研究.作物学报,2000,26(3):341~346

谈建中,楼程富.大豆种子贮存蛋白基因及其遗传转化的研究进展.大豆科学,2000,19(1):57~62

谈宇俊,孙永亮,单志惠.大豆品种抗锈病遗传的研究,大豆科学,1991,10(2):104~109

王继安,罗秋香.大豆食心虫抗性品种鉴定及抗性性状分析.中国油料作物学报,2001,23(2):58~60

王建康,盖钧镒.利用杂种F_2世代鉴定数量性状主基因-多基因混合遗传模型并估计其遗传效应.遗传学报,1997,24(5):432~440

王建康,盖钧镒.数量性状主-多基因混合遗传的P_1、P_2、F_1、F_2和$F_{2:3}$联合分析方法.作物学报,1998,24:(6):651~659

王连铮,王金陵.大豆遗传育种学.北京:科学出版社,1992

王永军,东方阳,王修强,杨雅麟,喻德跃,盖钧镒,吴晓雷,贺超英,张劲松,陈受宜.大豆对5个花叶病毒株系抗性基因的定位.遗传学报,2004,31(1):87~90

韦涛,盖钧镒,夏基康等.大豆抗豆秆黑潜蝇遗传的初步研究.遗传学报,1989,16(6):436~441

卫保国.大豆雄性不育系msp-pz研究初探.大豆科学,1990,9(1):88

卫保国.大豆光温敏雄性不育系88-428BY的发现.作物品种资源,1991,(3):12

向远道,盖钧镒,马育华.大豆对四个大豆花叶病毒株系的抗性及其连锁遗传研究.遗传学报,1991,18(1):51~58

薛庆喜等.大豆F_2群体对大豆胞囊线虫3号优势生理小种抗性遗传.中国油料,1991,(2):32~33

杨庆凯,张晓刚,王金陵.大豆对灰斑病7号生理小种的抗性遗传研究.大豆科学,1997,14(1):80~82

杨守萍,盖钧镒,徐汉卿.大豆雄性不育突变体NJ89-1的遗传学与细胞学鉴定.大豆科学,1998,17(1):32~38

杨永华,盖钧镒,马育华.大豆生育期光温反应特性的遗传.作物学报,1994,20(2):144~148

杨永华,盖钧镒,马育华.春夏秋播种季节条件下大豆生育期遗传的差异表现.中国农业科学,1994,27(3):1~6

于永德,盖钧镒,马育华.大豆蛋白质含量和油分含量的组合间遗传变异与选择研究.盖钧镒主编.大豆育种应用基础和技术研究进展.南京:江苏科学技术出版社,1990,79~84

于永德,盖钧镒,马育华.大豆蛋白质和油分含量在杂种F_2~F_5世代的遗传变异与选择研究.盖钧镒主编.大豆育种应用基础和技术研究进展.南京:江苏科学技术出版社,1990,85~90

张志永,陈受宜,盖钧镒等.大豆花叶病毒抗性基因Rsa的分子标记.科学通报,1998,43(20):2197~2201

赵团结,盖钧镒,游明安等.大豆短叶柄性状的遗传分析.遗传学报,1998,25(2):166~172

Boerma, H R and J E Specht. (ed.). Soybeans:Improvement, Production and Uses (3nd ed.) Agronomy series No.16. Madison, WI, USA. ASA, CSSA, SSSAPublishers. 2004

Palmer R G, J Y Gai, H Sun, J W Burton. 2001. Production and evaluation of hybrid soybean. pp.264~307. In Jules Janick (ed.). Plant Breeding Reviews, Vol.21. John Wiley & Sons. Inc. New York

Gary, L. Vodkin, A Parrott, R C Shoemaker. 2004. National Science Foundation-Sponsored Workshop Report. Draft Plan for Soybean Genomics. Plant Physiology. 135(1):59~70

Wang J k, and J Y Gai. 2001. Mixed inheritance model for resistance to agromyzid beanfly (*Melanagromyza sojae* Zehntner) in soybean. Euphytica 122:9~18

Zhang W K, Y J Wang, G Z Luo, J S Zhang, C Y He, X L Wu, J Y Gai, S Y Chen. 2004. QTL mapping of ten agronomic traits on the soybean (*Glycine max* L. Merr.) genetic map and their association with EST markers. Theor Appl Genet, 108:1131~1139

第八章　大豆品种的改良与创新

第一节　中国大豆生产概况

改革开放以来,中国的大豆生产有了很大的发展。虽然不同年份有所变动,但大豆总产量和单产总的趋势是逐步增加的,播种面积相对稳定在 733.3 万 ~ 933.3 万 hm²,是仅次于水稻、小麦、玉米之后的我国第四大作物。2004 年播种面积达 958.9 万 hm²,总产量达 1 740.4 万 t,单产达 1 815 kg/hm²。播种面积和总产量均为历史最高水平。

中国大豆主要有 3 个产区。一是北方春大豆产区,包括黑龙江、吉林、辽宁及内蒙古东部,面积 400 多万 hm²,产量占全国大豆总产量的 45.7%;二是黄淮海大豆产区,面积约 267 万 hm²,产量占全国大豆总产量的 30% 多;三是南方多作大豆产区。2004 年,大豆播种面积超过 30 万 hm² 的省份有黑龙江(355.55 万 hm²)、安徽(88.81 万 hm²)、内蒙古(75.29 万 hm²)、吉林(52.59 万 hm²)、河南(52.25 万 hm²)、陕西(30.81 万 hm²),大豆总产量超过 40 万 t 的省份有黑龙江(638.5 万 t)、吉林(152.1 万 t)、安徽(112.6 万 t)、河南(103.5 万 t)、内蒙古(103.1 万 t)、山东(71.7 万 t)、江苏(57 万 t)、辽宁(52.1 万 t)、四川(49.1 万 t)、河北(44.3 万 t)、湖北(40.5 万 t)。

近 20 多年来,我国大豆播种面积有所增加,由 1978 年的 714.4 万 hm² 增加到 2004 年的 959 万 hm²,总产量由 1978 年的 756 万 t 增加到 2004 年的 1 740 万 t,单产由 1978 年的每 1 059 kg/hm² 增加到 2004 年的 1 815 kg/hm²。

我国大豆生产水平之所以能不断提高,主要有以下原因:①因地制宜推广良种。1984 年以来,国家农作物品种审定委员会审定认定的大豆品种达 141 个,各省、自治区、直辖市农作物品种审定委员会审定的大豆品种多达几百个,这些品种对提高大豆产量起到了相当大的作用。②改进栽培技术措施,推广了一大批先进栽培技术。如垄三栽培法,引进了美国窄行密植法及大豆覆膜技术等。各地均因地制宜的推广了一系列先进的高产栽培技术。③增施肥料,培肥地力。施肥水平普遍有了提高,特别是提高了磷、钾肥和有机肥的施用水平。④有效防治了病虫草害。⑤种植面积有一定增加。⑥开展丰收计划,进行新技术示范推广。⑦不断提供新的科研成果。⑧开展了大豆振兴计划,对高脂肪含量的高产大豆品种、高蛋白质含量的高产大豆品种提供良种补贴等。⑨国家取消了农业税,调动了农民种田的积极性等。

我国大豆生产虽然取得了一定成绩,但也应当看到存在的问题。主要是:大豆科技投入不足,科技队伍需加强;种植大豆的经济效益有待提高;大豆良种良法需要进一步结合;单产较低,总产量不能满足国内需求。由于我国畜牧业的发展,需要大量蛋白饲料,仅此一项就需要 2 000 多万 t 豆粕;由于兴建了很多大中型榨油企业,急需高油大豆作为原料,据有关部门测算需要 1 000 万 t 以上。此外,由于人民生活水平提高,需要大量豆制品和植物油。1996 年以来,我国进口大豆数量逐年增加,2004 年达 2 023 万 t,超过了国内大豆总产量。

第二节　大豆育种工作

一、新中国成立前的大豆育种工作

王金陵教授等指出："东北大豆育种工作可以追溯到 1913 年,当时公主岭农事试验场建立并开始了大豆品种改良工作。1916 年以当地盖家屯地方品种四粒黄为基础材料经系统选种,于 1923 年推广了黄宝珠,使之成为东北中部主栽品种,推广面积曾达 6.66 万 hm²,推广面积在吉林中部曾占 50%~70%,后来又先后系选出小金黄 1 号、小金黄 2 号、丰地黄、紫花 1 号、紫花 2 号、紫花 3 号等,杂交选育出满仓金、满地金等。黑龙江省在解放前系选出了克霜、紫花 4 号、西比瓦、克系 283 等品种,这些品种不仅成为当时的生产品种,而且也成为东北大豆开展杂交育种的骨干亲本。"

吉林省农业科学院主编的《中国大豆育种与栽培》一书,是农牧渔业部宣传司 1982 年组织全国大豆专家编写的国家重要农业理论著作之一。该书对东北大豆育种作了与上述内容相同的介绍,并指出,在我国南方,1925 年南京金陵大学从当地农家品种中系选出金大 332,之后从安徽省农家品种中系选出宿县 647。

与此同时,其他一些省、市也开展了大豆农家品种收集、品种比较试验和良种推广工作。例如,辽宁开原良种场育成了大豆品种福寿,哈尔滨农事试验场育成了西比瓦,克山农事试验场选出了克霜、克系 283 等。

解放前,除了黄宝珠、福寿两个品种得以大面积推广外,上述其他品种主要是在解放后推广的。

1923 年,南京金陵大学王绶用选择法改良大豆,育成了金大 332 品种,曾在长江流域几个省推广较长时间。他还对大豆试验方法、大豆的选育作了研究。1925~1932 年间,安徽、江苏、河南、河北、山东、山西等省也进行了一些大豆育种工作,育成了宿县 647 新品种。同期,金善宝对大豆天然杂交率及大豆几个主要性状与脂肪、蛋白质的关系等也作了研究。孙醒东早在 20 世纪 30 年代初就研究大豆落花的原因、大豆品种改良以及大豆在纯系选择中脂肪含量的变异。40 年代,丁振麟进行了栽培大豆与野生大豆杂交后代遗传规律的研究;马育华在 1946 年分析了大豆产量和产量因素的相关性;王健作了大豆主要性状与产量的相关的研究;王金陵作了大豆光周期、中国大豆栽培区的划分及中国大豆育种等的研究,对大豆育种与栽培区域、大豆育种与自然小区、大豆之种粒颜色及大小与大豆育种、大豆品种间对播种期的反应与大豆育种、大豆纯系育种选株等方面作了详细的论述。我国在 1923~1950 年共育成 20 个大豆品种,其中黑龙江省 8 个,吉林省 6 个,辽宁省 3 个,江苏、安徽、山东省各 1 个。

二、新中国成立后的大豆育种工作

新中国成立后,大豆育种工作逐步开展。首先在我国大豆主产区不少单位进行了地方品种的整理、评选鉴定、混合选育和系统育种工作。东北地区的集体 1 号、2 号、3 号、4 号和 5 号,东农 1 号,克系 283,黄淮地区的爬蔓青、新黄豆、平顶黄、牛毛黄、小油豆、大白角、平顶五、大茧壳、软条枝、岔路口 1 号、南湾豆和乌壳黄等一批品种,在 20 世纪 50 年代基本上满足了当时对大豆品种的急需。同时,东北地区不少单位开展了大豆有性杂交育种工作,并在60年代育成东农号、丰收号、合交号、早丰号、吉林号、锦豆号等新一代品种,迅速取代前述老品种。而关内不少单位通过混合和系统育种育成齐黄1号、58-161、南农493-1以及猴子毛等新品种。从70年代起,我国大豆育种事业发展迅速,育成一大批具有高产、多抗、优质的新品种。诸如东北地区育成的合丰号、黑河号、丰收号、黑农号、东农号、红丰号、吉林号、白农号、内豆号、吉林号、九农号、长农号、铁丰号、辽豆号、开育号、丹豆号、锦豆号等新一代大豆品种。黄淮地区育成的文丰号、齐黄号、鲁豆号、晋豆号、阜字号、蒙庆号、徐豆号、跃进号、郑字号、豫豆号、商丘号、中黄号和南方地区育成的苏协号、苏豆号、鄂豆号、中豆号、湘豆号、浙春号、秋豆号、孝豆号、恩豆号、黔豆号以及1138-2、穗稻黄、矮脚早和宁镇1号等一大批各具特点的优良大豆新品种。其中,大部分品种是采取有性杂交育种方法育成的。至此,我国大豆育种事业的发展,在地区间逐步走向平衡。以这些新的品种为基础,使我国大豆栽培品种更替了2~3次,促进了我国大豆生产的发展。

　　50年代共育成41个品种,其中黑龙江省17个,吉林、辽宁省各8个,江苏省3个,河北省2个,福建、山东、山西省各1个。初期,东北地区推广了满仓金、东农1号、小金黄1号、紫花4号、集体5号等品种,后又陆续推广了东农4号、早丰1号、吉林3号、合丰6号等。

　　60年代共育成70个品种,其中吉林省16个,黑龙江省15个,山东省11个,辽宁省7个,江苏省5个,河北省3个,福建、山西省各2个。

　　70年代共育成123个品种,其中吉林省26个,黑龙江省20个,辽宁省17个,山东省13个,江苏、山西省各8个,河北省7个。

　　80年代共育成278个品种,其中黑龙江省71个,吉林省30个,江苏省21个,辽宁省17个,河南省15个,山西省15个,山东省14个,北京市10个等。

　　根据崔章林、盖钧镒、Thomas E. Carter Jr等统计,1923~1995年全国共育成651个大豆品种,其中黑龙江省162个,吉林省103个,辽宁省55个,山东省49个,江苏省45个,河南省32个,山西省31个,河北省、北京市各23个,安徽省22个,四川省17个。

　　根据全国农业技术推广服务中心统计,1996~2003年全国共育成429个大豆品种,相当于1923~1995年育成大豆品种的65.28%。这说明近8年大豆育种工作得到了快速的发展。这期间,各地育成品种较多的有:吉林省94个,黑龙江省80个,内蒙古自治区33个,辽宁省31个,四川省24个,北京市23个,安徽省20个,四川省17个,河南省17个,浙江省15个,河北省13个。

　　1923~2003年,全国育成大豆品种总计为1 080个(表8-1)。

表8-1　1923~2003年全国各地育成的大豆品种数量　　(个)

省　份	1923~1950年	1951~1955年	1956~1960年	1961~1965年	1966~1970年	1971~1975年	1976~1980年	1981~1985年	1986~1990年	1991~1996年	1923~1995年合计	1996~2003年
安　徽	1	0	0	0	0	3	5	3	6	4	22	20
北　京	0	0	0	0	0	0	0	6	7	10	23	23
福　建	0	0	1	0	2	0	1	4	4	0	12	2
广　东	0	0	0	0	0	0	1	0	3	0	4	1
广　西	0	0	0	0	0	1	0	0	4	2	2	5

续表 8-1

省 份	1923~1950年	1951~1955年	1956~1960年	1961~1965年	1966~1970年	1971~1975年	1976~1980年	1981~1985年	1986~1990年	1991~1996年	1923~1995年合计	1996~2003年
贵 州	0	0	0	0	0	1	0	0	4	2	7	3
河 北	0	0	2	0	3	4	3	4	5	2	23	13
河 南	0	0	0	0	0	5	5	5	10	7	32	17
黑龙江	8	3	14	5	10	16	4	25	46	22	162	80
湖 北	0	0	0	0	0	1	1	0	6	3	11	2
湖 南	0	0	0	0	0	3	1	4	5	2	15	8
吉 林	6	0	8	9	7	9	17	15	15	18	103	94
江 苏	1	1	2	4	1	5	3	10	11	7	45	12
江 西	0	0	0	0	0	1	1	0	2	1	5	4
辽 宁	3	0	8	2	5	7	7	6	11	6	55	31
内蒙古	0	0	0	0	0	0	2	1	4	0	7	33
宁 夏	0	0	0	0	0	0	0	1	1	0	2	5
山 东	1	1	0	5	6	10	3	3	11	7	49	8
山 西	0	0	1	0	2	5	3	2	13	5	31	9
陕 西	0	0	0	0	0	0	3	2	3	0	8	5
四 川	0	0	0	0	0	0	0	0	7	10	17	24
天 津	0	0	0	0	0	0	1	0	1	0	2	11
新 疆	0	0	0	0	0	1	0	2	0	0	3	0
云 南	0	0	0	0	0	0	0	0	2	0	2	4
浙 江	0	0	0	0	0	0	0	1	5	3	9	15
总 计	20	5	36	25	36	73	60	94	186	111	651	429

第三节 大豆品种改良的进展

由于本文篇幅所限,本文重点以国家农作物品种审定委员会1984年以来审定认定的大豆品种以及近年来主产省育成的大豆品种为主进行一些必要的分析和探讨。

一、国家审定和认定的大豆品种概况

1984~2005年,国家农作物品种审定委员会共审定大豆推广品种119个,认定品种22个,共计141个。各年度审定、认定品种数量及品种名称见表8-2。

表 8-2　1984 年以来国家审定和认定的大豆品种数量及名称

（农业部全国农业技术推广服务中心）

年　度	审定品种数（个）	认定品种数（个）	品　种　名　称
1984		18	铁丰 18、黑农 26、黑河 3 号、丰收 10 号、丰收 12、开育 8 号、吉林 3 号、九农 9 号、徐豆 2 号、齐黄 1 号、诱变 30、鄂豆 2 号、矮脚早、跃进 5 号、合丰 23、丹豆 5 号、吉林 8 号、跃进 4 号
1989		4	吉林 18、长农 2 号、绥农 3 号、鲁豆 1 号
1989	9		合丰 25、吉林 20、长农 4 号、鲁豆 4 号、鲁豆 2 号、豫豆 2 号、中豆 19、冀豆 4 号、浙春 1 号
1990	4		豫豆 8 号、黑河 5 号、开育 9 号、湘春豆 10 号
1991	1		铁丰 24
1992	1		宁镇 1 号
1993	2		开育 10 号、嫩丰 14
1994	5		浙春 2 号、鄂豆 4 号、豫豆 10 号、贡豆 2 号、科丰 6 号
1995	2		通农 10 号、黑农 35
1997	1		绥农 8 号
1998	10		黑河 13、贡豆 6 号、豫豆 18、合丰 35、北丰 11、吉林 30、徐豆 8 号、豫豆 16、黑河 11、晋豆 19
1999	2		晋豆 11、豫豆 23
2000	5		黑河 12、齐黄 27、合豆 1 号、沧豆 4 号、豫豆 22
2001	12		冀豆 12、豫豆 19、淮豆 6、濮海 10、黑河 26、晋大 53、中豆 31、中黄 13、中黄 17、科新 3 号、晋豆 23、徐豆 10
2003	32		中黄 25、科丰 14、中黄 24、中黄 19、中黄 20、晋大 70、齐黄 28、商豆 1099、蒙 91-413、辽豆 15、黑河 23、吉育 65、辽豆 14、承豆 6 号、鲁宁 1 号、郑 92116、冀豆 12、中黄 22、齐黄 29、沧豆 5 号、五星 1 号、邯豆 4 号、合豆 3 号、丰收 24、九丰 9 号、黑农 46、晋遗 30、徐豆 12、邯豆 3 号、郑 90007、豫豆 29、绥农 14 号
2004	7		冀黄 13、GS 郑 9525、齐黄 31、晋豆 29、五星 2 号、黑河 36、南豆 5 号
2005	26		中品 662、中黄 29、豪彩 1 号、濮豆 6018、邯豆 5 号、濮豆 6 号、齐黄 30、滨职豆 1 号、郑 59、驻豆 9715、周豆 12、菏豆 13、淮豆 8 号、北豆 2 号、垦丰 14 号、吉引 81、辽豆 21、辽首 2 号、福豆 310、浙鲜豆 2 号、吉农 17、铁丰 33、秦豆 10 号、五星 3 号、冀 NF58、红丰 11
合　计	119	22	

二、国家认定的大豆品种产量及品质

　　1984 年经国家农作物品种审定委员会认定的大豆品种 18 个,1989 年认定的 4 个,两年共计 22 个。其产量及品质情况见表 8-3。

表 8-3 国家认定的大豆品种产量及品质情况

品 种名 称	品种来源	产量(kg/hm²)	增产幅度(%)	脂肪含量(%)	蛋白质含量(%)	育成单位
铁丰 18	(锦州 45-15×铁 5621)⁶⁰Co 处理	2250		21.53	37.8	辽宁省铁岭市农科所
黑河 3 号	克交 4203-1×四粒荚	2250		21.2	37.7	黑龙江省农科院黑河所
黑农 26	哈 63-2294×小金黄 1 号	2625	8.7	21.6	40.8	黑龙江省农科院大豆所
丰收 10	丰收 6 号×克山四粒荚	2250		20.3	38.9	黑龙江省农科院克山所
丰收 12	克丰 6 号×克交 5610	2250		20.0	42.5	黑龙江省农科院克山所
开育 8 号	开 583×开交 6212-9-5	2250	7.8	21.4	39.8	辽宁省开原市农科所
吉林 3 号	金元 1 号×铁荚四粒黄	2250		21.5	40.8	吉林省农科院大豆所
九农 9 号	黄宝珠×金山璞	2625		21.2	40.5	吉林省吉林市农科所
徐豆 2 号	徐州 302×齐黄 1 号	2368	10.6	19.5	39.7	江苏省农科院农经所
齐黄 1 号	从寿张农家种系选	2250				山东省农科院作物所
诱变 30	(江苏 58-161×徐州 5904-424)X 射线	2625		20.9	43.2	中国科学院遗传所
鄂豆 2 号	狮子毛×蒙城大白壳		10～30	19.0		中国农科院油料所
矮脚早	以武汉菜大豆集团选择育成	高产稳产				中国农科院油料所
跃进 5 号	定陶农家种大平顶黄系选	2123		20.3	—	山东省菏泽市农科所
合丰 23	小粒豆 9 号×丰收 10	2250		22.1	37.2	黑龙江农科院合江所
丹豆 5 号	凤交 66-12×开交 6302-12-1-1	2652		20.2	42.1	辽宁省丹东市农科所
吉林 8 号	小金黄 1 号×铁荚四粒黄			22.0	40.2	吉林省农科院大豆所
跃进 4 号	莒选 23×5905					山东省菏泽市农科所
吉林 18	公交 7014(一窝蜂×吉林 5 号)F₁×公交 7015(吉林 3 号×十胜长叶)F₁		14.9	19.7	42.6	吉林省农科院大豆所
长农 2 号	九农 9 号×吉林 3 号	2250		21.0	40.2	吉林省长春市农科所
绥农 3 号	克交 5501-3×克交 56-4258	2625		22.1	36.1	黑龙江省农科院绥化所
鲁豆 1 号	6303×69-2	2243	11.9	21	40.2	山东省农科院作物所

在表中所列品种中,铁丰 18 获国家发明奖一等奖,是大豆品种中惟一一个获国家发明奖一等奖的品种,在辽宁省和关内几个省均获得大面积推广。此外,黑农 26、黑河 3 号、跃进 5 号获得了国家发明奖二等奖,也在相邻省、自治区得到了大面积推广。诱变 30、鄂豆 2 号分别获得了国家发明奖三等奖和国家科技进步奖三等奖。丰收 10 号、吉林 3 号、徐豆 2 号、齐黄 1 号、合丰 23、丹豆 5 号、长农 2 号、绥农 3 号等也都得到了大面积推广。这批品种各具特色,在生产上发挥了重要作用。

三、国家审定的大豆品种产量及品质

1989～2005 年,国家农作物品种审定委员会共审定大豆品种 119 个。其中,1989 年审定 10 个,2001 年审定 12 个,2003 年审定 32 个,2004 年审定 7 个,2005 年审定 26 个。其产量及品质情况见表 8-4,表 8-5,表 8-6,表 8-7,表 8-8。

表 8-4 1989~1997 年国家审定的大豆品种产量及品质情况

品种名称	品种来源	审定年份	区域试验结果		脂肪含量(%)	蛋白质含量(%)	育成单位
			产量(kg/hm²)	增产(%)			
合丰 25	合丰 23 × 克 4430-20	1989	2070	11.8	19.3	40.6	黑龙江省农科院合江所
吉林 20	公交 7014-3 × 公交 6612-3	1989	2405	12.7	20.6	39.2	吉林省农科院大豆所
长农 4 号	立新 9 号 × 长交 7122	1989	2250		19.8	40.1	吉林省长春市农科所
鲁豆 4 号	跃进 4 号 × F110	1989		20.1	20.3	42.6	山东省农科院作物所
鲁豆 2 号	文丰 2 号 × 美-3 (MonettaF₅₄)	1989	2247	21.9	20.8	42.8	山东省济宁市农科所
豫豆 2 号	郑 7104-3-1-31 × 滑县大绿豆	1989	2250	15.6	17.7	46.5	河南省农科院经作所
中豆 19	(暂编 20 × 1138-2) × (南农 492-1 × 徐州 424)	1989	2031	20.4	18.0	41.0	中国农科院油料所
冀豆 4 号	牛毛黄 × Williams	1989	2418	20.6	20.6	42.5	河北省农科院邯郸所
浙春 1 号	五月拔 × 兖黄 1 号	1989	2099	21.3	18.6	45.5	浙江省农科院作物所
豫豆 8 号	从 74046-10-0 育成(含 SRF400)	1991	2475	18.6	20.1	44.6	河南省农科院经作所
黑河 5 号	黑河 54 × Amsoy	1991	2397	18.9	20.4	38.3	黑龙江省农科院黑河所
开育 9 号	开交 6302-12-1-1 × 铁丰 18	1991	2693	7.7	21.7	38.1	辽宁省开原市农科所
湘春 10 号	6 月白 × 4 月黄	1991	1875~2250	8.9	19.97	41.1	湖南省农科院作物所
铁丰 24	铁丰 18 × 开育 8 号	1992	2372	11.6	20.6	40.9	辽宁省铁岭市农科所
宁镇 1 号	1138-2 × Beeson	1993	2664	2.2	19.3	43.2	江苏省农科院经作所 江苏省镇江市农科所
开育 10 号	铁丰 18 × 群英豆	1994	2250	10.0	20.7	42.6	辽宁省开原市农科所
嫩丰 14	从安 70-4176 系选	1994	2055	22.7	19.7	43.4	黑龙江省农科院嫩江所
浙春 2 号	德清黑丘 × 兖黄 1 号	1995	2100	12.8	20.7	45.7	浙江省农科院作物所
鄂豆 4 号	矮脚早 × 泰兴黑豆	1995	1881	11.8	16.5	47.0	湖北省仙桃九合垸原种场
豫豆 10 号	郑 77249 × 海交 17	1995	2460	24.3	18.8	44.2	河南省农科院经作所
贡豆 2 号	诱变 30 × 82-6	1995	1974	19.3	21.8	41.4	四川省自贡市农科所
科丰 6 号	7611 × 75-30	1995	2045	17.7	19.3	44.0	中国科学院遗传所
通农 10 号	通农 5 号 × 凤交通 76-638	1996	1997	4.2	18.4	46.2	吉林省通化市农科所
黑农 35	黑农 16 × 十胜长叶	1996	2250	6.4	18.4	45.2	黑龙江省农科院大豆所
绥农 8 号	绥濠 4 × (绥 77-5047 × Amsoy)F₁	1997	2295	13.4	20.3	41.7	黑龙江省农科院绥化所

表 8-5　1998~2001 年国家审定的大豆品种产量及品质情况

品种名称	品种来源	审定年份	区域试验结果		脂肪含量（%）	蛋白质含量（%）	育成单位
			产量（kg/hm²）	增产（%）			
黑河 13	黑交 83-1345 × 黑交 83-889	1998	2100		20.15	39.18	黑龙江省农科院黑河所
贡豆 6 号	诱变 30 × 82-6	1998	1950		21.80	38.61	四川省自贡市农科所
豫豆 18	郑 80024-10 × 中豆 19	1998	2475		18.76	44.50	河南省农科院经作所
合丰 35	合交 8009-1612 × 绥 81-272	1998	2700		19.16	42.22	黑龙江省农科院合江所
北丰 11	合丰 25 × 北 69-1813	1998			20.11	40.80	黑龙江省北安农科所
吉林 30	公交 7424-8 × 辽豆 3 号	1998	丰产稳产		19.30	42.30	吉林省农科院大豆所
徐豆 8 号	徐豆 7 号 × 徐 7512	1998	2700		20.50	44.60	江苏省徐州市农科所
豫豆 16	豫豆 10 × 豫豆 8	1998	2400		16.85	47.46	河南省农科院经作所
黑河 11	黑交 79-2017 × 黑交 79-1870	1998	迟播救灾品种		20.65	38.36	黑龙江省农科院黑河所
晋豆 19	168 × 铁 7517	1998	2250		24.38	40.62	山西省农科院作物所
晋豆 11	从龙 79-9232 系选	1999	1806	10.30	19.63	40.58	山西省农科院作物所
豫豆 23	鹿 851 × 豫豆 13	1999	2889	7.48	18.94	43.26	河南省农科院经作所
黑河 12	辐射(黑辐 81-133 × 黑交 79-2017)F₂ 黑龙江省	2000	1862	18.20	18.97	40.00	黑龙江省农科院黑河所
	内蒙古自治区		2321	6.26			
齐黄 27	鲁豆 4 号 × 40A	2000	2639	9.10	19.16	45.01	山东省农科院作物所
合豆 1 号	蒙 84-20 × 油 88-86	2000	2348	8.04	20.38	37.51	安徽省农科院作物所
沧豆 4 号	中作 83-D50 × 7510	2000	2672	10.40	21.21	42.82	河北省沧州市农科院
豫豆 22	郑 84174 × 郑 84240	2000	2600	12.89	18.07	46.50	河南省农科院经作所
冀豆 12	油 83-14／晋大 7826	2001	2931	7.47	17.07	46.48	河南省粮油所
豫豆 19	郑 8218／油 84-30	2001	2859	4.26	19.79	46.22	河南农科院棉花油料所
淮豆 6 号	淮 87-21／周 8313-1-12	2001	2373	9.22	20.79	41.08	江苏省淮阴市农科所
濮海 10	豫豆 10／豫豆 8	2001	2736	13.89	18.38	42.44	河南省濮阳市农科所
黑河 26	黑交 83-1205／美丁	2001	2859	7.30	20.96	40.11	黑龙江省农科院黑河所
晋大 53	321／海 94	2001	2714	12.97	20.58	40.06	山西农业大学
中豆 31	油 88-5109／驻 8305	2001	2294	7.19	17.48	45.54	中国农科院油料所
中黄 13	豫豆 8／中 90052-76 安徽夏播	2001	3041	16.00		45.80	中国农科院作科所
	天津春播		2457	2.55	18.66	42.84	
中黄 17	遗 2／Hobbit	2001	2877	5.48	20.25	44.13	中国农科院作科所

续表 8-5

品种名称	品种来源		审定年限	区域试验结果		脂肪含量(%)	蛋白质含量(%)	育成单位
				产量(kg/hm²)	增产(%)			
科新 3	豫豆 2 诱变	北京市	2001	2410	9.30	18.13	49.89	中国科学院遗传所
		山东省	2001	2082	9.23			
晋豆 23	晋大 28/诱变 30		2001	2529	11.50	18.48	40.11	山西省农科院经作所
徐豆 10 号	徐 7512 × 徐 8226		2001	3080	12.20	18.68	43.70	江苏省徐州市农科所

表 8-6 **2003 年国家审定的大豆品种产量及品质情况**

品种名称	品种来源	区域试验结果		脂肪含量(%)	蛋白质含量(%)	育成单位
		产量(kg/hm²)	增产(%)			
中黄 25	中黄 4 × 诱变 30	3084	11.94	19.86	43.85	中国农科院作物所
科丰 14	早熟 3 号 × 安徽大青豆	2930	6.13	18.14	45.04	中国科学院遗传所
中黄 24	吉林 21 × 汾豆 31、中豆 19	2776	12.10	22.48	38.61	中国农科院作科所
中黄 19	中品 661 × 豫豆 10(郑 8431 父本)	2776	12.10	18.04	44.45	中国农科院作科所
中黄 20	遗 2 × Hobbit 北京	2484	7.10	23.50		中国农科院作科所
	辽宁	3030	20.16			
晋大 70	复 61 × 晋大 28	2688	8.46	22.06	41.18	山西农业大学
齐黄 28	济 3045 × 潍 8640	2606	5.15	21.42	40.68	山东省农科院作物所
商豆 1099	商 86118 × 阜 8329-113	2927	13.82	20.98	41.46	河南省商丘市农科所
蒙 91-413	皖豆 16 × 豫豆 10	2758	7.24	20.78	42.24	安徽省农科院豆类所
辽豆 15	辽 85062 × 郑州长叶-18	2601	19.81	20.49	42.07	辽宁省农科院作物所
黑河 23	黑交 83-889 × 美丁	2580	9.60	19.53	41.74	黑龙江省农科院黑河所
吉育 65	公交 8347-27 × U87-63041	2966	5.20	20.00	39.35	吉林省农科院大豆所
辽豆 14	辽 86-5453 × Mecury	2535	13.70	22.04	37.48	辽宁省农科院作物所
承豆 6 号	承 7907-2-3-1 × 铁丰 25	2576	8.90	20.62	38.94	河北省承德市农科所
鲁宁 1 号	特大粒(早熟巨丰/中遗特大粒)F_1 × 高丰大豆	2840	4.02	19.22	45.62	山东省济宁市农科所
郑 92116	郑 506 × 郑 100-0-4-5	2775	11.97	18.62	43.48	河南省农科院棉油所
冀豆 12	油 83-14 × 晋大 7826	2585	19.06	17.47	46.41	河北省农科院作物所
中黄 22	中品 661 × 91-1	3044	6.41		47.76	中国农科院作科所
齐黄 29	济 3045 × 潍 8640	2606	5.15	21.42	40.68	山东省农科院作物所
沧豆 5 号	7102 × 晋遗 D90	2454	5.26	21.86	40.57	河北省沧州市农科院
五星 1 号	冀豆 9 号 × Century	2340	2.92	20.27	42.39	河北省农科院作物所
邯豆 4 号	邯 73 × 邯 81	2636	6.34	23.36	39.16	河北省邯郸市农科院

续表 8-6

品种名称	品种来源	区域试验结果		脂肪含量 (%)	蛋白质含量 (%)	育成单位
		产量(kg/hm²)	增产(%)			
合豆 3 号	蒙 84-20 × 菏 84-5/泗豆 11	2942	5.13	20.34	43.37	安徽省农科院作物所
丰收 24	黑 83-889 × 绥化 83-708	2954	8.30	19.97	40.10	黑龙江省农科院克山所
九丰 9 号	黑河 9 号 × 合丰 25	2799	7.10	20.31	40.94	黑龙江农垦九三所
黑农 46	哈 857-1 × 吉 8028	3198	5.20	20.57	38.57	黑龙江省农科院大豆所
晋遗 30	晋豆 19 × 晋豆 11	3258	9.80	21.74	41.28	山西省农科院作物所
徐豆 12	泗豆 11 × 豫豆 15/徐 8216-17	2625	2.04	21.86	41.36	江苏省徐州市农科所
邯豆 3 号	邯 73 × 中作 87-D06	2601	8.42	20.95	41.26	河北省邯郸市农科院
郑 90007	郑 84285 × 郑 84240	2784	8.26	20.46	41.16	河南省农科院棉油所
豫豆 29	郑 87260 × 郑 85212	2715	9.55	20.34	42.80	河南省农科院棉油所
绥农 14	合丰 25 × 绥农 8 号	3134		21.93	38.66	黑龙江省农科院绥化所

表 8-7　2004 年国家审定的大豆品种产量及品质情况

品种名称	品种来源	区域试验结果		脂肪含量 (%)	蛋白质含量 (%)	育成单位
		产量(kg/hm²)	增产(%)			
冀黄 13	中品 662 × 8032(7322-111 × Williams)	3215	5.12	21.70	39.60	河北省农科院棉油所
GS 郑 9525	郑 100 × 驻美金	2818	13.13	18.45	42.26	河南省农科院棉油所
齐黄 31	济 3045 × 潍 8640	2679	7.55	22.12	39.44	山东省农科院作物所
晋豆 29	早熟 18 × 晋大 28	2773	11.35	22.11	38.10	山西省农科院经作所
五星 2 号	冀豆 9 号 × Century	3183	4.08	21.57	38.75	河北省农科院棉油所
黑河 36	北 87-9 × 九三 90-66	2619	7.60	19.28	39.80	黑龙江省农科院黑河所
南豆 5 号	矮脚早 × 贡豆 6 号	2190	1.60	18.71	46.18	四川省南充市农科所

表 8-8　2005 年国家审定的大豆品种产量及品质情况

品种名称	品种来源	区域试验结果		脂肪含量 (%)	蛋白质含量 (%)	育成单位
		产量(kg/hm²)	增产(%)			
中品 662	早 5 粒 × 鲁豆 4 号	2778.8	7.06	19.84	40.22	中国农科院作科所
中黄 29	鲁 861168 × 鲁豆 11	2558.4	− 1.43	18.72	45.02	中国农科院作科所
豪彩 1 号	齐黄 26 × 太空 5 号	2793.6	7.63	20.54	37.93	北京豪润彩虹公司
濮豆 6018	豫豆 18 × 92 品 A18	2901.2	8.02	19.85	42.89	河南省濮阳县农科所
邯豆 5 号	徐 8313 × 早 5241	2787.8	3.76	22.55	39.74	河北省邯郸市农科院
潍豆 6 号	81-1155 × 潍辐选	2724.5	1.47	22.38	38.74	山东省潍坊市农科所
齐黄 30	济 3045 × 潍 8640	2625.9	5.43	22.36	42.18	山东省农科院作物所
滨职豆 1 号	日大选 × 滨 89036	2690.4	8.02	21.54	40.83	山东省滨州职业学院

续表 8-8

品种名称	品种来源	区域试验结果		脂肪含量（%）	蛋白质含量（%）	育成单位
		产量(kg/hm²)	增产(%)			
郑 59	郑 88037 × 郑 92019	2459.6	11.39	20.30	40.83	河南省农科院棉油所
驻豆 9715	豫豆 10 × 科系 7 号	2482.4	12.18	19.81	40.59	河南省驻马店市农科所
周豆 12	豫豆 24 × 豫豆 12	2347.7	6.23	19.95	40.25	河南省周口市农科所
菏豆 13	菏 95-1 × 豫豆 8 号	2418.0	9.06	19.03	41.84	山东省菏泽市农科所
淮豆 8 号	淮 89-15 × 菏 84-5	2371.1	7.06	22.29	39.95	江苏省淮阴市农科所
北豆 2 号	北红 88-72 × 九三 9066	2229.0	6.80	19.45	38.20	黑龙江农垦九三所
垦丰 14 号	绥农 10 × 长农 5 号	3327.0	6.40	20.15	37.65	黑龙江农垦局农科院作物所
吉引 81	从美国引进的 P9231	3171.0	3.30	21.97	39.67	吉林省农科院大豆中心
辽豆 21	辽 8898 × 辽 93009	2775.8	3.70	21.54	40.82	辽宁省农科院作物所
辽首 2 号	90A × 90-3	2823.0	7.50	19.55	42.40	辽宁省辽阳旱田良种中心
福豆 310	蒲豆 8008 × 88B1-58-3	2305.5	7.00	18.49	46.04	福建省农科院耕作所、种子站
浙鲜豆 2 号	矮脚白毛 × 富士见白	10419.0（鲜荚）	2.6			浙江省农科院作物与核利用所
吉农 17	菏引 10 × 吉农 8601-26	3291.0	7.20	20.35	39.65	吉林农业大学生物技术学院
铁丰 33	铁 89059-8 × 科 3511	2821.5	7.10	21.15	41.95	辽宁省铁岭大豆所
秦豆十号	85(22)-38-1-1 × 邯单 81	2785.5	3.66	21.18	38.86	陕西省杂交油菜中心
五星 3 号	冀豆 9 号 × Century	2867.9	4.36	19.82	41.61	河北省农科院粮油所
冀 NF58	Hobbit × 早 5241	2606.6	4.65	23.63	35.77	河北省农科院粮油所
红丰 11	钢 8212-8 × B152	3072.0	−2.00	21.51	37.76	黑龙江农垦红兴隆农科所

　　从表 8-7 可以看出，国家农作物品种审定委员会 2004 年审定的大豆品种，脂肪含量超过 21.5% 的有冀黄 13(21.7%)、齐黄 31(22.12%)、晋豆 29(22.11%) 和五星 2 号(21.57%)4 个品种。其中，冀黄 13 在区域试验中产量达 3 215 kg/hm²，五星 2 号产量达 3 183 kg/hm²，均为高产高油品种。南豆 5 号蛋白质含量达 46.18%，为高蛋白质含量品种。

　　从表 8-8 可以看出，国家农作物品种审定委员会 2005 年审定的大豆品种中，区域试验产量超过 3 000 kg/hm² 的有垦丰 14(3 327 kg/hm²)、吉农 17(3 291 kg/hm²)、吉引 81(3 171 kg/hm²) 和红丰 11(3 072 kg/hm²)，增产幅度超过 10% 的有驻豆 9715(12.18%) 和郑 59(11.39%)；脂肪含量超过 21.5% 的有冀 NF58、邯豆 5 号、齐黄 30、辽豆 21、滨职豆 1 号、淮豆 8 号、潍豆 6 号、红丰 11。其中脂肪含量超过 22% 的有冀 NF58(23.63%)、邯豆 5 号(22.55%)、潍豆 6 号(22.38%)、齐黄 30(22.36%)、淮豆 8 号(22.29%)。蛋白质含量超过

45%的有福豆310(46.04%)和中黄29(45.02%)。

全国农业技术推广服务中心2005年10月统计的《2004年全国农作物主要品种推广情况统计表》显示,各大豆产区2004年主要推广品种如下。

东北大豆产区:主要推广品种为绥农14(播种面积38.3万 hm²,居全国第一位),合丰41(播种面积25.1万 hm²,居全国第二位),黑河19(,播种面积19.5万 hm²,居全国第四位),绥农11(播种面积17.4万 hm²,居全国第五位),垦农18(播种面积14.6万 hm²,居全国第九位),绥农10(播种面积14.5万 hm²,居全国第十位),黑河27(播种面积12万 hm²,居全国第十一位),合丰40(播种面积11.7万 hm²,居全国第十二位),河丰45(播种面积10.5万 hm²,居全国第十三位),黑农38(播种面积7.9万 hm²,居全国第十四位),黑农43(播种面积7.7万 hm²,居全国第十六位),合丰39(播种面积6.6万 hm²,居全国第二十位),吉育47(播种面积5.7万 hm²),吉科豆1号(播种面积5.7万 hm²),吉农12(播种面积5.3万),铁丰29(播种面积4.7万 hm²),开8157(播种面积4.5万 hm²)。

黄淮海大豆产区:主要推广品种有豫豆22(播种面积21.6万 hm²,居全国第三位、黄淮海地区第一位),中黄13(播种面积15.5万 hm²,居全国第六位、黄淮海地区第二位),徐豆9号(播种面积15.1万 hm²,居全国第七位、黄淮海地区第三位),鲁豆11(播种面积14.8万 hm²,居全国第八位、黄淮海地区第四位),豫豆25(播种面积8.6万 hm²,居全国第十四位、黄淮海地区第五位),鲁豆4号(播种面积7.8万 hm²,居全国第十六位、黄淮海地区第六位),徐豆10(播种面积7.1万 hm²,居全国第十八位、黄淮海地区第七位),冀豆12(播种面积6.9万 hm²,居全国第十九位、黄淮海地区第八位)。2005年黄淮海地区种植面积最大的大豆品种为中黄13,种植面积达22万 hm²。

其他地区大豆播种面积较大的品种有:连架条(6万 hm²,陕西省),鄂豆4号(6万 hm²,湖北、湖南省),莆豆8008(5.5万 hm²,福建省),莆豆10号(4.7万 hm²,福建省),赣豆4号(4.4万 hm²,江西省),泉豆332(4.4万 hm²,福建省),湘春豆15(3.6万 hm²,湖南省),晋豆15号(3.5万 hm²,山西、甘肃省),桂早1号(3.3万 hm²,广西壮族自治区),鄂豆6号(3万 hm²,湖北省),晋豆25号(3万 hm²,山西省),秦豆8号(3万 hm²,陕西省),渝豆1号(2.9万 hm²,重庆市),本地种(3万 hm²,山西省),淮豆4号(2.5万 hm²,江苏省),西豆3号(2.3万 hm²,重庆市),渝豆1号(2.9万 hm²,重庆市),晋豆19(2.2万 hm²,山西、陕西省),皖豆15、皖豆14(各2.1万 hm²,安徽省),矮脚早(2.1万 hm²,湖南、浙江省),毛豆2808(1.6万 hm²,福建省),毛豆75(1.8万 hm²,福建、浙江省),阿山大豆1号(1.3万 hm²,新疆维吾尔自治区),新大豆1号(1.2万 hm²,新疆维吾尔自治区)。

第四节　各大豆主要产区大豆育种的进展

一、东北地区大豆育成的品种概况

王金陵、杨庆凯、吴宗璞主编的《中国东北大豆》一书,对东北地区大豆育成的品种作了详细的介绍。该书指出:吉林省农业科学院先后于1985年和1993年分2次整理出版了《中国大豆品种志》。分2段编入了1992年以前育成的大豆品种,其中包括黑龙江、吉林、辽宁三省的品种(系)493个。按1949年以前和20世纪50年代、60年代、70年代、80年代及90

年代(1990～1992年)6个时段将品种进行统计,其结果见表8-9。

表8-9　东北地区大豆品种育成状况　(王金陵等,1999)

来源与方法	1949年前	50年代	60年代	70年代	80年代	90年代	合　计
农　家	16	185	33	1	0	0	215
系　统	2	4	7	6	3	3	25
引　种	0	1	0	0	2	0	3
辐　射	0	0	6	2	9	5	22
杂　交	2	13	29	62	98	24	228
合　计	20	203	75	71	112	32	493

年推广面积在6.66万 hm² 以上的品种有54个。其中推广面积大、范围广、种植年限长、影响大的品种有黄宝珠、小金黄1号、满仓金、东农4号、铁丰18和合丰25等。黄宝珠从1923年开始推广,一时成为东北地区中部的主要品种,推广面积曾达46.66万 hm²,之后被小金黄1号代替。满仓金是20世纪50年代至60年代初东北地区大豆的主要品种,曾占东北地区中部大豆主产区70%～80%的面积,最大面积达90万 hm²,也是当时全国栽培面积最大的品种。东农4号是解放后东北地区大豆杂交育种第一个推广面积大的品种,是60～70年代黑龙江省的主栽品种,最大种植面积曾达33.3万 hm²。

铁丰18是辽宁省铁岭农业科学研究所于1973年育成的,之后迅速成为辽宁省的主栽品种,而且突破省界,横跨近10个纬度,在河北、北京、山西、陕西、河南、四川、云南、贵州、甘肃、宁夏、新疆等地推广,最大面积曾达33.3万 hm²。

合丰25是黑龙江省农业科学院合江农科所于1984年育成的,在黑龙江省推广。1985年吉林省也定为推广品种,后在辽宁、新疆、江苏、云南、山东等地种植。1987年推广面积达到87.57万 hm²。一直作为黑龙江省东部和中南部主栽品种,至90年代种植面积还在53.33万 hm² 以上。

年推广面积在26.66万 hm² 以上的品种有开育8号(1980)、黑河4号(1982)、吉林20号(1985)和绥农8号(1989)4个品种。年推广面积在20万 hm² 以上的有紫花4号(1950)、荆山朴(1958)、黑龙江41(1958)、群选1号(1964)和长农4号(1985)5个品种。年推广面积在13.33万 hm² 以上的有丰地黄(1941)、合交6号(1963)、黑河3号(1964)、丰收10号(1966)、黑河5号(1972)、九农9号(1975)、黑农26(1975)、合丰30(1988)、黑河7号(1988)、开育9号(1989)10个品种。还有克系283(1956)、集体1号(1956)、丰收1号(1958)、丰收2号(1958)、东农1号(1958)、早丰1号(1959)、合交8号(1962)、铁丰3号(1967)、牡丰1号(1968)、黑农16(1970)、铁丰8号(1970)、丰收12(1971)、黑农10号(1971)、合交22(1974)、长农2号(1980)、丹豆5号(1981)、绥农4号(1981)、吉林18(1982)、开育9号(1985)、黑河5号(1986)、辽豆3号(1987)、铁丰24(1988)、吉林21(1988)、黑农35(1988)、开育10号(1989)、黑农37(1992)、东农42(1992)、垦农4号(1992)等28个品种推广面积均超过6.66万 hm²。其中,最早熟的品种为漠河1号、东农36和东农41,生育期为85～90 d(春播),比"北呼豆"早熟10～15 d,在北纬50°年积温仅1700℃的高寒地区也可以种植,使我国大豆栽培北界向北推移100多 km²。这3个品种在哈尔滨地区生育期为75～85 d,延迟到7月10日播种,在9月25日左右可以成熟,可以做晚播备灾种子和两季作物的后作大豆种子。东农36等使黑龙江省北部高寒地区成为春大豆新的产区。

蛋白质含量高于 45% 的品种有东农 36、东农 42、黑农 35、吉林 26、吉林 28、通农 9 号、通农 10 号、安丰 1 号等。风系 1 号、早小白眉、青秼食豆、四粒青、青白脐、白毛、黑铁荚、小粒黑、长粒黑等地方品种,蛋白质含量也高于 45%。

脂肪含量超过 23% 的品种有嫩丰 2 号、嫩丰 4 号、嫩丰 10 号,黑农 4 号、黑农 6 号、黑农 8 号、黑农 31,开育 10 号、铁丰 24、吉林 1 号、公交 5601-1、公交 5610-2、东农 71434、东农 72163 等共 14 个品种。特别值得指出的是,其中有 3 个品种是满仓金的辐射后代,有 4 个品种是满仓金为第二次杂交的直接亲本后代,有 1 个品种是由满仓金系选出的荆山朴的后代。

百粒重超过 25 g 的品种有建丰 1 号、九农 14、丹豆 6 号、锦豆 64-22、风系 2 号与东农 33 等 6 个品种和绥化大黑脐、尚志黑脐、凤城黑药豆、大粒黄等 4 个地方品种。

抗花叶病毒病的品种有东农 41、九农 15、铁丰 23、辽豆 3 号、合丰 33 等 5 个品种。

抗胞囊线虫病的品种有垦丰 1 号、嫩丰 14、垦秼 1 号、抗线 1 号、白农 2 号、吉林 23 及东农 43 等 7 个品种。

高抗灰斑病的品种有垦农 2 号、宝丰 2 号、合丰 28、合丰 29、合丰 30、绥农 9 号、绥农 10 号、黑农 33、黑农 37、垦农 4 号、东农 42 等 11 个品种。

抗食心虫的品种有九农 14、九农 16,吉林 26、通农 7 号、延农 7 号、白农 1 号等 6 个品种。

一些品种由于产量、品质、抗病或超早熟等性状突出而获得国家级奖励。其中,铁丰 18、黑农 26、辽豆 10 号分别于 1987 年、1988 年、1991 年先后获得国家发明奖一等奖(铁丰 18)和二等奖,东农 36、合丰 25、黑河 5 号、吉林 20 先后获得国家科技进步奖三等奖。

东北农业大学王金陵教授等育成了极早熟的大豆品种东农 36,它使黑龙江北部高寒地区成为新的大豆产区。

二、黄淮海地区近年来大豆育种和生产概况

目前,黄淮海地区是我国栽培面积第二大的大豆主产区。20 世纪 50 年代,黄淮海地区大豆栽培面积达 533 万 ~ 600 万 hm²,为我国大豆栽培面积最大的地区。当时主要的轮作体系为冬小麦—大豆。近年来,由于大力发展玉米,大豆面积有所下降,这和玉米的种植效益高有直接关系。黄淮海地区大豆栽培面积最大的是安徽省,其次是河南省,再次为河北、山东、山西等省(表 8-10)。

本区大豆育种工作开展得较好。中国科学院遗传研究所育成了科丰 6 号、诱变 30、科丰 34 等品种,推广面积很大。河南省农业科学院经济作物研究所育成很多高产高蛋白大豆品种,如豫豆号品种。山东省农业科学院作物所育成了鲁豆 4 号、鲁豆 11 等品种。河北省农业科学院育成了冀豆 7 号、冀豆 12 等品种。

表 8-10　黄淮海地区大豆生产情况及品种

省　份	2003 年大豆播种面积(万 hm²)	历史上大豆最大播种面积(万 hm²)	近 20 年来推广的主要大豆品种
安　徽	85.52	112.60(1953)	皖豆 14、皖豆 16、皖豆 21、中豆 19、中豆 26、豫豆 22、合丰 1 号、中黄 13、豫豆 25、徐豆 9 号、新文青、特早 1 号、合丰 25、跃进 5 号
河　南	50.34	172.00(1956)	豫豆 7 号、豫豆 8 号、豫豆 13、豫豆 16、豫豆 17、豫豆 19、豫豆 22、豫豆 25、诱变 30、滑豆 20、周豆 11、周豆 12、柏香 1 号、开豆 4 号、跃进 5 号、中黄 13

续表 8-10

省　份	2003 年大豆播种 面积(万 hm²)	历史上大豆最大 播种面积(万 hm²)	近 20 年来推广的主要大豆品种
陕　西	30.66		秦豆 5 号、秦豆 8 号、秦豆 3 号、陕豆 125、豫豆 16、绥农 4 号、晋豆 4 号、晋豆 20 号、辽豆 4 号、辽豆 11 号、铁丰 24、吉林 35、增收 1 号、科 丰 1 号、北丰 9、中黄 13、中豆 19
山　东	28.57	200(20 世纪 50 年代)	鲁豆 4 号、鲁豆 10 号、鲁豆 11、齐黄 27、跃进 5 号、跃进 10 号、齐黄 27、高作 1 号、84-51
河　北	28.05	80(20 世纪 50 年代)	科丰 6 号、冀豆 4 号、冀豆 7 号、冀豆 12、邯豆 3 号、冀黄 13、诱变 30、五星 1 号、中黄 13
江　苏	24.17	81.4(20 世纪 50 年代)	南农 88-31、南农菜豆 5 号、徐豆 8 号、徐豆 9 号、徐豆 10 号、淮豆 6 号、泗豆 288、南农大黄豆、启东黑豆、丹波黑豆、南农乌皮青仁
山　西	20.73		晋豆 1 号、晋豆 11、晋豆 19、晋豆 20、中黄 13、中黄 19
天　津	3.09		科丰 6 号、诱变 30、中黄 13、中黄 17、中黄 20
北　京	1.64		早熟 18、科丰 6 号、诱变 30、中黄 13、中黄 17、中黄 20
合　计	272.77		

三、南方多作区大豆品种和生产情况

根据统计,2003 年南方 14 个省、自治区、直辖市大豆播种面积为 187 万 hm²。大豆播种面积在 20 万 hm² 以上或接近 20 万 hm² 的有广西壮族自治区(25.8 万 hm²)、江苏省(24.17 万 hm²)、四川省(20.15 万 hm²)、湖南省(19.82 万 hm²)。以广西壮族自治区栽培面积最大。江苏省是我国大豆高产省,分为淮北优质专用蛋白大豆优势区和沿江鲜食菜用大豆优势区。2002 年全省单产 2 880 kg/hm²,总产 70 万 t。南京农业大学育成的南农 88-31 获科技部、农业部首批优质及专用品种后补助,在 2000 年被农业部列入"丰收计划"推广项目品种。徐豆 10 号、淮豆 6 号均为国审大豆。泗豆 288 单产达 3 066 kg/hm²,蛋白质含量高达 48.13%。

湖南省 20 世纪 80 年代大豆年播种面积平均为 16.7 万 hm²,单产 1 599 kg/hm²,总产 32.05 万 t,与 80 年代比有很大提高。"七五"、"八五"期间,湖南省农业科学院作物所参加了国家大豆育种攻关,衡阳市农科所、永川地区农科所以高产、稳产为主攻目标,育成了湘春豆 11、湘春豆 12、湘春豆 13 和湘春豆 14 等高产优质品种,其中湘春豆 14 脂肪含量达 23.2%,为高油品种。"九五"期间进一步育成了早熟、优质、高产、抗病的湘春豆 15、湘春豆 17 和湘春豆 18,其中湘春豆 15 和湘春豆 18 获国家农作物新品种后补助。"十五"期间,湖南省农业科学院作物所参加了国家"863"大豆高效育种技术及优质高产、多抗专用新品种培育子课题的协作攻关,已于 2001 年审定一个高油品种。湘春豆 15～20 号等大豆品种均具有 3 600 kg/hm² 的生产潜力。

2004 年,广西壮族自治区大豆种植面积达 26.67 万 hm²。从统计的品种来看,共播种 8.53 万 hm²。其中,桂早 1 号 3.33 万 hm²,柳豆 1 号 1.2 万 hm²,宜州六月黄 1.07 万 hm²,柳豆 13 为 0.87 万 hm²,桂豆 3 号 0.73 万 hm²,桂豆 1 号 0.67 万 hm²,桂夏 1 号 0.67 万 hm²。福建省大豆种植面积近年来有所增加,粒用大豆加上毛豆共计 17.33 万 hm²。其中,莆豆 8008

达 5.47 万 hm²，莆豆 10 号 4.67 万 hm²，泉豆 332 为 4.4 万 hm²，毛豆 2808 为 1.6 万 hm²，毛豆 75 为 1.2 万 hm²；湖北省统计的大豆各品种共播种 17.87 万 hm²，其中鄂豆 4 号为 4 万 hm²，鄂豆 6 号为 3 万 hm²，中豆 30 为 2.33 万 hm²，中豆 19 为 1.67 万 hm²，川豆 1.67 万 hm²，鄂豆 7 号为 1.33 万 hm²，中豆 29 为 1 万 hm²，中豆 8 号为 1 万 hm²，中豆 32 为 0.87 万 hm²，鄂豆 5 号为 0.67 万 hm²。湖南省统计的大豆各品种共播种 16.8 万 hm²，其中鄂豆 4 号为 2 万 hm²，湘春豆 15 为 3.6 万 hm²，矮脚早为 1.6 万 hm²，湘春豆 13 为 1.4 万 hm²，湘春豆 18 为 1.27 万 hm²，湘春豆 20 为 1.2 万 hm²，湘春豆 19 为 1.07 万 hm²，湘春豆 14 为 0.87 万 hm²，湘春豆 10 号为 0.53 万 hm²。贵州省本地品种播种面积 2.73 万 hm²，其中六月黄 0.33 万 hm²，早黄豆 1.2 万 hm²。江西省种植赣豆 4 号 4.4 万 hm²。浙江省种植矮脚早 0.47 万 hm²，浙春 3 号为 0.33 万 hm²，台湾 75 为 0.6 万 hm²，八月枝为 0.53 万 hm²，五月枝为 0.53 万 hm²，浙春 3 号为 0.53 万 hm²。

第五节　大豆育种目标

大豆育种目标要根据不同大豆栽培区域和不同的生态类型来决定。东北春大豆区主要应选出熟期在 90～100 d 至 150～160 d 的一季作的高产、优质、多抗性的大豆品种。由于本区从南到北跨 10 余个纬度，自然生态条件多样，因此要育成适于不同地区种植的大豆品种。

黄淮海大豆产区的耕作制度多为两季作，冬小麦收获后种玉米或大豆，这是主要的栽培方式，以华北平原为主，同时以夏大豆为主，北部和海拔高的地区又有部分春大豆，因此耕作制度比较复杂。一般是冬小麦在 6 月上中旬收获后马上就要播种玉米或大豆。本区大豆加工企业较多，大多分布在山东、河南等省，年需要几百万吨大豆，目前国产大豆尚难以满足。除了油用大豆之外，高蛋白大豆也是本区大豆加工企业所急需的。目前进口的大豆多半为转基因大豆(抗除草剂草甘膦大豆——Roundup Ready Soybean)，有不少消费者对此持有不完全认可的态度，因此发展本国的非转基因大豆生产就完全有必要。

南方大豆多作区主要育种目标是适合两季作或多季作的要求，熟期适中、高产、优质(高蛋白或高油)、多抗性(抗病、抗虫、抗旱或耐涝等)的大豆品种。要选育适于不同生态类型的大豆品种。主要在长江以南包括长江、珠江、闽江流域，云贵高原，海南岛地区。此处有春种大豆，也有夏种大豆，还有秋种和冬种大豆，耕作制度极为复杂；有两季作也有三季作。如云南省秋冬作时推广了中品 661，是北京的春、夏播品种；四川省 2005 年 9 月又审定推广了中黄 13(中作 975)，以春播为好，这和北京地区春种差不多，但中黄 13 在四川播种期可大大提前到 3 月份，收获期可提前到 7 月份。

上述可以看出，不同栽培地区所需要的大豆品种是不一样的。各个地区尽管生态条件和栽培水平有所不同，但是有一些育种目标是必须要考虑的。

一、高产和超高产育种目标

高产和超高产是各地区大豆育种必须考虑的首要目标。2005 年，我国进口大豆达 2 659 万 t，进口豆油 100 多万 t。我国大豆年总产才 1 700 多万 t，居世界第四位；单产才 1.8 t/hm²，比巴西、阿根廷、美国低 0.7～0.9 t/hm²，仅为世界大豆单产最高的国家意大利的 1/2。因此，选育高产和超高产大豆品种非常重要。也只有高产、效益好，农民才愿意种大豆。

Ludders(1977)利用熟期组Ⅰ~Ⅳ的品种与原始引进的品种相比较,第一轮杂交及选择增产 26%,第二轮选择增产 16%。Wilcox 等(1979)对 1940 年推广的熟期组Ⅱ和熟期组Ⅲ的品种与 1970 年推广的品种相比较,产量相差 25%,每年提高 0.8%。Boerma(1979)报道,1942~1973 年推广的Ⅵ~Ⅷ熟期组的品种,每年增产 0.7%。Specht 和 Williams(1984)报道,1902~1977 年,0 熟期组品种每年增加 18.8 kg/hm²。因此,产量的提高是逐步的,它和品种的改良有密切的关系,又和生产水平、管理措施、土壤肥力、气候条件有关系,必须因地制宜不断地将提高产量作为大豆育种的首要目标。一般大豆育种产量目标要比对照品种增产 8%以上。不同地区大豆育种的产量指标是不同的。"十五"期间,东北地区产量目标为 4 875 kg/hm²,黄淮海地区为 4 650 kg/hm²,南方多作区为 3 750 kg/hm²。超过以上目标,可以算做是达到了超高产的目标。同时又要注意选育现实生产大面积单产在 3 000~3 750 kg/hm²、综合性状好的高产品种,还要选育一批单产为 4 500 kg/hm² 的超高产大豆品种。

二、高蛋白育种目标

大豆种子含 40%~43%的蛋白质,同时又含有大豆乳清蛋白等成分。大豆蛋白主要用于豆制品等食品工业和饲料加工业。根据联合国粮农组织(FAO)统计,世界蛋白制品中大豆蛋白占 64.78%,居主要植物蛋白质产量的第一位。据报道,我国饲料加工业年加工能力已达 1 亿多 t,如蛋白饲料以 20%计算,则需要 2 000 多万 t 豆粕。因此,选育高蛋白大豆是极为重要的,但往往大豆高蛋白含量与产量呈负相关。在大豆育种中,对高蛋白含量和产量必须兼顾,否则虽然大豆蛋白质含量很高,但产量低,这一点是必须考虑的。Wilcox 认为,美国大豆育种蛋白质含量在 43%以上就算高蛋白品种,如 Provar、Protana 等。一般来说,黄淮海地区和长江以南的大豆多为高蛋白品种,但东北地区的大豆也有高蛋白品种,如黑农 35、黑农 34、东农 42、通农 10 号等品种都是高蛋白品种。

三、高油育种目标

据联合国粮农组织统计,2002 年大豆油产量占世界食用植物油的 32.5%,居首位。1997 年世界大豆油产量为 1 904 万 t,占 14 种油料作物的 25.1%(表 8-11)。由此可见大豆油料的重要性。大豆油中不饱和脂肪酸含量较高,而且亚麻酸含量也较高。

表 8-11　世界主要油料作物生产量及其产油量和蛋白质产量　(单位:kt)　(Griffee.P.S,1998)

作　物	位　次 (以产油量排序)	籽粒产量		产油量	蛋白质产量
		1994~1995 年	1995~1996 年	1995~1996 年	1995~1996 年
大　豆	1	138633	124149	19044	37205
棕　榈	2	—	—	16747	
油　菜	3	30515	34734	11995	6508
向日葵	4	23616	26315	9589	4103
花　生	5	29013	28431	4843	3180
棉　花	6	33972	35879	3636	5023
椰子(仁干油)	7	5231	4875	3057	341
椰子(仁油)	8	4786	4990	2181	543

续表 8-11

作 物	位 次 （以产油量排序）	籽粒产量		产油量	蛋白质产量
		1994～1995	1995～1996	1995～1996	1995～1996
橄 榄	9	—	—	1713	
芝 麻	10	2580	2620	1231	
亚 麻	11	2440	2590	910	529
蓖 麻	12	1270	1330	598	
红 花	13	892	892	312	
大 麻	14	35	35	12	

资料来源：联合国粮农组织(1997)

2004 年,我国进口大豆油达 251.7 万 t,说明我国自产食用植物油的不足。因此选育高油大豆品种,增加高油大豆总产,以满足大豆加工企业的需求和人民生活的需要,是当前急需解决的问题之一。

根据我们委托农业部品质检测中心分析,美国、意大利大豆的平均脂肪含量为 21.7%(表 8-12)。前几年,黄淮海地区大豆脂肪含量为 19.98%(表 8-13)。近几年,由于国家财政部、农业部、科技部、发展改革委员会以及地方各级政府和科研单位重视了高油大豆育种工作,推广了一批脂肪含量在 21.5% 以上的高油大豆新品种,对满足大豆加工企业的需求起到了至关重要的作用。

表 8-12 美国及意大利大豆脂肪含量 （委托农业部品质检测中心分析）

品种名称	公司	脂肪含量(%)	品种名称	公司	脂肪含量(%)
Deka Fast	Dekarb	21.98	Fabio	ERSA	21.79
Dekabig	Dekarb	21.84	Villa	SIS	21.94
Ardir	Pioneer	21.80	Fiume	ERSA	21.66
Cresir	Pioneer	21.62	Ocean	Renk	21.02

表 8-13 黄淮海地区大豆品种脂肪含量及蛋白质含量

品种名称	蛋白质含量(%)	粗脂肪含量(%)	品种名称	蛋白质含量(%)	粗脂肪含量(%)
中黄 12	42.71	20.50	早熟 18	44.42	18.78
中黄 4 号	40.24	19.40	冀豆 7 号	43.10	20.10
中黄 6 号	43.14	20.59	豫豆 8 号	44.60	20.10
诱变 30	42.68	20.51	科丰 6 号	41.20	20.10
齐黄 1 号	43.50	19.17	平均	42.90	19.86
鲁豆 4 号	43.15	19.36			

四、抗病育种目标

大豆抗病育种,根据不同大豆主产区的主要病害来制定抗病育种的计划。如东北地区西部的黑龙江省齐齐哈尔、安达等地以及吉林省白城等地区,大豆胞囊线虫病较严重,应加强抗胞囊线虫育种。黑龙江省东部地区大豆灰斑病较重,曾在 1955～1965 年由于灰斑病较重影响了大豆出口量。东北地区一些地方大豆花叶病也时有发生,抗大豆花叶病育种也是一个重要目标。中国南方大豆锈病发生较重。近年来,巴西、美国等国大豆锈病发生也较重。诺贝尔和平奖获得者诺尔曼·博劳格(Borlaug Norman E.)和美籍华裔烟草专家左天觉博士(T.C.Tzo)最近来函认为,对空气传染的作物病害如大豆锈病等应加强研究。此外,抗疫霉病、霜霉病、毒素病等的育种也应因地制宜来研究。

五、抗虫育种目标

东北大豆产区最严重的虫害为食心虫,严重的年份在严重的地区虫害率可达 15%～20%,特别是在大豆连作地区危害更为严重。虫害严重时对大豆商品品质影响很大。吉林省农业科学院利用铁荚四粒黄育成抗食心虫的大豆新品种吉林 3 号等,表现很好。

六、抗倒伏育种目标

大豆倒伏影响大豆产量,特别是大豆花期以后结荚鼓粒期,这时如果发生大面积倒伏,则影响籽粒的灌浆,降低粒重,进而造成减产。因此,必须对品种和品系的抗倒伏性进行鉴定。首先要对杂交亲本和原始材料的抗倒伏性进行鉴定,从中选出抗倒伏的品种和品系作为亲本进行杂交。为了选出抗倒伏性强的品系参加国家级和省级大豆区域试验,对高代大豆材料,特别 $F_4 ～ F_6$ 代材料要用高肥水条件进行鉴定,这样才能选出秆强而且丰产性状优良的材料。例如中黄 13(中作 975),在品系鉴定时就发现其秆特别强,而且丰产性状优良,经测产,比相邻对照高出 40%,当年就南繁。

为了选出抗倒伏的品种和品系,植株不宜过高,一般 70～80 cm 高即可。太高容易倒伏,造成减产;太低,营养体不繁茂,也容易减产。要进行高产株型的育种,一般应有 4～7 个分枝,分枝多等于增加节数。节数一般在 16～20 个,不可能太多。每个节要求荚多,结荚习性为有限性和亚有限性。这样顶部可结 5～12 个荚,3～5 个分枝,每个分枝上有 5～6 个荚,可以充分利用植物的顶端优势,总荚数可达到 40 个左右,这种情况下容易高产。

美国将抗倒伏性分 1～5 级,直立的为 1 级,倒伏 45°角为 3 级,倒在地上的为 5 级。抗倒伏是品种的一个重要性状。Luedders(1977)指出,熟期组 I 到熟期组 IV 在第一轮杂交后抗倒伏性增加 17%,第二轮杂交增加 20%。Specht Williams(1984)认为过去 75 年熟期组 00 到熟期组 IV,倒伏每年减轻 1%。倒伏一般要减产,倒伏级别为 2.6 即可减产 13%(Weber and Fehr,1966)。亚有限结荚习性品种要比无限结荚习性品种倒伏轻。矮秆可提高抗倒伏性。

七、抗旱育种目标

我国大部分大豆栽培地区是雨养农业,如黑龙江、吉林、辽宁和内蒙古的大部分地区,山西、陕西北部以及其他不少地区,不具备灌溉条件,因此大豆品种要适应这种条件。大豆品种的抗旱性很重要,如黑龙江省西部嫩江农业科学研究所育成的嫩丰 7 号、嫩丰 10 号,黑龙江省农业科学院与东北农学院合作育成的黑农 3 号,均是抗旱品种。山西省农业科学院育成的晋豆 1 号、晋豆 10 号也是抗旱性强的品种。这类品种生长繁茂,在降水量较少的情况下生长良好。不同品种和品种资源抗旱性不同,需要用不同的方法来鉴定品种的抗旱性,选出抗旱性强的品种和丰产品种来进行杂交,以便育成抗旱丰产品种。大豆抗旱品种生态类型与喜肥水类型有明显的区别,抗旱品种具有生长繁茂、植株高大、节间较长等特点。

八、广适应性选育目标

大豆生态类型不同,不同品种对不同地区的适应性不同,应育成适应性广的品种。根据育种实践,选不同纬度的品种进行杂交,可选出广适应性大豆品种。中国农业科学院作物科学研究所4-4大豆课题组,利用来自纬度相差较大的高产品种豫豆8号为母本、高蛋白的中90052-76为父本进行杂交,育成了超高产、广适应性高蛋白的大豆品种中黄13(中作975)。品种育成后要在多点进行鉴定,以明确其适应性。此品种已经安徽、天津(2001年)、陕西(2002年)、北京(2002年)、辽宁(2003年)、四川(2005年)等省、直辖市和全国农作物品种审定委员会(2001年)审定推广,同时在生态条件相似的河北、河南、山东、山西、江苏北部、湖北北部也进行了大面积示范推广。一个大豆品种获得6个省份和全国农作物品种审定委员会审定和推广是很少见的。据全国农业技术推广服务中心统计,2005年中黄13推广面积22.4万 hm^2,当年已成为黄淮海地区大豆种植面积第一大的大豆品种。

九、高光效育种目标

大豆的产量形成受光合作用制约。研究和选出高光合效率的大豆品种对提高产量很重要。大豆是 C_3 作物, C_3 作物中能否筛选出高光效的材料和品种是很重要的。这方面黑龙江省农业科学院杜维广研究员和中国科学院植物研究所匡廷云院士等做了大量工作,取得了很大进展。

十、抗涝育种目标

我国一些地区遇秋雨连绵常造成秋涝,一些地区因地势低洼雨天常常积水。在这些地区种植大豆,如遇秋雨多,常常受涝害。因此,选育耐涝性强的大豆品种也是重要的。中黄13大豆比较抗涝,遇到连阴雨天气也能获得较高产量。

十一、抗盐碱育种目标

在沿海地区和一些盐碱地带,常常发生盐害和碱害,这也需要筛选出抗盐及抗碱的品种来。

十二、抗除草剂品种的选育目标

目前大豆生产上应用的除草剂主要是草甘膦(Roundup Ready),Monsanto公司利用转基因办法育成了抗草甘膦的大豆,取得了成效。在美国,抗除草剂大豆已占大豆播种面积的80%以上。阿根廷种植的转基因大豆已占大豆播种面积的95%。巴西种植的转基因大豆已占大豆播种面积的30%。因此,选育抗除草剂的大豆品种对防治草害有很大作用,可以降低大豆生产成本。

十三、其他育种目标

大豆育种目标还不止上述这些,除这些之外,大豆的生育期也很重要,要根据大豆生长区域、耕作制度和轮作体系来决定大豆品种的熟期。

在大豆育种中,要注意主要育种目标。产量、品质、多抗性和生育期应当是最主要的育种目标。

第六节　大豆育种方法

大豆育种方法很多,要根据各地大豆生产的现状和需要来决定。

一、引　种

引种是最常用的育种法,特别是大豆生产刚起步、还未进行大豆育种的地区。在刚开始育种阶段,大豆生产水平相对较低,应当用此法。解放后,黑龙江省从前苏联阿穆尔州引进的阿穆尔 41(Амурская 41),在黑龙江省北部、东部农村以及国营农场种植面积很大。中国农业科学院品种资源研究所从美国引进并育成的中品 661 在北京和云南均得到了审定推广,产量较高,同时又是一个很好的杂交亲本。中国农业科学院作物科学研究所利用意大利大豆品种育成的中作 992(中作引 1 号)于 2003 年 8 月经内蒙古自治区农作物品种审定委员会审定,已在内蒙古自治区东南部赤峰、通辽等地推广。

同纬度、相同耕作制度的地区间进行大豆引种容易成功。不同纬度地区间大豆引种要注意生育期和适应性,先要进行 1～2 年试验,然后再决定是否适合在本地推广。中品 661 在北京可以春播和夏播,而在云南省经过冬种试验又可以冬种。

二、系统选种

系统选种又称纯系育种。我国在 20 世纪 50 年代有不少品种是利用这个方法育成的。如荆山朴品种,是农民从满仓金大豆田中选单株育成的。东农 1 号(东北农学院育成)、合丰 1 号、合丰 2 号(黑龙江省合江农科所育成)、新大粒黄(黑龙江省农业科学院作物所育成)、丹豆 1 号(辽宁省丹东农科所育成)、晋豆 3 号(山西农学院育成)、跃进 5 号(山东省菏泽地区农科所育成)、豫豆 2 号(河南省延津农科所育成)、齐黄 1 号(山东省农业科学院育成)、混选大白角(江苏省徐州地区农科所育成)、南农 493-1(南京农学院育成)、湘豆 3 号、湘豆 4 号(湖南省农业科学院作物所育成)等品种,均是用系统选种法育成的。这些品种在当地大豆生产中起了很大的作用,推动了我国大豆生产的发展。

丹麦遗传学家 Johannsen 的纯系学说,将环境引起的不遗传的变异和基因控制的可遗传的变异区分开来,并创用了基因型和表现型两个遗传学词汇,把外因和内因在遗传变异上加以科学的区分。在理论上则将现象和本质加以区别,从而把遗传学纳入科学和准确的轨道,在育种实践上则指导我们注意对基因为纯合体的大豆等自花授粉作物排除外因干扰所造成的暂时假象,而选留真正可以遗传的基因型变异个体,从而显著地提高了选种效果。所以,通常不在地边、缺株处进行选择,因为这些特殊条件所引起的有利变异只是表现型的暂时变异,因而选择是无效的。约翰逊提出的纯系学说,长期以来作为自花授粉作物纯系育种的理论之一。

纯系育种要选择真正的突变。如果在一个整齐一致的品种中选择个别单株,同原来的基因型没有什么差别,那是没有意义的。同时在科学研究中,提倡尊重别人的劳动。在一个群体中有自然杂交产生的个体与原来的群体有差异,在这种情况下进行纯系育种是有效的,如果选出的个体与原来的品种或品系相同,则此种选择没有意义。

三、杂交育种

杂交育种是大豆育种方法中最有效的手段。近 20 年来,国家农作物品种审定和认定的 141 个大豆品种中,有 131 个是杂交育种育成的,占 92.9%;有 6 个是系统选种育成的,占 4.26%;有 3 个是辐射育种育成的,占 2.13%;有 1 个是集团选择育成的,占 0.71%。

(一)亲本选择

要对大豆品种资源进行认真地研究,特别是其丰产性、品质、各种抗性、适应性等。我们对 1 000 多份材料鉴定了其抗倒伏性和丰产性,从中选出数十份抗倒伏性和丰产性材料作为亲本,效果很好。选择生产上大面积推广的品种作为亲本,易于成功。如进行高产育种,则应选择两个亲本表现均为高产的材料做亲本。以提高含油量作为育种目标时,则应选择两个高油品种作为亲本进行杂交,同时又要考虑其产量性状和抗病性等其他性状,以便培育出含油量高、其他性状也符合要求的品种。从生育期来看,要选择与育种目标相近的品种,两个亲本的生育期不宜相差太大。也可以通过遮光处理来调节花期,使两亲本花期相遇。根据育种实践,常常能研究出一些配合力高的亲本。如美国大豆育种家利用 hobbit 育成 5 个高油大豆品种,我们利用 hobbit 与遗 2 杂交育成了高油大豆品种中黄 20(中作 983)、中黄 36 等。进行抗病育种要选择好的抗源。如进行大豆抗胞囊线虫育种,PI437654 是个好的抗源,几乎抗所有大豆胞囊线虫的生理小种,包括 3 号和 4 号生理小种。华北地区以 4 号生理小种为主,因此以 PI437654 和高产品种、品系杂交易育成抗胞囊线虫的大豆品种。

(二)杂交方法

杂交方法有单交、三交、复交、回交等多种。用 2 个品种进行杂交为单交,以 3 个品种进行杂交为三交,2 个单交的杂种一代进行杂交为复交。回交在抗病育种中常常应用,一般以抗病亲本作为父本与丰产亲本杂交,再以杂交一代为母本、丰产亲本为父本连续回交 2 ~ 4 次。回交是育种中常用的方法之一,下面着重介绍。

回交的目的和用途:目的是把某种优良性状转移到轮回亲本中去,并恢复轮回亲本原来所具有的全部优良性状。用途有两种:一是为了转育某个基因于轮回亲本中,除使其具有原来的优良性状外还具有新转育进去的优良性状,即用于改良品种。二是育成比双亲更优良的品种,其后代不一定需要完全恢复到轮回亲本所有的优良性状(张国栋、王彬如、翁秀英、孟庆喜)。

回交法常用于改良某一推广良种的个别缺点。例如 A 良种具有丰产性、适应性等优良的综合农艺性状,但不抗病,通常以这个品种为母本、以另一个具有抗病性的亲本 B 为父本进行杂交,再用 A 品种与 A×B 的杂种回交。回交次数根据育种目标及杂交后代表现而定。一般回交 2 ~ 4 次后,在回交后代中自交并从中选择。回交一般用于抗病育种,现将常用的大豆回交育种的程序列于以下。

```
A × B        杂交
  ↓
F₁ × A       以杂种一代为母本,A 为父本杂交
  ↓
B₁F₁ × A     以回交一代中抗病株为母本,以 A 为父本回交
  ↓
B₂F₁ × A     从二次回交一代中选抗病株为母本,以 A 为父本回交
  ↓
B₃F₁        三次回交一代自交并进行选择
```

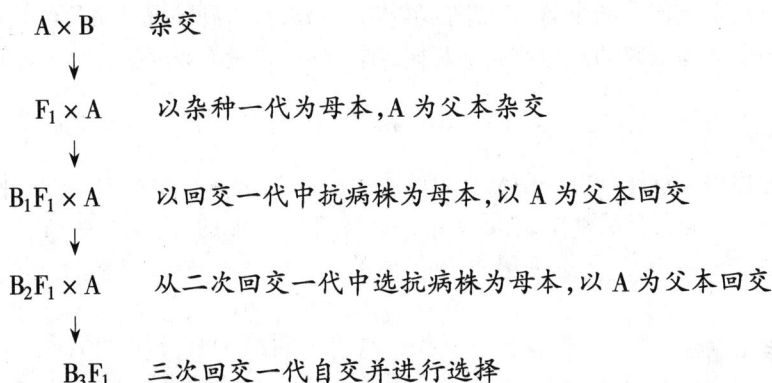

大豆育种应用回交法有两种情况:①单基因转移。用综合性状优良的品种为轮回亲本,抗病的品种为非轮回亲本,将非轮回亲本的一个基因转移到推广品种上去,所选育的材料的遗传结构将是轮回亲本的基因型加上一个从非轮回亲本转移来的基因。美国用此法育成了许多大豆品种,如 Clark 63、Amsoy 71、Beeson 80、Williams 82 等。一般进行 5 次以上的回交。②改良回交法。以 Bedford 的育成为例子说明之。其要点是在不同的回交周期中,使用 2 个或 2 个以上的轮回亲本。Bedford 的回交亲本是 P188788,它具有对胞囊线虫小种"4"的抗性。第一个轮回亲本是 D68-18,具有对小种"3"及根结线虫的抗性,以后将杂种用另一个轮回亲本即具有高产潜力的 D68-128 回交。育成的 Bedford 从 3 个亲本获得了优良性状。

美国还有采用不同代数、不同形式的回交方式育成的科姆特、哈尔科。其回交方式是先育成品种,然后再用品种进行回交。见下列系谱。

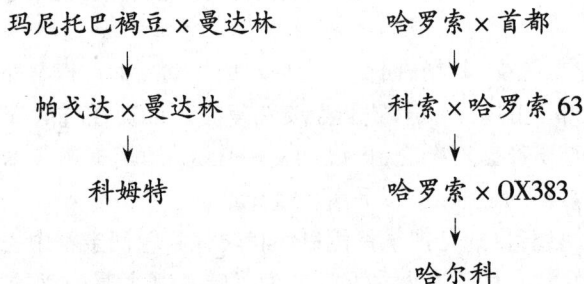

```
玛尼托巴褐豆 × 曼达林          哈罗索 × 首都
       ↓                         ↓
 帕戈达 × 曼达林             科索 × 哈罗索 63
       ↓                         ↓
   科姆特                   哈罗索 × OX383
                                 ↓
                               哈尔科
```

还有采用多次复杂的回交转育过渡形式的,如以下列出的龙尼的育成系谱。

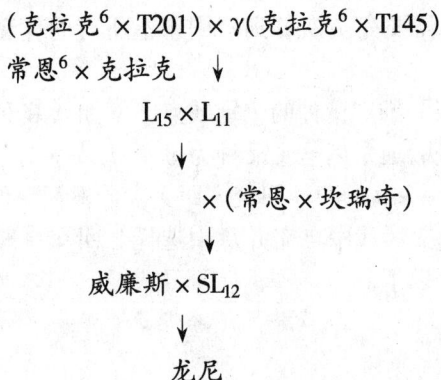

$$（克拉克^6 × T201） × γ（克拉克^6 × T145）$$
$$常恩^6 × 克拉克 \quad ↓$$
$$L_{15} × L_{11}$$
$$↓$$
$$×（常恩 × 坎瑞奇）$$
$$↓$$
$$威廉斯 × SL_{12}$$
$$↓$$
$$龙尼$$

具体杂交方法:一般上午去雄,下午授粉;或下午去雄,第二天上午授粉。杂交成活率

与所选择的杂交时间关系很大。一般成活率在 20% ~ 40%。杂交成活率的高低与做杂交的人员的技术熟练程度有关,也与天气状况有关。阴雨天开花不好,花粉少,晴天花粉多。

(三)杂交后代的处理与选择

1. 系谱法(Pedigree Method)　是大豆杂交育种的最常用而有效的方法。

(1)杂交第一代(F_1)　将杂交的种子父母本按组合序列种植,根据花色、茸毛色、株高、成熟期,按显性规律淘汰假杂种。白花品种与紫花品种杂交,以紫花为父本时,F_1 为紫花的,为真杂种,白花则应淘汰。无限结荚习性对有限结荚习性、棕毛对灰毛、有茸毛对无茸毛、缠绕茎对直立茎、植株高大对植株矮小、易倒伏对抗倒伏、分枝多对分枝少、裂荚对不裂荚、黑种皮对黄种皮、深色脐对浅色脐、黄子叶对绿子叶、早熟对晚熟、种皮上有白霜对种皮上无白霜等,均以前者为显性,在杂交时应将具有显性性状的品种作为父本,以便在 F_1 识别真假杂种。淘汰假杂种后,按组合收获单株。很多学者的观察研究认为,应当把具有显性性状的亲本作为父本,以便在 F_1 淘汰假杂种(Williams, L. F. 1950;王金陵,1958;Енкен Б.1958)。

(2)杂交第二代(F_2)　将 F_1 每个单株种植 1 ~ 2 行,同时种父母本及对照。F_2 按熟期、株高等进行选择较为可靠,单株收获。

(3)杂交第三代(F_3)　除继续按要求的熟期、株高等进行选择外,要根据丰产性、抗病性、抗倒伏性等主要育种目标进行选择,特别要注意组合的具体表现。先对组合进行比较,决定哪些组合好,哪些组合差些。先选组合,后选单株。对优良组合要多选单株,可选 100 ~ 200 株或以上;对差一点的组合要少选单株。选单株要在不缺株的条件下进行。不要在缺株处或边行、地头选单株,以减少环境造成的误差。

(4)杂交第四代(F_4)　除继续注意选拔熟期、株高等性状符合要求外,还应侧重对丰产性状、抗病性、抗倒伏性等性状的选择。对于表现不好的组合要淘汰,对表现好的组合要多选单株。在 F_3 和 F_4 先选组合,后选单株。

(5)杂交第五代(F_5)　仍按丰产性、抗病性、抗倒伏性等性状标准来进行选择,特别要注意株行是否整齐一致,对整齐一致的株行可以选为品系。对决选品系要进行室内考种和品质分析。

(6)杂交第六代(F_6)　继续按上述标准来进行选择。F_5 和 F_6 应较大量决选品系,对优良材料性状趋于一致时,也可在 F_4 进行测产,同时进行品质分析。结合室内考种和品质分析,淘汰一部分品系。

(7)杂交第七至第八代(F_7 ~ F_8)　有些组合 F_5 或 F_6 还不能完全整齐一致,此时还应继续进行选择。有限结荚习性品种之间、栽培大豆与野生大豆之间进行杂交时,常常杂交后代分离时间长,有的到 F_7 或 F_8 才能稳定。

2. 混合个体选择法　一般对大豆分离世代按组合收获,不进行选择,只有到 F_5 ~ F_7 当纯合个体数达 80% 时开始选单株,下一代则成为一个系。选择优良品系参加以后的产量鉴定等。本法选择数量较大,不易漏掉处于杂合状态的优良基因。由于逐代选择淘汰变异少,选择效果较高,选择进度较快。本法缺点是育种年限比系谱法要长(Luedders 等,1973)。

3. 一粒传选择法(Single-seed Descent)　此法是 Brim(1966)参考了 Goulden(1939)提出的设计,写出了"变通的系谱选择法"论文(Modified Pedigree method),此后很快为美国很多育

种工作者所采用。根据 St.Martin 调查,美国 15 位大豆育种家中有 11 人采用一粒传选择法作为大豆育种选择处理方法。此法有以下优点:①育种目标重在产量上,选择效果好;②简单易行,用少量土地和劳动力,保持大的遗传变异度;③便于南繁或温室加代,可缩短育种年限。一般到 F_5 或 F_6 按株系选择。

4. 早代测定法 此法对选拔的 F_2 单株所形成的 $F_3 \sim F_4$ 植株衍生系进行鉴定与测产,并从优良的 F_5 系统中选拔优良单株,再对纯合稳定的品系进行评定。Thorne 和 Fehr(1970)对此法做了介绍。

5. 摘荚法 王金陵、吴忠璞、孟庆喜、高凤兰(1979)根据对大豆杂交组合早期世代鉴定研究的结果,建议用此法处理大豆杂交后代材料。于 F_2 根据组合的成熟期、株高、结荚习性、倒伏程度等生态性状的表现以及丰产长相与抗病性等,并结合杂交组合的小区测产,淘汰一些表现较差及不符合要求的组合。自入选组合中,从生长正常、类型适宜的植株上,每株摘留 $2 \sim 3$ 个豆荚,按组合混合脱粒,下代扩大群体种下,并仍按此程序淘汰组合及摘荚留种,到 F_5 或 F_4 大量选单株,次年种为株系,进行株系鉴定选择。本法通过早代组合测定淘汰不良组合,从而能集中于优良组合进行选择;又能采取一粒传延代法保留大量变异,而且又能淘汰掉那些在成熟期等方面表现不适合、生长表现又较差的个体。1974 年以来,东北农学院用此法作为处理大豆杂交材料的主要方法,取得了肯定的成果。

对各杂交后代的选择方法如何评价,王金陵教授早就进行了比较,并指出:"大豆的生育期、株高、百粒重、化学成分及产量等主要农艺性状,在遗传上以加性的数量遗传为主,在生理生态上对外界条件反应敏感,并以千变万化的变异与类型去适应各种不同的条件。因此,在确定大豆杂交后代的处理方法程序时,既要依循以加性为主的数量遗传规律,并联系到抗病性等质量遗传的特点,又要在首先选择形成一定的生态类型的基础上,进一步选拔育成高产质优的新品系。"他还指出:"①以加性为主的数量遗传性状其杂交组合及株系或选择集团的不同世代的平均值,大体相似。②一个杂交组合的优良与否,主要体现于它在各世代的正态或近正态分布,是偏于高值还是偏于低值,表现在群体的大多数个体的表现上。③大豆的杂交材料,随着世代的增加,株系内的变异趋于降低,而株系间的变异趋于增加,为了保持杂交材料变异的丰富性,以便能有较大的概率选得优良的品系,宁可牺牲株系内趋于降低的变异,而力求保持株系间趋于增加的变异。混合选择法优于系谱法。因为混合选择法是以单株而不是以株系为取舍的单位,它能较多地保留组合群体的优良变异;系谱法自 F_3 按株系进行大量淘汰,导致失去较多的株系间变异,减少了选拔优良丰产材料的概率。至于一粒传延代法,在这方面又优于混合选择法。④大豆各种世代趋于纯合稳定的程度不同,因而在早晚期世代的遗传力的增加变化程度也不同。总的说来,大豆的生育期、株高等性状,在杂交早期世代的遗传力与选择效果,远比产量等性状大得多(Hanson and Weber 1961)。至于产量等性状,Brim 及 Cockerham(1961)指出,如果于 F_2 世代的选择效果为 100%,那么 F_3 世代的选择效果为 130%, F_4 为 144%, F_5 为 250%。"

(四)产量鉴定

品系决选以后,首先要在本研究单位内的试验地进行 $1 \sim 2$ 年的产量鉴定,对于优良品系参加本单位的品种比较试验,对品种比较试验表现较好的品系参加服务区内的国家级区域试验和附近的省、自治区、直辖市进行的省级区域试验。

(五)区域试验

区域试验进行两年。第二年区域试验与生产试验同时进行。区域试验一般均采取随机区组法,重复 3~4 次。小区面积为 15~20 m²。生产试验面积在 333 m² 以上,设对照。

(六)品种审定工作

根据《中华人民共和国种子法》规定,我国农作物品种审定采取国家和省、自治区、直辖市两级审定的办法。国家级和省级审定均有主要作物的区域试验。一般区域试验 2 年,生产试验 1 年。根据试验结果,由国家或省、自治区、直辖市农作物品种审定委员会对参加试验的品种最后决定取舍。

四、辐射育种

利用 ^{60}Co、X 射线或热中子等辐照作物种子,以引起作物产生突变,称为辐射育种。

Hamphrey 以 Donch soy 2 品种为材料,以原子堆 1 000 及 1 500(Rontgen)中子射线处理,于 X_2 得到 228 个变异株。Zacharias 对大豆诱变进行了较为深入的研究,获得了在 4.5℃温度条件下发芽的大豆突变体和早熟突变体,比原品种早熟 23 天。翁秀英、王彬如等在国内首先开展了大豆辐射育种的研究,利用 X 射线和 ^{60}Co 处理满仓金和东农 4 号等大豆品种,育成了早熟高脂肪含量的黑农 4 号、黑农 6 号、黑农 7 号、黑农 8 号以及高产的黑农 5 号等。其中,黑农 6 号系我国推广品种中脂肪含量较高的品种之一,脂肪含量达 23.4%,同时比满仓金早熟 7~10 d。之后国内陆续开展了大豆辐射育种的研究,成果显著,共选出几十个大豆辐射突变品种在生产上应用。为了选育适于黄淮海地区的不同熟期高产、优质、抗性好的大豆突变系,从 1993 年起我们开展了这方面的工作,育成了中黄 23(中作 962),在内蒙古自治区东南部赤峰、通辽等地和天津市审定推广。

五、分子育种

利用转基因技术将外源基因导入大豆,使之变成转基因大豆,这在抗除草剂育种上获得了重大突破。美国孟山都(Monsanto)公司利用农杆菌介导法将抗草甘膦的基因转入到大豆中去,育成了抗草甘膦大豆(Roundup Ready soybean)(Hinchee M.A et al,1988)。

这种方法已成为孟山都公司的一个重要专利,而且在一些国家得到了推广,特别是在美国、巴西和阿根廷等国家得到了大面积推广应用。Zhang Zhangyuan(张展元)T. Clemente et al 利用 glufosanate 作为选择剂,利用农杆菌介导法将 bar 基因导入大豆中去,可以分解 Liberty。Week、Wang Lan(王岚)、Xing Aiqiu(邢爱秋)、Thomas Clemente、Sherley 等利用农杆菌介导法将 Cyanmide Hydratase,Cah 基因导入大豆中去。

六、大豆杂种优势的利用

吉林省农业科学院孙寰研究员在大豆杂种优势利用上取得重要突破。孙寰等人(1993)以 167 为不育细胞质来源,育成了世界上第一个大豆细胞质雄性不育系及其同型保持系。同时实现了三系配套,并育成了世界上第一个大豆杂交种——吉杂豆 1 号,已通过吉林省农作物品种审定委员会审定,确定在吉林省推广。关于大豆杂种优势利用,本书专门有一章由孙寰研究员撰写,因此这里就不详细介绍了。

第七节　大豆育种的成就

一、获国家级奖励的大豆品种

1979 年以来获国家级奖励的大豆品种见表 8-14。

表 8-14　1979 年以来获国家级奖励的大豆品种

品种名称	获奖年度	获奖名称等级	品种来源	育成单位
铁丰 18	1983	国家发明奖一等奖	45-15 × 5621	辽宁省铁岭市农科所
跃进 5 号	1983	国家发明奖二等奖	系统选育	山东省菏泽市农科所
黑农 26	1984	国家发明奖二等奖	哈 63-2294(突变) × 小金黄 1 号	黑龙江省农科院大豆所
黑河 3 号	1985	国家发明奖二等奖	克交 4203-1 × 四粒荚	黑龙江省农科院黑河所
长花序大豆风交 66-12	1985	国家发明奖四等奖	(本溪小黑豆 × 公 116) × (早小白眉 × 集体 2 号)	辽宁省丹东市农科所
鄂豆 2 号	1985	国家科技进步奖三等奖	猴子毛 × 蒙城大白壳	中国农科院油料所
开育 8 号	1985	国家科技进步奖三等奖	583 × 开交 6212-9-5	辽宁省开原市示范农场等
东农 36	1987	国家科技进步奖三等奖	Logbeaw × 东农 47-1D	东北农学院
丰收黄	1987	国家科技进步奖三等奖	齐黄 1 号 × 小粒青	山东省潍坊市农科所
诱变 30	1988	国家发明奖三等奖	58-161 × 徐豆一号	中国科学院遗传所
冀豆 4 号	1988	国家科技进步奖三等奖	牛毛黄 × Williams	河北省邯郸地区农科所
合丰 25	1988	国家科技进步奖三等奖	合丰 23 × 克 4430-20	黑龙江省农科院合江所
豫豆 2 号	1989	国家科技进步奖三等奖	7104-3-1-31 × 华县大绿豆	河南省农科院经作所
吉林 20	1989	国家科技进步奖三等奖	公交 7014-3 × 公交 6612-3	吉林省农科院大豆所
豫豆 6 号	1991	国家发明奖三等奖	7608 × 74608	河南省周口市农科所
鲁豆 4 号	1992	国家科技进步奖二等奖	跃进 4 号 × 7110	山东省农科院作物所
大豆 5621	1992	国家发明奖三等奖	丰地黄 × 熊岳小粒黄	辽宁省农科院原子能利用研究所
豫豆 8 号	1993	国家科技进步奖三等奖	郑州 135 × 泗豆 2 号	河南省农科院经作所
中豆 19	1995	国家科技进步奖三等奖	(暂编 20 × 1138-2)F_5 × (南农 493-1 × 徐州 1 号)F_5	中国农科院油料所
吉林小粒豆 1 号	1995	国家发明奖四等奖	平顶四 × 半野生 GD50477	吉林省农科院大豆所
郑 077249	1996	国家发明奖三等奖	豫豆 8 号 × 郑 76066	河南省农科院经作所
冀豆 7 号	1997	国家科技进步奖二等奖	Williams × 承豆 1 号	河北省农科院粮油作物所
抗线 1 号	1997	国家发明奖四等奖	丰收 12 × Franklin	黑龙江省农科院盐碱土所
浙春 2 号	1998	国家科技进步奖二等奖	德清黑豆 × 兖黄 1 号	浙江省农科院
合丰 35	1999	国家科技进步奖二等奖	合交 8009-1612 × 绥 81-272	黑龙江省农科院合江所
科系号大豆	2000	国家科技进步奖二等奖		中国科学院遗传所
绥农 14	2003	国家科技进步奖二等奖		黑龙江省农科院绥化所

二、推广面积较大的大豆品种

全国不同时期推广面积较大的大豆品种：20 世纪 50 年代有满仓金、黄宝珠、小金黄 1 号、东农 1 号，60 年代有东农 4 号、合交 6 号、吉林 3 号，70 年代至 80 年代前期有铁丰 18、黑农 26、黑河 3 号，80 ~ 90 年代，合丰 25 曾连续 8 年推广面积最大，以后合丰 35、绥农 14 推广面积也列首位，跃进 5 号、鲁豆 4 号、科丰 6 号、豫豆 22、冀豆 7 号、鲁豆 11 推广面积也很大（表 8-15、表 8-16）。

表 8-15　全国不同时期推广面积较大的大豆品种

品种名称	推广时间	最大年推广面积（万 hm^2）	主要特征特性
满仓金	20 世纪 50 年代	90.00	高产，高脂肪含量，适应性广，熟期适中，配合力高
东农 4 号	20 世纪 50 年代末至 60 年代	33.30	高产，高脂肪含量，适应性广，抗倒伏性强，熟期适中
铁丰 18	20 世纪 70 年代后期至 80 年代	26.66 ~ 33.30	高产，抗倒伏，适应性广，分枝力强
合丰 25	20 世纪 80 ~ 90 年代	87.57	高产，秆强不倒，适应性广，中抗灰斑病
合丰 35	20 世纪 80 ~ 90 年代	55.00	高产，秆强不倒，适应性广，中抗灰斑病
吉林 20	20 世纪 80 ~ 90 年代	26.66	高产，抗倒伏，适应性广
开育 8 号	20 世纪 80 ~ 90 年代	26.66	高产，抗倒伏，适应性广
跃进 5 号	20 世纪 80 年代	80.20	高产稳产，适应性广，抗性好
黑农 26	20 世纪 70 ~ 80 年代	16.33	高产，高脂肪含量，适应性广
科丰 6 号	20 世纪 90 年代	20.00	高产，适应性广，抗花叶病
豫豆 22	1997 ~ 2004 年	23.60	高产，高蛋白质含量，适应性广
绥农 14	1996 ~ 2004 年	61.80	高产，高脂肪含量，适应性广，抗倒伏
中黄 13	2005 年	22.60	高产，高蛋白质含量，适应性广，抗花叶病

表 8-16　1995 ~ 2004 年种植面积较大的大豆品种　（单位：万 hm^2）

年　份	合丰 25	绥农 14	合丰 35	北丰 11	鲁豆 4 号	科丰 6	豫豆 22	冀豆 7	鲁豆 11
1995	54.47	—	22.07	11.93	20.47	16.87	—	16.00	3.07
1996	45.33	16.20	35.87	21.20	20.07	18.73	—	13.47	4.67
1997	55.27	13.13	50.20	33.80	17.20	13.40	0.93	23.87	11.27
1998	51.60	23.60	50.27	25.73	14.53	12.27	3.40	10.27	17.27
1999	30.73	40.07	48.80	22.67	10.73	14.60	5.33	7.40	17.47
2000	36.80	61.87	46.40	21.27	—	16.87	14.67	4.87	1.33
2001	25.60	25.60	24.20	14.07	15.07	14.87	22.27	1.40	14.47
2002	14.67	39.27	9.87	15.53	12.73	8.07	20.53	—	11.47
2003	13.00	45.60	6.07	6.07	4.60	9.00	23.67	0.87	8.27
2004	5.67	38.27	6.27	3.33	7.80	5.73	21.60	0.53	14.80
平均	33.31	33.73	30.00	17.56	13.69	13.04	14.05	8.73	10.41
年数	10	9	10	10	9	10	8	9	10

引自全国农业技术推广服务中心统计资料

从表 8-16 可知,近 10 年种植面积较大的大豆品种依次为:绥农 14,9 年平均年种植面积为 33.73 万 hm²;合丰 25,10 年平均为 33.31 万 hm²;合丰 35,10 年平均为 30 万 hm²;北丰 11,10 年平均为 17.56 万 hm²;鲁豆 4 号,9 年平均为 13.69 万 hm²,是黄淮海地区播种面积最大的品种之一;科丰 6 号,10 年平均为 13.04 万 hm²;豫豆 22,8 年平均为 214.05 万 hm²,是近 3 年黄淮海地区播种面积最大的一个品种,又是蛋白质含量为 46% 的高蛋白大豆品种;鲁豆 11,10 年平均为 10.41 万 hm²;冀豆 7 号,9 年平均为 8.73 万 hm²。

2004 年,我国大豆生产上应用面积排在前 10 位的品种依次为:绥农 14(38.27 万 hm²)、合丰 41(25.67 万 hm²)、豫豆 22(21.6 万 hm²)、黑河 19(19.53 万 hm²)、绥农 11(17.4 万 hm²)、中黄 13(15.53 万 hm²)、徐豆 9 号(15 万 hm²)、鲁豆 11(14.8 万 hm²)、垦农 18(14.6 万 hm²)、绥农 18(14.53 万 hm²)。

三、育成国审大豆品种较多的单位

根据不完全统计,育成 12 个国审大豆品种的单位有河南省农业科学院经济作物研究所和棉花油料作物研究所,育成 9 个国审大豆品种的单位有中国农业科学院作科所,育成 8 个国审大豆品种的单位有黑龙江省农业科学院黑河所和山东省农业科学院作物所,育成 6 个国审大豆品种的单位有吉林省农业科学院大豆所和河北省农业科学院作物所(表 8-17)。有的单位虽然育成的国审的大豆品种不多,但育成并推广的大豆品种在生产上起的作用很大,如黑龙江省农业科学院绥化所育成的绥农 14、绥农 8 号,曾居全国大豆推广面积的第一位。同时,各省、自治区、直辖市农作物品种审定委员会审定了一大批优良大豆品种,在大豆生产上发挥了重要作用。据了解,农业部邀请的大豆专家组评审的意见:2006 年全国重点推广绥农 14、合丰 47、疆莫豆 1 号、黑河 27、长农 13、铁丰 31、中黄 13、豫豆 25 等 8 个大豆品种。

表 8-17　育成 3 个国审大豆品种以上的单位

育种单位	育成品种名称	品种数量(个)
河南农业科学院经济作物研究所	豫豆 22、豫豆 23、豫豆 18、豫豆 16、豫豆 10、豫豆 8GS、郑 9525、郑 92116、郑 90007、豫豆 29、豫豆 19、郑 59	12
中国农业科学院作物科学研究所	中黄 13、中黄 17、中黄 19、中黄 20、中黄 22、中黄 25、中黄 24、中黄 29、中品 662	9
黑龙江省农业科学院黑河农科所	黑河 36、黑河 23、黑河 26、黑河 12、黑河 13、黑河 11、黑河 5 号、黑河 3 号	8
山东省农业科学院作物科学研究所	齐黄 31、齐黄 30、齐黄 28、齐黄 29、齐黄 27、鲁豆 4 号、鲁豆 1 号、齐黄 1 号	8
吉林省农业科学院大豆研究所	吉林 65、吉林 30、吉林 20、吉林 18、吉林 3 号、吉林 8 号	6
河北省农业科学院作物科学研究所	冀黄 13、五星 2 号、冀黄 12、五星 1 号、五星 3 号、冀 NF58	6
山西省农业科学院作物科学研究所	晋豆 29、晋豆 30、晋豆 23、晋豆 11、晋豆 19	5
中国科学院遗传研究所	科丰 14、科新 3 号、科丰 6 号、诱变 30	4
中国农业科学院油料作物研究所	中豆 31、中豆 19、鄂豆 2 号、矮脚早	4
黑龙江省农业科学院合江农科所	合丰 25、合丰 35、合丰 23	3
东北农业大学	东农 4 号、东农 36、东农 42	3

续表 8-17

育种单位	育成品种名称	品种数量(个)
黑龙江省农业科学院大豆研究所	黑农 46、黑农 35、黑农 26	3
黑龙江省农业科学院克山农科所	丰收 24、丰收 10、丰收 12	3
江苏省农业科学院徐州所	徐豆 12、徐豆 10 号、徐豆 8 号	3
辽宁省铁岭大豆研究所	铁丰 18、铁丰 24、铁丰 33	3
辽宁省农业科学院作物所	辽豆 15、辽豆 14、辽豆 21	3

由于我国幅员辽阔,地形、耕作、轮作制度复杂,加之一个大豆品种适应区域较窄,同时各地的大豆生态类型不相同,又由于新中国成立后大豆品种已更新了 3～5 次,因此不同地区栽培的大豆品种也不完全一样。现根据有关文献将不同时期各大豆产区的主要推广品种列于表 8-18。

表 8-18　全国不同时期各大豆产区主要推广品种

时期	东北大豆产区	黄淮海大豆产区	南方及西北大豆产区
1949～1965 年	满仓金、小金黄 1 号、丰地黄、紫花 4 号、福寿、满地金、集体 1 号、集体 2 号、集体 3 号、集体 4 号、集体 5 号、早丰 1 号、克系 283、荆山朴、东农 1 号、东农 4 号、丰收 2 号、丰收 4 号、吉林 3 号、吉林 4 号、合丰 6 号、合丰 8 号	爬蔓青、铁竹杆、平顶黄、牛毛黄、平顶式、紫花燥、大紫花、腰角黄、大白角、小油豆、大蚕壳、平顶伍、新黄豆、齐黄 1 号、软条枝、徐州 302、苏 58-161、南农 493-1	鸡母蹲、黄蜂窝、早黄豆、南湾豆、杂粮黄、牛毛红、清明早、大青丝、瑞金小黄豆、兰溪大青豆、平湖粗豆、穗稻黄、金大 332、岔路口 1 号、南农 491-1、黑鼻黄、苹果黄豆、恭城青皮豆、白花豆、一窝蜂、榆次黄、太谷早
1966～1976 年	黑河 3 号、丰收 10 号、丰收 12、黑农 10 号、黑农 11 号、黑农 16 号、黑农 26 号、绥农 1 号、合丰 22、合丰 23、嫩丰 4 号、牡丰 1 号、早丰 1 号、吉林 3 号、吉林 4 号、吉林 13、九农 3 号、九农 4 号、九农 9 号、开育 3 号、铁丰 3、铁丰 18、丹豆 3 号	齐黄 1 号、齐黄 4 号、齐黄 10 号、齐黄 13、齐黄 20、文丰 5 号、文丰 7 号、丰收黄、向阳 1 号、河南早丰 1 号、郑州 126、郑州 135、大白角、大蚕壳、平顶 5 号、跃进 5 号、徐豆 1 号、蒙城 6 号、苏豆 1 号、平顶式、铁竹竿、小油豆	鸡母蹲、杂粮黄、牛毛红、大青丝、瑞金小黄豆、兰漠大青豆、苹果黄豆、恭城青皮豆、白花豆、花面豆、穗稻黄、鄂豆 2 号、黑鼻青、秋豆 1 号、一窝蜂、晋豆 1 号、晋号 2 号
1977～1989 年	黑河 3 号、黑河 4 号、绥农 4 号、黑农 26、黑农 29、黑农 30、丰收 10 号、嫩 11、牡丰 5 号、红丰 3 号、早丰 1 号、九丰 1 号、合丰 25、合丰 29、合丰 30、吉林 13、吉林 16、吉林 18、吉林 20、吉林 21、九农 9 号、九农 12、通农 9 号、长农 2 号、长农 4 号、白农 1 号、白农 2 号、铁丰 18、铁丰 21、铁丰 22、辽豆 3 号、沈农 25104、丹丰 5 号、锦 33、开育 8 号、开育 9 号、内豆 1 号	跃进 5 号、丰收黄、向阳 1 号、鲁豆 1 号、鲁豆 2 号、鲁豆 4 号、鲁豆 7 号、豫豆 2 号、诱变 30、冀豆 2 号、冀豆 4 号、冀豆 6 号、阜豆 1 号、阜豆 3 号、皖豆 1 号、鄂豆 2 号、中豆 19、苏协 1 号	秋豆 1 号、秋豆 2 号、湘豆 5 号、穗稻黄、苹果黄豆、白花豆、恭城青皮豆、矮脚青、瑞金小黄豆、鄂豆 2 号、矮脚早、宁镇 131、浙春 1 号、浙春 2 号、辐 80-2、黑通 11 号、黑鼻青、大青红、融豆 21、双青豆、晋豆 7 号、陵西 701

生产上推广的大豆品种,近 20 年又有很大变化。根据全国农业技术推广服务中心统计资料,现将 1985～2004 年各大豆产区主要栽培大豆品种分两个阶段列于表 8-19。2003 年和 2004 年,分别有 16 个和 19 个品种推广面积超过 6.67 万 hm^2(100 万亩)(表 8-20、表 8-21)。

表 8-19　1985～2004 年各地区主要栽培的大豆品种

时　期	东北产区	黄淮海产区	南方产区
1985～1994 年	合丰 25、铁丰 18、吉林 20、黑农 26、东农 36、黑河 5 号、黑河 7 号、合丰 30、豫豆 6 号、丹豆 5 号、开育 9 号、合丰 26、九丰 1 号、铁丰 24	跃进 5 号、豫豆 2 号、诱变 30、鲁豆 4 号、鲁豆 2 号、冀豆 4 号、灌豆 1 号、豫豆 6 号、豫豆 8 号、科丰 6 号	矮脚早、六月爆、猴子毛、湘豆 5 号、湘豆 10 号、古田豆、六月黄、中豆 19
1995～2004 年	绥农 14、合丰 25、合丰 35、合丰 40、北丰 7、北丰 11、黑河 17、黑河 19、垦农 41、黑农 43、黑农 35、绥农 8 号、东农 42、吉林 30、长农 5 号、开育 10 号、辽农 11、辽农 10 号、铁丰 31、九农 21、内豆 4 号、铁丰 29、长农 13、绥农 11、东农 46、合丰 41、东农 44、垦鉴豆 4 号、吉农 12、垦丰 9 号、北疆 1 号、吉农 12、合丰 42	豫豆 22、科丰 6 号、鲁豆 4 号、鲁豆 11、冀豆 7 号、冀豆 12、中黄 13、豫豆 25、徐豆 9 号、晋豆 5、豫豆 8、中豆 19、豫豆 10 号、科丰 34、洪引 1 号、豫豆 15、豆 7 号、晋豆 15、晋豆 19、冀黄 13、秦豆 8 号、连架豆、五星 1 号、菏 84-5	湘春豆 10 号、中豆 19、浙春 2 号、矮脚早、鄂豆 4、莆豆 8008、莆豆 10 号、赣豆 4 号、泉豆 332、湘春豆 15、桂早 1 号、鄂豆 6 号、渝豆 1 号

表 8-20　2003 年推广面积超过 6.67 万 hm² 的大豆品种　（单位：万 hm²）

品种名称	推广面积	品种名称	推广面积	品种名称	推广面积	品种名称	推广面积
绥农 14	45.6	黑河 19	12.3	徐豆 9 号	9.6	垦农 18	7.6
合丰 40	29.4	黑河 27	11.8	科丰 6 号	9.0	铁丰 29	7.1
豫豆 22	23.7	绥农 10 号	10.0	冀豆 12	8.3	长农 13	7.0
合丰 25	13.0	垦鉴豆 25	9.7	鲁豆 11	8.3	黑农 35	6.7

表 8-21　2004 年推广面积超过 6.67 万 hm² 的大豆品种　（单位：万 hm²）

品种名称	推广面积	品种名称	推广面积	品种名称	推广面积
绥农 14	38.3	鲁豆 11	14.8	豫豆 25	8.6
合丰 41	25.1	垦农 18	14.6	黑农 38	7.9
豫豆 22	21.6	绥农 10 号	14.5	鲁豆 4 号	7.8
黑河 19	19.5	黑河 27	12.0	黑农 43	7.7
绥农 11	17.4	合丰 40	11.7	徐豆 10 号	7.1
中黄 13	15.5	合丰 45	10.5	冀豆 12	6.9
徐豆 9 号	15.1				

四、大豆高产品种的选育

(一)区域试验中的高产大豆品种

在区域试验中，单位面积产量达 2 850～3 000 kg/hm² 的大豆品种有 14 个（表 8-22），达 3 001～3 150 kg/hm² 的有 6 个（表 8-23）。近两年，由于大豆生产水平的提高，有 7 个供试品种单产超过 3 510 kg/hm²（表 8-24）。如果全国大豆生产能提高到 2 850 kg/hm² 的水平，则达到和超过了世界平均水平，总产可增加 1 050 万 t，这可以大大减少进口。2005 年，农业部重点推广的 8 个大豆品种是东农 46、垦农 18、黑河 27、疆莫豆 1 号、长农 13、铁丰 31、中黄 13 和豫豆 25。2006 年，农业部重点推广的 8 个大豆品种是绥农 14、合丰 47、黑河 27、疆莫豆 1 号、长农 13、铁丰 31、中黄 13 和豫豆 22。

表 8-22　区域试验产量达 2 850～3 000 kg/hm² 的大豆品种

品　种	区试组	产量(kg/hm²)	比 CK ± %	国审年度	蛋白含量(%)	脂肪含量(%)
冀豆 12	黄淮北组	2931.3	7.47	2001	46.48	17.09
豫豆 19	黄淮南一组	2858.6	4.26	2001	46.22	19.79
黑河 26	北方春大豆早熟组	2859.0	7.30	2001	40.11	20.96
中黄 17	1999～2000 年黄淮北组	2877.0	5.48	2001	44.13	20.25
豫豆 23	1998～2000 年黄淮南组	2889.0	7.48	2002	43.26	18.94
科丰 14	1999～2001 年	2929.8	6.13	2003	45.04	18.14
中黄 19	1998～2001 年黄淮南片	2896.4	5.12	2003	44.45	18.04
商豆 1099	2000～2001 年黄淮南片	2927.4	13.82	2003	41.46	20.98
吉育 65	1999～2000 年北方春大豆组	2965.5	5.20	2003	39.35	20.00
齐黄 29	2001～2002 年黄淮北组	2904.0	1.50	2003	41.55	21.17
合豆 3 号	2001～2002 年黄淮南片	2941.5	5.13	2003	43.37	20.34
丰收 24	2001～2002 年北方春大豆早熟组	2953.5	8.30	2003	40.10	19.97
濮豆 6018	2003～2004 年黄淮中片	2901.2	8.02	2005	42.89	19.85
五星 3 号	2002～2003 年黄淮北组	2867.9	4.36	2005	41.61	19.82

表 8-23　区域试验产量达到 3 001～3 150 kg/hm² 的大豆品种

品　种	区试组	产量(kg/hm²)	比 CK ± %	国审年度	蛋白含量(%)	脂肪含量(%)
中黄 13	1999～2000 年安徽省区试	3041.0	16.00	2001	42.82～45.80	18.66
徐豆 10	1998～1999 年黄淮南一组	3079.5	12.20	2001	43.70	18.68
中黄 25	2000～2001 年黄淮北组	3084.2	11.94	2003	43.35	19.86
中黄 22	2001～2002 年黄淮北组	3044.0	6.41	2003	47.05	17.40
绥农 14	2001～2002 年北方春大豆	3133.5		2003	38.66	21.93
红丰 11	2001～2002 年北方春大豆中早熟组	3072.0	2.00	2005	37.76	21.51

表 8-24　区域试验产量超过 3 150 kg/hm² 的大豆品种

品　种	区试组	产量(kg/hm²)	比 CK ± %	国审年度	蛋白含量(%)	脂肪含量(%)
黑农 46	2001～2002 年北方春大豆中早熟组	3198.0	5.20	2003	38.57	20.57
晋遗 30	2001～2002 年北方春大豆晚熟组	3258.0	9.80	2003	41.28	21.74
冀黄 13	2002～2003 年西北春大豆	3215.1	5.12	2004	39.6	21.7
五星 2 号	2002～2003 年西北春大豆	3183.3	4.08	2004	38.75	21.57

续表 8-24

品　种	区试组	产量(kg/hm²)	比 CK ± %	国审年度	蛋白含量(%)	脂肪含量(%)
垦丰 14 号	2003 ~ 2004 年北方春大豆中早熟组	3327.0	6.40	2005	37.65	20.15
吉林 81	2003 ~ 2004 年北方春大豆中早熟组	3171.0	3.30	2005	39.67	21.97
吉农 17	2003 ~ 2004 年北方春大豆中早熟组	3291.0	7.20	2005	39.65	20.35

(二)大豆超高产育种

不同地区大豆超高产育种的产量指标不同。东北地区达到 4 875 kg/hm²、黄淮海地区达到 4 650 kg/hm²、长江流域达到 3 750 kg/hm²、新疆维吾尔自治区达到 5 250 kg/hm² 以上的大豆品种,即可称之为超高产品种。中国农业科学院作物科学研究所 4-4 大豆课题组在山西省襄垣县良种场连续两年用中黄 13 试验,产量均超过 4 500 kg/hm²。其中,2004 年实收产量为 4 686 kg/hm²,2005 年实收产量为 4 584 kg/hm²。用中黄 19 试验,2005 年实收产量为 4 719 kg/hm²。试验结果经国家大豆品种改良中心邱家驯教授为组长的大豆专家组验收。据邱家驯教授介绍,全国共有 8 个大豆品种达到攻关指标。新大豆 1 号产量达 5 956.2 kg/hm²,居第一位;其次为辽 21051、诱处 4、鲁宁 1 号、MN914B、中黄 13 等,以及南农 88-31、浙春 3 号、中黄 19 等。各地还有一批通过省验收达到上述指标的地块和单位。详见表 8-25。

表 8-25　大豆超高产突破公关指标的单位和品种　(邱家驯,2005)

单　位	品　种	折合单产(kg/hm²)	年　份	种植地点
中国科学院遗传研究所	诱处 4 号	4603.5;4539.0	1994	河南省邓州等地
新疆农垦科学院	新大豆 1 号	5956.2	1999	新疆石河子地区
辽宁省农业科学院	辽 21051	4908.0	2000	辽宁省海城市南台镇
山东省济宁市农科所	鲁宁 1 号	4684.5	2000	山东省济宁市
南京农业大学	鲁宁 1 号	4506.0	2001	山东省济宁市
安徽省农业科学院 南京农业大学	MN91413	4737.0	2000	安徽省蒙城县
浙江省农业科学院	浙春 3 号	3780.0	2000	重庆市忠县
南京农业大学	南农 88-31	3765.3	2002	江苏省大丰市
中国农业科学院	中黄 13	4686.0	2004	山西省襄垣县
中国农业科学院	中黄 13	4584.0	2005	山西省襄垣县
中国农业科学院	中黄 19	4719.0	2005	山西省襄垣县

从绝对产量来看,经国家大豆专家组实际验收,新疆石河子地区的新大豆 1 号和石大豆 1 号产量最高,分别达到 5 956.2 kg/hm² 和 5 407.8 kg/hm²。经黑龙江省农业科学院刘忠堂研究员为组长的大豆专家组实际验收,黑龙江省鸡西市采用龙选 1 号大豆品种连续 3 年实收产量达 4 500 kg/hm² 以上,2005 年达 5 970 kg/hm²。辽宁省农业科学院 2000 年在辽宁省海城市南台镇也获得 4 908 kg/hm² 的产量。在黄淮海地区,山东省济宁市农科所和南京农业大学利用鲁宁 1 号,产量分别达到 4 684.5 kg/hm² 和 4 506 kg/hm²。安徽省农业科学院和南京农业大学利用 MN 91413 在安徽省蒙城县产量达 4 737 kg/hm²。浙江省农业科学院利用浙

春3号在重庆市忠县达到3 780 kg/hm² 的产量。南京农业大学利用南农88-31在江苏省大丰市产量达3 765.3 kg/hm²。

上述试验结果表明,大豆并不是低产作物,它的增产潜力很大,只要采取良种良法相结合,大豆超高产的攻关目标是可以实现的。

为获得大豆超高产,需要了解超高产大豆产量的构成。从最近连续出现的产量在4 500 kg/hm² 左右和接近6 000 kg/hm² 的地块,经过各单位的调查研究,其超高产大豆产量的构成为:株高73.6~88.8 cm,单株荚数32.9~56.7个,单株粒数76.52~155粒,百粒重20~26.36 g。详见表8-26。

表8-26　超高产大豆品种的产量构成

地 点	品 种	产量 (kg/hm²)	播种期 (月-日)	收获期 (月-日)	分枝 (个)	株高 (cm)	主茎节数 (个)	单株荚数 (粒)	单株粒数 (粒)	株/m²	荚/m²	粒/m²	粒重克 (g/m²)	百粒重 (g)
新疆石河子	新大豆1号	5956.2	4-15	9-27		76.3	15.68	32.9	85.94	22.8	910	2360	613.7	22.4
新疆石河子	石大豆5号	5407.5	4-15	9-27		74.5	14.90	44.3	108.15	21.5	952	2318	611.1	26.36
黑龙江鸡西	龙选1号	5970.0												
山东济宁	JN96-2343	4684.8~ 4543.5				60~95	17.00		100~ 155					20~23
山西襄垣	中黄13	4686.0	10~3			86.4	16.84	36.6	76.52	22.2				
山西襄垣	中黄13	4584.0	10~4			73.6		39.8	87.10	26.3				
山西襄垣	中黄19	4719.0	10~4			88.8		56.7	115.10	25.4				
河北吴桥	中作972	4927.5			1.7	78.4		41.2	95.90					21.3
河北吴桥	中黄19	4312.5			3.6	65.3		37.2	69.40					27.4
河南周口	中黄19	4835.1												

(三)中国农业科学院作科所4-4大豆课题组在大豆超高产品种选育的进展

该课题组承担的科技部和农业部项目即国家高技术研究发展计划(863计划)重大专项"优质超高产作物新品种选育"—大豆新品种选育及繁育技术研究(2003~2005),已取得了如下进展。

1.育成了中黄13(中作975)　该品种系超高产高蛋白广适应性大豆(国审豆2001008)。已在2001年8月经全国农作物品种审定委员会审定推广,又先后经安徽、天津、陕西、北京、辽宁和四川等省、直辖市农作物品种审定委员会审定推广,同时又被相邻的河北、河南、山西、山东、宁夏、江苏(北部)、湖北(北部)、宁夏、重庆等地引进示范。其广适应性可跨两个亚区推广,完全达到了全国"九五"夏大豆育种攻关提出的"选育适应两个亚区,产量增产10%以上,产量在3 750 kg/hm² 以上,蛋白质含量在42%以上的大豆"指标要求。1999~2000年在安徽进行夏播区域试验,两年平均产量为3 040.95 kg/hm²,平均增产16%,是2001年全国审定的10个大豆品种中增产幅度最大的,25个试验点全部增产。生产试验平均产量为2 874 kg/hm²,增产12.71%。该品种适于在安徽省北部夏播种植。2001年,安徽省界首市农民张志种植1 400 m²(2.1亩)中黄13,产量折合为4 552.5 kg/hm²。中黄13在天津市试验3年,平均增产8.9%,2001年3月经天津市农作物品种审定委员会审定,作为春播和晚春播品种加以推广,2004年已推广1.07万hm²。中黄13系高产高蛋白品种,在北京种植收获的种子,蛋白质含量为42.82%,脂肪含量为18.66%。在安徽种植,种子蛋白质含量为45.8%。该品种抗花叶病毒病,中抗胞囊线虫病,抗涝、抗倒伏,秆强、植株适中,因而适于超高产栽培。河南省品种改良中心试验产量达4 395 kg/hm²。本品种2003年已推广12.2万hm²,2004年推广15.5万hm²。已列入科技部和农业部项目:国家高技术研究发展计划("863"计划)重大专项"优质超高产作物新品种选育"—大豆新品种选育及繁育技术研究(2003～2005)。

2. 育成了中黄19(中作9612)　系超高产高蛋白大豆品种(国审豆2003004)。蛋白质含量为44.45%。在河南省黄泛农场区域试验3次重复平均产量为4 835.1 kg/hm²,居供试品种第一位。在山东省菏泽试验,产量为3 772.5 kg/hm²;在济宁试验,产量为3 635 kg/hm²,居供试品种第一位。是一个产量为3 750～4 500 kg/hm²的超高产品种。2005年在山西省襄垣实收667 m²产量达4 719 kg/hm²。

3. 育成了中黄21(中作966)　2002年中国农业科学院土壤肥料研究所在山东陵县试验区晚春播试验3次重复平均产量达5 610 kg/hm²。2000～2001年在辽宁省参加区域试验,平均产量为2 850 kg/hm²,增产13.2%。2002年春经辽宁省农作物品种审定委员会审定推广,适宜在辽宁省中部和西部种植。黄淮海部分地区正在进行高产试验。

王树安等(1991)在河北吴桥对中作号大豆新品系的试验结果表明,产量在4 500 kg/hm²左右的品种,产量构成为:株高65.3～78.4 cm,百粒重21.3～27.4 g,单株粒数69.4～95.9粒,有效荚数37.2～41.2个。只有每平方米收2 000粒、百粒重在22.5 g以上,才可能有450 g/m²的产出,也才可能有4 500 kg/hm²的产量(表8-27)。

表8-27　中作号大豆新品系1999年在河北吴桥试验结果　(王树安等提供)

品　种	株　高 (cm)	分枝数 (个)	有效荚数 个	无效荚数 (个)	单株粒数 (粒)	百粒重 (g)	产　量 (kg/hm²)	备　注
中黄13(中作975)	69.9	2.2	30.3	3.9	75.9	24.4	4027.5	春播
中作972	78.4	1.7	41.2	2.0	95.9	21.3	4927.5	春播
中黄19(中作9612)	65.3	3.6	37.2	0.9	69.4	27.4	4312.5	夏播
中黄21(中作966)	69.3	1.5	41.2	2.1	85.5	19.2	3768.0	夏播

(四)高寒地区大豆高产攻关

黑龙江省科委受国家科委委托组织了高寒地区大豆高产攻关。张瑞忠等(1990)在黑龙江省海伦市用黑农35作大面积高产试验,60121获得平均3 217.5 kg/hm²的产量。对一些高产地块进行了调查(表8-28)。

表8-28　黑农35的4 350 kg/hm²左右产量构成　(张瑞忠提供)

试验点	株高(cm)	株数(株)	单株荚数(个)	粒/m²	百粒重(g)	产量(kg/hm²)	备　注
1	82.0	26	38.2	2132	22.5	4317.0	春播
2	83.6	26	39.7	2244	21.0	4240.5	春播
3	84.0	27	36.8	2290	21.3	4389.0	春播

根据上述调查可以看出,黑农 35 产量近 4 500 kg/hm², 其株高在 82 ~ 84 cm, 百粒重在 21 ~ 22.5 g, 每平方米粒数在 2 132 ~ 2 290 粒, 每株有效荚数为 36.8 ~ 39.7 个。

(五)大豆高产育种的实践

第一,要选择高产亲本进行杂交。例如,利用豫豆 8 号为母本与中作 90052-76 为父本杂交育成中黄 13(中作 975)。豫豆 8 号区域试验产量比对照增产 18.6%, 当时已推广 13.3 万 hm², 是当时黄淮海地区主栽品种之一; 中作 90052-76 系高蛋白品系。两者杂交有互补作用。中黄 13 高产潜力大。

第二,高产的大豆株高以 65 ~ 85 cm 为宜。太高,易倒伏;太低,生长不繁茂,难以高产。也可选株高超过 85 cm 以上的后代,但一定要抗倒伏。

第三,选择单株粒数多、荚数多、每节荚数多、抗倒伏、分枝多、长短分枝结合的类型。

第四,将杂交后代和品系放在高肥水条件下鉴定,以明确其丰产性。

第五,对丰产性突出的品系决选时要和品质、抗性和成熟期等结合起来考虑。

第六,对优良的大豆品系要及时进行产量鉴定、品比和参加区域试验和生产试验,并在不同生态区进行多点多年试验。实践证明,多点代替不了多年,多年也代替不了多点。

第七,南繁北育相结合,可加快育种进度。充分利用南繁的条件,在海南岛有的年份一年繁育 2 代,加上在北方繁育 1 代,一年可繁育 3 代,大大加快了育种进程。在北方也可利用温室加代繁育,但成本较高,且面积小。

第八,育繁推相结合有利于新品种的推广。对于有苗头的优良品系要及时进行繁殖,以便参加生产试验和示范之用。同时要注意保持品种的纯度。

五、高油大豆育种

2001 年,世界油料作物籽粒总产量达 3.24 亿 t,其中大豆占 57%, 油菜籽和棉籽各占 11%, 花生占 10%, 葵花籽占 7%, 其他为 4%。大豆油占全球植物油消费量的比例由 1991 年的 27.5% 上升到 2002 年的 32.5%, 11 年间大豆油所占比例增长了 5 个百分点。中国豆油消费量由 1997 ~ 1998 年度的 295.3 万 t 增加到 2002 年的 429.3 万 t。近 3 年,我国每年进口大豆在 2 000 万 t 以上。2004 年进口大豆 2 023 万 t, 进口豆油 251.7 万 t。为了提高国产大豆的市场竞争力,必须加速选育和推广国产高油大豆品种。

近年来,由于重视了大豆高油育种,因而育成了不少高油大豆品种,同时产量也有较大提高。由于农业部在东北地区包括黑龙江、吉林、辽宁三省和内蒙古自治区实行了大豆高油振兴计划,重点支持了高油大豆良种补贴 66.67 万 hm²(1 000 万亩), 2003 年达 133.33 万 hm²(2 000 万亩), 同时在农业科技跨越计划上给予重点支持, 各省、自治区、直辖市也加大了对大豆育种的投入,因而高油高产大豆良种得到迅速推广(表 8-29, 表 8-30)。目前,以绥农 14 推广面积为最大,达 40 多万 hm², 脂肪含量高达 21.93%。

表 8-29　全国审定的高油大豆品种

品种名称	产量(kg/hm²)	比对照增产(%)	脂肪含量(%)	蛋白质含量(%)
晋豆 19(晋遗 19)	2250.0	—	24.39	40.62
贡豆 6 号	1950.0	—	21.80	38.61
贡豆 2 号	1974.0	19.30	21.80	41.40

续表 8-29

品种名称	产量(kg/hm²)	比对照增产(%)	脂肪含量(%)	蛋白质含量(%)
开育 9 号	2692.5	7.70	21.70	38.09
黑农 26	2625.0	8.70	21.60	40.83
铁丰 18	2250.0	—	21.53	37.80
吉林 3 号	2250.0	—	21.50	40.80
中黄 24	2775.8	12.10	22.48	38.61
中黄 20	2484.0	7.00	23.03	37.40
晋大 70	2688.0	8.46	22.06	41.18
辽豆 14	2535.0	13.70	22.04	37.48
沧豆 5 号	2454.0	5.26	21.86	40.86
邯豆 4 号	2635.5	6.34	23.36	39.16
晋选 30	3258.0	9.80	21.74	41.28
徐豆 12	2625.0	2.04	21.86	41.36
绥农 14	3133.5	—	21.93	38.66
冀黄 13	3215.1	5.12	21.70	39.60
齐黄 31	2678.7	7.55	22.12	39.44
晋豆 29	2773.4	11.35	22.11	38.10
五星 2 号	3183.3	4.08	21.57	38.75
邯豆 5 号	2787.8	3.76	22.55	39.74
潍豆 6 号	2724.8	1.47	22.38	38.74
滨职豆 1 号	2690.4	8.02	21.54	40.83
齐黄 30	2625.9	5.43	22.36	42.18
淮豆 8 号	2371.1	7.06	22.29	39.95
吉引 81	3171.0	3.30	21.94	39.67
辽豆 21	2775.8	3.70	21.54	40.82
冀 NF58	2606.6	4.65	23.63	35.77
红丰 11	3072.0	2.00	21.51	37.76

表 8-30　近年东北地区推广的高油(> 21.5%)大豆品种　(刘忠堂提供)

品种名称	产量(kg/hm²)	比对照增产(%)	脂肪含量(%)	蛋白质含量(%)
合丰 40	2308.5	10.4	22.02	37.64
合丰 42	2468.6	7.4	23.04	38.68
合丰 45	2920.0	16.4	21.51	40.48
合丰 47	2390.0	10.6	22.85	38.11

续表 8-30

品种名称	产量(kg/hm²)	比对照增产(%)	脂肪含量(%)	蛋白质含量(%)
合丰 48	2553.1	10.7	22.67	38.70
黑农 41	–	–	22.70	37.80
黑农 44	2848.7	12.3	23.01	36.05
黑农 45	2378.7	10.4	22.80	38.08
绥农 20	2299.0	8.0	23.12	37.72
嫩丰 17	1881.0	5.6	22.94	37.75
东大 1 号	2146.2	18.9	22.10	39.50
东农 46	2884.8	3.8	22.45	38.80
东农 47	2299.9	4.1	22.93	38.44
垦农 18	2425.3	9.9	23.21	36.28
垦农 19	2830.8	12.9	23.27	37.74
垦农 20	2376.3	5.8	22.67	37.62
垦丰 9 号	2615.9	17.0	22.81	38.57
垦丰 10 号	2448.5	10.6	23.31	40.45
红丰 12	2625.5	6.8	22.32	37.59
九农 22	–	–	22.49	42.05
长农 13	–	–	22.31	39.26
吉林 35	–	–	22.07	39.90
吉科豆 1 号	–	–	22.00	39.00
吉林 47	–	–	21.57	39.48
吉育 58	–	–	22.40	37.90
辽豆 11	–	–	22.84	37.10
辽豆 14	–	–	22.84	37.48
蒙豆 9	–	–	23.09	38.37
蒙豆 12	–	–	22.88	38.03

(一)亲本的选择

选择脂肪含量在 20%以上而且大面积推广的增产比较显著的大豆品种如诱变 30、冀豆 4 号、中黄 4 号、鲁豆 4 号、豫豆 8 号和晋遗 20 等为亲本,与脂肪含量高的国内外大豆品种或材料如 Hobbit(脂肪含量 22.44%)、晋豆 19(脂肪含量 22.3%,2001 年测定)、早熟 18(脂肪含量为 22%)等进行杂交,1991 年做了 20 个杂交组合,之后每年做 10~20 个大豆高油组合。Hobbit 为美国高油大豆品种,美国近几年用此品种育成了 5 个高油大豆品种。

(二)对杂交后代的处理

采用系谱法。F_1 根据显性规律淘汰假杂种,按单株收种子;F_2 按熟期、株高进行选择;$F_3 \sim F_6$ 先选优良组合,后选优良单株,对优良组合加大群体到 1 万株以上。F_3 和 F_4 除选择熟期、株高外,要特别注意丰产性、脂肪含量、抗病性、抗倒伏性等。F_5 以后对性状整齐一致的株行决选品系。对决选的品系要分析脂肪含量,以便明确是不是高油品系,后对品系进行产量鉴定、品种比较。优良品系参加全国和省、自治区、直辖市的区域试验和生产试验。经全国和省级农作物品种审定委员会审定后,在相应地区推广。

大量分析亲本、后代和品系的脂肪含量。为了准确地选用高油亲本,近年来先后共分析1 168个品种和品系的脂肪含量。分析方法采用索氏提取法及激光红外线分析仪来进行。由农业部谷物品质监督检验测试中心、中国农业科学院作科所及品种资源研究所分析室分析(表8-31)。

表8-31 大豆主要亲本的品质和产量情况 *

品 种	脂肪含量(%)	蛋白质含量(%)	区试产量(kg/hm²)	增产幅度(%)	抗病性
晋遗20	20.2	41.6	2820	15.00	抗花叶病
诱变30	21.0	43.0	2250~3000	31.10	高抗花叶病
豫豆8号	20.1	44.6	2766	19.40	
鲁豆4号	20.3	42.6	2277	14.22	
鲁豆2号	20.8	42.8	2248	21.58	
冀豆4号	20.6	42.5	2418	20.60	
冀豆7号	20.1	43.1	2250~3000		
中黄4号	20.6	40.5	2298	26.45	
早熟18	22.0	43.0			
中黄6号	20.0	44.0			
科丰6号	19.3	44.0	2043	17.70	

* 2000年农业部农作物品质检验测试中心分析

(三)取得的结果

1. 中黄20(中作983)的选育 母本为从中国科学院遗传研究所引入的遗-2,父本为从美国引进的Hobbit,中国农业科学院作物育种栽培研究所4-4大豆课题组于1991年进行杂交,当年收杂交种子;1992年在中国农业科学院作物所种植 F_1,去掉假杂种,按单株收。1993年为 F_2,1994年为 F_3,1995年为 F_4,1996年为 F_5,表现整齐,决选品系。为加速育种,曾去海南岛进行南繁,后经过所内鉴定试验、品种比较试验、所外区域试验和生产试验。2002年分别经辽宁省、天津市和北京市农作物品种审定委员会审定,2003年经全国农作物品种审定委员会审定,确定在天津、辽宁、北京和河北北部地区推广。2005年获得植物新品种保护权,品种权号为:CNA20030478.X.。

2000年中作983(中黄20)在北京进行区域试验,比对照减产2.1%,差异不显著,脂肪含量为23.37%,显著高于对照;2001年区域试验,中黄20比对照增产17.05%,增产达极显著水平。

根据方差分析,品种间产量差异达极显著水平。4个参试品种均比对照增产,且增产在10%以上,达极显著水平。中黄20比对照增产17.05%(表8-32)。

表 8-32 北京 2001 年夏播组大豆品种小区产量多重比较结果 （LSD 0.01 = 0.2653）

品 种	小区平均	差异显著性 0.05	差异显著性 0.01	产 量 (kg/hm²)	比对照增产 (%)	名 次
中作 015	5.01	a	A	2387	18.88	1
中作 983	4.93	a	AB	2348	17.05	2
97-126	4.82	ab	AB	2295	14.34	3
京引科选 1 号	4.71	b	B	2243	11.92	4
早熟 18(CK)	4.21	c	C	2006	—	5

2. 2001 年在北京进行了中作 983(中黄 20)的生产试验 试验结果见表 8-33。

表 8-33 2001 年北京市夏播生产试验品种产量汇总

品 种	昌平试点 产量 (kg/hm²)	昌平试点 比 CK (%)	通州试点 产量 (kg/hm²)	通州试点 比 CK (%)	房山试点 产量 (kg/hm²)	房山试点 比 CK (%)	平 均 产量 (kg/hm²)	平 均 比 CK (%)	位 次
中作 983	2988	35.30	2401	15.02	3539	21.47	2976	23.85	1
中品 95-5807	2679	21.30	2028	- 2.87	3027	3.90	2578	7.28	2
科选 1 号	2363	7.00	2438	16.78	2657	- 8.78	2486	3.45	3
中作 96-952	2487	12.60	2139	2.48	2784	- 4.45	2470	2.79	4
早熟 18(CK)	2208	—	2088	—	2913	—	2403	—	5

夏播生产试验结果,中作 983 在 3 个试点均表现增产,平均产量达 2 976 kg/hm²,比对照增产 23.65%,居供试品种首位。

3. 2001 年在天津参加了生产试验 试验结果见表 8-34。

表 8-34 2001 年天津市夏大豆生产试验产量 （单位:kg/hm²）

品 系	宝坻种子站试点产量	武清种子站试点产量	大港种子站试点产量	平均产量	比对照增产 (%)
中作 983	2977.5	2812.5	1644.0	2478.0	1.60
中作 976	3213.0	2497.5	2161.5	2623.5	7.56
中作 962	3430.5	2251.5	2064.0	2851.5	6.15
科丰 6 号(CK)	3015.0	2305.5	1998.0	2439.0	—

中作 983 在天津生产试验,3 个试点平均产量为 2 478 kg/hm²,比对照增产 1.6%。但其熟期比对照早 7 d,脂肪含量比对照高 2 个百分点。

4. 中作 983(中黄 20)的脂肪含量测定 见表 8-35。

表 8-35　中黄 20(中作 983)3 年的脂肪含量测定 （农业部谷物监督检验测试中心分析）

分析年度	送样单位	脂肪含量(%)
2000	中国农业科学院作物育种栽培研究所	23.37
2001	北京市种子管理站	22.66
2002	天津市种子管理站	24.47
平　均		23.50

中黄 20(中作 983)的脂肪含量,是 2001~2003 年国家农作物品种审定委员会审定的 28 个大豆品种中脂肪含量最高的。

5. 育成的高油大豆品系　经过 15 年的工作,育成了一批高油大豆品系。除中黄 20(脂肪含量 23.5%)已通过国家和辽宁省、北京市、天津市农作物品种审定委员会审定推广外,中作 984(脂肪含量 23.14%),已进行 2 年区域试验和 1 年生产试验,比中黄 20 晚熟 4~5 d,丰产性好,个别试点产量达 3 750 kg/hm²。2006 年国家已审定推广。中作 013 脂肪含量 23.55%,也在参加国家区域试验。中作 012 脂肪含量 23.04%,参加中国农业科学院作物育种栽培研究所内品种比较试验。

陈应志和邱丽娟(2005)指出,2004~2005 年东北地区和黄淮海地区大豆主推的高油和高蛋白大豆品种有 50 余个(表 8-36)。建议各地结合产量、抗性、熟期、生态特性等的表现和农民的认可程度,因地制宜地推广。

表 8-36　2004~2005 年东北及黄淮海地区大豆主推品种

地　区	品种类型	主推品种名称
东北地区	高油品种	绥农 14、辽豆 14、吉科豆 1 号、吉育 60、吉林 47、吉林 35、吉林 44、吉林 48、九农 22、白农 9 号、长农 12、绥农 11、垦农 19、垦农 18、垦丰 9 号、垦丰 6 号、合丰 40、合丰 41、合丰 42、东农 46、合丰 37、抗线虫 3 号、东农 45、东农 44、黑农 41、黑农 44、黑河 19、黑河 27、黑河 21、黑农 37、疆莫豆 1 号、蒙豆 7 号、蒙豆 9 号、开育 12、铁丰 31、辽豆 11、丹豆 10 号
黄淮海地区	高蛋白品种	科丰 14、鲁宁 1 号、冀豆 12、中黄 22、豫豆 22、豫豆 19、皖豆 15
	高油品种	中黄 24、中黄 20、晋大 70、齐大 28、齐黄 29、沧豆 5 号、邯豆 4 号、晋遗 30、徐豆 12、晋豆 19

(四)大豆高油育种的实践

1. 高油大豆品种的标准　我们委托农业部农作物品质监督检验测试中心对美国和意大利的 8 个大豆品种脂肪含量进行了分析,平均为 21.7%。鉴于国际市场大豆贸易竞争激烈,同时为了满足国内大豆榨油加工业的需要,高油大豆品种脂肪含量应定在 21.5% 以上。脂肪含量太低,则竞争力下降。同时也要和产量结合起来考虑。

2. 高油大豆育种的亲本选择　杂交育种仍然是目前最有效的育种手段。为了提高大豆杂交育种的成功率,最好选择双亲均为高油大豆,起码有一个亲本是高油大豆,这已被大豆育种实践所证明。我们利用了高油大豆 Hobbit 做亲本效果很好,育成了中黄 20(中作 983)及中黄 36(中作 984)。用 Hobbit 做亲本和其他亲本杂交,其后代脂肪含量也高。黑龙江省农业科学院大豆研究所王彬如、翁秀英等,利用高油大豆黑农 6 号(脂肪含量为 23.25%)与高油品种吉林 1 号(脂肪含量为 23.19%)杂交,育成了 2 个高油品系。其中,哈

70-5071脂肪含量为23.72%,超过双亲;哈70-5072脂肪含量为23.29%。

3. 大量分析亲本、品种资源、杂交后代及品系的脂肪含量并配制适量组合　这是高油大豆育种的关键之一。近13年,我们分析了1 168份材料,选出3个高油品种即中黄20、中黄35、中黄36。这说明不分析一定数量的材料,很难选出既脂肪含量高又综合性状好的后代,同时也要配制专门的高脂肪含量组合,以便有目的地选择脂肪含量高的后代和品系。起码一年要配制20~30个脂肪含量高的组合。

4. 高油育种要和产量、抗性等紧密结合　大豆原始材料中也有一些脂肪含量高于23%的,但这些材料并不能直接利用,主要原因是脂肪含量虽然高,但其他性状满足不了生产的要求。对一个品种来说,要考虑综合性状和重点性状、目的性状。一个高油品种没有一定产量,很难推广。与其他作物相比,种大豆的效益不算高,因此要把产量放在首位来加以考虑。只有提高了种大豆的经济效益,农民才会多种大豆。国外有的利用单位面积产油量来作为决定品种的取舍,不失为一种方法。品种的抗病虫性、抗倒伏性、抗旱性等也需要考虑。

孟祥勋、雷勃军、刘丽君等指出:当脂肪含量在18.1%~20%时,脂肪含量与产量呈正相关,相关系数为0.3876~0.6742;当脂肪含量达到20.1%以上时,脂肪含量与产量呈负相关,相关系数为-0.0592~-0.1989。由此可以看出,大豆高油育种有一定难度。

5. 育种要有一定的超前性,育种圃场要有较高的肥力水平　育种圃场肥力太低,很难选出高产高油大豆品种来,因为品种的产量性状表现不出来,育种家难以选择。育种圃场的水肥条件需要保证,否则,育种成功率要大大降低。同时育种要考虑几年以后这个品种才能应用,因此要有一定的超前性,一般要超前5~7年。这样选出的品种能和生产水平对上号,才能大面积推广应用,发挥较大的作用。

6. 组合后代和决选品系要有一定的规模　由于育种研究有一定的概率,没有一定的规模,难以选出好的品种来。但组合太多,规模太大,人力、物力、财力消耗大,所以一般杂交组合要在100个左右,育种圃场面积要在2~3hm²。

7. 南繁北育、温室加代等是加速育种工作的重要手段　我们从1991年开始黄淮海大豆育种工作以来,已在北京郊区进行了16代,与此同时,又在海南省三亚市崖城中国农业科学院棉花研究所海南试验站进行了15代繁育工作,这对加速品种的选育和繁殖推广起了重要的作用。如高油大豆中黄20(中作983)就拿到海南繁殖了3次,因而能较快地扩大了种植面积。高产、高蛋白质含量、广适应性大豆中黄13(中作975)拿到海南繁殖了3次,现在由于不断繁殖这个品种的原种和良种,在华北地区和淮北地区推广了几百万亩。同时可利用温室繁殖优良材料和进行抗胞囊线虫的鉴定等。

8. 对优良的大豆品系进行多点鉴定和区域试验,以明确品种的适应性　应在主产区设立区域试验点和生产试验点进行2~3年的试验,这样才能决定一个品种的取舍。年限太少,试验不能反映客观情况。试点要有代表性,布局要合理,要有7~8个试点才能保证试验的准确性。多点代替不了多年,多年也代替不了多点。在相同纬度进行试验,成功率较高,如中黄20在辽宁、北京、天津等地表现均较好。

六、大豆高蛋白育种

我国大豆高蛋白育种取得了很大成绩,特别是河南省农业科学院育成了一大批高蛋白"豫豆号"品种。其中,豫豆22蛋白质含量达46.5%,2003年已推广23.67万hm²。豫豆19

推广了 2.67 万 hm²。黑龙江省农业科学院育成的高蛋白高产大豆品种黑农 35,2003 年在黑龙江省和内蒙古自治区推广 6.67 万 hm²,已累计推广 66.67 多万 hm²。东农 42、通农 10 号、科新 3 号、豫豆 16、冀豆 12、浙春 12 等也得到了推广。高产高蛋白品种也育成了不少,其中中黄 22 区域试验 2 年平均产量达 3 043.5 kg/hm²,增产 6.41%,生产试验产量达 3 060 kg/hm²,增产 8.92%;蛋白质含量 3 年平均达 47.76%。冀豆 12 蛋白质含量达 46.48%,区域试验产量达 2 931.5 kg/hm²,增产 7.47%。科丰 14 产量达 2 929.8 kg/hm²,增产 6.13%,蛋白质含量达 45.04%(表 8-37)。

表 8-37　国审的高蛋白大豆品种

品种名称	区试产量(kg/hm²)	比对照增产(%)	蛋白质含量(%)	脂肪含量(%)
科新 3 号	—		49.89	—
中黄 22	3043.5	6.41	47.05	17.40
豫豆 16	2400.0	6.41	47.46	16.85
鄂豆 4 号	1881.0	11.80	47.00	16.50
豫豆 22	2600.0	12.89	46.50	18.07
豫豆 2 号	2250.0	10.90	46.50	
冀豆 12	2931.3	7.47	46.48	17.47
豫豆 19	2858.6	4.26	46.22	
通农 10 号	2087.3	4.20	46.22	18.41
南豆 5 号	2190.0	1.60	46.18	18.71
福豆 310	2305.5	7.00	46.04	18.49
浙春 2 号	2100.0	—	45.65	20.72
鲁宁 1 号	2839.8	4.02	45.62	19.22
黑农 35	2250.0	—	45.24	18.36
科丰 14	2929.8	6.13	45.04	18.14
齐黄 27	2638.5	9.10	45.01	19.16
中黄 29	2558.4	-1.43	45.02	18.72

大豆高蛋白育种应注意以下几点:①利用高蛋白品种作为亲本,最好两个亲本蛋白含量均高,起码要有一个亲本是高蛋白品种。同时产量性状和其他性状较好。②由于野生大豆和半野生大豆蛋白质含量高,可以利用做亲本,以便选出高蛋白的品种来。③利用有限结荚习性品种与无限结荚习性品种杂交,在蛋白质含量上可产生超亲遗传。如用黑农 16 与十胜长叶杂交,其后代黑农 35 蛋白质含量超过双亲。④对后代及品系只有对蛋白质含量进行大量分析,才能选出高蛋白品种来。

七、大豆抗胞囊线虫育种

(一)大豆抗胞囊线虫的研究概况

早在 1899 年,俄国人雅切夫斯基在中国东北就发现了大豆根线虫(即胞囊线虫)。其后,桑山觉(1936)、石川正示(1943)等在黑龙江省的泰来、龙江等 13 个县发现此病。张磊指出：1951 年，日本掘江太郎在福岛县白河发现大豆胞囊线虫。1952 年，一稔户(Ichinohe)通过比较鉴定，将其定名为 *Heterodera glycines* Ichinohe。美国于 1954 年在北卡罗来纳州发现大豆胞囊线虫。Ross(1957)首先记述了大豆胞囊线虫不同群体之间存在生理上的变异性。Golden(1970)利用一套大豆品种鉴别寄主将大豆胞囊线虫区分为 1 号、2 号、3 号、4 号生理小种。Riggs 等(1988)又将其分为 16 个生理小种。美国胞囊线虫生理小种有 8 个，为 1 号、2 号、3 号、4 号、5 号、6 号、9 号和 14 号。目前发现 PI437654 几乎抗所有生理小种，利用此抗源育成了 Hartwig 品种。

我国王权等(1953)、王家昌(1976)发现黑龙江省 28 个县(市)有大豆胞囊线虫的危害，以后吴和礼、商绍刚、刘汉起、陈品三、刘维志、赵经荣等陆续对大豆胞囊线虫及其生理小种进行了深入研究。由于大豆胞囊线虫病危害日益加重，各国均加强了大豆抗胞囊线虫的育种工作。1967 年，美国利用 Peking 为抗源育成了第一个抗胞囊线虫的品种 Pickett 以及 Forrest、Custer、Franklin 等抗病品种，这些品种均抗 1 号、2 号、3 号生理小种，使美国大豆生产得到提高。20 世纪 70 年代末期，又利用从我国沈阳引进的抗源 PI88788 育成了抗 4 号生理小种的 Bedford。后来，美国大豆胞囊线虫生理小种发生了变化，利用 Forrest 和 PI437654 杂交育成了抗胞囊线虫多种生理小种的 Hartwig 黄种皮大豆。

大豆对胞囊线虫抗性的遗传规律比较复杂。国外研究认为，大豆对 1 号和 3 号的抗性是由 3 对隐性基因控制的，即 rhg1、rhg2、rhg3。也有人认为，对 3 号小种的抗性是由 1 对显性基因和 2 对隐性基因控制的。武天龙等(1992)用黄色种皮的大豆做抗源，配了抗×感、感×抗及抗×抗 3 类杂交组合。从 F_1 及 F_2 感、抗比例分析，证明黄色种皮大豆对胞囊线虫 3 号小种的抗性受 3 对独立隐性基因控制；抗、感杂交 F_1 全为感病，F_2 抗感比为 1∶63，抗病的比例很小。研究发现，抗胞囊线虫的基因与控制种皮颜色的基因连锁遗传，增加了抗胞囊线虫育种的难度。

(二)我国近年来对大豆胞囊线虫研究的进展

吴和礼等(1989)利用哈尔滨小黑豆育成了高代品系哈 84-783、84-793、84-419，对大豆胞囊线虫病的抗性达到小黑豆的水平。吴和礼等 1986～1987 年从 809 份材料中选出 1 份免疫材料——龙抗 SCN792，4 份高抗材料——龙抗 SCN781、龙抗 SCN782、龙抗 SCN791 及龙抗 SCN792。张仁双等从 1 170 份材料中选出 1 份免疫品种——长粒黑(辽 1120)和 2 份高抗品种。刘晔等筛选出 4 个抗 1 号和 3 号生理小种的小黑豆品种。

李莹等(1994)育成 14 个高抗的黄种皮品系。黑龙江省农业科学院盐碱土利用改良研究所于 1981 年以丰收 12×Franklin 杂交，1992 年育成了抗线 1 号；1982 年，又以嫩丰 9 号为母本、以(嫩丰 10×Franklin)F_2 为父本杂交，于 1995 年育成抗线 2 号。该品种高抗 3 号生理小种。最近又育成了抗线 3 号、抗线 4 号、抗线 5 号品种。吉林省农业科学院大豆研究所育成抗胞囊线虫的吉林 23、吉林 32 和吉林 37 等品种。郝欣先等(1996)育成并推广了抗胞囊线虫的齐黄 25 品种。张磊等(1997)利用科系 8 号×徐豆 1 号杂交，育成了皖豆 16，高抗 2 号、3 号、4 号、5 号生理小种，已于 1996 年经安徽省农作物品种审定委员会审定推广。宋书宏、苏黎、蔺瑞明、陈艳秋、董丽杰(2000)，对抗胞囊线虫病的品种选育进行了以下研究：以辽豆 10 号(感病)为母本、Franklin(抗病)为父本进行有性杂交，经过 5 年挖根鉴定和移栽选择，选育出在疫区比对照品种增产 25% 以上、高抗 1 号生理小种、高抗 3 号生理小种的品系各 5 个。遗传分析表明，在辽豆 10 号遗传背景下，北京小黑豆对 3 号生理小种的抗性是由 1

个显性基因和 2 个隐性基因控制的。生理小种鉴定结果,辽宁省有 1 号和 3 号 2 个生理小种,吉林省有 1 号、3 号和 5 号 3 个生理小种。马俊奎、史宏、任小俊、刘学义(2003)研究对抗大豆胞囊线虫病育种中常用的 40 份骨干亲本进行 4 号生理小种抗性鉴定,其中感病品种 30份,黄粒抗病品系 2 份,黑粒抗病品系 2 份,黑粒抗源 6 份。结果表明:品种间的抗性有极显著差异;抗性的主要差异首先出现在抗性和非抗性品种之间,其次出现在非抗性品种内;抗源材料的抗性非常稳定;亲本对大豆胞囊线虫 4 号生理小种的抗性成连续性变化,符合正态分布规律。抗性愈强的品种抗性愈稳定,抗性愈弱的品种抗性愈易受环境的影响。大豆抗胞囊线虫的广义遗传力约为 53.9%。虽然我国在大豆抗胞囊线虫育种上取得不少成功,但还缺乏抗胞囊线虫的适应不同地区的高产大豆品种。

经对北京地区大豆胞囊线虫 4 号生理小种进行验证:根据每株根上着生鉴别寄主上的胞囊数,计算出每个鉴别品种根上的平均胞囊数和胞囊指数,每个鉴别品种均着生较多的胞囊,单株平均胞囊数变幅为 87.8 ~ 326.8 个,胞囊指数均大大超过 10% 的标准,对所鉴别的生理小种群体表现出强敏感性,反应都表现为(+)。根据 Golden 的分类,采自昌平基地的土样的胞囊线虫群体为大豆胞囊线虫 4 号生理小种。按 Riggs 的分类,北京地区胞囊线虫属于 14 号小种。本试验的结果充分验证了北京地区有大豆胞囊线虫 4 号生理小种分布。而且,所鉴定的线虫群体比张东生等(1991)鉴定的群体具有更强的感染力和存活能力。

Anand 等(1982)根据不同寄主对 4 号生理小种的反应,证明 PI 88788 和 PI 90763 携带不同的抗病基因。Young(1995)以 PI 437654 接种 2 号生理小种,在 PI 437654 上寄生指数为 0。Anand(1986)的结果表明,PI 437654、PI 88788、PI 209332、PI 90763 带有不同于 Forrest(抗病基因来自于 Peking)的抗 3 号小种基因。Young 等(1994)的研究结果表明,Peking、PI 437654 在大多数基因座位含有相同的抗 5 号小种的基因。

初步研究表明,灰皮支黑豆和元钵黑豆对大豆胞囊线虫 4 号生理小种的抗性遗传由 3对隐性基因和 2 对显性基因控制。

(三)大豆抗胞囊线虫育种

1. 利用抗源与优良品种和品系杂交　利用 PI 437654、灰皮支黑豆和元钵黑豆作为抗源与已推广的大豆品种和优良品系杂交。1994 年,先后利用灰皮支黑豆和元钵黑豆与鲁豆 1号和鲁豆 7 号杂交,共做了 4 个组合,筛选出一些黄种皮抗胞囊线虫的后代。1995 年,利用中黄 4 号、科丰 6 号、晋豆 6 号为母本,以上述组合 F_1(YSCNR)为父本做了 3 个杂交组合。1996 年,利用单 8(中黄 6 号 × D90)为母本、PI 437654 为父本杂交(区号为 97-1018)和以 F_5(PI 486355 × 郑 8431)为母本与抗性好的 PI 437654 杂交(区号为 97-1078),获得大量后代。1997 年为 F_1,1997 年冬至 1998 年春南繁为 F_2,1998 年为 F_3,1998 年冬南繁为 F_4,1999 年为F_5。1997 年,用上述两个组合后代进行回交和杂交,有 18 个组合;1998 年,用 1018 组合后代进行杂交有 6 个组合,用 PI437654 与推广品种和品系杂交有 11 个组合;1999 年做了 10 个组合。

2. 杂交后代处理及品系决选　对 F_1 根据显性规律淘汰假杂种。F_2 由于 1997 年冬至1998 年春部分组合拿到海南进行加代,而当地无条件进行抗胞囊线虫的鉴定,因此未进行抗性鉴定,只根据黄淮海地区的熟期、株高选择了后代。F_2 种在北方时,对一些组合进行了抗胞囊线虫鉴定。F_3 在继续注意熟期、株高的同时着重抗胞囊线虫病和丰产性的选拔。F_4和 F_5 对优良组合加大群体,按 F_3 目标继续选择,优良组合可加大到 1 万株以上,鉴定胞囊线虫病。F_5 和 F_6 整齐一致的株行可决选为品系。1999 年,从单 8 × PI 437654 组合决选 6 个抗胞囊线虫病品系及 3 个早熟品系。

2000 年对上述 9 个品系进行了测产。

2000 年秋,从 F_6(单 8 × PI 437654)中决选了 16 个品系,2001 年决选了 20 个品系。1994 ~ 1999 年,共做了抗胞囊线虫杂交组合 54 个,共决选品系 41 个。

3. 不同品系的产量鉴定　2001 年,对决选的 15 个品系进行了鉴定。对单 8 × PI 437654 组合 15 个品系进行产量鉴定。有 9 个品系产量超过对照,增产幅度为 8.91% ~ 47.9%,有 6 个品系减产,减产幅度为 20.67% ~ 53.95%。

2000 年,对中作 RN 01 和中作 RN 05 两个抗胞囊线虫品系进行了鉴定。经陈品三先生鉴定分析,前者胞囊数为 23 个,后者为 26 个,表现高抗。对照早熟 18 由于胞囊线虫危害全部枯死,而这两个品系生长良好。从其他杂交组合中筛选的中黄 13(中作 975)、中黄 12(中作 5239)和中黄 17(中作 976)等,在区域试验中表现对胞囊线虫病中抗、丰产性较好。中黄 13 和中黄 17 已经国家农作物品种审定委员会审定推广,中黄 13 分别经安徽省和天津市农作物品种审定委员会审定推广,中黄 12 已经北京市农作物品种审定委员会审定推广。

将中黄 13、中黄 17、中黄 12、中作 966 等大豆种子播种于取自大豆胞囊线虫病 100% 发病(病情 5 级)、根腐病也严重发病的 5 年重茬地的土中,以早熟 18 为对照感病品种,于 2000 年 5 月 7 日播种,置于适宜发病的条件下,6 月 29 日调查病情,中黄 13、中黄 17、中黄 12 和中黄 21 等 4 个品种对大豆胞囊线虫和根腐病均表现中度抗性,属中抗性,中黄 13、中黄 17、中黄 21 长势较好(表 8-38)。

表 8-38　大豆不同品种抗胞囊线虫和根腐病情况　(陈品三鉴定)

品种(品系)	出苗日期 (月-日)	开花日期 (月-日)	长　势	大豆胞囊线虫病		根腐病		备　注
				发病率(%)	病情级数	发病率(%)	病情级数	
中黄 12	5-12	6-26	良	100	2.5	100	3.0	
中黄 13	5-10	7-7	良	100	2.5	100	3.7	
中黄 17	5-11	6-26	良	100	2.5	100	3.7	
中作 966	5-11	7-8	良好	100	2.3	100	3.5	8 月初结荚
早熟 18(CK)	5-12	6-23	细弱	100	4.5	100	5.0	7 月中旬全部枯死

(四)大豆抗胞囊线虫育种的实践

一是要明确和验证本地大豆生产中胞囊线虫的生理小种。一个地区可能有几个生理小种,应当明确哪个小种是主要的,哪个是次要的。如华北地区以 4 号生理小种为主,同时还有 1 号、5 号、7 号等生理小种。应当根据生理小种类型来决定所选抗源。

二是有针对性地选择抗源是选育抗胞囊线虫病大豆品种的关键。如北京地区大豆胞囊线虫以 4 号生理小种为主,因此选择的抗源必须是抗 4 号生理小种的材料(最好能同时兼抗其他生理小种),这样在后代中才能选出抗 4 号生理小种的材料来。

三是由于抗源的农艺性状与栽培品种有差距,因此在杂交组合中必须选大豆生产中大面积推广的优良品种或新育成的优良品系来做亲本,这样成功率较高。例如,用单 8 × PI

437654 杂交育成了中黄 26。单 8 是从优良品系中选出的单株做母本,父本为 PI 437654 抗许
多生理小种。以 PI 437654 为父本进行杂交,后代分离大,经过加大后代数量可选出不同熟
期、不同株高和不同结荚习性的单株。用半野生大豆和野生大豆做抗源时,不一定一次杂交
就能成功,可采取回交的办法,使其后代既保持了抗病性,又有最好的农艺性状。

四是对抗病组合杂交后代,从 F_2 或 F_3 开始就应该进行胞囊线虫病的抗性鉴定,最迟对
决选的品系也应当进行抗病性鉴定,以明确哪些品系抗性强。

五是应将抗胞囊线虫病的大豆品系放在胞囊线虫病发病严重的地区进行区域试验和生
产试验,以明确其抗病性和适应性。经试验按规定明显优于对照的,在相应地区可以推广。

八、抗灰斑病育种

大豆灰斑病(*Cercospora sojina* Hara)异名(*Cercospora daizu* Miura)又称蛙眼病,英文名 *Frogeye*,在美国、南美洲、欧洲、亚洲等地均有发生。我国 10 余个省份有分布。黑龙江省东部三
江平原是大豆重要产区,多湿低洼易涝,大豆灰斑病发生较为严重。20 世纪 60 年代在三江
平原发病较重,造成较大损失。黑龙江省农业科学院合江农科所早在 1976 年就开展了抗源
筛选、病菌生理小种分化和抗病育种的研究工作,并且取得了显著成就。先后育成了抗灰斑
病的大豆品种合丰 29、合丰 30 和黑农 29、黑农 30(张子金、田佩占)。黄桂潮等(1982)在“大
豆灰斑病抗源筛选及病理生理小种鉴定”一文中,报道了这方面的研究结果。他认为,大豆
抗灰斑病的抗源比较丰富,在利用上有较大的选择余地。同时指出,大豆灰斑病病菌存在着
生理分化现象,初步认为东北地区存在着 5 个生理小种。刘忠堂(1983)在“大豆对灰斑病抗
病性的遗传分析”一文中,肯定了大豆对灰斑病抗病性是由 1 对隐性基因所控制。这些研
究,对于抗灰斑病大豆新品种的选育具有重要的指导意义。按照这些理论与结果进行抗病
育种,就可以用较短的时间、较一般杂交育种并不增加很多人力和物力的条件下,选育出抗
灰斑病的大豆新品种。

刘忠堂指出,大豆灰斑病是三江平原大豆的主要病害,严重发病减产达 31%。因此,选
育抗大豆灰斑病的品种,已成为三江平原大豆育种的一个重要课题。1983 年,黑龙江省农
业科学院合江农科所已选出高抗灰斑病并显著增产的合交 80-706、合交 81-977、合交 81-1101
和合交 81-1104 等 4 个品系。其中合交 81-1104 比对照合丰 22 增产 35.5%,感病为一级,而
对照感病为三级(刘忠堂,1986)。

一般说来,优良的组合来源于优良的亲本。刘忠堂等采用的 Amsoy、Rampage、Ohio、
Wilkin 等抗源都是美国的推广品种,具有较优良的农艺形状和较高的产量,又是地理远缘,
与当地品种杂交充分发挥了量性状的累加效应和互补作用。因此,后代表现优势强,丰产性
好,入选品系多。从目前抗源的利用结果来看,以美国品种效果为好,可在抗灰斑病育种中
应用。

诚然,我国大豆品种资源丰富,应积极地开发和利用国内抗源,以使抗灰斑病大豆育种
工作取得更大进展。

杨庆凯认为,抗灰斑育种目标,首先大豆品种应抗当地当时的优势小种,在发病年的田
间鉴定时表现基本抗病。据研究,黑龙江省的灰斑病优势小种是 1 号和 7 号,现在又发现小
种频率发生了变化,育种目标的主要抗病小种对象也应随之调整。研究发现,品种抗病性与
品种能抵抗生理小种的数目有关。抗病强的品种一般都能抗 6 个以上小种。为此,应把抗

优势小种、抗多小种作为抗病育种目标。亲本之一必须是抗病的,否则难以育出抗病品种。同时,群体抗病平均水平与双亲抗病的平均水平相关密切,亲本的抗病一般配合力与亲本抗病程度也有明显相关性(张小刚等,1990)。

刘忠堂等(1986)根据灰斑病遗传简单的特点,提出"一次杂交,简单回交"的育种方法。这在黑龙江省抗灰斑病育种初期,抗源又多为国外品种或少量农家品种,杂交方式不得不是抗×感的形式,当时用回交育种方法选育抗病品种是必要的;而现在一些育成品种已具有较高抗性,采用抗×抗或抗×中抗或高抗×中感的组合方式就不一定仍完全要用回交育种方法。凡是抗×感的组配方式,为了获得高的抗病分离单株可用抗病亲本做回归亲本(该亲本农艺性状和适应性等综合性状应较好)。在用感病亲本做回归亲本时,后代抗病株比率下降,要进行后代群体的接种鉴定。由于抗×感的组合方式较难出现超亲的高抗材料,因此创造高抗资源时只能用抗×抗的方式。如果能对杂交亲本抗病小种的底数清楚,则可根据双亲抗小种数目和具体所抗小种进行抗性积累和互补,将更能提高后代抗病水平,这还有待进一步研究和实践。

曹越平、杨庆凯(1995)在人工接种大豆灰斑病菌的条件下,利用5个不同类型的杂交组合的F_1、F_2、F_3进行抗性分析。结果表明,双亲抗感差异大的组合较双亲抗感差异小的组合的F_2代变异系数高32.4%,但到了F_3、F_4代变异系数之比仅为1.08:0.96。双亲抗感差异大的抗×感、感×抗组合的抗性随世代的升高而下降;双亲抗感差异小的感×感、抗×抗组合的抗性随世代的升高而提高。刘丽君等(1999)研究了灰斑病对大豆类囊体膜蛋白表达的影响。他们利用SOD聚丙烯酰胺凝胶电泳对灰斑病1号、7号小种侵染条件下,大豆类囊体膜蛋白表达进行分析,提出了灰斑病1号小种主要是使感病大豆品种叶肉细胞叶绿体膜蛋白受到损伤,然后使植株发病。灰斑病7号小种对大豆的影响主要作用于细胞色素的表达上,使细胞色素不能合成,从而表现出感病反应。而抗病品种则无此反应。

九、抗食心虫育种

大豆食心虫(*Leguminivora glycinivorella* Mats)是我国东北大豆产区的主要虫害之一。危害严重可造成减产,同时影响品质。一般虫食粒率达10%~20%,大发生年可达40%。

吉林省农业科学院对抗食心虫育种做了大量的研究工作,筛选了抗源。据吉林省农业科学院植物保护研究所1962~1963年调查结果,食心虫幼虫进入铁荚四粒黄豆荚死亡率高达87.9%。该院在20世纪50年代以丰产优质的金元1号与荚皮坚硬的抗食心虫品种铁荚四粒黄杂交,育成了吉林1号、吉林3号、吉林4号等抗大豆食心虫的品种。后来用抗大豆食心虫的吉林1号为母本、以十胜长叶为父本杂交,又育成了高抗大豆食心虫的品种吉林16。郭守桂等(1980,1986)发现,大豆食心虫幼虫入荚死亡率与虫食率有密切关系(表8-39)。

表8-39 大豆食心虫入荚死亡率与虫食粒率的关系 (张子金等)

品种名称	品种抗性	入荚死亡率(%)	虫食粒率(%)
金元1号	感虫	32.0	23.2
铁荚四粒黄	抗虫	76.3	2.9
吉林1号	抗虫	72.2	5.7

续表 8-39

品种名称	品种抗性	入荚死亡率(%)	虫食粒率(%)
吉林 3 号	抗虫	72.1	6.3
吉林 4 号	抗虫	70.9	4.6
吉林 13	抗虫	68.6	4.7
吉林 16	抗虫	85.7	4.5
十胜长叶	感虫	—	22.7
小金黄 1 号	感虫	41.5	17.5
集体 5 号	感虫	34.5	21.8
黄宝珠	感虫	30.8	30.0

由表 8-39 可见,荚皮坚硬的特点是抗食心虫的重要农艺性状。目前选育抗食心虫品种,物理抗性较为稳定的有利用价值。

叶起真、张英环、安立人、周立汉、王书恩(1983)利用九农 2 号为母本、吉林 3 号为父本,采用品种间有性杂交,育成长农 2 号,比吉林 3 号增产 10% ~ 15%,同时虫食率低于吉林 3 号,提高了大豆的商品价值。

郭守桂、冯真、单玉莲、刘玉芝(1983)对大豆品种抗食心虫进行了研究,共鉴定 42 份推广品种和 6 091 份品种资源。高抗食心虫的有吉林 16、吉林 1 号、吉林 4 号、吉林 3 号(对照,1981 年平均虫食率为 6.9%)、铁荚四粒黄(抗源品种)、吉林 13、黑河 3 号等,高感品种有集体 5 号、九农 9 号、吉林 8 号等;品种资源抗食心虫的有早生、铁荚豆等。虫食率高的有浙江 455、大黑脐、黄宝珠等。抗大豆食心虫和大豆蚜的有早生、国育 100-4、安东福寿;抗大豆花叶病毒和食心虫的有雷屯、文丰 5 号、小白眉(1461)。

根据张子金等的研究,大豆抗食心虫的遗传机制有以下方面。①F_1 抗虫性均为两亲本的中间型,但都超过中值(MP)而偏向感虫亲本,说明感虫性为部分显性。亲本正反交,F_1 抗虫性相近似,说明抗虫性为核基因所控制,细胞质基因对于抗虫性的遗传不起作用。②F_2 群体抗虫性分离相当明显,单株虫食粒率分离幅度在 5% ~ 75% 之间,高低相差 15 倍以上,广泛分离表现抗性为一系列许多微小差异的连续变异,各组合次数分布也只出现一个高峰,这种遗传变异现象与一般由微效基因控制的性状遗传方式完全一致。F_2 超亲现象也普遍存在,但超亲个体大都倾向感虫亲本一方。③F_2 各组合群体遗传力分别为 83.3%、69.8%、77.08%,平均为 76.59%。结果表明,抗虫性遗传力普遍较高。因此,对抗虫性的选择可以从早世代进行。④F_2 世代表现不抗食心虫的单株应予淘汰,选择 F_2 抗食心虫的组合。从中定向选择农艺性状好且抗食心虫的单株。据张子金、富成全等的研究,杂交组合后代世代间抗虫性的相关较为明显,由低世代至高世代之间始终表现为正相关。

崔章林、盖钧镒、吉东风、任珍静(1987)在南京经过 6 年鉴定,从 6 724 份国内外大豆资源中,发掘出对本地大豆食叶性害虫表现抗性的资源 20 份,包括对豆卷叶螟、斜纹夜蛾、大造桥虫等具有综合抗性的 6 份;主要抗豆卷叶螟的 8 份;主要抗斜纹夜蛾、大造桥虫的 6 份。其中,大多数材料的抗性水平高于目前国际上常用的 3 个食叶性害虫抗源 PI 171451、PI

227687、PI 229358。一些抗性资源综合农艺性状优良,可作为抗虫育种的首选亲本。同时发掘出对本地大豆食叶性害虫表现感性的大豆资源 12 份,与抗性资源一起可用于抗虫遗传研究。

十、抗病毒育种

能侵染危害大豆的病毒很多。据报道有大豆花叶病毒(SMV)、烟草环斑病毒(TRSV)、烟草条纹病毒(TSV)、大豆矮化病毒(SDV)、菜豆黄色花叶病毒(BYMV)、豆荚斑驳病毒(BM-PV)、豇豆褪绿斑驳病毒(CCMV)、苜蓿花叶病毒(AMV)、黄瓜花叶病毒(CMV)、花生斑驳病毒(PMV)等(张明厚等,1980)。

大豆花叶病是世界性的重大病害之一,在世界栽培大豆的国家均有发生,发病比较普遍。我国东北大豆产区生产田发病较轻,育种圃场发病比较普遍。

大豆感染花叶病毒后,病株症状变化很大,不同品种不一样。主要有轻花叶型、重花叶型、皱缩花叶型、皱缩型、矮化型、顶枯型、黄斑型和混合型等。

林建兴等(1983)认为,大豆抗病毒病育种与其他抗病育种一样,抗源在育种中具有决定作用,没有优良的抗病种质材料是很难育出抗病性强的品种的。20 世纪 60 年代末期,从约 400 个品种和品系中鉴定出抗病毒病(花叶病)较强的种质材料有齐黄 1 号、徐豆 1 号和科黄 3 号。1968 ~ 1973 年,以抗病品种为亲本与不抗病的地方品种和新育成的品种(系)杂交,共配制了 98 个杂交组合,只有 2 个组合(58-161 × 徐豆 1 号和科黄 3 号 × 6825-3-11-1)的杂种后代的经济性状和抗病性表现较好。通过单株系谱法从这 2 个组合中选出 4 个抗病优质新品种。根据在河南、安徽和北京等地品种区域试验结果,科系 4 号、科黄 8 号和早熟 13 分别比对照增产 10% ~ 17%、28% ~ 52% 和 30% ~ 50%。抗性鉴定结果表明,这些品种叶子的抗病能力很强,种子不生褐斑或极轻。它们可作为抗病毒病的种质材料,利用它们为抗源已培育出许多优良品种和品系。

赵存、张性坦、柏惠侠、林建兴(1995)利用栽培大豆×半野生大豆杂交创造出新的大豆高抗 SMV 的抗病种质 8101。杂交亲本为栽培大豆诱变 30 和半野生大豆野 2,回交亲本为 7902-4 和 40354。杂种第二代用 7902-4 进行回交,回交第二代用 40354 再次回交,之后用改良系谱混合选择法进行选育。性状基本稳定后做抗病鉴定、光诱导试验和产量鉴定。测定结果表明,8101 高抗 SMV,抗性超过已有的抗病品种,对光(含温)反应不敏感,产量性状好,是个比较理想的抗病种质。

刘宗麟、刘玉芝、胡吉成(1984)报道了在吉林省公主岭田间条件下,由大豆花叶病毒引起的大豆轻花叶、重花叶、皱花叶、皱缩、矮化和芽枯症状。不同症状型对感病大豆植株生长发育有明显影响,导致的产量差异显著。初步确定了里外青大豆单株产量与根据这些症状转换的感病指数之间呈显著的线性回归关系($r = -0.99$)。不同品种鼓粒期($R_5 \sim R_6$)的根瘤固氮活性都与这些性状表现密切相关。在一定的环境下,这些性状反应是比较稳定的。

陈怡等(1999)通过有性杂交将高产与抗病进行有效重组,经人工接种鉴定及生化鉴定,创造出高抗 SMV 1 号株系、且高抗种粒斑驳种质 5 份,即哈 88-2501、哈 88-7704、哈 88-2499、哈 88-2496 和哈 89-5896;创新出高抗 SMV 3 号强毒株系、同时高抗种粒斑驳种质 5 份,即哈 91R$_3$-182、哈 91R$_3$-188、哈 91R$_3$-232、哈 91R$_3$-244 和哈 91R$_3$-310。并对抗源种质的抗性、丰产性及应用情况进行了全面评价。

十一、抗锈病育种

大豆锈病是一种严重的大豆病害。近几年,在北美洲和南美洲也发生很严重。中国已在10多个省份有这种病的分布。特别是在我国南方,发病重。20世纪60年代该病在我国台湾省流行,减产达20%~30%。

为了解决锈病问题,各国科学家均在筛选抗源。中国农业科学院油料作物研究所育成高产、优质、抗锈病的品系82-10、84-8、85-654等。我国台湾省已育成高雄3号、台农3号、台农4号等品种。亚洲蔬菜研究和发展中心与美国农业部Delta实验站合作,于1975年秋季对1008个大豆品种进行抗病性鉴定,结果只有9个品种中度抗锈病,其中PI 60278、PI 62204、PI 90406三个品种来源于中国。

谈宇俊等(1997)于1986~1995年对我国南方14个省份8711份大豆种质资源进行了抗大豆锈病鉴定。其结果未见免疫和高抗资源,仅有大降色豆、古田岭黑白毛豆、马山仁峰黄豆、天等黑豆、宿89-1等74份中抗资源,占鉴定总数的0.85%。中感资源3846份,占鉴定总数的44.15%;高感资源4791份,占鉴定总数的55%。感病资源共占99.15%。

由于未发现免疫和高抗资源,加之大豆锈病有加重危害的趋势,因此加强抗源筛选和大豆抗锈病育种工作,尽快育成高抗锈病的大豆品种就显得非常紧迫。

十二、抗霜霉病育种

大豆霜霉病的学名是 *Peronospora manchurica*(Naum)Syd.,为真菌属。1922年首次在美国发现。1923年定名。美国、中国、日本、加拿大、意大利、俄罗斯等20多个国家均有发生。

我国各地大豆产区均有发生,其中东北和华北地区发生较重。虽然此病发生普遍,但危害不如胞囊线虫病、灰斑病等那样严重,因此对其研究得较少。

李明、赵欣、秦文秀(1987)(黑龙江省农业科学院绥化农业科学研究所)对大豆霜霉病做了较深入的研究。他们报道:"大豆霜霉病是黑龙江省大豆产区主要病害之一。大豆因病减产为6%~15%。绥化农科所于1980~1985年采用病行诱发与人工接种方法对1300份材料进行了鉴定,共筛选出高抗材料319份,其中有一部分已作为抗源应用于抗病育种工作,并从中选得70个有高度抗病力的新品系,绥78-5035(绥抗霉3号)就是一个高抗霜霉病且抗性稳定的大豆品系。经6年9个点次重复鉴定均表现不发病,其他叶部病害也较轻。"绥化所利用当地早熟高产但不抗霜霉病的绥69-4258与抗病的群选一号杂交,所得F_1再与绥农3号(做母本)进行三交,从分离的群体中选育出了抗霜霉病的优良品种绥农4号和高抗材料绥76-5187。用高抗霜霉病的十胜长叶为三交亲本之一,所选育出的绥农5号和绥农6号也抗大豆霜霉病。

黑龙江省大豆品种中,高抗霜霉病类型推广品种有绥农4号(系选)、哈70-5048(黑农26的姊妹系)、绥农6号、牡专1号、合丰25、黑河54、东农64-286、东农36、黑农21等9个及新育成的绥78-5035(绥抗霉3号)。

十三、大豆黑色根腐病和大豆细菌性疫病的研究

盖钧镒等(1992)1987年夏在南京农业大学江浦实验农场,观察到一些大豆田内出现大豆植株根部与茎基部腐烂和上部"枯萎"现象。1988~1990年,该现象逐年加重。经田间危

害调查、症状观察、室内显微镜检查、病原菌分离鉴定、接种验证等过程,确诊为大豆黑色根腐病(Black root rot of soybean)。该病害在国外早有报道,但在国内尚未见正式报道。

李永镐、张原、张明厚(1995)对黑龙江省大豆细菌性疫病病原进行了鉴定。通过对供试的 15 个菌株致病性、形态、染色及生理生化特征的测定,确定黑龙江省大豆主要产区的细菌性病害是由丁香假单胞杆菌大豆致病变种 *Pseudomonas syring ae pv . Glycinea*（Coerper.1919; Yong, Dye & Wilkie, 1978)引起的大豆细菌性疫病。黑龙江省大豆产区细菌性病害普遍发生,主要表现为叶片正面出现许多坏死斑点,周围有明显的褪绿圈,病斑背面呈水浸状,严重的可引起大豆叶片早期枯死,影响大豆的产量和品质。为了通过抗病育种及其他措施有效地控制细菌性病害的发生,上述作者对黑龙江省大豆病原细菌进行了系统鉴定。

十四、大豆高光效育种

黑龙江省农业科学院杜维广和中国科学院植物研究所匡廷云、郝乃斌等(1985)合作,对大豆高光效育种的生理遗传基础及其种质遗传改进进行了比较深入的研究,获得了许多新的进展。

通过对大豆品种(系)光合作用与产量关系研究,证明了大豆光合速率与籽粒产量呈正相关,相关系数 $r = 0.796$。阐明了在大豆光合作用与产量关系中,收获指数起着很大的影响。

对大豆品种(系)光合速率进行了测定。其结果表明,大豆品种(系)间光合速率具有明显的差异,变异幅度为 $11 \sim 40$ mgCO$_2$/(dm^2·h)。明确了我国大豆品种资源在光合活性方面十分丰富。并阐明了光合作用各分过程,如光能的吸收,传递和转换效率,RuBP 羧化酶活性,光合单位密度,光合产物的积累和分配等之间相关性及其与光合效率和籽粒产量的关系;提出籽粒产量的提高取决于光能转换效率、光合环的运转效率和光合产物在籽粒中的高比例分配,这三者构成高光效的基础。

采用不同类型(高光效×高光效、高光效×中光效、高光效×低光效、低光效×低光效)20 个组合,及用高光效×低(中)光效的 5 对互交组合,研究了大豆光合作用遗传特性。结果表明,大豆品种(系)与光合速率差异具有遗传稳定性,属数量性状遗传,并发现了母系遗传特点。光合速率 F_2 代广义遗传力为 $41\% \sim 61\%$,F_2 代大于 55%,高于经济产量的遗传力(单株粒重 F_3 代广义遗传力为 26.2%)。由此,建立了大豆高光效育种的生理生化指标和以提高大豆光合活性和收获指数为主要目标的高光效育种(第一阶段)的程序和方法,选育出在光合特性、光合势、单株叶面积以及 RuBP 羧化酶活性和光合产物的积累和分配等均有较大遗传改进的高光效种质哈 82-7799 和哈 82-7851 及品种,并且获得了一定的经济效益。

满为群、杜维广等(1999)通过对大豆品系哈 96-4251、哈 96-4261 形态及生理特征分析,发现二者具有相同的增产潜力和较高的单叶光合速率,同时二者的干物质分配、糖代谢和光合生理参数表现出相同或相似数值或趋势,因此他们推断哈 96-4251、哈 96-426 为近等位基因系。它们是目前实现"九五"超高产育种目标最佳的构筑理想波浪冠层群体材料之一。

这方面杜维广先生将在本书有专题论述,恕不详细介绍。

十五、大豆广适应性育种

我国大部分地区均种植大豆,而大豆总产量又严重不足,同时大豆的适应性又比较窄,为了提高大豆品种的水平,增加育成品种的适应性,更大的发挥品种的作用,要考虑大豆产区的生态特点和品种的适应能力。东北地区新中国成立前育成、新中国成立后大面积推广的满仓金适应性比较广,是 20 世纪 50 年代东北地区的主栽品种。20 世纪 50 年代末至 60 年代东北农业大学王金陵教授育成的东农 4 号推广了 200 多万 hm²,除产量高、抗倒伏、品质好之外,其适应性很广也是推广面积大的一个原因。

黑龙江省农业科学院合江农科所育成的合丰 25 连续 8 年种植面积在 66.67 万 hm² 以上,累计推广面积 1 066.67 万 hm²。除了本品种高产、抗灰斑病等综合性状优良外,很重要的一点是适应性广,因此才能连续种植 20 年,面积仍然很大。

黑龙江省农业科学院绥化农科所育成的绥农 14、绥农 15,山东省育成的跃进 5 号、鲁豆 4 号,河南省育成的豫豆 22、豫豆 25,中国科学院遗传研究所林建兴等育成的科丰 6 号、诱变 30,辽宁省铁岭农科所育成的铁丰 18 和黑龙江省农业科学院育成的黑农 26,适应性均较广。

中国农业科学院作科所育成的中黄 13(中作 975)(王连铮等,2005)除产量高、蛋白质含量高、抗性好之外,适应性广也是其一大特点,在华北北部、辽宁省南部可作为春播大豆种植,在黄淮海地区中部、南部可作为夏播大豆推广种植。已分别经安徽、天津、陕西、北京、辽宁、四川等省、直辖市和全国农作物品种审定委员会审定推广。南到四川,北到辽宁、河北均有种植,南北纬度相差 13°。相邻的河南、河北、山东、山西、江苏北部、湖北北部、重庆等地也引种进行大面积生产示范。这个品种是利用河南的高产大豆豫豆 8 号和中国农业科学院作科所的后代高蛋白品系中 90052-76 杂交育成的。采用纬度差异大的亲本杂交(简称为南北杂交),可产生广适应性的品种。新育成的后备大豆品系中作 06023 也是利用不同纬度品种(豫豆 2 号为母本,早熟 18 为父本)进行杂交经选择育成。

十六、分子育种

生物技术在农业上的应用很广泛,取得了很大成效。目前世界上应用最成功的是美国孟山都公司育成的抗草甘膦大豆(Roundup Ready Soybean),全世界已经推广 4 000 万 hm²(Laney,2002;王岚等,2003)。除转基因之外还有分子标记,对深入研究大豆品种的性状、特性有至关重要的作用。

(一)基因转移

1. 利用农杆菌介导进行基因转移　Hinchee 等(1988)首先做了报道。通过农杆菌介导将抗草甘膦的基因转入大豆。但要选择易再生的大豆基因型。美国利用 A3237 和 Thorne 效果较好。除了上述工作外,Nebraska 大学 Thomas Clemente 和张展元(1999)利用 glufosanate 做选择剂,选出了抗草丁膦(Liberty)的大豆。

王岚等(Wang Lan et al 1999)报导了利用农杆菌介导进行大豆转基因的研究。在 T. clemente 的指导下,筛选了适于大豆转化的基因型,提出黑农 35、中黄 13、合丰 35 在再生方面比 Thorne 为好。周思军、李希臣、刘昭军、刘丽艳、杨庆凯(2001)采用农杆菌介导的大豆子叶节转化系统成功地将 Bt 基因(cryIA)导入大豆。从发芽 5 ~ 7 d 的大豆无菌苗切取子叶外植体,经农杆菌感染和共培养后,在选择培养基上 4 周左右出现抗性不定芽。将不定芽转移到芽伸长培养基上,4 ~ 6 周后再生苗长至 2.5 ~ 3 cm 高。再将再生苗切下转入生根培养基,2 周左右生根。生根后的再生植株经逐步锻炼移入盆中,所有植株均能正常开花结荚。在移栽成活的 8 株 T_0 植株中,有 7 株 PCR 检测呈阳性反应;在 7 个 T_1 株系中,有 4 个株系存在

PCR 阳性植株。取 4 个稳定遗传的 T_1 代株系内的阳性植株的叶片提取 DNA,用地高辛标记的 Bt 基因探针进行 Southern 杂交分析,结果 4 个株系均呈阳性,证明 Bt 基因已整合到受体大豆的基因组内并能传递给后代。

王岚等(2003)在美国内布拉斯加林肯大学生物技术中心和香港中文大学 T.Clemente 博士、辛世文院士的指导下,对大豆品种的再生性能及对 EHA 101 农杆菌的敏感性进行了研究。他们认为大豆转化可利用农杆菌和子叶节转化系统,bar 基因作为选择标记,草丁膦(Liberty)作为选择试剂。用 5~6 天发芽的种子的子叶节做外植体,在子叶节处划 5~6 下,用含 pPTN 140 的农杆菌 EHA 101 感染后,共培养 3 天,用含抗生素的洗液洗去外植体上的农杆菌,将外植体放入 5mg/L 草丁膦的长芽培养基,2 周后统计不同大豆品种的再生率,4 周后做 GUS 染色对含 pPTN140 的农杆菌的敏感性进行统计。结果得知,黑农 35、中黄 13(中作975)、合丰 35、中作 962 是在再生方面比 Thorne 更好的品种。William 82、黑农 35、中作 975、PI 361066 转化频率较高。

Weeks 和王岚等(2001)合作进行大豆转 cah(cyanamide hydratase)和 bar 基因的研究,用 Southern Blot 验证已成功转移 cah 基因和 bar 基因。用 EHA 101 含质粒 pPTN 246[含 bar 基因和氰氨钙水化酶(cyanamide hydratase 基因 cah)]对 Thorne 大豆进行转移基因的工作,获得 12 株转基因大豆。当使用 1.5 g Perlka 时,对照及敏感的 T_1 植株严重受损,当使用 3.5 g Perlka 时,对照及不抗的 T_1 植株死掉。有抗性的 T_1 植株可抗 7.5 g 的 Perlka。通过 Southern Blot 已证明 bar 基因和 cah 基因转移成功。转 cah 和 bar 基因研究工作已在 SANT-Louis,Missouri 召开的全美会议 Proceeding of Congress On In Vitro Biology,June 16~20,2001 上发表。

2. 利用花粉管通道将外源 DNA 导入大豆 利用开花植物受粉后形成的花粉管通道,直接导入外源总 DNA,进而实现某些目的基因转移,实现农作物的分子育种。

雷勃钧等(1995)经过几年的艰苦努力,利用外源 DNA 直接导入技术用于大豆的深入研究与实践,在大豆蛋白质及组分含量的提高、解决蛋白质和脂肪这一负相关的一对矛盾中,取得了进展。他们利用大豆自花授粉后形成的花粉管通道,将外源野生大豆总 DNA 直接导入受体栽培大豆品种——高蛋白品种黑农 35 中,其中一组合(D 8701)获得的导入后代 D 89-9821 蛋白质含量比受体(45%)提高了 1 个百分点,达 46%,育成了黑生 101。

研究再次表明,外源总 DNA 直接导入技术不仅为研究植物外源基因转移提供了一个良好的实验系统,而且为扩大植物变异范围、丰富遗传基础创造了新的类型,为我国农业分子育种开辟了一条切实可行的途径。

刘德璞等(1997)用花粉管通道技术向大豆导入抗 SMV 的品种间、种间以及属间材料的 DNA,结合常规育种程序,培育出抗病丰产品系。抗病性鉴定结果表明,获得的抗性是遗传稳定的。与对照相比,在保证和提高原品种丰产性水平的前提下,水平抗性明显提高;同一品系对 SMV 的 Ⅰ、Ⅱ、Ⅲ 不同毒系抗性水平有差异。讨论认为,用外源 DNA 导入技术创造和培育抗 SMV 大豆种质和品种的途径是可取的。

(二)分子标记

邱丽娟、常汝镇等利用分子标记评价大豆种质取得了重要进展。他们报道,中国农业科学院品种资源研究所大豆分子生物学实验室"九五"期间承担了大豆重要基因的分子标记和利用生物技术创造农作物特异新种质等国家科技攻关项目。经过 3 年的研究,已完成大豆耐盐性基因的分子标记,并申请了国家专利。在抗大豆花叶病毒病基因标记、大豆遗传多样性评价、分子标记辅助育种和种质创新等方面也取得重要进展。

大豆耐盐基因分子标记：全球气候变暖，海平面上升使土壤盐渍化日趋严重，加之可耕地面积在逐年减少，开发和利用盐碱地具有重要意义。利用 BSA（Bulk Segregation Analysis）法鉴定出一个多态性引物，在耐盐和盐敏感材料中都扩增出 PCR 产物。经分离后代初步鉴定为共显性、与耐盐/盐敏感基因共分离的 PCR 标记（Guo et al, 1998）。通过对 3 个不同组合"文丰 7 × Union"、"锦豆 33 × Hark"和"铁丰 8 × 早熟 6"的 F_2 分析，该标记与耐盐基因的遗传距离为 0 ~ 2.5 cM。用大豆耐盐基因分子标记分析大豆品种资源。

林凡云、邱丽娟、常汝镇等（2003）以山西省地方品种和选育品种为材料，对其质量性状、数量性状及 SSR 标记进行了遗传多样性分析，旨在探明地方品种与选育品种之间遗传多样性的差异，为山西省大豆品种资源的研究与利用提供理论依据。结果表明，184 份选育品种和 180 份地方品种在 8 个质量性状、5 个数量性状上都存在较广泛的遗传多样性。选育品种与地方品种相比，遗传多样性较低。在质量性状方面，选育品种的籽粒颜色、生长习性变异性呈下降趋势，而脐色和茸毛都表现出增加的趋势；在数量性状方面，除粗蛋白质含量低于选育品种外，地方品种的变异程度高于选育品种。对两类品种各 13 份材料进行 SSR 分析，结果表明，45 个 SSR 位点基本可以将地方品种和选育品种分开，表明地方品种和选育品种在分子水平上也发生了一定的分化，但地方品种的遗传多样性要高于选育品种。表型和分子检测结果都表明，山西省大豆品种的选育在一定程度上降低了遗传多样性。

陈绍江报道（1995），RFLP（Restriction Fragment Length Polymorphism）是 Bostein（1980）首先提出的一种分子遗传标记。它是指 DNA 经限制性内切酶消化后，通过与探针进行杂交而检测到的 DNA 片段长度多态性。这种多态性与限制性内切酶在 DNA 上识别切点的分布有关，DNA 来源不同，其切点分布亦不同，酶切后检测到的多态性也就不一样。

可构建饱和的 RFLP 图谱与基因决定。目前所构建的 RFLP 图谱密度还不够。这项工作仍会继续进行，最终达到构建 RFLP 图谱的目的，使一些农艺性状基因得以借助于高密度的标记进行准确定位，从而有可能克隆这些基因或在育种中对其进行跟踪选择，可对大豆种质资源进行评价，可指导育种研究。在杂交育种工作中，恰当地选配亲本以及应用合适的选择方法是育种成功的关键。选配亲本的原则之一就是遗传差异大的优良材料，而用 RFLP则可直观地从遗传上反映其差异程度，继而预测后代优势。

张志永、陈受宜、盖钧镒等（1998）应用从 6 000 多份大豆种质资源中筛选出的 21 个抗大豆花叶病毒病的品种或品系及 7 个感病的品种或品系，选用 20 个随机引物，对总 DNA 进行了随机扩增。有 18 个引物扩增得到了稳定的 RAPD 图谱，OPH-06 和 OPH-10 未能扩增到 RAPD 产物。扩增出的片段分子量在 0.6 ~ 4.6 kb 之间。随机引物扩增出的条带在 2 ~ 17 条之间，共扩增 165 个条带，品种间相同的条带有 104 个，多态性条带有 61 个，多态性条带占 37%。这 20 个引物可分为：①无扩增产物的引物；②扩增产物无多态性的引物；③扩增产物多态性低于 15% 的引物；④扩增产物多态性在 15% ~ 30% 之间的引物；⑤扩增产物多态性在 30% ~ 50% 之间的引物；⑥扩增产物多态性超过 50% 的引物。依据遗传距离进行聚类分析的结果表明，这些材料可以明确地聚成 5 组。各组内姊妹系衍生有的品种或品系首先聚在了一起，其次有一定血缘关系的聚在了亚组里。另外，各组内或亚组内的品种或品系在地理分布具有一定相关性。

彭玉华、李专卫（1999）利用 8 对抗—感大豆叶食性害虫近似等位基因系，100 个随机引物进行 PCR 扩增,在 406 个稳定重现的片段中,有 2 个在近等基因系间表现多态性:不同抗性来源的两组材料间的多态性 DNA 片段的有/无也存在差异。由此可以认为,抗性供体 PI 17145、PI 229358 的抗性背景 DNA 的多样性比较丰富,遗传背景相差较大,说明它们的抗性基因来源不同。在进行广谱抗虫育种实践中,为丰富育成品种,尤其是回交育成品种在抗性基因和抗性基因背景 DNA 上遗传多样性,避免其遗传脆弱性,以维持持久的抗性,建议同时将以上 2 个广谱抗虫基因源用于大豆广谱抗虫育种计划。

第八节　大豆育种的体会

大豆育种工作者首先要深入生产实践,了解栽培大豆品种的现状和存在问题,在此基础上制定科学的育种目标。大豆育种从技术上讲主要有以下十个方面的体会。

一、深入研究和拓宽大豆品种资源是 有效开展大豆育种的一个重要途径

要对大豆的品种资源,包括栽培品种、育成品系品种、杂交后代、国外材料等资源和野生品种资源进行广泛收集、研究和鉴定,以便有针对性地来加以利用。例如,黑龙江省大面积推广的 17 个黑农号大豆品种中,14 个有满仓金亲缘,8 个有东农 4 号亲缘,8 个有紫花 4 号亲缘,6 个有荆山朴亲缘,亲缘关系太近。所以,必须拓宽利用新的大豆品种资源。通过鉴定 1 100 份品种资源的抗倒伏性,从中选出十胜长叶、黑农 11 和尚志嘟噜豆等 15 个抗倒伏性强的材料。后来由于利用了日本的高产品种十胜长叶和推广品种黑农 16 杂交育成了高产高蛋白的品种——黑农 35 和黑农 34,还育成其他一些品种。1994~1996 年对黄淮海地区一批大豆品种资源 300 余份进行了抗倒伏性、抗病性等的鉴定,以后每年均对杂交后代进行了抗倒伏性、抗病性等的鉴定,从中筛选出大量的大豆品种资源和杂交后代作为亲本。

二、有性杂交是大豆育种的主要手段

1984~2005 年国家农作物品种审定委员会审定和认定的 141 个大豆推广品种中,有 131 个品种是利用杂交育种育成的,占 92.9%;6 个品种是用系统选种育成的,占 4.26%;3 个品种是辐射育种育成的,占 2.13%;1 个品种是利用集团选择育成的,占 0.71%。由此可见,有性杂交是目前大豆育种的主要手段,也是非常有效的手段。因此,今后大豆品种改良和创新仍应以此为主要途径,这一技术路线应当坚持。特别是产量等性状是受多基因控制的,要从大量的杂交后代中选出符合育种目标的个体,经多代连续个体选拔才能奏效。对其他育种手段,如辐射育种、系统育种和生物技术等可利用其特色结合应用。辐射育种在提早熟期、提高脂肪含量等方面效果显著,翁秀英、王彬如等利用 X 射线照射满仓金,育成了比对照早熟 7~10 天,脂肪含量高 1% 左右的黑农 4 号、黑农 6 号和黑农 8 号等。生物技术在育成抗除草剂和抗虫大豆等方面有优势,如 Hinchee 等育成了抗草甘膦大豆(Roundup Ready soybean),是目前世界种植面积最大的转基因作物。在我国北方,特别是黑龙江省、内蒙古自治区北部集中连片种植大豆,可以尝试选育和种植抗除草剂和抗虫大豆。

三、选择亲本是杂交成功与否的关键

从目前生产上应用的品种来看,选择生产上大面积推广的品种,改良 1～2 个或 2～3 个性状,选择性状可以互补的两个亲本杂交比较容易成功,这已经被大量育成的品种实践所证实。要根据高产、优质、多抗性等育种目标来选择亲本。最主要的目标应当是产量,其次是品质如脂肪含量和蛋白质含量;也要注意品种的抗性,如抗病性、抗虫性、抗旱性、抗涝性等;亲本中还应当有广适应性的成分,这样育成的品种适应性才能广。选择杂交亲本应当综合来考虑。应当性状互补,同时两个亲本主要性状都应接近育种目标,这样便于成功。杂交组合还应当有一定的规模,组合太少不容易选出好的材料,一般年杂交组合在 100 个左右。对杂交后代材料处理多采用系谱法或混合选择法,也有采用单粒传等方法的。早期(F_2　F_3)侧重选择熟期、株高等性状,后期($F_3 ～ F_6$)注意选择产量、抗性等性状。从 $F_2 ～ F_6$,在后代选择上要先选优良组合,再从优良组合中选优良单株。利用不同纬度的品种杂交可产生广适应性的品种,如中黄 13(中作 975)就是利用高产大豆豫豆 8 号与高蛋白大豆品系中 90052-76 杂交育成的。选育优质(高油或高蛋白)高产大豆,其亲本之一必须是高油或高蛋白大豆品种,同时另一个亲本必须是高产大豆品种,这样后代可分离出高产高蛋白大豆或高产高油大豆品种。高蛋白高产大豆中黄 13、中黄 22、中黄 27 和高产高油大豆中黄 20、中黄 35、中黄 36 均是用这种方法育成的。

四、高产品种和超高产品种的选育

高产品种和超高产品种的丰产性是由单株荚数、每荚粒数和粒重组成的。根据试验,单株荚数与产量呈显著相关,因此,要注意植株上下的荚数分布应均匀,上部叶片小些、下部叶片大些可合理利用光能。为了选择高产品种和超高产品种,植株不宜太高,一般在 65～85 cm 即可,太高宜倒伏;要选择两个亲本均系高产品种或品系,或一个亲本为高产品种,另一个亲本具有突出的特点——抗倒伏性突出或高脂肪含量或高蛋白质含量或抗病或适应性广等;要选择抗倒伏性强、多荚、有一定分枝的类型,因为在一定地区不同品种的大豆的节数变化不大,而生育期基本不变,增加分枝等于增加节数;利用无限结荚习性品种或亚有限结荚习性品种与有限结荚习性品种杂交,以及有限结荚习性品种之间杂交,可以产生超亲遗传。如用黑农 16(无限结荚习性)与十胜长叶(有限结荚习性)杂交,后代的熟期、株高及蛋白质含量等均有超亲现象,可产生大量矮秆、半矮秆后代。从上述组合选出的黑农 35 熟期比母本早熟 7 d,比父本早熟 14 d,株高比双亲矮 5～10 cm,蛋白质含量高 1.5%,达 45.24%。除有限与无限杂交及有限品种间杂交可降低株高外,辐射有限结荚习性品种和从农家品种资源如嘟噜豆类型也可选出矮秆、半矮秆材料来降低株高。高产品种和超高产品种的主要特点如下:①单株荚数多。在 20～30 株/m² 密植条件下单株荚数为 40～50 个。②植株上下的荚数分布均匀,节间短,每节荚数要多,特别是顶端荚数要多,可利用顶端优势,以有限结荚习性品种或亚有限结荚习性品种为好。上部叶片小些、下部叶片大些可合理利用光能。③有 3～7 个分枝,分枝收敛不劈叉,长、短分枝分布均匀,错落有致。④光能利用好。上部叶片小些、下部叶片大些可合理利用光能。⑤抗倒伏性强。在密植条件下,植株不倒伏和略有倾斜。⑥植株不宜太高,一般在 65～85 cm 即可,太高易倒伏。⑦粒荚比高,在 0.5 以上。⑧高肥水条件下植株表现好。⑨综合抗性好。抗病性、抗虫性、抗倒伏性好,抗旱耐涝性好。

我们对黑龙江省和黄淮海地区不同时期有代表性的大豆品种遗传改进进行比较研究,结果表明单株粒重与产量相关极显著($0.59^{**}\sim0.72^{**}$)正相关,荚比、三四粒荚数、每节荚数、百粒重等性状与产量呈显著正相关,而倒伏性与产量呈极显著负相关。各地大豆品种遗传改进的明显趋势在于抗倒伏性显著增强,单株粒重提高,每节荚数、每节粒数增多,粒重增大,茎秆增粗,株高降低。

五、保存和科学利用育种的中间材料是大豆育种研究中不可忽视的

中黄13就是利用了杜文清先生选育的中90052-76与河南省农业科学院育成的豫豆8号进行杂交育成的。辽宁省铁岭农业科学院育成的铁丰18,是以45-15为母本、以5621为父本进行杂交,后代用^{60}Co处理育成的。5621是辽宁省锦州农业试验站1956年用丰地黄为母本、熊岳小粒黄为父本进行杂交采用系谱法选至F_3,F_4移至辽宁省农业科学院作物所继续选育而成,编号为5621-1-6-2-4,简称为5621。很多单位利用5621育成了品种。原中国农业科学院江苏分院育成的56-181是一个非常好的材料,各单位利用它育成了数十个大豆品种。其他单位也选出不少大豆中间材料。因此,对于好的育种中间材料应当加以保存和科学利用。

六、高肥水鉴定是选育高产大豆品种的必要条件

为了选育高产大豆品种,需将大豆品种资源包括从国外引进的大豆品种后代材料放在肥水高的条件下进行鉴定,以明确其增产潜力。选择那些丰产性好而又不倒伏的品系和品种进行杂交和进行后代选拔,当整齐一致时决选品系并进行产量试验以进一步决定取舍。不经过一定的鉴定,很难看出某一个品种或品系的表现,也就很难选出高产品种来。如黑农26曾在1970年决选,那年利用高肥水和一般条件两种水平进行鉴定,表现均好。因此,这个品种高产适应性就广。突出好的材料可立即参加区域试验和生产试验,以便鉴定出高产、品质好、抗性好、适应性又广的优良品种来。中黄13(中作975)就是在肥水条件好的条件下经鉴定选拔出来的,品系决选的当年就比相邻对照产量高出40.8%。为了选育高产品种,丰产性和抗倒伏性是重要的选择性状。

七、采取南繁、异地种植和温室加代等多种途径可缩短育种年限

可以在北方进行杂交,F_1种在温室,F_2拿到海南省三亚市种植,F_3在北方种植,$F_4\sim F_5$在海南省种植,F_6即可以决选。这样3年就可以决选品系,对于加速大豆育种进程会起到较好的作用。应以本地育种为主,特别是决选当年一定要放在本课题育种服务区内。同时可以将不同品系在不同生态区进行多点鉴定。因为大豆的生态类型很复杂,一个品种适应这个地区,不一定适应另一地区,必须通过区域试验和生产试验来明确不同品系的丰产性、适应性和抗逆性,以决定品种的取舍。

八、大量分析大豆品系、杂交后代和亲本的脂肪含量和蛋白质含量并结合产量和抗性等方面来选育高产高油和高蛋白品种

　　1991～2005年经分析了1 168份材料的脂肪含量,才选出3个脂肪含量超过23%的高油高产品种中黄20、中黄35和中黄36。这说明不分析一定数量杂交后代和亲本的脂肪含量和蛋白质含量并结合产量和抗性等方面来进行选择,很难选出脂肪和蛋白质含量高、综合性状又好的后代。同时也要配制专门的高产高油和高蛋白组合,以便有目的地选择高油高蛋白后代和品系。起码一年要配制20～30个高油杂交组合。选育高蛋白高产品种也是如此,也要把高蛋白和高产、抗病等性状结合起来考虑。

九、要对品种资源和杂交后代的抗性进行鉴定

　　抗性包括抗倒伏、抗病、抗虫、抗旱、抗涝等。抗性对一个品种是至关重要的。正因为品种具备了这些抗性,才能高产并抗御不良条件。通过对品种资源及其后代抗性表现的深入了解,以利选出符合育种目标的品系和品种。

十、育繁推相结合是品种发挥效益的关键环节

　　一个品种被国家或省农作物品种审定委员会审定只是第一步,它说明这个品种取得了在一定区域种植的许可证。但能不能大面积种植还要生产者认可,最终农民和农场要决定取舍。同时在生产过程中,育种者要不断地提供品种的原种,以供生产者繁殖。要选择一些试点进行大面积的生产示范,以扩大影响。育种部门要和种子管理部门、种子经营部门、生产者紧密结合,互相配合,提高品种的纯度和生产水平,借以发挥该品种的最大效益。

参 考 文 献

诗经.贵州人民出版社,2000

常汝镇.大豆.中国作物遗传资源(中国农学会遗传资源学会主编),北京:中国农业出版社,1994

李福山.中国野生大豆资源研究进展.北京:中国农业出版社,1995

朱隽.千万亩高油高产大豆示范成效显著.人民日报,2002(12.24):第5版

何康,刘中一,刘江,陈耀邦,杜青林主编.中国农业年鉴.北京:中国农业出版社,1980～2004

1978～2004中国统计年鉴.北京:中国统计出版社

夏友富等主编.中国大豆产业发展研究.中国商业出版社,2003,34～34

王连铮.中国及世界大豆生产科研现状和展望.中国大豆产业发展研究(夏友富等主编),中国商业出版社,2003,1～25

王金陵,杨庆凯,吴宗璞.中国东北大豆.黑龙江科学技术出版社,1999

吉林省农业科学院主编.中国大豆育种与栽培.北京:农业出版社,1987

公主岭农事试验场.农事试验场业绩(公主岭本场篇).1934

公主岭农事试验场.大豆新品种育成报告.农事试验场报告(43),1941

张子金,郭世昌.大豆之杂交工作.农业技术通讯(5),1950

王绶.行之长短重复次数之多寡以及标准行排列在南京环境下对于大豆试验结果的影响.1935丛刊第32号

王绶,吕世霖.大豆.太原:山西人民出版社,1982

金善宝,王兆澄.大豆几种性状与油分蛋白质之关系.中华农学会报,1935,142～143,185～198

孙醒东.大豆花不孕情形之新发现.河北农林学刊.1935,(1):1～28

孙醒东.大豆品种改良问题.播音教育月刊,1937,1(9):123～133

Ting.C.L.(丁振麟) Genetic Studies on the Wild and cultivated soybeans J.Am.Soc.Agron.1946,38:381~393

马育华编著.植物育种的数量遗传基础.南京:江苏科学技术出版社,1982

王健.大豆重要性状与产量相关的研究.农报,1974,12(6):18~25

王金陵.大豆之光期性.农林新报,1942,19~30

王金陵.中国大豆栽培区域划分之初步研究.农报,1942,8(25~30):282~286

王金陵.中国大豆育种问题.农报,1945,10(19~27):128~132

崔章林,盖钧镒,Thomas E.Carter Jr 等.中国大豆育成品种及其系谱分析.北京:农业出版社,1998

全国农业技术推广服务中心.全国农作物审定品种目录.北京:中国农业科学技术出版社,2005

孙世贤.中国农作物优良品种1990~2000年国家审(认)定品种.北京:中国农业科技出版社,1997

王金陵.大豆的遗传与选种.科学出版社,1958

张子金,田佩占.中国农业科学技术四十年.中国科学技术出版社,1989,108~116

王连铮,王国勋.大豆.中国农业科学技术四十年.中国科学技术出版社,1990,391~399

中华人民共和国农业部公告第171号.国家审定的品种.2001.8.29

中华人民共和国农业部公告第248号.第一届国家农作物品种审定委员会第一次会议审定通过的品种简介.2003.2.8

中华人民共和国农业部公告第308号.国家农作物品种审定委员会第二次会议审定通过的品种简介.2003.2.8

中华人民共和国农业部公告第413号.国家农作物品种审定委员会第三次会议审定通过的品种简介(173个农作物品种
　　审定通过).2004,10,19

中华人民共和国农业部公告第516号.141个稻、玉米、大豆、马铃薯农品种通过审定.2005

全国农业技术推广服务中心,农业部全国种子总站.全国农作物主要品种推广情况统计表.1984~2004

王金陵,杨庆凯,吴宗璞主编.中国东北大豆.黑龙江科学技术出版社,1999

邢君,李冰,杨惠成,孔令娟,费俊杰,杨建群.总结经验发挥优势振兴安徽大豆产业.中国大豆产业发展研究(夏友富等主
　　编),中国商业出版社,2003,274~279

任洪志,董家胜.再创中原大豆辉煌——河南大豆产业现状与对策.中国大豆产业发展研究(夏友富等主编),中国商业出
　　版社,2003,251~255

李思训,杨晓军.因地制宜　总体推进　陕西省大豆产业现状与对策.中国大豆产业发展研究(夏友富等主编),中国商业
　　出版社,2003,256~259

刘贵申,温育英,张晓方.因地制宜　山东省大豆产业现状与对策.中国大豆产业发展研究(夏友富等主编),中国商业出
　　版社,2003,260~266

秦新敏,曹刚.河北大豆产业现状与对策.中国大豆产业发展研究(夏友富等主编),中国商业出版社,2003,236~242

王龙俊,杜永林,黄银忠.2003建立优势产业基地推进大豆产业升级江苏优质专用大豆产业现状与发展思路.中国大豆产
　　业发展研究(夏友富等主编),中国商业出版社,2003,267~273

山西省种子站.山西省大豆种植及区试情况.2001

赵政文,袁正乔,马继风.关于湖南大豆产业发展的探讨.中国大豆产业发展研究(夏友富等主编),中国商业出版社,2003,
　　280~282

赵团结等.美国近期注册登记的公共大豆品种的特点分析.大豆通报,1999,(5):27~28

Luedders.V.D.1977 Genetic improvement in yield of soybeans Crop Sci.17:971~972

Wilcox J.R. and Anthony J.Kinney 1999 Advances and Needs in Changing Seed Composition,P134~139 Proceeding of World Soybean
　　Research Conference VI.edi.Kauffman.Chicago,Illinois.Aug.4~9

Boerma.H.R.1999 Comparison of Past and recently developed soybean cultivars in maturity groups Ⅵ,Ⅶ,and Ⅷ.Crop.Sci.19:611~
　　613

Specht.J.E.,and J.H.Williams.1984. Contribution of genetic technology to soybean productivity-retrospect and prospect.p.49~74.
　　In W.R.Fehr(ed.) Genetic contributions to yield gains of five major crop plants. Spec. pub.7. Crop Science Society of America and
　　American Society of Agronomy, Madison,WI.

Bhardwaj H.L.:1999 Soybean Breeding for High Protein and High Yield Using Harvest Index as a Selection Tool,P460. Proceeding of
　　WSRC.VI.edi.H.Kauffman. ChicagoIllinois.

Wang Lianzheng(王连铮):1999 Soybean Breeding for High Protein and High Yield. P459~460 Proceeding of WSRC.VI.edi.H.

Kauffman. Chicago Illinois.

吉林农业科学院大豆研究所主编.中国大豆品种志.北京:农业出版社,1990

Phillip Laney 2002, Global Soy Markets and Trends, China and International Soy Conference and Exhibition, Beijing Nov. 5~8. Proceed-
　　ing of CISCE, 1~3

Griffee. P. J. 1998. Industrial crops for food security《Improvement of new and traditional industrial crops by induced mutations and relat-
　　ed biotechnology》, Report of the Second Research Co-ordination Meeting of FAO/IAEA Coordinated Research Project, held in Giessen,
　　Germany June 30-July 4, 1997, Reproduced by the IAEA Vienna, Austria, P. 1~8.

Borlaug N. E. and T. C. Tzo 2004. Personal Communications.

Weber. C. P. and W. R. Fehr. 1966. Seed yield losses from lodging and combine harvesting in soybeans. Agron. J. 58:287~289

Walter R. Fehr. 1987, Breeding methods for cultivar development, In book "Soybean: Improvement, Production and Uses". 249~294,
　　Madison, Wisconson, U. S. A.

Wilcox R.: 1987, Soybean Improvement, Production and uses, second edition, Agronomy No. 16. ASA, CAAS, SSSA, Publishers Madison,
　　Wisconson, U. S. A.

王金陵.王金陵大豆论文集.东北林业大学出版社,1991

王金陵.大豆遗传特点与育种.黑龙江农业科学,1979,(1):13~17

王金陵主编.大豆.黑龙江科学技术出版社,1982

王连铮,王金陵主编.大豆遗传育种学.科学出版社,1992

王连铮,胡立成.高蛋白高产大豆新品种黑农35的选育及大豆矮化育种等问题.中国农业科学,1995,28(5):38~45

王彬如,王连铮等.大豆杂交育种工作的几点机会.油料作物科技,1974

杜维广.2000,大豆遗传育种论文集(1980~1999).黑龙江农业科学院出版

刘丽君主编.大豆遗传育种论文集(1996~2000).黑龙江农业科学院出版,2001

王彬如,王连铮等.大豆杂交育种技术.黑龙江人民出版社,1976

李永孝.山东大豆.山东科学技术出版社,1999

盖钧镒.美国大豆育种的进展和动向(一).大豆科学 vol.1993,2(3):225~231

盖钧镒主编.南京农业大学大豆遗传育种论文集(1979~1990).南京农业大学,1990

盖钧镒主编.南京农业大学大豆遗传育种论文集(1990~1995).南京农业大学,1996

南京农业大学农学系,南京农业大学大豆研究室,江苏省作物学会.庆贺马育华教授八十寿辰.作物科学讨论会文集,1992

盖钧镒.发展我国大豆科学技术立足国内解决供给问题.中国大豆产业发展研究(夏友富等主编),中国商业出版社,2003,
　　26~36

盖钧镒主编.大豆育种应用基础和技术研究进展.江苏科学技术出版社,1990,3~12

智海剑,盖钧镒,邱家驯,王明军,杨守萍.国家"九五"攻关项目"大豆育种材料与方法研究".第七届全国大豆学术讨论会
　　论文择要集(中国作物学会大豆专业委员会),13~14

Williams. L. F. 1950, In Soybean and Soybean Products (K. S. Markley, ed.) Vol. 1, pp. 113~134, Interscience, New York

Енкен Б 1958 Соя Сельхозгиз Москва

Brim. C. A. 1966, A modified pedigree method of selection in soybeans, Crop Sciences 6:220

Thorne J. C. and W. R. Fehr, 1970 A effects of border row competition on strain performance and genetic variance in soybeans, Crop Sci-
　　ences, 10:605~606

王金陵,吴忠璞,孟庆禧,高凤兰.大豆杂交材料早期世代组合鉴定的研究.遗传学报,1979,6:216~233

王金陵.大豆杂交育种程序的探讨.大豆科学,1982,1(1):1~16

孟庆禧,高凤兰,吴天龙,吴忠璞,王金陵.选择方法及选择强度对大豆杂交后代选择效应的研究.大豆科学,1983,2(3):
　　175~183

Hanson, W. D and C. R. Weber. Resolution of genetic variability in self-pollinated species with an application to the soybean genetics,
　　1961, 46:1425~1434

　　Brim. C. A. and C. C. Cockerham, 1961, Inheritance of quantitative characters in soybeans, Crop Sciences: 1:187~190

Humphrey L. M. Soybean Digest [J]. 1951, 12(2):11~12

Zacharias M Some results of mutation work on soybean Zucbter[J]. 1956, 26:321~338

翁秀英,王彬如,吴和礼,王连铮等.大豆辐射育种的研究.遗传学报[J],1974,1(2):157～169

Wang Lianzheng,PeiYanlong,Fu Yuqing. Soybean Mutation 340/2029. Extended Synopses of FAO/IAEA Symposium on the use of Induced Mutation and Molecular Techniques for Crop Improvement,1995

Wang Lianzheng. Soybean improvement using nuclear techniques. In Plant Mutation Breeding in Asia[C]. Beijing: Agrucultural Scientech Press,1996,89～103

Wang Lianzheng, Wang Lan, Zhao Rongjuan, et al. Soybean mutation breeding and biotechnology, A presentation at Second FAO/IAEA Research Coordination Meeting on Improvement of New and Traditional Industrial Crops by Induced Mutation and Related Biotechnology. Ciessen, Germany, June 30-July 4 1997 Reproduced by the IAEA Vienna, Austria,1998 (IAEA-312, D2, RC 578,2),43～44

王连铮,裴颜龙,赵荣娟,王岚,李强.大豆辐射育种的某些研究.中国油料作物学报[J],2001,23:1～5

李卫东主编.河南大豆审定品种及技术参数.中国农业科技出版社,1997

Hinchee M. A. W. Ward D. V. C. Newell C. A. McDonnell R. E. Sato S. J Gasser C S. Production of transgenic soybean plants using Agrobacterium-mediated DNA transfer. Bio Technology,1988,6:92～99

Zhang Zhanyuan, Xing Ai-qiu, Paul Staswick, Thomas E. Clemente. The use of glufosinate as a selective agent in Agrobacterium-mediated transformation of soybean. Plant Cell. Tissue and organ Culture,1999,56:37～46

孙寰,赵丽梅,黄梅.大豆质-核互作不育系研究.科学通报,1993,38(16):1535～1536

孙寰.吉林大豆.吉林科学技术出版社,2005,132～162

农业部科学技术委员会,农业部科学技术司编.中国农业科技成果获奖项目名录(1979～1989).北京:北京农业大学出版社,1992

农业部科技司.农业获奖科技成果汇编(1989～1993),1994

科技日报.国家奖励的项目,1999～2005

陈应志,邱丽娟.中国大豆良种推广应用现状及发展战略.大豆通报,2005,4:1～5

邱家驯.突破大豆攻关指标的单位和品种(E-MAIL传来),2005

罗庚彤,战勇,刘胜利,孔新,王曙明,孙大敏,盖钧镒.新大豆1号和石大豆1号高产纪录的创造.大豆科学,2001,20(4):270～274

鲁振明.大豆超高产技术研究创高产新纪录.大豆通报,2005,6:33

盖翠香,邱家训,刘瑞云,李振荣,王义成,赵团结,崔文生,赵恩海.超高产夏大豆种质JN 96-2343创新研究初报.大豆通报,2003,4:22

邱家驯,李路,张海生,周秀海,李秀英.专家测产报告.2004

邱家驯,李卫东,胡省平,王彦龙,李秀英.专家测产报告.2005

河南省农业科学院经济作物研究所.黄淮海南一组夏大豆品种区域试验综合总结.1998

黑龙江省科委.黑龙江省高寒地区大豆高产试验总结.1991

常汝镇等.中国大豆品质区划[M].北京:中国农业出版社,2003,11

寇建平等.优质专用大豆品种及高产栽培技术[M].北京:中国农业出版社,2003,8

王连铮,胡立成.高蛋白高产大豆新品种黑农35的选育及大豆矮化育种等问题.中国农业科学,1995,28(5):38～45

陈恒鹤等.大豆蛋白质及脂肪含量的遗传与选择效果研究.大豆科学,1989,8(3):217～225

Brim, C. A. and J. W. Burton. Recurrent selection in soybean for increased percent protein in seeds. Crop Sci,1979,19(4):494～498

王连铮,王岚,赵荣娟,李强等.高油大豆中黄20的选育和高油大豆育种的研究.中国油料作物学报,2003,4:35～43

Wilcox, J. R,1989, Soybean protein and oil quality. In "World Soybean Research IV: PROCCEDINGS". Argentina.

戴芳澜,相望年,郭儒永等.中国经济植物病原目录[M].北京:科学出版社,1958,147

石川正示.大豆线虫寄生状况调查成绩[J].农事实验研究时报,1943,(1):42

张磊,戴瓯和,陈品三等.黄种皮大粒高抗大豆胞囊线虫新品种皖豆16号[A].第六届全国大豆学术讨论会论文摘要汇编.[C].河北承德,1997,45

Ross, J P, Brim C A. Resistance of soybean to the soybean cyst nematode as determined by a double-row method[J].Plant Dis.Rep.1957,41:923～924

Golden A M, Epps, J M, Riggs R D, et al: Terminology and identify of infraspecific forms of the soybean cyst nematode (*Heterodera glycinis*)[J].Plant Disease,1970,54(7):544～546

Riggs, R D, Schmitt D P. Complete characterization of the race scheme for *Heterodera glycines* [J]. Journal of Nematology, 1988, 20: 392 ~ 395

王家昌. 二师地区大豆根线虫发生情况调查初报[J]. 农业科学实验通讯, 1976, (8): 31 ~ 33

吴和礼, 姚振纯, 李秀兰等. 大豆胞囊线虫病的抗源筛选研究[J]. 中国农业科学, 1982, 6: 19 ~ 24

商绍刚, 刘汉起. 东北三省大豆胞囊线虫生理小种分布情况. 大豆科学, 1989, 8(4): 382

陈品三, 张东生, 陈森玉. 大豆胞囊线虫7号生理小种的研究初报[J]. 中国农业科学, 1987, 20(2): 94

刘维志, 刘晔, 陈品三. 东北地区部分县市大豆胞囊线虫(*Heterodera glycines*)生理小种的鉴定结果初报[J]. 沈阳农学院学报, 1984, 2: 75 ~ 78

赵经荣. 山东省大豆胞囊线虫病的病原和抗源研究简报[J]. 大豆科学, 1988, 7(1): 12

颜清上, 王连铮, 常汝镇. 大豆胞囊线虫病抗源筛选和利用研究概述[J]. 大豆科学, 1997, 16(2): 162 ~ 167

吴宗璞, 吴天龙, 曹跃平. 东北大豆抗主要病害育种的进展(刊载在王金陵, 杨庆凯, 吴宗璞主编的《中国东北大豆》第277 ~ 297 页). 哈尔滨: 黑龙江科学技术出版社

吴和礼, 姚振纯, 李秀兰等. 大豆胞囊线虫(*Heterodera glycines*)新种质材料的选育[J]. 大豆科学, 1989, 8(3): 227 ~ 232

刘维志等. 东北地区部分县市大豆胞囊线虫(*Heterodera glycines*)生理小种的鉴定结果初报. 沈阳农学院学报, 1984, 2: 75 ~ 78

刘晔等. 大豆胞囊线虫的生理小种的鉴定结果. 沈阳农业大学学报, 1989, 20(2): 60 ~ 62

李莹, 李原平, 赵卫红. 抗大豆胞囊线虫4号生理小种新品系的选育[J]. 华北农学报, 1994, 9(2): 33 ~ 38

王金陵, 许忠仁, 杨庆凯. 东北大豆种质资源拓宽与改良. 哈尔滨: 黑龙江科学技术出版社, 1994

刘汉起等. 黑龙江大豆胞囊线虫的生理小种鉴定. 中国油料, 1989, (2): 60 ~ 62

郝欣先, 蒋惠兰, 高建伟等. 大豆抗胞囊线虫病品种选育研究[J]. 大豆科学, 1996, (2): 103 ~ 109

宋书宏等. 大豆抗胞囊线虫病新品种选育及遗传机制研究. 中国油料作物学报, 2002, 22(1): 73 ~ 75

马俊奎等. 抗大豆胞囊线虫4号生理小种育种骨干亲本抗性差异分析. 大豆科学, 2003, 22(3)

颜清上, 陈品三, 王连铮. 北京地区大豆胞囊线虫4号生理小种的验证[J]. 大豆科学, 1995, (4): 355 ~ 359

张东生, 陈品三. 大豆胞囊线虫(*Heterodera glycines*)7号小种的鉴定及其分布[A]. 首届全国中青年植物保护科技工作者学术讨论会论文集[C]. 北京: 1991, 207 ~ 211

Anand S C. New soybean strain resistant to soybean cyst nematode-PI 416762[J]. Plant Disease. 1982, 66: 933 ~ 934

Young L D. Soybean Germplasm Resistant to Race 3, 5, or 14 of soybean Cyst Nematode[J]. Crop Sci, 1995, 35(3): 895 ~ 896

Anand S C. Source of resistance to the soybean cyst nematode (A) in "Cyst Nematode" [M]. Ed. by Lamberti F and C E Taylor. 1986, 268 ~ 272

Young, L D, T C Kilean. Genetic relationship among plant introductions for resistance to soybean cyst nematode race 5. Crop Sci, 1994, 34: 365 ~ 366

颜清上, 王连铮. 大豆抗胞囊线虫的育种途径和育种成效[J]. 大豆通报, 1995, (5): 24 ~ 25

颜清上, 陈品三, 王连铮. 中国小黑豆抗源对大豆胞囊线虫4号生理小种抗性机制的研究 I. 抗源品种对大豆胞囊线虫侵染和发育的影响[J]. 植物病理学报, 1996, 26(4): 317 ~ 323

颜清上, 陈品三, 王连铮. 中国小黑豆抗源对大豆胞囊线虫4号生理小种抗性机制的研究 II. 抗感品种根部合胞体超微结构的比较[J]. 植物病理学报, 1997, 27(1): 37 ~ 41

颜清上, 陈品三, 王连铮. 中国小黑豆抗源对大豆胞囊线虫4号生理小种抗性机制的研究 III. 抗感品种根部组织病理学研究[J]. 大豆科学, 1997, 16(1): 34 ~ 37

颜清上, 王连铮, 陈品三. 中国小黑豆抗源对大豆胞囊线虫4号生理小种抗病的生化反应[J]. 作物学报, 1997, 23(5): 529 ~ 537

Yan Q S and Wang L Z. Study on Inheritance of Soybean resistance to Race 4 of *Heterodera Glycines* by Using the Concept of "Resistant Value"(A) Proceeding of World Soybean Research Conference (WSRC) VI(C). Chicago, USA, 1999: 500 ~ 501

颜清上, 王连铮. "抗病值"在大豆抗胞囊线虫病遗传研究中应用的探讨[J]. 作物学报, 2000, 26(1): 20 ~ 27

张子金, 田佩占. 大豆. 中国农业科技工作四十年. 中国科学技术出版社, 1989, 108 ~ 115

黄桂潮等. 大豆灰斑病抗原筛选及病理生理小种鉴定. 1982

刘忠堂. 大豆灰斑病抗病性的遗传分析. 大豆科学, 1983, 4: 322 ~ 325

刘忠堂.大豆抗灰斑病育种简报.大豆科学,1983,2:30

刘忠堂.抗灰斑病大豆新品种选育.中国农业科学3,1986,3:26～30

刘忠堂.抗灰斑病大豆育种技术的探讨.大豆科学,1986,2:147～150

许忠仁.大豆抗灰斑病的危害与防治措施.黑龙江农业科学,1987,1:30～34

杨庆凯等.大豆灰斑病生理小种抗性鉴定研究.中国农学通报,1993,55:27～29

杨庆凯等.大豆灰斑病遗传育种问题.东北农学院学报,1988,14(3):260～262

杨庆凯等.多小种混合接种田间条件下大豆灰斑病抗性遗传初步.大豆育种应用基础和技术研究进展.江苏科技出版社,
　　1990,194～197

杨庆凯等.大豆灰斑病育种技术问题.大豆科学,1995,14(3):260～262

张小刚等.大豆对灰斑病1号小种的抗性遗传.大豆育种应用基础和技术研究进展.江苏科技出版社,1990,194～197

刘丽君,高明杰,吴俊江.灰斑病对大豆类囊体膜蛋白表达的影响.大豆科学,1999,18(1)

Athow,K.L.Proost,A.H.1952,The inheritance of resistance to frogeye lceafspot of soybeans,Phytopathology,42:660～662

郭守桂,冯真.大豆品种抗大豆食心虫研究简报.吉林农业科学,1980,2

郭守桂.大豆品种抗大豆食心虫研究Ⅱ.大豆科学,1986,5(3):233～239

叶起真,张英环,安立人等.大豆新品种"长农2号"的选育报告.大豆科学,1983,2(1):117～123

崔章林,盖钧镒,吉东风等.大豆种质资源对食叶性害虫抗性的鉴定.大豆科学,1997,14(2)

张明厚等.大豆病毒病类型及其病原鉴定.植物病理学报,1980,10(2):312

濮祖芹.大豆花叶病的株系鉴定.植物保护学报,1982,9(1):15～20

林建兴,张性坦等.大豆抗病毒病新品种的选育.大豆科学,1983,2(2):125～131

赵存,张性坦,林建兴等.高抗SMV的大豆新种质8101.大豆科学,1995,14(2)

刘宗麟,刘玉芝等.大豆品种对大豆花叶病毒的抗性反应.大豆科学,1984,3(2)

陈怡,栾晓燕等.大豆病毒病抗原种质创新及鉴定评价研究.大豆科学,1999

谈宇俊,单志慧等.中国大豆种质资源抗大豆锈病鉴定.大豆科学,1997,16(3)

李明,赵欣,秦文秀.大豆霜霉病病源筛选的研究.大豆科学,1987,6(1):71～74

盖钧镒,崔章林,林茂松.大豆黑色根腐病的鉴定与诊断.大豆科学,1992,11(2)

李永镐,张源,张明厚.黑龙江大豆细菌性疫病病原鉴定.大豆科学,1995,14(2)

杜维广,郝乃斌.大豆高光效育种的研究获得新进展.大豆科学.4:277

满为群,杜维广,张桂茹,陈怡,栾晓燕,谷秀芝,马长支.大豆高光效、高产近等基因系形态及生理验证.大豆科学,1999,18
　　(1)

王连铮,王岚,赵荣娟,傅玉清等.大豆育种的进展.中国农村科技"十五"计划作物良种推广专刊,2005,19～28

Wang Lan,Wang Lianzheng,Liu Zhifang and Zhao Rongjuan. Soybean transformation of foreign gene mediated *Agrobacterium tumifaciens*.
　　Abstract submmited to the Proceedings of WSRC Ⅵ,Chicago,USA.4～7 August 1999,P.448. Editor:Harold.E.Kauffman

Week,Wang Lan,et al Expression of the Cyanamide Hydratase Gene in soybean.2001,Congress On In Vitro Biology.June 16～20 2001
　　St.Louis,Missoui,p.6～7

Wang Lianzheng, Wang Lan et al Irradiation mutation techniques combined with biotechnology for soybean breeding.(英文)核农学报
　　2001,15(5):274～281

Wang Lianzheng,Wang Lan et.al. Advances in soybean breeding 2005 Conference Facing the Challenges in Chinas Soybean Production
　　June26 July,2005,SHSAR,Book of Abstracts,p.2.Hong Kong

周恩君,李希臣,刘昭军,刘丽艳等.通过农杆菌介导法将Bt(cryIA)基因导入大豆.大豆科学,2001,20(3):157～162

雷勃钧.导入外源总DNA获得优质高蛋白和双高大豆新品系.大豆科学,1995,14(2):194

钱华,雷勃钧,鲁翠华,李希臣,周思君,韩玉琴,刘绍军.高蛋白大豆品种育成及其技术拓宽研究.大豆科学.1998,17(2)

刘德璞,廖林,袁鹰,刘玉芝.导入外源DNA获得抗SMV大豆品系.1997,16(4)

邱丽娟,常汝镇,徐占友,李向华,孙建英,刘立宏,郭蓓,郑翠明,韩春雨.利用分子标记评价大豆种质的研究进展.大豆科
　　学,1990,18(4)

林凡云,邱丽娟,常汝镇,何蓓如.山西省大豆地方品种与选育品种农艺性状及SSR标记遗传多样性比较分析.中国油料
　　作物学报,2003,25(3)

陈绍江.大豆分子标记研究进展.大豆科学,1995,14(4):335~338

张志永,陈受宜,盖钧镒,胡蕴珠,智海剑.栽培大豆品种间 PAPD 标记的多态性分析及聚类分析.大豆科学,1998,17(1)

彭玉华,李卫.两个广谱抗虫基因源抗性背景 DNA 的多样性分析.大豆科学,1997,16(2),17(1)

苑保军等.河南省大豆品种产量构成和高产育种方向的探讨.全国作物育种学术讨论会论文集.中国农业科技出版社,
　　1998,249~254

王连铮,洪亮,常跃中,李淑珍.大豆高产技术.黑龙江科学技术出版社出版,1982,1~103

翁秀英,王彬如,王连铮等.大豆辐射育种的研究.遗传学报,1974,1,2:157~169

王连铮,王彬如等.大豆高产品种选育的研究.黑龙江农业科学,1980,(1):11~17

王连铮,叶兴国,隋德志等.黑龙江省及黄淮海地区大豆品种的遗传改进.中国油料作物学报,1998,20(4):20~25

Ching-Yeh Hu and Lianzheng Wang. September-October. In Vitro cell. Dev. Biol-Plant 35:417~420. (1999 Society for in Vitro Biolo-
　　gy) In Planta Soybean Transformation Technologies Developed in China: Procedure, confirmation and Field Performance.

Wang Lianzheng. Soybean Breeding for High Protein Content and High Yield. Proceeding of WSRC, 1999, 6:459~460　见:http://
　　www.cropsci.uiuc.edu

Yan Qingshang and Wang Lianzheng. Study on Inheritance of Soybean resistance to Race 4 of *Heterodera Glycines by* Using the Concept of
　　"Resistant Value" Proceeding of WSRC, 1999, 6:500~501　见:http://www.cropsci.uiuc.edu

Wang. Lan, T. Clemente, Wang Lianzheng, S. S, Sun, Huang Qiman: Regeneration Study of Soybean Cultivars and Their Susceptibility to
　　Agrobacterium tumifaciens EHA 101 作物学报 2003,29(5):664~669

Wang Lianzheng, Wang Lan et al. Combining radiation mutation techniques with biotechnology for soybean breeding. August, 2003, Vien-
　　na, Austria IAEA TECDOC-1369, [Improvement of new and traditional industrial crops by induced mutations and related biotechnolo-
　　gy] p.107~115

Wang Lianzheng Wang Lan et al. Advances in sobbean breeding 2005 Conference Facing the Challenges in China's Soybean Production
　　june26-july1,2005,SHSAR,Book of Abstracts,yp.2.Hong Kong

А. Я. АЛА, В. А. ТИЛЬЋА СОЯ: Генетические методы селекции *G. max* (L) Merr. x *G. . soja* ълаговещенск, 2005

В. Ф. ЋАРАНОВ ПОВЫШЕНИЕ ПРОДУКТИВНОСТИ СОИ (Сборник научных трудов ВНИИМК) Краснодар 2000

第九章　大豆杂种优势利用

第一节　农作物杂种优势利用概况

20世纪60年代,美国科学家博劳格,培育成功高产、抗病、适合在高产环境下栽培的矮秆小麦,在肥水充足的条件下,增产潜力十分突出。不少发展中国家,推广一系列这类小麦品种,迅速提高了小麦单产和总产,改善了粮食的供求关系,甚至改变了整个农业生产面貌,有的国家由粮食进口变为出口,农民收入大大提高。继而在水稻等其他粮食作物的品种改良上也出现了新局面。人们把这一伟大成就称为“绿色革命”。博劳格因此获得诺贝尔和平奖,并被尊为“绿色革命之父”。博劳格之所以获此殊荣,是因为他的贡献远远超出了科学的范畴,他掀起的这场革命,不仅解决了科学问题,更主要的是解决了发展中国家处于贫困线以下的亿万人的吃饭问题,在一定程度上解决了经济和社会问题。小麦和水稻是种植面积最大的两种作物,是人类的主食,与人类的生存和发展关系最直接最密切,因此,涉及到这两种作物改良的重大成绩容易在全世界引起震动。如果单纯从科学的角度看问题,把通过遗传改良大幅度提高作物生产潜力称为“绿色革命”的话,这场革命至少在20世纪20～30年代就发生了。在杂种优势的概念、理论和杂交种的选育方法提出后,首先在玉米杂交种的开发上得到应用。育成并大面积推广玉米杂交种,在作物遗传改良历史上,是一个里程碑。美国于20世纪20年代开始少量应用杂交种,30年代后迅速推广,到1965年,杂交玉米面积几乎达到100%。同时,玉米杂交种也在世界范围内普遍推广,玉米成为杂种优势利用的先锋作物,也成为杂优利用最成功的实例之一。

玉米杂交种的成功应用,带动了其他作物杂交种的研究与应用。高粱、向日葵、油菜、水稻、小麦、棉花等作物都有了杂交种。在蔬菜和花卉中也普遍应用杂交种。Duvick(1999)总结了4种作物杂种优势利用情况(表9-1)。虽然表中的统计数字并不一定十分准确,但也足以反映出作物杂种优势利用给人类带来的巨大经济和社会效益。每年仅仅由于种植杂交种,即可增产粮食5 500万t,节省耕地1 300万hm²。

表9-1　每年全球杂种优势利用对玉米、高粱、向日葵和水稻生产的贡献

作　物	杂交种面积* (%)	产量优势** (%)	年增产比率 (%)	年增产量 (万t)	年节省耕地 (万hm²)
玉　米	65	15	10	5500	1300
高　粱	48	40	19	1300	900
向日葵	60	50	30	700	600
水　稻	12	30	4	1500	600

* USDA统计数字;** 杂交种开始应用时,比开放授粉品种增产百分数

杂种优势利用在我国农业科学研究与农业生产中占有突出地位,它是我国农业的一大亮点。我国杂交玉米的种植面积占玉米总种植面积的90%,杂交水稻、杂交油菜种植面积

分别占总种植面积的 55% 和 40%，后两者在研究和应用上都居国际领先地位，特别是杂交水稻，在国际上独树一帜。近年，我国又在杂交大豆的研究上取得重大突破。

尽管表 9-1 中列出的一些数字展示了种植杂交种产生的经济和社会效益，但杂种优势利用在农作物遗传改良和农业生产上所起的巨大作用，是很难用数字表示的。总结 80 年来作物杂种优势利用的经验，至少可得出以下结论。

其一，显著提高了农作物的生产性能。杂交种的单位面积产量显著高于常规品种，这是杂交种容易被农民接受的最直接原因。除产量性状外，杂交种在抗病虫、抗逆、抗倒伏等方面也往往表现优异。从育种的角度看，杂交种容易把双亲的优点结合在一起，尤其是由显性基因控制的性状，在 F_1 中立即得到表达，而常规育种则要花相当长时间才能把多个优良性状结合到一个纯系中。这一优点也体现在转基因作物的遗传操作上。在遗传转化中，被整合到基因组中的目的基因，在遗传上一般表现为显性，只要将目的基因转到骨干自交系或骨干不育系和恢复系即可在杂种 F_1 得到表达。如果有 2 个以上目的基因，可分别转化父、母本，不必将所有目的基因同时转入同一个品种中。

其二，杂种优势利用为作物遗传改良开辟了新途径，加快了遗传进度。杂交种不仅在生产性能上优于常规品种，如果对育种过程进行动态考察，还会发现，杂优育种比常规育种遗传进度快，也就是说杂优育种比常规育种遗传改良速度快。Troyer(1996,2004)依据大量的统计资料，对美国玉米改良的 3 个阶段(开放授粉品种、双交种和单交种)的单产提高速率进行了比较(图 9-1)。

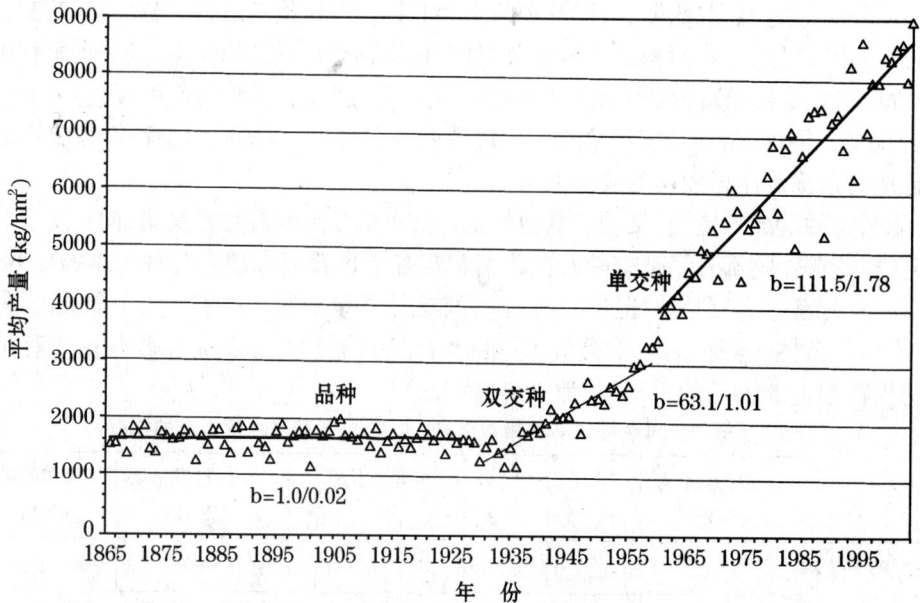

图 9-1　美国玉米单产变化与遗传改良进程

从图 9-1 可以看出，常规品种选育阶段进展缓慢，曲线斜率 b = 0.02，双交种阶段 b = 1.01，单交种阶段 b = 1.78。由于双交种有分离，不是完全意义上的杂交种，其遗传进度远低于单交种选育。单交种阶段 b 值最大，表明真正意义上的杂种优势利用育种，遗传进度既快于常规育种也快于介于其间的其他途径。玉米是异花授粉作物，杂合程度高，常规育种难度大进度慢似乎可以理解。自交作物小麦的杂交种选育实践也得出同样的结论，也即杂种优势利用育种平均每年单产的增长,高于常规育种。

　　杂种优势利用不仅在实践上育成了高产杂交种,在理论研究上还促进了与杂优利用相关学科的发展,如植物雄性不育、化学杀雄、优势产生的机制、优势预测、传粉技术等。伴随现代生物技术的迅速发展,在分子水平上深入探讨雄性不育和杂种优势的机制,将把作物遗传改良推向新的高度。

　　其三,杂交种的应用催生了现代种子产业。自古以来,农民用种都是自留自用或与左邻右舍串换。虽然农民在长期的生产实践中,自觉或不自觉地通过选择对作物进行了改良,但这个过程是十分漫长的。现代遗传学的出现推动了现代育种学的发展。开始阶段,各国的作物育种几乎完全是由政府的公共开支支持的。大学、研究所、试验站等是主要育种者,私营种子公司主要是扩繁上述部门育成的品种,然后向农民销售。由于经营常规品种利润很低,产权又很难保护,它们很少介入品种选育。以玉米为代表的杂交种问世后,由于杂交种在农民生产田上一般只能使用一次,易于保护知识产权,种子公司有赢利空间,私人资本纷纷投向作物育种。以美国为例,自 20 世纪 30 年代开始,新成立了 150 多个私人公司生产和销售玉米杂交种,40 多个已有的种子公司也开始生产和经营玉米杂交种(Fernandez-Cornejo,2004)。随着新品种保护措施的强化和完善,种子产业空前繁荣,出现了一批种业巨头。与此同时,在一些发达国家,政府的公共投入逐渐退出商业化育种,重点加强种质资源、育种理论和方法、品种识别与鉴定方法、某些自交作物育种和强化行业监管等方面。这种公私两方面合理分工,双重投入,大大增加了投向种业的资本总量,全球种子产业的市值已达 300 亿美元,空前加快了遗传改良进度,既有利于种子公司又有利于农民,更有利于一个国家种业的整体竞争力。这种转变在美国表现最为明显和典型。Frey(1996)指出,1994 年,美国私人公司从事普通马齿型杂交玉米育种的科技人员有 509.7 人年,占全美国同类人员的 94%,联邦政府没有人从事普通玉米育种,州政府也只有 3.1 人年。另外,私人公司在甜玉米和爆裂种玉米育种上还投入 46.4 人年,政府在这两种玉米上的公共投入只有 7.2 人年。完全杂种化的其他作物如高粱、向日葵、甜菜、甜瓜,以及既有杂交种又有常规品种的西红柿、辣椒和洋葱等,情况也大致如此。自从 1996 年转基因作物开始商业化以来,如何在自交作物中保护转基因产品的产权困扰着孟山都公司等转基因产品的拥有者。抗除草剂草甘膦(Roundup)的转基因大豆非常受农民欢迎,为了防止农民自留种子,公司曾与农民签订非常"苛刻"的合同,并随时到田间核查,虽然产权有了保障,但伤害了农民的感情,不得不作修改。转基因大豆流入南美,也常常发生侵权的问题。如果有了杂交大豆,这一问题就会迎刃而解。

　　其四,杂交种的应用推动了栽培技术的发展。杂交种增产潜力大,对肥料和灌水等投入的利用效率高。针对杂交种这一特点研究出一系列栽培技术,使良种良法配套,充分发挥了杂种优势。不同杂交种对栽培条件反应不同,又研究出针对不同杂交种的栽培技术。这一点在杂交玉米的推广与应用中体现得最为突出。不少学者探讨了遗传改良和耕种技术改良的关系,试图从数量上评估两者的贡献大小。Duvick(1992)、Russel(1991)认为,遗传改良的贡献为 50% ~ 60%,耕种技术改良的贡献为 40% ~ 50%。也有人认为后者的贡献超过前者。目前还没有一个方法可以对两者精确定量,各占 50% 的说法似乎比较容易被接受。值得强调的是,栽培技术的应用主要是由农民实施的。农民花高价购买杂交种后,都会精心耕种,其结果是杂交种表现更为优异,栽培方法也随着不断改进。各种作物的杂交种优于常规品种已得到全世界农民的认可。农民是种子的最终用户,农民持续不断地青睐杂交种,并对杂交种提出更高的要求,是杂种优势利用水平不断提高,规模不断扩大的直接动力。

杂种优势利用的科学意义以及在作物遗传改良和整个农业生产上所起的巨大作用,绝不亚于后来的绿色革命。有鉴于此,有人把杂交种的应用称为第一次绿色革命,把 20 世纪 60 年代博劳格掀起的那场革命称为第二次绿色革命,而把以转基因技术为代表的现代生物技术在农业上的应用称为第三次绿色革命。不管这种说法是否恰当,但这三次革命有一个共同点,就是通过不同途径和手段实现了作物遗传改良的质的飞跃。

第二节　杂种优势概念的形成及发展

人们对杂种优势的认识经过了从现象到本质、从感性到理性的漫长过程。杂种优势是指杂种优于亲代的遗传现象。杂种优势可表现在生产性能、生长发育上,也可能表现在对各种环境条件的适应上。杂种优势在生物界普遍存在,在植物中,可发生在不同品系、品种间杂交,也可发生在种间杂交。人类很早就从自身的经验中意识到,近亲结婚后代衰退,无亲缘关系或不同人种之间结婚后代表现优异,甚至立法禁止近亲结婚。至少在 3 000 年以前,人们就知道驴和马杂交的后代骡子表现优异,这可能是在农业上有意识利用杂种优势最早的实践。然而,试图从理论上阐述杂种优势还是近 100 多年的事。针对什么是杂种优势,杂种优势产生的机制是什么,如何预测杂种优势等问题,提出了各种各样的定义、假设、假说。随着科学技术的不断进步,研究的范围逐渐扩大,研究层次和深度不断提高,发现许多新的论据,但到目前为止,对这些最基本科学问题的回答仍然不能令人满意。在作物育种中,杂种优势及其利用,从概念的提出到现在,在近一个世纪的时间里,始终是生物科学的热门话题之一。杂种优势利用又是遗传育种理论与生产实践相结合,给农业生产带来革命性变革的最典型实例之一。围绕杂种优势,国内外已开了多个学术会议,出版了多部专著和综述性文章。这里列举一二供读者参考。1950 年,美国衣阿华州立大学邀请 30 位从事杂种优势研究的著名教授,其中包括提出杂种优势概念并最先使用 heterosis 一词的 G.H.Shull,围绕杂种优势有关的 30 个专题,从 6 月 15 日至 7 月 20 日,每天一个专题,开展了为期 5 周的学术活动。J.W.Gowen(1952)将报告全文汇编成《杂种优势》一书。1974 年 6 月 24~29 日,于匈牙利布达佩斯召开了第七次欧洲植物育种协会(EUCARPIA)会议。会议的主题是“杂种优势与植物育种”。内容较为广泛,分 5 个专题。A.Janossy 和 F.G.H.Luptopn(1976)编辑出版了论文集《杂种优势与植物育种》。R.Frankel(1983)出版了专著《杂种优势:理论与实践的再评价》。本书的特点有二:一是详细从生物遗传学的角度阐述杂种优势;二是重点介绍了蔬菜和花卉等经济作物的杂优利用情况。1997 年 8 月 17~22 日,以“作物杂种优势的遗传和利用”为主题的大型国际会议在坐落于墨西哥城的国际玉米小麦中心(CIMMYT)召开,来自 60多个国家的 450 名科学家与会。规模之大,涉及的学科之广,讨论问题之深入,在杂种优势学术研讨的历史上还是首次。论文集由 J.G.Coors 和 S.Pandy(1999)编辑出版,会议还出版了格式与内容和正式论文类似的详细论文摘要,包括近 200 篇口头发言和墙报文章,整个摘要长达 354 页,非常有参考价值。A.S.Basra(1999)编辑出版了一部专著《杂种优势和农作物杂种种子生产》,不少中国学者参加了编写。本书的重点是介绍主要大田作物杂优利用实践方面的最新进展,没有更多的涉及理论问题,但介绍了一些有关杂种优势的分子生物学研究进展。国内最近有关杂种优势的专著有：卢庆善等(2001)主编的《农作物杂种优势》,李竞雄等主编(1996)的《作物雄性不育及杂种优势研究进展》,袁隆平(2001)主编的《杂交水稻学》,傅廷栋(1999)主编的《杂交油菜的育种与利用》等,读者从上述这些著作中可以较全面地了解杂种优势研究与利用的历史和现状。

最先对植物杂种进行深入、系统、科学地研究的是德国科学家 Koelreuter(1766)。从1761～1766 年,他发表了一系列文章,叙述了烟草属、石竹属、毛蕊花属、紫茉莉属、曼陀罗属以及其他一些属的种间杂种表现,特别是对烟草杂种在植株大小和一般生活力方面超过亲本有详细记载。与他同时代的一些科学家如 Knight(1799)、Sprengel(1793)等也做了大量的杂交试验并进行杂交育种,观察到自交退化,杂种有优势,甚至提出在育种中避免自交。他们对杂种所表现出的优势已司空见惯,似乎觉得杂种理应如此,并未提出为什么杂种会产生优势,未形成理论性或概念性的东西。

19 世纪中期以后,有关植物杂交的试验和资料积累迅速增加。Mendel(1865)和 Darwin(1877)两位科学家在豌豆和玉米上做的实验,为后来杂种优势概念的形成作了重要铺垫。Mendel 在做豌豆杂交试验时发现"杂种的茎长通常都超过双亲中最高的一个。原因是当茎长差异大的豌豆杂交时,植株各部分均生长繁茂。经反复试验,茎长 1 英尺和 6 英尺的豌豆杂交时,杂种一代毫无例外都在 6～7.5 英尺之间"。他首先用 hybrid vigor——杂种活力来表述这一现象。Darwin 做了几个属的杂交试验,并计算了杂种活力的大小。他得出异交有利、自交有害的结论。应该指出的是,他是第一个用同一个玉米材料做实验,比较异交和自交的不同结果。发现异交的株高在营养生长阶段比自交的高 19%,在成熟阶段比自交的高 9%。他同时也发现,自交后再杂交,活力是可以恢复的。这一思想已经接近现代杂种优势概念。遗憾的是,Darwin 从进化的角度观察问题,没有把现象升华为杂种优势概念。

到了 19 世纪末至 20 世纪初,一批从事玉米育种和遗传研究的科学家,在前人工作的基础上,特别是在 Darwin 的直接或间接影响下,在理论上完善和形成了杂种优势的科学概念,在实践上育成并大面积推广玉米杂交种,在作物遗传改良历史上,以杂种优势利用为标志的一场革命开始了。玉米为异花授粉作物,雌雄同株异花,花器比绝大多数作物都容易识别;雌雄不同期开花,去雄容易,自交与异交可随意控制;花粉数量大,风力传粉。由于有了这些特点,不论是做精确的遗传试验还是进行大面积杂交制种都很容易。玉米起源于美洲,在美国种植面积很大,在经济上占有重要地位。美国科学技术又较为发达,20 世纪初,处于美国玉米主产区的伊利诺伊大学,正在探讨建立玉米育种新方法,相关研究得到科学界和整个农业界的支持,这些因素促成了杂种优势理论研究和实际应用首先在美国、在玉米上得到完美结合。20 世纪 50 年代初,美国玉米杂交种种植面积已达全美玉米面积的 95%。玉米成为杂种优势利用的先锋作物,也成为杂种优势利用最成功的实例。在回顾杂种优势利用研究历史时,不能不提到以下几位科学家,他们对杂种优势概念的最后形成和杂种优势的实际应用作出了卓越贡献。

Beal(1878,1880)在杂种优势理论研究的历史上是一位承前启后的科学家。他认真阅读和领会了 Darwin 有关玉米自交和异交的研究结果,开展了大规模杂种种子生产试验,所采用的方法与当今的玉米杂交种制种技术没有本质区别。他用两个不同的玉米品种相间种植,其中一个去雄做母本,另一个不去雄做父本,在母本上收获种子下年播种。他发现杂种比亲本增产 51%,并建议用这种方法生产玉米杂交种。然而,在 20 世纪 20 年代开发出自交系间杂种之前的 40 多年间,品种间杂交种并未大面积推广。Hallauer(1988)认为主要原因有三:①当时人们还没有认识到它的商业价值。品种间杂种的表现型与品种差异不大,同时其杂种优势也没有自交系间杂种大。②自交系间杂种的巨大优势已把人们的注意力引向了用自交系生产杂交种。③杂种优势的概念还没有形成。当时研究的主要目的是通过控制花粉来源进行高效率育种。显然,Beal 和从事品种间杂交的其他科学家没有迈过实际应用杂交种这个门槛,有主观和客观原因,而杂种优势理论不成熟是重要原因。如果在今天,一个作物的杂种优势利用只要有苗头和可能性,人们就会全力以赴进行应用研究。

Shull(1908,1909)的经典研究最后形成了杂种优势概念。他采用的研究方法是对同一份玉米材料同时进行异交和自交,自交系间再进行杂交,观察穗行数和产量的变化。他发现,自交系间杂种,产生很大优势,改变了长期以来人们认为异交有利、自交有害的观念。彻底抛弃了前人认为自交只有负面影响的结论。他把自交和异交统一起来,认为自交和异交是一个问题的两个方面,自交系间杂交产生的"杂合"才是优势的来源。一个开放授粉的玉米品种,是各种基因型的混合体,其中的每一个单株,实际上就是一个"杂交种"。

East 和 Hayes(1912)使用"杂合现象"(Heterozygosis)一词来表述自交活力丧失、异交活力增加的原因。Shull(1914)建议使用 Heterosis 表示杂种优势。尽管有人还提出其他用语,如Euheterosis(Dobzhansky,1950),但只有 Heterosis 和 Hybrid vigor 被广为接受并沿用至今。Shull把杂种后代在营养体大小、生活力、产量及产量性状、抗性等方面优于亲本作为杂种优势的主要表现,从育种的角度定义杂种优势。而从事遗传、进化、生态等方面研究的科学家,又从各自研究的需要出发,对杂种优势概念作了补充,提出选择优势、适应优势、正向优势、负向优势等。育种家都倾向于认同 Shull 提出的简单明了而又适用的概念。

有关杂种优势的另一个重大理论问题是杂种优势的形成机制。显性学说(Bruce,1910)和超显性学说(Shull,1908,1911;East,1908)是两个提出较早而且被普遍接受的理论,两者都有大量试验数据予以支持。然而,在解释复杂的杂种优势现象时,又都遇到一定困难,有时不能自圆其说。有鉴于此,又提出一些其他观点,如遗传平衡理论、异质结合理论、上位性和加性效应等,这些学说也都有片面性。到目前为止,有关杂种优势形成的理论研究仍没有取得重大突破,但并未影响杂种优势利用的具体实践。随着现代分子生物学的快速发展,以及在 DNA 水平上深入探讨杂种优势机制,彻底揭示和搞清杂种优势的遗传基础已经为期不远了。

大豆杂种优势利用研究与应用,落后于上述作物,进展缓慢。主要障碍是在相当长时间内未找到避免自交的有效途径,这是制约大豆杂优利用的第一个难题。避免母本自交一般有 3 种途径:人工或机械去雄、化学杀雄和利用雄性不育。由于大豆花小、数量多,每公顷有上亿朵花,人工去雄效率低,不可行;大豆开花持续时间较长,使用杀雄剂需多次喷洒,不仅受环境影响大,往往还导致植株畸形。已有化学杀雄剂效果不能令人满意,没有研制出大豆专用杀雄剂。虽然孟山都利用除草剂草甘膦作为杀雄剂的专利很有新意,但离实际应用还有一段距离。利用雄性不育是避免大豆自交的最有效手段。大豆有多种核不育材料,其中利用价值较大的是隐性单基因控制的核不育。利用核不育需在母本行去掉 50% 可育株,由于缺少绝对可靠的标记性状,很难在开花前识别并彻底剔除可育株;其他作物杂种优势利用的经验证明,应用细胞质雄性不育生产杂交种最为有效,但在相当长时间内,没有发现细胞质雄性不育大豆。

导致大豆杂优利用滞后的第二大难题,是花粉很难从父本传递到母本。大豆是严格的自花授粉作物,特有的花器构造使异花授粉非常困难,制种效率低。然而,科学家从未停止在该领域的探索。

在大豆杂优利用研究的历史上,有三件事值得一提。第一是 Bradner 于 1975 年获得的一项生产大豆杂交种的专利。专利的发明点是:以柱头外露、花药散粉延迟的小粒大豆为母本,以大粒大豆为父本相间种植。母本收获后筛选,籽粒较大者为异交结实的杂种种子,用于下年播种;小粒者为自交种子,加以淘汰。这是有关大豆杂交种的第一个专利,在大豆界引起轰动。然而,该专利并未实施。原因是没有可实际应用的、柱头外露、花药延迟散粉的母本材料。同时,籽粒大小主要是由母本基因型决定的,父本对其影响很小。即使像发明人所说,大粒父本可使杂种比自交种子大 10%～20%,但由于籽粒大小是数量性状,具有连续性,很难准确分离杂合和自交纯合种子,生产田所用种子将是杂种和自交种的混合体。发明人提出 F_2 也可作为生产用种,实际操作起来也很困难。第二件事是美国人 Davis 于 1985 年获得一项利用细胞质雄性不育系生产杂交种的专利。这项发明给大豆杂交种的开发带来了新的推动力,当时以及后来发表的有关大豆不育系和遗传育种的文章和出版的书籍大量报道和引用这项专利,私人公司也投入资金研究杂交种。然而,随着时间的推移,经过大量科学试验,人们发现,利用专利中所提供的材料和方法,无法获得细胞质雄性不育系。发明者所在公司以及购买了这项专利的公司,也未发表进一步研究的结果,这项专利已经过期,大豆界对这一发明也不感兴趣了。第三件事始于 1993 年。吉林省农业科学院孙寰等人首先利用栽培豆和野生豆间的远缘杂交,育成了细胞质雄性不育系,实现了三系配套。国内其他单位也相继利用栽培豆与栽培豆杂交育成细胞质雄性不育系。在此基础上开展了全方位的大豆杂优利用研究,育成了杂交种并通过品种审定,基本解决了制种技术问题,使大豆杂交种的实际应用成为可能,中国也在大豆杂优利用研究与开发上走在了世界前列。

Fehr(1978)指出,杂种优势利用需具备以下 4 个最基本条件:①避免自交或将自交降到最低。②花粉必须从父本传到母本。③杂交种要有较强的杂种优势。④杂种的产量水平要与其昂贵的种子价格相称。Palmer 等人(2001)提出与此类似的 5 个条件。Duvick(1999)认为,仅有杂种优势是不够的,杂交种应满足消费者对各种形状的需求,种子价格可以被农民接受,同时种子生产者和经营者也能接受。他从技术与经济相结合的角度,讨论了影响一个作物杂交种能否实际应用于生产的 12 个问题。大豆杂种优势利用研究的实践基本符合上述框架。鉴于大豆杂种优势利用研究尚处于早期阶段,本章仅从技术角度简要介绍杂交大豆研究的几个关键环节。

第三节　大豆雄性不育

依据控制雄性不育基因的来源,雄性不育可分为两大类。一是由核基因组的作用导致的不育,在本章中泛称核不育。一是由核基因组和细胞质基因组共同作用导致的不育,即质—核互作雄性不育,在本章中称细胞质不育。

一、核 不 育

(一)核不育类型

1. 国外报道的核不育类型　核不育有多种类型。国外报道的核不育大致可分为以下几种。

(1)染色体联会异常引起的不育　在染色体配对过程中,不联会或联会不消失,造成雄性和雌性均高度不育。已经确定位点的有 8 个(st 1、st 2、st 3、st 4、st 5、st 6、st 7、st 8),st 1 已丢失。尚有未确定位点的这类突变(Bione 等,2002)。

(2)花器构造或功能异常引起的不育　一是 ft 突变,花粉可育,但雄蕊不开裂。一是 sf1sf 2 突变,花粉也可育,但花丝伸长不充分,达不到柱头。

(3)雄性可育雌性部分不育　目前已报道 4 例,即 PS-1、PS-2、PS-3、PS-4。PS-1 可纯合保存,其他需杂合保存。

(4)雄性部分不育雌性可育　包括微绒毛基因 P2 多效性导致的不育和 msp 两个突变体。雄性育性不稳定,主要受温度影响。P2 在较低温度下倾向部分不育,而 msp 则相反。

(5)雄性不育雌性可育　主要是由隐性基因 ms 导致的雄性不育。从作物遗传改良的角度看,这类不育在核不育中最有应用价值,对其研究也最为详尽。目前已发现 10 个互不等位的突变体,其中 ms1 ~ ms9 已正式命名基因符号。Wei 等(1997)报道了一个不育突变体,与 ms1 ~ ms6 不等位,但未命名基因符号,该突变体属于 Midwest Oilseeds 公司的种质资源。Davis(2000)将这一突变申请了专利,并获得授权,专利中称其为 msMOS。

上述各类不育均在国外发现。Palmer 等(1987,2004)作了概述。

2. 我国对核不育的研究　我国也发现一些雄性不育雌性可育的 ms 类不育突变。做过等位测验的有 2 例。余建章和荐立(1983,1985)首先在我国大豆中发现一不育突变体 L-78-387,经等位测验证明与 ms1 等位。余建章(1996)以充黄 1 号为母本,与地理远缘杂交组合后代沈农 25108 杂交,于 F_{11} 发现不育株,命名为沈农 89-702,其特点是异交率高。该不育突变属 ms 类型,但未进行等位测验。马国荣等(1993)在[(南农 1138-2 × 南农 493-1)F_3-1-9-3-2 × 诱变 30]杂交组合中发现一不育突变体 NJ89-1。Gai 等(1997)、杨守萍等(1999,2003)经细胞学研究和与 ms1 ~ ms6 进行等位测验,证明 NJ89-1 是一个新的 ms 不育类型,命名为 ms0。还有几例有关这类核不育的报道,但均未与已知不育突变体进行等位测验。如李莹等(1988)在大豆品种和诱变群体中发现 3 个不育突变体 WBY、RBY-1 和 RBY-2。张磊等(1999a)在一品种间杂交后代 F_3 中发现不育突变体 Wh921。卫保国等(1993)在长治黄圆豆的辐照后代中发现不育突变体 msp-pz。该突变体苗期生育不正常,一对隐性基因控制不育,但有部分自交种子可产生不育后代。

卫保国等(1991,1996,1997a)在"本地土梅豆"中发现一个光敏核不育突变 88-428BY-3。其雄性育性受光照长度影响,14h 以下光照表现不育,15h 以上光照恢复可育;雌性育性正常。

赵团结等(2005)在大豆地方品种阜阳四粒荚中,发现一雄性不育、雌性可育突变体 N7241S。研究表明,该不育突变受显性单基因控制。在大豆核不育突变体中,由显性基因控制的不育雄性不育,还是首次报道。

赵团结和盖钧镒(2005)在 NJCMS1A 天然杂交衍生后代的一个株行中,发现一特殊不育株,叶片及花形态异常,雌性不育。称这一突变体为 NJS-10H。雄性育性基本分两种情况:花瓣异常时,花药数量少或无花药,花药中花粉少或无花粉;花形态基本正常时,花粉多,可染色和发芽。作者认为,不育性与形态异常受 1 对隐性基因控制,可能是同一个基因,或是不同基因但紧密连锁。

赵团结和盖钧镒(2006)从(南农 73-935 × Beeson)F_3 株行和 ^{60}Co 处理南农 87C-38 M4 的株行分别发现 2 个育性异常材料 NJS-18H、NJS-19H。花药不散粉,花粉粒大小不一致,形状不规则。育性鉴定表明,NJS-18H 和 NJS-19H 不育株的雌性和雄性育性均不正常,不能正常结荚,可能为联会异常突变体,其不育性受 1 对隐性基因控制。

梁慧珍和李卫东(2005)发现一突变体 HNL002,具有双花柱、柱头外露、花药退化、花药距柱头远和不育 5 种突变集于一体的特点。花丝短,柱头、花柱和果柄长,双花柱外露时花的顶部有一小孔,呈开放状。花药少且开裂差。开花时花药明显低于柱头,自花授粉难,表现一定程度的不育。不育由核隐性基因控制,柱头外露和不育表达是一个主效隐性基因和多个微效基因控制。高温可使花丝扭曲变异,拉长柱头与花丝的距离,降低结实率;柱头外露的果柄越长其柱头外露的长度也越长,柱头外露的基因型明显地表现为长柱头、长花柱和长粒形。这一材料能否用于杂交种生产并提高异交率尚待进一步研究。

与国外相比,我国对大豆不育性的系统研究开展较晚。20 世纪 80 年代初,一批留学人员从国外引进核不育材料,推动了我国在该领域的研究,并迅速转向更有实用价值的质核互作雄性不育研究。余建章(1983,1985)从美国引进核不育系,并利用 ms1~ms4 进行等位测验,明确了他发现的雄性不育突变体 L-78-387 与 ms1 等位。孙寰(1991)从美国引进核不育材料,并以实际应用这些不育系为主要研究目标。但引入的不育系熟期不适合当地条件,有的病害严重,同时均携带美国大豆细胞质,给实际应用带来一定困难。针对这些问题,将不育基因转入吉林 3 号、吉林 16、吉林 20、吉林 21 等优良大豆品种中,并将美国大豆细胞质转换成中国大豆细胞质。赵丽梅等(1994)报道了详细转育过程。以吉林 16 不育系(ms2)转育为例,具体过程如下。

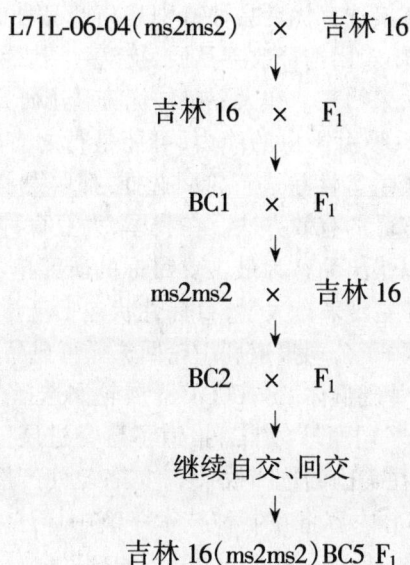

$$L71L\text{-}06\text{-}04(ms2ms2) \quad \times \quad 吉林 16$$
$$\downarrow$$
$$吉林 16 \quad \times \quad F_1$$
$$\downarrow$$
$$BC1 \quad \times \quad F_1$$
$$\downarrow$$
$$ms2ms2 \quad \times \quad 吉林 16$$
$$\downarrow$$
$$BC2 \quad \times \quad F_1$$
$$\downarrow$$
$$继续自交、回交$$
$$\downarrow$$
$$吉林 16(ms2ms2)BC5\ F_1$$

应用上述方法转育成吉林 20(ms1)、吉林 21(ms1)、吉林 16(ms2)、吉林 3 号(ms3)和吉林

16(ms4)5个不育材料。由于ms6基因与白花紧密连锁,白花植株绝大部分为不育株,紫花为可育株,可依据花色判断育性。同时紫花基因W1有一因多效作用,紫花植株苗期下胚轴为紫色,白花植株下胚轴为绿色,于苗期拔掉紫茎幼苗,使不育株率大大提高,有可能用于杂交种生产。鉴于ms6有较高的利用价值,又将ms6基因转到42个东北三省的优良大豆品种中。不育系以两种方式保存,即杂合体保存和保持系保存。前者是单株收获可育株,利用一部分种子进行后代鉴定,凡后代出现育性分离的单株即为杂合体Msms。种植杂合体可得到1/4不育株。后者是以纯合msms不育系为母本,以杂合Msms可育株为父本,在隔离条件下自由传粉或人工杂交,收获不育株上所结种子。下年种植可分离出50%不育株,50%可育株,继续在不育株上收获种子,群体可不断扩大,只要隔离得当,纯合msms的频率基本保持不变。

(二)核不育的应用

核不育材料,主要用于以下3个方面。

1. 轮回选择　利用核不育进行轮回选择,避免了效率极低的人工杂交,大大简化互交过程。这是核不育系在大豆遗传改良实际应用中最有价值、最为普遍的一个方面。美国开展较早,有的利用人工杂交,有的利用核不育系。我国大豆轮回选择研究开始较晚。孙寰(1985),Lewers(1997),对大豆轮回选择作了综述。

吉林省农业科学院(赵丽梅等,1994)选择高油、高产和遗传基础较广的材料,通过复合杂交或链式杂交构建了高油、高产和广遗传基础3个轮回选择基础群体,并开展了轮回选择。基础群体中引入了育性稳定、不育系结实率较高的ms2ms2基因。为了减少不育系遗传背景在基础群体中的比例和单一细胞质的影响,在导入不育基因后,先回交并转换细胞质,然后再互交。不育系采用高产、高油、有国外大豆血缘的吉林16(ms2ms2),构成群体的其他品种按育种目标选择,数量不等。经过几轮选择,取得一定遗传进度,但没有选出符合育种目标的品系。轮回选择需要较长时间,利用不育系作载体,育种群体要适当隔离,成本较高。不育基因的存在往往影响产量等性状鉴定的精确性,需要在一定阶段去除不育基因。与常规育种相比,利用轮回选择直接选育优良品种特别是高产品种的速度慢,概率低,很难适应竞争激烈的商业化育种。利用轮回选择改善品质、抗病性、抗逆性等性状,导入外来种质积累优良基因,创造育种材料效果明显。在大豆杂种优势利用研究中,利用轮回选择提高不育系的异交率,以及提高恢复系吸引昆虫的能力,可能是行之有效的方法。Teuber等(1983,1990)对苜蓿花托直径及泌蜜量等性状进行轮回选择,都取得了进展。先选择花托直径,再选择泌蜜量本身,是提高泌蜜量的有效方法。在我国,大豆育种投入较低,像轮回选择这样短时间不易见效的项目,在以快出品种为最主要目标的研究单位,很难坚持下去。在美国,大量的轮回选择研究与报道主要来自大学,目标性状包括产量、产量构成因子、品质、抗病性、抗逆性、熟期等。很少有种子公司报道利用轮回选择育成品种。南京农业大学利用美国北卡罗来纳州立大学合成的基础群体RS6Y(Co)开展轮回选择,该群体携带ms1不育基因,选择同时在美国和中国进行。司丽珍(2002)报道了研究进展,经两轮选择,产量分别增加9.45%和5.63%。同一群体在美国的选择效果不佳,各轮间产量差异不显著。

2. 昆虫传粉研究　这部分内容将在制种技术一节中详述。在核不育基因转育过程中发现,同一个大豆品种或品系,携带不同的不育基因时,结实率不同;携带同一不育基因但遗传背景不同的材料,结实率差异也很大;同一个不育材料在不同年份,结实率变化明显;遗传背景完全相同的不育系,不同不育株之间,结实率差异极大,从完全不结实到结数百个荚。这些信息为杂交大豆制种技术的开发提供了重要依据。特别是对环境、不育系基因型对结实率的影响有了初步认识。

3. 选育杂交种和测验杂种优势　利用核不育系配制杂交种在其他作物上已有应用。如水稻、棉花和油菜等均有杂交种投入生产。隐性核不育用于杂交种生产的主要问题是不能在母本行获得 100% 的不育株,须在开花前或开花时去掉大约一半可育株。

由于大豆花小,花药不暴露,根据花器外观无法判断育性,只有利用相关性状拔除可育株才有可能。ms6 就具备这一条件。然而,到目前为止,还没有实际应用 ms6 大量生产 F_1 杂种供农民应用的例子。Lewers 等(1996)利用花色与 ms6 基因共分离的材料生产杂交种,于苗期和花期在母本行拔除紫茎和紫花植株,依据结实和用工等情况,比较了 3 种不同产生杂种的效率,以利用 ms6 共分离的方法为最佳。由于不育株的结实率不理想,以及相互连锁的基因间产生交换作用,母本行会产生白花(绿茎)可育株,很难识别,无法得到大量高纯度的杂交种用于生产,但利用 ms6 生产少量试验用杂种是可行的。

Carter 等(1992)发现,ms5 与控制绿子叶的基因 d1d2 连锁,利用这两个基因的共分离,可以将可育的 Ms5ms5(黄子叶种子)与不育的 ms5ms5(绿子叶种子)在播种前区分开来,母本行可以得到接近 100% 的不育株。这是利用不育性状与其他形状紧密连锁而区别不育与可育的又一个例子。Burton 等(1983)提出另一个利用绿子叶的方法。将带有纯合 d1d1d2d2 绿子叶基因的大豆转育成任何一个核不育系如 ms1,ms2 等的保持系,即可育的 Msmsd1d1d2d2 与不育的 msmsd1dd1d2d2 呈 1:1 的比例分离。在隔离区内,令该分离群体与任何黄子叶的正常可育大豆互交,只在不育株上收获种子。黄子叶者为杂种,绿子叶者为同胞交配的结果,下年仍产生育性分离,可再利用,优点是在播种前即可区分杂种与非杂种。

一般情况下,利用核不育系,需在母本行去掉 50% 可育株,使播种量增加 1 倍,由于大豆播种量大,种子成本大大提高。同时,母本行分离群体中不育株的分布是随机的,拔除可育株后,不育株分布不均匀,出现大段断条和局部不育株高度集中的现象,给杂种生产带来一定困难,这也在一定程度上影响核不育系应用于商用杂交种生产。

二、细胞质不育

细胞质雄性不育,广泛用于农作物杂种优势利用。该系统由不育系、保持系和恢复系组成,又称为"三系"法。高粱、水稻、油菜和向日葵等均应用细胞质雄性不育系生产杂交种。20 世纪 70 年代以前,玉米杂交种生产也大量应用"三系",由于玉米小斑病的肆虐才停止使用。与核不育相比,其最大的优点是可以在母本行获得 100% 不育株。

(一)不育胞质源

如前所述,Davis(1985)在一项专利中报道了第一个大豆细胞质雄性不育系统。该专利称在大豆品种 Elf 中发现了不育细胞质,两个隐性核基因 r1r1 和 r2r2 同时存在可保持不育,它们分别来自 Bedford 和 Braxton 两个大豆品种。至少有一个恢复基因 R1 或 R2 即可恢复可育。发明人还列举了一系列美国大豆品种,按恢保关系进行了分群。看起来一切都很严谨。这项发明直接关系到吉林省农业科学院于 20 世纪 80 年代初启动的同类研究项目。在 Davis 专利公布后,项目组立即依据专利说明书开展了较大规模的验证性研究。相继检查了大量 Elf × (Bedford × Braxton)F_1、F_2、F_3 杂交后代单株的花粉育性,全部为可育,未发现任何花粉不育率显著提高的单株。所测验的单株数量,足以保证不会漏掉基因型为 S(r1r1r2r2)不育植株。这些试验至少表明,品种 Elf 是否携带不育细胞质以及是否利用 Elf 选出了细胞质不育系值得怀疑。世界上其他关心该专利的科学家也做过类似的试验,均未获得不育系(个人交流资料),Davis 的专利已经过期,从未见过有关该专利应用的报道。

孙寰等(1993,1994,2000)和 Sun 等(1994,1997,2001)在一个栽培豆与一年生野生豆远缘杂交组合 167 × 035 中,发现 F$_1$ 花粉高度不育,不同年份间变化很小,花粉败育率在 88.01% ~ 92.7%之间。反交组合 035 × 167 为半不育。经试验证实,半不育是由野生豆 035 染色体易位引起的。正反交 F$_1$ 育性的差异,表明 167 细胞质对育性有影响,经 5 代连续回交,于 1993 年育成具有野生豆表现型的细胞质雄性不育系 OA 及其同形保持系 OB。167 为地方品种汝南天鹅蛋,035 为野生大豆 5090035。在上述回交尚未完成时,即以 OABC3 为母本在栽培豆中测交。1995 年育成回交 5 代的栽培豆不育系 YA 及保持系 YB(伊川绿大豆),并实现了“三系”配套。

李磊等(1993,1995)发现,以中豆 19 为母本的一些杂交组合,如 8909 和 8912,F$_1$ 或更高世代出现不育株,而反交则育性正常。凡 F$_1$ 不育的组合都有中豆 19 细胞质,认为中豆 19 细胞质可能携带不育基因,而父本细胞核含有显性不育基因,质核不育基因的互作产生 F$_1$ 不育。Peng 等(1994)发现中油 89B 携带不育细胞质,与显性核不育基因结合,产生质核互作雄性不育。中油 89B 的细胞质源于 ZD8319,即中豆 19。上述两位作者当时虽然没有育成细胞质雄性不育系,但对确定中豆 19 含有不育细胞质提供了足够的遗传信息。

以中豆 19 细胞质为基础,张磊等(1997,1999b,1999c)育成了 W931A、W933A、W936A、W945A、W948A。赵丽梅等(1998)育成了不育系 ZA。许占友等(1999a,1999b)育成了阜 CMS1A、阜 CMS2A 和阜 CMS3A 等一大批不育系。

赵丽梅等(1998)还发现与上述两个胞质源来源不同的另一栽培大豆 XXT 也携带不育细胞质,并育成了不育系,相关研究正在进行之中。

Gai 等(1995),盖钧镒等(1999)和丁德荣等(1998),Ding 等(1998,1999,2002),白羊年等(2003a),发现杂交组合(N8855 × N2899)F$_1$ 高度不育,经正反交试验,确认 N8855 携带不育细胞质,并育成了不育系 NJCMS1A。白羊年等(2003b)以 N8855 为不育胞质源,以 N1628 为核基因供体,育成了 NJCMS2A。与组合(N8855 × N2899)不同,(N885 × N1628)F$_1$ 完全可育,作者认为,前者的高度不育是由 N2899 的特殊核背景造成的。尚不知 N8855 是否与上述 3 种不育细胞质源之一相同或不同。

彭玉华等(1998)报道了一个特定的杂交组合,其 F$_1$ 花粉高度不育,雌性可育。F$_1$ 经人工授粉或天然杂交后,回交一代分离为可育和不育。晚播时,两者比例为一比一;早播时,不育株比例大大减少。雄性不育的特征是花药无花粉或花粉很少,活力低下。作者认为不育“是由细胞质和一显性基因控制”,育性的表现与开花时的条件有关,晚开花(7 月 31 日以后)或晚播(6 月 21 日以后)不育,相反则可育,育性受光温条件影响。虽然没有明确指出该不育系统为细胞质不育,但从对不育原因的分析和文中提到“不育细胞质”,可以认为是细胞质不育。作者没有报道父母本名称和来源,也没有做正反交试验,暂无法对细胞质进行归类,期待有进一步的研究结果。细胞质雄性不育系及其 F$_1$ 杂种的育性受环境条件影响,这在许多作物中是常见的。

为了区别不同的不育胞质和简化不育细胞质源的称谓,孙寰等(2003)按不育胞质的来源对不育胞质进行了归类。称汝南天鹅蛋胞质为 RN 胞质,中豆 19 胞质为 ZD 胞质,XXT 胞质为 XX 胞质。N8855 胞质仍称 N8855 胞质。目前,RN 胞质主要在北方应用,ZD 胞质、N8855 胞质在南方使用较多,XX 胞质尚未在育种中应用。上述分类只是简单的按来源划分,RN、ZD、XX 胞质和 N8855 胞质在遗传上、恢保关系上和 DNA 水平上是否相同,有待进一步研究。看来,含有不育细胞质的种质至少在中国大豆种质资源中并不稀有,经过大量测交,可能进一步在栽培豆中发现更多的不育胞质,也可能在野生豆中找到不育胞质。中豆 19 是在我国南方推广面积较大的优良品种,凡以中豆 19 为细胞质供体的衍生系,以及中豆 19 的原始亲本(暂编 20)均含有不育细胞质。不同的不育胞质,不仅影响不育系本身的遗传特点、恢保关系以及"三系"选育的难易,也影响不育系和 F_1 杂种的育性稳定性、产量表现、抗病性等。在多种不育胞质存在的情况下,常常只有少数几个广泛应用于杂交种生产。玉米雄性不育细胞质按来源分有上百种。按与特定品系测交后代恢保关系划分,基本有 3 类,即 T 型、S 型和 C 型。只有 T 型不育胞质不育系曾经在生产上广泛应用。T 型胞质易受玉米小斑病的专化侵染,致使 1970 年小斑病蔓延,造成美国玉米严重减产,T 型不育系也因此停止使用。这一事件成为论述单一细胞质的危害及潜在危险性的典型事例。水稻也有多种不育细胞质,如野败型、矮败型、冈型、D 型、红莲型、BT 型、滇一型、滇二型、印尼水田谷型等,其中野败型应用最广。油菜中有大量来源不同的不育胞质,研究较多的有萝蔔胞质、nap 胞质、波里马胞质、陕 2A 胞质、tour 胞质、MSL 胞质等。以波里马胞质应用为最广。

大豆杂优利用处于早期阶段,首先应对现有不育胞质进行充分研究和利用,扩大应用规模,比较不同来源胞质的优缺点。同时,应十分重视挖掘新的不育细胞质,以便从中选出易于找到保持系和恢复系、育性稳定、不育胞质不良影响最小的优良细胞质。通常的做法是,以未知胞质的材料做母本,用已知胞质的保持系、恢复系和介于恢保之间的典型材料为父本测交,检查 F_1 和 F_2 花粉育性,发现不育株进行回交。

(二)育性遗传

细胞质雄性不育可分为两大类,即孢子体不育和配子体不育。孢子体不育是孢子体基因型决定雄配子的育性。不论孢子体的基因型为可育基因纯合(RfRf)还是杂合(Rfrf),雄配子都是可育的,与雄配子本身的基因型是 Rf 还是 rf 无关。只有孢子体的基因型为纯合 rfrf 时,雄配子才是不育的。玉米的 T 型、C 型不育系,水稻的野败型、冈型和矮败型不育系,均属孢子体不育。配子体不育是配子本身的基因型决定雄配子育性。不论孢子体的基因型为可育基因纯合(RfRf)还是杂合(Rfrf),雄配子 Rf 始终可育,rf 不育。因此,配子体不育类型 F_1 植株花粉为半不育,F_2 分离出 50% 完全可育株,50% 半不育株,基本分离不出不育株。玉米的 S 型不育系,水稻的 BT 型、红莲型、滇一型、里德型,属配子体不育。孢子体不育类型花粉败育发生较早,育性较为稳定。配子体不育类型花粉败育发生较晚,育性相对不稳定,易受环境条件影响。

有关大豆细胞质雄性不育的遗传研究报道很少。孙寰等(2000,2001)通过遗传试验证明,具有 RN 胞质的不育系,属配子体不育。就用于遗传实验的组合(167 × YB)F_1、F_2,(YA × 167)F_1、F_2,YA × (167 × YB)F_1,YA × (YB × 167)而言,恢复基因为单基因。主要遗传现象为:①基因型 S(Rfrf)为半不育,花粉败育率接近 50%。由于 50% 可育花粉即可充分授粉,成熟时植株表现为完全可育。②上述基因型的 F_2 代只分离出可育与半不育两种基因型,即 S(RfRf)和 S(Rfrf),不出现不育株,或只出现少量不育株。③只有 S(Rfrf) × N(rfrf)或 S(rfrf) ×

N(Rfrf)回交组合的 F_1 代才能分离出不育株。④S(rfrf) × S(Rfrf)后代全部为半不育。这是典型的配子体不育分离现象。细胞质为不育细胞质时,rf 基因只能通过雌配子传递,而不能通过雄配子传递,亦即携带 rf 的雌配子有生活力,而携带 rf 的雄配子无生活力。

由 ZD 胞质导致的不育的遗传,研究结果很不一致。张磊等(2001)和戴欧和等(2002)指出,不育属于配子体不育。F_1 杂种花粉败育率在 43.3% ~ 51.8% 之间,植株结实正常,全部为可育。F_2 代植株亦全部可育,不分离出不育株。这些现象都是配子体不育的典型特征。但是否是配子体不育,还需以精确的试验数据来证明。提供 ZD 不育胞质的中豆 19 在与某些含有核不育基因的材料杂交时,F_1 高度不育。李磊等(1993,1995)、Peng 等(1994)、许占友等(1999a)据此认为核不育基因为显性。张磊等(1999)也发现 F_1 高度不育现象,但认为核不育基因为隐性而不是显性。F_1 高度不育是由于存在一个“修饰抑制”基因所致。当 RfRf 一对可育基因同时存在时,表现可育;当处在杂合基因型 Rfrf 时,修饰基因的补偿作用就足以抑制其中一个 Rf 的表达,而使其中另一个不育基因 rf 得到表现。

不育胞质源 N8855 与某些含有核不育基因的材料杂交时,如 N8855 × N2899,F_1 也高度不育(Gai 等,1995),与上面提及的 ZD 胞质的遗传特征类似。白羊年等(2003)认为,N8855 胞质引起的不育,其核不育基因为 2 对隐性重叠主基因。

(三)育性稳定性

细胞质雄性不育系在一定条件下都存在育性发生转换的问题。育性是否稳定,不仅对不育系和杂交种的纯度有很大影响,还决定一个不育系能否用于配制杂交种。孙寰等(1997,2000)在不同地点和不同年份种植野生型大豆细胞质雄性不育系 OA 和保持系 OB,观察花粉育性,不育率均接近 100%。利用人工气候箱,对 OA、OB 进行了严格的控光、控温试验。在光照时间固定为 14 h,昼夜温差分别为 25℃/15℃、30℃/20℃ 和 35℃/25℃ 时,不育系 OA 均表现高度不育,花粉败育率为 99.6% ~ 100%。昼夜温度固定在 30℃/20℃,光照时间分别为 12.5 h、14 h 和 15.5 h 时,不育性也极为稳定,花粉败育率为 99.65% ~ 99.96%。保持系 OB 在不同的光照和昼夜温度处理下,均表现高度可育。Smith 等(2001)的试验证实了这一点。然而,不同栽培大豆不育系间育性稳定性有很大差异。有些不育系育性不稳定,在不同年份,不同地点,育性变化较大。甚至在同一年份,植株的不同部位(如主茎与分枝,主茎的不同节位等),花粉育性亦有差异。但多数不育系高度稳定,经多年在不同环境下种植,均保持很高的不育度。JLCMS29A 和 JLCMS4A 于 2001 年同时在我国吉林省和美国印第安纳州种植,花粉败育率均高达 100%。而另一不育系在吉林省不育率为 100%,在印第安纳州则为 88.6%。不育系育性是否稳定,主要取决于保持系。在不育系选育初期就应该注意育性稳定性问题。与不育系的稳定性相比,杂种 F_1 的育性稳定性更为重要。它在很大程度上决定一个杂交种能否大面积应用于生产。尤其是配子体不育,多数组合 F_1 只有 50% 可育花粉,在一定条件下,可育花粉百分数可能大幅度减少,造成 F_1 不结实。大量的多年多点 F_1 测产结果表明,有些组合育性稳定,而有些组合稳定性差。可育花粉百分数可在低于 50% 到接近 100% 之间变化。F_1 杂种的育性稳定性与双亲都有关系,而恢复系的恢复能力起主导作用。初步观察表明,极端环境条件,如高温、干旱可诱发不育,而土壤干旱的影响似乎更为明显。在无条件做精确控温、控水试验的情况下,多年、多点试验是育性稳定性鉴定可行而有效的方法。尤其应注意高温、干旱地点的选择与应用。加大鉴定的选择压力,对目前已有的 4 个不育细胞质源 RN、ZD、XX 和 N8855 进行不育系和 F_1 育性稳定性比较试验和寻找新的不育细胞质,是提高育性稳定性应优先考虑的几个途径。野生型不育系 OA 的育性高度稳定有些出乎意料。几乎所有作物的细胞质雄性不育系及杂种 F_1 在一定条件下都可能发生育性变化,而且配子体不育比孢子体不育更不稳定。野生型不育系 OA 育性超乎寻常的稳定,其生物学意义是什么? 有待进一步研究。搞清这一问题具有重大的理论意义和实践意义。野生不育系 OA 存在染色体易位,育性稳定是否与染色体易位有关,是首先想到的答案。染色体易位后,在特定的染色体上,基因的排列顺序发生了变化,如果控制光温反应的主基因恰好在断裂点附近,基因间相互作用的关系发生了变化,有可能抑制了与育性变化有关基因的表达。OA 育性稳定的另一种可能是,细胞质和细胞核来自不同物种。RN 胞质来自栽培豆,OA 细胞核来自一年生野生豆。傅廷栋(2000)详述了油菜不育系育性与环境的关系。不育细胞质的来源不同,育性稳定性也有差别。来自异种不育胞质的雄性不育类型,如 Ogu cms、tour cms,育性受环境影响小,但不易找到恢复源。来自品种间不育胞质的不育系,如 Pol cms、陕 2A cms、nap cms 等易受环境影响,但恢复源多。如果 OA 的育性高度稳定与异种细胞质有关,那么,在野生大豆中寻找不育细胞质就十分必要。

(四)"三系"选育

1. 测交筛选　与其他作物细胞质不育系选育的初级阶段一样,在获得第一个或第一批不育系后,立即以已有不育系为测验种,以优良大豆品种或品系为父本大量测交。这是紧密连接杂种优势利用与常规育种、充分利用常规育种遗传改良成果的重要环节。经过测交和回交,既可以选出新的不育系和保持系,也可以选出恢复系,这是国内几个主要从事大豆杂种优势利用研究的单位正在进行的工作。大量测交的意义不仅在于可迅速选出"三系",更重要的是,通过对测交结果的分析,可以了解保持基因和恢复基因在大豆种质资源中的分布规律,有的放矢地选择被测亲本,使新一轮测交更有效。

测交主要是进行杂交和检查后代育性。由于大豆花器构造特殊,使大豆的测交效率非常低。大豆花小,雄蕊和雌蕊被龙骨瓣遮盖,杂交难,直观检查育性更难。在这种情况下,如何利用有限的人力物力资源,尽快选出优良保持系和恢复系,应根据育种单位的实际情况具体分析。

杂交方式:可选择人工杂交和昆虫传粉两种方式。人工杂交虽然效率低,但优点是较为灵活,在开花期除按预定方案杂交外,还可临时改变测验种和被测亲本,不需隔离条件和传粉昆虫。在杂种优势利用研究刚刚启动,尚未建立以昆虫传粉为主的育种体系时,只能采用人工杂交。由于测交的主要目的是确定恢保关系,需要的 F_1 测交种不多,已经应用昆虫传粉时,在很多情况下也采用人工杂交。昆虫传粉可省大量人力,缓解短暂的开花期间对熟练杂交操作人员的需求,同时可得到大量测交种,对那些被测材料含有恢复基因的组合,下年可观察 F_1 的农艺性状和产量表现。在不育基因存在非等位基因,或影响不育性的保持与恢复的微效基因数目或效应在测验种中有差异时,应选择 2~3 个在恢保关系上有差异的不育系作测验种,同时与一个被测亲本杂交,在这种情况下,采用昆虫传粉最为方便。

育性观察:测交种 F_1 育性的确定是测交的核心。育性的确定可采用 3 种方式:①显微镜观察花粉败育率;②肉眼观察花药散粉情况;③成熟期观察整株结实情况。其中以显微观察花粉败育率最为精确可靠,可以定量地区别出不育、半不育和可育的程度。但检查花粉耗时费力,全部镜检操作有困难。肉眼观察花药散粉比镜检速度快,由于不必将样本带回室内,减少了"张冠李戴"错误的概率。肉眼观察对确定高度不育、花药不散粉较为准确,但对判断介于可育与不育之间的材料有较大误差。成熟期观察整株结实情况，理论上应是判断育性最直接、最可靠的方法。但由于大豆是严格的自花授粉作物，花粉败育率达60%～70%仍能正常结实(赵丽梅等，2004)。花粉败育率高于70%时，虽然结荚明显减少，却仍能正常落叶，表现不出典型的不育株特征。因此，单凭成熟时结荚情况，区别不出F_1植株实际的花粉败育程度，对判断恢复系的恢复能力很不利。典型不育株成熟时结荚很少，延迟落叶，结有大量未受精的不实肉荚，一般情况下容易识别。但在一定条件下，由于天然昆虫传粉效果好，某些不育株也大量结荚，甚至区分不出不育株与可育株。根据测交的不同要求，灵活、搭配运用以上3种方法会取得更好效果。

(1)不育系、保持系选育　新不育系选育，实际上是选择保持系。应用于杂交种生产的不育系，首先应具备优良常规大豆品种所共有的特点：自身产量较高，品质好，熟期适合，抗病虫等。同时，又要具备符合杂交种选育特殊要求的其他特点：高度不育且育性稳定，高配合力，高异交率，可概括为"三高"。在测交过程中，准确掌握F_1花粉育性，对迅速育成不育系至关重要，最好采用镜检法检查花粉。用携带RN不育胞质的不育系做测验种时，F_1花粉高度不育者(败育率95%以上)，经1～2代回交，败育率可稳定达到100%，继续回交到4～5代即可育成新的不育系和保持系。用这些被测亲本育成的不育系，往往表现为育性高度稳定。只有极少数材料回交后败育率不断下降，应立即淘汰。有些F_1花粉虽然达不到如此高的败育率，但经过连续回交，不育率不断上升，最终也可育成不育系。那些F_1花粉败育率在70%～80%之间的材料，基本不能育成不育系，应果断淘汰。由2个以上基因控制的不育系统，测交时情况较为复杂，应根据具体情况确定取舍。

在测交过程中，注意观察和记录不同世代不育系的自然结荚情况，对确定异交率的高低和发现高异交率不育系有重要参考价值。

不育系配合力的高低，无法在测交时获得有关信息，只能通过实际的配合力测定加以评价。但在选择被测亲本时，充分考虑其与常用优良恢复系的遗传距离，会增大选出高配合力不育系的机会。

(2)恢复系选育　与不育系一样，恢复系首先应该是优良的大豆品系。同时，好的恢复系要有较强的恢复能力，恢复谱广；配合力高；花粉数量多，对昆虫有吸引力。在测交过程中，F_1花粉败育率高低，是恢复系恢复能力强弱的重要标志。具体判断标准与不育系统的遗传机制有关。孢子体不育时，F_1花粉败育率应该很低。配子体不育，F_1花粉败育率在50%左右。对于选择恢复系来说，败育率越低越好。

仅凭F_1花粉败育率还不能完全确定被测亲本的恢复能力，因为采用人工杂交获得的测交种种子数量很少，很难观察后代的恢复株率，尚须与若干常用不育系在隔离棚内杂交，产生数量较多的F_1种子，以计算恢复株率。F_1代出现较多不育株的组合，应淘汰被测亲本。恢复系选育和不育系选育一样，选材测交时应考虑与保持系的遗传距离。恢复系的配合力、恢复能力，只能通过与不育系广泛杂交，观察后代表现来评价。对于大豆恢复系的授粉能力与什么性状有关，研究资料很少，缺少结论性的研究成果，比较一致的看法是，开花多的品种、糖类和芳香族挥发物多的大豆基因型可能吸引较多的传粉昆虫。不同基因型间每天单株开花量以及整个生育期开花总量有很大差异。至于这两个性状与不育系异交率的关系，还未见报道。白羊年等(2002)调查了花器中可能与传粉有关的性状，如花瓣大小、龙骨瓣开张角度、散粉性、花粉数量、雌性育性等，发现多数性状在不同基因型间有明显差异，有改良空间。和开花数与花分泌物一样,上述性状与异交率有什么关系,也需进一步研究。作为花粉供给者的恢复系,花粉数量多,散粉性好显然有利于授粉。花器以外的性状,如开花期冠层的通透性、单株枝叶的繁茂程度、结荚习性、花的暴露程度等也有可能影响昆虫传粉行为。

2. 其他方法　在杂种优势利用育种中,常出现以下两种情况:一是经过大规模测交后,资源中具有保持和恢复基因的优良材料已经充分挖掘,需要选出配合力更高、综合表现更优越的新一轮"三系"。二是在育种群体中,不易找到保持基因或恢复基因;杂交种亲本品质差;亲本不抗病虫等。为了克服上述缺点,常常要对"三系"进行改良。最常采用的方法是杂交分离法和回交法。袁隆平(2002)、傅廷栋(2000)分别叙述了杂交分离法和回交法在水稻和油菜"三系"选育中的应用情况。由于这两种方法在大豆杂优利用上的应用实例很少,这里暂不详述。

三、化学杀雄

化学杀雄是通过喷洒杀雄剂人工临时"制造"不育系的方法。小麦等作物应用杀雄剂非常成功,近年来杀雄剂的效果大大改进也更加专业化。杀雄剂在大豆上的应用研究很少,主要问题是大豆开花时间长,可能需要多次施药,因而影响大豆发育,也更容易受天气条件影响。现代生物技术为化学杀雄开辟了新路。有些导致不育的基因可能受某种化学物质影响,利用这些化合物作为育性的"开关",人工控制育性。孟山都发明了用除草剂草甘膦(农达)做杀雄剂的方法,即不让抗农达基因在花药表达,通过喷施农达杀死雄配子,使大豆不育。这项发明如果被证实可行,是很有意义的。

第四节　杂交种选育

一、杂种优势测验

大豆是否有较强的杂种优势,一直是有争议的问题,主要是因为有关杂种优势大小的试验证据不充分。大豆是典型的自花授粉作物,花小且去雄困难,人工杂交效率很低,很难产生足够的 F_1 种子供标准的行播小区测产。现有的试验资料中,特别是早期的试验,很多是稀植穴播的测产结果。Palmer 等(2001)归纳了国际上有代表性的若干试验。其中为稀植或行播,但收获时不去掉边行的试验 14 个,458 个组合,平均超中亲优势从 14% 至 64%,超高亲优势从 4% 至 34%。其中有 3 项试验共 124 个组合为中国科学家马育华等(1983)、黄承运等(1993)、王跃强等(1999)所做的试验。同时,还列举了较为正规的试验 5 项共 73 个组合。在这些试验中,收获时去掉边行,多数都在两个地点、两年进行测产。平均超中亲优势在 2%~28% 之间,超高亲优势为 -4%~20%(分别为 -4%,2%,3%,6%,20%)。有 3 项试验测验了 F_2 优势。其中 89 个 F_2 群体超中亲优势在 7%~11% 之间,34 个 F_2 群体超高亲优势在 -9%~13% 之间。上述结果表明,大豆的超高亲优势相当明显,但在较为正规的试验中,无论是超中亲还是超高亲优势率都有所降低。如超高亲优势,只有一项试验达到 20%,其他都未超过 6%。不过在每项试验中,都有个别组合出现相当可观的超高亲优势,同时,超高亲组合占所有供试组合的比例也较高。上述 5 项试验的 73 个组合中,有 53 个组合超高亲,占 73%。

除小区产量外,在产量构成因素中,单株荚数、单株粒数有明显超亲优势,百粒重等优势不明显。蛋白质和脂肪含量的优势也不明显。Sabbouh 等(1998)观察到了蛋白质和脂肪有超中亲和超高亲优势,但其大小不具有商业意义。

国外对大豆杂种优势大小的研究最早见于 1924 年,Wentz 等研究了大豆杂种优势,发现产量和株高等有优势。1930 年,Veatch 报道了 16 个杂交组合的 F_1 优势研究。我国王缓等于 1947 年研究了 F_1 优势。原山西农学院农学系(1972)报道了 81 个杂交组合 F_1 超中亲优势的研究结果。88.1% 的组合有超中亲优势,单株荚数、粒数和粒重这 3 个与产量有密切关系的性状优势最为明显。此外,有效分枝数、株高和有效节数优势也很明显,但百粒重优势不大。原东北农学院大豆室(1977)考察了 49 个组合中 7 个性状的优势情况。从 49 个组合总平均来看,各性状均未表现出明显优势。但各组合差异很大,在产量性状优势突出的 4 个组合中,单株粒重、粒数和荚数的超高亲优势率分别达到 50.3%、50.6% 和 28.9%。李磊等(1998)考察了 8 个组合的 F_1 优势,产量的超高亲优势非常明显,多数都在 50% 以上,只有 1 个为负向超亲。单株荚数、茎粗和生物产量超高亲优势明显,认为可以作为目测筛选强优势组合的指标。于伟等(1999)探讨了 F_2 利用的可能性。在 8 个组合中,有 3 个组合 F_2 较对照增产 15.3% ~ 22.6%,据此认为,通过人工杂交产生高优组合 F_1 种子,F_2 用于生产田是可行的。张磊等(1999a,2001)利用核不育系和质核互作不育系配制组合,研究杂种优势大小。利用核不育系 Wh921 的不育株为母本,与 6 个不同品种杂交,全部 6 个组合的 F_1 产量均超过父本,平均超过 40%。在产量构成因素中,单株荚数优势大于单株粒重,百粒重优势最小。与产量密切相关的其他性状中,分枝数和茎粗优势大。由于作者没有将 F_1 产量与母本的同型可育株(MsMs 或 Msms)比较,因此其优势不能称为超中亲或超高亲优势。作者还以细胞质雄性不育系 W931A 为母本,与 3 个恢复系杂交,其 F_1 产量在蒙城和合肥 2 个试点平均都超过对照中豆 19,增产幅度达 29% ~ 47.63%。原吉林市农业科学研究所育种研究室大豆组(1973)调查了 9 个杂交组合几个性状的杂种优势。超中亲优势率最高的为株高和主茎节数,均大于 20%,其次为单株粒数、百粒重等。一般说来,株高的优势不是普遍的,随组合的不同变化很大。田佩占(1984)研究了 17 个组合中 19 个性状的优势表现。F_1 单株粒重在全部组合中都表现出超高亲优势,也是各形状中优势指数最高的,为 148.26%。其次是叶柄干重、单株荚数、单株粒数等。性状间相关分析表明,F_1 单株粒重、单株荚数、单株粒数和双亲平均干物重有显著或极显著正相关。F_1 单株荚数、粒数、百粒重与双亲经济系数平均值呈显著或极显著正相关。陈恒鹤(1981)研究了 10 个组合 F_1 杂种的优势表现。与产量密切相关的单株粒重、单株荚数和单株粒数均显著超中亲。其中,单株粒重超高亲 37.7%,达到显著程度。生育期、开花期、每荚粒数、百粒重、株高等优势不明显,近于中亲值。

我国于 1993 年育成细胞质雄性不育系后,大豆杂种优势利用研究迅速向实用化方向发展,大豆是否有较强的杂种优势,越来越引起人们的关注。吉林省农业科学院于 1996 ~ 2000 年期间,组织全国六省七单位开展了大规模的杂种优势测验研究。王曙明等(2002)初步总结了部分试验结果。试验共使用 715 个亲本,配制了 1 326 个组合。第一次产量鉴定采用单行或双行区,测产小区面积不小于 2.5 m^2。结果表明,超高亲优势率平均为 6.8%,超对照优势平均为 11.9%,超高亲优势率超过 30% 以上的组合占 19.8%,超对照优势率超过 30% 以上的组合占 25.3%,超高亲与超对照优势率同时超过 20% 以上的组合占 18.3%。从第一次测产中选出 176 个高优势组合,在两个地点进行第二次测产。超高亲与超对照优势率同时超过20%以上的组合占22.1%。本试验中高优势组合的绝对产量值并不重要，最有价值的是证明了在大豆杂交组合中，同时超高亲又超对照的组合占相当高的比例。试验也表明，多数高优势组合的亲本亲缘关系较远，其中中国品种×外国品种的组合优势突出。

综合上述国内外的试验结果，关于大豆是否有杂种优势以及杂种优势到底有多大，可暂时归纳如下：①与大多数其他作物一样，大豆的产量性状本身有明显的杂种优势。差不多在所有的试验中，都有一些组合 F_1 产量超中亲或超高亲。②大豆产量性状的杂种优势直接体现在大豆产量构成因素的优势上。在绝大多数试验中，单株粒重、单株荚数、单株粒数都表现出较高的优势。百粒重优势不明显。也就是说，大豆杂交种产量的增加，主要是单株和单位面积总荚数和总粒数的增加，单粒种子的重量基本处于中亲值。③与产量构成因素密切相关的分枝数、主茎节数、茎粗、生物产量等也有较大优势。生育期、株高等随组合的不同变化很大，总体上优势不明显。④蛋白质和脂肪含量的杂种优势不明显。同时，这两个重要的品质性状在 F_1 杂种中也没有明显变劣的趋势。⑤大豆植株，特别是 F_1 杂种，对营养面积大小的反应非常敏感。在稀植条件下个体生产力能得到充分发挥。以这种播种方式测得的杂种优势大小非常不可靠。采用 1~2 行小区，收获时无法去掉边行，杂优测验的结果也就被夸大了。杂交种选育的实践也证明了这一点，真正选出优势很强的组合并不容易。利用细胞质不育系及昆虫传粉，大量生产杂交种，在标准条件下（多行、多重复、多试点、多年）测产，搞清大豆杂种优势大小，已成为可能，也势在必行。

二、杂交种选育

到目前为止，全世界只有 3 个正式通过品种审定的大豆杂交种。第一个是由吉林省农业科学院育成的"杂交豆 1 号"，2002 年年末经吉林省农作物品种审定委员会审定，两年区试平均比对照增产 21.9%，抗病，品质好，蛋白质含量 40.36%，脂肪含量 21.1%，属高油杂交种。第二个是由安徽省农业科学院育成的"杂优豆 1 号"，2005 年初经安徽省农作物品种审定委员会审定，区试平均比对照增产 15.37%。第三个是吉林省农业科学院育成的"杂交豆 2 号"，2006 年年初经吉林省农作物品种审定委员会审定，两年区试比对照增产 22.7%。蛋白质含量 40.36%，脂肪含量 20.54%。

大豆杂种优势利用育种还处于起步阶段，或者说处于探索阶段。虽然有了杂交种，但仅有一篇公开发表的杂交种选育报告，从中看不到任何对杂交种选育有普遍意义的信息，尚没有任何关于大豆杂交种选育的实践经验总结，也没有一篇关于大豆杂交种选育方法论方面的文献。这里所谈的一些问题，是笔者在杂交种选育过程中积累的一些经验，难免有武断之处。

(一)亲本选择

1. 选择遗传差异大的亲本组配　在大豆杂交种选育的初级阶段，不育系和恢复系数量很少，亲本间进行所有可能的组配，也只有数量不多的组合。随着"三系"数量的增加，组配方式的选择余地越来越大。这时，优先考虑的组配方式应该是不育系和恢复系的遗传距离。

(1)地理远缘　大豆从起源地向外扩散的过程中，经过长期自然选择和人工选择，遗传基础发生了很大变化。利用地理远缘的材料杂交，F_1 优势明显。这一点在其他作物杂交种选育的实践中已经得到证明。在大豆的杂种优势测验中也观察到同样的现象。马育华等(1983)用 4 个中国品种和 2 个美国品种配制 10 个组合，其中远距离杂交组合 6 个，近距离杂交组合4个,就产量性状而言,近距离组合平均高亲优势为14.3%,而远亲组合平均高亲优势为19.2%。其中以中国品种493-1与美国品种SRF400的杂交组合优势最为突出。盖钧镒(1986)所做的类似试验也证明了这一点。黄承运等(1993)用4个我国东北品种和2个美国品种,按完全双列杂交配制15个组合,发现东北品种×美国品种的杂交模式优势最强。其中黑龙江品种黑农33与美国品种MA1388杂交,F_1优势最为突出,超高亲优势率达64.9%;其次为吉林20×MA1388。王曙明等(2002)统计了1 326个组合中不同组配方式杂种优势的差异。结果表明:除个别试点外,"本地×本地"组合的杂种优势低于"本地(引入)×引入"组合,"中国×外国"的优势最强。经过两次测产后获得的39个高优势组合中,有31个组合是"本地(引入)×引入"和"中国×外国"的组配方式,约占80%。吉林省农业科学院育成的"杂交豆1号"和"杂交豆2号",均是地理远缘的两个亲本组配的。

(2)亲缘关系远 从栽培大豆遗传背景的角度看亲缘关系,大豆不像水稻、油菜、小麦等复杂,种内的分化较小。栽培豆和其一年生野生近缘种之间也没有种间隔离,染色体数目相同,种间杂交非常容易,F_1结实正常。这里所说的亲缘关系,主要指品种之间在系谱上是否有共同祖先,或共同祖先在遗传构成上占多大比例。一般说来,在选择亲本时,应避免双亲有共同祖先,至少共同祖先不应在遗传构成上占有很大比例。由于大豆对光温反应敏感,地理远缘的品种间杂交有时有一定困难,因此,地理远缘的品种间亲缘关系往往相对较远。然而,系谱之间的差异对杂种优势的表现到底有多大影响,还没有充分的试验证据。在Nelson等(1984)所测验的27个杂交组合中,只有5个超高亲13%~19%,其中杂交组合Wells×Bonus超高亲16%,令人惊异的是,两个亲本是来自同一组合的姊妹系。

从杂种优势群的角度看亲缘关系可能更为实用。经过长期的育种实践,已经总结出玉米的杂种优势群。如美国玉米带种质分为Reid群和Lancaster群。中国玉米种质可分为瑞德群、黄改群、旅大红骨群、兰卡斯特群和PN群等。来自同一群的自交系间不相互杂交,只根据育种目标在群间杂交,而且,最基本的玉米优势群在世界范围内相互借鉴。优势群的划分需要依据长期的育种实践经验,也需要由育种实践来检验。大豆杂种优势利用研究历史很短,尚没有足够的遗传信息支持优势群的分类。目前,应该在大量配制和测验杂交组合的同时,对一些使用频率较高的不育系和恢复系进行系谱分析,同时研究各系的一般配合力和特殊配合力。随着分子生物学的快速发展,通过对分子标记确定的遗传距离进行主成分分析(PCoA)或聚类分析,可将不育系和恢复系分成若干类群。将分子生物学的方法、经典遗传方法和育种实践相结合,可加速和推动大豆优势群划分的研究进程。

2. 选择目标性状优良并且可互补的亲本组配 在常规育种中,选择杂交亲本时,也要遵循尽量选择优良性状多、不良性状少、性状间有互补关系的原则,只是在常规育种中有些优良性状会在后代中得以固定,利用的主要是加性效应。杂交种主要利用显性或超显性效应,也利用加性效应,性状互补立即在杂种F_1得到体现。应深入了解性状的遗传模式,例如是主基因为主还是微效多基因,主基因的数目和显隐性关系、性状的遗传力等,这对选育优良的杂交种很有意义。对于显性基因控制的性状而言,只要有一个亲本具有这个性状,就可以在F_1中表达。在大豆育种中,结荚习性、叶型、花色、茸毛色、荚色、子叶色、种皮色、脐色等均有明确的显隐性关系。利用显隐性关系,对抗病虫、抗逆等育种非常有实用价值。如果母本抗一种由显性基因控制的病害,父本抗另一种由显性基因控制的病害,那么F_1将会抗这两种病害。

对一些数量性状,如百粒重、蛋白质和脂肪含量等,更应考虑性状互补。如果一个亲本百粒重过小,或蛋白质(脂肪)含量过低,另一个亲本就应该选大粒或蛋白质(脂肪)含量高的材料。

(二)配制杂交组合

在已经育成大批"三系"的基础上,依据亲本选配原则,具体配制杂交组合,是狭义上的大豆杂交种选育的第一步。杂交组合配制一般在网棚隔离条件下,利用昆虫传粉进行。以吉林省农业科学院大豆杂交种选育为例。网棚有大、小两种规格。小棚为 6m × 4m。行长 4m,行距 60cm。母本不育系 5 行,每行种 8 穴,穴距 50cm,每穴 2 株共 80 株。父本 4 行,密度适当加大,以便提供充足的花粉。由于父母本在开花期、繁茂程度和吸引传粉昆虫的程度不同等差异,不同组合之间母本结实率有很大差异。年度之间也有变化。为了调整开花期,常常需要分期播种。正常年份,平均每株母本结 25 粒种子,每棚可收获 2 000 粒杂交种。实际上,多数组合在大多数年份,每株结荚都超过 25 粒。小棚多用于只需配制少量种子的杂交组合,或用于三系提纯。大棚为 18m × 6m。行长 6m,行距 60cm。母本 15 行,每行播 12 穴,每穴 2 株共 360 株。父本 14 行。每棚可收获 9 000 粒种子。大棚用于繁殖高纯度不育系,或生产较大数量的高优势组合的杂交种。根据育种实践的需要,可采用每个网棚一父多母或一父一母的配置方式。假如每年配 200 个组合,根据育种资源的具体情况,可有两种选择:一是在小棚内通过一父多母配置组合,每组合产生 120 粒 F_1 种子,仅供表型观察,每棚理论上可配置 16 个组合,只需 12 个小棚,至少也可配置 10 个组合,需 20 个小棚。二是每个小棚内只配置 1 个组合,产生 2 000 粒以上 F_1 种子,供表型观察和两次测产用种,需 200 个小棚。根据组合的不同,这两种方法可以同时使用。

(三)F_1 鉴定

F_1 鉴定是整个育种程序的核心环节。相对说来,在常规育种中,亲本间杂交产生的 F_1 本身的表现并不十分重要,因为育种的最终产品,是从 F_1 产生的分离群体中选出的稳定、优良的后代。而在杂种优势利用育种中,F_1 即是育种的最终产品,对 F_1 的鉴定就是关键环节。根据材料的多少和鉴定的层次不同,选择恰当的田间设计和统计方法十分重要。F_1 鉴定可分为初级鉴定和高级鉴定两个阶段。以吉林省农业科学院大豆杂交种选育为例,作如下说明。

1.F_1 初级鉴定

(1)表型观察　主要是观察 F_1 的育性恢复情况、生育期、综合农艺性状。由于不同恢复系的恢复能力不同,可能存在非等位基因和其他原因,不育系与恢复系的杂种 F_1 代,育性恢复情况差异很大。有些组合完全恢复,有些组合不育株率很高。F_1 表型观察首先要淘汰恢复差的组合。一般情况下,F_1 的生育期可根据父母本的生育期大致估计,但有些组合生育期有超亲,如果 F_1 的实际生育期不符合育种目标,亦应果断淘汰。综合农艺性状很难用几句话说明,不同育种家可能有不同的标准。但严重倒伏、不抗主要病虫害的组合一定要淘汰。分枝较为收敛、单株荚多、荚密、株高适当等性状为多数育种家所青睐。同时,对 F_1 表型应全生育期动态观察,注意营养生长是否过旺。

(2)第一次测产　由于第一次测产材料多,常采用 2 行区,4.5m 行长,两次重复,两个地点,完全随机设计。每组合需 240 粒种子。由于收获时不去掉边行,产量数据不十分可靠,只能作参考,保留的比例适当放宽。对于综合性状好但测产结果不十分突出的材料应慎重处理,不宜马上淘汰。可只设当地区域试验中通用的常规品种对照为对照。

2.F₁高级鉴定

(1)第二次测产　经过表型观察和第一次测产选中的组合,进行第二次测产。采用4行区,行长4.5m,3次重复,2个地点。收获时去掉2个边行。每个组合需1 440粒种子。如果条件允许,可增加地点,用种量也相应增大。在正规的区域试验体系尚未将杂交种作为对照的情况下,育种单位应在自身的产量鉴定中,设通用常规品种和高产杂交种2个对照。

(2)抗性及品质分析　根据实际需要,对某些病害进行抗病鉴定。对入选组合进行蛋白质含量和脂肪含量分析。

经过两次测产表现突出的组合,进入区试预备试验或区域试验。

(四)区域试验和生产试验

目前还没有专门为杂交大豆设计的区域试验和生产试验。试材的种植密度、对照品种都按常规品种设计。随着参试大豆杂交种的增加,应根据杂交大豆的特殊要求加以调整。由于区域试验用种量大,应慎重决定哪些组合参加区试。

(五)冬繁圃应用

大豆常规育种,经常在海南岛冬繁加代,但不加人工光照杂交很困难。杂种优势利用育种中的不育系回交加代或生产少量杂种种子,可在有光照的温室内进行。需要生产较大数量的杂交种用于区域试验,或扩繁不育系以加速杂交种推广进度,能否像玉米、水稻等在海南岛进行,值得探讨。吉林省农业科学院曾做过2年试验,由于停电和劣质灯具等非技术原因,试验并不顺利,有些材料开花不好,只有部分试材效果较好,但得到许多有益的经验和启发。主要有以下几点:①10月中下旬播种,11月下旬至12月上旬开花授粉,翌年1月下旬至2月上旬收获。②熟期组Ⅰ、熟期组Ⅱ的材料,出苗后增加光照时间至16h,直至开花。美国波多黎各冬繁圃,熟期组Ⅱ的材料,采用出苗后全天光照2周,后转至14.5~15h,亦可参考。光照度至少为500 lx,照度加大效果好,但成本提高。关于光照度多大最为适宜还需进一步试验。③不同基因型对光照反应不一致。有些组合在吉林省父母本花期相遇,在海南岛相差较大。不育系扩繁较易操作,杂交种制种需调节好播期。④由于切叶蜂正处于滞育期间,以蜜蜂或雄蜂传粉为主。⑤放蜂前彻底灭虫。⑥有时夜间低温(10℃以下),影响翌日开花。以上几点只是初步结果,尚需进一步完善和验证。特别是光照时间和光照度,还需进一步试验。尽管冬繁成本较高,为保证表现突出的组合提前用于生产也是值得的。

三、杂交大豆育种程序

育种程序看起来像是一个育种作业时间表。实际上它是育种实践的科学性、可操作性以及对育种资源利用效率的综合反应。一个育种单位的资源,包括育种经费、土地资源、种质资源、人力和试验设施等是有限的。一个科学合理的育种程序,是以遗传育种的科学规律为基础,高效率地利用可调度的育种资源,最终反应在是否能多出品种、快出品种。因此,育种程序有共性的一面,主要是要遵循生物学规律。同时,育种程序又有特殊性和灵活性的一面,主要是根据育种资源的多寡,特别是育种经费的投入多少,决定育种规模和各育种环节的繁简以及占用资源的比例。因此,育种程序不能有一个固定的模式,也没有标准模式,它是一个育种单位根据自身的资源情况所作出的选择。育种程序中主要环节的具体操作内容已在前面介绍过,这里将育种程序的各个环节作为一个整体,从另外的角度加以讨论。

　　育种程序的设计可有多种方案,下面3种方案是从杂交组合配制开始,到品种审定和推广为止,不包括三系选育(表9-2)。

表 9-2　育种程序设计方案

年序	方案一	方案二	方案三
1	一父多母配组合,每组合120粒	一父一母配组合,每组合2000粒	一父多母配组合,每组合120粒
2	F_1 表型观察	F_1 表型观察第一次测产	F_1 表型观察
3	入选组合制种,每组合2000粒	第二次测产,配制区域试验用种	入选组合制种,每组合2000粒
4	第一次测产	第一年区域试验,配制区试和生产试验用种	第一次测产
5	第二次测产	第二年区域试验,生产试验	第二次测产,配制区域试验用种
6	配制区域试验用种	品种审定、推广	第一年区域试验,配制区域试验和生产试验用种
7	第一年区域试验,配制区域试验和生产试验用种		第二年区域试验,生产试验
8	第二年区域试验,生产试验		品种审定、推广
9	品种审定、推广		

　　三种方案各有优缺点。方案一的优点是最大限度地节省了资源,规避了风险。在杂交种选育的各个阶段中淘汰率最高的是表型观察阶段,其次为第一次产量鉴定,再次为第二次产量鉴定。进入区域试验后,至少都要连续进行2年,三种方案没有区别。在育种投入少、规模小的情况下,这个方案是最佳的。假如每年配200个组合,只需12～20个小棚。此外,方案一在表型观察、第一和第二次测产用地上也最为经济。由于提前淘汰了表型不符合育种目标的大量组合,使测产的田间布局和试验设计更加紧凑合理。方案一的最大缺点是育种周期长,从配组合到完成区域试验和生产试验需8年,降低了每年的遗传进度。方案二的优点是育种周期短。配制组合需200个小棚,表型观察不单独进行,而是结合第一次测产,完成一个周期只需5年,出品种快,每年的遗传进度最大。缺点是投入高,盲目性大,消耗资源多。育种单位实力雄厚,竞争力强,可采用这一方案。方案三介于两者之间。

　　以上三个方案是依据有限的实践经验提出的,有很大的改进空间。如在方案一和方案三中,表型观察可采用2m行长,每组合只需不到60粒种子。对表现突出的组合,只进行一次测产即进入区域试验。为了减少盲目性,在第二次测产的同时,不配制区域试验种,而在第二次测产结束后,利用冬繁圃生产区域试验用种等措施,都可加以考虑。

　　大豆杂种优势利用,从三系选育开始,到杂交种推广,可用图9-2扼要地加以表述。

第五节　生产用杂交种种子生产

　　大豆杂交种育成后,能否生产出大量价格低、质量好的杂种种子,是杂交大豆产业化的关键,而核心问题是如何有效地将父本花粉传递给母本,并确保有足够高的结实率。杂交大豆制种的传粉媒介是昆虫,而昆虫的生存与传粉活动要求一定条件,对传粉对象也有选择

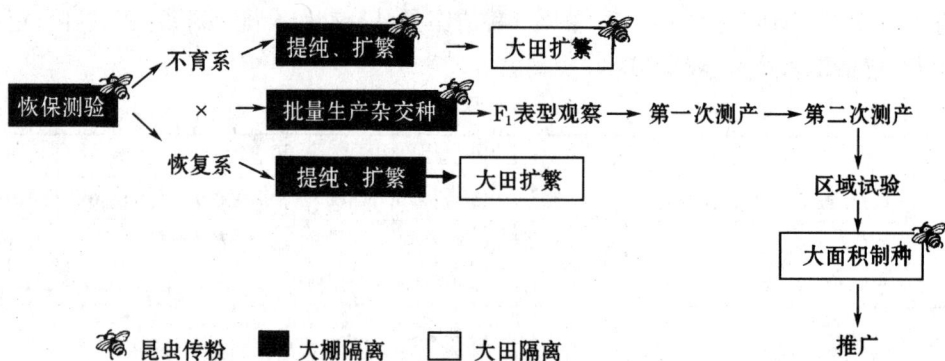

图9-2　大豆杂种优势利用程序

性。大豆三系自身的特点,特别是与传粉有关的性状,也在很大程度上影响传粉效果。这些因素相互交织与相互影响,给大豆杂交种的生产带来许多困难。更加令人困惑的是,有关这些因素的学术和理论上的研究积累很少,远远落后于应用的需求,制约了杂种种子生产技术的开发。吉林省农业科学院经过多年实践,总结出"昆虫　环境　作物三位一体,综合调控"的杂交种制种技术路线。认为传粉昆虫、制种环境和三系的基因型,是影响不育系结实率的3个主要因素。综合考虑这3个因素,使其相互协调,相互促进和补充,是高效率生产杂交种的关键。

一、昆虫传粉

大豆是典型的自花授粉作物,而大豆花却具有虫媒花结构。一般认为,大豆的祖先为异花授粉,在进化过程中向自花授粉方向演化。这从野生种和栽培种天然异交率的差异可以看出。有的多年生野生种如 *G. argyrea*(Tind.)和 *G. clandistena*(Wendl.)有闭花受精和开花受精两种花,后者的异交率高达40%~96%(Brown 等,1986;Schoen 和 Brown,1991)。有的多年生野生种中的个别材料,柱头超过雄蕊,在温室结实很少,但在室外,有大量蜜蜂采访,单株结实达3 000粒以上。一年生野生豆被认为是栽培豆的直接祖先。Fujita 等(1997)观察了4个野生豆群体,天然异交率为9.3%~19%,平均为13%。栽培大豆的异交率只有1%左右,不同品种之间有差异。大豆在向严格的自花授粉方向演化的过程中,异交率大大降低,花粉利用率提高,但却保留了绝大部分虫媒花特征,为应用昆虫传粉生产杂交种提供了条件。用人工授粉生产杂交种显然不实际,粗略估计,用这种方法生产1 hm² 用种需花费4万元。大豆花粉数量少、黏重,花药与柱头不外露,柱头可接受花粉的相对面积小,在花中处于不利于接受风力传粉的位置。同时,密集分布的大豆叶片,也在某种程度上阻碍了花粉的传播,利用风力传粉生产杂交种的可能性似乎很小。但由于风媒传粉成本低,在研究杂交大豆制种技术时,始终有人探讨风媒传粉的可能性。从理论上说,不能排除风可为大豆传粉。在不育系的异交结实种子中,风力授粉占多大比例,尚无人研究。赵丽梅(2006)在田间做了花粉截获量研究,利用带有固定液的凹形载玻片,开花期间放于大豆的不同部位截获花粉。2002年,每小时每平方毫米截获花粉的数量为0.004个。距地面40 cm高处截获花粉的数量为26 cm处的2倍。2003年,在不育系与恢复系比例为1:1种植的制种田,累计120 min没有截获到大豆花粉。于伟等(2001)在田间利用吹风机做了传粉试验,结果表明,风不能为大豆传粉。上述试验表明,风媒传粉在大豆上可能性很小。有人试图通过改变花的形态性状,如花药外露、无花瓣或龙骨瓣开度大等基因型,以利于风媒传粉。白羊年等(2002)认为利用虫媒传粉前景不乐观,主张利用风媒或以风媒为主传粉。他着重研究了不育系和品种资源中可能与风媒传粉有关的性状,如花瓣大小、龙骨瓣开张角度、散粉性、花粉数量、雌性育性等。多数性状在不同基因型间都有明显差异,有进一步改良的空间。但对于异交率与上述性状之间有什么直接联系,还应做进一步研究。

讨论传粉昆虫应区别两个不同的概念,一是在自然条件下有可能为大豆传粉的昆虫,一是在科学研究和商业化生产杂交种过程中,人工释放的传粉昆虫。

(一)豆田的昆虫群体

调查豆田的昆虫群体,是了解在一个特定的地区,在自然条件下可能为大豆传粉的主要昆虫的最直接、最有效的方法,也为大面积生产杂交种时,选择人工释放的传粉昆虫提供依据。Rust 等(1980)在美国的 3 个地区豆田做的调查发现,除蜜蜂外,29 个种的蜂类活动于豆田,它们分属于膜翅目的 4 个科。

赵丽梅等(1999)利用网捕法,在吉林省公主岭地区于大豆开花期间捕捉到多达 10 个目39 个种的昆虫,可能与传粉有关的昆虫有蝇类(11 科,465 头)、蜂类(9 科,51 头)和蓟马(35头)。李建平等(2002)调查了吉林省中部地区豆田的昆虫群体,认为有 24 个蜂种可为大豆传粉,其中切叶蜂 6 个种,雄蜂 3 个种,地蜂 5 个种,蜜蜂 3 个种,条蜂 1 个种,隧蜂 1 个种。还有些蜂种需进一步鉴定。同时也发现豆田有大量蓟马。丁德荣等(2000)在南京地区,于ms1 群体上观察到 6 种昆虫造访大豆花,认为主要传粉昆虫为蓟马。蓟马普遍存在于豆田。卫保国等(1997)认为,在天然条件下,蓟马是主要传粉媒介。作者以 ms2ms2 为花粉受体,将花粉源置于同心圆的中心,详细观察了蓟马的活动。每个花的蓟马数在 3.8~5.6 个之间,每个蓟马携带 1.8~2.3 个花粉,传粉距离可达 25m。但作者未能把蓟马与其他昆虫的传粉活动隔离开来,很难确定蓟马传粉占多大比例。丁德荣等(2000)把蓟马与其他体型较大的昆虫隔离开来,但每朵花只有 0.6 个蓟马,每个不育株只结 2~3 个荚,不到相应正常可育株的 5%。Rho 等(1993)认为,蓟马是豆田的主要传粉昆虫。每个花的蓟马数品种间有很大差异。蓟马密度与大豆花色、结荚习性、花蜜含量无相关。蓟马密度与花大小、百粒重呈正相关。不育系结荚率可达 50%。

不论是核不育系,还是细胞质雄性不育系,在一定条件下,天然异交率都可能达到 50%以上,表明豆田的天然昆虫群体是极有利用价值的传粉媒介。不同生态条件下,主要的传粉昆虫种类可能不同。上述调查结果表明,活动于豆田的大量昆虫中,最有可能为大豆传粉的昆虫为蜂类和蓟马。

(二)网棚内传粉

早期在封闭条件下进行的传粉研究,多以核不育系为试材。Koelling 等(1981)在网棚种植 ms2ms2 不育系,开花期放蜜蜂和切叶蜂。放蜂网棚不育系的结实率,比不放蜂的网棚或开放条件下种植的不育系高 477%。蜜蜂和切叶蜂的传粉效果差不多,但切叶蜂易于管理。Nelson 等(1984)利用 ms2ms2 为母本,在棚内放蜜蜂生产杂种种子,效果很差。有约 30%的不育株不结实,其余不育株平均只结 5 粒种子。Roumet 等(1992,1993)利用切叶蜂研究了网棚内不育系 ms2ms2 的结实情况。与可育株相比,不育株结实率为 44%~69%,平均为60%。单株结实 51~114 粒,平均为 64 粒。赵丽梅等(1999)利用蜜蜂和切叶蜂传粉并考察了 ms2ms2 不育株的结实情况。与不放蜂对照相比,蜜蜂和切叶蜂传粉都有显著效果,切叶蜂优于蜜蜂。切叶蜂传粉不育株单株荚数比不放蜂高 17.5 倍。

随着大豆细胞质雄性不育系的育成,近年来,以杂交种选育和生产杂交种为目标,开展了以细胞质雄性不育系为试验材料的昆虫传粉研究和应用。各育种单位已开始在测交、不育系繁殖和小批量生产杂交种等育种环节实际应用昆虫传粉,传粉技术不断改进,但很少有文章发表。吉林省农业科学院以切叶蜂作为传媒,棚内不设蜂巢,在大豆开花期间分 3~4 次放蜂。小棚累计投放雌蜂 20~30 头,大棚投放 80~100 头。如果采用一父多母配制组合,组合间花期差异较大,放蜂次数和放蜂量都要根据实际情况适当加大。切叶蜂的传粉能力很强,理论上计算,上述放蜂量的 1/2 或 1/3 即可充分传粉。由于开花期正逢雨季,常常连续数天低温多雨,切叶蜂生活力下降甚至死亡。为了保证始终有活跃的传粉昆虫在棚内工作,采取超量放蜂的策略,同时,经常监控棚内切叶蜂的活动情况,如有必要随时补充。传粉效果年份之间变化很大。高温少雨年份传粉效果好,不育系结荚率可达 70% 以上,有的年份不育系结荚率高达 100%;反之,则不理想。组合不同传粉效果也不同。不育系繁殖比配制杂交组合好,杂交组合父母本开花期一致比开花不同步效果好,一父多母的组配方式组合间差异大,不育系异交率高的组合效果好,早熟组合比晚熟组合效果好。吉林省农业科学院和吉林市养蜂所,以核不育和细胞质不育系为试验材料,进行多年蜜蜂和雄蜂的传粉试验,两种蜂传粉效果也较好,但不如切叶蜂。蜂群的管理也较为复杂。

南方一些育种单位利用蜜蜂做传媒。于伟等(2001)报道,在 20m×7m 的棚内,放一箱意蜂(2 万只),与网室内保持系相比,不育系结荚率为 19.9%,结实率为 16.6%,单株粒重为 24.8%,与网室外开放种植的不育系相比,分别提高 10.5 倍,12.8 倍和 11.8 倍。同时证明了蝇类和蚂蚁不能为大豆传粉。

(三)制种田传粉

在大面积豆田研究蜂类特别是蜜蜂的传粉活动,并非始于育种家。鉴于大豆在美国农业以及整个国民经济中占有的重要地位,20 世纪 70~80 年代,美国农业部和蜂农大力支持开展大豆田蜜蜂传粉研究。其目的有二:一是探讨能否通过蜜蜂传粉提高大豆产量;二是明确大豆是否能为蜜蜂提供蜜源。关于在豆田放蜂可以提高产量的报道是相互矛盾的。但大豆可以产蜜确是肯定的。有资料显示,在美国中部和南方,每群蜂可产蜜 70~90 kg。这些研究的重要意义并不在于上述两点,而是通过这些研究,对蜜蜂在豆田的传粉行为、活动规律以及与传粉有关的大豆生物学特征有了深入了解。这些知识对开展制种技术研究很有启发。目前,可用于大豆杂交种制种的传粉昆虫有 3 种:苜蓿切叶蜂、蜜蜂和蓟马。

1. 苜蓿切叶蜂传粉 全世界有 2 000 多种切叶蜂,我国约有 100 多种。李建平等(2002)报道,在吉林省中部地区,种群密度最高、传粉能力最强的是北方切叶蜂(*Magachile manchuriana* Yasumu)。苜蓿切叶蜂原是野生蜂,是目前惟一一个可人工繁殖的切叶蜂,广泛应用于苜蓿种子生产。Bradner(1979)提出利用切叶蜂为大豆传粉。我国 20 世纪 80 年代末从加拿大引进,在苜蓿制种田放蜂,种子产量增加 0.7~7 倍。由于种种原因未能繁殖起来。吉林省农业科学院先后从法国和加拿大引进切叶蜂,对切叶蜂本身的人工繁殖技术和在网棚和田间为大豆传粉的技术进行了全面研究,并取得显著进展。切叶蜂在网棚和田间的传粉效果均好于蜜蜂和其他昆虫,主要是因为切叶蜂喜欢在豆科的花上采集花粉和花蜜,花粉刷位于腹部,采粉时腹部可打开龙骨瓣,携粉量大。同时,它不是社会性昆虫,个体活动范围小,不易从放蜂的田块逃逸。

（1）传粉效果　应用切叶蜂生产大豆杂交种效果较好，但不同年份、不同组合效果各异。这里列举几例吉林省农业科学院所做的试验加以说明。2001 年，在吉林省洮南繁殖不育系 JLCMS82A、保持系 JLCMS82B，面积 3 602 m²，父母本种植比例为 1:1。300 m 之内无其他豆田。开花初期放蜂茧 1.5 万个。收获前以保持系为对照，计算结荚率和结实率。全田平均结荚率为 80%，结实率为 78.2%。离蜂棚越远，结荚率和结实率越低。如离蜂棚 10 m 处结荚率为 85.3%，90 m 处为 70.28%。离蜂巢 60m 以远结荚率明显降低。供试验的不育系 JLCMS82A 为高异交率不育系，结荚率较高。

2002 年在内蒙古自治区奈曼旗进行了多组合传粉试验，结果如下。

组合 1：不育系 JLCMS82A 扩繁，面积为 6 667 m²。父母本种植比例为 1:1 时，不育系平均结荚率为 79.9%；父母本种植比例为 1:2 时，平均结荚率为 69.9%。两种种植比例不育系平均产量为 901.4 kg。

组合 2：JLCMS9A × 吉恢 1 号，面积 3 335 m²。父母本种植比例为 1:1。母本不育系单株平均结荚 27.7 个。母本实际产种量为 478.9 kg/hm²。由于收获过晚，大量炸荚，脱粒损失也较大，产量数字只能作参考。

组合 3：JLCMS82A × 吉恢 2 号，面积 6 667 m²。父母本有 1:1 和 1:2 两种种植比例。1:1 种植，母本单株结荚 36.8 个，实际产种量 713.2 kg/hm²；1:2 种植，母本单株结荚 23.6 个，实际产种量 1 003.3 kg/hm²。

上述组合 2 和组合 3 都是配制杂交种，母本不育系和父本恢复系基因型不同，无法根据父本计算结荚率，根据经验，两个不育系的结荚率接近 60%。父母本按 1:1 比例种植，不育系结荚多，但由于母本占地比例小，单位面积产种量低。父母本按 1:2 比例种植，不育系结荚少，但母本占地比例大，单位面积产种量高。

（2）蜂巢和蜂棚布局　蜂巢板为泡沫塑料制成。每块蜂巢板规格为 120 cm × 30 cm × 10 cm。其上有约 3 600 个直径为 6.5 mm 的孔，供切叶蜂做巢产卵。巢板置于蜂棚内，根据需要可放数块。蜂棚用塑料或木板制成，主要目的是保护巢板，遮挡强光。蜂棚正面朝东，早晨可提高棚内温度，中午以后避免日光直射。

根据田块形状和放蜂量确定蜂巢和蜂棚的数量和在田间的布局。两蜂棚之间相距 100 m 左右。

（3）放蜂时间和放蜂量　放蜂时间应在大豆开花初期，亦应分期投放。由于切叶蜂加温设施和制种基地相距较远，一般采用分期加温、分期羽化、一次投放蜂茧的办法。第一期羽化 20%，第二期羽化 60%，第三期羽化 20%，每期之间间隔 3 天。如何使切叶蜂的数量和田间活动与大豆开花过程更协调一致，还需进一步研究。

放蜂量是降低成本、提高结实率的重要因素。放蜂少，传粉不充分，结实率低；放蜂过多，花粉及花蜜不足，切叶蜂过早死亡，结实率也低。初步试验表明，每公顷放蜂 3 万头结实率和制种产量最高。确定最合适的放蜂量也需要做更多试验。

2. 蜜蜂传粉　Carter 等（1983，1986）研究了携带 ms2ms2 核不育基因的大豆分离群体中不育株的结实率。试验在隔离区内进行，周围放置蜂箱。按籽粒重量计算，不育株结实为可育株的 80% ~ 92%，按籽粒数量计算，不育株的结实率为 65.5% ~ 72.5%。由于如此高的结实率是在较大面积上连续几年通过蜜蜂传粉获得的，十分引人注意。这项试验是在美国北卡罗来纳州立大学进行的，那里的大豆试验田，与传粉有关的天然昆虫群体也很可观，随时可以看到飞翔的蜂类等昆虫,并能听到这些昆虫发出的"嗡嗡"声。

利用蜜蜂传粉大规模生产杂交种还未见报道。吉林省农业科学院进行多年试验。2001年,在不育系 JLCMS29A 繁殖田做传粉试验,地点为吉林省长岭。繁种面积为 4 002 m^2,周围 2 km 内无更能吸引蜜蜂的其他蜜源作物,父母本按 1:1 的比例种植。设不放蜂为对照。开花初期放 4 群蜂。秋季调查不育系结实率。放蜂处理不育系结实率(与保持系比较)为 68%,不放蜂对照为 57%,仅提高 11%。JLCMS29A 为早熟高异交率不育系,天然异交率较高,放蜂效果不明显。

蜜蜂是社会性昆虫,一旦发现较好的蜜源,整群蜂会飞向新的蜜源。大豆并不是非常好的蜜源作物,如何使蜂群不从豆田转移,并使其积极访问大豆花,是提高异交结实率的途径。近年来,吉林市养蜂所研制了多种蜜蜂引诱剂,并研究了将蜜蜂长时间保持在豆田的技术。有的剂型效果较好。

3. 蓟马传粉 如按头数计算,蓟马可能是豆田中数量最多的昆虫。卫保国等(2002)申请了一项有关利用蓟马传粉生产大豆杂交种的专利。其要点是:①在大豆杂交种制种田按大豆与蚕豆 1:1 的比例套种蚕豆。②大豆开花后,每天于 11:30、12:30、13:30 用竹竿敲打豆株,进行人工赶粉,促使蓟马加快活动,提高制种产量。③在另一地块,按制种面积的 1/13 种植蚕豆,制种田开花后需防虫打药时,施药后 2～3 天,人工刈割已开花的蚕豆,均匀地散放在制种田,恢复蓟马群体。蓟马传粉尚未在大面积制种田应用。

二、制种环境选择与控制

任何作物杂种种子的生产都有最适宜的环境。由于大豆天然异交率低,需昆虫传粉,对环境的要求更为苛刻。

(一)制种环境选择

1. 气象条件 概括地说,就是高温、干旱少雨。在这种环境下,大豆花完全开放,散粉好,泌蜜多,挥发性分泌物也多,传粉昆虫活跃。Erickson(1975)、Manson(1979)指出,夏季大豆开花时,如果多云、平均温度低,对蜂类的吸引力降低。Robacker 等(1982a,1982b,1983)在不同的昼夜温度下种植大豆,观察环境条件对大豆花器性状的影响。发现白天空气温度为 28℃、夜间温度为 22℃和 26℃时对蜜蜂最具吸引力。对大豆来说,这是较高的温度。在低温下,挥发物的分泌模式也与高温时不同。Erickson(1984a)指出,大豆特有的具有芳香气味的物质,只有在较高的温度下(27℃以上)才能分泌。低温不仅影响当天泌蜜,低温过后,达到正常泌蜜水平,需要过渡期。Erickson(1984b)考察了美国北部威斯康星州大豆泌蜜情况。发现低温过后,需要 3 d 时间才能恢复泌蜜能力,尽管大豆正常开花,但不泌蜜。恢复泌蜜后,每个花的泌蜜量也很难达到先前的水平。大豆只有在温度达到 22℃～24℃及以上时才能分泌花蜜。

传粉昆虫的活动也需要较高的温度。在低温多雨,特别是连续降雨的情况下,大豆花不能正常开放,传粉昆虫也不活动,这一时段不育系开的花将全部不能结实。大豆开花和传粉最活跃的时间是每天上午,这期间如遇阴雨,影响最大。

综上所述,选择制种基地,首先要考虑气候条件。夏季降水量,特别是大豆开花时的降水量,是主要限制因素。我国北方春大豆区,大豆开花多在 6 月下旬和 7 月份,这期间降水越少越好。我国东北西部、西北地区有不少地方可供选择。吉林省农业科学院曾在这些地区做过大量调研,有些地区降水量少,温度高,但农业生产条件差或地价高。以7月份降水量最高不超过100 mm为标准,参考其他农业生产条件和土地价格,在吉林省西部和内蒙古自治区建立了制种基地。经过几年的实践,有的年份制种效果好,有的年份相对差些,种子产量不稳定。有必要进一步在花期降水量更少、年度间变化更小的地区做试验。新疆的某些地区可能适合制种,虽然运输成本较高,但年际间降水量变化小,在制种规模大的情况下,成本会大大降低。不过,新疆地区夜间温度低,有可能影响次日的泌蜜和芳香物的挥发。在考虑高温干旱条件时,要考察是否有风沙灾害,特别应避免春季风暴。

2. 农业生产条件 首先要有灌溉条件。大豆开花期需水较多,在降水量少空气干燥的情况下,不适时灌水,大豆生长将受到严重抑制,开花、泌蜜都受到影响。同时,传粉昆虫也需要水。其次,土壤条件要适合大豆生长,没有盐碱,没有大豆胞囊线虫为害。除了上述两点外,其他条件如土地价格,交通条件,农业综合生产力水平,农民素质,是否有传粉昆虫青睐的大宗蜜源作物如苜蓿、向日葵等,也应在考虑之中。

3. 天然昆虫群体 对环境选择的一个重要内容,是寻找天然传粉昆虫种类多、数量大的生态区。如前面提到的美国北卡罗来纳州立大学的大豆试验田,有大量的蜂类和蝇类,那里种植的大豆核不育系天然异交率非常高。在类似这样的生态环境下制种,即使不放蜂,也有可能生产商用杂交种。寻找和发现这类生态环境的最直接而有效的办法是在大豆开花期,观察豆田昆虫活动情况,调查与传粉有关的昆虫数量;另一个方法是在不同地点种植不育系,调查天然异交率。野生传粉昆虫需要特殊的生境,特别是冬季要有适合的越冬条件。不少蜂类在地下越冬,大片频繁耕作的农田,没有树木和杂草,野生蜂很难生存。

(二)制种环境控制

制种环境控制的主要目的有两个,一是保护传粉昆虫,二是防止花粉污染。大豆制种田放蜂期间,正是农作物病虫害高发期。尤其是在干旱地区,大豆蚜虫和红蜘蛛频频发生,它们繁殖速度快,而放蜂期间又不能使用杀虫剂。为了有效控制这两种害虫,应在放蜂前彻底防治,适当加大用药量,采用"重板扣杀,一拍打死"的策略。上策是找到不伤害传粉昆虫又能有效防治这两种害虫的农药,生物防治更有效。与制种田毗邻的其他田块和作物,在放蜂期间也不能使用杀虫剂,需进行协调。

为防止父本以外的其他大豆给不育系授粉,制种田应适当隔离。由于花粉数量和授粉方式的不同,各作物杂交种制种田的隔离距离不一样,具体要求应通过试验确定。卫保国等(1997b)利用同心圆法观察蓟马传粉,传粉距离最远可达25 m。Boerma 和 Moradshahi(1975)研究了花粉在行内和行间的传播。白花不育系出现紫花后代的频率,不论是行间还是行内,都随污染源距离的增加而减少。行间离花粉源7 m,行内离花粉源12~18 m,花粉污染频率已减到0.4%。Nelson 等(1979)在携带 ms2ms2 的白花大豆 Williams 分离群体小区的东、南两个方向种草,其他方向种紫花大豆 Calland,通过检查花色判断花粉污染,认为在小区周围种植10 m保护行,几乎可以完全避免外来花粉污染,5 m保护行,污染可减到5%。这两项试验表明,在未人工放蜂的情况下,大豆的花粉传播距离不远,如果在小区周围加适当距离的保护行,10 m隔离区就足以避免绝大部分外来花粉污染。如果相邻的两块豆田都需隔离,相距20 m就可以了。

大量人工放蜂生产杂交种时,多远的隔离距离符合制种要求,尚没有试验报道,也没有制定出任何标准。从感性认识的角度出发,隔离距离应与采用的传粉昆虫种类的不同而不同。蜜蜂活动范围最大,切叶蜂次之,蓟马最小。似乎用蜜蜂传粉隔离距离应远些。实际上,隔离距离同昆虫活动范围不是一回事。蜜蜂虽然飞行距离远,但在采集花粉和花蜜时,都是以最节省能量的方式,在最短的距离内活动,很少在几百米范围内飞来飞去。吉林省农业科学院杂交大豆制种田,切叶蜂和蜜蜂传粉,隔离距离均为 100 m,效果很好。是否可进一步减少隔离距离,尚待研究。

实际上,大豆制种基地都选在干旱地区,不是大豆主要产区,多数是玉米制种基地,很难找到大片豆田。所谓隔离,主要是制种单位不同组合之间的隔离。同一个组合尽量连片种植,面积越大污染越小,大规模连片种植还可减少传粉昆虫选择其他蜜源的机会。

以上所述均为空间隔离。其他作物采用的屏障隔离、时间隔离等方法,在大豆上也适用。

三、父母本配置

父母本配置是指父母本在田间的空间和时间上的布局。同时也指父母本在生物学上的相互配合,特别是传粉生物学方面的配合。

(一)父母本种植比例与配置方式

不育系繁殖或杂交种制种,主要是从母本不育系上收获种子供下年使用,母本所占比例越高,制种效率越高,成本就越低。父本的作用仅仅是提供花粉,在充分满足母本花粉需求的情况下,占地越少越好。如果父母本在田间的种植方式是父本和母本分行种植,则父母本的比例体现为行数比,即行比。例如,父母本比例为 1:1、1:2、1:3 等。玉米制种已达到 1:5 ~ 6,水稻可高达 1:12 ~ 14。大豆花粉少,父母本种植比例以多少为宜,还在探索中。2002年,吉林省农业科学院在内蒙古大面积制种,多数组合父母本行比为 1:1 和 1:2 两种,母本结荚及实收产量的趋势是:1:1 种植,不育系单株结荚数比 1:2 种植多,但单位面积制种产量没有 1:2 高。2003 年放蜂量试验,每公顷放蜂量为 1 万头、3 万头、5 万头 3 个处理。结果表明,不同行比的制种产量与放蜂量有关。放蜂量为 3 万头/hm² 时,3 种行比的制种产量,都比其他 2 个放蜂量相应行比的产量高。而且,放蜂量为 3 万头/hm² 时,3 种行比之间差异最大。行比为 1:1、1:2、1:3 的产种量分别为 609.5 kg/hm²、691 kg/hm² 和 490.3 kg/hm²。产量最高的为行比 1:2 的,最低的为行比 1:3 的。由于花粉供应量不足,1:3 种植虽然母本比例高,每公顷产种量却最低。放蜂量为 5 万头/hm² 时,行比为 1:3 处理的产种量也最低。3种放蜂量综合起来,产种量最高者为行比 1:2 的,其次为 1:1 的,最低为 1:3 的。本项试验只进行了 1 年,当年的气候条件并不理想,而且只有一个不育系扩繁组合,父母本基因型相似,并不典型。生产杂交种时,父母本基因型不同,是否也有同样的结果?不同组合之间,父本花粉供应量不同,又会有什么结果?需进一步研究。

看来,在目前的技术水平下,父母本比例似乎不宜超过 1:2。其他作物杂种优势利用的经验证明,在杂交种开发的初期,单位面积制种产量都很低,母本所占比例也很低,随着制种技术的不断改进,制种产量会不断提高。

除了父母本分行播种外,还可采用父母本按设定的比例,以粒数为基础,混合播种。也可按比例将父母本分别穴播在同一行上(图 9-3)。这两种方式的缺点是收获费工、不能机械收获、易混杂。优点是结荚率可能提高。这两种方式不适合扩繁不育系,在不育系结荚多的情况下,很难区别不育株与可育株。在父母本表现型差别很大,而且制种产量明显高于父母本分行播种的情况下,或许可行。可用于生产小批量供科研用的杂交种。农民素质高,有制种经验,劳动力充足时,也可在大面积生产杂交种时应用。这些设计的依据是,传粉昆虫倾向于在同一行上采集花蜜和花粉。Boerma 和 Moradshahi(1975)发现,行内的传粉距离远大于行间的传粉距离,认为蜜蜂喜欢在同一行内活动,而不愿在行间穿梭。是否可行要由实践证明。

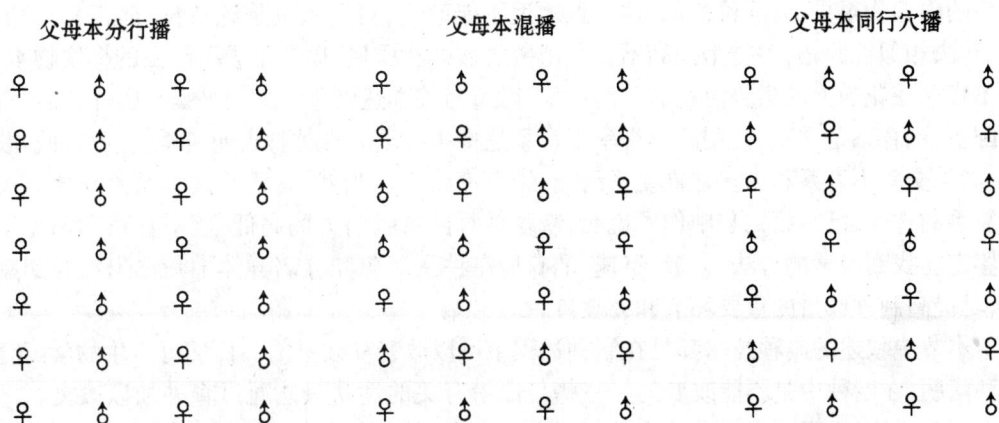

父母本分行播　　　　　　　　父母本混播　　　　　　　　父母本同行穴播

♀	♂	♀	♂	♀	♂	♀	♂	♀	♂	♀	♂
♀	♂	♀	♂	♀	♀	♂	♂	♂	♀	♀	♂
♀	♂	♀	♂	♂	♀	♀	♂	♀	♂	♀	♂
♀	♂	♀	♂	♂	♀	♂	♀	♂	♀	♂	♀
♀	♂	♀	♂	♀	♂	♀	♂	♀	♂	♂	♀
♀	♂	♀	♂	♂	♀	♀	♂	♀	♀	♂	♀
♀	♂	♀	♂	♀	♂	♀	♂	♀	♂	♂	♀

图 9-3　父母本田间配置举例(1:1)

(二)父母本种植密度

种植密度影响制种产量的原因是多方面的。密度大小首先影响父母本自身的生长情况,开花多少和泌蜜多少等与传粉有关的性状。密度大小还影响传粉昆虫的活动,如果过密,昆虫很难穿透冠层,不易发现花。密度大小直接影响花粉数量和单株结实率。Gumisiriza 等(1978)观察了不同株行距种植的大豆的异交率。株行距为 10 cm×10 cm 的植株分布过于密集,通透性差,影响昆虫传粉,异交率几乎为 0;30 cm×30 cm 的异交率最高;40 cm×40 cm 和 50 cm×50 cm 的,异交率下降,但统计上不显著。该项试验并未人工放蜂,只反映天然异交情况。实际生产杂交种时应作精确试验,综合考虑用种量、结荚率、单位面积产种量等因素。虽然单位面积产种量高是最主要的目标,但结荚率低会影响成熟度,降低种子质量。吉林省农业科学院 2002 年在内蒙古制种田初步统计了不同密度不育系结荚数,并计算了相应的每公顷产种量。密度为 11 万 ~ 13 万株/hm² 结荚数较多,产种量也高。由于未做专门的密度试验,这一结果只能作为参考。亲本不同,密度也不同。

(三)花期调节

父母本花期相遇,是所有作物杂交种制种田共同的要求。根据父母本的生育期和开花期,分期播种是主要措施。尤其是在父母本生育期差异很大的情况下,为了保证花粉的适时适量供应,不仅父母本之间要分期播种,父本或母本自身也要分期播种。花期调整因组合而异,不能一概而论。

(四)父母本的生物学配合

这里所说的"配合",主要指在传粉方面相互配合。对昆虫来说,传粉是被动的、无意识的。访问花的目的是寻找花粉和花蜜。通过视觉(花的颜色、性状、大小等)、嗅觉(挥发性分泌物)和花蜜等暗示,找到花粉和花蜜,从而得到回报,然后在暗示和回报之间建立起联系。传粉昆虫会积极在回报最丰厚的对象上采集花粉和花蜜。因此,杂交组合的父本与母本在对昆虫的暗示方面,越相似越好,或者说,差别越小越好。实际上,这一点是提高制种产量的生物学基础和关键,也是最难满足的条件,因为我们不确切知道,大豆的什么性状是最主要的暗示,父母本之间在这些暗示上是否相似。

事实上,父母本完全相似是不可能的。花粉和花蜜是传粉昆虫采集的主要物质。不育系在花粉上与保持系和恢复系差别很大。不育系花粉败育,花粉粒小、形状不规整。特别是花粉的内容物很少,营养价值低,这一点永远不能改变,对昆虫也是绝对没有吸引力的。因此,解决相似性问题,关键是提高不育系泌蜜的数量和质量,提高可吸引昆虫的挥发物水平,使不育系在花粉上的劣势由花的分泌物来补偿,与父本达到不对称的平衡。因此,在父母本搭配上,不育系是重点,使用高异交率不育系是重中之重。吉林省农业科学院的育种实践表明,高异交率不育系和大多数恢复系组配,结荚率都高。当然,并不是恢复系不重要。关于恢复系的选育,已在第二节中作了说明,恢复系对昆虫吸引力的高低,比不育系和保持系更难鉴定。找到科学的方法,大量、迅速、准确地在种质资源和分离群体中筛选出高异交率三系,是提高制种产量的重要环节和突破口。

本节中叙述的制种技术都是在制种过程中可以改变和改进的。而父母本生物学配合是育种问题,在制种中是不能改变的。一些与传粉有关的性状只能通过育种加以改良。之所以在这里讨论,是因为育种家选出的任何高产组合,最后都要在制种这一关经受考验,通不过就会被淘汰。父母本在传粉生物学上的配合,从静态观察是制种问题,从动态观察,是育种问题。

四、种子质量控制

大豆杂交种尚未大面积推广,种子生产规模小,国家也没有制定任何标准,这里只粗略地讨论防止混杂和提高发芽率问题。

(一)防杂保纯

种子质量控制的首要任务是保证种子纯度,防止生物学混杂和机械混杂。对大豆而言,防止混杂,特别是防止不育与可育株之间的混杂,比去杂更重要。

1. 生物学混杂　生物学混杂是杂株在开花期间传粉引起的,只有在开花前彻底去除杂株,才能防止生物学混杂。田间去杂要把好苗期、开花期和收获期三关。苗期可根据下胚轴颜色、叶形、叶色、生长速度等性状去杂。开花期根据花色、株型去杂。与其他作物相比,大豆花期去杂很困难,花隐藏在叶腋中,而花药和柱头又被龙骨瓣包围,基本上无法从外观上判断花的育性,也就无法拔除形态相似但育性不同的植株,这将会造成严重后果。由于不育系都需要异花授粉,所以最容易受到污染。如果在不育系繁殖田混入了具有恢复性的杂株,下年被污染的不育系将恢复可育,并不断继续污染。在杂交种制种田的不育系中,如果混入较多保持系,在苗期和开花期都无法拔除,其后果是下年生产田将出现大量不育株。收获期较容易识别杂株,就是不育系和保持系,也能根据结实率和成熟度区别开来,虽然这时去杂已不能挽回生物学混杂造成的损失,但能避免进一步混杂。

减少生物学混杂的最好办法是作好三系的提纯,特别是原种和原原种的提纯保纯,从源头抓起,建立一套科学的繁育制度。

2. 机械混杂　机械混杂多是人为造成的。主要发生在播种、收获、脱粒和贮藏各个环节的不当操作。收获时父母本错误分类,造成机械混杂的可能性最大。工作仔细认真,遵守操作规程,可在很大程度上避免机械混杂。

　　一般不提倡制种田中的恢复系再利用。应在隔离区单独繁殖恢复系。也可考虑在不育系扩繁的一定阶段,开花后割去父本。由于大豆繁殖系数很低,这样做会大大提高成本。网棚是大豆杂种优势利用育种的必备设施,多为连作,上年落地的种子,是造成育种材料污染的重要来源,应采取有效措施加以控制。

　　3. 三系提纯　这里所说的提纯,主要是如何保持三系的纯度,为以后三系扩繁与更新提供种源。提纯采用后代鉴定法,以不育系和保持系提纯为例说明。

　　第一年:将10对典型的不育系和保持系,每对种成一个网棚,开花期检查不育系花粉,拔除杂株。收获时每棚选出10对典型不育系和保持系,其余按棚分别收获。如果纯度较好,在网棚数量较少的情况下,可减少不育系和保持系种植的对数,如5对左右。

　　第二年:从上年每棚中随机取出不育系种子,在田间种成株行。开花期检查育性,记录育性有变化的株行。淘汰与其相对应的上年网棚收获的全部种子。上年其他网棚收获的育性稳定的不育系和保持系分别混合后继续扩繁。从育性最稳定、植株最典型的网棚中选取的10对单株存于冷库备用。

　　恢复系的提纯与此大同小异,主要是鉴定后代的恢复情况。

　　(二)保证发芽率

　　一般情况下,不育系发芽率较低,多数情况下是由于成熟度不好、种子含水量高等原因造成的,而不育系结实率低,又是延迟成熟的根本原因。因此,提高发芽率的最有效途径是提高不育系结实率。结实率低,不仅发芽不好,种子也不整齐,超大粒、小粒、瘪粒、病粒并存。结实率达到多少植株和种子才能正常成熟,还没有试验报道,凭经验至少应在60%以上。黄志平等(2001)报道,不育系W931A种子发芽率为77.50%,田间出苗率为66.85%,种子活力指数为125.81,分别比大面积推广的中豆19低17.12%、24.77%、30.03%。把含成熟豆荚的青秸秆就地割倒晾晒1~2天,能提高田间出苗率8.6%。收获前喷施落叶剂,有可能提高发芽率。脱粒后立即干燥,可防止发芽率继续下降,特别是在东北地区,冬季低温,高水分种子极易丧失发芽率。

参 考 文 献

Basra A.S., Heterosis and hybrid seed production in agronomic crops. Food Products Press, An imprint of the Haworth Press, Inc., 1999

Beal W.J., The improvements of grains, fruits and vegetables. Rept. Michigan State Board Agric. 1878, 17:445~457

Beal W.J., Indian corn. Rept. Michigan State Board Agric. 1880, 19:279~289

BioneN C P, Pagliarini M S, Almeida L A de, et al. An asynaptic mutation in soybean (Glycine max (L.) Merrill) associated with total absence of sister chromatid cohesiveness. Cytologia, 2002, 67(2):177~183

Boerma H.R. and Moradshahi A., Pollen movement within and between rows to male-sterile soybean. Crop Sci., 1975, 15(6):858~861

Bradner, N.R., Hybrid soybean production. United States Patent 3,903,645, 1975

Bradner, N.R., Hybridization of soybean via the leaf-cutter bee. United States Patent 4,077,157, 1979

Brown A.H.D., Grant J.E., and Pullen R., Outcrossing and paternity in Glycine argyrea by paired fruit analysis. Bioll. J. Linn. Soc., 1986, 29:283~294

Bruce A.B., The Mondelian theory of heredity and the augmentation of vigor. Science, 1910, 32:627~628

Burton J.W., and Carter T.E., Jr., A method for production of experimental quantities of hybrid soybean seed. Crop Sci., 1983, 23:388~390

Carter T.E., Jr., Burton J.W., and Huie E.B.Jr., Implication of seed set on ms2ms2 male-sterile plants in Raleigh. Soybean Gent. Newl., 1983, 10:85~87

Carter T. E. , Jr. , Brar G. , Burton J. W. , and Fonseca A. L. , Seed yield on field grown ms2ms2 male-sterilep lants. Soybean Gent. Newl. , 1986, 13:159 ~ 163

Carter T. E. , Jr. , and Burton J. W. , A tight linkage between the ms5 male-sterile gene and the gene cotyledon trait in soybean. Agron, Abst. , 1992, 90

Coors J. G. and Pandey S. , The genetics and exploitation of heterosis. American Society of Agronomy, Inc. , Crop Science Society of America, Inc. , Soil Science Society of America, Inc. , Madison, WI. 1999

Darwin C. , The effects of self and cross fertilization in the vegetable kingdom. Appleton, New York. 1877

Davis W. H. , Route to hybrid soybean production. U. S patent 4, 545, 146, 1985

Davis W. H. , Mutant male-sterile gene of soybean. U. S. patent. No. 6 046 385. 2000

Ding D. Cui Z. and Gai J. , Development and cytological features of the cytoplasmic-nuclear male sterile soybean line NJCMS1A. Soybean genetic newsletter, 1998, 25:34 ~ 35

Ding Derong. , Gai Junyi. , Cui Zhanglin, Yang Shouping and Qiu Jiaxun. Development and verification of the cytoplasmic-nuclear male sterile soybean line NJCMS1A and its maintainer NJCMS1B. Chinese science bulletin, 1999, 44(2):81 ~ 82

Ding D. R. , Gai J. Y. , Cui Z. L. and Qiu J. X. , Development of a cytoplasmic-nuclear male-sterile line of soybean. Euphytica, 2002, 124:85 ~ 91

Dobzhansky T. , Genetics of natural populations. XIX. Origin of heterosis through selection in population of Drosophila pseudoobscura. Genetics, 1950, 35:288 ~ 302

Duvick D. N. , Genetic contributions to advances in yield of US maize. Maydica, 1992, 37:69 ~ 79

Duvick D. N. , Heterosis: feeding people and protecting natural resources, In J. G. Coors and S. Pandey (ed.) The genetics and exploitation of heterosis in crops. , American Society of Agronomy, Inc. , Crop Science Society of America, Inc. , Soil Science Society of America, Inc. , Madison, WI. 1999, 19 ~ 29

Duvick D. N. , Commercial strategies for exploitation of heterosis, In J. G. Coors and S. Pandey(ed.) The genetics and exploitation of heterosis in crops. , American Society of Agronomy, Inc. , Crop Science Society of America, Inc. , Soil Science Society of America, Inc. , Madison, WI. 1999, 295 ~ 304

East E. M. , Inbreeding in corn. Rept. Conncticut Agric. Expt. Sta. for 1907. 1908, 419 ~ 428

East E. M. and Hayes H. K. , Heterozygosis in evolution and in plant breeding. United States Department of Agriculture, Bureau of Plant Industry Bulletin, 1912, 243:58

Erickson E. H. , Variability of floral characteristics influences honey bee visitation on soybean blossoms. Crop Sci. , 1975, 15:767 ~ 771

Erickson E. H. , Soybean floral economy and insects pollinateon. Soybean Gent. Newsl. , 1984a, 11:152 ~ 162

Erickson E. H. , Soybean pollination and honey production-a research progresss report. Am. BeeJ. , 1984b, 124:775 ~ 779

Fernandez-Cornejo J. , The seed Industry in U. S. Agriculture. An exploration dada and information on crop seed markets, regulation, industry structure, and research and development. USDA, Agriculture Information Bulletin, 2004, No. 786

Frankel R. , Heterosis: Reappraisal of theory and practice. Monographs on theoretical and applied genetics 6. Springer-Verlag Berlin Heidelberg, 1983

Fehr W. R. Breeding. In A. G. Norman(ed.) Soybean physiology, aronomy, and utilization. Academic press, Inc. (London) Ltd. 1978, 19 ~ 155

Frey K. J. , National plant breeding study-1: Human and financial resources devoted to plant breeding research and development in the United States in1994. Special report 98, Iowa State University, 1996

Fujita R. , OharaM. , Okazaki K. , and Shimamoto Y. , The extent of natural cross-pollination in wild soybean (Glycine soja). J. Hered. 1997, 88:124 ~ 128

Gai J. Y. , Cui Z. L. , Ji D. F. , Ren Z. J. and Ding D. R. , A Report on the nuclear cytoplasmic male sterility from a cross between two soybean cultivars. Soybean Genet. Newsl. , 1995, 22:55 ~ 58

Gai J. , Yang S. and Xu H. , The performance and allelism study of the new male sterile mutant NJ89-1 of the soybean. Soybean genetics newsletter, 1997, 24:57 ~ 59

Gowen J. W. , Heterosis. Iowa State College Press, Ames, Iowa, USA, 1952

Gumisiriza G. , Rubaihayo P. R. , Factors that influence outcrossing in soybean. J. Agron. Crop Science, 1978, 147:129 ~ 133

Janossy A. and Lupton F. G. H., Heterosis in plant breeding, Proceedings of the seventh congress of EUCARPIA, AKADEMIAIKIADO, Publishing house of the Hungarian academy of sciences, Budapest, 1976

Koelling P. D., Kenworthy W. J., and Caron D. M., Pollination of male-sterile soybean in caged plots. Crop Sci., 1981, 559 ~ 561

Lewers K. S., and Palmer R. G., Recurrent selection in soybean. Plant Breed. Rev., 1997, 15:275 ~ 313

Lewers K. S., St. Martin S. K., Hedges B. R., and Palmer R. G., Hybrid soybean seed production: comparison of three methods. Crop Sci., 1996, 36:1560 ~ 1567

Mason C. E., Honey bee foraging activity on soybean in Dalaware. Peoc. IVth Intn. Symp. on pollination. Maryland Agr. Expt. Sta. Spec. Misc. Publ. 1979, 1:117 ~ 122

Mendel G., Versuche uber Pflanzen-Hybriden. Naturf. Ver. In Brunn Verh. 1865, IV:3 ~ 47

Nelson R. L. and Bernard R. L., Production and performance of hybrid soybean. Crop Sci., 1984, 24(3):549 ~ 553

Nelson R. L. and Bernard R. L., Pollen movement to male sterile soybean in southern Illinois. Soybean Genet. Newsl., 1979, 6:100 ~ 103

Palmer R. G. and Thomas C. K., Qualitative genetics and cytogenetics. In Soybeans: improvement, production, and uses. ed. Wilcox J. R., American Society of Agronomy, Inc., Crop Science Society of America, Inc. and Soil Science Society of America, Inc. Madison, Wisconsin USA, 1987, 135 ~ 209

Palmer R. G., Pfeffer T. W., Buss G. R. and Thomas C. K., Qualitative genetics. In Soybeans: improvement, production, and uses. ed. Boerman H. R. and Specht J. E., American Society of Agronomy, Inc., Crop Science Society of America, Inc. and Soil Science Society of America, Inc. Madison, Wisconsin USA, 2004, 137 ~ 233

Palmer R. G., Gai J., Sun H., and Burton J. W., Production and evaluation of hybrid soybean. In Plant breeding review. ed. Jules J., John Wiley & Sins, Inc. 2001, V. 21, 263 ~ 307

Peng Y. H, G. B. Yang and J. Z. Yuan. Genetic analysis of a new type of male sterile soybean. Abstract of World Soybean Research Conference V, Kasetsart University Press, Bangkok, Thailand, 1994, 90

Rho M. Y., and Hwang Y. H., Seasonal occurrence and preference traits of Thrips (*Podothrips graminum*). Pollinator in genetic male-sterile population of soybean. Korean J. of Breed., 1993, 25(3):172 ~ 178

Robacker D. C., Flottum P. K. and Erickson E. H., The role of flower aroma in soybean pollination energetics. In M. T. Sanford(ed), Peoc. 10th Conf. Am. Beekeeping Fed., Inc., Gainesville, FL. 1982a, 1 ~ 8

Robacker D. C., Flottum P. K., Sammataro D. and Erickson E. H., Why soybeans attract honeybees. Am. Bee J., 1982b, 122:481 ~ 484, 518, 519

Robacker D. C., Flottum P. K., Sammataro D. and Erickson E. H., Effects of climatic and edaphic factors on soybean plowers and on the subsequent attractiveness of the plants to honeybees. Field Crops Res., 1983, 6:267 ~ 278

Roumet P., Pollination of male-sterile soybean by Megachile rotundata in caged plots: estimation of seed set and efficient pollen flow. Eurosoy, 1992, 9:7 ~ 9

Roumet P., and Magnier I., Estimation of hybrid soybean seed production and efficient pollen flow using insect pollination of male sterile soybean in caged plots. Euphytica, 1993, 70:61 ~ 67

Russell W. A., Genetic improvement of maize yields. Adv. Agron. 1991, 46:245 ~ 298

Rust R. W., Mason C. E., Erickson, E. H., Wild bee on soybeans. *Glycine max*. Env. Ent. 1980, 9:230 ~ 232

Sabbouh M. Y., Edwards L. H., and Keim K. R., heterosis and combining ability for protein and oil concentrations in the seeds of soybean. SABRAO journal of breeding and genetics, 1998, 30(1):7 ~ 17

Schoen D. J., and Brown A. H. D., Whole-and part-flower self-pollination in Glycine clandestine and G. argyrea and the evolution of autogamy. Evolution, 1991, 45:1651 ~ 1664

Shull G. H., The composition of a field of maize. Repot. Am. Breeders' Assoc., 1908, 4:296 ~ 301

Shull G. H., The genotypes of maize. Amer. Nat., 1911, 45:234 ~ 252

Shull G. H., A pure-line method in corn breeding. Repot. Am. Breeders' Assoc. 1909, 5:51 ~ 59

Shull G. H., Duplicate genes for capsule form in Bursa bursa-pastoris. Zeitschr. Induct. Abstamm-u. Vererbungs 1914, 12:97 ~ 149

Smith M. B, Horner H. T. and Palmer R. G., Temperature and photoperiod effects on sterility in a cytoplasmic male-sterile soybean. Crop Sci., 2001, 41:702 ~ 704

Sprengel C. K., Das entdeckte Geheimniss der Nature im Bau und in der Befruchtung der Blumen. 433pp. Berlin, 1793

Sun Huan, Zhao Limei and Huang Mei. Studies on cytoplasmic-nuclear male sterile soybean. Chinese Science Bulletin, 1994, 39:175~176

Sun Huan, Zhao Limei and Huang Mei. Cytoplasmic-nuclear male sterile soybean line from interspecific crosses between G. max and G. soja. Proceedings of international soybean research conference V, 1997, 99~102

Sun Huan, Zhao Limei and Huang Mei. Cytoplasmic-genetic male sterile soybean and method for producing hybrid soybean. United State Patent, 2001, No. US 6,320,098B1

Teuber L. R., Barnes D. K., and Rincker C. M., Effectiveness of selection for nectar volume, receptacle diameter, and seed yield characteristics in alfalfa. Crop Sci., 1983, 23(2):283~289

Teuber L. R., Rincker C. M., and Barnes D. K., Seed yield characteristics of alfalfa population selected for receptacle diameter and nectar volume. Crop Sci., 1990, 30(3):579~583

Troyer A. F., Breeding widely adapted popular maize hybrids. Euphytica, 1996, 92:163~174

Troyer A. F., Background of US Hygbrid Corn Ⅱ: Breeding, Climate, and Food. Review and Interpretation. Crop Scince, 2004, 44:270~380

Wei J., Horner H. T. and Palmer R. G., Genetics and cytology of a new genic male-sterile soybean [Glycine max(L.) Merr.], Sex plant reprod, 1977, 10:13~21

Wentz J. B., Stewart R. T., Hybrid vigor in soybean. J. Amer. Soc. Agron., 1924, 16:534~540

Veatch C., Vigor in soybeans as affected by hybridity. J. Am. Soc. Agron., 1930, 22:289~310

白羊年, 陈健, 喻德跃, 盖钧镒. 大豆雄性不育系和大豆资源有关开花授粉性状的研究. 大豆科学, 2002, 21(1):18~24

白羊年, 盖钧镒. 大豆质核互作雄性不育系 NJCMS1A 恢复源与保持源的鉴定. 大豆科学, 2003a, 22(3):161~165

白羊年, 盖钧镒. 大豆质核互作雄性不育系 NJCMS2A 的选育及其雄性育性恢复的研究. 中国农业科学, 2003, 36(7):740~745

戴瓯和, 张磊, 黄志平, 李杰坤. 杂交大豆 M 型三系和强优组合选育及其应用前景. 安徽农学通报, 2002, 8(1):9~11

丁德荣, 盖钧镒. 南方地区大豆雄性不育材料的传粉昆虫媒介及其传粉异交结实程度. 大豆科学, 2000, 19(1):74~79

丁德荣, 盖钧镒, 崔章林, 杨守萍, 邱家驯. 大豆质核互作雄性不育系 NJCMS1A 及其保持系 NJCMS1B 的选育与验证, 科学通报, 1998, 43(17):1901~1902

东北农学院农学系大豆课题组. 大豆杂交种第一代优势的研究. 遗传学报. 1977, 4(3):228~232

盖钧镒. 中美大豆品种间 F_1 和 F_3 世代杂种优势与配合力. 第二次中美大豆科学讨论会论文集(中文). 长春:吉林科学技术出版社. 1986, 172~177

盖钧镒, 丁德荣, 崔章林, 邱家训. 大豆质核互作雄性不育系 NJCMS1A 的选育及特性. 中国农业科学, 1999, 32(5):23~27

黄承运, 满为群, 陈怡, 杜维广, 栾晓燕, 张桂茹, 谷秀芝, 王彬茹. 东北大豆丰产种质的拓宽与改良: Ⅰ. 品种间杂交 F_1 代杂种优势与配合力分析. 大豆科学, 1993, 12(3):190~195

黄志平, 张磊, 戴瓯和, 张丽娅. 大豆雄性不育系 W931A 种子活力及提高出苗率的研究. 大豆科学, 2001, 20(3):238~240

李竞雄, 周洪生. 作物雄性不育及杂种优势研究进展(1). 北京:中国农业出版社, 1996

李磊, 杨庆芳, 胡亚敏, 祝利海, 葛浩新. 栽培大豆双亲基因互作型不育材料的发现及其遗传推断. 安徽农业科学, 1995, 23(4):304~306

李磊, 李智, 王敏, 王茂彬, 张磊. 大豆杂种优势及其双亲遗传关系的研究. 安徽农业科学, 1998, 26(4):293~295

梁慧珍, 李卫东. 大豆柱头外露突变体及其遗传规律. 大豆科学, 2005, 24(4):256~259

李建平, 李茂海, 杨桂华, 曲文莉, 毕良臣. 大豆不育系传粉昆虫及传粉技术研究. 吉林农业科学, 2002, 27(增刊):4~6

李莹, 卫保国, 王志. 三个大豆雄性不育系的发现和研究初报. 华北农学报, 1988, 3(1):35~38

卢庆善, 孙毅, 华泽田. 农作物杂种优势. 北京:中国农业科技出版社, 2001

马国荣, 刘佑斌, 盖钧镒. 大豆雄性不育突变体 NJ89~1 的发现与表现. 大豆科学, 1993, 12(2):172~174

马育华, 盖钧镒, 胡蕴珠. 大豆杂种世代的遗传变异研究. Ⅰ. 杂种优势及其自交衰退. 中国农业科学, 1983, 5, 1~6

彭玉华, 杨国宝, 袁建中, 梅德圣, 李卫. 一个对播种期反应敏感的不育大豆特征的分析. 作物学报, 1998, 24(6):1010~1013

司丽珍, 王明军, 邱家驯, 盖钧镒, J. W. Burton. 大豆雄性不育系互交群体 RS6Y 在南京和 Raleigh 的异地产量轮回选择响应. 大豆科学, 2002, 21(1):31~35

孙寰. 大豆轮回选择的理论与实践. 吉林农业科学, 1985, 3, 33~39

孙寰, 赵丽梅, 黄梅. 大豆质–核互作不育系研究. 科学通报, 1993, 38(16):1535~1536

孙寰,赵丽梅,黄梅.大豆质－核互作雄性不育系的获得及研究.东北大豆种质资源拓宽与改良.哈尔滨:黑龙江科学技术出版社,1994,206~210

孙寰,赵丽梅,黄梅.质核互作雄性不育大豆及生产大豆杂交种的方法.中国专利,2000,专利号:ZL97 1 12173.7

孙寰,赵丽梅,王曙明,王跃强,李建平.大豆杂种优势研究进展.中国油料作物学报,2003,25(1):92~96,100

田佩占.大豆杂交组合鉴定研究:Ⅱ.F₁杂种表现与选择效果的关系.大豆科学,1984,3(4):288~296

王绶,时措宜.大豆第一代杂交优势之研究.中华农学会报,1947,184,1~11

王曙明,孙寰,王跃强,赵丽梅,李楠,付连舜,李卫东,齐宁,邢邯,李磊.大豆杂种优势及其高优势组合选配的研究.Ⅰ.F₁代籽粒产量的杂种优势与高优势组合选配.大豆科学,2002,21(3):161~167

王跃强,王曙明,孙寰,赵丽梅,孟祥勋,刘凯.大豆杂种优势及高优组合的筛选.作物杂志,1999,1,10~11

卫保国.大豆光温敏感型雄性不育系发现初报.作物品种资源,1991,3,12

卫保国,王兴玲,畅建武,孙贵臣.光(温)敏雄性不育大豆(88-428BY)开花期光敏特性初探.山西农业大学学报,1996,16(增刊):69~71

卫保国.大豆雄性不育系 msp-pz 遗传特性及异交率的研究.北京农业大学学报,1993,19(增刊):104~107

卫保国,孙贵臣,畅建武,王兴玲.大豆光敏雄性不育系培育成功.中国学术期刊文摘(科技快报),1997a.3(3):373

卫保国,畅建武,孙贵臣,焦广音,王伦.大豆田间昆虫传播花粉研究.中国学术期刊文摘(科技快报),1997b,3(8):1020~1021

卫保国,畅建武,孙贵臣,乔治军,焦广音,王伦,师颖,赵卫红.大豆杂交制种方法.发明专利,专利号ZL02135296.8,2004

许占友,李磊,常汝镇,邱丽娟,汪茂斌,李智,于伟,李向华.大豆质核互作雄性不育系核不育基因的遗传分析.中国农业科学,1999a,32(增刊):1~8

许占友,李磊,邱丽娟,常汝镇,汪茂斌,李智,郭蓓.大豆三系的选育及恢复基因的 SSR 初步定位研究[J].中国农业科学,1999b,32(2):32~38

杨守萍,盖钧镒,徐汉卿.大豆雄性不育突变体 NJ89-1 的细胞学研究.作物学报,1999,25(6):663~668

杨守萍,盖钧镒,徐汉卿.大豆雄性不育突变体 NJ89-1 核雄性不育基因的等位性测验.作物学报,2003,29(3):372~378

袁隆平.杂交水稻学.北京:中国农业出版社,2002

余建章,荐立.沈农雄性核不育大豆 L-78-387 等位性测验研究.沈阳农学院学报,1985,16(4):19~24

余建章.大豆雄性核不育系选育及杂交制种法.发明专利,专利号ZL92106005.X,1996

于伟,李磊,李智,王敏.大豆杂交二代竞争优势及其应用前景.安徽农业科学,1999,27(4):321~362

于伟,李磊,李智,许占友,常汝镇,邱丽娟,汪茂斌,王敏,马同富.大豆质核互作不育系杂交种制种技术研究,Ⅰ.不育系繁种技术研究.中国油料作物学报,2001,23(2):11~13

张磊,戴欧和.大豆质核互作不育系 W931A 的选育研究.中国农业科学,1997,30(6):90~91

张磊,黄志平,李杰坤,戴欧和.大豆雄性不育突变体 Wh921 及其杂种优势初步研究.中国油料作物学报,1999a,21(1):20~23

张磊,戴欧和,张丽亚.大豆质核互作雄性不育系 W945A、W948A 的选育.大豆科学,1999b,18(4):327~330

张磊,戴欧和,黄志平,李杰坤.大豆质核互作 M 型雄性不育系的选育及其育性表现.中国农业科学,1999c,32(4):34~38

张磊,戴欧和,黄志平,李杰坤,张丽亚.大豆 M 型质核互作雄性不育系 W931A 三系配套及强优组合的研究.安徽农业科学,2001,29(1):16~17,22

赵丽梅,孙寰,黄梅.大豆雄性不育系的转育研究.东北大豆种质资源拓宽与改良.哈尔滨:黑龙江科学技术出版社,1994,200~205

赵丽梅,孙寰,黄梅.大豆细胞质雄性不育系 ZA 的选育和初步研究.大豆科学,1998,17(3):268~270

赵丽梅,孙寰,马春森,黄梅.大豆昆虫传粉研究初探.大豆科学,1999,18(1):73~76

赵丽梅,孙寰,黄梅,王越强.大豆结实率与花粉败育率之间的关系.大豆科学,2004,23(4):249~252

赵丽梅,孙寰,王曙明,王越强,黄梅,李建平.大豆杂交种杂交豆1号选育报告.中国油料作物学报,2004,26(3):15~17

赵丽梅,孙寰,王曙明,王越强,彭宝,程延喜,黄梅.自然条件下大豆花粉的田间飘移.大豆科学,2006,25(1):84~85

赵团结,杨守萍,盖钧镒.大豆显性核雄性不育突变体 N7241S 的发现与遗传分析.中国农业科学,2005,38(1):22~26

赵团结,盖钧镒.大豆叶与花形态异常雄性不育突变体 NJS-10H 的发现.大豆科学,2005,24(1):1~4

赵团结,盖钧镒.大豆2个雌雄不育突变体的发现与鉴定.大豆科学,2006,25(2):109~112

第十章　中国大豆育成品种的系谱与遗传基础

第一节　中国栽培大豆的进化

一、栽培大豆的起源与演化

栽培大豆显然来源于一年生野生大豆,因为两者的染色体数均为 2n = 40。它们之间不但容易杂交,结实性良好,并且杂交后代的遗传方式与栽培大豆品种间杂交后代性状的遗传方式相似。大豆是一个古四倍体,其基因组经长期演变已二倍体化。通过 5S 核糖体基因、大豆球蛋白 B4 多肽基因的序列分析、rbcS 基因全序列分析,均认为栽培大豆起源于一年生野生大豆。

国际公认栽培大豆起源于中国。但在中国何处已有东北起源、南方起源、多起源中心、黄河流域等多种假设。一些日本学者则认为,有些日本栽培大豆可能不是从中、朝传播过去而是直接由日本本地野生大豆群体驯化的。由于关于大豆最古老的文字记载多在黄河流域,结合考古和一些形态农艺性状比较分析,黄河中下游起源学说得到较广泛支持。近期一些研究支持南方起源和多起源中心假设。周新安等(1998)对中国国家种质库保存的 22 595 份栽培大豆品种资源 9 个形态性状的遗传多样性分析,认为中国栽培大豆起源中心为由西南向东偏北方向延伸的带状区域,包括河北(含北京)、山东、山西、河南、陕西、四川等省(市);北方春大豆起源中心可能在我国黄河流域中下游地区,以后向东北和西北扩散,南方地区春大豆和南方夏大豆的起源地可能在四川,以后向南、东南方向传播。而对中国保存的 6 172 份野生大豆资源遗传多样性分析结果,推测中国有不均衡的 3 个野生大豆遗传多样性中心,并推测中国野生大豆的起源有 3 种可能的模式,从而推测栽培大豆在中国可能有东北起源中心、黄河中下游广大地区及沿海地区 3 个起源中心(Dong et al,2001)。

南京农业大学大豆研究所与日本北海道大学合作对中国 700 多份野生和栽培大豆研究表明:①中国野生大豆的遗传变异中心在南方,栽培大豆的遗传变异中心在长江、黄河流域的广大地区。野生大豆的主要细胞质类型是 cpⅢ + mt-a 或 cpⅡ 和 mt-b 的组合;栽培大豆主要细胞质类型共有 cpⅠ + mtⅢb、cpⅠ + mtⅣb、cpⅠ + mtⅣc、cpⅡ + mtⅣc 和 cpⅡ + mtⅤb 5 种,可能是从野生大豆的 cpⅡ + mtⅣb 类型通过基因组变异进化而来,并且都起源于中国南方。②发现中国南方地区的栽培春豆和东北地区的栽培春豆虽均为进化程度较高的早熟类型,但南方春豆与当地夏、秋豆的同源程度高于与东北春豆的同源程度;中国野生大豆与栽培大豆均存在明显的地理分化,栽培大豆还存在季节分化而以地理分化为主。③通过各野生和栽培大豆生态群体间遗传距离和各群体变异谱带的分析,还发现三大区域的栽培大豆群体与南方野生群体遗传距离近于与各生态区域当地的野生群体,南方野生群体的变异谱带覆盖程度高于其他野生群体,从而形成了中国栽培大豆起源于南方古老野生群体,并由南方野生大豆逐步进化成各地原始栽培类型,再由各地原始栽培类型相应地进化为各种栽培类型(即向北、向早熟方向发生地理分化和季节分化)的假说(图 10-1,盖钧镒等,2000)。近期将中国、日本、韩国共 1 300 多份野生和栽培大豆细胞质(叶绿体和线粒体)DNA RFLP 数据进行综合分析,结果也支持中国南方原始野生大豆是栽培大豆的共同祖先的推论。这项结果希望能得到考古和古生物学相关研究的进一步验证。

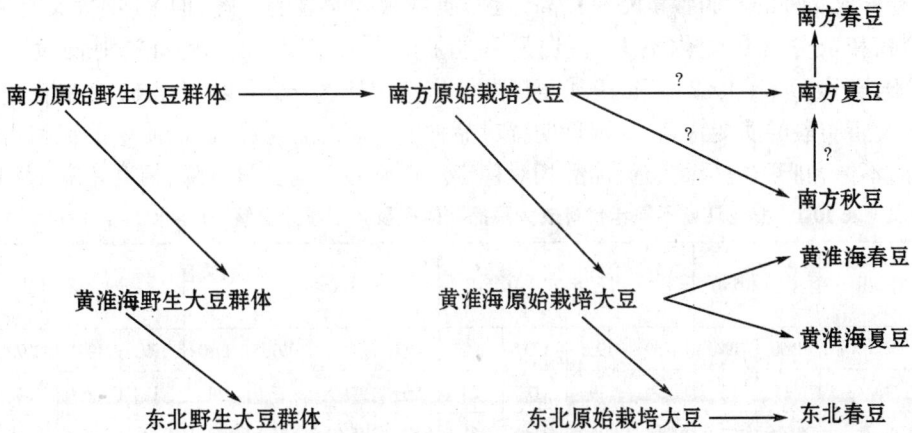

图 10-1　栽培大豆起源和演化的可能途径　（盖钧镒等,2000）

（加问号,表示不确定性）

二、从野生大豆到栽培大豆的性状演化

经过长期的人工定向选择以及自然选择的作用,栽培大豆形成了符合人类需要的丰富变异类型。从野生大豆到栽培大豆的形态性状演化方向为籽粒由小到大,叶片由小到大,茎秆由细到粗,生长习性由蔓生到直立,株高变矮,籽粒变大,播种至开花日数逐步缩短,开花至成熟天数有所延长,对光周期和昼夜温度反应的敏感度逐步减弱(王金陵,1947;舒世珍,1986;徐豹,1991)。野生大豆种子脂肪含量随着进化程度的提高一般表现为增高的趋势,与蛋白质含量的变化趋势正好相反。种子亚麻酸含量为野生型 > 中间型 > 栽培型,而油酸含量则与之相反(庄无忌等,1984)。

大豆的生育期长短是最重要的生态性状。周新安等(1998)根据平均遗传多样性指数大小认为黄淮海夏大豆型是原始类型,分别演化出黄淮海春大豆型、北方春大豆型和长江春大豆型,而由后者进化出南方春大豆型;同样由黄淮海夏大豆型依次演化出现南方夏大豆型和南方秋大豆型。王金陵(1973,1991)研究指出野生大豆的短日照性极强,总是比当地的栽培和半栽培类型大豆强,说明短日照性是原始性状。大豆生育期类型由南向北的逐渐延伸与适应,也就是逐步由于较早熟类型(短日照性弱的类型)的出现,使大豆向高纬度适应的结果。盖钧镒等(2000)通过细胞器 DNA RFLP 分析结果也表明生育期性状演化表现为从晚熟(全生长季节类型)到早熟的趋势。

三、中国大豆育成品种的性状特点

大豆育成品种是育种家定向选择所获得的符合人们对产量、品质等育种目标的基因型,不同育种区域具有不同的性状特点。张桂茹(1998)比较指出黑农号大豆品种主要农艺性状的遗传改进的趋势是从高大无限多分枝类型向中秆亚有限少分枝类型演变,同时,品种的抗病性、抗倒伏性不断增强。20 世纪 70 年代育成的品种单株产量的提高主要是通过提高百粒重实现的,而80年代后育成的品种主要是靠增加单株荚数和每荚粒数而提高单株产量的。徐永华等(1997)研究了新中国成立以来黑龙江省选育的148个大豆品种的蛋白质、脂肪、碳水化合物和灰分含量的变化及其生态地理分布(表10-1)。伴随着品种生产潜力的提高,该省育成品种的脂肪含量略有提高,蛋白质含量有明显的下降,但80年代又有回升;碳水化合物和灰分含量变化不大;蛋白质和脂肪含量生态地理区域间差别较大。许显滨(1998)比较了1986~1987年和1994年黑龙江省7个地区、60个县(市)162个主栽的大豆品种脂肪及脂肪酸的演变特点,发现近期育成品种大豆脂肪含量提高,脂肪中的饱和脂肪酸含量下降,不饱和脂肪酸提高。亚油酸相对稳定。亚麻酸平均含量下降,幅度拓宽(表10-2)。

表 10-1　黑龙江省不同年代育成大豆品种的主要化学成分含量　(徐永华等,1997)

熟期组	I (<105 d)		II (106~120 d)				III (>121 d)				平均			
年代	1950	1980	1950	1960	1970	1980	1950	1960	1970	1980	1950	1960	1970	1980
品种数(个)	2	3	5	19	17	20	5	11	17	14	12	30	34	37
产量(kg/hm²)	3400.5	3699.0	3990.0	4215.0	4342.5	4381.5	4683.0	4530.0	3985.5	5035.0	4180.5	4333.5	—	4573.5
蛋白质(%)	43.2	441.2	43.6	42.1	41.5	42.0	43.0	41.3	41.1	41.9	43.3	41.8	41.3	41.9
脂肪(%)	20.2	21.5	19.3	19.9	19.8	20.1	19.4	19.9	19.9	19.5	19.5	19.9	19.9	20.0
碳水化合物(%)	32.3	32.1	32.4	32.8	33.4	32.6	32.6	33.4	33.7	33.5	32.5	33.0	33.6	32.9
灰分(%)	5.1	5.5	4.7	5.2	5.3	5.2	5.1	5.4	5.4	5.2	4.9	5.3	5.3	5.2

表 10-2　黑龙江省大豆品种脂肪含量的变化　(许显滨,1998)

年代	平均含量(%)	变幅(%)	品种数(个)	变异系数	代表品种
20世纪70年代及以前	21.45	20.45~23.0	18	14.51	绥农4号
20世纪80年代	21.47	20.47~23.0	69	15.30	黑农26
20世纪90年代	22.37	20.45~23.0	93	19.21	黑农37

王连铮等(1998)对黑龙江省和黄淮海地区不同时期有代表性的大豆品种进行比较研究,结果表明单株粒重、主茎荚数占全株荚数百分数(荚比)、三四粒荚数、每节荚数、每荚粒数、百粒重、脂肪含量等性状与产量呈显著或极显著正相关,而倒伏性与产量呈极显著负相关。各地大豆品种遗传改进的明显趋势在于抗倒伏性显著增强,单株粒重提高,每节荚数、每荚粒数增多,粒重增大,茎秆增粗,株高降低。裴东红等(1997)对辽宁省1967~1993年杂交育成的19个大豆品种研究指出,辽宁省大豆品种主要农艺性状遗传改进趋势是:单株粒重、单株荚数、每荚粒数、单株粒数、百粒重、分枝荚数、分枝粒数、分枝粒重、茎粗增加,生育期、株高、倒伏度减少。其中,单株粒重、单株荚数、单株粒数、生育期、株高、茎粗先期变化大而后期变化小,每荚粒数、百粒重、分枝荚数、分枝粒数、分枝粒重先期变化小而后期变化大;主茎节数、主茎荚数、每节荚数、主茎粒数、主茎粒重、生育后期、粒茎比呈先增后减趋势;节间长度、分枝数、生育前期、干茎重呈先减后增趋势。孙贵荒等(2001)分析1950~1990年22个品种研究表明,辽宁省大豆更替品种总的趋势是13个性状中除了分枝数以外其余性状均有不同程度的增长,其中三粒荚数、分枝荚数、单株粒重、粒茎比、株高及主茎节数的增长量

较大,生育期变化量最小。育成品种的脂肪含量无明显差异,蛋白质含量年代间有较大幅度增长,蛋白质和脂肪的总含量也依蛋白质含量的增长而增长。1990 年以后育成的大豆品种与以往老品种相比在分枝荚数、3 粒荚数、单株荚数、单株粒重等性状差异大,新品种比老品种在籽粒抗病虫性方面有了较大的改进。

叶兴国等(1996)对山东、河北、河南、山西、北京等地 1950~1990 年 23 个主要生产品种研究表明,黄淮海地区大豆品种遗传改进的明显趋势是每荚粒数增多,每节荚数增多,荚比提高,分枝数减少,茎秆增粗,抗倒伏能力增强,粒型增大,单株粒重提高,脂肪含量增加,株高、节数、节间长度、生育期呈现先增后减的趋势,蛋白质含量没有明显改进,产量的遗传改进幅度为 1.2%~2.5%。相关分析表明,单株粒重、脂肪含量、荚比、每荚粒数、主茎荚数、每节荚数、三四粒荚数、百粒重、茎粗、节数、生育期与产量呈正相关或显著正相关。

李卫东等(1999)以河南省审定品种为主的 26 个品种主要性状演变趋势进行分析:品种产量呈上升抛物线状,平均产量为 2 550 kg/hm^2,处于"爬坡阶段";品种株高变化趋势为 68~81 cm,80 cm 左右是进一步高产稳产品种的适宜高度;生育期变化范围为 101.4~104.4 d,呈上升趋势,104 d 左右的品种适合在河南全省推广;单株荚数在 37.7~43.9 个范围内逐年上升,多荚是高产稳产性状;紫斑率自 1981 年后直线下降,病毒病级、倒伏级和百粒重多年来无明显变化。因此提出首先提高单株荚数,其次适当增加百粒重并增强抗倒伏性是目前提高品种产量的有效途径。杨加银等(1998)对江苏淮北地区 20 世纪 50~80 年代推广的 16 个夏大豆品种主要农艺性状试验表明,当地大豆品种遗传改进的趋势是:单株粒数、每荚粒数、百粒重、单株粒重、收获指数、粒茎比、生育后期和脂肪含量增加,主茎节数、节间长度、分枝数、生育前期和全生育期减少。蛋白质含量没有改进。产量的年遗传改进为 2.6%,遗传改良顺序排在第一位的是粒茎比,第二位是收获指数。产量的提高主要来源于这两个因素的改良。籽粒产量进一步提高的途径是在保持现有粒茎比和收获指数的前提下,重点提高生物产量、每荚粒数和单株荚数。郝欣先等(2000)对 1950 年以来 47 个大豆品种研究指出,山东省生产上应用的大豆品种株型性状向半矮秆紧凑型变迁。百粒重增加 6.12 g,蛋白质含量有较大提高,抗倒伏性、稳产性明显增强,适应范围越来越广。抗病毒病已成为育成品种共性,少数品种已具有抗线虫、抗蚀荚虫的能力。高、低产品种的高产基因型性状特征有明显不同。中低产品种的高产基因型特征性状有株荚数、株高、株茎重、分枝数。株荚数对产量的贡献率达 50.3%。产量较高品种的高产基因型性状有粒茎比、主茎节数、百粒重和株荚数。粒茎比对产量贡献率达 63.58%。

崔章林等(1998)对中国 1923~1995 年育成的 651 个大豆品种的性状特点指出,新品种在抗倒伏性、早熟性、丰产性、品质、抗病虫性等方面不断改良。

(一)抗倒伏性

在现代育成品种以前,中国大豆生产中使用的是数以万计的地方品种。倒伏是地方品种最突出的弱点。而推广的约 100 个育成品种基本上属于秆强、直立型的,符合稳产的要求。

(二)丰 产 性

中国大豆从 20 世纪 50~80 年代每 10 年及 90 代初的平均单产量分别是 819 kg/hm^2、802.5 kg/hm^2、1 039.5 kg/hm^2、1 288.5 kg/hm^2 和 1 380 kg/hm^2。单位面积产量提高的原因,一方面是栽培条件的改良,另一方面更主要的是品种的遗传改良。

国家设立大豆育种攻关计划对中国大豆育种和生产产生了极为重大的影响。"六五"攻关计划育成的 42 个品种,从南到北分别具有 2 250 ~ 3 000 kg/hm² 的潜力,个别具有 3 750 kg/hm² 左右的高产潜力。"七五"攻关计划共育成 58 个品种。在高产稳产育种方面,育成 29 个大豆品种,平均产量 2 190 kg/hm²,一般比当地对照品种增产 10% 以上,平均增产 14.1%,有相当一些品种增产 15% ~ 20%。"八五"攻关计划共育成 67 个品种,这些品种比当地对照品种增产 10% ~ 20%,平均增产 15.2%,具有比"七五"品种更高的产量潜力。例如诱处 4 号达 4 878 kg/hm²,辽豆 10 号达 4 465.5 kg/hm²。新大豆 1 号在新疆 667 m² 面积上获得 426.3 kg 和 324.4 kg 的高产记录。

1985 年"六五"结束,中国大豆单产量达到 1 365 kg/hm²,比 1979 ~ 1981 年大豆平均单产 1 222.5 kg/hm² 增产 11.6%;"七五"结束,1990 年全国大豆单产 1 470 kg/hm²,比 1985 年增产 7.7%;目前大豆单产已达 1 650 kg/hm²,比 1990 年增产 12.2%。平均每年进展在 1.5% 以上,这固然是遗传改良和栽培条件改善的共同结果,但一般说遗传改良是主导因素。

(三)生 育 期

中国大豆育成品种的生育期趋向提早,近 15 年来,各产区品种的全生育期一般均缩短 3 ~ 10 d,但以鼓粒期为主的生殖生长期却有所延长。如黄淮海夏大豆区,由于品种生育期缩短,更适于该地区麦豆一年两熟制种植。由于新品种生育期缩短,无论春大豆或夏大豆均有利于向北部产区扩展。突出的进展是选育出东农 36、东农 41、漠河 1 号、黑鉴 1 号等超早熟大豆品种,其生育期为 81 ~ 90 d,适于在黑龙江省高寒地区第六积温带推广种植,从而使中国大豆栽培区域又向北推移了约 100 km。

(四)种子品质

早期的品质育种注重外观品质的改良,如种皮色泽佳、种脐颜色淡、粒形圆、完整粒率高、褐斑粒或黑斑粒率低等。近期的育种更注重于种子化学品质的改良,主要是蛋白质含量和脂肪含量。中国育成的高脂肪含量(约 23%)大豆品种按育成年代和年份先后顺序分列如下:20 世纪 50 年代有太谷早、状元青黑豆等;60 年代有合交 6 号、吉林 1 号、吉林 6 号、黑农 4 号、黑农 6 号、黑农 8 号、合交 13、牡丰 1 号、嫩丰 7 号、公交 5601-1、公交 5610-1、公交 5610-2、黑农 16 等;70 年代有吉林 12、嫩丰 1 号、嫩丰 2 号、绥农 3 号、嫩丰 4 号、丹豆 3 号、齐黄 21 等;80 年代有红丰 3 号、嫩丰 10 号、北丰 2 号、九丰 2 号、绥农 6 号、铁丰 22、黑农 31、黑农 32、湘春豆 12、乌豆 1 号等;90 年代有湘春豆 14、红丰 9 号等。高脂肪含量大豆品种多来自东北地区。齐黄 21、乌豆 1 号、湘春豆 12 和湘春豆 14 的高脂肪含量亲本也来自东北地区。

中国育成的高蛋白质含量(47% 以上)大豆品种按育成年代和年份先后顺序分列如下:20 世纪 50 年代有早小白眉等;60 年代有 58-161、九农 4 号等;70 年代有六十日、灌云 1 号、亳县大豆、建国 1 号、商丘 7608 等;80 年代有雁青、豫豆 2 号、通黑 11、淮豆 2 号、宁青豆 1 号、豫豆 4 号、毛蓬青 1 号、毛蓬青 2 号、湘青、安豆 1 号、豫豆 10 号、鄂豆 4 号、南农 87C-38 等;90 年代有皖豆 10 号、吉林 28、豫豆 12、中豆 8 号、川豆 2 号、浙春 3 号、诱处 4 号、科新 3 号、丽秋 1 号、黔豆 4 号等。高蛋白质含量大豆品种多来自南方地区。

中国育成的蛋白质和油脂总含量高(66% 以上)的大豆品种按育成年代和年份先后顺序分列如下:20 世纪 50 年代没有;60 年代有九农 4 号等;70 年代有六十日、亳县大豆、建国 1 号、灵山 1 号等;80 年代有徐豆 135、通黑 11、宁青豆 1 号、毛蓬青 1 号、毛蓬青 2 号、皖豆 6 号、豫豆 10 号等;90 年代有新六青、皖豆 10 号、皖豆 12、中豆 8 号、川豆 2 号、成豆 5 号、浙春

3 号、科新 3 号、豫豆 19 等。蛋白质和脂肪总含量高的大豆品种多来自南方地区。

上述大部分优质品种是国家大豆育种攻关计划的成果。此外,"七五"、"八五"期间还育成了一批特殊专用品种,如适合出口供日本加工"纳豆"的小粒黄豆品种、适合城乡人民作"毛豆"食用的有色大粒菜用大豆品种,适合加工豆豉或豆酱类食品的加工专用大豆品种,以及抗营养因子的无 Kunitz 胰蛋白酶抑制剂、缺失脂肪氧化酶、高异黄酮含量的大豆品种。

(五)抗病虫性

20 世纪 80 年代以前,中国抗病虫大豆新品种选育研究方面基础薄弱,仅有东北地区开展了一些研究。如吉林省在解放初期,鉴定出受食心虫危害较轻的大豆品种小金黄 1 号,便迅速代替了受食心虫危害严重的品种黄宝珠,从而使食心虫危害的威胁有所减轻;60 年代以后育成对食心虫抗性较强的品种吉林 3 号和吉林 4 号,又迅速代替了对食心虫抗性较弱的小金黄 1 号,这不仅减轻了食心虫对大豆生产的威胁,而且明显提高了大豆的品质。中国有计划的抗病虫大豆新品种选育研究始于"七五"大豆育种攻关课题,现已初步建立起抗病虫大豆新品种选育研究技术体系。

"七五"期间,针对全国性的两大病害(大豆花叶病毒、胞囊线虫)、地区性两种病害(灰斑病、锈病)和两种虫害(食心虫、豆秆蝇)开始的抗病虫新品种选育共育成抗病虫(灰斑病、大豆花叶病毒、胞囊线虫、食心虫)新品种 9 个,其中合丰 29、合丰 30、黑农 36 抗灰斑病,吉林 23 抗胞囊线虫 1 号和 3 号生理小种,辽豆 6 号、早熟 17、淮豆 2 号抗大豆花叶病毒,九农 17、绥农 7 号抗食心虫。"八五"期间又育成了 14 个抗病虫大豆新品种,其中南农 86-4、早熟 18、吉林 25 抗大豆花叶病毒病,合丰 32、合丰 33、合丰 34、合丰 35、合丰 36 抗灰斑病,抗线 1 号、抗线 2 号、嫩丰 15、吉林 32、高作选 1 号抗胞囊线虫,早春 1 号抗锈病。有些品种的抗性水平相当突出,如合丰 34 高抗灰斑病 1 号、2 号、3 号、4 号、7 号、8 号、9 号、10 号等 8 个生理小种,而且产量高。

对于大豆花叶病毒、大豆锈病、豆秆黑潜蝇、食心虫等在中国特殊重要,但在西方国家并不重要的病虫害来说,中国的抗性研究实际上处于国际领先水平。

(六)抗 旱 性

中国黄淮海地区因干旱减产幅度很大,而又缺乏抗旱的高产品种。山东育成的鲁豆 2 号等、安徽育成的皖豆 6 号等、河南育成的豫豆 18 等具有较好的抗旱性。山西选育出高度抗旱(1 级)并具有良好丰产性能的大豆品种晋豆 14 等新品种。

Cui 等(2001)比较中国(47 个)和北美(25 个)大豆育成品种叶、茎及种子等 25 个性状的表现(表 10-3)。结果表明中国大豆育成品种的表型多样性高于北美,中美大豆在叶及种子有关性状上有显著差异。

表 10-3　中国及北美不同区域大豆育成品种的性状表现 （Cui et al, 2001）

性　状	中国东北	中国黄淮	中国南方	中国合计	北美南部	北美北部	北美合计	总　计
叶长(cm)	12.6±0.9	11.9±1.8	12.1±1.4	12.2±1.4	11.3±0.8	11.3±1.8	11.3±1.2	11.9±1.4
叶宽(cm)	6.4±1.1	7.3±1.5	7.8±0.7	7.0±1.3	7.6±0.6	7.0±1.0	7.4±0.8	7.1±1.2
单叶面积(cm²)	176.4±27.0	193.5±50.9	207.2±35.3	187.2±40.1	189.6±24.5	174.5±46.6	184.8±32.9	186.4±37.5
单叶干重(mg)	412.3±66.6	472.2±121.7	431.5±76.0	420.7±92.3	433.6±65.1	390.3±73.1	419.7±69.3	420.4±84.5

续表 10-3

性　状	中国东北	中国黄淮	中国南方	中国合计	北美南部	北美北部	北美合计	总　计
比叶重(gm⁻¹)	23.5 ± 1.7	22.4 ± 2.3	21.4 ± 1.4	22.8 ± 2.0	22.8 ± 1.6	22.8 ± 4.1	22.8 ± 2.5	22.8 ± 2.2
叶柄长(cm)	10.1 ± 2.2	12.5 ± 2.9	12.0 ± 1.6	11.3 ± 2.6	11.7 ± 1.5	11.7 ± 2.5	11.7 ± 1.8	11.4 ± 2.4
叶含 N 量	55.2 ± 3.1	54.5 ± 3.6	51.6 ± 1.1	54.5 ± 3.3	57.2 ± 2.3	54.3 ± 3.3	56.3 ± 2.9	55.1 ± 3.3
叶绿素 a 含量	88.2 ± 11.0	90.2 ± 10.0	83.9 ± 7.0	88.5 ± 10.2	102.6 ± 7.8	93.1 ± 5.7	99.5 ± 8.4	92.3 ± 10.9
叶绿素 b 含量	27.9 ± 2.9	28.5 ± 2.7	27.2 ± 2.2	28.1 ± 2.7	31.5 ± 2.1	28.7 ± 1.4	30.6 ± 2.3	28.9 ± 2.8
叶绿素 a+b 含量	116.3 ± 13.7	118.7 ± 12.7	111.1 ± 9.2	116.6 ± 12.8	134.0 ± 9.9	122.3 ± 6.0	130.3 ± 10.4	121.4 ± 13.6
生长 28 天株高(cm)	82.5 ± 15.7	74.0 ± 13.1	84.2 ± 11.0	79.3 ± 14.6	77.3 ± 10.2	80.2 ± 5.9	78.2 ± 9.0	78.9 ± 12.9
生长 28 天节数	10.5 ± 0.4	10.2 ± 0.4	10.8 ± 0.5	10.4 ± 0.5	10.2 ± 0.4	10.5 ± 0.5	10.3 ± 0.5	10.4 ± 0.4
生长 28 天间长(cm)	7.8 ± 1.3	7.2 ± 1.1	7.8 ± 1.0	7.6 ± 1.2	7.5 ± 0.9	7.6 ± 0.8	7.5 ± 0.8	7.6 ± 1.1
成熟期节间长(cm)	9.1 ± 1.3	9.1 ± 1.2	9.0 ± 1.1	9.1 ± 1.2	9.8 ± 1.0	9.3 ± 0.9	9.7 ± 1.1	9.3 ± 1.2
成熟期茎粗(mm)	7.5 ± 0.9	7.9 ± 0.8	7.8 ± 1.2	7.7 ± 0.9	7.8 ± 0.4	7.4 ± 0.9	7.6 ± 0.6	7.7 ± 0.8
每荚粒数	2.0 ± 0.0	1.9 ± 0.3	1.9 ± 0.3	1.9 ± 0.3	2.1 ± 0.4	2.0 ± 0.0	2.0 ± 0.0	2.0 ± 0.0
百粒重(g)	23.0 ± 3.5	23.8 ± 3.4	21.3 ± 4.3	23.1 ± 3.6	21.2 ± 2.7	21.1 ± 2.8	21.2 ± 2.6	22.5 ± 3.4
蛋白质含量(%)	42.7 ± 1.3	44.2 ± 1.8	45.5 ± 1.3	43.7 ± 1.9	41.7 ± 1.1	42.2 ± 1.1	41.9 ± 1.1	43.0 ± 1.9
脂肪含量(%)	20.1 ± 0.7	19.0 ± 1.5	17.2 ± 0.7	19.3 ± 1.4	20.5 ± 0.7	20.6 ± 0.7	20.6 ± 0.7	19.7 ± 1.4
棕榈酸含量(%)	12.2 ± 0.8	12.2 ± 0.6	12.0 ± 0.9	12.2 ± 0.7	12.0 ± 0.4	12.0 ± 0.6	12.0 ± 0.5	12.1 ± 0.6
硬脂酸含量(%)	3.4 ± 0.3	3.0 ± 0.3	2.9 ± 0.3	3.2 ± 0.4	3.5 ± 0.3	3.1 ± 0.5	3.4 ± 0.4	3.2 ± 0.4
油酸含量(%)	25.3 ± 8.0	24.2 ± 6.3	26.5 ± 5.9	25.0 ± 7.0	20.0 ± 2.0	22.0 ± 3.8	20.7 ± 2.8	23.5 ± 6.3
亚油酸含量(%)	50.1 ± 6.2	51.9 ± 4.8	49.1 ± 4.6	50.7 ± 5.4	55.6 ± 1.5	53.8 ± 2.3	55.0 ± 1.9	52.2 ± 5.0
亚麻酸含量(%)	9.1 ± 1.5	8.7 ± 1.3	9.4 ± 1.0	9.0 ± 1.4	9.0 ± 0.8	9.1 ± 1.3	9.1 ± 0.9	9.0 ± 1.2

四、今后的大豆育种趋势

综观国内外大豆育种趋势,未来中国大豆育种将朝着以下几个方向发展。①新品种将比以往品种具有更广的适应区域和适应播种期。适应于黑龙江省北部高寒地区、适应于新疆灌区、适应于南方热带地区的品种选育将是有潜力的几个方面。②由于土地资源紧张,将有不同类型的品种适应不同的轮作复种制度,包括春、夏、秋,间作、套作及田埂利用等,以增加复种指数。③随着人口的增长,而耕地面积和大豆播种面积的减少,产量的突破仍旧是未来长期的育种目标。未来产量突破的途径对于常规育种来说,高产株型及其生理基础是根本性的;跳出常规育种而设法利用杂种优势是另一途径。最有可能实现产量跳跃的途径将是大豆理想型与杂种优势的结合。为谋求产量的持续稳步提高,育种家还需要采用群体改良的轮回选择技术来累积增效基因。④人类对大豆品质的追求将是无穷尽的,初级的目标是高蛋白质和高脂肪含量,高一级的目标是优质蛋白质和优质脂肪组分,更高一层次的目标是消除或降低抗营养因子胰蛋白酶抑制剂、豆腥味等,并将无抗营养因子的基因结合到高蛋白质含量、高脂肪含量、优质蛋白质组分、优质脂肪组分的品种中去。此外,大豆异黄酮、大豆皂苷的含量与成分有可能成为未来的育种目标性状。⑤病虫、逆境胁迫是高产、稳产的重要限制因子,要高产稳产就必须抗病虫、耐逆境压力。首先需要通过育种手段控制的病虫包括全国性的大豆花叶病毒、大豆胞囊线虫和正在构成威胁的疫霉根腐病,北方的灰斑病、食心虫,南方的锈病、豆秆黑潜蝇和食叶性害虫。华北地区对抗旱品种的需求是迫切的。随着高效农业的发展,沿海滩涂及南方中低产红黄壤的改良,对相应大豆品种的需求更加迫切。

第二节　中国大豆品种熟期组类型

一、中国大豆育种区域

优良大豆品种必须与栽培地区的生态条件相适应才能发挥最大的潜力。王金陵(1991)指出在一定的自然条件、耕作栽培条件及利用要求的情况下,便有一定的适应此种情况的生态类型。在育成有生产栽培价值的大豆品种时,一定要在有适应性的生态类型基础上去求得产量、品质、抗性等性状的改进。同生态类型间主要的性状差异与某些主要生态因子有关。大豆的主要生态性状有生育期及其对光周期和温度的反应特性、结荚习性、种粒大小、种皮色等。从全国大范围着眼,大豆品种生态因子主要是由地理纬度、海拔高度以及播种季节等所决定的日照长度与温度,其次才是降水量、土壤条件等,因而品种生育期长度及其对光、温反应的特性是区分大豆品种生态类型的主要性状。中国大豆育种区域的划分与大豆栽培区域、生态区域的划分是一致的。中国大豆品种生态区域的划分是研究种质资源和进行分区育种的基础。

王金陵(1991)于1943年将全国分为五个栽培区域,即春作大豆区、夏作大豆冬闲区、夏作大豆区、秋作大豆区、大豆两获区。吕世霖等(1981)提出了三大区、十亚区的划分方案。卜慕华、潘铁夫(1982)提出了与吕世霖等相近的划分方案,包括Ⅰ北方春作大豆区(Ⅰ₁东北春作亚区、Ⅰ₂北部高原春作大豆亚区、Ⅰ₃西北春作大豆亚区),Ⅱ黄淮海流域夏作大豆区(Ⅱ₄冀晋中部夏春作大豆亚区、Ⅱ₅黄淮流域夏作大豆亚区),Ⅲ南方多作大豆区(Ⅲ₆长江流域夏春作大豆亚区、Ⅲ₇东南部秋春作大豆亚区、Ⅲ₈中南部秋春作大豆亚区、Ⅲ₉西南高原春作大豆亚区、Ⅲ₁₀华南多作大豆亚区)。这两个划分方案在命名及南方区的亚区划分上有一定差异。后卜慕华、潘铁夫(1987)将1982年方案又调整为五区,即北方春大豆区、黄淮海流域夏大豆区、长江流域夏大豆区、东南春夏秋大豆区和华南四季大豆区。

虽然大豆品种生态区域和栽培区域间概念上有所区别,但由于两者均涉及到复种制度,因而有其共同基础。比较上述各种方案,对以东北为主的北方一熟制春豆区和黄淮海流域二熟制春夏豆区均列为单独区域,相对甚一致,只是名称互有不同。各方案中差别最大的是对长江流域及其以南地区的分区。有的将整个南方地区划为三区,有的则将整个南方地区看作一个区域。Gai(1984)鉴于20世纪80年代初期长江流域包括中下游地区曾发展秋播大豆,整个南方地区都有春、夏、秋播种期大豆生产,因而支持将南方看作为一个区域的方案,并在制定全国育种攻关计划时按三大区域分别设立育种目标性状的要求。然而经过近十多年复种制度的变革,实际在长江中下游地区秋播大豆并未发展,该地区的复种制度和品种类型仍为二熟制下的春、夏豆,而与其以南地区的复种制度和品种类型有明显相差。既然大豆品种生态区划分以品种生态表现及其相应复种制度为主要依据,南方各地复种制度及播种季节类型又很不一致,将南方进一步划区是合理的。进一步的问题是南方如何分区并与已定的北方二区相平衡,如何命名。盖钧镒、汪越胜(2001)以有原产地播种季节类型原始记录的全国各地 256 份代表性品种在南京不同季节播种并加长或缩短光照条件下的表现,参考文献中关于南方地区划分亚区的情况,提出 6 个大豆品种生态区及相应亚区的划分方案(图10-2)。其划分与命名均打破行政省区的界线,以地理区域、品种所适宜的复种制度及播种季节类型而命名,并缀以品种生态区或亚区,以表示这是根据各地自然、栽培条件下品种生态类型区域的划分,时限向前(历史品种)有一定延伸,并不限于现行的栽培制度。

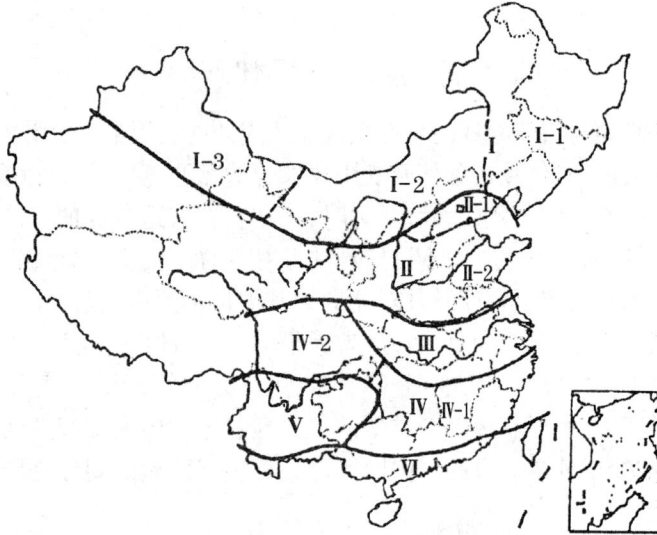

图 10-2　中国大豆品种生态区域　(盖钧镒、汪越胜,2001)

图中 6 个大豆品种生态区及相应的亚区如下:

Ⅰ北方一熟制春作大豆品种生态区(简称北方一熟春豆生态区,代号 NRT VER)

Ⅰ-1 东北春豆品种生态亚区(简称东北亚区,代号 NEC SR)

Ⅰ-2 华北高原春豆品种生态亚区(简称华北高原亚区,代号 NCP SP)

Ⅰ-3 西北春豆品种生态亚区(简称西北亚区,代号 NWC SR)

Ⅱ黄淮海二熟制春夏作大豆品种生态区(简称黄淮海二熟春夏豆生态区,代号 HHH VER)

Ⅱ-1 海汾流域春夏豆品种生态亚区(简称海汾亚区,代号 HFV SR)

Ⅱ-2 黄淮海流域春夏豆品种生态亚区(简称黄淮亚区,代号 HHV SR)

Ⅲ长江中下游二熟制春夏作大豆品种生态区(简称长江中下游二熟春夏生态区,代号 MLC VER)

Ⅳ中南多熟制春夏秋作大豆品种生态区(简称中南多熟春夏秋豆生态区,代号 CTS VER)

Ⅳ-1 中南东部春夏秋豆品种生态亚区(简称中南东部亚区,代号 EMS SR)

Ⅳ-2 中南西部春夏秋豆品种生态亚区(简称中南西部亚区,代号 WMS SR)

Ⅴ西南高原二熟制春夏作大豆品种生态区(简称西南高原二熟春夏豆生态区,代号 SWP VER)

Ⅵ华南热带多熟制四季大豆品种生态区(简称华南热带多熟四季大豆生态区,代号 SCT VER)

以上区划方案与卜慕华、潘铁夫(1982)方案相比,Ⅰ、Ⅱ两区及其亚区的划分大致相同,而名称有所改变。原卜、吕文献中的南方区进一步划分为 4 个区,其中Ⅲ区只包括长江中下游春夏大豆地区,而将长江上游四川盆地因有春、夏、秋豆多种类型与中南部地区(原卜、吕文献中的Ⅲ₇、Ⅲ₈两亚区)亦有春、夏、秋豆多种类型的地区合为连片的一个区域Ⅳ中南多熟制春夏秋作大豆品种生态区,但将二者分别定为其亚区。Ⅴ西南高原二熟制春夏作大豆品种生态区单独列为一区,原因是云贵高原地区与长江中下游地区不相连接,虽同为春夏豆但品种类型不同。Ⅶ华南热带多熟制四季大豆品种生态区,因其独特,单列为一区。

二、中国大豆品种熟期组类型

大豆资源分类方法最主要的是按生育期长短的分类。日长与温度是大豆生育期长短的最重要生态因子,该两因子与地理纬度及种植季节有规律性的共变关系,因而生育期长度与地区纬度、种植季节密切相关。我国以往品种生育期分类是相对于地区而定的。各地区都有早、中、晚熟等的划分,但全国并无统一的划分标准,不便于相互比较和国内外交流。美国自 Regional Soybean Laboratory 建立后逐步由 Carter 等人发展了一套大豆品种熟期组的划分方法,最早分为Ⅰ～Ⅷ7组,其分布大体与纬度线平行,以后不断向南向北扩展为00、0、Ⅰ、Ⅱ……Ⅹ共12组(Norman,1978),后又发现更早熟品种,目前共归为000、……Ⅹ等13组,每组品种在其适应地区早、晚熟相差约10～15 d。北美品种熟期组的划分逐渐为世界各国所采纳,成为国际通用方法,尤其适用于一熟制大豆的地区。我国由于轮作复种制度复杂,品种生育期长短不但与纬度有关,还受播种季节类型影响,以往并未直接采纳北美的熟期组制。郝耕等(1992)等根据96份材料全国生态试验春播全生育期长短等间距地划分为12个生育期组,但这套划分方案并不与北美熟期组制相衔接。随着国际资源交流的发展,愈益需要一套既与国际方法衔接又能反映中国特点的大豆品种熟期组划分方法。

盖钧镒等(2001)根据北美13个熟期组大豆代表品种48份及我国各地地方品种256份在南京春播自然条件结合18 h长光照条件的试验,部分品种在石家庄、哈尔滨的春播试验,获得以下主要结果:①将我国大豆品种归属为相应的000～Ⅺ共12个熟期组,未发现熟期组Ⅹ品种。②按同一熟期组品种生育前期变异的地理分布,0～Ⅲ熟期组内各划分为秦岭淮河线以北亚组与秦岭淮河线以南亚组,因此将我国大豆品种进一步划分为熟期组000、00、0_1、0_2、I_1、I_2……Ⅸ共12组16种熟期类型。这种0～Ⅲ熟期组内划分亚组的方法,体现了我国广泛的复种制度下形成的品种特性,具有我国特色。③揭示我国大豆熟期组依品种生态区分布的特点,除000、00区外,其他熟期组、亚组均有广泛的分布,各生态区均有多种熟期组类型(表10-4)。④提出我国大豆品种熟期组、亚组归属的鉴定方法、标准和各地鉴定的标准品种名录(表10-5)。

表10-4　中国大豆熟期组类型在各生态区的分布　（盖钧镒等,2001）

大豆品种生态区	熟期组类型																Σ
	000	00	0_1	0_2	I_1	I_2	II_1	II_2	III_1	III_2	Ⅳ	Ⅴ	Ⅵ	Ⅶ	Ⅷ	Ⅸ	
NRT	1	4	19		16		6		7	1	1						55
HHH				1	1	11	1	16	2	13	8	1					54
MLC				3		3		2	3	6	5	17	9	2			52
CTS				1		1		2	4	3	3	12	4				41
SWP							1		10	6	7	2	3	2			31
SCT						1		2		6	3	3		1			23
Σ	1	4	19	1	17	6	1	22	36	23	29	16	21	16	5		256

注:NRT为北方一熟制春作大豆品种生态区,HHH为黄淮海二熟制春夏作大豆品种生态区,MLC为长江中下游二熟制春夏作大豆品种生态区,CTS为中南多熟制春夏秋作大豆品种生态区,SWP为西南高原二熟制春夏作大豆品种生态区,SCT为华南热带多熟制四季大豆品种生态区

表 10-5　中国大豆品种熟期组标准品种及其生育期表现　　（单位:d）

熟期组	品种名称	春播条件	18h光照	品种名称	春播条件	18h光照	品种名称	春播条件	18h光照
000	东农36(黑)	82	87						
00	黑河12(黑)	81	93	黑河3号(黑)	82	95	黑河8号(黑)	88	103
0_1	恳农4号(黑)	89	112	绥农14(黑)	92	116	吉林20号(吉)	95	120
0_2	无锡六月黄(苏)	97	113	泰兴黑豆(苏)	97	115	涪陵早春豆(川)	99	117
I_1	吉林30(吉)	99	122	沈农4号(辽)	101	125	沈农2号(辽)	107	130
I_2	武昌六月爆(鄂)	102	121	乐至白毛豆(川)	104	125	宾阳小青豆(桂)	104	124
II_1	沈农3号(辽)	111		大白眉(辽)	116		大乌豆(冀)	119	
II_2	杭州五月白(浙)	111		义乌六月黄(浙)	118		新丰本地红(粤)	118	
III_1	耐阴黑豆(冀)	123		晋大53(晋)	128		徐豆2号(苏)	134	
III_2	习水六月黄(贵)	121		城步六月黄(湘)	126		齐黄10号(鲁)	130	
IV	永新六月黄(赣)	136		滨海红茶豆(苏)	143		普定捎捎豆(贵)	150	
V	开封青豆(赣)	153		涡阳黑豆(皖)	159		黔西七月黄(贵)	163	
VI	横丰桂子兰(赣)	168		旬阳黄豆(陕)	174		六合小叶青(苏)	178	
VII	宿松白花荚(皖)	181		南通桩车黄荚(苏)	186		安吉青豆(浙)	192	
VIII	丰城大青豆(赣)	196		双江棕皮豆(滇)	202		巴马九月黄(桂)	206	
IX	隆安黄豆(贵)	209		自贡冬豆(川)	210		广安小冬豆(川)	212	

第三节　中国大豆育成品种及其系谱分析

一、中国大豆育成品种及其直接亲本分析

（一）中国大豆育成品种

　　1923~1995年中国育成651个大豆品种,迄今育成品种数已逾千,是世界上育成品种数最多的国家(表10-6)。此外还有一批定型的育种中间材料(品系)。从表10-7可见,到"八五"期末,国家种质库保存的22 637份栽培大豆资源中,育成品种(系)达2 959份,占总数的13%。据估计,育成品种已覆盖中国大豆播种面积的90%以上。东北地区的育成品种已经更换了5~7次,黄淮海地区的育成品种已经更换了3~5次,南方地区的育成品种已经更换了1~4次。

表 10-6　中国各大豆产区不同年代育成的各种播种季节类型的品种数　　（单位:个）
（崔章林等,1998）

大豆产区	播期类型	1923~1950年	1951~1960年	1961~1970年	1971~1980年	1981~1990年	1991~1995年	合计
东北地区	春大豆	17	23	47	63	124	46	330
黄淮海地区	春大豆	0	3	5	15	24	10	57
	夏大豆	2	3	12	41	68	27	153

续表 10-6

大豆产区	播期类型	1923~1950 年	1951~1960 年	1961~1970 年	1971~1980 年	1981~1990 年	1991~1995 年	合计
南方地区	春大豆	0	1	2	7	35	20	65
	夏大豆	1	1	4	3	16	5	30
	秋大豆	0	0	0	3	10	2	15
	冬大豆	0	0	0	0	1	0	1
总　和		20	31	70	132	278	110	641

表 10-7　中国国家种质库保存的大豆种质资源中育成品种(系)所占份额

地　区	保存资源总数(个)	育成品种(系)数(个)	育成品种(系)所占比例(%)
东北地区	3100	510	16.45
黄淮地区	9696	791	8.16
南方地区	9841	357	3.63
全国合计	22637	1658	7.32

(二)中国大豆育成品种的亲本特点

1. 中国大豆育成品种的亲本来源　中国大豆育成品种直接亲本的类型可分为育成品种、育种品系、地方品种和国外引种 4 类。不同年代大豆育种亲本类型的构成是不同的,它能反映大豆育种的水平。1960 年前育成的大豆品种的直接亲本基本上为地方品种。1961~1980 年育成的大豆品种的直接亲本,33%为地方品种,45%为育成品种,19%为育种品系,3%为国外引种。1981~1995 年育成品种的亲本,16%为地方品种,39%为育成品种,32%为育种品系,13%为国外引种。中国现代大豆育种趋向于减少直接使用地方品种,增加使用育种品系和国外引种。当今大豆育种主要亲本类型为育成品种和育种品系,未来育种将主要使用育种品系作为直接亲本,以提高育种进程与效率。表 10-8 说明中国东北、黄淮海和南方大豆产区绝大多数育成品种以本生态区大豆材料为亲本。东北地区育成品种的亲本,91%来自本地区,1%来自黄淮海地区,没有来自南方地区的,8%来自外国。黄淮海地区育成品种的亲本,80%来自本地区,10%来自东北地区,3%来自南方地区,7%来自外国。南方地区育成品种的亲本,76%来自本地区,13%来自黄淮海地区,2%来自东北地区,9%来自外国。近年来,来源于异生态区,甚至国外的亲本呈上升趋势。北方种质向南方渗透比南方种质向北方渗透更为普遍。中国南方育成品种较多地使用异地甚至异国的亲本,黄淮海地区育成品种次之,东北地区育成品种的亲本几乎全部来源于本地区和美国北部。中国三大主产区大豆育成品种使用国外引种的比例相仿。

表 10-8　中国大豆育成品种的亲本来源 （%）（崔章林等,1998）

育成品种来源地	亲　本　来　源　地				合　计
	东北地区	黄淮海地区	南方地区	国　外	
东北地区	91	1	0	8	100
黄淮海地区	10	80	3	7	100
南方地区	2	13	76	9	100

2. 中国杂交育成大豆品种的亲本组配方式　中国杂交育成的大豆品种的亲本间的组配情况见表 10-9。总体说来，以育成品种与育成品系相互间组配为主。1960 年前育成的大豆品种只有育成品种×育成品种、育成品种×地方品种和地方品种×育成品种 3 种品种组配。1961～1980 年育成的大豆品种有 4 种亲本组配是最常见的，它们依次是：育成品种×地方品种、育成品种×育成品种、育成品种×育成品系、地方品种×育成品种。1981～1995 年育成的大豆品种中，主要亲本组配依次为：育成品系×育成品系、育成品种×育成品系、育成品系×育成品种、育成品种×国外引种。育成品系的利用呈上升趋势，育成品系×育成品系为最主要的亲本配对方式。

中国杂交育成的 460 个大豆品种的组合方式以单交为主，约 25 个品种来自三交组合，另有 16 个品种来自复交组合，三交和复交组合近年呈上升趋势；仅有少数品种是通过回交计划育成的，如合丰 27、合丰 30、合丰 33、南农 73-935 等。随着今后抗病虫育种的深入，回交转育将会成为抗病虫育种的有效方法。

表 10-9　中国杂交育成品种亲本组配类型的频率　（%）（崔章林等，1998）

母　　本	父　　本			
	育成品种	育成品系	地方品种	国外引种
育成品种	16.7	13.6	10.3	9.2
育成品系	11.2	13.8	3.7	5.3
地方品种	7.5	1.3	3.7	2.2
国外引种	0.7	0.4	0.2	0.2

3. 中国大豆品种直接亲本变化特点　1960 年前育成的大豆品种基本上以地方品种为亲本。1961～1980 年间育成的大豆品种的亲本中，33% 为地方品种，45% 为育成品种，19% 为育种品系，3% 为国外引种。1981～1995 年间育成的大豆品种的亲本中，16% 为地方品种，39% 为育成品种，32% 为育种品系，13% 为国外引种。

1981～1995 年中国育成的 388 个大豆品种共有 747 个直接亲本。其中，170 个东北地区育成品种有 212 个直接亲本；黄淮海地区 129 个品种有 160 个直接亲本；南方 89 个品种有 107 个亲本，其中 57 个春豆品种有 70 个直接亲本，32 个夏秋豆品种由 41 个直接亲本育成。表 10-10 列出 1981～1995 年育成品种中不同来源作为直接亲本育成品种最多亲本名录。如按育成品种来源则东北地区育成品种利用最多的亲本是黑河 54(10)、十胜长叶(10)、绥农 4号(8)、吉林 20(8)、铁丰 18(7)、黑河 3 号(6)、Amsoy(6)、克交 4430-20(6)、群选 1 号(6)、丰收10 号(5)等；黄淮海地区育成品种利用最多的亲本是徐豆 1 号(12)、晋豆 4 号(9)、诱变 30(5)、58-161(5)、科系 8 号(5)、Williams(5)、跃进 4 号(5)、晋豆 1 号(4)、泗豆 2 号(4)、Clark63(4)等；南方地区育成品种主要亲本是南农 1138-2(8)、南农 493-1(8)、矮脚早(6)、Beeson(5)、奉贤穗稻黄(4)、上海六月白(4)、泰兴黑豆(4)、诱变 30(4)等。

表 10-10　1981~1995 年育成的 388 个品种中的不同地区来源的主要直接亲本

东北地区		黄淮海地区		南方地区		国外引种	
直接亲本	衍生品种数	直接亲本	衍生品种数	直接亲本	衍生品种数	直接亲本	衍生品种数
黑河 54	12	徐豆 1 号	14	南农 493-1	8	十胜长叶	11
群选 1 号	9	诱变 30	10	矮脚早	8	Clark63	10
铁丰 18	9	晋豆 4 号	9	南农 1138-2	7	Amsoy	8
绥农 4 号	8	58-161	7	奉贤穗稻黄	4	Beeson	7
吉林 20	8	科系 8 号	5	上海六月白	4	Williams	6
黑河 3 号	7	跃进 4 号	5	泰兴黑豆	4	Wilkin	5
克交 4430-20	6	晋豆 1 号	4	苏豆 1 号	4	Corsoy	3
绥农 3 号	4	泗豆 2 号	4	川湘早 1 号	3	白千城	3
铁 4117	4	7614	3	毛蓬青	3	Harosoy63	3
吉林 3 号	4	齐黄 1 号	3	82-6	2	Franklin	2
合丰 25	4	郑 77249	3	宜兴骨绿豆	2	雷公	2
合丰 26	4	7110	3	矮脚青	2	SRF307	2
丰收 10 号	4	郑州 135	3	湘秋豆 1 号	2	Ohio	2
铁 7518	3	滑县大绿豆	3	浙春 1 号	2	Monetta	2
黑农 16	3	徐豆 2 号	3	通山薄皮黄	2		

4. 国外引进亲本的分析　1923~1995 年中国共有 224 个大豆品种具有国外引种血缘，99 个来自东北产区，97 个来自黄淮海产区，28 个来自南方产区。其中 81 个品种的父本或母本或双亲为国外引种，86 个品种的祖父本或祖母本为国外引种，3 个品种选自国外引种的自然变异或辐射诱变，其余 54 个品种通过其他品种或品系间接地获得国外引种的血缘。

224 个具有国外引种血缘的中国大豆育成品种可追溯到 46 个国外引种，其中 24 个来自美国，13 个来自日本，2 个来自加拿大，2 个来自俄罗斯，2 个来自瑞典。Mamotan、Amsoy、Clark63、Beeson、十胜长叶和野起 1 号等国外引种在系谱中出现的频率较高，衍生出较多的品种。其中 Mamotan 和十胜长叶分别衍生出 61 个和 52 个品种。十胜长叶、Amsoy、Beeson、Clark63、Monetta、Wilkin 和 Williams 等品种具有较高的配合力，当它们用作父母本或祖父母本时，育成了较多品种。

在 224 个含国外引种血缘的品种中，81 个来自单交组合（本地×国外或国外×本地），86个来自三交组合[（本地×国外）×本地，或本地×（本地×国外）]，54 个来自多交组合（三次或三次以上的杂交），2 个来自自然变异选择育种，1 个来自诱变育种。很显然，多数品种来自单交和三交。在 111 个涉及国外引种的组合中，75 个组合（68%）直接产生了 81 个品种，其余 36 个组合未直接产生品种，它们的后代又经过一次或多次与本地亲本杂交与选择，最后都产生了品种。

二、中国大豆育成品种的祖先亲本及家族

(一)中国大豆育成品种的祖先亲本及其衍生的系谱树

中国育成的 651 个大豆品种的遗传基础来源于 348 个祖先亲本(包括一个由鹰嘴豆外

源 DNA 导入育成品种),其中有约 250 个地方品种、46 个国外引种(24 个来自美国,13 个来自日本),其余为遗传背景难以查清的育种材料。在 302 个中国的祖先亲本中,有 131 个来自东北地区,91 个来自黄淮海地区,74 个来自南方地区,另有 6 个来源地不详(进一步的亲本系数分析采用 339 个祖先亲本)。70 多年来,大豆产量和其他性状的持续改良均源于此祖先亲本群体。20 世纪 80 年代以来,一些大豆育种工作者致力于拓宽大豆品种遗传基础的研究,广泛地使用优良地方品种和野生资源作为杂交亲本,甚至探索将远缘物种(如鹰嘴豆、花生等)的 DNA 导入大豆。但目前杂交育种的主要亲本来源是育成品种和育种品系,而较少直接利用地方品种。

由 348 个祖先亲本衍生的大豆育成品种,按其亲缘关系构成 348 个系谱树。多数祖先亲本只衍生出一轮育成品种,有的育成品种又作为亲本再衍生下一轮品种,这样系谱树得以扩展。71% 的系谱树仅含一轮育成品种;17% 的系谱树含二轮育成品种;5% 的系谱树含三轮育成品种;5% 的系谱树含四轮育成品种;2% 的系谱树含五轮至七轮育成品种,它们是由祖先亲本四粒黄、益都平顶黄、金元、即墨油豆、白眉、A295、铁角黄和嘟噜豆衍生出的 8 个系谱树。中国东北地区大豆育种起步早、发展快,已进行了 4~7 轮的育种过程。黄淮海地区育种研究进展也较快,已进行了 3~5 轮的育种过程。南方地区已进行了 1~3 轮的育种过程。在 348 个系谱树中,含 1~5 个育成品种的占 80.17%,其中仅含 1 个育成品种的有 196 个系谱树,占 56.32%;含 6~10 个育成品种的占 8%;含 11~50 个育成品种的占 7.76%;含 50~100 个育成品种的占 3.16%,它们是嘟噜豆(衍生品种数 93 个)、铁荚四粒黄(衍生品种数 89 个)、滨海大白花(衍生品种数 62 个)、铜山天鹅蛋(衍生品种数 61 个)、即墨油豆(衍生品种数 55 个)、十胜长叶(衍生品种数 52 个)和益都平顶黄(衍生品种数 53 个);含 100 个以上衍生品种的有 3 个系谱树,占 1%,它们是金元(衍生品种数 243 个)、四粒黄(衍生品种数 218 个)和白眉(衍生品种数 131 个)。

(二)中国大豆育成品种的细胞核和细胞质家族

1. 中国大豆育成品种的细胞核家族　根据系谱关系,可将具有共同血缘的育成品种归类,看作同一类细胞核基因衍生的家族。348 个祖先亲本衍生出 348 个系谱,可看成 348 个祖先亲本衍生的细胞核家族。若进一步将育成品种衍生出的系谱看作家族,则在 651 个中国大豆育成品种中,519 个品种可归成 46 个具有共同细胞核基因来源的家族,132 个品种具有独立的细胞核基因来源,因而不属于任何一个家族。

有些品种可同时属于不同的细胞核家族或同一家族内不同的亚族,这是由品种间错综复杂的亲缘关系决定的。了解品种间的同族关系,避免近亲交配,有利于扩展品种的遗传基础,积累不同来源的优良基因。

2. 中国大豆育成品种的细胞质家族　细胞质基因决定某些性状(适应性、抗性)的表达,有些还与核基因互作,共同决定着某些性状的遗传。

651 个中国的大豆育成品种均可追溯其细胞质来源。根据细胞质传递关系,651 个中国大豆育成品种可以归成 214 个相互独立来源的细胞质家族(表 10-11)。细胞质家族成员品种数为 1 个、2 个、3 个、4 个、5 个……9 个的家族分别有 148 个、23 个、9 个、10 个、1 个、5 个、4 个、2 个和 1 个。含 10 个以上品种的有 11 个家族,它们是:四粒黄、白眉、滨海大白花、嘟噜豆、即墨油豆、A295、金元、山东四角齐、奉贤穗稻黄、铜山天鹅蛋、51-83。

表 10-11　中国大豆育成品种细胞质家族大小的次数分布

区　域	品　种　数　(个)																	合计
	1	2	3	4	5	6	7	8	9	10	15	17	24	29	30	44	89	
东北地区	55	4	4	4	1	4	2	2	0	0	0	1	0	1	0	1	1	80
黄淮海地区	44	9	1	4	0	1	1	0	0	2	0	0	2	0	1	0	0	65
南方地区	35	7	4	1	0	0	1	0	1	1	1	0	0	0	0	0	0	51
国外引种	11	2	0	1	0	0	0	0	0	0	0	0	0	0	0	0	0	14
来源不清	3	1	0	0	0	0	0	0	0	0	0	0	0	0	0	0	0	4
合　计	148	23	9	10	1	5	4	2	1	3	1	1	2	1	1	1	1	214

三、东北地区大豆育成品种的系谱特点

(一)东北地区不同省份大豆育成品种的系谱分析

张国栋(1985)对黑龙江省大豆的系谱分析表明,新中国建立以来育成的品种,其亲本来源于满仓金、荆山朴、紫花4号等几个品种,具有满仓金血缘的占59.3%。尽管黑龙江省大豆品种经历了4次大的更替,但细胞质基本上以黄宝珠和白眉为主,二者占66.23%。孙志强等(1990)用系谱分析法研究了东北地区168个杂交育成大豆品种与其祖先品种间的亲缘系数,估计了各祖先品种对辽、吉、黑三省大豆基因库的相对遗传贡献。结果表明,我国东北地区大豆育成品种的遗传基础较窄。满仓金、紫花4号、丰地黄、元宝金、荆山朴、铁荚四柱黄、克山四粒黄、金元1号、十胜长叶和黄宝珠10个祖先品种,对东北大豆杂交育成品种遗传基础的总贡献为57.7%。因满仓金、元宝金是金元×黄宝珠的后代,而荆山朴是由满仓金系选而来,因此金元和黄宝珠贡献了东北大豆育成品种约28.7%的遗传物质。三省比较,黑龙江省杂交育成大豆品种的遗传基础最窄,辽宁次之。杨琪(1993)对东北地区近200个品种分析也表明,小金黄一号、丰地黄、满仓金、紫花4号几个主要品种对东三省大豆的遗传贡献率达65%～75%。

张桂茹(1998)分析表明"黑农号"31个大豆品种的育成共涉及20个亲本材料,其中主要基因源有满仓金、荆山朴和紫花4号3个骨干亲本。有52%、39%和32%的品种分别含有满仓金、荆山朴和紫花4号的血缘。随着品种育成年代的推进,3个骨干亲本的血缘组成不断减少,表明新的血缘不断输入。胡喜平(2002)分析发现合丰号大豆32个品种84.4%来源于满仓金、荆山朴、丰收6号×克山四粒黄、丰收1号×蓑衣领4个族系,其基因库源于33个祖先亲本。细胞核祖先亲本有33个,细胞质祖先亲本有8个。核遗传贡献率较大的祖先亲本为金元(18.7%)、四粒黄(18.3%)、白眉(6.9%)、十胜长叶(5.9%)、小粒豆九号(5.6%)等;细胞质遗传贡献率最大的是四粒黄(46.7%),其次是小粒豆九号(16.7%)、白眉(13.3%)、合丰号大豆直接利用亲本36个,利用国内优良亲本克4430-20、合交8009-1612等成功地育成了合丰25、合丰35等高产稳产大豆品种;利用国外抗病品种Ohio、Rampage、Wilkin直接做亲本育成高抗灰斑病品种4个。合丰号大豆品种有16个具有国外血缘,占品种总数的50%。随着年代的推移,合丰号大豆的细胞核、细胞质祖先亲本发生了变化,不同年代有其不同的主要贡献者,合丰号大豆遗传多样性是其成功的关键,制定一个祖先品种核

质在新品种中达到新的更高水平协调的育种方案非常重要。

王振民等(1995)对新中国建立后吉林省育成的100多个大豆品种亲缘关系分析发现,吉林省大豆育成品种主要来源于黄宝珠、小金黄、铁荚四粒黄、丰地黄、群选1号、珲春豆6个品种。

陈艳秋等(2000)对辽宁省1956~1998年46个杂交育成大豆品种亲本分析发现共有原始亲本42个,其中辽宁省地方品种17个,外省品种(系)21个,国外引进材料4个。有6个原始亲本由其衍生出品种数在10个以上,依次为丰地黄(30个)、熊岳小粒黄(27个)、铁荚子(24个)、满仓金(13个)、铁荚四粒黄(12个)和早丰1号(10个)。孙贵荒等(2002)分析大豆种质5621对所衍生品种的遗传贡献发现由5621作为直接亲本先后衍生出7个优良大豆品种,进而由这7个大豆品种衍生出26个品种。在这33个大豆品种中,有15个曾获国家级或省部级科技成果奖。在新中国建立以来辽宁省杂交育成的大豆品种中,有70.2%的品种含有5621遗传血缘。

(二)东北地区大豆育成品种的亲本分析

崔章林等(1998)归纳发现许多大豆品种来自共同的祖先亲本,其中243个品种具有辽宁省地方品种金元的血缘,218个品种具有吉林省公主岭地方品种四粒黄的血缘,131个品种以黑龙江省地方品种白眉为共同祖先(图10-3)。此外,嘟噜豆(吉林省)、铁荚四粒黄(吉林省)、熊岳小黄豆(辽宁省)、克山四粒荚(黑龙江省)、铁荚子(辽宁省)、小金黄(辽宁省)、小金黄(吉林省)、大白眉(辽宁省)、海伦金元(黑龙江省)和四粒黄(吉林省东丰县)等为东北大豆极其重要的祖先亲本,分别衍生出93个、89个、58个、57个、30个、29个、27个、21个、21个和21个大豆品种。

表10-12列出1923~1995年东北地区大豆品种中育成品种最多的直接亲本,其中最多的是满仓金(27个),育成10个以上品种的亲本有十胜长叶、紫花4号、荆山朴、黑河54、丰地黄等。

表10-12　东北地区大豆育成品种的主要直接亲本　(单位:个)

亲本名称	亲本类型	育成品种数	衍生品种数	亲本名称	亲本类型	育成品种数	衍生品种数
满仓金	育成品种	27	140	珲春豆	地方品种	7	13
十胜长叶	国外品种	15	52	丰收10号	育成品种	7	28
紫花4号	育成品种	12	129	铁丰18	育成品种	7	19
荆山朴	育成品种	12	51	金元1号	育成品种	6	61
黑河54	育成品种	11	18	克交4430-20	育成品系	6	12
丰地黄	育成品种	11	92	小金黄1号	育成品种	5	21
铁荚四粒黄	地方品种	9	89	早丰1号	育成品种	5	19
吉林3号	育成品种	8	19	东农33	地方品种	4	6
黄宝珠	育成品种	8	217	绥农3号	育成品种	4	13
吉林20	育成品种	8	9	金元	地方品种	4	243
绥农4号	育成品种	8	8	合丰5号	育成品种	4	8
元宝金	育成品种	8	99	集体5号	育成品种	4	20
黑河3号	育成品种	8	17	集体1号	育成品种	4	28

续表 10-12

亲本名称	亲本类型	育成品种数	衍生品种数	亲本名称	亲本类型	育成品种数	衍生品种数
Amsoy	国外品种	7	19	大金黄	地方品种	4	4
东农 4 号	育成品种	7	23	丰收 11	育成品种	4	5
5621	育成品系	7	56	合丰 26	育成品种	4	3
群选 1 号	育成品种	7	17				

图 10-3 列出从祖先亲本金元开始衍生的 243 个大豆品种的简化系谱树。该系谱树包括了金元、四粒黄、白眉等东北地区最主要的祖先亲本和满仓金、元宝金、荆山朴、东农 4 号、黑河 3 号、黑河 54、金元 1 号、绥农 4 号等骨干品种。其中由黄宝珠与金元杂交后代衍生的家族，共有 217 个成员品种(包括自身在内为 218 个品种)，包括了由满仓金及其衍生的具 141 个品种的大亚族、由元宝金及其衍生的具 100 个品种的大亚族、由集体 5 号及其衍生的具 21 个品种的较大亚族和几个小亚族。其次是紫花 4 号家族，包括自身在内共有 130 个成员品种，其中包含了丰收 6 号(包括自身共含 69 个品种，下同)、丰收 1 号(含 22 个品种)、东农 4 号(含 24 个品种)等较大的亚族。东北地区的细胞核家族还有：东农 1 号(19)(括号内为包括自身在内的家族成员品种数，下同)、克霜(6)、克系 283(3)、紫花 3 号(2)、丰地黄(93)、集体 3 号(21)、集体 4 号(10)、九农 1 号(2)、群选 1 号(18)、通农 5 号(4)、小金黄 1 号(22)、早丰 5 号(3)、集体 1 号(29)、集体 2 号(30)、锦州 8-14(2)、金元 1 号(62)、早小白眉(6)。

图 10-4、图 10-5、图 10-6、图 10-7、图 10-8 则列出由嘟噜豆(93)、铁荚四粒黄(89)、海伦金元(21)、铁荚子(30)、小金黄(29)等祖先亲本衍生的东北地区其他主要的系谱树。嘟噜豆系谱树包含吉林早丰 1 号、5621、铁丰 18 等育种骨干品种。铁荚四粒黄系谱树包含吉林号、九农号等吉林省育成品种及一些辽宁省、北京市、河北省育成品种。其中吉林 1 号、吉林 3 号、吉林 5 号、吉林 20、铁丰 3 号、铁丰 19、九农 7 号等品种又衍生较多品种。

(三)东北地区大豆育成品种的细胞质家族分析

东北地区大豆育成品种有四粒黄、白眉、嘟噜豆和金元等主要细胞质家族。由吉林省公主岭地方品种四粒黄衍生的细胞质家族是最大的，有 98 个成员品种。四粒黄的细胞质传递给黄宝珠。黄宝珠的细胞质传递给满仓金、九农 2 号、九农 9 号、九农 11、元宝金和满地金。满仓金衍生出一个有 78 个品种组成的亚族，其中包括东农 4 号、荆山朴等较大的分支。以黑龙江省地方品种白眉为祖先亲本的细胞质家族含 44 个成员品种。白眉将细胞质传递给紫花 2 号和紫花 4 号。紫花 4 号形成了一个有 42 个品种组成的细胞质亚族，其中包括丰收 1 号和丰收 7 号等较大的细胞质分支。吉林省地方品种嘟噜豆的细胞家族有 29 个成员品种。丰地黄继承了嘟噜豆的细胞质，并传递给了早丰 1 号、5621 等，它们又分别衍生出较多品种。辽宁省地方品种金元的细胞质家族有 17 个成员品种。金元 1 号继承了金元的细胞质，并传递给了吉林 1 号、吉林 2 号、吉林 3 号、吉林 4 号等。其中吉林 3 号和吉林 1 号又衍生出较多品种。上述 4 个细胞质家族的品种覆盖了东北地区 52% 以上的育成品种。黑龙江省的育成品种中，67% 的属于上述 4 个细胞质家族；吉林省为 40%；辽宁省为 29%。黑龙江、吉林等省大豆育成品种的细胞质来源较为简单。

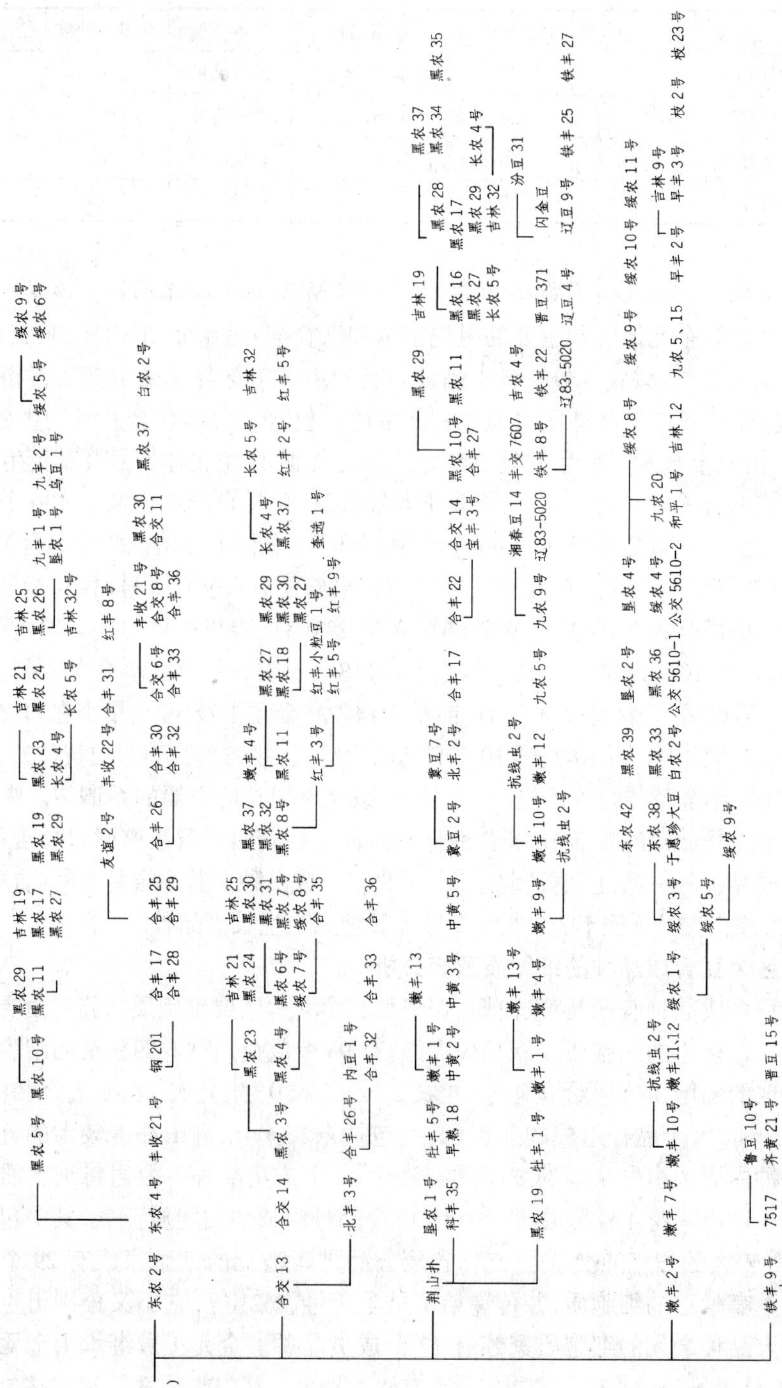

图 10-3　由金元开始包括 243 个品种的系谱树　(摘自崔章林等,1998)

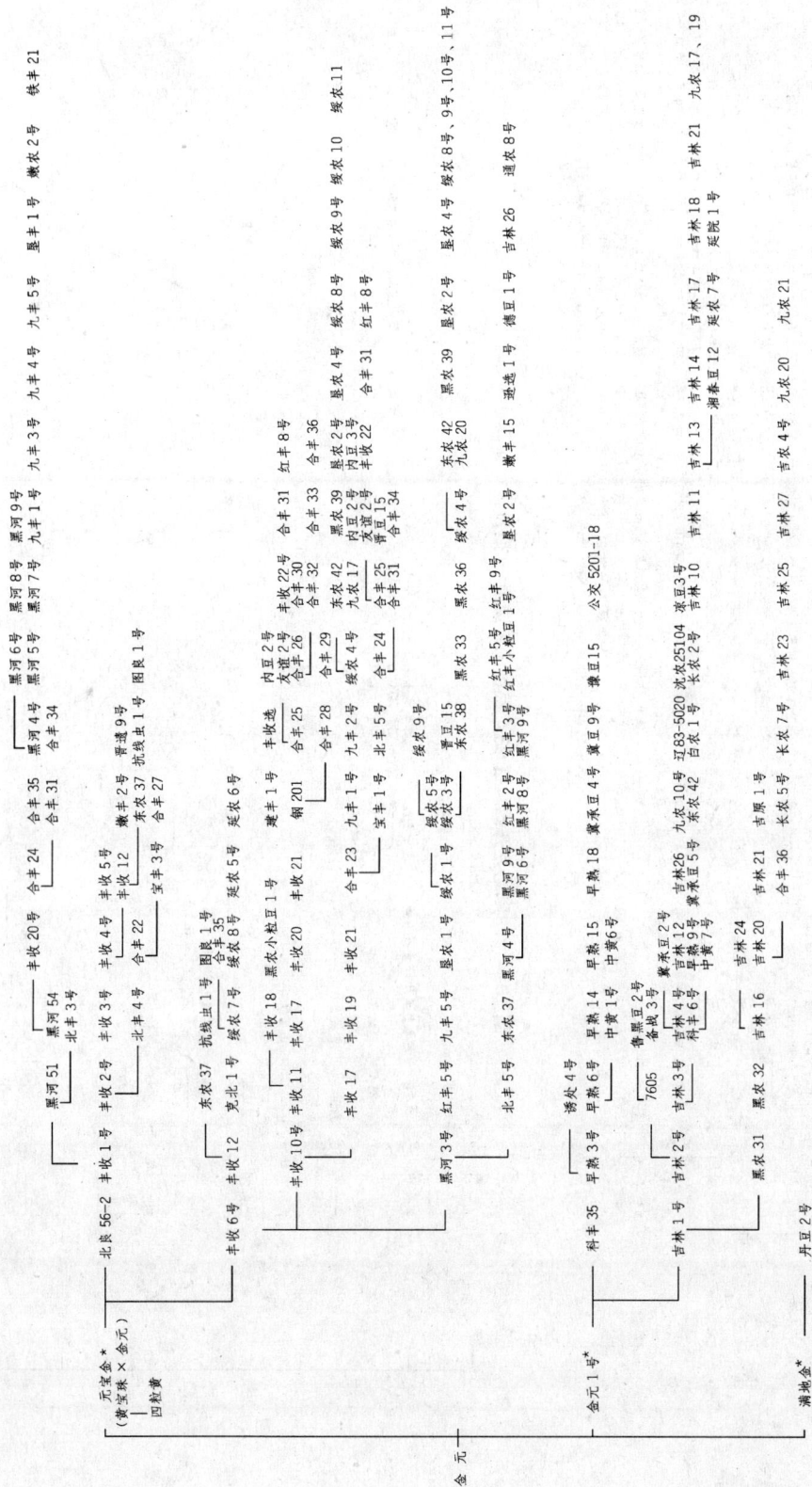

续图 10-3 由金元开始包括 243 个品种的系谱树 （摘自崔章林等，1998）

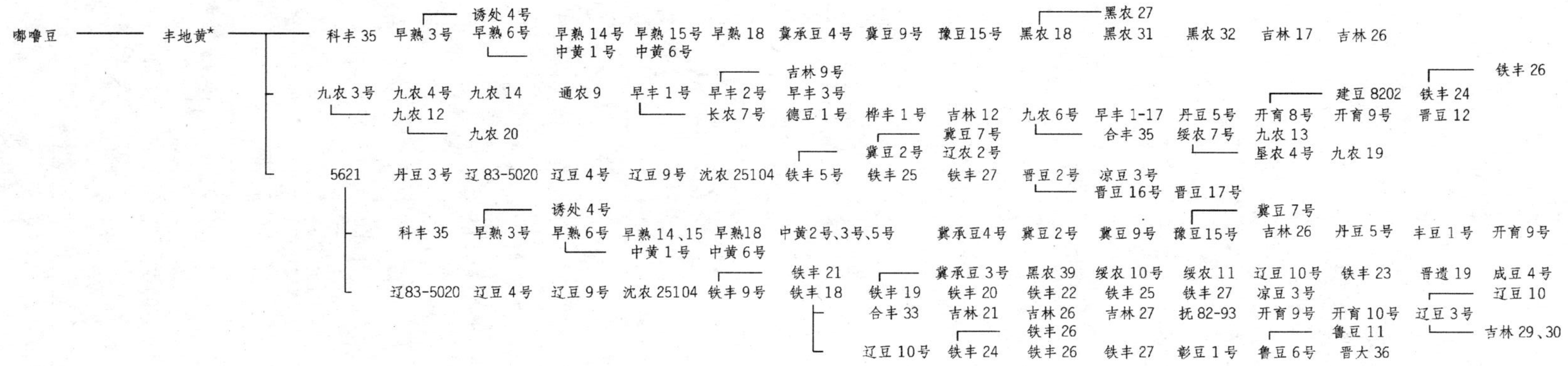

图 10—4　由嘟噜豆开始包括 93 个品种的系谱树　（摘自崔章林等,1998）

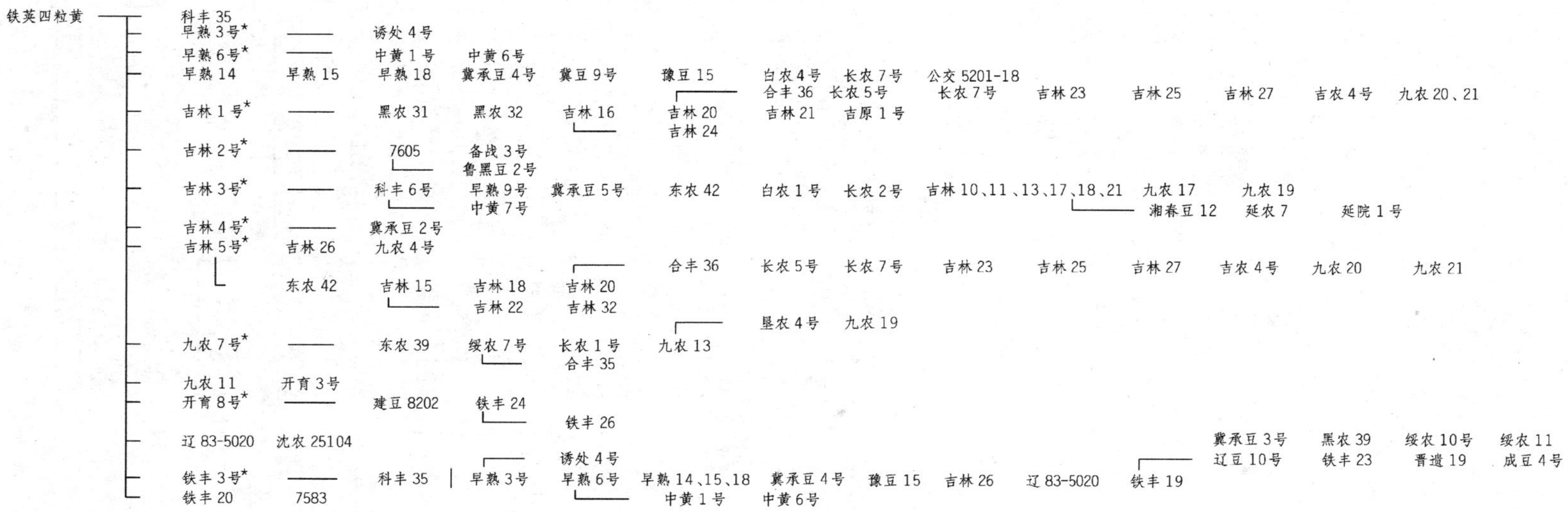

图 10—5　由铁荚四粒黄开始包括 89 个品种的系谱树　（摘自崔章林等,1998）

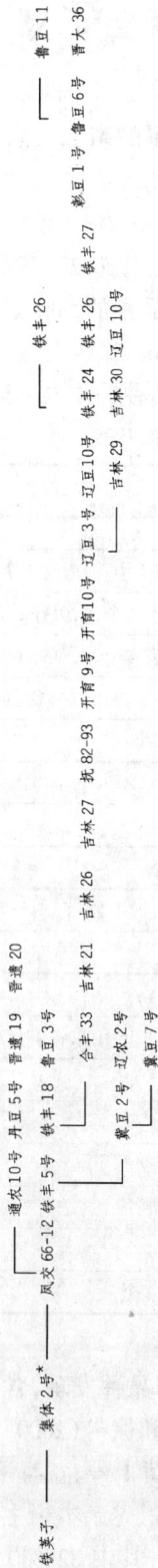

图10-6　由铁荚子开始包括30个品种的系谱树（摘自崔章林等,1998）

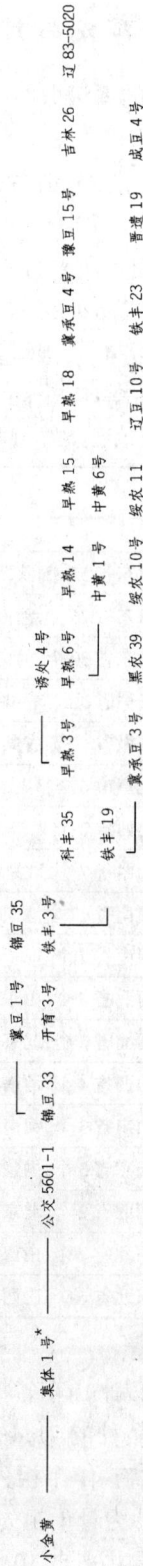

图10-7　由小金黄开始包括29品种的系谱树（摘自崔章林等,1998）

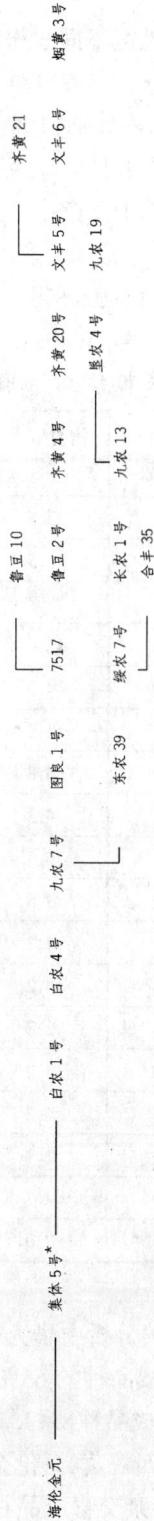

图10-8　由海伦金元开始包括21个品种的系谱树（摘自崔章林等,1998）

四、黄淮海地区大豆育成品种的系谱特点

(一)黄淮海地区不同省份大豆育成品种的系谱分析

叶兴国和王连铮(1995)对黄淮海地区 221 个大豆育成品种和品系的亲缘关系分析结果表明:70.6%的品种分别归属于齐黄 1 号、莒选 23、新黄豆、徐豆 1 号、58-161、晋豆 1 号、晋豆 4 号、科系 8 号、滑县大绿豆、商丘 7608 等 20 个骨干系谱与小系谱。其中有 61.9%的品种分布在前 5 个骨干系谱中。105 个品种的细胞质来自于作为母本的莒选 23、齐黄 1 号、山东四角弃、58-161、徐豆 1 号和科系 8 号,占育成品种的 47.5%;96 个品种的细胞核来自于作为直接杂交父本的 5902、5905、徐豆 1 号、晋豆 4 号、野起 1 号、58-161、滑县大绿豆、集体 5 号、铁 4117、泗豆 2 号、Williams、Clark63、Beeson 等 17 个品种,占育成品种的 43%(表 10-13)。

表 10-13　黄淮海地区品种系谱及地区分布　　(叶兴国、王连铮,1995)

系谱名称	衍生品种个数	占育成品种比重(%)	占系谱品种比重(%)	地　区　分　布
齐黄 1 号	62	33.5	29.4	山东省 52 个,陕西省 5 个,江苏省 4 个,河南省 1 个
莒选 23	49	26.5	22.2	山东省 26 个,河南省 18 个,陕西省 4 个,山西省 1 个
新黄豆	53	28.7	24.0	山东省 30 个,河南省 18 个,陕西省 4 个,山西省 1 个
徐豆 1 号	23	12.4	10.4	安徽省、江苏省共 14 个,北京市 7 个,河北省 1 个,河南省 1 个
58-161	19	10.3	8.6	安徽省、江苏省共 12 个,北京市 7 个
科系 8 号	6	3.2	2.7	北京市 6 个
晋豆 1 号	7	3.8	3.2	山西省 7 个
晋豆 4 号	8	4.3	3.6	山西省 7 个,北京市 1 个
滑县大绿豆	12	6.5	5.4	河南省 12 个
商丘 7608	7	3.8	3.2	河南省 7 个
Williams	6	3.2	2.7	河北省 4 个,山东省 1 个,江苏省 1 个
Clark63	6	3.2	2.7	河北省 2 个,北京市 2 个,江苏省 1 个,山东省 1 个
Beeson	7	2.7	3.3	山西省 4 个,河南省 3 个
Magnolia	6	3.2	2.7	山东省 3 个,河南省 3 个
SRF	4	2.2	1.8	山东省 3 个,内蒙古自治区 1 个
铁荚四粒黄	5	2.7	3.3	河北省 2 个,北京市 2 个,山东省 1 个
丰地黄	5	2.7	3.3	河北省 2 个,山西省 2 个,山东省 1 个
其　他	13	7.0	5.9	河北省 6 个,山西省 4 个,山东省 3 个

李星华(1987)分析中华人民共和国成立以来山东省推广的 55 个品种发现,含齐黄 1 号血缘的占全部育成品种的 66%,占杂交育成品种的 71.4%。王金龙和徐冉(2000)对山东省 73 个大豆杂交育成品种(系)亲本分析发现共有 41 个祖先亲本。齐黄 1 号、益都平顶黄、即墨油豆、铁角黄、四粒黄、海伦金元等 6 个品种为骨干祖先亲本,每个祖先亲本衍生品种(系)都在 20 个以上。杂交育成品种(系)的细胞质共来自 10 个祖先亲本,其中 82%以上杂交育成品种(系)的细胞质来自齐黄 1 号和即墨油豆。认为山东省杂交育成品种遗传基础比较贫

乏,多数品种有共同的祖先亲本。

张磊等(2000)对安徽省 20 世纪 80～90 年代通过审定命名的皖豆系列 19 个大豆品种的系谱进行了整理和分析,认为皖豆系列大豆的核心亲本是徐豆 1 号(占 68.42%)和 58-161 (占 52.63%)。核心亲本的应用虽然育成了与当地生态条件相适应的品种,品种间血缘关系的相近又意味着遗传基础的狭窄,这可能是大豆有性杂交育种产量没有重大突破的重要原因之一。梁慧珍等(2000)对郑 77249 种质与其 24 个衍生新品种间共祖先度的分析和配合力测定结果表明:该种质遗传基础丰富,农艺性状优良,抗病性强,配合力高,具有极高的利用价值。

(二)黄淮海地区大豆育成品种的亲本分析

黄淮海地区大豆的重要祖先亲本包括滨海大白花(江苏省)、铜山天鹅蛋(江苏省)、A295 (山东省寿张地方品种,齐黄 1 号从中选出)、即墨油豆(山东省)、益都平顶黄(山东省)、铁角黄(山东省)、邳县软条枝(江苏省)、山东四角齐(山东省)、沁阳水白豆(河南省)、滑县大绿豆(河南省)、极早黄(山西省)和山东小粒黄(山东省)等,分别衍生出 62 个、61 个、60 个、55 个、53 个、49 个、15 个、15 个、14 个、12 个、10 个和 10 个大豆品种。南方产区大豆的重要祖先亲本有奉贤穗稻黄(上海市)、51-83(江苏省)、A291(湖北省地方品种,矮脚早从中选出)、上海六月白(上海市)、浦东大黄豆(上海市)、泰兴黑豆(江苏省)、猴子毛(湖北省)和绍东六月黄(湖南省)等,分别衍生出 20 个、19 个、11 个、9 个、5 个、5 个、5 个和 5 个大豆品种。

图 10-9、图 10-10、图 10-11、图 10-12 列出从祖先亲本滨海大白花、齐黄 1 号、即墨油豆、大白马等开始衍生的黄淮海地区大豆品种的简化系谱树。

黄淮海地区最大的细胞核家族是由 58-161 及其衍生的 61 个品种组成的。赵团结等(1998)归纳发现 58-161 作为直接亲本衍生出 12 个品种,由它们进一步又衍生出 49 个品种,其中有 29 个接受了 58-161 的细胞质。这 61 个品种可归为 5 类系谱:①从 58-161 与徐豆 1 号组配衍生出 35 个品种;②从 58-161×邳县软条枝选育出泗豆 2 号,其与郑州 135、河南早丰 1 号、Williams 及郑 72126 杂交又衍生出 14 个品种;③由南农 493-1×58-161 组配衍生出 7 个品种;④由湄州大黄豆×58-161 衍生出 2 个品种;⑤由 58-161 直接衍生出 3 个江苏育成品种。58-161 对中国大豆育成品种的细胞核和细胞质遗传贡献份额分别为 2.86% 和 4.49%。全国有 10 个省、自治区、直辖市的大豆育成品种利用了 58-161,黄淮海大豆产区有河北、北京、天津、山东、河南、安徽、江苏七省(直辖市)共 48 个品种含 58-161 的核贡献,占该地区育成品种数的 22.86%,其中有 26 个品种具 58-161 的细胞质,是黄淮海大豆产区衍生品种最多、细胞核和细胞质遗传贡献最大的育种亲本;而南方的江苏、湖北、四川、福建四省有13 个品种含 58-161 的核贡献,占该区育成品种数的 11.71%,其中有 3 个具 58-161 的细胞质。衍生品种主要由 58-161 同徐豆 1 号、邳县软条枝、南农 493-1 等种质杂交或杂交结合诱变选育而来,由其育成的诱变 30、郑 77249、苏豆 1 号等近期又衍生出较多品种,这些品种(品系)可能成为黄淮海大豆产区和南方大豆产区今后的主要育种亲本。

其次是齐黄 1 号家族,共有 59 个成员品种,齐黄 13(17)和徐豆 2 号(6)是其中的两个较大的亚族。细胞核家族还有:宿县 647(6)、冀豆 4 号(2)、群英豆(4)、灌云 1 号(2)、徐豆 1 号(53)、徐州 302(9)、莒选 23(55)、鲁豆 5 号(2)、新黄豆(53)、跃进 5 号(6)、陕豆 701(3)、晋豆 1 号(7)、晋豆 4 号(10)、晋豆 501(3)。表 10-14 列出黄淮海地区大豆育成品种的主要直接亲本。

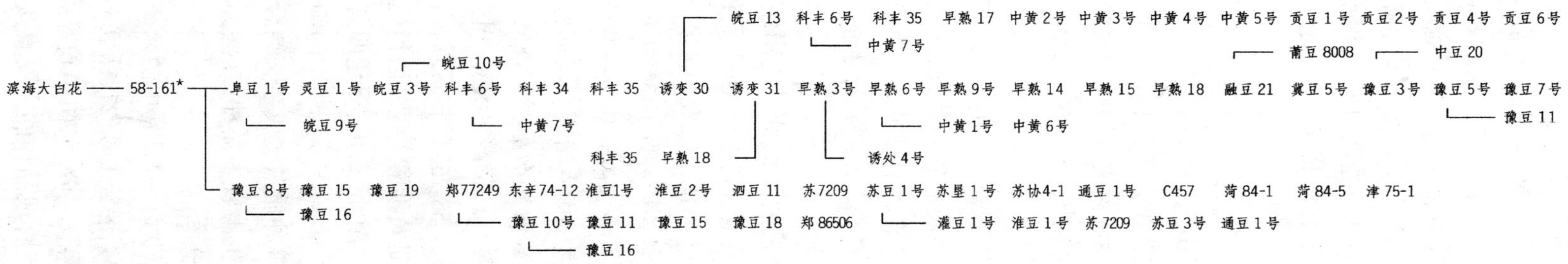

图 10-9　由滨海大白花开始包括 62 个品种的系谱树　(摘自崔章林等，1998)

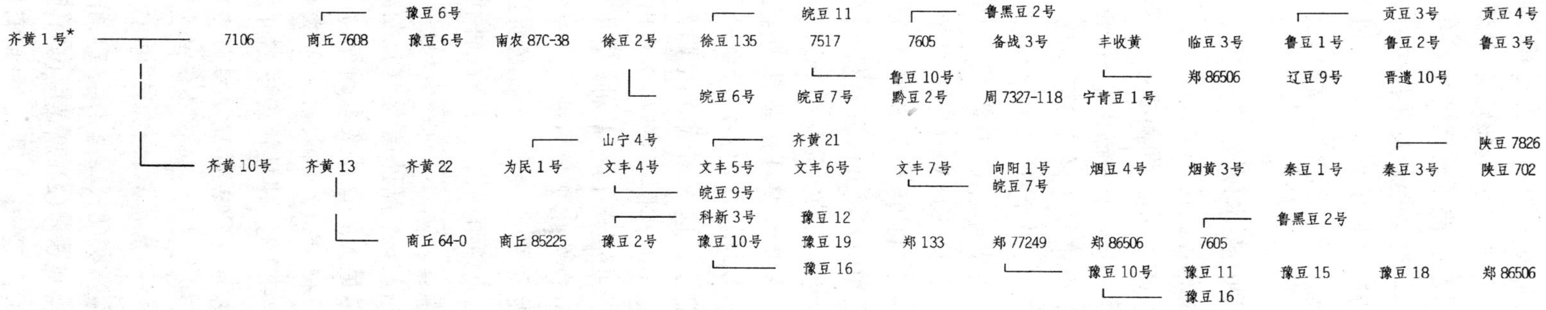

图 10-10　由齐黄 1号开始包括 59 个品种的系谱树　(摘自崔章林等，1998)

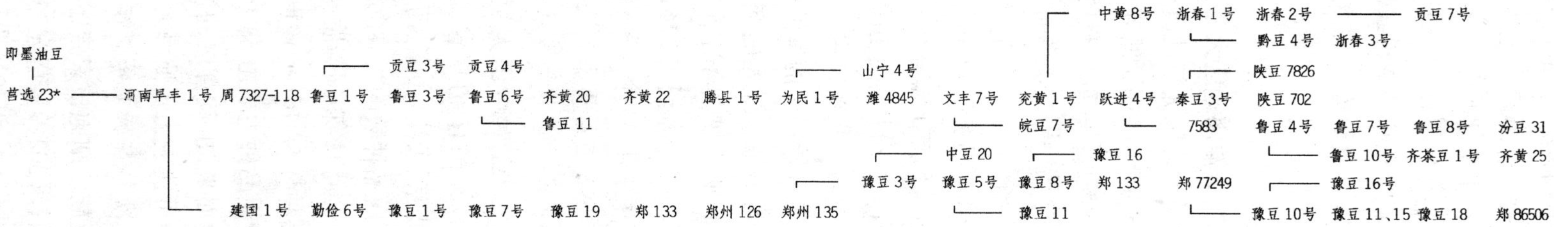

图 10-11　由即墨油豆开始包括 55 个品种的系谱树　(摘自崔章林等，1998)

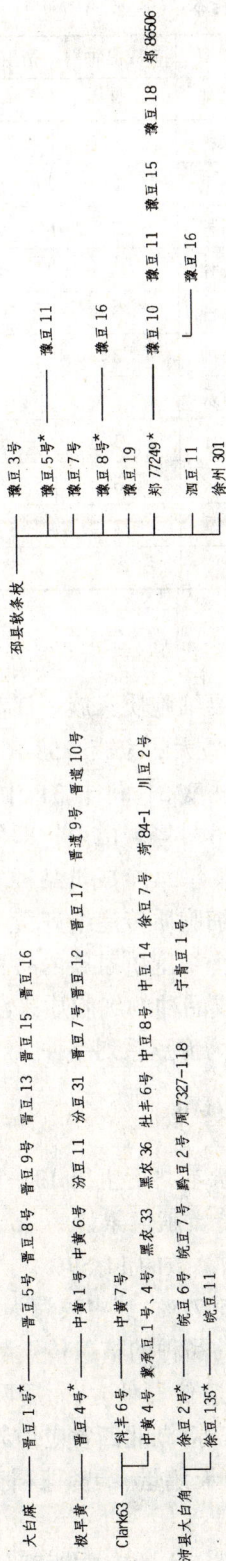

图 10-12　由大白麻、极早黄、Clark63、沛县大白角、邳县软条枝开始的系谱树　（摘自崔章林等，1998）

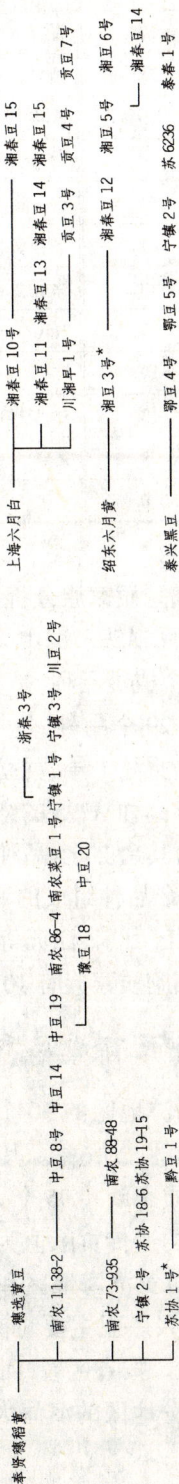

图 10-13　由奉贤穗稻黄、上海六月白、绍东六月黄、泰兴黑豆开始的系谱树　（摘自崔章林等，1998）

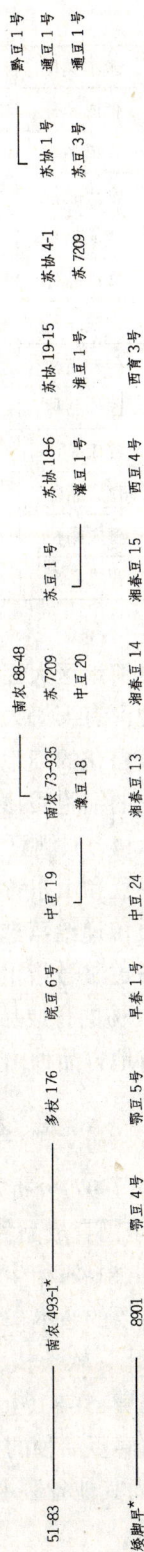

图 10-14　由 51-83、矮脚早开始的系谱树　（摘自崔章林等，1998）

表 10-14 黄淮海地区大豆育成品种的主要直接亲本

亲本名称	亲本类型	育成品种数	衍生品种数	亲本名称	亲本类型	育成品种数	衍生品种数
徐豆1号	育成品种	16	52	晋豆1号	育成品种	4	6
齐黄1号	育成品种	15	58	泗豆2号	育成品种	4	7
晋豆4号	育成品种	9	9	铁4117	育成品系	4	7
莒选23	育成品系	9	54	滑县大绿豆	地方品种	3	12
58-161	育成品种	8	61	Beeson	国外品种	3	12
5905	育成品系	7	41	平顶黄	地方品种	3	4
Clark63	国外品种	6	13	徐豆2号	育成品种	3	5
Williams	国外品种	5	9	7110	育成品系	3	6
早丰1号	育成品种	5	19	郑州135	育成品种	3	12
诱变30	育成品种	5	13	郑77249	育成品系	3	6
跃进4号	育成品种	5	8	7614	育成品系	3	3
科系8号	育成品系	5	8				

(三)黄淮海地区大豆育成品种的细胞质家族分析

黄淮海地区有滨海大白花、即墨油豆、A295、铜山天鹅蛋等主要细胞质家族。江苏省地方品种滨海大白花的细胞质家族有30个成员品种,是黄淮海地区最大的家族。58-161继承了滨海大白花的细胞质,又传递给其余29个品种,包括诱变30、诱变31、科丰34、中黄1-6号、早熟3号、14、15、泗豆11、皖豆3号、贡豆1号、贡豆2号、贡豆6号等。山东省即墨市地方品种即墨油豆和山东省原寿张县地方品种A295的细胞质家族都有24个成员品种。即墨油豆的细胞质传递给莒选23,再传递给其余23个品种。A295的细胞质传递给齐黄1号和齐黄2号。齐黄1号衍生出一个由22个品种组成的亚族。这两个细胞质家族的品种覆盖了山东省约75%的育成品种。比较而言,山东、江苏等省大豆育成品种的细胞质来源较为单一。山东省地方品种山东四角齐的细胞质家族有10个成员,均为豫豆系列品种。

五、南方地区大豆育成品种的系谱特点

邱家驯等(1997)分析发现来源于苏沪地区的30个大豆祖先亲本共衍生出134个育成品种,分别占全国育成品种总数的8.6%和20.6%。其细胞核遗传贡献值累计为76.38,占全国总数的11.81%;衍生出22个细胞质家族共95个品种,占全国总数的14.59%。苏沪种质为南方最主要的亲本来源,其对该区的遗传贡献值为39.7,占35.77%,其中滨海大白花、铜山天鹅蛋、邳县软条枝、沛县大白角对黄淮海地区和南方地区的品种的核遗传贡献均较大。奉贤穗稻黄、51-83、上海六月白、泰兴黑豆主要对南方品种的遗传贡献大,而后两个种质主要对南方春豆品种的核遗传贡献大。按省区看,河南、安徽、江苏、湖北四省应用苏沪地区多个种质,而其他省区主要应用了苏沪地区的滨海大白花、铜山天鹅蛋、奉贤穗稻黄、51-83等几个种质。

图10-13和图10-14列出从祖先亲本奉贤穗稻黄、51-83等开始衍生的南方大豆品种的简化系谱树。

谢培庚(1997)归纳发现湖南省育成的 13 个春大豆品种中,亲本利用率最高的是上海六月白,其对湖南春大豆杂交育成品种遗传贡献率为 32.7%,其次是湘豆 3 号、四月白和 Wilkin 等亲本。

南方地区最大的细胞核家族是由南农 493-1 及其衍生的 18 个品种组成的(共 19)。其次是南农 1138-2 家族,有 11 个衍生成员品种(共 12)。该地区细胞核家族还有:惠安花面豆(2)、生联早(2)、矮脚早(11)、湘春豆 10 号(2)、湘春豆 11(2)、湘豆 3 号(5)、湘秋豆 1 号(3)、矮脚青(3)、川湘早 1 号(4)。南方地区较大的细胞质家族有奉贤穗稻黄、51-83 等。奉贤穗稻黄和 51-83 两个细胞质家族均有 10 个成员品种,它们覆盖了江苏省约 47% 的育成品种。表 10-15 列出南方地区大豆育成品种的主要直接亲本。南方夏、秋豆育种主要亲本包括南农 493-1(7)、奉贤穗稻黄(4)、南农 1138-2(3)、58-161(2)、苏豆 1 号(2)、毛蓬青(3)、矮脚青(2)、通山薄皮黄豆甲(2)、宜兴骨绿豆(2)等。南方春豆育种主要亲本包括矮脚早(7)、泰兴黑豆(4)、上海六月白(4)、川湘早 1 号(3)、诱变 30(4)、Beeson(3)、白千城(3)、兖黄 1 号(2)、Wilkin(2)、浙春 1 号(2)、鲁豆 1 号(2)等。

表 10-15　南方地区大豆育成品种的主要直接亲本 （单位:个）

亲本名称	亲本类型	育成品种数	衍生品种数	亲本名称	亲本类型	育成品种数	衍生品种数
南农 493-1	育成品种	8	19	上海六月白	地方品种	4	9
矮脚早	育成品种	8	11	泰兴黑豆	地方品种	4	5
奉贤穗稻黄	地方品种	5	20	Beeson	国外品种	3	12
南农 1138-2	育成品种	5	11	白千城	国外品种	3	4
58-161	育成品种	4	62	川湘早 1 号	育成品种	3	4
诱变 30	育成品种	4	14	毛蓬青	地方品种	3	3

第四节　中国大豆育成品种的遗传基础

一、中国大豆育成品种的种质基础

中国育成的 651 个大豆品种的遗传基础来源于 348 个祖先亲本,其中有约 250 个地方品种、46 个国外引种(24 个来自美国,13 个来自日本),其余为遗传背景难以查清的育种材料。在 302 个中国的祖先亲本中,有 131 个来自东北地区,91 个来自黄淮海地区,74 个来自南方地区,另有 6 个来源地不详。70 多年来,大豆产量和其他性状的持续改良均源于此祖先亲本群体。20 世纪 80 年代以来,一些大豆育种工作者致力于拓宽大豆品种遗传基础的研究,广泛地使用优良地方品种和野生资源作为杂交亲本,甚至探索远缘物种(如鹰嘴豆、花生等)的 DNA 导入大豆。但目前杂交育种的主要亲本来源是育成品种和育种品系,而较少直接利用地方品种。

大豆育种实质上是连续地从不同的祖先亲本中积累目标性状的增效基因,淘汰减效基因的过程。一个育成品种遗传基础的宽广程度可用其涉及的祖先亲本数衡量。从表 10-16 可见中国大豆育成品种涉及的祖先亲本数为 1～17 个,涉及 10 个或 10 个以上祖先亲本的有 39 个育成品种,占 6%;涉及 5 个或 5 个以上祖先亲本的有 198 个育成品种,占 30.4%;涉及 3 个或 3 个以上祖先亲本的有 383 个育成品种,占 58.8%。说明有一半以上的育成品种已经不仅仅是两个亲本的杂交后代,平均每一育成品种涉及 3.79 个祖先亲本,中国育成品种的遗传基础已有了相当的积累。

表 10-16　中国大豆育成品种的祖先亲本数次数分布　（单位:个）（崔章林等,1998）

涉及的祖先亲本数	1	2	3	4	5	6	7	8	9	10	11	12	13	14	15	16	17	合计	每品种平均祖先亲本数
育成品种数	135	133	104	81	63	49	23	14	14	10	4	10	3	5	2	0	1	651	3.79

按育成年代分析不同地区育成品种的遗传基础,东北地区在 1960 年前、1961～1970、1971～1980、1981～1990、1991～1995 年这 5 个年代育成的品种共使用的祖先亲本总数分别为 28、28、46、78 和 73;该地区平均每个品种占有的祖先亲本数分别为 0.56、0.6、0.77、0.69 和 1.59。黄淮海地区在上述 5 个年代育成的品种群体采用的祖先亲本总数分别为 8、15、60、98 和 85;该区平均每个品种占有的祖先亲本数分别为 1、0.88、1.09、1.08 和 2.3。南方地区在上述 5 个年代育成的品种群体采用的祖先亲本总数分别为 3、5、15、75 和 48;平均每个品种占有的祖先亲本数分别为 1、0.83、1.07、1.23 和 1.78。进一步从每品种实际占有的祖先亲本来分析,1960 年前的杂交育成品种每个涉及约 2.7 个祖先亲本,1961～1970 年的涉及约 2.8 个祖先亲本,1971～1980 年的涉及约 3.1 个祖先亲本,1981～1990 年的涉及约 4.8 个祖先亲本,1991～1995 年涉及约 7 个祖先亲本(表 10-17)。可见新近育成的品种比以往品种涉及更多的祖先亲本,因而具有更宽广的遗传基础。中国不同地区杂交育成品种的遗传基础差异较大,平均看来,东北、黄淮海和南方地区 1941～1995 年间育成品种分别涉及 4.5 个、5.3 个和 3.2 个祖先亲本,1981～1995 年间分别为 5.7 个、6.2 个和 3.3 个祖先亲本。比较而言,黄淮海地区的育成品种涉及较多祖先亲本,相对具有较广的遗传基础;东北地区的次之;南方地区品种的遗传基础较窄。豫豆 15、豫豆 18、早熟 18 均涉及 15 个以上的祖先亲本。下列品种涉及 10～14 个祖先亲本:豫豆 10 号、豫豆 16、郑 86506、鲁豆 10 号、科丰 35、豫豆 19、合丰 35、垦农 4 号、中黄 2 号、中黄 3 号、中黄 5 号、豫豆 11、东农 42、黑农 39、绥农 7 号、绥农 10 号、绥农 11、吉林 21、九农 20、豫豆 12、郑 133、郑 77249、中豆 20、中黄 1 号、中黄 6 号、黑农 37、绥农 9 号、吉林 27、九农 19、汾豆 31、晋遗 19。在选配杂交亲本时,注意到选用具有较宽广遗传基础而又不含相同祖先亲本的双亲可能有益于积累目标性状基因而达到预期目标,这无疑能拓宽品种的遗传基础。

尽管祖先亲本群体在扩大,但祖先亲本在育成品种群体中的遗传贡献是很不平衡的,并且随着年代的推进而愈益明显。在一些育种历史长、育种进展快的省份,这种情况更为常见。保持或拓宽大豆品种的遗传基础是未来大豆育种持续进展的可靠保证。

表 10-17　中国不同年代大豆育成品种平均祖先亲本数　（单位:个）

育成时期	东北地区		黄淮海地区		南方地区		全 国	
	品种数	平均亲本数	品种数	平均亲本数	品种数	平均亲本数	品种数	平均亲本数
1923～1960 年	50	1.72	8	1.00	3	1.00	61	1.59
1961～1970 年	47	2.49	17	1.94	6	1.33	70	2.25
1971～1980 年	63	2.95	56	2.38	13	1.46	132	2.58

续表 10-17

育成时期	东北地区		黄淮海地区		南方地区		全　国	
	品种数	平均亲本数	品种数	平均亲本数	品种数	平均亲本数	品种数	平均亲本数
1981～1990 年	124	4.85	93	4.68	61	2.43	278	4.20
1991～1995 年	46	6.98	36	7.86	28	4.11	110	6.39

二、不同地理来源种质对中国大豆育成品种的遗传贡献

(一)祖先亲本对育成品种遗传贡献的计算

盖钧镒等(1998)在中国大豆育成品种系谱分析的基础上,计算出每一育成品种的祖先亲本细胞核遗传贡献值和细胞质遗传贡献值。凡由祖先亲本经自然变异选择法育成的品种其祖先亲本的细胞核遗传贡献值为 1;凡由杂交育成的品种其双亲的核遗传贡献均为 0.5,每一亲本均再按均等分割方法上推其双亲,直至终极的祖先亲本,这样每一育成品种的各祖先亲本核遗传贡献值总和应等于 1。不论自然变异选择或杂交育种,每一个变异后代从上代或其亲本实际所获的种质是有变异的,这里所计算的祖先亲本核遗传贡献值是指总体或平均的情况,因而确切地说应是某一祖先亲本的平均核遗传贡献值,为简便起见,此处均简称为某一祖先亲本的核遗传贡献值。细胞核遗传贡献值是在系谱分析的基础上进一步用量化的指标来分析亲本的核遗传贡献大小。在全国育成的 651 个大豆品种中,有许多是通过诱变育成的,其祖先亲本核遗传贡献值的计算与自然变异选择育成品种的方法相同;有的是由杂交与诱变相结合的方法育成的,其祖先亲本核遗传贡献值的计算与杂交育种相同。还有 16 个品种由混合授粉法育成,1 个品种为鹰嘴豆 DNA 导入育成,因难以确定计算其核遗传贡献值的方法,均未纳入计算,因此祖先亲本总数不足 348 而为 347,核遗传贡献值总和不足 651。育成品种祖先亲本的细胞质遗传贡献值计算较简单,不论何种育种方法只需检视其用做母本的亲本,上推至其终极的细胞质祖先亲本,每一育成品种只有 1 个细胞质祖先亲本,其细胞质遗传贡献值为 1,没有分数或小数。

(二)不同地理来源种质对中国大豆育成品种的遗传贡献

中国大豆育成品种中不同地理来源种质(祖先亲本)的遗传贡献值结果列于表 10-18。除鹰嘴豆外,全国共有 347 个细胞核祖先亲本,对 651 个育成品种的细胞核遗传贡献值累计为 646.56,其中未包括混合授粉的遗传贡献份额在内。全国共有 214 个细胞质祖先亲本,对 651 个育成品种的细胞质遗传贡献值累计为 651。东北共有 131 个细胞核祖先亲本、80 个细胞质祖先亲本,对全国的育成品种的核遗传贡献及质遗传贡献分别累计为 311.84 及 329,在全国所占比重相应为 48.23% 和 50.54%;黄淮海地区共有 91 个核祖先亲本、65 个质祖先亲本,对全国育成品种的遗传贡献累计分别为 164.9 及 192,在全国所占比重相应为 25.5% 和 29.49%;南方地区共有 74 个核祖先亲本、51 个质祖先亲本对全国育成品种的遗传贡献累计分别为 88.81 和 106,在全国所占比重相应为 13.74% 及 16.28%;国外引进共有 45 个核祖先亲本、14 个质祖先亲本对全国育成品种的遗传贡献分别为 77.26 和 19,分别占全国的 11.95% 和 2.92%。细胞核和细胞质祖先亲本对全国遗传贡献大的有吉林、黑龙江、辽宁、江苏、山东等省,相对较集中。这一方面说明这五省拥有优良的大豆种质,另一方面也与这五省大豆育种工作的悠久历史和技术进步有关。国外引进的祖先亲本以来自美国和日本的为

主,有较大的核遗传贡献,而细胞质遗传贡献明显小于细胞核的遗传贡献。

　　东北地区育成的 330 个大豆品种中包含有黑龙江、吉林、辽宁、新疆、北京、河北、河南、山东、江苏等地和美国、日本、俄罗斯、瑞典、英国、加拿大等国内外来源的细胞核祖先亲本的遗传贡献,而以黑龙江、吉林、辽宁三省和美国、日本的核遗传贡献为主。河南省、山东省、江苏省和俄罗斯、加拿大等国未提供细胞质遗传贡献,而以黑龙江、吉林、辽宁省本地区的质遗传贡献为主体。详见表 10-18。

　　黄淮海地区育成的 210 个大豆品种中包含有北京、天津、河北、山西、陕西、宁夏、河南、山东、安徽、黑龙江、吉林、辽宁、江苏、上海、湖北等地和美国、日本等国内外来源的细胞核祖先亲本的遗传贡献,涉及的面相当广泛,而以山东、江苏、山西、河北等地和美国的核遗传贡献为主。其中日本的种质未提供细胞质遗传贡献,而以山东、江苏、山西、河北等地的质遗传贡献为主体。美国来源的种质所提供的质遗传与核遗传贡献相比要小得多。详见表 10-18。

表 10-18　中国大豆育成品种中不同地理来源祖先亲本的核、质遗传贡献　(%)

(盖钧镒、赵团结,2001)

祖先亲本来源地	祖先亲本总体				核心祖先亲本的遗传贡献	
	对全国的遗传贡献		对该生态区的遗传贡献			
	细胞质	细胞核	细胞质	细胞核	细胞质	细胞核
东北地区	48.23(131)	50.54(80)	86.43(121)	94.55(74)	76.18(25)	77.51(25)
黄淮海地区	25.50(91)	29.49(65)	70.49(86)	85.71(64)	64.87(21)	71.88(21)
南方地区	13.74(74)	16.28(51)	73.52(69)	88.29(50)	57.57(19)	66.04(19)
国外引进	12.53(51)	3.69(18)			65.21(10)	47.37(10)
合　计	(347)	(214)			68.99(75)	72.50(75)

注:括号内为祖先亲本数

　　南方地区育成的 111 个大豆品种中包含有除南方各省外的黑龙江、吉林、辽宁、北京、山东、安徽等地和美国、日本等国来源的细胞核祖先亲本的遗传贡献,涉及的面亦相当广泛,而以江苏、上海、浙江、湖北、福建、湖南等地和美国的核遗传贡献为主。其中辽宁、北京、安徽的种质未提供细胞质遗传贡献,而以上海、江苏、湖北、福建、浙江、湖南等地的质遗传贡献为主。美国来源的种质所提供的质遗传贡献明显小于核遗传贡献。详见表 10-19。

表 10-19　中国不同地区大豆育成品种的遗传贡献

品种所在区域	亲本来源	细胞核遗传贡献			细胞质遗传贡献		
		亲本数(个)	贡献值	所占比例(%)	亲本数(个)	贡献值	所占比例(%)
东北地区	东北地区	121	283.34	86.43	74	312	94.55
	黄淮海地区	8	3.79	1.16	2	4	1.21
	国外引种	31	38.22	11.66	9	10	3.03
	未　知	4	2.50	0.76	3	4	1.21
	合　计	164	327.85	100.01	88	330	100.00

续表 10-19

品种所在区域	亲本来源	细胞核遗传贡献			细胞质遗传贡献		
		亲本数(个)	贡献值	所占比例(%)	亲本数(个)	贡献值	所占比例(%)
黄淮海地区	东北地区	31	24.26	11.66	10	14	6.67
	黄淮海地区	86	146.63	70.49	64	180	85.71
	南方地区	11	5.71	2.75	5	8	3.81
	国外引种	17	28.91	13.90	4	6	2.86
	未 知	4	2.50	1.20	2	2	0.95
	合 计	149	208.01	100.00	85	210	100.00
南方地区	东北地区	10	3.26	2.94	2	2	1.80
	黄淮海地区	17	16.19	14.62	5	8	7.21
	南方地区	69	81.41	73.52	50	98	88.29
	国外引种	12	9.88	8.92	3	3	2.70
	合 计	108	110.74	100.00	60	111	100.00

Cui 等(2000)分析了明确其来源地及类型的 339 个祖先亲本对中国大豆育成品种的遗传贡献(表 10-20)。国内种质对大豆育成品种的遗传贡献占 88.2%;国外引种亲本对国内大豆品种的遗传贡献为 11.8%,其中以黄淮海地区为最高、占 13.8%。

表 10-20 不同来源及类型祖先亲本对中国大豆育成品种的遗传贡献

种质来源		祖先亲本数 (个)	相对遗传贡献(%)				衍生品种数 (个)
			全 国	东北地区	黄淮海地区	南方地区	
中国种质		294	88.2	88.5	86.3	91.2	650
其 中	地方品种	246	73.9	75.3	71.1	74.8	633
	育成品系	46	40.0	5.5	3.0	1.7	64
	野生大豆	2	0.2	0.3	0.0	0.0	2
	其 他		10.2	7.4	12.1	14.7	521
国外种质		45	11.8	11.5	13.8	8.8	224
其 中	美 国	24	7.3	4.7	11.9	6.4	146
	日 本	13	3.4	4.7	1.7	2.5	86
	其 他	8	1.1	2.1	0.1	0.0	18
合 计		339	100.0	100.0	100.0	100.0	651

　　盖钧镒等(1999)指出,中国东北、黄淮海和南方大豆产区绝大多数育成品种的遗传基础以本生态区祖先亲本为主,存在严重的地区局限性,必须加强基因交流,拓宽大豆品种的遗传基础是未来大豆育种持续进展的潜力之所在。张博等(2003)利用 SSR 技术对 12 个获奖的大豆育成品种及其 12 个祖先亲本的遗传多样性和遗传关系研究表明,与祖先亲本相比,育成品种的遗传基础有变窄的趋势。根据系谱计算的遗传贡献率与基于 SSR 数据的遗传相似系数间相关极显著。近年来,来源于异生态区,甚至国外的亲本虽然有一定的利用,但

利用幅度仍较小。并且南方地区种质向北方地区渗透不如北方地区种质向南方地区渗透。中国南方地区和黄淮海地区育成品种使用异生态区的亲本稍多,但东北地区育成品种的亲本几乎全部来源于本地区和美国、日本北部相近熟期组的材料。因而,推动各生态区间材料的相互渗透,进一步发掘国外优异种质,将是拓宽大豆育成品种遗传基础的必经途径。

三、中国大豆育成品种群体的亲本系数分析

(一)中国不同区域大豆育成品种的亲本系数分析

Cui 等计算了 651 个大豆品种间亲本系数值(表 10-21)。结果发现中国 651 个大豆品种平均亲本系数值为 0.02,其中有 78.5% 的组合在系谱上无关。东北地区只有 50.3% 的组合在系谱上无关,而亲本系数值在 0.2 以上的有 8.7%,而南方地区相应的值为 93.5% 和 3.4%,表明东北地区大豆育成品种间亲缘关系相对较近,南方地区则较远,黄淮海地区居于二者之间(相应的值为 76.6% 和 4.6%)。进一步从表 10-22 可见东北、黄淮海、南方三大地区内大豆育成品种的平均亲本系数值依次减小,不同生态区间平均亲本系数值均很小。一些研究结果表明,美国大豆育成品种平均亲本系数值为 0.04~0.58,因此中国大豆育成品种的遗传基础相对较广。

表 10-21　全国及三大生态区域育成品种组合间平均亲本系数的频率分布　(Cui 等,2000)

亲本系数	全　国		东北地区		黄淮海地区		南方地区	
	组合数量(个)	比例(%)	组合数量(个)	比例(%)	组合数量(个)	比例(%)	组合数量(个)	比例(%)
0.0~0.0	166002	78.46	27298	50.29	16804	76.57	5706	93.46
0.0~0.1	30305	14.32	16178	29.80	3001	13.68	83	1.36
0.1~0.2	8681	4.10	6113	11.26	1136	5.18	111	1.82
0.2~0.3	4020	1.90	2749	5.06	692	3.15	98	1.61
0.3~0.4	971	0.46	798	1.47	93	0.42	22	0.36
0.4~0.5	1207	0.57	827	1.52	196	0.89	71	1.16
0.5~0.6	132	0.06	117	0.22	10	0.05	0	0.00
0.6~0.7	95	0.05	80	0.15	4	0.02	5	0.08
0.7~0.8	65	0.03	58	0.11	1	0.01	2	0.03
0.8~0.9	2	0.00	0	0.00	2	0.01	0	0.00
0.9~1.0	11	0.01	10	0.02	0	0.00	0	0.00
1.0~1.0	84	0.04	57	0.11	6	0.03	7	0.12
合　计	211575	100.00	54285	100.00	21945	100.00	6105	100.00

表 10-22　不同区域间平均亲本系数值　(Cui 等,2000)

区　域	东北地区	黄淮海地区	南方地区	育成品种数(个)
东北地区	0.058	—	—	330
黄淮海地区	0.007	0.027	—	210
南方地区	0.002	0.007	0.016	110

表 10-23 列出了 25 个省、自治区、直辖市大豆育成品种间的平均亲本系数,其中东北的

表10-23　中国25个省份间大豆育成品种的平均亲本系数关系　（Cui等，2000）

省份	1	2	3	4	5	6	7	8	9	10	11	12	13	14	15	16	17	18	19	20	21	22	23	24	25
1. 安徽	0.061																								
2. 北京	0.074	0.154																							
3. 福建	0.008	0.015	0.028																						
4. 广东	0.000	0.001	0.005	0.000																					
5. 广西	0.000	0.000	0.000	0.000	0.000																				
6. 贵州	0.005	0.001	0.001	0.012	0.000	0.024																			
7. 河北	0.008	0.020	0.001	0.010	0.000	0.001	0.018																		
8. 黑龙江	0.000	0.012	0.000	0.000	0.000	0.007	0.012	0.109																	
9. 河南	0.021	0.031	0.006	0.001	0.000	0.006	0.002	0.000	0.091																
10. 湖北	0.017	0.010	0.000	0.006	0.073	0.006	0.003	0.000	0.009	0.099															
11. 湖南	0.000	0.000	0.004	0.006	0.015	0.001	0.001	0.003	0.000	0.017	0.053														
12. 江苏	0.036	0.053	0.010	0.000	0.000	0.017	0.005	0.000	0.016	0.022	0.000	0.063													
13. 江西	0.000	0.000	0.004	0.000	0.000	0.000	0.000	0.000	0.000	0.000	0.000	0.000	0.200												
14. 吉林	0.000	0.013	0.000	0.010	0.000	0.004	0.015	0.048	0.000	0.000	0.004	0.000	0.000	0.054											
15. 辽宁	0.001	0.018	0.000	0.000	0.000	0.002	0.022	0.025	0.001	0.000	0.001	0.000	0.000	0.030	0.063										
16. 内蒙古	0.000	0.007	0.000	0.000	0.000	0.003	0.006	0.068	0.000	0.003	0.003	0.000	0.000	0.034	0.012	0.040									
17. 宁夏	0.000	0.000	0.000	0.000	0.000	0.000	0.000	0.000	0.023	0.000	0.000	0.002	0.000	0.000	0.000	0.000	0.000								
18. 陕西	0.007	0.003	0.005	0.001	0.005	0.005	0.000	0.000	0.041	0.000	0.000	0.006	0.000	0.006	0.005	0.007	0.000	0.135							
19. 山东	0.013	0.011	0.009	0.000	0.009	0.009	0.003	0.005	0.001	0.002	0.000	0.006	0.000	0.012	0.015	0.009	0.000	0.045	0.083						
20. 山西	0.001	0.010	0.005	0.001	0.002	0.002	0.005	0.018	0.001	0.003	0.000	0.001	0.000	0.006	0.012	0.001	0.000	0.002	0.005	0.043					
21. 四川	0.018	0.038	0.006	0.004	0.002	0.002	0.008	0.003	0.009	0.038	0.021	0.014	0.000	0.006	0.012	0.001	0.000	0.003	0.009	0.003	0.038				
22. 天津	0.065	0.099	0.013	0.000	0.000	0.000	0.009	0.000	0.021	0.008	0.000	0.047	0.000	0.000	0.001	0.000	0.000	0.000	0.004	0.000	0.021	0.000			
23. 新疆	0.000	0.008	0.000	0.000	0.000	0.008	0.011	0.085	0.000	0.003	0.003	0.000	0.000	0.046	0.023	0.039	0.000	0.000	0.005	0.019	0.001	0.000	0.000		
24. 云南	0.000	0.000	0.000	0.000	0.000	0.000	0.000	0.000	0.000	0.000	0.000	0.000	0.000	0.011	0.001	0.000	0.000	0.000	0.003	0.000	0.000	0.000	0.000	0.000	
25. 浙江	0.001	0.003	0.000	0.007	0.000	0.015	0.000	0.003	0.015	0.004	0.000	0.005	0.000	0.000	0.001	0.000	0.000	0.011	0.019	0.002	0.006	0.000	0.000	0.000	0.045
品种数	22	23	12	4	2	7	23	162	32	11	15	45	5	103	55	7	2	8	49	31	17	2	3	2	9

黑龙江(亲本系数为 0.109)、黄淮的北京(0.154)、陕西(0.135)、河南(0.091)、山东(0.083)以及南方的江西(0.2)、湖北(0.099)育成品种间的平均亲本系数较大。黑龙江省育成品种与吉林、内蒙古、新疆、辽宁品种均具有较高的亲本系数。

(二)中国大豆育成品种不同类型间的亲本系数分析

从表 10-24 可见,同一生态区相同播期类型间亲本系数大,南方夏大豆品种平均亲本系数达 0.063。不同生态区间以东北春大豆与黄淮春大豆以及黄淮夏大豆与南方夏大豆间平均亲本系数最高,均为 0.014。

表 10-24　中国大豆育成品种不同播期类型间平均亲本系数　(Cui 等,2000)

品种类型	东北春豆	黄淮春豆	黄淮夏豆	南方春豆	南方夏豆	南方秋豆	南方冬豆
东北春豆	0.058						
黄淮春豆	0.014	0.016					
黄淮夏豆	0.004	0.008	0.042				
南方春豆	0.003	0.003	0.008	0.020			
南方夏豆	0.000	0.003	0.014	0.013	0.063		
南方秋豆	0.000	0.000	0.000	0.000	0.000	0.038	
南方冬豆	0.000	0.000	0.000	0.000	0.008	0.000	1.000
育成品种	330	57	153	65	30	15	1

(三)不同时期中国大豆育成品种的亲本系数分析

表 10-25 列出中国大豆育成品种不同时期的平均亲本系数。随着育成品种数量的增加,中国大豆育成品种的遗传基础也有所拓宽,从 1961～1970 年间的 0.072 降低到 1991～1995 年间的 0.016。

表 10-25　中国大豆育成品种不同时期的平均亲本系数　(Cui 等,2000)

时 期	1923～1950 年	1951～1960 年	1961～1970 年	1971～1980 年	1981～1990 年	1991～1995 年
1923～1950 年	0.041					
1951～1960 年	0.050	0.048				
1961～1970 年	0.054	0.055	0.072			
1971～1980 年	0.029	0.030	0.038	0.023		
1981～1990 年	0.019	0.021	0.027	0.018	0.017	
1991～1995 年	0.014	0.016	0.021	0.016	0.016	0.016
育成品种数	20	41	70	132	278	110

四、中国、北美、日本大豆育成品种遗传基础的比较

邱丽娟等(1997)、Li 等(2001)对占现代美国育成品种遗传基础 85% 的 18 个美国祖先品种和占中国育成品种 75% 以上遗传基础的 57 个祖先品种或衍生品种进行 RAPD 标记分析,表明中国大豆育成品种的遗传多样性高于美国,中国大豆种质与美国大豆种质不同,两国国内的南北方种质也不同。这种明显的地理差异为拓宽中国大豆育成品种遗传基础提供参

考。从表10-26可见美国北部的祖先亲本与中国东北地区亲本的遗传距离很小,而与中国黄淮海、南方地区亲本间的遗传距离达到显著,美国南部祖先亲本与中国各地亲本遗传距离差异均达显著。中国东北、黄淮海、南方地区亲本间遗传差异也均达到显著。

表10-26　根据 RAPD 多态性计算的中、美不同地区大豆祖先亲本间遗传距离　（Li 等,2001）

地　区	美国北部	美国南部	中国东北	中国黄淮海
美国南部	0.02			
中国东北	0.03	0.07**		
中国黄淮海	0.13**	0.10**	0.15**	
中国南方	0.16**	0.09**	0.12**	0.09**

Ude 等(2003)通过 AFLP 分析中国(59个品种)、日本(30个品种)、北美(66个品种)及其主要亲本(35个)共190个材料间的亲缘关系,结果发现不同地区品种间平均遗传距离为8.1%,相互间并无显著的遗传差异(表10-27),日本品种内遗传距离最小(6.3%),中国品种内遗传距离最大(7.5%)。通过聚类分析可按地理来源将这些材料分为中国、日本、北美地区三类,日本品种与其他地区品种差异大,可作为拓宽北美和中国大豆育成品种遗传基础的重要种质来源。目前美国和中国育成品种分别有6%和3%的遗传基础来自日本,而日本育成品种约有5%和2%的祖先亲本来自中国和北美(Zhou et al,2000)。

表10-27　北美大豆祖先亲本、育成品种与中、日育成品种间的遗传距离　（%）

（Ude et al,2003）

材料来源	北美祖先亲本	北美育成品种	中国育成品种	日本育成品种
北美祖先亲本	7.3±1.5(1.2~12.1)	7.8±1.6(3.6~12.7)	8.4±1.4(3.6~13.0)	8.7±1.6(4.2~14.6)
北美育成品种	—	7.1±1.6(0.9~11.6)	8.5±1.5(3.6~13.9)	8.9±1.5(4.8~14.5)
中国育成品种	—	—	7.5±1.7(1.2~13.0)	8.9±1.8(3.4~15.0)
日本育成品种	—	—	—	6.3±2.2(2.1~13.5)

注:括号内为变异幅度

从表10-28对中国、日本、北美大豆育成品种的遗传基础比较可见,中国育成品种数最多,但对育成品种贡献达50%和80%时的祖先亲本数分别为35个和190个(占祖先亲本总数的10.3%和56%),育成品种平均占有祖先亲本数为0.53,均低于日本。而从1980~1990年大豆育成品种平均实际包含的祖先亲本数看,日本、北美品种实际包含的亲本数已远超过中国。

表10-28　中国、日本、北美 1950~1990 年大豆育成品种的遗传基础比较

（Carter et al,2004）

项　　目	中国	日本	北美	北美(到2000年)
育成品种数	651	86	258	572
祖先亲本数	339	74	80	152
引自国外的祖先亲本数	47(13.9%)*	16(21.6%)*	80(100%)*	—
对育成品种贡献达50%时的祖先亲本数	35(10.3%)*	18(24.3%)*	5(6.3%)*	5
对育成品种贡献达80%时的祖先亲本数	190(56.0%)*	53(71.6%)*	33(41.3%)*	15

续表 10-28

项　　目		中　国	日　本	北　美	北美（到 2000 年）
育成品种平均占有祖先亲本数		0.53（全国）	0.86	0.32（北美）	0.27（北美）
		0.7（东北）	—	0.40（北部）	0.28（北部）
		1.0（黄淮）	—	0.50（南部）	0.47（南部）
		1.4（南方）	—		
育成品种平均实际包含的祖先亲本数	1950～1959 年	1.78	2.62	2.9	—
	1960～1969 年	2.26	2.71	5.3	—
	1970～1979 年	2.58	2.69	7.0	—
	1980～1990 年	4.21	4.68	10.0	—
	1950～1990 年合计	3.79	3.2	6.7	—

*　括号内为占祖先亲本总数的比例

第五节　中国大豆育成品种的核心祖先亲本

骨干亲本在育种中的作用越来越受到重视（彭宝等，1996）。张国栋（1983）分析了 1982 年前黑龙江省育成品种的系谱，归结出 5 个主要的系谱；孙志强等（1990）根据品种系谱分析了东北地区 168 个杂交育成品种与祖先亲本的亲本系数，发现满仓金等 10 个品种对东北地区大豆杂交育成品种遗传基础的贡献占 57.7%。叶兴国等（1995）分析了黄淮海地区 221 个品种（系）的系谱，也归结出 20 个系谱和一些主要亲本。盖钧镒和崔章林（1994）分析中国 1923 年以来育成的大豆品种系谱，从中筛选出 38 份最主要的祖先亲本和三大产区衍生品种最多的 25 个育成品种。在此基础上，盖钧镒和赵团结（2001）将 348 个祖先亲本作为中国大豆育成品种祖先亲本的总体，按①祖先亲本衍生的品种数；②祖先亲本对全国品种的核贡献；③祖先亲本对全国品种的质贡献；④祖先亲本衍生品种的轮次数等 4 项指标遴选出 75 个祖先亲本为核心祖先亲本。

东北地区共有 131 个祖先亲本，其每祖先亲本衍生品种个数、对 651 个大豆品种的细胞核和细胞质遗传贡献值及衍生品种轮次数的平均数分别为 11、2.38、5 和 2，最后入选 25 个亲本作为核心的祖先亲本，其中来自黑龙江、吉林和辽宁的亲本数分别为 9 个、11 个和 5 个。详见表 10-29。

表 10-29　来自东北地区的大豆核心祖先亲本　（盖钧镒等，2001）

亲本名称（原产地）	核遗传贡献值	质遗传贡献值	衍生品种个数	品种轮次数	亲本名称（原产地）	核遗传贡献值	质遗传贡献值	衍生品种个数	品种轮次数
金元（辽）	43.631	17	243	6	东丰四粒黄（吉）	4.161	4	21	4
公主岭四粒黄（吉）	40.599	89	218	7	蓑衣领（黑）	3.876	0	19	3
白眉（黑）	26.030	44	131	6	洋蜜蜂（吉）	3.813	3	11	4
嘟噜豆（吉）	21.393	29	93	5	珲南青皮豆（吉）	3.752	0	20	4
铁荚四粒黄（吉）	16.147	1	89	3	海伦金元（黑）	3.189	6	21	4
克山四粒黄（黑）	10.507	1	57	4	小粒黄（黑）	3.144	6	19	4

续表 10-29

亲本名称（原产地）	核遗传贡献值	质遗传贡献值	衍生品种个数	品种轮次数	亲本名称（原产地）	核遗传贡献值	质遗传贡献值	衍生品种个数	品种轮次数
永丰豆(吉)	7.500	7	20	3	一窝蜂(吉)	2.813	7	15	2
吉林小金黄(吉)	7.378	6	27	4	小粒豆9号(黑)	2.750	8	12	3
铁荚子(辽)	7.283	8	30	4	逊克当地种(黑)	2.500	1	6	4
雄岳小黄豆(辽)	6.593	0	58	4	大白眉(辽)	1.598	0	21	4
辽宁小金黄(辽)	5.145	6	29	4	海龙嘟噜豆(吉)	2.250	5	6	2
珲春豆(吉)	4.938	0	14	2	五顶珠(黑)	1.625	6	6	3
四粒黄(黑)	4.938	1	19	3					

　　黄淮海地区共有 91 个祖先亲本,其每祖先亲本衍生品种个数、对 651 个大豆品种的细胞核和细胞质遗传贡献值及衍生品种轮次数的平均数分别为 6、1.812、3 和 1.6,有 21 个亲本作为核心的祖先亲本,分别来源于山东(入选 8 个)、江苏(入选 5 个)、山西(入选 2 个)、河南(入选 2 个)、河北(入选 1 个)、北京(入选 1 个)、陕西(入选 1 个)和安徽(入选 1 个)共 8 个省、直辖市。详见表 10-30。

表 10-30　来自黄淮海地区的大豆核心祖先亲本　（盖钧镒等,2001）

亲本名称（原产地）	核遗传贡献值	质遗传贡献值	衍生品种个数	品种轮次数	亲本名称（原产地）	核遗传贡献值	质遗传贡献值	衍生品种个数	品种轮次数
滨海大白花(苏)	19.470	30	62	4	极早黄(晋)	2.625	0	10	3
寿张地方种(鲁)	14.799	24	53	5	山东小黄豆(鲁)	2.625	3	10	4
即墨油豆(鲁)	12.659	24	55	6	沛县大白角(苏)	2.250	4	8	4
铜山天鹅蛋(苏)	9.644	10	61	4	大滑皮(鲁)	2.000	0	9	3
益都平顶黄(鲁)	7.805	4	53	6	小平顶(皖)	1.907	1	6	3
铁角黄(鲁)	5.680	4	49	5	大白脐(冀)	2.250	4	6	2
大白麻(晋)	4.125	6	7	2	一窝蜂(陕)	2.500	4	6	2
滑县大绿豆(豫)	3.376	0	12	2	沁阳水白豆(豫)	1.784	7	14	3
定陶平顶黄豆(鲁)	2.938	4	6	2	通州小黄豆(京)	1.656	4	7	3
邳县软条枝(苏)	2.876	1	15	3	海白花(苏)	1.376	0	6	2
山东四角齐(鲁)	2.626	10	15	4					

　　南方地区共有 74 个祖先亲本,按衍生品种数多少选得 17 个均衍生出 3 个以上的品种的祖先亲本;按对 651 个大豆品种的遗传贡献值大小选得 13 个核遗传贡献值大于 1.2 的亲本和 16 个质遗传贡献值在 2 以上的亲本;按衍生品种轮次数多少选出 17 个衍生 2 轮以上的亲本,最后入选有 2 项或以上指标符合的 19 个亲本作为核心的祖先亲本,来源于湖南(4)、浙江(3)、湖北(3)、上海(3)、江苏(2)、福建(1)、贵州(1)和江西(1)共 8 个省份。详见表 10-31。

　　国外引种共有 45 个核祖先亲本,按衍生品种数多少选得 10 个均衍生出 7 个以上的品种的祖先亲本;按对651个大豆品种的遗传贡献值大小选得10个遗传贡献值大于1.7的亲本和3个质遗传贡献值在2以上的亲本;按衍生品种轮次数选出12个衍生2轮以上品种的亲本,3项的入选亲本合并共有14个,最后入选有2项或以上指标符合的10个亲本作为核心的祖先亲本(表10-17),分别来源于美国(7个)、日本(2个)和俄罗斯(1个)。

最终入选的75个核心祖先亲本占祖先亲本总数348的21.55%,分别来自国内19个省份和美国、日本、俄罗斯3个国家,其对651个品种的核质遗传贡献值分别占总数的68.99%和71.12%,其衍生育成品种累计值达1991个,占总数的81.33%,大致符合Frankel提出核心收集品(core collection)约包含群体70%遗传变异的要求(表10-18)。其中南方地区入选祖先亲本的遗传贡献值和衍生品种累计值所占比例较低,可能是南方大豆产区地域广大,具有春、夏、秋播等多种大豆品种类型,使大豆品种亲本遗传基础较广,并且南方地区大豆育种投入强度相对弱于东北和黄淮海地区,不同生态亚区间亲本交流和利用尚欠频繁。

表10-31　来自南方地区和国外的大豆核心祖先亲本　(盖钧镒等,2001)

亲本名称 (原产地)	核遗传贡献值	质遗传贡献值	衍生品种个数	品种轮次数	亲本名称 (原产地)	核遗传贡献值	质遗传贡献值	衍生品种个数	品种轮次数
奉贤穗稻黄(沪)	8.75	15	20	3	猫儿灰(贵)	2.00	2	2	2
51-83(苏)	7.25	10	19	3	猴子毛(鄂)	1.81	2	5	1
武汉地方种(鄂)	6.88	9	11	2	青仁豆(湘)	1.00	0	3	2
上海六月白(沪)	3.44	7	9	2	黄毛豆(鄂)	1.00	2	3	2
邵东六月黄(湘)	2.38	4	5	3	五月拔(浙)	1.00	3	3	2
莆田大黄豆(闽)	2.25	3	4	2	开山白(浙)	0.88	0	3	2
浦东大黄豆(沪)	1.44	1	5	2	四月白(湘)	0.81	0	3	2
毛蓬青(浙)	3.00	3	3	1	暂编20(鄂)	0.50	2	3	2
泰兴黑豆(苏)	2.75	2	5	1	古田豆(闽)	1.50	2	2	1
百荚豆(赣)	2.50	3	3	1					
来自国外的									
十胜长叶(日)	13.41	1	52	2	Wilkin(USA)	3.13	0	10	2
Mamotan(USA)	9.64	0	61	4	野起1号(日)	2.46	0	20	4
Clark63(USA)	4.88	0	13	2	Amsoy(USA)	4.88	2	19	1
Beeson(USA)	4.75	2	12	2	黑龙江41(俄)	2.19	0	8	3
Williams(USA)	3.50	4	9	2	Maglonia(USA)	1.56	0	9	2

参 考 文 献

陈艳秋,孙贵荒.辽宁省大豆杂交育成品种的亲本分析.辽宁农业科学,2000,(3):16～18

崔章林,盖钧镒,T.E.Carter Jr.,邱家驯,赵团结.中国大豆育成品种及其系谱分析(1923～1995).中国农业出版社,1998

盖钧镒,崔章林.中国大豆育成品种的亲本分析.南京农业大学学报,1994,17(3):19～23

盖钧镒,邱家驯,赵团结.大豆品种南农493-1和南农1138-2与其衍生新品种的亲缘关系及其育种价值分析.南京农业大学学报,1997,20(1):1～8

盖钧镒,赵团结,崔章林,邱家驯.中国1923～1995年育成的651个大豆品种的遗传基础.中国油料作物学报,1998,1(1):17～23

盖钧镒,赵团结,崔章林,邱家驯.中国大豆育成品种中不同地理来源种质的遗传贡献.中国农业科学,1998,31(5):35～43

盖钧镒,赵团结,邱家驯.中国大豆育种"六五"以来的进展与展望.中国农学会等编:种子工程与农业发展.pp459~465.中国农业出版社,1997

盖钧镒,赵团结.中国大豆育种核心祖先亲本分析.南京农业大学学报,2001,24(2):1~4

郝欣先,蒋惠兰,吴建军.山东夏大豆品种农艺性状演进和遗传型特征分析.山东农业科学,2000,(2):44~47

胡明祥,田佩占主编.中国大豆品种志(1978~1992).北京:农业出版社,1985

梁慧珍,李卫东,卢卫国,许景菊,王庭峰,刘佩霞.黄淮夏大豆优异种质郑77249的育种价值分析.中国油料作物学报, 2000,(2):10~13

彭宝.从大豆育成品种的血缘组成谈骨干亲本的筛选与利用.大豆通报,1996,(2):12~13

邱家驯,赵团结,盖钧镒.大豆育成品种中苏沪地区种质的遗传贡献.南京农业大学学报,1997,20(4):1~8

邱丽娟,R L Nelson,L O Vodkin.利用 RAPD 标记鉴定大豆种质.作物学报,1997,23(4):408~507

孙贵荒,宋书宏,刘晓丽,董丽杰,孙恩玉,张丽,陈艳秋.辽宁省大豆更替品种主要农艺性状研究.大豆科学,2001,20(1): 30~34

王金龙,徐冉.山东省大豆杂交育成品种(系)遗传基础分析.山东农业科学,2000,(6):38~39

王连铮,叶兴国,刘国强,隋德志,王培英.黑龙江省及黄淮海地区大豆品种的遗传改进.中国油料作物学报,1998,20(4): 20~25

徐永华,何志鸿,张君政.黑龙江省大豆化学品质生态地理分布Ⅱ.育成品种化学品质的遗传改进与生态分布.大豆科学, 1997,16(2):149~155

杨加银,冯其虎,张复宁,徐海斌.江苏淮北地区大豆品种遗传改进.作物品种资源,1998,(4):19~21

叶兴国,王连铮,刘国强.黄淮海地区大豆品种遗传改进.大豆科学,1996,15(1):1~10

叶兴国,王连铮.黄淮海地区大豆品种亲缘关系概势分析.大豆科学,1995,14(3):214~219

张博,邱丽娟,常汝镇.中国大豆部分获奖品种与其祖先亲本间 SSR 标记的多态性比较和遗传关系分析.农业生物技术学报,2003,11(4):351~358

张国栋.黑龙江省大豆品种系谱分析.大豆科学,1983,2(3):184~193

张磊,戴瓯和,朱国富,黄志平.皖豆系列大豆品种系谱分析.安徽农业科学,2000,(2):139~142

张子金主编.中国大豆品种志.北京:农业出版社,1985

赵团结,崔章林,盖钧镒.中国大豆育成品种中江苏种质58~161的遗传贡献.大豆科学,1998,17(2):120~128

Bernard R L,G A Juvik,E E Hartwig et al. 1988. Origins and Pedigrees of Public Soybean Varieties in the United States and Canada. USDA,Technical Bulletin No.1746

Bharadwaj C H,C T Satyavathi,S P Tiwari,et al. 2002. Genetic base of soybean (*Glycine max*) varieties released in India as revealed by coefficient of parentage. Indian Journal of Agricultural Sciences 72(8):467~469

Carter T E Jr,Z Gizlice,J W Burton. 1993. Coefficient-of-parentage and Genetic Similarity Estimates for 258 North America Soybean Cultivars by Public Agencies During 1945~1988. U.S. Department of Agriculture,Technical Bullitin No.1814

Cui Z.,T. E. Carter,Jr.,J. Gai,J. Qiu,R L Nelson. 1999. Origin,Description,and Pedigree of Chinese Soybean Cultivars Released from 1923 to 1995. USDA ARS Technical Bulletin 1871. Washington D. C.

Cui Zhanglin,Gai Junyi,Ji Dongfeng,Ren Zhenjing,Qiu Jiaxun and T. E. Carter Jr. 1997. Ancestral analysis of soybean cultivars released in China. WSRC V Proceedings pp. 119~123. Kasetsart University Press

Cui Zhanglin,T E Carter Jr,and J W Burton. 2000a. Genetic base of 651 Chinese soybean cultivars released during 1923 to 1995. Crop Science 40:1470~1481

Cui Zhanglin,T E Carter Jr,and J W Burton. 2000b. Genetic diversity patterns in Chinese soybean cultivars based on coefficient of parentage. Crop Science 40:1780~1793

Cui Zhanglin,T E Carter Jr,J W Burton,and R Wells. 2001. Phenotypic Diversity of Modern Chinese and North American Soybean Cultivars. Crop Sci. 41(6):1954~1967

Delanney X,D M Rodgers,R G Palmer. 1983. Relative contribution among ancestral lines to North Amercian soybean cultivars. Crop Science 23:944~949

Gizlice Z,T E Carter Jr,TM Gerig et al. 1996. Genetic diversity patterns in north American public soybean cultivars based on coefficient of parentage. Crop Science 36:753~765

Lorenzen L L, S Boutin, N Young, et al. 1995. Soybean pedigree analysis using map-based molecular markers: I. Tracking RFLP markers in cultivars. Crop Science 35(5): 1326 ~ 1336

Prabhu R R, D Webb, H Jessen et al. 1997. Genetic relatedness among soybean genotype using DNA Amplification Fingprinting, RFLP, and pedigree. Crop Science 37(5): 1590 ~ 1595

Skorupska H T, R C Shoemaker, A Warner, et al. 1993. Restriction fragment length polymorphism in soybean germplasm of the southern USA. Crop Science 33(6): 1169 ~ 1176

Ude G N, W J Kenworthy, J M Costa, et al. 2003. Genetic diversity of soybean cultivars from China, Japan, north America, and north American ancestral lines determined by amplified fragment length polymorphism. Crop Science 43(5): 1858 ~ 1867

Zhou Xingliang, T E Carter Jr, Zhanglin Cui, S Miyazaki, and J W Burton. 2000. Genetic Base of Japanese Soybean Cultivars Released during 1950 to 1988. Crop Science, 40(6): 1794 ~ 1802

第十一章　大豆矿质营养

第一节　大豆的矿质营养特性

一、大豆的营养元素需求

大豆正常的生长发育及籽粒产量的形成,需从环境中吸收 16 种化学元素,即碳、氢、氧、氮、钾、磷、钙、镁、硫、铁、锌、锰、硼、铜、钼和氯,这 16 种元素都是必需的,不可缺少、不可代替。前 3 种元素是从水和空气中获取,后 13 种元素是从土壤中吸收,当土壤供给不足时,经过施肥予以补充。除以上 16 种必需元素以外,还有一些元素是有益的,虽然现有的研究工作还未肯定其营养功能,但在一定浓度范围内,对大豆的共生固氮和有机物积累有积极作用,如硒和钴。大豆中多种必需的元素,同时又是人体健康的重要营养元素,是人体的重要营养源。如钙、磷、镁等是构成人体骨骼、牙齿的主要成分;氮、硫和铁是构成人体肌肉不可缺少的元素;锌则是人体多种酶的辅酶成分或酶活化剂,参与体内生物化学反应,为人体健康不可或缺。碳、氢、氧、氮、硫是组成蛋白质和脂肪的元素,而蛋白质、脂肪既是重要食物,又是人体的能量和蛋白质的重要来源。

大豆是高蛋白、高油分作物。据浙江农业大学 1961 年的分析资料(表 11-1),大豆籽粒的蛋白质含量是其他粮食作物的 3~4 倍,脂肪则高出 10 倍左右。灰分高出 2~3 倍。另据北京市农林局 1975 年对几种作物秸秆的分析(表 11-2),豆秆中的粗蛋白质比其他作物高出较多。由于大豆籽粒富含蛋白质、脂肪等高营养物质,还含有 26% 的碳水化合物,3.3%~6.5% 的灰分,而这些营养物质的形成和积累须消耗较多的光合产物和吸收较多的营养元素。各地的研究结果表明,每生产 100 kg 的籽粒所摄取的氮、磷、钾养分数量,大豆比其他几种食用作物高出许多(表 11-3),特别是氮的吸收量,大豆较其他粮食作物高出 2~4 倍。各地已有研究工作还表明,每生产 100kg 大豆籽粒所摄取的养分数量,因不同的气候条件、土壤条件,特别是大豆品种及产量水平的变化而有较大变幅。首先,土壤与气候不同,大豆的生长速度、干物质积累、植株繁茂等会有差异,影响养分元素的摄取量与利用率,不同遗传特性大豆品种,生育期、株型、蛋白质、脂肪含量会有很大差异。这些都会导致生产 100kg 籽粒产量所摄取的养分数量有差异。20 世纪 60 年代,中国农业科学院江苏分院(1960)、吉林省农业科学院(1962)及黑龙江省农业科学院(1962)在当时产量条件下的试验结果,生产 100 kg 大豆籽粒吸收 6.6~7.2 kg N,1.2~2 kg P_2O_5 和 1.8~2.7 kg K_2O。近 20 年来,大豆单产水平有较大幅度增长,各地对大豆的养分吸收量作了大量化学测定。河南省农业科学院土壤肥料研究所张桂兰等(1988)在郑州冲积土壤的测定结果,大豆籽粒产量每 hm^2 2 268 kg,100 kg 大豆籽粒产量的养分摄取量为 N 8.5 kg,P_2O_5 1.8 kg,K_2O 3.7 kg,CaO 4.4 kg,MgO 2.1 kg;杨立国、索全义等(2002)对内蒙古 4 个春大豆品种的试验测定结果,在暗棕壤土壤上春大豆籽粒产量每 hm^2 2 460 kg,100 kg 籽粒的养分摄取量为:N 6.82 kg,P_2O_5 1.17 kg,K_2O 4.2 kg,Ca 2.14 kg,Mg 1.19 kg。1982~2002 年全国各大豆产区 14 个试验测定结果的平均值如下：大豆籽粒产量 2 994 kg/hm², 100 kg 大豆籽粒的 N、P_2O_5、K_2O 摄取量分别为 8.76 kg, 1.9 kg 与 4.17 kg。变幅 N 7 ~ 10.1 kg, P_2O_5 1.07 ~ 3 kg, K_2O 3.38 ~ 6.3 kg (表 11-4)。N 的变幅小于 P_2O_5, 小于 K_2O。

表 11-1　几种作物籽粒成分比较　（浙江农大, 1961）

作　物	蛋白质(%)	脂肪(%)	碳水化合物(%)	灰分(%)	纤维素(%)	水分(%)
大　豆	36.0	17.5	26.0	5.5	4.5	10.0
小　麦	11.0	1.9	68.5	1.7	1.9	15.0
玉　米	9.9	4.4	67.2	1.3	2.2	15.0
水　稻	8.0	1.4	68.2	2.7	6.7	13.0

资料来源：东北师范大学 . 大豆生理 . 科学出版社, 1981

表 11-2　几种作物秸秆成分比较　（北京市农业局, 1975）

秸秆种类	粗蛋白质(%)	粗脂肪(%)	粗纤维(%)	灰分(%)
大豆秆	7.1	1.1	28.7	5.5
小麦秆	2.7	1.1	37.0	9.8
玉米秆	5.0	1.5	39.2	1.7
稻　草	3.8	0.8	32.9	14.9

资料来源：东北师范大学 . 大豆生理 . 科学出版社, 1981

表 11-3　几种主要食用作物生产 100 kg 籽粒的 N、P、K 养分摄取量　（kg）

作　物	氮(N)		五氧化二磷(P_2O_5)		氧化钾(K_2O)	
	均值	变幅	均值	变幅	均值	变幅
大　豆	7.68	6.50 ~ 8.50	1.83	1.80 ~ 2.80	2.78	2.70 ~ 3.70
稻　谷	1.72	1.50 ~ 1.92	0.92	0.80 ~ 1.02	2.70	1.84 ~ 3.82
小　麦	2.78	2.46 ~ 2.97	0.94	0.82 ~ 1.04	2.76	2.12 ~ 3.17
玉　米	2.84	2.05 ~ 4.43	1.21	0.77 ~ 2.00	2.52	1.78 ~ 3.78
谷　子	3.60	2.50 ~ 4.70	1.40	1.20 ~ 1.60	4.05	2.40 ~ 5.70
高　粱	2.48	1.73 ~ 3.37	1.82	1.48 ~ 2.64	3.58	2.81 ~ 4.37

资料来源：中国农业科学院土壤肥料研究所 . 中国肥料 . 上海科学技术出版社, 1994

表 11-4　生产 100 kg 大豆籽粒及相应秸秆的 N、P、K 养分摄取量　（kg）

省(区)	大豆类型	大豆产量(kg/hm²)	N	P_2O_5	K_2O	资料来源
黑龙江	春大豆	4032	9.89	1.38	3.67	许忠仁等(1984)
黑龙江	春大豆	3360	9.33	1.67	3.62	许忠仁等(1984)
内蒙古	春大豆	2460	6.82	1.17	4.20	杨立国等(2002)
内蒙古	春大豆	3000	8.32	2.26	3.21	刘克礼(2004)
辽　宁	春大豆	3318	8.29	1.64	3.72	董钻等(1982)
辽　宁	春大豆	3600	8.90	2.47	3.38	董钻等(1987)
辽　宁	春大豆	3366	8.71	1.97	3.63	董钻等(1996)

续表 11-4

省(区)	大豆类型	大豆产量(kg/hm²)	N	P₂O₅	K₂O	资料来源
辽　宁	春大豆	2545.5	10.10	3.00	6.30	贺振昌(1982)
河　南	夏大豆	2730	7.70	2.30	4.90	徐本生等(1989)
河　南	夏大豆	2268	8.50	1.80	3.70	张桂兰等(1991)
山　东	夏大豆	2625	9.16	1.31	5.84	孙淑燕(1984)
安　徽	夏大豆	2842.5	8.71	2.24	4.45	程素贞等(1990)
安　徽	夏大豆	3217.5	8.39	2.33	4.13	程素贞等(1990)
湖　南	春大豆	2550	9.87	1.07	3.92	赵政文等(1994)
平　均		2994	8.76	1.90	4.19	
S		± 530.7	± 0.76	± 0.55	± 0.84	
变　幅		2268 ~ 4032	7.70 ~ 10.10	1.07 ~ 3.00	3.38 ~ 6.30	

石井和夫(1984)报道,日本东北农试大豆产量分别为 5 020 kg/hm²、4 380 kg/hm²、3 240 kg/hm²,生产 100 kg 籽粒的 N 吸收量分别为 8.16 kg、8.27 kg、8.3 kg,P₂O₅ 吸收量为 1.45 kg、1.55 kg、1.34 kg,K₂O 吸收量为 4.32 kg、4.24 kg、4.06 kg,CaO 吸收量为 3.84 kg、3.81 kg、4.28 kg。与我国报道的 100 kg 籽粒产量对主要营养元素吸收量相近。R. L. Flanhery(1986)报道,高产大豆(6 783 kg/hm²)100 kg 籽粒的营养元素吸收量为 N 8.22 kg、P₂O₅ 1.86 kg、K₂O 6.61 kg、Ca 2.75 kg、Mg 0.93 kg、S 0.47 kg、Fe 105.22 g、Mn 17.14 g、Cu 1.99 g、B 1.33 g、Zn 12.32 g。与我国公顷产量水平 3 000 kg 相比,100 kg 籽粒产量的 N、P 吸收量相近,而 K 的摄取量高出较多。

二、大豆矿质元素的含量

(一)大豆养分的吸收与物质积累

大豆对矿质元素的吸收,主要是通过根系截取、质流和扩散作用,少量是通过叶片从环境中吸收。截取是大豆根系伸展到存在有效养分的土壤颗粒表面及溶液中获取养分的过程。根系截取养分多少取决于土壤养分浓度及根系、根毛数量;质流是养分随土壤溶液流动到达根面而被吸收,质流供给养分数量取决于液流速度和土壤溶液养分浓度,液流速度受蒸腾系数和植株需水量的影响;扩散作用是由于根系对养分的吸收造成根际土壤与整体土壤的养分梯度,养分由高浓度向根表低浓度介面扩散,扩散距离取决于扩散速度。一般情况下,根系截获可以供给大部分的钙、镁、硫等元素,质流供给大部分的钠、锌、铁、铜和硝态氮,磷、钾则主要靠扩散作用供给。截获、质流、扩散作用的强弱同大豆根系数量、生长速率、水分蒸腾等密切相关。生长速度快、根系总量多、蒸腾作用强,则根系通过截获、质流和扩散过程获取养分多,吸收养分多又促进生长加快。所以大豆从土壤环境吸收养分的强度与大豆生长率成正相关。

大豆生长过程中形成的生物产量来源于两部分,一是根系或叶片从环境中吸收的矿质养分和水分,二是大豆植株光合作用积累的有机物。尽管干物质的主要来源是光合作用产物,占其 90% 以上,根系与叶片从环境中摄取的矿质养分较少,不到总重的 10%,但二者都是同样重要的,不可代替。董钻(1981)在沈阳对开育 8 号大豆品种的测定结果,生物产量 10 464 kg/hm²,籽粒产量 3 318 kg/hm²,根系从土壤中吸收的矿质养分占总重的 8.68%,光合产物占总重的 91.32%。

大豆具有苗期生长缓慢,养分吸收与干物质积累较少,开花至鼓粒期营养生长与生殖生长并行,养分吸收与光合产物积累加快的特性,这种特性与水稻、小麦等禾谷类作物有很大不同,水稻、小麦在开花结实以后营养生长逐渐停滞,养分的吸收积累逐渐减弱,绝大部分养分是在开花结实以前摄取的。而大豆的大部分养分却是开花至结实期吸收的。

陈仁忠(1988)等在黑龙江省绥化地区对绥农 4 号大豆品种的测试结果,生育期干物重的积累量(g/m²),幼苗期、分枝期、初花期、盛花期、结荚期、鼓粒期、黄熟期分别为 42.6、104、149、351、709、916 和 1 197.6。干物重积累最快的时间为结荚以后,积累最多的时期是开花期至鼓粒期。

(二)大豆植株与籽粒的矿质元素含量

20 世纪 40 年代以来,随着分析化学的发展,我国先后开展大豆氮、磷、钾营养与微量元素营养状况的研究,由一种元素到几种元素到多种元素,逐渐加深了对大豆植株元素组成及营养状况的了解。

中国农业科学院董慕新(1998)等对我国三个大豆生产区 8 省(市)的 90 份大豆品种进行了 10 个营养元素含量的测定,得到大豆籽粒中 P、K、Ca、Mg、Fe、Mn、Zn、Cu、B 等营养元素在三个产区的平均含量及全国的平均含量(表 11-5)。其中,P 与 Fe、Zn、Cu 是南方产区高于黄淮,高于北方产区,K 是北方高于黄淮及南方产区,Ca、Mg、Mn 和 B 是黄淮高于北方和南方产区,显示大豆籽粒矿质营养元素含量存在地区间的差异。

表 11-5　不同地区大豆籽粒主要矿质元素含量　(董慕新,1998)

产　地	样本数	P %	K %	Ca %	Mg %	Fe mg/kg	Mn mg/kg	Zn mg/kg	Cu mg/kg	B mg/kg
吉　林	10	0.59	1.72	0.22	0.22	92	23	38	12	38
辽　宁	10	0.58	1.72	0.22	0.22	88	23	37	12	38
平　均	20	0.59	1.72	0.22	0.22	90	23	38	12	38
陕　西	16	0.64	1.63	0.24	0.22	87	35	38	13	25
河　南	10	0.64	1.65	0.24	0.23	87	35	38	13	25
山　东	14	0.57	1.75	0.28	0.23	103	25	41	14	32
平　均	40	0.62	1.68	0.25	0.23	92	32	39	13	27
湖　北	10	0.67	1.72	0.19	0.21	98	26	49	14	18
浙　江	10	0.66	1.71	0.20	0.24	98	36	50	13	14
贵　州	10	0.67	1.62	0.20	0.21	102	21	41	16	20
平　均	30	0.67	1.68	0.20	0.22	99	28	47	14	17
总平均		0.63	1.69	0.22	0.22	94	28	14.5	13.4	23.8

资料来源:董钻. 大豆产量生理. 中国农业出版社,2000 年

郭庆元和李志玉等(1989)在武汉地区对 20 个春大豆品种,31 个夏大豆品种开花期大豆植株的主要营养元素含量进行了测定。结果表明不同类型的大豆植株氮、磷、钙、镁含量,春夏大豆相近,钾、钼、硫是春大豆高于夏大豆,硼、锌、锰、铜是夏大豆高于春大豆。表 11-6 的

变异系数显示同类型中同一元素不同品种含量的变异度。钙、镁、硫三元素含量的变异系数春、夏大豆均在18%以下,表明不同品种间的变异较小,植株含量较为稳定;氮、磷、钾、硼的变异系数在16%~21%,表明不同品种间变异大些;而锌、锰、铜、钼的变异系数在23%以上,显示这些元素品种间变异大。

表 11-6　长江流域春夏大豆开花期植株营养元素含量

(郭庆元、李志玉等,1989)

项　目	N	P	K	Ca	Mg	S	Fe	B	Zn	Mn	Cu	Mo
	g·kg^{-1}							mg·kg^{-1}				
春　大　豆　(n=20)												
平均值(X)	26.94	2.75	13.66	15.62	5.90	2.53	1.80	45.26	36.70	92.3	20.1	1.15
标准差(S)	5.02	0.62	2.80	2.10	1.07	0.43	5.20	7.25	8.70	28.6	7.03	0.38
极差(R)	18.45	2.18	10.5	8.5	47.8	1.65	1.52	29.3	38.7	91.8	19.1	1.33
变异系数(CV)%	18.71	22.54	21.0	13.4	7.29	17.79	27.75	16.02	23.70	30.99	34.98	38.16
夏　大　豆　(n=31)												
平均值(X)	27.49	2.62	9.18	15.85	5.87	2.29	1.20	59.47	39.99	105.85	22.93	0.60
标准差(S)	5.96	0.34	1.78	20.91	0.90	0.35	0.57	12.86	12.61	32.00	9.53	0.48
极差(R)	22.88	1.36	6.58	10.10	3.18	1.51	1.86	51.3	64.2	112.9	33.3	1.78
变异系数(CV)%	21.68	12.96	19.39	16.47	15.33	15.28	47.50	21.60	31.53	30.23	42.28	80.47

李志玉和郭庆元等(2000)在江西红壤地区以6个不同特性春大豆品种进行田间试验的测定结果(表11-7),开花结荚期、成熟期植株的氮、磷、钾、钙、镁、铁、锰、锌、铜含量,在相同的土壤和施肥条件下,存在不同品种间差异和生育期差异。氮、磷、钙、锰、铁的浓度花荚期高于成熟期,钾、镁、铜的浓度两个时期变化不大,锌浓度成熟期高于花荚期。同一元素同一生育期不同品种的浓度差异明显。

表 11-7　春大豆不同品种和不同生育期的植株营养元素浓度

(李志玉、郭庆元等,2000)

大豆品种	大中量营养元素(%)						微量营养元素(mg/kg)		
	N	P	K	Ca	Mg	Fe	Mn	Zn	Cu
花　荚　期									
地方品种	3.416	0.35	2.14	1.16	0.54	653.0	98.5	72.2	12.9
早春1号	3.106	0.46	2.53	1.16	0.55	1068.0	100.0	157.0	15.1
8905-1	3.782	0.44	1.87	1.21	0.65	748.0	108.0	207.0	13.2
矮脚早	3.783	0.36	1.85	1.13	0.52	1222.0	112.0	147.0	14.5
95-5	3.271	0.38	2.56	0.99	0.49	798.0	82.0	88.8	13.0
淮豆10号	3.461	0.38	2.51	0.98	0.53	702.0	100.0	56.8	16.9
平均值(X)	3.470	0.40	2.24	1.11	0.55	865.2	100.1	121.5	14.3
标准差(S)	1.07	0.04	0.3	0.09	0.05	227.3	10.3	58.1	1.60
变异系数(CV)	30.8	10.0	13.3	8.10	9.0	26.3	10.3	47.8	11.2

续表 11-7

大豆品种	大中量营养元素（%）						微量营养元素（mg/kg）		
	N	P	K	Ca	Mg	Fe	Mn	Zn	Cu
	成　熟　期								
地方品种	1.122	0.30	2.41	0.70	0.49	381.0	53.5	279.0	20.7
早春 1 号	0.970	0.24	2.02	0.76	0.54	654.0	43.9	315.0	15.8
8905-1	1.030	0.18	2.01	0.73	0.57	608.0	46.6	573.0	12.8
矮脚早	1.398	0.27	1.99	0.75	0.55	1561.0	65.0	1030.0	13.7
95-5	1.283	0.36	1.98	0.73	0.54	461.0	55.5	158.0	17.5
淮豆 10 号	1.234	0.18	1.69	0.68	0.52	664.0	54.6	583.0	13.2
平均值($\bar{X}$)	1.173	0.26	2.02	0.74	0.54	621.3	53.2	489.0	15.6
标准差(S)	0.162	0.07	0.23	0.03	0.03	519.0	7.4	313.8	3.0
变异系数(CV)	13.8	26.9	11.4	4.1	5.6	83.5	13.9	64.3	19.2

　　大豆植株各器官的氮、磷、钾含量随生育进程而变动。李绍曾（1984）测定了大田条件下 8 个生育阶段不同器官的氮、磷、钾浓度（表 11-8），结果显示，不同生育阶段大豆植株叶片、叶柄、茎秆的氮、磷含量具有相似的变化趋势，即苗期浓度较高，且随生育进程而提高，花期最高，此后逐渐降低，成熟期叶片、茎秆的氮、磷浓度降到最低值；花荚（含籽粒）的氮浓度随生育进程而提高，至成熟期达到最高值，花荚的磷浓度随生育进程变化不大。大豆叶片钾浓度分枝期达到最高值，此后逐渐降低；叶柄与茎秆的钾浓度以初花期最高，开花以后逐渐降低，黄叶期最低；花与荚的钾浓度变化较小，初花期达到最高值（3.38%），此后的浓度在 2.1%～2.6% 之间波动。以上情况表明，大豆植株氮、磷、钾养分浓度随生育进程而变化，其不同器官的变化情况不尽相同。这可能同各种元素的营养功能和生理作用相关，同土壤中各养分元素的有效含量与供应强度相关。

表 11-8　大豆不同生育期植株氮、磷、钾含量　（李绍曾，1984）

出苗后天数	生育时期	N(%)			P(%)			K(%)		
		叶	茎叶柄	花荚	叶	茎叶柄	花荚	叶	茎叶柄	花荚
20	苗　期	4.860	2.316	—	0.975	0.681	—	2.015	3.325	—
36	分枝期	5.484	2.643	—	1.050	0.588	—	2.600	4.050	—
46	初花期	5.945	2.501	3.879	1.150	0.813	1.281	2.400	4.675	3.375
61	盛花期	5.684	2.022	4.497	1.281	0.994	1.506	2.400	4.575	2.188
71	终花期	5.048	1.812	4.157	1.068	0.975	1.219	2.150	3.075	2.625
86	结荚期	4.624	1.442	4.398	0.994	0.825	1.138	2.150	2.625	2.375
97	鼓粒期	2.716	0.905	5.042	0.688	0.725	1.256	1.625	2.300	2.188
117	黄叶期	1.610	0.843	5.197	0.688	0.431	1.275	1.700	1.400	2.375

　　大豆植株的营养元素含量还同施肥等措施有关。张桂兰、郭庆元等 1982 年在河南省驻马店的田间试验分析结果（表 11-9），不同氮、磷、钾施肥处理，对初花期、初荚期、成熟期的植

株氮、磷、钾含量有明显影响，三个时期的大豆植株、根系氮、磷、钾养分含量因不同施肥处理而有较大变动，特别是磷、钾含量受施肥影响较大，植株磷含量的变异系数在 12% ~ 23% 之间，植株钾含量的变异系数在 12% ~ 19% 之间，而植株氮含量受施肥影响较小，变异系数在 4% ~ 14% 之间。大豆籽粒的氮、磷、钾含量较稳定，不同施肥及处理引起的变异系数分别为 2.28%、9.56% 和 6.13%。这可能是大豆籽粒成分主要受遗传控制。

表 11-9　不同施肥处理的大豆植株及籽粒 N、P、K 养分含量 （%）（张桂兰、郭庆元，1982 年田间试验）

施肥处理 (kg/667m²)			初花期						初荚期						成熟期		
			地上植株			根　部			地上植株			根　部			籽　粒		
N	P	K	N	P₂O₅	K₂O	N	P₂O₅	K₂O	N	P₂O₅	K₂O	N	P₂O₅	K₂O	N	P₂O₅	K₂O
0	0	0	3.32	0.22	2.06	1.76	0.16	1.46	2.80	0.25	1.72	1.96	0.22	1.46	7.24	0.55	2.60
4	0	0	—		—	—		—	2.87	0.24	1.62	1.93	0.19	1.18	7.59	0.54	2.24
0	8	0	3.13	0.30	1.77	2.06	0.21	1.06	3.13	0.32	1.67	2.33	0.30	1.25	7.72	0.65	2.58
0	0	8	3.44	0.27	2.27	1.78	0.19	1.07	3.18	0.25	1.86	2.08	0.20	1.47	7.61	0.52	2.49
4	8	0	3.22	0.38	1.87	2.30	0.21	0.83	3.05	0.36	1.67	2.11	0.34	1.39	7.71	0.65	2.73
8	0	8	3.32	0.24	2.84	1.62	0.13	1.34	3.10	0.26	2.12	2.21	0.19	1.53	7.63	0.55	2.35
0	8	8	2.99	0.31	2.26	1.54	0.17	1.01	3.10	0.35	2.24	2.25	0.29	1.17	7.42	0.62	2.57
4	8	8	3.44	0.33	2.57	1.76	0.21	1.01	3.02	0.34	1.80	2.09	0.29	1.08	7.28	0.65	2.57
平　均			3.27	0.29	2.24	1.83	0.18	1.11	3.03	0.32	1.84	2.12	0.26	1.32	7.54	0.59	2.52
变异系数			5.09	16.83	18.85	14.35	16.08	19.39	4.34	12.62	16.99	6.51	23.59	12.66	2.28	9.56	6.13

三、大豆营养元素的积累与分配

(一)大豆营养元素的积累

随着生育进程的发展，大豆吸收的各种养分数量日益增加。决定养分积累量的两个要素，一是植株养分含量或浓度，二是植株生长量。大豆植株养分积累量与积累速率取决于土壤环境养分供应强度与供应容量，取决于大豆植株生长状况，还与大豆品种的遗传特性相关。小岛和福井(1966)提供的试验测定结果，氮、磷、钾三种养分约有 2/3 是在大豆开花以后吸收积累的，积累总量最大值氮是在出苗以后的 14 周，磷在出苗后的 8 周，钾在出苗后的 12 周。徐本生等(1989)报道，夏大豆跃进 5 号开花至鼓粒期的大豆植株生长最快，养分积累也是最快最多的时期，氮、钾养分在鼓粒后期达到最高量，转入成熟期则随着落叶的增加而有所降低，氮、钾的单株积累量分别由 1.4 g、0.899 g 降到 1.336 g 与 0.731 g，惟有磷的单株积累量由鼓粒期的 0.337 g 增至成熟期的 0.411 g。赵政文和马继凤等(1994)用湘豆 13、湘豆 14 两个春大豆品种做了同样研究，得到与徐本生相似的研究结果(表 11-10)，尽管由于大豆品种、土壤条件及测试条件的不同，大豆单株养分积累量有较大差异，但植株氮、磷、钾养分积累规律是相似的，即氮、钾的积累量鼓粒期达到最大值，此后有所降低，磷则直到成熟期的积累量为最大值。

表 11-10　大豆生育期各器官的养分积累 （g/株）（徐本生,1989;赵政文等,1994）

生育期	器 官	南方春大豆			黄淮夏大豆		
		N	P_2O_5	K_2O	N	P_2O_5	K_2O
分枝期	茎秆	0.009	0.002	0.016	0.040	0.008	0.026
	叶	0.046	0.003	0.022	0.153	0.026	0.046
	合计	0.055	0.005	0.038	0.193	0.034	0.072
始花期	茎秆	0.037	0.006	0.050	0.137	0.033	0.120
	叶	0.128	0.009	0.047	0.452	0.083	0.188
	合计	0.165	0.015	0.097	0.589	0.116	0.308
结荚期	茎	0.061	0.014	0.089	0.145	0.051	0.120
	叶	0.211	0.016	0.041	0.817	0.151	0.405
	花荚	0.081	0.009	0.043	0.023	0.008	0.024
	合计	0.353	0.039	0.173	0.985	0.210	0.549
鼓粒期	茎	0.102	0.018	0.070	0.235	0.071	0.216
	叶	0.270	0.020	0.090	0.908	0.185	0.495
	籽粒	0.232	0.021	0.071	0.257	0.081	0.183
	荚皮	0.085	0.008	0.037			
	合计	0.689	0.069	0.268	1.400	0.337	0.899
成熟期	茎	0.113	0.012	0.056	0.060	0.041	0.095
	叶	0.065	0.007	0.026	0.134	0.041	0.075
	籽粒	0.469	0.052	0.135	1.070	0.295	0.367
	荚皮	0.027	0.003	0.042	0.072	0.034	0.194
	合计	0.674	0.074	0.259	1.336	0.411	0.731

　　董钻和谢甫绨于 1993 年以辽豆 10 号为试验材料,自出苗到成熟取样 9 次,测定单株氮、磷、钾的积累量,得到如下图形(图 11-1)。图 11-1 表明,大豆出苗后的 40~50 d 之前,N、P_2O_5、K_2O 的积累速率较慢,积累量较少,此后的 50 d 左右积累速率加快,积累量增加较多,大约在 100 d 之后积累速率又缓慢下来,全生育过程的营养元素积累与植株干物重积累过程十分吻合,呈现慢—快—慢的态势,都可以用 Logistic 方程予以表达。董钻等(1987,1993)的研究工作还表明,大豆吸收氮、磷、钾的进程各不相同,钾的吸收高峰及完成吸收进程比氮、磷早一些,吸收氮最快的时期是在出苗后 60~72 d,吸收磷最快的时期是 70~71 d,吸收钾最快的时期是在出苗后的 57~64 d。李绍曾(1984)的研究资料绥农 4 号春大豆品种盛花期(出苗后 61 d)之前所吸收的氮占全生育期总吸收量的 37%,磷为 40%,钾为 58%。

　　(二)大豆矿质元素积累速率

　　杨立国、索全义等(2002)在内蒙古呼伦贝尔盟阿荣旗暗棕壤上的春大豆田间试验生育期取样测定结果,4 个大豆品种(P0148、87-9、202、北丰 4 号)各生育阶段的 N、P、K 积累速率与积累量平均值如表 11-11 所示,三个养分元素的阶段积累量及积累速率均以结荚至鼓粒前期为最高,相对积累量也以这个时期为最高,分别达到 N、P、K 总积累量的 27.9%、32.2%

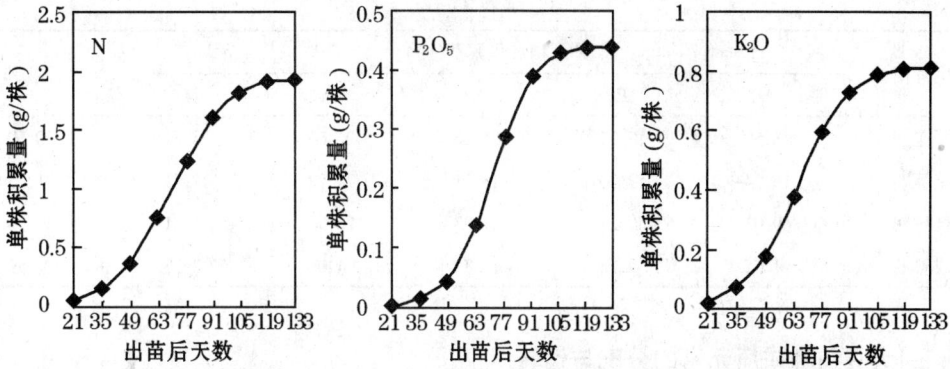

图 11-1 辽豆 10 号植株 N、P₂O₅、K₂O 积累动态 （董钻、谢甫绨，1996）

和 52.9%。此后大豆植株 N 的积累仍在增加，而 K 则不再增加积累，且随着落叶而减少积累量。该试验资料还表明，大豆对 Ca、Mg 的吸收积累同 K 相似，结荚至鼓粒前期为积累高峰期，成熟期的积累量均有较大幅度降低。每公顷日积累量，出苗至初花期，Ca 为 0.22 ~ 0.27 kg、Mg 为 0.56 ~ 0.69 kg，结荚至鼓粒初期，Ca 为 1.11 ~ 2.79 kg、Mg 为 1.22 ~ 2.48 kg，为积累量最大的生育阶段，此后的积累量下降以至因落叶而使植株的 Ca、Mg 总量降低。

表 11-11 春大豆不同生育期的 N、P、K 积累量与积累速率 （杨立国、索全义等，2002）

生育时期	积累量(kg/hm^2)			相对量(%)			积累速率(kg/hm^2 d)		
	N	P	K	N	P	K	N	P	K
初花期(0 ~ 44 天)	41.8	4.40	23.3	17.5	27.4	23.6	0.95	0.10	0.53
初花期至结荚期(44 ~ 65 天)	51.2	5.46	42.2	21.5	32.9	42.7	2.44	0.26	2.01
结荚期至鼓粒前期(65 ~ 77 天)	66.4	5.28	52.3	27.9	32.2	52.9	5.53	0.44	4.36
鼓粒前期至鼓粒后期(77 ~ 88 天)	35.2	1.21	-13.2	14.8	7.4	-13.3	3.20	0.11	-1.20
鼓粒后期至成熟期(88 ~ 110 天)	41.8	-0.04	-5.7	18.3	-0.06	-6.9	1.99	-0.002	-0.26
全生育期(110 天)	236.4	16.31	98.9	100	100	100	2.15	0.14	0.90

不同类型大豆，由于品种特性及土壤、气候等因素的差异，主要养分的阶段积累比率有所差别。张桂兰等(1991)在河南郑州黄河冲积物土壤上的田间试验测定结果(表 11-12)，夏大豆的氮素积累鼓粒期占 49%，苗期、分枝期、开花期、结荚期分别为 3.94%、10.17%、18.56%和 16.24%，成熟期 1.56%，磷与氮的阶段积累比例相近，而钾的积累量开花期达到 24.06%，鼓粒期 37.83%，比氮、磷的积累高峰期提早。钙、镁的积累曲线与钾相似，但鼓粒以后未见降低，而呼伦贝尔盟的春大豆在鼓粒以后积累量逐渐有所减少。

表 11-12 夏大豆不同生育阶段的 N、P、K、Ca、Mg 及干物质积累比率
（张桂兰等，1991）

生育期	相对积累量(%)					干物质
	N	P	K	Ca	Mg	
苗 期	3.94	3.65	4.13	4.75	4.52	3.21
分枝期	10.17	17.22	15.65	12.93	13.23	12.47

续表 11-12

生育期	相对积累量(%)					干物质
	N	P	K	Ca	Mg	
开花期	18.56	18.25	24.06	26.60	25.61	20.69
结荚期	16.24	13.50	18.31	24.22	18.71	21.25
鼓粒期	49.03	45.26	37.83	26.90	34.51	40.96
成熟期	1.65	9.12	-12.73	4.01	3.23	1.59

(三)大豆植株矿质元素的分配与运转

大豆根系吸收的养分可以运输到地上植株的茎、叶、花、荚和籽粒,大多数矿质养分在生育前期主要集中在叶与茎部,生育后期向结荚器官转运。杨立国和索全义等(2002)对内蒙古春大豆生育期的分析资料,N、P、K、Ca、Mg在各器官的分配比例随生育进程而变化。鼓粒以前,N、P的分配以叶为主,其次为茎,K是茎高于叶,Ca、Mg则在叶与茎的分配比例相近。结荚鼓粒以后,营养器官叶及茎的养分逐渐向结实器官转移,至成熟,N、P、K在籽粒的积累量占全株的93.5%、94.8%和69.9%(未计算落叶的含量),N与P的运转率大于K(表11-13)。

表 11-13　春大豆(202)不同生育期各器官的养分分配　(%)

(杨立国、索全义、吕淑湘、李树芬,2002)

生育期	器官	各器官的养分比率(%)				
		N	P	K	Ca	Mg
初花期(44天)	茎	25.8	42.6	56.2	—	—
	叶	74.2	57.4	43.8	—	—
结荚期(65天)	茎	26.8	40.6	65.1	45.4	40.3
	叶	67.4	50.6	30.3	50.8	55.4
	荚	5.7	8.7	4.6	3.8	4.2
鼓粒前期(77天)	茎	18.1	27.6	57.1	47.8	38.5
	叶	58.9	40.4	25.3	40.5	48.4
	荚	23.1	31.9	17.6	11.7	13.1
鼓粒后期(88天)	茎	11.5	19.4	34.3	43.9	26.1
	叶	37.6	25.0	22.1	38.2	47.1
	荚皮	8.0	8.2	13.6	11.5	15.8
	籽粒	42.6	47.4	30.0	6.4	11.0
成熟期(110天)	茎	1.0	4.0	9.0	28.6	20.9
	荚皮	5.5	1.2	20.8	38.8	20.8
	籽粒	93.5	94.8	69.9	32.6	39.3

Hanway 和 Weber(1971)根据生育期10次取样(含脱落的叶片、叶柄)的植株 N、P、K 测定结果指出,大约40%的 N,45%的 P 和40%的 K 是在豆粒开始形成以后积累的,约有68%的

N,73%的 P,56%的 K 是在生育后期从营养器官转移到籽粒的。

张桂兰等(1991)的研究资料,夏大豆生育期植株氮的分配,前期约 75%分布在叶片, 18%~25%分布在茎秆,结荚后开始向籽粒转移,至成熟期叶与茎分别有 77%、76%运转到 籽粒;磷的积累分配特性同氮相近,前期 50%~70%分配在叶片,20%左右在茎,结实以后向 籽粒转移;钾的分配前期叶片占 40%~50%,后期向籽粒运转 56.7%,钙的分布主要在叶 片、叶柄,全生育期均在 70%以上,很少向籽粒运转,至成熟期,叶片、叶柄的分配比例为 73%,茎 9.8%,籽粒 7.9%;镁与钙均为植株体内移动性差的元素,主要分布于叶片与叶柄, 不同生育期分配比例均在 60%以上,茎秆占 10%~20%,而成熟的籽粒只占 15.8%(表 11- 14)。

表 11-14 夏大豆不同生育期 N、P、K、Ca、Mg 在各器官的分配比例 (%) (张桂兰等,1991)

元 素	器 官	苗 期	分枝期	开花期	结荚期	鼓粒始期	鼓粒期	成熟期
N	叶	78.6	79.6	81.5	79.0	56.5	33.0	9.7
	茎	25.5	20.6	16.8	18.6	14.1	9.6	4.1
	花(荚)			1.9	2.4	19.7	12.0	3.7
	籽粒					9.6	45.4	82.5
P	叶	75.0	66.7	69.3	64.8	41.9	24.9	12.0
	茎	20.0	33.3	27.3	32.0	36.9	18.5	4.8
	花(荚)			3.3	3.2	20.2	3.3	7.1
	籽粒					10.9	42.9	77.7
K	叶	68.3	61.1	67.8	63.9	46.0	28.5	12.7
	茎	39.4	39.1	28.7	32.9	19.7	14.5	8.2
	花(荚)				3.2	25.8	18.7	15.2
	籽粒					8.4	38.2	63.9
Ca	叶	81.3	73.2	83.6	82.6	78.0	73.8	73.3
	茎	18.8	26.9	14.2	15.8	12.9	10.9	9.8
	花(荚)			2.0	1.5	7.8	10.1	9.9
	籽粒					12.9	5.1	7.9
Mg	叶	78.5	69.1	72.3	71.4	66.5	62.6	61.3
	茎	21.4	30.9	22.2	25.9	20.4	13.7	10.0
	花(荚)			1.5	25.9	11.4	13.0	12.9
	籽粒					1.6	10.3	15.8

(四)施肥对大豆植株矿质元素积累的影响

张桂兰、郭庆元等(1984)在黄淮地区夏大豆的研究工作表明,不同施肥处理造成土壤养 分供应强度差异,使大豆植株的养分吸收量相差很大,从而导致大豆初荚期植株地上部的 N、P、K 养分积累量有显著差别(表 11-15)。从表 11-15 还可以看出,施肥不仅使该肥料元素 的植株积累量增加,还由于促进植株营养体生长,提高了对土壤养分的吸收利用率。如施磷 处理,使植株磷的积累量增加 89.8%,同时还使植株 N、K_2O 积累量分别增加 65.7%、

43.9%,施钾处理使植株钾积累量增加 44.9%,而 N、P_2O_5 也分别增加 51.5% 和 33.4%;磷、钾处理的植株 N、P_2O_5、K_2O 积累量分别增加 114.9%、171.7% 和 155.8%。这表明配合施用磷、钾肥可大幅度提高大豆对土壤(含施肥)N、P、K 等养分的吸收利用率。

表 11-15　施肥对夏大豆初荚期植株(地上)N、P、K 养分积累的影响　　(张桂兰、郭庆元,1984)

施肥处理	养分积累量(g/株)			养分比例(%)		
	N	P_2O_5	K_2O	N	P_2O_5	K_2O
CK	207.76	18.55	127.62	100	100	100
N	246.82	20.64	139.32	118.8	111.3	109.2
P	344.31	35.20	183.70	165.7	189.8	143.9
K	314.82	24.75	184.14	151.5	133.4	144.9
N、P	332.45	39.24	182.03	166.0	211.5	142.6
N、K	308.45	25.87	210.94	148.5	139.5	165.3
P、K	446.40	50.40	326.44	214.9	271.7	255.8
N、P、K	434.88	48.96	259.20	209.3	263.9	203.1

第二节　大豆氮素营养与生物固氮

氮是大豆生长发育和产量形成的主要元素。大豆的产量水平取决于氮的供应状况。

大豆是含氮量很高的作物,幼苗期至开花期的叶片含氮量为 4%~6%,成熟种子含氮量为 5%~8%。氮是蛋白质的主要组成元素,而蛋白质是一切生活有机体的物质基础。当氮素供给不足时,大豆营养器官形成的蛋白质少,既不能满足植株生长发育的需要,又影响籽粒产量的形成。蛋白质是细胞原生质的主要成分,由蛋白质和核酸组成的核蛋白构成细胞质和细胞核。大豆植株氮的含量同蛋白质、核酸、核蛋白的代谢,同细胞核、细胞质的生成密切相关;酶是有机体生物化学反应的催化剂,而蛋白质是酶的重要成分,有的酶是纯蛋白质,有的酶是复合蛋白质,因而大豆植株、种子的酶活性受氮素供给水平的影响;氮与大豆植株、种子维生素的形成有关,氮是维生素 B_1、B_2、B_6 等的组成元素,而维生素又对多种酶的形成起重要作用,如含维生素 B_2 的辅酶能与多种蛋白质结合,形成具不同生理作用的酶,又如维生素 B_1 与两个分子磷酸结合形成羧化酶的辅酶参与糖代谢。所以氮作为维生素的组分,参与和影响大豆的生理过程。此外,氮还是某些激素的组成元素,如植物光激素、吲哚乙酸、激动素等均含有氮,这些激素能在许多生化过程中起重要作用。

光合作用是生物界最重要的物质、能量转化过程,是人类赖以生存发展的基础。叶绿素是进行光合反应必需的物质,氮是叶绿素的成分元素,氮的供给量影响叶绿素的形成,进而影响光合作用的进程和光合作用强度。

一、大豆含氮量及氮源

(一)大豆植株氮的含量

大豆植株各器官的含氮量不同,且植株各器官的氮浓度随生育期而变化。许多研究表明(户苅义次等,1965;费家骅等,1963;潘瑞帜等,1963;王连铮等,1966),大豆植株含氮量的变化趋势是根、茎、叶的氮浓度前期高,以后逐渐降低,叶片各生育期的氮浓度高于同期的根、茎、叶,荚壳氮浓度随生育进程而降低,籽粒氮浓度随生育进程而提高。植株各器官含氮量的变化范围,叶片1.5%～6%,叶柄0.8%～3%,茎0.5%～3.5%,根系0.8%～3.5%,荚皮0.8%～4%,籽粒5%～8%。

李永孝、孙淑燕(1999)研究山东夏大豆鲁豆4号生育期各器官的含氮量(表11-16):初花至鼓粒末期,根、叶含氮量分别由3.53%、5.232%降到1.783%、2.287%;荚的含量是逐渐提高,由3.173%到4.507%,茎的含氮量初花至鼓粒中期是逐渐升高,至鼓粒末期大幅度降低,表明从结荚末期至鼓粒中期,根、茎、叶的氮素已逐渐经过茎部向籽粒运转。

表11-16　夏大豆鲁豆4号生育期各器官含氮量　(%)　(李永孝等,1988)

生育期	根	茎	叶	荚	全株
初花期	3.530	2.575	5.232	—	4.06
结荚末期	2.947	2.713	4.866	3.173	3.62
鼓粒中期	2.493	3.043	3.427	4.001	3.47
鼓粒末期	1.783	1.976	2.287	4.507	3.25

苗以农等(1988)对12个早晚熟品种的研究结果,大豆植株不同节位叶片含氮量有差异,节位高叶片全氮含量增加,12个品种初生叶含氮量为4.1%,而11～12节位叶片全氮含量为4.6%,各节位叶片含氮量平均值为4.51%,12节位以下各节位叶片含氮平均值早熟品种高于晚熟品种。

董钻等(1996)在沈阳研究了春大豆品种辽豆10号生育期植株氮含量变化动态,叶片含氮量以出苗后35 d为最高,达5.08%,以后逐渐降低,出苗后133 d降至最低值为2.09%;叶柄含氮量出苗后21 d最高达3.12%,出苗133 d后降至最低含量为0.95%;茎秆在出苗后35 d最高含量达3.96%,出苗133 d降至1.23%;荚皮含氮量在出苗后77 d达到3.6%,出苗133 d降至1.43%;籽粒含氮量出苗后91 d为6.27%,出苗后133 d达到6.67%。

(二)植株含氮量的影响因素

不同大豆品种植株含氮量有差异。史占忠(1989)对东北地区6个春大豆品种生育期含氮量测定结果,苗期、花期、结荚期和鼓粒期的植株氮含量平均数分别为5.494%、3.439%、3.025%和2.476%,变异系数分别为5.824%、4.116%、4.216%和12.903%,表明苗期至结荚期的植株含氮量品种间变异较小,而鼓粒期的变异大。

大豆植株含氮量及积累量受土壤养分浓度、土壤湿度影响。费家骅(1962)的大豆氮肥试验结果(表11-17)表明,初花期追施氮肥,提高土壤氮的供应能力,可使结荚鼓粒期叶片、花荚的总氮含量与蛋白质氮含量明显增加,而茎部的总氮含量和蛋白质氮含量则增加较少,施氮肥引起的变化不明显。李永孝(1999)在盆栽条件下研究不同施肥对夏大豆植株养分含量的影响,结果表明,每盆(株)施复合肥20 g的各生育阶段、各器官含氮量为最高,低于或高于 20 g 施肥量的植株氮相对含量与绝对含量均有降低,表明施肥量过低既使大豆植株各生育阶段的各器官氮浓度降低,又使植株氮积累量减少,施肥量过高表现同样变化趋势(图11-2)。不同供水量盆栽试验结果(李永孝,1999)结果表明,适宜的土壤水分可以促进大豆对氮素的吸收与运转,增加植株氮的积累。土壤水分过多或过少,都会减弱大豆对土壤氮的摄取,降低大豆植株含氮量(图 11-3)。

表 11-17　花期施氮肥的大豆植株各器官含氮量 （%） （费家骅等,1962）

类　别	施肥处理*	茎				叶				花荚			
		15/8	1/9	18/9	9/10	15/8	1/9	18/9	9/10	15/8	1/9	18/9	9/10
总 N	未施 N	1.57	1.80	1.23	0.93	4.43	3.50	2.00	1.80	2.83	3.10	3.23	3.83
	花期施 N	1.87	2.17	1.43	0.98	4.97	3.53	2.50	2.10	2.70	3.70	3.90	4.12
可溶性 N	未施 N	0.64	0.67	0.23	0.06	0.09	0.40	–	0.17	0.83	1.10	0.80	0.43
	花期施 N	0.74	0.80	0.36	0.05	2.04	0.70	–	–	0.40	1.37	1.27	0.19
蛋白质 N	未施 N	0.93	1.13	1.00	0.87	3.53	3.10	2.00	1.63	2.00	2.00	2.43	3.40
	花期施 N	1.13	1.37	1.07	0.93	2.93	2.83	2.50	2.10	2.30	2.33	2.63	3.93

*　施氮量为每 hm² 50 kg;测定日期:日/月

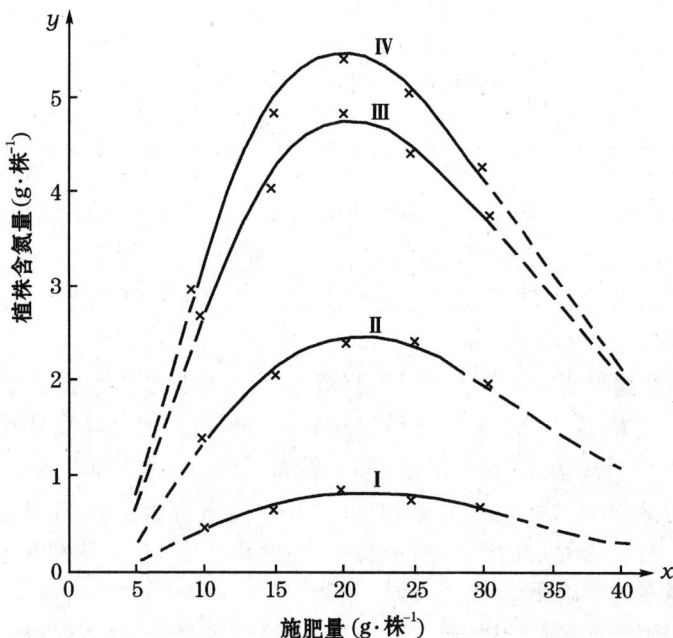

图 11-2　夏大豆植株氮绝对含量与施肥量的关系　（李永孝等,1987）

Ⅰ. 初花期　Ⅱ. 结荚末期　Ⅲ. 鼓粒中期　Ⅳ. 鼓粒末期

虚线为理论曲线外延部分

石井和夫(1984)根据试验资料提出,大豆籽粒产量与生育期的叶、茎含氮量及生育中后期的氮吸收量呈正相关,籽粒产量达到 4 000 kg/hm²、5 000 kg/hm²,开花初期的叶片氮含量分别在 5%、5.7% 以上,开花以后的氮吸收量在 200 kg 和 250 kg 以上。

大豆顶端长成叶片含氮可用作大田生产氮素营养的诊断。肖能遑等(1982)的研究结果表明,苗期叶片含氮量低于 3.5% 表明植株缺氮,叶片呈黄绿色;叶片含氮量 4% ~ 5% 显示

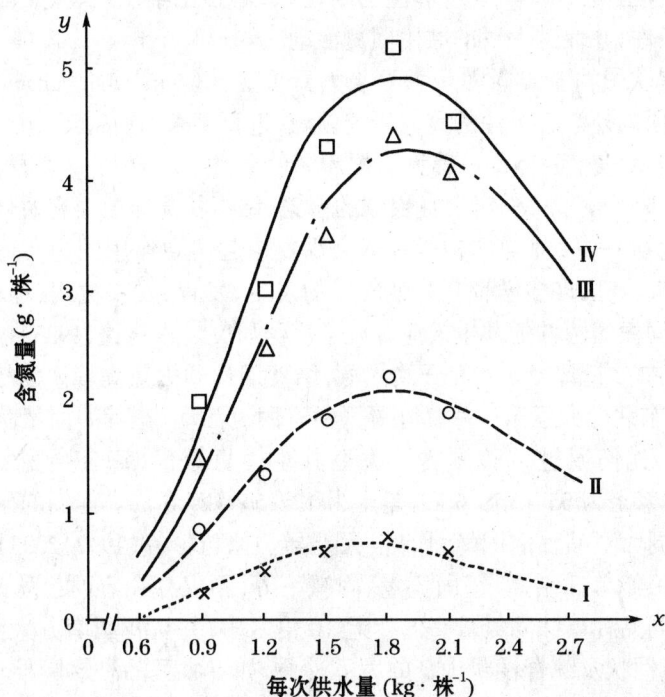

图 11-3　夏大豆植株绝对含氮量与供水量的关系　（李永孝等，1987）

Ⅰ．初花期　Ⅱ．结荚末期　Ⅲ．鼓粒中期　Ⅳ．鼓粒末期

氮素营养状况较好，叶片绿色；叶片含氮量高于 5%，呈浓绿色，表示氮素营养丰富，要注意防徒长倒伏。另据国外资料报道，大豆开花后期最上层长成叶片含氮量 4% 以下为缺乏，4% ~ 4.5% 为低标准，4.51% ~ 5.5% 为中等标准，5.51% ~ 7% 为高标准，7% 以上为过剩（Jones，1996）。

(三)大豆氮源

大豆生育过程中获取的氮有三个来源，一是土壤氮，二是肥料氮，三是生物固氮。

1. 土壤氮是大豆的基本氮源　大豆能吸收利用三种形态的土壤氮，即铵态氮、硝态氮和水溶性的有机氮化物，如氨基酸、酰胺、尿素等。硝态氮不易为土壤胶体吸收保持，移动性大，铵态氮能被带负电荷的土壤胶体吸附，可为黏土矿物保持，稳定性大。土壤中同时存在硝化、反硝化与氨化挥发过程，铵态氮与硝态氮处于动态变化中。土壤氮的 95% 以上是有机氮，有机氮须经矿化作用转化成无机氮才能被植物吸收利用，有机氮矿化作用产物有一部分是水溶性有机氮化物，其中分子量小的可被大豆根系直接吸收利用，分子量大的经水解作用释放出蛋白类、核蛋白类等水解产物，再经微生物和酶的作用转化为大豆可以吸收利用的小分子氮化物。

2. 肥料氮是大豆的补充氮源　通过土壤和叶面施用的肥料氮，包括各种无机氮化物，各种有机氮化物。无机氮肥可以在大豆的各生育期土壤施用或叶面喷施，有机肥可以作为基肥、种肥或前作肥料施用。含氮有机肥料，既含有少量无机氮和小分子的有机氮化物，还含有各种矿质营养元素、活性酶、脂肪、糖和有机酸等可供大豆吸收利用的营养物质，有机氮化物不断矿化、水解所产生的小分子化合物及各种活性物质，既可直接加强大豆的氮素营养,还可进一步改善土壤的物理、化学和生物学性状,增强土壤供肥、保肥能力,创造有利于大豆丰产的土壤条件,并促进大豆的共生固氮活动。

3. 生物固氮是大豆的主要氮源　大豆与大豆根瘤菌(*Rhizobium Japonicum*)的共生特性及其固氮作用,是国内外学者关注的重大研究领域,近百年来的研究工作已取得诸多重要进展。张宪武 1937 年发表了我国第一篇大豆根瘤菌论文,1953 年出版了我国第一部大豆和大豆根瘤菌的专著。陈华癸(1965)对大豆根瘤的侵染、结瘤状况和根瘤有效性进行了研究,认为根瘤的红色内含物——豆血红蛋白是在共生固氮中起主导作用的物质,是区分有效根瘤的标志。近 50 年来,我国许多学者对共生固氮的发生、发育、发展过程,环境因子影响以及不同大豆品种,不同根瘤菌株的共生效应开展了广泛研究。肖能遑(1983)报道,长江流域夏大豆出苗后 10 d 左右结瘤,20 d 左右开始固氮,结荚期达到固氮高峰。汤树德(1979)、张宏(1984、1985)报道,东北春大豆第一片真叶展开便有固氮活动,花荚期固氮酶活性达到高峰,鼓粒中后期降低。他们通过试验测算了大豆共生固氮数量,每公顷固氮量淡黑钙土为 68.5 ~ 163.4 kg,白浆土为 95 ~ 158.6 kg,黑土为 122.5 ~ 129.5 kg。他们的研究还表明,在同样土壤条件下,不同大豆品种的固氮量有很大差异。徐巧珍等(1997、2003)报道,我国南方大豆结瘤固氮性状,如单株结瘤量、固氮量、固氮率等,不仅存在春、夏、秋品种类型间的差异,且同一类型不同品种单株固氮量高低相差 10 倍之多,并从我国南方大豆种质资源中鉴定筛选出一批固氮性状及综合性状优良的大豆种质,如春大豆品种矮脚早、大粒早、8905-1、泰兴黑豆,夏大豆品种猴子毛、宝应粉皮青、吴江春豆,秋大豆品种九月黄、秋 71、金华直立 1 号等。李新民和窦新田等(1997)在田间条件下,利用 ^{15}N 示踪技术测定 19 个大豆品种的固氮量为每公顷 67 ~ 140 kg,固氮比率为 35% ~ 60%,筛选出固氮量大于 130 kg/hm^2,固氮率大于 55% 的高固氮种质。林锡锦(1983)报道,台湾地区 10 个大豆品种的固氮酶活性存在显著或极显著差异。

以上三种氮源的贡献率因土壤特性(特别是氮水平)、共生大豆品种与大豆根瘤菌特性及施肥种类、数量、时期等而有很大变幅。桑原真人等(1986)采用结瘤与不结瘤的等位基因系试验结果,无根瘤系的平均产量为 2 t/hm^2,有根瘤系为 3.78 t/hm^2,即由于根瘤固氮增收 1.78 t/hm^2。在不施氮肥情况下,根瘤固氮占全部同化氮素的 47%,土壤氮素占 53%;在大量施用氮肥条件下,土壤氮、肥料氮、固定氮的比例,结瘤系分别为 49%、42% 和 9%,无根瘤系分别为 54%、46% 和 0。表明在同样土壤条件下,大豆施肥与不施肥的三种氮源的贡献率有很大变化。

侯立白(1983)和李奇真(1989)应用 ^{15}N 示踪技术和 Clark 结瘤、不结瘤等位基因系的试验结果,大豆所吸收的土壤氮和肥料氮较多地进入营养器官,根瘤固定的氮较多地进入结实器官,三种氮源在大豆生物学产量总氮中所占比例为 23.86%、8.3% 和 67.84%,而在大豆籽粒产量(全株)总氮中分别为 10.52%、5.73% 和 83.75%,表明共生固氮对籽粒生产的贡献是很大的。

二、大豆氮素代谢

(一)大豆氮的吸收利用

大豆种子发芽时,子叶内贮藏的含氮物(主要是蛋白质)水解为氨基酸,这些水解产物一部分用于合成酶,大部分输往胚中,供胚根、胚芽生长,或合成新的蛋白质。子叶贮藏蛋白质可供萌芽至幼苗生长。当大豆萌芽生长,次生根出生以后,开始从土壤环境中摄取氮,幼苗的根量少,根系吸收能力弱。根瘤固氮以前及初始固氮阶段,共生固氮处在启动时期,子叶贮藏的氮源已消耗殆尽,此时由土壤环境供给一部分化合氮是极为必要的,有利于促进幼苗生长和根瘤发育。但苗期的土壤氮(NO_3^--N)浓度过高,又会抑制结瘤固氮。Vigue 等(1977)研究不同氮源对结瘤固氮的影响,培养液中 NO_3^--N 浓度 2 mg 分子时便已对结瘤固氮产生抑制作用,且随 NO_3^--N 浓度增加,抑制作用增强,而尿素在 3 ~ 18 mg 分子浓度范围内对结瘤不产生抑制作用。尿素是大豆的良好氮源。Webster 等(1995)提出水培液中尿素分子可以被豆类植物直接吸收。将尿素施入土壤中经氨化作用转化成铵态氮被吸收。宫崎(1958)报道,叶面喷施尿素比土施吸收快,吸收率高。滕田耕之辅等(1982)水培试验表明,随着环境中化合态氮浓度升高,固定氮素的比例下降,而植株氮积累量、籽粒产量、百粒重和含氮率均有升高,当水培液 N 浓度在 10 mg/kg 以下时,大豆在吸收化合氮的同时,氮素固定在持续进行,氮积累量增加。

从土壤和肥料中吸收的 NO_3^--N、NH_4^+-N 和小分子有机氮化物以及由根瘤固定的分子态氮形成的 NH_3 都可参与大豆植株的氮素代谢。大豆根系对 NO_3^--N、NH_4^+-N 的吸收、积累与呼吸作用的能量代谢密切相关,凡影响呼吸作用的因素都能影响 NO_3^--N、NH_4^+-N 的吸收。进入大豆植株的铵态氮,可以直接与植株体内的代谢产物有机酸结合生成氨基酸,再合成蛋白质。进入大豆植株的硝态氮,则要在大豆根部或叶片还原成氨,尔后与有机酸结合生成氨基酸,进入蛋白质代谢。

(二)大豆氮的积累分配

大豆植株对氮的吸收积累速率随生育期而变化。陈禹章(1963)认为,小金黄 1 号从出苗至开花前的 45 ~ 50 d 吸收的氮不多,仅为全生育期的 15% 左右,开花至鼓粒后期的 60 d 左右为氮吸收盛期,占总吸收量的 80% 左右。贺振昌(1982)指出,高产大豆苗期氮积累少,分枝至初花期明显增加,初花至结荚期增速降低,结荚至鼓粒期增加最快。李永孝(1999)指出,夏大豆各生育阶段植株氮素积累速率(g·株$^{-1}$·d^{-1})随生育期而变化,出苗至初花、初花至结荚末、结荚末至鼓粒中、鼓粒中至鼓粒末期分别为 0.018、0.0686、0.0895 和 0.0416,以出苗至初花为最低,结荚末至鼓粒中期为最高。

大豆营养生长期氮的积累中心是叶片,进入生殖生长后,积累中心向籽粒转移,营养器官积累的氮向籽粒运转。杨琪和王金陵(1995)研究不同类型大豆干物质及氮的积累动态表明,出苗后 35 d 叶片氮占全株氮的 60% ~ 80%,是叶片积累氮的高峰期,随后下降;王立刚等(2004)的研究结果,氮在大豆各器官的分配随生长发育中心转移而变化,结荚以前主要分配在叶片,随着生育进程的推移逐渐向荚、籽粒转移,植株各器官积累的氮 70% 左右转移到籽粒,且以叶片氮转移为最多。表明生育前期营养器官积累的氮对后期籽粒的氮化物积累有重要贡献。刘晓冰等(2001)的研究结果,高蛋白品种的氮素积累及氮素运转速率都明显高于蛋白质含量低的品种,而高蛋白品种的氮素积累高峰期迟于低蛋白品种,且高蛋白品种的叶部含氮量显著高于茎的含氮量,而低蛋白品种的叶、茎含氮量差异不大。丁洪、郭庆元(1994)的研究结果,不同熟期大豆品种的全株氮积累量,晚熟品种 > 早中熟品种 > 早熟品种,施氮肥不仅增加籽粒产量 24.1% ~ 40.7%(每 kg 土施 0.1g N)、18.5% ~ 61.9%(每 kg 土施 0.2g N),而且使大豆植株总氮中来自肥料氮的比例各品种分别达到 23.5% ~ 43.6%(每 kg 土施 0.1g N)、50.8% ~ 68.2%(每 kg 土施 0.2g N)。

氮在大豆植株的分配随生育进程而变化。苗期至结荚初期,叶片氮占全株总氮量的70%~88%,鼓粒至成熟期,籽粒含氮量占植株总氮量的82.65%,而成熟期叶片、叶柄、茎、荚壳分别占全株总氮量的7%、1.9%、4.1%、3.7%,这些器官生长期积累的氮,分别有77%、25.3%、58.6%和73.2%,在鼓粒至成熟期运转到籽粒。

(三)大豆植株氮的形态

进入大豆植株的 NH_3-N、NO_3-N、分子态 N 以及小分子氮化物均以还原态与有机酸结合生成各种含氮化合物。大豆植株的氮化物处在不断转化的代谢过程中,一般可分为蛋白质和非蛋白质两类,而可溶性氮则是指氨基酸、酰胺、酰脲类、无机氮化物、水溶性蛋白质以及其他含氮物质,随着大豆植株的生长和结实器官的发育,蛋白质在不断合成又不断分解,由 ^{15}N 示踪可以看到,根系吸收的 NO_3-N 经还原过程生成氨及根系吸收的 NH_4-N、生物固氮生成的 NH_3,与大豆植株代谢产物有机酸结合生成氨基酸,而后合成蛋白质或其他氮化物进入各种组织,参与器官细胞的构建,蛋白质又可分解成氨基酸及其他氮化物,在代谢过程中再合成氨基酸、蛋白质和各种酶。费家骅等(1963)研究大豆植株蛋白氮与非蛋白氮的代谢变化,表明大豆生育过程中植株各器官蛋白氮比可溶性氮含量高;大豆叶的蛋白氮在苗期含量高,随生育进程而降低,茎的蛋白氮的含量变化趋势同叶片相似,但含量比叶片低,变幅也较小,花荚的蛋白氮随生育进程而增加;茎秆可溶性氮在分枝期、结荚期为最高,此后降低,叶片可溶性氮含量以盛花期最多,花荚的可溶性氮含量结荚期最高,鼓粒后大幅度下降,这可能是此时期的可溶性氮大量用于蛋白质合成所致。

石塚等(1970)对大豆植株可溶性氮的各种成分与营养生长的关系进行的研究发现,可溶性氮中氨基酸态氮或硝酸态氮浓度高时则大豆植株相对生长速率高,二者呈正相关,而尿囊素态氮与相对生长率呈负相关。因为氨基酸是营养体蛋白质合成的直接原料,硝酸在叶、茎内还原成氨而成为合成氨基酸的氮源,所以氨基酸态氮、硝酸态氮与大豆营养生长直接相关,而尿囊素态氮是稳定的贮藏形态,难以在茎叶中作为合成氨基酸的直接氮源。

(四)硝酸盐的代谢还原

1. 硝酸盐的吸收和运输 大豆完整植株吸收 NO_3^- 的净速率取决于①NO_3^- 到吸收部位的有效性;②横跨根细胞原生质膜溢出和流入的速度。到吸收部位的 NO_3^- 有效性决定于土壤溶液中 NO_3^- 的含量和水分状态。因为 NO_3^- 是易动的,土壤水分状况是调节 NO_3^- 到根部的有效性的重要因素。流入和溢出根细胞的相对速率取决于先前根的 NO_3^- 营养情况和根际 NO_3^- 浓度。在田间条件下,土壤中的 NO_3^- 随植物生长逐渐耗损,可能变成较低的浓度。

大豆根吸收 NO_3^- 在光暗两种条件下均能进行。在水分供应适宜和 NO_3^- 有效性条件下,每株大豆根吸收 NO_3^- 速率随植株年龄的增长而增加。

研究表明,大豆根部吸收的 NO_3^- 的转运是以非还原状态,主要通过木质部运向茎叶器官。并显示根部 NO_3^- 的浓度超过叶茎中(包括叶柄和子叶)部分(Brandner 和 Harper,1982)。这表明根很可能成为 NO_3^- 暂时贮藏的场所。导管溶液分析还表明,还有少量在根部和茎部合成的天冬酰胺等含氮化合物向上部运输。

2. 硝酸盐的代谢还原 在一般田间条件下,植物吸收 NO_3^- 进入细胞后,被硝酸还原酶和亚硝酸还原酶还原成铵。在 NO_3^- 还原过程中,每形成一个分子 NH_4^+ 需供给 8 个电子。硝酸盐还原的过程如下。

$$NO_3^- \xrightarrow[\text{硝酸还原酶}]{+2e^-} NO_2^- \xrightarrow[\text{亚硝酸还原酶}]{+6e^-} NH_4^+$$

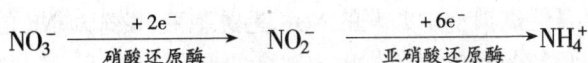

硝酸还原酶(nitrate reductase,NR)催化硝酸盐还原为亚硝酸盐。现在认为硝酸还原酶是一种可溶性的钼黄素蛋白(molybdoflavoprotein),它由黄素腺嘌呤二核苷酸(FAD)、细胞色素 b557 和钼复合体(Mo-Co)组成,分子质量为 200 000 ~ 500 000。硝酸盐还原所需的供氢体是 NADH(NADPH)。硝酸还原酶是一种细胞质酶,存在于细胞质的胞液里。从水稻等作物的研究中发现 NR 是一种诱导酶,只有在含硝酸盐的溶液中,此酶才会出现(吴相钰、汤佩松,1957)。现在已知大豆叶含有基质(NO_3^-)诱导 NR 和"结构"NR(存在于 NO_3^- 缺乏情况下)两种型(Aslam,1982;Harper,1974)。两种性质不同 NR 酶存在的事实已由筛选的大豆突变体所证实,它缺乏结构 NR,但保留着诱导 NR 活性(Nelson 等,1983;Ryan 等,1983)。在两种酶的生物化学特征上也有差异。诱导 NR 和结构 NR 适宜的 pH 值分别为 7.5 和 6.8(Nelson 等,1984)。对两个另外的 NR 突变体的分离表明,它缺少两种结构 NR 型之一,进一步证实大豆含有三种 NR 同工酶,起名叫结构 NADP-NR(C_1NR)、结构 NADH-NR(C_2NR)和 NO_3^- 诱导 NR(iNR)(Streit 和 Harper,1985)。大豆子叶也有诱导型 NR 和结构型 NR(Carelli 和 Magalhaes,1981;Kakefuda 等,1983)。同时大豆根仅有诱导型 NR(Kakefuda 等,1983;Nelson 等,1983)。

朱长甫和苗以农(1990)利用内源基质(反应液中不加 NO_3^-)和外源基质(外加 NO_3^-)测定 NR 活力表明,内源基质硝酸还原酶活力仅在营养生长前期有,营养生长后期和生殖生长期则测不出来。在反应液中不加 NO_3^-,而测定的体内硝酸还原酶活力可视作原位硝酸还原酶(NR in situ)的还原速率,因为这种硝酸还原酶活力依赖于内源的 NO_3^- 及还原物。作者还指出大豆品种间内源基质硝酸还原酶活力差异和外源基质硝酸还原酶活力差异结果是一致的。

总之,大豆结构—NR 的存在,在高等植物中是少见的,需要进一步研究,以明确这种酶在大豆全部氮代谢中的作用。

NO_3^- 还原为 NO_2^-,反应如下:

$$NO_3^- + NAD(P)H + H^+ + 2e^- \xrightarrow{NR} NO_2^- + NAD(P)^+ + H_2O$$

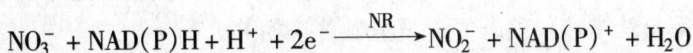

硝酸盐的还原在植物根或叶中均可进行。据 Hunter(1983)及李豪喆(1986)报道,大豆植株仅在叶中有 NR 活力,而根和茎中几乎测不出。许守民等(1987)研究表明,大豆主要是在叶片中将 NO_3^- 还原为氨,在子叶、茎和根中也有少量 NO_3^- 还原为氨。说明大豆叶子不仅是碳同化的主要器官,也是同化硝酸盐态氮的主要部位。NO_3^- 还原为 NO_2^- 后,NO_2^- 被迅速运进叶绿体,并进一步被亚硝酸还原酶(nitrite reductase,NiR)还原为 NH_3 或 NH_4^+。在叶绿体中,还原所需的电子来自还原态的铁氧还蛋白。亚硝酸盐还原反应如下:

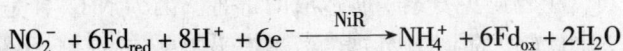

$$NO_2^- + 6Fd_{red} + 8H^+ + 6e^- \xrightarrow{NiR} NH_4^+ + 6Fd_{ox} + 2H_2O$$

式中 Fd_{red} 和 Fd_{ox} 分别为还原态和氧化态的铁氧还蛋白。叶绿体中 NiR 相对分子质量为 60 000 ~ 70 000,含有两个亚基。其辅基由一个铁硫原子簇(4Fe-4S)和一个西罗血红素(siro-haem)组成。NO_2^- 结合在 4Fe-4S—西罗血红素部位,被直接还原为 NH_4^+。由于 NR 含有钼,植物缺钼时,NR 活性降低,这时即使植物吸收大量硝态氮,也不能利用。NiR 含有铁,当植物缺铁时,亚硝酸还原受阻。亚硝酸还原需氧,缺氧时该过程受阻。光照可促进硝酸盐代谢还原过程,光照充足,有利于激活叶绿体中的光系统而增加 NADPH 和 ATP,NADPH 可使 NR

处于高活性状态,ATP可促进液泡中贮藏的NO_3^-运进胞液,发挥对NR的诱导作用。亚硝酸还原过程更受光促进,可能与照光时植物生成较多的Fd_{red}有关。

3. 大豆不同生育期叶片NR活力　不同生育期大豆叶片NR活力是不同的。大豆幼苗顶端全展开的叶片NR活力最高,生理年龄大的植株则下部叶片NR活力为最高,其他叶片NR活力较低。李豪喆(1986)研究表明,大豆在整个生育期间,NR活力有两个高峰:第一个高峰在苗期,第二个高峰在开花始期,以后活力急降,到结荚和鼓粒期,NR活力非常低。初生叶和第一复叶期以及最上面完全展开的叶片NR活力最高。这说明在大豆根系产生根瘤以前叶片NR对幼苗形态建成是十分重要的。许守民(1987)测定在田间生长的小金黄1号、早丰1号和吉林20等9个大豆品种硝酸还原酶活力后指出:在叶片发育早期NR活性不断上升,在叶片达到最大面积后达到高峰,并维持7~10 d,然后迅速下降;在整个生育期,苗期($V_2 \sim V_4$)NR活力最高,盛花期(R_2)出现一个峰呈双峰曲线,在鼓粒期又有一个小峰;一天中NR活力呈明显的昼高夜低的变化;不同大豆基因型间NR活性存在显著差异,其活力大小依次为野生大豆＞半栽培＞老品种＞新品种的大豆;苗期($V_2 \sim V_4$期)的叶片NR活力与叶片可溶性蛋白和种子蛋白质含量呈显著正相关。长农5号大豆在盛花期和结荚期幼叶中硝酸还原酶活力高,刚长成的叶片次之,成熟叶片中低。硝酸还原酶活力随生育进程逐渐降低,到鼓粒期降至最低值(李雪梅,1993)。

4. 大豆硝酸还原酶活力与硝态氮含量的关系　大豆植株主茎不同节位硝酸盐含量是不同的。各发育时期叶片中硝酸还原酶活力和主茎、叶柄、叶片中硝态氮含量之间呈正相关。叶片中硝酸还原酶活力与各期叶片、叶柄和主茎中硝态氮含量平均值呈显著正相关。李豪喆(1986)测定表明,大豆叶片NR活力与施氮量呈正相关 $r = 0.9638$(P<0.01),与叶片氨基态氮含量、叶片叶绿素含量之间呈正相关,分别为 $r = 0.9715$(P<0.01)和 $r = 0.8758$(P<0.05);而与叶片还原糖含量之间关系呈负相关 $r = -0.9534$(P<0.01)。朱长甫和苗以农(1990)研究指出,大豆品种间硝态氮含量和硝酸还原酶活力有明显的差异。吉林20硝态氮含量和硝酸还原酶活力较高,而大白眉较低。并表明,内源基质硝酸还原酶活力和外源基质硝酸还原酶活力都与幼主茎段硝态氮含量呈显著正相关。

(五)氨的同化作用

氨态氮包括氨(NH_3)和铵(NH_4^+)。高浓度的氨态氮对植物是有害的,因其能使光合磷酸化或氧化磷酸化解偶联,并能抑制光合作用中水的光解。而游离氨可能对呼吸作用中的电子传递系统有抑制作用。尤其对大豆植物的共生固氮有抑制作用。因此,植物吸收的氨态氮都会迅速同化为含氮有机化合物。很多报道表明,氨态氮同化时,首先是通过谷氨酰胺合成酶(glutamine synthetase,GS)和谷氨酸合成酶(glutamate synthetase,GOGAT)进行的。GS对氨有很高的亲和力,可使植物避免氨累积所造成的毒害。因为 NH_4^+-N 是GS的底物不同氮源均能提高大豆GS活性,而以 NH_4^+-N 处理的效果更为明显(陈煜等,2004),GS在绿色组织中定位于叶绿体和细胞质中,在非绿色组织中定位于质体。GS催化如下反应:

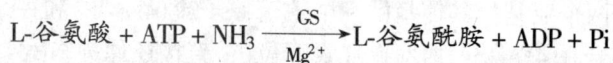

$$\text{L-谷氨酸} + ATP + NH_3 \xrightarrow[Mg^{2+}]{GS} \text{L-谷氨酰胺} + ADP + Pi$$

GOGAT有两种形式,一种以 Fd_{red} 为电子供体,多定位于绿色组织中的叶绿体;另一种以 NADPH 为电子供体,多定位于非绿色组织中的质体。两种形式的 GOGAT 均可催化如下反应。

$$L\text{-}谷氨酰胺 + \alpha\text{-}酮戊二酸 + NAD(P)H \text{ 或 } Fdred \xrightarrow{\text{GOGAT}} 2L\text{-}谷氨酸 + NAD(P)^+ \text{ 或 } Fdox$$

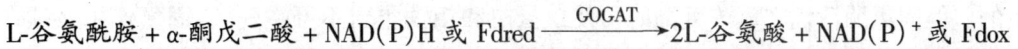

以上反应形成的谷氨酰胺,也可在天冬酰胺合成酶催化下将其酰胺的氨转移给天冬氨酸形成天冬酰胺。天冬酰胺在氨基氮代谢中起着关键的作用。植物体中形成的谷氨酸还可以通过转氨作用或氨基交换作用将其 α-氨基转移给草酰乙酸的 α-酮基,从而形成天冬氨酸和 α-酮戊二酸。该反应由转氨酶(aminotransferase)催化。

此外,还有谷氨酸脱氢酶(glutamate dehydrogenase,GDH)也参与氨的同化过程,它催化下列反应:

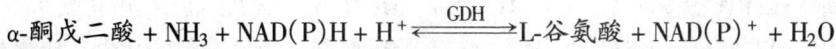

$$\alpha\text{-}酮戊二酸 + NH_3 + NAD(P)H + H^+ \overset{\text{GDH}}{\rightleftharpoons} L\text{-}谷氨酸 + NAD(P)^+ + H_2O$$

通过上述各种作用,氨最终进入氨基酸,即可参加蛋白质及核酸等含氮物质的代谢,并进一步在植物的生长发育中发挥作用。

在富含蛋白质的大豆籽粒发育中,上述 GS、GOGAT 和 GDH 三种酶的含量比禾谷类作物高。师素云等(2000)研究玉米与大豆氮代谢关键酶活性表明,玉米从开花后 10 d 起,GS 活性逐渐增强,开花后 15 d 达最高值,随后下降;而大豆开花后 GS 活性始终呈上升趋势,其间开花后 30~35 d 时活性上升较慢,35 d 后上升较快。而且大豆籽粒发育过程中的 GOGAT 活性大大高于玉米,其中在籽粒形成初期高 53.8%,活性高峰期高 64.6%,成熟后期高 1.5 倍以上。大豆籽粒中的 GDH 活性比玉米高 5~10 倍,大豆籽粒中 GDH 活性最低时比玉米籽粒中的 GDH 活性最高时高 5 倍以上。这可能是大豆的氮代谢及蛋白质合成能力高于玉米的主要原因之一。

三、大豆的生物固氮

大豆固氮作用的场所是根瘤中的类菌体。大豆和根瘤中的根瘤菌(*Rhizobium japonicum*)共生,将空气中的游离氮固定转化为含氮化合物(NH_3 或 NH_4^+)供植物利用的过程,称为生物固氮(biological nitrogen fixation)。根瘤固氮对增加大豆产量,改善品质,培肥土壤,少用合成氮素化肥,节省能源,减少污染,维持自然界中氮素的平衡都有十分重大意义。

(一)固氮的生化过程

1. 固氮的生化过程 根瘤在发育过程中成为有效根瘤能够固氮,主要是由于根瘤中所生成的固氮酶(nitrogenase)和豆血红蛋白(leghemoglobin)两种蛋白所建成固氮系统作用的结果。固氮酶是由根瘤菌产生的,是由铁蛋白和钼铁蛋白构成的复合体,两个组分结合后才有固氮能力。其中,铁蛋白较小,由两个相对分子质量为 30 000 的相同亚基组成,含有一个 $Fe_4\text{-}S_4$ 原子簇。铁蛋白分子能结合 2 个 $Mg \cdot ATP$,这对电子从还原型铁蛋白传递到钼铁蛋白是必要的。钼铁蛋白是由相对分子质量分别为 51 000 和 60 000 的两个 α 亚基和两个 β 亚基组成的四聚体,相对分子质量为 180 000~235 000,分子中有两个 Mo、28 个左右的 Fe 和 S,它们分布于两个 Mo-Fe-S 簇和若干个 $Fe_4\text{-}S_4$ 簇中,很可能是固氮酶的活性催化部位。Fe 和 Mo 均参与固氮中的氧化还原反应。

豆血红蛋白由血红素和球蛋白两部分合成,血红素是根瘤菌基因的产物,球蛋白是大豆基因的产物。豆血红蛋白是在根瘤菌侵入后才诱导产生的。成熟的能固氮的根瘤内部是红色的,这种红色即源于豆血红蛋白,因此含有豆血红蛋白的根瘤是其有效的标志。大豆根瘤菌固氮需要的能量是由叶茎的光合产物转运到根和根瘤中,通过呼吸氧化磷酸化作用而产生的。但固氮酶活性在氧浓度高时可使铁蛋白和钼铁蛋白不可逆失活,固氮作用必须在缺氧或低氧条件下进行。豆血红蛋白是调控氧的装置。根瘤中氧多时,与其结合,氧少时,结合氧又放出为类菌体提供低浓度但高流量的氧气,从而既保证根瘤菌的呼吸,又不使固氮酶失活。

固氮酶将 N_2 还原为 NH_3 或 NH_4^+ 的过程中,还原 N_2 所需的电子最终来自于宿主的呼吸作用。宿主呼吸作用将 $NAD(P)^+$ 还原为 $NAD(P)H$,电子又通过铁氧还蛋白(Fd)或黄素氧还蛋白(flavodoxin)传递给铁蛋白,铁蛋白再将电子传递给钼铁蛋白,同时伴随着 ATP 的水解。电子最终由钼铁蛋白传给 N_2 和 H^+ 形成 NH_3 和 H_2。因此,将 N_2 催化变成 NH_3 需要固氮酶两个组分的共同作用,还需要 Mg^{2+}、ATP 及还原剂。固氮进程的化学反应概括如下:

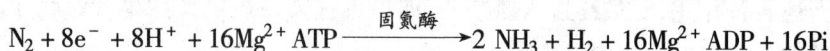

$$N_2 + 8e^- + 8H^+ + 16Mg^{2+} ATP \xrightarrow{\text{固氮酶}} 2\,NH_3 + H_2 + 16Mg^{2+} ADP + 16Pi$$

固氮酶可还原多种基质,它在固氮时除还原 N_2 外,还能还原 H^+ 为 H_2。H_2 在氢化酶(hydrogenase)作用下裂解,电子可供给 O_2 而生成 H_2O 或传给铁氧还蛋白再用于 N_2 的还原。

生物固氮是一高耗能过程,固氮酶每固定 1 分子 N_2 要消耗 8 个 e^- 和 16 分子 ATP。据估算,豆科植物依赖与其共生的根瘤菌每固定 1 g 氮素要消耗 12 g 的有机碳化合物。

2. 根瘤菌氢酶　从上述固氮反应中可以看出,固氮酶在催化 1 分子 N_2 还原为 2 分子 NH_3 的同时产生 1 分子 H_2,共生固氮过程中,因放 H_2 所消耗的能量占固氮总量的 40% ~ 60%,有时甚至更高。氢酶是一类催化分子氢的产生与利用的酶,其反应式如下。

$$H_2 \Longleftrightarrow 2H^+ + 2e^-$$

经研究证明某些根瘤菌,包括大豆根瘤菌某些菌株具有一种吸氢酶(HuP^+),能将固 N 过程中释放的 H_2 捕捉回来,放 H_2 消耗的能量重新利用,从而提高固氮效率。大多数土著大豆根瘤菌属于放氢型(HuP^-)或吸氢活性很低。根据张学江等(1985)调查,大豆主产区失去 H_2 吸收活性的土著根瘤菌(HuP^-)平均大于 75%,对明确 HuP^- 菌株分布百分率大的地方,接种 HuP^+ 菌株是有生产意义的。许良树等(2001)分离提纯了大豆根瘤菌氢酶的纯组分不含 $Cytb_{559}$,含两种亚基,其大亚基的分子质量分别为 60KD 和 65KD,小亚基分别为 30KD 和 35KD,属 NiFe-氢酶,并通过三亲本杂交,将含吸氢基因的重组质粒转移到不吸 H_2 的毛豆根瘤菌中,所获得的结合株在自生和共生条件下均表达吸 H_2 活性。阐明了氢酶的吸氢能提高根瘤菌的共生固氮效率,构建了可明显增加大豆产量的工程菌株。

(二)生物固氮产物——酰脲

许多研究表明,大豆根部吸收的化合态氮主要转变为氨基酸,而根瘤固定的氮素主要转变为酰脲,并以这种形式贮藏和运输。酰脲(ureide)是含有脲基(—NH—CO—NH—)的一类化合物,主要包括尿囊素(allantoin)和尿囊酸(allantoic acid)。Ishizuka(1970)在大豆中发现了酰脲后,国内外学者对其在植株中的合成、分布、关键酶、生理功能进行了广泛的研究。

1. 酰脲的生物合成　酰脲是在大豆根瘤中合成的。大豆的根瘤,由被根瘤菌感染的含类菌体的细胞(感染细胞)和没有被感染根瘤菌的非感染细胞组成。根瘤感染细胞中的类菌体所固定的 95% 以上的氨,从类菌体分泌到外膜间隙,再经细胞膜进入根瘤的细胞浆。氨通过谷氨酰胺合成酶(GS)和谷氨酸合成酶(GOGAT)先形成谷氨酸和谷氨酰胺,后经过一系列生化反应形成黄嘌呤。然后在非感染细胞中黄嘌呤又在黄嘌呤脱氢酶和尿酸酶催化下产生尿囊素,尿囊素最终在尿囊素酶的催化下,转化为尿囊酸。尿囊素和尿囊酸的大部分参加氨基酸和蛋白质代谢,从而在大豆植株氮代谢中起到非常重要的作用。

2. 固氮酶活性和酰脲 酰脲是共生固氮的主要产物,固氮酶活性的大小必然与酰脲的含量有密切的关系。宋海星等(1990)分析表明,大豆生殖生长期尤其在结荚期固氮酶活性与幼茎段酰脲含量及酰脲相对丰度[酰脲氮/(酰脲氮+硝态氮)×100]均呈极显著正相关。固氮酶活性与荚皮酰脲含量呈显著正相关。朱长甫等(1990)用老品种小金黄1号、大白眉和新品种吉林20、长农4号等研究指出,大豆幼茎段酰脲和酰脲相对丰度(URA)之间呈显著正相关;品种间幼茎段酰脲与荚皮酰脲之间呈显著正相关。多数新品种或高产品种的幼茎段酰脲和酰脲相对丰度明显高于老品种。幼茎段酰脲相对丰度与种子蛋白质含量呈显著正相关,而幼茎段硝酸盐含量与种子蛋白质含量则呈极显著负相关。野生大豆根瘤固氮活力、茎秆酰脲含量与种子蛋白质含量的相关系数分别为 0.8076* 和 0.7705* ,呈显著正相关,与栽培大豆的研究结果相似(朱长甫等 1995)。丁洪等(1994)研究表明,酰脲相对丰度与根瘤干重极显著正相关,六叶期、盛花期和鼓粒期两者的相关系数分别为 $r_a = 0.9545$、$r_b = 0.8025$、$r_c = 0.6531$,$P < 0.01$。酰脲的相对丰度,晚熟品种高于早熟品种,高蛋白品种高于低蛋白品种。

因为酰脲含量的测定方法经济易行,且又不破坏整个植株,有可能成为大豆育种上鉴定固氮能力的指标之一。

3. 酰脲的分布 大豆结瘤品系和非结瘤品系,酰脲含量是有差异的。朱长甫等(1993)研究表明,Harosoy 结瘤品系各器官中尿囊素和尿囊酸含量明显高于非结瘤品系,随生育期的延长而增大。黄嘌呤脱氢酶和尿酸酶只存在于结瘤品系根瘤中,而尿囊素酶存在于结瘤和非结瘤品系的所有器官,无明显差异。杜维广(1987)和朱长甫(1990)对酰脲在大豆植株中的分布作了比较深入的研究指出,在营养生长期、开花期和结荚期,大豆植株各部位(包括根、茎、叶、荚、种子等)均有尿囊素和尿囊酸的分布,但不均衡,优先分配给生长中心。在营养生长期顶芽、上部茎、上部叶的酰脲含量大大高于其他部位。进入结荚期(营养生长与生殖生长并存),生长的枝叶、上下部荚、生长的荚皮含量较多,处于中间部位节上的荚,仅在荚皮和种皮中存在,而在种胚中少或观察不到尿囊素和尿囊酸。在大豆的整个生育期内,各部位的尿囊酸的含量高于尿囊素,这可能与尿囊素逐渐转化为尿囊酸有关。最近报道,进行大量酰脲代谢的场所是籽粒的种皮。从分析大豆籽粒种皮的成分看,大部分是谷氨酰胺和天冬酰胺,仅有少量的酰脲。由茎向荚随后向种皮输送的酰脲在种皮大部分生成氨,从而合成谷氨酰胺,然后合成其他氨基酸,送给胚芽、根轴和子叶,在那里合成蛋白质,使籽粒顺利生长。研究还表明,向生长中的叶和籽粒运输 N 素是由导管和筛管两者承担的。特别是鼓粒期间籽粒的生长,由叶通过筛管供给碳水化合物的同时也供给含氮的化合物。从导管和筛管流向籽粒中的 N,酰脲占有的数量约为 55%。

4. 酰脲的生理功能 早期工作表明,酰脲与氨基酸(尤其是天冬氨酸和天冬酰胺)均作为氮素的运输物资。杜维广(1987)测定大豆植株木质部汁液中的氮,该氮素全部是以酰脲形式存在的,证明尿囊素和尿囊酸主要是通过木质部,由根部向顶端运输。张红缨等(1988)在给大豆接种慢生根瘤菌和快生根瘤菌的研究中发现,凡是未接种根瘤菌的大豆植株木质部汁液中,氮素是以氨基酸为主,其中尤以天冬氨酸为主,约占总氨基酸的 65%,酰脲含量很低,仅占已接种根瘤菌大豆植株的 7.4%;而在已接种根瘤菌的大豆植株木质部汁液中,酰脲已成为氮素运输的主要形式,其含量是总氨基酸总量的 40~50 倍。还表明,尿囊酸的含量远远高于尿囊素的含量,占总酰脲的 80% ~ 90%。尿囊酸与钙等阳离子结合生成盐易溶于水,从根瘤运出多量的尿囊酸可能是以盐的形态。

酰脲作为氮的贮藏物资具有重要的生理意义。这是因为,酰脲为中性化合物,贮藏期间不致引起细胞内的酸碱失调;酰脲的化学性质比较稳定,贮藏期间不致对细胞产生伤害作用;酰脲富含氮素(每个分子中含有 4 个氮原子),与碳原子数相同的天冬酰胺相比,酰脲的含氮量高出 1 倍。也就是说,如用 ATP 当量值表示每个氮原子合成含氮化合物的"代谢值",合成酰脲的代谢值比合成酰胺降低 50%,大大降低了能耗。从分子组成看,天冬酰胺的碳氮比(C/N)为 2:1,谷氨酰胺为 5:2,谷氨酸为 5:1,而无论尿囊素还是尿囊酸的碳氮比均为 1:1。这种平衡对大豆的生长十分重要。当酰脲从根运至地上部分彻底氧化分解时可产生 $4CO_2$ 和 $4NH_3$,前者进入光合碳循环,后者直接用于氨基酸和蛋白质的生物合成。

5. 酰脲含量的日变化和季节性变化 酰脲含量也与其他代谢产物一样,存在着日变化和季节性变化。张红缨等(1988)研究表明,大豆木质部汁液中酰脲运输也具有自己的规律。在上午 9 h 左右,其曲线出现一个高峰,随后降低,到午后 15 h 左右,又出现一小峰。朱长甫等(1990)研究结果指出,吉林 3 号大豆幼茎段酰脲含量在苗期(V_3)较高,以后下降,营养生长时期($V_{8~9}$)降至较低水平,开花期(R_2)后迅速增加,鼓粒初期(R_5)达最大值,以后逐渐降低。此期酰脲含量的降低,可能是酰脲从茎运出(荚果是主要库)或降解和同化为其他含氮化合物所致。荚皮酰脲含量在结荚末期(R_4)达最大值,鼓粒期迅速下降。大豆幼茎段酰脲相对丰度在营养生长时期较低,开花期(R_2)以后迅速增加,鼓粒时期达最大,以后又逐渐下降。幼茎段硝酸盐含量在苗期(V_3)较高,随生育进程逐渐下降(图 11-4)。硝酸盐含量逐渐降低和酰脲相对丰度的不断增加,表明这段时期大豆氮素营养从主要依赖于化合氮素向主要依赖于共生固氮的转化过程。

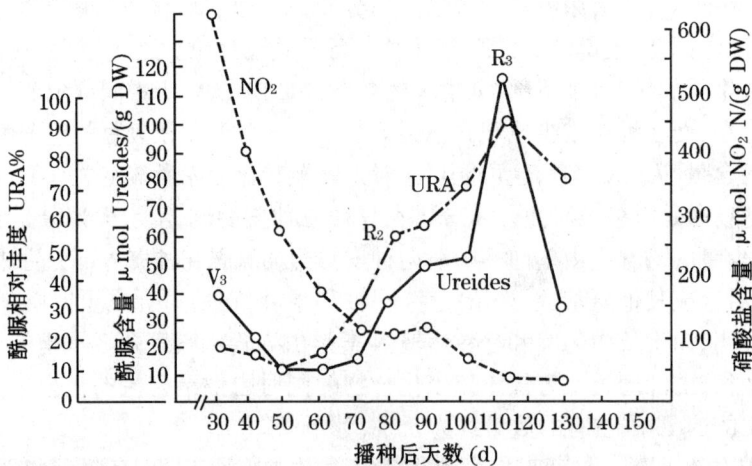

图 11-4 大豆不同生育期酰脲含量、相对丰度和硝酸盐含量的变化 (朱长甫等,1990)

(三)生物固氮量和固氮率

豆科作物的生物固氮作用为农业生产提供了一条重要氮素资源。依据世界粮农组织 1992 年度的统计报告估算,全球每年粮食、油料和纤维作物生长所需的氮肥价值高达 330 亿美元,而其中豆科作物的生物固氮作用提供了约 50 亿美元的氮源。我国是豆科植物大豆共生固氮的基因中心,充分利用这个可更新的氮素资源优势,深入地开展固氮特性尤其是固氮能力的研究,无疑对农业生产条件、环境状况改善和农业可持续发展具有重要意义。

研究表明,大豆的氮素固定存在着广泛的差异。固氮量为 0 ~ 450 kg/hm², 固氮比率为 0 ~ 83%。土壤氮水平直接影响着根瘤的形成和氮素固定,已有在高氮土壤条件下,固氮比率为 0 的研究报道(表 11-18)。

表 11-18　已发表的大豆固氮量及固氮比率部分材料　(李新民等,1999)

国　家	固氮量(Kg/hm²)	固氮比率(%)	评价方法	文　献
澳大利亚	0 ~ 233	0 ~ 83	酰脲分析	17
	139 ~ 204	34 ~ 67		9
美　国	14 ~ 75	13 ~ 40	^{15}N 同位素	28
	116 ~ 192	42 ~ 78		27
泰　国	17 ~ 450	14 ~ 70		23
	0 ~ 113	0 ~ 45		19
加拿大	33 ~ 151	14 ~ 16		31
法　国	38 ~ 70	26 ~ 38		3
中　国	67 ~ 140	35 ~ 70		2

共生固氮量及固氮率因大豆基因型不同(包括植株长相、生育期长短、结瘤能力、产量高低),根瘤菌菌株不同(数量不一、活力差异)及不同的生态环境和栽培措施(包括种植历史)而变化。朱长甫等(1996)对中国同一纬度不同进化类型大豆主要生育时期的根瘤固氮活力、根瘤酰脲含量和幼茎段酰脲含量研究表明,根瘤固氮活力表现为栽培大豆 > 半栽培大豆 > 半野生大豆 > 野生大豆。根瘤和幼茎段酰脲含量也表现出与根瘤固氮活力类似的趋势。窦新田等(1992)研究显示,不同熟期大豆品种固氮活性为中熟组 > 中早熟组 > 早熟组。不同结荚习性大豆品种的固氮活性为无限结荚习性 > 亚有限结荚习性。以方差分析估算的大豆固氮活性的广义遗传力平均为 42.21%,其中中熟组大豆品种为 52.01%,无限结荚习性大豆品种为 51.1%。山东省农业科学院(1981)的测定结果显示,每公顷大豆的固氮量在 75 ~ 135 kg 之间。高金方和张宏等(1987)以 Horosoy 结瘤和不结瘤等位基因系为试验材料,采用^{15}N 同位素技术等方法估算,在公顷产大豆 2 250 kg 的水平下,白浆土和黑土上的大豆固氮量,分别为 131.3 kg/hm² 和 145.5 kg/hm²,淡黑钙土上低得多,为 98.25 kg/hm²。还指出,不同大豆品种的固氮量有较大的差异。例如,秣食豆为 132.54 kg/hm²,小金黄 1 号为 64.97 kg/hm²,吉林 3 号为 69.77 kg/hm²,长农 2 号为 109.54 kg/hm²,开育 8 号为 69.07 kg/hm²,黑农 26 为 67.03 kg/hm²。徐巧珍等(1997)温室人工接种鉴定结果表明,供试三种大豆类型间固氮能力显著差异($P < 0.05$)。根瘤数、地上部分干重、固氮量、固氮率均表现为秋大豆 ≥ 夏大豆 > 春大豆,酰脲含量则表现为夏大豆 ≥ 秋大豆 > 春大豆。

正确估算生物固氮对大豆产量形成所起的作用是不容易的。其一,将根瘤所固定的氮从大豆植株所吸收的土壤氮、肥料氮和共生固定的氮等分离出来是比较难的;其二,三种氮源的氮素在大豆植株形态建成和产量形成的生理作用是不尽相同的;其三,还有一部分氮从根瘤释放到土壤中去;其四,作者测定的方法不同。许忠仁等(1979)测定的结果是:在盆栽条件下,早熟大豆品种每株一生的固氮量为 0.736 g,占全株氮量的 63.6%;中熟品种每株一生的固氮量为 2.06 g,占全株氮量的 87.7%。这表明,大豆根瘤的固氮量以及生物固氮在大豆总需氮量中所占的比例与大豆品种、土壤状况等有很大关系。田中伸幸等(1983)试验和计算的结果是,大豆吸收三种氮源的比例为:土壤氮 37%~48%、肥料氮 5%、根瘤氮 47%~58%。袁增玉等(1987)以绥农 4 号为供试品种,在盆栽条件下,应用 ^{15}N 示踪技术测定大豆植株对三种氮源吸收结果表明,在植株吸收的总氮量中,土壤氮占 3.77%~18.4%,肥料氮占 1.33%~13.23%,根瘤固氮占 70.02%~94.9%。张宏等(1986)通过试验估测,在高肥黑土上大豆根瘤的固氮量为 57.1~125.2 kg/hm²,平均为 89.61 kg/hm²,占大豆所需全氮的 48%~67%;在低肥黑土上固氮量为 66.8~151 kg/hm²,占大豆所需全氮的 71%~85%。高金方等(1987)测定也表明,吉林大豆从空气中固定的氮量占植株全氮总量的 50%~70%,以黑土为最高,淡黑钙土最低。于佰双(1997)应用 ^{15}N 同位素示踪对三个不同熟期组的 24 份大豆品种(系)进行固氮鉴定结果显示,不同熟期大豆品种间固氮率存在显著差异,随着生育日数的延长,大豆品种(系)的固氮率增加,其中来自绥化农科所的材料生育日数平均为 115 d,固氮率平均值为 36%;来自黑龙江省农业科学院的材料,生育日数平均为 122 d,固氮率平均值为 50.6%,来自吉林省农业科学院的材料生育日数平均为 130 d,固氮率平均值为 60%。徐巧珍等(2000)研究结果认为:①春、夏、秋同类型大豆不同产区的大豆品种共生固氮性状况差异显著,以长江流域及其以南产区,尤以湖北、江苏省品种最佳;②与生物固氮性状密切相关的 10 项参数变异范围以夏大豆最大。并鉴定出盛花期单株结瘤数达 238.8 个,根瘤重达 0.59 g,固氮量达 147.05 mg,固氮率 85% 的高固氮种质资源。

　　大豆生物固氮对大豆产量的贡献,以所占比例计,是因肥力高低和施肥多少而异。李奇真等(1989)在土培盆栽条件下,以大豆品种 Clark 结瘤和不结瘤等位基因系为材料,采用 ^{15}N 示踪技术试验,估算了植株成熟时对三种氮源的吸收量和比例:在不施肥(N_0P_0)条件下,大豆植株从土壤和空气(共生固氮)中所摄取的氮分别占 20.9% 和 79.1%;在施少量氮肥而不施磷肥(N_1P_0)情况下,共生固氮受到抑制,共生固氮在大豆所摄取的总氮量中的比例下降至 69%;施少量磷而不施氮(N_0P_1)对共生固氮有促进作用,共生固氮所占比例上升为 84.1%。少氮多磷(N_1P_2)和多氮多磷(N_2P_2)配合施用促使大豆单株的氮吸收总量增长 33.6%~54.2%,而却使生物固氮所占的比例下降至 66.9% 和 60.9%。侯立白和陈贺芹(1995)利用 Clark 结瘤和非结瘤等位基因系,通过 5 种氮处理试验结果表明,施氮量与固氮总量间仍呈负相关,但尚未达到显著水平。开花以后,施氮对固氮的影响开始减弱,一直持续到生育后期。结瘤品系固氮量折合为 65.7~119.1 kg/hm²,平均为 98.76 kg/hm²,固氮量占总吸收氮量的比例为 44%~74.1%,平均为 61.3%,还估算根瘤大约有 10% 以上的氮释放效应,主要产生于大豆生育后期。

(四)生物固氮的季节动态和日变化

1. 生物固氮的季节动态　在田间栽培条件下,一般大豆出苗后 1 周左右,能够看到根部长有根瘤,幼小的根瘤为绿色,还不能固氮,经过 2~3 周后,根瘤中出现豆血红蛋白呈红色时,即开始固氮,鼓粒期达高峰,以后下降,呈单峰曲线。据肖能遑等(1983)观察测定结果表明,在良好的土壤水分和充足的日照条件下,生育后期的生物固氮作用和根瘤寿命可能分别延长到生理成熟期和成熟期。林锡锦(1983)在我国台湾省于大豆营养生长期、开花期、结荚期和始粒期(V_5、V_8~R_1、R_3、R_5)在田间采取根瘤,通过乙炔还原法测定了 7 个大豆品种的根瘤固氮活性。结果显示,各品种固氮效率最高的时期均在 V_8~R_1(即第 7 三出叶全展开至始花期）。张宏等（1984,1986）应用 Clark 结瘤和无瘤大豆同位基因系进行盆栽和田间试验，通过乙炔还原法检测，大豆在开花期至鼓粒期大约 50 d 期间内，其固氮活性最强。其后的研究还表明，不论早熟、中熟或中晚熟大豆，在大豆生育期固氮活性动态多半是在苗期较低，随后逐步增加，到结荚盛期（R_4）或鼓粒始期（R_5）达高峰，但有的品种在开花盛期（R_2）已进入高峰。并指出根瘤结瘤数也是苗期较少，随后逐渐增加，到鼓粒期达最多，主要是侧根上根瘤数目的增加。这就表明，大豆的固氮作用，从鼓粒始期到中期达到最大，晚期固氮作用下降。

2. 固氮率的日变化　大豆根瘤固氮率与叶片的光合速率同样存在日变化。一般认为，一日间根瘤固氮率最高峰出现在午间或傍晚前，然后下降，但夜间固氮率不低于白天最大速率的 1/2，固氮率与土温的相关性比与光量子流通密度相关性高。

许大全等（1989）在室内恒定光照条件下，测定水培大豆叶片的净光合速率和连体根瘤的固氮活性表明，净光合速率的峰值出现在中午，而固氮活性的高峰则出现在 16 h 左右（图 11-5）。根瘤活性的日变化与当时的光合作用无关。汤树德和石晶波（1985）于大豆生育的不同时期，采用乙炔还原法对根瘤固氮活性日变化测定显示，不论根瘤比活性或单株活性，在不同的生育时期并不是一致的。全期中，一般夜间活性较低，天亮后渐渐升高。阴雨天活性明显下降，且变幅缩小，日平均活性下降 45% 左右，转晴后才回升。在分枝期（V_4）和开花期（R_1），固氮活性的高峰均在 9 h，低谷分别在 3 h 和 0 h；结荚始期（R_3）高峰在 15 h，低谷在 3 h；鼓粒初期（R_5）和成熟始期（R_7）高峰在 12 h，低谷分别在 3 h 和 18 h。作者认为，测定日昼夜最高土温小于 25℃时，固氮活性日变化同当日土温和太阳累积辐射量之间表现正相关趋势；而昼夜最低土温大于 24℃时，则表现负相关趋势。

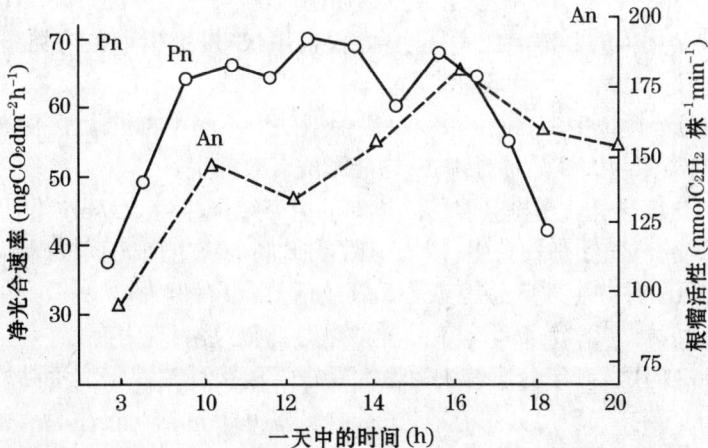

图 11-5　大豆叶片净光合速率和根瘤活性的日变化　（许大全等，1989）

(五)大豆根瘤菌的类群

1. 大豆根瘤菌的三类群体　我国大豆栽培历史久，种植范围广。随着大豆品种的不断改良和引种以及栽培方式的变化和气候的影响，构成了复杂的大豆品种—根瘤菌—生态环境关系和复杂的根瘤菌类群。1982 年美国 Keyser 与中国农业科学院胡济生共同研究发现了快生型大豆根瘤菌（*Rhizobium fredii*），此后，对主要存在于我国土壤中的这一类菌的起源、生态、分类和血清学等均有报道。*R. fredii* 生长速度快，耐盐、耐高 pH 并有较强的竞争结瘤能力。继 Gross 等(1979)在美国分离了超慢型大豆根瘤菌(Extra-slow-growing)之后,徐玲玫等(1989)于 1982 年从辽宁省铁岭地区的野生大豆根瘤中分离得到一个大豆根瘤菌新类群——超慢型大豆根瘤菌。此类群在栽培大豆上的结瘤良好,突出的特点是产碱能力强。

这样一来,在大豆上结瘤和固氮的共生体菌株已被鉴定为三类在特性和分类上均不相同的根瘤菌。*Bradyrhizobium japonicum*(慢生大豆根瘤菌,代时 6 h 以上)、*Rhizobium fredii*(或 *Sinorhizobia fredii*,快生大豆根瘤菌,代时 < 6 h,多为 3 ~ 4 h)和 Extra-slow-growingsoy-beanrhizobia(超慢生大豆根瘤菌,代时 ≥ 14 h)。李俊等(1994)从我国 15 个省(自治区)分离的大豆三类共生体 54 个菌株的世代时间测定表明,26 株快生菌株为 2.6 ~ 4.7 时,12 株慢生菌株多数为 8.5 ~ 12 h,16 株超慢生菌株在 18.2 ~ 39.6 h 之间;在 YEM 培养基上快生菌株产酸,超慢生菌株产碱能力比慢生强;三类共生体中都存在尿酶、硝酸还原酶、过氧化氢酶和 β-半乳糖苷酶的活性,快生菌株这些酶活性较强,超慢生菌株较弱,慢生菌株基本介于二者中间。

葛诚等(1988)分析表明,快生型大豆根瘤菌的 N 含量为 2.74% ~ 4.33%,C 含量为 50.82% ~ 52.73%,N/C 比值 < 10;慢生型大豆根瘤菌 N 含量为 5.41% ~ 9.71%,C 含量为 43.59% ~ 50.32%,N/C 比值为 11.43 ~ 20.94;超慢型大豆根瘤菌 N 含量为 9.19% ~ 11.53%,C 含量为 42.56% ~ 46.1%,N/C 比值为 20.56 ~ 25.46。三个类群有较大差异。细胞成分 N、C 含量分析可作为大豆根瘤菌分类上的一个重要特征。江木兰等(1995)从湖北、湖南等 6 个省的 5 种土壤、13 个大豆品种(系)分离、鉴定出 800 多株快(*Rhizobium fredii*)、慢(*Bradyrhizobium japonicum*)生大豆根瘤菌。快生根瘤菌在其中的 4 个地区出现,分离频率为 0 ~ 56.5%。我国土壤中的快生大豆根瘤菌主要是 USDA217、2048、DE1611、2120、2077 等血清型。6 个大豆栽培地区都分离出慢生大豆根瘤菌,113—2/C224/005、USDA110、LL120、005、C224 血清型菌株是优势的群体。作者还表示,仅仅用快、慢生型和血清类型归类土壤中大豆根瘤菌的群体只不过是一个粗略的结果。

樊惠等(1988)选择快生型、慢生型和超慢生型三个不同类群的大豆根瘤菌接种同一大豆品种,证明了三类菌与大豆品种合丰 29 均能形成有效共生。

2. 快生型大豆根瘤菌共生固氮特性　早期的研究结果认为 *R. fredii* 仅可与北京黑豆和野生大豆(*Glycine soja*)进行有效共生,但固氮效能很低。快生型大豆根瘤菌的许多菌株与北美许多栽培大豆品种共生效应总趋势是无效或低效(也有例外)。另外,快生型大豆根瘤菌与亚洲型栽培大豆或亲本是亚洲栽培品种共生时,则常常表现为有效。

徐玲玫等(1984)用从辽宁分离的快生型大豆根瘤菌接种在栽培大豆品种铁丰 18、开育 8 号等上,不止一个菌株表现出共生有效,植株含氮量和干重均与慢生型大豆根瘤菌相当,无统计学差异。樊惠等(1986)的工作亦与上述结果一致。而且快生型大豆根瘤菌有效菌株接种形成的根瘤的豆血红蛋白量并不比慢生型菌低,有的甚至还略高一些。张宏等(1991)从野生大豆 G3 的根瘤中分离的 G113 与吉林 20 大豆共生,优于轻碱土中的土著大豆根瘤菌。张红缨等(1985)从东北地区分离的快生型大豆根瘤菌对栽培大豆表现良好共生固氮能力和增产效果。如铁丰 18 大豆接种 QB113,种子产量比不接菌的对照提高 121.7%,比接种慢生型大豆根瘤菌 61A76 提高 9.1%。张景岗等(1988)用快生型根瘤菌 2058 接种在合丰 29 大豆亲和力较好,增产率在 10% 以上。程丽娟和刘海轮(1994)用当地分离纯化的 4 株快生型大豆根瘤菌株,通过形态、生理鉴定表明,其中快生 A034 菌株与徐州 4 号大豆、A032 与

"东解选"大豆品种间具有良好共生效应;其株高、茎叶干重及含氮量、株瘤数与瘤重及固氮酶活性等,均明显高于不接种对照;固氮率分别提高48.1%与44.5%。

另外,快生型根瘤菌还有着与土著根瘤菌较强的竞争能力。根瘤菌株在结瘤上的竞争结果是根瘤菌本身的作用、植物寄主和环境因素的总和。就快生型大豆根瘤菌而言,许多研究证明可以与慢生型大豆根瘤菌强烈竞争,可在其优势的寄主栽培品种上表现出来。葛诚等(1995)用快生型与慢生型大豆根瘤菌以一定比例混合后接种栽培大豆开育8号和吉林10号,快生型菌株在这两个大豆品种上均表现出较强的结瘤竞争能力,快生型:慢生型1:3时,快生型菌株可占据根瘤的56.4%～79.4%。

李镇等(1999)以自新疆和北京等7个地区分离的16株快生型大豆根瘤菌为供试菌,研究了它们与目前国内外已报道的9株快生型大豆根瘤菌标准血清型菌株之间的血清学关系,结果表明,我国快生型大豆根瘤菌有着丰富的血清学多样性,它不仅表现在不同地域来源的菌株之间,也表现在同一地域来源菌株之间,首次报道快生型大豆根瘤菌同一血清型内存在不同的血清亚型。

(六)化合氮对大豆结瘤和固氮的影响

许多试验表明,化合态氮对大豆根结瘤和固氮作用均有抑制作用,并随施氮量的增加而有逐渐加强的趋势。研究证实,当硝酸铵只供给大豆根系的一部分,而另一部分则不供给时,发现在供给化合态氮的一半根系根瘤形成和生长都受到抑制,另一半根系根瘤的形成不受影响,但根瘤的生长受到抑制(Hinson,1975)。

陈魁卿等(1985)在磷肥的基础上施用少量氮肥,表现出一定的增产作用,但氮肥过多不利根瘤生长和固氮活性。朱长甫等(1991)施用硝酸盐表明,高浓度硝酸盐对吉林20和长农4号大豆的共生固氮有明显的抑制作用。高氮处理主要使根瘤固氮酶活性和尿囊素酶活性受到抑制,固氮能力减弱,所以幼茎段酰脲和酰脲相对丰度都明显降低。硝酸盐处理大豆种子对大豆生育前期的根瘤固氮酶活性和尿素酶活性抑制较强,在后期则减弱。丁洪(1994)研究结果显示,施氮抑制结瘤,氮肥越多抑制越严重;抑制作用主要在盛花期前至鼓粒期,有的品种受抑制作用较轻,对固氮的抑制在不同品种间存在明显差异,品种豫豆8号表现出较耐氮。窦新田等(1993)在根瘤菌接种和施氮胁迫下,应用综合等级数对田间种植的东北40个大豆品种(系)固氮能力进行了评价。高氮(80 kg/hm^2)抑制大豆结瘤固氮;低氮(40 kg/hm^2)接种产量最高。

化合态氮的类型不同对根瘤形成和固氮的抑制作用也不同。刘莉等(1998)用黑农37大豆在各化合态氮浓度砂培条件下,接种慢生型、快生型大豆根瘤菌研究表明,大豆结瘤能力随$(NH_4)_2SO_4$和NH_4NO_3浓度增大而下降。到10mmol/L时,供试植株均不结瘤,可将该浓度称为0-结瘤浓度。结果还显示,高浓度的化合态氮对大豆—根瘤菌共生体系的抑制作用表现为在早期形成阶段抑制根瘤菌对大豆根毛的侵染,不同种类的化合态氮产生抑制作用的大小依次为:$(NH_4)_2SO_4 > NH_4NO_3 > KNO_3$。宋海星等(1997,2000)分别用吉林20和吉林29品种在大豆开花前期追施不同配比的$NO_3^- -N$与$NH_4^+ -N$的试验结果指出,7种配比的$NO_3^- -N$与$NH_4^+ -N$均不同程度地抑制根瘤固氮酶活性,降低幼茎段酰脲含量及酰脲相对丰度。其中,$NO_3^- -N$与$NH_4^+ -N = 1:5$时,根瘤固氮酶活性相对最高,幼茎段酰脲含量及酰脲相对丰度也最高。还指出,7种配比的$NO_3^- -N$与$NH_4^+ -N$均降低根瘤鲜重,抑制根瘤固氮酶活性,但提高叶片全氮含量。

(七)大豆接种根瘤菌的效果

生物固氮是一种低能耗、无污染、廉价的植物氮素供应形式。根瘤菌剂含有大量的根瘤菌,能促进大豆早结瘤、多结瘤,是一项常规的生产技术,一些发达国家使用根瘤菌剂达到65%以上,而我国由于菌剂应用技术研究及产业化滞后,大豆生产上使用根瘤菌剂的面积不大。

众所周知,大豆在缺乏相应根瘤菌的土壤中,进行人工接种,效果是非常显著的,但在种植多年的老区,则增产效果往往不够明显。

大豆根瘤的固氮作用是大豆植株和根瘤菌共同作用的结果。大豆宿主与根瘤菌间的共生关系的效果可以分为4种情况:不结瘤、结瘤而无效、结瘤有效而效率低、结瘤有效而效率高。李新民(1993)对田间种植的40份大豆品种(系)结瘤固氮有效性的评价指出:有效瘤数、有效瘤重和有效结瘤指数(单位植株干重的有效瘤干重)可以作为大豆固氮种质的评价指标,其相对重要性为有效瘤重 > 有效瘤数 > 有效结瘤指数。

早在20世纪50年代,张宪武和许光辉(1953)采用本研究室筛选出的固氮能力较强的根瘤菌种为丰地黄、小金黄1号等大豆品种接种,在小区试验中使大豆产量增加8.6% ~ 27.0%。

大豆植株和根瘤菌间的互作甚为重要。某一专一的根瘤菌血清学类型对一定的大豆基因型具有结瘤和固氮优势;一定的大豆基因型对不同的根瘤菌血清学类型也具有选择性。因此,在进行根瘤菌接种时,应选用根瘤菌种与大豆品种的有效组合。黑龙江省的多点多年试验结果表明,大豆根瘤菌菌株在不同类型的土壤上,使不同的大豆品种增产的效果是不同的。例如,菌株61A76在黑土上,对黑农26,绥农4号大豆增产效果好。菌株110在白浆土、草甸上对合丰22、23、26和丰收10、12、17大豆增产效果好(窦新田等,1989)。

另外,不同血清学类型根瘤菌之间是有竞争的,大豆接种根瘤菌的有效性与土壤中土著根瘤菌数呈负相关。李新民等(1998)在不同土壤多点接种试验表明,土壤中土著大豆根瘤菌的群体数量影响着接种菌的竞争结瘤,土著菌数分别在低于100个/g 土、100 ~ 1 000个/g 土间和超过1 000个/g 土时,接种菌的占瘤率分别为50.95%、20.37%和16.84%。大豆自然结瘤性状 C 值(根瘤数 × 根瘤重)与接种菌占瘤率和接种产量反应分别呈显著负相关,占瘤率与接种效果呈显著正相关。并指出土著菌超过1 000个/g 土的草甸土土壤的供氮能力和土著菌的结瘤固定的氮素,基本满足大豆生长发育的需要。大豆种子接种根瘤菌拌种后,随着菌剂失水干燥,根瘤菌死亡率大,一般在拌种后24小时内根瘤菌数可降低1 000倍。据窦新田(1988)计算,目前我国生产的根瘤菌剂所含根瘤菌数每1g 应有1亿个活菌,经拌种后,每粒豆种上约带菌10万个,才能保证接种的效果。江木兰等(2003)报道,我国多年连续种植大豆的田块,根瘤菌菌数每克干土一般超过10^4个,大部分零星隔年种植和不常种植大豆的田块根瘤菌菌数每克干土低于10^4个。多数根瘤菌土著者能与大豆栽培品种有效结瘤,但主要是中、低效固氮。在自然条件下,供试的春大豆中高效固氮者占31.7%,供试的夏大豆高效者占64.3%;人工接种根瘤菌(113-2),春大豆高效固氮者占40.9%,夏大豆占53.6%。

生态环境及接种的菌剂类型对接种根瘤菌竞争结瘤有影响。一般说来,复合菌比单一菌种具有较广谱的接种有效的品种范围。窦新田等(1989)研究指出,大豆根瘤菌与菌根菌双接种可使植株含氮量增加24.7%,含磷量增加38.8%,固氮酶活性增加59.4%,籽粒增产

12%。还有人提倡混合接种来提高固氮效果。王静等(1997)用大豆根瘤菌与光合细菌混合接种结果表明,混合接种提高了大豆根瘤的固氮酶活性和固氮强度;增加了土壤好气性细菌、真菌、放线菌、固氮菌的数量;减轻了大豆胞囊线虫危害。

根瘤菌不同接种方式对大豆根瘤分布及产量也有影响。据唐颖等(2002)试验结果表明,液体菌剂拌种与颗粒菌肥作种肥施用导致大豆结瘤部位不同,液体菌剂拌种根瘤多集中于根上层,施用颗粒菌肥根瘤多集中于根下层;施用颗粒菌肥在大豆生长后期根瘤数量及干重均显出优势,且大豆产量高于液体菌剂拌种处理。

根据多年的科学试验和生产实践证实,大豆接种根瘤菌增产效果是明显的。例如,窦新田等(1989)试验表明,由于大豆接种根瘤菌增加了大豆的结瘤数和根瘤重、植株鲜重和干重、植株含氮量和根瘤固氮酶活性,从而提高大豆产量和籽粒蛋白质含量。大豆接种根瘤菌比不接种平均增产 11.2%;籽粒蛋白质含量增加 1.98%。戴小密等(2003)接种大豆根瘤菌(*Sinorhizobium fredii*)遗传工程菌株 LMG101 能有效地提高大豆根瘤固氮效率和大豆产量,其固氮酶活力比对照提高 10%以上($P < 0.05$)。

(八)大豆生物固氮与环境因素

大豆结瘤能力与固氮效率决定于根瘤菌和大豆本身,还受所处环境因素的影响。已知大豆根瘤的共生固氮过程,受寄主大豆的长势和光合作用的调控,因此,凡影响植株生长及光合作用的外界条件,必然影响根瘤的生长和固氮作用。

1. 光照 光照强度不足,大豆植株光合作用弱,光合产物不充分,根瘤固氮能力低。当植株从高光强转到低光强下时,固氮酶活性降低 40%左右。日照长度对根瘤的形成也有很大的影响。在长日照(16 h)下形成粉红色的大根瘤,而在短日照(8 h)下形成的根瘤很小,甚至完全不长根瘤。这是因为短日照促进大豆的生殖生长,减少碳水化合物对根瘤菌的供应,导致根瘤固氮能力减退。光质不同对大豆结瘤也有不同的影响。用远红光和红光照射大豆叶片的结果表明,用前者处理的比后者植株氮百分比高,根瘤数量多、干重高。在短日照或光周期结束时,用远红光照射利于结瘤和固氮(王晓巍等,1998)。

2. 温度 大豆根瘤的形成和固氮作用,受土壤温度的影响很大。大豆植株干重、根瘤数、根瘤鲜重均在一定范围内随土温上升而增加。土温 25℃增加程度达最大,30℃以上高温对根瘤固氮有抑制作用,低温对根瘤菌危害不大(李向东、吴爱荣,1992)。对固氮最适宜的根部温度为 27℃,土温低于 10℃,大豆难以结瘤和固氮;而土温过高也不适于根瘤形成和根瘤固氮(Kuo、Boersma,1971)。

3. 二氧化碳(CO_2) 当大气中 CO_2 浓度增高时,光合速率提高,光合产物增多。光合产物增多可为共生固氮提供更多的碳架物质和能量以及还原剂(NADPH)。因为豆科植物固定 1 mgN 需要 4~10 mg 碳水化合物。蒋跃林等(2006)用 CO_2 浓度为 450、550、650 和 750 umol/mol 时与大气 CO_2 背景浓度相比,在初花期,大豆根瘤数分别增加 6.1%、15.9%、19.2%和26.5%,其中主根瘤数增加较为显著,至鼓粒期,根瘤数增加幅度为 2.8%~48%,增幅较初花期大,其中侧根根瘤量增加更多,单株根瘤固氮活性初花期增加 10.6%~65.7%,鼓粒期则提高了 20%~73.9%。土壤空气中 CO_2 含量一般变动在 0.1%~10%。CO_2 浓度在 5%以下有利于大豆根瘤固氮,一般以 1%浓度为适宜。

4. 氧(O_2) O_2 对共生固氮作用是必需的。因为固氮需要大量的 ATP 形式的能量是有氧呼吸提供的。况且根瘤菌是好气性细菌,缺氧影响其功能发挥。但 O_2 严重地抑制固氮酶的活性,高浓度的 O_2 会使酶遭到不可逆的破坏。恰好类菌体生活在胞囊之中靠豆血红蛋白作为屏障,适宜地释放呼吸作用所需的氧气。

5. 水分 适宜的土壤湿度,既是大豆生长、又是根瘤发育的重要条件。当土壤湿度达饱和持水量的 60%～80%(即接近于田间持水量)时,有利于根瘤固氮,高于和低于此值固氮作用都会降低。干旱使根瘤形成受阻,固氮酶活性降低,长期干旱导致 NH_4^+ 积累,则抑制固氮酶的生物合成,降低固氮量,甚至产生毒害。一般干旱重获水分后,根瘤菌可重新恢复功能,但恢复不到原来水平。缺水在一定程度上是由于引起大豆植株叶片光合速率下降的结果。土壤过湿时,影响通气,更妨碍大豆根瘤菌的发育。根瘤菌的生存和固氮过程之所以对土壤水分敏感,是由于缺水往往会对共生固氮系统引起可逆或不可逆的伤害。

6. 磷、钾及钼、硼元素 增施磷、钾肥料,能收到以磷、钾增氮的效果,说明大豆高产需要较多的磷、钾元素,同时也说明磷、钾元素对大豆的固氮作用具有直接或间接的影响。磷可以刺激根瘤菌繁殖,促进根瘤菌鞭毛运动,这有利于根瘤菌接近并侵入根毛,当磷浓度从 200 ug/L 增至 500 ug/L 时,根瘤干重的增长率明显大于地上部干重,更大于根干重的增长。钾能促进根瘤的固氮效率,缺钾使固氮酶活性急剧下降,减弱了植株体内氮的转化,使根瘤固定的氮呈游离态或氨态氮存在,毒害其生长(王晓巍等,1998)。钼是硝酸还原酶和固氮酶的必需组成成分,因而钼在氮代谢过程中具有重要作用。目前所知,硼与植物氮代谢虽没有直接关系,但施硼肥可以提高大豆籽实和植株的含氮量,增加大豆根瘤的干重,大豆缺硼会导至固氮酶的活性大大降低。钼或硼增强大豆根系活力和根瘤生物量,降低大豆叶片硝态氮含量、促进硝酸还原酶活性和全氮含量的提高,在对氮代谢影响的强度上,钼大于硼,且钼和硼有相互促进作用。土壤中如果缺少钼(南方酸性红壤中钼的含量很低),虽然大豆根也形成根瘤,但是却不能或很少固氮(刘鹏、杨玉爱,1999)。

(九)大豆—根瘤菌共生体系光合与固氮关系

共生体系中光合与固氮的相互关系,目前已知大豆叶片光合作用产物有 1/3 左右为根瘤固氮提供能量、还原剂和碳架,同时根瘤固氮向大豆植株供应天门冬酰胺、谷氨酰胺和酰脲等含氮有机物质,为地上部的生长提供合成蛋白质、核酸、叶绿素等物质的原料,增加绿色面积,增强光合速率。苗以农等(1992)研究表明,新品种或高品种较老品种或低品种在叶片光合特性方面得到改善的同时,根瘤固氮能力也相应得到提高。但是怎样协调这两个过程之间的关系,提高光合效率、固氮效率,从而提高大豆籽粒产量,也是农业生产上急需探讨的问题。

许大全等(1989)研究表明,水培大豆和田间生长的大豆接种根瘤菌后植株全氮含量、叶片叶绿素含量和净光合速率及种子产量都明显增加。摘除根瘤后 3 d 内叶片净光合速率无明显变化,根瘤固氮对叶片光合的影响是比较间接的,影响的速率是比较缓慢的。大豆植株遮荫、去叶或切掉地上部导致根瘤活性明显下降。但去豆荚不能提高根瘤固氮的活性。从结瘤和非结瘤植株大豆叶片的光合与解剖特征,可以看出结瘤大豆的固氮作用对地上部叶性状有很大影响。许守民等(1990)研究显示,结瘤和非结瘤大豆第七节位以下叶片的光合及解剖特征无明显差异,第七节位以上差异渐趋明显。结瘤植株叶片的光合速率、可溶性蛋白含量、叶绿素含量、叶内空间体积及叶片厚度均高于非结瘤植株。而非结瘤植株叶片的光呼吸活性、CO_2 补偿点、淀粉含量、比叶重、叶肉密度高于结瘤植株的叶片。这些差异主要是由于氮素代谢及氮供应状况不同造成的。

上述研究结果表明,在大豆科研和生产上可以通过根瘤菌与大豆的配对选优,施用高效根瘤菌剂,选育高光效大豆品种,以碳带氮,以氮促碳,形成有效的共生固氮体系,改善光合与固氮,从而获得大豆的增产。今后选育大豆高产新品种时,如将高光效和高固氮结合起来,能够更有成效。

第三节　大豆磷钾营养

一、磷的生理功能

磷是大豆植株的重要组成元素,是大豆生长发育过程中物质代谢、能量贮藏传递的重要元素。磷的供应是影响大豆生物学产量、经济产量和营养品质的关键因子。大豆的重要生命物质核酸、核蛋白、磷脂、植素和腺三磷等都含有磷,淀粉、糖、蛋白质、氨基酸和脂肪等的合成、分解、运输都必须有磷的参加。

核酸是大豆生长发育、繁殖、遗传等生命活动的重要物质,是构成核蛋白的主要成分,而原生质、细胞核和染色体由核蛋白构建。核蛋白大多集中在幼叶、新芽、根尖等生命力最旺盛的部位,承担细胞增殖、器官成长和遗传变异的功能,核蛋白的形成、代谢只有得到磷的充足供给时才得以顺利进行,磷的供应不足会使核蛋白的合成受阻。

磷脂是构成生物膜的重要成分,生物膜是调节物质流、能量流和信息流出入细胞的通道,是生命活动的调节者,几乎所有的生命现象都同生物膜相关。磷脂具有疏水性和亲水性,与细胞的渗透性能相关。磷脂含有酸性基,同时又有碱性基,故可缓冲和调节原生质的酸碱度。植素又称植酸钙镁,是环己六醇磷酸脂的钙镁盐,多存在于种子,在种子萌芽和幼苗生长初期,植素在植酸酶的作用下,水解成无机磷,参与新生植物细胞的代谢过程。

磷与整个生命活动及能量贮存、传递过程关系密切。磷是核苷酸的组成成分,核苷酸的衍生物二磷酸腺苷(ADP)和三磷酸腺苷(ATP)是能源库又是能源的中转站。三磷酸腺苷水解形成腺苷二磷酸(ADP)时,释放出能量。磷还是多种酶的成分,如各种脱氧酶(辅酶Ⅰ、Ⅱ)黄素酶等是多种代谢过程的催化剂。在光合作用过程中,通过光合磷酸化作用,将光能贮存于腺苷三磷的高能键,淀粉、蔗糖的合成也是经过磷酸化作用实现的。故碳水化合物的合成、分解、运输都同磷的供应密切相关。磷与大豆氮素代谢密切相关,大豆根系从土壤中吸收的硝酸盐,必须在多种酶的作用下还原成氨才能进行氮的代谢,而磷是多种酶不可缺少的成分,大豆根瘤吸收的分子态氮,也只有在 ATP 参与下还原成氨。磷缺乏,则根系吸收的硝酸盐不能顺利转化成氨,根瘤吸收的分子态氮也难以合成氨,并且磷是促进光合产物合成及供给根瘤碳水化合物必需的元素。所以,磷在大豆植株的氮素代谢和共生固氮中有重要作用。磷的充足供应,可以提高大豆对土壤氮、肥料氮的利用,增强结瘤固氮能力,从而加强大豆植株的氮素营养,促进大豆的生长发育,增加碳水化合物和蛋白质等营养物质的积累。磷还与大豆脂肪的代谢密切相关。脂肪是甘油与各种脂肪酸合成的产物,由糖转化为甘油和各种脂肪酸的过程,以及两者进一步合成脂肪的过程,都是在 ATP 的参与和多种酶的催化作用下完成的,而磷是 ATP 及多种酶的重要成分,所以磷是大豆的脂肪合成分解代谢过程的重要元素。磷在蛋白质、脂肪代谢中起重要作用,而大豆富含蛋白质、脂肪,故磷在大豆生产上极为重要,是影响大豆产量和品质的主要养分因子,在一些大豆产区,由于土壤有效磷供应不足,施用磷肥成为增产大豆的关键技术。

二、磷的吸收代谢

　　种子贮藏的磷是大豆幼苗生长最初的磷源。种子吸水萌动时,胚和胚乳贮藏的磷化物一方面引发生命活动的酶促反应,同时又以各种含磷化物构建新生细胞物质。萌发的种子长出胚根以后就开始从土壤环境中摄取磷化物。水溶性和弱酸溶性磷酸盐易为大豆根系吸收,主要是 $H_2PO_4^{-1}$ 离子,其次 HPO_4^{-2} 离子。当磷酸盐(HPO_4^{-2})被植物吸收以后,少数仍以离子状态存在于体内,大多数同化成有机物,如磷酸糖、磷脂和核苷酸等。同化部位不限,根和地上器官都一样。磷的最主要同化过程是与 ADP 作为底物在线粒体,通过氧化磷酸化,在叶绿体中通过光合磷酸化而合成生命活动的主要能量形式 ATP。

(一)土壤磷源

　　土壤全磷量一般在 $0.022\% \sim 0.109\%$,土壤磷的形态分为无机磷、有机磷两大类。

　　1. 土壤无机磷　无机磷包括原生磷酸盐和次生磷酸盐,后者又分沉淀态和吸附态两种。沉淀态是指与铁、铝、钙等阳离子结合的磷酸盐。次生磷酸盐表层极易被水化氧化铁胶膜所包蔽,形成闭蓄态磷酸盐,被闭蓄在里面的主要是磷酸铁,其次是磷酸铝,磷酸钙极少。土壤酸性愈强,土壤无机磷中闭蓄态磷酸盐所占比重愈高,如我国南方强酸性砖红壤闭蓄态磷酸盐占无机磷总量的 80% 左右,长江以南的酸性土壤所占比例为 50% 左右,北方土壤风化程度较弱,闭蓄态磷只占土壤无机磷的 $10\% \sim 25\%$。土壤中非闭蓄态无机磷也含磷酸铁、磷酸铝、磷酸钙等盐类,通常情况下,作物能吸收利用的主要是非闭蓄态磷酸盐类。由于气候因子及母岩的差异,我国土壤从北往南呈现土壤酸碱度由高而低的变化,土壤沉淀态次生磷酸盐,北方土壤以磷酸钙为多,南方土壤以磷酸铁为多,磷酸铝呈过渡性分布,介于二者之间。

　　吸附态磷是指吸附在黏土矿物表面或有机物上的呈吸附态的磷酸盐类,吸附态磷在土壤无机磷中所占比重不大,水溶性磷肥施入土壤后有相当大部分以吸附态磷保存在土壤中。吸附态磷是作物磷营养的重要来源。

　　2. 土壤有机磷　土壤有机磷总量一般占土壤全磷的 $20\% \sim 50\%$。土壤有机磷与土壤有机质成正相关,土壤有机磷可以逐渐转化为无机态的有效磷,所以土壤有机质含量高的土壤有机磷也较高,提供土壤有效磷素营养的潜力较高。土壤有机磷包含多种复合态的含磷有机物,现在已知化学形态和性质的主要有磷酸肌醇、磷脂、核酸、磷蛋白和少量的磷酸糖等,这类有机磷化物占土壤有机磷总量的 $1/2$ 左右。还有一些有机磷化物的化学形态和性质不太了解。

　　3. 土壤有效磷　土壤有效磷是指可以提供作物吸收利用的土壤磷素养分,包括土壤液中的磷酸离子、土壤胶体矿物表面物理吸附态磷和交换态磷。这些可为作物吸收利用的磷处在极为复杂的土壤化学体系中,整个体系处于动态平衡过程中,这种动态平衡体系受水分、温度及磷在土壤中的移动速度等因素的影响,还与作物的遗传性状有关。土壤有效磷在土壤全磷中所占比例很小,土壤能够提供作物吸收利用的有效磷数量受到土壤中微溶性磷化物的溶解度和磷与其他离子反应的影响。大豆容易吸收利用的主要是水溶性和弱酸溶性的磷酸盐类,如 $H_2PO_4^-$ 和 HPO_4^{2-} 离子。有试验表明(丁洪等,1998),盆栽条件下,不同大豆品种均可吸收少量的磷酸铁、磷酸铝、磷酸三钙及磷酸八钙的磷酸离子。

　　大豆以土壤速效磷为主要磷源,当季作物施用的水溶性与弱酸溶性磷可以被大豆吸收利用。Kalra 等(1968)通过盆栽试验,测定了大豆在不同生育阶段从土壤中和肥料中吸收磷的数量,如表 11-19 所示,除了出苗后的 20 d 之外,其余生育阶段所吸收的磷,来自肥料的占总量的 1/3 左右,来自土壤的占 2/3 左右。不同土壤条件,不同大豆品种和不同肥料种类将得到不尽相同的结果。

表 11-19　大豆不同生育阶段摄取磷量　(mg·盆$^{-1}$)(Kalra 等,1968)

磷　源	出　苗　日　期						
	20	35	42	51	60	73	90
土壤磷	1.87	4.11	8.10	13.24	19.49	21.52	24.16
肥料磷	0.93	2.29	3.82	5.30	6.59	7.84	7.82

(二)磷的吸收与运转

　　大豆从土壤中摄取 $H_2PO_4^-$、HPO_4^{2-} 等磷酸离子后,即可进入植株体内的代谢活动。王维军(1963)报道,大豆根吸收和运转磷的速度很快。将大豆根置于 ^{32}P 的营养液中,几分钟以后地上各器官即可测到放射性 ^{32}P 的存在。大豆叶片同样具有吸收和很快运转 ^{32}P 的能力,但吸收的磷主要集中标记叶片的附近部位。根系对磷的吸收有代换性保持作用,即大豆根系吸收的磷起初是停留在根部,满足根系发育的需要,然后再运转到地上其他器官,优先生长最活跃最旺盛的器官。赵仪华(1963)利用 ^{32}P 测定大豆根系在不同时期的吸收能力(以施用 2 周后 ^{32}P 进入量占施用量的比例表示),苗期为 2.17%,分枝期为 2.6%,开花期为 21.1%,鼓粒期为 16.7%,表明开花期的吸收能力最强,鼓粒期次之,苗期至分枝期较弱。黑龙江农业科学院生物物理室(1963)在大豆不同生育期供给 ^{32}P,测定 ^{32}P 在大豆各器官的分布(表 11-20),结果是苗期(6 月 22 日)进入植株的 ^{32}P 的 45.82%分布于生长点,其次为叶、茎、根;初花期(7 月 8 日)处理,进入植株体的 ^{32}P 根部占 32.38%,其次是叶、生长点、茎和花,表明这时期根系生长加快,为后期的养分大量吸收作准备;结荚初期(7 月 25 日)花荚的比例开始增加,至 9 月 3 日花荚占 54.59%,表明生育后期吸收的磷主要集中在花荚,发育种子。陈铨荣(1964)以丰地黄为供试大豆品种,取草甸棕壤作盆栽,苗期于根际施用 ^{32}P 标记磷肥,分初花、盛花、初荚三期取样,测定 ^{32}P 在各器官的强度和分布比例。结果表明,初花期吸收的磷 54.7%集中在生长点,初荚期则有 29.2%集中在豆荚(表 11-21)。

表 11-20　不同时期供给 ^{32}P 在大豆植株各器官的分布
(黑龙江农业科学院生物物理室,1963)

器　官	6 月 22 日	7 月 8 日	7 月 25 日	8 月 5 日	8 月 20 日	9 月 3 日
生长点	45.82	19.66	27.97	23.99	21.64	—
根	6.91	32.65	32.14	14.15	6.98	2.13
茎	14.89	15.32	10.53	15.08	19.18	8.20
叶	32.38	22.99	16.85	24.53	17.02	35.06
花(荚)	—	9.40	18.44	23.52	37.05	54.59

注:表内数字系以同时期各器官 50 mg 样品放射性总和为 100 计,各器官所占比例(%)

资料来源:东北师范大学生物系.大豆生理.科学出版社,1981

表 11-21　大豆不同生育期 ^{32}P 在各器官的分布　（陈铨荣等，1964）

植株部位	初花期		盛花期		初荚期	
	脉冲 min^{-1}	%	脉冲 min^{-1}	%	脉冲 min^{-1}	%
根	731	15.8	2087	14.5	1616	13.6
根 瘤	—		2952	20.5	2125	17.9
叶 片	864	19.2	3188	22.3	2375	20.1
茎 秆	459	10.3	2475	17.3	2277	19.2
生长点	2455	54.7	3654	25.4	—	—
豆 荚	—		—		3429	29.2

　　磷在大豆植株内不断运转和再分配。这种转移和再分配是进入大豆植株的无机磷与植株体内相关物质进行合成、分解、再合成、再分解的复杂代谢过程。大豆各器官往往同时存在流出流入过程，在大豆叶片这种流出流入活动进行得很旺盛，嫩叶流入大于流出量，老叶流出大于流入量，流出流入活动白天强，夜间弱，叶中养分流动同大豆生长活动密切相关。大豆植株磷的转移和再分配特性，有利于大豆对土壤磷的吸收利用，有利于提高磷的生物效率与经济效率。如前所述，大豆根系从土壤环境中摄取的磷，首先贮藏在根部，以满足根系生长需要，以后再吸收的磷和根系贮存的磷逐渐向地上部器官转移，优先转移到生长旺盛部位。这种转移的速率越快，越有利于提高根系对环境磷的吸收，有利于新生组织获取充足的磷营养，促进生长发育，增加生物学产量和籽粒产量。

　　大豆籽粒的磷素，一部分是在大豆鼓粒阶段由根系摄入而运向种子的，另一部分来源于植株磷的再分配，即在结荚鼓粒期，叶、茎秆、荚壳很大一部分磷化物转运到种子，满足籽粒发育的需要。松代平次（1971）认为，大豆营养器官和花荚积累的磷素营养，约有 70% 转移到种子。张桂兰等（1988）的试验资料，大豆鼓粒至成熟期，叶、叶柄、茎与荚壳所积累的磷素营养，分别有 71%、62%、75% 和 60.7% 输送到种子。

　　（三）磷的积累分配

　　大豆植株磷的浓度（百分含量）是大豆磷营养状况的反映。大豆不同品种、不同发育阶段、不同器官及不同土壤条件的植株磷浓度变化范围很大。郭庆元、李志玉等（2003）对湖北省 20 个春大豆品种在武汉田间栽培的初花期植株分析结果，植株磷平均含量为 0.28%，最小含量为 0.18%，最高含量为 0.4%，变异系数 22.54%；31 个夏大豆品种的植株磷含量为 0.2%～0.34%，平均含量 0.26%，变异系数 12.96%（表 11-6）。不少研究报道表明，大豆磷含量随生育进程而变化，随不同器官而变化。张桂兰等（1988）在河南夏大豆田间试验植株样分析结果（表 11-22），叶片、叶柄、茎秆及花荚（荚皮）的含磷量均随生育进程而降低，分别由苗期的 0.714%、0.425%、0.447% 及 0.963%（开花期的花荚）降至成熟期的 0.209%、0.218%、0.147% 和 0.263%，籽粒磷由鼓粒期的 1.126% 升至 1.414%。李永孝等（1988）用夏大豆品种鲁豆 4 号盆栽试验测定结果（表 11-23），大豆植株含磷量的变化趋势与前述结果相似，营养生长与生殖生长旺盛进行的初花期至鼓粒末期根、茎、叶的含磷量由高而低，荚（含籽粒）由低而高，但变幅小些。

表 11-22　大豆不同生育期各器官的磷含量　（%）　（张桂兰和郭庆元等田间试验,1988）

生长期	叶片	叶柄	茎	花荚(荚皮)	籽粒
苗　期	0.714	0.425	0.447		
分枝期	0.689	0.434	0.438		
开花期	0.625	0.423	0.446	0.963	
结荚期	0.557	0.394	0.425	0.998	
鼓粒期	0.365	0.306	0.474	0.483	1.126
成熟期	0.209	0.218	0.147	0.263	1.414

表 11-23　夏大豆(鲁豆 4 号)不同生育期各器官含磷量变化　（%）　（李永孝等,1988）

生育期	根	茎	叶	荚	全株
初花期	0.652	0.482	0.674	—	0.604
结荚末期	0.690	0.449	0.682	0.784	0.611
鼓粒中期	0.646	0.453	0.654	0.911	0.698
鼓粒末期	0.580	0.374	0.376	0.965	0.674

　　在同样土壤和栽培条件下,不同大豆品种的植株磷含量不同。李志玉和郭庆元等(2000)在江西红壤的田间试验结果,6 个春大豆品种植株磷含量,花荚期平均值为 0.4%,高的为 0.46%,低的为 0.35%;成熟期高的为 0.36%,低的只有 0.18%,平均值 0.26%(表 11-7)。据徐本生(1989)、赵政文(1994)的研究资料比较,黄淮夏大豆生育期的植株磷含量高于南方春大豆的含量(表 11-10)。这是在不同年分、不同土壤与不同栽培条件下的结果。

　　大豆磷的积累速率与积累量亦随生育期、品种特性和土壤条件而变化。王维军(1963)报道,大豆植株磷的积累速率由出苗至盛花是逐渐提高,苗期至初花期平均每日积累 P_2O_5 0.15 kg/hm^2,盛花期至末花期略有降低,末花至结荚达到日积累 P_2O_5 0.18kg/hm^2,以后逐渐降低。徐本生(1989)、赵政文(1994)根据田间试验测定结果计算,分枝期、始花期、结荚期、鼓粒期、成熟期的 P_2O_5 积累量夏大豆分别为 0.034、0.116、0.21、0.337 和 0.411 $g·株^{-1}$,春大豆积累量分别为 0.005、0.015、0.039、0.069 和 0.074 $g·株^{-1}$(表 11-10),同一生育阶段黄淮夏大豆单株积磷量远高于南方春大豆,这可能是土壤条件、品种特性或测试条件所致。与氮、钾相比较,两处试验的大豆单株氮、钾积累量都是在鼓粒期达到最大值,此后有所减少,而单株磷的积累量在鼓粒期以后仍有增加,表明大豆对磷的吸收进入鼓粒之后还在继续。

　　大豆植株磷的分配中心随生育进程而变化,苗期至结荚期的分配中心是叶片,占植株全磷的 50% 以上,其次是茎秆,占 20%~30%,结荚以后分配中心逐渐转至荚和籽粒,占 60%~70%。张桂兰等(1988)夏大豆田间试验分期取样测定结果(表 11-24),每公顷大豆植株磷的积累量苗期 1.5 kg,结荚期 18.75 kg,成熟期 40.5 kg,磷在各器官的分配比例,苗期的叶片、茎秆、叶柄分别为 70%、20% 和 5%,开花期分别为 53.4%、27.3% 和 15.9%,开花以后分配中心转到籽粒,成熟期籽粒的分配比例达 77.7%。各器官积累磷最高的生育期与成熟期相比,叶片、叶柄、茎秆、花荚(壳)分别降低了 71%、62%、75% 和 60.7%,各器官减少的磷大部分是输往籽粒,小部分是成熟时落叶带走,以上数字近似于各器官的磷向籽粒的运转率。蒋工颖和董钻(1989)在沈阳春大豆的田间试验测定结果,生育期磷在各器官的分配趋势与黄淮夏大豆相似,只是成熟期籽粒磷的分配比例更高些(表11-25)。根系、叶片、茎秆分枝期为 16.67%、58.33%、16.67%,结荚期分别为 7.03%、24.86%、16.23%,表明结荚期的大豆根系、叶片的磷素营养物质迅速向籽粒转移,茎秆变化小些。

表 11-24　夏大豆不同生育期磷的积累与分配 （张桂兰等,1988）

生育期	磷的积累量 P₂O₅(kg/hm²)	磷在各器官的分配(%)				
		叶片	叶柄	茎秆	花荚(皮)	籽粒
苗　期	1.50	70.0	5.0	20.0		
分枝期	5.85	56.4	10.0	33.3		
开花期	13.20	53.4	15.9	27.3	3.3	
结荚期	18.75	48.0	16.8	32.0	3.2	
鼓粒期	37.35	15.7	9.2	18.5	13.7	42.9
成熟期	40.50	7.4	4.6	4.8	7.1	77.7

表 11-25　春大豆不同生育期磷在植株各器官的分配 （%）（蒋工颖、董钻田间试验,1984）

生育阶段	测定日期	根	茎秆	叶片	叶柄	荚(皮)	籽粒
分枝期	6月15日	16.67	16.67	58.33	8.33	—	—
花　期	7月15日	9.30	27.91	54.26	7.75	—	—
结荚期	8月15日	7.03	16.23	24.86	5.41	9.19	37.30
成熟期	9月23日		4.01			4.39	91.61

（四）施肥、灌溉对磷素积累的影响

1. 施肥不仅对大豆植株磷的相对含量更对绝对含量(积累量)产生明显影响　李永孝(1999)在山东以夏大豆为材料,15:15:15 的 NPK 复合肥不同施肥量盆栽试验结果,以每株(盆)20 g 处理的各生育阶段含磷量为最高,施肥少于及高于 20 g 的施肥处理,各阶段的相对含磷量均较 20 g 处理低。说明施肥不足或过量都导致植株磷含量降低(图 11-6)。此试验结果还表明,每株(盆)施 NPK(15:15:15)复合肥 10、15、20、25、30 g 的不同处理,以 20 g 处理的绝对含磷量最高,低于或高于 20 g 处理的单株绝对含磷量均渐次降低。各生育期根、茎、叶、荚等器官的含磷量变化也与全株大体相似。由于不同施肥造成土壤溶液养分浓度和供肥能力差异,影响大豆对磷素养分的吸收、运转和同化的差异,反映在植株相对含磷量的差别,相对含磷高低与植株生长发育速度和植株生长总量相关,使得不同施肥处理的植株磷绝对含量产生更大的差异。此试验结果是每株(盆)20 g 复合化肥为适宜用量。

2. 供水量影响大豆植株相对含磷量与绝对含磷量　大豆植株主要是通过根系吸收土壤溶液中水溶性与弱酸溶性的磷化物。供水多少会影响土壤溶液浓度,影响根系呼吸强度,从而影响大豆根系对磷的吸收能力和吸收量。李永孝等(1999)的试验报道(图 11-7),夏大豆盆栽条件下(每盆干土 15 kg),每次供水 0.9、1.2、1.5、1.8、2.1 kg·株⁻¹,植株磷的相对含量与绝对含量均呈抛物线状变化,以每次供水 1.8 kg·株⁻¹的植株磷相对浓度和绝对含量为最大值,每次供水量低于 1.8 kg 及高于 1.8 kg 的植株及其各器官的磷浓度和绝对含磷量均

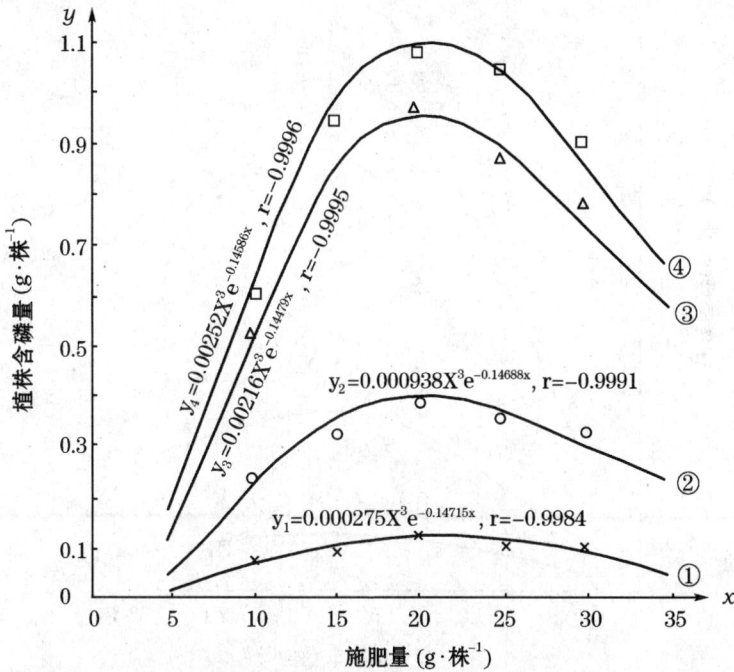

图 11-6　夏大豆各生育期植株绝对含磷量与施肥量的关系　（李永孝，1987）

注：1. 图中资料为夏大豆鲁豆 4 号盆栽试验，每盆过筛土 15 kg，出苗后每盆留苗 1 株，每次供水量均为 1.8 kg·株$^{-1}$，初花期前每隔 5 天浇一次水，初花期后每隔 1 天浇一次水；2. 肥料为复合化肥，N：P$_2$O$_5$：K$_2$O = 15：15：15；
3. 图中①、②、③、④分别表示初花期、结荚末期、鼓粒中期、鼓粒末期；4. ×、○、△、□依次表示上述 4 个生育期植株绝对含磷量实测值

渐次降低，表明以每次 1.8 kg·株$^{-1}$供水量为夏大豆最适宜供水量，能增加大豆植株对磷的吸收和积累，供水不足或供水过量都会降低大豆对磷的吸收积累。

三、钾 的 生 理 功 能

钾是大豆主要营养元素之一。尽管钾不是大豆植物细胞的组成元素，不与其他元素形成有机化合物，但以离子态存在的钾参与许多生命活动和生化过程，是大豆正常生长发育和实现优质高产的重要元素，钾在大豆植株及种子中的含量仅少于氮，在 16 种主要营养元素中列第二位。钾的生理功能主要是以下几方面。

（一）钾是多种酶的活化剂

植株体内的各种新陈代谢过程，如有机物的合成、分解、运输、转移以及氧化还原等生命活动，都是在各种酶的参与下完成的。钾对酶的活化作用是打开酶的活化部位，使其行使生理功能。酶具有专一性催化作用，这种作用只在酶分子的活化部位进行，而酶的活化部位常处于不暴露的卷缩状态，只有水化半径很小的钾离子能够进入酶分子表面卷缩的活化部位，将其撑开，使活化部位暴露，完成催化反应。现已查明有 60 多种酶需要钾离子进行活化，这60 多种酶分别属于三大类，即合成酶类、氧化还原酶类和转移酶类。充分的钾离子浓度激发酶的活性，就能促进淀粉、脂肪、核酸、蛋白质等化合物的合成，促进各种化合物在植株体内的流通、运转，提高蛋白质产量；钾不足则可能导致低分子的糖类、氨基酸、可溶性氮化物等的积累，蛋白质减少，严重缺钾还会产生有毒的胺类，影响或阻碍正常的生长发育。

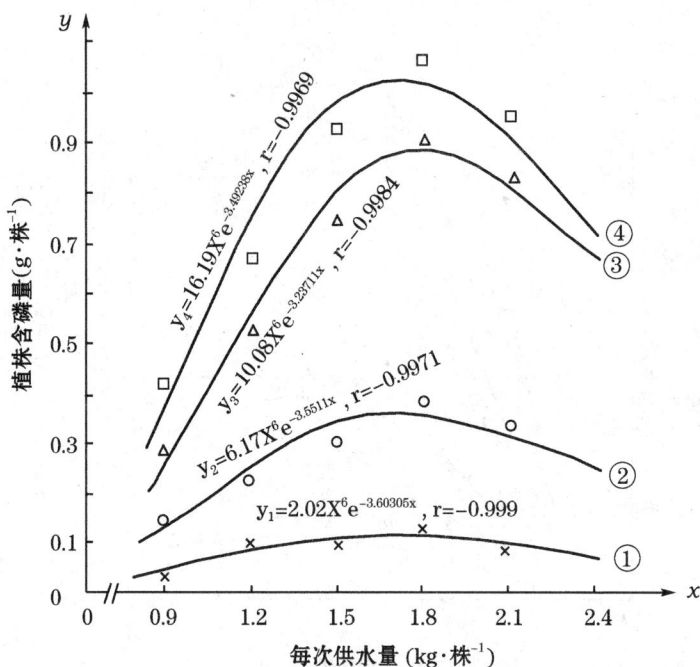

图 11-7　夏大豆植株绝对含磷量与供水量的关系　（李永孝等,1999）

注:1. 图中曲线①、②、③、④分别表示初花期、结荚末期、鼓粒中期、鼓粒末期;2. ×、○、△、□分别表示初花期、结
荚末期、鼓粒中期、鼓粒末期植株绝对含磷量实测值

(二)加强光合作用,促进碳水化合物的合成和运转

利用光能将二氧化碳和水合成碳水化合物的光合作用过程伴随各种化学反应,这些化学反应是以 ATP 为能源,故光合作用速率在很大程度上取决于叶绿体中 ATP 的多少,而 ATP 的合成需要钾离子。缺钾会影响 ATP 的形成,从而影响光合作用的强度和速率。同时光合作用产物从叶片运出也需要 ATP 作为能源,供钾充足有利于叶绿体 ATP 的合成,有利于碳水化合物从叶片输出。所以钾的供应,同光合作用密切相关,同碳水化合物合成、运输、代谢,同糖类、淀粉和脂肪的形成、运转密切相关。

(三)促进结瘤固氮,增强大豆植株氮素营养

钾的供应,可加强大豆植株光合作用,增加大豆根部碳水化合物的供给,为结瘤固氮不断提供碳水化合物和能源,同时,由于植株碳水化合物的增加,由根瘤固定的氮化物能及时由根瘤输出与碳水化合物结合形成氨基酸、蛋白质、核蛋白等物质,构成新的植株细胞组织,有利于根瘤固氮活动持续增强。在缺钾土壤上栽培大豆,增加钾的供应有利于促进结瘤固氮,增加结瘤量,提高固氮酶活性,植株氮的含量与积累量显著增加。张桂兰和郭庆元等(1984)在淮北平原夏大豆田间试验取样测定结果,土壤速效钾为 122 mg/kg,施钾区初荚期的单株根瘤重、根瘤数分别增加 33.3%、31.5%,氮的积累量增加 51.5%,磷的积累量增加 33.3%。郭庆元(1984)取低钾(速效钾 79 mg/kg)马肝泥水稻土在武汉进行不同供肥处理的盆栽试验结果,结荚期植株氮的积累量施钾处理比未施钾高出 96.9%,氮、磷、钾处理比氮、磷处理高 80.1%,植株磷的积累量施钾处理比未施钾的高 37.6%,氮、磷、钾与氮、磷处理相近。这些结果表明,大豆施钾可促进结瘤固氮,促进大豆植株生长,从而提高氮、磷、钾的吸

收量和利用率。

(四)增强抗逆性能

钾离子具有快速通过细胞膜的能力,能快速进入细胞又能快速渗出细胞。叶片气孔的关启是由保卫细胞膨压的大小调节,而保卫细胞膨压的变化受钾离子的进入渗出所控制,所以钾能控调叶片气孔的关启,使干旱气候条件下叶面蒸腾作用得到一定的调节,从而减少水分的损失,提高抗旱性能。中国农业科学院土壤肥料研究所的研究工作表明,施钾的大豆气孔开关灵敏,正常气候条件下气孔开度大,干旱条件下气孔开度小,减少水分蒸腾。钾还可以提高细胞的渗透势,增强作物吸收土壤水分的能力。因之,充足的钾素供应,一方面可以增强作物利用土壤水分的能力,又能减少叶面蒸腾作用的水分损失,从而提高抗旱耐涝性能。

由于钾能促进碳水化合物的合成、运输,提高大豆植株木质素、纤维素的含量,增厚细胞壁,增强植株的坚韧度,从而提高抗倒伏能力和抗病能力。有不少试验资料报道,钾的充分供应可以减轻多种病菌的感染、扩散,提高大豆植株抗病性,降低病害造成的损失。

四、钾的积累分配

(一)大豆植株钾的含量

大豆植株含钾量反映了大豆钾素营养状况。大豆植株钾浓度因大豆品种类型、生育期、器官部位而变化,与土壤供钾状况密切相关。

1. 大豆品种类型、品种特性与植株钾浓度　武汉地区田间试验测定结果,20 个春大豆品种初花期的植株钾浓度为 1.06% ~ 2.11%,平均值为 1.37%,变异系数 21%;31 个夏大豆品种初花期的植株钾浓度为 0.61% ~ 1.27%,平均值 0.92%,变异系数 19.39%。表明在相同土壤气候条件下,初花期的植株钾浓度春大豆高于夏大豆,且品种间的变异度春大豆大于夏大豆。江西红壤地区田间栽培条件下品种比较试验花荚期测定结果,6 个不同特性春大豆品种植株钾浓度 1.85% ~ 2.56%,平均为 2.24%(郭庆元、李志玉等,2000,2003)。

史占忠(1989)选用东北春大豆 6 个品种进行田间栽培的不同生育期取样测定结果,苗期、花期、结荚期、鼓粒期的植株含钾量均以铁丰 18 最高,合丰 82-627 最低,4 个生育期的含钾量前者分别为 23.1、23.97、23.29 和 26.29 g/kg,后者为 15.42、13.43、13.93、12.56 g/kg,计算 4 个时期的平均值,铁丰 18 为 24.16 g/kg,合丰 82-627 只有 13.84 g/kg,表明东北春大豆植株钾含量品种间差异很大(表 11-26)。6 个春大豆品种不同生育阶段含钾量的变异系数及同一生育阶段不同品种的变异系数表明,铁丰 18 不同生育期的变异系数小(6.07%),不同生育期的植株钾含量较接近,合丰 25 的变异系数较大(17.207%),不同生育期的含钾量变动较大;同一生育期 6 个品种的植株钾含量变异系数鼓粒期达 33.73%,苗期为 18.068%,表明不同品种含钾量苗期差异较小,鼓粒期差异最大。

表 11-26　东北春大豆不同品种不同生育期植株含钾量　(g/kg)　(史占忠,1989)

品　种	苗　期	花　期	结荚期	鼓粒期	$\overline{x}$	CV(%)
铁丰 18	23.10	23.97	23.29	26.29	24.16	6.070
铁丰 21	16.09	14.38	16.76	12.32	14.76	12.466
铁丰 20	15.58	12.95	15.58	12.32	14.11	12.187

续表 11-26

品　种	苗　期	花　期	结荚期	鼓粒期	$\overline{X}$	CV(%)
合交 82-627	15.42	13.43	13.93	12.56	13.84	8.661
合丰 25	15.42	21.07	20.73	15.55	18.19	17.207
合交 83-1315	15.76	18.89	22.49	17.32	18.61	15.505
$\overline{X}$	16.89	17.45	18.71	16.06	17.28	6.439
CV(%)	18.068	26.076	21.109	33.730	22.880	

2. 植株不同器官的钾含量　程素贞和罗孝荣等(1999)对黄淮地区两个夏大豆品种田间栽培条件下的植株钾含量测定结果(表 11-27),相同栽培条件下,两个品种的植株钾含量差异较小,而同一品种不同器官,同一器官不同生育阶段的差异较大,分枝期至鼓粒期茎秆的钾浓度高于叶片,结荚至成熟期,花荚、籽粒的钾浓度高于茎秆、叶片和叶柄。杨立国和索全义等(2002)对内蒙古春大豆的研究也得到相近的结果。

表 11-27　黄淮夏大豆不同生育期、不同器官的植株钾含量　(g/kg)　(程素贞和罗孝荣等,1996)

生育期	器　官	安农 75-59	安徽 1 号	平均值
分枝期	茎秆	17.26	16.94	17.10
	叶片	15.68	14.52	15.10
始花期	茎秆	14.52	14.10	14.31
	叶片	12.10	12.10	12.10
	叶柄	19.36	19.36	19.36
结荚期	茎秆	16.84	16.84	16.84
	叶片	14.65	15.05	14.35
	叶柄	14.84	17.26	16.05
	花荚	25.52	25.00	25.26
鼓粒期	茎秆	12.42	14.84	13.63
	叶片	12.42	12.44	12.43
	叶柄	11.15	13.63	12.39
	荚皮	14.52	12.83	13.68
	籽粒	22.89	20.89	21.89
成熟期	茎秆	7.12	7.21	7.17
	叶柄	—	4.84	4.84
	荚皮	19.68	20.89	20.29
	籽粒	24.52	25.73	25.13

郭庆元等(1980)不同施钾量盆栽试验植株分析结果(图 11-8),高量施钾时大豆植株可以过量吸收钾,使植株钾浓度发生很大变化。苗期、花期的地上植株及根系的含钾量成倍增长,地上植株增幅大于根系,而成熟期的荚壳含钾量增长 2 倍以上,表明大豆过量吸收的钾,生育前期主要集聚在茎、叶,其次在根系,而成熟期则主要集聚在荚壳,其次茎、叶,籽粒保持

较稳定的含钾量。

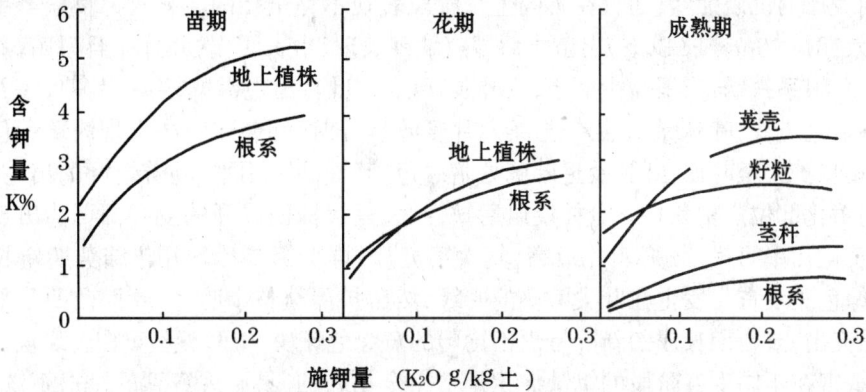

图 11-8 不同施钾量的大豆各器官含钾量 （郭庆元等,1980）

3. 土壤供钾能力与大豆钾浓度 大豆植株钾浓度与土壤供钾性能密切相关,在有效钾缺乏的土壤条件下,大豆植株钾浓度随土壤供钾水平而变动。郭庆元等(1979,1980,1986)在 20 世纪 70 年代对湖北孝感县丘陵地区马肝泥稻田土壤的调查研究结果,在三熟制栽培条件下,土壤速效钾消耗多,补充少,含量降低较快,但由于微地形变化特别是各田块施肥制度不同,造成在一个自然村范围内土壤速效钾含量相差极大,33 个田块的土样分析结果,土壤速效钾含量最低的田块只有 25 mg/kg,含量最高田块 282 mg/kg,高低相差 10 倍之多。对不同田块、不同施肥处理的大豆植株取样分析结果,大豆植株钾浓度变幅很大,地上植株苗期钾浓度 0.4%~5%,花期 0.6%~3%,根系钾浓度苗期 0.6%~4%,花期 0.8%~2.4%。大豆产量与土壤速效钾呈现正相关,相关系数 0.4189,与花期植株含钾量呈显著正相关,相关系数 0.8568。试验条件下的大豆最高产量花期植株钾含量为 3.12%。

大豆功能叶片(完全展开长成的新叶)钾含量能反映大豆植株钾素营养状况。对结荚期功能叶片(顶端下数第三片完全长成叶)测定结果(表 11-28),低于 0.6% 的大豆植株表现出明显缺钾黄化症状,施钾肥显著增产,低于 1% 为潜在性缺钾,施钾肥增产 8.7%~31.7%,功能叶片含量达到 1.4%,不施钾可以达到 1 900 kg/hm² 产量,单施钾肥不增产或增产不显著(郭庆元等,1986)。结果表明,不同田块由于土壤速效钾含量差异导致大豆叶片生长量与含钾量不同,相应的大豆籽粒产量及钾肥效应表现不一。故由叶片生长量(单叶干重)及钾含量可以推知土壤供钾状况,预测大豆产量及钾肥增产效果。

表 11-28 秋大豆功能叶含钾量及钾肥产量效应 （郭庆元、李矩琛等,1979）

田块号	叶片干重 (g/片)	叶片钾含量 (%)	缺钾黄化症状表现	大豆产量 kg/hm² 对照	大豆产量 kg/hm² 施钾	钾肥增产 (%)
1	0.43	0.60	有	918.8	1210.6	31.7
2	0.41	0.60	有	1102.5	1307.3	18.7
3	0.68	0.75	有	1931.3	2100.00	8.7
4	0.70	1.02	无	1642.5	1879.00	14.3
5	0.69	1.06	无	1642.5	1914.8	16.6
6	0.62	1.11	无	1975.0	1980.0	5.6
7	0.72	1.39	无	1912.5	1890.6	-0.8

4. 大豆钾素饥饿症状　大田及盆栽试验，由于土壤速效钾含量太低，大豆植株各器官出现不同表征的饥饿症状，而且在不同生育阶段表现不完全相同。有效钾供应严重缺乏的土壤(速效钾在 25 mg/kg 以下)出苗之后即有缺钾表现，生长缓慢，叶片小且呈暗绿色，根量少，主根短，根系铁锈色，根瘤少而小，真叶展开以后，叶片出现褐斑，第一片复叶展开后叶片边缘出现黄色斑块，叶脉绿色，第二至第六片复叶展开时，都会在叶缘出现淡黄绿色至黄色斑块，且逐步扩大至叶面，叶脉及近叶脉处暗绿色，叶面凸凹不平，随着新叶的出生成长，下部老叶的黄化部位焦枯死亡。分枝期以后缺钾，大豆植株已展开的复叶都可能出现这种黄化症状，黄化几率第三片、第四片最高，其次第五片，再次第二片。开花结荚期新长成的叶片，淡黄绿色斑块首先发生在叶尖两侧的叶缘，然后扩展至整个叶片，叶面凸凹不平的皱缩现象更加突出，鼓粒期长成的新叶呈现不均匀的黄绿色斑块，中间荚呈黄白色斑块。由上可见，大豆缺钾在不同生育阶段的饥饿症状是不完全相同的，易于观察到的是根系铁锈色，根量少，叶片小，出现不同程度的黄化症状，生育后期荚不饱满，籽粒小。在南方马肝泥水稻土上种植的秋大豆或春大豆，发生黄化症状的早晚及黄化率高低，与土壤速效钾含量及施肥情况密切相关，其次受土壤湿度或降水的影响。土壤速效钾含量在 90 mg/kg(K_2O)以上，一般不出现黄化症状，只在降水量少、土壤湿度低的条件下有时出现黄化症状。土壤速效钾分别为 71、50、25(mg/kg)的大豆田块，分枝期出现黄化症状的大豆植株分别为 10%、34% 和 80%。对以上田块施以钾肥则不出现黄化症状，而施氮磷肥则加重黄化症状。发生叶片黄化症状的开花期叶片钾浓度一般在 6 mg/kg 以下。由上结果得到如下认定，大豆功能叶片钾浓度 6 mg/kg 是大豆植株钾素饥饿的临界值，相应的土壤速效钾临界含量为 K_2O 75 mg/kg(郭庆元、李矩琛等，1979，1980，1986)。东北黑土的含钾量较丰富，但近来仍出现大豆植株缺钾症状，在当地土壤气候条件下，土壤速效钾 100 mg/kg 为缺钾临界值。大豆各器官缺钾参数，根 0.2%～0.25%，茎 0.28%～0.75%，叶片 0.5%～1.13%，叶柄 0.2%～0.81%(王广武、王光华和刘晓冰等，1995)。

5. 大豆耐低钾的基因型差异　大豆品种耐低钾特性及缺钾症状存在共同性和基因型差异。唐劲驰、曹敏建等(2001)选用辽中县壤质碳酸盐草甸土的低钾土壤，耐低钾特性不同的 10 个大豆品种，进行 5 种钾浓度(49、62、75、88、101 mg/kg)的盆栽试验结果显示，当土壤有效钾浓度在 49～88 mg/kg 时，供试的 10 个春大豆品种均有不同程度的叶片黄化症状出现，而缺钾症状的程度和出现时期的早晚存在品种间差异。当土壤有效钾在 49～62 mg/kg 时，大多数品种在苗期出现重度或中度缺钾症状，只有 3 个品种表现生长正常，而在结荚鼓粒期供试的 10 个品种均有中度或重度的缺钾症状。表明大豆缺钾症状，如叶片黄化、叶脉间呈鱼骨状、叶面皱缩、叶缘枯焦，主要发生在后期，品种间的差异主要表现于生育初期。表 11-29 还表明，供钾水平为 75 mg/kg 时，结荚至鼓粒期 10 个品种均出现缺钾症状；供钾 88 mg/kg 时，结荚期 7 个品种、鼓粒期 8 个品种表现缺钾症状；供钾 101 mg/kg 时，供试品种全生育期均无缺钾症状。

表 11-29　春大豆不同品种、不同供钾水平和不同生育期的缺钾症状差异　(唐劲驰和曹敏建等，2001)

大豆品种	苗　期					开花期					结荚期					鼓粒期				
	K_1	K_2	K_3	K_4	K_5	K_1	K_2	K_3	K_4	K_5	K_1	K_2	K_3	K_4	K_5	K_1	K_2	K_3	K_4	K_5
94158-7	++	+	—	—	—	++	++	—	—	—	++	++	++	—	—	++	++	++	—	—

续表 11-29

大豆品种	苗 期					开花期					结荚期					鼓粒期				
	K_1	K_2	K_3	K_4	K_5	K_1	K_2	K_3	K_4	K_5	K_1	K_2	K_3	K_4	K_5	K_1	K_2	K_3	K_4	K_5
90182-3-34	╫	+	—	—	—	╫	╫	╫	+	—	╫	╫	╫	+	—	╫	╫	╫	—	—
95137	╫	+	+	—	—	╫	╫	╫	+	—	╫	╫	╫	+	—	╫	╫	+	—	—
95109 特-3	╪	+	—	—	—	╪	+	—	—	—	╫	╫	╫	+	—	╫	╫	+	—	—
94065-2	—	—	—	—	—	╪	+	—	—	—	╪	+	+	—	—	╪	+	—	—	—
新 2 号	—	—	—	—	—	+	+	—	—	—	╪	+	+	—	—	╪	+	—	—	—
94029-4	╪	—	—	—	—	╪	+	—	—	—	╫	╫	+	—	—	╫	╫	+	—	—
94007	+	—	—	—	—	╪	—	—	—	—	╪	+	—	—	—	╪	+	—	—	—
新 3 号	╫	+	—	—	—	╫	╫	╪	—	—	╫	╫	╫	—	—	╫	╫	╫	—	—
95107 特-3	—	—	—	—	—	╪	+	—	—	—	╪	╪	+	—	—	╪	╪	+	—	—

注:1. K_1、K_2、K_3、K_4、K_5 表示供钾处理 49、62、75、88、101(mg/kg);2.—、+、╫、╪代表植株缺钾症状:正常、轻度、中度、重度

(二)钾的积累分配

1. 大豆植株钾的积累　大豆对钾的吸收积累随生育期而变化。开花前大豆植株生长慢,营养体小,根系从土壤环境中吸收钾的能力较弱,植株钾积累量较少,开花以后由于旺盛的营养生长与生殖器官发育,根系逐渐发达,对土壤钾的吸收能力大大增强,同时由于生长速度加快,由根部吸收的钾能很快运转到茎秆、叶片和开花结实器官,钾的积累强度逐渐加强,积累量迅速增加,特别是结荚至鼓粒期增加最多。据李永孝(1987)对山东夏大豆的试验结果(表 11-30),出苗至初花期单株积累量为 0.2894 g,初花到结荚末期为 0.6918 g,结荚末至鼓粒期为 1.0386 g,鼓粒中期至末期为 0.5225 g,以结荚末至鼓粒中期的积累量最多,次为初花期至结荚末期。由表 11-30 还可以看出,根系在结荚期已达到积累高峰,进入鼓粒期之后,根系钾的积累量未有增加,而且逐渐降低,表明鼓粒以后大豆根系从土壤环境中摄入的钾量少于输出量;茎秆和叶片的钾积累量鼓粒中期达到最高量,分别为 0.4654 g 和 0.4954 g,鼓粒中期后茎秆、叶片钾积累量减少,分别减少 0.0695 g 和 0.0992 g,表明鼓粒中期以后,大豆茎秆、叶片钾的输入量少于输出量;花荚的钾积累开花以后一直在增加,鼓粒末期达到最大值。多数研究结果(Harper,1971;Weher,1971;董钻,1996;李绍曾,1984;杨立国,2002)大豆吸收积累钾的高峰期比氮、磷来得早,鼓粒中期达到最高量之后吸收趋于停止,积累总量开始降低。

表 11-30　夏大豆鲁豆 4 号不同生育期、不同器官钾的积累量　(李永孝等,1987)

生育阶段	积累量类别	钾在各器官的积累量(g/株)				
		根	茎	叶	花荚(粒)	全株
出苗至初花期	积累量	0.0524	0.1028	0.1342	—	0.2894
	增 量	0.0524	0.1028	0.1342	—	0.2894
初花至结荚末期	积累量	0.1254	0.3422	0.3922	0.1214	0.9812
	增 量	0.0730	0.2394	0.2580	0.1214	0.6918
结荚末至鼓粒中期	积累量	0.1122	0.4654	0.4954	0.9468	2.0198
	增 量	-0.0132	0.1232	0.1032	0.8254	1.0386
鼓粒中至末期	积累量	0.0940	0.3959	0.3962	1.6562	2.5432
	增 量	-0.0182	-0.0695	-0.0992	0.7094	0.5225

杨立国、索全义和吕淑湘等(2002)对4个北方春大豆品种的研究结果(表11-11),4个品种平均,初花期钾的积累量为23.32 kg/hm²,相对吸收量为23.6%,吸收速率为0.53 kg/hm²·d;初花至结荚期钾的积累量为42.21 kg/hm²,相对吸收量为42.7%,吸收速率为2.01 kg/hm²·d;结荚至鼓粒前期的吸收量为52.3 kg/hm²,相对吸收量为52.9%,吸收速率为4.36 kg/hm²·d,均为最高值,进入鼓粒后期积累量减少。表明春大豆积累钾的变化趋势与夏大豆相似,都是在结荚至鼓粒前期积累最多,且达到积累量高峰,此后积累总量有所减少。其原因是进入成熟期的大豆植株落叶及根系腐烂导致全株钾积累量的损失。

2. 钾在大豆各器官的分配　钾在大豆各器官的分配与钾的代谢特性密切相关。由于钾是多种生理过程酶促反应的必需元素,多分布于代谢活跃的器官。从幼苗到开花,叶片是大豆植株钾的积累中心,植株钾的50%～60%分配在叶片,开花结荚以后,钾的积累中心转向发育的幼荚和籽粒,鼓粒初期幼荚积累的钾约占全株的25%,此时期的叶片仍为钾的积累中心,积钾量占全株的45%以上;进入鼓粒后期,茎、叶积累的钾向籽粒转移,使籽粒成为钾的积累中心,成熟期有60%以上的钾积累在籽粒(表11-31)。

表11-31　夏大豆不同生育阶段钾在各器官的分配　(张桂兰、郭庆元等,1988)

生育期	叶 片		茎 秆		花 荚		籽 粒		全株总计
	积累量 kg/hm²	占总量 %	积累量 kg/hm²	占总量 %	积累量 kg/hm²	占总量 %	积累量 kg/hm²	占总量 %	kg/hm²
幼苗期	0.69	60.5	0.45	39.5	—	—	—	—	1.14
苗 期	0.23	69.2	1.05	30.8	—	—	—	—	3.41
分枝期	10.05	56.8	8.45	45.0	—	—	—	—	18.5
开花期	24.90	68.0	10.50	28.7	1.20	3.2	—	—	36.6
结荚期	33.15	63.9	17.10	32.9	1.65	3.2	—	—	51.90
鼓粒始期	31.80	46.1	13.65	19.8	17.85	25.9	5.78	8.3	69.05
鼓粒末期	23.85	28.5	12.15	14.5	15.60	18.7	31.95	38.2	83.60
成熟期	9.30	12.8	6.00	8.2	11.10	15.2	46.5	63.8	72.90

注:鼓粒以后的花荚积钾量是指荚皮的积钾量

由于钾在大豆植株的移动性大,钾在大豆各器官可以再利用,可以向上或向下长距离输送,所以钾在大豆植株再利用的程度高,主要是由根系向地上运输,由各营养器官向生长中心与结实器官运转,由衰老组织向新生器官运移。从表11～31可以看到,结荚期大豆叶片、茎秆的积钾量已达到生育期的最大值,鼓粒以后开始降低,从鼓粒至成熟期,叶片、茎秆、花荚(壳)的含钾量分别减少了71.9%、64.6%、45.3%,其中大部分是输向籽粒,少部分随落花、落叶回归土壤。

王永茂(1995)对黑龙江春大豆丰产试验田生育期取样分析结果,始花至鼓粒期植株钾的积累量渐次增加,鼓粒期达到最大值,成熟阶段降低;钾在营养器官的分配是茎秆高于叶片,始花期、盛花期、终花期、结荚期、鼓粒期、黄叶期茎秆钾占总量的55.32%、60.15%、59.16%、51.89%、37.62%、22.71%,叶片钾占总量的44.68%、38.6%、29.87%、28.65%、23.24%、14.76%,黄叶期的籽粒钾积累量占总量的62.53%,籽粒成为后期的钾素积累中心。

五、大豆对氮、磷、钾的平衡吸收

大豆在高产栽培条件下,其正常生长发育,不仅取决于氮磷钾三要素营养水平的高低,而且取决于对三要素的平衡吸收,这种平衡吸收关系又依赖于种植密度、土壤供肥水平和科学施肥。据刘克礼等(2004)的研究结果表明,大豆全生长发育过程中植株对氮、磷、钾积累量间以及氮、磷、钾与干物质积累量间均呈极显著的线性相关关系,每合成 1 kg 干物质,需协调吸收氮素(N)24.7 g、磷(P_2O_5)6.5 g、钾素(K_2O)10.5 g。植株每吸收积累 1 kg 氮素(N),需协调吸收积累磷素(P_2O_5)257.7 g、钾素(K_2O)411.5 g。这种定量关系,可作为确定大豆氮、磷、钾配方与平衡施肥的理论依据。

生产上只有保证适宜种植密度和依据土壤肥力水平进行氮、磷、钾适量配施,方能获得高产。

第四节　大豆的钙镁硫营养

一、大豆中钙镁硫的生理作用

(一)钙

钙是植物细胞壁的成分元素。细胞壁的中胶层是由钙的化合物果胶钙组成,果胶钙同其他多糖类结合形成网状结构,维持细胞壁和膜结构的稳定性。

钙是多种酶的成分或活化剂。钙是 α-淀粉酶,三磷酸腺苷的组成元素,是精氨酸激酶、琥珀酸脱氢酶、卵磷脂酶的活化剂。钙同抗坏血酸氧化酶、固氮酶活性相关,礒井俊行等(1987)报道,钙与大豆结瘤固氮呈现较复杂的表征关系,环境中较高的钙浓度(16～12 毫克分子 Ca)有利于根瘤侵染,但对固氮有抑制作用,介质的 Ca 浓度 1.5 毫克分子对固氮较适宜。

钙在大豆植株碳水化合物和氮化物代谢中起调节作用,钙与大豆植株的细胞分裂有关,钙促进大豆幼嫩部分生长和根瘤的形成,缺钙影响大豆植株根系生长,减少结瘤,严重缺钙会导致根系生长停止。

钙与根系细胞膜上的类脂物质结合,促进膜稳定性,使细胞膜保持一定的孔径和通透性,从而有利于 K^+ 等离子的进入,减少细胞内 K^+ 等离子的外流。

(二)镁

镁是叶绿素的成分元素,镁在叶绿素分子结构中的卟啉环中央,形成分子内络盐。镁占叶绿素分子量的 2.7%,而叶绿素的含镁量占全植株总镁量的 10%。镁的充足供应有利于增加大豆叶片的叶绿素含量,增强光合作用。

镁是多种酶的活化剂,故镁与多种酶的活性相关。这些酶参与碳水化合物代谢、脂肪代谢和氨基酸代谢。镁缺乏或不足会影响这些代谢过程的正常进行。

镁是合成 ATP、磷脂、核酸、核蛋白等含磷化合物的必要元素,镁缺乏则将影响这些含磷化合物的合成,影响营养器官中的磷向结实器官的运转率,故镁缺乏会对大豆的生长发育过程及含磷物质的合成运输产生不利影响。

(三)硫

硫是大豆植株、种子蛋白质的组成元素,硫营养水平同大豆籽粒产量、籽粒营养品质以及大豆的结瘤固氮能力密切相关。从土壤或空气中吸收的 SO_4^{2-} 等进入大豆植株后依次还原成 SO_3^{2-}、H_2S,H_2S 与丙酮酸结合形成半胱氨酸、胱氨酸、蛋氨酸等含硫氨基酸,进一步形成蛋白质。硫是一些酶的成分,如磷酸甘油醛脱氢酶、脂肪酶、氨基转移酶、脲酶等都含有硫,这些酶在氨基酸、脂肪、碳水化合物的转化过程中起重要作用。硫是硫胺素、生物素、辅酶 A 及铁氧化还原蛋白等的构成元素,从而影响这些生命物质的代谢。另外,有研究资料报道,缺硫会影响叶绿素含量,叶片出现黄色。

二、钙镁硫的植株含量与积累分配

20 世纪 80 年代以来,国内外对大豆植株吸收、积累钙、镁、硫等元素的营养特点进行了较深入的探讨。

大豆植株钙、镁、硫的含量因生育阶段、器官部位以及大豆品种类型而变化。武汉地区田间试验花期植株测定结果,不同类型大豆品种的钙、镁、硫含量(表 11-6),春大豆品种之间的变异系数较小,夏大豆品种之间的变异系数稍大。在江西红壤旱地上田间试验生育期测定,6 个春大豆品种植株钙的含量花荚期为 9.8～12.1 g/kg,成熟期为 6.8～7.6 g/kg,花荚期显著高于成熟期,而品种间变异较小。植株镁的含量花荚期为 4.9～6.5 g/kg,成熟期为 4.9～5.7 g/kg,两个生育阶段及不同品种的含镁量均差异不大。钙与镁的含量变化表现出相同趋势,只是花荚期植株钙浓度高于镁(李志玉、郭庆元,2000)。内蒙古呼伦贝尔盟暗棕壤 4 个春大豆品种田间试验生育期不同器官的植株分析结果显示,大豆各生育期的植株 Ca、Mg 浓度,成熟期是 Mg(4.57 g/kg)高于 Ca(3.13 g/kg),其他几个时期是 Ca 高于 Mg,随着生育的推进,全株 Mg 浓度是呈逐渐降低趋势,而植株 Ca 浓度表现为前后低,中间高的趋势;各生育期的叶片 Ca、Mg 浓度高于其他器官,且随生育进程而提高,Ca 由初花期的 7.87 g/kg 到成熟期的 15.96 g/kg,Mg 由结荚期的 8.64 g/kg 到成熟期的 11.69 g/kg,茎、荚及籽粒的 Ca、Mg 浓度均随生育进程而降低,荚、荚皮、籽粒的 Mg 浓度高于 Ca 浓度(表 11-32)。

表 11-32　春大豆生育期各器官的 Ca、Mg 浓度变化　(g/kg)　(索全义、杨立国等,2002)

生育期 (d)	全株		叶		茎		荚		荚皮		籽粒	
	Ca	Mg	Ca	Mg	Ca	Mg	Ca	Mg	Ca	Mg	Ca	Mg
初花期(44)	8.62	8.87										
结荚期(65)	9.02	8.23	7.87	8.64	7.83	8.08						
鼓粒前期(77)	8.33	7.64	12.60	8.58	7.58	7.94	5.49	6.23				
鼓粒后期(88)	7.51	6.83	12.49	7.28	7.77	8.22	4.29	5.24	6.92	8.12	2.04	2.76
成熟期(110)	3.13	4.57	15.96	11.69	3.21	2.83	3.13	4.97	6.95	9.09	1.32	2.67

据河南汝南县砂姜黑土 N、P、K 不同配比的 17 次试验的花期功能叶片养分含量测定结果(表 11-33),Ca 的浓度为 2.94～6.69 g/kg,平均为 4.72 g/kg,Mg 为 1.43～3.42 g/kg,平均为 2.62 g/kg,由变幅较小可知大豆植株的 Ca、Mg 浓度较为稳定。而 Cu、Zn 则变幅大,随不同施肥处理有较大变化。

表 11-33 夏大豆植株功能叶片 * Ca、Mg、Zn、Cu、Mn 等元素含量及其变幅

（郭庆元、涂学文等，鄂豆 2 号 1983）

项 目	Ca	Mg	Zn	Cu	Mn
试验次数	17	17	17	17	17
平均含量	4.72	2.62	24.1	7.89	61.88
变异范围	2.94~6.69	1.43~3.42	16.53~34.03	1.13~15.33	50.48~73.13

* 为顶端下数第三片完全展开的功能叶片

浓度单位 Ca、Mg 为 g/kg，Zn、Cu、Mn 为 mg/kg

潘瑞帜等(1987)提出，开花期顶端功能叶片的元素含量能反映该元素的植株营养状况，可作为营养诊断指标。Ca 含量在 0.2% 以下为缺乏，0.21%~0.35% 为不足，0.36%~2% 为中等，属正常或适宜范围，2.61%~3% 为过量；功能叶片 Mg 含量低于 0.1% 为缺乏，0.11%~0.25% 为不足，0.26%~1% 为中等，1.01%~1.51% 为丰富，高于 1.51% 为过量。刘芷宇(1989)提出，大豆苗期叶片 Mg 含量 0.18% 为缺乏的临界值，0.36% 为正常指标。鲁如坤(1982)提出，大豆地上部含 S 0.14% 为缺 S 临界指标，0.23% 为中等。

大豆对 Ca、Mg 的吸收主要是在根尖的表皮细胞区内，进入植株的 Ca、Mg 离子运输方向是由根向分生组织和幼嫩组织，Ca 一旦在器官中沉积就很难再分配、再利用，由于这一特性，进入大豆植株的 Ca 主要分布在前期的生长中心叶片等部位，而种子的 Ca 分布较少；Mg 的吸收积累特性与 Ca 相似，不同生育期均以叶片、叶柄分布较多，其次茎秆，但 Mg 在籽粒的分配大于 Ca，前者为 15.8%，后者只有 7.9%(表 11-34)。施用 P、K 肥影响大豆对 Mg 的吸收，降低植株 Mg 的浓度(表 11-35)。而施用 Mg，对大豆植株吸收利用土壤的 Zn 与 Mn 未产生竞争性抑制(Moreira,A:Malavolta.E 等,2003)。

表 11-34 夏大豆各器官 Ca、Mg 的分布比例 （%） （张桂兰等，1991）

器 官	苗期	分枝期	开花期	结荚期	鼓粒始期	鼓粒期	成熟期
				Ca			
叶 片	71.9	51.3	56.4	57.7	51.6	45.6	53.8
叶 柄	9.4	21.9	27.2	24.9	26.4	28.2	19.5
茎 秆	18.8	26.9	14.4	15.8	12.9	10.9	9.8
花 荚	—	—	2.0	1.5	7.8	10.1	9.9
籽 粒	—	—	—	—	12.9	5.0	7.9
				Mg			
叶 片	71.4	50.9	50.1	49.2	40.8	34.3	40.3
叶 柄	7.1	18.2	22.2	23.2	25.7	28.3	21.0
茎 秆	21.4	30.9	22.2	25.9	20.4	13.7	10.0
花 荚	—	—	1.5	25.9	11.4	13.0	12.9
籽 粒	—	—	—	—	1.6	10.3	15.8

表 11-35　N、P、K 肥对大豆植株功能叶片* Mg、Ca、Mn、Cu、Zn 养分浓度的影响　　（郭庆元等,1983）

施肥处理	Mg(g/kg)	Ca(g/kg)	Mn(mg/kg)	Cu(mg/kg)	Zn(mg/kg)
CK	3.25	5.91	40.08	8.325	25.7
N	3.14	6.37	38.43	8.255	26.85
P	3.08	5.43	38.68	7.125	22.63
K	3.03	5.97	36.35	6.275	24.75
N、P	3.20	5.73	36.60	5.725	23.05
N、K	3.14	7.30	39.23	5.630	21.48
P、K	2.84	6.20	35.35	5.100	19.00
N、P、K	2.99	5.87	39.23	6.500	19.03

*　开花期大豆植株顶端下数第三片完全展开的复叶

第五节　大豆的微量元素营养

　　大豆除了需要从土壤环境中吸收氮、磷、钾、钙、镁、硫等大量与中量元素之外,还需从土壤中摄取硼、锌、钼、铜、铁、锰等微量营养元素。这些元素虽然在大豆植株中含量不高,一般都在 1‰以下,但却是大豆进行正常生命活动完成生长发育过程不可缺少的元素。

　　20 世纪初,我国农用肥料结构开始由单一的以有机肥为主体的农家肥向有机肥料、化学肥料相结合的方向发展。50 年代以后有机肥在肥料总量中所占比例日益减少,化学肥料比例日益增大(表 11-36)。1957 年我国肥料总量约为 695 万 t,其中有机肥约占 91%,至 1990 年,全国肥料用量约为 4 147 万 t,其中有机肥只占 37.5%,化肥占总量的 60% 以上。2000 年全国肥料总用量 6 074 万 t,其中有机肥的比重减至 31.7%,化肥占 68.3%。有机肥是含丰富有机物和各种营养元素的完全肥料,而化肥是一种或几种营养元素的肥料。由于氮、磷化肥施用比例增加,有机肥施用比例降低,土壤养分渐失平衡,微量元素养分随作物带走的多,补充的少,日益不能满足作物正常生长发育获取高产的需求,需要通过施肥加以补充。据 Murphy 和 Wasish(1972)推算,1 t 有机肥(干重)可提供的微量元素数量为 B、Cu < 0.05 kg/hm², Mn、Zn < 0.5 kg/hm², Fe 10~20 kg/hm²,几种主要作物中等产量收获物带走的微量元素数量如表 11-37 所示,若每公顷每季作物施 4 t 有机肥(以干重计算),基本上可以保持土壤中主要微量元素的平衡。我国在 70 年代以后,单位播种面积施用有机肥数量有所减少,生产上化学肥料所占比例已达到 2/3 以上,而且单产水平提高较快,随作物收获带出土壤的养分不断增加,微量元素供应不足的耕地面积在不断扩大,特别是锌、硼、钼在全国大豆主产区均有大范围的缺乏。林葆(1999)报告资料,全国第二次土壤普查 12.9 万个土样分析结果,有 68.1% 的耕地缺硼,59.8% 的耕地缺钼,45.7% 的耕地缺锌。这些元素的肥料已在生产中大面积施用。

表 11-36　20 世纪我国肥料用量及构成比例的变化

年　份	肥料总用量（万 t）	其中有机肥比例（%）			
		总量	N	P₂O₅	K₂O
1947	428.8	99.9	99.6	100	100
1957	694.8	91.0	88.7	96.0	100
1965	912.9	80.7	70.8	71.5	99.9
1975	1003.3	60.4	53.0	54.6	97.3
1980	2400.3	47.1	30.6	41.8	92.8
1983	2861.7	42.0	26.2	35.5	88.5
1990	4146.9	37.5	24.5	31.1	77.6

资料来源：中国肥料．上海科学技术出版社，1994

表 11-37　美国几种主要大田作物收获部分取走的微量元素数量　（Mortvedt，1983）

作　物	产　量（hm²）	作物带走量（kg/hm²）*					
		B	Cu	Fe	Mn	Mo	Zn
玉　米	8.4（籽粒）	0.16	0.10	1.90	0.30	0.008	0.34
棉　花	1.0（皮棉）	0.05	0.03	0.07	0.30	0.02	0.06
大　豆	3.0（籽粒）	0.08	0.08	1.41	0.46	0.02	0.17
小　麦	2.4（籽粒）	—	0.03	0.68	0.28	—	0.08

* 作物带走量包括籽粒（皮棉）及相应茎秆的含有量

　　20 世纪 50 年代中国科学院林业土壤研究所开始进行大豆施用微量元素的研究，结果表明硼、锌、钼、锰、铜等均能增加籽粒产量。此后，东北、黄淮及南方大豆产区相继开展大豆微量元素肥料应用研究，在几种主要微量元素肥料的生理作用、对大豆产量、品质及共生固氮的影响，大豆吸收积累的特点，大豆品种微量元素营养的基因型差异以及微肥的施用条件与施用技术等方面取得诸多进展，钼、锌、硼肥等已在大豆生产中广泛应用。

一、大豆的钼素营养

（一）生理作用与营养功能

　　1. 生理作用　钼是大豆根瘤的重要成分，钼与铁构成钼铁蛋白，一个钼铁蛋白分子与一个或二个铁蛋白分子结合成有固氮活性的固氮酶，固氮酶在根瘤菌的固氮过程中催化空气中的分子态 N_2 还原成 NH_3；钼又是硝酸还原酶的成分，大豆根系从土壤中吸收的 $NO_3^- -N$，在硝酸还原酶的参与下还原成 $NH_4^+ -N$，进而与植株体内有机酸合成氨基酸，由于钼既是固氮酶的成分，又是硝酸还原酶的成分，故钼在大豆的共生固氮和氮代谢中起重要作用；钼还会影响正磷酸盐和焦磷酸脂类的水解、合成方向，施钼可以促进植物体无机磷转化为有机磷，使二者保持较合适的比例；钼是维持叶绿素正常结构的必需元素，缺钼会导致叶绿素含量降低。

　　朱淇等（1964）的试验结果，施钼可以提高大豆各器官的含氮量，以茎、叶增加最多，其次是籽粒、根与根瘤，同时叶中的蛋白氮与非蛋白氮比值增加，表明钼与大豆氮代谢及蛋白质合成有关；采用 ^{32}P 同位素试验结果，钼促进大豆对磷的吸收。刘鹏和杨玉爱（1999，2000）的研究工作表明,施钼肥能提高大豆植株氮的含量与积累量,促进大豆的生长和干物质积累,提高了大豆籽粒的蛋白质含量,增加籽粒氨基酸总量和必需氨基酸含量;钼、硼结合有利于叶片抗膜脂过氧化胁迫,提高体内保护系统的功能,促进大豆氮素代谢,增加对氮、磷、钾的吸收量。

2. 营养功能　田间试验生育期取样分析结果(刘鹏、杨玉爱等,2000),施钼肥的大豆植株氮、磷、钾含量有所提高,且生育后期比前期明显,表明钼能促进大豆对氮、磷、钾的吸收(图 11-9)。据郭庆元和张桂兰等(1984,1991)的研究资料,施用钼、锌、硼等微量元素肥料,对大豆的结瘤固氮及大豆植株生长有良好促进作用,增加单株结瘤数量,提高单株根瘤重量及地上、地下的植株干重,提高相对固氮率(表 11-38)。由于几种微肥对大豆结瘤固氮和氮素营养的良好作用,促进大豆的生长发育,从而使大豆的主要经济性状得到显著改善,增加单株结荚数、单株粒数和单株籽粒重量(表 11-39)。

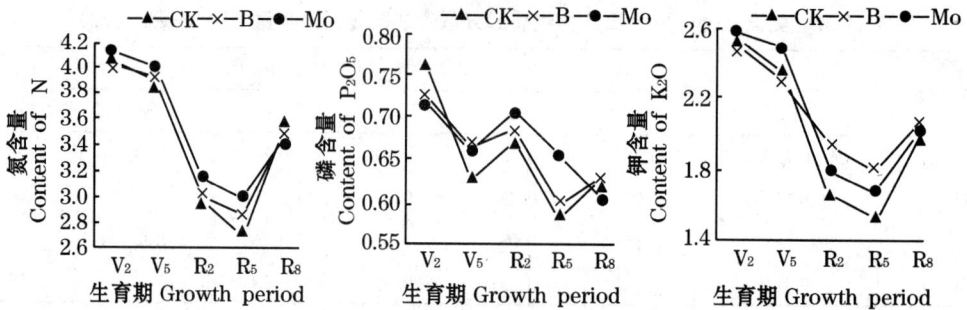

图 11-9　钼、硼对大豆不同生育期氮、磷、钾吸收量的影响　(刘鹏、杨玉爱等,2002)

表 11-38　几种微肥对大豆结瘤固氮的影响　(郭庆元、张桂兰、涂学文等,1984,1991)

处　理	汝南县新坡(1983)				周口地区农科所(1984)			
	地上干重 (g/株)	根瘤数 (个/株)	固氮酶活性 (nmC$_2$H$_4$/时株)	相对固氮效率 (%)	地上干重 (g/株)	根干重 (g/株)	根瘤数 (个/株)	根瘤重 (g/株)
CK	4.9	12.3	14845.8	90.7	22.4	3.00	330.6	0.79
Mo	5.0	18.1	26437.2	92.5	23.2	3.20	369.8	0.92
Zn	5.4	23.8	22376.2	93.5	23.6	3.40	345.0	0.96
B	4.8	15.7	19990.4	94.2	23.2	3.40	406.6	0.96
Cu	5.2	15.8	19274.2	93.5	23.0	3.40	336.4	0.96
Mn	5.1	19.1	14315.1	94.9	23.8	3.42	351.6	0.94

表 11-39　几种微肥对大豆主要经济性状的影响　(周口地区农科所,1984)

处　理	有效荚		单株粒数		单株粒重		百粒重		实收籽粒产量	
	个/株	%	粒/株	%	g/株	%	g	%	kg/hm^2	%
CK	47.1	100	104.9	100	12.1	100	11.7	100	2163.75	100
B	53.3	113.2	115.1	109.7	13.4	110.7	11.8	100.9	2400.00	110.9
Mn	54.9	116.6	113.0	107.7	14.4	119.0	12.3	105.1	2325.00	107.5
Cu	59.1	125.5	129.7	123.6	15.6	128.9	12.6	107.7	2298.75	106.2

续表 11-39

处 理	有效荚		单株粒数		单株粒重		百粒重		实收籽粒产量	
	个/株	%	粒/株	%	g/株	%	g	%	kg/hm²	%
Zn	58.8	124.8	129.0	123.0	15.0	124.0	12.1	103.4	2415.00	111.6
Mo	60.7	125.9	133.4	127.4	15.6	128.9	12.2	104.3	2422.50	111.9

3. 大豆钼营养的基因型差异　国内外已有的研究资料表明,同一作物不同品种对主要微量元素的吸收能力和利用效率存在基因型差异。鉴定、筛选、培育耐营养元素缺乏或能高效利用的种质,已成为遗传学家、育种学家和植物营养学家共同关注的研究方向。刘鹏、杨玉爱等(2001)选用 37 个大豆品种,水培鉴定大豆对缺钼缺硼的反应,初步筛选出 6 个大豆品种较能抗缺钼缺硼,并进行了抗缺钼缺硼筛选指标的研究,认为植株生物量、叶面积、根系活力等可作为筛选指标。我国有 2 万多份大豆品种资源,通过鉴定筛选找出耐低钼种质,进而选育耐低钼和对钼高效率的种质,将有利于减少肥料施用,保护生态环境,提高经济效益。

(二)大豆植株钼的含量与积累

钼在大豆植株的含量有较大变异范围。杨玉爱(1986)于 1963~1984 年对辽宁省田间大豆植株(地上部分)分析结果,平均值为 13.7 mg/kg,成熟期的叶片为 0.17 mg/kg,茎秆为 1 mg/kg,籽粒为 12 mg/kg。郭庆元等(2003)对湖北省春夏大豆品种(在武汉种植)的花期测定结果,春大豆植株钼含量为 6.5~19.9 mg/kg,平均值为 11.47 mg/kg,变异系数 38.16%;夏大豆植株钼含量为 1.5~9.5 mg/kg,平均值为 5.96 mg/kg,变异系数 80.47%。表明春大豆的植株钼含量高于夏大豆,而品种间的变异度小于夏大豆。

大豆不同器官及同一器官不同生育期的含钼量有很大差异。程素贞和罗孝荣(1990)对 2 个安徽夏大豆品种生育期不同阶段分析结果,叶片钼浓度 6.86~9.06 mg/kg,以花荚期为最高,叶柄 2.93~3.82 mg/kg,整个生育期都保持较低浓度,且变化较小,花荚期略高;茎秆与叶片的情形相似,全生育期的钼浓度均较低,仅 2.6~4.95 mg/kg,鼓粒期最低;花荚的钼浓度 7.95~8.95 mg/kg,前后期变化不大;籽粒钼浓度随籽粒充实而提高,由最初的 9.24 mg/kg 到成熟期的 13.4 mg/kg。生育前期钼的积累主要是叶片,其次是茎秆、叶柄,生育后期的积累中心是籽粒,成熟期籽粒钼占总量的比例两个大豆品种分别为 76.2% 和 82.5%,品种间的差异较大。另据吴明才(1994)的研究资料,各生育阶段钼在各器官的分配根高于茎、叶,成熟期籽粒含钼量占全株的 50%。

大豆功能叶片及种子钼含量能反映大豆钼素营养状况。潘瑞帜(1987)提出,大豆开花后期顶端完全长成的功能叶钼含量(mg/kg)低于 0.4 为缺乏,0.5~0.9 为不足,1~5 为中等,5.1~10 为高量,大于 10 为过量。董玉琴和孙运岭等(1991)在 1984~1988 年对吉林不同土壤类型大豆花期功能叶含钼量调查测定结果达到正常(大于 1 mg/kg)以上的占 8.3%,低量级(0.5~0.9 mg/kg)占 58.4%,缺乏级(低于 0.4 mg/kg)占 33.3%;大豆籽粒钼含量 0.1~9 mg/kg,平均为 2.24 mg/kg,籽粒含钼量达到 2.26 mg/kg 时即可以不施钼肥,而调查结果低于 2.26 mg/kg 的样本占 67.5%。由此可见,吉林省土壤种大豆绝大部分应施钼肥。

二、大豆的锌素营养

(一)锌的生理功能

锌是多种酶的组分,锌与植物的光合作用、碳氮代谢及蛋白质的合成均有密切关系。其生理作用主要是以下几方面。

锌作为多种酶的成分参与各种生命活动,现已证明,锌是一些脱氢酶、蛋白酶和肽酶必不可少的组成元素,这些酶包括碳酸酐酶、磷脂酶、黄素酶、谷氨酸脱氢酶、苹果酸脱氢酶、乙醇脱氢酶、L-乳酸脱氢酶等。

锌在光合作用中的功能。最早证实含锌的金属酶是碳酸酐酶,缺锌会使碳酸酐酶活性降低。碳酸酐酶广泛分布于植物体内,主要存在叶绿体中,已知这种酶在光合作用过程中能催化 CO_2 的水合作用,形成重碳酸盐和氢离子即 $CO_2 + H_2O \rightarrow HCO_3^- + H^+$,完成光合作用的 CO_2 固定。缺锌时 CO_2 的水合作用受阻,光合作用强度降低。吴兆明、崔澂等(1984,1985)的研究工作表明,锌影响叶绿体的超微结构,有维持叶绿体结构的作用,植物对锌的吸收和体内分配与光照有关。缺锌时叶绿体的片层结构遭到破坏,从而影响光合速率和干物质的积累。

锌与碳、氮代谢的关系密切。缺锌时会导致植物体内 α-酮戊二酸的积累,α-酮戊二酸与铵结合则形成氨基酸和蛋白质,与碳氢化合物结合则形成糖类和淀粉。α-酮戊二酸积累增加,就会影响蛋白质和淀粉的合成。张贵常、吴兆明和崔澂(1985)的研究工作指出,锌影响核糖核酸(RNA)、脱氧核糖核酸(DNA)和蛋白质含量,其影响程度同光照强度有关,在高光照条件下,缺锌植物的 RNA、DNA、蛋白质含量均有下降。此外,锌是谷氨酸脱氢酶的组成元素,而谷氨酸是合成其他氨基酸的基础,故锌影响氨基酸、蛋白质的代谢。

锌影响生殖器官的发育。缺锌条件下花药发育滞缓,不能形成正常的花粉粒,不能正常开花受精(吴兆明、崔澂,1980)。

锌促进大豆生长发育,提高生物固氮效率。土壤栽培及田间试验结果,施锌处理单株根瘤数增加,固氮酶活性与相对固氮率提高,成熟期的干物重、单株结荚数、粒数、粒重和百粒重增加,表明锌同大豆结瘤固氮,营养体生长及结实器官发育密切相关(郭庆元等,1982,1985,1990)。

(二)大豆植株锌含量与积累分配

1. 植株锌含量　大豆不同器官锌浓度差异很大,同一器官不同生育期也有较大差别。据田间试验夏大豆生育期分析结果(表 11-40),叶片锌浓度为 19.5~37.8 mg/kg,以鼓粒期为最高,其他生育阶段差别较小,叶柄为 5.8~14 mg/kg,幼苗期最高,其他时期差别不大,茎秆为 4.2~12 mg/kg,前期高,后期低,花荚的锌浓度为 35.6~46.8 mg/kg,而荚壳的锌浓度是逐渐降低的,籽粒亦然。

表 11-40　夏大豆不同生育期各器官锌浓度 （mg/kg）（张桂兰、郭庆元等,1988)

生育期	叶 片	叶 柄	茎 秆	花(荚)	籽 粒
幼苗期	19.5	14.0	10.0		
苗 期	21.4	8.1	12.0		
分枝期	24.7	8.0	6.5		

续表 11-40

生育期	叶　片	叶　柄	茎　秆	花(荚)	籽　粒
开花期	23.6	7.0	7.3	36.5(荚)	
结荚期	25.5	7.2	8.0	46.8(荚)	
鼓粒始	37.8	7.6	5.7	24.3(荚壳)	58.2
鼓粒末	24.8	8.5	6.8	12.3(荚壳)	42.8
成熟期	22.3	5.8	4.2	5.7(荚壳)	36.9

2. 锌的积累分配　　大豆植株对锌的吸收积累量随生育进程而加大,夏大豆每公顷籽粒产量为 2 250 kg 时,锌的总吸收量为 126.8 g,平均 100 kg 大豆需吸收 5.5 g 锌。苗期、分枝期、花期、结荚期、鼓粒期、成熟期的积累量分别占总量的 3.11%、11.22%、15.16%、17.37%、48.33%、4.89%,结荚至鼓粒期是大豆吸收积累锌的高峰期。

大豆植株(全株及各器官)吸收积累锌的动态如图 11-10 所示。叶片、茎秆、花(荚)、籽粒吸收积累锌的最大强度分别在播种后 53 d、51 d、65 d、80 d,全株吸收积累锌最大强度播后 59 d。

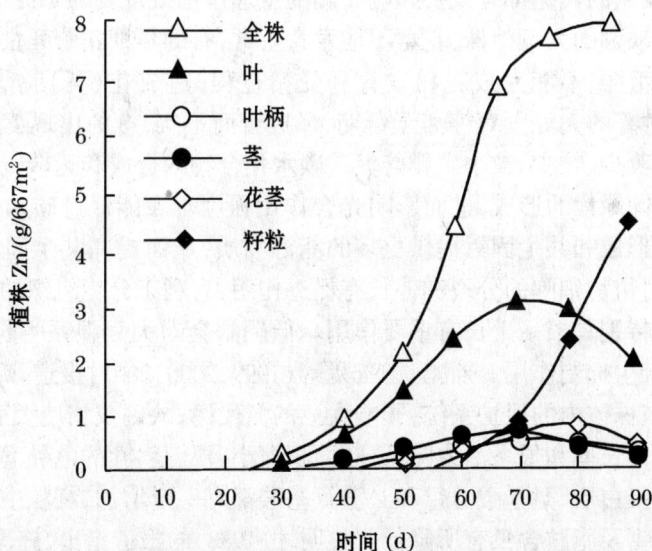

图 11-10　大豆植株及各器官吸收积累锌的动态　(张桂兰、郭庆元等,1993)

由不同生育期锌在各器官的分配比例(表 11-41)可以看到,鼓粒以前叶片是全株的分配中心,由苗期 86.8% 到鼓粒始期的 57.4%,鼓粒以后分配中心逐渐转到籽粒,由 43.7% 增至63.9%。鼓粒至成熟期各器官锌的输出量占其最大积累量的比例,叶、花、茎、叶柄分别为46.3%、72.4%、50.8% 和 41.1%,表明各器官锌向籽粒的运转率花最高,茎秆与叶片次之。

表 11-41　大豆不同生育期植株各器官锌的分配比例　(%)　(张桂兰、郭庆元,1993)

器　官	苗　期	分枝期	开花期	结荚期	鼓粒始	鼓粒末	成熟期
叶　片	86.8	64.1	71.9	69.0	57.4	29.9	24.0
叶　柄	4.1	6.0	8.3	7.8	7.0	7.3	4.0

续表 11-41

器　官	苗　期	分枝期	开花期	结荚期	鼓粒始	鼓粒末	成熟期
茎　秆	9.1	29.9	15.4	18.4	7.8	7.4	3.6
花(荚)			4.4	4.8	20.8	11.7	4.5
籽　粒					7.0	43.7	63.9
合　计	100	100	100	100	100	100	100

三、大豆的硼素营养

硼是植物正常生长发育不可缺少的必需元素。大豆是对硼较敏感的作物,大豆植株含硼量高于小麦、玉米、棉花、油菜、洋葱、菠菜、卷心菜等作物(王运华、皮美美和刘武定等,1986)。

(一)硼的生理作用

硼虽然不是植物体内的组成成分,不是酶的构成元素,也不是变价离子,不能在代谢过程中起电子传递作用。但硼对植物生殖器官的发育、对分生组织的细胞分化,对光合作用过程和光合效率以及氮的代谢都有重要影响。硼的生理作用最重要的是促进生殖器官的建成和发育。据观察,缺硼的大豆植株,花蕾不能发育正常,有的早期花蕾死亡,有的是花萼内的花瓣、雄蕊、雌蕊死亡,不能完成花粉发育和受精过程,造成花(荚)脱落。吴明才(1983,1986)报道,缺硼时有的大豆发育停滞于蕾期,形成蕾而不实,有的出现荚果肿大,中间下凹呈哑铃状,或者是荚少、粒少、粒小。硼能促进碳水化合物的合成和运转,从而提高光合作用效率,硼还能影响叶绿素的形成,进而影响光合作用强度。硼能促进碳水化合物向根部、根瘤流动,为根瘤的形成和共生固氮提供更多的能源物质,从而提高共生固氮能力,有利于加强氮素营养。硼对植物细胞的分裂和伸长有促进作用,有利于分生组织的细胞分化,所以硼对大豆植株生长,特别是根系生长有重要作用。低硼则会对大豆根系生长与根瘤固氮及营养器官发育生长产生抑制作用。刘鹏、杨玉爱等(1999,2000,2001)报道,硼和钼影响大豆叶片膜脂过氧化及植株体内的保护系统,影响大豆的氮代谢;缺硼或钼使大豆的主根长、株高、植株生物量、主根伸长率和根系活力降低,叶面积缩小,根、茎、叶的电导率升高;适量施硼或钼,使大豆籽粒的蛋白质、氨基酸总量和必需氨基酸都有一定增加,籽粒中的硼、钼及氮、磷、钾都有所增加,而钙及脂肪含量有所降低。吴明才(1988)的报道指出,施硼增加大豆籽粒的含氮量,但也有资料报道,施硼降低大豆籽粒的含氮量(刘铮,1991)。

(二)大豆的硼营养

大豆植株硼的含量因大豆类型和品种的不同而有一定的变幅,但较其他几种主要微量元素的变幅小。郭庆元、李志玉(2003)于1989年对湖北省大豆品种盛花期植株分析结果(表11-6),植株硼含量春大豆为45.26 mg/kg,夏大豆为59.47 mg/kg,夏大豆高于春大豆。变异系数分别为16.02%和21.6%,均低于其他微量元素。大豆植株硼含量品种间变异小,表明大豆植株硼含量较为稳定。潘瑞帜等(1987)提出,开花后期功能叶片含硼量低于10 mg/kg为缺乏,11~20 mg/kg为不足,21~55 mg/kg为中量,56~80 mg/kg为高量,大于80 mg/kg为过量。硼过量会引起毒害,大田生产中观察到,每公顷施用硼砂大于15 kg,常在苗期出现叶片发黄的硼毒害症状。Woodruff等(1979)将大豆初花期成熟叶片含硼量作为鉴定大豆硼中毒或缺乏的标准,9～10 mg/kg 为缺乏临界值,63 mg/kg 为毒害临界值。Bingham(1973)认为适宜大豆生长的土壤有效硼含量为 0.1 mg/kg。董玉琴和孙运岭(1988)报道,大豆叶片含硼量与硼肥增产率相关,辽宁省东部土壤有效硼缺乏的白浆土大豆叶片含硼量低于 20 mg/kg,呈缺乏状态,施硼增产 18.3%,西部淡黑钙土的大豆功能叶片也为缺乏状态,施硼增产 17.4%,而中部黑土区功能叶含硼 30～36 mg/kg,虽属中等范围,但仍偏低,施硼增产 11%。

四、大豆的铁、锰、铜营养

(一)铁的生理作用

铁在大豆植株体内产生化合价的变化,还能形成螯合物,能影响多种酶的活性,因而铁与植株内的氧化还原过程、光合作用、共生固氮以及营养物质的运转等生命活动密切相关。

首先是由于铁具有三价高铁离子(Fe^{3+})、二价亚铁离子(Fe^{2+})的化合价变化,在氧化还原过程中传递电子。无机铁盐与某些铁血红素结合成铁血红素蛋白,如各种细胞色素、豆血红蛋白、铁氧还蛋白等含铁的有机化合物,都具有很强的还原能力,这些不同种类的含铁蛋白质,作为重要的电子传递者或催化剂,参与各种代谢活动。如细胞色素氧化酶,既在呼吸链中起电子传递作用,又在光合作用过程中起电子传递作用;过氧化物酶在细胞内能催化由酚聚合成木质素构建细胞壁的反应,还能催化吲哚乙酸的氧化,从而调节生长速率。过氧化氢酶、过氧化物酶广泛存在于植株体内,参与多种生化过程。大豆的呼吸作用、光合作用及其碳水化合物的运转,都需要在多种含铁酶的催化作用下完成。因而铁与光合作用强度及呼吸作用相关联。

铁对光合作用影响的另一方面是铁与叶绿素的关联。有试验表明,叶绿素的合成需要铁的参与,缺铁时叶绿体结构破坏,叶绿素不能合成。严重缺铁时叶绿体变小,甚至解体或液泡化。铁不仅影响光合作用的氧化还原系统,还参与磷酸化作用,参与 CO_2 还原过程,铁影响所有能捕获光能的器官,包括叶绿体、叶绿素蛋白复合物、类胡萝卜素等。铁与光合作用有密切关系。

铁是大豆共生固氮的必需元素。大豆固氮活动只有在固氮酶存在的情况下才能进行。固氮酶是由两个非血红蛋白所组成,一个是钼铁蛋白,一个是铁蛋白。这两种蛋白单独存在时,固氮酶没有活性,不能固氮,只有两种蛋白复合时才有活性,进行固氮活动。大豆根瘤中还有粉红色的豆血红蛋白,是铁卟啉(血红素)和蛋白质的复合物。豆血红蛋白在根瘤组织中起调节氧的作用,既能降低游离氧的分压,为固氮酶的活动创造无氧的环境,又能为类菌体供应氧化磷酸化所需要的氧,为固氮过程提供能量。可见铁为共生固氮活动赖以进行的必需元素。

吴明才(1988,1989)等的研究指出,水培介质铁浓度为 0.38 mg/L 时出现明显缺铁症状(植株矮化,生长滞缓,顶端叶片黄化);缺铁培养的根部过氧化物酶活性及抗坏血酸含量降低,叶片的叶绿素含量及硝酸还原酶下降,降低幅度不同品种表现不一,存在基因型差异;铁与氮、钾的吸收有促进作用,与磷、锰有拮抗作用。

法国 Romheld 等(1984)、荷兰 Bienfeit 等(1985)、美国 Olsen 等(1981)对植株铁的营养本质及缺铁效应方面的研究取得很大进展,发现大豆是对缺 Fe 表现出广泛基因型差异的作物之一,选育对 Fe 高效的大豆品种获得重大发展。

(二)锰的生理作用

锰是大豆进行光合作用、呼吸作用和生长发育必需的微量元素。

锰参与光合作用过程的光化学反应,在光合作用的早期阶段,水被分解并放出 O_2 和电子的过程,有锰的直接参与,锰是光系统电子传递的金属元素。叶绿体是进行光合作用的器官,锰是维持叶绿体结构必需的元素,缺锰的细胞叶绿体发生变化,基本结构不能形成。朱淇等(1963)喷洒硫酸锰在大豆叶片上,发现叶绿素含量有所提高。锰与呼吸作用密切相关,供锰能显著提高有氧呼吸过程中柠檬酸脱氢酶、苹果酸酶的活性。Coope 等(1963)观察到大豆缺锰植株比正常植株的呼吸强度低。锰是许多酶的活化剂,在多种代谢过程中起作用,直接参与光合作用,促进氮素代谢,调节植株体内氧化还原状况,促进碳水化合物、氨基酸、蛋白质等物质的合成分解等。这些都是通过锰对酶活性的影响来实现的。缺锰碳水化合物数量减少,氨基酸、肽、蛋白质的合成及水解都受到影响。Steinberg(1956)观察到缺锰植株可溶性氮、游离氨基酸增加,蛋白质减少。

大豆植株体内含有锰的超氧化物歧化酶(SOD),具有保护光合系统免遭活性氧毒害及保持叶绿素稳定的功能。锰能提高吲哚乙酸氧化酶活性,有助于过多的生长素及时降解,保持正常的生长发育。

(三)大豆铜营养

铜是多种氧化酶,如细胞色素氧化酶、多酚氧化酶、抗坏血酸氧化酶、吲哚乙酸氧化酶的成分或活化剂,在氧化还原反应中铜起传递电子的作用;铜构成铜蛋白,参与光合作用。叶绿体中有一种含铜的蛋白质叫做质体蓝素(也叫蓝蛋白),质体蓝素通过铜化合价的变化,在光系统Ⅱ中传递电子,是光合作用电子传递链的一部分;铜是超氧化物歧化酶的组成成分,含铜和锌的超氧化物歧化酶具有催化超氧自由基歧化的作用,以保护叶绿体免受超氧自由基的伤害;铜促进氨基酸活化及蛋白质的合成,缺铜时蛋白质合成受阻,可溶性氨态氮和天冬酰胺积累,有机酸增加。

中国科学院林业土壤所研究报道,大豆施硫酸铜的茎叶干重、根瘤重和籽粒重增加,叶绿素、胡萝卜素和叶黄素增加。吴明才(1983)的水培试验结果,供铜提高固氮酶活性和硝酸还原酶活性。

(四)大豆植株铁锰铜的含量与积累量

董慕新(1998)报道,全国不同地区的大豆籽粒含铁量(表 11-5)平均值为 94 mg/kg,南方湖北、贵州、浙江三省的 30 个样品平均值 99 mg/kg,山东、河南、陕西三省 40 个样品平均值为 92 mg/kg,吉林、辽宁二省 20 个样品平均值为 90 mg/kg,表明大豆籽粒含铁量是北方低于黄淮,低于长江流域及其以南地区;锰的平均值为 28 mg/kg,黄淮地区四省 40 个样品平均值 32 mg/kg,南方三省的平均值 28 mg/kg,而东北二省的平均值是 23 mg/kg,是黄淮地区的大豆锰含量高于南方产区,更高于北方产区。铜的含量南方为 14 mg/kg,黄淮四省为 13 mg/kg,北方二省为 12 mg/kg,与铁的变化趋势相似,呈南高北低之态,但差异较小。

大豆植株铜的含量较铁、锰、锌、硼低,只比钼高些,叶片 5 ~ 13 mg/kg,茎 2.8 ~ 13 mg/kg,籽粒 4 ~ 18 mg/kg(表 11-42)。郭庆元等 1983 年在河南省汝南县对 N、P、K 不同配比施肥田间试验初花期功能叶片分析结果,17 个处理的功能叶片 Cu 浓度 1.13 ~ 15.33 mg/kg,平均为 7.89 mg/kg;Mn 浓度 50.48 ~ 73.13 mg/kg,平均为 61.88 mg/kg;Zn 浓度 16.53 ~ 34.03 mg/kg,平均为 24.1 mg/kg。张桂兰和郭庆元等(1988)在河南省多年多点微肥试验结果,大豆铜肥试验 36 次,29 次增产,增产数 72.2%,平均增产率 9.3%,每公顷增产 132 kg 大豆。但不同年份、不同土壤的增产效果差异大。大豆铜肥的增产条件研究尚少,铜肥的施用还不多。

表 11-42　大豆叶片、茎秆、籽粒微量元素含量 （mg/kg⁻¹）

部　位	硼	锌	铜	铁	锰	钼
叶　片	11 ~ 15	29 ~ 81	5 ~ 13	80 ~ 625	28 ~ 119	0.6 ~ 3.6
茎　秆	7.5 ~ 25	3 ~ 27	2.8 ~ 13	50 ~ 1220	8.5 ~ 39	
籽　粒	30 ~ 88	16 ~ 163	4 ~ 18	45 ~ 120	15 ~ 86	

资料来源:《中国肥料》.上海科学技术出版社,1994

参 考 文 献

丁洪,郭庆元.1994,不同熟期大豆品种吸收和利用大豆氮源的差异.中国油料,16(2):7 ~ 10

丁洪,郭庆元.1994,氮肥对大豆不同品种结瘤固氮的差异性研究.大豆科学,13(3):274 ~ 277

丁洪,郭庆元等.1997,大豆品种磷积累和利用效率的基因型差异.中国油料,19(9):52 ~ 54

丁洪,郭庆元.1995,氮肥对不同大豆品种氮积累和产量品质的影响.土壤通报,26(1):18 ~ 21

万延慧,年海,严小龙.2001,大豆种质耐低磷与耐铝毒部分指标及其相互关系的研究.植物营养与肥料学报,7(2):199 ~ 204

王连铮,高绍刚,蒋青人等.1996,大豆氮磷营养的初步研究.植物生理学通讯,(5):33 ~ 41

王连铮,高绍刚.1979,氮磷营养对大豆生长发育以及氮素积累的影响.中国油料,第 2 期:48 ~ 52

王连铮,高绍刚,饶湖生等.1980,大豆的氮磷营养试验报告.中国农业科学,(1):61 ~ 69

王维军.1963,大豆的磷素营养与施肥.中国农业科学,第 11 期,41 ~ 44

王美丽,严小龙.2001,大豆根系形态和分泌物特性与磷效率.华南农业大学学报,22(3):1 ~ 4

王永茂.1995,高产大豆钾素营养的积累分配及运转研究.大豆通报,第 6 期:11 ~ 12

王运华,皮美美,刘武定.1986,硼肥综述.农牧渔业部农业局编,微量元素肥料研究与应用.湖北科学技术出版社,1986, 40 ~ 54

王晶英,张兴梅,李国兰.2004,钙对大豆生长及产量的影响.中国油料作物学报,26(1):60 ~ 62

史占忠.1989,大豆植株全氮磷钾含量变化分析.大豆科学,8(4):369 ~ 374

(日)石井和夫.1983,东北地区大豆的肥培管理(二),生育及养分吸收特征.农业与园艺,58 卷 12 号

朱兆良.1989,关于氮素研究中的几个问题.土壤学进展,第 2 期:1 ~ 7

朱淇,梁之婉,陈恩凤.1963,不同土类上施用微量元素与大豆生长、发育、产量及品质的关系.土壤学报,第 11 期,417

朱树秀,李良,阿米娜.1994,玉米单作与大豆混作中氮素来源的研究.西北农业学报,3(1):59 ~ 61

江木兰,张学江,徐巧珍.2003,大豆——根瘤菌的固氮作用.中国油料作物学报,25(1):50 ~ 53

江木兰,宋玉萍,张学江等.1995,中国土壤中优势的大豆根瘤菌类型与寄主共生特性的多样性.植物营养和肥料学报,1 (2):65 ~ 80

年海,郭志华,余才,卢永根,黄鹤.1998,不同来源大豆品种耐低磷能力的评价.大豆科学,17(2):108 ~ 114

朱淇.1964,钼与大豆的氮磷及其生理作用.科学出版社

朱长甫,苗以农,梁秀英.1990,大豆不同品种的酰脲和酰脲相对丰度比较.大豆科学,9(4)

朱长甫,苗以农.1991,硝酸盐对大豆共生固氮的影响.中国油料,(1)

朱长甫,苗以农,刘学军等.1995,野生大豆(Glycinesoja)酰脲含量与根瘤固氮活力的关系.植物生理学报,21(3)307 ~ 312

刘鹏,杨玉爱.2000,钼、硼对大豆叶片膜脂过氧化及体内保护系统的影响.植物学报,42(5):461 ~ 466

刘鹏,杨玉爱,赵玉丹.2001,大豆抗缺钼缺硼的基因型筛选.中国油料作物学报,23(4):65 ~ 70

刘鹏,杨玉爱.2000,钼硼对大豆氮磷钾吸收及产量的影响.中国油料作物学报,22(3):57 ~ 63

刘鹏,杨玉爱.1999,硼钼对大豆氮代谢的影响.植物营养与肥料学报,22(3):347 ~ 351

刘晓冰,张秋英.2001,不同大豆基因型氮素积累运转研究简报.大豆科学,20(4):298 ~ 301

刘克礼,高聚林,王立刚.2004,大豆对 NPK 平衡吸收的动态研究,中国油料作物学报.26(1):51 ~ 54

刘莉,周俊初,陈华葵.1998,不同化合态氮浓度对大豆根瘤菌结瘤和固氮作用的影响.中国农业科学,31(4)

张宪武,许光辉.1953,大豆和大豆根瘤菌.北京:科学出版社

张桂兰,郭庆元等.1996,大豆吸收锌的特点与锌肥的合理施用.硫、镁和微量元素在作物营养平衡中的作用国际学术讨论会论文集,成都科技大学出版社

张桂兰,朱鸿勋,龚光炎等.1991,主要农作物配方施肥.河南科学技术出版社

张桂兰,郭庆元,窦世忠等.1984,淮北平原大豆NPK肥初步研究.中国油料,6(1):58~61

张桂兰,郭庆元.1989,大豆微肥研究.河南科技,第6期:13~15

张宏.1984,大豆生育期间根瘤固氮活性动态及共生固氮量的估测.土壤通报,15(5)

张宏.1985,应用硫铵和硝酸铵对大豆根瘤固氮和产量的影响.吉林农业科学,第4期

张学江,周平贞,吴生堂等.1985,大豆共生固氮效率.中国油料,(3)

李永孝.1999,山东大豆.山东科学技术出版社

李志玉,郭庆元,涂学文.2000,红壤旱地春大豆品种的产量品质及矿质营养的基因型差异.中国油料作物学报,22(2):57~61

李止正,高锦华,龚颂福.1994,寄主大豆对根结瘤的控制.植物生理学报,20(2)

李奇真,孙克用,卢增辉,杨孟佩,常从云,戴蜀钰,侯立白,徐永进.1989,夏大豆施肥生理基础及高产栽培技术研究.中国农业科学,22(4):41~48

李阜隶.1996,土壤微生物学.中国农业出版社

李雪梅,朱长甫,苗以农等.1996,源库对不同生长习性大豆固氮酶活性的影响.大豆科学,15(3)

李新民,窦新田,王玉峰.1999,大豆寄主固氮遗传育种研究进展.大豆科学,18(2)

李镇,戴经元,周俊初.1999,快生型大豆根瘤菌血清学特征的研究.中国农业科学,32(3)

吴兆明.植物中的微量元素.农牧渔业部农业局编.微量元素肥料研究与应用.湖北科学技术出版社出版,1986

吴明才,肖昌珍,郑普英.1998,大豆钙素营养.中国油料作物学报,20(3):60~62

吴明才,陈吾新,肖昌珍.1991,大豆锰素营养.中国油料,第4期:39~42

林锡锦.1983,大豆品种根瘤固氮能力与产量关系的差异.中华农业研究,32(3)

汤树德.1979,白浆土大豆结瘤及其固氮状况.土壤学报,1(6)

陈华葵.1965,豆类——根瘤菌的共生关系及其农业应用.上海科学技术出版社

陈铨荣.1964,大豆对^{32}P的吸收和运转规律.土壤通报,第2期

肖能遄,李志玉.1983,大豆共生固氮的消长及苗期施氮对固氮效能的影响.中国油料,440~44

汪自强.1996,不同钾水平下春大豆品种(系)的钾积累和利用特性研究初报.大豆通报,第3期7~8

赵政文,马继凤,李小红.1994,南方春大豆不同生育期物质积累与氮磷钾含量的变化.大豆科学,13(1):53~59

杨琪,王金陵.1995,不同类型大豆干物质及氮的动态变化研究.中国农业科学,28(增刊)

郑淑琴.2002,钾对大豆生理效应及产量品质的影响.黑龙江农业科学,第4期:25~27

苗以农,许守忆,朱长甫等.1992,大豆不同品种光合性状和固氮能力的比较.大豆科学,11(2)

侯立白,李奇真,孙克用.1985,应用^{15}N示踪法对大豆不同来源氮素吸收与利用的研究.作物学报,11(3)

郭庆元.1993,我国大豆营养施肥研究的回顾.李阜隶,李学坦等主编.生命科学和土壤学中几个领域的研究进展.中国农业出版社

郭庆元,李矩琛,李志玉,黄润泽等.1986,大豆钾素营养与大豆钾肥.第二次中美大豆科学讨论会论文集.吉林科学技术出版社

郭庆元.1994,大豆施肥.中国农业科学院土肥所主编.中国肥料.上海科技出版社

郭庆元,李矩琛,黄润泽等.1979,大豆高产土壤肥力指标及其培肥技术研究.Ⅰ丘陵马肝泥田土壤钾素供应与大豆钾肥.中国油料,第2期:52~59

郭庆元.1994,稻田三熟制施肥探讨.中国植物营养与肥料学会,现代农业中的植物营养与施肥.中国农业科技出版社

郭庆元,李志玉,涂学文.2003,大豆高产优质施肥研究与应用.中国农学通报,19(3)

徐本生,籍玉尘,杨建堂.1989,夏大豆的干物质积累和氮磷钾吸收分配动态的研究.大豆科学,8(1):47~53

徐巧珍等.1994,春夏秋大豆共生活性综合等级指标评价.中国油料,16(3)

徐巧珍.1997,不同类型大豆种质资源共生固氮特性的鉴定与评价.大豆科学,16(3):210~217

徐巧珍等.2000,大豆种质资源共生固氮特性及遗传初步研究.中国油料作物学报,22(1):19~23

徐玲玫,樊惠,葛诚等.1987,大豆根瘤菌的新类群.大豆科学,6(2)127~131

唐劲驰,曹敏建,祝子平.2001,不同基因型大豆对低钾的耐性极限及缺钾症状研究简报.大豆科学,20(4):295~297

索全义,杨立国,慕红杰.2002,不同品种春大豆钙、镁吸收规律研究.华北农学报,17卷专辑:72~77

程素贞,罗孝荣.1990,大豆对钼与氮磷钾的吸收分配动态及相互关系的初步研究.大豆科学,9(3):241~246

曹敏建,佟占昌,韩明祺,程海涛.2001,磷高效利用的大豆遗传资源的筛选与评价.作物杂志,(4):22~24

董钻.2000,大豆产量生理.中国农业出版社

董钻,谢甫绨.1996,大豆氮磷钾吸收动态及模式的研究.作物学报,22(1):89~96

蒋工颖,董钻.1989,大豆养分吸收动态及施肥效果的研究.作物学报,15(2):167~173

费家骓,唐甫林,蒋伯章.1963,夏大豆不同生育期干物质糖类和氮化物积累的初步研究.作物学报,2(1)

窦新田,李树藩,李晓鸣等.1998,大豆根瘤菌(bradyrhizobium Japonicum)在黑龙江省接种效果与接种有效性的研究.中国农业科学,22(3)

窦新田,李新民,陈怡.1992,不同熟期和结荚习性大豆品种的固氮活性差异及其遗传变异.中国油料,(1)

董玉琴,孙运岭.1988,大豆硼素营养的调查研究.大豆科学,7(2):159~160

樊惠,徐玲玫,葛诚等.1986,快生型大豆根瘤菌的理化特性和共生效应(二).大豆科学,5(1)

礒井俊行等.1987,钙素对大豆初期生长、根瘤形成以及固氮能力的影响.日本土壤肥科学杂志.58(4):405~409,译载土壤学进展,1989,17(2):32~34

吉林农业科学院.1987,中国大豆育种与栽培.中国农业出版社

东北师范大学生物系.1981,大豆生理.科学出版社

湖北油料研究所.1976,水田三熟制秋大豆的营养特点与施肥.油料作物科技,第2期46~49

Winod Kuma等.1980,硫、磷、钼的相互作用与大豆生长及硫的吸收和利用的关系.Soil Science,129(5)297~303.陆允甫译载.国外农学—大豆.1982年第4期,33~37

Winod Kuma等.1980,硫、磷、钼的相互作用与大豆对磷吸收和利用的关系.Soil Science,130(1),26~31.国外农学—大豆.1982年第4期,39~46

(日)户苅义次等.1965,作物生理讲座(2)营养生理.上海科学技术出版社

Furlani, A. M. C,；Tanaka, R. T；Tarallo, M.；VerdiaL, M. F.；Mascarenas, H. A. A.[Boron requirement in soybean cultivars] Exigencia a boro em cuitivares de soja, Revista Brasileira de eiencia do solo (2001) 25(4) 929~937 Vicosa, Brazil.

Gan Yinbo; Stulen, L, : posthumus, F. Effectes of N managment on growth, N₂ firation and yield of soybean. Nutrient eycling in Agroecosystems (2002) 62(2) 163~174. Dordrecht. Nethelands.

Hanway, J. J., and C. R. weber. 1971 b. Dry matter accumulation in soybean (Glyeine max. (L.) Merrill) plants as influenced by N. P. and K fertili zation. Agron. J. 63:263~266

Hanway. J. J. c and C. R. Weber, 1971c. N, P, and K percentages in soybean (Glycine max (L.) Merrill) plant pars, Agron. J. 63:286~290

Hanway, J. J, and C. R. Weber 1971d. Aecumulation of N, P, and K by soybean (Glgcine max. (L.) Merrill) plahts. Agron. J. 63:406~408

Nelson, W. L., L. Burkhart, and W. E. Colwell. 1945. Fruit development, seed guality, chemical composition and yied of soybeans as affected by potassium and magnesium. Soil sei. Soc, Am. Proe, 10:224~229

Jones, G. D., J. A. lutz, Jr., and T. J. Smith, 1977. effects of phosphoras and potassium on soybean and seed yield. Agron. J. 69:1003~1006

Terman, G·L. 1997. Yieds and nutrient accumulation determinate soybean as affected by applied nutrients Agron. J. 69:234~238

R. L. Flannery, 1986, plant Food Uptake in a Maximum Yield Soybean Study, Better Crops with plant food, Fall 1986

Gan Yinbo; stulen, L; Kevlen, H. VAN; Kuper, p, j, c, Effeet of N fertilizer top dressing at various reproductive stages on growth, N₂ fixation and yield of three soybean (Glycine max (L) merr) genotypes. Field crops Research (2003) 80(2) 147~155. Amsterdam, Netherlands.

Gaydall, E. M., and J. Arrivets. 1983. Effectes of phosphorus, potassias, dolomite, and nitrogen ferlitization on the quality of soybean, Yields, proteins, and lipids. J. Agric. Food chem., 31:765~769

Naveen Datta, Sharma, C. M. Evaluation of rook phosphate-sulphru mixtures as souree of phosphorus to soybean. Of the lndian society of soil science (2001) 49(3) 449~456

Oliveia. F. A. DE: Carmello. Q. A. De C. , Masearenhas. H. A. A. potassium availability and its relation to calcium and magnesium in greenhouse cultivated soybean. Scientia Agricola. (2001) 58(2) 329 ~ 335 Piracicaba. Brazil.

Singh. S. P. , Bansal, K. N. , Nepalia, V. Effect of nitrogen, its application time and sulphur on yied and quality of soybean (Glycine mas). Indian Journal of Agronomy (2001) 46(1) 141 ~ 144

Sonune. B. A. ; Naghade, P. S. ; Kankal. D. S. effecte of zine and sulphru on protein and oil content of soybean. Agricuttural science Digest (2001) 21(4) 259 ~ 260 Karnal. India.

Vakhmistrov, D. B. , and A. A. Fedorov, 1983, Separate determination of optimums of an N + P + K total dose and N:PK ration in fertilizer, 6. Relation between quantity and quality of soybean yield. Agrokhimiya 1983 (4)3 ~ 10 (Chem. Abstr. 99:45ppu, 1983)

第十二章 大豆水分生理与灌溉排水

第一节 大豆水分生理与需水特性

一、水在大豆生长发育和产量形成中的作用

(一)水的生理功能

水是构成植物原生质体的重要成分,又是代谢过程中各种生化反应的介质,还是某些生化过程的反应物,如光合作用以及大分子的水解反应等。没有水就不会有生命,这是从生物能否生存的角度来看待水的重要性的。对于生长着的植物而言,水的重要性主要表现在它的生理功能方面。一般而言,这些功能不是决定作物能否生存,而是决定它们能否正常生长发育并形成较高的产量。从这样的角度来分析,水的功能主要表现在以下两个方面:

1. 水可维持细胞膨压、保持细胞紧张状态 植物细胞从环境中吸水的结果,使细胞的体积增大,并对细胞壁产生压力,称为膨压。膨压可以使细胞保持一定的紧张度,对于多种生理功能的发挥具有重要作用。

第一,膨压是植物细胞进行扩张生长的动力。植物的生长是细胞数目的增加和体积的扩大共同作用的结果,而细胞的分裂和扩大又有密不可分的关系。分裂产生的新生细胞,只有体积扩大到一定大小之后才可能进行下一次分裂。从这个意义上看,没有细胞的扩大也就没有细胞的分裂。细胞扩大的机制虽然十分复杂,但有一个条件却是必不可少的,那就是必须有膨压作为细胞壁向外扩张的动力,膨压的大小还必须超过某一临界值,细胞壁才能扩张,而且在一定范围内,膨压的大小与细胞壁扩张的速度有着密切的关系;膨压低于某临界值,生长就不能进行(Bradford K J 等,1982)。正因为如此,植物的生长是对水分胁迫最敏感的生理过程;缺水导致的产量下降,首要原因就是生长受到抑制,不能建立起足够大的作物群体所致。

第二,膨压可使叶片保持舒展、挺拔的姿态,有利于阳光在作物群体内的均匀分布,提高群体的光能利用率。此外,豆科作物的叶柄基部一般都有"叶褥",组成叶褥的薄壁细胞,可以对叶片水分状况和阳光照射方向的变化做出反应,改变其中一部分细胞的膨压,从而调整叶片的空间取向。大豆主叶柄特别是小叶柄的叶褥对环境的反应尤其敏感,在温和的天气下,它的叶片可以在整个白天随着太阳方位的变化而转动,使叶片始终朝向太阳。但在干旱、强光和酷热的天气,特别是在中午的一段时间内,叶片则以侧面向光,以减少对阳光的接收量(杨玲、王韶唐,1992)。

第三,膨压还可调节气孔的开闭。虽然气孔开闭的调节机制至今仍有许多环节未被充分认识,但有一点却是肯定的,即:保卫细胞的膨压变化是气孔开闭的直接原因。而陆生高等植物则利用气孔的开闭十分巧妙地解决了光合作用吸收 CO_2 与蒸腾失水的矛盾:当在环境中水分充足时,保卫细胞可以通过吸收水分增大膨压,使气孔充分张开,这时,CO_2 从空气向叶肉细胞间隙的扩散速度甚至接近没有表皮覆盖的裸露叶片;但当干旱来临时,保卫细胞

失水,膨压降低,气孔口缩小甚至关闭,这时 CO_2 同化当然会大幅度降低,但植物却以减少碳素同化为代价,避免或减轻了更严重的失水造成的死亡威胁。因此,许多作物在遭遇轻度或中度干旱时,光合速率的降低主要是气孔导度下降造成的。

2. 水可通过蒸腾作用降低叶片温度

(1)蒸腾降温的物理学基础　水具有特殊的热力学性质。水的比热是各种液态物质中最高的,达到 $4182\ Jkg^{-1}K^{-1}$,即在恒压下使 $1\ kg$ 水的温度升高或降低 $1\ K$ 所发生的热交换量为 4182 焦耳,因此水对温度变化有很强的缓冲能力;此外,水的蒸发潜热(即汽化热)更大,在 $20℃$ 恒温下,其数值为 $2.454\ MJkg^{-1}$,即每 kg 液态水蒸发成相同温度的气态水时能够带走 2.454×10^6 焦耳的热量。由此可见,蒸腾作用可以有效地降低叶片温度,这种效应在炎热的夏季尤其重要。蒸腾作用的降温效果可以用叶温与气温之差 T_{l-a} 表示。受到直接太阳辐射的叶片,叶温一般会高于气温,T_{l-a} 为正值;但随着蒸腾作用的加强,T_{l-a} 减小,蒸腾作用特别强烈的叶片,叶温有可能低于气温,T_{l-a} 变为负值,这种情况在叶片没有阳光直射时也会出现。

(2)大豆蒸腾降温的实际效果　大豆的光合最适温在 $28℃$ 左右,如果以光合速率为最大值的 90% 以上的范围为"光合适宜温度",其在 $25℃ \sim 30℃$ 的范围内(邹琦等,1991;高辉远等,1994)。由于大豆产量形成的主要时期在夏季,白天气温经常超过 $30℃ \sim 35℃$,叶温可高达 $40℃$ 以上(高辉远等,1993),对光合作用十分不利,因此蒸腾作用对大豆叶片温度的调节就显得特别重要。大豆在水分供应正常的情况下,蒸腾降低叶温的效果大致在 $3℃ \sim 5℃$;气温较高、蒸腾作用又很强时,可降低叶片温度 $5℃ \sim 10℃$,可以部分缓解高温对光合作用的不利影响。

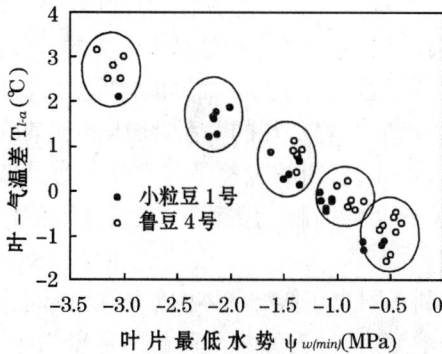

图 12-1　两个大豆品种鼓粒期叶片最低水势 $\Psi_{w(min)}$ 与叶-气温差 $T_{l a}$ 的关系
(据孙广玉、邹琦等,1991,改绘)
水势单位:$1MPa = 10^6Pa = 10Bar$
品种:小粒豆 1 号,抗旱性较强
鲁豆 4 号,抗旱性较弱

叶片水势是大豆水分状况的灵敏指标,水分亏缺使叶片水势下降,气孔导度减小,蒸腾速率降低,叶温必然升高。图 12-1 是两个大豆品种鼓粒期在不同水分胁迫处理下的最低水势与叶—气温差 T_{l-a} 的关系,圈在圆圈中的各组数据是不同水分胁迫的处理,右下角一组是充分灌溉的处理(以土壤相对含水量 SWC 表示,即土壤含水量占最大持水量的%,本组处理为 $80\% \sim 85\%$),叶片最低水势在 $-0.5MPa$ 左右;向左上方依次排列,分别是轻度水分胁迫(SWC $= 65\% \sim 70\%$)、中度水分胁迫(SWC $= 50\% \sim 55\%$)和严重水分胁迫(最后两组,SWC $= 35\% \sim 40\%$)(孙广玉、邹琦等,1991)。

从图 12-1 可以看出,在叶片最低水势为 $-1MPa$ 左右,大豆的叶温基本上与气温相近;水势高于 $-1MPa$ 时,叶温低于气温;水势低于 $-1MPa$ 时,叶温高于气温。总的趋势是叶水势越低,T_{l-a} 越大。还可以看出:抗旱性不同的两个大豆品种,叶温对水势降低的响应也有差别,抗旱性较弱的鲁豆 4 号叶温一直高于抗旱性较强的小粒豆 1 号。特别是严重水分胁迫的处理,两品种的叶温差别更大。总体上看,与适度供水的处理相比,严重干旱的大豆叶温可高出 4℃ 左右。

图 12-2 是盆栽的鲁豆 4 号鼓粒期在晴朗天气下不同水分处理的叶片温度日变化（高辉远1989）。可以看出，由于夏季日出时间较早，上午 7 时大豆的叶温已高于气温；其后随着气温的上升，叶温增加更快，T_{l-a} 不断加大，中午时分甚至可相差 10℃。下午 13 h 以后 T_{l-a} 才开始减小，至 17 h 叶温与气温已很接近。在这种条件下，中午过高的叶温是导致大豆光合午休的重要因素。

李永孝等（1999）对盆栽与田间条件下大豆蒸腾速率与叶温的关系进行了回归分析，结果都具有极显著的负相关关系。式 12-1 和 12-2 为盆栽条件下鲁豆 4 号叶片温度（T_l,℃）与蒸腾速率（Tr, mg·m^{-2}·s^{-1}）的回归方程：

初花期：$T_l = 37.76 - 0.0161 Tr$,　r = -0.9878　　　　　(12-1)

结荚末期：$T_l = 40.64 - 0.0118 Tr$,　r = -0.8658　　　　　(12-2)

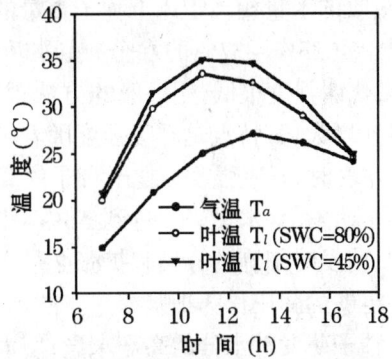

图 12-2　盆栽大豆品种鲁豆 4 号鼓粒期在晴朗天气下的叶片温度（T_l）与气温（T_a）的日变化（高辉远 1989）

●—T_a 气温

○—T_l 叶温，土壤相对含水量 80% 的处理

▼—T_l 叶温，土壤相对含水量 45% 的处理

也就是说，在这两个例子里，蒸腾速率每增加 62~85 mg·m^{-2}·s^{-1}，约使叶温下降 1℃。由于大豆的关键生育时期在高温季节，而且在强烈的太阳辐射下叶温经常超过气温，也超过大豆叶片的光合最适温，所以，大豆叶温与气温之差（T_{l-a}）与光合速率呈现极显著的负相关关系，图 12-3 是鼓粒期对鲁豆 4 号和小粒豆 1 号的测定结果（孙广玉等，1991），其回归方程为：

鲁豆 4 号　$P_n = 14.43 - 5.42 T_{l-a}$, r = $-0.9197**$　　　　(12-3)

小粒豆 1 号　$P_n = 14.23 - 6.51 T_{l-a}$, r = $-0.8364**$　　　(12-4)

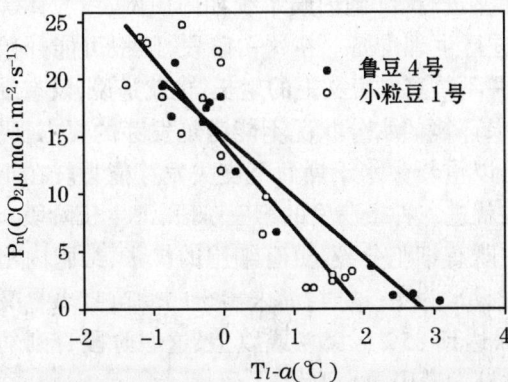

图 12-3　叶温与气温之差（T_{l-a}）对两个大豆品种光合速率（P_n）的影响（孙广玉等，1991，重绘）

可见，叶温和叶—气温差不但可以用来估计大豆的光合速率和受旱程度，而且有可能作为鉴定大豆品种蒸腾速率和耐旱性的指标。

（二）大豆种子萌发期间的水分关系

1. 大豆种子萌发对水分的要求　大豆种子萌发过程的第一步是水分的吸收和种子体积的膨胀，即"吸胀"。种子萌发时最显著的特点是代谢强度的急剧升高和胚根与胚芽分生组织的细胞分裂和扩张，这些过程必须有充足的水分才能完成。当种子的吸水量使组织中出现充足的自由水时，种子的呼吸作用、贮存的大分子营养物质的水解及其他生化代谢过程才能以自由水作为反应物和反应介质而顺利进行。大豆种子的蛋白质含量很高，一般在 40% 左右，蛋白质大分子的亲水性极强，可以借氢键在其表面吸附大量的水分，称为束缚水。因此，大豆种子萌发时需要的水分比淀粉种子高很多；大豆种子吸水饱和时，含水量可达 60% 左右,吸收的水量相当于风干种子重量的 130% ~ 140%;含淀粉多的种子玉米,只要吸收相当于风干重 35% ~ 37% 的水分,就可以发芽。大豆风干种子的含水量为种子重量的 9% ~ 10%,代谢强度很低,用一般的方法很难检测出来;当种子含水量达到 14% 以上时,代谢强度迅速增大,其特点是呼吸强度随着种子含水量的增加而呈指数曲线上升;种子含水量达到 50% 左右时,呼吸强度可比干种子提高数十倍甚至数百倍。但 50% 的含水量还不足以使大豆种子萌发,含水量必须达到 56% ~ 58% 时才能正常萌发。这是因为,与种子的生化代谢相比,萌发时细胞的分裂和扩张必须在更高的含水量下才能进行,特别是细胞的扩张,如果没有足够的膨压作为细胞壁扩张的动力,是难以进行的。

　　种子萌发对水分的高需求量,使大豆播种时对田间墒情的要求十分严格。一般而言,土壤含水量在 19% ~ 20%(相当于土壤最大持水量的 75% ~ 80%)时,种子萌发和出苗良好;含水量低于 18% 时,虽能萌发出苗,但出苗率会降低,同时影响幼苗的健壮生长;土壤含水量在 13% 以下,则难以成苗。在土壤含水量适宜的条件下,大豆种子的吸水动态大致经过 3 个阶段:初始阶段、过渡阶段和生长阶段。初始阶段是种子快速吸水的阶段,此阶段的吸水能力主要由种子的衬质势 $Ø_m$ 与土壤水势 $Ø_{soil}$ 之差决定(当然,还与种子—土壤接触的紧密程度和土壤的导水性有关),种子在风干状态下处于水分交换平衡状态时,其水势(完全由衬质势 $Ø_m$ 构成)应当与空气的水势相等,因此,可以根据空气的相对湿度推算出在此湿度下风干的大豆种子的 $Ø_m$(表 12-1)。由表 12-1 可知,在空气相对湿度通常为 70% ~ 50% 的范围内,风干状态的大豆种子水势可低至 -50MPa 到 -100MPa(兆帕),这时的种子吸水能力极强,而水分状况良好的土壤,Ψ_{soil} 一般不会低于 -0.5MPa,可见两者的水势差值很大,因此干种子能从土壤中迅速吸水。然而,随着种子的吸水,其衬质势迅速升高,种子—土壤间的水势差和吸水速度也相应减慢。当 $Ø_m$ 上升到与土壤水势 $Ø_{soil}$ 相等时,种子的吸胀作用基本停止,吸水过程进入到过渡阶段,在此阶段内,种子吸水曲线到达一个平台,种子含水量因土壤水势的不同大致在 50% ~ 58% 的范围内(图 12-4);同时,由于有了大量的自由水,种子的呼吸作用、贮藏有机物的转化等代谢活动得以旺盛进行,细胞内膜系统如内质网、线粒体等的功能开始恢复并逐渐完善,为进入生长阶段进行生理准备。在这一阶段,胚根可能开始萌动,但胚根的伸长是原有细胞的吸胀造成的,并不是真正意义上的生长,也就是说,没有细胞的分裂和液泡化导致的细胞体积的增加。如果环境的水分状况不能满足发芽的要求,吸胀的种子可以较长时间停留在过渡阶段,甚至可以重新失水干燥而不丧失发芽能力。在土壤水分供应充足的情况下,萌动的种子可能很快就进入种子萌发的第三阶段,即生长阶段。本阶段的特点是胚根与下胚轴的快速生长,其中既有细胞分裂,更有细胞的扩张,细胞内出现中心液泡,吸水的方式也由吸胀为主转为渗透吸水为主,这时,尚未出土的幼苗吸水量又进入了一个快速增长的阶段,幼芽的含水量可以达到 85% ~ 90% 或以上,这一阶段直到幼苗出土为止。当叶片展开后,吸水的主要动力逐渐由蒸腾拉力取代。

表 12-1　空气相对湿度(RH%)与水势($Ø_{air}$)的对应关系

空气 RH%	99	95	90	80	70	60	50	40	30	20
$Ø_{air}$(-MPa)	1.38	7.04	14.5	30.6	48.9	70.0	95.1	125.7	165.2	220.8

　　注:表中数值系根据水势定义导出的空气相对湿度与水势的关系式:$Ø_{air} = RT\ln(e/e^0)/V_w$(Marshall and Woodward,1985)计算而来,式中 R 为气体常数;T 为凯氏温度 K;e 为空气实际蒸汽压;e^0 为在温度为 T 时的饱和蒸汽压;V_w 为水的偏摩尔体积,取 18 cm^3/mol

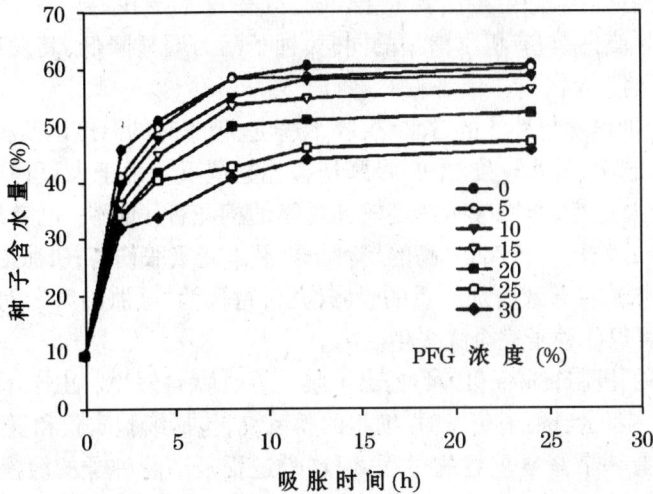

图 12-4　大豆种子在 15℃不同浓度的 PEG-6000 溶液中吸胀的动态
(根据郑成超、邹琦等,1991 绘制)

大豆种子脂肪含量较高,达到 20% 左右,而萌发时脂肪的氧化分解和向碳水化合物的转化比仅仅以碳水化合物作为呼吸底物时需要更多的氧气,所以,为保证大豆顺利地萌发、出苗,还必须保证土壤有良好的通气状况,土壤含水量最好不要超过最大持水量的 85%。我国夏大豆产区播种后如果连续阴雨,土壤含水量甚至可达到饱和状态,容易导致烂种和缺苗。

2. 大豆种子的吸胀伤害与吸胀冷害　植物的一生中,体内含水量变化最大的两个时期是种子的成熟期和萌发期。从种子形成到完全成熟,随着贮藏物质的积累,含水量从早期的 85%~90% 或以上逐渐降低,最终达到风干状态。此时,种子的状态发生了两个重大的变化:一是含水量降低到 14% 以下,二是种子的体积显著缩小;细胞的原生质体也由溶胶态转变为凝胶态。随着种子含水量的逐渐下降,种子细胞膜类脂双层结构的连续状态不复存在,转变为以类脂分子的亲水端朝向蛋白质等亲水性大分子形成分散的团状结构,在这些分散的结构之间,便是水和亲水性小分子可以自由通过的通道(陶宗娅、邹琦,2000)。这种变化对于种子细胞来说是如此的剧烈,以至于使某些植物的种子(如板栗、荔枝等"顽拗型种子")完全丧失了活力;但大多数种子植物,包括大豆在内,能够忍受这种剧烈变化,使细胞的活力得以保存。据认为,这种特性与种子发育过程中形成的某种亲水性极强的小分子蛋白质——胚胎发育晚期丰富蛋白(late embryogenesis abundant protein,或 LEA protein)有关。这类蛋白质在胚胎发育的后期开始形成,随着种子的脱水逐渐增加,到成熟时积累到最大值,有时可达种子中非贮藏蛋白的 30% 左右。这些蛋白质由于具有极强的亲水性,分子量又比较小,有可能会聚集在大分子功能蛋白的周围,使其空间结构不至于因为失水而破坏,从而保存了种子的活力。但是,无论如何,干种子与外界环境之间已经失去了类脂双层膜这样一层天然屏障。

当种子吸水萌发时,植物体的含水量又经历了一次重大变化,从种子吸胀到成苗,含水量又从风干状态恢复到 85% 以上。但干种子的吸胀过程须十分缓慢,才能保持种子的高活力。吸水过快(如直接将干种子浸泡在水中),常常造成"吸胀伤害",其表现是种子中的无机盐类和一些小分子有机物,如可溶性碳水化合物、氨基酸、核苷酸,甚至一些可溶性蛋白质和酶类从种子中渗出、流失,与有机物渗出的同时,种子活力明显降低,其发芽势、发芽率和田间成苗率都显著下降。

　　吸胀伤害的严重程度与种子的含水量、吸水速度、吸胀时的温度以及种子本身的原有活力状况有关。种子越干、吸水速度越快、吸胀伤害也越严重。由于大豆种皮较薄,并有种脐作为水分进出的重要通道,所以吸水速度较种皮厚的棉花种子要快,也容易产生吸胀伤害。活力本来已经较低的陈种子,较活力高的新种子更易遭受吸胀伤害;吸胀温度若低于某一阈值(大豆大约为 12℃),将导致更加严重的吸胀伤害,特称为"吸胀冷害",对于大豆等喜温植物,吸胀冷害甚至可以使种子完全失去生活力。

　　关于吸胀伤害的机制,Simon(1974)提出了膜的重建障碍假说。由于干种子细胞的膜系统已失去了连续性,因此当种子萌发时,细胞的膜系统,包括细胞质膜和复杂的内膜系统(内质网、线粒体等),有一个修复重建的过程,但这个过程是随着种子的缓慢吸水而逐渐进行的。这一过程可以在电子显微镜下直接观察到。Baird 等(1979)曾比较了大豆干种子和吸胀以后胚根细胞质膜的重建过程,发现干种子的胚根细胞不具有连续的质膜,仅在靠近细胞壁处有一些分散的囊泡状结构和脂质体存在;在水中吸胀 20 分钟后,才出现连续的质膜,但此时内质网和线粒体尚未发育。正由于质膜在吸胀阶段有一个再建的过程,因此,种子吸水过快,细胞内的水溶性成分就有可能在细胞质膜的重建尚未完成之前,通过许多亲水性的通道向外部流失。随着质膜的修复和重建,当完整的、具有分别透性的类脂双层形成时,溶质的渗漏速度就会很快减弱。

　　高等植物细胞内的线粒体,由于结构比质膜更为复杂,重建过程更加缓慢。已知在种子成熟脱水时,线粒体便衰退成囊泡,甚至完全解体;当种子吸水萌发时,才重新发育成结构和功能完善的状态。据胡友纪等(1983)的研究,大豆种子于 28℃浸种 4 小时并萌发 1 天,在电子显微镜下没有观察到线粒体,用密度梯度离心法也未能分离出线粒体,同时也测不出线粒体的特征性酶——细胞色素氧化酶的活性;萌发的第二、第三天线粒体出现,但尚未发育出完整的内嵴,只有第四天以后,线粒体才发育完善。由此可见,线粒体的重建是一个十分缓慢的过程。

　　除了膜系统修复重建的因素之外,种子吸水时发生的原生质体的急剧膨胀也是产生吸胀伤害的一个不可忽视的因素。这种膨胀主要是由凝胶态的原生质体本身吸水所致,也有干种子吸附的气体在吸水时重新解吸产生的气泡造成的膨胀(Parrish,1977)。这些因素都可能使正在修复重建中的质膜甚至线粒体膜在急剧膨胀中被重新撕裂,其结果不但使大量的溶质外渗,而且更重要的是使依赖于类脂双层膜的一些至关重要的生命活动,如呼吸作用的电子传递等不能正常进行,使种子萌发所需的能量不足。至于低温为何能加剧吸胀伤害,研究者一致的意见是低温下膜类脂的凝胶化不但影响膜的重建速度,而且重建中的膜一旦被撕裂,它的修补速度也大大减慢。陶宗娅、邹琦等(1991,1993)的研究表明,大豆种子在 5℃下吸胀仅仅 4~5 h,便可遭受吸胀冷害,即使恢复到 25℃下继续萌发,线粒体的发育和功能的重建也会受到严重阻碍,直到第六天,这种伤害效应仍然清晰可辨,说明低温吸胀对细胞结构和功能重建的影响有很长的滞后效应。

　　既然吸胀速度是造成吸胀伤害和吸胀冷害的决定性因素,那么,为了防止吸胀伤害,就要减慢种子的吸水速度,而采取的主要措施就是进行播种前种子的渗透调节(又称"引发"),

方法是将种子浸入渗透势很低的溶液中,常用的是聚乙二醇(PEG,polyethylene glycol)的水溶液。PEG 是分子量为 2 000~6 000 的乙二醇聚合物,在水中的溶解度很高,可降低水势而又不会渗入细胞中,常用来模拟干旱的环境。将种子浸入 PEG 溶液中,吸水速度显著减慢,种子不致因吸水过快而产生伤害。郑成超、邹琦等(1991)用 5%~30% 不同浓度的 PEG-6000 溶液对大豆种子进行"引发"处理,观察其吸水动态和对种子活力的影响,结果显示,随着 PEG 浓度的提高,种子的吸水速度和吸水平衡时的含水量都相应降低。例如,在清水中浸泡 12 h 便可达到吸胀平衡,此时种子含水量为 61%,而在 20%~30%PEG 溶液中 48 h 才达到吸胀平衡,含水量为 55%~47%,尚未达到种子萌发所需的含水量(图 12- 4)。

PEG 引发大豆种子的显著效果之一是与线粒体功能有关的呼吸代谢得到了明显的改善。在含水量相同的情况下,PEG 引发的种子呼吸强度比对照提高了 13%~20%。两种处理的呼吸途径也有明显差异:对照种子磷酸戊糖途径(HMP)占优势,而 PEG 引发的种子糖酵解-三羧酸循环(EMP-TCA)途径的比例较高;在 EMP 途径中,PEG 处理的种子通过三羧酸循环的部分达 42.3%,而对照只有 26.5%,表明未经引发的种子中有更多的呼吸底物通过无氧呼吸消耗。琥珀酸脱氢酶是 TCA 途径的关键酶,细胞色素氧化酶则是呼吸链末端最重要的氧化酶,两者都定位于线粒体上,其活性高低关系着细胞能否通过有氧呼吸获得足够的能量,郑成超等的研究表明,PEG 处理的种子这两种酶的活性分别比对照提高 77% 和 37%。这些结果表明,通过 PEG 引发以减慢吸水速度,对保障种子萌发期间线粒体结构和功能的恢复与重建确实具有良好的作用。由于线粒体是细胞的"动力工厂",可以想象,线粒体功能的完善对于提高种子的活力,改善种子萌发和田间成苗率都应具有重要的作用(郑成超、邹琦等,1990)。

萌发试验证明,经 PEG 引发处理的大豆种子,不论是发芽势、发芽率、种子活力,还是田间出苗率和幼苗重量,都明显超过浸水的处理(表 12-2、表 12-3)。

表 12-2　PEG 引发对大豆种子发芽能力和活力指数的影响 （郑成超、邹琦等,1991)

PEG 浓度 (%)	发芽势		发芽率		发芽指数*		活力指数*	
	12h	24h	12h	24h	12h	24h	12h	24h
0	69	59	81	70	30.9d	28.0e	0.425F	0.387E
5	77	66	84	79	33.5c	30.6d	0.496E	0.494D
10	85	74	92	85	38.2b	35.2c	0.688D	0.656C
15	92	80	94	91	39.8b	40.0b	0.793C	0.798B
20	93	85	95	91	42.0a	41.2b	0.879B	0.942A
25	94	94	96	96	43.2a	44.0a	0.961A	0.985A
30	94	97	96	97	43.2a	45.6a	0.929AB	0.987A

注:发芽指数 = σ(Gt/Dt),Gt 指在 7 日内的发芽数,Dt 指发芽日数;活力指数 = 发芽指数 × 幼苗平均重;* 数字旁英文小写字母不同表示差异显著性达 5% 水平

表 12-3　PEG 引发对大豆田间出苗率及幼苗生长的影响　（郑成超、邹琦等，1991）

处　　理	田间出苗率(%)	幼苗平均鲜重(g)	幼苗平均干重(g)
Ⅰ 25%PEG 浸 48h	81A*	1.09A	0.33A
Ⅱ 清水浸 3.5h	70B	0.95B	0.29A
Ⅲ 清水浸 48h	42C	0.91B	0.28A

注：处理Ⅰ与Ⅱ种子含水量相同，处理Ⅰ与Ⅲ浸种时间相同；＊大写字母不同表示差异显著性达 1% 水平

对于因贮存不当或贮存时间过长而发生了劣变的种子，PEG 引发可以最大限度保存其活力、提高田间发芽率和出苗率，是一种挽救宝贵品种资源的理想方法。

由于 PEG 渗透调节对种子萌发的良好效果主要是减慢吸水速度的作用，因此凡能减缓种子吸水速度的措施都能达到同样的效果。如先将种子放在潮湿的空气中使其缓慢吸水，或以少量水喷在种子表面，进行堆放"焖种"，使种子含水量超过易发生吸胀伤害的临界含水量，然后再进行播种，可以收到与 PEG 渗调相似的效果。

(三)水与大豆的生长

如前所述，水的最重要的生理功能之一是维持细胞的膨压，以推动细胞的生长。植物如何适应轻度与中度水分胁迫的研究工作，主要集中在植物怎样在水分胁迫条件下维持一定的生长速度的问题上。为此，必须首先了解水是如何影响细胞生长的。

1. 膨压是细胞延伸生长的动力　植物的生长，尤其是细胞的延伸生长(即细胞的扩大)是所有生理过程中对水分胁迫最敏感的。只要有轻微的水分胁迫，即可使植物的生长速率明显下降，而此时其他生理功能(如光合作用等)则可能完全没有改变。

关于细胞延伸生长的性质，早在 20 世纪 60 年代即有了细致的研究，肯定细胞体积扩展的动力是膨压(即压力势 Ψ_p)，而且只有膨压超过某一最低限度(即临界膨压 $\Psi_{p,th}$)时，才能引起细胞壁的扩张；低于此值，则虽有一定的膨压，但细胞不能扩张；因此，$\Psi_p - \Psi_{p,th}$ 才是引起细胞扩张的有效膨压。已知在一定范围内，细胞壁的扩张速率与有效膨压成正比；有效膨压增加一个单位时，所能引起的扩张速率的增加值称为总体扩张系数(E_g)。E_g 的大小与细胞壁的性质有关，幼嫩的细胞，细胞壁成分以纤维素为主，比较容易在膨压推动下发生塑性伸展；老熟的细胞，由于细胞壁发生了木质化，$\Psi_{p,th}$ 增大而 E_g 则减小。

但是细胞体积扩大的另一个必要条件是水分要不断地从细胞外向细胞内移动，为此需要维持细胞与其周围环境的水势差，即细胞的水势 Ψ_w 必须低于环境(土壤)的水势 Ψ_{soil}。细胞水势 Ψ_w 取决于细胞渗透势 Ψ_S 与膨压之差($\Psi_w = \Psi_S - \Psi_p$)，而 Ψ_S 的高低取决于细胞渗透调节能力；土壤水势则与土壤含水量、含盐量及土壤质地有关。

2. 水分胁迫对大豆生长的影响　既然细胞的生长是对水分亏缺最敏感的生理过程，因此，干旱的后果首先是生长量下降。孙广玉(1986)以鲁豆 4 号和抗旱性强的小粒豆 1 号为材料，研究了盆栽条件下不同程度的水分胁迫对地上及地下部分生长的影响。按照土壤相对含水量(即土壤含水量占最大持水量的%)将干旱程度分成共 4 级，分别为对照(CK，80%~85%)，轻度(T1，65%~70%)、中度(T2，50%~55%)和重度(T3，35%~40%)干旱，首先观察了出苗以后 25 天之内两个大豆品种的株高生长动态，结果见图 12-5 和表 12-4。从图 12-5 中的生长动态可以看出：随着水分胁迫的加剧，株高生长相继减慢。平均生长速率也大幅度下降；抗旱性强的小粒豆 1 号降低的幅度较鲁豆 4 号略小。

对大豆植株进行全生育期干旱处理的结果列于表 12-4。从表中可以看出：水分胁迫对

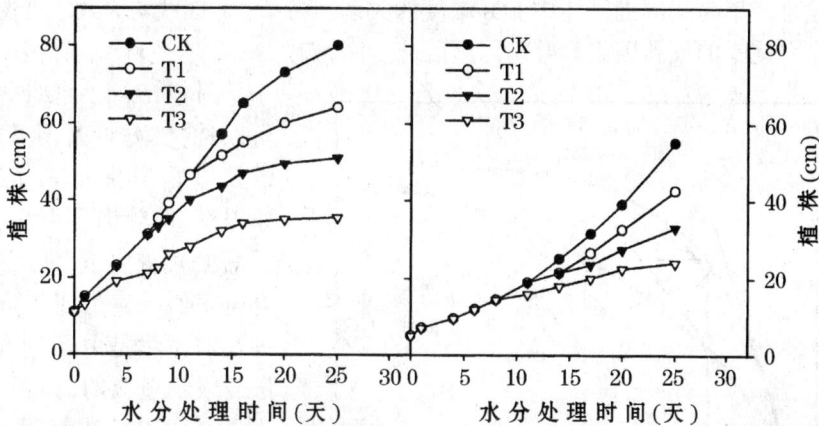

图 12-5 大豆品种鲁豆 4 号(左)和小粒豆 1 号(右)在不同程度水分胁迫下的株高生长动态

土壤相对含水量分别为:对照(CK,80% ~ 85%);轻度干旱(T1,65% ~ 70%);

中度干旱(T2,50% ~ 55%);重度干旱(T3,35% ~ 40%)

大豆地上部总鲜重、单株叶片鲜重、单株根鲜重都有强烈的抑制作用;与地上部比较,干旱对根系的抑制作用相对较轻,但对根瘤生长的抑制却严重得多。

表 12-4 水分胁迫对鲁豆 4 号生长状况的影响 (孙广玉,1986)

水分胁迫处理	单株叶片鲜重(g)		单株地上部总鲜重(g)		单株根鲜重(g)		单株根瘤数量		单株根瘤鲜重(g)	
	平均值±标准差	相对值(%)	平均值±标准差	相对值(%)	平均值±标准差	相对值(%)	平均值±标准差	相对值(%)	平均值±标准差	相对值(%)
CK	16.3 ± 3.1	100.0	68.7 ± 19.2	100.0	5.9 ± 1.2	100.0	52.9 ± 9.8	100.0	2.50 ± 0.21	100.0
T1	11.0 ± 3.1	67.4	48.5 ± 12.7	66.2	5.5 ± 1.5	93.2	32.1 ± 3.2	60.7	1.44 ± 0.35	57.6
T2	8.5 ± 2.5	52.4	34.6 ± 7.9	50.2	3.8 ± 1.0	64.4	23.5 ± 18.	44.4	0.93 ± 0.16	37.2
T3	5.0 ± 1.3	30.8	18.9 ± 4.1	27.6	3.1 ± 0.3	52.5	19.0 ± 5.9	35.9	0.76 ± 0.18	30.4

注:水分胁迫处理:CK、T1、T2、T3 分别为对照、轻度、中度和重度水分胁迫处理,土壤相对含水量依次为 80% ~ 85%、65% ~ 70%、50% ~ 55% 和 35% ~ 40%

(四)水与大豆的光合作用和物质生产

光合作用对水分状况的敏感性仅次于生长而居第二位。水影响光合作用的方式可分为两种:气孔因素与非气孔因素。气孔因素是指水分亏缺使气孔开度减小,限制了空气中的 CO_2 通过气孔向叶肉细胞的供应,从而使光合速率下降,但此时的叶肉细胞同化 CO_2 的潜力并未受到明显的影响;当水分亏缺继续发展时,叶肉细胞的同化能力明显降低,此时即使有足够的 CO_2 供应,也不能改变光合速率降低的局面,也就是说,影响光合作用的主要是叶肉因素,即非气孔因素。

1. 光合作用的气孔限制与非气孔限制的区分 水分胁迫导致气孔导度的下降,自然会限制 CO_2 进入叶片,从而使光合速率下降。而且,实际测定的结果,也经常是随着叶片水势的下降,光合速率与气孔导度同时降低,如果不做进一步的分析,很容易把水分胁迫下光合速率的降低统统归因于气孔导度的限制,实际上这种推论并不总是正确的。自 20 世纪 70 ~ 80 年代以来,由于一些先进的测量仪器的创制,能够根据气体扩散原理间接推算出细胞间隙 CO_2 浓度(C_i),绘出 P_n-C_i 曲线。这条曲线由于排除了气孔因素的干扰,可以直接了解叶肉细胞的光合速率与其周围气体中 CO_2 浓度的关系。将 $P_n\text{-}C_i$ 曲线与 $P_n\text{-}C_a$ 曲线相比较,便可将影响光合速率的气孔因素和叶肉因素区分开来,如图 12-6。

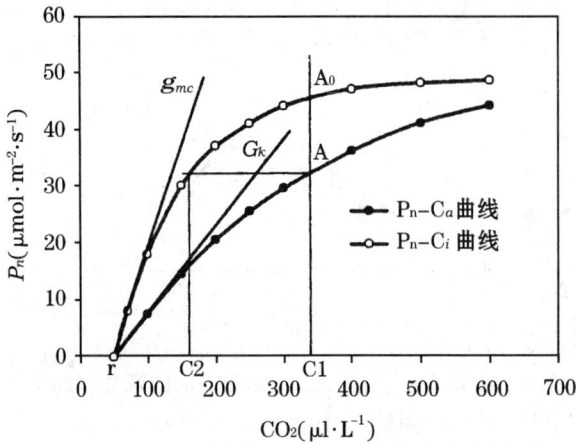

图中 $P_n\text{-}C_a$ 曲线的初始斜率可以称之为"叶片导度"(G_{lc}),它的数值显著低于 $P_n\text{-}C_i$ 曲线的初始斜率(即叶肉导度 g_{mc}),而且在任意 CO_2 浓度下,$P_n\text{-}C_a$ 曲线的光合速率值一直低于 $P_n\text{-}C_i$ 曲线,这种差别显然是由于气孔对 CO_2 扩散的限制造成的,如图 12-6 所示。当空气中 CO_2 浓度为 C1(假定为 $430\mu l/L$)时,测得的净光合速率为 A;如果假设没有叶表皮的阻挡(即气孔阻力为 0),那么细胞间隙 CO_2 浓度也可达到相同数值,则光合速率可以达到 A_0。换句话说,当空气

图 12-6 光合速率(P_n)与空气中和叶肉细胞间隙中 CO_2 浓度的关系(示意图)

中的 CO_2 浓度为 C1 时,叶肉细胞间隙中的 CO_2 浓度实际上只有 C2,两者之差(C1-C2)也就是 C_a 与 C_i 之差,是气孔对 CO_2 扩散阻力的反映。

有了以上的分析,我们就可援引限制因子的概念,对限制光合速率的主要因素是气孔导度的下降还是叶肉细胞同化能力的下降作出判断。在这里,叶肉细胞间隙 CO_2 浓度是一个重要的判据:当气孔导度明显降低而叶肉细胞仍在活跃地进行光合时,由于 CO_2 通过气孔向叶肉细胞的供应受限,C_i 值必然下降;反之,如果叶肉细胞的同化能力大幅度降低,这时气孔导度虽然也可能下降,使 CO_2 的供应减少,但对叶肉细胞而言,可能依然是"供大于求",C_i 值必然上升。我们称前一种情况为气孔限制,后一种情况为非气孔限制或叶肉限制。

不但如此,还可以根据以上各参数,对气孔阻力影响光合作用的程度作出定量的估计,并提出"气孔限制值(L_s)"的概念。计算气孔限制值之所以重要,是因为影响 C_i 值高低的因素除了气孔导度以外,还有空气中 CO_2 浓度 C_a,由于空气的 CO_2 浓度也有一定的日变化,在植被繁茂的情况下,一般是夜间较高,随着太阳的升起,CO_2 因植物光合作用的吸收而逐渐降低。在气孔导度不变的情况下,C_a 的降低也可使 C_i 值下降。因此,为了排除 C_a 的变化对 C_i 值的影响,计算 L_s 值是有必要的。计算气孔限制值的方法有两种,一种是根据扩散阻力的计算,即分别测出叶片对 CO_2 扩散的总阻力和气孔阻力,然后计算出气孔阻力占总阻力的比值,经简化后得出:

$$L_s = (C_a - C_i)/C_a \tag{12-5}$$

$$\text{或 } L_s = 1 - C_i/C_a \tag{12-6}$$

这种方法比较简单,但有一定局限性,因为它只适用于 CO_2 供应为限制因子的情况,即 $P_n\text{-}CO_2$ 曲线的直线上升阶段,因为两者呈直线关系,所以用 CO_2 浓度即可代表光合速率。但随着 $P_n\text{-}CO_2$ 曲线的向下弯曲,光合速率不随 CO_2 的增加而成比例地增加,因此不能以 CO_2 浓度的变化来表示光合速率的变化,换句话说,光合速率的变化不完全是 CO_2 供应限制发生改变的结果。在这种情况下,应该用实际光合速率数值来计算 L_s(Farquhar 和 Sharkey,

1982)。

根据图 12-6：$L_s = (A_0 - A)/A_0 = 1 - A/A_0$　　　　　　　　　　　(12-7)

式中，A_0 是当 $C_i' = C_a'$ 时的 P_n，或气孔阻力为 0 时的光合速率，此时完全没有气孔限制，A 是空气中 CO_2 浓度为 C_a 时的 P_n，即在气孔阻力的限制下光合速率达到的实际值，两者之差即为气孔限制造成的光合下降。用此算法得出的气孔限制值更准确、客观，但也有一定缺点：一是必须测定 P_n 和 C_i 的关系曲线，手续麻烦；二是在严重水分亏缺（或其他逆境）条件下，P_n 值很低，两条曲线的差值很小，容易产生较大的测量误差。

有了 C_i 和 L_s 值这两种判据，便可以比较明确地区分光合作用的气孔限制和非气孔限制（表 12-5）。

表 12-5　光合作用气孔限制与非气孔限制的判断

参　　数		气孔限制	非气孔限制
光合速率	P_n	下降	下降
气孔导度	g_{sw}	下降	下降
细胞间隙 CO_2 浓度	C_i	下降	上升或不变
气孔限制值	L_s	上升	下降

2. 水分胁迫下大豆光合作用的气孔与非气孔限制

(1)大豆叶片气孔导度、蒸腾速率和光合速率对水分状况响应的一般规律　如前所述，作物水分胁迫导致的直接后果是叶片水势和叶细胞膨压的下降，从而使气孔趋于关闭，气孔阻力增加（或气孔导度降低），与之相伴随的便是叶片蒸腾速率和光合速率的降低，大豆的情况也不例外（孙广玉等，1991；高辉远，1994）。

在田间或盆栽试验中，由于水分胁迫往往伴随着高温、强光等因素同时发生，使叶片水势与其他水分生理参数的关系复杂化。高辉远等（1994）为了排除这些因素的干扰，采用离体叶片在恒温、恒湿及恒定光强下蒸腾失水的方法，研究了鲁豆 4 号和小粒豆 1 号两个大豆品种叶片水势同光合速率、气孔导度、蒸腾速率等生理指标的关系，结果见图 12-7。

从图 12-7A、B、C 可以看出，随着水势的降低，叶片的气孔导度 g_{sw}、蒸腾速率 T_r 和光合速率 P_n 都显著下降，但不同生理指标下降的趋势不同。其中气孔导度 g_{sw} 与水势 Ψ_w 的关系为可以用指数曲线表示(12-7A)。用回归方程 $g_{sw} = a + b \cdot \exp(c \cdot \Psi_w)$ 拟合，两个品种回归曲线的相关指数均达到 $P < 0.01$ 的极显著水平。其特点是在叶片水势较高时，气孔导度随着叶片水势的轻微降低而急剧下降，但随着水势的继续降低，g_s 的下降速度逐渐变慢，这是因为，当水势很低时，气孔已接近关闭状态，气孔开度已基本没有进一步减小的余地。

图 12-7B 是蒸腾速率对水势的响应。虽然严格地讲，两者的关系仍可用指数曲线描述，但曲线的弯曲度很小，已接近于直线。之所以出现这种情况，与气孔导度对蒸腾作用影响的特点有关：蒸腾速率随气孔导度的降低以指数曲线下降，特别是在低水势的范围内更加明显（见图 12-7E）。因此，在这种情况下，虽然水势每降低一定值引起的气孔导度变化很小，但气孔导度的单位变化导致的蒸腾速率的降低值却增大了。其原因，估计除了气孔对水分子扩散的阻力继续增加外，可能还有影响蒸腾的非气孔因素参与进来，如细胞壁的"初干"等。

从图 12-7B 和图 12-7E 还可以看出一个值得注意的现象：在相同的水势或气孔导度下，小粒豆 1 号的蒸腾速率远远超过鲁豆 4 号，表现出品种间的明显差异，这可能与叶片的形

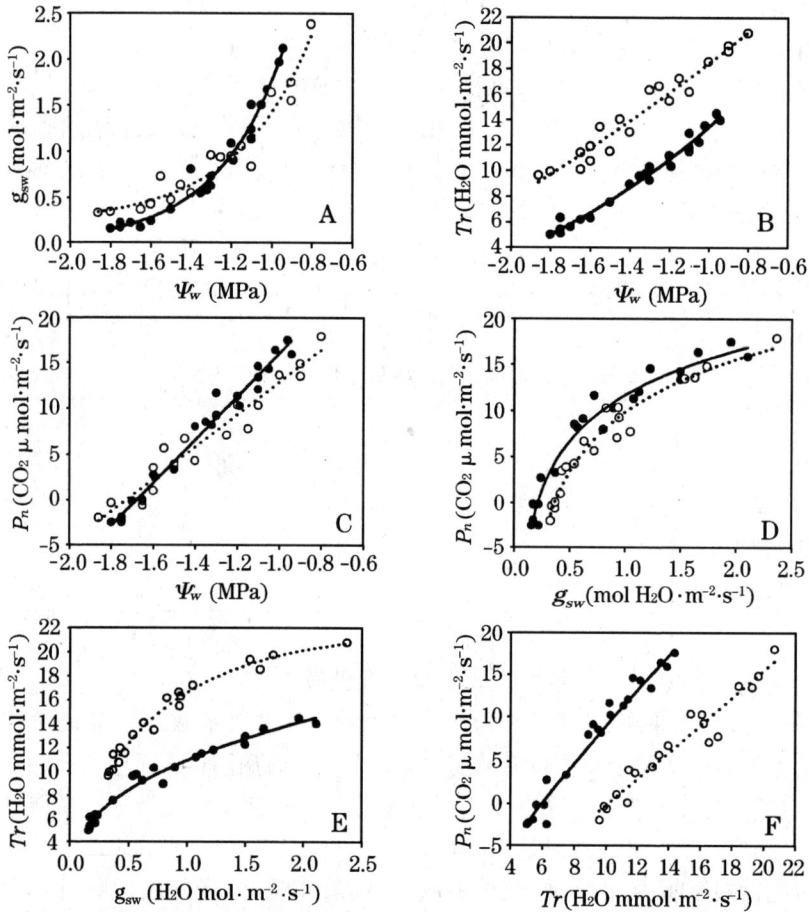

图 12-7　两个大豆品种离体叶片在恒温、恒湿及恒定光强下缓慢失水过程中叶片水势
（Ψ_w）同光合速率（P_n）、气孔导度（g_{sw}）、蒸腾速率（Tr）等水分生理指标的关系

（据高辉远、邹琦，1994a 数据重绘）

－●－为鲁豆 4 号；…○…为小粒豆 1 号

态、解剖结构的差异有关。据观察，小粒豆 1 号叶片厚度明显大于鲁豆 4 号，很可能与细胞间隙更容易被水气所饱和有关。

图 12-7C 和 D 是光合速率对叶片水势和气孔导度的响应，在本试验中叶片水势取值为 $-0.8 \sim -1.9$ 范围内，光合速率与水势是直线关系，而且两个品种回归直线的斜率不同：鲁豆 4 号的斜率较大，小粒豆 1 号的较小。因此，当水势较高时，鲁豆 4 号的光合速率高于小粒豆 1 号；水势较低时则恰恰相反，这与鲁豆 4 号产量潜力较大但耐旱性略逊于小粒豆 1 号的特性相一致。由于在相同的气孔导度下，小粒豆 1 号的蒸腾速率远高于鲁豆 4 号，而光合速率却略低于鲁豆 4 号，因此鲁豆 4 号的水分利用效率远远高于小粒豆 1 号，从 P_n-Tr 的关系曲线（图 12-7F）便可一目了然。

图 12-7 中的结果是在稳恒条件下对离体大豆叶片缓慢失水过程中的水分关系所作的观察。在田间条件下，由于还受到光照、温度、空气湿度等因素变动的影响，情况要复杂得多，各参数之间的关系也有可能发生变化。图 12-8 是露天盆栽的大豆鼓粒期在土壤水分含量逐渐降低的过程中，气孔导度与光合速率对每日中午最低水势的响应。最低水势的范围

从水分充足时的 -0.4MPa 左右直到严重干旱时的 -3.3MPa。可以看出,随着叶片水势的降低,不论是 g_{sw} 还是 P_n,都呈指数曲线下降;在水势降至大约 -1.5MPa 之前,g_{sw} 和 P_n 随水势下降而急剧降低,待水势低于 -1.5MPa 以后,g_{sw} 随水势的下降显著减慢。对鲁豆 4 号的 g_{sw}-$\Psi_{w(min)}$ 和 P_n-$\Psi_{w(min)}$ 数据配以 $Y = ab^x$ 形式的指数方程,均有很好的拟合度。图 12-7C 中 P_n-$\Psi_{w(min)}$ 的直线关系之所以与本试验中的曲线关系有区别,可能与前者水势的取值范围较小有关。

从图 12-8 还可以看出,两个大豆品种 g_{sw}-$\Psi_{w(min)}$ 和 P_n-$\Psi_{w(min)}$ 的关系曲线还有一点明显的区别:即鲁豆 4 号的最低水势自 -0.5MPa 开始,只要略微降低,气孔导度 g_{sw} 就会急剧下降,表明该品种的气孔开闭对叶片水势的反应很敏感;而小粒豆 1 号的叶最低水势从 -0.5MPa 下降到 -1 MPa 的范围内,$g_s w$ 基本没有降低,只是在 $\Psi_{w(min)}$ 降到 -1 MPa 以下时,g_s 才开始急剧下降,也就是说,在水势为 -0.5 ~ -1 MPa 的范围内,g_{sw} 对 $\Psi_{w(min)}$ 不敏感。由于这种差别,使抗旱性较强的小粒豆 1 号在水势较高的范围内,气孔导度和光合速率都超过鲁豆 4 号;只有水势降低到 -1.5MPa 以下时,这种差别才消失。这一特点与图 12-7 中的结果不一致,可能与长期的干旱锻炼使抗旱性强的小粒豆 1 号更能充分显示其抗旱本性有关。由于气孔开闭的调节过程十分复杂,除了 K^+ 离子等直接决定保卫细胞膨压的因素外,还与保卫细胞中植物激素的种类、含量、分布状况密切相关,这些因素都能影响气孔的开闭。因此,大豆 g_{sw} 和 P_n 对水势的响应会因品种、生育期特别是测定之前所处的环境条件而表现出差别,也就不难理解了。

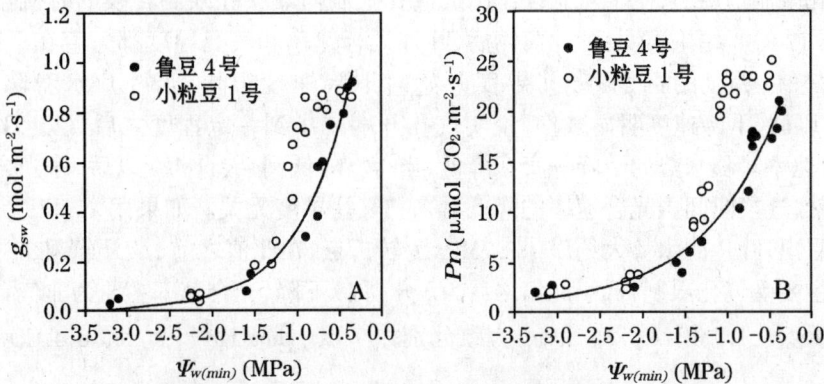

图 12-8　田间大豆叶片气孔导度(A 图)和光合速率(B 图)对每日最低水势 $\Psi_{w(min)}$ 的响应
(据孙广玉等(1991)数据重绘)

$g_{sw} = a_1 * b_1^{\Psi_{w(min)}}$, $a_1 = 1.71829$, $b_1 = 5.20308$, $R^2 = 0.9608$, $P < 0.0001$

$p_n = a_2 * b_2^{\Psi_{w(min)}}$, $a_2 = 30.6733$, $b_2 = 3.06131$, $R^2 = 0.9403$, $P < 0.0001$

关于 P_n 与 g_{sw} 之间的关系,图 12-7D 显示为一条对数曲线,即在水分状况良好、气孔导度较大的情况下(就本试验而言,g_{sw} 大约在 1 mol·m^{-2}.s^{-1}),由于失水而使气孔导度略有减小时(例如 g_{sw} 减小到 1 mol·m^{-2}.s^{-1}),对光合速率影响不大;但当水分胁迫严重时,光合速率随气孔导度的降低而急剧下降。对于 P_n 与 g_{sw} 之间内在关系的解释有两种:一是气孔导度的减小限制了 CO_2 的供应,从而使光合下降,即气孔限制是主要因素;另一种解释是水分胁迫使叶肉细胞光合能力下降,从而对气孔导度产生反馈调节,使气孔导度伴随着叶肉细胞光合能力的下降而下降。Wong 等(1979)曾发现:一方面气孔导度能够通过改变 CO_2 的供应影响光合作用;另一方面,光合作用的强弱也能反过来影响气孔导度的大小,即光合作用对气孔导度具有反馈调节的能力。由于这种反馈调节作用,可以在环境条件有利于光合作用时,增大气孔导度,以便更好地满足叶肉细胞光合碳同化的需求,当然也会损失较多的水分;而在环境条件不利于叶肉细胞的光合作用时,气孔导度便降低,可以减少植物体内水分的无效损耗。通过这种调节作用,可以使植物对水分的利用效率达到最优化,也就是以最小的水分损耗为代价,获取最大的 CO_2 同化量。光合速率对气孔导度的反馈调节机制尚未完全明了,但细胞间隙 CO_2 浓度可能起重要作用。已知保卫细胞能够对气孔下腔中的 CO_2 浓度作出反应,当 CO_2 浓度降低时,保卫细胞的 pH 值升高,不但有利于淀粉的水解,还可活化 PEP 羧化酶,使保卫细胞中苹果酸含量增加,水势下降,促进保卫细胞的吸水和气孔的开张;CO_2 浓度升高时,其作用方向恰恰相反,从而使气孔开度减小。

至于在低水势条件下光合速率随气孔导度而急剧下降的内在原因,究竟是气孔导度的减小限制了 CO_2 的供应,还是叶肉细胞光合能力下降对气孔导度产生的反馈调节,则仅仅根据这条曲线还难以判断。这就需要根据气孔限制与非气孔限制的判据进行区分。

(2)大豆光合作用气孔与非气孔限制的分析与判断　　由于区分光合作用的气孔与非气孔限制的最好判据是细胞间隙 CO_2 浓度(C_i)和气孔限制值(L_s),所以,只要根据气体交换参数计算出 C_i 和 L_s,便可将光合速率的限制因子清楚地加以区分。

高辉远(1989)用类似的方法,于鼓粒期对鲁豆 4 号离体叶片在恒定条件下自然脱水,在此过程中连续测定 P_n、C_i 和 g_{sw} 的变化动态,并以叶片水势 Ψ_w 作为脱水程度的指标,同时计算出气孔限制值(L_s),便于对光合作用的气孔限制与非气孔限制转换的时机作出定量化的估计(图 12-9)。结果表明:叶片离体后,叶片光合速率和气孔导度都一直在下降,但两者的下降动态有明显的区别:气孔导度开始时下降速度很快,当叶片水势降低到大约 – 1.7MPa 以后,下降速度明显减慢,说明气孔开度减小到一定程度之后,已近乎全关闭状态,但光合速率却随水势的下降一直在降低,当 Ψ_w 降低到 – 2.1MPa 以后,净光合甚至降为负值。显然,这段时间内光合速率的降低看来与气孔导度无关。如果用 C_i 和 L_s 作为判据,则可明显看出,叶片的水势大约以 – 1.7MPa 为转折点,在此值之前,C_i 下降和 L_s 升高,表明光合速率主要受气孔限制;低于此值之后,C_i 升高 L_s 下降,光合速率主要为非气孔限制。在水势的转折点 – 1.7MPa 处,P_n 和 g_{sw} 大致分别为 7 CO_2 $\mu mol \cdot m^{-2} \cdot s^{-1}$ 和 0.4 CO_2 $mol \cdot m^{-2} \cdot s^{-1}$。

由以上的研究结果可以得出一般性结论:在大豆遭受轻度或中度水分胁迫时,光合速率下降的主要原因是气孔限制;而遭受严重水分胁迫时,则主要是非气孔限制。

(3)大豆光合日变化过程中的气孔与非气孔限制　　大豆的光合作用由于受到不断变化的环境条件和生理状态的影响,在一天中会发生明显的日变化,在水分胁迫和其他逆境条件影响下还会产生"午休",即光合速率午间下降的现象。由于光合午休经常伴随着气孔导度的下降,而且两者的日变化趋势常常是一致的,因此很容易使人认为气孔导度的下降是产生午休的原因。但实际情况并非这样简单,因为各种不同的逆境条件以不同的强度作用于大豆植株,不可能仅影响气孔开度而对叶肉细胞同化能力不发生影响。为了弄清楚气孔导度和叶肉细胞同化能力在大豆光合午休中各起多大的作用,就必须借助于前面所述的气孔与非气孔限制的分析方法,从环境因子与叶片生理功能之间的错综复杂的关系中理出头绪,找出导致光合午休的主导因素,才能提出有效的解决方案。为此,高辉远等(1994)对盆栽条件

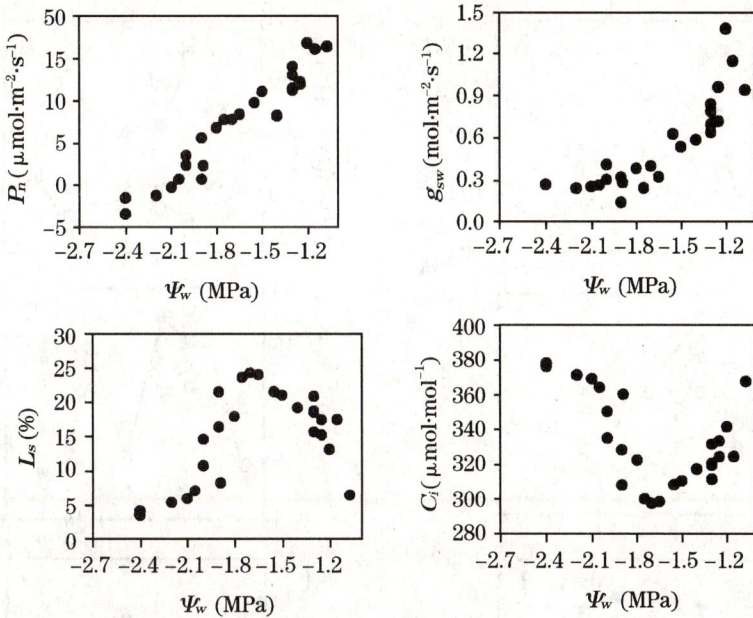

图 12-9 田间种植的鲁豆 4 号鼓粒期离体叶片快速失水的情况下叶片水势
与光合作用的气孔与非气孔限制的关系 （高辉远，1989）

下大豆光合午休与主要内外因子的关系进行了综合分析。以大豆品种鲁豆 4 号和小粒豆 1
号为试验材料。于不同生育期选择典型晴朗天气，观测光合速率的日变化，同时测定叶水
势、气孔导度、蒸腾速率、细胞间隙 CO_2 浓度，监测空气温度、湿度、CO_2 浓度，计算叶-气水气
压亏缺（VPD，即实测叶温下的饱和水气压与空气的实际水气压之差）；选择几个有代表意义
的时间测定 P_n-C_i 响应曲线，根据 Farquhar 和 Sharkey 的理论，由曲线的性质计算羧化效率
（$\delta A/\delta C_i$）、CO_2 补偿点（Γ）、光合能力 A_0（即 $C_i = C_a$ 时的光合速率，也就是气孔限制值为 0 时
的光合速率），计算气孔限制值（L_s）。

图 12-10 是鼓粒期在典型的干热天气条件下测定的各项指标的日变化；图 12-11 是不同
时间的 A-C_i 曲线，表 12-6 则列出了根据这些曲线推算出的几个关键指标的相应数值。

由图 12-10 可以看出：测定当日最高气温为 35.5℃，VPD 最高达 6.6kPa，空气相对湿度
25%，最高叶温达 41.9℃。在这种情况下，大豆光合速率的日变化属于较典型的双峰型午休
类型：第一个峰出现在上午 8:30 左右，随后开始下降，下午 13:30 到达低谷，此后又略有回
升，出现一个小峰。还可以看出：气孔导度的日变化与光合日变化基本上是同步的，也出现
大小两个峰。

为了更清晰地分析大豆光合日变化的原因，可以将一天的光合历程划分为几个时段：从
上午 6:00 左右开始，至上午 8:30，是光合上升的阶段。在这一阶段内，叶片的水分状况良
好，叶片相对含水量和水势虽在缓慢降低，但水势一直维持在 -1 MPa 以上，也就是处于对
气孔导度和光合速率没有显著影响的范围内，因此，这一阶段气孔导度非但没有随着水势的
降低而下降，反而在迅速增加，达到并维持一天中的最高值，这可能是气孔导度对光强度的
响应。据此，可以认为，在这一阶段，CO_2 通过气孔向叶肉细胞的供应量是逐渐增加的。尽
管如此，这段时间内 C_i 值却一直在下降，L_s 则有所增加，这说明，虽然 CO_2 的供应量增加，

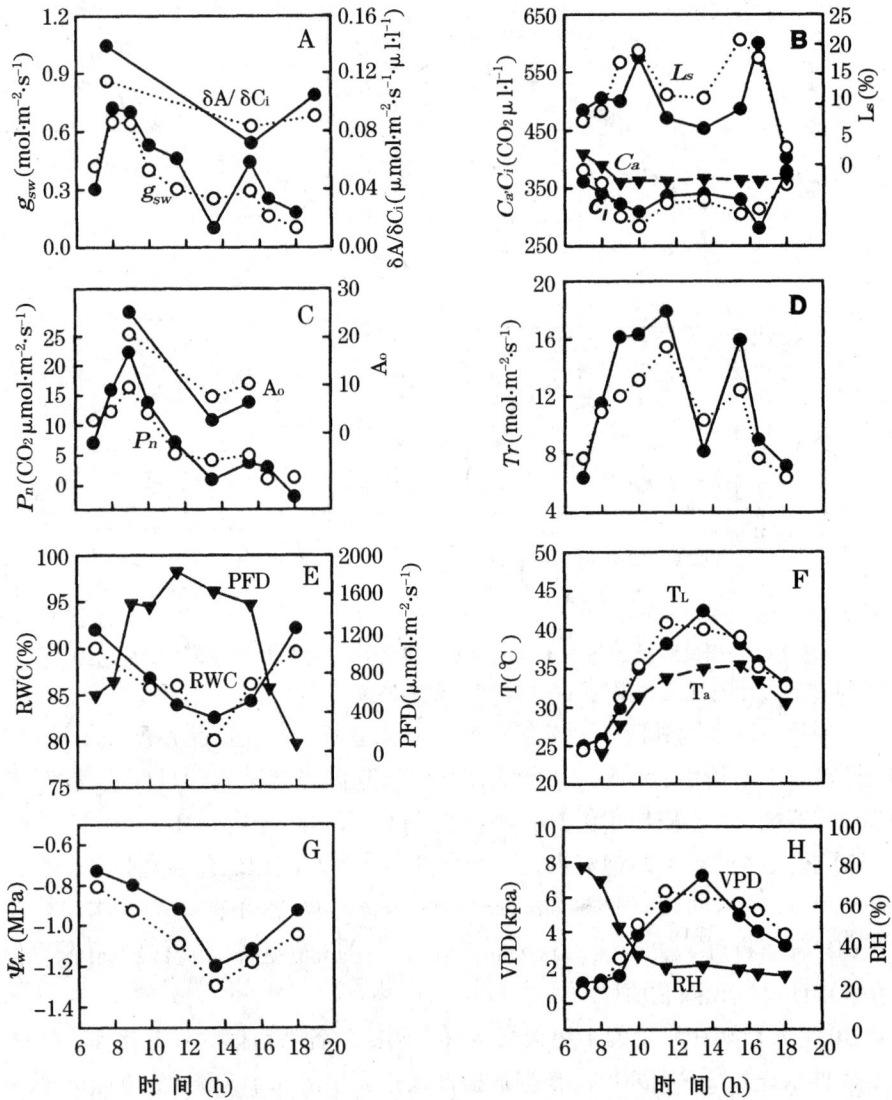

图 12-10　在典型的干热天气下盆栽大豆叶片水分状况、光合特性以及环境条件的日变化

(高辉远等,1993)

图中符号:PFD 为光合有效辐射的单位"光子通量密度";T_L 为叶片温度;T_a 为气温;RH 为空气相对湿度;VPD 为叶-气水气压差;C_a 为空气中 CO_2 浓度;C_i 为细胞间隙 CO_2 浓度;RWC 为叶片相对含水量;Ψ_w 为叶片水势;g_{sw} 为气孔导度;Tr 为蒸腾速率;P_n 为净光合速率;A_0 为光合能力(即 $C_i = C_a$ 时的光合速度);$\delta A/\delta C_i$ 为羧化效率;L_s 为气孔限制值

大豆品种:—●—为鲁豆 4 号;…○…为小粒豆 1 号

但是仍不能满足叶肉细胞光合作用的需求,可见,叶肉细胞的同化能力一定很强。从图 12-11 的 P_n-C_i 曲线以及表 12-6 中的有关参数完全可以证明这一推断:上午 8:30,两品种叶肉细胞的羧化效率、光合能力和 RuBP 最大再生速率都处于一天中的最高值,而 CO_2 补偿点则处于一天中的最低值。此外,这段时间内的环境条件对光合作用也很有利:第一是光强度已达到 1500μmol·m⁻²·s⁻¹以上,可使叶肉细胞的同化能力得到充分发挥;第二气温和叶温都在

表 12-6 大豆叶片羧化效率($\delta A/\delta C_i$)、光合能力*(A_0)、RuBP 最大再生速率(J_{max})及 CO_2 补偿点(Γ)的日变化 （高辉远等,1993）

项　　目	不同时间的测定值					
	鲁豆4号			小粒豆1号		
	8:30	13:30	15:30	8:30	13:30	15:30
$\delta A/\delta C_i(\mu mol\ m^{-2}s^{-1})/(\mu l^{-1}L^{-1})$	0.124	0.029	0.068	0.084	0.046	0.059
$A_0(\mu mol\ m^{-2}s^{-1})$	24.8	1.9	5.8	20.8	7.2	10.0
$J_{max}(\mu mol\ m^{-2}s^{-1})$	31	4	12	30	11	14
$\Gamma(\mu l\ L^{-1})$	110	300	195	85	175	145

＊光合能力指 $C_i = C_a$ 时的光合速率,也就是气孔限制值为 0 时的光合速率,表示叶肉细胞的光合潜力

大豆光合适宜温度的范围内,叶温虽略高于气温,但相差不大;第三是空气湿度较高,虽然从早晨 6:00 以后空气湿度一直在不断降低,但直到 8:30,相对湿度仍在 50% 以上;由于温度和湿度的共同影响,使叶-气水气压差一直较低,仅 2～3 kPa,处于一天中最低的范围内;综上所述,在这种典型的干热天气,上午 7:00～10:00 这段时间可以说是大豆光合作用的"黄金时段",光合作用的主要限制因子是 CO_2 的供应速率,而不是叶肉细胞同化能力。

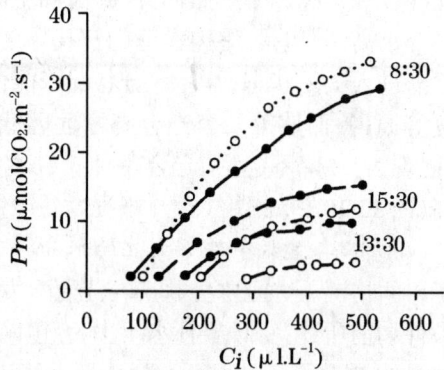

图 12-11 大豆叶片一天内的不同时间里的 P_n-C_i 关系曲线,各条曲线的初始斜率即羧化效率 （高辉远等,1993）
大豆品种:—●—为鲁豆4号;…○…为小粒豆1号

进一步分析图 12-10 中上午 10:00 以后直到 13:30 的各参数,可以看出:叶片水分和光合状况发生了很大的变化,首先是从 10:00～12:00 时,蒸腾速率一直维持在最高值(图 12-10D),由于失水速度超过吸水速度,叶片相对含水量和水势一直在降低,到 13:30,RWC 已降到 80% 左右(图 12-10E),水势降至 -1.2～-1.3MPa(图 12-10G),已处于严重影响光合速率的范畴(参看图 12-7C);随着叶片水分状况逐渐变差,气孔导度持续下降,至 13:30 已降至 0.2 $mol\cdot m^{-2}\cdot s^{-1}$ 以下(图 12-10A);然而蒸腾速率从 10:00～12:00 仍然维持高值,没有随气孔导度的降低而下降,这主要是气温和叶温升高、空气相对湿度降低、VPD 加大造成的,只是在 12:00 之后,由于气孔导度的进一步降低,蒸腾速率才急剧下降到一天的低谷(图 12-10D);由于强光和高气温的共同作用,叶片的能量总收入大大增加,蒸腾降温的效果不足以消除增温效果,因此叶-气温差逐渐加大(图 12-10F),尤其是 12:00 以后,蒸腾速率的降低更减弱了降温效果,这便进一步加大了叶-气温差,使叶温达到一天的最高值,在气温达到 35℃ 时,叶温竟高达 41℃(图 12-10F),大大超过大豆叶片的光合最适温。在以上各种因素的综合作用下,光合速率从 10:00 以后开始降低,产生光合午休。至 13:30,鲁豆4号的光合速率已降至 2 $\mu mol\cdot m^{-2}\cdot s^{-1}$ 以下,只相当于最高值的 7% 左右;抗旱性较强的小粒豆1号下降幅度较小,但也不足 7 $\mu mol\cdot m^{-2}\cdot s^{-1}$,相当于最高值的 34%(图 12-10C)。

从限制因素的角度分析图 12-10 中光合速率从 8:30 的最高值降至 13:00 的最低值的整个过程,还可以将其分成两个阶段:第一阶段从 8:30～10:00,C_i 值下降,这时虽然有空气中

CO_2 浓度降低的因素起作用(图 12-10B 中的 C_a),但计算出的气孔限制值 L_s 是上升的(图 12-10B 中的 L_s)。这表明:午休的开始阶段,叶肉细胞的同化能力虽然也可能在降低,但对于光合速率的降低起主要作用的仍然是气孔导度的下降,也就是以气孔限制为主。第二段从 10:00 ~ 12:00,情况发生了变化,C_i 值反降为升,而 L_s 值则反升为降(图 12-10B),叶肉细胞的羧化效率 $\delta A/\delta C_i$(图 12-10A,表 12-6)、光合能力 A_0(图 12-10C,表 12-6)和最大电子传递速率 J_{max}(表 12-6)都达到一天的最低值。这说明,午休的后半段,虽然气孔导度已降到很低,CO_2 的供应量大为减少,但对于叶肉细胞而言,仍然是供大于求。换句话说,这时,光合速率的降低则转变为以叶肉限制为主了。

大约在 14:00 以后,光合日变化进入第三阶段(图 12-10),随着光强和叶温的降低,以及前一阶段蒸腾速率的大幅度下降,达到植株的水分状况有所改善,表现为相对含水量、水势、气孔导度和蒸腾速率开始回升,叶肉细胞的同化能力也有明显改善,于是出现了光合速率的第二个小高潮,但是,终因大豆的气孔导度受昼夜节奏的调控(高辉远、邹琦等,1992)而在下午逐渐进入关闭状态,叶片水分状况未能恢复到上午的水平,光合器遭受光抑制还未能充分恢复等原因,而使第二个光合高峰远远低于第一个光合峰,甚至有可能不出现第二个光合峰,表现为"一降不起型"光合午休。在本试验的情况下,第二光合峰出现时,C_i 值降低,L_s 升高(图 12-10B),表明气孔开张程度是限制此峰高度的主导因素。

(4)大田与盆栽条件下大豆的水分状况及光合日变化的差异　高辉远、邹琦等(1992)进行了田间情况下大豆水分状况与光合日变化的研究,并与盆栽试验进行了对比。盆栽试验的条件如前所述,每日晨补水 1 次,至田间持水量的 80%;田间试验土壤含水量调整至田间持水量的 54%。于鼓粒期选择典型天气进行测定,结果如图 12-12 所示。

从图 12-12E 可以看出:田间大豆的光合速率,从 8:00 ~ 12:00 一直维持高值,12:00 以后才开始下降,光合日变化为单峰型,最高值出现在中午,未出现光合午休;而盆栽大豆光合速率从 10:00 起就急剧下降,比田间大豆提前了 2 h,下午虽略有回升,但第二峰值很低,因此全天的光合速率均显著低于田间大豆。将分步计算出的净光合进行累加,得出全天的积累光合(即图 12-12E 中两条曲线下所包容的面积),结果是盆栽大豆仅相当于田间大豆的 50%。进一步分析两种处理大豆的水分生理参数,可以看出:盆栽大豆的气孔导度上午 10:00 以后急剧下降,基本与光合速率的下降同步(图 12-12C);而田间大豆的气孔导度中午只有轻度降低(图 12-12C)。结果是,两者的蒸腾速率表现出完全不同的日变化模式:田间大豆是单峰型,从 12:00 ~ 16:00 一直维持在最高值;而盆栽大豆的蒸腾速率不但全天均低于田间大豆,而且中午出现明显的低谷,与光合及气孔导度的最低值相对应(图 12-12F)。由于蒸腾速率这种差异,因而使盆栽大豆的叶温和叶-气水气压差均明显高于田间大豆(图 12-12D、B);在中午气温为 33.4℃时,盆栽大豆的叶温高达 37.5℃,高于气温 4.1℃,比田间大豆叶温也高出 2.3℃,这显然对光合作用是十分不利的。

图 12-12 中还有一个值得注意的现象:盆栽大豆光合速率的变化趋势与气孔导度的变化基本上是一致的,但田间大豆中午气孔导度轻度降低时,光合速率反而在继续提高(图 12-12E、C)。在本试验中,未曾测定两种处理大豆的羧化效率,但结合 C_i 值午间降低的情况,我们推测,田间大豆叶肉细胞的同化能力在中午时分仍然很强,以至在气孔导度比盆栽大豆大得多的情况下,C_i 值仍有所降低(图 12-12A),即 CO_2 仍有供不应求的现象。而盆栽大豆在中午时分气孔导度大幅度降低、CO_2 的供应急剧减少的情况下,C_i 值的降低程度却与田间大

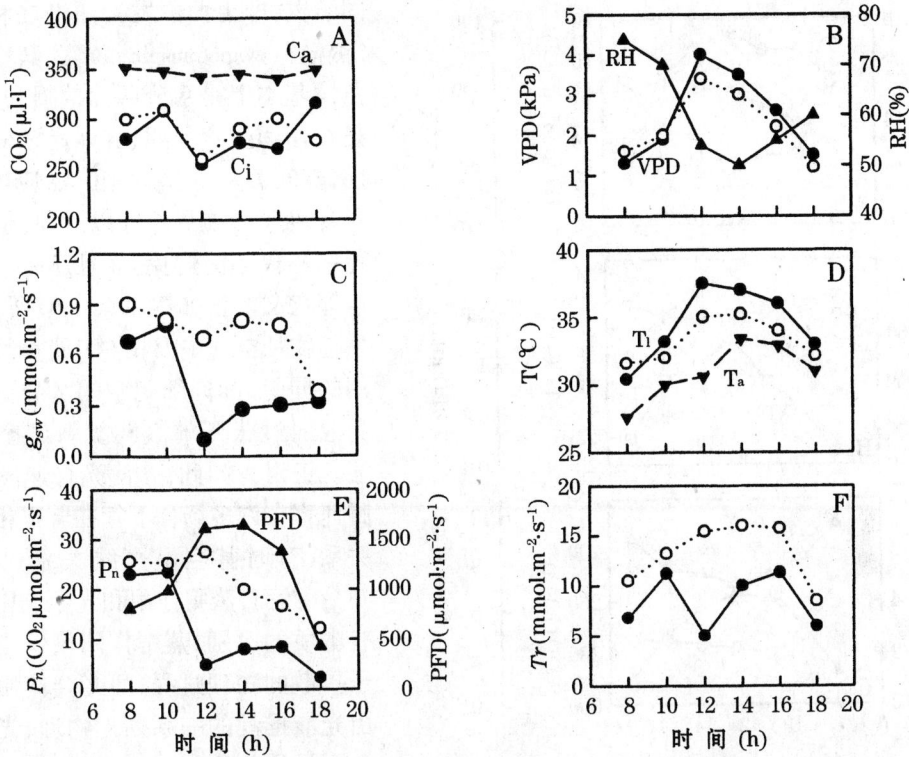

图 12-12　田间大豆(···○···)及盆栽大豆(—●—)光合日变化的比较　(高辉远、邹琦等,1992a)

注:图中各符号的说明与图 12-10 相同,供试品种:小粒豆 1 号

豆相似,说明叶肉细胞的同化能力必然受到很大的影响。盆栽大豆气孔导度的大幅度下降,很可能与叶肉细胞同化能力的降低对气孔导度的反馈调节有关。

为了进一步明确大田生产条件下大豆光合作用与水分状况的关系,郑国生、邹琦等(1993)于夏大豆鼓粒期(8 月下旬至 9 月上旬)选择高温高湿(最高叶温为 34℃、最低 RH 值为 67.3%、最大 VPD 为 1.38 kPa)和高温低湿(最高叶温为 34℃,最低 RH 为 34%,最高 VPD 为 3.4 kPa)等 3 种典型的天气状况,对大田生产条件下的大豆品种小粒豆 1 号在灌溉条件下的光合日变化进程及主要限制因子进行了研究。结果认为:在灌溉条件有保证的大田中,大豆光合作用的主要限制因子基本上以气孔因素为主;只是在严酷的干热天气下,中午时段才表现出非气孔限制。

由以上结果可以看出:在山东省夏大豆生长季节,大田生产条件下大豆光合作用的午间降低主要是气孔限制所致,而水分胁迫、特别是大气干旱导致的水分胁迫,是发生气孔限制的主要原因。只有在严重的高温干旱条件下,非气孔因素才成为主要限制因子,这是与盆栽大豆的主要区别。当然,这并不意味着在大田条件下水分胁迫对叶肉细胞的同化能力没有影响,只不过是对气孔导度的影响程度超过对叶肉细胞光合能力的影响程度,从而表现为以气孔限制为主(图 12-13)。

二、大豆的蒸腾作用与需水特性

在农业生产中,可将作物对水分的消耗分为两部分,一部分是蒸腾耗水,另一部分是株

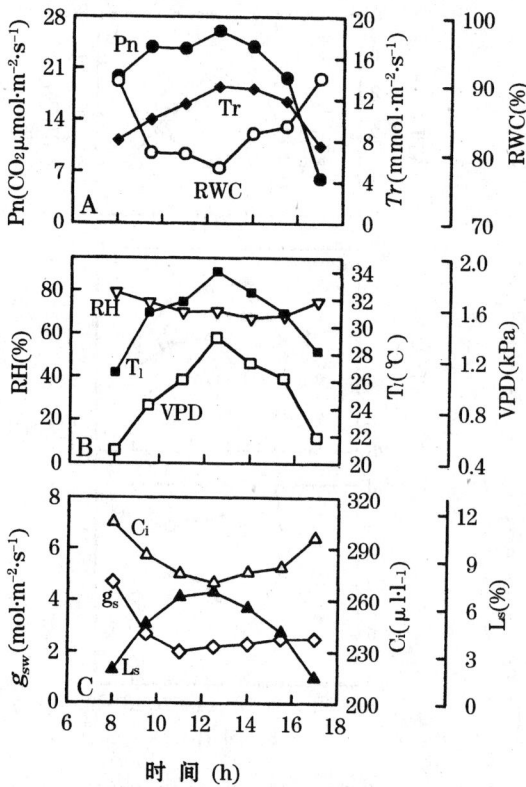

图 12-13　田间大豆在水分状况良好的情况下光合作用日变化与有关水分生理参数的关系

（据郑国生、邹琦 1993 资料重绘）

图中符号说明与图 12-10 相同

间蒸发（即土面蒸发），两者之和称为"蒸散"（evapotranspiration）。其中株间蒸发基本上是水分的无效损失，尤其是在作物生育前期，群体尚未郁闭之前，株间蒸发所占比例很大，应当通过各种耕作措施尽量加以避免；但蒸腾耗水不仅不能避免，而且还有一定的生理意义。正如本章第一节所说，陆生植物从空气中吸收 CO_2 进行光合作用的同时，叶肉细胞中的水分不可避免地通过张开的气孔扩散到空气中去。正因为如此，才使光合速率与蒸腾速率在许多场合下存在着正相关的关系，有时甚至呈直线关系（图 12-7F）。然而，蒸腾作用和光合作用毕竟有本质的区别，蒸腾作用仅仅是水分子扩散的物理过程，而光合作用则是由光能推动的一系列光物理、光化学和生物化学反应，远比蒸腾作用复杂。有利于蒸腾作用的环境条件不见得对光合作用都有利。这就提出了一个问题：能否以相同的蒸腾耗水量获得尽可能多的 CO_2 同化量，也就是获得最大的水分利用效率？为了解决这个问

题，就要对影响蒸腾作用和水分利用效率的因素进行具体的分析。

（一）大豆蒸腾作用的一般规律

1. 影响蒸腾作用的主要生理生态因素　水气通过气孔向大气中的扩散过程可以用欧姆定律来描述，因此，蒸腾速率 Tr 可以用以下公式表示：

$$Tr = (\rho_i - \rho_a)/(r_{lw} + r_{sw}) \qquad (12\text{-}8)$$

式中 $(\rho_i - \rho_a)$ 是叶肉细胞间隙的水气密度与空气中的水气密度之差，也可以通过转换，改用叶-气水气压差（VPD）表示。$(r_{lw} + r_{sw})$ 是界面层阻力与气孔阻力之和，也就是总的扩散阻力。如果考虑到界面层阻力（r_{lw}）所占比例很小，而且在同一种类型的不同叶片之间，界面层阻力变化不大，因而可以将上述公式简化为：$Tr = (\rho_i - \rho_a)/r_{sw} = cVPD/r_{sw}$　　（12-9）

式中 c 是将水气密度转换为水气压时的转换系数。

如果用气孔导度 g_{sw} 代替气孔阻力 r_{sw}，则有：

$$Tr = cVPD \times g_{sw} \qquad (12\text{-}10)$$

关系式 12-10 与欧姆定律相似。式中的 Tr 相当于电流，VPD 相当于电位差，g_{sw} 相当于电导。其中 g_{sw} 的大小主要取决于叶片的水分状况；VPD 则受空气湿度和叶温的影响：空气湿度越低、叶温越高，VPD 越大；按 VPD 的定义，在空气湿度恒定的情况下，又假定叶肉细胞

间隙的空气湿度在任何温度下都处于饱和状态,则叶温与 VPD 应当遵循严格的直线关系(图 12-14D)。按照式 12-10,VPD 和 g_{sw} 越大,蒸腾速率应当越高。然而,实际上在这一简单的关系式后面还隐藏着更加复杂的情况。首先是气孔导度的大小除了主要受叶片水分状况的制约外,还与光照、温度、细胞间隙 CO_2 浓度、甚至气孔开闭的昼夜节奏等有密切关系。至于 VPD 对 Tr 的影响,情况就复杂得多,主要是 VPD 可以通过多种方式对 g_{sw} 产生强烈影响。对于大豆叶片而言,常见的情况是 VPD 和 g_{sw} 表现为负相关,特别是在干热天气,叶片失水较多时,这种关系更加明显(图 12-14B)。其主要原因是增大的 VPD 加快蒸腾失水,使叶片的整体水势下降,g_{sw} 减小,这是 VPD 对气孔导度的反馈调节;此外,紧邻气孔器的空气湿度还可能直接影响气孔的开闭,对气孔导度产生"前馈调节"。不论是哪种情况,其结果都使 g_{sw} 随着 VPD 的增加而下降。由此可见,VPD 的增大对蒸腾作用 Tr 的影响具有两重性:一方面,VPD 增大也就是水气的扩散动力增加,会提高蒸腾速率;另一方面,VPD 的增大导致气孔导度的下降,又会降低蒸腾速率;两种效应的净结果如何,取决于哪一种效应占优势。对于水分供应充足的、田间生长的大豆,由于蒸腾失水对叶片的水分状况和 g_{sw} 的影响较小,蒸腾速率的高低主要取决于 VPD,因而 Tr 与 VPD 表现为正相关(参照图 12-13A、B);对于盆栽的大豆,在温和的天气,叶片水分状况良好、水分亏缺轻微,或者在每天日出后 $1\sim2$ h 之内,气孔开度正在不断增大的情况下,Tr 与 VPD 也表现为正相关(图 12-12B、D、F)。但在高温干旱天气,特别是盆栽的大豆,由于盆土中水分总量的限制,蒸腾失水对 g_{sw} 的负效应往往占优势,使 Tr 对 VPD 以及 Tr 对 T_l 的关系均呈极显著负相关(图 12-14C)。

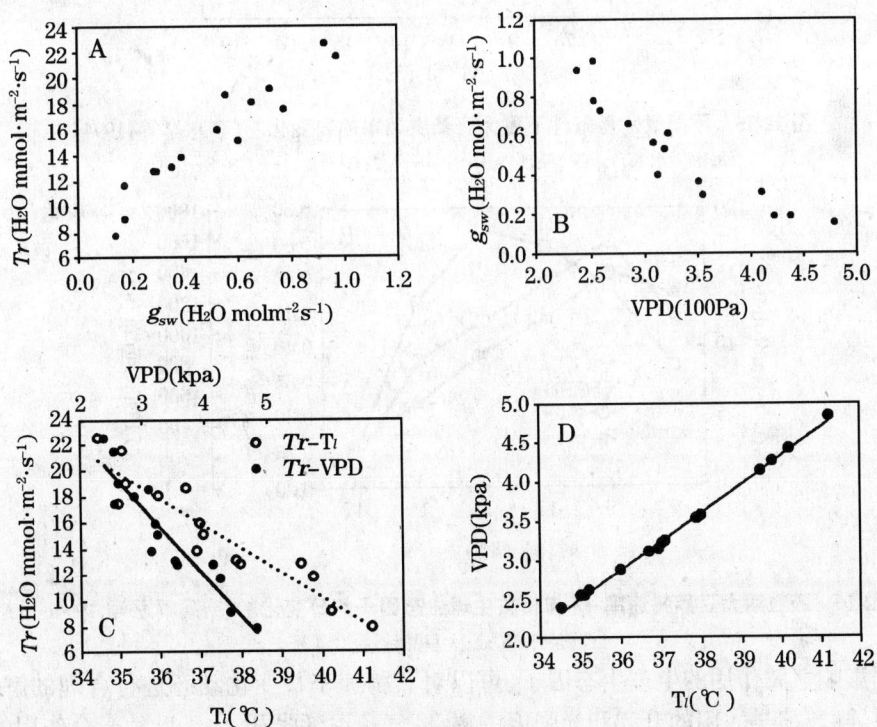

图 12-14　盆栽大豆鼓粒期在干势天气下蒸腾速率(Tr)、气孔导度(g_{sw})
叶温(T_l)和叶-气水气压差(VPD)的关系　(高辉远等,1994)
大豆品种:鲁豆4号

2. 大豆蒸腾速率的日变化　　大豆蒸腾速率的日变化规律基本上是对各种生理生态因子日变化综合响应的结果。在土壤水分充足,光、温条件适宜的天气条件下,大豆蒸腾速率的日变化动态基本上是一条钟罩型的单峰曲线,自日出开始逐渐上升,中午 13:00 左右达到最高值,然后逐渐下降,至傍晚降至最低值。图 12-15 是李永孝等(1994)对盆栽的鲁豆 4 号给予不同供水量的情况下,蒸腾速率的日变化动态。高辉远等对盆栽条件下鼓粒期大豆蒸腾速率日变化的研究(图 12-16),郑国生等(1993)所进行的大田试验(图 12-13),均得出相似的结果,与苗以农等(1963)、姜彦秋等(1991)较早的研究一致。但在干热天气,特别是遭遇干旱威胁的情况下,蒸腾速率的日变化动态便会与典型的单峰曲线发生偏离,如图 12-10 所示(见本书第 504 页),当日为典型的干热天气,下午 14:00 前后,空气相对湿度低至 25%,最高叶温达 41.9℃(图 12-10F、H),此时,蒸腾和光合速率均大幅度降低,日变化动态成为双峰型(图 12-10C、D)。

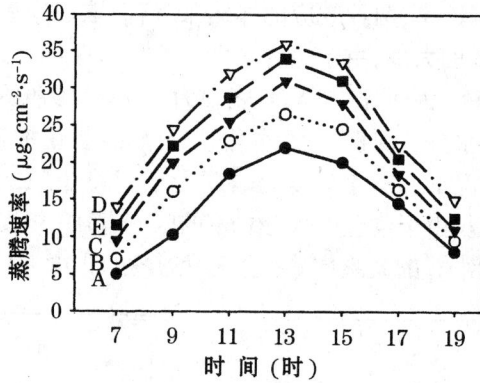

图 12-15　不同供水量条件下夏大豆蒸腾速率的日变化　(李永孝等,1994)

每次供水量(kg/株)处理:A—0.9;B—1.2;C—1.5;D—1.8;E—2.1

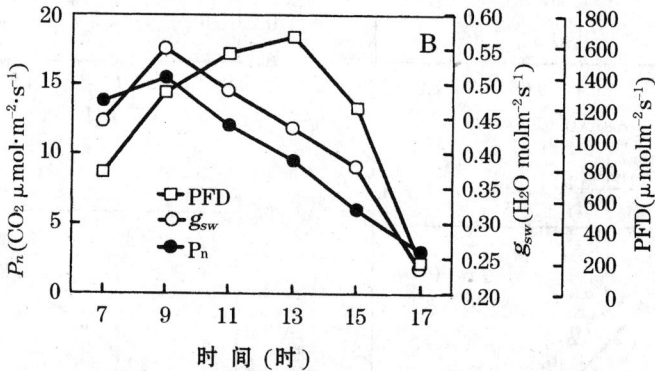

图 12-16　鼓粒期大豆蒸腾速率 Tr 与相关生理生态因子的日变化　(据高辉远等,1994c 重绘)

试验条件:盆栽;大豆品种:鲁豆 4 号

根据影响蒸腾作用的生理生态因子,可以对蒸腾速率日变化动态进行合理的解释。一般情况下,随着清早太阳的升起和光强度的提高,气孔逐渐张开;由于叶片光合作用的启动,细胞间隙 CO_2 浓度开始下降,又进一步促使气孔导度增大;与此同时,叶片温度升高、空气湿度降低,使 VPD 不断增加。由于 g_{sw} 和 VPD 的共同作用,使蒸腾速率不断加大,而且由于叶片水分状况良好,VPD 对 g_{sw} 的逆效应尚不明显,因此这段时间,g_{sw}、VPD 和 Tr 三者是同步增加的。在 7:00~8:00 以后,随着蒸腾失水量的不断增加,叶片相对含水量和叶水势不断降低,气孔导度最早开始下降;但在温和的天气下,由于 VPD 增大对蒸腾的促进超过了气孔导度降低对蒸腾的限制作用,因此蒸腾速率仍然继续增加,这种情况可以一直维持到 12:00~14:00,蒸腾速率达到最高值为止;这段时间的特点是 g_{sw} 下降而 VPD 和 Tr 继续增大。到下午随着光强度的减弱,气温和叶温回降,空气相对湿度又重新升高,VPD 也随之减小,叶片水分状况的改善,按说气孔导度应当有所提高,但下午光强度和光合速率的降低却不利于气孔的开张,加之大豆气孔导度受内生昼夜节奏的调节(高辉远等,1992b),下午有自然降低的趋势,因此,即使在水分条件良好的情况下,下午气孔导度的重新提高也是有限的。于是,由于 VPD 与 g_s 两种因素共同作用,使下午的蒸腾速率较快降低。

在高温干旱天气,盆栽大豆蒸腾速率的日变化与一般天气下的最大区别在于中午蒸腾速率急剧降低(图 12-10D),并且与 g_s 的午间降低相一致(图 12-10A);此时 VPD 虽然处于一天中的最高值(图 12-10H),但不能改变 g_s 的下降对蒸腾速率的控制作用;由此更显现出干旱条件下气孔调节对于防止叶片过度失水的重要性。

3. 大豆蒸腾速率的季节变化　大豆一生中,单叶的蒸腾速率从幼苗期到结荚期逐渐增大,于结荚期达到最大值;从结荚期到黄叶期又逐渐减小。表 12-7 是阎秀峰、苗以农等(1990)在大田条件下对早、中、晚熟大豆各 8 个品种不同生育时期的光合速率、蒸腾速率和水分利用效率的测定结果。图 12-18 是李永孝等(1994)对夏大豆不同生育时期展开的相同叶龄的叶片蒸腾速率的测定结果。这些结果都表明,自初生叶期至结荚期,大豆叶片的蒸腾速率一直呈上升的趋势;结荚期以后,便逐渐下降。蒸腾速率的这种季节变化规律可能是由内、外两方面的原因决定的。内部原因与大豆个体发育过程中叶片形态解剖结构(如叶脉密度、气孔数量等)变化有关。在外部因素中,随着季节的更替,变化最大的环境条件是温度。已知在水分供应充足的情况下,蒸腾速率主要取决于 VPD 的高低,而影响 VPD 高低的决定性因素又是叶片温度(参照图 12-13A、B;图 12-12B、D、F),因此,蒸腾速率与叶温有良好的正相关关系(图 12-17)。大豆结荚期正值高温季节,又值北方地区的雨季,大豆植株的水分状况较好,具有最高的蒸腾速率。至于鼓粒期以后蒸腾速率的持续降低,除了温度降低的因素外,可能还与气孔导度叶片的衰老而逐渐降低有关。

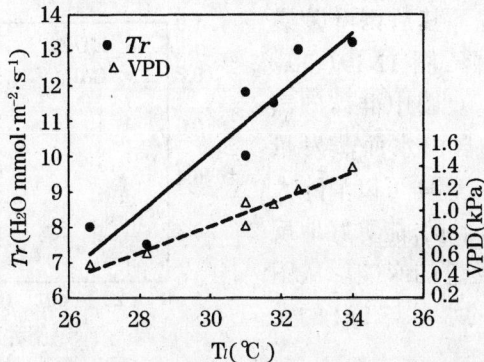

图 12-17　田间大豆在水分状况良好的条件下 VPD 与蒸腾速率对叶片温度的响应
(据郑国生等 1993 资料重绘)

表 12-7　不同生育时期大豆叶片的光合速率、蒸腾速率和水分利用效率

（阎秀峰等,1990）

生理指标	生 育 时 期							
	初生叶期	幼苗期	分枝期	开花期	结荚期	鼓粒期	黄叶期	平均
	V1	V3	V6	R1-2	R3-4	R5-6	R7-8	
光合速率(P_n) ($CO_2\mu mol \cdot m^{-2} \cdot s^{-1}$)	13.27 ± 1.23	10.12 ± 0.18	13.41 ± 0.92	16.71 ± 1.93	18.98 ± 1.97	19.71 ± 1.56	10.53 ± 1.26	14.68 ± 0.75
蒸腾速率(Tr) ($H_2Omg \cdot cm^{-2} \cdot s^{-1}$)	14.38 ± 1.90	19.65 ± 4.43	29.19 ± 7.30	31.45 ± 5.16	35.33 ± 2.94	26.42 ± 2.94	12.21 ± 2.35	24.09 ± 2.06
水分利用效率(WUE) (CO_2/H_2O, mg/g)	4.09 ± 0.32	2.38 ± 0.58	2.13 ± 0.45	2.41 ± 0.55	2.38 ± 0.31	3.32 ± 0.38	3.91 ± 0.83	2.95 ± 0.19

注:表中数据为早、中、晚熟各8个品种的平均值

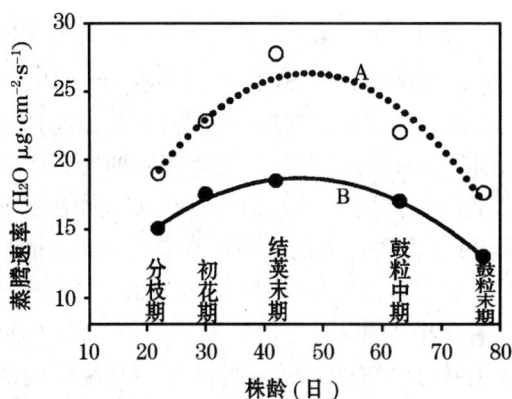

图 12-18　大豆主茎叶片蒸腾速率与株龄的关系

（李永孝等,1994）

品种:鲁豆 4 号;播种期:6 月中旬

A:每次供水量 0.9kg/株　B:每次供水量 1.9kg/株

大时,蒸腾量也达到高峰。其后因叶片衰老、脱落,蒸腾量显著下降,图 12-19（Shaw 等,1966）是具体例证之一。图中群体的蒸腾量以总蒸散量（ET）与自由水面蒸发量（E_f）之比值（纵坐标）表示,这样可以消除大气蒸发量因天气而变化的干扰,能更好地反映出 LAI 本身对群体蒸腾量的影响。从图不难看出,群体蒸腾散失的水量与 LAI 的大小基本上是一致的。

还有一点必须指出的是,植物群体的叶面积常常 4~6 倍于其所占据的土地面积,但是水分的总消耗量（蒸散）一般并不超过

4.大豆群体的蒸腾作用　以上讨论的是大豆单叶的蒸腾速率变化动态,是以单位叶面积在单位时间内的蒸腾耗水量来计算的,虽然可以在一定程度上反映大豆的水分消耗强度,用于研究内外条件对大豆蒸腾耗水量的影响,但这一指标还不能给出田间大豆群体耗水量的确切数值。因为大豆群体的蒸腾量是受群体叶面积制约的,种植密度和植株的田间配置方式对群体的蒸腾量有明显的影响。一般规律是随着大豆单株叶面积和群体叶面积系数（LAI）的增加,蒸腾量逐渐上升,大致在单株叶片已全部展开而下部叶片尚未变黄,群体 LAI 达到最

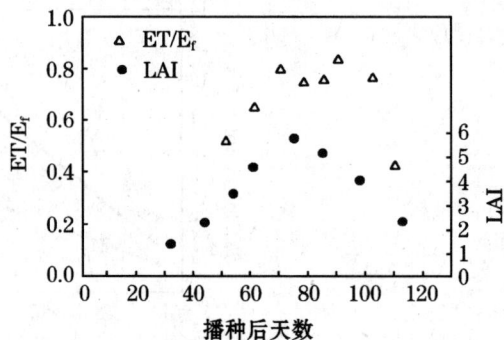

图 12-19　大豆冠层 LAI 及其对水分散失的影响

（Shaw 等,1996）

群体蒸腾量以总蒸腾量
与自由水面蒸发量之比值（ET/E_f）表示

接受同样能量的、面积相等的湿土或自由水面。特别是随着群体密度和 LAI 的增加,棵间蒸发在总蒸散量中所占的比例会愈来愈小。据 Brun 等(1972)对大豆和高粱田所进行的测定,当种植密度小,LAI = 2 h,株间蒸发占蒸散总量的 50%;而种植密度大,LAI = 4 h,株间蒸发所占比例则降至 5%。可见尽量降低裸露地面的面积,是减少土壤水分无效损失的有效途径。

(二)大豆的水分利用效率及其改善

近年来,由于全球气候变化和环境污染的日趋严重,水愈来愈成为农业生产中的一种"稀缺资源",而我国农业用水又占到社会用水总量的 74% 以上(贾大林等,2000),水资源短缺已经成为我国农业可持续发展的最大制约因素。大豆是耗水量很大的作物,1 公顷的大豆群体一生总耗水量因土壤、降水量、品种、栽培条件而异,不同作者的测定结果差异很大。一般变动在 4 000～6 000 m^3 的范围内,相当于 400～600 mm 的降水量,多时可达 1 000 mm 以上(王彦文等,1995)。因此,能否以较少的水分消耗获得较高的产量,便成为许多研究者关注的焦点问题之一,并且提出了"水分利用效率"(Water Use Efficiency,缩写为 WUE)作为衡量的指标。

1. 水分利用效率的概念　水分利用效率系指植物消耗单位水量所产生的同化量。具体的表述方式常因所涉及问题的范畴不同而有所区别。

从植物生理学的角度来看,水分利用效率是指植物每蒸腾单位水量所能同化的 CO_2 量或生产的干物质量。早期的植物生理学著作中用"蒸腾效率"表示植物对水分的利用效率,即每消耗 1 kg 水所形成的干物质(DW)的量,常用单位为 g(DW)/kg(H_2O);反之,将制造 1 g 干物质通过蒸腾作用所消耗的水的 g 数称为"蒸腾系数",即 g(H_2O)/g(DW),又称"需水量"。这种表示方法的优点是能够反映同化物的实际积累量与蒸腾耗水量之间的关系,而且可以将测定的时间跨度拉长到几昼夜或更长,因而有较好的实用价值。自从 20 世纪 70 年代以来,由于先进的光合测量仪器的问世,可以进行光合与蒸腾的同步测定,将测定结果用 CO_2 同化速率与蒸腾速率之比表示,即近年来文献中经常出现的 WUE 概念,常用单位有 $\mu molCO_2/mmolH_2O$,$mmolCO_2/molH_2O$,或 $mgCO_2/gH_2O$ 等,所反映的是植物水分利用效率的瞬时状态,没有将同化产物的利用和消耗情况包括进来,但有利于对光合与蒸腾的精确关系进行定量的研究,以确定环境条件和作物基因型对水分利用效率的影响。

从作物生产的角度说,通常将 WUE 定义为地上部干物质积累量(总生物量或经济产量,DW)与同面积上的蒸散量(ET)之比(DW/ET),这是 WUE 的广义概念,消耗的水分包含了株间蒸发在内,常用单位为 g/kg 或 kg/t;有时也用单位面积上每 mm 降水(或灌溉水)所产生的生物量(或产量)表示,常用单位为 kg(DW)/mm(H_2O)。WUE 的广义概念对于评价作物对降水或灌溉水的利用效率更为方便。

由于水分利用效率的狭义与广义的概念有很大的区别,特别是广义的概念中包括了棵株间蒸发在内,为了避免混淆,本文中一律将 WUE 的狭义概念称作"单叶水分利用效率",用 WUE_L 表示;而将 WUE 的广义概念称作"田间水分利用效率",用 WUE_F 表示;该参数的倒数,即每形成单位干物质所产生的蒸散量(ET/DW)称为"田间需水量"或"田间耗水量"(Field Water Consumption,缩写为 FWC)。

2. 影响水分利用效率的内外因素

(1)单叶水分利用效率　单叶水分利用效率(WUE_L)是叶片 CO_2 同化量与同一时间内蒸腾失水量的比值,即:$WUE_L = P_n/T_r$。WUE_L 的高低直接由叶片本身的光合与蒸腾特性决定,因此,也被称作"内在水分利用效率"(intrinsic water use efficiency)。概括地讲,凡是有利于提高光合速率而对蒸腾速率影响较小的因素,都可能使 WUE_L 增大;反之,有利于促进蒸腾而不利于光合的因素,都会使 WUE_L 减小。

从植物本身来看,不同植物种之间,水分利用效率有显著的差别,特别是不同碳同化途径的植物间 WUE 的差别更大,由低到高的顺序是 C_3 植物 < C_4 植物 < CAM 植物。这是因为:C_4 植物中 CO_2 的最初固定是由 PEP 羧化酶来完成,它对 CO_2 的亲和力要远远高于 C_3 植物中的 RuBP 羧化/加氧酶,因此,C_4 植物的叶肉导度(又称"羧化效率")远大于 C_3 植物,可以维持较低的细胞间隙 CO_2 浓度(C_i),这样便加大了空气中 CO_2 浓度(C_a)与细胞间隙 CO_2 浓度之差(C_a-C_i),从而提高了空气中 CO_2 经由气孔向叶片内部的扩散速率。因此,所有 C_4 植物的水分利用效率都高于 C_3 植物(表 12-8)。至于 CAM 植物,由于气孔主要在夜间开放,蒸腾失水更低于 C_4 植物,因此 WUE 最高。

表 12-8　几种作物单叶水分利用效率的比较　(据邹冬生 1991 年资料重新整理)

光合碳同化途径	C_3 途径			C_4 途径		
作物种类	大豆	蚕豆	豌豆	玉米	高粱	籽粒苋
单叶水分利用效率 MUE_L(mgCO$_2$/gH$_2$O)	8.69	6.76	8.32	12.81	12.78	19.61

由于 C_i 值的高低反映了叶肉细胞的同化能力,又决定了空气中 CO_2 向叶内扩散动力(C_a-C_i)的大小,因此 C_i 与 C_a 的比值(C_i/C_a)便成为反映水分利用效率的良好指标,C_i/C_a 与 WUE_L 具有很好的负相关关系。在环境条件有利于光合作用的情况下,C_3 植物大豆的 C_i/C_a 为 0.5 左右,而 C_4 植物玉米仅为 0.2 左右。

至于同一种碳同化途径的植物不同品种之间,MUE_L 虽然也有明显的差别,但变动幅度较小,尤其是在环境条件适宜的情况下更是如此,这主要是碳同化途径的遗传保守性较强的缘故。

影响 MUE_L 的另一个内部因素是气孔导度。适度水分亏缺可使气孔导度明显降低而对叶肉细胞的同化能力基本没有影响,此时叶片的蒸腾速率下降。虽然气孔导度降低也会降低 CO_2 的扩散速率,但在叶肉细胞仍维持旺盛同化能力的情况下,C_i 必然下降(C_i/C_a 比值也相应降低),于是加大了 CO_2 的扩散动力,从而部分地补偿了气孔导度降低对 CO_2 扩散的影响,其结果是 MUE_L 增加。

由以上分析可以看出:不论是气孔因素还是非气孔因素的作用,只要 C_i/C_a 较低,MUE_L 一般都比较高。

在影响 MUE_L 的气孔与非气孔因素中,更应重视非气孔因素在提高 MUE_L 中的作用。因为增强叶肉细胞的同化能力常会使光合速率和 MUE_L 同步提高;而通过关闭气孔来提高 MUE_L 则必然造成光合速率的降低,对产量不利。

影响 MUE_L 的环境因素主要有光强度、空气 CO_2 浓度、温度、湿度、土壤水分和矿质营养状况等。影响因素虽然很多,但不外乎通过两种因素——气孔因素或非气孔因素起作用,也有可能是两种因素的共同影响。例如:光强度的减弱可以降低 CO_2 同化速率,但气孔导度也常随之下降,使蒸腾速率降低;至于水分利用效率是降低还是提高,要看对气孔因素和非气孔因素影响的相对大小而定。在一般情况下,光强下降对碳同化速率的影响要大于对气孔导度的影响,因此水分利用效率往往是下降的,光强度达到光补偿点时,碳同化速率可降至零,但蒸腾作用却不会完全停止,此时 MUE_L 也降为零;但光强度过高导致叶片过度失水、叶温过高,会影响到叶肉细胞同化能力,C_i 和 C_i/C_a 上升,MUE_L 也会下降。又如:轻度水分胁迫使气孔导度降低,如果叶肉细胞同化能力尚未受到影响,则 C_i/C_a 降低,MUE_L 提高;严重水分胁迫使气孔导度大幅度下降,但对叶肉细胞的光合活性也会产生严重影响,导致光合作用的非气孔限制,C_i/C_a 值提高,光合速率与 MUE_L 同步降低。简言之,任何环境条件凡是通过气孔因素使光合速率降低的,往往使 MUE_L 有所提高;反之,凡是通过非气孔因素而使光合速率降低的,都会同时降低 MUE_L,如过高或过低的温度、盐碱或环境污染物等。其中,过高的温度不但影响叶肉细胞同化能力,而且还会提高叶肉细胞间隙的水气密度,加大叶内外水气压差,有提高蒸腾速率的作用,更进一步降低 MUE_L。相反,环境中 CO_2 浓度的升高则有提高 MUE_L 的作用。

以上所说 MUE_L 与环境条件的关系,是指进行瞬时测量时的情形,但由于植物的气孔可以对环境条件和叶肉细胞的同化能力作出灵敏的反应,对光合与蒸腾的关系进行最优化调节,例如:当叶肉细胞光合能力因逆境胁迫而降低时,C_i 值提高,MUE_L 下降;但气孔保卫细胞也会对升高的 C_i 作出反应,使气孔导度减小,蒸腾作用也相应下降。反之,叶肉细胞光合能力的增强使 C_i 值降低,会使气孔导度增加而加大蒸腾失水量。因此,当对 MUE_L 作较长时间的观察时,便会发现 MUE_L 值随环境的波动程度将趋于缓和。

(2)田间水分利用效率 MUE_F　　MUE_F 是作物产量(或干物质产量)与同面积上蒸散量之比,即 DW/ET,散失的水分中包含了蒸腾失水与株间蒸发两部分。由于株间蒸发的水分不通过植物体,因此属于水分的无效消耗,应当尽量加以控制。在作物群体的生长过程中,对株间蒸发影响最大的因素是群体的覆盖度,随着作物的生长和叶面积指数的增加,株间蒸发在总蒸散量中的比例逐渐减小,当群体叶面积完全覆盖地面,即作物"封垄"以后,株间蒸发便基本稳定在较低值,到生育后期由于叶片的脱落,株间蒸发的比例又有所增加(Brun 等,1972)。

在各种栽培耕作措施中,灌溉方式对株间蒸发的影响最大,大水漫灌或畦灌使土壤表层普遍湿润,株间蒸发损失的水分最多,沟灌次之,渗灌和滴灌可以做到土表基本不湿润,株间蒸发损失的水分最少。此外,中耕松土,切断土壤表层与下层的毛细管联络,也是减少株间蒸发的有效手段。

近年来,覆盖栽培在旱作农业中已得到广泛的应用,留茬、覆草,特别是塑料薄膜覆盖,对于节约用水、提高水分利用效率都有十分显著的效果。在大豆一生的总耗水量中,株间蒸发大致占 50% ~ 60%。因此,减少株间蒸发是提高水分利用效率的最有效途径。据郭志利(2000)在大豆上的试验,覆膜穴播及膜际条播均能有效地促进大豆营养生长和生殖生长,使覆膜大豆的株高、分枝数及主茎节数显著地高于露地条播的对照处理,各项产量性状也明显优于对照,不但减少了总耗水量,还显著提高了大豆产量、田间水分利用效率和经济效益(表12-9)。

表 12-9　地膜覆盖对大豆生育期耗水量及田间水分利用效率（MUE_F）的影响

（据郭志利 2000 年资料重新整理）

处　理	产量(kg/hm²)（括号内为相对值）	总耗水量（mm）	田间水分利用效率[籽粒 kg/(mm·hm²)]	扣除地膜成本后的产值（元/hm²）	较对照增加（%）
覆膜穴播	2088.9(131.2)	454.5	4.60	5675.7	18.9
膜际条播	1977.8(124.3)	454.2	4.30	5489.4	15.0
露地条播	1591.7(100.0)	462.3	3.44	4774.5	—

（表头"经济效益"跨"扣除地膜成本后的产值"和"较对照增加"两列）

3. 大豆的水分利用效率　早在 20 世纪 20～30 年代，不少学者便对大豆的蒸腾系数进行了研究，但不同研究者得出的结果相差较大，高者可达 527～744 g(H_2O)/g(DW)(Piper 等，1929)，低者仅有 307 g(H_2O)/g(DW)(日本四国农事试验场，1958)和 335～368 g(H_2O)/g(DW)(玉井，1957，1958)。国内宋英淑(1983)以大豆品种黑农 26 为材料的测定结果，蒸腾系数在 432～514 g(H_2O)/g(DW)之间。以上结果之所以有如此大的差别，可能是供试品种和生育时期的不同、以及试验条件的差别(如温度和空气湿度的不同)造成的。虽然如此，一般而言，大豆和其他豆科作物需水量要高于禾谷类作物，尤其是 C_4 类型的禾谷类作物(见表 12-8)。

(1)大豆不同基因型间水分利用效率的差异　大豆不同基因型间水分利用效率有没有差异，差别有多大？这是大豆育种和栽培工作者十分重视的问题，因为这涉及到能否通过品种选育获得既节水又高产的大豆品种。但不同研究者在此问题上所得结论差异很大。早期关于大豆蒸腾系数的研究肯定了品种间存在着显著的差别。阎秀峰、苗以农等(1990)认为，不同大豆品种的水分利用效率在各生育时期都有很大的差异，幼苗期、分枝期、开花期和黄叶期 WUE 的品种间变异系数分别达到 23.57%、21.16%、22.74%和 21.24%。

林植芳等(2001)利用稳定性碳同位素 [13]C 分馏技术(该方法的基本原理见表 12-10 注 2)研究了抗旱性不同的 26 个大豆基因型在充足供水和干旱条件下的水分利用效率，结果见表 12-10。

表 12-10　不同抗旱性大豆品种在不同供水条件下的稳定性碳

同位素 [13]C 分馏值和水分利用效率　（据林植芳等 2001 年资料重新整理）

测定项目	抗旱性类型	测定的品种数	干旱处理平均值(D)（括弧内为变异系数）	供水处理平均值(W)（括弧内为变异系数）	干旱与供水比值(D/W)
叶片的 Δ^{13}C(‰)	强	7	16.25±0.36Ba(2.2%)	17.85±0.43A(2.4%)	0.91
	中	5	16.69±0.63Bb(3.8%)	17.74±0.50A(2.8%)	0.94
	弱	5	17.02±0.75Bc(4.4%)	17.71±0.62A(3.5%)	0.96
WUE(μmolCO₂/mmolH₂O)	强	7	6.93±0.30Ba(4.3%)	5.60±0.36A(6.4%)	1.24
	中	5	6.57±0.52B(7.9%)	5.69±0.41A(7.2%)	1.17
	弱	5	6.28±0.63Bb(10.0%)	5.75±0.50A(8.7%)	1.08

注：1. 表中不同大写或小写字母分别代表差异达到极显著($P<0.01$)和显著水平($P<0.05$)

2. 稳定性碳同位素^{13}C分馏技术的基本原理是:空气中的CO_2约含有1%的$^{13}CO_2$,因其分子量略大于$^{12}CO_2$,向叶片内部的扩散系数低于$^{12}CO_2$,因此植物体内通过光合碳同化合成的含碳有机物中的$^{13}C/^{12}C$比值($\delta^{13}C_p$)低于空气中的$^{13}C/^{12}C$比值($\delta^{13}C_a$),即:产生^{13}C同位素的"分馏作用"。用$\Delta^{13}C = (\delta^{13}C_a - \delta^{13}C_p)/(1 + \delta^{13}C_p)$表示分馏的强度,$\Delta^{13}C$越低,分馏作用越显著,表明该植物的$C_i/C_a$越低,即$CO_2$向叶内的扩散强度越大。由于$C_i/C_a$与WUE有负相关关系,因此$C_i/C_a$越低,WUE越高

从表12-10的结果可以看出:①在供水良好的条件下,大豆叶片的$\Delta^{13}C$和WUE在不同基因型之间未表现明显的差别,WUE的最高与最低值只相差2.7%,表明大豆一生水分利用效率的平均值是一个比较保守的性状。这一特点还可以从不同品种间$\Delta^{13}C$和WUE的变异系数看出(表12-10),其中$\Delta^{13}C$的变异系数在2.2%~4.4%之间,而WUE的变异系数最大未超过10%。②只有在干旱条件下不同抗旱性基因型的WUE才表现出明显的差异,强抗旱性与弱抗旱性基因型WUE之差才达到10.4%,表明大豆水分高效利用特性须在经受干旱胁迫后才能充分表达。

应当指出的是,用碳同位素分馏技术测得的大豆$\Delta^{13}C$,所反映的是叶片的CO_2同化量与理论上同时期蒸腾失水量的比值,也就是大豆叶片的"蒸腾效率"。与传统方法测得的蒸腾效率所不同的是:这样推算出的WUE是在较长时间内(或大豆一生)的平均值,排除了WUE瞬间测量值随环境条件变化而产生的波动,能更确切地反映不同基因型之间WUE的差别,而这种差别的内在原因主要包括气孔导度与叶肉细胞同化能力两种因素。在适宜的水分状况下,这两种生理特性均具有较强的遗传保守性,特别是叶肉细胞同化能力,主要受光合碳同化途径的制约,很难指望不同基因型间有多大的差别。而在水分胁迫条件下,抗旱性强的品种不论是通过灵敏的气孔响应、降低气孔导度以有效地节约水分,还是能维持相对较高的叶肉细胞同化能力,都可比抗旱性弱的品种维持较低的C_i/C_a值和较高的WUE,从而使不同基因型之间的差别充分显示出来。

但是,如果用常规方法,即植株地上部干重或籽粒重量与同期蒸腾耗水的比值来表示水分利用效率,由于其中包括了同化产物在不同器官间的分配、转化和再利用等涉及根/冠比以及经济系数高低在内的多种因素,不同品种间的WUE应当显示出更大的差别,这也许就是不同作者在大豆品种水分利用效率的比较研究方面得出不同结论的主要原因。

(2)施肥对大豆水分利用效率的影响 矿质营养缺乏主要从两方面对水分利用效率产生不利影响:一是降低碳同化速率,提高C_i/C_a比值,从而降低了叶片的"内在水分利用效率";二是限制了植株的生长,减小了群体对土面的覆盖度,增加了株间蒸发,降低了田间水分利用效率(WUE_F)。因此,合理施肥对提高水分利用效率常常具有十分显著的效果。据陈尚谟(1995)在山西寿阳的瘠薄农田(有机质、全氮和速效磷普查平均值分别为1%、0.07%和20mg/kg以下)进行的试验,施用氮肥的处理,大豆总耗水量未见增加,但产量却显著提高,从而大大提高了水分利用效率(表12-11),显示出明显的"以肥济水"的效果。然而,当氮肥施用量超过$10.5\text{g}\cdot\text{m}^{-2}$纯氮之后,继续提高氮素用量,对产量和$WUE_F$的改善效果逐渐减小,显示出"报酬递减"的现象。与大豆相比,施肥提高谷子和玉米水分利用效率的作用要显著得多(图12-20),显示出C_4植物在高效用水方面的优越性。

表 12-11　氮肥用量对大豆田间水分利用效率 WUE_F 的影响　（陈尚谟，1995）

项　目	氮肥施用量(纯氮 $g \cdot m^{-2}$)				
	0	7.5	10.5	13.5	16.5
耗水量(mm)	304	295	307	299	292
水分利用效率(籽粒 $g \cdot m^{-2} \cdot mm^{-2}$)	0.371	0.783	0.880	0.939	0.960
经济产量($g \cdot m^{-2}$)	112.8	231.0	270.2	280.8	280.3

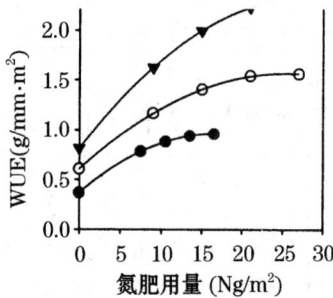

图 12-20　氮肥用量对大豆、谷子和玉米水分利用效率的影响
（陈尚谟，1995）

另据陈洪松等(2003)在陕西省安塞县黄土坡耕地上进行的氮、磷肥料双因子试验，不同的施肥处理与不施肥相比，大豆产量可提高 86.76% ~ 470.16%，WUE 则提高了 69.64% ~ 438.47%。然而，单施氮肥的处理，大豆产量和 WUE 最初随施氮量的增加而提高，但施氮量增加到 195kg·hm⁻² 时，产量和水分利用效率反而比施用 97.5kg·hm⁻² 的处理下降。若配合施用磷肥，产量和水分利用效率均可随施肥量的增加而继续提高。此结果表明氮、磷肥料在提高大豆 WUE 方面具有显著的协同效应。作者认为，在本试验条件下，$N:P_2O_5$ 的适宜配比为 1.3:1。

值得注意的是，不论是陈尚谟(1995)还是陈洪松等(2003)的试验，在增施肥料提高大豆产量的同时，总耗水量并未增加(表 12-11、表 12-12)。主要原因是大豆生长改善、群体叶面积增加，使土壤径流量大幅度减少，而土壤储水量则显著增加(陈洪松等，2003)；此外，由于施肥增大了叶面积指数，株间蒸发在总蒸散量中所占比例也会大大降低。结果是不同施肥处理的总耗水量基本相同，而产量却相差 5 倍之多，田间水分利用效率自然也会表现出极显著的差别(高低相差 5.7 倍)，从而使 WUE_F 与籽粒产量呈现出高度的直线正相关关系。

表 12-12　氮磷对大豆生育期内耗水量和田间水分利用效率(WUE_F)的影响
（据陈洪松等 2003 年资料重新整理）

施肥处理	N_0P_0 *	N_0P_1	N_0P_2	N_1P_0	N_1P_1	N_1P_2	N_2P_0	N_2P_1	N_2P_2
耗水量(mm)	309.96	281.76	274.16	270.84	282.69	286.40	301.06	285.62	293.01
籽粒产量($kg \cdot hm^{-2}$)	235.5	399.5	416.0	643.5	927.3	926.9	444.0	823.1	1268.1
WUE_F($kg \cdot hm^{-2}mm^{-1}$)	0.759	1.418	1.517	2.376	3.281	3.236	1.475	2.882	4.328
径流量**(mm)	18.204	15.130	14.778	15.555	12.631	13.138	3.714	13.759	9.850
土壤储水增量(mm)	24.02	55.11	63.09	65.61	56.68	52.47	47.23	52.58	49.14

* 施肥水平：N_0、N_1、N_2 处理分别折合 N 素 0、97.5、195 $kg \cdot hm^{-2}$；P_0、P_1、P_2 处理分别折合 P_2O_5 0、0.75、150$kg \cdot hm^{-2}$

** 本试验期间降水量为 352mm

第二节　大豆的旱涝灾害与抗旱、抗涝特性

一、我国旱涝灾害的发生情况及其对大豆生产的影响

我国幅员辽阔,地处东亚季风气候带,水资源的特点是总量不足、时空分布又极不均匀,旱、涝灾害频仍;尤其是旱灾,在影响农业生产的各种灾害中居首位。据 1950 ~ 2001 年 52 年的旱灾统计资料分析,全国年均受旱面积 2 173.1 万 hm²,其中成灾面积 930.2 万 hm²,而且有逐年增加的趋势。如 20 世纪 70 年代,全国农田受旱面积平均每年 1 130 万 hm²,到 90 年代增加到年平均约 2 670 万 hm²,1999 年全国旱灾面积达 4 000 万 hm²,2000 年的特大旱灾造成我国粮食减产 5 996 万 t,约占当年粮食总产的 13%(成福云,2002)。预计 21 世纪初的 20 多年内,我国将出现枯水周期,年平均降水量会减少 30 ~ 50 mm,干旱对农业生产的威胁将有增无减,这将成为我国农业可持续发展的严重制约因素。我国洪涝灾害的频率虽略低于旱灾,但造成的直接财产损失和人员伤亡却不亚于旱灾。20 世纪 90 年代以来,我国洪涝灾害年经济损失平均达到 800 亿元,1998 年发生在长江全流域和嫩江、松花江流域的特大洪水,受灾面积达 2 120 万 hm²,仅长江流域的损失就达 2 000 亿元(成福云,2002;李远华,2001)。

大豆需水量因地域、气候条件的不同而有较大的差异。据王美兰等(1998)在黑龙江三江平原 15 年的试验结果,大豆全生育期的总耗水量(包括株间蒸发在内)为 417 mm;而王彦文等(1995)在吉林省的盆栽试验结果,则在 800 mm 以上。我国北方许多干旱、半干旱区,年降水量多在 500 mm 以下;作为我国大豆主产区的东北地区,年降水量为 500 ~ 700 mm,但季节分布不均,6 ~ 8 月降水量占全年的 70%,其特点是降水总量偏少,但某一生育期内又可能过多;此外,年度间降水的变幅大,大约 5 年一次旱灾、4 年一次涝灾;加之该地区很少对大豆田进行灌溉,基本上属于旱作农业,这对于大豆的高产稳产十分不利。在这种情况下,研究大豆的旱涝灾害与抗旱、抗涝特性,提出减轻旱涝灾害的措施,就显得十分必要了。

二、干旱对大豆的危害

从作物光合性能的角度探讨干旱对大豆的危害,可以将最主要的原因归纳为 4 个方面:①干旱抑制大豆生长,减少个体与群体的光合面积;②降低叶片光合速率,减少单位光合面积的 CO_2 同化量;③加速活性氧的积累,促进叶片衰老,缩短光合器官的寿命;④抑制根瘤的形成和根瘤的固氮活性,减少大豆对氮素的同化量。

(一)干旱抑制大豆生长,降低产量

在大豆生产中,干旱的危害首先表现在植株生长受抑制,使叶面积变小、群体叶面积指数降低,这也是干旱影响大豆产量的最主要的原因。据谢甫绨、董钻等(1994)在盆栽条件下对 5 个晚熟大豆品种的研究,若分别于初花期和鼓粒期将盆土含水量控制在 10% 左右,使每天中午叶片呈现轻度萎蔫,傍晚时恢复。结果是,如此进行干旱胁迫 7 d,各品种叶面积均显著下降。初花期干旱使单株叶面积降低 27% ~ 46%,鼓粒期干旱,降低 18% ~ 40%;与叶面积降低的同时,叶绿素含量和比叶重都有所降低,叶片变薄。除叶片外,干旱处理使根系生长受阻、根系活力下降,单株生物量也相应下降,最终导致单株有效荚数和籽粒产量减少

（表 12-13）。

表 12-13　不同生育时期干旱对大豆产量的影响

（谢甫绨、董钻等,1994）

品种名称	干旱时期	有效荚数(个/株)	生物量(g/株)	经济系数(%)	单株粒重(g)
开育 10 号	对照	86.0(100.0*)	99.2(100.0)	41.87(100.0)	41.55(100.0)
	初花期	54.0(62.8)	70.0(70.6)	32.03(76.5)	22.43(54.0)
	鼓粒期	66.3(77.1)	68.7(69.3)	38.00(90.8)	26.10(62.8)
丹豆 87-5-1	对照	82.3(100.0)	89.8(100.0)	43.17(100.0)	38.76(100.0)
	初花期	66.5(80.8)	84.2(93.8)	33.17(76.8)	27.93(72.6)
	鼓粒期	62.5(75.9)	74.6(88.6)	31.40(72.7)	23.40(60.4)
绿杂豆	对照	43.0(100.0)	58.6(100.0)	36.76(100.0)	21.53(100.0)
	初花期	24.3(56.5)	38.2(65.2)	27.84(77.0)	10.62(49.3)
	鼓粒期	31.8(74.0)	34.4(58.7)	28.50(77.5)	9.80(44.5)
大粒黑豆	对照	47.0(100.0)	57.9(100.0)	38.60(100.0)	22.36(100.0)
	初花期	30.3(64.5)	38.0(65.6)	38.84(100.6)	14.75(66.0)
	鼓粒期	39.0(83.0)	48.5(83.8)	33.50(86.8)	16.25(72.7)
小粒黑豆	对照	95.3(100.0)	66.5(100.0)	32.85(100.0)	21.83(100.0)
	初花期	56.5(59.3)	43.2(65.0)	24.26(73.9)	10.47(48.0)
	鼓粒期	45.8(48.1)	43.4(65.3)	24.90(75.6)	10.82(49.6)

注:括号内为相对值

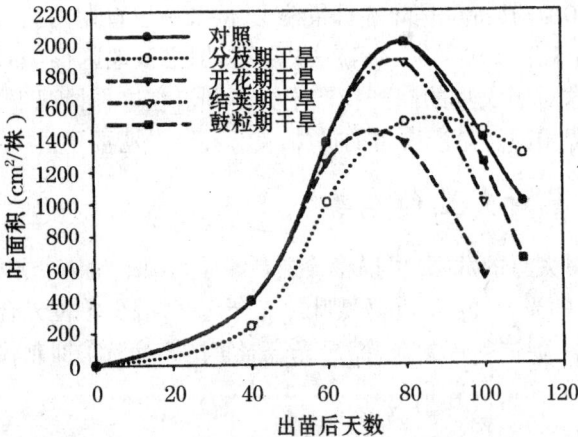

图 12-21　不同生育期干旱对大豆叶面积生长动态的影响

（据王琳、董钻等 1991 年资料重绘）

关于大豆对干旱最敏感的生育时期,不同研究者的试验结果虽略有不同,但大部分的意见认为,分枝期和开花初期干旱的影响较小,而结荚期和鼓粒期缺水对大豆产量的影响最大。表 12-13 中的试验结果也支持这一观点。另据王琳、董钻等(1991)对盆栽大豆叶面积动态的观察(图 12-21),以开花期干旱对叶面积的增长影响最大,使叶面积对时间的积分值(又称为"叶-日积"或"光合势",即图中曲线下所包含的面积)最小;而分枝期(出苗后 40 d)干旱虽然对叶面积的前期生长影响最大,但后期恢复正常供水后,叶面积的持续时间却高于其他处理,表明苗期适度干旱,能起到"炼苗"的作用,对延长产量形成期叶片的寿命有一定作用。

(二)干旱导致活性氧伤害并加速衰老

绿色植物的光合作用过程,第一步便是光能的吸收和色素分子的激发,任何逆境条件,只要使激发能的利用(例如碳同化)受到抑制,便会导致激发能过剩,而过剩激发能的一部分可以转化为具有高度反应能力的活性氧,如单线态氧($^1O_2$)、超氧阴离子自由基(O_2^-)、过氧化氢(H_2O_2)、羟基自由基(·OH)等。这些活性氧能够攻击叶绿体中的膜脂、光合色素和功能蛋白分子,产生光破坏、光漂白等永久性损伤,加速细胞衰老与死亡。在干旱等逆境条件下,光照愈强,剩余激发能愈多,活性氧的危害也愈严重。据许长成等(1993)在大豆上的研究结果,随着水分胁迫时间的延长,叶片相对含水量逐渐降低,质膜透性则逐渐升高,复水后 2 d,膜透性有一定程度的恢复。不同叶龄的叶片相比,老叶的膜透性增加较快,恢复则较慢(图12-22),说明老叶受到的危害较重。

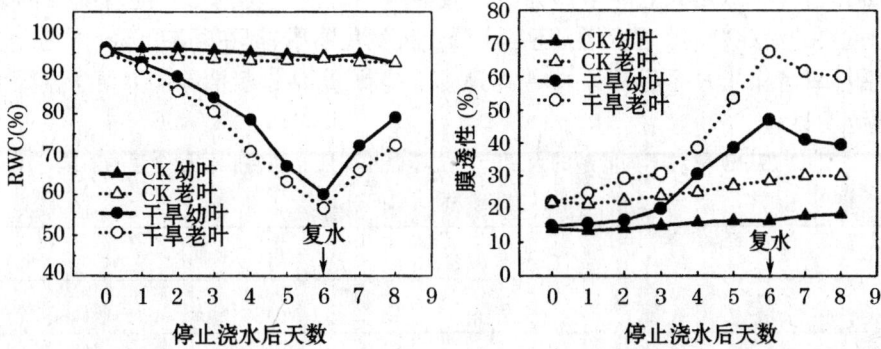

图 12-22 干旱对大豆叶片相对含水量及膜透性的影响 (许长成等,1993)

H_2O_2 是活性氧的重要成员之一,在叶绿体中,它通常由超氧阴离子 O_2^- 通过歧化反应产生。H_2O_2 不但本身有毒害作用,而且还可与 O_2^- 反应生成毒性更强的羟基自由基,产生更大的破坏作用。表 12-14 中数据表明,干旱 6 d,大豆叶片的 H_2O_2 含量猛增到相当于对照的 3 倍以上,这意味着 O_2^- 也会有大幅度的增加。

活性氧的危害方式之一是攻击细胞的膜脂,特别是占膜脂脂肪酸中含量最高的多不饱和脂肪酸 亚麻酸最易受到攻击,发生连锁性的自由基反应,其结果是膜脂过氧化产物丙二醛(MDA)积累。从表 12-14 可见,即使没有干旱胁迫,叶片中 H_2O_2 和 MDA 也在随着叶片的衰老而逐渐增加;遭受干旱胁迫后,增加的幅度明显提高,尤以衰老的第 6 叶增加最多;与此同时,膜脂中亚麻酸的分子比率和膜脂不饱和指数都明显下降,这表明,干旱确实导致大豆叶片膜脂过氧化,而且对老叶影响更严重。

表 12-14 干旱对不同叶龄的大豆叶片 H_2O_2、丙二醛和膜脂成分含量的影响

(许长成、邹琦,1993)

成分(含量)	处 理	叶位(自上而下)		
		2	4	6
$H_2O_2(\mu mol/gDW)$	对照	13.9±0.5(100)	14.6±0.4(100)	17.5±1.8(100)
	干旱6天	44.6±2.1(320.9)	47.8±3.5(327.4)	58.8±6.0(336.0)
MDA(nmol/gDW)	对照	135.7±4.8(100)	158.5±6.2(100)	188.4±3.1(100)
	干旱6天	199.4±11.0(146.9)	236.3±4.1(149.1)	393.1±2.5(208.7)
膜脂亚麻酸含量(分子比, mol%)	对照	64.6(100)	65.2(100)	65.0(100)
	干旱6天	58.8(91.0)	57.5(88.2)	54.6(84.0)

续表 12-14

成分(含量)	处理	叶位(自上而下)		
		2	4	6
IUFA(膜脂不饱和指数)	对照	225.0(100)	223.1(100)	222.0(100)
	干旱6天	208.1(81.6)	205.7(92.2)	194.6(87.7)

注:大豆品种为鲁豆4号,盆栽;对照盆土含水量为田间持水量的75%～80%;结荚期停止浇水,进行干旱处理。括弧中数据为相对值

　　表 12-15、表 12-16 是大豆叶中部分活性氧清除系统的变化情形。随着叶片的衰老,无论是两种重要的活性氧清除酶活性,还是小分子抗氧化物质,都在逐渐下降,可见,进入衰老的叶片,活性氧清除能力逐渐减弱;如果再遭受干旱胁迫,活性氧清除能力便急剧降低,尤其是老叶更为明显。

表 12-15　干旱对不同叶龄的大豆叶片抗坏血酸和还原型谷胱甘肽含量的影响

(许长成、邹琦,1993)

成　分	处　理	叶位(自上而下)		
		2	4	6
抗坏血酸(ASA)	对照	12.82±1.33(100)	10.21±0.73(100)	7.63±0.48(100)
(mg/gDW)	干旱6d	6.73±0.12(52.5)	5.34±0.55(52.3)	3.11±0.20(40.8)
还原型谷胱甘肽(GSH)	对照	12.01±0.42(100)	12.82±0.63(100)	10.14±0.58(100)
(mmol/gDW)	干旱6d	5.22±0.34(43.5)	4.37±0.34(34.1)	2.88±0.13(28.4)

表 12-16　干旱对不同叶龄的大豆叶片活性氧清除酶活性的影响

(许长成、邹琦,1993)

活性氧清除酶	处　理	叶位(自上而下)		
		2	4	6
超氧物歧化酶(SOD)	对照	50.5±2.7(100)	45.9±3.9(100)	38.3±1.4(100)
(活性单位×10^2/gDW)	干旱6d	37.5±1.1(74.3)	32.6±3.1(71.0)	19.0±1.0(49.6)
过氧化氢酶(CAT)	对照	702.3±72.4(100)	580.0±44.1(100)	281.3±26.5(100)
($\mu mol O_2$/min·gDW)	干旱6d	184.3±11.0(26.2)	131.9±13.2(22.7)	60.0±2.3(21.3)

　　在膜伤害的同时,叶片中的叶绿素和可溶性蛋白质含量也因干旱而明显下降(表 12-17)。越是较老的下位叶,降低的幅度越大;复水 2 d 后,第 2、第 4 叶位的叶片,叶绿素和可溶性蛋白质含量均有所回升,而较老的第 6 叶,复水后两种成分不但没有回升,反而继续下降;特别是叶绿素含量,已降至相当于对照的 2.3%,基本上达到完全黄化的程度。由此可以看出,干旱加速叶片衰老的作用是十分明显的。

表 12-17　干旱对不同叶龄的大豆叶片叶绿素和可溶性蛋白质含量的影响
(许长成、邹琦,1993)

成　分	干旱处理	叶位(完全展开叶,自上而下)		
		2	4	6
叶绿素(mg/dm²)	对照	$5.79 \pm 0.25(100)$	$4.26 \pm 0.08(100)$	$3.46 \pm 0.30(100)$
	干旱 6d	$4.41 \pm 0.35(76.2)$	$2.57 \pm 0.02(60.3)$	$1.07 \pm 0.10(30.9)$
	复水 2d	$5.27 \pm 0.20(91.0)$	$3.89 \pm 0.12(91.3)$	$0.08 \pm 0.02(2.3)$
可溶性蛋白质(mg/gDW)	对照	$185.8 \pm 8.7(100)$	$163.4 \pm 14.8(100)$	$132.7 \pm 12.1(100)$
	干旱 6d	$118.2 \pm 5.2(63.6)$	$102.3 \pm 4.3(62.6)$	$77.0 \pm 1.9(58.0)$
	复水 2d	$163.4 \pm 13.0(87.9)$	$121.8 \pm 10.1(74.5)$	$53.1 \pm 2.1(40.0)$

注:试验条件同表 12-16

综上所述,干旱胁迫一方面增加了大豆叶细胞内活性氧的生成量,另一方面又降低了活性氧的清除能力,这样便造成了活性氧产生与衰老之间的恶性循环,加速了叶片的衰亡。

(三)干旱妨碍大豆根瘤固氮

大豆根瘤的固氮作用对干旱胁迫十分敏感,当根瘤的含水量降到 80% 以下时,固氮作用便停止,而且不能恢复(Sprent,1972);但叶片的含水量降低到相同的程度,只要恢复供水,光合作用一般均能较快恢复。一些研究证明,固氮作用在更大的程度上依赖于根瘤本身的水分状况,而不是寄主植物叶片的水势。由于根瘤与根之间缺少维管组织的直接联络,使叶片与根间水力学信号的传递不十分通畅,因此使根瘤固氮与光合作用对水分状况的响应上具有相对的独立性。当遭遇土壤干旱时,大豆固氮作用的降低比光合作用的降低时间更早、程度更严重;而且解除干旱胁迫后,固氮作用的恢复比光合的恢复要慢。这表明,根瘤菌的固氮能力比光合作用受干旱的影响为更严重。

根瘤的活动要求适当的氧气,含氧量低于 5% 便会影响根瘤的固氮作用。Weisz 等(1987)的研究表明,干旱使根瘤对氧的透性降低,抑制了固氮菌的呼吸作用,减少了固氮作用所需的能量供应,从而使固氮活性下降。

干旱不仅影响根瘤的固氮活性,而且还会阻碍根瘤的形成。据关桂兰等(1986)的研究,干旱使豆科植物根毛数量减少,特别是形成了许多不正常的根毛,妨碍了根瘤菌通过根毛的侵染过程,减少了根瘤的数量。

三、大豆的抗旱性及其改善

(一)作物抗旱性的类型

从抗旱机制的角度,可以对大豆的"御旱性"与"耐旱性"分别进行考察。御旱性是植物通过各种途径使细胞内保持足够的水分,从而免除干旱的威胁,主要是通过发达的根系以增强吸水和通过灵敏的气孔调节以减少水分散失。耐旱性则是当细胞的实际含水量下降到可能对其生命活动产生伤害的程度时,细胞通过某种机制减轻伤害的能力,较典型的方式有增强原生质体的耐脱水能力和活性氧的清除能力等。御旱性是一种主动的抗旱方式,具有这种能力的作物可以在遭遇干旱时仍获得满意的产量;而耐旱性则属于被动的抗旱方式,虽有利于生存,但不具有维持良好的生长速度和较高产量的作用。当然,两类抗旱方式常无法截然划分,但可大致分出主次,以便于在大豆抗旱性的选育中确定首选目标。

(二)根系特点与大豆的抗旱性

根系是植物的主要吸水器官,也是决定抗旱性强弱的首要性状。研究者普遍认为,强大的根系是大豆抗旱性的主要特征之一(王金陵,1955)。因此,根系性状在大豆的抗旱性研究中受到高度重视。

抗旱性强的大豆品种的根系有以下几个特点。

1. 在土壤比较干旱的情况下种子萌发迅速,胚根生长速度快,主根扎得深　一、二级侧根的发生数量多(表12-18)、水平分布范围广;主根与侧根的总长度显著大于抗旱性弱的品种,因而能很快形成较强大的根系。从根系在土壤中的分布来看,抗旱性强的品种根系分布于土壤深层的根量明显超过抗旱性弱的品种。王法宏等(1986)的研究表明,大豆的下胚轴和胚根都可以生出一级侧根,但下胚轴上出生的一级侧根一般分布较浅,称之为"上部侧根",而从胚根上出生的侧根分布较深,称为"下部侧根"。据此可将大豆根系分为3种生态型:凡在鼓粒期根系已定型时下部侧根超过整株一级侧根的60%者,称之为"深根型";低于40%者称为"浅根型";介于40%与60%之间者为"中间型"。据对抗旱性不同的大豆品种的测定,抗旱性强的晋豆3号下部侧根占整株一级侧根数的75%,属于"深根型"品种(王法宏等,1986)。

表 12-18　大豆不同抗旱性品种第一对真叶期的根系生长状况　(王法宏等,1986)

抗旱性类型	品　种	主根长度(cm) (平均值±标准差)	一级侧根条数 (平均值±标准差)	二级侧根条数 (平均值±标准差)	根系类型
强	文丰7号	17.0aA*	48±8aA	21±6aA	深根型
	东懈1号	18.0aA	47±7aA	21±4aA	
中	齐黄1号	15.5bAB	40±5bB	16±3bAB	中间型
	7203-3	16.7bAB	40±4bB	14±2bB	
弱	吉林3号	14.0bB	33±2cC	9±1cC	浅根型
	吉林18号	14.0bB	32±2cC	7±1cC	

　*　多重比较的显著性标志,凡小写字母不同者,表示差异显著性达P<0.05的水平;大写字母不同者,差异显著性达P<0.01水平

路贵和(2000)对黄淮海地区大豆品种资源根系特征与抗旱性的关系进行了研究,根据抗旱系数将品种资源的抗旱性分级,并选取25份大豆资源盆栽,将土壤含水量控制在12%～15%的范围内,于第一片三出复叶完全展开时,观察豆株根系并进行统计分析。研究结果表明,不同抗旱级别的大豆品种间根系特征存在着基因型的本质差异,其中总根数、根总长度、二级侧根数和二级侧根长度的大小顺序与类型的抗旱性相一致;不同级别间,根总数和二级侧根数的差异达到极显著水平,根总长度的差异达到显著水平(表12-19);而种子根长度、一级侧根数和长度、根冠比等特性在不同抗旱性类型间没有统一的变化趋势。笔者认为,大豆苗期根系特征,特别是根总数、根总长度和二级侧根数目可作为大批量材料抗旱性筛选中的早期形态指标,用于大豆抗旱育种的早期鉴定。

表 12-19　大豆不同抗旱类型间根系基本特征的比较　（路贵和，2000）

抗旱类型	总根数 (条)	总根长 (cm)	种子根长 (cm)	一级侧根		二级侧根		根冠比
				根数(条)	根长(cm)	根数(条)	根长(cm)	
强抗旱	210.29	224.72	11.69	38.14	111.56	171.14	96.68	0.3926
中度抗旱	150.30	185.69	9.66	34.77	99.86	142.47	84.71	0.4006
弱抗旱	138.88	175.96	10.59	34.04	115.07	103.83	66.79	0.3718

2. 抗旱性强的大豆品种根毛发达　在土壤含水量相同的条件下，品种的抗旱性愈强，根毛也愈长；在水分胁迫条件下，各品种根毛长度和密度均明显增加，但抗旱性强的品种增加幅度大。因此，抗旱性品种在干旱条件下根毛的总长度大大超过不抗旱的品种（刘学义等，1996），这对于扩大根系与土壤的接触面、增强吸水能力是十分有效的。

3. 由于抗旱性强的大豆根系支根多，根毛发达，根系的活跃吸收面积显著超过抗旱性差的品种　根据王法宏等对 3 种类型 6 个品种的测定，从第一复叶期到现蕾、开花、结荚，直至鼓粒期，各个时期的根系活跃吸收面积，不同类型间的差异几乎都达到 $P < 0.01$ 的极显著水平；其中文丰 7 号的根系活跃吸收面积比吉林 18 号增加了 86% 以上（王法宏等 1986）。

4. 抗旱性强的大豆根的解剖特征是主根中柱较粗，皮层细胞较大，导管数量多、导管横截面的总面积大　这些解剖特点能够降低根系的输水阻力，提高输水效率。

5. 从根系的生理功能来看，抗旱性强的大豆根组织具有较高的可溶性物质含量和基态渗透浓度（即在自然含水量下的细胞汁液浓度），也就是有较低的基态渗透势　这表明，根从土壤中吸水的能力强，具体表现为根系的伤流量较大。不但如此，抗旱性品种根的伤流液电导率高，说明根系在维持较大吸水量的同时还能吸收更多的矿质营养，并且合成更多的有机电解质，通过输导组织运向地上部。

由于抗旱性大豆品种依靠强大的根系吸收水分，能够保障叶片具有较高的含水量和水势（郑丕尧等，1989），因而是大豆"御旱性"的主要特征。

(三)气孔特性与大豆的抗旱性

气孔是 CO_2 和水蒸气分子进出叶片的主要门户，在蒸腾作用调节中具有至关重要的作用，因而是植物抗旱性的重要特征之一。气孔在叶表皮上密集的分布以及气孔开度对叶片水分状况的灵敏反应，缓解了 CO_2 同化与蒸腾失水的矛盾：在环境中水分充足、有利于 CO_2 同化的情况下，气孔充分张开，可以更多地吸收、同化 CO_2；当环境条件有利于快速蒸腾而不利于 CO_2 同化时，则气孔开度减小甚至关闭，以尽量减少水分的散失。通过这种调节，植物可以以有限的水分消耗，换取尽可能多的 CO_2 同化量，使一天或一段时间内植物的水分利用效率达到最优化。

然而，与发达的根系相比，通过降低气孔导度、减少水分散失可以使叶肉细胞的含水量保持在适当的水平，但也不可避免地带来两种不利的后果：一是 CO_2 同化量的下降，二是叶片过度升温。因此，这种适应干旱的方式常常导至产量的损失。如此看来，气孔对蒸腾作用的调节是植物对干旱的一种"应急性"反应。由于从作物生产的角度评价抗旱性时，所选取的最终指标是干旱对作物产量的影响程度，如：作物在干旱条件下的产量与足量供水条件下产量的比值，即"抗旱指数"来评价作物抗旱性，因此，可以预计，这一指标与气孔调节能力之间的关系便会变得复杂化。

　　路贵和等(1994)曾以旱棚和大田干旱条件下对大豆的抗旱鉴定结果为依据,选择抗旱性强、中、弱3种类型,共15个大豆品种,研究其气孔密度、气孔大小与抗旱性的关系。结果表明,品种间气孔密度存在极显著差异,气孔长度的品种间差异也达到显著水平,而两者的乘积,即单位叶面积气孔总长度的差异则达到极显著水平;叶背面的气孔比正面的气孔略小,但由于背面气孔数量多,因此,叶背面的单位面积气孔总长度显著大于正面。表 12-20是作者对3种不同抗旱类型品种的气孔密度(SD)、气孔长度(SL)和单位面积气孔总长度(SD×SL)的测定和统计结果。方差分析表明,叶背面的气孔密度在不同抗旱类型间存在着显著差异,其余各性状的差异均不显著。这说明,似乎只有叶片背面的气孔密度可能与抗旱性存在着一定关系。但同一作者于 2000 年用 32 个品种所做的试验,并未观察到这种关系(路贵和,2000)。由此可见,大豆在干旱条件下能否维持较高的产量,可能更多地依赖于如何通过强大的根系从土壤中获取水分,而不是通过降低气孔密度来保持体内水分。

表 12-20　不同抗旱性类型大豆品种气孔密度(SD)、气孔长度(SL)
和单位面积气孔总长度(SD×SL)　　(路贵和等,1994)

抗旱类型	正　　面			背　　面		
	SD (No./mm²)	SL (μm)	SD×SL (×100μm/mm²)	SD (No./mm²)	SL (μm)	SD×SL (×100μm/mm²)
强　抗	141.64 ± 3.45	19.76 ± 0.52	27.99 ± 0.93	274.96 ± 33.54	17.90 ± 0.63	49.21 ± 6.06
中　抗	141.46 ± 13.76	20.87 ± 0.13	29.46 ± 2.97	262.68 ± 10.08	17.79 ± 0.77	47.22 ± 3.27
弱　抗	132.72 ± 6.40	20.64 ± 0.90	27.33 ± 1.78	251.54 ± 18.37	18.61 ± 0.48	46.83 ± 4.20

注:每一类型的数值为 5 个品种的平均

(四)渗透调节作用与大豆抗旱性

1.渗透调节的概念和作用　　在干旱、盐渍、冷冻等胁迫条件下,植物可以在细胞中主动积累溶质,降低渗透势,增强吸水与保水能力,以对抗环境渗透势下降造成的渗透胁迫,这种现象叫做渗透调节作用,所积累的溶质称为渗透调节物质。按照渗透调节物质的性质可将其分为两类:一类是从环境吸收进入细胞的无机盐,如 K^+、Na^+、Mg^{2+}、Ca^{2+}、NO_3^- 等;另一类是细胞内合成的小分子有机物质,如可溶性糖类(蔗糖、甘露醇、山梨醇等)、氨基酸类(脯氨酸及其他游离氨基酸)、多胺类、甜菜碱(也是一类多胺)。有机渗调物质又称“相容性物质”(compatible solutes),其具备以下特点:分子量小,溶解度大,能在细胞内形成较高的浓度;在生理 pH 值范围内必须不携带电荷;必须能为细胞膜保持住;不会导致蛋白质等生物大分子结构的变化,且有稳定蛋白质结构的功能;生成迅速,而且能够积累到足够高的浓度以起到调节渗透势的作用。

　　一般认为,渗透调节有两方面的作用:一种作用是通过积累溶质降低水势、增强细胞的吸水与保水能力,有利于维持细胞膨压,从而保持一定的气孔导度,有利于光合作用的进行,也有利于维持一定的生长速度。然而,渗透调节的这种保水作用可能是十分有限的。因为植物叶片直接暴露在空气中,而空气即使在相对湿度达到 90% 的情况下,25℃时的水势也可低到 - 14.5MPa(表 12-1),这是渗透调节能力所绝对达不到的。何况空气的相对湿度还经常低于 90%,干旱季节甚至可低到 20% ~ 30%。此外,在水分亏缺的情况下,由于 ABA 的增加,对气孔开放和生长都有一定的反作用。因此,叶片的保水抗旱必须由多种机制共同作用才能奏效。另一种是“渗透保护作用”,主要由有机渗透调节物质,即“相容性物质”承担,其中研究最多的是脯氨酸和甜菜碱。未受旱的植物,这类物质含量不高,受到干旱胁迫时,可以增加数十倍至数百倍,虽然以整个组织计算总量并不高,但这些物质主要积累在细胞质中,甚至是某些细胞器(如叶绿体)中,因而局部浓度很高,在水分胁迫条件下,叶绿体渗透势的下降有 2/3 是由脯氨酸、甜菜碱等物质作出的贡献。相容性物质的一个重要生理功能是稳定生物大分子的结构与功能,防止逆境造成的生物大分子变性和功能失活,其原因与这类物质的"双亲和"特性有关:它们可以其亲脂基团与膜脂及生物大分子的疏水区结合,同时又以其亲水基团结合更多水分子,使大分子表面水膜加厚,从而稳定生物大分子。

2. 大豆的渗透调节作用与抗旱性　已知并非所有的植物都具有渗透调节能力。在主要农作物中,诸如小麦、玉米、高粱、水稻、棉花等都具有渗透调节能力,而且渗透调节能力的强弱与品种的抗旱性相一致。关于大豆有无渗透调节能力,不同研究者的工作得出的结论不同,但大部分研究认为大豆具有渗透调节能力。邹琦等(1994)曾比较了大豆品种"小粒豆1号"和"鲁豆4号"的抗旱性,发现小粒豆1号抗旱性优于鲁豆4号;为揭示这两个品种抗旱性的差别是否与渗透调节能力的强弱有关,研究了两品种不同生育时期的渗透调节能力对水分胁迫的响应,结果表明:土壤缓慢脱水使两个大豆品种叶片的每日最低水势 $[\Psi_{w(min)}]$ 和相对含水量(RWC)都明显降低,但鲁豆4号降低的程度 $(\triangle\Psi_{w(min)})$ 大于小粒豆1号,这说明鲁豆4号的抗旱性不及小粒豆1号。以饱和渗透势 (Ψ_S) 的下降幅度 $(\triangle\Psi_S)$ 作为渗透调节能力的指标,研究水分胁迫对大豆渗透调节的影响,结果是:

两个大豆品种在长期水分胁迫下都具有渗透调节能力。随着 $\Psi_{w(min)}$ 的降低,Ψ_S 也降低,降低幅度的最大值可达 0.9MPa 左右。不同生育时期渗透调节能力不同,两个品种都是在分枝期渗透调节能力最强,开花期稍有减弱,结荚期明显减弱,鼓粒期则完全丧失了渗透调节能力。

由于在田间条件下,两个大豆品种遭受同样的干旱胁迫时,体内水分状况不同(御旱能力强的小粒豆1号叶片相对含水量较高),有可能影响渗透调节能力的建立过程,因此,邹琦等(1994)用 $\triangle\Psi_S/\triangle\Psi_{w(min)}$ 比值,即日最低水势每降低一个单位,导致的渗透调节能力的变化值,作为衡量渗透调节能力的指标,这样便可排除叶片实际受旱程度不同造成的干扰。按照这一指标,$\triangle\Psi_S/\triangle\Psi_{w(min)}$ 比值愈大,表明渗透调节能力愈强。表 12-21 是两个大豆品种不同生育时期渗透调节能力的比较。

表 12-21　两个大豆品种不同生育期平均渗透调节能力的比较　(邹琦等,1994)

| 品　种 | 各生育期渗透调节能力 $[\triangle\Psi_s/\triangle\Psi_{w(min)}]$ | | | |
	分枝期	开花期	结荚期	鼓粒期
鲁豆4号	1.10	0.54	0.17	0.09
小粒豆1号	1.02	0.73**	0.44**	0.10

** 表示两品种差异极显著

由表 12-21 可见,大豆的渗透调节能力因品种和生育时期而异。分枝期渗透调节能力最强,鲁豆4号略优于小粒豆1号,但差异不显著;开花期和结荚期渗透调节能力逐渐降低,而小粒豆1号下降的趋势较缓慢,因此这两个时期小粒豆1号的渗透节调能力明显好于鲁豆4号,差异达极显著水平;鼓粒期两品种的渗透调节能力都基本丧失。

由于渗透调节的主要作用之一是维持水分胁迫下细胞的膨压,因此渗调能力强的品种能够保持较高的膨压。表 12-22 是水分胁迫对两个大豆品种不同生育时期叶片最低水势、渗透势和膨压的影响。可以看出,随着水分胁迫的加剧,叶片最低水势、渗透势和膨压都在下降,但分枝期和开花期膨压下降的幅度较小,结荚期和鼓粒期膨压随水分胁迫而降低的幅度加大。两品种相比,从分枝期到结荚期,小粒豆1号的膨压均明显大于鲁豆4号。在严重水分胁迫下,鲁豆4号结荚期的膨压已降低到负值,即完全失去膨压,叶片发生萎蔫;而小粒豆1号膨压仍维持正值。这表明,抗旱性强的小粒豆1号确实有较好的膨压维持能力。

表 12-22　长期水分胁迫对两个大豆品种不同生育期最低水势、渗透势和膨压的影响

(邹琦等,1994)

| 生育期 | 处理 | 鲁 豆 4 号 | | | 小粒豆1号 | | |
		最低水势 $\Psi_{w(min)}$ (- MPa)	渗透势 Ψ_s (- MPa)	压力势(膨压) $\Psi_p = \Psi_s - \Psi_{w(min)}$ (- MPa)	最低水势 $\Psi_{w(min)}$ (- MPa)	渗透势 Ψ_s (- MPa)	压力势(膨压) $\Psi_p = \Psi_s - \Psi_{w(min)}$ (- MPa)
分枝期	CK	0.57	0.87	0.30	0.58	1.23	0.65
	T1	0.86	1.03	0.17	1.10	1.63	0.53
	T2	1.31	1.48	0.17	1.28	1.72	0.44
	T3	1.45	1.70	0.25	1.43	1.91	0.48
开花期	CK	0.70	1.02	0.32	0.38	1.75	1.37
	T1	0.92	1.23	0.31	0.66	1.91	1.25
	T2	1.53	1.76	0.23	1.42	2.22	0.80
	T3	2.14	2.46	0.32	2.02	2.49	0.47
结荚期	CK	0.64	1.70	1.06	0.67	2.01	1.34
	T1	1.36	1.83	0.47	1.20	2.08	0.88
	T2	1.62	1.93	0.31	1.60	2.09	0.49
	T3	2.10	1.94	- 0.61	1.95	2.15	0.20
鼓粒期	CK	0.99	1.91	0.92	1.17	1.45	0.28
	T1	1.96	1.92	- 0.04	1.37	1.58	- 0.21
	T2	2.72	1.93	- 0.79	1.70	1.59	- 0.11
	T3	3.57	2.31	- 1.26	2.21	2.19	- 0.02

注:T1、T2、T3分别为轻度、中度和重度水分胁迫处理,土壤含水量分别为田间持水量的65%~70%、50%~55%和35%~40%,CK(对照)的土壤含水量为田间持水量的80%~85%

大豆的渗透调节能力除受品种和生育期的影响外,还受脱水速度的影响,若在盆栽条件下通过控制浇水,进行快速的水分胁迫,2~3 d内叶水势虽有大幅度降低,但饱和渗透势不会发生明显变化(邹琦等,1994)。

由于细胞的渗透调节能力是所有渗透调节物质共同作用的结果,不同植物甚至不同品种积累的渗透调节物质的种类及其比例可能有很大的区别,因此,不能仅仅根据某一种渗透调节物质在水分胁迫下的积累量来判断其渗透调节能力,更不能由此推及其抗旱性。例如,张美云等(2001)研究了11个抗旱性不同的野生大豆种质在水分胁迫下的脯氨酸和可溶性糖的积累量,发现在中度水分胁迫下,脯氨酸的积累先于可溶性糖;而在重度胁迫下,则更多地积累可溶性糖;但不论是脯氨酸或可溶性糖,与大豆种质的抗旱性并不完全一致,进一步支持了不能用单一指标来衡量抗旱性的观点。

(五)细胞壁弹性调节与大豆抗旱性

细胞壁在干旱条件下如能改善其弹性形变的特征,使细胞壁在更大的范围内进行弹性收缩和扩张,膨压就有可能在更低的含水量下才消失,这种适应干旱的方式称为细胞壁的弹性调节。

细胞壁弹性的优劣取决于细胞壁的组成和细胞壁上水解糖苷键、进行"生化修饰"的酶类的活性。一般而言,以纤维素为主要成分的幼嫩细胞壁弹性较好;随着细胞的老化,壁上沉积的木质素增多,弹性减弱,刚性增强,细胞壁变得"僵化"。但不同植物和品种细胞壁的弹性和弹性调节能力有明显的差别,大豆不同品种间也有这种差别。

为了对细胞壁弹性进行更确切的定量,便将力学中弹性模量的概念引入对细胞壁的研究,提出了细胞的"容积弹性模量"(E_v)的概念,并将其定义为细胞每产生单位体积变化所需要的膨压变化。E_v 越小,细胞壁的弹性越好,反之则弹性较差。由于 E_v 的值随着膨压的升高而急剧增加,所以,在比较不同植物或品种的细胞壁弹性调节能力时,均用膨压达到最大值(细胞吸水饱和)时的容积弹性模量,即"最大容积弹性模量"[$E_{v(max)}$]作为统一标准,以消除因水分状况不同而产生的误差。

邹琦等(1994b)研究了不同大豆在干旱条件下的渗透调节和弹性调节能力。表 12-23 是水分胁迫对两个品种分枝期和鼓粒期最大容积弹性模量 $E_{v(max)}$ 的影响。可以看出:两个品种在分枝期轻度和中度干旱时,都有一定的弹性调节能力;但在重度干旱时,$E_{v(max)}$ 又有所回升,表明严重干旱有使细胞壁硬化的趋势;而在鼓粒期,两品种受旱时的弹性调节能力均丧失。

表 12-23　水分胁迫对两个大豆品种最大容积弹性模量[$E_{v(max)}$]的影响

(单位 MPa,括号内为相对值)(邹琦,1994b)

水分处理	鲁豆 4 号		小粒豆 1 号	
	分枝期	鼓粒期	分枝期	鼓粒期
对　照	31.4(100)	11.5(100)	13.4(100)	15.3(100)
轻度干旱	17.1(54.5)	18.7(163)	8.8(65.7)	18.0(118)
中度干旱	20.1(64.0)	19.7(171)	9.3(69.4)	17.3(113)
重度干旱	28.9(92.0)	24.9(217)	20.2(151)	19.5(127)

李岩等(1995,1998)根据对以上两品种的研究结果得出的看法是:①大豆在不同生育期维持膨压的方式不同。分枝、开花期渗透调节和弹性调节两种方式并存;结荚、鼓粒两时期渗透调节减弱甚至消失,只有弹性调节。②抗旱性不同的大豆品种维持膨压的能力不同。两品种中度胁迫时各生育时期都有维持膨压的能力;而严重胁迫时,抗旱性差的品种(如鲁豆 4 号)维持膨压的能力丧失,抗旱性强的小粒豆 1 号仍有一定的维持膨压的能力。③不同大豆品种维持膨压的主要方式不同。小粒豆 1 号在中度和严重水分胁迫下,各生育期维持膨压的主要方式是弹性调节;而鲁豆 4 号则以渗透调节为主。此外,大豆不同叶位叶的弹性调节能力也不相同。完全展开的功能叶越靠近顶端,弹性调节能力越强,越远离顶端,弹性调节能力越弱,甚至消失;而顶端尚未展开的幼叶,则不具备弹性调节能力(李岩等,1998)。

(六)活性氧清除能力与大豆抗旱性

大豆不同品种间活性氧清除能力不同,并且与品种的抗旱性有很好的关系。我们在盆栽试验 3 ~ 4 叶期的测定结果表明:抗旱性强的小粒豆 1 号受旱时叶片中的 H_2O_2 产生量明显低于鲁豆 4 号;还原型抗坏血酸和谷胱甘肽含量都随着干旱处理时间的延长而逐渐下降,但鲁豆 4 号降低得更多;抗坏血酸过氧化物酶和谷胱甘肽还原酶的活性在干旱的第二天内有诱导性的提高,随后便一直降低,但鲁豆 4 号的酶活性则一直低于小粒豆 1 号(许长成等,1993)。不但如此,抗旱性强的小粒豆 1 号,对外源 H_2O_2 的抵抗能力也优于鲁豆 4 号,叶片经 H_2O_2 处理后,两品种的叶绿素含量均大幅度下降,SOD、CAT 和 GR 活性在一定浓度范围内有明显增加;但小粒豆 1 号叶绿素含量降低的幅度小于鲁豆 4 号,3 种清除酶活性增加的幅度则显著大于鲁豆 4 号(许长成等,1996)。

以上结果表明,增强活性氧的清除能力,可能也是大豆抵抗干旱胁迫的重要机制之一。

(七)大豆抗旱性的提高

1. 选育抗旱品种　　我国大豆种质资源丰富,其中不乏抗旱性强的资源(史宏等,2000;路贵和等,2001),这为大豆抗旱育种提供了丰富的原始材料。路贵和(2000)依据大豆不同性状的抗旱系数平均值高低,将黄淮海地区的 25 个大豆品种抗旱性分为 5 类,属于强抗旱类型的品种有 7 份、占 28%。此外,从抗旱类型上看,品种间也表现出多样性。如有些材料表现为全生育期抗旱,有些材料只在某一生育时期或某几个生育期抗旱;有的材料抗旱高产,有的虽抗旱但产量较低;也有些抗旱种质在水分充足时有较大的增产潜力等(路贵和等,2001)。大豆抗旱性的多样性,对抗旱育种的亲本选择具有重要意义。

抗旱育种的基础工作是对种质资源进行抗旱性鉴定、分类,并确定抗旱性强弱的评价指标。

抗旱性强弱的评价指标,可分为单一指标法和综合指标法两种。单一指标法多选择与抗旱性有关的形态或生理生化指标,如叶水势和叶片相对含水量、渗透调节能力、膜透性、光合速率、活性氧清除酶活力、内源活性氧清除物质含量等。但是由于抗旱性一般属于数量性状,且不同品种适应干旱的主要方式又不尽相同,因此用单一的生理生化指标衡量作物的抗旱性往往有一定的局限性。

综合性评定方法有两种:一是用一种综合性指标进行评定;二是同时测定多种单项指标,然后用适当的数学方法进行处理,形成一种新的综合指标。前一种指标有"抗旱系数",其定义是某品种在干旱条件下的产量与供水充足条件下产量的比值。抗旱系数与单项指标相比的优点是其综合性,缺点是只能反映该品种在干旱条件下减产的幅度,即抗旱稳产特性,并不能真正反映该品种在不同水分状况下产量的实际潜力,即丰产性。例如,甲品种水浇地产量 1 600 kg/hm², 旱地产量 1 440 kg/hm², 抗旱系数为 0.9;乙品种水浇地产量 3 000 kg/hm², 旱地产量 2 100 kg/hm², 抗旱系数为 0.7。虽然乙品种的抗旱系数远低于甲品种,但不论在水地或旱地,其丰产性均超过甲品种,因此育种家当然要选择抗旱系数低的乙品种,而不是抗旱系数高的甲品种。

为了弥补抗旱系数的不足,兰巨生等(1990)提出了包含产量因素的指标,称为"抗旱指数"。

$$抗旱指数 = (\cdot d \times \cdot d / \cdot p) / (\sum \cdot d / n)$$

式中·d 为某待测品种在旱地试验中的平均产量,·p 为该品种在水浇地试验中的平均产量, $\sum \cdot d / n$ 为所有供试品种在旱地中的平均产量。

胡福顺(1997)引入对照品种的产量和抗旱系数作为参照,提出了另一个抗旱指数的计算方法。

$$抗旱指数 = \frac{待测品种的旱地产量}{对照品种的旱地产量} \times \frac{待测品种的抗旱系数}{对照品种的抗旱系数}$$

抗旱指数的优点是综合了旱地稳产性与丰产性两种特性,在作物抗旱鉴定工作中,收到了良好的效果。目前已被育种工作者普遍接受。

用多种单一性状进行综合处理的方法,较简单的是测定若干与抗旱性有关的形态或生理指标,求得这些性状的抗旱系数,然后将各性状抗旱系数简单累加,并计算出平均值,作为该品种的综合抗旱系数。另一种是用模糊数学的方法,求出每一项抗旱指标的隶属函数,然后计算出隶属函数的加权平均值,作为衡量抗旱性的综合性指标;而隶属函数所占权重的衡量方法是以每个指标与抗旱系数之间的相关系数为标准,求出该相关系数在全部指标相关系数累加值中所占比例(李贵全等,2000)。这种方法的优点是依据不同性状与抗旱性关系的大小区别对待,衡量的结果更能反映抗旱性的实际情况。孔照胜等(2001)用此方法对经过初筛的 12 个大豆品种抗旱性进行了评价,以水、旱两种处理下的叶片相对含水量、相对电导率(为质膜透性指标)、净光合速率、SOD 活性四种指标为依据,求出各自的隶属函数及其加权平均值(D),按 D 值大小,将抗旱性评定为"强抗"、"抗"、"中抗"、"弱抗"4 级。此结果与品种抗旱性的实际表现十分吻合。相关分析表明,D 值与抗旱系数间呈极显著正相关,相关系数 r = 0.8773(P < 0.01),超过任何单一指标与抗旱系数间的 r 值。然而这两种方法毕竟是仅仅综合了抗旱性的几种单一指标,未能将丰产性纳入指标体系,所以仍不能完全避免抗旱性与丰产性不一致的问题,因此,相比之下,仍以包含产量因素的综合抗旱指数有更好的实用价值。

2. 运用综合抗旱丰产栽培技术　有了抗旱丰产的大豆品种,还必须有一系列与之相配套的抗旱丰产栽培技术,才能在干旱少雨的条件下取得满意的产量。大豆抗旱节水的栽培与耕作技术因地域环境不同,具体措施也有区别,但概括起来,不外乎以下几项重要原则:一是改善土壤的物理性质,提高土壤蓄水保墒能力,特别是增加深层土壤的蓄水量;二是增施有机和无机肥料,提高土壤肥力水平,改善大豆的矿质营养,发挥肥与水的耦合效应,提高大豆的水分利用效率;三是创造适当的条件,使大豆内在的抗旱特性按照最佳的时空模式充分表达。

如前所述,发达的根系是大豆抗旱性的重要特性之一。虽然抗旱性强的大豆品种根系也比较发达,但这种遗传特性能否充分表达,还要取决于环境,特别是土壤环境条件。因此,为了提高大豆的抗旱性,最重要的就是为根系发育创造优良的土壤条件。例如,据王仕新等(1996)在辽宁西部的半干旱低山丘陵区的深厚褐土上,连续 3 年采用 30 ~ 32 cm 不翻土的深松中耕,破坏 15 cm 左右深处的犁底层,减小土壤容重,利于灌溉水和雨水的下渗及根系的下伸。结果是:常规中耕的大豆田,灌溉之后,水分只下渗到 30 cm 左右,1 m 土层的储水量只增加 15.2 mm;而深松的大豆田,水分可下渗到 80 cm 左右,1 m 土层的储水量增加 52.1 mm,较常规中耕的多增加 36.9 mm。由于深松中耕为大豆的根系生长创造了较为良好的条件,形成了发达的根系,地上部生长情况也明显改善,与常规浅中耕相比,产量增加 5.8% ~ 27%,在严重干旱的 1992 年,增产 34.5%。

早在 20 世纪 70 年代,郑广华就提出了"以水控肥、以肥济水"的观点(郑广华,1980)。一方面,适当供水可以促进肥料的吸收,提高肥效;而在施肥过量,特别是氮肥过量时,又可通过节制土壤水分,抑制肥料的吸收,减轻作物因氮肥过多造成的徒长、倒伏等不良后果。另一方面,肥料充足时,可促进作物根系发达,更多地利用土壤深层的水分,提高抗旱性,而且由于光合作用的改善,在蒸腾消耗相同水分的情况下,可以同化更多的光合产物,从而提高了水分利用效率。因此,在干旱条件下,可以通过培肥地力、增施肥料来减轻干旱的危害。近些年来,研究者又将此种效应概括为"水肥耦合效应"。水肥耦合效应因土壤类型、土层厚度、土壤含水量、作物的生育期、作物及肥料的种类不同而有区别。大致的规律是:土壤含水量过低时,施肥的效果较差,特别是氮素用量过多反而加剧干旱的危害,只有在中度干旱的条件下,才能发挥以肥济水的效果;不同肥料间,磷素在弥补水的不足、提高抗旱性方面的效果更加突出。据张秋英等(2003)在黑龙江省海伦市对大豆水肥耦合效应的研究认为,以肥调水存在一个临界水分含量,只有高于此临界值,才能充分表现出施肥的效用。

关于钙元素与大豆抗旱性的关系,杨根平(1995)、高向阳(1999)等曾通过控制营养液中钙含量和叶面喷施 $CaCl_2$ 的方法研究了钙对大豆叶片水分状况、光合作用、膜脂过氧化和活性氧清除酶活性的影响。结果表明:①钙可增强气孔对渗透胁迫响应的敏感性;②钙可增强大豆叶片在干旱条件下的保水能力;③钙可减缓水分胁迫下光合速率的下降;④钙有利于维持大豆叶片在干旱条件下的光合能力;⑤钙可增强大豆水分胁迫下活性氧清除酶的活性,减轻膜脂过氧化,维持膜的完整性。

由上可见,提高大豆体内的钙水平,对增强其抗旱性确实有十分显著的作用。特别是在含钙量低的酸性土壤上,更应当重视通过土壤施用或者根外追肥为大豆补充钙元素。

四、大豆的涝害与抗涝性

我国地处大陆性季风气候区,夏季雨量过于集中,不论春大豆区或夏大豆区,雨季到来时正值大豆幼苗期至开花、结荚期,常因降水过多而发生渍涝灾害。大豆涝灾害有两种类型:一是内涝,二是洪涝。内涝是由于地势低洼或地下水位过高,田间排水不良,在多雨情况下土壤水分达到或接近饱和状态,或地面有短期滞水造成的,这种类型的涝害也常称为"湿害"。灌溉方式不当(如大水漫灌)也常造成或长或短的渍涝。洪涝是江河泛滥或雨量过分集中,造成地面积水,将植株部分甚至全部没入水中而造成的危害。

据刘典昱等(1987)观测,在安徽省阜阳地区地下富水区,当降水过多,地下水位上升至0.7m 左右,根层内土壤含水量达到饱和状态,当水分饱和的土壤层次上升至地表以下 25cm时,即出现涝害。当地下水位抬高至 ≤0.5m 时,根层土壤相对含水量 >115%,土壤水分就会溢出地表。此时必须采取排水措施,否则,定会造成大豆大幅度减产。

在栽培作物中,大豆对渍涝的耐性优于芝麻、棉花等作物,但耐涝性并不很强,渍涝使大豆叶片黄化、坏死、脱落,固氮能力降低,生长停滞,严重影响大豆的生长和产量(朱建强等,2000)。据研究,在大豆营养生长中期或盛花期田间积水 2~14 d,则群体的株高、干重和最后的产量都随淹水时间的延长而直线下降。不耐涝的品种在淹水 4~5 d 后即死亡(刘典昱等,1987)。因此,深入研究涝渍对大豆的影响,提出减轻灾害的对策,对于大豆生产具有重要的理论和实践意义。

大豆对淹涝敏感的生育时期是苗期、初花期、结荚初期和鼓粒初期。宋英淑(1989)在盆栽条件下,于大豆生育的 V_3(主茎第三节复叶全展开)、R_1(始花期)、R_3(始荚期)和 R_5(始粒期)等 4 个时期进行渍水试验,得到如下结果:V_3 期渍水,植株营养体生长受抑制,花芽分化受阻；R_1 期渍水，既影响营养体生长，又造成蕾、花脱落；R_3 期渍水导致幼荚大量脱落、粒数减少；R_5 期渍水使种子发育中止、百粒重下降。

(一)渍涝危害的原因

不论是湿害或洪涝灾害，其共同特点是使植物陷入缺氧的环境中。由于氧气在水中的溶解度很低，水中溶解氧达到饱和时只相当于空气中含氧量的 1/30；更为严重的是氧气在水中的扩散系数极小，仅相当于在气体介质中扩散系数的万分之一。如果说，在流动的水中，植物还可以通过水与植物体的接触面不断更新而提供氧气，那么，在静止的水中，就只能靠气体分子的扩散向植物提供氧气，处于渍水土壤中的根系所遇到的正是这种情况，更不用说土壤溶液中的气体扩散还受到土壤颗粒的阻碍。可见，依靠氧气在水中的扩散来满足根系呼吸作用对氧的需求是不可能的。所以，渍涝灾害的本质就是根系缺氧的危害。

土壤渍水后，由于植物根系特别是土壤微生物的呼吸作用，很快就会将土壤水中仅有的少量氧气耗尽。更为严重的是，由于土壤缺氧，好气性微生物不能继续活动，嫌气性微生物则取而代之，整个土体由氧化状态转变为还原状态。长期积水的土壤(如水稻田)，土壤氧化层仅仅局限于土表数毫米，1 cm 以下即处于还原状态。其结果，使土壤中积累了大量有害的还原性物质，如还原性的铁、锰等金属离子，甲烷，短链脂肪酸(如丁酸)甚至硫化氢等。这些物质可毒害根部细胞，严重时导致根系死亡。

近年来有研究表明，土壤淹水的危害除了与根系缺氧有关外，还在更大程度上受根际 CO_2 积累的危害。Boru 等(2003)指出，在淹涝的土壤中，根际土壤溶液中溶解的 CO_2 可占所有溶解气体体积的 30%；溶液培养的研究结果表明，培养液完全缺氧(通 100%的氮气)和低氧(不通气)处理 14 d 对大豆植株的生存和叶色均无影响，意味着大豆根系对单纯根际缺氧有较好的耐受力。但如果在根系缺氧的同时，向溶液中通入 CO_2，使其浓度达到相当于田间淹涝时的水平(占溶解气体的 30%)，则大豆生长严重受阻，叶片黄化；当根际溶解的 CO_2 量达到 50%时，有 1/4 植株死亡，没有死亡的植株，其叶片也严重黄化、坏死。但同样的处理对水稻却未表现不良影响。此结果表明，与水稻相比，大豆根系对 CO_2 的高度敏感性，是其耐涝性差的主要原因之一。

发生洪涝灾害时，如果整株植物被淹没，则地上部分也处于缺氧的环境中，必将造成更严重的危害。倪君蒂和李振国(2000)比较了大豆植株基部被淹没(半淹)和幼苗全部被淹没(全淹)对植株生长的影响。在盆栽条件下进行的半淹试验(淹水深度 3～4cm)表明，在大豆茎基部渍水的条件下，根系生长受到抑制，甚至腐烂变黑；但是，半淹水能刺激大豆不定根的形成，未出现整株死亡；而 6 日龄的幼苗，全淹 6 d 之后则全部死亡，苗龄稍大些的幼苗耐涝性强些，存活率略高。

大豆全淹的危害程度还与水温有密切关系，因为水温升高不但植物的耗氧强度增大，而且氧气在水中的溶解度也降低。据原华东农业科学研究所(1958)的观测结果，大豆植株被淹 2～3 个昼夜，只要水温未同时升高，在水退之后尚可继续生长；若渍水再遇高温，植株便大量死亡。

(二)涝害对大豆生长发育的影响

1. 种子萌发　土壤渍水缺氧，最先影响的是种子萌发。宋英淑等(1990)曾对 22 个大豆品种的种子进行渍水试验。渍水 6 d 后，发芽率降低 7.5%～91.7%，活力指数下降 39.8%～99.8%。假如渍水的同时又给予 20℃以上的温度处理，则发芽率丧失更甚。

2. 植株形态特征 土壤渍水时,大豆地上部陆续出现叶片萎焉、植株生长停滞、叶片黄化甚至坏死、脱落等症状。长期干旱处理的大豆叶片,叶绿素和类胡萝卜素含量都比对照有明显的提高,这与干旱条件下叶片生长减慢而根系对土壤中矿质营养的吸收和转运受影响较轻有关。与干旱处理相反,淹水的大豆叶片不论是叶绿素含量还是类胡萝卜素含量都大大低于对照(表 12-24)。

表 12-24   长期干旱和淹涝胁迫对盆栽大豆叶片叶绿素和类胡萝卜素含量的影响

(高辉远,1999)

叶位 (自上而下)	叶绿素(mg·dm^{-2})			类胡萝卜素(mg·dm^{-2})		
	对照	干旱	淹涝	对照	干旱	淹涝
1	2.04	2.71	0.88	0.49	0.69	0.27
4	1.96	2.81	0.92	0.48	0.75	0.28

受涝的大豆根部首先是生长停滞,死亡、腐烂;然而,在茎基部的淹水层中,往往发生大量的不定根,这些不定根在淹水后 1~2 d 即开始发生,以后很快伸长,并能部分地取代老根的功能,以维持植株的生存,但终究不能恢复到淹涝前的状况。

淹水对大豆根瘤生长和根瘤固氮也有明显的影响。倪君蒂等(2000)在盆栽条件下,于大豆第一对初生叶完全展开后开始淹水处理,15 d 后观察到根部有根瘤出现,而对照根在 10 d 即已观察到根瘤的生长;至 22 d,淹水处理的根瘤数相当于对照的 70%左右,根瘤鲜重仅相当于对照的 50%。值得注意的是,生长在淹水层中的不定根也照样能结瘤,表明淹水对根瘤的生长虽有明显的抑制作用,但并未完全阻碍根瘤的生长。据对淹水大豆植株氮素吸收量的研究,发现仅仅依靠根瘤固氮作为氮源的处理,受涝后对地上部的氮素供应减少幅度较大,而主要以硝酸盐作为氮源的处理,受影响较小(Bacanamwo,1999)。这种差别说明:淹涝对根瘤固氮能力的影响明显大于对硝态氮吸收的影响,其原因可能是固氮作用对能量的需求大于硝酸盐的吸收。另外,在缺氧的环境中,硝酸根离子可以作为电子受体以维持呼吸链的电子传递,代替一部分氧的功能。

3. 生理特性 植物受涝时,由于根系的代谢受到严重影响,因此必然对整株植物的生理功能产生多方面的干扰,大豆也不例外,大致可概括为以下几方面。

(1)根系能量代谢紊乱,细胞质酸化 植物受涝时根系处于缺氧的环境中,有氧呼吸受到抑制,虽然根系可以在短时间内依赖无氧呼吸提供少量能量,但由于呼吸底物不能彻底氧化,因而产能效率(或 ATP 的形成量)大幅度下降,比进行有氧呼吸时减少 65%~97%,处于"能量危机"的状态。此外,以无氧呼吸维持生命,还会使细胞内乙醇、乙醛、乳酸积累,使蛋白质变性;而乳酸和糖酵解过程中产生的其他小分子有机酸(丙酮酸等)则使细胞质酸化。正常情况下,根尖细胞质的 pH 值在 7.5 左右,pH 值降到 7 以下会对细胞质产生危害。氧气充足时,呼吸作用生成的小分子有机酸等中间产物随时在转化和利用,不可能大量积累;即使有一定的积累,也可以通过质膜特别是液泡膜上的 H$^+$ 转运体将 H$^+$ 排至细胞外或积累在液泡中,从而使细胞质的 pH 值维持恒定。但进行无氧呼吸时,不但糖酵解的终产物丙酮酸、乳酸等在细胞质中积累,而且由于能量不足,膜上的 H$^+$ 运转体的功能不能正常维持,膜透性加大,液泡中的有机酸甚至回流到细胞质中,可以使细胞质的 pH 值降至 6.5 甚至更低,发生"酸中毒",细胞受到严重伤害甚至死亡(Greenway and Gibbs,2003)。

(2)水分平衡失调　发生渍涝灾害时,虽然环境中有足够的水分,但受涝的植物却普遍表现出叶片萎蔫、气孔关闭等缺水的症状。这种现象看来似乎奇怪,但仔细分析起来却也不难理解:这主要是根系受到伤害,不能执行正常的吸水功能所致。据研究,淹涝时根系对水分运输的阻力大大增加,其原因虽然还不十分清楚,但已知根系吸水并不是一种完全被动的过程,而是与根系活细胞的代谢活动有密切的关系:水分必须跨过根内皮层的凯氏带中水通道细胞的原生质体,才能进入导管中。水分运输的这一段途径属于"共质体途径"。近年来的研究发现,质膜和液泡膜上的水孔蛋白是水分进出细胞的门户,它的开闭受能量代谢和激素平衡的调节。因此,当根系处于缺氧的环境中,能量代谢受到干扰时,水分运输阻力的增加便可以理解了。值得注意的是,淹涝时根系水分运输阻力的增加只发生在淹涝后的 1~2 d,而后阻力又逐渐减小,这可能是根部细胞膜的完整性受到破坏,甚至导致细胞死亡,膜的通透性增加的结果。

在根系吸水与叶片蒸腾失水失去平衡的情况下,一个必然的结果便是气孔导度的下降,这是大部分不耐涝的中生植物受涝时的共同表现,大豆也不例外。从表 12-25 中可以看出,淹涝处理的大豆,气孔导度不但低于对照,而且比干旱处理的还要低很多。由于气孔导度的大幅度降低,因而蒸腾速率也基本上以相似的幅度下降,同时使叶温提高。表 12-25 中的结果显示,淹涝对大豆体内水分平衡的干扰甚至明显超过干旱的作用。

(3)光合作用大幅度下降　受涝的大豆叶片,一天的平均光合速率下降到只有对照的 18%(表 12-25),实际上,在中午前后,净光合速率甚至可降为负值;而经过长期干旱锻炼的大豆,平均净光合速率仍然可以达到对照的 87%,这表明淹涝对光合作用的影响大大超过干旱处理。由于受涝的大豆叶片气孔导度大幅度下降,因此很容易将光合速率的降低归因为气孔关闭造成的 CO_2 扩散的障碍,但实际情况并非如此。因为淹涝处理的大豆叶片,细胞间隙 CO_2 浓度非但没有降低,而且还明显升高(表 12-25)。因此,气孔限制值(L_s)也相应地明显下降。这表明,淹涝对光合作用的影响主要是通过叶肉因素在起作用。从叶片的水分利用效率(WUE)下降的情况也可以对上述观点进行验证:淹涝处理的叶片,水分利用效率急剧降低,仅相当于对照的 28%,其原因是虽然大豆叶片的光合速率与蒸腾速率都因淹涝而大幅度降低,但淹涝对光合的影响大大超过对蒸腾的影响。

表 12-25　干旱及淹涝胁迫对大豆叶片光合与蒸腾作用的影响　(高辉远,1999)

项　　目		p_n	g_{sw}	Tr	WUE	L_s	T_l	C_i
总平均值	对照 CK	12.4	369	4.2	2.57	23.0	30.6	278
	干旱 D	10.8	313	3.7	2.80	18.9	30.8	294
	淹涝 W	2.2	147	2.0	0.72	8.9	32.2	321
相对值(%)	对照 CK	100	100	100	100	100	100	100
	干旱 D	87	85	88	109	82	101	106
	淹涝 W	18	40	48	28	39	105	115

注:表中数据是自上而下第1、4、7叶位叶片气体交换参数的全天平均值,各参数缩写符号及单位如下:p_n:净光合速率($CO_2 \mu mol \cdot m^{-2} \cdot s^{-1}$);$g_{sw}$:气孔导度($H_2O$ mol $\cdot m^{-2} \cdot s^{-1}$);$Tr$:蒸腾速率($H_2O$ mmol $\cdot m^{-2} \cdot s^{-1}$);WUE:水分利用效率($\mu mol CO_2/mmol\ H_2O$);$L_s$:气孔限制值(%);$T_l$:叶温(℃);$C_i$:细胞间隙 CO_2 浓度($\mu mol/mol$)

(4)根系对矿质元素的吸收受到干扰　植物对矿质元素的吸收是需要能量供应的主动过程。因此,根系缺氧必然会影响矿质元素的吸收和运输。据 Fernandes Pires 等(2002)的研究,大豆淹涝时,叶中 N,K,Mg 和 Mn 含量降低,尤以对 N 的吸收影响最大。其原因除了根系能量代谢障碍之外,还可能与渍水土壤中硝酸盐的淋溶和缺氧导致的反硝化作用有关。

(5)内源激素平衡改变　淹涝的后果之一,是植物体内激素平衡发生重大变化。主要表现在:地上部细胞分裂素(CTK)和赤霉素(GA)含量显著下降;体内乙烯生成量明显增加,叶片发生"偏上生长";叶片中脱落酸(ABA)积累;茎尖中合成的吲哚乙酸(IAA)向下运输(极性运输)发生障碍,导致地上部 IAA 积累,特别是在被水淹没的茎基部,IAA 的增加量更多。

由于激素平衡的以上变化,导致地上部生长发育发生一系列变化:CTK 的减少和乙烯的增加,加之氮素吸收量的减少,导致叶片加速衰老、黄化、脱落;CTK 的减少和 ABA 的增加,都能促使气孔关闭,加上叶片萎蔫,水势降低,更进一步使气孔关闭,这是淹涝时发生在大部分中生植物中的普遍现象;IAA 在茎基部的积累,可诱导受涝植物在茎基部靠近地面处发生不定根。而茎中乙烯的增加,更提高了不定根发生对 IAA 响应的敏感性。

(6)活性氧的产生与清除失调　淹水后由于碳同化速率大幅度降低,因此叶片吸收的辐射能将严重过剩。一部分过剩激发能有可能转化为具有高度反应能力的活性氧,这些活性氧攻击附近的色素分子、膜类脂分子以及光合膜上的功能蛋白分子,造成光合器的损伤,产生光抑制和光破坏;膜脂的过氧化则破坏和干扰膜的结构与功能,增大膜透性,使细胞内溶质渗出。正常情况下,植物叶片可通过酶促的和非酶促的系统,将活性氧清除。但是,在淹涝时活性氧清除能力下降,特别是由于激素平衡的破坏,主要是 CTK 的减少和乙烯与 ABA 的增加,又进一步加速了叶片的衰老,其结果便是活性氧更多的积累,形成了衰老与活性氧积累之间的恶性循环,导致细胞加速死亡。

(三)涝害对大豆产量的影响

涝害影响大豆生长发育的最终结果势必导致大豆减产。安徽省黄河农场于 1955 年进行大豆淹水试验的结果证明,大豆开花期、结荚期和鼓粒期分别受涝,与对照相比,相应减产32.8%、16.1%和 18.5%。

朱建强等于 2000 年和 2002 年采用鄂豆 4 号和中豆 8 号为试材,研究了大豆不同生育阶段对持续受渍的敏感性。该项研究以地下水埋深小于 30 cm 的累积值(以 SEW_{30} 表示)作为受渍指标。试验结果如表 12-26 所示。

表 12-26　大豆不同生育阶段持续受渍对产量的影响　(朱建强等,2002)

受渍处理时间	SEW_{30}(cm·d)	产量(g/3m²)	减产(%)
不渍不涝(CK)	0	622.7	0
初花期	180	428.5	31.19
花荚期	180	407.9	34.49
结荚期	180	444.5	28.62

从表 12-26 可以看出,大豆花荚期受渍对产量影响最重,减产幅度最大。

朱建强等(2000)还研究了大豆同一生育阶段(结荚期)持续受渍程度对产量的影响,试验于渍涝结束后,将排水明沟水位降至地面以下 80cm,以恢复大豆植株正常生长状态。表12-27 是试验结果。

表 12-27　大豆结荚期持续受渍对产量的影响　（朱建强等, 2000）

充分受渍持续日数	0	2	4	6	8
$SEW_{30}(cm\cdot d)$	0	75	135	195	255
产量($kg\cdot hm^{-2}$)	2359.6	2265.8	2235.2	2134.1	2048.8
减产(%)	0	3.98	5.27	9.56	13.13

朱建强等根据上述试验结果得出如下结论：大豆结荚期地下水动态指标 SEW_{30} 与大豆平均减产幅度之间存在极显著的线性正相关关系($r = 0.990^{**}$)。

(四)大豆对渍涝灾害的适应

淹涝危害的根本原因既然是缺氧,那么,植物适应缺氧的方式便不外乎通过两种途径来达到:一是进行缺氧代谢(主要是通过无氧呼吸)来忍耐缺氧危害,可以称之为"耐缺氧性",这是一种被动的适应方式,只能在有限的程度和有限的时间内起作用;另一种方式是通过种种途径来获得氧气,维持细胞的有氧代谢,这是一种主动的适应方式,可以称之为"御缺氧性",其适应的效果比"耐缺氧性"要好得多。实际上,对于一种植物而言,这两种方式可能同时存在、互为补充。因为中生植物在淹水的情况下,主动获取氧气的能力无论如何也不能与湿生植物和水生植物相比,因此即使这种能力有所发展,也不能完全满足有氧代谢的需求,还必须以无氧呼吸作为一种重要的补充。

在广泛栽培的陆生作物中,大豆的耐涝性虽不强,但对淹涝仍有一定的适应能力,其耐涝性要好于棉花、芝麻等作物。对大豆适应淹涝的方式,研究较多的是通气组织的形成与不定根的发生,属于御缺氧性的适应。

1. 通气组织的形成　水生植物和湿生植物的叶、茎和根中普遍存在发达的通气组织,能够使空气中和叶片光合过程中释放出的氧气顺畅地从叶片运送到根部,以维持根部的需氧代谢;而中生植物在未发生淹涝的情况下,茎和根组织的细胞间隙所占的比例很小。在淹涝时,水生植物和某些有一定耐涝能力的中生植物可以在茎和根中产生通气间隙,通气间隙主要有溶生通气间隙和次生通气间隙两种类型:溶生通气间隙(或称破生通气间隙),主要发生在水稻、玉米、小麦、大麦等单子叶植物根的皮层中,但在大豆等双子叶植物根的初生构造中也曾发现过(Bacanamwo 等,1999),其过程是一部分皮层细胞启动"程序化细胞死亡"(programmed cell death),逐渐自溶、消失,产生了一些大型的空洞,并连贯成通气孔道。据认为,细胞的程序化死亡是由缺氧代谢产生的乙烯所诱导的,大豆淹水后,植株体内乙烯增加,而乙烯增加刺激了纤维素酶活性升高,最终促进了通气组织的形成(汤章城,1992)。

大豆受涝时,根的皮层中由于产生溶生通气间隙,可使不同品种大豆根的孔隙度(即细胞间隙体积占整个组织体积的百分数)由 1% ~ 5% 提高到 10% ~ 15%;用含有乙烯合成抑制剂 $AgNO_3$ 的营养液处理大豆根部,可以基本上完全抑制溶生通气间隙的形成(Bacanamwo 等,1999)。然而对于能够进行次生生长的双子叶植物而言,处于皮层中的溶生通气间隙不可能维持很久,因为一旦根系开始加粗生长,皮层将被破坏。在这种情况下,根系的氧气供应就只能依靠次生通气间隙了。

次生通气间隙主要发生在双子叶植物,如淹涝后的大豆、田菁等豆科植物的下胚轴、茎、主根、不定根直到根瘤的表面,是由次生分生组织分裂产生的一层厚厚的白色海绵状通气组织。通常由茎和根的束间分生组织起源的次生分生组织是木栓形成层,由它分裂产生的木栓层细胞排列紧密,并很快变为死细胞,成为茎和根外围的保护组织。但在淹水的条件下,这种次生分生组织向外分生形成的却是多层排列疏松的活细胞,有很大的细胞间隙,细胞壁也不发生栓质化(Shimamura 等,2003),成为次生通气组织,可见,这种次生分生组织细胞分化的方向可以受氧气供应状况的调控。

大豆次生通气组织的生长,最初可以从茎部的皮孔部位观察到,随着它的增长,最后可以突破茎的周皮组织,将白色的通气组织直接暴露在空气中。据 Shimamura 等(2003)的观察,大豆淹水后,次生通气组织形成的速度很快,若将第一片真叶展开后的大豆植株淹水3cm 深,只需 1.5 d,茎基部的束间分生组织就开始分裂,第二天彼此连接在一起,形成了环绕着中柱的次生分生组织,第三天开始便从其外层分化出次生通气组织细胞,第四天形成了完整的通气组织。淹水后 7 d,下胚轴没入水中部分的孔隙度便由对照的 7.3% 增加到24.2%,至 14 d 更进一步增加到 32.9%。由于次生通气组织的生长,可使淹涝后的大豆茎基部和不定根等异常地加粗(Fernandes Pires,2002)。如果在淹水层的上方暴露于空气中的通气组织表面涂抹凡士林,以阻碍空气中氧的进入,则淹水植株的根系生长会受到严重影响(Fernandes Pires 等,2002)。如淹水处理 14 d,根系干重相当于对照(正常供水处理)的59.5%;淹水加涂抹凡士林的处理,根干重仅相当于对照的 19%;而同样涂抹凡士林,对于未淹水的对照植株根系的生长则无任何影响。可见,在根系淹水的情况下又堵塞其自身形成的通气孔道,对于根系生长无异于雪上加霜。

2. 不定根的产生 不定根的形成是许多中生植物受涝后的共同反应之一,在大豆、番茄等作物上十分突出。不定根的产生与次生通气组织的产生几乎是同步的,常常是穿过茎基部的次生通气组织生长出来。据倪君蒂、李振国(2000)的观察,大豆淹水(水淹至苗的子叶节)后处于土壤中的初生根生长受到严重抑制,但浸在水层中的茎基部第二天就开始长出不定根;15 d 以后,不定根的鲜重超过了初生根,并且进入了直线快速生长期,其生长速度甚至超过了生长在土壤中的未淹水对照的根系,且具有较高的呼吸速率和细胞色素氧化酶活性;到 30 d 时,淹水处理的不定根鲜重与对照的根系鲜重已十分接近,并且已占到整株根鲜重的 70% 以上。沈阳市农业科学院黄尚洪等观察了耐涝大豆品种沈豆 4 号受淹后植株的反应。结果发现,在接近水面的茎秆基部四周生出了为数众多的气生根。称重结果表明,单株地下根平均鲜重为 35.45 g,而气生根重为 5.1 g,即后者占前者的 14.4%。另据 Bacanamwo 等(1999)的研究,淹水 21 d 的大豆植株,不定根鲜重因品种而异,可达根系总鲜重的38% ~ 41%。此外,这些生长在水中的不定根也都在皮层中产生了溶生通气间隙,使茎基部和不定根的孔隙度明显增加。用 Ag+ 处理以抑制淹水植株的乙烯合成,不但同时抑制了溶生通气间隙的形成,使孔隙度急剧减小,而且不定根的产生也受到严重抑制,这表明,淹涝的大豆不定根也是在乙烯的诱导下产生的。

淹涝诱导产生的不定根对于维持大豆植株的生存和生长应当起到重要的作用。大豆受涝后的 10 d 内,由于叶绿素的分解,叶片不断变黄,但当大量的不定根产生之后,叶片变黄的趋势便逐渐被遏制,甚至还会重新转绿。显然,这种现象是新产生的不定根发挥了其吸收与合成功能所致。用 Ag+ 处理,在抑制了不定根产生的同时,也使受涝的大豆叶片不能复绿(Bacanamwo 等,1999),证明了不定根对于叶片保绿的重要性。

第三节　大豆的灌溉与排水防涝

一、大豆的灌溉

(一)灌溉的依据

在我国多数地区,大豆基本上属于"雨养作物",种植大豆主要依靠自然降水。惟其如此,大豆的产量也随降水量的多寡而起伏波动。为了保障大豆高产稳产,适当进行灌溉是非常必要的。

我国农民在长期的生产实践中总结出一套经验,即不论作物施肥或灌溉都要"看天、看地、看庄稼"。这句话言简意赅,道出了应当遵循的原则。大豆灌溉也不例外,必须根据天气状况(干旱与否、降水多少及分布)、土壤墒情(水分供应情况)和大豆全生育期和各生育时期对水分的要求,适时适量地灌水。

1. 天气状况　与作物灌溉相关的天气状况,既包括降水量、降水分布,也包括气温高低及是否出现干热风等。水、热两因子及其配合协调与否,是灌溉的依据之一。

我国西北地区太阳辐射强、夏季气温高而降水稀少,要想获得较高的大豆产量,蓄水灌溉是必不可少的。新疆农垦系统种植大豆实行灌溉,曾创造了 667 m^2(亩)产 397.14 kg 的全国大豆产量最高纪录。东北地区,雨、热同期,对大豆生产有利,但降水分布不均严重地影响着大豆产量的稳定,适时进行灌溉,是大豆稳产的保证。华北地区,夏季温度较高,降水偏少且变率很大,不进行灌溉大豆产量常不高且不稳。我国南方地区热量丰富,水源充沛,但降水变率很大,大豆易受旱涝威胁,排涝抗旱成为当地旱田经常采用的措施。

东北春大豆主产区的天气状况可以吉林省和辽宁省为例予以说明。吉林省农业科学院气象室潘铁夫(1989)对公主岭地区降水量与大豆产量的关系进行了统计分析表明,大豆生产的 5~9 月份,总降水量以 600 mm 左右较为适宜,500 mm 次之,而少于 400 mm 或多于 700 mm 均造成减产。辽宁省气象局农研室(1981)对全省干旱情况进行了比较深入的研究,将前一年 10 月份至当年 3 月份降水 < 40 mm 定为"前冬旱",将 4~5 月份降水 < 60 mm 定为春旱。若二者先后出现,则为重干旱。轻春旱在辽宁省是经常发生的,重干旱在辽河平原和辽西地区约 8 年发生 1 次。7~8 月份降水 < 200 mm,为伏旱。伏旱在辽河平原北部也是 8 年一遇,辽宁西部则 4~5 年一遇。总的说来,春旱、"秋吊"(伏旱)是辽宁省威胁大豆生产的两大天气因素。由于受春旱的影响,农民春季种大豆常常采取"下籽等雨"或"雨后再种"两种办法。至于遇到"秋吊",正是大豆鼓粒之际,若不灌水,只能听任减产。

地处华北夏大豆区的山东济南,大豆播种季节干旱。据当地 1949~1980 年(缺 1971~1974 年)28 年的气象资料,6 月中旬正值大豆播种时,旬降水量仅 19.8 mm。一次降水 30 mm 才能将耕层湿透。换言之,大多数年份(占 78.6%)6 月中旬无"透地雨",不灌溉则影响适期播种。据统计,夏大豆播期每推迟一天,减产 2% 左右。因此,适时灌水,抢时早播是夏大豆高产的关键。另据山东省农业科学院李永孝(1995)对山东省 1951~1980 年夏大豆气象产量和 12 个气象站平均有效降水量关系的统计结果,干旱年份,当地 6 月下旬至 7 月下旬期间,有效降水量每增加 10 mm,全省夏大豆气象产量可能增加 25.2 kg/hm^2;多雨年份,6 月下旬至 7 月下旬的有效降水量每增加 10 mm,全省夏大豆气象产量可能减少 25.2 kg/hm^2。8 月上旬至 9 月上旬,正值夏大豆鼓粒期,在干旱年份,降水量每增加 10 mm,全省夏大豆的气象产量可增加 18.7 kg/hm²;多雨年份,降水量每增加 10 mm,产量可能减少 18.7 kg/hm²。干旱年份以 1972 年为例,当年 6 月中、下旬,全省降水量普遍不足 15 mm,无法播种;7 月份降水量在 50～250 mm 范围内,多数地区干旱;到了 8 月份降水量仍为 50～250 mm,除山东半岛外,普遍干旱。结果全省夏大豆平均产量仅为 660 kg/hm²(亩产 44 kg)。

2. 土壤墒情　　土壤墒情即土壤含水量状况,是决定大豆是否需要灌水和灌多少水的另一重要依据。

能够被作物吸收利用的土壤水分,称作土壤有效水。一般把田间持水量作为土壤有效水的上限,土壤萎蔫系数作为土壤有效水的下限。土壤萎蔫系数相当于土壤田间持水量的 1/4～1/2 不等,因土壤质地而异,如表 12-28 所示。

表 12-28　华北平原不同土壤的持水量　　(以重量%计)

土壤质地	田间持水量	饱和持水量	萎蔫系数
砂壤土	22～30	30～40	4～6
轻壤土	22～28	28～40	4～9
中壤土	22～28	30～38	6～10
重壤土	22～28	28～38	6～13
轻黏土	28～32	30～40	15
中黏土	25～35	35～40	12～17
重黏土	30～35	38～42	—

本表转引自张子金主编．中国大豆育种与栽培．1987。经改制

需要指出的是,萎蔫系数的确定是以叶片在清晨是否恢复膨压为准,以此作为灌溉的下限有些偏低。据山东省农业科学院的研究结果,最好以中午叶片是否萎蔫为标准。该院土壤田间持水量为 23%,萎蔫系数为 10%。但在大豆初花期,土壤含水量若降至 11.45% 时,中午上部叶片即已萎蔫,下部第一、二复叶开始变黄,并造成减产。因此,在大豆栽培实践中,当发现叶片在中午时分萎蔫下垂时,即须进行灌水。

东北松辽平原大豆主产区,土壤的有机质含量相对比较丰富,土壤容重较小,因此土壤水分状况与华北地区有所不同。江南多黄壤、红壤和水稻土,其土壤含水量状况又有其特点。现将我国大豆产区各生育阶段的土壤适宜含水量列于表 12-29。当土壤含水量低于表中所示指标时,就应当灌水。

表 12-29　大豆产区不同生育阶段适宜的土壤含水量　　(以重量%计)

生育阶段	春大豆		夏大豆	秋大豆
	黑龙江	吉林	山东	湖南
苗　期	22～31	22	15～16	25
分枝期	—	>20	17.3 左右	21
开花结荚期	30～35	22～27	18.5 左右	25～30
鼓粒期	25～31	23～27	17.3～18.5	>20

本表转引自张子金主编．中国大豆育种与栽培．1987

3. 大豆对水分的要求

(1)大豆单株的耗水量　　宋英淑(1983)在黑龙江省哈尔滨地区,以春播大豆品种黑农 26

号进行的盆栽试验证明,自真叶展开至鼓粒末期,1 株大豆的总耗水量为 24.64 kg。李磊等于 1984 和 1985 年,在安徽省阜阳地区,通过人工控制土壤田间持水量的方法,测得夏播大豆品种阜阳 25 号一生中单株耗水量为 14.6 L。

王琳和董钻(1991)在盆栽条件下测定了春播大豆品种辽豆 3 号的单株耗水量。结果表明,大豆植株耗水量的多少与土壤含水量(供水量)高低和施肥多少有密切的关系。譬如,适当施肥(每 12 kg 土施硫酸铵 2.12 g、三料磷 20.8 g)、适当灌水(前、中、后期的土壤含水量分别保持在 15%、26%、20%)的处理,1 株大豆总耗水量为 20.57 L;不施肥、土壤含水量较低(三期分别为 15%、20%、15%)的处理,1 株总耗水量为 14.95 L;而多施肥(每 12 kg 土施硫酸铵 3.58 g、三料磷 10 g)、土壤含水量高(三期均为 30%)的处理,1 株总耗水达 30.50 L。若以水分利用效率(以籽粒产量计,而非以干物质计)表示,则以上三个处理中,每 L 水所形成的籽粒分别为 0.99 g、0.87 g、1.03 g。

(2)大豆群体的耗水量　据潘铁夫(1963)对吉林省公主岭地区降水量与大豆需水量的统计,在温度正常的情况下,大豆生长的 5、6、7、8、9 月份,各月份"理想的"降水量分别应为 65、125、190、105、60 mm。吉林省农业科学院丁希泉等(1980)的研究证明,大豆全生育期的总耗水量为 450 ~ 550 mm。王滔(1986)统计了黄淮流域夏大豆主产区历年 6 ~ 9 月份降水的特点后认为:这 4 个月的降水总量(最低值 415.5 mm,最高值 637 mm)基本上可以满足夏大豆对水分需求;但由于雨量分布不均,特别是 6 月上、中旬和 9 月上、中旬若雨量少尤其是干旱无雨,会严重影响大豆产量。因此,6 月份大豆播种季节和 9 月份大豆鼓粒期要特别注意旱情,遇旱需及时灌溉。

大豆的产量与田间耗水量有着密切的关系。吉林省农业科学院土肥耕作栽培研究所(1975)的研究表明,在一定的范围内,随着土壤田间持水量和田间耗水量的增加,大豆产量也相应地增加(表 12-30)。

表 12-30　土壤含水量、田间持水量与大豆产量的关系

(吉林省农业科学院土肥耕作栽培研究所,1975)

土壤含水量 (%)	占田间持水量 (%)	占全持水量 (%)	田间耗水量 (t/667m²)	产 量		耗水量/产量 (t/kg)
				(kg/667m²)	(%)	
18	65	45	213	109.0	71	1.95
20	75	50	353	153.5	100	2.30
26	95	60	467	226.5	148	2.06
27	100	70	483	230.0	150	2.10

从表 12-30 可以看出,每形成 1 kg 大豆籽粒,田间的水分消耗在 1.95 ~ 2.3 t 之间,即大约 2 t 水可生产 1 kg 籽粒。这些水包括自然降水、地下水,也包括人工灌溉所提供的水。该所的统计分析资料还证明,大豆产量与生育期间的田间耗水量呈极显著的正相关(相关系数 r = 0.897)。另据黑龙江八一农垦大学陈淑芬(1980)测定的结果,春大豆全生育期的耗水量与产量呈极显著正相关(r = 0.978**)。欲获得每公顷 3 054 kg(亩产 203.6 kg)大豆产量,必须保证供水(包括降水和灌水)443 mm。

4. 大豆不同生育时期的耗水量

(1)春大豆不同生育时期的耗水量　大豆各个生育时期的耗水量因植株生长发育的进

程、株体大小、群体长势不同而有很大的差异。丁希泉等(1980)的研究结果表明,各生育阶段耗水占总耗水量的百分比如下:播种至出苗4%,出苗至分枝13.4%,分枝至开花16.8%,开花至结荚22%,结荚至鼓粒24.7%,鼓粒至成熟19.1%。研究结果还表明,不同生育阶段的日耗水量也各不相同。宋英淑(1983)以黑农26号为供试品种测得的单株日耗水量(ml株$^{-1}$日$^{-1}$)分别为:分枝期93.1,开花期215.6,开花结荚期330.7,结荚鼓粒期460.5,鼓粒期310.4,黄叶期179.8。王琳和董钻(1991)在盆栽条件下,测定了辽豆3号的耗水动态,获得了类似的结果(表12-31),即结荚鼓粒期耗水量最大。

表12-31　大豆辽豆3号不同生育时期的耗水量　(王琳和董钻,1991)

项　　目	生　育　时　期					
	真叶至分枝	初花期	花荚期	荚粒期	鼓粒期	成熟期
出苗后天数	5～42	43～58	59～74	75～89	90～107	108～118
阶段耗水量(ml株$^{-1}$)	2435.0	4749.0	9000.0	9492.0	7650.0	1750.0
占总耗水量(%)	6.9	13.5	25.7	27.1	21.8	5.0
日耗水量(mg株$^{-1}$)	65.8	316.6	600.0	678.0	450.0	175.0

黑龙江省农垦建三江分局李云阁等(2001)对当地丰产年大豆需水量数据进行统计分析的结果,667 m^{2}产大豆200 kg,出苗期(播种至出苗)、幼苗期(出苗至分枝)、分枝期(分枝至开花)、开花期(开花至结荚)、结荚期(结荚至鼓粒)、鼓粒期(鼓粒至籽粒归圆)、成熟期(籽粒归圆至完熟)等7个生育阶段需水量分别为51.4、21.1、27.2、51.8、122.0、46.7、41.7(mm),全生育期共需水361.9 mm,各生育阶段需水量占总需水量的百分比(%)分别为14.2、5.8、7.5、14.4、33.7、12.9、11.5。其中,开花、结荚和鼓粒三个时期合计需水量为220.5 mm,占总需水量的60.9%。由此可见,在黑龙江省农垦建三江地区,大豆需水的敏感期是开花、结荚、鼓粒期,而关键期在结荚期。当这一时期的降水量少于120 mm时,应予以灌溉。以上不同作者所得结论之所以不尽相同,在很大程度上与生育时期划分的界限不一有关。因为大豆开花、结荚、鼓粒的时间都很长,三个时期又重叠交错在一起,很难截然划分,因此不同研究者所说的生育时期难以统一。再者,熟期不同、结荚习性不同的品种,始花期早晚和花期长短都不一致,结荚鼓粒的快慢也不尽相同。结荚鼓粒期是营养物质向籽粒转运的关键时期,因此耗水量相对较多。

在东北地区有一句几乎家喻户晓的农谚:"大豆开花,垄沟摸虾"。这句农谚与其说是指大豆自身的需水规律,不如说是指东北春大豆的开花期正逢雨季。假如在大豆开花时节真的整日阴雨连绵,对结荚实际上是不利的(参见本章第二节)。当然,在大豆开花时节若天气干旱无雨,则影响开花,结荚更少,减产更甚。换句话说,干湿适宜才有利于开花结荚。

(2)夏大豆不同生育时期的耗水量　夏大豆各生育时期的耗水状况与春大豆有所不同。据山东省德州灌溉试验站(1959)的测定结果,夏大豆分枝期耗水最多,这一阶段的日耗水量也最大(4.48 mm日$^{-1}$)。开花结荚期和鼓粒期的日耗水量分别为3.92 mm日$^{-1}$和2.61 mm日$^{-1}$(表12-32)。

表 12-32　夏大豆各生育时期的耗水量　（山东省德州灌溉试验站,1959）

项　目	生　育　时　期					合　计
	幼苗期	分枝期	开花结荚期	鼓粒期	成熟期	
生育天数	25	25	15	30	11	106
阶段耗水量(mm)	79.30	112.03	58.73	78.23	13.00	341.29
占总耗水量(%)	23.24	32.83	17.21	22.92	3.80	100.0
日耗水量(mm)	3.17	4.48	3.92	2.61	1.18	3.22

　　李磊等(1987)在安徽省阜阳地区农业科学研究所,以阜阳 250 为供试品种,测定了各生育阶段的耗水量(表 12-33)。

表 12-33　夏大豆阜阳 250 各生育阶段的耗水量　（李磊等,1987）

项　目	生　育　阶　段				合　计
	播种~始花	始花~盛荚	盛荚~鼓粒中	鼓粒中~成熟	
生育天数	41	11	20	27	99
阶段耗水量(mm)	137.3	130.8	199.8	116.0	583.9
占总耗水量(%)	23.5	22.4	34.2	19.9	100.0
日耗水量(mm)	3.35	11.89	9.99	4.30	5.90

　　表 12-33 的资料表明,在阜阳地区,自播种至始花的时间很长(41 d),占全生育期的 41% 以上,而自始花至盛荚却很快,只有 11 d。日耗水量最大的时间正是在始花至盛荚阶段(11.89 mm 日$^{-1}$),盛荚至鼓粒中期阶段的日耗水量已经有所下降(9.99 mm 日$^{-1}$)。

　　李永孝等(1992)在济南市西郊以鲁豆 4 号为试材进行灌水量试验,推导出该品种各生育阶段的“理论适宜供水量”如下:出苗至初花期 218.2 mm,初花至结荚末期 128.5 mm,结荚末至鼓粒末期 155.1 mm,鼓粒末至成熟 31.7 mm。

　　从以上三项试验可以看出,与春大豆相比,夏大豆耗水量较多的时间偏早一些。

(二)灌溉技术

　　如前所述,大豆灌溉需根据天气状况、土壤墒情和大豆对水的需求加以确定。灌溉时期不同和灌溉方式不同,灌溉的效果也不同。

　　1. 灌溉的时期　大豆灌溉,按时间划分可大概分为播前灌溉、幼苗分枝期灌溉、开花结荚期灌溉、鼓粒期灌溉。

　　(1)播前灌溉　大豆播种之前若土壤墒情不好影响播种出苗,可采用播前灌溉。播种之前灌溉有利于土壤蓄墒,为大豆播种出苗创造良好的条件。在春大豆区,春旱是经常发生的。如有灌溉条件,应采取播前灌溉,以免贻误播期影响产量。

　　黄淮夏大豆区,6月份大豆播种季节常因干旱而不能适时播种,故而应当浇一遍麦黄水或者在麦收后立即浇水蓄墒以备大豆播种。

　　(2)幼苗分枝期灌溉　这一时期一般应适当“蹲苗”,以抑制地上部生长,促进根系下扎。因此,只要不是十分干旱且未危及幼苗生长则不必进行灌溉。夏大豆幼苗分枝期恰逢高温月份,蒸腾蒸发量很大,如遇干旱可小水灌溉。秋大豆出苗后一段时间内若天气干旱应予灌溉,采取"猛灌速排"方式,此法叫做灌"冲苗水"。

(3)开花结荚期灌溉　北方春大豆开花结荚期在 7 月中旬至 8 月中、下旬,此时正是多雨季节,一般不必灌溉。假如这一时期遇旱则必须灌溉,否则对产量影响很大。沟灌灌水定额应在每 667 m² 45 m³ 左右。

夏大豆在 8 月上、中旬开花结荚,正是雨季,但由于降水分布不均,也常出现旱象。此时灌溉可起到保花保荚、增加产量的作用。

秋大豆开花结荚期灌溉不但可以促进大豆生长发育、增花保荚、提高产量,而且可以减轻豆荚螟危害,降低虫食粒率,提高商品品质。惟此期不可在烈日高温天气灌水,以防水温过高伤及大豆植株。

(4)鼓粒期灌溉　结荚鼓粒初期,大豆需水最多,此后需水量渐减。鼓粒前期缺水将影响籽粒的正常发育,减少有效荚数和粒数。鼓粒中后期缺水,使粒重降低。鼓粒期灌溉对增产十分有利。

黄淮海流域和长江流域夏大豆区,在大豆鼓粒的中后期,已进入少雨季节,常遇秋旱威胁,为保证大豆正常鼓粒归圆,必须及时灌溉。山东省曲阜水利机电学校(1980)的灌溉试验(灌水定额 40 m³/667 m²)结果表明,大豆鼓粒前期灌溉比未灌溉增产 16.1%,而鼓粒后期灌溉比未灌溉增产 15.2%。

2. 灌溉的方式　大豆灌溉不论采取何种方式,统一的要求是大豆田受水均匀、地表水不流失、深层水不渗漏,同时做到不破坏土壤结构,促进大豆生长,增加大豆产量。

作物灌溉一般分地面灌、喷灌、滴灌等方式,地面灌又分畦灌、沟灌、漫灌。大豆田采取何种方式灌溉应根据当地气候条件、种植方式、水利设施等情况确定。

(1)沟灌　不论是垄作或平作后起垄的大豆田,凡垄(行)距在 40 cm 以上,均可采用沟灌。沟灌的特点是水顺沟流入田间,流水与土壤接触面较小,从沟里渗透耕层和浸润垄台,因而可以减轻因灌溉可能形成的土壤板结。

沟灌又可分为逐沟灌、隔沟灌、轮沟灌、细流沟灌。逐沟灌是每个沟逐一引水灌溉,这种方式适于大豆需水较多、旱情严重时采用,夏大豆区采用较多。隔沟灌是隔一条垄灌一沟;轮沟灌是此次灌单号垄,下次灌双号垄。隔沟灌和轮沟灌多在大豆需水量不大、旱情不严重时采用。

(2)畦灌　适于窄行密植大豆田,夏大豆区和秋大豆区采用较多。采用畦灌的前提条件是土地平整、畦子长宽适宜,太长太宽均不宜采用此法。畦灌容易造成土壤板结。南方大豆田多采用畦灌法,为了减轻土壤板结,可在畦的两侧或四周挖灌水沟,沟内灌水,水自沟内向畦内渗透,以提高畦内湿度。

(3)喷灌　喷灌的优点是可以灵活掌握灌水量,节约用水,控制喷洒强度,保护土壤结构,并可冲洗茎叶上的尘土,还可结合灌水喷施农药或叶面肥;其缺点是投资高、费动力。

(4)滴灌　是利用埋在土中的低压管道系统把水或含有某种肥料的溶液,经过滴头以点滴的方式缓慢而均匀地滴在作物根部的土壤中,使作物根际经常保持湿润状态。目前这种灌溉方式多用于果树、蔬菜等园艺作物上,某些干旱地区在大田作物上也开始采用,如新疆的大豆、棉花生产已在大力推广滴罐。因滴罐既省水效果又好,应用前景广阔。

(三)灌溉增产效果举例

根据大豆对水分的需求,结合天气状况和土壤墒情,适时适量地进行灌溉的增产效果是十分明显的。现举几例。

1958 年夏季,吉林省严重干旱,原东北农业科学研究所的所在地公主岭 6~7 月降水 85.3 mm,仅为常年平均降水量的 30%。该所于 7 月 19~20 日(正值大豆结荚期)进行了灌溉。秋收考种测产的结果表明,未灌溉的大豆,单株平均 59.7 粒,百粒重 14.4 g,产量为 1 720 kg/hm²(667 m² 产 114.7 kg),而经灌溉的大豆,单株平均 63.7 粒,百粒重 16.3 g,产量为 2 073 kg/hm²(667 m² 产 138.2 kg)。灌溉比不灌溉增产 20.8%。

山东省农业科学院李永孝等(1992)在济南市西郊杜庙村,以夏大豆品种鲁豆 4 号为试材进行灌溉试验,得到如下结果:只靠自然降水,公顷产量为 1 879.5 kg(667 m² 产 125.3 kg);而每隔 9 天灌水 1 次(以 mm 计,灌溉定额为 180 mm),公顷产量为 3 492 kg(667 m² 产 232.8 kg),增产 85.8%。

郑国生和邹琦于 1989 年在山东省济宁市郊区农场,以夏大豆小粒豆 1 号为试材,进行喷灌试验,在大豆鼓粒期(8 月 23 日至 9 月 8 日),选干热天气,先后喷灌 8 天次,以不喷灌为对照,获得了如下结果(表 12-34)。

表 12-34　鼓粒期喷灌对大豆产量性状的影响　(郑国生、邹琦,1993)

项　　目	非喷灌区	喷灌区	增减(%)
单株荚数(个)	23.7	24.7	+4.2
单株粒数(粒)	54.0	61.7	+14.2*
单株粒重(g)	8.3	10.2	+23.7**
百粒重(g)	15.4	16.9	+9.9**
小区产量(g)	914	1093	+19.5
折合产量(kg/hm²)	2295	2737	+19.2

作者认为,空气相对湿度增加、温度降低、群体光合速率和累积光合速率(光合势)提高,是喷灌增产的原因所在。

黑龙江省绥化市国家大型商品粮生产基地 1997 年种植 373.3 hm² 大豆,于大豆分枝期(6 月 20 日)和盛花期(7 月 10 日)分别喷灌 2 次,每 667 m² 每次灌水定额 40 t,相当于自然降水 60 mm,使 40 cm 土层得以湿润。与不喷灌相比,大豆百粒重提高 0.6 g,667 m² 增产大豆 83.4 kg,增幅达 71.4%。

据马爱国等(1998)报道,山东省济宁六四农场地处微山湖畔,土质黏重,土壤失墒快,夏大豆播种后,出苗不齐。大豆生长期间,采用大水漫灌,极易造成内涝渍害,常年 667 m² 产量仅在 100 kg 左右。后来,该农场安装了半固定式喷灌设备,大豆田由漫灌改为喷灌,大豆播后出苗前,喷灌 1 次,灌水量相当于 30~35 mm 降水;开花初期喷足花荚水,喷水量 25~30 mm;鼓粒期再喷水 1 次,以不影响通气性为度。结果产量达到 150 kg 以上。

吉林省通化市农业科学院潘荣云等(2003)根据当地 6 月上、中旬和 8 月中、下旬干旱少雨的特点,进行了灌水对大豆产量和品质影响的试验研究,供试品种为吉育 35 号、40 号和 47 号,灌水处理分初花期灌水 1 次、结荚鼓粒期灌水 1 次、初花和结荚鼓粒期各灌水 1 次,以不灌水为对照。结果是,三种处理比对照每公顷分别增产大豆 408 kg、347.8 kg、419.3 kg,增产率依次为 14.6%、12.5% 和 15.1%。灌水还提高了籽粒的脂肪含量,对蛋白质含量的影响较小。

毛洪霞等(2004)在新疆石河子天业农科所进行大豆滴灌试验,供试品种为石大豆1号、新大豆1号、绥农14号、黑农33号。滴灌带铺设在大豆行间,1根滴灌带灌2行。大豆播种后及时滴灌"催苗水",初花期以后,每隔7～10 d灌水1次,全生育期共滴灌9～10次。一次灌水定额每667 m^2 15～20 m^3,总灌溉定额667 m^2约200 m^3。试验结果表明,采用滴灌比常规灌溉省水40%～50%,而大豆产量相近。

二、保水剂在大豆上的应用

(一)保水剂的性能和作用

保水剂又称高吸水性树脂,属于高分子电解质。这种高分子化合物的分子链有一定的交联度,呈复杂的三维结构,在网状结构上有许多羧基、羟基等亲水基团。与水接触时,其分子表面的亲水基团以氢键与水分子结合,可吸持大量水分。而网链上的电解质使其中的电解质溶液与外部水分之间产生渗透势差,可将外部的水分吸入保水剂内部。保水剂的吸水性正是由树脂的亲水性和渗透势这两个因素决定的。1g保水剂可在几十秒的时间内吸入数百克水,在干旱条件下又可将其中的水分缓慢释放出来,供植物利用。

目前,我国应用保水剂作物种类已达60余种。它不仅在北方干旱和半干旱地区有明显的增产效果,而且在南方红壤、滨海盐碱地上都有应用价值。

保水剂可直接沟施或穴施在土壤之中,如将腐殖土或耕作土与0.3%～0.5%(重量%)的保水剂混合,撒在耕作层中作苗床土,可以增强土壤的保水能力,改善土壤结构,提高土壤三相中气相和液相比例。保水剂还可用于种子表面涂层、种子包衣、蘸根等,随播种材料一起播种或扦插在土壤之中,起到敛水抗旱的作用。涂层的保水剂用量以种子重的0.5%～1%为宜。种子包衣的一般做法是,先用0.3%～0.5%(重量%)的保水剂与种子充分混匀,再将土壤细粉与0.1%～1%(重量%)的保水剂均匀掺和,然后将二者(种子和土壤)按重量1:2～3混合播种。

(二)保水剂在大豆上的应用方法

据吴德瑜(1991)援引中国农业科学院油料作物研究所1986～1988年在湖北、湖南两省进行的大豆试验,经保水剂涂层处理的大豆种子播种后,其根量增加30.2%～45.2%。而用不同剂量的保水剂沟施,则使大豆根量增加35.7%～60.3%。由于根系比较发达,地上器官生长发育也得到促进。

在半干旱、干旱地区,或在保水不良的砂壤土、坡耕地上,用保水剂对大豆种子进行涂层处理,可以提高出苗率,促使根系早发,增加根瘤数。保水剂与硼砂、硫酸铁配合使用效果更佳。这可能与保水剂改善大豆根际水分状况,并使铁成为还原状态有关(吴德瑜,1991)。

但是,保水剂毕竟不是造水剂。土壤原有含水量不同,保水剂的效果也不一样。土壤含水量为10%时,大豆胚根可以伸长,但不能破土;含水量为12%～14%时,出苗率为50%左右;含水量为16%时,出苗率为87.6%。当土壤含水量提高到18%时,出苗率反而下降为75%。对于大豆来说,采用保水剂种子涂层的适宜土壤含水量为16%(吴德瑜,1991)。

三、大豆的排水与防涝

(一)农田排水与垄作

治理涝害的关键在于排水。在涝区要建立以排为主、排灌结合的农田水利配套工程,通过开明沟、埋设地下排水管道等措施,排除田间过多的土壤水。

就耕作治涝措施而言,建立台田是十分有效的。在易积水或易内涝地区,台田耕作可以通过台田两侧的深沟排水降低地下水位,排除内涝。东北大豆主产区采用垄作栽培或平播后起垄栽培,既有利于旱天灌溉,又有利于涝时排水。据杨方人等(1995)报道,在大豆结荚末至鼓粒初日降水92.3mm情况下,对照田的土壤含水量超过田间最大持水量,大豆田低洼处出现了明显内涝。在同一天,采用"三垄"深松的大豆田的土壤含水量比对照田低4.1%,且未出现内涝。辽宁省部分地区在稻田改旱作时多种植大豆,在"水改旱"时,起垄栽培是一项重要的增产措施。

垄作不但便于排水防涝,而且还有一个重要的作用,就是在渍水时通过进一步培土、加深垄沟,促进大豆不定根的生长,利用新生的根系维持正常的根—冠物质与信息交流。李广弘等(Lee,2003)在大豆初花期利用培土的方法促进提前发生不定根,产量比不培土的对照提高11%;如果在培土之后进行10 d的土壤饱和水分处理,则培土处理的产量比对照提高26%。渍涝情况下培土处理可维持较高产量的主要原因是能够在渍水期间从刚被土壤掩埋的茎基部不断生出活力高的不定根。作者还比较了不定根的发根能力不同的4个大豆品种对渍水加培土的反应,结果是4个供试品种都因培土而减少了渍涝造成的产量损失,但品种发根能力越强、新根数越多的,渍涝导致的损失越少。

我国黑龙江省三江平原、松嫩平原有大面积低洼易涝地,其特点是耕层土壤含水量高、土质黏重、透水性差、通气不良、释放养分能力低,致使大豆产量低而不稳。黑龙江省农业科学院针对这种情况,提出了垄体深松、垄沟深松、深施种肥的"三深"垄作(带状)栽培模式(杨英良,1997;宋福金等,1997),解决了低洼地土壤排水、通气和增温的问题,使大豆产量增加15%以上。

(二)改进栽培管理

1. 施用硝态氮肥　已有的研究证实,大豆的固氮能力较硝酸盐的吸收对淹涝更敏感。受涝的大豆如果以硝酸盐为主要氮源,与主要依赖根瘤固氮的相比,其受害程度要轻。换言之,硝态氮能够降低大豆对淹涝的敏感性。究其原因,一是硝态氮可以在根系缺氧时作为呼吸作用的最终电子受体,在一定时间内维持呼吸链电子传递;二是与氮素固定和同化相比,硝态氮的吸收与同化所需能量较少,因此可以降低对氧的需求量(Bacanamwo等,1999a)。此外,在一般情况下,仅仅依靠氮素固定不能满足大豆的生长发育对氮素的需求,为了大豆高产必须额外补充氮素,当发生淹涝时,氮素的固定和氮素的吸收都急剧降低,是叶片迅速衰老、黄化的原因之一,因此淹涝时通过土壤适当补充硝态氮肥,对减轻淹涝的危害会有一定的作用。

2. 化学调控　由于淹涝时根系对地上部的细胞分裂素供应量骤然减少,加之地上部乙烯释放量增加,都可加速叶片的衰老、脱落;此外,淹涝时叶片中活性氧的生成量增加,又进一步加快了叶片衰老脱落的速度。如果在排除积水之前采取化学调控措施清除活性氧、延缓叶片的衰老速度,就可以减少叶片脱落,待渍涝排除后还可以部分地恢复功能,因此可以作为一种应急的措施在淹涝的初期使用。方法是可以给叶片喷施细胞分裂素类似物和活性氧清除剂。据在受涝玉米上的试验结果,喷施6-苄氨基嘌呤(6-BA)和另一种具有细胞分裂素活性的生长调节剂N苯基-N'-(2-氯-4-吡啶基)脲(4PU-30),可以抑制叶绿素的降解和脂质过氧化作用,减缓超氧物歧化酶和过氧化氢酶活性的下降(刘晓忠等,1996);此外,几种活性氧清除剂如 8-羟基喹啉、苯甲酸钠、抗坏血酸、谷胱甘肽、α-生育酚等,对于减少淹涝的玉米叶片活性氧的积累也有明显的效果(晏斌、戴秋杰,1995)。考虑到价格因素,其中 8-羟基喹啉、苯甲酸钠和4PU-30都有一定的应用前途,值得在大豆上试用。

(三)选育抗涝大豆品种

不同大豆品种间抗涝性有明显差异,据 VanToai(2001)的研究,从初花期开始淹水 14 d,不同大豆品种的产量降低幅度从 69%(抗涝性最强的品种)到 84%(抗涝性最弱的品种)不等。因此,通过品种选育来增强大豆的抗涝性有较大的余地。我国的育成品种中有不少具有较好的抗涝性,如辽豆 12 号、鲁豆 10 号、中黄 15 号、化诱 542、沈豆 4 号等。由于抗涝性是多基因控制的数量性状,因此在抗涝性育种中,只针对单一性状的选择成效不很理想;传统的选择方法以淹涝条件下的最终产量为标准,虽然十分可靠,但工作量大、效率不高。近年来,由于 DNA 分子标记技术的不断创新,以及在此基础上建立的大豆基因组遗传连锁的完整图谱(Cregan 等,1999),为大豆的分子标记辅助选择创造了十分有利的条件。VanToai 等(2001)利用数量性状座位(quantitative trait loci,QTL)标记技术,选择典型的抗涝性强、弱的亲本进行杂交,构建起包括 208 个株系的两个重组近交系群体,通过分子标记确定了一个与抗涝性有关的 QTL 位点,此项工作将会促进大豆抗涝性分子育种的开展。

参 考 文 献

王法宏,郑丕尧,王树安,王瑞舫.大豆不同抗旱性品种根系性状的比较研究Ⅰ.形态特征及解剖组织结构.中国油料,1989,(1):32~37

王彦文,王延宇,王鑫,陈学密.大豆生育期需水量与产量效应关系.吉林农业科学,1995,(2):29~31

王美兰,白福秋,陈重,曲桂苹.大豆需水规律与增产措施的研究.黑龙江水利科技,1998,(2):9~12

王琳,董钻,张宪政.土壤水分状况对大豆生长和产量的影响.沈阳农业大学学报,1991,22(4):336~340

关桂兰,李伸正,王卫卫.新疆干旱地区豆科植物结瘤的固氮特性.植物生理学报,1986,12(4):324~332

刘学义,任冬莲,李晋明,曹雄.大豆成苗期根毛与抗旱性的关系研究.山西农业科学,1996,24(1):27~30

刘晓忠,李建坤,王志霞.应用细胞分裂素类物质提高玉米抗涝能力的效果与作用.作物学报,1996,22(4):403~408

孙广玉,邹琦.大豆光合速率和气孔导度对水分胁迫的响应.植物学报,1991a,33(1):43~49

孙广玉,邹琦,程炳嵩,王滔.小粒大豆光合特性的研究.中国农业科学,1991b,24(2):57~62

朱建强,欧光华,张文英,刘德福,程伦国,吴立仁.涝渍对大豆、棉花产量的影响研究.湖北农业科学,2000b,(14):25~27

许长成,邹琦.大豆叶片旱促衰老及其与膜脂过氧化的关系.作物学报,1993a,19(4):359~364

许长成,邹琦,程炳嵩.干旱条件下大豆叶片 H_2O_2 代谢变化及其同抗旱性的关系.植物生理学报,1993b,19(3):216~220

许长成,邹琦,樊继莲,赵世杰,孟庆伟.抗旱性不同的两个大豆品种对外源 H_2O_2 的响应.植物生理学报,1996,22(1):13~18

吴德瑜.保水剂与农业.北京:中国农业科学技术出版社,1991

张秋英,刘晓冰,金剑,王光华,李艳华.Stephen J Herber.水肥耦合对大豆光合特性及产量品质的影响.干旱地区农业研究,2003,21(1):47~50

李云阁,高玉凤等.大豆喷灌需水模型的探讨.大豆通报,2001,(5):8~9

李永孝,丁发武,李佩琏,崔如,王法宏,赵经荣.夏大豆蒸腾速率与叶位、株龄及干物质积累的关系.大豆科学,1994,13(3):216~224

李永孝主编.山东大豆.济南:山东科学技术出版社,1999

李岩,李德全,潘海春,王玮,邹琦.不同叶位大豆叶片细胞壁弹性调节与抗旱性关系.植物学通报,1998,15(3):38~42

李岩,邹琦.干旱条件下各生育期大豆膨压维持方式的研究.植物生理学通讯,1995,31(1):34~37

李贵全,杜维俊,孔照胜,程舜华,郭显荣.不同大豆品种抗旱生理生态的研究.山西农业大学学报,2000,20(3):197~200

杨方人,赵九洲.大豆"三垄"法高产技术分析——垄作深松及分层施肥的增产效应.中国农业科学,1995,28(6):46~51

杨英良.低平易涝地大豆三深带状耕作栽培模式研究.大豆科学,1997,16(3):187~193

杨根平,高向阳,荆加海.水分胁迫下钙对大豆叶片光合作用的改善效应.作物学报,1995,21(6):711~716

邹冬生,郑丕尧.大豆叶片光合蒸腾等生理特性的品种间比较研究.大豆科学,1990,9(1):25~31

邹琦.植物光合作用的气孔与非气孔限制.载:邹琦(主编).作物抗旱性生理生态研究.山东科技出版社,1994a,155~163

邹琦.植物细胞的弹性与塑性特征及其在抗旱性中的意义.载:邹琦(主编).作物抗旱性生理生态研究.济南:山东科技出版社,1994b,13~23

邹琦,孙广玉.小粒大豆与普通大豆光合对光、温度、CO_2 响应特性的比较研究.山东农业大学学报,1991,22(4):311~317

邹琦,孙广玉,王滔.干旱条件下大豆叶水分状况与渗透调节.大豆科学,1994,13(4):312~320

邹琦,许长成.午间强光胁迫下 SOD 对大豆叶片光合机构的保护作用.植物生理学报,1995,21(4):397~401

陈尚谟.旱区农田水分利用效率探讨.干旱地区农业研究,1995,13(1):14~20

陈洪松,邵明安,张兴昌.黄绵土坡耕地大豆的水肥产量效应.应用生态学报,2003,14(2):211~214

林植芳,彭长连,林桂珠.大豆和小麦不同基因型的碳同位素分馏作用及水分利用效率.作物学报,2001,27(4):409~414

苗以农,刘学军,许守民等.大豆不同品种的叶片蒸腾速率和气孔阻力.中国油料,1989,(2):10~13

郑广华.植物栽培生理.济南:山东科学技术出版社,1980,219~223

郑丕尧,王法宏,王瑞舫,王树安.大豆不同抗旱性品种根系性状的比较研究Ⅱ.生理功能.中国油料,1989(2):6~9

郑光华,燕义堂,张庆昌.大豆种子吸胀冷害与"修补"过程的探讨.中国科学,1988,(B 辑)4:395~402

郑成超,邹琦,程炳嵩.渗透调节提高种子活力机理研究.山东农业大学学报,1990,21(2):31~36

郑成超,邹琦等.不同水势环境对大豆种子活力的影响.中国油料,1991,(1):37~40

郑国生,邹琦.不同天气条件下田间大豆光合作用日变化的研究.中国农业科学,1993,26(1):44~50

郑国生,邹琦.喷灌对田间大豆产量及光合作用日变化的影响.中国农业科学集刊,1993,(第 1 集)23~27

姜彦秋,黄峻,苗以农.大豆叶片表面结构与蒸腾的关系.作物学报,1991,17(1):42~46

胡友纪等.大豆种子萌发过程中线粒体的发生和发育.植物生理学报,1983,9(2):117~122

倪君蒂,李振国.淹水对大豆生长的影响.大豆科学,2000,19(1):42~48

袁清昌.钙提高植物抗旱能力的研究进展.山东农业大学学报,1999,30(3):30~306

贾大林,姜文来.提高农业用水效率是节水农业的核心.中国农业科技导报,2000,2(5):9~13

郭志利.旱地大豆不同覆膜方式栽培效应研究.陕西农业科学,2000,(1):19~21

陶宗娅,邹琦.种子的吸胀冷害和吸胀伤害.植物生理学通讯,2000,36(4):368~376

陶宗娅,邹琦,程炳嵩.低温吸胀对种子下胚轴细胞超微结构的影响.植物学报,1991,33(7):511~515

高向阳,许志强,徐凤彩.水分胁迫下钙对大豆叶片膜脂过氧化程度的影响.华南农业大学学报,1999,20(3):67~71

高辉远,邹琦.大豆叶片光合速率、蒸腾速率、气孔导度与叶片水势关系的研究.载:邹琦(主编).作物抗旱性生理生态研究.山东科技出版社,1994a,234~236

高辉远,邹琦,陈敬峰,程炳嵩.大豆光合午休原因的分析.作物学报,1994c,20(3):357~362

高辉远,邹琦,程炳嵩.田间大豆及盆栽大豆光合日变化的比较.八一农学院学报,1992a,15(2):74~79

高辉远,邹琦,程炳嵩.大豆光合日变化与内生节奏的关系.植物生理学通讯,1992b,28(4):262~264

高辉远,邹琦,程炳嵩.大豆光合日变化过程中气孔限制和非气孔限制的研究.西北植物学报,1993,13(2)96~102

董钻.大豆产量生理.北京:中国农业出版社,2000,116~134

谢甫绨,董钻,孙艳环,王晓光.不同生育时期干旱对大豆生长和产量的影响.沈阳农业大学学报,1994,25(1):13~16

路贵和.黄淮海地区不同抗旱类型大豆种质资源根系特征及抗旱性研究.山西农业科学,2000,28(2):37~40

路贵和,刘学义,任小俊,史红.黄淮海地区大豆抗旱种质资源的多样性研究.中国农业科学,2001,34(3):251~255

路贵和,刘学义,张学武.不同抗旱类型大豆品种气孔特性初探.山西农业科学,1994,22(4):8~11

潘荣云,樊园.灌水对大豆产量和品质性状的影响研究初报.大豆通报,2003(1):11

燕义堂,梁峥,郑光华等.低温吸胀对 PEG 引发大豆种子呼吸和氧化磷酸化的影响.植物学报,1989,31(6):441~448

Bacanamwo M,Purcell LC. Soybean dry matter and N accumulation responses to flooding stress,N sources and hypoxia. Journal of Experimental Botany 1999a,50:689~696

Bacanamwo M,Purcell LC. Soybean Root Morphological and Anatomical Traits Associated with Acclimation to Flooding. Crop Sci.1999b,39:143~149

Bradford KJ,Hsiao TC,Phsiological responses to moderate water stress. In Encyclopedia of Plant Physiology,New Ser.12B.Physiological

Plant Ecology Ⅱ. Water Relations and Carbon Assimilation, Springer-Verlag, Berlin, 1982, pp264 ~ 324

Cregan, P. B., T. Jarvik, A. L. Bush, R. C. Shoemaker, K. G. Lark, A. L. Kahler, T. T. VanToai, D. G. Lohnes, J. Chung, and J. E. Specht. 1999. An integrated genetic linkage map of the soybean. Crop Sci. 39: 1464 ~ 1490.

Farquhar and Sharkey, Stomatal conductance and photosynthesis. Annu Rev Plant Physiol, 1982, 33: 317 ~ 345

Fernandes Pires JL, Soprano E, Cassol B. Morphophysiologic changes of soybean in flooded soils. Pesquisa Agropecuaria Brasileira, 2002, 37(1): 41 ~ 50

Greenway and Gibbs, Mechanisms of anoxia tolerance in plants. Ⅱ. Energy requirements for maintenance and energy distribution to essential processes. Functional Plant Biology, 2003, 30(10): 999 ~ 1037

Lee KH; Park SW; Kwon YW. Enforced early development of adventitious roots increases flooding tolerance in soybean. Japanese Journal of Crop Science, 2003, 72(1) pp. 82 ~ 88

VanToai TT, Martin SK, Chase K, Boru G, Schnipke V, Schmitthenner AF, Lark KG. Identification of a QTL Associated with Tolerance of Soybean to Soil Waterlogging Crop Science 2001, 41: 1247 ~ 1252

Weisz PR, Denison RF, Sinclair TR. Response to drought stress of nitrogen fixation (acetylene reduction) rates by field-grown soybeans. Plant Physiology, 1985, 78: 525 ~ 530

Wong S. C., Cowan I. R., Farquhar G. D., Stomatal conductance correlated with photosynthetic capacity. Nature 1979, 424 ~ 425

第十三章　大豆群体生理与高产途径

第一节　大豆的群体结构

一、大豆群体结构的特点

大豆的群体结构是指田间生长着的大豆群体作为一个整体在空间的配置状态。群体结构包括两方面的涵义。一方面是指群体各个部分的垂直构成状况——垂直结构;另一方面是指群体中植株(个体)的数量及其分布格局,即平面结构。

(一)群体的垂直结构

殷宏章等(1959)在论及稻田结构时指出:"结构和功能是分不开的,研究群体的生理活动,势必先了解它的构成"。他们把水稻群体划分为光合层、支架层和吸收层。依此类推,大豆群体在垂直方向上也可分为三个层次。一是光合层,主要是叶片的层次分布和覆盖程度;二是支撑层,主要包括主茎、分枝,其作用在于支撑叶片,使之最大限度地接受光能,同时起输导作用;三是吸收层,包括大豆的根群,其主要功能在于吸收水分和养分。

门司和佐伯(Monsi 和 Saoki,1953)最早从物质生产的角度阐述了群体结构,并创造了研究群体结构的大田层切法。董钻(1991)采用层切法测定了大豆开育 8 号群体长成后各层次的绿色叶片面积和茎枝、叶柄、荚等器官的重量,并绘制了群体结构图(图 13-1),图中同时标出了相对光强的垂直分布。

叶面积的层次分布是大豆群体结构的要素之一。图中纵座标左侧是叶面积层次分布,如果将株高均分为上、中、下三段,那么对开育 8 号来说,大约 75% 的叶面积在上层,另外大约 25% 的叶面积在中层,至于下层几乎不再有叶片。这样的叶面积分布对于日光向群体中、下部透射是极为不利的。从相对光强的实测结果(图左侧曲线)也可看出,从群体中上部开始光照已经陡然下降。

早在 20 世纪 60 年代初,吉林省农业科学院的刘士达等(1963)曾以小金黄 1 号(亚有限结荚习性)为试材,测定了不同密度处理的叶面积垂直分布。结果表明,条播田初花期总叶面积的 66% ~ 71% 在群体的上层,只有 29% ~ 34% 分布在中下层。他们的研究还证明,在种植密度相同(1 hm² 8 万或 16 万株)的情况下,穴播(1 穴 2 株或 3 株)的群体叶面积空间分布和群体内光分布比条播更好些。

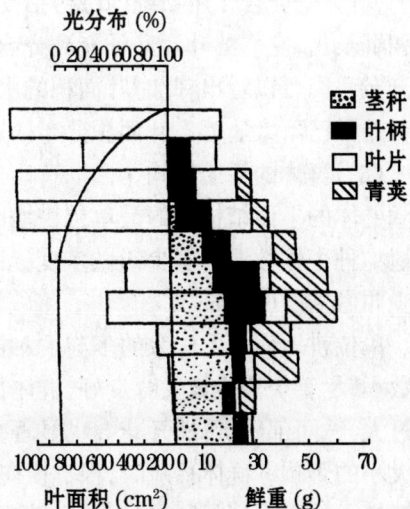

图 13-1　大豆开育 8 号群体的大田切片图
(董钻,1991)

日本的玖村(1969)研究了大豆不同生育阶段群体叶面积的立体分布状态(图 13-2)。

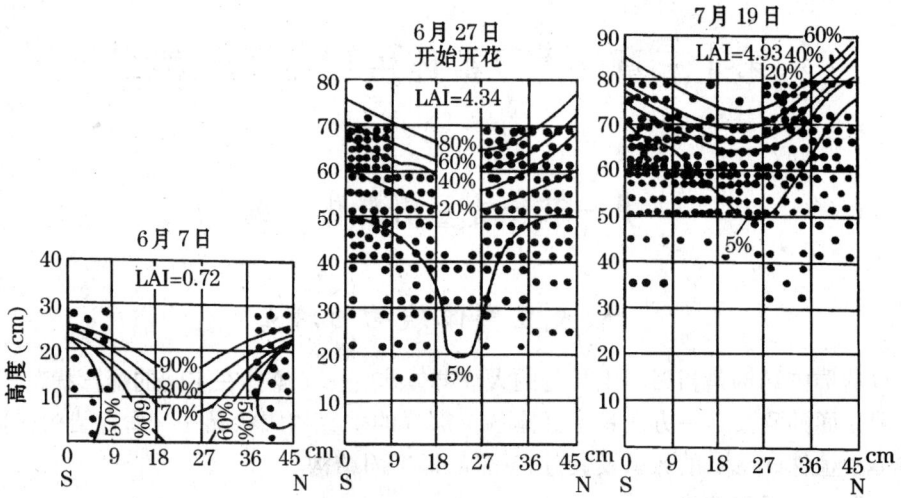

图 13-2　大豆群体叶面积的空间分布　（玖村，1969）

畦间 45cm；株间 10cm；1 个点表示 0.1 叶面积指数；S 表示南；N 表示北；曲线为等光强曲线；% 为相对光强度

从图 13-2 可以看到，在大豆生育前期（6 月 7 日），群体的光合作用系统只是由主茎低位叶片所构成。叶片主要分布在播种行上的空间，因而群体内部特别是行间上面的空间，阳光是充足的（70%～90%）。到了开花始期（6 月 27 日），随着低节位侧枝的出现，群体的光合作用系统已由主茎叶片和低节位侧枝上的叶片共同构成，但二者所占据的空间有所不同：主茎叶片主要分布在上层，侧枝叶片分布偏低；此外主茎叶片主要占据行上的空间，侧枝叶片则多伸向行间的空间。群体内的相对光强已大为降低且变幅很大（5%～80%），7 月 19 日（此时为结荚期），群体高度升高，叶层厚度增大，低节位叶片依次枯死或脱落，低层部位形成了空隙，群体的光合作用系统（叶层）抬高。顶部叶片已处于结束生长期。由于高节位侧枝群的相继长出，它们的叶片又补充到光合作用系统中来，成为其构成因素。从图 13-2 中黑点的分布我们可以看出，此时叶面积的水平分布和垂直分布已经相当均匀了：行内和行间的叶面积差异已不太显著。叶面积分布的这一特点是大豆群体所独有的。

（二）群体的平面结构

群体的平面结构指的是单位耕地面积上个体的数量及其分布。在自然植物群落中，各个植物种个体数量的多少叫做多度（Abundance）。而在作物群体中，单位面积上个体数量的多少叫做密度（Density）。

单位耕地面积上株数的多与少对群体结构有直接的影响。植株少了，群体稀疏，叶面积指数小，尽管个体生长发育良好，群体很难布满地面和空间；植株太多，群体密集，叶面积指数过大，株间郁闭，单株开花数也显著减少。进一步的观测还表明，根群的分布也受种植密度大小的影响。群体稀疏时，根群横向伸展较宽阔，向土层深处伸展相对较浅；群体密集时，根群横向伸展受到限制，趋于向土壤深层伸展。群体密度的大小，关系到大豆植株对阳光和地力的利用程度，关系到与土壤生态容量是否相适应。

当然，大豆作为一种分枝性较强的作物，单株生长量的可塑性是很大的。譬如，据董钻等（1984）在一项种植密度试验中发现，大豆品种铁丰 18 号在 1 hm² 株数 8.05 万株处理中，单株平均分枝数为 20.3 个，分枝总长度达 438 cm，而 1 hm² 株数 19.2 万株处理中，单株平均分枝数仅 7.8 个,分枝总长度为 111.2 cm。这种自动调节对于稳定群体产量是有利的。当然,大豆单株生长量的可塑性是有限的,群体的自动调节也不是无限的。当空缺超过了一定的限度,如严重缺苗断垄,所造成阳光和地力的浪费是无法弥补的。

二、大豆群体的自动调节

(一)大豆叶片的调位运动

1. 叶片的调位运动　大豆群体属于平叶型冠层(De Wit,1965)。大豆的叶片一般没有"理想的"角度(Blad,1972)。由于大豆叶片呈水平排列,因而群体上层叶片受光良好,但中层特别是下层所获得的光照则是相当微弱的。那么,大豆群体中、下部的叶片又是怎样接受阳光的呢?董钻(1984)于 1979 年 6 月份对大豆叶片的运动进行过多次连续 16 h 的观察,现以 6 月 19 日凌晨 4:30 至傍晚 20:30 观测的结果为例加以说明。观测是在大田群体条件下定株定时进行的,供试品种为铁丰 18 号。当时主茎第 7 复叶已经展开。结果表明,太阳升起之前,各复叶的各个小叶下垂 85°～90°,凌晨 4:30,随着晨曦出现,各小叶开始抬起。上午8:30,植株东侧复叶的顶小叶下垂,两侧小叶扭转,侧立 80°～90° 且向内侧收拢,夹角约150°,三片小叶的正面均朝东;相反,西侧复叶的顶小叶立起,与水平面约呈 90°,而两侧小叶,或呈水平状,或扭转 5°～10°,面朝西。一般顶部复叶抬起的角度大于中、下部复叶,因受光状况不同,抬起或扭转的角度也各不相同。中午 12:30,所有叶片多呈水平排列。下午16:30,顶小叶起落和两侧小叶扭转的状况与上午 8:30 时相似。所不同的是,此时西侧的叶片相当于早晨东侧的叶片,而东侧的叶片则相当于早晨西侧的叶片。总的看来,群体中的大豆复叶(特别是顶部和外层复叶)的三片小叶常常收拢成漏斗状,朝向太阳的方向。观测还证实,大豆植株下部叶柄与主茎的夹角一般比上部叶柄与主茎的夹角大,叶柄自身也是能够起伏和扭动的,就连幼嫩的分枝也具有起落和转动的能力,只是运动的幅度小一些。叶片、叶柄以及幼嫩分枝的镶嵌调位运动使大豆群体上下层、内外层的各个叶片都具有较好的受光态势。

据胡立成等(1993)在高纬度(北纬 45°41′)的哈尔滨对盆栽大豆叶片方位的测定结果,东西中线以南的叶片数大大多于以北的叶片数。看来,这与南向光源较强有直接的关系。测定结果还证明,大豆叶片的调位运动晴天较强,阴天较弱。胡立成等(1998)后来的观测又证明,不同大豆品种叶片的调位能力(叶片起落、扭转的角度)是有差异的,即叶片对光反应敏感程度不一。比如,F89-1 和东农 42 号两品种全天叶运动表现强,"分枝豆"和黑农 34 号叶运动表现弱,绥农 8 号和黑农 37 号介于前两类之间。

2. 群体叶片的镶嵌性　在群体条件下,大豆叶片、叶柄以及幼嫩分枝调位运动的结果是使冠层的所有叶片相互穿插、镶嵌,处于最佳受光态势。董钻等(1984)曾用框架分隔的方法计算过大豆群体自然状态下的叶片分布,结果如表 13-1 所示。

表 13-1　1m² 土地面积上大豆冠层叶片的方位分布*　(董钻等,1984)

方　位	东　南	西　南	西　北	东　北
0.25m² 内叶片数	229	219	237	238
占总叶片数之%	24.8	23.8	25.7	25.7

* 供试品种为沈农 7515;表中数据系 5 次重复的平均值;测定时间为 1979 年 9 月 2 日 15h

从表 13-1 可以看出,在相当茂密的大豆群体冠层内,叶片数量虽然很多(923 片/m² 土地),但是它们在各方位上的分布却是比较均匀的。这种随机均匀排列是叶片自动调节的结果。当然,大豆群体叶片的调位运动仅仅是自动调节的一种表现。自动调节表现的其他方面将在以后讨论。

(二)大豆产量构成因素间的自动调节

1. 大豆群体是自动调节系统　大豆群体是由大豆个体组成的。当个体幼小,群体尚未封行时,并不存在群体的调节。随着个体的生长发育,根系越来越庞大,枝叶越来越茂密,造成根系交错、田间郁闭,这种生存空间以及生存条件(光、水、肥等)的不足,反过来又限制了大豆个体的生长发育,使之变得收敛。这种由于个体生长发育引起的环境条件改变,改变了的环境条件又反过来影响个体生长发育的现象,叫做反馈。自动调节和反馈作用是作物群体对环境条件的适应性反应,其结果是,达到群体与光、水、肥等环境条件(生存空间和生态容量)相互协调。

2. 大豆产量构成因素及其相互关系　大豆的单位面积株数、单株荚数、每荚粒数和百粒重是构成产量的 4 个因素,四者之间的关系是相互制约又彼此补偿的。在一定的土壤肥力和栽培条件下,当单位面积株数稀少时,往往单株荚数较多;反之亦然。

我国学者自 20 世纪 60 年代以来,对产量与各构成因素的相关性进行了许多研究。王绶(1963)利用山西省地方品种进行研究,获得了如下结果:产量与单株荚数和二粒荚数的相关系数分别为 0.282 和 0.406 *。马育华和盖钧镒(1979)以江淮下游大豆品种为试材,统计了产量与若干表观性状的相关系数,其中单株荚数 – 0.11,每荚粒数 – 0.14,百粒重 0.42 *。戴殿和(1982)指出,在皖南地区,与大豆产量呈正相关的性状有单株粒重 0.9962 * *,荚粒数 0.983 *,百粒重 0.439 * ~ 0.946 *。杨光宇(1985)在吉林省的研究表明,大豆产量与单株荚数、每荚粒数和百粒重等性状的相关系数分别为 0.61、0.74、– 0.37;而郝欣先(1985)在山东省的研究结果是,大豆产量与单株荚数和荚粒数的相关系数分别为 0.87 和 – 0.25。看来,大豆产量与某一产量构成因素(性状)之间的相关性并非一成不变,并与研究的地点、时间、取样范围大小和样本数量等有很大的关系。

在上述大豆的 4 个产量构成因素中,单位面积株数是在播种和间苗、定苗时即已确定下来的;每荚粒数主要决定于遗传性,且与叶形的关系较大(譬如披针形叶的品种,其每荚粒数以 3 粒或 4 粒居多);百粒重的高低除了与品种有关外,结荚鼓粒期的水肥供应所起的作用颇大。在 4 个因素中,以单株荚数的变幅最大、可塑性也最强。董钻(1984)在采用分枝性强的铁丰 18 号进行的一项种植密度与产量性状关系的试验中得到如下结果:每 hm^2 9.54 万株,单株平均结荚 168.4 个;每 hm^2 12.69 万株,单株平均结荚 112.4 个,而每 hm^2 15.75 万株,单株平均结荚 103.4 个,可见差别之大。

三、大豆的叶-荚关系

(一)大豆同化产物的源—库关系

在禾谷类作物中,稻、麦、高粱、谷子等的结穗部位都在植株顶部,具有顶端优势,这些作物的顶部叶片(剑叶或旗叶)和倒二叶在产量形成中起着很大的作用。玉米的果穗结在植株中上部的一个或两个节位上,结穗节位的叶片及其上、下两节位的叶片(俗称"棒三叶")对果穗形成的贡献是其他节位叶片所不能代替的。这些作物同化产物的源—库关系是比较明确的。大豆的花序(花簇)分散着生在各个叶腋的茎节上(有限结荚习性品种顶端有较多花荚)。换言之,大豆是"浑身"都能结荚的作物,因此大豆同化产物的源-库关系就不那么单纯了。

Беликов 于 1957 年采用^{14}C 饲喂试验首先证实了大豆叶片的同化产物主要供给本节位叶腋的豆荚。即大豆的同化产物具有"局部供应"的特点。后来有人(Blomquist 等,1971;Stephenson,1977)发现,在饲喂同位素节位之下隔一节和之上隔一节的豆荚从"供养叶"所得到的同化产物比其相邻节的豆荚还多一些。这显然是由于着生于茎的同一侧的叶片之间有较多的维管束联系的缘故。同化产物的局部源－库现象也被我国学者陈铨荣(1963)、高金芳等(1963)利用同位素示踪法所证实。Карпов 等(1976)于大豆籽粒灌浆期同时采用同位素^{14}C 和^{32}P 示踪法研究了叶片同化产物向各节位籽粒间的转移和分配。部分结果如表 13-2 所示。

表 13-2　单叶施入^{32}P(A)和^{14}C＋^{32}P(Б)情况下大豆籽粒的放射性　(Карпов 等,董钻译,1976)

主茎节由下向上	脉冲/10 秒·一节			占总放射性的%		
	A	Б		A	Б	
	^{32}P	^{14}C	^{32}P	^{32}P	^{14}C	^{32}P
12	16	–	–	0.1	–	–
11	145	–	–	0.2	–	–
10	3276	–	–	25.6	–	–
9	5824*	481	178	45.7*	2.5	1.7
8	2413	2205	1204	19.0	11.7	11.2
7	617	9386*	4578*	4.8	49.6*	42.8*
6	–	3130	1643	–	16.6	15.4
5	300	2328	1045	2.4	12.3	9.8
4	19	1310	1803	0.2	6.9	16.8
3	118	0	160	0.9	0	0.8
2	4	32	85	0	0.2	1.5
1	15	34	5	0.1	0.2	0

* 在该节的叶片上施入同位素

上表是指在同一大豆植株的不同节位叶片(供养叶)上施^{32}P 和^{14}C 后,经过 24 小时,两种同位素在各节位籽粒之间的分布。施入的^{32}P 以供养叶节位籽粒中最多,同时也或多或少地到达了其他各节位的籽粒之中。从数量上看,距供养叶近的节位上的籽粒获得^{32}P 较多,反之亦然。从表 13-2 还可以看出,与供养叶在同一侧的籽粒所获得的^{32}P 比相对一侧的籽粒更多些。Карпов 发现,同化产物在不同节位叶片和荚果之间的交换并不是等量的,通常从上位叶片获得的同化产物比从下位叶片获得的多一些。贺观钦等(1989)的研究也得到了一致的结果。王滔等(1983)以无限结荚习性品种丰收黄和有限结荚习性品种奂黄 1 号所进行的去叶试验表明,当隔一节摘除一节的叶之后,无叶节的粒重占有叶节粒重的 59.5% ~ 70.2%。由此可见,大豆叶片的同化产物在各节之间是有交换的。各节位豆荚对沿韧皮部移动物质分配的影响一般是:随着豆荚与该叶片距离的加大而影响减小。

贺观钦等(1989)以无限结荚习性大豆品种 Amsoy 为试材,研究了与粒重有关的性状和因素。他们发现,该品种植株中部的百粒重较重(16.7g),下部为 15.2g,上部为 16.4g。这一差别与各部分的叶面积、叶片寿命和光合势(叶面积×寿命)有不小的关系。据贺观钦等测定的结果,植株中、下、上部的叶面积分别占全株总叶面积的48.4%、30.1%、21.5%;中、下、上部叶片的平均寿命分别为67.7天、39.8天、45.9天;中、下、上部叶片的光合势分别占全株总光合势的60%、21.9%、18.1%。另外,他们还以大豆品种"73923"和苏协1号为试材,测定了各节位复叶顶小叶的比叶重与相应各节位粒重之间的关系。结果证明,二者呈高度正相关,r = 0.7768("73923")和0.8745(苏协1号)。

大豆各节位的叶片是自下而上渐次形成的,因此不同节位叶片的叶龄差别较大,结果其生理活性也各不相同。各节位豆荚的形成顺序因结荚习性而异,但总的来说,同一节位上形成的豆荚,其荚龄可能有差别,而不同节位上又可能形成荚龄相同的豆荚。所有这一切(叶龄和荚龄的差异)都会影响同化产物在各节豆荚间的分配,影响的程度有待进一步研究。不过,有一点是具有规律性的,即大豆各节位叶片的同化产物以供应本节位的豆荚和籽粒为主,二者之间具有最紧密的"源-库"关系。

(二)大豆群体冠层的荚粒分布和叶-荚关系

1. 大豆群体冠层的荚粒分布　刘士达等(1963)在采用大田切片法分析大豆群体结构时发现,"群体总干重的分布与叶面积按其着生部位的分布正相吻合,趋势相同,尤以花荚干重分布更为明显"。孙卓韬和董钻于1981年在铁丰18号大豆群体长成时,按垂直方向每间隔10cm进行大田切片,计算了各层次的叶面积;后来,在大豆叶片落净、豆荚成熟时再次进行大田切片,又计算了各层次的粒重分布。当将两次测定结果互相对照时,发现了上一层叶面积与下一层粒重之间存在着惊人的叶-粒对应关系(表13-3)。

表13-3　大豆群体冠层叶面积和粒重的层次分布　(孙卓韬、董钻,1986)

层　高 (cm)	试验1:122 400株/hm²		试验2:88 200株/hm²	
	叶面积(%)	粒重(%)	叶面积(%)	粒重(%)
90～100	3.7	—	8.7	—
80～90	19.5	5.4	16.1	—
70～80	18.5	19.9	16.1	8.2
60～70	21.0	19.0	22.9	16.2
50～60	15.1	15.6	19.1	19.7
40～50	12.7	18.4	10.2	22.1
30～40	7.9	11.2	6.9	15.7
20～30	1.6	7.7	—	11.6
13～20	—	2.7	—	6.5
0～10	—	—	—	—
相关系数 r	0.937**		0.932**	
叶面积指数	5.31		4.93	
产量(kg/hm²)		3181.5		3586.5

1983年,孙卓韬和董钻在叶面积指数最大时(结荚期),取辽豆3号、苏大1号、辽78-4042和抗78-3等4个品种(系),将植株按群体条件下的自然状态切成上、中、下三层,秋收

时又将成熟的植株剪成上、中、下三段进行考种,最后求出各层的叶面积指数与下一层粒重的相关系数,结果仍呈极显著正相关($r = 0.8096^{**}$)。董钻和那桂秋等(1993)、宋书宏和董钻等(1995)在后来的研究中还发现,结荚习性不同、株型不同的大豆品种,其群体冠层中的叶–荚(粒)相关程度并不完全相同(表 13-4)。

表 13-4　不同株型大豆品种各节位的叶-粒对应关系　　(董钻、那桂秋等,1993;宋书宏、董钻等,1995)

层高(cm)	无限结荚习性* Clark		亚有限结荚习性** 沈豆 H5064		有限结荚习性* 丹豆 87-5-1	
	叶面积(dm²)	籽粒重(g)	叶面积(dm²)	籽粒重(g)	叶面积(dm²)	籽粒重(g)
180 ~ 190	—	—	0.66	1.32	—	—
170 ~ 180	—	—	0.95	0.79	—	—
160 ~ 170	—	—	1.04	0.64	—	—
150 ~ 160	—	—	1.14	0.64	—	—
140 ~ 150	—	—	1.18	0.64	—	—
130 ~ 140	—	—	1.15	0.72	—	—
120 ~ 130	—	—	1.23	1.05	—	—
110 ~ 120	2.20	—	1.37	0.94	—	—
100 ~ 110	4.00	1.62	1.46	0.94	3.8	0.57
90 ~ 100	7.10	2.16	1.48	1.28	5.1	2.24
80 ~ 90	10.40	2.42	1.57	1.28	4.94	3.95
70 ~ 80	8.60	2.57	1.53	1.20	5.68	2.97
60 ~ 70	4.28	2.55	1.66	1.28	3.90	4.38
50 ~ 60	6.05	2.20	1.70	1.17	1.75	2.53
40 ~ 50	3.14	1.94	1.70	1.02	0.72	1.95
30 ~ 40	0.79	1.40	1.74	1.13	0.48	0.73
20 ~ 30	0.33	0.32	17.9	1.02	0.60	0.50
10 ~ 20	—	—	1.61	0.75	0.15	—
0 ~ 10	—	—	1.63	0.26	—	—
	$r = 0.744^{*}$		$r' = 0.1725$		$r = 0.964^{**}$	
	$n = 8$		$r'' = 0.4485$		$n = 9$	

* 1990 年测定结果;** 1993 年测定结果。r'-全株 19 节全计算;r''-18 节相关,不计顶节位

从表 13-4 可以看出,无限性和有限性大豆品种(Clark、丹豆 87-5-1)的叶-粒之间达到极显著正相关;亚有限性品种沈豆 H5064 的叶-粒虽然也呈正相关,但未达到显著水准。亚有限性品种顶节位叶片虽小,但由于具有顶端优势,结荚数并不少,故而若将顶节位叶粒也统计在内的话,则相关系数就更小了。林蔚刚、许忠仁等(1995)发现,随着种植密度加大,上层叶、荚、粒比例增大,下层叶、荚、粒比例减小,中层变化不大。他们在结荚期测定的叶-荚相关系数依然达到极显著或显著水准:0.9180^{**}(黑农 34 号)、0.9119^{**}(东农 42 号)、0.7290^{*}(F89-1)。

2. 大豆冠层粒重的空间分布　　大豆荚粒的分布是分散的,但是否也存在一些规律性

呢？为了回答这个问题,孙卓韬和董钻(1986)采用 ISODATA 模糊聚类方法,对辽宁省 76 个大豆品种进行了统计分析。结果表明,若按粒重在大豆植株上、中、下三层的分布比例(即垂直分布)分类,可分作上层型、中层型、均匀型三类(表 13-5);若按粒重在大豆主茎、分枝上的分布比例(即水平分布)分类,则可分作主茎型、分枝型两类(表 13-6)。

表 13-5　大豆冠层粒重的垂直分布　　(孙卓韬、董钻,1986)

类　型	平均粒重比例(%)		
	上　层	中　层	下　层
上层型	60.52±8.64(51.51~61.14)	35.21±7.29(18.86~44.32)	4.27±4.21(0.00~15.11)
中层型	25.76±5.43(11.30~35.47)	50.00±8.18(34.62~60.82)	24.24±9.85(12.21~41.78)
均匀型	42.58±5.43(31.89~52.77)	46.58±5.50(36.14~58.42)	10.84±5.29(0.00~22.24)

表 13-6　大豆冠层粒重的水平分布　　(孙卓韬、董钻,1986)

类　型	平均粒重比例(%)	
	主　茎	分　枝
主茎型	76.47±9.08(64.06~94.89)	23.53±9.04(5.11~35.94)
分枝型	50.67±8.95(21.39~63.37)	49.33±8.95(36.63~78.61)

游明安、盖钧镒等(1993)对我国南方大豆品种(系)进行了 3 年 4 次试验。根据对试验结果的分析,他们也把大豆冠层产量的垂直分布分作三种类型,即上层型、均匀型、中层型;而把大豆冠层产量的水平分布分作三种类型,即主茎型、分枝型和中间型(即并重型)。现将游明安、盖钧镒等的实测结果列于表 13-7。

表 13-7　133 个品种(系)产量性状在空间的垂直分布和水平分布　　(游明安、盖钧镒等,1993)

性　状	垂 直 分 布									水 平 分 布						
	上 层		中 层		下 层		方差分析显著性			主 茎		分 枝		方差分析显著性		
	平均	CV	平均	CV	平均	CV	V	L	V×L	平均	CV	平均	CV	V	MN	V×MN
产量/m²(%)	56.9	26.6	41.3	38.3	1.8	162.4	**	**	**	61.0	23.0	39.0	1.49	**	**	**
粒数/m²(%)	55.3	29.5	42.8	47.0	2.0	155.2	**	**	**	59.0	24.2	41.0	55.6	**	**	**
荚数/m²(%)	53.6	29.7	43.9	42.0	2.5	149.7	**	**	**	58.6	21.3	41.4	52.9	**	**	**
百粒重(g)	17.5	22.7	16.6	20.7	13.1	58.1	**	**	**	17.1	19.1	16.9	21.8	**	*	NS
每荚粒数	2.0	17.8	1.8	15.3	1.5	58.8	**	**	**	1.9	12.5	1.9	17.3	**	NS	NS
表观收获指数(%)	62.5	15.3	50.4	28.1	5.9	148.1	**	**	**	47.1	21.0	58.2	21.3	**	**	**

表中:V—品种间,L—层次间。V×L—品种×层次,MN—主茎与分枝间,V×MN—品种×主茎与分枝,CV—变异系数;* 和 ** 分别表示 0.05 和 0.01 显著水平,NS 表示不显著

　　从表 13-7 可以看出,南方大豆品种冠层产量及其构成因素在空间分布上虽有品种间差异,但也有共同的特点。即单位面积产量、荚数和粒数在垂直方向上主要集中在上层和中层,下层比例很小或没有荚。以产量为例,133 个大豆品种上、中、下各层的产量分布平均分别为 56.9%、41.3%、1.8%。冠层产量在水平分布上,表现为主茎大于分枝,但分枝的产量百分率平均也达到了 39%。就平均值而言,我国南方大豆品种群体冠层中,百粒重、每荚粒

数和表观收获指数(粒茎比)是从下层至上层逐渐增加的;但主茎与分枝之间每荚粒数差异不显著,粒茎比分枝大于主茎,而百粒重则主茎稍大于分枝。

需要指出的是,大豆冠层产量的分布特别是水平分布与栽培条件有很大的关系。国分牧卫(1988)指出,在高肥高密条件下,主茎型比较理想,是高产理想型。王金陵(1990)曾提出稀植高产的设想。邱家驯等(1990)在南京地区较高肥水条件下的研究结果表明,在当地,大豆高产与分枝的生产力有关。游明安等(1993)也认为,在南方高肥水和稀植条件下,分枝型品种的产量潜力更大些。

四、大豆的株型与群体结构

大豆株型是指大豆植株在空间的态势。株型包括植株的高矮,分枝的多少、长短、角度,叶片的大小、形状、层次分布和调位性,叶柄的长短、角度等许多性状。大豆株型与生长习性或结荚习性的关系是十分密切的。无限型品种的大豆植株一般较高,叶片下大上小,整个植株呈塔状。有限型品种的植株一般不高,叶片大小均匀或上大下小,整个植株呈扇面形。

(一)大豆株型与群体结构的关系

大豆单株是构成群体的单位,大豆株型的状况直接影响群体的结构。王金陵(1996)在论述大豆株型的演变过程时指出,"以结荚习性为主体的大豆株型,是自分枝性强、主茎不明显、植株高大蔓化的典型无限结荚性,经过主茎逐渐发达、分枝减少、株高降低、直立性提高的无限结荚性品种,进而向主茎明显、分枝少、主茎节多、荚多、秆强的无限以至亚有限结荚性演变,进一步再演变为植株矮化、主茎突出发达、顶端有明显花簇的典型有限结荚习性"。即大豆的结荚习性是沿着无限性→亚有限性→有限性的顺序演变的。

大豆的结荚习性是体现在单株上的。单株又是构成群体的单位。因此大豆株型必然直接影响群体的结构。无限和亚有限结荚习性大豆,从植株形态(株型)看,好似一座塔,下大上小,由这种株型所构成的群体多为冠顶开放型,日光较易照射到冠层的中部和下部;有限结荚习性大豆,株型多像一把纸扇,大体上是下小上大,由这种株型所构成的群体则为冠顶封闭型,顶端叶层受光良好,而冠层中部特别是下部光照较弱。众所周知,大豆结荚习性是一个与生态环境条件有密切关系的性状,因此大豆的结荚习性有很强的地区分布特点。郭世昌(1954)对吉林省数个县的调查结果证实,大豆结荚习性的地理分布与当地的自然条件特别是降水量有明显的关系:降水少的地区多种无限性品种,降水多的地区多种有限性品种。田佩占(1975)对东北三省部分地区和长江流域大豆结荚习性分布进行了归纳,结果也表明,少雨、冷凉的地区多种无限性品种;雨量多、温度高的地区多种有限性品种。就全国范围来说,北方无限性类型居多,南方有限性类型居多。在同一个地区,又因水肥等栽培条件不同而选择不同结荚习性品种。至于说到不同结荚习性类型孰优孰劣,或者由它们所构建的群体结构哪个好哪个差,那是很难一言以蔽之的。

(二)株型的稳定性和可变性

大豆的株型有相当大的稳定性,同时又有不小的可变性。董钻等(1984)的研究证实了这一点。作者等于1980年在原沈阳农学院(辽宁省中部)以及开原(辽北)、普兰店(辽南)、和锦西(辽西)等三县的农业科学研究单位,对大豆品种(系)的株型、群体结构与产量的关系进行了联合田间试验。供试品种有:开育8号(独秆型)、辽农2号(矮秆型)、沈农7515和沈农2510(分枝开张型)和铁7555(分枝收敛型)。各品种按各自适宜的密度种植,但每个品种在各试验点上的种植密度是一致的。为了比较各品种的株型和群体结构在气候、土壤条件差异较大的四个地点有无变化及变化程度，于同一生育时期(结荚期，R4)，采用同一方法进行了大田切片。结果表明，不同品种株型的稳定性大不相同。

铁 7555 是一个分枝收敛型大豆品系，它的分枝与主茎夹角仅有 15°~20°，且分枝与主茎几乎呈平行状态。故该品系在地理上相距甚远的四个试验点上，不但株高接近(90~100 cm)，而且各层次叶面积的分布，看上去也无太大的差别(图 13-3)。这一事实表明该品系的株型是相当稳定的。

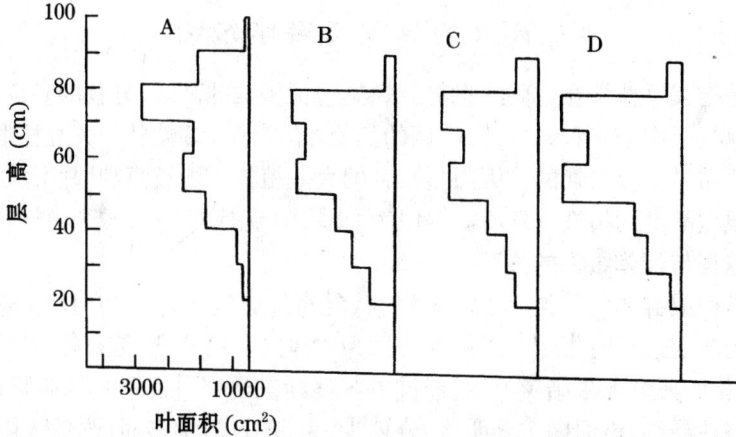

图 13-3　不同栽培条件下大豆品系铁 7555 株型的稳定性　(董钻等，1984)
图中数据系 5 株之和
切片地点和日期：A. 沈阳，7 月 29 日　B. 开原，8 月 4 日　C. 新金，8 月 7 日　D. 锦西，8 月 11 日

与铁 7555 不同，分枝性很强且分枝与主茎夹角较大的大豆品系沈农 2510 则是另一种情形。当年，在锦西县农业科学研究所设置了薄地密植和肥地稀植试验。结果在瘠薄地上，

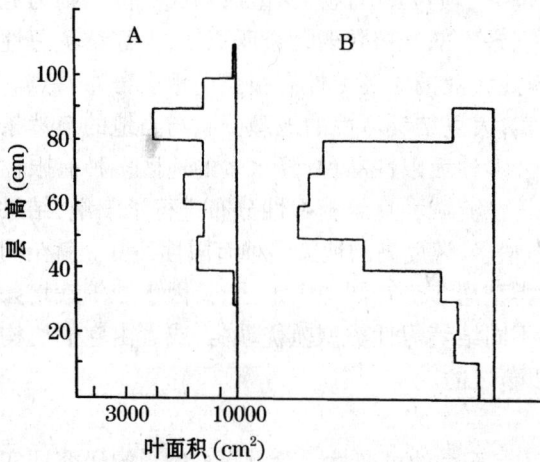

图 13-4　不同栽培条件下大豆品系沈农 2510 株型的可变性
(董钻等，1984)
切片地点和日期：8 月 11 日，锦西县农业科学研究所
A. 低肥、密植　B. 高肥、稀植

植株下部分枝少，株型紧凑(图 13-4，A)，而在肥沃地上，植株下部分枝粗壮，与主茎夹角很大，造成株型松散(图 13-4，B)。如果比较一下图 13-4 的 A 和 B，可以看出其各层叶面积的分布迥异，甚至难以相信它们竟属于同一个品系。这一事例说明，株型有很大的可变性或可塑性。1982 年，董钻和孙卓韬在以铁丰 18 号进行的种植密度试验中又进一步发现，大豆的株型因密度而异。多分枝品种的株型变化远大于少分枝或无分枝品种。

（三）关于大豆理想株型的讨论

20 世纪 70 年代以来，大豆的株型问题越来越受到关注。其原因主要是，大豆的单位面积产量几十年来一

直没有太大的突破。在大豆杂种优势利用短期内还难见成效的今天,大家把希望寄托在高产特异株型材料的创新上。不少的研究者对此都提出了自己的设想。

　　盖钧镒、游明安等(1990)认为,理想株型与理想型是有区别的,理想株型主要指植株高效受光态势的茎叶构成;而理想型除理想株型外貌,还包括内在光合特性、物质积累与分配“源、流、库”等相应生理过程。董钻和张仁双(1993)指出,要达到“八五”大豆育种攻关指标(产量 4 875 kg/hm^2),从能量流和物质流的计算结果看,每 1 hm^2 大豆群体需截获 1 794.1 万 kJ 热量,从土壤中摄取 N 405 kg、P$_2$O$_5$ 80 kg、K$_2$O 181.5 kg 以及吸收 9 750 t 水。为此,最好采用植株较高、叶片下大上小的亚有限性大豆株型来构建庞大的大豆群体。他们还认为,只有这种株型,才能在叶面积指数达到 6 或 6.5,叶层仍比较疏朗,不至于过于密集,只有这样的株型,才有节多、荚多的可能。他们指出,除株型良好外,还应达到下列生理指标。即开花早,花期长(最好能持续 40 ~ 50 d);耐肥抗倒;叶片、叶柄、茎秆、荚皮和籽粒在生物产量中所占比例分别为 28%、12%、20%、10% 和 30%。在辽宁省,辽豆 10 号即属于这类株型。董钻和张仁双业已采用辽豆 10 号,在 0.13 hm^2 耕地上获得了折合平均每公顷 4 360.5 kg 的高额产量。2000 年,采用这类株型的辽豆 14 号创造了 4 908 kg/hm^2 的超高产纪录(常书宏、董钻等,2001)。梁振富等(1993)为吉林省东部提出了 3 种株型构想。其中一种构想是基于这样一个事实:1959 年原吉林市农业科学研究所曾在营养面积 1 m^2 条件下种植出一个单株,结荚 1 080 个(2 480 粒)。由此他们的第一种构想是,实行稀植,充分发挥单株的增产潜力。为达到这一目的,需采用株高 1.5 m、叶披针形、有效分枝在 5 个以上的无限或亚有限结荚习性的株型。梁振富等提出的第二种构想是,单株和群体并重,采用株高 1.5 m、中小叶,有效分枝 2 ~ 3 个的亚有限结荚习性的株型。第三种构想是采用株高 70 cm、叶披针形、主茎节数在 15 个左右、有效分枝 1 ~ 2 个,亚有限性或有限性结荚习性的株型,构建密植型群体。张孟臣等(1993)从河北省夏大豆区生态条件出发,为当地确定了三种高产株型育种目标,即:①亚有限主茎型;②亚有限或有限短分枝型;③高大分枝型。冀豆 7 号即符合①种类型的株型要求。据张孟臣等报道,采用冀豆 7 号种植高产田,产量已经达到了 4 500 kg/hm^2。盖钧镒等(1993)对大豆高产理想型群体生理性状组成模式作了如下推断:①成熟时,生物产量高、收获指数大,有限或亚有限结荚习性,荚粒空间分布均匀;②生长发育过程中,营养生长和生殖生长重叠时间短,叶面积前期扩展快,达到叶面积峰值时间短,后期叶面积指数下降缓慢,鼓粒期中上位叶片功能期长,光合速率高。据何志鸿、刘忠堂和杨庆凯(1997)报道,在黑龙江省,为适应窄行密植高产栽培的需要,必须选用矮秆或半矮秆、抗倒伏的株型。目前已经筛选出表现较好的几个品种,其中包括宝丰 9 号、东农 104、垦农 4 号、黑交 92-1372、合丰 25 号、绥农 14 号、红丰 11 号等。苗以农等(1996,1998)主张,大豆高产理想型应当包括特异花序即多荚多叶的株型及合理协调的“库-源”等生理特性。基于这一认识,他们用美国扁茎大豆分别与中国普通大豆 7514-2、8016-1 杂交,并从株型多样的 F3 中筛选出了茎顶端扁冠状花序、植株中上部叶数多(对生、互生、轮生叶并存)的多个特异株型材料,其株高在 60 cm、75 ~ 85 cm、80 cm 不等。据张性坦等(1995,1996)报道,他们创造了产量很高的“诱处 4 号”,其株型特点是,亚有限结荚习性,株高 100 cm 左右,分枝 3 ~ 7 个,主茎节数 19 节,披针形叶,叶片稍上举,上部叶片叶柄短,株型紧凑。美国的 Cooper(1981,1985,1991)为半矮秆(60 ~ 75 株 m^{-2})密植法所设计的株型是,株高小于 75 cm,有限或亚有限结荚习性。而日本的今野周等(1988)主张采用株高 70 ~ 80 cm,分枝 5 ~ 6 个,主茎节数 17 ~ 18 节,上层叶片宽而长，"调位运动"明显的有限结荚性品种。

　　国内外大豆育种家、大豆生理学家为了大豆单位面积产量能有所突破，提出了各种各样的株型构想，也创造出了各种各样的株型类型。必须承认，这些构想各有各的道理，不论植株高也好，矮也好，不论适于稀植的多分枝型也好，适于密植主茎型也好，都是有前途的。在我国不同的地区（地点），获得 4 500 kg/hm^2、4 875 kg/hm^2 的途径将是多种多样的，不必追求一种模式。人们常说"合理的群体结构"，那么怎样的结构才算合理的呢？看来也要因生态条件而异、因大豆株型而异，不存在一个放之四海而皆准的共同模式。

　　高产群体的结构和功能是统一的。在讨论株型问题时，除了形态性状外还要十分重视生理性状。大豆生长发育过程中各种生理性状之间存在着显著的遗传差异。生物产量高、经济系数大是生理育种的重要指标，叶面积指数、比叶重和叶片光合速率等性状在生育后期常常更能显示出较大而稳定的差异，鼓粒期如果叶片光合速率高、叶面积指数大、即绿叶维持时间长，对于籽粒的形成肯定是有利的。这些性状很值得重视。

第二节　大豆群体的光能利用

一、大豆群体的光合作用系统

　　与单叶的光合作用不同，群体的光合生产有其自身的特点和特性，如果把单叶光合作用特性硬套在群体光合上，常常会失去真义，甚至会导致错误。一个极简单的事例是，大豆单叶的光饱和点约为 3 万 lx，而在群体条件下实际上并不存在光饱和问题。Ogren(1982)曾作过如下的论述：在测定单个叶片时，光合速率上的差异是显著的，因为此时叶片光合机构单元的数量（如叶片数）影响着光合速率；但是在测定冠层的光合速率时，差异就不很显著，因为在群体条件下光合机构单元是过剩的，此时光合速率主要取决于可利用光的数量，即群体对光的截获和利用。总之，单叶的光合特性与单株的特别是群体的光合特性完全是两码事，不能混为一谈。

　　在田间，大豆是以群体状态生存的。在田间条件下，所有的环境因子（包括光照、温度、降水等）不断发生变化，而且这些变化是缺乏规律性的。大豆植株本身自出苗至成熟，其形态、生理状况也在发生不断的变化。大豆群体的光合作用以及群体中每个单株的光合作用与单叶光合作用是完全不同的。当我们谈论大豆群体的光合作用时，应当明确一点，即大豆群体的物质生产，不宜以单叶的光合作用速率来表示，而只能以群体叶片的总体构成一群体光合作用系统，即殷宏章(1959)所说的"一块田的整体光合作用"来衡量。

　　大豆群体光合作用系统（群体叶片总体构成）的规模、几何学结构、持续时间、光合效率、产物运输和分配等群体水平的特征，决定着大豆群体的物质生产。这些特征通常是用群体的叶片（叶面积指数）分布、消光系数、群体光合速率、光合势等加以表达的。

二、大豆群体的叶面积指数

　　叶面积指数(Leaf area index, LAI)是指群体的总绿色叶面积与该群体所占据的土地面积的比值（绿色叶面积/土地面积）。它是群体组成大小和植株生长繁茂程度的重要参数。叶面积指数这一概念是 D.J.Watson 于 1947 年首先引用的。他后来(1952)指出，作物的田间生产是以单位土地面积上的群体进行的。在分析作物产量变异的原因时,只能以单位面积土地上的总叶面积为准,而不能以单株叶面积为准。Watson 还曾提到,用作物群体叶面积指数表示的光合作用能力受栽培环境的影响,产量的提高主要应依靠增加叶面积指数。

关于大豆产量与叶面积指数关系的研究,在我国开始于 20 世纪 60 年代初(梁振富,1963;张瑞忠等,1964;郭午等,1964)。适当地增大叶面积指数是现阶段提高大豆产量的主要途径之一。叶面积指数的大小与品种的株型、生育期、种植密度以及土壤肥力、施肥管理措施等有密切的关系(图13-5)。从出苗到成熟,大豆群体的叶面积指数有一个发展过程:随着叶片陆续出现和营养体增长,叶面积指数逐渐增大,大约在结荚期前后达到高峰;后来,随着下部叶片渐渐变黄脱落,叶面积指数又逐渐下降,直至成熟期,叶片完全脱落。这一消长动态大致呈一抛物线。它的峰值过小,即光合面积小,不能截获足够的光能;峰值过大,则中、

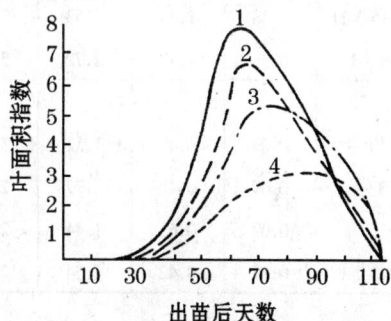

图 13-5　大豆叶面积动态与密度和肥力的关系 (原东北农学院,1964)

1. 施肥,30 万株/hm² 　 2. 无肥,49.5 万株/hm²
3. 无肥,30 万株/hm² 　 4. 无肥,9.6 万株/hm²

下部叶片被遮荫,光合效率低或变黄脱落。还需指出的是,在正常情况下,大豆群体的叶面积指数在达到高峰(LAI_{max})之前,上升是渐进的;而在高峰期维持一段时间之后,下降则是陡然的。许多研究者(胡明祥等,1980;赵正清,1980;常耀中等,1981;叶修祺等,1981;董钻等,1982)指出,大豆群体的叶面积指数过大过小或猛升陡降均难获得高产。张荣贵等(1979)对 17 个大豆高产地块的统计分析的结果表明,各生育时期叶面积指数与产量的相关性大不相同,始花期的相关系数为 -0.546*,结荚期为 0.511*。可是,据张恒善等(1981)对 20 块大豆田的测定结果,各生育时期平均叶面积指数与产量呈负相关,$r = -0.64$**。这可能与吉林省东部多雨高肥,植株长势过旺有关。多数研究者认为,大豆始花期前,叶面积要稳健增长,结荚期前后达到最大值,鼓粒至成熟期要尽量延长叶片的寿命,使叶面积指数缓慢下降,有利于增加干物质的积累。

据董钻等(1979)在沈阳对 8 个大豆品种的测定结果(表 13-8),最大叶面积指数在 3.07~6.04 范围内,与生物产量和经济产量的相关系数分别为 0.974** 和 0.860**,均达到极显著水准。王滔等(1981)在济南对夏大豆丰收黄 5 个试验处理的测定结果,最大叶面积指数在 2.3~4.8 范围内,与籽粒产量呈正相关,$r = 0.94$。关于高产大豆田(公顷产量 3000~4125 kg)的叶面积指数高峰值,多数研究者认为应在 5~6 或稍大于 6。不过,叶面积指数高达 6.7 或低至 4.32,公顷产量也有获得 3000 kg 以上者。

表 13-8　大豆不同品种叶面积指数动态及籽粒产量 (董钻等,1979)

品种(系)	出　苗　后　天　数									籽粒产量 (kg/hm²)
	15	30	45	60	75	90	105	120	135	
早熟:										
丰收 10 号	0.29	0.90	2.03	2.70	3.07	0.22	—	—	—	2259
韦尔金	0.22	0.94	2.03	3.05	3.39	0.36	—	—	—	2714

续表 13-8

品种(系)	出 苗 后 天 数									籽粒产量 (kg/hm²)
	15	30	45	60	75	90	105	120	135	
沈 7116-3-11	0.28	1.44	2.53	3.48	3.83	0.36	—	—	—	2610
彰 608-9-1	0.36	1.77	2.72	3.08	3.19	0.73	—	—	—	2823
晚熟:										
铁丰 18 号	0.09	0.42	1.51	3.48	5.50	6.04	3.40	2.05	—	3629
开育 3 号	0.09	0.48	1.77	2.44	3.50	5.26	2.10	1.10	—	3234
Amsoy	0.09	0.63	1.44	2.65	3.95	4.82	2.18	1.00	—	2880
沈 7225-2-1	0.07	0.42	1.54	2.13	4.90	5.02	3.90	2.00	—	2835

　　叶修祺等(1981)将山东省夏大豆公顷产量 3 000 kg 左右田块的实测叶面积指数绘成了座标图并统计了其回归式(图 13-6)。从图中可以看出,实测点与回归曲线的离散度较大,其标准差达到 2.06,说明高产田的大豆叶面积指数动态过程存在较宽的变幅。

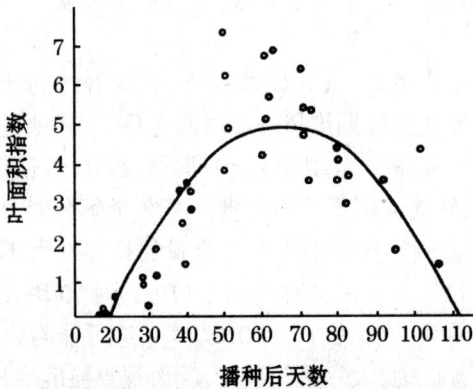

图 13-6　公顷产 3 000 kg 左右的大豆群体的叶面积指数　(叶修祺等,1981)

　　对高产大豆群体来说,除了良好的叶面积指数动态和适宜的最大值而外,较大叶面积指数所持续的天数也是不可忽视的(图13-7)。

　　从座标图上可以看出,公顷产量 3 375 kg 左右的大豆群体,其叶面积指数大于 4 的天数,少的在 30 d,多的达 50 d。看来,大豆出苗后 70~90 d(约在结荚期)叶面积指数达到最大值,且 > 4 的时间维持在 40 d 左右对于大豆高产是必需的。

　　佐伯(1960)在探讨叶面积与物质生产的关系时引用了最适叶面积指数(LAI_opt)概

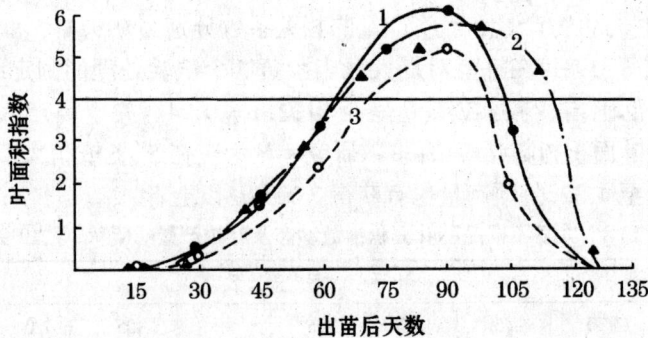

图 13-7　大豆公顷产 3 375 kg 的 LAI > 4 的天数　(董钻等,1981)

1. 铁丰 18 号 3 629kg/hm²　2. 开育 3 号 3 234 kg/hm²　3. 开育 8 号 3 318 kg/hm²

念。他认为,当群体最下层叶片处于光补偿点时的叶面积,就是最适叶面积。Donald(1961)

认为，LAI_{max} 到达的时间比 LAI_{opt} 迟些。当叶面积超过 LAI_{opt} 之后，由于叶片过于繁茂，相互遮荫，下部叶片处于光补偿点以下，整个群体的呼吸量增加，物质生产反而下降。

三、大豆群体内的光分布

(一)大豆群体的光截获

1. 光的反射和漏射 大豆是分枝性作物，而且全株各个节位都有结荚的潜在可能。怎样的群体结构，或者说，怎样的植株田间配置方式更有利于整个群体充分地利用光能和地力，并更多地结荚呢？这是一个很难回答的问题。它涉及到大豆群体反光多少、漏光多少、消光系数大小，特别是冠层中、下部可能接受多大光强等许多方面。刘士达等(1963)曾比较测定过 1 hm² 8 万株条播(行距 60 cm×株距约 21 cm)和穴播(每穴 2 株，穴距 42 cm)、1 hm² 16 万株条播(60 cm×10.5 cm)和穴播(每穴 3 株，穴距 31 cm)大豆群体的反光率和漏光率(表 13-9)。

表 13-9 大豆群体的反光和漏光 (占自然光强的%) (刘士达等，1963)

处　　理	田面反光率			田下漏光率			产　　量	
	开花期 (14/7)	结荚期 (4/8)	鼓粒期 (17/8)	开花期 (14/7)	结荚期 (4/8)	鼓粒期 (17/8)	(kg/hm²)	%
8 万株条播	8.3	9.3	10.2	3.3	2.0	2.5	2055.7	100.00
8 万株穴播	8.1	9.9	9.5	5.0	2.6	2.6	2213.5	107.67
16 万株条播	8.3	8.8	9.4	3.1	1.7	2.5	2113.5	100.00
16 万株穴播	8.5	9.1	10.3	3.6	3.4	1.9	2113.0	99.98

大豆群体的反光率标志群体的覆盖程度，而漏光率则反映群体内的间隙大小，以同为 1 hm² 16 万株为例，穴播的反光率不论在开花期、结荚期均略大于条播；穴播的漏光率在开花期和结荚期均大于条播，到了鼓粒期却小于条播。对于全株上下节位都可能结荚的大豆群体来说，冠层内有日光照射是好事，不是坏事。当然，如果很多日光都漏到地表面上而未被利用则绝非什么好事。从最终产量来看，同为 1hm² 8 万株，穴播比条播增产 7.67%；而同为 1 hm² 16 万株，穴播比条播减产不足 0.1%。这样的减产幅度在田间试验中可以看作在误差允许的范围之内。

2. 大豆群体内光强的削弱 光照在大豆群体冠层中的衰减是很急剧的。胡明祥等(1980)对 8 个春播大豆品种 24 种种植密度下群体冠层内光照的测定证明，冠层中部和下部的光照强度平均只占顶部光照强度的 6.67% 和 2.33%。郝欣先(1983)连续 3 年测定了 93 个夏大豆品种(系)群体的光强分布。结果表明，在自然光强平均为 40 100 lx 的情况下，植株中部为 2 200 lx(占自然光强的 5.5%)，下部仅为 700 lx(占自然光强的 1.7%)。

董钻等(1984)于 1980~1982 年连续三年共测定了 26 个大豆品种群体冠层内的光强分布。结果证实，各层次的光强下降动态呈指数曲线形。各年份群体中下部光强分布的回归方程分别为：$Y_{80} = 0.0336e^{7.047x}$，$Y_{81} = 0.4606e^{2.597x}$，$Y_{82} = 2.0107e^{3.258x}$。下面列举一个实测结果为例：1980 年 8 月 1 日 12:00~13:00，大豆群体顶部所接受的自然光强为 105 000 lx(100%)，株高 2/3 处为 4 166 lx(3.97±2.04%)，1/3 处为 388 lx(0.37±0.05%)，贴近地面只剩下 40 lx(0.04±0.02%)。由此可见，群体冠层内光强衰减是何等迅猛了。群体内部光照强度急剧衰减是大豆植株中部特别是下部叶片光合产物入不敷出，变黄乃至脱落的主要原因。

大豆群体内部光强分布的测定结果进一步证明，在大豆行间，株高 2/3、1/3 处和地面的光强分别占入射光强的 11.51%、2.74% 和 1.14%，而株间光强削弱更甚，分别占 9.63%、1.5% 和 0.71%（傅金民等，1994）。

3. 大豆群体内的散射光 大豆植株长成封行之后，尽管冠层顶部的光照是充足的，冠层中部特别是下部的光照强度却是很弱且不均匀的。由于太阳高度和方位因时间而变动，所以进入冠层内部的直射光的方向也时刻发生变化。在冠层内部，受叶遮荫的部分阴暗，不受遮荫的部分明亮。形成许多光"斑驳"。冠层内部所接受的直射光比较少，散射光比较多。对于大豆群体的光合作用来说，散射光成分很重要。玖村（1966）指出，水平面上的光强相同，其中所含的散射光成分比例越大，冠层内部光的分布越均匀，群体的总光合量也越大（图13-8）。

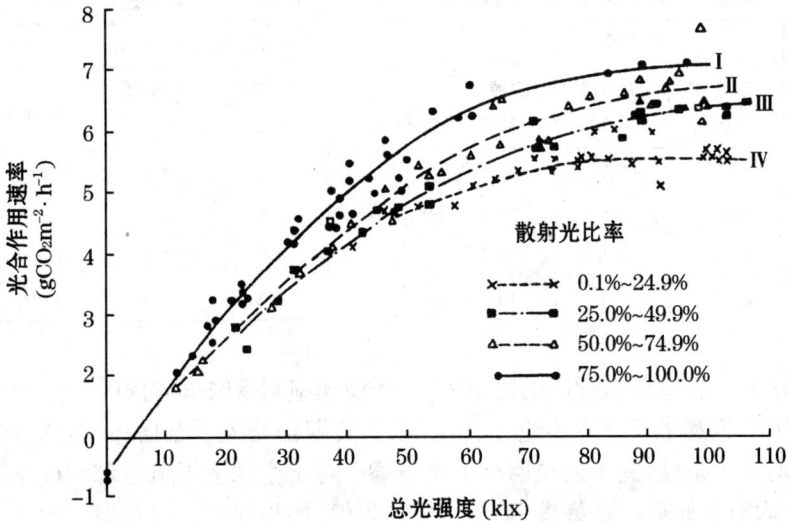

图 13-8　散射光比率对大豆群体光-光合作用关系的影响　（玖村，1966）

投射到大豆群体冠层内部的光，不但强度减弱，而且光谱成分也有所变化。一般绿叶吸收可见光部分远比吸收红外光部分为多。由于绿叶的这种选择吸收，大豆冠层内部叶片所获得的可见光部分较少，红外光部分较多。这种趋势越是进入冠层下部越明显。

(二)大豆群体的消光系数

当日光照射大豆群体时，光线通过的叶层越多，光照强度削弱的越重。那么，用什么办法来表示光强在群体内削弱的程度呢？门司和佐伯（Monsi 和 Saeki，1953）在研究草原植物物质生产结构时注意到，植物群体中光强的消减受叶片层数的影响，可以用下列 Beer-Lambert 消长公式加以表示。

$$I = I_0 e^{-KF} \text{ 或 } ln\frac{I}{I_0} = -KF$$

式中，I 代表通过 F 叶层（累计叶面积指数）后的光强，I_0 为到达群体顶部的入射光强（自然光强），K 为消光系数。在 I、I_0、F 几项指标测定之后，计算 K 值可采用下列公式。

$$K = \frac{2.3}{F}(lgI_0 - lgI)$$

与所有的作物群体一样,大豆群体的消光系数并不是一个恒定值,它的大小与大豆植株高矮、结荚习性、种植密度、植株配置方式等若干因素有关。

据郝欣先(1981)对夏大豆的测定结果,平均株高为 68.8 cm 的 8 个品种的消光系数为1.57,而平均株高为 80.5 cm 的 7 个品种则为 1.15。这可能与植株越矮叶层越密集有关。测定还表明,16 个有限结荚习性品种的平均消光系数为 1.46,15 个无限结荚习性品种则为1.28。这显然是因为无限性品种上部叶片一般较小,透光较好的缘故。董钻等(1984)测定了 6 个大豆品种不同层次的光强和消光系数(表 13-10)。

表 13-10 大豆不同品种群体内的光分布和消光系数*　(董钻等,1984)

品种和层次		光强 I_n/I_0(%)	光强对数 $-\ln I_n/I_0$	叶层 F	消光系数 K
铁丰 18 号	上	2.18	3.85	2.48	1.54
	中	0.72	4.93	4.49	1.10
	下	0.54	5.22	4.61	1.13
开育 8 号	上	1.79	4.02	3.73	1.08
	中	0.66	5.02	5.10	0.98
	下	0.52	5.26	5.26	1.00
丹豆 4 号	上	1.81	4.01	3.51	1.14
	中	0.65	5.04	3.79	1.33
	下	0.57	5.17	3.87	1.34
铁农 7555 4-5-15-14	上	2.22	3.81	3.29	1.16
	中	1.12	4.49	3.87	1.16
	下	0.90	4.71	3.88	1.21
辽农 2 号	上	2.62	3.14	3.58	1.02
	中	1.31	4.34	4.24	1.02
	下	1.10	4.51	4.28	1.05
辽农 3 号	上	2.87	3.55	3.40	1.04
	中	1.32	4.34	4.51	0.96
	下	0.92	4.69	4.59	1.02

*　1981 年 8 月 11 日中午 12:30 ~ 13:30 时测定,自然光强为 126 000 lx

表 13-10 中,铁丰 18 号、开育 8 号、丹豆 4 号等 3 个品种的叶片圆且大,冠层覆盖严密;铁农 7555 的叶片虽属披针形,但该品系的分枝与主茎高度一致且夹角甚小,因而冠层叶片镶嵌几乎"天衣无缝";辽农 2 号植株矮小,叶丛密集;辽农 3 号为亚有限型品种,植株较高大。因此,这些品种所构成的群体,其消光系数均在 1 左右,平均值为 1.127。个别品种个别层次的消光系数虽小于 1,但也在 0.96 ~ 0.98。以消光系数平均值 1.127 计,群体透光率(T)为 0.324(32.4%)。这就是说,大豆群体内日光每通过 1 个叶面积指数,光强下降 67.6%。

依照佐伯(1960)的估算,当群体的消光系数为 1 时,叶面积指数以 4 为宜。不过据我国学者研究的结果,1 hm² 产量 3 000 ~ 4 125 kg 大豆的群体,其叶面积指数多在 5~6 或稍大于 6。

四、大豆群体内 CO_2 的层次分布和日变化

(一)大豆群体内 CO_2 的层次分布

内岛等(1973)在论述耕地上面 CO_2 浓度分布状况时指出,白天越是靠近作物群体, CO_2 浓度越低,同时 CO_2 自大气层向着作物群体呈下行移动。夜间,由于作物和土壤微生物呼吸释放,越是群体内层, CO_2 浓度越高, CO_2 从群体下向着高空呈上行流动。这里所说的只是一般规律,实际上在不同自然环境、不同栽培条件下,不同作物、不同品种群体内, CO_2 浓度的分布是十发复杂的。董钻等(1984)于大豆结荚初期,测定了 3 个品种两种种植密度群体内 CO_2 浓度的垂直分布,结果如图 13-9 所示。

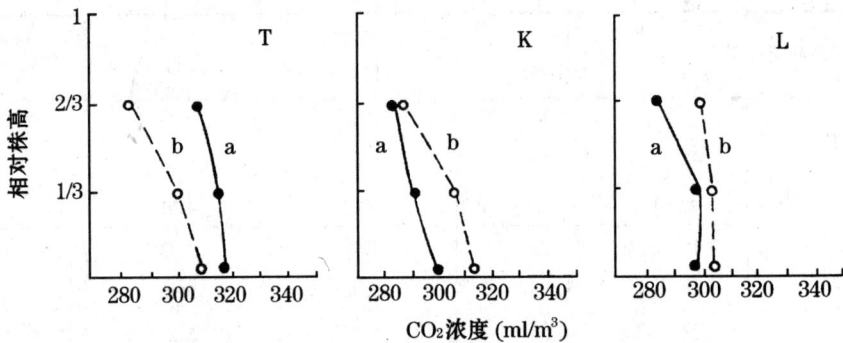

图 13-9　大豆群体内 CO_2 浓度的垂直分布　(董钻等,1984)

测定时间:1982 年 8 月 2 日 9:00～10:00

品种和密度(株/hm²):铁丰 18 号 T_a-120 000, T_b-150 000

开育 8 号 K_a-120 000, K_b-180 000

辽豆 3 号 L_a-120 000, L_b-180 000

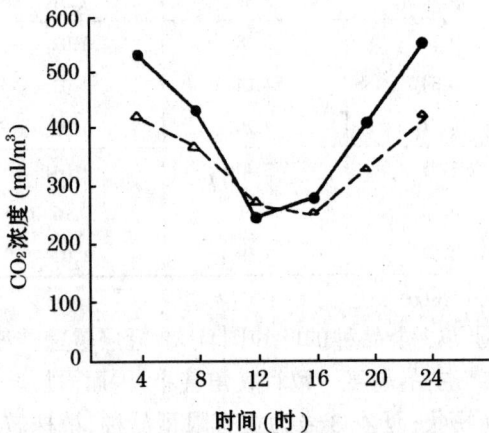

**图 13-10　大豆开育 8 号群体内 CO_2
浓度的日变化**　(董钻、傅金民,1984)

●-●:1982 年 8 月 15～16 日测定

△-△:1983 年 8 月 12～13 日测定

测定部位:株高 1/2 处

需要指出的是,图 13-9 的资料是上午 9:00～10:00 时所测得的。在这个时间,大豆群体的光合作用尚未达到高峰。此时,群体内 CO_2 浓度有越接近地面越大的趋势,也许与夜间贴近地面处 CO_2 积累有些关系。再者,时至 8 月初,群体上、中部叶层较密集,下部叶层较稀疏也可能左右 CO_2 的分布。

(二)大豆群体内 CO_2 浓度的日变化

图 13-10 绘出了大豆群体内 CO_2 浓度的日变化(董钻、傅金民,1984)。

午夜和凌晨,大豆群体内 CO_2 浓度很高,这是因为在此期间, CO_2 有积累却无消耗。日出后,叶丛光合作用即开始, CO_2 浓度逐渐下降;直至中午,光合作用旺盛, CO_2 被消耗,浓度降至最低值;傍晚日落时,光合

作用停止,CO_2浓度又复上升。大豆群体内CO_2浓度的日变化幅度很大,午间和午夜相差达171.4~286.4 $\mu l/L$。

中午前后,大豆群体内的CO_2浓度已经大大低于空气中CO_2的标准含量。换言之,在能量(光照)充足的时候,原料(CO_2)不足是阻碍光合作用的重要因素。看来,通过改良株型和改善群体结构以加强群体内空气的对流,或者采取能够提高群体内CO_2浓度的措施,对于提高群体光合速率进而提高产量将会起到一定的作用。

五、大豆的光合速率和群体净光合率

(一)大豆的光合速率

大豆光合速率是指1 dm^2叶片在1小时之内所固定的CO_2 mg数,其单位通常为mg CO_2 dm^{-2}叶 h^{-1},后来又采用μmol CO_2 $m^{-2} \cdot s^{-1}$表示。

随着研究方法和测定工具的改进,近年来开始或在盆栽,或在田间条件下,将一株或数株作为一个"整体",测定其光合速率,并以1m^2土地面积在1h之内所固定的CO_2g数加以表示。这种测定有人称其为"群体光合速率"。现举一例。

傅金民(1994)采用长、宽、高均为100 cm的同化箱罩着若干个大豆植株,用QGD-07型红外线CO_2分析仪测定了夏大豆鲁豆4号不同种植密度、不同层次的群体光合速率,获得了表13-11的测定结果。表中资料表明,群体上、中、下层叶片对整体光合速率的贡献分别为70%、24.4%和5.6%(表13-11)。

表13-11 夏大豆鲁豆4号群体各层次的光合速率 (傅金民等,1994)

(单位:$gCO_2 m^{-2}$土地·h^{-1})

层 次	种植密度(万株/hm^2)			平 均	占整体之%
	13.5	18	22.5		
上 层	3.92	4.02	3.35	3.76	70.0
中 层	1.03	1.02	1.89	1.31	24.4
下 层	0.28	0.37	0.25	0.30	5.6
合 计	5.23	5.41	5.49	5.37	100.0

(二)大豆群体的净光合率

净光合率是指1m^2叶面积在1天之内所积累的干物质(非风干物质)的g数,表示单位是:g m^{-2}叶·日。

常耀中等(1979)采用哈76-6045创造了3 412.5 kg/hm^2的产量,据他们测定的结果,该群体分枝至开花、初花至盛花、盛花至结荚、结荚至鼓粒、鼓粒至黄叶各阶段的净光合率(gm^{-2}叶·日$^{-1}$)分别为8.11、6.03、6.82、3.94、0.41。另据张贵荣等(1979)统计,开花末至鼓粒期的净光合率与产量相关显著,r=0.689**。据他根据复回归方程推算的结果,在黑龙江省,大豆1 hm^2产量3 000 kg,其群体最大叶面积指数应控制在5左右,而开花末至鼓粒期的净光合率要保持在3~4 g m^{-2}叶·日$^{-1}$。

董钻等(1979)对8个大豆品种进行了测定。结果如表13-12所示。从该表可以看出,大豆3 375 kg/hm^2产量左右的两个品种(铁丰18号和开育3号)全生育期的平均净光合率分别

为 3.83 和 $4.19\,g\,m^{-2}$叶·日$^{-1}$。Amsoy 的平均净光合率虽然高达 $4.46\,g\,m^{-2}$叶·日$^{-1}$,但是产量仅为 $2\,880\,kg/hm^2$。

表 13-12　大豆不同品种全生育期平均净光合率与产量的关系　（董钻等,1979）

品种（系）	平均净光合率（干重 $g\,m^{-2}$叶·日$^{-1}$）	生物产量(kg/hm^2)	经济产量(kg/hm^2)
丰收 10 号	3.55	5206.5	2349.0
韦尔金	3.91	6232.5	2713.5
沈 7116-3-11	3.59	6814.5	2610.0
彰 608-9-1	3.80	6769.5	2823.0
铁丰 18 号	3.83	12576.0	3628.5
开育 3 号	4.19	10692.0	3234.0
Amsoy	4.46	10903.5	2880.0
沈 7225-2-1	3.71	10648.5	2910.0

郑家兰(1983)比较研究了在每公顷 30 万株左右种植密度下,50 cm、70 cm 条播和 90 cm + 45 cm 宽窄行 3 种配置方式大豆群体结荚鼓粒期的平均净光合率。结果表明,50 cm 条播的净光合率和产量分别为 $2.79\,g\,m^{-2}$叶·日$^{-1}$和 $2\,640\,kg/hm^2$;70 cm 条播相应地为 $3.48\,g\,m^{-2}$叶·日$^{-1}$和 $2\,670\,kg/hm^2$;而 90 cm + 45 cm 宽窄行则为 $6.45\,g\,m^{-2}$叶·日$^{-1}$和 $3\,150\,kg/hm^2$。作者认为,结荚至鼓粒期的平均净光合率与产量呈显著的正相关($r = 0.867^*$)。据楚奎锡(1988)对公顷产量 $3\,000 \sim 3\,750\,kg$ 的合丰 23 号和绥农 4 号大豆群体的测定结果,平均净光合率为 $3.39 \sim 4.36\,g\,m^{-2}$叶·日$^{-1}$。

(三)关于大豆光合速率和净光合率与产量的关系

叶片光合速率与产量的关系是比较复杂的。国外许多研究者(D.J.Watson,1952;L.T.Evans,1975;R.L.Cooper,1976;A.A.Ничипорович,1979)在各自的著作中指出了一个相同的论点,即在作物单叶的光合速率与其生产力之间没有稳定的和恒定的相关性。这是因为作物光合生产是一个极其复杂的过程,它受诸如光合面积、光合时间、光合速率、产物运输和分配、呼吸消耗等内在因素,以及温、光、水、肥等外界因素的极大影响。在大豆产量的形成上,叶面积(指数)大小和消长动态所起的作用远远大于单叶光合速率。

净光合率是一定时期内植株总干物质的积累量被该时段内叶面积的平均值除所得的商。这个商的最高值往往出现在低密度下和叶面积指数较小的时候。人们往往把净光合率的大小和群体干物质总积累的多少联系起来,而实际上大豆群体的物质生产主要的是依靠强大根系的吸收作用和众多叶片的光合作用。提高净光合率无疑是提高大豆产量的重要途径;不过,它只是在一定的叶面积、光合时间内通过光合产物的转移和分配才能显示其增产作用的。因此,试图通过测定品种(系)间叶片光合速率的高低来选择"高产"品种,或者单凭几次净光合率的测定结果作为产量高低的依据,与最终产量挂起钩来,都是不适宜的。

六、大豆群体的光合势

如前所述,作物的生产是群体生产,而生产的规模是由叶面积指数表示的。不过,只有叶面积指数还不能说明群体生产能力的大小。为了表示群体以多大的规模工作了多长的时间,Ничипорович(1975)首先引入了"光合势"(Photosynthetic potential)的概念。光合势是指作物群体在某个阶段或整个生育期间叶面积的积数,其单位是"m^2 叶·日",正如同几个人工作了几天可以用"人·日"表示是一样的。与叶面积相比,光合势更能准确地反映叶片与产量形成的关系,因为它不但包括叶面积的大小,而且包括叶面积工作时间的长短。在一定的范围内,光合势越大,干物质生产越多,作物产量也越高。

与光合势类同的另一个指标是"叶面积持续时间"(Leaf area duration,LAD),其涵义仍是多大的叶面积持续了多长时间。通常是用叶面积指数对时间作图,求在某一段时间内叶面积指数曲线下的近似梯形的面积。

尽管有人对在作物群体物质生产上应用光合势概念有异议,认为把叶面积和时间这两个性质不同的变量混同起来计算是不妥当的;但是,在作物群体生理研究上采用这一指标(或参数)还是很有实用价值的。光合势是叶面积工作时间的积加值。它在纵坐标为叶面积,横坐标为时间的坐标图上相当于叶面积动态曲线与横坐标之间所夹的面积。不论是由于叶面积大或者是由于生育时间长而带来的坐标面积的增大都有利于物质生产,也有利于提高产量。

常耀中等(1978)采用大豆品系哈 76-6045 获得了 1 hm^2 3 412.5 kg 的产量。统计结果表明,其总光合势为 2 115 千 m^2·日。董钻等(1979)对 8 个大豆品种全生育期总光合势测定的结果证明,它与生物产量相关极显著,r = 0.968＊＊,回归方程为 Y_b = 0.0087x - 54.9;与经济产量相关也极显著,r = 0.838＊＊,回归方程为:Y_e = 234.4 + 0.0011x。在本试验中,铁丰 18 号 3 628.5 kg/hm^2,开育 3 号 3 234 kg/hm^2,其总光合势分别为 3 088.2 千 m^2·日和 2 396.6 千 m^2·日。

楚奎锡(1988)在黑龙江省牡丹江地区测定了绥农 4 号和合丰 23 号高产(3 000 ~ 3 750 kg/hm^2)群体前期(出苗至始花,约 30 天)、中期(始花至结荚,约 25 天)、后期(结荚至鼓粒末,约 27 天)3 个时期的光合势。结果表明,前期光合势与籽粒产量的相关系数为 0.317,未达到显著水准,中期光合势与籽粒产量呈极显著的正相关(r = 0.792＊＊),后期光合势与籽粒产量之间的相关系数为 0.618＊,达到显著水准。

第三节 大豆群体的产量

一、大豆群体产量的形成

(一)大豆产量构成因素及其相互关系

大豆生产是群体生产,其产量也是指群体产量。大豆的单位面积产量是由单位面积株数、单株平均结荚数、单荚平均粒数和平均单粒重等 4 个因素构成的。即:产量 = 株数 × 荚数 × 荚粒数 × 粒重。单位面积株数即种植密度,是在播种或定苗时即已确定下来的,单株结荚数与花芽分化和花荚形成期间,光、水、肥状况和田间管理有关,单荚粒数主要决定于大豆品种的遗传性(譬如披针形叶品种单荚粒数多为 3 粒或 4 粒,卵圆形叶品种单荚粒数则多为 2 粒或 3 粒,等等),百粒重除了与品种特性有关以外,结荚鼓粒期的水肥供应也起着不小的作用。以上 4 个因素同时增长的机会是少有的。通常是某一个因素不足时,另一个因素增大。譬如,单位面积株数少,单株所拥有的空间大,分枝数会增加,花芽分化条件改善,花荚脱落减少,最终单株荚数多,以此加以补偿。产量构成因素间的补偿(自动调节)是作物群体的一种"属性",然而这种补偿是有限度的。当个体幼小,群体尚未封行时,并不存在群体的调节。随着个体的生长发育,根系越来越庞大,枝叶越来越茂密,造成根系交错、田间郁闭,这种生存空间以及生存条件(光、水、肥等)的不足,反过来又限制大豆个体的生长发育,使之变得收敛。这种由于个体生长发育引起了环境条件改变,改变了的环境条件又反过来影响个体生长发育的现象,叫做反馈。自动调节和反馈作用是作物群体对环境条件的适应性反应,其结果是,达到群体与光、水、肥等环境条件(生存空间和生态容量)相互协调。

在大豆生产实践中,运用人为干预,通过正确确定种植密度、调节植株的田间配置以及采取各种促控措施,可以协调和控制群体中个体间的矛盾,使每个个体生长发育良好,使群体得到充分的发展,最终获得高额的产量。

(二)形成产量的生理过程——吸收作用和光合作用

大豆要维持地上茎、叶、花、果等器官所需要的水分和养分,必须具有强大的根系和庞大的吸收表面积。据董钻等(1982)在盆栽条件下,对大豆品种开育 8 号和品系辽农 79-4017 结荚盛期(R4)测定的结果,单株根系的总吸收表面积分别达 133.1 m^2 和 129.5 m^2,活跃吸收表面积分别为 65.1 m^2 和 67.3 m^2。单株的根系吸收表面积如此之大,群体根群的吸收表面积就更可想而知了。

大豆单株长至最繁茂时,其叶面积一般为 0.2 ~ 0.4 m^2。大豆群体的叶面积指数达到最大时($LAI_{max} = 3 ~ 6$,因种植密度和土壤肥力而异),大豆田的光合面积可达到 30 000 ~ 60 000 m^2/hm^2。大豆光合作用需要的 CO_2,呼吸作用需要的 O_2 以及蒸腾的水分主要靠叶面的气孔出入。姜彦秋和苗以农等(1994)对 4 个大豆品种叶片气孔密度的观察表明,大豆每 m^2 叶表面拥有气孔 103.8 ~ 153.8 个(因叶片节位而异),其中上表皮约占 1/3,下表皮约占 2/3。谢甫绨(1993)对 16 个大豆品种的观察结果是,每 mm^2 叶表面的上表皮平均有气孔 23.1 个,下表皮平均有气孔 46.9 个。当叶表面的所有气孔张开时,其总面积约占叶片面积的 1%。正因为有这样大的 CO_2、O_2 和水分的通道,才保证了大豆群体旺盛的光合作用、呼吸作用和蒸腾作用。

在大豆的总干物质中,根系吸收量和叶片光合量各占多大的比例? 据美国的一份研究资料(Ohlrogger 等,1968),在大豆籽粒为 4 047 kg/hm^2(以籽粒含水量 13% 计,折合干物重为 3 520.5 kg)、地上总干物重为 8 964 kg/hm^2 的一项试验中,根系吸收的矿物质占总干物重的 7.6%,光合产物积累量占总干物重的 92.4%。董钻等(1981)在开育 8 号大豆籽粒 3 318 kg/hm^2(折合干物重 2 976 kg)、生物产量 10 464 kg(折合干物重 9 837 kg)的产量水平下测得,大豆根系从土壤中吸收的矿物质总量为 853.5 kg,占总干物重的 8.68%,而光合产物则占总干物重的 91.32%。

对于大豆产量形成来说,叶片的光合产物积累量虽然远远地超过根系的矿物质积累量,但是这两个生理过程却是同等重要的和不可代替的。实际上,在大豆栽培上所采用的许多措施,诸如整地、施肥、灌水、铲耥、除草等等,首先是作用于根系,促进根系的吸收作用,进而才促进光合作用。

二、大豆群体产量的积累

(一)群体生物产量积累举例

大豆群体生物产量的积累过程大体上可以用 Logistic 方程加以描述。从出苗至分枝为生物产量的指数增长期,从分枝至鼓粒是直线增长期,随后进入稳定期。在稳定期内,生物产量不再增长。这是同化物由营养器官(茎秆、叶片、叶柄)向籽粒转移的阶段。董钻等(1978)从大豆出苗之日起直至籽粒成熟,每隔 15 d 在田间取样(前期 6 株,后期 3 株),测定了 4 个早熟品种和 4 个晚熟品种各个器官的重量增长以及生物产量积累进程。图 13-11 是大豆晚熟品种铁丰 18 号和早熟品种彰豆 1 号的产量积累状况。

陈仁忠等(1988)在黑龙江省绥化地区以绥农 4 号为试材,自出苗起,分期测定了干物质的积累动态(g/m^2)。结果证明,幼苗期每 m^2 积累量为 42.6 g,分枝期 104 g,初花期 149 g,盛花期 351 g,结荚期 709 g,鼓粒期 916 g,到黄熟期达到 1 197.6 g。可见干物质积累最快的时间大致在结荚期以后。

据董钻推算,欲获得 3 750 kg/hm^2 大豆籽粒产量,其生物产量应为 12 500 kg。若采用一个生育期为 130 d 的大豆品种,每 hm^2 每天平均应积累的生物产量为 96.15 kg,而每 hm^2 每天的生物产量最大积累量为 192.3 kg,时间在出苗后 70～80 d。

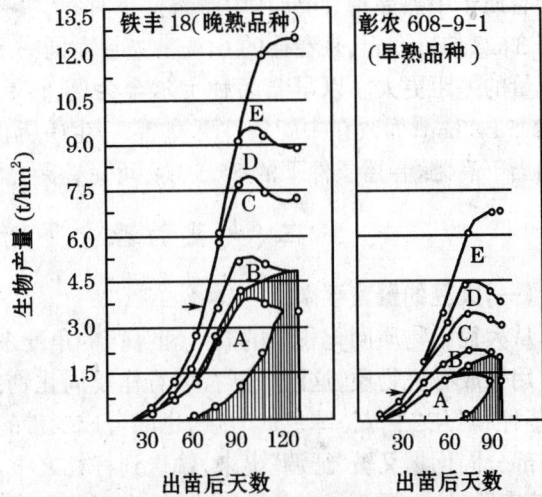

图 13-11　大豆晚熟品种和早熟品种生物产量的积累
(董钻,1979)

A. 叶片　B. 叶柄　C. 茎秆　D. 荚皮　E. 籽粒
图中竖线为脱落器官,箭头表示始花时间

(二)生物产量是经济产量的基础

对于大豆来说,生物产量是指单位土地面积上,地上部分各个器官风干重之和,包括茎秆、叶柄、叶片、荚皮和籽粒的总重量,根系不计在内。大豆生物产量是经济产量的基础。没有高额的生物产量便不可能有高额的经济产量。由于大豆收获时,叶片、叶柄全部脱落,如不捡拾这些脱落器官,无法准确地计算生物产量。常耀中等(1978)报道,在一项 1 hm^2 大豆籽粒 3 412.5 kg 的试验中,收获的茎荚(不包括叶片、叶柄)总重为 7 680 kg。若按叶片重和叶柄重分别在生物产量中一般占 25% 和 10% 推算,则在这一试验中,收获的生物产量当在 11 813 kg 左右。陈仁忠等(1988)对绥农 4 号 3 750 kg/hm^2 产量水平下生物产量与籽粒产量进行的相关分析表明,二者呈高度正相关,r = 0.7615＊＊。赵福林(1993)报道,据对东北地区近 30 个生育期不同的大豆品种所进行的测定结果,其生物产量与籽粒产量的相关系数达到了极显著水准,r = 0.9675＊＊。

大豆生育期的长短与大豆生物产量有着密切的关系。一般地说,生育期长,生物产量积累多;生育期短,生物产量积累少。张国栋(1981)研究了高纬度地区大豆生育期与生物产量的关系。结果表明,二者呈极显著的正相关,r = 0.9403＊＊;大豆生育期长短与经济产量高低之间的相关也达到了极显著水准,r = 0.8851＊＊。董钻(1981)在沈阳地区高肥条件下比较研究了晚熟品种和早熟品种的生物产量积累。铁丰 18 号等 4 个晚熟品种每 hm^2 积累的生物产量为 10 650 ~ 12 576 kg,经济产量相应地为 2 835 ~ 3 636 kg;而丰收 10 号等 4 个早熟品种每 hm^2 积累的生物产量只有 5 206.5 ~ 6 814.5 kg,相应地经济产量为 2 349 ~ 2 823 kg。

　　生物产量的积累与土壤肥力有很大的关系。同一个品种,在高肥条件下积累的生物产量远远地高于在中肥条件下的积累量。据董钻(1982)测定的结果,晚熟品种开育 3 号,在高肥条件下每 hm^2 生物产量为 10 692 kg,而在中肥条件下,生物产量仅为 5 550 kg。后者仅为前者的 51.9%。大豆播种期的早晚对生物产量的高低也有明显的影响。大豆是喜温作物,也是短日照作物,在东北地区,从春到夏,播种愈晚,气温愈高,日照愈短,愈能促进并加快大豆的发育。同一品种早播种,其生物产量积累量高;反之,则积累量低。譬如,铁丰 16 号在辽宁省属于中熟品种,同样在中肥条件下种植,春播的生物产量为 5 935.5 kg/hm^2;夏播,则只有 3 628.5 kg/hm^2,是春播的 61%。如果对同一个品种,既改变肥力,又改变播期,那么生物产量的差距更大。以早熟品种韦尔金为例,该品种在高肥条件下春播,其生物产量达到 6 232.5 kg/hm^2;而改在中肥条件下夏播,一生中所积累的生物产量却只有 3 457.5 kg/hm^2,即只相当于高肥、春播条件下的 55.5%。可见差距之大了。

三、大豆的器官平衡和经济系数

(一)大豆的器官平衡

　　从大豆干物质同化积累的"源"和"库"的角度来看,根系吸收水分和矿物质,叶片通过光合作用合成有机物质,这两个器官可看作是同化物的两个"源"。籽粒是同化物的"库"。叶柄、茎秆和荚皮在保持绿色的时候,也能合成少量的有机物质;当籽粒灌浆的时候,它们所储备的部分同化物又被"征调"出来,输送到籽粒之中。因此,这 3 个器官既是"次要源",又是"过渡库"。这里需要指出的是,在计算大豆的生物产量时,根是不包括在内的。

　　大豆一生中所积累的同化物最终分配在各个器官中的比例是不同的。董钻于 1981 年最先把这种比例关系叫做"器官平衡"(董钻,1981。参见图 13-12)。准确的器官平衡应当以干物重的分配加以计算。但由于干物重测定比较困难,故而通常以收获时的器官风干重计算。表 13-13 是董钻对不同熟期、不同播期、不同肥力条件下大豆器官平衡的测定结果。

表 13-13　大豆不同熟期类型在不同条件下的器官平衡　(董钻,1981)

处理类别	器官平衡				
	叶片(%)	叶柄(%)	茎秆(%)	荚皮(%)	籽粒(%)
早熟、春播、高肥 (4 个品种平均)	19.1 (17.7 ~ 20.3)	9.1 (7.5 ~ 10.3)	15.8 (13.0 ~ 18.3)	13.9 (13.2 ~ 15.2)	42.1 (38.5 ~ 45.1)
晚熟、春播、高肥 (4 个品种平均)	30.5 (28.8 ~ 32.6)	10.6 (10.2 ~ 11.2)	19.4 (16.6 ~ 21.8)	11.5 (9.5 ~ 13.3)	28.0 (26.6 ~ 30.2)
早熟、夏播、中肥 (3 个品种平均)	22.9 (21.8 ~ 24.8)	7.7 (6.6 ~ 8.7)	10.3 (9.8 ~ 10.6)	17.1 (13.9 ~ 19.2)	42.0 (41.8 ~ 42.2)
晚熟、春播、中肥 (4 个品种平均)	22.1 (18.6 ~ 25.2)	8.4 (6.3 ~ 10.2)	16.0 (14.1 ~ 17.7)	15.5 (14.1 ~ 17.0)	38.0 (35.9 ~ 41.1)

　　注:表中括号内数字系变幅

　　从表 13-13 可以看出,在高肥条件下春播,大豆晚熟品种与早熟品种相比,茎叶所占比例较大,而荚粒所占比例较小。与高肥相比,中肥条件下种植的大豆,在自身营养体(叶片、茎秆等)建成上所消耗的同化产物相对较少,而荚粒所占比例较大。下列器官平衡指标可供当前大豆高产栽培的参考:晚熟春播大豆品种的营养器官之和应占 60%,其中叶片 30%,叶柄 10%,茎秆 20%;繁殖器官占 40%,其中荚皮 10%,籽粒 30%。早熟夏播大豆品种的营养器官之和应占 40%,其中叶片 20%,叶柄 6%,茎秆 14%;繁殖器官占 60%,其中荚皮 15%、籽粒 45%。董钻(1981)测定了 20 个大豆品种的个体生物产量和植株的器官平衡,所得结果如图 13-12 所示。

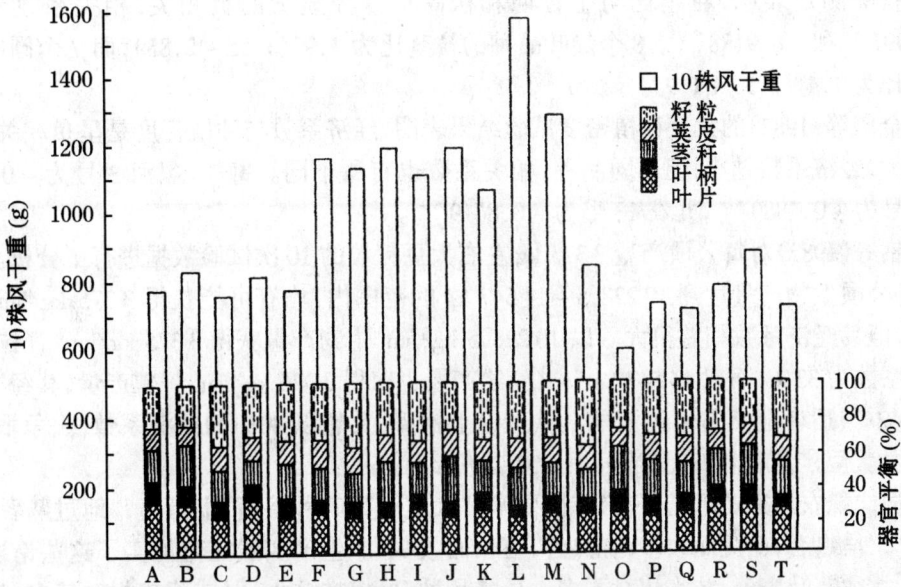

图 13-12　大豆植株的器官平衡和个体生物产量　(董钻,1981)

A. 该恩　　B. 锦豆 6422　　C. 开育 8 号　　D.7305-124　　E. 开育 3 号　　F. 丹豆 267　　G. 齐黄 10 号　　H.75-8180
I. 开辐 623-3　　J.7327　　K.Corsoy　　L. 铁丰 8 号　　M. 铁丰 18 号　　N. 无毛豆　　O. 黑铁荚　　P. 铁荚青
Q. 铁荚四粒黄　　R. 嘟噜豆　　S. 通州小黄豆　　T. 小金黄

大豆的器官平衡是同化物转移分配的最终结果,也是源—库关系的标志。器官的建成既决定于品种的遗传特性,也因栽培条件和促控措施而自动调节。因此,在品种选用上,秆强、节间短、荚密、小叶、少分枝的品种越来越受到重视;在栽培措施上,既要促使群体有足够的生长量,又要控制茎叶不可过旺。只有这样,器官平衡才能趋于合理,产量也才会高。

(二)大豆的经济系数

如前所述,由于大豆收获时,叶片、叶柄相继脱落,给计算经济系数(也称收获指数)带来较大的困难。国内外研究者(赵发,1975;张国栋,1979;御子柴公人,1979)曾采用"粒茎比"代替经济系数。即:不计叶片、叶柄重量,只以籽粒重占成熟时地上茎荚总重的比例,以籽粒重/茎秆重 + 荚皮重 + 籽粒重表示;或以籽粒重/茎秆重 + 荚皮重来表示"粒茎比"。前一种表示法能够衡量经济有效器官占收获物的比例,在考种时经常采用。后一种表示方法则只表明籽粒重与茎秆和荚皮重之比。

如果在大豆成熟收获时,将已脱落的器官(包括叶片、叶柄以及未发育完全的落地的豆荚等)收集起来,作为生物产量的一部分参与经济系数计算的话,那么所得到的结果将更加准确。即:经济系数(%) =(经济产量/生物产量)×100%。

据张国栋(1979)对国内外 204 个大豆品种"经济系数"(此处为:籽粒/茎秆 + 荚皮 + 籽粒)与生育日数关系的统计,二者呈极显著的负相关,r = - 0.958。胡明祥(1980)研究了大豆品种生育期与经济系数的关系。结果表明,在吉林省公主岭地区,大豆各种熟期类型的经济系数各不相同:中早熟品种为 32.2% ~ 42.6%;中熟品种为 28.6% ~ 37.6%;中晚熟品种为 27.6% ~ 32%。即熟期愈早,经济系数愈大。据王彦丰等(1981)的研究结果,在吉林省条件下,大豆品种的生育期与粒茎比呈明显的负相关关系,r = - 0.9499。早熟品种的粒茎比一般在 46% ~ 54%。而中、晚熟品种则在 37% ~ 46%。赵铠(1984)对 15 个不同类型的大豆品种所进行的测定表明,粒茎比与生育期和株高均呈极显著的负相关,相关系数分别为 - 0.8099** 和 - 0.9188**。8 个尖叶品种的粒茎比为 1.97(1.55 ~ 2.85),而 7 个圆叶品种的粒茎比为 1.47(0.97 ~ 1.9)。

刘金印等(1987)的大豆种植密度试验结果表明,经济系数与种植密度是呈负相关的,即密度越大,经济系数越小;但不同品种,相关系数也有所不同。譬如,黑河 3 号为 - 0.5665,九农 9 号为 - 0.7889**,九农 13 号为 - 0.8619**。

董钻等(1982)对每公顷产量 3 375 kg 左右大豆籽粒的 10 次试验数据进行了分析。结果表明,每公顷生物产量达到 10 228.5 ~ 14 547 kg 的范围内,均有可能获得 3 375 kg/hm² 的籽粒产量,但其经济系数相差很大。以 10 228.5 kg/hm² 生物产量获得 3 375 kg/hm² 籽粒产量,其经济系数为 33%;而以 14 547 kg/hm² 生物产量也获得 3 375 kg/hm² 籽粒产量,其经济系数仅为 23.2%,后者显然是不经济的。从理论上推算,要想以 30% 的经济系数,去争取 3 375 kg/hm² 的大豆产量,生物产量当为 11 250 kg/hm²。

我国北魏农学家贾思勰曾在《齐民要术》"大豆篇"和"种谷篇"中指出,"地过熟者,苗茂而实少","早熟者,苗短而收多;晚熟者,苗长而收少"。生产实践完全证实了这些论述。土壤肥沃,往往茎叶繁茂,结实相对不多。早熟品种,虽植株矮小,但结荚却相对较多;晚熟品种,植株多高大,而结荚则相对较稀少。

随着大豆生物产量的提高,经济系数有下降的趋势。张国栋(1979)的测定表明,经济系数高的品种,生物产量一般偏低;反之亦然。据他的统计结果,经济系数与生物产量呈明显的负相关关系,r = - 0.852。这是因为在高肥大水条件下大豆茎叶的生长容易得到促进,而荚粒的形成数量却赶不上茎叶的增长。更何况当茎叶过分郁闭时,荚粒往往反而减少。要获得高额的大豆籽粒产量,必须采取适宜的种植密度和适当的促控措施,使高额的生物产量与较高的经济系数相结合。假如没有很高的生物产量作基础,那么再高的经济系数也是无济于事的。

第四节　大豆群体结构的影响因子及高产途径

一、大豆的种植密度

种植密度的大小常被称做群体的大小。在种植密度大时,大豆个体所拥有的空间和营养面积小,个体生长细弱;种植密度小时,个体所拥有的光、气、水、肥份额大,个体长势健壮。

(一)种植密度与环境条件的关系

大豆的种植密度与地域条件有直接的关系,就东北地区而言,自北向南,无霜期越来越

长。黑龙江省采用的大豆品种一般生育期较短,个体生长量小,种植密度当然大些,每公顷
30万～45万株,近年有的品种已增加到60万株。辽宁省的大豆品种生育期较长,个体生长
量较大,种植密度自然小些,每公顷15万～18万株。吉林省的自然条件介于黑、辽两省之
间,大豆植株的生长量也居中,每公顷株数在19.5万～24万株。

大豆的种植密度与土壤肥力也密切相关,因为大豆植株的可塑性很强。同一品种在肥
力不同的土壤上种植,其生长发育表现各异。土壤肥沃(即"美田"),植株长得繁茂,枝多叶
大,单位面积株数少些也不会浪费地力。相反,土壤瘠薄(即薄田),植株长得瘦弱,枝少叶
小,只有单位面积株数多一些才能布满全田。这就是我国东汉农学家崔寔所提出的"美田欲
稀,薄田欲稠"。据吉林省大豆主产地榆树县的调查,获得最高产量的种植密度是因土壤肥
力而异的:高肥地19.35万株/hm²,中肥地21.9万株/hm²,低肥地25.05万株/hm²。

大豆对短日照敏感。同一品种晚播与早播相比,所遇到的条件是日照渐短、气温渐高,
因而生长发育加快、开花提前,成熟提早。董钻和董加耕等(1990)以辽豆3号和红丰3号为
试材,分正常春播(5月4日)和麦茬夏播(7月15日)两期播种,对两品种的生育期结构进行
了比较。结果如表13-14所示。

表13-14　大豆品种不同播期的生育期结构(1987)　　(董钻、董加耕、裴碧梧,1990)

生育阶段	品种和播期(月·日)			
	辽豆3号		红丰3号	
	5.4	7.15	5.4	7.15
出苗至成熟	141	87	107	80
播种至出苗	10	4	9	4
出苗至初花	43	28	35	19
初花至成熟	98	59	72	61

辽豆3号系辽宁省当地的中晚熟品种,春播的生育天数在试验当年为141 d,而夏播缩
短为87 d,即提早成熟达54 d;株高由114 cm降为81 cm。单株干重由68.3 g降为40.1 g。
红丰3号是从黑龙江省引至辽宁省进行试验的。据《中国大豆品种志》(1978～1992)记载,
红丰3号在原产地(黑龙江省红兴隆农场)生育天数为104 d(播期不详)。在引至辽宁省春
播(5月4日)后,生育天数为107 d,而夏播则80 d即可成熟。春播的株高为78.3 cm,夏播
的降为61.3 cm。

同一大豆品种,熟期不同所带来的效应是生长状况(包括株高、节数、植株重量等)改变
较大。在确定种植密度时,必须根据这些因素加以调整。以辽宁省为例,当地品种(辽豆3
号、辽豆10号)既可春播也可夏播,春播的适宜密度一般在18万～19.5万株/hm²,而夏播的
种植密度则为39万株/hm²左右,比春播加大1倍。辽宁省从黑龙江省引进的品种,因单株
生长量小,夏播种植密度一般需加大到每公顷45万～52.5万株。

(二)一定密度范围内大豆群体产量的稳定性

在一定密度范围内,大豆群体产量是相当稳定的。为了说明这一问题,不妨首先来分析
一份实际的大豆种植密度试验结果(董钻等,1984)(表13-15)。

表 13-15　大豆种植密度与产量性状和产量的关系　（董钻等, 1984）

密 度* (万株/hm²)	株 高 (cm)	分枝数	分枝总长度 (cm)	主茎节数	分枝节数	主茎荚数	分枝荚数	产 量 (kg/hm²)
铁丰 18 号**								
9.54	77.0	7.1	308.6	18.0	47.1	50.5	117.9	2827.5
12.69	79.6	6.1	253.1	17.0	27.5	47.6	64.8	2872.5
15.75	85.0	5.0	205.5	18.2	22.6	46.4	57.0	2812.5
铁丰 18 号***								
8.06	77.7	20.3	438.0	19.4	46.9	32.1	107.9	2752.5
14.64	86.5	11.3	244.4	17.6	24.2	26.5	52.9	2550.0
19.20	106.8	7.8	111.2	16.2	14.6	29.1	27.7	2550.0
开育 8 号								
13.50	74.5	2.4	100.0	18.1	16.2	49.4	25.3	2992.5
14.70	77.5	1.2	57.8	16.4	7.6	57.0	14.7	3127.5
16.20	81.8	1.2	27.8	17.4	6.1	50.3	7.0	3097.5
辽豆 3 号**								
13.74	86.3	3.9	212.3	19.0	28.7	57.1	65.0	3457.5
15.35	85.5	3.1	112.1	18.8	18.0	55.0	44.3	3247.5
17.64	86.5	2.2	83.3	17.0	7.8	54.1	20.1	3322.5

*—系秋收时实际收获的密度　　**—1982 年数据　　***—1983 年数据

从表 13-15 资料可以看出, 铁丰 18 号（1982）低密度和高密度每公顷株数相差达 6.21 万株, 可是产量几乎相等；1983 年, 在密度相差更大（达 11.14 万株/hm²）的情况下, 产量之差仍未达到 10%。这是为什么呢？大家知道, 大豆单位面积产量由每公顷株数、每株平均荚数、单荚粒数和粒重等 4 个因素构成。其中, 荚粒数在遗传上是相当稳定的, 较少受外界因素的影响, 百粒重也是变化不大的。于是, 在人为地调节每公顷株数（即种植密度）的情况下, 制约产量高低的因素便是每株的荚数了。表中资料表明, 铁丰 18 号（1983）在每公顷株数为 8.06 万株情况下, 单株荚数为 140 个（主茎 32.1 个, 分枝 107.9 个）；相应地, 14.64 万株, 单株荚数为 79.4 个；19.2 万株, 单株荚数为 56.8 个。换言之, 单位面积株数增加是以单株荚数减少来补偿的。铁丰 18 号系分枝性品种, 具有较强的分枝能力。现仍以铁丰 18 号（1983）为例加以说明, 在每公顷株数为 8.06 万株密度下, 平均单株分枝 20.3 个, 分枝总长度达 438 cm；相应地, 14.64 万株/hm², 单株分枝数为 11.3 个和分枝总长 244.4 cm；19.2 万株/hm², 则为 7.8 个和 111.2 cm。不难看出, 分枝成了调节分枝型大豆种植密度的杠杆。

从表中资料还可以看出, 分枝性弱的品种如开育 8 号和辽豆 3 号单株调节能力也是很强的。虽然主茎荚数变化小, 分枝荚数变化却很大。朱道民（1984）在分析山东省菏泽地区夏大豆种植密度与产量关系时也发现, 大豆群体在每公顷 18 万、27 万和 36 万株的条件下, 其产量是相对稳定的。另据董灵等（1992）报道, 在浙江省低丘红壤生态条件下, 浙春 2 号的最适密度范围为 30 万 ~ 68 万株/hm²（1989 年）和 30 万 ~ 66 万株/hm²（1990 年）。在这样大的范围内, 种植密度的效应也是不大的。Johnson（1987）也指出, 在一定的范围内, 大豆种植密度不同, 产量则是相近的。

吉林省农业科学院孟祥勋等(1992)通过密度试验也得出了类似的结果(表 13-16)。

表 13-16　五个品种在不同密度下的产量水平　（g/m²）（孟祥勋等,1992）

密度(株/m²)	吉林 20 号	吉林 21 号	吉林 22 号	吉林 26 号	吉林 27 号	平　均
16	244.9	231.5	237.3	221.5	221.1	231.3
18	244.6	237.9	238.3	226.3	238.9	237.2
20	250.9	248.9	272.6	233.8	287.1	258.7
22	274.3	196.1	283.1	214.3	248.6	243.3
平　均	253.7	228.6	257.8	224.0	248.9	—

表中资料经方差分析的结果表明,各品种小区产量的密度效应差异是不显著的。不过,不同品种的最高产量出现在不同的密度范围内。例如,熟期较早且分枝较少的吉林 20 号和吉林 22 号在 22 株/m² 密度下产量高一些;而分枝较多的吉林 26 号和熟期较晚的吉林 21 号和 27 号,均在 20 株/m² 密度下产量较高。孟祥勋等(1992)认为,大豆是自身发育调节能力较强的作物,其适宜的种植密度范围比较宽,因此在群体间密度相差不十分悬殊时,可能影响不到品种产量潜力的显现和发挥。

在一定的密度范围内大豆群体的产量大体上保持在同一个水平上。这里特别需要强调的,是"一定的密度范围",因为并不是说无论种多大的密度其产量都一样。试想,表 13-16 中的每平方米株数假如少于 16 株或多于 22 株,那产量还会保持在同一水平上吗? 不会的! 所谓"一定的密度范围"取决于群体中个体能够调节的程度,即取决于在一定的营养面积下个体生长发育的可塑程度。这个范围是:在密度小的情况下,通过个体生长发育,仍能封垄(北方叫"插墒");在密度大的情况下,个体不至于被严重削弱以至倒伏。一般来说,分枝性强的品种,其适宜密度范围较大;反之亦然。生育期长的品种,适宜密度范围也大于生育期短的品种,这是因为前者有足够的时间去占据它应得的空间(营养面积)。

(三)大豆的适宜种植密度

1. 适宜的种植密度因条件而异　早在 20 世纪 60 年代初,张瑞忠、田岚(1964)在哈尔滨采用东农 4 号进行种植密度试验时就曾发现,在不施肥的条件下,以每公顷 30 万株产量最高,而在施肥条件下,则以每公顷 20 万株产量最高(表 13-17)。

表 13-17　在不同肥力水平下密度与大豆产量的关系　（张瑞忠、田岚,1964）

处理项目		生物产量 (kg/hm²)	籽粒产量 (kg/hm²)	经济系数	产量增加(%)		备　注
施肥	密度(万株/hm²)				生物产量	籽粒产量	
未施肥	10	6600	1934	0.2639	100.00	100.00	—
	20	7080	2051	0.2576	107.02	106.04	—
	30	7760	2162	0.2507	117.57	111.78	—
	40	7860	2136	0.2445	119.00	110.44	—
	50	7800	1951	0.2251	118.18	100.88	倒伏

续表 13-17

处理项目		生物产量	籽粒产量	经济系数	产量增加(%)		备 注
施肥	密度(万株/hm²)	(kg/hm²)	(kg/hm²)		生物产量	籽粒产量	
施 肥	10	8900	1994	0.2016	134.84	103.10	—
	20	9920	2305	0.2015	150.30	119.18	倒伏倾向
	30	9400	2093	0.2005	142.42	108.22	徒长倒伏

从表 13-17 可以看出,在未施肥、低密度(10 万株/hm²、20 万株/hm²)条件下,全田的生长量(生物产量)不足,尽管经济系数较大,籽粒产量也并不高;而在未施肥、高密度(40 万株/hm²、50 万株/hm²)条件下,生物产量虽然较高,但是经济系数偏低,特别是 50 万株/hm² 处理植株倒伏,籽粒产量均不及 30 万株/hm² 处理。在施肥的条件下,由于个体生长量较大,最高的籽粒产量出现在 20 万株/hm² 处理。而 30 万株/hm² 处理发生了徒长且倒伏,生物产量和籽粒产量终不及 20 万株/hm² 处理。

大豆的适宜种植密度是因品种类型、特征特性、气候状况、土壤肥力等条件而转移的。现列举春大豆、夏大豆和秋大豆三种类型三个试验结果加以说明(表 13-18)。

表 13-18　大豆不同种植密度与产量的关系　(张子金主编《中国大豆育种与栽培》,428~429 页)

栽培类型	密度(万株/hm²)	产 量		品种和试验单位、年份
		(kg/hm²)	(%)	
春大豆	8.25	2692.5	99.6	九农 9 号,吉林市农业科学研究所,1980
	16.65	2700.0	100.0	
	25.05	2251.5	83.9	
	33.30	2190.0	75.5	
	40.05	2175.0	75.5	
夏大豆	22.50	1860.0	95.1	爬蔓青,山东省昌潍农业科学研究所,1960
	30.00	1950.0	100.1	
	37.50	1878.0	97.1	
	45.00	1785.0	91.8	
	52.50	1642.0	83.2	
秋大豆	33.75	1597.5	63.8	乌壳黄,湖南省农业科学院,1959
	42.45	1597.5	69.5	
	56.25	1860.0	74.4	
	60.00	2490.0	100.0	
	74.85	2310.0	92.8	
	90.00	2460.0	98.8	

表 13-18 资料表明,不同栽培类型的大豆品种在不同的生长条件下,获得最高产量的密度大不相同。春、夏、秋大豆分别为每公顷 16.65 万株、30 万株、60 万株。同一品种在同一地点种植也有其适宜的密度。

目前,各地、各生态区大多已从生产实践中摸索出了当地熟悉和掌握的大豆种植密度。一般说来,在实际操作时,以采用适中的密度比较稳妥。譬如,在每平方米16~22株范围内(表13-16)都能达到某一产量水平时,以采用19株左右的中等密度比较稳妥,而采用"临界密度"则有风险。

2002年,辽宁省农业科学院大豆室采用株型紧凑的亚有限结荚习性品系辽21051,将种植密度加大至32.46万株/hm²(一般仅为15万株/hm²)的情况下,创造了公顷产量4 908 kg的高额产量。可见种植密度在提高大豆产量上尚有潜力可挖。

2. 叶面积指数——适宜种植密度的准绳　大豆品种是多种多样的,种植条件又是千差万别的,种植密度以多少株为多,多少株为少,多少株为适宜呢? 标准是很难划一的。可否采用一个不论对各种品种,还是对各种栽培条件都具有参考意义的标准来衡量大豆的种植密度呢? 这样的标准似乎当推叶面积指数(LAI)了。

叶面积指数是指单位面积地面上覆盖多少层叶片。据董钻在辽宁省各地的粗略观察,当LAI为1时,每公顷产大豆约为750 kg,相应地,LAI = 2、3和4,大豆每公顷产量大约在1 500 kg、2 250 kg和3 000kg(当然这不是绝对的!)。

众所周知,大豆群体的光合生产是随着叶面积指数增大而增加的。LAI很小时,光合产物少,群体生长量小;LAI增加,光合产物也随之增加;当LAI很大时,在一定时期内群体光合作用保持稳定,但由于下部叶片被遮荫,群体呼吸消耗又与LAI大小成正比,因而净同化作用反而下降。换言之,LAI也绝非越大越好。

春大豆区或夏大豆区的生产实践证实,要想获得每hm² 3 000 kg左右的产量,能使最大叶面积指数维持在4~5之间或接近6的种植密度是比较适宜的。

二、大豆植株的田间配置方式

(一)"横行必得,纵行必术"

关于作物植株的田间配置方式,我国先秦农学论文"辩土"篇(《吕氏春秋》)中有这样的论述:"茎生有行,故速长;弱不相害,故速大。横行必得,纵行必术(横行恰当,纵行笔直)。正其行,通其风,决心中央(将中央打开)。"这里所说的,正是种庄稼需讲究植株的配置。到了西汉,农学家氾胜之在其所撰《氾胜之书》中写道:"大豆须均而稀"。在谈到"区种大豆法"时,氾氏指出:"坎(穴)方深各六寸,相去二尺,一亩得千二百八十坎。……坎内豆三粒。……至秋收,一亩中十六石。"古代的作物区种法要求集中施肥、集中灌水、精细管理,以获高产。区种法是在古代手工操作条件下形成的高产栽培技术经验,后来已经失传,而且已不适于现代作物生产的要求。但是,区种法的核心是密植、等距、全苗和"横行必得,纵行必术"。这些原则在今天仍需继承和发扬。

在单位面积种植密度相同的情况下,植株分布是均匀好,还是不均匀好? 在作物植株分布上绝对的均匀(行株距完全相等,如同棋盘一样),是不现实的,也是没有必要的。本节所讨论的匀度是用植株营养面积(株距)的标准差来表示的。标准差越大表明匀度越低。何庸和余世铭(1982)在黑龙江省八五二农场测定了大豆品种东农4号田间植株分布匀度对产量的影响。结果表明,株距标准差越大,单株粒数变异系数越大,平均单株粒数也趋于降低(表13-19)。

表 13-19　株距标准差对单株粒数和产量的影响　（何庸、余世铭，1982）

年　份	株距标准差 （cm）	平均单株 粒　　数	单株粒数变 异系数（%）	产　量 （kg/hm²）	产　量 （%）	百粒重 （g）
1979	0.76	36.34	29.25	2823.0	100.0	18.50
	1.21	35.80	37.51	2772.0	98.2	18.44
	2.80	34.48	61.68	2650.5	93.8	18.30
	3.40	33.84	53.43	2599.5	92.1	18.30
1980	1.5 ~ 2.0	45.76	21.83	2437.5	100.0	14.75
	2.0 ~ 2.5	44.06	26.62	2368.5	97.21	14.88
	2.5 ~ 3.0	39.42	34.50	2301.0	94.42	14.84
	3.0 ~ 3.5	36.67	35.42	2187.0	91.59	14.72
	3.5 ~ 4.0	33.91	40.28	2164.5	88.82	14.37
	4.0 ~ 4.5	32.24	42.99	2097.0	86.04	14.27
	4.5 ~ 5.0	33.98	42.70	2029.5	83.25	14.23

＊ 1979 年为实际产量，1980 年为回归产量

据何庸等（1982）的统计结果，平均单株粒数与株距标准差呈中度负相关：东农 4 号密度为 33 万株/hm² 时，相关系数 r = − 0.3756；42 万株/hm² 时，r = − 0.3978，而 49.5 万株/hm² 时，r = − 0.4451。表 13-19 还表明，株距标准差越大，单位面积产量越低。

田间植株匀度低，直接影响大豆植株营养面积和空间的合理分配。占据较大营养面积的个体因发育较好所增加的粒重弥补不了占据较小营养面积的个体因受抑制所减少的粒重。即所谓"得不偿失"。除此而外，匀度低还造成株高和底荚高度变异系数加大，结果给收获也带来困难和损失。

总之，在大豆生产越来越机械化的今天，注意植株配置的匀度，减小株距标准差，显得更加重要了。

（二）植株田间配置方式与植株性状及产量的关系

1. 配置方式与植株性状的关系　李世兵和董钻（1992）以大豆品种丹 87-5 和辽 85-5453 为试材，进行了配置方式试验。种植密度一致，均为 16.67 万株/hm²，穴距和每穴株数分作：①10 cm 单株，②20 cm 双株，③30 cm 3 株，④40 cm 4 株，⑤50 cm 5 株等 5 个处理。3 次重复，共 15 个小区。每个小区 6 行，行距 0.6 m，行长 8 m。成熟时，取中间 4 行，两端各去 1 m，测产。试验结果表明，随着每穴株数增加，在节数不变的情况下，节间长度有增长的趋势。这与穴内植株密集，光照变劣，个体之间争夺阳光有一定的关系。单株分枝数有随着每穴株数增多而增加的趋势。这显然是穴内株数增加，个体相邻一侧拥挤，而外缘一侧空闲，致使分枝向外侧伸展的结果。李世兵和董钻在田间观察中还发现了一个有趣的生态现象：无论一穴中有几株大豆，尤其是在每穴 3、4、5 株的情况下，整个穴内的所有植株构成一个"整体"，如同一个"巨大的单株"。在同一穴内，各单株靠近的一侧分枝少、叶片也少，而外缘的分枝多，叶片也多。换句话说，同一穴内每个单株的外缘分枝和叶片都尽量地向周边扩张，

去利用较充足的阳光和空间。这样一来,同一穴内所有植株作为一个整体,看上去是完整的、均衡的;但是,每一个单株则变得畸形和不均衡了。不仅茎叶如此,在挖掘根系进行观察的时候还发现,与地上的分枝、叶片分布相类似,同一穴内所有植株的根系如同一个庞大的单株根系,侧根向四周呈放射状伸展,而各植株靠近的一侧,侧根既少又短。结果各个单株的根系也是畸形的、不均衡的。考种资料表明,随着每穴株数的增加,主茎结荚数有所减少,而分枝结荚数有所增多,上述 5 个处理的单位面积产量差异则在 5%左右。

宋启建等(1995)采用无限型和有限型南农 87C-37、泗豆 11 号所进行的同密度、不同行株距的试验结果表明,与行、株距接近(均匀分布)处理相比,行、株距差别较大(不均匀分布)的株高较高,分枝数较多,主茎节数较少,单株荚数也较少。

2. 配置方式与大豆产量的关系 关于同密度下大豆植株田间配置方式与籽粒产量关系的试验研究不少,所得结论却不一致。一些研究证实,只要种植密度相同,单纯地改变植株的田间配置,对籽粒产量并没有影响,或者没有显著的影响。而另一些研究则表明,在种植密度相同的情况下,通过改变植株的田间配置,提高了大豆的产量。

辽宁省铁岭地区农业科学研究所(1974)在比较不同地区、不同大豆品种在种植密度相同、配置方式不同情况下的籽粒产量时发现,10 cm 单株与 20 cm 双株、13 cm 单株与 26 cm 双株,16.5 cm 单株与 33 cm 双株等 3 对配置方式的单位面积产量(分别为 2 178 kg 与 2 157 kg、2 163 kg 与 2 090 kg、2 121 kg 与 2 121 kg)基本上没有什么大的差别。张志双(1985)的试验结果也表明,在密度相同的情况下,大豆单粒条播(株距 5 cm)与等距穴播(穴距 20 cm,每穴 4 粒)两种播种法在产量上是相同的。

苏黎等(1994)以亚有限型品种辽豆 10 号和有限型品种铁丰 24 号进行相同种植密度(16.65 万株/hm²)下的植株田间配置方式试验。试验设重复 3 次,小区面积 15 m²,成熟时全区收获。结果如表 13-20 所示。从表中可以看出,在密度适宜、行穴距适中的情况下,植株的田间配置方式对单位面积产量没有多大的影响。这说明在这一密度和穴行距内,群体通过自动调节导致了各个处理之间的平衡,最后籽粒产量也十分接近。若以普遍采用的条播法(株距 10 cm)为对照的话,穴距 30 cm,每穴 3 株的处理产量稍高(增产 1.3%~3%),穴距 50 cm,每穴 5 株的处理产量稍低(减产 4.4%~5.3%)。然而在田间试验条件下,如此小的差异是不算显著的。

表 13-20 大豆植株田间配置方式与产量的关系 (苏黎等,1994)

植株配置方式		辽豆 10 号		铁丰 24 号	
穴距(cm)	株/穴	产量(kg/hm²)	%	产量(kg/hm²)	%
10	1	2434.5	100.0	2410.5	100.0
20	2	2346.0	101.9	2376.0	98.6
30	3	2508.0	103.0	2443.5	101.3
40	4	2449.5	100.6	2293.5	95.1
50	5	2304.0	94.7	2304.0	95.6

赵桂范等(1995)在种植密度基本相同的情况下,比较了合丰 25 号几种种植方式与产量的关系。兹将结果列于表 13-21。

表 13-21　　不同种植方式对大豆产量的影响　（赵桂范等，1995）

种植方式*	密度(株/m²)	单株荚数	单株粒数	百粒重(g)	产量(kg/hm²)	产　量　比	
窄行条播	30.8	28.2	61.8	19.8	3645.0	110.86	108.8
垄上双条播	31.0	25.1	55.8	19.7	3288.0	100.0	—
垄上穴播	29.9	25.4	60.2	19.6	3349.5	—	100.0

　　＊ 窄行穴播处理因每 m² 达 33 株，密度较大，从略

　　在上述试验中，窄行条播比垄上双条播增产 10.86%，比垄上穴播增产 8.8%。

　　下面的几项试验结果表明，在种植密度相同的情况下，通过改变植株的田间配置方式可使籽粒产量提高 10% 以上。例如，宋启建等（1995）的试验结果表明，行、株距较接近的配置（即分布较均匀）比行、株距差别较大的配置（即分布较不均匀）更有利于大豆籽粒产量的提高（表 13-22）。

表 13-22　　不同大豆品种在不同密度和行株距配置下的产量比较　（宋启建等，1995）

密度(万株/hm²)	行距×株距(cm)	产量(kg/hm²)	相对增产(%)
22.5	30×14.8	1150.5	114
22.5	60×7.4	1008.0	100
30.0	25×13.3	999.0	112
30.0	50×6.7	889.5	100
45.0	16.7×3.3	1024.5	122
45.0	33.3×6.7	841.5	100

　　H. M. Taylor 等（1982）在美国 Iowa 州 Castana 以无限结荚习性大豆品种 Wayne 为试材，比较了种植密度相同（16 万株/hm²）下，不同行距（分别为 25 cm 和 100 cm）对产量的影响。结果表明，在不灌溉条件下，行距 25 cm，产量为 2 500 kg/hm²；行距 100 cm，产量为 2 100 kg/hm²。在灌溉条件下，行距 25 cm，产量为 2 440 kg/hm²；行距 100 cm，产量为 2 100 kg/hm²。作者认为，窄行处理比宽行处理产量高是截光量增加的结果，因为宽行处理行间占总空间的 40%，而叶面积却只占总面积之 13%。W. K. Mason 等（1982）的测定结果证实，窄行和宽行处理的大豆植株根长度有很大的差别。以每 m² 叶面积计，在不灌溉条件下，25 cm 处理的根长度为 720 m，100 cm 处理的根长为 480 m；在灌溉条件下，25 cm 处理根长为 630 m，100 cm 处理根长为 410 m。根长的这一差别最终必然在产量上反映出来。

　　丁巧明（1986）在宁夏沙质淡灰钙土上，采用大豆品种铁丰 18 号进行的等行距（60 cm）和宽窄行（60 cm + 30 cm）对比试验的结果表明，在种植密度相同（不论 30 万、37.5 万或 45 万株/hm²）情况下，等行距处理的产量均超过宽窄行处理。

　　表 13-23（董灵等，1992）表明，在降雨充沛、肥力中等的红壤土条件下，当种植密度小时，改进配置方式增产幅度较大（15.9% ~ 34%），而在种植密度大时，不同配置方式的产量差别就不那么大了（5% ~ 12.2%）。

表 13-23　不同种植密度和种植方式对大豆产量的影响　(董灵等,1992)

密度(万株/hm²)	每 hm² 穴数(万)	每穴株数	产量(kg/hm²)	产量比
22.5	11.25	2	2286.0	134.0
22.5	7.50	3	1702.5	100.0
45.0	11.25	4	2328.0	115.9
45.0	15.00	3	2008.5	100.0
67.5	11.25	6	2427.0	112.2
67.5	22.50	3	2163.0	100.0
90.0	11.25	8	2053.5	105.5
90.0	30.00	3	1945.5	100.0

(三)几种植株配置方式评述

1. 改进植株田间配置的实例

(1)等距穴播栽培　常耀中和董丽华(1981)、常耀中和胡立成(1982)经过多年研究,为黑龙江省提出了大豆等距穴播栽培法。据他们的试验结果,在哈尔滨地区,在同样栽培条件下,等距穴播栽培比条播栽培增产 4% ~ 14.6%。对于土质较肥沃、水分较充足的高产栽培条件来说,植株徒长和封行偏早对产量形成是不利的。常耀中等的观测表明,等距穴播处理的封行期比条播栽培推迟 5~8 d,功能叶的寿命也比较长。

(2)垄上双条精量点播　黑龙江省大型农场推行"垄三"栽培法(垄体深松土,垄内深施肥,垄上双条播)收到了良好的增产效果。杨方人等(1994)对垄上双条精量点播和单条播的产量效果进行了比较。每种播种法调查 4 个点次。结果表明,在种植密度基本一致(前者 48.9 株/m²,后者 49 株/m²)情况下,双条精量点播比单条播增产 14.3%。他们认为,双条播植株分布较均匀,空间布局较合理是增产的主要原因。

(3)不同生态类型搭配种植　吉林省农业科学院大豆所曾以不同成熟期生态类型为主,兼顾叶形大小、植株高矮和茎秆强弱等生态类型的差异,实行大豆不同品种搭配种植,取得了一定的增产效果。据王彦丰(1979)报道,采用植株高大、圆叶、茎秆坚韧的 Amsoy 和植株较矮、长叶、秆强的合丰 23 号,按等量种子混合播种。两品种成熟期不同,但可同时收获。产量结果是:搭配种植比合丰 23 号单种增产 9.1%,比 Amsoy 单种增产 6.5%。另据 1971 ~ 1974 年早、晚熟品种搭配种植试验结果,平均比一个品种单种增产 31.4%。在解释不同品种搭配种植增产的原因时,王彦丰指出,搭配种植改进了群体结构,改善了通风透光条件,叶片总面积扩大,早熟品种前期(分枝至开花期)和晚熟品种后期光合生产率高于单一品种清种,结果干物质积累增多,经济系数增大。

(4)密植半矮秆体系(Solid-Seeded-Simedwarf System)　密植半矮秆体系也叫半矮秆密植法。美国大豆专家 R.L.Cooper 于 1967 年最先研究的。他在美国北部伊利诺斯州研究了窄行密植(Solid-in-Place)。结果证实,行距由 76.2 cm 减小至 17.5 cm,大豆产量大约可增加 20%。黑龙江省在引进密植半矮秆体系的基础上,形成了本省垄平作相结合的"大垄窄行密植"、"小垄窄行密植"和平作的"窄行密植"栽培技术体系。这三个体系和大豆密植半矮秆体系增产的原因在于加大了种植密度,改变了植株的田间配置,株距与行距更加接近,这样一来,封垄提早,可使群体更早地更充分地利用土地和光热资源。何志鸿、刘忠堂、杨庆凯(1999)把增产原理概括为"方形分布理论"和"盛花期封垄理论"。

我国黑龙江省从1993年引进密植半矮秆种植技术,近年来在该省进行了试验。刘忠堂(1997)、何志鸿(1997)、杨庆凯(1997)等专家所提供的资料表明,1995年在黑龙江省6个县(市、农场)安排了198点次试验,结果在99个点上,窄行密植增产,其中49个点比传统的大垄(66.7~70 cm)栽培法增产20%以上。1996年,有182个点次试验,窄行密植平均每公顷3 030 kg,而大垄栽培平均每公顷2 700 kg。在这182个点中,窄行密植增产的有131个点(占总点数之72%),平均增产17%;窄行密植减产的有51个点,平均减产9%。

另据王彦丰等(1997)在吉林省若干个县试验证明,采用适于密植的较早熟的大豆品种实行30 cm行距密植(30万株/hm²),比当地中熟品种、60 cm行距普通密度(15万株/hm²)平均增产大豆24.3%(13.3%~34.8%)。需要指出,此处增产的主要因素似乎不是由于缩小了行距,而是由于增加了密度。

2. 关于植株配置方式增产效果和原因的分析

(1)与大豆的结实特点有关　前一节中已经提及,在同一种植密度下,通过改变植株的田间配置方式,有的获得了增产的效果,有的却增产不显著或者并未增产,这是什么原因呢?照道理说,种植密度相同,单纯地改变田间配置方式,每个单株所占有的营养面积并未改变;改变了的,只是营养面积的形状(行距和株距)。这一改变可能收到的增产效果毕竟是有限的。但是,大豆的结实特点是全株多数节位都有开花和结荚的潜力,大豆又是一个叶片平展的作物,群体中下部光照往往很不足。通过改变行株距,的确可以起到改善冠层中下部光照状况的作用。如果因调节配置方式增加了种植密度,那是二者互作的效应。

(2)改善农事操作的作用不可忽视　应当指出,改变植株田间配置方式,除了起到一定的生理作用外,也有便于操作、便于管理等优点(如穴播与条播相比即有这一优点),而这些优点也可收到减少损失、增加产量的效果,这是不可忽略的。再者,任何一种植株配置方式的采用都要符合当前的生产条件或者能够提高劳动生产率,否则是没有价值的。譬如,古代的区种法,从植株配置上说是合理的,今天已不再适用。又据报道,大豆"正方形栽培法"比条播法增产17.5%~45.2%(魏清富等,1993);但是这种栽培法在生产实践中却是很难实施的。

(3)净光合率不宜作为衡量配置方式好坏的标准　在论述某种配置方式增产的生理原因时,有的研究者往往归结到叶面积指数增加或净光合率的提高上,这是值得商榷的。

在田间条件下取样测定叶面积和干物重,误差是相当大的,如果测定重复少、次数少,只凭少量点次即作出结论,其可靠性是不大的。换言之,只有精确地测定叶面积指数方可下结论。至于把净光合生产率的高低与产量直接联系起来,是容易使人产生误解的。如前所述(本章第二节),净光合率是一定时期内总干物质增长量被同一时期内叶面积的平均值除所得的商。只有当叶面积很小,叶片之间又彼此不遮荫时,净光合率才能保持恒定;当叶片之间稍有遮荫时,净光合率就开始下降。叶面积指数小的时候,净光合率高,而叶面积指数大的时候,恰恰净光合率又低。实际上总干物质积累仍是随着叶面积增加而增多的。因此,净光合率的变化常常既不反映群体的光合作用,又不反映单叶的光合能力。总之,用净光合率的高低来衡量密度适宜与否和配置方式恰当与否是不适宜的,需谨慎对待。

(4)因地制宜、因品种制宜　在同密度下,除非植株的田间配置方式极度不合理(如稀密过分不均匀),各种配置方式之间在产量上的差异一般不会十分显著。至于采用何种配置方式,应根据当地栽培习惯、农机具特点以及品种特征特性(株高、分枝性、结荚习性等)加以选择和确定,不存在绝对优越的植株配置方式。以半矮秆密植法为例,在黑龙江省许多地方试验的结果证实这种种植法确有增产效果。然而,在该省西部风沙干旱区(如甘南县)却不太适宜了(何志鸿,1997)。

参 考 文 献

丁巧明.中国油料,1986,2:47~48

万国鼎.氾胜之书辑释.农业出版社,1980,pp.129~137

王滔,孙淑燕,陈存来.大豆科学,1983,1:67~74

王金陵.大豆通报,1996,1:5~7

王彦丰.中国油料,1981,1:52~56

王彦丰,赵杜鹤.吉林农业科学.增刊,1997,57~61

田佩占.遗传学报,1975,4:337~342

刘金印,张恒善,王大秋.大豆科学,1987,1:1~9

许大全,薛德林.植物生理学通讯,1985,6:34~37

许大全,李德耀,沈允钢等.作物学报,1987,3:213~217

孙广玉.大豆科学,1989,1:33~38

孙卓韬,董钻.大豆科学,1986,2:91~102

朱培仁.作物群体问题论文集.江苏省科协编,江苏人民出版社,1962,pp.35~49

张子金(主编).中国大豆育种与栽培.农业出版社,1987,pp.428~429

张双棣,张万彬,殷国光等.吕氏春秋译注.吉林文史出版社,1987,pp.915~944

张志双.东北农学院学报,1985,1:111~113

张国栋.中国油料,1981,4:52~54

张贤泽,马占峰,赵淑文等.作物学报,1986,2:131~135

张荣贵,宋宇.中国农业科学,1979,2:40~46

张瑞忠,田岚,郑家兰.东北农学院学报,1962,3:1~7

张瑞忠,田岚.东北农学院学报,1964,3:1~13

杜维广,王育民,谭克辉.作物学报,1982,2:131~135

何庸,余世铭.中国油料,1982,1:47~49

何志鸿,刘忠堂,杨庆凯.大豆通报,1999,2:6~8

邱家驯,盖钧镒,贺观钦等.大豆育种应用基础和技术研究进展(盖钧镒主编).江苏科学技术出版社,1990,pp.13~18

林蔚刚,许忠仁,刘立成等.大豆科学,1995,1:53~59

苗以农,姜艳秋,朱长甫等.大豆科学,1988,2:113~118

杨方人,赵淑英,吴溪涌.现代化大豆高产栽培.黑龙江科技出版社,1994,pp.155~161

孟祥勋,王曙明,李爱萍.吉林农业科学,1992,2:12~13

周正卿,徐秀珍,刘志勇等.大豆科学,1993,4:340~346

郑丕尧,傅天明,王瑞舫.中国油料,1991,1:13~17

郑家兰.东北农学院学报,1983,4:43~48

赵桂范,连成才,郑天琪等.大豆科学,1995,3:233~240

郝乃斌,杜维广等.植物学报,1991,9:692~697

郝欣先.大豆科学,1983,1:49~57

胡立成,丁希明,姚远等.大豆科学,1993,1:37~44

胡立成,丁希明,姚远等.大豆科学,1998,4:340~346

胡明祥等.吉林农业科学,1980,3:1~14

祝其昌.东北农学院学报,1960,1:1~17

贺观钦,丁邦展,蒋陵秋.大豆科学,1989,2:129~135

郭午,张维久、牛裕洲.吉林农业科学,1964,2:9~18

夏叔芳,丁新建,张振清.植物生理学报,1981,2:135~142

殷宏章,王天铎,沈允钢等.稻麦群体研究论文集.上海科技出版社,1961,pp.17~50

常耀中,张荣贵,李兰甫等.中国农业科学,1978,3:18~22

常耀中,董丽华.黑龙江农业科学,1981,3:22~25

常耀中,胡立成.大豆科学,1982,2:14l~147

游明安,盖钧镒,吴晓春等.大豆科学,1993,1:64~69

董灵,陈诗武,李希白等.大豆科学,1992,2:97~105

董钻,宾郁泉,孙连庆.沈阳农学院学报,1979,1:37~47

董钻,宾郁泉,苏正淑.沈阳农学院学报,1979,2:126~128

董钻.辽宁农业科学,1981,3:14~21

董钻,祁明楣,孙卓韬等.大豆科学,1982,2:131~140

董钻,孙卓韬.大豆科学,1984,2:113~120

董钻.大豆科学,1988,1:69~74

董钻.大豆通报,1997,2:1~2

董加耕,董钻,裘碧梧.大豆科学,1991,4:261~268

傅金民.大豆科学,1994,1:16~21

楚奎锡.大豆科学,1988,3:215~222

潘瑞炽,苗以农,徐淑敏等.植物生理学通报,1964,2:39~42

魏清富,高扬.大豆通报,1993,1:24

门司正三,佐伯敏郎(朱健人译).转引自王天铎(主编)光合作用与作物生产译丛(2),1953,北京:农业出版社,1980,pp.
   1~22

小岛睦男(苗以农译),农业技术,1975,10:443~447

户义次主编(薛德榕译).作物光合作用与物质生产.科学出版社,1979,pp.35~121

玖村敦彦.日作纪,1969,37:570~588

昆野昭晨(苗以农译).农业および园芸,1979,第2、3、4号

B.E.考德威尔著(吉林省农业科学院译).大豆的改良生产和利用.农业出版社,1982,pp.388~408

Board,J.E.,and Q.Tau,Crop Sci.,1995,35:846~851

Boerman,H.R.,and D.A.A.shley,Crop Sci.,1988,28:137~140

Brttery,B.R.,R.I.,Bzzell,and W.I.Findlay,Can.J.Plant Sci.,1981,2:191~198

Cooper,R.L.,Agron.J.,1991,5:884~887

Egli,D.B.,and J.E.Legett,Agron.J.,1976,68:371~374

El-Sharkway,M.,and J.Hesketh,Crop Sci.,1965,5:517~521

Erans,L.T.et al,Aust.J.Biol.Sci.,1970,23:725~741

Hatch,M.D.,and C.R.Slack,Annu.Rev.Plant Physiol.,1970,21:141~162

Johnston,T.J.,J.W.Pendleton,D.B.Peters,and D.R.Hicks,Crop Sci.,1969,9:577~581

Беликов,И.Ф.,Доклады АНСССР,1957,117(5):904~905

Карпов,Е.А.,И.П.Холупенк,Физиология растений,1976,5:1018~1025

Лавриненко,Г.Т.,1978,Соя,Россельхозиздат

Ничипорович,А.А.,Физиология растений 1978,5:922

Ничипорович,А.А.,1975,Физиолого-генетические основы повышения продуктивности зерновых культур,Изд.Колос

Шатилов,И.С.,Сельскохозяйственная биология,1978,1:36~40

第十四章 中国大豆栽培发展史

第一节 中国历代大豆的类型和品种

中国早在先秦时代就重视选育良种的工作,《诗经·大雅·生民》中就有"诞降嘉种"的诗句,"嘉种"就是现在所说的"良种"。由于我们的先人重视选育良种,所以中国古代有丰富的品种资源,它为我们提供了丰富多彩的遗传基因库,为我们现代的选种育种提供了良好的物质条件。

一、中国先秦时期大豆的生态类型

《诗经·鲁颂·閟宫》中有"植稺菽麦"的诗句。《毛传》说:"先种曰植,后种曰稺",说明早在西周至春秋时代,我国就已有了不同熟期的大豆品种,需要安排其播种的顺序。

《管子·地员》中说到在"五谷"这种土壤上适于种菽时有"其种大菽、细菽"的说法。夏纬瑛先生解释说:"菽是现在的大豆,又分大菽、细菽二品"。这就是说,在春秋战国时期大豆在生态类型上,已有大粒种和小粒种的分别。

《吕氏春秋·审时》中在总结农时和大豆生长发育的关系时说:"得时之菽,长茎而短足,其荚二七以为簇,多枝数节,竞叶蕃实,大菽则圆,小菽则搏以芳,"其中又说到了"大菽"和"小菽",就是大粒种和小粒种。

由此可见,中国早在先秦时期,就已选育出了不同生态类型的大豆品种,而成熟期有早晚,播种有先后,种粒有大小,是其主要的表现形式。

二、魏晋南北朝时期大豆的类型和品种

西晋时郭义恭《广志》中说:"建宁大豆有黄落豆、有御豆、豆角长、有扬豆、叶可食"[1]。建宁位于福建省的西部地区,由此可知在西晋时期已有不同类型和用途的大豆品种。

后魏·贾思勰的《齐民要术·大豆》中说"今世大豆有白黑二种、及长梢、牛践之名",并有"黄高丽豆、黑高丽豆……大豆类也"的说法。这就是说,中国在后魏时代,已经根据大豆色泽的不同对大豆进行分类,已有白、黑、黄等类型,并且又选育出了"长梢"和"牛践"等大豆新品种。

三、元明清时代的大豆类型和品种

元代王祯《农书》中说:"大豆有白、黑、黄三种……其大豆之黑者,食而充饥,可备凶年,丰年可供牛马料食;黄豆可作豆腐,可作酱料;白豆粥饭皆可拌食,三豆色异而用别,皆经世之谷也"。王祯对三色大豆的用途作了准确的描述。

明代李时珍《本草纲目》中说:"大豆有黑、白、黄、褐、青、斑数色。黑者名乌豆,可入药及

---

[1] 引自《齐民要术》

充食,作豉;黄者,可作腐、榨油、造酱。余但可作腐及炒食而已。"到了明代,大豆已由元代的白黑黄三色,变为黑白黄褐青斑六色,并且其用途又增加了入药、榨油、炒食等项内容。

明代宋应星在《天工开物》中说:"凡菽、种类之多,与稻黍相等,播种收获之期,四季相承,果腹之功,在人日用,盖与饮食相终始。一种大豆,有黑黄两种,下种不出清明前后,黄者有五月黄、六月爆、冬黄三种……;黑者刻期八月收,……江南又有高脚黄,六月刈早稻方再种,九十月收获"。到了明代,大豆种类之多,已经和水稻、黍子相等了,说明大豆种类已经相当众多;从播种和收获时期上看,已经达到了"四季相承"的境界。这就是说,从生态类型上看,明代已有春夏秋冬播种和收获的类型,并且已经有了适于稻豆轮作复种的"高脚黄"品种。

清代张宗法《三农纪》中说:"豆……种有早中晚,形有大小圆扁;色有黄白青黑斑。"这就是说,清代的大豆,在熟期上有早中晚之分;在形状上有大小圆扁之别;在色泽上有黄白青黑斑等多种色泽。说明此期大豆的类型和品种,已经相当丰富多彩。

四、明清和民国时期方志中的大豆品种资源

(一)东北地区大豆的类型和品种

清代,辽宁省各府州县方志有关大豆类型和品种的记载表明:辽宁地区清代前期的大豆以黄豆和黑豆两种类型为主。从旗地和民丁以黑豆当赋的情况来看,可能黑豆占主导地位。辽宁方志中出现有关大豆品种记载的最早年代是清道光二年(1822),从道光至光绪年间,辽宁方志中,共载有大豆品种6个,即六月黄、七月黄、大金黄、小金黄、白眉、青皮。

从清末至民国年间,东北三省的大豆品种从6个增加至30个。按大豆的类型来分,有黄豆、黑豆、青豆、杂豆等类型。在黄豆类型中有金黄豆、大金黄、小金黄、四粒黄、黑壳黄、青黄豆、白眉豆、小黑脐等8个品种;在黑豆类型中有黑豆、乌豆、大乌、小乌、黑皮青、尖大粒、猪眼黑、黑青瓢等8个品种;在青豆类型中有青皮豆、大粒青、四粒青、铁荚青、红毛青、两粒青、青瓢子等7个品种;在杂色豆类型中有猫眼豆、天鹅蛋、磨石豆、虎皮豆、羊豆、白露豆、霸王鞭等7个品种。

光绪年间《东三省调查录》中说:"大豆有黄豆、绿豆(青豆)、黑豆三种。而黄豆更分而为三:一曰白眉、谓有白斑者也;二曰黑腹,谓带黑色者也;三曰黄金,又曰金圆,谓形圆而黄金者也。绿豆分而为二:一曰黄绿,谓表绿而豆黄者也;二曰青绿,谓表里俱绿者也。黑豆亦得区而为三:一曰大黑、表黑而里绿;二曰小黑豆,形较大黑豆小,表黑而里黄;三曰扁黑豆,形扁平,椭圆,表黑而里带微黄。黄豆在豆类中脂肪最高,白眉、金圆为最上,宜作豆腐、豆芽;绿豆汁液多;黑豆惟品质稍劣,黑豆子与高粱、玉蜀黍等共煮,熟以供食用。小黑豆及扁黑豆为盐物,亦供马料等"。这说明东北三省在晚清时期大豆的类型及品种,已经初具规模了。

民国13年(1924)《满州三省志》中载有满铁公主岭农事试验场日本学者中本保三的大豆分类。他把东北三省的大豆分为有毛种和无毛种两大种。无毛种当时仍未发现,至于有毛种,可因其豆粒之形状,更分为丰圆种和扁平种两种,丰圆种很多,而扁平种极少。

丰圆种中因其豆类及脐之色,更分为6种。

1.黄色种　一般称为黄豆,最为普遍,属于此种者有下列品种。

奉天白眉:此种在奉天(现沈阳)附近栽培极多,草身长80 cm左右,作淡紫色,早熟,成熟之时,其荚色白,豆粒淡黄,少光泽,脐为白色,脂肪量18%左右。

黑壳黄:此种多植于辽阳附近及辽阳以南,草身长 100 cm 左右,花白色,中熟,荚呈淡褐色,豆粒中大作球形,色黄,稍有光泽,脐为淡茶褐色,含油量 19% 左右。

白花脺:此种多在长春及公主岭附近栽培,草身长 100 cm 左右,花白色,中熟,荚呈淡褐色,粒中大,球形,色黄,稍有光泽,脐为茶褐色,含油量 19% 左右。

四粒黄:此种多植于东三省南部之北,草身长 80~100 cm,花白色,中熟,荚呈淡褐色,粒大,球形,色黄,稍有光泽,脐为淡茶褐色,含油量 20%~22%。

2. 绿色种 普通称为青豆

大豆青:多植于奉天以南,草身长 70 cm 以内,花白色,晚熟,粒大,球形,子叶绿色,无光泽,脐呈淡褐色,含油量 17% 左右。

3. 黑色种 普通称为黑豆,脐色皆黑,子叶黄色或绿色,黑皮青荚,多植于奉天以南,草身长 80 cm 左右,花白色,荚褐色,草带青色,粒中大,球形,有光泽,脐黑色,含油量 20% 左右。

猪眼豆:各地均有栽培,以为副食物用,草身长 50~60 cm,花紫色,荚淡褐色,稍带青色,粒大球形,有光泽,种皮黑,表皮生网状龟裂,其间露出白色之下皮,脐黑色,含油量 17% 左右。

4. 褐色种 粒球形而小,脐褐色,种类极少,与其他品种混栽。

5. 带绿黄色种 普通称为青豆之一种,子叶黄色,粒椭圆形或球形。

奉天青皮:此种多植于奉天以南,草身长 100 cm 左右,子叶呈淡褐色,籽粒大球形深青色,无光泽,脐黑色,含油量 19% 左右。

铁荚青豆:广植于奉天以南、辽阳、熊岳城附近,草身长 80~90 cm,花紫色,荚黑褐色,粒大,椭圆形,有光泽,外皮呈淡青色,子叶黄色,含油量 20% 左右。

小黑脐:此种多植于东三省南部之北,常与其他作物混栽,草身长 60~65 cm,花紫色,荚浓褐色,粒球形,稍有光泽,脐黑褐色,含油量 21% 左右。

6. 斑色种 此种散见于各地,但栽培者甚少。

扁平种:普通称为秣食豆,各地略有培植,有黄色、褐色、黑色种,皆作扁平长椭圆形,有光泽,草身长 120~130 cm,花白色或紫色,含油量 19% 左右。

(二)黄河流域的大豆品种资源

1. 明代的大豆类型及品种 据明代山东省《章丘县志》、《沾化县志》,河南省《内黄县志》,河北省《易州志》、《河间府志》、《真定府志》,山西省《荣河县志》、《太谷县志》记载,黄河中下游地区在明代大豆的主要类型是:黄豆、黑豆、青豆等。主要品种有:大黄豆、青黄豆、天鹅蛋、大黑豆、小黑豆、龙眼豆、老鼠眼、牛腰齐、皮狐腿、芦花白、羊眼豆、鸡屎豆、虎爪豆、虎斑豆、狐狸豆、花脸豆、秣豆、青皮豆、东北风豆等 20 种。

2. 清代的大豆类型及品种 黄河中下游地区,清代大豆的类型仍然以黄豆、黑豆为主。据山东省《福山县志》、《临朐县志》,河南省《洛阳县志》、《河南府志》、《河南通志》、《光山县志》、《孟津县志》、《洧川县志》,河北省《武清县志》、《昌黎县志》、《沧洲志》、《元氏县志》,山西省《潞城县志》、《山西通志》、《叶县志》、《霍州志》、《定襄县志》、《怀仁县志》记载,主要品种有:白黄豆、青黄豆、铁黑豆、小黑豆、白花躁、当年陈、楼杆黄、二粒黄、衮龙珠、兔脚白、天鹅蛋、谷里混、四粒、铁荚、白果、羊眼豆、青皮豆、磙豆、鸡虱豆、六月爆、九月寒、虎皮豆、老鸦眼、猪食豆、马鞍豆、乌豆、猫眼豆、龙眼豆、狐狸豆、里表青、大黑豆、小黑豆、麦茬豆、夏黑豆、麦楼子、一窝蜂、玻璃豆、酱色豆、鸡眼豆、花豆、棉豆、连豆等40多种,比明代增1倍以上。

3. 民国时期大豆的类型及品种　　据民国时期山东省《齐河县志》、《临沂县志》、《黄县志》;河南省《通许县志》、《光山县志》、《真阳县志》、《禹州志》,河北省《文安县志》的记载,这时期大豆的主要品种有:牛腰齐、铁荚青、连叶豆、河南黄、白花早、蓝花早、小铁橛、平顶黄、水黄豆、大白果、小白果、大青果、当年陈、小青黄、早四粒、小鼠眼、大四粒、碰节黄、小黄豆、莱阳青、表里青、凤皮豆、猪眼豆、干打锤、铜皮豆、羊眼豆、老鸦眼、花斑豆、鸡屎豆、天鹅蛋、棉花矬、泥豆、九月寒、金黄躁、笨豆、大子青豆(竹竿青)、八月炸黑豆、铁杆翻黑豆、大子黑豆、小子黑豆、连毛僧、平顶黄等40多种。

4. 分省的大豆类型及品种　　黄河中下游地区的山东省的大豆的品种最多,主要有:大黄豆、青黄豆、白黄豆、二粒黄、楼杆黄、河南黄、平顶黄、水黄豆、大青黄、碰节黄、小黄豆、大黑豆、小黑豆、铁黑豆、老鼠眼、龙眼豆、当年陈、皮狐腿、铁荚青、东北风、天鹅蛋、牛腰齐、滚龙珠、猪眼豆、干打锤、凤皮豆、连叶豆、早四粒、大四粒、青皮豆、莱阳青、表里青、芦花白、兔脚白、白果、白花早、蓝花早、谷里混、白花躁、小铁橛等48个品种。

河北省大豆主要有:黄豆、黑豆、青豆等类型,以及虎爪豆、虎斑豆、狐狸豆、龙眼豆、天鹅蛋、老鸦眼、花脸豆、羊眼豆、鸡屎豆、猪食豆、马鞍豆、乌豆、青黄豆、猫眼豆、表里青、连毛僧、平顶等17个品种。

山西省大豆有:黄豆、黑豆、青豆、白豆、紫豆等类型,以及鸡粪豆、秣豆、麦茬豆、夏黑豆、麦楼子、一窝蜂、碌豆、玻璃豆、酱色豆、鸡眼豆、青黄豆、羊眼豆、花豆、连豆等15个品种。

(三)长江流域的大豆类型和品种

1. 明代的大豆类型及品种　　据江苏省《扬州府志》、《崇明县志》,浙江省《嘉善县志》、《瑞安县志》;安徽省《六安州志》、《帝乡纪略》;湖北省《罗田县志》,四川省《保宁府志》、《洪雅县志》的记载,长江流域明代大豆有:黄豆、黑豆、青豆、白豆等类型。主要品种有:大黄、大青、大黑、大紫、大褐、鸭蛋青、紫眼、羊眼、雁来枯、抄社黄、半夏黄、佛指、劳豆、香白豆、水白豆、僧衣豆、大香珠、八月白、田青、小香珠、瞒眼豆、慈菇青、丹阳黑、扇子黄、乌壳黄、六月白、半升棵、乌豆、六月乌、寒豆、珍珠豆、滚龙珠、六月爆、高脚黄、皂角子、龟儿眼、牛毛黄、张口黄、青香豆、雁来黄、茶褐豆、矮脚黄、山子黄、牛皮黄、猪耳高、沿山滚、笊篱头、雁来黏、白果豆、老鼠皮、马儿黄、气杀旺、软秸豆、薄里赶、小黑豆、龙眼乌、荷包豆、荸荠豆、马鞍豆、羊眼豆、一窝蜂、贴壳青、六月青、泥里丸、蜜蜂豆、青皮豆、鸡婆豆、滚山豆、黑咀豆、白壳豆、绵花豆等75个品种。

2. 清代的大豆类型及品种　　据清代江苏省《通州志》、《镇江府志》、《江都县志》、《崇明县志》、《丹阳县志》、《高邮州志》、《江都县志》、《太仓州志》、《川沙厅志》,浙江省《宁波府志》、《寿昌志》,安徽省《宁国府志》、《亳州志》,湖南省《宁乡县志》、《宝庆府志》、《宁远县志》、《永州府志》、《醴陵县志》、《巴陵县志》,湖北省《罗田县志》、《钟祥县志》、《京山县志》、《荆州县志》、《东湖县志》、《郧西县志》、《房县志钞》、《安陆县志》、《来凤县志》、《汉川县图记征实》,江西省《吉水县志》、《南康府志》、《清安县志》、《南城县志》、《建昌府志》、《婺源县志)、《庐陵县志》、《鄱阳县志》、《万载县志》、(南昌县志》、《宜春县志》,四川省《大邑县志》、《青神县志》、《南充县志》、《丹陵县志》记载,清代长江流域大豆的主要品种有:茶青、扁莆、麻皮、鸡趾、牛庄、僧衣、香珠、莲心、乌眼、沉香、白果、雁来青、雁来枯、半夏黄、铁壳、黄香珠、茶褐豆、荸荠豆、牛啃庄、早绵青、乌豆、水白豆、马鞍豆、凝黄、牛踏扁、欺水黄、十家香、矮箕黄、稻熟黄、河阳青、乌嘴黄、淮黄、六月白、等西风、麻熟子、大青豆、鸭蛋青、天鹅蛋、夷陵青、胶州青、骨里青、鹦哥绿、乌眼黄、鸡子黄、獐皮黄、牛眼乌、马料豆、扇子白、兔儿圆、圆珠黄、扇子黄、高脚黄、六月乌、小青豆、慈菇青、肉里青、嚇杀人、贼叹气、羊眼豆、南京黄、六月黄、随稻黄、白香圆、紫罗豆、紫香圆、砂仁豆、油豆、猴孙豆、老鼠豆、广东青、火斑豆、青乌豆、黄沙豆、白胭脂、八月白、泥豆、平顶王、紫花角、八月锭、铁角黄、茧壳、药黑豆、懒人豆、五月黄、八月黄、禾根豆、十月黄、九月乌、青皮豆、西山豆、六月爆、蜜蜂豆、茶柯豆、鸡婆豆、白壳豆、泥鳅黄、五月豆、九月豆、黄花豆、白花青、马踏扁、灯州白、老鸦眼、观音豆、缠丝青、扬花柳、黑大豆、黑小豆、油绿豆、毛绿豆、茶黄金、牛打脚、白毛黄豆、五月林、猴子毛、中秋豆、早青治、重阳青、八月榨、老鸦青、珍珠耳、马齿豆、樟子豆、青里青、塍豆、九月黄、田背豆、茶花壳豆、八月爆、禾兜豆、冬黄豆、花腰豆、黄壳豆、六月蓝、七月绿、红壳豆、棕色豆、五色豆、跟壳豆、绵花豆、鸡眼豆、和尚花、豆儿子、爬山豆、综项豆等150多种，比明代增加1倍。

3. 民国时期大豆的品种　据民国时期江苏省《海门图志稿》、《江苏通志》，浙江省《浙江通志》、《象山县志》，安徽省《芜湖县志》，湖南省《永顺府志》、《汝城县志》、《湖南地理志》，四川省《绵竹县志》、《眉州志》、《万源县志》、《汉源县志》、《名山县新志》记载，民国时期长江流域的大豆品种主要有：白毛壳、八月白、柿子核、喜鹊茅、紫青、十月黄、十月白、牛眼紫、小黄壳、牛踏扁、十月青、水白蛋、黄羊眼、矮箕黄、节节三、节节四、者珠、盐青、关青、白花珠、小黄、白果、鸡趾、乌眼、莲心、沉青、白渍、瓢青、水白豆、六月白、自香圆、苏州黄、圆珠黄、乌眼黄、扇子黄、高脚黄、南京黄、六月黄、随稻黄、黄瓜青、七月白、白花珠、戴霜黄、大黑豆、乌香珠、乌豆、六月乌、牛腿豆、小黑豆、大青豆、透骨青、小青豆、肉里青、慈菇青、羊眼豆、虎斑豆、香珠豆、僧衣豆、田青豆、田白豆、关东青、茶青、火炮豆、八月豆、十月豆、梅豆、冬豆、泥鳅豆、鸭子青、牛吃幢、泥豆、八月黄、六月爆、青皮豆、黑皮豆、泥黄豆、田塍豆、秋风豆、南京豆、十月爆、九月黄、白毛豆、黄毛豆、茶豆、斑鸠眼、五色豆、六月蓝、跟壳豆、绵花豆、鸠眼豆、和尚衣、天鹅蛋、老鼠皮、田坎豆、赶壳黄、半年黄、八十早、早大豆、老林豆、灰壳等100种。

4. 分省的主要大豆品种　长江流域各省以江苏省的大豆品种最为丰富，主要有：鸭蛋青、半夏黄、雁来枯、炒社黄、劳豆、香白豆、水白豆、僧衣豆、大香珠、八月白、田青豆、小香珠、慈菇青、丹阳黑、扇子黄、羊眼豆、乌壳黄、半升棵、六月白、茶青、扁莆、麻皮、鸡趾、牛庄、莲心、乌眼、沉香、白果、雁来青、铁壳、黄香珠、茶褐豆、荸荠豆、牛哨庄、早绵青、乌豆、马鞍豆、凝黄豆、牛踏扁、欺水黄、十家香、矮箕黄、稻熟黄、河阳青、铁壳黄、乌嘴黄、淮黄、等西风、麻熟子、大青豆、天鹅蛋、夷陵青、胶州青、骨里青、鹦哥绿、乌眼黄、鸡子黄、獐皮黄、牛眼乌、马料乌、扇子白、兔儿圆、圆珠黄、扇子黄、高脚黄、小青豆、肉里青、六月乌、嚇杀人、贼叹气、南京黄、六月黄、随稻黄、白香圆、紫罗豆、紫香圆、砂仁豆、白毛壳、柿子核、喜鹊毛、紫青、十月黄、节节三、节节四、盐青、关青、白花珠、小寒黄、白渍、瓢青、苏州黄、黄瓜青、七月白、白花珠、戴霜黄、大黑豆、小黑豆、牛腿豆、透骨青等99种。

浙江省明清至民国年间大豆的主要品种有：水白豆、僧衣豆、香珠豆、乌豆、六月乌、六月白、八月白、珍珠豆、寒豆、油豆、牛吃幢、雀子斑、六月豆、重阳豆、野猪豆、猴孙豆、老鼠豆、马料豆、广东青、火斑豆、羊眼豆、虎斑豆、田青豆、田白豆、关东青、茶青豆、火炮豆、八月豆、十月豆、梅豆、冬豆、泥鳅豆、鸭子青等30多种。

安徽省明清至民国年间大豆的主要品种有：滚龙珠、六月爆、高脚黄、满场白、皂角子、兔儿眼、牛毛黄、张口黄、青香豆、雁来黄、茶褐豆、矮脚黄、八月白、山子黄、牛皮黄、猪耳高、沿山滚、笕篱头、雁来枯、白果豆、老鼠皮、马儿黄、气杀旺、软秸豆、薄里赶、大黑豆、小黑豆、龙眼乌、六月乌、荷包豆、荸荠豆、马鞍豆、羊眼豆、一窝蜂、贴壳青、六月青、鸭蛋黄、泥里丸、青乌沙、黄沙豆、白胭脂、六月黄、八月绽、褐豆、青豆、平顶豆、紫药角、铁角黄、茧壳、料豆、二糙、药黑豆等 52 种。

湖南省明清至民国年间大豆的主要品种有:懒人豆、六月黄、八月白、水白豆、羊眼豆、五月黄、八月黄、禾根豆、十月黄、大黑豆、九月乌、茶豆、青皮豆、拖泥豆、六月爆、黑皮豆、泥黄豆、田塍豆、秋风豆、南京豆、小黑豆、十月爆等 22 种。

湖北省明清至民国年间大豆的主要品种有:六月爆、蜜蜂豆、茶柯豆、青皮豆、高脚黄、鸡婆豆、羊眼豆、西山豆、白壳豆、泥豆、泥鳅黄、五月豆、九月豆、黄花豆、白花豆、天鹅蛋、马踏扁、灯州白、老鸦眼、观音豆、马料豆、八月豆、缠丝青、骨里青、扬花卵、六月黄、八月黄、黑大豆、黑小豆、油绿豆、茶黄豆、牛打脚、白毛黄豆、五月林、猴子毛、中秋豆、早青治、重阳青、八月榨、牛进等 41 种。

江西省清代至民国年间大豆的主要品种有:茶子豆、乌豆、老鸦青、珍珠豆、黄花豆、泥豆、青皮豆、羊眼豆、马齿豆、樟子豆、田豆、表里青、香色豆、塍豆、六月爆、大白豆、小白豆、大紫豆、小紫豆、大黑豆、小黑豆、六月黄、九月黄、麻豆、小黄豆、褐豆、泥豆、高脚黄、田背豆、茶壳豆、八月爆、禾兜豆、冬黄豆等 33 种。

四川省明清至民国年间大豆的主要品种有:茶褐豆、羊眼豆、滚山豆、黑嘴豆、白壳豆、绵花豆、青皮豆、一窝蜂、高脚黄、青皮豆、花腰豆、地葫芦、伴乔豆、爬山豆、黄壳豆、白毛豆、六月爆、八月爆、大黄豆、小黄豆、红壳豆、白水豆、棕色豆、五色豆、六月蓝、跟壳豆、鸠眼豆、和尚衣、豆儿子、爬山豆、综项豆、九月黄、八月黄、黄毛豆、斑鸠眼豆、五色豆、天鹅蛋、老鼠皮、田坎豆、赶壳黄、半年黄、八十早、早大豆、老林豆、灰壳等 46 种。

(四)珠江流域的大豆品种资源

1. 清代大豆的类型及品种　据清代广东省《新兴县志》、《阳吞县志》、《长宁县志》、《粤中见闻》、《始兴县志》、《阳江县志》、《连山县志》、《广东通志》、《西宁县志》,广西省《广西通志》、《阳朔县志》、《贺县志》、《罗城县志》,福建省《光泽县志》、《建阳县志》、《福州府志》、《沙县志》、《泰宁县志》记载,清代这一地区大豆有:黄豆、黑豆、乌豆等类型。有早黄豆、晚黄豆、三收豆、雪豆、山豆、田豆、大黄豆、小黄豆、六月黄、八月黄、青丝豆、九月豆、乌金豆、黄花豆、田坎豆等 16 个品种。

2. 民国时期大豆的类型及品种　据民国时期厂东省《阳江县志》、《连山县志》、《广东通志稿》、《西宁县志》,广西省《罗城县志》,福建省《泰宁县志》的记载,这一时期珠江流域大豆的类型有:黄豆、黑豆。主要品种有:大黄豆、小黄豆、六月黄、八月黄、青皮豆、河南豆、埂豆、黄花线豆、鲁豆等 9 种。

(五)云贵高原地区大豆的品种资源

1. 明代云贵高原的大豆类型及品种　据明代云南省《大理府志》、《滇志》记载,这一时期,云南省大豆有:黄豆、黑豆、青豆、褐豆等类型。主要品种有:狮子豆、羊眼豆、蟹眼豆、鸦眼豆、茶褐豆、青皮鼠等 6 种。

2. 清代云贵高原的大豆类型及品种　据清代云南《云南府志》、《广西府志》、《宜良县志》、《云南县志》、《滇黔志略》、《云南通志稿》、《南宁县志》、《姚州志》、《宣威州志》,贵州《松桃厅志》、《铜仁府志》记载,清代云贵高原大豆的主要类型是:黄豆、黑豆、青豆、褐豆、白豆等。主要品种是:大黑豆、青皮豆、羊眼豆、茶豆、小黑豆、黄花豆、寸金豆、老鼠豆、虎皮豆、乌嘴豆、鸭眼豆、鸦眼豆、蟹眼豆、靴豆、黄花豆、白早豆、壁虱豆、松子豆、海松子、七十日豆、一窝蜂、料豆、大白豆、绿皮豆、百日豆、泥黄豆、枞子豆、衮豆等28个品种。

3.民国时间贵州大豆类型及品种　据民国时期贵州《大定县志》、《麻仁县志》、《贵州通志》记载,这一时期贵州大豆有黄豆、黑豆、青豆、橹豆等类型。主要品种有:青皮豆、羊眼豆、茶花豆、花豆、云南豆、钟子豆、小黑豆、稻豆、六月黄、泥黄豆等10种。

第二节　中国大豆耕作制度的历史演进

一、东北地区大豆耕作制度的演进

东北地区栽培大豆已有3 000多年的历史,其耕作制度的演进大体上可分撂荒耕作制、垄作耕作制、轮作轮耕制、轮作轮耕轮施肥三位一体耕作制和近代的耕作改制等几个演进阶段。

(一)撂荒耕作制阶段

东北地区在3 000~2 000年前处于原始农业时期,此期东北大豆大体上采用撂荒耕作制。从考古学和民族学的资料来推断,此期东北地区处于锄耕阶段,因为在考古发掘中一般都有石锄、石铲等整地松土的工具出土。由于此期已经有了土地加工的手段,一般土地都可采用连续耕种几年,然后撂荒几年的轮荒耕作制。正像清·方拱乾在《绝域纪略》一书中描写宁古塔地区农耕之俗时所说的:宁古塔"地贵开荒,一岁锄之,犹荒也,再岁则熟,三四五岁则腴,六七岁则弃之而别锄"。这就是轮荒耕作制的真实写照。

(二)垄作耕作制阶段

东北地区的南部在燕秦统治时期,就在中原地区的影响下,迅速进入传统农业时期,这一时期在辽西地区战国遗址的考古发掘中都有铁制农具出土,如铁锄、铁铲、铁镐等。在汉代统一辽西和辽东以后,汉武帝曾任用搜粟都尉赵过,大力推广牛耕,并召集全国各地的县令、三老、力田和乡里老农,到长安去学习先进农具和"代田法",此等举措对东北地区的耕作改制起了重大的推动作用。东北地区就是在这一时期采用垄作法的。据《汉书·食货志》记载,"代田法"是"一亩三畎,岁代处"的。也就是说,要把1步宽(5尺)、240步长尺(1 200尺)的6 000平方尺的一亩地,做成3条沟和3条垄,垄和沟各宽一尺。"而播种于畎中,苗生叶以上,稍耨垄草,因聩其土,以附苗根……比盛暑,垄尽而根深,能风与旱"。由于逐年实行垄沟和垄台的互换,所以叫代田。此种耕作制同辽西地区的现行的垄作耕作制极为相似。据《汉书·食货志》的记载,采用"代田法"的地,比"缦田法"(平作田)每亩地增产"一斛以上,善者倍之"。

(三)轮作耕作制阶段

魏晋南北朝时期,东北地区先后为曹魏、西晋、鲜卑慕容部,以及前燕、后燕和北燕所统治。公元436年,北魏灭北燕后,东北又为北魏政权所统治。由于政权的多次更迭,汉族和少数民族的融合,使东北地区的农业经济和农业科技接受中原地区的重要影响,从而有了较大的发展。根据北魏·贾思勰所著《齐民要术》的记载,早在魏晋北朝时期,黄河中下游地区就总结了豆谷轮作的经验。这项经验总结以及实践经验,对东北地区有重要影响,这是东北地区采行豆谷轮作的历史渊源。《齐民要术》中还总结了"以犁作垄,一垄之中,以犁逆顺各一到"的经验。此种垄作法同东北地区的"两犁扣种"极为相似。大概东北地区的"两犁扣种"就渊源于北魏时期的"以犁作垄,一垄之中,以犁逆顺各一到。"《齐民要术》中还总结了"窍瓠下种,批契曳之"的经验。所谓"窍瓠下种"就是东北地区用"点葫芦"点种的历史渊源。而"批契曳之"就是东北地区用"拉子复土"的历史渊源。《齐民要术》还在耕田、大豆和小豆等篇中都提到"稴种"的方法。据宋代辞书《广韵》的解释"不耕而种曰稴",这就是说,不耕而种,免耕播种的做法,在古代被称作"稴种"。在《齐民要术》总结了"稴种"经验以后,黄河流域地区就同麦—豆—秋杂(谷、黍、稷)轮作复种二年三熟制相配合,采行了麦耕、豆免耕、秋杂耕的土壤耕作制度。这是东北地区根据豆谷轮作、一年一熟的具体情况,采行豆谷轮作,豆耕、谷免耕、合理轮耕的历史渊源。这是东北地区根据地区的实际情况,采用"稴扣交替,合理轮耕"土壤耕作制的来源。

契丹人建立的契丹国和后来的辽国,在土壤耕作上也普遍采用垄作技术,正像宋·王曾赴辽途中所描述的:"自过古北口,即番境,居人草庵板屋,亦耕种,所种皆从垄上,盖虞吹沙所壅"。可见,契丹和辽国时期仍然采行垄作耕作制度。

完颜阿骨打在建立金国以前,女真农业已经达到较高水平,当时的女真人就普遍实行牛耕、犁耕和垄作制度。《金史·世纪》中记载,亥里钵在一次激战后,回首"视其战地,驰突成火路,阔且三十垄,手杀九人。"可见当时的农田是实行垄作的,否则就不会用"阔且三十垄"来计算杀人的数量了。据粗略统计,建国后东北各地出土的金代铁农具多达万件以上,其中有大量"镗头",出土"镗头"就是适于垄作的耕具。出土的金代大锄和手锄都是鲫鱼形的,此种锄头的形制也都是同垄作制相适应的。金代盛行"牛头地"制和"牛头税"制,说明金代的牛耕相当发达。据《金史》、《大金国志》、《三朝北盟会编》、《奉使行程录》等文献记载,女真完颜部四世祖绥可徙居安出虎水(今阿什河)、海古水(今海沟河)一带,就"种植五谷"。从当时的农业技术水平来看,金代仍然采用豆谷轮作和稴扣轮耕的耕作制度。

元末明初,辽东屡遭战火蹂躏,"居民散之,辽阳州郡,鞠为榛莽"。在明军大批开进辽东以后,曾经开辟大片农田,女真各部的农业也有所发展。但是,在明中叶以后,后金的兴起,东北地区又成为明与后金的争战之地,农业生产遭到大破坏。清·康熙年间将东北作为"龙兴之地",推行"封禁"政策,也阻碍了东北农业的发展。清咸丰、同治年间才放弃"封禁"政策,始议招垦,如是随着大批山东、河北移民的流入,东北地区的农业才日见兴旺。据清代嘉庆年间王履泰著《双城堡屯田纪略》一书的记载,当时屯田所用的配套农具,同"稴扣交替,合理轮耕"的土壤耕作制是相适应的。现将嘉庆二十四年(1819)富俊和松宁的奏呈中所载,屯丁所用配套农具的主要内容述之如下:

截半大铧子	1000 条	辽阳犁碗子	1000 个	稴耙芯子	1000 个
大莽牛铧子	1000 条	千斤	1000 付	大锄头	2000 把
铁锹	2000 把	车	1000 辆	……	

在清代的屯田配套农具中,既有用于"扣种"的大铧子和犁碗子,又有用于"稴种"的稴耙芯子。在一个屯田单位中,要配备如此众多的铧子、犁镜和稴耙芯子,可见当时在屯田耕作中采行的是"稴扣交替,合理轮耕"的土壤耕作制。

(四)轮作轮耕轮施肥阶段

晚清至民国时期,东北地区大豆的耕作制度进入轮作、轮耕、轮施肥三制配套的新阶段。

现将其具体情况述之如下。

1. 大豆的轮作制度　东北地区在清末至民国时期通行豆谷轮作三年轮作制。光绪年间的《东三省调查录》对东北地区的豆谷轮作有这样的描述："轮耕系东三省保护耕田之惟一良法，各地俱行之而不息。盖数年之间，连耕某物于某地，则其地必疲，收获亦减故也。是法大率用之于粟、黍、豆三种，三年一次，循环种之。如甲年种粟，乙年即种黍，丙年种豆，丁年复种粟。如是谓之轮种。"这种作物轮作制是以大豆为中心，以豆谷轮作为主要形式的作物轮作制，它在保护农田土壤，实现土地的用养结合，保证农作物持续增产上起了重要的作用。

民国时期，东北地区继承和发展了豆谷轮作的优良传统，非常重视"调茬"。如民国时期的《桦甸县志》就认为，种大麦小麦宜豆茬，豆后宜种高粱，继种谷子，再宜种豆。当地农民把这种轮作法就叫做"调茬"。并且认为，大豆可种重茬，忌迎茬。所谓"重茬"就是在同一土地去岁播种，今仍种之，就谓之重茬。而间隔一年施种同前岁者，谓之迎茬。《珠河县志》总结了"调茬"的系统经验，认为"豆茬翌年种红粮（高粱），红粮茬种谷子，谷茬种大豆"是最适宜轮作方式。当地农民还把各种茬口分为软茬和硬茬、冷茬和热茬，阴茬和阳茬。认为在"调茬"中应当做到软茬和硬茬交替，冷茬和热茬互换，阴茬和阳茬协调。他们认为红粮和苞米（玉米）是软茬，谷子是硬茬；大豆、包米是冷茬属阴，红粮和谷子是热茬属阳。只有根据各种茬口的特性、合理调茬，才能获得农业的丰收。

2. 大豆的土壤耕作制度　东北地区在清末至民国期间，大豆的土壤耕作制度，是在豆谷轮作的基础上，实行糠扣交替轮耕制度。据黑龙江《宾县县志》记载："各区农田不一，约分二种：曰软茬、曰硬茬，旧种黍、菽、粱、麦，软茬也；旧种谷，硬茬也。软茬利用糠，其法以糠耙照旧垄掘深二寸许，一人肩种囊，囊口与点葫芦嗓相接，以棍敲之，种流于插蒿处，糁布于地，种之稀厚，以敲之缓急为度；一人扶小拉于后，拉过土合；再以四五人，按脚空踩之，名曰踩格子。凡种高粱、谷黍用此法，亦曰糠茬。硬茬利用翻，质言之，即破旧垄易新垄也。其法，用六马大犁，犁头备铁锄，先破茬；一人提种篮，以手布种，如豆类，每五六粒成簇，无弗匀，或散布之，然后掘深以犁盘扣之，轧以木磙，即成大垄。凡种大小豆、包米用此法，又谓之翻茬"。这段记载表明，当时农民是根据茬口处理的难易，将茬口分为软茬和硬茬的。软茬采用原垄糠种的办法；硬茬则采用破旧垄合新垄的垄翻方法。因此，可以说，糠扣交替，就是翻耕与免耕的结合，是合理轮耕的土壤耕作制度。比如说，在大豆、高粱、谷子三年轮作的基础上，其土壤耕作制就是"一扣两糠"。

现将其轮作和轮耕的方式，表示如下：

轮作：大豆—高粱—谷子

轮耕：扣种—糠种—糠种

东北地区清末至民国时期，在大豆的耕作上也有兼行糠茬和翻茬相结合的。

宣统时期黑龙江《宾州政书》中说："元豆（大豆），播种之期在谷雨节左右。播种法有二：一曰糠茬，一曰翻茬。翻茬者，用牛马犁杖起土成垄，布种于垄上，用磙压垄掩种。换言之，即变旧土而另换新地。糠茬者，仍按旧垄居中犁起一土沟，布种于内，后用三四人以足培土掩种，或以小石轮压土。换言之，即仍用旧垄也。"吉林《额穆县志》所载大豆耕法与前者略有不同。"元豆……其种法有翻茬、糠茬两种……大垄翻茬者，以牛马犁杖将旧垄居中破开。翻土于旧垄沟，布种于垄上，再破一垄封土覆之，即两犁一垄之谓也。然后用木磙压之，土块既疏，出土之豆苗亦齐，去年一切草籽均翻于垄底，发生非易……糠茬仍就旧垄中间起土划得一沟,布种于内,三四人随后以足培土覆之,每垧所需用种量约二斗五升或三斗。"至于各地的大豆究竟采取何种耕法,则视各地的土质、茬口、劳力、畜力等具体条件而定。一般地说,土质较好的软茬,劳畜力较紧张的地方,多选用耧种法;而土质较差的硬茬地,劳畜力较充足的地方,多选用翻种法。

3. 大豆的施肥制度　东北地区在清末至民国时期,不仅注意轮作和轮耕的配合,而且重视耕法与粪法的配合。从而使东北地区形成了轮作、轮耕、轮施肥"三位一体"的耕作制度。据辽宁《开原县志》记载:"旧例三年一粪其田,此三年中第一年因肥料散在地面,必用犁深耕其土、高起垄台,使肥料得入土中以培壅,种而吸收其有益之原质谓之翻茬,所种以大豆为宜。肥料愈佳者,豆实亦愈肥美。第二年肥料已于土合,若再用翻法,恐垄台高而土易干燥,故必浅开垄顶,布种而平其土,使土中肥料备滋润以畅种子之生机,谓之耧茬,所种以高粱为宜。第三年肥料之力已耗大半,其种植之法,破垄必更轻,上覆之土更薄,使苗易于出土,而受风日之暄荡,所种以谷子为宜。翻茬与耧茬之垄顶,更换用之,以尽土之力,而不使疲乏。即汉搜粟都尉赵过教民为代田之遗法也。是谓之三大茬,过三年其法亦如之"。这是对东北地区以大豆、高粱、谷子三年轮作为基础,配合实行耧扣交替的合理轮耕制和三年施一次基粪的施肥制度的全面总结。按照这段记载,我们可以把东北地区轮作,轮耕,轮施肥三位一体耕作制度表述如下。

轮作制度:大豆—高粱—谷子

轮耕制度:扣种—耧种—耧种

施肥制度:底粪—种肥—种肥

这种耕作制度把豆谷轮作的生物养地,合理轮耕的物理养地,以及轮施肥的化学和生物化学养地紧密结合在一起,构成了一个联因互补的养地体系,它在保证农业增产上起了重要作用。

(五)翻扣耧耙耕作制阶段

中华人民共和国成立后,东北地区在20世纪50年代初,就在全区大力推广新式畜力农具,随着新式畜力农具的大量推广,固有的耕作制度也就在部分地区被打乱。这是因为新式畜力农具使用双轮单铧犁和双轮双铧犁,实行全翻垡式的翻耕法;在翻耕后要用圆盘耙耙碎土块整平地面;然后要用畜力播种机播种;最后还要用镇压器镇压。这是同固有垄作耕作法完全不同的耕作制度。农民为了从最根本的特点上区别这两种不同的耕作方法,才把固有的耕作方法,称作"垄作法",将推广新式畜力农具后采用的耕作方法,叫做"平作法"。在新旧农具并存期经过反复研究和探索,采用了新旧农具结合,翻扣耧耙结合的耕作制度。一般来说,小麦采取平翻平播和耙茬播种的方法;大豆采取平播后起垄和扣种的方法;谷子采取耧种的方法;玉米采取扣种和掩种的方法。现将其典型轮作轮耕轮施肥的方式表示如下。

轮作:小麦…………—……大豆………—………谷子………—………玉米………

轮耕:耙粪(伏翻)平播后起垄………—………耧种………—………扣种或掩种(耙茬)

施肥:基粪………—………耙粪………—………口粪………—………把粪……

从上列典型耕作制度方式来看,它是以合理安排新旧农具耕作,在合理轮作的基础上,实行翻扣耧耙结合,合理轮耕,并把基粪、耙粪、口粪和把粪结合起来,构成轮作、轮耕、轮肥三位一体的耕作制度。

(六)松翻耙免结合阶段

东北地区在 20 世纪 70 年代,随着农业机械化的发展,创始并推广了深松耕法。在此基础上采行了深松、平翻、耙茬、免耕相结合的新型耕作制度。深松耕法具有 6 个特点。其一是以垄作为基础,垄作和平作结合。它具有防旱抗涝、增温放寒、加深耕层、垄沟互换、畜力中耕、抗蚀保土等优点。其二,以深松为主体,松翻耙免结合。现将其典型耕作方式表示如下。

```
轮作：     大豆………—………小麦………—………玉米………—………谷子
      ┌春  垄播………—………平播………—………垄播………—………垄播(免耕)
轮耕：┤夏  垄沟深松………—………搅垄………—………垄沟深松………—………中耕
      └秋  耙茬………—………………………………………………………秋翻打垄
施肥：     种肥………—………夹肥………—………种肥………—………种肥
```

东北地区采行的以深松为主体,深松、翻耕、耙茬、免耕相结合的轮耕制度,是在合理轮作的基础上,以三四年为一个小周期,七八年一个大周期,翻耕 1～2 次,搅垄上 1～2 次;在翻耕或搅垄的基础上连续垄播(免耕播种)2～3 年。在免耕播种时,配合苗期垄沟深松。大豆和玉米茬,大多采取耙茬播种的方法,从而充分体现了以深松为主体,松、翻、耙、免合理轮耕的特色。其三是分层深松,土层不乱。东北地区推广的深松耕法,由于设计制造了双层深松铲,采取了分层深松的方法,克服了土层混乱的弊端,做到了"分层深松,土层不乱"这是同国外深松耕法的不同之处。其四是间隔深松,虚实并存。此种耕层构造能协调耕层土壤中矿质化过程和腐殖化过程,做到释放养分和保存养分的矛盾得到统一;它既能以"虚"的部分大量蓄水,又能以"实"的部分保证及时供水,改善了农田土壤的水分状况;"虚实并存"的耕层构造,使土壤中的大孔隙和小孔隙的比例比较适当,从而使土壤中空气和水分的矛盾得到缓解,由于土壤中水分和空气比较协调,从而改善了农田土壤的热量平衡。其五是耕种结合,耕管结合。东北地区推广的深松耕法,突破了不能带苗深耕的陈规旧习,以苗期垄沟深松为主的深松耕法,延长了深耕的适耕期 50～60 d,同时还能起到"夏蓄水,春增墒,抗夏涝,防春旱"的作用。其六是深松耕法还具有"方法多样,机动灵活"的特点。东北地区推广的深松耕法,有垄翻深松、垄沟深松、搅垄深松、垄帮深松、平翻深松、耙茬深松等多种方法,从而增强了它适应不同作物和环境的能力。

二、黄河流域大豆耕作制度的演进

黄河中下游地区,幅员辽阔,历史悠久,其北部地区多实行一年一熟制;其南部地区多实行二年三熟制。现将这一地区历史时期的种植制度及土壤耕作制度分述如下。

(一)大豆的种植制度

1.一年一熟的种植制度　黄河中下游的北部地区通行一年一熟的种植制度。这一地区早在后魏时代就确立了豆谷轮作的格局。贾思勰的《齐民要术》对此作了总结。清·祁隽藻的《马首农言》具有一定的代表性,它对这一地区豆谷轮作的经验进行了全面地总结:"谷,多在去年豆田种之";"黑豆多在谷田或黍田种之";"高粱,多在去年豆田种之";"春麦,多于去年黑豆、小豆田、春分时种之";"黍……于去年谷田、黑豆田芒种时种之";"油麦,多于去年黑豆田、瓜田种之"。我们按照上述前后作的关系,作成以下示意图(图 14-1)。

从这个示意图中可以看出,山西寿阳地区的轮作制度,是以豆类作物为中心,以豆谷轮

谷　　　　　　　　　　　谷　→　黍

　　　　　　　　　　　　麦

　　　　→　豆　　→　　高粱

黍　　　　　　　　　　　黍

瓜　　　　　　　　　→　油麦

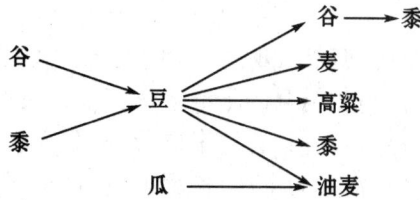

图 14-1　一年一熟种植制度示意图

作为基础的作物轮作制。这种轮作制对于实现用地与养地结合,保证农业稳定增产起了重要作用。

2. 二年三熟的种植制度　黄河中下游地区的南部地区早在汉代就采用了以麦豆秋杂二年三熟为主要形式的轮作复种制度。汉代《氾胜之书》种麦条中所说的"禾收……区种",就是谷麦的轮作复种。《周礼·郑注》中所说:"今俗间谓麦下为夷下,言芟刈其麦,以其下种禾豆也",就说的是麦豆秋杂轮作复种的二年三熟制,这仍然是以豆谷轮作为基础的种植制度。

清代,这一地区继承和发展了这种轮作制度。山东《高苑县志》中所说:"本地多于麦收后种豆",《寿光县志》中所说的:"豆有黑黄二种,蔓生,麦获则种之";河南《汲县志》中所说的:"黑豆、黄豆,皆麦后下种";《密县志》中所说:"黄豆有大小二种,五月麦后耩种,七月中旬出荚,八月中旬成熟,约一百日获"等,都说的是麦豆秋杂轮作复种的二年三熟制。清代《沂水桑麻话》中对因地制宜实行麦豆秋杂的二年三熟制作了全面总结:"坡地(俗谓平壤为坡地)两年三收,初次种麦,麦后种豆,豆后种蜀黍,谷子、黍稷等";"涝地(俗谓污下之地为涝地)二年三收,亦如坡地,惟大秋概糁子(形如稗子,莒沂最多),此禾性耐水,且易熟,民间食谷大半皆此,甚合土宜。"清、河南《扶沟县志》中所说的:"若好地则割麦种豆,次年种秋,最少两年三收",也是麦豆秋杂轮作复种的二年三熟制。民国时期,山东、河南等地仍然是采行麦豆秋杂轮作复种的二年三熟制。如山东《临朐县志》中所说的:"豆有黄豆、黑豆、在小麦收获后,田中种之,种者占农田十分之三";河南《封邱县志》中所说的:"麦后种者曰麦茬豆,约有百二三十日,秋分熟"等,就都是说的麦豆秋杂轮作复种的二年三熟制。

3. 大豆的间作套种　黄河中下游地区古代和近代还盛行大豆的间作套种。其北部地区,如河北省《三河县志》中说:"一地杂种二谷者,如接垄玉米、高粱间种黑黄豆是也。……亦有将黑豆、白豆搀高粱玉米种子内而杂种者,名满天星。此种种法收获较多,农人谓上一亩,下一亩是也"。河北省《望都县志》中还有:"大豆有青黄黑三种……于谷雨前后,多在畦畔或他种植物之间而点播之,秋分收获"的记载。河北省《通县编纂省志材料》中也有关于混作和间作的记载:"混作者,如高粱与黄豆或玉蜀黍与黄豆交杂播种是也;间作者,如麦畦间复播大豆是也。"其南部地区则采用稻豆间作或棉豆套种方法。《河南通志》中所说:"天鹅蛋豆,河南府水田边种之"就是稻田埂种豆;河南省《光山县志》中所说:"棉花矬豆、多夹种于棉地、夏种秋收"就是棉豆套种。

(二)大豆的土壤耕作制度

黄河中下游地区在各个历史时期中采用过"畎亩法"(垄作法)、缦田法(平作法)、区田法(局耕法)和稿种法(免耕法)等几种耕作方法,并使其与种植制度相配合,构成了一套完整的土壤耕作制度。

1. 垄作法（畎亩法）　黄河流域在西周至春秋战国时期普遍实行"畎亩法"。《诗经小雅·信南山》中的："我疆我理，南东其亩"；《诗经·大雅·绵》中的："乃疆乃理，乃宣乃亩"；《诗经·周颂·载芟》中的："有略其耜，俶载南亩"；《诗经·周颂·良耜》中的："畟畟良耜，俶载南亩"等诗句表明，"畎亩法"是西周时期井田制中的重要组成部分。春秋战国时期，随着井田制的崩溃，畎亩法就从井田中分离出来成为独立存在的客观实体。由于"畎亩"是这一时期农田土壤的突出特征，所以这一时期的许多文献都把"畎亩"作为农业的代名词加以运用。如《国语·周语》就称农夫为"畎亩之人"；《国语·晋语》称牛耕为"畎亩之勤"；《孟子》和《庄子》中则把在农田中从事耕作的人称作在"畎亩之中"。这些事例都说明春秋战国时期通行"畎亩法"。

西周至春秋战国时期通行的"畎亩法"，就是现在所说的垄作法。正像《国语·周语》韦昭注所解释的："下曰畎，高曰亩。亩，垄也"。《庄子·让王》中司马彪在疏中所说的："垄上曰亩，垄中曰畎"，都说明"畎亩法"就是垄作法。

垄作法之所以能成为西周至春秋战国时期，黄河中下游地区通行的耕作方法，是因为它同当时的生产力水平相适应，具有下列抗旱机制：其一、垄作法作业次数少、动土量少，具有少耕的特点。因此，它在耕作过程中丢失的土壤水分较少，有利于保墒防旱；其二、垄作法创造了凸凹不平的微地形差异，在此基础上，它可以采取降低播种部位的办法，即沟种法，来充分有效地利用有限的耕层贮水；其三、垄作法创造了"虚实相间"耕层构造，它既能以"虚"的部分大量蓄水，又能以"实"的部分，保证供水。协调了蓄水和供水的矛盾，从而改善了农田土壤的水分状况；其四、垄作法创造了高低不平的小地形，既有利于降低风速，又有利于阻挡风沙，因而它还具有良好的抗蚀保土效果。

汉武帝时搜粟都尉赵过推行的"代田法"是"畎亩法"的继承和发展，也可归入垄作法这一类，故在此不再多作说明。

2. 平作法（翻耕法）　汉代，随着牛耕的普及和耕具的改革，为采用翻耕法创造平作田奠定了物质基础。这一时期耕具改革，主要是大型三角犁铧的采用和犁壁的发明和使用，促进了翻耕法的产生和发展。采用全翻垡的翻耕法，在翻耕后必须配合相应的整地作业，才能使农田土壤变为平作田。《氾胜之书》中所说的："春地气通，可耕坚硬强地黑垆土，辄平摩其块"；"凡麦田，常以五月耕、六月再耕、七月勿耕，谨摩平以待种时"；"种枲，春冻解，耕治其土，春草生，布粪田，复耕，平摩之"等，都说的是对翻耕后的农田，要用"摩"这种整地工具，摩碎土块和摩平地面。但是，实践表明，翻耕后，只靠"摩"这种整地工具，还不足以保证摩平摩细。于是人们又经过长期的探索，到魏晋南北朝时期，才创制成功铁齿耙，这样才逐步形成了翻耕法，耕后有耙、耙后有耱，这种"耕耙耱"三位一体的耕作体系。翻耕法，对于以"掩地表亩"为特点的垄作法来说，提高了土壤的熟化程度。但是，它也产生了耕作次数多，动土量大，土壤水分散失得多，土壤过于松散，不利于抗蚀保土等弊端。又由于翻耕法创造的"上虚下实"的耕层构造，有利于蓄水，不利于供水，所以还必须把耕松后的土壤，加以镇压，来解决供水问题。因此，翻耕法的保墒防旱是由下列三个环节所组成的：其一、深耕蓄墒。只有深耕才能创造大容量的地下蓄水库；只有增加地下水库的蓄水量，才能为保墒防旱奠定坚实的物质基础。其二、耙耱保墒。不对翻耕后的土壤及时耙耱就会丢失大量水分；不使表层土壤形成一个疏松的覆被层就会使土壤水分大量蒸发。因此，在耕后必须及时耙耱保墒。其三、镇压提墒。对翻耕耙耱后过于疏松的土壤，不进行镇压提墒，就不能解决供水的问题；不适当镇压就会增加土壤水分的气态扩散。因此,在翻耕耙糖以后还必须及时镇压提墒。由此可见,采用翻耕法的农田,只有使深耕蓄墒、耙糖保墒、镇压提墒三个环节密切配合,综合运用,才能有较好的保墒防旱作用。

3. 局耕法(区田法)　西汉的农学家氾胜之在汉成帝时期曾在关中地区倡导"区田法"。当时的区田法有两种:一是带状区田,它是"代田法"的继承和发展,同现在的"沟田"相似;二是方形区田,它是抗蚀保土耕作法的新发展。据《氾胜之书》记载,区田的突出特点是:"不耕旁地,庶尽地力",这就是说,区田只进行"区"内的局部深耕,以充分挖掘土地增产潜力,而不耕区外的土地,因此,我们把"区田法"叫做"局耕法"。它的抗旱机制是:其一、由于它只进行区内的局部耕作,耕作面积小,动土量少,在耕作过程中散失的土壤水分较少,有利于保墒防旱;其二、采用局部耕作的方法,创造了"虚实相间"的耕层构造,"虚"的部分有利于蓄水,"实"的部分有利于供水,解决了蓄水与供水的矛盾;同时增强了土体抵抗风蚀和水蚀的能力,既有利于保墒防旱,又有利于抗蚀保土。区田法的缺点是土地利用率较低。所以在历史上没有得到大面积推行。但是,历代都不乏试验示范者。

4. 免耕法(稴种法、耩种法)　我国早在后魏时代就创始了大豆和小豆的"稴种法"。贾思勰的《齐民要术》首先记载了这种方法。据《广韵》的解释:"不耕而种曰稴",可见,所谓"稴种法"就是不耕而种的免耕播种法。大豆和小豆之所以可以采取"稴种法",是因为大豆具有"地不求熟"的特性,如果采取翻耕法,就可能造成"地过熟者,苗茂而实少"的恶果。

秦汉以后,我国的黄河中下游地区逐渐发展了以麦豆秋杂轮作复种为主要形式的二年三熟制。由于这一地区在冬麦收获后,播种夏大豆或晚谷时,常有干旱威胁。为了保墒防旱,保苗全苗,人们经过长期探索认为采用"无壁而耕"的"耩种法",有利于保墒保苗。正像清代蒲松龄的《农桑经》中所说:"五月……留麦茬,骑垄耩种豆,可笼豆苗"。又说:"晚谷……若得雨早,即骑垄耩种之,断不可耕,耕则难立苗。"可见,采用原垄开沟播种,不耕而种的耩种法,是这一地区保墒防旱的重要措施之一。

我国黄河中下游地区自从创始了稴种和耩种等不耕而种,免耕播种的方法以后,同粟麦豆轮作复种二年三熟制相适应,就形成了翻耕与免耕相结合的土壤轮耕制度。现将这一地区通行的种植制度和土壤耕作制度用图表的形式(表14-1)表达如下。

表14-1　我国黄河中下游地区通行的种植和耕作制度

种植制度	春作物	冬作物			夏作物	休　闲
轮作复种二年三熟	粟	小　麦			大　豆	冬　闲
月份(农历)	3 4 5 6 7 8	9 10 11 12 1 2 3 4 5			6 7 8 9	10 11 12 1 2
主要作业项目	播 中 收 种 耕 获 春 管 春 粟 理 粟	秋 播 麦 收 耕 种 田 获 耙 冬 管 冬 糖 麦 理 麦			稴 中 收 种 耕 获 或 管 大 耩 理 豆 种	秋 早 耕 春 耙 耙 糖 糖
土壤耕作制度 合理轮耕 翻耕与免耕结合		翻耕→免耕→翻耕				

从表14-1中可以看出,中原地区在秦汉以后逐渐发展起来的种埴制度以粟麦豆轮作复

种二年三熟为主要形式,同这一种植制度相适应的土壤耕作制度,是翻耕与免耕结合的合理轮耕制。

三、长江流域大豆耕作制度的演进

从《楚辞》等文献和文物资料来看,长江流域大约春秋战国时代已有大豆栽培。但是,从两晋、南朝以至隋唐时代,大豆的栽培面积都不大,及至北宋,官府在"江南、两浙、荆湖、岭南、福建诸州,劝谕百姓、益种诸谷"之后,这一地区的大豆栽培更为普及。现将这一地区古代大豆的耕作制度,概述如下。

(一)大豆的种植制度

长江流域气候暖和、雨水充沛,光照充足,以水稻栽培为主,自南宋以后,这一地区逐渐发展了稻豆复种、套种、间作等种植制度。

1. 稻豆复种　南宋《陈旉农书》中最早总结了稻豆复种的经验:"旱田获刈才毕,随即耕治晒暴,加粪壅培,而种豆、麦、蔬茹,因以熟土壤而肥沃之"。其中既有稻豆复种,又有稻麦和稻菜复种。

元代《王祯农书》中对水旱轮作田整地排水技术的总结,促进了稻豆轮作复种的发展。

明代,长江流域的稻豆复种有较大的发展。宋应星在《天工开物》中总结了稻豆复种的经验:"江南又有高脚黄(大豆),六月刈早稻再种,九十月收获"。明代江西《袁州府志》所载的"泥豆",也是在"秋刈稻,涸田种之"的。明代江西《东乡县志》所载"泥豆",也是在"刈禾后即种"的。明代江西《永新县志》说:"大豆有黄黑二种,秋获稻,涸田艺之,十月成"。

清代,以"禾根豆"为主要形式的稻豆复种,有较大的发展。"禾根豆"在湖南还叫"禾稿豆"或"禾夹豆";在江西被称作"禾兜豆";在浙江被称作"拷稻株"或"稿渣豆"。湖南《安仁县志》说:"禾稿豆、高田收获后,种禾稿中",可见,"禾根豆"的最大特点,就是将大豆种在禾根中,它是免耕播种的。湖南《攸县志》也说:"豆,种禾根下,经霜乃收"。湖南《宜章县志》中说:小黄豆,又名"禾稿豆"。湖南《永州府志》说:"禾夹豆,一名禾根豆"。江西《万载县志》载有"禾兜豆",实行稻豆复种。浙江《宜中县志》记载了"拷稻株"的方法:"稻收后,就稿根中以锄拷之下种,谓之拷稻株"。清代至民国时期禾根豆的分布见表14-2。

表 14-2　清代至民国时期禾根豆的分布

方　志	年　　代		禾根豆名
湖南《宁远县志》	嘉庆十七年	(1812年)	禾根豆
湖南《宜章县志》	嘉庆二十年	(1815年)	禾稿豆
湖南《攸县志》	嘉庆二十二年	(1817年)	禾根豆
湖南《安仁县志》	嘉庆二十四年	(1819年)	禾稿豆
湖南《永兴县志》	嘉庆二十三年	(1818年)	禾稿豆
湖南《永州县志》	道光八年	(1828年)	禾夹豆
浙江《宜平县志》	道光二十年	(1840年)	拷稻株
江西《万载县志》	道光二十九年	(1849年)	禾兜豆
湖南《宁远县志》	光绪二年	(1876年)	禾根豆
浙江《宜平县志》	光绪四年	(1878年)	拷稻株

续表 14-2

方　　志	年　　代		禾根豆名
浙江《龙游县志》	民国 14 年	（1925 年）	稿渣豆
湖南《宜章县志》	民国 30 年	（1941 年）	禾根豆
湖南《宁远县志》	民国 31 年	（1942 年）	禾根豆

由此可见，清代至民国时期禾根豆主要分布在湖南、浙江、江西等地。

2. 稻豆套种　清代、长江流域稻豆套种也有较大的发展。浙江《东阳县志》中所载的"撒豆"就是稻豆套种的方法："田豆……其未收而间撒其种于稻隙者，谓之撒豆。工费较省，然不甚贵重，皆七月种，十月收"。四川《青神县志》所载的"泥豆"，就是在七八月份套种在稻谷田中，并且是"不灌不耘"的，所以"及其熟，每亩可收数斗"。江西《彭泽县志》也载有"泥豆"套种的方法："早谷已熟未刈之时，乘泥种豆，信宿即生，名曰泥豆"。

民国时期，长江流域地区仍然采用稻豆套种的方法。四川《灌县志》记载："泥豆……秋初种谷田中，不灌不耘，每亩可得数斗"。

泥豆，除了套种之外，也有在收稻后复种的。

长江流域地区在明、清至民国时期盛行"泥豆"栽培。现将泥豆分布概况，分别朝代列表（表 14-3）于下。

表 14-3　明代泥豆分布

方　　志	年　　代		记　　载
江西《袁州府志》	正德九年	（1514 年）	泥豆
江西《瑞州府志》	正德十年	（1515 年）	泥豆
江西《东乡县志》	嘉靖三年	（1524 年）	泥豆、刈禾后、即种
安徽《石台县志》	嘉靖二十六年	（1547 年）	泥豆
安徽《祁门县志》	万历二十八年	（1600 年）	泥豆

清代，栽培泥豆的省份已由明代的江西、安徽二省，扩大到湖南、湖北、四川等省。清代载有泥豆的方志有 63 部，其中湖南 25 部、江西 24 部、湖北 8 部、安徽 5 部、四川 1 部。

民国期间共有 10 部方志载有泥豆，其中安徽 3 部，四川 2 部，江西 2 部，湖南 1 部，浙江 1 部，湖北 1 部（表 14-4）。

表 14-4　民国时期泥豆的分布

方　　志	年　　代		记　　载
湖北《黄冈县志》	民国初		泥豆
江西《德兴县志》	民国八年	（1919 年）	泥豆
安徽《芜湖县志》	民国八年	（1919 年）	泥豆
安徽《潜山县志》	民国九年	（1920 年）	泥豆
湖南《叙浦县志》	民国十年	（1921 年）	泥豆
安徽《南陵县志》	民国十三年	（1924 年）	泥豆
四川《达县志》	民国二十年	（1931 年）	泥豆

续表 14-4

方　志	年　代		记　载
浙江《象山县志》	民国十四年	（1925 年）	泥鳅豆
四川《灌县志》	民国二十一年	（1932 年）	泥豆
江西《宜春县志》	民国二十八年	（1939 年）	泥豆

3. 稻豆间作　长江流域地区在明、清至民国年间，还盛行以"田塍豆"为主要形式的稻豆间作。"田塍豆"又名"田坎豆"。浙江《永康县志》说："黑豆种塍间，俗名田塍豆"。浙江《东阳县志》说："乌豆种塍间，俗名甲塍豆"。福建《沙县志》说："田坎豆，即田塍豆，皆春夏间种"；四川《威远县志》说："三四月莳稻后，就田塍栽豆，禾熟同敛"；清代何刚德《抚郡农产考略》中说："塍豆，茎大而高，粗如树枝，实青色，大如洋花生"，可见"田塍豆"是一个特殊的品种，其栽培方法是："栽早禾时，即种于二遍稻田塍上，或先种田内，后移栽亦可，然不如径栽塍上之好，不要肥料"（表 14-5）。

表 14-5　明清至民国时期田塍豆的分布

方　志	年　代		记　载
安徽《和川志》	正统六年	（1441 年）	田塍豆
湖北《黄梅县志》	顺治十七年	（1660 年）	塍豆
浙江《东阳县志》	康熙二十年	（1681 年）	田塍豆
江西《南丰县志》	康熙二十二年	（1683 年）	塍豆
浙江《衢州府志》	康熙五十年	（1711 年）	田塍豆
江西《新城县志》	乾隆十六年	（1751 年）	田塍豆
江西《建昌县志》	乾隆二十年	（1755 年）	田塍豆
湖南《湖南通志》	乾隆二十二年	（1757 年）	田塍豆
湖南《辰州府志》	乾隆三十年	（1765 年）	田塍豆
江西《莲花厅志》	乾隆二十五年	（1760 年）	田塍豆
四川《威远县志》	乾隆四十年	（1775 年）	田塍豆
浙江《西安县志》	嘉庆十六年	（1811 年）	田塍豆
湖南《攸县志》	嘉庆二十二年	（1817 年）	田塍豆
江西《万安县志》	道光四年	（1824 年）	田塍豆

明、清至民国时期"田塍豆"主要分布在江西、湖南、浙江、四川、湖北、安徽等六省。

(二)大豆的土壤耕作制度

长江流域大豆的土壤耕作制度，是在一定的种植制度的基础上，实行翻耕与免耕结合的轮耕制度，或耕耙耖耘与整地作畦的水旱轮耕制度。

1. 翻耕与免耕结合的轮耕制度　长江流域在实行稻豆复种套种时，多采用翻耕与免耕结合的合理轮耕制度。也就是在种水稻时采用耕耙耖耘的耕作体系，而在种大豆时采用免耕播种方法。

(1)水田的耕耙耖耘　中国古代南方水田"耕耙耖"的耕作体系，早在西晋时期就已初步形成。1976年广东省连县西晋古墓中出土的"犁田耙田模型",就已经是耕耙耖俱全了。但是,对南方多数地区来说大约在唐代才形成"耕耙耖"的耕作体系。

唐代,"江东犁"的创制,对南方水田耕作体系的形成有重要影响。唐代陆龟蒙《耒耜经》对江东犁有详尽的描述,这种由11个部件构成的江东犁,将南方水田的耕作水平提高到一个新的阶段。《耒耜经》不仅详细描述了江东犁,而且还记载了"爬"和"砺碑"等水田农具,所谓"耕而后有爬……爬后有砺碑",就是对南方水田"耕耙耖"耕作体系的真实写照。这里所说的"爬",就是现在所说的"耙",而"砺碑"则是相当于现在所说的"耖"一类的农具。所以说,耕后有爬,爬后有砺碑就同现在的"耕、耙、耖"相当。元代王祯《农书》在垦耕篇中所说的:"南方水田,转毕则耙,耙毕则耖",说明自宋元以后,南方水田耕耙耖体系已经成为水田耕作的常规。

在"耕耙耖"三位一体的耕作体系中,"耖"是关键的一环。这是因为水田耕作与旱地耕作比较,有不同的质量要求,它不仅要求耙细糖碎土块,而且还要求把泥浆荡起混匀,再使其泥沉积成平软的泥层。而"耖"这种适于水田耕作的耕具,恰好能达到这一要求。正像元代王祯《农书》中所说的:"耖,疏通田泥器也,耕耙而后用此,泥壤始熟矣"。由此可见,耖田在熟化水田土壤方面,起了极为重要的作用。明代邝璠《便民图纂》中有关水田耕作的竹枝词,对南方水田的"耕耙耖"体系,以及"耖"在水田耕作中的作用,作了生动描述。

翻耕须是力勤劳,才听鸡鸣便出郊,
耙得了时还要耖,工程限定在明朝。
耙过还要耖一番,田中泥块要匀摊,
摊得匀时秧好插,摊弗匀时插也难。

(2)大豆的免耕播种　　长江流域同稻豆复种套种种植制度相适应的土壤耕作制度,除了水田的耕耙耖耘体系以外,还有大豆的免耕播种这个重要环节。

明·宋应星为了适应这一耕作制度的需要在《天工开物》一书中,除了总结了水田耕作经验之外,还总结了大豆免耕播种的经验:"江南又有高脚黄(大豆),六月刈早稻方再种,九十月收获。江西吉郡种法甚妙,其刈稻讫,竟不耕垦,每禾藁头中拈豆三四粒,以指极之,及藁凝露水以滋豆,豆性克发,复浸烂藁根以滋,已生苗之后,遇无雨亢干,则汲水一升以灌之,一灌之后,再耨之余,收获甚多"。这项技术具有两个特点:其一,它是水稻翻耕与大豆免耕的结合,是耕与不耕结合,是同稻豆轮作复种一年两熟这一种植制度相适应的土壤轮耕制度。其二,它是大豆播种前免耕与生育期耨耕的结合。这就是说,稻茬复种大豆,免去了播种前土壤的基本耕作,但是,在大豆生育期间却要以耨耕(中耕)进行弥补,从而构成了"免耕"与"耨耕"的结合。正像宋应星所说:免耕播种的大豆,只有在"再耨之余"才能"收获甚多"。这就是说,免耕播种的大豆,只有中耕两次以上才能获得高产丰收。

稻茬复种大豆之所以能采用免耕播种的方法,原因有三:一是有水稻前作翻耕的基础;二是同大豆的生物学特性有密切地关系,正像宋应星所说的:"凡耕绿豆及大豆田地,耒耜欲浅,不宜深入。盖豆质根短而苗直,耕土既深,土块曲压,则不生者半矣。深耕二字不可施之菽类,此先农之所未发者";三是免去大豆播种前的土壤基本耕作,可以用生育期间的中耕来予以弥补。

由于这种水田翻耕与大豆免耕相结合的轮耕制度具有其科学性和合理性,所以明、清时期长江流域稻豆复种和套种田,普遍采用这种土壤耕作制度。清代黄皖在《致富纪实》一书中也总结了大豆免耕播种的经验："黄豆黑豆……均可于夏末秋初种之田间,不必犁田,拔去禾兜种之,旋以禾兜覆种,秋干放水一二次九月熟矣"。清代何刚德在《抚郡农产考略》一书中也总结了江西临川、金乡等地大豆免耕播种的经验:"有于早禾兜侧挖小坎放豆三四粒,随盖土灰,汲水灌溉,日后禾藁及根浸烂,滋豆苗,苗长锄土如上法,获豆颇多"。浙江《宜中县志》所载的"拷稻株"也是大豆免耕播种的一种方法。清代包世臣在《郡县农政》一书中总结了稻豆套种免耕播种的经验:"稻……八月获者,于未获前,撒泥黄豆于禾下"。清代江西《九江府志》中也载有稻豆套种免耕播种的方法:"当早谷已熟未获之时,乘泥种豆,信宿即生,随获稻以扶其苗,名曰泥豆"。清代湖南《衡阳县志》中套种拖泥豆免耕播种的方法是:"拖泥豆,禾盛时种之,获稻则践豆苗入土,已而勃发"。清代黄皖《致富纪实》中也总结了稻豆套种免耕播种的经验:"泥豆,宜于沙土、出湘阴。同治间,长沙、平江相继学种……种法:乘禾熟,将收水脚,种之禾中,次日退水,割禾时,豆苗均已生齐,不畏蹂躏,性颇耐干"。

由此可见,长江流域的"禾根豆"、"泥豆"普遍采用免耕播种的方法。

明清时期,长江流域盛行的"田塍豆",是稻豆间作的一种形式,它在土壤耕作上也采行翻耕与免耕相结合的方法。据清代湖南《武冈州志》记载:"田塍豆,莳田时布种于田塍上,锄土加粪掩之,粪田后,亦或芟草之害苗者,以后不假灌溉,孟秋豆壮,苗尚青,即连根掇之"。这里所说的"布种于田塍上,锄土加粪掩之",显然是免耕播种的方法。

2. 水田耕耙耖耘与旱作整地做畦的结合　明清时期,长江流域稻豆复种除了通行翻耕与免耕结合的轮耕制度以外,也有部分地方采行翻耕与做畦相结合的耕作制度。清代何刚德《抚郡农产考略》中就载有这种方法:"黄豆……割早稻后,耕地作畦,用椿鳞插小坑,每坑下三四豆,上覆以土,苗长数寸,即宜锄草,计沙田须锄三次,山田须锄四次"。这就是说在稻田有渍水之患或土质坚硬的条件下,也可采取翻耕与做畦结合的土壤耕作制度,以达到排水防渍和疏松土壤的目的。

四、华南地区大豆耕作制度的演进

华南地区气温高、雨水多,地形复杂,土壤肥沃。因此,大豆的耕作制度也比较多样。

(一)大豆的种植制度

华南地区既有泥豆和禾根豆的栽培,又有田塍豆的栽培,并且有三收豆和四收豆的栽培。

1. 泥豆和禾根豆　据明代福建《清流县志》记载,早在嘉靖二十四年(1545年)前福建地区就有泥豆栽培,而泥豆则是在早稻已熟未获之时,套种在稻田中的。也就是说,这是稻豆套种的一种形式。清代《广西通志》中则载有"田豆",它是在水稻"秋获后,点种在禾稻根中"的。这种所谓"禾根豆"是稻豆复种的一种形式。清代福建《永安县志》、广西《阳朔县志》中也都有禾根豆的记载。

2. 田坎豆　福建《沙县志》、《永定县志》、《屏南县志》中都有"田坎豆"的记载。这里所说的田坎豆,也就是长江流域通称的"田塍豆"。它是稻豆间作的一种特殊形式。

3. 三收豆和四收豆　清代广东《新兴县志》中载有三收豆和四收豆。"田豆,岁三收,曰三熟豆"。乾隆《粤中见闻》中说:"新安有三收豆,其地暖,故豆不及三月而成熟也;雷州有四收豆,地愈暖,其成熟愈早……海丰有雪豆,熟于大小雪时,名寒豆"。这里所说的三收豆、四收豆,都是热带地区特有的种植制度。

4. 稻稻豆三熟制度　广东《潮州志》中还载有早晚两造稻收获后再复种大豆,实现二稻一豆的三熟制的。

5. 芋豆套种和米豆间作　《广东通志稿》中载有芋豆套种的方法:"广东大豆俗名麻豆,分为黄豆、黑豆两种,黄豆或名白豆、黑豆或名乌豆,普通杂植于芋田,以两者均须年年易地,择地较便也。栽培法:作三尺余宽之企零,于芋下种后四十五日,当小满节时下豆种,每隔一尺五寸为一坎,每坎下豆种六七枚,至小暑节则生长秀茂,高二尺许,草本直立,不须插棒,至秋分时成熟"。这是芋豆套种的方式。广东《西宁县志》中还载有黑豆与姜芋套种的方法:"黑豆……二月至五月皆有种,八九月熟,出自姜芋田者佳"。贵州《麻仁县志》还载有玉米和大豆间作的方法:"大豆……耘早包米苗时播于苗侧"。云南《宣威县志》中也载有玉米和大豆间作的方法:"黄豆……同时种于玉蜀黍夹空之间,不另占面积"。

(二)大豆的土壤耕作制度

华南地区大豆的土壤耕作制度同长江流域的大豆土壤耕作制度相近,如泥豆、禾根豆、田坎豆等。多采用翻耕与免耕结合的轮耕制度。其他如旱地的土壤耕作制度则多采行耕耙糖的耕作体系。我们在这里就不再重复了。

第三节　中国大豆栽培技术的历史发展

中国栽培大豆的历史悠久,在栽培技术方面积累了丰富的经验,我们在这里拟将其主要方面归纳整理如下:

一、大豆的整地和播种

(一)大豆的整地

在不同时期和不同地区里,大豆的整地技术是不同的。

中国在西周至春秋战国时期,普遍实行垄作。因此,大豆在整地上也应当是实行垄作整地法的。西周至春秋时期,中国主要由人力耕作,使用耒耜之类的耕具,采用耦耕的耕作方式,其耕作质量是比较粗放的。战国时期发生了由人力耕作向畜力耕作的演变,由耒耜耕作向犁耕的演变,耕作质量有所提高,并且对垄作技术与理论进行了初步总结。《吕氏春秋》中的"任地"和"辩土"两篇,就是这方面的代表作。"任地"中总结和提出了"力者欲柔,柔者欲力"的整地原则,也就是说,在耕作整地上要使过于紧密的土壤变得疏松一些;要使过于疏松的土壤变得紧密一些。总之是要达到松紧适度的要求。"任地"中还总结了"上田弃亩,下田弃圳"的经验,就是对于高田旱地来说,要放弃垄台不种,而种垄沟;对于低田湿地来说,要放弃垄沟不种,而种垄台。这样才有利于防旱和抗涝。"辩土"中对垄的外部形态和内部构造提出了要求。在垄的外部形态方面,提出了"亩欲广以平,圳欲小以深"的要求,也就是要把垄做得垄台宽而平,垄沟窄而深。这样的垄形规格,才能实现"下得阴,上得阳",充分利用地力和光能的目标。在垄的内部构造方面,也就是对垄体的耕层构造来说,要求达到"嫁欲生于尘,而殖于坚者"的要求,也就是要求有一个"上虚下实"或"虚实并存"的耕层构造。

汉代,由于大型三角犁铧的使用以及犁壁的发明,使犁铧具有了翻土的功能,在翻耕后经过"摩"的整地作业,使平作成为可能。汉《氾胜之书》中所说的"平摩其块","摩平以待种时"等,说的就是翻耕法所创造的"平作田"的整地作业。但是,在翻耕后,仅靠摩地作业,尚不足以达到整平摩细的质量要求,在经过长期探索之后,终于在魏晋南北朝时期发明了"铁齿耙"从而形成了翻耕后有耙,耙后有糖,这种"耕耙糖"三位一体的平作体系。

《汉书·食货志》中所载的搜粟都尉赵过在关中地区推行的"代田法",是战国时代"上田弃亩"法的继承和发展。它在继承战国时代垄作法的基础上,发展了"垄沟互换,轮番利用"的技术,所以叫做"代田"、"代"者替代,更换之谓也。指的是垄沟变垄台,垄台变垄沟的替代和更换。

我国从汉代开始在耕作整地上形成了垄、平作并存的局面。

魏晋南北朝时期,我国无论是在翻耕法或平作田的整地技术方面,还是在垄作法的整地技术方面,都有长足的发展。后魏农学家贾思勰在《齐民要术》中对此作了全面总结。所谓"凡耕高下田,不问春秋,必须燥湿得所为佳,若水旱不调,宁燥不湿";"春耕寻手劳,秋耕待白背劳";"秋耕欲深,春夏欲浅";"初耕欲深,转地欲浅"等,都是很宝贵的经验。《齐民要术》在谈到垄作技术时,总结了三种垄作技术,即耕地作垄,耧耩作垄,犁垎作垄。其中的耕地作垄,可能指两种情况,就是既可能在有翻耕基础,也可能在没有翻耕基础的地上整地作垄;犁垎作垄,可能指的是在垄作地上采用破旧垄、合新垄的整地作业。

隋唐宋元时期,南方水田农业的发展,给大豆的整地作业提出了新的要求。因为,南方水田多行稻豆两熟,在稻后种豆时,忌讳水湿。因此,在这一时期里,适应水旱轮作的要求,创造了水田耕耙秒的耕作体系,旱作则采用了开垄作沟,整地排水的技术。

隋唐宋元时期,北方旱地的整地技术,主要是强调了犁深耙细,甚至提出了所谓"犁一耙六"的要求。金元时期成书的《韩氏直说》或《种莳直说》总结了这方面的经验。同时还提出了"秋耕为主,春耕为辅"的主张。

明清时期,垄作的理论与技术又有了新的发展。清代奚诚的《多稼集》对垄作的理论与技术作了如下总结:"种田先察地势之高低,高乡之田,当畎阔于垄;低乡之田,当垄阔于畎,一行高,一行低,相间以治。垄畎之高低,量地势为之。田高者宜种谷于低阔之畎,田低者即种谷于高阔之垄。又当四周通沟以蓄水。或问其义,曰:所以分行者,隔垄间种也;年年易地者,蓄地力则物易发也;高低相间者,平地势以免旱涝也;闲土壅根者,田无弃地,其根倍深也"。清代《宾州府政书》对东北地区大豆的整地技术作了总结:"播种法有二:一曰穇茬,一曰翻茬。翻茬者,用牛马犁杖起土成垄,布种于垄上,用木磟压垄掩种,换言之,即变旧土而另换新地。穇茬者,仍按旧垄居中起一土沟,布种于内,后用三四人以足培土掩种,或以小石轮压土,换言之,即仍用旧垄也"。这就是说,东北地区早在清代就形成了穇扣交替,合理轮耕的耕作体系。

(二)大豆的播种

1. 播种时间　早在战国时期,人们就很重视不违农时,《孟子》中说:"不违农时,则谷不可胜食";《荀子》中说:"春耕、夏耘、秋收、冬藏,四者不失时,而百姓有余食"。《吕氏春秋》则专辟"审时"篇,论述农时问题。其中在谈及大豆的农时时说:"得时之菽,长茎而短足,其荚二七以为簇,多枝数节,竟叶番实,大菽则圆,小菽则搏以芳,称之重,食之息以香,如此者不虫。先时者,必长以蔓,浮叶疏节,小荚不实;后时者,短茎疏节,本虚不实"。这就是说,播种及时的大豆,植株长的高大又不徒长,结荚也较多,茎叶也繁茂,大粒型的大豆子实很圆。这种大豆还不容易生虫子。播种过早的大豆,必然长很长的蔓,叶少节稀,小荚不结实;播种太晚的大豆,棵矮节稀,植株虚弱而不结实。

汉代的《氾胜之书》认为在"三月榆荚时,有雨,高田可种大豆"。《四民月令》认为二月、三月、四月都可种大豆。但是,三月为上时。后魏的《齐民要术》说"春大豆,次植谷之后,二月中旬为上时,三月上旬为中时,四月上旬为下时"。并且指出:"岁宜晚者,五六月亦得"。可见,大豆播种期有很大的伸缩性,这可能和当时已有各种不同熟期的大豆品种有关。上列各书中所说的都是春大豆类型品种的播种期。

及至唐宋时代,南方水田种豆兴起之后,由于多行稻豆轮作复种一年二熟制,早稻收获后,大约在大暑前后才能种豆,这是夏大豆类型的播种期。南宋《陈旉农书》中所说的:"早田获刈才毕,随即耕治晒暴,加粪壅培,而种豆麦蔬茹,因以熟土壤而肥沃之"。指的就是早稻收获后播种夏大豆或秋大豆。

明代宋应星的《天工开物》中说:"凡菽,种类之多,与稻黍相等,播种收获之期,四季相承",说明到了明代,由于大豆类型和品种的增多,已经达到了播种期"四季相承"的地步,换句话说,也就是已经有了春豆、夏豆、秋豆和冬豆。在南方地区已经能在四季里都有适于播种的大豆类型和品种。

明清时期,北方地区,特别是黄河流域的南部地区,发展了以麦豆秋杂为主要轮作复种方式的二年三熟制后,这一地区在收麦后,也只能播种夏大豆。时间大约在农历五月份。

2. 播种量　早在战国时代,人们就重视控制播种量,《吕氏春秋·辩土》中所说的:"慎其种,勿使数,亦无使疏",说的就是要慎重地控制播种量,既不要播得太密,也不要播得太稀,也就是要稀稠适中。并且认为播种量的多少,还要视土壤的肥瘠来确定,也就是"树肥无使扶疏,树硗不欲专生而族居"。肥沃的地应适当密植,而瘠薄的地应适当稀植。

汉代的《氾胜之书》认为大豆播种量的确定,还要同整地质量联系起来,整地质量好,"土和无块"的"亩五升";整地质量差,"土不和则益之",要增加播种量。因为,整地质量的好坏,同种子发芽率和出苗有密切的关系。

后魏的《齐民要术》还认为播种期同播种量也有密切联系,就是播种早的如二月中旬播种,一亩用子八升;三月上旬播种的,一亩用子一斗;四月上旬播种的,一亩用子一斗二升。

3. 密度　汉代的《氾胜之书》主张"大豆须均而稀",强调了播种均匀。《四民月令》则最早提出了"美田欲稀,薄田欲稠"的原则,成为后来确定大豆密度的总原则。唐代的《四时纂要》只要求"肥田欲稀"。元代的《王祯农书》强调"务要布种均匀,则苗稀稠得所"。《农桑衣食撮要》提出:"肥地则宜疏,瘦地则宜密"的主张。明代的《群芳谱》也认为:"肥地宜稀,薄地宜密"。清代《致富全书》也说:"肥地宜疏,瘦地宜密"。《三农纪》除了主张:"肥地宜稀,薄地宜密',之外,还提出:"早种宜稀,晚种宜密"。《马首农言》还提出了:"原宜稀,隰宜密"的原则。

4. 覆土　《吕氏春秋·辩土》中提出:"于其施土,无使不足,亦无使有余"的主张,也就是说,覆土既不要不足,也不要太多,以适中为好。《氾胜之书》认为区种大豆"覆上土勿厚",或"种之上,土才令蔽耳"。《齐民要术》认为"种欲深",因为"苗深则及泽"。《马首农言》分析了覆土深浅的利弊:"深虽耐旱,少不发苗,浅虽发苗,后不耐旱"。可见,覆土还是深浅适度为好。

5. 播法　战国时期的《吕氏春秋·辩土》中主张实行条播,因为"茎生有行,故速长,弱不相害,故速大"。汉代的《氾胜之书》曾经推行过区种法,也就是穴播法。赵过的"代田法"则是条播法。后魏的《齐民要术》中所载的大豆播种法大约有三种:一是耧播法,就是条播法,有深耧耐旱的优点;二是漫种法,就是漫撒法,适于播青贮大豆使用;三是稿种法,也就是免耕播种的方法,宜在秋锋之地上采用。元代的《王祯农书》说,大豆的播种方法有漫种、耧种、瓠种、区种四种。南方多漫种,北方多耧种。明代的《便民图纂》所载的大豆播种方法是:"锄成行垄,春穴下种"。清代张宗法的《三农纪》在总结四川什邡地区种豆经验时说:"漫种难于耘锄而结荚多;点种易于耘锄而实粒圆"。清代郭云升的《救荒简易书》中总结了黑豆、黄豆,宜种淤地,而"淤地难犁","不犁而种"的经验。总之,应因地制宜地确定播种方法,最好是采用条播法和点播法。

6. 镇压　汉代的《氾胜之书》所载区种大豆中就载有播后镇压的经验:"覆上土,勿厚,以掌抑之,令种与土相亲"。这里所说的"以掌抑之"就是播后镇压的一种方式。元代的《王祯农书》载有用砘车这种镇压工具进行播后镇压的经验:"今人制造砘车,随耧种子后,循垄辗过,使根土相着,功力甚速而当"。砘车是一种局部镇压约工具,它只适于耧种条播的地块使用,它的功效很高。

二、大豆的良种繁育

中国早在西周时代,就已重视选用良种。《诗经·大雅·生民》中就有"诞降嘉种"的诗句,"嘉种"就是现在所说的良种。当时还强调要选用肥硕而饱满的种子,才能发挥良种的增产作用。

(一)建立留种田,繁育良种的创始

后魏时代的《齐民要术·收种》中首先提出了建立留种田,繁育良种的办法是:"常岁岁别收","治取别种","以拟明年种子"说的就是建立留种田,繁育良种的方法。对于"别种种子,常须加锄",并且要"先治而别埋"。这种优中选优,经心栽培,防杂保纯,繁育良种的办法其基本原则也适用于大豆的良种繁育。

(二)留种田养种技术的发展

明代耿荫楼的《国脉民天》一书,载有"养种"一节。"凡五谷、豆、果、蔬菜之有种。犹人之有父也,地则母耳。母要肥,父要壮,必先仔细拣种。其法:量自己所种地,约用种若干石,其种约用地若干亩,即于所种地中拣上好地若干亩。所种之所,或谷或豆等,即颗颗皆要仔细精拣肥实光泽者,方堪作种用。此地比别地粪力、耕锄俱加数倍,愈多愈妙。其下种行路,比别地又须宽数寸。遇旱则汲水灌之,则所长之苗与所结之子,比所下之种,必更加饱满,又照后晒法加晒。下次即用此种所结之实内仍拣上上极大者作为种子,如法加晒,加粪、加力,其妙难言。如此三年三番后,则谷大如黍矣。……豆则止留荚十数个,其余开花时俱摘去矣,亦养种之法也"。这里所总结的良种繁育经验,可归纳为如下几个要点:其一是根据生产单位所需种子数量,以及生产这些种子所需的土地面积,有计划的建立留种田。其二是选上好的地建立留种田。其三留种田所需的种子要经过严格的精选,"肥实光泽"是精选的标准。其四是留种田要比生产田的肥力,耕锄都要增加数倍;行距也要比一般田宽几寸,遇上干旱,还要灌溉。其五是采取良田、良种、良法相结合的良种繁育法,连续选种,"三年三番"后,必将培育出上好的良种。其六是还可采取疏荚的方法,使肥力更集中于培养良种之上。

《国脉民天》还载有"晒种"的方法:"凡五谷、诸菜、诸豆种、自收取之时,每种一斗,用极干谷糠一斗拌匀,于烈日之下每日拥晒,遇雨攒盖,夜间收讫,直晒到临种时。至冬天寒,掘一地窖,上用草厚铺,将种与谷糠拌匀,用布袋盛装,悬之窖内,向阳开窗,放入日色,射在种上,夜则闭之。如遇风雨,则遮盖严密,不致透风,务迎阳气,或缝在褥内,置于床席之上,令人夜则压而卧之,或铺于鸡犬窝中,开春播种,妙不可言。其窖须拣向阳高阜之地为之,量种多少为窖大小,仅盛得下种便罢,不必过大。大则阳气不收。如卑湿之地不堪作窖者,在向阳处,就地上造一土屋,纯用土筑成,约四五尺厚,深数尺,更妙。口底用草厚盖铺,尤可藏种。今人但将种晒干,便收入囤内,再不晒矣,此不农者也"。

由此可见,《国脉民天》中所总结的良种连续繁育的经验,以及晒种的方法,比之《齐民要术》中的经验有了很大的发展。

清代的《齐民四术》中强调了田间选种的必要:"养种……凡稼必先择种……稻、麦、黍、粟、豆各谷,俱有迟早数种,于田内择其尤肥实黄绽满稃者,摘出为种,尤谨择其熟之齐否、迟早、各置一处,不可杂,晒极干"。

清代陈启谱的《农活》中还提出了:"凡采豆种,择之中部以下者采之"的要求。

三、大豆的施肥与灌溉

(一)大豆的施肥

汉代的《氾胜之书》在区种大豆中就要求要给大豆施肥:"其坎成,取美粪一升,合坎中土搅和,以内坎中","一亩用粪十二石八斗,……至秋收,一亩中十六石"。可见,区种大豆,采取集中施用"美粪"的办法,其增产效果是很显著的,以致每 667 m^2 可产大豆 240 kg 左右。

《齐民要术·卷端杂说》中说:"凡田地中,有良有薄者,即须加粪粪之。其踏粪法:凡人家秋收治田后,场上所有穰、谷积等,并须收贮一处,每日布牛脚下,三寸厚,每平旦收聚,堆集之,还依前布之,经宿即堆聚。计经冬,一具牛踏成三十车粪,至十二月正月之间,即载粪粪地,计小亩亩别用五车,计粪得六亩,匀摊、盖著,未须转地。……以次种大豆、油麻等田"。这里总结的是厩肥堆肥的积制方法,这种完全肥料很适于大豆的需要。

南宋的《陈旉农书》在总结江南水田稻豆复种经验时说:"早田获刈才毕,随即耕治晒暴,加粪壅培,而种豆、麦、蔬茹,因以熟土壤而肥沃之"。这就是说,在稻豆复种、一年两熟的条件下,只有增施粪肥,才能熟土壤而肥沃之。

清代的《农活》一书中在总结大豆施肥经验时说:"与黄豆相宜之粪,为草灰木灰,半寸骨等物。……凡人粪溺、禽粪、兽血、兽角、破毡毯、破毡帽、青粪、堆肥等,不宜多用,多则枝叶茂而结实反少"。可见,这一时期,人们对大豆施肥技术,已有较深入的知识,认为施用含磷、钾质较多的灰肥,磷肥为最合适,而施用含氮较多的肥料,则会造成大豆的贪青徒长,降低产量。

清代何刚德的《抚郡农产考略》一书也很重视大豆的施肥问题。他在《黄豆》一节中说:"未开花以前,用稻秆、茅草、土灰及污秽、土粪。瘠田再加枯末若干斤"。这里说的是在大豆未开花前给大豆施追肥,从追肥的种类上看,土灰和枯末可能肥效较快,而稻秆,茅草等可能肥效较慢。在"黑豆"一节中,何刚德又谈到给黑豆施用草木灰和陈墙土的问题。

(二)大豆的灌溉

汉《氾胜之书》中在总结区种大豆经验时曾经说到大豆的灌溉问题。一是在播种时,要"临种沃之,坎三升水";一是在生育期间"旱者溉之,坎三升水"。《金史·食货志》载有"泰和八年七月……比年邠、沂近河布种豆、麦,无水则凿井灌之,计六百余顷,比之陆田所收数倍"的史实。明《天工开物》在稻豆复种免耕播种一节中说:"已生苗之后,遇无雨亢干,则汲水一升以灌之，一灌之后，再耨之余，收获甚多"。可见，灌溉在大豆增产上有显著的效果。清代的《抚郡农产考略》中也有"随盖土灰，汲水灌溉"的记载。

四、大豆的中耕除草

中国早在西周时代就开始重视中耕除草，《诗经》中有不少诗篇说到中耕除草。如《大雅·生民》中就有"弗厥丰草"的诗句，大意是要除掉那茂盛的杂草。《小雅·大田》中有"不稂不莠"的诗句，"稂"是秕谷，"莠"是杂草，意思是要在中耕除草中除掉那些秕谷和杂草。战国时代的《吕氏春秋·任地》中有"五耕五耨，必审以尽……大草不生，又无螟蜮"的要求。大意是要多耕多锄，要耕锄得周到而细致，要做到大草不生，又没有虫害。这些都是针对整个农田的中耕除草说的，当然也包括大豆，不过这是一些带有共性的要求。至于针对大豆这个特定作物的中耕除草经验，我们可以把它们概括为以下几点。

(一)锄早锄小

中国古代在大豆的中耕除草上总结的重要经验之一，就是要坚持"锄早锄小"的原则。汉代的《氾胜之书》中说："豆生布叶，锄之，生五六叶又锄之"。唐《纪历撮要》中说："凡种诸豆……若不及时去草，必为草所蠹耗，虽结实也不多"。元代的《农桑衣食撮要》中要求"才出便耘"；"苗旺便锄，草净为佳"。明代的《便民图纂》则要求"有草则削去"。《群芳谱》也要求："才出便耘，草净为佳"，并指出："凡五谷，惟小锄为良，勿以无草而暂停，盖锄头自有三寸泽，言及时锄草去，而苗随滋茂，若迟，必为草蠹，虽结实亦不多"。明代的《天工开物》中指出：稻豆复种的田地，只有在"再耨之余"的条件下，才能"收获甚多"。清代的《农桑经》说："锄豆，第一遍要深、麦根尽去，又当早锄，锄晚则脚高"。

(二)深锄勤锄

中国在大豆的中耕除草中还提倡"深锄勤锄"。清代的《农桑经》要求在锄豆时"第一遍要深"；《农圃便览》说："锄宜勤"，否则"坞花荚少"。清《三农纪》中总结的锄豆经验也充分体现了"勤锄"的精神："苗生，开毛叶两瓣，即锄一遍，易长，且短草；苗生四五寸锄一遍，壅其根；苗生七八寸锄一遍，叶卫足耐旱，开花时又壅，勿以无草而止锄"。清代的《马首农言》总结了深浅结合，刨窝跌弹的经验："凡锄，深谓之搂，浅谓之锄，先锄后搂，锄主立苗欲疏，搂则壅土培本(俗谓刨窝跌弹，使雨水不散，亦不畏风)，自锄至搂，三次为勤，二次亦可，一次为惰，四次无草萌矣"。清《抚郡农产考略》在黄豆条中说："苗长数寸，即宜锄草，计沙田须锄三次，山田须锄四次"。

(三)勤拿兔丝

清代蒲松龄的《农桑经》中还总结了勤拿兔丝的经验："兔丝亦要勤拿，勿使蔓延盈亩，趁其少而治之，种亦易绝，先抽尽大蔓，其缠在枝上者，以指甲断之可绝。若待其如席如屋，则非拔之不可矣，故宜细看而早治也"。这个勤拿兔丝的经验总结，可以说是很切中要害的。

(四)不可尽治

汉代的《氾胜之书》中载有大豆"不可尽治"的经验。对于大豆不可尽治有两种不同的解释。一种解释是"不可尽治"，指的是不宜多锄深锄，以免损伤根瘤，伤豆膏。其根据是，古农书中常称耕田为"耕治"；称粪田为"粪治"。因此，也可称锄田为锄治。"不可尽治"就是不宜多锄深锄。另一种解释是，中国古代有摘豆叶作羹的习惯，当时把豆叶称为"藿"，以"藿"为羹，是古之积习。"不可尽治"就是不宜摘叶过多，因为摘叶过多，就会使大豆丧失了"膏"，所以"不可尽治"。这两种说法,都有一定的道理,可以并存。

五、大豆的收获和贮藏

(一)大豆的收获

汉代的《氾胜之书》最先总结了大豆收获的经验:"获豆之法,荚黑而茎仓,辄收无疑,其实将落,反失之。故曰:豆熟于场,于场获豆,即青荚在上,黑荚在下"。这就是说,收获大豆,要在豆荚已经发黑而豆茎还是青色的时候,就要及时收获,而不要迟疑。如果收获晚了,大豆的籽实将要脱落,反而会造成损失。所以俗话说:"豆熟于场"。也就是说,当时的人们已经认识到大豆有后熟作用。因此,在上部的豆荚是青色、下部的豆荚已经发黑时,就可以收回来,让它们在场上后熟。元代的《农桑衣食撮要》中要求在"荚赤茎仓"时"则收"。

明代的《群芳谱》中认为:"获宜晚,荚赤茎仓,微黄方获"。

清代的《三农纪》中说:"宜叶落荚枯方获"。并说:"宜五六株一束,取归高架如梯形,级级排列,任其迟早敲之,且鲜美不蠹"。

(二)大豆的贮藏

清代《三农纪》中说:"谷之难久持贮者惟豆,易于腐烂,皆因湿浥而生,宜晒,不宜大日,遇大日则皮碎肤裂,宜半阴半晴晒之,不时翻搅,令干,收贮,免蛀污"。

第四节　中国大豆加工利用的历史发展

大豆是高蛋白多脂肪的营养食品,自古以来,它在保障中华民族的健康和繁荣方面,起了极为重要的作用。大豆在加工利用方面,也有其独特之处。它在相当长的时间里曾经作为中华民族的主食;其后,人们又把它加工成多种多样,丰富多彩的副食品加以利用。此外,它在饲料、肥料、燃料方面的作用也是人们所看重的;它在医疗卫生方面的作用也是不可忽视的。下边我们将分几个阶段将其加工利用问题分述如下。

一、战国至秦汉大豆的加工利用

战国至秦汉时期,大豆作为普通百姓的主食载入史册;于此同时,人们也在探索其制作副食的方法,于是豆豉、豆腐等也相继创始;人们还研究总结了"大豆黄卷"和"生大豆"的治疗作用。

(一)作为主食的大豆

战国时期有许多文献记载都表明:菽粟是当时人们的主食。如《管子》中的"菽粟不足,末生不禁,民必有饥饿之色";《墨子》中的"耕稼树艺,聚菽粟,是以菽粟多而民足乎食";《孟子》中的"菽粟如水火,而民焉有不仁者乎";《战国策》中的"韩地险恶山居,五谷所生,非麦而豆,民之所食,大抵豆饭藿羹";《礼记》中的"啜菽饮水,尽其欢,斯之谓孝";《荀子》中的"君子啜菽饮水,非愚也,是节然也"等,都说明"菽"是战国时期人们的主食。

(二)豆豉和豆腐的创始

战国至秦汉时期,人们在以大豆为主食,"饭豆藿羹"和"啜菽饮水"的同时,也在不断探索大豆作为副食的加工方法。"豆豉"是战国时代创始的,《楚辞·招魂》中的"大苦咸酸"中的"大苦",就是"豆豉"。西汉史游的《急救篇》中说到"豆豉"的制作时有"盐豉"或"豉者,幽豆而为之也”的说法。东汉刘熙的《释名》在解释“豆豉”时说：“豉，嗜也，五味调和，须之而成，乃可甘嗜也。故齐人谓嗜，声如嗜也”。

宋元明清的文献中普遍认为“豆腐”是淮南王刘安创始的，近人也多沿袭这一说法。

但是也有人对此提出过质疑。这一质疑已经为河南省密县打虎亭1号汉墓中画像石上豆腐作坊的场面作了肯定的回答。按李时珍《本草纲目》记载的：豆腐之法是“水浸、磑碎、滤去滓、煎成，以盐卤法或山矾法或酸浆醋淀，就釜收之”。这就是说，制作豆腐的几道重要工序是浸豆、磨豆、过滤、煮浆、点浆、镇压。而打虎亭1号汉墓中豆腐作坊的画像石上所描绘的正是浸豆、磨豆、过滤、点浆、镇压等场面。可见，制作豆腐确定始于汉代。当然，从西汉的淮南王刘安到东汉的打虎亭1号汉墓，从创始到成熟是经历过一个相当长的时间的。二者均只表明，豆腐制作汉代已有之，源于群众生活实践。

(三)大豆的医疗作用

1.《内经》论五脏疾病与五谷　《内经》成书于战国时代，后经秦汉时代的补充修订逐步完善充实起来，它是中医学的重要典籍，它奠定了独特的中医理论体系的基础。《内经》包括＜素问＞和＜灵枢＞两部分，每部分都有论文81篇。《素问·脏气法时论》和《灵枢·五味论》都论述了五脏病宜食的五谷、五畜、五果、五菜，并且指出：“五谷为养，五果为助，五畜为益，五菜为充，气味合而服之，以补精益气”。《素问·脏气法时论》认为，脾脏病“宜食咸，大豆、猪肉、粟、藿皆咸”，因此，在食物疗法上应给脾脏病患者服用大豆等咸性食品。《灵枢·五味论》在谈到五脏病宜食五谷、五畜、五果、五菜时则认为肾病者宜食用大豆黄卷、猪肉、粟、藿。

《内经》中的运气学说，是五运、六气的简称。所谓五运，指的是木、火、土、金、水五运；所谓六气，指的是风、寒、暑、湿、燥、火六气。《内经》中的运气学说，是古代研究自然气候变化规律及其对人体影响的一种学说，它是以五行、六气、三阴三阳等理论为基础，运用天干、地支为演绎工具，来推论气候变化与疾病流行之间的关系。五运六气有平气、太过、不及的分别，为了达到理气治病的目的，必须使五谷、五果、五畜、五菜相对应。《素问·五常政大论》详细论述了这一理论。如五运平气之纪中的静顺之纪，与其相对应的五谷是豆、五果是栗、五畜是彘，五菜是藿。与五运太过之纪中流衍之纪相对应的五谷是豆稷，五果是栗枣，五畜是彘牛。五运不及之纪中的伏明之纪，与之相对应的五谷是豆麦，五果是栗桃，五畜是马彘。

2.大豆黄卷和生大豆的治疗作用　成书于东汉的《神农本草经》的中经中载有大豆黄卷和生大豆在治疗疾病方面的作用：“大豆黄卷，味甘平，主湿痹，筋挛，膝痛。生大豆，涂痈肿，煮汁饮，杀鬼毒，止痛”。

(四)大豆与肥料和饲料

战国至秦汉时期，中国已经初步形成了豆谷轮作的格局。这种轮作方式所以能成立，是因为人们在长期生产实践中，逐渐认识了大豆的肥田作用。早在西周时代的金文中就已有了叔字，“叔”这种象形文字，除了描述了地面上的形态以外，还着重描写了地下部根上着生根瘤的特点，由于时代的局限，当时的人们尚不可能认识到根瘤菌的生物固氮作用，但是，对大豆的肥田作用还是有所认识的。及至汉代，农学家氾胜之曾经说过：“豆有膏”的话，而“膏”是油润的意思，也可作为肥沃来理解。这是采用豆谷轮作的理论基础。

《荀子·正论》中有“狗彘吐菽粟”之说，而《战国策·齐卷》中则有：“君之厩马百乘，无不被绣衣，而食菽粟者”的记载。《韩非子·外储说左》中有：“韩宣子曰：吾马菽粟多矣”的说法。说明早在战国时代，人们已开始把大豆作为马、猪、犬的精饲料。

二、魏晋南北朝大豆的加工利用

魏晋南北朝时期,中国在豆豉和豆酱的加工方面已经积累了丰富的经验;在用大豆作青贮饲料以及用大豆催肥母鸭多产鸭蛋;用大豆肥育猪;以及用大豆治疗疾病方面,也有许多发展。

(一)作豉法和作酱法已经成熟

北魏农学家贾思勰在《齐民要术·作豉法·作酱法》中对作豉的方法和作酱的方法,都作了细致地总结,从阐述的细致入微来看,当时的作豉法和作酱法,都已经相当成熟。

(二)大豆饲料的应用更加广泛

贾思勰在《齐民要术》中总结了青茭养羊、喂豆肥豚和饲豆百卵的经验。贾思勰在《养羊篇》中说:"养羊一千口者,三四月中,种豆一顷杂谷并草留之,八九月作青茭"。这是用大豆的茎叶作青贮饲料。贾思勰在《养猪篇》中说:"供食豚,乳下者佳,简取别饲之,愁其不肥(共母同圈,粟豆难足),宜埋车轮为食场,散粟豆于内,小豚足食,出入自由,则肥速。"这是说,饲养供食用的小猪,选吃奶的最好,要拣出来单独饲养,以免因粟豆不足,难以育肥,为了肥育小猪,可以把车轮竖起来埋在地上将豆撒在车轮里,这样小猪出入方便,吃得饱,长得快。贾思勰在《养鸡鸭篇》中说:母鸭饲豆可生百卵:"纯取雌鸭,无令杂雄,足其粟豆,常令肥饱,一鸭便生百卵"。

(三)大豆在医疗上的利用

陶弘景的《名医别录》载有大豆黄卷和生大豆的医疗作用。"大豆黄卷,无毒,主治五脏胃气结积,益气,止毒,去黑皯,润泽皮毛"。"生大豆,味甘平,逐水胀,除胃中热痹,伤中、淋露,下瘀血,散五脏结积,内寒,杀乌头毒,久服,令人身重,熬屑,味甘,主治胃中热,去肿,除痹,消谷,止腹胀"。这里对大豆医疗作用的总结显然比《神农本草经》中的总结又增添了许多新内容,说明这一时期人们对大豆的医疗作用又有了许多新的认识。

三、隋唐宋元大豆的加工利用

隋唐宋元时期,中国人食用豆腐更为广泛;并且创始了大豆榨油的方法;而发芽豆、豆团、豆粥等豆制品也已上市发售;大豆在食疗方面的作用得到深入的阐述。

(一)豆腐的广泛食用

隋唐宋元时期,人们对豆腐的食用更为广泛,并且把它作为在"肉味不给"的情况下,补充营养的重要食品。如五代时期陶谷的《清异录》中就有"时戢为青阳丞,洁已勤民,肉味不给,日市豆腐数个,邑人呼豆腐为小宰羊"。可见,当时的人们已经把豆腐同小宰羊相提并论了。

(二)豆油的创始

北宋时苏轼的《物类相感志》中最先记载了豆油:"豆油煎豆腐,有味"。又说:"豆油可和桐油作舱船灰,妙"。可见,豆油的榨制在中国至少已有近千年的历史了。

(三)诸色杂卖

南宋时孟元老的《东京梦华录》中有所谓"诸色杂卖",其中就有"发芽豆"出卖。元代周密撰《南宋市肆记》中记有在市场上出售的豆团、豆芽、豆粥、豆糕。可见,豆制食品是更加丰富多彩了。

（四）牛马饲料的食性

南宋赵希鹄的《调燮类编》中谈到了作为牛马饲料的大豆食性："牛食之温，马食不冷"。在牲畜这个群体中，大豆的用处有多种的变化。

（五）大豆和食疗

唐代的孟诜、张鼎著有《食疗本草》一书，详述了大豆的食疗作用。兹录之如下：①主霍乱吐逆。［心］①　②微寒，主中风脚弱，产后诸疾，若和甘草煮汤饮之，去一切热毒气。［证］③善治风毒脚气，煮食之，主心痛，筋挛，膝痛，胀满，杀乌头，附子毒。［证］④大豆黄屑：忌猪肉，小儿不得与炒豆食之，若食了，忽食猪肉，必壅气致死，十有八九，十岁以上不畏也。［证］⑤大豆卷：蘗长五分者，破妇人恶血，良。［证］⑥大豆：寒，和饭捣涂一切毒肿，疗男女阴肿，以绵裹内之，杀诸药毒。［嘉］（又生捣和饭，疗一切毒，服、涂之）［心］⑦谨按：煮饭服之，去一切毒气，除胃中热痹，伤中，淋露，下瘀血，散五脏结积内寒，和桑柴灰汁煮服，下水鼓腹胀。［心、嘉］⑧其豆黄：主湿痹，膝痛，五脏不足气，胃气结积，益气润肌肤。末之，收成炼猪膏为丸，服之能肥健人。⑨又，卒失音：生大豆一升，青竹算子四十九枚，长四寸，阔一分，和水煮熟，日夜二服，差。［嘉］⑩又，每食后，净磨试，蚕鸡子大，令人长生，初服时，似身重，一年已后，便觉身轻，又益阳道。［心嘉］可见，大豆在食疗方面，有广泛的用途。

（六）大豆黄卷和生大豆

宋代苏颂的《图经本草》中对大豆的医疗作用以及各种豆制品的治疗作用有许多新的总结。苏颂指出："豆性本平，而修治之便有数等之效。煮其汁甚凉，可以压丹石毒及解诸药毒；作腐则毒而动气；炒食则热，投酒主风；作豉极冷。黄卷及酱皆平。牛食之温，马食之凉，大抵宜作药使耳"。

四、明清大豆的加工利用

明清时期，在豆腐和豆酱的加工，豆油的榨制，以及肥料和饲料的利用，医疗作用等方面都有新的发展。

（一）豆腐和豆酱的加工

明代李时珍的《本草纲目》载有"豆腐之法""水浸，磈碎，滤去滓，煎成，以盐卤汁或山矾或酸浆醋，就釜收之。又有入缸内，以石膏末收者。大抵得咸苦醋辛之物，皆可收敛，其面上凝结者，揭取晾干，名豆腐皮，入馔甚佳也"。这是中国古代文献中有关豆腐加工方法的最详尽的总结。

《本草纲目》中还载有"大豆酱法"，"用豆炒磨成粉，一斗入面三斗，和匀切片，罨黄晒之，每十斤入盐五斤，井水淹过，晒成收之"。这是中国古代文献中有关豆酱制法的最简明的叙述。

明代李日华的《蓬栊夜话》中还记载有臭干的加工方法："黟县人喜于夏秋间醃腐，令变色生毛，随拭去之，俟稍干，投沸油中灼过，如制徽法。漉出以他物烹之，云有海中鱼之味……直臭腐其神奇也"。

（二）豆油的压制

明清时期，有不少文献都说到豆油的榨制。如明代宋应星的《天工开物》中就有关于黄

豆出油率的记载:"凡油供馔用者……黄豆……为上,黄豆每石得油九斤"。清代方以智的《物理小识》中也谈到黄豆的出油率:"豆油……黄豆润者一石取十八斤,榨木压之可二十二斤"。清代《致富奇书广集》中还对大豆、芝麻、菜子三者油和饼的关系作了比较:"芝麻、菜子,油多饼少;豆子榨油,油少饼多。故云:菜子、芝麻油为本,饼为利;豆油则饼为本,油为利也"。清代何刚德的《抚郡农产考略》对黄豆、青豆、乌豆、春豆、泥豆等各种大豆的出油率和油质作了比较。如黄豆"榨油则出油比青豆较少";乌豆"榨油比黄豆一石多三四斤";春豆"榨油则油不多";泥豆"可榨油,油甚浊"。

(三)饲料和肥料的利用

明清时期,人们在利用大豆作饲料和肥料方面又积累了一些新经验。明代冯应京的《月令广义》中说:"诸色豆秸晒收……可饲牛马,……及粪田地"。明代王象晋的《群芳谱》中说:"腐之滓,可喂猪……油之滓,可粪地"。明代宋应星的《天工开物》中说:"取油食后,以其饼充粮"。明《养民月宜》中说:鹅鸭"若足其豆、麦,肥饱则生卵"。清代方以智的《物理小识》说:"牛……草杂豆饲,肥润耳湿"。清《致富奇书广集》中说:"今江南用麻饼,豆饼压田,则多收"。清代包世臣的《齐民四术》中说:"菽……可磨为腐,其渣宜饲"。"菽……榨油……其饼中粪"。《抚郡农产考略》中说:"春豆磨烂和草灰窖二三日,成臭气,壅甘蔗极肥……榨油则油不多,而枯最肥"。可见,明清时期,人们在利用大豆作饲料和肥料方面更为广泛。其中既有豆饲牛马,粪田地;豆腐渣喂猪,豆饼粪田,喂猪;又有用豆喂鹅鸭生卵,春豆腐烂沤肥壅甘蔗。

(四)本草中的大豆

明清时期的本草学对黑大豆、黄大豆、豆油、豆腐、大豆黄卷的医疗作用作了全面的总结。

1. 黑大豆　明代李时珍的《本草纲目》中说:"大豆有五色,各治五脏,惟黑豆属水,性寒,为肾之谷,入肾功多,故能治水,消胀,下气,制风热而活血解毒"。清代吴仪洛的《本草从新》中说:"黑大豆,甘寒色黑,属水似肾,故能补肾镇心,明目,下气利水,除热祛风,活血,解毒,消肿止痛"。清代李文培的《食物本草》中说:"黑大豆,甘平无毒,明目镇心,温脾,久服好颜色,变白不老。煮食性寒,多食令人身重,解百药毒。小而扁者,名马料豆,治疝气,久服乌须黑发"。

2. 黄大豆　清代《本草从新》中说:"黄大豆,甘温,宽中下气,利大肠,消水胀肿毒,研末热水和涂后痈"。清《食物本草》中说:"黄大豆,甘温无毒,宽中下气,利大肠"。

3. 豆腐和豆油　清代《本草从新》中说:"豆油,辛甘热,微毒,涂疮疥,解发"。"豆腐,甘咸寒,有小毒,清热散血,和脾胃,消胀满,下大肠浊气"。

4. 大豆黄卷　清代《本草从新》中说:"大豆黄卷,甘平,除胃中积热,消水病胀满,破妇人恶血,疗湿痹,筋挛,膝痛"。清代邹澍《本经疏证》中说:"大豆黄卷,味甘平,无毒。木性备矣,木之为物,藏真通于肝,肝藏筋膜之气也。夫筋聚于膝,膝属溪谷之府,故主湿痹,筋挛,膝痛者,象形,从治法也"。

参 考 文 献

郭文韬编著,徐豹审订 . 中国大豆栽培史 . 河海大学出版社,1993

郭文韬编著 . 中国大豆栽培史 . 日本农村渔山文化协会出版,1997

H.N. 瓦维洛夫 . 主要栽培植物的世界起源中心 . 董玉琛译 . 农业出版社,1982

Fukuda. Cytogenetical Studies on the Wild and cultivated Manchurian Soybeans(Glycine L.). Japanese Journal of Botany,1936,6

何炳棣. 中国农业的本土起源 .《农业考古》,1984,2-1985,1

王金陵. 大豆性状之演化 .《农报》,1945,206～211

吕世霖. 关于我国栽培大豆的原产地问题的探讨 .《中国农业科学》,1978,4,90～94

徐豹等. 大豆起源地的三个新论据 .《大豆科学》,1986,529～535

王连铮. 大豆的起源、演化和传播 .《大豆科学》,1985,4,1～6

陈文华. 漫谈出土文物中的古代农作物 .《农业考古》,1990,2 期

刘世民,舒世珍,李福山. 吉林永吉出土大豆碳化种子

中国科学院考古研究所洛阳发掘队. 洛阳西郊汉墓发掘报告 .《考古学报》,1963,2 期

湖南博物馆. 中国科学院考古研究所. 长江马王堆二、三号汉墓发掘简报 .《文物》,1974,7 期

第十五章　大豆耕作栽培制度

第一节　中国大豆栽培区划

一、中国大豆栽培区划的演变

我国土地辽阔,幅员广大,起源于我国的大豆经过先民数千年的栽培,其分布范围已遍及全国各地,东自台湾,西至新疆阿勒泰、塔城,北起黑龙江省的黑河、呼玛,南达海南岛,以及在海拔达1 500~2 000 m的西藏察隅、墨脱、波密一带,均有大豆种植。

对气候土壤条件极其复杂、大豆生态类型又非常多样的我国大豆栽培进行科学区划是十分必要的。早在1943年,王金陵在《农报》第八期发表了论文《中国大豆栽培区域划分之初步研讨》,这篇论文开创了中国大豆栽培区划之先河。王金陵根据我国土地利用调查的统计资料和他本人所进行观察研究,按大豆在作物耕作栽培制度中的地位,将全国大豆栽培划分为以下五大区域。

春作大豆区。此区之东北部以黄豆为主,单作,入冀晋陕诸省,则有与高粱或玉米间作者,以黑豆为主;至甘省宁南,则出产极少。东北部多于5月上中旬播种,9月中下旬后收获,其余较南诸地域,则于4月中旬左右播种,9月下旬收获。

夏作大豆冬闲区。此区北与春作大豆区相接,南界则为小麦区南界。除北部及西部少数地域,以大豆与玉米或高粱间作外,大都单作。此区大豆播种期,大都于5月底至6月初小麦初收之后,直接条播于麦后未耕耙之地中,大豆于10月初左右收获,后多行休闲,待翌年春,种植高粱,高粱收后,乃种小麦。此种两年三熟之耕作制度,为本区之特征。

夏作大豆区。除极西端及西南境外,概属长江流域。此区因大小麦、油菜、豌豆、蚕豆等多作,播种迟而收获甚早,故夏作大豆,可与之终年轮作。本区东部大豆,多充油用及制豆腐,单作或间作,西部一带则以制豆腐为主,且概与玉米间作矣。湘川等省,常有半野生大豆(如泥豆),种于早稻之后,以充绿肥或豆芽用。此区大豆品种,甚为繁多,西部尤甚,因环境宜不同生长习性之品种生长也。

秋作大豆区。本区范围甚小,偏于浙赣南部粤东及福建全部。此区之主要特征,为8月早稻收后,将大豆充秋作种下,11月收获后,种大小麦,行一年三熟制。此区半野生大豆(如山黄豆、马料豆)之种植甚多。

大豆两获区。此区为我国之热带地带,终年无霜,又因终年日照长短变化殊小,因之大豆可行两获。广东一带于春作大豆后,复进行一次夏作。夏作大豆之后,乃种秋作甘薯。云南楚雄及桂南,更有冬作大豆。

随着农业生产的发展和作物耕作栽培制度的变革,我国学者在王金陵最初提出的大豆栽培区划的基础上,曾进行过几次补充和修改,然而划分原则和分区并无太大的变化。

吉林省农业科学院张子金主编的《中国大豆育种与栽培》一书的第一稿(1966年5月)为油印本,对大豆栽培区域作了如下划分。

春作大豆区,细分为东北春大豆区、黄土高原春大豆区、西北春大豆区 3 个亚区;夏作大豆冬闲区改作黄淮海夏大豆区,下面又分两个亚区:黄淮平原夏大豆区、黄河中游夏大豆区;夏作大豆区改为长江流域夏大豆区,下分长江中游夏大豆区、四川夏大豆区、云贵高原夏大豆区 3 个亚区;秋作大豆区未作变动;大豆两获区改为冬大豆区。

这样一来,我国大豆被概括为 5 个大区 8 个亚区。

山西农业大学吕世霖等于 1981 年发表了《我国大豆栽培区域的研讨》一文。作者将全国分为北部大豆区(I),下分为东北春播(I_1)、内蒙春播(I_2)、新疆春播(I_3)3 个亚区;黄淮大豆区(II),下分冀晋及陕中部春、夏播(II_4)和黄淮平原春、夏播(II_5)2 个亚区;南方大豆区(III),下分长江中下游、秦巴春、夏播(III_6),鄂赣浙及闽北春、夏、秋播(III_7),四川春、夏、秋播(III_8),云贵高原春、夏、秋播(III_9),华南南部四季播(III_{10})等 5 个亚区。即把我国大豆栽培区划分为 3 个大区 10 个亚区。

中国农业科学院卜慕华和吉林省农业科学院潘铁夫(1982)作为中国综合农业区划研究和制定的参与者,在调查研究和征求我国大豆专家意见的基础上,提出了新的中国大豆栽培区划。该区划采取了两级制,第一级是以主要作物的熟制(除大豆外还考虑到水稻、小麦、玉米、高粱等),将全国划分为 3 个大区,第二级又按自然条件差别较大的地域划分为 10 个亚区。

北方春作大豆区(北方区)。下分为东北春作大豆亚区(东北亚区),北部高原春作大豆亚区(北部高原亚区),西北春作大豆亚区(西北亚区)。

黄淮海流域夏作大豆区(黄淮海区)。下分为冀晋中部夏、春作大豆亚区(冀晋中部亚区),黄淮流域夏作大豆亚区(黄淮亚区)。

南方多作大豆区(南方区)。下分为长江流域夏、春作大豆亚区(长江亚区),东南部秋、春作大豆亚区(东南亚区),中南部春、夏、秋作大豆亚区(中南亚区),西南高原春、夏秋作大豆亚区(西南亚区),华南多作大豆亚区(华南亚区)。

1987 年,当《中国大豆育种与栽培》一书正式出版时,作为"我国大豆栽培区域"一章的执笔人,卜慕华和潘铁夫对 1982 年提出的上述分区方案作了调整,概括为 5 个大区 7 个亚区。这一分区法目前已为我国大多数大豆同行认同并采用。具体分区如下。

北方春大豆区,包括东北春大豆亚区(黑、吉、辽三省及内蒙古东部四盟)、黄土高原春大豆亚区(河北长城以北,晋、陕两省北部,内蒙古高原一部和河套灌区及宁夏)和西北春大豆亚区(新疆农区、甘肃河西走廊)。

黄淮海流域夏大豆区,包括冀晋中部春夏大豆亚区(河北长城以南,石家庄、天津线以北,山西省中部和东南部)、黄淮海流域夏大豆亚区(河北省石家庄、天津一线以南、山东省全部、河南省大部、江苏省洪泽湖和安徽省淮河两岸以北、山西省西南部、陕西省关中地区和甘肃省天水地区)。

长江流域春夏大豆区,包括长江流域春夏大豆亚区(江苏、安徽两省长江沿岸部分,湖北全省,河南、陕西两省南部,浙江、江西、湖南三省北部,四川盆地及东部丘陵)、云贵高原春夏大豆亚区(贵州、云南两省绝大部分,湖南、广西两省(区)西部,四川省西南部)、东南春夏秋大豆区(浙江省南部,福建、江西两省绝大部分,台湾省,湖南、广东、广西等省、自治区大部)和华南四季大豆区(广东、广西、云南三省(区)南部边缘和福建省南端的东沼、漳浦等地)(图15-1)。

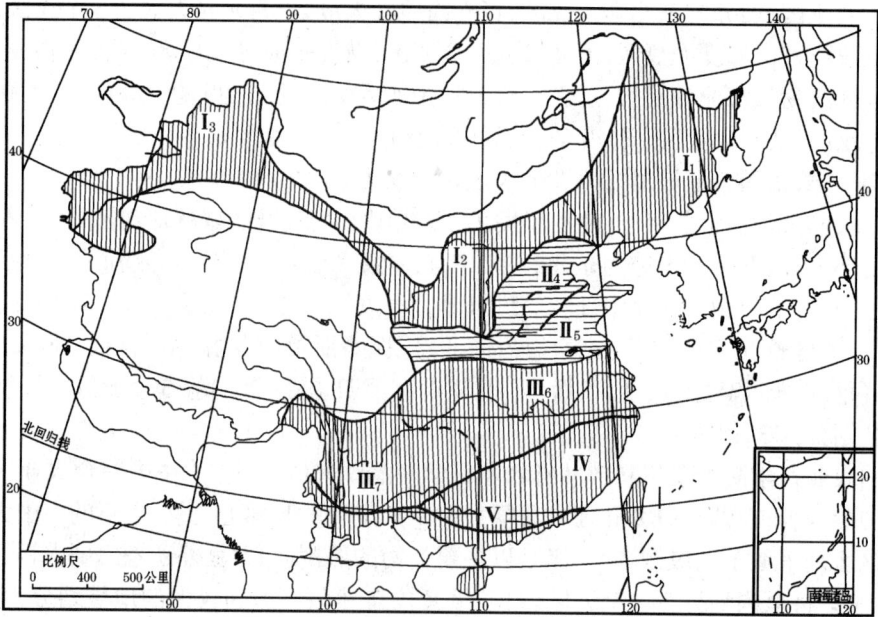

图 15-1　我国大豆栽培区划

(引自张子金主编 . 中国大豆育种与栽培 . 北京:农业出版社,1987,51)

Ⅰ.北方春大豆区　Ⅰ₁.东北春大豆亚区　Ⅰ₂.黄土高原春大豆亚区　Ⅰ₃.西北春大豆亚区　Ⅱ.黄淮流域夏
大豆区　Ⅱ₄.冀晋中部春夏大豆亚区　Ⅱ₅.黄淮流域夏大豆亚区　Ⅲ.长江流域春夏大豆区　Ⅲ₆.长江
流域春夏大豆亚区　Ⅲ₇.云贵高原春夏大豆亚区　Ⅳ.东南春夏秋大豆区　Ⅴ.华南四季大豆

　　王连铮和王金陵(1992)共同主编的《大豆遗传育种学》一书中,在概述了以上各家的分区观点之后,着重指出,我国大豆栽培主要集中在东北春大豆区、黄淮海流域夏大豆和长江流域大豆区,同时还分析了这3个栽培区的大豆育种目标。

　　盖钧镒等(2001)在前人关于中国大豆栽培区域划分研究的基础上,根据各地品种的表现(以生育期为主)和区域自然及栽培条件的特点,提出了中国大豆品种生态区域划分方案。认为大豆品种生态区域与大豆栽培区域是不同的概念,前者反映了一定历史时期内(约20世纪以来)地方品种和改良品种的区域生态特点,它滞后于栽培制度的变化,具有相对的持久性和稳定性。盖钧镒等提出的方案将全国划分为以下6个大豆品种生态区。

　　北方一熟制春作大豆品种生态区(Ⅰ)、黄淮海二熟制春夏作大豆品种生态区(Ⅱ)、长江中下游二熟制春夏作大豆品种生态区(Ⅲ)、中南多熟制春夏秋作大豆品种生态区(Ⅳ)、西南高原二熟制春夏作大豆品种生态区(Ⅴ)和华南热带多熟制四季大豆品种生态区(Ⅵ)。

　　盖钧镒等划分的Ⅰ、Ⅱ、Ⅵ与卜慕华等1987年划分的Ⅰ、Ⅱ、Ⅴ是一致的,而Ⅲ、Ⅳ、Ⅴ的划分与后者有所不同,其主要区别在于,按品种播种季节类型的多少归类,如Ⅲ区中有春、夏两种播季类型,Ⅳ中有春、夏、秋三种播季类型,而Ⅴ中虽仅春、夏两种播季类型,但因高原地区熟期组构成不尽相同,因而归为3个区域。

二、影响大豆耕作栽培制度形成的因素

　　任何一个地区的作物耕作栽培制度都是在当地自然资源和社会经济条件的背景下形成的。它的形成受地形、气候、土壤因素的制约,也受生产条件、科技水平及市场需求的影响。

　　王金陵(1943)在论述大豆栽培区划的根据时指出："(1)各区之气候与自然环境因子不同,因之致成各区不同之农业方式,而使各区大豆于耕作制度中有不同之地位;(2)终年日照长短变化之大小,生长季节之长短等,使各区内产生特能适于该区自然环境(不同生长期)之大豆品种"。事隔近50年后,王金陵(1991)在其新著《大豆生态类型》中进一步阐述了他的这一观点。他写道:"中国的大豆品种类型丰富多彩,而且分布上有一定的规律性,是与中国耕作栽培制度的复杂性与分布的规律性分不开的。在一定的耕作栽培制度下,便有一定的大豆品种类型,特别是生育期类型去适应"。

　　影响我国大豆分布及其耕作栽培制度的自然因素,主要是热量、降水量和光周期。现分述如下。

(一)热　能

　　热能是影响大豆分布的重要因素。一般认为,栽培大豆要求≥10℃活动积温不少于1 900℃,全年连续无霜期不能少于100 d。黑龙江省北部的黑河广大高寒山区,位于北纬50°左右,其北部年平均气温在-4.9℃~0℃,≥10℃的积温在1 600℃~2 000℃范围内,无霜期80~125 d。在如此寒冷的一年一熟地区仍有当地的适宜品种如北呼豆、小油豆。东北农学院于1983年育成了比北呼豆早熟10 d的超早熟春大豆品种东农36号。该品种的育成和推广,使我国大豆生产向北推移了100余km,已成为广大高寒地区的主栽品种之一。此后又有黑鉴1号、东农40号、东农41号、黑河14号等在当地推广种植,产量水平较高。

　　在一年两熟、两年三熟特别是一年多熟地区,受熟制的制约,给大豆留下的时间很短,积温也不多。例如,在黄淮海流域夏大豆区的北京实行二年三熟制,大豆参与其中,产量可观;在济南种植齐黄10号,在徐州种植徐豆1号,生育期在100~110 d,积温可保证2 000℃~2 700℃。在北纬约27°的湖南省衡阳春播湘豆3号,生育期仅83 d,积温2 200℃;在福建秋季种植三明大青豆,生育期90 d,积温也在2 200℃。在纬度低、海拔高而气温比较平稳的云贵高原地区,大豆常作为油菜或蚕豆的后茬,于4月份前后播种,如在安顺种植六月黄,生育期130 d,积温在2 600℃左右。在一年四季均可播种大豆的华南地区,若在12月份或翌年1月份播种,如在广东茂名种植花腰豆,生育期约120 d,积温在2 200℃,也能保证大豆成熟。

(二)降 水 量

　　降水量是限制大豆分布、影响大豆生产的另一重要因素。东北松辽平原、黄淮海平原常年降水量在500~800 mm,且降水月份与大豆生长季节大体一致,基本上可满足大豆生长发育的需要;不过有的年份,东北春播特别是黄淮海地区夏播时无雨,对大豆生产影响很大。地处我国黄土高原和黄河中游的晋、陕、内蒙古三省(区)北部,年平均降水量在250~500 mm,若播种时节无雨,又缺少灌溉很难生产大豆。新疆垦区之所以大豆生长良好且创造出全国大豆高产纪录,除了当地得天独厚的光照条件之外,在很大程度上依赖于通过灌溉随时满足大豆生长发育对水分之需要。

(三)光 周 期

　　大豆是对光周期感应极为敏感的短日照作物。早在1925年,王绶将北起黑龙江哈尔滨、南至浙江嘉兴不同纬度的106个大豆品种在南京播种,结果表明,纬度越高的品种自播种至开花的天数越少,反之则越多。大豆生长期在6、7、8月份,北方的日照比南方长,长期适应长日照的北方品种移至日照较短的南方后,因感应而提早开花。1941年,王金陵在成都,将源自陕西泾阳及南郑的大豆品种各1个,自5月1日至7月1日,每隔半月播种1次,结果发现,播期越晚,自播种至开花的天数越短,这一效应仍然是大豆对短日照敏感所致。王金陵(1941)在《大豆之光期性》一文中指出:"大豆为对光周期感应极敏感之短日照植物,因之更改其生长之纬度,及下种期,皆足影响其生长,左右其开花结实。"后来的大豆育种栽培研究和生产实践证实,通过从纬度较高的北部地区向纬度较低的南部地区引种,大豆的生育期可大大缩短。譬如,黑龙江省红兴隆农管局培育的红丰3号,在当地春播的生育期为104 d,而引至沈阳于7月15日时夏播,自出苗至成熟仅80 d,比原产地生育期缩短24 d之多(董钻等,1990)。另如,辽宁省中部和南部在马铃薯和春小麦收获后尚有7、8、9三个月的生长期可以利用。为此,从黑龙江省北部引种黑河系统的大豆品种,可保证早霜到来前完全成熟;而该省绥化特别是哈尔滨培育的品种,在辽宁省夏播则生育期偏长,在7月10日前后麦收后播种则不甚适宜。与南北向引种的情况不同,同纬度地区东西向引种,不论距离千万里,大豆品种的生育期很少改变。譬如,新疆石河子地区和黑龙江哈尔滨地区基本上同处于北纬45°左右,新疆农垦系统在未培育出当地大豆品种之前一向从黑龙江省引种,至今黑龙江省的黑河5号、黑河23、垦农33、垦农39、黑农39等品种还在与故乡远隔千山万水的新疆生产上应用,且产量性状良好。值得注意的是,大豆品种在相近纬度东西向引种时常遇到海拔高度问题。现举一例,徐州2号在海拔高度为30 m的徐州,生育期为100 d,引至海拔高度为110 m的郑州为110 d,而在海拔450 m的武功则为115 d。这主要是受温度影响的缘故(海拔高度每上升100 m,气温约下降0.65℃)。

三、我国各大豆分区的气候条件、大豆播季类型及代表品种

我国各地复杂多样的栽培制度要求丰富多彩的大豆品种类型与之相适应,因而促进了多种多样大豆品种生育期类型的形成和发展;同时,多种多样的大豆品种类型又反过来成就了我国各地复杂多样的大豆栽培制度。为了简明起见,现以表格形式列举我国各大豆分区的气候条件、大豆播季类型及当地的代表性品种(表15-1)。

表15-1　全国大豆分区的温度、降水条件、大豆播季类型和代表品种

分　区	≥10℃活动积温(℃)	年降水量(mm)	品种播季类型	播种时间(月旬)	收获时间(月旬)	当地代表品种
Ⅰ北方春大豆区						黑河21、绥农11、东农44、合丰37、黑农41、吉林39、吉育64、九农26、长农14、通农14、铁丰31、开育12、辽豆12、丹豆10
Ⅰ₁ 东北春大豆亚区	2400~3300	350~1000	春大豆	4下~5中	9上~9下	
Ⅰ₂ 黄土高原春大豆亚区	2800~3000	200~500	春大豆	4下~5中	9上~9下	内蒙古黑豆、宁夏圆眼大豆、河北群荚豆、冀豆2号、天鹅蛋、大白脐、陕北豌豆黄、晋北圆黑豆
Ⅰ₃ 西北春大豆亚区	2500~3200	120~500	春大豆	4中~5中	8中~9上	黑河5号、黑河23、北丰11、黑农39、垦农39、新大豆1号、新大豆2号、石大豆2号、伊大豆2号

续表 15-1

分　区	≥10℃活动积温(℃)	年降水量(mm)	品种播季类型	播种时间(月旬)	收获时间(月旬)	当地代表品种
Ⅱ黄淮海流域夏大豆区 Ⅱ₄ 晋冀中部春夏大豆亚区	3800~4300	400~800	春大豆 夏大豆	4下~5上 6中~6下	8上~9下 9中~9下	坝红1号、通州黄豆、昌平青豆、顺义黑豆、晋豆1号、闪金豆; 边庄大豆、冀豆12、沧豆4号、中黄20、科丰14
Ⅱ₅ 黄淮海流域夏大豆亚区	4000~4800	500~1000	夏大豆	6上~6下	9中~10上	鲁豆4号、鲁豆10号、齐黄26、鲁豆12、豫豆12、豫豆29、皖豆16、中豆19、宿县芦岭204、五河大豆、蒙城6号
Ⅲ长江流域春夏大豆区 Ⅲ₆ 长江流域春夏大豆亚区	4500~5500	1000~1500	春大豆 夏大豆	4上~5上 5下~6上	7中~8上 9下~10上	泰兴黑豆、苏州五月毛豆、湖北六月爆、武汉矮脚早、江西早茶豆、浙春1号、台湾75、湘春豆14; 苏豆1号、南农493-1、岔路口号、金大332、鄂豆2号、镇巴望山猴、黄陂猴子毛
Ⅲ₇ 云贵高原春夏大豆亚区	3000~7000	800~1300	春大豆 夏大豆	4上~4下 5上~5中	8中~9上 8下~9上	滇86-4、滇86-5、黔豆6号、成豆8号; 南豆99、南豆3号
Ⅳ东南春夏秋大豆区	5500~7500	1000~2000	春大豆 夏大豆 秋大豆	3下~4上 5下~6上 7下~8上	7上~7中 9下~10中 11上~11中	晋江珠仔豆、油乌豆、花面豆、湘豆3号、金珠黄、广西凉水豆、六月黄; 瑞金小黄豆、武鸣黑豆、忻城大颗黄、广西大青豆; 连城白花豆、将乐大青豆、黄珠豆、青仁乌豆、泥豆、台湾菜用大豆
Ⅴ华南四季大豆区	7500~9000	1300~2000	春大豆 夏大豆 秋大豆 冬大豆	2下~3上 5下~6上 7上~7下 12下~1上	6上~6中 8中~9上 9下~12下 4中~5上	鸡油黄豆、铁荚黄豆 小粒黄、黑鼻青、大山青、花腰豆、乌豆

注:本表系参考卜慕华、潘铁夫(1987)我国大豆栽培区域,常汝镇主编(2003)中国大豆品质区划等资料汇编而成

第二节　大豆的重迎茬问题

一、茬口的概念

茬口是在作物轮作或连作中,影响后茬作物生长的前茬作物及其遗留给后茬作物的土壤环境的泛称。前茬作物的形态、生理、生态、生化特性各不相同,种植期间所采取的栽培措施(包括整地、施肥、病虫草防治、收获早晚等)又不一样,对土壤环境所产生的影响也各异,结果在作物收获之后留给后茬作物的土壤在物理状况(结构、耕性、墒情、空气、热量等)、化学状况(有机物质、土壤养分、pH值、根系分泌物等)以及生物状况(杂草、土壤微生物、病原菌、有益和有害动物以及前作物遗留的残茬等)也各不相同。土壤的这些性状对后茬的生长

发育、产量形成不可避免地会产生影响。前后茬作物若安排恰当,可能促进下茬作物的生长发育,形成较高的产量且改善其品质;相反,若安排不当,则可能抑制下茬作物的生长发育,造成减产,或者使其品质变劣。早在 6 世纪,我国农学家贾思勰在其所著的《齐民要术》中就曾总结了当时农民安排茬口的若干经验,如:"凡谷田、绿豆、小豆底(即茬口)为上;麻黍、胡麻为次;芜菁、大豆为下"。19 世纪,郭云陞在《救荒简易书》中,对不同作物的宜忌和各种作物的茬口特性进行了整理,总结出"茬地相宜"、"茬地避忌"、"重茬避忌"等内容。

种庄稼,即栽培作物,按作物前后茬的安排搭配,又分"重茬"、"迎茬"和"正茬"。现以大豆为例说明之。大豆"重茬",是指同一地块上连续 2 年或数年种植大豆(如大豆→大豆→大豆,等);"迎茬"指的是,同一地块上隔一年又种植大豆(如:大豆→玉米→大豆,或大豆→小麦→大豆)。如果同一地块在种植大豆之前 2 年或数年种别的作物(如:玉米→玉米→大豆,或玉米→小麦→大豆),对于大豆来说,即为"正茬"。种正茬大豆,是大豆高产的前提条件。

二、大豆重迎茬障碍及其克服

(一)重迎茬对大豆产量的影响

在我国,大豆重迎茬减产是不争的事实。农民在生产实践中对此早有总结,叫做"油见油,三年愁"。

1. 大豆重迎茬对产量的影响　农业科学研究单位对大豆重迎茬对产量的影响进行过多年定位观察测定,所得结果非常一致,即:连作年限越长,大豆减产越甚。王德身等(1991)在辽宁省田间试验中,对大豆多年连作和轮作进行了比较测定。所得结果如表 15-2 所示。

表 15-2　大豆轮作和连作产量的比较

栽培制度	第一年		第二年		第三年		第四年		递减率 (%)
	产量 (kg/hm²)	± %	产量 (kg/hm²)	± %	产量 (kg/hm²)	± %	产量 (kg/hm²)	± %	
轮 作	2769.0	—	2722.5	—	2788.5	—	2125.5	—	
连 作	2367.0	−14.5	2188.5	−19.6	904.5	−61.7	1188.0	−49.66	12.4

从表 15-2 可以看出,若说大豆连作(重茬)1~2 年,减产尚不十分明显的话;那么连作 3~4 年,减产则非常严重了。据该项试验的结果,连作大豆产量的年平均递减率为 11%。

连成才等(1993)在黑龙江省宝清县东江村低湿草甸土上调查了重茬次数对大豆产量和外观品质的影响,表 15-3 是调查结果。表中数据表明,大豆重茬年限越长,减产幅度越大,病虫粒率越高。值得注意的是,重茬 3~4 年,大豆的产量竟不及正茬产量的一半。

表 15-3　重迎茬对大豆产量和外观品质的影响

茬 口	密 度 (株/m²)	粒 数 (粒/株)	百粒重 (g)	病粒率 (%)	虫食率 (%)	产 量 (kg/hm²)	减 产 (%)
正 茬	30.7	57.4	19.0	—		3348.0	
迎 茬	31.0	56.0	19.0	—		2721.0	18.7
重茬 1 年	29.5	46.2	17.5	5.3	0	2518.5	24.7

续表 15-3

茬 口	密 度 (株/m²)	粒 数 (粒/株)	百粒重 (g)	病粒率 (%)	虫食率 (%)	产 量 (kg/hm²)	减 产 (%)
重茬 2 年	29.7	35.5	18.3	3.0	2.0	1857.0	44.5
重茬 3 年	31.3	32.2	17.3	14.1	1.8	1564.5	53.2
重茬 4 年	30.0	29.4	19.0	10.0	1.5	1339.5	59.9

据中国科学院东北地理与农业生态研究所韩晓增(1999)报道,该所协同合江农科所、八一农垦大学(属东部低湿区)、黑河农科所、中科院海伦试验站(属北部高寒区)、绥化农科所、黑龙江省农科院绥化大豆所(属中南部黑土区)、安达盐碱土所(属中西部盐碱土区)、嫩江农科所(属西部干旱区),共 5 个生态区,设立 9 个固定轮作区,就重迎茬对大豆产量的影响进行了定位试验研究;与此同时还在 8 个市、县进行生产调查,获得了十分珍贵的资料。现将试验和生产调查结果列于表 15-4。

表 15-4　重迎茬对大豆产量的影响　(韩晓增等,1999)

生态区	数据来源	正 茬 产 量 (kg/hm²)	迎 茬 产 量 (kg/hm²)	减产 (%)	重茬 1 年 产 量 (kg/hm²)	减产 (%)	重茬 2 年 产 量 (kg/hm²)	减产 (%)	重茬 3 年 产 量 (kg/hm²)	减产 (%)
东 部	田间试验	2449.4	2333.9	4.7	2280.0	6.9	2140.4	12.6	2012.9	17.9
低温区	生产调查	—	2258.9	8.4	2116.4	13.8	1951.4	20.7	1718.9	29.9
中南部	田间试验	2209.5	2096.9	5.1	1990.4	9.9	1913.9	13.4	1825.4	17.4
黑土区	生产调查	2737.3		9.5	2630.8	15.1	2309.9	25.3	2168.9	30.0
西部风沙	田间试验	1414.5	1292.9	8.6	1220.9	13.7	1190.9	15.8	1094.9	22.6
干旱区	生产调查	—	1885.4	12.3	1061.9	21.6	1469.9	26.5	1234.4	38.6
中西部	田间试验	1768.5	1592.9	9.8	1526.9	13.6	1470.0	16.7	1346.9	23.6
盐碱土区	生产调查		1312.4	25.7	1487.0	26.5				
北 部	田间试验	2080.6	2202.4	3.7	1918.4	7.8	1841.9	11.5	1762.4	15.3
高寒区	生产调查	—	2335.3	9.0	2186.9	12.9	2000.9	18.9	1999.4	31.9
平 均	田间试验	1984.5	1862.9	6.1	1787.9	9.9	1711.4	13.8	1608.0	19.0
	生产调查	—	2254.3	10.7	2110.9	15.9	1933.0	21.4	1607.9	31.1

从表 15-4 资料可以看出,在大豆主产区黑龙江省,不论在东西南北中,也不论在何种气候土壤条件下,重迎茬大豆的产量均比正茬大豆为低,以 5 个轮作区试验的平均产量看,正茬为 1984.5 kg/hm²,迎茬减产 6.1%,重茬 1 年减产 9.9%,重茬 2 年减产 13.8%,而重茬 3 年减产 19%。以不同生态区相比,北部高寒区、东部低湿区和中南部黑土区重迎茬减产幅度相对较小,而西部风沙干旱区、中西部盐碱土区重迎茬减产幅度较大。应当指出,在东北

三省和内蒙古自治区东部也有相近的趋势。譬如,20世纪60年代初,辽宁省康平县风沙干旱区三家子公社的一些地块常年种植大豆,结果在数年后大豆竟几近绝产。

表15-4中的生产调查结果得自地处不同生态区的海伦、龙江、安达、虎林、富锦、讷河、爱辉、宾县等8个市、县计1 900多个地块3年的数据。结果表明,迎茬减产10.7%,重茬1年减产15.9%,重茬2年减产21.4%,重茬3年减产31.1%。与田间试验结果相比,生产调查结果偏高一些,然而减产趋势则是完全一致的。

2. 重迎茬对大豆籽粒品质的影响

(1)重迎茬对大豆籽粒化学品质的影响 关于重迎茬对大豆籽粒化学品质有何种影响,见诸报道的资料极少,且仅有的测定结果也不完全一致。吉林市农业科学研究所在九站地区河淤土上试验获得了如下数据:大豆以玉米为前茬,籽粒含油量为21.24%,以高粱为前茬为20.74%,以糜子为前茬为20.42%,而重茬大豆仅为19.5%。韩晓增和许艳丽等(1999)在黑龙江省海伦测得如下结果:大豆籽粒的蛋白质含量,正茬为38.68%,迎茬38.63%,重茬1年38.58%,重茬2年38.15%,重茬3年39.7%;油分含量相应地为20.39%、20.32%、20.33%、20.38%和19.4%。他们的结论是,迎茬或短期重茬对大豆籽粒蛋白质和油分的含量无明显影响,而3年以上的长期重茬,则蛋白质含量增加,油分含量降低。韩丽梅等(1998)以长农5号为试材,采用中层黑土进行盆栽试验。结果表明,重茬大豆籽粒的蛋白质含量比正茬降低4.41%~13.9%,与正茬相比,16种氨基酸总量、7种必需氨基酸(蛋氨酸、苏氨酸、缬氨酸、赖氨酸、异亮氨酸、苯丙氨酸、亮氨酸)总量,除重茬1年处理略有降低之外,重茬2~4年均无大的变化。仅仅根据现有的有限且结果颇有出入的研究资料,就重迎茬对大豆籽粒品质产生怎样的影响,目前还不能做出肯定的回答。

(2)重迎茬对大豆籽粒商品品质的影响 这里的"商品品质"是指籽粒的外观品质,包括百粒重、病粒率、虫食率等。重迎茬大豆一般病虫害严重,加之土壤中某些营养元素亏缺,往往造成大豆籽粒变小,病粒率和虫食率增加,致使商品质量下降。连成才等(1993)在黑龙江省宝清县抽样调查的结果表明,与正茬相比,重茬大豆的百粒重下降0.7~1.7 g,病粒率上升3%,虫食率上升1.5%~2%。据张智策等(1998)在北安的试验测定结果,正茬大豆的病粒率为2%,虫食率为1.3%,而重茬大豆相应地为5.6%和4.9%。韩晓增等(1999)在黑龙江不同生态区的6个市、县进行调查的结果如下:迎茬大豆百粒重平均为18.2 g,比正茬降低2.7%;重茬大豆百粒重平均为18g,比正茬降低3.7%。迎茬大豆的病粒率、虫食率分别比正茬增加39.7%、41.6%,而重茬大豆相应地比正茬增加95.5%、106.8%。

(二)大豆重迎茬减产的原因

生产实践经验证明,重迎茬大豆,即使在增施肥料、增加浇水,有虫治虫,有病治病情况下,仍然比正茬产量低。那么大豆重迎茬减产究竟是什么原因造成的?对此,历来有各种各样的说法,大豆科研工作者也在不断地探索减产的机制。

1. 土壤物理状况 王德身等(1992)测定了向日葵、玉米、高粱、谷子、草木樨和大豆等6种作物茬口的土壤含水量。结果证明,大豆、向日葵和草木樨茬的土壤0~30 cm耕层的含水量比较低。于广武等(1993)比较测定了正茬大豆田和重茬3年大豆田的土壤物理性状。结果表明,大豆重茬使土壤容重增大,田间持水量和饱和持水量降低,孔隙度减小。可是,韩晓增(1995)在海伦农业生态实验站黑土地上连续4年测定的结果却表明,在耕作措施相同的情况下,大豆重茬或多年连作并不曾使土壤水分状况恶化;大豆正茬、迎茬、重茬或连作几年,在土壤的容重、总孔隙、无效孔隙方面虽然有些差异但是并无规律可循。何志鸿、刘忠堂、韩晓增等(2003)通过连续8年在黑龙江省5个生态区9个区固定轮作场圃综合试验以及大量生产调查发现,大豆重迎茬种植,土壤水分确有一些不利于大豆生长的变化,但其变化程度低于重茬玉米和重茬小麦,某些时期重茬大豆耕层土壤的水分含量比正茬轮作还高些。他们认为,大豆重迎茬并未造成土壤水分严重恶化,因此水分状况不是造成大豆重迎茬减产的主要原因。

2. 土壤养分状况 土壤养分状况的变化被认为是大豆重迎茬减产的重要原因。我国大豆科研人员在这方面做过许多研究。于广武等(1992)在黑龙江省富锦市进行的2年土样测定分析证实,随着大豆连作年限的增加,土壤中全量氮、磷、钾含量呈下降趋势,速效氮含量也有所降低;然而,速效磷和速效钾含量的变化幅度较大,却缺乏规律性。谷思玉等(1998)以东农42号为试材,采用黑土和黑钙土进行盆栽试验,在大豆的不同生育时期取样测定了土壤速效氮、磷、钾含量的变化。结果表明:(1)与正茬相比,黑土重茬2年、3年碱解氮在各个生育时期均偏低;而黑钙土各个生育时期供氮规律不明显。(2)迎茬、重茬2年、3年,黑土速效磷含量均比正茬低。黑钙土速效磷含量也是正茬高于迎茬、重茬1年、4年和10年。(3)黑土正茬和迎茬的速效钾高于重茬2年、3年。重茬消耗钾较多,且恢复能力也不及正茬和迎茬;黑钙土正茬和重茬1年的速效钾含量明显低于迎茬、重茬4年和10年。何志鸿、刘忠堂、韩晓增等(2003)通过长期定位试验研究了重迎茬大豆对土壤养分的吸收能力。结果证实,与正茬相比,重迎茬大豆体内氮、磷、钾、硼、铜、锌、锰的含量降低,且重茬比迎茬更低些。以收获期植株体内含氮量为例,迎茬比正茬减少0.61个百分点;下降21.03%,重茬比正茬减少0.7个百分点,下降24.28%。相反,重迎茬大豆体内的钙、镁、铁含量比正茬增加,且重茬比迎茬增加更多些。研究者得出的结论是:在生产实践中,在正常施用肥料的情况下,重迎茬大豆不会因为某种养分的"偏耗"而造成养分亏缺;重迎茬大豆因根系发育较差,对养分吸收能力减弱,加之生理胁迫等原因,促使大豆增加了对某些元素特别是对某些微量元素的需求。总之,土壤养分状况的变化以及根系对土壤养分吸收能力减弱,对重迎茬大豆有不良的影响,是造成重迎茬大豆减产的重要原因之一,但不是主要原因。

3. 根际微生物状况 在大豆重迎茬条件下,土壤微生物区系可能发生很大的变化。于贵瑞等(1988)测定了大豆→大豆(重茬)、玉米→大豆、向日葵→大豆3种倒茬方式下大豆根际微生物区系的差异。结果发现,重茬大豆根际土壤中细菌和放线菌的密度显著低于其他两种倒茬方式;相反,真菌的密度却以重茬为最大。真菌的富集使致病的可能性增大。王震宇(1991)的测定结果证实,重茬大豆土壤中真菌的数量明显地多于正茬大豆土壤。许艳丽等(1995)在大豆正茬(豆→麦→玉米→豆)、迎茬(麦→豆→麦→豆)、重茬一年(麦→麦→豆→豆)、重茬3年(豆→豆→豆→豆)和休闲地等5个处理的试验中,测定了大豆根际土壤微生物区系。结果表明,重迎茬大豆根际的细菌数量减少(重茬1年比正茬减少0.21%~37.89%,重茬3年比正茬减少58.25%~91.8%),真菌数量则增加(重茬1年比正茬多3.17%~21.83%,重茬3年比正茬多18%~35.53%)。在真菌中,又以镰刀菌和立枯丝核菌增加对大豆危害较重。

4. 根部病虫危害 何志鸿、刘忠堂、许艳丽等(2003)通过定点观测、生产调查,比较分析了大豆重迎茬种植条件下主要病虫害发生情况,所得结果如表15-5所示。

表 15-5　大豆重茬与主要病虫发生的关系　（何志鸿等,2003）

茬　口	正　茬	迎　茬	重茬 1 年	重茬 2 年	重茬 3 年	重　茬
			定　点　试　验			
根潜蝇(病株率,%)	12.4	28.0	29.0	36.4	28.9	
根腐病(病株率,%)	12.0	44.0	66.0	89.0	—	
胞囊线虫(个/株)	14.7	42.4	63.4	69.3	52.8	
			生　产　调　查			
根潜蝇(%)	7.3	12.3				25.6
根腐病(%)	8.6	19.9				31.3
胞囊线虫(个/株)	1.3	15.0				20.0
食心虫(虫食率,%)	2.5	4.3				28.5

　　从表 15-5 可以看出,大豆重迎茬种植导致大豆根潜蝇、食心虫、根腐病、胞囊线虫病加剧,危害程度至少增加 1 倍,多的达十多倍。为了探明重迎茬大豆减产是否由上述几种病虫所引起,研究者们设计了土壤灭菌杀虫试验,即对土壤进行处理,杀死了有害病原菌和虫卵。结果证明,重茬 2 年的土壤经灭菌杀虫后,大豆植株的生长发育和单株产量(粒重)与正茬相同,而未经灭菌杀虫的处理因病原菌依然存在,所以植株生长发育的各项指标(株高、茎粗、根长)均低下,根腐病病情指数比灭菌处理高 14%,单株粒重降低 24%。他们认为,大豆重迎茬导致根际土壤病虫危害加剧是减产的主要原因。

　　5. 化感物质的影响　长期以来,人们一直在猜测,一些作物连作生长不好和产量降低似乎与它们自身的根系分泌物对本作物有毒害作用(即"自毒")有关。由于分离和测定根系分泌物的难度很大,所以并未确定起这种作用的究竟是什么物质。近些年来在这方面有了一些进展。中国科学院沈阳应用生态研究所(1999)在研究测定中发现,大豆重茬 4 年的土壤中对羟基苯甲酸和香草酸含量比正茬土壤中的含量高 16.5% ~ 22.5%,而对羟基苯甲酸的浓度在 0.65 mg/L 时即对大豆幼苗生长有明显的抑制作用。中国科学院东北地理与农业生态研究所(1999)的研究表明,大豆重茬土壤中对羟基苯甲酸和香草酸含量高于正茬土壤;大豆根系水提取液中酚酸的含量高于土壤,并且大豆重茬根系中的对羟基苯甲酸、香草酸、香草醛、阿魏酸、香豆素的含量均高于正茬根系;大豆根系分泌物中含有对羟基苯甲酸、香草酸、香草醛,其中尤以香草酸的含量最高。该所在水培条件下证实,对羟基苯甲酸在 6.25 ~ 100μg/ml 的范围内,即对大豆幼苗生长有一定的抑制作用。目前可以确认,上述酚酸物质与大豆连作障碍有着一定的关系。至于酚酸的其他种类和类黄酮类以及其他物质与重茬致毒有无关系和有多大的关系,有待进一步研究和分析。

　　除了大豆根系自身的分泌物可能对大豆造成伤害而外,根茬腐解物、根际微生物的代谢产物在重茬胁迫中也会起到一定的作用。胡江春、王书锦(1993)从三江平原连作大豆土壤中分离出一种影响大豆共生固氮的真菌——紫青霉(Penicillium punpurogenum)。这种紫青霉的代谢产物 Rubragtion 在 5 mg/kg 时即对大豆的根系有强烈的抑制作用。随着测定方法手段的改进和提高,对大豆根系分泌物、根际微生物代谢产物以及根茬腐解物的了解将越来越清晰,人们对于大豆重迎茬障碍机制的认识也将越来越深入。

(三)大豆重迎茬障碍的克服

大豆重迎茬减产的原因至今尚未彻底查明,尽管如此,农学专家和农民群众还是想出了一些办法,采取了一些措施,用以减轻或缓解大豆重茬的危害程度。这些措施如下。

1.调整作物构成,建立合理的轮作制度　根据当地的耕地面积,因地制宜,保持适度的大豆种植面积,合理轮作倒茬是减缓大豆重迎茬障碍的根本措施。一般地说,应当坚持三区轮作制度,尽量杜绝重茬,减少迎茬。研究表明,以蓖麻为前茬对于减轻大豆重迎茬障碍有良好的效果。

2.选用抗病品种　选用抗病大豆品种是减缓重迎茬减产的最安全和最经济的措施。黑龙江省已经培育出抗胞囊线虫病的大豆品种嫩丰14、抗线1号等,在风沙干旱和盐碱地上应用,比当地感病品种增产百分之十几至百分之几十。山东省农业科学院培育的高作1号抗大豆胞囊线虫1、3、5号生理小种,且耐2、4号生理小种,在病区种植,平均产量达到$2\,601\ kg/hm^2$。

大豆根腐病是多雨、低洼条件下常患的病害。黑龙江省选育的密山黑豆、合交8号、垦农1号以及吉林省的通农4号等,对根腐病都具有一定的抗(耐)病能力。

3.实行伏秋土壤耕翻,增施有机肥料,适时灌溉　生产经验证明,前茬作物收获之后,土壤及时耕翻特别是伏耕和早秋耕,是减轻病害减少虫害的重要措施。增施有机肥料配合施氮、磷、钾和多种微量元素肥料,适时适量浇水,改善土壤营养和水分状况,对于增强大豆植株抗性、增加大豆产量,也是十分有利的。

4.适当采用药剂处理　为了杀灭危害大豆的土传病菌和害虫,采用药剂拌种或种衣剂有一定的效果。目前在大豆生产上应用的制剂不少,有的将农药与微量元素肥料合用,效果也较好。不过,有的农药(如呋喃丹)对人畜危害极大,如果在大豆籽粒中残留,则产品便不是"无公害食品"了。这是值得密切注意的。

第三节　大豆在轮作中的地位

一、大豆茬的特性及评价

我国古代农业便知道种植大豆有培肥和改善土壤肥力性状的作用。农民把大豆茬称之为热茬、油茬、软茬。油茬的意思是种过大豆的土壤肥力性状比禾谷类等作物茬口相对好一些,有利于后茬作物生长发育,增加产量;软茬是对土壤耕性而言,由于大豆的栽培密度较大,生长繁茂,群体叶层稠密,减少了阳光对地面的曝晒,加之收获前的落叶多,根茬残留物较多,且大豆生长过程中的中耕作业及根系的穿插作用均有利于疏松土层,故与禾谷类等作物相比较,大豆茬易于耕作。

(一)大豆茬对土壤养分的影响

如所周知,大豆成熟收获时,从田间带出的是大豆的茎秆和豆荚(荚皮＋籽粒),而留在田间并返回土壤的是叶片、叶柄和根系。那么,前茬大豆收获之后,留给后茬作物的"残茬"及所含的氮、磷、钾究竟是多少呢?董钻等(1981)在一项以开育8号为试材的试验中对此进行了计算和分析测定,所得结果如表15-6所示。在上述试验中,开育8号的生物产量为$697.7\ kg/667m^2$,籽粒产量为$221.2\ kg/667m^2$(折合成干物重分别是655.8 kg和207.9 kg),返回土壤的叶片重为 165.9 kg，叶柄为 85.3 kg，二者合计返回土壤的 N、P_2O_5、K_2O 分别为 4.35 kg、0.87 kg 和 0.83 kg。另外，脱粒后的荚皮 72.2 kg，茎秆 124.6 kg，二者合计 N、P_2O_5、K_2O 分别为 1.23 kg、0.36 kg 和 2.75 kg，这一部分也是可以归还土壤的，故由叶片、叶柄、茎秆和荚皮残留或可归还土壤的 N 为 5.58 ，P_2O_5 为 1.23 kg，K_2O 为 3.61 kg，分别占大豆地上植株积累总量的 30.4%、33.9% 和 43.9%。

表 15-6　大豆成熟期地上各器官的氮、磷、钾含量及土壤养分带出量　（董钻等，1981）

器　官	养分含量，占干物重之%			收获干物重	从土壤中带出养分数量($kg/667m^2$)		
	N	P_2O_5	K_2O	($kg/667m^2$)	N	P_2O_5	K_2O
叶　片	2.32	0.41	0.30	165.9	3.85	0.67	0.50
叶　柄	0.59	0.23	0.39	85.3	0.50	0.20	0.33
茎　秆	0.49	0.13	0.57	124.6	0.61	0.16	0.71
荚　皮	0.85	0.28	2.82	72.2	0.62	0.20	2.04
籽　粒	6.14	1.16	2.24	207.9	12.77	2.41	4.66
合　计	—	—	—	—	18.34	3.64	8.24

费家骅等（1964）在南京孝陵卫的研究资料，$667\ m^2$ 生物产量 466.5 kg，总氮量 12.36 kg，植株残留土壤的叶片、叶柄、根系含氮量为 1.46 kg，收获物脱粒后的秸秆（含茎秆、荚壳和瘪荚）含氮量为 2.04 kg，二者相加为 3.5 kg，占生物产量总氮量的 28.4%。即大豆收获后残留于土壤及脱粒后可归还土壤的植株氮占大豆生物产量总氮的 28.4%。郭庆元等 1973 年在湖北省孝感县定位试验田测定结果，同一块田，同样施肥，秋大豆区比晚稻区收获后的土壤全氮增加 0.007 个百分点，水解氮增加 21.4 mg/kg，速效磷增加 3 mg/kg 。另据东北春大豆区对不同茬口后季作物生育期间的土壤硝态氮测定结果，前作大豆茬的土壤硝态氮含量高于粟茬、高粱茬（表 15-7）。

表 15-7　不同前茬的土壤硝态氮含量　（mg/kg）

测定地点	测定时间	大豆茬	粟　茬	高粱茬	研究单位
吉林怀德	5 月 29 日	6.33	6.01	5.55	东北农业科
县平顶山	7 月 16 日	5.03	4.84	4.71	学研究所
辽宁盖县	4 月 23 日	3.25	—	1.76	辽宁熊岳农
芦　屯	9 月 8 日	2.00	—	1.00	业试验站

众所周知，大豆的共生固氮作用能提供所需氮素养分的 25%～70%，大豆根瘤固氮大部分供给植株生长发育和籽粒的形成，有一部分氮随根瘤及根系的代谢活动而渗留到根际土壤，加上落叶、残根腐解释出的氮素，致使大豆残存的土壤氮素比其他作物多。种大豆既要从土壤中摄取氮，又能给土壤补充氮素，那么种大豆的土壤氮是增加还是减少？对此国内外学者有不同的研究结论。E.W.Russell（1936）认为，豆科作物虽能固氮，但未必能使土壤氮变得丰富，一般是降低土壤含氮量。F.Zapata（1987）应用 [15]N 研究大豆田间固氮历程，收获后的土壤氮损失 54 kg/hm²。王留芳等（1986）在陕西通过 3 年盆栽试验，认为种豆后的土壤氮有所亏损。费加骅等（1964），在南京孝陵卫对大豆生育期间的土壤养分测定结果，幼苗至开

花及至结荚期氮逐渐降低,结荚期最低,鼓粒以后又升高,收获期比苗期的土壤含氮高出 0.001 个百分点。李淑贞、赵乃新等(1984)在哈尔滨的研究资料,大豆茬的土壤全氮为 0.124%,比种豆前的基础含量高 21.6%。徐豹、张宏(1984)在吉林的研究工作中观测到大豆收获后的土壤全氮比播种前增加。王国义(1987)比较了播前、收获后的土壤氮变化,3 个密度处理的大豆及玉米、谷子收获后均有亏损,但翌年夏天的土样分析结果,大豆高密度处理的土壤氮比播前提高 5.9%,中密度处理提高 4.4%,低密度处理提高 0.7%,而玉米茬、谷子茬仍比播前土壤降低 2.6%、0.6%。据常从云(1993)等以克拉克结瘤、不结瘤的等位基因系为材料,以 ^{15}N 标记示踪进行盆栽试验结果,每株大豆固定空气氮为 834 mg,其中 430 mg 残留在根际土壤之中,若大田生产按每 667 m^2 15 000 株计算,共生固氮残留土壤部分为 6.45 kg N。麦豆定位轮作试验小麦茬土壤全氮为 0.096%,大豆茬为 0.122%,豆茬比麦茬的土壤全氮含量提高 0.03 个百分点,作者由此认为种豆可以增加土壤氮。

朱树秀、李良(1994)于 1992 年在新疆北部农六师军户农场用 ^{15}N 示踪技术进行盆栽和田间试验,研究了单作玉米和与大豆间作的玉米的氮素来源。结果表明,单作玉米的氮源主要是土壤,占 87.2% ~ 92.88%;其次为肥料,占 7.2% ~ 12.8%;与大豆间作的玉米氮源有 13.72% ~ 22.14% 是从固氮产物中获得的(表 15-8)。

表 15-8 玉米植株在单作和间作系统的氮素来源 (朱树秀、李良等,1994)

项目及处理		玉米大豆间作比例(玉米:大豆)			
		1:3	1:2	1:1	1:0
肥料氮	小 区	4.95	5.65	4.97	7.12
	比单作玉米减少%	30.48	20.65	30.20	
	盆 栽	9.80	11.62	11.79	12.80
	比单作玉米减少%	23.44	9.22	7.89	
	平均比单作玉米减少%	26.96	14.94	19.04	
土壤氮	小 区	74.31	75.02	78.44	92.88
	比单作玉米减少%	19.99	19.23	15.55	
	盆 栽	66.67	79.34	77.85	87.20
	比单作玉米减少%	83.54	9.01	10.72	
	平均比单作玉米减少%	21.77	14.12	13.14	
转移氮	小 区	20.75	19.33	16.58	
	盆 栽	23.53	9.65	10.86	
	平 均	22.14	14.49	13.72	

(二)种植大豆改善土壤理化性状

大豆为直根系,大多分布于 50 cm 土层,集中分布区为 20 cm 土层。中国科学院林业土壤研究所与黑龙江省九三农场对黑土地区春大豆、春小麦的研究资料,从地表至 50 cm 深的土层中,总根量大豆比小麦重 29.2%。

孙渠(1981)在《耕作学原理》一书中提到,大豆根系占土体的比例约为 0.9%。这是静态的大豆根系数量描述,实际上大豆根系是处于不断增生更替的动态过程中。据沈昌蒲

(2002)等人的研究,大豆根系在生长过程中的新老更替是相当频繁的,在苗期至鼓粒期的 78 d 内 5 次测定结果,00175 cm³ 土体内新生的根长 6 990.4 cm,死亡的根长 1 130.6 cm,新生根瘤 255.8 个,死亡的根瘤 133.7 个,根长共生长 8 121 cm,根瘤共生长 369.5 个。大豆生育期内不断进行的新老根系更替,新老根瘤更替,使大豆的肥田作用远大于某个时期一次性的测定结果。据刘善全(1988)报道,丰产大豆地因腐殖质胶结物质多,形成较多的有机、无机复合体,使土壤结构与土壤孔隙得到改善。另据费家骅等人(1986)在江苏太湖地区的研究结果,麦豆稻三熟比麦稻稻三熟栽培的土壤容重降低 0.1~0.11 g/cm³,氧化还原电位升高 97 mV,非毛管孔隙增加 1.4%~10.2%,土壤含氮增加 0.013%,速效钾增加 30 mg/kg。湖南零陵地区的试验测定表明,土壤冷、湿的低产水稻田实行豆稻栽培制可以降低土壤活性还原物数量,提高氧化还原势,从而减轻还原性物质的毒害作用。

(三)大豆茬有利后季作物增产

由于种植大豆能提高或维持土壤养分含量,能增加多级复合团聚体,增加土壤孔隙,降低容重,从而改善土壤的物理、化学和生物学性状,使土壤的水、肥、气、热趋于协调,可为后季作物生长创造较好土壤条件,故大豆茬较禾谷类作物茬口的后作产量高些。据中国农业科学院油料研究所 1973 年在湖北省孝感县的马肝泥稻田试验结果,同一块田的早稻——秋大豆茬与早稻——晚稻茬相比较,后作小麦增产 44.5%,后作油菜增产 40%。福建省惠安地区农科所调查资料,前作大豆的晚稻产量比前作早稻的晚稻产量高 28.5%。吉林省农业科学院对吉林中部的调查结果,大豆后作玉米比谷子后作玉米产量高 18% 以上。季尚宁(1991)报道,大豆茬、玉米茬,谷子茬、小麦茬的后季作物产量比较,以大豆茬产量最高(表 15-9)。

表 15-9　不同茬口的作物产量　(季尚宁,1991)

后季作物	大豆茬		谷子茬		玉米茬		小麦茬	
	kg/hm²	%	kg/hm²	%	kg/hm²	%	kg/hm²	%
春小麦	3937.5	100	2587.5	65.7	11575.0	39.6	2475.0	62.9
玉 米	5944.5	100	5622.0	94.6	5109.0	85.9	5433.0	91.4
谷 子	2781.0	100	2199.0	79.1	2680.0	96.4	2743.5	98.7

盖钧镒(1994)等在长江下游的研究资料,大麦—玉米—秋大豆三熟制比大麦—玉米—晚稻三熟制全年产量高 23.3%。以上调查研究结果均表明,无论是一年一熟的北方产区,还是一年二熟、三熟的南方产区,同其他禾谷类作物相比较,大豆后作的产量高出 20% 以上,由上可知大豆是多种作物的良好前茬。

二、轮作和轮作的作用

轮作是指在同一块田块上,有顺序地轮换种植不同作物的种植方式。在一年一熟条件下,轮作在年际间进行,在书写时,以"→"表示年际间的作物轮换,如大豆→小麦→玉米 3 年轮作。在一年多熟条件下,轮作可能由不同复种方式组成,称复种轮作,年内复种以"—"表示,而年际间轮换仍以"→"表示,如小麦—大豆→小麦—玉米,等。

轮作是一项传统的农业技术措施。实行作物合理轮作的目的在于,按照不同作物对土壤养分具有不同的要求和吸收能力,全面均衡地利用土壤中的各种营养元素,将用地与养地结合起来,维持土壤肥力,充分发挥土壤的生产潜力。实行作物合理轮作,有利于减轻作物的病虫危害,减少不同作物田间杂草。实行作物合理轮作,便于调节不同作物对土壤耕层所产生的不同影响(其中包括根系分泌物—化感物质的影响),从而收到改善土壤理化状况的效果。

三、我国各大豆栽培区的轮作制度

(一)北方春大豆区的轮作制度

北方春大豆区多实行一年一熟制。本区的东北春大豆亚区历来是我国大豆的主产区,据 2000 年统计,该亚区大豆种植面积 450 万 hm^2,总产量 704 万 t,播种面积和产量分别占全国大豆播种面积和产量的 45% 和 48% 以上。大豆在该亚区轮作中占据非常重要的位置。归纳起来可分为两大类:一类是大豆与小麦为主的轮作(即:"麦不离豆,豆不离麦");另一类是以大豆与旱粮为主的轮作。

1. 大豆与小麦为主的轮作　黑龙江省北部丘陵漫岗高寒气候区,无霜期 85～105 d,年降水量约 340～500 mm。地处高寒,适宜种植的作物无非马铃薯、春小麦和早熟大豆等。故当地作物轮作方式以春小麦→大豆→马铃薯为主。黑龙江省东部和北部地区,春小麦面积大,主要轮作方式为:大豆→春小麦→春小麦;而中南部地区,气候较温和,种植玉米较多,轮作方式为:大豆→春小麦→春小麦→玉米、大豆→春小麦→玉米(或甜菜)。

2. 大豆与旱粮为主的轮作　东北地区传统的大田轮作方式是"高粱→谷子→大豆 3 年一茬粪",这一茬粪是施在谷子之后,即播种大豆之时。随着玉米种植面积的不断增加和谷子种植面积的持续减少,轮作方式也相应地有所改变,常用的方式是:大豆→玉米→高粱、大豆→高粱(或谷子)→玉米。在相当长的一段时间里,为了增加单位面积产量,东北玉米产区大量扩种玉米,压缩大豆面积,玉米连作盛行。从 2000 年起,国家启动"大豆振兴计划",东北三省和内蒙古自治区东四盟才重新实施科学的大豆玉米轮作制。以吉林省为例,在振兴计划的推动下,大豆种植面积恢复到了"六五"期间的水平 53.9 万 hm^2,大多实行了大豆→玉米→玉米三区轮作制。东北西部半干旱少雨地区,谷子、高粱产量比较稳定,种植面积较大,当地多实行大豆→高粱→谷子轮作。在有灌溉条件的地区则实行大豆→玉米(或高粱、或谷子)→春小麦轮作。

我国西北地区自古以来就有禾豆轮作的习惯,至今在当地一年一熟地区仍有大豆→黍稷→谷子或大豆→谷子→黍稷的轮作习惯。新疆北部一年一熟地区,在正常情况下,大豆的轮作方式一般为甜菜→大豆→小麦→玉米,向日葵→大豆→小麦→玉米,棉花→棉花→小麦→大豆等。新疆西北部伊犁河两岸及南疆部分热量和光照充足、降水较丰富或有浇水条件的农区,有麦后夏种大豆两熟制栽培。在新疆一年一熟的春大豆(这是最主要的)及麦后复播的夏大豆均有较高产量和经济效益。2004 年全区 8 万 hm^2 大豆,平均单产 2 949 kg/hm^2,成为全国大豆单产最高的省、自治区。2005 年伊犁农四师 71 团 453 hm^2 春大豆平均单产 3 982.5 kg/hm^2,其中 3 户 6.8 hm^2,达到 4 650 kg/hm^2;伊犁农四师 61 团 116.7 hm^2 麦后复播大豆,平均单产 1 710 kg/hm^2,其中 6.2 hm^2 达到 3 045 kg/hm^2。

(二)黄淮海大豆区的轮作制度

黄淮海地区是一年两熟、二年三熟和一年一熟的混合农作地区,以两年三熟为主。当地既有春大豆,又有夏大豆,以夏大豆为主。

1. 黄淮海夏大豆产区的轮作制度　该区北部包括长城以南的京、津、河北省北部地区及山西省中南部地区,夏大豆大多在 6 月中、下旬播种,9 月中、下旬收获,全生育期 95 左右。中部夏大豆区包括河北省南部,山东省大部,河南省黄河以北、山西省南部、陕西省关中地区及甘肃省天水地区,6 月中、下旬播种,9 月下旬成熟,全生育期 90~100 d;南部夏大豆区含黄河以南至淮河两岸的河南、安徽两省大部分地区,以及江苏的苏北地区,山东省南部地区,大豆全生育期 95~110 d,6 月上、中旬播种,9 月下旬 10 月上旬收获。

该区比较典型的耕作方式有如下几种。

冬小麦—夏大豆→冬小麦—夏玉米(或夏谷子、夏高粱、夏甘薯)

冬小麦—夏大豆→冬小麦—夏大豆

冬小麦—夏大豆→冬油菜—夏玉米

冬小麦—夏大豆→冬小麦—夏花生(或夏芝麻)

冬小麦—夏大豆→冬闲(或蔬菜)—春棉花

冬小麦—夏大豆→蔬菜(或冬闲)—春甘薯(或春花生)

2. 黄淮海春大豆产区的轮作制度　黄淮海春大豆区包括宁夏、甘肃省的中东部,山西省、陕西省的北部,河南省西部及河北省的西部与北部,为一年一熟的栽培区,大豆与春玉米、春谷子、春小麦、春高粱、春红薯、春油菜、马铃薯、向日葵、蓖麻、亚麻等作物轮作。主要轮作方式有以下几种。

春玉米→春大豆→马铃薯(或甘薯)

春玉米→春大豆→春谷子(或春小麦)

春玉米→春大豆→向日葵(或蓖麻、亚麻)

春玉米→春大豆→春玉米(或春高粱)

黄淮海夏大豆区与春大豆区的交汇地带,如冀北、豫西、晋中、陕西北,渭北高原及陇东等地区,有部分地带既有一年两熟的夏大豆,又有两年三熟的春大豆,交替轮作夏种。

3. 黄淮海夏大豆栽培制度的变革　黄淮海夏大豆区,历史上以夏大豆—小麦一年两熟制栽培为主,还有一部分为春播大豆,与棉花、春红薯、春玉米、春花生等作物轮种,形成豆麦春作物两年三熟的耕作制度。如 20 世纪 50 年代,江苏淮北地区常年大豆栽培面积 53 万 hm² 左右,最高年份(1953 年)达 66.7 万 hm²,其中春播大豆约占 1/4 面积,夏播大豆约占 3/4,主要栽培方式有麦茬夏大豆,麦套夏大豆,麦套春大豆和玉米间作春大豆等(费家骅,1964;傅公砥 1964)20 世纪 60 年代以后,黄淮海地区的作物种植制度发生两点变革,一是单产提高较快,籽粒产量相对较高的玉米、水稻等作物,尤其是玉米的面积迅速扩大,大豆等作物的面积缩减,黄淮海的大豆面积由 20 世纪 50 年代的 600 万~700 万 hm²(最高年达 755.4 万 hm²)减少至 80 年代以后的 300 万 hm² 左右。二是,由于粮食需求的增加及作物育种技术进步,生育期有所缩短,从而提高了复种指数,两年三熟制减少,一年两熟制的比重进一步扩大,致使该地区两年三熟栽培的春大豆几乎无存,只留下面积已大为缩减的一年两熟栽培的夏大豆。

(三)长江流域春、夏大豆区的复种轮作制度

长江流域春、夏大豆区分长江流域亚区和云贵高原亚区。该地区的气候温暖湿润,水、热、光资源丰富,地形复杂,有山区、丘陵、平原。耕地有水田、旱地,主要土壤类型为冲积土、红黄壤、山地棕壤,长期种植水稻田形成水稻土。作物多种多样,主要作物有水稻、油菜、大小麦、玉米、棉花、大豆、花生、芝麻、蚕豆、豌豆、红薯、马铃薯,甘蔗和各种蔬菜,大豆有春播、夏播、秋播三种栽培型。本区大豆轮作复种、间作套种的方式多样。

1. 春大豆—水稻—大小麦(或油菜)　一年三熟,主要分布于长江中下游稻作区,与稻、稻、麦,稻、稻、油菜及稻、稻、绿肥等轮换,近城郊农区有的实行春大豆—蔬菜—冬小麦及春大豆—水稻—蔬菜三熟制。

2. 春大豆—水稻—冬闲　在生产条件较差的水稻产区,实行冬季休闲为翌年早春作物的种植创造较好的土壤条件。在生产条件有所改善以后,即可改为春大豆、水稻、冬季作物三熟制栽培。

3. 春大豆—甘薯(或玉米)—油菜(或小麦)　这是长江流域及其以南丘陵旱地的主要复种方式,是红黄壤旱地的主要利用方式之一。

4. 春大豆—秋芝麻(或秋绿豆)—小麦(或油菜、蚕豌豆)　亦为长江中下游丘陵旱地的主要利用方式,与春大豆、秋旱粮,冬油菜(或小麦)三熟制并存于丘陵旱地,尤以江西、湖北、湖南、四川、广西为多。

5. 小麦—夏大豆一年两熟栽培　此为长江流域平原旱地的主要种植方式。群众经验认为"一麦一豆,不肥不瘦",20世纪80年代以来,油菜面积扩展较快,形成小麦—夏大豆→油菜—夏大豆→冬休闲—春棉花或春大豆(或春旱粮)的三年五熟制栽培。

6. 早稻—秋大豆一年两熟　这种耕作制始于唐宋或更早时期,盛行于明清时代。解放初期的湖南、江西、福建、浙江及广西有较大发展,仅湖南一省1959年的稻田复种秋大豆面积13.33万 hm²(达200万亩)(周教廉,1964),主要分布于湘南、湘中和湘东。在20世纪60年代以后向稻—秋豆—冬作一年三熟制发展,用作秋播的大豆品种有两种类型。一为进化程度较低,半栽培类型的泥豆,在早稻或中稻成熟前播撒于田间,8月上、中旬播,11月中旬收豆。这种泥豆品种抗逆性较强、适应范围广、籽粒小、籽粒品质较差,多作饲料利用,单产较低,解放初在湖北、四川、安徽的长江两岸及其以南的广大稻作区均有种植,之后,由于单产低,生育期长和品质不佳,不适应生产发展和社会对大豆产品的需求而逐渐减少;一为品质较好、产量较高的秋大豆栽培品种,但抗病性及晚期抗寒性较差,仅限于长江以南的湖南、江西、福建、浙江、广西等省区栽培。大多为8月上中旬水稻收后点播稻茬,俗称"禾根豆",11月中旬收获。

7. 早稻—秋大豆—油菜(或小麦)　这种三熟制栽培的大豆品种有三种类型。北纬30°以南的早稻—秋大豆栽培区,冬季加种一季小麦或油菜,成为早稻—秋大豆—冬小麦(或油菜)一年三熟栽培,其大豆品种为秋大豆生态型品种,7月底至8月上、中旬播,11月上、中旬成熟;在长江中下游的沿江平原丘陵区,选用相宜的夏大豆生态型品种,7月中、下旬套种于成熟前的谷田,10月中旬成熟,收豆后种油菜或小麦;在四川、重庆南部及云贵高原北部,在原有早稻或中稻—小麦两熟制栽培区,于水稻收获后整地或免耕播种一季大豆,选用春大豆品种,8月上、中旬播,10月底11月上旬成熟。

云贵高原亚区为一年两熟与一年一熟栽培区,多以间作套种为主要栽培方式,大豆分春播、夏播。主要轮作复种方式是春大豆间作玉米或甘薯,夏大豆间作夏玉米,冬小麦套种春大豆(间作玉米,马铃薯套种玉米(间作大豆)等。

(四)东南春、夏、秋大豆区的复种轮作制度

本区多为二年五熟、一年三熟。其复种轮作方式大多与长江流域相似,譬如,在浙江省

中南部,大豆的复种轮作制度有如下几种:

　　麦—春大豆—甘薯(或玉米)→麦—春大豆—玉米(或甘薯)

　　麦—春大豆—晚稻→麦—春大豆—晚稻

　　麦—夏大豆—麦(或绿肥)→麦—夏大豆—绿肥(或麦)

　　早稻—秋大豆→早稻—秋大豆

　　在当地,当秋季水源不足,水田不能种植晚稻时,农民便在早稻或早中稻收割之前或之后,将大豆种子播在稻禾边(或根茬边)。秋大豆收获之后,如季节尚早,还可种一茬冬油菜、冬小麦或冬大麦。如季节稍晚,则播种冬绿肥。若来不及种冬作物,则实行冬闲。历史上早、中稻—秋大豆及早、中稻—秋大豆—冬作物的复种轮作较多,20世纪80年代以后,春大豆—晚稻及春大豆—晚稻—冬作物有较多发展。

　　在福建省东南部,春大豆多利用甘薯、甘蔗边行空隙间作或套种。夏大豆则是利用春秋两季作物的间隙种植的。譬如:越冬薯—夏大豆—秋甘薯、春大豆—夏大豆—秋甘薯、早稻—夏大豆—秋甘薯等。而在福建省西北部,实行豆、稻两熟制,即:春大豆—晚杂优水旱复种轮作,或早杂优稻—秋大豆水旱复种轮作。

　　台湾省的粒用大豆以秋播居多,也有春大豆和夏大豆。春大豆在2～3月份播种,前作为甘蔗、甘薯或其他作物,大豆收获后播种晚稻或其他作物。夏大豆常在早稻收获后播种,其后作,在旱地为甘薯,在水田则为其他冬播作物。秋(冬)大豆多在晚稻收获之后,于9月末至10月初播种。台湾省种植菜用大豆比较普遍,且春、夏、秋季均可播种。春播大豆生育期长,产量高,荚果大、商品性最优,秋播次之,夏播则产量低,荚果小,商品性较差。菜用春大豆以玉米、烟草或其他冬季作物为前茬,于2月上旬至3月上旬播种,豆荚收获后种晚季水稻。秋菜用大豆以水稻为前茬,于9月中旬至10月上旬播种。

　　近年来东南沿海地区如浙江、福建的一些地方引进菜用大豆较多,其轮作方式也与台湾相似。

(五)华南四季大豆区的复种轮作制度

　　本区偏于华南南部部分地区,包括福建、广东、广西、云南四省(自治区)南部和海南省。这一地区一年四季均可种植大豆,因此春、夏、秋、冬大豆兼而有之。当地旱地三熟有:花生—大豆—冬烟、大豆—甘薯—花生等复种轮作方式。水旱轮作中也必有大豆参与,如春大豆—水稻栽培模式,在秋季缺水的双季稻区,常改晚稻为一季秋大豆,这种栽培制度既可缓解双季稻区劳动力的紧张程度,又可改良稻田长期淹水的土壤结构,很有推广价值。

　　在华南,冬大豆的播种期在12月份至翌年1月间,复种轮作方式有如下几种。

　　冬大豆—早稻—晚稻→冬大豆—早稻—晚稻

　　冬大豆—早稻—甘薯→冬大豆—早稻—甘薯

　　冬大豆—晚秧田—晚稻→冬大豆—晚秧田—晚稻

四、大豆的间、混、套作

(一)大豆间作及其评价

　　间作,是在一个生长季内,在同一块田地上分行或分带间隔种植两种或两种以上作物的种植方式。间作是利用作物间形态生理特征特性的不同,如植株高矮不同、根系深浅不一、叶片尖圆异形、需肥种类有别等,同时同地种植,相辅相成,借以提高土地利用率和光能利用率,增加单位面积产量。间作的特点是群体结构复杂,个体之间既有种内相互影响,又有种间相互竞争,种、管、收也多有不便。

在自给自足的小农经济条件下,农民在有限的土地上,同时种植两种或几种作物,可以满足其自家的需要。故而,在东北地区采取"玉米地里带大豆",在陕西山区盛行"小麦田里种大豆",在内蒙古则实行谷子大豆间作,等等。这种种植模式具有简而易行、抗灾稳产的特点,在客观上还起到了调节土壤肥力的作用,收到用地与养地相结合的效果。

两种作物种在一起,必然有主有次。一块地上以哪种作物的产品为主要栽培目的,这种作物便是主作物,而另一个作物则为次要作物。两种作物种在一起,多半其中之一为优势作物,而另一种作物为弱势作物,"双赢"的情况是极少的。以玉米带大豆的间作为例,玉米是主作物和优势作物,大豆则是副作物和弱势作物。又如小麦田里间作大豆,小麦是主作物和优势作物,大豆则处于从属的地位。

20世纪60~70年代,由于强调粮食生产,作物"间作增产论"(两种作物间隔种植比单独种植产量高)起了推波助澜的作用。当时在东北地区普遍推行玉米与大豆间作,大豆跌落到"玉米的通风道"地位,结果玉米的产量提高了,但大豆的产量却大幅度下降了,每667 m² 不过几十 kg 而已。

1963年,董钻等在沈阳进行玉米大豆间作试验中,用60 cm × 60 cm 玻璃将两种作物的根系隔离开来,探究玉米在间作条件下受益的原因。得到如表15-10所示的结果。

表 15-10　与大豆间作的玉米地上和地下受益的比较　(董钻,1963)

处　　　理	玉米平均穗重(g)	产量比率(%)
间作玉米,玉米与大豆根系不隔离	278.4	132
间作玉米,玉米与大豆根系隔离	248.0	118
单作玉米	210.7	100

表15-10资料表明,间作玉米边行增产是其地上部分和根系共同受益于大豆的结果。即在玉米大豆间作中,玉米处于优势地位。另据陈国平等(1963)研究,玉米与大豆间作时,在120 cm 厚的土体内,玉米与大豆的根重之比为 2.87:1。如将二作物根系隔离,玉米单株产量仅提高33.9%,而根系不隔离,玉米单株产量可增加98.8%。由此可见,在间作条件下,玉米在地上和地下均受益,而大豆则在地上和地下均受损。

据郭庆元等1964在江苏省铜山县试验调查的结果,与大豆间作的玉米,单株有效果穗数、粒重均有所增加,而大豆的各项农艺性状则均有所下降(表15-11)。

表 15-11　玉米大豆间作对大豆植株性状的影响　(郭庆元等,1964)

种植方式	株　高 (cm)	分　枝 (个)	茎　粗 (cm)	节　数 (个)	节间长 (cm)	植株干重(g)		
						地上部	根　系	根　瘤
单　作	82.0	8	0.70	21	4.2	31.6	2.8	1.3
间　作	126.7	6	0.54	18	6.9	18.8	2.1	0.9

资料来源:郭庆元、马世清、夏敬源主编 . 中国种植业优质高产技术丛书 . 大豆 . 武汉:湖北科学技术出版社,2003

从表15-11不难看出,与单作大豆相比,间作大豆株高增加,分枝、茎粗和主茎节数减少,节间长度拉长,最终不论地上部或根系干重都大大降低。这证明,与玉米间作,大豆在竞争中处于劣势。

黑龙江省农业科学院的一项试验也获得了类似的结果(表 15-12),2:2 间作大豆比单作大豆减产 44.7%。

表 15-12　玉米大豆间作对大豆农艺性状的影响 (黑龙江省农业科学院)

项　目	2:2 间作	单　作	项　目	2:2 间作	单　作
株高(cm)	116.4	95.5	单株荚数	17.7	38.9
分　枝	0.5	1.3	单株粒数	31.1	83.4
节　数	15.5	17.5	虫食率(%)	5	11
节间长(cm)	7.5	5.5	667m² 产量(kg)	109.4	198.0

资料引自张子全主编 . 中国大豆育种与栽培 . 农业出版社,1987

据中国农业科学院农业气象研究室(1974)的测定结果,在玉米与大豆间作条件下,玉米顶层接受的太阳总辐射为 1 918.8 $j/cm^2 \cdot d$,而大豆顶层为 999.6 $j/cm^2 \cdot d$(其中散射辐射 262.3 $j/cm^2 \cdot d$,光斑下辐射为 737.2 $j/cm^2 \cdot d$),即仅为玉米顶部的 52.1%。

在玉米大豆间作中,玉米与大豆是互为环境形成因子的。玉米高大,承受阳光充足,大豆矮小,处于玉米的阴影之下,二作物种在一起,玉米的边行优势突出,大豆的边行劣势明显。据河南省农业科学院 1981 年在 8 个试验点上调查的结果,间作玉米的产量比单作玉米高 49.3% ~ 125.2%,而间作大豆的产量比单作大豆低 36.4% ~ 55.9%,因二作物的行数比例而异。这一增一减之间,从表面上看,似乎增加的数量比减少的数量多,其实若将二作物的品质考虑在内,则很难说清楚是输是赢了。须知,大豆籽粒含蛋白质约 40%,含脂肪约 20%;而玉米相应地约含 8% 和 4%。成分不同的产品其营养价值是不言而喻的。

1970 年,沈阳农学院曾对间作大豆行数与产量的关系进行过调查,结果如表 15-13 所示。

表 15-13　大豆在与玉米间作中各行产量变化的百分率 (沈阳农学院,1970)

种植方式及行数	中间行产量(%)	次边行产量(%)	边行产量(%)	各行平均产量(%)
单　作	—	—	—	100
6 行间作	102.0	96	93.1	97.0
4 行间作	91.2	—	86.6	88.9
3 行间作	81.4	—	76.0	78.7
2 行间作	—	—	74.2	74.2
1 行间作	—	—	57.4	57.4

资料引自张子金主编 . 中国大豆育种与栽培,农业出版社,1987

表 15-13 的数据表明,即使与玉米间作的大豆行数增加至 6 行,其各行的平均产量仍比单作减产 3%,4 行减产 11%,3 行减产 22.2%,2 行减产 25.8%,1 行减产 42.6%。与玉米间作,大豆当年减产固然损失很大,而间作给作物轮作倒茬和田间作业带来的损失和麻烦更加严重。正是基于这一理由,从 20 世纪 60 ~ 70 年代起,农学界的有识之士特别是大豆专家一致呼吁:在大豆主产区不宜实行大豆玉米间作,要把大豆从玉米的夹缝中解放出来!

(二)大豆非主产区的间作方式

间作,作为一种种植方式,有其存在的理由,也有其存在的必要。在非大豆主产区,大豆的种植面积在作物构成中所占比率不大,实行大豆与其他作物间作,可以有效地利用空间,收到一地两收的效果。在山西省晋北地区,农民有采用玉米与大豆间作的习惯;在陕西省渭北、秦巴地区和甘肃省陇西地区,实行玉米与大豆间作 1:3～6 带状间作,以尽量减少玉米对大豆的影响。在"一山有四季,十里不同天"的贵州省,95% 的大豆面积采用间、套作,且主要与玉米间作。在土壤肥力属中上等的耕地上,大豆与玉米的间作方式为 2:2 或 2:3,而在土壤肥力中下等的耕地上,则采用 1:2、1:3、2:4 或 2:6 等间作方式。四川省和重庆市属于春、夏、秋播大豆亚区,当地春大豆也多与玉米间作,丘陵旱地夏玉米区,则有玉米与大豆各种行比的间作方式。在广西壮族自治区的高寒山区,玉米与大豆间作是极为常见的种植方式。

(三)田埂豆

田埂豆,也叫田塍豆,是在水稻田埂上种植的大豆。田埂豆是我国水稻区特别是南方稻田普遍采用的一种特殊的水稻与大豆间作的方式,已有千余年种植历史。田埂在水田中所占的面积因地而异,与格田(田块)面积的大小有很大的关系。格田面积越小,田埂所占面积的比率越大;反之亦然。譬如,在我国南方比较平坦的水田区或梯田、山坳田,格田面积较大,田埂面积占水田面积的 15% 左右;而在山区、半山区,因水稻格田面积较小,围在其周围田埂所占的面积可能达 30% 左右。如此多的田埂用于种植大豆,面积不小,产量可观,不容忽视。一般在窄的田埂上种 1 行大豆,宽的田埂种 2 行大豆。由于水稻属矮秆作物且处于田格之中,对田埂豆几乎无遮荫影响,通气透光良好,加之水田肥水条件比较优越,又不易感染胞囊线虫病,故而即使长期种植,田埂豆的产量和品质仍比单作为高。王金陵(1997)估计,我国水田每 13 340 m^2(20 亩)平均能有田埂 667 m^2(1 亩),发展田埂豆是开拓大豆生产的领域之一。

田埂豆多采用有限结荚习性、株型收敛、茎秆坚韧、结荚密集的品种,生育期长短应与水稻的生育期相近。在南方,水稻有早、中、晚稻之分,田埂豆品种也有春、夏、秋大豆之别。这样一来,田埂豆可以与水稻的插秧期相适应。江西省南城县拥有 1.67 万 hm^2 稻田,现在已有 70% 田埂用于种大豆、绿豆和豇豆,年产豆达 70 万 kg,占全县大豆总产量的 30%。有资料表明,江苏省稻田每 667 m^2 可收田埂豆 10 kg 以上。近年来,北方稻田也盛行种植田埂豆。据单维奎(1993)提供的资料,辽宁省水田约 60 万 hm^2,田埂占其面积的 5%～7%,每 667 m^2 稻田除收稻谷外,可收大豆 10～22 kg。因此种植田埂豆值得大力提倡。

(四)大豆混作

混作,也称混种,是把两种或两种以上作物,不分行或同行混合在一起的种植方式。其特点是方法简单,能集约利用土地,但是田间管理和收获极其不便,是一种原始的种植方式。

以收获玉米为主的混作方式是,在玉米植株之间穴种大豆,叫做玉米带大豆。而以收获大豆为主的混作方式则有,在大豆田内,每隔一定的距离(譬如 3～5 m)横向种 1 行玉米,形成与大豆行相垂直的玉米行。这种混作方式,在东北地区叫做"大豆串带玉米"。在山东省等地有大豆与甘薯"满天星"混作、大豆与芝麻混作等。

混作是一种劳动强度较大,田间操作不便的粗放种植方式,如今采用者越来越少。

(五)套　作

套作,也称套种,是在同一田块上,在前季作物生长后期或收获之前,在其行间播种或移栽后季作物的种植方式。套作多在当地生长期种 1 季作物有余、种 2 季作物不足,或种 2 季作物有余、种 3 季作物不足的地区,为了充分利用当地气候资源(光、热)和土地资源(肥、水),增加复种指数,争取一地多收而采用的种植方式。

东北农学院1977年在黑龙江省阿城进行小麦大豆套种试验,获得了如表15-14所示的结果。

表15-14　小麦大豆套种两熟与单作一熟的光能利用率　　(东北农学院,1977)

农田作物群体	4月21日~6月8日		4月21日~7月14日		4月21日~8月27日		对比(%)
	干物质增长(g/m²)	光能利用率(%)	干物质增长(g/m²)	光能利用率(%)	干物质增长(g/m²)	光能利用率(%)	
小麦大豆套种	114.5	0.22	585	0.603	878	0.62	100
一熟小麦	119.0	0.23	435	0.430	435	0.30	48.4
一熟大豆	11.6	0.02	269	0.280	555	0.39	62.9

从表15-14可以看出,在同一时段内,小麦单作和大豆单作各自的光能利用率均不高,只相当于套种的48.4%和62.9%。而小麦大豆套种的干物质积累具有优势,光能利用率大为提高(100%)。试验的结果还表明,当年4月28日至9月20日之间,阿城≥10℃的积温为2718℃,在此期间,一熟小麦只利用1469℃(相当于54%),一熟大豆利用2437℃(相当于89.6%)。两种作物套种,在其共生期间可同时利用这一阶段的积温,结果相当于积温增加1656℃。东北农学院在同一试验中对土壤水分的利用情况的调查还表明,当地土壤含水量有两个高峰,一个在春季反浆时,另一个在夏天雨季中。小麦主要利用前者,当雨季来临时小麦已经成熟,大豆则主要利用后者,直至9月下旬初霜来临籽粒才成熟。

套作采用带状种植方式,既错开了两茬作物各自的生长旺季,又形成了各自的边际优势。大豆播种前,预留的空间由小麦利用;小麦收获后,留下的空间由大豆利用。从时间上说,等于延长了当地生长期;从空间上说,也充分地利用了耕地。吉林省农业科学院耕作栽培研究所、东北农学院等科研单位所进行的试验证明,麦豆套种的综合产量超过一年一熟的小麦和大豆单作的平均产量。原中国农业科学院江苏分院的试验还表明,麦豆套种的公顷产量比两种作物复种还高出13.7%。

套种也是有缺点的。套种带的宽度一般较小,太宽则边际优势不大。随之而来的问题是田间作业困难,不便于机械化,势必增大劳动强度。从长远看来,若不实行机械化作业,套作的大面积推广必将受到限制。

当前,在东北地区,大豆套种方式主要是与小麦相搭配的小麦大豆套种;黄淮海流域和黄土高原地区也实行小麦与大豆套种。长江流域地区,因当地生长期长,大豆经常与小麦、大麦、玉米、棉花等作物间作套种在一起,以求一地多收;南方桑园内也多间、套种大豆。在四川省和重庆市,农民常在马铃薯、燕麦、荞麦、烤烟田间套种大豆。我国南方丘陵旱地还有大麦套种大豆、甘薯套种大豆、甘蔗苗期套种大豆,以及在玉米、木薯等主栽作物田间套种大豆的习惯。方式多样,不胜枚举。

大豆作为富含蛋白质的作物,在人多地少的我国广大农村,农民群众为了有效利用生长季节,见缝插针种植一些大豆,借以增强营养和增进健康,不但是十分有益的,而且也是科学的。特别是在南方大豆产区,可以在春、夏、秋季与多种作物间作套种,以求增加大豆产量,有效利用资源。

(六)大豆与多种作物间、混、套作及举例

作物间作以双竖线"‖"表示,套作以斜线"/"表示,混作以符号叉"×"表示。宁夏引黄灌区,大豆或与小麦间作,即:小麦‖大豆,或小麦套种玉米间作大豆:小麦/玉米‖大豆;在宁南杨黄新灌区及清水河流域灌溉农业区,大豆或与小麦套种,或者玉米套种大豆:小麦/大豆,玉米/大豆。甘肃省陇东地区的旱作春大豆区,大豆多与玉米间作或套作:玉米‖大豆,大豆/玉米。河西平川区和中部沿黄灌区是:小麦/大豆,玉米‖大豆,或小麦/玉米‖大豆。

四川省低山丘陵地区,大豆于春、夏季播种,与小麦、玉米和红苕四熟的搭配是:小麦/玉米‖大豆/红苕;而在高山地区,实行小麦、玉米、大豆三熟套种:小麦/玉米/大豆。

江西省春大豆常与大麦、小麦、油菜套种,大豆收获后复种红薯:小麦(或大麦,或油菜)/大豆—红薯。秋大豆在栽培制度中的地位是这样的:玉米‖秋大豆—冬作物(或冬闲)。

浙江省大豆间混套种方式比较复杂,主要有如下几种:麦/春大豆/甘薯,麦/春大豆/秋玉米,麦/春大豆×玉米/秋玉米×秋大豆,麦/春大豆—晚稻。

在广西及福建的闽西北山区,大豆套种很盛行,主要有:甘蔗/大豆,麦(大麦,或小麦)/大豆,稻—甘薯/秋大豆。

第四节 大豆的土壤耕作制与施肥制

一、大豆的生长发育与土壤条件

我国东西南北各地土壤条件千差万别,几乎到处都有大豆栽培,说明大豆对土壤条件的适应范围是比较宽的。但是,土壤有机质含量不同、质地不同、容重不同等等对大豆产量的影响却是很大的。

(一)土壤有机质含量与大豆生产的关系

黑龙江省农业科学院于 1977 年在绥化县的试验测定结果表明,土壤肥力与大豆产量的关系十分密切(表 15-15)。

表 15-15 土壤肥力与大豆产量的关系 (黑龙江省农业科学院,1977)

产 量 (kg/667 m²)	有机质 (%)	酸碱度 pH 值	全 氮 (%)	全 磷 (%)	全 钾 (%)	速效氮 (mg/100g 土)	速效磷 (mg/100g 土)
> 200	4.68	8.05	0.238	0.161	2.40	6.58	20.93
175 ~ 200	3.71	7.58	0.196	0.122	2.51	8.26	7.43
150 ~ 175	3.69	7.64	0.192	0.121	2.51	6.98	6.46
125 ~ 150	3.27	7.32	0.164	0.104	2.50	4.73	4.69

资料转引自张子金主编 . 中国大豆育种与栽培 . 北京:农业出版社,1987

从表 15-15 可以看出,大豆产量的高低与土壤有机质含量、全氮和全磷含量呈正相关,而与全钾含量的关系不是很大。

另据黑龙江省国营农场总局农业处车广才历时 10 年对总局所辖的 72 个农场近 67 万 hm² 大豆单产与土壤有机质含量相关性进行的分析结果,二者相关极为显著(r = 0.4426)。黑龙江省农垦科学院作物所的测定结果证明,垦区现有耕地的土壤有机质含量为 3% ~ 5%,高的达 7%。分析结果还表明,全氮、全磷含量基本上因土壤有机质含量的增加而增加。据一些农场调查,1960 ~ 1974 年期间,土壤有机质含量每年以 0.078% ~ 0.118% 的速度下降,为了培肥地力和维持土壤较高的有机质含量,垦区广泛推广了秸秆还田措施,一般每隔 2~3 年秸秆还田 1 次,有效地控制了土壤有机质下降趋势,保证了大豆高产和稳产。

　　需要指出的是,我国的一些干旱地区和南方地区土壤的有机质含量虽然较低,但是若能采取一定的培肥措施,主要是有机肥无机肥配合施用,大豆每 667 m² 产量仍可达到 150 kg、200 kg、250 kg。

(二)土壤质地和土壤紧实度与大豆生产的关系

　　大豆对土壤的要求,除养分因素外,主要是水分含量适宜和通气状况良好。土壤质地对土壤含水量和通气性影响较大。沙土通气良好但持水力弱;黏土持水力强而通气不良。所以,种植大豆,壤土最为适宜。此外,黏砂壤土、黏壤土和砂壤土等,也都适于大豆生产。

　　与各种作物一样,大豆要求耕层有良好的结构,即土壤的固相、液相和气相等"三相"比例适中。适中的三相比,一般是固相体积与总孔隙体积之比相当于 1∶1,而在总孔隙度中,毛管孔隙与非毛管孔隙之比也相当于 1∶1,或者非毛管孔隙略高些。土壤水分保持在毛管孔隙中,非毛管孔隙则充满空气。这样的耕层结构中,水、肥、气、热处于协调状态,很适于大豆的生长发育和产量形成。

　　土壤紧实度是耕层土壤物理特性的一个指标,通常以"容重"表示。容重是指 1 cm³ 内干土的克数(以 g/cm³ 记之)。

　　黑龙江省垦区大豆高产栽培开发研究测定结果表明,在比较湿润的东部农场大豆高产的土壤容重指标为 1.14~1.25g/cm³,而在比较干旱的西部农场,该项指标为 1.04~1.13 g/cm³。在东北三省范围内,黑土类土壤的容重偏低,棕壤土的容重偏高。对大豆来说,土壤容重在 1.1~1.4g/cm³,均比较适宜,而最佳容重为 1.15~1.25 g/cm³。

(三)土壤酸碱度(pH 值)与大豆生产的关系

　　大豆对土壤酸碱度比较敏感。有资料表明,酸碱度(pH 值)在 3~9 范围内,偏酸或偏碱对大豆根系长度的影响不甚明显,但对单株根系着生的根瘤数却有明显的影响。若以 pH 值为 7 的单株根瘤为 100% 计,pH=5 的单株根瘤数为 49.3%,而 pH=9 的单株根瘤数只有 46.6%。当 pH≤3 或 pH>11 时,则根瘤数更是明显减少。大豆根系在中性土壤(pH=7)时生长发育最好,偏酸土壤次之,偏碱土壤最差。如果以 pH=7 的土壤大豆单株根系重为 100% 的话,pH=5 的为 77.7%,pH=9 的为 61.1%。总地看来,中性及弱酸弱碱性土壤(pH 值在 6~8 范围内)均适于种植大豆。在生产过程中,还可以通过施用有机肥,或者施用酸性或碱性肥,对不甚适宜的 pH 加以矫正。

　　一般地说,土壤的酸碱性,用土壤耕作措施是很难调整的,但在计划作物布局时,则可以为大豆选择酸碱度较适宜的土壤。

二、大豆的土壤耕作制度

　　大豆的土壤耕作方法和要求因其在轮作中的地位而异,随各地栽培制度的不同而不同。

　　大豆播前整地的目的在于,为大豆播种准备适宜的播种床以利于种子萌发整齐,迅速出苗;为大豆苗期生长准备良好的土壤环境,使幼苗根系发达,生长健壮。

(一)春大豆的整地

1. 一般栽培法的整地　在我国东北和西北春大豆区,通常在前作收获后进行耕翻。麦茬实行伏翻,玉米、高粱、谷子茬则实行秋翻,如果晚秋作物收后来不及秋翻,或者因多雨不适于秋翻时,就要改在翌年春季耕翻。在东北地区,春翻应在土壤返浆之前进行。土地耕翻之后,为防止干旱跑墒,应立即进行耙耱,达到地平土细,保持水分;但是如果在湿润地区,土壤含水量在田间持水量以上,只能在地表稍干后才可耙耱。在冬季田间有较多积雪的地方,也可以将耙耱的时间推迟到翌年的春天。

西北地区气候干旱,降雨稀少,当地土壤耕作的中心任务是蓄水保墒。在雨季间隙或雨季来临之前,通过深耕打开雨水下渗的通道,充分发挥土壤蓄水库的作用,做到秋雨春用。为此,当夏季作物收获后应立即抢时伏耕;早秋作物茬地则应边收边耕,在雨季结束时耕完;晚秋茬地一般边收、边耕、边耙耱。每次耕地特别是秋耕,必须注意适墒耕作,即过干不耕,过湿也不耕。在西北旱区,耕地之后,为了保墒防蚀,还要采用耙耱、镇压和中耕等表土作业。耙耱可以碎土、平地、收墒;镇压有助于防止蒸发和提墒;中耕主要是为了破除板结,截断毛管水蒸发,减少水分无效消耗。

2.大豆"三垄"栽培法的整地　大豆"三垄"栽培法,也叫"垄三"栽培法,是秋起垄、垄体深松、分层深施肥、垄上双行精量点播种子及施种肥等栽培技术的简称,其核心是深松、深施肥和等距精量播种。这项技术是以黑龙江省八一农垦大学杨方人教授为首的一批大豆专家多学科协作攻关,于1985年研制成功并推广的。从1986年开始在国营农场推广。实践结果证明,一般单位面积增产大豆15%～20%,高的可达到30%或更多。

"三垄"栽培法的技术要点是,秋季耕地需达到标准,垄体深松深度25～27 cm,打破犁底层,深松同时分层深施肥起垄,第一层施肥在种下5～7 cm,第二层在种下10～15 cm。行距60～70 cm,翌年春季垄上双行等距精量播种。

"三垄"栽培中,播前整地技术规范是这样的:麦茬要伏翻,玉米茬要秋翻,土壤含水量在25%左右时,应当力争早翻,避免湿耕。前茬若已深松达30 cm左右的基础,耕深可在20 cm;若无深松基础,则要求耕深在25 cm以上,以不打乱耕层为限。土地耕翻之后,若在越冬前耙地,重耙深度要求在15 cm以上,轻耙在8 cm以上,耙平、耙透,平地与耙地相结合,平地要用宽幅平地机。质量标准是:耕层细碎、疏松、平整。10 m幅内高低差不超过3 cm;每平方米内,3～5 cm的土块不超过10个。

低湿地区,秋季土壤含水量超过35%时,耕翻后不耙,以便晾垡散墒。

(二)夏大豆的整地

夏大豆的前作,在黄淮海流域大部分是冬小麦,南方诸省除小麦外,还有大麦、油菜、蚕豆等冬季作物。在黄淮海流域的夏大豆地区,前作收获后的6月份气温较高,雨量偏少,蒸发量大。据陕西省武功1954～1973年20年的气候资料统计结果,6月份气温平均24.5℃(最高气温31.1℃),降水量平均57.8 mm,而蒸发量为269.1 mm。另据山东省农业科学院作物所1949～1980年(缺1971～1974年)计30年的记载,夏大豆播种时的6月中旬,旬降水量在30 mm以上的只有6年次。降水稀少,墒情不好是夏大豆播种的限制因素。故而,夏大豆整地的要点是抢时间、抢墒情。

夏大豆播前整地有如下几种方法:第一,耕地播种,麦收之后一般不宜深耕,浅耕10cm左右即可,务必随耕地、随耙耱、随播种;第二,耙地播种,麦收之后,耙除麦茬,也需边耙茬、边播种;第三,"板茬"播种,为了不误农时,于麦收后立即播种,播种之后再进行耙耱。以上三种整地播种法,可视麦收早与晚和土壤墒情好与差而灵活运用。

夏大豆地区一般作物轮作制是:春玉米→冬小麦—夏大豆。与这种轮作制相适应的土壤耕作制大致是:豆茬秋翻、耙、耱、镇压→玉米茬灭茬、翻、耙、耱→麦收后耙地或锄地灭茬。

（三）秋大豆的整地

在南方秋大豆地区，秋大豆多以早稻为前作，在早稻最后一次除草时，要做到草净田平，早稻勾头，排水晒田，晒至泥不陷脚的程度，于水稻收获前 4～5 天浇一次跑马水即可播种大豆，也可在水稻收获后，在稻茬的一侧点豆，称"禾根豆"。遇高温酷热天气，则可将稻草均匀撒在豆苗上。若早稻收获较早，生长季节尚可，则可以在收稻后进行耕翻，接着将土垡耙碎。为此，各种复种大豆的稻田，均要在水稻"勾头"后开沟、排水、晒田；如果早稻收获前田面已干，则要灌"跑马水"造墒，以利于大豆播种出苗。

三、大豆的施肥制度

施肥制度是与栽培制度相适应的一套施肥技术体系。大豆的施肥制度是在有大豆参与的轮作周期内，针对其上、下茬作物施肥和需肥情况，在大豆上所施用的肥料种类、数量和施肥方式。因为在一个地区，大豆是处于几种作物的轮作之中，是轮作的一个环节，所以大豆施肥必须瞻前顾后。一方面要看上茬作物施用的是什么肥料，有多少后效；另一方面要兼顾下茬作物需要什么肥料，为其创造较好的养分环境。

我国各大豆区的土壤肥力状况各异且轮作制度多种多样，很难规定一种统一的施肥制度。在此，只能举例说明，作为参考。

（一）一年一熟垄翻深松耕作施肥制

东北春大豆区有一种作物轮作制是：小麦→大豆→玉米；与轮作制相配套的土壤耕作制是：（玉米收获后）玉米茬秋耕深松，春季耙耢→（小麦收获后）麦茬秋搅垄镇压，（大豆）苗期松沟→（玉米播种前）不耕播种，（玉米）苗期垄沟深松。与上述轮作制和土壤耕作制相适应的施肥制是：每 667 平方米撒施农家肥 1 000～1 500 kg，加磷酸二铵 10 kg→沟施农家肥 500～1 000 kg 加磷酸二铵 8～10 kg，花前追施尿素 3～5 kg 或硫酸铵 6～10 kg→条施农家肥 1 500～2 000 kg 加磷肥 10～20 kg、钾肥 5～10 kg、尿素 5～7 kg，玉米"大喇叭口期"追施尿素 10～15 kg。

（二）一年两熟夏大豆的施肥制

华北夏大豆区的栽培制度多为一年两熟，夏大豆在冬小麦收获之后播种。现举春玉米→冬小麦—夏大豆复种轮作为例，与之相配套的土壤耕作制是：豆茬秋翻、耙、耢及镇压→玉米茬灭茬翻、耙、耢→麦收后耙地或锄地灭茬。与这种作物轮作制和土壤耕作制相适应的施肥制则是：每 667 平方米撒施农家肥 1 000～1 500 kg 加磷酸二铵 10 kg→耕翻前施农家肥 2 000～2 500 kg 加磷酸二铵 5～10 kg 或碳酸氢铵 25～50 kg→耙地前施农家肥 1 000～1 500 kg 加磷酸二铵 10 kg。

（三）南方秋大豆的施肥

南方红黄壤具有酸、瘠、黏三个特点，在这种土壤上种植大豆，更应注意培肥地力和合理施肥。应当彻底改变传统的"种豆一把灰（草木灰）"的做法。中国农业科学院油料作物研究所郭庆元（1993）在谈及我国南方大豆生产的对策时指出，南方土壤养分供应不足或不均衡是障碍大豆产量增加的一个重要原因。为了克服这一障碍，应当尽可能做到农作物秸秆还田，增施各种农家肥，以培肥地力。南方大豆区的土壤一般速效磷、钾供应不足，施用磷、钾肥增产明显；同时，对于增产潜力大的大豆品种和瘠薄土壤来说，土壤缺氮也很突出，施氮肥效果极佳。油料所在湘南红黄壤上的试验结果表明，667 m^2 施 5.6 kg N、11 kg P_2O_5 和 7.5 kg

K_2O,获得了 200.1 kg 的高额产量,比对照增产 90 余 kg。浙江省农业科学院作物所朱文英 (1994)报道,种植大豆浙春 2 号,播种前每 667 m^2 需条施有机肥 1 000 kg、磷肥 15 ~ 30 kg 作 基肥,苗期施氯化钾 10 ~ 15 kg,追施尿素 10 ~ 15 kg(苗期占 60%和始花期占 40%)。

参 考 文 献

卜慕华,潘铁夫.中国大豆栽培区域探讨.大豆科学,1982,1(2):106 ~ 119

卜慕华,潘铁夫.我国大豆栽培区域.中国大豆育种与栽培.吉林农业科学院主编.北京:农业出版社,1987

马世钧,赫冲.我国大豆的栽培制度.原载中国大豆育种与栽培.北京:农业出版社,1987,357 ~ 371

王缓,吕世霖.大豆.太原:山西人民出版社,1984

王金陵.大豆之光期性.原载农林新报.1942,19 ~ 30.转引自王金陵大豆论文集.哈尔滨:东北林业大学出版社,1992

王金陵.中国大豆栽培区域划分之初步探讨.原载农报.1943,8(25 ~ 30):282 ~ 286.转引自王金陵大豆论文集.哈尔滨:东北林业大学出版社,1992

王金陵.大豆生态类型.北京:农业出版社,1991

吕世霖,程舜华,程创基.我国大豆栽培区域研究的探讨.山西农业大学学报,1981,1(1):9 ~ 17

陆欣来.东北耕作制度.北京:中国农业出版社,1996

杨春峰.西北耕作制度.北京:中国农业出版社,1996

邹超亚.南方耕作制度.北京:中国农业出版社,1996

盖钧镒,汪越胜.中国大豆品种生态区划的研究.中国农业科学,2001,34(2):139 ~ 145

凌以禄,盖钧镒.江苏省淮南地区种植秋大豆的试验研究.中国油料,1985,1985 年 3 期

周教廉.豆稻轮作对农业生产的作用.湖南农业增刊(豆类生产经验专辑),1981

费家骅.麦、豆、稻为苏南轮作制的商榷.中国油料,1979(1)

费家骅,沈克琴,顾和平等.太湖地区麦—豆—稻耕作制度的研究.第二次中美大豆科学讨论会论文集.吉林科学技术出版社,1986

凌以禄,盖钧镒.江苏省江淮下游地区大豆的轮作复种制度.第二次中美大豆科学讨论会论文集.吉林科学技术出版社,1986,

孙渠.耕作学原理.农业出版社,1981

沈昌蒲,季尚宁,龚振平.大豆肥田机制的研究Ⅵ.大豆肥田机制研究的总结和讨论.大豆科学,2002,21(1)

谭世文译(E.W.Russell 著).土壤条件与植株生长.科学出版社,1973

季尚宁.大豆茬口及其残茬对后作物生物学影响.东北农学院学报,1991,12(22)41 ~ 46

徐豹,张宏,高金方.大豆生育期间根瘤固氮活性动态及其固氮量的估测.土壤通报,1984 年 5 期

王留芳,王立群,傅增光.一年生豆类作物固氮力度后效研究.西北农业大学学报,1986 年 12 期

马和平,王国义,焦景宇,岳才军,沈昌蒲.大豆肥田机制的研究Ⅴ.大豆对耕层土壤结构性的影响.大豆科学,2001,20(4)

朱树秀,李良,阿米娜.玉米单作与大豆混作中氮来源的研究.西北农学报,1994,3(1):59 ~ 61

常从云等.种植大豆对土壤氮素的影响.大豆通报,1993 年 4 期

沈克琴等.我国长江流域发展粮豆多熟制是一项增产改土的有效策略.大豆通报,1995 年 1 期

油料所夏油系.水田三熟制中秋大豆栽培技术及用地养地的初步调查研究.油料作物科技,1975 年 2 期

周教廉.秋大豆在湖南稻田轮作制中的作用及其增产途径的商榷.中国作物学会豆类作物学术讨论会论文选编.中国作物学会,1964

郭庆元.关于湖北省发展大豆生产的商榷.中国油料,1982,(3,4)

郭庆元.我国南方稻田种豆的调查研究.大豆科学,1983,2(4)

郭庆元等.中国种植业优质高产技术丛书——大豆.武汉:湖北省科学技术出版社,2003

郭文韬.中国大豆栽培史.河海大学出版社,1993

赵政文等.大豆栽培与加工利用.长沙:湖南科学技术出版社,1996 年

黄桂荣,葛斌.发展大兴安岭地区大豆生产的限制因素、潜力及对策.大豆通报,1995 年 4 期

董钻,祁明楣,孙卓韬.大豆亩产 450 斤的生理参数及栽培措施初探.大豆科学,1982,1(2):131 ~ 140

董钻,董加耕,裴碧梧.东北地区大豆早熟品种生长发育特点和产量形成规律的探讨.大豆科学,9(4):265 ~ 270

杨方人,赵淑英,吴溪湧,赵九洲.现代化大豆高产栽培.哈尔滨:黑龙江科学技术出版社,1994

费家骍.江苏省淮北地区大豆生产情况和增产的几点意见.中国作物学会豆类作物学术讨论会论文选编.中国作物学会,
　　1964

中国农业科学院油料所.大豆在湖北三熟轮作制中的作用.耕作改制的科学技术.农业出版社,1979年

郭庆元.发展我国南方大豆生产的重要意义与对策.大豆通报,1993,5(6):20~22

周边生等.充分利用我国亚热带土壤资源发展冬大豆生产.土壤通报,1997年5期

朱文英.开发红黄壤,发展大豆生产.大豆通报,1994,3:7

第十六章　大豆施肥原理与施用技术

大豆是需肥种类较多且需肥量较大的作物。已有的研究资料表明,大豆的生长发育与产量形成需从土壤中摄取氮、磷、钾、钙、镁、硫、硼、锌、铁、铜、锰等 10 多种营养元素。20 世纪 60 年代中国农科院江苏分院(1960)、吉林省农科院(1962)、黑龙江省农科院(1962)的试验测定结果,生产 100 kg 大豆籽粒需吸收 6.6～7.2 kg N,1.2～2 kg P_2O_5,1.8～2.2 kg K_2O。1982～2002 年全国 14 次田间试验测定结果(董钻等,1982,1987,1996;许忠仁,1984;杨立国,2002;刘克礼,2004;贺振昌,1982;徐本生等,1989;孙淑燕,1984;张桂兰等,1991;程素贞,1990;赵政文,1994),大豆平均单产 2 994 kg/hm²,生产 100 kg 大豆籽粒的 N、P_2O_5、K_2O 摄取量分别为 8.76 kg、1.9 kg 和 4.17 kg。与水稻、小麦、玉米等禾谷类作物相比,生产 100 kg 籽粒的需肥量大豆更多些,摄取养分的高峰期大豆要晚些。

大量的科学实验证实,不但施用磷、钾肥可使大豆增产,即使施氮肥也可补充大豆自身固氮之不足,增加大豆产量。微量元素(钼、锌、硼、铁、锰等)肥料的增产效果也相当显著,近年来已引起各地普遍重视。

在我国,种植作物历来讲究"看天、看地、看庄稼"的施肥原则,直至今日这一原则也是适用的。随着科学技术的进步,如今已经进入营养诊断、测土施肥以至建立高产养分动态模型的阶段。这些进展将使大豆施肥更为科学,增产效果更加显著。

第一节　大豆施肥效益

一、大豆施氮肥的产量品质效应

(一)大豆氮肥增产效果

1. 北方春大豆区　我国东北地区自 20 世纪 20 年代开始大豆"三要素"化肥田间试验,至 50 年代,全国大豆主产区相继开展大豆施肥试验。由于全国各地的土壤类型、肥力水平、耕作制度及气候条件的差异,各地大豆氮肥试验结果不尽一致,多数试验结果增产,少数试验不增产。吉林省 1914～1960 年的 20 次试验结果,15 次增产,5 次平或略有减产,平均增产 7.5%,每 hm² 增产 132 kg。据吉林农业大学 1960～1963 年在草甸黑土和淋溶黑土上的试验结果,氮肥增产效果与土壤速效氮含量水平密切相关,即:土壤水解氮(N)50 mg/kg 施氮肥效果不显著,30 mg/kg 时增产显著。另据黑龙江省八五二农场 1965～1978 年的 31 次氮肥试验,20 次增产,平均增产 21.5%;11 次减产,平均减产 5.6%(何庸等,1980)。黑龙江省国营农场的多年试验结果则表明,土壤水解氮(N)低于 40 mg/kg 时种肥施氮增产 15%,40～100 mg/kg 时增产 6%以上,大于 100 mg/kg 时有增有减。以上结果表明,东北春大豆区氮肥的增产效果不稳定,取决于土壤肥力特别是土壤有效氮的供给水平。但在 20 世纪 80 年代以后,由于大豆品种的改良,有机肥施用量减少,特别是重、迎茬种植比例增加,大豆施氮肥的增产效果日益显著。据戴建军(2000)在黑龙江省南部黑土区进行的 3 种氮肥水平的试验结果,3 个大豆品种的生物产量、籽粒产量均随施氮水平的提高而增加。韩晓增、许艳丽(1995)的试验结果表明,即使是在土壤有机质5%以上、土壤水解氮200 mg/kg以上的黑土地区,迎茬大豆施氮肥增产1.9%~9.7%,重茬大豆施氮肥增产7.22%~12.67%。

2. 黄淮海大豆区　黄淮海产区大豆施氮肥大多显著增加产量。据费家骅(1962)等于1957~1961年在苏北地区的多年试验结果,大豆初花期追施氮肥增产效果显著,在每hm² 施厩肥6 000 kg,纯氮15 kg作基肥的基础上,开花之前施氮(N)15 kg/hm²,增产7.5%~24.2%。王瑛、王辅仁(1984)等在北京农业大学试验站的黏壤土(有机质1.12%、碱解氮53 mg/kg、速效磷12.3 mg/kg、速效钾80 mg/kg)上,于大豆花期、荚期分别施以150 kg/hm² 尿素,延长叶片功能期,促进籽粒充实,分别增产26.6%和47.8%。郭庆元等于1965年在江苏徐州试验的结果表明,每hm² 追施105 kg硝酸铵增产27.5%,每1 kg硝酸铵增产3.1 kg大豆;1982~1985年在河南省驻马店地区试验,每hm² 施纯氮(N)30~180 kg,籽粒增产7.3%~19.8%,产量随施氮量增加而提高,以每hm² 施N 60 kg的经济效益最佳;1981~1988年在河南周口、商丘的试验,在磷、钾肥基础上每hm² 施纯氮(N)30~180 kg,增产7.1%~30.6%,产量随施氮量增加而提高,以施N 120 kg为最佳(郭庆元等,2003)。又据张桂兰(1991)等1981~1984年在河南省22次大田试验结果,施氮平均增产10.5%。黄淮海地区夏大豆施氮肥的增产效果同土壤肥力水平、大豆品种密切相关。山东菏泽地区农科所大豆氮肥试验结果表明,每施1 kg硫酸铵,在高肥土壤、中下肥力土壤上分别增产大豆0.44 kg、1.17 kg,增产效果相差1倍多。中国农科院油料所丁洪、郭庆元等(1992)在河南省汝南县试验结果,每hm² 施N 90 kg、120 kg,大豆品种中豆19获得3 171 kg/hm²、3 255 kg/hm² 产量,比不施氮肥增产9.3%、12.2%,同样施肥量豫豆8号增产最多,分别增产10.9%和21.6%,中豆24增产较少,而跃进5号施90 kg氮(N)不增产,施120 kg则减产(表16-1)。以上结果表明,黄淮地区一批新育成的品种,具有较高的产量潜力,对氮的需求量较多,氮肥增产可达10%~20%,合理施用氮、磷、钾肥可以达到3 000 kg/hm² 以上产量。但不同品种差异很大,有的品种施氮肥不增产,甚至减产。

表16-1　不同大豆品种施氮肥的增产效应　（丁洪、郭庆元等,1992年）

大豆品种	施氮处理 (kg/hm²)	大豆产量 (kg/hm²)	施氮增产大豆		氮肥增产率 (%)
			(kg/hm²)	(kg/kg N)	
鲁豆4号	0	2358.0	—	—	—
	90	2568.0	2.33	2.33	8.8
	120	2748.0	3.25	3.25	16.5
中豆4号	0	2448.0	—	—	—
	90	2682.0	234.0	2.60	9.6
	120	2806.5	358.0	2.15	14.6
豫豆8号	0	2305.5	—	—	—
	90	2556.0	250.5	2.78	10.9
	120	2790.0	498.0	4.15	21.6
中豆19	0	2901.0	—	—	—
	90	3171.0	270.0	3.00	9.3
	120	3255.0	354.0	2.95	12.2

续表 16-1

大豆品种	施氮处理 (kg/hm²)	大豆产量 (kg/hm²)	施氮增产大豆 (kg/hm²)	(kg/kg N)	氮肥增产率 (%)
跃进 5 号	0	2671.5	—	—	—
	90	2671.5	0	0	0
	120	2556.0	− 33	− 0.28	− 0.43
中豆 24	0	2587.5	—	—	—
	90	2775.0	187.5	2.08	7.2
	120	2883.0	295.5	2.40	11.4

3. 南方多熟制大豆区　南方多熟制大豆区,施用氮肥增产效果显著。据中国农科院油料所 1975 年在湖北孝感"稻豆油"三熟制秋播大豆的试验结果,生育期间追施 75 kg/hm² 尿素,高肥田块增产 5%,低肥田块增产 26.5%。肖能遄、李志玉等(1982)在湖北武昌中国农科院油料所试验场的试验结果,夏大豆苗期追施氮肥可以消除大豆结瘤固氮开始前的苗期阶段"氮素饥饿",每 hm² 施 N 18.75、37.5、75、150、300 kg,增产 6% ~ 13.3%,以 150 kg 的增产率为最高,每 hm² 产量达 3 100 kg,增产 13.3%。湖南省农科院(赵政文等,1996)的研究资料表明,春大豆每 hm² 施尿素 37.5 ~ 150 kg,株高、结荚数、粒数、粒重及籽粒产量均随施用量的增加而提高,增产率 14.8% ~ 44.4%。每 hm² 施尿素 150 kg 的产量达到 2 298 kg,较对照增产 44.4%;在每 hm² 施尿素 37.5 ~ 150 kg 的条件下,土壤肥力中上等田块每 kg 尿素的大豆增产量随施用量加大而降低,中下肥力田块每 kg 尿素增产大豆 1.3 ~ 2 kg。江西黄泥田秋大豆苗期追施尿素 150 kg/hm²,增产 2.5% ~ 22.9%。

以上试验资料表明,我国各大豆产区施氮肥有明显增产效果,尤其是长江流域及其以南的多熟制大豆栽培区,不同类型大豆施氮肥均增产;黄淮海流域夏大豆及北方春大豆,一批新育成品种的增产潜力大,增施氮肥并配施磷、钾肥成为实现大豆高产的必要营养条件。据全国化肥网的试验资料统计,全国 87 个大豆施氮试验结果,平均每 hm² 施 N 22.8 kg,每 kg 氮(N)增产大豆 3.88 ~ 4.72 kg,平均增产 4.3 kg。

(二)氮肥对品质的影响

氮肥对大豆营养品质的影响,因土壤肥力、施肥水平、肥料配比及大豆品种而表现不一。据郭庆元、涂学文(1988)在河南夏邑县潮土上的试验结果(在施磷、钾肥基础上),每 hm² 施 N 0、30、60、90、120 kg,大豆品种中豆 19 的蛋白质含量随施 N 量增加而略有提高,以 120kg 处理为最高(40.64%),比不施 N 对照区高出 0.94 个百分点;施 N 处理油分含量略有降低,120 kg 处理为最低,比对照区低 0.86 个百分点;但不同施 N 量处理的蛋白质、脂肪含量均未达到显著差异,表明施用不同水平氮肥对大豆蛋白质和油分含量并无显著影响。不同施 N 量的大豆脂肪酸组成亦无明显变动。氮肥施用量对大豆籽粒的氨基酸组成却产生了一定的影响,在每 hm² 施 N 120 kg 以内,大豆氨基酸总量随施 N 量的增加而有所提高,由对照的 40.08 g/100 g 蛋白质提高至 43.55 g/100 g 蛋白质,施 N 量 180 kg/hm² 时降至 41.76 g/100g 蛋白质,其中,天门冬氨酸、苏氨酸、丝氨酸、谷氨酸、甘氨酸、丙氨酸、异亮氨酸、苯丙氨酸、组氨酸、脯氨酸、精氨酸均以施 N 60 ~ 120 kg/hm² 为高,施 N 180 kg/hm² 时降低,而胱氨酸、缬氨酸、蛋氨酸、酪氨酸和赖氨酸无明显变化。

二、大豆施磷肥的产量品质效应

(一)大豆磷肥增产效果

1. 北方春大豆区　大豆是喜磷作物。20世纪初以来国内外许多试验报道了大豆施磷肥的增产效果。中国科学院林土所1958年在东北黑土上进行的大豆施磷试验,每 hm^2 施用过磷酸钙225 kg增产1.6%,施450 kg增产19.9%。陈开盛1963年在吉林淤土上试验结果,每 hm^2 种肥施 P_2O_5 45 kg增产7.23%,种肥75 kg、追肥20 kg增产12.9%,大豆籽粒产量达到3 246 kg;另据黑龙江省九三农场在黑土上的试验结果,每 hm^2 施 P_2O_5 20、40、60 kg,大豆增产10.8%、15.9%、12.8%。王连铮(1980)在哈尔滨进行的盆栽试验结果证明,不同施氮水平(每盆施N 0~1.8 g)下的大豆产量变化不明显,以每盆N 1.2 g处理大豆产量为最高(112.3 g),比不施N处理增产9.9%,继续加大施氮量则产量降低;而每盆施0~4.8 g P_2O_5 的大豆产量随 P_2O_5 水平提高而增加,在每盆2.4 g处理达到最高值145.7 g,比不施磷处理增产42.5%(表16-2)。以上试验结果表明东北春大豆施磷增产效果显著。最近的研究结果(韩晓增、许艳丽等2001,刘忠堂等2000)表明,施磷成为大豆重茬、迎茬种植的有效增产措施,每 hm^2 施用 P_2O_5 65.5 kg,迎茬大豆增产13.36%~49.53%,重茬大豆增产16.63%~62.5%。

表16-2　不同氮磷水平对大豆产量的影响　(g/盆)　(王连铮,1980)

P_2O_5	N					
	0	0.3	0.6	1.2	2.4	4.8
0	102.2	106.5	108.1	112.3	107.2	106.2
0.3	104.5	111.1	113.7	116.7	110.3	122.3
0.6	115.6	115.7	121.3	121.2	119.7	120.5
1.2	133.7	127.5	134.5	129.9	124.5	130.9
2.4	145.6	144.6	142.4	138.0	145.7	135.3
4.8	143.3	145.8	146.2	142.0	144.0	129.0

2. 黄淮海大豆区　黄淮海地区夏大豆磷肥试验、示范在20世纪50年代相继展开。郭庆元等1964~1968年在江苏徐州进行10次田间试验结果表明,施磷肥平均增产36.4%,每kg过磷酸钙增产大豆1.9 kg。据山东菏泽地区农科所(1976)的试验报道,每 hm^2 施过磷酸钙263 kg,大豆增产33.1%。另据张桂兰等1981~1984年在河南省沙土、砂姜黑土所进行的22次肥料试验结果,每 hm^2 施 P_2O_5 60 kg,大豆增产14.9%,大豆施磷肥的增产效果高于氮、钾肥,1982年在严重水涝情况下,施磷大豆增产34%,施磷钾、氮磷处理的增产50%以上,而氮钾处理仅增产9%,表明在黄淮冲积土壤上,大豆施用磷肥或磷钾配合、磷氮配合能显著增产,而氮与钾配合增产率却较低。

3. 南方多熟制大豆区　长江流域及其以南的春、夏、秋作大豆,施用过磷酸钙、钙镁磷肥均显著增产。邓铁金(1964)报道,在江西红壤旱地上,春大豆施磷肥6个试验结果,每 hm^2 施过磷酸钙或钙镁磷肥150~165 kg,平均增产大豆289.5 kg,增产率73.7%,即每kg磷肥平均增产大豆1.86 kg,增产效果极为显著。施磷对大豆地上、地下部的生长发育及根瘤的形成有良好的促进作用,与不施磷相比较,施磷处理根长增加 5.23 cm,支根增加 1.58 条,根重增长 1 倍多,根瘤数增加 17.62 个,根瘤重增加 0.24 g。浙江的 5 个磷肥试验结果表明,春大豆施磷增产 28.8%。湖南农科院作物所(1986)在红壤旱地上,每 hm² 施 300 kg 过磷酸钙,增产 10.19%。郭庆元、李志玉、涂学文等在湖北夏大豆的 14 次磷肥试验结果,平均增产 25.4%;而在湖北孝感稻田三熟制(早稻—秋大豆—油菜)5 年施肥定位试验结果,每 hm² 施 P_2O_5 37.5 kg,大豆增产 12.9%,每 kg P_2O_5 增产大豆 3.2 kg。氮、磷、钾的增产效益 P > K > N。显示马肝泥水稻土施磷肥增加土壤磷的供应是增产大豆的关键措施。

据 1950~1990 年全国部分大豆磷肥试验资料统计(表 16-3),175 点次大豆施用过磷酸钙试验,增产率在 10%~40%,每 hm² 增产大豆 150~400 kg,每 kg 过磷酸钙增产大豆 0.5~1.9 kg;31 点次施钙镁磷肥试验,增产率 45.7%~80.5%,每 hm² 增产大豆 291.6~397.5 kg,每 kg 钙镁磷肥增产大豆 1.8 kg;35 点次施磷矿粉试验,每 hm² 增产 150~300 kg,增产 8.9%~29.8%,每 kg 磷矿粉增产大豆 0.2~0.72 kg。表 16-3 显示,过磷酸钙、钙镁磷肥和磷矿粉三种磷肥在我国各大豆产区均有良好的增产效果。

另据全国化肥试验网 1981~1983 年的试验资料,全国 134 点次大豆磷肥试验,平均每 hm² 施磷肥(P_2O_5)94.5 kg,每 kg P_2O_5 增产大豆 2.7 kg。

表 16-3　1950~1990 年全国大豆产区部分磷肥试验结果

产 区	年 代	肥料种类	点次	施磷增产		大豆 kg/1kg 磷肥	资 料 来 源
				kg/hm²	%		
黑龙江省	1965~1978	过磷酸钙	40		21~28.2	2.2~2.8	何庸等.中国油料,1980
黑龙江省等	1961~1981	过磷酸钙	22		7~24	1~2.8	李淑贞.大豆施肥.农业出版社,1983
吉林省	1914~1960	过磷酸钙	20	184.5	9.6	1.02	中国农科院土肥所.土肥研究资料,1963
辽宁省	1950~1976	过磷酸钙 钙镁磷肥	87 28	262.5~450 397.5	25~85 45.7	1.2~2.1 1.77	辽宁农科院土肥所.磷肥在农业上的应用,1978
山东菏泽		磷矿粉 过磷酸钙	14 60	307.5 376.5	18.4 32.1	0.41 1.46	赵政文.大豆栽培与加工利用.湖南科技出版社,1996
江苏徐州	1967~1971	过磷酸钙 磷矿粉	2 3	354.0 148.5	35.5 17.3	1.40 0.20	江苏徐州农科所.磷矿粉试验示范小结,1973
河南省	1981~1988	过磷酸钙	22	172.5	14.9	1~2.8	张桂兰.主要农作物配方施肥.河南出版社,1991
江苏铜山	1964~1968	过磷酸钙	11	346.5	36.4	1.9	郭庆元.大豆高产施肥研究与应用.中国农学报,2003 年
湖北省	1972~1975	过磷酸钙 磷矿粉	14 13	337.5 163.5	25.4 8.9	1.5 0.2	郭庆元.大豆高产施肥研究与应用.中国农学报,2003 年
浙江省	1960~1970		5	300.0	28.8	0.72	浙江农业科学院,1975 年
湖南省	1962~1963	过磷酸钙	2	151.0	7.5	0.5	赵政文.大豆栽培与加工利用.湖南科技出版社,1996
江西省	1964	钙镁磷肥	3	291.6	80.5	1.8	邓铁全.土壤通报,1964

(二)大豆磷矿粉的有效施用

中国科学院土壤研究所关于磷矿粉直接利用研究结果,为农作物施磷矿粉提供了理论依据。李庆逵等(1966)指出,作物根系代换量与磷矿粉的利用率有较好的相关性,豆科作物

（包括大豆、苜蓿等）的根系代换量为 35～60(100 克的毫克当量)，大于小麦、水稻、玉米等禾谷类作物。大豆利用磷矿粉的能力较强，100 kg 磷矿粉相当于 40 kg 过磷酸钙 70％的肥效。因此将大豆划为磷矿粉肥效显著的作物。据姚归耕等(1959)在辽宁省的微酸性棕壤(有效磷缺乏)上进行的试验结果(表 16-4)，在盆栽条件下，施用开阳磷矿粉、遵义磷矿粉、乐山磷矿粉分别增产 67.3％、40.4％、18.9％。另据辽宁省的 18 次大田试验结果，大豆施磷矿粉平均增产 18.4％。表明在辽宁省的缺磷土壤上，大豆施用磷矿粉有良好增产效果。郭庆元、卢维德等 1972～1973 年在湖北省几种土壤上进行的 13 次田间试验结果，每 hm^2 施用中低品位磷矿粉 750 kg，平均增产 8.9％。取武昌红黄土在武汉进行的盆栽试验结果表明，单施磷矿粉的大豆结荚数、单株籽粒重和百粒重分别增加 6.6％、8.5％和 6.8％(表 16-5)，在施少量氮肥(硫酸铵)基础上施磷矿粉则分别增加 7.2％、16.5％和 7.7％；而在少量过磷酸钙基础上施磷矿粉，单株结荚、单株粒和百粒重分别增加 14.5％、27.3％和 15％，表明配合施用少量氮肥或过磷酸钙可以大大提高当季大豆对磷矿粉的利用率，使磷矿粉的增产率大为增加。磷矿粉对后续几季作物也有增产作用。根据大豆对磷矿粉利用率较高的特点，充分利用各地的磷矿资源，在酸性或微酸性土壤上就近施用磷矿粉，并配施少量速效磷肥、氮肥，是合理利用资源培肥土壤增加大豆产量的一项有效措施。

表 16-4　缺磷棕壤不同磷肥对大豆的产量效应　(姚归耕等，1959)

磷肥种类	产量		磷肥种类	产量	
	g/盆	%		g/盆	%
无磷肥	11.5	100.0	脱胶骨粉	29.8	259.8
粉状过磷酸钙	31.5	274.4	氨化过磷酸钙	31.6	275.5
重过磷酸钙	28.4	247.6	开阳磷矿粉	19.2	167.3
钙镁磷肥	33.9	295.1	遵义磷矿粉	16.1	140.4
汤马斯磷肥	33.9	295.1	乐山磷矿粉	12.7	118.9

表 16-5　磷矿粉对大豆主要产量性状的影响　(郭庆元、卢维德，1973 年)

施磷处理	单株荚数		单株粒重		百粒重	
	个	%	g	%	g	%
CK	8.33	—	1.76	—	10.34	—
P_1	8.80	5.6	1.91	8.5	11.04	6.7
N	9.40	12.8	2.06	17.0	11.09	7.3
P_C	9.60	15.2	2.10	19.3	10.64	2.9
P_1N	10.00	20.0	2.35	33.5	11.89	15.0
P_1P_C	10.80	29.7	2.58	46.6	12.19	17.0
P_1-CK	0.47	5.6	0.15	8.5	0.7	6.7
P_1N-N	0.60	7.2	0.29	16.5	0.8	7.7
P_1P_C-P_C	1.2	14.5	0.48	27.3	1.55	15.0

注：P_1、P_C、N 分别为磷矿粉、过磷酸钙和硫酸铵，施用量分别为 1.6、0.32、0.21(g/kg 土)；

　　CK 为一般措施

(三)磷肥对大豆品质的影响

大豆的蛋白质及氨基酸,脂肪及脂肪酸的形成代谢均与磷的供给水平密切相关,大豆籽粒的蛋白质、脂肪代谢积累主要受遗传特性控制,也受复杂的生态环境因子影响。磷的供应水平虽然也会引起大豆蛋白质、油脂等品质性状的变化,但由于品种类型、土壤养分、气候因子、播期早晚等条件的不同,试验得到的结果不一。原中国农业科学院大豆所(1961)试验结果表明,在高肥、中肥、低肥三种地块上,只施农家肥的脂肪含量分别为 21.2%、23.7%、23%,在农家肥基础上加施磷肥的分别为 22%、24.1%、23.1%,可见施磷有提高脂肪含量的趋势。前苏联别留科夫和布尔采娃(1966,1967)在大豆开花末期叶面喷施 2%的过磷酸钙溶液,籽粒产量提高了 15%~20%,籽粒蛋白质含量增加 0.3%,脂肪含量增加 16.6%。郭庆元、李志玉在"稻豆油"三熟制稻田定位施肥试验取样分析的结果表明,施磷的大豆蛋白质含量增加 3.7 个百分点,而脂肪含量有所降低。又据张桂兰等在河南省汝南县砂姜黑土夏大豆施肥田间试验测定结果,施磷处理籽粒蛋白质提高 3.02%,脂肪含量降低 0.63%。丁洪等(1998)取湖北省大冶县有效磷含量低(olsen-p 2.2 mg/kg)的白沙土进行不同大豆品种、不同供磷水平的盆栽试验结果表明(表 16-6),施磷降低大豆籽粒蛋白质含量,提高脂肪含量。测定结果还表明,磷对脂肪酸组分也有影响,除棕榈酸呈增加趋势之外,其他脂肪酸无规律性变化,不同品种表现不一,表明大豆籽粒脂肪酸组成主要受品种的遗传基因型控制。施磷处理的氨基酸总量及必需氨基酸均呈降低趋势,氨基酸组分除蛋氨酸和胱氨酸有增加趋势外,其他组分均有不同程度降低(表 16-7)。

表 16-6 磷营养水平对大豆籽粒蛋白质、油分及脂肪酸组成的影响

大豆品种	磷处理(%)	蛋白质(%)	脂肪(%)	脂肪酸组分(%)				
				棕榈酸	硬脂酸	油酸	亚油酸	亚麻酸
湘春 91-100	P_0	47.03	16.28	10.92	2.04	42.73	37.82	6.14
	P_1	39.72	20.86	11.12	2.60	40.87	39.25	6.15
	P_2	37.96	21.26	11.70	2.07	37.75	41.41	6.51
浙春 2 号	P_0	46.22	17.60	12.04	3.15	38.89	39.29	6.53
	P_1	42.46	18.92	12.35	3.15	35.95	41.83	6.72
	P_2	38.86	21.22	12.39	3.07	37.95	39.81	6.77
西豆 3 号	P_0	46.89	17.28	12.09	3.17	29.99	47.82	7.44
	P_1	40.55	20.20	12.37	2.88	36.24	41.94	6.57
	P_2	38.60	20.20	12.50	2.95	33.82	43.67	7.06
湘豆 3 号	P_0	47.65	14.71	11.68	2.95	33.35	44.52	7.50
	P_1	40.80	19.56	12.55	3.07	32.86	44.85	6.94
	P_2	36.52	20.42	12.79	3.09	27.27	48.82	8.03

注:P_0、P_1、P_2 分别代表施肥处理(P_2O_5 g/kg)0、0.15、0.3   资料来源:中国油料作物学报,1998,20(2)

表 16-7　磷素营养水平对大豆籽粒氨基酸组分的影响　（丁洪、李生秀、郭庆元,1998）

氨基酸组分	湘春 91-100			浙春 2 号			西豆 3 号			湘豆 3 号			桂阳傲泉黄豆		
	P_0	P_1	P_2	P_0	P_1	P_2	P_0	P_1	P_2	P_0	P_1	P_2	P_0	P_1	P_2
异亮氨酸 I leu	1.71	1.69	1.73	1.87	1.78	1.89	1.69	1.68	1.33	1.82	1.8	1.66	1.78	1.74	1.54
天冬氨酸 Asp	4.35	3.62	3.96	4.50	4.45	3.94	4.97	3.95	4.14	5.18	4.32	3.84	4.98	3.93	3.72
苏氨酸 Thr	1.42	1.27	1.43	1.57	1.49	1.36	1.57	1.38	1.48	1.67	1.53	1.36	1.64	1.41	1.66
丝氨酸 Ser	1.64	1.44	1.62	1.80	1.78	1.61	1.90	1.60	1.63	2.00	1.81	1.59	1.97	1.62	1.53
谷氨酸 Glu	7.32	6.47	6.78	8.28	7.72	6.59	8.20	6.81	7.04	8.64	7.54	6.53	8.62	6.78	6.46
脯氨酸 Pro	3.13	2.77	2.87	2.81	3.12	2.58	3.03	2.78	2.51	3.44	2.87	2.30	3.11	2.54	2.48
甘氨酸 Gly	1.52	1.41	1.50	1.75	1.65	1.52	1.74	1.50	1.58	1.83	1.64	1.47	1.86	1.48	1.45
丙氨酸 Sla	1.19	1.16	1.24	1.36	1.36	1.40	1.40	1.19	1.40	1.1	1.30	1.23	1.86	1.52	1.24
胱氨酸 Cys	0.36	0.40	0.35	0.25	0.38	0.32	0.24	0.16	0.30	0.33	0.44	0.31	0.78	0.71	0.31
缬氨酸 Val	1.86	1.76	1.81	1.72	1.94	1.72	1.69	1.61	1.52	1.9	1.93	1.57	2.56	1.97	1.58
蛋氨酸 Met	0.68	0.70	0.72	0.70	0.64	0.87	0.76	0.80	0.89	0.77	0.69	0.64	0.52	0.70	0.63
亮氨酸 Leu	2.81	2.80	2.84	2.89	2.87	3.14	2.98	3.00	3.01	3.00	2.99	2.76	3.12	2.64	2.72
酪氨酸 Tyr	1.13	1.12	1.18	1.32	1.25	1.56	1.33	1.12	1.24	1.80	1.22	1.17	1.30	1.12	1.16
苯丙氨酸 Phe	1.94	1.77	1.81	2.20	2.00	1.92	2.27	1.76	1.84	2.14	1.91	1.69	2.11	1.69	1.70
赖氨酸 Lys	2.80	2.22	2.37	2.72	2.63	2.45	2.41	2.29	3.29	2.75	2.41	2.29	4.07	2.99	2.20
组氨酸 His	1.10	1.02	1.07	1.28	1.17	1.05	1.15	1.07	1.22	1.24	1.05	0.96	1.68	1.08	0.98
精氨酸 Arg	3.17	2.42	2.47	3.84	3.15	2.78	2.90	2.55	2.49	3.60	2.76	2.43	3.30	2.44	2.35
总氨基酸 Total	38.13	34.04	35.75	40.86	39.38	36.62	40.23	35.25	36.91	42.53	38.21	33.80	45.26	36.36	33.41
必需氨基酸 SomoflAA	17.49	15.65	16.2	18.79	17.67	17.18	17.42	16.14	17.07	18.80	17.07	15.36	20.78	16.66	15.06

注:表中 P_0、P_1、P_2 注释见表 16-6

(四)磷肥对大豆结瘤固氮和经济性状的影响

磷是大豆植株多种生命物质的成分之一,是多种酶的必需元素,磷的供给水平与大气氮的吸收固定,与光合产物的合成、运转密切相关,从而影响形成根瘤与共生固氮。松永亮一、松本重男(1984)用水田土壤进行大豆早熟、晚熟品种的磷、钾肥试验(1980～1981),结果表明施用两水平的磷钾肥,早熟品种鼓粒初期的根瘤干重增加 12%～60%,晚熟品种增加 8%～50%,不同品种表现出较大的差异,但都有不同程度的增加,表明磷、钾肥促进结瘤。据汤树德(1979)在东北白浆土的春大豆试验结果,施磷肥可增加结瘤,提高共生固氮率,每 hm^2 增加固氮量 33 kg。张桂兰、郭庆元、窦世忠(1984)在淮北平原砂姜黑土的田间试验测定结果表明,施磷及磷钾处理,均能显著增加苗期,特别是初荚期的根瘤数量及植株含氮量。施磷处理初荚期的结瘤数量、根瘤重量比未施处理增加 1 倍多,植株总氮量增加 66.1%。而施磷钾处理的初荚期根瘤数量、植株氮积累量均增加 1 倍有余。表明施用磷肥,特别是配合施用磷、钾肥能大幅度提高大豆结瘤和共生固氮能力(表 16-8)。

表 16-8　不同施肥处理对大豆结瘤和氮素积累的影响　（张桂兰、郭庆元、窦世忠等,1984）

施肥处理	苗　期			初荚期			
	根 （个/株）	瘤 （g/株）	含氮量 （N kg/hm²）	根 （个/株）	瘤 （g/株）	含氮量 （N kg/hm²）	%
0(CK)	35.6	0.004	8.825	104	0.30	44.850	100
N	—	—	—	88	0.28	52.425	116.9
P	56.6	0.056	9.675	211.4	0.80	74.475	166.1
K	87	0.056	12.675	136.8	0.40	66.750	148.8
NP	—	—	—	113.8	0.54	69.300	154.4
NK	—	—	—	127.8	0.38	85.925	146.9
PK	66.4	0.066	14.850	228.6	0.56	93.600	208.6
NPK	—	—	—	172.2	0.50	89.625	199.8

由于磷肥可促进大豆结瘤固氮,促进大豆生长发育,成熟阶段的经济性状也有显著改善。据郭庆元对 11 个大豆施肥试验结果的统计,施磷处理的株高比对照增加 6 cm,单株结荚增加 7.7 个,单株粒数增加 7.1 粒,单株粒重增加 4.79 g,百粒重提高 0.73 g。故大豆磷肥增产作用主要表现在增加结荚,提高结实率,增加籽粒重量上,最终大豆产量也随之提高。

（五）大豆磷肥的施用

已有的研究资料及生产示范表明,大豆施用磷肥的增产效果,各地有所不同。为获得良好的增产效果与经济效益,必须根据当地的土壤肥力状况、气候条件、大豆品种特性、预期产量目标等,确定大豆施用磷肥的数量、施用方法及其与其他肥料的配合。

1. 土壤肥力性状与大豆磷肥

（1）土壤有效磷与磷肥肥效　土壤有效磷含量是影响大豆磷肥增产效果的主要因子。沈阳农学院农化教研室(1965)在黄沙土、棕黄土上的试验结果表明,土壤有效磷低于 20 mg/kg 的田块,大豆施磷增产显著。辽宁省农业科学院土肥研究所(1978)的研究指出,土壤有效磷高于 12 mg/kg 时施磷肥一般无明显增产效果。而据吉林农业大学(1972)在长春地区淋溶黑土、草甸黑土上试验的结果,有效磷(P_2O_5)为 10～20 mg/kg 时,施磷肥显著增产,有效磷为 60 mg/kg 时,施磷肥效果较差。李淑贞(1985)根据东北春大豆的一些试验资料提出,土壤速效磷(P_2O_5)为 10～30 mg/kg 时,大豆施磷增产效果极显著,速效磷在 60 mg/kg 以下时有显著效果,土壤速效磷为 100 mg/kg 时多数表现增产。

李永康、王绍中、曾有志(1965)为研究土壤有效磷含量与磷肥肥效的关系,在河南郑州取不同肥力水平的同一种土壤进行盆栽试验,结果证明土壤有效磷 4 mg/kg 的瘦地土壤施磷增产 43.7%,速效磷为 64 mg/kg 的肥地土壤,施磷肥不增产,同一土壤剖面上、中、下土层的速效磷分别为 27、6、3 mg/kg,盆栽施磷试验的结果,分别增产 11.2%、41.3% 和 28.5%。两组试验结果表明,大豆施磷肥的效果取决于土壤有效磷含量,有效磷含量越低,增产效果越好,反之增产效果差,若速效磷大于 60 mg/kg 施磷不增产。张桂兰(1991)根据河南省多年多点的试验结果认为,土壤有效磷含量低于 10 mg/kg 时,大豆施磷有显著增产效果。

(2)土壤肥瘦与磷肥肥效　通常把土壤生产潜力的高低叫做土壤肥瘦。实际上所谓肥瘦与有机质含量、营养成分多少以及土壤物理状况等有密切的关系。土壤有效磷含量是土壤肥力的重要养分指标,一般是土壤肥力水平与土壤速效磷含量密切相关,肥地速效磷含量高,大豆施磷效果差,瘦地速效磷含量低,大豆施磷效果好。据山东菏泽地区农科所多次试验结果,中上等肥力地块施磷肥(10 次)平均增产 16.9%,每 kg 过磷酸钙增产大豆 1.17 kg,低肥力田块施磷肥(20 次)平均增产 48.4%,每 kg 过磷酸钙增产大豆 1.76 kg。

林志刚(1965)在辽宁省北部大豆产区几种不同类型土壤的调查研究结果,以前作物产量作为评定土壤肥力指标,沙土薄地施磷肥增产 43.47%,中肥地块增产 16.01%;黄土薄地与中肥地施磷肥的大豆产量分别增加 50.09%、19.19%。表明土壤综合肥力低的地块施磷肥增产量与增产幅度大,可以达到 40% 以上增产效果,而肥力中等的田块增产幅度低些。

中国农业科学院土肥所(褚天铎等,2002)根据全国化肥试验及土壤分析结果,提出作物磷肥施用量与土壤有效磷含量的关系:土壤有效磷含量(P)小于 5 mg/kg 为严重缺磷,每 667 m^2 应施 P_2O_5 6～9 kg;5～10 为缺磷,应施 P_2O_5 4～7 kg;10～15 为含磷偏高,施 P_2O_5 可少于 4 kg;土壤速效磷(P)大于 15 mg/kg 时,不必施磷肥。这一土壤有效磷分级标准及磷肥的施用指导建议基本适于大豆生产。在运用时还应考虑到有机肥、化学氮肥、钾肥配合施用等情况,有机肥用量大则磷肥用量适当减少,氮、钾肥施用量大,磷肥应适当增加用量,以利达到更高产量目标。

我国第二次 20 个省、直辖市土壤普查结果,缺磷(P 5～10 mg/kg)耕地面积 33.6%,极缺磷(P 5 mg/kg)耕地面积占 39.8%,二者相加为 73.4%,这表明我国大部分的大豆产区在大豆生产上需加施磷肥。张桂兰等(1991)根据河南省大豆产区多年多点试验结果,提出土壤肥力低、中、高的相应有效磷含量(mg/kg)为 <5,5～18,>18,预期大豆产量要达到 2 250 kg/hm^2、2 250～3 000 kg/hm^2、3 000～3 750 kg/hm^2 的高产目标,每公顷应施磷肥数量分别为 P_2O_5 180 kg/hm^2、150 kg/hm^2、120 kg/hm^2,即根据土壤有效磷含量和预期大豆产量,确定磷肥施用量。并配合相应数量的钾肥、氮肥,N:P_2O_5:K_2O 应为 0.5:1:1。

2. 磷与其他肥料配合施用的产量效应　同任何植物一样,大豆的正常生长发育及获得高的生物产量或经济产量,要从环境中摄取各种必需的营养元素,而且各种元素保持一定的平衡。任何一种必需元素的缺乏或过量都可能影响大豆的正常生长发育,也影响磷肥的增产效果。不少试验结果表明,供肥能力较差的土壤,施用磷肥的同时,加施有机肥,或配合施用钾肥、氮肥、硫肥及锌肥等,能更好地发挥磷肥的增产作用,但施用较高的钙、锌等肥料时又会影响大豆对磷的吸收利用,影响磷肥的增产效果。

3. 前作施磷肥的后效　当季作物对磷肥的利用率较低,一般只在 15%～30%。残存土壤的磷肥有一部分可被下季作物吸收利用。在麦豆两熟的黄淮海地区,麦季一般是要深翻整地,结合施用基肥,其中多以农家肥加上化学氮肥、磷肥,不少试验结果证明麦季施用磷肥(基肥或种肥)对下季大豆有良好增产效果。张桂兰、郭庆元等 1982 年在河南汝南新坡村砂姜黑土麦豆两作坑栽试验结果,前作小麦施磷肥(P_2O_5)30、60、120、240 kg/hm^2,后作大豆(未施磷肥)比对照区,分别增产 59.09%、65.92%、53.65% 和 74.01%。以小麦每 hm^2 施 P_2O_5 240 kg 的后作大豆增产率最高。前作小麦磷肥不同用量的两个田间试验结果,后作大豆(不施磷肥)分别增产 3.6%～31.9%、4.9%～22.2%。

在麦豆两熟定位试验中还观测到,当麦季氮、磷配合比例及其用量最适合于小麦时,小麦获得高产,土壤养分包括磷却消耗大,后作大豆增产量小;当前作小麦只施磷时,因养分供应失衡,特别是氮素不足,当季小麦生长差,产量低,对磷的利用率低,残留部分大,结果后作大豆增产极显著。另外,低肥土壤前作施磷的后作大豆增产率可高达50%~80%。

4.磷肥与大豆品种 不同类型及同类型不同品种对磷的敏感程度和磷效率存在差异(Howell,1954;童学军、严小龙、卢永根等(1999)。沈阳农学院农化教研室(1965)的试验结果,不同大豆品种施磷肥的产量效应不一,品种53-7、4903、丰地黄和白眉的磷肥增产率分别为18.4%、17.7%、12.9%和14.2%。

丁洪、李生秀、郭庆元等(1998)以缺磷白沙土(速效磷2.2 mg/kg)作盆栽试验,施磷处理都极显著地增加籽粒产量和生物产量,籽粒增产率最低的为136.67%,最高的为310.28%,平均值为188.65%。生物产量增长率134.65%~302.76%平均为196.91%。总的趋势是,耐低磷能力弱的品种对磷肥反应更敏感,增产率更高些,但有的品种如成豆2号和浙春2号在低磷(不施磷肥)和施磷两种情况下都有较高的籽粒产量,表明不同大豆品种对磷肥及不同供磷水平存在遗传差异,只有对生产上应用的大豆品种进行磷效率鉴定后,才能确定合理磷肥施用量,根据品种需磷特性施用磷肥。曹敏建、佟占昌等(2001)在辽宁省辽中县风沙型土壤——瘠薄缺磷土壤(碳酸氢钠法提取的速效磷3.2 mg/kg),设施磷、不施磷两个处理,对58个大豆品种进行磷效率评价结果,将供试58个品种分为高产对磷敏感型、高产对磷不敏感型、低产对磷敏感型和低产对磷不敏感型四种,这四种类型适宜在不同土壤供磷水平下利用。生产上可根据不同类型品种的磷效率特性确定磷肥施用量。由上可知,对大豆品种磷效率特性进行鉴定是用以指导磷肥合理施用的重要依据。

三、大豆施钾肥的产量品质效应

(一)土壤钾素供给能力的变化

20世纪50年代以来,我国农业生产上采取了若干增产措施。一是逐步推广化肥,先是氮肥,接着加大磷肥的施用;二是提高复种指数,扩大作物播种面积;三是选育高产农作物品种,提高了作物的增产潜力,因此单位面积的生物产量和经济产量得到大幅度提高,主要农作物单产成倍增长,总产增加更多。相应的土壤养分状况也发生了很大变化,由传统的有机肥为主施肥变为以化学肥料为主的现代施肥。与此同时土壤养分逐步趋向不平衡,土壤钾素和多种微量元素消耗多而补充少,一些地区的耕地土壤速效钾及缓效钾含量降低较快,不能满足作物需要。20世纪70年代我国生产化肥的N、P_2O_5、K_2O数量比例为1:0.6:0.003,80年代为1:0.23:0.002,90年代为1:0.28:0.003(表16-9)。而几种主要作物吸收N、P_2O_5、K_2O的比例则是:水稻为1:0.5:1.2,小麦为1:0.4:0.8,春玉米为1:0.35:1.33,夏玉米为1:0.45:1.35,大豆为1:0.22:0.48,显然化肥生产与主要作物的养分吸收比例相去甚远,故在20世纪60年代以后,由于氮肥施用量的急剧增加,磷、钾特别是钾的施用量很少,土壤钾供应不足日渐显现。据湖南省农业科学院土肥所的统计资料,水稻施钾肥,每kg K_2O增产稻谷,1960~1969年为3.1 kg,1970~1977年为5.8 kg,1978~1982年为6.8 kg。钾肥增产效果提高,表明土壤钾素日趋不足,不能满足作物高产需求。

表 16-9　1950~1990 年中国化肥生产量及 N、P、K 比例

年　份	生产量(万 t)				N:P₂O₅:K₂O
	合　计	氮(N)	磷(P₂O₅)	钾(K₂O)	
1950	1.5	1.5	—	—	
1955	7.9	7.8	0.1	—	
1960	40.5	19.6	19.3	1.6	1:0.98:0.082
1965	172.6	103.7	68.8	0.1	1:0.66:0.001
1970	243.5	152.3	90.7	0.5	1:0.60:0.003
1975	524.7	370.9	153.1	0.7	1:0.41:0.002
1980	1232.1	999.3	230.8	2.0	1:0.23:0.002
1985	1322.1	1143.9	175.8	2.4	1:0.15:0.002
1990	1879.9	1463.7	411.6	4.6	1:0.28:0.003

资料来源:中国肥料.上海科学技术出版社,1994

1973 年中国农业科学院油料所在湖北省孝感县新铺公社联盟大队的丘陵马肝泥水稻土秋大豆田,首次观察到田间大豆缺钾症状,大豆缺钾黄化症状与土壤速效钾含量密切相关。大豆田的土壤速效钾分别为 25 mg/kg,50 mg/kg 和 71 mg/kg。相应的植株叶片黄化率 80%,34% 和 10%。1978 年及 1981 年的田间试验和盆栽试验进一步观察了不同施肥的植株黄化率及其与土壤速效钾的关系(表 16-10)。

表 16-10　不同施肥处理与大豆植株黄化率　(%)　(郭庆元、李矩琛、李志玉等)

年　份	试验类别	CK	K	P	NP	NPK	备注(mg/kg)
1978	盆栽试验	50	0	—	80	0	土壤速效钾 52
1978	田间试验	80	0	70	80	0	土壤速效钾 52
1981	田间试验	80	0	77	80	0	土壤速效钾 49

低钾田块施钾肥可以有效地防止黄化症状的发生。出现典型黄化症状的大豆田,施用化学钾肥、草木灰或窑灰钾肥均可使黄化症状消失,大豆植株恢复正常生长。钾肥可使大豆功能叶片增大,地上部、根部干物重增加,并使分枝、结荚数和根瘤数增加(湖北油料所夏油系,1975,1977;郭庆元等,1979,1980)(表 16-11)。

表 16-11　钾肥对大豆生长发育的影响　(郭庆元等,1978)

施肥处理	植株鲜重(克/株)		植株干重(克/株)		根　瘤		分枝数 (个/株)	结荚数 (个/株)
	地　上	根　部	地　上	根　部	个/株	克/株		
CK	16.1	5.7	6.08	2.50	50.0	0.21	0	8.3
K	28.2	15.9	10.15	4.55	148.2	0.60	1.8	11.8
NP	48.8	24.0	16.83	4.65	137.5	0.75	3.8	20.8
NPK	64.0	35.0	21.23	7.68	160.8	1.00	6.0	26.5

福建省晋江地区农科所 1975 年在福建省春大豆田间发现大豆缺钾黄化症状,通过施钾使黄化症状消失,提高了大豆产量。郭庆元 1984 年在河南省驻马店地区砂姜黑土观察到夏

大豆缺钾黄化症状,此后,河南、山东、安徽等省的夏大豆,辽宁、黑龙江、内蒙古的春大豆产区也相继报道了大豆钾素缺乏症状及大豆钾肥增产的试验结果。

当土壤速效钾降至 70 mg/kg 以下,或者土壤速效钾虽然高于 70 mg/kg 而在施用氮、磷肥或在大豆生长季节干旱条件下也可能出现钾素"饥饿"的黄化症状。叶片黄化严重影响大豆正常的生长发育,最终降低大豆产量。

近 20 年来,我国钾肥消费量尽管有了很大增长,但 N、P、K 的施用仍不平衡。譬如,2000 年消费的化肥总量中,N、P_2O_5、K_2O 分别为 2 161.6 万 t、690.5 万 t、376.6 万 t,比例为 1:0.32:0.17,仍与主要作物对 N、P、K 的吸收比例相差很大,土壤速效钾含量仍在下降。据谢建昌报道(1996),20 世纪 80 年代我国农田土壤速效钾(K_2O)年下降 0.6~5.3 mg/kg,多数试验点下降 2~4 mg/kg。

我国不同土类钾素含量差别是很大的。土壤全钾、缓效钾、有效钾的含量均呈现由南向北逐渐增加的趋势。土壤全钾是钾的库源,作物能直接利用的有效钾只占总钾量 1% 左右。由表 16-12 可知,我国大部分土壤有效钾含量较低,特别是长江以南的几种土类,其低限已处于使大豆钾素"饥饿"的含量范围,即使是有效钾含量较高的华北地区、东北地区,也有部分耕地的土壤有效钾含量不能满足大豆生长发育的需要,须施用钾肥。

表 16-12　我国主要土类的钾素状况

土　类	全钾(K)(%)	缓效钾(K)(mg/kg)	有效钾(K)(mg/kg)	分布地区
砖、赤红壤	0.1~1.2	30~110	25~90	华南地区
红壤	0.4~1.4	80~160	40~120	长江以南
黄壤	0.5~1.6	90~240	70~200	西南地区
黄棕壤	1.3~2.1	500~650	60~150	苏皖地区
水稻土	1.7~2.5	230~290	50~120	南方各省
紫色土	1.5~2.5	420~580	70~240	四川等省
褐土潮土	2.0~3.5	650~1100	90~250	华北地区
粪土,黑垆土	1.0~2.0	800~1200	100~300	黄土高原
黑土,黑钙土	1.7~2.3	500~800	80~350	东北地区

资料来源:褚天铎等.化肥科学使用指南.金盾出版社,2002 年

(二)大豆钾肥增产效果

1. 南方多熟制大豆的钾肥效应　郭庆元、李志玉等(1979,1980,1986)的研究结果;湖北省孝感县新铺一年三熟制秋大豆田每 hm² 施 K_2O 75 kg 增产 18.7%,在氮、磷基础上施 75 kg K_2O 增产 23.4%;盆栽试验施钾处理比对照增产 69%,在氮、磷基础上施钾增产 18%(表 16-13)。在湖北、江西的春、秋大豆 63 次钾肥试验结果,施钾肥平均增产 223.5 kg/hm²,增长 17.8%;1973~1976 在湖北省春、夏大豆的多点试验结果,每 hm² 施氯化钾 112~150 kg,大豆增产 15.4%,施窑灰钾肥 1 125~1 500 kg,大豆增产 21.4%;施草木灰 1 300 kg,增产 12.7%。福建省晋江地区农科所(1978)春大豆施钾肥(K_2O kg/hm²)45、90、145 和 180,分别增产 18.5%、24%、27.2% 和 34.1%。据赵政文(1996)报道,湖南省春大豆 3 个钾肥试验结果,施钾肥(K_2O) 90 kg/hm²,分别增产 2.4%、10.5% 和 32.9%。广西壮族自治区 4 次春大豆钾肥

试验,每 hm² 增产大豆 312 kg,每 kg K₂O 增产大豆 4.6 kg。以上研究资料表明,南方多熟制大豆在 20 世纪的 70 年代便已出现钾素供应严重不足的"饥饿"症状,施用化学钾肥、窑灰钾肥和草木灰均获得了良好的增产效果。

表 16-13 大豆钾肥的增产效果 （郭庆元、李志玉等,1977）

肥料处理	田间试验产量			盆栽试验产量		
	kg/hm²	%	%	g/株	%	%
CK	1104.0	100		2.44	100	
K	1307.4	118.7		4.13	169.0	
P	1159.9	105.0		—	—	
NP	1177.5	106.7	100	7.08	290.0	100
NPK	1453.5	131.7	123.4	8.36	342.6	118.0

注:盆栽施肥量(g/kg 土)N 0.05、P₂O₅ 0.15、K₂O 0.15,田间试验变量分析 F 值 5.09 差异极显著

至 80 年代,随着氮、磷化肥施用量的急剧增加,作物产量水平的大幅增长,我国南方各省土壤缺钾的面积扩大,土壤速效钾供应不足日益加重,作物施钾的增产作用日显突出。据南方六省农业科学院的试验资料统计,1986～1989 的 966 点次水稻钾肥试验平均增产11.7%,每 kg K₂O 增产稻谷 7.5 kg,而 1981～1985 年的钾肥增产率(1 808 点次试验平均)9.3%,1 kg K₂O 增产稻谷 6.6 kg,表明 80 年代后 5 年比前 5 年的钾肥效应明显提高。1983～1990 年,四川、湖北、湖南、江西、浙江五省农业科学院的 26 次大豆钾肥试验,施钾肥每 hm²增产大豆 342 kg,增产率达 18.1%,每 kg K₂O 增产大豆 4.7 kg。表明南方多熟制大豆施钾肥有良好的增产效果。

据有关试验资料分析,在浙江金华地区大豆只施用氮磷肥的增产量、施肥经济效益均不高,而在氮、磷肥基础上施钾肥在每 hm² 施用量 225 kg K₂O 的范围内,大豆产量随施钾量的增加而提高,以每 hm² 施 K₂O 225 kg 的产量最高,纯利润也最高(表 16-14)。

表 16-14 不同肥料处理的大豆产量及经济分析 （浙江省金华地区,1997）

肥料处理(kg/hm²)			大豆产量	施肥增产		投　入	产　出	纯利润
N	P₂O₅	K₂O	(kg/hm²)	kg/hm²	%	(元/hm²)	(元/hm²)	(元/hm²)
CK(一般措施)			1951	—	—	3812	6993	3181
45	112.5	0	1990	39	2.0	4037	7132	3095
45	112.5	75	2328	376	19.3	4237	8341	4104
45	112.5	150	2470	519	26.6	4437	8852	4415
45	112.5	225	2541	590	30.2	4638	9108	4470

资料来源:现代农业与肥料系列丛书 .pp1/pple,中国项目部

2. 黄淮海及北方春夏大豆钾肥效应　黄淮海及东北地区的几种土壤曾被认为是钾素贮量较丰富的,有的地区还认定为缺氮、少磷、富钾土壤,但在 20 世纪 70 年代以后,由于氮、磷化肥用量及农作物产量大幅增长,土壤速效钾消耗快,补充少,作物钾肥显效的耕地面积日渐扩大,80 年代以后大豆钾肥的增产效果日趋显著。据河南省 1981～1984 年的 9 次施钾试验,平均增产 5.8%,每 kg K₂O 增产大豆 1.1 kg,而在 1986～1988 年的 38 次试验,平均增产 17.3%(张桂兰,1991;Pretty,1989)。

　　于广武、王光华、刘晓冰等(1995)于 1988～1993 年在黑龙江省不同土类上的试验结果,大豆施钾增产 15.8%,每 kg 硫酸钾增产大豆 4.3 kg。又据黑龙江省农垦海林农场大豆钾肥试验结果,正茬、迎茬、重茬分别增产 4.1%、7%、12.3%。在三江地区,随着钾肥施用面积的扩大,大豆单产水平不断提高,如 1993 年大豆施钾面积 0.33 万 hm^2,占大豆面积的 1.9%,大豆单产 2 130 kg/hm^2;1996 年施钾面积 8.87 万 hm^2,占大豆面积 67.2%,大豆单产达到 2 799 kg/hm^2(王景海、陈荣生等,1998)。

　　3.1970～2000 年全国大豆钾肥增产概况　　由于各地土壤供钾状况、降水量、大豆品种以及与 NP 配合施用等方面的差异,全国各地大豆钾肥的增产效应差别很大。1981～1983 年全国化肥网的 64 次试验,每 kg K_2O 增产大豆 1.5 kg,1983～1985 年全国 41 次试验,每 kg K_2O 增产大豆 3.5 kg;1992、1994 年北方 8 省市 37 次大豆钾肥试验,平均增产 13%(金继运,1996)。据 1974～2000 年全国各省大豆产区钾肥试验的部分资料统计,全国 2 078 点次试验,每 hm^2 施钾量(K_2O)60～120 kg,增产大豆 64.5～450 kg(其中约有 10% 为不增产),增产率5.8%～19.4%,每 kg K_2O 增产大豆 1～4.7 kg(表 16-15)。土壤氮、磷供给充足或施用较多氮、磷肥,干旱年份以及在重茬、迎茬条件下,大豆钾肥的增产效果更佳。金继运(1989)在河北省潮土上试验的结果是,在氮、磷基础上施钾增产极显著,每 kg K_2O 增产大豆 4.34～5.49 kg。据许艳丽、韩晓增等(1995,2000)在黑龙江省海伦黑土区试验结果,干旱条件下大豆钾肥增产 11.6%～23.8%,而且重茬、迎茬大豆施钾量在 K_2O 224 kg/hm^2 以内,大豆产量随施钾量的增加而提高,最高增产率达到 34.13%(迎茬)、49.61%(重茬)。说明在东北黑土地区的重、迎茬种植中施钾肥有良好的增产效果,能提高大豆的抗逆性(表 16-16)。

表 16-15　1974～2000 年中国部分大豆钾肥试验结果

试验年份	试验地区	点　次	施钾量 (K_2O kg/hm^2)	增产大豆		kg 大豆/kg K_2O	资料来源
				kg/hm^2	%		
1973～1978	湖北省孝感	12	75	450	18.8	3.5	郭庆元(1979)
1974～1982	湖北省、江西省	63	90	223.5	17.8	3.3	郭庆元(1980)
1975～1977	福建省晋江	10	93	204.5	19.4	2.2	晋江所(1978)
	闽、浙、湘、粤、桂	1682	—		13.5	1.0	于广武(1995)
1983～1990	川、浙、湘、鄂、赣	26	—	342	18.1	4.7	朱仲麟(1991)
1989	广西壮族自治区	4		312	—	4.6	朱仲麟(1991)
1981～1984	河南省	9	60	64.5	5.8	1.1	张桂兰(1991)
1986～1988	河南省	38	112		17.3	—	Pretty(1989)
1981～1985	黑龙江	15		210	15.0		陈魁卿(1989)
1988～1993	黑龙江	—			15.8	4.3	于广武等(1995)
2000	黑龙江省北安	7	60	283.4	12.5	3.4	邵东彦(2002)
1992～1994	北方 8 省市	37				13.0	金继运(1996)
1981～1983	全国各省	64	120			1.5	全国化肥网
1983～1985	全国各省	41			12.9	3.5	中国肥料(1994)
1980～1990	全国各省	102		117.0		1.8	褚天铎(2002)
小　计		2078	60～120	64.5～450	5.8～19.4	1.0～4.7	

表 16-16　　重茬迎茬大豆钾肥试验结果　（韩晓增、许艳丽，1995）

试验号	施钾量（K$_2$O）（kg/hm^2）	大豆产量（kg/hm^2）		增产率（%）	
		迎　茬	重　茬	迎　茬	重　茬
1	0	2184	1935	—	—
2	37.4	2415	2160	10.58	11.63
3	74.7	2679	2396	22.66	23.82
4	112.1	2789	2619	27.80	35.35
5	149.4	2835	2794	29.84	44.39
6	186.8	2910	2865	33.24	48.06
7	224.1	2929	2895	34.13	49.61

　　需要指出的是，即使在相同的土壤条件下，不同大豆品种对施钾的效应是各不相同的。王晓光于 2003 年在辽宁省辽中县的低钾（速效钾为 50 mg/kg 土）的土壤上，以 80 个大豆品种（系）进行耐低钾试验。结果表明，有的品种（系）如铁丰 29 号、铁 95068-5 等增产幅度在 100% 以上，而有的品种（系）如沈农 6 号、铁 94037-6 等增产幅度不足 10%；上述 80 个品种（系）施钾（每 hm^2 施硫酸钾 225 kg）的平均增产效果为 30.4%，增产幅度 > 43% 的共 23 个品种（系），增产幅度 < 11% 的有 20 个品种（系），37 个品种（系）的增产幅度在 < 43% 和 > 11% 之间。

（三）钾肥对大豆品质及共生固氮的影响

1. 钾肥对大豆品质的影响　　大豆籽粒品质包括外观品质和营养品质。前者指籽粒大小、饱满度、虫蚀率等，后者指蛋白质、油分含量，脂肪酸、氨基酸组成等。

　　据郭庆元、李矩琛等在湖北孝感县低丘马肝泥稻田进行的大豆 P$_9$(3^4) 正交试验结果，大豆籽粒产量及籽粒百粒重均随施钾量而提高，不同施肥大豆产量的极差值（R）K > N > P，分别为 461.3 kg/hm^2、228.8 kg/hm^2、150 kg/hm^2，方差分析钾肥的 F 值达到极显著差异，百粒重的极差值（R）也是 K > P > N，分别为 1.7 g、0.37 g、- 1.08g。表明在低钾土壤上，钾肥不但能显著增加产量，而且使籽粒充实饱满，百粒重增加。

　　Nelson 等（1945）报道，在土壤交换性钾和镁都很低的条件下，随着供钾水平的增加，大豆籽粒产量和油分含量均有所提高，而蛋白质含量降低，3 个大豆品种表现出同样趋势。而施镁处理未见此变化。

　　Comper 等（1978）和 Touchtom（1982）在研究报告中提出，钾肥在大幅度增加大豆产量的同时，提高了大豆籽粒的品质等级（表 16-17）。Comper 的研究结果还表明，施钾肥的大豆种子发芽势增强，且发芽率提高，还降低几种病害的发病率。

表 16-17　　钾磷对大豆产量品质的影响（5 年平均）　（Comper 等，1978）

施肥量（kg/hm^2）		试验 1（美）Virginia		试验 2（美）Piedmont	
P$_2$O$_5$	K$_2$O	产量（kg/hm^2）	品质等级	产量（kg/hm^2）	品质等级
0	0	1290	5.0	1370	3.9
134	0	1458	5.0	2237	1.1
134	33	2284	3.9	2681	1.2

续表 16-17

施肥量(kg/hm²)		试验 1(美)Virginia		试验 2(美)Piedmont	
P₂O₅	K₂O	产量(kg/hm²)	品质等级	产量(kg/hm²)	品质等级
134	67	2493	2.4	2701	1.0
134	134	2755	1.0	2721	1.0

注:品质等级分 5 级,非常好 1,极差 5　　　　资料来源:主要作物推荐施钾技术.北京农大出版社,1993

关于钾肥对大豆籽粒蛋白质、油分的影响,国内外已有不少研究报道。

Gaydou 和 Arrivets 等(1983)的研究指出,施钾可提高大豆产量和含油量,但蛋白质量降低(表 16-18),当每 hm² 施 25 kg K_2O 时,脂肪酸中亚油酸由 56.6% 增至 59.8%。据朱仲麟(1991)对南方五省试验资料的统计结果,施钾肥提高了油分、蛋白质含量,施钾处理的油分含量 20.2%,未施钾的 18.4%;施钾蛋白质 41.7%,未施钾为 40.2%。崔玉珍(1999)取辽宁省棕壤进行 2 年筒栽试验结果,施钾处理的蛋白质含量略有提高,氨基酸总量及必需氨基酸有所增加,但差异不明显,而蛋白质产量、总氨基酸产量、必需氨基酸产量均有明显增加。邱任谋(1990)报道,在河南省几种土壤上的试验结果,大豆施钾肥的蛋白质含量为 40%,较不施钾的 38.4% 提高 4.2%。

表 16-18　施钾量与油分、蛋白质含量 （Gaydou 与 Arrivets 等,1983)

施钾量(kg/hm²)	籽粒产量(kg/hm²)	油分(g/kg)	蛋白质(g/kg)
0	450	173	462
25	1700	187	411
50	2350	192	381
75	2350	210	376

郭庆元、李矩琛等(1986)于 1980 年进行的不同施钾量盆栽试验结果表明,每 kg 土施 K_2O 0.02 ～ 0.15 g,油分含量顺次增加,施钾增至 0.3 g 则油分含量下降;蛋白质含量随施钾量增加而降低(表 16-19)。结果还表明,随着施钾量增加,棕榈酸呈增长趋势,而硬脂酸、油酸、亚油酸、亚麻酸无规律性变化。以上资料表明,大豆施钾肥的蛋白质、油分含量变化因受土壤、气候条件及大豆品种等因子的影响而有不同试验结果。但基本趋势为,油分含量有所提高,蛋白质含量有所降低。

表 16-19　钾肥对大豆蛋白质、油分含量及脂肪酸组成的影响 （郭庆元、李矩琛、李志玉等,1980)

施钾量(K₂O)(g/kg 土)	蛋白质(%)	油分(%)	脂肪酸组成(%)					籽粒产量	
			棕榈酸	硬脂酸	油酸	亚油酸	亚麻酸	g/株	%
0	43.32	17.54	9.85	2.90	20.09	57.72	9.46	9.85	100
0.02	42.55	18.33	10.16	2.47	21.17	56.46	9.74	10.43	105.9
0.05	41.52	18.73	9.85	2.61	20.91	57.51	9.12	12.43	126.2
0.10	38.80	19.30	10.17	3.08	19.52	57.54	9.63	12.63	128.2
0.15	41.10	20.80	10.50	2.94	20.01	57.37	9.12	13.73	139.4
0.30	39.59	19.20	11.63	3.27	19.87	55.59	9.72	12.53	127.2

注:1.为连续栽培试验(施肥不变)的第三年测定值;2.各处理均施 N 0.05 g/kg 土、P₂O₅ 0.15 g/kg 土

2. 钾肥对大豆共生固氮及植株养分积累的影响

(1)钾肥可提高大豆结瘤固氮能力　据盆栽试验结果,低钾土壤施钾肥可促进大豆根瘤生长,提高大豆固氮活性(表16-20),低磷、低钾土壤田间试验结果,施钾显著增加根瘤数、根瘤重,增强共生固氮能力,从而使大豆植株的氮素积累量增加50%,在该土壤条件下,施磷处理的根瘤数、根瘤重均增加1倍多,氮积累量增加66.7%,磷、钾配合的根瘤数、氮积累量增加更多。

表16-20　钾肥对大豆结瘤量与固氮酶活性的影响　（郭庆元、李矩琛、李志玉等,1979）

肥料处理 (g/kg土)			初　花　期				结　荚　期			
			根瘤数	根瘤干重	固N酶活性	(%)	根瘤数	根瘤干重	固N酶活性	(%)
N	P_2O_5	K_2O	(个/盆)	(g/盆)	($\mu molC_2H_4/h$盆)		(个/盆)	g/盆	($\mu molC_2H_4/h$盆)	
0	0	0	68	1.05	13762	100	51	0.21	4428	100
0	0	0.15	96	1.06	42139	306.1	148	0.60	8463	205.0
0.05	0.15	0	79	0.60	22651	160.2	138	0.75	10524	254.0
0.05	0.15	0.15	90	0.76	56507	410.6	161	1.00	10350	253.3

注:土壤为湖北省孝感丘陵马肝泥水稻土

(2)钾肥对大豆植株养分吸收的影响　低钾土壤施钾肥,由于对结瘤和共生固氮有促进作用,加强生育期间特别是开花结荚期的氮素营养,可促使生长繁茂,钾与氮、磷的含量和吸收积累量增加(表16-21)。

表16-21　钾肥对大豆植株氮、磷、钾养分吸收积累的影响　（郭庆元、李矩琛、李志玉等,1979）

肥料处理(g/kg土)			结荚期地上植株养分						积累养分比例(%)		
			N		P_2O_5		K_2O				
N	P_2O_5	K_2O	mg/株	占干重(%)	mg/株	占干重(%)	mg/株	占干重(%)	N	P_2O_5	K_2O
0	0	0	98.27	1.62	17.57	0.29	32.77	0.54	100	100	100
0	0	0.15	193.52	1.01	24.17	0.24	112.77	1.11	196.9	137.6	344.1
0.05	0.15	0	270.48	2.20	74.54	0.44	83.34	0.50	275.2	424.2	254.3
0.05	0.15	0.15	487.26	2.30	73.89	0.36	260.83	1.23	495.0	420.5	756.0

钾肥试验的植株分析结果还表明,大豆生育期间植株钾浓度随施钾量增加而提高,当高量施钾时,大豆能过量吸收钾,奢侈吸收的钾生育期主要是贮于茎秆,其次在叶片中;成熟阶段多吸收的钾则主要贮存在荚壳中,其次是茎秆,而籽粒的钾含量保持较稳定(2%~2.5%)状态。

四、大豆施微量元素肥料的增产效益

(一)大豆钼肥

朱淇等(1956,1964)在东北春大豆区进行了200多次田间试验,结果表明,不同土壤上大豆施用钼(Mo)肥增产效果差别很大,中部地区黑土增产0~20%,东部白浆土增产0~49.1%。解惠光(1982)报道,黑龙江省的黑土、草甸土、白浆土为大豆施钼有效区,增产幅度5%~17.9%。据何庸、石发贞、余世铭等(1980)于1965~1975在黑龙江省几种土壤上的试验结果,拌种试验20次,增产2.6%~15%,平均增产7.2%;喷施11次,增产1.7%~14%,

平均增产 7.5%;在氮、磷肥基础上喷施 8 次,增产 4.4%~19.5%,平均为 12.7%。

在黄河冲积物发育的土壤上大豆施钼的增产效果稳定。据郭庆元等 1964~1967 年在江苏省铜山县的大豆钼肥试验结果,7 次试验平均增产 246.8 kg/km²,增产率 17.4%,其中砂土增产 11.6%~29.7%,淤土增产 5%~33.3%,盐碱土增产 5%。石宏展等(1987)报道,黄河冲积土大豆钼肥增产 10.09%。张桂兰、郭庆元等(1988)在河南省潮土和砂姜黑土上进行了 34 次大豆钼肥试验,增产几率为 91.2%,平均增产率 10.2%,其中拌种试验 4 次平均增产 16.1%,喷施试验 5 次增产 15.8%。这些试验结果表明,黄淮流域几种主要土类大豆施钼增产效果显著,惟盐碱土增产率低些。

我国南方大豆区的土壤类型多,栽培制度复杂,有一年两熟的夏大豆,一年三熟的春、秋、冬大豆。据郭庆元等 1972~1973 年在湖北的多点试验结果,10 次试验平均增产 295.5 kg/hm²,增产率 19.2%,其中鄂西山地土壤增产 13%,江汉平原长江冲积土增产 11.3%~24%,鄂东南丘陵红黄土增产 7.4%~49.9%。林辉等(1983)1979~1981 年在福建红黄壤上进行大豆施钼试验结果,增产 11.6%。另据广东省湛江地区 54 点次大豆钼肥试验,增产几率 94.4%,增产率 4.2%~56.2%,平均 19.8%。李志玉、郭庆元等(2000)在江西省抚州红壤旱地的大豆微肥试验结果表明,钼肥的增产率 14.9%,高于其他微肥。

据中国农业科学院油料所郭庆元等于 1983~1984 年组织全国 6 省(广东、福建、湖北、河南、安徽、黑龙江)的大豆微肥试验结果,23 点次钼肥平均增产 8.8%,以广东省红土地区增产率最高。根据全国三个大豆主产区 1965~1988 年多点试验资料的不完全统计,235 点次大豆钼肥试验结果,每 hm² 增产大豆 105~265 kg,增产率 7.2%~23.1%,以南方红黄壤、黄淮平原冲积砂壤土及砂浆黑土的增产效果最佳(表 16-22)。经全国各地广泛开展试验示范已确认大豆施钼有明显的增产效果,钼肥已在大豆生产中大面积推广应用。如黑龙江省垦区 1981 年大豆施钼面积 19.75 万 hm²,占农垦大豆面积的 29.7%,增产幅度 8.4%~17.5%;湖北省 1982 年大豆施钼面积 0.35 万 hm²,增产 23.1%;河南省 1980~1983 年大豆施钼肥面积 0.67 万 hm²,增产幅度 4.3%~23.3%(杨玉爱,1986)。

表 16-22　1965~1988 年全国大豆钼肥部分试验结果

试验年分	试验地区	土壤类型	施用方法	点次	增产量 kg/hm²	增产率 %	资料来源
1965~1975	黑龙江省	黑土,白浆土,草甸土	拌种	20	145.5	7.2	何庸等(1980)
			喷施	19	203.3	9.7	
1965~1967	江苏铜山	沙土,淤土,盐土	拌种	7	261.8	17.4	刘昌智(1982)
1972~1973	湖北省	沙土,红黄土等	拌种	10	267.0	19.2	刘昌智(1982)
1982~1984	河南省	潮土,砂姜黑土	拌种	4	243.0	16.1	张桂兰等(1989)
			喷施	5	225.0	15.8	
1985~1988	河南、安徽	潮土,砂姜黑土	拌种	34	144.0	10.2	郭庆元(2003)
1982	湖北省武昌	红黄土	拌种	15	207.0	23.1	
1980~1985	江西省	红壤		31		13.9	《微肥研究与应用》(1986)
1980	新疆	漠钙土	喷施	3		14.9	

续表 16-22

试验年分	试验地区	土壤类型	施用方法	点次	增产量 kg/hm²	增产率 %	资料来源
1979~1981	福建省	红黄土		13	150.0	11.6	林辉(1987)
	广东省湛江	红　土		51	105~170	19.8	褚天铎(2002)
1982~1984	粤、鄂、豫、皖、黑			23		8.8	郭庆无(2003)
1965~1988	合　计	多种土类		235	105~267	7.2~23.1	

据各地试验调查,大豆施钼的增产作用主要是促进根系和叶片生长,从而增加单株结荚数、单株粒数和籽粒产量。如河南省 18 次试验统计(张桂兰,1989),施钼的大豆结荚数平均增加 3.9 个,单株粒数增加 15.5 粒,单株粒重增加 2.2 克,分别提高 11%、24.3%和 18%。

(二)大豆锌肥

锌(Zn)既是植株生长发育的必需元素,也是人体健康的重要元素。早在 1926 年已证实锌是植物的必需营养元素,1934 年证实锌为动物必需营养元素,1963 年锌被列为人体必需的营养元素。锌在生物体内分布广泛,主要是以酶的形式存在。由于锌是人体内多种酶的必需成分或激活剂,锌与人体的器官发育、智力成长、性功能以及免疫功能密切相关,缺锌影响蛋白质、核酸、维生素等的代谢及 DNA 的合成,会影响身体发育,抵抗力下降,导致多种疾病的发生,锌过量又会产生毒害。故医学家和营养学家都十分重视锌营养,中国居民膳食指南《中国居民营养素参考摄入量》(DRIS)对不同年龄段人群每日的锌摄入量提出了具体数量,从初生婴儿的 1.5 mg 至青少年的 19 mg。

自从锌被证实为植物生长发育所必需的营养元素以后,锌肥的农业应用日渐受到广泛关注。大豆是富含蛋白质、脂肪作物,又是喜锌作物。提高大豆食品的生物锌含量,在供给人体蛋白、植物脂肪的同时补充食品锌,有益于增强人体健康。随着以氮、磷为主的化学肥料施用量的增加及作物单产水平的提高,我国土壤有效锌供应不足的耕地面积在不断增加。在土壤有效锌供给不足的大豆产区,施用锌肥,已成为大豆生产上一项重要增产措施。

1. 大豆锌肥的增产效果和增产作用

(1)大豆锌肥增产效果　我国自 20 世纪 70 年代开始加强大豆施用锌肥的应用研究,80 年代全国各地进行了大量大豆锌肥试验,80 年代后期开始较大面积应用。

中国农业科学院油料所郭庆元等,于 1976~1980 年在湖北省武昌县、孝感县进行了 4 次大豆锌肥试验,两地分别增产 18%和 11.2%,每 hm² 增产 221.3 kg 与 115.5 kg;1982~1984 年又与广东、河南、安徽、江西、黑龙江等省农科院合作,在这 6 省进行了 43 次大豆锌肥试验,各地增产幅度为 2.1%~16.8%,广东省增产效果较差,且不稳产,黑龙江省的增产效果也表现不稳定,湖北、河南、安徽三省的增产效果良好,增产幅度较大;1986~1989 年在河南、安徽两省进行了 52 次大豆施用锌肥试验,施锌处理的大豆平均产量 2 388kg/hm²,比不施锌的对照区增产 167 kg,平均增产率 7.5%,达到极显著差异。314 次大豆锌肥施用示范结果,锌肥每 hm² 增产大豆 150 kg,平均增产率 10.5%。说明黄淮平原夏大豆施用锌肥增产效果显著。黄河下游的山东省大豆施锌肥也显示出稳定增产的效果。据中国农业科学院土肥所刘新保(1986)在山东省进行的 21 点次大豆锌肥试验,每 hm² 平均增产大豆 241.5 kg,增产率为 14.2%。山东菏泽地区农科所(1985)在黄河冲积物发育的土壤上 2 年试验结果,大豆锌

肥每 hm^2 增产 279.6 kg,增产率 15.3%。

长江中游的湖北省荆州、宜昌,1986～1988 年的 4 个大豆品种在 5 点试验结果,施锌肥增产 7.2%～17.4%,平均增产 13.4%(谢振翅、李家书等,1990)。

东北春大豆区,中国科学院长春地理所在三江平原的 3 年试验结果,施锌大豆增产 22.5%;沈阳农业大学在辽宁东部棕壤上的试验结果,大豆施锌增产 15.7%。据董玉琴报道,吉林省几种主要土壤大豆施锌肥的增产表现不尽相同,淡黑钙土、冲积土、白浆土、黑土分别增产 24.2%、11.9%、2.4% 和 4.1%,表明淡黑钙土、冲积土的大豆锌肥增产效果大于白浆土和黑土。Shelge B.S.(2000)在印度 Maharashtra 的砂壤土试验结果,大豆施 Zn、Mo、B 肥分别增产 15.5%、5% 和 2%,以 Zn 肥增产效果最好,Zn、B、Mo 与 N、P、K 和有机肥结合施用增产 81.88%,增产效果最佳。

(2)大豆锌肥的增产作用　盆栽试验生育期调查结果(表 16-23)表明,施用锌肥的大豆苗期、开花期、结荚期的植株高、叶片数以及植株干物重均显著增长,说明锌肥可增强光合作用,加快干物质积累。田间试验开花期测定结果,底施锌肥 15 kg/hm^2 与未施锌的对照区相比较,单株根瘤数增加 27.3%,单株固氮酶活性增长 34.6%,相对固氮效率增长 3.9%。表明锌肥能增加结瘤,提高共生固氮率。

表 16-23　锌肥对大豆生长发育的影响 （盆栽试验,郭庆元、涂学文等,1986）

生育期	处理	株高(cm)	叶片数(片/株)	植株干物质重(g/株)			
				地上部	根系	根瘤	全株
苗期	CK	15.5	3.0	0.419	0.110	—	0.529
	Zn	16.6	4.0	0.537	0.114	—	0.651
花期	CK	32.2	11.0	4.71	1.75	0.31	6.667
	Zn	33.5	12.2	5.20	1.98	0.48	7.670
结荚期	CK	31.3	12.0	10.60	1.63	0.89	13.120
	Zn	32.9	13.1	12.30	1.80	0.99	15.110

1986～1989 年的 4 次盆栽试验和 165 点次大田对比试验收获期考种结果(表 16-24),大豆施锌肥单株结荚数、单株粒数、单株粒重和百粒重均显著增加。

表 16-24　锌肥对大豆主要经济性状的影响 （郭庆元、涂学文等,1986～1989）

处理	株高(cm)		茎粗(cm)		有效荚(个/株)		单株粒(粒)		单株产量(g)		株干重(g)		百粒重(g)	
	A	B	A	B	A	B	A	B	A	B	A	B	A	B
CK	31.0	70.9	0.37	—	18.6	28.7	30.8	47.6	5.01	7.67	15.5	—	13.3	16.3
Zn	33.4	72.0	0.46	—	21.6	30.1	35.1	50.2	5.59	8.44	16.5	—	14.4	17.1
Zn-CK	2.4	1.1	0.09	—	3.0	1.4	4.3	2.6	0.58	0.77	1.0	—	1.20	0.8
增长(%)	7.7	1.6	24.3	—	16.1	4.9	14.0	5.5	11.6	10.04	6.5	—	9.0	4.91

注:A 为盆栽试验,4 个试验平均值;B 为田间对比试验,165 点次的平均值

(3)锌肥对大豆营养品质的影响　不同施锌量的田间试验和盆栽试验结果表明,每 hm^2 施 $ZnSO_4$ 2.5～60 kg,大豆种子蛋白质含量无明显规律性变化;每 hm^2 施 $ZnSO_4$ 15～22.5 kg 种子油分含量最高,而继续增加施用量油分含量又会降低(表 16-25)。

表 16-25 大豆施锌量与种子蛋白质、油分含量 （郭庆元、涂学文等，1988）

施肥处理 ZnSO₄	种子蛋白质（%）			种子油分（%）		
kg/hm²	田间试验	盆 栽	平 均	田间试验	盆 栽	平 均
0	44.15	34.77	39.46	19.29	18.68	18.99
2.5	44.96	34.12	39.54	19.69	18.41	19.05
15.0	43.50	34.91	39.21	19.80	19.61	19.71
22.5	44.08	—	—	19.90	—	—
30.0	44.42	35.05	39.74	19.27	19.10	19.19
60.0	44.28	35.14	39.71	19.51	19.41	19.46

锌肥不同施用量对脂肪酸组成的影响，表现为油酸含量有所降低，亚油酸含量有所提高，棕榈酸、硬脂酸、亚麻酸无规律性变化（表 16-26）。亚油酸是人体必需的脂肪酸，有降低血液胆固醇浓度，降低心脑血管发病率的功能，因而亚油酸含量提高，有利于提升大豆油的营养功能。施锌大豆氨基酸组成的影响见表 16-27。11 次试验测定的平均值，施锌处理的氨基酸总量比不施锌的对照区增加 2.4 个百分点，其中天门冬氨酸、丝氨酸、谷氨酸、异亮氨酸、赖氨酸和精氨酸分别增加 0.37、0.12、0.71、0.15、0.16、0.11 和 0.2 个百分点，经配对统计达到显著水准，其他氨基酸施锌与不施锌的差异不显著。

表 16-26 大豆锌肥用量与脂肪酸组成 （%） （郭庆元、涂学文等，1990）

施肥处理 （ZnSO₄ kg/hm²）	棕榈酸	硬脂酸	油 酸	亚油酸	亚麻酸
0	11.22	2.66	25.55	52.61	6.95
7.5	11.89	2.56	24.89	52.81	7.84
15.0	12.02	2.76	24.85	52.40	7.97
30.0	11.74	2.60	24.74	53.17	7.75
60.0	12.09	2.64	24.33	54.31	6.63
90.0	11.99	2.59	24.18	53.75	7.49

表 16-27 施锌对大豆种子氨基酸含量的影响 （%） （郭庆元、涂学文等，1990）

氨基酸种类	CK	Zn	Zn − CK	氨基酸种类	CK	Zn	Zn − CK
总 量	38.1 ± 3.6	40.5 ± 3.4	2.4	蛋氨酸	0.49 ± 0.2	0.59 ± 0.2	0.10
天冬氨酸	4.55 ± 0.6	4.92 ± 0.6	0.37	异亮氨酸	1.76 ± 0.2	1.91 ± 0.2	0.15
苏氨酸	1.53 ± 0.1	1.61 ± 0.1	0.08	亮氨酸	2.97 ± 0.3	3.13 ± 0.3	0.16
丝氨酸	1.97 ± 0.2	2.09 ± 0.1	0.12	酪氨酸	1.14 ± 0.2	1.14 ± 0.1	0
谷氨酸	7.61 ± 1.1	8.32 ± 1.1	0.71	苯丙氨酸	2.10 ± 0.3	2.20 ± 0.2	0.10
甘氨酸	1.62 ± 0.1	1.67 ± 0.1	0.05	赖氨酸	2.49 ± 0.2	2.60 ± 0.2	0.11
丙氨酸	1.72 ± 0.1	1.73 ± 0.1	0.01	组氨酸	0.87 ± 0.1	0.89 ± 0.1	0.02
胱氨酸	0.67 ± 0.4	0.81 ± 0.3	0.14	精氨酸	3.01 ± 0.5	3.21 ± 0.5	0.20
缬氨酸	1.0 ± 0.2	1.98 ± 0.2	0.98	脯氨酸	1.73 ± 0.3	1.63 ± 0.3	− 0.1

2. 大豆锌肥施用

(1)大豆施锌增产效应主要决定于土壤有效锌含量及其供应能力　据农业部土肥站在20世纪末的调查资料,我国耕地约有50%的面积缺锌,缺锌土壤面积4 860万 hm²。刘铮等(1986,1993)的研究报告指出,我国缺锌土壤多为石灰性土壤,包括黄绵土、塿土、黄潮土、棕壤、褐土、栗钙土、黑色石灰土,长江冲积物及南方石灰岩发育的土壤,石灰性及中性反应的水稻土、紫色土等均为有效锌含量较低的土壤,山东、河南、安徽、北京、山西、陕西、甘肃、新疆以及江西、湖北等省、自治区,缺锌土壤面积呈增加趋势。刘铮将我国土壤有效锌含量(DTPA浸提)分成5级。

石灰性和中性土壤有效锌(mg/kg)		酸性土壤有效锌(mg/kg)	
<0.5	很低	<1.0	很低
0.5～1.0	低	1.0～1.5	低
1.1～2.0	中等	1.5～3.0	中等
2.1～4.0	高量	3.1～5.0	高量
>4.0	很高	>5.0	很高

1982～1984年按统一方案进行的大豆锌肥试验结果表明,全国不同大豆产区由于土壤类型的不同,锌肥增产效果表现出很大差异,广东省红土增产效果最差,其次为黑龙江省的黑钙土,黄淮地区及长江中游的几种土壤,都有较好增产效果。而且同一产区不同土壤大豆锌肥效应也表现不一,如黄淮地区砂壤土、两合土的增产效果大于砂姜黑土和淤土(表16-28);吉林省的淡黑钙土、冲积土大于黑土、白浆土。

表16-28　不同产区不同土壤大豆锌肥的增产效果　(郭庆元、涂学文、李志玉等,1982～1984)

试验地区	土壤类型	点次	大豆产量(kg/hm²)		Zn肥增产	
			CK	Zn	kg/hm²	%
黑龙江哈尔滨	黑钙土	3	1768.3	1829.0	60.7	3.4
河南周口、安徽阜阳	砂壤土	10	1716.8	1884.5	167.7	9.8
河南周口、安徽阜阳	两合土	8	1747.5	1925.9	178.4	10.2
河南周口、驻马店	淤土	5	1193.1	1265.1	72.0	6.0
安徽阜阳、河南驻马店	砂姜黑土	5	1134.8	1197.2	62.4	5.5
湖北孝感	水稻土	2	1031.3	1146.8	115.5	11.2
湖北武昌	红黄壤	2	1226.3	1432.5	206.3	16.8
湖北天门	灰潮土	3	2100	2396.5	296.5	14.1
江西临川	红壤	3	1387.5	1501.5	114.0	8.2
广东龙川、连平	红土	2	1207.6	1232.6	25.0	2.1

据黄淮地区和江汉平原区20个田间试验的产量及土壤有效锌测定结果,在不施锌肥的条件下,大豆产量与土壤有效锌含量成正相关,锌肥增产率与土壤有效锌成负相关。当土壤有效锌在1.5 mg/kg以下时,大豆施锌肥显著增产,而在2 mg/kg以上时,增产不显著(表16-29)。

表 16-29　土壤有效锌含量对大豆产量及锌肥增产率的影响　（郭庆元、涂学文、李志玉等，1990）

土壤有效锌(mg/kg)		大豆产量(不施锌)	施锌增产(%)	
平均值	变　幅	(kg/hm²)	平均值	变　幅
0.44	0.28～0.80	1692.8	10.3	5.9～16.5
1.62	1.53～1.79	1797.0	7.9	4.4～9.3
4.50	2.86～6.10	2014.5	1.3	0～3.3

（2）大豆锌肥适宜用量　1987 年 4 个点的田间试验结果表明，每 hm² 施锌（$ZnSO_4 \cdot H_2O$）7.5～22.5 kg，大豆产量随施用量增加而提高，以 22.5 kg/hm² 的产量及增产率为最高，增产率 6.4%～15.7%，施用量达 30 kg/hm²，则增产率降低。取河南省黄泛区农场的潮土和武汉油料所试验场灰潮土耕层(0～20 cm)土壤分别进行的盆栽试验结果证明，大豆籽粒产量随施锌量增加呈抛物线变化，最高产量分别出现在 5 mg/kg 和 6.6 mg/kg，为不施锌产量的 169.4%、124.8%，增产极显著；继续增加施锌量则大豆产量开始降低，施用量超过 50 mg/kg 的大豆产量低于不施锌肥的对照(表 16-30)。盆栽施 5 mg/kg、6.6 mg/kg $ZnSO_4$ 相当于大田试验施 15 kg/hm²、19.8 kg/hm² $ZnSO_4$。盆栽与田间试验结果基本一致，每 hm² 施 $ZnSO_4$ 15～22 kg 较为适宜。另据在安徽省阜阳地区农科所 1984 年的试验结果，大豆最高产量的施锌量为 $ZnSO_4$ 16.5 kg/hm²，最佳经济施锌量为 $ZnSO_4$ 9 kg/hm²。

表 16-30　大豆锌肥不同施用量盆栽试验产量效应　（郭庆元、涂学文、李志玉等，1987）

试验一：油料所试验场(武汉)				试验二：黄泛区农场(河南)			
锌肥处理	籽粒产量			锌肥处理	籽粒产量		
$ZnSO_4$ mg/kg	g/株	显著性	%	$ZnSO_4$ mg/kg	g/株	显著性	%
0	9.15±0.93	cd	100	0	9.06±0.41	b	100
1.0	10.81±0.85	c	118.9	3.3	9.42±0.57	b	104.0
5.0	15.50±2.64	a	169.4	6.6	11.38±1.31	a	124.8
10.0	13.47±0.96	ab	143.7	13.2	9.42±0.41	b	103.9
50.0	11.95±1.51	bc	130.6	26.4	9.27±1.36	b	102.3
100.0	8.75±0.87	d	95.6	52.8	8.21±0.18	b	90.6

锌肥除了做基肥施用以外，还可以用作根外追肥。用 0.2% 的 $ZnSO_4$ 溶液于苗期、花期、荚期、苗花期、花荚期喷施，分别增产 3.8%、6.3%、6.8%、11.4% 和 14.3%，表明在苗期至花荚期喷施 2～3 次 0.2% 的 $ZnSO_4$ 溶液可增产 10% 以上，是一项投资少效益高的施肥措施，若以飞机大面积喷施，可获得更大的增产效益。

3. 大豆锌肥效应的基因差异　已有研究资料表明，不同大豆品种的锌肥效应各不相同，据湖北省农科院 1988～1989 年的盆栽试验结果，春大豆品种矮脚早、035、泰兴黑豆施锌肥的增产率分别为 23.4%、9.4% 和 −6.3%，春大豆新品系 80-1070、80-1383 分别为 11.5% 和 7.8%，表明春大豆不同品种对锌肥的反应存在较大的遗传差异。在不同施锌量的盆栽试验中，鄂豆 2 号平均增产 32.3%，中豆 19 号仅增产 2.9%。对锌肥用量的反应也表现出明显差异,鄂豆 2 号施锌量 50 mg/kg 仍较对照(不施锌)增产 30.6%,而施锌量达 100 mg/kg 时,减产 4.4%;中豆 19 在施锌量达 53.3 mg/kg 时,比对照减产 9.4%。表明两个大豆品种对锌肥及施锌量的反应存在很大差异。我国大豆种质资源丰富,进一步鉴定大豆新品种的锌营养特性,筛选耐低锌及锌肥高效的种质,既可为合理施用锌肥提供依据,又能提高施肥的经济效益。

(三)大豆硼肥

1931 年 Brandenberg 首次发现硼(B)在甜菜中的重要性以后,硼首先开始在块茎作物上应用,随后在苏格兰和英格兰的芜菁和萝卜中应用。接着在欧洲、南非的向日葵生产中发现缺硼症状,日本、中国、澳大利亚在油菜上又发现缺硼引起的不结实症状。后来我国在油菜、棉花、果树、花生、芝麻等作物上施硼均收到良好的增产效果。

中国科学院林土所 1956 年报告,在黑土地区施硼增产 6.6%,这是我国最早的大豆硼肥报道。以后各大豆产区都相继进行硼肥试验。郭庆元等 1982~1984 年在全国 6 省(黑龙江、河南、湖北、安徽、广东、福建)不同类型土壤、不同生产条件下进行的 28 次试验结果,平均增产 5.8%;1985~1988 年在河南省的 36 次大豆硼肥试验结果,增产 29 点次,占试验点次的 80.6%,平均增产率为 9.2%。无论是基施硼肥还是喷施硼肥都有很好的增产效果,基施增产 8.2%,喷施增产 8.7%。施宏展(1986)报道,黄河冲积物发育的土壤,大豆施硼增产 15.3%,浙江省丽水地区农科所硼肥拌种加喷施的试验结果,大豆增产 18.9%,江西省上饶地区刘家站 10 点次试验,平均增产 16.2%。李志玉等(1989)在江西红壤旱地施用硼、锌、钼肥分别增产 6.8%、8.2% 和 14.9%。湖南省不同土壤大豆施硼的试验结果证明,不同施硼量每 667 m² 基施硼砂 0.2~0.8kg 的增产幅度为 0.29%~16.64%(表 16-31)。吴明才(1995),在黄淮海及长江流域大豆产区进行 3 年施硼试验结果,68 点次中有 66 点次增产,增产幅度 2.2%~47.1%,平均 15.4%。

表 16-31　湖南省几种土壤大豆不同施硼量的增产效果　(%)　(赵政文,1996)

土　壤	施　硼　量　(kg/667 m²)								备　注
	0.2		0.4		0.6		0.8		
	kg/667m²	%	kg/667m²	%	kg/667m²	%	kg/667m²	%	
红壤旱土	0.4	0.30	2.2	1.60	3.3	2.45	8.8	6.51	湖南省作物所(1987)
旱　土	1.0	0.69	3.2	2.17	6.5	4.44	11.0	7.51	慈利旱作所(1988)
水稻土	14.8	11.74	21.0	16.64	13.6	14.71	7.5	5.95	华容县农科所(1988)
水稻土	0.5	0.29	4.0	2.32	10.5	6.09	20.0	11.64	礼县农科所(1987)

根据全国各地的硼肥试验资料,黄淮海地区的潮土和砂姜黑土大豆施硼肥增产显著,其次为长江流域及其以南地区水稻土、旱地红壤。东北地区春大豆施硼肥效果因土壤类型而异。

在相同的土壤条件和栽培条件下,大豆施硼肥的增产效果取决于土壤有效硼的供应状况。土壤硼的供应能力取决于有效态硼的含量。以水溶性硼作为有效态硼含量的测定结果,可将土壤硼的供给能力分成 5 级,即:很低 <0.25 g/kg;低中 0.25~0.5 g/kg;中等 0.5~1 g/kg;高 1.1~2 g/kg;最高 >2 g/kg。如果以 0.5 g/kg 作为大多数植株缺硼临界含量的话,我国东部和南部的许多土壤,包括黄土高原和黄河冲积物发育的土壤,黄土母质、花岗岩、片麻岩母质发育的土壤,以及黄壤、红壤、砖红壤都是有效硼含量较低或缺乏的土壤,黑龙江、吉林、辽宁三省有一些排水不畅的白浆土、草甸土也属这类土壤。以上几类土壤的大豆硼肥试验,大多表现明显增产效果。

Furlani.A.M.C. 等(2001)用不同浓度硼溶液进行培养结果表明,4 个大豆品种对溶液硼浓度的反应有很大差别。IAC-17 耐硼过量毒害,IAC-8 和 IAC-15 耐低硼,在低硼条件下硼的吸收积累效率高。

(四)大豆铁肥

湖北省农科院土肥所(1990)的研究结果表明,大豆根部含铁量高于叶和茎。各生育时期均以根系的含铁量为最高,苗期 900 ~ 1 700 mg/kg,分枝期 600 ~ 760 mg/kg,花期 700 ~ 900 mg/kg(表 16-32)。

表 16-32　大豆不同生育时期各器官铁含量　（mg/kg）　（湖北省农科院,1996）

施肥处理	茎叶苗期	根系			茎秆		叶片		叶柄	
		苗期	分枝期	花期	分枝期	花期	分枝期	花期	分枝期	花期
K_4	286.63	1301.75	668.50	919.51	95.54	115.78	244.83	307.11	96.61	161.64
K_4Zn	334.25	1707.6	764.00	726.10	89.57	102.49	299.03	258.62	84.53	177.80
K_4Mn	262.74	1289.25	668.79	760.96	101.51	135.25	290.95	525.33	110.66	193.97
K_4ZnMn	238.75	1313.13	597.13	700.08	95.54	147.55	501.08	282.87	125.00	161.64
K_8	238.75	907.25	716.56	779.22	71.66	135.25	307.11	299.02	101.44	210.13
K_8Mn	238.75	1074.38	668.79	882.71	95.54	114.76	337.93	226.30	88.12	185.88

据郭庆元、李志玉等(2000)对江西省红壤旱地的春大豆植株分析结果,6 个大豆品种植株铁含量,花荚期最高的品种(矮脚早)为 1 222 mg/kg,最低的品种 653 mg/kg;成熟期最高的品种(矮脚早)为 1 561 mg/kg,最低的 381 mg/kg,表明大豆植株铁含量存在基因型差异。潘瑞帜提出的大豆植株铁营养状况分级为:花期功能叶铁含量(mg/kg)低于 30 为缺,31 ~ 50 为不足,51 ~ 350 为中等,350 ~ 500 为高量,大于 500 为过量。吴明才(1988)提出,大豆缺铁的土壤有效铁临界值为 2.5 mg/kg,在黄淮地区,花期喷施 2 ~ 3 次 2 500 mg/kg 的硫酸亚铁溶液(加食醋)可获得 17.5% ~ 22.9% 的增产效果。据中国科学院土壤所在河南封丘县农技站黄潮土的试验结果,大豆施铁肥增产 19%,每 hm^2 增产大豆 202.5 kg(褚天铎,2002)。

Hettholt 等(2003)在美国 Dallas 的碱性砂壤上的试验结果,当土壤的 DTPA 交换态 Fe 在 12 mg/kg 时,可不施铁肥。

(五)大豆锰肥

吴明才等(1991)的水培试验结果,溶液 Mn^{2+} 浓度由 0 增至 1.88 mg/kg 时,大豆植株及种子的 Mn^{2+} 浓度升高,植株干重和种子重相应增加;当培养液 Mn^{2+} 浓度再加大,由 1.88 mg/kg 至 2.88 mg/kg 时,植株及种子的 Mn^{2+} 浓度相应增加,但植株干重及种子重均下降。邱忠祥等(1990)用铁丰 18 号、辽豆 3 号和开育 9 号 3 个品种为材料的试验结果,在磷肥基础上加施锰肥,根瘤的固氮活性与固氮量均有提高。郭庆元(1984)在黄淮地区夏大豆进行的田间试验结果,施锰处理的根瘤数、根瘤重及植株重都有所增加,成熟期的单株有效荚增加 16.6%,单株粒数增加 7.7%,单株粒重增加 19%,百粒重提高 5.1%。

湖北省农科院土肥所(1990)的田间试验中测得的植株锰含量结果是:根系 17 ~ 41 mg/

kg,茎 11.87 ~ 17.27 mg/kg,叶片 46.37 ~ 72.27 mg/kg,叶柄 16.26 ~ 28.06 mg/kg,叶片高于其他器官,苗期高于分枝期、花期。另据郭庆元等(2003)的研究资料,大豆不同类型,不同品种植株锰含量变化较大,开花期的植株锰含量,春大豆 20 个品种平均值为 92.3 mg/kg,最高的 151 mg/kg,最低的 59.2 mg/kg,变异系数为 30.99%。夏大豆 31 个品种的平均值为 105.85 mg/kg,最高的 153 mg/kg,最低的 50.1 mg/kg,变异系数 30.23%。夏大豆的植株锰含量高于春大豆,基因型差异显著。Massagni 等(1984),Gettier 等(1985),Ohki 等(1987)在大豆锰的有效施用方面作了较多研究。认为少量无机锰(1.12 kg/hm²)叶面施用效果与大量的无机锰(30 kg/hm²)土壤施用效果相当,叶面喷施 Mn-EDPA 的效果大于硫酸锰。Mann.G.N. Resendf.P.M.DE 等(2002)的研究表明,施锰提高了大豆植株锰浓度,提高了种子的蛋白质和油分含量,从而改善了种子的营养品质,也认为叶面喷施比土施的效果好。

潘瑞帜等(1987)提出的花期成熟功能叶片的锰含量分级指标为:低于 14 mg/kg 为缺乏,15 ~ 20 mg/kg 为不足,大于 250 mg/kg 为过量。Ohlrogge(1963)提出顶部成熟叶片锰含量低于 20 mg/kg 为施锰的临界值。

锰肥增产效果

1983 ~ 1984 年中国农科院油料所组织福建、河南、安徽、黑龙江等四省农科院进行大豆微肥协作试验,结果如表 16-33 所示。24 次锰肥试验中增产的 20 次,平均增产 117.3 kg/hm²,平均增产率 6.7%,增幅 1.72% ~ 13.9%;张桂兰、郭庆元等(1988)于 1984 ~ 1988 年在河南省几种主要土壤上进行的 48 次田间试验结果,有 43 次增产,5 次平产或减产,增产数占 89.6%,平均增产率为 8.4%。谢振翅、李家书等(1990)在湖北省进行了 5 次大豆锰肥田间试验,每 hm² 施硫酸锰 30 kg,平均增产 12.8%;而用 0.2% 硫酸锰溶液浸种增产 12.6%。沈阳农业大学在辽宁省进行的 12 点次大田试验,施锰肥平均增产 8%。王学贵在陕西省试验结果也表明,施锰肥平均增产 8.2%。

表 16-33　大豆锰肥试验增产效果　(中国农科院油料所,1983 ~ 1984)

产　区	土　壤	大豆产量(kg/hm²)		锰肥增产		试验点次
		CK	Mn	kg/hm²	± %	
黑龙江	黑钙土	1694.3	1931.3	273.0	13.98	1
安　徽	潮土	1699.5	1728.8	29.3	1.72	2
河　南	潮土、砂姜黑土	1595.9	1701.8	105.9	6.63	20
福　建	红壤	1674.8	1875.0	200.3	11.95	1

五、钙、镁、硫的施用

在大豆生产上,钙、镁、硫等中量元素的施用尚少。已有的研究资料表明,施用钙可增加植株钙的含量,增强抗病性和抗倒伏性,提高大豆对氮、磷、钾和多种微量元素的吸收利用能力;酸性土壤上施用石灰,可以调节土壤酸碱度,降低氢、砷、锰等潜在毒害元素的浓度,提高钙、镁、钼等多种元素的有效性,改善大豆结瘤固氮环境,从而获得增产效果。刘勋等(1987)在江西省红壤上施用石灰的试验结果表明,每 hm² 施用 750 kg 和 1 500 kg 石灰,大豆增产 37.9%、50.2%。酸性土壤施用石灰对大豆有良好的增产效应有待进一步加强研究,扩大钙(石灰)的利用。在美国大豆生产中,酸性土壤施用石灰是十分普遍的增产措施,是美国大豆施肥管理的重要部分(David,1987)。

　　王晶英、张兴梅、李国兰(2004)在黑龙江省八一农垦大学试验区进行的田间试验表明,在白浆土(土壤 pH 值6.67,有机质29.3 g/kg,速效磷29.7 mg/kg,速效钾145.5 mg/kg),用氯化钙拌种或喷施均能促进大豆营养生长,提高大豆产量,拌种增产 6% ~ 25%,喷施增产10% ~ 17%。拌种适宜浓度为 0.0225 ~ 0.045 mol/L,喷施的适宜浓度为 1.8 ~ 2.7 mol/L(表16-34)。

表 16-34　氯化钙对大豆产量的影响　(王晶英等,2004)

拌种氯化钙浓度(mol/L)	0(CK)	0.0225	0.0450	0.0675	0.0900
大豆籽粒产量(kg/hm²)	2580ab	3050c	3339d	2739b	2490a
喷施浓度(mol/L)	0(CK)	0.9	1.8	2.7	3.6
大豆籽粒产量(kg/hm²)	2.274a	2.417b	2978c	2778c	2339ab

注:数字后的字母表示 0.05 水平的差异显著性

　　20 世纪 50 年代以来,不少单位进行了作物施镁试验,60 年代谢建昌等在江西省进贤红壤旱地的 6 次大豆镁肥试验结果,平均增产率为 23.5%;林其明(1985)在赤红壤地大豆镁肥试验结果,增产 23.4%。

　　钙、镁的施用效果主要取决于土壤有效态钙、镁含量,还受土壤溶液中其他离子浓度以及施肥种类和施肥量的影响。从盆栽试验观察到,随着施钾量的增加,大豆植株 Ca、Mg 浓度相应降低,说明增加施钾量会抑制大豆对钙、镁的吸收。反之,钙、镁浓度的增加会减少大豆对钾的吸收。Oliveira.F.A.等人(2001)提出,土壤中有效态钙、镁与钾的比值可作为评价土壤供 K 能力的指标,当土壤 Ca + Mg/K 的比值为 20 ~ 30 时,有利于土壤钾的供应,大于 30 则会阻碍钾的供给。

　　大豆是喜硫作物。据李玉影(1998)的试验结果,在氮、磷、钾基础上施硫($CaSO_4 \cdot 2H_2O$)提高了叶绿素含量和光合效率,还提高了叶片硝态氮含量和硝酸还原酶活性,表明施硫有利于加强大豆植株的氮素营养。傅高明(1991)在北京褐潮土上的试验结果,施硫肥 39 kg/hm²,大豆增产 14.1%(对照 1 371 kg/hm²,施硫处理 1 564.5 kg/hm²)。Vinad Kumar 等人(1980,1986)在印度 Hissar Hargana 缺硫、缺磷轻质土上的研究指出,施硫对大豆植株吸收磷有相助作用,可提高大豆植株含磷量。施入土壤的硫达 80 mg/kg 时,则籽粒产量会下降;同时施 80 mg/kg 的硫、80 mg/kg 的磷,得到的籽粒产量最高。据 SsonuneB.A(2001)在印度 Akola 的田间试验结果,随着锌和硫的施用量增加,种子蛋白质和油分的含量提高,当每 hm² 施 3 kg 锌和 40 kg 硫时,蛋白质(37.35%)、油分(21.29%)达到试验的最高含量。

第二节　大豆施肥原理

一、大豆产量与施肥

(一)养分供应不足是大豆低产的重要原因

　　20 世纪我国大豆生产有较大发展,总产、单产均增长 1 倍有余。但与国内稻、麦、棉、玉米、油菜等主要作物相比较,总产、单产的增长幅度大豆仍是最低的;与同期的世界大豆生产相比,特别是同美国、巴西、阿根廷等大豆新产区相比,我国大豆总产增长慢,由世界第一位退居第四位。大豆单产水平低,是影响大豆生产发展的重要因素。而养分供应不足又是制约大豆产量的主要原因。

美国、巴西、阿根廷以及单产最高的意大利等国的大豆生产田,土壤有机质及主要营养元素有效态养分含量较高,只需少量施肥即可达到较高产量,而我国大豆产区的多数土壤由于农业利用年代久远,复种指数高,导致土壤有机质及主要养分元素含量较低,加之种植大豆的施肥面积及施肥量远低于稻、麦、棉、玉米等作物,故而我国大豆单产增长率远低于国内其他几种主要粮、油、棉作物,低于世界新兴主产国家的大豆。

(二)增施肥料是大豆高产的基础

已有的研究结果及生产经验表明,长期施用有机肥培肥土壤,实施有机肥无机肥配合的施肥措施,均可大幅度提高大豆产量。湖南省农科院作物所(1989)在红壤旱地种植的春大豆,以有机肥和磷、钾化肥作基肥,每 hm² 以 300 kg 尿素作追肥,大豆产量达 2 436 kg,比不施肥增产 30.6%;郭庆元、涂学文、李志玉等(1999,2003)在江西省红壤旱地每 hm² 施氮(N)120 kg、磷(P₂O₅)、钾(K₂O)各 60 kg,大豆品种湘豆 10 号、95-5 的产量分别为 2 352 kg、2 250 kg,比不施肥增产 43.7%、28.9%;在河南省夏邑县夏大豆中豆 19 的田间试验,每 hm² 施锌肥(ZnSO₄)15 kg,磷(P₂O₅)、钾肥(K₂O)各 60 kg,氮(N)肥 120 kg,大豆产量 3 937.5 kg,比不施肥增产55%;韩晓增、许艳丽、刘晓洁等人(1995)在黑龙江省黑土区海伦市胜利村的试验结果,土壤肥力较高,不施肥的大豆产量 1 538 kg(重茬)、1 575 kg(迎茬),施用多种元素专用肥的大豆产量,重茬地达到 2 936~3 341 kg,迎茬地达到 3 150~3 525 kg,均增产 1 倍左右。

宋书宏、董钻等(2001)在辽宁省海城市选用新品系 21015,每 hm² 施基肥 13.5 t 鸡粪,150 kg 磷酸二铵,75 kg 氮、磷、钾复合肥,追施 75 kg 尿素、75 g 钼酸铵、1.5 kg 磷酸二氢钾,折每 hm² 纯氮(N)291.75 kg、纯磷(P₂O₅)289.75 kg、纯钾(K₂O)127.56 kg,创造了 4 908 kg/hm² 的东北春大豆高产纪录。

张性坦、赵存、林建兴等(1995)应用大豆品种诱变 4 号在河南省泌阳县和邓县的高肥地块上,通过施用有机肥与无机肥的高产栽培分别获得 4 537.5 kg/hm² 和 4 878 kg/hm² 的夏大豆高产纪录。

李志坤、张磊、戴瓯和等(2001)应用新品系 MN 413 在安徽省蒙城砂壤地的高产试验,前作蔬菜,通过重施基肥,合理追肥获得 4 726.2 kg/hm² 的高产。每 hm² 施肥为:基肥磷酸二铵 450 kg、过磷酸钙 750 kg、尿素 150 kg、氯化钾 225 kg,追肥尿素 120 kg,并叶面喷施硼砂和复合肥。折合纯养分 N 205.2 kg、P₂O₅ 297 kg、K₂O 135 kg。

罗赓彤、战勇等(2001)选用新品种新大豆 1 号、石大豆 1 号在新疆维吾尔自治区石河子市中上等肥力土壤上,通过合理施肥、灌溉等措施获得 5 956.2 kg/hm² 和 5 407.8 kg/hm² 的高产纪录。其施肥为每 hm² 磷酸二铵 375 kg、尿素 225 kg、羊粪 2.25 万 kg,另以磷酸二氢钾 11.79 kg、尿素 5.1 kg、磷酸二铵 2.6 kg 作追肥,折纯养分 N 319.8 kg、P₂O₅ 291.87 kg、K₂O 60.4 kg 作叶面喷肥。

以上施肥试验和高产实践表明,增施肥料是实现我国大豆高产的技术关键。

美国大豆产区的土壤肥力水平较高,20 世纪 40 年代扩种粒用大豆时,很少施肥,但随着大豆品种改良,单产水平不断提高,大豆施肥面积和施肥量在逐渐增加。如 1965 年美国大豆单产 1 800 kg/hm²,全国大豆总施肥量平均为每 hm² N 1.1 kg、P₂O₅ 5.6 kg、K₂O 5.6 kg。1980 年的全国单产超过 2 000 kg/hm²,全国大豆施肥量为 N 4.5 kg/hm²、P₂O₅ 7.3 kg/hm²、K₂O

23.2 kg/hm^2；15 年间，氮磷钾施用量增长 3 ~ 4 倍（Hargett and Berrg1983），表明增加施肥量将成为美国大豆提高单产的重要措施之一。

施肥是依据大豆品种的营养特性，土壤供肥性能和欲达到的产量目标而实施的一项重要技术措施。制定施肥计划必须充分了解土壤肥力性状、大豆品种特性、以及拟达到产量目标的养分需求。此外，还应考虑大豆的前后作物种植及相应的耕作栽培制度等因素。

二、因土壤施肥

土壤是制定大豆施肥计划的基础。第一，作为调控措施的施肥，只有在土壤某一种或几种营养元素供应不足方才成为必要。第二，土壤是一个有机、无机复合体，由固、液、气三相组成，肥料施入土壤后会产生一系列化学、物理和生物学变化，会影响施肥效果。第三，土壤中存在丰富的生物类群，特别是微生物，土壤生物与植物密切相关，施肥既影响土壤生物活动，也影响土壤生物类群和数量的变化，从而影响施肥的效果。

所以，制定施肥计划之前，必须了解土壤类型与土壤性质，特别是土壤养分含量与供肥性能，方能实施合理施肥，促进作物高产优质。肥料的合理施用，有利于土壤——植物生态系统的良性互动，不断改善和创造农业可持续发展的土壤生态系统。

大豆生长所需要的土壤条件不是很苛刻，所以大豆适于在我国各类农耕土壤栽培，只要温度、水分能满足大豆生长发育的基本要求，即可完成生命周期并获得一定产量。大豆是土壤开垦利用的先锋作物，表明大豆对各类土壤具有广泛的适应性。然而要获较高产量，要达到高产优质，又必须选择较肥沃的土壤，或是经过长期培肥的土壤种植大豆。

(一)土壤肥力性状

土壤肥力性状包括土壤的物理性状、化学性状和生物性状。这些性状之间又互为条件，互相影响。土壤物理性状取决于土壤的颗粒组成和三相比例，土壤颗粒组成主要是各种直径不同的大小土粒和少量有机物，还有一定数量的有机、无机复合物。由各种颗粒的组合构成了土体的三相(即固相、液相和气相)结构。一般肥沃土壤固相约占土体的 50%，其余为大小不等的孔隙，孔隙充满水分和空气。固相部分含有作物潜在养分来源的各种营养元素，固相表面活泼的化学性质对土壤养分起吸附保持和释放供给的作用。土壤孔隙保存水分、空气，还影响养分在土壤中的扩散、迁移。所以，土壤物理性状决定和影响着土壤水、气、热供应，又同土壤供肥潜力和保肥供肥性能密切相关。肥沃土壤大小颗粒组成及固、液、气三相保持合理比例，潜在养分含量高，大、中、小孔隙的比例有利于水、气、热和养分的协调，适合于作物根系的生长。大豆由于有共生固氮功能，要求疏松的土体结构，以利根瘤发育和共生固氮活动。土壤化学性状主要是土壤溶液的化学特性，其中与作物生长密切相关的是土壤养分强度因素、数量因素和缓冲能力，这三大因素一起代表土壤的供肥能力。影响土壤化学性状的主要因素是土壤黏粒及其电荷特性、土壤有机质和土壤酸碱度。不同土壤黏粒的矿物质组成不同，从而具有不同的表面电荷特性，具有吸附不同离子(正、负离子)的性能，代换性阳离子的组成和饱和度在很大程度上影响养分的有效性。土壤有机质包含腐殖质和非腐殖质两大部分，前者是一类大分子量的较复杂的有机化合物，包括胡敏酸、富里酸和胡敏素等；后者由碳水化合物、蛋白质、氨基酸和有机酸等成分组成。土壤有机质含有各种功能团，还可以与多种阳离子(Mn^{2+}、Zn^{2+}、Cu^{2+})形成配位络合物；土壤酸碱度是影响作物养分吸收和生长的土壤化学因子，酸度过高，会使土壤溶液中的铝、铁、锰等的活性增强，对作物生长不利,对土壤微生物活动也不利,还会降低钙、镁、磷和钼等元素的有效性。

土壤生物特别是微生物的种类、数量是影响肥力的重要因子。有些微生物参与有机物的分解转化,还有一些微生物与矿物质分解有关,特别是大豆根瘤菌,能与大豆共生形成根瘤,固定空气中的氮供大豆利用。

(二)大豆高产的土壤条件

适宜栽培大豆并可获得高产的土壤,一是土层深厚、疏松,上虚下实,三相组成有利于保持水分、养分、热量;二是有较高的土壤有机质和各种养分,能满足大豆生长发育的养分需求;三是土壤酸碱度适宜,pH值6.5~7.5,能为大豆生长、结瘤及共生固氮活动创造适宜环境,保持各种养分的有效性。

据中科院黑龙江农业现代化研究所韩秉进等(2001)的研究资料,位于黑龙江省中部的海伦试验区,土壤为典型中层黑土,土壤有机质4.84%,全氮0.236%,速效氮、磷、钾分别为179.7 mg/kg、49.3 mg/kg、230.6 mg/kg,不施肥的大豆产量达到2 298 kg/hm²,施用化肥增产12.9%,施以不同用量农家肥增产22.2%~33.6%,大豆产量对土壤的依存率为74.9%~88.6%。

东北春大豆区大豆单产3 000 kg/hm²以上的土壤肥力要求达到:土壤有机质3%以上,全氮0.2%以上,全磷0.15%以上,水解氮与速效钾在150 mg/kg以上,速效磷在60 mg/kg以上;土壤代换量100 g土30 mg当量左右;耕作层厚度25~30 cm,土壤总孔隙度60%左右,水稳性团粒结构总量在60%左右,田间持水量30%以上。土壤容重1.1~1.4 g/cm³,土壤pH值6~8。

土壤有机质含有丰富的养分,能改善土壤的理化性状和供肥保肥性能,是实现大豆高产的物质基础,据董振达等(1986)对黑龙江省国营农场大面积大豆生产的调查研究,大豆产量有随土壤有机质含量高低而变化的趋势。每hm²产量超过2 250 kg的大豆田块,土壤有机质一般都在3%以上。另据黑龙江垦区高产田块土壤养分测定和大豆产量测定,不同大豆产量的土壤有机质、全氮、全磷及速效养分含量如表16-35所示。

表16-35 不同大豆产量水平的土壤有机质及N、P、K养分含量 (董振达,1983)

单 位	大豆产量 (kg/hm²)	有机质 (%)	全 氮 (%)	全 磷 (%)	水解氮 (mg/kg)	速效磷 (mg/kg)
牡丹江农管局850农场	4065	8~10	0.55~0.60	0.23~0.47	40.5~90.8	120~147
红兴隆管局科研所	3059.3	3.35	0.18	0.276	65.5	141.6
	3225.0	5.14	0.24	0.20	92.2	172.9
	3405.8	5.00	0.22	0.22	91.5	363.8
宝泉岭管局(棕壤土)	2661	3.2	0.189	0.17	63.0	32.0
宝泉岭管局(草甸土)	2547	4.6	0.25	0.18	49.5	22.8

资料来源:1983第二次中美大豆科学讨论会论文集.吉林科学技术出版社,1986

黑龙江省农科院常耀中等(1982)总结大豆高产栽培经验提出,增加土壤有机质是提高土壤肥力的基础(表16-36)。

表 16-36　土壤肥力与大豆产量　（黑龙江农科院常耀中,1982）

大豆产量 kg/hm²	有机质 （%）	土　壤 （pH值）	全　氮 （%）	全　磷 （%）	全　钾 （%）	速效氮 （mg/kg）	速效磷 （mg/kg）
3000 ~ 3375	4.08	8.05	0.236	0.161	2.40	65.8	209.3
2625 ~ 3000	3.71	7.58	0.196	0.122	2.51	82.6	74.3
2250 ~ 2625	3.69	7.64	0.192	0.121	2.51	69.8	64.6
1875 ~ 2250	3.27	7.32	0.164	0.104	2.50	47.3	46.9

资料来源:中美大豆科学讨论会论文集 .1982

南方土壤由于温度高、降雨多、土壤有机物分解快,土壤有机质一般低于北方土壤。土壤有机质低于 2% 的土壤上,通过合理施肥培肥,改善土壤的理化性状与生物性状,也可以达到 3 000 kg/hm² 的产量。

(三)土壤培肥

土壤培肥的主要途径是坚持长年施用有机肥,包括施用各种粪肥、渣肥、秸秆还田以及翻压绿肥等。

1. 增施有机肥　有机肥既能为当季作物提供各种营养元素,还能增加土壤有机质和培肥土壤,在增加当季作物产量的同时,又可提高土壤肥力水平。大豆施用有机肥有长远历史和丰富的群众经验,各地的试验及大田调查结果表明,施用有机肥对春、夏、秋大豆均有良好增产效果(表 16-37)。吉林省农业科学院 1991 ~ 1993 年的多年多点试验资料(王彦丰,1993)大豆施有机肥平均增产 14.8%。土壤肥力随有机肥施用量和施用年限增加而提高。吉林省吉林市农科所的总结资料,该院 50 hm² 试验地,1951 年前大豆每 hm² 产量为 1 125 ~ 1 200 kg,从 1952 年开始增施有机肥结合深耕培肥土壤,1965 年与 1950 年相比,土壤有机质由 0.8% ~ 1.2% 增至 1.6% ~ 1.8%,土壤全氮由 0.06% 增至 0.08% ~ 0.1%,土壤总孔隙度由 40% ~ 50% 提高至 50% ~ 60%,土壤容重由 1.2 ~ 1.45 g/cm³ 降至 1 ~ 1.15g/cm³,田间持水量由 18% ~ 20% 提高至 24% ~ 28%,大豆平均产量 1971 年达到 2 647.5 kg/hm²,比 1951 年提高 1 倍多。

表 16-37　有机肥作为大豆基肥的增产效果

单　　位	年　份	施肥处理	施肥量 （kg/hm²）	大豆产量 （kg/hm²）	施肥增产 （%）	备　注
江苏徐州地区农科所	1957	厩肥	6000	1530	4.3	夏大豆
	1958	厩肥	11250	1749	12.0	夏大豆
湖南衡阳地区农科所	1960	猪粪	7500	946.5	15.4	秋大豆
			15000	1030.5	26.7	
			22500	950.3	15.9	
黑龙江省农业科学院	1959	厩肥	6000	1837.5	4.0	春大豆
			7500	1860.6	5.0	
			9750	1927.5	9.0	
			12000	2002.5	14.0	
			13500	1972.5	12.0	

资料来源:吉林农业科学院主编 . 中国大豆育种栽培 .1987

据郝欣先等(1982)5 个夏大豆品种的盆栽试验调查测定结果(表 16-38),施有机肥可增加根瘤数、根瘤鲜重,提高固氮酶活性和固氮量,增加结荚数和地上、地下的干物质。

表 16-38　有机肥对不同品种大豆结瘤固氮的影响　(郝欣先等,1980 盆栽)

大豆品种	根瘤数 (个/株)		根瘤鲜重 (g/株)		固氮酶 活性		固氮量 mgN/株·日	
	CK	有机肥	CK	有机肥	CK	有机肥	CK	有机肥
齐黄 21	39.6	65.1	1.04	1.90	8.248	13.356	1.848	2.992
2236B	66.2	57.0	2.65	2.80	22.634	23.483	5.260	5.308
文丰 5 号	108.1	188.3	3.20	4.20	23.697	30.942	6.931	5.557
丰收黄	44.8	59.8	2.70	2.80	24.809	29.127	5.557	6.525
究黄 1 号	86.5	197.7	2.40	3.40	23.485	32.698	5.261	7.324
平　均	69.04	113.58	2.40	3.02	20.575	25.921	4.971	5.541

注:有机肥施用量为 2 500 kg/667 平方米;表内数据为五期采样测定平均值

2. 秸秆还田　秸秆也是有机肥的一大类。每年收获作物籽粒以后还有大量残留地面的根茬及地面的茎秆、荚(角)壳,这类秸秆均含有较丰富的矿物质营养元素和有机物,采用不同方式还田,可改良土壤理化性状,增加土壤养分,增强生物活性,改良土壤结构。据董振达(1986)的资料报道,秸秆还田使土壤有机质增加 0.16% ~ 0.35%,全氮提高 0.016% ~ 0.05%,全磷提高 0.002% ~ 0.021%,水解氮增加 16 ~ 29 mg/kg,速效磷增加 3 ~ 60 mg/kg;连续 2 年玉米秸秆还田,土壤容重降低 0.04 ~ 0.19 g/cm^3,总孔隙度增加 0.3% ~ 1.2%,1 ~ 3 mm 团粒增加 2.5%。据对 24 个生产队秸秆还田地块调查测产结果,还田第一年大豆增产 12.3% ~ 15.4%,翌年增产 15% ~ 18.2%。李清泉(1996)报道,麦秸还田提高大豆叶绿素含量和固氮酶活性,当年大豆增产 11.6% ~ 13.1%。巴西发展大豆生产,提高大豆单产的重要措施是普遍推广秸秆还田结合少耕,使地面常年有秸秆覆盖,既可增加土壤有机质和各种养分含量,又能保住水分,保持松软的土壤结构,从而为大豆丰产创造良好的土壤生态环境。

秸秆还田一是要粉碎还田,二是还田的最初年份要配合施用少量氮、磷速效肥料,调节碳氮比例,三是要坚持长年施用,以利持续改善土壤的理化性状和生物学性状。

3. 翻压绿肥　北方春大豆区是一年一熟,可在一季小麦或玉米复种或行间套种草木樨,秣食豆,油菜等,利用麦收至霜前 1.5 ~ 2 个月的生长期,复种豌豆、油菜等速生绿肥,每 hm^2 可产绿色体 7 000 ~ 20 000 kg,10 月上中旬翻压,翌年春种大豆,可增产 21% ~ 28%。黄淮地区、长江流域及其以南实行一年二熟、三熟栽培,可以间种一季绿肥作物翻压肥田,增加土壤有机质和矿物质养分,改善土壤理化性状。

(四)因土施肥

制定大豆施肥计划前应对种豆地块的土壤肥力状况进行调查,充分了解种豆地块的土壤肥力特征。

根据不同地区土壤分析和作物试验结果,我国农田土壤氮、磷养分大多不能满足作物高产需要,而不同地区、不同土壤的差异也较大,不施氮肥的试验区作物平均产量一般只有最高产量的 69%,氮素肥力较低的土壤约占全国耕地的 65%,磷素、钾素肥力中等的土壤分别在 60% 左右(表 16-39)。大多数耕地种大豆应施氮肥,60% 以上耕地应施磷、钾肥。

表 16-39　我国各地区土壤氮、磷、钾肥力分布

地　区	氮					磷					钾				
	碱解氮 (mg/kg)	平均相对产量(%)	肥力水平(%)			有效磷 (mg/kg)	平均相对产量(%)	肥力水平(%)			交换钾 (mg/kg)	平均相对产量(%)	肥力水平(%)		
			低	中	高			低	中	高			低	中	高
东北地区	192	80.4	33	67	0	10.4	90.4	0	67	33	245	95.3	0	67	33
西北地区	63	54.8	100	0	0	9.3	82.3	0	100	0	225	101.1	0	0	100
黄淮地区	66	76.7	40	60	0	5.6	77.8	20	80	0	99	92.3	0	80	20
长江流域	128	65.4	71	29	0	11.1	88.6	14	29	57	86	92.8	0	57	43
华南地区	132	67.3	100	0	0	11.4	93.3	0	67	33	77	84.9	33	67	0
平　均	116	68.9	69	31	0	9.6	86.5	0	69	25	146	93.3	7	54	39

注:相对产量小于75%为低,75%~95%为中,大于95%为高　　　　　资料来源:褚天铎．化肥科学使用指南．2004,金盾出版社

　　南方高温多雨地区,土壤硫易分解流失,当土壤有效硫小于 10 ~ 16 mg/kg 时可能导致作物缺硫。钙、镁与硫类似,缺镁、缺钙土壤大多分布于南方。

　　土壤微量营养元素的含量及有效性与成土母质和酸碱度密切相关。缺硼土壤主要是东部和南部地区的黄潮土,黄、红壤,黄土高原及黄河冲积物土壤,东北地区排水不良的白浆土和草甸土。缺钼土壤主要是含钼低的黄土母质等发育的土壤,南方红、黄壤等有效钼含量低的土壤。缺锌土壤主要是土壤碳酸钙含量高的石灰性土壤及水稻土。这些地区种大豆要重视锌、钼、硼肥的施用。黄淮及北方一些土壤还应注意锰肥的补充。

　　各地在制定施肥计划之前进行土壤肥力性状测定或依据上季作物产量水平对土壤肥力水平作出评估,有的还要进行不同施肥处理、不同施肥设计的田间试验,根据试验产量结果和预期大豆产量目标制定施肥方案。譬如,河南省农业科学院土肥所张桂兰等(1985,1991)根据多年田间试验和土壤养分测定结果,提出大豆田土壤氮、磷、钾养分的肥力分级及高、中、低三级的含量范围,依据计划大豆产量提出不同土壤肥力等级的施肥量建议(表 16-40)。

表 16-40　大豆田土壤氮、磷、钾养分等级指标与施肥建议　　(张桂兰,1991)

土壤肥力	土壤速效养分(mg/kg)			建议施肥量(kg/hm²)			预期产量 kg/hm²
	碱解氮(N)	速效磷(P₂O₅)	速效钾(K₂O)	N	P₂O₅	K₂O	
低	< 40	< 5	< 80	90	180	180	2250
中	40 ~ 65	5 ~ 18	80 ~ 120	75	150	150	2250 ~ 3000
高	> 65	> 18	> 120	60	120	120	3750

　　土壤肥力不同的田块,大豆产量及施肥的增产率都有很大差异。山东省菏泽地区农科所多点次试验结果(表 16-41),高肥力土壤大豆施氮肥增产 4.57%,中肥力土壤增产 12.34%,中上肥力土壤大豆施磷增产 16.9%,低肥力土壤增产 48.4%。

表 16-41　土壤肥力水平与大豆氮、磷肥产量效应　（山东省菏泽地区农科所）

土壤肥力水平	肥料种类	肥料用量（kg/hm²）	试验点次	大豆产量(kg/hm²)		施肥增产		每 kg 肥增产大豆(kg)
				对照	施肥	kg/hm²	%	
高肥田	氮肥	176.25	12	2102.3	2198.3	96.0	4.57	0.54
中肥田	氮肥	157.50	8	1493.4	1677.8	184.4	12.34	1.17
中上肥田	磷肥	259.5	10	1795.3	2098.5	303.0	16.9	1.17
低肥田	磷肥	259.5	20	945.0	1402.5	457.5	48.4	1.76

三、大豆品种特性与施肥

大豆不同类型品种的生态性状和营养特性存在很大差异，对施肥的反应各不相同。

（一）不同品种施氮、磷、钾肥的产量效应差异

日本的松永亮一、松本重男（1984）报道，1980～1981 年采用早熟、晚熟栽培品种各 10 个，野生大豆 1 个，取水田土壤进行磷、钾肥盆栽试验，结果，早熟品种春大豆农林 2 号、Ori-hime、Lincoln，晚熟大豆（秋大豆）秋良、黄色秋大豆、秋千石施磷、钾肥的籽粒产量两年都有较大增产，而其他品种对施肥无大反应，野生大豆 K-01 品系表现不增产或减产。表明早熟大豆、晚熟大豆不同品种对磷、钾肥反应有较大差异，且早熟大豆增产大于晚熟大豆，栽培大豆大于野生大豆。

据对黑龙江省春大豆产区进行试验与生产调查的结果，熟期不同的大豆品种对氮、磷肥的反应有很大差别。总的情况是，早熟品种大于中、晚熟品种。但由于生育期的差异，晚熟品种生育期长，干物质积累多，不施肥条件下的生物产量、籽粒产量均高于早、中熟品种。故生育期短的早熟品种更须通过施肥提高产量水平（表 16-42）。

表 16-42　不同熟期春大豆品种对氮、磷肥的反应　（佳木斯，1974）

熟期类型	品　种	单株重(g)		单株粒重(g)		籽粒产量(kg/hm²)		产量比%(NP/CK)
		CK	NP	CK	NP	CK	NP	
早　熟	孙吴平顶黄	8.5	11.5	4.9	5.7	1059.0	1401.8	132.4
	合交-71-720	13.3	18.3	6.5	7.6	1585.5	1830.0	115.4
	花园 202	13.0	16.2	7.7	8.8	1767.8	1919.3	108.6
	黑河 1 号	8.8	13.8	5.0	7.3	1107.0	1160.3	104.8
中　熟	合丰 17	14.8	25.0	7.7	11.3	2160.8	2139.8	99.0
	合丰 22	13.3	20.7	7.2	9.6	1839.0	1969.5	107.1
晚　熟	特拉维斯	15.7	15.8	8.1	7.6	2279.3	1987.5	87.2

在黄淮夏大豆产区，不同大豆品种对施肥的反应也表现出很大差异。据郭庆元、涂学文等 1984 年在河南省汝南县进行的氮、磷、钾肥试验结果（表 16-43），3 个大豆品种的施肥反应差异很大，氮、磷、钾不同用量的 16 区产量平均值与不施肥的对照区产量相比较，豫豆 2 号、诱变 31、跃进 5 号分别为 1.329、1.088、1.087，表明豫豆 2 号具有较高的产量水平，施用不同

比例氮、磷、钾肥的增产效应也大于诱变 31、跃进 5 号。丁洪、郭庆元等 1992 年在河南省汝南县中上等肥力砂姜黑土的大豆氮肥水平试验结果。跃进 5 号在不施氮(只施磷、钾,其他品种同)处理有较高产量,每 hm^2 2 671.5 kg;施氮肥不增产或减产。豫豆 8 号施氮增产效果最佳,施氮 90 kg、120 kg 分别增产 10.9%、21.6%。中豆 19 不施氮处理,产量高于其他品种;施氮肥仍增产 9.3% ~ 12.2%。鲁豆 4 号、中豆 24、中豆 14 施氮肥均表现较大增产效果,每 kg 氮增产大豆 2 ~ 3 kg。可见不同大豆品种对氮肥的效应有明显的遗传差异。研究结果还表明,新育成的大豆品种如中豆 19 不仅有较高的生产潜力,而且施用氮肥有较大增产效果(表 16-1)。

表 16-43　夏大豆不同品种施氮、磷、钾肥的产量效应　(郭庆元、涂学文,1984)

试验号	施肥(kg/hm^2)			豫豆 2 号		诱变 31		跃进 5 号	
	N	P_2O_5	K_2O	kg/hm^2	%	kg/hm^2	%	kg/hm^2	%
1	0	30	30	2850.0	120.6	2128.5	110.8	1851.0	110.0
2	0	60	60	2550.0	107.9	2077.5	104.9	1423.5	84.8
3	0	120	120	2775.0	117.5	2220.0	112.1	1810.5	107.7
4	0	180	180	3375.0	142.9	2197.5	111.0	1400.3	116.7
5	30	30	120	2775.0	117.5	1960.5	99.1	1890.0	112.4
6	30	60	180	3093.8	130.9	1522.5	176.9	1852.5	110.2
7	30	120	60	3318.8	140.5	1706.3	86.0	1825.5	108.7
8	30	180	30	3112.5	131.7	2415.0	121.9	1677.0	97.7
9	60	30	60	3037.5	128.6	2369.3	119.3	2065.5	122.8
10	60	60	180	3412.5	144.4	2392.5	120.8	1909.5	113.6
11	60	120	120	3093.8	130.9	2191.5	110.6	1913.3	113.8
12	60	180	30	3225.0	136.5	2317.5	117.0	1860.0	110.6
13	90	30	60	3131.3	132.4	1803.8	91.1	1890.0	112.4
14	90	60	30	3450.0	146.0	2343.8	118.4	2004.8	119.2
15	90	120	180	3281.3	138.9	2091.5	105.6	2034.5	121.0
16	90	180	120	3375.0	142.9	2733.8	138.1	1835.5	109.2
平均/(1 ~ 16)	45	97.5	97.5	3116.0	131.9	2154.4	115.2	1827.1	110.7
CK	0	0	0	2362.5	100	1980	100	1681.0	100

丁洪、郭庆元(1998)等用盆栽方法进行不同磷营养水平的试验结果,6 个大豆品种表现出很大差异。湘春 91-100、浙春 2 号、西豆 3 号不施磷肥的籽粒产量大于湘豆 3 号、桂阳傲泉黄豆;施磷肥的增产率则成相反的趋势,即桂阳傲泉和湘豆 3 号施磷肥增产 1 倍左右。表明前 3 个品种较耐低磷,而后 2 个品种则施磷肥有较大增产率(表 16-44)。

表 16-44　春大豆不同品种施磷肥的产量效应（丁洪、郭庆元等,盆栽试验,1998）

大豆品种	施磷处理	生物产量 （g/株）	籽粒产量 （g/株）	籽粒增产	
				g/株	%
湘春 91-100	P_0	2.18	1.20	—	—
	P_1	5.37	2.89	1.69	140.8
	P_2	6.79	3.46	1.26	188.3
浙春 2 号	P_0	2.56	1.56	—	—
	P_1	6.94	3.62	2.11	139.7
	P_2	8.03	4.08	2.57	170.2
西豆 3 号	P_0	2.49	1.31	—	—
	P_1	6.00	2.84	1.53	116.8
	P_2	7.20	3.43	2.12	161.8
湘豆 3 号	P_0	1.94	1.05	—	—
	P_1	6.29	2.94	1.89	180.0
	P_2	7.34	3.41	2.36	224.8
桂阳傲泉黄豆	P_0	1.72	0.90	—	—
	P_1	6.59	3.13	2.23	247.8
	P_2	7.23	3.44	2.54	282.2

（二）大豆施肥效应的基因型差异

吕景良、杨光宇等(1984)的研究工作指出,大豆品种对土壤肥力存在极显著遗传差异,可明显划分为耐肥型、耐瘠型和稳产型,并指出早熟有限结荚习性,灰色茸毛,粒大等性状者多为耐肥型;刘晓冰、金剑、张秋英(2001)的研究结果表明,蛋白质含量高低不同的品种,氮素积累速率,积累高峰以及氮素运转效率均有较大差异。

全国各产区大豆品种与施肥效应有以下几个共同点:一是生育期短的品种施肥效应大于生育期长的品种,南方多熟制产区春、秋大豆的生育期较夏大豆短,对施肥的反应大于夏大豆;北方春大豆或黄淮地区的夏大豆,生育期短的品种对施肥反应大于生育期长的中晚熟品种。这可能是因前者生育期短,要求土壤供肥能力更强些,后者吸收积累养分的时间长能在较长的时间内完成养分的吸收积累过程。二是新育成的品种施肥效应高于地方农家品种,因农家品种是在长期选择下留存下来的品种,抗逆性较强,但丰产性较差,吸收积累的土壤养分较少,新育成品种则大多是在人为选择高产亲本,通过杂交和在较肥沃土壤条件下育成的,具有较高的产量潜力,要求较多的土壤养分供给。王继安、杨庆凯(2001)以 6 个大豆高产杂交组合的 $F_2 \sim F_5$ 代为材料,连续 5 年分别在高、低肥力的土壤上进行培育鉴定,结果在高肥土壤选出 8 个优系,低肥土壤仅选出 3 个优系,且高肥土壤入选的优系平均产量高。三是产量潜力大的品种施肥增产效果好于低产品种,近 20 年来,生产和试验过程中出现的高产典型(每 hm^2 产量超过 4 000 kg),大多是出自新育成的高产品种。近期的研究工作还表明,大豆不仅是对氮、磷、钾表现出不同增产效应,而且对硼、钼、锌、锰等营养元素也存在营养基因型差异(谢振翅等,1990;刘鹏等,2002)。故而在生产中制定大豆施肥计划时,要根据大豆品种的营养特性,确定肥料种类、数量及各营养元素的施用比例。

四、多种肥料配合施用

同任何植物一样,大豆的正常生长发育及获得高的生物或经济学产量,要从环境中摄取各种必需的营养元素,而且各种元素保持一定的平衡。任何一种必需元素的缺乏或过量都可能影响大豆的正常生长发育,从而影响施肥的增产效果。不少试验结果表明,供肥能力较差的土壤,施用化肥的同时施有机肥,或配合施磷肥、钾肥、氮肥、硫肥及锌肥等,能更好地发挥施肥的增产作用,但施用较高的钙、锌等肥料时又会影响大豆对磷的吸收利用。生产上应根据大豆品种特性进行多种肥料配合施用,保持多种元素的营养平衡。

(一)磷、钾、氮配合施用效应

张桂兰、郭庆元、窦世忠等(1984)在河南省砂姜黑土作的田间试验结果,在土壤速效磷含量很低(0.1~7.1 mg/kg)和当年涝害严重的条件下,大豆施氮、钾均无明显增产,施磷增产34%,而磷钾、磷氮处理分别比不施肥对照增产51.4%和49.6%,比施磷处理增产13%和11.7%,表明磷供应不足是该土壤主要养分障碍因子,而配合施用钾、氮时,则能更好发挥磷的增产作用。结荚期的大豆植株养分测定结果,施磷与未施磷相比较,地上植株的 N、P_2O_5、K_2O 积累量分别提高 65.7%、89.2% 和 43.9%;而磷钾同磷处理相比,植株的 N、P_2O_5、K_2O 分别提高 29.6%、43.1% 和 77.2%;磷氮同磷处理相比较,植株 P_2O_5 积累量提高 11.5%,N、K_2O 无明显差异。表明施磷及在磷基础上施钾,都显著提高了大豆植株的 N、P_2O_5、K_2O 积累量,从而促进了大豆的生长发育,磷、钾配合优于磷、氮配合。各地配合施用的肥料种类及各营养元素的数量和比例取决于当地的土壤肥力状况。

董钻等(1988)用棕壤土进行的大豆氮、磷营养盆栽试验结果,在土壤速效磷很低(5 mg/kg)的条件下,只施氮不增产,施磷增产91.5%,施氮、磷则增产112.7%。苗以农等(1981)的试验结果,在氮充足时大豆对磷的吸收强度随土壤溶液中磷浓度的增高而增加,营养介质中的铵态氮促进大豆对磷的吸收,而硝酸根离子过多时对大豆吸磷有拮抗作用。

(二)化肥与有机肥配合施用

吉林农业大学农学系 1972 年在白城市郊黑沙土的施肥试验(大豆品种吉林 3 号),每 hm^2 施过磷酸钙 300 kg,大豆产量 2 530.5 kg,比未施对照增产 44.7%;施 300 kg 过磷酸钙加施 30 t 农家肥的大豆产量 2 919 kg,再加施 150 kg 硝酸铵的大豆产量 3 360 kg,分别比施磷区增产 15.35%、32.78%,表现出磷肥与农家肥、氮肥配合施用有良好增产效果,可以实现大豆的高产目标,即达到每 hm^2 3 300 kg 以上产量;而不施肥的对照区产量仅 1 748.3 kg。

(三)磷与硫、锌等元素配合施用

Vinod Kumar. Mahendra singh (1986)通过 4 个水平硫(0、40、80 和 120 mg/kg),3 个水平锌(0、5、10 mg/kg)的盆栽试验研究了硫与锌对大豆植株积累磷的影响。播后 45 d、110 d 的样品分析结果,施硫水平由 0~80 mg/kg 时,植株总磷量分别从 8.73 mg/盆增至 19.18 mg/盆(45 d),从 20.07 mg/盆增至 32.14 mg/盆(110 d),而施硫为 120 mg/kg 时,两次样品植株总磷量均下降;施锌由 0 增至 5 mg/kg 时植株总磷量显著增加,当由 5 mg/kg 增到 10 mg/kg 时,植株总磷量下降;成熟期籽粒磷积累量以施硫 80 mg/kg 加施锌 5 mg/kg 为最高,施硫 120 mg/kg 加施锌 10 mg/kg 的籽粒磷总量有所降低。结果表明,盆栽条件下施硫、锌都能增加大豆植株、籽粒的磷积累量,以硫 80 mg/kg、锌 5 mg/kg 的植株磷积累量最高,施硫为 120 mg/kg,

施锌为 10 mg/kg,降低植株磷的摄取量。植株磷的积累量是同大豆的生物量或经济学产量成正相关的,故施硫量施锌量在一定范围内可促进大豆对磷的吸收积累,提高磷的利用率,从而促进生长发育,提高产量。硫与锌施用过多则会影响大豆对磷的吸收利用,降低磷的增产效果。

五、耕作制度与大豆施肥

大豆施肥种类、施肥时期、施肥方法及施肥效果等同耕作制度密切相关。

(一)种植制度与施肥

耕作制度是一个地区或生产单位的作物种植制度以及与之相适应的土壤培肥、土壤耕作等综合技术体系。种植制度是耕作制度的主体,是指一个地区或生产单位的作物组成、配置、熟制、间套种轮作等种植结构;与种植制度相适应的养地制度是耕作制度的基础,包括土壤耕作、土壤培肥等措施。种植制度是基于土地资源的合理利用,而养地制度是对土壤资源合理利用的同时加以保护和培肥,使用地与养地协调起来,创造农业持续发展的生态环境。各地的大豆施肥必须考虑该大豆产区的种植制度,大豆前作后茬的作物安排,相应的土壤耕作方式,使之与作物茬口、土壤耕作相配套,既能使大豆生长茂盛,高产优质,又可培肥土壤,使土壤肥力得以保持和提高。

几千年的生产实践和近代的研究表明,大豆在耕作制度中处于重要地位,既是用地作物,又是养地作物,既能有效利用前作施肥的剩余养分,又能为后作提供良好的土壤环境。

(二)大豆的土壤培肥作用

我国农民历来把大豆茬称之为热茬、油茬。东北地区的麦、豆、稻、杂耕作制,黄淮地区的麦、豆两熟制或麦、豆、春作两年三熟制,长江以南的稻、豆两熟或稻、豆、油(麦)三熟制等都是以大豆为优良前茬养地作物,通过栽培一季大豆调节和培肥土壤,为后茬作物创造较好的土壤条件。大豆对土壤的培肥作用有以下几个方面。

1. 种植大豆对土壤氮素的影响　据费家骍等(1964)在南京孝陵卫的研究资料,每 hm² 产生物量 6 997.5 kg,总氮量为 185.4 kg,其中有 25.83% 的落叶和根茬直接留存土壤(叶片 915 kg、叶柄 562.5 kg、豆根 331.5 kg)。根据各部分的氮含量计算出叶片、叶柄、豆根的总氮量为 21.9 kg;收获部分的茎秆、荚壳和瘪荚总氮量 30.6 kg。二者相加则有 52.5 kg 氮可归还土壤,占生物产量总氮 184.5 kg 的 28.5%。这部分可以通过秸秆还田归还土壤(表 16-45)。另据沈阳农学院董钻等(1981)测算,开育 8 号大豆每 hm² 籽粒产量 3 322.5 kg,生物产量 10 462.5 kg,折算从土壤中带出的氮为 275.25 kg(含共生固氮),返回土壤的干物质含氮 97.5 kg,占收获物总氮量的 35.4%。

表 16-45　大豆收获时田间残留及可归还土壤部分的氮量　(费家骍等,1962 年,南京)

项　目	植株残留部分			植株可还田部分			二者合计	植株总氮
	叶　片	叶　柄	根　系	茎　秆	荚　壳	瘪　荚		
含氮率(%)	2.1	0.93	0.53	0.60	1.60	3.47	—	—
含氮量(kg/hm²)	16.5	3.9	1.5	8.55	15.90	6.15	52.5	184.5

研究资料表明,大豆生长发育过程中,一方面是根系吸收土壤氮,同时有根瘤固定的氮通过根系、根瘤的新老更替及与根际土壤的交换作用,有一部分进入土壤,参与土壤氮的动

态平衡过程。至于种豆后的土壤氮素是否能增加,则取决于大豆品种特性、土壤耕作、气候条件及土壤水分等诸多因子。

2. 大豆根系对土壤肥力的影响　　大豆生育时期内不断进行的新老根系更替、新老根瘤更替,使大豆根系的肥田作用远大于某个时期一次性的测定结果。加之大豆根系在其生长过程中的穿插、挤压作用,加上根系分泌物、脱落物及根系腐解物形成多级复合团聚体,同时伴随多级孔径的孔隙,多级孔隙与多级复合团聚体可容存水、肥、气、热。所以大豆根系的新老更替及其在土壤中的穿插、挤压作用对土壤肥力具有重要影响。刘善金(1988)报道,丰产大豆地因腐殖质胶结物质多,形成较多的有机、无机复合体,土壤结构与土壤孔隙得到改善。Harris.R.F(1966)报道土壤团聚体的形成与旺盛活动的大豆根系有关。SkidmoreW.A 等(1975)报道,大豆根系改变土壤孔隙分布,进而影响土壤水分含量和水分传导。另据费家骅(1986)等人在太湖地区的研究结果,麦豆稻三熟比麦稻稻三熟栽培的土壤容重降低,氧化还原电位升高,非毛管孔隙增加,土壤全氮及土壤速效钾均有增加。湖南省零陵地区的试验结果还表明,土壤冷、湿的低产水稻田实行豆稻栽培制可以降低土壤活性还原物数量,提高氧化还原势,从而减轻还原性物质的毒害作用。

3. 大豆对后茬作物的增产效果　　由于种植大豆能提高或保持土壤有机质、土壤氮素含量,增加多级复合团聚体,增加土壤孔隙度,降低土壤容重,从而改善土壤的物理、化学和生物学性状,使土壤的水、肥、气、热更为协调,为后作生长创造较好的土壤条件,故大豆茬较禾谷类等作物茬口的后茬作物产量高。中国农业科学院油料所在湖北省孝感县联盟大队马肝泥水稻田的试验结果,早稻—大豆茬与早稻—晚稻茬相比较土壤疏松,容易耕耙整地,土壤速效养分较高,前者的土壤水解氮 51.8 mg/kg、速效磷 19 mg/kg,后者则分别为 30.3 mg/kg 与 16 mg/kg。早稻—大豆茬比早稻—晚稻茬的后作小麦、油菜分别增产 44.5% 和 40%。福建省福安地区农科所调查结果,前作大豆的晚稻产量比前作早稻的晚稻产量高 28.5%。吉林省农业科学院对吉林中部的调查结果,前作大豆后作玉米比前作谷子后作玉米的产量高 18% 以上,前作大豆的后作谷子比前作高粱的后作谷子产量高 16%,前作大豆的后作小麦比前作小麦的后作小麦高 31%。凌以禄、季尚宁(1991)进行大豆茬、谷子茬、玉米茬、小麦茬后作产量比较,春小麦、玉米、谷子均是大豆茬产量高于其他茬口的产量(表 15-9)。

盖钧镒(1994)等在长江下游的研究资料表明,大麦—玉米—秋大豆三熟制比大麦—玉米—水稻三熟制的后作(大麦—玉米—水稻)全年产量增加 23.3%。费家骅、沈克琴(1986)等在江苏太湖的研究结果,麦、豆、稻三熟比麦、稻、稻三熟的后作麦、稻产量分别增产 22.1% 和 15.3%(表 16-46)。以上调查研究结果表明,无论是北方的一年—熟产区,还是一年两熟的黄淮海大豆产区或一年三熟的南方大豆产区,大豆后作的产量均较其他作物后作的产量高出 20% 以上,大豆茬的第二茬后作也增产 15% 以上。

表 16-46　不同熟制茬口的麦、稻产量比较　(费家骅、沈克琴等,1978 ~ 1980 年,江苏)

前年茬口	元麦产量		水稻产量		二季总产	
	kg/hm²	%	kg/hm²	%	kg/hm²	%
麦、豆、稻	3811.5	122.1	4437.0	115.3	8248.5	118.3
麦、稻、稻	3144.0	100	3849.8	100	6971.3	100

(三)前作施肥对大豆产量的影响

据相关研究资料报道(中国肥料 1994),施入土壤的化学氮肥,当季作物的吸收利用只有 30%左右,磷肥的当季作物利用率只有 20%左右,钾肥稍高些,也只有 50%左右。换言之,有 80%左右的磷肥、50%左右的钾肥残留在土壤中,氮肥有作物吸收利用、残留土壤和损失 3 个方面,残留土壤的为 20%~30%,因肥料种类、土壤性质而异。以农家肥为主的有机肥料,施入土壤后有一个腐解转化过程,当季作物吸收利用率更低些。而前茬施肥后经过耕种作业,施入的肥料更均匀地分散在土壤中,大豆有强大的根系,且分布较深,能有效吸收利用前茬施肥的残存养分,故前茬施肥,不论是有机肥还是无机肥,对后茬大豆都有较好的增产效果。据张桂兰、郭庆元(1988)于 1983~1988 在河南麦豆两熟制施肥研究结果,前茬小麦施肥,特别是磷肥和有机肥,后茬大豆的增产效果极为显著。前茬施磷肥的大豆产量随施磷量的增加而提高,两个试验分别增产 3.6%~31.9%和 4.9%~22.2%(表 16-47);前茬小麦施氮、磷及氮、磷、钾、锌配合施用的,后茬大豆增产 17.2%~84.4%,以前茬施磷处理的大豆产量最高、增产 84.4%(表 16-48);在土壤肥力很低条件下,不施肥的大豆产量只有 469.5 kg/hm^2,前茬小麦施有机肥、氮、磷化肥及有机肥配合氮、磷化肥的后茬大豆成倍增产,前茬施用 192 kg 氮、磷和 120 000 kg 有机肥,后作大豆增产 372.5%(表 16-49),表明前作施有机肥、配合无机肥不仅可增加土壤养分,改良土壤性状,且使后作大豆的产量比无肥区成倍增长。

表 16-47　前茬作物小麦磷肥不同施用量对后茬大豆产量的影响　(张桂兰、郭庆元,1988)

前茬施磷量*	后作大豆产量(kg/hm^2)		大豆增产率(%)	
(P_2O_5 kg/hm^2)	汝南水屯	郑州古荥	汝南水屯	郑州古荥
0	1258.5	2016.0	—	—
30	1263.0	2115.0	3.6	4.9
75	1455.0	2250.0	15.6	11.6
120	1485.0	2301.0	18.0	14.1
225	1660.5	2464.5	31.9	22.2

*.前茬小麦,基肥另加 N 120 kg/hm^2

表 16-48　前茬小麦施肥对大豆产量的影响　(张桂兰、郭庆元等,1986)

项　目	1	2	3	4		5		6			7			
前茬小麦施肥处理	CK	N	P	N	P	N	P	N	P	K	N	P	K	Zn
前茬施肥量(kg/hm^2)	0	60	60	60	60	120	120	120	120	120	120	120	120	1
后茬大豆产量(kg/hm^2)	1021.5	1197.0	1884.0	1599.0		1468.5		1647.0			1594.5			
大豆产量比值(%)	100	117.2	184.4	156.5		143.8		161.2			156.0			

* N、P、K、Zn 分别代表 N、P_2O_5、K_2O、$ZnSO_4$

表 16-49　前茬施有机肥、氮肥、磷肥对大豆产量的影响　(张桂兰,1988)

前茬小麦施肥(kg/hm^2)			后作大豆产量	
N	P_2O_5	有机肥	Kg/hm^2	%
0	0	0	469.5	100
0	0	30000	1000.5	213.1

续表 16-49

前茬小麦施肥(kg/hm²)			后作大豆产量	
N	P₂O₅	有机肥	Kg/hm²	%
48	48	30000	1375.5	292.9
192	48	30000	1578.0	336.1
192	48	120000	1516.5	339.0
192	192	120000	2218.6	472.5

六、土壤水分与大豆施肥

(一)土壤水分对养分有效性的影响

养分在土壤中移动需要藉助水分,在一定量的水分条件下,通过水膜增加根系与土壤颗粒的接触面,使养分到达根表,才能被根系吸收。当土壤含水量较低时,根系与土壤颗粒接触面小,质流与扩散受阻,养分移动性下降,从而使养分的有效性降低。所以,土壤水分含量影响土壤养分供应性能,影响大豆根系对养分的吸收能力,从而影响肥料的有效性。

另外,植物根系吸收的养分运输到茎部和叶片,是以溶液状态或离子态进行的,土壤水分含量过低或过高,都不利于养分的运输。养分运输不畅,会使根系对养分的吸收减少,降低肥料的有效性;同时土壤水分供给不足,直接影响植物的多种生理代谢过程,特别是降低光合作用。光合产物减少,又会使植物生长减缓,对养分的需求减少,吸收养分能力降低。故保持适当的土壤含水量是提高肥料有效性的重要条件。张秋英、刘晓冰(2003)等人的研究工作指出:大豆光合速率变化很大程度上依赖于水分供应,水分充足施加无机肥可提高大豆光合作用,大豆产量随着水分与施肥量的增加而提高,达到 83% 的增产率。

(二)大豆养分吸收量与供水量

水分对大豆养分的吸收、运输和转化都产生重要作用,土壤供水状况不仅影响大豆植株养分的相对浓度,还影响大豆植株的生长量,从而影响大豆植株养分的积累量。

李永孝(1987)通过不同供水量盆栽试验,研究了供水量对夏大豆吸收积累氮、磷、钾养分的影响。盆栽试验每盆装土 15 kg,每盆施复合肥 20 g,尿素 2 g,供水量处理为每盆(株)供水 0.9、1.2、1.5、1.8 和 2.1 kg,供水时间为初花前每 5 d 1 次,初花后 2 d 1 次。初花期、结荚末期、鼓粒中期、鼓粒末期 4 次取样测定。结果表明(表 16-50),不同生育时期大豆植株氮、磷、钾养分的相对含量与绝对含量都随供水量的变化而有很大差异。当每次供水量从 0.9~1.8 kg 时,夏大豆植株各生育时期的氮、磷、钾相对浓度提高,每次供水增加至 2.1 kg 时则较 1.8 kg 降低;每次供水量从 0.9~1.8 kg,大豆植株各生育时期的氮、磷、钾积累量逐渐增加,供水量为 2.1 kg 时,3 种元素的积累量均降低。每次供水 1.8 kg 较适宜,在此供水条件下,夏大豆各生育时期吸收积累的氮、磷、钾达到最高值,与适宜供水量(每次供水量 1.8 kg)相比较,供水不足(0.9~1.5 kg)或过量(2.1 kg),大豆各生育时期的氮、磷、钾积累量均降低。以上结果表明,夏大豆植株氮、磷、钾养分的吸收积累同土壤水分密切相关,适宜的土壤水分条件可以促进大豆根系对养分的吸收,提高大豆植株养分含量和积累量,提高肥料养分的利用率。而水供给不足或过量,则影响大豆对土壤养分的吸收,降低肥料养分的利用率。故而在大豆生产中,应当十分注意土壤水分的调控,注意水肥的合理运用。

表16-50　供水量与夏大豆不同生育时期植株氮、磷、钾积累量（mg/株）（李永孝,1987）

生育时期	养分元素	供水处理(kg/株)				
		0.9	1.2	1.5	1.8	2.1
初花期	N	0.250	0.454	0.635	0.769	0.586
	P_2O_5	0.040	0.070	0.095	0.110	0.088
	K_2O	0.132	0.248	0.341	0.406	0.316
结荚末期	N	0.819	1.297	1.797	2.072	1.985
	P_2O_5	0.155	0.225	0.299	0.376	0.329
	K_2O	0.502	0.787	1.071	1.358	1.200
鼓粒中期	N	1.477	2.416	3.467	5.146	4.152
	P_2O_5	0.347	0.522	0.713	0.936	0.834
	K_2O	0.959	1.543	2.217	3.015	2.626
鼓粒末期	N	1.988	3.951	4.115	5.429	4.697
	P_2O_5	0.434	0.640	0.850	1.091	0.961
	K_2O	1.372	2.046	2.809	3.338	3.166

资料来源:李永孝.山东大豆.1999,194~225

第三节　大豆施肥技术

　　施肥是调节土壤养分供给与大豆需肥矛盾的重要技术措施。根据大豆产区的土壤气候条件、作物种植制度、大豆品种特性和预期产量目标,确定各种养分的施用量与施用比例,通过施用基肥、种肥、追肥,满足大豆各生育时期的养分需求,达到提高大豆产量、品质和经济效益的目的。

一、基　肥

(一)基肥的作用

　　大豆播种之前施入土壤,供大豆整个生育时期吸收利用的肥料称为基肥。基肥多以农家自然肥为主,辅之以化学肥料。通过耕作整地使基肥与耕作层土壤充分混合,可以为大豆各生育阶段提供各种养分,满足生长发育的需求。同时,基肥中含有的大量有机物质,能改善土壤保水保肥能力,为大豆根系生长和结瘤固氮创造良好土壤环境。所以重施基肥,特别是肥力较低土壤上重施基肥,是实现大豆丰产的基础,也是维持和提高土壤肥力,促进农业可持续发展的基本措施。

(二)基肥增产效果

　　我国大豆生产中施用农家肥作基肥的历史悠久,群众有丰富的施肥经验。已有的试验资料(姚归耕、陈禹章、董玉琴,1987)表明,几个大豆主产区施用各种农家肥能显著增加产量。近代农业应用化肥以后,用作大豆基肥的肥料种类有所增加,各种牲畜粪便、土杂肥、饼肥、绿肥、作物秸秆,各种矿质氮肥、磷肥、钾肥以及多种微量元素肥料,钙、镁、硫肥料均可用作大豆基肥。王彦丰(1993)报道,东北地区中等肥力土壤,每 hm^2 施有机肥 30 t、氮肥(N)43 kg、磷肥(P_2O_5)103 kg,大豆产量达到 3 000 kg。据王署华(1985)在湖南省长沙红壤性稻田土壤春大豆施肥试验结果,每 hm^2 用尿素 267 kg、钙镁磷肥 712 kg、氯化钾 277 kg,大豆产量达 2 250 ~ 3 370 kg。江苏省的调查资料,夏大豆施基肥增产 26.8% ~ 43%。李永孝(1988)在山东省进行的夏大豆盆栽试验结果,不同肥料作基肥增产幅度在 10.5% ~ 57.9%。以氮、磷、钾肥混施的增产幅度最大(表 16-51),增产 57.9%;其次为猪粪处理,增产 45.2%。表明氮、磷、钾化肥及有机肥作基肥施用均能显著增产大豆,三元素配合作基肥施用效果最佳。

表 16-51　基施不同肥料对夏大豆齐丰 84 产量性状的影响　(李永孝等,盆栽试验,1988)

处理及施肥量 (g/盆)	每株花 (个)	单株荚 (个)	单株粒 (个)	百粒重 (g)	株粒重 (g)	增产率 (%)
对　照	264.3	114.8	241.0	13.4	32.3	
N 3	266.7	139.3	292.3	14.3	41.8	29.4
P$_2$O$_5$ 1	264.6	122.3	256.7	13.9	35.7	10.5
K$_2$O 1	265.0	127.7	268.7	13.6	36.5	13.0
N 3 P$_2$O$_5$ 1 K$_2$O 1	272.3	159.7	335.5	15.2	51.0	57.9
猪粪 1000	268.4	158.3	332.7	14.1	46.9	45.2

※　各肥料元素右旁数字为每盆施用量(g)

(三)基肥的施用

基肥种类取决于当地肥源。基肥用量及肥料配比则又决定于当地土壤条件、气候条件、大豆品种特性及预期产量指标。北方一熟制春大豆、黄淮两熟制夏大豆,一般每 hm^2 施30 ~ 40 t 农家肥,配合施 75 ~ 225 kg 磷酸二铵或 150 kg 尿素加 450 ~ 600 kg 过磷酸钙。若土壤速效钾含量低于 100 mg/kg,则应加氯化钾 120 ~ 150 kg。氮素化肥以施用总量的 1/3 ~ 1/2 作基肥或种肥,其余作生育期间追肥用,农家肥及磷、钾化肥和微量元素肥料可以全部或大部分作基肥施用,亦可以少量作种肥和追肥用。

基肥施用方法以达到肥料与土壤充分混合为原则,尽可能使肥料均匀分散到大豆根系生长的主要土层。基肥施用方法因耕作制度栽培措施制宜。在北方一年一熟制春大豆区,在前作收获后将肥料撒于地面后进行深耕,肥料翻入 15 ~ 20 cm 土层,春天用拖拉机耕地然后机播,这种施肥方法的肥效较好。若秋天耕地前来不及上粪,可在翌年春天将肥撒施地面再进行浅耕或耙地,然后播种。黄淮及长江流域一年两熟制夏大豆,一般在前作收后立即撒施肥料,再进行耕地或浅耕耙地播种。南方一年多熟制春大豆区,则多在耕地前撒施肥料,将肥料翻入全耕层,再耙地播种。

二、种　肥

(一)种肥的作用

大豆苗期生长缓慢,根系不发达,根毛少,根表面积小,与土壤接触界面不大,摄取养分能力较弱,但大豆苗期对环境养分反应敏感,若此阶段的土壤养分供应不足,则不仅阻碍苗期生长和分枝期的花芽分化,还会影响大豆根系生长与根瘤菌的活性,影响共生固氮效率,从而影响大豆整个生育期间的正常生长发育。施用种肥提高土壤养分浓度,特别是根际土壤的养分浓度,可以避免大豆苗期"饥饿"的发生,促进根系和地上部生长,提高大豆对土壤养分吸收利用能力,增加结瘤数,促进共生固氮。

种肥大多以腐熟的有机肥为主,配合施用磷钾化肥和锌、钼、硼等微量元素肥料。种肥用量须根据土壤供肥性能、当地的施肥习惯、基肥施用量及肥料品种以及大豆品种特性等加以确定,一般每 hm² 施优质农家肥 7.5 ~ 10 t,氮肥(N)30 ~ 90 kg、磷肥(P_2O_5)60 ~ 120 kg、钾肥(K_2O)60 ~ 150 kg。

(二)氮素种肥的施用

以少量氮肥作种肥有利于满足大豆苗期生长的氮素需求,避免出现苗期氮"饥饿",氮肥施量不当,又会对大豆结瘤及共生固氮产生抑制,故大豆种肥中氮的施用量要适当,以既能满足大豆苗期的氮素营养需求,又不会抑制结瘤固氮为度。郭庆元等 1985 年在河南省汝南县砂姜黑土中肥田的氮肥用量试验结果,在磷、钾肥基础上每 hm² 施氮(N)30 kg 作种肥可促进全生育期的结瘤固氮,大豆籽粒增产 10.4%,施种肥 60 kg 氮(N)对苗期结瘤及固氮有轻度抑制作用,对花期至鼓粒期的结瘤固氮有促进作用,大豆增产 12%;而种肥施氮(N)90 kg,苗期至开花期的结瘤固氮受到抑制,结荚至鼓粒期的根瘤数量根瘤重量却有所增加,大豆增产 18.4%。表明在磷、钾肥基础上每 hm² 施 30 ~ 60 kg 氮作种肥较为合适(表 16-52)。

表 16-52　大豆种肥不同施氮量对结瘤和产量的影响　(郭庆元、涂学文等,1985)

种肥量(kg/hm²)			苗期(2/7)	分枝期(13/7)		开花期(31/7)		鼓粒期(22/8)		籽粒产量	
			根瘤	根 瘤		根 瘤		根 瘤			
N	P_2O_5	K_2O	(个/株)	(个/株)	(克/株)	(个/株)	(克/株)	(个/株)	(克/株)	(kg/hm²)	(%)
0	0	0	6.2	8.4	0.04	41.0	0.16	63.6	0.22	2137.5	100 —
0	60	60	6.2	12.2	0.05	45.0	0.19	67.8	0.24	2419.5	113.19 100
15	60	60	7.2	13.0	0.05	47.0	0.25	83.2	0.30	2575.5	120.49 106.4
30	60	60	7.4	14.0	0.06	42.2	0.18	84.3	0.31	2673.0	125.05 110.4
60	60	60	5.7	11.6	0.04	38.6	0.14	77.8	0.24	2710.5	126.08 112.0
90	60	60	3.8	10.0	0.02	37.2	0.13	71.8	0.20	2863.5	133.96 118.4

(三)种肥的施用技术

种肥是大豆播种的同时,将肥料施在种子附近。种肥的施用方法依播种方式、播种机具及肥料种类而定。人工点播地区,可以是挖穴后将肥料施入穴底部覆土,然后播种盖种;或是挖穴下种后再以肥盖种,这种施肥方法只限于充分腐熟的农家肥,且在肥料中拌有较多的细土,如土杂肥类。未充分腐解的有机肥以及过磷酸钙、硫酸铵、碳酸铵、硫酸钾等化肥不可用作盖种肥,此类肥料不能直接与种子接触,否则将引起烂种、烧种或伤苗。大豆集中产区采用机条播或畜动力机械条播,施肥与播种同机操作,一次性完成开沟、施肥、播种、覆盖等作业,北方春大豆区采用不同型号的联合播种机,一次完成施肥播种作业。分层施肥与侧深施肥是将肥料施给种下或种子附近 5 ~ 8cm 处,这样既能满足大豆苗期的养分需求,又不致伤害种子和幼苗。

微量元素肥料作种肥的施用方法:一是与有机肥、无机肥混合施用;二是配成水溶液拌种。各种微量元素肥料(如硼砂、硫酸锌、硫酸锰等)均可以与有机肥或无机肥料混合作种肥施用,这几种微肥的用量分别为每 hm² 8 ~ 10 kg、15 ~ 20 kg、20 ~ 30 kg;易溶于水且不伤害种子而大豆需要量又较少的微肥(如钼酸铵、硼砂等)可以配成水溶液拌种。钼酸铵拌种用量一般每 kg 大豆种子用 2 g 钼酸铵,拌种时先计算出一定种子量及溶液量,以少量热水溶解钼酸铵,然后按计算溶液量加冷水,将大豆种浸过钼酸铵溶液,或将钼酸铵液喷于摊放的大豆种子上,边喷边拌动,晾干后播种。大豆种子与拌种水液量以 30:1 为宜。

大豆播种前用根瘤菌剂拌种,可以增加根瘤量,提高固氮率,获得 12% ~ 15% 的增产效果,新种大豆地及水田大豆,接种根瘤菌的增产更显著。接种大豆根瘤菌要选择活性强且与大豆共生效应佳的根瘤菌株,将其培养成液体的或拌草炭的根瘤菌制剂,播种前匀拌大豆种子,随拌随播,拌过根瘤菌的种子要避免曝晒。

种衣剂有杀虫灭菌的保苗作用和加强苗期营养的壮苗作用。种衣剂有不同剂型,如药肥型、药肥激素型。其成分有农药、高浓度氮、磷、钼、锌、硼肥,还可加一定的生长调节剂。各地可以根据当地生产中存在的问题,(如病害虫害,土壤肥力性状等)确定种衣剂的组成及其制作方法。

三、追 肥

(一)追肥的作用

在土壤肥力较低,未施或少施基肥、种肥情况下,可通过追肥增加土壤养分供给,满足大豆生育对养分的需求。即使田块土壤肥力较高,也可以根据大豆高产的养分需求,为保持各生育阶段的养分平衡,追施一种或多种营养元素肥料。

大豆追肥可以在苗期至鼓粒期的各生育阶段进行。在土壤养分供给强度较低,基肥种肥不足或肥料养分释放较慢等情况下,若大豆苗期长势较弱,可结合第一次中耕除草早施,苗期追肥宜用腐熟的有机肥、少量氮肥及磷、钾肥。用肥量视土壤、大豆品种及前期施肥情况而定,腐熟的厩肥、人粪尿每 hm^2 7.5 ~ 10 t,或磷酸二铵 100 ~ 150 kg,或尿素 100 ~ 150 kg 加过磷酸钙 150 ~ 300 kg。若土壤速效钾含量低于 120 mg/kg,前期又未施钾肥,则应加施 90 ~ 150 kg 氯化钾。进入开花期以后,也可根据大豆长势及前期施肥情况酌情施用追肥,花期至结荚期追肥以氮为主,配合少量磷、钾肥及锌、硼、钼肥。

李永孝(1999)的研究表明,在适宜密度和灌溉条件下,夏大豆品种齐丰 84 不同生育阶段追施氮肥(尿素)均有促进生长提高产量的作用,而以结荚末期施氮的增产效果最佳,每 hm^2 施 150 kg 尿素,大豆籽粒增产 1 133.3 kg,增产率为 37.6%。以不同用量复合肥为基肥的氮肥追肥期盆栽试验结果(表 16-53),不同时期追施尿素每株 3 克,以结荚末期的增产效果最好,不同基肥处理的结荚末期追肥增产率为 57.9%、42.1% 和 38.8%,大于其他生育时期追肥的增产效果。大豆的结荚数、株粒数、株粒重及百粒重,因追肥(N)时期不同而不同,均以结荚末期追肥处理达到最佳,而同一追肥期的大豆籽粒产量及单株粒数、粒重与单株结荚数又随基肥用量而提高。表明在基肥(复合肥)不同用量条件下,大豆追施氮肥(尿素)的最佳时期为结荚末期。大豆开花期及其以后追施氮肥的利用率较高。石井和夫(1984)报道,在日本青森县利用 ^{15}N 作试验调查结果,每 hm^2 追施氮 30 kg、60 kg,氮肥利用率分别达到 57.3%、62.7%,从施氮肥的籽粒生产效率来看,每 hm^2 50 kg 较适宜,但以每 hm^2 100 kg 的经济效益最佳,每 kg 氮肥增产大豆 3 kg。

表 16-53　不同基肥用量条件下追肥期对大豆产量性状的影响（李永孝，1989 年盆栽）

产量性状	基肥量（g/株）	追肥期				
		不追肥	分株期	初花期	结荚末期	鼓粒中期
株荚数（个）	0	111.8	130.2	122.5	129.0	117.5
	10	124.7	122.3	125.7	142.0	138.5
	20	149.5	128.5	137.2	154.0	152.7
株粒数（个）	0	219.7	265.5	252.0	266.2	242.5
	10	250.2	241.6	253.0	282.5	281.7
	20	272.2	258.0	276.5	319.2	309.2
百粒重（克）	0	11.47	12.67	14.10	14.95	14.62
	10	12.70	13.97	15.38	16.02	14.82
	20	14.02	14.95	16.40	16.60	15.25
株产量（克）	0	25.2	33.6	35.3	39.8	35.4
	10	31.8	33.8	38.9	45.2	41.7
	20	38.1	38.5	45.3	52.9	47.2
产量比（%）	0	100	133.3	140.2	157.9	140.5
	10	100	106.0	122.3	142.1	131.1
	20	100	101.0	119.0	138.8	123.9

注：品种齐丰 84，基肥为复合化肥，追肥量为尿素 3 g/盆。

（二）追肥方法

大豆生育期间追肥的方法有两种，一是施肥于土壤，提高土壤供肥强度，二是叶面施肥，供大豆直接吸收。

土壤施肥有人工施肥与机械施肥两种作业方式。人工施肥结合中耕除草，在大豆行间开 5～10 cm 深沟，施肥后覆土，有灌溉条件的地块，结合进行一次灌溉，以利于肥效发挥；机械施肥是采用悬挂式中耕施肥机，或在中耕机上安装施肥桶，通过输肥管将肥料施入土中，一次完成开沟、施肥、覆土作业。

叶面喷肥是经济有效的施肥方法之一。大豆叶片能吸收液体的氮、磷、钾及多种微量元素肥料，并输往邻近的结实器官与营养器官。开花至鼓粒是大豆生长发育最旺盛阶段，是碳水化合物合成最多，对各种矿质养分吸收同化最多的时期，是决定大豆产量、品质最重要的时期。采用叶面施肥能快速补充各种养分，提升大豆植株营养水平，增强光合作用，促进营养物质向籽粒运输，从而提高籽粒产量和品质。

易溶于水的各种矿质肥料及部分有机物肥料，如尿素、磷酸二铵、磷酸二氢钾、过磷酸钙、草木灰和多种微量元素肥料，均可作叶面喷肥。用作叶面喷肥的溶液适宜浓度，尿素 1%～2%，过磷酸钙 0.3%～0.6%，磷酸二铵、磷酸二氢钾 0.1%～0.2%，钼酸铵、硼砂 0.05%～0.1%，硫酸锌与硫酸锰 0.3%～0.5%。

喷肥时期为开花至鼓粒期，前后共喷 2～3 次，每 10～15 d 1 次。喷肥多选在下午 3～6 h 进行，既要防止喷肥后太阳曝晒导致叶面溶液水分快速挥发，又要避免喷后下雨的淋洗损失。喷肥可以是人工喷雾作业，也可以是机引喷雾作业，大规模集约生产大豆田可以实施飞机喷洒作业。如黑龙江省 852 农场 1979 年飞机喷肥 0.8 万 hm²，每 667 m² 用尿素 600 g、过磷酸钙 230 g、钼酸铵 10 g,平均增产 16.7%,飞机喷肥效率高,喷洒均匀,成本低,经济效益好(余世铭、石发贞、何庸 1980)。

四、诊断施肥

作为指导施肥的大豆营养诊断,可分作播种前的土壤供肥能力的诊断和大豆生育期间植株营养状况的诊断,前者为施用基肥、种肥和追肥提供依据,后者为生育期间追肥提供信息。

(一)土壤养分诊断

1. 土壤诊断的发展　诊断或评价土壤养分供给能力,须通过田间试验和相应的土壤养分测定来实现。

20 世纪以来,随着土壤化学研究的发展,农作物施肥技术由经验走向土壤化学分析与个人经验的结合。应用土壤养分测试进行施肥推荐有两种类型,一是选用相宜的提取剂测定土壤养分,根据田间试验作物相对产量水平把土壤养分含量划分成不同等级,再依据土壤养分等级提出推荐施肥量,这种方法称之为土壤养分丰缺指标法;二是按作物预定产量所需要的养分数量和土壤养分含量及供给量,通过施肥调节使二者达到基本平衡,并有一定量的养分富余以利培养地力,称为养分平衡法或目标产量法。应用土壤养分丰缺指标法、作物目标产量法指导施肥,必须充分了解当地土壤、气候、耕作制度等基本情况,并进行相应的肥料试验和各种农学调查,以便对土壤养分测试结果作出正确诠释,提出既能满足作物高产优质养分需求,又利于保持土壤肥力和较高经济效益的一季作物总施肥量。

土壤养分丰缺是指土壤对作物一定产量水平时养分需求量的满足程度。一般分为低、中、高三级或极低、低、中、高、极高五级。划分的依据是作物的相对产量——无肥区产量与全肥区产量的比值。

$$相对产量(\%) = \frac{对照区(缺素)产量}{全肥区产量} \times 100\%$$

若作物相对产量在 75% 以下,土壤有效养分含量水平为低等,相对产量 75% ~ 95% 土壤养分含量属于中等,相对产量高于 95% 土壤养分属于高等级水平。这种以缺素(1 种或几种)处理与全肥处理的相对产量作为土壤养分有效态含量分级依据的校验方法,优点是简单易行,易于得出校验结果,缺点是全肥处理难以设定达到最高产量的最佳施肥组合。

2. 大豆土壤养分诊断的实施　张桂兰、郭庆元等(1988)在黄淮中低产地区夏大豆营养特性与经济施肥研究中,根据多年多点的肥料试验和土壤养分测试资料,以大豆相对产量与土壤碱解氮含量的回归分析,划分土壤供氮指标,通过 11 种回归模式的选择以 $y = a + b \log x$ 的数学方程模式为最优,复相关系数(R)达到 0.9633,由此函数方程计算出该土壤及其水平条件下,土壤碱解氮低、中、高分级为 < 40 mg/kg、40 ~ 65 mg/kg、> 65 mg/kg。相对产量与土壤速效钾的回归分析结果,亦以对数函数方程模式较优,由此计算出土壤速效钾低、中、高分级分别为 < 80 mg/kg、80 ~ 120 mg/kg、> 120 mg/kg。磷则以磷肥增产率与土壤速效磷含量幂函数方程数学模式为最优,依此划分土壤速效磷低、中、高分级指标分别为 < 5 mg/kg、5 ~ 18 mg/kg、> 18 mg/kg。

根据以上土壤氮、磷、钾养分分级指标和多年多点田间试验资料,在测定待种地块的土壤速效养分之后,即可提出大豆计划产量的施肥建议。这一指导性经验施肥建议仅适于黄淮平原中低产区应用。

多因子多水平的大豆施肥数学模型：

周署华(1985)在湖南省春大豆区选用尿素、钙镁磷肥、氯化钾、追肥及播种密度5因子，5个变量水平，采用五元二次回归正交旋转设计，以产量和投资效益为目标函数，安排36个小区的田间试验，结合土壤养分测定。试验地为红壤性水稻土，前作双季稻绿肥，土壤pH值6.4，有机质3.5%，速效氮110 mg/kg，速效磷6.23 mg/kg，速效钾60.4 mg/kg。试验结果经方差分析回归方程极显著，复相关系数R = 0.98。表明方程可信度较好。在供试土壤肥力较高的条件下，预期大豆产量达到3 000 kg，每hm^{2}基肥施尿素93～126 kg，钙镁磷肥302～336 kg，氯化钾148～203 kg，追肥尿素75 kg，密度46.5万～48万株。

据陈华塔，邓祥品(1998)报道，在福建省大田县灰泥土稻田，土壤pH值5.6～5.8，有机质3.59%～4.37%，速效磷35～42 mg/kg，速效钾125～136 mg/kg，碱解氮247～253 mg/kg。设氮、磷、钾、有机肥、密度5因子田间试验，采用五元二次回归正交旋转设计，36个小区。试验产量经计算机程序处理建立产量数学模型，回归模型经F检验各因子达显著、极显著差异。计算结果，每hm^{2}产量3 000 kg以上的优化组合方案为每hm^{2}施尿素34.5～37.5 kg，过磷酸钙160～180 kg，氯化钾147～157.5 kg，有机肥30～40 t，密度31.5万～33万苗。

王洪伦、张传珂等(1994)在山东省黄黏土上采用氮、磷、钾三因子5水平的二次回归最优设计试验，试验地前作小麦，土壤有机质1.48%，全氮0.1%，碱解氮53.4 mg/kg，有效磷42.8 mg/kg，有效钾152 mg/kg，pH值8.4。试验产量采用数学方程模拟并进行相应的统计分析，结果表明，在试验土壤条件下，每hm^{2}施纯氮(N)51～63 kg，纯磷(P$_2$O$_5$)54～78 kg，纯钾(K$_2$O)40.5～54 kg，大豆产量达到3 450 kg/hm^2。

以上研究结果表明，在一定土壤气候和耕作制度条件下，可以通过多年多点的田间试验及土壤分析资料，诊断土壤供肥力和获得一定大豆产量的施肥量，也可以通过多元多水平的试验设计和相应的统计分析，找到试验土壤条件下最高产量的相应施肥量和肥料配比，为大豆施肥提供诊断依据。

据李路等人(2002)的研究，以提高产量为目的大豆施肥，不仅要考虑大豆本身的养分需求、土壤养分含量，还要充分考虑具体土壤各种营养元素的相对丰缺及其相互比值，土壤营养元素间比例关系与大豆单产存在统计上相互关系(表16-54)。

表16-54　大豆单产与各生育期土壤养分元素比值的相关系数

比　值	分枝期 6/15	初花期 7/2	盛花期 7/12	末花期 7/18	结荚期 8/4	鼓粒期 8/19	鼓粒中 8/27	成熟期 9/30
N/P	-0.039	0.394*	0.084	-0.415*	0.012	0.073	-0.451*	-0.313
N/K	-0.154	0.123	0.307	-0.162	0.064	-0.026	-0.450*	-0.215
N/Fe	-0.289	0.021	0.146	-0.203	-0.025	-0.218	-0.415*	-0.418
N/Mn	0.128	0.016	0.038	-0.283	-0.032	-0.097	-0.450*	-0.284
N/Cu	-0.179	0.132	0.210	-0.122	0.054	0.032	-0.450*	-0.281
N/Zn	0.042	0.105	0.241	-0.050	0.139	0.019	-0.451*	0.448*
N/Ca	-0.027	0.034	0.249	-0.230	0.034	0.203	0.337	0.008
N/Mg	-0.251	0.049	0.313	-0.215	0.154	0.315	-0.0024	-0.133

续表 16-54

比 值	分枝期 6/15	初花期 7/2	盛花期 7/12	末花期 7/18	结荚期 8/4	鼓粒期 8/19	鼓粒中 8/27	成熟期 9/30
P/K	− 0.168	− 0.462**	0.152	0.428*	0.207	− 0.112	0.089	0.248
P/Fe	− 0.289	− 0.499**	0.062	0.388*	0.144	− 0.238	− 0.0012	0.117
P/Mn	0.062	− 0.495**	0.025	0.380*	0.117	− 0.155	0.148	0.191
P/Cu	− 0.198	− 0.479**	0.116	0.432*	0.192	− 0.040	0.107	0.240
P/Zn	0.035	− 0.325	0.179	0.468**	0.215	− 0.010	0.133	− 0.037
P/Ca	− 0.094	− 0.372	0.156	0.259	0.167	− 0.224	0.320	0.159
P/Mg	− 0.252	0.273	0.254	0.386*	0.236	0.229	0.101	0.053
K/Fe	− 0.132	− 0.141	− 0.165	− 0.075	− 0.088	− 0.200	− 0.113	− 0.201
K/Mn	0.283	− 0.223	− 0.176	− 0.224	− 0.076	− 0.090	0.139	− 0.095
K/Cu	0.024	0.044	− 0.045	0.036	0.006	0.105	0.073	− 0.046
K/Zn	0.207	0.033	0.138	0.107	0.081	0.068	0.117	− 0.336
K/Ca	0.153	− 0.069	0.060	− 0.184	− 0.003	− 0.200	0.371*	0.138
K/Mg	− 0.179	0.014	0.193	− 0.107	0.126	0.337	0.059	0.030
Fe/Mn	0.360	− 0.011	− 0.056	− 0.048	0.003	0.123	0.213	0.163
Fe/Cu	0.247	0.184	0.166	0.233	0.184	0.457*	0.303	0.192
Fe/Zn	0.264	0.113	0.209	0.136	0.147	0.214	0.188	− 0.174
Fe/Ca	0.277	0.027	0.143	− 0.153	0.076	− 0.086	0.567**	0.004
Fe/Mg	0.016	0.043	0.261	− 0.035	0.265	0.435*	0.153	− 0.163
Mn/Cu	− 0.256	0.199	0.134	0.250	0.129	0.228	− 0.069	0.070
Mn/Zn	− 0.068	0.092	0.203	0.243	0.148	0.109	0.044	− 0.246
Mn/Ca	− 0.130	0.020	0.165	− 0.109	0.063	− 0.131	0.354	0.238
Mn/Mg	− 0.346	0.043	0.259	0.014	0.199	0.363*	− 0.034	0.144
Cu/Zn	0.209	0.038	0.194	0.070	0.081	0.028	0.075	− 0.342
Cu/Ca	0.139	− 0.074	0.093	− 0.200	− 0.027	− 0.206	0.438*	0.275
Cu/Mg	− 0.132	0.002	0.218	− 0.118	0.168	0.310	0.013	0.183
Zn/Ca	− 0.034	0.030	− 0.017	− 0.173	− 0.068	− 0.248	0.199	0.199
Zn/Mg	− 0.248	− 0.072	0.102	− 0.107	0.070	0.198	− 0.090	0.106
Ca/Mg	− 0.230	0.042	0.184	0.070	0.194	0.334	− 0.310	− 0.075

* df = 28,5% 和 1% 显著水准分别为 0.361 和 0.463,成熟 df = 18

(二)植株营养诊断

植物的生长量植株形态及化学成分是一定土壤气候条件下各种生态因子共同作用的结果,可以反映出与各种营养元素的供应状况,故可通过目测大豆生长状况或仪器分析大豆植株主要营养元素含量进行大豆植株营养诊断。

1. 植株形态诊断 主要营养元素供给严重缺乏时,大豆植株外部形态会出现不同的表征:

　　缺氮植株生长慢，矮小而少分枝，叶色浅绿色或黄绿色，下部叶片发黄，并由下至上部叶片延展。

　　缺磷叶片出现棕色斑点，茎与叶片易现暗红色，根瘤发育差，籽粒变小。

　　缺钾叶片生长慢、叶片小，下部叶片最先出现斑点，中下部叶的叶脉保持绿色，叶缘及叶脉间失绿，皱缩而至干枯坏死，上部新叶常呈现黄白色斑块，根系铁锈色，根瘤着生少，荚瘪粒瘪。

　　缺钙新叶出生慢，不伸展，老叶出现灰白色斑点，叶脉棕色，叶柄柔软下垂，茎卷曲，根暗褐色；缺镁的植株中下部叶色淡，后呈现橘黄色或橙红色，叶面不平起皱，叶脉保持绿色；缺硫的植株症状与缺氮相似，前期新叶失绿，后期老叶黄化，出现棕色斑点，植株瘦弱，根细长，根瘤发育不良。

　　缺锌植株生长缓慢，叶色呈现柠檬黄色，并出现褐色斑点，扩大成斑块，继而坏死；缺铁植株矮小，上部叶片的叶脉间黄色，叶脉保持绿色，叶片轻度卷曲，严重缺乏则植株新叶全部失绿呈黄白色直至坏死；缺硼植株矮缩，叶片脉间失绿，叶尖下弯，老叶增厚，主根尖端死亡，侧根多而短，根瘤发育不良，落花增多，荚少且多畸形；缺锰的叶色深呈褐色，新叶叶脉保持绿色，叶脉间发黄，脉纹更加清晰，严重缺乏叶面灰白色，时有褐色斑点。

　　生产上应力求避免缺素症的发生。因出现缺素症状时，正常生长活动已受到严重伤害，即便补充缺乏的营养元素，有的可以修复或一定程度上的修复，有的却难以修复。

　　2. 植株分析诊断　　测定大豆植株养分含量，可以判断植株营养状况和土壤养分供给能力，为调控施肥提供依据。

　　大豆植株各种营养元素在不同器官及同一器官不同生育阶段的含量是变化的，植株分析一般是取苗期植株或分枝期至鼓粒期充分成长的顶部新叶，借以判断取样期的营养状况。应用分析结果判断大豆植株营养状况须有大量研究资料和调查资料的积累，如田间试验产量结果、土壤资料、气象资料、大豆品种特性等，在这方面已有许多研究积累。Sale(1980)研究了大豆植株开花后 3~11 周营养元素的的浓度变化，结果表明，在此期间，植株氮浓度变化不大，只是在鼓粒后期浓度提高，乃籽粒蛋白质积累所致；磷、钾、钙、锌、锰、铁呈逐渐降低趋势；镁、铜的浓度变化无规律可循(表 16-55)。

表 16-55　结荚鼓粒期大豆植株养分浓度变化　(Sole, 1980)

开花后周数	N	P	K	Ca	Mg	Fe	Zn	Mn	Cu
			%					μg/g	
3	6.5	0.75	1.42	0.59	0.18	116	83	81	18.6b
4	6.3b	0.56a	1.43ab	0.31a	0.22a	118a	69a	64a	14.2bcd
5	5.9cd	0.40b	1.45a	0.29ab	0.13d	90b	58b	43b	13.0cd
6	6.1bcd	0.39b	1.29cd	0.28b	0.15c	84b	56bc	40bc	15.2abc
7	5.9d	0.32d	1.32bc	0.23c	0.16bc	74b	50d	33d	10.9e
8	6.3bc	0.32d	1.23cd	0.21c	0.18b	75b	50d	30d	13.9bcd
9	6.4b	0.35cd	1.18d	0.20c	0.20a	77b	53c	34c	15.6ab
10	6.9a	0.36bcd	1.26cd	0.22c	0.21a	78b	56bc	37bc	16.9a
11	6.9a	0.38bc	1.28cd	0.23c	0.21a	76b	57b	39bcd	12.0e

資料转引自:董钻. 大豆产量生理. 中国农业出版社,2000 年

　　郭庆元等(2003)报道了长江流域 31 个夏大豆品种、20 个春大豆品种花期植株氮、磷、钾、钙、镁、硫、铁、铜、锰、锌、钼、硼等 12 种元素的浓度平均值及其变异系数(参见表 11-6)，由该表可以看出，钙、镁、硫三元素的变异系数在 23% 以上，显示这些元素的品种间变异大，而氮、磷、钾、硼的变异系数在 16% ~ 21%，表明品种间的变异度居中等。李志玉、郭庆元(2000)在江西红壤丘陵区以 6 个春大豆品种进行试验的植株养分测定结果，植株氮、磷、钙、锰、铁浓度花荚期高于成熟期，锌浓度是成熟期高于花荚期，而钾、镁、铜在两个时期的浓度变化不大。

　　李绍曾(1984)对春大豆不同器官在不同生育阶段，氮、磷、钾养分浓度进行了系统测定，大豆产量 3 750 kg/hm^2。不同生育阶段大豆植株叶片、叶柄、茎秆的氮、磷含量具有相似的变化趋势，即苗期浓度较高，且随生育进程而提高，花期最高，此后逐渐降低；花荚(含籽粒)的氮浓度随生育进程而提高，花荚的磷浓度随生育进程变化不大。植株钾浓度的变化不同于氮、磷，叶片是分枝期达到最高值，此后逐渐降低；叶柄茎秆初花期最高，以后逐渐降低，花与荚的钾浓度变化较小，初花期达到最高值。以上情况表明，大豆植株氮、磷、钾养分浓度随生育进程而变化，其不同器官的变化情况不尽相同(参见表 11-8)。

　　大豆植株的养分含量同施肥相关。张桂兰、郭庆元等 1982 年河南省驻马店的田间试验结果，施肥处理对初花期、初荚期、成熟期的植株氮、磷、钾含量有明显影响，特别是磷、钾含量受施肥影响，植株磷含量的变异系数为 12% ~ 23%，植株钾含量的变异系数为 12% ~ 19%，而植株氮含量受施肥影响较小，变异系数为 4% ~ 14%。大豆籽粒的氮、磷、钾含量较稳定，不同施肥处理的变异系数氮为 2.28%，磷为 9.56%，钾为 6.13%。

　　潘瑞帜(1987)提出，开花后期顶端完全长成的功能叶养分含量可作为大豆植株营养状况的分级指标，分为缺乏、不足、中等、高量与过量 5 级(表 16-56)。

表 16-56　大豆开花期植株养分状况分级　(潘瑞帜,1987)

元　素	缺　乏	不　足	中　等	高　量	过　量
N(%)	<4.0	4.0 ~ 4.5	4.51 ~ 5.5	5.51 ~ 7.0	>7.0
P(%)	<0.15	0.16 ~ 0.25	0.26 ~ 0.50	0.50 ~ 0.80	>0.80
K(%)	<1.25	1.26 ~ 1.70	1.71 ~ 2.50	2.51 ~ 2.75	>2.75
Ca(%)	<0.20	0.21 ~ 0.35	0.36 ~ 2.00	2.01 ~ 3.00	>3.00
Mg(%)	<0.10	0.11 ~ 0.25	0.26 ~ 1.00	1.01 ~ 1.51	>1.51
Fe(mg/kg)	<30	31 ~ 50	51 ~ 350	350 ~ 500	>500
Mo(mg/kg)	<0.4	0.5 ~ 0.9	1.0 ~ 5.0	5.10 ~ 10.0	>10.0
B(mg/kg)	<10	11 ~ 20	21 ~ 55	50 ~ 80	>80
Mn(mg/kg)	<14	15 ~ 20	21 ~ 100	101 ~ 250	>250
Zn(mg/kg)	<10	11 ~ 20	21 ~ 50	51 ~ 75	>75
Cu(mg/kg)	<4.0	4.0 ~ 9.0	10 ~ 30	31 ~ 50	>50

　　李路等(2002)对大豆群体按产量水平分类取样进行叶片养分含量分析，结果表明，大豆生育过程中植株营养状况及其变化与群体单产水平相关密切。高产群体叶片含磷量相对较低，含氮量前期相对较高，后期含量较低；群体产量水平越低，叶片中的铁、锰、铜、锌元素含

量变动范围越大(表 16-57)。

表 16-57　不同产量水平大豆群体叶片分析结果　(李路,2002)

产量(kg/km²)	生育时期	叶片养分元素平均含量									叶片养分元素平均含量变异系数								
		N	P	K	Ca	Mg	Fe	Mn	Cu	Zn	N	P	K	Ca	Mg	Fe	Mn	Cu	Zn
		—— % ——					—— mg/kg ——				—— C.V% ——								
<1800	分枝期	3.73	0.369	1.82	2.07	0.646	108.3	64.0	7.7	26.7	19.2	18.1	21.2	11.5	7.5	32.9	31.0	45.8	53.3
	盛花期	5.39	0.501	2.14	1.41	0.591	91.1	67.3	7.8	34.6	7.4	6.8	14.9	23.5	21.6	19.5	23.4	42.3	69.8
	结荚期	5.51	0.480	2.09	1.16	0.477	92.3	62.5	8.1	38.4	2.3	13.4	1.6	3.7	15.1	32.3	26.9	35.5	46.1
	鼓粒期	5.10	0.402	1.82	1.45	0.458	122.9	52.8	5.0	49.5	12.1	16.7	40.1	57.8	35.4	22.3	90.5	39.7	20.2
1800~2250	分枝期	3.97	0.386	2.28	1.91	0.674	87.2	62.3	9.5	35.7	18.7	12.6	17.4	12.0	7.8	32.5	18.7	48.7	42.0
	盛花期	5.40	0.488	2.41	1.25	0.565	86.6	62.3	8.8	40.3	6.0	11.2	13.6	22.6	19.5	23.0	16.5	35.5	41.5
	结荚期	5.67	0.480	2.18	1.24	0.511	94.5	68.5	7.9	42.7	6.6	12.1	10.0	15.7	22.2	25.6	40.0	33.4	48.7
	鼓粒期	4.46	0.399	1.50	1.79	0.430	128.1	78.1	6.8	47.7	11.8	17.2	31.2	34.5	27.8	27.9	46.4	47.4	26.2
2250~3000	分枝期	4.50	0.432	2.62	1.81	0.673	75.7	65.6	10.8	44.4	15.0	10.6	13.5	7.8	7.1	31.4	16.5	31.2	35.3
	盛花期	5.51	0.483	2.50	1.08	0.486	91.3	54.3	10.0	48.5	5.5	11.8	9.8	18.2	3.1	19.3	16.4	30.6	32.2
	结荚期	5.64	0.478	2.23	1.17	0.457	12.6	48.0	8.1	48.0	12.1	13.3	13.2	24.2	26.8	27.6	32.7	35.7	
	鼓粒期	4.87	0.373	1.59	1.71	0.389	132.3	101.9	7.9	53.6	12.7	16.9	18.7	29.4	18.2	17.7	58.2	42.4	60.1
>3000	分枝期	5.74	0.312	2.32	1.92	0.516	72.7	60.7	7.6	49.2	6.5	9.6	8.8	11.3	13.4	26.6	18.5	28.8	35.7
	盛花期	5.10	0.251	1.92	1.47	0.434	91.6	61.4	5.9	51.6	8.7	4.5	13.8	20.8	6.0	12.8	20.2	89	35.2
	结荚期	4.97	0.481	2.14	0.76	0.398	134.7	71.6	6.1	57.8	17.1	24.4	10.7	21.1	14.2	15.0	24.5	19.8	27.4
	鼓粒期	4.34	0.358	1.69	0.81	0.325	101.5	85.8	5.9	34.1	8.9	8.3	5.5	6.4	4.2	7.4	11.0	9.5	16.8

(三)大豆高产的营养平衡与调节

大量的研究资料证明,植物的生长量是叶片中各种营养元素的浓度和它们之间的平衡两个变量的函数。在不同养分浓度下诸元素间的比例呈动态变化,只有在最适浓度和最佳比例情况下方能获得最高产量或生长量。Beaufits(1973)用一系列养分元素的比值来表示植物体内养分平衡及营养状况。当植株体内一些养分元素的比值接近最适值时才能高产。高产群体的平均最适值变异程度小于低产群体。这种综合诊断施肥法(KRIS 法)要求在诊断地区内大量采集植物叶片样本进行分析,以 N%、P%、K%、N/P、N/K、P/K 等方式表示,同时记载产量和影响产量的各种参数进行统计分析,以高产群体的养分浓度、比值为适宜值。R.B.Beverly 等(1986)根据 532 个样本的分析数字和产量,提出了大豆高产(3 525 kg/hm²)植株必需营养元素间的比例关系(表 16-58)。从中大致可以看出大豆高产群体营养状态的变化轨迹。

表 16-58　大豆每 hm² 产量 3 525 kg 以上必需营养元素间的比例关系　(R.B.Beverly,1986)

相比元素	比例关系		相比元素	比例关系	
	平均比值	变异系数(%)		平均比值	变异系数(%)
N/P	15.2	12.6	Mn/Ca	74.9	59.8
N/K	2.63	20.0	Fe/Ca	144.0	42.3

续表 16-64

相比元素	比例关系		相比元素	比例关系	
	平均比值	变异系数(%)		平均比值	变异系数(%)
N/Ca	5.00	28.8	Zn/Ca	31.6	38.9
Mg/N	0.0684	30.8	Ca/Cu	0.165	132.0
Mn/N	15.2	51.2	Mo/Ca	2.64	38.2
Fe/N	29.4	38.4	B/Ca	39.4	43.7
Zn/N	6.40	43.4	Mn/Mg	229.0	42.9
N/Cu	0.799	115.0	Fe/Mg	447.0	30.5
Mo/N	0.476	32.8	Zn/Mg	102.0	39.8
B/N	6.99	46.9	Mg/Cu	0.0499	120.0
P/K	0.172	21.6	Mo/Mg	7.96	31.2
P/Ca	0.331	28.6	B/Mg	117.0	39.2
P/Mg	1.04	23.7	Mn/Fe	0.536	41.6
Mn/P	232.0	50.4	Zn/Mn	0.525	51.1
Fe/P	439.0	30.4	Cu/Mn	0.171	67.9
Zn/P	102.0	43.5	Mn/Mo	53.5	50.8
P/Cu	0.0496	121.0	Mn/B	2.30	53.4
Mo/P	7.21	32.2	Zn/Fe	0.245	46.5
B/P	113.0	44.6	Fe/Cu	20.3	109.0
K/Ca	2.01	35.0	Fe/Mo	65.6	45.6
Mg/K	0.175	35.7	Fe/B	4.68	50.0
K/Mn	0.0308	39.1	Zn/Cu	4.48	138.0
Fe/K	75.3	47.7	Zn/Mo	13.1	68.5
Zn/K	17.3	42.9	Zn/B	1.05	68.9
K/Cu	0.298	125.0	Mo/Cu	0.417	89.0
K/Mo	0.948	41.7	B/Cu	5.39	136.0
K/B	0.0663	51.3	B/Mo	14.2	57.6
Mg/Ca	0.322	26.4			

R.B.Beverly 等,1986;样本数目:532

刘克礼、高聚林、王立刚等(2004)以北丰-14大豆品种为材料,采用5因素3水平随机区组设计,研究了不同密度、不同施肥条件下,大豆各生育阶段的氮、磷、钾养分吸收积累及其比例的变化特性。结果表明,由苗期至成熟期,大豆吸收积累三要素的比例有明显变化,不同密度、不同施肥处理,大豆吸收氮、磷、钾比例(同一生育时期)也有明显差异(表16-59)。在本试验中,以因素中量组合,即适宜密度(30万苗/hm²),适当氮、磷、钾肥配比(每hm²施N、P、K分别为60 kg、75 kg、60 kg)处理的大豆产量最高(3 255.25 kg/hm²),吸收氮、磷、钾的比例可视为是适宜的。大豆各生育时期N、P₂O₅、K₂O吸收比例如下:苗期6.15:1:3.08,分枝期为3.59:1:1.59,开花期3.69:1:1.55,结荚期3.82:1:1.64,鼓粒期3.36:1:1.47,成熟期

3.78∶1∶1.46。

表 16-59　高产大豆(3 255 kg/hm²)不同生育时期 N、P₂O₅、K₂O 的吸收比例 （刘克礼等，2004）

处　　理	苗　期	分枝期	开花期	结荚期	鼓粒期	成熟期
高密度	6.22∶1∶2.70	4.05∶1∶1.84	4.15∶1∶1.88	3.98∶1∶2.00	3.17∶1∶1.79	4.20∶1∶1.99
低密度	6.67∶1∶3.03	3.82∶1∶1.75	4.48∶1∶1.62	4.07∶1∶1.52	3.22∶1∶1.33	5.07∶1∶1.61
高施磷	5.48∶1∶2.62	3.58∶1∶1.52	3.63∶1∶1.50	3.52∶1∶1.69	3.40∶1∶1.64	3.52∶1∶1.38
未施磷	6.67∶1∶3.64	3.88∶1∶2.13	3.42∶1∶2.16	4.19∶1∶2.11	3.91∶1∶2.01	4.46∶1∶2.02
高施钾	5.81∶1∶3.55	3.69∶1∶2.09	3.48∶1∶2.18	3.58∶1∶2.23	3.71∶1∶1.86	3.58∶1∶1.55
未施钾	6.00∶1∶3.48	3.84∶1∶2.05	3.47∶1∶1.75	3.29∶1∶1.75	3.61∶1∶1.91	4.45∶1∶2.01
高施种氮	6.67∶1∶3.33	3.86∶1∶1.59	3.87∶1∶1.65	4.23∶1∶1.82	3.98∶1∶1.88	4.16∶1∶1.80
未施种氮	5.76∶1∶3.64	4.16∶1∶2.00	3.83∶1∶2.10	3.51∶1∶2.19	4.29∶1∶2.08	4.36∶1∶2.00
高追氮	5.95∶1∶3.42	5.00∶1∶1.69	4.79∶1∶1.96	4.09∶1∶1.88	3.45∶1∶1.69	3.97∶1∶1.49
未追氮	5.79∶1∶3.42	5.78∶1∶2.05	3.52∶1∶1.74	2.22∶1∶1.92	3.88∶1∶1.90	4.85∶1∶1.93
因素中量组合	6.15∶1∶3.08	3.59∶1∶1.59	3.69∶1∶1.55	3.82∶1∶1.64	3.36∶1∶1.47	3.78∶1∶1.46
未施肥	6.07∶1∶3.00	4.86∶1∶2.29	4.14∶1∶2.43	3.84∶1∶2.34	4.21∶1∶2.15	4.71∶1∶2.09

注：因素中量组合为每 hm² 30 万苗，60 kg N，75 kg P，60 kg K，大豆产量为每 hm² 3 255.75 kg，居诸处理最高

　　植株养分元素间比例数值反映了植株体内诸元素的平衡关系，但须注意，第一以多种元素含量分析为基础，第二是要有相应产量数字，第三要以高产条件下的养分平衡作为指导生产的依据。

　　充分的养分供应，满足大豆各个生育阶段对 16 种营养元素的生理需要是实现大豆高产优质的基础和技术关键。首先，要通过田间试验和化学分析，提出预期大豆产量的各种养分吸收总量。其次，要对生产用地的土壤养分(潜在养分与有效态养分)进行定量分析，运用已有的研究资料判断大豆生育时期间土壤各种养分元素的供应总量，然后依照土壤养分供应量、大豆预期产量的养分吸收量，提出施肥种类、数量，制定施用基肥、种肥和追肥方案。再次，在大豆生长期内分期取样测定各种营养元素的含量，建立养分动态模型，运用计算机管理系统对生产田的大豆营养状况进行判定，提出养分调节的追肥方案，指导肥料施用，以使各生育阶段的大豆植株养分达到适宜浓度和平衡状态，充分满足大豆高产优质的营养需求。

　　李路等(1993,2002,2004)经多年研究，提出了大豆高产养分平衡诊断与调节系统，在大豆高产栽培中应用效果良好，这一研究成果是以实现大豆高产为目标，在进行大量田间试验和化学分析基础上，积累试验资料和观察记载数据，采用数学方法和计算机管理，建立高产大豆全生育期营养动态模型，将高产大豆田预期的营养状态纳入数学模型之中，获得对大豆群体进行营养诊断的标准值，指导大豆田的生育期追肥。该项技术关键在于：

　　(1)确定系统化、定量化的诊断指标即养分指数　该指标把所有可能影响产量的各因素的单独效应加以定性定量分析，把作物与这些因子的关系及其与产量的关系加以综合考虑，并用数学方法把从施肥至形成产量的各个中间过程作出数量化表示以便真实而全面地反映作物当时的营养状况。

　　(2)建立大豆高产的养分动态模型　该模型包括植物养分数据库和养分数据自动处理软件，系统功能含大豆高产养分标准值数据库，各营养元素比值及其变异系数数据库。

　　该项技术的基本保证条件是原子吸收分光光度计和流动注射仪植物分析技术,电子计算机管理系统。

　　该技术成果在黑龙江、北京及辽宁等地的应用示范取得良好增产效果。

参 考 文 献

郭庆元.大豆施肥.中国农业科学院土肥所主编.中国肥料.上海科技出版社,1994

郭庆元.我国大豆营养施肥研究的回顾.李阜棣,李学坦等主编.生命科学和土壤学中几个领域的研究进展.中国农业出版社,1993

董钻.大豆产量生理.北京:中国农业出版社,2000

吉林农业科学院.中国大豆育种与栽培.中国农业出版社,1987

郭庆元.中国种植业优质高产丛书——大豆.湖北省科学技术出版社,2003

李永孝.山东大豆.山东科学技术出版社,1999

孙醒东.大豆.科学出版社,1956

郭文韬.中国大豆栽培史.河海大学出版社,1993

农牧渔业部农业局.微量元素肥料研究与应用.湖北省科学技术出版社,1986

李淑贞.大豆施肥.农业出版社,1985

张桂兰,朱鸿勋,龚光炎等.主要农作物配方施肥.河南科学技术出版社,1991

褚天铎.化肥科学使用指南.金盾出版社,2002

常难中.大豆高产规律及其栽培技术研究.中美大豆科学讨论会论文集.中国大豆科技情报交流中心,1983

张桂兰,郭庆元,窦世忠等.淮北平原大豆 NPK 肥初步研究.中国油料,1984,6(1):58～61

费家骅.大豆初花期追施氮肥的增产效果研究.作物学报,1962,1(2):127～136

丁洪,郭庆元.氮肥对不同大豆品种氮积累和产量品质的影响.土壤通报,1995,26(1):18～21

戴建军,程岩.黑龙江省南部黑土不同施氮水平对大豆产量影响.东北农业大学学报,2000,31(3):225～228

肖能遄,李志玉.苗期施氮肥对大豆生长发育及产量的影响.中国油料,1982,4 期:40～44

(日)石井和夫.东北地区大豆的培肥管理(三).大豆培肥管理.农业园艺,1984,59 卷 1 号

解惠光.日本大豆氮素营养与施肥研究最新进展.大豆科学,1990,9(2):163～166

邓铁金.低丘红壤栽培大豆施用磷矿粉肥的增产效果.土壤通报,1964,5 期:56～57

浙江农科院.浙江磷矿粉试验初步总结.浙江农业科学,1975,1 期

林志刚.辽宁北部几种主要土壤类型上对大豆施用过磷酸钙的效果.土壤通报,1965,4 期:26～28

李永康,王绍中,曾有志.磷肥效果与有效施用条件的研究.土壤通报,1965,1 期:18～20

丁洪,李生秀,郭庆元.磷对大豆不同品种产量和品质的影响.中国油料作物学报,1998,20(2):66～70

中国科学院土壤所.哪些作物适宜施磷矿粉.土壤学报,1966,14(1):30～32

陈敏建,佟占昌,韩明棋.磷高效利用的大豆遗传资源的筛选与评价.作物杂志,2001(4)

郭庆元,李矩琛,黄润泽等.大豆高产土壤肥力指标及其培肥技术研究.丘陵马肝泥田土壤钾素供应与大豆钾肥.中国油料,1979,2 期:52～59

韩晓增,王守宇,刘晓洁.黑土钾素分布状态与大豆钾肥效应研究.大豆科学,2002,21(1):36～41

辽宁农业科学院土肥所.辽宁土壤钾素贮量及施用钾肥效果.辽宁农业科学,1978,5 期

郭庆元,李矩琛,黄润泽,李志玉等.低丘马肝泥田大豆钾肥研究.土壤通报,1980,3 期

福建省晋江地区农科所.春大豆黄化缺钾症状的研究.油料作物科技,1978,12 期:24～28

湖北油料研究所夏油料作物系.大豆施用钾肥试验总结.油料作物科技,1977,2 期:63～65

王景海等.土壤施钾肥是三江地区大豆高产的战略措施.大豆通报,1998,1 期:6～7

朱仲麟.中国南方的钾肥效应和平衡施肥.中国平衡施肥报告会:62～73　加拿大钾肥公司出版,1991

陈魁卿.黑龙江省土壤供钾水平与钾肥抗逆力影响的研究.农业出版社,国际平衡施肥学术讨论会论文集,1989,

金继运.我国北方几种土壤的供钾能力.农业出版社,国际平衡施肥学术讨论会论文集(110～117),1989

梁德印.钾肥对我国主要作物的增产作用.农业出版社,国际平衡施肥学术讨论会(106～109),1989

Vinod Kumar MaRendru Singh, R. P. Narwal.与硫配合施用不同锌源及其施用水平对大豆利用磷素的影响.杜荣民译载土壤

学进展,1986,17(2):58~60

刘昌智,郭庆元.油料作物施用微量元素肥料的研究.微量元素肥料专辑,无机盐工业编辑出版,1982

张桂兰,郭庆元.大豆微肥研究.河南科技,1989,6期:13~15

长春市农林局农业处.大豆施用钼肥的增产效果.土壤通报,1966,4期:59~62

吴绍华,吕晓莉.钼肥对大豆产量的效应.大豆通报,1994,2期:12~13

韩丽梅,鞠金艳,邹永久等.大豆连作微量元素营养研究Ⅱ　连作对钼营养的影响.大豆科学,1998,17(2):135~140

秦灿功,李春峰,吴明才等.大豆施用铁肥技术初探.中国油料,1994,16(2):43~45

李路.夏大豆的营养基础.北京农业科学,2002

韩生进等.黑土区大豆 NPK 肥料用量研究.农业系统科学与综合研究,2003,19(2)

董钻,祁明楣,蒋工颖.大豆养分吸收和施肥效果试验初报.中国油料,1988,1:56~60

董振达.大豆高产的土壤条件及培肥地力的可行措施.第二次中美大豆科学讨论会论文集(251~254).吉林科技出版社,
　　1986,

郭庆元.稻田三熟制施肥探讨.中国植物营养与肥料学会,现代农业中的植物营养与施肥.中国农业科技出版社,1994,

迟风琴.大豆肥田机制研究Ⅲ　大豆对土壤耕层土壤含氮物质影响.大豆科学,2001,20(1):35~39

沈昌蒲,季尚宁,龚振平.大豆肥田机制的研究Ⅵ.大豆肥田机制研究的总结和讨论.大豆科学,2002,21(1):43~46

陈渊,王占哲.黑土区大豆高效组合施肥技术试验研究.农业系统科学与综合研究.2001,17(3):221~222

王继安,杨庆凯.土壤肥力对大豆杂交后代选择效果的影响.作物学报.2001,27(4):460~464

韩秉进,陈渊,赵殿臣.大豆施用有机肥增产效果研究.大豆科学,2001,20(4):305~308

张秋英,刘晓冰,金剑.水肥耦合对大豆光合特性及产量品质的影响.干旱地区农业研究.2003,21(1):47~50

李清泉.麦秸还田大豆增产效果.大豆通报,1996,5期6

常从云,卢增辉.种大豆对土壤氮的影响.大豆通报,1993(3)

朱树秀,李良,阿米娜.玉米单作与大豆混作中氮素来源的研究.西北农业学报,1994,3(1):59~61

湖北油料研究所夏油料作物系.水田三熟制中秋大豆栽培技术及养地作用初步调查研究.油料作物科技,1975,2期:9~12

郭庆元,李志玉,涂学文.大豆高产优质施肥研究与应用.中国农学通报,2003,19(3)

韩晓增,许艳丽.大豆平作密植施肥技术的研究.大豆通报,1997,6期:18

何庸,石发贞,余世铭.大豆氮磷钼肥的施用及效果.中国油料,1980,4期:54~57

湖北油料研究所夏油料作物系.水田三熟制秋大豆的营养特点与施肥.油料作物科技,1976,第2期:46~49

李志坤,张磊等.夏大豆 MN 413 单产 4 726 kg/hm² 高产栽培技术.安徽农业科学,2001,29(1)

宋书宏,王文斌等.北方春大豆超高产技术研究.中国油料作物学报,2001,23(4):48~50

李路,刘尚文,常刚,杨尚成.大豆亩产 200 kg 关键技术初探.大豆通报,1999,3期:9~10

罗赓彤,战勇,刘胜利.新大豆 1 号和石豆 1 号高产纪录的创造.大豆科学,2001,20(4):270~274

周暑华.春大豆密肥高产栽培措施的数学模型.中国油料,1985,2期:42~48

张性坦.亩产 300 kg 的夏播超高产诱处 4 号的选育.大豆通报,1995,1期:21~22

陈华塔,郑祥品.南方春大豆种植密度与肥料施用正交回归旋转试验.大豆通报,1998,3期:10

王洪论,张傅珂等.大豆高产高效施肥模式的研究.中国油料,1994,16(2):32~34

许艳丽,韩晓增.大豆重迎茬研究.哈尔滨工程大学出版社,1995,

Gan Yinbo;Stulen,L;Keulen,H. Van;Kuper,P,J,C,Effeet of N fertilizer top dressing at various reproductive stages on growth,N² fixa-
　　tion and yield of three soybean(*Glycine max* (L) merr)genotypes.Field crops Research (2003) 80(2):147~155.Amsterdam,
　　Netherlands.

Gaydall,E.M.;and J. Arrivets. Effectes of phosphorus,potassias,dolomite,and nitrogen fertiltization on the quality of soybean,yields,pro-
　　teins,and lipids.J.Agric.Food chem.,1983,31:765~769

Naveen Datta:Sharma,C.M.Evaluation of rook phosphate-sulphur mixtures as source of phosphorus to soybean.Of the lndian society of
　　soil science (2001) 49(3):449~456

Oliveia.F.A.DE:Carmello.Q.A.De C;Masearenhas.H.A.A.potassium availability and its relation to calcium and magnesium in green-
　　house cultivated soybean.Scientia Agricola.(2001)58(2):329~335 Piracicaba.Brazil.

Singh.S.P;Bansal,K.N;Nepalia,V.Effect of nitrogen,its application time and sulphur on yield and quality of soybean(Glycine mas).

Indian Journal of Agronomy (2001)46(1):141~144

Sonune. B. A.; Naghade, P. S.; Kankal. D. S. Effecte of zinc and sulphur on protein and oil content of soybean. Agricuttural science Digest (2001)21(4):259~260 Karnal. India.

Vakhmistrov, D. B; and A. A. Fedorov, Separate determination of optimums of an N + P + K total dose and N:P:K ration in fertilizer, 6. Relation between quantity and quality of soybean yield. Agrokhimiya 1983(4):3~10(Chem. Abstr.99:45ppu,1983)

Furlani, A. M. C; Tanaka, R. T; Taralla, M; Verdial. M. F; Mascarenhas. H. A. A. [Boron requirement in soybean cultirars] CAB Abstracts, soils and Fertilizers, July 2002 Volume 65 N07

Hargett N. L. and J. T. Berrg. 1982 Fertilizer Summary datea TVA Bull Y-165. David Bmengel (1983) Scil Fertility and Liming.

第十七章　大豆病虫害及其防治

　　我国大豆种植地区从黑龙江至海南岛,气候从寒温带到热带,地势多样复杂,既有干旱地区也有湿地,因此,各种大豆病虫害均有适宜发生的环境。我国已有报道的病害有49种以上,其中病毒病害12种以上,真菌病害30种以上,线虫病害4种以上,细菌病害3种以上。已有报道的虫害分属6个目43个科共计225种,其中鳞翅目13个科69种,鞘翅目10个科58种,半翅目6个科48种,直翅目4个科23种,双翅目2个科9种,同翅目8个科16种;另有2种蜘蛛虫害。虫害种颇多,但专为害大豆的种类不多,多为广食性虫害。上述病虫害包括苗期、营养期、生殖期及贮藏期各个时期。根据不完全统计,在目前防治水平条件下,病害常年产量损失占总产的3%～5%,虫害占总产的2%～5%。病虫害综合产量损失占总产的5%～7%。以上未计因土壤、施肥或管理不当的缺素害。本章病虫害中病害按病原种类分为病毒病害,线虫病害,真菌病害,细菌病害及寄生杂草。虫害按主要取食为害部位分为蛀荚虫害,茎根虫害,食叶虫害及吸汁液虫害,并选择对产量影响较大的若干种重点叙述。

第一节　病毒病害

　　全国各省大豆均有病毒病发生,主要产区普遍发生,目前各国报道能侵染大豆的病毒已有50种以上。我国田间大豆病株分离鉴定出的病毒有:大豆花叶病毒(Soybean mosaic virus)、大豆矮化病毒(Soybean stunt virus)、花生条纹病毒(Peanut strip virus)、蚕豆萎蔫病毒(Broad bean wilt virus)、苜蓿花叶病毒(Alfalfa mosaic virus)、烟草坏死病毒(Tobacco necrosis virus)、烟草环斑病毒(Tobacco ringspot virus)及菜豆南方花叶病毒(Bean southern mosaic virus)、菜豆荚斑驳病毒(Bean pod mottle virus)、菜豆黄花叶病毒(Bean yellow mosaic virus)、豇豆蚜传花叶病毒(CoAbMV)、番茄不孕病毒(Tomato aspermy virus)等12种病毒。上述病毒病害中,大豆花叶病毒占发生病毒的75%～95%。花生产区种植大豆常发生花生条纹病毒,或与大豆花叶病毒复合感染。局部地区大豆田发生大豆矮化病毒。其他大豆病毒病多在局部田块或零星发生。

一、大豆花叶病毒病

　　全国各省大豆均有发生。大豆植株被病毒感染后的产量损失,根据种植季节、品种抗性、侵染时生育期、传毒蚜虫的消长及侵染病毒的株系强弱等因素不同,常年产量损失5%～7%,流行年份10%～20%,个别地区或田块产量损失可达50%。病株减产因素是豆荚及豆荚粒数减少;降低种子百粒重及萌发率;影响种子蛋白质、油分、脂肪酸、微量元素及游离氨基酸的组份;病株根瘤显著减少,降低固氮功能;某些品种感病后造成种子斑驳率增高,降低种子商品价值。

（一）症　状

　　病毒感染后最常见症状是花叶。带病毒种子的实生苗二叶期就能出现轻花叶或斑驳花叶,或扭曲,或向下卷曲的带毒病苗。这种病株后期节间及叶柄缩短,造成矮化,产量损失最大。不同生育期感染病毒后出现症状,根据品种抗病毒性及侵染病毒株系而有所不同,在气温15℃~28℃情况下,出现轻花叶,不同颜色的斑驳,卷叶、缩脉及形成泡状突起。某些品种出现系统枯斑、芽枯等症状。气温在30℃以上植株被感染后,大部分品种呈隐症,已感染的叶片变脆。严重病株除矮化外,豆荚茸毛短而少,扭曲或畸形。同一品种有的病株后期叶脱落晚或不脱落,多是其他侵染大豆的病毒复合感染造成。

(二)病原生物学及生化特性

大豆花叶病毒属马铃薯 Y 病毒组,是大豆种传病毒中的一种病毒,病毒颗粒呈线状,分散在细胞质及细胞核中,大多长 650~750 nm,平均长宽为 700 nm×16 nm 左右,病毒钝化温度为 55℃~60℃,有的分离物可达 66℃。稀释终点 10^{-3}~10^{-6}。病毒侵染性根据不同分离物或株系为 3~14 d,钝化 pH 值 <4 或 >9。感染 2~3 周的病叶细胞内产生内含体为风轮状,大小为 12~14 nm。病毒核酸含量为 5.3%,病毒基因组为 SS-RNA,分子量 $3.25×10^6$ Da。核苷酸组成为:腺嘌呤核苷酸 29.9%,鸟嘌呤核苷酸为 24.3%,胞嘧啶核苷酸为 14.9%,尿嘧啶核苷酸为 30.9%。病毒含磷量为 0.49%。

(三)病毒株系

我国 SMV 株系尚未有全国统一的株系鉴定。东北三省以弱、中、强不同抗性品种分别鉴定了 29 县(市)、391 毒株,分为 1、2、3 号株系,分别占有率为 32%、46%、22%(吕文清等,1985)。山东省根据由弱、中、强 6 个不同品种抗性,从 145 个 SMV 分离物分别鉴定出 S_1~S_6 6 个株系。其中 Sd_1~Sd_2 属弱毒株,占 41.4%;Sd_3、Sd_4 属中等毒株系,占 46.9%;Sd_5、Sd_6 属强毒株,占 11.7%(罗瑞悟等,1990)。江苏省通过 7 个大豆品种,2 个扁豆品种及菜豆、蚕豆品种各 1 个。根据症状不同,把江苏省及东北毒株鉴定出 S_A~S_H 8 个株系,S_D、S_F 为东北 2 个株系,江苏省流行株系为 S_A 及 S_B 株系(濮祖芹等,1982;陈永宣等,1986)。从湖北省种子中斑驳粒出苗病株的 SMV 分离了 46 个分离物,用 5 个不同抗性品种,鉴定出 S_1~S_3 3 个株系,其中 S_1 及 S_3 为湖北省流行株系,S_2 为强毒株系。

从 1980~1990 年全国大豆品种资源抗 SMV 鉴定出的抗病品种,以上述各地强毒株接种,根据症状严重度鉴定,山东株系毒力相对较强,湖北株系次之,东北及江苏株系相对较弱。明确各地流行小种对抗病育种有重要价值,有待进一步深入研究。

(四)病毒种传性

大豆花叶病毒在大豆不同品种感染后,种传率由 0%~38%。大豆植株花前期被侵染,花萼、花瓣、雌雄蕊、未成熟荚皮及未成熟种子均能带毒。当年成熟种子的种皮,胚乳、胚芽均能带毒。干燥条件下,翌年播种种子的种皮及胚乳中病毒多数失活,带毒实生苗主要是胚芽带毒的种子造成(Z.L.Yu et al,1989)。种传率高的品种,在病株花器官含病毒量比低种传品种相对较高,而在花器官相对总酚含量低种传率品种高于高种传率品种,不同品种其病株产生的相对总酚含量与品种种传率呈负相关(杨书军等,1990)。

(五)寄主范围

大豆花叶病毒侵染自然寄主主要是大豆及野生大豆,有的分离物或株系能局部侵染苋科的某些植物。人工接种病毒绝大部分仅感染豆科植物,系统侵染寄主有望江南、刀豆、猪屎豆、扁豆、羽扇豆、菜豆、豇豆、田菁、蚕豆等。局部侵染的寄主有苋色藜、昆诺藜、白色藜、双花扁豆、白花扁豆、长序菜豆、长豇豆、豌豆等;无症状带毒寄主有窄叶羽扇豆、克里芙兰烟,芝麻等。上述寄主是国内外报道人工接种侵染的植物,不同株系或分离物,或寄主品种不同,侵染寄主结果有很大差异,因此作为株系鉴别方法之一。

(六)传毒方式及介体

病毒能通过病叶汁液,带毒种子及蚜虫非持久性传毒。田间病毒传播主要通过带毒实生苗的植株,经蚜虫传播而扩大病株量,有翅蚜是植株间传毒的主要介体。已报道能传播大豆花叶病毒的蚜虫有 30 多种,我国已报道主要蚜虫有豆蚜(*Aphis craccivora* Koch)、大豆蚜(*A. glycine* Matsumura)、胡萝卜蚜(*A. labumi* Katlembach)、豇豆矛蚜(*A. fabae* Scopli)、棉蚜(*A. grospii* Glover)、豌豆蚜(*Acyrthosiphon solani*(Kattenbach))、桃蚜(*Mysus persicae*(Sulzer))、马铃薯缢管蚜(*Mcrosiphum solani*(Fabricus))、高粱缢管蚜(*Rhopalasiphum prunifoliae*(Fitch))、菜蚜(*R. pseudobrassicae* Davis)等。其中大豆蚜、桃蚜、豆蚜传毒率最高,传毒蚜虫种类及传毒率与不同病毒株系或分离物有所差异。

(七)流行因素

1. 播种带毒种子是田间发生病毒的初次侵染源　植株生育期感染病毒时间越早,种子带毒率越高。花期感染病毒种子带毒率极低,多为种皮带毒,翌年播种种子带毒苗在 0.1% 以下。

2. 蚜虫介体的消长　在田间有带毒种苗情况下,有翅蚜迁飞期及着落植株的频率是该田块发生严重度的重要因素。大多数有翅蚜着落在植株冠层叶为害,黄绿颜色叶片品种比深颜色叶片品种有翅蚜着落率明显增高。大豆田附近作物除大豆蚜、桃蚜及豆蚜外,其他蚜虫着落率及传毒率均很低。

3. 品种抗性　大豆对花叶病毒抗性包括有对病毒的侵染抗性,即发生严重度抗性;抗斑驳即不产生或低斑驳种子率;抗种传即不种传或低种传率品种;抗蚜即蚜虫不取食或低着落率品种。一般抗病品种均具有前 3 种抗性。

4. 温、湿度　温、湿度主要影响蚜虫发生量及迁飞的重要因素。高温 30℃ 以上降低病株病毒增殖量,且有钝化病毒侵染性,所以南方种植大豆,一般春豆及秋豆病毒发病率及严重度,高于夏豆。

二、大豆矮化病毒病

我国分布于吉林、辽宁、山东、安徽、湖北、江苏、云南、北京及上海等省、直辖市。

(一)症　状

带毒种苗呈现单叶时即扭曲或叶脉坏死。田间病株叶大多为斑驳花叶、皱缩花叶或小叶,畸形丛生。高温干旱条件下,病株可出现自顶芽向下逐渐枯死症状。早期侵染植株矮化。

(二)病　原

黄瓜花叶病毒组(Cucumovirus group)的黄瓜花叶病毒(Cucumber mosaic virus)大豆矮化株系引起的病毒病,为大豆重要种传病毒。病毒颗粒为多面体,直径 28～30nm,2 个株系为 SSV_1 及 SSV_2。致死温度分别为 60℃～65℃ 及 45℃～50℃;稀释终点为 10^{-3}～10^{-4} 及 10^{-2}～10^{-3};体外存活期,室温下为 4～5 d 及 3～4 d。

(三)传毒方式及介体

病毒可通过病液、种子及蚜虫非持性传播。蚜虫介体有大豆蚜、桃蚜及豆蚜。

(四)寄主范围及株系鉴别寄主

病毒人工接种可侵染豆科、藜科及茄科30多种植物,2个株系鉴别寄主列表(17-1)。

表 17-1　大豆矮化病毒 SSV_1 及 SSV_2 鉴别寄主　(录自沈淑琳,1984)

寄 主 植 物	SSV_1 株系症状	SSV_2 株系症状
大豆 *Glycine max* c.v 猴子毛	不侵染	斑驳
菜豆 *Phaseolus vulgaris*	局部枯斑、斑驳	不侵染
决明 *Cassia tora*	系统褪绿斑和枯斑	斑驳
洋酸浆 *Physalis floridona*	花叶	斑驳
罗勒 *Ocimum bailicum*	不侵染	局部坏死、叶脉坏死
金鱼草 *Antirrinum majus*	不侵染	斑驳

三、大豆其他病毒病

我国大豆其他病毒的基本性状及特点见表17-2。

表 17-2　大豆其他病毒的基本性状及特点

病毒名称	大豆上症状	鉴别寄主	传播方式	病毒颗粒	发生地
花生条纹病毒 Peanut strip virus (Xu, Z. et al.1983)	系统褪绿斑驳	菜豆 c.v.Topcrop:接种叶枯斑,脉枯,系统坏死斑,脉坏死,顶枯	汁液,蚜传	线状 12nm × 750~775nm	河南、湖北、山东、安徽、云南等
苜蓿花叶病毒 Alfalfa mosaic virus(沈淑琳等,1981)	局部至系统褪绿,中心坏死;叶背耳突;顶枯、芽枯	菜豆 c.v.Monre 局部枯斑。罗勒:系统黄斑,叶扭曲	汁液,蚜传,种传(大豆种传率3%~6%)	3种不同长度的杆状,2种球状,直径约18nm	北京
蚕豆萎蔫病毒 Broad bean wilt virus(陈燕芳等,1985)	系统花叶或褪绿斑驳,顶枯	矮牵牛:斑驳,系统坏死斑	汁液,蚜传	多面体,直径约25nm	公主岭、济南、北京
菜豆南方花叶病毒 Bean southern mosaic virus(许志钢等,1986)	系统花叶或褪绿斑驳	豇豆:局部坏死斑	汁液,甲虫传,种传(大豆种传率0.6~2%)。	球形,直径约25nm	吉林、辽宁
烟草坏死病毒[13] Tobacco necrosis virus(舒秀珍等,1982)	局部深褐斑,脉坏死	苋色藜:局部褪绿斑→坏死斑	芸苔油壶菌游动孢子,土壤传播	多面体,直径26nm	武汉
烟草环斑病毒 Tobacco ringspot virus(许志钢等,1986)	系统褪绿,斑驳,芽扭曲→变枯,易脱落	长豇豆 c.v 红咀燕:局部坏死,茎条纹,枯斑。千日红:褪绿小环斑	汁液,线虫传,种传(大豆种传率40%~100%)	多面体,直径约29nm	河北
豇豆蚜传花叶病毒 Cowpea aphis-born mosaic virus(董平等,1987)	系统花叶	苋色藜:褪绿斑,中心坏死。菜豆:局部褪绿坏死斑,芝麻:系统环死	汁液,蚜传(非持久性)。豇豆种传率8%~13%	线状 700~750nm ×13nm	山东、江苏、新疆

续表 17-2

病毒名称	大豆上症状	鉴别寄主	传播方式	病毒颗粒	发生地
番茄不孕病毒 Tomato aspermy virus (王树琴等,1982)	花叶、系统脉带,泡突	番茄呈丛生,叶细小,果小而少。普通烟:花叶斑驳。心叶烟:叶扭曲,有耳突	汁液,蚜传(非持久性)。种传,(菜豆种传率 8%～13%)	球状直径 27～30nm	菜豆种传,侵染大豆
菜豆荚斑驳病毒 Bean pod mottle virus (耿迎春,1986)	系统斑驳,豆荚及种皮斑驳。病株贪青不脱落。	菜豆:系统斑驳,叶畸形,植株矮化	甲虫传(半持久性)		在田间常与 SMV 混合侵染大豆
菜豆黄花叶病毒 Bean yellow mosaic virus (濮祖芹等,1985)	系统花叶	菜豆:系统花叶,局部褪绿斑。千日红:局部枯斑	汁液,蚜传(非持久性),种传:豌豆 10%～30%,菜豆 3%,白羽扇豆 6%	线状 750nm × 12～15nm	菜豆病毒侵染大豆

我国尚未发现的大豆种传病毒应属我国检疫的病毒。如有发现应立即报检疫部门处理,列表 17-3,供参考。

表 17-3　大豆其他重要种传病毒　(农业部植检所沈淑琳、张成良等提供)

病毒名称	大豆种传率(%)	其他主要种传植物	主要传毒介体	病毒颗粒
大豆轻型花叶病毒 Soybean mila mottle virus	22～76	—	蚜虫	球状 26～27nm
南芥菜花叶病毒 Arabis mosaic virus	6.3	莴苣 60%～100%,甜菜 13% 及多种花草	线虫	球状 30nm
樱桃卷叶病毒 Cherry leaf roll virus	100	菜豆 12%～14%	线虫	球状 33nm
葡萄扇叶病毒 Grape vine fan leaf virus	0～59	苋色藜 1.3%	线虫	球状 28～30nm
覆盆子(潜)环斑病毒 Respoerry (latent) ring-spot virus	7.2	甜菜 50%～55%,多种花草	线虫	球状 30nm
番茄环斑病毒 Tomato ring spot virus	76	番茄 3%,烟草 11%,多种花草	线虫	球状 28nm
番茄黑环病毒 Tomato black ring virus	83	豇豆 23%,番茄 19%,黄花烟 4.4%～88%及多种花草	线虫	球状 30nm
桑环斑病毒 Mulberry ring virus	11	豇豆 80%,菜豆 6%,甜菜 50%～55%	线虫	球状 30nm
烟草线条病毒 Tobacco streak virus	3～31	菜豆 1～26	菟丝子	多面体 28～34nm

四、病毒病的防治

(一)种植抗病毒品种

抗病毒病已成为大豆选育新品种重要指标之一。我国大豆品种资源已作抗花叶病毒鉴定,并有一批抗 SMV 资源,譬如辽宁省的 ZDD7810、18238 等 10 份,四川省的 13050 等 6 份,吉林省的 17979 等 2 份,河北省的 1588 等 6 份,山西省的 2009 等 3 份,山东省的 9879、19338

等 6 份,江苏省的 3730、11210 等 17 份,及贵州、安徽、江西、浙江等省的合计 58 份。这些都是各地育种的抗原,各地已推广品种大多属中抗以上的良种,但必须经常提纯复壮,避免抗性衰退,建议各产区应有多个抗病品种交替种植,避免流行毒株变异或出现新的强毒株系。

(二)建立无毒种子田

侵染大豆的病毒,很多能通过大豆种子种传,因此种植无病毒种子是防治病毒病的最有效防治方法。无毒种子田要求在种子田 100 m 以内无该病毒的寄主作物。种子田出苗应及时去除病苗,开花前再清除 1 次病株,一般 3~4 年即可达到无毒源种子。一级种子的种传率应小于 0.1%,商品种子应低于 1%。

(三)防蚜治蚜

大多病毒是蚜虫非持久传播,因此生产田大规模药剂治蚜,不经济且效果差。建议在原种子田用银膜覆盖或银膜条间隔插在田间,有较好避蚜及驱蚜作用。田间有蚜虫发生应及时施药防治,具体做法参阅大豆蚜的防治。

(四)加强种子检疫及管理

大豆是种传病毒种类较多的作物之一,因此加强各级种子检疫尤为重要。我国大豆面积大,地理气候条件差异大,各产区品种众多,种植季节及种植方式也有不同,产生病毒的侵染分化形成不同毒株,在各地交换品种资源及调种中,都可能引入非本地病毒或非本地的病毒株系,从而形成各种病毒或株系相互感染,形成多种病毒或病毒株系流行的严重后果。为此,生产种子的部门必须提供种传率不超过 1% 的优良种子,种植后苗期发现病苗应立即拔除,而检疫部门要严格把关,使我国高质、优质、抗病品种发挥应有作用。

(五)化学防治

重病田或发病株率高的田可使用下列药剂减轻病害严重度。20% 病毒 A 可湿性粉剂 500 倍液,或 1.5% 植病灵乳油 1000 倍液,或 5% 菌毒清 400 倍液。每 10 d 喷 1 次,连喷 2~3 次。

第二节　线虫病害

大豆线虫病是我国大豆主产区危害大豆的重要病害,多分布于东北及黄淮地区各省,一般发病后产量损失 10%~20%,局部严重田块或地区可达 50%,少数可导致毁种或绝收,我国危害大豆的线虫主要有大豆胞囊线虫及几种根结线虫。

一、胞囊线虫病

(一)症　状

受害植株叶片发黄,植株矮小,严重时成片植株呈枯黄,故又称萎黄病。线虫主要寄生于寄主根部,寄生后根发育受阻,须根增多呈发状,并在根上着生白色至黄白色的胞囊。植株苗期受害,发育不良,植株矮小。后期植株受害,花芽少或枯萎,结荚少或不能结荚,根部着生根瘤数明显减少或甚少。由于胞囊在田间分布不均匀,植株根部侵入的虫量不等,出现危害不同轻重程度的植株,形成田间黄绿相间,高矮不同的受害植株群。

(二)病　原

大豆胞囊线虫病的病原为大豆胞囊线虫(*Heterodera glycines* Ichinohe)。

雌成虫呈柠檬形,由皮层膜质呈白色透明,后变皮层革质呈不透明的黄褐色,壁上有不规则横向排列的短齿状花纹。大小为 0.85 mm×0.51 mm。食管球大,生殖原基呈"V"字形,最后发展成如同左右两个卵巢状充满腹内。体后端呈圆锥形,阴门位于锥顶,阴门小板两侧半膜孔型。膜孔长 51.3 μm,宽 39.4 μm;阴门裂长 51.2 μm;阴门下桥长 87.4 μm,阴门下方泡状突明显。

雄虫呈线形,皮层膜质透明,长 1.24 μm,食管球小,生殖原基发展成单一的精巢,头尾末端均较钝平。

卵长椭圆形,膜皮透明,大小为 108.2 μm×47.5 μm。1 龄幼虫细长,盘卷成"8"字形,在卵内蜕皮 1 次,成为 2 龄幼虫出卵。2 龄幼虫针形,头钝尾细尖,长 473.6 μm,宽 22.9 μm,口针长 23.9 μm,尾长 52.2 μm,透明尾长 27.3 μm,排泄孔距头端 112.9 μm,背食管腺开口距口针颈部球约 4 μm。2 龄幼虫侵入根部后,由线形而变膨大,蜕皮 3 次,虫体 3 龄为豆荚形,渐呈葫芦形至 4 龄的瓶形,直至形成柠檬形的雌虫,雄虫呈线形。

(三)生理小种发生及分布

我国大豆胞囊线虫有明显生理分化,根据国际鉴别品种寄生力反应,我国目前有 7 个小种,其中 1、3 号小种分布于东北及内蒙古大豆发病区,2 号、7 号小种主要分布于山东发病区,4 号小种主要分布在山西、河南、河北、山东、江苏、安徽等发病区,5 号小种主要分布在安徽、吉林、内蒙古等发病区,6 号小种分布于黑龙江发病区,7 号小种分布于黄淮发病区。各小种以 3、4 号分布较广(齐军山等,2000)。

(四)寄主范围

大豆胞囊线虫的寄主主要是豆科,其次为玄参科。能侵入并在根内发育的有大豆、赤小豆、菜豆、绿豆、黑豆、决明、猪屎豆、地黄、黄芩等;能侵入但不能在根内发育的有:豌豆、黄芪、苦参、望江南、补骨脂、扁豆等;不能侵入的有蚕豆、甜菜、小麦、燕麦、玉米、大黄、花葱、荞麦、柴胡等。

(五)侵染循环

土壤中具有侵染性幼虫可侵入根部组织,进入输导组织并定居于薄壁组织中,取食发育。3～4 龄幼虫即能区别雌雄异体的成虫,雄虫钻出根外寻找雌虫,完成交配后即死亡。雌虫受精后在体内形成卵及卵囊。卵孵化为 2 龄幼虫,出卵后再次侵染。该线虫以雌虫体形成的胞囊中卵或胚胎卵在土壤或附有病土的种子上越冬。越冬后,病原随种子播种及耕作农具、流水或风传播再次侵染寄主。

卵在 7℃以上即能孵化,10℃以上 2 龄幼虫即能侵染寄主。适温为 23℃～25℃,适宜相对湿度为 60%～80%,胞囊有很强抗低温及干旱的能力,在 -40℃能存活 7 个月,附在种子上的胞囊内卵可存活 22 个月,土壤中能存活 10 年以上。

胞囊线虫 1 代历期需积温约为 313.4℃,17.8℃历期 41 d,23.3℃为 24 d,各虫态历期:在 25℃左右,雌虫形成卵 14～16 d,2 龄幼虫 4～5 d,3 龄 3～15 d,4 龄 5～7 d。目前发病地区,沈阳以北为 3 代区,沈阳以南及黄淮地区为 4 代区,其中第一代为害大豆最为严重。

(六)防治途径

1. 轮作　　连作造成病原在土壤中不断增量,是病害日益严重的主要原因。因此,根据寄主范围与不侵染作物及能侵染而病原不能发育的诱捕作物轮作,是减少病原的有效方法。轮作年数越长,发病严重度越轻,一般要求在 3 年以上。

2. 种植抗病品种　我国抗大豆胞囊线虫(SCN)抗各生理小种的品种资源较丰富,抗SCN 1 号有 ZDD2255、2450 等共 20 多份(山西);18347、18365(内蒙古)、2973(山东)等 20 多份;抗 SCN 2 号有 ZDD14586、17767、20323、21846 等 30 多份;抗 SCN 3 号有 ZDD2258、2315、9462(山西)、2967、10060(山东)、10253、19520(陕西)等共 30 多份;抗 SCN 4 号有 ZDD2255、2258、2308(山西)等;抗 SCN 5 号有 ZDD17930、18058(山西)、17681、17685(黑龙江)、19217、19379、19381(山东)共 20 多份。东北及山东等育种单位利用抗病资源均已育成适于当地的高产抗 SCN 的品种,建议种植抗病品种应 2～3 年轮换品种,以免发生品种抗性退化或造成病原生理小种的变化。

3. 化学防治　棉隆(必速灭)属低毒,熏蒸杀线虫剂,播前 15～20 d 在 20 cm 深度土中沟施熏杀,每 667 m² 用量 98% 颗粒剂或 75% 可湿性粉剂 6.6～8 kg,施药后盖土压实,熏杀 15 d 后松土播种,不能作为种子拌种。二氯异丙醚(灭线虫)属低毒杀线虫剂,具熏蒸作用,土中挥发慢,对植物安全;施用方法同棉隆,每 667 m² 用量 80% 乳油 5 000～7 500 ml,可在大豆生长期结合中耕施肥时拌土施药。菌线威,以 1.5% 菌线威拌种,用量为种子量的 0.1%～0.2%,加过筛湿润细土 100～200 倍,在桶中拌种,每分钟搅 20～30 转,正、倒转各 50～60 次,拌种后可直接播种;土壤消毒,每 667 m² 用 1.5% 菌线威 200～400 g,加入腐熟过筛的有机肥 100～200 kg,充分拌匀,随播种施入播种沟内。涕灭威(铁灭克)及克百威(呋喃丹)均属高毒,内吸性杀线虫,杀虫剂。15% 涕灭威每 667 m² 用量 1～1.3 kg。药剂与细土拌均施于15～20 cm 深播种沟内,沟内先覆盖土 5 cm 深后播种,播种后再覆土盖平,土壤要求含水量17% 以上,否则易产生药害。3% 克百威颗粒剂,每 667 m² 用量 2～4 kg,施用方法同涕灭威。可兼治地下害虫,苗期蚜虫,红蜘蛛及其他害虫。高毒药剂必须按药剂安全正确的使用方法及施用量,注意防护措施。

二、根结线虫病

大豆根结线虫病发生于河北、河南、山东、湖北、福建、广东等地,有多种根结线虫为害。北纬 25°～35° 为南方根结线虫及花生根结线虫,35°～40° 为北方根结线虫,以南方根结线虫危害严重,严重田块大豆产量损失可达 90%。

(一)症　状

根结线虫主要为害根部,虫体刺激根尖组织形成瘤状根结,表皮粗糙,瘤中会有线虫。病瘤大、小形状不一样。北方根结线虫一般直径在 3 mm 以下,伴生许多侧根。其他根结线虫根结在小根上约 3 mm,在大根上有 20 mm 左右。由于植株根部受害,根组织不同程度破坏,影响水分及营养的输送,形成病株发育不良,叶色淡绿或黄化,植株不同程度的矮化,严重病株萎蔫枯死,田间呈黄绿参差不齐的叶片的病株片,病株根瘤明显减少。

(二)病　原

主要有 3 种线虫,即南方根结线虫[*Meloidogyne inognita* (Ckofoid and White) Chitwood]、花生根结线虫[*M. arenria* (Neal)]、北方根结线虫[*M. hapla* (Chitwood)]。

根结线虫卵为圆形至椭圆形,比胞囊线虫大,幼虫前钝后尖的线形,渐呈豆荚形或葫芦形。雌成虫为梨形,大小为 0.36～0.85 μm×0.2～0.56 μm。雄成虫为线形,大小为 1～1.6 μm×0.028～0.04 μm。雌虫阴门位于体末端,由两片角质化性唇构成。不同种线虫有不同吻针形及会阴花纹。

(三)生活史

根结线虫以卵在卵囊内过冬,经胚胎发育成 1 龄幼虫,并在卵内蜕皮 1 次成 2 龄幼虫,孵化出卵,侵入寄主根尖组织,再蜕皮 1 次成 3 龄幼虫,经 4 次蜕皮成为成虫。雄虫钻出根结与雌虫交配,雄虫即死亡。雌虫成熟后,阴门裂露出根结,交配后排出黏液,产卵于黏液中,黏液遇空气结成卵囊团,雌虫产卵后即死亡。根据各地温、湿度不同,一季大豆完成 3～4 代。

(四)发病条件

大豆根结线虫在土壤中分布可深达 80 cm,以 0～30 cm 土层中分布最多,土壤病原量大,翌年病害重。田间水平传播广度是随农机具田间作业中而扩大。根结线虫产生适温为 25℃～30℃,低于 15℃、高于 32℃对产卵不利。北方根结线虫孵化适温在 27℃左右,因此根结线虫多发生于南方。孵化除温度外,土壤酸碱度与孵化有关,适宜孵化 pH 值为中性至偏酸性。南方根结线虫卵孵化土壤适宜 pH 值 6～7。pH 值大于 7、pH 值小于 6 条件下孵化随之降低。某些植物根的分泌物能促进南方根结线虫卵的孵化,如秋葵、番茄,此外一些糖类如阿拉伯糖及山梨醇对孵化也有促进作用。

(五)防治方法

1. 轮作 与非寄主植物轮作,能减少根结线虫群体数量。因此首先要明确根结线虫的种,防治方能有效。南方根结线虫可与花生轮作,不能与棉花或玉米轮作;北方根结线虫可与禾本科作物轮作,不能与花生、马铃薯等作物轮作。

2. 培育抗根结线虫大豆品种 由于根结线虫为害大豆种类较多,各种根结线虫寄主范围又不相同,因此利用抗胞囊线虫抗病品种资源作抗性鉴定,选出抗病资源,进行抗病育种是最有效的防治途径。

3. 化学防治 参阅大豆胞囊线虫化学防治方法部分。

第三节 真菌病害

侵害大豆最多的是真菌病害,包括为害叶、茎、根、荚及种子部位。某些真菌能危害植株多个部位,本节主要列出对大豆有经济重要性的真菌病害,并附有常见真菌病害的简要情况。

一、根腐病害

我国大豆根腐病主要分布于黑龙江及黄淮地区,一般减产 10%～30%,重病地块可达 60%以上,少数及严重田块可导致绝收。引起根腐的病菌主要是疫霉根腐菌,还有多种镰刀菌、立枯丝核菌及腐霉菌。黄淮地区以茄镰刀菌为主,黑龙江以尖孢镰刀菌为主。

(一)疫霉根腐病

疫霉根腐病(李长松,1993a、1993b)主要代发生于黑龙江省及山东省,常年产量损失 10%～30%,严重地块可达 60%～90%。

1. 症状 大豆整个生长期均能侵染,并出现症状。侵染幼苗,子叶出现水渍状。水淹条件下种子腐烂,受害植株茎呈浅褐色水渍状,叶片变黄萎蔫,上部叶片褪绿,直至植株萎蔫,叶片一般不脱落,病斑可延伸到第十至第十一节,最后皮层及维管束变褐色。较耐病品种根腐只限于侧根,植株不死亡,出现矮化和叶片轻微褪绿,症状类似轻度缺氮,偶有褪色凹陷斑扩展至基部一侧。病株在大雨后出现叶片萎蔫,病斑浅褐色,边缘黄色,感病品种幼苗期整株叶片黄化。病株根部须根和主根下部腐烂,结荚数明显减少,空荚,瘪荚数较多,籽粒不饱满。

2. 病原　大豆疫霉根腐病的病原为大豆疫霉(*Phytophthora magasperma* f. sp. *glycine* Kuan & Erwin),孢子囊无色,长卵形或柠檬形,大小为 42~65 μm×32~53 μm,孢子囊萌发形成泡囊,内含大量游动孢子,能伸长裂开,有的游动孢子在泡囊内萌发,形成芽管穿过很薄的泡囊壁。孢子囊有时直接萌发,其作用类似分生孢子,在老的空孢子囊内一般形成新孢子囊,也可形成厚垣孢子。产生游动孢子的适温为 20℃~30℃,最适温度为 25℃,最低温度为 5℃。偏酸性有利于游动孢子产生。游动孢子为卵形,一端或两端钝圆,有 2 根鞭毛,前根鞭毛比后根鞭毛长 4~5 倍。游动孢子游动数天形成休眠孢子,休眠孢子萌发产生芽管,在接触点形成附着胞,然后长出菌丛。休眠孢子有时萌发再形成游动孢子。孢子囊直接萌发适温为 25℃,间接萌发适温为 14℃。休眠孢子在营养液中比在蒸馏水中萌发率高。在营养培养基上可形成有性器官,雄器侧生,藏卵器球形或扁球形,直径 29~58 μm,壁薄。卵孢子壁厚,光滑。卵孢子萌发产生菌丛或孢子囊,形成卵孢子 15 天后即可萌发。卵孢子形成和萌发的适温为 24℃。多数菌株的最高温为 32℃~35℃,最低为 5℃,适温为 25℃~28℃。

国际报道疫霉根腐病已有 53 个生理小种。我国黑龙江及淮北地区报道有 7 个生理小种。分别定为中国 1~7 号(CNR1~7),其毒力公式为 7-CNR1;1d,7-CNR2;1d-CNR3;6,7-CNR4;3,7-CNR5;1b,1d,3a,3c,5,7-CNR6 及 1b,1d,4,5-CNR7(李长松等,1992;朱振东等,2000;朱振东等,2001)。

3. 侵染循环及发生因素　病害初次侵染源是病株根茎部形成的卵孢子,在适宜温、湿度条件下打破卵孢子的休眠,并形成孢子囊,孢子囊遇水时形成并释放游动孢子,被侵染的根部也能形成孢子囊,成为田间再侵染的来源,释放的游动孢子通过土壤水而扩散。大豆根吸附的游动孢子、菌丝在根和下胚轴组织内细胞间生长,通过吸器穿过寄主细胞,24 h 在根组织定殖并危害植株。

大豆疫霉病传播主要在 0~50 cm 深土层的病菌,随土层加深,病原递减。田间发病中心随土壤翻耕和平整土地而扩大。病根也能传病,种子不传病。连作地过多施氮肥,排水不良则发病重。在土壤中有其他病原如镰刀菌,立枯丝核菌及根结线虫可加重危害。根部周围有菌根真菌及拮抗性细菌可减轻危害。

4. 防治途径

(1)种植抗病品种　目前黑龙江已鉴定出一些抗病品种,有绥农 8、绥农 10、绥农 11 号,抗线 1、抗线 2 号,嫩丰 15 号,垦农 4 号,合丰 34 号,江丰 6、江丰 8 号等 10 个品种。地方品种有 ZDD 00274、06370、06979、07070、07206、22727 等 6 个品种(朱振东等,2000)。

(2)栽培管理　加强田间排水管理,降低土壤湿度,尤其在雨后的排水,与非寄主作物轮作,适当施氮肥,增施磷肥及有机肥。

(3)化学防治　采用种子与农药拌种,按 0.2% 种子量的 35% 瑞毒霉拌种剂拌种效果可达 75%~80%,也可用 0.3% 种子量的 40% 速克灵或 50% 多菌灵拌种,还可用 0.4% 种子量的 58% 雷多米尔、70% 百得富或 72% 克露拌种。生长期叶面喷药每 667 m² 用量分别为 100 g、120 g、80 g。生物制剂可用 0.02% C95拌种。用 25% 瑞毒霉可湿性粉剂土壤处理,沟施 114

g/hm² 或施成 18 cm 宽带,用量为 454 g/hm²。

(二)镰刀菌根腐病

镰刀菌根腐病(李长松,1993b;李长松等,1992;辛惠普等,1987)主要发生危害严重地区是山东、安徽及黑龙江等省,一般产量损失 10% ~ 30%,严重的可达 50% 以上。

1. 症状 病菌侵染根部从根尖开始变色,水浸状,主根下半部先出现褐色条斑,逐渐扩大至表皮及皮层变黑腐烂,严重时主根下半部全部腐烂。有的病原菌可使根茎维管束系统变褐色或黑色。叶片由下而上逐渐变黄,病株矮化,结荚少,严重时植株死亡,有的发病初期叶片下垂,枯萎脱落。

2. 病原 多种镰刀菌能引起大豆根腐病,山东省及黄淮地区以茄病镰刀菌[*Fusarium solani*(Mart)Sacc]为主,而黑龙江省以尖刀镰刀菌(*F. oxysporum* Schl.)为主。

F. solani 在营养培养皿上 25℃生长直径为 4.4 cm,气生菌丝绒毛状,灰白色,可产生大量卵圆形或椭圆形的小型分生孢子,大小为 6.5 ~ 13.5 μm×3.1 ~ 5.2 μm,产孢细胞细长,为瓶状小梗,顶端着生 1 个或多个聚头状分生孢子,次末级细胞最宽。大型分生孢子产孢细胞为单出瓶状小梗,后期有分支;厚垣孢子球形或卵圆形,表面光滑或粗糙,顶生或间生,单生或双生,大小为 9.1 ~ 13 μm×7.8 ~ 13 μm。10℃ ~ 35℃条件下均能生长,以 25℃ ~ 30℃生长最好,20℃以下或 30℃以上生长明显减慢。适于生长的 pH 值为 5.5 ~ 8.5,pH 值 5 或 pH 值 9 生长减慢,光照对生长影响不明显,根据 37 个分离物在 6 个大豆品种的反应,可区分为 10 个致病型。该菌除侵染大豆外,还能轻微侵染菜豆、绿豆、长豇豆、蚕豆,表现皮层变褐,但不变黑腐烂。不侵染的寄主有豌豆,扁豆、花生、大麦、小麦、番茄、烟草、西瓜、黄瓜、油菜、甘薯等。

F. oxysporum 在 PDA 培养基上菌落正面为白色,背面为紫色。气生菌丝及孢子无色,大孢子呈镰刀形,孢子弯曲度较小,两端狭小,中部较宽,足胞明显,有的呈乳状突,大型孢子多具 3 ~ 5 个隔,以 3 个隔为最多,大小为 11.8 ~ 24.5 μm×2.5 ~ 5.8 μm,平均 14.2 μm×4 μm。小型分生孢子卵圆形,单孢或双孢,单孢 7 ~ 18.7 μm×3.5 ~ 7.25 μm,平均为 8.31 μm×4.51 μm。厚垣孢子间生或顶生,呈淡褐色,圆形,直径为 4.5 ~ 8.2 μm,平均为 7.5 μm。在 20℃ ~ 30℃条件下生长最快,中性偏酸有利于生长,小于 pH 值 3 或大于 pH 值 8 则抑制病菌生长。该菌能侵染多种植物和豇豆、利马豆、三叶草、白菜、萝卜、莴苣、茼蒿、香瓜及黄瓜等。

3. 侵染循环及发病因素 镰刀菌是土壤习居菌,可在各植物残体营腐生生活,并以厚垣孢子或菌丝在病残体上越冬,成为翌年初次侵染源。病菌通过幼根伤口侵入根部,开始在近髓部的木质导管里,能充满木质导管,也可侵染柔膜组织。连作病重。大豆多种线虫能诱发尖刀镰刀菌侵染大豆幼苗。

(三)丝核菌根腐病

分布于东北,华北和南方少数省份,黑龙江省重病田被害株率可达 100%,幼苗生长瘦弱,色黄无须根,致使幼苗死亡。

1. 症状 被害的幼苗或幼株的主根和靠地面的基部形成红褐色,略凹陷的病斑,皮层开裂呈溃疡状。幼苗被害严重时,茎基部变褐、细缩、折倒枯死;幼株被害严重时植株变黄,生长迟缓而矮小,病株结荚明显减少。

2. 病原 立枯丝核菌病的病原为立枯丝菌核(*Rhizoctonia solani* Kuhn),有性段为[*Thanatephorus cucumeris*(Frank)Donk]。在 PDA 培养基上,菌丝丛初为淡色,后变褐色,菌丝

体棉絮状或蛛丝状。菌丝初始无色,宽 6～8 μm,分枝与母枝呈锐角,分枝处呈缢缩。以后菌丝变为褐色,分枝与母枝呈直角,部分菌丝细胞逐渐膨大呈酒坛状,相互汇合而成菌核,菌核不规则形、褐色、直径 1～3 mm。

3. 侵染循环及发病因素　病菌以菌丝或菌核在土壤中越冬,成翌年初侵染源,属土壤习居菌。病菌可直接侵入初生根或次生根,也可由伤口侵入引起发病。本病主要发生在苗期,后期有其他根腐病病菌则可加重病情。多雨,地温低,土壤湿度大或地势低洼,排水不良,土壤黏重等则发病重。重茬地发病重。寄主范围广,除大豆外,尚且侵染甜菜,高粱、旱稻,茄子,烟草等多种作物。

(四)腐霉根腐病

分布于东北、黄淮地区,南方各省也有发生,从大豆萌发至生育前期均可引起发病,致使幼苗猝倒和根腐。

1. 症状　主要侵害幼苗茎基部,近地面茎呈水渍状,细缩变软,黑褐色,能很快折倒死亡,受害部呈不规则褐色斑点,严重的引起根腐。地上茎叶变黄或萎蔫,植株矮化。

2. 病原　腐霉根腐病原为腐毒菌(*Pythium debaryanum* Hesse)。在 PDA 培养基上菌丝体白色,绵絮状,菌丝有分枝,无色,无隔膜;孢子囊顶生或间生,球形或卵形,无色,表面光滑,有颗粒状内含物,萌发时先产生逸管,逸管顶端膨大成为泡囊,孢子囊内含物通过逸管转入泡囊内,在泡囊内形成游动孢子,泡囊破裂释放出游动孢子;游动孢子肾形,无色,侧生 2 根鞭毛。藏卵器通常顶生,球形,无色,表面光滑。卵孢子球形,淡黄色,表面光滑,直径为10～22 μm。

3. 侵染循环及发病因素　病残株上病菌在土壤或粪肥中越冬,成为翌年初侵染源。低温,多湿,排水不良等造成湿度高的条件均能引起病害发展,寄主范围广,能引起多种作物幼苗猝倒或果实腐病。

(五)镰刀菌、立枯丝核菌及腐霉菌引起的根腐病防治方法

上述根腐病,以选种抗、耐病品种为主,加强栽培管理,辅以化学防治。

1. 种植抗耐病品种　东北地区已鉴定抗病品种有九农 9 号、合交 71-943、东农 76-943、东农 3 号、丰收 3 号等。黄淮地区已鉴定出耐病品种鲁豆 2 号、鲁豆 4 号、鲁豆 6 号,豆交59,临 55、临 85、临 338,淮 87、淮 1646、淮 1689,珠豆 30 号、珠豆 31 号等。

2. 栽培措施　一是尽量使用各种方法降低病田土壤及田间湿度。二是合理施氮肥,增施磷、钾肥可减轻病害发展。三是 3 年以上与非寄主作物轮作。

3. 化学防治　主要是用种子量 0.3%～0.5%农药拌种,可降低发病指数,提高出苗率,可供选择的农药有 40%克菌丹、40%速克灵、50%利克菌、40%多菌灵、50%甲基托布津等。苗期发现病害,可喷施 50%多菌灵可湿性粉剂加 40%克菌丹 800～1 000 倍液。

二、锈　病

锈病(谈宇俊等,1996)主要在我国南方流行,危害大豆,除青海、宁夏、新疆、内蒙古及西藏未有调查和报道外,其他各省、自治区、直辖市均有发生。重病区主要在北纬 27°以南各省、自治区,北纬 27°～35°地区属轻病区或偶有发生。

20 世纪 60 年代已发现锈病危害大豆,70 年代大面积流行。我国各地分别种植的春豆、夏豆、秋豆及冬豆,均有不同程度的发生。福建、广东、广西等省、自治区春、秋两季大豆危害

较重,海南各季大豆均能发生危害,南方其他各省以秋豆危害较重。

锈病造成的产量损失是由于叶柄及茎等部分组织受损,减少光合作用面积及养分输导功能,造成花荚减少,种子百粒重降低,也降低大豆蛋白质与油分含量及种子品质。产量损失与侵染期长短及夏孢子重复侵染次数相关,花前期侵染产量损失50%以上,初花期侵染至结荚期产量损失随侵染期增长呈正比。常年产量损失10%～30%。百粒重根据受害时期长短可降低3%～50%。早期发病,基本无收。根据世界大豆锈病协作组统计,亚洲及大洋州大豆因锈病损失为23亿～50亿美元。我国各季大豆发生面积及严重度计算,损失大豆产量价值至少2亿～3亿元。

(一)症 状

病菌以侵染叶片为主,严重时能侵染叶柄及茎。侵染初期叶片迎光透视出现灰褐色小点,以后病斑扩大,呈黄褐色。由于品种及抗性不同也出现红褐色、紫褐色或黑褐色斑点,夏孢子堆成熟时,病斑在表皮层隆起。病斑密集时,形成被叶脉限制的坏死斑,夏孢子堆成熟时,病斑表皮破裂,散出灰褐色夏孢子,干燥时呈锈色,发病一般从湿度高的下部叶片开始,并向上蔓延。冬孢子堆多发生在日气温差大的时期出现,呈黑色或紫黑色。

(二)病 原

豆薯层锈菌(*Phakopsora pachyrhizi* Sydow)是引起大豆锈病的病原菌,主要异名有 *Uredo sojae*、*Phakopsora sojae*、*Physopella pachyrhizi*。该菌冬孢子单胞无柄,孢多层,排列不规则,埋藏于寄主表皮下,只寄生于豆科植物。自然条件下,仅发现夏孢子及冬孢子阶段。夏孢子是侵染寄主的侵染源。冬孢子存在于寄主叶片中,目前作用不明。冬孢子在自然条件下未发现萌发。据报道,人工诱发冬孢子能形成担子,并产生担孢子。夏孢子堆呈圆形、卵形或椭圆形,直径100～200 μm,有内屈侧丝无数,由无色至米色、淡黄色。我国湖北夏孢子大小为20.8～38.4 μm×14.4～22.1 μm,平均29.36 μm×17.88 μm。为卵圆形,表皮有棘状突起,有不明显芽孔1个至几个。冬孢子堆呈深褐色或黑紫色,大小为150 μm×250 μm,冬孢子淡黄色,表面光滑,长柱形,大小为11.9～16.6 μm×7.4～11.9 μm,平均13.99 μm×8.75 μm。在自然条件下,未发现担子阶段,人工诱发冬孢子形成担子直立或弯曲,每一担子有1～3个担子梗,少有4个,大部分担子梗均着生担孢子。担子长23～60 μm、宽83 μm,担子梗6～24 mm。

(三)病原生物学特点

病原夏孢子在有水滴或雾点中才能萌发,萌发温度8℃～36℃,适温为15℃～26℃。弱光及黑暗中萌发良好,直射阳光下不能萌发。pH值2～10范围内均能萌发,pH值5～6之间萌发率最高。夏孢子离体寿命在室温13℃～24℃条件下最长的存活61 d,室外8.7℃～29.8℃幅度中存活27 d,低温5℃～8℃存活18 d。湖北夏孢子在人工气候箱条件下能诱发形成冬孢子,但由于落叶冬孢子堆未能成熟,未萌发出担子(谈宇俊等,2001)。

夏孢子萌发中能产生热稳定性物质,此物质引起叶部侵入点而进入寄主组织,病菌入侵同时,寄主也能产生抗菌物质。根据大豆抗性不同,在病菌入侵时产生物质与寄主产生抗菌物质相互作用下,夏孢子侵入至孢子堆成熟,根据品种抗性不同需6～12 d差别。夏孢子萌发需1～2 h,在感病大豆品种,7 h形成穿壁胞,22 h侵入叶薄壁组织层,48 h形成吸附母细胞,72 h形成夏孢子堆原基,6～8 d形成成熟夏孢子堆并破裂。

病原菌致病性及侵染毒力有差异。台湾地区在5个地点50个纯化夏孢子,接种5个大豆不同抗性品种,鉴别出 A-C 3 个生理小种。湖北夏孢子纯化 7 个分离物,接种于 8 个不同抗性品种(其中 5 个同台湾鉴别品种),鉴别出 A-D 4 个生理小种,其中 A、B 与台湾 A、B 小种相同,C、D 为新的小种。锈病发生范围广,各产区推广良种众多,必然导致生理小种分化,有必要进一步鉴定,为抗锈育种提供依据。

(四)寄主范围

寄主范围对锈菌流行起着重要作用。豆薯层锈菌的自然寄主及人工接种能侵染的寄主,目前已报道的有 34 属 91 种,均属豆科。我国已报道寄主有大豆属 *Glycine* 的大豆及野大豆 6 种,两型豆属(*Amphicarpace*)1 种,土圈儿属(*Apios*)1 种,木豆属(*Cajanus*)1 种,山玛皇属(*Desmodium*)2 种,豆薯属(*Pachyrhizi*)1 种,菜豆属(*Phaseolus*)2 种,四棱豆属(*Psophocarpus*)2 种,葛属(*Pueraria*)1 种,宿包豆属(*Shuderia*)1 种及豇豆属(*Vigna*)2 种,计有 11 属 20 种。由于病原菌分离物的寄主各有特性,出现病菌对同一寄主在某国能侵染,而另一国不能侵染;有的寄主夏孢子能交叉感染,有的不能交叉感染;有的侵染后产生夏孢子堆,能释放夏孢子;有的形成夏孢子堆不能释放夏孢子等情况。由于寄主范围未做详尽调查,因此对病害流行学上的作用尚未能确定。

(五)流行条件及因素

1. 品种抗性　接种病菌测定,种植抗病品种在田间夏孢子再侵染次数明显低于感病品种,前者叶发病率 0% ~ 34%,后者 14% ~ 95%,而产量损失分别为 14% 及 35%。

2. 气候的温、湿度　夏孢子萌发及进入叶组织前,必须保持饱和湿度 7 ~ 10 h,因此气候条件中雨量、雨日数、雾、露是重要前提条件,温度在 15℃ ~ 26℃ 适于侵入及传播,非适温影响夏孢子萌发侵入。田间气候中温、湿度是影响发病的关键。例如,地势高的田(土旁田)病害轻于低地势田(畈田),排水好的田低于排水差的田。高温情况下,封行后大豆下部仍处于病菌适温,因此植株下部先发病,晚间有雾或露时再向上部侵染等。

3. 生育期感病差异性　根据在海南省调查,同一片田,同一个品种,由于大豆播种期不同,在同一天调查,苗期未见发病,初荚期发病率 9%,鼓荚期 40.88%,成熟期 72.5%。在武汉市播种期试验中及广东和福建两省调查中发病趋势,与海南省的情况基本一致。

(六)侵染循环

豆薯层锈菌到目前仅发现夏孢子堆及冬孢子堆阶段,而冬孢子作用不明。因此根据我国各地锈病发生时期及存在寄主范围来推断侵染循环的情况。

我国海南省及广西、云南等省、自治区冬季平均温度在 10℃ 以上地区,夏孢子可以在大豆或其他豆科寄主完成本地或地区整年侵染循环。这些地区夏孢子可能是我国大豆锈病每年越冬病原及翌年初侵染源。从全国发病期来看,冬豆区每年 11 月份播种,翌年 4 ~ 5 月份为发病高峰;春豆发病高峰 6 ~ 7 月份;夏豆区一般发病期都在大豆收获前 2 ~ 3 周,低温多雨年份可在结荚期发生;秋豆区发病多在 10 ~ 11 月份。因此夏孢子可借气流由南向北传播完成侵染循环。夏孢子能人工锈发形成冬孢子堆及冬孢子,并有冬孢子人工诱发形成担子的报道,但在侵染循环中的作用尚未能得到证实。

(七)防治措施

1. 种植抗(耐)病品种　从我国大豆品种资源中,尚未鉴定出高抗锈病品种资源,但有不少中抗的品种,如有江苏的 ZDD3783、4653、4434 等,湖北的 ZDD12043、12165 等,福建的 ZDD6368、14188、21701、21777 等,浙江的 ZDD6177、13973、13996 等,广东的 ZDD16659、16740、

22245 等,江西的 ZDD6455,河南的 ZDD10101、10107 等,四川的 ZDD12420、12824 等,贵州的 ZDD15283、15461 等,广西的 ZDD17216、17242 等,安徽的 ZDD19951、19963 等,云南的 ZDD22486。上述不少品种丰产性较好,可直接用于生产,有的可作为抗原应用。

2. 农业防治　种植大豆田要开沟作厢,及时清沟排渍,降低田间湿度,减少病害严重度;调整播种期,避开锈病发生高峰期。例如,福建大田,改秋种大豆为春种大豆,在气候条件允许情况下,适当推迟播种期,避开大豆开花结荚期的病害严重期。

3. 化学防治　根据全国化学防治锈病实践,有内吸性杀菌剂,25%邻酰胺(mebenil),每 200 g 对水 30~50 L,喷雾;或 20%三唑酮(粉锈宁,百理通)乳油 3 000 倍液喷施,根据病情发展严重度,间隔 10~15 d,喷施 1~2 次。保护性药剂(杀死或阻止夏孢子入侵寄主)有 75%百菌清、80%代森锌、70%代森锌锰 500~700 倍液,每 667 m² 喷施 30~50 L,发病期间隔 7~10 d 喷施 1~2 次。

三、菌 核 病

菌核病发生于东北及内蒙古地区,其他大豆产区仅有局部或零星发生,该病主要危害茎部,茎部受侵染影响全株养分输送,严重的能使茎部折断倒伏,甚至全株枯死而使大豆减产。病区发病率 20%~30%,严重地区高达 50%以上。

(一)症 状

田间植株被侵染叶片出现褐色枯死斑,茎部或分枝,或叶柄有褐色不规则病斑,湿度高时病斑上能出现白色絮状菌丝体,渐聚集形成不规则、大小不一的颗粒状白色至灰色的菌丝团,最后形成黑色坚硬的菌核。侵染后期茎部组织呈麻状,露出木质部,造成植株茎部折断倒伏或分枝下垂。严重时也能侵染豆荚,在荚内外形成小菌核,侵染种子能造成腐烂或干瘪。

(二)病 原

核盘菌[*Sclerotinia sclerotiorum* (Lib) De Bary]是菌核病的病原。该菌核呈不规则圆柱形或鼠粪状,大小为 1~4 mm×3~7 mm,皮层为黑色,内层为细胞结合很紧的拟薄壁组织,中央为菌丝不紧密的疏丝组织。菌核萌发产生子囊盘,子囊盘呈盘状,大小为 108~135 μm× 9~10 μm。子囊内含 8 个子囊孢子,子囊孢子单胞、无色、椭圆形、大小为 9~14 μm×3~6 μm。

(三)侵染及发病因素

土壤中和混在种子中的菌核是菌核病的初次侵染源。菌核抗逆性强,可耐 -40℃低温,常温下能存活多年。形成菌核的温度幅度为 5℃~30℃,最适温度为 15℃~24℃。菌核萌发温度为 5℃~20℃,形成子囊盘适温为 18℃~20℃。子囊孢子萌发,温度幅度为 0℃~30℃,适温为 5℃~10℃。在上述情况下,菌核萌发出子囊盘,并产生子囊孢子,入侵豆株,叶或花,或嫩茎部分,并产生菌丝。菌丝生长最适温度为 20℃~25℃,0℃停止生长,30℃生长很少,35℃能使菌丝致死。菌丝在微酸性条件下有利于生长发育,中性条件下生长缓慢,碱性条件下完全抑制生长。病菌侵入植株组织后,菌丝在 20℃~25℃、雨水或湿度大的条件下蔓延快,干燥及温度在 30℃左右即能阻止或停止蔓延。菌核浸泡水中 20 d 以上能腐烂(马汇泉等,1998)。

核盘菌的寄主范围甚广,有 200 多种植物,多为豆科、茄科、十字花科等蔬菜及作物。禾本科为非寄主植物。

（四）防治方法

大豆菌核病是土传病害,病株菌核脱落在土壤中或病荚中形成细小菌核混杂在种子中,随播种进入土壤中都是该病初次侵染源。防治中应在减少初次侵染源基础上,进行化学防治。

1. 轮作及深翻耕　病田应与禾木科作物轮作 3 年以上;水稻区可用水旱轮作,以减轻对大豆的危害。冬季或播种前深耕,使土壤中菌核处于土壤表层 15 ~ 20 cm 以下,可大量减少菌核萌发子囊盘数量。菌核在 20 cm 土层中高温及高湿条件下可使菌核丧失萌发力。

2. 化学防治　根据菌核萌发条件,在子囊盘盛发期(东北三省在 7 月下旬至 8 月份)田间病害初发期(5% ~ 10%病株率)及时施药防治。可使用 40%菌核净(又名灰核宁、斯佩斯)800 ~ 1 000 倍液,该药属低毒,具有直接杀菌及内渗作用,残效期长等特点;或 50%腐霉利(速克灵)可湿性粉剂 1 000 ~ 1 500 倍液,该药属低毒内吸杀菌剂,对孢子萌发抑制力强于对菌丝生长抑制力。一般喷药 1 ~ 2 次,间隔期 7 ~ 10 d,每 667 m² 喷施量根据植株生长情况 50 ~ 60 L。

四、灰斑病

大豆灰斑病分布于全国各大豆产区。黑龙江省三江平原高湿地区发病最为严重,一般年份减产 12% ~ 15%,严重年份可减产 30% ~ 50%,其他产区也普遍发生。病株种子百粒重降低 4% ~ 21.8%,2 克左右;含油量降低 0.48% ~ 6.7%,平均为 2.9%;蛋白质平均降低 1.2%。病种发芽率也明显降低,品质变劣。

（一）症　状

叶上病斑为红褐色圆形或不规则形,随叶龄而增大,大小为 1 ~ 6 mm,中心呈灰白色,着生灰色霉状物为病菌分生孢子梗及分生孢子,周围为暗红褐色,无褪绿区。老病斑呈白色或穿孔,病斑融合时呈不规则形,严重时叶片干枯脱落。茎部病斑一般在后期出现,比叶病斑大,扁平或稍凹陷,环茎蔓延,深红色,边缘黑褐色,中心褐色并着生霉状物。荚上病斑圆形或椭圆形,红褐色,边缘黑褐色。病菌能蔓延至种子,种皮上轻者有褐色小点,重者形成圆形或不规则形大斑,有裂纹,病斑中心灰色,边缘黑褐色,状似"蛙眼"。

（二）病　原

大豆灰斑病由大豆尾孢菌（*Cercospora sojae* Hara）侵染而引起的病害。病菌分生孢子梗 5 ~ 25 根丛生,淡褐色至黑褐色,有 1 ~ 4 个隔膜,长短为 50 ~ 120 μm × 4 ~ 6 μm,顶端着生分生孢子,每个分生孢子梗有 1 ~ 3 个分生孢子,也有多达 11 个的。分生孢子有 0 ~ 10 隔膜,倒棒形或圆柱形,无色透明,大小为 24 ~ 108 μm × 3 ~ 9 μm。

该菌生长发育适温为 25℃ ~ 28℃,低于 15℃ 或高于 35℃ 不利于病菌生长发育。在 pH 值 4 ~ 9 之间均能生长和产孢,以 pH 值 5 为最适,pH 值 6 ~ 7 产孢量最多。分生孢子在 10℃ ~ 40℃ 均能发芽,适温为 28℃ ~ 30℃,pH 值 7 萌发最好。分生孢子在高湿有露滴条件下 30 min 即能萌发,5 h 萌发率达 90%以上。病菌在黑暗条件下适于生长发育及孢子萌发,阳光下有抑制作用(钟兆西等,1989)。

马淑梅等在东北地区根据 6 个不同大豆鉴定寄主,鉴定出 14 个生理小种。1 号小种分布最广,出现频率为 43.5%,是东北地区春大豆区目前占优势小种。7 号小种为 18.08%,6

号小种为 6.28%。其他依次为 10、3、2、4、5、8、9、11 号。黑龙江省优势小种为 1、7 及 10 号小种(霍红等,1988)。

(三)侵染循环及发病因素

病菌以菌丝体在种子及病残株上越冬,也是翌年病害的初次侵染源。病种上的病菌在适宜条件下直接侵染子叶,并产生分生孢子,是田间侵染源之一。植株病残体病菌上产生的分生孢子直接危害成株期叶片,这部分侵染源也是田间侵染源。病叶产生的分生孢子在发病条件下可分次再侵染。结荚后侵染能直接侵染豆粒,形成带菌豆粒。

田间病害严重度及流行因素有几个方面:种子品种的抗病性;田间菌源量(包括带菌种子率及病残体病源量);发病的温、湿度:7~8 月份多雨,空气相对湿度大于 80%,温度处于发病适温,可造成流行。病害发生的潜育期为 30℃ 4 d,20℃为 12~16 d。一般在 7 月初复叶期即能发病,7 月中旬为发病盛期,鼓粒期为荚盛发期,8 月份为豆粒感染期,9 月上中旬为豆粒盛发期。叶发病至荚发病约 40 d,荚发病至豆粒感染约 5 d。

(四)防治方法

1. 种植或培育抗病品种　东北地区有丰富的抗灰斑病品种资源,例如黑龙江省的合丰 27 号、合丰 28 号、合丰 29 号、合丰 30 号、合丰 34 号,虎林 1 号等;吉林省的辉南亚青豆,通化青皮豆;辽宁省的丹东 1 号,浇黄豆,里外青。上述品种兼高抗霜霉病。病区育种也以抗灰斑病作为育种目标。

2. 减少初次侵染源　收获后先清除表土病残株并及时深翻耕,使病残株埋于表土层下,促其腐烂,失去侵染力,从而减少病原量。

3. 化学防治　种子药剂处理,用 50%福美双或 50%多福合剂(50%多菌灵、50%福美双 1:1 比例),药剂按 0.4%种子量拌种后播种。生长期发病可用 70%甲基硫菌灵(又名甲基托布津,低毒,广谱内吸杀菌剂)、50%多菌灵可湿性粉剂 500~1 000 倍液喷施,每 667 m² 40~50 L,每 7~10 天喷 1 次,一般喷 2~3 次。盛花至结荚初期一定要喷施 1 次。

五、霜 霉 病

霜霉病在全国各地均有发生,东北、华北地区发病较普遍。一般减产 6%~15%,受害植株种子百粒重、含油量及出油率都降低。

(一)症　状

叶面症状出现淡绿色至淡黄色斑点,形状不定形,斑点周围黄绿色。叶背在高温情况下,病斑上产生灰色或淡紫色霜霉状物即分生孢子梗,这是与其他叶部病害的重要区别点。严重受害叶片变黄至褐色,病叶早期脱落。被害荚外部无明显症状,荚内面及种皮均能附着菌丝及卵孢子,种子无光泽,或有裂纹。带病菌种子在实生苗 1~2 周的叶片出现沿叶脉扩散呈羽状或锯齿状的症状。早期被侵染植株矮小,叶缘向下卷曲。然后出现褪绿斑驳状病斑。

(二)病　原

大豆霜霉病原为[*Peronospora manschurica*(Naoun)Sydow]。病菌自气孔伸出胞囊梗,单生或丛生,呈树枝状,无色,灰色或淡紫色,长宽为 240~424 μm×6~10 μm。分生孢子无色,卵形或球形,大小为 20~24 μm×16~20 μm。病斑组织内能形成卵孢子,大小为 24 μm×40 μm,球形,壁厚,黄褐色。

病叶及种子上的卵孢子越冬,侵入实生苗产生系统侵染。分生孢子在 12 h 内有露滴情况下入侵新生叶萌发产生芽管从气孔进入,形成吸附胞,大小为 9 μm × 12 μm,在叶组织细胞间通过栅状组织层到薄壁组织层,产生被大叶脉限制的菌丝形成不规则病斑。

黑龙江省绥化地区用 12 个寄主品种鉴定出 3 个与美国不同的生理小种,定为中 1 号、2 号、3 号,中 1 号为优势小种(李明等,1992)。

(三)发病条件

田间发病及流行条件主要有下列几方面。

1. 品种抗性　我国大豆对霜霉病抗病鉴定结果表明,品种间有较大差异,田间发病率也不同,我国东北地区有较丰富的抗霜霉病资源及品种。

2. 菌源量　包括种子带菌率,土壤含病叶上的卵孢子量,生长期适宜温、湿度病菌在田间再次侵染的菌源量都影响发病的严重度。越冬病原量大,发病植株多,病害重。如果再遇上生育期气候适于发病则形成大流行,危害严重。

3. 生长期气候条件　多雨高湿度,气温高低交替或昼夜温差大,适于病害发病或流行。孢子囊形成适温为 10℃ ~ 25℃,大于 30℃ 或低于 10℃ 不利于孢子囊形成。有露滴是孢子的形成及萌发必须条件。露滴存在 10 h 有利于孢子形成。萌发必须有露滴存在并完成入侵寄主。

(四)防治方法

针对上述发病条件采取选育或种植抗病品种,降低种子带菌率及土壤菌源量,减少初侵染源,在生长季节喷施药剂降低发病严重度等措施。

1. 选育及种植抗病品种　大豆抗霜霉的品种资源较多,尤其是东北三省已鉴定一批高抗病资源,如黑龙江省的虎林 1 号、合丰 5 号等,吉林省的通农 5 号、获豆 1 号等,辽宁省的丹豆 1 号、青豆 10 号等。推广种植的品种也大多抗霜霉病。因此,应选择种植抗病品种,并继续培育高抗高产的新品种。

2. 降低田间病原基数　收获后,清理病叶,深耕,实行 2 年以上轮作,减少土壤中病原,降低翌年田间病原基数。防治种子带菌,用药剂拌种,杀死种子病菌,能减少实生苗的病株。

3. 化学防治　种子拌种可用 35% 甲霜灵(又名瑞毒霉、阿普隆、雷多米尔)属低毒内吸性杀菌剂,拌种药量是种量的 0.3%;50% 多菌灵为低毒内吸杀菌剂,拌种量为种量的0.7%。田间植株发病初期可使用 50% 多菌灵 500 倍液,或 50% 福美双 500 ~ 700 倍液,或75% 百菌清(属低毒,非内吸性广谱杀菌剂)700 ~ 800 倍液,或 80% 代森锌 700 ~ 800 倍液,或35% 甲霜灵可湿性粉剂 500 倍液。该菌易产生抗药性,可与其他杀菌剂(如代森锌、甲霜灵与代森锌比例 1:2)复配使用。每 667 m^2 田间喷稀释后的药量,根据植株生长情况,喷施30 ~ 50 L,每次间隔 7 ~ 10 d,根据病情发展情况喷施 1 ~ 3 次。

六、紫斑病

我国大豆产区普遍发生。多发生在大豆结荚前后的叶片及豆荚等部位。感病品种的种子紫斑率 15% ~ 20%,病种降低出芽率 10.5% ~ 52.5%,重量降低 0.7% ~ 10%。严重影响产量及种子品质。种皮病斑在加热中能消失,不影响大豆加工。

(一)症　状

受害植株在叶、茎、荚及种子均有明显症状。叶部病斑开始为圆形紫褐色小斑点,渐扩大成多角形或不规则形病斑,边缘紫色,湿度大时,病斑正反两面均能生出黑色霉状物的子实体,即病菌分生孢子梗及分生孢子,叶脉上病斑为长条形紫色至紫褐色。茎上病斑为梭形,由红褐色渐成灰褐色,具光泽,上着生细小的小黑点。荚上病斑灰黑色,圆形至不规则形,无边缘。荚上病斑干燥后呈黑色,着生子实体。种子上病斑为紫色斑纹,覆盖部分种子或大部分种皮,微具裂纹,有的病斑呈褐色或黑褐色,干缩,种皮有微细裂纹,有时周围稍呈紫色。

(二)病　原

大豆紫斑病病原为菊池尾孢(*Cercospora kikuchii* Matsumoto et Tomoyasu)。子实体着生于叶两面,子座小,褐色,直径 19~35 μm,分生孢子梗束生,有多达 23 根,褐色或黑褐色,顶端色谈,或上下一致,不分枝,宽度一致,多隔膜,0~2 个膝状节,顶端近截形,孢痕显著,大小为 16~19.2 μm×4~6 μm,分生孢子鞭形,无色透明,正直或弯曲,茎部截形,顶端略尖或略钝,隔膜不明显,多隔膜可达 20 个以上,大小为 54~189 μm×3~5.5 μm。产生紫色病斑及产生褐色或黑褐色病斑的两个分离系在马铃薯庶糖琼脂培养基上,25℃、14 d 后,菌丝的色泽及分生孢子形成有很大区别,据此认为有 2 个菌系。

(三)侵染循环

病菌以菌丝着生于种皮内,或以子座在病株残体内越冬,这些种子及残体是翌年初侵染源。播种时病种子的实生苗上即可形成褐色云纹状斑,产生分生孢子。残体上病菌在适宜温度下可直接产生分生孢子。分生孢子随大豆生长侵染叶、茎、荚,最终侵染种子,形成带菌种子。

(四)发病因素

该病发病条件除初次侵染源量(包括种子带菌率及土壤中病残体的菌源量)外,温、湿度是发病主要因素。菌丝生长适温为 24℃~28℃,产生孢子的适温为 16℃~24℃,最适温为 20℃;分生孢子萌发温度为 16℃~33℃,最适温度为 28℃。在适宜温度条件下,遇到高湿气候(包括田间小气候),及有气流和雨水,病害能很快蔓延及扩大范围,根据病菌对温、湿度要求,一般南方产区比北方产区发病重。

(五)防治方法

我国 20 世纪 80 年代南北方已种植抗病品种,目前各地推广品种也大都能抗紫斑病,但在花期及结荚初期发现田间有较多病株时应及时施用药剂防治,以免蔓延至荚及种子。收获种子时发现有病斑种子,应去除病斑种子。在翌年播的种子用药剂拌种。施用药剂可参阅大豆霜霉病及锈病药剂防治部分。严重发生的病田,应与禾木科或非寄主作物轮作 2 年以上,可得到良好效果。

七、其他真菌病害

(一)分布及危害、症状、病原、发病侵染特点

大豆其他常见 14 种真菌病害(陈庆恩、白金铠,1987;刘惕若等,1983)的分布及危害、症状、病原、发病侵染特点见表 17-4。

表 17-4　其他真菌病害

病害名称	分布及危害	症　状	病　原	发病侵染特点
羞萎病	吉林、黑龙江、湖北。发病率 50% 以上,减产 50% 以上,危害幼苗,叶、茎、荚及种子	幼苗受害,植株矮小,早期枯死,苗上生黄白色霉状物;病叶翻转而扭曲,叶脉褐到黑褐色,并细缩,叶柄受害使叶片萎蔫而下垂;茎上主要新梢发病,褐色,长条形;荚自梗端发病蔓延至全荚,荚扭曲,不结种子,或种子不饱满;病株无光泽。病斑在潮湿条件下,均能产生黄白色霉状物	大豆黏隔孢菌(*Septogloeum sojae* Yoshii et Nishiz.)分生孢子盘初埋生,后突破寄主表皮,下部组织淡褐色,上部无色,常数个聚生;分生孢子梗短小,排列紧密,短棒状无色,大小为 18~36 μm×3.5~5.4 μm;分生孢子长棱形,无色透明,有 1~6 个隔膜,大小为 20~51 μm×3~5.9 μm	病菌以菌丝体在病种子及病残植株体上越冬,为翌年初侵染源。病种子播种可直接产生病苗。病菌及病残体侵染的植株上产生的孢子是田间及后期健株的侵染源
纹枯病	吉林、江苏、福建、江西、湖北、浙江、湖南、贵州、四川及台湾等地,多局部或零星发生,南方比北方重,危害茎及叶片,也能侵染叶柄及荚	叶片呈水渍状,不规则云纹病斑,干燥时呈褐色,并产生米粒大的菌核。能蔓延至叶柄、茎,严重时植株枯死,侵染豆荚呈灰褐色水渍状病斑,上着生白色菌丝,后病斑呈褐色,着生小菌核。种子被害多数腐烂	佐佐木薄膜革菌[*Pellicularia sasakii* (shirai) Ito],菌核是白色菌丝团形成,后变黑褐色,球形,0.5~1 mm;担子倒卵形或长椭圆形,无色,9~20 μm×5~7 μm,担子上着生 2~4 个小梗,分别着生 1 个担孢子;担子倒卵形,无色,单胞,5~10 μm×3.6~6 μm	病菌主要以菌核或菌丝体在土壤或病株上越冬,是翌年初次侵染源。在适宜温、湿条件下,菌核萌发为菌丝,入侵大豆。菌核萌发温度为 13℃~38℃,适宜萌发温度为 32℃~33℃,该病多在高温、高湿条件下发生,一般在干燥条件下能阻止病害发展,因此多在局部或零星发生,在较长期高温、高湿条件下,能成为点、片的毁灭性病害
炭疽病	东北、华北、西南、华中及华南。危害幼苗、茎秆、豆荚,常造成幼苗死亡,南方重于北方	病苗子叶上病斑圆形,暗褐色,多发生于子叶边缘呈半圆形,病部凹陷,有裂纹;病叶有圆形或不规则病斑,暗褐色,散生的小黑点即分生孢子盘,病茎病斑不规则,由褐色至灰白色,能扩展包围全茎,造成植株枯死;病荚病斑近圆形,灰褐色,斑上有小黑点呈轮纹状排列	大豆刺盘孢菌(*Colletotrichum glycines* Hori)分生孢子盘聚生或散生,黑色,刚毛散生于分生孢子盘里,刚直,顶端较尖,暗褐色,顶端色淡,具 1~3 个隔膜;分生孢子梗无色,单胞;分生孢子镰刀形,无色,两头略尖,大小为 16~25 μm×3~5 μm	病菌适温为 25℃~28℃,大于 34℃或小于 14℃均不能发育。分生孢子萌发,适温为 20℃~29℃,最适 pH 值为 7~9,离体寿命 24 h。病菌以菌丝或分生孢子盘越冬,翌年春、夏季以分生孢子借风雨传播,危害幼苗。种子能带菌,并直接侵入萌发的幼苗,干燥气候条件能阻止病情蔓延
黑点病	东北、华北及南方诸省。主要危害大豆主茎、分枝基部及豆荚上,造成茎秆枯死,豆荚不结籽,多数是局部发生,或生长后期发生	茎部症状:具有呈纵行排列的小黑点。初期在茎基部或下部分枝处产生褐色,后变灰白色病斑,上面着生小黑点(分生孢子器)。荚上症状:具有圆形的褐色至灰白色病斑,病斑上着生小黑点,荚内有白色菌丝。豆粒被害萎缩僵化,丧失萌发率	大豆拟茎点霉菌(*Phomopsis sojae* Lehman)有性阶段大豆间座壳[*Diaporthe phaseolorum* (Cke of Ell) var. *sojae* (Lehman) Wehmeyer]分生孢子器着生于表皮下,后突破表皮,呈球形或扁圆状形,器壁黑褐色,膜质,直径 198~300 μm。孢器有两种:一种是长卵形,无色,单胞,4~9 μm×2~3 μm;一种是钩形,无色,单胞,一端较尖,大小为 9~30 μm×1~2 μm,有性阶段自然条件下不常见	病菌分生孢子器,菌丝体或子囊壳在病残株越冬,菌丝可以在病种子上越冬(可存活 2 年之久),由病种子长出病幼苗呈系统侵染,或由土中越冬病原直接侵入茎或荚。大豆生长后期,高温多湿发病重,干湿交替天气使荚易开裂,利于病菌侵染,发病重

续表 17-4

病害名称	分布及危害	症 状	病 原	发病侵染特点
荚枯病	东北、华北地区、湖北、四川等地,主要危害豆荚,常造成种子粒小,质劣或空荚	荚的病斑暗褐色,后变灰白色,凹陷,有轮生小黑点(分生孢子器),幼荚侵染后易脱落,老荚受害萎垂不脱落	豆荚大茎点菌(*Macrophoma mane* Hara),分生孢子器埋于表皮下,散生或聚生,球形或扁球形,黑褐色,直径 $104 \sim 168~\mu m$;器孢子卵圆形或长梭形,无色,单胞,两端钝圆,大小为 $17 \sim 23~\mu m \times 6 \sim 8~\mu m$	病菌以分生孢子器在残株上越冬或以菌丝在病种子上越冬,是翌年初侵染源。各地在大豆生长中期温度均适合病菌生长发育,在雨水多或潮湿条件下病菌借风雨传播
茎枯病	各大豆产区均有发生,主要危害茎,对植株生长影响不明显	茎上病斑长椭圆形,灰褐色,后逐渐扩大呈长块状黑色病斑。由茎下部先被侵染,渐向上蔓延,收获时在茎秆上可明显识别	大豆茎点霉(*Phoma glycines* Saw.)分生孢子器埋于表皮下,散生或聚生,球形或卵圆形,器壁褐色,膜质、孔口周围细胞暗褐色,直径 $105 \sim 280~\mu m$;器孢子椭圆形,单胞,无色,两端钝圆,内含 2 个油球,大小为 $2 \sim 4~\mu m \times 2 \sim 3~\mu m$	病菌是翌年侵染源。病残株上的器孢子,生长中后期入侵茎部危害,并借风雨传播。雨水多或潮湿条件下蔓延快
白粉病	河北、四川、湖北等省。主要危害叶片。也危害豌豆、豇豆、萝卜、甜菜等植物	叶面病斑圆形,有绿色晕圈,叶两面均能长出白粉状菌丛(病菌分生孢子梗及分生孢子),后期在白色霉层上长出球形,黑褐色的闭囊壳	蓼白粉菌(*Erysiphe polygoni* DC.)闭囊壳散生或聚生,黑褐色,球形至扁球形,直径 $90 \sim 146~\mu m$,内含 $3 \sim 10$ 个子囊,附属丝呈丝状,每个闭囊壳有 $19 \sim 43$ 根,无色,不分枝,无隔膜,长度为闭囊壳的 $1 \sim 5$ 倍;子囊椭圆形,无色或淡黄,具短柄,大小为 $45 \sim 64~\mu m \times 26 \sim 36~\mu m$,内含 $3 \sim 6$ 个子囊孢子,子囊孢子小,矩圆形,无色,大小为 $14 \sim 24~\mu m \times 9 \sim 16~\mu m$	南方温暖地区很少形成闭囊胞越冬,多以分生孢子在寄主作物辗转形成多次再侵染,北方以菌丝体在多年生植物体内,或以闭囊壳在病残体上越冬,翌年产生子囊孢子进行侵染。一般在干旱条件下或昼夜温差大,叶面易结露情况下传播快,发病重
黑痘病又名疮痂病	东北、华北各地,危害叶、茎、荚,造成叶枯、瘪荚	叶上病斑灰白色至黑褐色,直径 1mm 左右,常分布于叶脉两侧,最终叶向上反卷,变黑干枯。茎或叶柄病斑呈大小不一的椭圆形,病斑融合可达 2cm,黑褐色肥厚隆起,呈疮痂状,病斑上着生不明显黑点为分生孢子盘	大豆黑痘菌(*Sphaceloma glycines* Kurata et Kuribayashi)分生孢子盘单生或联生于角质层下,拟薄壁组织的基质上,枕形,着生分生孢子梗;分生孢子无色,后变褐色,短而不分枝,无隔或有 1 个隔膜。$8 \sim 16~\mu m \times 4 \sim 5~\mu m$。顶端着生分生孢子;分生孢子卵圆形,单胞,无色或褐色,内含 $1 \sim 2$ 个油球,大小为 $5 \sim 14~\mu m \times 2 \sim 5~\mu m$	以菌丝体在病残株越冬,是翌年初侵染源,病斑上分生孢子能存活 $200 \sim 250$ d,脱离病斑 $11 \sim 14$ d 失去萌发力。缺肥土壤,尤其缺钾土壤发病重。过度密植或通风不良,温度高均造成病情蔓延

续表 17-4

病害名称	分布及危害	症　状	病　原	发病侵染特点
黑斑病	黑龙江、吉林、辽宁、江苏、湖北、浙江及四川等地,主要危害叶片及豆荚,多发生在大豆生长后期,目前影响产量不大。也危害某些蔬菜,瓜果等	有三种病原引起大豆黑斑病:1. 叶上病斑圆形、椭圆形,直径 3~6mm,褐色,具同轮纹。2. 叶上病斑不规则,直径 5~10mm,褐色,常多个病斑融合呈块状大病斑。3. 叶上病斑呈圆形或不规则形,中央褐色、边缘稍隆起,暗褐色,病斑扩大,常破裂,叶片反卷干枯。荚上病斑均为圆形或不规则形。在叶、荚病斑上均着生黑色霉层(分生孢子梗及分生孢子),有时荚破裂病菌能侵入豆粒	1. 菜豆链格孢[*Alternaria brassicae* (Berk) Sacc. var. *phaseoli* Brun]分生孢子梗单生或 2~3 根丛生,不分枝,多正直,1~4 个隔膜,榄褐色。分生孢子绝大多数单生,倒棒形,嘴喙稍长,不分枝,孢身有 4~7 个横隔膜,0~3 个纵隔膜,嘴喙 0~1 个隔膜。2. 簇生链格孢[*A. fasciculate* (Cke. et Ell)Jones et Grout]分生孢子梗多 3~6 根丛生,少数单生,不分枝,正直或有 1~3 个膝状节,有 3~8 个隔膜,暗褐色。分生孢子 2~5 个串生,少数单生,椭圆形至倒棒形,嘴喙无或短小,孢身有 3~9 个横隔膜,0~6 个纵隔膜,嘴喙 0~2 个隔膜。3. 交链孢[*A. alternata* (Fr.) Kessler]分生孢子梗单生或数根束生,不分枝或偶有分枝,正直或屈曲,有 1~5 个隔膜,榄褐色;分生孢子 3~6 个串生,梭形、椭圆形、卵圆形、倒棒形,褐色,无嘴喙或甚短。孢身具有 2~6 个横隔膜,0~3 个纵隔膜,有缢缩。嘴喙多无隔膜	以菌丝体和分生孢子在病残株体中越冬,翌年产生分生孢子,借风或雨水溅射传播,进行侵染及再侵染。在南方温暖地区病菌可在寄主上辗转传播,温暖多湿利于病害发展
褐斑病	黄淮地区各省及南方大豆产区。主要危害叶片,一般发病较轻,少数年份或个别田块大豆下部叶片前期即脱落,影响大豆后期生长发育	子叶上病斑为不规则褐色大斑,斑上着生黑色小点(即分生孢子器);叶片病斑受叶脉所限多呈多角形或不规则形,直径 2~5cm,红褐色。叶正反两面均具轮纹状散生小黑点,严重时病斑融合成片,叶片变黄脱落;茎和叶柄病斑呈黑褐色条斑,边缘不清楚	大豆壳针孢菌(*Septoria glycines* Hemmi)分生孢子器埋生于叶组织下,球形,直径 64~112 μm,孢子器针形或线形,无色,直或略弯曲,具 1~3 个隔膜,大小为 26~48 μm × 1~2 μm	病菌以分生孢子器或菌丝体在病残株及种子上越冬,为翌年初侵染源。种子带有病菌,直接为害幼苗。土壤中残株及病菌器孢子则侵入,大部底部叶片先发病,然后向上中部叶片蔓延,病菌发育适温为 24℃~28℃,发育温度范围为 5℃~35℃,温暖润湿气候有利于发病,高温干燥抑制病情发展
靶点病	吉林、山东、安徽、湖北、四川等省发生。感病品种可减产 18%~32%。危害叶、叶柄、茎、荚及种子	叶上病斑圆形或不规则圆形,红褐色,直径 10~15mm,周围有黄绿色晕圈,大病斑具有清晰的轮纹层。叶柄、茎病斑点状或长形,暗褐色。荚上病斑圆形,略凹陷,紫褐色。病重温度高时全株会出现黑色霉状物,即分生孢子梗及分生孢子	瓜棒孢菌[*Corynespora cassiicola* (Berk. et Curt) Wei]分生孢子梗单生或多根束生,直立或分枝,褐色,有 1~20 个隔膜,基部膨大,大小为 45.5~385 μm × 7~10.5 μm。分生孢子圆筒形,棍棒状,淡褐色,直或微弯,或平截形,大小为 42~210 μm × 7~14 μm,有 3~15 个隔膜,孢壁厚,单生或 2~6 个串生,厚垣孢子无色,大小为 16~30 μm × 4~20 μm	病菌以菌丝体或分生孢子在病残株上越冬,为翌年初侵染源,在休闲土壤里可存活 2 年以上。分生孢子借气流,雨水飞溅传播,并进行再侵染。25℃~27℃、高湿 80% 以上条件下发病重,日温差大,利于发病

续表 17-4

病害名称	分布及危害	症　状	病　原	发病侵染特点
灰星病	大豆产区普遍发生,危害叶片为主,也侵染叶柄、茎及荚,严重时可引起落叶,大片枯死	叶上病斑呈不规则卵圆形,淡褐色,具有细的褐色边缘,病斑后期呈灰白色,上着生小黑点(分生孢子器或子囊壳),灰白色病斑有时穿孔。叶柄、茎上病斑,黄褐色至灰白色,有褐色或淡紫色边缘。荚上病斑圆形,有淡红色边缘。有时荚中种子也可受害	大豆叶点霉(*Phyllositica sojaecola* Massal)有性阶段为 *Pleosphaerulina sojaecola* (Massal) Miura. 分生孢子初生于叶表皮层里,后突出表皮,散生或聚生,球形,褐色,具孔口,64~128 μm;孢子器卵圆形,单胞,无色,5~10 $\mu m \times 2~3 \mu m$。有性阶段子囊壳卵球形,77 $\mu m \times 112 \mu m$,暗褐色具孔口,子囊圆形,无色,50~70 $\mu m \times 28~35 \mu m$,含8个孢子,有2~4个横隔,0~2个纵隔,24.5~31.5 $\mu m \times 7~14 \mu m$	病菌以子囊孢子或分生孢子器在病残株体里越冬,翌年侵染植株,借风雨再次侵染,潮湿地发病较重,浇水田的沟两边先发病
叶斑病	华北、华东地区和黑龙江、吉林、四川、湖北等地,一般发生较轻,秋大豆区大豆发生较多。主要危害叶片,多零星发生	病叶片初期散生淡褐色至灰褐色不规则形病斑,后扩大为2~5mm,病斑中央变为淡褐色,边缘深褐,与健全部分分明,病斑干燥时呈灰白色,上面着生小黑点,为子囊壳	大豆球腔菌(*Mycosphaerella sojae* Hori)子囊壳近表生,球形,壳壁膜质,具孔口,黑褐色,70~130 μm。子囊束生于子囊壳内,棍棒形或圆筒形,35~73 $\mu m \times 8~13 \mu m$,无侧丝,子囊内含有8个孢子,双行排列。子囊孢子纺锤形,无色双胞,隔膜处略缢缩,13~23 $\mu m \times 4~9 \mu m$	病菌以子囊壳在病组织内越冬,为翌年初侵染源,子囊壳内子囊孢子以气流传播造成植株发病,此病发病轻,多零星发生,研究报道较少
轮纹病	东北、华北及华东各地。危害叶片、茎、荚,造成早期落叶,结荚少或不结荚。流行年份对产量损失严重	病叶初为褐色小点,扩大为卵圆形,直径3~15mm,具有同心轮纹,着生小黑点为分生孢子器,病斑易穿孔。茎部病斑近梭形,灰褐色至灰白色,边缘不明显,上着生小黑点。病荚斑为近圆形,由褐色至灰白色,密生小黑点,呈不规则轮纹状排列。病种无光泽或皱缩而干瘪	大豆壳二孢菌(*Asscochyta glycines* Miura.)分生孢子器着生于表皮下,后突破表皮,散生或聚生,褐色,102~144 μm。分生孢子圆柱形,多数正直,两端钝圆,双胞,大小为6~13 $\mu m \times 2~4 \mu m$	菌丝体及分生孢子器在病残株越冬,病种也能带菌越冬,翌年产生分生孢子侵染豆株,经气流或雨水产生多次再侵染形成点、片或全田发生病害

(二)防治要点

1. 药剂拌种　上述病菌能在种子上带菌的病害均需使用药剂拌种。拌种药剂有 50% 福美双、35% 甲霜灵、80% 三乙磷酸铝,或大豆病害已用的药剂,拌种药量为种子量的 0.3%,拌种农药要均匀,附于豆种表面,播种时要注意农药对人体的安全。

2. 深翻耕及轮作　病残株成为翌年初次侵染源病害,大豆收获后土地深翻耕,使病残株上病菌丧失侵染力,严重病害的田块需要与非寄主作物轮作 2~3 年,减少土壤中侵染源。

3. 降低田间湿度　大豆生长发育期间要尽可能降低田间湿度,雨后清沟排渍,可减少病害在田间再侵染危害程度。

4. 化学防治　田间病害发生初期喷施农药防治。可使用的农药有 50% 多菌灵可湿性粉剂 500 倍液,或 70% 甲基硫菌灵可湿性粉剂 800 倍液,或 65% 代森锌可湿性粉剂 500 倍液,或 75% 百菌清可湿性粉剂 800 倍液。每 667 m^2 喷药量根据植株生长情况喷施 30~50 L。

第四节　细菌性病害

大豆细菌性病害在我国大豆产区均有发生,病害主要造成病叶早期脱落。结荚期前叶片脱落导致种子百粒重下降而影响产量,普遍发生的有两种,即细菌性斑疹病(又称叶烧病)和细菌性斑点病。侵害叶片、豆荚或豆粒,也能侵害叶柄及茎。

一、细菌性病害症状

(一)细菌性斑疹病症状

叶上初期病斑呈淡绿小点,然后变成红褐色,病斑直径 1~2 mm。由于病斑细胞木栓化,形成稍隆起的小疤状斑,无明显黄晕(与锈菌病病斑相似,锈菌病斑早晨均能见粉状夏孢子,而斑疹病斑无散出物)。病斑常融合形成大块组织变褐枯死,有时呈撕裂破碎状,形似火烧,故又称叶烧病。荚上病斑初呈红褐色圆形小点,后变为褐色枯斑。

(二)细菌性斑点病

叶片期呈褪绿色水渍状小点,后变黄色至褐色不规则病斑,大小为 3~4 μm。边缘有明显黄色晕圈。在湿度高时,病斑常出现白色菌脓,病斑融合成枯死大斑块,中央常撕裂状脱落。茎上红褐小点至黑褐色,种子上病斑褐色不规则形,覆盖一层菌膜。

二、细菌性病害病原

(一)细菌性斑疹病病原

细菌性斑疹病是由野油菜黄单胞菌,菜豆致病型,大豆变种(*Xanthomonas campestris pv. phaseoli* var. *sojense*)引起的病害。细菌为短杆状,两端钝圆,大小为 0.5~0.9 μm×1.4~2.3 μm,端生鞭毛 1 根,无荚膜及芽胞。呈革兰氏阴性反应。在牛肉胨培养基上形成黄色圆形菌落,表面光滑,全缘。好气性,能液化明胶,石蕊牛乳凝固变蓝色,能水解淀粉,不产生亚硝酸盐,能产生硫化氢和氨,有溶脂作用。可分解葡萄糖及蔗糖产生酸。细菌发育最高温度 38℃,最低 2℃,适温 30℃,致死温度 50℃、10 min。病菌在大豆种子上可存活 4 年。

(二)细菌性斑点病病原

细菌性斑点病是由大豆假单胞杆菌(*Pseudomonas glycinea* Coerper)引起的病害。细菌为杆状,两端钝圆,有 1~4 根鞭毛,具荚膜,无芽胞。呈革兰氏阴性反应,在肉胨培养基上菌落乳白色,圆形,有绿色萤光,不能液化明胶,石蕊牛乳变蓝不胨化,可分解葡萄糖及蔗糖产生酸。细菌发育温度最高为 37℃,最低 3℃,适温为 25℃,致死温度 47℃、10 min。在常温下,病菌在大豆种上能生存 7 个月以上,5℃~7℃可存活 7 年。

三、细菌性病害侵染循环

上述两种细菌性病害的病原细菌是在病豆粒或病地内越冬,带菌种子及病残枝叶为翌年田间初次侵染源。其中病种子是主要的初次侵染源,病菌产生细菌借风雨,尤其大风暴雨后迅速传播造成田间发病及扩展蔓延。

四、细菌性病害防治方法

(一)种植抗病品种

我国大豆品种资源抗细菌性病害鉴定,品种间抗性差异显著,并且有丰富抗病资源及生产上应用的品种(孙永吉等,1989),因此发病地区首先应选择种植抗病品种。

(二)种子处理

按种子重量 0.3%,用 50%福美双或 95%敌克松粉剂拌种。

(三)化学防治

田间发病初期用 50%虎胶肥酸铜可湿性粉剂 800 倍液,或 20%络氨铜水剂 500 倍液,或 1:1:200 波尔多液喷施,一般 2 次以上。

(四)农业措施

与禾本科作物轮作及降低田间湿度的农业措施均能降低发病及危害严重度。

第五节　寄生性草害——菟丝子

菟丝子是大豆作物的寄生性草害。除寄生大豆及豆科植物外,还能寄生在多种作物及杂草,包括菊科,藜科,大戟科,蓼科,茄科及苋科等植物。大豆被寄生后,生长发育受到抑制,轻者植株矮小,并影响开花及结荚。早期被寄生可致幼苗枯死。被害植株产量损失 10%~80%。菟丝子由于能从一株伸长至周围植株,形成整片植物被寄生。有病毒病害的植株寄生后,病毒可从菟丝子的线茎传至另一健株。

一、学名及形态

为害大豆的菟丝子有两种,即中国菟丝子(*Cuscuta chinensis* Lamb.)及欧洲菟丝子(*C. australis* R.Br.)。

茎线状,无根,初出苗细丝为黄绿色,寄生后线茎呈黄色至橙黄色,直径 1~1.5 mm,光滑无毛。在寄主上左向缠绕。花黄白色,多数簇生呈锈球状,花萼及花冠均为 5 裂,苞片 2 个,基部相连;子房半球形,2 室,每室有 2 个胚乳,能形成 4 粒种子。蒴果扁球形,种子近圆形,大小为 1.1 mm×1.3 mm,黄色、黄褐色至黑褐色,表面粗糙。

二、生长及寄生特性

(一)种子萌发特性

种子萌发适温为 25℃~35℃,在 15℃以下及 35℃以上不能萌发。适宜萌发相对湿度为 20%~25%;种子在土壤层萌发适宜深度为 1cm 左右,6cm 以下大多数不能萌发。当年种子萌发率比隔年或隔数年种子低,擦伤种子可明显提高萌发率。种子在土壤中能存活 5 年以上,有报道能存活达 11 年之久。种子萌发后,先长出白色较粗的圆锥形胚根,其中贮有供幼芽生长的营养,在遇不到寄主时能存活 10~13 d。

(二)寄生为害特性

种子萌发后长出的细丝,遇到寄主茎的接触点即产生吸根,分泌酶溶解寄主细胞进入寄主组织营寄生性生长,在高湿条件下,每昼夜可生长 10 cm。线茎绕豆株茎生长过程中可产生多个吸根吸取寄主营养并伸长至周围植株,不断地寄生为害,形成多株或成片植株被寄生。在自然条件或人工去除折断的线茎具有极强再生力,在湿度高的情况下,能存活 5 ~ 7 d,并能继续生长,遇到寄主能再次在寄主上寄生生长。有的寄主上的吸根上线茎未去除净的情况下,能再次生长蔓延为害寄主。

菟丝子在产生吸根后生长发育期,根据各地温、湿度不同情况,10 ~ 15 d 即能产生分枝向周围蔓延寄生,20 ~ 25 d 即能陆续现蕾、开花、结果。因此,在大豆生育期不同生长发育阶段的菟丝子不断地寄生为害大豆,直至大豆寄主不能供给营养枯死为止。

三、为害循环

菟丝子的种子是主要为害传播源,有落在土壤中的种子,混在寄生豆株的残株中种子及混在收获后大豆种子中的菟丝子种子,如含有菟丝子种子的残株用于家畜饲料,经家畜消化系统排泄出来粪便仍有部分种子有生活力。此类粪土作为肥料又进入田间土壤也是传播源之一。

四、防治方法

(一)农业防治

大豆与禾木科作物轮作或间作(不能与寄主作物轮作及间作)可减轻为害;清除混于大豆种子中的菟丝子种子;含有菟丝子种子的豆残株必须高温堆肥处理后使用;田间发现少数豆株或小片植株被害时,人工剥除,并及时带出田间外深埋或烧毁。

(二)化学防治

大豆播种后,菟丝子出苗前或有出苗时,喷施农药有 50%扑草净(低毒选择性内吸传导型除草剂)100 ~ 150 g,拌土 15 ~ 20 kg 混合均匀后施于土表;48%地乐胺(又名仲丁灵,低毒,萌芽前除草剂)每 667 m² 用量250 g,加水 30 ~ 50 L 喷施于地表,或加细土 30 kg 混匀施于土表;48%甲草胺乳油(又名拉索,低毒,选择性芽前除草剂)每 667 m² 300 ml,或 72%异丙甲草胺(都乐)100 ml,对水 40 ~ 50 L 均匀喷施于土壤表面。

第六节　蛀荚害虫

大豆蛀荚害虫主要有 3 种,即大豆食心虫,豆荚螟及大豆荚瘿蚊,分述如下。

一、大豆食心虫

大豆食心虫[*Leguminivora glycinivorella* (Matsumura)]是我国北方大豆主要害虫,山东、湖北、安徽等南方大豆产区也有发生为害。该虫主要是幼虫蛀入豆荚食害豆粒。一般年份虫食率 10% ~ 20%,重害年份 30% ~ 40%,个别年份超过 50%以上。被害豆粒不完整或破瓣,造成减产及降低商品价值。

(一)形态特征

成虫　体长 5 ~ 6 mm,翅展 12 ~ 14 mm。暗褐色至黄褐色,雄蛾色较淡,前翅由灰、黄、褐三色相杂,翅前缘有 10 条左右黑紫色短斜纹,近外缘稍下部有银灰色椭圆形斑,有 3 个小黑点。雌蛾腹部粗大,末端较尖;雄蛾腹部小,末端钝圆。

卵　扁椭圆形,大小为 0.42~0.61 mm×0.25~0.27 mm。初产时为乳白色至淡黄色,后变为橘黄色。

幼虫　末龄幼虫体长 8~10 mm,幼龄时为淡黄色,老熟时为橙红色,腹足趾钩 14~30个,单序全环。

蛹　体长 6 mm,纺锤形,红褐色。茧长椭圆形,白色丝质,外附土粒呈土色,长约 8 mm、宽 3~4 mm。

(二)生活习性

全国各地发生为害地区 1 年发生 1 代,以老熟幼虫在土中越冬。各虫态发生时期略有不同,北部偏早,南部偏晚,其原因与越冬幼虫的发育进度的光周期有关,这一点与其他鳞翅目幼虫的发育进度的积温关系有所不同。吉林省老熟幼虫 7 月下旬至 8 月上旬化蛹,成虫在 7 月末至 8 月初末出现。成虫产卵盛期为 8 月中旬至下旬。幼虫孵化期为 8 月中旬至下旬,幼虫在荚内为害期 20~30 d,然后开始脱荚,由 9 月上旬至下旬,脱荚盛期为 9 月下旬。幼虫脱荚即入土结茧越冬。湖北省江汉平原,越冬幼虫 8 月下旬化蛹,9 月上旬为成虫羽化期,9 月中旬为幼虫孵化盛期,为害中晚熟夏大豆,10 月上中旬末龄虫脱荚入土结茧越冬。

成虫活动时间为下午 3:00~6:00。白天多栖息在大豆叶背,叶柄上。成虫一次飞行不超过 6 m,初羽化雄虫较多,而后雌蛾渐增,到发生盛期雌、雄比接近 1:1,成虫盛期约 7 d,交尾"打团"飞翔,交配时落在豆叶上。成虫有趋光性,黑光灯能诱到大量成虫。

成虫交配后翌日即能产卵。每头雌蛾产卵 80~200 粒,平均约 100 粒,产卵期 2~8 d,平均 5.3 d。卵多数产在豆荚上,每荚多数只着荚 1 粒卵。无荚毛品种与多荚毛品种的豆荚着卵极少,以荚毛稀密适中,开张度小的品种着卵量大。成虫产卵多在 3~5 cm 长的豆荚,大于或小于 3~5 cm 豆荚产卵少。

初孵幼虫在豆荚上爬行数小时即吐丝形成丝囊,蛀入荚内取食幼嫩组织并蛀食豆粒,一般 1 头幼虫蛀食 1~2 豆粒。大豆不同品种的荚组织的差异,对幼虫蛀入荚率有明显不同。

末龄幼虫脱荚入土做茧越冬的深度因土壤种类而不同,沙质土多数在 4~9 cm 深处,黏质土多在 1~3 cm 深处。入土深做茧的老熟幼虫越冬死亡率低,羽化率高。幼虫化蛹前大多数移动至土壤深 1~3 cm 处,化蛹率均在 90% 以上,在 3 cm 以下化蛹绝大多数不能羽化出土。

(三)发生影响因素

1. 大豆品种的抗虫性　有两个方面,一是大豆食心虫抗虫性主要有成虫对大豆品种荚的茸毛有或无及多或少的产卵习性,形成为害程度的不同的抗虫性;另一方面是幼虫蛀荚时,荚组织的隔离层木质化程度。荚组织隔离层细胞排列紧密且是横向排列的品种,幼虫蛀荚死亡率明显高于隔离层细胞较稀疏且是纵向排列的品种,属荚组织的抗虫性。

2. 温、湿度对害虫消长的影响　低温高湿有利于成虫寿命的延长。成虫在温度 20℃~25℃,空气相对湿度 90%~100% 时平均寿命为 5.9~9.8 d;空气相对湿度为 70%,平均寿命为 1.3 d。温、湿度分别为 30℃、90%~100%,平均寿命 4.1~5.7 d;相对湿度为 70% 时为 2.1 d。卵期的温度在 22℃~29℃ 幅度内,卵期天数随温度升高而缩短天数。高温 35℃,空气相对湿度低至 40% 时卵不能孵化。幼虫及化蛹也受温、湿度影响。幼虫生存极端低温为 −20℃,幼虫化蛹时土壤最适水量为 20%。食心虫为害大豆,除当地气候条件影响害虫消长外,田间小气候也影响害虫消长及为害程度。

3. 栽培耕作方式的影响　大豆轮作地可减轻土壤中虫口;大豆品种盛荚期与产卵盛期吻合受害重;化蛹期幼虫要移动其栖息位置,此时中耕可增加幼虫死亡率;幼虫越冬期翻耕土壤可增加越冬幼虫死亡率,从而降低土壤中虫口密度。

4. 天敌的影响　食心虫有多种卵或幼虫的寄生蜂,土壤中有白僵菌寄生幼虫,可致越冬幼虫死亡。自然条件不施用农药情况下,寄生蜂有一定防治效果。白僵菌自然寄生率较低,人工培养菌施用可大大提高防治效果。

(四)防治方法

根据害虫影响因素及生活习性的研究调查,可采取下列防治措施。

1. 种植抗虫品种　东北虫害地区均已育出抗食心虫品种。在重害地区种植抗性强兼顾丰产性的品种,轻害区可种植丰产性好兼顾抗虫性的品种。

2. 农业防治　轮作、虫源地化蛹期及羽化期增加中耕次数,适当调整播种期,使害虫产卵盛期避开盛荚期及冬季翻耕提高越冬幼虫死亡率。

3. 化学防治　大豆结荚期田间有大量成虫"打团",每百株达 50～100 头时,并在荚上调查有虫卵由白变橘黄色时施药。(各地产卵盛期参阅习性部分)。大豆黄熟期表土施药杀死入土时末龄幼虫。可选择使用下列药剂。多次用药时应每次更换品种。

低毒性,触杀胃毒作用农药:16%醚菊酯悬浮液 65～130 ml,对水 60～100 L;10%溴氰菊酯乳油 2 000 倍液,每 667m² 用 40～50 L;50%马拉硫磷乳油 1 000 倍液,每 667 m² 用 40～50 L。

中等毒性,触杀胃毒作用农药:2.5%三氟氯氰菊酯(又名功夫)乳油或 5.7%氟氯氰菊酯乳油(又名百树菊酯、百树得、杀飞克)20～40 ml,每 667 m² 用 40～60 L;10%氯氰菊酯乳油 35～45 ml,对水 50～80 L;2.5%溴氰菊酯乳油 3 000 倍液,每 667 m² 用 40～60 L;50%嘧啶氧磷乳油 100 ml,对水 40～60 L;50%杀螟硫磷乳油 1000 倍液,每 667 m² 用 40～60 L;80%敌敌畏乳油 800 倍液,每 667 m² 用 40～50 L。

无毒,胃毒作用的生物农药:苏云金杆菌(BT)或杀螟杆菌及白僵菌含 100 亿个孢子/g 的可湿性粉剂 100 g,对水 500～800 倍,施于土表或翻耕到土壤中,可杀死入土老熟幼虫。

4. 物理防治　田间挂上 20～40 瓦黑光灯(波长 3 650Å),每 667 m² 1 台,放在大豆株冠层稍上方,可诱杀大量成虫。

二、豆荚螟

豆荚螟(*Etiella zinckenella* Treitschke)是我国南方大豆主要蛀荚害虫。以黄河、淮河、长江流域各大豆产区为害较重。该虫除为害大豆外,尚能为害豆科的菜豆属,猪屎豆属等 60 多种豆科植物。南方各省一般虫荚率为 10%～20%,轻者 5%左右。蛀食豆粒破碎,幼小豆粒可吃净,明显影响产量及商品价值。

(一)形态特征

成虫　体长 10～12 mm,翅展 20～24 mm。近前缘自肩角处至翅尖有一白色纵带,近基部 1/3 处有 1 条金黄色的宽横带,外围有淡黄色宽带。后翅灰白色,沿外缘有 1 条褐纹。

卵　卵圆形,长 0.5～0.6 mm,表面有网状纹。初产时乳白色,渐变淡红色,孵化前暗红色。

幼虫　共 5 龄,末龄幼虫长 14～18 mm,初孵幼虫淡黄色,后变灰绿色至紫红色,4～5 龄前胸背板中央有黑色"人"字形纹,两侧各有一黑斑,后缘中央具有 2 个小黑斑。老熟幼虫体背紫红色,腹面灰绿色,背线、亚背线、气门线和气门下线均明显。腹足趾钩双序全环。

蛹 体长约 10 mm,初蛹淡黄绿色、后呈黄褐色,纺锤形,尾端有钩刺 6 根。蛹茧长椭圆形、白色丝质,外附有土粒。

(二)生活习性

各地发生豆荚螟的代数随地区及当地气候变化而异。广东、广西等省、自治区 1 年发生 7 ~ 8 代;湖北、湖南、江苏、浙江为 4 ~ 5 代;山东 3 ~ 4 代,多为 3 代;陕西、辽宁两省南部为 2 ~ 3 代。各地均以末龄幼虫在大豆田及晒场周围土中越冬。

广东省雷州半岛 8 代区,成虫 2 月上旬羽化,3 月初盛发,为害苕子或其他豆科植物,4 月中下旬为害春大豆,5 月中旬为害春播夏收大豆,6 ~ 7 月份为害豇豆或豆科植物,8 月中旬为害夏播大豆,10 ~ 11 月为害山毛豆和木豆等,12 月初至翌年 1 月上旬老熟幼虫入土越冬。

4 ~ 5 代区,4 月上旬为化蛹盛期,4 月中旬至 5 月中旬羽化出土,第一代在豌豆等豆科植物荚果上为害,第二代 6 月上旬至 7 月中旬为害春播大豆、绿豆等豆科植物,第三代在 7 月上旬至 8 月下旬为害迟播春大豆、早播夏大豆及夏播其他豆科植物,第四代在 8 月中旬至 9 月中旬为害夏播大豆及早播秋大豆,第五代在 9 月中旬至 10 月中旬为害迟播夏大豆及秋大豆,10 ~ 11 月份末龄幼虫入土越冬。

山东 3 代区,第一代在 6 月中旬至 7 月下旬为害豌豆、刺槐等,第二代在 7 月中旬至 8 月下旬为害春大豆,第三代在 9 月中旬至 10 月上旬为害夏大豆。辽南 2 代区,7 月中旬出现成虫,8 月上旬发生盛期为害大豆。

豆荚螟发生世代历期见表 17-5。

表 17-5 豆荚螟发生世代历期

地 点	代 别	卵(月/旬)	幼虫(月/旬)	蛹(月/旬)	成虫(月/旬)	备 注
广 东	越冬代			1/下 ~ 3/下	2/中 ~ 4/上	1966 年雷州半岛
	1	2/中 ~ 4/上	2/底 ~ 4/下	3/下 ~ 5/中	4/中 ~ 5/下	
	2	4/中 ~ 5/下	4/下 ~ 6/上	5/上 ~ 6/中	5/中 ~ 7/上	
	3	5/下 ~ 6/下	5/底 ~ 7/上	6/中 ~ 7/下	6/下 ~ 7/下	
	4	7/初 ~ 7/底	7/上 ~ 8/中	7/中 ~ 8/下	7/下 ~ 8/下	
	5	8/上 ~ 8/底	8/上 ~ 9/中	8/下 ~ 9/下	9/上 ~ 10/上	
	6	9/上 ~ 10/上	9/中 ~ 10/下	9/下 ~ 10/下	10/上 ~ 11/中	
	7	10/上 ~ 10/底	10/底 ~ 11/中	11/上 ~ 12/下	11/下 ~ 1/上	
	8	12/上 ~ 1/下	12/中 ~ 3/上	(越冬)		
湖 北	越冬代			3/下 ~ 5/上	5/下 ~ 6/上	1964 年武昌
	1	6/上 ~ 6/下	6/上 ~ 7/上	6/中 ~ 7/中	6/下 ~ 7/中	
	2	7/上 ~ 7/中	7/上 ~ 7/下	7/中 ~ 8/上	7/下 ~ 8/中	
	3	7/下 ~ 8/底	7/下 ~ 8/底	8/上 ~ 9/中	8/中 ~ 9/下	
	4	8/底 ~ 9/中	9/上 ~ 10/中	9/中 ~ 10/上	9/中 ~ 10/下	
	5	9/中 ~ 10/中	9/下 ~ 10/下	(越冬)		

续表 17-5

地　点	代　别	卵(月/旬)	幼虫(月/旬)	蛹(月/旬)	成虫(月/旬)	备　　注
山　东	越冬代			5/中～5/下	5/下～6/中	1976 年利津
	1	6/上～6/中	6/中～7/上	6/下～7/中	7/上～7/下	
	2	7/下～8/上	7/下～8/下	8/中～9/上	9/上～9/中	
	3	9/上～9/下	9/中～10/上	(越冬)		

　　成虫白天栖息在叶背,傍晚或夜间活动,交配产卵。有趋光性,25℃以下扑灯量大。交配后 2～3 d 产卵,荚上茸毛密度适中,开张度小的品种,产卵率明显高于其他荚茸毛的品种,单卵散产在刺槐残留萼片部或大豆荚凹陷处,少数产在嫩茎或叶柄上,每荚一般产 1～2 粒。卵期 3～5 d。孵化出幼虫在荚上爬行或吐丝垂悬转移到其他荚,在适当部位吐丝做一白丝囊,在囊下蛀入荚内蛀食豆粒。2～5 龄幼虫均有转荚为害习性,以 3～4 龄居多。转荚蛀入处也会吐丝做一丝囊,脱荚孔无丝囊,该特点可鉴别荚内是否有幼虫。末龄幼虫脱荚后,潜入土中结茧化蛹,或在豆株运回场院堆垛及脱粒时在周围土壤中结茧化蛹。

　　(三)发生影响因素

　　1.温、湿度　豆荚螟发育起点温度:卵 13.9℃,幼虫雄性 15.1℃,雌性 14.9℃;蛹雄性 14.6℃,雌性 15℃。发育有效积温:卵为 67.9℃,幼虫雄性 166.5℃,雌性 168℃,蛹雄性 147.1℃,雌性 135.7℃。各地温度不同,世代也不同。各世代虫态后期随温度增高而缩短。据山东省观察,1 月份平均温度在 -5℃以下,或冬季极端低温在 -18℃以下,越冬幼虫死亡率可达 90%以上。

　　在适宜温度条件下,湿度对豆荚螟发生有很大影响。蛹盛期旬降水 50 mm 以上对羽化有明显抑制作用。化蛹盛期浇水可降低虫荚率。雌蛾在空间相对湿度低于 60%以上时产卵少,甚至不产卵。产卵适宜的相对湿度为 70%,湿度过高对产卵也不利。

　　2.大豆品种特性　大豆受害是结荚期,大豆初荚期与成虫产卵期吻合则受害重,结荚期长亦受害重。荚上茸毛多,毛孔开张角度小的品种受害重,反之则轻。

　　3.种植地周围中间寄主数量　豆荚螟是多代转寄主为害的害虫。早期世代多在其他豆科植物为害。因此周围种植地中间寄主面积大,种植期长,距离近等均能增加大豆田为害的虫口密度。同一地区种植春、夏、秋、冬(7～8 代区)不同时期大豆,有利于豆荚螟不同世代转主为害。

　　4.自然天敌　豆荚螟也有多种卵及幼虫的寄生蜂,寄生幼虫的天敌还有白僵菌,红蚂蚁及寄生蝇等天敌能抑制豆荚螟为害程度。

　　(四)防治方法

　　1.农业防治　根据品种生育特性,适当调整播种期,使大豆结荚期避开成虫产卵盛期;选用丰产性好,结荚期短的抗虫品种;及时处理收运到晒场过程中末龄脱荚幼虫;豆田冬灌,减少田间越冬幼虫。

　　2.生物防治　末龄幼虫入土前,可施用白僵菌粉剂,苏云金杆菌杀螟杆菌(含孢量及浓度参见食心虫生物农药部分)。人工饲养豆荚螟的卵或幼虫寄生蜂,在豆荚螟成虫产卵盛期释放田间可明显降低虫荚率。

　　3.化学防治　参照各地豆荚螟预报发生世代历期,在产卵盛期喷施农药。大豆黄熟期在豆田表土,晒场及周围土表施药杀死脱荚幼虫。使用农药品种,浓度及施用量参阅食心虫化学防治部分。

4.物理防治　参阅食心虫物理防治方法。

三、大豆荚瘿蚊

大豆荚瘿蚊(*Asphondylia sp.*)是吸食豆粒汁液的大豆荚部害虫。分布于北京、江苏、湖南、安徽、湖北等地。被害豆粒形成白色棉絮状虫瘿,停止发育。幼荚被害形成扭曲枯落从而减产。

(一)形态特征

成虫　雌虫体长 3.5 mm,雄虫体长 3.2 mm,全身紫色,双翅交互平折于体背。触角丝状有 14 节,红褐色。复眼黑色较大。前翅灰褐色,平衡棒淡黄毛,细长。

卵　长圆形,白色透明,长约 0.3 mm。

幼虫　体长 2.5~3 mm,淡黄色,口器红褐色。前胸腹面有一红褐色剑骨片,其前端有齿 2 对。

蛹　红褐色,头部先端有叉状突起 1 对,末节有横刺 1 排。

(二)生活习性

成虫在傍晚及黎明活动,其他时间多栖伏于豆株下。江苏、浙江两省发生 3 代以上。成虫 5 月份后出现,产卵在花萼或凋花下,卵期 4~5 d,6 月份为害春大豆。幼虫蛀入荚内为害,为害期约 20 d。老熟幼虫在荚内化蛹,蛹期 5~9 d,羽化前蛹头部突起在荚上钻一圆孔,将蛹壳带出半截于荚外。为害期 6~10 月份。河南省以 8 月间为害最重。

(三)防治方法

选育抗虫丰产品种,调整大豆播种期。成虫发生盛期喷施化学农药(参阅食心虫化学防治)。

第七节　茎根害虫

本节害虫主要为害茎部,常见的有 5 种,以豆秆黑潜蝇为主,列表区别其他 4 种茎根害虫(表 17-6)。

一、豆秆黑潜蝇

豆秆黑潜蝇(*Melanagromyza sojae* Zehnter)又称豆秆蝇,分布于我国各大豆产区。大豆受害株率由北向南渐重。该虫除为害大豆外,还为害赤豆、绿豆、菜豆、豇豆、紫花苜蓿及田菁等豆科植物。幼虫蛀食茎及根髓部、叶柄及分枝,造成豆株营养贮存及运输受阻。幼苗被害叶片萎黄,逐渐枯死或植株矮小。成株被害则造成发育不良,花荚脱落,百粒重降低,收获时结荚少,籽粒不饱满而影响产量。夏大豆一般减产 15%~30%,严重的可达 50% 以上。

(一)形态特征

成虫　体长 1.8~2.5 mm,亮黑色,具蓝绿光泽,复眼暗红色。触角芒仅具毳毛。腋瓣具黄白色缘缨,平衡棍黑色。

卵　椭圆形,长 0.03 mm,乳白色。

幼虫　体长 3~4 mm,初孵时乳白色,后渐变淡黄色,口咽器黑色,口钩端齿尖锐,下缘有一齿,前气门呈冠状突起,具有 6~9 个气门裂。

蛹　长椭圆形,长约 2~3 mm,金黄色,前气门黑色,三角形,后气门烛台形。

(二)生活习性

广西地区 1 年发生 13 代,福建 7 代,浙江 6 代,黄淮流域 5 代。各代相互重叠。5 代区越冬蛹在 6 月上旬末开始羽化,中旬为羽化盛期,羽化后 2~3 d 产卵,卵期 2~3 d。第一代幼虫高峰在 7 月上旬,为害春大豆或其他豆科植物,第二代幼虫高峰在 7 月下旬至 8 月上旬;第三代幼虫高峰在 8 月下旬,2~3 代为害晚播春豆及夏大豆;4~5 代幼虫重叠发生,为害晚播夏大豆及赤豆、豇豆等豆科植物,第一与第四代发生在初夏及晚秋,气温较低,完成一代需 25 d 左右。

成虫飞翔力较差,以上午 6:00~8:00 活动最盛。成虫多集中在上部叶片活动,田间小气候 25℃~30℃是取食交配产卵的适温,低于适温,成虫多在下部叶片背阴面栖息,气压低的阴天,整日可见成虫在豆株上部活动。成虫趋化性不强,取食时以腹部末端刺破叶表皮,吮吸叶肉汁液,被害叶呈现白色小伤孔。成虫交配也在上午 6:00~8:00,历时 40~50 min,完成交配 1 d 后即能产卵,成虫寿命一般 3~4 d。卵多产在中上部叶背主脉附近的表皮下,一般 1 头雌虫产卵 7~9 粒。卵孵化率可达 100%。初孵幼虫沿主脉在表皮下潜食叶肉,经小叶柄至叶柄,再达分枝,最后至主茎,蛀食茎的髓部及木质部。排便于茎潜道内,初为黄褐色,后变红褐色。大豆生长后期,主茎老化,4~5 代虫多在分枝或叶柄蛀食。一般单株 4~5 头,多者达 15~20 头。1 头幼虫蛀食潜道可达 17.5 mm。末龄幼虫在茎壁上咬一羽化孔,并在其附近化蛹,以备成虫羽化后由孔钻出豆株外。

二、其他为害茎根的潜蝇

我国报道为害大豆茎根的潜蝇除豆秆黑潜蝇外,尚有 4 种潜蝇。即豆梢黑潜蝇(*M. dolichostigma* De Meijere)、豆秆蛇潜蝇[*Ophiomyia centrosemaxis* (Meijere)]、豆根蛇潜蝇[*O. shibatsuji* (kato)]及豆叶东潜蝇[*Japanagromyza tristella* (Motsch.)]。由于几种潜蝇形态相似,易于混淆,现将 5 种大豆潜蝇为害部位及分布列于表 17-6,以便于读者在实践中应用。

三、发生影响因素

(一)品种特性

有限结荚习性,分枝少,节间短,主茎粗的品种受害轻,反之则重。

(二)虫源及降水量

黄淮流域 5 月上旬至 6 月上旬降水量在 30 mm 以上时,越冬蛹的滞育率低,增加第一代的有效虫源,为害加重,反之则轻。虫害发生量取决于第一代虫口密度和越冬蛹的滞育率,并和降水量有密切关系。一般第一代百株虫量在 15 头以上,6 月下旬至 7 月上旬降水量大于 40 mm 时,即为大发生指标。

(三)天　敌

豆秆黑潜蝇的寄生天敌目前已发现的有 7 种,即豆秆蝇瘿蜂、豆秆蝇茧蜂、长腹金小蜂、两色金小蜂、黑绿广肩小蜂、潜蝇柄腹小蜂及包腹金小蜂。常年情况下,7 种寄生蜂对蝇的总寄生率近 50%,寄生率高的有豆秆蝇瘿蜂,对蛹的寄生率近 100%,其次为豆秆蝇茧蜂及长腹金小蜂,在8月中旬后,相继进入发生高峰,对控制豆秆黑潜蝇为害有一定的作用。

表 17-6　我国为害大豆茎根的 5 种潜蝇为害症状及分布

潜蝇种名	豆秆黑潜蝇	豆梢黑潜蝇	豆秆蛇潜蝇	豆根蛇潜蝇	豆叶东潜蝇
地域分布	分布于海南、广东、广西、湖南、湖北、安徽、江西、四川、贵州、福建、浙江、山东、江苏、河北、河南、辽宁、吉林等省、自治区。自北向南代数渐增,为害渐重。	分布于湖北、福建、浙江、四川、广西等省、自治区	分布于福建等省	分布于黑龙江、吉林、辽宁、内蒙古、及山东沿海的部分春豆产区	分布于北京、河南、山东、湖北、江苏、广东、福建、四川、陕西等省、直辖市
为害部位及症状	幼虫潜道主要在叶柄、侧枝、主茎和根的髓部。受害后初为淡褐色,后变红褐色	幼虫潜道仅限于茎、梢髓部,自梢顶向下长 2~3mm,下方潜道大,仅剩皮层,红褐色	幼虫潜道仅限于茎中,老熟时在茎皮层内化蛹,其前气门伸出表皮外	幼虫潜道仅限于茎基部至主根表层中,黑褐色,蛹紧贴在褐色表皮下,前气门伸出表层外	幼虫潜道仅限于叶部,食去叶肉仅剩半透明的上下表皮,近圆形

四、防治方法

(一)防治指标

各地因气候及世代不同而有差异。山东省鲁北地区目测第一代成虫平均有 0.3~0.5 头/m², 第二代 0.5~1 头/m² 作为防治指标; 捕网法第一代 20~30 头/100 网, 第二代 40~50 头/100 网为防治指标。

(二)农业防治

适时早播,增施基肥,轮作换茬,选用苗期早发品种有提高大豆耐害作用,可减轻为害程度。

(三)化学防治

在成虫盛期及卵盛孵期施药。用1%阿维菌素 50~60 ml/667m², 对水 30 L 喷雾; 50%马拉硫磷乳油(低毒,触杀,熏蒸作用)1 000 倍液,每 667m² 用 30~50 L; 50%辛硫磷乳油(低毒,触杀及胃毒作用),可用 60~120 目细土配成 2.5%微粉剂,每 667 m² 施 4 kg,可避免杀死天敌; 20%氰戊菊酯乳油(中毒,触杀,胃毒作用)每 667 m² 用 30~50 ml,对水 40~60 L; 5%顺式氰戊菊酯乳油(又名来福灵,中毒,触杀,胃毒作用)3 000 倍液,每 667 m² 施 30~50 L; 10%溴氰菊酯乳油(低毒,高效,杀卵,持效长,对蜜蜂低毒)2 000 倍液,每 667 m² 施 35~50 L。上述药剂交替使用,每次选择 1 种。

第八节　食叶害虫

大豆食叶害虫是大豆虫害最多的一类害虫,为害大豆严重,也是为害其他作物的重要害虫。尤其是鳞翅目幼虫为害种类多,危害重,不及时防治,能在短时间内将豆叶吃光,仅剩粗大叶脉,造成大豆落花落荚,籽粒不饱满,花前为害可导致绝收。

一、食叶鳞翅目害虫

（一）银纹夜蛾［*Argyrogramma agnata*（staudinger）］又称豆尺蠖、步曲虫

大豆产区均有发生，以黄淮及长江流域受害较重。也为害花生、向日葵等。

1. 形态特征

成虫　体长 14～16mm，翅展 32～35 mm，黄褐色。头、胸灰褐色。前翅深褐色，后缘和外缘有金色，中室后缘中部有一马掌形银边褐斑，其后方有一近三角形银点。

卵　半球形，直径 0.4～0.5 mm，初产乳白色，后变乳黄色至紫色。

幼虫（末龄）　体长 26～31 mm，头宽 2 mm，虫体前细后粗，第一至第三腹节常弯曲、呈尺蠖形，头部绿色，体青绿色，体背有 6 条白色纵纹。气门浅白色、有深色边，或黄色，边缘呈褐色。有胸足 3 对，腹足 2 对，尾足 1 对，均为绿色。

蛹　体长 15～17mm，纺锤形，初为淡绿色，后变红褐色，尾端有 6 根尾刺；茧丝质较薄，白色。

2. 生活习性　该虫代数因地区不同而异。山西，河北北部发生 2 代，山东、河南、陕西关中、江苏等地发生 5 代，世代重叠。第一代 4 月下旬至 6 月下旬，主要为害十字花科蔬菜和豌豆等；第二代 6 月中旬至 7 月下旬，主要为害春大豆和早播夏大豆；第三、第四代 7 月下旬至 9 月中旬，均为害夏大豆；第五代为害秋季十字花科蔬菜等。陕西关中第一代为害豌豆最严重，山东以第三代为害大豆严重。该虫以蛹在大豆枯叶上越冬。成虫夜间活动，以晚 9～10 时活动最盛，有趋光性。成虫多在茂密豆田产卵，卵散产于叶背，以豆株中上部最多。幼虫多隐藏在豆叶背面为害，老熟幼虫在叶背结茧化蛹，蛹期 7～11 天。

（二）大豆小夜蛾［*Ilattia octo*（Guenee）］又名坑翅夜蛾、双星小夜蛾

华北、华东、湖南、湖北、广西等地为害大豆，也为害花生、甘薯等。

1. 形态特征

成虫　体长 10～11 mm，翅展 23～26 mm，灰褐色微红。前翅暗红褐色，前缘有 5～6 个小黄点，雄蛾前翅中室基部有一凹坑，肾纹"8"字形，前圈褐色白边，后圈黄白色实心。后翅暗红褐色，近翅基部色较淡。

卵　卵扁圆形，直径 0.7～1.2 mm，卵面有很多小突起，各生 1 根白色刚毛。

幼虫　体长 26～31 mm、细长，后端稍尖，绿色，体背紫红色。腹足 2 对退化，仅有后 2 对。头部黄绿色，布满小黑点，背线为黄色点，亚背线，气门线和节间均为黄色。老熟幼虫头部具深紫色网纹，体背面和体线变紫红色，腹面绿色。

蛹　体长 10～12 mm，宽 3～4 mm，黄褐色。尾刺 1 对，尖端微弯曲。虫茧椭圆形。

2. 生活习性　山东 1 年发生 3 代，局部地方 4 代，江西 1 年 5 代，均以蛹在土中越冬。山东省济宁市第一代幼虫盛期在 6 月下旬至 7 月上旬，为害春大豆及早播夏大豆。第二代幼虫 8 月上旬出现，为害夏大豆。第三代幼虫为 9 月上、中旬，为害夏大豆。成虫昼伏夜出。卵散产在老株上、中部叶片背面，每叶可产卵 10 粒以上。每头雌蛾可产卵 400 粒以上。幼虫活泼敏感，一触即落地或豆株上。老熟幼虫在豆株附近土中结茧化蛹。

（三）云纹夜蛾［*Mocis undata*（Fabricius）］又名鱼藤毛胫夜蛾

除东北外，大豆产区都有发生，以黄淮、长江流域为害较重，也为害鱼藤及山蚂蝗等。

1. 形态特征

成虫　体长18～22 mm,翅展46～50 mm。头胸及前翅暗红色,上有云状斑纹,内横线里外各有1个黑色近圆形斑点。后翅暗黄褐色,外线黑褐色,亚端线棕色,翅外缘中部有一褐斑。腹部褐色。

卵　半球形,以后变灰绿色,直径约1 mm。

幼虫　末龄幼虫体长50～57 mm,细似蛇状,有胸足3对,腹足2对,尾足1对,头黄褐色,有褐色点刻组成纵条纹,腹部土黄色,亚背线与气门紫褐色细点线,在腹节亚背线有一黄白色的眼形斑。另有1种幼虫色型为头部红褐色条纹,体有黄色纵条纹。

蛹　体长20～24 mm,宽5～6 mm,黄褐色至红褐色,体表有白粉。在2～8腹节背面有圆形和半圆形的刻点,腹部末端有尾钩刺4对。

2. 生活习性　山东1年发生3代,第一代发生在7月间,主要为害春大豆或麦茬大豆;第二代在8月中旬至9月上旬发生,为害夏大豆;第三代9月份至10月初发生,为害夏大豆;以第二代为害较重。河南省郑州市以7月中旬发生为害较重。幼虫多在豆株上部叶片或叶柄上为害,行动迟钝,幼虫有吃卵壳习性,老熟幼虫吐丝缀叶,并在其中化蛹。

(四)豆卜馍夜蛾(*Bomolocha tristalis* Lederer)

华北、东北等地严重为害大豆的一种害虫。

1. 形态特征

成虫　体长13～14 mm,翅展28～32 mm,全体灰褐色。翅中室至翅前缘有一黑色斑。翅尖有半圆形白色区,外围棕黑色,外缘由1列黑点组成,呈新月形。后翅灰褐色。

幼虫　末龄幼虫体长27～31 mm,头部绿色,有暗点,胴部草绿色,细长,背线、亚背线为半透明绿色线,气门线白色。体末端较前半段稍细,有腹足3对,灰绿色。

蛹　体长11～13 mm,宽3～4 mm,红褐色至黑褐色。1～4腹节的隆脊上有3～6个小点,腹部末端有钩刺4对,中间1对粗长而卷曲。

2. 生活习性　吉林1年发生1代,7月中旬至8月上旬为害大豆,7月下旬至8月中旬化蛹,8月下旬至9月上旬羽化成虫。北京8～9月间是幼虫为害盛期。成虫有趋光性,夜间活动。幼虫多在豆株上部为害,比较活泼,一触即落在豆株中部或地面上,幼虫老熟后在棉卷叶内化蛹。

(五)棉大造桥虫(*Ascotis selenaria* Schiffermuller et Denis)

分布于吉林、河北、山东、安徽、湖北、湖南、浙江、四川、福建、陕西等省,为害大豆,也为害花生、棉花、柑橘等。

1. 形态特征

成虫　体长15～17 mm,翅展38～45 mm,体色变异较大,一般全身浅灰褐色。前后翅上有4个星呈暗褐色,前翅外缘由半月形点列组成,亚外缘线,外横线,内横线为黑褐色波状纹。后翅斑纹同前翅并相对应。

卵　直径约0.7 mm,长椭圆形,初产时青绿色,孵化前为灰白色。

幼虫　末龄幼虫体长40 mm左右,体色变化较大,幼龄期灰黑色,逐渐变成青白色,老熟时多为灰黄色或黄绿色。头部较大,有暗色点状纹,背线、基线及腹线为淡褐色至紫褐色。节间浅黄色,腹部第二节背中央近前缘处,有1对深黄褐色毛疣。有腹足1对,尾足1对。

蛹　体长14 mm左右,黄褐色,有臀刺2根。

2. 生活习性　江苏、浙江每年发生 4~5 代,以蛹在土中越冬。夏季约 40 d 完成 1 代,卵期 5 d,幼虫期 18~21 d,蛹期 9~10 d,成虫寿命 6~8 d。成虫羽化后 1~3 d 交配,交配后第二天产卵,卵散产在土缝或土面上,产卵量多。成虫日伏夜出,飞翔力弱,有趋光性,幼虫不活泼,常在豆株上拟态假嫩枝状。

(六)豆天蛾(*Clanis bilineata* Walker)

分布于除西藏藏族自治区外的其他各省、自治区,以黄淮流域发生较严重,其他各省、自治区少数年份发生较重,该虫还为害绿豆、豇豆、刺槐等植物。

1. 形态特征

成虫　体长 40~50 mm,翅展 100~120 mm,体和翅呈黄褐色,头胸部暗紫色。前翅狭长,由前缘至后缘有 6 条褐色波状纹,前缘中部有一半圆浅白斑,翅顶部有 1 个三色形暗褐色斑。后翅较小,黄褐色,翅基外缘有 1 条黄褐色带状纹。

卵　椭圆形或球形,直径 2~3 mm,初产时淡绿色,后变黄白色,孵化前变褐色。

幼虫　末龄幼虫体长 60~90 mm,黄绿色。1 龄头部圆形,2~4 龄头部三角形,5 龄头部呈弧形,无头角,两侧各有 7 条向背后方倾斜的淡黄色斜纹,腹部背面呈倒"八"形,尾部有一青色尾角。气门椭圆形,灰白色。有胸足 3 对,腹足 4 对,尾足 1 对。

蛹　体长 45~50 mm,宽 15 mm,纺锤形,红褐色,口器突出呈钩状,腹末臀刺三角形。

2. 生活习性　我国淮河以南(北纬 31°以南)大多发生 2 代,以北发生 1 代,以末龄幼虫在豆田或豆田周围深 9~12 cm 土层内越冬。山东、河南、江苏等 1 代区,越冬幼虫 6 月上、中旬移至 9~12 cm 深的土表做室化蛹,6 月下旬开始有羽化成虫,7 月中、下旬为羽化盛期。卵盛产期山东省为 7 月下旬至 8 月上旬,经 4~8 d 孵化。幼虫盛发期为 7 月下旬至 8 月下旬,至老熟幼虫入土越冬。湖北 2 代区,5 月上、中旬开始化蛹羽化,5 月上旬至 10 月上旬均有成虫,以 7~8 月份最多,第一代幼虫发生在 5 月下旬至 7 月上旬,主要为害春播大豆,第二代在 7 月下旬至 9 月上旬,主要为害夏播大豆,全年以 8 月中、下旬为害最重,9 月中旬老熟幼虫入土越冬。成虫有趋光性,飞翔力强,白天在高秆作物栖息,傍晚在豆田活动,夜间活动能力强,在栖息作物上交配,交配时间可达 12 h,3 h 后即能产卵,卵多产在上部叶片背面,单粒散产,平均每雌成虫产 350 粒左右。卵期 4~8 d。幼虫有背光性,夜间取食最烈,阴天可整日食害,1~5 龄幼虫随龄数增大而食量也增大,5 龄幼虫食量占总食量 90%以上。越冬老熟幼虫在翌年地温 24℃时化蛹,蛹期 10~15 d。羽化成虫 30 min 后即能飞翔活动。

(七)大豆毒蛾(*Cifuna locuples* Walker)又名豆毒蛾

我国大豆产区均有发生,该虫初龄幼虫取食叶肉呈网膜状,3 龄后能把叶片吃成空洞或缺刻,重者可吃光叶片,也为害棉花、苜蓿、小麦、柿、柳等。

1. 形态特征

成虫　体长 16~20 mm,雄蛾翅展 30~40 mm,雌蛾翅展 42~47 mm,黄褐色至暗褐色.雄蛾触角羽毛状,雌蛾呈锯齿状。前翅有两条深褐色带纹,纹间有一肾状环斑。后翅黄褐色。

卵　半球形,直径 0.9 mm,青绿色,顶端稍凹陷。

幼虫　末龄幼虫体长 35~40 mm,黑褐色,亚背线,气门下线橙黄色,前胸及第九腹节各有 1 对斜伸的黑色长毛束,前胸毛束最长。1~4 腹节背面有暗黄褐色短毛刷,在第一、第二腹节侧面有向两侧平伸黑色毛束,第三腹节侧面毛束白色,其余各节散生白色小毛束。在腹部第六、第七节背面各有 1 个黄褐色圆形的背腺。

蛹 体长 20 mm,红褐色,背面有黄色长毛,第一至第四腹节背面具灰色疣突。

2. 生活习性 在东北 1 年发生 1 代,华北 2 代,浙江 1 年发生 5 代。以幼虫越冬,成虫有趋光性,卵多产在大豆叶背面,每块卵有 50~200 粒。初孵化幼虫多集中于叶背,将豆叶吃成网状,后期幼虫分散为害。老熟后在叶背做暗褐色茧,在其中化蛹。

(八)豆小卷叶蛾[*Matsumuraeses phaseoli*(Mats.)]

分布于黑龙江、吉林、辽宁、陕西等省,以幼虫取食叶,花簇,有时也能蛀食荚粒。初龄幼虫在嫩芽,茸毛间结成丝质隧道出入为害,3 龄以后可把豆叶缀合成饺子状,4 龄后能将顶梢数叶卷结成团,在内部为害,使顶梢枯死,还能缀合花蕾,嫩荚等,也为害豌豆、绿豆、苜蓿等豆科植物。

1. 形态特征

成虫 体长 6~7 mm,翅展 14~23 mm。雄蛾前翅淡灰褐色,近长方形,外缘前方稍凹入,前缘有 18~20 条黑褐色短斜纹,中室外侧具一较大黑褐斑,臀角内上方纵列 3 个黑点,顶角附近有 2 个黑点;后翅灰色。雌蛾前翅褐色,各斑纹隐约可见。

卵 长约 0.65 mm,椭圆形,扁而薄,中央稍厚,上有网纹。初产黄白色,后褐色。

幼虫 末龄幼虫体长 11~14 mm,淡黄色,头褐色,两侧有黑色楔状纹,腹足趾钩双序全环,臀足趾钩双序缺环,臀栉有齿 5~8 个。

蛹 长 7~9 mm,褐色,腹部 2~7 节背面各生有齿状刺 2 列,腹末有钩刺 8 根。

2. 生活习性 豆小卷叶蛾在陕西省 1 年发生 4~5 代,多以末龄幼虫(少数以蛹)在豆田土中越冬。一般 4 月上旬出现越冬代成虫,4~5 月间在草木樨、苜蓿及其他豆类作物上产卵。5 月下旬至 6 月上旬出现第一代成虫,幼虫为害春播大豆。7 月中旬至 8 月中旬、9 月上旬至 10 月上旬出第二、第三代成虫。幼虫均为害夏播大豆。10 月中旬至 11 月中旬出现第四代成虫,在秋播豆类、草木樨、苜蓿上产卵,以第五代末龄幼虫越冬。山东省豆田第一代成虫盛发期于 7 月下旬,第二代于 8 月上旬,第三代于 8 月下旬至 9 月上旬,到 10 月中旬第四代幼虫老熟越冬。

成虫白天潜伏豆株下部,遇惊后作短距离飞翔,趋光性强。卵散产在叶片背面,幼苗期在真叶上着卵较多,成株在下部茸间隙着卵。幼虫孵化后爬行到上部幼芽嫩叶上取食,2 龄前不活泼,3 龄后受惊扰迅速进退。多雨年份发生较重,夏季少雨不利于发生。

(九)豆卷叶螟(*Lamprosema indicata* Fabricius)又称豆蚀卷叶螟

分布于吉林、辽宁、华东、华中各省为害大豆等豆科植物。幼虫可将大豆叶片卷成筒状,并在其中蚕食,后期可蛀食豆荚或豆粒。

1. 形态特征

成虫 体长约 10 mm,翅展 18~23 mm。体黄褐色。前翅有黑色波状内、中、外横线,外缘黑色,内横线外侧有一黑点;后翅有 2 条黑横线,展翅后与前翅内、外横线相连,外缘黑色。

卵 椭圆形,长约 0.7 mm,淡绿色。

幼虫 末龄幼虫体长 15~17 mm,头和前胸背板淡黄色,前胸侧板有一黑斑,胸腹部淡绿色,气门圈黄色,沿亚背线、气门上、下线及基线有小黑纹。

蛹 长约 12 mm,纺锤形,褐色。茧薄丝质,长约 17 mm,近椭圆,白色。

2. 生活习性 豆卷叶螟 1 年发生 2~5 代,发生代数由北向南递增。山东、河北 2~3

代,江西4~5代。以末龄幼虫在枯叶内或土下越冬。山东越冬代成虫于4月中旬至5月下旬羽化,个别至6月初羽化,5月中下旬为第一代幼虫盛发期,为害春播大豆,幼虫老熟时在枯叶内做茧化蛹。第一代成虫6月中旬盛发,6~9月田间各虫态均有,9月间秋大豆上幼虫亦多。成虫昼伏夜出,白天多潜伏在叶背面或隐蔽处,夜间交配、取食,有趋光性。卵产在叶背。初孵幼虫先在叶背取食,后吐丝将2~3片豆叶向上卷折。幼虫活泼,受惊后迅速倒退。

二、食叶鳞翅目害虫发生影响因素

(一)豆株生长势影响

肥水条件好,生长势好,叶片丰茂的豆田着卵率高,虫口密度大,发生重;反之则轻。

(二)虫源的影响

当年虫源是翌年发生虫口的基数,有2代以上的虫害,除越冬的虫口外,还要根据第一代发生量。据山东省观察,每年第一代轻,其原因是越冬基数少。第一代虫源即造成第二代严重,到第三代由于豆株衰老,幼虫成活率低,形成越冬虫口基数低。

(三)气温及降水量

温度对成虫产卵有影响,特别是大豆小夜蛾的产卵适温为21℃~28℃,低于20℃成虫即不产卵。降水量多少和强度与发生情况有密切关系。尤以孵化率仅11.1%~12.1%;相对湿度在52%时,孵化率为27%。初龄幼虫在相对湿度60%以下时,成活率20%~30%,当温雨系数(降水量÷温度)大于3.5时,常见大发生。暴雨对卵期及卵孵化期发生不利。

(四)天　敌

豆天蛾主要天敌有落叶松毛虫黑卵蜂,山东省鲁北地区常年卵寄生率10%左右。其他鳞翅目寄生天敌有:银纹夜蛾多胚跳小蜂,小腹茧蜂,青黑小蜂(又名棉铃虫金小蜂),广大腿小蜂,螟蛉悬茧姬蜂,螟蛉绒茧蜂,棉铃虫齿唇姬蜂,卷叶蛾肿腿蜂等。还有暗褐林蚁,粉带伊乐寄蝇。虫害在3龄前被寄生引起死亡率可达21%。

三、食叶鳞翅目害虫的防治

(一)冬季翻耕豆田

翻耕对防治鳞翅目害虫主要作用是降低越冬虫口,减少翌年虫口发生量。

(二)防治指标

一般百株有虫50头以上时防治为宜。山东省滨州地区农科所观察,大豆营养生长期及生殖生长期,银纹夜蛾幼虫复合防治指标分别为86头及216头。豆卷叶螟在卷叶前施药,豆小卷叶蛾在盛发期施药。

(三)化学防治

1. 生物农药　由于鳞翅目害虫的自然天敌较多,应多用生物农药,对天敌无毒,生病的害虫产生病菌又能传染给无病虫体,但杀死过程较慢。可使用苏云金杆菌(又名Bt乳剂),每667 m^2用100~150 g(100亿个孢子/ml),对水300~500倍喷施;杀螟杆菌使用量及稀释倍数参阅苏云金杆菌制剂;白僵菌制剂每667 m^2用量100~150 g(每克50亿个孢子以上)对水25~50 L,多角体病毒制剂每克含10亿个多角体病毒,每667 m^2用800~1 000 g。

2. 化学农药　使用化学农药应在幼虫3龄期前喷药效果好,3龄后幼虫杀死率明显降低,可参阅蛀荚害虫及鞘翅目食叶害虫防治的化学农药。

四、食叶鞘翅目害虫

鞘翅目害虫为害大豆仅次于鳞翅目害虫,也是为害多种作物的害虫,下列几种为害大豆主要食叶鞘翅目害虫。

(一)豆芫青(*Epicauta gorhami* Marseul)又名白条芫青

长江流域及黄淮流域为害较重,其他大豆产区也有发生。成虫取食大豆叶、花瓣,喜食嫩叶,仅留叶脉,嫩尖顶芽受害后,常造成大豆不能开花结荚。也为害花生,棉花、苜宿、马铃薯等。

1.形态特征

成虫　雌虫体长 14.5～16.7 mm,雄虫 11.7～14.2 mm。体黑色,具有绒毛及刻点,头部红色,具 1 对扁平黑疣,额中央有 1 条赤纹。雌虫触角丝状,第一节外方赤色;雄虫触角 3～7 节扁平,但非栉状,上有一纵凹沟。前胸背板中央有 1 条白纵纹。鞘翅黑色,在鞘翅中央各有灰白色纵纹,周缘灰白色。前足胫节具有 2 个尖细刺端,后足胫节具有 2 个短而长的端刺。

卵　长卵形,初产时淡黄色,渐变黄色。

幼虫　属复变态,1 龄,三瓜蚴、蛆型,2～4 龄,蛴螬型,乳白色,体长 3.8～10.8 mm,全身被一层薄膜,胸足呈乳状突。

蛹　体长 15.4 mm,灰黄色,翅芽稍淡,复眼黑色。

2.生活习性　华北每年 1 代,湖北、福建 1 年发生 2 代。一代区以 5 龄幼虫(假蛹)越冬,翌年发育为 6 龄,6 月中旬化蛹,成虫在 6 月下旬至 8 月中旬为害大豆,并交尾产卵。幼虫孵化期从 7 月中旬开始,幼虫在土中生活,以蝗虫卵等为食,并在土中越冬。成虫白天取食,以中午最盛,群居性为害,成群迁飞,喜食嫩叶,也食老叶及嫩茎。成虫受惊能堕落,并从腿节末端分泌黄色汁液的芫菁素,接触人体皮肤,能引起红肿发泡。二代区成虫在 5～6 月份出现,为害春豆及其他作物,第二代成虫在 8 月中旬出现,为害大豆,9 月下旬后为害其他作物。

(二)其他芫菁虫害

区别列表 17-7。

表 17-7　其他主要豆芫菁成虫形态识别

名　　称	成 虫 识 别 特 征
中华芫菁 *Epicauta chinensis* Laporte	体长约 22mm,头顶仅后头侧红色,其余为黑褐色。鞘翅呈黑色,触角锯齿状,末端逐渐变细
暗头豆芫菁 *E. obscurocephata* Reitter	体长 12～17mm,体和足为黑色。触角丝状 11 节,第一节长而粗,外侧红色。头呈三角形,额中央有一红色纵纹。胸部背板中央有 1 条灰白纵纹。背板两侧,鞘翅周围及体腹部均有灰白色毛。鞘翅表面密布刻点
眼斑小芫菁 *Mylabris cichorii* Linnaeus	体长 10～15mm,黑色,密被长毛,触角第十节与第十一节基部等宽。鞘翅基部有 2 个黄色小斑,两侧对称,2 个黄斑下方有 2 条黄色纵带。横贯全翅,形成 2 个大黄斑。翅端全部黑色
眼斑大芫菁 *M. phalerata* Pallas	体长 24～31mm,体色、鞘翅斑纹与眼斑小芫菁相似。区别点:除体型较大外,触角端部比基部更膨大,触角第十一节明显窄于第十节。鞘翅基部 1 对黄斑纹,不规则,略呈方圆形

续表 17-7

名　　　称	成 虫 识 别 特 征
绿芫菁 *Lytta caraganae* Pallas	体长约 20mm,全体纯绿色或蓝绿色,前翅长度与腹部相等,有后翅。触角念球状,上下粗略同
短翅芫菁 *Meloe auricutalus* Pallas	体长约 16mm,全翅纯蓝黑色,前翅短,不及腹部长度的 2/3,无后翅

(三)二条叶甲[*Monolepta nigrobilineata*(Motsch)]又名二条黑叶甲

全国各地大豆均有发生为害,除为害豆科植物外,也为害禾木科、水稻、高粱,也是蔬菜上重要虫害。成虫为害大豆子叶,叶片,叶心和嫩茎,常见将叶片食成圆形小孔,后期为害大豆的花。幼虫在土中可为害大豆的根瘤。

1. 形态特征

成虫　体长 3 mm 左右,淡黄色,鞘翅黄褐色,前翅中央各有 1 条略弯曲的纵行黑斑。触角丝状。足黄褐色,密生黄色细毛,各足胫节基部外侧具有深褐色斑纹。

卵　圆形,长约 0.6 mm,初产时乳白色,后变黄褐色。

幼虫　体长 4~5 mm,乳白色,头部和臀板黑褐色,胸足 3 对,褐色。

蛹　体长 3~4 mm,裸蛹的腹部末端有 1 对向前弯曲的刺钩。

2. 生活习性　东北、华北、华东 1 年发生 1 代,以成虫在杂草和土缝里越冬。吉林成虫 5 月中旬为害大豆幼苗,能为害子叶,真叶及复叶。成虫 6 月上旬产卵,中旬孵化为幼虫,8 月中旬幼虫老熟化蛹,8 月下旬至 9 月中旬羽化为新的成虫。河南 5 月中旬为害春大豆幼苗,7 月上、中旬为害豆花。江苏越冬成虫 4 月下旬至 5 月下旬为害春大豆,6 月份为害夏大豆。成虫能飞及跳跃,遇惊假死落地。成虫产卵多产在豆株根际附近的表土里,幼虫孵化后在土中为害大豆根瘤。老熟幼虫在土中化蛹。当年羽化的成虫可继续取食豆叶,以后入土越冬。

(四)蒙古灰象甲(*Xylinophorus mongolicus* Faust)俗称象鼻虫

分布于东北、华北地区和内蒙古自治区,为害大豆幼苗子叶、嫩芽、心叶,或咬断茎顶。也为害甜菜、向日葵、玉米、高粱、花生、烟草等。

1. 形态特征

成虫　雌虫体长 4.7~5.8 mm,雄虫 4.4~4.9 mm,黑灰色或土色,体被白色及褐色鳞片,喙扁平,基部较宽,中沟细。触角棒状,有 10 节,基节较长。鞘翅上有 10 条纵行刻点排列线,列线间密生灰白色或褐色鳞片。后翅退化,不能飞行。

卵　椭圆形,长 0.8 mm,初产时乳白色,后变黑褐色。

幼虫　体长 6~9 mm,乳白色,稍弯曲,内唇前缘有 4 对齿突,中央有 3 对小齿突,后方有 1 个五角形褐斑。

蛹　蛹长 5~6 mm,椭圆形,乳白色。

2. 生活习性　东北 2 年发生 1 代(部分个体需 3 年),以成虫及幼虫在土中越冬,第一年以幼虫越冬,第二年 6 月下旬至 7 月上旬化蛹,7 月上、中旬羽化,羽化后仍栖居于土中,以成虫越冬,第三年出土。成虫群居性,低温在幼苗周围的土壤中,升温后出土活动,喜食幼苗及茎上嫩芽。雌虫在 5 月上中旬产卵于地面。5 月下旬孵化出幼虫,幼虫取食植物根系,9 月幼虫做土室越冬,越冬后继续取食。

（五）黑绒金龟甲[*Maladera orientalis*（Matsch.）]**又名天鹅绒金龟子、东方金龟子**

分布于华北及华东东部。为害大豆豆叶及嫩芽，并常咬断生长点，有时可把幼苗地上部吃光，仅留根部。

1. 形态特征

成虫　体长 6.2~9 mm，卵圆形，体黑褐色或紫褐色，有黑灰色绒毛。头黑色，触角赤褐色，有 10 节，鳃部有 3 节。鞘翅比前胸背板略宽，每侧有纵肋 10 条，纵肋间有刻点，侧缘有一列刺毛。腹部赭黑色，有黄白色短毛。

卵　长约 1 mm，椭圆形，初产时乳白色，后变为淡黄色。

幼虫　体长 14~18 mm，头部淡黄色，胴部乳白色，多皱褶，体表生有黄褐色短毛。在肛腹片后部覆毛区，由顶端尖而弯曲的钩状刺毛组成，钩状刺毛群每侧约 30 根，中间有楔状的无毛区。

2. 生活习性　各地每年发生 1 代，北方以成虫越冬，南方以幼虫越冬。东北成虫翌年 4 月中、下旬，平均气温 10℃ 以上出现，盛期为 4 月末至 5 月上旬，在大豆未出苗前在发芽杂草上取食，然后再迁移至豆苗为害，为害期自 5 月中旬至 6 月上旬。成虫有群集性，趋光性，假死性，成虫出土取食多在下午 2:00 至午夜。成虫产卵于土壤疏松的杂草及豆地边。幼虫共 3 龄 50~60 d 成熟，潜入地下 20~40 mm 深做土室化蛹。蛹期 10 d 左右，羽化后成虫当年不出土，在土中越冬。

（六）其他常见三种食叶鞘翅目害虫

其他常见三种食叶鞘翅目害虫见表 17-8。

表 17-8　常见三种其他鞘翅目害虫

名　称	分布及为害	形态特征	生活习性
双斑萤叶甲 *Monolepta hieroglyphica*（Motsch）	东北、华北地区和广西、宁夏等省、自治区为害其他豆科植物，玉米、棉花、谷子	成虫：体长 3.5~4mm，长卵圆形，头、胸红褐色，触角灰褐色。鞘翅上半部为黑色，有 2 个淡黄色斑，下部为黄色，胸部腹面为黑色，腹面的腹部为黄褐色。体毛灰白色。幼虫：体长 6~9mm，黄白色，前胸背板骨化，腹部末端有铲形骨化板	河北每年 1 代，以卵在土中越冬。5 月卵孵化为幼虫，7 月中、下旬出现成虫，为害大豆呈孔状，严重时豆叶仅剩网状叶脉。宁夏 7 月上、中旬，吉林 7 月上旬是成虫盛发期，为害大豆。成虫有群集为害习性，趋光性强
黄斑长跗萤叶甲 *Monolepta signata* Oliv. 又名棉四点叶甲	福建、云南、广西、湖北等省。也为害棉花等	成虫：体长 4mm，头部赭黄色，触角黑色，基部赤黄色。前胸背板及足赭黄色，鞘翅上有 4 个淡黄色斑，前 2 个斑的前方缺刻较大。腹部腹面为黄褐色，中后胸腹面为黑色，体毛赭黄色	福建三明地区，成虫 9 月下旬为害夏大豆及秋大豆，成虫交尾产卵，以卵越冬
斑鞘豆叶甲 *Colposcelis signata*（Motsch.）又名黄猿叶虫	华北、东北、华南各地均有发生。也为害其他豆科植物	成虫：体长 1.6~3mm，体宽 0.9~1.7mm，呈卵形或长方形，体色有深有淡。头部及胸部黑色。鞘翅污黄色，有的鞘翅基部为黑色，也有全体黑色。翅基部和中缝横凹上有 1 个黑色斑，黑色个体为黄斑。触角丝状，长度约为体长一半，前胸背板略呈六角形，小盾片三角形。	吉林 1 年发生 1 代，以成虫在土中越冬。翌年 5 月上旬开始取食，5 月中、下旬大豆出苗后为害豆苗。为害同时交尾并产卵。幼虫在大豆茎中生活，老熟后入土化蛹。成虫有假死性，遇风雨即钻进土缝中

五、食叶鞘翅目害虫防治方法

(一)网捕有集群性鞘翅目害虫

在成虫集群发生的点片可用网捕,芫菁类害虫分泌液能使皮肤红肿,网捕时要注意。有假死害虫时要注意落到土表的活虫。

(二)冬季翻耕

有虫害发生田,尤其严重发生年的豆田,冬季要翻耕,使越冬蛹或幼虫在低温下冻死一部份,有天敌的害虫可被天敌寄生致死,从而减少翌年发生的虫口。

(三)清除豆田的杂草、枯枝落叶,消灭中间取食寄主

蒙古灰象甲喜食杨树叶及白菜叶,可每隔 3 ~ 5 m 放一枝带叶杨树枝或种小白菜诱食,再以农药集中杀死。有趋光性害虫可利用黑光灯诱杀成虫。

(四)化学防治

苗期发生地区害虫可用 50% 辛硫磷乳油按种子量 0.5% 加水 10 倍后拌种。成虫发生时可用低毒及中毒农药喷施。可使用的农药有:90% 敌百虫晶体对害虫有强胃毒作用,700 ~ 800 倍液,但某些大豆品种有敏感性;50% 马拉硫磷乳油 1 000 倍液;50% 辛硫磷乳油 1 000 倍液;有机磷中等农药有 50% 敌敌畏乳油 800 ~ 1 000 倍液。菊酯类低毒农药有 5.7% 氟氯氰菊酯乳油,每 667 m^2 30 ~ 50 ml,对水 30 ~ 50 L;10% 溴氰菊酯 2 000 倍液;10% 醚菊酯(多来宝)悬浮液,每 667 m^2 65 ~ 130 ml,对水 60 ~ 80 L;10% 氯氰菊酯乳油 1 500 ~ 2 000 倍液。中等毒菊酯类农药有 2.5% 三氟氯菊酯(功夫)乳油,每 667 m^2 20 ~ 30 ml;5% 顺式氰戊菊酯乳油 3 000 倍液;20% 氰戊菊酯乳油,每 667 m^2 30 ~ 50 ml。上述按倍数计算的农药每 667 m^2 施稀释液 40 ~ 60 L。

第九节　吸叶汁害虫

大豆吸叶汁害虫主要是同翅目蚜虫及半翅目蝽类害虫,害虫具有刺吸式口器,取食叶片中的汁液,造成伤害,简述几种对大豆有经济重要性的害虫。

一、形态特征及生活习性

(一)大豆蚜(*Aphis glycines* Matsumura)

我国大豆产区均有发生,以东北三省、山东及湖北等省为害严重。大豆蚜成虫及若虫均能为害豆叶,多集中在顶梢及嫩叶上吮吸叶的汁液,造成叶片皱缩或卷曲,叶片生长迟缓,早期落叶,分枝和结荚减少。也为害野生大豆及鼠李。

1. 形态特征

有翅胎生蚜　体长 1 ~ 1.5 mm,黄色或黄绿色,头黑色,复眼暗红色,触角 6 节,第一、第二节及第三节基部为黄色,其余部分为黑色,第三节触角上有 5 ~ 9 个感觉圈,排成一行。胸部黑色。翅透明,前翅大,后翅小。腹部背面(春型)有 3 ~ 4 条黑褐色横带,腹管黑褐色,圆筒形。尾片乳头状,黄绿色。

无翅胎生蚜　体长 1 ~ 1.3 mm,长椭圆形,黄色或黄绿色,腹背有时有深绿色纵横斑纹(春型)。触角 6 节,第三节无感觉圈。腹管暗黄绿色,末端黑色,圆管形。

卵　椭圆形,漆黑色。

若虫　头和胸部污黄色,触角第五节以上为暗黑褐色,其余为黄绿色。复眼暗红色。翅芽淡白色或淡黄色,腹部淡黄绿色,腹管短小,尾端圆锥形。

2.生活习性　东北地区1年发生15代左右,以卵在鼠李上越冬。4月中旬孵化为干母,并进行孤雌繁殖1~2代,到5月中、下旬,产生有翅蚜迁飞至大豆田为害。6~7月间又有2次迁飞扩散。7月上、中旬是为害盛期,7月末气候及植株营养条件均不利于蚜虫,产生淡黄色小型蚜,数量减少,由上部嫩叶转移至下部叶片为害,9月间产生有翅性母蚜迁回鼠李,即繁殖产生产卵的无翅蚜,再与大豆上迁飞来的有翅蚜交尾后产卵越冬。

(二)筛豆龟蝽[*Megacopta cribraria* (Fabricius)]又名豆圆椿

分布于华北、华东、华南、西南各省、自治区。为害大豆、赤豆、豌豆、刺槐、桑、臭椿、桃、杏、毒鱼藤等植物。成虫、若虫密集于茎、叶柄上吸食叶液,造成叶片枯黄,茎秆矮瘦变黑,花荚脱落,甚至全株枯萎。

1.形态特征

成虫　体长4.5~5.5 mm,宽4~4.5 mm,扁圆,背面隆起,暗黄褐色,密布黑色刻点。复眼红褐色,前胸背板有1列刻点组成的横线。小盾片发达,基部有一横沟。各足胫节背面全长具纵沟。腹部腹面周缘有黄色放射状宽带。雌虫黄纹区较宽。

卵　长约0.9 mm,宽0.5 mm,长坛形,表面有纵沟,排成"人"字形双行卵块,初产乳白色,孵化前肉黄色。

若虫　共5龄。末龄若虫体近圆形,绿色,全身密生长毛,并具黑色刻点。头及触角浅灰绿色,复眼紫红色。胸背中部及翅芽灰黑色,腹部中央有两列红色横斑,侧缘突出,土黄色。

2.生活习性　筛豆龟蝽在山东1年发生2代;江西2代为主,少数1代;广西3代。成虫越冬。山东越冬代成虫于4月下旬出蛰活动,先在刺槐、臭椿上取食产卵,5月中旬为产卵盛期,卵期约8 d,5月下旬为孵化盛期,若虫每龄10 d左右,需50余天羽化为成虫。6月下旬至7月下旬出现第一代成虫,为害刺槐及春播大豆,7月下旬迁至夏大豆为害,并开始产卵,盛期为8月上旬。卵经4~5 d孵化出第二代若虫,若虫期30余d,8月中旬出现第二代成虫,9月上旬为羽化盛期,9月上旬至10月中旬,当大豆收获后,成虫向山上迁移,多集中于向阳的灌木丛中栖息,至11月底潜入石缝、石块下,群集越冬。江西越冬成虫在4月上旬活动,1代若虫从5月初至7月下旬先后孵出,6月上旬至8月下旬羽化为第一代成虫,2代若虫从7月上旬至9月上旬孵出,7月底至10月中旬羽化,10月中下旬起陆续越冬。成虫、若虫有群集性,喜聚集在大豆茎上成一团,有假死性并分泌臭液。成虫白天交配,以中午居多,2 d后产卵。卵多产在豆叶背面,聚成两纵行"人"字形排列。

(三)豆突眼长蝽(*Chauliops fallax* Scott)又称大豆长蝽

分布于华北、华东、华中、西南各省、自治区及陕西省,湖南西部发生较重。被害豆科植物叶片初现黄白小点,后扩大连成不规则黄褐斑,严重时叶片脱落,豆株生长迟缓,结荚少。

1.形态特征

成虫　体长2.3~2.6 mm,体红褐色至黑褐色。复眼黑色,眼柄甚长,突出于头的两侧。单眼2个,较大,黑红色,触角4节,基节较粗,第二、第三节细,淡黄色至淡褐色,第二节长,第四节呈棍棒状。前背板生粗密刻点,中央纵线稍淡。小盾片黑色,两侧各有1个小白点。

前翅革片淡黑褐色,稀生刻点,膜片灰白色,有纵脉 4 条。足赭褐色,胫节以下及跗节色淡。初羽化时腹面鲜红色,后渐变紫黑色。

卵　长圆筒形,长 0.4 mm 左右,紫黑色,有光泽,有假卵盖。

若虫　共 5 龄。末龄幼虫长 2.2～2.3 mm,紫黑色。

2. 生活习性　豆突眼长蝽在湖南 1 年发生 3 代,世代重叠。越冬成虫 4 月中旬出现,为害豆苗,5 月中旬开始产卵,5 月下旬为产卵盛期,6 月上中旬为第一若虫盛期,6 月下旬为第一代成虫盛期,7 月上旬为产卵盛期;7 月中旬第二代若虫盛期,7 月下旬出现第二代成虫,8 月上旬为产卵盛期,8 月中旬出现第三代成虫,其后即在土缝、石隙和落叶下越冬。江西 1 年发生 1～3 代,越冬成虫在翌年 4 月下旬春豆苗长 17 cm 左右时开始活动取食,5 月初产卵,5～6 月份为害最盛,7～8 月份转到秋大豆上,10 月下旬当平均气温降至 16℃以下时,即陆续进入越冬场所。常在上午羽化,1～2 d 后交配,翌日产卵。成虫白天多潜伏于豆叶背面,如阳光强烈,则下潜土缝内。多在上午和黄昏为害。卵散产于寄主叶背主脉或侧脉上。

(四)斑须蝽[*Dolycoris baccarum*(Linnaeus)]又名细毛蝽、斑角蝽

分布于东北、华北、华东、西北各大豆生产区。成虫及若虫均为害大豆,吸食大豆叶片和茎秆的汁液,使大豆生长瘦弱,花荚脱落,造成产量损失。也为害小豆、棉花、蔬菜、禾木科作物及梨等。

1. 形态特征

成虫　体长 8～13 mm,宽 5～6 mm,椭圆形。体被细茸毛及黑色刻点,一般为黄褐色至黑褐色。头黑褐色,正中线淡黄色。触角 5 节,黑色,基部为淡黄色,深浅相间如斑纹,故称斑须蝽。前胸背板前侧缘有淡白色边,后缘呈暗红色,胸、腹部的腹面淡褐色。翅革片淡红褐色至暗红褐色。侧接缘处黑黄相间。足及腹下淡黄色,散布零星小黑点。

卵　圆筒形,成块状排列整齐。

若虫　体形与成虫相似,略圆,初龄若虫背面黑褐色或黄色或红色部分较多,较鲜艳,毛较多。

2. 生活习性　东北地区和宁夏 1 年发生 2 代,以成虫在杂草丛中越冬。成虫和若虫均喜群集在大豆幼嫩叶,茎和顶梢上吸食汁液。触动虫体能放出臭味。卵多产于叶面。

(五)稻绿蝽[*Nezara viridula*(Linnaeus)]

分布于河南省以南,四川省以东各省。成虫及若虫吸食豆荚和嫩芽汁液,使豆叶变绿变厚不结荚,嫩芽枯萎。稻绿蝽在田间混有三种色型,即全绿型,黄肩型及点斑型。该虫也为害水稻,花生,马铃薯等。

1. 形态特征

全绿型成虫　体长 12～16 mm,鲜绿色。触角 5 节,1～3 节为全绿,第三节末端及第四节一半,第五节端部呈黑色。小盾板长三角形,基缘常有 3 个小斑。腹部腹面淡黄绿色或淡绿色,密布绿色斑点。足绿色,跗节灰褐色。

卵　杯形,顶端周缘有白色小齿一环,孵化前为灰褐色。

若虫　形似成虫,触角 4 节,共 5 龄,同一龄体色也多变化。初孵若虫头部中央暗红色,周围淡褐色,胸部暗褐色,中央有圆形黄斑,腹部背板及侧缘处暗褐色。2～3 龄时体黑色,杂有白色、黄色及橙色斑纹,或头、胸黑色,腹部绿色。4 龄若虫前翅芽露出。5 龄以绿色为主,触角端部黑色,前胸与翅芽散出黑色斑,外缘橙红色,腹部边缘具半圆形红斑,中央具红色斑,足红褐色,跗节黑色。

2. 生活习性　淮河以北1年发生1代;淮河以南至长江1年2代,部分产卵迟的为1代;长江以南,南岭以北1年发生3代,少数2代;广东1年4代。均以成虫越冬。翌年4~5月份开始活动。6月上、中旬为害大豆,交尾产卵。卵产在叶上,每块卵40~50粒。成虫及若虫均有假死性,趋光性。

二、吸叶汁害虫防治方法

根据各种害虫特点可采取下列方法:

(一)清除越冬成虫

冬耕灭茬,清除越冬成虫。有趋光性害虫可用黑光灯诱杀(稻绿蝽),有假死性害虫可在大豆或中间寄主上震落捕杀(筛豆龟蝽)。

(二)观察虫情发生情况,在卵盛孵期及成虫或若虫盛发期及时施药

大豆蚜化学防治指标是有蚜株率50%,百株蚜量1 500头以上。

(三)化学防治

可使用农药有50%马拉硫磷乳油1 000~1 500倍液,每667 m²用60~75 L,淋洗式效果好;针对大豆蚜可用50%抗蚜威可湿性粉剂,每667 m²用10~15 g,对水40~60 L或2 000倍液喷施。其他农药可参阅鞘翅目害虫防治农药。

参 考 文 献

中国农业科学院植物保护研究所.中国农作物病虫害第二版(上册).中国农业出版社,1995

陈庆恩,白金铠.中国大豆病虫图志.吉林科技出版社,1987

余子林,张宗义,方小平,刘胜毅.油料作物农药应用技术.化工出版社,1999

谈宇俊,余子林,杨又迪.大豆锈病.中国农业出版社,1996

刘锡若,王守正,李丽丽.大豆病害.油料作物病害及防治.上海科学出版社,1983

余子林.大豆病毒病害.陈品三,大豆线虫病害.中国农业科学院植物保护研究所编.中国农作物病虫害第二版(上册).中国农业出版社,1995,899~905

杨书军,余子林.大豆低种传花叶病毒品种筛选指标研究.江苏科技出版社.盖钧镒主编.大豆育种应用基础和技术研究进展,1990,

Yu,Z.L.,Yang,S.J.,Liu,J.L. et al.Some influential factors by seed transmission of soybean mosaic virus.Proceeding of World Soybean Research Conference 1989,IV 1421~1424.

Xu,Z.,Yu,Z.et al.A virus causing peanut mottle in Hubei Province.China Plant Disease 1983,67:1029~1032.

沈淑琳,王树琴,陈燕芳.大豆种传花叶病毒分离和鉴定.植物病理学报,1984,14(2):251~252

沈淑琳,王树琴,陈燕芳.大豆种传黄瓜花叶病毒分离和鉴定.植物检疫研究报告,农业部植检所,1985

沈淑琳,王树琴,陈燕芳.侵染大豆首蓿花叶病毒研究.I.病毒的分离和生物鉴定.植物检疫研究报告,农业部植检所,1981,

王树琴,马德芳,胡伟贞等.菜豆种传的番茄不孕病毒研究.植物检疫研究报告,农业部植检所,1982,

陈燕芳,沈淑琳,舒秀珍等.侵染豆类的蚕豆萎蔫病毒分离和鉴定.植物病理学报,1985,15(3)189~190

舒秀珍,沈淑琳,王树琴等.侵染大豆、桑的烟草坏死病毒的研究1.病毒之分离与生物鉴定.植物病理学报,1982,10(1)71~72

耿迎春.侵染大豆病毒种类鉴定.中国植病学会大豆病害学术讨论会论文摘要,1986

董平,尹玉琦等.豇豆病毒的鉴定.植物保护学报,1987,(1):51~56

吕文清,张明厚,钟兆西.东北三省大豆花叶病毒(SMV)株系种类与分布.植物病理学报,1985,15(4):225~228

罗瑞悟,杨崇良,尚估芬等.山东省大豆花叶病毒株系鉴定.山东农业科学,1990,5:18~20

濮祖芹,曹琦,房德纯.大豆花叶病毒的株系鉴定.植物保护学报,1982,9(1):15~20

濮祖芹,周益军.从菜豆上分离的黄瓜花叶病毒鉴定.南京农业大学学报,1985,(2):130

陈永萱,薛宝娣,胡蕴珠.大豆花叶病毒两个株系的鉴定.植物保护学报,1986,9(1):15～20

许志钢,Polston,J.E.Goodman,R.M.侵染大豆三种病毒的鉴定.大豆科学,1986,5(1):161～165

陈品三,陈森玉.中国大豆根结线虫病(Meloidogyne inconita;M.arenaria;M.halpa)病原鉴定及地理分布.大豆科学,1989,8
  (2)167～176

齐军山,李长松,陈品三.大豆胞囊线虫生理小种及其鉴定技术.中国油料作物学报,2000,22(4)71～74

李宝英,马淑梅.大豆疫霉根腐病的发生与防治研究.中国油料作物学报,1999,21(4):47～50

李长松.大豆根腐病研究概况.中国油料,1993(a),1:77～81

李长松.大豆根腐病研究进展.大豆科学,1993(b),12(2):165～170

李长松,赵玖华,尚佑芬.山东省大豆根腐病病原菌及其生物学研究.植物病理学报,1992,22(1):5～9

朱振东,王晓明,常汝镇.黑龙江大豆疫霉菌生理小种鉴定及大豆种质抗性评价.中国农业科学,2000,33(1):62～67

朱振东,王晓明,王化波等.蒙城大豆疫霉菌鉴定及其生理小种.植物病理学报,2001,31(3):236～240

李长松,赵玖华,杨崇良.大豆根腐病致病力分化初步研究.植物病理学报,1997,27(2)129～132

辛惠普,马汇泉,刘静茹等.大豆根腐病发生与防治研究.大豆科学,1987,16(3):190～195

谈宇俊,费甫华,单志慧等.大豆锈菌冬孢子形成研究.中国油料作物学报,2001,23(1):56～59

钟兆西,王伟,张桂荣.大豆灰斑病(Cercospora sojina)生物学特性研究.大豆科学,1989,8(3):288～294

朱希敏,王利财,邹桂珍.大豆品种资源抗大豆花叶病毒(SMV)、灰斑(Cercospora sojae)和霜霉病(Peronospora manschurica)
  的鉴定和评价.大豆科学,1998,7(3):223～229

马汇泉,靳学慧,辛惠普等.大豆菌核病病原生物学特性研究.中国油料作物学报,1998,23(1):56～59

霍红,马淑梅,卢官仲等.黑龙江大豆灰斑病(Cercospora sojina Hara)生理小种研究.大豆科学,1988,7(4):315～320

孙永吉,刘宗麟,刘玉芝等.大豆品种资源抗细菌性斑点病鉴定和评价.大豆科学,1989,8(2):185～189页

李明,赵欣,刘钧兰等.大豆霜霉病生理小种研究初报.植物病理学报,1992,22(1):71～75

高兆宁.菟丝子,中国农作物病虫害(第二版)(上册).中国农业科学院植保所编.中国农业出版社,1995

邱式邦.广西大豆害虫之研究(一),豆荚螟.广西农业,1942,6:351

邱式邦.广西大豆害虫之研究(二),豆平腹蝽象.农报,1947,12(4):10～12

张香蓉.大豆天蛾的研究.华东农业科学通报,1954,10:75～79

王古桂.安徽省皖南大豆的新害虫——豆秆蝇.科学通报,1954,7:19

山东省农业科学院植物保护研究所.大豆盾缘蝽象防治研究总结报告.华北农业科学,1957,1(1):65～69

阳惠林.湘西豆突眼蝽初步研究.昆虫学报,1960,10(1):68～71

钱庭玉.豆秆蛇潜蝇的研究.植物保护学报,1962,1(3):291～295

王承纶等.大豆蚜的研究.昆虫学报,1962,11(1):31～44

李佳隆.中国豆粉蝶与斑级豆粉蝶的鉴定及其地理分布.昆虫学报,1963,12(1):98～106

徐庆丰,郭守桂等.大豆食心虫防治研究.昆虫学报,1965,14(5):461～479

刘锡若,辛惠普,李庆孝.大豆病虫害.农业出版社,1978

山东惠民地区大豆害虫研究协作组.山东豆秆黑潜蝇的研究.昆虫学报,1978,21(2):137～150

山东惠民地区大豆害虫研究协作组.豆秆黑潜蝇空间分布模式及其在实践中的应用.山东农业科学,1979,(1):17～23

山东惠民地区大豆害虫研究协作组.鲁北豆荚螟的研究.山东农业科学,1981,(2):15～20

陈庆恩,孙好友.大豆根蛇潜蝇发生规律及其防治研究.植物保护学报,1983,10(2):93～98

马振泉,张金明.豆田害虫综合治理策略的研讨.第二次中美大豆科学讨论会文集(英文版),1984,372～374

马振泉,单德安,曲耀训等.鲁北豆田害虫天敌资源调查.中国油料,1985,(2)72～84

马振泉,单德安,曲耀训等.大豆害虫天敌.山东科技出版社,1986

王振荣等.花生、豆田蛴螬土内分布型与抽样调查.昆虫学报,1986,29(4):395～400

纪淑仁等.夏大豆害虫危害程度与产量损失关系的模拟研究.安徽农业科学,1986,(4):64～66

曲耀训,马振泉,单德安等.杀虫剂对豆田害虫及天敌种群数量的影响.植物保护,1987,(1):4～6

罗益镇等.黄泛平原地区蛴螬种群空间分布与取样技术的研究.山东农业科学,1987,(1):18～21

盖钧镒等.我国南方大豆资源对豆秆黑潜蝇的抗性研究.大豆科学,1989,(2):115～120

曲耀训,马振泉,高孝华等.银纹夜蛾与豆天蛾幼虫空间分布型及抽样技术研究.山东农业科学,1989,(3):4~8

昆虫卷编辑委员会.中国农业百科全书·昆虫卷.农业出版社,1990

曲耀训,高孝华,马振泉.豆田寄生性昆虫种群及优势种主要生物学特性的研究.首届全国中青年植物保护科技工作者
　学术研讨会论文集(中国科技出版社),1991,390~396

曲耀训,高孝华,马振泉等.大豆主要食叶害虫为害当量系统与复合防治指标研究.植物保护学报,1993,(1):43~48

曲耀训,夏基康,高孝华等.豆秆黑潜蝇资源生态位的研究.中国油料,1994,(3):50~53

曲耀训,高孝华,牟少敏等.大豆主要食叶害虫生态位的研究.植物保护,1997,(1):11~14

曲耀训,高孝华,牟少敏等.豆田天敌昆虫生态位的研究.莱阳农学院学报,2001,(2):125~129

第十八章　大豆田草害及其控制

第一节　大豆田杂草种类及分布

一、大豆田杂草的种类及特点

　　根据农田杂草来源于野生植物的观点,许多野生植物都可以进入农田成为杂草。然而只有那些能够产生大量种子,或能够用根茎、根蘖等营养器官进行繁殖,且有极强的繁殖能力和传播能力,生命力极强,对农田生态环境完全适应的植物种类才能在农田中生存和繁衍,作为农田植被中相对稳定的成分,伴随农作物长期存在。一些新开垦的大豆田,其中可能保留许多原生植被的种类,但随着种植年限的增加,一些不适应农田环境的杂草逐渐消退,最后只剩下少数完全适应农田环境的种类,尽管年年防除,依然能够顽强地生存繁衍下去,我们一般把这些植物归类为农田常发性杂草。

　　由于我国的大豆种植范围很广,处于不同地区的大豆田,生态条件差异较大。东北地区和南方多熟制地区的春大豆田,华北及南方的夏大豆田,不仅农田生态条件差异较大,种植方式和耕作栽培措施也不尽相同,大豆田常见杂草也不大相同。

　　各地区从事杂草防除研究工作的科技人员对所在地区的大豆田杂草种类都进行过调查。根据陈铁保(1985)、黄春艳(2000)、王宏富(1998)、苗保河(1999)、董慈祥(2002)等多人调查结果,作为出现频率高、发生数量大、对大豆危害严重的杂草种类有 30~40 种。

　　发生在大豆田的杂草按其形态学特点以及与防除有关的生物学特性可分为以下四类。

(一)禾本科杂草

　　无论在春大豆区还是夏大豆区,其发生频率、发生数量以及对大豆的危害程度,都是主要的。

　　稗草(*Echinochloa crusgalli* (L.) Beauv.)是分布最广的一年生禾本科杂草。在东北春大豆区,其发生数量和危害程度都高于其他杂草种类。在黄淮海和长江流域夏大豆区,除了该种稗草外,还有一种小旱稗(*Echinochloa crusgali* var. *austro-japonensis* (L.) Ohwi)与之混生,这两种稗草虽常常出现于大豆田,对大豆的危害却并不像春大豆区那么严重。

　　马唐(*Digitaria sanguinalis* (L) Scop.)也是一种分布很广的一年生禾本科杂草。在黄淮海及长江流域夏大豆区其发生数量和危害程度均高于其他杂草种类。在吉林和辽宁春大豆区也是重要杂草,只是在黑龙江春大豆区较为少见。在大豆田中还有止血马唐(*Digitaria ischaemum* (Schrebb.) Schreb.)和升马唐(*Digitaria adscendens* (H.B.K.) Henr.,也称毛马唐)与之混生。

　　牛筋草(*Eleusine indica* (L.) Gaerth,也称蟋蟀草)是黄淮海及长江流域夏大豆区最重要的一年生禾本科杂草,发生数量大,危害严重。

　　千金子(*Leptochloa chinensis* (L.) Nees.)是黄淮海及长江流域夏大豆区较常见的一年生禾本科杂草,在湿润地块或水改旱大豆田发生数量大,危害严重。

狗尾草(*Setaria viridis*（L.）Beauv.)是一种分布较广泛的一年生禾本科杂草。在东北春大豆区和黄淮海夏大豆区均较为常见,特别是一些较干旱、土壤较瘠薄的地区发生数量多,危害也较严重。

野燕麦(*Avena fatua* L.)是一种南北方大豆产区均有分布的一年生禾本科杂草。曾是黑龙江大豆产区危害最严重的杂草,但随着除草剂的广泛应用,危害已经得到控制。

狗牙根(*Cynodon dactylon*（L.）Pers.)是黄淮海及长江流域夏大豆区的主要多年生禾本科杂草。一旦侵入大豆田,根茎和匍匐茎迅速繁殖和蔓延,对大豆危害严重。

白茅(*Imperata cylindrica*（L.）Beauv.)是黄淮海及长江流域春、夏大豆区发生的多年生禾本科杂草,在耕作比较粗放的地块发生数量大,危害严重。

芦苇(*Phragmites communis* Trin.)是一种多年生禾本科杂草,春、夏大豆田均可发生。主要危害新垦田,由于根茎发达,较难防除。

（二）一年生阔叶杂草

这类杂草常与禾本科杂草混生,发生密度虽然不如禾本科杂草大,但由于植株繁茂,对大豆的危害也是很严重的。

藜(*Chenopodium album* L.)是一种分布广泛的一年生阔叶杂草,从北到南,春大豆和夏大豆田均有发生。此外还有小藜(*Chenopodium serotinum* L.)和灰绿藜(*Chenopodium glaucum* L.),多发生在土壤偏碱的大豆田里。

反枝苋(*Amaranthus retroflexus* L.)也是分布广泛的一年生阔叶杂草,以东北地区春大豆危害最严重。在黄淮海夏大豆区除了反枝苋外,还有刺苋(*Amaranthus spinosus* L.)。在长江流域夏大豆区还有凹头苋(*Amaranthus lividus* L.)。

酸模叶蓼(*Polygonum lapathifolium* Linn.),刺蓼(*Polygonum bugeanum* Turcz.)和卷茎蓼(*Polygonum convolvurus* L.,也称荞麦蔓)是东北地区春大豆田危害严重的一年生阔叶杂草。在夏大豆田较少发现这3种杂草,但可以发生萹蓄(*Polygonum aviculare* L.),这种蓼科杂草一般对大豆危害较轻。

鸭跖草(*Commelina communis* L.)是黑龙江大豆田迅速蔓延起来的一种一年生阔叶杂草。该杂草生命力极强,很难防除。这种杂草从北向南蔓延,目前华北地区已经发生。

铁苋菜(*Acalypha australis* L.)是东北春大豆区和黄淮海及长江流域夏大豆区普遍发生的一年生阔叶杂草,其植株虽然很小,但发生数量较大,对大豆危害也较大。

鳢肠(*Eclipta prostrata* L.)是黄淮海及长江流域夏大豆区重要的一年生阔叶杂草,在湿润地块发生数量大,危害严重。

苍耳(*Xanthium sibiricum* Patrin.)是南北大豆产区广泛分布的一年生阔叶杂草。在东北春大豆区危害严重,在南方夏大豆区危害相对较轻。

马齿苋(*Portulaca oleracea* L.)也是南北大豆产区均有发生的一年生阔叶杂草。在密度较大时,也严重危害大豆。该杂草以华北夏大豆区危害严重,东北春大豆区危害轻。

苘麻(*Abutilon theophrasti* Medicus.)和龙葵(*Solanum nigrum* L.)是南北大豆产区均有分布的一年生阔叶杂草,不仅影响大豆的产量,也影响品质。

中国菟丝子(*Cuscuta chinensis* Lamb.)是一种寄生性杂草,南北大豆产区均有发生。虽然多为点片发生,但一般密度很大,缠绕大豆植株,对大豆危害严重。与之相似的还有南方菟丝子(*Cuscuta australis* R.Br.,也称欧洲菟丝子)。

(三)多年生阔叶杂草

这类杂草对多种除草剂都有较强的耐药性,近年来由于除草剂普遍应用,因而发生数量越来越多,对大豆的危害也越来越重。

刺儿菜(*Cephalanoplos segetum* (Bunge.) Kitam. 也称小蓟)和大蓟(*Cephalanoplos setosum* (Will.) Kilaml.)是广泛分布于南北大豆产区的多年生阔叶杂草。二者通常混合发生,目前以东北地区危害最严重。

苣荬菜(*Sonchus brachyotus* D.C.)是东北地区春大豆田危害严重的多年生阔叶杂草。在华北和江浙地区夏大豆田也有发生,但不如春大豆田危害严重。

打碗花(*Calystegina hederacea* Wall.,也称小旋花)是南北大豆产区均发生的多年生阔叶杂草,只在个别地块危害严重。

问荆(*Equisetum arvense* L.)属孢子植物,从防除角度也划归多年生阔叶杂草。东北、华北以及华东地区大豆田均有发生,以微酸性至中性肥沃土壤大豆田发生数量大。但由于植株从土壤深处吸收水分和养分,且较早枯萎,对大豆危害一般不重,密度大时影响地温。

(四)莎草科杂草

主要有香附子(*Cyperus rotundus* L.)和碎米莎草(*Cyperus iria* L.),前者为多年生杂草,后者为一年生杂草。二者主要发生在黄淮海及长江流域夏大豆区,以湿润地块危害严重。

二、主要大豆产区杂草群落的分布及演替

农田杂草与自然植被一样,也是以群落状态存在。杂草群落也具有一定的种群结构。我们将群落中居优势地位的杂草种群作为该群落的代表种,借以区分群落类型。根据陈铁保(1983)和黄春艳(1999)的调查,东北春大豆区,出现频率较高的杂草群落类型有稗草、马唐、藜、蓼、苋、鸭跖草、苍耳、蓟、苣荬菜、问荆等。根据陈娟(2002)、刘发岩(2002)、贝雪芳(2002)等人调查,黄淮海夏大豆区,出现频率较高的杂草群落类型有马唐、牛筋草、狗尾草、狗牙根、铁苋菜、鳢肠、藜、苋、苘麻、马齿苋等。在长江流域及以南地区夏大豆田,出现频率较高的杂草群落类型有马唐、千金子、牛筋草、鳢肠、凹头苋菜、香附子、碎米莎草等。

不同类型杂草群落在大豆田中分布形式是不同的。一年生丛生型禾本科杂草如稗草、马唐、牛筋草、狗尾草有时可能成为比较纯的群落,有时其间混生一些其他一年生直立型阔叶杂草或一年生分枝型阔叶杂草。

一年生直立型阔叶杂草如藜、蓼、苋、苍耳等也可能构成较纯的群落,更多的是混合发生,种群界限不清,浑然如一个群落。这种群落经常镶嵌在其他群落中间。

一年生分枝型阔叶杂草如鸭跖草、铁苋菜、马齿苋、龙葵等常常能构成较纯的群落,其上层也有时混生少量一年生丛生型禾本科杂草或一年生直立型阔叶杂草。

多年生地下芽杂草如苣荬菜、蓟、狗牙根等常常能构成较纯的群落,其间有时混生少量一年生禾本科杂草或阔叶杂草。

尽管由于农业生产条件的变化和杂草防除技术的改进会导致大豆田杂草种群的某些相应的变化,但这种变化还是相当缓慢的。

从大范围看,大豆田杂草种群变化的最突出例子,是东北春大豆区野燕麦种群的逐渐消亡。20世纪60~70年代野燕麦曾是东北地区大豆田的重要杂草,由于除草剂的大量使用,目前已经很少能见到。

另一个突出例子,是东北春大豆区鸭跖草种群的急剧攀升。20世纪60~70年代鸭跖草在东北北部地区还构不成优势杂草种群,目前已经成为最重要的难防杂草种群。

此外,东北大豆产区,一年生禾本科杂草占绝对优势种群的局面已经向着禾本科杂草和阔叶杂草种群并重,特别是多年生阔叶杂草危害越来越重的趋势在缓慢地发展着。黄淮海及长江流域夏大豆产区目前还处于一年生禾本科杂草种群占绝对优势的局面,预计今后也会沿着同一趋势缓缓演进。

第二节　大豆田杂草的发生及影响因素

一、大豆田杂草的发生

根据陈铁保(1990)的调查研究,在东北春大豆区,大豆的播种日期一般为4月下旬至5月上旬,出苗时间一般在5月中旬。大豆的萌发起始温度为6℃,适宜的萌发温度为15℃~25℃,适宜于萌发的土壤含水量为20%以上。而这个温度和湿度也正适合稗草、狗尾草、野燕麦、藜、蓼等大豆田主要杂草的萌发。因为这些杂草与大豆几乎同时出苗,在5月上中旬形成了杂草发生的第一个高峰。其中,野燕麦和刺蓼萌发起始温度略低,一般先于大豆出苗,而反枝苋和龙葵等萌发起始温度略高,出苗一般晚于大豆。

杂草与大豆在萌发特性上有一个很大的区别,就是杂草的萌发往往参差不齐,出苗持续的时间一般都很长。除了野燕麦和刺蓼等早春性杂草绝大部分在第一个杂草高峰期出苗外,在春季干旱过后,随着雨季的来临,稗草、狗尾草、藜、反枝苋等出苗,还会出现第二个杂草发生高峰。

制约第一个杂草发生高峰的主要因子是温度。但一般大豆播种后,大部分地区的气温都能稳定通过10℃,因此除反枝苋、龙葵等萌发起始温度较高的杂草外,温度对多数大豆田杂草出苗已不是限制因子。这时又是该地区土壤返浆期,大豆和杂草都是利用底墒的水分萌发出苗。据调查,大豆田第一个杂草发生高峰,杂草发生的数量占全年总发生量的5%~10%。但到了5月下旬6月中旬,返浆期一过,表层土壤的水分消耗得差不多了,这时许多地区降水又少,因此出现了一个杂草萌发出苗的停滞期。

制约第二个杂草发生高峰的主要因子是降水。不同地区和不同年份,春旱解除得有早有晚,据黑龙江省统计,一般在5月下旬至6月中旬,有70~80 mm降水,这些降水足以使土壤表层的杂草种子萌发。据调查,大豆田第二个杂草发生高峰出苗的杂草数量占全年总发生量的60%,此后还会有20%~30%杂草陆续萌发出苗。

根据朱海波(1998)、苗保河(1999)等人调查研究,在黄淮海夏大豆产区,一年两熟,大豆前茬多为小麦,常与玉米或棉花间作。大豆在冬小麦收获后播种,一般为6月中旬。此时一般情况下,气温较高,雨水较多,有利于田间杂草的发生。大豆播种后4~6 d,杂草开始出苗。半个月左右,进入杂草发生高峰,30 d左右有90%以上的杂草出苗。与此同时,大豆也迅速生长,草苗齐长。7月上中旬,大豆封垅,此后大豆杂草发生较少,密度也不大,且受到大豆的抑制。

在大豆播种后如遇持续低温或少雨天气,杂草的发生也可能拖后并延长。大豆播种10 d后,杂草开始陆续出苗,40 d左右有90%以上杂草出苗,一直持续至70 d左右。

在长江流域及以南大豆产区,为一年两熟或三熟,冬小麦或冬油菜收获后种植夏大豆,也有部分春大豆或秋大豆。该地区雨量充沛,气温高,大豆整个生育期都有杂草发生,密度大,危害严重。春大豆田杂草发生较早,主要在大豆苗期危害。

二、大豆田杂草防除时期的选择

根据陈铁保(1990)的研究,在东北春大豆区,5月中下旬为大豆生育初期,此时气温较低,降水很少,因此大豆生长比较缓慢。与此同时的杂草生长也很缓慢。大豆出苗后第四至第六周,气温已经明显升高,大豆长出1~4片复叶,花芽开始分化,营养生长越来越旺盛。此时的一年生禾本科杂草分蘖增加并开始拔节,一年生阔叶杂草叶片和分枝数明显增加。大豆出苗后第七至第八周气温虽然增高不多,降水却明显增加,这段时间大豆长出7~8节并进入初花期。与此同时,杂草也进入旺盛生长期,一年生禾本科杂草进入孕穗期,一年生阔叶杂草也临近开花期。

前面所讲的杂草生长发育情况,均指与大豆几乎同时出苗的杂草。此后发生的杂草,由于气温的增高,比之先期出苗的杂草,无论生长与发育都有所加快。大豆出苗后3周内所发生的杂草,到了第七至第八周,都不同程度上赶上或接近了先期出苗的杂草。

大豆出苗后第七至第八周,以至后来发生的杂草,虽然温、湿度都适合其生长,但由于大豆冠层的形成和扩大,田间逐渐郁闭,越来越受到严重的抑制。这些杂草生长缓慢,植株也不繁茂,但到了大豆枯熟期,也能开花,结出籽实。

杂草与作物生长在一起,彼此为了争夺阳光、水分、养分而发生竞争,一般来说,阔叶杂草枝叶繁茂,根系发达,其单株竞争能力较禾本科杂草为强。阔叶杂草中,不同生活型杂草的竞争能力由强而弱依次为一年生直立型,多年生地下芽型和一年生分枝型杂草。禾本科杂草多为一年生丛生型,其发生密度常常较大,因而群体的竞争能力较强。在密度较小的情况下,可以产生较多的分蘖,以增加其竞争能力。

在大豆生产田中,单一种类杂草危害较为少见,更多的是几种杂草同时为害。在这种情况下,杂草与作物之间的竞争,杂草与杂草之间的竞争交互作用,错综复杂。竞争的结果,有时某一种杂草如稗草或马唐发生密度较大,成为优势种群。也有时几种杂草如藜、蓼、苋镶嵌分布,共同组成优势种群。不管由单一杂草种类还是由几种杂草组成的优势种群,都成为大豆的主要竞争对手。该杂草种群的数量多少与其同大豆竞争能力密切相关,数量越大,对作物的生育和产量的影响也越大。

无论作物或杂草,群体的竞争能力都是随着植株数量的增加和个体的长大而增强的。那么大豆播种或出苗后多长时间杂草的竞争能力才会增长到足以使大豆显著减产?作物又长到什么时候才能依靠自身的竞争能力控制住新生杂草,而不致造成明显的危害?回答这些问题对于正确选择除草时机,采取相应措施,经济有效地防除杂草是有重要的指导意义的。

根据陈铁保(1989)所做的杂草与大豆竞争试验结果表明,大豆播种后最初5周,或大豆出苗后4周内,由于杂草和大豆都是刚刚出苗,生长缓慢,植株很小,生长所需水分和养分很少,彼此又互不遮挡,因而构不成明显的竞争形势。此后,随着大豆生长的逐渐加速,对养分和水分的需求增加。与此同时,出土杂草株数越来越多,植株越来越大,竞争能力逐渐增强。到了大豆播种后第八至第九周,或大豆出苗后第七至第八周,空气温度、湿度和水分对大豆和杂草都十分有利,同时进入旺盛生长期,彼此间的竞争加剧。这时如果田间有较多的杂草与大豆竞争,势必造成大豆植株变矮或徒长瘦弱,分枝减少,并且影响花荚的形成。如果这种竞争持续至大豆开花后,由于田间微环境的恶化,还会增加大豆花荚的脱落,甚至影响到结实率及籽实的饱满度。

鉴于上述原因,东北春大豆区大豆田杂草防除的关键时期应该是大豆播种后第五至第六周,或出苗后第四至第五周,即大豆第一片复叶展开前后,由营养生长向生殖生长过渡的花芽分化期。从试验结果看,大豆播种后最初4周或出苗后3周内,进行除草是不必要的,因为这时杂草的竞争不足以影响大豆的生育。但如果拖至大豆播种后7周或出苗第六周,也就是大豆长出4片复叶,花芽形成时再除掉前期出苗的杂草,势必造成大豆的显著减产。

大豆播种最初5周,或出苗4周内发生的杂草是造成大豆减产的主要威胁。因为杂草生育初期,一般生长势都比较弱,无论地上茎叶或根系生长都很缓慢。只有早期出苗的杂草才能在没有激烈竞争的田间条件下顺利长大,积累足以与大豆竞争的物质基础,以致在大豆封垅时,能长到大豆冠层以上,给大豆中后期的生长发育造成严重的损害。相反,晚期出苗的杂草,特别是大豆播种后第八至第九周,或出苗后第七至第八周,也就是大豆初花期及以后出苗的杂草,由于生长初期即处于大豆严重抑制之下,植株很小,生长缓慢,对大豆的生育和产量几乎没有显著影响。在生产实践中,只要在关键除草时期,将田间杂草消灭干净,后期出苗的杂草可以不予防除。

如前所述,除草一定要抓住杂草防除的关键时机,即大豆第一片复叶展开前后,采用化学除草,机械除草和人工除草措施,将已经出苗的杂草铲除干净。在不具备化学除草条件下,通常提早铲耥,做到除早,除小,以防雨季提早到来,造成草荒。目前,大豆田已广泛采用化学除草,施用土壤处理剂要求药效持续期应在5周以上。施用茎叶处理剂应尽可能选择在大豆第一片复叶期左右施药,此时杂草一般已经出齐,且处于幼苗期,有利于发挥药效。

第三节 大豆田除草剂品种的选择及安全使用技术

一、大豆田除草剂的品种及特点

早在20世纪60年代,东北地区的一些科研和生产单位就开始了大豆田化学除草的试验研究。大豆田除草剂应用于生产是从1978年大量引进国外除草剂开始的。此后,大豆田化学除草技术逐渐推广普及。目前无论东北地区的春大豆田,还是黄淮海以及长江流域的夏大豆田都广泛地应用除草剂防除田间杂草。化学除草已经成为大豆生产中最重要的措施。

目前已经商品化的,在大豆生产中实际应用的除草剂品种(按化合物计算)有30多个,分别属于10几个大的化合物类别。这些除草剂原药多数已经能在国内生产,并制成多种剂型的单剂和混剂,按其使用方法和防除对象分述如下。

(一)茎叶处理防除禾本科杂草的除草剂

目前在东北春大豆产区,广泛使用的有烯禾啶(sethoxydim 拿捕净)、精喹禾灵(quizalofop-P-ethyl 精禾草克)、精吡氟禾草灵(fuazifop-P-buthyl 精稳杀得)。在黄淮海及长江流域夏大豆产区,使用比较多的有精吡氟乙草灵(haloxyfop-R-methyl 高效盖草能)、精喹禾灵(精禾草克)、精吡氟禾草灵(精稳杀得)、精噁唑禾草灵(fenoxaprop-P-ethyl 威霸)、喹禾糠酯(quizalofop-P-tefuryl 喷特)。

这类除草剂的作用是有效防除大豆田一年生禾本科杂草,如稗草、马唐、野燕麦、牛筋草、狗尾草、千金子、画眉草等;对多年生禾本科杂草如狗牙根、芦苇、白茅等也有较好的防效,但用药量要提高1倍。

上述除草剂均由植物茎叶吸收,经韧皮部随光合作用产物向全身传导,其传导作用很强,能传导到地下根茎,不仅能杀死禾本科杂草地上部分,也能杀死多年生禾本科杂草的地下根茎和根芽。由于上述除草剂进入大豆体内可以迅速被代谢解毒,对大豆非常安全。上述除草剂中,只有烯禾啶在植物体内传导性较差。

这类除草剂都是在大豆出苗后,采用茎叶喷雾的方法施于大豆田。施药的适宜时间为田间一年生禾本科杂草基本出齐,且大部分处于3~4叶期,没有产生分蘖之前。如果施药拖后,需要增加药量。

不同除草剂品种的杀草活性有很大差异,除草剂的剂型不同,有效成分含量不同,用药量也不同,现将推荐剂量列入表18-1。

表 18-1　茎叶处理防除禾本科杂草除草剂的推荐剂量

除草剂品种	剂　型	推荐剂量(g/ai·hm²)	制剂用量(ml,g/667m²)
烯禾啶	12.5%柴油乳剂	124.5~187.5	67~100
精喹禾灵	5%乳油	37.5~60	50~80
精吡氟禾草灵	15%乳油	112.5~150	50~67
高效氟吡甲禾灵	10.8%乳油	45~52.5	28~32
精噁唑禾草灵	6.9%乳油	50.7~73.2	49~71
烯草酮	12%乳油	63~72	35~40
喹禾糠酯	4%乳油	36~48	60~80

注:g/ai·hm² 为克/有效成分·公顷

(二)茎叶处理防除阔叶杂草的除草剂

目前东北地区春大豆广泛应用的有氟磺胺草醚(fomesafen 虎威)、三氟羧草醚(acifluorfen sodium 杂草焚)、灭草松(basagran 排草丹)。黄淮海及长江流域夏大豆产区应用较多的有乳氟禾草灵(lactofen 克阔乐)和乙羧氟草醚(fluoroglycofen-ethyl 克草特)。

上述除草剂由植物茎叶吸收,在细胞之间通过质体进行有限传导,不能长距离运输到未接触药液的部位,仅可以杀死接触药液的叶片和植物幼嫩部分。由于大豆吸收该类药剂后能在体内代谢解毒,一般比较安全。但大豆接触这类药剂后,叶片也会产生烧伤斑。上述除草剂中,只有灭草松在植物体内传导性较好,且不易使大豆产生药害斑。

这类除草剂都在大豆出苗后,采用茎叶喷雾方法施于大豆田。施药的适宜时间为一年生阔叶杂草基本出齐,且大部分处于幼苗期,一般株高不超过5cm,下部叶片叶腋的幼芽没有产生时。否则杂草着药的叶片枯死了,还可以产生新的叶片和分枝,使药效降低。

不同除草剂品种的杀草活性有很大差异,除草剂的剂型不同,有效成分含量不同,用药时也不同,现将推荐剂量列入表18-2。

表 18-2　茎叶处理防除阔叶杂草除草剂的推荐剂量

除草剂品种	剂　型	推荐剂量(g/ai·hm²)	制剂用量(ml, g/667m²)
氟磺胺草醚	25%水剂	225～375(春大豆)	60～100
		187.5～225(夏大豆)	50～60
三氟羧草醚	21.4%水溶液	360～480	112～150
乳氟禾草灵	24%乳油	108～144(春大豆)	30～40
		90～108(夏大豆)	25～30
乙羧氟草醚	10%乳油	75～90	50～60
灭草松	48%水剂	750～1500	104～208
氟烯草酸	10%乳油	45～67.5	30～45

(三)土壤处理防除禾本科杂草的除草剂

目前东北春大豆产区广泛应用的有乙草胺(acetochlor 禾耐斯)、异丙甲草胺(metolachlor 都尔)、精异丙甲草胺(S-metolachlor 金都尔)和异丙草胺(propisochlor 普乐宝)。黄淮海和长江流域夏大豆产区用得较多的有氟乐灵(trifluralin)、乙草胺、异丙甲草胺、甲草胺(alachlor 拉索)和仲丁灵(butralin 地乐胺)。

这类除草剂的主要作用是用来防除一年生禾本科杂草,如稗草、马唐、牛筋草、狗尾草、千金子和画眉草等,对某些一年生小粒种子的阔叶杂草如藜、苋、马齿苋等也有较好防除作用,对多数阔叶杂草和多年生杂草无效。

上述除草剂施入土壤后,形成药层,杂草在萌发和出苗过程中通过药层,幼芽和幼根接触药剂后被杀死。大豆由于播得较深,一般在药层以下,在出土过程中有子叶保护,幼芽接触不到药剂,另外大豆对这些药剂也有解毒作用,因而安全。

这类除草剂是在大豆播种前或播种后出苗前采用土壤处理方法施于大豆田的。东北春大豆产区有时也在上年封冻前进行秋施药。施药时杂草一般尚未出苗,杂草幼苗在出土过程中吸收药剂,使之受害。如果杂草出苗后,特别是禾本科杂草超过 2 叶期再施药,药效明显下降。

不同除草剂品种的杀草活性有很大差异,除草剂的剂型不同,有效成分含量不同,用药量也不同,现将推荐剂量列入表 18-3。

表 18-3　土壤处理防除禾本科杂草除草剂的推荐剂量

除草剂品种	剂　型	推荐剂量(g/ai·hm²)	制剂用量(ml, g/667m²)
乙草胺	90%乳油	1350～1890(春大豆)	100～140
		810～1350(夏大豆)	60～100
异丙甲草胺	72%乳油	1080～1950	100～180
精异丙甲草胺	90%乳油	864～1224(春大豆)	60～85
		720～1224(夏大豆)	50～85
异丙草胺	72%乳油	1080～1440	100～133
甲草胺	48%乳油	2520～2880(春大豆)	350～400
		1440～2160(夏大豆)	200～300

续表 18-3

除草剂品种	剂　型	推荐剂量(g/ai·hm²)	制剂用量(ml,g/667m²)
氟乐灵	48%乳油	900～1260	125～175
仲丁灵	48%乳油	1425～1800	198～250
灭草敌	88.5%乳油	2250～3000	170～226

(四)土壤处理防除阔叶杂草的除草剂

目前在东北春大豆产区广泛应用的有氯嘧磺隆(chlorimuron-ethyl 豆磺隆,豆威)、嗪草酮(metribuzin 赛克)、2,4-D 丁酯(2,4-D-butylate 一般只用混剂,不用单剂)和丙炔氟草胺(flumioxazin 速收)。在黄淮海及长江流域夏大豆产区的有氯嘧磺隆、噻酚磺隆(thifensulfuronmethyl 宝收)和唑嘧磺草胺(flumetsulam 阔草清)。

这类除草剂用于防除大豆田的一年生阔叶杂草如藜、蓼、苋、苍耳、铁苋菜、苘麻、扁蓄、地锦等,对多年生阔叶杂草防效较差。

上述除草剂中,氯嘧磺隆、噻酚磺隆、唑嘧磺草胺都能被杂草根茎叶吸收,既可经由木质部,随蒸腾流从根部向上传导,也可由韧皮部随光合作用产物从茎叶传导到全株。这类药剂大部分积累于生长点部位,严重抑制敏感杂草的生长,直至死亡。大豆体内对这类药剂有解毒作用,一般比较安全。这些除草剂一般不用于大豆苗后茎叶喷雾,否则容易产生药害,造成生长抑制。

这类除草剂都是大豆播种后出苗前采用土壤处理方法施于大豆田。施药时一般杂草尚未出苗,也有的刚刚出苗,杂草幼苗出土后,通过根系吸收药剂,起到防除作用。这类除草剂也可被杂草茎叶吸收,但大豆出苗后,进行茎叶喷雾,易使大豆受到伤害,因而较少用于大豆苗后施药。

不同除草剂品种的杀草活性有很大差异,除草剂的剂型不同,有效成分含量不同,用药量也不同,现将推荐剂量列入表18-4。

表 18-4　土壤处理防除阔叶杂草除草剂的推荐剂量

除草剂品种	剂　型	推荐剂量(g/ai·hm²)	制剂用量(ml,g/667m²)
嗪草酮	70%可湿性粉剂	345～795	33～76
氯嘧磺隆	25%干悬浮剂	15～22.5	4～6
噻酚磺隆	75%干悬浮剂	20～25	1.8～2.2
唑嘧磺草胺	80%水分散粒剂	45～60	3.75～5.0
丙炔氟草胺	50%可湿性粉剂	60～90(春大豆)	8～12
		45～60(夏大豆)	6～8

(五)广谱除草剂

目前东北春大豆产区广泛应用的有咪唑乙烟酸(imazethapyl 普施特)、甲氧咪草烟(imazamox 金豆)、异恶草松(clomazon 广灭灵)。黄淮海及长江流域夏大豆产区使用较多的还有恶草酮(oxadiazon 农思它)。

这类除草剂对大豆田中多种一年生禾本科杂草如稗草、马唐、牛筋草、狗尾草、千金子、画眉草及一年生阔叶杂草如藜、蓼、苋、龙葵、苍耳、铁苋菜、苘麻、马齿苋等均有良好防效。

上述除草剂中，咪唑乙烟酸和甲氧咪草烟既可经由木质部，随蒸腾流从根部向地上部传导，也可经由韧皮部从茎叶传导到全株。这类药剂大部分积累于生长点部位，严重抑制敏感杂草的生长，直至死亡。异恶草松和恶草酮则由植物根系吸收，随蒸腾流从根部向地上部传导，杀死敏感杂草地上部。大豆体内对上述4种除草剂均有解毒作用，一般比较安全。

这类除草剂中，异恶草松和恶草酮在大豆播种后出苗前进行土壤处理，咪唑乙烟酸在大豆出苗前和出苗早期均可施药，甲氧咪草烟适于大豆出苗早期施药。大豆出苗早期一般是指大豆2片单叶期至1片复叶期，这时田间杂草较小，株高一般不超过5 cm，此时施药药效较好。

不同除草剂品种的杀草活性有很大差异，除草剂的剂型不同，有效成分含量不同，用药量也不同，现将推荐剂量列入表18-5。

表18-5　大豆田广谱除草剂的推荐剂量

除草剂品种	剂　　型	推荐剂量($g/ai \cdot hm^2$)	制剂用量($ml, g/667m^2$)
咪唑乙烟酸	5%水剂	$70 \sim 100.5$	$100 \sim 134$
甲氧咪草烟	4%水剂	$40 \sim 50$	$67 \sim \sim 83$
异恶草松	48%乳油	$795 \sim 1005$（春大豆）	$110 \sim 140$
		$378 \sim 540$（夏大豆）	$52.5 \sim 75$
恶草酮	25%乳油	$280 \sim 375$（夏大豆）	$75 \sim 100$

二、除草剂的安全使用技术

(一)除草剂的毒性及对环境的安全性

目前使用的除草剂，在进入市场之前都要根据"农药管理条例"进行登记。登记资料中对原药和制剂的毒性和环境评价都有明确要求，不符合要求的不能生产、销售和使用。

本文推荐的大豆除草剂，对哺乳动物的急性口服LD_{50}多在$1\,000 \sim 5\,000$ mg/kg，经皮毒性LD_{50}都在$2\,000$ mg/kg以上，亚急性毒性和慢性毒性也都很低，致畸致癌致突变试验都为阴性，按照对哺乳动物的毒性分级标准均属于低毒农药。

本文推荐的大豆除草剂，对鸟类的急性毒性LD_{50}都大于$1\,500$ mg/kg，属于低毒级。对蜜蜂的急性毒性LD_{50}都大于11 μg/头，也属于低毒级。对鱼的毒性，鲤鱼48 h急性毒性LD_{50}都在$1 \sim 10$ mg/L范围内，属中等至高毒级。

从上述毒性资料和评价资料的分析看出，本文推荐的大豆除草剂使用都是安全的。但这种安全是相对的，只有严格按照推荐的剂量和正确使用才对人、畜安全。过量使用和违规操作，也可能带来不安全。有些产品在生产过程中由于质量控制不严格，杂质超过标准，特别是一些伪劣农药，使用起来也可能不安全。

有些除草剂品种所使用的溶剂和助剂，比如苯、二甲苯、苯酚、烷基磺酸盐等已被列入环境优先污染物名单，今后在剂型开发中应尽可能淘汰加有上述污染物的溶剂和助剂。

(二)除草剂对作物的安全性

除草剂施用于大豆田，只有被杂草植株充分吸收并传导到有效的作用部位才会发挥作用。同时大豆植株也不可避免地接触药剂并进入体内,对其生育产生影响,甚至产生药害。施用除草剂时,也可能飘移至临近敏感作物地,造成药害。一些在土壤中残留时间较长,活性又极高的除草剂品种还可能造成后茬作物的药害。

在生产实践中,除草剂的药害是经常发生的。只是由于除草剂药害表现出来的类型不同,药害的程度不同,有些我们很容易察觉到,有些不易察觉出来。有些不能为生产所接受,有些则是能够被接受的。

比如氟磺胺草醚,三氟羧草醚和乳氟禾草灵在正常施药的情况下,也会使作物产生出不同程度的接触型药害。其药害程度往往与药液的浓度,叶片接受药液雾滴的大小有关。此类药害局限于接触药液的叶片,一般不会危及施药后生出的叶片,对以后生育的影响也较小。这种药害容易觉察,但往往能够被生产所接受。

又比如乙草胺,异丙草胺的药害常常发生在作物萌芽出土的过程中,属于芽期抑制型的药害。在正常条件下,这种抑制作用常常是不易觉察到的,但遇到异常的气候条件,比如低温多雨,药害就显现出来了,幼根和幼芽发育受损,甚至死苗。

再比如氯嘧磺隆和咪唑乙烟酸的药害常常发生在农作物出苗之后,特别是茎叶处理药害明显,属于生长抑制型药害。药害程度与作物吸收药剂的数量以及被作物代谢解毒的快慢有关。吸收药量多,又因环境条件不利于代谢解毒,药害就重。反之,药害就轻,也能被生产接受。

根据陈铁保(2002)的研究,对于除草剂药害的评估,一要考虑药害发生的部位,症状以及药害的程度;二要考虑药害持续的时间,对作物生育期的影响;三要考虑到对作物最终产品和品质的影响。对除草剂药害从上述三个方面全面评估,需要较长时间,因而在生产实践中,早期药害诊断或药害程度评估十分必要。

除草剂药害的早期诊断,需要对除草剂典型特性,作物对除草剂的敏感性,环境条件的影响等理论方面的知识有所掌握。同时还要有这方面经验的积累。这样就可以根据对药害产生原因的分析,对药害早期症状和程度的评估,估测出药害可能造成的损失,进而提出正确的处置方法和意见。

(三)除草剂的安全使用

使用大豆除草剂的目的是有效控制大豆田杂草的危害,减轻因杂草所造成的产量损失和品质降低。同时还要保证对施药人员的安全和减少环境污染,尽可能把除草剂对当茬大豆和后茬作物生育的影响控制在经济允许的水平。为此就要科学合理用药。

1. 正确选择大豆除草剂　目前市场上销售的除草剂有几千种,其中在大豆上登记的品种也有几百种。在选择除草剂时,应该选择那些产品标签上标明经过登记,允许在大豆上使用的品种。同时看清标签上所标明的防除对象是否与用药田发生的杂草种类基本一致。

在没有使用经验的情况下,不要把没有在大豆上登记的除草剂品种用于大豆田,也不要选用对用药田主要杂草无效的除草剂,尤其不要使用未经登记的产品,否则可能造成大豆药害,甚至伤及施药人员。

2. 要按除草剂标签上标明的施药时期、用药量和施药方法正确施药　施药时期不当,用药量过高过低,采用的施药方法和器械不合适,既不可能有效地防除杂草,还可能造成药害。施用除草剂重要的是施药均匀,这是充分发挥药效和避免药害的关键。合适的处于良好作业状态的喷雾器械是施药均匀的保证。施药前喷雾器械必须经过调试,做到各喷嘴流量一致,喷雾均匀,防止漏喷和局部着药量过大。

3. 施药要选择合适的天气条件,避免大风天作业,避免在高温干燥的中午施药,以减少药液的飘移和过分挥发 施药地块周边有敏感作物,一定要留出足够距离的隔离带,防止飘移药害。

4. 大豆田使用一些在土壤中残留期长、活性又极高的除草剂如氯嘧磺隆、咪唑乙烟酸、异恶草松、唑嘧磺草胺等,并要做好标记和记录 在后茬作物安排时,要避开敏感作物,防止产生可能的残留药害。

5. 施用大豆除草剂也要遵守一般农药安全操作规程,作业人员应经过技术培训 作业期间要做好防护,禁止吸烟、喝水和吃食物。作业后,要用肥皂彻底清洗手脸和漱口,更换作业服装,如发生中毒症状,应及时送医院诊治。

6. 配制除草剂要选择远离水源和居民点的安全地方,喷药结束后,要把药桶里剩余的药液清理出来,不准乱倒 施药器械要彻底清洗,剩余的药液和清洗施药器械的污水以及用过药品的包装要找适当地方深埋,特别应防止污染水源,池塘,水渠和河流。

本书推荐的大豆除草剂品种对鱼的毒性较高,尤其应该注意避免污染鱼塘。

参 考 文 献

陈铁保等.氟乐灵在大豆地应用技术.植物保护,1979,79(3)

陈铁保等.氟乐灵在土壤中残留动态的研究.植物保护,1980,80(2)

肖文一,陈铁保.农田杂草及其防除.中国农业出版社,1982

陈铁保.除草剂应用技术.黑龙江科技出版社,1982

陈铁保等.黑龙江省北部农田杂草群落及其防除策略.植物保护,1983,83(5)

陈铁保等.黑龙江省大豆田杂草种群组成及其分布.大豆科学,1985,85(1)

陈铁保.大豆田杂草防除策略.江苏杂草科学,1987,87(4)

黑龙江省农科院植保所.应用普施特(Imazethapyr)防除大豆田杂草.杂草学报,1988,2卷4期

陈铁保等.禾草克防除大豆田禾本草研究.杂草科学,1989,89(4)

陈铁保.杂草与大豆竞争的研究.杂草学报,1989,3卷4期

陈铁保.黑龙江省农田杂草发生动态.杂草学报,1990,4卷2期

陈铁保.应用阔叶散防除大豆田杂草.杂草学报,1991,5卷2期

杨绍义,陈铁保.普施特土壤降解的研究.杂草学报,1991,5卷4期

由振国.稗草和大豆的光合作用对温度胁迫和土壤湿度的反应.杂草学报,1992,6卷3期

付迎春等.狗尾草和大豆的竞争关系及生态阈值的研究.杂草学报,1992,6卷3期

陈铁保等.应用豆磺隆防除大豆田杂草的研究.杂草学报,1994,8卷2期

苏少泉,宋顺祖.中国农田杂草化学防治.中国农业出版社,1996

陈铁保等.阔草清防除大豆田杂草的研究.大豆科学,1997,97(11)

曹明坤等.高恶唑禾草灵和氟磺胺草醚防除大豆田杂草.农药,1997,36卷4期

耿继光等.精稳杀得防除大豆田杂草试验.安徽农学通报,1997,3卷3期

李扬汉.中国杂草志.中国农业出版社,1998

王宏富等.硬茬复播玉米和大豆田主要杂草及化学防除技术研究.山西农业科学,1998,26卷1期

朱海波等.夏大豆杂草消长规律及化除技术研究.杂草科学,1998,10卷1期

李永丰等.36%广灭灵微乳剂对大豆田杂草的防除效果及安全性.江苏农业科学,1998,98(5)

冒宇翔等.苣荬菜生物学特性研究.杂草科学,1999,11卷2期

卢森香.克阔乐与威霸混用防除大豆田杂草试验.广西植保,1999,12卷2期

胡本明.8.05%威霸防除大豆田禾本科杂草的药效试验.安徽农业科学,1999,27卷4期

苗保河等.菏泽地区夏大豆杂草发生及防治技术.大豆通报,1999,99(4)

黄春艳,陈铁保等.东北地区大豆田杂草种群演变趋势及其化学除草.大豆科学,1999,18卷3期

黄春艳,陈铁保等.黑龙江省北部大豆田杂草调查.大豆科学,2000,19卷4期

胡树香等.夏大豆杂草一次性防除技术研究.山东农业科学,2000,(3)

林玉锁等.农药与生态环境保护.化学工业出版社,2000

高同春等.4%喷特乳油防除夏大豆杂草的药效试验.安徽农业科学,2000,28卷3期

蒋绍明等.10%克草特乳油防除大豆田阔叶杂草药效试验.安徽农业科学,2000,28卷4期

赵田芬等.豆威与乙草胺混用防除大豆田杂草的效果.杂草科学,2000,12卷1期

陈申宽等.大豆豆连作年限与杂草发生关系的研究.植物保护,2000,26卷1期

董炜博等.防除大豆田阔叶杂草除草剂筛选试验报告.杂草科学,2001,13卷2期

张大弟等.农药污染与防治.化学工业出版社,2001

陈娟等.大豆田主要杂草的综合防除及除草剂安全合理施用技术.安徽农业科学,2002,30卷2期

刘发岩等.大豆田杂草发生情况及其防除配套技术.植物保护,2002,(3)

董慈祥等.鲁西南沿黄区大豆田杂草调查报告.大豆通报,2002,(3)

贝雪芳等.衢州地区春大豆田杂草种群分布.上海农业科技,2002,(2)

黄春艳,陈铁保等.乐田特(Radiant-S)防除春大豆田杂草效果评价.大豆科学,2002,21卷3期

黄春艳,付迎春等.鸭跖草生物学特性初步研究.杂草科学,2002,14卷1期

张宏军,赵长山等.多年生杂草问荆生物学特性的研究进展.杂草科学,2002,14卷4期

陈铁保,黄春艳等.除草剂药害诊断及防治.化学工业出版社,2002

第十九章　北方春大豆

大豆在我国各省均有种植,就全国而言,可分为北方春大豆区、黄淮海夏大豆区和南方多作大豆区。北方春大豆区是我国大豆生产面积最大、总产量最高,商品率最高的地区,在全国大豆生产中占有举足轻重的地位。

本章主要论述北方春大豆区的自然特点、区域分布、育种成绩、栽培技术进展及高产栽培技术和优质栽培技术。

第一节　北方春大豆的区域分布与发展

一、北方春大豆的区域分布

(一)北方春大豆区在我国大豆生产中的重要地位

北方春大豆区是我国大豆三大主要产区之一,主要分布在东北地区和华北、西北地区的北部,包括黑龙江、吉林、辽宁、内蒙古四省(自治区)的全部,河北、山西、陕西、甘肃、宁夏、新疆六省(自治区)北部的部分地区。2000年全区大豆种植面积为510.1万 hm²,占全国大豆总面积的54.8%,总产783.4万 t,占全国大豆总产的50.8%,单产平均1 535.8 kg/hm²,是我国最大的大豆主产区(表19-1)。

表19-1　2000年北方春大豆区大豆种植面积、单产、总产情况

省　别		种植面积 (万 hm²)	占全国 (%)	单产 (kg/hm²)	占全国 (%)	总　产 (万 t)	占全国 (%)
黑龙江		286.8	30.8	1569	94.8	450.1	29.2
吉　林		53.9	5.8	2232	134.8	120.3	7.8
辽　宁		30.2	3.2	1593	96.2	48.1	3.1
内蒙古		79.4	8.5	1081	65.3	85.8	5.6
河　北		42.4*	4.6	1458*	88.1	62.9*	4.1
山　西		27.3*	2.9	1321*	79.8	36.0*	2.3
陕　西		24.7*	2.7	889*	53.7	22.0*	1.4
甘　肃		10.0*	1.1	800*	48.3	8.0*	0.5
宁　夏		3.0*	0.3	—	—	—	—
新　疆		6.0	0.3	2550	154.1	15.3	0.9
合计或平均	北　方	510.1	54.8	1535.8	92.7	783.4	50.8
	全　国	931		1655.2		1541.0	

* 为春大豆和夏大豆兼有的省,统计春大豆的数据按50%计算　　　　资料来源于中国农业年鉴

在北方春大豆区中,以东北三省一自治区,大豆种植面积最大,总产量最高,商品率最高。东北地区大豆种植面积为450.3万 hm²,占北方春大豆区的88.2%,总产量704.3万 t,占89.9%,商品率达60%以上,是全国大豆生产基地和大豆供应基地。

黑龙江省为北方春大豆产区面积最大的省,2000年全省大豆面积286.8万 hm²,占全国大豆面积的30.8%,占北方春大豆区面积的56.2%,总产量450.1万 t,占全国大豆总产的29.2%,单产1 569 kg/hm²,商品率70%,是中国大豆的供应基地,在全国大豆生产和供应上占有十分重要的地位。

西北地区地处黄土高原,地势高,降水少,大豆种植面积较小,大豆面积为7.16万 hm²,总产量128.9万 t,单产1 203.5 kg/hm²,大豆种植主要以不同品种类型和种植方式,适应当地的生态条件。目前,生产的大豆以自食为主。大豆生产对当地人民健康和畜牧业发展有重要的意义,随着西部大开发的推进,生态环境的改善,水利、交通条件的好转,大豆生产有较大的发展前景。

新疆是一个多民族的自治区,畜牧业很发达,距离内地遥远,又处边境,长期以来,靠从内地长途运输到新疆,成本高,供应不及时,满足不了民族地区对大豆的需求,制约了新疆的发展。近年来,新疆大豆有较快的发展,品种不断更新,先进的栽培技术大面积应用,大豆单产迅速提高。充分利用北疆地区天山、阿尔泰山的融雪水利资源和热量资源发展大豆生产,对新疆的畜牧业发展、人民生活水平的提高及对外贸易都具有十分重要的意义。

北方春大豆区由于独特的自然条件,有利于油分的形成和积累,大豆油分含量高,为我国高油大豆产区,特别是位于松嫩平原、三江平原和辽河平原的东北三省、一自治区地理纬度高,昼夜温差大,土壤肥沃,雨热同季,十分有利于油分的积累,大豆含油量较黄淮和南方大豆产区高1~2个百分点,是我国高油大豆生产优势区,已列为农业部规划的高油大豆产业带,是我国高油大豆生产和供应基地。因此,北方春大豆产区无论在种植面积、单产、总产、品质和商品率,在我国大豆生产中均占有十分重要的地位。北方春大豆区产量的高低、品质的优劣直接影响着我国的大豆市场,关系到我国大豆产业的发展。

(二)北方春大豆区域分布

根据地理、生态、气候特点和品种类型、栽培方式,北方春大豆区可分为松花江辽河平原春大豆栽培区、嫩江平原春大豆栽培区、西北春大豆栽培区和新疆灌溉春大豆栽培区。

1. 松花江辽河平原春大豆栽培区 本区位于中国的东北部、北部和东北以黑龙江、乌苏里江为界与俄罗斯毗邻,东南部、南部与渤海及朝鲜相连,西部到大兴安岭东麓的嫩江、通肯河和辽河。包括黑龙江、乌苏里江、松花江、辽河流域的广大地区,为北方春大豆栽培面积最大的产区。包括黑龙江、吉林、辽宁三省的大部分市、县及黑龙江农垦总局的大部分农场。

2. 嫩江平原春大豆栽培区 本区位于中国东北地区的西部,北起嫩江支流甘河,南到渤海湾,东起西嫩江、辽河,西到内蒙古自治区大兴安岭东麓的广大地区。包括黑龙江省齐齐哈尔、大庆及黑龙江农垦局九三分局、齐齐哈尔分局所属农场。吉林省主要包括:白城、双辽等市。辽宁省主要包括:朝阳和阜新市所辖各县(市)。内蒙古自治区主要包括:呼伦贝尔、乌兰浩特、通辽、赤峰等地区。

3. 西北春大豆栽培区 本区位于中国的北方黄土高原地带,北到内蒙古高原。本区为河北、山西、陕西、甘肃、宁夏五省、自治区的北部春播大豆地区。

4. 新疆灌溉春大豆栽培区 本区位于中国西北部,东起甘肃,西与哈萨克斯坦、吉尔吉斯斯坦和塔吉克斯坦等国毗邻,南达昆仑山,北到阿尔泰山与蒙古人民共和国接壤。北疆的伊犁、阿勒泰、昌吉等地州为大豆主产区。随着额尔齐斯河流域、伊犁河流域和塔里木河的综合生态治理与开发,北疆、南疆灌溉农业发展春大豆及夏播大豆的潜力很大。特别有利于建设高产、优质大豆基地。

二、北方春大豆区科技进步与生产发展

(一)北方春大豆区育种成绩与栽培技术进展

1.北方春大豆区育种成绩　北方春大豆区是在全国开展育种最早的地区之一,早在1913年公主岭农事试验场就开始了品种的搜集、整理工作,1916年公主岭农事试验场从四粒黄中选出第一个品种黄宝珠,又于1927年采用黄宝株×金元有性杂交育成了满仓金等品种。

建国50年来,北方春大豆区育种有了长足的进展。据不完全统计,50年来共育成新品种近600余个。由于品种的不断育成,使北方春大豆主产区的大豆品种更替了4次,每更替一次大豆产量提高8%~10%。育种水平有了很大的提高,主要表现在品种增产潜力、抗病性、适应性、品质等方面均有大幅度提高,对推动我国大豆生产做出了重要的贡献。

(1)高产育种　提高产量是大豆育种的永恒课题,各育种单位都把提高产量作为大豆育种的首要目标,在高产育种上取得重大进展,育成了一批高产品种。在全国有名的大豆品种有东农4号、合丰25号、合丰35号、绥农14号、黑农26号、黑河3号、吉林20号、铁丰18号、辽豆10号以及新大豆1号等。这些品种的主要特点是高产、稳产、适应性广与推广面积大。它们的一般产量为2 250~3 000 kg/hm^2,最高单产达到5 956.2 kg/hm^{2}以上,推广面积20万~100万hm^2,是全国的名牌品种。其中合丰25号自1984年推广以来连续10年推广面积在67万hm^{2}以上,最高年推广面积达100万hm^2,连续11年推广面积居全国首位,已累计推广1 067万hm^2,此后合丰35号、绥农14号年最高推广面积分别达到56.7万hm^2、61.8万hm^2,从1998~2005年推广面积分居全国首位。

在大豆高产育种中近年又有较大的突破,新疆农垦科学院育成的新大豆1号,在灌溉条件下创造了小面积单产5 956.2 kg/hm^{2}的高产纪录,黑龙江省农业科学院合江农科所育成的矮秆新品种合丰42号窄行密植栽培,单产达到了5 250 kg/hm^2。在大面积生产上黑龙江省九三局创出了24万hm^2,平均单产2 955 kg/hm^{2}的大面积高产纪录。近年,黑龙江省鸡西北方大豆良种研究所育成的龙选1号创造了小面积5 970 kg/hm^{2}的全国高产纪录。为大豆高产育种翻开了新的一页。

(2)优质育种　随着人们生活水平的提高和社会的发展,人类追求健康,企业追求更大的利润已提到了重要的位置。因此,对大豆品质提出了新的要求,为育种工作提出了新课题,在优质育种上主要是要求育成高油品种、高蛋白质品种、低亚麻酸、高亚油酸、高异黄酮、高皂苷、无脂肪氧化酶等不同要求的品种。

"七五"以来,北方春大豆区的大豆育种工作者在优质育种上做了大量工作,取得了较多的研究成果,育成了一批不同品质的新品种和新品系。2002~2005年仅东北三省、一自治区就育成油分含量21%以上的品种62个,其中油分含量21%~21.9%的42个,22%~22.9%的16个,23%以上的6个。目前在生产上大面积推广的油分在22%以上的高油品种有黑农41、黑农44、合丰40、合丰42、合丰46、合丰47、合丰50、绥农20、东农46、垦农4、垦农18、垦农19、吉育35、吉育48、吉育64、九农22、白农9、辽豆、铁丰22、石大豆1号等品种。这些品种的油分含量在22.07%~23.15%,产量较推广品种增产5%以上,已成为东北高油大豆优势产业带的主要品种。在高蛋白质育种方面,育成了黑农35、黑生101、黑农43、东农42、公

交 90136-1、辽 95055、铁丰 29 等品种,这些品种的蛋白质含量为 45.02% ~ 47.59%,已成为国内蛋白质加工企业和对外出口的主要品种。在无脂氧酶育种方面育成了绥无腥豆 1 号。在低亚麻酸、高亚油酸、高异黄酮、高皂苷含量等加工型特用品种的选育上已育成一批新品种和新品系,如高异黄酮品种垦丰 5、锦豆 37、铁丰 19 等。高亚油酸材料哈 89015、锦豆 34,这些新品种有的已在生产上应用。同时,还育成一批新材料,被各育种单位利用。

(3)抗病育种　抗病育种是育种者注意比较早的育种目标,因为无论是高产品种和优质品种都需要有抗病性做保障,一个品种如果没有好的抗病性,高产、优质都难以实现。随着人类日渐关心的食品安全和人类健康的需要,抗病品种又成为无污染绿色食品安全生产的重要措施。同时,采用抗病品种又是降低大豆成本、提高效益的手段之一,而备受重视。北方春大豆区抗病育种的主要目标是抗灰斑病、病毒病、胞囊线虫病三大病害。北方春大豆区在抗这三种病害育种上取得了较大的成绩。

大豆灰斑病是危害北方春大豆区,特别是东北地区最重要的病害,大豆感染灰斑病可使大豆减产 10% ~ 31%,严重地块甚至绝产,并使品质下降。黑龙江省农科院合江农科所,1974 年首先对大豆灰斑病的发生、流行规律、生理小种鉴定及防治开展了系统研究,并建立了我国的抗灰斑病鉴定寄主。在抗灰斑病育种上,开展了资源筛选、遗传和育种方法的研究,共鉴定出抗病资源 113 份,抗 8 个以上生理小种的资源 8 份,明确了遗传规律,建立了抗灰斑病育种的程序与方法,并育成了一大批抗病品种,基本解决了灰斑病的危害,在抗灰斑病育种上取得较大的成功。在生产上推广面积大的抗灰斑病品种有合丰 29、合丰 30、合丰 32、合丰 33、合丰 35、合丰 39、绥农 10、绥农 14、黑农 37、黑农 40、铁丰 18 等品种。由于抗灰斑病品种的大面积推广,基本解决了大豆灰斑病对大豆严重危害,保证了大豆的稳产。

大豆病毒病是全国性病害,北方春大豆区也较严重,可造成植株矮小、黄化、顶枯、缩叶、籽粒斑驳等症状,造成减产,影响大豆的产量和外观品质。东北农业大学对大豆病毒病进行了较系统地研究,对大豆病毒的发生、危害、分类、鉴定标准、无病种子繁殖方法等都提出了一些研究成果,对北方春大豆区乃至全国的抗病毒病研究、抗毒素病育种及无病种子生产都有重要的指导作用。目前已育成一批抗大豆病毒病的品种在生产上应用,主要有合丰 33、黑农 37、铁丰 8、铁丰 24、吉林 21、辽豆 10 等品种。

大豆胞囊线虫病在北方春豆区,特别是比较干旱地区发生较重,仅黑龙江省每年发病面积就达 70 多万 hm^2,造成植株生育不良、叶片发黄、植株矮小、花少、荚少,严重减产。一般可减产 20% 左右,严重地区减产 50% ~ 70%,甚至收成很少。北方春大豆区大豆胞囊线虫病主要是 1、3 号小种,通过育种已选育出抗线 1 号、抗线 2 号、抗线 3 号、抗线 4 号、抗线 5 号、嫩丰 10 号、嫩丰 14 号、嫩丰 15 号、吉林 23、白农 2 等品种在大面积生产中应用,收到了良好的效果。

(4)大豆杂种优势利用　利用杂种优势是所有作物实现高产的一个重要途径,在玉米、水稻、油菜、蔬菜等方面都取得了巨大的成功。大豆由于花器结构、授粉特点和开花特性决定,在杂种优势的利用上远远落后于其他作物。但是人们的追求和探索一直没有停止。经过近 20 年的工作,吉林省农科院在获得三系配套的基础上,育成了世界第一个大豆杂交种吉杂豆 1 号,于 2003 年已正式命名推广,结束了大豆无杂交种的历史。同时,他们在制种技术上也取得了重大进展,利用切叶蜂传粉可获得 900 ~ 1050 kg/hm^2 的制种产量,为杂交种的大面积应用提供了可能。诚然,杂交大豆的大面积应用,诸如强优势组合的筛选、制种产量的提高、制种成本的降低仍有大量工作要做,但新的研究进展为大豆杂种优势的大面积应用已展示了美好的前景。

(5)育种方法的改进　育种方法的改进是提高育种水平,提高育种效率的重要手段。自1916年吉林省公主岭农事试验场以系统选择的方法从地方品种四粒黄中选育的第一个大豆品种黄宝珠,到1927年以黄宝珠×金元有性杂交育成的世界第一批有性杂交大豆品种满仓金以来,人们一直在不停地进行育种方法的改进,到1966年黑龙江省农科院采用X射线辐射的方法育成了黑农4号、黑农8号等品种,接着就是杂交与辐射结合,无性杂交育种,聚合育种以及发展到今天的杂种优势利用,外源DNA导入和分子标记辅助育种、转基因育种,在育种方法的改进上人们一直在执着的追求。在育种方法的改进上,北方春大豆区的进步主要有以下四个方面。

其一,辐射育种　辐射育种,在北方春大豆区开展较早,1958年黑龙江省农科院就开始了采用X射线照射大豆风干种子,以后又扩大到采用$^{60\text{-a}}$Co射线、热中子、EMS等物理因子进行辐射育种。同时,将辐射和杂交结合,利用杂交低世代的不稳定性进行诱变,收到了很好的效果,育成了黑农4号、黑农5号、黑农6号、黑农7号、黑农8号、黑农16号、合丰33号、合丰36号、合丰46号、丰收11号等一批高油高产新品种。

在育种方法上,明确了大豆早熟突变的效果、突变频率、遗传特点,提出了有效的辐射剂量,选择的方法,总结出辐射育种在提早成熟,提高含油量的明显作用,丰富了杂交育种方法,为提高育种水平做出了新的贡献。

其二,聚合育种　聚合育种是一个累加优良基因的育种方法。在人们的长期育种过程中,育种者感到单一杂交的遗传背景狭窄,难以选出有较大遗传改进的品种。于是,聚合育种产生了,它的一出现就显示了强大的生命力,育成了一批优秀的品种。总结过去几十年的育种工作,特别是近20年里,在北方春大豆区育成并大面积推广的优秀品种无一不是聚合育种的品种。合丰25号是聚合了原始亲本元宝金、农家品种小粒豆9号,推广品种丰收10、合丰23号和日本高产品种十胜长叶等7个基因源育成的;合丰35号是聚合了原始亲本黄宝珠、农家品种蓑衣领,推广品种黑河54、绥农7号、美国品种阿索伊等9个品种的基因源育成的。由于它们的遗传背景丰富、遗传潜力大、遗传改进大,使育成的品种在遗传上有了重大的改进。这一点已为育种者所共识,由于聚合杂交育种方法在育种上的广泛应用才铸就了今天大豆品种的丰富多彩。

其三,杂交优势利用　杂交优势的利用,为大豆育种开辟了一条新的途径,北方春大豆区大豆杂种优势利用在国内外处于领先地位,杂交1号大豆的育成和杂交大豆制种技术的突破,为大豆杂种优势利用提供了可能,它的成功具有很深远的意义,也是大豆育种方法上一个新的突破。虽然还有许多工作要做,但那只是完善和提高的问题,其前景是诱人的。

其四,生物技术在育种上的应用　生物技术的迅猛发展,已牵动着各个领域,生物技术在大豆育种上的应用将使大豆育种提升到一个新的阶段。利用分子标记技术与常规育种相结合,可提高育种效率,减少盲目性,利用基因操作技术进行大豆育种,可突破种间隔离。生物技术在大豆育种中的应用,将翻开大豆育种新的一页。北方春大豆区生物技术在育种中的应用是近年才起步的,在探索中前进,在前进中总结,在总结中提高。做了一些起始性的工作。黑龙江省农科院利用分子标记技术已经做了大豆灰斑病、大豆病毒病、大豆胞囊线虫病的分子标记,利用花粉管通道法进行外源DNA导入已育成了高蛋白质品种黑生101。哈尔滨师范大学已克隆出抗干旱、耐盐碱基因,正在与育种单位结合,开展转基因育种。东北农业大学采用同源性克隆技术进行抗病基因克隆,已分离出抗病基因源片段,并进行了蛋白质、氨基酸序列分析,测定与已有抗病基因保守结构,进行同源比较,获得了两个通读且与抗病基因 NBS 结构域同源的片段 RNEAU-1、RNEAU-2,从序列与结构上的同源性表明这两个片段为大豆抗病基因同源片段。这些研究虽然是刚刚起步,但为今后大豆育种方法的改进与提高具有十分重要的意义。

(二)北方春大豆区栽培技术的进步

建国以来,北方春大豆区栽培技术有了很大的进步,主要表现在由原始的依靠自然的粗放栽培,转到根据大豆生育特点,通过新的耕作措施,创造适合大豆生育的土壤环境和通过种植方式、栽培方法的改进,构建以形成最大的光能利用的合理群体结构,并形成了如垄三栽培、窄行密植、等距点播、行间覆膜、控制重迎茬减产等适于不同地区的高产栽培模式和标准化作业标准。

1. 土壤耕作　大豆的土壤耕作 50 年来经历了四个阶段。20 世纪 50 年代是以搅茬起垄和扣种进行土壤耕作;60 年代开始实行平翻和耙茬;70 年代在平翻的同时,推广了深松耕法;进入 80 年代以后随着土壤耕作机械的更新,土壤耕作进入了一个新的发展阶段。形成了以深松、超深松为主的松、翻、旋、耙相结合的科学土壤耕作体系。创造了水、肥、气、热的良好库容,为大豆根系的生长创造了良好的环境。目前主要的耕作方式有以下两类:①平翻耕法。包括螺旋型犁壁耕翻,熟地型犁耕翻,复式犁分层耕翻,心土混层耕犁耕翻四种;②深松耕法。包括:深松搅茬起垄、深松垄翻起垄、松旋起垄和耙茬起垄四种;各种耕法都要根据前茬耕作状况,土壤类型和机械装备因地制宜选择应用。在农垦系统还实行全方位深松和间隔深松,减免中耕等先进的耕作技术。

2. 施肥　中国大豆施肥经历了不施肥—少施肥—平衡施肥的三个阶段。早在 50 年代中国大豆种植基本不施肥,或个别地块在扣种前扬施一些有机肥,主要依靠土壤有自然肥力供大豆营养,所以产量很低。1949 ~ 1959 年全国大豆平均单产只有 801 kg/hm²。60 年代后,开始试验施用化肥,但化肥主要施在小麦、玉米作物上,大豆施肥仍很少,大豆主要用前茬肥,满足不了大豆对养分的需求,1960 ~ 1979 年全国大豆平均单产仅 1 457.2 kg/hm²。进入 21 世纪测土配方平衡施肥有了较大面积的应用,进一步满足了大豆对各种营养的需求。2000 ~ 2004 年全国大豆单产达到了 1 738.5 kg/hm²。在这一时段内北方春大豆区发展最快,除了施肥量的逐年增加,还在施肥方法、时间、部位上有了重大的改进。目前已发展到种肥、追肥、叶面肥的立体分段施肥;有机肥、化肥、生物肥配合施用和秸秆还田,分层深施的科学施肥方法,对提高大豆产量起到了良好的作用。因此,大豆产量明显提高,据农业部 2005 年统计北方春大豆的平均单产已达到了 1 947.7 kg/hm²,显示了施肥技术改进的良好效果。

3. 播种方式　50 年来,北方春大豆区大豆播种有重大改进,围绕着构建合理的群体结构,以形成最大的绿色面积,截获最多的光能这一中心进行的。50 年代大豆采用扣种、点种、一犁挤等人工撒播方式,靠播种者的经验,使大豆种子随机分布在垄上,这种方法出苗不齐,稀密不匀,植株分布不合理。60 年代播种有改进,采用播种机播种,在一定面积上播种数量有了控制,植株分布较前明显改善,但局部匀度仍难以控制,又播在一条线上,造成株间拥挤,行间浪费。进入 80 年代穴播机,精量点播和垄三耕播机、吸气式播种机的出现,实现了穴播等距,精量双行点播,使大豆播种水平有了很大提高,植株分布更加合理,构建起了较理想的群体结构,使大豆产量显著提高。特别是垄三栽培技术的应用,将垄体深松、分层深施肥和垄上双行精量点播相结合在一起,使大豆产量提高了 12% ~ 16%。近年来,又引进了美国的大豆窄行密植技术,通过缩小行距,扩大株距,增加密度构建了个体与群体同步发展的科学合理的群体结构。实现了最大限度的绿色面积,而获得高产,较其他栽培方法增产 20% 以上,在大面积生产中实现了 3 000 kg/hm² 以上的稳定高产,为大豆高产开辟了一条新路,已成为北方春大豆区大豆高产的主推技术。

4. 化学除草　北方春大豆产区面积大,劳动力不足,特别是主产区,松花江辽河平原春大豆栽培区和嫩江平原春大豆栽培区,80 年代以前均是靠人工锄草和机械除草,一遇多雨天气常因草荒而弃收。防除杂草是当时确保大豆产量的重要措施。80 年代以后,开始使用化学除草剂进行豆田除草,在豆田中使用了氟乐灵、虎威、普施特、乙草胺、赛克、拿扑净等除草剂,显示出良好的除草效果,而为豆农欢迎。目前北方春大豆区,特别是松花江辽河平原春大豆栽培区和嫩江平原春大豆栽培区已全部使用了化学除草技术,它的广泛应用对大豆栽培技术的提高起到了巨大的推动作用。目前,大豆除草剂的品种繁多,生产者可根据豆田杂草的种类和数量有针对性的选择除草剂的品种,根据生产安排采取秋季土壤处理,春季播前封闭除草,播后苗前除草和苗后喷药多种形式。

5. 病虫害防治　北方春大豆区大豆的主要病虫害有大豆灰斑病、胞囊线虫病、病毒病、根腐病和大豆食心虫、大豆蚜虫。50 ~ 60 年代防治用的药剂较少,主要用水银制剂 1 号、石灰波尔多液等防治病害,用对硫磷、六六六防治虫害。随着农药研制的品种增多,防治各种病虫害已筛选出专用药剂,如甲基托布津防治灰斑病,呋喃丹防治胞囊线虫病,多菌灵、福美双拌种或包衣防治根腐病和用乐果、DDV、抗蚜威、吡虫啉防治蚜虫,通过防治蚜虫预防病毒病,用 DDV 防治食心虫等,有效地提高防治效果。近 20 年来,大豆病虫害的防治有了飞快的进展,从单一防治发展到综合防治;从发生病虫害防治发展到预测预报及时防治;从药剂喷雾发展到种子包衣,生物防治和抗病品种,农垦系统已发展到大面积飞机喷药防治,使大豆病虫害的防治走向了综合、高效、安全的轨道。

(三)北方春大豆的发展前景

北方春大豆区位于我国的东北和西北广大地区,地域辽阔,资源丰富,随着大豆振兴计划,西部大开发的实施和人民膳食结构的改善,大豆生产出现了快速发展的趋势。

东北地区是北方春大豆的集中产区,种植面积占北方春大豆区的 88.2%。大豆分布在三江平原、松嫩平原和辽河平原三大平原,地域辽阔,土质肥沃,雨热同季,机械化水平高,大豆品种和栽培技术先进,是大豆发展的主要地区。近年来,由于新品种的大面积推广,先进技术的广泛应用,大豆面积、单产、总产都有了快速发展。据 2005 年农业部召开的玉米、大豆主产省生产座谈会统计,东北三省、一自治区大豆面积已发展到 592.5 万 hm²,总产达到 1 154 万 t,单产 1 947.7 kg/hm²,较 2000 年分别提高了 31.6%、24.5%。

西北地区的山西、陕西、甘肃、宁夏、河北北部地势较高,气候干旱,目前大豆种植面积小,占北方春大豆区的 10.5%,随着西部大开发的推进和农业生态的改善,只要把水的问题解决好,就会有较大的发展空间,是一片有良好发展前景的地区。

新疆是西北地区大豆新区,近几年大豆发展势头猛、速度快,大豆是继棉花之后发展最快的作物。春大豆主要分布在北疆,地域辽阔,土质较好,热量充足,灌溉水源丰富,是大豆发展最有前途的地区之一。新疆大豆的发展除了有良好的条件外,还有市场上的需要。本区除了人民生活需要大量的大豆之外,大批的畜禽饲料也需要大量的大豆。而新疆距内地又远,大豆的供应主要依靠自产。2005 年新疆大豆面积已达到 8 万 hm²,平均单产达到了 2 949 kg/hm²,成为全国大豆平均单产最高的省、自治区,随着西部大开发生态环境的改善,相邻国家贸易的增加和畜牧业加工业的发展,新疆大豆将会有更大的发展前景。总之,北方春大豆区地域辽阔,发展空间大,种植面积大,总产高,科技进步快,发展潜力大。是我国最大的大豆产区,有较大的发展空间和潜力,有非常广阔的发展前景。

第二节　北方春大豆的主要栽培技术

一、大豆高产栽培技术

(一)大豆垄三栽培技术

大豆垄三栽培技术是黑龙江省八一农垦大学研究提出的一项高产栽培技术。它是以机械为载体将精量点播、土壤耕松、分层施肥三项主要技术组装而成的高产栽培技术。这项技术由于抓住了机械这一载体进行大豆主要单项技术的组装,发挥了机械在技术整合和规范上的重要作用而发挥了单项技术的增产效果,在北方春大豆栽培技术上是一个重大的进展,一般可增产 12% ~ 16.5%,是目前推广面积最大的高产栽培技术。

1. 大豆垄三栽培增产机制

(1)改善耕层土壤结构,促进根系发育和根瘤形成　垄三栽培深松 20 ~ 30 cm,由于垄体深松和垄沟间隔深松,打破了犁底层,加深了耕层,改善了土壤结构,使土壤容重减少、总孔隙度、毛管孔隙度增加,大、小毛管孔隙度百分比增加,大大地改善了土壤环境(表 19-2)。

表 19-2　垄三栽培对土壤耕层结构的影响

处　理	土层深度 (cm)	容　重 (g/cm³)	总孔隙度 (%)	毛管孔隙度 (%)	大/小毛管孔隙 (%)
垄　三	0 ~ 10	1.03	56.8	45.8	24.2
	10 ~ 20	1.13	50.1	41.9	19.6
	20 ~ 30	1.34	38.8	34.0	14.1
	平　均	1.17	48.6	40.6	19.7
对　照	0 ~ 10	1.11	46.2	40.3	14.6
	10 ~ 20	1.13	44.4	39.0	12.8
	20 ~ 30	1.36	36.0	33.1	8.8
	平　均	1.23	42.1	37.5	12.3
增加值		- 0.06	6.5	3.1	7.4

土壤结构的改善有利于根系的发育和根瘤的形成。据黑龙江省德都县调查,垄三栽培大豆根系多分布在 0 ~ 50 cm,较一般豆田深 13 cm,株根系数量较未深松地块多 5 ~ 7 条,株根鲜重多 5.6 g,株根瘤数多 12 个。根系的良好发育,根瘤的大量形成为大豆高产奠定了基础。

(2)提高地温,促进幼苗生长　垄三栽培垄体深松改善了土壤结构,垄沟深松可疏松土壤,抗寒增温,提高前期土壤温度,促进大豆早生快发,有利于豆苗生长。据黑龙江省农业技术推广站调查,出苗至第一片复叶展开期0~20 cm耕层地温,垄三栽培较一般栽培提高地温0.5℃~1℃,出苗早2~3 d。据八一农垦大学在八五三农场调查,大豆苗期(5月25日至6月25日)0~10 cm土温垄三栽培较对照高0.5℃~1.2℃,10~20 cm高0.7℃~0.9℃,20~30 cm高0.6℃~0.8℃,土壤温度与产量的相关系数为r＝0.8089~0.9912(表19-3)。

表19-3　垄三栽培土壤温度效应

项　目	土层深度(cm)						产　量	土温与产量的关系
	0~10		10~20		20~30			
	测定日期(月·日)							
	5.25	6.25	5.25	6.25	5.25	6.25	5.29	6.29
垄三栽培土温(℃)	15.3	19.6	13.8	19.3	13.9	19.1	r＝0.9912	r＝0.8098
对照土温(℃)	14.1	19.1	12.9	18.6	13.1	18.5	(n＝10)	(n＝10)
增　值	1.2	0.5	0.9	0.7	0.8	0.6		

引自杨方人．旱作机械化大豆高产综合技术模式．1989年全国大豆学术会材料

由于地温增高,对幼苗的发育具有良好的促进作用,大豆出苗快、发育快、生长旺盛,为大豆的健康发育打下了良好的基础。

(3)蓄水保墒　大豆垄三栽培由于土壤深松,改善了土壤结构,扩大了土壤库容,作业过程连续作业,减少了水分的散失,有利于土壤蓄水保墒(表19-4)。

表19-4　垄三栽培土壤含水量与产量的关系

处　理	田间持水量(%)	有效含水量(%)	产量(kg/hm²)	有效含水量与产量的关系
垄　三	30.89	17.10	2616.05	r＝0.8354**
对　照	29.78	15.47	1747.43	(n＝9)
差　值	1.11	1.63	668.62	

引自杨方人．旱作机械化大豆高产综合技术模式．1989年全国大豆学术讨论会材料

据八一农垦大学在八五三农场调查,垄三栽培的田间持水量为30.89%,对照为29.78%,垄三栽培较对照高1.11个百分点,有效含水量高1.63个百分点,有效含水量与产量的相关系数r＝0.8354,达到高度显著。

(4)延长供肥时间,拓宽供肥区域,提高肥料利用率　大豆垄三栽培,由于采取分3层种下深施肥,肥料在根系分布区域较一次施肥更为均匀合理,克服了烧苗和供肥不足的现象,加之土壤结构的改善,延长了供肥的时间和区域,大大提高了肥料的利用率。据八一农垦大学调查,垄三栽培氮肥利用率可提高29.8%~43.6%,磷肥提高6.32%~9.3%。

(5)提高光能利用率,提高产量　大豆垄三栽培由于深松改善了土壤环境,分层施肥扩展了供肥区域,延长了供肥时间,精量点播使植株分布合理,生育健壮,提高了光能利用率,提高产量(表19-5)。

表 19-5　垄三栽培对净光合率与产量的影响

处　理	净光合率(mg·cm^{-2}·h^{-1}Dw)			产量(kg/hm^2)	增产(%)
	7月20日	8月6日	8月19日		
垄　三	12.5	10.49	4.78	1469.54	16.32
对　照	8.09	7.21	3.93	1263.33	
差　值	4.16	3.28	0.85	206.2	

引自杨方人．旱作机械化大豆高产综合技术模式．1989年全国大豆学术讨论会材料

2. 大豆垄三栽培主要技术

(1)选用优良品种,搞好种子精选　选用适合本地区的优良品种十分重要,要选用产量高、品质好、抗逆性强、适应性强、熟期适宜的稳产品种。品种确定后要严格精选,垄三栽培采用精量点播,对种子的要求更高,选种可用机械和人工选种方式,选后的种子一定要达到良种以上标准,并进行种子包衣,以备播种。一定要根据本地土壤、气候特点选用品种,新品种一定要经过在当地或相同区域内的试验,不要盲目追新追高,以免在生产上造成损失。

(2)深松整地,严格标准　大豆垄三栽培深松分为垄体深松和垄沟深松两种。一般垄体深松是在前一年进行,结合伏秋整地进行深松或播种同时进行,垄沟深松在播种或苗后深松。根据前作深松基础和机械力量,垄三栽培又可分深松、分层施肥、精量播种一次完成和两次完成的作业方式。

播种同时深松是垄三栽培的原型技术,即在播种时同时完成深松、分层施肥、精量点播三项技术。一般是在前作有深松或深翻基础地块进行,在处理好前茬的基础上,采用大型垄三耕种机一次作业同时完成深松、施肥和播种,一般深松23～30 cm。

伏、秋深松是近年改进的垄三栽培技术,即在前一年的伏、秋进行全方位深松。伏松采用松耙结合、松旋结合,全方位深松、松后做垄镇压,达到播种状态。秋松是在松后做垄的同时进行分层施肥或不施肥,达到播种状态,一般深松23～35 cm,这种先深松(有时同时分层施肥)做垄全方位深松的方法的优点是,深松机可对耕层全面深松、加深耕层、土层不乱、整地质量好、不跑墒,翌年播种时土壤水分散失少、播种质量好、出苗整齐,能充分发挥垄三栽培的增产作用,已越来越多的被采用。垄沟深松是在播种或苗后进行,可用深松铲在垄沟深松15～20 cm,放寒增温,疏松土壤并为以后二次、三次中耕打下基础。

(3)分层深施肥,增施有机肥　分层深施肥是垄三栽培的一个突出的优点,由于大豆根系庞大,营养生长与生殖生长并进时间长,需要营养数量多,要求供应时间长,分层施肥就可以将肥料施入大豆根系生长区域内,满足大豆在不同时期对营养的需求,避免同层施肥大豆后期脱肥的弊端。试验证明,分层深施肥可比同层施肥增产10%～16%。采用垄三耕种机可将化肥分2～3层施入种下3～16 cm,实现分层施肥的要求。分层施肥要 N、P、K 结合,补充微肥,施肥数量要根据测土进行配方施肥,一般中等肥力地块可施磷酸二胺 100～150 kg/hm^2,硫酸钾 40～60 kg/hm^2。

增施有机肥是增加土壤有机质,改善土壤理化性状,提高土壤肥力,使农业持续发展的有效方法,垄三栽培要结合深翻、整地进行秸秆还田,施优质农家肥 15～22.5 t/hm^2,也可施入有机复合肥。

在大豆生育较差的地块还要结合中耕进行追肥和叶面施肥,追肥和叶面喷肥以 N 肥为主,一般追肥以 30～70 kg/hm^2 为宜。叶面施肥在初花期施尿素 10～15 kg/hm^2 加磷酸二氢

钾 1.5 kg/hm²，溶于 500 L 水中进行叶面喷洒。微肥的施用要根据土壤缺素的实际情况，在技术人员的指导下进行，避免盲目施用。

(4)适时播种，精量点播　大豆垄三栽培的第三个优点就是实行垄上双条精量点播，是形成合理群体结构的保证。精量点播是在合理密植的基础上，使植株分布合理，解决了大豆生产上稀密不匀，缺苗断垄的现象。同时为植株生育创造了良好的空间，提高单株的生产力。据黑龙江省虎林县调查，精量点播大豆净光合生产率提高 21.9% ~ 45.1%，叶重增加 7% ~ 12.1%，百粒重增加 0.4 g。嫩江县调查，精量点播大豆叶面积指数苗期较一般栽培提高 13%，花期提高 25%，鼓粒期提高 9.1%。因此获得了较高的产量。

适期播种也很重要，北方春大豆区地处北温带，早春地温较低，播种过早，地温低、热量不足，种子埋在土里迟迟不出苗，易感染病虫害，播种过晚，长势快，根系发育不好，植株繁茂而倒伏，且易造成贪青晚熟，影响大豆产量。多年经验证明在北方春大豆区大豆以适期早播为宜，既可以避免因热量不足而感病，又可提早出苗，促进根系发育，植株健壮，成熟充分。一般应控制在天气转暖种层土温稳定通过 7℃ ~ 8℃为宜。

(5)加强病虫害防治　近年来，大豆病虫害发生日趋严重，尤以重迎茬地块更为严重，在北方春大豆区主要病虫害有大豆灰斑病、胞囊线虫病、根腐病、病毒病和大豆蚜虫、食心虫、红蜘蛛等。

防治大豆病虫害的主要措施是选用抗病品种，轮作换茬等农业措施和化学防治。目前各地已育成了一批抗病品种，如抗灰斑病品种有合丰 29、合丰 30、合丰 35、合丰 45、绥农 10、绥农 14、黑农 37、绥农 4 等；抗胞囊线虫病的品种有抗线 1 号、抗线 2 号、抗线 3 号、嫩 16 等。抗病毒病品种合丰 33、黑农 40、黑农 41、辽豆 11 等，抗根腐病品种有合丰 30、绥农 14 等，充分利用这些品种是防治病虫害的根本措施。在农业生产中注意轮作换茬避免重迎茬，精选种子，清理田间残株病叶，加强田间管理，增强植株的抵抗能力等对防治病虫害都有较好的效果。化学药剂防治中有多种农药对防治相应的病虫害有明显效果，如用多菌灵、甲基托布津防治大豆灰斑病，用多复药肥种衣剂、克多福种衣剂防治根腐病，用 80% DDV 乳油、2.5% 敌杀死等菊酯类农药防治大豆食心虫，用 35% 富丹乳油，10% 吡虫啉防治蚜虫和红蜘蛛等均有很好的防治效果。

(6)加强田间管理，适期收获　农谚说得好"三分种、七分管、十分收成才保险"，道出了田间管理的重要性，田间管理的重点是及时、标准和调控，就是要求铲耥要及时，作业要标准，要根据大豆不同时期的长势采取合理的调控措施，使植株发育健壮。收获要及时，在落叶后豆粒长圆时及时收获，机械收获要注意减少田间损失，力争颗粒归仓。

(二)大豆窄行密植栽培技术

大豆窄行密植的研究始于 1967 年的美国学者 R.L.Cooper 教授，至 1979 年在美国俄亥俄、明尼苏达、密西西比、伊利诺斯、印第安那、依阿华州大面积推广，到 1994 年推广面积占各州大豆面积的 28.3% ~ 66.5%。目前已在美国、巴西、阿根廷等国大面积推广。1993 年黑龙江省农业科学院刘忠堂研究员引入我国，由于窄行密植栽培技术具有植株分布合理，绿色面积大，光能利用率高等特点，使大豆产量大幅度提高，一般可增产 20% 以上，为大豆大面积高产提供了一项新技术。

1. 大豆窄行密植增产效果　美国大豆专家 R.L.Cooper 教授 1977 ~ 1986 年用连续 10 年的试验，研究窄行 17.5 cm 与宽行 76.2 cm 的产量效应，试验点的结果证明，在美国南查理斯敦和豪特威尔,两地连续 10 年 30 个点次的试验中,窄行密植栽培除 1983 年豪特威尔因干旱减产 11.9％外,其余 19 个点均表现明显增产,平均增产 23.5％。充分显示了窄行密植栽培稳定,大幅度的增产效果。

在我国大豆栽培主要以宽行垄作栽培为主,特别是北方春大豆大都为 65～70cm 的宽行垄作栽培,每 hm² 密度一般为 15 万～30 万株。刘忠堂 1993 年将这项技术引进我国,结合黑龙江省当地耕作制度,形成了平作窄行密植,大垄窄行密植和小垄窄行密植三种栽培模式,获得了显著的增产效果(表 19-6,表 19-7,表 19-8)。

表 19-6 黑龙江省大豆平作窄行密植生产示范结果

年 份	地 点	面 积 (667m²)	密 度 (万株/hm²)	单 产 (kg/hm²)	增产比 (%)	品 种
1997	友谊农场二分场	22.5	44.5	4312.5	31.9	合丰 35
1997	普阳农场科研所	1000	44.5	3600.0	21.6	合丰 35
1997	香坊农场	10	30.0	2250.0	12.5	绥农 14
1997	巴 彦	200000	35.0	3327.0	20.0	合丰 25、巴 23 等
1997	吉林梨树	2	38.0	3341.0	21.4	合丰 25
1998	东北农业大学	16	30.0	4170.0	46.3	东 7819
1988	巴 彦	200000	30.0	2850.0	20.0	东巴 23、合丰 25
1998	军 川	75	37.5		7.5	绥农 14
1988	友谊农场	150	33.6	4315.5		红丰 11 号
1998	852	20050	38.0		8.7	合丰 25、35
1988	赵 光	500			26.8	87-9
1998	赵 光	1000			6.8	87-9 等
1988	桦 川	10000	35.0	3127.5	36.9	合丰 25
1998	宝清县	8500	36.0	3298.5	28.9	合丰 25
1988	宾 县	80	44.5	3068.3	18.3	合丰 25

引自刘忠堂.大豆窄行密植调查报告.1997～1998

表 19-7 黑龙江省大垄窄行密植产量结果

试验点	产量(kg/hm²)	增产(kg/hm²)	增产比(%)
克 东	3060	456	17.5
甘 南	2846	726	34.3
鸡 东	3390	480	16.8
阿 城	3450	555	19.2
五 常	3245	525	19.4
通 河	2325	480	26.2
巴 彦	3327	561	20.5
绥 化	2714	237	9.6

引自刘忠堂.大豆科学.2002,21(2)

表 19-8 小垄窄行密植栽培产量结果

地 点	处 理	密度 (万株/hm²)	株 高 (cm)	株 数 (万株)	百粒重 (g)	667m²产量 (kg)	产 比 (%)
东方红	窄行	38	89	37.6	17.0	145.7	108.3
	CK	23	78	55.4	17.6	134.5	100.0
共 和	窄行	36	66	49.8	17.0	182.9	118.2
	CK	24	68	59.7	18.0	154.9	100.0
前 进	窄行	37	77.6	48.3	16.8	175.6	117.9
	CK	24	78.2	58.5	17.0	149.0	100.0
市种子站	窄行	42	68.7	45.7	17.1	203.5	124.2
	CK	27	54.1	57.4	17.5	163.8	100.1
平 均	窄行	38.3	75.3	45.4	17.0	176.9	117.2
	CK	24.5	69.6	57.8	17.5	150.6	100.0

引自刘忠堂. 大豆科学 .2000,21(2)

试验和示范结果表明,大豆窄行密植栽培方法无论是平作窄行密植,大垄窄行密植,还是小垄窄行密植均表现明显的增产。三种栽培模式适应了不同生态区和不同生产力水平,其中平作窄行密植主要适于机械化水平较高的平川地区,大垄窄行密植适于在土壤肥力水平较高的低平地区,小垄窄行密植适于北部高寒地区,不同的生态区采用相适应的栽培模式可获得最佳的增产效果。

2. 大豆窄行密植增产机制

(1)增加了单位面积株数,扩大了绿色面积 窄行密植栽培由于采用秆强不倒伏的矮秆、半矮秆品种,单位面积种植株数较垄三栽培多30%~50%,一般为40万~50万株/hm²。因此,绿色面积扩大,形成最大绿色面积的时间早、延续时间长。据黑龙江省农科院合江农科所试验调查,窄行密植栽培大豆封垄时间较垄三栽培提早1周左右,开花期叶面积指数较垄三栽培高45.6%~61.4%,结荚期高79.5%~131.6%,鼓粒期高38.1%~90.25%(表19-9)。

表 19-9 窄行密植与垄三栽培叶面积指数比较

时 期	窄行密植			垄三栽培 (CK)	与密度相关系数
	66.5万株	55.6万株	44.5万株		
开花期	0.92	0.83	0.89	0.57	r=91
结荚期	4.40	3.78	3.41	1.90	r=98
鼓粒期	3.37	4.64	4.59	2.44	r=0.28

引自刘忠堂. 大豆科学 .2000,21(2)

研究还证明,窄行密植栽培不同密度冠层叶面积指数的垂直分布与垄三栽培(CK)发生了很大变化。窄行密植增加了植株中、下层的叶面积,特别是下层的绿色面积,在叶面积指数中窄行密植中层叶面积指数所占比率较垄三栽培多1倍,下层多9倍以上。因此,窄行密植积累的干物质明显高于垄三栽培,这是窄行密植能够大幅度增产的主要原因(表19-10)。

表 19-10　窄行密植与垄三栽培冠层叶面积指数及干物质的垂直分布

处　理	叶面积指数(%)			总面积指数	鼓粒期干物重(g/m²)			干物质重
	上	中	下		上	中	下	
大垄 6 行	39.6	47.8	20.6	4.933	485	608	372	1465
大垄 5 行	33.6	46.0	20.4	4.692	523	486	418	1425
大垄 4 行	34.8	45.2	20.0	4.435	481	466	473	1420
CK(垄三栽培)	77.9	20.2	1.9	3.805	445	441	308	1194

引自刘忠堂.大豆科学.2000,21(2)

(2)植株分布合理,改善了受光条件　窄行密植缩小了行距,扩大了株距,增加了株数,使植株分布更加合理,单株受光均匀,截获光能多,光能利用高,这是大豆窄行密植能大幅度增产的另一重要原因。据黑龙江省农科院合江所试验大垄窄行密植在相同密度下(44 万株/hm²)大垄 6 行(行距 16 cm),5 行(行距 20 cm),4 行(行距 26 cm),上、中、下三层平均光照强度为 4 383 lx、4 166 lx、3 943 lx,分别较垄三栽培多 493 lx、276 lx、53 lx,特别是中、下层光照强度明显提高。窄行密植中层平均光照强度较垄三栽培增加 118.8%(表 19-11)。

表 19-11　窄行密植与垄三栽培冠层光能强度垂直分布比较

处　理	行距(cm)	冠层光照强度(Lx)			
		上	中	下	平均
大垄 6 行	16	500	4650	8000	4383
大垄 5 行	20	550	4350	7600	4166
大垄 4 行	26	600	4130	7100	3943
CK(垄三栽培)	65	420	2000	9250	3890

引自刘忠堂.大豆科学.2000,21(2)

(3)干物质积累多、产量高　由于窄行密植增加了绿色面积,改善了受光条件,为截获大量的光能提供了保证,光能的捕获是制造有机物的主要能量来源。因此,窄行密植栽培干物质积累多,为增产打下了良好的基础。据黑龙江省农科院合江所调查,鼓粒期干物质积累窄行密植较垄三栽培多 226~271 g/hm²,增加了 18.9%~22.7%。统计表明,干物质和籽实产量与叶面积指数,中、下层叶面积比率及光照强度达到显著与高度显著水平,这说明绿色叶面积的增加和光分布合理是窄行密植增产的重要原因(表 19-12)。

表 19-12　窄行密植干物质产量和籽实产量与叶面积冠层、叶面积比率及光分面相关系数

性　状	叶面积指数	叶面积比率			光照强度		
		上	中	下	上	中	下
干物质产量	0.94	−0.95	0.97	0.98	−0.26	0.83	0.44
籽实产量	0.81	−0.73	0.74	0.85	−0.06	0.97	0.75

引自刘忠堂.大豆科学.2000,21(2)

3. 大豆窄行密植栽培技术　大豆窄行密植分为平作窄行密植、大垄窄行密植和小垄窄行密植三种模式。平作窄行密植是指平播、平管,一平到底的窄行密植栽培方法,这种栽培模式适于在土壤较肥沃、排水良好、机械化水平高的国营农场和连片种植的农业种田大户应用。大垄窄行密植是将原来的两垄合为一大垄或三垄合成两垄,这种栽培模式适于在土壤低湿冷凉地区应用。小垄窄行密植是在伏秋翻时做成 45～50 cm 的小垄,垄上播 2 行。这种栽培模式适于在热量资源少的寒冷地区和使用小型播种机的农户应用。无论采用哪种栽培模式,大豆窄行密植必须抓住以下 6 项主要技术。

(1)选用矮秆、半矮秆、抗倒伏的品种　大豆窄行密植栽培的密度较原栽培方法增加了 30%～50%,封垄时间提前 1 周,因此抗倒伏就成为窄行密植的首要条件,只有不倒伏才能发挥窄行密植的增产作用,而选用矮秆、半矮秆、抗倒伏的品种是防止窄行密植栽培倒伏的有效措施。目前在生产上表现较好的品种有合丰 25、合丰 42、北丰 11、红丰 11、黑河 22 等。

(2)窄行密植　大豆窄行密植栽培技术所以能获得大幅度提高产量,其根本原因是增加了密度,扩大了绿色面积,同时通过扩大株距,缩小行距的措施使植株分布合理,做到了总体上密、个体上稀,形成了合理的群体结构。所以“窄行”和“密植”是本项技术的核心,必须认真做到。大垄窄行密植:垄宽 90～140 cm,垄上播 4～6 行,播种 44.5 万粒/hm²,保苗 35 万～40 万株/hm²。小垄窄行密植:垄宽 45～50 cm,垄上播 2 行,播种 45.5 万粒/hm²,保苗 35 万～40 万株/hm²。平作窄行密植:机械平播,行距 15～30 cm,播种 44.5 万～55.6 万粒/hm²,保苗 40 万～50 万株/hm²。

(3)选用适合的播种机械　大豆窄行密植栽培由于播种方式、行距发生了很大变化,原来的播种机已不适用。需要选用适合不同栽培模式的窄行密植播种机或对原来的播种机进行改造,才能满足播种的要求。目前可选用以下机型。大垄窄行密植:可选用 2BTSW-4 和 2BKM-1B 大豆窄行播种机。小垄窄行密植:可选用海伦市农机厂生产的大豆窄行密植播种机或 2BT-2 改装的大豆小垄窄行播种机。平作窄行密植:可选用美国 CASE 公司生产的 IH-5300 型大豆窄行密植播种机,也可用瓦房店市农机生产的 2PQ-11 大豆窄行密植播种机。目前平作窄行密植播机的机型较多,各国营农场已在原播种机基础上改造出多种窄行密植播种机,有待优化定型,进行规模生产。

(4)伏秋深松、深施肥,达到播种状态　深松、深施肥、细整地是窄行密植高产的基础,由于窄行密植特别是应用面积大的平作窄行密植,播种至收获期间不进行土壤耕作,实行免耕栽培。因此,必须进行深松、深施肥,以保持良好的土壤环境,使根系发育正常。深松、深施肥一般在伏秋进行。伏秋整地可结合施用有机肥或秸秆还田,松旋耙结合、下松上旋或深翻,把秸秆和有机肥混入耕层,耙耢整平达到播种状态,如果是大垄窄行密植或小垄窄行密植还应采用做垄机械按要求做垄,进行镇压,达到待播状态。深松一般 30～45 cm,耙 10～15 cm。全方位深松可选用 ISG-250 全方位深松机效果最好,也可选用 ISG-180、210、280 型系列深松旋耕机。在没有深松机械的地方也可进行深翻,深度为 20～25 cm,翻后耙细,耢平或做垄待播。

(5)施用好除草剂　大豆窄行密植一般在生育期间不进行田间除草、中耕管理,所以防除杂草是一项十分重要的措施,要做到苗前或播后苗前一次施药防除全生育期杂草,对除草剂施用的技术要求较高。除草剂的施用应要因地制宜,根据杂草种类和施用的时间不同而异,可采用秋季土壤处理,播前处理,播后苗前处理三种。

秋季土壤处理:应掌握好时间,一般在冻前 10 d 左右为宜,可根据杂草种类选用卫农、乙草胺、赛克津、杜耳等,用药量要比春季施药增加 10%～20%。播前处理:根据杂草群落和种类选用灭草猛、乙草胺、赛克津、广灭灵等施用,施后镇压 1 次。播后苗前处理:应根据杂草种类选用乙草胺、赛克津等。如仍有剩余杂草,可在出苗后施用拿扑净等除草剂进行苗后除草。为了便于管理和防止除草效果不好,在播种时可留作业道,以便进行补助除草,防治病虫和叶面喷肥等作业。

(三)大豆重迎茬减产控制技术

大豆重迎茬是两种轮作方式,在东北地区将大豆—大豆—大豆……在一块地上连年种植大豆的方式叫重茬,就是连作。大豆—玉米(或其他非豆科作物)—大豆—……在一块地上大豆与其他非豆科作物隔年轮作的方式叫迎茬,就是两圃轮作。

在北方春大豆区,大豆重迎茬是较普遍的现象,尤以黑龙江、内蒙古和吉林东部大豆重迎茬现象十分严重,一般重迎茬面积30%～50%。有些县市达到70%～80%,大豆重迎茬使大豆发育不良,植株矮小,叶面积指数小,干物质积累少,产量降低。因此,采取有效措施,控制重迎茬减产是北方春大豆区一项十分重要的任务。

1. 大豆重迎茬的现状　大豆重迎茬主要分布在黑龙江、内蒙古和吉林东部地区,这三地2005年大豆面积达567万 hm²,占全国大豆面积的60.1%。特别是黑龙江省和内蒙古东四盟(市)大豆重迎茬现象更为严重(表19-13)。

表19-13　我国东北部分地区大豆重迎茬面积统计

省(自治区)	大豆面积(hm²)	重迎茬面积(hm²)	重迎茬(%)
黑龙江省	北部	85.6	80
	中部	108.0	60
	南部	10.6	20
内蒙古	呼盟、兴安盟	33.7	60
	赤峰、通辽	2.7	
吉　林	东部、北部	18.0	30

引自刘忠堂. 大豆重迎茬调查资料.2005

2. 大豆重迎茬对产量与品质的影响

(1)重迎茬对大豆生育与产量的影响　大豆重迎茬一般表现植株矮小,发育不良,开花少、结荚少,百粒重降低,对产量有明显的影响。刘忠堂等(1995～1997)在黑龙江省东部低湿区、中南部黑土区、西部干旱区、西南部盐碱土区和北部高寒区5个生态区,设置9个圃固定轮作区研究重迎茬对大豆生育与产量的影响(表19-14,表19-15)。

表19-14　重迎茬大豆叶面积指数的减少幅度　(%)

生态区	迎茬	重　一	重　二	重　三
东部低湿区	2.5～2.7	3.8～9.6	4.6～9.8	6.5～12.7
中南部黑土区	3.1～6.5	5.2～8.7	5.7～12.1	7.2～15.3
西部干旱区	5.3～8.5	7.7～10.6	7.9～15.4	9.6～18.1
西南部盐碱土区	6.2～12.5	8.6～15.1	9.9～17.8	12.3～19.4
北部高寒区	4.3～9.1	7.2～11.7	8.9～14.6	11.2～17

注:表中数据为结荚期间调查结果　　　　　　　　　　　　　　　引自刘忠堂. 大豆科学.2000,19(3)

表 19-15　不同生态区干物质积累的减少幅度

生态区	迎茬	重一	重二	重三
东部低湿区	5.7~18.6	7.3~21.9	6.7~25.8	9.8~27.6
中南部黑土区	7.2~21.5	6.7~23.6	13.5~28.9	18.2~39.7
西部干旱区	9.1~18.3	12.5~25.6	15.7~27.7	21.6~35.8
西南部盐碱土区	6.7~17.6	10.2~20.6	15.7~27.1	17.1~30.6
北部高寒区	8.5~15.7	11.7~19.3	16.9~28.9	15.3~32.7

注:表中数据为 1995~1997 年 3 年调查结果　　　　　　　　　　　引自刘忠堂. 大豆科学 .2000,19(3)

　　叶面积指数(Leaf area index·LAI)是指群体的总绿色叶面积,占该群体所占土地面积的比值,是群体大小和植株生育状况的重要参数。Watson 指出用作物群体叶面积指数表示的光合作用能力受栽培环境的影响,产量的提高主要应依靠增加叶面积指数。梁振富(1963)认为适当增加叶面积指数是现阶段提高大豆产量的主要途径之一。刘忠堂等(1994~1997)调查表明,大豆重迎茬叶面积指数普遍降低,以重茬降低为更多。在重迎茬 3 年的试验中看出,叶面积指数随重迎茬年限的增加叶面积指数减少明显加重。很显然,叶片是制造光合产物的器官,叶面积减少对光合产物的生产十分不利。

　　大豆的干物质积累与大豆的产量有直接的关系。吴永德(1981)、陈仁忠等(1988)分别对黑农 26 和绥农 4 号研究指出,大豆生物产量与籽粒产量高度正相关。r = 0.930＊＊和 r =0.762＊＊。美国学者 Ohlrogger 等(1968)研究指出,在大豆籽粒产量 4 047 kg/hm² 的情况下,根系吸收的矿物质占总干重的 7.6%,光合产物积累占 92.4%。董钻等(1981)的研究指出,开育 8 号大豆籽粒产量是 3 318 kg/hm² 时,大豆从根系中吸收的矿物质为 8.68%,而光合产物占干物质的 91.32%。连成大、郑天琪(1996)对东部低湿区重迎茬大豆干物质积累进行了分析,Logistie 方程 $y = 1154.9(1 + 98.6e^{(-0.0736)})$,经检验达到 0.01 显著水平,其最大干物质积累量低于正茬(轮作对照区)大豆 167.3 g/m²。可见,大豆干物质积累多寡主要来源于光合产物,对大豆产量有直接重要的作用。刘忠堂等(1994~1997)的调查表明,大豆重迎茬,由于植株生育受阻干物质的积累明显减少,以重茬 3 年减少最多,无疑会对大豆产量造成很大的影响(表 19-16)。

表 19-16　重迎茬对大豆产量的影响　　(单位:kg)

生态区	方法	正茬 667m²产量	迎茬 667m²产量	减产(%)	重一 667m²产量	减产(%)	重二 667m²产量	减产(%)	重三 667m²产量	减产(%)
东部低湿区	试验	163.3	155.6	4.7	152.0	6.9	142.7	12.6	134.2	17.8
	生产调查		150.6	8.4	141.1	13.8	130.1	20.7	114.6	29.9
中南部黑土区	试验	147.3	139.8	5.1	132.7	9.9	127.6	13.4	121.7	17.4
	生产调查		182.5	9.5	175.4	15.1	154.0	25.3	144.6	30.0
西部干旱区	试验	94.3	86.2	8.6	81.4	13.7	79.4	15.8	73.0	22.6
	生产调查		125.7	12.3	106.8	21.6	98.0	26.5	82.3	38.6
西南部盐碱土区	试验	117.9	106.2	9.8	101.8	13.6	98.0	16.7	89.8	23.6
	生产调查		87.5	32.3	99.2	26.5				
北部高寒区	试验	138.7	133.5	3.7	127.9	7.8	122.8	11.5	117.5	15.3
	生产调查		155.7	9.0	145.8	12.9	133.4	18.9	133.3	31.9

表 19-16 的结果看出,在本试验中无论是迎茬还是重茬,大豆产量均明显降低。以迎茬减产的较小,平均为 6.1%~10.7%;重茬减产严重,为 9.9%~31.1%。并有随重茬年限增加减产加重的规律,诚然本研究只进行 3 年。据另外的一些研究指出,当重茬 6~7 年以后减产幅度并不增大。同时,还可看出,大豆重迎茬减产幅度大小与土壤、气候等生态条件有密切关系。刘忠堂等(1994~1997)的研究结果看出在东部土壤水分较充足的低湿区,北部高寒区,中部土壤较肥沃的黑土区减产的幅度较小,而在西部风沙干旱区和西南部盐碱土地区的减产更为严重,减产高达 31.1%。

(2)重迎茬对大豆商品品质的影响　重迎茬大豆对品质的影响主要表现在病粒率和虫粒率增加,百粒重降低,商品品质下降(表 19-17)。

表 19-17　重迎茬对大豆品质的影响

市　县	正　茬			迎　茬			重　茬		
	百粒重 g	病粒率%	虫食率%	百粒重 g	病粒率%	虫食率%	百粒重 g	病粒率%	虫食率%
讷　河	17.4	0.14	1.43	17.2	0.28	2.4	16.9	0.67	1.03
海　伦	19.6	3.97	1.20	18.8	5.8	2.83	19.0	7.03	4.73
富　锦	18.6	0.90	0.61	18.3	1.3	1.60	18.0	1.8	5.75
虎　林	18.2	0.73	2.73	17.6	1.6	3.60	17.2	2.13	4.2
龙　江	19.5	3.93	5.23	18.5	4.7	5.63	18.7	6.7	5.4
宾　县	19.0	1.05	2.75	18.5	1.5	3.75	18.4	3.65	4.8
平　均	18.7	1.79	2.33	18.2	2.5	3.3	18.0	3.50	4.32

引自刘忠堂.大豆科学.2000,19(3)

研究结果还表明,重迎茬对大豆百粒重和病虫粒率有较大的影响,以重茬影响为重。重茬较正茬百粒重降低 3.7%,病粒率增加 95.6%,虫食率增加 106.9%。

3.大豆重迎茬减产的原因　关于大豆重茬(连作)的研究国内外很多学者都进行了报道,但一直没有取得一致的意见。国内外在大豆重迎茬减产的原因上有着三种观点,一是营养观点。持这一观点的认为大豆连续种植后,由于吸收养分的偏重性,而使某些养分偏耗,对植株供应不足导致生育不良而减产;二是毒素观点。持这一观点的认为大豆根系分泌物对土壤环境、大豆生长有害的毒素,由于连作毒素的积累,导致大豆生育受抑制而减产;三是病虫害观点。持这一观点的认为大豆连作后以大豆为寄主的病虫大量繁殖积累,侵害大豆机体,使大豆生育不良,造成减产。近年来,黑龙江省农科院、中科院地理与农业生态研究所、东北农大、八一农大等单位进行了大量的研究工作,在大豆重迎茬减产的原因和机理的研究上取得了重大进展,对深入研究打下了良好的基础。

(1)根部病虫害　大豆重迎茬根部病虫害严重,进行土壤消毒可基本清除重迎茬危害(表 19-18)。

表 19-18　大豆重茬土壤灭菌对根部几种病虫害及产量的影响

项　目	重茬三年		重茬一年		正　茬	
	未灭菌	灭菌	未灭菌	灭菌	未灭菌	灭菌
根腐病情指数(%)	71	2.0	67	16	23	9
胞囊寄生(个/株)	31.1	2.3	28.7	1.8	2.1	0.8
根潜蝇被害株率(%)	55.3	4.5	49.3	3.8	4.1	3.2

续表 19-18

项　目	重茬三年		重茬一年		正茬	
	未灭菌	灭菌	未灭菌	灭菌	未灭菌	灭菌
产量(g/m²)	245.2	287.1	260.7	296.9	289.8	296.8
单株粒数	48.38	55.24	51.2	56.85	55.62	56.71
单株生物产量(g)	33.3	41.0	36.8	40.9	40.6	41.5

引自刘忠堂 . 重迎茬影响大豆生产机理与对策的研究成果鉴定报告 .1997

　　韩晓增、许艳丽(1995～1997)的研究证明,由于大豆重迎茬大豆根际细菌、放射菌减少,真菌显著增加,病虫害明显加重,重茬 3 年较正茬根腐病病情指数增加了 2 倍以上,胞囊线虫增加了近 15 倍,根潜蝇被害株率增加了 13.5 倍;以大豆根茬水洗液和根茬腐解液进行试验,调查其对大豆胚根生长的影响,也证明了大豆根茬腐解液对大豆胚根生长产生明显的抑制作用。而采用土壤灭菌后重茬的大豆产量与正茬则几乎无差异。说明重迎茬大豆根部病虫害的积累的危害是重茬大豆减产的重要原因。

　　(2)重迎茬大豆根系分泌物,根茬腐解物　大豆根系分泌物对大豆生育的影响一直是研究者的一个重要内容,研究表明大豆确实存在着自感效应(表 19-19,表 19-20)。

表 19-19　大豆根茬水浸液、腐解液对大豆胚根影响

处　理	蒸馏水	根茬水洗液	水洗液(1 个月)玉米茬土	水洗液(1 个月)大豆茬土	浸出液(5 个月)大豆茬土
大豆胚根长度(mm)	32.9	33.7	25.2	26.4	30.4
差　值		+0.8	-7.7	-6.5	-2.5
增减(%)	—	+2.4	-23.4	-19.8	-7.6

引自刘忠堂 . 重迎茬影响大豆生产机理与对策的研究成果鉴定报告 .1997

　　研究表明,以大豆根茬水洗液和根茬腐解液进行试验,调查其对大豆胚根生长的影响,看出重迎茬大豆根系分泌物对大豆根生长确定有抑制作用,证明大豆根系分泌物存在着自感效应。

表 19-20　不同茬口大豆根系分泌物

项　目	正茬	迎茬	重茬一年	重茬二年	重茬五年
蛋白质(mg/kg 干根)	1.81	4.33	5.21	5.72	
糖(g/kg 干根)	1.41	3.30	3.36	5.60	
氨基酸(mg/kg 干根)	33.46	36.02	107.88	258.93	
对羧基苯甲酸(μg/kg 干根)	5.02				6.82
香草酸(μg/kg)	14.44				18.68
香草醛(μg/kg)	2.46				3.10

引自何志鸿 . 黑龙江农业科学 .2003,6

　　研究表明,重迎茬根系中蛋白质、糖、氨基酸含量较正茬明显增加,重迎茬土壤中对羧基苯甲酸、香草酸、香草醛等物质的含量也较正茬显著增加,说明土壤中的酚酸类物质中有一部分是来自大豆根系分泌物。进一步研究表明,根系分泌物中的酚酸类物质对大豆有明显的自感作用。同时,据刘元英(1995～1997)研究表明,重迎茬大豆根中 Cd(镉)的含量也有增加,正茬干根中 Cd 的含量为 6.526 mg/kg,而迎茬、重茬 1 年,重茬 2 年分别为 6.994 mg/kg 和 8.225 mg/kg、8.239 mg/kg,Cd 的增加无疑会对根的生长产生不利的影响。

关于大豆根系分泌物的研究还仅仅是开始,虽然已分离出几十种物质,但根系分泌物中哪些对大豆根系生长起主要抑制作用,根系分泌物与土壤微生物,土壤中有害物质的释放有什么关系等,有待进一步研究。

(3)重迎茬大豆根瘤固氮　大豆与根瘤菌共生,将空气中分子态氮固定为植物可利用氨态氮,对大豆生育、土壤培肥、减少氮肥的施用,提高产量和品质都具有重要的意义。据研究大豆一生每 hm² 可固氮 45~100 kg,占大豆含氮量的 1/3~1/2。大豆与根瘤菌的共生和固氮与根际环境、叶片光合作用有密切的关系,因为根瘤固氮需要光合作用提供能量、还原剂和碳架。大豆重迎茬植株生育不良,光合作用减弱,根系分泌物、根茬腐解物又恶化根际环境。因此,对大豆的共生固氮体系有严重的损害(表 19-21,表 19-22)。

表 19-21　连作年次对大豆结瘤状况的影响

连作年次	根瘤个数/株		根瘤鲜重(mg/株)		根瘤/根系鲜重比值	
	V_3	V_6	V_3	V_6	V_3	V_6
一　年	221	296	1490	1805	0.139	0.136
二　年	89	131	505	1000	0.049	0.079
三　年	92	55	390	660	0.044	0.056

引自刘忠堂. 重迎茬影响大豆生产机理与对策的研究成果鉴定报告 .1997

表 19-22　连作对大豆结瘤状况和固 N 的影响

处　理	各级结瘤植株(%)			有机共生植株固 N 率(%)	固 N 指数	固 N 量(kg/hm²)
	优	中	劣			
一　年	50.40	34.30	15.30	54.44	0.461	64.73
二　年	7.84	64.22	27.94	55.11	0.398	54.00
三　年	0.00	14.41	85.59	36.00	0.052	7.35

引自刘忠堂. 重迎茬影响大豆生产机理与对策的研究成果鉴定报告 .1997

研究结果表明,重迎茬大豆对结瘤数量,根瘤鲜重,结瘤质量和固氮能力均产生了较大的影响,结瘤数量随重茬年限增加直线下降,重茬 3 年较重茬 1 年降低了 438.2%,根瘤鲜重降低了 173.5%。同时,优级根瘤降至 0,劣级根病增加了 459.4%,固氮量由每 hm² 64.37 kg 降至 7.35 kg。可见,重迎茬破坏了共生固氮体系,更加剧了大豆的减产。

(4)大豆根系活力与植株生理代谢　由于重迎茬根际环境的恶化,对大豆根系的活力产生较大的影响,使活跃吸收面积减少,吸收能力降低。东北农大的研究表明,正茬大豆根的活跃吸收面积为 3.3872 m²,而迎茬为 3.217 m²,重茬 1 年和重茬 2 年分别为 3.08 m² 和 2.9876 m²。由于根的活跃吸收面积的减少,使根的吸收能力减弱,植株的生理代谢失调。迎茬和重茬 1 年较正茬叶绿素含量降低了 5.7% 和 17.7%(7 月 29 日测),光合速率降低了 18.4% 和 18.2%(8 月 28 日测定),呼吸强度增加了 102.2% 和 147.1%(8 月 26 日测定),气孔阻力减少了 60.7% 和 59.9%(7 月 25 日测定),蒸腾强度增加了 138.3% 和 140.8%。因此,植株发育不良是造成重迎茬减产的直接原因。所以,大豆重迎茬减产的主要原因与机制可初步认为是根部病虫害的积累和严重危害及根系分泌物、根茬腐解物、根际微生物和土壤环境的恶化所致。由于根部病虫害的严重危害和根际环境的恶化,破坏了大豆根和植株的正常生理活动,降低了根的吸收能力,使植株生理代谢失调,干物质的合成与积累减少,植株生育不良造成减产。应该指出,大豆重迎茬减产是一个十分复杂的问题,关于大豆重迎茬减产的原因和机制的研究还很少,这些研究为彻底揭示重迎茬减产的原因与机制还只是开了一个头,相信今后经大家深入的研究这一影响大豆减产的难题定会得到解决。

4. 控制大豆重迎茬减产技术

(1)选用抗病、耐病品种 选用抗病、耐病的品种,特别是抗根部病虫害的品种对控制大豆重迎茬减产具有重要作用,可选用抗胞囊线虫的品种抗线 1 号、抗线 2 号、抗线 3 号、嫩丰 14 号、嫩丰 15 号、嫩丰 16 号等。抗或耐根腐病的品种绥农 10 号、黑农 35 号、合丰 34 号、黑农 39 号等品种,可有效减轻重迎茬减产的程度。

(2)合理轮作、尽量减少重茬,控制适当的迎茬比例 解决大豆重迎茬危害的根本措施是进行合理轮作,在当前重迎茬不可避免的情况下,应尽量减少重茬,适当迎茬。根据黑龙江省农科院等单位研究,大豆重迎茬危害程度与重迎茬年限、土壤类型、有机质含量、水分状况有直接关系。一般迎茬较重茬减产轻,重茬年限越长,减产越重(本结果为重茬 3 年以内的研究结果)。土质肥沃的土壤较土质瘠薄、偏碱性土壤减产幅度小,土壤有机质含量高的土壤较有机质含量低的土壤减产幅度小,平地、二洼地较岗坡地减少幅度小,在轮作上要注意这些差别。在无法正常轮作时,尽量种迎茬,少种重茬,在土壤肥沃、有机质含量高或低平地可以重茬一二年,岗坡地、风沙干旱地、胞囊线虫重的地区绝对不能种重茬。

(3)防治根部病虫害 大豆重迎茬减产的主要原因是根部病虫害的严重危害,如能防治住根部病虫害就可大大控制减产。北方春大豆区大豆根部主要病虫害有根腐病、胞囊线虫病、根潜蝇等。目前防治的最好办法是进行种子包衣,效果好的种衣剂有 35% 多克福种衣剂、菌克毒克多种衣剂、大豆微复肥 1 号种衣剂等。生物制剂有根保剂、埃姆泌、枯草芽胞杆菌等。防治大豆根部病虫害也可采用施药播种的方法,可根据当地主要根部病虫害选择有效药剂进行防治。

(4)土壤耕翻 土壤耕翻不仅可以使耕层疏松,改良土壤结构,给大豆根系发育创造一个良好的条件,还可以将虫卵、残株败叶埋入土中,减少病虫害的发生。土壤耕翻因土壤耕作时间、土地基本条件不同可采取不同方式。重迎茬地种大豆以秋深翻、整地和深松垄翻起垄,较春季灭茬、整地效果为好,一般深翻 20~25 cm,结合施有机肥,翻后耙 10~12 cm,成垄镇压达到播种状态。破旧垄合新垄,破垄夹肥,对缓解重迎茬减产也有较好的效果。据黑龙江省海伦市调查,重茬大豆秋翻秋耙比春翻春耙大豆根蛆、胞囊线虫、根腐病害率分别低 4.8、4.1 和 3.7 个百分点,而单株根瘤数多 6.2 个,单产增加 195 kg/hm²,增产 10.7%。春翻春耙比春重耙灭茬效果好,大豆根蛆、胞囊线虫、根腐病率分别低 1.8、2.1 和 3.7 个百分点,根瘤多 2.7 个,单产增加 117 kg/hm²,增产 6.7%,春重耙灭茬又比原垄增产 12.9%,可见,土壤耕松对提高重迎茬大豆产量有明显效果。

(5)增施肥料 大豆重迎茬植株根部正常的生理活性被破坏,根系活力减弱,根系活跃吸收面积减少,吸收营养、水分的能力弱、生育受阻。因此,必须补给充足的营养以增加根系对营养的吸收。一般重迎茬地都要结合翻整地施优质有机肥 15~20 t/hm²,并在播种时分层施化肥,化肥的施用量要比正茬增加 20% 左右,并根据土壤实际情况补充微量元素。土壤分析表明,重迎茬地块,随重茬年限的增加,B、Mo、Zn 等微量元素减少,因此补充微肥是必要的,具体用量应根据测土结果确定,避免盲目施肥。

为了促进大豆生育,还可以在大豆三片复叶期追施尿素 30~60 kg/hm²,在花期进行叶面喷肥,对缓解重迎茬大豆减产都有显著的效果。

(6)应用生长调节剂　大豆重迎茬主要表现是生育不良,应用生长调节剂可促进根系发育和植株生长。可用 ABT 生根粉 4 号用酒精溶解后,配成 20~25(mg/kg)溶液按药液与豆种比 1:50 拌种,拌匀后堆放 12~24 h,阴干至豆粒复圆后播种,可促进根系发育,减缓根部病虫害的危害,重迎茬危害地块,在大豆三片复叶展平期喷施大豆叶喷剂 2 号对减少黄叶数、促进豆苗生长也有较好的效果,据中科院地理与农业生态研究所调查,喷施叶喷剂可使重迎茬大豆增产 4.2%~15.5%。八五五农场在大豆 5 叶期每 hm² 喷施 0.13%康凯 50 g 大豆生长旺盛,百粒重增加,增产 12%。

(7)增加播量　由于重迎茬的影响一般会出现弱苗或缺苗现象,因此重迎茬大豆应根据茬年限和土壤适当增加播量,一般增加 10%~20%。

(四)大豆行间覆膜栽培技术

北方春大豆区的嫩江平原栽培区和西北春大豆栽培区地处东北、内蒙古风沙干旱和西北黄土高原,地势高、气温低、降水量少,是中国干旱地区,大豆栽培常受干旱威胁,而影响出苗和前期生育。因此,这两个栽培区保水、抗旱,确保全苗和大豆前期生育是大豆生产的主要矛盾之一。黑龙江农垦总局九三分局大西江农场在总结历年的抗旱耕法,借鉴其他作物覆膜保水、增温研究结果的基础上,创造了大豆行间覆膜栽培技术。它与其他作物覆膜栽培技术的不同是进行大豆行间覆膜,既可保水、增温又解决了苗带覆膜的管理困难的弊病,可以实行大面积机械化栽培,一般可增产 20%~30%,已在嫩江平原春大豆栽培区大面积推广。

1.大豆行间覆膜栽培技术的增产效果　大豆行间覆膜栽培技术是干旱地区大豆栽培的一项新技术,是以机械为载体、以覆膜为核心的一项保水、增温、增产、增效的栽培方式,是从大豆的整地播种、覆膜、管理、拾膜、收获全程机械化的栽培技术。在干旱和半干旱地区采用本项技术可充分保护和利用土壤水,收集降水,确保大豆正常出苗,促进苗期生育,实现增产的旱作栽培技术(表 19-23)。

表 19-23　大豆覆膜对农艺性状与产量的影响

处　理	株　高 (cm)	主茎节数 (个)	分枝数 (个)	单株荚数	单株粒数 (粒)	百粒重 (g)	产　量	
							kg/hm²	%
复　膜	75	16.3	0.3	32.5	72.5	19.6	3755	132
对　照	66.3	14.1	0.1	23.7	51.4	19.4	2845	100

引自大西江农场大豆行间覆膜栽培技术的应用成果鉴定材料.2003

大西江农场(2002)的试验表明,大豆行间覆膜对大豆生育有明显的促进作用。花期调查,覆膜较未覆膜对照区株高增加 14.4%,节数增加 12.2%,地上部鲜重增加 18%,地下部鲜重增加 23.3%。成熟期覆膜较未覆膜对照区株高增加 8.7 cm,主茎多 2 个节,分枝多 0.2 个,单株荚数增加 9 个,百粒重增加 0.2 g,产量提高 32%。可见,大豆行间覆膜具有显著的增产效果。

2001~2003 年大西江农场大面积生产调查,大豆行间覆膜栽培每 hm² 产量分别达到 4 055 kg、3 755kg 和 2 670kg,分别较未覆膜生产田增产 38.8%、32%、33.6%,在干旱地区获得了大幅度增产,为干旱地区提高大豆产量闯出了一条新路。

2. 大豆行间覆膜栽培的水分、温度效应　据 2002 年大西江农场调查,大豆行间覆膜栽培较未覆膜栽培,播种至出苗平均日增温 1.27℃,出苗至开花增加 1.28℃。大豆行间覆膜的主要目的是保蓄土壤水分,保证大豆的正常出苗和苗前期生育,由于覆膜阻止了土壤水分地蒸发,使覆膜栽培苗带的土壤水分明显高于未覆膜区(表 19-24)。

表 19-24　大豆行间覆膜水分调查

处　理	土　层 (cm)	5月12日 (%)	增加水分 (%)	6月10日 (%)	增加水份 (%)	7月10日 (%)	增加水份 (%)
覆膜苗带	5	24.3	3.7	21.4	9.1	22.1	2.8
	10	35	2.6	33.1	4.2	27.4	1.9
	20	37.6	5.2	31.3	−0.7	27.6	0.5
	30	34.2	−1.4	33	0.5	27.4	2
对照苗带	5	20.6		12.3		19.3	
	10	32.4		28.9		25.5	
	20	32.4		32		27.1	
	30	35.6		32.5		25.4	

引自大西江农场大豆行间覆膜栽培技术的应用成果鉴定材料.2003

干旱的嫩江平原春大豆栽培区和西北春大豆栽培区,土壤水分少,春风大,回暖快,土壤水分蒸发快,给大豆出苗造成了极大的困难,采用大豆行间覆膜栽培可有效地保蓄土壤水分,防止土壤水分的散失。据大西江农场(2002)大豆播种至初花期 0~30 cm 土层土壤水分调查表明,行间覆膜栽培较未覆膜栽培土壤水分平均多 1.8~3.28 个百分点,特别是种床土壤含水量多 3.7~9.7 个百分点,这就大大地减少了旱情的危害,保证了种子的出苗和苗期生长。同时,调查还指出播种至出苗期平均增温 1.27℃,出苗至开花平均日增温 1.28℃。水分的增加和土壤温度的提高对于北部较寒冷地区大豆出苗和苗前生长提供了十分有利的条件,在田间表现苗齐、苗壮、苗旺。为大豆增产打下了良好的基础。

3. 大豆行间覆膜栽培技术　大豆行间覆膜的选茬、整地、田间管理与病虫害防治与高产大豆栽培技术相同,这里只就这项技术与在大豆高产栽培技术不同的技术要求介绍如下。

(1)**选用适合当地栽培的良种**　大豆行间覆膜虽可使土壤提高温度 1.27℃,但由于生育旺盛,大豆并不提早成熟。因此,应选用适合当地生态条件、秆强、丰产的大豆品种,切不能选用晚熟品种,以免成熟不好。

(2)**选用适合的行间覆膜机播种**　大豆行间覆膜栽培由于采用苗带间宽行覆膜,苗带窄行播种,宜选用八五二农场生产的 2BM-4 平播覆膜播种机,该机为 4 膜 8 行,苗带间距 80 cm—45 cm—80 cm。也可选用大西江农场生产的 4 膜 8 行的 2MBJ-8 播种机和 5 膜 10 行的 2MBJ-10 播种机。苗带间距为 65 cm—55 cm—65 cm,一次性作业完成施肥、播种、覆膜、镇压和膜上压土等多种作业。

(3)**播种与覆膜**　播种与覆膜是一次作业完成的,每苗带播 2 行,一般每 hm² 保苗 26 万~30 万株,种子播在距膜边 2~3 cm 处,播深 4~5 cm,并应同时分层侧深施肥,一般每

hm^2 可施 N、P、K 纯量 120～150 kg，N、P、K 比例黑土地 1:1.5:0.6。播种后即连续覆膜，要求地膜厚度 0.009～0.01 mm、膜宽 75～80 cm，覆膜后播种机可连续完成压膜作业。覆膜 100 m 偏差应≤5 cm，膜要拉紧，两边压土 10 cm，以防大风掀膜。

(4)残膜回收　大豆行间覆膜主要是解决防止土壤水分散失，促进大豆出苗和前期生育，到大豆封垄前一定要清除干净，以防污染土壤，起膜可用拾膜机也可用人工起膜，起膜后要中耕一次，防止后期杂草滋生，还可均匀地接纳后期降水。

二、优质大豆栽培技术

优质大豆是指大豆籽粒的内含物的品质，涵盖了多个方面，本节介绍的优质大豆栽培技术，是指高油大豆和高蛋白质大豆的栽培技术。

(一)优质大豆栽培技术的基本特点

优质大豆栽培既要提高大豆籽粒中脂肪、蛋白质含量，又要提高单位面积上的脂肪、蛋白质含量，即实现优质高产。这样对生产者才是有意义的，也是本节要介绍的重点。优质大豆栽培技术是在高产大豆栽培技术上发展起来的一项专用技术，它具有本身的特点，概括起来优质大豆栽培具有五个基本特点。

1. 优质大豆品种的重要性　从遗传学的观点讲，品种是遗传的主体，品种的遗传是内因。优质大豆的特性是由遗传决定的。实践证明：优质品种特性可决定油分和蛋白质含量的 80% 以上，而栽培条件、技术措施只决定 20%。不论土壤、气候、栽培条件有多大的变化，虽然品种的含油量和蛋白质含量也有升有降，但不同品种含油量和蛋白质含量的顺位是不变的，也就是说品种的品质在遗传上是稳定的。研究表明：土壤、气候条件可使油分含量提高或降低 1～2 个百分点，蛋白质含量提高或降低 2～4 个百分点。所以选用优质品种是优质大豆生产的根本。优质品种适区种植，采用保质、提质的栽培技术是实现优质高产大豆的正确途径。

优质大豆品种的选用，一定要注意品种的丰产性，不高产的优质品种农民是不欢迎的，也是没有前途的。所以一味追求品种的优质，不注意品种的高产特性是错误的。只有在单位面积上收获最大的油分和蛋白质产量，才能获得最好的经济效益，才是农民所欢迎的。同样，只追求品种的产量，不注意品种的蛋白质和油分的含量也是错误的。正因为如此，农业部把高油大豆品种的含油量定为油分 21% 以上、蛋白质含量 38% 以上，增产 5%；把高蛋白的大豆定为蛋白质含量 45% 以上，产量相当于对照推广品种是非常正确的。

2. 优质大豆高产与优质的同一性　从生理学的观点讲，籽实中任何组织成分都是由光合作用的初级产物碳水化合物转化而来的，只有大量碳水化合物的积累才有大量的各组分的形成。概括地讲，大豆籽实由脂肪、蛋白质、碳水化合物、矿物质和水分 5 部分组成。脂肪和蛋白质也是由碳水化合物转化而来的，只有高效的光合作用才能制造大量的有机物质，有了大量的有机物质才能转化成大量的脂肪和蛋白质，从这个意义上讲，高产与优质是具有同一性的。因此，优质大豆生产必须采用先进的栽培技术，这不仅可提高单位面积上的产量，同时也是提高含油量和蛋白质含量的有效措施。可以认为，一切高产的措施基本上都可以提高大豆含油量和蛋白质含量，这就是因为高产和优质都是来源于光合作用的产物，都是光能转化的结果，是"源"和"流"的关系，无"源"就无从谈"流"。诚然，"流"也是可以在一定范围内调控的，通过有利于油分和蛋白质积累的技术措施，引导流向，在提高油分含量和蛋白质含量上可发挥一定作用,这就是优质大豆高产与优质同一性的可调性。

3. 优质大豆生产的区域性　研究表明,大豆油分的积累,无论是油分的相对含量还是绝对含量在开花至成熟前一直是逐渐增加趋势,开花后 30 d 有一个快速积累期,到成熟后油分有些下降,说明开花至成熟这段时间里环境、气候条件对油分的积累有重要的作用。祖世亨(1993)利用全国各地大豆油分含量资料,分析了油分含量与气候条件的关系,结果表明,油分含量(y)与生育期气温(T)、降水(R)呈负相关,与日照(S)、气温日较差(D)成正相关,相关系数分别为 -0.94、-0.72、0.85、0.82。这说明气候凉爽,雨量较少,光照充足,昼夜温差大的气候条件有利于大豆油分的积累和提高。因此,农业部在制定全国大豆区域发展规划时,将东北地区划为全国高油大豆区是十分正确的。

4. 优质大豆生产施肥的调控性　在高油大豆生产中,合理施肥是提高含油量较有效的措施,受到普遍的重视。研究表明,在低肥条件下,增加肥量对大豆油分和蛋白质都有明显提高的效果,随施肥量的增加大豆油分和蛋白质含量均有提高。在总量不变的条件下,增加氮肥施用量、减少磷肥施用量,能使贮藏的物质更多的向蛋白质转化。反之,减少氮肥施用量、增加磷肥施用量,可提高油分含量。

Johnson(1955)、张恒善(1990)研究指出,大豆籽粒油分与蛋白质呈显著的负相关,r= -0.70~0.40 和 r= -0.9060,这是由于形成蛋白质与形成油分所需的环境不同,温度较高,雨量充沛,光照适宜有利于蛋白质的形成,所以黄淮夏大豆产区大豆的蛋白质含量明显高于东北地区,这就是优质品种的区域性。这样的特性不仅在地理纬度相差较大的不同地区是如此,在同一纬度不同气候条件下也有同样的趋势。

大豆施肥对油分和蛋白质的调控性是在平衡施肥基础上进行的,调整肥料的配比,补充缺少的元素,促进光合作用向油分或蛋白质转化,是优质大豆施肥的基本原则。

5. 优质大豆生产收获的及时性　健康生长、成熟充分是优质大豆生产的保证。生长健壮,积累物质多,成熟充分,保证有机物质的形成与转化。东北农大的播期研究表明,迟播油分降低,每隔 10 d 油分上升或下降 0.3~0.5 个百分点。吉林市农科院(1973)盆栽播期试验结果,5 月 7 日播种较 5 月 18 日播种油分提高 0.87 个百分点。王绶(1984)的试验证明,满仓金、太古黄、徐州 202 三个品种,3 月 12 日播种平均油分含量为 19.25%,6 月 6 日播种平均油分含量为 17.6%,早播较晚播含油量高 1.56 个百分点,说明适期早播对提高含油量有明显的效果。充分成熟、收获及时,也对含油量有良好的效果。王继安(1991)研究表明大豆籽实中含油量最高的时期为收获前 6 d 的黄叶期,黄叶期收获每 hm^2 油分产量为 805.5 kg,而成熟期后 8 d 收获,每 hm^2 油分产量降至 734.6 kg,说明大豆充分成熟及时收获对提高含油量有明显效果。适期播种,充分成熟,及时收获对提高蛋白质含量同样具有良好的作用。

从以上五个基本特点的分析看出,从栽培技术的角度讲,优质大豆生产和一般大豆生产技术的共同特点是大豆的高产栽培技术,只有先进的栽培技术,满足大豆生育的要求,才能形成最多的光合产物,有了大量的光合产物才能转化大量的脂肪和蛋白质。因此,在一定意义上讲一切高产栽培技术都可认为是优质大豆生产的技术基础。但是,优质大豆生产还有自己的特点,即优质大豆生产必须选用优质的品种,这是优质大豆生产的核心技术,没有优质品种无论采取什么技术,也不会生产出优质大豆。同时,在实施高产栽培技术时要调整肥料品种和比例,选择和创造适宜油分或蛋白质积累的生态环境,促进油分和蛋白质的积累。另外,优质大豆生产特别强调收获的及时性,因为过期收获会使品质明显降低,掌握这些基本特点就可以优化组装有效的优质大豆高产栽培技术措施,促进优质大豆的快速发展。

(二)高油大豆栽培技术

高油大豆栽培技术是在高产大豆栽培技术基础上进行的,所以一般栽培技术可参照第十七章的大豆高产栽培技术。这里只就高油大豆生产的一些调控技术做以下介绍。

1.选用高油品种　近几年来,我国大豆受到了国外进口大豆的严重冲击,主要原因就是我国大豆总产量严重不足,同时国产大豆含油量偏低,以含油量高的黑龙江大豆为例,商品大豆的平均含油量(干基)只有 20% 左右,而进口大豆为 21% ~ 21.5%。所以我们进行高油大豆生产,首先要选用含油量在 22% 以上,既高产又高油的品种。如黑农 41、黑农 44、黑农 45、合丰 40、合丰 42、合丰 47、合丰 50、东农 46、垦农 4、垦农 18、红丰 8、红丰 9、吉育 58、吉育 57、长农 13、九农 22、白农 9、吉林 35、吉林 39、吉林 48、辽豆 11、辽豆 13、开育 12、铁丰 31、新疆的石大豆 1 号、新大豆 1 号、蒙豆 9、蒙豆 12、蒙豆 25、晋豆 26 等。品种确定后,要进行精选,种子包衣。

2.适区种植　大豆油分存在着明显的地理分布现象。大豆含油量最随地理纬度的增高而增加,二者的相关系数 $r = 0.9052^{**}$,回归方程 $Y = 10.7882 + 0.1876X$,从统计的角度讲,即从南到北地理纬度每增加 1°,油分含量增加 0.1876 个百分点。因此,在我国东北适于建立高油大豆生产区,在南方就不适于发展高油大豆生产了。

大豆油分与气候和环境有较明显的关系。气候凉爽、雨量较少、光照充足、昼夜温差大的气候条件有利于大豆油的提高。为此,农业部对全国大豆进行了品质区划。北方春大豆区是适于种植高油大豆的地区,总体上为嫩江平原春大豆栽培区的中西部、松花江辽河平原春大豆栽培区的北部和中东部,西北春大豆栽培区的晋北、陕北、河西走廊地区和新疆灌溉春大豆栽培区的北部地区。诚然,这是一个总体的范围,各地因生态条件的差异还有不同,应根据当地的品质区划把高油大豆种植在适宜区内,实现了高油大豆的区域化种植和品质的区域化生产。

3.土壤耕作与施肥　良好的土壤耕作和适量施肥不仅是高产的基础,也是保证高油大豆油分含量的重要措施。从高产与高油的角度讲,良好的土壤耕作是在合理轮作的基础上建立起来的。徐永华(1994 ~ 1996)在海伦、密山、齐齐哈尔三个点的研究表明,大豆重迎茬对油分含量有一定的影响,正茬的平均含油量为 20.1%,重茬 3 年 19.66%,重茬 3 年较正茬油分含量降低 0.44 个百分点。所以高油大豆生产应首先考虑合理轮作的问题。土壤耕作包括深松、整地等主要环节,高油大豆生产提倡进行土壤深松、旋耕,松耙结合,松后耙细,达到良好的播种状态。

施肥种类和肥料比例对油分的形成与积累有较好的作用。研究表明,测土配方平衡施肥是大豆高产的基础,同时施肥比例对大豆油分的积累又有直接影响。在适量 N 肥的基础上,增施有机肥、P 肥、K 肥,叶面喷施磷酸二氢钾,施用镁、锌等微量元素,有提高油分含量的明显作用。施肥要根据土壤而定,一般每 hm^2 施磷酸二铵、尿素、氯化钾(其他肥料进行换算)肥料,商品量 225 ~ 300 kg,N:P:K = 1:1.2 ~ 1.5:0.5 ~ 0.7,有条件的农户每 hm^2 施有机肥 15 000 kg 效果更好。施肥可与整地结合进行,要做到肥料深施,如果作种肥,可采用机械分层深施肥的方法,将肥施入种下 3 ~ 5 cm 和 7 ~ 14 cm 处,在植株生长较弱的情况下,还要进行叶面喷肥,在花期喷尿素每 hm^2 10 kg,磷酸二氢钾 1.5 L,加水 500 kg 进行叶面追肥,以保证大豆后期的正常生育。为了减少污染,降低成本,还可根据土壤肥力和测土的实际情况,减少肥料施用量,采用在施有机肥的基础上,施用根瘤菌、磷素活化剂、磷细菌、钾细菌等生物肥。后期进行叶面喷肥可满足大豆对营养的需求,施用生物肥可减少污染,保证大豆籽粒的安全,是值得提倡的无污染施肥方法。

4. 适期播种,确保充分成熟　播种期直接影响大豆的生长发育和成熟,播期过早,种子在土中易感染病害,播期拖延成熟不好,对产量和品质都有明显影响,特别是在生育期短的东北地区尤为明显。丁振麟(1965)在杭州采用六月白、八月白大豆品种,以10天为一个播期进行播期试验,结果表明,在试验播期内播期越早大豆籽粒的含油越低,随播期延迟油分增加。杨庆凯(2001)在哈尔滨进行的大豆播期试验,结果表明,以5月5日和5月19日播种的含油量最高,4月29日和5月29日以后播种的含油量较正常播期降低,尤其是播期拖迟,油分降低更明显。王志新(2001)的播期试验表明,播期对油分的影响大于对产量的影响。所以适期播种对保证优质品种的高含油量是十分重要的。一般适宜的播期应在地温稳定通过7℃~8℃。

5. 采用先进的播种法　先进的播种方法是保证植株的合理分布、群体和个体协调发展的有效措施。目前在北方春大豆主要有垄三栽培、窄行密植、行间覆膜、等距穴播等方式,其具体栽培方法本章优质大豆高产栽培技术已做详细阐述。

6. 合理灌溉　大豆是喜水作物,干旱不仅使产量降低,品质也明显下降。特别是鼓粒期干旱对油分含量的影响更大。土壤干旱应及时灌溉,以保证高油品种高油特性的实现。但灌水要适量,不能过多。研究表明,气候湿润、土壤含水量高、气温高不利于油分的形成和积累。所以,种植高油大豆应选择地势平坦、土壤排水良好的地块,并根据大豆长势、生育和气候条件、土壤条件适时适量灌水,才会收到良好的效果。

7. 病、虫、草害防治　种植高油品种,需注意病、虫、草害的防治,因为病、虫、草害直接危害大豆的生长与发育,阻碍光合产物的形成,不仅影响大豆的产量,对品质也造成了很大的影响。北方春大豆主要病害是大豆病毒病、大豆胞囊线虫病、大豆灰斑病、大豆菌核病。大豆虫害主要有大豆蚜虫、大豆食心虫、红蜘蛛等。不同地区还有一些地方性的病虫害。大豆的草害因各地杂草群落不同而有很大的变化。大豆病、虫、草害防治的基本策略应坚持"预防为主,综合防治"、"治早、治小、治了"的原则。什么时间进行防治应根据预测预报结果,防治方法务求有效、经济、合理。对于病、虫、草害的防治国外多采用"经济损失线"的防治标准,即根据病、虫的发生量,再计算防治投入的成本是否经济合理,如果超过"经济损失线"就进行防治,如不超过就不防治。随着我国加入世界贸易组织,产品与国际接轨,我们也应注意投入的效益问题,因为投入多少直接关系到粮食的成本,只有采取国际通用的做法,才能收到高产、优质、低成本、高效益的效果。

为了增强我国大豆的国际市场上竞争能力,发挥我国北方春大豆区生态资源的优势,生产绿色大豆和低污染大豆,采用绿色食品大豆生产允许使用的农药进行病、虫、草害防治,对我国大豆高附加值出口和安全大豆食品都具有重要意义,也是发挥我国资源优势的好做法。关于使用的农药品种、剂量、防治时期及次数,在"绿色大豆栽培技术"中将详细讲述。

8. 适期收获与清选加工　掌握适期收获时期是保证实现高油品质的重要措施。王继安(1991)以吉林21和长农4号为材料所进行的研究表明,大豆在鼓粒末期至黄叶期,油分含量最高,较过熟期分别高1.62~2.6和0.9~2.7个百分点。因此,高油大豆的收获时期不宜过晚,在大豆落完叶时即可开始收获,可提高大豆的含油量。

收获后的粮食清选加工对提高大豆含油量、提高大豆的品质也很重要。我国大豆在国际市场上的竞争力弱,与大豆收获后的清选加工粗糙,甚至不清选加工有很大的关系。要改变这种状况,就必须进行按标准严格地分品种进行晾晒、清选,将杂质、病虫粒、破损粒消除,使水分降至 13.5% 以下,分品种单库保存,按标准包装,做到品质优良。

(三)高蛋白大豆栽培技术

如前所述,品种的蛋白质含量与油分含量呈负相关,有利于蛋白质形成的环境与形成油分的环境也明显的不同,因而在栽培技术上亦有不同之处。一般地讲,高产的栽培技术也有利于蛋白质的形成。因此,高蛋白大豆的栽培技术也是在高产栽培技术的基础上而论的。

1. 选用高蛋白的品种　没有高蛋白的品种就不可能生产出高蛋白的籽粒产品。北方春大豆区高蛋白的大豆品种主要有黑农 35、黑农 43、黑生 101、东农 42、垦丰 6 等,吉林 28、吉林 40、通农 10、通农 11、通农 13、通农 14 等,铁丰 29、丹豆 7、丹豆 8、沈农 8510,充黄 1 号、秦豆 3 号、8910-5-8、陇豆 1 号等品种。种植高蛋白大豆,播前要进行精选,为了防治地下害虫和根部病害还要根据当地病虫害种类进行药剂拌种或种子包衣。

2. 适区种植　根据大豆蛋白质含量与纬度呈负相关的特点。我国高蛋白大豆的适宜区为南方大豆区和黄淮部分夏大豆区。但是,由于北方春大豆区地域辽阔、气候复杂,也有很多地区适宜种植高蛋白大豆。由于蛋白质含量受环境的影响较大,高温、多雨、气候湿润有利于蛋白质的形成和积累。因此,在一个栽培区范围内高蛋白大豆应选在高温、多雨的地区种植,而在干旱、日照充足,昼夜温差大的地区则不适于种植高蛋白品种。据此,农业部对中国大豆品质进行了详细区划。

在北方春大豆栽培区中,适宜种植高蛋白大豆的主要是松花江辽河平原春大豆栽培区和西北春大豆栽培区。根据农业部品质区划,适宜种植高蛋白大豆的地区为:松花江辽河平原春大豆栽培区的东部,西北春大豆栽培区的秦岭巴山浅山区,陇西高原、陇南低缓丘陵区。

3. 合理耕作与施肥　合理耕作与施肥是保证大豆高产和高蛋白的基本措施。高蛋白大豆的耕作与高油大豆耕作相同,这里不再重述。高蛋白大豆施肥与一般的高产施肥有相同之处外,还有自己的特点。研究表明,影响大豆蛋白质形成的肥料较多,以测土施肥为依据,增施氮肥有利于蛋白质的形成,施用硫肥可提高蛋白质含量,施用微量元素钼、硒、硼、钛对提高蛋白质含量均有正面效应。因此,掌握高蛋白大豆施肥十分重要,在制订高蛋白大豆栽培技术方案时要充分考虑到这些特点。

4. 采用先进的播种方法　研究表明,播期过早和过晚都会影响蛋白质含量,适期播种可提高蛋白质含量,播种时期以地温稳定通过 7℃ ~ 8℃ 为适宜。高蛋白大豆的播种方法可采用垄三栽培、等距点播和窄行密植等多种方法。

5. 合理灌溉及时防治病虫害　高温和充足的水分有利于蛋白质形成。因此,选择雨量大、土壤湿度大的地区和通过灌溉满足大豆需水,是提高蛋白质含量的有效措施。病虫害不仅影响高蛋白质大豆的产量,而且影响蛋白质含量,一定要及时加以防治。防治的原则和做法可参照本节高油大豆栽培技术。

6. 及时收获及清选　大豆充分成熟,适期收获对提高蛋白质含量有明显的作用,种植高蛋白大豆要做到及时收获。由于高蛋白在大豆生产主要是供加工企业和出口,所以对籽粒质量要求较高,收获时一定要选择晴朗的天气,避免雨后收获,造成"泥花脸",降低商品品质。收获后的大豆要进行严格的清选加工,按商品大豆的要求保证质量,专库贮藏,按标准包装,确保质量优、品质优,以增强我国大豆的的市场竞争力。

(四)绿色大豆栽培技术

绿色大豆的栽培技术和生产过程与一般大豆栽培基本相同,只是绿色大豆生产对环境条件、生产过程和产品的安全,质量标准有明确要求。对肥料、农药、生长调节剂的使用有特殊的规定,这里仅就这些特殊的要求和规定加以说明。

1. 绿色大豆与绿色食品　绿色大豆是由"绿色食品"演绎而来的。是对"无公害污染食品"的一种形象性的表达。因为"绿色"象征着回归自然,象征着安全和营养。"绿色食品"这一概念是在工业污染日趋严重的近些年提出来的。它始见于 20 世纪 90 年代初。1989 年农业部在研究制定农业经济和社会发展"八五"规划和 2000 年设想时,提出生产绿色食品。1990 年农垦系统率先在全国开始了绿色食品生产,1992 年 11 月 5 日国家人事部批准农业部成立了中国绿色食品发展中心。

按照中国绿色食品发展中心(1995)提出的"绿色食品标准",可将绿色食品定义为:经专门机构认定,许可使用绿色食品标志的无污染、安全、优质营养类食品。绿色食品分为 A 级和 AA 级。A 级绿色食品是指生态环境质量符合规定标准,生产过程中允许限时、限量、限定使用化肥、农药等化学合成物质,按规定的生产操作规程生产、加工,产品质量及包装并经检测检验符合特定标准,经专门机构认定许可使用 A 级绿色食品标志的产品。AA 级绿色大豆也称为"有机大豆"。AA 级绿色大豆,是指生态环境质量符合规定标准,生产过程中不使用任何化学合成肥料、农药、植物生长调节剂和其他有害于环境和人体健康的物质,按特定的生产操作规程生产、贮运、加工,产品质量及包装符合特定标准,并经指定部门检测符合特定标准,经专门机构认定许可使用 AA 级绿色食品标志的产品。我国北方春大豆区特别是黑龙江省和内蒙古、新疆自治区,幅员辽阔、土壤肥沃、昼夜温差大、土地开垦时间短、环境污染少、大豆连片种植、机械化水平高,发展绿色大豆生产具有十分有利的条件,是我国绿色大豆生产的良好基地。

2. 绿色食品大豆产品标准　根据 1995 年我国发布的"NY/T 285-95"农业行业标准,对绿色食品大豆提出了明确的要求。该标准规定,绿色食品大豆的原料产地环境必须符合绿色食品产地的环境标准,在感官上应当具有正常大豆的色泽和气味,不得有发霉变质现象。该标准还对绿色大豆的理化指标以及有毒有害物质的限量提出了严格的要求(表 19-25)。

表 19-25　绿色食品大豆的理化要求

项　目	单　位	指　标	项　目	单　位	指　标
纯粮率	%	≥96	氟	mg/kg	≤0.8
杂　质	%	≤1.0	汞	mg/kg	≤0.01
不完善粒	%	≤9.0	黄曲霉毒素 B1	mg/kg	≤5
水　分	%	≤13	滴滴涕	mg/kg	≤0.05
粗蛋白质(干基)	%	≥40	六六六	mg/kg	≤0.05
粗脂肪(干基)	%	≥20	马拉硫磷	mg/kg	≤0.1
磷化物(以 PH_3 计)	mg/kg	≤0.04	乐　果	mg/kg	≤0.02
氰化物(以 HCN 计)	mg/kg	≤0.2	敌敌畏	mg/kg	≤0.05

续表 19-25

项　　目	单　位	指　　标	项　　目	单　位	指　　标
氯化苦	mg/kg	≤0.2	杀螟硫磷	mg/kg	≤0.2
二硫化碳	mg/kg	≤1.0	倍硫磷	mg/kg	≤0.02
砷	mg/kg	≤0.1			

注:其他农药施用方式及其限量应符合 GB 8321、GB 4285 及中国绿色食品发展中心所订"生产绿色食品农药使用准则"之规定。农业行业标准"NY/T 285-95"对绿色食品大豆的检验方法、检验规则、标志、包装、运输和贮存也提出了要求,规定了相应的标准

引自陈萌山. 中国大豆品质区划 .2003

3. 绿色大豆生产的环境　绿色大豆的生产环境主要是对生产绿色大豆地区的大气质量、灌溉水质量和土壤环境质量的要求。因为这三个条件是决定能否作为生产绿色大豆基地的基础条件,只有经过环境评估符合生产绿色大豆产地标准,经专门机构认证,才能确定为绿色大豆生产基地。

(1)**大气环境的质量标准**　大气环境主要是指空气中有毒气体和大气中的悬浮颗粒。大气中的有害气体与植株接触,大气中悬浮颗粒在田间和植株上有沉积,都可能被大豆吸收,而致大豆中毒、减产、品质下降有毒物质的积累。因此,生产绿色大豆的基地必须选在远离城镇和污染区,大气质量好、稳定性好的地区。特别要注意基地上风头污染源的连续认真的监测,各项指标应符合以下标准(表 19-26)。

表 19-26　无公害农产品基地大气质量标准

项　　目	指　　标	单　　位	项　　目	指　　标	单　　位
总悬浮微粒(TSP)	≤0.30	mg/m³	氮氧化物(NOₓ)	≤0.10	mg/m³
二氧化硫(SO₂)	≤0.15	mg/m³	氟化物(F)	≤1.8	μg/dm²·d

注:表中除氟化物为 7 日平均值外,其余三项均为日平均值

引自陈萌山. 中国大豆品质区划 .2003

(2)**土壤环境的质量标准**　土壤是大豆生长的基地,是水分、养分供应的源泉。大豆生长要靠大豆根系从土壤中吸收自身所必需的大量元素、中量元素和微量元素。大豆在吸收自身所必须营养的同时,还会吸收一些自身不需要的物质,包括对人体有害的物质,这些物质吸收到体内,积累在豆粒中,直接影响到大豆的安全性。由于地球化学的原因,各地土壤中 Hg、Cd、As、Cr、Pb 等重金属元素的背景值有很大差别,是无法控制的,加之自 20 世纪 50 年代以来我国在农田大量使用六六六、DDT 等高残毒有机农药,仍残留在土壤中,严重影响了农产品的品质和安全。1978~1980 年对全国 16 个省、市的 1 914 批粮食的检验结果表明,六六六的超标率达到 16.5%、DDT 的超标率为 2.8%。因此进行绿色大豆生产,必须对土壤环境进行评估。这个标准是以 GB 15618-1995《土壤环境质量标准》为基础制订出来的,主要指标如表 19-27。

表 19-27　无公害农产品基地土壤环境质量标准　(mg/kg)

项　　目		pH 值		
		< 6.5	6.5~7.5	> 7.5
镉(Cd)	≤	0.30	0.30	0.40
汞(Hg)	≤	0.25	0.30	0.35
砷(As)	≤	25	20	20

续表 19-27

项　目		pH 值		
		< 6.5	6.5 ~ 7.5	> 7.5
铅(Pb)	≤	50	50	50
铬(Cr)	≤	120	120	120
铜(Cu)	≤	50	60	60
六六六	≤	0.50		
DDT	≤	0.50		

注:表中标准系指旱田,水田的砷、铬限量另有标准;六六六、DDT 两项标准引自李秋洪主编 . 无公害农产品生产技术 .1998

(3)灌溉水的水质标准　在工业高度发展的今天,水污染现象已十分严重,工业废水排进了江、河、湖泊,而农田灌溉用水又取自江、河、湖泊,受污染的水进入农田,与大豆接触或被吸收,有毒的物质就会随之进入大豆植株体内,积累在籽粒中,造成品质下降,安全性无保证。因此生产绿色大豆必须对灌溉水进行安全性评估。目前我国现行的《农田灌溉水质标准》是为了防止农作物污染而允许的最低灌溉用水水质标准,其制订的科学实验依据是保证农作物在长期或短期接触的情况下,能正常生长,不致发生急性或慢性伤害。然而,由于某些农作物对一些污染物的忍受能力较强,虽能正常生长且自身并未发生急性或慢性中毒,但是其体内(果实、籽粒)污染物含量却可能超过食品卫生标准。故而,该标准不适用于无公害农产品基地灌溉水质的评价。现将无公害农产品基地灌溉水的水质标准列于表 19-28。

表 19-28　无公害农产品基地灌溉水的水质标准　(mg/L)

项　目	标　准	项　目	标　准
pH	5.5 ~ 8.5	砷(As)	≤0.05
汞(Hg)	≤0.001	铬(Cr)	≤0.1
镉(Cd)	≤0.005	氟化物(F)	≤2.0
铅(Pb)	≤0.1	粪大肠菌群	10000(个/升)

引自陈萌山 . 中国大豆品质区划 .2003

除了表中所列重金属和有害物质外,灌溉水中也不能含有超标的黄曲霉毒素、过氧化物、酸价、农药等污染物。工厂的废水和生活污水在经处理之前也是不适于灌溉农田的。

4. 绿色大豆的施肥　A 级和 AA 级绿色大豆的施肥标准各有不同,现分述如下。

AA 级:对施肥的要求很严格,我国农业行业标准 NY/T 394-2000"绿色食品肥料使用准则"规定,在 AA 级绿色食品生产过程中不允许使用化学合成肥料,只允许使用堆肥、厩肥、沤肥、绿肥、沼气肥、作物秸秆肥、泥肥、饼肥、菌肥、生物肥。

A 级:A 级绿色食品除可使用 AA 级绿色食品允许使用的有机肥料、菌肥、生物肥外,还允许限量使用限定的化学合成肥料,允许在有机肥、微生物肥、矿质肥、腐殖酸肥中按一定比例混入除硝态氮以外的化肥。但有机氮与无机氮之比不超过 1:1,如优质厩肥 1 000 kg 加尿素 10 kg;化肥也可以与有机肥复合微生物混合,如厩肥 1 000 kg 加尿素 5 ~ 10 kg 或磷酸二铵 20 kg,或复合微生物肥 60 kg。需要指出的是,如果作追肥施用,必须在收获前 30 天施入。城市垃圾与污泥、医院的粪便、垃圾和含有害物质的工业垃圾严禁使用。应该强调,在化肥中硝态氮肥是禁止使用的,因硝态氮进入土壤后 NO_3^- 易被吸收,吸收后的 NO_3^-—N 一部分被根还原同化,而其余部分则以硝态氮的原态转移到地上部器官,硝酸盐经还原可转化为有毒的亚硝酸盐,进而合成亚硝酸胺,而亚硝酸胺类化合物中大部分是致癌物质,可引起食管癌、胃癌等消化系统癌症。另外,在土壤中的 NO_3^-—N 不易被土壤胶体吸附,在土壤中的移动性大,易随水流失,造成土壤和地下水污染。

5. 绿色大豆的病、虫、草害防治 应用杀菌剂防治大豆病害,应用杀虫剂防治大豆虫害,应用除草剂防治大豆杂草,应用生长调节剂调控大豆生育在大豆栽培中广为应用,且收到了理想的效果。然而,在这些化学合成的制剂中常含有有害物质,是绿色大豆生产所不允许的。

按照我国农业行业标准 NY/T 393-2000 规定,绿色食品生产过程中,严禁使用高毒农药,提倡使用中等毒性以下的植物源杀虫剂、杀菌剂、驱避剂和增效剂,如除虫菊、鱼藤根、烟草水、大蒜素、苦楝、印楝、芝麻素等;允许使用矿物油和植物油制剂,矿物源农药中的硫制剂、铜制剂;允许有限度地使用农药抗生素,如春雷霉素、多氧霉素、井岗霉素、农抗120、中生菌素、浏阳霉素等,且每种有机合成农药在作物生长期内只能使用1次。对剧毒、高毒、高残留或具有致癌、致畸、致突变作用的农药严禁使用。现将生产绿色大豆禁止使用和限制使用的农药、除草剂列于表 19-29,表 19-30,表 19-31。

表 19-29　绿色大豆生产禁止使用的农药

种　类	农 药 名 称	禁用原因
有机氯杀虫剂	DDT、六六六	高毒
有机磷杀虫剂	甲拌磷、乙拌磷、对硫磷、甲基对硫磷、甲胺磷、甲基异柳磷、氧化乐果	高毒
氨基甲酸脂杀虫剂	克百威、涕灭威、灭久威	高毒
植物生长调节剂	有机合成植物生长素	高毒
二苯醚类除草剂	除草醚、划植醚	慢性毒性

引自陈萌山. 中国大豆品质区划 .2003

表 19-30　生产 A 级绿色食品大豆可限制使用的常用农药

农药名称	毒　性	允许最终残留量(mg/kg)	最后一次施药距收获时间(d)	常用药量(g/667m²·次或 ml/次)	施药方法及次数
抗蚜威 (Pirimicarb)	中等	0.5	15	50%可湿性粉剂 10~16 g	喷雾1次
溴氰菊脂 (Deltamethrin)	中等	0.5	15	2.5%乳油 15~25 ml	喷雾1次

引自陈萌山. 中国大豆品质区划 .2003

表 19-31　生产 A 级绿色食品大豆可限制使用的除草剂

除草剂名称	籽粒中允许最终残留量(mg/kg)	施药时期	常用药量(g/次·667m² 或 ml/次·667m²,或稀释倍数)	施药方法及次数
吡氟禾草灵(稳杀得) (Fluazifop-butyl)	1	大豆苗期杂草3~5叶期	35%乳油 30~100 ml	喷雾1次
精吡氟禾草灵(精稳杀得) (Fluazifop-p-butyl)	0.1	大豆苗期杂草3~5叶期	15%乳油 50~65 ml	

续表 19-31

除草剂名称	籽粒中允许最终残留量(mg/kg)	施药时期	常用药量(g/次·667m² 或 ml/次·667m²,或稀释倍数)	施药方法及次数
三氟羧草醚(杂草焚、达克尔)(Acifluorfen sodium)	0.2	大豆 1 ~ 4 片复叶期	10%乳油 65 ~ 85 ml	
喹禾灵(禾草克)(Quizalofop-ethyl)	0.1	大豆田防除阔叶杂草,大豆播后杂草 1 ~ 4 叶期	24%水剂 60 ~ 100 ml	
氟磺胺草醚(虎威、除豆莠)(Fomesafen)	0.05	大豆苗后 1 ~ 3 复叶,杂草 2 ~ 5 叶期	25%水剂 65 ~ 130 ml	
异黄甲草尔(都尔)(Metoratchlor)	0.1	大豆芽前土壤喷 1 次,避免在多雨、沙性土及地下水位高的地区使用	75%乳油 25 ~ 75 g	
灭草猛(卫农)(Kernelare)	0.1	播种前土壤施 1 次,覆土 5 ~ 7cm	88.5%乳油 170 ~ 225 ml	
稀禾定(合禾捕净)(Sethaxydim)	2.0	一年生禾本科杂草,3 ~ 5 叶期	20%乳油 60 ~ 100 ml	

引自陈萌山. 中国大豆品质区划 .2003

　　绿色大豆生产中,防治病、虫、草害,应坚持以"预防为主,综合防治"的策略,充分运用抗病虫的品种,有效地合理耕作、轮作换茬、机械除草与人工除草相结合的农艺措施进行综合防治。在此基础上,再结合释放病虫天敌、采用雄性不育、化学和物理诱杀等辅助措施,不但可达到防治病虫害的目的,而且还可提高大豆的产量和品质。

第三节　北方春大豆区域化栽培

　　北方春大豆区北起黑龙江和内蒙古,南到渤海湾和黄河,东边与俄罗斯、朝鲜接壤,西到西北边境的新疆与哈萨克斯坦等国相接,包括黑龙江、吉林、辽宁、内蒙古及宁夏、新疆和河北、山西、陕西、甘肃的北部,东西跨 70 个经度,南北跨 15 个纬度的广大地区,土质,地势,气候变化多样,栽培制度各有不同,形成了四个不同的栽培区,即松花江辽河平原春大豆栽培区,嫩江平原春大豆栽培区,西北春大豆栽培区和新疆灌溉春大豆栽培区。

一、松花江辽河平原春大豆栽培区

(一)自然特点

　　松花江辽河平原春大豆栽培区主要分布在松花江、黑龙江、乌苏里江和辽河流域。内有小兴安岭、张广才岭、老爷岭和长白山。大豆种植区域主要分布在山脉西侧、江河流域的平原地带,地势较平坦,有著名的松嫩平原、三江平原和辽河平原,水利资源较丰富。土壤有黑土、黑钙土、暗棕壤、白浆土等,土壤有机质含量高,一般为 2% ~ 5%,土质肥沃,有利于大豆生长。

　　本区南北狭长,纵贯东北地区的黑龙江、吉林、辽宁三省,南北气温相差很大,年平均气温 1℃ ~ 8℃,无霜期从 90 ~ 170 d,≥10℃积温 1 900℃ ~ 4 000℃,年降水量 350 ~ 1 200 mm,降水多集中在 7~8 月份,日照较充足,年日照时数为 2 300~3 100 h,年日照率 60% 左右。大豆鼓粒期至成熟期往往是秋高气爽,有利于大豆的鼓粒和成熟,大豆产量较高,品质好,总产量高,是我国最大的大豆产区。大豆的品种类型为亚有限结荚习性为主和部分无限结荚习性品种,在辽南为有限结荚习性品种。

本区属寒带大陆性气候,地处中国高寒地带,冬季严寒,春季干燥,夏季多雨。春季干旱,秋季低温和早霜是本区的主要自然灾害,大豆常因春季干旱出苗不齐,秋季低温,早霜成熟不好,影响大豆产量,在多雨年份三江平原地区常有涝灾出现。

(二)生产现状

松花江辽河平原春大豆栽培区大豆面积大,单产高,总产高,商品率高,是全国大豆供应基地。2000 年该区大豆种植面积为 256.8 hm²,占全国大豆面积 27.6%;总产量 436 万 t,占全国大豆总产量的 28.3%;单产 1 697.8 kg/hm²,高于全国大豆单产;大豆商品率为 50%~70%。

本区大豆栽培技术先进,机械化水平高,从大豆播种,管理,收获基本实现了机械化和半机械化栽培,全国大豆栽培的先进技术如垄三栽培,窄行密植,行间覆膜,精量点播,穴播等技术均普遍应用。由于南北地域差异也有不同。黑龙江省机械化水平很高,国营农场已全面实现了机械化栽培、标准化作业,所以产量高。黑龙江省农垦总面积 70 万 hm²,大豆连年获得高产,2003~2005 年分别达到了 2 460 kg/hm²、2 550 kg/hm² 和 2 670 kg/hm²,已达到了先进国家的产量水平。吉林省和辽宁省大豆也已实现了半机械化栽培,由于机械整地和机械播种保证了大豆生育所要求的土壤耕作条件和良好的群体结构,辅以其他科学措施,大豆单产也很高,吉林省全省大豆平均单产达到了 2 232 kg/hm²,也达到了世界大豆平均单产水平。在小面积高产栽培上,黑龙江省鸡西市(2005)创造了 883 m²(1.325 亩)单产折合 5 997 kg/hm² 的全国高产纪录,并在 3.3 hm² 面积上创造了 5 154 kg/hm² 的高产。

在大豆耕作上,本区已全面推广了深松和深松旋耕相结合的耕作方法。在轮作上,南北也有较大差异,吉林省和辽宁省由于大豆面积相对较小,大豆都可进行正常轮作;而黑龙江省大豆面积大,轮作已很困难,大豆重迎茬现象十分严重,重迎茬大豆占大豆种植面积 30%~70%,重迎茬导致大豆严重减产,是生产上障碍大豆发展的一个限制因素。因此,很多科学工作者开展了控制大豆重迎茬减产措施的研究,已收到了很好的效果,推广了以选用抗病品种和防治根部病虫害为中心,以改善土壤环境调控为保证的七条措施,可使迎茬不减产,重茬减产降低 10 个百分点的良好效果。

松花江辽河平原春大豆栽培区,在品种的选育和推广上也是全国最先进的地区,有在全国推广面积最大的品种合丰 25 号,最大年推广面积达 100 万 hm²,并连续 11 年推广面积居全国首位,继之有合丰 35、绥农 14 也在不同年度推广面积居全国领先地位,还有第一个获国家发明一等奖的铁丰 18,和获国家科技进步二等奖的吉林 20、辽豆 11 等名牌品种。在高油育种中尤为突出,仅 2001~2005 年就育成油含量 ≥21% 的高油品种 42 个,其中油分含量 22%~22.9% 的品种 16 个,≥23% 的高油品种 6 个。目前在生产上推广面积较大的高油品种有合丰 40、合丰 41、合丰 47、合丰 45、垦农 18、垦农 19、黑农 41、黑农 44、长农 13、吉林 35、吉育 58、蒙豆 9、蒙豆 12、辽豆 11、铁丰 31 等。

(三)栽培技术要点

松花江辽河平原春大豆栽培区的栽培技术在全国较为先进,各地根据当地的生态条件分别采用了垄三栽培、窄行密植、等距穴播,精量点播等技术,其操作方法本章已做介绍,这里只就一些特殊的栽培要求做一介绍。

1. 选用良种　本区地处我国寒冷地区,生育日数短,又常有大豆灰斑病发生。所以,选用早熟、高产、抗灰斑病品种十分重要。在北部地区宜选用黑河19、黑河27、黑河38、北丰16、合丰40、合丰42、合丰45、合丰47、合丰50、绥农10、绥农14、垦农19、垦农18、黑农37、黑农44等品种;在中部地区宜选用吉林35、吉林47、吉育58、长农13等品种;在南部地区宜选用辽豆11、辽豆13、辽豆14、铁丰31、丹豆10号等品种。

2. 轮作耕作与施肥　在轮作上,本区南北差异较大,北部地区大豆面积大,重迎茬严重,其轮作方式北部地区为玉米(杂粮)—大豆—大豆(杂粮)—大豆,小麦—大豆—大豆—小麦,玉米(杂粮)—大豆—大豆—玉米(杂粮);中部地区为玉米—大豆—玉米—大豆,玉米—大豆—大豆—玉米(杂粮),玉米(杂粮)—大豆—大豆—大豆;南部地区为玉米(杂粮)—大豆—玉米(杂粮)—玉米(杂粮),玉米(杂粮)—大豆—大豆—玉米(杂粮)。

在耕作上,北部地区主要是深松和平翻或松旋结合的耕作方式;中部和南部地区平翻和深松搅茬起垄,深松垄翻起垄,松旋起垄四种形式。本区大豆施肥与轮作耕作紧密结合,一般在土壤耕作时结合施有机肥 15 t/hm²,有条件的地方还结合打垄进行分层深施化肥。本区大多数地区采用分层深施种肥和开花、鼓粒期叶面喷肥,以保证大豆全生育期对养分的要求。

3. 种植方式　播种方式要根据当地的自然、土壤、降水条件和农业机械能力而定,目前北部和中部地区主要种植方式有垄三栽培,窄行密植,穴播等;南部地区则采用垄上精量点播和穴播。

4. 化学除草　全面实行豆田化学除草是松花江辽河平原春大豆栽培区一大特点,特别是北部地区已全面实现了化学药剂除草,化学除草分为秋季处理,播前处理,播种苗前处理和苗后处理四种,可根据实际情况选用,进行化学除草时要注意掌握以下几点:第一要根据当地杂草种类与群落选用正规厂家生产的除草剂。第二要根据土壤质地和土壤水分情况确定用药量,在有机质含量高的土壤要用药剂用量的上限量,有机质含量低的土壤用药剂用量的下限量;土壤水分充足的地块用下限量,土壤水分少的地块用上限量;使用助剂时要适当减少用药量。第三要选用质量好的喷雾器,特别注意喷头的喷雾质量,绝不可轻视。第四要控制喷雾行走速度和压力。

二、嫩江平原春大豆栽培区

(一)自然特点

嫩江平原春大豆栽培区主要分布在大兴安岭东侧的嫩江和西辽河流域包括黑龙江、吉林、辽宁的西部、内蒙古东四盟的广大区域。本区大豆种植区地势较平坦,有大兴安岭余脉和努鲁儿虎山,土壤为退化黑土、黄沙土、灰沙土和盐碱土,土壤有机质含量低,一般为1%～3%,pH值较高,为我国干旱风沙地区。

本区南北距离较大,北起嫩江支流甘河,南到内蒙古的赤峰,东起嫩江、西辽河流域,西到大兴安岭东麓。南北温度差异较大,≥10℃积温为2000℃～3100℃,无霜期90～105 d,日照时数2600～3050 h,日照率50%～67%,年降水量350～450 mm,降水多集中在7～8月份,春夏降水少,春风大,蒸发量大,春季干旱是本区大豆生产上的主要障碍。由于降水集中在夏末,秋季有时会出现江河出槽,造成涝害。如1998年因降水集中嫩江流域发生水灾,淹毁农田数十万hm²。由于本区的自然特点决定了大豆品种主要以高大、繁茂的无限结荚习性为主,在雨量相对较多的地区有部分亚有限结荚习性品种。本区大豆生产的主要障碍是干旱、盐碱沙化和胞囊线虫病。因此,选用抗旱、耐盐碱、抗胞囊线虫病的品种和采取抗旱耕法是提高本区大豆产量的关键。

(二)生产现状

本区大豆种植面积也较大,是北方春大豆栽培区第二大产区,2000年全区共有大豆面积193.1万hm²,占全国大豆面积的20.7%;总产量267.8万t,占全国大豆总产的17.4%;单产1 386.8 kg/hm²,低于全国平均水平;大豆商品率较高为40%~70%。

本区大豆栽培面积最大的是内蒙古自治区的东四盟,大豆面积168.2万hm²,占本区大豆面积的87.1%,由于内蒙古东四盟与黑龙江的西部地区与松花江辽河平原春大豆栽培区接壤,因此其栽培技术多为引进松花江辽河平原春大豆的栽培技术,结合本区干旱的特点而形成的大豆抗旱栽培技术,其技术的基本特点是千方百计在耕作上保苗蓄水分。耕作保水和播种时输水,是确保大豆出苗和前期正常生长的关键技术。如大豆行间覆膜栽培技术,大豆播种输水抗旱技术等。

由于本区气候干旱,土壤瘠薄,耕作保水是大豆生产的关键,科技工作者和广大农民做了极大的努力,早在20世纪50年代就研究推广了"吕和抗旱耕法",近年又推广了大豆行间覆膜、夏秋深松蓄集雨水及春季尽量不动土的做法收到了较好的效果。本区是胞囊线虫病的重发区,除北部区外,大豆一般不连作,与禾谷类作物实行三年以上的轮作。在施肥上以有机肥和种肥为主,结合秋整地和播种施下,以避免多次作业散失水分。

本区的大豆品种均是植株高大、繁茂、抗胞囊线虫的品种,如抗线号、嫩丰号、蒙豆号等,在水分较多,土壤较好的地区种植由松花江辽河平原春大豆栽培区引进的相同纬度的品种如合丰号、黑河号、吉林号、辽豆号等品种。

(三)栽培技术要点

1. 选用耐旱、抗胞囊线虫品种 适于本区种植的耐旱、抗胞囊线虫的品种有抗线1号、抗线2号、抗线3号、抗线4号、抗线5号、嫩丰15、嫩丰16、嫩丰17、辽豆11、白农9号、吉育6等品种。北部地区可选用黑河19、黑河38、黑河27、垦鉴豆27、合丰40、蒙豆12等品种。

2. 采用保墒的轮作、耕作与施肥 本区北部地区气候寒冷,降水较多,土壤也较肥沃,大豆面积大,重迎茬较重,主要轮作的形式为小麦—大豆—大豆—大豆、玉米(杂粮)—大豆—大豆—大豆和玉米(杂粮)—大豆—大豆—大豆;中部地区为玉米—大豆—玉米(杂粮)—大豆、玉米—大豆和玉米—大豆—杂粮—玉米;南部地区为玉米—大豆—玉米(杂粮)—玉米等轮作形式。在耕作上,北部地区是深松起垄,深松旋耕起垄,深松垄翻起垄;中部和南部地区深松垄翻起垄和旋耕起垄。总之本区的土壤耕作均以保水、蓄水为中心,一般秋季完成土壤耕作,春季不动土,施肥结合伏、秋季土壤耕作施有机肥,播种时施化肥,一次作业完成。春季尽量减少作业次数,以达到保墒。

3. 抗旱播种 本区春季气候干燥,春风大、蒸发量大,对大豆出苗影响很大。确保种子出苗是本区大豆栽培的首要任务。为此,常采用开沟输水插种,输水要与开沟播种紧密配合,随开随种随输水,随覆土镇压,这是本区大豆栽培的一大特点。墒情较好的地区采用机械播种,随播种随镇压,播种略深。个别干旱地区仍有深播浅出的习惯做法,春季在原垄垄沟开浅沟播种,随即破茬覆土镇压。待大豆拱土前搂掉上面的干土也有较好的效果。近年来大西江农场创造了大豆行间覆膜栽培技术,对确保大豆出苗和高产具有显著的效果,正在迅速扩大推广,为干旱地区大豆高产提供了一项先进的技术。

4. 合理灌溉　在靠江河两岸,水源充足的地方或有电井的地方,应根据旱情及时灌溉,本区大豆灌溉对产量提高有特别明显的效果,灌溉较不灌溉可增产 50%以上。灌溉应根据旱情和大豆生育要求进行,秋季灌封冻水对确保出苗有明显效果,生育期间要灌好开花水和鼓粒水,确保大豆丰收。

5. 根据轮作选好除草剂　本区中部和南部地区大豆无重迎茬现象,大豆化学除草要注意选择残效期短,效果好的除草剂品种,一定杜绝使用残效期长的除草剂。如普施特、豆黄隆等。以免对下作产生药害,大豆田使用混配剂乙草胺 + 2.4-DJ 酯,乙草胺 + 嗪草酮,乙草胺 + 捕草净,乙草胺 + 氯嘧磺隆,乙草隆 + 西草净等,在除草有效的同时,也会造成药害,严重时可死亡绝产,应慎重使用。

三、西北春大豆栽培区

(一)自然特点

西北春大豆栽培区主要分布在西北黄土高原,包括山西、陕西、甘肃、宁夏、河北五省、自治区的北部,南起秦岭北到内蒙古,内有太行山、吕梁山、六盘山、祁连山,地势高,海拔 800 ~2 800 m,日照较充足 2 300 ~2 700 h,平均气温 3℃ ~16.4℃,无霜期 110 ~170 d,≥10℃积温 2 200℃ ~3 500℃,年降水量 300 ~500 mm,土壤瘠薄,土壤有机质含量低。大豆品种主要是抗旱、耐瘠的无限结荚习性品种,百粒重较小,为 13 ~17 g,黄种皮和黑种皮、植株高大,繁茂性强。主要推广品种有晋豆号、陇豆号、宁豆号,有的地方还种一些农家地方品种。

西北春大豆栽培区大豆主要种植在海拔 800 m 以上的地区,大豆种植以自用为主,是种植面积较小的作物。大豆种植方式有单作、大豆与玉米、小麦间作、套作多种形式,一般产量都较低,是全国大豆的低产区之一。

本区由于地势高,地形复杂,气候类型繁多,降水少,蒸发量大,日照充足,热能资源丰富,属温带干旱半荒漠气候。但干旱、少雨、土壤瘠薄,是限制本区大豆生产的主要障碍,选育抗病、耐瘠薄,植株高大繁茂的大豆品种和采取有效的蓄水、保水、节水的耕作栽培技术,是发展本区大豆生产的正确道路。

(二)生产现状

西北春大豆栽培区大豆种植历史较长,但因复杂的地形和干旱的气候条件限制了大豆生产的发展,大豆面积小,种植分散,单产低,商品率低,基本以自食为主。2000 年全区春大豆面积为 53.6 万 hm²,占全国大豆面积的 5.8%;总产量 66.3 万 t,占全国的 4.3%;单产1 236.9 kg/hm²,低于全国平均单产。

本区的大豆栽培技术近年有较大进步,研究单位选育了一批抗旱、耐瘠薄的高产品种,耕翻整地与播种也实现了半机械化,并在原来不施肥或少部分地区施有机肥发展到普遍使用化肥,并推广了抢墒播种和根据土壤墒情延迟播种,增加密度,防治病虫害等先进的农业技术,对提高大豆产量起到了很好的作用,高产栽培已实现了 3 000 kg/hm² 的产量,但就普遍来看产量还较低,主要是干旱和土壤瘠薄的问题,仍在困扰着大豆产量的提高。

大豆的一个重要特性就是以不同的生态类型适应不同生态条件,西北春大豆栽培区由于地势复杂,气候多种多样,因此栽培的品种也很多,在生产上应用面积大的品种为抗旱、耐瘠、植株高大繁茂、分枝多的无限结荚习性品种,一些地区由于气候特别干旱也种植一些蔓生、半蔓生的地方农家品种,品种的百粒重较小,为 13 ~ 17 g,种皮色有黄色、黑色、茶色各种类型;在肥水条件好的地区种植直立、中大粒、高产的亚有限结荚习性品种。近年来,西北春大豆栽培区育种成效显著,山西省农科院育成推广了一批适应性广、稳产、丰产的晋豆号新品种,在西北春大豆栽培区广泛种植,对提高大豆产量起到了显著的作用。

西北春大豆栽培区大豆的种植方式有单作,间作和套作几种形式,大豆与玉米 1∶3 ~ 6 间作,大豆与小麦套种为主要形式,也有少数地区种田埂豆。

(三)栽培技术要点

西北春大豆栽培区的大豆栽培技术是以蓄水、保墒、抗旱为中心的栽培技术,主要包括选用抗旱、耐瘠的优良品种,蓄水保墒的耕作技术,抢墒播种、延后播种技术和一次施肥技术。

1. 选用抗旱、耐瘠的大豆品种　选用适合当地土壤,气候与生态类型的品种是保证大豆产量的重要因素,西北春大豆栽培区一定要选用抗旱、耐瘠的品种才能获得高产。目前较好的品种有晋豆 12、晋豆 13、晋豆 14、晋豆 15、晋豆 19、晋豆 23、陇豆 1 号、铁丰 8 号、宁豆 1 号、宁豆 2 号、宁豆 3 号、宁豆 4 号等品种。

2. 蓄水保墒耕作　西北春大豆栽培区,大豆一般 4 ~ 6 月份播种,种植大豆的田块在前一年的秋天进行秋耕,耕后多耙多压,达到播种状,防止水分散失。据刘学义(1987)研究调查,耕后及时耙压的地块,播种时 0 ~ 5 cm 土层土壤含水量为 7.64%,5 ~ 10 cm 土层为 12.2%;而耕后不进行耙压的地块,播种时 0 ~ 5 cm 土层含水量仅为 4.6%,5 ~ 10 cm 土层为 8.4%。可见,秋耕并及时耙压对保水的重要性,秋季未进行耕翻的地块,也可在早春抢墒春耕,但一定要根据土壤墒情和当地气候来决定,并要及时耙压。

3. 抢墒、看墒播种　抢墒播种是干旱地区确保大豆全苗的一项重要措施,早春应随时注意天气和土温变化,当土壤达到大豆出苗所需温度时就应尽早播种,随播种随镇压。在春季十分干旱的年份要看墒播种,在保证正常成熟的时间内可延后播种时间,将播期选择在最佳土壤墒情的日期,但一般不能晚于 5 月中旬。

4. 种植密度与施肥　西北春大豆栽培区,大豆一般是与玉米间种,与小麦带状套种,在宁夏黄河灌区也充分利用林木、果树与大豆间作,在水稻产区种植田埂豆。间作与套种一般采用条播,密度为 12 万 ~ 15 万株/hm²。

大豆施肥是提高产量的重要措施,刘学义(1983 ~ 1984)的研究表明,施基肥可增产 9.2% ~ 15.8%,播种期一次施氮肥增产 13.3% ~ 14.1%。他的研究还指出,氮肥和基肥一次施增产效果最明显,经济效益也高。基肥一次施或氮肥播种时一次施一定要深施,氮肥施到种子下 10 cm 处,以避免与种子接触烧苗,同时能提高肥料利用率,有条件的地区提倡有机肥、氮肥、磷肥混合施用效果更好。

5. 合理灌溉　西北春大豆栽培区,合理灌溉是解除干旱,满足大豆生长的需求,获得大豆高产的最有效措施,可充分利用黄河、渭河、泾河、洛河等水利资源进行灌溉,对大幅度提高西北春大豆栽培区大豆产量有十分重要的作用,宁夏引黄灌区大豆进行灌溉栽培大豆单产最高达 3 000 ~ 3 750 kg/hm²。

四、新疆灌溉春大豆栽培区

新疆灌溉春大豆栽培区，实际上属于西北春大豆栽培区的一部分，但由于新疆在气候上和大豆栽培上有独特的特点，形成独特的高产栽培模式，又是全国大豆的最高产的地区，故专划出一个栽培区予以论述。

（一）自然特点

新疆灌溉春大豆栽培区，主要分布在北疆的阿尔泰山以南，天山以北，准葛尔盆地周边的广大地区。地势四周高、中间低，日照充足，全年日照时数2 300～3 300 h，全年平均气温2℃～6℃，≥10℃积温2 000℃～3 000℃，无霜期110～150 d；降水少，年降水量120～320 mm，多集中在4～7月份，属干旱少雨地区。但热能资源较丰富，大豆产区又位于天山、阿尔泰山之间，夏季有充足的雪水和冰山融化的水灌溉农田，可满足大豆对水分的需求。因此，大豆产量高，品质好，是我国大豆高产地区，2005年本区大豆平均单产达到了2 949 kg/hm²。大豆的品种类型为亚有限和无限结荚类型。

（二）生产现状

新疆灌溉春大豆栽培区，大豆面积不大，但单产很高。2004年全区大豆面积为7.97万hm²，仅占全国的0.83%，总产量19.6万t，占全国总产量的1.1%；单产2 459 kg/hm²，是全国大豆高产的地区，大豆生产主要为本区自用。

本区的大豆栽培技术比较先进，在轮作上大豆与玉米、棉花、瓜类等作物轮作，无重迎茬现象。生产上采用宽行机械播种机播种，化学除草，农药拌种，科学施肥，合理灌溉，综合防治病虫害等技术。

本区的北部地区为农牧交错地带，气温较低，无霜期短，加之秋季牲畜下山，因此种植大豆要选用霜前成熟的品种，以保丰产丰收。

新疆灌溉春大豆栽培区育种工作近年有重大进展，由早年主要引进黑龙江、吉林省品种种植，发展到自选自育与引进相结合阶段，已育成了石大豆1号、新大豆1号、新大豆2号等品种，并创造了高产，1999年罗赓彤采用新大豆1号，创造了小面积（667m²）折合每hm²产量5 956.2 kg的全国高产纪录。目前本区生产上的主要品种有黑河5号、黑农37、黑农39、黑农40、新大豆1号、新大豆2号，石大豆1号等品种。

（三）栽培技术要点

新疆灌溉春大豆栽培区的栽培技术主要特点是实行宽窄行种植和灌溉栽培。

1. 选用适合当地条件的优良品种　新疆灌溉春大豆栽培区，南北温度差异较大，北部地区宜选用成熟早，秆强的无限和亚有限结荚习性品种，如黑河5号、北丰11、绥农10、黑农33、黑农37、黑农39、黑农40等品种，南部地区宜选用亚有限结荚习性的石大豆1号、新大豆2号等品种。

2. 轮作耕作与施肥　本区大豆面积较小，不存在重迎茬的现象，大豆一般种在小麦、玉米、瓜茬上，在上一年秋季进行耕翻整地，达到耕深、耙细，播种前再耙一次，松土壤，以备播种。本区的有些地方，土壤有机质含量较低，施肥对提高大豆产量有很大的作用，施肥要注意N、P、K平衡，要进行测土施肥，结合整地施优质农肥10～15 t/hm²，播种时每hm²施磷酸二铵105 kg、硫酸钾45 kg；由于有灌溉的有利条件，在开花期强结合灌溉水追施尿素150 kg，对提高大豆单产有明显的效果。

3. 宽窄行种植　新疆灌溉春大豆栽培区大豆实行宽窄行密植栽培,一般有以下几种形式,30 cm—60 cm—30 cm—60 cm 行距平均 45 cm,株距 6 ~ 7 cm,每 hm² 保苗 30 万 ~ 33 万株;42 cm—60 cm—42 cm—60 cm,窄行 22 cm,宽行 42 cm,机车道 60 cm,播幅 420 cm,平均行距 35 cm,株距 10 ~ 11 cm,每 hm² 保苗 25 万 ~ 30 万株。北部地区种植早熟品种每 hm² 密度可增至 37.5 万株。

4. 灌溉和中耕　新疆灌溉春大豆栽培区,由于降水少,气候干燥,蒸发量大,农业生产必须实行灌溉,故称之为"绿洲农业",及时灌溉是确保大豆丰产的关键措施。种植大豆的田块在秋整后要灌 1 次封冻水,以保翌春播种和大豆出苗,生育期要根据当地气象条件进行灌溉,该地区因干旱程度不同灌溉次数也不同,一般可进行灌溉 2 ~ 4 次,特别是大豆开花期和鼓粒期灌水对大豆产量十分重要。灌溉后要及时中耕,疏松土壤,保持土壤水分。罗赓彤、刘胜利(2004)石大豆 1 号高产田,生育期间灌水 9 次,每 hm² 产量达到了 4 597.2 kg。可见,灌溉对本区大豆生产的重要性。

参 考 文 献

王金陵,杨庆凯,吴忠璞.中国东北大豆.黑龙江省科学技术出版社,1999

孙寰.吉林大豆.吉林科学技术出版社,2005

何珽.中国三江平原.黑龙江科学技术出版社,2000

董钻.大豆栽培生理.中国农业出版社,1997

何志鸿,杨庆凯,刘忠堂.大豆窄行密植高产栽培.黑龙江科技出版社,2000

韩晓增,许艳丽.大豆重迎茬减产控制与主要病虫害防治技术.科学出版社,1999

王金陵.王金陵大豆论文集.东北农业大学出版社,1992

陈萌山.中国大豆品质区划.中国农业出版社,2003

王连铮.大豆高产栽培技术.中国农业科技出版社,1994

刘忠堂.大豆窄行密植高产栽培技术的研究.大豆科学,2002,21(2):117 ~ 121

何志鸿,刘忠堂,韩晓增.大豆重迎茬减产的原因及农艺对策Ⅲ,重迎茬大豆的土壤养分与养分吸收.大豆科学,2003,22
　(1):40 ~ 44

何志鸿,刘忠堂,许艳丽.大豆重迎茬减产的原因及农艺对策Ⅰ,重迎茬大豆的病虫害.大豆科学,2002,22(4):250 ~ 254

刘忠堂,于龙生.重迎茬对大豆产量和品质影响的研究.大豆科学,2000

闫吉昌,张奕,韩丽梅.连作大豆化感作用的研究.大豆科学,2002,21(3):214 ~ 217

刘春红,敖奎.大豆残茬对后茬大豆生长发育的影响,黑龙江农业科学,2003,6:15 ~ 17

刘忠堂,何志鸿,魏冀西.大豆窄行密植高产栽培技术的研究,大豆科学,2002,21(2):117 ~ 121

刘忠堂,何志鸿,魏冀西.大豆窄行密植高产栽培技术的引进与嫁接Ⅰ,适于窄行密植高产栽培品种的筛选.黑龙江农业
　科学,1997,(6):28 ~ 29

刘忠堂,何志鸿,魏冀西.大豆窄行密植高产栽培技术的引进与嫁接Ⅱ,平作窄行密植高产栽培技术的增产效果.黑龙江
　农业科学,1998,(1):27 ~ 29

刘忠堂.大豆窄行密植高产栽培技术的引进与嫁接Ⅲ,垄作窄行密植高产栽培技术的增产效果.黑龙江科学,1998,(2):
　26 ~ 27

王成,郑天琪,张敬涛.大豆窄行密植栽培施肥技术研究.黑龙江农业科学,2001,(6):4 ~ 6

薛庆喜,姚远.窄行密植栽培技术对大豆产量及产量性状的影响.黑龙江农业科学,2000,(5):4 ~ 7

何春阳,田秀萍.耕作培肥技术对大豆产量的影响.大豆科学,2001,20(2):116 ~ 119

罗赓彤,战勇.新大豆 1 号和石大豆 1 号高产纪录的创造.大豆科学,2001,20(4):270 ~ 274

申惠波.黑龙江省大豆施肥效果的研究.黑龙江农业科学,2002,(4):16 ~ 18

李铭丰,胡立成.大豆全程机械化栽培技术.黑龙江农业科学,2000,(3):24 ~ 25

刘胜利,孔新.石大豆 1 号高产生育生理指标研究初报.大豆通报,2001,(6):7

姜科,卢国臣.绥化市大豆大面积 3500 公斤高产技术要点.大豆通报,2000,(2):15

杨方人.大豆机械化高产配套技术,大豆通报,1999,(4):19
刘忠堂.黑龙江省高油大豆高产综合栽培技术.黑龙江农业科学,2005,(5):48～50
王衍武,李乃春,孟庆祥.大豆种子精选分级栽培法应用与效果分析.黑龙江农业科学,2001,(3):47～49

第二十章　黄淮海春夏大豆

　　黄淮海春夏大豆产区包括我国黄河中下游地区、海河流域和淮河两岸以北地区,涉及山东、河北、河南、安徽、北京、天津、山西、陕西、甘肃和宁夏、江苏的北部地区。从地理位置上看,有两个重要区域——华北平原、黄土高原。夏大豆主要分布于平原地区,春大豆主要分布在黄土高原地区。是我国重要的大豆产区之一,目前面积约 300 万 hm^2,总产量约 500 万 t。其中夏大豆占该区大豆面积的 90% 左右。黄淮海夏大豆产区与东北春大豆产区同为我国两大大豆主产区。20 世纪 50 ~ 80 年代初,黄淮海大豆面积和产量均超过东北春大豆产区,位居全国第一位,80 年代中后期退居第二位。20 世纪 90 年代以来黄淮海夏大豆种植技术和品种的农艺性状都有很大的改进,单位面积产量有较大的提高,虽种植面积不及 50 年代的一半,但总产量却高于 50 年代的年总产量水平。

　　黄淮海地区是我国大豆起源地和最早种植大豆地区之一。最早的文字甲骨文关于大豆的记载,出土于河南安阳殷墟。《周礼·夏官司马》中说,豫州和并州,"其谷宜五种",这里所说的豫州即河南,并州指山西一带;战国时期的黄豆出土于山西侯马。《诗经》记载,秦汉以前今陕西、山东就种植大豆。晋西临县县志中记载,"汉代县民以种植豆米为大宗"。据《史记》五帝本纪记述,大约 4 000 年前,在我国黄河流域的豫、晋、鲁、陕等地已有大豆种植。

　　栽培大豆是从野生大豆进化来的。在我国,绝大多数省份都生长有野生大豆。黄河流域的野生大豆无论从类型和数量来看,都比较多,黄河流域栽培大豆的类型和数量也多于其他地区。据徐豹等(1984)用我国不同地区的野生大豆和栽培大豆为材料,多方研究分析结果证明:①黄河流域野生大豆与栽培大豆的开花日数最为接近;②分析全国 1 695 份野生大豆和 1 639 份栽培大豆的蛋白质含量,黄河流域两者蛋白质含量最为接近;③国内不同地区 339 份野生大豆和 104 份栽培大豆种子蛋白电泳分析比较,胰蛋白酶抑制剂 Ti 等位基因的频率,仅黄河流域两者相同,均为 100%。上述结果表明,黄河流域是大豆主要起源地。

　　本章重点阐述该区的生态环境、大豆的产区分布、生产发展和当前生产上应用的品种及品种类型,增产大豆的优质高产栽培技术。

第一节　春夏大豆生态环境和产区分布

一、生态环境

　　黄淮海春夏大豆产区从长城至淮河两岸,南北跨越约 10 个纬度,从黄海、渤海之滨到陕甘宁地区,东西跨越 22 个经度。气候有干旱、半干旱、半湿润等类型。农业类型有旱作和灌溉。境内主要山脉包括太行山、吕梁山、秦岭等大型山系,及六盘山、贺兰山、伏牛山、熊耳山、燕山、沂蒙山、泰山、大别山等中小山系。大豆栽培环境包括半荒漠、山梁、山峁、塬、丘陵、沟坝、各类平原等。华北平原是该区大豆生产主要区域,占大豆面积的 70%,几乎全为夏大豆。黄土高原地区大豆面积占该区的 20%,其中 70% 为春播大豆。土壤类型主要为风积物和冲积物构成的各种土壤。生态环境的多样性决定了大豆栽培品种和栽培方式类型的多样性。

（一）地形与土质概况

1. 地形地貌　黄淮海地区最显著的特征是黄河、淮河、海河三大河流。黄河的中下游穿过本地区，是本地最大的河流，上游在青藏高原，中游在黄土高原，只有下游在华北平原，沿黄有多处灌溉区域。海河源于黄土高原，由高地流入平原。淮河位于黄淮海平原南部，是苏北、皖北灌溉的主要水源。黄淮海地域的春播大豆主要分布在黄土高原地区，华北大平原则以夏大豆为主。

（1）黄淮海夏大豆产区的地形地貌　黄淮海夏大豆产区主要分布于华北平原，包括山东、河南和河北的大部分以及安徽淮河两岸以北、江苏洪泽湖以北的广大区域。黄土高原的陕西省中部、山西省中南部有一系列盆地如关中盆地、临汾盆地、运城盆地、长治盆地等亦有相当多的夏大豆分布。另外，其他一些区域如陇南、陇东、秦巴山区等年无霜期 180 天以上的地方亦有少量的夏大豆种植。

华北平原，又称黄淮海平原，是我国最大的平原，大部分地区海拔不超过 100 m，堆积的黄土沉积物厚达千米。平原的北部，境内地势平坦，大致可分为冲积扇、冲积平原和滨海平原三部分，自太行山山麓地带向海岸倾斜。平原上第四纪疏松冲积层深厚，沿海则为黄河及其他河流入海时沉积而成的平原，由于古今黄河的改道，因此，在这广阔无垠的平原上出现高地、坡地和洼地三种基本地貌类型。高地易旱，洼地易涝。区内河流甚多，除黄河、海河外，还有滦河、北运河、永定河、大清河、子牙河、南运河等。黄淮海平原的中东部，即鲁中南山区、胶东丘陵地区，由泰山、鲁山、沂蒙山、徂徕山等主峰千米以上的中山构成鲁中南山地，以泰山最高为 1 532 m，鲁、沂、徂徕等山系高度也在 1 000 m 以上，统称为泰沂山区。地形有丘陵、中山和低山。濒临渤海与黄海的胶东丘陵大部分为波状缓丘，海拔 200～300 m，崂山等个别山峰海拔在 700～1 000 m。河流主要有胶莱河、五龙河等。黄淮海平原的南部由黄河、淮河冲积而成，属黄淮海大平原的南部。全区地势坦荡平缓，略向东南倾斜。北部为黄河古冲积扇平原。由于黄河多次改道和决口泛滥，在这广大的冲积扇平原上，出现多种地貌类型，如洼地、盐碱地、平沙地、沙丘和沙堤等。东北部平原的边缘与鲁中南山地之间有东平湖、南阳湖、独山湖、昭阳湖和微山湖等湖泊。西部为太行山和伏牛山的山前倾斜平原海拔 50～150 m，是本区农业的高产区。南部为淮北平原，海拔 50 m 左右，淮河支流自西北流向东南，因地势低形成大面积洼地。

（2）黄淮海春大豆区的地形地貌　黄淮海春大豆区主要分布于黄淮海春夏大豆区的西北部的黄土高原地区。其范围包括宁夏贺兰山和青海日月山以东，山西太行山以西、内蒙古大青山以南和陕西秦岭以北的广大区域。

在黄土高原区内有多条南北走向的山脉，阻隔东部海洋的水气西移，形成了黄土高原区由西向东降水量递增。黄土高原的东北部地区，多为山区。东部为太行山、五台山、太岳山、吕梁山等组成的高原山地，山间夹杂着太原、临汾、长治等盆地。吕梁山以西的黄河两岸，为黄土丘陵和丘陵山地。

山西省境内的主要河流以汾河为最。由汾河上游到下游排列忻州、太原、临汾和运城 4 个盆地，以太原盆地最大，运城盆地最低（300 m）。忻州和太原盆地平均海拔 700～1 000 m，近 20 年来夏大豆发展较快，但是，仍保持大面积的春播大豆，而临汾和运城盆地，是山西省夏大豆主产区。黄土高原的南部，以秦岭为主要特征。地势西高东低，有高山峻岭，又有河谷急流,并有山间盆地,还有冰川地貌。秦岭(包括东段的伏牛山、西段的西秦岭及中段陕西境内的秦岭北坡),太行山南段及中条山,海拔为350～3 767 m(太白山),关中和运城盆地海拔350～700 m。秦岭与渭北高原之间的关中盆地,受泾河、渭河冲积物与风积物共同影响,形成冲积和风积平原,地势平坦,河网密布,为著名的八百里秦川。

甘肃的陇西地区,地面为黄土覆盖,土层深厚。在黄河及其支流两岸,形成一些河谷盆地,如兰州盆地,靖远盆地,洮河及大夏河谷地等,海拔1 200～1 800 m,是发展种植业的精华所在。陇东地区东部有子午岭山,西部为六盘山。其周围为黄土丘陵地貌,平均海拔1 000 m左右,地面为黄土覆盖。陇南地区地形复杂,绝大部分为山区。北部跨渭河两岸,属黄土丘陵沟壑区。在渭河以南是黄土高原向山地的过渡地带,中部大部分属西汉水流域,以低山丘陵为主,并有山间盆地。

宁夏的主要农业区为黄河灌区。该地区南从中卫县南山台子和青铜峡牛首山起,北至内蒙古自治区止,东临鄂尔多斯高原,西倚贺兰山及腾格里沙漠。海拔1 070～1 234 m,地势南高北低,比较平坦。耕地土壤主要是长期灌溉淤积后形成的灌淤土,土层深厚,生产性能良好。由于年降水量偏少,必须依赖黄河水利灌溉。还有,豫西山地以北,郑州以西,黄河以南为黄土丘陵台地,亦是黄土高原的一部分。

2. 土　质

(1)华北平原土壤　华北平原是由黄河、淮河和海河冲积物长期淤积而成的大平原,面积达30万hm²,土壤成土母质多为河流冲积物。分布着大面积的"冲积土",耕作历史悠久,是我国小麦、棉花、玉米、大豆主要产区之一。

这里的土壤南北有所不同。平原北部,黄河和海河地区的冲积土,是由黄土高原冲来的,由于地下水位高,水分条件较好,容易回潮,统称潮土(又名黄潮土),其颜色较淡,含石灰质多。由于黄河历史上多次改道,"紧沙漫淤"的沉积规律,使水流急速的决口附近沉积沙土,水流缓慢的远处沉积淤土,在两者之间沉积两合土,因而土壤质地变化很大,有的砂性重(如泡沙土、飞沙土),有的黏性重(如淤土或胶泥),有的上砂下黏,有的下砂上黏,或砂黏相间,水盐运动状况很不一样。在地下水含盐量较多而水位高的地方,往往形成斑状分布的花碱土。平原南部,淮北地区的冲积土,颜色较黑,大部分比较黏重,表土一般都不含石灰质,底土层多砂姜(石灰结核),通称砂姜黑土或青黑土。平原北部的潮土和南部的砂姜黑土,都具有地势平坦,土层深厚,养分丰富等优点,宜于发展农业。20世纪50年代以来,在淮河流域开挖了新沂河、新沭河、新汴河等10多条大型骨干河道,兴建了佛子岭、梅山等30多座大型水库,防洪排涝效果显著,还进一步发展了灌溉。对于长期影响河北省农业生产的海河,目前也基本上控制了该流域的洪涝灾害。同时,还建成了一大批的扬水站和机井,扩大了灌溉面积。整个华北平原已发生翻天覆地的变化,到处呈现一派生气勃勃的景象。

本地区为古老耕作区,是我国农业主产区。土壤类型除了黄潮土、砂姜黑土外主要还有褐土等。各种土壤的特点亦有所不同。褐土是久经耕作的熟化土壤,分布在山前阶地及黄淮海平原残丘阶地。表土棕黄色或褐色,中性至微碱性,pH值7.5～8.5。表层有机质含量1%～1.5%。排水良好,土壤盐分含量少,耕性良好,保水保肥。黄潮土分布在黄淮海冲积平原,分为沙质、壤质、黏质及夹胶泥四种。其表层色泽较浅,有机质含量在1%以下,大部分土壤在0.5%左右,全磷含量0.01%～0.03%,全钾含量2%～2.6%。碳酸钙含量高,平均在8%～12%之间,呈强石灰性反映,pH值8.5以上。该土壤水分状况不稳定,易旱易涝。

砂姜黑土广泛分布于淮北平原,母质多为冲积物或湖积物。有机质含量0.5%~1.5%,全氮多为0.05%~0.14%,钙、镁、钾、磷等养分含量较多,并含有石灰质,pH值约8.5。耕性不良,雨季易受涝成灾,旱时出现裂缝。该土壤不发小苗,但发老苗,籽粒成熟度好。

因本区地势低平,河流汇集,遇涝年泄水不畅,易出现内涝。盐碱土面积大,但相当面积的盐碱土随着近年地下水位的降低得到改良。目前多形不成碱害。

(2)黄土高原土壤　黄土高原由厚达十至百余米的第四纪黄土所覆盖,海拔大部分超过1 000 m。我国的第四纪黄土,不论是分布范围之大,还是堆积厚度,都占世界第一位。由于黄土质地疏松,空隙度大,且含大量的粉砂级颗粒,易受暴雨冲刷和流水侵蚀。

黄土高原地跨陕、甘、晋、豫等省,黄土层厚达几十米,最深的达200 m以上。黄土层绵而深厚,质地均一,垂直结构良好,自古以来,当地群众挖窑洞而居。黄土矿质养分较为丰富,耕性良好,宜于作物生长。这里很早就经营农业,是我们伟大祖国的文化发源地。

黄土高原地区水土流失严重,其流失类型属于水力侵蚀型。在战国以前,这个地区是林茂草丰的地方,当时,人们以畜牧、狩猎为主。秦朝和西汉时代,由于大量的移民垦殖,在耕作粗放的情况下,加剧了水土流失。东汉至唐代,畜牧业又居主导地位,在这大约800年间,以畜牧业为主,植被得到了一定恢复。唐代以后,农业又有较大发展,开发森林和草原,从事广种薄收的种植业,加快了水土流失,使整个黄河流域陷入了水旱灾害频繁的境地。黄土高原地区的雨量大多集中于7~9月份,并常有暴雨,因黄土疏软,遇水易分散,容易遭受侵蚀。如陇东、陕北及晋西的广大黄土丘陵地区沟壑纵横,这不仅影响了当地的农业生产,而且还使地处黄河下游的华北平原,造成河道淤塞,河水泛滥成灾。经过长期治理改造,目前不少地方已达到树木成林,青草遍野,泥不出沟,水不出田,水土流失得到了初步的控制,促进了农业生产的发展,并为全面治理黄河做出了贡献。

黄土高原地区除了淋溶侵蚀、击溅侵蚀以及坡面层状侵蚀外,坡度在2°以上的坡耕地在分水线以下10 m处,就开始发生细沟侵蚀;5°以上,细沟侵蚀加强,并发生浅沟侵蚀;15°以上,细沟和浅沟侵蚀进一步加强;25°以上则极强烈,并伴生有切沟和冲沟出现;35°以上耕地发生泻流;45°以上的沟坡地和黄土沟壑可发生滑坡和塌陷。黄土高原地区年侵蚀指数一般为5 000~15 000 t/km²,其中陕北和晋西可高达30 000 t/km²。黄河下游泥沙绝大部分来自黄土高原,每年向三门峡以下下泻泥沙16亿~30亿 t。黄河中游土壤养分大量流失,造成土壤贫瘠,耐瘠的大豆不得不当选为长期以来的主要农作物。

陕西关中及晋南、豫西等地的黄河及其支流(泾、渭、汾、洛)两岸阶地上黄土母质发育的褐土,经过长期耕作培育,已形成30~70 cm厚的熟土层,把原来古老的表土层埋藏在下面,两层过渡明显,像楼房一样,当地群众称之为"塿土",著名的"八百里秦川"中的头道塬和二道塬就是以塿土为主。塿土含有机质较多,较疏松,透水性好,保水能力强,盛产小麦、玉米、豆类、马铃薯、棉花、烤烟、大麻等,是黄土高原上的"棉粮川"。甘肃陇西地面为黄土覆盖,土层深厚,土壤为黄绵土、灰褐土,在海拔2 000 m以上的高山区还有一些黑土灰栗钙土和棕钙土等,土质疏松,比较肥沃,耕性良好。长期以来主要经营旱地,是本省的旱作农业区。陇东地面为黄土覆盖,耕作土壤主要分黑垆土、黄绵土,关山和子午岭还有山地森林灰褐土分布。宁夏灌区耕地土壤主要是长期灌溉淤积后形成的灌淤土,土层深厚,生产性能良好。

(二)气候特点

1. 温度资源　太阳辐射是地球上热能的主要来源。在回归线以北(北纬23°27′),随着纬度的增加,太阳提供的热能逐渐减少。在纬度影响的基础上,起伏的地势和海陆位置又起了再分配作用,形成了该地区热能状况差异较大的温度资源特点。黄淮海大豆区处于北纬的中纬度地区,主要属于温带和暖温带,部分地区为北亚热带气候,其中华北平原和黄土高原的东南部属于暖温带,黄土高原西北部为温带。温度具有明显的季节性变化,且四季分明。

该地区年均气温 2℃~15℃,最冷月均气温 -2.5℃~2℃,绝对最低温度达 -35℃~2℃,最热月均气温 21℃~29℃,全年无霜期 100~270 d。日均气温 ≥5℃ 为 150~270 d,≥10℃ 为 120~240 d,年活动积温为 1 600℃~4 500℃。温带地区农作物以一年一作为主,大豆为春播,暖温带地区为一年两作,大豆为夏播。由于黄土高原的地形地貌远比黄淮海平原复杂,因而黄淮海平原的气候由北向南平稳过渡,黄土高原差异却十分明显。黄土高原地区昼夜温差大,有利于增加大豆净同化率,提高产品数量和质量。

黄淮海夏大豆温度资源由北向南相对差异不大。本产区的北部,包括河北省的长城以南、石家庄和天津以北及山西省的中南部盆地,无霜期 175~220 d,常年 ≥10℃ 活动积温 3 800℃~4 300℃,年平均气温 10℃~12℃。中部包括河北省的石家庄和天津以南,山东省大部,河南省的黄河以北,山西省西南部的临汾、运城盆地,陕西省的关中地区,甘肃省的天水地区等。无霜期 200~240 d,常年 ≥10℃ 活动积温为 4 000℃~4 400℃,年平均气温 12℃~14℃。南部包括河南省的黄河以南,安徽、河南省的淮河两岸以北,江苏省洪泽湖和苏北灌溉总渠以北,山东南部等地。该区无霜期 200~260 d,常年 ≥10℃ 活动积温为 4 400℃~4 800℃,年平均气温 13℃~15℃。

黄土高原地区由于海拔和纬度等因素的影响,温度资源差异十分显著。高原东北部,纬度和海拔均偏高,年平均气温仅 3℃~9℃,大豆开花结荚期平均气温 17℃~24℃,昼夜温差大,低温是限制大豆产量的主要因子之一。无霜期 130~170 d,年 ≥10℃ 活动积温为 2 200℃~3 200℃。晋西及陕甘宁边区,年 ≥10℃ 活动积温为 3 000℃~3 800℃,无霜期 160~200 d。大豆开花结荚期平均气温 22℃~36℃,昼夜温差较大,由于本地干旱缺水和水土流失严重,夏季高温往往加重干旱和干热气候出现,严重影响大豆生长。高原西北部宁夏灌区,属于温带干旱半荒漠气候,热量资源丰富,年平均气温 8℃~9℃,≥10℃ 活动积温为 3 200℃~3 400℃。昼夜温差大,一般为 13℃左右,有利于大豆的有机质积累和生长,无霜期 150~200 d。甘肃的陇西地区,位于高原的西南部,年平均气温 5℃~9℃,≥10℃ 活动积温为 1 200℃~3 800℃,昼夜温差大。川地无霜期 200 天左右。陇东地区年平均气温 7℃~10℃,最冷(1 月份)一般在 -4℃~8℃,最热月 20℃~23℃,≥0℃ 活动积温为 3 000℃~3 960℃,≥10℃ 活动积温为 2 600℃~3 400℃,无霜期 160~190 d。高原东南部地区,包括陕南山区、晋东南和豫西等地,无霜期 170~240 d,常年 ≥10℃ 活动积温为 3 800℃~4 700℃,年平均气温 10℃~12℃。

2. 光照资源　黄淮海地区的光照资源是十分丰富的。其中黄土高原是我国仅次于青藏高原和新疆太阳辐射能的第二高能区,华北平原是第三高能区。

黄土高原地区的光照时数受纬度、海拔和降水量(降水时期)的影响,基本上是由西北向东南递减。宁夏的日照时数在 3 000~3 400 h 之间,日照率在 70% 以上。甘肃省日照时数在 1 700~3 400 h 之间,日照率在 70% 以上;高原东北部,日照可达 3 000 h,日照率为 65%~67%。陕西省以秦岭为分界线,秦岭南部的年日照时数在 2 000 h 以下,日照率为 40% 左右。

黄土高原东南部日照时数一般在2000~2800 h,日照率为55%~65%。

华北平原北部年日照时数2000~2800 h,日照率为55%~65%;中部年日照时数1900~2500 h,日照率为50%~60%;南部年日照时数1800~2300 h,日照率为50%~60%。

3.降水资源 黄淮海大豆区位于我国半干旱和半湿润农业区。我国是世界上干旱和半干旱土地面积较大国家,属于中纬度干旱和半干旱类型。据有关资料统计,我国干旱半干旱地区面积占全国土地面积的52.5%。其中半干旱地区占21.7%。半干旱地区是我国旱地农业的主要实施区域,其中以著名的黄土高原为主,总体包括属于内蒙古高原的后山地区,河北坝上地区;属于黄土高原西部的陕北,晋西和晋北地区;属半湿润易旱的渭北、豫西和晋东南等地。旱地农业区地处我国黄河中游,是栽培大豆很早的区域之一。黄淮海夏大豆区所在的区域,基本上属于半湿润区域。其中西部、北部和东部大部分属于半湿润偏旱区域,包括燕山山区、黄河以北的华北平原、关中平原、临汾、运城盆地、山东西南部等。南部为半湿润区,指淮河流域的平原地带等。

黄淮海大豆区降水资源的地域和季节分布极不均匀,在夏大豆区北部,平均降水量为500~700 mm,干旱度在1.2~1.4之间。冬季仅占全年降水量的3%~7%,春季占10%~14%,夏季可占60%~70%,大致可以把5~9月份称为雨湿季,10月至翌年4月份为少雨,亦即旱季。本区6月份干旱的频率50%~60%,雨涝的频率10%~20%,7~8月份雨涝的频率30%~50%,干旱频率20%~30%。

夏大豆区的中部,干旱度在1.3~1.6之间。5~9月降水甚为集中。本区6月份干旱的频率50%~60%,雨涝的频率15%~30%,7~8月份雨涝的频率30%~60%,干旱频率10%~30%。其中在鲁西地区,常发生夏旱和秋旱,对大豆的播种、生长发育有较大威胁,其他区域亦不间断的发生伏旱、秋旱。

夏大豆区南部为湿润区域,年降水量在700~1000 mm。由于土壤质地、地形的变化,降水年度间不匀,洪涝和短时期干旱时有发生。这一区域年降水日60~75 d,有较明显的旱季,主要出现在冬、春时期,连续无雨日达到100 d或稍多。本区6月份干旱的频率30%~50%,雨涝的频率20%~40%,7~8月份雨涝的频率30%~60%,干旱频率10%~30%。

黄淮海春大豆区的降水资源差异十分巨大。黄土高原的东北区域,包括河北坝上,晋西北部等,年降水量370~550 mm,3/4的降水集中在7~9月份,雨热同步。春、夏、秋干旱频繁出现,夏季干旱频率85%。晋西及陕甘宁边区,降水量稀少、为300~500 mm,水土流失严重,空气干燥,年蒸发量3000 mm,土壤瘠薄。干旱出现的频率为90%,限制大豆产量的主要因子是干旱。大豆产量随年度间降水量多少而大起大落。西北部的宁夏和兰州灌区,年降水量在200~400 mm,年蒸发量3000余mm,农业依赖水利灌溉或洪灌。由于灌溉土地资源的珍贵,目前大豆栽培已极少单种,采用大豆与玉米、春小麦套种。东南部地区,年降水量500~700 mm,5~9月份降水甚为集中。本区6月份干旱的频率50%~60%,雨涝的频率15%~30%,7~8月份雨涝的频率30%~60%。

二、产区分布

(一)夏大豆产区

黄淮海夏大豆产区范围大体上是在长城以南,淮河两岸以北。包括河北省大部山东省全部,河南、安徽省的淮河两岸以北,江苏省洪泽湖和苏北灌溉总渠以北,山西省中南部的太原、长治盆地、南部的临汾、运城盆地及陕西省的关中地区,甘肃省的天水地区等。20世纪50~60年代,黄淮海夏大豆产区尚有相当面积的春大豆。随着复种指数的提高,这一地区的春大豆逐步被夏大豆取代,变为一年两熟制的小麦大豆产区。该区近期夏大豆面积维持在270万 hm² 左右。由于品种的不断更新、土壤肥力不断提高,栽培技术的推广普及,全产区单位面积产量由50年代初的40 kg/667 m²,增加到近年的约110 kg/667 m²。虽然面积大幅度减少,近期大豆总产量保持在500万 t 左右,还高于20世纪50年代的年总产量水平(347.1万~505.1万 t)。

1. 夏大豆北部产区　该区范围主要包括长城以南的北京、天津、河北省的保定、廊坊、石家庄、衡水、沧州、唐山及山西省的中南部的太原、长治盆地和晋城等。气候状况,四季分明,为季风温暖半干旱区,年降水量在500~600 mm,雨水多集中于6~9月份,6月份干旱的频率50%~60%,雨涝的频率10%~20%,大豆常因干旱而影响播种期;7~8月份雨涝的频率30%~50%,干旱频率20%~30%;9月份常遇秋旱,影响大豆鼓粒,造成秕荚秕粒,减产严重。夏大豆生育期一般90 d 左右。无霜期175~220 d,常年≥10℃活动积温为3 800℃~4 300℃,年平均气温10℃~12℃。光照较为充足,年日照时数2 000~2 800 h,日照率为55%~65%。"夏至"日照长度14 h 左右。夏大豆播种面积30万~35万 hm²,其中河北省约32万 hm² 主要种植品种有冀豆12号、冀豆13号、冀豆15号、中黄15、中黄24、科丰6号、仓豆4号和5号等;山西省中南部地区约3万 hm² 主要种植品种有晋豆15号、晋豆25号。该区大豆生长于两茬小麦之间,前茬小麦收获后种植大豆,一般于6月中旬至6月底播种,大豆生育期为85~95 d 的早熟品种。品种要求具有一定的抗旱性能。由于生育期短,增大种植密度是该区大豆稳产高产的关键措施。如山西省东南部夏大豆种植密度高达4万~5万株/667 m²。大豆产量多在150~200 kg/667 m²,品种各种结荚习性兼而有之,叶形多为圆叶,百粒重15~25 g。

2. 夏大豆中部产区　该区包括山东省绝大部分、河北省的南部、河南省的黄河以北、山西省的晋南、陕西省的关中地区和甘肃省的天水一带。夏大豆中部产区大豆种植面积为85万~100万 hm²。气候状况,四季分明,为温带半干旱区。常年≥10℃活动积温为4 000~4 400℃,年平均气温为12℃~14℃,无霜期200~240天,年降水量在500~700 mm,年日照时数1 900~2 500小时,日照率为50%~60%。夏大豆生育期一般90~100 d。雨水多集中于6~9月份。6月份干旱的频率50%~60%,雨涝的频率15%~30%,大豆常因干旱而影响播种;7~8月份雨涝的频率30%~60%,干旱频率10%~30%;9月份雨水偏少常遇秋旱,影响大豆鼓粒,而造成秕荚秕粒。该区有三片大豆产地。

第一片产地为山东鲁中、鲁北的济南、潍坊、泰安、东营、滨州、德州及胶东的青岛、烟台,种植面积30万~35万 hm²。生产上种植的主要品种有鲁豆11号、鲁豆4号、鲁豆13号、滨豆1号、科丰6号、烟黄4号等。大豆播种多集中于6月中下旬,收获于9月下旬至10月初。生育期85~100 d,以有限结荚习性为主,兼有少量亚有限结荚习性类型。

第二片产地为河南省黄河以北的濮阳、新乡、鹤壁及鲁西南的菏泽、济宁,鲁西北的聊城、冀南的邯郸、邢台等地,种植面积40万~45万 hm²。生产上种植的主要大豆品种有菏84-5、菏豆12、鲁豆10号、鲁豆11号、鲁豆12号、鲁豆4号、齐黄28号、豫豆8号、豫豆18号、豫豆19号、豫豆22号、豫豆25号、冀豆7号、冀豆10号、邯豆3号、邯豆4号、中黄13等。大豆播种集中于6月上中旬,收获于9月下旬。大豆生育期95~105 d,以有限结荚习性为主,兼有少量亚有限结荚习性类型。

第三片产地为山西省的晋南、陕西省的关中地区和甘肃省的天水一带,种植面积 15 万~20 万 hm²。当前生产上种植的主要品种有晋豆 19 号、晋豆 22 号、晋豆 23 号、秦豆 8 号、陕豆 125 等,豫豆 19 号及豫豆 22 号也占有一定面积。大豆品种生育期 95~100 d,具有一定的抗旱性,以无限结荚习性为主,兼有少量有限和亚有限结荚习性类型。大豆播种多集中于 6 月中旬,收获于 9 月下旬。

3. 夏大豆南部产区 该区包括河南省的黄河以南,安徽、河南省的淮河两岸以北,江苏省洪泽湖和苏北灌溉总渠以北,山东省南部的枣庄、临沂一带。大豆种植面积 130 万~140 万 hm²。夏大豆生育期一般 95~110 d。无霜期 200~260 d,常年 ≥10℃ 活动积温为 4 400℃~4 800℃,年平均气温 13℃~15℃,为温带湿润季风气候区,年降水量在 800~1 000 mm,多集中于 6~9 月份大豆生长季节,年日照时数 1 800~2 300 h,日照率为 50%~60%。6 月份干旱频率 30%~50%,雨涝频率 20%~40%;7~8 月份雨涝频率 30%~60%,干旱频率 10%~30%。

大豆一般于 6 月上中旬播种,9 月下旬收获。大豆品种以中熟类型为宜,最大产地集中在河南省的周口、驻马店、漯河、南阳、商丘,安徽省的阜阳、淮北、宿县、淮南、蚌埠等地,地势平坦、黏重土壤居多,大豆面积约在 85 万 hm² 以上。生产上应用的品种有豫豆 22 号、豫豆 25 号、中黄 13、周豆 11 号、中豆 20 号、豫豆 16 号、皖豆 16 号、皖豆 20 号、徐豆 9 号、合豆 2 号等。是黄淮海夏大豆区的高蛋白质产地,该区其他的产地比较分散,有江苏省北部的连云港、徐淮地区、山东省的临沂、枣庄等地,大豆面积 20 万~25 万 hm²,生产上应用的品种有徐豆 8 号、徐豆 9 号、泗豆 11、鲁豆 4 号、鲁豆 11 号、菏 84-5、鲁豆 10 号。

(二)春大豆产区

黄淮海春大豆产区范围大体上是在长城以南,秦岭以北,青海日月山以东的广大区域,包括宁夏回族自治区的全部、山西省、陕西省的北部、甘肃省的中东部、河南省西部、河北省西部太行山区及北部的张家口、承德等地。从汉代以来,该地区已开始种植大豆,并且面积巨大,不论山地、丘陵或平原,种植的只有春播类型。

黄淮海春大豆产区近年大豆面积为 30 万~40 万 hm²,约占全国大豆面积的 5%。由于绝大多数的春播大豆多分布于丘陵、沟壑区、平川旱坡地,绝少灌溉条件。随着大豆品种的不断更新换代和新的栽培技术的推广普及,全产区大豆单位面积产量由 20 世纪 50 年代初的 20~30 kg/667 m²,增加到近年的 70~80 kg/667 m²。总产量在 40 万~60 万 t。黄淮海春播大豆产区相对较分散,主要有以下几个较为集中产区。

1. 晋陕甘宁蒙边区 晋陕甘宁蒙边区是黄土高原春播大豆面积的最大集中产区,包括山西省西北部、陕北的长城沿线、榆林、延安的黄土丘陵区、渭北高原、甘肃省的陇东、宁夏的东南部、内蒙古的黄河以南地区。大豆面积约 25 万 hm²,占当地农作物播种面积的 10%。无霜期 130~190 d,全年 ≥10℃ 活动积温为 2 000℃~4 000℃,昼夜温差大;年降水量在 350~700 mm,年蒸发量 3 000 mm 左右;年日照时 2 500~3 000 h,是我国高能辐射区。干旱是大豆生产的主要障碍因素,春旱频繁,常使大豆延迟播种,夏秋连旱往往造成大豆严重减产。大豆产量随着年度降水量的多少而波动,其相关系数达到 0.8。土壤瘠薄是限制大豆产量的第二主导因素,使用化肥是提高产量的有效栽培技术。大豆于 4 月下旬至 5 月上旬播种,9 月中下旬收获,一年一熟,以单种为主。该区东南部,素有大豆与玉米或其他作物间作的习惯。大豆栽培方式多采用点种,近年来平川旱地机械条播有所发展;栽培密度较低,每667 m² 种植大豆 6 000 株左右,无霜期较短的地区,种植密度增大,也不超过 15 000 株。

晋、陕、甘、宁和蒙边区的黄土高原腹地,劳均土地面积大,土壤贫瘠、耕作甚为粗放。要求品种高度抗旱。这些品种应对光照反应迟钝,以适应当地春季大豆播种期间调整播期的要求。籽粒较小,百粒重 10 ~ 17 克;种皮以黄色为主,青、褐、黑和双色豆均有。大多数品种具有硬粒特性。植株高大,以无限结荚习性为主,分枝细长且多,中小圆叶,紫花较多,荚小而密。对光反应迟钝,开花期漫长。根系发达,下扎较深而广,根毛遇旱后迅速伸长。目前生产上主要栽培品种有榆林圆黄豆、晋豆 21 号、晋豆 14 号等。

晋、陕、甘、宁边区的东南部,为中度干旱区域,年降水量稍多。其栽培模式与重旱区基本相同。多采用中度抗旱类型大豆品种,粒形一般为椭圆粒,籽粒大小适中,百粒重 18 ~ 23 克,种皮黄色,株高适中,无限和亚有限结荚习性兼有,分枝 3 ~ 5 个,圆叶为主兼有披针叶形。对花叶病毒病、食心虫和胞囊线虫有一定抵抗能力。目前种植的大豆品种主要有陕豆701、陕豆 7214、晋豆 14 号、晋豆 15 号、晋豆 19 号和晋豆 23 号等。

2. 宁夏、陇西灌区套种区 宁夏灌区有丰富的水资源条件。南从中卫县南山台子和青铜峡牛首山起,北至内蒙古自治区止,东临鄂尔多斯高原,西倚贺兰山及腾格里沙漠。包括石嘴山郊区、陶乐、平罗,贺兰、银川郊区、永宁、青铜峡和灵武、吴忠、中宁灌区的一部分。海拔 1 070 ~ 1 234 m 间,地势南高北低比较平坦。耕地土壤主要是长期灌溉淤积后形成的灌淤土,土层深厚,生产性能良好。本区属于温带干旱半荒漠气候,干旱少雨,日照充足,热量资源丰富,年平均气温 8℃ ~ 9℃,≥10℃ 活动积温为 3 200℃ ~ 3 400℃。昼夜温差大,一般为13℃左右,年日照时数 3 000 h 以上,无霜期 150 ~ 200 d。年降水量 200 mm,年蒸发量 2 000 mm。属于无灌溉便无农业的地区。因有引黄河灌溉之利,使河、井、渠的排灌形成完善体系,农田建设和机械化已达到相当好的程度,是我国生产水平极高的灌溉农业区。

大豆与其他作物的套种是灌区农业经济发展的需要。现在的主要种植方式是,小麦套种大豆或小麦套种玉米间作大豆。即春小麦播种后的 4 月下旬,以 6∶4 的带比种植大豆,或以 1∶1 的带比种植玉米,然后在玉米的两侧点种大豆。

大豆面积常年保持在 3 万 hm² 左右,产地比较集中,单产较高,平均在 2 200 kg/hm² 左右。大豆品种目前以宁豆 3、宁豆 4 号、科丰 6 号为主,这些品种的蛋白质和脂肪含量均低,其余品种晋豆类型、铁丰类型、合丰类型、黑河类型等也有种植。

按照当地气候生态条件、农业生产条件和种植制度类型,完全适应发展高蛋白质和高脂肪类型,或双高类型大豆生产。

3. 陇西大豆间套区 本区包括定西地区的定西、通渭、陇西、临洮,平凉地区的庄浪、静宁,兰州市的永登、皋兰、榆中三县和城关、七里河、安宁、西固、红古五个区,白银市的靖远、景泰、会宁三县和平川区以及临夏回族自治州的永靖及东乡二县。

本区雨量稀少,气候干燥,年降水量在 200 ~ 600 mm。气候较寒冷,≥10℃ 活动积温为1 200℃ ~ 3 800℃。海拔高度在 1 200 ~ 3 500 m。光照条件好,昼夜温差大。无霜期为 120 ~ 200 d。土层深厚,土壤为黄绵土及灰褐土,土质疏松,比较肥沃,耕性良好。长期以来主要经营旱地,是本省的旱作农业区。在黄河及其支流两岸,形成一些河谷盆地,如兰州盆地、靖远盆地、洮河及大夏河谷地等,海拔 1 500 ~ 1 800 m,是发展种植业的精华所在。干旱缺水和水土流失是本区严重的自然灾害,除春旱外,这一地区常入夏无雨,严重影响大豆生长。倒春寒、霜冻、冰雹和秋涝等自然灾害也较为频繁。本区是甘肃省大豆的主要产区之一,是近10年来大豆生产发展最快的区域。大豆面积已达到4万 hm² 左右。大豆种植主要是与小麦、亚麻、豌豆等套种,亦与玉米间作。大豆于5月上旬播种,9月中下旬收获。品种以对光照反应较强,耐旱、直立,无限或亚有限结荚习性为主。大豆品种主要有晋豆13号(汾豆8号)、陇豆1号、铁丰8号以及由甘肃省农科院新选育成功的8910-5-8。据分析,这些品种的蛋白质含量39%~40%,脂肪含量为19%~21%,平均百粒重量22 g。8910-5-8蛋白质含量达到45.78%。

第二节　大豆生产的发展和品种农艺性状的演进

一、大豆生产的发展

(一)历史和现今大豆生产状况

1.面积、产量、用途　黄淮海大豆产区包括晋、冀、鲁、豫、苏、皖、陕、甘、宁、京、津11省、直辖市、自治区,面积主要集中在冀、鲁、豫、皖4省。建国初期,黄淮海大豆产区面积479.1万~755.4万 hm²(表20-1),约占全国总面积的60%。一直到1985年黄淮海大豆面积还大于东北。自1986年起,东北大豆面积(当年325.73万 hm²,占全国42.21%)超过黄淮海(当年311.13万 hm²,占全国40.31%)。黄淮海春夏大豆近年来面积稳定在300万 hm² 左右,占全国大豆面积的35%左右。其中夏大豆约270万 hm²,春大豆约30万 hm²。建国初期,黄淮海大豆单产仅30~40 kg/667 m²,到近几年最高达到126.2 kg/667 m²,稳定在110 kg/667 m² 以上。20世纪50年代,黄淮海大豆总产200万~500万 t,近几年,虽然面积减少,但由于单产提高,总产维持在500万 t 左右,总体比50年代还有所提高,占全国总产量的35%(表20-1)。

由于生态地理位置的原因,黄淮海夏大豆蛋白质含量一般在41%~43%,高于东北40%的含量和进口大豆39%的含量。由于育种家长期的努力,河南、河北、山东、安徽主产区都育成了一大批蛋白质含量高于45%的高蛋白质大豆品种,如河南豫豆12号蛋白质含量达到50.18%,山东的鲁豆10号蛋白质含量48.59%,中国农科院的中作011蛋白质含量48.39%。

表20-1　1949~2001年黄淮海大豆面积　(万 hm²)、总产(万吨)、单产(kg/hm²)

年代	面积	总产	单产	占全国总面积(%)	年代	面积	总产	单产	占全国总面积(%)
1949	479.1	242.7	506.6	57.59	1976	277.4	305.5	1101.2	41.47
1950	527.0	347.1	658.7	54.89	1977	287.5	337.5	1173.9	42.01
1951	632.9	452.7	715.4	58.59	1978	310.8	276	887.9	43.51
1952	703.4	481.1	684.0	60.22	1979	304.8	305.5	1002.3	42.06
1953	747.4	505.1	675.8	60.46	1980	317.3	330.5	1041.5	43.92
1954	755.4	459.4	608.1	59.70	1981	366.2	435.5	1189.2	45.64
1955	680.2	510.7	750.8	59.45	1982	356.2	327.5	919.5	42.31

续表 20-1

年 代	面 积	总 产	单 产	占全国总面积(%)	年 代	面 积	总 产	单 产	占全国总面积(%)
1956	691.9	521	753.0	57.44	1983	336.1	404	1202.1	44.41
1957	736.3	515.5	700.1	57.76	1984	316.2	343	1084.7	43.40
1958	467.6	386.1	825.8	48.96	1985	353.4	396.7	1122.5	42.61
1959	502.6	381.4	758.9	50.95	1986	311.1	418.2	1344.2	40.31
1960	478.9	297.7	621.6	51.23	1987	348.5	477.3	1369.7	41.26
1961	559.2	310.3	554.9	56.16	1988	307.7	407.3	1323.8	37.89
1962	531.6	309.1	581.6	55.93	1989	311.5	406.3	1304.4	38.66
1963	526.4	289	549.0	54.64	1990	291.7	401.6	1376.7	38.59
1964	558.7	402.5	720.5	55.82	1991	248.4	334.5	1346.4	35.28
1965	424.7	255.5	601.7	49.42	1992	258.6	346.7	1340.9	35.81
1966	421.5	360.5	855.3	50.02	1993	338.7	550.8	1626.3	35.82
1967	427.1	379	887.3	50.24	1994	335.5	564.3	1682.0	36.38
1968	413.8	353.5	854.3	49.48	1995	280.3	481	1716.2	34.49
1969	407.9	356.5	874.1	48.97	1996	263.9	466.4	1767.5	35.32
1970	392.0	387.5	988.5	49.09	1997	292.4	426.4	1458.2	35.03
1971	379.4	419.5	1105.7	48.70	1998	303.0	573.6	1893.2	35.65
1972	349.0	269	770.9	46.02	1999	284.0	499.6	1759.4	35.67
1973	345.8	376.5	1088.7	46.68	2000	304.2	522	1715.7	32.69
1974	335.1	316.5	944.4	46.15	2001	285.6	479.7	1679.4	30.13
1975	304.1	263.5	866.4	43.45					

　　黄淮海夏大豆年总产量多年来维持在500万t左右,20世纪70年代之前,由于人口少(1953年2.5亿,1964年2.9亿),不足半数作为豆制品加工原料自身消化,半数以上作为商品销往两广、两湖、浙江、江西、四川等地同样作为豆制品加工原料。70年代之后,由于黄淮海人口不断增长,相继突破了4亿(1982年)、5亿(2001年),大豆外销逐年减少,主要用于当地自身需求。支撑着黄淮海约6亿人口的植物蛋白需求。

　　黄淮海夏大豆的主要用途是作为豆制品加工原料。除传统的豆腐、腐竹、豆浆外,最近新开发的分离蛋白、蛋白肽、豆奶等都极大地丰富了豆制品市场。作为豆制品加工原料,高蛋白大豆比一般大豆可节省原料,提高质量,减少贮运,降低能耗。豆制品加工行业因为出浆率高首选当地大豆作为加工原料,价格比东北大豆高0.2元/kg,优质优价在黄淮海地区已开始实行。进口转基因大豆蛋白质含量比东北大豆更低,在豆制品加工企业作原料因为出浆率低而难以入选。进口转基因大豆对于黄淮海大豆的冲击主要在于压低了整个国内大豆市场的价格,造成黄淮海大豆价格随之下降,影响了农民收入。进口转基因大豆取代黄淮海大豆作为豆制品加工原料目前尚不可能。

　　根据近期的研究,大豆蛋白质含量的高低,除品种差异外,气候影响非常重要。大豆生育期中形成籽粒的最后1个多月,较小的昼夜温差、较高的平均气温有利于蛋白质的积累。黄淮海地区夏大豆籽粒形成期8月中下旬和9月份的温差小于东北大豆产区,平均气温高于东北大豆产区。这是黄淮海大豆蛋白质含量一般高于东北大豆的生态原因。黄淮海大豆产区育种家多年的努力,选育了一批高蛋白大豆品种则是内在原因。这也是黄淮海大豆目前难以为进口大豆取代的优势所在。

2. 耕作制度　大豆是用地养地的作物,在轮作中占有重要地位。大豆除了取之于土壤中的营养物质以外,还能偿还于土壤一部分营养物质。大豆的茬口好是各种主要农作物的良好前作,前作大豆,后作小麦、高粱、谷子和玉米的产量都有显著的增产效果。大豆的茬口好的原因在于:第一,根系在土壤中分布层次和吸取养分的情况与禾谷类作物不同。大豆根系属直根系,稻、麦、玉米、高粱和谷子等禾谷类作物为须根系。大豆根系上有根瘤菌共生,大量的根瘤可以固定一定量的氮素。第二,大豆根茬、落叶残留的有机质量较多,大豆茬口的土壤物理状况良好,较疏松。第三,大豆与禾谷类病虫害相同者较少,大豆的后茬作物田间杂草感染、病虫感染都较轻。

夏大豆的前作为冬小麦,夏大豆收获后,再种冬小麦,冬小麦之后种夏旱粮、经济作物、或夏大豆,是一年两熟的主要轮作形式;夏大豆收获后,实行冬闲,翌年春种植旱粮作物或棉花、花生,是两年三熟制的主要轮作形式。目前黄淮海有关夏大豆的主要轮作制度如下:冬小麦—夏大豆→冬小麦—夏玉米(一年两熟);冬小麦—夏大豆→冬小麦—夏谷子(一年两熟);冬小麦—夏大豆→冬小麦—夏大豆(一年两熟);冬小麦—夏大豆→冬小麦—夏芝麻(一年两熟);冬小麦—夏大豆→冬小麦—夏花生(一年两熟);冬小麦—夏大豆→冬闲—春棉花(两年三熟);冬小麦—夏大豆→冬闲—春花生(两年三熟);冬小麦—夏大豆→冬闲—春甘薯(两年三熟)。

黄淮海春大豆处于一年一熟的轮作制地区,与春玉米、春谷子、春红薯、春高粱、春小麦、马铃薯、向日葵、蓖麻、春油菜等作物轮作。目前黄淮海有关春大豆的主要轮作制度如下:春玉米→春大豆→马铃薯(一年一熟);春玉米→春大豆→春谷子(一年一熟);春玉米→春大豆→向日葵(一年一熟);春玉米→春大豆→春红薯(一年一熟);春玉米→春大豆→春高粱(一年一熟);春玉米→春大豆→春油菜(一年一熟);春玉米→春大豆→春小麦(一年一熟);春玉米→春大豆→蓖麻(一年一熟)。

3. 栽培方式　大豆栽培形式多种多样,演变复杂,单作、间作、套作与混作并存,因地而异。黄淮夏大豆主产区多实行单作,亦有部分以间作为主。长期以来黄淮地区夏大豆单作面积不断减少,夏大豆与夏玉米间作面积不断扩大,因而在轮作中很多地方大豆间作代替了大豆单作。

(1)间作　也称间种,是指生长期相近的两种作物在同一地块上,一行或多行相互间隔种植的形式。利用作物间不同生长特点,如植株高矮不同,根系深浅不一,叶片尖圆异形,需肥种类有别等,相辅相成,以提高土地利用率和光能利用率,增加单位面积总产量。与大豆间作的农作物种类很多,其中大豆玉米间作最为普遍,几乎占间作大豆面积90%以上,而且玉米与大豆间作的地块,绝大多数是以玉米为主作物,玉米增产幅度较大;大豆只是当作为玉米创造更高产量的光能利用率和土壤环境的副作物,大豆减产幅度较大。

与单作大豆产量相比较,多行间作的减产幅度比两行间作的要小得多,大豆不是耐阴作物。大豆根系与玉米根系入土深度相近似,间作玉米出现边行优势,间作大豆则出现边行劣势。间作大豆的行数越少,减产幅度越大,间作大豆植株的各种性状由于荫蔽徒长,株高增高,节间增长,节数减少,有效分枝数减少,单株荚数粒数都明显减少,但食虫率因有玉米屏障作用而减轻。

大豆为豆科作物,直根系,株矮叶小,共生有根瘤可以固氮,是需磷、钾较多的作物。玉米为禾本科,须根系,株高,叶大而长,属喜氮需肥需水较多的作物。大豆与玉米间作可以改善玉米的通风透光条件,合理利用营养元素,增加产量和经济效益。

大豆与玉米间作的具体形式根据水肥基础和对作物的要求而定。水肥条件较好的形式:以玉米为主,可在玉米的宽行内间作大豆,常用的配置方式有两种:一是 $1.5 \sim 1.6$ m 一带,2 行玉米,2 行大豆,玉米、大豆行距均为 33 cm,玉米与大豆间距为 $42 \sim 50$ cm。二是 2.6 m 一带,4 行玉米,2 行大豆,玉米为二垄靠,二垄小行距为 33 cm,二垄大行距为 66 cm,大豆行距为 33 cm,大豆与玉米间距为 50 cm。间作套种的时间因地因墒情而异,有的玉米和大豆在麦收前 $7 \sim 15$ d 同时套种在麦垄里,或先在麦垄里套种玉米,麦收后再在玉米行内套种大豆,或两种作物在麦收后同时播种。玉米密度与单作相同,大豆密度按占地面积计算与单作同。这样玉米不少收,又可增产大豆。

中下等肥力的形式:以大豆为主,大豆一般不少于 4 行,大豆仍按单作的行距,每 $4 \sim 6$ 行大豆间作 $1 \sim 2$ 行玉米,大豆密度同单作,玉米株距缩小,按所占面积应高于单作。其配置方式有:2.32 m 一带,4 行大豆,2 行玉米,大豆和玉米行距都是 33 cm,大豆与玉米间距为 50 cm。3 m 一带,6 行大豆,2 行玉米,大豆、玉米行距及间距同上,玉米缩小株距,增加密度,加强肥水管理,较易获得玉米、大豆双丰收。还有 2.1 m 一带,4 行大豆间作 1 行玉米;4 m 一带,8 行大豆间作 2 行玉米等。

大豆玉米间作,大豆应选用耐阴、抗倒、透光性好、有限结荚习性品种。玉米选用高产紧凑型大穗品种。同时,生长期间按各自需要加强管理,不能顾此失彼。

大豆红薯间套种植:在红薯不少收的情况下,在垄沟内种植而增收一些大豆。其方式根据红薯种植形式不同分为 3 种情况。

春红薯地套种大豆:2.6 m 一带,4 行红薯间种 1 行大豆。红薯起垄栽,垄宽 1.3 m,高 25 cm,一垄双行,红薯窄行 50 cm,株距 30 cm,密度 3 500 株/667 m^2。春红薯栽齐后,于 5 月下旬趁墒套种大豆,隔 2 垄(4 行红薯)在垄沟内种 1 行大豆。大豆穴距 $30 \sim 50$ cm,每穴 $3 \sim 4$ 粒,留苗 2 500 株/667 m^2 左右。

麦垄套种红薯大豆:4 行红薯间种 2 行大豆。红薯于麦收前 20 天套种,大豆于麦收前 10 天左右套种,红薯窄行 60 cm,宽行 1.2 m,株距 25 cm,密度 3 000 株/667 m^2;宽行内套种 2 行大豆,大豆窄行 40 cm,两侧距红薯 40 cm,穴距 30 cm,每穴 $3 \sim 4$ 粒,留苗 $4 000 \sim 5 000$ 株/667 m^2。

麦茬红薯大豆间作:2 行红薯间作 1 行大豆。麦收后立即施肥整地起垄,先在沟内播种 1 行大豆,后在垄上栽 2 行红薯。大豆穴距 50 cm,每穴 $3 \sim 4$ 粒,密度 3 000 株/667 m^2;红薯行距 60 cm,株距 25 cm,4 000 株/667 m^2 左右。

红薯田间套大豆,大豆要选用株形收敛、丰产性好的中早熟品种,以充分发挥大豆丰产性能,并减少对红薯生育后期的影响。麦垄套种的要早中耕灭茬,早施苗肥。大豆在红薯封垄前要多中耕保墒,大豆分枝期、红薯团棵期要注意追施速效氮、磷肥。其他管理同红薯、大豆单作相同。红薯田间套种大豆,麦茬红薯间种大豆,在河南、山东都是零星种植。

（2）混作　也称混种。一是指两种作物在同一行上，单株或多株相间种植的形式；二是指撒播混种。前一种形式与大豆混种的作物种类与间种的相似。山东省的玉米大豆混种面积较大，是鲁南地区大豆玉米的重要栽培形式。河南省也尚有一定面积。

玉米大豆混作：同穴或同行播种，是在中低产区玉米丰收的前提下，使大豆不另占耕地而增收的一项有效措施。"玉米不少收，大豆是赚头"。玉米大豆同穴或同行播种增产的原因：一是两种作物优势互补，充分利用光合空间。二是玉米、大豆需要吸收的营养元素不同，大豆是固氮作物，能从空气中固定一部分氮素，除自己利用一部分外，还能剩余一部分在土壤中。玉米大豆同穴播种，玉米可利用部分大豆固定的氮素，用地养地结合。三是玉米作为大豆的天然屏障，可减轻倒伏和豆天蛾、豆荚螟的为害。玉米大豆同穴或同行播种，宜在玉米中低产水平地区进行。玉米选用矮秆竖叶品种，以减少遮光。大豆选用透光性好、抗倒、有限结荚习性品种。玉米、大豆生育期相近，争取两种作物同种同收。力争早播，6月15日前播种结束，每穴点种玉米2~3粒和大豆3~4粒，定苗时每穴留玉米1株，大豆2~3株，3 300~4 000穴/667 m²。管理以玉米为主，适量增施磷、钾肥，注意防治两种作物的病虫害。

大豆与芝麻混作，河南省南部和东部比较普遍。芝麻耐旱性强，耐涝性差，大豆耐旱性较差，耐涝性较强，大豆芝麻混作旱、涝都可获得较好收成。大豆与芝麻混作，一般以大豆为主。在整地时，结合耙地灭茬，撒播少量芝麻种子，然后条播大豆，或在大豆播种后顺垄沟撒播少量芝麻种子，然后耙糖平地。大豆定苗时，芝麻留苗800~1 000株/667 m²。在大豆不少收的情况下，每667 m²多收10~15 kg芝麻，用以调剂生活，增加收入。大豆与芝麻混作，大豆应选用植株紧凑，透光性强的品种。芝麻选用单秆品种。芝麻成熟时及时收割。

大豆与高粱混作：历史最为悠久，但是近年来随着高粱种植面积的大幅度减少，混作的面积大幅度下降，但这是一种稳产增收的好形式，尤其在栽培条件较差的情况下，增收效益更加明显。大豆与高粱混作，是一种高矮作物的复合群体，能充分利用光能。高粱是须根系，与大豆的根系深浅不一，分布有差别，所需矿质营养的种类、数量有差别，可以充分利用土壤肥力。大豆与高粱混作，一般以大豆为主，每667 m²混种300~500株高粱。

（3）套作　也称套种。为了充分利用当地气候和土地资源，在前作生长后期，将后作种子播种于前作物的行间，前作物收获后，后作物利用前作物腾出的空间生长以至成熟，是争取延伸前后作作物生长期的一种多熟种植制度。

麦田套种大豆，河南山东各地时有应用。由于生育期提前，生育后期日照时间长，光照强度大，有利于大豆的光合作用。麦田套种大豆播种时间可以利用麦田后期麦黄水或麦田良好墒情，有利于出苗，麦收后适当干旱可以蹲苗促壮，盛花鼓粒期正是需水最多时期也是降水汛期，基本同降水规律相吻合。充分利用生长季节，有利于高产大豆品种生长。麦收后，由于大豆不能及时播种或为了大豆早腾茬，不影响后茬小麦播种，大多选用中早熟大豆品种，生育期短，产量相对较低。而麦垄套种大豆，比麦后播种的增加了15~20 d的生长期，可以选高产的中晚熟品种，有利于大豆创高产。

麦垄套种大豆需要掌握好以下关键技术。

选择生育期适宜的中晚熟、高产优质、增产潜力大的大豆品种。套种期应根据小麦长势而定，一般在麦收前7~15 d。250 kg/667 m²以下的低产田以麦收前12~15 d套种为宜；350 kg/667 m²以上的高产田，以麦收前7 d左右套种为宜；一般250~350 kg/667 m²的中产麦田，以麦收前10 d左右套种较好。足墒套种，确保全苗。当套种田的田间最大持水量不足

70%时,要浇水造墒,先浇后种,可在田边地头育部分苗,以备缺苗时收麦后补栽之用。套种方法有按穴点种和条播,以按穴点种较好,下籽集中易出苗,节省种子,密度好掌握,对小麦伤害少。低产麦田可用独腿耧条播或点播机点播,但出苗后要及时间苗。套种行距以麦垄宽窄而定,多采用 40~50 cm 等行或 40~50 cm×20~25 cm 宽窄行。套种密度因品种而异,一般 6 000~7 000 穴/667 m²,双株留苗,条播株距约 0.13 m,1.1 万~1.4 万株/667 m²。麦垄套种大豆由于小麦遮盖,根系被小麦根系封锁,加上土壤板结,幼苗生长瘦弱。因此,收麦后要及早管理,早灭茬、中耕,及早查苗补苗,早施提苗肥,干旱时浇保苗水,促苗早发快长,打好丰收基础。

宁夏黄河灌区和甘肃河西走廊灌区春大豆多实行春小麦、春玉米、春油菜间作套种栽培方式,具体为:春小麦(先播)、春大豆(后播)间套作→春小麦、春油菜间作→春小麦(先播)、春玉米(后播)间套作。

(二)生产上应用的近期育成的大豆品种

黄淮海夏大豆的全生育期自北向南由 85 d 左右到 110 d 逐渐拉长。因豆麦轮作是该区重要耕作制度,北部小麦晚收获早播种,南部小麦收获早播种晚,所以北部需要早熟大豆品种,南部需要中熟偏晚品种,以适应豆麦两熟的耕作制度。

1. 品种类型及其代表性品种　　品种类型包括高产品种、高蛋白品种、高油品种、高异黄酮品种、脂肪氧化酶缺失品种、无胰蛋白酶抑制剂品种、抗旱高产品种和抗大豆胞囊线虫高油及油蛋双高的高产品种。

(1)高产品种　　大豆高产是育种的主要目标。近期该地区育成一批高产品种,在高产条件下大面积产量可达 200~250 kg/667 m²,小面积可达 250~300 kg/667 m²。这些品种的共同性状特征是结荚密,节间短,根粗茎壮,抗倒抗病,粒茎比高。

MN413 每 667 m² 以上小面积最高产量 315 kg/667 m²。蛋白质含量 42.24%,脂肪含量 20.78%。国家区试 183.9 kg/667 m²,比高产对照增产 7.24%,生育期 104.5 d,有限结荚习性,株高 77 cm,主茎 18 节,百粒重 15.9 g。安徽省农科院育成,2002 年通过国家审定。

其他还有冀豆 7 号、诱处 4 号、JN96-2343、兴农 2 号、中黄 13 小面积也都超过 300 kg/667 m²。

(2)高蛋白质品种　　大豆蛋白质含量高是黄淮海地域南部的优势。该地域历史上就有一大批蛋白质含量高的品种资源。近期各科研单位相继育成一批蛋白质含量 45% 以上,含油量也较高的大豆品种。

豫豆 12 号蛋白质含量 50.18%,脂肪含量 17.6%,省区试产量 143.51 kg/667 m²,比高产对照增产 6.21%,生育期 105 d,有限结荚习性,株高 68 cm,百粒重 20.7 g。豫豆 21 号蛋白质含量 48%,脂肪含量 17.24%,有限结荚习性,生育期 104.9 d,株高 79.3cm,百粒重 18.2 g。鲁豆 10 号蛋白质含量 48.59%,脂肪含量 17.7%,百粒重 20 g,生育期 105 d,株高 80 cm,有限结荚习性。高蛋白品种还有皖豆 16、冀豆 12、诱变 30、中黄 22(中作 011)、菏豆 12、鲁豆 12、豫豆 15、豫豆 25 等。

(3)高油品种　　是黄淮海地域近期大豆育种的突出成效。育成一批含油量 21%~24% 的高油高产品种。冀黄 13 号脂肪含量 24.1%,蛋白质含量 39.75%,省区试产量 183.7 kg/667 m²,比高产对照冀豆 7 号增产 12.1%,亚有限结荚习性,生育期 100 d,株高 90~110 cm,百粒重 20 g。中作 965124 脂肪含量 22.48%,蛋白质含量 38.61%。黄淮海国家区试中片产量 185.05 kg/667 m², 比对照鲁豆 11 增产 12%。亚有限结荚习性, 长叶形, 株高 94.1 cm, 生育期 107 d, 百粒重 20 g。其他高油品种还有晋大 71、齐黄 28、鲁豆 11、皖豆 21、秦豆 8 号等。

(4) 高异黄酮品种　异黄酮是一种大豆活性物质, 有抗癌和防护心血管作用, 对于保持妇女的青春活力作用明显。大豆普遍含有该成分, 含量一般为 1 ~ 3.5 mg/g。

郑 92116 异黄酮含量 4.66 mg/g, 省区试产量 184 kg/667 m², 比高产对照增产 11.9%, 生育期 102.3 d, 株高 72.2 cm, 百粒重 19.8 g。豫豆 29 号异黄酮含量 4.359 mg/g, 省区试产量 167.15 kg/667m², 比高产对照增产 8.47%, 生育期 103.2 d, 株高 86.15 cm, 百粒重 18.4 g。

(5) 脂肪氧化酶缺失品种　豆腥味是一种有损于大豆风味的物质——脂肪氧化酶 (lox), 有 3 个基因位点控制, 分别为 lox1、lox2 和 lox3。我国已育成两缺失的品种, 黄淮海地区诸多科研单位也育成一批品种和种质。五星一号, 缺失 lox2 主要产味酶, 缺失 lox3 第二产味酶, 省区试产量 163.7kg/667m², 比高产对照增产 8%, 生育期 100 d。亚有限结荚习性。株高 100 cm。百粒重 23 g。脂肪氧化酶缺失品种 (种质) 还有中黄 16、鲁 307 和蒙 9606 等。

(6) 无胰蛋白酶抑制剂品种　胰蛋白酶抑制剂是大豆中存在的一种抗营养毒性蛋白。中国农科院丁安林等人, 开创性地进行了这项研究工作, 并获得重大研究进展。培育出无胰蛋白酶抑制剂品种中豆 28, 并证明 SKll 基因为单隐性遗传。还创造出一批胰蛋白酶抑制剂和脂肪氧化酶双无的大豆种质 96-952(ti/Lx-2.3)、989-23(ti/Lx-2.3)、989-24(ti/Lx-2.3)、中黄 16 为双无品种。

(7) 抗旱高产品种　品种抗旱性强是黄淮海北、中、西部大豆稳产高产最为重要的性状, 所育成的品种都有一定抗旱能力, 但品种间存在较大差异。晋豆 15 号, 抗旱系数 0.5 以上, 省区试产量 160 kg/667 m², 比对照吉林 13 增产 11%, 生育期春播 121 d, 夏播 89 d。株高 75 cm, 百粒重 21 g。山西、陕西、宁夏、甘肃生产上应用的大豆品种陕豆 701、陕豆 7214、晋豆 14、晋豆 15、宁豆 3 号、宁豆 4 号大都有一级抗旱能力, 这就保证了干旱地区大豆生产在一般情况下都会有一定收成。

(8) 抗大豆胞囊线虫优质高产品种和种质　黄淮海大豆产区的主要病害病毒病经过长期的努力已被基本控制, 但大豆胞囊线虫病尚未得到控制。本产区育成的品种大多不具有抗性。山东省农科院育成一批抗胞囊线虫的高油、高蛋白、油蛋双高, 还兼抗病毒病、霜霉病的大豆品种和种质。安徽省农科院育成抗胞囊线虫的高蛋白品种皖豆 16。

鲁 99-1 含油量 22.94%, 蛋白质含量 40.1%, 同时抗胞囊线虫 1 号、3 号、5 号小种。黄淮海国家区试产量 173.73 kg/667 m², 比高产对照鲁豆 11 增产 5.15%, 生育期 104 d, 株高 69.2 cm, 百粒重 18.1 g; 鲁 99-2, 含油量 22.3%, 蛋白质含量 44.8%, 同时抗胞囊线虫 1 号、3 号、5 号小种。2002 年黄淮海国家区试产量 162.81 kg/667 m², 比高产对照增产 5.45%, 生育期 102 d, 株高 72.9 cm; 鲁 A34 高抗胞囊线虫 1 号、3 号、5 号小种, 含油量 20.4%, 蛋白质含量 46.5%, 合计 66.9%。

皖豆 16 含油量 21.4%, 蛋白质含量 45.1%, 同时抗胞囊线虫 2 号、3 号、5 号小种, 耐 4 号小种。安徽省区试产量 167 kg/667 m², 比高产对照中豆 19 增产 5.4%, 生育期 100 d, 亚有限结荚习性, 株高 80.5cm, 黄种皮, 大粒, 百粒重 22 g。

2. 品种农艺性状演进和高产品种基因型特征　建国初期, 生产上应用的大豆品种多为农家品种。当时黄淮海夏大豆品种的主要问题是晚熟和花叶病毒病。成熟期 110 d 以上的晚熟夏大豆品种, 甚至 120 d 以上的极晚熟品种在生产上仍有相当广泛的分布。这就严重影响了早腾茬、早种麦的麦豆两熟耕作制度实施和改制。当时分布在全区各地的大豆农家品种,绝大多数感花叶病毒病,轻则减产,重则绝收。

大豆品种的第一次更新换代的时间是 20 世纪 60 年代初期至 70 年代中期。河南省的陈留牛毛黄、柘城紫花糙、上蔡二糙 3 个丰产、抗病毒病、早熟品种,经确定后,在本省部分大豆产区得到推广应用。山东省的齐黄 1 号、齐黄 2 号、齐黄 4 号、齐黄 5 号、齐黄 10 号、齐黄 13 号、齐黄 20 号等品种,河北省的牛毛黄、西曹黄,山西省的晋豆 1 号、晋豆 2 号、晋豆 3 号,安徽省的宿县平顶五、砀山白茧壳、阜南茶豆等,在一定程度上解决了夏大豆生产的早熟、抗花叶病毒病和丰产问题。这一时期全区夏大豆面积由建国初的 755 万 hm² 以及 60 年代初的 559 万 hm² 减少到 70 年代中期的 330 万 hm²,单产平均由建国初期的 40 kg/667 m² 多以及 60 年代初的 37 kg/667 m² 增加到 70 年代中期的 70 kg/667 m² 左右。

大豆品种的第二次更新换代的时间是 20 世纪 70 年代中期至 80 年代中期,以徐州 421、山东跃进 5 号、文丰 4 号、文丰 5 号、文丰 6 号、文丰 7 号、丰收黄、河南早丰一号、郑州 135、商 7608、鄂豆二号、皖豆 1 号、冀豆 1 号、冀豆 2 号、冀豆 3 号、吉林 3 号、晋豆 4 号、晋豆 5 号、晋豆 6 号为代表的改良夏大豆品种进入生产,在夏大豆各产区得到迅速推广应用。新品种的推广应用解决了夏大豆生产上迫切需要的早熟和抗花叶病毒病问题,丰产性也有明显提高。这一时期夏大豆面积由 70 年代中期的 330 万 hm² 上升至 80 年代中期的 353 万 hm²。平均产量增加到 80 kg/667 m²。新品种的更换是产量提高的重要因素。

第三次更新换代的时间是 80 年代中期至 90 年代初期。以诱变 30、科丰 6 号、豫豆 2 号、豫豆 6 号、豫豆 1 号、豫豆 3 号、豫豆 5 号、鲁豆 2 号、鲁豆 3 号、鲁豆 4 号、鲁豆 5 号、鲁豆 6 号、鲁豆 7 号、鲁豆 8 号、皖豆 4 号、皖豆 6 号、冀豆 4 号、冀豆 5 号、冀豆 6 号、冀豆 7 号、冀豆 8 号、晋豆 7 号、晋豆 8 号、晋豆 9 号、晋豆 10 号等为代表的改良品种相继在本区推广。除品种的早熟性、抗病毒病能为生产所接受外,丰产性、抗倒伏等性状均有所改良。此时大豆面积由 353 万 hm² 逐渐下滑至 248.4 万 hm²,平均产量上升到近 90 kg/667 m²。

90 年代初期至 90 年代后期为第四次更新换代。以中豆 19 号、豫豆 8 号、豫豆 10 号、豫豆 11 号、豫豆 12 号、豫豆 13 号、豫豆 14 号、豫豆 15 号、菏 84 号、鲁豆 9 号、鲁豆 10 号、鲁豆 11 号、鲁豆 12 号、鲁豆 13 号、皖豆 9 号、皖豆 10 号、皖豆 14 号、皖豆 19 号、冀豆 9 号、冀豆 10 号、冀豆 11 号、晋豆 11 号、晋豆 15 号、晋豆 19 号等为代表的改良品种相继推广。除品种的丰产性、早熟性、抗病毒病、抗倒伏等性状有所改良,品种的优质高蛋白已开始引起育种家的注意。此时大豆面积大部分在 280 万 hm² 以上,平均产量正常年份突破 120 kg/667 m²。

90 年代后期至今仍在进行中的为第五次更新换代。以中黄 13、中黄 17、中黄 20、中黄 19、中黄 22、中黄 24、中黄 25、中豆 19、中豆 20、中豆 27、中豆 28、菏豆 12、齐黄 28、滨豆 95-20、豫豆 16 号、豫豆 17 号、豫豆 18 号、豫豆 19 号、豫豆 21 号、豫豆 22 号、豫豆 23 号、豫豆 24 号、皖豆 20、皖豆 21、合豆 1 号、合豆 2 号、冀豆 12 号、冀豆 13 号、五星 1 号、仓豆 4 号、仓豆 5 号、化诱 446、化诱 420、化诱 542、邯豆 3 号、邯豆 5 号、晋豆 20 号、晋豆 21 号、晋豆 22 号、晋豆 23 号、晋豆 24 号、晋豆 25 号等在本区得到推广或具有一定的利用价值。品种的丰产性、早熟性、抗病毒病、抗倒伏等性状有所改良,优质高蛋白品种已在生产上大面积应用。品种的优质高蛋白、高油、高异黄酮、脂肪氧化酶缺失、油蛋双高、抗胞囊线虫已开始作为育种目标。此时面积在 284 万 hm² 以上,单位面积产量在第四次更新换代的基础上继续攀升。

黄淮海大豆品种农艺性状演进,总体趋势是丰产性不断提高,生育期缩短,已趋于稳定,抗病毒病、紫斑病及抗倒伏性状不断改善,株高的降低也趋于稳定。

高产品种基因型特征共同的认识是,植株矮壮、株型紧凑、结荚密集、抗倒伏、光效高、籽粒转化系数高、抗逆性强,适应性好。

二、大豆生产发展潜力和展望

黄淮海夏大豆究竟能有多高的产量水平?"八五"期间,中科院遗传所的诱处 4 号在河南省邓州市突破国家攻关黄淮海夏大豆 300 kg/667 m^2 的指标,667 m^2 地块产 304 kg。2000年安徽省农科院作物所在安徽省原蒙城大豆所 1 066.72 m^2 地块用 MN413 进行高产试验,经国家攻关验收实产达 315.08 kg/667 m^2,突破"九五"国家攻关黄淮海夏大豆 310 kg/667 m^2的指标,创历史最高纪录。

从生理方面分析,大豆种子含蛋白质较玉米高 2~3 倍,脂肪高 4~5 倍,同量大豆籽粒,其热能含量高于玉米。生产同量的籽粒,大豆所消耗和贮藏的热量比玉米高 1 倍多。并且大豆是光呼吸作物,在日光下呼吸作用比黑暗中大 3~4 倍,强烈的光呼吸将固定的 CO_2 又分解为 CO_2 放出,因而干物质积累受到影响,而玉米是非光呼吸作物。还有大豆的光饱和点较低,中午日光强度还不到一半,光合作用即达到饱和,当温度升高到 30℃,光合作用强度开始下降,这也影响大豆产量。玉米的光饱和点高,在中午全光照下,温度升高到 35℃,光合强度也不曾饱和。所以目前大豆产量不能像玉米那样高达 500 kg/667 m^2 以上。

1949~2001 年黄淮海大豆平均单产,虽然受每年气候影响有所波动,但总体上呈现上升趋势(图 20-1 粗线为时间序列即平产年产量)。1998 年 303 万 hm^2 平均 126.21 kg/667 m^2,属于 1949~2001 年的最高纪录。与安徽农科院作物所 MN91413 产量 315 kg/667 m^2 相比,黄淮海大豆单产的增加有相当大的潜力。1949~2001 年黄淮海大豆单产直线关系逐步递增。最近几年的年递增率为 1.4%。未来几年黄淮海大豆单产仍会继续上升,年递增率仍然会维持 1.4%左右的水平。

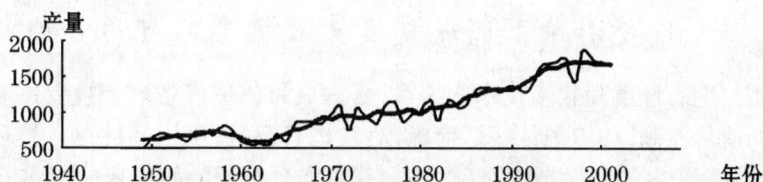

图 20-1　黄淮海大豆单产 （kg/hm^2）

影响黄淮海大豆面积的因素很多,其中市场对于大豆的需求,大豆自身的营养价值和加工利用特点、人均耕地、大豆单产、与玉米的比价,东北地区大豆的面积、价格,进口大豆的数量价格等都是不可忽视的影响因素。由于大豆本身营养价值和近几年深加工项目的开发,大豆食品除能被越来越多的老龄化城镇居民接受外,在收入偏低的农村一直是大众化的重要营养食品。豆粕作为饲料的组成部分需求量日益剧增。这些因素使大豆及其面积可以得到维持。另一方面,自 20 世纪 50 年代以来,随着人口的增加,黄淮海人均耕地由 1 334 m^2 锐减到目前的 646.99 m^2,为了解决吃饭问题,扩大小麦面积,扩大玉米等高产作物以增加粮食产量,50~60 年代部分春大豆被夏大豆取代,成熟期偏晚影响下茬小麦播种的夏大豆也被早熟夏大豆品种取代,夏季能种水稻的地区全被水稻覆盖。不能种水稻的耕地多为玉米、棉花等高产高经济效益作物所占据。由于大豆产量攀升较玉米缓慢,其面积由 50 年代的 468

万 hm^2 以上(最高的 1954 年 755.4 万 hm^2)逐渐压缩到近年的 300 万 hm^2 左右,最低曾到 248.4 万 hm^2(1991 年)。预计,未来几年黄淮海大豆面积基本维持在目前水平,在 300 万 hm^2 上下浮动。未来几年黄淮海大豆总产也将在目前 500 万 t(图 20-2)基础上伴随着单产水平的提高而进一步攀升。

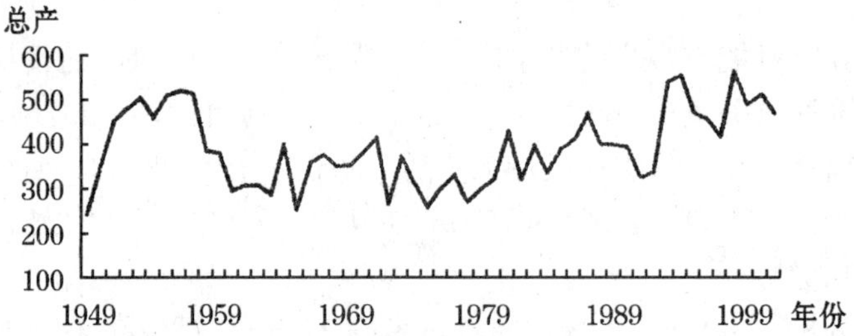

图 20-2 黄淮海大豆总产 (万 t)

黄淮海地区大豆单产潜力还很大,从小面积高产水平看,随着栽培技术的改进、普及、推广,大豆品种的改良,生产条件的改善,大豆单产将会有较大的增长。在不远的将来,在较大面积上达到产量 3 000 ~ 3 750 kg/hm^2 是可以做到的。若大豆玉米比价能维持常规为 1:2.5,减少进口大豆的冲击,本区大豆面积还会有所扩大。

由于黄淮海地区大豆蛋白质含量高,在国内具有明显优势,随着蛋白质、油脂和其他活性物质,如脑磷脂、卵磷脂、大豆天然雌激素——异黄酮等发现和开发利用,大豆的食用价值、药用价值、保健价值、饲用用途、工业用途将会日益扩大。因此高蛋白大豆、高油大豆、油蛋双高大豆和特异用途大豆会有较大的发展潜力,从而推动本区大豆生产发展。

第三节 春夏大豆生产栽培技术

一、环境和农业措施对夏大豆化学品质的影响

大豆品质与生态环境和栽培技术的关系,是大豆品质生态生理的重要内容。大豆品质主要受品种的遗传控制,环境条件栽培措施,对其也有影响,所以品种对自然环境要以适应为主,对农业措施栽培技术要强调科学运用。栽培和自然环境都是通过光、温、水、肥影响大豆生长发育而作用于产量和品质。从总体上讲大豆脂肪与蛋白质为负相关,品质与产量在一定生育条件下是可以协调相一致的,优质往往是高产条件下的优质。

农业措施得当适时与否,会通过影响水分、温度、日照和日光强度等因素而作用于大豆外观品质和化学品质。宋啓建(1990)在南京春、夏、秋播试验,结果是大豆籽粒蛋白质、脂肪含量都是按春播 > 夏播 > 秋播的顺序依次降低。

灌水对夏大豆品质有明显的影响。郝欣先研究分析认为,高产和优质有相当好的一致性,在一定的高产条件下,往往是产量高化学品质也好。1998 年试验地大豆生育健壮,结荚期土壤偏旱浇透水一次,鼓粒中期又下透地雨一次,结荚鼓粒期天气晴朗,光照足,温度较高,试验地大豆荚多、粒饱产量高,高油材料籽粒脂肪含量普遍都高,鲁 99-1 含脂肪 22.94%,含蛋白质 40.1%,鲁 99-2 含脂肪 23.3%,含蛋白质 42.41%。2001 年大豆结荚鼓粒前期墒情适宜,鼓粒中期后期未浇水,秋旱严重产量低,籽粒蛋白质含量普遍较高,脂肪含量

普遍下降 1~2 个百分点。如鲁 99-2 蛋白质升至 45%，脂肪下降至 21.4%，鲁 99-1 蛋白质升至 41.4%，脂肪下降至 21.2%。

谷传彦等（2003）对黄淮海南一组 5 年夏大豆区试品质研究指出，影响蛋白质含量的综合气候关键时期为 8 月中下旬（鼓粒中前期），主导气象因子是温度，影响脂肪含量的综合气候关键时期为 9 月上中旬（鼓粒中后期），主导气象因子是光照时数、气温日较差，二者均有重要影响。李卫东（2004）对夏大豆研究，鼓粒成熟期较高的平均气温，较小昼夜温差，较多的日照和较少的降水，有利于蛋白质的积累，而较多的降水和较大的温差有利于脂肪含量的提高。朱建强等（2001）通过夏大豆花荚期渍水胁迫试验表明，随着浇水时间延长，蛋白质含量下降，脂肪含量上升，蛋脂总量变化不大。李永孝对夏大豆鲁豆 4 号盆栽供水试验（1987）表明，供水量对籽粒蛋白质含量影响很大，并随施肥水平提高影响程度增大。在不同施肥量上，每株供水从 0.9 L 增加到 1.8 L 时，籽粒蛋白质含量增加，供水量每增加 0.5 L，蛋白质含量增加 1.26~2.72 个百分点。供水量从 1.8 L 增加到 2.1 L 时，各施肥水平下的蛋白质含量又都下降，认为这是供水过多造成的。但由于水分效应受基肥数量和施肥时期的影响，供水量对脂肪含量的作用变得较为复杂。就水分影响而言，从干旱到逐步增加灌水量，脂肪含量呈增加的趋势，供水到达一定值后脂肪有下降趋势。

施肥对大豆品质亦有较大的作用，施肥效应因肥料种类、数量、施用时期以及各种微量、常量元素的配合常发生不同效应。一般来讲施 N 肥有助于蛋白质的合成，P、K 肥有助于脂肪含量的增加，有机肥对籽粒蛋白质含量和产量都产生较好的增量效应。李永孝（1993）对夏大豆施肥研究指出，N、P、K 肥对大豆籽粒蛋白质和脂肪含量影响明显，都有一个适值，过高过低都使品质下降。施肥量从偏低到高时，有助于蛋白质和脂肪的增加，施肥量继续增多有助于蛋白质的再提高，而脂肪则会下降。这就表明脂肪的施肥适值低于蛋白质和产量的施肥适值。施用复合肥（N∶P∶K = 1∶1∶1）作基肥，施肥量增加蛋白质含量效果明显，供水适量提高蛋白质含量，供水不足，即使增加施肥量蛋白质含量也降低。在中等供水量，基肥有助于脂肪含量提高。尿素在大豆开花后 42 d 追施，脂肪含量增加。还指出，鼓粒末期植株含氮磷钾绝对含量提高，对蛋白质含量增高有利，并以含磷量高为最佳，其次为钾含量，氮含量高增加蛋白质的效果相对偏低。李卫东（2004）研究氮、磷、钾对夏大豆蛋白质、脂肪含量的影响，则是全磷对蛋白质含量的影响大于速效磷，速效钾对于蛋白质含量影响较小。土壤因素中较高的土壤含氮量，有利于脂肪大幅度提高，全钾含量 0.83%~1.66% 范围内含量高有利于脂肪增加。pH 值 6.95~7.89 范围内，偏碱性土壤有利于脂肪的形成。蛋白质积累的最佳 pH 值为 7.38。

大豆品质有明显的地点效应、年际效应。郝欣先对高蛋白品种鲁豆 10 号、高油品种齐黄 28（鲁 99-1）和早熟品质一般品种鲁豆 4 号，进行了跟踪调查（表 20-2），从表 20-2 看出：其一，同一品种同一地点年际间蛋白质脂肪含量有变异。其二，同一品种同一年份地点间蛋白质脂肪含量也不同。其三，同一品种同一年份同一地点但地块间蛋白质脂肪的含量也有差异。这就充分说明这些差异是生态环境因子、农业措施、土壤肥力等不同因素组合的综合作用的效果。从表中还能看出高蛋白质品种鲁豆 10 号在不同的年际、地点其蛋白质含量始终是处在高位值，而脂肪含量始终是处在低位值。高油品种齐黄 28，其脂肪含量年份间、地点间、不同地块间也都有差异，但脂肪含量也始终处在高位值，蛋白值始终处在中位值。鲁豆 4 号地点间、年际间蛋白质脂肪含量虽有差异但始终都处在中位值，这就说明蛋白质脂肪的含量是品种的遗传特性,因此选用适应当地种植的优质高产品种,在高产优质大豆栽培种植中是首位的,优质品种是核心技术。

表 20-2　鲁豆 4 号、鲁豆 10 号、齐黄 28 大豆蛋白质、脂肪含量年际间地点间变异情况

（郝欣先等,1986~2001）

	鲁豆 10 号				鲁豆 4 号				齐黄 28		
年份	地点	蛋白质(%)	脂肪(%)	年份	地点	蛋白质(%)	脂肪(%)	年份	地点	蛋白质(%)	脂肪(%)
1986	济南	47.34	18.88	1981	济南	42.54	21.75	1998	济南	40.10	22.94
1987	济南	45.79	18.32	1982	济南	41.85	20.38	1999	济南	41.10	22.10
1988	济南	44.58	16.78	1984	济南	42.75	19.95	2000	海南三亚	—	22.70
1989	济南	46.19	18.15	1986	济南	42.78	20.26	2000	山东淄博	40.1	21.70
1990	济南	43.90	17.71	1987	济南	42.34	19.71	2001	山东东平	39.80	22.00
1991	济南	46.41	17.34	1988	济南	43.60	19.70	2001	山东东平	38.10	22.10
1992	济南	46.01	18.00	1989	济南	41.40	19.28	2001	山东东平	39.50	22.90
1992	山东微山	47.19	16.24	1990	济南	40.43	20.26	2001	黄淮海区试	40.68	21.42
1992	郑州	48.09	15.67	1991	山东微山	44.50	20.78				
1992	山东郓城	46.47	17.08								
1993	济南	45.98	18.27								
1994	济南	48.59	17.70								
1994	安徽寿县	47.48	18.42								
1995	山东章丘	46.27	18.17								
1996	济南	48.48	18.12								
平　均		46.58	17.66	平　均		42.47	20.23	平　均		40.0	22.23
变　幅		43.90~48.59	15.67~18.88	变　幅		40.30~44.50	19.28~21.75	变　幅		38.10~41.10	21.42~22.94
相　差		4.69	3.21	相　差		4.20	2.47	相　差		3.00	1.52

二、夏大豆高产典型的技术措施

由于科学技术的进步,生产条件的改善,大豆育种和栽培技术研究的发展,该地区诸多省份近些年来大豆产量普遍得到较大提高。单产 200 kg/667 m² 以上大面积出现,225~250 kg/667 m² 的地块可成片连方,小面积 300 kg/667 m² 以上出现,就该地区近几年出现的超高产典型实用技术措施予以总结列举。

（一）MN413 超高产 315 kg/667 m² 技术措施

1. 夏大豆品种 MN413 性状　安徽省农科院培育的有高产潜力的夏大豆品种 MN413,

其株形特征为有限结荚习性,株高较矮(80 cm半矮秆),茎节多(20节),茎粗根壮,抗倒伏性强,有一定数量的分枝,分枝短,叶片长椭圆形,叶色浓绿肥厚,株型收敛且紧凑。各个生育阶段能建造一个结构合理健壮的营养群体,生育前期(出苗至分枝)豆苗健壮,生育中期(初花至末花)株健稳长,生育后期(结荚至黄叶)植株不早衰。产量结构:节结荚多,株结荚密,常年百粒重21 g。2000年测产密度1.05万株/667 m^2,株结荚79.59个,株粒数162.24粒,百粒重21 g,产量322.5 kg/667 m^2,经9月16日收获脱粒,实产315.08 kg/667 m^2。

2. 前作蔬菜,土壤肥力高,土质为砂壤土

3. 施肥　重施基肥,巧施叶面肥。施基肥磷酸二铵(含N 18%,含P_2O_5 45%)30 kg/667 m^2,过磷酸钙(P_2O_5含量12%)50 kg/667 m^2,尿素(含N 46%)10 kg/667 m^2,氯化钾(K_2O含量60%)15 kg/667 m^2。追肥,初花期追尿素8 kg/667 m^2,同时叶面喷施硼砂溶液,结荚鼓粒期先后2次喷施世纪星牌有机无机复合肥溶液,以防植株早衰,保叶保荚保粒增粒重。

4. 早播　"夏播无早豆",6月3日带水点播,早间苗、苗全、苗匀、苗壮。每667 m^2留苗1.1万株,株距15 cm。

5. 宽窄行方式播种　宽行50 cm,窄行30 cm,宽行便于田间管理,有利通风透光。

6. 化学调控　花荚期生长过旺,及时喷施缩节胺溶液(20 ml对水20 L/667 m^2)控制徒长。

7. 清除田间杂草防病治虫,花荚鼓粒期浇水

(二)豫豆25号高产(317.3 kg/667 m^2)的关键技术措施

河南省农科院培育的豫豆25号于2001年在河南省社旗县兴隆镇天庄村五组科技户杜学顺的1 667.5 m^2高产田,经实打验收平均产量317.3 kg/667m^2,其高产技术措施是:

1. 种豆地块　排灌方便,土壤肥力上等,4年未种过大豆。

2. 选用优质高产品种　河南农科院棉花油料所新育成的品种豫豆25号,该品种高蛋白(46.3%)、中早熟、抗病、抗倒伏、荚多荚密、增产潜力大。

3. 适期早播　5月16日油菜收获后,随之浇水造墒,5月19日整地施肥耕地20 cm深,竖斜耙地3遍,5月20日机播,行距45 cm,用种4.5 kg/667m^2,5月26日齐苗。

4. 适时定苗,合理稀植　6月15日人工定苗,平均株距14 cm,留苗10 494株/667 m^2。

5. 施肥　基肥施用N、P_2O_5、K_2O含量各15%的N、P、K复合肥15 kg/667 m^2。追肥,分枝现蕾期追肥田丹16 kg/667 m^2加尿素4 kg/667 m^2。结合防病治虫,分别于6月28日、7月20日、8月5日、8月16日喷施叶面肥4次,其用量每667 m^2用高产宝50 g,农田宝20 g,对水40 L。大豆长势早发、健壮、不早衰、绿色叶面积维持时间较长。

6. 化学调控,促壮防倒　于初花期7月6日、幼荚期7月20日,每667 m^2分别喷施15%多效唑可湿性粉剂25 g,对水30 L,控旺、促壮、多荚效果良好。

7. 抗旱浇水　整个大豆生育季节降水不足,天气比较干旱,特别是鼓粒期旱情较重,分别于播前(5月16日)浇水造墒,达到苗全苗壮。盛花期(7月10日)浇水1次,鼓粒期(8月21日)浇水1次,3次均为漫灌透浇,基本保证全生育期对水分的需要。

8. 适时防治病虫害　有效防治了害虫斑须蝽、豆秆蝇、蚜虫、豆天蛾、造桥虫、豆荚螟、大豆食心虫及8月5日初发生的霜霉病、叶斑病。

(三)JN96-2343产量两年重演300 kg/667 m^2高产技术措施

山东省济宁市农科所培育的夏大豆JN96-2343的主要特征特性:有限结荚习性,植株较矮(85 cm左右,半矮秆),主茎17节,叶片小,分枝小且少,株型紧凑。节间短,茎粗秆强,根壮抗倒性特强。节结荚多,株结荚密,三粒荚多。百粒重较小14 g,高肥条件下重可达18～20 g。经济系数高、粒茎比(包括荚皮)0.99～1.1。籽粒含蛋白质45.84%,含油19.99%。该品种具有高密度,小株型,大群体的高产潜力。

1. 2000年产量312 kg/667 m² 的技术措施

(1)选用肥地　依据"豆喜前茬肥"、"豆喜乏粪"的经验,前茬麦田施优质有机肥5 000 kg/667 m²,培肥地力。

(2)松土增施基肥　麦收后及时松翻灭茬,施用N、P、K复合肥20 kg/667 m²(N、P、K各含15%并含多种微量元素),硫酸锌2 kg作基肥。

(3)窄行密植,抢时早播　"夏播无早豆",6月8日做畦造墒,14日播种,行距22 cm,齐苗后及时间苗,株距13～14 cm,留苗2万～2.3万株/667 m²。

(4)追肥　于大豆生育中后期(8月19日、9月12日、9月19日)喷施叶面混合肥(钼酸铵、硫酸锌、太得肥、尿素)3次,还于鼓粒中期追施尿素8 kg/667m²(雨前撒施)。

(5)化学调控　在大豆生育中前期(7月7日、7月18日)混合喷施壮丰安、太得肥2次,有效控制了徒长。

(6)管理　2000年大豆生育季节雨水充沛,未浇水,适时中耕、锄草、防治病虫害,及时排水防涝保证大豆高产增收。

2. 2001年产量300.4 kg/667 m² 的技术措施

(1)深耕增施基肥　麦收后抢时松土翻压施用N、P、K复合肥15 kg/667 m²(N、P、K各含15%。并含多种微量元素),硫酸锌2 kg/667 m²,钼酸铵2 kg/667 m²作基肥。

(2)抢时早播　6月12～13日整地做畦,浇水造墒,6月17日播种。

(3)间苗匀苗　平均行距24 cm,株距13 cm,7月3日定留,密度2.1万株/667m²。

(4)追肥　于苗期(7月14日)用耧深施N、P、K复合肥(三元素各占15%)40 kg/667 m²,结荚鼓粒期(8月22日)撒施尿素10 kg/667 m²,撒后浇水。于生育不同时期(7月24日、7月29日、8月16日、8月21日、9月1日)叶面喷施太得肥、硼、铜、锌肥混合液。

(5)浇水　大豆生育前期雨水适中,生育中后期(结荚鼓粒期)干旱少雨,分别于8月22日、9月2日、9月16日浇水3次,基本保证了结荚鼓粒期对水分的需要。

(6)化学调控　生育前期有旺长现象,于7月24日每667 m²喷助壮素壮丰安1号25 ml对水15 kg。

(7)管理　及时中耕锄草防治病虫害,保证了大豆优质高产。

(四)其他超高产品种

除上述产量过300 kg/667 m²的品种,还有中国科学院遗传所育成的诱处4号,河北省农科院粮作所育成的冀豆7号,山东省单县农科所育成的兴农2号,山东省农科院作物所育成的齐黄28等。齐黄28是从黑豆中转育抗胞囊线虫基因并经性状改造、育成的高油(22.94%)、高抗线虫、高产品种,经品比试验、区域试验、生产试验均较对照种鲁豆11增产8%以上,在适宜生态区增产12.46%,近几年生产示范多处667 m²产量都在250～275 kg,最高产量306.5 kg。齐黄28品种的高产措施一是窄行(30 cm)密植,667 m²留苗1.3万～1.8万株。二是土壤肥力高,排灌方便,前茬小麦产量450 kg/667 m²以上。三是开花末期幼荚期追施尿素10 kg/667 m²,浇透水1次,叶面喷肥1次,鼓粒期又浇水1次。四是品种密荚、秆强、半矮秆、抗倒伏,个体和群体都有高产潜力。

三、夏大豆优质高产栽培技术

(一)选用优质高产大豆品种

优质(高油、高蛋白)和高产量是品种遗传特性,是在一定条件下的遗传表达。产量受环境栽培措施影响很大,环境恶劣栽培措施不当,高产常常可以转变成低产。但品种如果具有高产能力,栽培措施得当,环境与品种要求相适应高产特性得到发挥,可以实现高产,而低产品种则不行。因此选用品种必须在具有高产能力基础上的优质。黄淮海地区近期内夏大豆优质高产育种获得迅速发展,河南、山东、河北、安徽、山西等省、市相继育出一批高蛋白高产、高油高产大豆新品种。高蛋白大豆河南有豫豆 25 号、92116 等,山东有鲁豆 10 号、鲁豆12 号、菏豆 12 号等,河北省有冀豆 12 号等,安徽省有皖豆 24 号、皖豆 16 号、中国农业科学院作科所育成的中黄 22 等。高油高产大豆有中国农科院育成的中作 965124、中作 983(中黄20),山东省农科院育成的齐黄 28(鲁 99-1)、鲁 99-2,山西农业大学育成的晋大 70,河北省农科院育成的 NF58 等。这些品种(系)的共同特点:一是对当地生态环境有较强的适应性,抗病、抗逆。二是茎秆粗壮根系发达、抗倒伏。三是株形优异,植株偏矮(70~90 cm),节间短,分枝较少,果枝较短,叶片中等大小或中等偏小,株型收敛,适于密植,耐密性较好,有的则较为适于稀植。四是节结荚多、株结荚密、百粒重 15~25 g,单株产量潜力大,群体丰产性高。五是优质和高产相统一。高油品种,高蛋白品种,多是在高产的基础上实现高含油量或高含蛋白质。郝欣先等(1986~2001)跟踪调查高蛋白高产品种鲁豆 10 号,蛋白质平均含量46.58%,在较好栽培条件下产量变幅 175~250 kg/667 m²,籽粒的蛋白质含量也在高水平上波动,其变幅由 43.9%~48.59%。高油高产品种齐黄 28(鲁 99-1)在高产条件下产量变幅200~275 kg/667 m²,籽粒油脂含量 4 年 8 个点次平均为 22.3%,也在高水平上波动,油脂变幅 21.42%~22.94%。当然依据有益于蛋白质、油脂形成条件,配以有效的农业措施,对于形成高的籽粒含油量或高的蛋白质含量是会产生好的效应的。由此可见选择适于当地生态条件的高油高产、高蛋白高产大豆品种是夏大豆优质高产栽培技术的核心技术,不难想像用低油高产品种或低蛋白质高产品种搞优质高产往往是难以奏效的。

(二)窄行匀植

窄行匀植是黄淮海夏大豆高产栽培技术的主要种植方式。窄行种植历史久远,是该地区大豆播种的主要方式。通常行距 30~40 cm,密度多以株距大小来调节。李永孝等试验(1989,1991)不同品种要求不同密度,但都是窄行比宽行产量高。在三种密度下,鲁豆 4 号行距 33.3 cm 比 50 cm 增产 12%,齐丰 84 增产 13.2%,齐丰 850 增产 18.2%。宋启建研究(1995)使用 3 个类型品种,分 4 种密度,6 种株行距配置,结果表明密度与株行距配置显著影响产量,类型不同对密度要求各异,但在相同密度下,株行距愈接近产量愈高。如在每 667 m² 1.5 万株密度下,株行距 30 cm×14.8 cm 比 60 cm×7 cm 增产 14.1%,每 667 m² 3 万株密度下,株行距 16.7 cm×13.3 cm 比 33.3 cm×6.7 cm 增产 21.7%。

黄淮海地区产量超过 300 kg/667 m² 的高产典型株行距都为"窄行匀株"模式的,其密度依据品种的株型而定。赵双进等(2000)在超高产寻优模拟研究中,4 种不同密度(667m² 4 万株、3 万株、2 万株、1 万株)均可出现超高产,但以密度 2 万株/667m² 出现几率最高 32.2%,其次为 1 万株出现超高产几率 26.8%。这一点与黄淮海地区出现的超高产典型密度状况极为相符,密度都在 1 万 ~ 2 万株范围。因此笔者认为"窄行匀植"是黄淮海夏大豆重要的高产栽培技术。

(三)抢时早播

黄淮海地域夏大豆为小麦之后作,又是小麦之前作。小麦于 5 月末由南向北逐步成熟收获,至河北省的京津一带收获期在 6 月中旬末至下旬初。夏大豆播种多始于 6 月上旬结束于 6 月下旬。大豆的生育期有限,全长为 90 ~ 110 d。由于大豆是短日照作物,早播日照长温度高,积温多,生育健壮繁茂,花荚多产量高。生产实践证明晚播减产。叶修琪等(1982)做了 3 年 2 个品种(丰收黄、文丰 5 号)播期试验,指出自 6 月 5 ~ 30 日每晚播 1 天,平均减产 1.4% ~ 1.5%,其中 6 月 5 ~ 20 日晚播 1 天减产 1.13%,6 月下旬晚播 1 天减产 2.45%。验证了群众的"夏播无早豆"和"夏至豆收不厚"的说法。研究还指出,6 月上旬播种,中熟大豆全生育期约需总积温 2 600℃ ~ 2 800℃,6 月下旬播种只需 2 000℃ ~ 2 200℃,晚播 20 天,全生育期积温减少 500℃左右,每 1℃积温产量效率为 0.1 kg/667 m²,减少 500℃积温相当于减产 50 kg/667 m²。一般地说夏大豆早播也有利于蛋白质、脂肪含量的增长,所以早播是夏大豆的重要的优质高产措施之一。

(四)增施肥料,培肥土壤

土壤肥力高、理化性能好是大豆高产的基础条件。就普遍而言,在产量 400 ~ 500 kg/667 m² 麦田上种植具有 300 kg/667 m² 产量潜力的高蛋白或高油大豆品种,增施基肥 N、P、K 复合肥 15 kg 或磷酸二铵 10 ~ 15 kg、硫酸钾 5 ~ 10 kg,播种适时,苗全苗匀,雨水调和,及时防治病虫害,产量可达 200 ~ 250 kg/667 m²,如果每 667 m² 增施基肥磷酸二铵 15 ~ 25 kg、硫酸钾 10 kg,或是在苗期花期分次追施,在末花结荚初期结合浇水追施尿素 10 kg,鼓粒前期、中期、中后期依据天气浇水 1 ~ 3 次,同期结合治虫喷施叶面肥 1 ~ 3 次,产量可达 225 ~ 275 kg/667 m²。河南省新乡市农业局张艳凤研究(1999)氮、磷配合施用,N 肥增产效果最大,其 N 肥极值为 667 m² 施用 6.83 kg,达极值后减产作用也很明显。P 的施用极值量较大 667 m² 施用 13.37 kg,超过这一极值有减产作用但较小。江苏省沛县农业局张玉峰等在肥力水平较高地块上试验(1999),每 667 m² 施用尿素 7.5 kg 范围内每增施 0.5 kg 可增产大豆 1.5 ~ 1.75 kg,并有资料表明施尿素 27 kg/667 m²,基肥和花期肥各施一半,产大豆 337.4 kg/667 m²,比基肥 1 次施用增产 49.1 kg,增产率 17%。张玉峰等认为在苏北肥力条件下大豆高产最佳施肥为过磷酸钙 40 ~ 50 kg,氯化钾 5 ~ 10 kg 作基肥一次施入,尿素 10 ~ 25 kg,作基肥、追肥分次施用为好。

山东省农科院作物所李永孝等盆栽研究,每株施纯氮 3 g,提高株粒重 29.4%,在土壤含速效磷较高(53.22×10^{-5})条件下,每株施磷 1 g,株粒重提高 10.5%。土壤含速效钾较高(124.12×10^{-5})情况下,每株施钾 2 g,株产量提高 13%。以 N:P₂O₅:K₂O = 3:1:2 的比例配合施用基肥,大豆各产量性状都有明显改善,比不施肥的株结荚增加 39.1%,花荚脱落率降低 15.3%,株粒数、百粒重、株粒重分别增加 39.2%、13.4% 和 57.9%,配合施肥明显好于单施 N 肥、单施 P 肥、单施 K 肥。由此可见 N、P、K 配合施用是夏大豆高产的重要栽培技术。有机肥对大豆有良好的增产效果,是夏大豆高产栽培中不可忽视的增产措施。农民群众有"豆喜有机肥,豆喜前茬肥"之说。生产实践得知土壤肥力高,施肥得当,最大限度减少施用 N 肥对根瘤菌固氮效率的影响是大豆有效的高产施肥技术。郝欣先、高爱华等(1982)研究施用有机肥料能促进大豆的生长发育,增加大豆结瘤数,根瘤鲜重和固氮酶活性(表 20-3)。

表 20-3 有机肥对不同品种大豆结瘤及固氮的影响 （郝欣先等,1980 年盆栽）

品 种	施肥处理 （kg/667m²）	根瘤数 （个/株）	根瘤鲜重 （g/株）	固氮酶活性	固氮量 （mgN/株·天）
齐黄 21	对照	39.6	1.4	8.248	1.848
	有机肥 2500	65.1	1.9	13.356	2.992
7236B	对照	66.2	2.65	22.634	5.070
	有机肥 2500	57.0	2.80	23.483	5.260
文丰 5 号	对照	108.1	3.2	23.697	5.308
	有机肥 2500	188.3	4.2	30.942	6.931
丰收黄	对照	44.8	2.7	24.809	5.557
	有机肥 2500	59.8	2.8	29.127	6.525
兖黄 1 号	对照	86.5	2.4	23.485	5.261
	有机肥 2500	197.7	3.4	32.698	7.324

注:上表数据为五期采样测定平均值

试验还指出,供试品种施用有机肥处理平均较对照根系干重、荚数、全株干物重分别增加 15.4%、26%、28.6%,每 667 m² 产量提高 11.5%,其中丰收黄增产 25.3%。说明有机肥料和耐肥品种对于提高大豆产量有很好的作用。丰收黄大豆每 667 m² 施用硫酸铵 20 kg 作追肥,对结瘤和固氮活性仅有轻微不良影响。大量研究还表明,在有适当氮肥基础上增施有机肥和 P、K 肥,叶面喷磷酸二氢钾及钼、硼等微量元素,可明显提高油分含量。增施氮肥、硫肥及微量元素钼、硒、镁、钛都对提高蛋白质含量有良好作用。生产实践和研究都证明,氮肥有"降脂升蛋"的作用,而磷肥则有"升脂降蛋"的效果。一般来说施氮肥有助于蛋白质的合成,磷、钾肥有助于脂肪含量的增加。有机肥对籽粒蛋白质含量及产量都产生较好的增量效应。

（五）按需灌溉

大豆的不同生育阶段,对水分的需求不同,对土壤适宜的水分含量也有不同要求。李永孝等通过夏大豆盆栽灌溉试验研究了用不同供水量对各生育性状的影响,结果指出灌水对根系、根瘤、地上部的形态性状及产量性状的影响很大。营养生长阶段适宜供水是促成大豆根大、枝壮、花多的丰产基础,生殖生长阶段适宜供水是实现荚多、粒多、粒大、产量高的保证。

黄淮海夏大豆区地处半湿润和半干旱地带,其降水分布南部雨水较多,年降水量在 800～1 000 mm,中部、北部年降水量在 500～700 mm,且多集中在 6～9 月份（占总量的 70%～80%）,而又以 7～8 月份最多,6 月份常常缺雨,延误大豆播种期,9 月份又往往秋旱,严重影响大豆灌浆鼓粒,因此造墒、抢墒、保墒播种和浇好结荚鼓粒水是夏大豆高产稳产的重要技术措施。2001 年山东省济宁市农科所 JN96-2343 产量 300.4 kg/667 m²,是在大豆的不同生育阶段看地、看苗通过灌溉保持土壤最佳持水量条件下获得的。同年河南省豫豆 25 号产量 317.3 kg/667 m² 的超高产,也是在播种前浇水造墒,盛花期浇水和鼓粒期干旱浇水的技术措施下获得的。适宜的水分供应,大豆个体生育健壮,群体发育清秀稳健,光效高生命旺盛是高油高产品种、高蛋白高产品种实现高产高蛋白的前提条件。

(六)控株型壮群体

大豆产量是群体的产量,只有群体发育健壮、结构合理才能获得高产。当然产量不同其合理的群体构成也会有差异的。高额产量往往是在地好、肥多、水足、窄行匀植、早播种的条件下获得的。但是由于群体发展过大而导致产量不够理想,甚至严重郁闭倒伏减产也是常有的事。所以如何控制群体的发育发展便是大豆高产的重要环节。什么样群体健壮合理要视品种的特征特性株形结构而定。如品种是高株还是矮株,节间长短,茎秆强度,抗倒能力如何?是独秆型还是分枝型,分枝开张还是紧凑,耐密性耐阴性如何?结荚习性,结荚能力如何?等等,这些都是建立健壮群体应当考虑的因素。因此建立健壮的群体除了必须恰当的有节制的运用肥水之外,使用促壮素也是重要技术手段。大豆常用而有效的促壮药品有"多效唑"、"壮丰安"、"缩节胺",其施用时期,施用浓度视大豆个体长相、群体发展状态而定。对于有限结荚习性品种,主茎节数有 16 ~ 18 节,一般在盛花期主茎 9 ~ 11 节时用 15% 可湿性多效唑 40 g 对水 50 L 在 667 m² 面积上喷施一次即可,视苗情可适当增加浓度,也可用不同的浓度分次施用。山东省济宁市农科所 JN96-2343 大豆在 3 片复叶时 667 m² 施用壮丰安 15 ml 对水 15 L 均匀喷撒,于 10 天后再用 25 ml 加水 15 L 喷施第二次,促使个体长相清秀,群体发育健壮,结荚鼓粒期遇风雨未倒伏。

对于无限结荚习性分枝长的品种或是有限、亚有限品种生长过旺群体过大也可用人工打顶心打边心,有限结荚习性品种打去顶部 1 ~ 3 节复叶的一片小叶,控制个体株型改善群体郁闭状态也能增产。郝欣先、李之琛(1976 ~ 1979)用无限结荚品种丰收黄在末花期打顶打边心比对照增产 17.1%。用充黄 1 号有限结荚品种打顶部三节复叶的 1 片小叶增产16.8%,全株每节复叶打一片小叶仅增产 9.8%,只打下部每复叶一片小叶减产 4.85%。

(七)规模化种植规范化栽培

由于大豆有耐瘠耐涝的特点,在低产条件下其产量比较效益往往好于玉米等高产作物,因此大豆又多被种在边地、远地、薄地、碱地,种植规模零散,管理粗放,不少地块常常有草不除,有虫不治,有病不防,有的群众说"草豆、草豆,无草不收豆",这种状况是必须予以改观的。由于科学技术的进步,近十几年来大豆单产有了较大的提高,高蛋白高产,高油高产及其优质品种的继续育成。社会对大豆产品需要量也大幅度增加,大豆加工产业获得迅猛兴起,以品种为载体的区域化种植技术,以企业为龙头的专用优质高产品种的规模种植,并以规模种植带动大豆专业优质品种的规范栽培是当今发展大豆生产,开发专业优质大豆品种的必由之路。因此企业对所需要的优质大豆在适宜种植的地区建立生产基地,按高产优质栽培技术方案的要求,规范栽培技术,要精选种子确保种子纯度高净度好,抢时早播,一播全苗,按要求确定密度,苗匀苗壮,用先进技术措施防病治虫除草。黄淮海地区大豆病害主要有大豆花叶病毒病、大豆胞囊线虫病、霜霉病,其他病害如根腐病和细菌性斑点病也时有发生。虫害主要有蚜虫、造桥虫、豆虫、蛀荚虫,其他虫害有地老虎、蛴螬、潜叶蝇、红蜘蛛等也时有发生。杂草更是种类繁多。因此各地都要依据当地情况,除选用抗病抗虫品种外,对于病虫草害要掌握"治早、治小、治了"的原则,以经济有效的措施适期适时地加以防治。

由于该地降水量南多北少,高蛋白大豆宜在该地区中南部种植,高油大豆宜在该地区的中北部种植,品种的适应性也是应该遵循注意的,适应哪个地段就在那地段种植栽培,在规范化栽培中要适时收获,专用品种单收单打、单贮藏,优质品种应优价收购。企业做到优质优价收购,是推动专用品种规模化生产的杠杆措施,是规范栽培的原动力。

四、春大豆旱作栽培技术

黄淮海春播大豆区在我国大豆生产中占有一定地位,其主要分布于黄土高原地区,包括宁夏、甘肃、陕西、山西以及河南和河北的一小部分。种植类型以旱作为主。绝大多数的播种面积位于我国半干旱、半干旱偏旱和半湿润偏旱地区,年降水量在600 mm以下,干燥度在1.3~3.5之间,无灌溉条件或少灌溉条件。其中半干旱地区种植比例较大。这一地区大豆栽培体系的核心是,以充分挖掘降水生产潜力为突破口,发挥土地资源多样性优势,通过培肥地力,保持水土,达到充分利用光、热资源,提高大豆产量和质量的目的。

(一)选用抗旱类型品种

1. 在年降水量不足500 mm、蒸发量1 000 mm以上、大气干燥度大于1.6的重旱区　选用1级高度抗旱类型品种。一般粒形多为长椭圆粒、椭圆粒或扁圆粒;籽粒较小,百粒重10~17克,大多数品种具有硬粒特性。从植株地上部分形态特性看,以无限结荚习性为主,植株高大,分枝细长且多,一般5~6个,中小圆叶,紫花为主,荚小而密。从发育特征上看,光反应迟纯,开花期漫长,有利于包容不利的降水条件。从根系特征上看,根系分布广、扎得较深,根发育较快,根毛长且调节能力大,遇旱后迅速伸长。

2. 在年降水量500~600 mm、大气干燥度大于1.3的中旱区　宜选用2~3级的中度抗旱类型品种。粒形一般为椭圆粒,籽粒大小适中,百粒重18~23 g种皮黄色。地上部形态,无限结荚习性或亚有限结荚习性,株高适中,分枝3~5个,圆叶为主兼有披针叶形。地下部根系量大,分布较深较广,根毛密度大。抗病性中度,有一定的抗花叶病毒病、抗食心虫和耐胞囊线虫能力。

3. 在年降水量550 mm以上,湿润指数0.8以上轻旱区　宜选用达到中抗程度的一般抗旱类型品种。由于空气湿度较大,病虫害类型繁杂且危害程度高,该类型抗病虫性能较高,对花叶病毒病、紫斑病、霜霉病、锈病、细菌斑点病等具有一般水平抗性,对大豆食心虫、蚜虫、食叶害虫等有较好的抗性。籽粒性状上,粒形以圆粒为主,黄种皮中大粒,百粒重18 g以上。外观形态上各种结荚习性均有,植株较矮,节间较短,分枝少而短,圆叶、披针叶均有,叶片较大、根系量大、条数多、粗壮、分布较浅,平面扩展范围大,根毛较短较粗。

(二)耕作保墒

"旱作农业"就是因地制宜建立用地养地相结合的耕作制度。其原则是,尽可能保存多量的雨水,节制地面蒸发,减少土壤中水分的不必要消耗,即做好保墒工作。其中心是最大限度地利用天然降水。

以土壤耕作为中心的保墒农业技术措施,是我国农民几千年来积累下来的丰富经验,并在不断地丰富发展。耕作保墒的主要任务是经济有效地利用土壤水分,发挥土壤潜在肥力,调节水、肥、气、热关系,提高作物抗御干旱等自然灾害能力。其中心是创造有利于作物生长的水分条件。

旱地土壤水分季节变化规律为:①冬季土壤表层与深层温差梯度明显,下层土壤水分通过毛管作用向上移动,并以水汽形式扩散在冻层土壤大孔隙里,使土壤水分有增加趋势。耕层一般含水量增加1%~3%,特别是早秋耕、深耕和耕后耙耱的更显著。②春季解冻返浆,土壤水分大量蒸发,耕作不当导致大量水分丢失,丢失水分主要以气态扩散方式运行为主。③夏末秋初土壤水分大量积蓄,每年7~9月份是北方地区降水集中期,也是地面蒸发和叶面蒸发旺盛期,是蓄墒期也是保墒期。④秋末冬初土壤水分缓慢蒸发,避免秋季深耕后"张口"是越冬保持土壤水分的有效措施。

从黄土高原春大豆区耕作看,保墒增产的主要措施有:①秋深耕。大豆是深根作物,深耕土壤是大豆增产的一项重要措施。深耕 18 cm 以上的土壤增产大豆 10.4%。深耕增产原因是接纳雨水、加速土壤熟化、提高土壤肥力。前茬作物收获后尽量提早耕翻,并做到不漏耕、不跑茬、扣平、扣严、坷垃少。黄土高原春大豆区西部,一般要采用耕后随即耙糖。②冬春碾糖。冬春碾地镇压可以压紧表土,使土壤增加紧密小孔隙,既提墒增加土壤含水量,又可增加导热性能,为春播出苗创造条件。据测定冬糖可提高耕层土壤含水量 3% ~ 5%,春碾比不春碾的土壤含水量增加 4% ~ 7%。③深中耕。为了保好墒、多蓄水、促壮根,旱地大豆生育期间进行深中耕 2 ~ 3 次,耕深 6 ~ 10 cm,做到有草锄草,无草保墒。坚持冬春尽早糖地锄地、顶凌耙糖,保住凝结在地表的土壤水分。

(三)调整播期

适宜的播期取决于温度和水分两个主要条件。当土表 5 cm 地温稳定在 12℃ 以上时,就可以播种了。但是干旱地区往往土壤水分还达不到要求,不能适时播种,需对播期和播法进行调整。措施如下。

1. 趁墒播种　在适宜播种期范围内可提前或推后播期,趁土层解冻含水量高时播种,一般在土层解冻 10 cm 时开始,或趁降雨后立即播种。通常调整播期范围是最适播期前 10 天后 15 天以内。

2. 提墒播种　在底墒较好表墒不足情况下,播前镇压土壤 1 ~ 2 次,把底墒提到播种层然后播种,播后再行镇压。

3. 探墒播种　当表层干土达 5 ~ 10 cm 而下层底墒好时,可扒土探墒深种,将种子种在湿土上,并根据大豆品种顶土力强弱确定覆盖土厚度。

4. 造墒播种　当地表及深层土壤均干旱时,离水源较近的地块可开沟刨窝担水点种。

(四)合理密植

旱地大豆合理密植的关键是如何建立一个合理的群体结构,正确协调群体和个体的关系,尽量减少水、肥的无效消耗。在极严重干旱的地区,为保证适度群体中单株发育需水要求,要实施密度减小策略,并留足行距,以便水肥充足保证单株发育,利用大豆边际效应明显特点,获得一定产量。陕西省榆林地区大豆适宜种植密度为每 667 m² 8 000 株,生产中密度一般不超过这一范围,群众在种植大豆中多采用 0.5 万 ~ 0.8 万株是有科学道理的。在增施肥料的基础上,群体可适当扩大,有显著增产作用。山西临县在施用氮、磷化肥条件下,密度达每 667 m² 0.9 万 ~ 1 万株,可获得相应产量 130 ~ 140 kg。

(五)培肥土壤

营养是抗旱的基础,施肥后植物代谢作用旺盛,根系发达,抗旱能力显著增强。旱地培肥土壤,中心在有机质。旱地区要提高秸秆还田意识,同时因时因地施用有机肥,合理施用化肥。接种高效根瘤菌,一般干旱年份和无肥田块接种根瘤菌的增产效果比较显著。

(六)严重干旱区特殊栽培

晋、陕、甘、宁边区是黄土高原旱作大豆集中产区,大豆面积 40 万 hm²。这里气候干旱,年降水量在 360 ~ 500 mm,蒸发量是降水量的 3 ~ 6 倍。降水分布不均,干旱连年发生。高强度暴雨多,水土流失严重,土壤瘠薄,有机质含量在 0.6% 以下。大豆产量低而不稳,平均

750 kg/hm² 左右。为发展大豆生产,山西省农科院经济作物研究所(1989)在晋西地区进行了旱作大豆栽培技术研究,提出了以提高单位自然降水利用率为中心的综合配套技术,运用于生产实践获得显著的增产效果。示范结果证明,在每 hm² 土地上净增产大豆 275~675 kg,先后推广 113.33 万 hm²,获得显著的社会、经济效益。

1. 增施化肥 晋、陕、甘、宁边区,土壤瘠薄、有机肥源缺乏,种植大豆素有少施肥习惯,导致干旱加剧,降水利用率不高。现阶段从增施化肥起步,是提高单位自然降水利用率和旱地大豆增产的关键性措施。

(1)旱作大豆施用氮、磷化肥增产效果 ①氮素化肥。每 hm² 施用碳铵 225 kg,大豆单产 937.5~1 575 kg,增产 22.4%~35.5%。增产显著程度与土壤全氮含量有关,含氮量每降低 0.01%,增产率增高 4.3%。②磷素化肥肥效。每 hm² 施用过磷酸钙 450 kg,大豆单产 962.5~1 560 kg,增产 10.6%~51.5%。增产显著程度与土壤速效磷含量有关,速效磷每低 0.01%增产率高 1.9%。③氮、磷混施。每 hm² 施用碳铵 225 kg、过磷酸钙 450 kg,大豆单产 1 167~1 763 kg/hm²,增产 30.6%~59.8%,增产效果优于单施。增施氮磷化肥可获得显著增产效果,相应提高了降水的增产效率,每 mm 降水量多产大豆 0.6~0.9 kg/hm²。④旱作大豆最适施肥量。通过试验和分析,目前在重旱区氮、磷化肥最适施用量范围分别为 300~750 kg/hm²,相应大豆产量在一般干旱年份可达 1 500 kg/hm² 以上。

(2)氮素化肥最佳施肥方式 试验表明,氮肥做基肥一次施或播种一次施增产效果和经济效益好于生长期间追肥。生长过程中及早追肥也有较好效果。

2. 选用抗旱、高产新品种 目前该区栽培的大豆农家种占有很大比例,如榆林地区的主要栽培品种仍是连架条、鸡腰豆等。其突出优点是抗旱性强,在当地表现出良好适应性和稳产性,但产量不高,配合增施化肥措施可获得较好增产效果。选用抗旱高产新品种增产效果显著。如山西省农科院经济作物研究所育成的高度抗旱大豆新品种晋豆 14 号,平均比当地农家种增产 27.1%。

3. 接种根瘤菌 接种大豆根瘤菌增产幅度为 3%~46%。一般干旱年份较严重干旱年份增产显著;瘠薄地比肥沃地增产显著。在离村庄较远、无施肥条件的土地上更要大力提倡使用。

参 考 文 献

王崇义,曹广才主编.北方旱地主要粮食作物优良品种.中国农业出版社,1997,153~165
曹广才,王崇义,卢庆善主编.北方旱地主要粮食栽培.气象出版社,1996,316~349
曹广才,韩靖国,刘学义,范景玉,张孟臣主编.北方旱区多作高效种植.气象出版社,1997
刘学义.大豆栽培技术.山西联合高校出版社,1994
常汝镇主编.中国大豆品质区划.中国农业出版社,2003
张子金等.中国大豆育种与栽培.农业出版社,1987
费家骅,仲崇儒主编.中国夏大豆栽培与综合利用.山东科技出版社,1988
石桂芳,梁芳芝,任洪志等.大豆规范化栽培.河南科学技术出版社,1991
余松烈主编.作物栽培学.中国农业出版社,1980
李永孝主编.山东大豆.山东科学技术出版社,1999
李卫东主编.河南大豆审定品种及技术参数.中国农业科技出版社,1997
李卫东主编.河南大豆改良种质.中国农业科技出版社,1998
任洪志,李卫东,毛守民.大豆高产专家谈.中原农民出版社,1997
雒魁虎,汤其林主编.河南种业 50 年.中国农业科技出版社,2002

吴建军,郝欣先,蒋惠兰,高建韦.北方夏大豆品种高产基因型特征分析.大豆科学,1995,14(1)

郝欣先,蒋惠兰,吴建军.山东夏大豆品种农艺性状演进和遗传型特征分析.山东农业科学,2000(2)

李卫东等.河南省夏大豆主要农艺性状演变趋势分析.中国油料作物学报,1999,(2)

李卫东等.河南省夏大豆再高产主要农艺性状的量化探讨.华北农学报,1999,(4)

李卫东等.大豆蛋白质含量与生态因子关系的研究.作物学报,2004,30(10)

谷传彦等.黄淮海夏大豆蛋白质和脂肪含量与气象条件的关系.大豆科学,2003,(1)

宋启建,盖钧镒,马育华.大豆品种蛋白质和油分含量的遗传特点.中国农业科学,1989,(6)

宋启建,盖钧镒,马育华.大豆蛋白质和油分含量生态特点的研究.大豆科学,1990,(2)

韩天富,王金陵,杨庆凯等.开花后光照长度对大豆化学品质的影响.中国农业科学,1997,(2)

张敬荣等.开花至鼓粒期干旱对大豆籽粒化学品质的影响.大豆科学,1996,(1)

孟祥勋等.不同年份及地点对大豆籽粒蛋白质和脂肪含量的影响.吉林农业科学,1990,(4)

胡明祥.不同生态地域环境对中国大豆品质的影响.大豆科学,1990,(1)

张恒善等.大豆种子脂肪和蛋白质积累规律的研究.大豆科学,1993,(4)

李杰坤,张磊,戴瓯和等.夏大豆MN413单产4 726kg/hm² 高产栽培技术.安徽农业科学,2001,(1)

张效范等.豫豆25号高产攻关技术.河南农业科学,2002,(4)

赵双进.大豆超高产产量性状与栽培途径的模拟寻优.作物杂志,2002,(2)

张玉峰等.苏北地区大豆实用高产栽培技术研究与应用.大豆通报,1999,(6)

赵双进,张孟臣等.追肥时期对夏大豆植株养分和株型性状及产量的影响.中国农业科学,1999,32(增刊)

李路等.大豆亩产300kg关键技术初探.大豆通报,1993,(3)

张艳凤.夏大豆高产与密、肥效应的研究.大豆通报,1999,(1)

高爱华,郝欣先.大豆根瘤菌研究.山东农业科学,1982,(2)

叶修祺等.夏大豆产量与气象条件关系的研究.农业气象,1982,(2)

任天佑,冯凤鸣.晋西黄土丘陵区旱地大豆品种生态型研究.山西农业科学,1988,10,31-36

任天佑.黄土丘陵区旱作大豆综合栽培技术研究.山西农业科学,1990,(1):1~8

刘学义等.大豆成苗期根毛与抗旱性的关系研究.山西农业科学,1996(24),1:27~30

刘学义,张小虎.黄淮海地区大豆种质资源抗旱性鉴定及其研究.山西农业科学,1993(21)

第二十一章　长江流域及南方多熟制大豆

第一节　南方大豆产区生态条件

一、南方大豆产区分布

长江流域及南方多熟制大豆产区(以下简称南方大豆区)包括江苏、安徽两省长江两岸及以南部分地区,河南、陕西的南部,重庆、四川、湖北、湖南、江西、浙江、上海、福建,台湾,广西、广东、云南、贵州、海南等地。该区包括4个生态条件差异较大的亚区,即:长江中下游春夏大豆亚区、东南春秋大豆亚区、西南春夏大豆亚区和华南多作大豆亚区。各亚区的范围分别是:长江中下游春夏大豆亚区包括重庆全市、湖北全省,江苏、安徽两省长江沿岸部分,河南、陕西的南部,浙江、江西、湖南的北部,四川盆地及东部丘陵;东南春秋大豆亚区包括浙江省南部,福建省和江西中南部,台湾省,湖南和广西的大部、广东中北部;西南春夏大豆亚区包括云南、贵州两省绝大部分,湖南和广西的西部,四川西南部;华南多作大豆亚区包括广东、广西、云南、福建南部和海南省。

二、南方大豆产区气候特点

南方大豆区所跨纬度大,贯穿热带、亚热带,且地形变化大,因而气候变化比较复杂。该区从南到北,雨水逐渐减少,热量逐渐降低,气候季节性变化更加分明。该区气候从东向西也变化明显,福建、浙江、广东和广西东部一带濒临海洋,夏季受太平洋季风影响,气温较高,雨水较多,湿润暖和,旱季不太明显,但常受寒潮和台风的侵袭。西部云贵高原基本无寒潮也不受台风影响,但积温和降水较东部低。随着海拔升高,气候垂直变化也十分明显,凡海拔超过300～500 m,在垂直带上将转变为另一温度带。

总的来看,该区5～10月份雨量丰富,降水比较集中,气温较高,11月至翌年4月份温度较低,时有寒潮来袭,绝大部分地区季节明显,无霜期较长,北部在210 d以上,南部全年几近无霜,≥10℃活动积温4 500℃～9 000℃,年降水量1 000～2 000 mm。其中,长江中下游春夏大豆亚区无霜期为210～310 d,≥10℃活动积温4 500℃～5 500℃,年降水量1 000～1 500 mm;东南春秋大豆亚区全年无霜期270～320 d,≥10℃活动积温5 500℃～7 500℃,年降水量1 000～1 200 mm;西南春夏大豆亚区全年无霜期275～350 d,年降水量750～1 500 mm;华南多作大豆亚区全年几近无霜,≥10℃活动积温7 500℃～9 000℃,海洋性气候特征明显,降水充足,年降水量1 500～2 000 mm。大豆是喜温又较耐冷凉、需水较多且不耐干旱的作物,这一地区高热量多雨水的特点,有利于不同生态类型品种的生长发育。

三、南方大豆产区土壤特点

该区长江流域中下游地区分布有平原冲积土,土壤肥沃,土壤有机质1.3%～1.8%,局部低洼地易涝。总的来看,长江中下游地区土壤适于大豆生长,是南方大豆相对集中产区。

但南方地区分布更广泛的是红黄壤和水稻土,是种植大豆的主要土壤类型。

我国南方的红黄壤区跨越热带、亚热带,气候条件十分优越,土壤资源也很丰富,这一地区包括福建、江西、湖南、广东、广西、贵州、台湾等省(自治区)全部,浙江、云南、四川省的大部,还包括安徽、湖北两省南部和江苏省的西南部,面积达 2 176.96 km²,约占全国土地总面积的 22.7%。南方红黄壤具有酸性强,土壤 pH 值 4.5~5.5;有机质含量低,不足 0.5%;矿质养分不足,阴离子交换量仅为 100~150 cmol/1 000 g 土;盐基饱和度也低,而活性铝含量较高,常造成铝毒害,对大豆生长发育有一定毒害作用;土质黏重板结和耕性不良等特点,此外,土壤保水性差,极易发生干旱。吕富周(1988)对浙江衢州地区新垦红黄壤幼龄果园套种大豆的土壤测定结果,pH 值为 4.8,有机质 0.47%,全氮 0.0365×10^{-6},速效磷 0.27×10^{-6},速效钾 2.9×10^{-5}。经施用石灰和有机肥等措施,大豆单产可达 900 kg/hm² 以上。

大豆适应性广,对土壤条件要求不严,是红黄壤改良的"先锋作物",新垦红黄壤在种植 3~5 年大豆后,其土壤性状明显改善。徐树传等(1984)证明,新垦红黄壤种植 3~5 年大豆后,土壤耕层加深至 10~15 cm,pH 值提高到 5.5~5.6,有机质增加到 0.8%~1%,水解氮 7.5×10^{-5},速效磷 0.3×10^{-6},速效钾 6.85×10^{-5}。

第二节 南方大豆生产发展

一、南方大豆生产现状

建国以来,由于人口急剧增长,粮食作物面积逐年扩大,南方各省大豆生产与全国一样,波动很大,20 世纪 50 年代有较大的发展,60 年代处于徘徊状态,70 年代种植面积显著减少,产量降低。80 年代后,由于农业种植结构调整,畜牧业快速发展,以及城乡人民生活水平的提高,食物结构改善,社会对大豆的需要量日益扩大,南方大豆生产又进入一个稳定发展时期。1981 年南方 13 省(自治区)大豆种植面积为 110.86 万 hm²,占全国播种面积的 13.8%,从 1999~2001 年,南方地区大豆种植面积在 190 万 hm² 左右,约占全国大豆总播种面积的 1/5 强,总产量 350 万 t,也占全国大豆总产量的 1/5。该区大豆生产主要目的是满足当地豆制品生产需要。豆油、豆粕消费主要靠外地或进口大豆解决。南方地区大豆种植面积超过 20 万 hm² 的有广西、江苏、湖南、湖北四个省(自治区),除广西大豆种植面积在全国排在前 10 位、江苏和湖北大豆总产量排在前 10 位外,其余各省(自治区)大豆生产在全国的排位都较低(表 21-1)。

表 21-1 南方地区大豆种植面积与总产分布 (千 hm², 万 t)

地 区	1999		2000		2001		三年平均			
	面 积	总 产	面 积	总 产	面 积	总 产	面 积	位 次	总 产	位 次
江 苏	210.40	56.8	249.2	67	244.4	67.1	234.67	12	63.63	7
湖 北	206.4	43.7	224.8	45.8	218.2	42.8	216.47	13	44.1	10
湖 南	206.55	41.9	205.8	42.8	203.6	45.2	205.32	14	43.3	11
广 西	276	35.1	281.4	36.4	250	34.4	269.13	9	35.3	12

续表 21-1

地　区	1999		2000		2001		三年平均			
	面　积	总　产	面　积	总　产	面　积	总　产	面　积	位　次	总　产	位　次
四　川	137.9	29.2	169.6	37.4	187.4	38.6	164.97	15	35.07	13
浙　江	109.2	23.4	129.05	28.4	122.8	28.5	120.35	18	26.77	15
江　西	150.41	23.74	152.5	25.9	146.3	23.9	149.74	16	24.51	16
福　建	109.2	21	105.4	20.5	98.2	19.6	104.27	19	20.37	18
广　东	96.35	17.91	96.9	18.7	88.1	17.4	93.78	21	18	19
贵　州	142.2	18.1	141	18.1	139.2	16.7	140.8	17	17.63	20
云　南	111.4	13.9	52	7.7	126.8	16	96.73	20	12.53	23
重　庆	74.2	6.8	80.19	8.8	78.6	5.9	77.66	23	7.17	24
上　海	5.54	1.7	6.2	1.9	4.6	1.7	5.45	29	1.77	28
海　南	8.7	1.4	9.5	1.7	8.7	1.5	8.97	28	1.53	29
西　藏	0.3	0.1	0.5	0.3	0.7	0.3	0.5	30	0.23	30
合　计	1844.75	334.75	1904.04	361.4	1917.6	359.6	1888.81		351.91	
占全国(%)	23.17	23.48	20.46	23.45	20.23	23.33	21.18		23.43	

二、南方大豆生产中的主要问题

大豆地位低下。大豆虽能为人们生活提供丰富的蛋白质来源,且种植大豆能改善土壤物理性状,提高土壤肥力,间接地为提高粮食生产贡献力量。但却不被人们所重视,往往被安排在边远瘦地或干旱、风头水尾的"靠天地"、"望天田"种植,或者被作为填空作物。

播种面积不足,种植分散,单产不高,这是南方地区大豆生产中存在的主要问题。同时由于单产不高,种植大豆的比较效益相对较低,农民种植大豆的积极性不高,多数地区农民种植大豆主要为满足自身食用豆制品的需要,大豆生产商品化程度低。

大豆品种陈旧。当前,有部分地方大豆当家品种仍是 20 世纪 50～60 年代推广的品种,这些品种虽曾为提高大豆产量贡献过力量,但由于种植的年代长,种性退化,加上品种分离与混杂,增产的潜力就很有限。现在南方一些省份种植的春大豆、秋大豆和田埂豆,所使用的品种还有相当多是以前的农家品种。比起其他作物来,大豆品种更新换代慢。

自然灾害严重。南方大豆普遍种在水利条件差的干旱瘦地、山坡地及无法种植晚稻的稻田,经常受旱减产,尤其是春大豆花荚期受旱减产更严重。如福建省泉州市 1963 年春大豆花荚期受旱,全市大豆平均每 hm² 产量仅 412.5 kg。遇到风调雨顺的年份则大豆丰收,1982 年全市大豆平均每 hm² 产量 1 507.5 kg。又如福建省解放 40 多年来,全省大豆产量虽逐步提高,但年度间变异很大,变异系数达 26.8%。其他省份也有相似情况。此外,大豆病虫害十分严重,如秋大豆的锈病可造成大幅度减产,豆荚螟、豆潜叶蝇等危害也十分猖獗。

耕作管理粗放。南方栽培大豆普遍存在着"粗耕、粗种、粗管"的情况,农民把种大豆看成只要"一把锄头一把灰"。据调查,各地都存在不施氮肥、种植密度过大和苗细苗弱等问题。如种植春大豆,为着保全苗,普遍加大播种量,但又不间苗,使每穴苗数达 7～8 株,有的甚至 10 株以上,造成豆苗生长细弱。种植大豆管理较好的也仅是除 2 次草,施 1 次草木灰,很少施用氮肥。

三、发展南方大豆生产的意义

一是将优化南方地区农业种植结构。我国发展"两高一优"农业和农业内部结构调整需要发展大豆生产,大豆自身的高蛋白、高脂肪和固氮能力,决定了其在现代农业中的特殊地位。

二是可以增加高蛋白质大豆供给。我国大豆市场前景好,南方地区自产大豆更是供不应求,目前南方地区大豆总产量不足该区加工豆制品的需要。目前只要进口稍有减少,大豆供给缺口就很大。一方面,我国大豆需求量超过 4 000 万 t,仅靠局部地区发展生产根本不能满足需求,需要各个产区都来大力发展大豆生产,另一方面,南方地区大豆生产以高蛋白大豆为主,在进口方面,也缺少可替代性。

三是促进大豆产业化发展。该区目前大豆加工能力在 2 000 万 t 以上,除了有众多的豆制品加工企业外,近年还建成了一批现代化的油脂加工企业和大豆蛋白生产企业,这些企业的加工原料基本依赖进口,所以发展该区大豆生产,具有重大的经济和社会效益。

四、发展南方大豆生产前景与对策

提高南方地区大豆单产潜力较大:在更换良种、精耕细作并采用新技术、适当增加投入的前提下,大豆单产有可能由现在的 2 000 kg/hm² 左右增至 2 250~3 000 kg/hm²,近年南方地区出现的高产典型,如中豆 8 号在湖北襄樊地区在 0.1 hm² 面积上获得 4 650 kg/hm² 的高产纪录,大面积单产也有达到 3 750 kg/hm² 的例子,南京农业大学利用南农 88-31 在江苏大丰创造了 3 765.3 kg/hm²(邱家驯,2006)的高产。如果达到这一单产水平,即使国内市场大豆单价与国际市场持平,种植大豆的单位面积效益也可与种植玉米、早稻等相媲美。

可用多种途径增加大豆面积。一是种植大豆加速已开垦南方地区红黄壤熟化;二是发展大豆与其他作物、果、茶等间作套种,扩大大豆种植面积,特别是新植果园、茶园间种大豆,既可加速土壤熟化,也能减轻杂草危害,省工省肥;此外,南方地区光热资源丰富,适于发展多种作物间混复套,除发展玉米间种大豆、棉花间种大豆、小麦套种大豆等模式外,还可发展春大豆—杂交水稻、春大豆间玉米—杂交水稻。在长江中下游地区,一年三熟不足二熟有余,可发展油—豆—稻一年三熟,其中一季大豆可种植极早熟品种或中晚熟品种进行育苗移栽。采取这些措施,南方地区大豆播种面积有可能从目前的 200 万 hm² 发展到 400 万 hm²。

具有一批比较成熟、有应用前景的大豆新品种、新技术。如中豆系列(目前以推广中豆 8 号、中豆 32、中豆 33、中豆 34、中豆 35 等品种为主)、湘春系列(湘春 13 号,湘春 16 号、湘春 17 号、湘春 19 号、湘春 20 号等)、浙春系列(浙春 2、浙春 3、浙春 4、浙春 5 号)、南农系列,这些品种具有高产、优质或早熟等特点;还引进或摸索出了育苗移栽、全程化学调控、营养施肥等高产栽培技术及小麦—玉米—大豆—蔬菜一年四收等多种高产高效套种模式。

发展大豆深加工与综合利用,提高大豆生产及相关产业的效益。目前南方地区大豆加工是传统作坊与现代技术并存,既有遍布各地的无数豆制品加工作坊,也有现代化加工企业,这类企业包括制油、蛋白质提取等,今后应利用这些企业的产品发展食品加工等,也可发展制药和保健品如大豆磷脂、皂苷、黄酮等的生产。为提高加工企业的效益,目前,迫切要求对优质大豆品种进行产业化开发,主要是建立优质大豆科研、种子繁殖、商品生产和收购、加工联合体,实现优质大豆品种纯种纯收,实现大豆生产的优质高效。

第三节　南方大豆品种

一、南方大豆品种生态类型

南方地区生态条件和耕作制度复杂,长期以来,大豆为适应不同的耕作栽培制度和光照条件,形成了不同的生态类型,这些不同类型品种具有对光照、温度等反应不同的特点。南方大豆产区包括南方春大豆、夏大豆和秋大豆三种主要生态类型,春大豆品种一般只能在本地区进行春播,夏大豆品种只能在本地区初夏播种,秋大豆品种只能在秋前播种。如将各型播种期推迟,即春大豆品种夏播,夏大豆品种秋播,则植株变矮,产量急剧降低。反之,夏大豆品种春播、秋大豆品种夏播或春播,则出苗至开花日数显著加长,产量明显下降。

南方春大豆:这类品种包括两个亚型,即长江春大豆生态型和南方春大豆生态型。长江春大豆一般在3月底至4月初播种,7月间成熟,南方春大豆型在2～3月上旬播种,多于6月中旬成熟。这类品种短日性弱,其中长江春大豆部分品种在较长甚至不断光照条件下仍能开花(李友华,1986)。南方夏大豆:在5～6月初油菜、麦类等冬播作物收获后播种,9月底至10月成熟。短光性强,光照长至16 h就不能开花。此外,在云贵高原等地区,4～5月上半月播种,至9月成熟的也属于南方夏大豆品种。秋大豆:在7月底至8月初播种,11月上中旬成熟,短光性极强,光照长至14 h就不能开花。

二、南方大豆育种

(一)南方大豆育种目标

南方地区大豆育种总目标主要是以选育黄大豆新品种为主,兼顾各种利用的需要,适当选育其它种皮色的大豆;丰产性好,产量一般较对照品种增产5%以上;稳产性好,能够适应当地的生态条件,抗逆性强,对旱涝等不良的自然条件具有抵抗力,红黄壤地区要求品种耐酸铝;抗当地主要病虫害,主要是抗病毒病、豆荚螟、斜纹夜蛾和豆卷叶螟等食叶性害虫,具有抗倒伏性、不裂荚等特性;品质优,具有适合不同利用要求的蛋白质和油分含量,以高蛋白品种选育为主,籽粒外观好;具有符合当地自然条件和耕作栽培制度要求的成熟期,适应一年二熟或一年三熟栽培要求,生育期一般较短;此外,南方地区还要兼顾菜用大豆品种选育,主要是选育早熟、籽粒含糖量和淀粉含量较高,口感较好、适于采鲜食用的大粒品种。

(二)南方大豆引种

因为南方地区育种单位较少,各地经常从外地引种,通过多年实验,总结出了南方各地、不同播期大豆引种规律。长江中下游春大豆可于本地区可相互引种,北方春大豆区各种熟期类型、黄淮夏大豆极早熟类型中的大粒品种(百粒重在25克以上)可引作菜用大豆(毛豆)种植。云贵高原地区春大豆可将江淮地区早熟或中熟夏大豆品种引入这一地区作春播种植。长江流域夏大豆品种可在长江中下游各地区之间相互引种。黄淮夏大豆中的大粒品种也可引作菜用大豆种植。长江流域秋播大豆可用相同纬度地区内及以南地区的秋大豆品种,亦可引用南方多熟制大豆区的迟熟夏大豆品种,或以本地区春大豆、夏大豆品种代替秋大豆品种。华南地区春大豆可从淮河以南地区引入各种晚熟春大豆、早熟夏大豆等试种,夏大豆可从长江流域引种中、晚熟夏大豆品种,秋大豆可引用各地区的秋大豆品种及长江流域及其以南地区的迟熟夏大豆品种,而冬大豆可引用华北及东北中南部地区的大豆品种。

根据以往引种失败的教训,南方大豆引种过程中经常出现的问题有:一是黄淮夏大豆中、晚熟品种引入长江流域地区作为夏播大豆种植,一些年份表现正常,但多数年份表现不正常,如落荚、烂荚严重,表现不耐高温高湿。而东北春大豆引入长江流域作春、夏播大豆种植,虽可作毛豆利用,如要收获干籽粒,也有同样的问题,严重者甚至绝收。二是引入品种感染病害严重,特别是大豆花叶病毒病,一般来说,引入品种当年病害并不严重,但种植一二年后,病害会越来越严重,这主要是因为大豆花叶病毒是种子带毒传播和作为初侵染源的,如果品种不抗病,种子带毒率会越来越高。这些问题出现的根本原因就是大面积引种前,没有进行多年多点引种试验。

(三)南方大豆育种技术

在 20 世纪 70 年代以前,南方地区大豆育种以系统育种为主,主要是利用南方地区丰富的农家品种及其其中蕴藏的丰富变异,通过单株选择,获得优异的新品种,如中国农业科学院油料作物研究所从地方品种分离出的矮脚早、猴子毛等品种,曾在生产上发挥重要作用,高峰时其年推广面积超过 13 万 hm^2。

70 年代以后,南方地区大豆育种技术由系统育种过渡到杂交育种,南京农业大学、中国农业科学院油料作物研究所、江苏省农科院、浙江省农科院、湖南省农科院、广西农科院、四川省农科院、四川自贡市农科所等单位均开展了大豆杂交育种,育成了一批优良大豆新品种。在开展大豆杂交育种的同时,还辅以辐射育种、化学诱变育种等,但育成品种极少。

三、南方大豆育种进展

南方大豆品种的产量潜力提高。通过分析近 20 年来各地育成品种在参加大豆新品种区域试验中产量可以发现,每隔 10 年左右,大豆新品种在区试中的产量就提高 300 kg/hm^2,到目前,大豆新品种单产可达到 3 000 kg/hm^2。

南方大豆优质育种以提高蛋白质含量为主,各育种单位均选育出了一批高蛋白品种,如中豆 14、中豆 8 号、浙春 2 号、鄂豆 4 号、南农 87C-38 等,籽粒蛋白质含量一般在 45%以上,高者甚至超过 50%。此外,湘春 10、湘春 14 等湘春系列品种和中豆 32 等,籽粒含油量超过 20%,高者超过 23%,改变了过去普遍认为南方地区缺少高油品种的观念。

抗病(虫)育种方面,主要是针对大豆花叶病毒病,在病源分离的基础上,通过在地方品种中筛选抗源和从国外引进抗源,与南方地区推广品种杂交,已经选育出一批高抗大豆花叶病毒病的品种,如湘春 14、中豆 32 等。

由于多熟制和间作套种需要,南方地区大豆多与其它作物间作套种,且处于从属地位,要求大豆品种的成熟期要早,不影响其它作物生长,近年南方地区早熟育种进展较大。南方春大豆中,20 世纪 90 年代前以泰兴黑豆熟期最早,但这个品种种皮为黑色,在生产上利用受到很大限制,随着早熟品种早春一号、鄂豆四号、宁镇一号等品种的育种,早熟春大豆品种基本可以在 7 月上旬成熟,这些品种均为黄皮,可以很好满足生产上间作套种对早熟品种的要求。夏大豆品种的生育期也提早很多,如长江中游地区夏大豆地方品种的成熟期基本在 10 月中旬以后,到 70 年代提早到 10 月上旬,代表品种有猴子毛、1138-2,到 80 年代提早到

10月1日前后成熟,如苏协1号、中豆8号和中豆24等,近年来进一步提早到9月中旬,如中豆33和中豆34等。

南方地区存在大面积的红黄壤,这类土壤酸性强,部分土壤pH值低于4,普通品种在这种土壤上种植产量极低,随着浙春1号、浙春2号、浙春3号等品种的育成,大豆品种耐酸铝毒害能力增强,产量大幅提高,如浙春2号在江西、浙江等地红黄壤上种植,产量可超过250 kg/hm²。热带地区大豆新品种选育也取得进展,通过引进国外对光不敏感、耐酸铝种质,育成了华夏1号、华夏2号等品种。

第四节　南方大豆耕作制度

一、南方大豆耕作制度的历史演变

由于我国南方地区光热条件好,无霜期长,雨量充沛,一年四季,无论水田还是旱地都能种植作物,这就决定了大豆在该区实行一年多熟制耕作制度的主要形式及复种轮作的制度的多样性和复杂性。南方农民将大豆作为水田和旱地的复种或轮作作物,历史悠久,隋唐以后即已开始,公元12世纪南宋《陈甫农书》曾指出,在旱田收获后种一季豆子可以熟土壤而肥沃之。在历史上,其轮作方式通常是在水稻田套种半栽培型的泥豆,在水稻乳熟期稻田还有水层或高度湿润时,将泥豆撒播到稻田中,这种方式耕作简单粗放,加上泥豆丰产性差,产量低。后来农民在有灌溉的水稻田,在秋季水稻收获后,随即在稻茬旁播上栽培型的秋大豆,俗称"禾根豆",据考证,禾根豆在湖南有300多年的历史。秋大豆的丰产性和品质比泥豆好,也可进行中耕除草等田间管理,产量较高,20世纪50年代中后期在湖南、江西、福建、浙江等地均有很大发展,品种和栽培技术均有很大改进,形成南方秋大豆产区。随着农田水利建设发展,稻田有效灌溉面积不断扩大,为发展双季稻创造了良好条件,晚稻产量不断提高,而种植秋大豆,效益低于晚稻。南方水田稻—豆两熟制逐渐被双季稻取代,但农民为满足自身豆制品和周边城市冬季菜用毛豆的需要,各地仍有零星种植。但是,稻田长期双季稻连作,稻田泡水时间长,加上晚稻田套种绿肥,土壤周年处于嫌气状态,好气性微生物活动减弱,有机肥料分解缓慢,有效肥力降低,亚铁等有毒物质积累增加,地下水位升高,还原层加厚,使稻田土壤次生潜育化不断发展,这类稻田常发生赤枯病或"僵苗"不发,致使水稻减产,成为双季稻持续增产的障碍。20世纪70年代,由于杂交水稻的大面积推广,加上改良土壤的需要,春大豆—水稻轮作制得到恢复和发展。在南方一些地区,春大豆—杂交水稻一年两熟复种轮作,不论是双季稻区、单季稻区,还是双季稻与单季稻混种区,都取得了良好效果,稻田轮作大豆又有所发展。到80年代,随着南方稻区饲养业、食品酿造、饮料加工业的迅速发展,稻区粮食结构不能适应这些要求,在稻—豆轮作制度的基础上逐步演变出豆(间种玉米)—稻的耕作模式,其优点:一是充分发挥水田优势增加粮食产量,改善粮食结构,提高稻田经济效益;二是有利于改良土壤,提高地力,促进农田生态系统良性循环;三是有利于农牧结合,促进养殖业发展;四是有利于资源的合理利用,劳力合理组合,提高集约化生产水平。

二、大豆在复种轮作制度中的作用

稻田或旱地复种轮作大豆,能改土增肥,用地养地结合,大豆除取之于土壤一部分营养物质,还能偿还土壤一部分营养物质。大豆根瘤菌能够固氮,能使土壤中氮素营养得到补偿,根据测定,生长良好的大豆根瘤菌,固氮量可达 70～150 kg/hm²。农谚说:"豆子不瘦田,种一茬保两年","要想地不瘦,年年种茬豆"。根据湖南衡阳地区农科所和怀化地区农科所化验分析结果,春大豆—水稻两熟制水稻田的土壤含氮量都有显著增加。衡阳地区农科所 1979 年种大豆前,稻田土壤含氮量为 0.131%,收春大豆后增加到 0.144%;1980 年种春大豆前土壤含氮量为 0.117%,收春大豆后增加到 0.155%;怀化地区农科所 1980 年种春大豆前土壤含氮量为 0.119%,收春大豆后增加到 0.128%。江苏太湖地区的双季稻田长期连作,造成土壤状况恶化,影响水稻持续高产,通过麦—豆—稻二旱一水轮作,由于稻田进行冬、春深耕晒垡,加深耕作层,熟化土壤,扩大保肥给养范围,有利于协调水、肥、气、热等因子的相互关系,促进土壤有机养分的矿化,再加上复种一季大豆,大豆根瘤和叶、根、茎等残茬留于土壤,据江苏省农科院分析结果,每 1hm² 生产 1 875 kg 大豆时,大豆固氮 105.75 kg,其中 30% 遗留在土壤中,收获时豆叶含氮量 30.45 kg。大豆茎、叶还田,不仅增加土壤有机质,还能增加表土钙离子浓度和土壤团粒结构。

三、南方大豆耕作制度形式

南方大豆的复种轮作和间作套种主要有以下几种形式。

(一)水稻—秋大豆制

水稻采用 7 月中下旬或 8 月上旬成熟的早稻或早熟中稻品种,大豆采用栽培型秋大豆品种,水稻收获后随即在稻田采用免耕法在稻茬旁点播秋大豆,秋大豆一般在 11 月上中旬成熟。大豆收获后将稻田耕翻冻垡,亦可在秋分时在稻田撒播紫云英或满园花等绿肥作物,到翌年 3 月翻地整田,再种水稻。

(二)春大豆—水稻—冬闲制

南方水田多为黏性土壤,脱水后土壤板结,耕翻后土块大而坚硬,不适于大豆生长。因此,凡是轮作春大豆的稻田,水稻收获后,必须在冬前翻耕,并随即按 2～3 m 宽做畦,开好畦沟、腰沟、围沟,不仅可以迅速排除地表水和降低地下水位,耕翻的稻田经过晒、冻、融,使土壤理化性状得到改善,有利于春季抢晴天播种春大豆。春大豆于 3 月中下旬播种,7 月上旬收获,随即整田插植杂交晚稻。

(三)大豆间玉米—水稻制

本制度是上述春大豆—水稻—冬闲制基础上发展而来,采用的玉米品种熟期必须与当地的早、中熟早稻品种相近,才有利于晚稻适时栽植。如果头季以生产大豆为主,则玉米的比重小些,反之则大豆比重小些。这种春大豆与玉米间作方式,一般畦宽 5 m,每畦两边各种 2 行玉米,中间种 4 行大豆,组成 4:4 的玉米与大豆带状方式;另一种为畦宽 4～5 m,每畦两边各种 1 行玉米,中间种植 8～10 行春大豆,组成 2:8 的玉米、大豆间作方式;还有一种是宽行间作,即每种 2 行玉米,留一宽行间种 2 行或 3 行大豆,组成 2:2 或 3:2 的间作方式。

(四)麦—豆—稻一年三熟制

本制度在江汉平原、江苏太湖平原较多种植,即在三年内,一年种麦、豆、稻,两年种双季稻,这种耕作制度的效果不能仅看一年的产量,而要看三年产量的总和。该轮作制度的主要栽培技术措施,对前后作物是关联的,其方法是一年内收种麦、豆、稻三种作物,秋播时,稻田翻耕后即开沟做畦,在 1.6 m 的畦中间播一条幅宽 26～33 cm 早熟矮秆元麦,麦行中间留有

66～80 cm 的空幅(或预留行),留待翌年种植春大豆,空幅要在冬季进行一次深耕冻垡,熟化土壤。在城市郊区可种一季冬菜。翌年再春耕一次,结合施肥,深耕整地,于清明前后,在麦行旁种 2～3 行春大豆,小满前收元麦,麦收后大豆开始封行,立即将麦茬深耕晒垡,并在原麦幅中央开一条畦沟,并将原有畦沟填平,7 月中旬春大豆收获后,栽插杂交晚稻。

(五)大豆—油菜或小麦两熟制

本制度大豆品种类型为南方夏大豆,油菜一般在 5 月上中旬成熟,小麦在 5 月下旬至 6 月上中旬成熟,收获油菜或小麦后整地播种夏大豆。本制度在长江中下游沿岸冲积平原旱地采用较多,原为南方夏大豆集中产区,随着棉花等经济作物的发展,栽培面积已日益缩小。

(六)小麦—春大豆—甘薯间套作制

一般在头年冬季翻地后,按 2 m 宽开厢做畦,条播小麦 3 行,播幅 13 cm,行距 20 cm,小麦基本苗要求在 180 万～200 万/hm²,预留空行 1 m 宽。翌年 3 月下旬整地后播种 3 行春大豆,行距 30 cm,穴距 17 cm,每穴留 2～3 株苗,每 1 hm² 留苗 30 万株。小麦收获后,翻耕起垄,施好基肥,5 月底至 6 月初于垄面上插植 2 行甘薯,行距 33 cm,株距 17～20 cm;与此同时,在大豆行内套插 2 行甘薯,甘薯密度 8 000～10 000 株/hm²。本制度多分布在南方丘陵地带熟化红黄壤旱地上。

(七)其他高产高效栽培模式

大豆是一种生长期短、比较耐阴抗倒的作物,对其他作物的田间管理影响较小;大豆根瘤又能固氮,种植大豆还能养地,因而适合于与多种作物、果树间作套种。大棵作物间套种大豆还能减轻草害,既省工,又能保水保土。除上述耕作制度外,还有多种大豆间作套种模式,如棉花套种大豆,特别是棉花套种菜用大豆,对棉花影响很小,是棉田增收的有效套种模式;幼林果园套种大豆;架子蔬菜(如丝瓜等)套种菜用大豆;大豆田也可套种花生、红薯等作物。目前,各地还发展了一批复合型套种模式,如麦—玉—豆模式,就是春天在小麦预留行套种玉米,小麦收获后套种大豆。麦—西瓜—棉花—大豆模式,就是在小麦预留行套种 1 行西瓜,西瓜旁栽 2 行棉花,小麦收获后种植 3 行大豆,西瓜蔓长出后铺在大豆行间,西瓜采收后,大豆基本封行。这种模式土地和光热利用效率极高,同时兼顾大豆生产与粮食生产,提高了经济效益。

第五节　南方大豆优质高产栽培基础

一、气象因素对产量的影响

(一)温　度

温度对大豆生育期和结荚鼓粒状况有很大影响,制约着产量的提高。日均温在 14℃ 以下时,大豆开花延迟。大豆开花期白天最适温度是 24℃～29℃,夜间是 18℃～24℃。29℃ 以上的气温便会使开花受到抑制。若 38℃ 以上高温,则会阻止大豆的营养生长,从而大大降低产量。鼓粒期最适温度是 21℃～23℃,低于 13℃～15℃ 会严重影响灌浆鼓粒;若气温过高,将造成大量的花荚脱落和种子不饱满。成熟期的最适温度是 19℃～20℃,且白天需要较高温度,夜间需要较凉爽,才有利于干物质的积累和脱水。在南方,春大豆常由于迟播,或生长期过长,或雨季提早结束,使结荚鼓粒期处于高温的气候条件下,造成花荚大量脱落,成熟期又高温迫熟,严重影响产量。蔡秋红、刘德金等(1984,1987)以春大豆作分期播种试验,郑元梅、黄建成等(1994)以菜用大豆作分期播种试验。结果表明,结荚期和成熟期的日均温对产量的直接通径系数都是较大的负值,说明了气温升高会使产量显著降低。南方,尤其是东南,春大豆若能在 6 月底成熟,则产量较高。如福建省近几年推广较早熟的品种宁镇 1 号、莆豆 8008、浙春 2 号等,1997 年全省平均每 hm^2 产量达 1 803 kg,较 1990 年增产 4.1%。在南方不同类型大豆中,秋大豆受早霜影响较大。

(二)雨 量

大豆虽是旱作物,但也是需水较多的作物。年份间雨量的变化是一个地区年份间大豆产量变化的主要因素。尤其是南方,大豆多种植在缺少水源灌溉的地方,因此,年份间产量随雨量变化而波动较大,较难稳产。大豆幼苗期地上部生长缓慢,地下部根系却迅速发展,此期需要水分占整个生育期总需水量的 1/6 左右,最适的土壤水分为田间最大持水量的 60% ~ 70%。开花最适的土壤水分是为田间最大持水量的 70% ~ 80%,成熟期最适的土壤水分为田间最大持水量的 60% 左右。当土壤或植株缺水,水分供应失调时,大豆植株生长矮小,叶面积少,光合速率减慢,有机物质积累少,养分向花荚运输受阻,严重地影响结荚数量和产量。南方的气候特点是春涝、夏旱,常年又有秋旱,所以春大豆生育前期处于雨季,土壤水分过多,常使植株徒长荫蔽,而后期干旱,影响结荚鼓粒。如福建省 1963 年雨季结束早,春大豆花荚期受旱,结果全省大豆平均每 hm^2 产量仅有 457.5 kg,较正常年份减产 67.3%。在南方不同类型大豆中,春大豆受伏旱影响大,夏大豆和秋大豆受秋旱影响较大。

(三)日 照

大豆是喜光的阳性植物。一个地区的日照天数和光照强度,对大豆光合作用的影响很大。据研究,大豆每 m^2 的花数与开花前 30 ~ 15 d 的日照时数有密切的关系,因为花节数和每节的花数取决于花芽分化前同化产物的积累量。结荚率与始花后 30 d 期间的日照时数呈正相关,蔡秋红、郑元梅等人分析春大豆和菜用大豆得出,在结荚期,累计日照时数对产量呈正反应,此期若晴天多,有利于产量的提高。而在鼓粒期和成熟期,累计日照时数对产量则呈负效应,这是因为温度与日照呈显著正相关($r = 0.803$),雨量与日照呈显著负相关($r = 0.822$)。在日照多时,则气温高、雨水少,又缺少灌溉和高温迫熟,所以日照对产量的直接通径系数是负值。

二、栽培因素对产量的影响

20 世纪 90 年代前,南方诸省的大豆产量虽逐年有不同程度的提高,但增长十分缓慢,进入 90 年代后,由于各省重视推广大豆优良品种和先进栽培技术,单产迅速提高。如浙江省 80 年代大豆单产比 1949 年增长 132.5%,而 1998 年比 1949 年增长 193.9%;湖南省大豆产量 80 年代比 1949 年增长 120.4%,而 1998 年比 1949 年增长 258.8%。两省 1998 年大豆产量比 80 年代分别提高了 26.4 和 62.8 个百分点。

以往南方大豆产量一直上不去的原因是:品种陈旧、管理粗放、播种偏迟、种植大豆的土地条件差等。针对生产上存在的的问题,采取相应措施:其一要积极引种鉴定、培育新品种和推广良种,使良种的普及率有较大提高。据湖南省统计,20 世纪 70 年代以来推广了新品种,大豆单产比 60 年代提高了 1 倍,其中有 50% 是来自品种更新。其二是合理密植。以往南方种大豆常因干旱或湿害发生缺苗。为了不缺苗,农民就加大播种量,因此大豆密度不是偏稀就是偏密,严重影响产量。据福建省调查,有的每穴大豆出苗 7~8 株,最高的达 17~18 株,每 hm² 高达 75 万~90 万株,较正常密度偏多 1~3 倍。其三是精细管理。改变过去不间苗补苗、不施肥、不中耕的习惯。以往南方种豆有"一把锄头一把灰"的农谚,即只要用锄头把种子放下去,再盖上一把草木灰就等着收获。现在种植大豆,普遍都要求增施苗肥和花肥,并注意 N、P、K 的合理配合。其四是适时早播,趋利避害。继续扩大春大豆种植,并采用薄膜育苗移栽等措施提早播种,延长大豆生育期,使产量提高。

三、形态对产量的影响

大豆枝叶繁茂,叶片数多且多呈水平分布,分枝与主茎所成角度比禾谷类作物大。结实器官又多分散在主茎和分枝的各节上。因此,植株封行以后,冠层叶片常构成封闭的遮荫层,使中下层叶片的受光量大大降低,光合产物合成减少,"库"与"源"的矛盾加剧,从而导致花、荚大量脱落。

据调查,花荚脱落在 40%~80%,成熟豆荚中胚珠的种子败育率在 9%~22%。造成花荚脱落是由于花柄基部从外向里逐渐形成离层,阻碍了水分和养分对花荚的供应,使花荚逐渐分离脱落。花荚最大脱落量发生在受精以后,其中大多数又是发生在胚发育早期。脱落的花芽往往是一个节上最后分化的,而脱落荚则是分化最早的幼荚。下部节位和分枝上脱落的较上部节位的多。败育种子常发生在基部,约占三粒荚全部败育种子的 60%。

禾谷类作物的形态与大豆有显著不同,禾谷类作物主茎与分蘖几乎呈平行状,叶片细而长,开张角度小,叶片间互相遮荫少,有利于利用光能;同时结实器官着生在顶端或茎上部,功能叶着生在上部,受光好,光合产物多,能及时供应结实器官的发育,所以产量较大豆高。

据统计,大豆产量相当于水稻产量的 25%、玉米产量的 35%~40%、小麦产量的 65%。也就是说,水稻产量较大豆高 2~3 倍,玉米产量较大豆高 1~2 倍,小麦产量较大豆高 0.5 倍左右。

四、生理生化特点对产量的影响

大豆为光呼吸作物,光饱和点低。当温度升至 30℃以上时,光合作用强度便开始下降。而玉米、高粱则属于非光呼吸作物,光饱和点高,即使在中午强光照下,温度升至 35℃时,光合强度也不会饱和。因此,在同样条件下,玉米、高粱等作物的光合产物比大豆多,消耗少,干物质积累多,产量高。

从积累同量的干物质来说,大豆需水量为 844 单位,小麦为 557 单位,小米为 267 单位。大豆需水量较小麦、小米大得多。此外,田间有效叶面积系数禾谷类作物比大豆大很多,禾谷类可达 7~8,而大豆仅 5~6。显然,对光能的利用上,大豆不及禾谷类作物。

禾谷类作物的光合产物大部分是直接形成碳水化合物,而大豆在形成碳水化合物后,还要再转化成蛋白质和脂肪。这种转化需要消耗大量的能量。据报道,每形成 1 g 脂肪要消耗 37.7MJ 热能,而形成 1 g 碳水化合物仅消耗 16.7 MJ 热能。大豆蛋白质含量比禾谷类作物高 2~3 倍,脂肪含量比禾谷类作物高 8~10 倍。因此,每 kg 大豆所消耗的热能要比禾谷类作物高得很多。

大豆在形成蛋白质和脂肪时,所消耗光合产物的数量也很多。据报道,每形成 1 g 脂肪,需消耗 3 g 的光合产物;每形成 1 g 蛋白质,需消耗 2.5 g 光合产物。而生产 1 g 种子的碳水化合物,仅消耗 1.2 g 的光合产物。如以大豆籽粒蛋白质含量为 41%、脂肪含量为 20%计算,每生产 1 g 大豆籽粒需消耗 2.13 g 的光合产物。而禾谷类生产 1 g 种子仅消耗 1.33 ~ 1.45 g 的光合产物,比大豆低很多。因此,同量的光合产物,禾谷类形成的籽粒产量就比大豆显著地高。若从单位面积所产营养物质的产量比较,大豆并非低产作物。叶信璋(1981)以江苏省 1952 ~ 1978 年的平均每 hm² 大豆、水稻、玉米产量作比较,情况就完全不同。大豆蛋白质产量比水稻、玉米高 132.2%,脂肪产量比水稻高 571.9%,比玉米高 617%。近年来,国内外对此已有认识,并逐步在加以利用。

第六节　南方大豆几项高产栽培技术

一、南方春大豆高产优质栽培技术

南方春大豆品种包括两个亚型,即长江春大豆生态型和南方春大豆生态型,长江春大豆一般在 3 月底至 4 月初播种,7 月间成熟,南方春大豆型在 2 ~ 3 月上旬播种,多于 6 月中旬成熟。这类品种短日性弱,其中长江春大豆部分品种在较长甚至不断光照条件下仍能开花。其栽培技术要点如下。

一要适时早播,春大豆播种期正值低温多雨季节,播种过早,受低温、渍水影响,造成烂种、缺苗;播种过迟,营养生长期缩短,产量降低。早播可延长营养生长期,有利于高产(汪惠芳等,2001)。如果是旱地种植,早播可避旱夺丰收。

二要因地制宜,合理密植,种植密度应根据薄地宜密,肥地宜稀的原则。早、中熟品种在中等肥力或中等以上肥力的稻田、旱地种植,单作以每 hm² 保苗 37.5 万 ~ 45 万株为好;土壤肥沃、品种生育期较长,单作则以每 hm² 保苗 30 万株以下为宜。一般采用穴播,行、穴距根据密度进行调整,每 hm² 保苗 30 万株以上时,行、穴距为 33 cm × 20 cm,每穴播 4 ~ 5 粒,留 3 ~ 4 株;每 hm² 保苗 30 万株以下时,行、穴距为 33 cm × 33 cm,每穴播 4 ~ 5 粒,留 3 ~ 4 株。

三要提高播种质量,力争一播全苗,提高播种质量主要抓好三个环节,播种前精细选种,晒种 1 ~ 2 d,提高种子生活力,增强发芽势,加快出苗速度。3 月中旬以后当土温上升到 10℃以上时抢晴天播种,丘陵旱地实行浅播浅盖,以避免种子入土过深而造成出苗困难。河流冲积土实行浅播浅盖,磨板轻压保墒保出苗。

四要施足基肥,看苗追肥,大豆根瘤菌虽有固氮作用,但不能满足高产要求。研究结果表明:南方春大豆每 hm² 产量 2 550 kg 籽粒,每 100 kg 籽粒需 N 9.87 kg,P_2O_5 1.07 kg,K_2O 3.92 kg,N、P、K 比例为 1:0.11:0.4。因此,春大豆要获得高产,一般每 hm² 用土杂肥 1 500 ~ 2 200 kg、过磷酸钙 370 ~ 750 kg、硼肥 3 ~ 6 kg,堆沤后作盖籽肥。三叶期以前在雨前或雨后每 hm² 追施复合肥或尿素 110 ~ 150 kg,始花前追尿素 40 ~ 70 kg。

五要加强田间管理,及时防治病虫害。大豆出苗后马上进行查苗补缺,1 ~ 2 片复叶全展时进行间苗,三叶时定苗。在苗期及时中耕除草与清沟排水,并结合间苗定苗,清除田间病株,适时防治地老虎。开花结荚期适时喷施农药,以防治多种食叶性害虫及豆荚螟等。

六要抢晴天收获。春大豆成熟时,在大豆叶片落黄后就要抢晴天收获,防止雨淋导致种子在荚上霉变,影响品质和产量。

二、春大豆覆膜栽培技术

在长江流域早春播种大豆,用地膜覆盖栽培技术,能大幅度提高单产,其主要原理是:

一是能提早播种,延长大豆生长期,覆膜栽培播期一般较正常播期提早 10~15 d,如适当选用偏晚熟品种,这样大豆生长期将延长,有利于大豆增产。

二是可提高土壤温度,保墒蓄水,覆膜后的耕层土壤温度较露地提高 2℃以上,水分增加 1% 左右。

三是覆膜可抑制大豆苗期杂草,避免重复用药。

四是覆膜能促进大豆营养生长和生殖生长,除了大豆生长速度加快,还能增加主茎节数和分枝数,增加叶面积,推迟叶片衰老。大豆开花与成熟相应提早 2~3 d,单株荚数和粒重都有所增加。

覆膜大豆要增产,一是要选用中晚熟高产品种,一般可选比正常播种品种迟熟 10 d 左右;二是播后覆膜前进行化学除草;三是要及时破膜,或扩孔放苗;四是重施叶面肥防早衰,一般应在分枝期和花荚期各用一次叶面肥。

三、南方夏大豆高产优质栽培技术

南方夏大豆一般在 5~6 月初油菜、麦类等冬播作物收获后播种,9 月底至 10 月成熟,随着油菜收获期提早,早熟、极早熟夏大豆品种的育成与推广,甚至用春大豆品种代替夏大豆品种,部分地区夏大豆可提早至 5 月上旬播种,8 月下旬或 9 月上旬收获。此外,在云贵高原等地区,4 月中旬至 5 月中旬播种到 9 月成熟的也属于南方夏大豆品种。典型的南方夏大豆品种对光温极敏感,短光性强,光照长至 16 小时就不能开花。南方夏大豆生长期正是一年的高温期,苗期多雨,幼苗生长很快,容易徒长,植株容易产生倒伏;在其生长后期往往遇到干旱,大豆成熟鼓粒受影响,对产量影响极大,这也是南方夏大豆稳产性差的主要原因。此外,高温高湿,病、虫、草害多,对夏大豆生长影响也很大。所以,种好南方夏大豆,在选择适宜品种基础上,关键是培育壮苗,防止病、虫、草害,注意抗旱排渍。

(一)选择适宜品种,合理密植

种植夏大豆要结合本地雨水条件、品种特性及土壤肥力来选择品种。如干旱少雨地区,宜选用分枝多,植株繁茂,中小粒,无限结荚习性品种;雨水充沛地区,宜选择主茎发达,秆强不倒,中大粒有限结荚习性品种。肥力高的土壤保苗在 20 万~30 万株/hm²;肥力低的土壤保苗应在 30 万株/hm² 以上。

(二)提高播种质量

1.播前精选种子,进行种子处理　选用粒大、饱满、没有病虫口和杂质的种子作种,剔除烂籽、小籽、秕籽、霉籽。种子纯度不低于 98%,发芽率不低于 85%,含水量不高于 13%。微风晴朗天气晾种 1~2 d,提高发芽势。播种前可用药剂、根瘤菌拌种或进行种子包衣,药剂拌种时,用 50% 多菌灵按种子量的 0.4% 进行拌种,防治根腐病,随拌随播,不应过夜。

2.抢墒播种,合理密植　由于小麦、油菜收获后气温高,跑墒快,为保证大豆出苗所需水分;一般不整地,可贴茬抢种。切记足墒下种,无墒停播或造墒播种。播种深度 3~5 cm,均匀下种无断垄,力争一播全苗。播种方式以点播、条播或播种机精量播种均可。机播用种量:大粒种子 75~90 kg/hm²,中小粒种子 60~75 kg/hm²,人工点播 45~60 kg/hm²。行株距配置以宽行密株为主,一般行宽 50 cm,株距 10~15 cm,密度 20 万株/hm² 左右,少数早熟矮秆品种晚播时,密度可加大到 30 万株/hm²。

(三)施足基肥,培育壮苗

大豆幼苗生长需要一定的养分,播种前增施 N、P、K 作基肥,可促进幼苗生长和幼茎木质化较快形成,以利于壮苗抗病。一般 1hm² 施三元复混肥 600 kg,或施腐熟有机肥 20~30 t 作基肥。

(四)防渍害,炕芽,力争全苗

播种后要及时开好田间排水沟,使沟渠相通,排灌顺畅,降水畦面无积水,防止烂种;遇天气干旱无法播种时,要及时浇水造墒,使土壤墒情适宜整地播种;若天气持续干旱播后仍需浇水适期出苗,防止豆芽脱水造成炕芽。抗旱时可沟灌,有条件的可喷灌,切忌大水漫灌,影响出苗。

(五)适期追肥、叶面喷肥及防止后期干旱

植株初花期为营养与生殖生长同时并进,此时植株根系的根瘤菌固定的氮素不能满足其生长需要,初花期追施氮素可促进花的发育和幼荚生长。一般趁雨前每公顷撒尿素 60~75 kg,植株生长过旺可酌情减量或不施尿素。叶面喷肥分别于大豆苗期和开花前期,可用钼酸铵对水稀释为 0.05%~0.1% 的溶液或 50 L 水加磷酸二氢钾 150 g 和尿素 200 g 喷雾,每公顷用量 750 L,每隔 7 d 1 次,连续 3 次,正反叶面都喷湿润,扩大吸收面,增进吸收,提高肥效,增产显著。大豆初花至结荚鼓粒期,若天气干旱要适期浇水,防止受旱影响产量。

(六)加强病虫草害防治

化学除草:播后 1~3 d 芽前进行土壤封闭除草,要求畦面平整,细土均匀无大小明暗堡,土壤潮湿,每公顷用 72% 都尔 1500 ml 或 50% 乙草胺 1500~2250 ml,对水 450 L 喷雾;亦可在豆苗 1~3 片复叶期,各类杂草 3~5 叶期,每公顷选用 15% 精禾克 1125 ml 加 25% 虎威 750~800 ml,若莎草生长多的地块加 48% 苯达松 1500 ml,对水 750 L,进行茎叶喷雾。大豆是对除草剂极敏感的作物,为确保化学除草质量,避免对大豆产生药害,用药前一定要仔细阅读说明书,做到准量用药、足量对水,适期化除,防止重喷、漏喷。

及时防病:大豆苗期极易发生立枯病、根腐病和白绢病。播种前可选用 50% 多菌灵 500g 或 50% 福美双 400 g,对水 2 L 搅拌溶解,然后均匀拌种 100 kg,晾干后即可播种;亦可在幼苗真叶期,每公顷选用 50% 甲基托布津或 65% 代森锌 1500 g,对水 750 L,茎叶喷雾 1 次。大豆盛花期再用甲基托布津防治一遍,可有效控制霜霉病和炭疽病的发生。

科学用药治虫:南方夏大豆一生正处于害虫多发期,主要有蚜虫、红蜘蛛、造桥虫、大豆卷叶螟、棉铃虫、甜菜夜蛾和斜纹夜蛾等害虫。这些害虫在田间混合发生,世代重叠,为害猖獗,抗药性强,防治一定要以虫情预报期为准;或者从 7 月底至 8 月初特别注意观察田间是否有低龄幼虫啃食的网状和锯齿状叶片出现,一旦发现要及时用药防治,每 7 d 1 次,连续 3 次。每次用药时,提倡不同类型杀虫剂混配或交替使用,以免害虫产生抗药性。前期选用 2.5% 保得、2.5% 功夫、4.5% 氯氰菊酯、5% 抑太保、40% 安民乐和 48% 乐斯本,均稀释 1500 倍液,下午 5:00 或上午 6:00~8:00 止,每公顷喷药液 750 L。尽量把药液直接喷洒在虫体上触杀,提高防效。后期防治选用生物杀虫剂,如复方 Bt 乳剂、苏云金杆菌 Bt 制剂和杀螟杆菌,每克含活孢子 100 亿个,对水稀释 500~800 倍液,每公顷喷雾 750 L。亦可与上述任何一种杀虫剂混用。生物杀虫剂切忌与杀菌剂混用,否则无防治效果。生长后期注意用菊酯类防治豆荚螟等害虫。

（七）适期收获

俗话说"豆收摇铃响"。即95%豆荚转为成熟荚色,豆粒呈品种的本色及固有形状时即可收获。

四、南方秋大豆高产优质栽培技术

（一）南方秋大豆栽培技术

秋大豆在南方是水稻轮作复种作物,有稻—禾根豆和稻—套种大豆两种栽培形式。套种大豆有栽培型和半栽培型—泥豆两类品种。因泥豆属进化程度较低半栽培型大豆,种皮褐色,籽粒小(百粒重3~5 g)产量低,品质差,生产上已逐步为栽培型秋大豆所代替。秋大豆是我国农民在长期生产实践中为适应本地区栽培制度需要培育选择出的一种生态类型,它具有与南方春大豆、夏大豆不同的生物学特性。

由于长期受秋季自然条件的影响,在光温反应特性方面,秋大豆品种对短光照要求极强,在较长的光照条件下,往往不能开花结实。如果秋大豆春播或夏播,由于南方春季和夏季正处于光照延长时期,不能满足秋大豆对短光照条件的要求,因而营养生长期延长,植株生长繁茂,这类品种也必需经秋季短光照条件才能开花结实,因此生产上秋大豆品种不宜春播或夏播。

秋大豆对温度也有一定的要求,在其整个生育期内,日平均气温必须超过21℃,秋大豆才能生长良好,如果生育期内日平均气温在20℃以下,秋大豆就难于在霜前正常成熟。秋大豆对水分也有要求,在秋大豆整个生育期内,需水最多的有两个时期:一是萌芽出苗期,必需保证种子能够吸收到充足的水分,否则出苗缓慢,甚至种子失去发芽能力。二是秋大豆开花结荚期需水最多,这时土壤水分充足,植株生长旺盛,能增花增荚,荚饱粒大,否则,会造成严重落花落荚,种子瘦小,导致严重减产。因此,秋季严重缺水稻田,也不宜种植大豆。秋大豆对稻田土壤要求不严,但长期浸水的冷浸田不宜种植大豆。稻田复种秋大豆的耕作方法主要是采用稻田免耕板茬种植(俗称禾根豆),因此,准备稻田种植秋大豆的田块,在前作水稻的耕作上就要考虑种植后作物秋大豆的需要,如整田时要求田面平整,有利于后作灌水时一灌即到,多施有机肥和磷肥,供后作秋大豆利用,在栽培技术上,应注意以下几点。

1. 选择优良品种　适于稻田种植的秋大豆品种有浙秋1号、浙秋2号、湘秋豆1号、湘秋豆2号、毛蓬青1号、毛蓬青2号等,可根据当地自然条件选择种植。在20世纪70~90年代,曾大量使用夏大豆品种代替秋大豆品种如1138-2、鄂豆2号等。目前,则多用春大豆品种代替秋大豆品种。如果选用春大豆品种,则应选用中、晚熟类型品种。

2. 稻田适时开沟排水　种植秋大豆的稻田,在水稻沟头撒籽时,要在稻田里开好"边沟"和"厢沟"。边沟是在稻田四周围靠近田埂的一行禾连泥铲起,放在邻近一行禾的中间,沟宽40 cm、沟深20~25 cm,沟底要平,在水稻成熟前的5~8 d,要将稻田水排干,晒至田面见丝坼时,每隔3~5 m开厢沟一条,宽约30 cm、深约15 cm,有利于稻田土很快晒干,过白坼时,便于在稻蔸边缝眼中点播豆种和播种出苗后田间灌水、排水。稻田土壤通过干、湿交替作用,黏结土壤变成疏松状态。

3. 适时播种,适宜密植　南方地区7~9月是高温季节,这段时间光照强,晴天占50%~60%,对秋大豆生长十分有利。但进入秋分后,气温即急剧下降,8月份后,每日的光照时数亦逐渐缩短。由于自然气候因素的影响,形成秋大豆具有较强的季节性要求。农谚有"秋前三颗籽,秋后二个荚,到了处暑节,一粒结一粒",说明秋大豆抢季节播种的重要性。因之,在前作水稻收割后要即时抢播,其适宜播种期在 7 月 25 日至 8 月 5 日。秋大豆播种是在稻田不耕地于稻蔸边点播。播种方法:用手攀稻茬,露出裂缝,将种子播入裂缝中,播种深度 3 ~ 5 cm,如果裂缝太小,可用竹片在稻蔸边打小洞点豆入内。播种好坏,对出苗影响极大,如果没有点入裂缝,或播种过浅,种子吸水膨大后会露出地面,遇上太阳晒成绉皮豆,影响发芽,将造成大量缺苗。套播大豆为谷林套种,即割谷前三天放水晒田后的傍晚,撒播於谷林,2 ~ 3 天后 80% 以上已立苗,即割谷,随即进行追肥除草可田间管理。谷林撒播较之割谷后种禾根豆可早播 4 ~ 6 天。

秋大豆一般以主茎结荚为主,其植株生长繁茂程度与播种迟早、土壤肥力高低和品种特性有关,具体的播种密度要随水稻的株、行距而定,一般在中等肥力稻田,水稻株、行距为 13.5 cm×20 cm,或为 13.5 cm×16.5 cm,即在水稻株距基础上,隔一行稻蔸种一行大豆,每蔸播种子 3 ~ 4 粒,每 667 m² 保苗 3 万 ~ 4 万株。

4. 搞好灌水、排水　秋大豆是在高温条件下播种,并在高温季节和干旱条件生长发育,及时灌溉与排水是秋大豆丰产的关键环节,秋大豆播种时,虽然刚收获的禾蔸边仍然湿润,但在夏季强烈阳光照射下,水分会很快蒸发,不能满足大豆发芽对水分的要求,必须灌水才能出苗。但如灌水不当,种子在水的浸泡下很容易发生蒸煮坏种现象。播种后,首先要灌好催芽水,这次灌水在播种后第二天日落后地面温度下降时进行,土壤吸足水分(浸泡 3 ~ 4 h)后立即排水,切忌久浸,沟中余水要彻底排干,以防太阳暴晒,水分过多,蒸煮坏种。

从秋大豆苗期至开花结荚期应灌水 2 ~ 3 次,保证在高温条件下大豆对水分的需求,以免影响生长,花期灌溉,可防止落花落荚,提高粒重,还能减轻豆荚螟对秋大豆的危害。

5. 及时中耕施肥,治虫防病　秋大豆免耕种植,田间杂草和水稻落粒长出的秧苗较多,要及时铲除,一般在大豆封行前除草 2 次,并同时拔除再生稻苗。种植秋大豆一般有重施前茬肥的经验,即"禾好豆好",但要夺取秋大豆丰收,仍应追施苗肥,结合中耕除草,每 667 m² 追施 8 ~ 10 kg 尿素,能显著提高产量。还应早施磷钾肥。

危害秋大豆的病虫害有蚜虫、造桥虫、豆荚螟、豆秆潜蝇和纹枯病、锈病等,要及时采用药剂防治。

秋大豆后期是大豆锈病多发时期,除了选用抗锈品种,在栽培上,应注意清沟排渍,降低田间湿度,也可用药剂防治。

6. 适时收获、脱粒,做好种子贮藏　秋大豆成熟后要及时收获,晒干脱粒,留种的秋大豆要单收、单打、单晒,以防混杂,冬天阳光弱,种用大豆要晒 5 ~ 7 d,使种子含水量降到 10% 以下。一般检查含水量的方法是用小锤子锤击豆粒,根据种子破碎程度判断种子干湿程度,裂成小碎粒,即适合贮藏,成片状,水分太多,仍需继续晒种。农户一般采用小口径瓦罐密封贮存,置于干燥处,直到播种前启开,这种密封贮藏方法,种子不受外界条件影响,生活力强,发芽率高,在秋季高温条件下播种,才能保证一播全苗。

(二)南方春大豆秋植高产栽培技术

南方地区秋大豆,过去主要是用秋大豆品种秋播,但由于这种类型的品种生育期长,7 月中下旬至 8 月上旬播种,多在 11 月中下旬后成熟,影响下季作物小麦和油菜等的种植。为克服这些缺点,近年南方地区又发展了一种新的秋植大豆生产模式,即用春大豆或夏大豆品种秋播,还有一种类型是春大豆品种翻秋,即南方地区春大豆收获后,在秋季种植。南方春大豆成熟和收获时正值夏季高温多雨季节,而大豆种子中蛋白质和脂肪含量高,吸湿性强,收获的种子质量差,耐贮藏性差,特别是粒大质优的黄种皮品种,常因贮藏不善,造成种子生活力不强,翌年春季种植又遇低温多雨天气,往往造成烂种,难以全苗。秋植大豆在晚秋时节成熟、收获,种子活力高,贮藏时间短,种子贮藏期间气温较低,空气干燥,易于保存,用于翌年春播大豆种子,就是遇到不良环境条件,也更易于全苗。据湖南省作物所调查,春大豆同一品种,春播留种种子,一般出苗率只有 50%～60%,而秋播留种种子一般出苗率在95%以上,比春播的高 35%以上。四川省油稻两季田常年种植面积在 46.7 万 hm² 左右。张明荣等(2000)进行了适宜水稻后作的特早熟高产秋大豆良种的筛选、育苗免耕移栽、带状预留种植方式等综合配套栽培技术的研究。经试验和示范,获得了秋大豆平均单产 1 552.5 kg/hm²,增纯效益 3 000 元/hm² 以上,实现了稻田用养结合、经济生态效益好的油—稻—豆一年三熟高产高效种植模式。南方春大豆秋植,还可以用于这种类型品种繁种。

春大豆品种秋种,温、光、水等外界条件与春播时发生了很大变化,就温度来说,春播时大豆生育期温度是由低到高,秋播时是由高到低;就光照来说,春季的日照时数相对长一些,由营养生长阶段到生殖生长阶段,光照逐渐变长,春大豆秋播所处的日照时数相对短一些,由营养生长阶段到生殖生长阶段逐渐变短;就水分来说,春播生育期间总降水量大,秋播生育期间总降水量少。由于这些变化,春大豆秋播的生物学特性也发生了一些变化,主要表现在生育期、特别是营养生长期大为缩短。大豆是典型的短日照植物,春大豆感温性强,生育前期温度高使发育加快,在正常播季条件下,生育期一般是 95～110 d,秋播时只有 80 d 左右,比春播时的生育期缩短 20～30 d,主要是因为营养生长期缩短。

春大豆秋播,由于营养生长期大大缩短,因而植株变矮,叶片数、节数、分枝数均显著减少,单株干物质累积少,后期结荚少,百粒重降低,单株生产力降低,因而,要使春大豆翻秋获得好收成,必须根据上述特点,采取相应措施。选用夏大豆品种秋播,则可增加 5～10 天生长期。

一要选好秋繁种子地,精细整地。秋繁种子地要选择土壤肥沃,排灌方便,凡是不具备排灌条件、土壤贫瘠的地均不适宜作秋繁用地,也不要用不同品种的春大豆地连作,因为前季春大豆收获时掉粒出苗生长,容易造成种子混杂。同时,秋繁大豆地要耕地整地做畦播种,才有利大豆生长。二要提早播种。长江流域应在 7 月中旬前,华南地区可在 8 月中旬前播种,播种太晚,光照太短,大豆营养生长时间短,生长量明显不足,不利高产。如果是翻秋播种,春大豆收获后,要将翻秋需要的种子先晒、先脱,抢时间争取早播。三是要重施基肥。秋植大豆生育期较同品种春播生育期短 20 d 左右,施肥以速效肥基施为主,稻田种秋大豆氮、磷、钾肥用量以每 hm² 施 N 75 kg、P₂O₅ 36 kg 和 K₂O 37.5 kg 为最佳经济施用量(邱古彬等,2001)。一般施复合肥 375 kg/hm²,开花后追施 75 kg/hm² 尿素,花荚期再喷 1～2 次叶面肥。三是要密植。秋植大豆密度一般较春播大豆高 15 万～30 万株/hm²。四要及时灌水。在播种后如土壤墒情不足,应及时灌出苗水,以后如遇干旱,每周应灌水 1 次,灌水量以刚漫上厢面为宜,灌后还要及时排干厢沟中的积水。五要注意防治病虫害。秋季气温高,病虫害多,特别是食叶性害虫和豆荚螟为害严重,应注意防治。六要及时收获。春大豆品种秋植,成熟时气候干燥,易炸荚,应在大豆叶片还没有完全落光前开始收获。

五、南方田埂豆高产优质栽培技术

(一)田埂豆生产现状

南方水田多,农民种植田埂豆历史悠久,清雍正年间《勤农文》记载:"燥处宜麦,湿处宜禾,田埂宜豆"。但是.南方各省田埂种豆还不是十分普遍,省与省之间、城市与城市之间、县与县之间,甚至乡镇与乡镇之间都存在差异。南方种植田埂豆最多的是福建省和江西省,其余各省、直辖市、自治区也有零星栽培。

南方诸省发展田埂豆的原因:一是不与粮争地。南方地少人多,由于大豆单产不高,农民一般不愿意大面积清种大豆,而大豆又是农民蛋白质的重要来源,于是就想方设法利用边角地种植大豆,田埂种植大豆即是一种方式。二是省工、省本、效益好。因为田埂豆是在早稻插秧后才开始播种或移栽的,劳力和季节与水田没有矛盾。且在一般的栽培条件下,播种1 kg 种子可收大豆 25 kg 左右,扣除所花的工、肥料费用等,尚有一定的收入。三是田埂种豆,增肥又防虫,达到粮豆双丰收。田埂种上大豆后,锄掉了杂草,使病虫没有中间寄主,又可增加有益的生物种群。据福建省将乐县病虫测报站 1983 年调查,田埂种豆后可增加红蚂蚁的数量,这些红蚂蚁会取食三化螟卵块,田边取食率达 61.5%,田中间取食率 24.8%,二者之间取食率 48.1%,使三化螟为害大大减轻。同时,田埂种豆后,豆叶、豆秆可以回田,增加稻田的有机肥。

南方发展田埂豆的前景十分广阔,潜力很大。如果能有 20% 的水田种植田埂豆,就相当于 4 万 hm² 的大豆面积。福建、江西、浙江、湖南等省近几年发展很快。浙江、湖南省发展双季田埂豆,用春大豆作早季田埂豆,用秋大豆作晚季田埂豆,取得较好的效益。

南方田埂豆生产目前存在的主要问题,一是种子混杂,产量低。田埂豆多采用地方品种,由于长年种植,机械混杂及种性退化十分严重,使田埂豆产量难以提高,有的每 hm² 水田收不到 60 kg 田埂豆。二是发展不平衡。如同是闽西北山区,有的县水田田埂的利用率还不到 10%,有的县、市达 70% 以上。三是管理粗放,各地产量差异悬殊。据调查,1980 ~ 1985年福建省三明市泰宁、宁化、将乐和建宁四县每 hm² 水田的田埂豆产量分别是 243 kg、93 kg、115.5 kg 和 63 kg,高低相差 180 kg。这除与田埂大小、田埂利用率有关外,主要是农民对田埂豆生产重视程度不一,部分地区农民认为收多收少都可以,因而忽视管理(特别是施肥);有的田埂豆穴距过宽,达 30 cm 以上,每穴 7 ~ 8 株苗,种下后就等待收获。

(二)田埂豆高产栽培要点

一是因地制宜,选用良种。山区水田的生态条件极为复杂,形成了各种类型的田埂豆品种,加上大豆引种(尤其是地方品种的引种)的适应面较窄,所以,应根据当地的条件选用良种。目前,新育成的田埂豆品种还很少,各地除积极引种试种外,主要是从当地的田埂豆地方品种中筛选优良品种。江西省近年推广南农 73-93S,浙江省推广春大豆接种秋大豆品种,一年种植两季田埂豆,春季选用矮脚早,晚季选用毛蓬青和九月黄等耐迟栽的品种,都取得了很好的增产效果。

二是适时播种。根据当地的气候和农事季节确定播种期,一般在早稻插秧后种植田埂豆,如在福建省,一般在立夏至芒种播种较好,南部可适当迟些,西北部可早些;低海拔地区可迟些,高海拔地区要早些。播种前要进行种子精选,去掉破粒、裂皮和有病斑的种子,并晒种,可以有效地提高出苗率。

三是培育壮苗,剪根移栽。田埂豆最好的种植方法是育苗移栽,它可以培育壮苗,保证一定密度和一定的穴数,不会种植过稀或过密,也不会产生高脚苗。在管理粗放、种后不间苗、补苗的情况下,育苗移栽更是保证田埂豆高产的有效措施。育苗移栽的方法是,选择菜园地或砂壤土的田块,将表土锄松 3～5 cm,整成宽 2～3 m 的苗床,开沟条播,行距 15～25 cm,播种要均匀,密度以豆种不重叠为宜。播后用细沙土或火烧土均匀覆盖,以不见种子露面为准。待真叶展开后至 3～4 片复叶时可起苗移栽。移栽时可把豆苗的主根剪去一些,以免主根太长不便移栽,并且剪断主根后可促进侧根的发展,增强吸肥吸水和抗倒伏的能力。

四是合理密植,增施磷、钾肥。种植田埂豆的田埂要求较宽,离稻田水面较高,一般离水面要有 20～25 cm。这样便于水田操作,也不会因水田耕作等而踏伤豆苗;同时为大豆生长创造较好的土壤环境,不会因水分饱和而影响根系生长。播种或移栽前要锄去田埂上和田畔的杂草。根据金中孚、朱贤构(1984)介绍,江西永新县农民在田埂豆移栽前先要"铲岸培泥",即将去年种过大豆的田埂表土铲入稻田,再重新培上新泥,群众称为"沤田埂"。其好处是:铲除杂草、改善大豆生长的土壤环境,又能肥田,正如农民所说"肥豆又肥禾"。移栽前还要预备好火烧土或草木灰等土杂肥,堆制 3～5 d,作穴肥施用。移栽时用小锄挖穴,每穴栽苗 2～3 株,用泥浆压根,上盖经堆制的火烧土等土杂肥。种植株距依品种而定,主茎型品种宜密,分枝型品种宜稀,一般穴距 25～30 cm。待第一复叶展开后,要立即追施一次草木灰。在花芽分化期还要施一次肥,以有机肥混磷肥施用的效果最好。据据江西永新县农业局金中孚等(1984)调查,在大豆花芽分化期每 hm^2 田埂施用过冬的细碎牛粪 1 100～1 500 kg 拌过磷酸钙 60～75 kg,或菜籽饼 200 kg 拌火烧土 300 kg,再加适量人尿喂湿后施用,或施用酒糟 80 kg 拌尿浆灰 300～400 kg,均有显著的增产效果。

五是加强中后期管理,适时收获。田埂豆移栽后 1 个月左右,要锄去田埂上新生的杂草,并施少量磷肥和土杂肥,方法是拌泥浆糊苑,可促进根系生长。开花期进行第二次除草,并培土,可防倒伏。苗期和花期注意防治蚜虫、豆青虫等。在锈病严重地区,在花前期和结荚初期,用 1×10^{-3} 的粉锈宁或用 500 倍液的代森锌喷雾防治锈病。大豆黄熟后期、晚稻收割前要选择晴天,适时收获。收获时将几株扎成小捆摊晒,可以促进后熟。

六、南方红黄壤大豆高产栽培关键技术

南方地区有待开发和已开发红黄壤地 1 000 万 hm^2,新垦、新植幼龄果园、茶园、林地均可用来种植大豆。但红黄壤具有酸、瘠、黏三大特点。新垦红黄壤 pH 值为 4.5～5,属强酸性土壤;0～20 cm 土层有机质含量仅 0.29%～0.87%,土质黏,保水性极差,易板结、干旱。针对红黄壤的肥力特点,选用耐瘠大豆品种,采取适宜栽培技术,可充分发挥种植大豆的增产、增收、改良土壤作用。

(一)选用良种

要选用耐瘠、耐酸、单产潜力高、抗旱性强的优良大豆品种,为避开夏季高温干旱,最好选择中早熟春大豆品种,在长江中游地区,可选用湘春、浙春、中豆系列春大豆品种。

(二)增施有机肥料、无机肥料

新开红黄壤地种植大豆,其生长发育所需养分主要靠施肥,氮、磷、钾三要素要同时施用,有机肥更不可缺少,播种前每 hm^2 可条施有机肥 15 t,磷肥 450 kg。此外,如果施用一定量的生石灰,有利于降低土壤酸度,提高土壤养分有效性。生育期间追施尿素 150～300 kg,

分2次施用,其中苗肥占60%,始花期占40%。苗期还应施氯化钾300~450 kg。播种前,还要接种大豆根瘤菌,结荚期适当喷施钼酸铵,促进鼓粒饱满。

(三)适期早播

长江中下游地区可于3月下旬至4月初开始播种,一般应比常规播期提早7d左右,这样可减轻伏旱对大豆鼓粒的影响。

(四)增加密度

红黄壤地种植大豆,植株一般生长矮小,很少分枝,因此,必须通过密植,以群体获丰产。一般而言,同一品种,在红黄壤上种植,密度应比在肥力中等地块上增加15万~30万株/hm^2。采用宽行穴播,有利于施肥,行距33 cm,株距20 cm,每穴播种5~6粒,留3~4苗。

(五)加强田间管理

红黄壤土质黏重,雨后易板结,在生育期间,应注意松土、保墒,因此要及时中耕。其次是注意防治食叶性害虫的危害。大豆成熟季节正值雨季,待大部分豆荚转黄时,要及时抢晴天收获。

七、大豆间作套种高效栽培关键技术

大豆是一种生长期短、比较耐阴抗倒的作物,对其他作物的田间管理影响较小;大豆根瘤又能固氮,种植大豆还能养地,因而适合于与多种作物、果树间作套种;大棵作物间套种大豆还能减轻草害,既省工,又能保水保土。

大豆间作套种模式多种多样,主要有:玉米—大豆间作;小麦套种大豆;小麦套种玉米,小麦收后再套种大豆;棉花套种大豆,特别是棉花套种菜用大豆,对棉花影响很小,是棉田增收的有效套种模式;幼林果园套种大豆;架子蔬菜(如丝瓜等)套种菜用大豆;大豆田也可套种花生、红薯等作物。下面以甘蔗田套种大豆和棉田套种大豆为例,说明大豆间作套种高效栽培关键技术。

(一)蔗田套种大豆栽培技术

一是选用早熟良种。蔗地间种大豆,宜选择早熟、矮秆、高产的大豆品种,如桂早1号、早春1号等。二是施足基肥。甘蔗施农家肥或土杂肥12 000~15 000 kg/hm^2,钙镁磷肥或过磷酸钙1 500~2 000 kg/hm^2,尿素225 kg/hm^2或15~30袋糖厂产的有机复混肥作基肥一次性施下。开沟施肥后播种。三是适时早播,合理密植。蔗地间种大豆要适时早播,否则会影响甘蔗的生长。在广西壮族自治区中南部,宜在2月下旬至3月上旬播种大豆,可于6月上中旬基本收获结束,保证甘蔗进入伸长期后获得充分的生长。蔗间种大豆可采取不同间种方式:每行蔗间双行豆(22.5万株/hm^2左右),大豆产量在1 500 kg/hm^2左右,这种方式适用于甘蔗行距在90 cm以上蔗地。甘蔗行距在90 cm以下的蔗地,每行蔗间种单行豆(12万~19万株/hm^2),大豆产量1 050~1 400 kg/hm^2,甘蔗大豆均生长良好;每隔一行蔗间种双行豆(12万~19万株/hm^2),大豆产量在1 200 kg/hm^2左右,这种方式不影响甘蔗苗期的生长发育,还可以在大豆收获之前对甘蔗提前进行培土管理。蔗地间种大豆应根据当地的习惯和蔗行的宽窄来确定不同的种植方式及种植密度,一般桂早1号种15万~20万株/hm^2,桂313种12万~19万株/hm^2。四是早管理,大豆出苗后要及时间苗、补苗,防治病虫危害,确保全苗及壮苗。大豆苗期不能急施、偏施氮肥,追肥的原则应是前期施磷、钾肥,后期才施氮肥,即第一复叶时,结合中耕除草,追施复合肥或钾肥150 kg/hm^2,如苗太弱则可适当加些尿素进行追肥,促使大豆早生快长。春大豆发生的害虫主要有蓟马、蚜虫、豆秆蝇、豆荚螟、夜蛾类等。豆秆蝇主要为害幼苗,在出苗初期用虫克或巴丹进行防治。发现蓟马、蚜虫为害,可用 450 g/hm² 扑矾蚜或 40% 乐果乳剂 50～70 ml,对水 750～800 L/hm²,均匀喷雾植株,隔 7 d 再喷 1 次。发现豆荚螟和夜蛾类虫害时用乐果加 90% 晶体敌百虫 750 g,对水 750～800 L/hm²,均匀喷洒植株。五是适时早收,春植蔗地间种大豆,于 6 月上中旬时收获产量较高,且籽粒饱满,百粒重高,光泽度好。此时荚色全部转黄,而大豆植株上部叶片黄绿色。中下部叶片脱落。大豆收获后立即进行甘蔗中耕除草和施肥、培土,满足甘蔗后期生长。

(二)小麦、西瓜、棉花、大豆四种作物间作套种栽培技术

小麦、西瓜、棉花、大豆 4 种作物间作套种是一种高效种植模式,这种模式能有效利用自然资源,实现了作物间的互利共生和种地与养地的有机结合,还能大幅度提高单位面积土地的产出率和效益,增加大豆等供给,对促进南方地区农业种植结构调整具有重要意义。小麦、西瓜、棉花、大豆四种作物间作套种,首先要求当地气候温暖,要适于一年两熟或三熟,这种模式比较适合于长江中下游地区。其次要求选择地势平坦,排灌方便,土壤肥沃,土质疏松,土层深厚的砂壤土。此外,还要求种植者要掌握西瓜、棉花等种植技术,有较充足的劳动力及农业机械。要实现这四种作物高产高效,一是要按照因地制宜原则,如黏壤土、或排灌不便、地多劳少的地方不宜采用这种模式。二是各类作物都应选用早熟、抗性好的品种,尽量缩短共生时间,减少作物之间争光、争水、争肥的矛盾。三是棉花要选用抗虫品种。四是棉花、西瓜共生期间,尽量采用物理和生物防治,须用化学防治的应尽量使用低毒、低残效的生物农药,要注意西瓜产品的安全性。

1. 种植模式　厢面宽 5 m,厢沟宽 0.4 m,沟深 0.33 m 以上;厢面两边预留 0.9 m 预留行(包沟),厢面中间种植小麦,播幅 3.2 m;春季在两边预留行起垄栽种西瓜(单行),西瓜株距 0.4 m 左右,每 667 m² 栽植 400 株;西瓜行两侧各点播或移栽一行棉花,行距 0.75 m,每 667 m² 栽植 750 株左右;小麦收获后,原麦行内点播大豆,大豆种植幅宽 1.8～2 m 为宜。棉花与大豆之间行距 0.8 m,大豆穴距 0.33 m,每 667 m² 保苗 0.8 万～1 万株。在大豆、棉花、西瓜共生期间,西瓜蔓主要分布在大豆行间。

2. 栽培技术　选择适宜品种:小麦品种选用高产、优质、矮秆、早熟的郑麦 9023 等;西瓜品种以无籽黑密 2 号和有籽西农 8 号等商品性状好、价值高的早中熟品种为主;棉花选用湘杂棉 3 号 F1、鄂杂棉 13F1 等杂交抗虫棉品种;大豆则选用南方夏大豆早熟品种如中豆 8 号、中豆 33、中豆 34 等。

播种时间及播种方法:小麦在 10 月 25 日至 11 月 5 日播种为宜,每 667 m² 播种量 12 kg,采用人工撒播或机械条播(以条播为最好)。西瓜在 4 月上旬抢晴天进行营养钵育苗,4 月下旬地膜移栽到大田。棉花采用直接点播或育苗移栽均可,点播须在 4 月 20～25 日间进行,育苗移栽须在 5 月上旬移栽到大田。大豆在 6 月上中旬播种,穴播,每 667 m² 播种量 4～5 kg。

加强田间管理:一要合理施肥。小麦基肥每 667 m² 用 45% 复合肥 20～25 kg,分蘖肥每 667 m² 施尿素 5 kg,拔节肥每 667 m² 施尿素 4 kg,长势差的田块拔节肥增至 7.5 kg,抽穗扬花期结合防治赤霉病用磷酸二氢钾叶面喷施 2 次。西瓜要重施基肥,有机肥与无机肥相结合,每 667 m² 施猪粪和土杂肥 1 500 kg 和 45% 高浓度硫酸钾三元复合肥 25 kg。苗期看苗酌情施提苗肥,西瓜膨大期每 667 m² 追施含硫酸钾三元复合肥 15～20 kg。棉花不施或少施基

肥,棉苗移栽后7~10 d,每667 m² 施提苗肥2.5 kg尿素,重施花铃肥,每667 m² 施30%复合肥25~30 kg、尿素10 kg和钾肥10 kg,中后期用硼砂和磷酸二氢钾叶面喷施2~3次。大豆于开花期每667 m² 施尿素5~7.5 kg,开花结荚期叶面喷施磷酸二氢钾2~3次。二要培育壮苗。棉、瓜的苗床选择背风向阳,水源方便,靠近大田的地方建床,苗床宽约1.3 cm,周围开好排水沟,摆钵时用0.5 kg呋喃丹均匀撒在床面上,然后摆钵。钵土选择厩肥(经堆制腐熟半个月)过筛,每500 kg加复合肥1~1.5 kg碾细拌匀,制钵的前一天浇足水,浇水时用甲基立枯磷或敌克松灭菌,钵径采用8~10 cm大钵,每钵播1~2粒健籽。苗床管理主要是播后及时搭小拱棚,并掌握好棚内温度和湿度,出苗80%时及时小通风,齐苗后控温25℃,每钵只留1株,西瓜、棉花2~3片真叶时移栽,移栽前2~3 d揭膜炼苗。移栽时做到不散钵不断根。三要注意病、虫、草害防治。麦田杂草可用除草剂巨星或骠马。西瓜、棉花在播种或移栽前用拉索或金都尔在播种行实施封闭除草,然后盖膜,西瓜、棉花苗期行间如还有禾本科杂草可用精稳杀得、盖草能等除草剂。大豆由于是免耕点播,播后要及时用乙草胺加农达封杀厢面杂草(事先将西瓜藤牵引到棉行上再喷除草剂)。小麦在开春后用三唑酮防治锈病和白粉病,抽穗扬花期结合叶面喷肥用灭病威防治赤霉病2次。西瓜苗期用甲基立枯磷、甲基托布津防治立枯病和炭疽病。西瓜疫病发生时要对病株及时清除,并用石灰消毒,再用百菌清或大生等杀菌剂喷雾。西瓜要注意防治黄守瓜和蚜虫,大豆要注意豆荚螟和斜纹夜蛾的为害,棉花主要防治三四代棉(红)铃虫、红蜘蛛和蚜虫。西瓜在与其他作物共生期间一定要选择高效低毒无残留的农药,西瓜采收前应注意农药的安全间隔期。

参 考 文 献

常汝镇主编.(农业部种植业司组编)中国大豆品质区划.农业出版社,2003
陈怀珠等.早熟大豆品种与甘蔗间作的适应性研究.广西农业科学,2001,293~295
陈静福.大豆间作套种增产效果与改土作用及技术.大豆通报,1998,3~4
董灵等.低丘红壤春大豆种植密度的研究.大豆科学,1992,11(2):97~105
费家骍等.太湖地区麦豆稻轮作制中春大豆高产栽培技术研究.中国油料,1984,(4):35~38
郭守斌等.优质大豆多熟制高产高效技术模式.大豆通报,2002,(2):15
何言章等.玉米间作大豆几个基本问题的研究与应用.耕作与栽培,1988,(6):35~39
洪丽芳等.豆稻轮作体系下土壤平衡的系统研究.西南农业学报,1994,7(2):54~60
黄志平等.南方大豆间套栽培技术及利用的研究.安徽农业科学,26(4):314~316
李友华等.我国南方春大豆品种生态特点及引种规律探讨.中国油料,1986,(1):16~21
李志玉等.红壤旱地春大豆品种的产量、品质及矿质营养的基因型差异.中国油料作物学报,2000,22(2):57~61
邱古彬等.稻田种植秋大豆施肥效应及用量研究初报.土壤肥料,2001,(1):34~35
邱家驯.大豆超高产品种培育途径.大豆科技与产业化,2006,(1):35~36
唐崇伟.江汉平原发展大豆生产的几个问题.中国油料,1983,(1):38~40
汪惠芳.播种期对南方春大豆种子产量和质量的影响.作物杂志,2001,(2):12~13
谢新良等.稻田春玉米+大豆—优质晚稻模式效益及栽培技术.作物研究,2002,(4):190~191
徐长堤等.粮油棉作物优质高效生产技术.湖北科学技术出版社,2001
徐树传等.南方大豆高产理论与实践.福建科学技术出版社,1999
张明荣等.油稻两季田间种植秋大豆高产栽培新技术.作物杂志,2000,(4):13~14
赵其国等.中国红黄壤地区土壤利用改良区划.中国农业出版社,1982
周新安等.大豆优质高产栽培技术.中国农业科技出版社,2001

第二十二章　大豆的营养和加工工艺

　　大豆是我国人民重要的植物油脂和植物蛋白的来源。大豆油、大豆粉、豆腐等豆制品和大豆发酵制品是数千年来我国人民的主要大豆加工食品,豆粕是我国传统的重要饲料。近年来在传统加工利用基础上发展了大豆精深加工技术。大豆通过现代加工生产食用油脂、全脂豆粉、高温豆粕、低温豆粉、组织蛋白、浓缩蛋白和大豆分离蛋白等,为食品和饲料工业提供原料。由大豆加工生产的大豆多肽、大豆磷脂、大豆低聚糖、大豆异黄酮、大豆皂苷、大豆纤维和大豆维生素 E 等制品具有生理活性功能,在人体内起着保健和抑制癌细胞增殖,防止骨质疏松症,减轻妇女更年期不适症及降低冠心病的发病率等重要作用。为此,大豆被誉之为"魔豆"。

第一节　概　述

　　大豆种子富含蛋白质和脂肪。利用大豆或脱脂后的大豆饼粕提取的蛋白粉可直接用于焙烤食品,也可作为肉制品、乳制品、面制品和煎炸食品的原料或添加剂,既提高了食品蛋白质含量,又改善了其功能特性。大豆蛋白粉还可以通过挤压膨化制成组织蛋白肉。大豆是食用植物油工业的重要原料,利用大豆油可制造人造奶油、起酥油、色拉油、调合油等,也可用作工业原料。大豆经深加工还可制成营养丰富,色、香、味俱佳的各种食品和保健食品。大豆磷脂、皂苷、异黄酮、生育酚和加工副产品大豆皮和大豆饼粕等可以综合利用,加工增值,提高经济效益。

　　由于大豆中含有丰富的蛋白质、脂肪和特种营养成分,在饲料工业、食品工业的年需求量都在不断增加。除了豆油用于食品工业之外,由于大豆蛋白的营养和食品应用功能特性,脱脂大豆粕大量用作饲料蛋白原料,大豆蛋白在食品工业中的应用已经得到快速发展。每年除了要耗用大量大豆用于生产传统大豆制品,还有许多工厂将大豆脱脂生产饲料用大豆高温粕,也有部分工厂应用专用设备生产低温脱溶的低变性脱脂豆粕,进而生产低变性脱脂豆粉、挤压组织大豆蛋白、大豆浓缩蛋白、大豆分离蛋白、大豆蛋白肽等大豆蛋白制品;大豆脱脂得到的大豆油经过加工生产食用大豆油、豆油起酥油,人造奶油,烹调油等。

　　大豆粕粉的使用在不断增加,已成为供应家禽、家畜饲料的首要蛋白源,成为发展庞大的家禽生产的一个关键因素。

　　20 世纪 70 年代,大豆蛋白制造商和食品公司,都明确规定不能按蛋白质营养价值作价格交易。目前,大豆分离蛋白和大豆浓缩蛋白,都是根据它们的乳化性、增稠性和脂肪结合性的功能性来进行定价交易。

一、大豆种子的结构

　　大豆种子分为种皮和子叶两部分,还有胚轴和胚芽。从图 22-1 的大豆剖面结构分析,种皮由外层细胞壁、细胞膜、海绵薄壁细胞、糊粉粒以及受压缩的胚乳细胞层所组成。子叶的表面被一层表皮所覆盖,内部由许多蛋白质、油滴等成分所充满。详细的细胞内部结构,由图 22-2 可以看出,大量的蛋白质存在于直径为 2 ~ 20 μm 的蛋白体内,油脂就存在于直径为 0.2 ~ 0.5 μm 的含油球体内,这些球体,散布于蛋白体之间的缝隙中间。大豆蛋白体可以从轧胚脱脂的大豆粕中分离,分离出来的蛋白体,含有高达 98％的蛋白质。

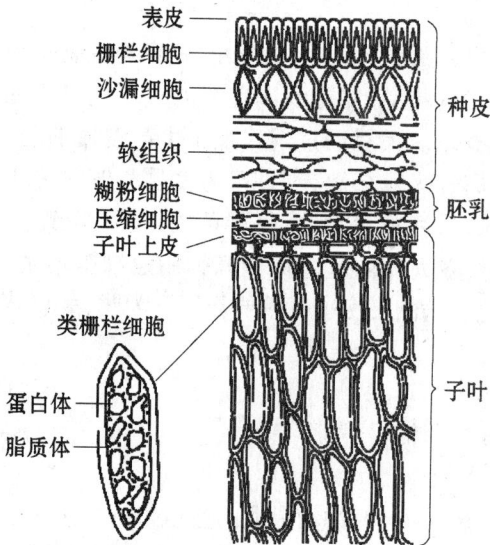

图 22-1　大豆种子剖面结构图

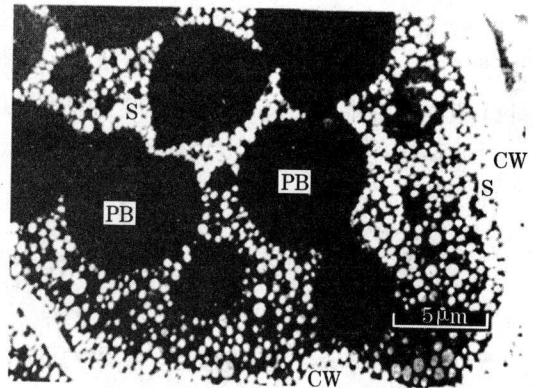

图 22-2　大豆子叶细胞超显微结构图
CW 细胞壁　PB 蛋白体　S 油体

二、大豆和大豆制品的主要成分

(一)大豆的主要成分

商品大豆,约有 8％的种皮,90％的子叶和 2％的胚轴和胚芽。其中,油和蛋白质占 60％,其余 1/3 是包括水苏糖、棉籽糖、蔗糖多糖和阿拉伯糖、阿拉伯半乳聚糖、酸性多聚糖在内的碳水化合物,以及磷脂、甾醇、皂苷、异黄酮、灰分微量元素等其他成分。油及蛋白质在种子中含量的多少,与其种子的品种、土壤肥沃程度和气候条件有关。

表 22-1　大豆及其有关成分的化学组成(干基)　(％)

组　成	含　量	蛋白质	脂　肪	灰　分	碳水化合物
整粒大豆	100.0	40.3	21.0	4.9	33.9
子　叶	90.3	42.8	22.8	5.0	29.4
种　皮	7.3	8.8	1.0	4.3	85.9
胚　芽	2.4	40.8	11.4	4.4	43.4

(二)水　分

一般大豆籽仁水分含量的质量百分率为 12％ ~ 16％,不同的加工方法加工的大豆及其制品的水分含量高低不同。大豆收获季节水分升高超过 18％,为了安全贮存烘干使水分降至安全水分 12％以下,水分含量高低影响大豆及其制品的贮藏期。大豆及其制品水分含量低,贮藏期会长些;水分含量高,贮藏期较短。脱脂豆粉、浓缩蛋白和分离蛋白水分由 5％ ~ 10.7％不等。

(三)大豆脂肪和磷脂等

大豆籽仁中含有 16%～20% 脂肪,大豆初加工得到的毛油(又称粗油)和精加工得到的精油是大豆籽仁中脂肪成分。豆油中除了含有甘三酯外,还含有磷脂、植物甾醇、生育酚、角鲨烯等不皂化物以及游离脂肪酸和微量元素。大豆油含有高达 80% 的不饱和脂肪酸含量,特别是亚麻酸含量甚至超过 10%,是引起豆油的食品应用的稳定性降低的重要原因。

1. 大豆油脂脂肪酸　有月桂酸($C_{12:0}$)、豆蔻酸($C_{14:0}$)、棕榈酸($C_{16:0}$)、硬脂酸($C_{18:0}$)、油酸($C_{18:1}$)、亚油酸($C_{18:2}$)、亚麻酸($C_{18:3}$)、花生二烯酸($C_{20:2}$),共占总量的 99% 以上。其中棕榈酸 7%～12%、硬脂酸 2%～6%、油酸 20%～50%、亚油酸 35%～60%、亚麻酸 2%～13%,并且各自的变幅较大。豆油中的不饱和脂肪酸含量较高,特别是亚麻酸含量高达 10% 以上,豆油的稳定性差的原因就在于此。油酸、亚油酸和亚麻酸含量除品种间差异很大外,亦受种植地区、温度、年份、气候条件、成熟度等因素影响。亚油酸是食品营养品质的重要指标。最近也有营养学研究指出,含单不饱和键的油酸在降低血浆中胆固醇等方面与亚油酸同样有效。减少或消除亚麻酸脂肪酸是育种工作者关注的问题。

2. 大豆磷脂　大豆中含有 0.3%～0.6% 的大豆磷脂,大豆磷脂中有 21% 的磷脂酰胆碱、22% 的磷脂酰乙醇胺、19% 磷脂酰肌醇、10% 的磷脂酸、1% 的磷脂酰丝氨酸和 12% 的醣脂和微量的溶血磷脂酰胆碱、溶血磷脂酰肌醇、溶血磷脂酰丝氨酸、溶血磷脂酸等大豆磷脂成分。

大豆磷脂为脂类化合物,可与植物油相溶融,随榨油或溶剂提取一道榨出,存在于粗制植物油中。通常磷脂以盐的形式存在,为非极性化合物,能与油脂完全混溶。但是磷脂极易吸潮,吸潮后形成与油脂分离的极性化合物——磷脂水合物,所以在粗制植物油中有水分存在时,可从油中沉淀出来,形成油脚。一般油脂精炼时,采用水化法脱胶脱出的沉淀中除水分外,其主要成分就是磷脂质,所以磷脂质又是榨油工业的副产物。大豆卵磷脂由磷脂酰胆碱(PC)、磷脂酰乙醇胺(PE)、肌醇磷脂(PI)、丝氨酸磷脂(PS)、大豆植物醣脂、磷脂酰甘油、二磷脂酰甘油、溶醛磷脂、溶磷脂等组成。

3. 大豆油脂不皂化物和脂溶性维生素　大豆油脂中含有麦角甾醇、β-谷甾醇、豆甾醇、菜油甾醇不皂化物和 β-胡萝卜素、β-维生素 E、叶黄素等脂溶性维生素。

(四)大豆蛋白质

大豆含有 36%～44% 的蛋白质。脱脂大豆粉、浓缩大豆蛋白、分离大豆蛋白的蛋白质含量,分别为 50%～56%、70% 和 90%。与几种主要油料作物相比,大豆种子蛋白质含量高于其他植物油料种子。大豆蛋白质中约有 10% 是水溶性的,称做清蛋白;其余 90% 为球蛋白,由大豆球蛋白和伴大豆球蛋白两部分组成。大豆蛋白按超速离心分离方法可分为 2S、7S、11S 和 15S 四个组分。对蛋白质功能特性影响较大的组分是 11S 大豆球蛋白和 7S 大豆球蛋白。尽管 11S 大豆球蛋白的等电点为 pH 值 4.64,通常都把大豆蛋白质的等电点说成为 pH 值 4.5。大豆蛋白是一种氨基酸成分较完全、营养价值高的蛋白质。

(五)大豆皂苷和异黄酮

1. 大豆皂苷　大豆皂苷是一类由低聚糖和齐墩果烯三萜连接而成的五环三萜类皂苷,主要集中在大豆胚轴中,是子叶中皂苷含量的 8～15 倍。大豆皂苷是由三萜类同系物(皂苷元)与糖(或糖酸)缩合形成的一类化合物。组成大豆皂苷的糖类为葡萄糖、半乳糖、木糖、鼠李糖、阿拉伯糖和葡萄糖醛酸等;大豆皂苷分子量在 1 000 Da 左右,其分子极性较大,易溶于热水、含水烯醇、热甲醇和热乙醇中,难溶于乙醚、苯等极性小的有机溶剂,其在含水丁醇和戊醇中溶解度较好,且能与水分成两相,故可利用此性质从水溶液中用丁醇或戊醇提取,借以与亲水性大的糖、蛋白质分开。大豆皂苷同其他种类的皂苷一样,能够降低水溶液表面张力,其水溶液经强烈振荡后可产生持久性泡沫,具有发泡性和乳化作用。

2. 大豆异黄酮　大豆异黄酮在大豆中的含量较高、为 0.1%~0.5%,作为具有生物活性的两种成分——金雀异黄素(又称染料木素 genistein,简称 Gen)和大豆素(daidzein,简称 Dai)的主要饮食来源。大豆异黄酮主要分布于大豆种子的子叶和胚轴中,种皮中含量极少。80%~90% 异黄酮存在于子叶中,浓度为 0.1%~0.3%。胚轴中所含异黄酮种类较多且浓度较高、为 1%~2%,但由于胚只占种子总重量的 2%,因此尽管浓度很高,所占比例却较小(10%~20%)。

(六)大豆低聚糖、多聚糖

大豆的脱脂豆粕含有低聚糖和多聚糖,是开发利用低聚糖和膳食纤维良好资源。大豆中含糖类 25%,总糖中蔗糖占 27%、水苏糖占 16%。阿拉伯聚糖、半乳聚糖和半乳糖酸结合成大豆半纤维素,存在于大豆细胞膜中,有碍消化。过量食用则在消化器官内发酵而产生 CO_2 和 CH_4 气体。大豆中淀粉含量甚微、约为 0.4%~0.9%,但在大豆发芽时则含量增多。

大豆含 18% 的粗纤维,是大豆膳食纤维的原料。膳食纤维主要包括纤维素、半纤维素、木质素、果胶、琼脂等。严格地说,木质素、果胶、琼脂并不是纤维状物质。半纤维素是许多植物细胞壁中的成分,它并不是纤维素的衍生物,而是聚合度稍低的六碳聚糖(葡萄糖、甘露聚糖、半乳聚糖、半乳甘露聚糖)和五碳聚糖(木聚糖和阿拉伯聚糖),它们与纤维素、木质素、果胶和树胶共生,比纤维素较易水解。

(七)大豆微量元素

大豆微量元素主要是钾、钠、镁、钙、铁、锌、硒、硫、磷等。大豆加工之后,传统中国大豆制品中,微量元素随蛋白质分散在豆酱、豆豉、豆腐、豆浆等制品中。现代大豆加工,微量元素主要随脱脂豆粕加工集中在脱脂豆粉、大豆浓缩蛋白、大豆分离蛋白和大豆组织蛋白中。

第二节　大豆制油与油脂加工

中国大豆制油设备与工艺同发达国家相比没有很大的差别,但油脂加工方面还存在一定的差别。大豆油与其他植物油比较有很多优点,同时也存在着一些缺点。优点包括:①不饱和度高;②在相当宽的温度范围内能保持液体状态;③能进行选择性氢化,用于与半固体脂或液态油调和;④经部分氢化,可作为可倾倒的半固体油;⑤大豆油中存在的磷脂、微量金属和皂比较容易除去,从而获得高质量的产品;⑥油中存在天然抗氧化剂(生育酚)。在精炼加工期间,这些天然抗氧化剂没有完全脱除,因而能提高油脂的稳定性。缺点包括:①磷脂含量高(约 2%),精炼时必须被除去;②大豆油中含有相当多的亚麻酸(7%~8%),如此高的亚麻酸含量在加工贮藏时易使产品回味。

一、大豆油的成分

大豆油脂成分占大豆质量百分数的 17%~20%。大豆加工后得到毛大豆油,进一步精加工成各种大豆油制品。毛大豆油及精炼大豆油的平均组成见表 22-2。精炼加工并不影响甘三酯的脂肪酸组成,只是去除了大部分游离脂肪酸和色素,降低了某些组分的含量,如生育酚降低31%~47%,甾醇降低25%~32%,角鲨烯降低15%~37%。

表 22-2　毛大豆油和精炼大豆油的平均组成　（%）

成　分	毛油	精炼油
甘三酯含量	95~97	>97
磷脂含量	1.25~2.52	0.003~0.045
不皂化物含量	1.6	0.3
植物甾醇含量	0.33	0.13
生育酚含量	0.15~0.21	0.11~0.18
烃(角鲨烯)含量	0.014	0.01
游离脂肪酸含量	0.3~0.7	<0.05

(一)大豆油脂肪酸

大豆油脂肪酸的平均组成及组成范围见表22-3。毛豆油的脂肪酸组成范围很宽,尤其是不饱和脂肪酸。

表 22-3　大豆油的脂肪酸组成　（%）

脂　肪　酸	脂肪酸组成	
	范　围	平　均
饱和酸		
月桂酸		
肉豆蔻酸		
棕榈酸	7~12	10.7
硬脂酸	2~5.5	3.9
花生酸	<1.0	1.2
山嵛酸	<0.5	—
合　计	10~19	15.8
不饱和酸		
棕榈油酸	<0.5	0.3
油　酸	20~50	22.8
亚油酸	35~60	50.8
亚麻酸	2~13	6.8
二十碳一烯酸	<1.0	—
合　计		80.7

豆油部分氢化期间,除了将双键饱和外,由于形成几何异构体,脂肪酸的组成可能发生变化。这些反应通常同时发生,在几何异构体中原来的顺式双键部分被转变成反式。

大豆油中亚油酸含量较高,亚麻酸含量随气候及品种而变化,含量高达为13%~14%。大豆油其脂肪酸组成范围及典型值如表22-4所示:

表 22-4　大豆油脂肪酸组成范围及典型值　（单位：%）

项　目	棕榈酸	硬脂酸	油　酸	亚油酸	亚麻酸
典型值	11	4	24	54	7
范　围	4～27	3～28	20～60	20～60	2～14

作为食品煎炸油应用，油酸含量需要达到 75%。

（二）甘三酯结构

由于大豆油中不饱和脂肪酸含量高，几乎所有的甘油酯分子至少含有两个以上的不饱和脂肪酸，而含两个饱和脂肪酸的甘三酯数量很少，三个饱和脂肪酸的甘三酯基本不存在。脂肪酸并不是无规则分布在一个甘油酯分子中。甘油酯是以特定的构型生物合成的。甘油分子上的每一个羟基都是惟一的，且已被分配给一个立体专一位数。下面是一般结构的图示。

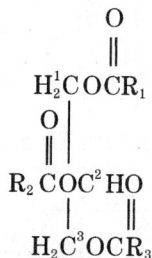

$$
\begin{array}{c}
\text{O} \\
\parallel \\
\text{H}_2^1\text{COCR}_1 \\
\text{O} \quad | \\
\parallel \quad | \\
\text{R}_2\text{COC}^2\text{HO} \\
| \quad \parallel \\
\text{H}_2\text{C}^3\text{OCR}_3
\end{array}
$$

大豆油甘三酯结构的典型分布如下（S-饱和脂肪酸，U-不饱和脂肪酸）。

SSS	0.07	UUS	35.0
SUS	5.2	UUU	58.4
USS	0.4	合计	99.8
USU	0.7		

（三）不皂化物

大豆油中约有 1.6% 不皂化物，具有实用价值的角鲨烯成分含量仅有 0.0135%，植物甾醇为 0.365%、生育酚为 0.124%。大豆油中的植物甾醇包括 β-谷甾醇、菜油甾醇、豆甾醇和其他含量更少的物质。除了植物甾醇外，还有少量 4-甲基甾醇及三萜烯醇化合物。大豆油中不皂化物的烃类组分组成为 4% 的直链烷烃、27% 的廿九碳烷烃、8% 的三十碳烷烃、65% 的三十一碳烷烃，其中烯烃＞50%，角鲨烯为 50% 和支链烃为 45%。大豆油中至少有七种生育酚，它们具有不同程度的抗氧化性能。α-、γ- 和 δ-生育酚在毛大豆油及精炼大豆油中都存在。虽然 γ-生育酚存在的量最大，但 α-生育酚的维生素 E 活性最高，而 δ-生育酚的抗氧化性能较好。β-生育酚占总生育酚的比例低于 3%。

二、大豆油的物理性质

大豆油的物理性质取决于品种和生长地域气候。大豆油比较重要的物理性质概括在表 22-5 中。大豆油的密度取决于温度。它们随着相对分子质量的增加而减少，随着不饱和度的增加而增加。

表 22-5　大豆油某些物理性质的代表性数据

性　质	数　值	性　质	数　值
相对密度(25℃)(kg/m³)	0.9175[a]	比热容(19.7℃)(J/g)	18.14[c]
折射率(n_D^{25})	1.4278[b]	燃烧值(kJ/g)	39.618
折射度(γ^{20})	0.3054	烟点(℃)	234
粘度(25℃)(mPa)	50.9[a]	闪点(℃)	328
冻点(℃)	-10～-16	着火点(℃)	363

注：a 碘价 = 132.6；b 碘价 = 130.2；c 碘价 = 131.6

液体油脂的折射率与相对分子质量(脂肪酸链长)、不饱和度尤其是共轭度呈正比，而与温度呈反比。甘油酯的折射率比单个脂肪酸高得多。

三、大豆制油

大豆及其他油料在溶剂浸出之前需要预处理，预处理以后，油被从大豆中制取出来，通用的三种制取方法是：液压机压榨、螺旋榨油机压榨和溶剂浸出等方法。当今现代化加工厂中最流行的制取方法是使用正己烷作溶剂进行溶剂浸出。

在大豆制油工业中，液压机压榨和螺旋压榨机压榨工艺已被溶剂浸出工艺取代。溶剂浸出工艺分四个部分：①大豆的预处理；②从大豆中浸出油脂；③粕中回收溶剂；④豆粕干燥冷却。溶剂浸出厂的流程见图 22-3。

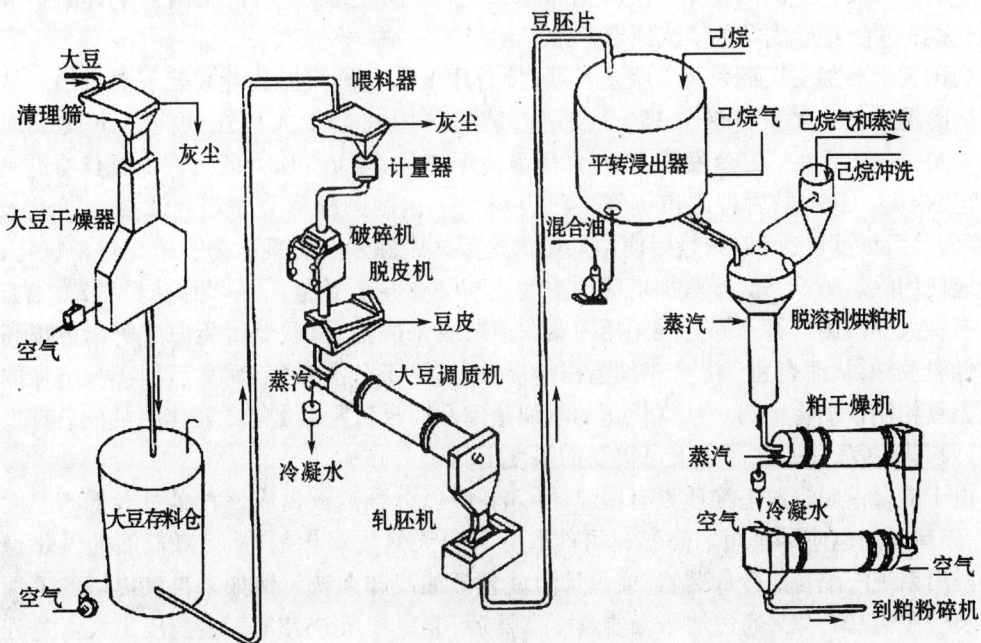

图 22-3　大豆浸出厂流程图

(一)大豆的预处理

大豆加工前，首先应清理，接着干燥至水分约达 10%。然后最好贮存 10 d 调节一下，使其容易脱壳。对溶剂浸出来说,最佳水分是 9.5% ~ 10%。轧胚最好在 74℃ ~ 79℃进行。

通常,大豆被输送至轧胚机。轧胚机是由一对表面光滑的轧辊组成的。调节轧辊间距,使从轧胚机出来的胚厚度为 0.254 mm。大容量浸出器可以使用略厚一些的胚。较厚的胚便于堆积,同时需要较长的浸出时间。豆胚离开轧胚机后用一个特别结构的密闭的刮板输送机输送,以使胚的破碎减至最少。

(二)溶剂浸出

在溶剂浸出工艺中,含油的物料在浸出器中被浸泡在正己烷中,因而油溶解于溶剂中形成混合油。混合油再从粕中浸提出来。当今工业上流行的浸出器既有渗透型的,也有浸泡型的,渗透型最有效,应用普遍。

在世界范围内被广泛使用渗透型浸出器,它们对处理量大、土地有限的工厂特别适宜。由于这个原因,人们认为渗透型浸出器比浸泡型更有效。在渗透型浸出器内,液体溶剂或混合油在大豆坯料层的上部喷入,通过坯料往下渗透,到达底部时通过一个钻孔的板或丝网而离开豆胚(粕)。

平转浸出器有一个立式的圆柱形壳体。壳体内是浸出格。平转型围绕着一中心轴。体积小是它们的明显优点,但需要十分细心地平面布置。

从浸出器出来的湿粕约含 35% 工业己烷、7% ~ 8% 水和 0.5% ~ 1% 的油。它们被送至粕脱溶剂系统,这个系统通常被称作 D-T 装置(脱溶—烤粕机)。

来自浸出器的混合油是毛油、溶剂、水分及粕末的混合物。在脱除了溶剂的油被泵入贮油罐之前,必须用过滤法除去粕末。从混合油中脱除溶剂的操作使油处于高温下,这对毛油品质不利。需要注意的问题是:①避免油脂氧化;②防止除去生育酚,因为生育酚是天然抗氧化剂;③防止形成发色体或固定色素。

我国大部分加工厂都采用二级蒸发器,接着用低压蒸汽汽提装置来处理混合油。从浸出器来的混合油(含油 20% ~ 30%)在第一蒸发器内在低于大气压的压力下被浓缩至 65% ~ 70%。此后在第二蒸发器内,在常压下使用 67 ~ 134 kPa 压力的蒸汽将混合油进一步浓缩至 90% ~ 95%,最后进入汽提塔。汽提塔为一钢制圆柱形真空塔。浓混合油进入其中,经闪蒸后浓度可达 98%;最后使用低压汽提蒸汽脱除残余溶剂。为了防止自动氧化,这一步应使用除氧蒸汽。离开汽提塔的油浓度达 99.8%甚至更高,这种油泵入贮油罐贮存。

有些大豆浸出厂将一部分湿粕用闪蒸脱溶装置来脱溶,以便获得蛋白溶解指数很高的俗称低温豆粕,从而有利于生产精细蛋白制品;而其余部分湿粕用 D-T 装置脱溶,出来的俗称高温豆粕用作动物饲料。从现代化的溶剂蒸馏及回收装置中出来的浸出毛油的总挥发物(水分及其他挥发物),在商业上可接受的限度不高于 1.15%。

由于混合油脱溶对毛油质量有明显的影响,所以混合油汽提应该在尽可能低的温度下进行,停留时间也应尽量短。高温也可能脱除部分天然抗氧化剂,从而降低油的氧化稳定性。浸出系统应配备油冷却装置,或设计时就包括油冷却系统。例如来自汽提塔的毛油温度为 99.3℃ ~ 104.4℃,通过油干燥器及冷却器后,能冷却至 65.5℃。溶剂浸出大豆过程中胚的结构、厚度、温度、水分、粉末度及膨胀胚的百分数、胚中的破碎豆的百分数、溶剂比、溶剂温度、纯度、分配及在浸出器中的停留时间,对浸出毛(粗)油质量有影响。

(三)油脂的贮存

在限制与空气接触的情况下,毛豆油能在大罐内贮存很长时间。建议将油冷却至接近环境温度时才泵入大罐。毛油贮存前应清理,水分要低,防止油脂水解酸价上升。磷脂含量高的毛油贮存在静止的大罐中会在底部沉淀一层胶质。

四、食用油的加工

从制油车间获得的毛豆油如果含有少量的含量不等的非甘油酯杂质,它们会影响油的质量,而且还会影响油脂特性和成品油的得率。

杂质分为油不溶和油溶两种类型。油不溶的杂质包括种子碎片机械杂质,过量水分和蜡质组分。蜡质组分在冷冻油中显现出来,从而使油变浑油。这些杂质中的某些成分如种子碎片及粕末通常用过滤法除去,油溶性杂质比较难以去除。它们包括游离脂肪酸、磷脂、胶质或黏性物质、色素、蛋白质或蛋白组分、生育酚、甾醇、烃、酮、醛。某些非甘三酯组分如生育酚能防止油脂氧化是有用的。无臭、无味、尤其热稳定的甾醇也不影响油品的质量。对于其他杂质,因为它对油脂风味、气味、色泽、热稳定性及贮存稳定性有不利的影响,应该设法加以去除。

(一)基本加工操作及主要食用油产品

油脂加工基本工序:①毛油贮存;②脱胶和/或碱炼;③脱色;④氢化和/或冬化;⑤脱臭;⑥成品油贮存。每一工序都从油中去除其特定组分。

在进行加工操作期间从油中去除的特定组分可按照以下方法分类:(1)天然存在于油中的:胶质,磷脂,氧化催化剂金属离子,色素,生育酚和游离脂肪酸。(2)加工期间新形成的化合物:皂、氧化产物,氢过氧化物,聚合物及其分解产物,色素,异构体和高熔点甘三酯。(3)加工辅料:氢化催化剂,白土,从成品油中沉淀出来的金属螯合剂即柠檬酸。(4)加工引起的污染物:水分,微量金属,含碳物质和不溶于油的物质。所有的大豆油加工步骤都是互相独立的操作。

(二)油脂脱胶和大豆磷脂

脱胶的目的是去除磷脂及黏液型胶质,这些物质在水化后都成为不溶于油的物质。碱炼阶段,游离脂肪酸、色素和金属氧化促进剂都能被不同程度地去除。虽然在碱炼之前毛豆油可以脱胶也可以不脱胶,但为了生产色泽浅、风味佳、氧化稳定性好的成品油,必须脱除几乎所有磷脂。一定量的磷脂的存在能导致油色发黑,且这些磷脂还可能成为破坏油脂风味的主要因素。

在工业生产中,毛豆油与占油体积 1% ~ 3%的水混合。混合物采用机械搅拌,搅拌时要小心,避免夹带空气。搅拌 30 ~ 60 min,搅拌时温度为 70℃,以使磷脂及其他胶质水化。水化磷脂和胶质等通过沉淀、过滤或离心法(离心法为比较流行的方法)与油分离。在某些浸出厂,胶质允许在混合油汽提脱溶阶段用蒸汽冷凝水来水化,还有一些厂用少量水与干燥油混合来脱胶。

毛油和水化脱胶油进行脱胶时分离很困难。为了将油与水化磷脂很好分离,一般需要许多离心机。配合用柠檬酸、硅酸钠及硅石吸附剂联合处理的方法,来处理毛油和水化脱胶豆油。利用这种方法,没有废水产生,磷脂去除干净,油品质量也好。

挤压膨化预处理大豆工艺,对大豆油磷脂含量有一定影响:膨化工艺获得的磷脂与传统工艺获得的磷脂比较,含有较高的丙酮不溶物(73.4%对 65.8%)和较多的磷脂酰胆碱(39.8%对 34.2%)。

(三)碱　炼

1. 化学精炼(碱炼)　对大豆油进行碱炼,既可采用间歇工艺,也可采用连续的工艺。若毛油未经脱胶直接碱炼,通常是用 $300 \sim 1~000 \times 10^{-6}$(浓度 75%)的磷酸进行 4 h 的预处理,使得少量磷脂容易去除。已脱胶的油通常不再需要这种预处理。碱的浓度可以随着原料特性的变化而改变。

碱炼毛油时,碱的浓度及碱量将随着油中游离脂肪酸的含量(FFA)的变化而变化,碱量计算如下。

$$\text{碱液质量分数} = \frac{(\% \text{FFA} \times 0.142 + \% \text{超碱量}) \times 100}{\text{NaOH 浓度}(\%)}$$

大部分大豆油都采用 0.1% ~ 0.13% 超碱量(干基),大豆油碱炼所用碱的浓度一般为 17° ~ 18°B(12% ~ 13% NaOH 含量)。

在脱胶和碱炼时都采用压力式或密闭式离心机。分离区位置的改变可通过调节轻相出口的背压来完成。但是不管脱胶还是碱炼,很难达到两相完全分离。碱炼工艺中的后续加工步骤很重要:从离心机来的碱炼油被加热至 88℃,接着与占油重 10% ~ 20%、温度为 93℃ 的软水混合。水—油混合物通过高速剪切混合器,在其中充分接触,使油中的皂最大限度地转入水相。然后水—油混合物通过第二台离心机脱除残皂。水洗后的油作为轻相从离心机排出,含皂的水作为重相从离心机卸出。

碱炼、水洗过的油接着被泵入一连续真空干燥器。真空干燥器的操作压力为 7.73 kPa。经真空干燥的油,水分含量减至 0.1% 以下。这时油被送至脱色工段,或被连续冷却至 49℃ 后作为一次精炼油装船或泵入油库等待进一步加工成食用产品。为了确保除去所有的皂,在添加硅石吸附剂之前,含皂油的水分必须低于 0.2%。大豆油碱炼的主要副产品是脂肪酸。用碱将游离脂肪酸中和后,皂脚在离心机内与中性油分离。

碱炼可以将游离脂肪酸含量降至 0.01% ~ 0.03%,并去除所有的磷脂。毛豆油中含有微量(mg/kg)氧化促进剂金属离子,如铁离子、铜离子。碱炼能除去 90% ~ 95% 的金属离子。

2. 物理精炼　从水脱胶到酸—水脱胶的改变,使得去除碱炼工艺成为可能,并完全有利于物理精炼。在物理精炼中,来自前处理工段的脱除磷脂的油在高真空及高温下进行脱臭。工艺要求:①游离脂肪酸从 5% 减少至 0.03% 以下;②生产全脱臭产品;③与标准脱臭器相比,操作时无须过多的公共设施(水、电、汽)消耗;④回收脂肪酸。

(四)脱　色

用脱色吸附剂对碱炼油处理能脱除色素、金属化合物、残皂、微量氧化促进剂等碱炼时没有脱除的物质,同时还能改善油的口感;这些微量物质如果不脱除将会影响后面的加工。以金属皂形式存在的氧化促进剂金属离子对氢化有不利的影响,同时还将影响脱臭油的风味和稳定性。脱色吸附剂也能脱去硫化物,分解过氧化物,吸附过氧化物分解产生的醛和酮。

在氢化温度下,能发生一些类胡萝卜素的热脱色,而在脱臭温度下则发生更多的热脱色。如果油脂以后要进行氢化或脱臭,尤其是脱臭温度高于 204℃ 时,脱色工段对色泽的脱除要求可略微降低。另一方面,若对未脱色油进行脱臭,常常会导致产品带有不可接受的绿色。

　　过分脱色可能对油品的质量起反作用(如回色),同时也增加了成本。在实际生产中应合理地选择脱色条件,以便其他加工步骤中的脱色作用和杂质去除发挥作用,从而生产出高质量的成品油。为了使氧化降至最低限度,油在加工期采取防护措施,并在脱臭油中添加金属整合剂。风味评分在 1～10 之间(10 为质量最好)。人们希望过氧化值低,过氧化值愈低,油愈稳定。过氧化值用"meq/kg 油"表示。

　　大豆油脱色一般有三种基本工艺,分别为间歇式常压脱色、间歇式真空脱色、连续式真空脱色。

　　1. 间歇式常压脱色　间歇式常压脱色仅在有限的范围内使用。在这个工艺中,加热至 71.1℃的油被泵入一脱色罐中。该罐装有蒸汽加热管或蒸汽夹套以及桨叶式搅拌器。在搅拌器运转的情况下,白土从罐的顶部加入。油被加热至所需要的温度(典型温度为 100℃～104℃或更低些)。然后将油与白土混合物送至压滤机,再回到脱色罐,反复循环,直至过滤出的油澄清为止。澄清的油被送至贮罐或脱臭罐。

　　2. 间歇式真空脱色　将间歇真空脱色与间歇常压脱色比较,有几个优点:①较好地保护油脂,防止有害的氧化作用;②缩短了白土与油的接触时间即脱色时间,进一步降低氧化程度;③降低了白土需要量(使废白土中的油损失减少);④真空脱色油比常压脱色油色泽浅;⑤使用酸性白土时降低了脱色油的含皂量,因而减少了氢化催化剂用量。

　　3. 连续式真空脱色　在密闭系统中连续脱色,逆流操作更可行。两段脱色系统实际上也在使用。在连续式真空脱色工艺中,脱胶碱炼油温度调节至 54℃,以一定比例泵入调和罐,其流量用流量控制器调节。白土及助滤剂也以一控制速率连续加入调和罐。其加入速率是根据待脱色油的特性所决定的需要量来调节的。油、白土及助滤剂在调和罐内充分混合,然后以一恒定速度被泵入或喷入真空脱色塔的上半部分进行脱气和脱水。这里的绝对压力为 5.08×10^4 Pa。在脱色塔内,浆液首先通过喷嘴喷洒进行脱气,停留约 7min 后,被泵入或喷入该塔的下半部分脱色。喷入前要通过一外部加热器加热至 104℃～116℃,温度自动控制。油土浆液被充分混合,以使油、土之间最大限度地接触,并在脱色塔内保持一定的时间。接着将油土浆液在一密闭压滤机内过滤,待冷却后再接触空气。脱色油被泵入贮罐,或者送入脱臭器。

　　油脂色泽的测定:规定的用于大豆油贸易的规格是以罗维朋比色读数为基础的。

　　(五)氢　化

　　大豆油氢化有许多方法。用镍作催化剂进行大豆油氢化有两个主要途径:选择性氢化和非选择性氢化。非选择性氢化条件为:压力 344.7 kPa,催化剂浓度 0.05%,温度 121℃。在此条件下油酸酯、亚油酸酯、亚麻酸酯的相对氢化速度为 1、7.5 和 12.5。选择性氢化条件为:压力 3.4×10^4 Pa,催化剂浓度 0.05%,温度 177℃。在此条件下氢化的相对速度为:油酸酯为 1,亚油酸酯为 50,亚麻酸酯为 100。一般情况下,增加温度或催化剂浓度能增加亚油酸对油酸的选择性比,用于塑性起酥油或液态起酥油调和的大豆油硬脂,是通过把单不饱和脂肪酸酯及多不饱和脂肪酸酯氢化至碘价 5 而制成的。制备时压力为 137.9～344.7 kPa 或更高,温度为 294℃～218℃。

　　1. 工艺条件的影响　在氢化过程中,温度、压力、搅拌程度和催化剂浓度对产品特性影响最大。由于游离脂肪酸、皂和水都能使催化剂中毒,从而降低催化活性和选择性,所以用于氢化的氢化油必须首先进行碱炼脱色,脱除肥皂(低于 5×10^{-6})并干燥。氢气也必须干燥且纯度要尽量高(即 > 98%)。氢气也可用蒸汽—烃或烃重整工艺生产,也可用纯液态氢气。

2. 催化剂活性　氢化期间,大豆油中少量化合物对镍催化剂有中毒现象。脱色工艺中白土的选择也影响氢化速度。油中的含磷化合物、氧化产物、β-胡萝卜素及铁离子含量较高,会导致氢化速度减慢。碱炼及脱色大豆油的贮存也会严重影响氢化速率。在贮存期间大豆油氧化产物的增加是氢化速度降低的主要原因。

供选择的催化剂:铜催化剂在去除亚麻酸方面比工业上常用的镍催化剂具有更大的选择性。用铜催化剂氢化大豆油,当碘价降至 110 ~ 115 h,亚麻酸几乎减至 0;而用传统的镍催化剂氢化,碘价到同样值时,亚麻酸含量还有 3% ~ 4%。铜催化剂氢化的油含有的亚油酸(有营养价值)比传统的镍催化氢化的油多。镍—硫催化剂能使氢化产品中所剩双键的90%呈反式构型。这种高反式构型的产品用来制造人造奶油能提高其适口性和物理性质。但近期研究发现,反式酸能诱发心血管疾病。

(六)脱　臭

脱臭基本上是一个高温和高真空水蒸气蒸馏过程。目的是去除碱炼后残留在油中的组分,如游离脂肪酸、带有不愉快气味的化合物(如醛,酮,醇)、色素、甾醇、烃类及其他由氢过氧化物热分解形成的化合物,并破坏任何存在于油中的过氧化物。

现在工业上通常使用的三种脱臭方法是:①间歇式;②半连续式;③连续式。

连续及半连续脱臭器将油保持在高温的时间尽量减至最少。例如,在间歇式脱臭器内油的停留时间为 3 ~ 8 h,由于升温而需要时间,实际保持在232℃ ~ 246℃高温的时间仅为20 min;而在另一个连续脱臭器内在同样温度下,油脂停留时间只是 54 min。所以用半连续或连续操作中的结果来推断间歇式脱臭器内所得的结果是比较困难的。

大豆油脱臭使用优质大豆,并在脱臭前的每一工艺环节都注意产品的质量,这一点是十分重要的。例如碱炼时,碱的浓度及加入量必须适当,以保证碱炼期间充分去除磷脂。碱炼油必须洗涤及合理地脱色,以脱除肥皂。还有一些微量的热分解组分必须除去以便生产优质大豆油。同时,在脱臭后,我们建议立即向油中加入柠檬酸或抗氧化剂及充入氮气。

关于在半连续脱臭器内未氢化的大豆油脱臭的典型工业操作条件,最高温度246℃ ~ 260℃,在脱臭温度保持 15 ~ 40 min,高温停留时间较短,直接蒸汽速率较大;400 ~ 778 Pa 绝对压力;油重3% ~ 8%的直接蒸汽(汽提蒸汽和翻动蒸汽)。油在脱臭器内冷却至66℃。然后添加 0.01%柠檬酸和适量抗氧化剂至冷油中,既可加在脱臭器内,也可在出脱臭器后加入。

新鲜的且合理脱臭的大豆油是一种无刺激性滋味的或接近无刺激性滋味的油。即使将其瞬时加热至177℃也几乎没有令人不愉快的气味。这种脱臭油其 FFA < 0.03%,过氧化值为0,罗维朋比色计比色值为黄10、红0.7,滋味温和。

大豆油中的亚麻酸在温度及热量的作用下能部分立体异构化。脱臭条件越剧烈,异构化速度越高。脱臭也是影响来自破损大豆的色拉油起始风味的最重要的工艺步骤。脱臭温度从 210℃增至 260℃,色拉油风味得分就由 5.4 增至 6.8。根据风味等级随脱臭温度增加而改变的趋向,注意到了初始质量的进一步改善,在210℃令人讨厌的橡胶味、酸败味、青草味占优势的油到了 260℃时,就被令人愉快的奶油味、豆味及坚果味代替。对来自破损大豆的油进行 1 ~ 3 h 脱臭后评估表明,为了提高这类油的初始质量,需要比较长的脱臭时间。

(七)部分氢化——冬化大豆油

用作色拉油及烹调油的大豆油需要部分氢化至碘价(Ⅳ:110～115),以改进其气味、风味及高温使用时的氧化稳定性。当部分氢化大豆油(Ⅳ:110～115)贮存于低温时,会出现反式异构体引起的浑浊,和较高熔点的二饱和酸甘油酯凝固。为了防止出现上述两个现象,部分氢化大豆油须经冬化以脱除引起浑浊及凝固的那部分物质。

冬化将起到下列作用:①脱除蜡及其非甘三酯组分;②脱除天然存在的高熔点甘三酯;③脱除部分氢化时形成的高熔点甘三酯。冬化期间形成的结晶类型应能与未结晶的油分离。结晶要求油温较低,而油在低温下十分黏稠。为了克服这些问题,油必须被慢慢冷却,以产生容易过滤的结晶。但是,这种固液两相的分离十分困难,花费的时间长,效率低。大豆油冬化工艺如下:

大豆油冬化从干燥的并经氢化和脱色的油(Ⅳ:110～115)开始。将这种油泵入一个大的保温罐,这个保温罐内装有冷却盘管,盘管温度为30℃～35℃。随后,打开温度控制器。温度控制器用来调节通过冷却盘管的盐水量或丙二醇量,目的在于不使油冷却得太快。油和冷媒之间温差保持较小。开始,温差维持13℃比较好,而当油被冷至最后时,温差减至5℃。

油的温度是在24 h以上的时间中从35℃慢慢降至6℃的。足够快的结晶速度使温度略有升高(通常为1℃～2℃),然后再降低。此时停止外部的冷却,让冬化油在该温度即6℃静置6～8 h,然后固液混合物去过滤,过滤使冬化油与固体脂分离。

部分氢化和冬化已被用来制备高稳定性大豆油用作液体烹调——煎炸油。在这些应用中,大豆油通常氢化至碘价Ⅳ:81～84。用于生产高稳定性液体煎炸油的氢化——冬化工艺:将大豆油(Ⅳ:136.2)氢化,用镍作催化剂,温度104℃～107℃,压力170 kPa。氢化至碘价105.3。将催化剂过滤除去后,油被输送至一装有冷却盘管的罐内。在此罐中,油在40 h内慢慢冷却至16.4℃。在达到72 h的时候,过滤混合物。液体油部分(得率79.5%)的碘价为Ⅳ:106。这种氢化冬化油然后再一次在118℃～124℃用0.2%镍催化剂氢化至碘价Ⅳ:75～85。用于起酥油和烹调油的两次氢化大豆油的冬化,其冷却通常分为两步:首先在一个装有冷却盘管的罐内用12 h时间将油冷至24.4℃,然后用24 h时间冷至18℃。

冬化工艺中应用的许多结晶抑制剂,主要是三硬脂酸铝、石蜡烷基化的烃基芳香化合物、脂肪酸糖酯、芳香族树脂、聚乙烯基酯、磷脂、聚甘油酯(羟基硬脂精)和混合脂肪酸聚甘油酯。

(八)起酥油和人造奶油基料的制备及配方

用来制造起酥油、人造奶油、色拉油及烹调油的油脂中,大豆油分别占有64%、90%和80%。制造起酥油的基本步骤为:①各种基料和硬脂的制备;②油脂混合物和其他组分的配制;③油脂混合物的固化及增塑;④包装;⑤必要时须进行起酥油的熟化(如焙烤用的塑性起酥油和人造奶油)。

标准的人造奶油(即塑性的)是一种乳浊液。它是由基料,一种所谓"奶"相、盐、乳化剂、防腐剂、色素及风味组分组成的。基础原料一般是两种或三种油的混合物,每一种油都部分氢化至一定程度。乳浊液在类似于起酥油加工时使用的设备内快速冷却与捏合。

起酥油当SFI值在15～22之间时,其可塑性及可加工性都较好。SFI值高于22的起酥油变得很脆,而SFI值低于15时,它们又变得太易流动。一般用途的乳化起酥油(即用于各种产品的起酥油及用于糖衣、糕点表面的装饰品、蛋糕等配制的起酥油)可通过加入单甘酯与甘二酯直接用它们的非乳化配对物制备。

五、大豆油制品的制备和应用

(一)蛋黄酱、精制色拉调味品、色拉油及人造奶油

大豆油由于其风味稳定性得到改进,成本低,容易得到,所以大多数蛋黄酱、精制色拉调味品及色拉油制造商都选择它。大豆油用于蛋黄酱、精制色拉调味品和色拉油时必须不凝固,不浑浊,或在冰箱温度下无结晶组分沉淀,否则乳状物将被破坏。

对大豆油进行部分氢化,将亚麻酸含量降至 3%(如氢化、冬化大豆油),这会明显地改进作为色拉油和烹调油应用时的风味和氧化稳定性。

(二)起 酥 油

大豆油是制备起酥油基础原料的一种优质油,被广泛用于各种起酥油中。大豆硬脂能用于可倾倒的起酥油中及塑性起酥油中,其用量高达总硬脂量的 50%。单独使用时,大豆硬脂会使塑性起酥油变脆,原因是硬脂结晶成 â 晶型。通过适当选择食用植物油脂和动物油脂,控制氢化,适当混合、增塑、熟化,并加入增塑剂、乳化剂、消泡剂等,能生产出各种具有不同物理状态和性能的起酥油来满足一系列应用需要。

(三)低热量涂抹脂及液体油

涂抹油脂的油脂含量范围从 54%(这种产品有资格在标签上标注为"低热量产品")到 70%。这类产品与常见的人造奶油比较,其风味和口感都较后者好。

(四)大豆油在食品中的用途

除了用于蛋黄酱、人造奶油、起酥油、精制色拉调味品及色拉油、烹调油外,还可以用于多种消费品,或用于食品工业配方的配料产品应用。

家用起酥油主要用于煎炸,使 α-单甘酯(活性形式)含量达到 2%,起酥油用于焙烤有很好起酥效果。大量的塑性起酥油由大豆油制成。它们被用于面包、甜点心、卷饼、小甜面包卷、酵母发酵面包圈、咖啡饼及家常小甜饼。这样的起酥油在特殊类型的饼中和精制混合物中也起到很好的作用。

糖果涂层与糖果。大豆油在工业上常常被用来制作糖果涂层及甜食,包括某些硬脂油。主要使用范围为奶油巧克力软糖、焦糖及牛轧糖。在其他形式的糖食,如奶糖和果冻里,需要量较少。在这些应用领域,大豆油与棉籽油、花生油和月桂酸油(椰子油、棕榈油)竞争。

糖类食品中代可可脂及乳脂代用品、油脂代用品、汤料、精制布丁、精制薄煎饼、华夫饼干夹心、通心面和干酪混合物、精制意大利面条调味品、芥末、早餐食品、冷冻煎炸海产、汉堡包牛肉填充料、焙烤馅饼(意)和爆玉米花等都应用大豆油脂。

(五)大豆油的营养价值

未氢化的大豆油组成和营养价值与其他多不饱和植物油相似,同时大豆油还是必需脂肪酸亚油酸的良好来源。因为其多不饱和脂肪酸含量高(54%),所以它非常适合于有高多不饱和脂与饱和脂比值(p/s)的饮食原料。大豆油的生育酚含量高达 0.095%,这也是有利于人类健康的一个因素;胡萝卜素含量也是如此,它是维生素 A 的前体。

(六)大豆油的非食品用途

大豆的工业用途(非食用,非饲用)是大豆油的主要的非食用市场包括干性油产品、油漆

和凡立水、树脂和塑料、印刷油墨及油脚(作为大豆脂肪酸来源)。环氧大豆油(树脂和塑料)和涂料载色剂油漆和凡立水占工业用大豆油的50%。大豆油作为许多油化产品中的一个成分(如胶带、纺织品防水剂、复写纸和打字机色带),作为蜡烛、蜡笔、化妆品、上光剂、抛光化合物和模子润滑剂的脂肪酸组分;用作谷仓中和家禽饲料中的灰尘抑制剂;将大豆油皂脚在类似的控制灰尘方面应用;用作除草剂和杀虫剂中的实际载体;用作通风发酵如抗生素生产中的消泡剂。传统的大豆油的工业用途,如:涂料,增塑剂,二聚酸合成,表面活性剂,油膏生产,铸造型心粘结剂及其他用途等。

在油脂加工领域,要科学合理的资源利用,提高大豆油脂营养,改进工业生产工艺、提高生产效率、节约能量消耗、减轻污染、减少产品包装材料。要用物理精炼代替常规碱炼、研究减少反式异构体生成的氢化、脱臭技术和连续氢化系统的开发、研究用不可燃溶剂代替正己烷浸出制备大豆油脂、发展专用油脂、提高大豆油脂营养、改进并安全地使用抗氧剂、金属螯合剂及乳化剂等,使大豆资源得到科学合理地应用。

第三节 大豆蛋白

随着食品工业发展需要,大豆蛋白的需要量在大量增加,在传统大豆制油工业的基础上,建立大豆脱脂低温脱溶剂生产食用豆粕,应用低温脱脂豆粕生产大豆浓缩蛋白、大豆分离蛋白、大豆多肽、大豆组织蛋白和各种新兴植物蛋白产品。产量和生产规模都达到国外同类企业标准。但在产品质量、品种数量和功能特性上还存在不小的差距。缩小这种差距的办法,一方面加强大豆品质育种工作,另一方面需要研究大豆蛋白分子结构与生产产品功能特性的理论关系。

一、物理和化学特性

在食品工业中应用的各种加工形式的大豆蛋白质,包括大豆粉、浓缩蛋白、分离蛋白,对物理和化学处理都很敏感。大豆蛋白质对湿热加工,和经受pH值的极端值(指接近pH值1和pH值14)处理时,都会涉及大豆蛋白的溶解度、分子量和黏度等物理和化学性质发生剧烈变化。

(一)溶解度与pH值的关系

大豆的主要蛋白质是球蛋白。这种蛋白,在它的等电点范围内,是不溶于水的。但是,当加入氯化钠之后,在等电点状态下也能溶解。如果pH值在等电点以上或以下,球蛋白在没有盐的条件下,也能溶于水溶液。pH值对大豆蛋白质的溶解度,在图22-4中作了清楚的描述。图中的数值,是把未变性的脱脂豆粕粉置于水中,加入酸或碱调节pH值,经搅拌离心分离,用凯氏(Kjeldahl)方法分析浸出物中的氮量,作为绘制图形的数据。脱脂粕粉在水中的悬浮液,在pH值约为6.5情况下,约溶解含氮量物质的85%。假如另外加碱,可能增加5%~10%的溶解物,但是酸加进去之后,蛋白质溶解度会突然下降,达到等电点的最低范围值为pH值4.2~4.6,在这样的pH值的条件下,球蛋白不溶解。这是制备分离蛋白的依据。在等电点以下,继续加酸,又能使蛋白质继续溶解。大豆蛋白质的pH值和溶解度的关系,类似于等电点为4.6的酪蛋白,这种酪蛋白的溶解度是根据pH值而变化的。因此,在食品中,经常应用大豆分离蛋白来代替酪蛋白和酪氨酸盐。假如作代用品使用,鉴别要小心,因为两种蛋白质的性质还有许多差别。

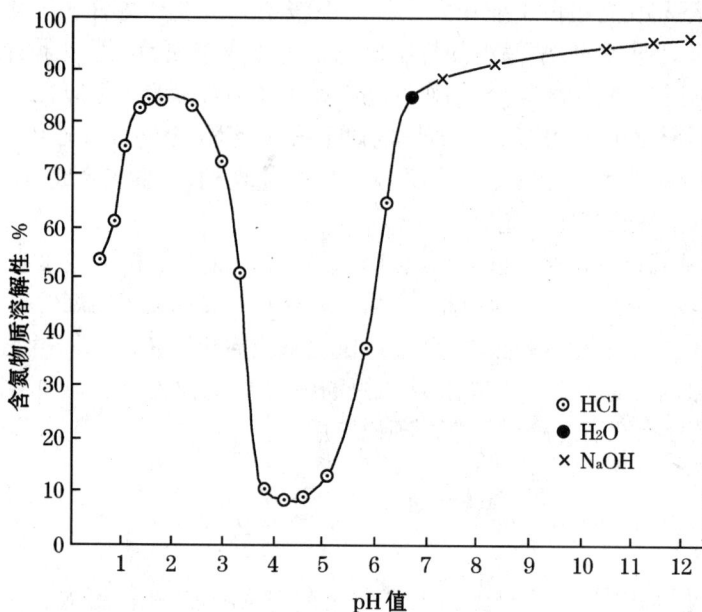

图 22-4　脱脂大豆粕蛋白溶解度与 pH 值的函数关系

(二)分 子 量

大豆蛋白质分子大小,用超速离心机可以很容易地得到证明。用水解浸出脱脂粕所得到的蛋白,可以作出一个超速离心机所测定的特性图。这个图形,分为四个部分。这些部分按沉降速率分为 2S、7S、11S 和 15S。这四个部分,实际是四个组分,它们的近似值列于表 22-6 中,再进一步分离很可能会发现其他蛋白。2S 组分,占整个蛋白的 20%,它含有胰蛋白酶抑制剂、细胞色素 C 以及一些成分不明的蛋白质。

表 22-6　水溶性大豆蛋白超速离心分离组分的成分及其近似值

组　分	占总蛋白的百分数(%)	成　分	分子量　(D)
2S	22	胰抗酶抑制剂	6000 ~ 21500
		细胞色素 c	12000
7S	37	血球凝聚素	110000
		脂肪分解脂酶	102000
		β-淀粉酶	61700
		7S 球蛋白	180000 ~ 210000
11S	31	11S 球蛋白	350000
15S	11		600000

7S 组分为总蛋白量的 1/3,它含有四种不同种类的蛋白质、四种血球凝集素、两种或多种脂肪分解酶、β-淀粉酶以及被称为 7S 的球蛋白、脂肪分解酶,是技术人员非常感兴趣的一种蛋白,因为它能氧化多不饱和脂肪酸,产生令人厌恶的气味。7S 球蛋白是一种糖蛋白,它占有 7S 蛋白质组分总量的一半还多。11S 蛋白组分占大豆蛋白的 1/3,11S 球蛋白可以被分

离(即离析)。15S 蛋白的含量,仅占总蛋白质含量的 1/10,这种组分未被离析和研究,按沉降系数分子量,似乎已达到 500 kDa。这种蛋白质被认为是大于 15S 的组分,也可以说是 15S 组分的聚合体。从表 22-6 的数据可以得出这样的结论:大豆蛋白是复杂的混合物,这些混合物中,许多蛋白质的分子量可高达 100 000 D$_a$ 或更多。

(三)7S 和 11S 球蛋白的作用

7S 和 11S 球蛋白是两个能够被提纯和识别的主要大豆蛋白。由二硫化键聚合的蛋白质,容易被巯乙醇,半胱氨酸或亚硫酸钠所解聚。7S 和 11S 球蛋白都是由亚基构成的,这种特性说明了两种蛋白质之间的差异,当 11S 蛋白在 pH 值 7.6 离子强度、0.01 缓冲溶液中被渗析时,它的四维结构断裂,出现 7S(7S 和 7S 球蛋白不一样)和 2～3S 形式的组分。在相同的条件下,7S 球蛋白以二聚物的形式存在。高 pH 值及低 pH 值,高浓度脲或洗涤剂,苯酚-乙酸-硫基乙醇-脲的混合物,以及温度在 80℃ 以上等,这些条件都能引起 11S 蛋白的四维结构破坏。在四维结构中,7S 球蛋白可能有 9 个亚基,在低盐浓度的酸性溶液中,7S 球蛋白能转变成两个慢沉降物,其沉降系数为 2S 和 5S。

分离蛋白为了做成纺丝的浆状物,就需把它溶解在 pH 值 12 的 NaOH 溶液中。这种高 pH 值会增加黏度并把所有的蛋白变成 3S 形式。纺丝的胶状物被挤压通过喷嘴进入酸—盐溶液中,使蛋白凝固。在蛋白质亚基之间通过二硫键和非共价键的相互关系稳定了纤维的三维结构。

7S 和 11S 两种球蛋白在水中,当离子强度发生变化的时候,这种蛋白质遭受缔合和离解作用的反应。7S 球蛋白在 pH 值 7.6 和 0.5 离子强度下,分子量由 180 000 Da 到 210 000 Da(单体形式),但是当离子强度降低到 0.1 的时候,蛋白质沉积物变作 9S,并由于二聚作用的结果,使分子量增大到 370 000 Da;这两种蛋白质经受的缔合—离解二种作用是可逆的。当 7S 和 11S 球蛋白掺进其他食物的时候,它们具有不同的性质。由 11S 蛋白凝结制造的豆腐,就比用 7S 蛋白凝结制造的豆腐结构要坚实。

(四)大豆分离蛋白的溶解度

用水从脱脂豆粕粉中制取的分离蛋白,通常是在水浸出液中调整 pH 值到等电点使蛋白沉淀。蛋白质的沉淀过程是可逆的,而蛋白质溶解性的改变,是不可逆的。虽然,最初在 pH 值 7.6 和 0.6 离子强度缓冲溶液中能溶解,而在经过等电点 pH 值 4.6 的沉淀作用之后,蛋白质就不再全都溶解。7S 和 11S 也都有这种特性。商品分离蛋白的溶解度,比实验室所得到的样品变化要大。

用酸沉淀的大豆球蛋白,有大量的含磷化合物,大部分是植酸盐。植酸盐带有很多的阴离子电荷,当它被酸沉淀的时候,与球蛋白相互作用。移动等电点从 pH 值 4.6(图 22-4)到 pH 值 5,从沉淀的球蛋白中,可以把植酸盐排除。对于食品加工工程技术人员,最关心的湿热和 pH 值的两端值(指靠近 pH 值 1 和 pH 值 14)对蛋白的影响效果。

(五)大豆蛋白变性

1. 热变性　由于很多食品在生产制造中需要加热,而引起蛋白变性。这种形式的变性也最常见,但了解不多。大家知道湿热对蛋白的影响是使它不溶于水和盐溶液。蛋白质的溶解性,随着加热时间的延长而降低。如加热 10 min 之后,溶解性从原来的 80%,降低到 20%～25%。所以对大豆产品的豆粕、豆粉、豆粗粉,都可以利用溶解度的测定来确定热处理程度。目前仅应用两种方法:即一是"溶解度"法,二是"分散度"法。为了工业上的统一和消除方法多和技术术语上的混乱,希望采取统一的方法。两种方法,都利用水浸出大豆蛋白和用凯氏法分析可溶蛋白。两种方法的主要差别,在于浸出液制备的条件和由此产生的结果都不相同,"溶解度法"或称"慢搅法",在浸出过程中,先慢慢搅拌 2 h,再进行离心分离。与此相比,"分散法"或"快搅法"的操作,是在高速混合器中利用有剪力的搅拌浆叶进行混合,而浸出时间仅有 10 min。氮溶解指数(NSI),蛋白质分散指数(PDI)经常遇到。对于一定的样品,PDI 常比 NSI 的数值要高,通常 PDI = 1.07(NSI) + 1。

商品大豆蛋白在盐浓度为 7% 下进行加热,先是黏度增加,而后变成凝胶体。在 70℃ ~ 100℃ 温度下加热 10 ~ 30 min,对凝胶化的要求是足够的。但是,到 125℃ 时,凝胶体将被破坏。胱氨酸和亚硫酸钠,有成为分离蛋白的溶解剂的作用。它们对分离蛋白的分散液,无论加热与否都能使黏度降低,而且可以防止凝胶化。因此,二硫化键在加热凝胶化中,是一个重要的因素。由巯基—二硫化键交替形成的分子之间的交键,能够有助于蛋白质的网状结构的稳定性,分子间的二硫化键,能保持某些分子的构型。

溶胶—凝胶原—凝胶的转变,认为是由于用酸沉淀球蛋白的加热凝胶化。在加热的时候,溶胶转变成凝胶原是不可逆的,而凝胶原进行冷却能转变到凝胶状态。凝胶重新加热,又转变为凝胶原。凝胶原和凝胶的转变是可逆的,从溶胶转化为凝胶原的时候,随温度上升,黏度增大到最大值。当在高温下,黏度下降是由于转变为不可逆的异溶胶(metaso1)状态的结果,即使对它再冷却,也不会使它成凝胶。这种变化可以概括如下。

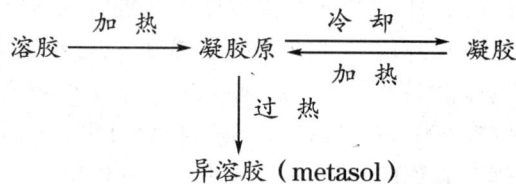

$$\text{溶胶} \xrightarrow{\text{加 热}} \text{凝胶原} \underset{\text{加热}}{\overset{\text{冷 却}}{\rightleftarrows}} \text{凝胶}$$

$$\text{凝胶原} \xrightarrow{\text{过 热}} \text{异溶胶（metasol）}$$

这个图,说明了在二硫化物断裂剂影响下,使凝胶转化为异溶胶。11S 球蛋白溶液加热到 70℃ 变浑浊,到 90℃ 形成沉淀物。对 11S 蛋白加热的影响,稀蛋白溶液在 100℃(pH 值 7.6 和 0.5 离子强度)下,迅速变浑浊,进一步会发生沉淀。再加热,聚集物又连续不断地增加,直到沉淀。当 11S 消失的时候,也能形成缓慢沉降的组分,它具有 3 ~ 4S(图中标为 4S)的 $S_{20,w}$ 值。4S 组分在加热 7 min 以后,达到最大浓度,加热 30 min 以上,保持不变。

2. 酸碱变性　大豆球蛋白在 pH 的极端值的情况下,引起变性。高 pH 值,能破坏 7S 和 11S 和其他球蛋白的亚基结构。最后从 pH 值 12 再调正 pH 值到 7.6 和 0.5 离子强度。得到 1/2 多一些的蛋白沉淀物,并在超速离心机分离下,得到一个 3S 峰和一个 7S 峰。7S 球蛋白在 pH 值 12 时,可转变为不可逆的 0.4S 型,显然,蛋白质在 pH 值 12 时,发生了解离。

当大豆球蛋白在 0.06 离子强度下,pH 值从 3.8 降到 2 的时候,有一个逐步转变过程,即从在 pH 值 7.6 时的 4 个沉降组分变成了 2 个即 3S 和 7S 组分。脱脂豆粕的水溶液滴定到 pH 值 2.4,随后中和 2 h 后,不溶性的球蛋白,占 1/3 以上。除 2S 之外的其他各个组分的溶解性都显著减少。到最后又有所增加,可能是由于其他蛋白的裂解形成了类似于 2S 的蛋白。

11S 蛋白的溶液当调整到低 pH 值和低离子强度时,可以裂解,通过 7S 这一中间产物,而达到 2 ~ 4S 的单体。尽管 11S 蛋白在 pH 值 3.8 和 1 离子强度下能够稳定,但在 pH 值 2.2 和 0.01 离子强度下可以完全转化为 2S 的形式。

(六)氨基酸的成分

表 22-7 为大豆蛋白制品中氨基酸成分(100 g 样品蛋白中氨基酸含量 g)。

表 22-7　脱脂豆粉、大豆浓缩蛋白和大豆醇法乳清粉氨基酸成分

氨基酸	大豆粉	醇法大豆浓缩蛋白	酸法大豆浓缩蛋白	大豆分离蛋白
丙氨酸	4.0	4.5	4.5	3.9
精氨酸	7.0	7.7	7.7	7.8
天冬氨酸	11.3	12.11	12.1	11.0
胱氨酸	1.6	1.5	1.4	1.0
谷氨酸	17.2	18.9	18.9	20.5
甘氨酸	4.0	4.4	4.4	4.0
组氨酸	2.7	2.7	2.7	2.6
异亮氨酸	4.9	5.0	4.8	4.9
亮氨酸	8.0	8.2	8.1	7.7
赖氨酸	6.4	6.5	6.7	6.1
蛋氨酸	1.4	1.4	1.4	1.1
苯丙氨酸	5.3	5.2	5.1	5.4
脯氨酸	4.7	5.6	5.6	5.3
丝氨酸	5.0	5.3	5.3	5.6
苏氨酸	4.2	4.3	4.1	3.7
色氨基酸	1.2	1.4	1.4	1.4
酪氨酸	3.9	3.9	3.9	3.7
缬氨酸	5.3	5.6	5.3	4.8

大豆蛋白的质量标准,表现在它的氨基酸成分的物理、化学和营养特性的作用,表 22-7 列举了粗粉、浓缩蛋白、分离蛋白的必需和非必需(一般)氨基酸。

二、大豆蛋白食品的种类

大豆蛋白食品分两种类型,一种是全大豆蛋白食品,另一种是加工大豆蛋白食品。

(一)全大豆食品

全大豆食品,主要是作大豆乳基的婴儿食品配方和饮料,以及青豆罐头,大豆番茄酱罐头,有的儿童对牛奶不适应,甚至过敏,可以大豆粉作婴儿食品配方,或当素食品供应。另外,制造中国传统大豆制品。这些食品包括豆浆,豆腐,豆腐干、豆腐丝、豆酱、酱油等发酵制品豆制食品。

(二)大豆蛋白制品

把大豆蛋白加工成各种各样的食品。这些类型的大豆蛋白分成三类,即大豆细粉和大豆粗粉、浓缩大豆蛋白和分离大豆蛋白。由大豆加工工业所提供的三种大豆蛋白,可以作为原料再进一步加工成各种各样的食品。在某些情况下,这些蛋白食品在未与其他食品掺和时,可以再行加工,如大豆粉的挤压作组织蛋白,或用分离蛋白制成纺织模拟肉。

1. 大豆细粉和大豆粗粉　　大多数的大豆细粉和大豆粗粉,都是由脱脂豆粕制成的,这些制品的化学成分相类似。所有被应用的细粉和粗粉,都是由脱皮大豆,经浸出后制成。两者之间的主要差别是颗粒的大小不一。下面是按颗粒大小进行分级的产品。

产品粒度	筛孔尺寸(目)
粗　粒	10 ~ 20
中　粒	24 ~ 40
细　粒	40 ~ 80
细　粉	100 或更细小

注:为规定的标准筛孔

大豆粗粉是粗磨过筛所得到的产物,而大豆细粉,则是细磨,而又能使大多数粉粒都能通过 100 目/(英寸)^2 的筛孔。大多数豆粉被磨到能通过 200 目的筛孔。目前,有的特殊豆粉要磨到能通过 300 目的筛孔。

细粉和粗粉在脂肪含量、热处理程度,以及质点大小等方面,是不相同的。为了大豆蛋白便于同许多其他食品掺和,对发展的各种蛋白产品,必须提供大量的物理性和功能性。细粉和粗粉是精度最低的大豆蛋白产品,因此蛋白含量也较低,数据均列于表 22-8 中。

表 22-8　大豆细粉和粗粉分析的近似值*　　(以正常含水 5% ~ 10% 为基准)

项　目	脱脂的	低脂的	含油的
蛋白质(N×6.25)%	51	46	41
脂肪(%)	1.5	6.5	21.0
维生素(%)	3.2	3.0	2.8
灰分(%)	5.8	5.5	5.3
碳水化合物(%)	34	34	25

* 用正常水分 5% ~ 10% 作为基准

制备的脱脂细粉和粗粉,是用己烷浸出过的豆粕生产的。在生产加工中得到的豆粕的在它离开浸出器之后,就测定它的特性和原始的使用价值。从浸出器出来的粕,含己烷溶剂约为 30%,除去溶剂与三个主要因素有关。即影响蛋白质变性的时间、温度和水分含量。

为了制备食用级的豆粕,从浸出过的粕中脱除己烷,通常用三种主要设备。它们是卧式脱溶设备、闪击脱溶设备和双筒(AB)脱溶脱臭器。

卧式脱溶设备,是具有直接蒸汽的卧式脱溶机。这种加工方法的主要缺点是经脱溶的粕的 PDI 达 45 ~ 50,最高可达 60 ~ 70。

闪击脱溶器与卧式脱溶机脱溶剂相比,它的优点是,处理过的豆粕的蛋白水溶解度高。图 22-5 是脱溶和脱臭相结合的闪击脱溶脱臭工艺流程。粕进入设备之后,迅速地被送到过热的己烷气流中,粕中的己烷经闪击蒸发,随气流一起到分离器中,这种旋风分离器的顶部的蒸汽,分成两股气流,一股气流被冷凝,另一股气流通过过热管和溶剂管道,再循环使用,脱溶后的粕,落到分离器底部,经旋转闭风阀进入脱臭器中,粕中残余溶剂,用清洁的惰性气体,如二氧化碳,或氮气从下向上吹,从而把己烷脱除。然后再经冷凝器,把己烷除去。净化的气体,可以通过脱臭器循环使用。应用这种加工方法,得到的粕的 PDI 范围在 70% ~

90％,它的大小,主要取决于操作条件,这种设备操作起来,可以使脱溶后的饼粕的 PDI 值,比刚离开浸出器时仅低 1～3 百分点。

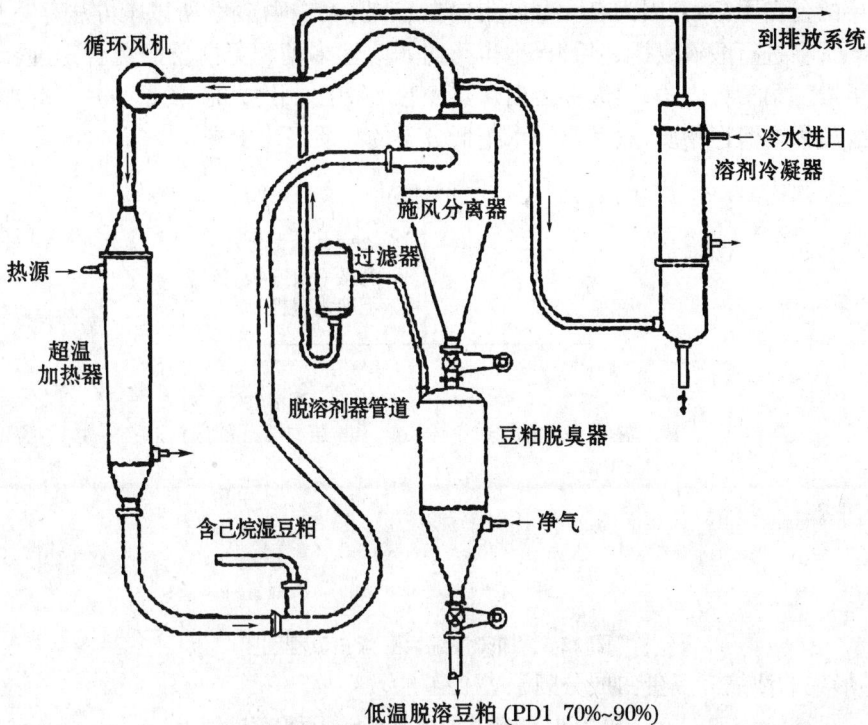

图 22-5 含己烷豆粕的闪击脱溶脱臭器

双筒(AB)脱溶脱臭器,跟闪击脱溶器一样脱除大量的溶剂。料粕被输送到设备的尾端,仅需 3～4 min 的时间,通过旋转封闭阀卸出。脱臭器是在真空条件下(1/2 个大气压),蒸汽不会在粕上冷却,而只能把己烷溶剂吹出,并可以得到比原粕仅仅低 1～2 个百分点 PDI 值的脱脂豆粕,制备分离蛋白是很理想的。

低脂产品有三种方法制备:①破碎全脂籽仁的螺旋压榨。②全脂豆粉与脱脂豆粉的混合;③脱脂粉的加油。目前还有高脂肪含量的豆粉和加卵磷脂的豆粉。制备高脂肪豆粉,是把豆油加进脱脂豆粉中去,一般脂肪加入量为 15％。加卵磷脂豆粉,是在低脂肪,或高脂肪的豆粉中,加入卵磷脂,通常加入量为 15％。

全脂豆粉的制备,是在种子被破碎之前,通入蒸汽以便除去生大豆中的豆味和苦味,并把解脂酶和其他酶钝化。大豆再烘干。使水分含量达 5％时,通过破碎磨辊,进行脱皮和研磨,使粉粒通过 200 目筛孔。用这种生产方法得到的产品,其 PDI 值为 36％～46％。

用挤压膨化生产工艺,进行挤压膨化制备全脂豆粉。经过破碎,脱皮的大豆,用加热干燥方法,把解脂酶钝化,调节水分达到工艺要求,接着再进行挤压。经挤压机出来的加工品,又经冷却,粉碎就可以得到营养良好的食品。

2. 浓缩大豆蛋白 豆粉和豆粗粉蛋白质的含量在 45％～50％范围内,制备高蛋白含量的制品,必须对豆粕或豆粉进行再加工,以除去一些低分子的成分。包括水溶性糖类,灰分和其他次要的成分,使蛋白含量可达 70％以上。商业浓缩大豆蛋白的制造方法有三种,这些方法的差别,在于使主要蛋白不溶解的方法不一样,但低分子化合物都是要除去的(图 22-

6)。第一种方法,是使用含水乙醇,对非蛋白成分进行浸出,剩余的蛋白质和多糖,进行脱溶剂干燥,即可得到浓缩蛋白。第二种方法,用 pH 值 4.5 的稀酸(在蛋白质的等电点)进行浸出,使主要的蛋白不溶解,因为有少量的蛋白在 pH 值 4.5 时溶解,所以本方法有一些蛋白质被损坏掉了,在进行酸液浸提之后,再把得到的非溶性多糖和蛋白质的混合物,调到接近中性,进行干燥。第三种方法,以大豆蛋白对热敏感的特性,用水和豆粉或豆片一起加热,使蛋白质变性,成为非溶性物质,然后再用水把低分子的物质浸出出来。

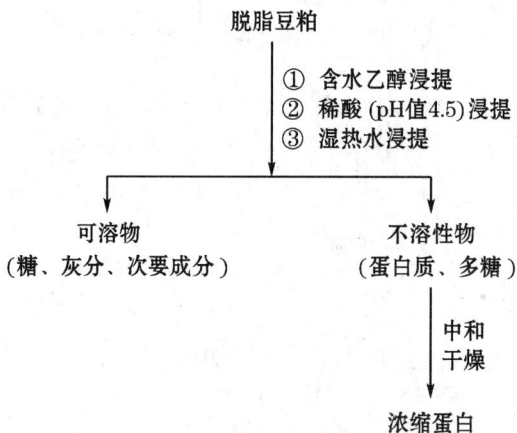

脱脂豆粕

① 含水乙醇浸提
② 稀酸 (pH值4.5)浸提
③ 湿热水浸提

可溶物　　　　　　　　不溶性物
(糖、灰分、次要成分)　　(蛋白质、多糖)

中和
干燥

浓缩蛋白

图 22-6　加工浓缩大豆蛋白流程图

三种形式的浓缩大豆蛋白成分列于表 22-9 中。

表 22-9　浓缩大豆蛋白成分的近似值

项　目	经醇浸提的	经酸浸提的	经湿热水浸提的
蛋白质含量(N×6.25)(%)	66	67	70
水分(%)	6.7	5.2	3.1
脂肪(%)	0.8	0.8	1.2
粗纤维(%)	3.5	3.4	4.4
灰分(%)	5.6	4.8	3.7
氮溶解指数(%)	5	68	3
pH 值(1:10 的水分散液中)	6.9	6.6	6.9

不论使用哪种方法生产,总的浓缩大豆蛋白的成分变化很小。蛋白含量以干基计算。变化范围在 71% ~ 72% 之间。浓缩蛋白中的主要非蛋白成分,是多糖-阿拉伯半乳糖、酸性类果胶多糖、阿拉伯多糖和纤维素。三种浓缩大豆蛋白明显的差别,是水溶性蛋白的含量不同。用醇浸提的蛋白产品,和用湿热水浸提的浓缩大豆蛋白,已经变性而不溶解,酸浸提出来的浓缩蛋白,蛋白的不溶解性是很低的,这种溶解度较高的酸浸提的浓缩蛋白,对某些食品应用是有利的。

3. 分离大豆蛋白　精制高级的大豆蛋白,就是分离蛋白。它们的加工方法,与浓缩大豆蛋白的加工方法相比,更进了一步,不但除去了可溶性糖和其他次要的成分,而且还除去不溶解的多糖。图 22-7 是生产分离蛋白的示意图。蛋白溶解度高的脱脂粕或粉,用稀碱液

（pH值7～9），在温度为50℃～55℃下浸出。浸出液经过筛、过滤和离心等分离，把不溶解的残余物质（如不溶解的多糖及残余蛋白）分离出去。使用食用级酸调整浸出液的pH值到4.5（等电范围），使主要蛋白沉淀，然后，用过滤或离心分离方法，从沉淀的蛋白溶液中分出乳清，再用水进行洗涤、中和和调质处理，再进行喷雾干燥，大豆分离蛋白。

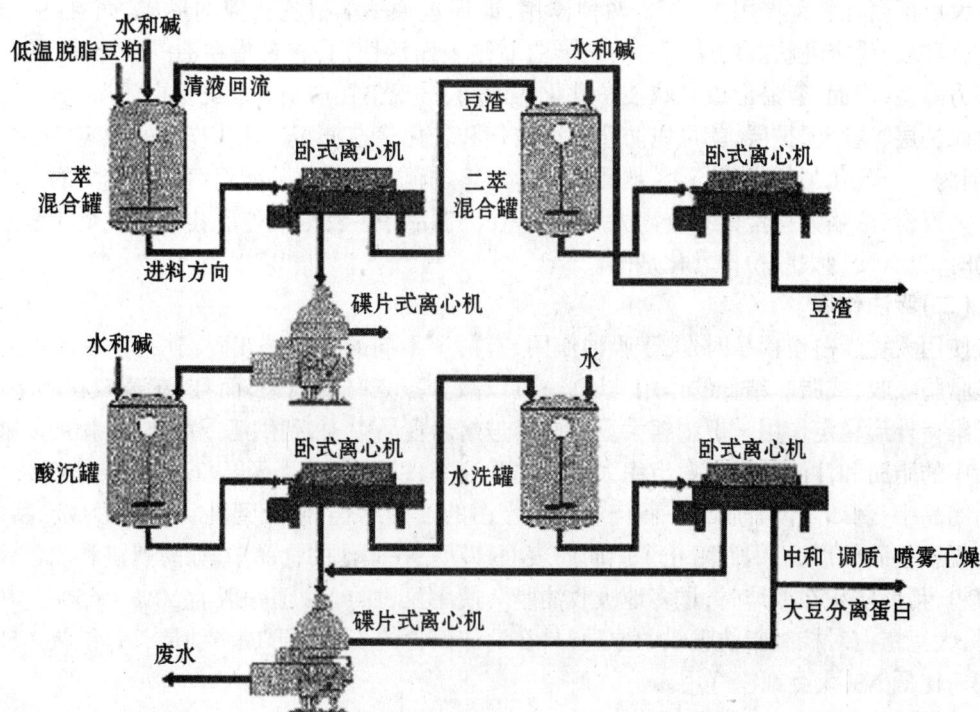

图 22-7　商品大豆分离蛋白生产工艺

　　在分离蛋白加工中，有3种产物如残渣、乳清（固体物）和分离蛋白。4种大豆分离蛋白的分析数据，列于表22-10中。实验室制备的分离蛋白，也含有乙醇浸出物，如甘油脂、磷脂、皂苷，甾醇配糖体和异黄酮。从渗析过的分离蛋白中，能够得到3.6%的乙醇浸出物。因为从乙醇浸出过的蛋白中，分出了另一部分的皂苷，所以很可能分离蛋白中还有很多的非蛋白物质。

表 22-10　商品大豆分离蛋白分析数据

项　目	A	B	C	D
蛋白（%）	92.8	92.2	92.9	94.7
水分（%）	4.7	6.4	7.6	3.7
粗纤维（%）	0.2	0.1	0.1	0.2
灰分（%）	3.8	3.5	2.0	2.7
氮溶解指数（%）	85.0	96.0	—	—
pH值（在1:10的分散液中）	7.1	6.8	5.2	5.5

三、功能特性

　　把大豆蛋白加到食品中去，主要是利用大豆蛋白的功能特性。大豆蛋白的功能特性都归属于大豆蛋白，以大豆细粉、大豆粗粉和浓缩大豆蛋白中的多糖物质像蛋白质一样，也能吸水。因此,这些产品就比等量蛋白,在分离蛋白的形式下所吸收的水分要多一些。在用挤压脱脂豆粉来制造模拟肉时,这种碳水化合物,能使产品膨胀,或喷纺成丝状、网状,都是获得适当纤维结构所必须的。

(一)乳化作用

大豆蛋白在乳化作用中,起着两种作用,即促进油—水型乳状液的形成,而且,一旦形成,它可以起稳定乳状液的作用。由于蛋白质是表面活性剂,它聚集在油—水界面,使其表面张力降低,因而,容易形成乳状液。乳化的油滴,被聚集在油滴表面的蛋白质所稳定,形成一种保护层,这个保护层,就可以防止油滴聚积和乳化状态破坏。乳化作用的稳定性是重要的,因为一个乳化剂的成功与否,就看在最后加工过程中如蒸煮装罐保存乳化能力的大小。

大豆粉、浓缩大豆蛋白和分离大豆蛋白,在肉制品中广泛地用作乳化剂。在焙烤食品和做汤时,也有使用大豆粉作乳化剂的。

(二)吸油作用

使用大豆蛋白作食品时,关于吸油作用,有两个不同的目的。在碎肉中,大豆蛋白起着促进脂肪吸收,或脂肪结合的作用。因此,可以减少蒸煮时的损失,而且,在蒸煮食品中,有助于维持外形稳定作用。把浓缩大豆蛋白加进焙烤食品中去,到烘烤或煎炸时,就可以减少食品中的脂肪和汁液的损失。组织大豆粉的吸油率,以干基重计,可从60%达到130%。在碎肉制品中,例如牛肉香肠或午餐肉中大豆蛋白的油脂结合,涉及到乳状液的形成和稳定,加上凝胶基质的形成,因而阻止了脂肪向表面移动。在其他的食品中,如薄煎饼和面包添加大豆粉,帮助防止在煎炸时,过多地吸收油脂。使用豆粉的 NSI 值一般为 50% ~ 65%。在煎炸时,大豆蛋白对控制脂肪吸收的原理,是在油炸面食的表面上形成防油层,因此,高 NSI 大豆细粉比低 NSI 大豆细粉好用。

(三)吸水作用

大豆蛋白沿着它的肽链骨架,含有很多极性基团,使蛋白具有亲水性。因此,蛋白能够吸收水分,并保持食物中的水分直到成品阶段。某些极性状态的基团,如羧基,胺基能离子化,极性可以用变动 pH 值来改变,改动 pH 值,就能够改变大豆粉的吸水性。例如,pH 值为 8.5 的类似面团的豆粉块,吸水量为生面团在 pH 值 4.5 ~ 6.3 时所吸收的水量的 2 倍。大豆蛋白凝胶水分的维持,随 pH 值而变,类似于大豆蛋白 pH 值溶解度曲线,在 pH 值 4.5 时,水分含量最低。用钙沉淀的分离蛋白,比用酸沉淀的分离蛋白,有更高的吸水量。

用醇浸提的脱脂豆粕制造的大豆浓缩蛋白,它的水分吸收量为干物重的 3.4 到 3.8 倍。当浓缩大豆蛋白加到碎肉中时,对水的结合情况,是把 8 份浓缩大豆蛋白,20 份水和 1 份香料,加到 100 份的碎牛肉中去,经过蒸煮,可以得到 93.5 份蒸煮肉食品,而当碎牛肉没有添加上述几项物质的时候,经过蒸煮,仅能得到 70.2 份蒸煮牛肉。这些蒸煮肉食品含有 20.7% 的蛋白质和 17.9% 的脂肪,而蒸牛肉含有 22.8% 的蛋白质和 20.6% 的脂肪。添加大豆蛋白,如大豆粉加入烤制食品和糕点中去,都可以提高吸水性,而且也可以维持食品中的水分。

(四)蛋白的组织化作用

大豆蛋白提供组织作用有几种方法,最简单的一种是在各种汤和肉汁中,加入大豆粉使产品增稠。在碎肉制品如牛肉香肠和午餐肉中,提供组织凝胶结构。利用大豆粉,经挤压,做成类似肉结构,挤压过程中,发生食品膨化现象。被挤压出来的物料形状和大小,是由安装在设备上的模具和刀具旋转速度来控制的。最后产品经干燥,冷却,再进行包装。

用挤压法是制成类似肉组织食品的更好条件。大豆粉含脂肪量要低(0.5%或更低)碳氢化合物不超过 35% ~ 40%。加 5% 的淀粉,会引起极度的膨胀,并失去食品所要求的结构,水分含量是 30% ~ 40%,但如果加进氢氧化钠,pH 值上升,水分的最佳范围在 23% ~ 34%,pH 值的范围在 6 ~ 9,但最佳范围是 7.5 ~ 8.7。蛋白变化可以从 30% ~ 75%,多数为 50%。

经挤压机挤压出来的产物,在干燥的时候会发出"嘎吱嘎吱"的响声,而且经适当调味可以用做制造模拟水果、坚果或素菜。经水化时,它们呈纤维性或咀嚼性。

类似肉的纤维,也可以用藻氨酸钠和鸡蛋蛋白,酪蛋白或脱脂豆粉进行混合,再挤压使混合物进入凝固浴槽中来制造。这个浴槽中含有醋酸钙酸性溶液。

(五)结团作用

大豆粉、大豆浓缩蛋白和大豆分离蛋白三种基本形式的大豆蛋白,与一定数量的水混合时,都可以制成生面团似的物质,这种面团,没有小麦面筋那种典型的弹性和黏结性。

(六)附着力、内聚力和弹性

经加工处理的大豆粉,加进通心粉,能降低水分吸收量,以便在蒸煮过程中,维持内聚力和弹性。豆腐干燥之后,还会出现水化作用,就是这些性质的表现。

(七)结膜作用

当大豆粉与水形成面团之后,经高压蒸煮,其表面就形成一层薄膜,这层膜是水与含水溶剂的一个屏障。当生产浓缩蛋白时,面团经过水洗,除去水溶性多糖、灰分和色味成分,用研磨和切割的方法可以破坏薄膜。

当肉切碎之后,用分离蛋白或浓缩大豆蛋白以及鸡蛋蛋白共同混合,在纤维表面涂上蛋白,可以防止气味散失,有助于再水化作用相对再水化产品提供合理的结构。

(八)调色作用

大豆粉中的脂肪氧化酶,能氧化多不饱和脂肪酸。而氧化脂肪,可能对小麦面粉中的类胡萝卜素进行漂白,使它由黄色达到无色的程度,结果,形成了内部很白的面包。大豆粉有助于烘烤食物的色泽,可以增进面包外皮的颜色,这种效果归因于大豆蛋白和面粉中碳水化合物之间进行反应的结果。当大豆粉用来制造混合面包、煎饼、华夫饼干的时候,它可以改进棕色特性,并在煎炸时,可以延缓脂肪吸收作用。

(九)起泡作用

大豆蛋白是一种表面活性剂,因此,它们可在搅打时形成泡沫,也可以做成高级糕点上面的装饰食物和冷冻冰淇淋,这些都是具体的应用实例。大豆蛋白的胃蛋白酶水解物,就是制造糖果松软夹馅饼和安其儿蛋糕的激泡剂。与未经改变的大豆蛋白相比较,这些水解物在等电范围内(pH 值 4 ~ 5)是溶解的。胃蛋白酶水解容易发泡,但要取决于少量的未水解蛋白和诸如玉米糖浆,作泡沫稳定物质的添加剂而定。

虽然大豆分离蛋白在搅打时会形成泡沫,但是这种泡沫是不很稳定的,其原因就是泡沫抑制剂可用含水乙醇抽提分离蛋白而除去。然而用醇浸出过的分离蛋白,形成的泡沫是稳定的。泡沫抑制剂中可能是残余类酯物。这些东西,可以从分离蛋白的乙醇浸提物中分离出去。无论如何,经过乙醇洗涤的分离蛋白所形成的泡沫状物质,都没有像鸡蛋蛋白那样的热凝聚性。

四、营养特性

20世纪初科学家就发现用生大豆粉喂大白鼠时,大白鼠生长发育不良,喂干热的豆粉,并没有改进营养状况。通常喂养大白鼠所需要的大豆粉,都要用蒸汽蒸煮3 h。20世纪,就大豆蛋白的营养作用进行研究,普遍认为用增湿进行加热的方法,能改进饲料和食品大豆蛋白的营养作用。

(一)抗营养特性

用湿热法钝化大豆饼中的抗生长因子,这些因子,许多研究者认为是胰蛋白酶抑制剂和血球凝集等蛋白素物质。非蛋白质成分的大豆皂角苷,也曾被当作抗营养因子,但近来的研究并没有证实这一点。

1. 胰蛋白酶抑制剂　对于大豆来说,曾有过报道。据说,至少有五种,或者会更多一些的胰蛋白酶抑制剂。但经过提纯和详细的研究的,只有两种,它们是库尼兹(Kunitz)和鲍曼-伯克(Bowman-Birk)胰蛋白酶抑制剂。大豆粉中,含有1.4%的库尼兹抑制剂和0.6%的鲍曼-伯克抑制剂,在酸性范围内,都有一定的等电点。但是,库尼兹抑制剂的分子量,差不多是鲍曼-伯克分子量的3倍。再说,它们的主要区别,还在于每个分子中胱氨酸残基数量的不同。鲍曼-伯克抑制剂中,7个二硫化键,明显的起到了稳定它的分子结构的作用,使它能够抑制热、酸或胃蛋白酶消化所引起的变性作用。比较起来,这些试剂,能更容易使库尼兹钝化。虽说,库尼兹抑制剂对胰凝乳蛋白酶的抑制作用甚微,鲍曼-伯克抑制剂对胰凝乳蛋白酶的作用甚强。但对白鼠和小鸡胰脏,都能引起增大,对牛和猪的胰脏,也有显著的影响。

加热时间、温度、水分含量和颗粒大小,都是影响胰蛋白酶抑制剂钝化的速率和程度的因素。例如,在常压下蒸煮(100℃)15 min失去的活性,相当于生豆粕粉中胰蛋白抑制剂活性的95%还要多一些。蛋白效价表明,在相同的时间内,随着水分含量的增加而增加,粕中含水量为19%的蛋白效价,比粕中水分含量为5%的蛋白效价要高。比较整粒大豆,片状和瓣状大豆原料,经20 min蒸煮之后,仅能使其部分的抑制剂得到钝化。

2. 血球凝集素　用玻璃试管进行试验,发现大豆中至少有4种蛋白,能够使小兔和小白鼠的红色血液细胞(红血球)凝集。这些蛋白物质,被称为血球凝集素。在许多豆科植物中,都含有这种蛋白。脱脂后的大豆粕粉,约含有3%的血球凝集,大豆中的主要血球凝集素,含4.5%的甘露聚糖和1%的氨基葡萄糖的糖蛋白,分子量达110 000 Da,似乎含有两个多肽链。大豆血球凝集素,用加热法很容易使其钝化,当得到喂养试验生长曲线最大值时,就是钝化得最完全的时候。

(二)大豆蛋白产品的质量

大豆蛋白产品的质量,是根据以下条件决定的:①氨基酸的成分;②抗营养因素;③消化性能;④食物的全部组织成分;⑤包括特殊需要的营养物质等。上面的第①、②、③项,如果是用大豆蛋白作蛋白资源来考虑,它是非常重要的。例如,制备分离蛋白时,由于发生了分离作用,导致氨基酸成分发生了变化,而且从乳清中除去了抗营养因素。第④、⑤两项,在作特殊食品要求时,也有很大的重要性。这里所指的特殊食品,主要是指"婴儿食品"、饮用食品或早点类食品。

氨基酸成分的比较:各种大豆蛋白产品的必需氨基酸成分含量,其中包括FAO、WHO

(联合国粮农组织、世界卫生组织)专家组推荐的,以营养质量最好的鸡蛋蛋白为模式标准的氨基酸。除一项以外,大部分大豆蛋白的氨基酸含量,都等于或超过了鸡蛋蛋白的氨基酸含量。含硫氨基酸含量较低,其结果,大豆蛋白比不上鸡蛋蛋白。用分离蛋白和豆粉,浓缩蛋白相比,由于分离蛋白在分离乳清中,损失了一些氨基酸,所以计算起来,数值会更低。因此,当把分离蛋白当作惟一的蛋白来源,用作婴儿食品使用时,就需要用蛋氨酸来补充。

1. 大豆细粉和大豆粗粉(粗粉小颗粒状碎大豆物料)　通过饲养非反刍动物试验,证明了经过加热的豆粉比生豆粉要优越,而且为了达到最佳营养价值的烘炒条件,已少量的在工业上进行加工生产。但是,在烘炒豆粕和豆粉中发现,经少量热处理所制得的产品,总是感到它的功能特性不足。因此,很多应用豆粉和豆粗粉加工的食品,在食用中,达不到最佳的营养效果。未经蒸煮的豆粕粉和高压蒸煮过的豆粕粉,用成年人食用试验,两种食物都能得到正的氮平衡,而且身体有增重现象。但是,食用高压蒸煮过的豆粕粉,比未经蒸煮的豆粕粉维持氮的作用要高 20%,两种豆粉都能引起肠胃胀气。

组织化的大豆粉:用控制适当压力,温度和水分,进行挤压制成的组织化的大豆粉,经过适当加工,能达到钝化抗营养因素的目的。在组织豆粉中,赖氨酸和蛋氨酸含量有所降低,认为可能是过度蒸煮的原因。经高压蒸煮制得的过热全脂豆粉,能使其赖氨酸和胱氨酸含量下降。而损失胱氨酸,会影响食物的 PER 值。经 4 周喂养大白鼠的试验说明,组织豆粉的 PER 值相当于酪蛋白为标准值(100%)的 74%~81%。做成年人进行试验表明,组织大豆粉,在 16 d 内能维持正的氮平衡。用蛋氨酸进行补充的时候,会引起氮平衡降低。但是,添加赖氨酸到组织豆粉食物中去的时候,正的氮平衡有少量增加。

浓缩大豆蛋白制品:很早的研究工作表明,商品浓缩蛋白,如果事先未经加热,那么它们的 PER 值是低的。最近,有关 3 种商品浓缩大豆蛋白的研究表明,它们的 PER 值为酪蛋白 PER 值的 87%~94%。当用 0.15%蛋氨酸进行补充的时候,各种浓缩蛋白,都超过于酪蛋白所显示的作用。

2. 分离蛋白　分离蛋白的营养特性是可变的,它随大豆品种和加工条件,包括豆粕原始的 NSl 值,以及进行浸出和脱溶干燥时使用的加热量都有关系,分离大豆蛋白,含有 0.09%到 1.86%的胰蛋白酶抑制剂,能引起大白鼠胰脏重量有轻微增加。它的 PER 值的范围 1.4~1.8。经烘炒过的大豆粉的 PER 值为 2。它与生豆粉比较,分离蛋白的分离作用,改变了必需氨基酸的分布。经过加热的分离蛋白,胰蛋白酶抑制剂含量降低,但没有明显的改变 PER 值。

3. 纺(喷)丝蛋白食品　用分离蛋白制造模拟肉食品,用含 28.8%的大豆纺丝蛋白,12.3%的鸡蛋蛋清,11.8%的小麦面筋(谷朊)和 9.6%的大豆粉制成的颗粒状模拟肉的 PER 值,比酪蛋白稍低,但和牛肉干一样好。由于加热作用,使残存的一些不耐热的抗生长因素在洗涤中除去,或在纺(喷)丝时由于加热而钝化。

五、大豆蛋白食品

中国是大豆的原产地,传统大豆制品有悠久的历史。

(一)传统大豆蛋白食品

中国的传统大豆制品有很多种,其生产工艺也各有不同,但就其产品的本质而言,无论是水豆腐,还是干豆腐、豆腐干都属于高度水化的大豆蛋白质凝胶,所以完全可以说生产豆制品的过程就是制取不同性质的蛋白质胶体的过程。

1. 生豆浆 大豆蛋白质溶胶具有相对的稳定性,这种相对的稳定性是由天然大豆蛋白质分子的特定结构所决定的。天然大豆蛋白质的疏水基团处于分子内部,而亲水性基团处于分子的表面。在亲水性基团中含有大量的氧原子和氮原子,由于它们有未共用的电子对,能吸引水分子中的氢原子并形成氢键,正是在这种氢键的作用下,大量的水分子将蛋白质胶粒包围起来,形成一层水化膜。即蛋白质胶粒发生了水化作用。

大豆蛋白质存在于大豆子叶的蛋白体之中,当大豆浸于水中时,蛋白体同其他组织一样,开始吸水溶胀,大豆在机械研磨作用下,蛋白质即可分散于水中形成蛋白质溶胶,即生豆浆。

2. 豆浆、豆腐脑、豆腐、豆腐干 生豆浆加热后,体系内能增加,蛋白质分子热运动加剧,分子内某些基团的振动频率及幅度加大,很多维系蛋白质分子二、三、四级结构的亚基键断裂,蛋白质的空间结构开始改变,多肽链由卷曲而伸展。展开后的多肽链表面的电荷变稀、胶粒间的吸引力增大,互相靠近,并通过分子的疏水基和巯基形成分子间的疏水键和二硫键。使胶粒之间发生一定程度的聚结,随着聚结的进行,蛋白质胶粒表面静电荷密度及亲水性基团再度增加,胶粒间的吸引力相对减少,再加上胶粒热运动的阻力增大(由于胶体的体积在大)速度减慢,而豆浆中的蛋白质浓度又较低,胶粒之间的继续聚结受到限制,形成一种新的相对稳定的预凝胶体系。

无机盐、电解质可以增加蛋白质的变性。向煮沸过的豆乳浆中加入电解质,由于静电作用破坏了蛋白质胶粒表面的双电层,使蛋白质胶粒进一步聚集。在豆制品生产中,常用的电解质有:石膏、卤水、δ-葡萄糖酸内酯及氯化钙等盐类。

它们在豆浆中解离出镁离子和钙离子,Mg^{2+} 和 Ca^{2+} 不但可以破坏蛋白质的水化膜和双电层,而且具有"搭桥"作用,蛋白质分子之间通过-Mg-或-Ca-桥相互连接起来,形成立体网状结构,并将水分子包容在网络中,形成豆腐脑。

豆腐脑的形成比较快,但刚刚形成的豆腐脑结构不稳定、不完全。也就是说蛋白质分子间的结合还不够巩固,而且还有部分蛋白质没有形成主体网络,还需有一段完善和巩固的时间,这就是蛋白质凝胶网络形成的第二阶段,工艺上称蹲脑,蹲脑过程要在保温和静止的条件下进行。

将经过蹲脑强化的凝胶,适当加压,排出一定量的自由水,即可获得具有一定形状、弹性、硬度和保水性的凝胶体——豆腐。以此方法可以生产豆腐干、千张、豆腐丝,以及卤豆腐、油炸豆腐、豆腐泡、冷冻豆腐;经过接种培植又可以生产形形色色的发酵豆腐——腐乳。

包装豆腐(又称盒豆腐),这种豆腐的制法,是用豆乳放入聚乙烯袋中,再加入凝结剂进行封闭,灭菌等工序。凝结剂,可用硫酸钙、δ-葡糖酸内酯,或丙内酯,后面这两种化合物的水解,产生出它们各自的酸。这些酸,即使 pH 值降到很低,也能使蛋白凝结。用这种方法制得的豆腐匀称,而且不需要除去乳清。

3. 豆豉 豆豉是整粒大豆(或豆瓣)经蒸煮发酵而成的调味品它味道鲜美可口,既能调味,又能入药,长期食用可开胃增食、消积化滞、驱风散寒。

以加工原料分,可分为黄豆豆豉和黑豆豆豉两类。以口味又可分为淡豆豉、咸豆豉和酒豆豉三类。淡豆豉又称家常豆豉,它是将煮熟的黄豆或黑豆,盖上稻草或南瓜叶,自然发酵而成的。咸豆豉是将煮熟的大豆,先经制曲,再添加食盐、白酒、辣椒、生姜等香辛料,入缸发酵晒干而成的。将咸豆豉浸于黄酒中数日,取出晒干,即制成酒豆豉。以发酵微生物来分类豆豉可分为毛霉型豆豉、曲霉型豆豉和细菌型豆豉三种。以产品形态分可分为干豆豉和水豆豉两类。

4. 豆酱　又称黄豆酱、大豆酱或大酱。其色泽为红褐色或棕褐色,鲜艳,有光泽,有明显的酱香和酯香,咸淡适口,呈黏稠适度的半流动状态。豆酱不仅可以调味,而且营养丰富,极易被人体吸收。

传统的豆酱生产是天然发酵,即利用空气中落入的微生物来进行发酵。这种方式生产的产品风味好,但生产周期长,质量不稳定,生产受季节限制,卫生条件也差。为了适应市场的需要,使豆酱生产实现机械化,目前多数工厂采用人工纯培养菌种制曲。

豆酱的生产,主要是利用米曲霉所分泌的蛋白酶,将大豆中的大分子蛋白质分解为胨、脉、多肽和氨基酸等。豆酱的风味是咸、甜、酸、鲜、苦五味俱全,诸味协调,突出咸味和鲜味。

5. 酱油　把大豆或脱脂大豆粕进行蒸煮,再与烘烤过的小麦粗粉进行混合,经过接种曲种培植,让菌生长 45 ~ 65 h,加入盐水,并照此继续发酵 8 ~ 12 个月。接着再从不溶性的残留物中,把溶液分离出来,经巴士消毒杀菌,就可以过滤,装桶包装。

(二)现代(新兴)大豆蛋白食品

目前在新兴食品发展下,如模拟肉、方火腿、圆火腿等的制造,促使大豆蛋白的应用得到增加。

烤烘食物:浓缩蛋白,分离蛋白,经常以配料方式添加到其他物料中,结合一起制成面包和其他烘烤食品、脱脂的和全脂的大豆粉,作为一种主要的蛋白形式,广泛的应用于烘烤行业。豆粉的价格低,它常用于功能标准比较低的食品中。

以高蛋白为基础的烘烤食物,制备高蛋白的小甜饼,就是用 40% 的麦乳粉(片),29% 的浓缩大豆蛋白和 8% 的大豆分离蛋白,再加上脱脂奶粉,鸡蛋蛋粉和蛋氨酸进行混合组成。

在肉食工业中发现,增加使用浓缩蛋白和分离蛋白的原因,是由于大豆气味强度较低,加上浓缩蛋白和分离蛋白是高蛋白,添加到肉食品中去可以使蛋白含量低的谷类食品蛋白提高。浓缩蛋白和分离蛋白用于包括:牛肉馅饼、普通面包、清蒸香肠、肉丸、鱼丸等食品。个别公司用剁碎的牛肉和鸡肉,与分离蛋白进行混合,用作汤配料。

(三)模 拟 肉

挤压大豆粉比纺丝蛋白,有成本低的优点,但是它仍含有残余的大豆气味,还有少量多糖(水苏糖,棉籽糖)。当吃下,被肠摄取营养时,便会发生肠胃胀气。

模拟牛肉,火腿、鸡肉和海味食品已配制成功并进行试验,证明能够促进健康和受欢迎的。是用喷出(纺丝)的蛋白丝,用一种食用黏合剂,按照咸猪肉的肉丝、脂肪和蛋白的组织结构,把它们胶合在一起,成为红色或无色的肉丝,接着进行成形,经加热处理、切片,制成品再经冷冻,即成片状的模拟肉食。如果是生产配料,只需要加热即行,而不需要蒸煮和煎炸,因此它没有回缩量。

(四)幼婴儿食品

大豆粉添加到快餐食品中去,可以增进谷类蛋白氨基酸的平衡和增加蛋白质的含量。有些生产人员,把大豆粉加到麦片食物中去,得到含蛋白 18% 的食品。另外,还可以把浓缩大豆蛋白和酪蛋白酸钠加到燕麦粉中去,可以使这种谷物粉的蛋白含量提高到 18%。以高蛋白(35%)的谷类食物、脱脂大豆粉为主要配料,另加蔬菜、肉糜配制到食品中去制成婴儿食品。

(五)饮　料

目前以大豆蛋白为基础,来生产饮料代替全脂奶粉。它的配料包括:大豆分离蛋白、植物油、玉米糖浆、维生素和矿物质等。在食品加工工业中,大豆蛋白更大的用途,可能是把它用来代替牛奶。

(六)特需食品

这种特殊食品,在超级商场的货架上,所占地位相当小,而且这种食品含有大量豆粉。目前,含分离蛋白的胆固醇含量很低的蛋白粉,也开始供应。几年前很流行的控制热量的饮料,也含有大豆蛋白。

(七)各式各样的食用品

大豆蛋白,在它的等电点范围(pH 值 1.5 ~ 5)内不溶解,因此它不能用在这种 pH 值的食品中,假如它在功能性方面要求有一定溶解度的话。在等电点的 pH 值范围内,蛋白质不溶解性,可以用胃蛋白酶水解的方法来解决。利用水解蛋白作糖浆发泡剂,用于杏仁糖、奶油糖和糕点中的乳脂,制作松软馅饼。这些水解物质,也可以加到混合奶油甜饼中去,或添加到蛋糕中,以便在制作搅打时,增加蛋清蛋白的容积。

大豆粉和大豆粉蛋白的其他用途,包括酶水解物,如大豆酱油和类肉味精、啤酒中的泡沫稳定剂、人造香料的载体,降低糖果制品的黏性。作饮食物和通心粉食品的补充物,可以加到涂烘烤锅的动植物脂肪中,帮助面包和蛋糕,在其与锅接触面上转变成棕褐色。类肉味精的产品制造,是使用盐酸对浓缩大豆蛋白进行水解,使总氮量的 35% ~ 58% 转变为 α-氨基酸,或者是 54% ~ 89%的肽链被打开,然后再用氢氧化钠,把水解物中和到 pH 值 6.5 ~ 7,再进行喷雾干燥。最近的研究指出,在水解植物蛋白中,发现了很多香味化合物。

第四节　大豆磷脂

一、大豆磷脂的来源、分布、结构、组成、性质

(一)大豆磷脂的来源及分布

大豆是世界性的粮食和油料作物,分布面广,产量高,加工量大,是人类和饲养动物不可缺少的油脂、蛋白质和磷脂资源之一,大豆含磷脂 1.5% ~ 3%。大豆磷脂以质量好,数量多,易加工,成本低,用途广泛著称于世,既可作为主料直接加工生产出制品,又可以作为辅料混合加工制品,为人类提供了宝贵的特殊营养资源。

磷脂是植物细胞的主要成分,还与神经、生殖、激素等代谢有密切关系。动物的脑、卵、骨髓、心、肝、肾、生殖腺和油料植物种子中含量最多。大豆种子中含有丰富的磷脂质,通常随榨油或浸油一起榨出,这是大豆磷脂的主要来源。大豆中含磷脂量因品种、栽培条件、成熟程度不同而不同,所以同种植物分析结果常不一致。

大豆磷脂为脂类化合物,可与植物油相溶融,随榨油或溶剂提取一道榨出,存在于粗制植物油中。通常磷脂以盐形式存在,为非极性化合物,能与油脂完全混溶。但是磷脂极易吸潮,吸潮后形成与油脂分离的极性化合物——磷脂水合物,所以在粗制植物油中有水分存在时,可从油中沉淀出来,形成油脚。一般油脂精炼时,采用水法脱胶脱出的沉淀中除水分外,

其主要成分就是磷脂质,所以磷脂质又是榨油工业的副产物。

(二)大豆磷脂的结构及组成

商品磷脂是一种成分复杂的混合物,一般含有 19%～20% 的卵磷脂、8%～20% 的脑磷脂、20%～21% 的磷脂酰肌醇和磷脂酰丝氨酸等。

1. 大豆卵磷脂　卵磷脂分子结构特点是一个酯酰基被磷酸胆碱基所取代,而磷酸胆碱所连接的碳位置不同又产生 á、â 两种异构体,其磷酸胆碱连接在甘油基的第三碳位上称 á-型,连接在第二碳位上则为 â 型。自然界存在的卵磷脂为 L-a-卵磷脂,即 R_2-CO 基处在甘油碳链的左边,故为 L-型。卵磷脂分子中不同碳位上所连接的脂肪酸也不同,á 碳位上连接的几乎都是饱和脂肪酸,而 â 碳位上连接的通常为亚油酸、亚麻酸、花生四烯酸等不饱和脂肪酸。

卵磷脂广泛存在于动物、植物体内,在动物的脑、精液、肾上腺及细胞中含量尤多。禽类卵黄中含量最为丰富,达干物质总量的 8%～10%。结构式如下(图 22-8)。

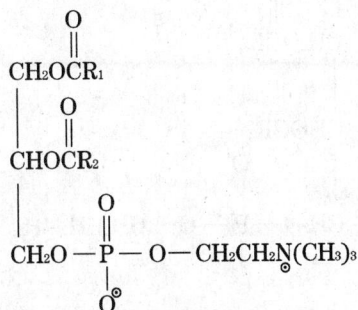

图 22-8　L-a-卵磷脂

2. 大豆脑磷脂　脑磷脂又称氨基乙醇磷脂,其分子结构与卵磷脂相似,只是以氨基乙醇代替了胆碱,它也有 á、â 两种异构体,与磷相生的羟基为甘油的伯醇基称 á 型,为甘油的仲醇基则称 â 型。

脑磷脂水解后可得到甘油、脂肪酸、磷酸和乙醇胺。脑磷脂通常与卵磷脂共同存在于动物脑组织和神经组织中,心、肝及其他组织中也有。脑磷脂以动物脑组织中含量最多,占脑干物质总量的 4%～6%。结构式如下(图 22-9)。

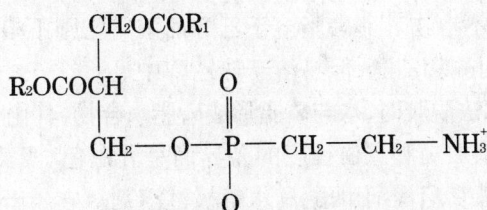

图 22-9　脑磷脂(PE)

3. 肌醇磷脂　肌醇磷脂又称磷脂酰肌醇,它在大豆磷脂中占的比例较少。结构式如下(图 22-10)。

4. 大豆丝氨酸磷脂　大豆丝氨酸磷脂,又称磷脂酰丝氨酸,在大豆中的含量较少,但功能特性很好。结构式如下(图 22-11)。

$$CH_2OCR_1$$

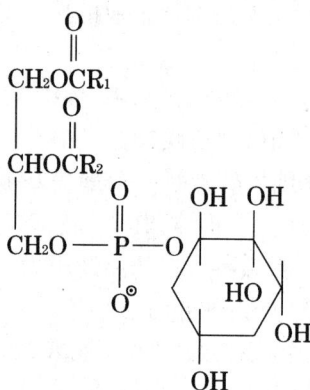

图 22-10　肌醇磷脂(PE)

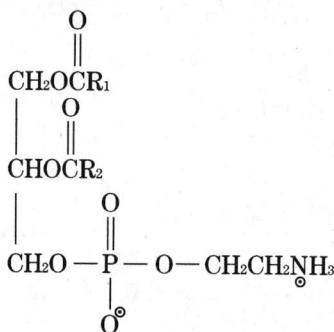

图 22-11　丝氨酸磷脂(PS)

丝氨酸磷脂是由磷脂酸与丝氨酸组成的磷脂,其结构与前三种甘油醇磷脂相似。

(三)大豆磷脂的性质

磷脂为白色蜡状固体,在低温下可结晶。磷脂易吸水呈棕黑色胶状物,易氧化,在空气中放置一段时间后,其白色逐渐变成褐色,最后呈棕黑色,这是因为分子中大量不饱和脂肪酸被空气氧化所致。磷脂不耐高温,100℃以上即氧化,直至分解,280℃时生成黑色沉淀。

磷脂不易溶于水,但易吸水,吸水膨胀为胶体。磷脂可溶于某些有机溶剂。不同的磷脂在不同的有机溶剂中其溶解度不同,这是不同磷脂用溶剂法分离的理论基础。磷脂均不溶或难溶于丙酮,故称丙酮不溶物。卵磷脂溶于乙醇而脑磷脂则不溶,借此可将卵磷脂与脑磷脂分离。鞘磷脂不溶于丙酮和乙醚,但易溶于热乙醇中。

大豆毛油精炼采用水法脱胶时,水与磷脂形成磷脂水合物,其化学性质及物理性质如下。

1. 物理性质　磷脂依加工和漂白程度的差异而呈乳白色、浅黄色和棕色。磷脂易溶于乙醚、苯、三氯甲烷等溶剂中,不溶于丙酮和水等极性溶剂。它属于两性表面活性剂,具有疏水的脂端和亲水的磷酸及有机胺端,吸水后体积膨胀,并形成磷脂水合物。磷脂最主要的性质就是乳化性,可使水和油溶性物反形成乳化液。天然磷脂的乳化性不强,在热水及偏碱性条件下,会具有乳化力增强的水包油(O/W)乳化性,脑磷脂等具有较强的油包水(W/O)乳化性。

2. 化学性质　磷脂由于其特殊的结构,可以用酶、酸进行水解,用醋酸酐或乙酸乙酯等酰化剂可使脑磷脂中的胺基酰化反应,以含羟基(－OH)的化合物为羟化剂,可使脑磷脂中的羟基酰化,酰化后可使乳液稳定性增强;还可以酰羟化、磺化、饱和化提高亲水性、乳化性、抗酸碱的沉淀作用。

3. 生物学活性　在动物和植物体内存在的主要种类有卵磷脂、脑磷脂、肌醇磷脂、丝氨酸磷脂、心磷脂、神经鞘磷脂等,其典型而常见的化合物为卵磷脂和脑磷脂。磷脂是一种成分复杂的甘油酯,水解后可以得到甘油、脂肪酸、磷酸和含氮化合物。

(四)大豆卵磷脂功能特性

大豆油脂加工后的副产物是大豆卵磷脂。卵磷脂是磷脂酰胆碱(PC)的通用名称,但在商业意义上,它是由极性脂(磷脂、糖脂)、非极性脂(甘油三酸酯、固醇、游离脂肪酸)以及少量的其他物质如糖类和杂质所组成的复杂混合物。每个磷脂分子都具有1个亲脂部分——包括2个依附于甘油主架结构上的脂肪,以及1个由胆碱磷酸酯、胆碱或肌醇等组成的新部分。

二、卵磷脂的功能

大豆卵磷脂为浅黄色透明或半透明的黏稠状液体物质,或为白色、浅棕色的粉末或颗粒。无臭或略带坚果类气味及滋味。纯品不稳定,遇空气或光线则变黄,成为不透明状态。D_4^{24} 1.0305 g/cm³,碘价Ⅳ:95。部分溶于水,但易成水合物而形成乳浊液。卵磷脂溶于脂肪酸,几乎不溶于挥发性酸。部分溶于乙醇,易溶于乙醚、石油醚及氯仿等。难溶于丙酮、乙酸乙酯中。可作为乳化剂、表面活性剂、巧克力黏度降低剂、脱膜剂等。大豆卵磷脂功能性如下。

(一)乳　化

大豆卵磷脂是一种乳化性较强的乳化剂,不论是水包油或油包水的乳化体系均适用。其HLB亲水亲油值为2~12。一般来说,HLB值愈大,乳化剂的亲水性就愈强;HLB值愈小,其亲脂性愈强。当卵磷脂的HLB值为5或以下时,可作为油包水(油多水少)食品体系中的理想乳化剂,如应用于人造奶油中。

(二)巧克力黏度降低剂

在作为产品的涂层时,巧克力需要均匀(表面上没有巧克力"气眼")稀薄和稳定的特性,应用大豆卵磷脂能明显地降低巧克力黏度,并能很好地控制其流动性和塑变值。

(三)速　溶　性

奶粉、可可粉、婴幼儿配方食品、蛋白质混合料、汤料和调味料等这些典型要求速溶的产品,通过添加大豆卵磷脂,采用极性高、HLB值较大、亲水性较好的卵磷脂,可消除脂肪与水之间的互相排斥性,能帮助降低润湿和分散度太快的粉末在液体中与水合作用,就能大大改进粉状产品的速溶性,使其达到快速再溶解和再分散的速溶效果,同时还可降低由于速溶性差对最终产品在口味和香味方面的影响。

(四)脱　模　剂

脱模剂是在蛋糕类甜点产品生产中的一种用于防止蛋糕、甜点等产品粘贴在铁锅和模子上的加工辅料中,能在铁锅上形成一层均匀的脂肪膜,使产品更容易脱去并保持产品表面光滑,保证外观质量。

(五)营养保健功能

卵磷脂是细胞的基本组成成分,在人体中约占体重的1%,对细胞的正常代谢及正常的生命过程具有决定作用。卵磷脂又是形成脑组织的重要构成物质之一,是细胞的主要成分,人脑中约含有 30% 的磷脂。在人体的其他组织中也含有大量卵磷脂,如肝 43%、心 40%、肾 33%、脾 41%、肺 47%、骨骼肌 55%、红细胞 34%、血小板 38%、垂体 38%、主动脉 30%、脑神经 37%。卵磷脂是生命的基础物质。

1. 延缓衰老功能　向人体补充卵磷脂就意味着可以修补被损伤的细胞膜,增加细胞膜中脂肪酸的不饱和度,改善膜的功能,使其软化和年轻化。通过卵磷脂的摄取就可提高人体的代谢能力、自愈能力和抗体组织的再生能力,从而增强人体整体的生命活力,从根本上延缓了人体的衰老,保持人类的健康、年轻与活力。

2. 调节血脂,降低胆固醇　卵磷脂的乳化作用影响了胆固醇与脂肪的运输与沉降,并能除去过剩的甘油三酯。卵磷脂可以有效降低过高的血脂和胆固醇,进而防治因之而引起的心脑血管疾病。

3. 强化脑部功能,增强记忆力　在脑神经细胞中卵磷脂的含量占 17% ~ 20%。大脑的思维活动是以脑细胞之间的"联系"为前提的。如果这种叫做"乙酰胆碱"特殊物质缺少的话,这种联系就会减弱,时断时续,直至完全中断,这种情形就是思维能力的减退,质量的降低,直至记忆丧失。胆碱是卵磷脂的基本成分,卵磷脂的充分供应将保证有充分的胆碱与人体内的"乙酰"合成为"乙酰胆碱",从而为人脑提供充分的信息传导物质,进而提高脑细胞的活化程度,提高记忆与智力水平。

三、大豆磷脂的制造技术

大豆加工的毛豆油加水使其大豆磷脂吸水,从豆油中脱离出来的工艺称之为毛豆油脱磷脂,被脱的磷脂和中性油等混合物俗称油脚。大豆油脚中含有磷脂、中性油脂、水分、大豆树脂等成分的混合物。通常只要将中性油脂和水分脱除,即可得到含磷脂 60% 的大豆浓缩磷脂,它是大豆磷脂的混合物,欲从混合物中将其分离开,需要一系列大豆磷脂分离技术。

(一)磷脂分离技术

磷脂的分离提纯方法有:溶剂法分离技术,薄层色谱分离技术,柱色谱分离技术,高效液相色谱分离技术,超临界萃取技术等。

1. 溶剂法分离技术　溶剂法分离技术是根据混合磷脂中各组分在溶剂中溶解性的差异进行分离。早期主要是利用低级醇(C_1 ~ C_4)进行分离。PC 在低级醇中溶解度较大,而 PE 和 PI 在低级醇中溶解度较小,利用溶解性的差异,可以得到富含 PC 和 PE 的产品。

在低级醇中 PC 与 PE 的比例从原料中 1:1 提高到 3:1 以上,甚至可达到 12:1(即醇中含 PC 61%,沉淀中含 PE 50%)。这种方法的缺点是溶剂用量大,以蛋黄为原料,获得了含 PC≥95% 和 PE≥70% 的磷脂。

将 20g 混合大豆磷脂溶于 250 mL 无水乙醇,滴加 60% 的 $ZnCl_2$ 水溶液得乳白色沉淀。分离出的沉淀溶于 70 mL 氯仿中,再用 30%(体积)乙醇溶液萃取去除 $ZnCl_2$(用 $AgNO_3$ 鉴别是否除净)。有机层蒸去氯仿,再用乙醚、丙酮清洗沉淀 10 次,蒸出乙醚,得 PC 13.1g(纯度 82.1%)。从 HPLC 峰可以看出 PE 已被除去。

PC 能与 H_3PO_4 形成 1:1 加合物,此加合物是 PC-磷酸盐。他们将经过低级醇分离的氢化大豆磷脂(PC 含量为 70% ~ 80%)与 H_3PO_4 混合,得到 1:1 的 PC-磷酸盐,然后用 KOH 的乙醇溶液中和得到含 PC>90% 的磷脂产品。

利用 PC、PE 在低级醇中的溶解性随 pH 值的不同而分离混合磷脂中的以上各组分。调节 pH 值,PC 的含量从不调节 pH 值时的 46.5% 提高到 75.2%,而 PE 增加不明显,并且 PE 不能用此方法提纯。

2. 薄层色谱分离技术　TLC 分离法,一般在距底部 1 cm 处点样,然后将薄板放到用展开剂饱和的展开槽中,溶剂的高度从距底部 0.5 cm 处展开至顶端 1~2 cm 处取出薄板,在通风橱中干燥后即可显色。应用双向二维展开,对大豆混合磷脂各组分进行分析,获得了大豆磷脂 11 个重要组分的定性结果。

用薄层色谱分离磷脂各组分,并对其定量是可行的。如前所述单向二维展开,将在紫外灯下显色的点部分的硅胶刮下,用溶剂萃取,蒸干溶剂,即可对这一部分的磷脂定量。除此还可用薄层光密度扫描方法,对薄层板上的展开后样品进行定量分析。

3. 柱色谱分离技术　用硅胶柱色谱可以分离中性磷脂和其他磷脂组分。硅胶柱一般用 Silicar C-7 或 Silicar C-4 填充玻璃或 TeFlon 柱子。样品为每 2 g 硅胶含 1 mg 磷脂,用正己烷洗涤。中性磷脂洗脱以后,磷脂部分用氯仿:甲醇(1:10 体积比)冲洗,此种方法可以将中性磷脂和其他磷脂分开。用柱分离和 HPLC 技术可分析大豆磷脂中各组分的百分含量及磷含量。

4. 高效液相色谱分离技术　高效液相色谱是指利用柱内的高压和对样品的高敏感度的一种液相色谱。在 HPLC 中,固定相(对于分离磷脂和甘油酯来讲是固体),溶剂用泵加到很高的压力,一般在 21.1~28 MPa 之间,有时接近 28~32 MPa。

分离磷脂可以利用两种类型的吸附剂,一种是普通的 HPLC 中使用的硅胶做吸附剂,另一种是将硅胶键合在疏水链上,称为反相 HPLC。普通 HPLC 中,可对磷脂组分(PE、PC、SPh等)进行分离,而在反相 HPLC 中,磷脂按酰基的亲油部分的不同而加以分离(脂肪酰基、碳链)。利用 HPLC 制备柱进行克分子规模的分离磷脂中各组分,各单磷脂的纯度都在 93% 以上。

5. 超临界萃取技术　常用的超临界流体有 CO_2、NH_3、乙烯、丙烯、水等。由于 CO_2 的临界温度、临界压力较易达到,而且化学性质稳定、无毒、无色、无臭、无腐蚀性,容易得到较纯产品,因此是常用的超临界流体。

应用超临界技术,以 CO_2 为抽提剂,得到高纯度的 PC 产品。以 CO_2 为抽提剂,蛋黄粉为原料的工艺为在 25~35 MPa,45 MPa 的超临界条件下,抽提 2~5 h,将中性脂质体抽出,得到去除中性脂质的蛋黄粉。将上述蛋黄粉在常温下以食用乙醇为抽提剂,用抽滤法取得抽提液,将该抽提液经减压或喷雾干燥得到高纯度的卵磷脂。

(二)磷脂系统精细分离与合成的研究

磷脂的精制分为:分离、乳化萃取、高纯除杂、浓缩脱水、无毒脱色、连续工艺、低温技术的系统精细分离新工艺。大豆磷脂生产加工工艺流程如下(图 22-12)。

(三)多品种磷脂开发研究

建立磷脂分离与合成系列多品种产品开发研究体系:膏状精细磷脂新产品;粉状高纯磷脂产品;高 PC 值磷脂产品;单磷脂产品;改性磷脂产品等。

第五节　大豆多肽化合物

大豆多肽,即"肽基大豆蛋白水解物"之简称。肽具有许多独特的理化性能与生物活性。

原料粗天然磷脂酸

第一溶剂

水、机械杂质　　　　　混合磷脂　　脂肪酸
　　　　　　　　　　　中　性　油　氨基酸
　　　　　　　　　　　甾　　　醇　糖　类
　　　　　　　　　　　其　　　他

物理分离

脱色

后处理　　　　　　　　　　　　　　母液
膏状精磷脂　　　　　脂肪酸　　氨基酸　　脱色
　　　　　　　　　　焦　糖　　谷氨酸　　中和
第三溶剂　　　　　　核黄素　　甾醇等　　水洗

卵磷脂等　　肌醇磷脂等
　　　　　　二元溶剂
二元溶剂　　　　　　　　　　　　　　　第二溶剂　后处理

卵磷脂等　杂质　肌醇磷脂等　脑磷脂等　杂质　粉状磷脂

溶剂回收　　　　　后处理　　　　　合成改性磷脂　　膏状精细磷脂

　　　　　　　减压干燥　　　　　后处理　　　　磷脂软胶丸

　　　　　　　低温粉碎　　　　　改性磷脂

　　　　　　粉状高纯磷脂

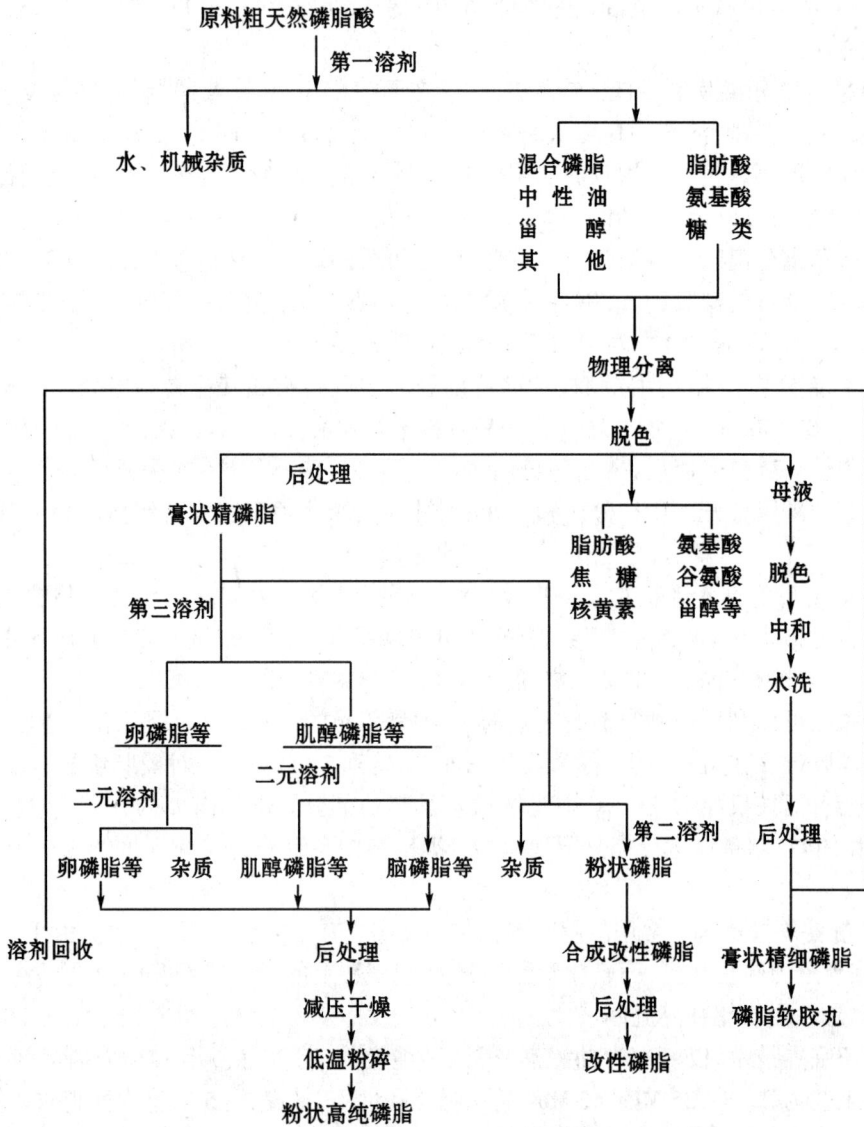

图 22-12　大豆磷脂生产加工工艺流程

一、大豆多肽的来源、组成及性质

(一)大豆多肽的来源、组成

大豆多肽来源于大豆蛋白质的酶解产物,是大豆蛋白质经蛋白酶作用后,再经特殊处理而得到的蛋白质水解产物,它的水解过程如图 22-13 所示。

大豆多肽由大豆蛋白质水解后的许多种肽分子混合物所组成。产品中含有少量游离氨基酸、糖类、水分和矿物质等成分,其主要组成及理化指标见表 22-11。

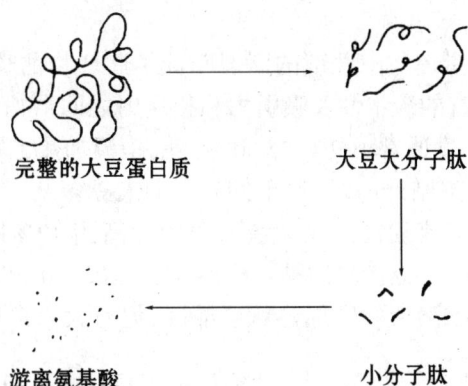

完整的大豆蛋白质　　　　　　大豆大分子肽

游离氨基酸　　　　　　　　　小分子肽

图 22-13　大豆蛋白的水解过程

表 22-11　大豆多肽产品的组成及其理化指标测定结果

产品成分	特　性	产品成分	特　性
水分(%)	4.6~5.0	NSI(%)	96.0~99.5
灰分(%)	5.3~6.3	pH 值(10% 的水溶液)	6.6~6.9
粗蛋白质(%)	82.0~84.0	游离氨基酸(%)	10.0~15.0
糖和其他成分(%)	5.0~7.5		

从表 22-11 可见,大豆多肽制品的游离氨基酸含量为 10%~15%,制品中的蛋白质含量为 85% 左右。

大豆多肽通常是由 3~6 个氨基酸组成,从大豆多肽制品的相对分子质量分布来看,其相对分子质量分布以低于 1 000 Da 的为主,主要分子量在 300~700 Da 的范围内。

(二)大豆多肽的理化性质

肽的理化性质是影响其加工、贮存稳定性、口感质量及最终产品的营养和生物效应的重要因素。在水解过程中,由于肽键的降解,导致了三个主要变化:①可离解的基团(NH_4^+,COO^-)数目的增多,导致了亲水性及静电荷数的增加;②分子结构的改变,导致了包埋于内部的疏水性残基暴露于水相中;③多肽链长与相对分子质量的降低,导致了多肽的许多关键性参数,如溶解性、黏度、乳化作用、起泡性、胶凝性及风味等,较之完整蛋白完全不同。

1. 溶解性　大豆多肽最重要的理化性能之一,即在大幅度 pH 值、温度、离子强度、氮浓度范围内的可溶性。

2. 稳定性　蛋白水解物的稳定性是指含水解物的产品的热稳定性、与其他组分共处时的稳定性及贮存稳定性。在 pH 值 3~11 体系内,大豆蛋白经胰蛋白酶水解,水解度较低(8%)的水解物经 134℃高温和 5 min 的时间加热处理后,仍有 80% 含氮组分保持可溶性。

3. 乳化性　通过水解度(DH)的适度控制可以提高大豆蛋白水解物的乳化性,这是由于水解使包埋于内部的疏水性残基暴露,提高了在界面的吸附,形成了内聚性膜。同时,疏水性残基与油相互作用,而亲水性残基则与水相互作用所致。但随着水解程度的提高,蛋白质的极度降解也会导致水解产物乳化性的急剧下降。因为,肽链至少应具有大于 20 个氨基酸残基才能具有良好的乳化性,尽管小肽能迅速扩散,并在界面吸附,但它们不能在界面折叠,因此不能有效地降低界面张力,且小肽能被界面吸附趋势更强的大肽分子取代,所以小肽分子的乳化稳定性较差。

4.流变学特性 由于蛋白质中肽键的断裂降低了肽产物的疏水性,增加了静电荷,使肽产品缺乏蛋白胶凝时应有的疏水性及吸引力和排斥力之间严格的平衡,与大豆蛋白相比黏度急剧下降,且肽溶液黏度通常不受热处理的影响,恒温加热也不会产生胶凝。大豆蛋白的黏度随其浓度的增高而急剧升高,但对于低分子的大豆多肽来说此种变化很小,即使在50%的高浓度下也仍然富有流动性。大豆蛋白浓度提高到10%以后黏度呈直线上升,而30%大豆多肽的黏度与10%大豆蛋白的黏度相当,即使达到50%时其流动性仍然很好。大约10%浓度的大豆蛋白质水溶液一经加热就会凝固,但对大豆多肽的水溶液来说,不产生凝固现象。

二、大豆多肽的生物活性

(一)大豆多肽的吸收机制

传统的蛋白代谢模型认为,作为食品摄取的蛋白质必须先由胃和小肠内的多种蛋白质分解酶水解为游离氨基酸,才能被人体或动物体吸收利用。经动物实验和小肠灌流证明:多肽可由肠道直接吸收,而且与氨基酸运输体系相比,肽吸收具有吸收快、能耗低、不易饱和且各种肽之间转运无竞争性和抑制性。因此,肽吸收具有效率高、更迅速、氨基酸组成更趋于平衡等优点。

肽的吸收途径与方式是被吸收肽不仅仅作为氨基酸的提供者,而且有可能将肽结构方面(包括氨基酸组成与序列)的信息传递给宿主,表现出与游离氨基酸完全不同的生物活性。

(二)大豆多肽的生物活性

1.大豆多肽的易吸收性及营养价值 在用合成肽做的实验中,发现二肽和三肽的吸收速度比同一组成的氨基酸快。由此得出结论:多肽在肠道的吸收率最好,而且人体内实际上也是大部分以多肽形式直接吸收的。大豆多肽不仅具有与大豆蛋白质相同的必需氨基酸组成,而且其消化吸收性比蛋白质更佳。

2.大豆多肽降低血脂和胆固醇的作用 大豆蛋白具有降血脂与胆固醇的作用,而大豆蛋白水解物——大豆多肽同样具有这样的功能,而且效果更佳。大豆多肽对于胆固醇值正常的人,没有降低胆固醇的作用;对于胆固醇值高的人具有降低总胆固醇值的功效;能使总胆固醇中有害的 LDL 值降低,而不会使有益的 HDL 值降低。因此,大豆多肽可用于生产降胆固醇、降血压、预防心血管系统疾病患者的保健食品。

3.降低食物过敏 过敏反应是工业化国家最流行的致病因素。食品蛋白过敏原在通常的消化过程中是稳定的,因此有效地消除或降低该蛋白的过敏原的方法应是体外的蛋白降解,已证明蛋白质的酶法降解是降低或消除该蛋白过敏原的最有效的方法。

4.大豆多肽降低血压的作用 大豆多肽能抑制血管紧张素转换酶(ACE)的活性。由于血管中的 ACE 能使血管紧张素 X 转换成为 Y,后者能使末梢血管收缩,血压升高。大豆多肽能抑制 ACE 活性,因而可防止血管末梢收缩,达到降血压作用。而大豆多肽对正常血压没有降压作用,所以它对有血管疾病的患者有显著疗效,而对正常人体又无害处,且安全可靠。

5.大豆多肽对矿物质的促进吸收作用 多肽分子可以与 Ca^{2+}、Zn^{2+}、Cu^{2+}、Mg^{2+}、Fe^{2+} 离子形成螯合物,保证其可溶状态,因而有利于机体的吸收。

6. 大豆多肽增强运动员肌肉和消除疲劳的效果　要使运动员的肌肉量有所增加,必须要有适当的运动刺激和充分的蛋白质补充。因为在运动过程中,同时发生了蛋白质合成的抑制、肌蛋白降解的增加、氨基酸氧化的增加及葡萄糖异生作用的增加,导致了体内蛋白质利用的增加。因此运动前、运动中及运动后蛋白质的增加或补充,均可以补充体内蛋白质的消耗,且由于肽易于吸收,能迅速利用,因此,抑制或缩短了体内"负 N 平衡"的副作用。尤其是运动前和运动中,肽的添加剂可以减轻肌蛋白降解,维持体内正常蛋白质合成,及减轻或延缓由运动引发的其余生理方面的改变,达到抗疲劳的效果。

7. 大豆多肽的发酵促进作用　大豆多肽能促进乳酸菌、双歧杆菌、酵母、霉菌及其他菌类的增殖作用,也能促进并增强面包酵母的产气作用。

8. 大豆多肽与蛋白凝胶的软化　当鱼肉、畜肉以及大豆蛋白质在加热形成凝胶或面粉形成面团时,添加百分之几的大豆多肽,凝胶会软化。这是由于大豆多肽具有较强的吸湿和保湿作用,使水分保存在制品中,可起到软化食品、调整其硬度、改善口感和保持水分等作用。

三、大豆多肽的制备和应用

(一)大豆多肽的制备工艺

大豆多肽的生产主要是以大豆或者豆粕作为原料,利用化学方法或酶法将大豆蛋白质水解而成,其生产工艺流程如图 22-14 所示。

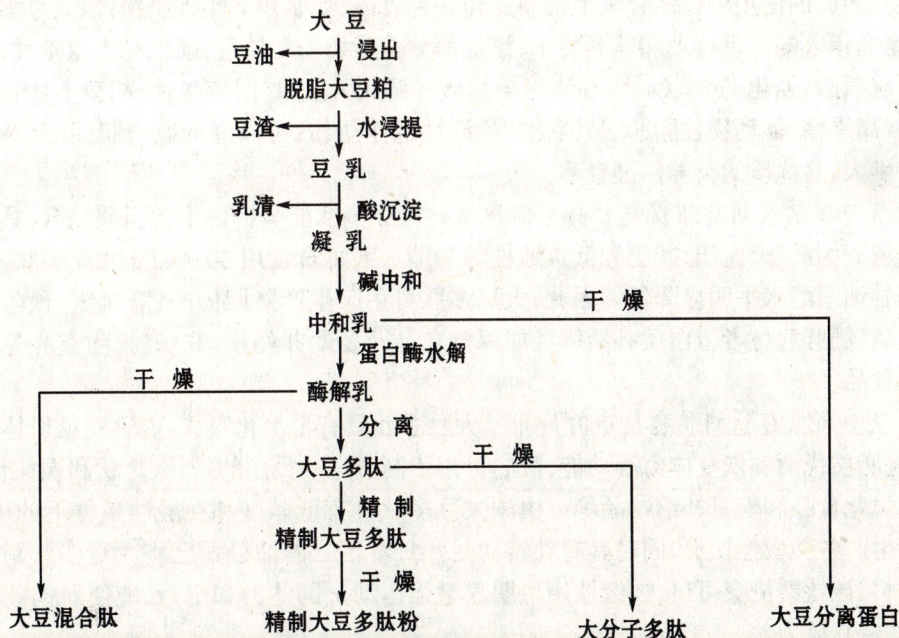

图 22-14　大豆多肽制备工艺流程图

生产大豆多肽的关键是蛋白的水解,一般水解方法有化学水解法和酶水解法两种。化学方法是采用酸水解,酸水解虽然简单、便宜,但是其缺点是不能进行有规则地控制生产,也就是说在生产过程中不能按规定的水解程度进行水解,同时因生产条件较苛刻,氨基酸会受到损害而降低其营养价值,因此一般很少采用此方法。

目前较为典型的制备大豆多肽的方法是采用低变性脱脂大豆粕作为生产原料,首先将豆粕经弱碱浸泡、磨浆分离、酸沉、中和调浆一系列工序得到浓度约 10% 的分离大豆蛋白溶液;接着在 pH 值为 8,温度为 70℃ 条件下加热 10 min,主要目的是提高酶解速率;然后在温度为 45℃,酶用量为 $E/S = 2\%$,pH 值 = 8 条件下水解 4 h,加酸调 pH 值至 4.3 使未水解的大豆蛋白酸沉而除去,并加热升温至 70℃,维持 15 min 钝化蛋白酶,因此得到水解率为 70℃ 的大豆蛋白水解物溶液;随后用固液比为 1:10 的活性炭粉在 50℃ 下搅拌 30 min,冷却过滤,可达到明显的脱色、脱苦效果;脱色脱苦后使大豆多肽溶液缓缓流经阴、阳离子交换树脂除去酸沉、中和调浆及水解过程中所加入的酸碱生成的盐;最后在 89.32 kPa 的真空度下浓缩 30 min,即得到成品大豆多肽浓缩液,为澄清的浅黄色溶液,无豆腥和其他任何异味,可直接作为流食食用,亦可与果汁、糖、酸按一定比例制成酸甜适口的蛋白类饮料。

(二)大豆多肽在食品工业中的应用

大豆多肽的理化特性和营养生理功能逐渐得到证明,发现它具有不同于蛋白质和氨基酸在营养上的许多优点,因此这些独特的功能在食品工业上能得到多方面的应用。

1. 大豆多肽在营养疗效食品中的应用　　大豆多肽具有易消化吸收且吸收速度快的特性,使它可用于特殊病人的营养剂,特别是消化系统中肠道营养剂和流态食品,应用于康复期病人、消化功能衰退的老年人以及消化功能未成熟的婴幼儿服用。据研究证明,相对分子质量在 3 400 Da 以下的大豆多肽不会引起过敏反应,因此特别适合于那些对乳蛋白或大豆蛋白有过敏反应的特殊人群,满足他们对氨基酸的需要。

大豆多肽的使用可以结合其他辅料制作各种食品,如制作老年人奶粉:以大豆多肽为基料,根据老年人的生理特点和营养要求,添加部分全脂奶粉和蜂蜜,强化必需氨基酸,即蛋氨酸和半胱氨酸,强化 Fe^{2+}、Ca^{2+}、Zn^{2+} 等矿物质并调入天然果汁(苹果汁、胡萝卜汁),研制出高蛋白、高果糖、低动物性脂肪、易消化的速溶性老年奶粉,可以降低血清胆固醇,对老年人作用特别大,是优质的营养保健食品。

2. 大豆多肽在功能和保健食品中的应用　　大豆多肽能与机体中的胆酸结合,具有降低人体血清胆固醇、降血压、减肥和低抗原性等功能。人每日食用 30 ~ 40 g 大豆多肽,能使胆固醇和甘油三酯水平明显降低。因此,大豆多肽可用于生产降胆固醇、降血压、预防心血管系统疾病、肥胖病患者蛋白质补给等功能保健食品及婴幼儿奶粉、非奶粉、甜点心等非致敏性保健食品。

3. 大豆多肽在运动员食品中的应用　　大豆多肽具有易消化吸收、能迅速给机体提供能量、促进脂质代谢和恢复体力等功能,故它可用于制造运动员用的粉状、片状和颗粒状食品、蛋白质强化食品和能量补给饮品等。由于大豆多肽具有低黏度和在酸性条件下的可溶性,所以可生产各种酸性饮料,同时具有独特功效。日本不二制油公司已将大豆多肽制成强化运动饮料,该饮料清爽可口,连续饮用可明显增强运动员的体力和耐力,能使肌肉疲劳迅速消除,并恢复体力。

4. 大豆多肽在发酵工业中的应用　　大豆多肽能促进微生物生长发育和代谢,已被广泛地应用于发酵工业。因此大豆多肽可用于生产酸奶、干酪、醋、酱油和发酵火腿等发酵食品,还有提高生产效率、稳定品质以及增强风味等效果,并可用于生产酶制剂。

5. 大豆多肽在普通食品中的应用　　大豆多肽用于生产各种豆制品、焙烤食品、糖果、巧克力、酸性饮料、营养饮品、汽水、速溶固体饮品和奶粉、啤酒、雪糕及冰淇淋等冷饮食品。

(三)大豆多肽的发展前景

大豆多肽不仅具有良好的营养特性,能提供极易吸收的多肽化合物,而且有极佳的生理功能和加工特性,是一种非常有前途的功能性食品原料。

与生产大豆蛋白相比,制备大豆多肽需要增加一定量的设备和工艺程序,所以生产成本比较高,价格也比较贵,这也是多肽类制品导入市场较困难的主要原因。目前,大豆多肽研究已经进入工业应用阶段,中国山东都庆和天津不二蛋白公司已经生产大豆多肽产品,日本不二制油株式会社的大豆肽固体和液体饮料已经投放市场。河南工业大学蛋白质资源研究所、国家大豆改良中心精深加工研究所,应用多种蛋白酶进行酶解研究,解决了提高 3~6 个氨基酸的活性多肽组分得率的大豆多肽生产新工艺。工艺技术上的突破为饮料公司大批量生产大豆多肽饮料奠定了技术和物质基础。

随着工艺条件的不断完善,大豆多肽的质量不断提高,大豆多肽产品必定被更多的消费者认识和接受,成为人们日常生活中的一种优质蛋白质营养品,并利用其开发出更多的系列食品。

第六节　大豆异黄酮

大豆是惟一含有异黄酮且含量在营养学上有意义的食物资源。大豆异黄酮除防癌抗癌外,还对心血管疾病、骨质疏松症以及更年期综合症具有预防甚至治愈作用。近年来,随着大豆深加工开发研究的进展,大豆异黄酮对癌症、骨质疏松、心血管疾病、糖尿病及妇女绝经综合症等疾病的预防和治疗作用逐渐为人们所认识。大豆异黄酮作为植物性雌激素具有广泛的健康效应,对雌激素水平较低的个体表现为弱雌激素作用,对雌激素水平较高的个体则呈现为抗雌激素作用,大豆异黄酮的这种生物效应主要体现在与激素相关的疾病上,如乳腺癌、前列腺癌、骨质疏松症和绝经综合症等。大豆异黄酮还具有抗氧化、消除自由基作用、抑制酪氨酸蛋白激酶活性(酪氨酸蛋白激酶能刺激新生血管形成,为转移的癌细胞供应养分)及诱发癌细胞凋亡的作用,被认为是大豆异黄酮抗癌的作用机制的一部分。

一、大豆异黄酮的来源、分布、结构与性质

(一)大豆异黄酮的来源、分布

大豆异黄酮(1soflavones of Soybean)主要来源于豆科植物的荚豆类,其中大豆中的含量较高、为 0.1%~0.5%,作为具有生物活性的两种成分——金雀异黄素(又称染料木素 genistein,简称 Gen)和大豆素(daidzein,简称 Dai)的主要饮食来源。

大豆异黄酮主要分布于大豆种子的子叶和胚轴中,种皮中含量极少。80%~90%异黄酮存在于子叶中,浓度为 0.1%~0.3%。胚轴中所含异黄酮种类较多且浓度较高,为 1%~2%,但由于胚只占种子总重量的 2%,因此尽管浓度很高,所占比例却较少(10%~20%)。

(二)大豆异黄酮的结构、特性、组成

1.大豆异黄酮的母核结构和特性　大豆异黄酮是属于黄酮类化合物中的异黄酮类成分,异黄酮的结构如图 22-15 所示。

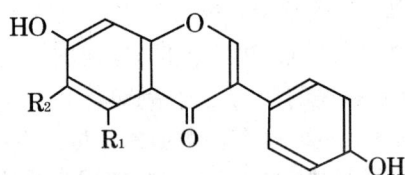

游离型异黄酮苷元

R₁	R₂	化合物
H	H	大豆素
OH	H	金雀异黄素
H	OCH₃	黄豆苷

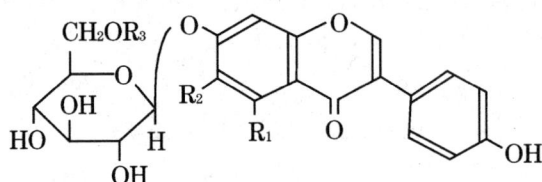

结合型异黄酮苷元

R₁	R₂	R₃	化 合 物
H	H	H	大豆素
OH	H	H	金雀异黄素
H	OCH₃	H	黄豆苷
H	H	COCH₃	6"-O-乙酰大豆素
OH	H	COCH₃	6"-O-乙酰金雀异黄素
H	OCH₃	COCH₃	6"-O-乙酰黄豆苷
H	H	COCH₂COOH	6"-O-丙二酰大豆素
OH	H	COCH₂COOH	6"-O-丙二酰金雀异黄素
H	OCH₃	COCH₂COOH	6"-O-丙二酰黄豆苷

图 22-15　异黄酮类化合物

异黄酮类化合物的特性如下：

异黄酮类化合物与其他黄酮类化合物相比,由于 A、B、C 环共轭程度与黄酮类相比较小,因此仅呈微黄色、灰白色或无色,紫外线下多显紫色,大豆异黄酮中的 Gen 呈灰白色结晶,紫外线灯下无荧光,Dai 呈微白色结晶,紫外线灯下无荧光。大豆苷及金雀异黄苷,结构中引入了糖基,因而具旋光性。

大豆异黄酮的苷元一般难溶或不溶于水,可溶于甲醇、乙醇、乙酸乙酯、乙醚等有机溶剂及稀碱中,大豆异黄酮的结合式苷易溶于甲醇、乙醇、吡啶、乙酸乙酯及稀碱液中,难溶于苯、乙醚、氯仿、石油醚等有机溶剂,对水溶解度增强,可溶于热水。

2. 大豆异黄酮的组成、结构　目前发现的大豆中异黄酮共有 12 种,分为游离型的苷元(Aglycon)和结合型的糖苷(Glucosides)两类,苷元占总量的 2% ~ 3%,包括金雀异黄素(Gen)、大豆素(Dai)和黄豆苷(Gly)。糖苷占总量的 97% ~ 98%,主要以金雀异黄苷(染料木苷 Genistin)、大豆苷(Daidzin)、丙二酰金雀异黄苷(6"-O-malonylgenistin)和丙二酰大豆苷(6"-O-malonyldacidzin)形式存在。

种植地区、年份、季节、加工方法等对大豆异黄酮含量和成分有一定影响。研究还发现,大豆异黄酮的含量与种植地区的纬度有关,纬度越高的温带地区生长的种子收获后要比在高温下生长的种子异黄酮含量高。子叶中的异黄酮含量受生长温度影响较大,而胚轴中的异黄酮始终保持较高水平,为子叶浓度的 5 ~ 10 倍。不同的加工方法对大豆食品的异黄酮含量和成分影响较大。

3. 异黄酮在大豆和大豆产品中的含量　大豆籽粒的异黄酮含量受大豆品种、产地、生产年份的影响,其变化范围为 0.5 ~ 7 mg/g 干大豆。大豆籽粒的不同部位以及不同的大豆产品中,其异黄酮含量各不相同。大豆胚轴(包括胚根和胚芽)中异黄酮的百分比含量约为子叶的 6 倍,但由于子叶占大豆籽粒重的 95% 以上,因此大豆子叶中异黄酮的绝对含量远远大于胚轴。

大豆籽粒中 50% ~ 60% 的异黄酮为染料木黄酮,30% ~ 35% 的异黄酮为大豆苷原,5% ~ 15% 的异黄酮为大豆黄素。在大豆加工中,由于不同的异黄酮流失损失程度不同,因此大豆产品中各种异黄酮所占比例与未加工的大豆有所不同。但除个别产品外,大多数大豆食品中,染料木黄酮含量最高,其次是大豆苷原,大豆黄素的含量相当少。

二、大豆异黄酮的生理功能特性

由于大豆异黄酮与大豆制品(如豆浆)的苦涩味有关,因此长期以来被视为大豆中的不良成分而试图将其去除。有关大豆异黄酮生理特性的研究始于 20 世纪 50 年代,当时发现大豆异黄酮具有雌激素活性。其实,大豆异黄酮的雌激素活性十分微弱,仅为内原性雌激素——雌二醇活性的 1×10^{-3} ~ 1×10^{-5}。正是由于大豆异黄酮具有弱雌激素活性,可竞争性地与雌激素受体结合,从而具有抗雌激素的作用。

(一)大豆异黄酮与癌症

乳腺癌与雌激素有关。血液中雌激素的浓度越高,患乳腺癌的危险性就越大。由于大豆异黄酮具有抗雌激素的作用,因此可以推论,大豆异黄酮具有预防乳腺癌的功能。

(二)大豆异黄酮与骨质疏松症

大豆异黄酮可以抑制骨骼再吸收,是防治骨骼疏松症的优良药物。大豆异黄酮在体内只有代谢分解后才能充分发挥其药效,而其代谢产物的化学结构与大豆苷原完全相同。动物试验表明,染料木黄酮也可抑制骨骼再吸收。

(三)大豆异黄酮与动脉硬化症

血液中 LDL 胆固醇浓度高是动脉硬化症的主要病因。LDL 胆固醇只有经过氧化才会引起动脉粥样硬化。因此,一些抗氧化剂可用于预防心脏病。初步研究显示,染料木黄酮可阻止胆固醇氧化。此外,体外试验表明,染料木黄酮还具有抑制血小板凝集、阻止平滑肌细胞增殖的作用。因此,大豆蛋白可能具有预防动脉硬化症的功能。

(四)大豆异黄酮与妇女更年期综合症

更年期综合征是由于妇女绝经后卵巢分泌的雌激素减少而造成的。大豆异黄酮具有雌激素活性,因此食用大豆食品可弥补因绝经减少的雌激素,从而减轻或避免引起更年期综合征。充分了解大豆异黄酮的理化特性,改进传统大豆食品的加工工艺,避免大豆异黄酮的流失,进一步提高大豆食品的保健价值是我国食品科技工作者需要解决的研究课题。

三、大豆异黄酮制取

异黄酮在大豆中的分布主要在胚轴,它在胚轴中的含量(1%)几乎是子叶中的8倍,于是可作为很好的异黄酮原料。然而在该原料中,大豆异黄酮的存在形式主要为丙二酰基配糖体,而该修饰性配糖体的碱以及苦味在所有存在形式中是最强的,而丙二酰基配糖体异黄酮受热较易转变为乙二酰基配糖体形式,而后者苦味相对较弱,于是有必要对它进行加工,目前加工形式有加热处理(如焙煎)和提取等。另外,胚轴中除含有配糖体异黄酮之外,其所含的成分与整大豆差不多,于是也可以作为营养添加剂。大豆总异黄酮的提取,主要根据被提取物的性质及伴存杂质的情况来选择适合的提取用溶剂。若用大豆提取,则首先要进行脱脂处理,但处理温度不宜超过70℃,现在制油工业上采用冷浸法提取所余的残渣——豆粉,是提取大豆异黄酮的最佳原料,若此豆粉在前处理过程中出油率较高,则此豆粉就更理想了。

总的来说,对于大豆异黄酮的苷类成分,一般可用乙酸乙酯、丙酮、乙醇、甲醇、水或某些极性较大的混合溶剂,例如甲醇与水(1:1)进行提取。苷元用极性较小的溶剂,如乙醚、氯仿、乙醇乙酯等来提取。大豆异黄酮生产工艺如图22-16所示。

也可用硅胶干柱进行粗分离,展开系统为环己烷:乙酸乙酯:甲酸(20:5:2.5),分离得到的梯度产物经制备性HPLC分离即可获得Gen及Dai的单体。

四、大豆异黄酮食品应用

各种富含大豆异黄酮的大豆蛋白的开发,大大地拓宽了大豆异黄酮在食品领域中的应用,人们平时就可以通过饮食摄入大豆异黄酮。特别是大豆分离蛋白或浓缩蛋白,在食品中应用很广泛,包括应用于如饮料、冷冻食品、糕点等一般加工食品。此外,许多传统食品如各种大豆发酵制品中也都含有一定量的大豆异黄酮,而且此类制品中含有的大豆异黄酮形式大都为其配基形式,很易为人们所吸收。总之,在一般食品中的应用还必须考虑风味、营养等因素对该食品的影响。最近,大豆中各种生理活性成分的研究引起世人关注,各个国家都非常重视各种大豆制品的开发,为我国大豆制品的研究与开发提供了更加广阔的开发和应用前景。作为大豆主要功能性成分之一的大豆异黄酮具有非常优越的预防慢性生活习惯病的效果,于是期待我国尽早开发大豆异黄酮的保健食品。

第七节　大豆皂苷

大豆皂苷是天然表面活性剂、也是一种甾醇或三萜烯葡萄糖苷。大豆皂苷是具有较强生物活性的物质,以往的研究认为,大豆皂苷具有苦涩味和溶血作用,是抗营养因子。近年来的研究表明,大豆皂苷具有较多的对人体有益的生理功能,具有很好的开发和应用前景。

豆　粕

酵法回流浸提 3~5 次，每次 4h

残　渣　　　　　　　　合并浸提液

减压低温浓缩

醇浸体膏

少量不溶截，用低极性交联树脂交接

含浸提取物树脂

无水乙醇洗脱

洗酰脂

减压低温浓缩

深色膏状物

丙酮溶解

丙酮可溶物　　　　　　　　　　丙酮不溶物
（大豆异黄酮）　　　　　　　　　（大豆皂苷）

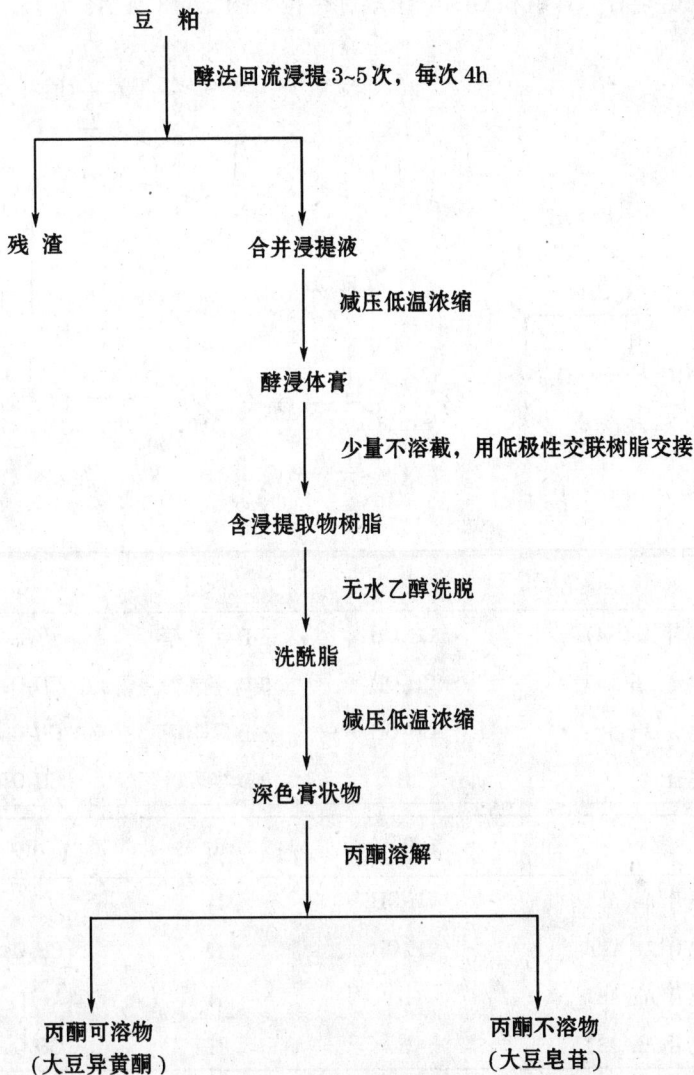

图 22-16　大豆异黄酮生产工艺

一、大豆皂苷的来源、分布、结构与性质

(一)大豆皂苷的来源、分布及含量

大豆皂苷来源于豆科植物——大豆，是一类由低聚糖和齐墩果烯三萜连接而成的五环三萜类皂苷，其在大豆中的分布主要集中在胚轴，是子叶中皂苷含量的 8 ~ 15 倍。此外，大豆皂苷的含量还与大豆的品种、生长期以及环境因素的影响有关，其在大豆中的含量一般在 0.62% ~ 6.12% 之间。

(二)大豆皂苷的结构与一般性质

大豆皂苷是由三萜类同系物(皂苷元)与糖(或糖酸)缩合形成的一类化合物。组成大豆皂苷的糖类为葡萄糖、半乳糖、木糖、鼠李糖、阿拉伯糖和葡萄糖醛酸等;皂苷元与不同的糖结合以及结合部位的不一致,就构成了多种皂苷。A 组(双糖链皂苷),分子结构如图 22-17

所示。B组(单糖链皂苷)、E组和DDMP组皂苷结构如图22-18所示。

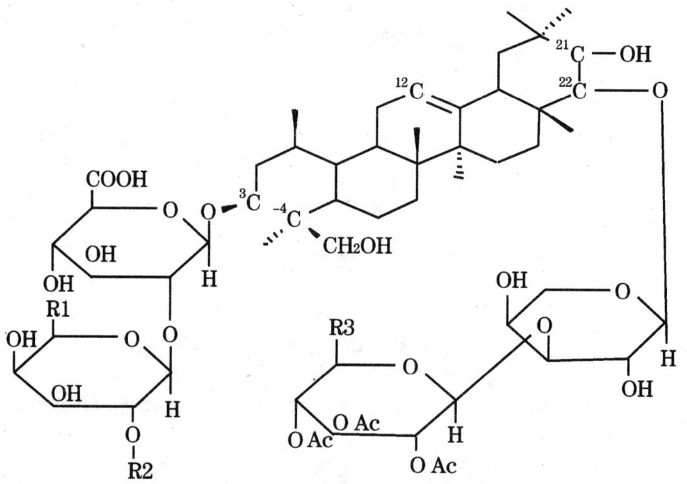

	R_1	R_2	R_3
皂苷 Aa(A4)	CH_2OH	β-D-半乳糖	H
皂苷 Ab(A1)	CH_2OH	β-D-半乳糖	CH_2Oac
皂苷 Ac	CH_2OH	α-L-鼠李糖	CH_2Oac
皂苷 Ad	H	β-D-半乳糖	CH_2Oac

	R_1	R_2	R_3
皂苷 Ae(A5)	CH_2OH	H	H
皂苷 Af(A2)	CH_2OH	H	CH_2Oac
皂苷 Ag(A6)	H	H	H
皂苷 Ah(A3)	H	H	CH_2Oac

图 22-17　A 组皂苷结构

从上述各种不同的大豆皂苷结构式可见,A组皂苷和B组皂苷的皂苷元有一定的区别,两组皂苷的糖链也明显不同,其中A组为双链,B组为单链。此外,从其结构组成来看,其具有亲脂(皂苷元)亲水(糖)的两性特性,此特性决定了大豆皂苷具有非常高的表面活性,进而表现出较强的生物学活性。

大豆皂苷结构研究鉴定,发现了8种A组皂苷和5种B组皂苷。后来证实,这些皂苷大多是上述几种皂苷的乙酰化产物,其中普遍存在的是乙酰化大豆皂苷A1和乙酰化大豆皂苷A4。纯的大豆皂苷是一种白色粉末,味微苦。大豆皂苷同其他苷一样,属于苷类,故具有苷类的一般性质。

大豆皂苷同其他种类的皂苷一样,能够降低水溶液表面张力,其水溶液经强烈振荡后可产生持久性泡沫,具有发泡性和乳化作用。大豆皂苷属酸性皂苷,其水溶液中加入硫酸酐、醋酸铅或其他中性盐类可形成沉淀并呈现颜色变化。

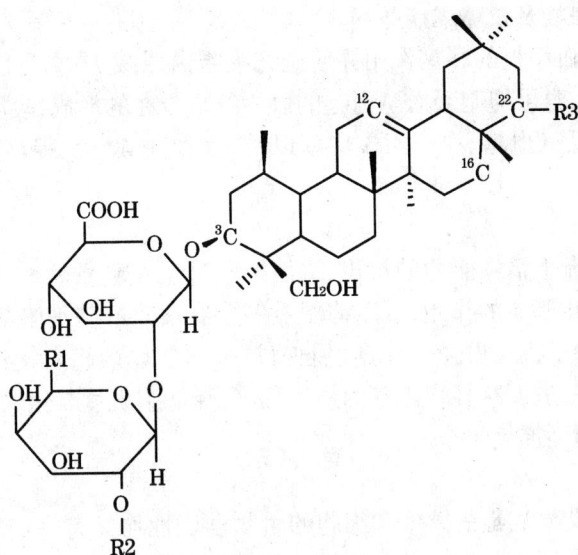

B组皂苷 R3=OH
E组皂苷 R3=O
DDMP皂苷

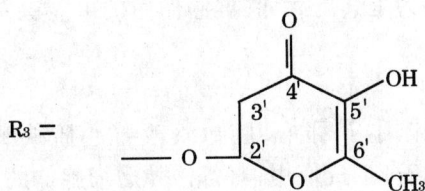

	B组	E组	DDMP	R1	R2
皂苷	Ba(Ⅴ)	Bd	αg	CH₂OH	β-D-葡萄糖酰基
皂苷	Bb(Ⅰ)	Be	βg	CH₂OH	α-L-鼠李糖酰基
皂苷	Bc(Ⅱ)	Be	βa	H	α-L-鼠李糖酰基
皂苷	Bb-(Ⅲ)		γg	CH₂OH	H
皂苷	Bc-(Ⅳ)		γa	H	H

图 22-18　B、E 组和 DDMP 皂苷结构

二、大豆皂苷的生物学活性

大豆皂苷具有较强的生物学活性。早在 1969 年,人们就知道大豆皂苷具有溶血作用,对人体健康不利,被视为抗营养因子。此外,由于大豆皂苷所具有的不良气味而导致大豆制品中具有苦涩味,所以在豆制品加工中要求尽可能除去大豆皂苷。但近年来国内外的研究表明,大豆皂苷具有多种有益于人体健康的生物学效应,现归纳如下。

(一)降脂减肥作用

大豆皂苷可以降低血中胆固醇和甘油三酯的含量,同时还可以抑制血清中脂类的氧化,抑制过氧化脂质的生成。

(二)抗凝血、抗血栓及抗糖尿病作用

大豆皂苷可抑制血小板的凝聚作用并使血纤维蛋白原减少；它可以抑制内毒素引起的纤维蛋白的凝聚作用，也可抑制凝血酶引起的血栓纤维蛋白的形成，表明大豆皂苷具有抗血栓形成作用；可以降低其血糖、血小板聚集率以及 TXA2、PGI2 值，提高胰岛素水平，从而表现出抗糖尿病的作用。

(三)抗氧化作用

大豆皂苷可以抑制血清中脂质的氧化，进而抑制过氧化脂质的生成。大豆皂苷有抗脂质过氧化和降低过氧化脂质的作用，可以抑制过氧化脂质对肝脏细胞的损伤。通过实验研究，证实大豆皂苷作用于机体可使机体通过自身调节增加体内超氧化物歧化酶(SOD)的含量，以清除体内自由基，进而减轻自由基的损害程度，降低脂质过氧化的发生，使体内过氧化脂质含量下降，从而起到抗氧化作用。

(四)抗病毒作用

大豆皂苷对人类艾滋病毒的感染和细胞的生物学活性均具有一定的抑制作用，大豆皂苷对艾滋病无论是治疗还是预防都是非常有效的。大豆皂苷可以治疗疱疹性口唇炎、口腔溃疡等，有止痛、消炎效果，可使疱疹迅速破裂、收敛，并能进一步促进伤口的愈合作用。

(五)免疫调节作用

大豆皂苷的免疫调节作用被认为是其抗病毒、抗癌作用的可能机制之一。大豆皂苷具有很好的提高免疫功能的作用。

(六)药理学效应

大豆皂苷有抑制血小板凝聚作用、扩张心、脑血管改善心肌缺氧功能，对过氧化氢(H_2O_2)所致人胃黏膜细胞 DNA 损伤有拮抗作用，对各种肿瘤细胞株的生长有抑制作用等。大豆皂苷还有溶血作用、致甲状腺肿大作用及对生长发育的黏膜刺激作用。

三、大豆皂苷的提取、制备技术

(一)大豆粗皂苷的提取、制备

皂苷是广泛存在于植物界的物质，虽然种类繁多，但在提取方法上都大同小异。皂苷的提取技术是采用乙醇或甲醇作为溶剂进行提取，然后回收溶剂，将残渣溶于水中，过滤除去不溶物质，再在水溶液中加入石油醚、苯或乙醚等亲脂性较强的有机溶剂进行两相萃取，皂苷几乎不溶于这些亲脂性强的有机溶剂，因而保留在水相中；而油脂、色素等亲脂性杂质则转溶于上述亲脂性有机溶剂中，与皂苷分离开。除去这些杂质后，改用亲水性强的丁醇作为溶剂继续由水相中做二相萃取，使皂苷转溶于丁醇，而一些亲水性强的杂质如糖类仍保留在水相中，使之与皂苷分离。收集丁醇溶液，进行减压蒸干，即可得到粗制的总皂苷。

大豆皂苷也属植物皂苷类，因此其提取制备技术与前述皂苷的提取技术相似，一般也采用上述传统的皂苷提取方法。一般过程如下：首先用己烷脱脂，然后再用热的甲醇或乙醇反复提取大豆皂苷，过滤后将滤液浓缩，再用正丁醇与水(1:1)溶解、萃取，静止后大豆皂苷存留在丁醇相中，减压蒸干即得大豆皂苷的粗提取物(图 22-19)。

(二)大豆皂苷的纯化技术

在提取的粗大豆皂苷中除大豆皂苷外，还存在有一些其他成分的物质，这些物质包括糖、鞣质、色素、异黄酮以及矿物质等，这些杂质的存在往往会影响到大豆皂苷的应用，因此

需对粗提大豆皂苷进行纯化精制。大豆皂苷纯化精制的方法较多,如层析柱氯化镁吸附法、重金属盐沉淀法、大孔树脂吸附法等,但人们对大孔树脂的安全性提出异议。

四、大豆皂苷的应用及开发

如前述,大豆皂苷具有众多的对人体有益的生理功能和生物学活性,这就决定了它具有广泛的开发和应用前景,尤其是其在大豆的主要加工副产物豆粕中的含量较高,而且目前已经研究出较为经济的提取和纯化方法,这为大豆皂苷的进一步应用研究和开发提供了可靠的技术保证,因此国内外医药界、食品界都对大豆皂苷给予了高度重视,并且已有应用于生活实践的报道。

(一)用作添加剂及开发保健食品

大豆皂苷具有发泡性和乳化性,因此它可作为添加剂应用于食品、药品以及化妆品中。国内现已有这方面的应用研究报告,向啤酒中添加大豆皂苷,可以增加啤酒中泡沫的体积,不仅保持啤酒泡沫的稳定性,而且有利于改善啤酒的风味。目前已开发出了含大豆皂苷的保健食品、减肥食品以及皂苷汁、皂苷饮料等。

(二)应用于药品和开发出新产品

由于大豆皂苷具有诸如降血脂、抗氧化、抗动脉粥样硬化、抗病毒、免疫调节以及抗心血管系统疾病等作用,因此决定了它在医药领域具有广阔的应用前景,并已开始得到了应用。大豆皂苷的扩冠作用,增加脑血流量的作用及抑制血栓形成,改善心率的功能则预示着其很有可能被开发成为一种治疗心血管疾病的新型药物;利用其降低血中胆固醇和甘油三酯含量这一特性,国外已有人将其作为减肥药加以研制、开发,并取得了一定的成效。此外,应用其抗突变、抗癌、抗病毒等特性,应能开发出新的抗癌、抗病毒药物,为攻克当今世界两大顽疾——癌症和艾滋病又开辟了一条新的途径。

(三)化妆品中的开发与应用

大豆皂苷在化妆品方面的应用的理论依据在于其抗氧化作用,可以延缓皮肤衰老和阻止由于脂质过氧化而引起的皮肤疾患,减少皮肤病的发生。此外,由于大豆皂苷的副作用极

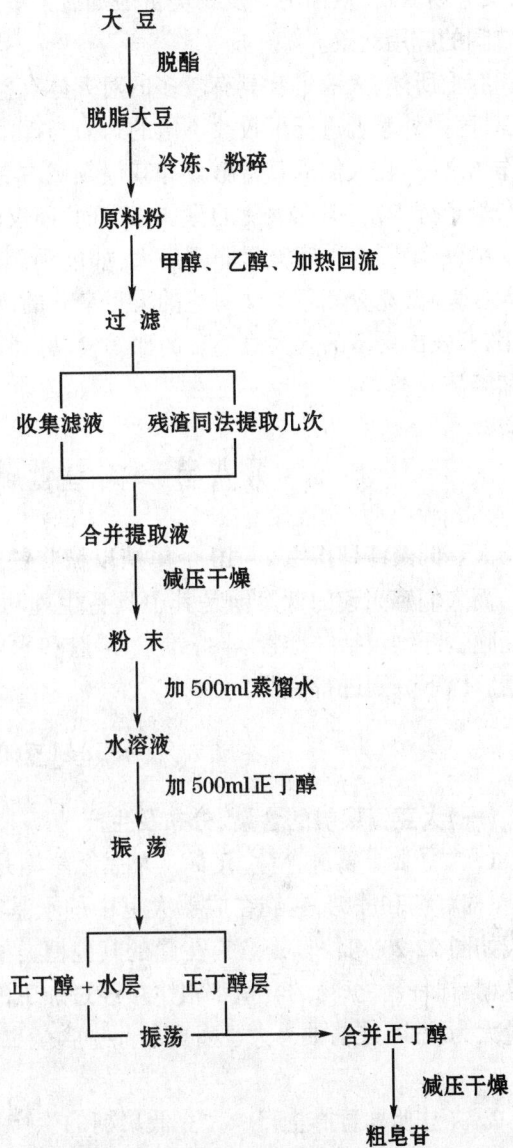

图 22-19　大豆皂苷的粗提工艺

小，又容易获得，从而为开发物美价廉的含大豆皂苷的化妆品提供了极大的可能性，具有非常广阔的应用前景。

综上所述，大豆皂苷具有较多的对人体有益的生物学活性，在利用这些特性为人类服务方面，国内外学者进行了孜孜不倦的努力与探索，并已初见成效。大豆作为世界上重要的经济作物之一，在人们的日常膳食和其他领域占有十分重要的地位。作为农业大国的中国，大豆产量十分丰富，但在大豆的深加工方面，还仅限于提取油脂和蛋白质，且在这些豆制品的加工中，所消耗的大豆数量非常巨大，如能利用豆制品加工中的副产物——豆粕，以分离提纯大豆皂苷，充分利用本文所述的大豆皂苷的诸多有益的生物学活性和生理功能，使之物尽其用，开发出更多的含大豆皂苷的保健食品、药品以及化妆品等，必将会产生巨大的社会效益和经济效益。

第八节　大豆低聚糖和膳食纤维

大豆低聚糖是指由 2～10 个单糖以糖苷键结合起来的糖类的总称，分子量 300～2 000 Da。而人们感兴趣的低聚糖是其中具备生理功能的低聚糖，大豆低聚糖就属于这个范畴。大豆膳食纤维包括纤维素、半纤维素、果胶和木质素植物细胞壁物质，树胶和果胶细胞内的多糖。以下分别进行说明。

一、大豆低聚糖

（一）大豆低聚糖的含量、分布及生产

1. 大豆低聚糖的含量、分布　大豆低聚糖是大豆中所含的可溶性糖类，主要成分是水苏糖、棉籽糖和蔗糖，它们在成熟大豆中的干基含量分别为 3.7%、1.7% 和 5%。其化学结构式如图 22-20。此外，还含有少量的其他糖类如葡萄糖、果糖、半乳糖等，在发芽的毛豆中，水苏糖、棉籽糖、蔗糖的含量都很少。经过加工的豆制品如大豆粉、豆乳、豆腐中大豆低聚糖含量大为减少；在酱油等大豆发酵制品中含量更少，所以靠日常摄食很难达到通常推荐的标准。

2. 大豆低聚糖的生产　大豆低聚糖的生产以生产浓缩或分离蛋白时的副产物大豆乳清（干基含糖量 72%）为原料。加水稀释后加热处理使残存大豆蛋白沉淀析出，上清液再经过滤处理后进一步滤出残存的大豆蛋白微粒，经活性炭脱色后用膜分离技术（如反渗透）或离子交换法进行脱盐处理，接着真空浓缩至浓度大于 70% 透明液体状糖浆产品，喷雾干燥成粉状大豆低聚糖（图 22-21），或加入赋形剂混匀后造粒，再进行干燥处理即得颗粒状产品。

（二）大豆低聚糖的理化性质及安全性

大豆低聚糖甜味纯正，甜度为蔗糖的 70%～75%。黏度低于麦芽糖，而略高于蔗糖和果葡糖浆，和其他糖一样，随温度升高，黏度下降。其保湿性低于蔗糖、果葡糖浆，水分活性接近于蔗糖。因此，大豆低聚糖作为甜味剂可代替部分蔗糖用于焙烤食品。大豆低聚糖热稳定性良好，在 160℃时水苏糖、棉籽糖破坏很少，短时间热稳定，140℃不会分解；在酸性条件下（pH 值 5～6）加热到 120℃稳定，在 pH 为 3 的条件下加热极为稳定，还具有抗淀粉老化的作用。

水苏糖

棉籽糖

蔗糖

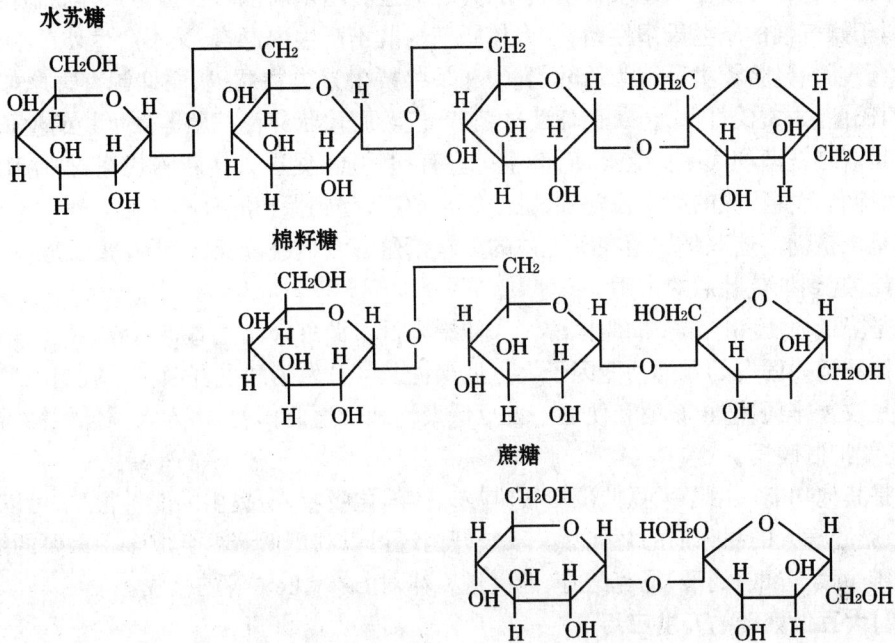

图 22-20 大豆中所含的主要可溶性糖类结构式

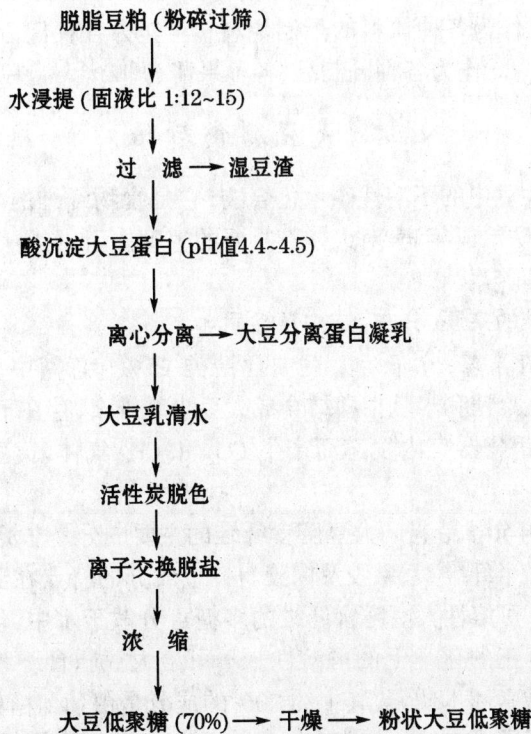

脱脂豆粕(粉碎过筛)

↓

水浸提(固液比 1:12~15)

↓

过 滤 —→ 湿豆渣

↓

酸沉淀大豆蛋白(pH值4.4~4.5)

↓

离心分离 —→ 大豆分离蛋白凝乳

↓

大豆乳清水

↓

活性炭脱色

↓

离子交换脱盐

↓

浓 缩

↓

大豆低聚糖(70%)—→ 干燥 —→ 粉状大豆低聚糖

图 22-21 大豆低聚糖生产工艺图

(三)大豆低聚糖的生理功能

一是大豆低聚糖一般不会被人体消化酶分解,在胃肠内不被消化吸收,一直到消化道的下部,才被生存在大肠内的双歧杆菌利用,并能促进其增殖。双歧杆菌是人体肠道内的有益菌种,属于嫌气性的革兰氏阳性菌,在人体肠道内既不产生内毒素,又不产生外毒素,无致病性,其主要功效是将糖类分解为乙酸、乳酸和一些抗生素类物质,从而抑制有害菌如大肠杆菌、沙门氏菌、志贺氏杆菌、金黄色葡萄球菌、产气荚膜梭状芽孢杆菌等微生物的生长。

二是双歧杆菌利用大豆低聚糖,产生一些有益物质,促进人体新陈代谢,抑制腐败菌生长,从而抑制有害物质的产生,减轻肝脏的解毒负担,起到保护肝脏的作用。

三是低聚糖促进双歧杆菌在肠道内的大量繁殖,而双歧杆菌能诱导免疫反应,增强人体免疫功能,起到抵抗肿瘤的作用。

四是降低血压和血清中的胆固醇。人体摄入低聚糖可降低血清胆固醇水平。体外试验表明人体肠道内固有的保健功能因子大豆低聚糖及其开发嗜酸乳杆菌可吸收胆固醇。

五是改善排便,防止腹泻和便秘。大豆低聚糖利于通便排便,摄入大豆低聚糖增殖双歧杆菌,还能抑制腹泻。

六是其他功能。由于大豆低聚糖很难被人体消化吸收,所提供的能量很少,可以用作糖尿病人、肥胖病人的甜味剂的替代品。双歧杆菌还可以利用低聚糖合成多种重要的维生素,如 B 族维生素、叶酸、泛酸、尼克酸等,能促进人体对 Ca^{2+}、Fe^{2+} 等的吸收。

(四)大豆低聚糖的开发应用

大豆低聚糖作为新糖源,由于其卓越的功效及其优良的物理、化学特性,在食品、医药、保健领域的应用前景十分广阔,可用于以下几方面:①用作双歧杆菌的促生因子;②用作一些糖类的替代品;③作为各种饮料的配制原料;④作为各种健齿的糖果、糕点、甜点、面制品、豆沙馅的添加剂;⑤作为各种乳制品、各种果酱、调味汁、罐头、香肠等的添加剂。

二、大豆膳食纤维

大豆膳食纤维是大豆中的不溶性碳水化合物,它是食物纤维的主要来源。现代医学已经证明,膳食纤维确能防治成年病,对人体有重要的生理作用,有些营养、医学及食品专家认为膳食纤维也是一种营养素。

(一)大豆膳食纤维的来源、分布、结构及性质

1.大豆膳食纤维的来源、分布　　大豆中含糖类 25%,总糖中蔗糖占 27%,水苏糖占 16%,阿拉伯聚糖、半乳聚糖和半乳糖酸结合成大豆半纤维素,存在于大豆细胞膜中,有碍消化。过量食用后,则在消化器官内发酵而产生 CO_2 和 CH_4 气体,黄豆吃多了排气多就是这个原因。

2.大豆膳食纤维的分子结构　　大豆膳食纤维的主要成分是非淀粉多糖类,它包括纤维素、混合键的 α-葡聚糖、半纤维素、果胶及树胶。各个成分的特点在于所含糖的残基及各个糖基之间的键合方式。可溶性大豆膳食纤维的多糖可分散于水中,包括果胶、树胶、黏液和部分纤维素。而不是真正的化学上的可溶性。不可溶大豆膳食纤维的多糖在水中难以分散,包括纤维素、半纤维素和木质素,其中约 70% 的成分是由葡萄糖单体缩聚而成的直链高分子。膳食纤维也可用通式表示。其聚合度为 3 000 ~ 10 000 个葡萄糖分子,其聚合度随各种天然纤维种类不同而不同,同时也随着制备及精制的方法不同而改变。相对分子质量为 10 000 ~ 20 000 kDa 之间(图 22-22)。

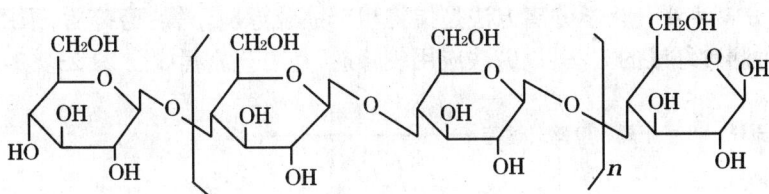

图 22-22　纤维素的结构单位

3. 大豆膳食纤维的一般性质

(1)化学性质　大豆膳食纤维是植物中结构多糖,有多糖的一般性质,也有一些特有的性质。大豆膳食纤维是以葡萄糖苷键形成的高分子化合物,糖苷键对酸不很稳定,它能溶于浓硫酸及浓盐酸中,并同时发生水解。对碱则比较稳定。

(2)物理特性　大豆膳食纤维有容水量、黏度、对酵解的敏感性、对消化酶的抑制、与胆酸的结合能力以及与阳离子的交换能力等物理作用。

(二)大豆膳食纤维的生理学作用

大豆膳食纤维对人体健康有很多重要的生理功能。

1. 降低血浆胆固醇水平　大豆膳食纤维尤其是酸性多糖类,具有较强的阳离子交换功能。大豆膳食纤维可与 Ca^{2+}、Zn^{2+}、Cu^{2+}、Pb^{2+} 等离子进行交换,在离子交换时改变了阳离子瞬间浓度,起到稀释作用,故对消化道 pH 值、渗透压及氧化还原电位产生影响,形成一个理想的缓冲环境。更重要的是它能与肠道中的 Na^+、K^+ 进行交换,促使尿液和粪便中大量排除 K^+、Na^+,从而降低血液中的 Na^+/K^+ 比值,直接产生降低血压的作用。

大豆膳食纤维能促进体内血脂和脂蛋白代谢的正常进行。抑制或延缓胆固醇与甘油三酯在淋巴中的吸收。增加胆固醇的排出量,有利于降低血清胆固醇浓度,从而预防高血压、高脂血、心脏病和动脉硬化,减少冠心病和脑血管等病的发病率。

2. 改善血糖生成反应　大豆膳食纤维能防治糖尿病,具有调节血糖的作用,其作用机制是大豆膳食纤维在肠内可形成网状结构,增加肠液的黏度,使食物与消化液不能充分接触,阻碍葡萄糖的扩散,使葡萄糖吸收减慢,从而减慢葡萄糖的吸收而降低血糖含量。改善葡萄糖耐量和减少降血糖药物的用量,起到防治糖尿病作用。

3. 改善大肠功能　大豆膳食纤维可影响大肠功能。膳食纤维能稀释肠道内致癌物和其他有害物质的浓度,缩短这些毒物在肠内停留时间,减少它们对肠壁黏膜的接触,有利于预防肠癌的发生。

4. 降低营养素利用率　膳食纤维的物理化学特性(如黏稠性及胆汁结合力)对胃和小肠的影响是了解各种纤维降低血浆胆固醇、减弱血糖生成反应和降低营养素吸收等作用机制的重要因素。

(三)大豆膳食纤维的生产工艺

1. 大豆膳食纤维的生产工艺　大豆膳食纤维的分离制备方法大致可分为 4 类:粗分离法、化学分离法、膜分离法及化学试剂和酶结合分离法。

(1)粗分离法　悬浮法和气流分级法可作为粗分离法的代表。这类方法得到的产品不纯净,但它可以改变原料中各成分的相对含量,如可减少植酸、淀粉含量,增加大豆膳食纤维含量等。

(2)化学分离方法　化学分离方法是指将粗产品或原料干燥、磨碎后,采用化学试剂提取而制备各种膳食纤维的方法,以碱法应用较普遍,其工艺流程如图 22-23。

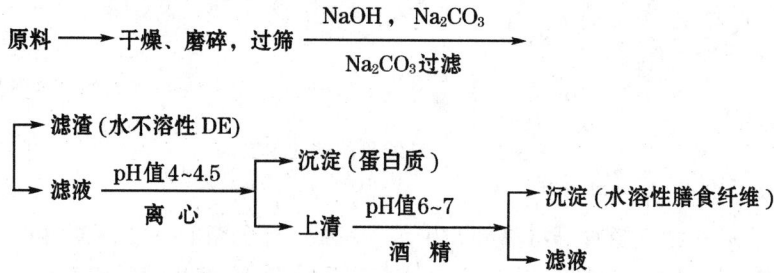

$$原料 \longrightarrow 干燥、磨碎,过筛 \xrightarrow[\text{Na}_2\text{CO}_3过滤]{\text{NaOH},\text{Na}_2\text{CO}_3}$$

```
      ┌─→ 滤渣(水不溶性 DE)
      │              ┌─→ 沉淀(蛋白质)
      └─→ 滤液  pH值4~4.5  │              pH值6~7   ┌─→ 沉淀(水溶性膳食纤维)
              离 心   └─→ 上清  酒 精  └─→ 滤液
```

图 22-23　碱法提取膳食纤维的工艺流程图

如果提取过程中改变碱液浓度,并辅以其他化学试剂,还可将水溶性或非水溶性膳食纤维进一步分离。化学分离法除碱法外,还有酸法、絮凝剂法等。

(3)膜分离法　膜分离法应用于制备大豆膳食纤维的报道不多。由于该法能通过改变膜的分子截留量制备不同相对分子质量的大豆膳食纤维,且能实现工业化生产,可以预见,它将是分离水溶性大豆膳食纤维最有前途的方法。

(4)化学试剂和酶结合分离法　采用化学分离法和膜分离法制备的大豆膳食纤维还含有少量的蛋白质和淀粉,要制备极纯净大豆膳食纤维,必须结合酶处理。所用酶包括 3 种:α-淀粉酶、蛋白酶和纤维酶。

2. 利用豆皮制膳食纤维　豆皮组成分析,大豆中外皮的重量约占全豆总重量的 8%,其作用是对大豆起保护作用,防止外界破坏和对子叶的损伤。在豆乳或豆粉加工中,为了保证产品的质量和口感,必须对大豆进行干法或湿法脱皮处理,得到约占大豆总量 12%的豆皮。经过测验,其组成成分为:粗蛋白质 8.8%、粗脂肪 1.2%、碳水化合物及纤维 86%、灰分 4%。

研制技术:首先将豆皮收集进行水洗,除去杂质,然后进行烘干,在粉碎之后加入 20℃的水,使固形物的浓度保持在 8%左右,使蛋白质和部分糖类溶解,过滤后干燥,经粉碎过 80 目筛,就得到纯天然的豆皮纤维添加剂。若考虑到产品的颜色,可以加入双氧水进行脱色,就可得到白色的产品,产品得率为 65%。

3. 利用豆渣制膳食纤维　豆渣组成分析,豆渣是大豆脱皮后,经过钝化、加水粗磨、细磨,使大部分蛋白质溶于水中,剩余的固形物,占质量的 15% ~ 20%。经过测定,其组成成分为:粗蛋白质 19.6%、粗脂肪 6.3%、碳水化合物及纤维 70.3%、灰分 3.8%。

研制技术:首先将豆渣挤压脱水,然后进行高温处理,使豆渣中的抗氧化因子失效,再进行干燥,经粉碎过 80 目筛,就得到类似面粉状含一定蛋白质的大豆多功能膳食纤维添加剂。

(四)膳食纤维的应用及开发

大豆膳食纤维作为一种食品配料,对食品的色泽、风味、持油和持水量等均有影响,它可作为稳定剂、食品结构改良剂,可控制蔗糖结晶,具有增稠、延长食品货架期作用以及被作为冷冻、解冻稳定剂使用。

第九节　大豆维生素 E 和微量元素

大豆油和大豆蛋白制品中,含有大豆维生素 E 和大豆微量元素,它们都是大豆营养素,下面分别进行论述。

一、大豆维生素E

(一)大豆中维生素E的含量和特性

大豆维生素E又名大豆生育酚,是一种脂溶性维生素,研究发现在大豆中存在一种对动物的生殖、发育都有明显影响,缺乏时会使动物的生殖功能受损,补充它则可恢复其生育功能,又称为大豆生育酚。

1.大豆中维生素E的含量　大豆油脂中维生素E类的含量为0.09%~0.28%,其中δ型生育酚占24.3%~36.2%,γ型占57.8%~65.7%,α型占6%~13.5%,β型含量极少。维生素E类物质使大豆油脂具有抗氧化性。大豆维生素E属天然维生素E,在药品、实用添加剂、营养基、化妆品上有广泛的应用。我国天然维生素E工业生产还处于发展阶段。

2.大豆维生素E的特性　维生素E是一种苯并吡喃的衍生物,其4种主要形式被标以α、β、γ、δ,如图22-24所示。

在维生素E结构中其苯环上有一个活泼的羟基,具有还原性,可提供单电子。在五碳环上有一个饱和的烃链。这两个特点决定了维生素E具有还原性与亲脂性。当自由基进入脂相,发生链式反应时,维生素E便起到捕捉自由基的作用。

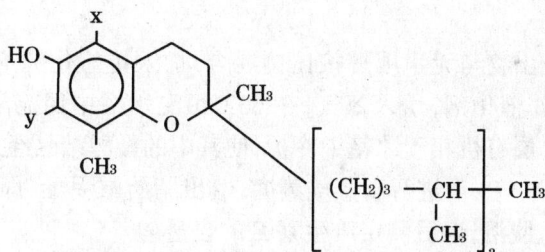

维生素E	基　团
α-维生素E	X = Y = CH$_3$
β-维生素E	X = CH$_3$, Y = H
γ-维生素E	X = H, Y = CH$_3$
δ-维生素E	X = Y = H

图22-24　4种维生素E的化学结构式

(二)大豆维生素E的生理功能

1.抗自由基、保护膜稳定性的作用　维生素E的抗自由基功能是由于其自身结构具有还原性,进而捕捉自由基以阻断自由基链式反应,起到对机体的保护作用。而维生素E本身则经过维生素C和含硫氨基酸的再生而还原或转变为醌类化合物。由于维生素E的抗氧化作用和脂溶性的特点,所以在稳定细胞膜方面也有一定作用。大量维生素E的存在可以使细胞膜处于一种流动性高、通透性严密的状态,既可以保护细胞膜上大量的多不饱和脂肪酸不被氧化,又可以保护膜蛋白的活性结构。

2.抗衰老、抗肿瘤作用　维生素E的抗衰老作用实际上只是一种保健作用,即仅仅对诱发死亡的外部因素具有消除作用。衰老的过程是自由基对脂类、DNA及蛋白质损害的积累过程,给以大剂量的维生素 E 以减缓衰老过程。

3. 抗心血管病作用　大量摄取维生素 E 可降低动脉粥样硬化的发病率,维生素 E 能够阻碍动脉内皮细胞的"泡沫化"平衡内皮细胞胆固醇代谢。流行病学研究证明血浆维生素 E 水平与缺血性心脏病的发病率呈负相关。

4. 维生素 E 与肝的关系　维生素 E 对肝细胞损伤和储脂细胞的胶原合成具有相对的抑制作用,补充大剂量的维生素 E 对多种急性肝损伤均有保护作用。抑制引发肝纤维化的氧化,对慢性肝纤维化具有延缓和阻断作用。

5. 对前列腺素类化合物(PG)的影响　前列腺素类化合物(PG)是由花生四烯酸借助脂类氧化酶的作用而形成羟基花生四烯酸,再通过环氧化酶的作用而合成。维生素 E 是通过抑制脂类氧化酶的作用,使花生四烯酸变成羟基花生四烯酸而发挥上述功能的。

6. 对眼睛的影响　大剂量维生素 E 可以减少高氧对机体的损害,减轻眼晶体纤维化。此外,维生素 E 尚有对抗环境污染、保护神经系统和骨骼肌免受氧化损伤等作用。

(三)大豆维生素 E 制取

生产天然维生素 E 的主要原料是植物油厂生产高级精炼油(如色拉油、高级烹调油)的剩余物——脱臭馏出物加工生产所得。提取原理将脱臭馏出物中的脂肪酸与低级醇进行酯化,成为脂肪酸酯,其沸点降低。经冷析后,去除甾醇,再用蒸馏的方法将它们与高沸点的成分分开。

提取方法将脱臭馏出物与无水甲醇按比例混合,加入抗氧化剂 BHA 0.05%,待脱臭馏出物溶解后,用浓硫酸作催化剂,通入氮气,在 60℃恒温水浴中回流酯化。反应完毕,冷却后加碱中和分层。取上层有机相于冰箱中冷析,使其中的甾醇结晶经过滤提出,滤液除去溶剂后,在 220℃温度,339.9 Pa 下进行水蒸气蒸馏,蒸出脂肪酸甲酯,即得浓度较高的维生素 E。再用乙醇进行萃取、脱溶,最后测定维生素 E 的含量。

图 22-25 是大豆油脱臭馏出物生产大豆维生素 E 和大豆甾醇的工艺流程。

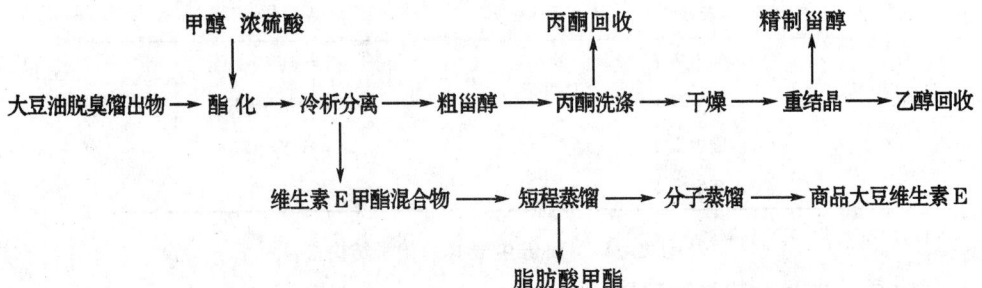

图 22-25　大豆维生素 E 生产工艺流程图

工艺实验研究酯化后的维生素 E 经合适的溶剂萃取后,所得的维生素 E 含量均较萃取前有所提高,用无水乙醇萃取,维生素 E 含量 10.83%,其浓缩比 3.28。而用 95%乙醇萃取可以获得更好的萃取效果,含量达 12.49%,浓缩比 3.78。说明 95%的乙醇对维生素 E 有较高的溶解力。故萃取实验选择 95%乙醇作为进一步提高维生素 E 含量的萃取溶剂。采用酯化—蒸馏工艺提取脱臭馏出物中维生素 E,比较适用于生产。天然维生素 E 具有多种生理活性,一直受到人们的青睐。在医药方面,维生素 E 是细胞内抗氧化剂及营养强化剂,能够抵制有毒的脂类过氧化物的生成,使不饱和脂肪酸稳定。它对动脉硬化、冠心病、习惯性流产、妇女不育症、内分泌功能衰退、肝病等许多方面,均有良好的医用价值。在食品方面,可作为抗氧化剂,特别是婴幼儿食品的抗氧化剂、营养强化剂;在饲料方面,可作为饲料添加剂;在化妆品方面,天然维生素 E 被皮肤吸收,能促进皮肤的新陈代谢和防止色素沉淀,改善皮肤弹性,具有美容、护肤、防衰老的特殊功能。

二、大豆微量元素

大豆中含有微量营养元素,其含量随品种而有一定差异。大豆中的钾 1.5% ~ 1.92%,钠 0.4% ~ 0.61%,磷 0.352% ~ 0.733%,镁 0.094% ~ 0.208%,钙 0.024% ~ 0.063%,铁 0.044% ~ 0.0163%。大豆加工之后,大豆微量元素主要集中在大豆蛋白产品中。在此仅以大豆加工生产的大豆制品为例说明。表 22-12 列出了脱脂豆粕、大豆浓缩蛋白和分离蛋白的微量元素。

表 22-12　脱脂大豆豆粕、大豆浓缩蛋白和分离蛋白的微量元素含量

元　素	脱脂豆粉	大豆浓缩蛋白	大豆分离蛋白
钙	0.22%	0.22%	0.18%
氯	0.132%	0.11%	0.15%
铬	0.9×10^{-6}	$< 1.5 \times 10^{-6}$	$< 2 \times 10^{-6}$
钴	0.5×10^{-6}	—	$< 5 \times 10^{-6}$
铜	2.3×10^{-6}	156×10^{-6}	14×10^{-6}
氟	1.4×10^{-6}	—	$< 10 \times 10^{-6}$
碘	0.01×10^{-6}	0.17×10^{-6}	$< 2 \times 10^{-6}$
铁	110×10^{-6}	100×10^{-6}	160×10^{-6}
铅	0.2×10^{-6}	—	$< 0.2 \times 10^{-6}$
镁	0.31%	0.25%	415×10^{-6}
锰	28×10^{-6}	30×10^{-6}	11×10^{-6}
磷	0.66%	0.70%	0.82%
钾	2.37%	2.1%	960×10^{-6}
硒	0.6×10^{-6}	—	0.2×10^{-6}
钠	254×10^{-6}	50×10^{-6}	1.0%
硫	0.25%	0.42%	0.63%,
锌	61×10^{-6}	46×10^{-6}	36×10^{-6}

参 考 文 献

W.J.Wolf J.C.Cown:Soybeans as a Food Source USA CRC Prass Inc 1975

周瑞宝译.大豆蛋白食品工艺学 [M].郑州粮食学院,1982

周瑞宝,周兵.脱脂豆粕的加工和利用[J].中国油脂,2001,26,(6):75 ~ 78

Y.H.Hui. BAILEY'S INDUSTRIAL OIL & FAT PRODUCTS [M] USA John Wiley & Sons,Inc.1996

Zeki Berk:Technology of Production Edible Flours Protein Products From Soybeans. (FAO AGRICULTURAL SERVICEBULLETIN No.97) [M] Rome Italy (2004)

J.G.VAUGHAN:Food Microscopy,Academic Press.London.1979

D.R.Erickson:Practical Handbook of Soybean Processing and Utilization [M] USA AOCS Press.1995

K.S.Liu. SOYBEANS as Functional Foods and Ingredients [M] USA AOCS PRESS p1 – 22.2004

石彦国,任莉.大豆制品工艺学[M].北京:中国轻工业出版社,2000

左青,江金德.提高浸出豆粕质量的探讨[J].中国油脂,2005,30(6):5～9

中国粮油学会油脂专业分会.2020年中国植物油料加工和油脂加工技术研究发展规划意见[J].中国油脂,2004,29,(1)：5～9

何东平编著.油脂制取及加工技术[M].武汉:湖北科学技术出版社,1998

马传国.油料预处理处理技工机械设备的现状与发展趋势[J].中国油脂,2005,30(4):5～11

张根旺,刘景顺.植物油副产品的综合利用[M].郑州:河南科学技术出版社,1982

徐学兵.油脂化学[M].郑州:河南科学技术出版社,1999

张梅,周瑞宝等.醇法大豆浓缩蛋白酶法改性研究[J].中国油脂,2003,28(12):8～10

Kitamura,K.;Takagi,T.;Shibasaki,K:Subunit structure of soybean 11S globulin.[J] *Agr.Biol.Chem.*,1976,(40):1837～1844

周瑞宝,周兵.蛋白质的生物和化学改性[J].中国油脂,2000,25(6):181～185

周瑞宝,周兵.7S和11S大豆球蛋白的结构和功能特性[J].中国粮油学报,1998,(6):29～30

Kitamura,K.;Shibasaki,K:Isolation and Some physico-chemical properties of the acidic subunits of soybean 11S globulin.[J] *Agr.Biol.Chem.*1975,39:945～951

张红娟,周瑞宝.豫豆25　11S球蛋白凝胶性的研究Ⅰ,蛋白浓度和温度的影响[J].郑州工程学院学报,2003,24(1):6～9

J.A.Plant:Your Life in Your Hands.UK Virgin Publishing Ltd.2000.[8] [M] Albert Light.Protein Structure and Function.USA New Jersey Prentice-Hall,Inc.,(1974)

李娜,周瑞宝等.远洋船运对大豆质量变化的影响[J].粮食与经济,2005,(5):25～26

杜长安,陈福生.植物蛋白工艺学[M].北京:中国商业出版社,1994

张红娟,周瑞宝.pH值对11S球蛋白结构与凝胶性的影响[J].食品技术,2003,(5):26～30

管军军,周瑞宝等.提高大豆分离蛋白乳化性及乳化稳定性的研究[J].中国油脂,2003,28(11):83～89

Mohamed I.Mahmoud:Physicochemical and Functional Properties of Protein Hydrolysates in Nutritional Products [J] Food Technology 1994,10:89～94

张红娟,周瑞宝等.豫豆25　11S球蛋白凝胶性的研究Ⅱ,加热时间和中性盐的影响[J].郑州工程学院学报,2003,24(3):57～59

马宇翔,周瑞宝等.大豆分离蛋白在火腿肠中的应用研究[J].郑州工程学院学报,2004,25(1):55～57

尹春明,周瑞宝等.食品蛋白质与风味物质的结合作用[J].郑州工程学院学报,23(3):86～88

马宇翔,周瑞宝等.脂肪、盐和大豆分离蛋白对肉糜的影响[J].肉类工业,2004,(8):12～15

许大申,毕震.天然维生素E的存在及提取[J].中国油脂,1989,14(4):33～36

徐晨.大豆卵磷脂的提纯研究[J].天然产物研究与开发,1998,VOL,10(2):75～78

J.A.Plant:Understanding Preventing and Overcoming Breast Cancer [M] Your Life in Your Hands.UK Virgin Press.2000

Kudou,S.,Y.Fleur:Malonyl Isoflavone Glycosides in Soybean Seed (*Glycine max* Mrrill),[J] *Agric.boil.chem*.1991.55:2227～2233

J.Lin and C.Wang:Soybean Saponins:Chemistry,Analysis,and Potential Health Effects.SOYBEANS [M] USA AOCS PRESS p73～94.2004

崔洪斌.大豆生物活性物质的开发与应用[M].北京:中国轻工业出版社,2001

钮琰星,周瑞宝.酶水解蛋白的饮食治疗作用[J].粮食科技与经济,2001,(5):44～45

William J.Lahl and Steven D.Braun:Enzymatic Production of Protein Hydrolysates for Food Use [J] Food Technology 1994.94～1068

李桂华,赵斌.浓缩大豆磷脂制取工艺及设备的研究[J].中国粮油学报,2002,17(3):1

胡小泓等.从大豆油脱臭馏出物中制备维生素E工艺研究[J].中国油脂,2002,27(1)

李桂华,谷克仁等.高纯度大豆粉末磷脂制取工艺的研究[J].中国粮油学报,2002,17(5)

马剑文等.α-维生素E生产技术的研究发展[J].现代化工,1999,19(1):44

吴时敏.功能性油脂[M].北京:中国轻工业出版社,2001

谢文磊.粮油化工产品化学与工艺[M].北京:科学出版社,1998

王璋,许时婴等译.食品化学[M].北京:中国轻工业出版社,2003

李立特,王海.功能性大豆食品[M].北京:中国轻工业出版社,2002

李益新等.天然维生素E和植物甾醇及其提取[J].陕西粮油科技,1990,(1):16～23

第二十三章　菜用大豆

第一节　我国菜用大豆生产现状与发展对策

一、生产现状

　　菜用大豆,俗称毛豆,即当豆荚中青豆粒发育到荚宽度的 80% ~ 90%,豆粒之间几乎相连时,收获青豆荚作蔬菜食用,在日本称为"枝豆",在泰国称为"Turay"。菜用大豆富含蛋白质、磷、钙、铁和维生素 B_1、维生素 B_2,且淀粉、蔗糖、葡萄糖、果糖的含量比普通大豆高,而棉籽糖、水苏糖、粗纤维含量低。在加工食用方式上主要以青豆荚煮熟配以佐料(或直接)食用,也可用青豆粒与其他配菜搭配烹炒出各种菜肴;还可用青豆粒制作成豆腐、豆浆、冰淇淋、豆粉和风味小吃食品。由于菜用大豆具有营养丰富、香甜、可口、味美、食用方便等特点,这一蔬菜品种深受我国、日本和东南亚各国人民喜爱,具有良好的发展前景。

　　我国食用毛豆的历史较长,但毛豆生产、消费习惯都局限在少数地区,至 20 世纪 80 年代后,毛豆消费主要集中在长江流域中下游地区,以后才逐渐普及到中原、华南、西南等地。近几年,我国毛豆消费地区有不断扩大趋势,西北、华北、东北地区都形成了毛豆消费习惯。

　　近年我国菜用大豆的面积发展较快,年种植面积已超过 6.67 万 hm^2。商品率也不断提高,毛豆生产经营方式由过去的自产自销为主转变为城市蔬菜供给为主,并发展成为国有外贸企业、合资企业、独资企业同时经营、生产、出口的格局,产品既供内销又供出口;生产上种植使用的品种,由过去的地方品种,发展为以引进外地优良品种为主;新鲜毛豆上市的时间由过去的 3 ~ 4 个月,扩展到 7 ~ 8 个月,加上速冻菜用大豆,可保证周年供应。菜用大豆是一种公认的健康食品,随着消费的普及,我国毛豆种植区域和食用人群还会不断扩大。

　　自 1988 年开始台商、日商在福建沿海投资生产菜用大豆出口产品以来,菜用大豆出口量逐渐增加。由于生产出口菜用大豆经济效益好,种植区域扩展较快。不仅在福建,而且在浙江、江苏、安徽等地都建有出口基地。随着国内外市场对菜用大豆消费需求的增长,菜用大豆消费市场将扩展到我国香港特区及美国、新加坡、荷兰、加拿大、澳大利亚等国家。菜用大豆是一种劳动密集型农产品,我国菜用大豆出口竞争力强,前景良好。

　　随着菜用大豆产品出口需求量的增加和生产区域的扩大、国内消费水平的提高,对菜用大豆的品质要求越来越高,菜用大豆的内外品质直接关系到该产品在国际、国内市场上竞争力。因此,改良菜用大豆产品外观和营养成分十分重要。

　　国际市场对菜用大豆营养、外观、食用、保健品质都有要求。据 AVRDC 测定,一般菜用大豆的鲜籽粒营养品质为:糖 3.34%,蛋白质 13.6%,淀粉 3.36%,油分 6.32%,灰分1.48%,纤维 1.53%,无氮浸出物 10.65%;外观品质为荚淡绿色,荚上茸毛稀少灰白色,荚宽1.3 cm 以上,荚长 4.5 cm 以上,无伤害,2 粒以上豆荚少于 175 个/500 g,脐灰白色或淡褐色;短时漂煮 2 ~ 3 分钟,带有好的芳香味和甜味,口感柔软。菜用大豆成熟后,其籽粒的化学品质(以干基计)要求:蛋白质含量在 40% 以下,淀粉 0.8% 以上,总糖 1% 左右,粗纤维在 0.5%

以下。总之,衡量菜用大豆品质的主要指标是糖分和淀粉含量高,纤维素少,口感好。

目前我国已开始研究菜用大豆品质。例如,徐兆生等对鉴定筛选出的大荚大粒优良品种资源进行了品质分析,其中12份材料有一份或几份以上的性状表现优异,营养成分含量变幅为:干物质27.66%~44.2%,粗蛋白质10%~18.14%,淀粉3.69%~5.72%,维生素C 14.7~40.48 mg/100 g。黄建成对从台湾引进16份材料的品质分析变幅为:纤维素3.3%~5.21%,淀粉含量3.86%~5.63%,总糖含量4.83%~6.75%,脂肪含量3.74%~3.98%,蛋白质含量10.87%~11.23%,水分含量71.82%~73.2%。在外观品质研究方面,注重按出口品种的标准进行选择。

二、生产中存在的问题与发展对策

目前我国符合国际市场要求的菜用大豆单产较低,约5 t/hm²,而日本标准菜用大豆单产为8.4 t/hm²,台湾地区为6.9 t/hm²。产量低,效益低,生产发展必然受影响。我国菜用大豆品质差,发展不平衡,符合出口标准的菜用大豆所占比例低,除沿海地区引进部分国外或台湾地区优质菜用大豆品种外,其他地区多用普通大豆品种代替菜用大豆品种使用。我国菜用大豆栽培技术不完善,农民对技术掌握不熟练,种植品种使用不当;种子质量不高,老化问题严重。菜用大豆病虫害防治技术不过关,为减少虫食荚率,一般习惯在结荚期用药,又不注意农药品种选择,导致菜用大豆商品农药残留高。产业化程度低。产供销脱节,市场价格波动大,影响农民种植菜用大豆的积极性。

针对目前存在的问题,发展我国菜用大豆生产应采取如下对策。

一是加强宣传,引导消费,在菜用大豆消费还未形成习惯的地区,提倡消费,扩大消费群体,扩大消费市场。在对菜用大豆品质不重视地区,提倡消费优质菜用大豆。

二是加强优质菜用大豆品种选育,广泛引用国内外优质菜用大豆品种资源,在鉴定利用的基础上,开展优质菜用大豆新品种选育,在改良产量和适应性的同时,加强品质育种,选育符合国际、国内市场需要的优质菜用大豆新品种。重视菜用大豆新品种区域试验,对已有优质新品种(系)加快试验、审定,尽快为生产提供一批审定新品种。

三是加强优质菜用大豆栽培技术研究,在研究菜用大豆高产栽培技术、周年上市栽培技术的同时,重点研究菜用大豆无公害化栽培技术,保证菜用大豆食用安全,有条件的地区力争在3~5年创造出绿色、有机菜用大豆品牌。

四是加强菜用大豆新品种、新技术推广,加快新品种的引进、示范,建立菜用大豆种子生产基地,组织好跨区菜用大豆种子生产,保证新品种种子质量。尽快在菜用大豆主产区开展优质菜用大豆生产技术培训,普及菜用大豆栽培新技术。

五是加强菜用大豆产供销衔接,培育和扶持菜用大豆研究、生产、加工、贸易一条龙式经营的龙头企业,发展订单生产,产业化经营。

第二节　我国菜用大豆种植制度

韩天富(2002)全面总结了我国菜用大豆的种植制度,认为我国菜用大豆的种植形式有单作、间套作和田埂豆等。商品毛豆、出口生产多单作,农民自用多采用间套作。为提早上市,南方春播早熟毛豆普遍采用保护地栽培(陈宝宽,1997;刘建等,2000;顾和平等,2000)。

一、单　作

华南地区多在一年四季均可种植菜用大豆,但面积不大。在江浙、长江中下游一带,冬闲地上一般于2月下旬至4月初在露地或采用地膜覆盖方式播种春毛豆。不少地区也采用小拱棚栽培或在拱棚及塑料大棚中育苗,待苗龄25 d左右时移栽到铺有地膜的地里。单作春毛豆收获后,可种植水稻。夏毛豆在麦茬、油菜茬或果菜地直播,收获后可种植冬季作物(冬麦、油菜)。秋毛豆在早稻等作物收获后种植。中国南方毛豆主产区的播种期和采收期见表23-1。黄淮海地区夏大豆在冬麦收获后播种,春大豆则在冬闲地播种。东北地区及西部高原为一年一熟制,大豆在春季播种。保护地栽培现已成为中国南方商品毛豆产区春播毛豆的主要种植形式。以浙江省萧山市为例,2001年毛豆保护地面积达到3 520 hm²,占春毛豆总面积的62.34%。其中,小拱棚1 613 hm²,地膜直播1 907 hm²(萧山市农业局资料)。南方菜用大豆多采用畦作,黄淮海地区为平作,东北地区多采用垄作。

表23-1　中国南方3个地点菜用大豆的播种期和采收期

地　点	栽培条件	播种期	采收期	代表品种
福州(26°05′N)	露地栽培	2月上旬~3月中旬	5月底~6月下旬	AGS292
		5月下旬~6月中旬	8月中旬~9月初	楚秀
		7月中旬~8月上旬	9月下旬~10月中旬	AGS292
杭州(30°14′N)	露地栽培	3月底~4月初	6月中旬~下旬	台湾75、矮脚毛豆、AGS292
		7月下旬~8月下旬	10月上旬~11月上旬	AGS292
	小拱棚育苗移栽	3月底播种,4月20日前后移栽	6月中旬	AGS292
	大棚栽培	1月底~2月下旬	5月上旬~下旬	AGS292
南京(32°00′N)	露地栽培	3月底~4月初	6月中旬~下旬	AGS292
		6月20日前	出苗后65~70天	AGS292
	地膜覆盖	3月底	5月底~6月初	AGS292
	大棚	3月上旬	5月上旬	宁蔬60

二、间　套　作

在劳动力充足、人均耕地较少的地区,常采用间套作形式种植毛豆。早春毛豆可与小麦、棉花、春玉米、春花生及多种蔬菜间套作(褚洪观等,2000;施卫红等,2000;刘建等,2000)。夏、秋季毛豆可与棉花、玉米、花生、甘薯及其他蔬菜间套作。华北及东北地区有时采用毛豆与玉米间作的方式。在浙江、福建、湖南等地,小麦或大麦黄熟时,在其行间套种春大豆。大豆开花结荚时,再套种甘薯或秋玉米。江西采用小麦或大麦/春大豆—芝麻或红薯、油菜/春大豆—红薯、春玉米/春大豆—红薯等一年三熟制。浙江省兰溪市采用大豆与小麦、棉花套种的形式,6月下旬棉花封垄前采摘毛豆上市。南方部分地区采用木薯间种春大豆的形式,也可在茶、桑、幼龄果园及甘蔗田间作春大豆。甘蔗田套种春大豆,应选用早熟、中矮秆、耐肥、耐阴、株型紧凑、抗倒伏的品种。

三、田埂豆

田埂豆又称田坎豆或田塍豆,是中国古老的种豆方式。早在明正统六年(1441),安徽《和川志》中就提到田塍豆。此后至民国三十年(1941)的 500 年间,至少有 41 种地方志中有关于田塍豆的记载(郭文韬,1993)。田埂豆目前仍广泛分布于南、北方稻作区。田埂上通风透光好,养分和水分充足(当然也有重迎茬的问题),植株得到充分发育,单株产量高,品质好,是稻农的良好蔬菜。

第三节　菜用大豆品种

一、我国菜用大豆品种现状

为了满足国内外市场需求,针对我国出口菜用大豆品种研究处在起步阶段的特点,生产部门和科研单位密切配合,一方面对引进品种进行鉴定和推广种植,同时开展国内优良品种的鉴定和新品种的选育工作。我国近十几年来鉴定和选育了一批可用于国内市场,在不同产区不同季节栽培种植的春、夏、秋不同类型优良品种。例如:辽宁有辽鲜 1 号、辽鲜 2 号;山东有鲁青 1 号、山宁 8 号;山西有晋品 1 号、晋品 2 号、晋品 3 号,青大豆,晋特 1 号,黄大粒;安徽有特早 1 号,六丰,滁豆 1 号、滁豆 3 号、滁豆 4 号;江苏有宁豆 1 号,南农菜豆 1 号,海系 13,乌皮青仁,绿宝珠;浙江有毛蓬青 1 号、毛蓬青 2 号、毛蓬青 3 号,萧农 9708;上海有香水毛豆;湖北有中豆 30;湖南有 96-1、96-2,湘青;福建有青大粒 1 号、青大粒 2 号,大粒8721、大粒 8722,埂青 81、埂青 82,泉豆 8473 青等。

目前,在生产出口菜用大豆的主要产区(福建、浙江、江苏、安徽等),种植的品种大概可归为三类:①销往国际市场的主要品种有 AGS292、台湾 75、2808、日本矮脚毛豆等。②可供国内外市场销售的主要品种有 306、H95-1、绿宝、大粒豆、新绿青、楚秀、绿光、六月枯、菜豆 1号、菜豆 5 号、宁蔬 60 等。③满足当地市场多为地方大粒品种和北方引进早熟品种,如黑子五叶、六月白、萧矮早、辽鲜 2 号、引豆 9701、引豆 4 号、海龙香毛豆、龙品大粒、合丰 25、东农42、开交 8157、北丰 3 号等。

二、优质菜用大豆品种介绍

(一)台湾 75

从台湾省引进的菜用大豆专用品种。该品种具有荚大、色翠绿、清香可口、糯性极好等特点,是国内外市场销售和适宜速冻的优良品种。株高 60 ~ 65 cm,株型紧凑,耐肥抗倒,圆叶,有限生长型,单株结荚 18 个左右,分枝平均 3.5 个,白花,豆荚茸毛白色。干豆百粒重 30 g 以上,百荚鲜重 285 g。一般 667 m² 产鲜荚 700 kg。春季播种至采收鲜荚为 80 d 左右。

(二)新 六 青

该品种稳产高产,荚大,籽粒饱满,豆粒糯性较强,易熟,无豆腥味,蛋白质和脂肪合计含量为 65% ~ 66%。株高 70 cm,茎秆粗壮,单株结荚 20 ~ 25 个,荚型宽大,籽粒饱满,干豆百粒重 29 g,鲜豆百荚重达 235 g,每 667 m² 产鲜荚 850 ~ 1 000 kg,播种至采收鲜荚 90 d 左右。

(三)特早1号

1992年安徽农业大学与黑龙江省宝泉岭农科所合作选育出菜用大豆新品种特早1号。1997年通过安徽省审定。属有限生长型。生长势强,株高62.5 cm,开展度23 cm。圆叶。紫色花。分枝2~3个,单株结荚20个。茸毛棕色。每荚2~3粒种子,豆荚成熟整齐。易剥。豆粒色泽嫩绿。易煮烂,品质好。抗性强,耐肥水,适宜作早熟栽培。早熟性好,丰产性强,较耐低温。结荚节位低,表现出较强的早熟优势。作春季露地栽培时,开花期和始收期分别较对照合丰25提早1~3.7 d,早期产量增加48%左右。播种至商品成熟65~70 d,属极早熟类型品种。1995~1997年试验,单株荚数为24.1个,每荚粒数为2.8粒。鲜荚产量13.3 t/hm^2,较合丰25增产64.6%。豆荚饱满,粒大,品质佳,鲜食、加工皆宜,现已成为安徽省出口速冻菜用大豆的当家品种。单荚重2.1 g,鲜豆百粒重57.3 g,分别较合丰25增加23.53%和49.22%,出粒率也较对照提高16.56%,达到71.8%。

(四)AGS292

从台湾引进的菜用大豆专用型品种,早熟,品质优良,肉质脆嫩,风味清香,口感好。既可在国内鲜销,又可速冻加工出口。植株生长势强,株型紧凑,株高45~51 cm,主茎粗,直径为12~15 mm,节数9节,分枝不发达,有限结荚习性,结荚较密。单株结荚21.2~24.3个,单株豆粒数42.6~45.7,百粒重60.1~64.3 g。生育期85~95 d,从出苗至收嫩荚65~70 d,自嫩荚至老熟种子20~25 d。鲜荚色泽美观,2粒荚和3粒荚居多,豆粒饱满充实,商品性好,产量高,平均每667 m^{2}可产毛豆500~610 kg。可春季提早栽培,也可在秋季延后栽培。华东地区从2月初至3月底可分期播种,秋季播种在7月底或8月初,直接播种于大田。

(五)H8901

从日本引进,表现高产、优质、早熟、抗病等特点,具有较大推广前景。植株矮、结荚密,株高18~23 cm,最低结荚部位大约4 cm,分枝2~3个,主茎与分枝结荚密,结荚部位豆荚成簇,易采摘。单株有效荚25~32个,三粒荚比例较高达30%,豆荚比AGS292稍小,百荚鲜重260 g。鲜荚色翠绿,荚皮薄,荚形微弯,外观美。豆粒饱满,豆脐呈淡白色,易煮熟且无豆腥味。产量高,667 m^{2}产鲜荚700 kg左右。该品种开花成熟期早,播后35 d开花,72 d可采鲜荚。采摘期长,不易黄老,可进行分批收获,减缓豆荚上市压力。

第四节　菜用大豆生产技术

目前菜用大豆生产主要集中在我国南方,南方地区耕作制度复杂,复种指数高。在福建、浙江、江苏、安徽、湖南、湖北等主要产区以大田清种为主。一般每667 m^{2}产量为500 kg。在江苏省靖江市产量较高,调查结果,一般每667 m^{2}产量为700~900 kg,最高每667 m^{2}产量1 250 kg。大棚、中拱棚加覆膜保温栽培,667 m^{2}产量为500~750 kg,最高每667 m^{2}达到1 000 kg。保温栽培毛豆一般4月上旬或5月上旬上市,价格也比毛豆大量上市时高4~7倍,效益较高。间套栽培的经济效益也较好,如山东省泰安市在中拱棚内用菜用大豆与马齿苋套种栽培,一季667 m^{2}收大豆750 kg,马齿苋2 000 kg,产值达6 000元;南京市栖霞区的菜用大豆—丝瓜—茼蒿套种,云南的青菜—菜用大豆—青菜、水稻—菜用大豆、玉米(间大豆)—蔬菜等套种方式效益都可观。福建省进行了合理群体配制的研究,为高产优质菜用大豆生产提供了有效依据和措施。

一、菜用大豆高产高效栽培模式

目前菜用大豆种植在我国各地发展很快,除了正常的露地栽培外,为延长鲜毛豆上市时间,提高栽培效益,各地还正在发展冬季覆盖保温栽培。一般冬季大棚或小拱棚菜用大豆,每 667 m² 产量 500 kg 以上,每 667 m² 产值在 1 000 元左右。地膜菜用大豆每 667 m² 收入也在 800 元左右。

长江中下游地区是我国菜用大豆主要生产与消费地区,栽培模式多种多样。一是保温栽培,提早上市,利用大棚和小拱棚,分别在 1 月中下旬和 2 月上中旬播种,于五一前后和 5 月下旬上市。3 月中下旬用地膜栽培,于 6 月中旬上市,地膜大豆可与小麦、玉米、棉花等间作套种。二是正常播种,按时上市,春大豆于 4 月上旬至 5 月上旬播种,7 月上市,夏大豆 5 月中旬至 6 月中旬播种,8 月或 9 月上市,弥补秋淡。三是反季节种植,延迟上市,在早稻、地膜花生或春玉米收获后,翻秋种植一季菜用大豆,于国庆节前后上市。这样,推广多品种、多途径栽培,这一地区 1～8 月份均有菜用大豆播种,5～11 月份均有大豆鲜荚上市。

二、菜用大豆栽培技术

(一)选用良种

不同熟期品种搭配种植:在保温栽培中,目前仍以矮脚早、矮脚毛、北丰 3 号等极早熟或早熟品种为主,搭配 AGS292 等优质品种;在露地栽培中,目前以 H8901、辽鲜一号为主,搭配种植台湾 75、中豆 30 等品种,这些品种的干籽粒百粒重在 22 g 以上,荚大粒大,鲜荚采收期长,食用口感好。

(二)合理调整播种期

应根据当地气温、品种生育期、市场消费习惯和价格变化等,合理调整菜用大豆的播种期。一般露地播种,当气温稳定通过 10℃时,即可播种。

(三)搞好种子处理

种子在阳光下晒 1～2 d,过筛精选,拣除病粒、秕粒、虫伤或破损的种子。为预防褐纹病、白粉病的发生,可用 50% 福美双可湿性粉剂和 15% 的三唑酮可湿性粉剂加少量水拌种,两种药的用量均为用种量的 0.1%。晾干后播种,效果较好。

(四)选地、整地与施肥

菜用大豆对肥力水平要求较严,土壤过于肥沃,植株易旺长,枝长叶大,不抗倒伏,常出现授粉不良、花而不实的现象;土壤过于贫瘠,菜用大豆生长发育不良,产量不高,效益差。菜用大豆适于光照条件好、排灌方便、土壤肥力中等、土质疏松的地块种植,最好实行 2 年以上轮作。生产实践证明,连作的地块豆荚饱满程度差。

菜用大豆生育期很短,施肥要重施基肥。每 667 m² 施腐熟有机肥 2 000 kg、N、P、K 三元复合肥 25～30 kg、硫酸锌 2 kg、硼砂 2 kg 作基肥,或每 667 m² 用 50～100 kg 复合肥或尿素 15 kg、磷肥 50 kg 和钾肥 25 kg 作基肥。播种前要进行深翻晒垡,熟化土壤。基肥可结合整地施入。花蕾期再追 1 次尿素、花荚期施 1 次叶面肥即可满足菜用大豆一生的肥料需要。

(五)提高播种质量

培育壮苗最好采用条播法,在畦面上按行距开小沟,将处理好的种子均匀地播在小沟内,种间距离 3～3.5 cm,边开沟边播种。穴播时,穴距 20～30 cm,每穴 3～4 粒。下种后回土盖种,厚度 2 cm 左右,以不露种为宜。盖种过深,往往因湿度大、温度低而发生烂种。有条件的最好用腐熟的细厩粪盖种,有利于保水和防止土壤板结。

(六)合理密植

根据不同品种、不同播期,调整种植密度,一般极早熟或早熟品种密度应大,这类品种在保温栽培中每 667 m² 要在 2 万株左右,露地栽培在 3 万 ~ 4 万株,生育期较长、株型较松散的品种如台湾 75 不能超过 2 万株。夏大豆或秋大豆品种作毛豆种植,密度在 1 万株左右,春大豆翻秋种植,密度一般在 4 万株以上。

(七)加强田间管理

一要查苗补缺。出苗后要勤查看,发现因出苗差或地下害虫为害而造成的缺苗要及时补栽。补苗时最好选用营养袋苗或带土苗,尽量减少根系的损伤,并用细土封严,缩短缓苗期,尽可能使植株生长整齐一致。

二要早施提苗肥。早春土温较低,豆苗根系弱,根瘤菌活动能力差,不利于早生快发。出苗后 20 ~ 25 d,可追 1 次提苗肥,每 667 m² 用硝酸铵 5 ~ 7.5 kg,过磷酸钙 10 kg,促进根系生长。

三是重施结荚肥。开花前适当控制肥水,以防植株旺长,推迟花期和减少结荚的数量。开花期是菜用大豆的需肥高峰期,枝叶生长和开花结荚同时进行,吸收的肥料较多,要在开花初期及时追肥。根据苗的长势,每 667 m² 用 N、P、K 三元复合肥 20 kg、硫酸钾 10 kg,混合均匀后在株间打洞深施。施后及时浇水,有利于养分释放。

四可增施叶面肥和植物生长调节剂。苗期结合防病治虫,喷施植宝素、保得叶面增效剂、宝力丰等 3 ~ 4 次,可增强植株抗病力和抗逆性。开花结荚期喷施鑫壤、天达-2116 等 2 ~ 3 次,可有效地减少落花落荚,使荚粒饱满,荚粒数和粒重增加,连作地效果更为明显。

五要及时防治病虫害。定植后由于地温较低,常有立枯病发生,可用可杀得 2000 干悬浮剂 1 200 倍液或 75% 百菌清 600 倍液喷雾防治,间隔 5 ~ 7 d 1 次,连用 2 ~ 3 次,重点喷在豆苗根茎部;开花后由于枝繁叶茂,通透性差,常有白粉病和褐纹病发生,可喷施 12.5% 烯唑醇 1 200 倍液或 70% 甲基托布津 500 倍液进行防治,间隔 5 ~ 7 d 1 次,连用 2 ~ 3 次。虫害前期主要有蚜虫和跳甲,可用 5% 高效大功臣 1 500 倍液或 52.25% 农地乐 1 000 倍液喷雾防治;后期主要有豆荚螟,可用 35% 螟铃速杀 600 倍液或 52.25% 农地乐 1 000 倍液喷雾防治。有些年份会有斑潜蝇和红蜘蛛为害,可用 58% 绿旋风 800 倍液、0.5% 维多力 1 000 倍液或 5% 尼索朗 1 500 倍液喷雾防治,间隔 5 ~ 7 d 1 次,连用 2 ~ 3 次。

(八)及时采收

在豆荚由下至上逐渐膨大成熟后,选择豆荚饱满、仍为青绿色的豆荚收获。改一次采收为多次采收,最后一次收完。收获前,可清除下部部分老黄叶片,以改善田间通风透光条件。

三、菜用大豆覆膜栽培技术

在我国北部积温低的地区和长江流域地区早春播种菜用大豆,用地膜覆盖栽培技术,能大幅度提高大豆单产,提早上市,但相对大棚毛豆成本又要低得多。其主要原理是:一是能提早播种,延长大豆生长期,覆膜栽培播期一般较正常播期提早 10 ~ 15 d,如适当选用偏晚熟品种,这样大豆生长期将延长,有利于大豆增产。二是可增加土壤温度,保墒蓄水,覆膜后的耕层土壤温度较露地提高 2℃ 以上,水分增加 1% 左右。三是覆膜可抑制大豆苗期杂草,避免重复用药。四是覆膜能促进大豆营养生长和生殖生长,除了大豆生长速度加快,还能增加主茎节数和分枝数,增加叶面积,推迟叶片衰老。大豆开花与成熟相应提早 2 ~ 3 d,单株荚数和粒重都有所增加。覆膜菜用大豆要增产,一是要选用熟期适中的品种,如果要求早上市,则要选用早熟品种;为获得高产,中晚熟品种比较合适,一般比正常播种品种晚 10 d 左右的品种容易获得高产。二是播后覆膜前进行化学除草。三是要及时破膜,或扩孔放苗。四是重施叶面肥防早衰,一般应在分枝期和花荚期各用 1 次。

四、菜用大豆大棚栽培技术

长江流域地区,为在"五一"节前后有新鲜毛豆上市,可在冬季种植大棚毛豆,但该区域冬季气温低于大豆生长安全温度,需要用大棚覆盖。为提高大棚毛豆产量和效益,需要注意以下几点。

(一)品种选择

要选用对温度不敏感、耐低温的极早熟或早熟品种类型,如北丰系列、黑河系列品种,除要求早熟外,这些品种的干籽粒百粒重不应低于 25 g。

(二)适时早播

冬播,1 月上中旬至 2 月上中旬播种,播后用地膜覆盖,再加小拱棚保温。

(三)栽培技术要点

施肥:每 667 m^2 施复合肥 50 ~ 100 kg,或过磷酸钙 50 kg + 硫酸钾 25 kg + 尿素 15 kg。作基肥 1 次施用。

开厢:要求窄厢,根据小拱棚和地膜宽度开厢,一般厢宽(包沟)不超过 2m,厢长 20 ~ 30 m。厢沟深 18 cm,围沟宽 50 cm,深 40 cm。应排水良好。

播种量与种植密度:每 667 m^2 用 10 kg 种子,保苗 2.5 万 ~ 3 万株。行距 33 cm,穴距 24 cm,每穴下种 4 ~ 5 粒,留苗 3 ~ 4 株。

播种:土地平整、开好沟后,可挖穴播种,下籽后浅盖(盖土 3 cm 左右)。盖土后,用都尔等适于大豆使用的化学除草剂喷在厢面上,除草剂使用浓度参考说明书。

盖膜和加小拱棚:播后接着将地整平,再喷除草剂,然后铺平地膜,四周用土压严实。如果是冬播,还要搭盖小拱棚。每 667 m^2 用地膜 5 kg,农膜 10 kg。

控制温度:白天温度高于 20℃时,要适当开棚或揭膜,当晚上温度低于 16℃时,要及时关棚或盖膜。做到勤通风透气,通风量由小到大。

追肥与田间管理:现蕾至初花期,视植株长势追施尿素 1 ~ 2 次,每次用量 5 ~ 7 kg/667 m^2,撒施在植株周围。开花结荚期结合防治病虫害,可喷施叶面肥。视作物长势可同时使用植物生长调节剂 2 ~ 3 次。结合除草,可中耕 3 ~ 4 次。注意培土保苗。

采收:选择籽粒饱满、仍为青绿色的豆荚采收,为增加效益,提早上市,可分 2 ~ 4 次分批采收,最后 1 次收完。

病虫草害防治:大田直播田块在大豆播种后出苗前用乙草胺对水均匀喷施,封杀田间杂草。1 叶期时,每 667 m^2 用 2.5% 盖草能 50 ml 加 40% 苯达松 150 ml 加水喷雾。危害毛豆的病害主要有猝倒病、茎腐病、霜霉病、疫病、锈病和白粉病等。防治方法:2 ~ 3 叶时用甲基托布津或多菌灵等,对叶面喷施 1 次,现蕾前后,交替用药 1 次,盛花期用药 1 次,或用 25% 粉锈宁 2 000 倍液或 58% 甲霜灵·锰锌可湿性粉剂 500 倍液防治 1 ~ 3 次。为害毛豆的虫害主要有蜗牛、黄曲跳甲、豆荚螟、红蜘蛛和蚜虫等,可用"密达"杀蜗牛,用敌敌畏1 000倍液或杀螟乳油1 000倍液等防治黄曲跳甲、豆荚螟等,每2周用药1次,注意交替用药。也可用菊乐全酯2 500倍液防蚜虫和用21%增效氰·马乳油500倍液防治豆荚螟。要选用高效低残留农药,在毛豆上市半个月前停止用药。

五、红壤稻田春种菜用大豆高产高效技术

菜用大豆营养丰富,内在品质佳,既可鲜食,又可速冻出口创汇。利用部分稻田发展菜用大豆生产,有很好的经济效益和社会效益。红壤稻田种植结构调优,种植菜用大豆是一种比较好的选择。针对红壤稻田的肥力特点,选用耐瘠菜用大豆品种,采取适宜栽培技术,可充分发挥菜用大豆的增产、增收效果。

(一)选用良种

要选用耐瘠、单产潜力高、品质佳、商品性好的优良菜用大豆品种,在长江中游地区,尤其以干籽粒和鲜食两用大豆良种为佳,可降低市场风险,即若遇上青荚菜豆滞销或积压时,则可收获干豆。若选用早熟品种,则可在端午节前后采摘青荚上市,价格较高。

(二)精心选地与整地

选择耕层深厚、疏松、肥力中上、地势较高、排水便利的红壤稻田。大田在播种或移栽前进行全田深耕翻20~25 cm,为改善稻田土壤理化特性,最好进行冬季晒垡。耕前每667 m² 施用优质厩肥1 000~2 000 kg和氮磷钾三元复合肥20 kg作基肥,耙碎整平,开好围沟和腰沟,然后做宽1.8 m(含厢沟宽25 cm)的窄厢备用。

(三)适期播种

长江中下游地区露地直播可于4月初开始分批播种。每10天播1批,或不同熟性的品种早、中、晚搭配种植,有利于毛豆均衡上市,达到高产高效目的。同时,毛豆上市时间还不影响晚稻栽插。

(四)合理密植

采用宽行窄株距种植,行距30 cm,株距3~5 cm,条播。穴播时,穴距20~30 cm,每穴播种3~4粒,留双苗或3苗。根据品种的特性,选择适宜的种植密度,肥力较差的红黄壤稻田,密度应适当加大。

(五)科学施肥

为达到高产优质的目的,一般中等地力的红壤稻田,除重施基肥外,在大豆3叶期每667 m² 可施尿素10 kg和氯化钾5 kg,开花初期追施氮、钾(尿素:氯化钾1:1)复混肥20 kg,后期补施鼓粒肥,以确保结荚率、成品率和产量。肥力差的红壤稻田,施肥量应适当加大。

六、菜用大豆种子秋繁高产技术

菜用大豆如果在南方地区春季繁种,由于成熟和收获时正值夏季高温多雨季节,种子活力极低,几乎没有发芽能力,这几乎是所有优质有用大豆品种的共同特点,菜用大豆秋繁,大豆在秋高气爽的中秋时节成熟、收获,种子活力高,用于翌年春播大豆种子,易于全苗。为提高菜用大豆秋繁产量,应注意以下几点。

一是要提早播种。长江流域应在7月中旬前,华南地区可在8月中旬前,播种太晚,光照太短,大豆营养生长时短,生长量明显不足,不利于高产。

二是要重施基肥。秋植大豆生育期较同品种春播生育期短 20 d 左右，施肥以速效肥基为主，一般每 667 m² 施复合肥 25 kg，开花后追施 5 kg 尿素，花荚期再喷 1~2 次叶面肥。

三是要密植。秋植大豆密度一般较春播大豆高 1 万~2 万株/667m²。

四要及时灌水。在播种后如土壤墒情不足，应及时浇灌出苗水，以后如遇干旱，每周应灌水 1 次，灌水量以刚漫上厢面为宜，灌后还要及时排干厢沟中的积水。

五要注意防治病虫害。秋季气温高，病虫害多，特别是食叶性害虫和豆荚螟为害严重，应注意防治。

六要及时收获。春大豆品种秋植，成熟时气候干燥，易炸荚，应在大豆叶片还没有完全落光前开始收获。

参 考 文 献

常汝镇.菜用大豆的生产、贸易和研究.世界农业,1994,(4):30~32

常汝镇主编(农业部种植业司组编).中国大豆品质区划.农业出版社,2003

陈宝宽.毛豆保护地栽培.上海蔬菜,1997,(1):25

陈年镛等.菜用大豆"楚秀"高产栽培技术.大豆通报,1998,3:6~7

褚洪观等.棉田新三熟菜毛豆/棉花/春包心菜.上海农业科技,2000,(2):58

丁秀琦.高海拔冷凉地区菜用大豆生长发育与栽培密度.蔬菜,1997,(5):16~18

顾和平等.南方菜用大豆的多季栽培.上海蔬菜,2000,(2):27~28

顾卫红等.菜用大豆的国际需求及科研生产动态.上海农业学报,2002,18(2):45~48

管耀祖等.优质菜用大豆的筛选研究.大豆通报,1997,(1):33~34

郭文韬.中国大豆栽培史.河海大学出版社,1993

韩立德等.菜用大豆感官品质性状遗传变异及品质育种目标性状分析.植物遗传资源学报,2003,4(1):16~21

韩立德等.夏播菜用大豆感官品质鉴定的研究.大豆科学,2003,22(1):27~31

韩天富.中国菜用大豆的种植制度和品种类型.大豆科学,2002,21(2):83~87

华金渭等.秋毛豆品种简介.上海蔬菜,1996,(1):14

李莹等.菜用大豆新品种选育鉴定及评价.山西农业科学,2000,28(1):28~30

林昌庭等.菜用大豆不同种源的种子对比试验.大豆通报,2003,(3):7

刘建等.适用于两段春玉米同钵种植的春毛豆品种筛选[J3].江苏农业科学,2000,(2):33~35

施卫红等.黄皮洋葱—夏大白菜—毛豆高产高效栽培.上海蔬菜,2000,(1):20~21

王丹英,汪自强.播期、密度、氮肥用量对菜用大豆产量和品质的效应.浙江大学学报(农业与生命科学版),2001,27(1):69~72

王勤海等.台湾292菜用大豆.上海蔬菜,1997,(3):12

王素等.菜用大豆种质资源园艺性状鉴定和优异资源筛选.作物品种资源,1996,(2):14~16

武天龙等.菜用大豆粒荚选择标准研究.大豆科学,2000,19(2):184~188

席银森.菜用大豆育苗移栽早熟高产栽培技术.中国蔬菜,2002,5:40~41

肖国滨等.红壤稻田春种菜用大豆高产高效技术.中国蔬菜,2001,4:43~44

徐树传等.福建省菜用大豆生产与研究动态.大豆通报,1995a,(2):28

徐树传等.白毛豆292性状特征及高产栽培技术.大豆通报,1995b,(5):15

杨家银等.菜用大豆品种改良中几个问题的探讨.种子,1998,(4):55~56

张磊等.毛豆新品种新六青的开发和利用.大豆通报,1998,(6):23

周黎丽等.南京市引进筛选的几个毛豆品种及其栽培技术.长江蔬菜,1999,(11):9~10

朱国富等.东北大豆作为毛豆品种引种到南方后有关性状的变化.大豆科学,1999,18(4):336~341

第二十四章　大豆生物技术研究

　　大豆生物技术是以大豆为研究对象,以解决育种和生产中的理论和实践问题为目标,包括基因工程、细胞工程、蛋白质工程等现代生物技术的综合性技术体系。大豆生物技术研究中所用的技术方法以基因工程发展最快。大豆生物技术的深入研究与利用,能够实现对大豆优异基因的定向操作和品种的定向遗传改良,加速大豆新品种的培育。

第一节　大豆基因组及基因功能研究

　　大豆基因组研究是大豆生物技术研究的重要组成部分,是从分子水平上了解大豆的重要支撑。解析与大豆重要农艺性状相关的基因及其功能将为定向改良提供重要的理论依据。

一、大豆基因组研究

　　我国大豆结构基因组研究成果是由中国科学院遗传与发育研究所陈受宜研究员领导的实验室取得的。她们利用科丰1号2周龄幼苗构建文库(Heetal,2003)测定了29 540条EST,结合国际GenBank中的284 717条大豆EST进行分析,共组装出56 147个不重复基因序列(Tianetal,2004)。通过EST和BAC-跨叠群的分析表明,大豆基因组总的基因数目约为63 501个(Tianetal,2004)。

　　(一)基因组的序列特征

　　1.GC含量　　生物基因组的GC含量变化很大,从原核生物只有22%到真核生物高达68%。大豆、拟南芥和蒺藜苜蓿各500 bp的不重复基因分析表明,GC含量分别是0.43、0.44、0.4;在基因组序列中的GC含量也很相似,3个物种分别是0.35、0.36和0.34(Tianetal,2004)。

　　2.SSR组成及其分布　　大豆56 147个不重复基因由7 559 020 bp大豆基因组序列组成。大豆EST和基因组序列中的SSR分别为3 383和1 908,EST中所含数量大于基因组的不合理现象是因为数据库中大豆基因组的序列较少所致。在蒺藜苜蓿中,34 262个不重复基因和26 291 568 bp基因组序列分别有2 479个和3 175个SSR。拟南芥基因组包含的基因数为27 159个,基因和基因组中SSR的数量分别是3 692个和14 229个,这一数据是符合实际的,因为拟南芥的全基因组序列已经公布。EST中的SSR平均距离在大豆、蒺藜苜蓿、拟南芥3个物种是相似的,分别为10.33 kb、9.45 kb和9.38 kb。而在基因组中的SSR距离,大豆(3.96 kb)仅为蒺藜苜蓿(8.28 kb)和拟南芥(8.11 kb)的一半。3个物种SSR的重复序列以2个碱基和3个碱基居多,且在EST和基因组中表现一致。在EST中,大豆和蒺藜苜蓿的最多重复单位是AG,拟南芥是GAA。但3个物种基因组的最多重复单位都是AT(Tianetal,2004)。

　　(二)大豆不重复基因(UNIGENE)

　　1.基因组成的同源性　　根据314 257条EST序列,Tian et al(2004)共组装出56 147个不

重复基因序列。在大豆不重复基因中,与拟南芥(*Arabidopsis*)的蛋白质数据库和蒺藜苜蓿(*Medicago truncatula*)34 262 个不重复基因进行比对,当望值小于 1.0E-1 时,与拟南芥有同源性的基因占 76.92%,与蒺藜苜蓿有同源性的基因占 81.56%。随着 E 值降低,大豆不重复基因与拟南芥和蒺藜苜蓿基因的相似性频率降低。当 E 值小于 1.0E-180 时,只有 1.8%大豆不重复基因与拟南芥蛋白质有同源性,2.33%与蒺藜苜蓿不重复基因有同源性(Tian et al,2004)。

在大豆与拟南芥有同源性的 43 187 个基因中,50.7%的基因与拟南芥蛋白分类有显著匹配,其他 49.3%的基因与拟南芥蛋白分类无显著匹配。大豆不重复基因比例最大的五类功能基因是细胞、细胞生长或维持、酶、细胞信号和结合类基因,这五类基因也是拟南芥的蛋白组和不重复基因中最多的(Tian et al,2004)。

2. 各类基因的特点　利用组装的 56 147 个不重复基因序列,Tian 等(2004)将大豆的几类基因与拟南芥进行了比对分析,包括转录因子、抗病基因、大豆特有基因、受水杨酸(SA)调节基因等。

(1)转录因子　大豆不重复基因中有 1 322 个转录因子(TF),与拟南芥的 1 533 个 TF 和水稻的 1 306 个 TF 相似。TF 可以分成几个家族,其中,大豆 MYB 家族的数目与拟南芥相似,但高于水稻;BZip 家族的 TF 数目是拟南芥和水稻的 2 倍;同样,WARKY 家族成员也远高于拟南芥和水稻。然而,C2H2 锌指和 MADSbox 家族的数量与拟南芥和水稻相比是非常少的。大豆还有 41 个 TF 成员属于 GATA/CO 类,比拟南芥(61 个)少,但比水稻(31 个)多(Tian et al,2004)。

(2)抗病基因　大豆不重复基因中有 326 个抗病基因,其中,79.8%含有 Toll/I1-1 receptor(TIP)、NBS 或 LRR 结构域,远比拟南芥(http://www.Igr.org/tdb/e2k1/ath1/disRgenes.html)中鉴定出的 193 个要多(Tian et al,2004)。

(3)大豆特有基因　在大豆不重复基因中,有 12 927(23.0%)个是大豆特有的,只有 331 个与 GENEBANK 的序列比对有显著的相似性(E 值 < 1.0E-10),其中,111 个不重复基因可以分成信号传导(21 个)、根瘤(16 个)、酶(44 个)、细胞壁(11 个)、蛋白酶抑制剂(7 个)、种子蛋白(12 个)六类基因,189 个序列编码假定蛋白,其余 31 个序列可能是污染的序列。根瘤类的基因都参与根瘤发育、氮固定与共生调节,这些基因可能在其他科植物中已经丢失。种子蛋白类基因中包括编码种子储藏蛋白的基因。酶类基因中包括多酚氧化酶基因,多酚氧化酶造成食草动物的消化不良,此酶存在于番茄和许多植物中,但在拟南芥中不存在(Tian et al,2004)。

(4)受水杨酸(SA)调节的基因　在 SA 处理文库中,与 GenBank 中 50 多个大豆文库比较发现,其特有跨叠群是 49 个。与拟南芥的蛋白质数据库对比,29 个跨叠群具有很高的相似性,其中 19 个跨叠群编码未知蛋白、2 个跨叠群是结合蛋白、1 个跨叠群是细胞蛋白、2 个跨叠群是细胞生长和维持蛋白、4 个跨叠群是酶和代谢蛋白、1 个跨叠群是转录蛋白(Tian et al.,2004)。

组成上述跨叠群的 EST 只在 SA 诱导下表达,而在正常生长条件下不表达,代表信号传导、抗病、防御反应、胁迫反应、RNA 代谢、蛋白质合成和加工的 103 个 EST,用点杂交方法研究 SA 诱导表达模式。结果表明,有 8 个 EST 为上调表达而 4 个表现为下调表达。上调表达基因编码的产物为:致敏因子 Pti1,与 zucchini 黄化花叶莠病毒作用的 poly(A)结合蛋白,

AUXIN 反应因子结合的转录因子,水分胁迫下参与脱落酸生物合成的酶(cis-epoxy-carotenoiddioxygenase),抵抗植物病原的 snakin-1,水分通道蛋白,转录起始因子 SU1 和翻译起始因子(TIF)。下调基因编码的产物包括:蛋白质合成因子 eIF-4C,PP7,Leucine zipper 蛋白,1个与脱落酸、胁迫和成熟诱导(ASR)相似蛋白(Tian et al,2004)。

二、大豆基因分离及其功能研究

我国大豆基因分离基本上采用的是比较基因组学和筛选文库的方法。关于已分离基因的研究多以表达分析为主或转入模式植物,而直接转入大豆检测其分离基因功能的报道很少,主要原因是难以建立大豆转化系统。

(一)大豆生长发育相关基因

从人工诱导衰老的大豆叶片中克隆 LRR 型类受体蛋白激酶基因 rlpk2(GenBank 登录号:AY687391),无论是人工诱导衰老系统还是叶片自然发育过程中,该基因在大豆叶片中的表达水平都表现出明显的衰老上调趋势。利用 RNA 干扰技术(RNA interference,RNAi)"敲减"(knock-down)该基因,可以明显延缓转基因大豆叶片无论自然发育还是营养缺乏胁迫引起的衰老进程。研究表明,转该基因植株叶片具有比较致密的表面结构及较高的叶绿素含量(李小平等,2005)。

在自贡冬豆成熟花的 cDNA 文库中筛选到 MADSbox 基因家族的一个成员 GmNMH7 基因,与大豆光周期反应、成花诱导及花器官发育有密切关系,在大豆顶端分生组织分化过程中的表达受光周期调控。推测 GmNMH7 基因在上述过程中可能发挥着类似于分生组织特征基因的作用(马启彬等,2003)。

赵洁平等(2001)研究表明,固氮正调节基因 nifA 不仅调节 nif/fix 基因的表达,同时也可能调节包括根瘤形成和维持根瘤功能中的一些基因。向大豆根瘤菌 Sinorhizobium fredii HN01 中引入额外组成型表达的肺炎克氏杆菌(Klebsiella pneumoniae) nifA,比野生型大豆根瘤菌具有更高的结瘤因子活性,推测 nifA 可能作用于根瘤菌的结瘤因子合成阶段。由于结瘤因子是诱导宿主形成根瘤的主要信号分子,而结瘤过程具有自我调节作用,植株一旦结瘤就会抑制进一步结瘤。因此,引入固氮正调节基因 nifA 有可能提高结瘤效率。

(二)大豆抗逆相关基因

1. 大豆抗病相关基因　杨秀红等(2005)从大豆抗疫霉根腐病品种绥农 10 号中克隆了 NBS 类大豆抗病相关基因 SR1(GenBank 登录号:AY193892),基因编码产物具有 TIR、NBS、LRR、HD 等一系列抗病基因的保守结构域。SSR1 基因(或其同源基因)在大豆中具有 2~4个拷贝,为低丰度组成型表达,其表达不受病原菌接种和水杨酸的诱导,亦无组织特异性。构建 CaMV35S 启动子的 SR1 正反义植物双元表达载体 pBISR1(+)和 pBISR1(-),通过根癌农杆菌叶盘转化烟草 Havana 425,获得的转反义基因株系和未转基因株系均轻微感病,而转正义基因株系始终没有出现感病症状(林世锋等,2005)。

王邦俊等(2003)克隆了 KR3 基因的全长 cDNA,长度为 32 353 bp,编码 636 个氨基酸,翻译的蛋白质在结构上与烟草抗花叶病毒 N 基因蛋白有较高的同源性,具有 Toll/白细胞介素-1 受体(TIR)、NBS 等抗病基因的分子特征。KR3 在基因组中为低拷贝,其表达受外源水杨酸的诱导。此外,从大豆抗花叶病毒品种科丰 1 号鉴定出与抗病基因 NBS 结构域同源的4 个片段,包括 KNBS1,KNBS2,KNBS3 和 KNBS4。这些 NBS 类抗病基因在大豆中为多拷贝家族。利用 RFLP 分析将 KNBS4 定位于 F 连锁群,而 KNBS2 则与大豆抗花叶病毒基因 Rsa 的 SCAR 标记同位于 J 连锁群。Northern 分析表明,KNBS2 类在大豆的根、茎和叶中为低丰度组成型表达(贺超英等,2001)。

2. 耐非生物胁迫相关基因　　大豆 *SbPRP* 基因编码一个由 25 个氨基酸组成信号肽的具 126 个氨基酸的蛋白质,其成熟蛋白具有典型的双模块结构,包括富含脯氨酸结构域(17 个氨基酸)和 1 个长的疏水的富含半胱氨酸的结构域(84 个氨基酸)。*SbPRP* 的表达具有明显的器官特异性,即叶中大量表达而根中不表达;其表达不仅对水杨酸处理作出迅速应答,而且也可对接种大豆花叶病毒 Sa 株系及其他非生物胁迫如盐和干旱有应答作用(贺超英等,2001)。

多胺与植物耐逆性相关。从科丰1号中克隆的大豆S-腺苷蛋氨酸脱羧酶基因(*GmSAMDC1*)。在 *GmSAMDC1* 的第二个内含子发现 1 个 SSR,用这个 SSR 将 *GmSAMDC1* 定位在 D1 连锁群上。Northern-blot 分析表明 *GmSAMDC1* 受盐、干旱和冷胁迫诱导表达,暗示 *GmSAMDC1* 可能参与应答多种胁迫反应(Tian et al,2004)。

大豆质膜 Ca^{2+}/H^+ 逆向转运蛋白基因 *GmCAX1* 在所有的器官中都表达,但以根中的表达丰度较低,该基因被定位在质膜和表皮细胞上。过表达 *GmCAX1* 的拟南芥植株积累较少的 Na^+、K^+、Li^+,与野生型拟南芥相比,转基因植株在萌发阶段耐较高水平的 Na^+、K^+、Li^+。GmCAX1 可能执行运输 Na^+、K^+、Li^+ 的功能,从而调节细胞内的离子平衡,提高耐盐性(Luo et al,2005)。

(三)大豆其他基因的分离

阚云超等(2002)从栽培大豆中克隆了亲环蛋白基因(*GmCyp1*),该基因编码的氨基酸与菜豆的亲环蛋白质序列的同源性达 91%。Southern 杂交结果表明,*GmCyp1* 以一小家族存在。用来源于酵母细胞壁成分的激发子处理大豆悬浮细胞,发现 *GmCyp1* 的表达在所观察的时间范围内没有明显的变化,表明 *GmCyp1* 的表达受生物因子的影响较小。

陈功友等(2005)从大豆斑疹病菌(*Xanthomonas axonopodispv glycines*,Xag)中克隆了 402 bp 的 hpa1 同源基因,构建于表达载体 pET30(a)上经转化大肠杆菌 BL21 菌株,获得基因工程菌 BHR-3,诱导后的表达蛋白富含甘氨酸,不含半胱氨酸,对热稳定,对蛋白酶 K 敏感,可在非寄主烟草上激发过敏反应。激发的过敏反应需要植物体内水杨酸的积累,还可被真核生物代谢抑制剂抑制。该基因与 Xag 中 hpaG 基因相同,与其他黄单胞菌中的 hpa1 基因有 51.4% ~ 93.8% 的同源性,与其他革兰氏阴性植物病原细菌的 harpin 编码基因无同源性。

Tian et al(2004)从大豆中获得的 Pti1 同源基因 GmPti1,与番茄的 Pti1 和 2 个大豆的 sP-ti1s 序列同源性分别为 68% 和 65%。与 sPti1s 相比,GmPti1 具有自身磷酸化的能力。研究表明,GmPti1 的表达受水杨酸和伤害诱导。

徐妙云等(2005)通过对大豆 24 kDa 油体蛋白基因不同缺失片段载体的表达分析,发现仅有 N 端缺失的 24 kDa 油体蛋白基因片段在宿主细胞 BL21(DE3)和 Rosseta(DE3)中有重组油体蛋白积累,这说明 24 kDa 油体蛋白的对细菌细胞有毒害作用的仅仅涉及第 53 位到 131 位疏水区中的前 22 个氨基酸残基。

3 个全长的 1,5-二磷酸核酮糖羧化酶小亚基(EC4.1.1.39)基因 *rbcS*,在大豆中由 4 ~ 8 个成员的基因家族编码,rbcS 的表达具有明显的器官特异性,在叶片中表达量极高而在根中检测不到。rbcS 基因对许多外界因子如水杨酸、盐胁迫和干旱处理具有明显的应答反应,但不同浓度的水杨酸和 NaCl 对 rbcS 基因的转录有不同程度的诱导。rbcS 基因表达量分别在 2 mmol/L 的水杨酸和 0.4%NaCl 处理 24 h 时最高,为相应对照的 2.5~3 倍。rbcS 的转录具有明显的昼夜节律变化,而且这种节律受低温和光照的影响(贺超英等,2001)。

(四)大豆调控元件

1. 转录因子的分离　转录因子是大豆性状表达的重要调控元件。王巧燕等(2005)从大豆耐盐品种铁丰 8 号中克隆 DREB 基因 GmDREB5。该基因编码 309 个氨基酸,具有典型的 AP2/EREBP 保守结构域,属于 AP2/EREBP 类转录因子中的 DREB 亚族,与 Genbank 登录的 DREB 基因同源性不高,属于新基因。酵母转录激活实验证明,该基因可以与 DRE 顺式作用元件特异结合,并具有转录激活活性。Li et al(2005)从大豆中克隆了 3 个 EREBP/AP2 类转录因子基因:*GmDREBa*、*b* 和 *c*,在大豆叶和苗中,*GmDREBa* 和 *b* 均受干旱、高盐及低温诱导,但是在上述胁迫下,*GmDREBc* 仅在根中受诱导。35S 启动子驱动下过量表达 *GmDREBa* 的转基因拟南芥虽然提高了耐逆性但表现严重矮化,因此在耐逆基因工程中的运用尚需改造转化载体。

2. 启动子的分离　财音青格乐等(2005)从大豆品种吉林 43 中分离到大豆 β-伴球蛋白 α-亚基基因启动子片段(BCSP666),与其他两个大豆种子特异性启动子——β-伴球蛋白 α′-亚基基因启动子片段和 β-伴球蛋白 β-亚基基因启动子片段在列序结构上有很大的相似性,并具有多种种子特异性启动子所特有的序列元件,推测该启动子片段具有种子特异性启动子活性。将启动子片段 BCSP666 与 Δ6-脂肪酸脱氢酶亚油酸脱氢形成 γ-亚麻酸的限速酶——深黄被孢霉 Δ6-脂肪酸脱氢酶基因(MID6D)连接,构建种子特异性表达载体 pBMI666,通过农杆菌介导法转化大豆子叶节,在转基因愈伤组织中表达了脂肪酸脱氢酶基因(MI D6D),获得 γ-亚麻酸,初步验证了启动子片段 BCSP666 的启动子活性。

(五)大豆代谢酶基因的分离

1. 线粒体 ATP 酶　贺超英等(2001)从栽培大豆中分离鉴定了 mtATPase 第六亚基(EC3.6.1.34)基因(*atp6*),它编码具有 223 个氨基酸的 ATP6 亚基,是所有已克隆的 *atp6* 基因中最短的一个,其表达在水杨酸处理下明显受到抑制。

2. 二酰甘油乙酰转移酶　Wang et al(2006)克隆一个大豆三酰甘油合成途径中一个重要酶二酰甘油乙酰转移酶基因 GmDGAT。比较 13 个大豆品种中 GmDGAT 的氨基酸序列表明,GmDGAT 是高度保守的,仅在 N-端区域发现几个氨基酸的插入/缺失,在 C-端有一个对栽培大豆和野生大豆特异的单个氨基酸突变。表达分析表明,GmDGAT 在大豆的荚发育后期的表达丰度较高。

3. 蛋白激酶　宋爽等(2002)从大豆叶片中克隆到两个可能的类受体蛋白激酶基因片段。对其表达特性初步研究,发现这两个基因可能参与了对大豆叶片衰老和/或细胞分裂素延缓衰老过程的调节机制。大豆丝氨酸/苏氨酸蛋白激酶基因 GmAAPK 已定位在 D1a + Q 连锁群,在所有器官中都表达,但以子叶中表达水平最高;其表达受 PEG, ABA, Ca^{2+} 和 Na^+ 诱导,但不应答冷胁迫,暗示 GmAAPK 可能参与大豆渗透胁迫调节通路(Luo et al,2006)。GmHZ1 基因具有亮氨酸拉链同源域,在 SMV N3 菌株侵染后的抗病品种中的表达水平降低,而在 SMV N3 菌株侵染后的感病品种中的表达水平提高,用融合蛋白(GmHZ1-GFP)将其定位于细胞核内,能与两个 9-bp 假回文序列结合且具有转录激活活性(Wang et al,2005)。

4. S-腺苷甲硫氨酸脱羧酶　Tian et al(2004)克隆了一个多胺合成途径中的一个关键酶

S-腺苷甲硫氨酸脱羧酶基因 GmSAMDC1，其他与植物 SAMDCs 的比较发现，GmSAMDC1 有几个保守的结构域，如酶原裂解位点和 PEST 序列。在 GmSAMDC1 的第二个内含子发现一个 SSR，用这个 SSR 将 GmSAMDC1 定位在 D1 连锁群上。Northern-blot 分析表明，GmSAMDC1 受盐、干旱和冷胁迫诱导表达，暗示 GmSAMDC1 可能参与应答多种胁迫反应。

第二节　大豆分子遗传图谱绘制及基因定位研究

大豆遗传连锁图谱的绘制及抗病虫、抗逆、高产、优质、营养高效基因的标记和定位，是开展分子标记辅助选择和实施大豆分子育种的基础。

一、大豆分子遗传图谱构建

第一个大豆分子连锁图谱是张德水等（1997）用栽培大豆长农 4 号和半野生大豆新民 6 号 F_2 群体构建的，以 RFLP 标记为主，继而，刘峰等（2000）应用上述同样亲本的 F_8 代重组自交系，构建了一张较高密度的遗传图谱。用栽培大豆科丰 1 号×南农 1138-2 的 $F_{7:9}$ 群体构建了含 24 个连锁群，总长度为 2 320.7 cm 的遗传图谱（Zhang 等，2004）；利用科丰 1 号×南农 1138-2 重组自交家系经符合性测验调整后的群体构建的含 21 个连锁群、总长度为 3 595.9 cm 的遗传图谱（吴晓雷等，2001；贺超英等，2001；王永军等，2003），这也是国内分子标记最密集的图谱。其他的图谱有晋豆 23×灰布支黑豆组合 F_{10} 的 RIL（宛煜嵩等，2005；吕蓓等，2005）、科新 3 号×中黄 20 的 F_2（杨喆等，2004）绥农 14×绥农 20 组合 F_2（朱晓丽等，2006）、Charleton×东农 594 组合 $F_{2:10}$ 的 RIL（陈庆山等，2005）等 3 个不同群体构建了 6 张遗传图谱。与国外遗传图谱相比，国内构建的大豆遗传图谱存在着标记数偏少，有些区段标记间距离偏大等问题。

二、大豆重要性状的标记和定位

（一）抗病虫相关基因分子标记

1. 大豆胞囊线虫抗性基因标记　大豆胞囊线虫（Soybean cyst nematode，SCN）为土传的定居性内寄生线虫（*Heterodera glycines* Ichinohe），是对大豆生产危害最大的病害之一。在我国主要有 1 号、3 号、4 号生理小种。以晋豆 23（感）×灰布支黑豆（抗）组合 F_2 群体对大豆胞囊线虫 4 号生理进行抗性标记研究，蒙忻等（2003）在抗性基因 *rhg1* 和 *Rhg4* 分别所在的 A 和 G 连锁群共检测到 3 个 QTLs，可解释表型变异的 33.33％。王惠等（2005）对辽豆 10 号（感）×小粒黑豆（抗）组合 F_2 代进行 RAPD 分析，筛选到一个与大豆胞囊线虫 3 号小种抗性基因相关的特异性 DNA 片段 $S11_{700}$。王永军等（2000）用组合 RNg（抗）×7705（感）进行 SCN1 号小种的抗性基因 RAPD 标记鉴定，只在感病亲本、BC1F2 家系 11 和 43 个感病单株中扩增出 $OPA019_{1200}$，表明这个片段可能与感病基因有关。

2. 大豆花叶病毒病抗性基因分子标记　针对我国各地不同的大豆花叶病毒（SMV），已定位了不同的抗性基因标记。张志永等用科丰 1 号（抗）×南农 1138-2（感）组合 F_2，筛选出两个与 SMV 南方强毒株系 Sa 抗性基因 Rsa 连锁的 RAPD 标记 $OPAS-06_{1800}$ 和 $OPW-05_{660}$，与 Rsa 的遗传距离分别为 22.2 cm 和 10.1 cm，其中 $OPW-05_{660}$ 转化成共显性 SCAR 标记 SCW-05_{660}，与 *Rsa* 的连锁距离为 7.7 cm（张志永等，1998A）。郑翠明等（2003）对 95-5383（抗）×

HB1(感)的 F_2 代接种东北 3 号强毒株系(SMV3),筛选到一个与抗 SMV 基因紧密连锁的共显性 RAPD 标记 $OPN11_{980/1070}$,该 RAPD 标记已转化为 SCAR 标记(SCN11)并用科丰 1 号与南农 1138-2 群体将其定位于 F 连锁群,$OPN11_{980/1070}$ 与抗病基因的遗传距离为 2.1 cm(郑翠明等,2001;Zheng et al,2003)。OPN11 不仅与东北强毒株系 SMV3 抗性基因有关,也与东北流行株系 SMV1 的抗性基因相关。刘丽君(2002)以黑农 39(抗)与合丰 25(感)组合 F_2 代,鉴定出与东北 SMV1 株系抗性基因相关的共显性 RAPD 标记 $OPN11_{1400/1300}$,$OPN11_{1400}$ 与来源于黑农 39 抗病基因的遗传距离为 8.2 cM。

3. 其他病虫害抗性基因分子标记 大豆对灰斑病菌 7 号小种抗性基因 RAPD 标记 $OPSO3_{620/580}$ 是用东农 91212(感)×东农 9674(抗)杂交组合筛选到的,其中 $OPSO3_{620}$ 与抗病基因的遗传距离为 8.7 cm(邹继军和董伟,1998)。以 Conrad(耐)×0760(感)的重组自交系 $F_{2:6}$ 群体,检测到 3 个耐大豆疫霉根腐病基因的 QTL,每个 QTL 对病害损失的贡献率为 13.34% ~ 22.31%,其中,有 2 个 QTL 在两年两点都被重复检测出来,对平均病害损失的贡献率合计为 44.5%(韩英鹏等,2006)。皖 82-178×通山薄皮黄豆甲组合重组自交系群体(RIL)对斜纹夜蛾的抗性遗传符合两对主基因 + 多基因的混合遗传模型,主基因的遗传率为 89.85%,2 个与抗虫有关的 QTL 分别位于 wt-11 和 wt-12 连锁群,对性状变异的解释率分别为 17.22% 和 8.6%(刘华等,2005)。

(二)抗逆相关基因分子标记

1. 大豆耐旱相关基因分子标记 大豆耐旱的相关根系性状有比根重、比根总长、比根体积,在"科丰 1 号×南农 1138-2"的 RIL 群体中检测到与之相关的 QTLs 分别为 5 个、3 个和 5 个,位于 N6(C2)、N8(D1b + W)、N11(E)、N18(K)连锁群上,这 3 个性状各有 1 个贡献率大的 QTL,都位于 N6(C2)的 STAS8-3TSTAS8-6T 相同距离的区段上,其他 QTLs 效应均较小(刘莹等,2005)。

2. 大豆耐盐基因分子标记 大豆耐盐基因的 RAPD 标记是用文丰 7 号(耐)×Union(敏),铁丰 8 号(耐)×Hark(敏)和 85-610(耐)×早熟 6 号(敏)这三个组合筛选出来的,与耐盐基因的遗传距离为 0 ~ 2.1 cM(郭蓓等,2000)。大豆耐盐性基因的分子标记及其获得方法和应用已获得中华人民共和国发明专利。目前,大豆耐盐基因在这三个组合 F_2 代用 SSR 标记已定位在 N 连锁群(张海燕等,2005)。

(三)品质相关基因分子标记

用科丰 1 号×南农 1138-2 的重组自交系(RILs)群体,吴晓雷(2001)定位了品质相关的 QTL5 个,其中蛋白质含量 3 个、油分含量 2 个,贡献率在 6.2% ~ 23.7%。在 Charleston×东农 594 的 F_{10} 群体检测到 4 个油分含量 QTL,2 个蛋白质含量 QTL,可解释表型变异 6.97% ~ 16.35%(张忠臣等,2004)。利用栽培大豆中黄 20×科新 3 号 F_2 群体的遗传图谱,杨喆等(2004)鉴定出蛋白质含量 QTL,贡献率为 9.8%。在绥农 14×绥农 20 的 F_2 代,检测到 1 个脂肪含量的 QTL,在 $F_{2:4}$ 代检测到蛋白质含量和脂肪含量的 QTL 各 1 个(朱晓丽等,2006)。孙君明等(2004)用 96P11(Lx1)×Century(lx1)F_2 代群体鉴不出 RAPD 标记 S_{352},标记与基因 *lx1* 紧密连锁,遗传距离为 7.6 cM。

(四)产量性状相关基因分子标记

吴晓雷等(2001)用栽培大豆科丰 1 号×南农 1138-2 杂交组合的 F_9 代重组自交系(RILs)群体构建的遗传连锁图谱分析主要农艺性状 QTL,发现与开花、成熟、株高、主茎节数、每节荚数、倒伏性、种子重、产量这 8 个重要农艺性状连锁的 QTL 位点 29 个,每个性状的遗传变异是由多个 QTL 位点决定的,与产量有关的农艺性状的一些 QTL 集中在几个连锁群上。利用栽培大豆中黄 20 × 科新 3 号 F_2 群体的遗传图谱,杨喆等(2004)共鉴定出株高、主茎节数、单株粒重共 3 个农艺性状 QTL,贡献率为 6.08% ~ 11.4%。利用绥农 14 × 绥农 20 F_2 代群体遗传图谱,在 F_2 代共检测到影响株高、节数、一粒荚数、四粒荚数、生物重、百粒重这 6 个性状的 10 个 QTL,分布于 7 个连锁群上,贡献率为 5.55% ~ 33.06%。在 $F_{2:4}$ 代检测到单株粒重和百粒重的 QTL(朱晓丽等,2006)。王宏林等(2004)用构建的 NJRIKY(科丰 1 号 × 1138-2)大豆重组自交家系群体,检测到位于连锁群 N3-B1 和 N6-C2 上的 3 个与根重有关的 QTL,可以解释 6.8% ~ 26.3% 的遗传变异。在形态性状方面,鉴定出与窄叶突变基因距离为 8 cM 的连锁标记 $OPY6_{1300}$(朱保葛等,2001),与控制曲茎基因的遗传距离为 6.94 cM 的 RAPD 标记 $S506_{1600}$(黄方等,2006),与大豆短叶柄相关的标记(黄方等,2005),而段美萍等(2005)将 NJ89-1 育性基因初步定位在 O 连锁群上。大豆重要农艺性状如产量、品质等主要是由多个基因控制的数量性状,受环境条件影响比较大,鉴定出在不同世代(朱晓丽等,2006)或多年多点(韩英鹏等,2006)稳定表达的农艺性状 QTL,可用于分子标记辅助选择。

三、大豆分子标记辅助选择研究

(一)前景选择

关于大豆目标基因的选择称为前景选择(foreground selection)。前景选择的可靠性主要取决于标记与目标基因之间连锁的紧密程度。标记与目标基因的连锁紧密程度直接影响选择的正确率。我国已利用开发出的重要性状标记,应用于品种的鉴定,今后将扩大到对育种后代的选择方面。

根据国外开发的与大豆胞囊线虫病(SCN)抗性基因 rhg1 和 Rhg4 紧密连锁的 SNPs,邱丽娟等(2003)分析中国和美国大豆抗性种质,发现表现为抗病单倍型的种质分别占其鉴定抗性种质总数的 77.8% 和 66.7%,推测大多数抗性种质的抗性是 rhg1 和 Rhg4 这两个基因协同作用的结果,还存在其他的抗性机制。王文辉等(2003)用与抗性基因 rhg1 紧密连锁的 SSR 标记 Satt309 位点进行鉴定,不同等位变异未能将中国大豆的抗感种质分开,但在抗性种质中发现了新的等位变异。这些结果表明,大豆对 SCN 的抗性是复杂的,只用少数标记难于区分不同的抗性种质。

张志永等(1998)利用与 Rsa 连锁的 SCAR 标记分析 30 个栽培大豆品种,发现较短的片段 $S-05_{600}$ 和 $S-05_{660}$ 是抗病品种的特征性条带,而较长的片段 $S-05_{1000}$ 和 $S-05_{1600}$ 是感病品种的特征性条带。利用已获得的大豆耐盐性基因的共显性 PCR 标记,郭蓓等(2002)对选自国家作物种质库的 59 份耐盐和盐敏感种质加以鉴定,从中选出田间耐盐性重复鉴定结果与分子标记鉴定结果一致的耐盐种质 42 份,为大豆种质资源的改良及耐盐遗传育种中的亲本选配提供了理论依据,同时对分子标记应用于种质鉴定和育种实践进行了有益的尝试。

(二)标记辅助背景选择

对基因组中目的基因之外其他部分的选择为背景选择(background selection)。背景选择目标之一是减少目标等位基因载体染色体上供体基因组的比例;目标之二是减少非目标等位基因载体染色体上的供体基因组。选择携带目标等位基因且在紧密连锁标记位点上轮回亲本等位基因纯和的个体,以减少与目标等位基因连锁的供体染色体片段长度。

与前景选择不同的是,背景选择应尽可能覆盖整个基因组,根据两个相邻的标记就可以推测出它们之间的染色体区段的来源和组成,进而就能够推测出一个反映全基因组组成状况的连续的基因型。姜长鉴等(2001)推导了回交群体中供体基因组成分的条件概率分布,并用平均数预测各个体的供体染色体片段的大小。为了在标记辅助回交中充分利用标记信息,应当分步骤鉴定标记基因型和选择个体。先根据少数标记对所有个体进行初步选择,再用较多标记对少数个体作精细选择,随着世代递增,已恢复为轮回亲本的标记位点不再分析,逐代减少选择标记数目,这是一种非常有效的分子标记辅助回交转育目标基因的方法(段红梅等,2003)。

第三节 大豆遗传多样性与核心种质研究

大豆种质资源多样性的核心是多样性基因。大豆育种上所谓的“优良基因”其实质是等位基因。举世闻名的“绿色革命基因”就是控制株高基因位点的一个等位基因。大豆遗传多样性及核心种质研究是大豆新基因发掘的重要物质基础。

一、大豆属间遗传多样性

惠东威等(1994,1996)和庄炳昌等(1994)对大豆属不同种 RAPD 标记分析,发现 Glycine 亚属内多年生野生大豆种间差异明显大于 Soja 亚属内一年生野生大豆和栽培大豆种间差异。对大豆属 Glycine 亚属 10 个种、Soja 亚属 2 个种 24 份材料的 ITS-I 序列构建树状图,可以发现一些原先划分的种中存在不同的基因组分化类型,如 G. tomentella,G. canescens 和 G. tabacina,推测它们可能是被形态划分所遮蔽的种(惠东威等,1997)。曹凯鸣等(2000)分析表明,我国多年生野生大豆 Glycine 亚属的烟豆(Glycine tabacina Benth.)和多毛豆(短绒野大豆 Glycine tomentella Hayata)的 Rubisco 小亚基基因(rbcS)间碱基同源性为 94.5%,差别主要存在于内含子中;Soja 亚属的 G. soja 和 G. max 之间同源性高达 99.7%,而 Glycine 亚属和 Soja 两亚属之间 rbcS 同源性则为 84.8%。同一亚属内 2 个种 rbcS 成熟肽 123 个氨基酸之间仅有 2~3 个氨基酸不同,而 Glycine 亚属和 Soja 亚属之间差异增大至 5~6 个氨基酸。系统进化树分析也表明 Glycine 亚属与 Soja 亚属在进化过程中分离较早,这从分子水平上为大豆属的分类研究提供了科学依据。对大豆属不同种 SSR 标记分析也发现,Glycine 亚属内种间 SSR 指纹图谱差异比 Soja 亚属内种间指纹图谱差异大,表明栽培大豆与其近缘一年生野生种的遗传关系较近(吴晓雷等,2001)。

二、大豆种间遗传多样性

用 SSR 等位基因的第一主成分和第二主成分分析发现,Soja 亚属内的用 G. soja、G. max 和 G. gracilis 在大豆属 11 个种的遗传分化比较明显,推测这 3 个种是独立存在的(吴晓雷等,2001)。然而,苏乔等(1998)的研究结果表明,野生种(G. soja)和半野生种(G. gracilus)大豆可以聚为一类,但二者与栽培大豆(G. max)明显分开,故认为半野生大豆与野生种的亲缘关系较近,应归类到野生种中。

不同来源的一年生野生大豆群体间也存在遗传分化,其中,南方群体类型丰富,变异水平较高,而东北地区变异水平较低,类型较单一(许冬河等,1996)。无论是野生大豆(G. soja)

的 RAPD 分析(钱吉等,1998)还是半野生大豆的 SSR 分析(海林等,2002),种群间均存在遗传变异,且遗传距离与地理距离之间表现出一定程度的相关性。根据中国不同纬度(赵洪锟等,2001)、不同生态区(朱申龙等,1998)栽培大豆和野生大豆的 AFLP 分析结果聚类,野生大豆与栽培大豆明显分为两类(赵洪锟等,2001),且野生大豆和栽培大豆均有特异的 SSR(庄炳昌,2000)、AFLP(赵洪锟等,2001)谱带,或只在栽培大豆中有特异的 RAPD 谱带,而所有野生和半野生材料中均未出现(苏乔等,1997)。然而,郑蔚虹等(2005)用 RAPD 技术分析我国东北野生大豆和栽培大豆发现,两者并没有完全分成不同类别,同一组内野大豆居群间的遗传关系较近,与栽培大豆品种间遗传距离较远;不同组间的野生大豆居群亲缘关系较远,隔离性强于簇内野生大豆与栽培种。不同的研究结果是由于取样的差别所造成的。

盖钧镒等(2000)利用形态、等位酶、细胞器的 RFLP 标记,分析栽培大豆不同生态地理、季节生态类型和一年生野生大豆不同地理类型遗传关系,提出南方原始野生大豆可能是各栽培大豆共同祖先,由此产生晚熟的南方栽培大豆原始类型,而黄淮、东北的栽培大豆可能来源于南方的原始栽培类型,它们并非直接来源于当地的野生群体。

三、大豆品种间遗传多样性

栽培大豆遗传多样性分析所用的标记包括 RAPD(邱丽娟等,1997;史锋等 1998;陈艳秋等,2002;段会军等,2003;林国强等,2005),RFLP(张德水等,1998),ISSR(谢甫绨等,2005),AFLP(田清震,2000)和越来越多的 SSR(许占友等,1999;闫哲等,2003;谢华等,2003;林凡云等,2003;崔艳华等,2004;栾维江等,2005)。利用不同品种资源研究了国内相同生态区(陈艳秋等,2002;林国强等,2005;段会军等,2003;闫哲等,2003;栾维江等,2005;林凡云等,2003;王丽侠等,2004;朴日花等,2004)、不同生态区(李林海等,2005;Xie et al.)大豆品种遗传多样性,比较了国内外大豆种质资源的遗传多样性差异(邱丽娟等,1997;谢甫绨等,2005;张志永等,1998;密士军等,2004),研究发现品种的遗传多样性与地理来源存在一定的相关性,相同来源的大豆种质资源具有较大的遗传多样性。此外,利用大豆品种间的多样性,探索了亲本对后代品系的遗传贡献(郑翠明等,2000;Qin et al.,2006)和亲本遗传距离与品种选配的关系(张博等,2003)。

四、大豆核心种质

(一)核心种质的概念和特征

种质资源是作物遗传改良的基础,种质资源的多样性程度和特异种质的存在直接决定一个物种对特定生态地区的适应和生存。然而,如何合理保存、科学管理和高效利用浩瀚的种质资源已成为当前亟待解决的问题。澳大利亚科学家 Frankel(1984)首先提出核心种质的概念(core collection),后来又得到 Brown(1989)的进一步发展。核心种质是指以最小的遗传资源和最少的重复最大限度的代表某物种包括其野生近缘种的遗传多样性。核心种质的建立将极大方便种质资源的保存和利用,核心种质以外的资源作为保留种质(reserve collection)管理。核心种质概念的提出,可以解决日益膨胀的资源数量与这些资源的保存、研究及合理利用之间的矛盾。

(二)大豆核心种质的构建

1. 核心种质 中国栽培大豆资源丰富,建立核心种质有助于这些遗传资源的深入评价和高效利用。利用中国栽培大豆的农艺性状,在比较20种不同取样方法的基础上,选择最适宜方法构建了大豆预选核心种质,即利用品种分类法进行分层,用比例法确定取样数目,根据聚类结果进行样本选择,样本数为2 170份,占栽培大豆资源总数的9%(邱丽娟等,2003)。在此基础上增加不同生态区农艺性状极值的种质130份,不同等级的抗病性和抗逆性特异种质494份,共计2 794份种质组成了初选核心种质。谢华(2003)从80份秋大豆中筛选出来60个SSR核心引物,并得到了190份来源广泛大豆种质的验证(王彪等,2003)。用核心引物对初选核心种质进行分析,并将农艺性状数据和SSR标记数据相结合,从8种方法中选择适宜的方法构建了不同比例的大豆核心种质(Wang et al.,2006)。

　　2. 应用核心种质　为了适应育种及研究的需要,还构建了不同类型及不同特性的应用核心种质,如大豆抗胞囊线虫应用核心种质(Ma et al.,2006)和大豆磷效率应用核心种质(赵静等,2004)。根据1923~1995年中国大豆育成品种的系谱资料,按照品种的衍生品种数、核遗传贡献值、质遗传贡献值、利用次数等指标,盖钧镒等构建了中国大豆育成品种祖先亲本的核心种质(盖钧镒等,2001)。不同类型大豆核心种质的构建为大豆资源中新基因的发掘与利用创造了条件。

　　(三)大豆核心种质的主要特征

　　1. 代表性和异质性　①代表性:核心种质能够充分代表该物种及其野生近缘种主要的遗传组成和生态类型,尽可能地减少该物种遗传多样性的遗漏和丢失。②异质性:核心种质是从资源库中筛选出的数目有限的一部分材料,因此在遗传上应该有最大的异质性,彼此之间相似系数最小,重复性最低。崔艳华等(2003)比较了428份黄淮夏大豆初选核心种质与4 923份黄淮夏大豆总体的农艺性状差异,结果表明,初选核心种质能够代表全部资源的遗传多样性。

　　2. 实用性和动态性　核心种质因其规模小,代表性强,便于育种家从中发现和利用目标种质资源,便于保存管理,也便于资源的鉴定和评价,具有较大的使用价值。大豆核心种质是筛选优异基因的重要物质基础。张跃强等(2006)以栽培大豆(G.max)微型核心种质发掘具有过敏蛋白缺失的种质,研究表明,从28K过敏蛋白的缺失这一性状来看核心种质具有代表性。已建成的核心种质无论数量、规模还是遗传结构都不是固定不变的,而是根据育种家的需求和资源保存总量的变化进行调整,与保留种质间进行动态交流。

第四节　大豆转基因研究

　　大豆的转基因研究不仅是培育大豆新品种的重要途径之一,也是鉴定基因功能的重要手段。全世界转基因大豆的迅速发展,说明转基因大豆是大豆研究未来的重要发展方向。我国的转基因大豆研究近年来发展很快,取得了一系列重要进展。

一、大豆转基因的方法

　　我国大豆转基因使用的方法包括农杆菌介导法、基因枪法、PEG法和花粉管通道法。在这些方法中,以农杆菌介导法和花粉管通道法应用的较多,而基因枪法和PEG法应用的较少。

(一)农杆菌介导法

1. 外植体类型　农杆菌介导法所用的外植体以子叶节为绝大多数,也有用幼胚(张贤泽等,1993;刘博林等,1999)、小真叶(程林梅等,1998)、未成熟子叶(赵桂兰等,2001;王萍等,2004)、萌动种子(汪清胤等,1994)、胚轴(陈云召,1984;徐香玲等,1997;程林梅等,1998;卜云萍等,2003)、顶芽或茎尖(卫志明等,1988;杨荣仲等,2003;邱承祥和武天龙,2003;陈士云,2004)、成熟种子子叶(卫志明,1988)、子叶节(卜云萍,2003)等为外植体。

2. 外源基因类型　通过农杆菌介导已经转化大豆的外源基因包括 Bt 基因(徐香玲等,1997;朱路青和曹越平,2005),CPTⅡ基因(吴颖等,2003),bar 基因(赵桂兰等,2001),抗病相关基因 SR1(林世锋等,2005),反义 PEP 基因(赵桂兰等,2005),Δ6-脂肪酸脱氢酶基因(卜云萍等,2003;李明春等,2004),氢番茄红素合成酶基因(PSY)(龚学臣等,2005),γ-生育酚甲基转移酶基因(康小虎等,2004),人胰岛素 A、B 链基因(龚剑等,2005),半乳糖苷转移酶基因(张毅等,2001),口蹄疫结构蛋白全长基因 P1(王萍等,2005),邻氨基苯甲酸合成酶基因(ASA2)(陈士云,2004),热激转录因子 hsf8 基因(尹青女等,2004),几丁质酶基因(徐香玲等,1999)。

3. 提高转基因效率研究　影响或限制农杆菌介导大豆遗传转化效率的因素可概括为① 农杆菌菌株;②大豆基因型;③其他因素。

(1)农杆菌菌株和 Ti 质粒　农杆菌转化能力与农杆菌菌株有关。农杆菌分为根瘤农杆菌和发根农杆菌,王连铮等(1984)利用致癌农杆菌的 15 个菌系进行致癌研究,筛选出 7 个致瘤能力较强的菌系,致瘤效果较好的菌株为 B3/73,C58,A208。李洪泉等(1994)研究发现,Chry5 对我国 7 个大豆品种子叶致瘤作用比我国的超毒菌株 A28j 还强,对所有品种致瘤率均高于 T37。

(2)大豆基因型　农杆菌感染能力还与大豆基因型有关。王连铮(1984)从 2 759 个大豆基因型中筛选出 858 个大豆结瘤基因型,其余则不被感染,说明不同大豆基因型的易感性差异很大;研究发现,随着大豆品种种子蛋白质含量增高,农杆菌致瘤率有下降趋势,这在野生大豆中比较明显。用含 pPTN140 农杆菌 EHA101 感染不同品种子叶节,结果表现,黑农 35、中作 975、合丰 35、中作 962 是再生能力好于 Thorne 的大豆基因型;而 William82、黑农 35、中作 975 和 PI361066 的转化频率较高(王岚等,2003)。转化率高的品种还有吉林 43(王萍等,2004)、吉林 35(李桂兰等,2005)等。

(3)其他因素　提高转基因效率研究,除农杆菌菌株和大豆基因型外,在农杆菌介导大豆转基因研究的各个技术环节都对农杆菌介导大豆遗传转化有关。包括外植体的发育时期(李桂兰等,2005;王晓春等,2005),预培养时间(王晓春等,2005),农杆菌浓度、浸染时间(李桂兰等,2005;刘尚前等,2004;王晓春等,2004)、菌液的处理(许跃,1988;徐香玲等,1997)、共培养时间(刘兰英,1996;王晓春等,2004;李桂兰等,2005)和培养条件(刘金华等,2003);萌发培养基和不定芽诱导培养基对转化率的影响存在交互作用(李桂兰等,2005),筛选代数及条件(王晓春等,2005;李桂兰等,2005)。刘海坤和卫志明(2004)利用根癌土壤农杆菌 EHA105/pCAMBIA2301 对来自大豆成熟种子的芽尖外植体进行遗传转化,发现浸染时间以 20 h 为佳,乙酰丁香酮最佳浓度为 200 μmol/L,并探讨了恢复培养的重要性。

(二)基因枪法

基因枪法在我国大豆转基因研究中的应用较少。苏彦辉等(1999)以中黄 4 号和 8502

的未成熟子叶为转化受体,用基因枪法获得转 Bt 大豆。抗艳红等(2005)以 3 个大豆品种体细胞胚为受体,PSY 为目的基因,应用基因枪法进行遗传转化,获得了抗性再生苗,经 PCR和 PCR-Southern 分析鉴定,初步证明外源 PSY 基因已整合到大豆的基因组中。刘智宏等(2001)将辐照处理配合基因枪介导转基因研究表明,5Gyγ 射线辐照处理能明显提高抗性愈伤的频率。GUS 检测抗性愈伤组织证明外源基因已导入大豆细胞,在转基因植株中表达。陈平华等(2003)用从德国引进的抗线虫基因 Hs1pro-1 构建表达载体,用基因枪轰击转化大豆品种早熟 1 号,获得 Hs1pro-1 基因已整合到其中大豆的基因组中。李霞等(1999)把AWTE-CTB 融合基因构建到植物表达载体 pBVG-ny2 上,通过基因枪导入法,转化大豆幼胚分生组织。

(三)PEG 介导法

南相日等(1998)通过 PEG 法将 Bt (Bacilas tharingiensis CryIAc)毒蛋白基因导入到大豆主栽品种黑农 35、黑农 37、合丰 25 和合丰 35 的原生质体中,经 30ml/L 潮霉素筛选,选择有抗性的愈伤组织进行分化,获得了 3 个 PCR 分析呈阳性的再生植株,Southern 杂交分析证明,Bt毒蛋白基因已整合到大豆细胞基因组中。

(四)花粉管通道法

花粉管通道法自 20 世纪 70 年代由上海生物化学研究所的周光宇先生提出后,我国科学工作者利用这个方法创造了一大批育种材料及其品种。花粉管通道技术因其方法简便、易操作,而在大豆遗传转化中应用。崔岩等(2003)用荧光显微镜观察大豆花粉的萌发、花粉管的延伸和进入子房的情况,从形态学和解剖学角度分析了大豆采用花粉管通道技术转基因成功率低的原因,提出利用该技术进行转化的有利时间以提高转化率。吴俊江等(2005)提出了在大豆中利用花粉管通道法导入外源基因应注意的几点问题。

1. 转入外源转基因的类型　利用花粉管通道法转入大豆的基因分为两大类。一类是转入基因组总 DNA,供体物种有野生大豆(李希臣等,1999;刘德璞等,1997;王转斌,2001)、栽培大豆(刘德璞等,1997)、海滩豆(田中艳,2003)、新疆甘草(王文静等,2001)、芸豆(卢翠华等,2000)、玉米(钱华等,1998;卢翠华等,2000)、杨树(王转斌,2001)、花生和小牛胸腺(张君等,1997)等。此外,卢翠华等(2000)用软 X 射线和 ^{60}Coγ 射线照射总 DNA 再导入大豆,这是基因组总 DNA 导入的又一种形式。

另一类是转入目的基因,包括胆碱磷酸转移酶基因(*cpt*)(王桂玲和黄永芬,2005),*gus*基因(王利华等,2004),与花器形成有关的非洲菊 *gaga1* 基因(喻德跃等,2003),*Bt* 基因(杨庆凯等,2002;郭三堆等,1999),反义 *PEP* 基因(胡张华等,1999),牛酪蛋白基因 *caseinB*(张燕君等,2000)等。

2. 转基因的检测方法　利用花粉管通道获得的转基因植株,因转入的基因类别不同,检测方法也存在差异。基因组总 DNA 直接转入大豆后,多数研究者往往直接观察根据受体的形态变化进行判断,也有检测酶谱(卢翠华等,2000)及外源基因组片段(李希臣等,1999;王转斌,2001)的报道。然而,酶类变化以及外源 DNA 片段与目标性状基因之间是否存在必然的联系,尚缺乏直接的证据,这也是用花粉管导入总 DNA 的转基因研究常常受到质疑的症结。

与转总 DNA 比,转目的基因的检测目标明确。在已经介绍的转各种目的基因研究中,多数都分析了转基因植株的抗性标记筛选、PCR 和 SOURTHERN 杂交检测,结果表明,外源基因已整合到大豆基因组中。这些研究为利用花粉管通道法开展的转基因研究的有效性提供了直接的证据。然而,绝大多数研究者对获得的转基因植株的检测都只是初步的,关于转基因植株后代目的基因表达和表现型还需要进一步鉴定,即需要 NORTHERN 杂交检测和目的基因的表型分析。另外,有研究发现,转入目的基因与表型存在差异。如喻德跃等(2003)用花粉管导入与花器形成有关的非洲菊 gagal 基因,对获得的转基因植株形态分析表明,与未转化 N2899 相比,转基因大豆株型矮小,始花期提前,盛花期花数量较少,结荚不多。显微分析发现,与对照相比转基因大豆花器官结构没有明显改变。然而,值得指出的是,花粉管通道法作为我国所特有的一种转基因技术,其应用还缺乏令人可信服的证据(Shou 等,2002)。

二、转基因大豆的类型

我国转基因大豆研究已获得转基因植株的报道较多,但多数都是对其进行了抗性标记筛选、PCR 检测和 Southern 杂交,只是证明了外源基因已整合到大豆基因组中,关于转基因的植株表达分析及功能鉴定研究则报道较少。

(一)抗病转基因大豆

刘德璞等(1997)利用花粉管通道法,将抗 SMV Ⅰ、Ⅱ、Ⅲ 株系的早熟地方种 FD5114、半野生大豆茶秣食豆、皂角总 DNA 导入大豆生产品种吉林 20、吉林 21、吉林 25,获得了抗 SMV1、2、3 号株系的 8703-5 等转基因新品系。

(二)抗虫性转基因大豆

朱路青和曹越平(2005)对用农杆菌法获得的转 Bt 基因大豆,用 ELISA 法定量测定 Bt 毒蛋白含量,结果表明,转 Bt 基因大豆不同器官在不同生育时期 Bt 毒蛋白含量表现出较大的差异:在相同生育期内,转基因大豆营养生长器官的 Bt 毒蛋白含量高于生殖生长器官花和幼荚,但后者中的 Bt 毒蛋白含量仍有较高的含量。营养生长器官中以根的表达最高、茎其次、叶中最低。在大豆顶叶中,Bt 毒蛋白的表达以苗期比较旺盛,分枝期略有下降,但保持在一个相对稳定的状态,在开花期又明显增加,直到成熟期。在新生幼荚中的 Bt 毒蛋白含量在同时期的其他器官中含量最低,但是 Bt 毒蛋白的含量在 30 天后开始迅速增加。

(三)改良品质转基因大豆

张秀春等(2005)用子叶节转化法转化大豆,以除草剂 Glufosinate 作为筛选剂,获得了一批携带有玻璃苣 Δ6-脂肪酸脱氢酶基因的转基因大豆,RT-PCR 检测结果显示,玻璃苣 Δ6-脂肪酸脱氢酶基因在转基因大豆的转录水平上得到了表达,其 γ 亚麻酸含量可达 25.16%(卜云萍等,2004),最高可达 27.067%(李明春等,2004)。利用农杆菌介导法将反义 PEP 基因导入大豆,获得了稳定的超高油(脂肪含量 25%)大豆新品系(赵桂兰等,2005)。

(四)工程疫苗

疟疾是当今最需要研究有效疫苗的主要传染病之一。AWTE 基因编码恶性疟原虫多种抗原表位基因,CTB 基因编码霍乱毒素 B 亚基,是一种既能引起细胞免疫又能引起体液免疫的免疫载体和佐剂。把 AWTE-CTB 融合基因构建到植物表达载体 pBVG-ny2 上,通过基因枪导入法转化大豆幼胚分生组织,X-glu 染色检测到 GUS 基因的表达;抗原性分析发现,特异表达的融合蛋白可与 CTB 和 AWTE 抗体结合,具有 CTB 抗原性,这表明疟疾多抗原表位基因在转基因大豆幼胚中得到瞬时表达(李霞等,1999)。王萍等(2005)以大豆体细胞胚为受体,用农杆菌介导法将口蹄疫病毒结构蛋白全长基因 P1 导入大豆基因组中,获得了抗性植株。经 Gus 染色、PCR 及 PCR-southern 杂交等分子检测,证明目的基因已导入并整合到大豆基因组中,为利用大豆作为生物反应器生产口蹄疫新型口服疫苗奠定了基础。

三、转基因大豆安全性检测

(一)检测方法

1. 大豆转基因成分的定性分析 大豆转基因成分的定性分析是根据转基因成分设计引物,对各组成成分进行 PCR 分析,这种分析方法既可以直接检测品种也可以检测转基因大豆食品(邓鸿铃,2005)。转基因成分包括来自土壤细菌 *Agrobacterium tumifaciens* 株系 CP4 的 5-烯醇丙酮酸莽草酸-3-磷酸合酶(5-enolpyruvyl shikimate-3-phosphate synthase,EPSPS)基因、花椰菜花叶病毒(Cauliflower mosaic virus,CaMV) 35S 启动子、胭脂碱合酶 3′端的转录终止子(nopaline synthase,NOS)。在检测时用大豆的内源基因作对照,多数研究者用 Lectin(大豆凝集素)基因,也有用 ScII 基因做对照(徐景升等,2005)。

武泰存和王景安(2005)对转基因进行 PCR 分析的同时,用 SDS-PAGE 电泳检测其蛋白质,结果显示,转基因大豆可以检测出 195 bp 的花椰菜花叶病毒启动子(CaMV35S)序列片段和 320 bp 的抗草甘膦基因(EPSPS)片段;SDS-PAGE 蛋白质电泳中观察到一个约 40 kDa 的蛋白谱带;而国内 3 个非转基因大豆品种中均既没有 CaMV35S 启动子序列片段和抗草甘膦基因片段,SDS-PAGE 蛋白质电泳检测也没有发现转基因大豆中存在的 40 kDa 的蛋白谱带。雷勃钧等(2004)则以共价交联在 PCR 管壁上的寡核苷酸作为固相引物进行 PCR 扩增,对 PCR 扩增的固相和液相产物分别进行杂交和凝胶电泳检测的 P-ELISA 法。用优化的常规 PCR 方法,对大豆及其加工产品检测的灵敏度可达 0.1%,而用基于蛋白质印迹杂交(western hybridization)检测转基因大豆及其粗加工品,其检测极限达到 1% 以下,两个方法可以互相配合和互相印证(姚涓等,2005)。

大豆转基因成分的定性分析还在不断的改进和发展。黄昆仑和罗云波(2003)建立的巢式和半巢式 PCR 方法,是对草甘膦转基因大豆及其深加工食品是一种有效的检测方法,已从大豆油、酱油、面酱、大豆磷脂、豆腐、豆浆等食品原料和深加工食品的 17 个品牌的食品中检测出大豆持家基因(house keeping gene)。其中 2 种食品原料和深加工食品的 11 个品牌的食品中检测出外源基因 CaMV35S-CTP4 基因片段,说明这些食品中含有转基因大豆成分,占被检测食品的 76.5%。在电泳方面,陈继承和周瑞宝(2005)对非变性聚丙烯酰胺凝胶电泳和琼脂糖凝胶电泳对 PCR 扩增产物的检测进行了比较分析,发现非变性聚丙烯酰胺凝胶电泳有利于提高定性 PCR 筛选方法的准确性。二重 PCR(邵碧英等,2005)多重 PCR(Multiple Polymerase Chain Reaction,MPCR)技术则有利于提高鉴定的效率(徐景升等,2005)。

2. 转基因成分的 DNA 定量分析 转基因成分的定量分析一般通过建立标准曲线方程来计算。为了使 Taqman 探针技术能准确定量转基因成分,赵卫东等(2005)用大豆内源基因 Lectin 对扩增效率造成的误差进行校正,根据 ΔCt 值对应于校正曲线计算出转基因大豆的含量,其检测灵敏度达到 0.1%,误差范围小于 30%。朱元招等(2005)建立的大豆转基因成分定量测定方法,采用的是双链 DNASYBRGreenI 结合染料实时荧光定量 PCR 技术,通过绘制内参照基因 lectin 和 CaMV35s 扩增的循环数与拷贝数标准曲线图,建立标准曲线方程并用于计算样品中的转基因含量。研究表明,不同转基因含量的标准及模拟大豆样品定量显示,实测值与实际值接近,相对偏差5%~11%。然而,关于大豆样品中转基因大豆含量定量检测,还存在不确定度(高宏伟等,2005)。

3.转基因大豆DNA检测芯片　根据转基因大豆(Roundup Ready)中所转入的外源基因,选择CaMV35S启动子、NOS终止子、NOS EPSPE基因和内源Lectin基因设计特异性引物,采用多重PCR法对待测样品进行扩增,通过缺口平移法合成DIG dUTP标记杂交探针,并制备基因芯片。在对PCR反应和扩增产物与芯片杂交条件进行优化的同时,比较了芯片检测的特异性和重复性,并对检测的灵敏度进行测试。结果表明,该方法具有较好的特异性和重复性,检测灵敏度可达0.5%,由于采用了多重PCR技术,一次可同时检测多个基因,提高了检测的准确性和效率(刘烜等,2005)。

多数研究都集中在对转基因成分的分析,但关于加工过程中各转基因成分的变化则报道较少。陈颖等(2005)通过对转基因大豆Roundup Ready大豆加工食品豆腐、豆奶、豆粉中磨浆、煮浆、调配、均质、杀菌、喷雾干燥等关键工艺中CaMV35S启动子和NOS终止子的PCR扩增,研究加工过程对Roundup Ready大豆中外源基因各组成成分降解的影响。结果表明,在食品加工过程中的降解变化与其所处位置有较大关系。包含大豆基因组DNA序列在内的扩增长度相近的片段和NOS终止子,受加工过程的影响较小,在3种豆制品的所有加工过程中均能检测到。相比之下,CaMV35S启动子序列的片段仅能在原料中检测到,原料经过磨浆后,片段大小降至200 bp以下。

(二)品种污染

我国进口大豆中,以转基因大豆居多,这些进口大豆虽然主要是用于加工,但其运输及使用过程中没有严格的管理。这些转基因大豆是否会影响我国生产中的大豆品种还是个未知数。姜海燕等(2005)采集黑龙江省不同地区田间210份大豆检测样品,利用定性PCR技术分析检测其中是否含有转基因成分(CaMV35S启动子、NOS终止子和CP4-EPSPS基因)。结果表明,210份样品中均未检测到CaMV35S启动子成分;在13个样品中虽扩增出类似CP4-EPSPS的条带,但对PCR产物的进一步酶切鉴定表明,所有扩增结果为假阳性。利用巢式PCR进一步分析表明,该样品中不含有转基因大豆(roundup ready)成分。对CP4-EPSPS引物扩增得到的片段进行序列分析表明,该片段与CP4-EPSPS基因的同源性仅有81%。这说明到目前为止,还未发现我国大豆品种被转基因大豆污染的证据。

(三)花粉漂移

陈新等(2004)田间种植从阿根廷引进的抗草甘膦大豆,并在其四周50m范围内种植野生大豆Y-8104,野生大豆收获后第二年继续种植,通过喷施高剂量草甘膦,发现1株抗草甘膦野生大豆,对该抗草甘膦大豆在田间种植,取其叶片提取DNA,再经过PCR检测确认为阳性,初步判定该株野生大豆为基因漂移植株。因此,转基因大豆的种植对我国野生大豆遗传多样性的影响问题,还有待进一步研究验证。

参 考 文 献

He CY, Tian AG, Zhang JS, Zhang ZY, Gai JY, Chen SY. Isolate and characterization of a full length resistance gene homolog from soybean. Theor Appl Genet, 2003, 106.

Li XP, Tian AG, Luo GZ, Gong ZZ, Zhang JS, Chen SY. Soybean DRE-binding transcription factors that are responsive to abiotic stress. Theor Appl Genet, 2005, 110.

Luo GZ, Wang HW, Huang J, Tian AG, Wang YJ, Zhang JS and Chen SY. A putative plas mamembrane cation/proton antiporter from soybean confer salt tolerance in Arabidopsis. Plant Molecular Biology, 2005, 59.

Luo GZ, Wang YJ, Xie JM, Gai JY, Zhang JS, Chen SY. The putative Ser/Thr Protein Kinase Gene *GmAAPK* from Soybean is Regulated by Abiotic Stress. Journal of Integrative Plant Biology, 2006, 3.

Ma YS, Wang WH, Liu XM, Ma FM, Wang PW, Chang RZ, Qiu LJ. Characteristics of genetic diversity and establishment of applied core collection for Chinese cyst nematode resistant soybean. Journal of Intergrative Plant Biology, 2006, 6.

Qin J, Chen WY, Guan RX, Jiang CX, Li YH, Fu YS, Liu ZX, Zhang MC, Chang RZ, Qiu LJ. Genetic contribution of foreign germplasm to elite Chinese soybean (*Glycine max*) cultivars revealed by SSR markers. Chinese Science Bulletin, 2006, 9.

Shou H, Palmerr, Wang K. Irreproducibility of the Seybecon pollen-tube pathway transformation procedure. Plant Mol Bio Rep. 2002, 20:325 ~ 334.

Tian AG, Luo GZ, Wang YJ, Zhang JS, Gai JY, Chen SY. Isolation and characterization of a *Pti1* homologue from soybean. Journal of Experimental Botany, 2004, 55.

Tian AG, Zhao JY, Zhang JS, Gai JY, Chen SY. Genomic characterization of the S-adenosylmethionine decarboxylase genes from soybean. Theor Appl Genet, 2004, 108.

Wang HW, Zhang JS, Gai JY, Chen SY. Cloning and comparative analysis of the gene encoding diacylglycerol acyltransferase from wild type and cultivated soybean. Theor Appl Genet, 2006, 112.

Wang LX, Guan RX, Liu ZX, Chang RZ, Qiu LJ. Genetic Diversity of Chinese Cultivated Soybean Revealed by SSR Markers. Crop Science, 2006, 3.

Wang LX, Guan Y, Guan RX, Li YH, Ma YS, Dong ZM, Liu X, Zhang HY, Zhang YQ, Liu Z, Chang RZ, Li LH, Lin FY, Luan WJ, Yan Z, Ning XC, Zhu L, Cui YH, Piao RH, Liu Y, Chen PY, Qiu LJ. Establishment of Chinese Soybean (*Glycine, max*) Core, Collections with Agronomic Traits and SSR Markers. Euphytica, 2006, accept.

Wang LX, Lin FY, Luan WJ, Li W, Guan RX, Li YH, Ma YS, Liu ZX, Chang RZ, Qiu LJ. Genetic Diversity of Chinese Spring Soybean (*Glycine max*) Germplasm Revealed by SSR Markers. Plant Breeding, 2006, accept.

Wang YJ, Li YD, Luo GZ, Tian AG, Wang HW, Zhang JS, Chen SY. Cloning and characterization if an HDZip I gene *GmHZ1* from soybean. Planta, 2005, 221.

Xie H, Guan RX, Chang RZ, Qiu LJ. Genetic Diversity of Chinese Summer Soybean Germplasm Revealed by SSR Markers. Chinese Science Bulletin, 2005, 6.

Zheng CM, Chang RZ, Qiu LJ, Chen PY, Wu XL, Chen SY. Identification and Characterization of a RAPD/SCAR Marker Linked to a Resistance Gene for Soybean Mosaic Virus in Soybean. Euphytica, 2003, 132.

Zhang WK, Wang YJ, Luo GZ, Zhang JS, He CY, Wu XL, Gai JY, Chen SY. QTL mapping of ten agronomic traits on the soybean (Glycine max L. Merr.) genetic map and their association with EST markers. Theoretical and Applied Genetics, 2004, 108.

卜云萍, 李明春, 胡国武, 邢来君. 高山被孢霉△-6-脂肪酸脱氢酶基因在大豆中的表达. 中国农业科学, 2004, 8

卜云萍, 王广科, 胡国武, 孙红妍, 任勇, 李航, 李明春, 邢来君. 深黄被孢霉△-6-脂肪酸脱氢酶基因导入大豆. 生物技术, 2003, 3

财音青格乐, 李明春, 蔡易, 赵月菊, 邢来君. 大豆种子特异性启动子的分离及结构分析. 中国农业科学, 2005, 3

曹凯鸣, 季菊英, 苏勇, 顾其敏. 中国多年生野生大豆 Glycine 亚属 rbcS 基因的结构和系统发生的研究. 复旦学报(自然科学版), 2000, 3

陈功友, 张兵, 武晓敏, 赵梅琴. 大豆斑疹病菌 harpin 编码基因的克隆与特性研究. 微生物学报, 2005, 4

陈平华, 陈如凯, 潘大仁, 许莉萍, 袁照年. Hs1, pro-1 双子叶表达载体构建和转化大豆研究初报. 福建农林大学学报(自然科学版), 2003, 4

陈庆山, 张忠臣, 刘春燕, 王伟权, 李文滨. 应用 Charleston × 东农 594 重组自交系群体构建 SSR 大豆遗传图谱. 中国农业科学, 2005, 7

陈士云. 反馈抑制不敏感邻氨基苯甲酸合成酶基因作为筛选标记基因用于大豆遗传转化研究(英文). 生物工程学报, 2004, 5

陈士云. 农杆菌介导的大豆高频遗传转化(英文). Acta Botanica Sinica, 2004, 5

陈新, 严继勇, 高兵. 野生大豆抗草甘膦基因漂移的初步研究. 中国油料作物学报, 2004, 2

陈颖, 王媛, 葛毅强, 徐宝梁. 转基因大豆 Roundup, Ready 调控元件在食品加工过程中降解变化的研究. 中国食品卫生杂志, 2005, 2

崔岩,杨庆凯,周思军.利用花粉管通道技术导入大豆抗病虫目的基因.生物技术,2002,6

崔艳华,邱丽娟,常汝镇,吕文河.黄淮夏大豆遗传多样性分析.中国农业科学,2004,37(1):15~22

崔艳华,邱丽娟,常汝镇,吕文河.利用 SSR 分子标记检测黄淮夏大豆($G. max$)初选核心种质代表性.作物学报,2003,1

邓鸿铃.利用 PCR 方法检测转基因大豆加工食品中的修饰基因.现代食品科技,2005,1

段红梅,王文秀,常汝镇,张孟臣,邱丽娟.大豆 SSR 标记辅助遗传背景选择的效果分析.植物遗传资源学报,2003,1

段会军,张彩英,张丽娟,马峙英.河北省大豆种质资源同工酶及 RAPD 标记多样性研究.中国油料作物学报,2003,2

高宏伟,刘心同,陈世山,丁士兵,晟向君,施昌彦.大豆样品中转基因大豆含量不确定度的评定.中国计量,2005,4

龚学臣,季静,抗艳红,王罡,吴颖,王萍.八氢番茄红素合成酶基因(PSY)对大豆的遗传转化.大豆科学,2005,1

郭蓓,邱丽娟,邵桂花,常汝镇,刘立宏,许占友,李向华,孙建英.大豆耐盐基因的 PCR 标记.中国农业科学,2000,1

郭蓓,邱丽娟,邵桂花,许占友.大豆耐盐性种质的分子标记辅助鉴定及其利用研究.大豆科学,2002,1

韩英鹏,李文滨,Yu KF,Anderson TR,Poysa V,文景芝,高继国.耐大豆疫霉根腐病 QTL 定位的研究.大豆科学,2006,1

贺超英,王伟权,东方阳,张劲松,盖钧镒,陈受宜.大豆 1,5-二磷酸核酮糖羧化酶小亚基基因的转录表达分析.科学通报,
　　2001,16

贺超英,吴晓雷,东方阳,张劲松,杜保兴,张志永,陈受宜.大豆中一个新防卫基因的克隆与鉴定.中国科学 C 辑,2001,3

贺超英,吴晓雷,张劲松,盖钧镒,陈受宜.栽培大豆中一个线粒体 atp6 基因的分离与鉴定(英文).植物学报,2001,1

贺超英,张志永,陈受宜.大豆中 NBS 类抗病基因同源序列的分离与鉴定.科学通报,2001,12

贺超英,张志永,王永军,郑先武,喻得跃,陈受宜,盖钧镒.利用微卫星标记评估大豆重组近交系 NJRIKY.遗传学报,2001,2

黄方,孟庆长,赵团结,盖钧镒,喻德跃.大豆短叶柄性状的遗传分析和 RAPD 标记研究.作物学报,2005,6

黄方,赵团结,孟庆长,章元明,盖钧镒,喻德跃.大豆曲茎性状的遗传分析和 RAPD 标记研究.遗传学报,2006,1

黄昆仑,罗云波.用巢式和半巢式 PCR 检测转基因大豆 Roundup Ready 及其深加工食品.农业生物技术学报,2003,5

惠东威,陈受宜,庄炳昌.利用 rRNA 基因 ITS-Ⅰ序列构建的大豆属(Glycine)12 个种的种系关系.中国科学 C 辑,1997,4

姜海燕,王建华,武鹏,李永春,王国英.我国大豆主产区黑龙江省田间种植大豆的转基因成分检测.科学通报,2005,10

阚云超,刘士旺,郭泽建,李德葆.大豆亲环蛋白基因的克隆与分析(英文).Acta Botanica Sinica,2002,2

康小虎,欧阳青,吴存祥,张玉满,白羊年,曹孜义,蔡文启,韩天富.转 γ-生育酚甲基转移酶基因大豆的获得.大豆科学,
　　2004,3

雷勃钧,单红,吕晓波,朱水方,陈红运,赵文军.PCR-ELISA 法对大豆品种的转基因定性检测研究.大豆科学,2004,1

雷勃钧,钱华,李希臣,卢翠华,周思君,韩玉琴,刘昭军,刘广阳,杨兴勇,董全中,赵凯,赫世涛.通过直接引入外源 DNA 育
　　成高产、优质、高蛋白大豆新品种黑生 101.作物学报,2000,6

李洪泉,李红卫,王茜,黄永芬,汪清胤.根癌农杆菌 Chry5 对我国栽培大豆子叶致瘤作用的研究.大豆科学,1994,5

李洪泉,李红卫.根癌农杆菌 Chry5 对我国栽培大豆子叶致瘤作用的研究.大豆科学,1994,2

李林海,邱丽娟,常汝镇,贺学礼.中国黄淮和南方夏大豆($Glycine max$,L.)SSR 标记的遗传多样性及分化研究.作物学报,
　　2005,6

李明春,卜云萍,王广科,胡国武,邢来君.深黄被孢霉 Δ-6-脂肪酸脱氢酶基因在大豆中的表达.遗传学报,2004,8

李明春,刘尚前,季静,王罡,王萍,王军军.农杆菌介导的大豆体细胞胚遗传转化系统的优化研究.大豆科学,2004,3

李霞,钟辉,李军,陈杭,马清钧.恶性疟原虫多抗原表位基因表达载体的构建及其在大豆幼胚中的表达.生物技术通讯,
　　1999,3

李小平,马媛媛,李鹏丽,张丽文,王勇,张韧,王宁宁.利用 RNA 干扰技术敲减 rlpk2 基因的表达可以延缓大豆叶片衰老.
　　科学通报,2005,11

赵静,付家兵,廖红,何勇,年海,胡月明,邱丽娟,董英山,严小龙.大豆磷效率应用核心种质的根构型性状评价.科学通
　　报,2004,13

林凡云,邱丽娟,常汝镇,何蓓如.山西省大豆地方品种与选育品种农艺性状及 SSR 标记遗传多样性比较分析.中国油料
　　作物学报,2003,3

林世锋,张淑珍,杨秀红,陈庆山,杨庆凯,李文滨.大豆抗病相关基因 SR1 正反义植物表达载体的构建及遗传转化研究.
　　大豆科学,2005,2

刘博林,徐民新.两个栽培大豆品种的体细胞胚胎发生和植株再生的研究.中国油料作物学报,1999,21(2):11~13

刘春燕,王伟权,陈庆山,杨翠平,李文滨,辛大伟,金振国,宋英博.大豆花叶病毒胁迫诱导的消减文库构建及初步分析.

生物工程学报,2005,2

刘峰,陈受宜.大豆分子遗传图谱的构建和重要农艺性状基因定位.云南大学学报(自然科学版),1999,S3

刘峰,吴晓雷,陈受宜.大豆分子标记在 RIL 群体中的偏分离分析.遗传学报,2000,10

刘峰,庄炳昌,张劲松,陈受宜.大豆遗传图谱的构建和分析.遗传学报,2000,11

刘华,王慧,李群,徐鹏,盖钧镒,喻德跃.大豆对斜纹夜蛾抗性的遗传分析及相关 QTL 的定位.中国农业科学,2005,7

刘垣,郑文杰,赵卫东,贺艳,唐丹舟,刘辉.转基因大豆 DNA 检测芯片的研究.中国食品卫生杂志,2005,2

刘莹,盖钧镒,吕慧能,王永军,陈受宜.大豆耐旱种质鉴定和相关根系性状的遗传与 QTL 定位.遗传学报,2005,8

卢翠华,雷勃钧,韩玉琴,刘昭军,李希臣,周思君,钱华.芸豆和玉米总 DNA 导入大豆及后代同工酶谱分析.大豆科学,
　　2000,2

吕山花,邱丽娟,常汝镇,陶波,李向华,栾凤侠,郭珊花.抗草甘膦转基因大豆 PCR 检测方法的建立与应用.中国农业科
　　学,2003,8

栾维江,刘章雄,关荣霞,常汝镇,何蓓如,邱丽娟.东北春大豆样本的代表性及其 SSR 位点的遗传多样性分析.应用生态
　　学报,2005,8

密士军,邱丽娟,常汝镇,郝再彬,关荣霞.利用 SSR 指纹图谱分析大豆花叶病毒(SMV)病抗源的遗传多样性.植物病理学
　　报,2004,3

朴日花,刘章雄,邱丽娟,关荣霞,常汝镇,郝再彬.华南地区南方夏大豆遗传多样性分析.生物技术学报,2004,4

邱丽娟,Nelson RL,Vodkin LO.利用 RAPD 标记鉴定大豆种质.作物学报,1997,4

邱丽娟,曹永生,常汝镇,周新安,王国勋,孙建英,谢华,李向华,许占友,刘立宏.中国大豆(Glycine max)核心种质构建 I.
　　取样方法研究.中国农业科学,2003,12

邱丽娟,常汝镇,王文辉,Cregan P,Wang D,Chen Y,马凤鸣.大豆抗胞囊线虫病种质 rhg-1 和 Rhg-4 位点的单核苷酸多态性
　　(SNPs).植物遗传资源学报,2003,2

宋爽,赵宏巍,曹俊然,方琳,王勇,朱亮基,张韧,王宁宁.两个大豆类受体蛋白激酶基因的克隆及其结构和功能的初步分
　　析.植物生理与分子生物学学报,2002,3

孙君明,伍树明,陶文静,丁安林,韩粉霞,贾士荣.大豆脂肪氧化酶-1 缺失基因(lxl)的 RAPD 标记.中国农业科学,2004,
　　37:170~174

田清震,盖钧镒,喻德跃,贾继增.大豆 DNA 扩增片段长度多态性(AFLP)研究.大豆科学,2000,3

田清震,盖钧镒,喻德跃,吕慧能,贾继增.我国野生大豆与栽培大豆 AFLP 指纹图谱研究.中国农业科学,2001,5

宛煜嵩,王珍,肖英华,吕蓓,方宣钧.一张含有 227 个 SSR 标记的大豆遗传连锁图.分子植物育种,2005,1

王邦俊,张志刚,李学刚,王永军,贺超英,张劲松,陈受宜.大豆抗病基因同源序列的克隆与分析(英文).Acta Botanica Sini-
　　ca,2003,7

王宏林,喻德跃,王永军,陈受宜,盖钧镒.应用重组自交系群体定位大豆根重 QTL.遗传学报,2004,3

王慧,喻德跃,吴巧娟,盖钧镒.大豆对斜纹夜蛾抗生性基因的微卫星标记(SSR)的研究.大豆科学,2004,2

王岚,T.Clemente,王连铮,辛世文,黄其满.大豆品种的再生性能及对 EHA101 农杆菌的敏感性(英文).作物学报,2003,5

王丽侠,李英慧,李伟,朱莉,关媛,宁学成,关荣霞,刘章雄,常汝镇,邱丽娟.长江春大豆核心种质的构建及分析.生物多
　　样性,2004,6

王连铮等.大豆致瘤及基因转移研究[J].中国科学,B 辑,1984,2:137~141

王萍,王罡,季静,周智明,郭威,拉巴,吴颖.农杆菌介导大豆未成熟子叶的遗传转化.大豆科学,2004,2

王巧燕,陈明,邱志刚,程宪国,徐兆师,李连城,马有志.一个新的编码大豆 DREB 转录因子基因的克隆及鉴定.西南农业
　　学报,2005,5

王文辉,邱丽娟,常汝镇,马凤鸣,谢华,林凡云.中国大豆种质抗 SCN 基因 rhg1 位点 SSR 标记等位变异特点分析.大豆科
　　学,2003,4

王晓春,刘尚前,季静,王罡,王萍,王军军.农杆菌介导的大豆体细胞胚遗传转化系统的优化研究.大豆科学,2004,3

王永军,吴晓雷,贺超英,张劲松,陈受宜,盖钧镒.大豆作图群体检验与调整后构建的遗传图谱.中国农业科学,2003 年,11

吴晓雷,贺超英,陈受宜,庄炳昌,王克晶,王学臣.用 SSR 分子标记研究大豆属种间亲缘进化关系.遗传学报,2001,4

吴晓雷,贺超英,王永军,张志永,东方阳,张劲松,陈受宜,盖钧镒.大豆遗传图谱的构建和分析.遗传学报,2001,11

吴晓雷,王永军,贺超英,陈受宜,盖钧镒,王学臣.大豆重要农艺性状的 QTL 分析.遗传学报,2001,10

谢华,常汝镇,曹永生,张明辉,冯忠孚,邱丽娟.利用中国秋大豆(*Glycine max*(L.),Merr)筛选SSR核心位点的研究.中国农业科学,2003,4

徐妙云,刘德虎,李刚强.大豆24kDa油体蛋白基因在大肠杆菌中的表达.中国农业科学,2005,2

徐香玲,高晶,刘伟华,李集临.Ti质粒介导的B、t、k-δ内毒素蛋白基因转化大豆的初步研究.大豆科学,1997,1

许东河,高忠,田清震,盖钧镒,北岛俊二,福士泰史,阿部纯,岛本义也.中国一年生野生大豆群体的遗传多样性研究.应用与环境生物学报,1999,5

许占友,邱丽娟,常汝镇,李向华,郑翠明,刘立宏,郭蓓.利用SSR标记鉴定大豆种质.中国农业科学,1999,S1

闫哲,常汝镇,关荣霞,刘章雄,邱丽娟.不同来源大豆同名品种"满仓金"表现型及SSR标记的异同性分析.植物遗传资源学报,2003,2

杨秀红,陈庆山,杨庆凯,李文滨.大豆NBS类抗病相关基因的克隆与序列分析.高技术通讯,2005,2

喻德跃,魏国兰,孙英,TH Teeri.花器发育调节基因gaga1转化大豆的初步研究.大豆科学,2003,2

云萍,王广科,胡国武,孙红妍,任勇,李航,李明春,邢来君.根癌农杆菌介导深黄被孢霉△-6-脂肪酸脱氢酶基因转化大豆及其转基因植株再生.药物生物技术,2003,5

张博,邱丽娟,常汝镇.中国大豆部分获奖品种与其祖先亲本间SSR标记的多态性比较和遗传关系分析.农业生物技术学报,2003,4

张德水,董伟,惠东威,陈受宜,庄炳昌.用栽培大豆与半野生大豆间的杂种F-2群体构建基因组分子标记连锁框架图.科学通报,1997,12

张德水,惠东威,庄炳昌,杜保兴,陈受宜.大豆品种间DNA限制性片段长度多态性(RFLP)的分析.作物学报,1998,4

张贤泽,小松田,隆夫.大豆原生质体经体细胞胚胎再生植株.中国科学(B辑),1993,23

张毅,李弘剑,张俊辉,郭勇.根癌农杆菌介导β-1,4-半乳糖苷转移酶基因转化大豆及其转基因植株再生.药物生物技术,2001,3

张跃强,关荣霞,刘章雄,常汝镇,姚源松,邱丽娟.利用大豆核心种质随机抽样发掘28K和30K过敏蛋白缺失优异种质.作物学报,2006,3

张志永,陈受宜,盖钧镒.大豆花叶病毒抗性基因Rsa的分子标记.科学通报,1998,20

张忠臣,战秀玲,陈庆山,滕卫丽,杨庆凯,李文滨.大豆油分和蛋白性状的基因定位.大豆科学,2004,2

赵桂兰,刘艳芝,李俊波,徐洪志,刘莉,尹爱平.影响农杆菌介导的大豆基因转化因素的研究.大豆科学,2001,2

赵洪锟,王玉民,李启云,张明,庄炳昌.中国不同纬度野生大豆和栽培大豆SSR分析.大豆科学,2001,3

赵洁平,戴小密,许玲,朱家璧,沈善炯,俞冠翘.固氮正调节基因nifA促进大豆根瘤菌的结瘤效率.科学通报,2001,23

赵卫东,郑文杰,刘贺艳.食品中转基因大豆成分的定性和定量检测.中国食品卫生杂志,2005,2

郑翠明,常汝镇,邱丽娟.大豆对SMV3号株系的抗性遗传分析及抗病基因的RAPD标记研究.中国农业科学,2001,1

郑翠明,常汝镇,邱丽娟,李玉清,郭蓓.利用RAPD技术分析野生大豆×栽培大豆后代品系遗传组成.大豆科学,2000,2

郑蔚虹,田成亮,吴俊江,刘丽君,孙剑秋.东北地区不同大豆品种间的RAPD分析.大豆科学,2005,2

周思军,李希臣,刘昭军,刘丽艳,杨庆凯.通过农杆菌介导法将Bt(cryIA)基因导入大豆.大豆科学,2001,3

朱保葛,柏惠侠,张艳.大豆突变基因的遗传分析及窄叶突变基因的RAPD标记.遗传学报,2001,1

邹继军,董伟.大豆对灰斑病菌7号小种抗性的遗传分析及抗病基因的RAPD标记.科学通报,1998,43

邹继军,杨庆凯,陈受宜,陈庆山,刘亚光,董伟.大豆灰斑病抗病基因RAPD标记的分子特征及抗感种质的SCAR标记鉴定.科学通报,1999,44

后　记

金盾出版社邀请我们组织编著的"十一五"国家重大工程出版规划重点图书之一的"现代中国大豆"即将出版了。这是为促进我国大豆生产发展应当作的一项工作。是全书作者实现的共同心愿。总结过去，展望未来，促进大豆生产发展与科技进步，是写作出版此书的初衷。《现代中国大豆》是国内大豆科技界知名专家教授共同创作劳动的成果和集体智慧的结晶。2002年南京的"全国大豆生产科技讨论会"期间，我们同一部分与会学者商讨了写作本书的宗旨和内容架构。大豆学术界老前辈王金陵教授、著名大豆专家盖钧镒院士、董钻教授、常汝镇研究员等都对本书的内容纲要和写作事宜提出过宝贵建议。经广泛征求意见后定出全书的写作计划、章节内容及写作分工。各章主笔作者均为长期从事相关大豆专业研究的知名专家。全书各章节的内容以国内研究进展和个人的长期研究积累为主，兼顾国外大豆研究重大进展的介绍。全书写作力求做到科学性、准确性和实用性相结合，在统一写作纲要和各章内容要点的前提下，充分尊重各章主笔作者的创意和写作风格。至2004年底各章作者大多完成了初稿或二稿，经审稿(作者互审与邀请专家参审相结合)后于2006年10月完成全书的修改稿交付出版社编审。2007年4月出版社印出编审稿，我们对编审稿进行了认真的核审，删去章节间重复的内容，更正不准确的词句、错别字和标点符号，于4月底交付出版社审定。其间，2005年8月在昆明召开的第八届全国大豆学术讨论会和2006年3月在哈尔滨召开的"全国大豆科研生产会议暨热烈庆祝王金陵教授九十华诞庆祝会"上，召开两次本书作者参加的编审会议，通报写作进度，讨论相关事宜，征询意见，集思广益，以求精益求精地完成本书的写作计划。

参加本书写作或审稿的专家、教授为：

东北农业大学：王金陵、宁海龙、李文滨；东北师范大学：苗以农、朱长甫；沈阳农业大学：董钻、王晓光；吉林大学田佩占；山东农业大学邹琦；河南工业大学：周瑞宝、周兵；南京农业大学盖钧镒；山东滨洲职业学院马振泉；中国科学院遗传发育研究所陈受宜；黑龙江省农科院刘忠堂、杜维广、陈铁保；吉林省农科院孙寰；山东省农科院郝欣先；北京市农科院李路；山西省农科院刘学义；河北省农科院张孟臣；河南省农科院李卫东；安徽省农科院张磊；湖南省农科院周教廉；中国农业科学院王连铮、郭庆元、李福山、常汝镇、徐巧珍、余子林、周新安、邱丽娟、李志玉、李向华、王萍、谈宇俊、黄凤洪、钮琰星。

本书的写作出版得到各位作者和审稿专家的全力支持，特别是德高望重的王金陵先生多次来信鼓励我们作好这项工作，并提供宝贵的历史文献资料，对本书的写作出版极为关切。苗以农先生、董钻先生不仅承担了最艰巨的写作任务，还多次提出宝贵建议，以求提高写作质量，出版精品。郭文韬先生不顾疾病的折磨，在病榻上完成了"中国大豆栽培史"的写作，完稿不久便离开了人世，他在生命的最后时刻为后人留下了宝贵的遗著。参加写作的专家教授都是在工作极为繁重或年事已高健康欠佳的情况下完成写作任务的。对于作者和审稿专家的高度负责的工作精神，我们深表敬意。

我们特别感谢大豆科技界的泰斗王金陵教授为本书作序；特别感谢盖钧镒院士为本书写了序言。

　　在本书写作过程中,得到了中国作物学会大豆专业委员会、中国农业科学院油料作物研究所和作物科学研究所的大力支持并提供写作条件,刘丽君、王曙明、傅连舜、傅莉云、金继运、宋书宏、朱保葛、李强、李路、王岚、李晓琴等同志帮助收集图片,打印书稿,在此一并致谢。

　　金盾出版社的社长、总编对本书的出版极为重视,全力支持,二编室李钦主任与作者共同策划此书的内容纲要和写作事宜,对书稿作了大量认真细致的编审工作,《现代中国大豆》凝聚了编辑们的辛勤劳动。

　　由于编著人员的水平有限,对全国大豆各专业的研究进展归纳总结不够全面,有的地方还可能不准确,错漏和缺点一定不少,敬请读者批评指正。

王连铮　郭庆元

2007 年 4 月 28 日